【新訂】
最新軍事用語集
英和対訳

MILITARY TERMS NEW EDITION
ENGLISH-JAPANESE

金森國臣編

日外アソシエーツ

MILITARY TERMS
NEW EDITION

Compiled by

Kuniomi KANEMORI

●制作担当● 青木 竜馬
装 丁：赤田 麻衣子

まえがき

　この度、日外アソシエーツ株式会社より『新訂・最新軍事用語集
英和対訳』を出版する運びとなりました。前版の『英和／和英対訳
最新軍事用語集』が、思わぬご好評をいただき、再び用語集を編集す
る機会に恵まれました。ひとえに、ご購入いただいた皆様のお陰であ
り、ここに深く感謝の意を表します。

　公開情報から用語を収集し、整理してまとめるという、いわば集成
集の形式は前版と同様であり、また編集方針も変わっていません。し
かし、新訂版においては、使い勝手を向上させるため、以下の３点に
ついて工夫しています。

1. 軍事色・防衛色が薄いと思われる用語は、できる限り削除した。
2. 説明文や用例の充実に努めた。
3. 「和英編」に替えて、「日本語索引」を作成した。

　削除した用語は約４千語です。ほぼ同数の用語を新たに追加してい
るものの、見出し語数は、前版の約３万９千語から約１千語減少して
います。これは、用例のなかに組み込んだ結果であり、収録語数は、
ほぼ同数を維持しています。「英和編」に限れば、約220ページ増加
しており、情報量は多くなっています。

　説明文は、誤解や思い違い等による誤訳を避けることを目的に付記
しています。約８千語の見出し語について、何らかの説明を加えてお
り、用語集と題してはいるものの、辞書的な要素も備わっています。

　新たに作成した「日本語索引」では、索引という概念を取り入れる
ことにより、「英和編」との内容の非対称性を許容しています。これ
によって、さらに軍事色・防衛色の強い用語への絞り込みを行ってい
ます。対応する英語も記載していますので、和英対訳としてお使いい
ただけます。

　これらの点が前版との大きな違いですが、見方を変えれば、新訂版

にはない約4千語の用語が前版には残存しています。また和英対訳用語集の機能も備わっています。書架に余裕があれば、前版と新訂版を並置し、一組の用語集としてご利用いただければ幸いです。

　本書に収録されている用語の多くは、インターネット検索で見つかるはずです。その点で言えば、本書の利用価値は限定的であるかも知れません。しかしながら、用語の確定には数十分を要する場合がよくあります。まれには、数時間かかることさえあります。防衛関係の業務に携わる方々の時間は貴重です。日常的に、用語の確定に困難を感じている場合は、ぜひ本書をご利用ください。

　約10年の間に、軍事分野においても様々な変化がありました。最大の変化は、陸海空に加え、サイバー空間が一つの領域になったことであると言えます。各国ではサイバー部隊が創設され、運用が始まっています。宇宙も、配備の場から実戦の場へと移行し始めています。サイバー戦、ミサイル戦、情報戦、人工知能戦など、最新分野に関連する用語も、不十分ながら収録しています。

　本書は協働による成果物です。トーマス・レイナーさんには、英国人ネイティブの視点から貴重な助言をいただきました。すでに退社されていますが、前版の編集者である岩崎奈菜さんによって本書の基礎が築かれました。電算処理・組版は、香港出身のKenny HUIさんによるものです。

　本書の編集には約2年かかりました。その間、作業がひどく滞った時期があります。編集課長の青木竜馬さんには、遠路、尾道までお越しいただき、励ましていただきました。青木さんの二度の来尾がなければ、この企画は頓挫していました。

　もとより、翻訳業務の発注がなければ、編集の機会はおろか、生活さえ成り立ちませんでした。守秘義務の点で、お名前の掲載は差し控えますが、皆々様には深くお礼申し上げます。最後に拙詠の掲載をお許しいただき結語とします。

　手を振りつ走り去り行く児等の背に夕影幽かに落ちつ哀しも

金森 國臣

2018年12月

（尾道市向島町にて）

凡　例

1．本書の内容

　　本書は、軍事専門用語を収録する英和対訳集である。英語見出し37,492 語を収録する。

2．英和編

（1）見出し項目

① 　見出し語は ABC 順に配列した。スペース・記号類は配列のうえでは無視した。数字から始まる単語は末尾に配列した。

② 　英国式と米国式のつづりは、慣例に従っている（例：fuze）。統一していないため混在している場合がある。

③ 　先頭文字が大文字の用語は、別見出しとして立項している場合がある（例：private; Private）。

（2）異綴

① 　つづりが異なる用語は、見出しに続き「＝」で示している（例：fuze ＝ fuse）。

② 　異綴（いてつ）ではないが、同じ意味で、しかも前後に出現する可能性のある用語も便宜的に異綴として扱っている場合がある（例：adjustable valve ＝ adjusting valve）。

（3）品詞項目

① 　品詞は［　］に示した。

② 　［C］；［U］はそれぞれ「可算名詞」、「不可算名詞」を示している。確認していない用語については無記載にしている。

③ 　［adj.］；［adv.］；［n.］；［vi.］；［vt.］は、それぞれ「形容詞」、「副詞」、「名詞」、「自動詞」、「他動詞」を示している。

④ 　［pl.］は複数形が通例であることを示している（例：accompanying supplies［pl.］携行補給品）。

⑤ ［pl. ＝］は複数形のつづりが難しいと思われる用語を示している（例：auxiliary［pl. ＝ auxiliaries］特務艦）。

⑥ ［pl. ＝ 〜］は単数形と複数形が同一であることを示している（例：active aircraft［pl. ＝ 〜］現用航空機）。

⑦ ［the 〜］は定冠詞（the）を常に冠する用語であることを示している（例：Afghan Interim Authority［the 〜］アフガニスタン暫定政権）。確認した用語のみを記載しているため、無記載であっても冠する場合がある。

(4) 対訳項目

対訳語に関しては視認性を高めるために、次のような工夫をしている。表記法については、各組織・機関の慣例に従って欲しい。

① 可能なかぎり送り仮名を付与（例：組立品 → 組み立て品）。

② カタカナ語の3文字ルールは不採用（例：レーダ → レーダー）。

③ カタカナ語の区切りを示すために、中黒（・）を使用（例：レーダービーコン → レーダー・ビーコン）。

④ 難読と思われる漢字には読みを付与（例：平文（ひらぶん））。

⑤ 区分番号として①；②；③ …を用いている。意味・意義の違いだけでなく、各組織・機関によって対訳語が異なる場合も区分している。子番号を使用していないため、意味・意義が異なる場合でも、便宜的に同一の区分にしている場合がある。尚、番号は優先順位を示していない。

⑥ 【　】内には当該の対訳語が、もっぱら使用されていると思われる組織・機関を略称で示している。例えば、【海自】は「海上自衛隊」を表しているが、一般的に「海軍用語」でもある可能性がある。

例：統幕 → 統合幕僚監部；陸自 → 陸上自衛隊；海自 → 海上自衛隊；空自 → 航空自衛隊；防大 → 防衛大学校；海保 → 海上保安庁　など

(5) 説明文項目

① 《　》内に対訳語の意味・意義などを示している。勘違いなどによる誤訳を避けることが目的であり、見出し語および対訳語を定義づ

けるものではない。

② ㊀ は説明文の典拠とした資料を示している。説明文の内容は、当該資料の範囲内でのみ有効であり、敷衍することはできない。各資料の書誌情報は、次項目の「典拠リスト」に記載している。

③ ㊡ は編者による個人的な備考であり、翻訳におけるヒントなどを示している。

④ 用例として見出し語の使用例を示した。役職名の表記法などは、可能なかぎり、用例として組み込んでいる（例：Academic Department【防大】教務部《の英語呼称》◇用例：教務部長 ＝ Director of Academic Department）。

⑤ ㊂ として同義語を示した（例：accuracy of fire 射撃精度《㊂ accuracy of hit》）。

⑥ ㊁ として対義語、あるいは対になる用語を示した（例：active ECM 積極的対電子《㊁ passive ECM ＝ 消極的対電子》）。

3. 日本語索引

(1) 見出し項目

① 見出しは、数字、英字、五十音の順で配列した。

② 数字および英字は、その読みではなく、JIS コード順で示している。（例：2 等兵（にとうへい → 2 とうへい））

③ 【 】で当該の見出し語が、もっぱら使用されていると思われる組織・機関を略称で示した。

(2) 対訳項目

英語の対訳語を示している。また、その英語の対訳語が出現する「英和編」のページ番号を示している。

(7)

典拠リスト

　見出し項目に付記している説明文の典拠になっている資料の一覧である。各説明文の意義・意味は、当該資料の範囲内でのみ有効。また、必要に応じて補記・訂正している場合がある。したがって学術的・技術的な引用には適していないケースもある。

(0001)　2019 職員採用パンフレット，情報本部総務部職員人事管理室

(0002)　2 補 LPS-A00001-15，航空機等外注整備共通仕様書，航空自衛隊第 2 補給処，平成 28 年 4 月 1 日改正

(0003)　2 補 LPS-A00003-6，F100 エンジン部品外注整備共通仕様書，航空自衛隊第 2 補給処，平成 29 年 2 月 10 日改正

(0004)　3 補 LPS-E00001-9，外注整備共通仕様書，航空自衛隊第 3 補給処，平成 28 年 12 月 1 日改正

(0005)　4 補 LPS-00001-20，外注整備共通仕様書，航空自衛隊仕様書，航空自衛隊第補給処

(0006)　C&LPS-A00001-22，航空機用部品（国産）共通仕様書，航空自衛隊補給本部，平成 29 年 8 月 1 日改正

(0007)　C&LPS-Y00007-24，調達品等一般共通仕様書，航空自衛隊，平成 29 年 8 月 1 日改正

(0008)　DIH-LG-16032A，国内委託教育（GEOINT コース），情報本部仕様書，情報本部画像・地理部，平成 29 年 9 月 27 日改正

(0009)　DSP D 6003F，20KL 燃料給油車，防衛省仕様書，平成 29 年 12 月 22 日改正

(0010)　DSP Z 9003B，検査制度共通仕様書，防衛省仕様書，平成 22 年 5 月 18 日改正

(0011)　DSP Z 9008B，品質管理等共通仕様書，防衛省仕様書，平成 29 年 7 月 11 日改正

(0012)　GAV-CG-W150022U，航空機用部品（輸入）共通仕様書，陸上

自衛隊仕様書，平成 28 年 1 月 20 日変更

(0013)　GAV-CG-W150022V，航空機用部品（輸入）共通仕様書，陸上自衛隊仕様書，補給統制本部航空部

(0014)　GAV-CG-W500001N，航空機等外注整備共通仕様書，陸上自衛隊仕様書，補給統制本部航空部，平成 30 年 2 月 26 日変更

(0015)　GGM-CG-Y600001C，誘導武器品目用部品等共通仕様書，陸上自衛隊仕様書，補給統制本部誘導武器部，平成 30 年 2 月 21 日変更

(0016)　GLT-CG-C000001Q，電子機器共通仕様書，陸上自衛隊仕様書，補給統制本部装備計画部，平成 30 年 3 月 22 日変更

(0017)　GLT-CG-L000001E，帆布製品共通仕様書，陸上自衛隊仕様書，補給統制本部装備計画部，平成 30 年 3 月 22 日変更

(0018)　GLT-CG-Z000001U，装備品等一般共通仕様書，陸上自衛隊仕様書，補給統制本部装備計画部，平成 30 年 3 月 22 日変更

(0019)　GLT-CG-Z000002F，塗装共通仕様書，陸上自衛隊仕様書，平成 24 年 3 月 15 日変更

(0020)　GLT-CG-Z500001D，オーバーホール（火器・車両・施設器材）共通仕様書，陸上自衛隊仕様書，平成 24 年 6 月 6 日

(0021)　GLT-CG-Z500002J，一般外注整備共通仕様書，陸上自衛隊仕様書，補給統制本部装備計画部，平成 30 年 3 月 22 日変更

(0022)　GS-CG-C000007D，構内電子交換装置共通仕様書，陸上自衛隊仕様書，平成 25 年 3 月 27 日変更

(0023)　GW-CG-Y710103M，火砲弾薬共通仕様書，陸上自衛隊仕様書，平成 30 年 2 月 26 日変更

(0024)　JAFM006-4-18（空自訓練資料 006-4-18），JADGE 用語の解，航空幕僚監部，平成 23 年 11 月《航空自衛隊教育訓練資料「バッジ用語の解」（空自訓練資料 006-4-18，平成 15 年 3 月制定）は廃止する》

(0025)　MHP-V-51028-13，航空機部品（国産）共通仕様書，海上自衛隊仕様書，平成 22 年 9 月 7 日改正

(0026)　MHS-V-46008-23，航空機定期修理共通仕様書，海上自衛隊仕様書，補給本部航空機部航空機整備課，平成 25 年 5 月 10 日

(0027) NDS C 0001D, 艦船用電子機器通則, 防衛省規格, 平成 13 年
3 月 30 日改正

(0028) NDS C 0002D, 地上用電子機器通則, 防衛省規格, 平成 12 年
9 月 8 日改正

(0029) NDS C 0012B, 電磁シールド室試験方法, 防衛省規格, 平成
25 年 3 月 18 日改正

(0030) NDS C 0013, 漏洩電磁波に関する試験方法, 防衛省規格, 平
成 15 年 6 月 9 日

(0031) NDS C 0212B, 赤外線撮像装置試験方法, 防衛省規格, 平成
19 年 6 月 14 日改正

(0032) NDS C 0213B, 赤外線撮像装置光学系試験方法, 防衛省規格,
平成 19 年 6 月 14 日改正

(0033) NDS D 1201B, 装軌車の路上機動性能試験方法, 防衛省規格,
平成 18 年 9 月 27 日改正

(0034) NDS F 8001E, 艦船用電気機器通則, 防衛省規格, 平成 28 年
11 月 2 日改正

(0035) NDS F 8002E, 艦船用電気機器試験方法, 防衛省規格, 平成
28 年 11 月 2 日改正

(0036) NDS F 8004-2, 潜水艦電気推進装置機器通則－第 2 部：交流式
主電動機装置搭載艦, 防衛省規格, 平成 25 年 2 月 26 日

(0037) NDS F 8005B (1), 艦船用機器高衝撃検査方法, 防衛省規格,
平成 11 年 9 月 28 日改正

(0038) NDS F 8018D, 艦船用回転電気機械通則, 防衛省規格, 平成
16 年 5 月 27 日改正

(0039) NDS F 8302D, 艦船用交流電動機通則, 防衛省規格, 平成 16
年 5 月 27 日改正

(0040) NDS Y 0001D, 弾薬用語, 防衛省規格, 平成 21 年 5 月 13 日改
正

(0041) NDS Y 0002B, 火器用語（小火器）, 防衛省規格, 平成 21 年 5
月 13 日改正

(0042) NDS Y 0003B，火器用語（火砲），防衛省規格，平成21年5月13日改正

(0043) NDS Y 0006B，火器用語（弾道），防衛省規格，平成21年5月13日改正

(0044) NDS Y 0011B，水中音響用語－現象，防衛省規格，平成12年3月6日改正

(0045) NDS Y 0012B，水中音響用語－機器，防衛省規格，平成12年3月6日改正

(0046) NDS Y 0041，水中武器用語，防衛省規格，平成18年4月7日

(0047) NDS Y 0051，電磁気用語（磁気・水中電界），防衛省規格，平成20年3月27日

(0048) NDS Y 4066C，機雷識別表示，防衛省規格，平成21年2月18日改正

(0049) NDS Y 4076C，機雷構成品の試験方法，防衛省規格，平成21年2月18日改正

(0050) NDS Y 7109B，小火器弾薬の貫通試験方法，防衛省規格，平成27年4月15日改正

(0051) NDS Y 8100，ロケットモータの環境試験方法，防衛省規格，平成22年4月19日

(0052) NDS Z 0001C，包装の総則，防衛省，平成10年8月19日改正

(0053) NDS Z 0011，装甲の耐弾性試験方法通則，防衛省，平成5年10月19日

(0054) NDS Z 9011B，信頼度予測，防衛省規格，平成26年10月23日改正

(0055) 海上自衛隊訓練資料第175号，射撃用語，海上自衛隊第1術科学校，平成14年10月18日

(0056) 海上自衛隊達第3号，航空機の運航に関する達，平成25年3月12日改正

(0057) 海上自衛隊達第13号，先任伍長に関する達，平成24年9月6日改正

(11)

(0058) 海上自衛隊達第 19 号, 給食実施の手続に関する達, 平成 28 年 3 月 25 日改正

(0059) 海上自衛隊達第 66 号, 艦船に掲示する安全守則に関する達, 昭和 57 年 6 月 2 日改正

(0060) 海幕運第 2954 号, 海上自衛隊気象観測業務の実施基準について (通達), 海上幕僚監部, 平成 25 年 2 月 18 日改正

(0061) 海幕運第 2955 号, 海上自衛隊気象予報業務の実施基準について (通達), 海上幕僚監部, 平成 25 年 2 月 18 日改正]

(0062) 海幕人第 10346 号, 自衛艦乗員服務規則について (通達), 海上自衛隊, 平成 28 年 3 月 31 日改正

(0063) 空自訓練資料 005-94-3, 管制用語 (操縦者用), 航空幕僚監部, 昭和 48 年 2 月

(0064) 航空研究センター HP, http://www.mod.go.jp/asdf/meguro/center/index.html

(0065) 航空自衛隊 2018, 防衛省職員採用関係情報, 航空幕僚監部人事教育部補任課職員人事管理室

(0066) 航空自衛隊横田基地 HP, http://www.mod.go.jp/asdf/yokota/kitishozaibutai.html

(0067) 航空自衛隊達第 2 号, 飛行情報出版物発行業務実施規則, 航空幕僚長, 平成 18 年 3 月 24 日改正

(0068) 航空自衛隊達第 11 号, 航空自衛隊の練成訓練に関する達, 平成 4 年 3 月 31 日

(0069) 航空自衛隊達第 12 号, 航空保安無線施設等飛行点検実施規則, 平成 8 年 5 月 1 日

(0070) 航空自衛隊達第 15 号, 航空自衛隊装備品等品質管理規則, 航空幕僚長, 平成 25 年 8 月 19 日改正

(0071) 航空自衛隊達第 16 号, 航空自衛隊装備品等整備規則, 航空幕僚長, 平成 27 年 6 月 24 日

(0072) 航空自衛隊達第 17 号, 航空自衛隊車両等運用規則, 平成 27 年 4 月 1 日改正

(0073) 航空自衛隊達第 23 号，航空自衛隊気象勤務規則，航空幕僚長，平成 25 年 12 月 16 日改正

(0074) 航空自衛隊達第 28 号，航空自衛隊形態管理規則，航空幕僚長，平成 27 年 10 月 1 日改正

(0075) 航空自衛隊達第 29 号，航空機の運航に関する達，平成 20 年 2 月 7 日改正

(0076) 航空自衛隊達第 35 号，航空自衛隊物品管理補給規則，航空幕僚長，平成 25 年 3 月 25 日改正

(0077) 航空自衛隊達第 50 号，航空自衛隊航空交通管制規則，航空幕僚長，平成 19 年 1 月 5 日改正

(0078) 航空保安管制群 HP, http://www.mod.go.jp/asdf/atcg/mission-atc.html

(0079) 国連平和維持活動（原則と指針），国際連合平和維持活動局フィールド支援局，2008 年

(0080) 自衛隊統合達第 8 号，自衛隊の統合訓練に関する達，統合幕僚長，平成 22 年 2 月 12 日改正

(0081) 自衛隊統合達第 12 号，統合幕僚監部及び自衛隊指揮通信システム隊の会計事務に関する達，統合幕僚長，平成 28 年 8 月 25 日改正

(0082) 自衛隊統合達第 23 号，統合幕僚監部及び自衛隊指揮通信システム隊の情報保証に関する達，統合幕僚監部，平成 26 年 12 月 10 日改正

(0083) 自衛隊統合達第 34 号，統合輸送統制実施規定に関する達，統合幕僚長，平成 27 年 10 月 1 日改正

(0084) 昭和五十七年法律第六十一号，細菌兵器（生物兵器）及び毒素兵器の開発、生産及び貯蔵の禁止並びに廃棄に関する条約等の実施に関する法律

(0085) 戦術教育用語の解（案），幹部学校研究課，平成 15 年 3 月

(0086) 装技計第 250 号，各種設計及び各種試験等の用語の意味について（通知），技術戦略部技術計画官，平成 27 年 10 月 1 日

(0087)　装装制第 51 号，防衛装備庁における特別防衛秘密の保護に関する訓令等の解釈及び運用について（通達），防衛装備庁長官，平成 27 年 10 月 1 日

(0088)　対潜隊（音 1）第 401 号，音響情報処理用語集，対潜資料隊，平成 20 年 12 月 25 日

(0089)　弾補所豆知識，呉弾補所，http://www.mod.go.jp/msdf/kamf/shocho.html

(0090)　調達における情報セキュリティ基準，防衛関連企業における情報セキュリティ確保について，http://www.mod.go.jp/j/approach/others/security/security.html

(0091)　電子装備研究所研究要覧，防衛装備庁電子装備研究所総務課，平成 30 年 8 月作成

(0092)　統合訓練資料 1-4，統合用語集（試行案），防衛省，平成 20 年 6 月 20 日

(0093)　統幕指運第 119 号，コンピュータ・システム共通運用基盤細部管理要領，統合幕僚監部指揮通信システム部指揮通信システム運用課，平成 26 年 7 月 17 日

(0094)　日本の軍縮・不拡散外交（第七版），外務省，平成 28 年

(0095)　法律第七十九号，武力攻撃事態等における我が国の平和と独立並びに国及び国民の安全の確保に関する法律，平成 15 年 6 月 13 日

(0096)　法律第百八号，特定秘密の保護に関する法律，平成二十五年十二月十三日

(0097)　法律第百十六号，武力攻撃事態における外国軍用品等の海上輸送の規制に関する法律，平成十六年六月十八日

(0098)　防衛省訓令第 15 号，防衛省行政文書管理規則，防衛大臣，平成 30 年 3 月 30 日改正

(0099)　防衛省訓令第 17 号，自衛隊の運用等における部隊等の組織の要領及び指揮に関する訓令，防衛大臣，平成 28 年 3 月 29 日改正

(0100)　防衛省訓令第 18 号，有償援助による調達の実施に関する訓令，平成 28 年 3 月 31 日

(0101) 防衛省訓令第36号，装備品等のプロジェクト管理に関する訓令，防衛大臣，平成27年10月1日

(0102) 防衛省訓令第57号，防衛監察の実施に関する訓令，防衛大臣，平成28年3月31日改正

(0103) 防衛省訓令第160号，防衛省の情報保証に関する訓令，平成21年7月29日改正

(0104) 防衛装備庁HP，http://www.mod.go.jp/atla/

(0105) 防衛大学校HP，http://www.mod.go.jp/nda/education/

(0106) 防衛庁訓令第1号，自衛隊の使用する自動車に関する訓令，平成27年10月1日改正

(0107) 防衛庁訓令第6号，中央指揮システムの維持及び管理に関する訓令，防衛庁長官，平成27年10月1日改正

(0108) 防衛庁訓令第7号，情報保全業務の実施に関する訓令，防衛庁長官，平成27年10月1日改正

(0109) 防衛庁訓令第11号，固定通信網の業務実施に関する訓令，防衛庁長官，平成27年10月1日改正

(0110) 防衛庁訓令第14号，自衛隊の礼式に関する訓令，防衛庁長官，平成27年10月1日改正

(0111) 防衛庁訓令第18号，有償援助による調達の実施に関する訓令，防衛庁長官，平成28年3月31日改正

(0112) 防衛庁訓令第21号，陸上自衛隊，海上自衛隊及び航空自衛隊における職の分類制度に関する訓令，防衛庁長官，平成23年3月11日改正

(0113) 防衛庁訓令第28号，自衛隊の災害派遣に関する訓令，防衛庁長官，昭和55年6月30日

(0114) 防衛庁訓令第29号，セクシュアル・ハラスメントの防止等に関する訓令，防衛庁長官，平成27年10月1日改正

(0115) 防衛庁訓令第30号，防衛省所管国有財産（施設）の取扱いに関する訓令，防衛庁長官，平成28年3月31日改正

(0116) 防衛庁訓令第33号，装備品等の標準化に関する訓令，平成28

年 3 月 31 日改正

(0117) 防衛庁訓令第 34 号，自衛隊の電波の監理に関する訓令，平成 18 年 3 月 27 日

(0118) 防衛庁訓令第 35 号，航空事故調査及び報告等に関する訓令，防衛庁長官，平成 27 年 10 月 1 日改正

(0119) 防衛庁訓令第 39 号，自衛隊の通信実施の基準に関する訓令，防衛庁長官，平成 13 年 1 月 6 日改正

(0120) 防衛庁訓令第 53 号，装備品等の類別に関する訓令，防衛庁長官，平成 28 年 3 月 31 日改正

(0121) 防官情第 2209 号，防衛情報通信基盤の維持管理及び運用に関する業務処理要領について（通達），事務次官，平成 27 年 10 月 1 日改正

(0122) 防管航第 7575 号，航空機の特別な方式による航行の承認基準及び承認要領について（通達），事務次官，平成 29 年 2 月 13 日改正

(0123) 防経艦第 6002 号，自衛隊の使用する自動車の保安基準等，事務次官，平成 27 年 10 月 1 日改正

(0124) 防経装第 9246 号，装備品等及び役務の調達における情報セキュリティの確保について（通達），事務次官，平成 23 年 12 月 28 日改正

(0125) 防整技第 6759 号，航空灯火機器型式仕様標準について（通知），整備計画局施設技術管理官，平成 28 年 3 月 30 日発行

(0126) 民軍連携のための用語集，国際活動教育隊，平成 22 年 3 月 16 日

(0127) 陸自教範 3-03-04-91-23-0，用語集，陸上幕僚監部，平成 23 年 7 月

(0128) 陸上自衛隊訓令第 2 号，編成業務等に関する訓令，防衛庁長官，平成 26 年 8 月 29 日改正

(0129) 陸上自衛隊訓令第 7 号，陸上自衛隊冬季戦技教育隊の組織等に関する訓令，防衛庁長官，平成 23 年 4 月 19 日改正

(0130) 陸上自衛隊訓令第 17 号，陸上自衛隊の部隊等の組織の要領及

び指揮に関する訓令，防衛庁長官，平成 23 年 4 月 27 日改正

(0131)　陸上自衛隊訓令第 39 号，空挺従事者の取扱に関する訓令，防衛庁長官，平成 10 年 3 月 25 日改正

(0132)　陸上自衛隊訓令第 41 号，陸上自衛隊中央会計隊の組織等に関する訓令，防衛庁長官，平成 19 年 3 月 27 日改正

(0133)　陸上自衛隊訓令第 72 号，陸上自衛隊の補給等に関する訓令，防衛庁長官，平成 27 年 10 月 1 日改正

(0134)　陸上自衛隊達第 111-2 号，空挺降下搭乗記録取扱規則，陸上幕僚長，平成 23 年 4 月 1 日改正

(0135)　陸上自衛隊達第 36-7 号，陸上自衛隊航空身体検査及び空挺身体検査実施規則，陸上幕僚長，平成 23 年 4 月 25 日改正

(0136)　陸上自衛隊達第 61-8 号，陸上自衛隊の情報保証に関する達，陸上幕僚長，平成 27 年 3 月 24 日改正

(0137)　陸上自衛隊達第 71-5 号，陸上自衛隊補給管理規則，平成 28 年 3 月 28 日改正

(0138)　陸上自衛隊達第 81-1 号，陸上自衛隊における施設の取扱いに関する達，陸上幕僚長，平成 27 年 10 月 1 日改正

(0139)　陸上自衛隊達第 83-4 号，電気施設取扱規則，陸上幕僚長，平成 23 年 4 月 1 日改正

(0140)　陸上自衛隊達第 96-9 号，陸上自衛隊映像写真業務規則，陸上幕僚長，平成 28 年 3 月 18 日改正

(0141)　陸幕装計第 110 号，陸上自衛隊仕様書等の記載要領について（通達），陸上幕僚長，平成 27 年 9 月 30 日改正

(0142)　陸幕補第 296 号，非常勤隊員の人事・給与等の細部取扱いについて（通達），陸上幕僚長，平成 26 年 4 月 25 日改正

(0143)　レーダー用語集《情報公開制度により、防衛省から入手した資料であるが、文書番号等の書誌情報の記載がなく不明》

以上

(17)

英 和 編

【A】

AAA representative ［C］ 対空射撃部隊連絡幹部 《AAA = antiair artillery（対空砲）》

AA gunfire restriction signal ［C］ 【海自】対空砲戦制限信号 《AA = antiair（対空）》

A auxiliary coil (Aaux coil) ［C］ Aauxコイル 《船体磁気を打ち消すために装備されている消磁コイルの一つ》《Aaux = エーオギジャリ》

abaft 船尾

abandon ［vt.］ 遺棄する；放棄する

Abandoned Chemical Weapons in China (ACW) 【日】中国遺棄化学兵器 《第2次大戦中に中国に残された旧日本軍の化学兵器。[典] 日本の軍縮・不拡散外交》

abandonment 遺棄；放棄

abandonment of the remains 遺体遺棄

abandon ship ［C］ 【海自】総員離艦

abatis 鹿砦（ろくさい）

abatis of branches 樹枝鹿砦（じゅしろくさい）

abatis of trunks 樹幹鹿砦（じゅかんろくさい）

abbreviated call 簡略指呼

abbreviated dialing (ABD) 短縮ダイヤル

abbreviated form 簡略形式

abbreviated precision approach path indicator ［C］ 簡易式精測進入角指示灯

abbreviated report ［C］ 概報；簡略報告

ABC weapons ［pl.］ ABC兵器；原子・生物及び化学兵器 《ABC = atomic, biological and chemical weapons》

abeam ［adv.］ 真横に

abeam method 舷側曳航

abeam replenishment 【海自】並進補給

Abel heat test ［C］ アベル耐熱試験 《弾薬用語》

Aberdeen Proving Ground 【米陸軍】アバディーン試験場

aberration 収差

ablating material 融除材

ablation アブレーション 《材料が炭化、溶解あるいは消失し、その潜熱で冷却する効果のこと》

ablative shield 断熱シールド

able-bodied seaman 【米軍】1等水兵

Able Seaman 【英海軍】2等兵

abnormal shot ［C］ 不規弾（ふきだん） 《正規の散布区域から外れた射弾。[典] NDS Y 0005B》《[同] wild shot》

abnormal spin 異常きりもみ 《航空機の異常錐揉み》

aboard side 舷側（げんそく）

abolition 廃止

abort ①任務中止 《1. 敵の行動以外の理由が原因で、任務達成に失敗することをいう。作戦開始以降、完了前までに生じる失敗をいう。2. 航空機の離陸、あるいは飛行中に任務の継続が不能になることをいう。[典] 統合訓練資料1-4》 ②アボート 《プログラムが異常終了すること。または、実行中の処理を強制終了させること。[典] JAFM006-4-18》

abort guidance system (AGS) ［C］ ロケット補助誘導システム

About Face ! 「回れ、右！」 《号令》

above aerodrome level 飛行場面上

above ground level (AGL) ①【空自】対地高度 ②地上高

above ground magazine ［C］ 地上式火薬庫

above mean sea level (AMSL) 平均海抜高

above sea level (ASL) 海抜

above-the-line publications 上位刊行物 《[対] below-the-line publications = 下位刊行物》

abrasion ①摩耗；摩滅；アブレージョン 《機械的にすり減る現象》 ②擦過傷 《「すり傷」のこと》

abrasion test ［C］ 磨耗試験

abrasion tester 磨耗試験機

abrasive 研磨剤

abreast ［adv.］ 並列して

abridged general view 概要図

abscissa 横座標

absence 欠勤

absence on duty 公務不在

absence on leave 休暇不在

absence with leave (AWL) 許可済み離隊；許可済み外出

absentee ［C］ ①【自衛隊】職務離脱者 《自己の意志により職務を放棄した者をいう。[典] 陸自教範》 ②無許可離隊者；無許可外出者

absenteeism 無断欠勤

absent pennant 不在旗

absent without leave (AWOL) ①【自衛隊】職務離脱 ②無許可離隊；脱走

absolute air superiority ［U］ 絶対的航空優勢

abso 4

absolute altimeter ［C］ 絶対高度計

absolute altitude　絶対高度

absolute ceiling　絶対上昇限度　《航空機の上昇能力を表す値の一つで、標準大気内において、連続最大出力状態で水平飛行を維持し得る最高高度をいう。航空機はこの高度以上に達することはできない。⊛ 統合訓練資料1-4》

absolute deviation　絶対偏差

absolute dud　絶対不発弾

absolute error　射弾の誤差

absolute extreme　絶対極値

absolute ground speed　絶対対地速度

absolute height　絶対高

absolute humidity　絶対湿度

absolute inclinometer ［C］ 絶対傾斜計

absolute instability　絶対不安定度

absolute meter ［C］ 絶対計器

absolute pressure　絶対圧力

absolute pressure gauge ［C］ 絶対圧力計

absolute quarantine　隔離

absolute speed　絶対速度

absolute stability　絶対安定度

absolute temperature　絶対温度

absolute unit　絶対単位

absolute velocity ［U］ 絶対速度

absolute vorticity　絶対渦度 (ぜったいうずど)

absolute war　絶対戦争

absolute weapon ［C］ 絶対兵器

absorbed dose ［U］ 吸収線量

absorbent　吸収剤

absorber　①吸収体 《電波等の吸収体》 ②緩衝体；緩衝材 ③吸収器

absorbing circuit ［C］ 吸収回路

absorbing coil ［C］ 吸収コイル

absorbing power　吸収能

absorption　吸収 《媒質中または反射に伴い、音響エネルギーが消散または他のエネルギーに変換される現象。⊛ 対潜隊 (音1) 第401号》

absorption coefficient　吸収係数

absorption cross-section　吸収断面積

absorption dynamotor ［C］ 吸収動力計

absorption fading　吸収性フェーディング

absorption loss　吸収損失 《伝搬損失の一つ》

absorption wavemeter ［C］ 吸収型波長計

abstract inventory　抽出現況調査

abstract voucher　抽出証書

Abu Sayyaf Group (ASG)　アブ・サヤフ・グループ 《フィリピン南部等におけるイスラム国家建設を目指す武装勢力》

AC&W Computer Maintenance ［U］【空自】電算機整備 《准空尉空曹空士特技区分の英語呼称》

AC&W Radar Maintenance　【空自】警戒管制レーダー整備 《准空尉空曹空士特技区分の英語呼称》

A-cable ［C］ Aケーブル 《魚雷調定用ケーブルの一つ》

Academic Department　【防大】教務部 《の英語呼称》◇用例： 教務部長 = Director of Academic Department

Academic Division　【防大】教務課 《の英語呼称》◇用例： 教務課長 = Head of Academic Division

academic hour　学科教育時間

academic instructor ［C］ 学科教官

AC armature　交流電機子

AC balancer　交流平衡機

AC bridge ［C］ 交流ブリッジ

accelerated circulation　加速循環

accelerated degradation　強制劣化

accelerated mission test ［C］ 任務試験促進

accelerated mission training　任務訓練促進

accelerated service test (AST) ［C］ 実用試験促進

accelerating anode　加速陽極

accelerating contactor　加速コンタクター

accelerating grid　加速格子

accelerating pump ［C］ 加速ポンプ

accelerating voltage　加速電圧

accelerating well　加速用燃料室

acceleration　加速度 《時間に対する変化》

acceleration check　加速点検

acceleration control unit ［C］ 加速調節装置

acceleration electrode　加速電極

acceleration error　加速誤差 《コンパスの加速誤差》

acceleration limit　加速限度

acceleration limiting valve ［C］ 加速度制限弁

acceleration load　加速重量

acceleration stop distance　加速停止距離

acceleration test ［C］ 加速試験

acceleration valve ［C］ 加速弁

accelerator ①加速器；加速装置 ②促進剤

accelerator pedal ［C］ 加速ペダル

accelerator pump ［C］ 加速ポンプ

accelerometer ［C］ 加速度計

accept (ACPT) 受領 《他システムからメッセージ等を受け付け、後に受け納めることをいう。[典] JAFM006-4-18》

acceptability ①受け入れ可能性 ②【海自】受容性 《結果の受容性》

acceptable dose 許容被曝線量（きょようひばくせんりょう） 《放射能汚染地域を行動する部隊に対して、一定期間内に個人が受けることを許される放射線の線量をいい、連・大隊以上の指揮官が、任務および過去の被ばく放射線量を考慮して設定する。[典] 陸自教範》

acceptable loss 許容損害；受け入れ可能損害 《[対] unacceptable loss = 不当損害》

acceptable risk 許容危険率

acceptance 受領

acceptance inspection (AI) ①受領検査 ②【海自】受け入れ検査；受け入れ試験

acceptance quality level (AQL) 合格品質水準

acceptance rate 着陸許容率 《航空機の着陸許容率》

acceptance test ［C］ 受け取り検査

accept battle 応戦する

accept-designation switch ［C］ 指示スイッチ

accepted plan ［C］ 採択計画

acceptor impurity アクセプター不純物

access aisle 進入路

access control ［U］ アクセス制御

access control list (ACL) ［C］ アクセス制御リスト 《オブジェクトへのアクセスが許可されている対象（人物、システム）およびオブジェクトでの実行が許可されている操作を指定したリスト》

access cover 手入れカバー

access door ①【空自】点検扉 ②【海自】点検孔 ③点検ドアー

access hole ［C］ 手入れ孔；手入れ口

accessibility 接近可能性；行動可能性；到達能力

accessions ［pl.］ 新規採用隊員 《陸海空軍等の新規採用隊員》

access method 呼び出し方式

accessory ［C］ 付属品；アクセサリー

accessory and spare parts case ［C］ 補用品箱

accessory case ［C］ 付属品ケース 《ペトリオット用語》

accessory implement 付属具

access panel ［C］ 【空自】点検パネル

access plate 点検プレート

access right アクセス権 《陸自指揮システム等に対して、システムへの加入、データの入力、検索、更新、出力等を行うことが可能な権利のことをいう。[典] 陸自教範》

access road ［C］ 出入路

access time 呼び出し時間

accidental attack ［C］ 偶発攻撃

accidental error 偶然誤差

accidental fire 暴発 《通常の発射操作によらないで、弾丸が偶発的に発射されること。[典] NDS Y 0002B》

accidental spin 偶発スピン

accidental war ［U］ 偶発戦争

accident cause 事故原因

accident investigation department 事故調査部門

accident investigation report ［C］ 事故調査報告書

accident investigation unit ［C］ 事故調査隊

accident potential 事故要因

Accident Potential Zone (APZ) ［C］ 【米】事故危険区域；事故可能性ゾーン

accident prevention 事故防止

accident prevention program 事故防止計画

accident proneness 事故傾向

accident report ［C］ 事故報告；事故報告書

accident report form 事故報告用紙

accident scene 事故現場

accident site ［C］ 事故現場

accident study ［U］ 事故研究

accident summary 事故概況；事故速報

acclimatization 気候順応；気候順化

accolade 栄誉証

accommodate ［vt.］ 収容する；順応する；適応する

accommodating command ［C］ 収容施設管理部隊

accommodation 収容

AC commutator motor ［C］ 交流整流子

電動機

accompanying aircraft ［pl. = 〜］ 同行機；僚機

accompanying artillery ［U］ 随伴砲兵

accompanying supplies ［pl.］ 携行補給品

accompanying tank ［C］ 随伴戦車

accomplish ［vt.］ 遂行する；達成する

accomplishment 完遂；遂行；達成

account 調査；統計

accountability ①会計責任 ②説明責任

accountability code 性質区分記号

accountable ［adj.］ 会計責任のある；会計責任を必要とする

accountable disbursing officer ［C］ 出納官

accountable officer ［C］ 出納官吏

accountable property office ［C］ 物品会計室

Accounting and Finance 【空自】会計 《准空尉空曹空士特技区分の英語呼称》

Accounting and Finance Division 【空自】会計課 《の英語呼称》◇用例： 会計課長 = Head, Accounting and Finance Division

Accounting and Finance Officer 【空自】会計幹部 《幹部特技区分の英語呼称》

Accounting and Finance Section 【空自】経理班 《の英語呼称》◇用例： 経理班長 = Chief, Accounting and Finance Section

Accounting and Finance Staff Officer 【空自】会計幕僚 《幹部特技区分の英語呼称》

accounting classification 予算科目符号

Accounting Division ①【防衛省・海自】会計課 《の英語呼称》◇用例： 会計課長 = Director, Accounting Division ②【防大】経理室 《の英語呼称》◇用例： 経理室長 = Head of Accounting Division

Accounting Management Chief 【防衛装備庁】会計管理専門官 《電子装備研究所〜の英語呼称》

Accounting Section 【防衛装備庁】出納係 《電子装備研究所〜の英語呼称》

Accounting Squadron 【空自】会計隊 《の英語呼称》

accounting symbol 会計責任機関符号

Accounting Unit Division 【海自】経理隊 《の英語呼称》◇用例： 経理隊長 = Chief, Accounting Unit Division

account number 物品管理単位番号

Accounts Department 【海自】経理部 《の英語呼称》◇用例： 経理部長 = Director, Accounts Department

account symbol 会計符号

accredit ［vt.］ 信任する；派遣する

accreditation 使用認定

accredited correspondent 従軍通信員

accredited officer ［C］ 隊付き外国武官 (たいづきがいこくぶかん)

accumulator ［C］ ①累算器 ②蓄圧器 ③【海自】汽水分離器 ④蓄電池

accuracy 正確性；正確度 《㊞ 正確さの度合い》

accuracy life 命数 《銃または砲の命数》

accuracy of fire 射撃精度 《㊞ accuracy of hit》

accuracy of hit 命中精度 《㊞ accuracy of fire》

accuracy of information 情報確度

accurate underwater travel 有効水中弾道

accuser 告訴人；告発者

AC distribution 交流配電

acetate base 酢酸繊維素ベース

acetylene gas generator ［C］ アセチレン・ガス発生器

AC exciter 交流励磁機

AC generator ［C］ 交流発電機

achieve ［vt.］ 達成する

achievement 達成

achievement test ［C］ ①【空自】学力試験 ②【陸自】技能判定試験；練度判定試験

achromatic lens 色消しレンズ

acid pickling 希薄酸洗浄

acid proof 耐酸

acid rain 酸性雨

acid refractory 酸性耐火物

acid resistance 耐酸性

acid resisting alloy 耐酸合金

acid stop bath 酸性停止浴

acid treating 酸洗い 《㊞ pickling》

ack-ack 高射砲；対空砲火

acknowledge (ACK) ①【空自】指令確認 ②了解 ③アクノレッジ 《ペトリオット用語》 ④応答 《データ送信または処理要求に対して、受信側か送信側に返信する確認応答をいう。 ㊞ JAFM006-4-18》

acknowledgement ①【統幕・陸自】受領通知 ②【海自】指揮官了解

AC machine ［C］ 交流機 《交流電力を発生
もしくは変換し、または交流電力を受けて機械動
力を発生する回転機をいう。⊛ NDS F 8018D》

AC meter ［C］ 交流計

AC motor ［C］ 交流電動機

A coil ［C］ Aコイル 《船体横方向の磁気を打
ち消すコイル。「athwart ship field coil」の略語》

A coil setting Aコイル調定 《Aコイルの消磁
コイル調定》

acorn tube ［C］ エーコン管

acoustical emission monitoring (AEM)
音響測定

acoustical insulator ［C］ 遮音材

acoustical intelligence (ACINT) ［U］
音響情報 《国外の音響発生源から得られる技術
および情報の資料をいう。⊛ 統合訓練資料1-4》

acoustical surveillance ［U］ 音響監視

acoustic analysis center ［C］ 音響資料分
析センター

acoustic analyst (ACAN) 音響分析員

acoustic baffle 音響バッフル

acoustic bottom profiler ［C］ 海底音波探
査機 《海底および海底地層を探査するアクティ
ブ・ソーナー。⊛ NDS Y 0012B》

acoustic center 音響中心

acoustic circuit ［C］ 音響回路

acoustic data processor ［C］ 【海軍】音
響データ処理装置

acoustic differential 聴音差

**acoustic Doppler current profiler
(ADCP)** 超音波ドップラー流速計；超音波流
向流速計

acoustic efficiency ［U］ 音響効果

acoustic filter ［C］ 音響濾波器（おんきょう
ろはき）

acoustic frequency (AF) 音響周波数

acoustic impedance 音響インピーダンス

acoustic influence fuze ［C］ 音響信管
《音響センサーが検知して作動する信管》

**acoustic information-gathering system
(AIGS)** ［C］ 【米海軍】音響情報収集シス
テム

acoustic intelligence (ACINT) ［U］ 音
響情報 《ACINT＝アシント》

acoustic intelligence data system ［C］
【海軍】音響情報データ・システム

acoustic intensity method 音響インテンシ
ティ法 《⊕ sound intensity method》

acoustic jamming 音響妨害

acoustic meteorology ［U］ 気象音響学

acoustic mine ［C］ 音響機雷

acoustic mine hunting 音響機雷掃討

acoustic oscillation 音響振動 《⊕ acoustic
vibration》

acoustic phase coefficient 位相定数

acoustic positioning system ［C］ 音響測
位装置 《音波を使用して艦船の位置を測定する
装置》

acoustic proximity fuze ［C］ 音響近接
信管

acoustic radiation efficiency ［U］ 音響放
射効率；放射効率

acoustic rapid COTS insertion (ARCI)
【米海軍】音響装備急速民生品利用挿入

acoustic reactance 音響リアクタンス

Acoustic Research Center (ARC) 【海
軍】音響調査センター

acoustic resistance 音響抵抗

acoustic rubber 音響ゴム

**acoustic short pulse echo classification
technique (ASPECT)** アスペクト

acoustic signature ［C］ 音響シグネチャ
《周囲環境に放射される音の音響学的特性。例え
ば艦艇や潜水艦の場合、プロペラーや機器の音な
ど、各艦艇や各潜水艦によって、はっきりした特
徴がある》

acoustic stealth 音響ステルス 《吸音材を船
体に適用することにより、音響反射率を抑制して
探知されにくくすること》

acoustic steering system 聴音操舵系統

acoustic sweep (ACS) 音響掃海 《艦船が発
生する音を模擬する発音体を曳航し、機雷を爆破
処分する掃海法》

acoustic sweep gear ［C］ 音響掃海具

acoustic system operator (ASO) ［C］
【海軍】音響システム操作員

acoustic torpedo ［C］ 音響魚雷

acoustic tracking range ［C］ 音響追跡レ
ンジ

acoustic training 音感教育

acoustic transmission condition 音響伝搬
状態

acoustic velocity ［U］ 音響速度；音速

acoustic vibration 音響振動 《⊕ acoustic
oscillation》

acoustic warfare ［U］ 音響戦

acoustic wind 音響風

acoustic window 音響窓

acquire ［vt.］ 捕捉する

acquisition (ACQ) ①取得 ②捕捉（ほそく）《目標を探知している状態》 ③獲得

acquisition advice code (AAC) 【米】取得指示コード

acquisition aiding 捕捉補助

Acquisition and Cross-Servicing Agreement (ACSA) 【日】物品役務相互提供協定 ◇用例：Japan-UK Acquisition and Cross-Servicing Agreement = 日英物品役務相互提供協定（日英ACSA）；Japan-France Acquisition and Cross-Servicing Agreement = 日仏物品役務相互提供協定（日仏ACSA）《ACSA = アクサ》

A

acquisition phase ［C］ 取得段階

acquisition probability (ACQ) 【海自】目標捕捉確率

acquisition radar ［C］ 捕捉レーダー（ほそく～）

acquisition radar and control system (ARCS) ［C］ 捕捉レーダー管制システム

acquisition scan 捕捉走査（ほそくそうさ）

Acquisition, Technology and Logistics Agency (ATLA) 【防衛省】防衛装備庁《の英語呼称》《前身は「装備施設本部」》◇用例：防衛装備庁長官 = Commissioner, ATLA

acreage 地積

AC resonance charging circuit ［C］ 交流共振充電回路

acrobatic flight ［C］ 曲技飛行

acrobatics 【海自】特殊飛行

Act concerning the Measures for Protection of the People in Armed Attack Situations, etc 【日】武力攻撃事態等における国民の保護のための措置に関する法律 《の英語呼称》

acting ［adj.］ 代理 ◇用例：acting officer = 代理将校

acting duty for certain period 代行

acting face 圧力面 《プロペラーの圧力面》

Acting Sublieutenant 【英海軍】少尉

actinometer ［C］ 光量計；日射計

action ［n.］ 交戦；戦闘 ◇用例：in action = 交戦中；be in action = 交戦中である

action 「射撃用意」

action addressee 着信者

action agent ［C］ ①【自衛隊】工作活動員 ②行動分子

action bit アクション・ビット

action code 処理記号

action code suffix 補給処理追加記号

action course ［C］ 戦闘針路

Action Data Automation (ADA) ①【海自】戦闘情報自動処理システム ②【英海軍】戦術情報処理システム

action deferred 行動保留

action entry (AE) アクション・エントリ《JADGE用語》

action information center ［C］ 戦闘情報センター

action information organization 戦闘情報組織

action phase ［C］ 活動段階

action plan of forces for intelligence じ後の情報部隊等行動計画

Action Plan to Combat the Financing of Terrorism テロ資金供与に対し闘うためのG7行動計画

action plot 【海自】合戦図

action point アクション・ポイント 《攻撃態勢に入るポイント》

action radius ［C］ 行動半径

action report ［C］ 戦闘報告

action signals ［pl.］ 行動信号

actions of JSDF ［pl.］ 【自衛隊】自衛隊の行動 《自衛隊法第6章に規定する防衛出動等の行動および関連法令等の法令の定めるところにより自衛隊が実施する活動等をいう。[典] 統合訓練資料1-4》

action station ［C］ ①戦闘配置 ◇用例：Action stations！ = 戦闘配置につけ！ ②対空配置

action status 戦闘区分

action strength ［U］ 通達兵力

activate ［vt.］ 編成する 《部隊を編成する》

activate アクティベート 《ペトリオット用語》

activated carbon 活性炭

activated charcoal 活性炭

activated mine ［C］ 活性化地雷 《地雷の除去を妨害する装置または電気回路を持つ地雷》

activator 活性剤

active ［adj.］ ①積極的な；アクティブな；能動的な ②使用中の；実動中の ③現役の；現用の

active acoustic homing アクティブ音響ホーミング；探信式音響追尾

active aircraft ［pl. = ～］ 現用航空機

active aircraft inventory 実動航空機数

active air defense ［U］ 積極防空 《空からの敵の攻撃に対し、要撃機、ミサイルまたは対空火器等を使用して攻撃し、あるいは対電子(ECM)等の手段を使用して行う積極的な防空活動をいう。[典] 統合訓練資料1-4》《[対] passive air defense = 消極防空》

Active Army 【米】現役陸軍

active CAP アクティブCAP 《戦闘空中哨戒(CAP)ミッションにある要撃機が、CAPポイントに誘導されている状態をいう。[典] JAFM006-4-18》《CAP (combat air patrol) = キャップ》

active card ［C］ 常用カード

active coil ［C］ 有効コイル

active communication satellite ［C］ 能動通信衛星

active component ［C］ 現役部隊

active control technology 能動制御技術；アクティブ制御技術

active current 有効電流

active data ［U］ アクティブ・データ 《バッジ用語》

active defense ［U］ 積極防衛；積極防御

active detection system ［C］ 【海軍】アクティブ探知システム

active duty ①現役 ②【海自】実任務

active duty for special work 【海自】予備役等実任務期間

active duty for training ①訓練現役勤務 ②【海自】予備役等訓練期間

active ECM 積極的対電子 《[対] passive ECM = 消極的対電子》

active electrical network ［C］ 能動電気回路網

active electronic countermeasures ［pl.］ アクティブECM

active Federal service 現役連邦勤務

active flight plan ［C］ アクティブ飛行計画 《JADGE用語》

active front 活動的な前線 《[対] inactive front = 活動的ではない前線》

active gate width 実ゲート幅

active homing アクティブ・ホーミング；積極ホーミング

active homing guidance ［U］ アクティブ・ホーミング誘導

active jammer track ［C］ アクティブ・ジャマー航跡 《現在ジャミングを行っているシステム航跡をいう。[典] JAFM006-4-18》

active laser homing (ALH) アクティブ・レーザー誘導

active layer ［C］ 活性層

Active Layered Theatre Ballistic Missile Defense Feasibility Study (ALTBMD-FS) 【NATO】戦域ミサイル防衛調査研究

active lift control system ［C］ アクティブ揚力制御システム

active lift distribution control system ［C］ アクティブ揚力配分制御システム

active list ［C］ 現役表；現役名簿

active maintenance training simulator (AMTS) ［C］ 構成品整備教育装置 《ペトリオット用語》

active mine ［C］ アクティブ機雷

active mode アクティブ・モード

active National Guard 【米】現役州兵

active night vision device ［C］ アクティブ暗視装置 《目標に赤外線を照射して、その反射光を利用する方式の暗視装置。[典] NDS Y 0004B》《[対] passive night vision device = パッシブ暗視装置》

active noise control ［U］ アクティブ・ノイズ・コントロール

active phased array radar (APAR) ［C］ アクティブ・フェーズド・アレイ・レーダー

active policy 積極方針

active power 有効電力

active public affairs policy 積極広報策

active radar homing (ARH) アクティブ・レーダー・ホーミング；アクティブ・レーダー誘導 《自らが放射する電波で目標の位置情報を取得する電波誘導方式》《[対] passive radar homing = パッシブ・レーダー・ホーミング》

active radar homing seeker ［C］ 【自衛隊】アクティブ電波ホーミング・シーカー

active range of the day アクティブ探知距離

active runway ①【空自】使用滑走路 ②【海自】現用滑走路

active satellite defense ［U］ アクティブ衛星防御

active search アクティブ・サーチ 《ペトリオット用語》

active seeker homing (ASH) アクティブ・シーカー・ホーミング；アクティブ・シーカー誘導

active sensor ［C］ アクティブ・センサー

active service 現役

active shaft grounding method アクティブ・シャフト・グラウンディング法 《[対] passive shaft grounding method = パッシブ・シャフト・グラウンディング法》

active sight ［C］ 能動暗視装置

active sonar 〔U〕 アクティブ・ソーナー《離れた場所にある物体に音波を放射し、反射音からその物体に関する情報を得る装置》《[対] passive sonar = パッシブ・ソーナー》

active sonobuoy 〔C〕 アクティブ・ソノブイ《音波を放射し、目標からの反響音を受信するソノブイ。[典] NDS Y 0012B》《[対] passive sonobuoy = パッシブ・ソノブイ》

A

active tactics 〔pl.〕 アクティブ戦術 《主として、アクティブ捜索・測的武器を使用(パッシブ捜索・測的武器を含む)して、敵を捜索・攻撃する戦術をいう。[典] 統合訓練資料1-4》《[対] passive tactics = パッシブ戦術》

active tail warning system 〔C〕 【空軍】アクティブ後方警戒システム

active torpedo 〔C〕 アクティブ魚雷

active track 〔C〕 アクティブ航跡 《JADGE用語》《[対] passive track = パッシブ航跡》

active vibration control アクティブ防振

activities of Self-Defense Forces 〔pl.〕 自衛隊の行動

activity analysis 活動分析

activity balance line evaluation (ABLE) 活動平衡線評価

activity list 〔C〕 職務表

activity loading test 〔C〕 実負荷試験

activity of front 前線の強さ

activity selection アクティビティ選択《バッジ用語》

act of mercy 救済措置

act of war 戦争行為

Act on Ship Inspection Operations in Situations in Areas Surrounding Japan 【日】周辺事態に際して実施する船舶検査活動に関する法律 《略称は「船舶検査活動法(Ship Inspection Operations Act)」》

Act on the Peace and Independence of Japan and Maintenance of the Nation and the People's Security in Armed Attack Situations, etc. 【日】武力攻撃事態等における我が国の平和と独立並びに国および国民の安全の確保に関する法律

AC transient circuit 〔C〕 交流過渡回路

actual crossing 〔C〕 【陸自】真渡河《[対] feint crossing = 陽動渡河》

actual crossing area 〔C〕 渡河作業地域

actual ground 現地

actual ground zero (AGZ) 実ゼロ地点《核兵器の爆心の直下および直上》

actual life 有効寿命

actual path 実航跡

actual placement 現実配置

actual range 〔C〕 【海自】実距離 《射撃艦と目標との直距離をいう。[典] 海上自衛隊訓練資料第175号》

actual range (AR) 〔C〕 実射距離

actual strength 〔U〕 実兵力;実勢力

actual time arrival (ATA) 到着時刻

actual time between failure (ATBF) 実故障間隔

actual time of arrival (ATA) 到着時刻

actual time of departure (ATD) 出発時刻

actual time of enroute (ATE) 実飛行時間

actuate 〔vt.〕 作動させる

actuated mine 〔C〕 発動地雷

actuating cylinder 〔C〕 ①作動シリンダー ②【海自】作動筒

actuating depth 作動水深

actuating lever 〔C〕 作動レバー

actuating signal 〔C〕 動作信号

actuation 作動

actuation width 作動幅

actuator (ACTR) アクチュエーター

actuator drive unit (ADU) 〔C〕 アクチュエーター駆動ユニット

AC underwater electric field (alternating UEP) 交流UEP(こうりゅうゆーいーぴー)

acute dose 急性線量

acute flying sickness 急性航空病

acute radiation dose 急性放射線量

AC voltage divider 交流分圧器

adamsite アダムサイト;くしゃみ性毒ガス

adaptation 順応;適応

adaptation and geographic data generation program (AGDP) アダプテーション・ジオグラフィック・データ・ジェネレーション・プログラム 《バッジ用語》

adaptation calculation function (ACF) アダプテーション・カリキュレーション機能《バッジ用語》

adaptation data 〔U〕 アダプテーション・データ 《JADGE用語》

adaptation data base function (ADF) アダプテーション・データベース機能 《バッジ用語》

adapter 〔C〕 アダプター 《仲介装置のこと。例えば、テーパーの異なる穴に適合させるために

用いるソケット、スリーブ等。⊛ レーダー用語集》

adapter booster ［C］ 伝爆薬装置アダプター

adapter unit ［C］ 取り付け部

adaption kit 付属具

adaptive beamforming (ABF) アダプティブ・ビーム・フォーミング

adaptive delta PCM (AD PCM) 適応差分パルス符号変調 《ペトリオット用語》

adaptive differential pulse code modulation (ADPCM) 適応差分PCM

adaptive wing アダプティブ翼 《周囲の圧力等の外部条件によって自律的に変形し、キャビテーションおよび振動が低減し、音響シグネチャの低減が可能な翼》

A-day (A-DAY) Aデー；作戦計画発動日

ADC Headquarters Flight Group 【空自】航空総隊司令部飛行隊 《ADC ＝ Air Defence Command（航空総隊）》

added value 付加価値

addendum circle 歯先円

adder 加算器

additional Air Force Specialty (additional AFS) 【空自】従特技 《⊛ primary Air Force Specialty ＝ 主特技》

additional allowance 増給

additional cooperation ［U］ 追加協力

additional payment 増給

additional post 兼任

additional service 補足業務

additional strength ［U］ 補強

additive ［C］ 添加剤

additive color process 加色法

additive polarity 加極性

add-on armor 付加装甲 《戦闘車両などの主装甲に付加する装甲。⊛ NDS Y 0006B》 《⊛ applique armor》

address ①あて名 ②アドレス 《情報を転送する場合の出所または行き先を表す表示。通常、記憶装置の中で一語が占める特定の場所を指定するのに用いる。⊛ レーダー用語集》

address call sign ①あて名 ②呼び出し符号

addressee ［C］ ①通報先；報告先 ②宛名；名宛人

address group ［C］ ①【統幕】あてな群 ②【空自】総括あて名

address indicating group (AIG) ［C］ ①【統幕】総括あて先 ②【海自】一括名宛て

adequacy 妥当性

adhesion value 粘着値

adhesive charge ［C］ 吸着爆雷

adhesive compound 粘着剤

ad hoc committee 特別委員会

Ad Hoc Liaison Committee for Assistance to the Palestinian People (AHLC) パレスチナ支援調整会議

ad hoc movement 特別移動

adiabatic ［adj.］ 断熱の

adiabatic burning temperature 断熱燃焼温度

adiabatic change 断熱変化

adiabatic chart ［C］ ①【空自】断熱線図 ②【海自】断熱図

adiabatic compression 断熱圧縮

adiabatic cooling 断熱冷却

adiabatic diagram ［C］ 断熱図

adiabatic efficiency ［U］ 断熱効率

adiabatic equilibrium 断熱平衡

adiabatic expansion 断熱膨張

adiabatic heating 断熱昇温

adiabatic lapse rate 断熱減率

adiabatic line 断熱線

adiabatic path 断熱経路

adiabatic process 断熱過程

A division A区画

adjacent channel ［C］ 隣接チャンネル

adjacent fix 最寄りの定点

adjacent unit ［C］ 隣接部隊

adjust ［vt.］ 調整する；修正する

adjustable pitch propeller 調整ピッチ・プロペラー

adjustable scale 調整尺

adjustable-speed motor ［C］ 加減速度電動機 《定速度電動機の一種で、その回転速度を広範囲に加減できる電動機をいう。⊛ NDS F 8018D》

adjustable stabilizer ［C］ 調整式安定板

adjustable trigger bar ［C］ 調整式引き金桿（ちょうせいしきひきがねかん） 《機関銃》

adjustable valve ＝ adjusting valve ［C］ 加減弁

adjustable voltage divider 加減分圧器

adjusted elevation 修正高角

adjusted figure of merit (AFOM) 修正探知指数

adjusted range ［C］ 修正射距離

adjusted rate of fall 調整降下率

adjusting cam ［C］ 調整カム

adjusting device ［C］ 調整装置

adjusting point ［C］ 修正点

adjusting ring ［C］ 調整環；調整リング

A **adjusting scale** 調整尺

adjustment (ADJ) ①調整 《機器の校正・修理などに際し、電気的定数の変更、機械的調度の変更などによって、その機器の性能を規定のものに合致させる行為をいう。㊞ NDS C 0002D》 ②適応

adjustment chart ［C］ 射撃修正表

Adjustment General (AG) 【米】軍務局長

Adjustment General's Office (AGO) 【米】軍務局

adjutant (ADJ) 副官

adjutant general (AG) 高級副官；軍務局長

adjutant's call 整列号音

administration ①管理 ②総務 《庶務、行事の企画・実施、内外に対する広報、基地周辺住民との調整などを行う。事務系行政職の一つ。㊞ 航空自衛隊2018》

Administration 【空自】総務 《准空尉空曹空士特技区分の英語呼称》

administration allowance 俸給の特別調整額

Administration and Operations Support Room 【空自】管理運営室 《の英語呼称》◇用例： 管理運営室長 = Chief of Administration and Operations Support Room； 管理運営室勤務要員 = Staff of Administration and Operations Support Room

Administration and Operations Support Room area ［C］ 【空自】管理運営室区画

Administration and Personnel Staff Officer 【空自】総務人事幕僚 《幹部特技区分の英語呼称》

administration area ［C］ 【空自】管理区画

Administration Department 【海自】総務部；管理部 《の英語呼称》◇用例： 管理部長 = Director, Administration Department

Administration Division 【防衛省本省・統幕・統幕学校・陸自・空自・海自】総務課 《の英語呼称》《㊞ 航空総隊では「総務部」、航空団では「監理部」》◇用例： 総務課長 (統幕学校) = Head, Administration Division

administration office ［C］ 執務室

Administration Section ①【統幕・空自・海自】総務班 《の英語呼称》《㊞ 航空総隊では「総務課」》◇用例： 総務班長 (統幕・空自) = Chief, Administration Section；Officer, Administration Section (海自) ②【統幕学校】総務グループ 《の英語呼称》◇用例： 総務グループ長 = Chief Administration Officer

administrative agencies concerned = administrative organs concerned 関係行政機関

administrative aircraft service 空輸管理

administrative airlift service 管理航空輸送業務

Administrative and Services Division 【在日米陸軍】総務部

Administrative Assistant 【米陸空軍】行政担当補佐官

Administrative Assistant to the Secretary of the Force 【米空軍】行政担当補佐官

administrative chain of command 管理指揮系統

administrative chart ［C］ 管理系統図

administrative command 管理指揮

administrative communication 管理通信

Administrative Conference of the United States (ACUS) 【米】合衆国行政協議会

administrative control ［U］ 管理統制 《指揮下にない部隊等の人事、後方補給等のうち、管理的事項に関して統制することをいう。㊞ 統合訓練資料1-4》

Administrative Department 【防大】総務部 《の英語呼称》◇用例： 総務部長 = Director of Administrative Department

Administrative Division and US marshals (JU-AM) 【米】司法省裁判所行政局

administrative document ［C］ 行政文書 《防衛省の職員が職務上作成し、または取得した文書 (図画および電磁的記録 (電子的方式、磁気的方式その他人の知覚によっては認識することができない方式で作られた記録をいう) を含む) であって、職員が組織的に用いるものとして、防衛省が保有しているものをいう。㊞ 防衛省訓令第15号》

administrative document file ［C］ 行政文書ファイル 《防衛省における能率的な事務または事業の処理および行政文書の適切な保存に資するよう、相互に密接な関連を有する行政文書 (保存期間を同じくすることが適当であるものに限る) を一つの集合物にまとめたもの。㊞ 防衛省訓令第15号》

administrative document file register ［C］ 行政文書ファイル管理簿 《防衛省におけ

る行政文書ファイル等の管理を適切に行うために、行政文書ファイル等の分類、名称、保存期間、保存期間の満了する日、保存期間が満了したときの措置および保存場所その他の必要な事項を記載した帳簿をいう。[典] 防衛省訓令第15号》

administrative echelon 〔C〕 管理部隊

administrative escort 【海軍】管理護衛艦船

administrative estimate 管理見積り

administrative expenses 〔pl.〕 管理費

administrative flight 〔C〕 管理飛行

administrative group 〔C〕 管理任務群

administrative inspection 管理監査

Administrative Inspector General 【海保】首席監察官 《の英語呼称》

administrative landing 【海軍】管理上陸

Administrative Law Section 【陸自】法規班 《の英語呼称》

administrative lead time 管理リード・タイム

administrative leave 管理休暇

administrative loading 〔U〕 管理搭載 《戦術的配慮とは無関係に、許容できる最大限の人員、貨物を搭載することをいう。[典] 統合訓練資料1-4》

administrative loads 〔pl.〕 管理資材

administrative loss 行政損耗 《退職、免職、補職、失職等、任免権の行使または職務離脱等による人員の損耗をいう。[典] 統合訓練資料1-4》

administrative map 〔C〕 管理地図

administrative march ①【自衛隊】管理行進 ②管理行軍

administrative matters 〔pl.〕 管理事項

administrative movement 管理移動

administrative net 管理通信網

Administrative Office 【在日米陸軍】総務室

Administrative Office of US Courts (AC) 【米】アメリカ合衆国裁判所

Administrative Officers Course (AOC) 【空自】幹部特別課程 《航空自衛隊幹部学校の課程名》

Administrative of Planning Branch 【在日米陸軍】庶務課

administrative order 【米軍】管理命令 《輸送、補給、整備、後送、人事等の管理的事項に関する命令をいう。[典] 統合訓練資料1-4》

administrative organization 管理編成

administrative pilot (AP) 〔C〕 管理操縦者

administrative plan 〔C〕 【海軍】管理計画

administrative policy 運営方針

administrative rail movement 鉄道管理移動

administrative restriction 行政禁足

administrative sea movement 海上管理移動

administrative segregation 管理隔離

administrative services 〔pl.〕 行政職種

administrative shipping 管理船積業務

administrative signals 〔pl.〕 業務管理信号

administrative staff 行政幕僚

administrative subpoena 行政の提出命令

administrative unit 〔C〕 管理関係部隊；管理自営部隊

administrative use 管理用

administrative use vehicle 〔C〕 管理用車両

Administrative Vice Chief of Staff, Joint Staff 【統幕】総括官 《の英語呼称》《国会答弁を含む対外説明や関係省庁との連絡調整》

Administrative Vice-Minister of Defense 【防衛省】防衛事務次官 《の英語呼称》

administrator privileges 〔pl.〕 管理者権限 《管理者権限とは、情報システムの管理（利用者の登録および登録削除、利用者のアクセス制御等）をするために付与される権限をいう。[典] 調達における情報セキュリティ基準。[備]「administrative right」や「administration authority」など、IT企業によって異なる》◇用例： system administrator privileges ＝ システム管理者権限

admiral 〔C〕 【海軍】大将；提督；司令長官；総司令官

Admiral ①【自衛隊】将（甲種）《統合幕僚長および幕僚長である海上幕僚長がこれにあたる》 ②【米英海軍・米沿岸警備隊】大将

admiral anchor 海軍型錨；アドミラル式錨

admiral flag 将官旗

admiral of the fleet 【米海軍・英海軍】元帥

admiral's barge 〔C〕 将官艇

Admiralty 〔the ～〕 【英】海軍本部

Admiralty Board 〔the ～〕 【米・英】海軍本部委員会 《[同] Board of Admiralty》

Admission Division 【防大】入学試験課 《の英語呼称》◇用例： 入学試験課長 ＝ Head of Admission Division

admission line 進入線

admi 14

admission passage　進入路

admission port　進入口

admission rate　入院率

Admissions Office　【海自】試験業務室　《の英語呼称》《海上自衛隊幹部学校》

admission valve　[C]　進入弁

admonition　訓戒

adopted items of material　制式資材品目；制式軍需品品目

adopted types　[pl.]　制式　《権限者によって定められた形式や型式、製式をいう》

adoption　採用

advance　①【陸自】前進　②【海自】進出　③前払い

advance attrition (AA)　航空機損耗見込み

advance by bounds　躍進する

advance by echelon　交互躍進

advance change notice (ACN)　【米軍】事前変更通報

advance command post　[C]　前進指揮所

advanced　[adj.]　①新型；次期；将来型；発達型　《⊛「advanced」の定訳は存在しない》②前進した；前方の

advanced aerial fire-support system (AAFSS)　[C]　将来型空中火力支援システム

advanced airborne command post (AABNCP)　[C]　【空軍】改良型機上指揮所；将来型機上指揮所

advanced air-to-air missile (AAAM)　[C]　改良型空対空ミサイル；発達型空対空ミサイル

advanced amphibious assault vehicle　[C]　【海軍】改良型水陸両用強襲装甲車；先端式海陸両用攻撃軍用車

advanced antitank weapons system heavy　【米陸軍】将来型対戦車ミサイル

advanced antitank weapons system medium　【米陸軍】将来型中距離対戦車ミサイル

advanced attack helicopter　[C]　【米陸軍】次期攻撃ヘリコプター

advanced ballistic missile defense　[U]　将来型弾道ミサイル防御

Advanced Ballistic Missile Defense Agency　【米陸軍】最新型弾道ミサイル防御庁

advanced base　[C]　前進基地

advanced base program　[C]　前進基地計画；前線基地

advanced base support aircraft (ABSA)

[pl. = ～]　【空軍】将来型基地支援航空機

advanced base unit　[C]　前進基地ユニット

advanced blade concept　将来型ブレード構想

advanced bomb rack unit (ABRU)　[C]　将来型爆弾ラック・ユニット

advanced bridge system (ABS)　[C]　【海自】艦橋情報表示装置

advanced cargo rotor craft　[pl. =]　将来型輸送用回転翼機

advanced cockpit evaluator (ACE)　[C]　発達型コックピット評価機

advanced combat direction system (ACDS)　[C]　発達型戦闘指揮システム

Advanced Command and Staff Course　【海自】幹部高級課程　《海上自衛隊幹部学校の課程名》

advanced command post　[C]　前進指揮所

Advanced Composite Airframe Program　【米陸軍】先端複合材料機体計画

advanced composite material (ACM)　①【空自】先進型複合材料　②先端複合材料

advanced-concept escape system (ACES)　[C]　先進概念脱出システム

advanced concept technology demonstration (ACTED)　先進技術概念実証

advanced conformal sonar acoustic system (ACSAS)　[C]　新型コンフォーマル音響センサー

advanced conventional stand-off missile (ACSM)　[C]　将来型通常弾頭スタンドオフ・ミサイル

advanced cruise missile (ACM)　[C]　新型巡航ミサイル

Advanced Defense Communications Satellite (ADCS)　高度防衛通信衛星

Advanced Defense Technology Center　【防衛装備庁】先進技術推進センター　《の英語呼称》《モデリング及びシミュレーション技術、ロボット・システム、人間工学、NBC対処などの研究を行う。⊛ 防衛装備庁HP》

advanced deployability posture (AD)　事前展開段階

advanced depot　[C]　前進補給処

advanced dielectric radar absorbent materials (ADRAM)　[pl.]　新誘電体レーダー波吸収材

advanced digital optical control system (ADOCS)　[C]　将来型ディジタル式光学制御システム

advanced digital signal processor (ADSP) 〔C〕 将来型ディジタル信号処理装置

advanced encryption standard 新暗号標準

advance depot 〔C〕 前進補給処

Advanced Field Artillery System (AFAS) 【米陸軍】次期自走野砲システム

Advanced Field Artillery Tactical Data System (AFATDS) 【米陸軍】次期野戦砲兵戦術データ・システム

advanced fighter technology integration (AFTI) ①【空自】戦闘機用先端技術適用研究 ②発達型戦闘機技術統合

advanced fleet anchorage 艦隊前進錨地；艦隊前進泊地

advanced fleet submarine reactor (AFSR) 〔C〕 【米海軍】先進型艦隊潜水艦原子炉

advanced force operations group 〔C〕 前方作戦群

advanced ground vehicle technology 【陸軍】先進地上車両技術

advanced guard 前衛

advanced guidance and control system (AGCS) 〔C〕 将来型誘導制御装置

Advanced Helicopter Combat Direction System (AHCDS) 【自衛隊】ヘリコプター搭載型の先進戦術情報処理装置

advanced identification friend or foe (AIFF) 将来型敵味方識別装置；先進敵味方識別装置

advanced ignition 【海自】早め点火《[同] advanced sparking》

advanced individual training (AIT) 〔U〕 上級各個訓練

advanced inertial reference sphere (AIRS) 新型慣性基準儀

advanced infra-red imaging seeker 〔C〕 将来型赤外線映像シーカー

advanced in-hire rate 最低号棒を超える初任給

advanced interdiction weapon system (AIWS) 〔C〕 将来型阻止攻撃兵器システム

advanced landing field 〔C〕 前進飛行場；前進着陸場

advanced logistics support site (ALSS) 〔C〕 前進後方支援施設

advanced maintenance group (AMG) 〔C〕 【米陸軍】前進整備群

advanced maneuver 〔C〕 高等飛行

advanced manned penetrator strategic system (AMPSS) 〔C〕 【空軍】新型有人侵攻機戦略システム

advanced manned strategic aircraft (AMSA) 〔pl. = ～〕 ①【空自】次期有人戦略航空機 ②新型有人戦略爆撃機

advanced medium-range air-to-air missile (AMRAAM) 〔C〕 【米軍】新型中距離空対空ミサイル ◇用例：advanced medium range AAM (AMRAAM)《AMRAAM = アムラーム》

advanced medium STOL transport (AMST) 新型短距離離着陸中型輸送機

advanced mine detection system (AMDS) 〔C〕 【米海軍】先進型機雷探知システム

Advanced Officer's Course (AOC) 【陸自】幹部上級課程 《の英語呼称》

advanced operations base 〔C〕 前進作戦基地

advanced primer ignition blowback (APIB) 前進撃発吹き戻し式 《吹き戻し式の一種で、弾薬が薬室内を前進中に撃発させ、前進中のエネルギーを利用して遊底の開放時期を遅らせる方式。[典] NDS Y 0003B》

advanced radar processing system (ARPS) 〔C〕 新型レーダー処理システム

advanced range instrumentation aircraft (ARIA) 〔pl. = ～〕 将来型空域計測航空機

Advanced Research Project Agency Network (ARPANET) アーパネット

Advanced Research Projects Agency (ARPA) 【米国防総省】高等研究計画局《ARPA = アーパ》

advanced SAU 前進SAU (ぜんしんサウ)《SAU = search attack unit (捜査攻撃機》

advanced screen 〔C〕 前方直衛

advanced SEAL delivery system (ASDS) 〔C〕 【米海軍】先進型SEAL輸送システム

advanced self-protection jammer (ASPJ) 〔C〕 将来型自己防御用妨害装置

advanced shipboard fire control system 〔C〕 【自衛隊】艦載用新射撃指揮装置

advanced short range AAM (ASRAAM) 〔C〕 次期短射程空対空ミサイル；発達型短射程空対空ミサイル；新型短距離空対空ミサイル 《AAM = air-to-airmissile (空対空ミサイル》《ASRAAM = アスラーム》

advanced short-range take-off vertical landing (ASTOVL) 先進短距離離陸・垂直着陸機

advanced sonobuoy communication link (ASCL) 新型ソノブイ通信リンク

advanced sparking 【海自】早め点火《[同] advanced ignition》

advanced speed 前進速力

advanced starting valve 〔C〕 操縦元弁

advanced steel technology 先進鋼技術

advanced strategic air-launched missile (ASALM) 〔C〕 【米】新型戦略空中発射ミサイル；将来型航空機発射戦略ミサイル

advanced strategic missile system (ASMS) 〔C〕 次期戦略ミサイル・システム；新型戦略ミサイル・システム

advanced supersonic technology (AST) 将来型超音速技術

advanced supersonic transport (AST) 将来型超音速輸送機

advanced support helicopter (ASH) 〔C〕 将来型支援ヘリコプター

advanced surface ship towed array surveillance system (ASSTASS) 〔C〕 先進水上艦用曳航式TASS

advanced synthetic aperture radar system (ASARS) 〔C〕 将来型合成開口レーダー・システム

Advanced Tactical Air Command Central (ATACC) 【米海兵隊】次期戦術航空指揮中枢

advanced tactical aircraft (ATA) 〔pl. = ～〕 【米海軍】次期戦術航空機

advanced tactical air reconnaissance system (ATARS) 〔C〕 【米】次期戦術航空偵察システム

advanced tactical fighter (ATF) 〔C〕 ①【空自】新型戦術戦闘機 ②先進戦術戦闘機

advanced tactical radar (ATR) 〔C〕 将来型戦術レーダー

advanced tactical reconnaissance system (ATARS) 〔C〕 先進戦術偵察システム

advanced tactical transport (ATT) 将来型戦術輸送機

advanced tanker/cargo aircraft (ATCA) 〔pl. = ～〕 将来型空中給油/輸送航空機

advanced technology bomber (ATB) 〔C〕 高度技術爆撃機

advanced timing 時期進み

advanced trainer 〔C〕 高等練習機

advanced training 〔U〕 総合練成訓練

advanced unit training (AUT) 〔U〕 上級部隊訓練

advance element 〔C〕 先遣隊；先行班

advance elevation 未来高角

advance force 前進部隊

advance fund payment 資金前渡し

advance fund payment officer 〔C〕 資金前渡官吏（しきんまえわたしかんり）《統合幕僚長の任命を受けて、前渡資金の出納および保管を行う隊員をいう。[典] 自衛隊統合達第12号》

advance guard ①【陸自】前衛《行進間、縦隊の前方に配置し、敵の奇襲と地上偵察に対して直接縦隊主力の前衛を掩護するとともに進路上の障害および敵の抵抗を排除して主力の前進の渋滞を防止するため、各縦隊指揮官が設ける警戒部隊をいう。[典] 陸自教範》《[対] rear guard = 後衛》 ②前衛部隊；尖兵

advance guard action 前衛戦闘

advance guard party 〔C〕 尖兵小隊

advance guard point 路上斥候

advance guard reserve 前衛本部；前衛本隊

advance guard support 尖兵中隊

advance information 〔U〕 事前情報

advance logistical command (ADLOG) 前進兵站司令部

advance message center 〔C〕 前方信務班

advance officer 〔C〕 ①【自衛隊】先遣幹部 ②先遣将校

advance party 〔C〕 尖兵

advance payment (A/P) 前金払い

advance position 〔C〕 【陸自】前進陣地《主戦闘地域前方の要点を過早に敵に占領されることを避け、または主戦闘地域の前縁の欺騙等のため、主戦闘地域の前方において準備される陣地をいう。[典] 陸自教範》

advance post 〔C〕 前進観測所

advance range 〔C〕 未来距離

advance ratio 〔C〕 ①前進率 ②【海自】進行率

advance route 〔C〕 前進路

advance section 〔C〕 前方兵站地区

advance shipment 事前輸送

advance to contact 接敵前進

advance troops 〔pl.〕 【陸自】先遣部隊《主力部隊に先立って、派遣される部隊。[典] 民軍連携のための用語集》

advancing blade ①前進翼 ②【海自】前進羽根

advancing fire 突撃射撃

advancing half 前進半面

advantage and disadvantage 利・不利

advection 移流

advection current 移流

advection fog 移流霧(いりゅうぎり)

advection thunderstorm 移流雷

adverse weather 悪天候

adverse weather aerial delivery system [C] 悪天候空中投下システム

adverse yaw 逆偏揺れ

advice-boat 通報艦

advice of shortage 不足品調達指令

advice-vessel [C] 通報艦

advisory area [C] アドバイザリー空域

Advisory Board on Disarmament Matters 軍縮諮問委員会

Advisory Council on Historic Preservation (ACHP) 【米】史跡保護諮問委員会

advisory for gale rain 風雨注意報

advisory signal [C] 注意信号

Aegis Ashore イージス・アショア 《陸上配備型イージス・システム。イージス艦に搭載している迎撃システムを転用したものであるが、迎撃可能な射程と高度は大幅に伸びている。対義語は「Aegis Afloat(イージス・アフロート)であるが、用いられていない」》

Aegis combat system (ACS) [C] 【海自】イージス戦闘システム

Aegis defense system-equipped cruiser [C] イージス防衛システム搭載巡洋艦

Aegis destroyer [C] ①イージス駆逐艦 ◇用例: Arleigh Burk class Aegis destroyer = アーレイ・バーク級イージス駆逐艦(米海軍) ②【海自】イージス護衛艦;イージス艦 《イージス・システムを搭載したミサイル護衛艦》《艦種記号: DDG》

Aegis display system [C] イージス表示装置

Aegis-equipped destroyer [C] 【日】イージス搭載護衛艦

Aegis system [C] イージス・システム 《目標の捜索・探知から攻撃までを高性能のレーダー、コンピューター等により、自動的に行う米国製の対空ミサイル・システム》

Aegis vessel [C] イージス艦

Aegis weapon system (AWS) [C] 【海自】イージス武器システム

aeration ①【空自】気曝(きばく) ②【海自】空気混合;風化

aerial acrobatics 高等飛行;特殊飛行

aerial barrage 空中弾幕

aerial bomb [C] 航空爆弾 《航空機から投下することを目的に設計されている弾薬》

aerial-burst fuze [C] 空中破裂信管

aerial camera [C] 航空カメラ

aerial camera body 航空カメラ・ボディー

aerial camera mount 航空カメラ・マウント

aerial combat 空中戦闘

aerial combat maneuver (ACM) [C] 空中格闘戦技

aerial combat reconnaissance 空中威力偵察

aerial delivery (AR) ①【空自】空中投下 ②【海自】物量投下

aerial domain 領空

aerial film dryer 航空フィルム乾燥機

aerial film magazine [C] 航空フィルム・マガジン

aerial gunner (AG) [C] 【空軍】機上射手 《[同] air gunner》

aerial line 架空線路

aerial mapping camera [C] ①航空測量用カメラ ②【海自】地図用航空写真機

aerial mine laying 航空機雷敷設

aerial mining operation 航空機雷敷設作戦

aerial mosaic モザイク空中写真

aerial navigation 航空航法;空中航法

aerial observation 空中観測

aerial photograph [C] 航空写真 《航空機用カメラを用いて撮影した静止画をいう。[典] 陸上自衛隊達第96-9号》《[同] air photograph》

aerial photography 航空写真 《写真の撮影技術》《[同] aerophotography》

aerial picket [C] ピケット機

aerial pickets [pl.] 空中哨戒網(くうちゅうしょうかいもう)

aerial port [C] 指定空港

aerial port control center [C] 空港管制センター

aerial port of debarkation (APOD) 指定到着空港 《[対] aerial port of embarkation = 指定積載空港》

aerial port of embarkation (APOE) 指定積載空港 《[対] aerial port of debarkation = 指定到着空港》

aerial port squadron [C] 空港中隊

aerial port unit [C] 空港業務部隊

aerial range [C] 射撃空域

A

aerial reconnaissance (AR) = air reconnaissance 〔U〕 【空自】航空偵察 《陸、海、空の各種作戦に必要な情報資料を航空機により収集し、それらの作戦の遂行を支援する作戦をいう。[典] JAFM006-4-18》

aerial rocket control system (ARCS) 〔C〕 空中ロケット制御システム

aerial supply 空中投下補給；経空補給

aerial survey team 〔C〕 航空測量隊

aerial tanker 〔C〕 空中給油機

aerial target position 〔C〕 対空射撃姿勢

aerial torpedo 〔C〕 ①【空自】空中魚雷 ②【海自】航空魚雷

aerial tow target 〔C〕 航空機用曳航標的

aerial warfare 〔U〕 航空戦

aerial weather 航空気象 《航空気象とは、航空機に影響を及ぼす気象をいう。[典] 航空自衛隊達第23号》

aerial withdrawal 空中離脱 《敵が直接支配しているか、またはその脅威を受けている地域から航空機により隣脱することをいう。[典] 陸自教範》

aeroballistics 〔U〕 空気力学的弾導学

aerobatic flight 〔C〕 曲技飛行 《[備] 口語は「アクロフライト」》

aerobatic flight team 〔C〕 アクロフライト・チーム

aerodontalgia 航空性歯痛；気圧性歯痛

aerodrome 飛行場

aerodrome beacon 〔C〕 飛行場灯台

aerodrome control service 〔C〕 飛行場管制業務 《管制塔において、滑走路に離着陸する航空機、飛行場周辺を通過する航空機および地上を走行する航空機に対して指示または許可を行う業務。[典] 航空保安管制群HP》

aerodrome control tower 〔C〕 飛行場管制塔

aerodrome elevation 飛行場標高

aerodrome forecast 〔C〕 飛行場予報

aerodrome lights 〔pl.〕 飛行場灯火

aerodrome marking and aids 〔pl.〕 飛行場標識施設

aerodrome meteorological minimum 飛行場最低気象状態

aerodrome obstruction chart 〔C〕 飛行場障害物地図

aerodrome officer (AO) 〔C〕 【空自】飛行場当直幹部

aerodrome operation service (AOS) 〔C〕 飛行場管理業務

aerodrome reference point 〔C〕 飛行場標点

aerodrome traffic 飛行場交通

aerodynamical interference 空中干渉

aerodynamic balance 空中釣り合い

aerodynamic center 空力中心

aerodynamic efficiency 〔U〕 空気力学的効率

aerodynamic missile 〔C〕 空力ミサイル

aerodynamics 空気力学

aeroelasticity 航空弾性

aeroembolism 航空塞栓症

aerofoil 翼；翼形（よくがた）

aerogram エーログラム；熱図

aerohydroplane 〔C〕 飛行艇

aerological observation 〔U〕 高層気象観測

aerology 〔U〕 高層気象学

aeromarine flight 〔C〕 洋上飛行

aeromedical airlift squadron 〔C〕 【米空軍】航空医療空輸飛行隊

aeromedical evacuation ①【統幕】航空患者後送 ②【空自】患者空輸

aeromedical evacuation cell 〔C〕 航空患者後送室

aeromedical evacuation control center 〔C〕 航空患者後送統制本部

aeromedical evacuation control officer 〔C〕 航空患者後送統制官

aeromedical evacuation coordination center 〔C〕 航空患者後送調整センター

Aero-Medical Evacuation Squadront (AMES) 【空自】航空機動衛生隊 《の英語呼称》

aeromedical evacuation system 〔C〕 航空患者後送機構

aeromedical evacuation unit 〔C〕 航空患者後送部隊

aeromedical laboratory 航空医学研究所

Aeromedical Laboratory 【空自】航空医学実験隊 《の英語呼称》《略称は「医実隊」》

aeromedical staging facility (ASF) 〔C〕 航空衛生滞在施設

aeromedical staging unit 〔C〕 航空衛生滞在部隊

aeromedicine 航空医学；航空衛生

aerometeorograph 高層気象計

aeronautical (AERO) 〔adj.〕 航空の

aeronautical approach chart 〔C〕 航空進

入図

aeronautical beacon 〔C〕 航空灯台

aeronautical broadcast station 〔C〕 航空放送局

aeronautical chart 〔C〕 航空図

Aeronautical Craft and Information Center 【米空軍】航空・情報資料センター

aeronautical data 〔U〕 航法用資料

aeronautical design standard (ANDS) 航空機設計標準

aeronautical earth station 〔C〕 航空地球局

aeronautical enroute information service (AEIS) 〔C〕 航空路情報提供業務

aeronautical fixed circuit 〔C〕 航空固定回線

aeronautical fixed service 〔C〕,〔C〕 航空固定業務

aeronautical fixed station 〔C〕 航空固定局

aeronautical fixed telecommunication network (AFTN) 〔C〕 航空固定通信網

aeronautical ground light 〔C〕 航空用地上灯火

aeronautical information overprint 記載航空情報

aeronautical information publication (AIP) 航空路誌

aeronautical information service (AIS) 〔C〕 航空情報業務

aeronautical light 〔C〕 航空灯火

Aeronautical Material Specification (AMS) 【米】航空用材料仕様書

aeronautical meteorological observation 〔U〕 航空気象観測

aeronautical meteorology 航空気象学 《航空機の運用に関する気象現象、例えば、離着陸時の気象現象、巡航時の気象現象などについて研究する学問。[典] 防衛大学校HP》

aeronautical mile 海里

aeronautical mobile service 〔C〕 航空移動業務；無線通信業務

aeronautical navigation 〔U〕 航空航法

aeronautical planning chart 〔C〕 計画用航空図

aeronautical radio navigation service 〔C〕 航空無線航法業務

aeronautical safety and control service 〔C〕 【空自】航空保安管制業務 《航空機の運航を支援するための航空交通管制、飛行管理、飛行点検および飛行情報の各業務を総称していう。[典] 統合訓練資料1-4》

aeronautical safety and navigation facility 〔C〕 航空保安施設 《電波、灯火、色彩または形象により、航空機の航行を援助するための施設をいい、航空法施設規則においては、航空保安無線施設、航空灯火および昼間障害標識をいう。[典] 統合訓練資料1-4》

Aeronautical Standards Group (ASG) 〔C〕 【米】海－空軍航空規格群

aeronautical station 〔C〕 航空無線局

Aeronautical Systems Division (ASD) 【米空軍】航空システム部

aeronautics 航空学

Aeronautics Section 【空自】航空班 《の英語呼称》◇用例： 航空班長 = Chief, Aeronautics Section

aeropause 大気界面

aerophobia 飛行恐怖症

aerophotography 航空写真 《写真の撮影技術》《[同] aerial photography》

aeroplane engine 〔C〕 航空発動機

aeroplane station 〔C〕 航空機局

Aerosafety Service Group 【空自】航空安全管理隊 《の英語呼称》

aerosinusitis 航空副鼻腔炎

aerosol エアロゾル

aerospace 〔adj.〕 航空宇宙の

aerospace control operations 〔pl.〕 航空宇宙管制制作戦

aerospace defense 〔U〕 【米】航空宇宙防衛

Aerospace Defense Command (ADC) 【米軍】防衛航空宇宙総軍

aerospace expeditionary force (AEF) 【米軍】航空機動展開部隊

aerospace ground equipment (AGE) 〔U〕 航空宇宙地上支援器材；航空機用地上支援器材

aerospace ground support equipment (AGE) 〔U〕 航空宇宙地上支援器材

Aerospace Guidance and Metrology Center (AG&MC) 【米】航空宇宙慣性誘導・度量衡校正本部 《米国オハイオ州ニューワーク空軍基地》

Aerospace Industries Association (AIA) 【米】米国航空宇宙工業会

Aerospace Rescue and Recovery Center 【米】航空宇宙救難回収本部

aerospace rescue and recovery group

A

(ARRG) 〔C〕 【米空軍】航空宇宙救難回収群

aerospace rescue and recovery squadron (ARRS) 〔C〕 【米空軍】航空宇宙救難回収飛行隊

aerospace rescue and recovery wing (ARRW) 【米空軍】航空宇宙救難回収航空団

A

Aerospace Technology Division 【米】航空宇宙技術局

aerothermodynamics 空熱力特性

aerotitis media 航空性中耳炎

aerotopography 航空測量写真

aero-vane エアロベーン

affiliated unit 〔C〕 【米陸軍】予備役部隊

Afghan Development Association アフガン開発協会 《NGO》

Afghan factional leaders 〔pl.〕 アフガニスタンの各派指導者

Afghan Interim Authority (AIA) 〔the ～〕 アフガニスタン暫定政権；アフガニスタン暫定行政政権

Afghan Islamic Press (AIP) 〔the ～〕 アフガン・イスラム通信 《アフガニスタン》

Afghan reconstruction アフガニスタン復興

Afghan reconstruction conference アフガニスタン復興支援会議

Afghan relief operations 〔the ～〕 【日】アフガニスタン救援活動

aflatoxin 〔C〕 アフラトキシン

afloat 〔adj.〕 浮揚状態で

afloat prepositioning force (AFP) 〔pl.〕 ①【海自】海上事前集積部隊 ②海上事前集積軍

afloat prepositioning operations 海上事前集積作戦

afloat prepositioning ship (APS) 〔C〕 洋上事前集積船

afloat support 洋上後方支援；水上支援

afocal optical system アフォーカル光学系 《赤平行光として入射した光束が、平行光として出射する光学系。望遠鏡や双眼鏡など》

A-frame A型フレーム

Africa Command (AFRICOM) 〔the ～〕 【米】アフリカ軍 《正式名称は「United States Africa Command (USAFRICOM) = 米国アフリカ軍」。地域別統合軍の一つ》

African Development Foundation 【米】アフリカ開発基金

African-led International Support Mission in Mali (AFISMA) 【国連】アフリカ主導国際マリ支援ミッション

African Peace and Security Architecture (APSA) アフリカ平和安全保障アーキテクチャー

African Union (AU) アフリカ連合

African Union Mission in Sudan (AMIS) アフリカ連合停戦監視団

AFS description 【空自】特技職明細書 《Air Force Specialty (AFS) = 空軍特技》《AFS = Air Force Specilty》

AFS title 【空自】特技名称

aft end (AF) 船体後端

after action report (AAR) 〔C〕 活動報告書

after action review (AAR) 事例研究会 《計画、実施上の問題点や行動等を検討し、じ後に反映させることを目的とした研究会。[典] 民軍連携のための用語集》《AAR = エーエーアール》

afterbody 尾部 《ひれ、舵、推進器などが取り付けられている魚雷の後部》

after burner (AB) アフター・バーナー 《通常の燃焼後の噴流に再度燃料を噴射・燃焼させ、推力を増大させる装置》

afterburning ①アフターバーニング ②【海自】あと燃え

after dead wood 船尾力材

after draft = after draught 後部喫水 《[対] forward draft = 前部喫水》

after end section 後部 《船体の後部》

after exposure 後露光 《写真》

after-flight inspection 飛行後点検

after glow 燐光（りんこう）

afterimage 残像

after limit line 後方限界線

afternoon effect 午後効果

after perpendicular (AP) 後部垂線

after quarter spring 後部斜めもやい

after-the-fact report to the Diet 〔C〕 【日】国会への事後報告

afterwinds 事後風

aft fuselage 後部胴体

age control (AC) 期限統制 《部品等が加硫（キュアリング）・組立・検査などを行った日から使用されるまでの間、品質が劣化するおそれのある特定の品目について、要求される特性を保証する最大の期間を設定することをいう。[典] C&LPS-Y00007-24》◇用例： age control item = 期限統制品目

age-in-grade 階級年齢

age-limit retirement 定年退職

Agency for Health Care Policy and Research (AHCPR) 【米】保健医療政策・研究局

Agency for International Development (AID) 国際開発庁

agency of communications 通信機関

agent ［C］工作員；エージェント；秘密情報工作員 《工作員とは、我が国において破壊活動等の不法行為を行う者または行なうおそれのある者やその協力者等をいう。⊛ 統合訓練資料1-4》

agent net 工作員網

aggravated stall 悪性ストール

aggregate actuation width 総合作動幅

aggregate danger width 総合危険幅

aggregation detection width 総合探知幅

aggression ［U］侵略 《一国による他国の主権、領土保全もしくは政治的独立に対する、または国際連合憲章と両立しないその他の方法による武力の行使をいう。⊛ 統合訓練資料1-4》《⊚ invasion》

aggressive ［adj.］積極的な

aggressive war ［U］侵略戦争

aggressor ［C］侵略者；侵略国

aggressor country ［C］侵略国

aggressor forces ［pl.］①【統幕】対抗部隊《訓練の指導のため、訓練実施部隊に対抗し、行動する部隊をいう。⊛ 統合訓練資料1-4》②【空自】演習対抗部隊

aggressor nation ［C］侵略国

agile combat aircraft (ACA) ［pl. = ～］空中格闘性能向上機

aging ①老化 ◇用例：aging MiG 21 fighter ＝ 老朽化したMiG 21戦闘機 ②熟成

agonic line 無偏差線

agravic ［adj.］無重力状態の

agreed point ①【空自】既定点 ②協定点

Agreement on the Status of US Armed Forces 【日】駐留する米軍の地位に関する協定 《通称は「日米地位協定」》

Agriculture Research Service (AG-ARS) 【米】農務省農事試験場

aground 乗り上げ；乗り揚げ

Aha Training Area ［the ～］【在日米軍】安波訓練場 《沖縄》

ahead cam ［C］前進カム

ahead exhaust cam ［C］前進排気カム

ahead stage 前進段

ahead throwing weapon (ATW) ［C］前投兵器

ahead turbine ［C］前進タービン

ahip-to-underwater missile (SUM) ［C］艦対潜ミサイル；艦対潜誘導弾；艦対水中ミサイル 《艦船から潜水艦に対して発射する誘導弾。⊛ NDS Y 0001D。⊛ 間違いではないが、「surface-to-underwater missile」はなるべく用いない》

Ahwaz Liberation Organisation (ALO) アフワーズ解放機構 《イランからの分離独立を目指す武装組織》

aid 援助

aide-de-camp (ADC) ［pl. = aides-de-camp］将官付き副官（しょうかんづきふくかん）

aided tracking ①半自動追尾 ②【海自】追跡援助方式

Aide to the Minister of Defense 【防衛省】防衛大臣副官 《の英語呼称》

aid flag lieutenant 副官

aid man = aidman ①【陸自】救護員 ②衛生兵

aid station ［C］救護所

Aids to Navigation Department 【海保】灯台部

Aids to Navigation Office 【海保】航路標識事務所

aiguillette 飾緒（しょくちょ；しょくしょ）

aileron エルロン；補助翼

aileron angle ［C］エルロン角；エルロン作動角

aileron control ［U］エルロン操舵；エルロン・コントロール

aileron control forces ［pl.］エルロン操舵力（～そうだりょく）

aileron effectiveness ［U］エルロン効果

aileron flutter エルロン・フラッター

aileron linkage arrangement 補助翼連結装置

aileron roll ①エルロン・ロール ②【海自】緩横転

aileron rudder interconnect エルロン・ラダー・インターコネクト

aileron tab ［C］①エルロン・タブ ②【海自】補助翼調整舵

aim ［n.］目的

aim ［vt.］狙う

aimed fire 照準射撃

aimed torpedo ［C］照準魚雷

aiming 照準 《目標を光学照準装置の視野の中央または射撃用レーダー・スコープの中央に捕ら

えておくことをいう。[典] 海上自衛隊訓練資料第175号》

aiming circle ①方向盤；方位盤 ②エイミング・サークル

aiming disk ［C］ 照準監査的

aiming error 照準誤差

aiming light ［C］ 標桿灯（ひょうかんとう）《夜間射撃のために標桿に取り付ける灯火》《[同] aiming post lamp》

aiming mechanism ［C］ 照準装置

aiming point (AP) = aim point; point of aim ［C］ 照準点

aiming position ［C］ 照準地点

aiming post ［C］ 標桿（ひょうかん）《[同] aiming stake》

aiming post lamp ［C］ 標桿灯（ひょうかんとう）《夜間射撃のために標桿に取り付ける灯火》《[同] aiming light》

aiming post sleeve ［C］ 応用標桿（おうようひょうかん）

aiming silhouette 人像的

aiming stake 標桿（ひょうかん） 《[同] aiming post》

aim off 見越し

AIP Amendments 航空路誌改訂版

AIP Supplements 航空路誌補足版

air-ability 空載能力

air abort エア・アボート；任務中止 《飛行中の任務中止》

AIRAC AIP Amendments 【海自】エアラックによる航空路誌改訂版

AIRAC AIP Supplements 【海自】エアラックによる航空路誌補足版

air accident 航空事故

air accumulator ［C］ 空気アキュムレーター

air action ①航空攻撃；航空活動 ②【海自】対空戦闘

air activity report (AIREP) ［C］ 航空活動報告

air adjustment 空中観測による射撃修正

air alert 空中待機

air alertness 対空警戒

air almanac ①【空自】天測暦 ②【海自】航空天測歴

air ammunition ［U］ 航空弾薬

air and naval gunfire liaison company ［C］ ①航空・艦砲射撃連絡中隊 ②【米軍】海空火力支援連絡中隊 《水陸両用作戦において、艦砲射撃と近接航空支援の陸上統制に任ずる海兵隊および海軍で構成される部隊をいう。[典] 統合訓練資料1-4》

air and space superiority ［U］ 航空宇宙優勢

air apportionment 空域割り当て

air area ［C］ 空域 《ある特定の空中の範囲を概括的に表現したものをいう。[典] 統合訓練資料1-4》

AIR/ASROC launch AIR/ASROCモード発射

air assault 航空強襲

air assault force 航空強襲部隊

air assaulting support 航空強襲支援

air assault operations ［pl.］ 航空強襲作戦

Air ASW Helicopter Squadron 【海自】航空隊 《の英語呼称》《[備] 海上自衛隊では、「航空隊」に1対1で対応する英語の総称は存在せず、第21航空隊〜第24航空隊の場合は、「Air ASW Helicopter Squadron」と表記する》◇用例： 第21航空隊 = Air ASW Helicopter Squadron 21

air attachè (AIRA) ①空軍駐在武官 ②【空自】航空防衛駐在官

air attack ［C］ 航空攻撃 《[備]「空襲」としている場合もあるが、「航空攻撃」が正しい》

Air Band 【空自】航空音楽隊 《の英語呼称》◇用例： 西部航空音楽隊 = Western Air Band；北部航空音楽隊 = Northern Air Band

air base (AB) ［C］ ①【自衛隊】航空基地 ◇用例： ASDF Naha Air Base = 航空自衛隊那覇基地 ②空軍基地 《米空軍の場合は米国領土外の基地。領土内は「Air Force Base」》◇用例：British air base = 英空軍基地

air base environment coordination measure 基地対策

Air Base Environment Coordination Office 【空自】基地対策室 《の英語呼称》◇用例： 基地対策室長 = Head, Air Base Environment Coordination Office

air base environs improvement adjustment grants 基地交付金

Air Base Group 【空自】基地業務群 《の英語呼称》◇用例： 基地業務群本部 = Headquarters, Air Base Group

air base master plan ［C］ 【空自】基地施設基本計画

air base protection ［U］ 基地防護 《敵による攻撃に対し、基地戦力の被害を局限するための処置および行動をいう。[典] 統合訓練資料1-4》

Air Base Squadron 【空自】基地業務隊 《の英語呼称》◇用例： 基地業務隊司令 =

Commanding Officer, Base Service Activity

Airbase Survivability Program (ASP)
【米】空軍基地生存計画

airbase wing (ABW) ［C］ 基地航空団

Air Basic Training Group 【空自】教育群
《の英語呼称》

Air Basic Training Wing 【空自】航空教育
隊 《の英語呼称》

air battle 空中戦；航空戦闘

air bearing ①空気ベアリング ②【海自】空気
軸受け

air bedding 寝具乾し方

air bell 付着泡（ふちゃくあわ）

air bill 貨物空輸証明書

air blast 空気ブラスト

air blast atomizer 空気噴射噴霧器

air bleed hole ［C］ 空気抜き孔

air blitz 電撃空襲

air blitzkrieg 電撃的空襲

airborne ［adj.］ ①空挺 ②機上搭載

airborne alert (AA) 空中待機

airborne alert flight ［C］ 空中待機飛行

airborne and heliborne operation 空挺ヘ
リボン作戦

airborne and seaborne invasion 着上陸
侵攻

airborne anti-armor defense (AAAD)
［U］ 航空機用対装甲防御

airborne assault 【陸自】空挺攻撃（くうてい
こうげき）《空挺部隊が降着し、じ後の地上作戦
の態勢を確立するために行う攻撃をいい、通常、
空挺堡を占領する。⊛ 陸自教範》

airborne assault vehicle (AAV) ［C］ 空
挺強襲車

airborne assault weapon ［C］ 空挺攻撃
火器

**Airborne Battlefield Command and
Control Center (ABCCC)** ①【統幕】機
上戦場指揮統制センター ②【空自】空中戦場指
揮統制センター

**airborne battlefield control center
(ABBC)** ［C］ 機上戦場管制センター

airborne beacon ［C］ 空挺用ビーコン

Airborne Brigade (Abn Bde) ①【陸自】空
挺団 《の英語呼称》◇用例：第1空挺団 = 1st
Airborne Brigade（1st Abn Bde）；第1空挺団長
= Commander, 1st Airborne Brigade ②【陸軍】
空挺旅団 ◇用例：173rd Airborne Brigade =
第173空挺旅団

**airborne collision avoidance system
(ACAS)** ［C］ 航空機搭載衝突防止システム

**airborne command and control
squadron (ACCS)** ［C］ 【米空軍】空中
指揮管制飛行隊

**airborne command and control wing
(ACCW)** 【米空軍】空中指揮管制航空団

airborne command post ［C］ 空中指揮所

airborne controlled intercept 空中管制
要撃

airborne control officer ［C］ 機上管制官
《機上でレーダーおよびコンピューターを操作し、
目標の発見、識別と要撃機に対する指令などを行
う要員。⊛ 防衛白書（平成18年版）》

airborne control officer (ACO) ［C］ 機
上管制士官

airborne crew training (ACT) ［U］ 機
上乗員訓練

**airborne data acquisition system
(ADAS)** ［C］ 機上データ収集システム

airborne division (AbnD; ABND) ［C］
【陸軍】空挺師団 ◇用例：101st Airborne
Division（米陸軍）= 第101空挺師団

airborne early warning (AEW) ①空中早
期警戒 ②早期警戒機 《レーダーによる警戒監
視、要撃管制等の機能を有する航空機をいう。
⊛ JAFM006-4-18》

airborne early warning aircraft (AEW)
［pl. = ～］ ①【統幕】早期警戒機 《レーダー
による警戒監視および要撃管制等の機能を有する
航空機をいい、主として、地上レーダーの弱点で
ある低空からの侵入目標の早期探知およびレー
ダー覆域の延伸など、航空警戒管制任務の補完お
よび強化を主たる目的として運用される。⊛ 統合
訓練資料1-4》②【空自】空中早期警戒機

**airborne early warning and control
(AEWC; AEW&C)** ［U］ 空中早期警戒
管制

**Airborne Early Warning Group
(AEWG)** 【空自】警戒航空隊 《の英語呼
称》《E-767（AWACS）を浜松基地に、E-2Cを三沢
基地および那覇基地にそれぞれ配備し、早期警戒
を任務としている部隊》

airborne early warning radar ［C］ 早期
警戒用機上レーダー

airborne early warning set ［C］ 早期機
上警戒装置

**Airborne Electronic Equipment
Maintenance** 【空自】機上電子整備 《准空
尉空曹士特技区分の英語呼称》

Airborne Electronics Officer 【空自】機上
電子幹部 《幹部特技区分の英語呼称》

airborne equipment ［U］ 機上搭載機器

airborne equipment failure (AEF) 機上
機器故障

airborne expendable bathythermograph
(AXBT) 航空機用投棄式水温記録器；航空機
用投棄式BT

airborne force 【陸自】空挺作戦部隊 《空挺
作戦に参加する陸上部隊および航空部隊をいう。
働 陸自教範》

airborne forward air controller (AFAC)
［C］ 空中前進航空統制官

airborne frequency 航空機用周波数

airborne integrated reconnaissance
system (AIRS) ［C］ 空中統合偵察シス
テム

airborne intercept 航空機搭載要撃

airborne interceptor rocket ［C］ 航空機
搭載要撃ロケット

airborne intercept radar (AIR; AI
RADAR) ［C］ 機上要撃用レーダー 《バッ
ジ用語》

airborne intercept range (AI-RNG) エ
アボーン・インターセプト・レンジ

airborne jammer ［C］ ①機上妨害装置
②【海自】妨害用機上装置

airborne laser (ABL) ［C］ 航空機搭載
レーザー

airborne laser designator pod (ALDP)
［C］ 航空機搭載レーザー指示ポッド

airborne launch control center (ALCC)
［C］ 機上ミサイル発射管制センター；機上発射
管制センター

airborne launcher ［C］ 空中投下装置

airborne lift 空輸量 《1回の空輸量》

airborne lightweight optical tracking
system (ALOTS) ［C］ 機上光学追跡装置

airborne magnetic anomaly detector
［C］ 航空機用磁気探知機；航空磁探

airborne mission commander ［C］ 機上
任務指揮官

airborne-moving-target indicator
(AMTI) ［C］ 空中移動目標指示装置

airborne multi-sensor system (AMSS)
［C］ 機上多種類センサー・システム

airborne navigation computer ［C］ 機
上航法計算機

airborne operation (abn opr) 空挺作戦
《陸上部隊と航空部隊が協力して航空機によって
空中を機動し、敵が直接支配しているか、または
その脅威を受けている地域に降下または着陸し、
通常、空挺堡を設定して、じ後の地上作戦に移行

する以前の作戦をいう。働 統合訓練資料1-4》

airborne order scramble 定時発進指令

airborne proximity indicator ［C］ 機上
近接指示器

airborne radar ［C］ 機上用レーダー

airborne radar station ［C］ 機上レー
ダー局

airborne radiation thermometer (ART)
［C］ 航空機用放射水温計 《航空機に搭載し、
海表面から放射される赤外線を測定し、表面水温
を求める測器》

airborne radio 機上無線機

Airborne Radio Communication 【空自】
機上無線 《准空尉空曹空士特技区分の英語呼称》

airborne radio direction finding
(ARDF) 機上方向探知

airborne radio relay 機上無線中継

airborne refueling group (ARG) ［C］
【米空軍】空中給油群

airborne self-defense laser (ASDL) ［C］
機上自己防御レーザー

airborne self protection jammer (ASPJ)
［C］ 機上自己防御用ジャマー

airborne sensor operator ［C］ 機上セン
サー操作員

airborne sensor platform (ASP) ［C］
機上センサー・プラットフォーム

air-borne sound 空気伝搬音

airborne spare aircraft ［pl. = ～］ 在空予
備機

airborne target acquisition and fire
control system (ATAFCS) ［C］ 空中目
標捕捉火器管制装置

airborne target hand-off system
(ATHS) ［C］ 空中目標伝達システム

airborne task force 空挺任務部隊

airborne track ［C］ エアボーン航跡 《バッ
ジ用語》

Airborne Training Unit 【陸自】空挺教育
隊 《の英語呼称》

airborne transport 空挺輸送

airborne troops ［pl.］ 空挺部隊

airborne unit ［C］ 【陸自】空挺部隊 《空
挺作戦を行うため編成、訓練された陸上部隊をい
う。働 陸自教範》

airborne unit landing training ［U］
【陸自】空挺部隊の降下訓練

airborne warfare ［U］ 空挺戦

airborne warning and control squadron
(AW&CS) ［C］ 【米空軍】空中早期警戒

管制飛行隊

airborne warning and control system (AW&CS) ［C］ ①空中警戒管制組織；空中警戒管制システム 《通常は「早期警戒管制機」のことを指す》 ②早期警戒管制機 《レーダーによる警戒監視、要撃管制等の機能を有する航空機をいう。㊟ JAFM006-4-18》《AWACS ＝ エイワックス》

airborne warning and control wing (AW&CW) ［C］ 空中早期警戒管制航空団

airborne weapon group (AWG) ［C］ 航空兵器グループ

Airborne Weapons Controller 《空自》機上要撃管制幹部 《幹部特技区分の英語呼称》

airborne weather radar (AWR) ［C］ 航空機搭載気象レーダー

airborne weather reconnaissance system (AWRS) ［C］ 航空機搭載気象偵察システム

air bottle 圧縮空気だめ；空気だめ

air-breathing missile ［C］ 空気吸入ミサイル 《ラムジェットまたはターボジェット》

air breathing target (ABT) ［C］ エア・ブリージング目標

air bubble 気泡

airburst ＝ air burst 空中破裂

Airbus Control and Warning 《空自》警戒管制（機上警戒管制） 《准空尉空曹空士特技区分の英語呼称》

air campaign 航空作戦 ◇用例：the US air campaign ＝ 米国の航空作戦；US-led air campaign ＝ 米国主導の航空作戦

air capability ［C］ 航空能力

air carrier 空輸会社

air casing 空気ケーシング

air casing door 空気ケーシング・ドアー

Air Cavalry Brigade 【米陸軍】航空騎兵旅団 ◇用例：the 1st Air Cavalry Brigade ＝ 第1航空騎兵旅団

air cell 空気電池

air chamber 空気室

air channel ［C］ 空気通路

air charging valve ［C］ 装気弁

Air Chief Marshal 【英】空軍大将

air circuit breaker (ACB) ［C］ 気中遮断器

Air Civil Engineering Group 《空自》航空施設隊 《の英語呼称》

Air Civil Engineering Squadron 《空自》作業隊 《の英語呼称》

air cleaner 空気清浄装置；空気清浄器

air cock 空気コック

air combat 空中戦闘

Air Combat Command (ACC) 【米軍】戦闘空軍

air combat element (ACE) ［C］ 航空戦闘部隊

air combat evaluation (ACEVAL) 空戦評価

air combat fighter (ACF) 【米空軍】空中戦戦闘機

air combat information (ACI) ［U］ 航空戦闘情報資料

air combat maneuvering (ACM) 空戦機動

air combat maneuvering instrumentation (ACMI) ①《空自》航空機戦技訓練評価装置 ②空戦機動計測システム

air combat maneuvering range ［C］ 空戦機動訓練空域

air combat tactics (ACT) ［pl.］ 空中戦技

air command ［C］ ①【米空軍】航空軍団；航空総隊 《「air force」の上位にある軍編制単位。通常2個以上の航空軍からなる。㊟ 訳語は一定していない》 ②【海自】航空部隊

Air Command and Staff College (ACSC) 【米】空軍指揮幕僚大学校

air commodore 【英】空軍准将

Air Communications and Systems Wing 《空自》航空システム通信隊 《の英語呼称》◇用例：航空システム通信隊司令 ＝ the Commander of the Air Communications and Systems Wing

air compressor ［C］ 空気圧縮機；エア・コンプレッサー

air conditioned cabin ［C］ エア・コンディション・キャビン

air conditioner ［C］ エア・コンディショナー；空気調和機

air conditioner control panel (ACCP) ［C］ 空気調整装置制御パネル 《ペトリオット用語》

air conditioning 空気調和；空調；エア・コンディショニング

air conditioning room ［C］ 空気調整室

air conditioning system ［C］ 空調システム

Air Construction Engineers Group 【海自】航空施設隊 《の英語呼称》◇用例：航空施設隊司令 ＝ Commanding Officer, Air Construction Engineers Group

airc 26

air contact officer ［C］ 【英】空軍連絡将校

air container 空気だめ

air control ［U］ ①航空統制 ②【海自】航空管制 ③制空

Air Control and Warning 【空自】警戒管制 《准空尉空曹空士特技区分の英語呼称》

air control center (ACC) ［C］ 航空管制センター

air controller ［C］ 航空管制官 《航空管制幕僚もしくは航空管制幹部または航空管制の主特技を有する者をいう。®航空自衛隊達第11号》

air control operations ［pl.］ 航空管制作戦

air control point (ACP) ［C］ 航空管制点

Air Control Service Group (ACSG) ①【空自】航空管制業務群 《の英語呼称》②【海自】航空管制隊 《の英語呼称》◇用例：航空管制隊司令 = Commanding Officer, Air Control Service Group

air control ship ［C］ 航空管制艦

air control squadron (ACS) ［C］ 航空管制飛行隊

air control system ［C］ 航空管制組織

air control team (ACT) ［C］ 【空自】航空統制班 《空地作戦に関する指揮統制組織の一部で、空地連絡陸曹および必要な車両、通信器材等からなる。航空統制班は航空統制業務に関し、前線航空統制官の指揮を受ける。®統合訓練資料1-4》

air-cooled ［adj.］ 空冷の；空冷式の

air-cooled engine ［C］ ①空冷式エンジン ②【海自】空冷機関

air-cooled tube ［C］ 空冷管

air cooler ［C］ 空気冷却器

air cooling 空冷；空気冷却

air-cooling fin ［C］ 空冷ひれ

Air Coordination Committee (ACC) 【米】航空調整委員会

air coordinator (AC) ［C］ 空中調整官

air core choke coil ［C］ 空心チョーク・コイル

air core reactor ［C］ 空心コイル

air corridor (AC) ［C］ ①【空自】空中回廊 《航空機が、味方の射撃または味方航空機からの妨害を受けることなく、目的の空域に出入りできるように設けられた空中の経路をいう。®JAFM006-4-18》②【海自】特定空路

air cover 上空掩護 《航空機による上空掩護》《働 air umbrella》

aircraft (A/C) ［pl. = ～］ 航空機 《ヘリコプターを含む飛行機 (airplane) の総称》

aircraft accident ［C］ ①【空自】航空事故 ②【海自】航空機事故 ◇用例：US military aircraft accident = 米軍航空機事故

aircraft accident investigation board ［C］ 航空事故調査委員会

aircraft accident rate ［C］ 航空事故率

aircraft accident report (AAR) ［C］ 航空機事故報告

Aircraft and Electronics Division 【防衛省】航空機通信電子課 《管理局航空機通信電子課の英語呼称》◇用例：航空機通信電子課長 = Director, Aircraft and Electronics Division

aircraft arresting barrier ［C］ 航空機拘束バリヤー

aircraft arresting gear ［C］ 航空機拘束ギヤー

aircraft arresting system ［C］ 航空機拘束装置

aircraft arresting wire ［C］ 航空機拘束ワイヤー

aircraft-based augmentation system (ABAS) ［C］ 航空機型航法衛星補強システム

aircraft battle of damage repair (ABDR) 【空自】戦闘損傷機修理 《出撃率向上のために、戦闘損傷機を後送することなく現地で急速修理し、使用可能状態にすることをいう。®統合訓練資料1-4》

aircraft block speed 航空機区間速度

aircraft capability ［C］ 空輸能力

aircraft capability evaluation system (ACES) ［C］ 戦闘機能力評価システム

aircraft carrier (CV) ［C］ 航空母艦；空母

aircraft classification number (ACN) 航空機分類指数

aircraft close search ［C］ 航空中心捜索

aircraft commander (AC) ［C］ 機長

Aircraft Communications Addressing and Reporting System (ACARS) 航空機空地データ通信システム 《VHF無線装置またはSATCOM装置を使用し、航空機と地上設備間でデータを送受信する機上装置のこと。®防管航第7575号》

aircraft control ［U］ 航空機管制

Aircraft Control and Surveillance Squadron 【空自】監視管制隊 《の英語呼称》

aircraft control and warning (AC&W) 【空自】航空警戒管制 ◇用例：aircraft control and warning units = 航空警戒管制部隊

Aircraft Control and Warning Group
【空自】警戒群 《の英語呼称》◇用例：第42警戒
群 = 42nd Aircraft Control and Warning Group

Aircraft Control and Warning Squadron
【空自】警戒隊 《の英語呼称》

**aircraft control and warning system
(AC&W system)** ［C］ 【空自】航空警戒
管制組織 《警戒監視、識別、兵器割り当て、要
撃管制、航空現況の表示、警報の伝達、友軍機の
行動の支援等の機能を有する組織をいう。通常、
航空作戦管制所 (AOCC)、防空指令所 (DC)、防
空監視所 (SS)、早期警戒管制機等から構成され
る。㊞ 陸自教範》

Aircraft Control and Warning Wing
【空自】航空警戒管制団 《の英語呼称》◇用例：
北部航空警戒管制団 = Northern Aircraft
Control and Warning Wing；航空警戒管制団司
令部 = Headquarters, Aircraft Control and
Warning Wing

aircraft controller ［C］ 【海自】航空機管
制官

aircraft control officer (ACO) ［C］
【空自】機上要撃係幹部

aircraft control point (ACP) ［C］ 飛行
統制点

aircraft control post (ACP) ［C］ 【空
軍】航空機管制所

aircraft control ship ［C］ 【海自】航空機
管制艦

aircraft cross-servicing 航空機相互支援

aircraft defective 故障機；故障航空機

Aircraft Department 【海自】航空機部
《の英語呼称》◇用例：航空機部長 = Director
of Aircraft Department

aircraft disease 航空病

Aircraft Division (Acft Div) 【防衛省・陸
自・海自】航空機課 《の英語呼称》◇用例：航
空機課長 = Director, Aircraft Division

aircraft dynamics 航空機力学

aircraft earth station ［C］ 航空機地球局

aircraft engine ［C］ ①航空機用エンジン
②【海自】航空発動機

aircraft engineering mechanic (AEM)
［C］ 航空機関士

aircraft engineering officer (AEO) ［C］
航空機関士官

Aircraft Engineering Squadron 【空自】
航空機技術隊 《飛行開発実験団隷下～の英語呼
称》《略称は「航技隊」》

Aircraft Engine Maintenance 【空自】エ
ンジン整備 《准空尉空曹空士特技区分の英語呼
称》

**Aircraft Environmental Safety Office
(AESO)** ［the ～］ 【米】航空機環境安全室

aircraft field maintenance (AFW) ［U］
航空機野外整備

aircraft flight control engineering 航空制
御工学

aircraft flight log ［C］ 飛行記録簿

**aircraft flight report and maintenance
record** 航空機飛行報告及び整備記録

aircraft group ［C］ 航空機グループ 《航空
機グループとは、同一の標準的な設計に基づき、
高度維持性能の精度に影響を与えるような詳細の
すべてを考慮して製造された航空機の一群をい
う。㊞ 防管航第7575号》

aircraft icing 航空機着氷

aircraft identification ［U］ 航空機識別

**aircraft identification monitoring
system (AIMS)** ［C］ 航空機識別モニタリ
ング・システム

aircraft incidence 航空機事故

aircraft in commission 保有機

**aircraft inspection and maintenance
record** 航空機検査整備記録

aircraft inspection system 航空機検査体
系；航空機検査方式

aircraft interception (AI) 航空機要撃

**aircraft intermediate maintenance
department (AIMD)** ①【海自】整備隊
②航空機中間整備部門

aircraft landing light ［C］ 航空機着陸灯

aircraft landing mat ランディング・マット

aircraft landing system 航空機着陸方式

aircraft lighting 航空機照明

aircraft loading table ［C］ 航空機積荷明
細表

aircraft log book ［C］ 航空機来歴簿

aircraft magnetic sweep 航空磁気掃海

aircraft maintenance ［U］ 航空機整備
◇用例：米海兵隊オスプレイの定期機体整備 =
V-22 Aircraft Maintenance and Repair Service

Aircraft Maintenance 【空自】航空機整備
《准空尉空曹空士特技区分の英語呼称》

Aircraft Maintenance Officer 【空自】航
空機整備幹部 《幹部特技区分の英語呼称》

Aircraft Maintenance Staff Officer 【空
自】整備幕僚 《幹部特技区分の英語呼称》

aircraft maintenance unit (AMU) ［C］

航空機整備部隊

aircraftman ［pl. = aircraftmen］ 【英】航空兵

aircraft management system (AMS) ［C］ 航空機管理システム

aircraft marshaling area ［C］ 航空機出撃地

A **aircraft material** 航空機材料

aircraft mission equipment ［U］ 航空機用特定任務別装備品

aircraft monitoring and control ［U］ 航空機監視制御

aircraft-mounted ［adj.］ 航空機搭載型 《[備] 宇宙機も存在する。したがって、「機上搭載型」にしないことが望ましい》

aircraft-mounted gun ［C］ 航空機搭載砲

aircraft movement information service (AMIS) ［C］ 航空機移動情報業務 《防空識別圏に関わる航空機の識別に必要な運行情報を収集し、これを航空警戒管制組織に提供する業務をいう。[典] JAFM006-4-18》《AMIS = エミス》

aircraft movement information system (AMIS) ［C］ 航空機移動情報組織

aircraft movement message ［C］ 運航通報

aircraft noise abatement countermeasures ［pl.］ 航空機騒音規制措置

aircraft not fully equipped (ANFE) 特別緊急請求 《ミッション・アビオニクス、搭載武装電子機器専用部品特別緊急請求。飛行可能であるが、搭載装備機器等が故障または未搭載のために、任務を遂行できない状態をいう。[典] 統合訓練資料1-4》《ANFE = アンフェ》

aircraft out of commission for parts (AOCP) 特別緊急請求 《航空機関係部品特別緊急請求。飛行不能の状態にある航空機を飛行可能にするため、緊急に必要とする部品が生じた状態をいう。[典] 陸上自衛隊達第71-5号》

aircraft piracy ハイジャック

aircraft plotter ［C］ 航路標示器

aircraft radio communication system ［C］ 航空機無線通信装置

aircraft record card ［C］ 飛行記録カード

aircraft repair facility (ARF) 【海自】航空工作所

aircraft replenishing 航空機用消耗品の再補充

Aircraft Research Division 【防衛装備庁】航空機技術研究部 《の英語呼称》《航空機および航空機搭載機器ならびに誘導武器等の要素技術についての考案、調査研究および試験評価を行う。[典] 防衛装備庁HP》

aircraft revetment 航空機掩体 《[同] aircraft shelter》

aircraft rocket (AR) ［C］ ①【空自】航空機搭載ロケット ②【海自】航空用ロケット弾

aircraft scrambling 航空機緊急発進；スクランブル

aircraft screening 航空直衛

Aircraft Section 【海自】航空機班 《の英語呼称》◇用例： 航空機班長 = Officer, Aircraft Section

aircraft serial number 機番号

aircraft shelter 航空機掩体 《[同] aircraft revetment》

Aircraft Shop Maintenance Division 【海自】航空機整備隊 《の英語呼称》◇用例：航空機整備隊長 = Officer, Aircraft Shop Maintenance Division

aircraft signal ［C］ 機体信号

aircraft spray tank ［C］ 航空機噴霧タンク

aircraft station ［C］ 航空機局 《航空機に開設する無線局》

aircraft status report ［C］ 航空機現状報告

aircraft structural integrity program (ASIP) 機体構造保全管理 《ASIP = エーシップ》

aircraft surface cleaner 機体洗浄剤

aircraft survival equipment (ASE) ［U］ 機体生存機材

aircraft tiedown 航空機係留

aircraft to surface vessel radar (ASVR) ［C］ 機上対艦船レーダー

aircraft transient servicing 航空機短期滞在役務

aircraft utilization 1日平均飛行時間

aircraft vectoring 航空機の進路誘導

aircraft violating territorial air space 領空侵犯機

aircraft warning officer ［C］ ①【自衛隊】対空警報係幹部 ②対空警報係将校

aircraft warning plotter ［C］ 対空警戒標示員

aircraft warning report ［C］ 対空警戒通報

aircraft warning service ［C］ 対空警戒部隊

air crew ［C］ 航空機搭乗員；航空士

Air Criminal Investigation Group (ACIG) 【空自】航空警務隊 《の英語呼称》

air current 気流

air-cushion landing gear (ACLG) 〔C〕 エア・クッション型降着装置

air cushion vehicle (ACV) 〔C〕 【海自】エア・クッション艇 《ホバークラフト》

air cylinder 〔C〕 空気シリンダー

air damper 〔C〕 空気ダンパー

air damping 空気制動

air-data and inertial reference system (ADAIRS) 〔C〕 エアデータ慣性基準装置

air data computer (ADC) 〔C〕 ①【空自】対気諸元計算機 《ピトー管からの全圧、静圧、全温度センサーからの見かけの全温度および迎え角トランスミッターからの見かけの迎え角を入力とし、航空機周辺の空気諸元を計算する計算機。[典] レーダー用語集》 ②エア・データ・コンピューター；航空データ・コンピューター

air data unit (ADU) 〔C〕 エア・データ・ユニット 《火器管制装置(FCS)の高度諸元を供給する空気密度計。[典] レーダー用語集》

air defense (AD) 〔U〕 防空 《侵攻してくる敵航空戦力を撃破して、我が防護対象を防護する作戦をいう。[典] JAFM006-4-18》

air defense action area 〔C〕 防空行動優先区域

Air Defense and Guard Division 【海自】防空警衛隊 《の英語呼称》◇用例： 防空警衛隊長 = Chief, Air Defense and Guard Division

Air Defense/Anti Tank System (ADATS) 〔C〕 防空/対戦車システム

air defense area (ADA) 〔C〕 ①防空地域 ②【海自】防空区域

air defense area of responsibility (ADAOR) 防空責任空域 《特定の指揮官に防空責任を割り当て、割り当てられた部隊の統制と支援調整を容易にするための空域をいう。[典] 統合訓練資料1-4》

air defense artillery (ADA) 〔U〕 ①【陸軍】防空高射部隊；防空砲兵 ②防空火器

Air Defense Artillery (ADA) 【陸自】高射特科 《職種の英語呼称》《主任務は、ミサイル等による対空戦闘》

Air Defense Artillery Battalion (AABn) 【陸自】高射特科大隊 《の英語呼称》◇用例： 第2高射特科大隊 = 2nd Air Defense Artillery Battalion (2AABn)

air defense artillery command post 〔C〕 ①【自衛隊】高射特科指揮所 ②防空砲兵指揮所

air defense artillery condition of readiness ①【自衛隊】高射特科戦闘区分 ②防空砲兵戦闘区分

air defense artillery controller 〔C〕 ①【自衛隊】高射特科統制官 ②防空砲兵統制官

Air Defense Artillery Direct Support Battalion (AADSBn) 【陸自】高射直接支援大隊 《の英語呼称》《高射特科団の火力および機動力を最大限に発揮させるために野整備直接支援を実施する》

Air Defense Artillery Electronic Equipment Maintenance 【空自】高射電子整備 《准空尉空曹空士特技区分の英語呼称》

Air Defense Artillery Group (AAGp) 【陸自】高射特科群 《の英語呼称》

air defense artillery intelligence service 〔C〕 防空砲兵情報機関；高射特科情報機関

Air Defense Artillery Maintenance Officer 【空自】高射整備幹部 《幹部特技区分の英語呼称》

Air Defense Artillery Maintenance Staff Officer 【空自】高射整備幕僚 《幹部特技区分の英語呼称》

Air Defense Artillery Mechanical Equipment Maintenance 【空自】高射機械整備 《准空尉空曹空士特技区分の英語呼称》

air defense artillery neutralization ①【陸自】高射特科制圧 ②防空砲兵制圧

air defense artillery operations detachment (ADAOD) 〔C〕 ①【自衛隊】高射運用分遣隊 ②【陸軍】防空砲兵運用分遣隊

Air Defense Artillery Operations Officer 【空自】高射運用幹部 《幹部特技区分の英語呼称》

Air Defense Artillery Operations Staff Officer 【空自】高射運用幕僚 《幹部特技区分の英語呼称》

air defense battle zone 〔C〕 防空戦闘地帯

Air Defense Brigade 【陸自】高射特科団 《の英語呼称》◇用例： 第2高射特科団 = 2nd Air Defense Brigade；第2高射特科団長 = Commander, 2nd Air Defense Brigade

air defense brigade (ADB) 〔C〕 【陸軍】防空旅団

air defense build-up program 〔C〕 【空自】航空防衛力整備等計画

air defense capability 〔C〕 防空能力 《ミサイル等の経空脅威に対抗し、防備する能力》

air defense combat ①【陸自】対空戦闘 《敵の航空機等に対し、対空火器等をもって行う戦闘をいい、対空掩護、敵空中機動部隊の減殺および対空自衛戦闘に区分される。[典] 陸自教範》《[同] antiaircraft combat》 ②【海自】防空戦闘

air defense combat coordination center 〔C〕 ①【陸自】対空戦調整所 《地上の作戦・

戦闘と対空戦を密接に連携させるとともに、使用
できる対空火力を最も有効に運用するため、作戦
部隊の指揮所内に設ける施設をいう。⊛ 陸自教
範》 ②【海自】防空戦闘指揮所

Air Defense Command (ADC) ①【空自】
航空総隊 《航空戦闘任務を与えら
れている第一線の実動部隊のことをいう。航空総
隊司令部および航空方面隊その他の直轄部隊に
よって構成されている》◇用例：航空総隊司令官
＝ Commander, Air Defense Command；航空総
隊司令部 ＝ Headquarters, Air Defense
Command ；航空総隊司令部幕僚長 ＝ Chief of
Staff, Headquarters, Air Defense Command ②
【米軍】防空軍

**Air Defense Command and Control
System (ADCCS)** 【自衛隊】対空戦闘指揮
統制システム

air defense commander ［C］ ①【統幕】
防空司令官 ②【海自】防空指揮官

Air Defense Command System (ADCS)
【空自】航空総隊指揮システム 《航空総隊および
その他の主要な指揮所等において司令部活動を総
合的に実施するための指揮統制システムのことを
いう。⊛ JAFM006-4-18》

air defense control ［U］ 防空管制

air defense control center (ADCC) ［C］
防空管制所

**Air Defense Control Communications
Squadron** 【空自】警戒通信隊 《の英語呼称》

Air Defense Control Group 【空自】防空
管制群 《の英語呼称》

air defense controller ［C］ 防空管制官

Air Defense Control Squadron 【空自】
防空管制隊 《の英語呼称》

air defense coordination 防空調整

air defense coordination center (ADCC)
［C］ 対空戦調整所

air defense direction center (ADDC)
［C］ 防空指令所

air defense early warning 防空早期警戒

air defense emergency 防空緊急事態

air defense exercise (ADX) ［C］ ①【空
自】防空演習 ②【海自】防空訓練 《ADX ＝ ア
ディックス》

air defense fighter ［C］ 防空戦闘機

air defense fire direction ［C］ 対空射撃
指揮

air defense force 航空方面軍

Air Defense Force (ADF) 【空自】航空方
面隊 《の英語呼称》⊛ 組織名の総称として
「航空方面隊」が存在するわけではなく、便宜のた

め、立項している。北部航空方面隊（Northern
Air Defense Force）；中部航空方面隊（Central
Air Defense Force）；西部航空方面隊（Western
Air Defense Force）；南西航空方面隊
（Southwestern Air Defense Force）》◇用例： 航
空方面隊司令官 ＝ Commander, Air Defense
Force；航空方面隊司令部幕僚長 ＝ Chief of Staff,
Headquarters, Air Defense Force

air defense formation ［U］ 防空陣形

air defense grid ［C］ 防空用グリッド

**air defense ground environment
(ADGE)** 警戒管制機能 《ADGE ＝ アッジ》

air defense identification line ［C］ 防空
識別線

air defense identification zone (ADIZ)
［C］ 防空識別圏 《防空上の必要に基づき、進
入する航空機等の識別、位置確認および飛行に関
する必要な指示を行うよう定められた空域をい
う。⊛ 統合訓練資料1-4》《ADIZ ＝ アディズ；エ
イディズ》

air defense information infrastructure
防空情報通信基盤

Air Defense Initiative (ADI) 防空構想

air defense installation ［C］ 防空施設

air defense intelligence ［U］ 対空情報
《敵の空中からの脅威に関する情報資料を処理し
て得た知識をいい、敵航空部隊等に関する情報と
空中目標情報とに大別される。⊛ 陸自教範》
《⊛ antiaircraft intelligence》

Air Defense Liaison Element (ADLE)
【米】防空連絡班

air defense measure 対空手段

air defense missile ［C］ 防空ミサイル

Air Defense Missile Group (ADMG)
【空自】高射群 《の英語呼称》◇用例： 第1高射
群（入間）＝ 1st Air Defense Missile Group
（Iruma）

Air Defense Missile Squadron 【空自】高
射隊 《の英語呼称》

Air Defense Missile Training Group
【空自】高射教導隊 《の英語呼称》

air defense missile unit ［C］ 【空自】高
射部隊

air defense operation ①防空作戦 《防衛作
戦全般を有利に導くため、陸海空自衛隊が組織的
に連携し、侵攻する敵航空戦力を撃破して我が防
護対象を防護する作戦をいう。⊛ 統合訓練資料1-
4》 ②【海自】防空戦 《航空機またはミサイルを
もってする空からの敵の攻撃を無効にし、または
局限する作戦をいう。⊛ 統合訓練資料1-4》

air defense operations area ［C］ 防空作
戦区域

air defense operations center ［C］ 防空作戦センター

Air Defense Operations Group 【空自】防空指揮群 《の英語呼称》

air defense operations team ［C］ ①【自衛隊】防空運用チーム　②防空作戦チーム

air defense picket ［C］ 防空ピケット

air defense planning group (ADPG) ［C］ 防空計画グループ

air defense radar ［C］ 防空レーダー

air defense radar unit (ADRU) ［C］ 防空レーダー部隊

air defense readiness 防空即応態勢；防空配備

air defense readiness condition 防空態勢 《防衛出動下令後発令される防空のための態勢をいう。防空態勢は、防空に任ずる部隊が状況に即して戦闘力を最大に発揮するためにとる戦闘準備の程度を示す基準である。㊚ 統合訓練資料1-4》

air defense restricted area ［C］ 防空制限区域；防空特定区域

Air Defense School ［the ～］【陸自】高射学校 《の英語呼称》《対空戦闘や対空情報活動を行う高射特科隊員の教育を行う》

Air Defense School Unit (ASU) 【陸自】高射教導隊 《の英語呼称》

Air Defense Section 【海自】防空班 《の英語呼称》《用例：防空班長 = Officer, Air Defense Section

air defense sector (ADS) ［C］ ①【統幕】防衛区域　②防空管区；防空区域

air defense ship ［C］ 防空統制艦

air defense subsector ［C］ ①防空地区　②【海自】防空地域

air defense suppression 防空制圧

air defense suppression missile (ADSM) ［C］ 防空制圧ミサイル

air defense surveillance station ［C］ 【空軍】防空監視所

air defense system ［C］ ①防空組織 《防空任務遂行のため、要撃機部隊、対空射撃部隊、航空警戒管制部隊、これらを運用する指揮・通信の組織等をもって構成される組織をいう。㊚ 統合訓練資料1-4》　②防空システム

air defense warning (ADW) ①【陸自】対空警報 《敵の航空攻撃等の切迫の度合いに応じて、適切な対空行動をとらせるための命令をいう。㊚ 陸自教範》　②【空自・海自】防空警報 《部隊に対応処置を講じさせるため、敵の航空攻撃の切迫の程度および攻撃の有無を示す警報をいう。㊚ JAFM006-4-18》

air defense warning condition (ADWC) 防空警報区分

air defense warning red 空襲警報

air defense warning white 警報解除

air defense warning yellow 警戒警報

air defensive 航空防勢 《⇔ air offensive = 航空攻勢》

air delivery ①【空自】空中投下　②【海自】物量投下

air delivery container ［C］ ①【空自】空中投下用コンテナー　②【海自】物量投下用コンテナー

air delivery equipment ［U］ ①空中投下用器材；空中投下装備品　②【海自】物量投下用装備品

air delivery pipe ［C］ 空気送出管

air delivery service ［C］ 空中投下業務

air density ［U］ 空気密度

air depot ［C］ 【空軍】航空補給処

Air Depot 【空自】補給処 《の英語呼称》◇用例：第1補給処 = 1st Air Depot

air detector and tracker (ADT; AD/T) ［C］ 対空目標追尾員

Air Development and Test Command 【空自】航空開発実験集団 《の英語呼称》《航空機・装備品の開発、航空医学・人間工学の開発実験機能を持ち、幅広い研究を行う組織》◇用例：航空開発実験集団司令部 = Headquarters, Air Development and Test Command；航空開発実験集団司令部幕僚長 = Chief of Staff, Headquarters, Air Development and Test Command；航空開発実験集団司令官 = Commander, Air Development and Test Command

Air Development and Test Wing (ADTW) 【空自】飛行開発実験団 《の英語呼称》◇用例：飛行開発実験団司令部 = Headquarters, Air Development and Test Wing

Air Development Squadron 51 【海自】第51航空隊 《の英語呼称》《㊚ 海上自衛隊では、「航空隊」に1対1で対応する英語の総称は存在しない》

air direct delivery 航空移送

air direction finder (ADF) ［C］ 航空方位探知機

air dispatcher ［C］ 空中投下員

air division ［C］ 航空師団 《2個以上の航空団 (air wing) で編成》

air dominance fighter (ADF) ［C］ 【米軍】航空支配戦闘機

air drag 空気抵抗

airdrome 〔C〕 飛行場

airdrome construction 飛行場建設

airdrome lighting 飛行場照明

air drop = airdrop 空中降下；空中投下

air drop equipment 〔U〕 空中投下装備品

A

air droppable survival kit 〔C〕 救難装備セット

air drop point (ADP) 〔C〕 空中降下点；空中投下点 《空輸送機上からの空挺隊員降下点および物資投下地点のことをいう。㊥ JAFM006-4-18》

air dryer 〔C〕 空気乾燥器

air duct 〔C〕 ①エア・ダクト ②【海自】風路

air early warning (AEW) 航空早期警戒

air earth current 空地電流

Air Education and Training Command (AETC) 【米軍】教育訓練空軍

air ejector (AE) 〔C〕 空気エジェクター

air electronic warfare (AEW) 〔U〕 航空電子戦

air element coordinator 〔C〕 航空調整官

air embolism 空気塞栓症（くうきそくせんしょう）《潜水》

air escape valve 〔C〕 空気逃し弁

air escort 航空護衛

air evacuation ①航空後送 ②空中待避

Air Expeditionary Force (AEF) 【米軍】航空遠征部隊

Air Expeditionary Wing 【米軍】航空遠征航空団 ◇用例： 31st Air Expeditionary Wing = 第31航空遠征航空団

air facility 〔C〕 航空施設

air festival 【空自】航空祭

air field (Afld; AFLD) = airfield 〔C〕 飛行場

airfield control center 〔C〕 飛行場管制所

airfield control zone 〔C〕 飛行場管制圏

airfield damage assessment system (ADAS) 〔C〕 飛行場損害評価システム

airfield damage repair (ADR) 飛行場被害復旧

airfield liaison team 〔C〕 【陸自】飛行場連絡班 《空挺作戦の実施にあたり、発進飛行場において、航空自衛隊等の部隊等との連絡、調整に任ずるとともに、空挺部隊の搭載および補給品の空輸準備等の統制にあたる陸上自衛隊の部隊をいう。㊥ 統合訓練資料1-4》

airfield lighting control panel 〔C〕 飛行場照明管制盤

airfield traffic 飛行場交通

airfield weather station 〔C〕 飛行場気象所

air filter 〔C〕 ①エア・フィルター ②【海自】空気こし器

air fire plan 〔C〕 航空火力計画

air fires 航空火力

air flask ①気室 ②気蓄器 《潜水艦》

air fleet ①航空機隊 ②軍用航空機

air flow 気流

air flow indicator 〔C〕 風量計

air flow meter 〔C〕 風量計

air foam 空気泡

airfoil 翼形

airfoil action 翼形効果（よくがたこうか）

airfoil blade section 翼断面

air force 〔C〕 空軍

Air Force 〔the ～〕 【米】空軍 《正式名称は、United States Air Force（USAF）： 合衆国空軍》◇用例： Chief of Staff, Air Force（CSAF）= 空軍参謀総長

Air Force Academy 【米】空軍士官学校

Air Force Accounting and Finance Center 【米】空軍会計財政センター

Air Force Acquisition Logistics Division (AFALD) 【米】空軍調達補給部

Air Force Aero Propulsion Laboratory (AFAPL) 【米】空軍航空推進研究所

Air Force Audit Agency 【米】空軍会計監査局

Air Force Avionics Laboratory (AFAL) 【米】空軍航空電子工学研究所

air force base 〔C〕 空軍基地

Air Force Base (AFB) 【米】空軍基地 《米国領土内にある空軍基地をいう》

Air Force Cambridge Research Laboratory 【米】空軍ケンブリッジ研究所

Air Force Cataloging and Standardization Office (AFLC CASO) 【米】空軍類別標準化局

Air Force Commissary Service 【米】空軍購買部

Air Force Communications Command (AFCC) ①【自衛隊】米国通信空軍 ②【米】空軍通信コマンド；空軍通信軍団

Air Force Communications Service

（AFCS）【米】空軍通信部

Air Force Council 【米】空軍評議会

Air Force Cross 【米・英】空軍十字章

Air Force Department (AF) 【米】空軍省

Air Force depot 【米】空軍補給処

Air Force Engineering and Services Center 【米】空軍施設管理センター

Air Force equipment management system 【米】空軍装備品管理方式

Air Force Flight Test Center (AFFTC) 【米】空軍飛行試験センター

Air Force Geophysics Laboratory (AFGL) 【米】空軍地球物理学研究所

Air Force Historian 【米】空軍史編纂官

Air Force Information Warfare Center (AFIWC) 【米】空軍情報戦センター

Air Force Inspection Agency (AFIA) 【米】空軍監察局

Air Force Legal Services Center 【米】空軍法務センター

Air Force letter 【米】空軍通達

Air Force Logistics Command (AFLC) ①【自衛隊】米国後方空軍 ②【米】空軍後方支援司令部

Air Force Management Engineering Agency 【米】空軍監理技術局

Air Force Manual (AFM) 【米】空軍教範

Air Force Materiel Command (AFMC) 【米】装備空軍

Air Force Medal (AFM) 【英】空軍記章

Air Force Military Personnel Center 【米】空軍人事計画センター

Air Force Missile Test Center (AFMTC) 【米】空軍ミサイル実験所

Air Force-Navy (AN) 【米】空海軍

Air Force-Navy Aeronautical (ANA) [adj.] 【米】空海軍航空用の

Air Force-Navy Aeronautical Design Standards (AND) 【米】空海軍航空設計規格

Air Force-Navy Aeronautical Standards (AN) 【米】空海軍航空規格 《米国の海空軍両省共同で制定した規格》

Air Force Navy Design 【米】空軍海軍設計

Air Force Nuclear Engineering Test Rector (AFNETR) 【米】空軍核工学試験炉

Air Force Office of Medical Support 【米】空軍医療援護室

Air Force Office of Special Investigations (AFOSI) 【米】空軍特別調査局

Air Force officials 【米】空軍当局

Air Force of People's Liberation Army (AFPLA) 中国人民解放軍空軍

Air Force One 【米】エアフォースワン 《米大統領専用機》

Air Force Operational Test and Evaluation Center 【米】空軍運用試験評価センター

Air Force pamphlet 【米】空軍パンフレット

air-force plane [C] 空軍機

Air Force plant representative [C] 【米】空軍工場駐在官

Air Force Post Office 【米】空軍郵便局

Air Force Procurement Instruction 【米】空軍調達指針

Air Force Regulation (AFR) 【米】空軍規則

Air Force Research Laboratory (AFRL) 【米】空軍研究所

Air Force Reserve (AFR) [the ～] 【米】予備役空軍 ◇用例：Chief of Air Force Reserve = 予備役空軍参謀長

Air Force Reserve Command 【米】空軍予備役コマンド

Air Force Rocket Propulsion Laboratory (AFRPL) 【米】空軍ロケット推進研究所

Air Force Safety Center 【米】空軍安全センター

Air Force Satellite Communications System (AFSATCOM) 【米】空軍衛星通信システム 《AFSATCOM = アフサトコム》

Air Force Satellite Control Facility (AFSCF) 【米】空軍衛星管制施設

Air Force Service Information and News Center 【米】空軍広報報道センター

Air Force Space Command (AFSPC; SPACECOM) 【米】空軍宇宙コマンド

Air Force Special Operations Command (AFSOC) 【米】空軍特殊作戦コマンド

Air Force Specialty (AFS) 【米】空軍特技

Air Force Specialty code (AFSC) 【米】空軍特技番号

Air Force Standards (AD) 【米】空軍規格 《米国空軍が制定した規格》

Air Force Systems Command (AFSC) 【米】空軍システムズ・コマンド

air force system security instructions ［pl.］ 【米】空軍システム・セキュリティ規則

Air Force task force 【米】空軍特別編成部隊

Air Force Technical Applications Center (AFTAC) 【米】空軍技術応用センター

Air Force technical order (AFTO) 【米】空軍技術指令書

Air Force Test and Evaluation Center (AFTEC) 【米】空軍試験評価センター

air force unit ［C］ ①【自衛隊】航空部隊 ②空軍部隊

Air Force Weapons Laboratory (AFWL) 【米】空軍兵器研究所

airframe 機体

airframe accessory ［C］ 機体付属品

Airframe Inspection Section 【海自】機体検査班 《の英語呼称》◇用例： 機体検査班長 = Officer, Airframe Inspection Section

Airframe Section 【海自】機体班 《の英語呼称》◇用例： 機体班長 = Officer, Airframe Section

airframe structure 機体構造

airframe unscheduled maintenance ［U］ 機体臨時修理 《航空機》

air freighting 航空貨物輸送

air fuel 航空燃料

air-fuel ratio ①空気燃料比；空燃比 ②【空自】混合比 《空気と燃料の混合比》

air gap 空隙（くうげき）

air gap type crystal unit ［C］ 空気間隙式水晶片

air glow = air-glow 大気光

air-ground communication 空地通信

air-ground correlation factor (AGCF) ［C］ 空地相関係数

air-ground frequency 空地連絡周波数

air-ground liaison code 空地連絡符号

air-ground liaison panel ［C］ 対空布板（たいくうふばん） 《地上部隊が味方機と視覚通信するため、地上に設置する薄板》

air-ground net 空地通信網

air-ground operation 空地作戦 《陸上作戦を有利に導くため、陸上自衛隊の部隊と航空自衛隊の部隊が組織的連携の下に、通常、協同して行う作戦をいい、近接航空支援、航空阻止および航空偵察に区分される。[典] 陸自教範》

air-ground operations system ［C］ 空地作戦組織

air-ground support 対地航空支援

air group ［C］ 飛行連隊 《2個以上の飛行隊(squadron)で編成》

Air Group 【陸自】方面航空隊 《の英語呼称》《[備] 組織名の総称として「方面航空隊」が存在するわけではなく、便宜のため、立項している。北部方面航空隊(Northern Air Group)；東北方面航空隊(Northeastern Air Group)；東部方面航空隊(Eastern Air Group)；中部方面航空隊(Middle Air Group)；西部方面航空隊(Western Air Group)》

air guard ①対空監視哨 ②対空警戒員

air guide quadrant エア・ガイド・クオドラント

air gunner (AG) ［C］ 【空軍】機上射手 《[同] aerial gunner》

air gunnery 空中射撃術；機上射撃術

air harbor 水上航空基地

airhead (Ahd) = air head ［C］ 【陸自】空挺堡（くうていほ） 《空挺部隊が降着後、じ後の地上作戦の態勢を確立するため確保する地域をいう。[典] 陸自教範》

airhead element ［C］ 空挺堡部隊

airhead line ［C］ 空挺堡線

Air Headquarters (AHQ) 空軍司令部；航空隊本部

air heater ［C］ 空気加熱器

air hoar 樹霜

air hole ［C］ 通気孔 《[同] vent hole》

air independent propulsion (AIP) 大気非依存推進 《大気中の空気に依存しない推進方式》

air induction system 空気取り入れ系統

air infantry ［C］ 【自衛隊】空挺普通科部隊

air inferiority 航空劣勢 《[対] air superiority = 航空優勢》

air injection pressure 空気噴射圧；空気噴射圧力

air inlet ［C］ 空気入り口

air inlet cam ［C］ 空気カム

air inlet valve ［C］ 空気入り口弁

Air Installations Compatible Use Zones (AICUZ) ［the ～］ 【米】航空施設周辺適合利用地域；航空施設整合利用ゾーン

air insulation ［U］ 空気絶縁

air intake 空気取り入れ口

air intake casing ［C］ 空気取り入れケーシング

air intake control system (AICS) ［C］ 空気取り入れ口制御システム

air intelligence ［U］ 航空情報

Air Intelligence Agency (AIA) 【米】空軍情報局

Air Intelligence Service Group 【空自】情報資料隊 《の英語呼称》

air intelligence service squadron ［C］ 空軍情報隊

Air Intelligence Wing 【空自】作戦情報隊《の英語呼称》《作戦情報隊は、主として、航空総隊の任務等に必要な航空作戦情報の収集、処理および関係部隊等への提供を任務とする。[典] 航空自衛隊横田基地HP》

air intercept control (AIC) ［U］ 【海自】要撃管制

air intercept control common 【海自】要撃管制共通周波数

air interception 空中要撃 《[備] 一般には「空中迎撃」ということもある》

air intercept missile (AIM) ［C］ 【空自】航空機搭載要撃ミサイル

air interceptor missile (AIM) ［C］ 空対空要撃ミサイル

air interdiction (AI) ［C］ 【空自】航空阻止 《侵攻する敵陸海戦力を戦力発揮に至る以前に撃破し、または後方連絡線を遮断する等により、敵の侵攻を阻止し、もしくは敵の前線部隊の戦力を弱体化させる作戦をいう。[典] JAFM006-4-18》

air interdiction operation 航空阻止作戦

Air Investigations Group 【空自】調査隊《の英語呼称》

air jacket ［C］ 空気ジャケット

air land battle (ALB) 空地戦闘

air landed 着陸空輸した；空輸卸下した；空輸着陸した

air landed assault operation 着陸強襲作戦

air landed delivery 着陸配分

air landed operation 着陸空輸作戦

air landed supply 着陸補給

air landed unit ［C］ 空輸着陸部隊

air-launched anti-radiation missile (ALARM) ［C］ 【米】空中発射対レーダー・ミサイル 《ALARM＝アラーム》

air-launched anti-satellite multistage missile ［C］ 空中発射対衛星多段式ミサイル

air-launched ballistic missile (ALBM) ［C］ 【米】空中発射弾導ミサイル

air-launched cruise missile (ALCM) ［C］ 【米】空中発射巡航ミサイル 《ALCM＝アルクム》

air-launched decoy missile (ADM) ［C］ 空中発射囮（おとり）ミサイル

air-launched guided missile (AGM) ［C］ 空中発射誘導ミサイル

air-launched intercept missile (AIM) ［C］ 空対空迎撃ミサイル

air-launched trainer rocket ［C］ 空中発射訓練用ロケット

air leakage test ［C］ 空気漏洩試験（くうきろうえいしけん）

airless surface 無気浮上

air liaison officer (ALO) ［C］ ①【空自・海自】航空連絡幹部 《師団の主指揮所に派遣され、航空支援統制所長の指揮を受け、近接航空支援、戦場航空阻止および航空偵察の要請、実施等に関し、師団主指揮所と所要の調整・助言を行うとともに航空作戦に関する専門的事項について派遣先部隊を援助することを主たる任務とする航空機操縦幹部をいう。[典] 統合訓練資料1-4》 ②航空連絡将校；航空連絡官

air liaison party (ALP) ［C］ 航空連絡班

airlift (alft) ＝air lift 航空輸送 《陸、海、空の各種作戦に必要な人員、装備品、作戦用資材等を航空機により輸送し、それらの作戦の遂行を支援する作戦をいう。[典] JAFM006-4-18》

airlift capability ［C］ 空輸能力 《航空輸送部隊が、一定期間に与えられた経路によって人員、資材等を空輸し得る能力をいう。通常、輸送機の有効搭載量と区間平均速度の積で表される。[典] 統合訓練資料1-4》

airlift command post (ACP) ［C］ 空輸指揮所

airlift control team (ALCT) ［C］ 空輸統制チーム

airlift coordination cell 【海自】空輸調整班

airlift force 空輸部隊

airlift operation 空輸作戦

airlift requirements ［pl.］ 空輸所要

airlift service ［C］ 空輸業務

air line ①航空路 ②空気管

airline transport pilot certificate (ATR) 定期運送用操縦士免許

air load 空力荷重

air load factor ［C］ ①【統幕】航空輸送効率 ②【空自】航空効率

air loading table ［C］ 航空機搭載表

air loading valve ［C］ 装気弁

air locker ［C］ 空気ロッカー

air logistics center (ALC) 【米軍】航空兵站センター ◇用例：Warner Robins Air Logistics Center（WR-ALC）＝ワーナー・ロビ

ンズ航空兵站センター

air logistics support 空輸後方支援

air long-term defense estimate 航空長期
防衛見積り

air louver ［C］ 空気調節扉（くうきちょうせつ
ひ）

air mail 航空郵便；航空便

airman ［pl. = airmen］ 航空兵；空軍兵

Airman (AMN) 【米空軍】1等兵 《航空自衛
隊の「2等空士」に相当する》

Airman Apprentice (AA) 【米海軍】2等飛
行兵

Airman Basic (AB) ①【空自】3等空士 ②
【米空軍】2等兵

airman classification battery (ACB) 特
技分類適性試験

Airman First Class (A1C) ＝ Airman 1st
Class ①【空自】空士長 ②【米空軍】上等兵
《航空自衛隊の「1等空士」に相当する》

airman proficiency test (APT) ［C］ 特
技試験

Airman Second Class (A2C) 【空自】1等
空士 《の英語呼称》

Airman Third Class (A3C) 【空自】2等空
士 《の英語呼称》

Air Marshal 【英】空軍中将

air mass ［C］ 気団

air mass characteristics ［pl.］ 気団の特性

air mass fog 気団霧

air mass modification 気団の変質

air mass thunderstorm ［C］ 気団雷

air mass transformation 気団変質

Air Materiel Command (AMC) ①【空自】
航空自衛隊補給本部 《の英語呼称》◇用例： 航
空自衛隊補給本部長 ＝ Commander, Air
Materiel Command ②【米空軍】航空資材本部

**Air Materiel Command System
(AMCS)** 【空自】補給本部指揮システム

air mechanic ［C］ 【空軍】機上整備員

Air Medal (AM) 【米】航空勲章 《1942年設
定》

air medic ［C］ 機上救護員

air metering force (AMF) 空気計量力

air metering unit ［C］ 空気計量部

air metering valve ［C］ 空気計量弁

air mile マイル

air mine ［C］ ①空中投下機雷 ②空中投下
地雷

air mining warfare (AMW) ［U］ 航空機
雷作戦

Air Minister 【英】航空大臣

Air Ministry ［the ～］ 【英】航空省

airmiss ニアミス

air mission 【海自】飛行任務

air mission intelligence report (AMIR)
［C］ ①【統幕】航空出撃情報報告 ②【海自】
飛行任務情報報告

air-mixing chamber ［C］ 空気混合室

airmobile (AM; Ambl) 空中機動

airmobile forces ［pl.］ 航空機動部隊

airmobile operation 【陸自】空中機動作戦
《陸上部隊が航空部隊と協力して航空機によって
空中を機動し、敵が直接支配しているか、または
その脅威を受けている地域に降下または着陸し、
通常、空挺室を占領してじ後の地上作戦に移行す
る以前の作戦をいう。㊗ 陸自教範》

air mobility 航空機動能力；空中機動性

Air Mobility Command (AMC) 【米軍】
航空機動軍団；機動空軍

Air Mobility Division (AMD) 【米軍】空
中機動師団

air motion 大気の運動

air movable supplies ［pl.］ 空輸補給品

air movement 空中移動

air movement column ［C］ 空中移動縦隊

air movement designator (AMD) ［C］
空輸指定記号

air movement table ［C］ ①【自衛隊】空
輸機動表 ②空中移動計画表

air-munitions ［pl.］ 航空資材

Air National Guard ［the ～］ 【米】空軍
州兵 《正式名称は、Air National Guard of the
United States ： 合衆国空軍州兵》◇用例：
Director, Air National Guard ＝ 空軍州兵局長

Air National Guard Base (ANGB)
【米】州空軍基地

**Air National Guard support aircraft
(ANGSA)** ［pl. = ～］ 【米】州兵空軍航
空隊支援航空機

**Air Naval Gunfire Liaison Company
(ANGLICO)** 【米軍】海空火力支援連絡中隊

air navigation 航空航法

air navigation chart ［C］ 航空航法地図

air navigation computer ［C］ 航法計算盤

air navigation radio aids ［pl.］ 航空無線
援助施設

air navigator ［C］ 航空士

air objective [C] 空中目標

air observation [U] 空中観測；航空観測

air observation post [C] ①空中観測所；航空観測所 ②【陸自】対空監視所

air observer (AOBSR) [C] ①【空自】機上偵察員；機上観測員 ②【陸自】空中観測者

air observer adjustment 空中観測による射撃修正

air offensive 航空攻勢 《[対] air defensive = 航空防勢》

air officer (AO) [C] ①【米空軍】航空将校 ②【米海軍】航空司令 ③【米陸軍】飛行将校 ④【英】空軍将官

Air Officer Candidate School [the ～] 【防衛省】航空自衛隊幹部候補生学校 《の英語呼称》

air oil seal エア・オイル・シール

air operation 航空作戦

Air Operation 【空自】飛行管理 《准空尉空曹空士特技区分の英語呼称》

air operations center [C] 航空作戦センター

air operations control center (AOCC) [C] 【空自】航空作戦管制所 《航空総隊司令官が行う作戦指揮のため、全防衛区域における航空現況等を表示するほか、航空総隊作戦指揮所(COC)からの指令等を伝達するとともに、特定事項について、防空指令所(DC)等を統制する所をいう。[典] 統合訓練資料1-4》

air operations control center controller (AC) [C] 【空自】AOCC兵器管制官

Air Operations Staff Officer 【空自】飛行運用幕僚 《幹部特技区分の英語呼称》

air order of battle (AOB) 航空戦力組成

air outlet [C] ①排気口；排気管 ②【海自】空気出口

air outlet connection 排気接続管

air packing 空気パッキン

air parity 空軍力の均等；航空戦力の均等

air passage [C] 空気通路

air patrol ①空中哨戒 ②【海自】航空哨戒

Air Patrol Squadron 【海自】航空隊 《の英語呼称》《[備] 海上自衛隊では、「航空隊」に1対1で対応する英語の総称は存在せず、第1航空隊～第5航空隊の場合は、「Air Patrol Squadron」と表記する》◇用例： 第1航空隊 = Air Patrol Squadron 1

air performance 飛行性能

air photograph [C] 航空写真 《航空機用カメラを用いて撮影した静止画をいう。[典] 陸上自衛隊達第96-9号》《[同] aerial photograph》

air photographic reconnaissance 航空写真偵察

air photograph interpretation 航空写真判読

air picket [C] ①哨戒機；索敵機 ②【海自】航空ピケット

air pipe [C] 空気管；エア・パイプ

airplane ambulance 患者輸送機

airplane carrier [C] 航空母艦

airplane data [U] 航空機性能諸元

airplane general (APG) 【空自】航空機整備員 《航空機全般の運用・整備を行う》

airplane heading 機首方位

airplane lighting 航空機照明

airplane smoke tank [C] 発煙剤タンク 《航空機用発煙剤タンク》

airplane spray tank [C] 化学剤タンク 《航空機用化学剤タンク》

air plot 対気図示；対気推測位置

air plotting 対空作図

air plotting sheet エア・プロッティング・シート

Air Police 【空自】警備 《准空尉空曹空士特技区分の英語呼称》

air police (AP) ①【空自】航空警務官 ②【米軍】空軍憲兵；空軍憲兵隊 《航空州兵の航空憲兵隊》 ③【米】航空憲兵隊

Air Police Officer 【空自】警務幹部 《幹部特技区分の英語呼称》

air policing 空中警戒活動

air port [C] 空気口

airport (APRT) [C] 空港 《民間の空港》

air portable 航空可搬装備品

airport administrator [C] 空港管理者

airport beacon [C] 空港ビーコン；飛行場表示灯

airport control tower [C] 空港管制塔；コントロール・タワー

airport elevation 飛行場標高

airport officials [pl.] 空港当局者；空港職員；航空関係者

airport reference point [C] 飛行場標点

airport regulation 飛行場規則

airport security officer [C] 航空保安官

airport service [C] 空港業務

airport surface detection equipment

A

(ASDE) [U] ①【空自】空港面探知レーダー ②空港面探知装置

airport surveillance radar (ASR) [C] 空港監視レーダー

airport traffic area (ATA) [C] 飛行場管制区域

airport traffic control [U] 飛行場管制

airport traffic control service [C] 飛行場管制業務

airport traffic control tower (TOWER) [C] 飛行場管制所

air position [C] ①対気位置 ②空中位置

air position indicator (API) [C] 対気位置表示器

air potential 潜在航空力

air power = airpower [U] ①空軍力 ②【空自】航空力 ③【海自】航空権力

Air Power Conference (APC) 【日】エアパワー会議

Air Power Studies Center Symposium 【空自】航空自衛隊幹部学校航空研究センターシンポジウム ◇用例： 平成27年度航空自衛隊幹部学校航空研究センターシンポジウム = the Air Power Studies Center Symposium 2016

air precooler [C] 空気予冷器

air preheater [C] 空気予熱器

air pressure 空気圧

air pressure regulator [C] 空気圧調整器；空気圧力調整器

air pressure test [C] 空気圧試験；空気圧力試験

air priorities committee [C] 空輸優先順位決定委員会

air purification 空気清浄

air raid [C] 空襲 ◇用例： US air raid = 米国の空襲

air raid alert 警戒警報態勢；警戒待機態勢

air raid alert warning 警戒警報

air raid drill [C] 防空演習

air raider ①空襲部隊 ②空襲参加機

air raid in waves 波状空襲

air-raid precautions (ARP) [pl.] 警戒警報 《空襲警戒警報》

air raid reporting control ship [C] 空襲報告管制艦

air raid report ship [C] 空襲報告艦

air raid shelter [C] 防空壕

air raid warning center (ARWC) [C] 【空軍】防空警報所

air raid warning condition 防空警報区分

air raid warning district [C] 防空警報地区

air raid warning system [C] 防空警報組織

air rate [C] 空気率

air ratio [C] 空気比

air receiver [C] ①エア・レシーバー ②【海自】空気受け

air reconnaissance liaison officer [C] 【海自】航空偵察連絡幹部

Air Reconnaissance Squadron 81 【海自】第81航空隊 《の英語呼称》《電子戦データと画像情報の収集を任務とする部隊。[備] 海上自衛隊では、「航空隊」に1対1で対応する英語の総称は存在しない》

air refueling (AR) 空中給油

air refueling control point [C] 空中給油管制点

air refueling control team (ARCT) [C] 空中給油管制チーム

air refueling initial point (ARIP) [C] 空中給油進入点

air refueling tanker [C] 空中給油機

air release point [C] 空中投下点；空中降下点

Air Repair Squadron 【海自】航空修理隊 《の英語呼称》◇用例： 第1航空修理隊 = Air Repair Squadron 1；航空修理隊司令 = Commanding Officer, Air Repair Squadron

air request net 航空要求ネット 《通信》

air rescue 航空救難

air rescue information [U] 航空救難情報

air rescue medical technician (air medic) [C] 機上救護員

air rescue service (ARS) [C] 航空救難組織

Air Rescue Squadron (ARS) ①【空自】救難隊 《航空救難団飛行群隷下～の英語呼称》《主に、自衛隊の航空機に事故が発生した場合、その搭乗員の捜索救助を行う》◇用例： 那覇救難隊 = the ASDF Naha Air Rescue Squadron ②【米空軍】航空救難飛行隊

Air Rescue Squadron 71 【海自】第71航空隊 《の英語呼称》《遭難航空機や遭難船舶の捜索および乗員の救助、離島等からの急患輸送等を実施する。[備] 海上自衛隊では、「航空隊」に1対1で対応する英語の総称は存在しない》

Air Rescue Training Squadron 【空自】救難教育隊 《航空救難団隷下～の英語呼称》

Air Rescue Wing 【空自】航空救難団 《主な任務は、航空救難、航空輸送、災害派遣等》

air research 航空研究

Air Reserve Personnel Center 【米】空軍予備役人事センター

air reservoir ［C］ 空気だめ

air resistance 空気抵抗

air restricted area ［C］ 制限空域

air review 【空自】航空観閲式

air route ［C］ ①空路 ②【海自】航空路

air route surveillance radar (ARSR) ［C］ 航空路監視レーダー

air route traffic control ［U］ 航空路管制

air route traffic control center (ARTCC) ［C］ 航空路交通管制所

air route traffic control service ［C］ 航空路管制業務

air scoop ①【空自】空気取り入れ口 ②【海自】空気導入口

air scout ［C］ 対空監視哨

air screening unit (ASU) ［C］ 【海自】航空直衛隊

air search radar (ASR) ［C］ 対空捜索レーダー

air sea rescue (ASR) 空海協同救難

Air Self-Defense Force (ASDF) 【自衛隊】航空自衛隊

Air Self-Defense Force aircraft ［pl. = ～］ 【自衛隊】航空自衛隊機

Air Self-Defense Forces unit ［C］ 【自衛隊】航空自衛隊の部隊

air sentinel ［C］ 対空監視哨

air shooter ［C］ エア・シューター

air shut-off valve ［C］ 空気遮断弁

airsickness ①【空自】飛行機酔い ②【海自】空酔い

air signal ［C］ 対地信号

air situation display (ASD) 航空現況表示

air situation display console (ASD CONSOLE) ［U］ 航空現況表示用コンソール 《バッジ用語》

air situation display mode (ASD MODE) 航空現況表示用モード；エア・シチュエーション・ディスプレイ・モード 《バッジ用語》

air situation summary 航空現況要約

air slide 風格子（かぜこうし）

air sound signal ［C］ 空中音信号

airspace ①空域 ②領空 《国家が領有する空間であり、領土と領水（領海および内水）の上方の空域をいう。⊛ JAFM006-4-18》

air-space cable ［C］ 空気絶縁ケーブル

airspace caution area ［C］ 要注意空域

airspace command and control ［U］ 空域指揮統制

airspace control ［U］ 空域統制 《航空部隊、航空科部隊、高射特科部隊、野戦特科部隊、情報科部隊等が相互に妨害することなく、それぞれの活動を適切かつ安全に実施するために行う統制および調整をいい、作戦部隊指揮官が航空部隊等との協定に基づき空域を使用する部隊の行動を統制する。⊛ 陸自教範》

airspace control area (ACA) ［C］ 空域統制区域

airspace control authority ［C］ 空域統制権者 《空域統制区域内において、空域統制に関する全般的な責任を有する指揮官をいう。通常、作戦地域の空域を掌握する能力、空域の警戒監視能力、航空作戦遂行能力等をもっとも有する指揮官が指定される。⊛ 統合訓練資料1-4》

airspace control center ［C］ 空域統制センター

airspace control facility ［C］ 空域統制施設

airspace control order (ACO) 空域統制命令 《空域統制を実施するための命令をいう。⊛ JAFM006-4-18》

airspace control plan ［C］ 空域統制計画 《特別な作戦区域での空域統制のための計画、指針および手順が記述されている計画をいう。⊛ 統合訓練資料1-4》

airspace control sector ［C］ 空域統制区

airspace control system ［C］ 空域統制システム

airspace coordination area (ACA) ［C］ ①【陸自】射撃禁止区域 《我の地上射撃から味方航空機の安全を確保するため、目標地域内に設ける空域をいい、作戦部隊指揮官が航空部隊指揮官と調整して設定する。⊛ 陸自教範》 ②【空自】射撃禁止区域

airspace danger area ［C］ 危険空域

airspace management ［U］ 空域管理；空域使用の統制・調整 《各自衛隊の作戦実施にあたり、それぞれの航空機、対空射撃部隊等が同一区域において行動する場合、航空機の行動の安全を確保し、それぞれの作戦を有効に実施するため、各自衛隊の使用する空域に関して行われる統制および調整をいう。⊛ 統合訓練資料1-4》

airspace prohibited area ［C］ 飛行禁止空域

airspace reservation ［C］ 飛行制限空域

airspace restricted area ［C］ 制限空域 《航空機と対空射撃との相互妨害を防止し、あるいは最小限にするため、航空機の行動および対空射撃に制限処置を定めた空域をいい、「飛行制限空域」および「射撃制限空域」に区分される。⊛ 陸自教範》

air space separation equipment ［U］ 空間分離設備

airspace surveillance display control system ［C］ 空域監視表示・管制システム

airspace violation and rescue computer program (AVRCP) ［C］ 領空侵犯/航空救難処理用プログラム 《バッジ用語》

airspace violation and rescue equipment (AVRE) ［U］ 領空侵犯/航空救難モニター装置 《バッジ用語》

airspace violation decision function (AVF) 領空侵犯判定機能

airspace violation monitoring function (AVMF) 領空侵犯モニター機能 《バッジ用語》

air speed (A/S) ①【空自】対気速度 《航空機と大気との相対速度》 ②【海自】気速

airspeed compensation card ［C］ 気速修正カード

airspeed compressibility correction 圧縮誤差修正 《気速の圧縮誤差修正》

airspeed indicator ［C］ 対気速度計 《飛行中の航空機の対気速度を指示する飛行計器。⊛ レーダー用語集》

airspeed installation correction 速度計取り付け誤差修正

airspeed limitation 速度制限

airspeed mach indicator (AMI) ［C］ 対気速度/マッハ数計

air spot 空中観測による射撃修正

air stabilizer ［C］ 空中安定具

air stabilizer release mechanism ［C］ エア・スタビライザー分離機構 《魚雷エア・スタビライザーの構成品》

Air Staff 【米】空軍参謀本部 ◇用例：Chief of Air Staff = 空軍参謀長

Air Staff College 【空自】航空自衛隊幹部学校 《の英語呼称》◇用例：幹部学校長 = Commandant, Air Staff College

Air Staff Office (ASO) 【空自】航空幕僚監部 《の英語呼称》《航空自衛隊の隊務運営に関する防衛大臣のスタッフとして、航空幕僚長およびその補佐機関を包括した幕僚組織のことをいう。略称は「空幕」》◇用例：航空幕僚長 = Chief of

Staff, Air Self-Defense Force

Air Staff Office Operation Center (ASOOC) 【空自】航空幕僚監部作戦室

Air Staff Office System (ASO System) 【自衛隊】空幕システム 《中央指揮所内の電子計算機を中心とする航空幕僚監部の防衛大臣補佐業務を支援するデータ処理のための装置およびプログラムならびにそれらの組合せをいう。⊛ 防衛庁訓令第6号》

air staging unit ［C］ 飛行場勤務隊

air start 空中始動

air starting valve ［C］ 空気起動弁

air station ［C］ 航空基地

Air Station 【海自】航空基地隊 《の英語呼称》《基地機能の維持管理および隊員の福利厚生に関する業務を行う》◇用例：鹿屋航空基地隊 = Air Station Kanoya；航空基地隊司令 = Commanding Officer, Air Station

air status board ［C］ 対空状況表示盤

air stream 気流

air strength ［U］ 航空兵力

air strike ［C］ 航空攻撃 ◇用例：NATO airstrike = NATOの空爆；US airstrike = 米国の空爆

air strike coordinator ［C］ 航空攻撃調整官

air strip 簡易着陸場；離着陸場；飛行場

air suction pipe ［C］ 空気吸い込み管

air suction port 空気吸い込み口

air suction valve ［C］,［C］ 空気吸い込み弁

air summary plotter 対空摘要作図員

air superiority ［U］ 航空優勢 《我が航空部隊が敵から大なる妨害を受けることなく諸作戦を遂行できる状態をいう。⊛ JAFM006-4-18》◇用例：long-range air superiority = 長期にわたる航空優勢《⊛ air inferiority = 航空劣勢》

air supply ①空輸補給 ②【海自】航空補給

Air Supply Depot 【海自】航空補給処 《の英語呼称》◇用例：航空補給処長 = Commanding Officer, Air Supply Depot

air supply depot (ASPD) ［C］ 【海自】航空補給所

air supply hull valve ［C］ 給気内殻弁 （きゅうきないこくべん）

air support 【陸自】航空支援 《陸上部隊が、近接航空支援、戦場航空阻止、航空偵察、航空輸送等に関し、航空部隊の協力を受けることをいう。⊛ 陸自教範》

Air Support Command (ASC) 【空自】航空支援集団 《の英語呼称》《航空作戦を実施する航空総隊を支援する組織。司令部のほか、空

輸、管制、気象、点検の機能を持つ部隊で構成されている》◇用例：航空支援集団司令部＝Headquarters, Air Support Command；航空支援集団司令官＝Commander, Air Support Command；航空支援集団司令部幕僚長＝Chief of Staff, Headquarters, Air Support Command

Air Support Command System (ASCS)【空自】航空支援集団指揮システム

air support force 航空支援部隊

air support force commander ［C］航空支援部隊指揮官

air support operation (ASO) 航空支援作戦

air support operation center (ASOC)［C］①【空自】航空支援統制所 《航空方面隊司令官の指揮を受け、陸上自衛隊の方面隊主指揮所と行動を共にし、近接航空支援、戦場航空阻止および航空偵察実施のための調整、助言、計画の作成、航空攻撃機等に対する発進指令・統制等の業務を行うところをいう。⊛ 陸自教範》②【米空軍】航空支援作戦センター

air support radar team (ASRT) ［C］【米軍】航空支援レーダー班 《地上から飛行経路の精密な誘導および武器発射を管制する戦術航空管制組織の下部組織をいう。⊛ 統合訓練資料1-4》

air support request 航空支援要求

air support system ［C］【空自】航空支援組織 《空地作戦に関する航空部隊の指揮統制組織で、航空方面隊司令官が編成し、陸上自衛隊の方面隊に派遣する。航空支援組織は、航空支援統制所、航空連絡幹部、前線航空統制官等から成り、所要の支援機能が含まれる。⊛ 統合訓練資料1-4》

air supremacy ①【統幕・陸自】航空優勢 《相手航空戦力より優勢であり、相手から大きな損害を受けることなく諸作戦を遂行できる状態。⊛ 防衛白書(平成18年版)》②【空自】制空権 ③【海自】航空優位；航空優勢度

air surface action group ［C］航空機対艦攻撃グループ

air-surface coordination 【海自】空水協同

air/surface laser ranger (ASLR) ［C］空/地測距レーザー

air surface zone ［C］空水地帯

air surveillance ［U］対空監視

air surveillance control officer (ASCO) ［C］【空自】監視システム管制官

air surveillance officer (ASO) ［C］【空自】監視係幹部 《防空指令所に所属する兵器管制官のうち、主として警戒監視に任ずる者をいう。⊛ JAFM006-4-18》

air surveillance plotting board ［C］対空監視表示板

air surveillance radar (ASR) ［C］航空用捜索レーダー

air surveillance technician (AST) ［C］【空自】監視技術員

air survey ［C］航空測量

air survey camera ［C］航空測量カメラ

air survey photography 航空測量写真 《写真の撮影技術》

air swirl 空気旋転器

air system 空気系統

Air-Systems Programming Center (APC) 【海自】航空プログラム開発隊 《海上自衛隊開発隊群隷下～の英語呼称》《海自の部隊の運用および訓練に必要な情報通信器を利用する技術のうち、航空機に係わるものの開発、改善および維持管理を行う》◇用例：航空プログラム開発隊司令＝Commanding Officer, Air-Systems Programming Center

Air-Systems Research Center 【防衛装備庁】航空装備研究所 《の英語呼称》《航空機および航空機用機器ならびに誘導武器についての研究および試験等を行う。⊛ 防衛装備庁HP》

air tactical observer 航空偵察員

Air Tactics Development Wing 【空自】航空戦術教導団 《の英語呼称》《航空戦術教導団は、戦術の調査研究を行うとともに、各種機能を連携させた教導訓練等により総合的な部隊運用能力を向上させ、各種事態を実行的に対処することを任務とする。⊛ 航空自衛隊横田基地HP》

air tanker ［C］空中給油機

air target ［C］空中目標

air target chart (ATC) ［C］空中目標図表

air target information ［U］空中目標情報 《対空火力の指向のため必要な、空中にある航空機等の位置、識別、機種、機数、高度、飛行速度等に関する情報をいう。⊛ 陸自教範》

air target materials ［pl.］航空目標資料

Air Target Materials Program 航空目標資料計画

air target mosaic 航空目標モザイク写真

air task force ①【防衛省】航空任務部隊 ②空軍任務部隊

air tasking order (ATO) 【米軍】航空任務命令 《日々の航空作戦の実行を命ずるための命令をいう。特別指示および任務指示・空域統制・情報から構成される航空部隊に対する命令であり、任務指示には通常、機種・機数、呼出符号、搭載兵器、攻撃目標、攻撃時刻等が示される。⊛ 統合訓練資料1-4》

air technical intelligence (ATI) ［U］航空技術情報

A

air temperature 気温

air temperature indicator ［C］ 大気温度計

air terminal ［C］ 航空端末地；航空端末

air testing equipment ［U］ 気密試験器

air-tight (AT) 気密；エア・タイト

air-tight bulkhead 気密隔壁

air-tight joint 気密継ぎ手

air-tight test ［C］ 気密試験

air-to-air (A/A) ［adj.］ 空対空

air-to-air combat 空中戦闘

air-to-air communication 空対空通信

air-to-air guided missile ［C］ 空対空誘導ミサイル

air-to-air gunnery (AAG) 空対空射撃

air-to-air gunnery range (AAGR) ［C］ 空対空射撃場

air-to-air identification (AAI) ［U］ 空対空識別

air-to-air missile (AAM) ［C］ 空対空ミサイル；空対空誘導弾 《戦闘機に搭載し、脅威となる航空機、巡航ミサイルなどに対処するためのミサイル》

air-to-air refueling 空中給油

air-to-air refueling instructor (AARI) ［C］ 空中給油指導教官

air-to-ground (A/G) ［adj.］ 空対地

air-to-ground bombing (AGB) 空対地爆撃

air-to-ground communication 空地通信

air-to-ground firepower ①【陸自】対地火力 ②空対地火力

air-to-ground gunnery (AGG) 空対地射撃

air-to-ground missile (AGM) ［C］ 空対地ミサイル

air-to-ground ranging (AGR) 空対地測距

air-to-ground-to-air (A/G/A) ［adj.］ 空対地対空

air torpedo ［C］ 空中魚雷

air-to-ship missile ［C］ 空対艦ミサイル；空対艦誘導弾 《戦闘機に搭載し、主として侵攻する戦闘艦艇を攻撃し、その防空能力を無力化するために使用する》

air-to-surface ［adj.］ 空対地；空対艦

air-to-surface ballistic missile (ASBM) ［C］ 空対地（艦）弾道ミサイル

air-to-surface guided missile ［C］ 空対地（艦）誘導ミサイル

air-to-surface missile (ASM) ［C］ 空対地（艦）ミサイル；空対地（艦）誘導弾

air-to-surface rocket (ASR) ［C］ 空対地ロケット

air-to-underwater missile (AUM) ［C］ 空対水中ミサイル；空対潜誘導弾

air-to-underwater rocket ［C］ 空対水中ロケット

air traffic 航空交通

air traffic clearance 航空交通許可

Air Traffic Control 【空自】航空管制 《准空尉空曹空士特技区分の英語呼称》

air traffic control (ATC) ［U］ 航空交通管制

air traffic control and landing system (ATCALS) ［C］ 航空交通管制着陸システム

air traffic control area ［C］ 航空交通管制区

air traffic control center (ATCC) ［C］ 航空交通管制所

air traffic control clearance (ATC clearance) ①【空自】管制承認 ②【海自】航空交通管制許可

Air Traffic Control Equipment Maintenance 【空自】航空管制器材整備 《准空尉空曹空士特技区分の英語呼称》

air traffic control facility ［C］ 航空交通管制機関

Air Traffic Control Group (ATCG) 【空自】航空保安管制群 《の英語呼称》

air traffic controller (ATC) ［C］ ①【空自】航空交通管制官 ②【海自】航空管制員 《航空管制員は、主として航空交通管制および飛行情報の処理に関する業務に従事する。[典] 海幕人第10346号》

Air Traffic Control Operations Officer 【空自】航空管制幹部 《幹部特技区分の英語呼称》

air traffic control radar ［C］ 航空交通管制レーダー

air traffic control radar beacon system ［C］ 航空路管制レーダー・ビーコン・システム

air traffic control service (ATC) ［C］ 【空自】航空交通管制業務 《航空機相互間および走行地域における航空機と障害物間の衝突予防および航空交通の秩序ある流れを維持し、促進するための業務をいう。[典] 統合訓練資料1-4》

Air Traffic Control Squadron (ATCS) 【空自】管制隊 《の英語呼称》◇用例： 小松管制隊 = Komatsu Air Traffic Control Squadron

Air Traffic Control Staff Officer 【空自】

航空管制幕僚 《幹部特技区分の英語呼称》

air traffic control system (ATC) ［C］ 航空交通管制システム

air traffic control zone ［C］ 航空交通管制圏

air traffic coordinating officer ［C］ 航空交通管制調整幹部

air traffic flow 航空交通流

air traffic flow management officer ［C］ 航空交通流管理管制官

air traffic identification ［U］ 航空交通識別

air traffic section ［C］ 航空交通部

air traffic service (ATS) ［C］ 航空交通業務

Air Traffic Services Facilities Notification (AFN) 航空交通業務用設備通知

Air Training Aids Group 【空自】教材整備隊 《の英語呼称》

Air Training Command (ATC) ①【空自】航空教育集団 《の英語呼称》《航空自衛隊員のあらゆる教育を一元的に実施する組織》◇用例： 航空教育集団司令部 = Headquarter, Air Training Command；航空教育集団司令官 = Commander, Air Training Command；航空教育集団司令部幕僚長 = Chief of Staff, Headquarters, Air Training Command ②【海自】教育航空集団 《の英語呼称》◇用例： 教育航空集団司令官 = Commander, Air Training Command；教育航空集団幕僚長 = Chief of Staff, Commander Air Training Command ③【米空軍】航空訓練軍団

Air Training Corps 【英空軍】航空訓練隊

air training demonstration 航空訓練展示

Air Training Group 【海自】教育航空群 《の英語呼称》◇用例： 教育航空群司令 = Commander, Air Training Group；教育航空群首席幕僚 = Chief Staff Officer, Commander Air Training Group；下総教育航空群 = Air Training Group Shimofusa

Air Training Squadron 【海自】教育航空隊 《の英語呼称》◇用例： 教育航空隊司令 = Commanding Officer, Air Training Squadron；第203教育航空隊 = Air Training Squadron 203

Air Training Support Squadron 91 【海自】第91航空隊 《の英語呼称》《艦艇部隊が行う電子戦訓練および対空射撃訓練の支援を行う。[備] 海上自衛隊では、「航空隊」に1対1で対応する英語の総称は存在しない》

air transport 空輸

air transportable ［adj.］ 空輸できる；空輸可能な

air transportable unit ［C］ 空輸可能部隊

air transport allocations board 空輸割り当て委員会

air transportation ［U］ 航空輸送；空輸 《航空機を使用して着陸または空中投下により、部隊、補給品および人員を移動させるための行動をいう。[典] 陸自教範》

Air Transportation ［U］ 【空自】空中輸送 《准空尉空曹空士特技区分の英語呼称》

Air Transportation Officer 【空自】空中輸送幹部 《幹部特技区分の英語呼称》

air transportation support system (ATRAS) ［C］ 空輸管理システム

air transport coordination office (ATCO) 【米陸軍】空輸調整所

air transport group ［C］ 航空輸送任務群

air transport liaison officer ［C］ ①【自衛隊】空輸連絡幹部 ②空輸連絡将校

air transport operations ［pl.］ 航空輸送作戦

Air Transport Squadron 61 【海自】第61航空隊 《の英語呼称》《航空輸送部隊。[備] 海上自衛隊では、「航空隊」に1対1で対応する英語の総称は存在しない》

air traveler ［C］ 航空機利用客

air trooping 人員空輸移動 《人員の空輸による移動》

air turbulence 乱気流

air umbrella 上空掩護 《航空機による上空掩護》《[同] air cover》

air umpire 航空審判官

air unit ［C］ ①【空自】航空部隊 ②航空科部隊 ③【海自】海上航空部隊

Air University (AU) 【米】空軍総合大学

air valve ［C］ 空気弁

air vent 空気抜き

air vent valve ［C］ 空気抜き弁

air vessel ［C］ 空気室

Air Vice Marshal 【英】空軍少将

air war ［U］ 航空戦

Air War College (AWC) 【米】空軍大学校

Air War Course (AWC) 【空自】幹部高級課程 《航空自衛隊幹部学校の課程名》

air warfare (AW) ［U］ 【海自】対空戦闘

Air Warfare Center (AWC) 【米空軍】航空戦センター

air warning net 対空警報網

air warning system ［C］ 対空警報組織

A

airway 航空路

airway beacon 〔C〕 航空路灯台；航空路無線標識

airways and air communications service 航空路通信部

airways station 〔C〕 航空路通信所

airway traffic control 〔U〕 航空路交通管制

A

Air Weapons Controller ①【空自】要撃管制幹部 《幹部特技区分の英語呼称》 ②【海自】航空武器管制官

air weapons control system 〔C〕 航空兵器管制装置

Air Weapons Director Staff Officer 【空自】要撃管制幕僚 《幹部特技区分の英語呼称》

Air Weather Communications Squadron 【空自】気象通信隊 《の英語呼称》

Air Weather Group (AWG) 【空自】航空気象群 《の英語呼称》

air weather service (AWS) 〔C〕 【空自】航空気象部隊

Air Weather Service Center Squadron 【空自】気象業務隊 《の英語呼称》

air wheel 〔C〕 低圧車輪

air whistle 〔C〕 気笛

Air Wing (AWG) 【空自】航空団 《の英語呼称》《2個以上の群(group)および付属部隊で編成する》◇用例： 第1航空団(1空団) = 1st Air Wing；団司令 = Commander, Air Wing；団副司令 = Vice Commander, Air Wing

airwoman 〔pl. = airwomen〕 女性パイロット；女性乗務員

air work 空中操作

Ajnad Misr アジュナド・ミスル 《エジプトを拠点とするイスラム過激組織》

Akasaka Press Center 【在日米軍】赤坂プレス・センター

Akazaki Fuel Terminal 【在日米陸軍】赤崎貯油所

Akizuki Ammo Surveillance Branch 【在日米陸軍】秋月弾薬検査課

Akizuki Ammunition Depot 【在日米陸軍】秋月弾薬庫

al-Ahwaz Arab Peoples Democratic Popular Front (AADPF) アフワーズ・アラブ民主人民戦線 《英国のロンドンを活動拠点とし、アラブ系住民の権利拡大を求める武装組織》

Al-Aqsa Martyrs Brigade (AAMB) アル・アクサ殉教者旅団 《パレスチナ解放機構(PLO)主流派「ファタハ」傘下の武装組織》

alarm (ALM) ①警報 ◇用例： missile defense alarm system (MIDAS) = ミサイル防衛警報システム《[同] warning》 ②警報器 ◇用例： fire alarm = 火災報知器 ③アラーム 《コンピューター》◇用例： alarm indication signal (AIS) = アラーム表示信号

alarm bell 〔C〕 警報ベル

alarm call 非常号音

alarm circuit 〔C〕 警報回路

alarm reporting unit (ARU) 〔C〕 アラーム・レポート盤 《バッジ用語》

alarm signal 〔C〕 警報信号

alarm system 〔C〕 警報装置

alarm tone 警報音

alarm unit 〔C〕 警報装置

Alaska Command (ALCOM) 【米軍】アラスカ軍

Alaskan Air Command (AAC) 【米軍】アラスカ空軍

Al-Badr アル・バドル 《インド管理下のジャム・カシミール州のパキスタンへの編入を目的とするイスラム過激組織》

albedo アルベド；反射能

albeit 〔adv.〕 けれども

alcohol thermometer 〔C〕 アルコール温度計

alert ①警戒待機 《敵の航空攻撃または領空侵犯等に対処するため、要撃に任ずる部隊等を、状況に即した待機の状態におくことをいう。[典] 統合訓練資料1-4。[備] 口語は「アラート」》◇用例： アラートに就く ②アラート 《ペトリオット用語・バッジ用語》 ③警戒；警報

alert apron 〔C〕 アラート・エプロン

alert center ①【空自】警報指令所 ②【海自】緊急指令所

alert crew 〔C〕 緊急待機員；アラート・クルー

alert force 非常待機部隊

alert hangar 〔C〕 アラート・ハンガー

alerting information 〔U〕 警戒情報

alerting post 〔C〕 警戒所

alerting service 〔C〕 警急業務

alert notices (ALNOTS) アルノット

alert order アラート・オーダー

alert phase 〔C〕 警戒段階

alert readiness 【空自】警戒態勢 《対領空侵犯措置における警戒のための態勢をいう。[典] 統合訓練資料1-4》

alert state ①アラート・ステート 《ペトリオット用語》 ②【海自】待機状態

alert status 警戒待機区分

Aleutian low アリューシャン低気圧；アリューシャン低圧帯

Alex Boncayao Brigade-Revolutionary Proletarian Army (ABB-RPA) アレックス・ボンカヤオ旅団－革命的プロレタリア軍《フィリピンの反政府武装組織》

algorithm アルゴリズム 《計算を実行するためにあらかじめ規定されている演算手順》

aliasing エリアシング

alidade アリダード

alien enemy ［C］ 敵性国人

alighting gear ［C］ 降着装置

aligning sight mark アライニング・サイト・マーク

alignment ①整合 ②心合わせ

alignment check 組み立て検査

alignment coil ［C］ 調整コイル

alignment data ［U］ アライメント・データ《ペトリオット用語》

alignment delay 一線化時間

Al-Itihaad Al-Islamiya (AIAI) アル・イッティハード・アル・イスラミア 《ソマリアにおけるイスラム国家樹立およびエチオピアのソマリア人地域の分離独立を目的として設立された組織》

Al-Jama'ah Al-Islamiyyah (JI) ジェマー・イスラミア 《東南アジアにおけるイスラム国家樹立を目指し、インドネシアを中心に活動する武装勢力》

alkali battery = alkaline battery ［C］ アルカリ電池

alkali value アルカリ価

all around defense ［U］ 全周防御

all around echo 全周反響音

all around fire 全周射撃

all around protection 全周防護

all around traverse 全周旋回

all bomb release 全弾投下

all clear signal ［C］ 警報解除信号

all day efficiency ［U］ 全日効率

all gear system 全歯車式

all hands 総員

alliance 同盟

allied ［adj.］ 連合した；連合の 《2以上の国またはその軍隊等が共通の目的達成のために協力すること、またはその状態をいい、単一の指揮組織を設ける場合と、協同の場合がある。[典] 陸自教範》

allied armies ［pl.］ 同盟軍

Allied Command, Atlantic (ACLANT) 大西洋連合軍

Allied Command, Channel (ACCHAN) 英仏海峡連合軍

Allied Command, Europe (ACE) 欧州連合軍

Allied Communications Publications (ACP) 連合通信出版物

allied countries ［pl.］ 同盟国

allied environmental support system (AESS) ［C］ 環境支援システム

allied forces ［pl.］ 同盟国軍；連合軍

Allied Forces ［the ～］［sin.］ 連合国軍 《第1次・第2次大戦時の連合国軍》

Allied Forces Central Europe (AFCENT) 【NATO】中欧連合軍《AFCENT = アフセント》

Allied Forces Northern Europe (AFNORTH) 【NATO】北欧連合軍《AFNORTH = アフノース》

Allied Forces Southern Europe (AFSOUTH) 【NATO】南欧連合軍《AFSOUTH = アフサウス》

Allied Land Forces Central Europe (LANDCENT) 【NATO】中欧連合地上軍

Allied Mobile Force (ANF) 【NATO】連合軍機動部隊

allied nations ［pl.］ 連合国；同盟国

allied power ［C］ 連合国；同盟国

allied publication AP図書

allied staff 連合軍参謀

Allied Tactical Air Force (ATAF) 【NATO】戦術空軍

allied troops ［pl.］ 同盟軍

allies ［pl.］ 同盟国

All Japan Garrison Forces Labor Union 【日】全駐留軍労働組合 《略称は「全駐労」》

allocation ①割り当て；配分 ②格付け

allocation of ammunition 弾薬割り当て

allocation of combat power 戦闘力の配分

allocation of transportation 輸送割り当て《輸送という一種の役務を請求できる限度枠を、各関係部隊および機関に、あらかじめ割り当てることをいう。ただし、輸送割り当てのみでは、輸送役務は提供されない。[典] 統合訓練資料1-4》

allot ［vt.］ 割り当てる；配分する

allotment 割り当て；配分

allotment advice 予算配分書

allotment of replacement 補充員の割り当て

A

allotment serial number 予算配分書一連番号

allotted space 配当集積地域

all-out war ＝ all out war ［U］ 全面戦争；全面戦 《匍 limited war ＝ 限定戦争》

allowable cabin load (ACL) 許容搭載量 《航空機についていう場合は、ある一定の条件の下で、安全に輸送するために積載し得る荷物または人員の量をいう。匍 統合訓練資料1-4》

allowable cargo load 許容貨物搭載量

allowable current 許容電流

allowable error 許容誤差

allowable gross weight (AGW) ［U］ 許容全備重量

allowable load 許容荷重

allowable maximum load 許容最大荷重；許容最大搭載量

allowable stacking weight ［U］ 許容スタック重量

allowable steering error 許容操舵誤差 《A/Aミサイルを発射するとき、良好な撃墜率を得るための許容操舵誤差範囲。匍 レーダー用語集》

allowable stress 許容応力

allowable take-off gross weight (AGW) ［U］ 許容離陸全備重量

allowable temperature 許容温度

allowance ①定数；保有基準 ②手当て

allowance change request (ACR) ［C］ 定数改定要求

allowance list ［C］ 定数表

allowance parts list ［C］ 機器別部品定数表

allowance time 余裕時間

all painting 総塗装

all purpose canister ［C］ 一般ガス用吸収缶

all purpose destroyer ［C］ ①【自衛隊】対空重視型護衛艦 ②対空重視型駆逐艦 《艦種記号：DDA》

all purpose handheld weapon ［C］ 万能携帯武器

all purpose nozzle ［C］ 万能ノズル

all-source analysis system (ASAS) ［C］ 全情報源分析システム

all-source intelligence ［U］ 全情報源

all-speed governor ［C］ オールスピード調速機

all-ways fuze ［C］ 常働信管 《弾着する位置に関係なく作動する信管》

all-weather ［adj.］ 全天候

all-weather aerial delivery system (AWADS) ［C］ 全天候空中投下システム

all-weather attack radar ［C］ 全天候攻撃レーダー

all-weather carrier landing system (AWCLS) ［C］ 全天候空母着艦システム

all-weather fighter ［C］ 全天候戦闘機

all-weather flight ［C］ 全天候飛行

all-weather landing system (AWLS) ［C］ 全天候着陸システム

all-weather navigation ［C］ 全天候航法

ally 連合

alnico アルニコ

alongside 横付け

alongside fueling 横引き給油

alongside replenishment 横引き補給

alphabet code アルファベット・コード

alphabet code flag アルファベット信号旗

alphabetical flag 文字旗

alpha cut-off frequency アルファ遮断周波数

alphanumeric 文字数定式

alphanumeric data ［U］ 英数字符号

alphanumeric sequence 文字数字順配列

al Qaeda アルカイダ ◇用例：al Qaeda member ＝ アルカイダのメンバー；アルカイダ構成員《匍 al Qaedaは「基地」を意味する》

al Qaeda Martyrdom Battalion アルカイダ殉教隊

al Qaeda terrorist network ［the ～］ アルカイダのテロリスト・ネットワーク

al Qaeda troops ［pl.］ アルカイダ部隊 ◇用例：1,000 al Qaeda troops ＝ 1,000人のアルカイダ部隊

al-Qaida in the Arabian Peninsula (AQAP) アラビア半島のアルカイダ 《イエメンを拠点とするスンニ派過激組織》

al-Qaida in the Islamic Maghreb (AQIM) イスラム・マグレブ諸国のアルカイダ 《アルジェリアなどを拠点に活動するスンニ派過激組織》

al-Shabaab アル・シャバーブ 《ソマリアで活動するスンニ派過激組織》

alteration (ALT) ①変更 ②改造 《使用目的または基本性能を変更することなく、装備品等の性能、安全性の向上、操作および整備の容易または耐用命数の延長を図るために一部の設計、組立て、構造、機能などを変更することをいい、改造指令書に基づき実施する。匍 GLT-CG-Z500002J》

alter course 迂回 《航路の迂回》

altering course　変針
alternate (ALT)　代替；予備
alternate aerodrome　代替飛行場
alternate air base　［C］　代替飛行場
alternate aircraft take-off system (AATS)　［C］　代替航空機離陸システム
alternate airfield　［C］　代替飛行場
alternate airport　［C］　代替空港
alternate battery acquisition radar　［C］　代替捕捉レーダー
alternate channel　［C］　予備チャンネル
alternate COC support function (ACSF)　代替COC支援機能　《Combat Operation Center（COC）＝航空総隊作戦指揮所》《バッジ用語》
alternate command authority　指揮権代行
alternate command post　［C］　①【統幕・空自】代替指揮所（だいがえしきしょ）　②【陸自】予備指揮所
alternate configuration　代替部品
alternate emplacement　［U］　①予備掩体　《火器の～》　②予備砲座；予備銃座
alternate end method　交互両翼反転法
alternate headquarters　代替司令部（だいがえしれいぶ）
alternate hydraulic system　補助油圧系統
alternate load　交番荷重
Alternate National Military Command Center (ANMCC)　【米】予備国家軍事指揮センター
alternate plan　［C］　①【陸自】代案（たいあん）《相手の案や、もとの案に対して出す別の案。》　民軍連携のための用語集》　②【海自】代替計画
alternate repair　応急修理
alternate routing　①迂回電話回線構成（うかいでんわかいせんこうせい）　②ルート迂回《バッジ用語》
alternate search sector　［C］　オルタネート・サーチ・セクター《パトリオット用語》
alternate standard (AS)　代用標準品
alternate static vent　補助静圧孔
alternate transmission　交互送信
alternate weather minimum　代替飛行場最低気象状態
alternating current (AC)　交流　《⇔direct current＝直流》
alternating field　交番磁界
alternating occulting light (Alt. Occ.)　明暗互光
alternating power system　［C］　交流電源装置
alternative airfield　［C］　緊急飛行場
alternative defense　［U］　代替防衛
alternative head　［C］　予備弾頭
alternative plan　［C］　代案計画；予備計画
alternative position　［C］　予備陣地
altimeter　［C］　高度計
altimeter error　高度計誤差
altimeter setting　高度計規正
altimeter setting procedure　高度計規正方式
altimeter setting value　高度計規正値
altimetry　高度測量
altimetry system error (ASE)　高度測定システム誤差　《高度測定システム誤差とは、標準気圧値によって規正され航空機乗組員に指示される気圧高度と標準大気における気圧高度との差をいう。㊔防管航第7575号》
altitude (Alt)　高度
altitude acclimatization　高度適応性
altitude adaptation　高度適合
altitude advantage　高度上の優位　《空中戦における高度上の優位》
altitude alert system　高度監視警報システム《高度監視警報システムとは、航空機が設定高度から外れたときに警報を発するシステムをいう。㊔防管航第7575号》
altitude alignment　高度指示
altitude assignment　高度指定
altitude barrier　［C］　高度の障壁
altitude benefit　高度利得
altitude block　［C］　高度制限区画
altitude chamber　［C］　低圧室
altitude circle　［C］　高度圏
altitude control　［U］　高度調整；高度操作
altitude controller　［C］　高度管制器
altitude datum　高度基準　《垂直距離測定の始点となる任意のレベルの高度測定のための基準は、航空機直下の陸地。圧力高度のための基準は、水銀計29.92インチ（1013.2ヘクトパスカル）のレベル。真高度のための基準は平均海面である。㊔レーダー用語集》
altitude delay　高度遅滞
altitude determining radar　［C］　高度測定用レーダー
altitude direction indicator (ADI)　［C］

高度方向指示器

altitude hole アルチチュード・ホール 《ドップラー・レーダーでは、パルス方式の場合、反射して帰って来たパルスと送信パルスが重なり合う高度（またはその整数倍）がある。あたかも穴があいたように受信感度がなくなるこの点をアルチチュード・ホールという。⑲ レーダー用語集》

altitude limit 高度制限

altitude of celestial body 天体高度

altitude separation 高度区分

altitude sickness 高度病 《特に航空の高度病》

altitude test facility (ATF) ［C］ 高空性能試験施設 《高空での飛行条件を模擬し、エンジンの高空性能を確認するための試験設備》

altitude tints ［pl.］ 段彩式図法

altitude unit ［C］ 高度調整装置

altitude valve ［C］ 高度弁 《セコー気化器の高度弁》

altocumulus (Ac) 高積雲

altocumulus castellanus 塔状高積雲

altocumulus lenticularis レンズ状高積雲

altocumulus opacus 不透明高積雲

altocumulus translucidus 半透明高積雲

altostratus (As) 高層雲

altostratus opacus 不透明高層雲

al Umar Mujahideen アル・ウマル・ムジャヒディン 《インド管理下のジャム・カシミール州のパキスタンへの編入を目指すイスラム過激組織》

alumina silica refractory アルミナ・シリカ系耐火物

aluminized explosive アルミニウム入り爆薬 《アルミニウムの薄片や粉を添加して爆風効果を増大させた爆薬》

aluminum-backed phosphor = aluminium-backed phosphor アルミバック蛍光面

aluminum cartridge case ［C］ アルミニウム薬莢 《アルミニウム製の薬莢》

amatol アマトール 《硝安とTNTを配合した混合爆薬》

ambient air control panel (AACP) ［C］ 空調パネル 《ペトリオット用語》

ambient noise (AMBTN) ［U］ 周囲雑音 《定められた場所で、それを取り囲む音。⑲ 対潜隊（音1）第401号》

ambient temperature 周囲温度 《機器およびケーブルを冷却する媒体（例：空気）の温度。⑲ NDS F 8001E》

ambiguity resolution アンビギュイティ除去：アンビ除去

ambulance 救急車

ambulance basic relay post ［C］ 救急車逓送基地

ambulance control post ［C］ 救急車統制所

ambulance loading post (ALP) ［C］ 救急車搭載所

ambulance plane = ambulance airplane ［C］ 患者輸送機

ambulance relay post (ARP) ［C］ 救急車逓送所

ambulance section ［C］ 救急車班

ambush ［n.］ 【陸自】伏撃（ふくげき）；待ち伏せ攻撃 《敵の前進または移動を待ち伏せて行う襲撃をいう。⑲ 陸自教範》

ambush ［vt.］ 伏撃する；待ち伏せ攻撃をする

amendment (AMND) ①修正；改正 ②修正版；改正版

American Airlines 【米】アメリカン航空 《航空会社》◇用例： American Airlines Flight 11 ＝ アメリカン航空11便

American Association of Railroads (AAR) 【米】アメリカ鉄道協会

American Bureau of Shipping Standards (ABS) アメリカ海運局規格

American Campaign Medal (ACM) 【米】戦没従軍記章

American Chemical Society (ACS) アメリカ化学協会

American Civil Liberties Union ［the ～］ 【米】米市民的自由連盟

American Defense Preparedness Association (ADPA) 【米】防衛軍備協会

American Defense Service Medal 米国国防従軍記章

American Embassy (AMEMB) アメリカ大使館

American Expeditionary Forces (AEF) 米海外派遣軍；米国遠征軍

American flag ［C］ アメリカ国旗

American Forces Antarctica Network (AFAN) 米軍南極基地放送

American Forces Korea Network (AFKN) 駐韓米軍放送

American Forces Network (AFN) 米軍放送網

American Forces Press Service 米軍広報部

American Graves Registration Service

(AGRS) 【米】墓所管理局

American ground troops ［pl.］ 米地上部隊

American Insurance Association ［the ～］ 米保険協会

American Iron and Steel Institute (AISI) アメリカ鉄鋼協会

American Legion (AL) ［the ～］ 米国在郷軍人会

American Lumber Standards (ALS) アメリカ木材規格

American Military Standards (AMS) 米国軍用規格

American National Red Cross (AMCROSS) 米国赤十字社

American National Standards Institute (ANSI) アメリカ国家標準協会

American Petroleum Institute (API) アメリカ石油協会

American philanthropy 米国の慈善活動

American Prisoner of War Information Bureau (APWIB) 米国人捕虜情報局

American Red Cross ［the ～］ 米赤十字

American Society for Testing Materials (ASTM) アメリカ材料試験協会

American Society of Civil Engineers (ASCE) アメリカ土木協会

American Society of Mechanical Engineers (ASME) アメリカ機械技術協会

American Standard (AS) アメリカ規格

American tonnage 米トン 《1米トンは2,000ポンド》

American War Standard (AWS) アメリカ戦時規格

American Wire Gauge (AWG) アメリカン・ワイヤー・ゲージ 《米国ワイヤ・ゲージ規格によって規定された線材の太さを表す単位》

amidships ［adv.］ 船の中央に ◇用例: Helm amidships！ ＝舵中央！

ammeter ［C］ 電流計

ammeter shunt 電流計分流器

Ammo Branch Depot 【陸自】弾薬支処《の英語呼称》◇用例: 大分弾薬支処 ＝ Oita Ammo Branch Depot

ammonal アンモナール 《硝酸アンモニウム、TNTおよびアルミニウムを配合した混合爆薬》

ammonium nitrate 硝酸アンモニウム；硝安

ammonium nitrate cratering explosive 硝安爆薬

ammonium nitrate-fuel oil mixture (ANFO) 硝安油剤爆薬 《ANFO ＝アンフォ》

ammonium picrate ピクリン酸アンモン

ammo plus 残弾あり

ammo zero 残弾なし

ammunition ［U］ 弾薬 《ミサイル（誘導弾）、砲弾、装薬包、弾薬包の総称をいう。⊕ 海上自衛隊訓練資料第175号》

Ammunition and Chemical Section 【陸自】弾薬化学班 《の英語呼称》

ammunition authentication ［U］ 弾薬認証 《指揮下部隊から行われる弾薬請求が師団・旅団等の示す使用基準等の範囲内であり、かつ支援担当の弾薬補給部隊と事前に調整した日々の受領数量の範囲内かを確認、証明することをいう。⊕ 陸自教範》

ammunition available supply rate (ASR) ［C］ 弾薬可能補給率

ammunition bag ［C］ 弾薬嚢（だんやくのう） 《弾丸や弾薬を携行するためのバッグ》

ammunition belt ［C］ 弾帯；弾薬帯；保弾帯

ammunition booster ［C］ 弾薬ブースター

ammunition booster motor ［C］ 給弾加速モーター

ammunition boots ［pl.］ 軍靴

ammunition box ［C］ 弾薬箱

ammunition carrier ［C］ 弾薬車

ammunition chest ［C］ 金属製弾薬箱

ammunition chute 弾薬シュート；アミュニッション・シュート

ammunition clip ［C］ 挿弾子（そうだんし）《自動小銃または自動拳銃に装填する複数個の弾薬を保持する金属容器》《⊕ cartridge clip》

ammunition compartment ［C］ 弾薬室

ammunition consumption rate (ACR) ［C］ 弾薬消費率

ammunition controlled supply rate ［C］ 弾薬統制補給率

ammunition data card ［C］ 弾薬諸元票；弾薬データ・カード

ammunition day of supply 弾薬補給日量

Ammunition Depot Section 【海自】弾薬庫班 《の英語呼称》◇用例: 弾薬庫班長 ＝ Officer, Ammunition Depot Section

ammunition details ［pl.］ 弾薬類付属品

ammunition disposal ［U］ 弾薬の破棄

ammunition distributing point ［C］ 弾薬交付所

ammunition dump 弾薬臨時集積所

ammunition establishment 弾薬補給施設

ammunition expenditure 弾薬消費

Ammunition Factory, Footscray 【米陸軍】フッツクレイ弾薬工廠

ammunition feed drum 〔C〕 給弾薬機

ammunition handler 〔C〕 弾薬取り扱い者

A

ammunition hoist 〔C〕 ①揚弾機 ②【海自】揚弾薬機

ammunition identification code (AIC) 弾薬識別符号

ammunition industry 〔U〕 軍需工業；軍需産業

ammunition in hands of troops 部隊手持ち弾薬

ammunition inspector 〔C〕 弾薬検査官

ammunition items 〔pl.〕 弾薬種目

ammunition lift 弾薬の揚げ卸し

ammunition lift capability 〔C〕 弾薬揚げ卸し能力

ammunition loader 〔C〕 給弾薬機；弾薬搭載用器材

ammunition loading line 弾薬塡薬作業線

ammunition lot 〔C〕 弾薬ロット

ammunition lot number (ALN) ①【空自】弾薬製造単位番号 ②【海自】弾薬類ロット番号

ammunition maintenance 〔U〕 弾薬整備

Ammunition Maintenance and Supply Facility 【海自】弾薬整備補給所 《の英語呼称》《弾薬整備補給所では、砲銃弾、魚雷、機雷等を主要構成品レベルまで分解し、各種テストセット(試験装置)等を用いて良否を判定し、再度組み立てる検査をはじめ防錆、小部品、消耗品の交換といった補修作業等を整備業務として行っている。[典] 弾補所豆知識》◇用例： 横須賀弾薬整備補給所 = Ammunition Maintenance and Supply Facility Yokosuka；弾薬整備補給所長 = Commanding Officer, Ammunition Maintenance and Supply Facility

ammunition modification 弾薬の改修

ammunition office 〔C〕 弾薬事務所

ammunition officer 〔C〕 弾薬係将校

ammunition on hand 保有弾薬

ammunition passage 〔C〕 弾薬通路

ammunition performance 給弾操作

ammunition pit 〔C〕 弾薬壕

ammunition rack 〔C〕 弾薬架

ammunition ready locker 〔C〕 砲側格納所

ammunition required supply rate 〔C〕 弾薬所要補給率

ammunition requirements 〔pl.〕 弾薬所要

ammunition resupply vehicle (ARV) 〔C〕 弾薬給弾車

Ammunition Section 【陸自】弾薬班 《の英語呼称》

ammunition ship 〔C〕 給弾艦 《艦種記号：AE》

ammunition storehouse 〔C〕 弾薬庫

ammunition supply officer (ASO) 〔C〕 【空自】弾薬幹部

ammunition supply point (ASP) ①【陸軍】弾薬補給点 ②【空自】弾薬補給所

Ammunition Surveillance Division 【在日米陸軍】弾薬検査部

ammunition temperature range 〔C〕 弾薬適正温度範囲

ammunition train 〔C〕 弾薬段列

ammunition truck 〔C〕 弾薬トラック

amount of control 操舵量(そうだりょう)

amount of evaporation 蒸発量

amount of precipitation 降水量

amount of rainfall 雨量

amphibian 〔n.〕 水陸両用航空機

amphibian 〔adj.〕 水陸両用の

amphibian vehicle 〔C〕 水陸両用車

amphibian vehicle launching area 〔C〕 水陸両用車両進水海域

amphibious (Amph) 〔adj.〕 水陸両用の

amphibious assault 強襲上陸

amphibious assault landing 強襲上陸

amphibious assault ship 〔C〕 強襲揚陸艦 ◇用例： amphibious assault ship (general purpose) = 汎用強襲揚陸艦《艦種記号： LHA》; amphibious assault ship (helicopter) = ヘリコプター搭載強襲揚陸艦《艦種記号： LPH》; amphibious assault ship (multi-purpose) = 多目的強襲揚陸艦《艦種記号： LHD》

amphibious command information system (ACIS) 〔C〕 水陸両用戦用指揮情報処理装置

amphibious command ship 〔C〕 両用戦指揮艦 《艦種記号： LCC》

amphibious control group 〔C〕 上陸作戦統制群

amphibious force 水陸両用部隊 《水陸両用作戦のために組織され。かつ訓練されている海軍

部隊および上陸部隊をいい、通常、支援部隊を伴っている。[典] 統合訓練資料1-4》

amphibious force flagship 〔C〕 【海自】水陸両用部隊旗艦

amphibious group 〔C〕 上陸作戦指揮群

amphibious lift 水陸両用輸送量；揚陸量

amphibious objective area (AOA) 〔C〕 ①【米軍】両用作戦目標区域 《水陸両用作戦において、部隊の任務達成のために設定する空域をいう。当該空域内での全航空活動は、水陸両用作戦部隊指揮官の承認を要する。[典] 統合訓練資料1-4》 ②【海自】水陸両用目標地域

amphibious objective study 〔U〕 水陸両用目標研究

amphibious operation 水陸両用作戦 《海上部隊および海上輸送された上陸部隊によって行われる海上から敵海岸への攻撃行動をいう。[典] 統合訓練資料1-4》◇用例： full-fledged amphibious operations = 本格的な水陸両用作戦

amphibious pack 〔C〕 防水梱包

amphibious patrol 水陸両用斥候

amphibious planning 水陸両用作戦計画立案

amphibious raid 〔C〕 水陸両用襲撃 《目標の一時的な占拠のために行う小規模の水陸両用作戦をいい、計画的な撤退を伴う。[典] 統合訓練資料1-4》

Amphibious Rapid Deployment Brigade 【陸自】水陸機動団 《の英語呼称》《島嶼（とうしょ）への侵攻があった場合に、上陸・奪回・確保するための水陸両用作戦などを実施し得る専門的機能を備えた機動運用部隊》

Amphibious Rapid Deployment Regiment 【陸自】水陸機動連隊 《の英語呼称》◇用例： two amphibious rapid deployment regiments = 2個水陸機動連隊

amphibious reconnaissance 水陸両用偵察

amphibious reconnaissance unit 〔C〕 水陸両用偵察隊

amphibious ship 〔C〕 ①水陸両用艦船 ②【海自】輸送艦艇

amphibious squadron 〔C〕 ①上陸作戦用船団 ②水陸両用戦隊

amphibious striking forces 〔pl.〕 ①上陸作戦打撃部隊 ②【海自】水陸両用打撃部隊

amphibious support group 〔C〕 上陸作戦支援群

amphibious task force 【米軍】水陸両用任務部隊 《水陸両用作戦を実施する目的のために編制された任務部隊をいう。この部隊は、常に組織的航空兵力を保有する海軍部隊および上陸部隊から成り、必要に応じ、空軍部隊兵力を保有することもある》◇用例： commander, amphibious task force（CATF）= 水陸両用任務部隊指揮官；amphibious task force commander = 水陸両用任務部隊指揮官

amphibious tractor 〔C〕 水陸両用牽引車

amphibious transport, dock ドック型揚陸輸送艦 《艦種記号： LPD》

amphibious transport group 〔C〕 水陸両用輸送部隊

amphibious unit 〔C〕 上陸作戦部隊

amphibious vehicle 〔C〕 水陸両用車

amphibious vehicle availability table 〔C〕 ①使用可能水陸両用車一覧表 ②【海自】水陸両用車両一覧表

amphibious vehicle employment plan 〔C〕 ①水陸両用車使用計画 ②【海自】水陸両用車両運用計画

amphibious vehicle launching area 〔C〕 ①水陸両用車卸下区域 ②【海自】水陸両用車両進水海域

amphibious warfare 〔U〕 水陸両用戦

amphibious withdrawal 水陸両用撤退

amplification constant factor 〔C〕 増幅定数

amplification degree 増幅度

amplification factor 〔C〕 増幅率

amplification limit frequency 増幅限界周波数

amplified noise 〔U〕 増幅雑音

amplifier (AMP) 〔C〕 増幅器

amplifier piston 〔C〕 増幅ピストン

amplifier unit 〔C〕 増幅装置

amplifying report 〔C〕 ①確認報告 ②【海自】追加報告

amplitude ①振幅 ②出没方位角 《天体の出没方位角》

amplitude distortion 振幅ひずみ

amplitude factor 〔C〕 振幅係数

amplitude gate 音圧ゲート

amplitude limiter 〔C〕 振幅制限器

amplitude modulation (AM) 振幅変調

anabatic wind 滑昇風

anacoustic zone 〔C〕 無音響帯

anaglyph 余色実体写真

anaglyphic map 〔C〕 余色実体地図

anagram 置換法

anallobar 気圧上昇域 《[対] katallobar = 気圧

anal 52

下降域》

analog to digital converter (A/D) [C]
アナログ・ディジタル変換機

analogue method 類似法

analysis and discussion 分析検討

analysis center [C] 解析中枢

Analysis Office 【統幕】分析室 《防衛計画部
計画課～の英語呼称》

analysis of fire 射撃の解析

analysis of opposing courses of action
各行動方針の分析

analysis of the terrain 地形分析

analysis test [C] 分析試験

analytical condition inspection (ACI)
航空機特別分解検査

analyze [vt.] 分析する

analyzed weather chart [C] 解析天気図

analyzer [C] 分析器；アナライザー

anchor 錨；アンカー

anchorage 錨地（びょうち）

anchor arm [C] 錨腕；アンカー・アーム

anchor aweigh 起き錨

anchor bed [C] 錨床

anchor bill 錨爪先；アンカー・ビル

anchor bolt [C] アンカー・ボルト

anchor cable [C] 錨鎖（びょうさ）；アン
カー・ケーブル

anchor chains [pl.] 錨鎖（びょうさ）；アン
カー・チェーン

anchor crown [C] 錨冠（びょうかん）；アン
カー・クラウン

anchor fluke [C] 錨爪（びょうつめ）；アン
カー・フルーク

anchor ice 底氷（ていひょう）；氷結錨定

anchoring 錨泊

anchoring in deep water 深海投錨

anchoring in formation 編隊投錨

anchoring together 一斉投錨

anchoring with headway 前進投錨

anchoring with sternway 後進投錨

anchor light [C] 停泊灯

anchor line cable [C] 係留索

anchor line extension kit [C] 係留索延
長キット

anchor picket [C] 控え杭（ひかえぐい）

anchor ring [C] 錨環（びょうかん）；アン
カー・リング

anchor shank [C] 錨幹（びょうかん）；アン
カー・シャンク

anchor stock [C] 錨桿（びょうかん）；アン
カー・ストック

anchor watch 錨当番；停泊直；アンカー・ウ
オッチ

Anderson function アンダーソン関数

Andrews Air Force Base (AAFB) 【米
軍】アンドリュー空軍基地

anechoic tank [C] 無響水槽

anemo-cinemograph アネモ・シネモグラフ

anemograph [C] 自記風速計

anemometer [C] 風速計

anemoscope [C] 風向計

aneroid barograph [C] 自記アネロイド気
圧計

aneroid barometer [C] アネロイド気圧計

aneroid closure test [C] アネロイド閉鎖
試験

aneroidograph [C] 自記アネロイド気圧計

angels エンジェルス 《1. 特殊な状況で現れる
望ましくないレーダー反射。通常、空気の不均一
性、反射係数の不連続性、昆虫や鳥の群れ等に起
因して生ずる。2. 混乱を起こさせる目的で作為さ
れたものからのレーダー反射。通常、この目的の
ためにパラシュートや気球のような降下率の少な
いものに吊り下げられた反射物体が使われる。
㊞レーダー用語集》

angle bar [C] 山形材

angle data generator [C] 角度データ発
生器

angle detection system [C] 方向検知装置

angle gate pull-off (AGPO) アングル・
ゲート・プルオフ；角度欺瞞 《レーダー攪乱の
一つであり、敵のレーダーに対して角度誤差を与
えて、探知精度を下げる効果がある》

angle gauge [C] 角度ゲージ

angle of advance 前進角

angle of approach 進入角

angle of arrival 弾着角

angle of attack (AOA) ①迎え角 《翼の迎
え角》 ②迎撃角

angle of attack indicator [C] 要撃角計；
迎撃角計

angle of bank バンク角

angle of climb 上昇角

angle of convergence 集中角 《方位盤と砲
との位置の差によって目標に対して生じる角度差

をいう。㊥ 海上自衛隊訓練資料第175号》
angle of dead rise 低勾配(ていこうばい)
angle of defilade 遮蔽角(しゃへいかく)
angle of deflection 方向角;偏移角
angle of departure 発射角 《㊐ angle of projection, quadrant angle of departure》
angle of depression = depression angle 俯角(ふかく)
angle of deviation 偏角
angle of difference 相位角
angle of dihedral 上反角
angle of dive 降下角
angle of divergence 分火角
angle of drop 投下角
angle of elevation = elevation angle 高角;仰角
angle of entrance 【海自】水切り角(みずきりかく)
angle of entry ①撃角 《魚雷の着水時における「着水角」》 ②入射角
angle-off ①【空自】アングル・オフ ②攻撃交差角
angle of fall 落角
angle of field 画角;視野角(しやかく)
angle of fragment ejection 散飛角
angle offset method 角オフセット法
angle of glide 進入角
angle of heel 横傾斜角
angle of impact 弾着角;衝突角 《弾着点における弾道接線と地面または目標表面の法線との交角》
angle of incidence 入射角
angle of inclination of the trajectory 弾道傾角
angle of interception 交会角
angle of jump 跳起角(ちょうきかく)
angle of lag 遅れ角
angle of lead 進み角
angle of obliquity 入射角
angle of obliquity of action 圧力角
angle of pitch ピッチ角;羽根角
angle of projection 発射角 《㊐ angle of departure, quadrant angle of departure》
angle of radiation 放射角
angle of reflection 反射角
angle of relief 逃げ角
angle of repose 傾斜限界角;息角(そくかく)
angle of ricochet 跳飛角
angle of roll 横揺れ角
angle of safety 安全角度
angle of shift 転移角
angle of sight 高低角
angle of stall 失速角
angle of torsion ねじれ角
angle of train 射向角
angle of traverse 旋回角
angle of trim トリム角
angle of twist 腔線傾角(こうせんけいかく)
angle of view ①視野角 ②【海自】視角
angle of visibility 視野角
angle of yaw ①ヨー角 ②【海自】片揺れ角 ③離軸角 《火器用語》
angle of zero lift 零揚力角;無揚力角
angle rate bombing system (ARBS) [C] 角速度爆撃システム
angle setting 斜進調定 《魚雷》
angle shift 転移角
angle solver 角度算定器
angle T T角;観砲頂角
angle valve [C] アングル弁
angular acceleration 角加速度
angular advance 前進角
angular aperture 開口角
angular bearing rate 左右変角率
angular difference 角度差
angular displacement 角変位
angular distance 角距離;弦長
angular elevation rate 上下変角率
angular frequency 角周波数;角振動数
angular height 高角
angular parallax グリッド偏角
angular position [C] 位置角;角方位
angular range of the view 視界
angular rate 変角率
angular resolution ①角度分解能;角分解能 《㊝ 海上自衛隊では「角分解能」》 ②方位分解能
angular speed 角速度
angular travel 移動角距離
angular travel method 移動角距離法
angular variability 角較差;角差

A

angu 54

angular velocity ［U］ 角速度

Animal Plant Health Inspection Service
【米】動植物衛生検査部

animal transport 動物輸送

animation 動画

anion 陰イオン

Annapolis アナポリス 《米国海軍兵学校の別
名》

annealed copper wire ［C］ 軟銅線

annex ①付属書；別紙 ②付属施設

annex to directive 令達別紙

annihilation ①殲滅（せんめつ） ②【海自】
撃滅

annihilation fire 殲滅射撃（せんめつしゃげき）

annihilation strategy 殲滅戦略（せんめつせ
んりゃく）

annunciater panel ［C］ アナウンシェー
ター・パネル

announcing system ［C］ 指令装置

annoyance 擾乱（じょうらん）

annual change 年変化

annual check 年間点検

annual consumption (ANC) 年間平均消費
実績

Annual Defense Programs Section 【統
幕】業務計画班 《防衛計画部計画課～の英語呼
称》

annual efficiency index 年度勤務評定指数

Annual Estimate Division 【統幕】年度班
《の英語呼称》

annual expenditure 歳出

annual food plan ［C］ 年度糧食計画

annual leave (AL) 年次休暇

annual mean temperature 年平均気温

annual number of days snow cover 年間
積雪日数

annual program ［C］ 年度業務計画

Annual Programs Section 【陸自・空自】
業務計画班 《の英語呼称》◇用例：業務計画班
長 = Chief, Annual Programs Section

annual R&D plan ［C］ 年度研究開発計画

annual range 年較差

annual repair 年次修理

annual report ［C］ 年報

annual requirements (ANR) ［pl.］ 年間
平均消費予測数

annual service practice (ASP) 年次射撃

annual survey 年次検査 《働 海上自衛隊の場
合、艦船の年次検査をいう》

annual total evaporation 年蒸発量

annual training (AT) ［U］ 年次訓練

annual variation 年変化

anomalous propagation (AP) ＝ abnormal
propagation ①異常電波伝搬（いじょうでんぱで
んぱん） 《気温の逆転、上層湿度の急激な減少等
大気の状態に起因する電波の異常な伝播現象をい
う。働 JAFM006-4-18》 ②【海自】異常伝搬

anomalous propagation phenomenon 異
常伝播現象

anomalous sea level 異常潮位

anomaly 偏差

anonymous government source ［C］ 匿
名の政府筋

anonymous name 秘匿名；秘匿名称

another ship alongside 他艦船横付け

anoxia ①無酸素症 ②【海自】酸素欠乏 《略称
は「酸欠」》

Ansar al-Islam (AI) アンサール・アル・イス
ラム 《イラクのクルド人居住地域で活動するス
ンニ派過激組織》

Ansar al-Sharia アンサール・アル・シャリー
ア 《シリアで活動するスンニ派武装組織の連合
体》

Ansar Bayt al Maqdis (ABM) アンサー
ル・バイト・アル・マクディス 《エジプトのシ
ナイ半島を拠点とするイスラム過激組織》

Ansar Khilafah Philippines (AKP) アン
サール・ヒラーファ・フィリピン 《フィリピン
で活動するイスラム過激組織》

Ansar-ul-Islam (AI) アンサール・ウル・イ
スラム 《パキスタンで活動する過激組織》

Ansarullah Bangla Team (ABT) アン
サールッラー・バングラ・チーム 《バングラデ
シュで活動するイスラム過激組織》

answer ①応信；応答 ②返答；回答

answering lamp ［C］ 応答ランプ

answering plug ［C］ 応答プラグ

answering time 応答時間

Antarctica Observation Activity 【海自】
南極地域観測協力 ◇用例：日本南極地域観測
= the Japanese Antarctic Research Expedition
(JARE)

Antarctic front 南極前線

antenna (ANT) ［pl. = antennae］ アンテ
ナ；空中線 《電波を送信または受信する装置》

antenna array ［C］ アンテナ・アレイ

antenna assembly ［C］ アンテナ・アセンブリー

antenna control unit (ACU) ［C］ アンテナ・コントロール・ユニット 《ペトリオット用語》

antenna coupler ［C］ アンテナ結合器

antenna drive unit ［C］ アンテナ駆動ユニット

antenna duplexer ［C］ アンテナ共用装置

antenna effect アンテナ効果

antenna efficiency ［U］ アンテナ効率

antenna elevation アンテナ標高

antenna facility ［C］ アンテナ施設

antenna-follower cursor ［C］ アンテナ追跡カーソル

antenna gain アンテナ利得

antenna map ［C］ アンテナ・マップ 《ペトリオット用語》

antenna mast group (AMG) ［C］ 【空自】アンテナ・マスト・グループ 《ペトリオット用語》

antenna mast monitor panel (AMMP) ［C］ アンテナ・マスト・モニター・パネル 《ペトリオット用語》

antenna matching device ［C］ アンテナ整合装置

antenna mine ［C］ アンテナ機雷；水中線機雷

antenna pattern ［C］ アンテナ・パターン 《アンテナから出るビームのエネルギー分布を、極座標で示したもの。[典] レーダー用語集》

antenna pedestal ［C］ アンテナ支持台

antenna position control unit ［C］ アンテナ位置制御装置

antenna position indicator ［C］ アンテナ位置指示器

antenna positioning system ［C］ アンテナ指向装置

antenna radiation pattern ［C］ アンテナ放射パターン

antenna reflector ［C］ アンテナ反射器

antenna sweep アンテナ掃海

antenna switching unit ［C］ アンテナ切り替え器

antenna system アンテナ系統

antenna tilt アンテナ傾度

antenna train angle (ATA) ［C］ アンテナ偏位角

anthelion 反対幻日（はんたいげんじつ）

anthrax 炭疽菌 ◇用例： anthrax-contaminated letter = 炭疽菌に汚染された手紙；anthrax-tainted facility = 炭疽菌に汚染された施設

anthrax attack 炭疽菌攻撃

anthrax bacterium 炭疽菌

anthrax genome ［the ～］ 炭疽菌ゲノム

anthrax scare 炭疽菌感染の不安

anthrax spores 炭疽菌の芽胞

anthrax toxin ［C］ 炭疽菌毒素

anti-access/area-denial (A2/AD) アクセス（接近）阻止/エリア（領域）拒否 《アクセス（接近）阻止能力とは、主に長距離能力により、敵軍がある作戦領域に入ることを阻止するための能力を指す。また、エリア（領域）拒否）能力とは、より短射程の能力により、作戦領域内での敵軍の行動の自由を制限するための能力を指す》

anti-air ［adj.］ 対空の；対航空機の

anti-air armament (AA armament) 対空弾幕

anti-air artillery (AAA) ［U］ 対空砲；対空火器

anti air barrage (AA barrage) 対空弾幕

anti-airborne ［adj.］ 対空挺の

antiairborne defense ［U］ 対空挺防御

antiairborne minefield ［C］ 対空挺地雷原

antiair cover 【陸自】対空掩護（たいくうえんご） 《対空戦闘部隊が対空火力をもって、部隊、施設等を敵の航空攻撃等に対し防護することをいう。[典] 陸自教範》

antiaircraft = anti-aircraft ［adj.］ 対空の；対航空機の 《[備] 本書の表記は「antiaircraft」に統一している。ただし、「anti-aircraft」も数多くあるので、インターネット検索では注意を要する》

antiaircraft ammunition ［U］ 対空用弾薬

antiaircraft artillery (AAA) ［U］ ①高射砲；対空砲；対空火器 ②高射砲隊

antiaircraft artillery automatic weapon ［C］ 高射自動火器

antiaircraft artillery operations detachment ［C］ 高射運用隊

antiaircraft artillery operations room (AAOR) ［C］ 高射砲兵運用室

Antiaircraft Artillery Regiment 【陸自】高射特科連隊 《の英語呼称》◇用例： 第15高射特科連隊 = 15th Antiaircraft Artillery Regiment

antiaircraft combat 【陸自】対空戦闘 《敵の航空機等に対し、対空火器等をもって行う戦闘をいい、対空掩護、敵空中機動部隊の減殺および対空自衛戦闘に区分される。[典] 陸自教範》《[同] air

anti 56

defense combat》

antiaircraft common projectile (AAC) [C] 対空通常弾

antiaircraft defense [U] 対空防御

antiaircraft director [C] 高射算定具

antiaircraft evacuation 【陸自】対空疎開《敵の航空攻撃等による被害を局限するため、既存の駐地地域等に所在する部隊、施設、補給品等を分散すること、およびその状態をいう。⊕陸自教範》

antiaircraft fire 対空射撃；対空砲火

antiaircraft fire control (AAFC) [U] 対空射撃管制

antiaircraft gun [C] 【陸自】高射砲《航空機を撃墜するための中小口径砲。⊕民軍連携のための用語集》

antiaircraft gunfire coordination [U] 対空砲戦調整

antiaircraft intelligence [U] 対空情報《敵の空中からの脅威に関する情報資料を処理して得た知識をいい、敵航空部隊等に関する情報と空中目標情報とに大別される。⊕陸自教範》《⊕ air defense intelligence》

antiaircraft lookout 対空監視哨

antiaircraft machine cannon = antiaircraft automatic cannon 対空機関砲

antiaircraft machine gun [C] 高射機関銃

antiaircraft missile [C] 対空ミサイル

antiaircraft-missile installation [C] 対空ミサイル基地

antiaircraft mission 対空任務

antiaircraft mount [C] 対空銃架

antiaircraft operation ①【陸自】対空作戦《侵攻する敵航空機等を撃墜し、またはその攻撃効果を無効にして、我が部隊の行動の自由および重要な地域等の安全を図り、作戦・戦闘を容易にする作戦をいい、対空戦闘と対空防護に区分される。⊕陸自教範》

antiaircraft operations center [C] 対空戦闘指揮所

antiaircraft operations officer [C] 対空作戦主任；対空作戦幹部

antiaircraft projectile [C] 対空弾

antiaircraft projectile (AA) [C] 対空弾

antiaircraft screen [C] 対空直衛

antiaircraft security [U] 対空警戒

antiaircraft surface escort 【海自】対空護衛艦

antiaircraft weapon [C] 対空火器

anti-air operation 対空行動

anti-air radar [C] 対空レーダー

anti-air raid drill [C] 対空演習

anti-air warfare (AAW) [U] 対空戦

anti-air warfare area [C] 対空戦区域

anti-air warfare commander [C] 対空戦指揮官

anti-air warfare coordinator (AAWC) [C] 【海自】対空戦分掌指揮官

anti-air warfare officer (AAWO) [C] 【海自】射撃指揮官

anti-American demonstrator [C] 反米デモ参加者

anti-American rhetoric 反米的な論調

antiamphibious combat 対上陸戦闘

antiamphibious minefield [C] 対上陸地雷原

antiamphibious warfare [U] 対上陸戦闘

antiarmor cluster munitions (ACM) [pl.] 対装甲クラスター弾薬

antiarmor defense [U] 対機甲防御

antiarmor firepower 対機甲火力《戦車、歩兵戦闘車、装甲車等に対して有効な火力をいう。⊕陸自教範》

antiarmor helicopter [C] 対戦車ヘリコプター《⊕ antitank helicopter》

antiarmor warfare [U] 対機甲戦闘《戦車を基幹とした敵の機甲部隊に対する戦闘》

antiarmor weapon [C] 対装甲火器

anti-ballistic missile (ABM) [C] 弾道弾要撃ミサイル；弾道弾迎撃ミサイル

anti-ballistic missile early warning system [C] 弾道ミサイル早期警報組織

Anti-Ballistic Missile Treaty (ABM Treaty) 対弾道ミサイル・システム制限条約《米国とソ連（ロシア）の間において、戦略弾道ミサイルを迎撃するミサイル・システムの開発、配備を制限することを規定した条約。2002年6月に失効。通称は「ABM条約」。⊕日本の軍縮・不拡散外交》

anti-ballistic structure 耐弾構造

anti-boat missile [C] 対舟艇ミサイル

anti CBR 対特殊武器《化学、生物、核兵器に対抗するための手段および方法。⊕民軍連携のための用語集》《chemical, biological and radiological（CBR）= 化学・生物・放射能》

antichemical security 化学警戒

anticipate [vt.] 予測する

anticipated landing area [C] 予想降着地域

anticipated requirements ［pl.］ 見込み量

anticipation ①予測 ②【海自】見越し

anti-clutter ①クラッター消去 ②【海自】海面反射消去

anti-coking hole ［C］ 除炭孔

anti-collision light ［C］ 衝突防止灯

anti-corrosion さび止め 《[同] rust-proofing》

anti-corrosive bottom paint (A/C) ①【海自】船底1号塗料 ②船底防錆塗料(せんていぼうせいとりょう)

anti-corrosive compound さび止め剤

anti-corrosive paint さび止めペイント

anti countermining device ［C］ 誘爆防止装置

anticrop agent ［C］ 穀類枯死剤

anticyclogenesis 高気圧の発生；高気圧の発達

anticyclolysis 高気圧の消滅；高気圧の衰弱

anticyclone 高気圧

anticyclonic ［adj.］ 高気圧性の

anticyclonic center 高気圧の中心

anti-detonation fuel アンチノック燃料

antidetonator ［C］ 制爆剤

antidim 曇止め(くもりどめ)

anti-disaster drill ［C］ 防災訓練

antidisturbance fuze ［C］ 対妨害信管

anti-espionage campaign ［C］ 対諜報活動；対諜報運動；防諜活動；防諜運動

anti-fading antenna ［C］ フェーディング防止アンテナ

antifoaming agent ［C］ 泡止め剤

anti-fogginess かぶり防止

anti-fouling bottom paint (A/F) ①【海自】船底2号塗料 ②船底防汚塗料(せんていぼうおとりょう)

anti-fouling composition 汚れ止め剤

antifreeze ［adj.］ 不凍の

antifreeze liquid 不凍液

antifreezer = antifreezer 不凍液

antifreeze solution 不凍液

antifriction device ［C］ 減摩装置

antifriction material 減摩剤

anti frogman grenade (AFG) ［C］ 対フロッグマン手榴弾

antigas ［adj.］ 対ガス

antigas defense ［U］ ガス防護

antiglare paint 感光防止塗料

anti-government rebel group ［C］ 反政府反乱グループ

antigravity 耐G性

anti-g-suit = anti-G-suit ①Gスーツ ②【空自】耐G服 ③【海自】対重力服

anti-guerilla combat 【陸自】対遊撃戦 《作戦・戦闘全般の遂行を容易にするため、敵の遊撃活動を封止する作戦・戦闘をいう。[典] 陸自教範》

antihalation ハレーション止め

anti-halation backing ハレーション防止裏塗り

antihandling fuze ［C］ 対妨害信管

anti-homing torpedo speed ホーミング魚雷回避速力

anti-hunting ［adj.］ ハンチング防止

anti-hunt limiter ［C］ ハンチング防止制限器

anti-icer 凍結防止装置；防氷装置

anti-icer fluid 防氷液

anti-icing ［adj.］ 防氷

anti-icing additive (AIA) ［C］ 氷結防止液

anti-icing carburetor 防氷気化器

anti-icing equipment ［U］ 防氷装置

anti-icing system ［C］ 防氷装置

anti-icing tank ［C］ 防氷液タンク

anti-induced explosion mechanism ［C］ 誘爆防止装置

anti-infiltration 対潜入 《[対] infiltration = 潜入》

anti-interference circuit ［C］ 干渉防止回路

anti-invasion minefield ［C］ 上陸阻止用機雷原

anti-Israel group ［C］ 反イスラエル組織

anti-jam display (AJD) 対電波妨害表示

anti-jamming (AJ) 対電子妨害

anti-jam technician (AJT) ［C］ 妨害対処員 《防空監視所(SS)に配置され、防空指令所(DC)に対するジャム・ストローブの通報および制御を行う操作員をいう。[典] JAFM006-4-18》

anti-Japanese movement 排日運動

anti-knock agent ［C］ アンチノック剤

anti-knock material 制爆剤

anti-knock property 耐ノック性

antilanding combat 対着上陸戦闘

antilanding craft and antitank missile ［C］ 対舟艇・対戦車誘導弾 ◇用例： 79式対

舟艇・対戦車誘導弾 = Type-79 antilanding craft and antitank missile

antilanding craft mine ［C］ 対上陸舟艇地雷

antilanding craft missile ［C］ 対上陸舟艇ミサイル；対上陸舟艇誘導弾

antilanding operation 【陸自】対着上陸作戦《侵攻する敵の着上陸時の弱点を捕捉し、海岸堡等の設定に先立ち、通常、沿岸部において早期に撃破する作戦をいう。一般に、着上陸する敵に対する作戦をいうことがある。㋺ 陸自教範》《㋺ landing operation = 着上陸作戦》

antilanding warfare ［U］ 対着上陸戦闘

anti-leer 凍結防止装置；防氷装置

anti-leer fluid 防氷液

antilift device ［C］ ①地雷除去防止装置《設置した地雷の除去作業を妨害するもので、地雷を動かしたり、取り上げたりすると爆発する装置。㋺ NDS Y 0001D》《㋺ antiremoval device》②【海自】機雷爆破装置

anti MCMV mine ［C］ 対MCMVビークル用機雷

antimechanized defense ［U］ 対機甲防御

antimechanized obstacle ［C］ 対機甲障害物

anti-militarism ［U］ 反軍国主義《㋺ militarism = 軍国主義》

antimissile ［adj.］ ①対ミサイルの；対弾道ミサイルの ②ミサイル防御用の；ミサイル要撃用の

anti-missile ammunition ［U］ 対ミサイル用弾薬

anti-missile missile (AMM) ［C］ ①【空自】ミサイル要撃ミサイル ②対誘導弾ミサイル；対ミサイル用ミサイル

anti-missile surface-to-air missile (AMSAM) ［C］ ミサイル攻撃地対空ミサイル

anti-money laundering 資金洗浄防止

anti-money laundering work 資金洗浄防止作業

anti-monsoon 反対季節風

antioxidant 酸化防止剤；抗酸化剤

anti-personnel = antipersonnel ［adj.］ 対人の

anti-personnel ammunition ［U］ 対人用弾薬

anti-personnel bomb ［C］ 対人爆弾

anti-personnel fragmentation bomblet ［C］ 対人破片子弾 《クラスター爆弾に内蔵する子爆弾の一種》◇用例：anti-personnel/anti-material fragmentation bomblet = 対人・対物破片子弾

anti-personnel grenade ［C］ 対人擲弾（たいじんてきだん）《手榴弾または小銃擲弾のこと》

anti-personnel mine (APM) = anti-personnel landmine ［C］ 対人地雷 《土中に埋めるなどして、圧力等が加わることにより爆発し、人員を殺傷する地雷。㋺ 民軍連携のための用語集》

anti-personnel minefield ［C］ 対人地雷原

Anti-Piracy Measures Law ［the ~］【日】海賊対処法 《の英語呼称》《日本の法律であることを明示する場合は「Japan's Anti-Piracy Measures Law」にする。正式名称は『海賊行為の処罰および海賊行為への対処に関する法律』》

antiplant agent ［C］ 枯渇剤

antipodal bomber 対蹠地爆撃機（たいせきちばくげきき）

antipriming 水け止め

anti-radar covering 対レーダー塗料

anti-radar homing 対レーダー・ホーミング

anti-radar missile (ARM) ［C］ 対レーダー・ミサイル

anti-radiation missile (ARM) ［C］ 対電波放射源ミサイル

antirecovery device ［C］ 回収妨害装置《㋺ prevention of stripping equipment》

antiremoval device ［C］ 地雷除去防止装置《設置した地雷の除去作業を妨害するもので、地雷を動かしたり、取り上げたりすると爆発する装置。㋺ NDS Y 0001D》《㋺ antilift device》

anti-resonance 反共振 《㋺ resonance = 共振》

anti-resonance circuit ［C］ 反共振回路

anti-resonance frequency 反共振周波数《反共振の起こる周波数》《㋺ resonance frequency = 共振周波数》

antiricochet device ［C］ 跳弾防止装置

anti-runway bomb ［C］ 滑走路破壊爆弾

anti-satellite ［adj.］ 対衛星；衛星攻撃

anti-satellite interceptor ［C］ 衛星破壊兵器；衛星攻撃ミサイル

anti-satellite missile ［C］ 対衛星ミサイル

anti-satellite weapon ［C］ 対衛星兵器

antiseptics 防腐剤

anti-servo action アンチ・サーボ運動

anti-ship ammunition ［U］ 対艦用弾薬

anti-ship ballistic missile (ASBM) ［C］

対艦攻撃弾道ミサイル
anti-ship capable missile (ASCM) ［C］【海自】対艦ミサイル
anti-ship cruise missile (ASCM) ［C］対艦巡航ミサイル
anti-ship missile (ASM) ［C］対艦ミサイル
anti-ship missile defense (ASMD) ［U］【海自】対艦ミサイル防御
anti-shipping strike 艦船攻撃
anti-ship surveillance and targeting 対艦捜索測的
anti-skid brake アンチスキッド・ブレーキ
anti-skid brake system ［C］滑り止め付き制動装置
anti-skid valve ［C］アンチスキッド・バルブ
anti-static discharge device ［C］耐放電装置
anti-submarine (A/S) ＝ antisubmarine［adj.］対潜水艦の；対潜の
anti-submarine action (A/S action) 対潜戦闘
anti-submarine air close support 対潜航空機近接支援
anti-submarine aircraft escort (A/S aircraft escort) 対潜護衛機
anti-submarine air distant support ①対潜航空遠距離支援 ②【海自】対潜航空機遠隔支援
anti-submarine air escort and close support 対潜航空護衛及び近接支援
anti-submarine air offensive operations 対潜航空攻撃行動
anti-submarine air operation 対潜航空作戦
anti-submarine barrier ［C］【海自】対潜阻止線 《敵潜水艦を探知し、通過を阻止、撃破するための一連の固定装置または機動性ある部隊により構成された防御線をいう。㊨ 統合訓練資料1-4》
anti-submarine barrier patrol (A/S barrier patrol) 対潜阻止哨戒
anti-submarine carrier group ［C］対潜空母群
anti-submarine close air support 対潜近接航空支援
anti-submarine destroyer ［C］①【自衛隊】対潜重視型護衛艦 ②対潜重視型駆逐艦《艦種記号：DDK》
anti-submarine evasion 対潜回避
anti-submarine evasive steering (A/S evasive steering) 対潜回避航行
anti-submarine exercise ［C］対潜訓練
anti-submarine minefield ［C］対潜機雷原
anti-submarine missile (ASM) ［C］対潜ミサイル
anti-submarine net ①【海自】防潜網 ②対潜網
anti-submarine operation 対潜水艦作戦；対潜作戦
anti-submarine operations command control system (AOCS) ［C］対潜戦指揮統制システム
anti-submarine patrol (A/S patrol) 【海自】対潜哨戒（たいせんしょうかい）《潜水艦を探知し、攻撃する目的で特定の海域において行われる哨戒をいう。㊨ 統合訓練資料1-4》
anti-submarine picket (A/S picket) ［C］対潜ピケット
anti-submarine rocket (ASROC) ［C］対潜水艦ロケット；対潜ロケット 《ロケットの先端に、ホーミング魚雷を装備した対潜兵器をいう。㊨ 統合訓練資料1-4》《ASROC＝アスロック》
anti-submarine screen ［C］対潜警戒網
anti-submarine search (A/S search) ［C］【海自】対潜捜索 《ある海域に存在するか、あるいは存在すると思われる潜水艦の位置を確定する目的で行われる特定海域の組織的調査をいう。㊨ 統合訓練資料1-4》
anti-submarine support operation 対潜支援作戦
anti-submarine surface escort (A/S surface escort) ①対潜水上護衛 ②対潜護衛艦
anti-submarine tactical trainer ［C］対潜戦術訓練装置
anti-submarine torpedo (ASTOR) ［C］対潜魚雷《ASTOR＝アスター》
anti-submarine transit operation 【海自】対潜通峡阻止戦 《敵潜水艦が通過すると予想される海峡または水道において、その通過を阻止する作戦をいう。㊨ 統合訓練資料1-4》
anti-submarine warfare (ASW) ［U］①【統幕・海自】対潜戦（たいせんせん） ②【空自】対潜水艦作戦 ③対潜水艦戦
Anti Submarine Warfare Center 【海自】対潜資料隊 《の英語呼称》◇用例：対潜資料隊司令＝Commanding Officer, Anti Submarine Warfare Center
anti-submarine warfare center command and control system (ASWCCCS) ［C］

対潜戦センター指揮統制システム

Anti-Submarine Warfare Continuous Trail Unmanned Vessel (ACTUV) 【米海軍】対潜水艦戦用連続追跡無人艦 《通称「シーハンター(Sea Hunter)」と呼ばれ、全長約40mの三胴船であり、人による恒常的な遠隔監視のもと、無人で数ヶ月間、数千キロメートルを航行することができる》

A

Anti-Submarine Warfare Environmental Prediction System (ASWEPS) 【海自】対潜海洋予報システム 《対潜戦のために、海洋状態の変動を予報するシステムをいう。[典] 統合訓練資料1-4》

anti-submarine warfare forces ［pl.］ 対潜戦部隊

anti-submarine warfare officer (ASWO) ［C］ 【海自】水雷長 《水雷長は、発射、射撃、運用およびこれらに係る物件の整備に関する業務を所掌する。[典] 海幕人第10346号》

Anti-Submarine Warfare Operations Center (ASWOC) 【海自】対潜水艦戦戦闘指揮所

anti-submarine weapon (ASW) ［C］ ①対潜水艦兵器 ②【海自】対潜武器

anti-surface air operation 対水上航空作戦

anti-surface ship missile ［C］ 対水上艦船ミサイル

anti-surface warfare (ASUW) ［U］ 【海自】対水上戦 《敵水上部隊を撃破し、またはその行動を牽制、抑圧して、その脅威を排除することをいう。[典] 統合訓練資料1-4》

anti-surface warfare commander ［C］ 対水上戦指揮官

anti-sweep device ［C］ 妨掃装置

antisweeper mine ［C］ 対掃海艇機雷

anti-sweep mine ［C］ 妨掃機雷

anti-tactical ballistic missile (ATBM) ［C］ 【米】対戦術弾道ミサイル

anti-tactical cruise missile (ATCM) ［C］ 【米】対戦術巡航ミサイル

anti-tactical missile (ATM) ［C］ 【米】対戦術ミサイル兵器

anti-Taliban ［adj.］ 反タリバンの ◇用例： anti-Taliban side = 反タリバン勢力

anti-Taliban Eastern Alliance ［the ～］ 反タリバンの東部同盟 《アフガニスタン》

antitank (AT) = anti-tank ［adj.］ 対戦車の

antitank aircraft rocket (ATAR) ［C］ 航空機搭載対戦車ロケット

antitank ammunition ［U］ 対戦車用弾薬

antitank bomb ［C］ 対戦車爆弾

antitank company ［C］ 対戦車中隊

antitank defense ［U］ 対戦車防御

antitank ditch 対戦車壕(たいせんしゃごう) 《戦車等の移動を阻止するために、地面に掘られた穴。[典] 民軍連携のための用語集》

antitank fire 対戦車射撃

antitank grenade ［C］ 対戦車擲弾

antitank guided missile (ATGM) ［C］ ①【陸自】対戦車誘導弾 ②対戦車誘導ミサイル

antitank guided weapon (ATGW) ［C］ 対戦車誘導兵器

antitank gun (ATG) ［C］ 【陸軍】対戦車砲

antitank helicopter (ATH) ［C］ 対戦車ヘリコプター 《対装甲戦闘を想定した火器や装甲等を備えているヘリコプター》

antitank lookout 対戦車哨

antitank mine ［C］ 対戦車地雷 《土中に埋めるなどして、圧力等が加わることにより爆発し、戦車を破壊する地雷。[典] 民軍連携のための用語集》

antitank minefield 対戦車地雷原

antitank missile (ATM) ［C］ 対戦車ミサイル；対戦車誘導弾 ◇用例： 87式対戦車誘導弾 = Type-87 antitank missile (87ATM)

antitank obstacle ［C］ 対戦車障害

antitank officer ［C］ ①【自衛隊】対戦車主任幹部 ②対戦車主任将校

antitank rifle grenade (AT rifle grenade) ［C］ 対戦車小銃擲弾

antitank rocket (AT rocket) ［C］ 対戦車ロケット弾

antitank rocket launcher ［C］ 対戦車ロケット弾発射筒

antitank security ［U］ 対戦車警戒；対機甲警戒

Antitank Unit 【陸自】対戦車隊 《の英語呼称》

antitank weapon ［C］ 対戦車火器 《戦車等を破壊することを目的とした火器。[典] 民軍連携のための用語集》

anti-terrorism = antiterrorism ［U］ 対テロリズム

anti-terrorism bill ［the ～］ 【日】テロ対策法案；対テロリズム法案；対テロ法案

anti-terrorism campaign ［the ～］ 対テロ軍事行動 ◇用例： the US-led anti-terrorism campaign = 米国主導の対テロ軍事行動

anti-terrorism law ［C］ 対テロ対策法

anti-terrorism measures ［pl.］ 反テロ対策

anti-terrorism measures against biological and chemical weapons　生物化学兵器テロ対策
Anti-Terrorism Special Measures Bill　[the ～]　【日】テロ対策特別措置法案
Anti-Terrorism Special Measures Law　[the ～]　【日】テロ対策特別措置法；テロ対策特措法
antitorpedo　対魚雷
anti-torque rotor　反トルク・ローター
anti-transmit receive (ATR)　送信防止；受信防止
anti T-R box　[C]　逆TRボックス
anti T-R tube　[C]　逆TR管
anti-twilight　[U]　反対薄明
anti-US demonstration　[C]　反米デモ
anti-US protest　反米抗議運動
anti-US protester　[C]　反米デモ隊
anti-US sentiment　反米感情
antivegetation chemical agent　[C]　対植物化学剤
antiwar demonstration　[C]　反戦デモ
antiwar JSDF personnel　【日】反戦自衛官
antiwar pact　[C]　不戦条約
antiwatching device　[C]　対監視装置
antiwithdrawal device　[C]　信管離脱防止装置　《弾薬から信管を取り外そうとすると爆発する装置。® NDS Y 0001D》
AN/TPY-2　AN/TPY-2　《米軍が保有する前方配備型Xバンド・レーダーをいう。AN/TPY-2は、「Army Navy/Transportable Radar Surveillance and Control Model 2」の略語。® JAFM006-4-18》《AN/TPY-2 ＝ アン/ティーピーワイ2》
anvil　①発火金（はっかがね）《雷管の内部に挿入する金属製の小片。撃針が発火金を打撃し、その衝撃によって爆粉（ばうふん）が発火する》　②金敷き（かなしき）
anvil cloud　鉄床雲（かなとこぐも）
apartment house for government worker　公務員宿舎
APEC summit　[the ～]　APEC首脳会合
aperture　①開口　②口径
aperture admittance　開口アドミタンス
aperture sight　穴照門　《照準用に小さい穴が開けられている照門》《® peep sight》
aperture type antenna　[C]　開口空中線
apex　頂部　《落下傘の頂部》

apex angle　[C]　①観砲頂角　②頂角
aphelion　遠日点
apical angle　[C]　頂角
apogee　遠地点
apparatus　装置
apparent altitude　視高度
apparent capacitance　皮相キャパシタンス
apparent capacity　皮相容量
apparent course　[C]　視針路
apparent drift　見かけ偏流
apparent-energy meter　[C]　積算皮相電力計
apparent field　見かけの視界
apparent horizon　①【空自】目視水平線　②【海自】視水平線
apparent inductance　皮相インダクタンス
apparent lag　遅れ誤差　《計器等の指示の遅れ誤差》
apparent load　見かけの荷重
apparent mean dispersion　平均散布
apparent noon (AN)　視正午
apparent place　視位置
apparent position　[C]　見込み位置
apparent power　皮相電力
apparent resistance　皮相抵抗
apparent slip　見かけスリップ
apparent solar day　視太陽日；視陽日
apparent solar time (AT)　視太陽時；視陽時；視時
apparent solar year　視太陽年；視陽年
apparent specific gravity　見かけ比重
apparent tooth density　[U]　皮相歯磁束密度
apparent wind angle　[C]　視風向
apparent wind range component　視風距離分力
appendix　①付録　②付属
applicability (APPL)　適用性；適応性
applicable equipment　[U]　適用装備品
applicable materiel asset　[C]　適合資材資産
applicants　[pl.]　①【自衛隊】応募者　②志願者；志願兵
application for leave　休暇願
application of fire　火力の指向

application study 〔U〕 応用研究

applicatory system 〔C〕 実習教示法

applied load 運用荷重

applied logistics 〔U〕 応用ロジスティクス

applied research 応用研究

applied voltage 印加電圧；付加電圧

A

applique armor 付加装甲 《戦闘車両などの主装甲に付加する装甲。[典] NDS Y 0006B》《[同] add-on armor》

appointing authority 任命権 《[同] assignment jurisdiction》

appointment ①任命 ②任用

appointment and dismissal 任免

appointment area 〔C〕 職域 《職域とは、人事管理または教育訓練上の必要に応じ職務の種類が比較的類似している特技職をまとめたものをいう。[典] 防衛庁訓令第21号》《[同] occupational field》

appointment authority ①任命権 ②任免権者

appointment order 辞令書

appointment power 任免権

appointment quota 任用割り当て

apportionment 配分 《一般的に、競合する要求の中で、限られた戦力の計画作成時における配分をいう。[典] 統合訓練資料1-4》

appreciation 評価

appreciation of the position 陣地判断

appreciation of the terrain 地形評価

apprentice (app) ①初級専門員 ②初心者 ③実習生

approach ①進入；アプローチ ②【海自】着陸進入 ③概論 ④【海自】接敵 《戦闘を開始しようとする敵部隊を探知または発見してから、我が主力部隊が展開するまでの行動をいう。[典] 海上自衛隊訓練資料第175号》

approach and attack 【海自】襲撃運動 《潜水艦が敵を発見し、接敵し、射点に占位して攻撃を実施する一連の運動をいう。[典] 統合訓練資料1-4》

approach area 〔C〕 進入区域

approach channel 〔C〕 【海自】近接水路

approach chart 〔C〕 近接航路図

approach clearance 進入許可

approach control 進入管制；アプローチ・コントロール

approach control area 〔C〕 進入管制区

approach control facility (APPROACH) 〔C〕 進入管制所

approach control position 〔C〕 進入管制席

approach control radar (ACR) 〔C〕 進入管制レーダー

approach control service 〔C〕 進入管制業務 《レーダー装置を使用せずに進入管制区を飛行する航空機に対し、進入・出発の順序、経路および高度、上昇・降下等を指示する業務。[典] 航空保安管制群HP》

approach corridor 〔C〕 近接回廊

approach course 〔C〕 近接針路

approach end of runway 滑走路の進入末端

approach fix 進入フィックス

approach formation 〔U〕 接敵隊形

approach gate アプローチ・ゲート

approach guide 誘導係 《進入路誘導係》

approach indicator 〔C〕 着陸進入指示器

approaching area 〔C〕 【海自】近接区域 《港湾への近接区域》

approaching head-on 正面接近 《航空機》

approaching navigation 進入航行

approaching sequence 進入順序

approaching stall maneuver 〔C〕 失速接近操作

approach lane 近接水路；接敵水路

approach lead 近接見越し

approach light 〔C〕 進入灯 《飛行場の進入灯》

approach lighting system 〔C〕 進入灯 《飛行場の進入灯。[備] ただし、飛行場だけとは限らない》

approach march ①接敵前進 ②【陸自】戦闘のための前進 《接敵機動のための行進において、敵との地上接触が切迫した場合、戦闘上の考慮を重視して戦闘準備を整え、戦闘部隊の一部または全部を散開させた戦闘隊形をもって行う行進をいう。[典] 陸自教範》 ③【海自】接敵行進

approach march formation 〔U〕 戦闘のための前進隊形

approach officer 〔C〕 【海自】襲撃指揮官

approach phase 〔C〕 接敵段階；接敵期

approach point (AP) 〔C〕 進入点 《爆撃進入点》

approach route 〔C〕 【海自】近接航路

approach schedule 〔C〕 【海自】近接計画

approach sequence 進入順序；アプローチ・シーケンス

approach surface 進入表面

63　　　　　　　　　　　　　　　　　**area**

approach time　進入時刻　《着陸のための進入時刻》

approach tunnel　［C］　進入通路

approach zone　［C］　進入区域

appropriate　［adj.］　適宜の；適切な

appropriation for national defense　国防費

appropriation limitation　制限予算科目

appropriation receipt　法定収入

appropriation reimbursement　歳出予算返戻（さいしゅつよさんへんれい）

appropriation symbol　項符号番号

appropriation title　予算科目

approval　承認

approval authority　［C］　承認権者

approval equipment　［U］　検定器材

approved (APVD)　［adj.］　許可；許可された

approved drawing　［C］　承認図

Approved Item Name (AIN)　指定品名《指定品名とは、連邦カタログ制度において品目名として使用すべきものとしてアメリカ合衆国国防省が統一的に指定した品名、NATOカタログ制度において品目名として使用すべきものとして北大西洋条約機構の135連合委員会が統一的に指定した品名および防衛大臣が品目名として使用すべきものとして指定したその他の品名をいう。⊛防衛庁訓令第53号》

approved replacement factor　［C］　正式補充率

approximate contour　近似等高線

approximate data　［U］　近似諸元

approximate frequency　近似周波数

apron (A/P)　［C］　①【海自】エプロン　②【空自】航空機係留場　③駐機場

apron flood light　［C］　エプロン照明灯

aptitude area (APTA)　［C］　適性分野

aptitude for flying　航空適性

aptitude test　［C］　適性検査

Aptitude Test Section　【陸自】心理適性班《の英語呼称》

Aqa Mul Mujahidin (AMM)　アカ・ムル・ムジャヒディン　《ミャンマー（ラカイン州）で活動するロヒンギャ族の武装組織》

aramid fiber reinforce plastics (AFRP)　アラミド繊維強化プラスチック

A range　Aレンジ　《目標までの距離が遠距離にある状態。⊛NDS Y 0041》

arbitrary control　［U］　任意統制

arbitrary correction to hit (ACTH)　補正量《砲腔武器システムの諸誤差、人的誤差等を修正するため、照尺に加減する修正量をいう。⊛海上自衛隊訓練資料第175号》

arbitrary grid　任意グリッド

arbitrary orientation　仮標定

arc　アーク

arc approach　弧状進入

arc back　逆弧

arc contact　アーク接点

arc cutting　アーク切断

arc discharge　アーク放電

archipelagic sea lanes　［pl.］　群島航路帯

archipelagic sea lanes passage　［C］　群島航路帯通航

archipelagic waters　［pl.］　群島水域

architectural and building drawing　［C］建築図

architecture　①アーキテクチャ　②構造　③建築物

archive　【海自】公文書

arc interlocking relay　［C］　アーク継電器

arc lamp　［C］　アーク灯

arc length　アーク長

arc light　［C］　アーク灯

arc of turn　= arc of the turn　旋回弧

arc stabilizer　［C］　アーク安定装置

arc suppression coil　［C］　消弧リアクトル

arctic　極寒地帯；北極地方

arctic air mass　［C］　北極気団

arctic basin　北極盆地

arctic circle　北極圏

arctic flight　北極圏飛行

arctic front　［C］　北極前線

arctic regions　［pl.］　北極地方

arc transmitter　［C］　アーク式送信機

arc tunnel　［C］　風洞（ふうどう）

arcus　アーチ雲

area　［C］　①区域；地域　②領域

area air defense　［U］　地域防空

area air defense commander (AADC)　［C］　【米軍】区域防空指揮官　《統合部隊を運用する場合において、特定の空域における防空作戦を一任された指揮官をいう。通常、防空作戦能力および指揮・通信能力等を最も有する指揮官が指定される。⊛統合訓練資料1-4》

A

area air defense control center ［C］ 地域防空管制所

area A/S measures ［pl.］ 地域対潜対策

area assessment 地域見積り 《指揮官の状況（情勢）判断に資するため、また他の幕僚に対し必要な資料を提供するため、我が任務の達成に影響のある地形、気象・海洋、その他の事項を戦術上または戦略上の観点から分析して特性を把握し、それが彼我の行動に及ぼす影響を考察することをいう。⊛ 統合訓練資料1-4》

area assignment 地域割り当て

area attack ［C］ 地域攻撃

area authority 地域権限

area barrier ［C］ 【陸自】地域障害 《作戦的見地から、比較的広正面にわたり敵の移動を抑制することを狙いとして設定する障害をいう。⊛ 陸自教範》

area basis 地域制

area bombing ①【自衛隊】地域爆撃 ②一斉爆撃；集中爆撃

area cell ［C］ エリア・セル 《ディジタル・データ抽出装置（DDE）の探知基準設定のため、DDEの処理領域を細分化した各区域をいう。⊛ JAFM006-4-18》

area censorship ［U］ 地域検閲

area command ［C］ 地域部隊

area commander ［C］ ①地域指揮官；区域指揮官 ②空域指揮官

area control center (ACC) ［C］ 管制区管制所

Area Control Center (ACC) 【日】航空交通管制部 《管制区管制所であり、我が国には、那覇、福岡、東京、札幌の4箇所に航空交通管制部がある》

area control radar (ACR) ［C］ 地域管制レーダー

area coordination group ［C］ 地域調整機構

area damage control ［U］ 【陸自】地域被害対策 《作戦遂行上、重要な施設等に対する敵の大規模な破壊活動または天然の災害による損害を局限し、被害の応急の復旧を図るために実施する各種の対策をいう。ただし、敵航空機の撃墜等の積極的な対策を含まない。⊛ 統合訓練資料1-4》

area damage control party (ADCOP) ［C］ 【陸自】地域被害対策班

area defense ［U］ ①【陸自】陣地防御 《戦略的陣地防御》 ②【空自】地域防衛 ③【海自】艦隊防御

area fire 地域射撃 《ある地域を制圧するために行う射撃》

Area Guard Group (AGG) 【海自】警備隊 《の英語呼称》◇用例： 横須賀警備隊 = Area Guard Group Yokosuka；警備隊司令 = Commanding Officer, Area Guard Group

area method 【海自】区域方式

area minefield ［C］ 地域地雷原 《我が防御地域に対する敵の移動を抑制、あるいは敵を誘致するために使用する地雷原をいう。⊛ 陸自教範》

area navigation (RNAV) ［U］ 広域航法 《無線施設からの電波の受信または慣性航法装置の利用により任意の経路を飛行する方式による飛行のこと。 防管航第7575号》《RNAV = アールナブ》

area observation ［U］ 地域監視

area of influence 勢力範囲

area of interest 関心地域

area of limitation in armaments (AOL) 武器制限地域

area of midship section ［C］ 中央横断面積

area of militarily significant fallout 軍事能力阻害放射性降下物地域

area of operational interest 作戦上の関心地域

area of operations (AO) 作戦地域 《部隊が作戦する概略の地域をいう。⊛ 統合訓練資料1-4》◇用例： the 7th Fleet area of operations = 第7艦隊の作戦地域》

area of probability (AOP) ①目標存在圏 《位置評定中の特定の電波発生源が95％の確率で存在する区域》 ②潜水艦潜在海域 《ローファー（LOFAR）情報、方位線情報によって設定された潜水艦潜在海域（複数）をいい、通常、それらの中心位置と当該位置からの半径または複数の地点で囲まれた海域で示される。⊛ 統合訓練資料1-4》

area of projectile base 弾丸受圧面積

area of responsibility 担当分野

area of responsibility (AOR) ①【空自】責任地域 ②【米軍】担任地域 ③作戦担当地域

area of search 捜索地域

area of separation (AOS) 兵力分離地帯；兵力引き離し地域

area of war 交戦圏

area of water plane 水線面積

area operating authority 地域作戦当局

area operations ［pl.］ 海域作戦

area outlook 地形観望

area radar prediction analysis 地域レーダー予測分析

area rainfall depth 地域雨量

area rescue 区域救難

area rescue commander ［C］ 区域救難指揮官

area responsibility 地域責任

area rule エリア・ルール

area search ［C］ ①地域捜索 ②【海自】区域捜索

Areas Enable エリアズ・イネーブル 《ペトリオット用語》

area smoke ［U］ 地域煙幕 《[同] blanketing smoke》

area smoke screen ［C］ 【海自】区域煙幕

areas surrounding Japan ［pl.］ 日本周辺地域

Area Support Group (ASG) 【米陸軍】地域支援群 ◇用例：the 9th Area Support Group (9ASG) = 第9地域支援群

area surveillance ［U］ 地域監視

area target ［C］ ①地域目標 《射撃》 ②【海自】区域目標

area traffic control ［U］ 広域交通統制

area training ［U］ 地域教育

area weapon ［C］ 大量殺傷兵器

arid climate 乾燥気候

aridity index 乾燥指数

arithmetical average (AA) 算術平均

arithmetical mean 算術平均

Arlington National Cemetery 【米】アーリントン国立墓地

arm ［n.］ ①腕 ②アーム；重心距離

arm ［vt.］ 武装する 《[対] disarm = 武装を解く》

armament ①武器；装備 ②武装；兵装 ③軍備 ◇用例：the reduction of armaments = 軍備縮小

armament bus ［C］ 外装電源回路

armament circuit ［C］ 外装回路

armament compartment ［C］ 武装室

armament control and display panel (ACDP) ［C］ 兵装操作表示パネル

armament control panel ［C］ アーマメント・コントロール・パネル 《搭載武器の状況を表示し、パイロットに適切な武器を選択させる制御器。[典] レーダー用語集》

armament control system ［C］ アーマメント・コントロール・システム 《搭載武器の選択および状況表示ならびに各種武器の発射準備および発射信号の伝達をする装置。[典] レーダー用語集。[備]「武器制御装置」》

armament datum line (ADL) ［C］ 武装基準線 《航空機における武装のための基準線であって、機軸線(FRL)とは異なる。飛行時の迎え角(AOA)を補正して設定され、一般的には機軸線より下向きである(機種ごとに定められている)。通常、各種武器のボア・サイトの基準となる線。[典] レーダー用語集》

armament error 散布誤差

armament kit ［C］ 武装キット

Armament Maintenance Squadron 【空自】装備隊 《の英語呼称》《装備隊では、火器管制レーダーの整備、機関砲やミサイル等の武装全般の整備、標的や小型無人機の整備、通信器や航法装置の整備、電子戦システムの整備などを行う》

armament master switch ［C］ 武装マスター・スイッチ

Armament Officer 【空自】武装幹部 《幹部特技区分の英語呼称》

Armament Research, Development and Engineering Center (ARDEC) ［the ～］ 【米陸軍】武器研究開発工学センター

armament safety disabling 武装安全固定装置

armaments boom 軍需景気

armaments expenditures ［pl.］ 軍事費；軍備費

armaments industry ［U］ 軍事産業

armaments race 軍備競争

Armament Staff Officer 【空自】武装幕僚 《幹部特技区分の英語呼称》

arm and hand signal ［C］ 手信号

armature 電機子 《磁界との相対回転運動によって、誘導起電力を発生する巻線を持つ部分を電機子といい、この巻線を電機子巻線という。[典] NDS F 8018D》

armature characteristic curve ［C］ 電機子特性曲線

armature coil ［C］ 電機子コイル

armature core ［C］ 電機子鉄心

armature current 電機子電流

armature reaction 電機子反作用

armature winding 電機子巻き線

arm control agreement 軍備管理協定

arm control measures ［pl.］ 軍備管理手段

armed ［adj.］ 武装した；発火状態の

armed agent ［C］ 武装工作員 《殺傷力の強力な武器を保持し、破壊活動などの不法行為を行う者。[典] 防衛白書(平成18年版)》

armed attack ［C］ 武力攻撃 ◇用例：armed attack on the vessel = 船舶への武力攻撃

armed attack situations ［pl.］ 【日】武

A

力攻撃事態 《日本に対する武力攻撃が発生した事態または武力攻撃が発生する明白な危険が切迫していると認められるに至った事態をいう。[典] 法律第七十九号》◇用例： armed attack situations, etc. = 武力攻撃事態等

armed camp ［C］ 軍営

armed conflict 武力紛争；武力衝突 ◇用例： international armed conflict = 国際的な武力紛争

armed defense ［U］ 武装防衛

armed delay 時限運動

armed forces ［pl.］ ①陸海空軍 《定冠詞をつけ、「the armed forces」とすると「陸海空軍」を意味する》 ②軍隊

Armed Forces censorship ［U］ 【米】軍私通信検閲

Armed Forces Courier Service (ARFCOS) 【米】軍伝書使部

Armed Forces Examining Station (AFES) 【米】軍徴募者検査所 《AFES = アフェス》

armed forces intelligence ［U］ 軍情報

Armed Forces of the United States 米国軍 [備] 正式名称は「合衆国軍」であるが、本書では「米国軍」で統一している》

Armed Forces Police 【米】軍憲兵

Armed Forces Policy Council 【米】軍政策審議会

Armed Forces Qualification Test (AFQT) 【米】軍資格試験

Armed Forces Radio and Television Service (AFRTS) 【米】軍ラジオ・テレビ・サービス

Armed Forces Radio Service (AFRS) 【米】軍ラジオ放送

Armed Forces Reserve Center (AERC) 【米】予備役軍センター；予備役訓練所

Armed Forces Reserve Medal (AFRM) 【米】予備役軍年功記章

Armed Forces Staff College (AFSC) 【米】統合幕僚大学

armed helicopter ［C］ 武装ヘリコプター

armed intervention 軍事介入；武力介入；武力干渉

armed mine ［C］ 待機状態機雷

armed neutrality 武装中立

armed peace ［C］ 武装平和

armed reconnaissance 武装偵察

armed services ［the ～］ 軍；軍隊 《陸海空軍のこと。[備] 近い将来は「宇宙軍」が含まれる可能性がある》

Armed Services Committee 【米】軍事委員会

Armed Services Electro Standards Agency (ASESA) 【米】軍用電気規格庁

armed services medical regulating office (ASMRO) ［C］ 軍事衛生統制所

Armed Services Procurement Regulation (ASPR) 【米】軍調達規則

armed strength ［U］ 軍事力

armed sweep 補強掃海具

armed war ［U］ 武力戦

armed warfare ［U］ 武力戦

arming 安全解除；アーミング 《信管や起爆装置を作動可能な状態にすること》

arming action 安全解除作用

arming area ［C］ 武装解除地区

arming cell ［C］ 電解式溶解片；電解ワッシャー

arming control unit ［C］ 安全解除器；アーミング・コントロール・ユニット

arming cycle ［C］ 待ち受け周期

arming delay 安全解除時間

arming delay device ［C］ 時限遅動装置；時限遅動機構；遅動装置

arming delay timer ［C］ 遅動時計；電動巻式遅動時計

arming device ［C］ 安全装置 《ある時期まで、信管が起爆可能な状態に移るのを防ぐ装置。[典] NDS Y 0001D》《[同] safety device》

arming distance 安全解除距離

arming pin ［C］ 安全ピン 《信管に使用される安全装置の一種。外部から挿入して、安全解除を防止するためのピン。主として輸送、貯蔵などの間の安全のために使用される。安全機構を解除するため、弾薬の発射時や投下時には引き抜かれる。[典] NDS Y 0041》《[同] safety pin》

arming plug ［C］ 発射用接栓

arming range ［C］ 安全解除距離

arming resistance 安全解除抵抗

arming retainer ［C］ 安全索保持器

arming solenoid ［C］ 爆弾安全線取り付け装置

arming vane ［C］ 安全解除翼 《[同] safety vane》

arming wire ［C］ ①安全線 《信管に使用される安全装置の一種。外部から挿入して、安全解除を防止するための線。主として輸送、貯蔵などの間の安全のために使用される。安全機構を解除するため、弾薬の発射時や投下時には引き抜か

れる。[典] NDS Y 0001D》 ②【空自】安全解除線 ③【海自】起爆ワイヤー ④アーミング・ワイヤー

arming wire assembly ［C］ アーミング・ワイヤー組み立て

arming wire safety clip ［C］ 安全線用安全クリップ

armistice 休戦；停戦 ◇用例： armistice agreement = 休戦協定

Armistice Day 休戦記念日 《第1次世界大戦の休戦記念日》

armistice demarcation line (ADL) ［C］ 停戦ライン 《[同] cease fire line》

armor = armour ［n.］ ①装甲 《弾丸、破片等の脅威から人員と器材を防護する一つの手段として、車両等に施した各種の単一材料およびそれらの材料を組み合わせた構造体。[典] NDS Z 0011》 ②外装

Armor 【陸自】機甲科 《職種の英語呼称》《主任務は、戦車による敵の撃破》

armor belt ［C］ 装甲帯 《軍艦の装甲帯》

armor bolt ［C］ 装甲ボルト

armor deck ［C］ 装甲甲板

armored (Armd) = armoured ［adj.］ ①装甲；機甲 ②装甲化した；機甲化した；装甲を施した

armored ambulance ［C］ 装甲救急車

armored artillery ［U］ 装甲砲

armored cable ［C］ 外装ケーブル

armored car ［C］ 装甲車

armored carrier 装甲輸送車

Armored Cavalry Regiment 【米陸軍】機甲騎兵連隊

armored combat 機甲戦闘

armored combat earthmover (ACE) ［C］ 装甲戦闘掘削車

armored combat vehicle (ACV) ［C］ 装甲戦闘車 ◇用例： 89式装甲戦闘車 = Type-89 armored combat vehicle

Armored Combat Vehicle Technology (ACVT) 【米軍】装甲戦闘車両技術

armored command and reconnaissance vehicle (ACRV) ［C］ 【陸軍】装甲指揮偵察車

armored command vehicle (ACV) ［C］ 装甲指揮車

armored cruiser ［C］ 装甲巡洋艦

armored deck ［C］ 装甲甲板

armored division ［C］ 機甲師団；装甲師団

Armored Division 【米陸軍】機甲師団 ◇用例： the 1st Armored Division = 第1機甲師団

armored engineer vehicle (AEV) ［C］ 【陸軍】装甲工兵車

armored fighting vehicle (AFV) ［C］ 装甲戦闘車

armored forces ［pl.］ 機甲部隊 《戦車・歩兵・砲兵で編制される》

armored forward area rearm vehicle (AFARV) ［C］ 前方地域用装甲弾薬輸送車

armored infantry 機甲歩兵部隊

armored personnel carrier (APC) ［C］ ①【陸自】装甲人員輸送車 《小火器弾を防御できる程度の装甲を着装して人員を輸送させる車両。[典] 民軍連携のための用語集》 ②装甲兵員輸送車

armored reconnaissance (ARCN) 機甲偵察

armored reconnaissance unit ［C］ 機甲偵察部隊

armored reconnaissance vehicle ［C］ 機甲偵察車

armored train ［C］ 装甲列車

Armored Training Unit 【陸自】機甲教育隊 《の英語呼称》◇用例： 第1機甲教育隊 = 1st Armored Training Unit

armored transportation unit ［C］ 装甲輸送隊

armored unit ［C］ 機甲部隊 《戦車部隊が戦闘力の主体となる装甲・車両化された部隊をいう。[典] 陸自教範》

armored vehicle ［C］ 装甲車

armorer ［C］ 火器係

armor glass ［U］ 防弾ガラス

armor group ［C］ 機甲群

armoring sheathing 外装鉛皮

armoring wire ［C］ 外装線

armor piercing (AP) = armor-piercing ［n.］ 徹甲弾 《装甲戦闘車両を撃破するための装甲貫徹用の砲弾》

armor piercing (AP) = armor-piercing ［adj.］ 徹甲の

armor piercing ammunition (AP) ［U］ ①徹甲弾 ②徹甲弾薬

armor piercing bomb (APB) ［C］ 徹甲爆弾；AP爆弾

armor piercing cap ［C］ 被帽 《貫徹性能を向上させるために、徹甲弾の先端部に被せる金属製のキャップ》

armor piercing capacity 侵徹長；侵徹深度

armor piercing capped (APC) 被帽徹甲弾 《弾丸の先端部に被帽がある徹甲弾。[典] NDS Y 0001D》 armo 68

armor piercing capped-tracer ［C］ 曳光被帽徹甲弾（えいこうひぼうてっこうだん）

armor piercing discarding sabot (APDS) ［C］ 装弾筒付き徹甲弾

armor piercing fin-stabilized discarding sabot (APFSDS) ＝ armor piercing discarding sabot fin stabilized（APDS-FS）［C］ 装弾筒付き翼安定徹甲弾

armor piercing fin-stabilized discarding sabot-tracer (APFSDS-T) ［C］ 【陸軍】翼安定式離脱装弾筒付き曳光徹甲弾

armor piercing high explosive 徹甲榴弾

armor piercing incendiary (API) ［C］ 徹甲焼夷弾（てっこうしょういだん）《装甲または堅固な目標を貫徹し、内部を燃焼破壊する徹甲弾。⊗ NDS Y 0001D》

armor piercing incendiary tracer (APIT) ［C］ 徹甲焼夷曳光弾（てっこうしょういえいこうだん）

armor piercing projectile ［C］ 徹甲弾《装甲または堅固な目標を貫徹する目的で使用する弾薬》

armor piercing tracer (APT) ［C］ 曳光徹甲弾

armor piercing value 貫徹力《砲弾の貫徹力》

armor plate ［C］ 装甲板《軍艦、戦車などの装甲板》

armor protection 装甲防護力

armor sweep 機甲襲撃

armory ＝ armoury ［C］ ①兵器庫；武器庫 ②【米】軍事教練場 ③兵器工場；造兵廠（ぞうへいしょう）

armory drill ［C］ 兵器庫訓練

arms ［pl.］ ①武器 ②軍備 ③戦闘職種

arms control ［U］ ①【自衛隊】軍備管理 ②軍備制限

arms control agreement 軍備管理協定

Arms Control and Disarmament Agency (ACDA) 【米】軍備管理軍縮庁

arms control measure ［C］ 軍備管理手段

arms cover ［C］ 武器覆い

arms drive 軍備拡張競争；軍拡競争

arms export 武器輸出

Arms Export Control Act (AECA) 【米】武器輸出管理法《国務省の管轄》

arm signal ［C］ 【海自】手先信号《⊗ hand signal》

arms industry ［U］ 軍需産業

arms limitation 軍備制限

arms locker ［C］ 武器用ロッカー

arms manufacturer ［C］ 兵器製造業者

arms race ［C］ 軍備競争；軍備拡張競争；軍拡競争

arms rack ［C］ 銃架《銃を立て掛けておく場所。⊗「銃掛け」の訳語もあるが、自衛隊では用いられていない》

arms reduction 軍備縮小；軍縮；軍備削減 ◇用例：arms reduction plan ＝ 軍備縮小案

arms reduction conference ［C］ 軍備縮小会議

arms reduction talks ［pl.］ 軍縮会談

Arms Section 【陸自】火器班《の英語呼称》

arms trade 兵器取引；武器取引《国際間の〜》

Arms Trade Treaty 【国連】武器貿易条約《通常兵器の国際貿易を規制するための国際的基準を確立し、不正な取引等を防止することを目的とする条約。⊗ 日本の軍縮・不拡散外交》

army ［C］ ①陸軍 ②【陸軍】軍《2個以上の軍団（corps）で編成する》

Army (A) ①【陸自】方面隊《の英語呼称》《陸上自衛隊最大の部隊。数個の師団等を基幹として編成され、担任区域の防衛警備、災害派遣等を行う。旧軍の「軍」に相当する》◇用例：中部方面隊 ＝ Middle Army；各方面総監 ＝ commanding generals of armies ②【米軍】陸軍《⊗「the Army」とすると、米国の陸軍を示す》◇用例：Chief of Staff, Army ＝ 陸軍参謀総長

army act 陸軍刑法

Army After Next 【米】次の次の陸軍

Army Air Corps (AAC) 【米】陸軍航空隊

Army aircraft ［pl. ＝〜］ 【米】陸軍機

Army Air Defense Command (ARADCOM) 【米】陸軍防空司令部

Army Air Defense Command post (AADCP) 【米】陸軍防空集団指揮所

Army Air Defense region 【米】陸軍防空管区

Army air defense site (AADS) ［C］ 【米】陸軍防空陣地

Army Air Force (AAF) 【米】陸軍航空隊

Army Airspace Command and Control element ［C］ 【米】陸軍空域指揮統制班

Army Airspace Command and Control officer ［C］ 【米】陸軍空域指揮統制者

Army Air Transport Organization 【米】陸軍空輸機関

Army and Air Force Exchange Service (AAFES) 【米】陸空軍販売部

Army area ［C］ ①【陸自】方面区 《方面区とは、各方面隊が担当するそれぞれの警備区域をいう。㊂陸上自衛隊訓令第72号》 ②【陸軍】軍管区

Army Area Communications System (AACOMS) 【米】陸軍地域通信システム

army artillery ［U］ 【陸軍】軍砲兵；軍直轄砲兵部隊

Army Artillery 【陸自】方面特科隊 《の英語呼称》◇用例: 西部方面特科隊 = Western Army Artillery

Army attachè 【米】陸軍駐在武官

army aviation ①陸軍航空機 ②陸軍航空隊

Army Aviation Association of America (AAAA) 【米】陸軍航空協会

army aviation officer ［C］ 陸軍飛行将校

army aviator ［C］ 陸軍飛行士

Army Band 【陸自】方面音楽隊 《の英語呼称》◇用例: 中部方面音楽隊 = Middle Army Band；東部方面音楽隊 = Eastern Army Band

Army base ［C］ 【米】陸軍基地

Army brat 軍人の子 《米俗語》

army broker ［C］ 陸軍用達

army circles ［pl.］ 軍部

army clique ［C］ 軍閥

army commander ［C］ 【陸軍】軍司令官

Army Commanding General (ACG) 【陸自】方面総監 《の英語呼称》

Army Command Management System (ACMS) 【米】陸軍総合管理システム

Army Command system 【陸自】陸自方面隊指揮システム 《の英語呼称》

Army Commendation Medal (ARCOM) 【米】陸軍称揚章

Army Commitment Board 【米】精神異常者鑑定処理委員会

Army Control Facilities 【米】陸軍性病予防施設

army cooperation ［U］ 地上部隊直協；陸空協同

army cooperation aircraft (army co-op aircraft) ［pl. = ～］ 地上部隊直協機；陸軍直協機

Army corps ［pl. = ～］ 【米】軍団

Army Crafts Program 【米】陸軍工芸技術補導計画

Army Data Distribution System (ADDS) 【米】陸軍データ配布システム

Army Deposit Fund 【米】陸軍貯金

Army depot ［C］ 【米】陸軍補給処

army doctor ［C］ 【陸軍】軍医

army dog ［C］ ①軍用犬 ②【陸自】警備犬 ◇用例: army dog training = 警備犬訓練

Army Education Center (AEC) 【米】陸軍教育本部

Army Entertainment Program 【米】陸軍娯楽計画

Army equipment record procedures 【米】陸軍装備品記録方式

Army Establishment 【米】陸軍関係施設・機関及び部隊

Army extension courses ［pl.］ 【米】陸軍通信教育課程

Army Food Program 【米】陸軍糧食管理業務計画

Army form 【米】陸軍書式

Army forward maintenance area (AFMA) ［C］ 【陸自】方面前進兵站基地 《作戦上の必要に応じ設けるものであり、通常、方面兵站基地から分派して兵站上の要地に設定し、方面兵站基地に準ずる支援を行う地域をいう。㊂陸自教範》

army general classification 軍隊一般分類検査

Army General Staff (AGS) 【米】陸軍参謀本部

army group (AG) ［C］ ①軍集団 ②方面軍

Army group commander ［C］ 【米】軍集団司令官

Army Headquarters (AHQ) ①【陸自】方面総監部 《の英語呼称》《㊂旧軍の「方面軍司令部」に相当する》 ②【陸軍】軍司令部

Army health nurse ［C］ 【米】陸軍保健看護師

Army Health Nursing 【米】陸軍保健看護

Army Helicopter Improvement Program (AHIP) 【米】陸軍ヘリコプター能力向上計画

Army Intelligence (AI) 【米】陸軍情報部

army in the field ［C］ 野戦軍

Army Islamic regional ground (AIRG) イスラム地域警備隊

Army liaison officer ［C］ 【米】陸軍連絡将校

Army Library Program 【米】陸軍図書館業務計画

army life 軍隊生活

Army List ［C］ 【米】陸軍将校名簿

Army maintenance area (AMA) ［C］【陸自】方面兵站基地 《方面隊における策源の性格を有し、特に地域の生産および交通との関連を考慮して、方面作戦区域内の兵站上の要地に設定し、中央との連接および各支援地域に対する支援を行う地域をいう。⊛ 陸自教範》

Army management structure【米】陸軍管理機構

Army Map Service (AMS)【米】陸軍地図部

Army Master Data File (AMDF)【米】陸軍マスター・データ・ファイル

Army Material Command【米】陸軍資材コマンド

Army Medical Services【米】陸軍衛生隊

army medical staff (AMS) 軍司令部幕僚軍医

Army National Guard ［the ～］【米】陸軍州兵 《正式名称は、Army National Guard of the United States（ARNGUS）＝米国陸軍州兵》◇用例：Director, Army National Guard ＝陸軍州兵局長

Army-Navy anti-corrosion compound (ANC)【米】陸－海軍防錆剤

Army News Service (ANS)【米】陸軍報道社

Army nurse ［C］【米】陸軍看護師

Army Nurse Corps (ANC)【米】陸軍看護師部隊

Army Nursing Service (ANS)【英】陸軍看護部隊

Army of Cuban Occupation Medal【米】キューバ占領軍従軍記章

Army of Cuban Pacification Medal【米】キューバ鎮定軍従軍記章

army officer ［C］ 陸軍将校；陸軍士官

Army of Islam (AOI) イスラム軍 《パレスチナ自治区で活動する過激組織》

army of occupation ［the ～］ 占領軍

Army of Occupation Medal (AOM)【米】占領軍従軍記章

Army of Occupation of Germany Medal【米】ドイツ占領軍従軍記章

Army of Puerto Rican Occupation Medal【米】プエルトリコ占領軍従軍記章

Army of the United States (AUS) ［the ～］ 米国陸軍 《⊛ 正式名称は「合衆国陸軍」であるが、本書では「米国陸軍」で統一している》

Army Ordnance Corps ［the ～］ 陸軍兵器部

Army POL Depot【米】陸軍貯油施設

Army Post Office【米】陸軍郵便局

Army Procurement Agency (APA)【米】陸軍調達本部

Army Procurement Agency of Japan (APA)【米】在日アメリカ軍調達部；在日米軍調達部

Army Register【米】陸軍現役将校名簿

Army Regulation (AR)【米】陸軍規則

Army Research and Development Group (ARDG)【米】陸軍研究開発局

Army Reserve ［the ～］【米】陸軍予備役

Army Reserve Center【米】陸軍予備役部隊センター

Army Reserve Forces Policy Committee【米】陸軍予備役戦力委員会

Army Reserve Reinforcements【米】陸軍予備役部隊増派要員

Army Reserve training center【米】予備軍訓練所

Army Reserve Units【米】陸軍予備役部隊

Army's 4th Psychological Operations Group ［the ～］【米】陸軍第4心理作戦部隊

Army Security Agency【米】陸軍保全局

army service area ［C］ 軍戦務地域

Army Service Club Program【米】陸軍下士官兵集会所計画

Army service commander ［C］【米】陸軍戦務部隊司令官

Army Service Corps ［the ～］【米】陸軍戦務部隊

Army Service Forces (ASF)【米】陸軍役務部

Army Special Forces【米】陸軍特殊部隊

Army Sports Program【米】陸軍スポーツ計画

Army Staff【米】陸軍幕僚

Army standard score【米】陸軍標準得点

Army Stock Fund (ASF)【米】陸軍在庫品資金

Army Strategic Capabilities Plan (ASCP)【米】陸軍戦略能力計画

Army Strategic Objectives Plan (ASOP)【米】陸軍戦略目標計画

Army Subject Schedule【米】陸軍課目実施計画

army supplies ［pl.］ 陸軍補給品

army surgeon ［C］ 陸軍軍医

Army Surgeon (Army Surg) 【陸自】医務官 《の英語呼称》

Army Tactical Missile System (ATACMS) 【米】陸軍戦術ミサイル・システム 《MLRSから発射する陸軍戦術ミサイル》

Army terminal 〔C〕 【米】陸軍端末港

Army terminal commander 〔C〕 【米】陸軍端末港司令官；停泊場司令官

Army Training Program (ATP) 【米】陸軍訓練要綱

Army Transport Service 【米】陸軍輸送部

army troops 〔pl.〕 軍直轄部隊

around-the-clock 24時間体制

arrangement 手順

arrangement plan 〔C〕 配置計画

array 〔C〕 アレイ 《複数の電気音響変換器をある特定の関係位置に配置したもの。直線アレイ、平面アレイ、円筒アレイなどがある。[典] 対潜隊(音1)第401号》

array gain アレイ・ゲイン；配列利得

array phasing 整相

arrest 〔n.〕 逮捕

arrest 〔vt.〕 逮捕する

arrested landing 【海軍】制動着艦

arrester 〔C〕 ①避雷器 ②拘束装置

arrester switch 〔C〕 避雷器用スイッチ

arresting cable 〔C〕 拘束ケーブル ◇用例： aircraft arresting cable = 航空機拘束ケーブル

arresting gear 〔C〕 ①【空自】着陸拘束装置 ②着艦拘束装置；アレスティング・ギヤー

arresting hook 〔C〕 拘束フック ◇用例： aircraft arresting hook = 航空機拘束フック

arrest in quarters 営舎内監禁

arrest warrant 〔C〕 逮捕状

arrival report 〔C〕 アライバル・レポート

arrival time 到着時刻

arriving airplane 〔C〕 到着機

arsenal 〔C〕 ①兵器庫；武器庫；武器弾薬倉庫 ②兵器工場 ③軍需物資；貯蔵兵器

arsenal plane 〔C〕 【米】武器庫用途航空機 《古い航空機を、さまざまなペイロードを発射するための「空飛ぶ発射台(flying launch pad)」として活用する構想》

arterial gas embolism (AGE) 動脈ガス塞栓症

articles for ship 船用品

articles of army issue 軍隊の支給品

Articles of War 〔the ～〕 【米】陸軍軍法会議法

articulation 明瞭度 《通信》

artificer 〔C〕 技術兵

artificial antenna 〔C〕 ①擬似アンテナ ②【海自】擬似空中線

artificial cable 〔C〕 擬似ケーブル

artificial circuit 〔C〕 擬似回路

artificial daylight 人工日光

artificial delay line 〔C〕 擬似遅延線路

artificial graphite 人造黒鉛

artificial horizon 人工水平儀

artificial light 人工光

artificial line 〔C〕 擬似線路

artificial load 擬似負荷

artificial magnetic noise 〔U〕 人工磁気雑音

artificial moonlight 人工月明

artificial network 〔C〕 擬似回路網

artificial noise 〔U〕 人為雑音 《[同] man-made noise》

artificial obstacle 〔C〕 人工障害物

artificial precipitation 〔U〕 人工降雨

artificial rainfall 人工降雨

artificial respiration 〔U〕 人工呼吸

artificial satellite 〔C〕 人工衛星

artificial snowfall 人工降雪

artificial transmission line 〔C〕 擬似電送線路

artificial underwater electric field noise (artificial UEP noise) 〔U〕 人工UEP雑音 《UEP = ユーイーピー》

artificial word 模造語

artillery (ARTY) 〔U〕 ①【陸軍】砲兵；砲科 ②砲

artillery ammunition 〔U〕 火砲弾薬

artillery ammunition round 火砲弾薬

artillery annex ①【陸自】特科別紙 ②砲兵別紙

artillery battalion 〔C〕 ①【陸自】特科大隊 ②砲兵大隊

artillery battalion group 〔C〕 ①【陸自】特科大隊群 ②砲兵大隊群

Artillery Brigade ①【陸自】特科団 《の英語呼称》◇用例： 第1特科団 = 1st Artillery Brigade ②砲兵旅団

artillery control line 〔C〕 射撃禁止線

A

artillery drill ［C］ ①【陸自】特科基本教練
②砲兵基本教練

artillery fire ①【陸自】特科火力；特科射撃
②砲兵火力；砲兵射撃

artillery fired atomic projectile (AFAP)
［C］ 【陸軍】核砲弾

artillery fire plan table ［C］ 砲兵射撃計
画表

artillery group ［C］ ①【陸自】特科群 ②
砲兵群

artillery gun book ［C］ 砲歴簿

artillery intelligence ［U］ ①【陸自】特科
情報 ②砲兵情報

artillery intelligence bulletin ［C］ ①
【陸自】特科情報通報 ②砲兵情報通報

**artillery live-fire training over Highway
104** 県道104号線越え実弾砲兵射撃訓練 《沖
縄》

artilleryman ［pl. = artillerymen］ 砲兵

artillery map ［C］ ①【陸自】特科用地図
②砲兵用地図

artillery observer ［C］ ①【陸自】特科射
撃観測者 ②砲兵射撃観測者

artillery ordnance equipment ［U］ 砲腔
兵器

artillery preparation ［U］ 攻撃準備射撃
《＝ preparation fire》

artillery range ［C］ ①【陸自】特科射撃場
②砲兵射撃場

artillery regiment ［C］ ①【陸軍】砲兵
連隊

artillery rocket ［C］ 野戦用ロケット弾；野
戦特科ロケット弾

artillery shell ［C］ 砲弾 《火砲によって発
射される弾薬》

artillery spotting ［U］ 砲兵弾着観測

artillery subparagraph ①【陸自】特科項目
②砲兵項目

artillery survey ［C］ ①【陸自】特科測量
②砲兵測量

Artillery Unit 【陸自】特科隊 《の英語呼称》
◇用例：第1特科隊 = 1st Artillery Unit

artillery with the Army ①【陸自】方面隊全
特科部隊 ②軍全砲兵

artillery with the corps 軍団全砲兵

art of war ［the ～］ 兵術；戦術；兵法

Asbat al-Ansar アスバト・アル・アンサール
《レバノンにおけるイスラム国家樹立を目指すス
ンニ派過激組織》

ascending air current 上昇気流

ascending branch 昇弧 《弾道の原点から弾
道の最高点に到るまでの弾道》

ascending buoy ［C］ 脱出ブイ

ascending current 上昇気流

ascent curve ［C］ 上昇曲線

A-scope Aスコープ 《縦軸に反射強度、横軸に
距離をとって表示するレーダーの表示画面》

**ASEAN Defense Ministers Meeting
(ADMM)** ASEAN国防相会議

ASEAN Regional Forum (ARF) ASEAN
地域フォーラム

**ASEAN Regional Forum Disaster Relief
Exercise (ARF DiREx)** ASEAN地域
フォーラム災害救援実動演習

ASEAN Security Community (ASC)
ASEAN安全保障共同体

ash content 灰分

ashes ［pl.］ 遺骨

ashtray 煙缶（えんかん） 《喫煙時に使用する灰
皿のこと ： 民軍連携のための用語集》

Asia-Europe Meeting (ASEM) アジア欧
州首脳会議

Asian Development Bank (ADB) ［the
～］ アジア開発銀行

**Asian Senior-level Talks on Non-
Proliferation (ASTOP)** アジア不拡散協
議 《米国、オーストラリア、カナダ、ニュー
ジーランドの局長級の不拡散政策担当者が一堂に
会し、アジアにおける不拡散体制の強化に関する
諸問題について議論を行う協議》

**Asia-Pacific Chief of Defense
Conference (CHOD)** 【日】アジア太平洋
諸国参謀総長等会議

**Asia-Pacific Economic Cooperation
(APEC)** アジア太平洋経済協力 ◇用例：
the Asia-Pacific Economic Cooperation summit
＝ アジア太平洋経済協力首脳会議

**Asia Pacific Economic Cooperation
Conference (APEC)** アジア太平洋経済協
力会議

**Asia-Pacific Intelligence Chiefs
Conference (APICC)** アジア太平洋地域情
報部長等会議 《米太平洋軍司令部と参加国の持
ち回り共催による、アジア太平洋地域などの各国
国防機関の情報部長などによる意見交換会議》

**Asia-Pacific Military Operations
Research Symposium (AMORS)** 【日】
アジア太平洋防衛分析会議

Asia-Pacific Rebalance 【米】アジア太平洋
リバランス 《米国（オバマ政権）の安全保障戦
略。中国の影響力が高まったことに対し、軍事
上・外交上の影響力の均衡化（balance of

influence)を狙った戦略》

Asia-Pacific region ［the ～］ アジア太平洋地域

Asia Pacific Submarine Conference 【日】アジア太平洋潜水艦会議

Asiatic Pacific Campaign Medal 【米】アジア太平洋戦没従軍記章

aspect アスペクト 《ソーナーに対する目標の向き。㊞ 対潜隊（音1）第401号》

aspect angle (AA) ［C］ 要撃角

aspect change 断面変化

aspect ratio 縦横比

aspiration psychrometer ［C］ 通風乾湿計

ASR approach 捜索レーダー進入 《ASR ＝ air surveillance radar（航空用捜索レーダー）》《㊞ surveillance approach》

as required (AR) 所要だけ；所要数だけ

assailable ［adj.］ 弱点のある

assailable flank 弱点のある翼

assassination attempt 暗殺未遂

assault ［n.］ ①強襲 《強烈に相手を襲うこと、または無理押しに襲撃すること。㊞ 民軍連携のための用語集》 ②【陸自】突撃 《攻撃の一段階であり、近接戦闘部隊が、敵の占領している陣地等に突入して敵を撃破する行動をいう。陸自教範》

assault ［vt.］ 強襲する；突撃する

assault airborne landing 空挺強行着陸

assault aircraft ［pl. ＝ ～］ 襲撃機

assault aircraft landing 強行着陸

assault area ［C］ 【米軍】強襲区域 《水陸両用作戦において、上陸すべき海岸区域、舟艇進撃路、出発線、揚陸艦区域、輸送戦海域および舟艇水路に隣接する射撃支援海域を含む海域をいう。㊞ 統合訓練資料1-4》

assault area diagram ［C］ 強襲海域図

assault ballistic rocket system (ABRS) ［C］ 強襲弾道ロケット・システム

assault boat ［C］ 攻撃用ボート

assault cargo 第1次揚陸貨物

assault course ［C］ 攻撃訓練場 《障害物訓練場の一種。障害物を切り抜けつつ攻撃するための訓練が行われる。㊞「突撃訓練場」、「軍事訓練場」等もあり、定訳はない》◇用例： urban assault course ＝ 都市戦訓練場

assault crossing ［C］ 【陸自】突撃渡河 《渡河攻撃の一段階であり、突撃部隊が、河川を利用する敵の抵抗を排除して渡河し、突撃する行動をいう。㊞ 陸自教範》

assault division ［C］ 攻撃師団

assault echelon ［C］ ①【陸自】突撃部隊 ②【海自】強襲部隊

assault engineer ［C］ 突撃工兵

assault fire ①突撃射撃 ②近接精密射撃 《特定の地点または目標に対して行う射撃をいう。㊞ 海上自衛隊訓練資料第175号》

assault follow-on echelon ［C］ 【海自】強襲後続部隊

assault force 突撃部隊

assault gun ［C］ 突撃砲

assaulting distance ①【陸自】突撃距離 ②【海自】攻撃距離

assault landing 強襲上陸

assault lift 揚陸能力

assault phase ［C］ ①突撃段階 《地上戦闘》 ②攻撃段階 《空挺作戦》 ③【米軍】強襲上陸段階 《水陸両用任務部隊の主力が、目標地域に到着してから水陸両用作戦が終了するまでの期間をいう。㊞ 統合訓練資料1-4》

assault position (AP) ［C］ 【陸自】突撃発起位置 《突撃部隊が突撃の準備を完了し、突撃を開始する位置をいう。㊞ 陸自教範》

assault rifle ［C］ 突撃銃 ◇用例： M-16 assault rifle ＝ M-16突撃銃

assault schedule 強襲計画

assault ship ［C］ 強襲用艦船

assault supplies ［pl.］ 突撃部隊随伴補給品

assault support fire 【陸自】突撃支援射撃 《突撃目標付近の敵陣地に火力を集中して敵を制圧し、突撃部隊がこれに膚接して突撃を発起し、かつ、突撃目標を奪取できるように実施する計画射撃をいう。㊞ 陸自教範》

assault sweeping 強襲掃海

assault unit ［C］ 強襲部隊

assault wave ［C］ ①【海自】強襲上陸波 ②攻撃波

assemblage ［C］ 組み合わせ資材

assemble geography function (AGF) アセンブル・ジオグラフィ機能 《バッジ用語》

assembler CDD symbol table (ACST) ［C］ アセンブラー用CDD記号表 《バッジ用語》

assembly (ASSY) ［C］ 組み立て品；アセンブリ；組み部品 《必要なすべての機器の機械的および電気的な組み立てが完了した単位機器をいう。㊞ NDS F 8005B (1)》◇用例： main assembly ＝ 主組み立て品

assembly anchorage 【海自】集結錨地

assembly and service area ［C］ 組み立て

サービス地域

assembly area ［C］ ①【陸自】集結地 《じ後の行動を準備するため部隊が集結し、通常、命令下達、補給、整備等が行われる地域をいい、「攻撃準備のための集結地」、「離隔のための集結地」等、目的を冠して使用する。[典] 陸自教範》 ②【海自】集合海域

A

assembly cap ［C］ 結合帽

assembly date 組み立て日 《当該部品が、付属品、構成品または高位の組み部品に組み込まれた年月》

assembly drawing ［C］ 組み立て図 《主な部品の装着状況が明らかに分かるように示した図をいう。[典] GLT-CG-C000001Q》

assembly formation ［U］ 【海自】集合隊形

assembly line アセンブリ・ライン 《アセンブリ・ラインは、パルス圧縮、目標検出およびインターフェースといった機能を個々の回路で処理を行い、次の回路に渡して行くといった一連の流れ（集合の流れ）である。[典] レーダー用語集》

assembly of aerial photograph 航空写真集成図

assembly point ［C］ ①【陸自】集結点 ②【海自】集合点

assembly weight ［U］ 装備重量

assessment 評価

Assessment Committee of Independent Administrative Organizations ［the ～］【防衛省】独立行政法人評価委員会 《の英語呼称》

assessment of damage 損傷査定

asset ［C］ ①資産 ②アセット

asset defense score アセット・ディフェンス・スコア 《ペトリオット用語》

assets of terrorists ［the ～］ テロリストの資産

assign ［vt.］ ①割り当てる ②補職する；補任する ③任務を付与する

assigned aircraft ［pl. = ～］ 指定航空機；所属航空機

assigned altitude 指定高度

assigned command ［C］ 隷下部隊 《ある指揮官に隷属している部隊をいう。[典] 統合訓練資料1-4》

assigned forces ［pl.］ 隷下部隊

assigned frequency 割り当て周波数

assigned man-hour 配当人時

assigned position ［C］ 定位 《射撃武器システムの可動部分の基準として定められた一点または一箇所をいい、通常、係止位置、零位置、最小目盛位置、「切」の位置等が定位である。[典] 海上自衛隊訓練資料第175号》

assigned research 指定研究

assigned responsible agency (ARA) ［C］ 【米】指定責任機関

assigned stations ［pl.］ 割り当て占位位置

assigned strength ［U］ 総員

assigned troops ［pl.］ 隷下部隊

assigned unit ［C］ 隷下部隊

assignment ①割り当て；配置 ②隷属 《部隊等が上級部隊等の長に恒常的に属して、その隊務のすべてについて指揮を受ける基本的な指揮関係にあることをいう。この関係において、上級部隊等の長を「隷属上級部隊等の長」、隷属上級部隊等の長の指揮を受ける部隊等を「隷下部隊等」という。[典] 防衛省訓令第17号》 ③補職 《隊員に公の名称が与えられている特定の職を命じ、または特定の部隊、部課室等の勤務もしくは特定の部隊、部課室付を命ずることをいう。[典] 陸自教範》 ④補任 《各職務にその要求に適合した資質および能力のある隊員を配置して、その能力を活用し、部隊の戦闘力を充実するために行う採用から免職・退職までの一連の行為をいう。[典] 陸自教範》

Assignment Division (Asg Div) 【陸自・海自・空自】補任課 《の英語呼称》◇用例：補任課長 = Head, Assignment Division

assignment indicator ［C］ 割り当て指標

assignment jurisdiction 任命権 《[同] appointing authority》

assist ［vt.］ 補佐する

assistance ［U］ 補佐

assistance activity ［C］ 補佐活動

assistance organization ［C］ 補佐機関

assistant approach officer ［C］ 襲撃指揮官補佐

assistant ASW officer ［C］ 【海自】水雷士 《ASW = anti-submarine warfare》

assistant aviation officer ［C］ 【海自】飛行士

assistant aviation target officer ［C］ 【海自】航空標的士

assistant boatswain = assistant bosun 【海自】運用士

Assistant Chief Cabinet Secretary 【日】内閣官房副長官補 《の英語呼称》

Assistant Chief of Staff (AC/S) ①【自衛隊】主任幕僚 ②参謀長補

Assistant Chief of Staff for Intelligence 【米空軍】情報担当参謀長補

Assistant Commander 【海自】副司令

75   **assu**

《の英語呼称》

assistant communications officer ［C］
【海自】通信士

assistant damage control officer ［C］
【海自】応急士

Assistant Director General 【自衛隊】技
術開発官 《の英語呼称》◇用例：技術開発官
（航空機担当）＝ Assistant Director General for
Air Development；技術開発官（船舶担当）＝
Assistant Director General for Naval
Development

assistant division officer ［C］ 【海自】分
隊士

assistant engineer officer ［C］ 【海自】
機関士

assistant gunnery officer ［C］ 【海自】
砲術士

Assistant Inspector General ①【空自】副
監察官 《の英語呼称》 ②【海自】総括副監察官
《の英語呼称》

assistant maintenance officer ［C］ 【海
自】整備士

assistant medical officer ［C］ 【海自】衛
生士

assistant mine laying officer ［C］ 【海
自】敷設士（掃海母艦）

assistant mine sweeping officer ［C］
【海自】掃海士

assistant oceanographic officer ［C］
【海自】観測士

assistant plotter ［C］ 補助プロット員

Assistant Police Inspector 【日】警部補
《の英語呼称》

Assistant Secretary 【米軍】次官補 ◇用
例：Assistant Secretary (Acquisition) ＝ 次官
補(取得)；(Civil Works) ＝ (民事)；(Financial
Management and Comptroller) ＝ (財務管理)；
(Financial Management) ＝ (財務管理)；
(Installation and Environment) ＝ (施設・環
境)；(Installations, Logistics and Environment)
＝ (施設・兵站・環境)；(Manpower and Reserve
Affairs) ＝ (人員・予備役問題)；(Manpower,
Reserve Affairs, Installations and Environment)
＝ (人事・予備役問題・施設・環境)；(Research,
Development and Acquisition) ＝ (研究・開発・
取得)；(Space) ＝ (宇宙)

Assistant Secretary of Defense (ASD)
【米】国防次官補

**Assistant Secretary of the Air Force
(ASAF)** 【米】空軍次官補

Assistant Secretary of the Army (ASA)
【米】陸軍次官補

Assistant Secretary of the Navy (ASN)
【米】海軍次官補

assistant supply officer ［C］ 【海自】補
給士

assistant-to 付

Assistant to the Secretary of Defense
【米】国防長官補佐官

assistant weapon officer ［C］ 【海自】水
雷士(潜水艦)

assisted take-off (ATO) 補助装置使用離陸

assisting in public welfare 民生協力

assisting ship circle ［C］ 補助艦サークル

Assmann ventilated psychrometer ［C］
アスマン通風乾湿計

associated support 関連支援 ◇用例：
associated support facilities ＝ 関連支援施設

association アソシエーション 《二つの要素間
で、ある基準に従い、相互に関連があることをい
う。⊛ JAFM006-4-18》

**Association of Asia-Pacific Peace
Operations Training Centers
(AAPTC)** アジア太平洋平和活動訓練セン
ター協会

**Association of Certified Fraud
Examiners (ACFE)** ［the ～］ 公認不正
調査士協会

**Association of Southeast Asian Nations
(ASEAN)** 東南アジア諸国連合

assort ［vt.］ 分類する；類別する

assortment 分類；類別

assumed azimuth 仮定方位

assumed friend アシュームド・フレンド 《ペ
トリオット用語》

assumed grid 仮定座標

assumed latitude 仮定緯度

assumed longitude 仮定経度

assumed position ［C］ 仮定位置

assumed survey control 仮測量原点

assumed voltage 仮定電圧

assumption ①【陸自】設想(せっそう) 《見積
り、計画等の作成に当たり、事実に基づく情報が
十分得られない場合に、これを補い、じ後の思考
を論理的に行うため設ける条件をいう。⊛ 陸自教
範》 ②仮定 《⊛「仮定事項」、「前提事項」とす
ると、訳語として適切な場合がある》

assured destruction capability (ADC)
［C］ 確証破壊能力

assured destruction strategy 確証破壊戦略

assured sonar range ［C］ 確実探知距離

astatic governor ［C］ 無定位変速器

astern attack ［C］ 後方攻撃

astern cam ［C］ 後進カム

astern exhaust cam ［C］ 後進排気カム

astern fueling とも引き給油；とも引き給油法《とも（艫）》

A

astern gear ［C］ 後進装置

astern method 艦尾曳航法

astern nozzle ［C］ 後進ノズル

astern power 後進力

astern stage 後進段

astern throttle valve ［C］ 後進絞り弁

astern turbine ［C］ 後進タービン

astigmatism 非点収差

astrocompass ＝astro compass ［C］ 天文羅針盤；天体羅針儀

astrodome 天測窓

astrogate ［vi.］ 宇宙航行する

astrogation 宇宙航行

astro hatch ［C］ 天測窓

astronaut ［C］ 宇宙飛行士 《[同] cosmonaut》

astronautics ［U］ 宇宙航法

astronavigation ［U］ 天文航法

astronomical climate 天文気候

astronomical day 天文日

astronomical navigation ［U］ 天文航法

astronomical navigation table ［C］ 天測計算表

astronomical refraction 天文気差

astronomical time 天文時

astronomical triangle ［C］ 天文三角形

astronomical twilight ［U］ ①【自衛隊】第1薄明 《太陽高度が、地平線の－18度から－12度までの薄明》 ②天文薄明

astronomical unit 天文単位

astronomic station ［C］ 天測点

astronomy ［U］ 天文学 《地球惑星を取り巻く宇宙環境、例えば、太陽系、太陽と恒星、銀河と銀河団、宇宙の構造と進化などについて研究する学問。[典] 防衛大学校HP》

astrophysics ［U］ 天体物理学

ASW action 対潜攻撃 《ASW＝anti-submarine warfare（対潜水艦戦）》

ASW command and control system (ASWCS) ［C］ 対潜戦術指揮装置

ASW direction system ［C］ 対潜情報処理装置

ASW Equipment Section 【海自】対潜器材班 《の英語呼称》◇用例： 対潜器材班長＝Officer, ASW Equipment Section

ASW integrated screen ［C］ 対潜協同直衛

ASWOC Control Terminal ［C］ ASWOC管制ターミナル 《ASWOC＝Anti-Submarine Warfare Operations Center（対潜水艦戦戦闘指揮所）》

ASW stand off weapon (ASWSOW) ［C］ 長射程対潜ミサイル

ASW Support Communication (ASCOMM) 【空自】航空戦術支援通信システム

asymmetrical release limit 不均衡投下制限

asymmetrical store limitation 不均衡装備制限

asymmetrical strategy 非対称戦略

asymmetrical sweep 非対称掃海

asymmetrical warfare ［U］ 非対称戦争《国家対組織等》

asymmetrical wave ［C］ 非対称波

asymmetric screen ［C］ 非対称直衛

asynchronous ［adj.］ 非同期

asynchronous machine ［C］ 非同期機《定常運転状態において、同期速度と異なる速度で回転する交流機をいう。[典] NDS F 8018D》《[対] synchronous machine＝同期機》

asynchronous phase modifier ［C］ 非同期調和機

asynchronous transfer mode (ATM) 非同期転送モード

as you were 「もとへ」

at close interval 「短間隔」

At Ease! 「休め！」《号令》

At Ease March! 「楽に、進め！」《号令》

athwart ship field coil (A coil) ［C］ Aコイル 《船体横方向の磁気を打ち消すコイル》

athwartship magnetization (AM) 船体横方向磁気 《[対] longitudinal magnetization＝船体首尾線方向磁気》

Atlantic Command HQ 【米】大西洋軍司令部

Atlantic Fleet 【米】大西洋艦隊 ◇用例： Commander-in-Chief, Atlantic Fleet（CINCLANTFLT）＝大西洋艦隊司令長官

Atlantic Fleet, Active 【米】大西洋艦隊現役部隊

Atlantic Fleet, Reserve 【米】大西洋艦隊予

備役部隊

Atlantic Missile Range (AMR) 【米】大西洋ミサイル射場

Atlantic Nuclear Forces (ANF) 【米】大西洋核戦力

atlas 地図書

atlas grid アトラス・グリッド

atlas of clouds 雲級図

atmometer ［C］ 蒸発計

atmosphere (atm) 大気；空気

atmospheric density ［U］ 空気密度

atmospheric discharge 空中放電器

atmospheric disturbance 空中擾乱（くうちゅうじょうらん）

atmospheric electric field ［C］ 空中電場

atmospheric electricity 気象電気

atmospheric environment ［C］ 大気環境

atmospheric exhaust 大気放出

atmospheric jet engine ［C］ 大気利用ジェット・エンジン

atmospheric phenomenon ［pl. = atmospheric phenomena］ 大気現象

atmospheric pressure 気圧 《気象》

atmospheric pressure pattern flight ［C］ 気圧型飛行

atmospheric radiation ［U］ 大気放射

atmospherics 空電（くうでん）

atmospherics disturbance ［C］ 空電擾乱（くうでんじょうらん）

atmospheric stability ［U］ 大気安定度

atmospheric tide 大気潮汐

atmospheric wave ［C］ 大気の波

At My Command！ 「指命！」（しめい）《号令》

atomic and hydrogen weapon ［C］ 原水爆兵器

atomic, biological and chemical warfare ［U］ 核・生物・化学戦

atomic, biological and chemical weapons (ABC weapons) = atomic, biological, chemical weapons ［pl.］ 核・生物・化学兵器

atomic bomb = A-bomb ［C］ 原子爆弾；原爆

Atomic Bomb Casualties Commission (ABCC) 原子爆弾傷害調査委員会

atomic cloud 原子雲

atomic defense ［U］ 核防御；核防護

atomic defense formation ［U］ 核防御隊形

atomic demolition munitions (ADM) ［pl.］ 核爆弾

atomic energy 原子力

Atomic Energy Commission (AEC) 【米】原子力委員会 ◇用例： Atomic Energy Commission, Albuquerque (Operations Office) = 原子力委員会（アルバカーキ運営局）；Atomic Energy Commission, New York (Operations Office) = 原子力委員会（ニューヨーク運営局）；Atomic Energy Commission, Oak Ridge (Operations Office) = 原子力委員会（オークリッジ運営局）；Atomic Energy Commission, Pittsburgh (Naval Reactors Operations Office) = 原子力委員会（ピッツバーグ舶用原子炉運営局）

atomic explosion ［C］ 原子爆発

atomic-hydrogen war ［U］ 原水爆戦争

atomic hydrogen welding 原子水素溶接

atomic killing area ［C］ 核撃滅地域

atomic no-fire line (ANFL) ［C］ 核投射制限線

atomic propulsion ［U］ 原子力推進

atomic safety line ［C］ 核安全線

atomic submarine ［C］ 原子力潜水艦

atomic underground burst 地下核爆発 《＝ nuclear underground burst》

atomic underwater burst 水中核爆発 《＝ nuclear underwater burst》

atomic warfare ［U］ 核戦争

atomic warhead ［C］ 原子弾頭

atomic weapon (A-weapon) ［C］ 原子兵器；核兵器

Atomic Weapons Research Establishment (AWRE) 【英】原子兵器研究所

atomization 霧化

atomizer ［C］ アトマイザー

atomizing 噴霧

Atsugi Air Base 【海自】厚木航空基地

attach ［vt.］ 配属する

attached artillery ［U］ 配属砲兵

attached element ［C］ 配属部隊

attached unit ［C］ 配属部隊

attaching part ［C］ 取り付け部品

attachment (atch) ①取り付け品；付属品；付属装置 ②配属 《部隊等が隷属系統にない部隊等の長に一時的に属して、その隊務の一部について指揮を受ける特別の指揮関係にあることをい

う。この関係において、上級部隊等の長を「配属上級部隊等の長」、配属上級部隊等の長の指揮を受ける部隊等を「配属部隊等」という。[典] 防衛省訓令第17号》

attack ［n.］ ①攻撃 《停止し、後退し、または我が方に進撃してくる敵に対して、我が積極加動的に進撃する戦術行動をいう。[典] 陸自教範》②打撃

A

attack ［vt.］ 攻撃する

attack aid adapter ［C］ 中継増幅器

attack aircraft ［pl. = ～］ 攻撃機

attack aircraft carrier ［C］ 攻撃空母 《艦種記号： CVA》

attack analysis 攻撃成果分析

attack and launch early reporting to theater (ALERT) 攻撃発射に関する戦域報告システム

attack angle ［C］ 攻撃角；入射角

attack assessment 攻撃評価

attack at dawn 黎明攻撃

attack-bomber ［C］ 攻撃爆撃機

attack cargo ship ［C］ 上陸作戦用貨物輸送艦

attack carrier striking forces ［pl.］ 攻撃空母打撃部隊

attack commander ［C］ 攻撃指揮官

attack condition alpha 攻撃状態A

attack condition bravo 攻撃状態B

attack course ［C］ 攻撃針路

attack course finder ［C］ 攻撃態勢盤；アタック・コース・ファインダー

attack cut-off (ACO) 近接自停

attack director (A/D) ［C］ 攻撃指揮盤；アタック・ディレクター

attacker ［C］ ①攻撃機 ②攻者 《[対] defender = 防者》

attack force 【陸自】攻撃部隊 《その攻撃戦闘に参加する全部隊をいい、第一線部隊だけでなく、予備隊およびその他の協力・支援諸部隊も含む。教義には、第一線部隊および予備隊をいう。[典] 陸自教範》

attack formation ［U］ 攻撃隊形 ◇用例：initial attack formation = 当初の攻撃隊形

attack frontage 攻撃正面

attack group ［C］ 【米軍】攻撃任務群 《水陸両用任務部隊指揮官の隷下にある海上部隊の任務編成をいい、上陸部隊の輸送、警戒、揚陸および支援に任ずる上陸用艦船ならびに同支援部隊からなる。[典] 統合訓練資料1-4》

attack heading ①【空自】攻撃針路 ②【海自】攻撃方向

attack helicopter (AH) ［C］ 攻撃ヘリコプター

attacking force ［C］ 【陸自】攻撃部隊 《[対] defending force = 防御部隊》

attacking speed 攻撃速度

attacking unit ［C］ 攻撃部隊

attack lead 攻撃見越し

attack maneuver ［C］ 攻撃機動

attack missile ［C］ 攻撃用ミサイル

attack on a position 陣地攻撃 《抗戦のため停止して組織的防御戦闘を準備している敵に対して行う攻撃をいう。[典] 陸自教範》

attack on the beam 側方攻撃

attack order 攻撃命令

attack origin 攻撃発起点

attack pattern ［C］ 攻撃法；攻撃パターン

attack phase ［C］ 攻撃段階

attack plan ［C］ 攻撃計画

attack plane ［C］ 攻撃機

attack plotter (A/P) ［C］ アタック・プロッター；攻撃態勢盤

attack position (AtP) ［C］ 【陸自】攻撃発起位置 《第一線部隊が攻撃のための最後の準備と調整とを完了する地域をいう。[典] 陸自教範》

attack procedure 攻撃法

attack reference point ［C］ 攻撃基準点

attack route ［C］ 攻撃経路

attack ship ［C］ 攻撃艦

attack signal ［C］ 攻撃信号

attack size 攻撃規模

attack speed 攻撃速度

Attack Squadron 【米海軍】攻撃飛行隊

attack team ［C］ 攻撃チーム

attack threat 来襲脅威

attack trainer ［C］ 攻撃兼練習機

attack transport (APA) 上陸作戦用輸送艦

attack unit 攻撃単位

attack wave ［C］ 攻撃波

attain ［vt.］ 達成する

attainment 達成

attendant craft ［pl. = ～］ 随伴艇

attendant ship ［C］ 随伴艦

attendee 出席者

attention 注意

79   **audi**

Attention！ 「気をつけ！」《号令》

attention alert アテンション・アラート《バッジ用語》

attention arrow アテンション・アロー《バッジ用語》

attention sign 起信形象 《手旗信号》

attenuation 減衰 《エネルギーが減少すること。㊞ レーダー用語集》

attenuation band ［C］ 減衰帯域

attenuation coefficient ［C］ 減衰係数

attenuation constant 減衰定数

attenuation distortion 減衰ひずみ

attenuation equalizer ［C］ 減衰等化器

attenuation factor ［C］ 減衰率

attenuation length 減衰長

attenuator (ATT) ［C］ 減衰器 《信号を希望の大きさに弱めるための回路をいう。減衰する量を増減調整できる可変型と、一定の減衰に決まる固定型がある。抵抗を利用する抵抗式とキャパシティやインダクタンスを利用するリアクタンス式に分けられる。また、目的や周波数によって多くの型に分けられる。㊞ レーダー用語集》

at the critical times and places 緊要な時機と場所に

at the dip 半揚 《信号の半揚》

at the prescribed time 所命の時期に

attitude/altitude retention system (AARS) ［C］ 姿勢/高度保持システム

attitude and azimuth reference system (AARS) ［C］ 姿勢方位基準装置

attitude direction indicator (ADI) ［C］ 姿勢方向指示器

attitude director indicator (ADI) ［C］ 姿勢指令指示器 《機体の姿勢および方位を表示する全姿勢指示器で、フライト・ディレクター用の垂直指針および水平指針等の機構がある。㊞ レーダー用語集》

attitude gyro ［C］ 姿勢ジャイロ

attitude heading and navigation system ［C］ 姿勢検出器

attitude heading reference system (AHRS) ［C］ 姿勢方位基準装置 《機体のあらゆる飛行条件の下で、空間基準に対して機体の姿勢と方位に関する信号を高い精度で発生する装置。INSのバックアップとしてロール、ピッチ情報を供給する。また磁気方位を各システムに供給する。㊞ レーダー用語集》

attitude indicator ［C］ 姿勢指示器 《航空機の姿勢情報を表示する。㊞ レーダー用語集》

attitude of flight 飛行姿勢

attitude relative to ground 対地姿勢

attrition 損耗

attrition minefield ［C］ 消耗機雷原

attrition operation 漸減作戦；消耗作戦

attrition rate ［C］ 損耗率；淘汰率；減耗率

attrition sweeping 消耗掃海

attrition utilization and loss rate (AULR) ［C］ 損耗・使用及び損失率

A type mapping Aタイプ・マッピング 《ペトリオット用語》

audibility ①【空自】可聴度 ②【海自】聴度

audible distance 可聴距離

audible signal ［C］ 可聴信号

audible singing 可聴鳴音

audible sound 可聴音

audible swish 可聴鳴音

audio frequency (AF) = audible frequency 可聴周波数 《15Hz～20,000Hz》

audio frequency amplifier ［C］ 低周波増幅器 《電子機器において、可聴周波数等、主として周波数の低い信号の増幅器。㊞ レーダー用語集》

audio frequency band ［C］ 可聴周波数帯域

audio frequency choke ［C］ 可聴周波チョーク；AFチョーク

audio frequency signal generator ［C］ 可聴周波信号発生器

audio image 低周波映像

audio knob ［C］ 音量調整つまみ

audiometer ［C］ 聴力計；騒音計

audio mixer ［C］ 音声混合器

audio presentation オージオ表示

audio-visual aids ［pl.］ 視聴覚器材

audio-visual education ［U］ 視聴覚教育

audit 会計監査；会計検査

Audit Advisory Officer 【海自】会計監査官《の英語呼称》

Audit Division 【内部部局・海自】監査課《の英語呼称》◇用例：監査課長 = Director, Audit Division

auditing 会計監査；会計検査

Auditing Office 【空自・海自】会計監査室《の英語呼称》◇用例：会計監査室長（空自）= Chief, Auditing Office；会計監査室長（海自）= Director of Auditing Office

auditor ［C］ 会計検査官

Auditor 【海自】会計監査官 《の英語呼称》

Auditor General ①【海自】首席会計監査官

《の英語呼称》 ②【米陸海空軍】会計監査官

auditory communication 音響通信

audit report ［C］ 会計監査報告；会計検査報告

Audit Section 【陸自】会計監査班 《の英語呼称》

augment ［v.］ 増強する

augmentation ①増強 《ある部隊に対し、他の部隊を配属または協力・支援させることにより、その部隊の能力を強化することをいう。㊞ 陸自教範》 ②増加物；付加物 《㊞ 判断が付かない場合は、「オーグメンテーション」にする》

augmentation forces ［pl.］ 増援部隊

augmenter tube exhaust system ［C］ 排気増速装置

aural point ［C］ 消音点

aural signal ［C］ 音声信号

aurora オーロラ；極光

aurora australis 南極光

aurora borealis 北極光

auroral zone ［C］ 極光帯

Australia Group (AG) オーストラリア・グループ 《化学・生物兵器の拡散を防止することを目的とする国際輸出管理レジーム》

Australian Army Skill at Arms Meeting (AASAM) 豪陸軍主催射撃競技会 《オーストラリア陸軍主催による年次国際射撃競技会》 《AASAM＝アーサム》

Australia, New Zealand and the United States Treaty (ANZUS) 太平洋安全保障条約機構 《ANZUS＝アンザス》

authenticate ［vt.］ 認証する

authentication ［U］ ①【自衛隊】固有識別 《通信保全の一手段であり、味方間の通信の中に敵の偽通信等が混入した場合、またはその恐れのある場合、味方の通信所または通信文を識別して選び出すための手段をいい、通常、通信所固有識別と通信文固有識別とに分けられる。㊞ 陸自教範》 ②認証 《文書に関する幕僚等の所掌責任を明らかにし、複製した文書が原議書と相違していないことを公に証明する行為をいう。㊞ 陸自教範》

authentication system 固有識別方式

authentication table ［C］ 固有識別表

authenticator ①固有識別符号文字 ②【海自】認証符号 ③認証者；認証機能

authentic document ［C］ 署名文書

authority 権限

authorized allowance of equipment 装備定数 《部隊等の編成および運用に応じ、当該部隊等に装備することを認められた装備品の品目お

よび数量をいう。㊞ 航空自衛隊達第35号》

authorized allowance of supplies 補給定数 《編制装備表、各種の定数表、基準表等により、個人、部隊等に補給するように定められた補給品の種類および数量をいう。㊞ 統合訓練資料1-4》

authorized data list (ADL) ［C］ 【米】承認データ・リスト

Authorized Item Identification Data Collaborator Code (AIIDC) 【米】品目識別資料審査者コード

Authorized Item Identification Data Receiver Code (AIIDR) 【米】品目識別資料受領者コード

Authorized Item Identification Data Submitter Code (AIIDS) 【米】品目識別資料提出者コード

authorized leave without pay (ALWOP) 許可された無給休暇 《許可欠勤》

authorized level 指定基準

authorized load 携行定数

authorized magnetic materials on board 搭載許容磁性物品

authorized minimum altitude 許容最低高度

authorized order issued by superior 達

authorized parts list ［C］ 部品定数表

authorized standard loading ［U］ 標準搭載荷重

authorized stockage list ［C］ 保有定数；保有定数表

authorized strength ［U］ 定員

authorized strength of a theater 戦域定員

auto-alarm ［C］ 自動警報器

autocatalysis 自触作用

auto-dyne オートダイン

autodyne circuit ［C］ オートダイン回路

auto-excitation type 自己帰還型

autofeed 自動繰り出し

autofrettage 自緊 《㊞ self-hooping》

autofrettaged tube ［C］ 自緊砲身

autogenous ignition 自然発火

autogyro オートジャイロ

auto ID 自動識別

auto ID zone ［C］ 自動識別圏

auto-ignition 自動点火

auto-initiation 自動航跡イニシエーション 《JADGE用語》

auto-initiation inhibit zone (AII zone) ［C］ 自動イニシエーション禁止ゾーン 《航跡の自動生成を禁止するために、防空指令所(DC)で設定する区域をいう。[典] JAFM006-4-18》

autokinetic movement 自動運動

auto-lean 自動巡行回転位置；オートリーン

autoloading pistol ［C］ 自動式拳銃 《「自動装填拳銃」ともいう》《[同] self-loading pistol》

automated ［adj.］ 自動化されている

automated command and control information system (ACCIS) ［C］ 自動化指揮統制情報システム

automated data editing and switching system (ADESS) ［C］ 気象資料自動編集中継システム

automated identification technology (AIT) 自動識別技術

automated inventory control and information processing system ［C］ 自動在庫管制及び情報処理システム

Automated Logistics Management System Agency (ALMSA) 【米】自動化後方支援管理システム局

automated meteorological data acquisition system (AMeDAS) 【日】地域気象観測システム 《AMeDAS = アメダス》

automated radar terminal system (ARTS) ［C］ ターミナル・レーダー情報処理システム

automated regression testing 自動回帰試験 《試験ツールおよび繰り返し可能な試験スクリプトを使用した回帰試験》

automated status board (ASTAB) ［C］ 【海自】文字表示器

automated supply requisition and information processing system ［C］ 自動補給請求及び情報処理システム

automatic acquisition 目標自動捕捉(もくひょうじどうほそく) 《目標捕捉を自動的に行うこと。[典] レーダー用語集》

automatic aided display submarine control system (ADSCS) ［C］ 【米海軍】自動計算ディスプレイ支援潜水艦制御システム

automatic air traffic control (AATC) ［U］ 自動航空管制

automatically transfer 自動管理換え

automatic altitude reporting device ［C］ 自動高度応答装置

automatic approach and landing 自動進入着陸

automatic approach equipment ［U］ 自動進入装置

automatic blade fold system ［C］ ブレード自動折り畳み装置

automatic boiler control (ABC) ［U］ 自動ボイラー制御

automatic boost control regulator ［C］ 自動ブースト調整器

automatic brake valve ［C］ 自動ブレーキ弁

automatic built-in test equipment (AUTO BITE) ［U］ オート・バイト 《バッジ用語》

automatic cannon ［C］ 機関砲 《[同] machine cannon》

automatic carrier landing system (ACLS) ［C］ 自動着艦システム

automatic circuit breaker ［C］ 自動遮断器 《[対] hand circuit breaker = 手動遮断器》

automatic combustion control (ACC) ［U］ 自動燃焼制御

automatic computer transmission and digital network (ACTDIN) ［C］ 後方データ電子計算機ネットワーク

automatic control ［U］ 自動管制 《[対] manual control = 手動管制》

automatic control drive 自動操縦 《[対] manual drive = 人力操縦》

automatic controlled propeller ［C］ 自動調整プロペラー

automatic controller ［C］ 自動管制器 《[対] manual controller = 手動管制器》

automatic control system 自動制御方式

automatic course keeping controller (ACK) ［C］ 自動針路保持装置

automatic cross leveling system ［C］ 自動水平装置

automatic damping eliminator ［C］ 自動制振装置

automatic data acquisition 簡易報告装置；簡易問い合わせ装置

automatic data analyzing system (ADAS) ［C］ 自動データ分析装置

automatic data annotation system (ADAS) ［C］ 自動データ記録装置

automatic data entry unit ［C］ 自動データ入力ユニット

automatic data handling 自動データ処理

automatic data link (ADL) 【空自】自動諸元伝送装置

A

automatic data processing (ADP) 自動データ処理

automatic data processing equipment (ADPE) ［U］ 自動データ処理装置

automatic data processing system (ADPS) ［C］ 【統幕】自動データ処理システム

Automatic Data Processing System Section (ADPS Section) 【陸自】電計班《の英語呼称》

automatic depth controller (ADC) ［C］ 自動深度保持装置；自動深度制御装置

automatic depth control system ［C］ 自動深度保持装置

automatic designation 自動指示

automatic detection and tracking system (ADT) ［C］ 目標自動探知識別追尾システム

automatic dialing network control unit (ADNCU) ［C］ オートダイヤル・ネットワーク・コントロール・ユニット 《バッジ用語》

Automatic Digital Network (AUTODIN) 【米】自動ディジタル通信網

automatic direction finder (ADF) ［C］ ①【空自】自動方向探知機 《ビーコン局などの長中波の地上波を利用して、この電波の到来方向を自動的に探知する装置。[典] レーダー用語集》 ②【海自】自動方位測定機 ③自動方位測定装置

automatic direction indicator (ADI) ［C］ 自動方向指示器

automatic distribution of microfiche (ADM) 【米】マイクロフイッシュ自動配布

automatic emergency fuel transfer 燃料緊急自動移送

automatic error request equipment ［U］ 自動誤字訂正装置

automatic fall back 自動フォール・バック 《バッジ用語》

automatic feed 自動送り

automatic feeder ［C］ 自動送り装置

automatic feeding device (AFD) ［C］ 自動給弾装置

automatic feed mechanism ［C］ 自動給弾装置

automatic feed water controller ［C］ 自動給水制御器

automatic fidelity control ［U］ 自動忠実度制御

automatic fire 連射 《機関砲などの自動火器において、射撃操作を中断するまで、発射が連続する射撃。「continuous fire（連射射撃）」とは異なる》

automatic firearm ［C］ 自動式小火器

automatic fire control system ［C］ 自動射撃統制装置

automatic firing 自動点火

automatic firing key ［C］ 自動発射電鍵

automatic flap positioning device ［C］ フラップ自動調整装置

automatic flight control system (AFCS) ［C］ ①【空自】自動操縦装置 ②自動飛行操縦装置

automatic flight management system ［C］ 自動飛行制御装置

automatic focusing 自動焦点

automatic focusing device ［C］ 自動焦点装置

automatic frequency control (AFC) 自動周波数制御 《スーパーヘテロダイン受信機の中間周波数を、自動的な制御手段を通じて、常に一定の値に保つようにすること。[典] レーダー用語集》

automatic gain control (AGC) 自動利得制御 《入力信号のレベルに応じて自動的に利得を制御し、出力レベルの変動範囲をほぼ一定に保持すること》《[対] manual gain control = 手動利得制御》《AGC = エージーシー》

automatic gain stabilization (AGS) 自動利得安定

automatic governor control ［U］ ガバナー自動調整

automatic grenade gun ［C］ 自動擲弾銃 《[備]「automatic grenade launcher」が一般的》

automatic grenade launcher ［C］ 自動擲弾銃 《[同] grenade machine gun》

automatic grid bias 自動グリッド・バイアス

automatic ground-to-air communications system ［C］ 自動地対空通信システム

automatic guidance system ［C］ 自動誘導装置

automatic gun ［C］ 自動火器

automatic gun laying 砲自動照準

automatic gun loading system ［C］ 揚弾薬装置

automatic identification system (AIS) ［C］ 船舶自動識別装置

automatic indication 自動表示

automatic initiation inhibit zone (AII ZONE) ［C］ 自動イニシエーション禁止ゾーン 《バッジ用語》

auto

automatic instrument landing system (AILS) ［C］ 自動計器着陸装置

automatic landing system (ALS) ［C］ 自動着陸装置

automatic loading system ［C］ 自動装填装置（じどうそうてんそうち）

automatic map display (AMD) ［C］ 自動地図表示装置

automatic message processing system ［C］ 自動メッセージ処理装置

automatic mixture control (AMC) 自動混合比調整；自動混合比調整装置

automatic mode (AUTO Mode) 自動モード 《ペトリオット用語》

automatic navigation relay station (ANRS) ［C］ 自動航法中継局

automatic observer ［C］ 自動記録装置

automatic opening parachute ［C］ 自動開傘式落下傘 《㊉ manual parachute ＝ 手動開傘式落下傘》

automatic operating crank ［C］ 自動開放クランク

automatic overload control (AOC) ［U］ ①【空自】自動過負荷制御 ②【海自】自動過負荷調整

automatic phase balancer (APB) 自動平衡回路

automatic phase control (APC) ［U］ 自動位相制御 《電気信号の位相を制御すること。㊉ レーダー用語集》

automatic pilot 自動操縦装置

automatic pistol ［C］ 自動式拳銃

automatic pitch control (APC) 自動ピッチ制御

automatic precision approach radar ［C］ 自動精測進入用レーダー

automatic radiation detector ［C］ 線量率計

automatic ranging 自動測距 《㊉ manual ranging ＝ 手動測距》

automatic rate control 自動レート・コントロール 《㊉ manual rate control ＝ 手動レート・コントロール》

automatic regulating valve ［C］ 自動調整弁

automatic regulator ［C］ 自動調整器

automatic release date (ARD) 【米】自動解除日付

automatic repetition rate control 自動繰り返し率制御

automatic request system ARQ方式

automatic rifle ［C］ 自動小銃 《弾丸の装填・発射・空薬莢の排出が、引き金を引くだけで自動的に行われる小銃。㊉ 民軍連携のための用語集》

automatic rifleman 自動小銃手

automatic scavenging valve ［C］ 自動掃気弁

automatic search jammer ［C］ 自動捜索妨害装置

Automatic Secure Voice Communications Network (AUTOSEVCOM) 自動秘匿電話通信網

automatic selectivity control (ASC) 自動選択度制御

automatic sensor signal generator (ASSG) ［C］ 音響信号発生装置

automatic shipment 自動出荷

automatic stabilization equipment (ASE) ［U］ 自動安定装置

automatic starter ＝ auto-starter ［C］ 自動起動器

automatic start over 自動スタート・オーバー 《バッジ用語》

automatic steering ［U］ 自動操舵

automatic supply ①自動補給 《補用部品等のうち、補給処長が在庫統制基準を設定する物品について、在庫統制基準および受払い通知に基づき、自動的に該当する補用物品等を補給（出荷）することをいう。㊉ 統合訓練資料1-4》 ②推進補給 《補給を受ける部隊からの請求を待つことなく、その需要を見越して行う補給をいう。㊉ 統合訓練資料1-4》

automatic take-off thrust control (ATTC) ［U］ 自動離陸推力制御

automatic target recognition (ATR) ［U］ 自動目標識別

automatic terminal information service (ATIS) ［C］ ①【空自】自動ターミナル情報放送業務 ②【海自】情報処理自動端末装置

automatic terrain following 自動地形追随

automatic test equipment (ATE) ［U］ 自動試験装置

automatic test set (ATS) ［C］ 自動計測器

automatic test system (ATS) ①構成品試験装置 《ペトリオット用語》 ②自動試験システム

automatic tracking 【海自】自動航跡追尾

automatic trip 自動引き外し

automatic voice network (AUTOVON)

A

［C］ 自動電話網；自動音声通信網

automatic voltage regulator (AVR) ［C］ 自動電圧調整器

automatic volume control (AVC) ［U］ 自動音量調節

automatic weapon (AW) ［C］ 自動火器《[備]「自動小銃」としている場合もある》◇用例：light automatic weapon = 軽自動火器

automatic wing sweep (AWS) 自動主翼可変機構

automation オートメーション；自動操作

autonomous landing guidance ［U］ 自律着陸誘導

autonomous land vehicle (ALV) ［C］ 自律陸上車

autonomous national defense ［U］ 自主防衛

autonomous operation 独立作戦

autonomous underwater vehicle (AUV) ［C］ 自律航行型無人潜水装置

autonomous weapon system ［C］ 自律型兵器システム《一度起動すると、操作員が介入することなく目標を選択し、交戦することができる兵器システム》

autopilot and flight director system (AFDS) ［C］ 自動操縦飛行指示システム

autopilot flight director (APFD) ［C］ 自動操縦飛行指示装置

autopilot system ［C］ ①【空自】自動操縦装置 ②【海自】自動操舵装置

auto-rich オートリッチ

autorotation オートローテーション《回転翼機が、飛行中、エンジンからの出力によらず、空力のみによって主回転翼を回転させ、揚力を得る緊急手順のこと》

autorotation power recovery 回復

autoxidation 自動酸化

autumnal equinox 秋分点

auxiliary (AUX) ［pl. = auxiliaries］ ①特務艦；補助艦艇；支援艦《輸送船、補給船、機雷敷設船などのように直接戦闘を目的としない艦船》 ②補助《AUX = オックス》

auxiliary acquisition radar ［C］ 補助捕捉レーダー

auxiliary aiming point ［C］ 補助照準点《目標の直接照準が困難な場合、確実な目標物を選択して補助照準点とし、そこから目標の位置を計算して照準する》

auxiliary air base = auxiliary airbase ［C］【空自】補助飛行場《事前に、小規模の戦闘機部隊および支援部隊または支援部隊のみを展開させ、じ後、根拠または機動飛行場の補助として使用する飛行場をいう。[典] 統合訓練資料1-4》

auxiliary aircraft ［pl. = ～］ 補助航空機

Auxiliary Air Facility 【海自】航空派遣隊《の英語呼称》◇用例：南鳥島航空派遣隊 = Auxiliary Air Facility Minamitorishima

auxiliary air pressure system 補助空気圧力系統

auxiliary air reservoir ［C］ 補助空気だめ

auxiliary antenna ［C］ 補助アンテナ

auxiliary base line ［C］ 補助基線

auxiliary blower ［C］ 補助ブロワー

auxiliary boiler (AB) ［C］ 補助ボイラー

auxiliary booster ［C］ ①補助ブースター ②補助伝爆薬筒《弾薬用語》

auxiliary bus bar ［C］ 補助母線

auxiliary circuit ［C］ 補助回路；予備回路

auxiliary coil ［C］ 補助コイル

auxiliary condenser (AC) ［C］ ①補助コンデンサー《電気》 ②補助復水器《機械》

auxiliary contact 補助接点

auxiliary controls ［pl.］ 補助操縦装置

auxiliary data (AUX) ［U］ オックス・データ

auxiliary detonating fuze (ADF) ［C］ 補助信管

auxiliary display unit (ADU) ［C］ 補助表示ユニット

auxiliary dry cargo carrier (T-ADC(X)) ［C］ 新型後方支援艦

auxiliary feed water pump (AFWP) ［C］ 補助給水ポンプ

auxiliary fire control ［U］ 応急射撃管制法；応急発射管制法

auxiliary fuel tank ［C］ 補助燃料タンク

auxiliary generator (AG) ［C］ 補助発動機

auxiliary ice breaker ［C］ 砕氷艦《艦種記号：AGB》

auxiliary jack 予備ジャック

auxiliary landing area ［C］ 補助着陸地帯

auxiliary landing strip ［C］ 補助着陸場

auxiliary latitude corrector ［C］ 補助緯度修正器

auxiliary machinery (AM) 補機

auxiliary multipurpose ship ［C］ 【海自】多用途支援艦

auxiliary net 補助防御網

auxiliary nozzle ［C］ 補助ノズル

auxiliary ocean tug 航洋曳船 《艦種記号：ATA》

auxiliary plotting board ［C］ 補助作図盤

auxiliary power 補助動力

auxiliary power equipment ［U］ 補助電源装置

auxiliary power plant ［C］ 補助電源装置

auxiliary power unit (APU) ［C］ ①補助電源装置；補助発電機 ②補助動力装置 《駐機中の航空機に空気圧、油圧、電力などを供給するために航空機の尾部に装備された補助動力装置》

auxiliary projection 補助投影図

auxiliary pump ［C］ 補助ポンプ

auxiliary rammer ［C］ 補助装填機

auxiliary read out (ARO) 補助画面 《表示操作卓の文字情報表示や領侵/救難モニター等を表示する右側のディスプレイのことをいう。[典] JAFM006-4-18》

auxiliary receiver ［C］ 補助受信機

auxiliary reference burst (ARB) 補助基準信号

auxiliary relay ［C］ 補助継電器

auxiliary rotor ［C］ 補助回転翼

auxiliary servo 補助サーボ

auxiliary ship ［C］ 【海自】補助艦

auxiliary ship experiment 試験艦 《艦種記号：ASE》

auxiliary ship utility 特務艦 《艦種記号：ASU》

auxiliary slide valve ［C］ 補助滑り弁

auxiliary starting valve ［C］ 補助起動弁

auxiliary steam pipe ［C］ 補助蒸気管

auxiliary stop valve ［C］ 補助止め弁

auxiliary switch ［C］ 補助スイッチ

auxiliary tank ［C］ 補助タンク

auxiliary target ［C］ 補助目標

Auxiliary Territorial Service (ATS) 女子国防軍

auxiliary training submarine ［C］ 特務艦 《艦種記号：ATSS》

auxiliary valve ［C］ 補助弁

auxiliary vessel ［C］ 補助船舶；補助艦艇

auxiliary weapon ［C］ 補助火器

availability 可用性 《情報保証においては、可用性とは、電子計算機情報にアクセスすることを許可された者が、必要なときに当該情報にアクセス可能になっている状態の度合いをいう。[典] 防衛省訓令第160号》

availability date 使用可能日

availability edit 交付能否検討

available forces ［pl.］ 指向可能兵力 《一定期間内に敵の守備地域に到達し得ると予想される最大兵力量をいう。[典] 統合訓練資料1-4》

available heating surface 有効加熱面

available payload 【海自】搭載可能貨物重量

available supply rate (ASR) ［C］ 可能補給率 《弾薬の可能補給率》

available-to-load date (ALD) 搭載可能日

avalanche 雪崩

avenue of approach (AA) 【陸自】接近経路 《緊要地形または目標に至る経路をいう。接近経路には、地上接近経路、空中接近経路および水上接近経路がある。[典] 統合訓練資料1-4》

avenue of enemy approach 敵の接近経路

avenue of withdrawal 撤退路；離脱路；離脱経路

average actuation width 平均作動幅

average cruise speed 平均巡航速度

average error 平均誤差

average fragment mass 平均破片質量

average pressure 平均圧；平均圧力

average speed 平均速度 《[同] average velocity》

average strength ［U］ 平均人員数

average strobe width criterion (ASWC) 平均ストローブ基準幅 《JADGE用語》

average target speed 平均的速

average torpedo speed 平均雷速 《魚雷》

average velocity = average speed ［U］ 平均速度

average wind speed 平均風速

aviation (avn) 飛行；航空

Aviation (Avn) ①【自衛隊】航空科 《職種の英語呼称》《主任務は、ヘリコプター等による航空偵察等》 ②【陸自】飛行隊 《の英語呼称》◇用例：第11飛行隊 = 11th Aviation

aviation and maritime security 航空・海事保安

aviation badge ［C］ 【米】飛行記章

aviation boatswain's mate (AB) 【海自】地上救難員 《航空基地における航空機の事故に際し、人命救助、火災の消火活動などを行う》

aviation cadet ①【空自・海自】航空学生 ②

A

【米】空軍士官候補生

Aviation Cadet Training Group 【空自】航空学生教育群 《の英語呼称》

aviation combat element (ACE) 〔C〕 航空戦闘班

aviation consolidated allowance list (AVCAL) 〔C〕 航空機補給品定数表

A

aviation dentistry 航空歯学

aviation duty 航空関係勤務

aviation electrician's mate (AE) 【海自】航空電気計器整備員 《航空電機計器整備員は、主として航空機の電機装置計器系統およびその関連器材の整備に関する業務に従事する。[典] 海幕人第10346号》

aviation electronics technician (AT) 〔C〕 【海自】航空電子整備員 《航空電子整備員は、主として航空電子器材およびその関連器材の整備に関する業務に従事する。海幕人第10346号》

aviation fuel 航空燃料

aviation garment 航空服

aviation gasoline 航空ガソリン

aviation goggles 飛行眼鏡

aviation ground duty 航空地上勤務

aviation law 航空法

aviation machinist's mate (AD) 【海自】航空発動機整備員 《航空発動機整備員は、主として航空機の発動機および関連器材の整備に関する業務に従事する。海幕人第10346号》

aviation maintenance officer 〔C〕 【海自】整備長 《整備長は、飛行長または航空標的長の所掌業務のうち、航空機、航空機発着艦装置および航空標的の発射・管制各装置の整備ならびにこれらに係る物件の整備に関する業務を分掌する。海幕人第10346号》

aviation medicine 航空医学

aviation meteorology 〔U〕 航空気象

Aviation Mission Planning System (AMPS) 【米陸軍】航空戦術任務計画立案システム

aviation officer 〔C〕 【海自】飛行長 《飛行長は、航空機の運用およびこれに係る物件の整備に関する業務を所掌する。[典] 海幕人第10346号》

aviation ordnance man (AO) 【海自】航空武器整備員 《航空武器整備員は、主として航空武器、航空救命器材（救命胴衣・落下傘等）および関連器材の整備ならびに航空機用の魚雷、弾火薬類の取扱いに関する業務に従事する。[典] 海幕人第10346号》

aviation pay 航空手当て

aviation psychology 〔U〕 航空心理学

aviation routine weather report (METAR) 〔C〕 定時航空実況通報式 《航空気象情報》

aviation safety and security expert 〔C〕 航空安全保安対策の専門家

Aviation Safety Section 【陸自】航空安全班 《の英語呼称》

Aviation School 〔the ～〕 【陸自】航空学校 《の英語呼称》《各種ヘリコプターで地上部隊を支援する航空科隊員の教育訓練を行う》

Aviation Section ①【陸自】航空運用班；航空班 《の英語呼称》 ②【国連】航空課 《UNMISS》◇用例： Aviation Staff Officer = 航空運用幕僚

aviation security 〔U〕 航空安全

aviation storekeeper (AK) 〔C〕 【海自】航空補給員

aviation structural mechanic (AM) 〔C〕 【海自】航空機体整備員 《航空機体整備員は、主として航空機の機体、油圧装置、操縦操置およびこれらの関連器材の整備に関する業務に従事する。[典] 海幕人第10346号》

Aviation Supply Office (ASO) 【米】海軍航空補給所

aviation support ship 〔C〕 航空支援艦 《艦種記号： ASS》

aviation target officer 〔C〕 【海自】航空標的長 《航空標的長は、航空標的の発射・管制、誘導武器評価装置の運用およびこれに係る物件の整備に関する業務を所掌する。[典] 海幕人第10346号》

aviation unit flight training 〔U〕 【陸自】航空部隊の飛行訓練

aviation weather broadcast 航空気象放送

aviation weather service 〔C〕 航空気象業務

aviator breathing oxygen 航空吸入用酸素

avionics ①アビオニクス；航空電子工学 ②アビオニクス；航空電子装置 《航空機に搭載される電子機器》

avionics equipment 〔U〕 航空電子機器；航空機搭載通信電子機器

avionics intermediate shop (AIS) 搭載電子機器総合試験装置

Avionics Modernization Program (AMP) 航空電子機器近代化計画

Avionics Section 【空自】電子班 《の英語呼称》◇用例： 電子班長 = Chief, Avionics Section

avionics status panel 〔C〕 アビオニクス・ステータス・パネル 《地上にて、主として整備

員が使用するアビオニクス・システムの故障表示装置。㊡ レーダー用語集》

avionics support equipment (ASE) ［U］アビオニクス統合試験装置

avionics system ［C］ アビオニクス・システム 《航空機に搭載されるレーダー、コンピューター、ネットワーク等の電子機器によって構成されるシステム》

avoidable delay (AD) 避けられる遅れ

avoidance stall アボイダンス・ストール

avoirdupois (AVDP) 常衡

awaiting maintenance (AWM) 整備待ち

awaiting parts (AWP) 部品待ち

awaiting repair status (ARS) 修理待ち

awaiting work alignment rate 整備待ち率

award 表彰

awarded Air Force Specialty (awarded AFS) 付与特技

awareness of national security issues and response (ANSIR) 国家安全保障問題に関する意識高揚及び対応

Awase Communication Site 【在日米軍】泡瀬通信施設 《沖縄》

awning 天幕(てんまく) 《「テント」のこと》

awning spar ［C］ 天幕横木

awning stanchion ［C］ 天幕柱

axial compressor 軸流圧縮機

axial drag 軸方向の抗力

axial flow 軸流

axial-flow fan ［C］ 軸流送風機；軸流通風機

axial-flow impulse turbine ［C］ 軸流衝動タービン

axial-flow pump ［C］ 軸流ポンプ

axial-flow reaction turbine ［C］ 軸流反動タービン

axial-flow turbine ［C］ 軸流タービン

axial-flow turbojet 軸流式ターボジェット

axial-flow turboprop 軸流ターボプロップ

axial-flow type 軸流式

axial-flow type jet engine ［C］ 軸流式ジェット・エンジン

axial load ①【空自】軸荷重 ②【海自】軸方向荷重

axial mining 前進軸地雷敷設

axial observation ［U］ 射線下観測

axial route ［C］ 軸路

axial source level ［C］ 正面送波レベル

《㊡ sonar source level ＝ ソーナー送波レベル》

axial spotting ［U］ 射線下観測

axial thrust 軸方向スラスト

axial velocity ［U］ 軸流速度

axis ①軸 ②弾軸 《弾丸（ミサイル）の先端から弾底（ミサイル底部）の中心を通る線をいう。㊡ 海上自衛隊訓練資料第175号》

axis of advance 【陸自】前進軸 《指揮下部隊を一定の軸線に沿う地帯を前進させようとするとき示す軸線をいい、一連の地点を連ね、あるいは道路等を基準として示す。㊡ 陸自教範》

axis of attack 攻撃軸

axis of commutation 整流軸

axis of evacuation 後送軸

axis of lens レンズ軸

axis of rotation 回転軸

axis of sighting 視軸

axis of signal communication 指揮所予定線

axis of the bore 砲軸

axis of the earth 地軸

axis of trunnions 砲耳軸 《砲の俯仰中心となる軸をいう。㊡ 海上自衛隊訓練資料第175号》

axis type 軸式

axle load 軸荷重；軸重 《自動車の車両中心線に垂直な1メートルの間隔を有する2平行鉛直面間に中心のあるすべての車輪の輪荷重の総和をいう。㊡ 防経艦第6002号》

axle oil ［C］ 車軸油

axle traverse 車軸式方向装置

axman ［pl. ＝ axmen］ 伐開手（ばっかいしゅ）《作業区域内の樹木の伐木や除根を行う人》

azimuth (AZ) ①【空自】方位角 ②【海自】天体方位

azimuthal equidistant projection 正距方位図法；等距離方位図法

azimuthal error 方位角誤差

azimuthal projection 大圏方位図

azimuth and elevation tracking unit ［C］ 方位高低追随部

azimuth card ［C］ 方位盤

azimuth change pulse (ACP) アジマス・チェンジ・パルス 《JADGE用語》

azimuth circle ［C］ ①方位圏 ②【空自】方位測定器 ③方位環（ほういかん）

azimuth deviation 方位偏差 《弾着の方位偏差》

azimuth difference 視差；方位角差

azimuth drive local control (ADLC)

ローカル方位制御装置 《ペトリオット用語》

azimuth gear ［C］ 方位歯車

azimuth guidance ［U］ 方位誘導

azimuth index ［C］ 方位角指標

azimuth indicator ［C］ 方位指示器

azimuth instrument ［C］ 方位測定具

azimuth marker ［C］ 方位指標

azimuth micrometer ［C］ 方位マイクロ
メーター；方向マイクロメーター

azimuth mirror 方位鏡

azimuth motor ［C］ 方位電動機

azimuth of attack 攻撃方位

azimuth of gyro (AG) ジャイロ方位角

azimuth propeller ［C］ アジマス推進器

azimuth rate ［C］ 方位角変化率

azimuth reference pulse (ARP) ［C］ ア
ジマス・リファレンス・パルス 《レーダー走査
時刻の算出に使用する基準データ・パルスであ
り、レーダー・アンテナが真北を指向した時に発
生するパルスをいう。㋮ JAFM006-4-18》

azimuth resolution 方位分解能

azimuth scale 方位角目盛り

azimuth stabilization 方位安定

azimuth steering ［U］ 水平操舵 《魚雷》
《㋙ pitch steering ＝垂直操舵》

azimuth torque motor ［C］ 方位トルク・
モーター

azimuth tracking telescope ［C］ 方向追
随眼鏡

【 B 】

bachelor officer's quarters (BOQ) ［pl.］
①【自衛隊】独身幹部宿舎 《自衛隊では、駐屯地
および基地内に設けられた宿泊施設。㋮民軍連携
のための用語集》 ②【米軍】独身将校宿舎
《BOQ ＝ビーオーキュー》

back ampere-turn 逆アンペア回数

back angle ［C］ 裏当てアングル

back azimuth 逆方位角

back beam ①バック・ビーム ②【海自】裏
ビーム

back bias receiver ［C］ バック・バイアス受
信器

back blast ＝ back-blast 後方爆風

back blast area ［C］ 後方爆風域

back cavitation 背面キャビテーション

back course ［C］ 裏コース

back current 逆電流

back door ［C］ バック・ドアー 《攻撃者が、
セキュリティ・アクセス制御を迂回するために使
用される隠された無許可のソフトウェアまたは
ハードウェア・メカニズム》

back electromotive force 逆起電力

back elevation 背面図

back end plate 後部鏡板 《ボイラーの後部鏡
板》

back fill ＝ back filling 埋め戻し

back fire ＝ backfire 逆火 《ボイラーの逆火》

back firing 逆火

back flash 後炎

back-flow 逆流 《㋙ counter current》

background briefing 背景説明

background check ［C］ 経歴の再調査

background count 自然計数；バックグラウン
ド計数

background light 背面光

**background magnetic field
compensating system** 背景磁界補償方式

background magnetic noise ［U］ 背景磁
気雑音

background noise ［U］ 【海自】背景雑音
《ソーナーおよび水中固定機器の受波器（ハイドロ
フォン）に入ってくる必要以外の音をいう。㋮統
合訓練資料1-4》

background noise compensation 背景磁
気雑音

background radiation ［U］ 自然放射能

**background underwater electric field
noise (background UEP noise)** ［U］
背景UEP雑音 《UEP ＝ユーイーピー》

back header ［C］ 後管寄せ

back hook ［C］ 裏止めフック

backing ①裏当て ②反転 《機関の反転》 ③
反時計回り 《風向の反時計回り》

backing distortion 像面のひずみ

back lobe ［C］ バック・ローブ 《アンテナに
おいて、メイン・ローブとは反対の後方への放射
をバック・ローブという》

backlog 手持ち作業

backlog time 滞貨時間

back off 減速 《航空機の減速》

back order (BO; B/O) ①【統幕】出庫未済
②【空自】バック・オーダー

89   **bala**

back order reconsideration バック・オーダーの確認依頼

back order release (BOR) ①後日供用 《分任管理官》 ②【海自】後日補給 《補給分任物品管理官》

back order review バック・オーダー照合

backpack ［C］ 背嚢（はいのう）《自衛官が行動時に装具を入れて背中に背負うリュックサック。㊞ 民軍連携のための用語集》

back pack parachute ［C］ ①【空自】背負い式落下傘 ②【海自】背負い型落下傘 ③背負い式パラシュート

back plate ①銃尾板；砲尾板 ②尾筒底；尾底 ③後扉

back pressure 背圧

back pressure turbine ［C］ 背圧タービン

back pressure valve ［C］ 背圧弁

back roll 後転

back sail 裏帆（うらほ）《帆走の裏帆》

backscatter ＝ backscattering 後方散乱

backscattering cross-section 後方散乱断面積 ◇用例： backscattering cross-section of a surface or a bottom ＝ 海面または海底の後方散乱断面積；backscattering cross-section of an object or a volume ＝ 物体または体積の後方散乱断面積

backscattering differential 後方散乱ディファレンシャル

backshore 自然汀波

back sight ＝ backsight ①バック・サイト；後視 ②反視 《測定》

back sight azimuth method ＝ backsight azimuth method 反視法 《方位角の反視法》

backsight method 反視法（はんてんほう）《火砲に射向を付与する方法の一つ。方向板を基準として方位を標定した場合は、火砲で方位を再度標定して測定誤差を抑える（方向板基準反視法）。火砲を基準として方位を標定した場合は、方向板で方位を再度標定して測定誤差を抑える（砲基準反視法）。もともとは測量技術用語であり、A点からB点を照準した場合に、B点からA点を覘視し、相互に照準した線が合一していることを確認すること。「覘視（てんし）」とは、覘（のぞ）き視（み）ること》

back slope 内法（うちのり）

back spice 返し止め；返り止め

back stay ＝ backstay ①【空自】控索 ②後部支索；バック・ステイ

back step 「後歩」（あとあし）

back stop 跳弾防止堤 《弾丸の跳飛による危険を防止するための堤》

back tell バック・テル

back turn 巻きもどし

back up バックアップ 《㊞「予備」、「代替」を意味する》

Back-Up Intercept Control (BUIC) 【米】予備要撃管制システム

backward feed 逆送り

backward planning 逆計画法

backward radiation ［U］ 逆放射

backward roll 後転

backward stroke もどり行程

backward take-off 後進離陸

back wash 後流

back washing 逆流洗浄

back water はね水

bacterial agent ［C］ 細菌製剤

bacterial attack ［C］ 細菌攻撃

bacteriological warfare (BW) ［U］ 細菌戦

bad conduct discharge (BCD) 懲戒除隊；懲戒免職

badge ［C］ 記章

baffle ［C］ バッフル

baffle board ［C］ そらせ板

baffle effect バッフル効果 《音響バッフルを設置することによって生じる効果。音響の遮蔽、指向性の向上、感度の向上などがある》

baffle plate ［C］ バッフル板；そらせ板；バッフル・プレート

baggage 手荷物

baggage train ［C］ 荷物段列

bag, general purpose 吊り下げ嚢（つりさげのう）

bag of parachute ［C］ 落下傘携帯袋

bag rack ［C］ 衣嚢棚（いのうだな）

Bagram airport バグラム空港 《アフガニスタン》

bailer あかくみ；排水ばけつ 《短艇の〜》

Bailey bridge ［C］ ベイリー式組み立て橋

bail out ＝ bail-out 緊急脱出

baiting tactics ［pl.］ おとり戦術

bai-u front 梅雨前線

balance ①均衡 ②天秤；はかり ③平衡；バランス

balance aileron ［C］ 釣り合い補助翼

balance arbor ＝ balance arbur ［C］ 釣り合い軸

B

balance card ［C］ 現在高カード

balance cylinder ［C］ 釣り合いシリンダー

balanced amplifier ［C］ 平衡増幅器

balanced anti-cross modulation bridge ［C］ 混変調防止用平衡ブリッジ

balanced circuit ［C］ 平衡回路

balanced control surface 平衡操舵面（へいこうそうだめん）

balanced converter ［C］ 平衡周波数変換器《[同] balanced frequency converter》

balanced detector ［C］ 平衡検波器

balanced feedback amplifier ［C］ 平衡帰還増幅器

balanced frequency converter ［C］ 平衡周波数変換器 《[同] balanced converter》

balance diaphragm 釣り合いダイヤフラム

balanced lever ［C］ 釣り合いてこ 《てこ（梃子）》

balanced load 釣り合い荷重；平衡負荷

balanced-loop antenna ［C］ 平衡枠形空中線

balanced modulation 平衡変調

balanced modulator ［C］ 平衡変調器

balanced pressure regulator ［C］ バランス型圧力調整器

balanced rudder ［C］ 平衡舵 《[対] unbalanced rudder = 不平衡舵；非平衡舵》

balanced stocks ①均衡在庫 ②【海自】在庫バランス

balanced valve ［C］ 釣り合い弁

balanced wave form 平衡波形

balance dynamometer ［C］ はかり動力計

balance elevator ［C］ 釣り合い昇降舵

balance forward 前葉繰越高

balance line ［C］ 平衡線

balance of power 勢力均衡

balance on hand 手持ち残高

balancer ［C］ 均圧器；均圧機

balance ring ［C］ 釣り合いリング

balance rudder ［C］ 釣り合い舵；釣り合い方向舵

balance station zero 平衡釣り合い位置

balance system 釣り合い方式

balance tab ［C］ 釣り合いタブ

balance weight ［C］ 釣り合い錘；平衡錘

balancing circuit ［C］ 平衡用回路

balancing coil ［C］ 平衡コイル

balancing cut and fill 切り盛りの均衡

balancing equipment ［U］ 平衡試験器

balancing machine ［C］ 釣り合い試験機

balancing network ［C］ 平衡回路網

balancing piston ［C］ 釣り合いピストン

balancing polygon 釣り合い多角形

balancing test ［C］ 釣り合い試験

balcony 船尾廊下

bale cubic capacity 船腹容量

balisage バリセイジ

balk ボーク

ball ①普通弾 《一般に使用する小火器弾薬》 ②弾子（だんし） 《弾丸や爆弾などに内蔵する小さな鋼球》

ball ammunition (BLL) ［U］ 普通弾 《一般に使用する小火器弾薬》

ballast ①バラスト ②【空自】平衡維持用積載物

ballast coil ［C］ 安定コイル

ballast control panel ［C］ 潜航管制盤

ballast control panel operator 油圧手；潜航管制板操作員

ballast tank ［C］ バラスト・タンク 《「バラスト」と略す場合もある》

ballast tube ［C］ 安定抵抗管

ball cartridge ［C］ 普通実包

ball inclinometer ［C］ ボール型傾斜計

ballistic ［adj.］ 弾道の

ballistic aerial target system (BATS) ［C］ 弾道飛翔空中標的システム

ballistic air density ［U］ 弾道空気密度

ballistic area ［C］ 夾叉区域

ballistic camera ［C］ 弾道カメラ 《夜間におけるミサイル追跡用の弾道カメラ》

ballistic cap ［C］ 仮帽（かぼう） 《空気抗力を減少させるために取り付ける中空で流線形の金属製キャップ。弾丸の先端部に「被帽 = armor piercing cap」を取り付け、さらにその上に「仮帽」を取り付け、流線形を維持する。つまり、キャップにキャップをかぶせる形になる。[典] NDS Y 0001D》《[同] windshield = 風帽》

ballistic coefficient (BC) ［C］ 弾道係数

ballistic computer ［C］ 弾道計算機

ballistic condition 弾道条件

ballistic constant 弾道定数

ballistic correction 弾道修正

ballistic crack 弾道音；弾頭音 《弾丸の飛翔によって生じる衝撃波》

ballistic curve [C] 弾道曲線

ballistic deflection 加速度偏心誤差

ballistic density [U] 弾道密度

ballistic efficiency [U] 弾道効率

ballistic error 加速度誤差

ballistic factors [pl.] 弾道要素 《ロケットの推力、爆弾の抵抗、銃砲等の発射薬量、発射高度、速度等の弾道諸元に影響を与える要素。⊛ レーダー用語集》

ballistic galvanometer [C] 衝撃検流計

ballistician 弾道学者

ballistic limit 侵徹限界（しんてつげんかい）

ballistic missile (BM) [C] ①弾道ミサイル 《主にロケット・エンジンで推進し、発射後、上昇しながら速度を増し、ロケットが燃え尽きた後はそのまま慣性で飛翔するため、放物線を描いて目標地点に到達するミサイル》 ②【陸自】弾道弾

ballistic missile attack [C] 弾道ミサイル攻撃

ballistic missile bombardment interceptor (BAMBI) [C] 大陸間弾道弾探知破壊衛星

Ballistic Missile Defense (BMD) 弾道ミサイル防衛 《大気圏外から飛来する弾道ミサイルから我が国を防衛することをいう。⊛ JAFM006-4-18》

Ballistic Missile Defense Organization (BMDO) 【米国防総省】弾道ミサイル防衛局

Ballistic Missile Defense Review (BMDR) 【米】弾道ミサイル防衛見直し

ballistic missile defense system [C] 弾道ミサイル防衛システム ◇用例：Japan's ballistic missile defense system = 我が国の弾道ミサイル防衛システム

ballistic missile early warning system (BMEWS) ①弾道ミサイル早期警戒システム ②【空自】弾道ミサイル早期警戒組織 《BMEWS＝ビミューズ》

ballistic missile interceptor [C] ①弾道弾要撃機 ②弾道弾要撃ミサイル

Ballistic Missiles European Task Organization 欧州弾道ミサイル任務組織

ballistic missile silo [C] 弾道ミサイル発射用サイロ

ballistic missile submarine [C] 弾道ミサイル潜水艦 《艦種記号：SSB》

ballistic missile submarine nuclear-powered (SSBN) 弾道ミサイル搭載原子力潜水艦 《SLBMを搭載した原子力潜水艦》

ballistic mortar [C] 弾道臼砲（だんどう きゅうほう） 《弾薬の爆力を測定する装置の一つ》

ballistic pendulum [C] 弾道振子 《弾薬の爆力を測定する装置の一つ》

ballistic reentry = ballistic re-entry 弾道再突入

ballistics [U] ①弾道 《弾丸、ロケット弾、爆弾など、飛翔体の運動に関するすべての現象を含めたものとし、砲内弾道、過渡弾道、砲外弾道および終末弾道の4弾道に区分される。⊛ NDS Y 0006B》 ②弾道学 《砲内弾道学、過渡弾道学、砲外弾道学および終末弾道学で構成される。⊛ NDS Y 0006B》

ballistics of penetration 侵徹弾道学

Ballistics Research Division 【防衛装備庁】弾道研究部 《の英語呼称》《火器・弾火薬類の要素技術ならびに装備品等の耐弾材料・構造についての考案、調査研究および試験評価を行う。⊛ 防衛装備庁HP》

ballistics trajectory [C] 軌跡弾道

ballistic table [C] 弾道諸元表；弾道表

ballistic temperature 弾道気温

ballistic trajectory [C] 弾道経路；弾道曲線 《揚力を持たない物体の〜》

ballistic wave [C] 弾道波 《超音速で飛翔する物体の先端から後方に向って生じる円錐状の衝撃波》

ballistic wind 弾道風 《飛行中の砲弾に作用する風をいう。⊛ 海上自衛隊訓練資料第175号》

ballistite バリスタイト；無煙火薬

ball lightning 球電光

balloon barrage 阻塞気球（そさいききゅう）

balloon bed [C] 気球係留所

balloon reflector [C] 気球反射器

balloon squadron [C] 気球隊

balloting バロッティング；銃腔内離軸運動

ball powder 球状火薬

ball turret 旋回砲塔；球型銃座

ball valve [C] 玉弁

band [C] ①帯 ②帯域；周波数帯 ③音楽隊

Band (Band) ①【陸自】音楽隊 《の英語呼称》◇用例：第10音楽隊 = 10th Band ②【自衛隊】音楽科 《職種の英語呼称》《主任務は、音楽演奏による士気の高揚》 ③【空自】音楽 《准空尉空曹空士特技区分の英語呼称》

band brake [C] 帯ブレーキ

band elimination filter [C] ①帯域消去フィルター ②【空自】帯域除去濾波器

band   92

band gap ［C］ 弾帯間隙

band groove ［C］ 弾帯の溝 《⊕ band land
＝弾帯の山》

band land ［C］ 弾帯の山 《⊕ band groove
＝弾帯の溝》

band master ［C］ 軍楽隊長

Band Officer 【空自】音楽幹部 《幹部特技区
分の英語呼称》

band of fire 火制地帯

band pass amplifier ［C］ 帯域増幅器

band pass filter (BPF) ［C］ 帯域フィル
ター；帯域ろ波器 《ある周波数f1から、ある周
波数f2までの特定の周波数帯域の周波数だけを通
すが、f1より低い周波数も、f2より高い周波数も
大きく減衰して、通らないようにする性質を持っ
た回路をいう。⊕ レーダー用語集》

band pass response 帯域通過性

band plate ［C］ 帯板（おびいた）

band pressure sound level ［C］ 帯域音圧
レベル 《ある周波数帯域内の音圧レベル。⊕ 対
潜隊（音1）第401号》

band seat ［C］ 弾帯座

band steel 帯鋼（おびづな）

band-suppression filter ［C］ 帯域抑圧フィ
ルター

band switching method バンド切り替え法

band-width ＝ band width 帯域幅

band-width ratio 帯域幅比

bangalore torpedo ［C］ 破壊筒；バンガ
ロー 《地雷または鉄条網を爆破撤去するために
使用する爆薬を充填した金属管》

bank そう手座 《漕手座》

bank and turn indicator ［C］ 旋回傾斜計

bank angle ［C］ バンク角

bank attitude バンク姿勢

bank control ［U］ バンク・コントロール

banked turn 緩旋回

bank indicator ［C］ バンク計

bank scale バンク・スケール

bank winding バンク巻き

banner target ［C］ バナー型標的

banner type 旗流型 《⊕「旗旒型」のこと》

baratol バラトール 《硝酸バリウムとTNTの混
合爆薬》

barbed wire ［C］ 鉄条網；有刺鉄線

barbed wire entanglement ［U］ 有刺鉄
条網

barbette 露天砲塔

barbette armor ＝ barbette armour ［U］
砲塔装甲

barchart display (BD) バーチャート表示
《JADGE用語》

bare base ［C］ ベア・ベース 《滑走路、ラン
プ、水および軍事用に設置されたテントを有する
航空基地》

bareboat charter ［C］ 裸用船契約（はだか
ようせんけいやく）

bare wire ［C］ 裸線（はだかせん）

bar gauge ［C］ 棒ゲージ

barge ［C］ はしけ 《艀》

barge in バージ・イン 《割り込み通話。
JADGE用語》

bar keel ［C］ 方形キール

**Barking Sands Tactical Underwater
Range (BARSTUR)** 水中武器評価施設

bar link 棒リンク

bar magnet ［C］ 棒磁石

bar mine ［C］ 棒地雷

baroclinic atmosphere 傾圧大気

baroclinic instability ［C］ 傾圧不安定

barodontalgia 気圧性歯痛

barogram 気圧自記記録

barograph ［C］ 自記気圧計

barometer ［C］ 気圧計

barometric altimeter ［C］ 気圧高度計
《⊕ pressure altimeter》

barometric altitude 気圧高度

barometric altitude control 気圧高度制御
装置

barometric distribution 気圧配置
《⊕ pressure pattern》

barometric gradient ［C］ 気圧傾度

barometric height formula ［C］ 気圧測高
公式

barometric hypsometry 気圧測高法

barometric pressure 大気圧；気圧

barometric tendency ［C］ 気圧傾向
《⊕ pressure tendency》

barosinusitis 航空性副鼻腔炎；気圧性副鼻腔炎

barothermograph ［C］ 自記温圧計

barotrauma 圧外傷

barotropic atmosphere 順圧大気

barotropy 順圧

barrack room ［C］ 兵舎室

barracks ［pl.］ ①【自衛隊】隊舎；宿舎

《自衛隊員が居住および執務する建物。㊞ 民軍連携のための用語集》 ②兵舎；営舎

barracks bag ［C］ 衣嚢（いのう）《衣類や洗濯物を入れる引き紐の付いた布製の袋》

barrage 弾幕 《徒歩部隊を主体とする敵の突撃を破砕するため、事前に精密な射撃諸元を準備し、要求により機を失せず射撃できるように戦闘陣地（拠点を含む）の直前等に設ける砲迫火力の防壁をいう。㊞ 陸自教範》

barrage balloon ［C］ 阻塞気球（そさいききゅう）

barrage chart ［C］ 弾幕計画表

barrage fire 弾幕射撃

barrage image projector ［C］ 散布帯投影器

barrage jamming (BJ) ①【空自】バラージ電子妨害；広帯域妨害 《広い周波数帯域または広い帯域幅の信号を送信して妨害を行う方法をいう。㊞ JAFM006-4-18》 ②【海自】バラージ妨害

barrage noise ［U］ 広帯域ノイズ；広帯域雑音

barrel ［C］ ①銃身；砲身 《㊞ tube》 ②発射管体；管体 《潜水艦の〜》

barrel assembly ［C］ 銃身部；砲身部 《銃身部は、銃身、制退器および制退器止めからなる》

barrel buffer ［C］ 銃身緩衝器

barrel buffer body lock spring ［C］ 緩衝体止めばね

barrel cam ［C］ 筒形カム

barrel collar ［C］ 銃身つば

barrel distortion だるま形ひずみ

barrel erosion 銃身の腐食

barrel extension 銃身受け

barrel jacket ［C］ 放熱筒 《熱放散のために砲身を覆う金属製の筒。㊞ NDS Y 0003B》

barrel length 銃身長

barrel life 銃身命数；砲身命数 《発射した弾数で表した銃身または砲身の寿命》《㊞ tube life》

barrel link 銃身リンク

barrel per cylinder gap 前間隙

barrel reflector 銃腔検査鏡 《銃身の内面を目視で検査する器具》

barrel roll 連続横転；連続ロール；バレル・ロール

barrel shelf ［C］ バレルの棚

barrel shock バレル衝撃波 《「barrel shock wave；intercepting shock；intercepting shock wave」ともいう》

barrel support バレル支え

barricade バリケード；防壁

barrier ［C］ ①障害地帯 ②障害物

barrier combat air patrol (barrier CAP; BARCAP) 阻止戦闘空中哨戒；阻止CAP

barrier extension バリヤー拡張

barrier forces ［pl.］ 障壁部隊

barrier inspection 関門抽出検査

barrier light ［C］ 阻塞探照灯

barrier line ［C］ 阻止線

barrier material 隔絶物質 《弾薬用語》

barrier minefield ［C］ 障害地雷原

barrier operation 【陸自】障害行動 《障害の目的を達成するため、地域または施設等を障害化する行動をいう。㊞ 陸自教範》

barrier patrol 阻止哨戒；バリヤー・パトロール

barrier plan ［C］ 障害計画

barrier potential 障壁電位

barrier system ［C］ 障害地帯組織

barrier tactics ［pl.］ 障害戦術

barring gear ［C］ クランク変位装置

bar sight ［C］ 照尺

base ［C］ ①ベース ②基地 《各種の作戦または行動等を発動し、またはこれを支援する根拠地をいう。法令上は、航空自衛隊の部隊または機関が所在する施設をいう。㊞ 統合訓練資料1-4》 ③弾底

Base Air Defense Operations 【空自】基地防空操作 《准空尉空曹空士特技区分の英語呼称》

base air defense ［U］ 基地防空 《敵の空中からの攻撃に対して、基地で保有する対空火器によって行う防空活動をいう。㊞ 統合訓練資料1-4》

Base Air Defense Electronic Equipment Maintenance 【空自】基地防空電子整備 《准空尉空曹空士特技区分の英語呼称》

Base Air Defense Ground Environment (BADGE) 【自衛隊】自動警戒管制組織 《現在は、自動警戒管制システム（JADGE）に換装されている》《BADGE ＝ バッジ》

Base Air Defense Group 【空自】基地防空群本部 《の英語呼称》◇用例：第1基地防空群本部 ＝ 1st Base Air Defense Group

Base Air Defense Mechanical Equipment Maintenance 【空自】基地防空機械整備 《准空尉空曹空士特技区分の英語呼称》

Base Air Defense Squadron 【空自】基地防空隊 《の英語呼称》

base angle ［C］ 基本角

base annual requirements (BANR) ［pl.］ 基地年間平均消費予測数

base augmentation support set (BASS) ［C］ 基地能力増強セット

base bleed 【陸軍】弾底燃焼

base bleed projectile ［C］ ベース・ブリード弾 《弾底部に取り付けられたガス供給室に装填されているガス発生剤を燃焼させ、その生成ガスの流れによって弾底部に生じる弾底抵抗（空気抵抗）を減少させ、射程を延伸させた弾薬。㊅ NDS Y 0001D》

base business equipment authorization list (BAL) ［C］ 業務装備品装備定数表

base camp ［C］ ベース・キャンプ；兵舎

base censorship ［U］ 上級検閲

base charge 添装薬（てんそうやく） 《起爆薬の爆発によって生じた衝撃を拡大し、爆破薬を確実に爆轟させるため、工業雷管および爆破用電気雷管などの下部に填薬した爆薬。㊅ NDS Y 0001D》

base circle ［C］ 基礎円

base cluster ［C］ 基地群

base cluster commander ［C］ 基地群司令

base cluster operations ［pl.］ 基地群作戦

base cluster operations center ［C］ 基地群作戦センター

base commander ［C］ 基地司令官

base communication center ［C］ 基地通信センター

base communication system ［C］ ①基地通信処理システム ②【陸自】基地通信組織 《駐屯地、分屯地に所在する部隊等が使用する通信のため、平素から固定的に構成された通信組織をいい、基地通信部隊等が構成、維持および運営を担任する。㊅ 陸自教範》

base complex 総合基地

base cover ［C］ 弾底覆い

base defense ［U］ 基地防衛 《敵の陸、海、空からの攻撃から我が航空基地を直接防衛し、作戦遂行基盤を確保する作戦をいう。㊅ JAFM006-4-18》

Base Defense Development and Training Squadron 【空自】基地警備教導隊 《の英語呼称》《基地警備に関する調査研究や指導を行って航空自衛隊の基地警備能力を向上させることを任務とする》

base defense operations ［pl.］ 基地防衛作戦

base defense zone (BDZ) ［C］ 基地防空圏 《航空基地を掩護する対空火器の識別および交戦を有効にするために設定するものをいう。㊅ 統合訓練資料1-4》

base depot ［C］ 基地補給処

base detonating fuze (BD fuze) ［C］ 弾底信管 《弾底または弾尾に装着して使用する信管。NDS Y 0001D》《㊅ base fuze；tail fuze》

base development ［U］ 基地開発 《軍事的な諸作戦および諸行動等を支援するために、基地および基地の機能を建設または拡充することをいう。㊅ 統合訓練資料1-4》

base development plan (BDP) ［C］ 基地開発計画

based on 準拠して

base ejection shell (BE shell) ［C］ 弾底放出弾 《放出薬を使用し、弾殻内の充填物を後方に放出する弾丸。例としては、子弾、照明弾、宣伝弾および発煙弾などがある。㊅ NDS Y 0001D》

Base Equipment Section 【海自】基地器材班 《の英語呼称》◇用例：基地器材班長 = Officer, Base Equipment Section

base examiner ［C］ 上級検閲官

base exchange (BX) 【米海軍・空軍】売店

base facilities basic plan ［C］ 基地施設基本計画

base facilities condition drawing ［C］ 基地施設基本図

base facilities master plan ［C］ 基地施設基本計画書

Base Facility 【海自】基地分遣隊 《の英語呼称》◇用例：父島基地分遣隊 = Base Facility Chichijima

Base Force Review 【米】基本戦略評価 《米国が1991年に行った軍事戦略評価》

base fuel supply officer (BFSO) ［C］ 【空自】基地燃料幹部

base fuze ［C］ 弾底信管 《弾底または弾尾に装着して使用する信管》《㊅ tail fuze；base detonating fuze》

base guard 基地警備 《敵による地上あるいは海上からの攻撃に対し、基地を警戒、防衛する処置および行動をいう。㊅ 統合訓練資料1-4》

base ignition 弾底点火 《base ignition type = 弾底点火型》

base initiation 弾底起爆

Basel Committee on Banking Supervision ［the ～］ バーゼル銀行監督委員会

base leg ベース・レグ

base length 基線長

95   **basi**

base line ［C］　①ベースライン　②基線　③基本要綱

baseline cost　基準コスト

base line stabilizer　［C］　基線安定回路

base logistical command (BALOG)　［C］基地兵站司令部

base logistics　［U］　基地兵站　《国家の防衛基盤と直結して、主として自衛隊最高司令部が、大臣直轄の兵站部隊および施設を中央兵站基地に配置して全陸上自衛隊を支援する機能をいい、一部の基地兵站機能は、地域の独立性を保持するため、方面隊が保持する。⊛ 陸自教範》

base maintenance　［U］　基地整備　《装備品等を使用する部隊等で実施する部隊整備および支援整備をいう。⊛ 統合訓練資料1-4》

base maintenance area (BMA)　［C］【陸自】中央兵站基地　《全陸上自衛隊の策源であり、国土の生産および交通の要地に設定され、補給統制部、関東補給処、中央輸送業務隊およびその他の兵站部隊をもって、中央補給処・整備所等を開設し、各方面隊を支援する地域または施設等をいう。⊛ 陸自教範》

base map　［C］　基本地図

base mount close line　骨幹撮影

base of fire　火力基盤

base of operations　［C］　作戦基地

base of projectile　弾底　《弾丸の尾部にある平たい箇所》

base of trajectory　弾道基線

Base Operation Division　【海自】運航隊《の英語呼称》◇用例：運航隊長 = Chief, Base Operation Division

Base Operations Squadron　【空自】飛行場勤務隊　《飛行開発実験団隷下〜の英語呼称》

base pay　基本給；本俸

base percussion fuze　［C］　弾底撃発信管

base period　基準期間

base plate　［C］　底板（ていはん）　《迫撃砲において、発射の反動力を地面に伝達するための装置。⊛ NDS Y 0003B》

base plug　［C］　弾底栓（だんていせん）

base point (BP)　［C］　基点　《射撃諸元準備の基準とし、かつ、火力の集中、移動を容易にするため、射撃区域の中央付近に設けた基準点。⊛ NDS Y 0005B》

base point line　［C］　基砲線

base post office (BPO)　［C］　基地郵便局

base precision measurement equipment laboratory　［C］　基地計測器室

base problem　［C］　基地問題

base procurement (BP)　［U］　基地調達

base procurement office　［C］　【空自】基地調達事務所

base realignment and closure (BRAC)【米】基地統廃合

base recovery　【空自】被害復旧　《敵の攻撃によって受けた基地戦力の被害を復旧するための処置および行動をいう。⊛ 統合訓練資料1-4》

base repair　基地修理

base rescue　基地救難

base ring　［C］　砲床レール

base section　［C］　①基地地区　②基底薬包

base service　［C］　基地業務

Base Service Activity　【海自】基地業務隊《の英語呼称》◇用例：横須賀基地業務隊 = Base Service Activity Yokosuka

Base Service Facility　【海自】基地業務分遣隊　《の英語呼称》

base shop　［C］　基地工場

base speed　基準速力

base spray　後方破片

base stake　［C］　基準標桿（きじゅんひょうかん）

base status file (BS)　［C］　基地現況綴（きちげんきょうつづり）

base supply　基地補給

base supply report (BSR)　［C］　基地補給報告

Base Supply Squadron　【空自】補給隊《の英語呼称》

base support equipment (BSE)　［U］　基地支援装備品

base support plan (BSP)　［C］　基地支援計画

base surge　根波（ねなみ）

base time　正味時間

base transaction record (BTR)　基地受け払い記録

base turn　ベース・レグへの旋回

base unit　［C］　基準部隊

basic adjustment　基礎調整

basic airman　［pl. = basic airmen］　【空軍】新兵；2等兵

basic airspeed (BAS)　= basic air-speed　基本気速

basic allowance for quarters (BAQ)　住宅手当て

basic allowance for subsistence (BAS)

B

食事手当て

basic capability to continue fight 継戦基盤 《防衛作戦を継続するための国力をいい、防衛作戦の遂行に必要な人的・物的戦闘力を確保して発揮する能力をいう。⑲ 陸自教範》

basic combat training (BCT) ［U］ 基本戦闘訓練

basic considerations ［pl.］ 基本的の考慮事項

Basic Course 【統幕学校】国際平和協力基礎講習 《国際平和協力センターの英語呼称》《国際平和協力活動等の実務担当者に必要な知識の普及》

basic crew 最少搭乗員

basic data ［U］ 基礎諸元

basic decision 基本方針；基本的決定事項

basic design 基本設計 《システム設計に基づき、主要構成品ごとの細部設計に必要な細部要求機能・性能等を明確にすることをいう。⑲ 装技計第250号》

basic disposition ［C］ 基礎配置 《防衛作戦の本格的準備の開始に伴い、予想する敵の脅威に対して柔軟に対応し、随時、じ後の作戦に移行できるような部隊の配置をいう。⑲ 陸自教範》

basic education ［U］ 基本教育

basic equipment ［U］ 基本装備；基本器材

basic flight envelope (BFE) 基本飛行包括線

basic food 塩基性食品；アルカリ性食品

basic formation ［U］ 基本陣形

basic index 基本指数

basic intelligence ［U］ 基礎情報 《比較的変化が少なく、永続的な事象に関する情報をいう。⑲ 統合訓練資料1-4》

Basic Intelligence Center 【海自】基礎情報支援隊 《の英語呼称》◇用例：基礎情報支援隊司令＝Commanding Officer, Basic Intelligence Center

basic issue list items 基本交付表品目

basic load (B/L) ①弾薬定数；部隊携行定数 ②【陸自】定数弾薬 《編制表に基づく部隊固有の車両および個人で携行を認められた弾薬の種類またはその数量をいい、火器については、火器ごとの種類および数量で示され、火器以外の弾薬類（地雷、爆破資材および化学火工品）は、部隊単位あたりの数量またはその他の単位で示される。⑲ 陸自教範》 ③基本荷重；基本搭載量

basic load of ammunition ［U］ 部隊弾薬定数；部隊定数弾薬

basic message format 基本メッセージ様式

basic moment 基本モーメント

basic name 主品名；品名主部

basic operating weight (BOW) ［U］ 基本運用重量

basic pay (BP) 基本給

Basic Plan ［the ～］ 【日】基本計画 《正式名称は、「テロ対策特措法に基づく対応措置の実施および対応措置に関する基本計画について」》

Basic Plan regarding Response Measures Based on the Anti-Terrorism Special Measures Law 【日】テロ対策特措法に基づく対応措置の実施および対応措置に関する基本計画について

basic point defense missile system (BPDMS) ［C］ 個艦防御ミサイル・システム；拠点防空ミサイル・システム

basic point defense surface missile system ［C］ 個艦防御対空ミサイル・システム

basic policy for national defense 国防の基本方針

basic principles for issuing commands and orders 【自衛隊】指揮命令の基本

basic psychological operations study ［U］ 心理戦基礎研究

basic records ［pl.］ 基本記録類

basic relay post (BRP) 救急車逓送基地

basic repetition rate 基本反覆率

basic requisition number 基本請求番号

basic research 基礎研究

basic research for operation 基礎的の運用研究

basic sight angle ［C］ 命中射角

basic size 基準寸法

basic stocks ［pl.］ 基本在庫

basic sweep 基本掃海

basic tactical organization 【米軍】基本戦術編成 《水陸両用作戦において、陸上戦闘のため、歩兵部隊がその支援部隊、航空部隊とともに編成された、上陸部隊の基本的編成部隊をいう。⑲ 統合訓練資料1-4》

basic tactical unit ［C］ ①基本的戦術部隊 ②【海自】基本戦術単位

basic tool kit ［C］ 基本組み用具

basic track data display 基本航跡諸元表示

basic training ［U］ ①基本訓練 《自衛隊員としての基本的の訓練。⑲ 民軍連携のための用語集》 ②【海自】基礎練成訓練

basic trunk ［C］ 幹線

basic undertakings ［pl.］ 基本的の処置事項

basic wage table (BWT) ［C］ 基本給表

basic war plan　[C]　基本戦争計画

basic weight　[U]　基本重量

basic weight and balance record　基本状態重量重心記録

basic weight empty (BME)　基本空虚重量

basin　[C]　①【陸軍】盆地　②【海軍】船だまり

basin trial　係留運転

basis for national defense　防衛基盤

basis of issue　交付基準

basket　[C]　砲塔員席

basket tie　かご結び　《籠結び》

basket winding　かご巻き　《籠巻き》

batch processing　バッチ処理　《一括処理。入力データやジョブが発生する都度に処理するのではなく、一定量または一定期間蓄えておき、それをひとまとめにして処理すること。⊛ レーダー用語集》

batch test　[C]　代表試験

bathtub pattern　バスタブ・パターン　《縞模様（バスタブ状）の映像パターン》

bathymetric contour　[C]　等深線《⊛「等水深線」は間違い》

bathymetric contour map　[C]　等深線図

bathymetric survey　[C]　海底地形観測

bathythermogram　水温鉛直分布図　《横軸が「海水温」、縦軸が「深度」の図》

bathythermograph (BT)　[C]　水温記録器《深度に対する水温を連続的に測定する装置。艦艇から測定部を海中に吊り下げ、海面からの垂直水温分布を測定する。⊛ NDS Y 0012B。⊛「BT」で通じる》《BT ＝ ビーティー》

bathythermograph buoy　[C]　海水温度測定用ブイ；BTブイ　《航空機から感温部を海上に投下して、海面からの垂直水温分布を測定する装置》

bathythermograph observation　[U]　BT観測

batman　[pl. ＝ batmen]　【英】陸軍当番兵

battalion (Bn)　[C]　【陸軍】大隊　《2個以上の中隊（company）で編成する》

Battalion (Bn)　①【陸自】大隊　《の英語呼称》②【空自】高射群　《の英語呼称》

battalion combat train　[C]　大隊戦闘段列（だいたいせんとうだんれつ）

battalion command and coordination (BCAC)　【空自】高射群指揮調整プログラム《ペトリオット用語》

battalion commander　[C]　大隊長

battalion group　[C]　大隊群

Battalion Headquarter　【陸自】特科大隊本部

battalion initialization (BATI)　【空自】高射群初期設定プログラム　《ペトリオット用語》

battalion landing team (BLT)　[C]　大隊上陸団；大隊上陸戦闘団

battalion maintenance center (BMC)　整備センター2型　《ペトリオット用語》

battalion medical platoon　[C]　大隊付き衛生小隊

battening arrangement　締め付け装置

battery　[C]　①【陸自】特科中隊　②【空自】高射群　③【陸軍】砲兵中隊　◇用例： Patriot Battery ＝ ペトリオット中隊（米軍）　④砲台；砲列　⑤電池；蓄電池

battery acquisition radar (BAR)　[C]　①【自衛隊】特科中隊用捕捉レーダー　②砲兵中隊用捕捉レーダー

battery alignment　砲機調整

battery buoy raft　[pl. ＝ ～]　電源部浮標

battery car　電池車

battery cart　バッテリー運搬車

battery center　中隊の砲列中心

battery commander　[C]　①【陸自】特科中隊長　②【陸軍】砲兵中隊長

battery commander's party　[C]　①【陸自】特科中隊長随行班　②砲兵中隊長随行班

battery commander's periscope　＝ battery commander's telescope　[C]　砲隊鏡《潜望高を有する双眼鏡であり、射弾の観測および目標の標定に用いる。⊛ NDS Y 0004B》

battery compartment　[C]　電池室

battery container　[C]　電池容器

battery control area　[C]　中隊統制地域

battery control officer　[C]　①【自衛隊】中隊統制幹部　②中隊統制将校

battery control trailer (BCT)　[C]　【空自】高射統制トレーラー

battery exhaust duct　[C]　電池排気管

battery ignition　電池点火

battery initiated assignment track (BIA track)　[C]　バッテリー・イニシエイティッド航跡；BIA航跡　《JADGE用語》

battery jar　[C]　電槽（でんそう）

battery lantern　[C]　応急灯

battery of tests　総合テスト

battery output time　バッテリー出力有効

batt   98

時間

battery position ［C］ 発射位置 《弾丸を発
射する火器の位置。⊛ NDS Y 0005B》

battery powered telephone ［C］ 電池式
電話機

battery rack ［C］ 電池架台

battery replaceable unit (BRU) 部隊交換
品目 《BRU = ブル》

battery replaceable unit list (BRU List)
［C］ 部隊交換品目リスト 《BRU List = ブ
ル・リスト》

battery room ［C］ 電池室

battery status 高射隊現況

battery tank ［C］ バッテリー・タンク

battery terminal equipment (BTE)
［U］ 高射隊戦闘指揮付加装置

battery tube ［C］ 電池管

battle 【陸自】戦闘 《作戦の個々の場面におい
て、戦闘力を行使する行為およびその状態をい
う。⊛ 統合訓練資料1-4》◇用例： to accept
battle = 応戦する

battle along FEBA 戦闘陣地の戦闘
《FEBA = forward edge of the battle area（戦闘
陣地の前線）》

battle area ［C］ 戦闘地域

battle bill ［C］ 戦闘配置表

battle casualty ［C］ ①【統幕】戦闘死傷病
者 ②【空自】戦死・戦傷者 ③【陸自】戦闘損耗
《戦闘行動による人員の損失をいい、戦死、戦傷
（病）死、戦傷（病）、行方不明、捕虜および在隊
患者に分類される。⊛ 陸自教範》《⊛ nobattle
casualty = 非戦闘損耗》

battle casualty report ［C］ 戦闘損耗人員
報告

battle clasp 戦闘クラスプ

battle commander (BC) ［C］ 【空自】
戦闘司令

battle cruiser ［C］ 巡洋戦艦

battle cry ときの声 《鬨の声》

battle damage assessment (BDA) 戦闘被
害評価

battle damage repair (BDR) 戦闘損傷修理

battle director ［C］ 【空自】戦闘指揮班長

battle dress 戦闘服

battle dress uniform (BDU) 【陸軍】戦
闘服

battle fatigue ［U］ 戦争神経症

battlefield = battle field ［C］ 【陸自】戦場
《一般には、彼我の部隊あるいはその一部が戦闘

を交える地域をいう。狭義には、任務達成に影響
を及ぼす地域のうち、地上火力を骨幹とした彼我
の組織的な戦闘力が直接及ぶ範囲をいう。⊛ 陸自
教範》

battlefield air interdiction (BAI) ［C］
戦場航空阻止 《陸上部隊の要請に基づいて侵攻
する敵戦力に航空攻撃を加え、戦力発揮に至る以
前に撃破し、また後方連絡線を遮断する等により、
敵の侵攻を阻止し、もしくは敵の前線部隊の戦力
を弱体化させる作戦をいう。⊛ 統合訓練資料1-4》

**battlefield awareness data distribution
(BAD)** 戦場認識データ配布

battlefield coordination element ［C］
空地作戦調整班；空地作戦調整所

**battlefield exploitation and target
acquisition (BETA)** 戦場評価目標捕捉

battlefield illumination 戦場照明

battlefield maneuver ［C］ 【陸自】戦場
機動 《戦場において、敵を打撃する態勢を有利
にするために行う機動をいう。⊛ 陸自教範》

battlefield psychological activity 戦場心
理活動

battlefield success 戦勝

battlefield surveillance ［U］ 【陸自】戦
場監視 《直接対抗している敵地上部隊を対象と
して行う監視をいう。⊛ 陸自教範》

battlefield surveillance device ［C］ 戦場
監視装置

battle force 戦闘部隊

battle formation ［U］ 戦陣；戦闘隊形

battle group ①【陸軍】戦闘群 ②【空
軍】戦闘群 ③【海軍】機動部隊；機動艦隊 ④【海
自】戦闘任務群

battle honor 戦闘名誉章

battle in the main battle area ［C］ 陣内
戦闘

battle light ［C］ 灯火管制照明灯

battle line ［C］ ①戦線 ②【海自】戦列

battle losses ［pl.］ 戦闘損耗 《⊛ nonbattle
losses = 非戦闘損耗》

battle management (BM) ［U］ 戦闘管理

**battle management, command, control,
communications, computers, and
intelligence (BMC4I)** 戦闘管理、指揮、統
制、通信、コンピューター及び情報

**battle management, command, control,
communications and intelligence
(BMC3I)** 戦闘管理、指揮、統制、通信及び
情報

battle map ［C］ 戦闘地図

99   **beac**

battle of order　軍の戦力組成

battle order　戦闘命令

battle organization　戦闘編成

battle plan　［C］　戦闘計画

battle position (BP)　［C］　【陸自】戦闘陣地　《主戦闘地域において、近接戦闘部隊が実際に占領して戦闘する陣地をいう。㊕ 統合訓練資料1-4》

battle reconnaissance　戦闘偵察

battle record　戦闘記録

battle reserves　［pl.］　戦闘予備品

battle-scarred　［adj.］　戦傷を負った

battle-seasoned　［adj.］　歴戦の

battleship　［C］　戦艦　《艦種記号：BB》

battleship gray　軍艦灰色

battleshort　バトルショート　《ペトリオット用語》

battle sight　［C］　戦闘照準

battlespace　戦闘空間

battlespace dominance　［U］　戦闘空間の支配

battle speed　【海自】戦闘速力；戦速

battle staff　［C］　①【自衛隊】戦闘指揮班員②戦闘幕僚

battle staff team　［C］　【自衛隊】戦闘指揮班

Battle Star　【米】従軍星章

battle station　［C］　①【空軍・空自】即時待機　②戦闘配置

battle telephone circuit　［C］　戦闘電話系

Baudot code　ボドー・コード

Baume's hydrometer　［C］　ボーメ比重計

bay　張り間

bay marker　［C］　ベイ標識

bayonet　［C］　銃剣

bayonet lug　［C］　銃剣止め；剣止め　《銃身の先端部に銃剣を装着するための部品。㊕ NDS Y 0002B》

bayonet stud　［C］　剣止め

bay section　ベイ区域

bazooka　バズーカ砲　《対戦車ロケット砲》

beach　［C］　海岸；海岸線

beach and underwater obstacles　［pl.］　水際障害物（すいさいしょうがいぶつ）

beach capacity　海岸収容力　《当該海岸に1日間に揚陸することができる貨物の量をいい、容積トン/日または重量トン/日で表す。日数にかかわ

りなく、当該海岸に揚陸することのできる貨物の総量をいうことがある。㊕ 統合訓練資料1-4》

beach defense　［U］　水際防御（すいさいぼうぎょ）

beach diagram　［C］　上陸海岸配当表

beach dump　［C］　上陸補給点；仮集積所

beach exit　［C］　海岸堡進出路

beach flag　［C］　上陸海岸表示旗

beach gradient　［C］　海岸傾斜

beachhead (Bhd)　= beach head　［C］　①【自衛隊】海岸堡（かいがんほ）　《着上陸する部隊がじ後の行動のため、または着上陸により限定した目的を達成するため、上陸地域、降着地域等の要点を連ねて確保する地域をいう。㊕ 陸自教範》　②上陸拠点；上陸堡

beach head line　［C］　海岸堡線

beach imagery　海岸画像

beaching　着岸；ビーチング　《港湾施設のない海岸に揚陸用の艦艇。水陸両用車両等が着底接岸することをいう。㊕ 統合訓練資料1-4》

beach landing site　［C］　海岸上陸地点

beach marker　［C］　【米軍】海岸標識　《水陸両用作戦の実施にあたり、舟艇等の着岸を便利にするため、上陸海岸あるいは、海岸にある諸施設を識別するために用いる標識用旗、灯火浮標、電子装置等の標識をいう。㊕ 統合訓練資料1-4》

beachmaster (BM)　［C］　揚陸指揮隊長；ビーチマスター

beachmaster unit　［C］　①揚陸指揮隊　②【海自】揚陸統制隊；ビーチマスター隊

beach matting　［U］　揚陸マット

beach minefield　［C］　水際機雷原

beach minelayer vehicle　［C］　【陸自】水際地雷敷設装置　《作戦地域沿岸部の浅海域に水際地雷原を構成するために使用する装置》◇用例：94式水際地雷敷設装置 = Type-94 beach minelayer vehicle

beach obstacle　［C］　水辺障害物（すいへんしょうがいぶつ）

beach party　［C］　【海自】海岸作業隊　《海上作戦輸送の実施にあたり、発地および着地における輸送任務群の着岸（接岸）作業および離岸作業を支援する海上自衛隊の部隊をいう。㊕ 統合訓練資料1-4》

beach party commander　［C］　海岸作業隊指揮官

beach photography　［U］　海岸写真　《写真の撮影技術》

beach reserves　［pl.］　【米軍】海岸予備品　《海岸堡の集積所に集積する各種の補給品をいう。

B

[典] 統合訓練資料1-4》

beach support area [C] 海岸支援地域

beach survey [C] 海岸調査

beach width 海岸の幅

beacon (bcn) [C] ①ビーコン；無線標識 ②【海自】位置標識

beacon data [U] ビーコン・データ《レーダー・データのうち、二次レーダー・データまたはSIFデータのことをいう。[典] JAFM006-4-18》

B

beacon light [C] 標識灯

beacon score ビーコン・スコア《エスタブリッシュ航跡のSIFデータとの相関度を示す数値であり、エスタブリッシュ航跡に付与されるものをいう。[典] JAFM006-4-18》

beacon station [C] 無線標識局

beacon strobe [C] ビーコン・ストローブ《SIFデータ入力信号数が、基準値以上になっていることを示す情報をいう。[典] JAFM006-4-18》

beaded lightning 数珠状電光(じゅずじょうでんこう)

beading 艦首方位

bead sight [C] 球状照星

be all right ①異常なし ②【海自】異状なし

beam ①ビーム ②拡散角度 ③はり《梁》

beam angle [C] ビーム角

beam antenna [C] ビーム・アンテナ

beam approach 側方接敵

beam attack [C] 側方攻撃

beam bracket [C] 支え金

beam course [C] ビーム・コース

beam depth ratio 幅深さ比

beam direction ビーム方向

beam distance 正横距離法

beam draft ratio [C] 幅喫水比

beamformer [C] ビームフォーマー《音響ビームを形成する電気回路装置》

beamforming ビームフォーミング《音響ビームを形成すること》

beam-forming plate [C] ビーム形成電極

beamforming trigger (BFT) [C] ビームフォーミング・トリガー《ペトリオット用語》

beam interception 側方要撃

beam length ratio 幅長さ比

beam pattern [C] ①ビーム・パターン ②【海自】指向性曲線

beam position [C] 【海自】ビーム位置；正横位置

beam power tube [C] ビーム出力管

beam radio station [C] ビーム無線局

beam reflector [C] ビーム反射器

beam rider = beam-rider [C] ビーム・ライダー

beam-rider guidance [U] ビーム・ライダー誘導

beam riding guidance [U] ビーム・ライディング誘導《指令誘導の一種であり、目標に対し発射機からビームを照射し、誘導弾などがそのビームに乗って目標に向かう誘導方式。[典] NDS Y 0001D》

beam sea 横波

beam shelf [C] ビーム受け材

beam shift ビーム・シフト

beam steering ビーム・ステアリング

beam steering processor (BSP) ビーム・ステアリング・プロセッサー《ペトリオット用語》

beam swinging error ビーム動揺誤差

beam tracking ビーム追跡

beam tube [C] ビーム管

beam weapon [C] ビーム兵器《指向性エネルギー兵器》

beam width ビーム幅；指向幅

beam width error ビーム幅誤差

beam wind 横風(よこかぜ)

bearer company [C] 衛生看護隊

bearing (BRG) ①方位 ②方向角《砲の方向角》 ③軸受け；ベアリング

bearing amplitude indication B-A表示《[同] bearing level indication = B-L表示》

bearing correction 方位修正；方位修正量

bearing cost for the stationing of US Forces in Japan 【日】在日米軍駐留維持経費

bearing cursor [C] 方位カーソル

bearing deviation indicator (BDI) [C] 方位偏向指示器

bearing distance computer [C] 方位距離計算機

bearing distance heading indicator (BDHI) [C] 方位距離機首方位指示器

bearing error 方位誤差

bearing frequency indicator [C] 方位対周波数表示器

bearing indicator [C] 方位指示器

bearing level indication B-L表示

《[同] bearing amplitude indication = B-A表示》

bearing only launch (BOL) 方位データのみによる発射

bearing pressure 支え圧；支え圧力

bearing range indicator (BRI) ［C］ 方位距離指示器

bearing receiver ［C］ 方位受信器

bearing resolution 方位分解能

bearing search ［C］ 方位線捜索

bearing selector ［C］ 方位選択器

bearing strength 支持力；耐久力

bearing time indication B-T表示《[同] bearing time recorder indication = BTR表示》

bearing-time recorder (BTR) ［C］ 方位対時間記録器 《潜水艦》

bearing time recorder indication BTR表示 《[同] bearing time indication = B-T表示》

bear trap 着艦拘束装置

beat うなり

beaten zone ［C］ 弾着地帯

beat frequency oscillator (BFO) ［C］ うなり周波発振器

beating about 間切り

beat note ビート音

beat reception うなり受信

beat tone うなり音

Beaufort wind scale = Beaufort wind force scale ビューフォート風力階級

beavertail system ビーバーテール式

bed ［C］ 台

bed check 就寝点呼 《朝の点呼を寝たまま受けること》

bedding loop ［C］ ハンモック取り付け用ループ

bedding roll 寝具入れ

beddown 集結地

bed-down construction 緊要建設

bed patient ［C］ 就寝患者

bed room = bed-room ［C］ ①【空自】仮眠室 ②【海自】病室 《艦船の病室》

before budget completion term 予算の空白

begin morning civil twilight (BMCT) = beginning morning civil twilight ［U］ 常用薄明の開始時刻

begin morning nautical twilight (BMNT) = beginning morning nautical twilight ［U］ 航海薄明の開始時刻

beginning of message (BOM) ビギニング・オブ・メッセージ 《バッジ用語》《[対] end of message = エンド・オブ・メッセージ》

beginning of tape marker (BOT) ビギニング・オブ・テープ・マーカー 《バッジ用語》

behind armor blunt trauma (BABT) 耐弾時鈍的外傷

be in good order ①異常なし ②【海自】異状なし

beleaguered ［adj.］ 包囲された；被包囲

bell ［C］ 号鐘

bell crank ［C］ ベル・クランク

belligerence 交戦状態

belligerent ［C］ 交戦国

belligerent act 戦争行為

belligerent rights ［pl.］ 交戦権

bell mouth らっぱ口

bellows ［sin.］ ベローズ；蛇腹(じゃばら)

bellows guard 蛇腹座(じゃばらざ)

bellows retainer 蛇腹受け(じゃばらうけ)

bellows type ベロー型

belly landing 胴体着陸

below-deck inspection 艦内点検

below-deck watch 艦内当直；艦内当直員

below-the-line publications 下位刊行物《[対] above-the-line publications = 上位刊行物》

below weather minimum (BLW) 最低気象条件未満

belt conveyer ［C］ ベルト・コンベヤー

belt drive ベルト駆動

belted ammunition ［U］ ベルト組み込み弾薬 《リンク・ベルトに組み込んだ弾薬。[典] NDS Y 0001D》

belt-feed ベルト給弾

belt feed lever ［C］ 【海自】給弾梃(きゅうだんてい)

belt feed pawl ［C］ ①送弾子 ②【海自】給弾子

belt feed slide ［C］ 給弾板

belt gearing ベルト伝動

belt holding pawl ［C］ ベルト止め

belt-holding pawl ［C］ 碍子(がいし)

belt loading ［U］ 保弾帯弾薬装入

belt route ［C］ 横行路

belt transmission ベルト伝動；ベルト伝動装置

B

bench check ベンチ・チェック

benchmark = bench mark ①ベンチマーク ②水準点

bench stock ベンチ・ストック

bench test ［C］ ①ベンチ・テスト ②【海自】台上試験

bend 結び目 《2本のロープの結び目》

bend aerial 折り曲げアンテナ

bending moment 曲げモーメント

bending quality 曲げ性能

bending roll 曲げロール

bending strength ［U］ 曲げ強さ

bending stress 曲げ応力

bending test ［C］ 曲げ試験

bending tester ［C］ 曲げ試験機

bends ベンズ

beneficial occupancy 受益占有

bent 曲がり

bent-line 傘形

bent-line barrier ［C］ 傘形バリヤー

bent-line screen ［C］ 傘形直衛

benzene value ベンゼン価

bereaved family ［C］ 遺族

besieger ［C］ 攻囲軍

besieging army ［C］ 包囲軍

best available true heading (BATH) 精密真機首方位

best cruise altitude (BCA) 最適巡航高度

best degaussing 最適消磁

best depth (BD) ベスト・デプス 《潜水艦が水上艦の艦首ソーナーの探知を回避する最良の潜航深度。通常は、音源層深（sonic layer depth）+100メートルとされている》

best depth range (BDR) ［C］ 最良深度探知距離

best power 最良出力

best replacement factor (BRF) ［C］ 最適交換率

beta correction ベータ修正；β修正 《バッジ用語》

between layer (BTL) ［C］ 雲層間；雲層間飛行

between-lens shutter ［C］ レンズ・シャッター

bevel angle ［C］ ベベル角度

beyond line of sight (BLOS) 見通し線外 ◇用例： beyond line-of-sight communications capability = 見通し線外通信能力《[対] line of sight（LOS）= 見通し線》

beyond supporting distance 支援距離外

beyond the horizon (BTH) 水平線越え；超水平線

beyond visual range (BVR) 目視距離外

bezel mark ベゼル・マーク

bias battery ［C］ バイアス電池

bias construction 斜交構造

bias current バイアス電流

bias resistance バイアス抵抗

bias voltage バイアス電圧

bias winding バイアス線巻き

BIA track ［C］ BIA航跡 《BIA = battery initiated assignment track（バッテリー・イニシエイティッド航跡）》

b-icolored light ［C］ 両色灯

biconcave lens ［C］ 両凹レンズ

bicycle-type landing gear ［C］ 二輪車式降着装置

bidirectional sector scan = bi-directional sector scan 両方向セクター走査

bi-fuel propulsion 二燃料推進

Big Brother ビッグ・ブラザー

bight 入り江；湾曲部 《海岸の湾曲部》

bilateral air defense operation 【統幕】協同防空作戦

Bilateral Air Defense Systems Integrator (B-ADSI) B-ADSI 《[備] 定訳はなく「B-ADSI」で通じる》《B-ADSI = ビー・アドシ》

bilateral cooperation ［U］ 【防衛省】日米協力

Bilateral Coordination Center (BCC) 【自衛隊】日米共同調整所 《日本に対する武力攻撃および周辺事態等に際して、自衛隊と米軍双方の活動について調整を行う組織をいう。[典] 統合訓練資料1-4》

Bilateral Coordination Department (BCD) 【陸自】日米共同部 《の英語呼称》《陸上総隊隷下》◇用例： 日米共同部長 = Director, BCD；日米共同部作業室 = BCD Working Cell

bilateral coordination mechanism ［C］ 【防衛省】日米間の調整メカニズム

bilateral defense planning 【防衛省】日米共同作戦計画の立案

bilateral exercise ［C］ 二国間訓練 《[備] 日米間の訓練であることが明確な場合は「日米共同

訓練」にする》

Bilateral Information Security Consultation (BISC)　【防衛省】情報保全についての日米協議

bilateral infrastructure　【防衛省】日米共同基盤

bilateral observation　［U］　交会観測　《2箇所の観測点から同じ1箇所の弾着点を観測すること。[典] NDS Y 0005B》

bilateral operation　【防衛省】日米共同作戦　◇用例：Japan-US bilateral exercise ＝ 日米共同訓練

Bilateral Operations Section　【統幕】日米共同班　《運用部運用第1課～の英語呼称》

Bilateral Planning Committee (BPC)　【防衛省】共同計画検討委員会

Bilateral Planning Mechanism (BPM)　【防衛省】共同計画策定メカニズム

Bilateral Relocation Exercise　【陸自】協同転地演習　《長距離機動能力を高めるための訓練》

bilateral security arrangements　［pl.］　【防衛省】日米安全保障体制

bilge pipe　［C］　ビルジ管

bilge stringer　［C］　ビルジ縦材

bilge well　［C］　ビルジ溜め（ビルジだめ）

billboard-type antenna　［C］　ビルボード型アンテナ

billet　［C］　①部隊収容施設　《部隊用の宿泊施設》　②職位；地位

billeting　設営　《演習などで天幕を張り野営準備をすること。[典] 民軍連携のための用語集》

billeting detail　［C］　設営隊

billing statement (B/S)　計算書　《米国政府が有償援助により販売した調達品等の対価を記載した書類をいう。[典] 防衛省訓令第18号》

bill of lading (B/L)　荷物引換証

bill of materials (BOM)　資材表

bimetal thermometer　［C］　バイメタル温度計

bimorph crystal　バイモルフ水晶

bimorph element　バイモルフ素子　《薄い2枚の圧電素子の板を貼り合わせた素子であり、電界を印加したとき、一方の板は伸び、他方の板は縮み、撓み振動が生じる構造の振動子》　《[対] monomorph element ＝ モノモルフ素子》

bin aisle　［C］　ビン通路

bin area　［C］　ビン区域

binary cell　［C］　二値素子

binary code　【海自】2進コード；バイナリー・コード

binary CW weapon　［C］　バイナリー型毒ガス兵器；二液型毒ガス兵器

binary explosive　二成分爆薬　《2種類の爆薬を混合した爆薬》

binary net　異周波交信系

binary weapon　［C］　二成分系化学兵器

binder　①結合剤　《火薬、爆薬などの粒子を結合させる物質。[典] NDS Y 0001D》　②固着剤

binding strip　［C］　とじ金

binding wire　［C］　バインド線

bingo field　［C］　代替飛行場

binnacle　コンパス・ケース；コンパス箱

binocular coil　［C］　ビノキュラー・コイル

binocular parallax　両眼視差

binoculars　［pl.］　双眼鏡

bin section　［C］　ビン区域

bin stockage　ビン貯蔵　《[対] bulk stockage ＝ バルク貯蔵》

bin storage　ビン貯蔵；ビン・ストレージ

bio-attack　［C］　生物兵器による攻撃

biodynamics　［U］　生体動力学

biographical intelligence　［U］　要人情報

biographical sketch　［C］　略歴

biohazard　［C］　バイオハザード；生物災害　《病原微生物や寄生虫などによって起因する災害をいう》

biological agent (Bio)　［C］　生物剤　《生物剤とは、微生物であって、人、動物もしくは植物の生体内で増殖する場合にこれらを発病させ、死亡させ、もしくは枯死させるものまたは毒素を産生するものをいう。[典] 昭和五十七年法律第六十一号》

biological ammunition　［U］　生物弾薬

biological and chemical warfare agent　［C］　生物化学兵器

biological and chemical weapons (BC weapons)　［pl.］　生物化学兵器

biological attack　［C］　生物攻撃

biological chemical weapon (BC)　［C］　生物・化学兵器

biological defense　［U］　①生物防衛　②【海自】生物戦防御

biological half life　生物学的半減期

biological noise　［U］　【海自】生物雑音　《海中生物により生じる雑音。[典] NDS Y 0011B》

biological operation　生物作戦

biological toxin ［C］ 生物毒素

biological warfare (BW) ［U］ ①【陸自】細菌戦 ②生物戦 ③【海自】B戦

biological warfare agent (BW agent) ［C］ 生物戦剤

biological warfare environment ［C］ 生物戦環境

biological warfare expert ［C］ 生物戦の専門家

B

biological warfare raid (BW raid) ［C］ 生物学戦攻撃

biological warfare threat 生物戦脅威

biological weapon (BW) ［C］ ①生物兵器 《生物兵器とは、武力の行使の手段として使用される物で、生物剤または生物剤を保有しかつ媒介する生物を充てんしたものをいう。[典] 昭和五十七年法律第六十一号》 ②【陸自】生物武器

biological weapon attack ［C］ 生物兵器攻撃

Biological Weapons Convention (BWC) ［the ～］ 生物兵器禁止条約 《正式名称は、「細菌兵器（生物兵器）および毒素兵器の開発、生産および貯蔵の禁止並びに廃棄に関する条約（Convention on the Prohibition of the Development, Production and Stockpiling of Bacteriological（Biological）and Toxin Weapons and on their Destruction））」》

bio-logistics ［U］ 生物兵站

biomechanics ［U］ 生物力学

biomedicine 生物医学

bionics ［U］ 生体工学；バイオニクス

Biotechnology Industry Organization ［the ～］ 【米】バイオテクノロジー産業機構

bioterror 生物テロ；バイオテロ 《テロリストの兵器として生物剤が使用される事案のこと》 ◇用例： bioterror attack = 生物テロ攻撃

bioterror expert ［C］ 生物テロ対策専門家；バイオテロ対策専門家

bioterrorism ［U］ 生物テロリズム；バイオテロリズム

Biot-Savart's law ビオ・サバールの法則

biplane ［C］ 複葉機

bipod ［C］ 二脚架 《2本の脚で構成される銃の支持装置。[典] NDS Y 0002B》

bipod trench ［C］ 脚架壕

bipolar mechanism ［C］ 両磁場発火装置

bipropellant 二液推進薬；二元推進薬

birdcage バードケージ

bird eye view 鳥瞰撮影（ちょうかんさつえい）

Birmingham Wire Gauge (BWG) バーミンガム・ワイヤー・ゲージ

bi-sector course ［C］ バイセクター・コース

bi-sector heading バイセクター・ヘディング

Bishop's corona ビショップ環

bi-signal zone ［C］ 双信号帯域

bi-static active sonar ［U］ バイスタティック・アクティブ・ソーナー

bi-static ASW system ［C］ バイスタティックASWシステム 《ASW = anti-submarine warfare（対潜水艦戦）》

bistatic sonar ［U］ バイスタティック・ソーナー 《送波器（音源）と受波器が2箇所別の場所にあるアクティブ・ソーナー運用方式。2つのモノスタティック・ソーナーで構成し、一方を送波器専用にし、他方を受波器専用にする。目標までの距離が比較できるように十分離れていなければならない》

BITE-GM LAM バイト－GM 《ペトリオット用語》

BITE Indicator Panel ［C］ バイト指示器パネル 《ペトリオット用語》

bit error rate (BER) ［C］ ビット誤り率；ビット・エラー率 《バッジ用語》

biting angle ［C］ 貫徹限界角；侵徹限界角 《弾丸が跳飛することなく装甲を貫徹するために必要な最小の弾着角度。[典] NDS Y 0006B》

bit rate ［C］ ビット・レート

bituminous binder ［C］ 瀝青結合材（れきせいけつごうざい）

bituminous pavement アスファルト

bivouac ［n.］ ①【陸自】宿営；露営 《軍隊などがテントなどを使用して野外で宿泊すること。[典] 民軍連携のための用語集》 ②【海自】宿営地；夜営地

bivouac ［vi.］ 宿営する；露営する 《露外で宿営すること》

bivouac area ［C］ 宿営地

black ブラック 《信号が暗号化されていることをいう》◇用例： black network = ブラック・ネットワーク《保護されたデータを搬送するネットワーク》《[対] red = レッド》

black ball 黒球（こくきゅう）

black body radiation ［U］ 黒体放射

black box ［C］ ブラック・ボックス

black channel ［C］ 黒色水路

black hole ［C］ ①ブラック・ホール 《天体のブラック・ホール》 ②ブラック・ホール 《ネットワークにおいて、通知されることなくパケットが廃棄される状態をいう。意図した状態と

意図しない状態があり、意図したものにはブラック・ホール・ルーター (black hole router) などがある》③ブラック・ホール 《修復や回避が不可能な未知の問題領域をいう》《翻 white hole = ホワイト・ホール》

black light method 蛍光法

black list ［C］ ブラック・リスト

black out = blackout ①ブラックアウト ②灯火管制 ③暗黒視

black out landing ブラックアウト・ランディング

blackout march 無灯火行進 《標識灯による行進と完全無灯火行進とを総称していう。翻 陸自教範》

blackout marker light ［C］ 標識用管制灯

black powder (BP) 黒色火薬 (こくしょくかやく) ◇用例: grain black powder = 黒色小粒火薬 (こくしょくしょうりゅうかやく); mealed black powder = 黒色粉状火薬 (こくしょくふんじょうかやく)

black propaganda ［U］ 黒色宣伝; ブラック宣伝 《翻 white propaganda = 白色宣伝》

black side 黒い側 《暗号化されたメッセージを扱う回路》《翻 red side = 赤い側》

bladder type ブラダー型 《与圧服》

bladder-type accumulator ［C］ ブラダー型蓄圧器

blade ［C］ ①ブレード; 羽根; 翼 ②排土板

blade angle ［C］ ①【空自】ブレード角 ②【海自】羽根角; 翼角 ③羽根取り付け角

blade band ［C］ 翼帯

blade bushing ［C］ 翼筒

blade butt face 翼根面

blade clearance 羽根列すき間

blade core ［C］ 翼の芯

blade efficiency ［U］ 羽根効率

blade element ［C］ 翼素 (よくそ)

blade inlet angle ［C］ 羽根入り口角 《翻 blade outlet angle = 羽根出口角》

blade lattice ［C］ 翼列

blade loading ［U］ ①ブレード面荷重 ②【海自】羽根面荷重

blade loss ①ブレード損失 ②【海自】羽根損失

blade outlet angle ［C］ 羽根出口角 《翻 blade inlet angle = 羽根入り口口角》

blade passing frequency 翼通過周波数

blade rate ブレード・レート

blade ring ［C］ 羽根輪

blade root ［C］ 翼根

blade shank ［C］ 翼のシャンク

blade shell ［U］ 翼の外皮

blade sight ［C］ 山形照星

blade socket ［C］ 翼のソケット

blade stall ブレード・ストール

blade thickness ratio ［C］ 羽根厚さ比

blade tip ［C］ 羽根先端

blade-tip clearance 翼端間隙 (よくたんかんげき)

blade tip stall 翼端失速

blade width ratio ［C］ 羽根幅比

blank 自動処理機能停止 《航跡の自動処理機能停止》

blank ammunition ［U］ ①空包 《翻 live ammunition = 実弾》②空砲

blank cartridge ［C］ 空包 (くうほう) 《射撃音だけが出るようにした、儀礼用または演習用の弾薬。翻 民軍連携のための用語集》《翻 live cartridge = 実弾》

blank chart ［C］ 白地図

blanket attack ［C］ ブランケット・アタック

blanketing smoke ［U］ 地域煙幕 《我が部隊、施設等を空地の敵に対し隠蔽するため、これらの地域を覆うように構成する煙幕をいい、煙の濃度によって、「もや状煙幕」と「濃霧状煙幕」に区分される。翻 陸自教範》《翻 area smoke》

blank-firing attachment ［C］ 空包発射補助具

blank form 定型用紙

blanking 帰線消去; ブランキング

blanking gate ［C］ 消去ゲート

blanking pulse ［C］ 帰線消去パルス

blank scope ブランク・スコープ

blank shot ［C］ 空砲

blast ［C］ ①爆風 ②送風 《機械》

blast area ［C］ 爆風域; ブラスト・エリア

blast bomb ［C］ 爆風爆弾

blast contour ［C］ 爆風圧曲線

blast deflector ［C］ 爆風偏向器 《銃口や砲口に取り付け、弾丸を発射した時に銃口や砲口に生じる爆風を左右に偏向させる器具。翻 NDS Y 0003B》

blast effect 爆風効果 《爆風によって目標に損傷を与える効果。翻 NDS Y 0006B》

blast effect warhead ［C］ 爆風効果弾頭

blast fan ［C］ 吹き込み扇風機

blast gauge ［C］ 爆風計 《空中伝播する爆風圧力を計測する器材。翻 NDS Y 0001D》

blast governing 吹き込み調速法

blast heater ［C］ 送風加熱器

blasting accessory ［C］ 爆破用具

blasting cap ［C］ 爆破用雷管

blasting disposal ［U］ 爆破処分

blasting fuze ［C］ 導火線 《黒色火薬を芯薬とし、紙、繊維および防水材料で数層に被覆したコード。コードの長さを変えることで所要の延期時間を得る。[典] NDS Y 0001D》

B

blasting galvanometer ［C］ 導通試験器

blasting-in-water disposal ［U］ 水中爆破処分

blasting machine ［C］ ①【空自】発破器 ②【海自】発火器

blasting mat ［C］ 防爆マット；爆破用防護マット 《爆破による飛散物を防止するためのマット。[典] NDS Y 0001D》

blast injury 爆風傷害

blast line 爆破ライン

blast loading ［U］ 爆風荷重

blast noise ［U］ 爆風騒音

blast nozzle ［C］ 送風ノズル

blast overpressure 爆風圧

blast pipe ［C］ 送風管

blast pressure ①爆風圧 《爆風によって生じる圧力》 ②送風圧；送風圧力

blast shock wave ［C］ 爆風衝撃波

blast warhead ［C］ 爆風弾頭

blast wave ［C］ 爆風波

bleach さらし粉

bleaching solution 漂白液

B leave without pay (BLWOP) 退職予定者の退職日以降の年休分

bleed air ［U］ ブリード・エア

bleeder current ブリーダー電流

bleeder heater ［C］ 抽気加熱器

bleeder resistance ［C］ ブリーダー抵抗

bleeder resistor ブリーダー抵抗器

bleeding ①ブリーディング；空気抜き ②【海自】抽気 《空気を抜くこと》

bleed off 抽気 《ガスタービンの抽気》

bleed valve ［C］ 抽気弁

blended gasoline 配合ガソリン

blended wing body ［C］ 翼と融合した胴体

blending fuel 配合燃料

blending octane number 配合オクタン価

blind area ［C］ ①【空自】ブラインド・エリア ②【海自】不感区域

blind bombing 無差別爆撃

blind bombing zone ［C］ 無差別爆撃地帯

blind circuit ［C］ 一方向線

blind flight ［C］ 計器飛行 《[備]「盲目飛行」は、使用しない。航空機関連の場合「blind～」は「計器～」にする》

blind landing 計器着陸

blind landing apparatus 計器着陸装置

blind loaded projectile ［C］ 演習弾 《弾薬を装填していない演習弾。弾着表示薬も装填していない。着弾時に爆発、発光する「practice ammunition」とは異なる。[備]「盲弾」は使用しない》

blind-made products (BMP) ［pl.］ 【米】視力障害者工場製品

blind sector ［C］ 不感帯

blind shell ［C］ ①無炸薬の砲弾 ②不発弾 《爆発しなかった砲弾》

blind speed ブラインド・スピード；無効速度

blind spot ［C］ 不感地点；死角

blind take-off 計器離陸

blind transmission 一方送信

blind zone ［C］ 不感地帯

blinker ［C］ ブリンカー；点滅信号灯

blinking 故障信号

blip ブリップ 《バッジ用語》

blister ［C］ ブリスター

blister agent ［C］ ビラン剤 《ビラン(糜爛)》

blister gas ビラン・ガス

blitzkrieg (blitz) 電撃戦 《ドイツ語》

blitz tactics ［pl.］ 電撃作戦

blizzard 吹雪

block ［n.］［C］ 滑車

block ［vt.］ 阻止する

blockade ［n.］ 封鎖 ◇用例： raise a blockade = 封鎖を解く；break a blockade = 封鎖を破る

blockade ［vt.］ 封鎖する

blockbuster ［C］ 大型爆弾

block check character (BCC) ブロック検査文字 《バッジ用語》

block coefficient ［C］ 方形係数

block construction 区画構造；分割構造

block cover ［C］ ブロック・カバー

block diagram ［C］ ①ブロック図 ②【海

自】構成図

blocked admittance ［U］ 制止アドミタンス

blocked impedance ［U］ 制止インピーダンス

blocking fire 阻止火力

blocking force 阻止部隊

blocking high ブロッキング高気圧

blocking interference ［U］ ブロッキング干渉

blocking modulator ［C］ ブロッキング変調器

blocking oscillator ［C］ ブロッキング発振器

blocking oscillator driver ［C］ 阻止発振励振器

blocking position ［C］ 阻止陣地

block shipment ブロック出荷

block storage ［U］ 仕分け格納

block stowage loading ［U］ 【米軍】行先別搭載 《到着した各港での迅速な貨物の卸下(しゃか)を促進するため、貨物を行先別にまとめて搭載することをいう。[典] 統合訓練資料1-4》

block system ブロック式

block test ［C］ 運転台検査

block time ブロック・タイム

blood agent ［C］ 血液製剤

blood chit ［C］ 血書

blood donation 献血

blood pressure (B/P) 血圧

blood sampling 採血 《[備] 動物の場合は「血液採取」》

bloody battle 血戦

blooming 焦点ぼけ

blow 打撃

blow and vent valve ［C］ ブロー・ベント弁 《潜水艦》

blowback = blowback system 吹き戻し式 《弾丸発射時に薬莢に加わる火薬類の燃焼ガスの圧力(包底圧)を利用して遊底を後退させ、薬莢を放出した後、次弾を装塡する方式。[典] NDS Y 0003B》

blower ［C］ 送風機

blow forward 銃身前走式 《弾丸発射時の摩擦力と圧力で銃身が前走し、薬莢を放出した後、元の位置に戻るときに次弾を装塡する方式。[典] NDS Y 0002B》《[対] blowback = 吹き戻し式》

blow-hole = blow hole ［C］ 気孔；ブロー・ホール；巣

blowing sand ［U］ 風塵(ふうじん)

blowing snow ［U］ 高い地吹雪；地吹雪 《[対] drifting snow = 低い地吹雪》

blowing up 急浮上 《潜水艦》

blow in place (BIP) 現場爆破処分

blow lamp ［C］ ブロー・ランプ

blow off = blowoff ①抽気 《ガスタービンの抽気》 ②吹き出し

blow-off cock ［C］ ブロー・コック；吹き出しコック

blow-off pipe ［C］ ブロー管；吹き出し管

blow-off valve ［C］ ブロー弁；吹き出し弁

blow-out coil ［C］ 吹き消しコイル

blue alert 青色防空警報

blue channel ［C］ 青色水路(あおいろすいろ)

Blue Chromite 【自衛隊】ブルークロマイト 《自衛隊と米海兵隊との年次共同訓練の名称》

blue discharge 不名誉除隊；不名誉免職 《[対] honorable discharge = 名誉除隊》

Blue Ensign ［the ～］ 【英海軍】予備艦旗

blue envelope ［C］ 青封筒(あおぶうとう)

blue field ［C］ 青磁場

blue forces ［pl.］ 青軍(せいぐん)；友軍

blue helmet ［C］ 国際休戦監視部隊 《口語》

Blue Impulse ［the ～］ 【空自】ブルーインパルス 《展示飛行(アクロバット飛行)を行う専門のチーム。正式名称は「第4航空団第11飛行隊」》

Blue Ribbon 【日】藍綬章

blue status 青現況(あおげんきょう)

blue water navy ［C］ 外洋海軍

bluff 断崖

BMD operation support system (BOSS) ［C］ BMD運用支援器材 《BMD = ballistic missile defence(弾道ミサイル防衛)》《JADGE用語》

BMD sensor ［C］ BMDセンサー 《戦域弾道ミサイル(TBM)目標を探知および追尾する能力を有する地上警戒管制レーダーをいう。[典] JAFM006-4-18》

BMD sensor officer (BSO) ［C］ 【空自】BMDセンサー統制幹部 《JADGE用語》

BMD staff (BMS) ［C］ 【空自】BMD幕僚 《JADGE用語》

BMD track officer (BTO) ［C］ 【空自】BMD航跡管理幹部 《JADGE用語》

BMD weapon ［C］ BMDウェポン 《BMDシステムを搭載したイージス艦およびペトリオッ

トをいう。[典] JAFM006-4-18。[備] 一般的には「BMD兵器」》

BMD weapon assignment director (BWD) ［C］ 【空自】BMD兵器割当指令官 《[備]「司令官」ではないことに注意》

BN communication control (BNCC) 【空自】高射群通信制御プログラム 《BN = battalion（高射群）》《ペトリオット用語》

BN Defense Perimeter ［C］ 【空自】BNディフェンス・ペリメーター 《ペトリオット用語》

B

BN display and control (BNDC) 【空自】高射群表示制御プログラム 《ペトリオット用語》

BN initialization (BN INI) 【空自】高射群初期設定 《ペトリオット用語》

BN netted (BN NET) 【空自】高射群組織戦闘訓練 《ペトリオット用語》

BN Only 【空自】BNオンリー 《ペトリオット用語》

BN Status 【空自】BNステータス 《ペトリオット用語》

BN status monitor (BNSM) 【空自】高射群状況監視プログラム 《ペトリオット用語》

BN status panel 【空自】高射群状況指示器パネル 《ペトリオット用語》

BN system coordination center (BNSCC) 【空自】高射群システム座標原点《ペトリオット用語》

BN track management (BNTM) 【空自】高射群航跡管理プログラム 《ペトリオット用語》

board 表

board feet ボード・フィート

boarding officer ［C］ ①【自衛隊】臨検幹部 ②臨検将校

boarding party ［C］ 搭乗者集団

board maneuver ［C］ 【海自】兵棋演習《図上演習の一種。実動部隊を用いず、図上で兵棋を用いて行う演習》

Board of Admiralty ［the ～］ 【米・英】海軍本部委員会 《[同] Admiralty Board》

Board of Governors of the Federal Reserve System 【米】連邦準備制度理事会

boardside 舷側（げんそく）

boat ［C］ ボート；短艇（たんてい）；舟艇（しゅうてい）

boat anchor ［C］ 短艇錨

boat assembly area ［C］ 舟艇集合海面

boat availability table ［C］ 使用可能上陸用舟艇表

boat cloth 短艇敷物

boat compass ボート・コンパス；短艇羅針儀（たんていらしんぎ）

boat cover ［C］ 艇覆い（ていおおい）

boat crew ［C］ 艇員；短艇員

boat cruise ［C］ 短艇巡航

boat equipment ［U］ 短艇付属具

boat flotilla ［C］ ①舟艇団 《舟艇群2個以上で編成》 ②【海自】舟艇集群

boat group ［C］ 舟艇群

boat group commander ［C］ 舟艇群指揮官

boat hook ［C］ 爪棹（つめざお）；短艇フック

boat house ［C］ 短艇庫（たんていこ）

boat inspection 短艇点検

boat lane ［C］ 舟艇進撃路

boat plug ［C］ 底栓

boat pool ［C］ ボート・プール

boatswain = bosun ［C］ ①【海軍】掌帆長 ②【海自】運用長 《運用長は、射撃、照射、運用、発射、水測およびこれらに係る物件の整備に関する業務を所掌する。[典] 海幕人第10346号》 ③甲板長；ボースン 《商船の甲板長》

boatswain bag ［C］ 錨用具入れ

boatswain's mate (BM) ［C］ 【海自】運用員 《運用員は、主として錨作業、船体の保存手入れ、重量物の取扱い、防火・防水作業ならびに関連器材の操作および保守整備に関する業務に従事する。[典] 海幕人第10346号》◇用例： chief boatswain's mate = 運用員長

boatswain's pipe ［C］ 号笛

boat tail ［C］ 船尾形弾尾 《弾帯の下方が円錐台形になっている弾尾。空気抵抗を減じ、射距離を増すことを目的とする。[典] NDS Y 0001D》

boat team ［C］ 舟艇チーム

boat team leader ［C］ ボート班長

boat unit ［C］ 舟艇隊

boat wave ［C］ 舟艇波

boat wave commander ［C］ 舟艇波指揮官

boat winch ［C］ 揚艇機

bobbing target ［C］ 起伏的

body ［C］ ①胴体 ②弾体

body armor = body armour ［U］ 防弾衣

body axis ［pl. = body axes］ 機体軸

body color 船体色

body effect 人体効果

body fluid 体液

body holster ［C］ 拳銃サック

body tube ［C］ 鏡筒

body tube assembly ［C］ 管体

Bofors gun ［C］ ボフォース砲

bog 沼地

bogey ［C］ ①ボギー；未識別航空機 《味方ではなく敵である可能性が高い航空機》 ②国籍不明機

bogie ＝bogey ［C］ ①ボギー；ボギー車 《火砲を支持するために使用される砲架車》 ②台車 《客車や貨車を形成する四輪または六輪の支持構造体》

boiled oil ボイル油

Boiler and Steam Systems 【空自】給汽 《准空尉空曹空士特技区分の英語呼称》

boiler bearer ［C］ ボイラー台

boiler bracket ［C］ ボイラー支え

boiler compound ボイラー清浄剤；清缶剤

boiler cradle ［C］ ボイラー受け

boiler drum ［C］ ボイラー胴

boiler efficiency ［U］ ボイラー効率

boiler fan (BF) ［C］ ボイラー送風機

boiler fitting ボイラー付着品

boiler house ［C］ ボイラー室

boiler lagging plate ［C］ ボイラー・ラギング板

boiler pedestal ［C］ ボイラー足

boiler pressure ボイラー圧；ボイラー圧力

boiler room ［C］ ボイラー室 ◇用例： first boiler room ＝ 第1ボイラー室；second boiler room ＝ 第2ボイラー室

boiler seating ［U］ ボイラー台

boiler shell ［C］ ボイラー胴

boiler technician (BT) ［C］ 【海自】当直員 ◇用例： chief boiler technician ＝ ボイラー員長

boiler tube ［C］ ボイラー管

boiler water (BW) ［U］ ボイラー水

boiler water testing cabinet ［C］ ボイラー水試験器

Boko Haram ボコ・ハラム 《ナイジェリア北部を主要活動地域とするスンニ派過激組織》

bollard ［C］ 係船柱

bolometer ［C］ ボロメーター

bolt ［C］ ①ボルト ②遊底 《銃の遊底》 ③尾栓 《砲の尾栓》

bolt assembly ［C］ 【海自】尾栓部

bolt buffer ［C］ 遊底緩衝器

bolt carrier ［C］ 揺底(ようてい)

bolt cover ［C］ 遊底覆い；尾筒覆い

bolt face 包底面(ほうていめん)

bolt handle ［C］ 【海自】尾栓ハンドル

bolt rope ［C］ 縁索(ふちなわ) 《帆の縁索》

bolt sleeve ［C］ 遊底スリーブ

bolt stop ［C］ 遊底止め(ゆうていどめ) 《銃の遊底が、尾筒から後方へ抜け出すのを止める部品。[典] NDS Y 0002B》《[同] slide stop》

bomb ［C］ 爆弾 ◇用例： 1,000-pound bomb ＝ 1000ポンド爆弾

bomb accelerated motor weight ［C］ 爆弾用加速重錘(ばくだんようかそくじゅうすい)

bombard ［vt.］ 爆撃する；砲撃する；攻撃する

bombardier ［C］ ①爆撃手 ②【英】砲兵下士官

bombardment ①爆撃 ②砲撃 ③砲爆撃 《爆撃と砲撃を同時に行う場合》

bombardment squadron (BS) ［C］ 爆撃飛行隊

bombardment wing ［C］ 爆撃航空団

bomb arming 爆弾安全解除

bomb away ＝bomb-away 爆弾投下；爆弾投下合図

bomb bay ［C］ 爆弾倉(ばくだんそう) 《爆撃機の爆弾倉》

bomb bay door warning light ［C］ 弾扉作動警報灯(だんぴさどうけいほうとう)

bomb bay load 爆弾倉搭載量

bomb bay scale 爆弾倉目盛

bomb blast ［C］ 爆弾の爆発 ◇用例： a series of bomb blasts ＝ 相次ぐ爆発

bomb calorimeter ［C］ ボンベ熱量計

bomb cluster adapter ［C］ 爆弾集束具 《通常の爆撃方法で複数の爆弾をまとめて投下できるようにするため、1個の爆弾架に数個の爆弾を束ねて懸吊する器具》

bomb cyclone ［C］ 爆弾低気圧

bomb damage assessment (BDA) ①戦闘損害評価 ②【空自】爆撃効率判定 ③爆撃被害アセスメント

bomb disposal ＝bomb-disposal ［U］ ①【陸自】不発弾処理 ②【空自】爆弾処理

bomb disposal officer ［C］ ①【自衛隊】不発弾処理係幹部 ②不発弾処理係将校

bomb disposal squad ［C］ 不発弾処理班

bomb disposal unit ［C］ 不発弾処理隊

bomb drop accelerometer ［C］ 爆撃用加速度計

B

bomb 110

bomb dropper ［C］ 爆撃手

bomb dummy unit (BDU) ［C］ 模擬爆弾ユニット

bomber ［C］ 爆撃機 ◇用例：B-1 bomber = B-1爆撃機（米軍）

bomber defense missile (BDM) ［C］ 爆撃機防御ミサイル

bomber penetration evaluation 爆撃機侵攻能力評価

bomb hit 爆弾命中

bomb impact plot 爆撃目標図

bombing 爆撃

bombing altimeter ［C］ 爆撃照準高度計

bombing altitude 爆撃高度

bombing angle ［C］ 爆撃角

bombing line ［C］ 爆撃線

bombing-navigation system (BNS) ［C］ 爆撃航法装置

bombing radar ［C］ 爆撃照準レーダー

bombing run 爆撃航程

bombing strike 爆撃

bomblet ［C］ 子弾 《親弾の弾殻内に内蔵される弾薬。⊛ NDS Y 0001D》《⊜ submunitions》

bomb line (BL) ［C］ 爆撃線

bomb live unit (BLU) ［C］ ボム・リブ・ユニット 《クラスター爆弾（CBU）に内蔵する子爆弾。通常は「BLU」と表記する》

bombproof ［n.］ 防空壕（ぼうくうごう）

bombproof ［adj.］ 耐爆の

bombproof shelter ［C］ 防空壕（ぼうくうごう）

bomb pylon ［C］ 爆弾懸吊装置（ばくだんけんちょうそうち）

bomb rack ［C］ 爆弾懸吊架；爆弾架

bomb reconnaissance 不発弾捜索

bomb release 爆弾投下

bomb release button ［C］ 爆弾投下ボタン

bomb release line (BRL) ［C］ 爆弾投下線；投爆線

bomb release point ［C］ ①【陸自】投弾点 ②爆弾投下点

bomb release sequence 爆弾投下順序

bomb release system ［C］ 爆弾投下装置

bomb run 爆撃航程 《目標確認から爆撃までの行程》

bomb safety line ［C］ 爆撃制限線

bomb salvo = salvo bombing 爆弾同時投下

◇用例：bomb salvo switch = 爆弾同時投下スイッチ

bomb service track ［C］ 爆弾作業庫

bomb service truck ［C］ 弾薬作業車

bomb shackle ［C］ ①【空自】爆弾固定金具 ②爆弾懸吊具（ばくだんけんちょうぐ）

bombshell ［C］ 爆弾 《爆薬弾》

bomb shelter ［C］ 防空壕（ぼうくうごう）

bomb sight = bomb-sight ［C］ 爆撃照準器

bombsite ［C］ 被爆地

bomb sweeps ［pl.］ 爆弾捜索

bomb train selector ［C］ 爆弾投下切り換え器

bomb-type ammunition ［U］ 爆弾型弾薬

bonded warehouse ［C］ 保税倉庫

bonding agent ［C］ 結合剤；接着剤

bonding clay ［U］ 結合粘土

bonding jumper ［C］ 短絡線 《⊜ bonding wire》

bonding strength ［U］ 結合力

bonding wire ［C］ 短絡線 《⊜ bonding jumper》

bone fracture ［C］ 骨折

booby trap ［C］ ブービー・トラップ；仕掛け爆弾 《外見上は無害であるが、近寄ったり触れたりすると突然爆発する殺傷を目的とした爆弾》

booby-trap mine = booby-trapped mine ［C］ 仕掛け地雷

book message ［C］ 個別通信文

boom ［C］ ①ブーム；張り出し棒 《空中給油の受け口》 ②防材

boom control lever ［C］ ブーム調整レバー

boom operator ［C］ ブーム・オペレーター；ブーム操作員 《空中給油の～》

boom patrol 防潜網哨戒

boost 継火（つぎび） 《ボイラーの継火》

boost defense segment (BDS) ［C］ 上昇段階防衛セグメント 《弾道ミサイルを上昇段階で破壊する防衛能力をいう。⊛ JAFM006-4-18》

booster (bstr) ［C］ ①ブースター 《ミサイル発射用》 ②昇圧器 ③伝爆薬；伝爆薬筒 《伝爆薬とは、起爆薬の小さいエネルギーを増大する目的で使用する中間的な爆薬のこと。⊛ 弾補所豆知識》

booster amplifier ［C］ ブースター増幅器

booster coil ［C］ 昇圧コイル

booster extender ［C］ ブースター伸長器

booster heater ［C］ 中間加熱器

111 **bott**

booster igniter cable ［C］ ブースター点火
用ケーブル

booster impact area ［C］ ブースター落下
地域

booster pump ［C］ 昇圧ポンプ

booster rocket ［C］ ブースター・ロケット

boost gauge ［C］ 給気圧力計

boosting charge 急速充電

boost-out provision ブースト圧開放装置

boost phase ［C］ ブースト段階；推進段階
《ロケット・エンジンが燃焼し、加速している段
階》

boost phase intercept (BPI) 加速上昇段階
要撃 《発射直後に空対空ミサイルによってミサ
イルを撃墜する方式》

boost ratio ［C］ ブースト比

boot 銃差し

boot camp ［C］ 【米海軍・米海兵隊】新兵
訓練所；新兵訓練基地

boot channel (BTCH) ［C］ ブート・チャ
ネル 《バッジ用語》

boot loading ［U］ ブート・ローディング
《バッジ用語》

bootstrap initiate (Bootstrap-INIT)
ブートストラップ・イニシエイト 《ペトリオッ
ト用語》

boot topping 水線部

boot-topping paint 水線塗料

border crosser ［C］ 国境往来者

border dispute 国境紛争

bore ①銃腔；砲腔 《薬室から弾丸が発射され、
銃口・砲腔から飛び出すまでの通路》 ②【海自】
砲中 ③内径；口径 《シリンダーの内径》

boreal climate 寒帯気候

bore area ［C］ 砲腔面積

bore brush 砲腔ブラシ；銃腔ブラシ

bore diameter 穴径；内径；口径

bore gauge ［C］ 銃腔ゲージ；ボア・ゲージ
《銃腔の侵食状態を検査するために使用する器具。
® NDS Y 0003B》

bore length ＝ length of bore 砲腔長

bore pressure 砲腔内圧力；腔圧（こうあつ）
《砲腔内に生じる火薬ガスの圧力》

bore riding pin ［C］ 銃腔内安全栓 《信管に
使用する安全装置の一種で、砲腔または発射機の
中での安全解除を防止し、砲口離脱時に遠心力ま
たはばねの力で信管から飛び出す安全栓。® NDS
Y 0001D》

boresafe fuze ［C］ 腔内安全信管

bore scope 砲腔検査鏡；腔内検査鏡 《砲身の
内面を目視で検査する器具。® NDS Y 0003B》

borescope intercept point ［C］ ボアス
コープ要撃点

bore sight ［C］ 銃腔視線検査具；砲腔視線検
査具

bore sighting ＝ boresighting ①【空自】銃腔
照準調整；砲腔照準調整 ②【海自】砲軸線整合
③銃腔視線検査；砲腔視線検査 《銃軸線または
砲腔視線と照準線が、平行であるかまたは特定の距
離で合致しているか検査すること。® NDS Y
0003B》

bore sight telescope ［C］ 砲軸線整合用
眼鏡

bore sight tube ［C］ 砲軸線整合筒

borrow ①借り ②客土

boss ratio ［C］ 内外径比 《ガスタービンの
内外径比》

both way trunk (BWT) 両方向トランク
《バッジ用語》

bottom 底部

bottom board ［C］ 敷板

bottom bounce (BB) 海底反射 《音が海底
もしくは海面を反射して、目標（受波器）に達する
状況。 対潜隊（音1）第401号》《® bottom
reflection》

bottom bounce range BBR 《アクティブ・
ソーナーが海底反射伝搬によって探知し得ると推
定される距離。® 定訳は見当たらない。「BBR」
で通じる》《BBR ＝ ビービーアール》

bottom carriage ［C］ 【陸自】下部砲架
《砲架の下部を構成し、上部砲架を含む旋回体を
支持する装置。® NDS Y 0003B》《® lower
carriage》

bottom composition 海底組成；海底組織

bottom condition 海底状態

bottom counter plotting navigation
［U］ 測深航法

bottom dead center (BDC) ［C］ 下死点

bottomed submarine ［C］ 沈底潜水艦

bottom girder ［C］ 船底桁（せんていけた）

bottom head 底板

bottoming 【海自】沈座（ちんざ） 《潜水艦
が、適当な負浮力をもって、海底に着底した状態
をいう。® 統合訓練資料1-4》

bottom loading ボトム・ローディング 《ボ
トム・ローディングとは、燃料を給油車のタンク
下部から充填することをいう。® DSP D 6006F》

bottom longitudinal 船底縦材

bottom loss class (BLC) 海底反射損失階級

bottom loss measuring system (BLMS) ［C］ 海底反射損失測定装置

bottom materials ［pl.］ 底質（ていしつ）《海底を形成している物質》

bottom member 船底部材

bottom mine ［C］ 沈底機雷（ちんていきらい）《海底に沈めた機雷のこと》

bottom oil 残油

bottom planting 船底部材

bottom position ［C］ 底位置

bottom reflection 海底反射 《[同] bottom bounce》

bottom reverberation 海底余韻

bottom rudder ［C］ ボトム・ラダー

bottom sampler ［C］ 採泥器

bottom sampling 採泥

bottom sediment chart ［C］ 底質図

bottom shell plate ［C］ 船底外板

bottom sleigh ［C］ 砲身支え

bottom sweep 海底掃海

bottom topography ［U］ 海底地形

Bottom-Up Review (BUR) 【米】ボトムアップ・レビュー

bottom view ［C］ 下面図

bottom wing ［C］ 内側翼 《旋回の内側翼》

botulinum toxin ［C］ ボツリヌス毒素

bounce 跳躍

bouncing pin ［C］ バウンシング・ピン

bound ①躍進 ◇用例： by bounds = 躍進によって ②躍進距離

boundary ［C］ ①境界；境界線 ②戦闘地境

boundary layer ［C］ 境界層

boundary-layer control (BLC) 境界層制御装置

boundary light ［C］ 境界灯

boundary line ［C］ 境界線

boundary marker ［C］ 境界標識

boundary plank ［C］ 縁板（えんいた）

boundary security ［U］ 国境保全

boundary surface sensor ［C］ 境界面センサー 《海面および海底面（境界面）と魚雷との距離を検出する音響センサー》

boundary tension ①表面張力 ②【海自】界面張力

bound barrel ［C］ 膠着銃身（こうちゃくじゅうしん）

bounding mine ［C］ 跳躍式対人地雷

bound unit (BU) ［C］ バウンド・ユニット 《バッジ用語》

bouquet mine ［C］ 多段式機雷

bourdon tube ［C］ ブルドン管 《圧力計のブルドン管》

bourrelet 定心部 《銃身または砲身の内径が他の部分よりもわずかに狭くなっている部分。弾丸を支持することで、発射時の弾丸のガタつきが低減される。[典] NDS Y 0001D》

bourrelet diameter 定心部直径 《定心部の直径。弾丸の最大直径を示している。[典] NDS Y 0001D》

bow ①【海自】艦首；艇首 ②船首 ③弓

bow chaser ［C］ 船首砲；追撃砲

bow cursor ［C］ 艦首カーソル 《自艦の艦首方向をソーナーの表示画面に表示する記号。[典] NDS Y 0012B》

bower anchor ［C］ 主錨（しゅびょう）

bowl ［C］ ①羅盆（らぼん） ②反射皿

bowl capacity in loose 運土量

bow line 前部もやい

bowline knot もやい結び 《舫い結び》

bowline on the bight 腰掛け結び第1法

bowman ［pl. = bowmen］ 艇首員

bowmen's thwart 艇首座

bow plane ［C］ 潜舵

bow shackle ［C］ 丸形シャックル

bow sonar ［U］ バウ・ソーナー 《艦首の艦底に固定装備されているソーナー。バルバス・バウ（球状艦首）と一体化されていることが多い。[典] NDS Y 0012B》

bow stiffener ［C］ 頭部補強材

bow tube ［C］ 艦首発射管

bow wave ［C］ ①艦首波；船首波 ②弾頭波 ③頭部波 《超音速で飛翔する物体の先端から後方に向って生じる円錐状の衝撃波》

box barrage 対空十字砲火

box beam ［C］ 箱形ビーム

box end ［C］ 箱形端

box magazine ［C］ 箱型弾倉；箱弾倉

box pallet ［C］ 箱形パレット

box patch ［C］ 箱パッチ

box patrol 箱形哨戒

box search ［C］ 箱形捜索

box spar ［C］ 箱桁（はこげた）

box-tail stabilizer ［C］ 箱形尾部安定器

box trail ［C］ 箱型式脚（はこがたしききゃく）

bracing 筋交い（すじかい）；ブレース；方杖（ほうじょう）

bracket ［C］ ①腕金（うでがね） ②夾叉距離（きょうさきょり） ③ブラケット

bracket and halving 折半修正

bracketing method ＝ bracketing adjustment 夾叉法（きょうさほう）《火砲の射距離を修正する修正射の方法の一つ。観目線に沿って遠弾と近弾で目標を夾叉し、次に2つの射距離を半分にした射距離で目標に命中させるか、または所望の夾叉を得る。例えば、遠弾の射距離が1000m、近弾の射距離が600mの場合、合計は1600mであり、半分にした800mが次の射距離になる》

bracket insulator ［C］ 隔離板

bracket ring ［C］ 照門

bracket-rotating knob ［C］ 左右つまみ

bracket suspension ブラケット吊り（～つり）

braided-line 編みひも

brail 絞り綱（しぼりづな）《帆の絞り綱》

brake band ［C］ ブレーキ帯

brake block ［C］ ブレーキ片

brake cage ［C］ ブレーキ箱

brake clearance ブレーキ間隙

brake control valve system ［C］ ブレーキ操作弁

brake disc ［C］ ブレーキ板

brake dynamometer ［C］ ブレーキ動力計

brake horsepower (BHP) ［C］ ①ブレーキ馬力；制動馬力 ②【空自】軸馬力

brake load ブレーキ荷重

brake master cylinder ［C］ ブレーキ・マスター・シリンダー

brake mean effective pressure (BMEP) 正味平均有効圧力

brake oil reservoir ［C］ 制動機用油槽（せいどうきようゆそう）

brake pedal linkage ブレーキ・ペダル・リンケージ

brake plate ［C］ ブレーキ板

brake release weight ［U］ ブレーキ・リリース重量

brake thermal efficiency ［U］ 正味熱効率

branch ［C］ ①支所；出張所 ②派遣隊；支隊；班 ③兵科；職種《自衛隊では「職種」》

Branch American Civilian Internee Information Bureau 【米】被抑留米国民間人情報局支局

Branch Depot 【陸自】支処《の英語呼称》

《需品（糧食、被服装具、需品器材、整備用部品および落下傘）の調達、整備および技術検査、需品の出納、保管および補給ならびにこれらに関する調査研究を担任する》◇用例：松戸支処 ＝ Matsudo Branch Depot

Branch Enemy Civilian Internee Information Bureau 【米】被抑留敵国民間人情報局支局

branch line ［C］ 支線

branch of service ①【自衛隊】職種 ②兵科

branch pipe ［C］ 枝管（えだかん）

B range Bレンジ

brass ①黄銅 ②打ち殻薬莢 ③高級将校《俗語》

brass cartridge case ［C］ 黄銅薬莢（おうどうやっきょう）《黄銅製の薬莢》

brass hat 高級将校《俗語》

breach ［n.］ 突破口

breach ［vi.］ 破壊口を作る

breaching 破壊口の開設

breach of contract 契約違反；違約

breach of discipline 規律違反

breach of faith 背任

breach of law 法律違反；違法

breach of regulation 規則違反；反則

break away ＝ breakaway ①【空自】編隊解散；編隊離脱 ②【海自】離脱

break away safety wire ［C］ ブレーク・アウェイ・セイフティ・ワイヤー

breakbulk cargo バラ積み貨物

break down test ＝ breakdown test ［C］ 絶縁破壊試験；耐電圧試験；破壊試験

breakdown voltage 破壊電圧；降伏電圧

breaker ［C］ ①遮断器 ②水樽（みずだる）《飲料水を入れる樽のこと》

breaking capacity 遮断容量

breaking current 遮断電流

breaking load 破壊荷重；破断荷重

breaking of wire 断線

breaking strength ［U］ 破壊強さ

breaking stress 破壊応力

breaking test ［C］ 破壊試験

break off ①接敵中止 ②離脱

break-off phenomenon 感情崩壊；孤独現象

break-off position ［C］ 分離点

breakout 包囲突破

break point ［C］ ①【空自】ブレーク・ポイ

ント 《バッジ用語》 ②【海自】休止点

breakthrough 【陸自】突破 《敵の戦闘組織を破砕してこれを各個に撃滅するため、主力をもって敵の正面から攻撃して、これを突破分断する攻撃機動の方式をいう。⊛ 陸自教範》《⊛ penetration》

break-up 瓦解 《一部の崩れから全体が崩れること。⊛ 戦術教育用語の解》

break-up point ［C］ 解列点

breakwater ［C］ 波よけ

breast line ［C］ ブレスト・ライン

breastwork ①胸土（きょうど） ②胸墻（きょうしょう） 《旧軍用語》

breather ［C］ 吸気調整器

breathing bag ［C］ 呼吸袋

breathing resistance 吸気抵抗

breathing tube ［C］ 呼吸管

breech ①銃尾；砲尾 《⊛ muzzle ＝ 銃口；砲口》 ②尾筒部 《尾筒部は、尾筒本体、銃身受け、尾筒底、尾筒覆い、遊底などからなる》

breech assembly ［C］ 銃尾機関；砲尾機関；銃尾機構；砲尾機構 《⊛ breech mechanism》

breech blast ［C］ 後方爆風

breech block ＝ breechblock ［C］ ①【陸自】閉鎖機 ②【海自】尾栓（びせん）

breech block carrier ＝ breechblock carrier ［C］ 鎖扉（さひ）

breech door ［C］ 後扉（こうひ） 《潜水艦の魚雷発射管の装填口の扉》《⊛ muzzle door ＝ 前扉》

breech end ［C］ 砲尾端；砲尾後端

breech face ［C］ 砲尾面

breech housing 【海自】尾栓室

breech-loader ［C］ 後装銃；後装砲 《銃砲身の尾部から砲弾と装薬を装填する銃砲。「breech-loading gun」ともいう》《⊛ muzzle-loader ＝ 前装銃；前装砲》

breech loading ［U］ 後装；後方装填 《「元込め」のこと》《⊛ muzzle loading ＝ 前装；銃口装填；砲口装填》

breech lock ［C］ 閂子（せんし）；閉鎖金

breech lock recess 閂子受け

breech mechanism ［C］ 銃尾機関；砲尾機関；銃尾機構；砲尾機構 《⊛ breech assembly》

breech opening handle ［C］ 【海自】尾栓開閉ハンドル

breech opening mechanism ［C］ 【海自】尾栓開閉機構

breech opening shaft ［C］ 【海自】尾栓

開閉軸

breech operating lever ［C］ 【陸自】閉鎖機槓桿（へいさきこうかん）

breech operating mechanism ［C］ 砲尾開閉装置

breech plug ［C］ 【海自】尾栓（びせん） 《後装式の銃砲において、銃砲身の尾部の栓となる部品。⊛ NDS Y 0003B》

breech pressure 砲尾圧；砲尾圧力

breech recess 【陸自】閉鎖機室

breech ring ［C］ 砲尾環（ほうびかん）

Bren ブレン 《軽機関銃の一種》

brevet ［n.］ 名誉進級

brevet ［vt.］ 名誉進級させる

brevet rank 名誉階級

brevity and clarity 簡潔明確

brevity code ①【陸自】略号 ②【空自】通話略号 ③【海自】隠語

bridge ［C］ ①橋；架橋 ②艦橋；船橋

bridge broken 開門橋

bridge capacity 橋梁容量

bridge class 橋梁等級

bridge guard ［C］ 橋梁哨

bridgehead (Brhd) ＝ bridge-head ［C］ 【陸自】橋頭堡（きょうとうほ） 《渡河攻撃において、渡河部隊がじ後の作戦に必要な地歩を確立するため、遠岸に確保する地域をいい、通常、第1次から第3次までの目標線の占領により設定され、状況により、第2次目標線の占領をもって完了する。⊛ 陸自教範》

bridgehead line ［C］ 橋頭堡線

bridge method ブリッジ法

bridge platoon ［C］ 橋梁小隊

bridge resource management (BRM) ［U］ 【海自】艦橋資源管理 《艦橋において、利用可能なすべての資源（人材、情報、知識等）を最大限に活用し、より安全で効率的な艦の運航を実現することを目的とした考え方。⊛ 一般には「船橋資源管理」》

bridge site ［C］ 架橋位置

bridge stabilized crystal oscillator ［C］ ブリッジ型水晶発振器

bridge talker ［C］ 艦橋伝令

bridge train ［C］ 架橋段列（かきょうだんれつ）

bridge-type phase-shift oscillator ［C］ ブリッジ型移相発振器

bridging connector 分岐接栓

115   **brow**

bridging material　架橋材料

brief　[vt.]　要旨説明する

briefing　ブリーフィング；要旨説明；概況説明
◇用例：give a briefing；present a briefing ＝ 要
旨説明する

briefing and display function (B&D)　ブ
リーフィング＆表示機能

briefing team　[C]　要旨説明班

brief lift　射撃中止　《短時間の射撃中止》

brig　①ブリッグ　《2本マストの帆船》　②【米】
営倉　《艦船内の営倉》

brigade (Brig)　[C]　旅団　《2個以上の連隊
(regiment)で編成される》

Brigade Combat Team (BCT)　【米陸軍】
旅団戦闘団

Brigade Commanding General (BCG)
【自衛隊】旅団長　《の英語呼称》◇用例：
Brigade Executive Officer（BEO）＝ 副旅団長

brigade major (BM)　旅団副官

Brigadier　[C]　【英陸軍】准将

Brigadier General (Brig Gen.)　【米陸空
軍・米海兵隊】准将　《少将の次位階級》

bright film　[C]　透明フィルム

brightness　輝度

brightness control　[U]　輝度調整

bright tube display　高輝度管表示

brilliance　[U]　輝度

brilliance modulation　輝度変調

brilliant anti-tank munitions (BAT)
[pl.]　自立対装甲弾；知能化対機甲子弾

Brinell hardness　①ブリネル硬度　②【海自】
ブリネル硬さ

brine valve　[C]　ブライン弁

brinkmanship　[U]　瀬戸際政策

brisance　猛度　《爆薬の破壊能力を示す度合い》

brisance test　[C]　猛度試験

British anti-lewisite (BAL)　ルイサイト解
毒剤　《BAL ＝ バル》

British Army's Special Air Services
counterterrorist team　[the ～]　英国空
軍特殊部隊対テロリスト・チーム

British Legion　[the ～]　英在郷軍人会

British plane　[C]　英機

British secret forces　[pl.]　英特殊部隊

British special forces　[pl.]　英特殊部隊
《◎ UK special forces ＝ 英特殊部隊》

British thermal unit (BTU)　英熱単位；英
熱量

brittle fracture　[C]　脆性破壊

broach　[n.]　①ブローチ　《切削工具》　②
ブローチ　《潜水艦が潜航しているとき、海面上
に船殻が出ること。潜望鏡深度を維持しようとし
ているときに生じることが多い。目に見える状態
になるため、問題になる》　③跳出　《魚雷の全体
または一部が航走中に海面上に出ること》

broach　[vi.]　①ブローチングする　《舷側に
波を受け危険なほど不安定な状態になること》
②水面に出る；浮上する　《潜水艦》

broach　[vt.]　ブローチで広げる　《穴をブロー
チで広げる》

broached depth　浸洗状態

broaching　跳出

broaching to　ブローチング　《船が追い波で航
行しているとき、船尾が後方から受けた大波によ
り持ち上がり、船首が傾いて操船不能になる。そ
のため操船による船体の建て直しが困難となり、
船体が波と波の間に横たわることがある。これを
ブローチングといい、側面から波を受けて転覆の
危険性が高まる》◇用例：broaching-to
phenomenon ＝ ブローチング現象

broad band (BB)　広帯域　◇用例：broad
band noise ＝ 広帯域雑音

broad band antenna　[C]　広帯域アンテナ

broad-band filter　[C]　広帯域フィルター

broadcast antenna　[C]　放送用空中線

broadcast control　[U]　放送管制

broadcast controlled air interception　放
送管制要撃

broadcast fighter control (BROFICON)
[U]　放送要撃管制

broadcasting channel　[C]　放送チャンネル

broadcast wave　[C]　放送波

broad pennant　[C]　【海軍】代将旗；司令
官旗

broadside array　[C]　ブロードサイド・ア
レイ

broken stowage　[C]　死積

broken terrain　[U]　①不整地　②【海自】
不斉地　《デコボコの激しい土地》《◎ rough
terrain》

Bronze Arrowhead　【米】青銅矢じり記章

Bronze Oak Leaf Cluster　【米】ブロンズ・
オーク・リーフ・クラスター章；青銅樫葉章

Bronze Service Star　【米】従軍青銅星

Bronze Star Medal　【米】青銅星章

Browning automatic rifle (BAR)　[C]
ブローニング自動小銃　《BAR ＝ バー》

brow of a hill　稜線（りょうせん）

Brucellosis 波状熱
bruise 挫傷(ざしょう)
brush ブラシ;刷毛(はけ)
brush block [C] ブラシ台
brush contact loss ブラシ接触損
brush guard アンテナ保護カバー 《ペトリオット用語》
brush holder [C] ブラシ保持器
brush revetment 樹枝被覆
B **B-scope** Bスコープ 《縦軸に距離、横軸に方位角をとって表示するレーダーの表示画面》
BT slide [C] BTスライド
BT trace BTトレース
bubble [C] 気泡(きほう)
bubble decoy [C] 気泡デコイ
bubble horizon 気泡水平線
bubble noise [U] 気泡雑音
bubble sextant [C] 気泡六分儀
bubble-type inclinometer [C] 泡傾斜計
bubble wake 雷跡
bucket rod [C] バケット棒
bucket tooth [C] 翼歯
bucket valve [C] バケット弁
buckle [C] 尾錠;バックル
buckling load 座屈荷重
buddy aid 戦友救急法
buddy system 相棒方式
budget 予算 《部隊の維持および活動のため使用権限を与えられた諸経費の額をいい、陸上自衛隊経費取扱規則における「経費」と同義に使用される。[典] 陸自教範》
budget authorization 予算承認
budget credit [U] 予算クレジット
budget directive [C] 予算指令
budget item [C] 予算品目
budget program [C] 予算計画
budget requirements [pl.] 予算所要
Budget Section 【陸自・空自】予算班 《の英語呼称》◇用例: 予算班長 = Chief, Budget Section
budget year (BY) 【米】予算年度
buffer [C] バッファー;緩衝器;緩衝板
buffer action 緩衝作用
buffer amplifier [C] 緩衝増幅器
buffer assembly [C] 緩衝部
buffer bar [C] 緩衝当て金
buffer disk [C] 緩衝盤;緩衝円板
buffer distance 安全距離
buffer fluid 緩衝器油
buffering action 緩衝作用
buffer input output unit (BI/OU) [C] バッファー入出力装置
buffer overflow バッファー・オーバーフロー 《バッファー(データ格納領域)に割り当てられている容量よりも多くのデータを格納しようとしたり、他の情報を上書きしようとしたりするときに生じるシステムの内部エラー。攻撃者は、このようなエラーを悪用してコンピューター・システムをクラッシュさせる》◇用例: buffer overflow attack = バッファー・オーバーフロー攻撃
buffer plate [C] 緩衝板
buffer solution 緩衝液
buffer storage [U] バッファー記憶装置;緩衝記憶装置
buffer track [C] バッファー航跡 《通信バッファー・システムから、防空指令所(DC)が受領している航跡のことをいう。[典] JAFM006-4-18》
buffer tube [C] 緩衝筒
buffer zone (BZ) [C] 緩衝地帯
buffet ①バフェット 《ジェット機または飛翔体が、0.9マッハ前後の速度で急旋回をすると激しい機体振動が発生する。この振動をバフェットという。[典] NDS Y 8100》 ②ビュッフェ;食堂;食器棚
buffet boundary [C] 振動限界
buffeting warning 失速警報
buffet region [C] 振動範囲
bugle [C] らっぱ
bugler [C] らっぱ手
bugle team [C] らっぱ隊
builders trial 造船所試運転
building additions [pl.] 【海自】建物増築 《「建て増し」のこと》
building a fill 築堤作業
building berth [C] 船台
building block [C] ビルディング・ブロック
Building Division 【防衛省】建築課 《建設部建築課の英語呼称》◇用例: 建築課長 = Director, Building Division
building standards law [C] 建築基準法
building up defense capabilities 防衛力整備 ◇用例: the development of defense capabilities build-up = 防衛力の整備
build-up = buildup ①集積;戦力集積 ②【空

自】戦力整備

build-up area ［C］ 戦力培養地区

build-up base ［C］ 戦力培養基地

build-up plan ［C］ 増勢計画

build-up training ［U］ 練成訓練

built-in breathing system (BIBS) ［C］ 緊急・治療用呼吸装置

built-in measuring equipment (BIME) ［U］ 組み込み計測装置 《BIME＝バイム》

built-in test (BIT) 自己診断機能 《外部試験機器を用いなくても、システムの機能試験ができるように装置内に組み込まれているテスト機能。[典] レーダー用語集》

built-in test equipment (BITE) ［U］ ①組み込み試験装置 《JADGE用語》 ②【空自】組み立て診断装置 ③【海自】自動故障箇所表示装置 《BITE＝バイト》

built-up area ［C］ 市街地

built-up beam ［C］ 組み立てビーム

built-up crank shaft ［C］ 組み立てクランク軸

built-up edge ［C］ 構成刃先

built-up frame ［C］ 組み立てフレーム

built-up gun ［C］ 層成砲

built-up piston ［C］ 組み立てピストン

built-up propeller ［C］ 組み立てプロペラー

built-up type 組み立て型

bulb exposure バルブ露光

bulbous bow バルバス・バウ；球状艦首；球状船首 《球根状に丸くふくらんだ艦首。造波抵抗を低減される》

bulge バルジ 《膨らんでいる部分または張り出している部分》

bulging ふくれ出し

bulk 主力

bulk allotment バルク割り当て

bulk area ［C］ バルク地区

bulk cargo バルク貨物

bulkhead ［C］ 隔壁

bulkhead stop valve ［C］ 隔壁遮断弁

bulkhead structure 隔壁構造

bulkhead valve (BV) ［C］ 隔壁弁

bulk high explosive 裸の爆薬；ばらの爆薬

bulking 膨水出し

bulk petroleum product ［C］ バルク石油製品

bulk stock バルク格納

bulk stockage バルク貯蔵 《[対] bin stockage＝ビン貯蔵》

bulk storage ［U］ ①【空自】バルク貯蔵 ②【海自】バルク物品倉庫

bullet ［C］ 銃弾；弾丸 《小火器から発射される金属製の物体》

bullet dispersion ［U］ 射弾散布

bullet hole ［C］ 弾痕

bullet impact test ［C］ 銃撃感度試験

Bulletin of Liberal Arts & Sciences of the National Defense Medical College 【防衛省】防衛医科大学校進学課程研究紀要 《の英語名》

bullet mark ［C］ 弾痕

bullet-proof glass ［U］ 防弾ガラス

bulletproof jacket ＝bulletproof vest ［C］ 防弾チョッキ

bullet pull 抜弾抗力（ばつだんこうりょく） 《弾丸を薬莢から引き抜くために必要な力。[典] NDS Y 0001D》

bullet seat ［C］ 弾室

bullet wound 銃創（じゅうそう）

bullhorn ［C］ 拡声器 《軍艦の拡声器》

bulwark ブルワーク

bump 悪気流

bumper ［C］ バンパー；緩衝器；緩衝板

bumpy weather 悪気流のある天候

bunching 蝟集（いしゅう）

bunker ［C］ 掩蔽壕；掩蓋陣地

bunker buster ［the ～］ バンカー・バスター

bunker fuel バンカー燃料

bunt effect バント効果

buoy ［C］ ブイ；浮標 《海上に浮かべている標識》

buoyancy ［U］ 浮力；浮量

buoyancy curve ［C］ 浮力曲線

buoyancy tank ［C］ 浮力タンク

buoyancy test ［C］ 浮力試験

buoyant apparatus 救命浮器

buoyant cable ［C］ 浮上式ケーブル

buoyant smoke signal ［C］ 【海自】発煙浮信号（はつえんうきしんごう）

buoyant tube ［C］ 浮き管（うきくだ）

buoy approach ブイ取り

buoy establishment 浮標設置

buoy ring ［C］ 浮標環

buoy tender ［C］ 設標船

burble 失速

burble angle ［C］ ①失速角 ②【海自】臨界角

burble point ［C］ 失速点

burden 載貨力

burdened vessel ［C］ 避航船

burden sharing 責任分担；役割分担

bureau number ①【米海軍・米海兵隊】ビューロ・ナンバー 《機種に関係なく、航空機に付ける納入順の通し番号》 ②【海自】機番号

Bureau of Account (TR-BA) 【米】財務省経理局

Bureau of Alcohol, Tobacco and Firearms (ATF) 【米】アルコール・煙草・火器局

Bureau of Customs (TR-BC) 【米】財務省関税局 《現在は新設された国土安全保障省に編入》

Bureau of Defence Build-up Planning 【内部部局】整備計画局 《の英語呼称》《自衛隊部隊の編成・装備、情報通信、自衛隊等の施設の取得・管理、建設工事の実施などに関する業務を実施する》◇用例：整備計画局長 = Director General, Bureau of Defense Build-up Planning

Bureau of Defense Operations 【防衛省】運用局 《の英語呼称》◇用例：運用局長 = Director General, Bureau of Defense Operations

Bureau of Defense Policy 【内部部局】防衛政策局 《の英語呼称》《防衛計画の大綱、他国との防衛交流、情報の収集・分析などに関する業務を実施する》◇用例：防衛政策局長 = Director General, Bureau of Defense Policy；防衛政策局次長 = Deputy Director General, Bureau of Defense Policy

Bureau of Economic Analysis (BEA) 【米】経済分析部

Bureau of Education and Training 【防衛省】教育訓練局 《の英語呼称》

Bureau of Engraving and Printing (TR-EP) 【米】財務省印刷局

Bureau of Equipment 【防衛省】装備局 《の英語呼称》◇用例：装備局長 = Director General, Bureau of Equipment

Bureau of Export Administration 【米】輸出管理局

Bureau of Finance 【防衛省】経理局 《の英語呼称》◇用例：経理局長 = Director General, Bureau of Finance

Bureau of Finance and Equipment 【防衛省】管理局 《の英語呼称》◇用例：管理局長 = Director General, Bureau of Finance and Equipment

Bureau of Indian Affairs (IN-IA) 【米】インディアン保護局

Bureau of Industry and Security (BIS) 【米】産業安全保障局 《商務省の一部門。民生用品の輸出規制の管理を所管している》

Bureau of Labor Statistics (BLS) 【米】労働統計局

Bureau of Land Management (IN-LM) 【米】内務省土地管理局

Bureau of Local Cooperation 【内部部局】地方協力局 《の英語呼称》◇用例：地方協力局長 = Director General, Bureau of Local Cooperation；地方協力局次長 = Deputy Director General, Bureau of Local Cooperation

Bureau of Medicine and Surgery (BUMED) 【米】海軍衛生局；海軍医療局

Bureau of Mines (IN-BM) 【米】内務省鉱山局

Bureau of Narcotics (TR-BN) 【米】財務省麻薬局

Bureau of Naval Personnel 【米】海軍人事局

Bureau of Personnel and Education 【内部部局】人事教育局 《の英語呼称》《自衛官等の人事・福利厚生・給与制度・教育などに関する業務を実施する》◇用例：人事教育局長 = Director General, Bureau of Personnel and Education

Bureau of Prisons (JU-PR) 【米】司法省刑務所局

Bureau of Public Dept (TR-PD) 【米】財務省公債局

Bureau of Public Roads (CO-PR) 【米】商務省公共道路局

Bureau of Reclamation (IN-BR) 【米】内務省土地改良局

Bureau of the Census (CO-CS) 【米】商務省国税調査庁

Bureau of the Mint (TR-BM) 【米】財務省造幣局

Bureau of Transportation Statistics 【米】運輸統計局

burette stand ［C］ ビュレット台

burial 埋葬

burial at sea ①水葬 ②海中投棄

burn ①露出 ②焼却

burned product ［C］ 焼成品

burning 焼成

burning area ［C］ 燃焼面積

burning degree ［C］ 焼成度

burning rate ［C］ 燃焼速度

burning rate catalyst ［C］ 燃焼速度触媒

burning ratio ［C］ 燃焼割合；燃焼率 《燃焼した火薬の容積を燃焼前の容積で割った値。[典] NDS Y 0006B》

burning resistance ［U］ 耐燃性

burning shrinkage ［U］ 焼成収縮

burning time 燃焼秒時 《信管の燃焼秒時》

burning train ［C］ 燃焼火薬系列

burn out ＝burnout ①バーンアウト；燃焼終了 《バーン・アウトとは、ロケットの燃焼終了またはブースターを切り離して加速がされなくなったブースト(加速)終了をいう。[典] JAFM006-4-18》 ②燃焼完了点 《火薬が完全に燃焼し終わる時点または位置》

burn-out life 断線寿命

burn-out rate ［C］ 断線率

burnout velocity ［U］ 燃焼完了点速度 《ロケット弾の推進薬の燃焼完了点における速度。[典] NDS Y 0006B》

burnout weight ［U］ 燃焼完了重量

burn-through 焼損

burp gun ［C］ 小型軽機関銃 《米俗語》

burst ①一連射 《自動火器において、引き金を1回引いて、所定の発射弾数を発射する射撃方法。[典] NDS Y 0005B》 ②炸裂；破裂 《弾丸や爆弾などの弾殻または弾体の破裂。[典] NDS Y 0001D》 ③バースト 《情報の転送で、一度に大量のデータを送信することをいう》《バッジ用語》

burst altitude (BA) 爆発高度

burst center ＝center of burst 破裂点中心

burst data ［U］ バースト・データ 《バッジ用語》

burst depth 圧壊深度 《魚雷や潜水艦の外殻が外水圧で破壊される深度。[典] NDS Y 0041》《[同] crush depth》

burst enable order 破裂準備指令

burster 炸薬筒(さくやくとう) 《化学弾の中心部に装着する炸薬入りの円筒。炸薬の起爆によって充填物を飛散させる》

burster blocks ［pl.］ 起爆ブロック

burster charge 炸薬筒用炸薬

burster course ［C］ 起爆層

burster tube ［C］ 炸薬筒体(さくやくとうたい)

bursting charge 炸薬(さくやく) 《砲弾、地雷、爆弾などに充填された爆薬》

bursting layer ［C］ 起爆層

bursting pressure 破裂圧；破裂圧力

bursting smoke ［U］ 爆煙

burst interval ［C］ 破裂間隔

burst order 破裂指令

burst range ［C］ 破裂距離 《火砲から破裂点までの直線距離。[典] NDS Y 0006B》

burst sequence number (BSN) バースト・シーケンス・ナンバー 《バッジ用語》

bus ［C］ 母線；バス

bus analog module (BAM) ［C］ バス・アナログ・モジュール 《バッジ用語》

bus-bar ［C］ 母線

business case analysis (BCA) ビジネス・ケース分析 《成果保証契約(PBL)の最適なモデル検討のために、実施効果および実現可能性の観点から分析をすること》

business management training ［U］ 【防衛省】業務管理教育 《再就職援護策の一つ》

bus input/output port (BUS I/O PORT) ［C］ バス入出力ポート 《バッジ用語》

bus interface unit (BIU) ［C］ バス・インターフェース・ユニット 《バッジ用語》

bus multiplexer (BMUX) ［C］ バス・マルチプレクサー 《バッジ用語》◇用例： bus multiplexer type A (BMUX-A) ＝バス・マルチプレクサーA型《BMUX＝ビーマックス》

bus schedule ［C］ 運行計画

bus selector lever ［C］ 母線選択レバー

bus switch module (BSW) ［C］ バス切り替えモジュール 《バッジ用語》

buster バスター 《JADGE用語》

bus transfer switch ［C］ 転換スイッチ

busy tone (BT) 話中音

butt ［C］ 床尾(しょうび) 《銃床の後端》

butterfly bomb ［C］ ちょう形爆弾 《蝶形爆弾》

butterfly effect ちょう形効果

butterfly oscillator ［C］ ちょう形発振器

butterfly resonator ［C］ ちょう形共振器

butterfly tuner ［C］ ちょう形同調器

butt plate ［C］ 床尾板(しょうびばん)

buttstock ＝butt stock ［C］ 銃床 《銃尾機関に接続し、肩付射撃における銃の保持、肩付け、照準などを容易にするための部品。[典] NDS Y 0002B。[備]「stock」または「butt」ともいう》《[同] shoulder stock》

butt stroke 床尾打撃

butt swivel 後方止め環

buzz bomb ［C］ バズ爆弾

buzzer oscillator ［C］ ブザー発振器

buzzer volume (BZ VOL) ブザー音量調節つまみ 《表示操作卓において、メンテナンス・パネルのブザー音量を調節するつまみをいう。®JAFM006-4-18》

buzzer wavemeter ［C］ ブザー周波計

buzzing 超低空飛行

by echelon 梯次に

by-pass ＝ bypass ［C］ ①バイパス ②側路（そくろ）；迂回路

bypassed resistance ［U］ 残敵の抵抗

by-pass mode バイパス・モード 《ペトリオット用語》

bypass ratio (BPR) ［C］ バイパス比

by-pass tell バイパス・テル 《入力フィルターで制御して、航跡情報の通報を行う状態をいう。®JAFM006-4-18》

bytes per inch (BPI) バイト／インチ 《バッジ用語》

【C】

C-130E Commando Solo plane ［C］ 【米】C-130Eコマンド・ソロ 《報道機》

C2 protection C2防護

C4I Department 【海自】指揮通信情報部 《の英語呼称》

C4I Systems Center (CSC) 【海自】指揮通信開発隊 《海上自衛隊開発隊群隷下～の英語呼称》《指揮統制システム、通信システムの開発》◇用例: 指揮通信開発隊司令 ＝ Commanding Officer, C4I Systems Center

C4I Systems Division 【海自】指揮通信課 《の英語呼称》

C4I Systems Section 【防衛装備庁】指揮通信システム研究室 《電子装備研究所～の英語呼称》《情報・通信システムおよびサイバー・システムの方式および性能》

C4 Systems Department (J-6) 【統幕】指揮通信システム部 《の英語呼称》《統合的見地から指揮通信の構想および自衛隊の行動に係わる指揮通信を計画する》◇用例: 指揮通信システム部長 ＝ Director, C4 Systems Department (J-6)

C4 Systems Operations Division 【統幕】指揮通信システム運用課 《指揮通信システム部～の英語呼称》◇用例: 指揮通信システム運用課長 ＝ Director, C4 Systems Operations Division

C4 Systems Operations Section 【統幕】指揮通信システム運用班 《指揮通信システム部指揮通信システム運用課～の英語呼称》

C4 Systems Planning Division 【統幕】指揮通信システム企画課 《指揮通信システム部～の英語呼称》◇用例: 指揮通信システム企画課長 ＝ Director, C4 Systems Planning Division

C4 Systems Planning Section 【統幕】指揮通信システム企画班 《指揮通信システム部指揮通信システム企画課～の英語呼称》

C4 Systems Procurement Section 【統幕】指揮通信システム調達班 《指揮通信システム部指揮通信システム企画課～の英語呼称》

C4 Systems Security Section 【統幕】指揮通信システム保全班 《指揮通信システム部指揮通信システム運用課～の英語呼称》

cabin air circuit controller ［C］ キャビン・エア・サーキット・コントローラー

Cabinet 【日】内閣

Cabinet Affairs Office 【日】内閣総務官室

Cabinet Decision 【日】閣議決定

Cabinet Intelligence and Research Office 【内閣官房】内閣情報調査室 《の英語呼称》

Cabinet Legislation Bureau 【日】内閣法制局 《の英語呼称》

Cabinet meeting ［the ～］ 【日】閣議

Cabinet Office 【日】内閣府

Cabinet Office Ordinance 【日】内閣府令

Cabinet Official 【内閣官房】内閣事務官

Cabinet Order 【日】政令

cabinet panel ［C］ 分電盤

Cabinet Public Relations Office 【内閣官房】内閣広報室

Cabinet Public Relations Secretary 【内閣官房】内閣広報官

Cabinet Satellite Intelligence Center 【内閣官房】内閣衛星情報センター 《の英語呼称》

Cabinet Secretariat 【日】内閣官房

Cabinet Security Affairs Office 【内閣官房】内閣安全保障室 《の英語呼称》◇用例: 内閣安全保障室長 ＝ Director General, Cabinet Security Affairs Office

Cabinet Technical Official 【内閣官房】内閣技官

cabin pressure warning 与圧警報装置 《機内与圧警報装置》

cabin temperature control system ［C］ キャビン温度調節装置

cable block ［C］ 阻絶索

cable chart ［C］ ケーブル接続図

cable compensation ケーブル補正

cable connected hydrophone (CCH) ［C］ 【海自】水中聴音機；水中固定機器 《海底に設置した、主として対潜水艦用のセンサーをいう。㊞ 統合訓練資料1-4》

cable hut ［C］ ケーブル接続所

cable jacket ［C］ ケーブル外皮

cable laying officer ［C］ 【海自】敷設長（敷設艦）《敷設長は、敷設、射撃、運用およびこれらに係る物件の整備に関する業務を所掌する。㊞ 海幕人第10346号》

cable link processor ケーブル・リンク・プロセッサー 《ペトリオット用語》

cable pitching and laying machine ［C］ ケーブル巻き入れ巻き出し機

cable rating ケーブル規格

cable repairing ship ［C］ ①【海軍】電線敷設艦 ②【海自】敷設艦 《艦種記号：ARC》

cable segment letter ケーブル記号

cable size ケーブル・サイズ

cable tension indicator ［C］ 索張力計

cable terminal box ［C］ ケーブル接続箱

cable tray ［C］ ケーブル収納部

cable twist indicator ［C］ ケーブルねじれ指示器

cabtyre cable ［C］ キャブタイヤー・ケーブル

cadastral map ［C］ 地籍図

cadence 歩調 《歩くときの足並み》

cadet ［C］ ①陸軍士官学校生徒 ②海軍兵学校生徒 ③士官候補生 《陸海空軍の士官候補生》

cadet corps ［pl.］ 学生軍事教練隊

Cadets Affairs Division 【防大】学生課 《の英語呼称》◇用例：学生課長 = Head of Cadets Affairs Division

Cadets Discipline Division 【防大】補導室 《の英語呼称》◇用例：補導室長 = Head of Cadets Discipline Division

cadmium copper wire ［C］ カドミウム銅線

cadre 基幹人員；基幹要員

cage antenna ［C］ かご形アンテナ 《籠形アンテナ》

cage goniometer ［C］ かご形測角器；かご形角度計

cage rotor ［C］ かご形回転子

caging mechanism ［C］ 抑止装置

caging switch ［C］ 抑止スイッチ

Cairo Regional Center for Training on Conflict Resolution & Peacekeeping in Africa (CCCPA) アフリカ紛争解決平和維持訓練カイロ地域センター

caisson ［C］ ①ケーソン ②弾薬箱

calamity benefits ［pl.］ 災害見舞金

calendar day (CD) 暦日

calendar inspection (CAL) ①【空自】暦日検査 ②【海自】暦日点検

calendar year (CY) 暦年

caliber (Cal) 口径 《㊞ インチ単位で口径を示している場合があるので注意すること》《㊞ bore diameter》

caliber length = length of caliber 口径長 《砲身長を口径で割った値。つまり、口径長 × 口径 = 砲身長。㊞ NDS Y 0003B》◇用例：155 mm 52 cal. artillery gun = 155mm 52口径砲

calibrated airspeed (CAS) = calibrated air speed ①【空自】修正対気速度 《ピトー管の取付位置、飛行姿勢等で生ずる誤差を測定して速度計の読みを修正したもの。㊞ レーダー用語集》②【海自】校正気速；修正気速

calibrated altitude ①【空自】修正高度 ②【海自】校正高度

calibrated focal length 校正焦点距離

calibration (calibr) ①校正 《計測器の精度を維持するため、定期的または必要の都度、標準器と対照することによって計測器の指示値を修正することをいう。㊞ GLT-CG-Z500002J》②検定 ③弾道癖（だんどうへき）

calibration card ［C］ 校正表

calibration curve ［C］ 校正曲線

calibration error 校正誤差

calibration fire 弾道癖修正射撃

calibration height request ［C］ 校正測高要求 《バッジ用語》

calibration mark 校正目盛り

calibration marker (CAL MARK) ［C］ 【海自】校正標識 《周波数および方位信号を計測するための基準信号。㊞ 対潜隊（音1）第401号》

calibration operation キャリブレーション運転

calibration replay 校正報告 《バッジ用語》

calibration test equipment ［U］ 検定器材

calibration turn キャリブレーション・ターン

calibrator ［C］ 校正装置

California bearing ratio test 路床土支持力試験

calipers ［pl.］ ①キャリパー ②【海自】カリパス

call

call fire　要求射撃

call for fire　射撃要求　《対陸上支援射撃において、対地射撃陸上管制班が射撃艦に対して射撃開始前に行う射撃の要求をいう。㋹統合訓練資料1-4》

calling device　[C]　呼び出し装置

calling lamp　[C]　呼び出しランプ

call mission　要求任務

call off　①【空自】中止　《訓練中止》　②【海自】帰投命令

call sign　呼び出し符号

call signal　[C]　呼び出し信号

call to quarters　消灯用意らっぱ

call-up　[C]　①呼び出し　《無線の呼び出し》②召集

call waiting　コール・ウェイティング　《バッジ用語》

calm wind　無風

calm wind runway　[C]　無風滑走路

caloric capacity　熱容量

calorific power　発熱量

calorifier　[C]　温水器

calorimeter　[C]　熱量計

calorimetry　熱量測定

cam arm assembly　[C]　カム・アーム《ジャイロ・コンパスのカム・アーム》

Cambodia Mine Action Center (CMAC)　カンボディア地雷対策センター

camel　[C]　木製防舷物

camelry　ラクダ隊

camera axis　[pl. = camera axes]　カメラ軸

camera calibration　カメラの校正

camera installation　[C]　写真装備

camera mount　[C]　カメラ架台

camera shake　カメラぶれ

camera tube　[C]　撮像管

camouflage　[n.]　①偽装　《樹木などで覆う場合が偽装》　②迷彩　《軍服などに描いている模様が迷彩。㋹偽装か迷彩か不明の場合は「カモフラージュ」にする》

camouflage　[vt.]　偽装する

camouflage detection photography　偽装探知写真　《写真の撮影技術》

camouflage discipline　[C]　偽装規律

camouflage net　偽装網（ぎそうもう）　《偽装をするための網状の資材。㋹民軍連携のための用語集》

camouflet　地下爆発

camoufleur　[C]　偽装係

camp　[C]　駐屯地　《部隊が所在している地。㋹民軍連携のための用語集》

campaign　①会戦　②戦役

campaign against terrorism　[U]　対テロ軍事行動

campaign badge　[C]　【米】従軍記章

campaign medal　【米】従軍記章

campaign plan　[C]　会戦計画

campaign planning　会戦計画立案

Camp Asaka　①【陸自】朝霞駐屯地　②【在日米軍】キャンプ朝霞

Camp Chitose　[在日米軍]　キャンプ千歳

camp commander　[C]　①【陸自】駐屯地司令　②陸軍基地司令官

Camp Courtney　【在日米軍】キャンプ・コートニー　《沖縄》

Camp David　【米】キャンプ・デービッド

Camp David Accord　キャンプ・デービッド合意

camp dispensary　[C]　医務室

Camp Fuji　①【陸自】富士駐屯地　②【在日米軍】キャンプ富士

Camp Hansen　【在日米軍】キャンプ・ハンセン　《沖縄》

Camp Kuwae　【在日米軍】キャンプ桑江　《沖縄》

Camp McTureous　【在日米軍】キャンプ・マクトリアス　《沖縄》

Camp Schwab　【在日米軍】キャンプ・シュワブ　《沖縄》

Camp Shields　【在日米軍】キャンプ・シールズ　《沖縄》

Camp Zama　①【陸自】座間駐屯地　②【在日米軍】キャンプ座間

Camp Zukeran　【在日米軍】キャンプ瑞慶覧《沖縄》

canalization　誘致導入

canalize　[vt.]　誘致導入する

canard　先尾翼；カナード

canard airplane　[C]　先尾翼機

cancel　[vt.]　中止する

cancellation　中止

cancellation ratio　[C]　相殺比

candidate　[C]　候補者；候補生

candle　①信号炎管（しんごうえんかん）　《発煙または発光する信号用の火工品。㋹ NDS Y

0001D》 ②【海自】照明薬筒

candle-hour 燭時（しょくじ）《光学》

canister ［C］ ①キャニスター；密閉缶 《円筒形の金属製密閉容器》 ②キャニスター 《ミサイルやロケット弾などの発射筒》◇用例：PAC-3 missile canisters = PAC-3ミサイル発射筒 ③吸収缶 《ガスの中和剤を充塡した容器。ガス・マスクに装着する》

canister bomb unit (CBU) ［C］ ボール爆弾

canister shot ［C］ 散弾 《㊟「canister」と略されていることもある》

cannelure 薬莢圧入溝（やっきょうあつにゅうこう） 《㊟ 意味は単なる「溝（groove）」なので、部品によって「抽筒溝」など、さまざまな訳語がある。「cannelure」は「キャネルア」と発音する》

cannibalization ①【空自】部品相互流用 ②共喰整備

cannibalize ［vt.］ 共食いをする；共食い整備をする

cannon ［C］ 加農砲（かのんほう） 《口径が20mm以上の火器。迫撃砲、無反動砲、榴弾砲など。一般に砲身の口径長が、榴弾砲に比べて大きく、主として低射角で射撃をする火砲》

cannon assembly ［C］ 砲身部

cannonball ［C］ 砲弾 《加農砲から発射される大きな金属球。砲丸》

cannon design pressure (cannon DP) 砲身部設計圧力；砲身部DP

cannon design pressure curve (cannon DP curve) ［C］ 砲身部設計圧力曲線；砲身部DP曲線

cannoneer ［C］ 砲手

cannon fatigue design pressure (cannon FDP) 砲身部疲労設計圧力；砲身部FDP

cannon fatigue design pressure curve (cannon FDP curve) ［C］ 砲身部疲労設計圧力曲線；砲身部FDP曲線

cannon-launched guided projectile (CLGP) ［C］ 誘導砲弾 《通常の火砲から発射し、レーザーを利用して、地上または空中の観測者が目標に誘導し、破壊する砲弾。㊟ NDS Y 0001D》

cannon plug ［C］ キャノン・プラグ

cannon primer ［C］ 火管

Cannot Comply (CNC) = Can't Comply キャンノット・コンプライ；承諾不能 《JADGE用語》

Cannot Observe = Can't Observe 観測不能

Cannot Process (CNP) = Can't Process 処理不能；キャンノット・プロセス 《JADGE用

語》

canopy ［C］ ①キャノピー；座席天蓋；天蓋；風防 ②傘体（さんたい） 《落下傘の傘体》

canopy clearance キャノピー・クリアランス

canopy jettison system ［C］ キャノピー射出装置

canopy of parachute 主傘

canopy remover ［C］ 風防開放装置

canopy remover cartridge ［C］ 風防開放薬筒

canteen ［C］ 水筒 ◇用例：canteen cover = 水筒覆い

cantilever beam ［C］ 片持ち梁（かたもちばり）

cantonment ［C］ 宿営；宿営地；兵営

canvas 帆布 《たて糸とよこ糸に太番手のより糸または引きそろえ糸を使用して、密に織った厚地の平織物であって、これに耐水加工などを施した加工布をいう。㊟ GLT-CG-L000001E》

canvas bag ［C］ 衣嚢（いのう）

cap ［C］ ①雷管 《銃弾の雷管》 ②被帽 ③雷管体

capability goals ［pl.］ 能力目標

capability maturity model (CMM) 能力成熟度モデル

capability of support 増援能力

capability plan ［C］ 能力見積り

capacitance altimeter ［C］ 容量式高度計

capacitance-resistance oscillator ［C］ CR発振器

capacitance type filter ［C］ 容量性フィルター

capacitive circuit ［C］ 容量性回路

capacitive input filter ［C］ 容量入力濾波器

capacitive load 容量性負荷

capacitive reactance 容量リアクタンス

capacitor ［C］ ①コンデンサー ②蓄電器 《導体を向かい合せ、その間に誘電体（絶縁体）を入れて静電容量を得る（電気を蓄える）装置。㊟ レーダー用語集。㊟ 判断が付かない場合は、「キャパシター」にする》

capacitor shunt type induction motor ［C］ コンデンサー分相型誘導電動機 《㊟ condenser shunt type induction motor；capacitor shunt type induction motor》

capacitor-start induction motor ［C］ コンデンサー起動誘導電動機

capacitor-type fuel quantity gauge ［C］

容量型燃料計

capacity 容量

capacity antenna ［C］ 容量アンテナ

capacity attenuator ［C］ 容量減衰器

capacity bridge ［C］ 容量ブリッジ

capacity check 容量点検

capacity coil ［C］ 容量巻き線

capacity coupling 容量結合

capacity load ［C］ 載荷量

capacity unbalance 容量不平衡

cap cloud 笠雲（かさぐも）

C

CAP control plan (Ccp) ［C］ 空中哨戒統制計画 《CAP = combat air patrol（戦闘空中哨戒）》《CAP = キャップ》

Cape Canaveral Air Force Station (CCAFS) 【米】ケープ・カナベラル空軍基地

capital ship ［C］ 主力艦

capitulation 降伏

capped shell ［C］ 被帽弾

capstan ［C］ キャプスタン

capsulated torpedo (CAPTOR) ［C］ 魚雷内蔵係留機雷；キャプター機雷

capsule ①カプセル ②【海自】キャプセル

Captain (Capt.) ①【陸自・空自】1尉 《「1等陸尉（陸自1尉）、1等空尉（空自1尉）」が正式な階級呼称》 ②【海自】1等海佐 《「海自1佐」ともいう》 ③【米陸空軍・米海兵隊】大尉 ④【米英海軍・米沿岸警備隊】大佐

captain general 総司令官；司令長官

captain of the head 【海自】衛生係 《艦船の衛生係》

caption sheet ［C］ 撮影記録書

captive flight ［C］ 懸吊飛行（けんちょうひこう）《航空機が、機外搭載物を搭載して飛行すること。例えば、ジェット機が、ロケット・モーターを構成品とするミサイルなどを搭載して飛行すること。[典] NDS Y 8100》◇用例：captive flight test (CFT) = 懸吊飛行試験

capture ［n.］ 攻略；拿捕（だほ）

capture ［vt.］ 捕捉する

captured 被捕虜

captured documents ［pl.］ ろ獲文書；捕獲書類

captured enemy materiel ろ獲品 《敵から獲得し、または敵が遺棄した火器、車両、弾薬等その他の器資材をいう。[典] 陸自教範》《[同] trophy of war》

captured materiel 捕獲品

cap wire ［C］ 雷管導線

carbine ［C］ ①カービン銃 《銃身長の短い軽量の連発ライフル銃》 ②騎銃 《騎兵隊が使用していた銃身長の短い軽量の銃》

car bomb ［C］ 自動車爆弾 《[同] vehicle bomb》

carbon breaker ［C］ 炭素遮断器

carbon brush 炭素ブラシ

carbon dioxide absorbent 二酸化炭素吸収剤

carbon dioxide fire extinguisher ［C］ 二酸化炭素消火器

carbon dioxide indicator ［C］ 二酸化炭素検知器

carbon electrode ［C］ 炭素電極

carbon fiber reinforced plastics (CFRP) ［pl.］ 炭素繊維強化樹脂 《エポキシ樹脂やビニルエステル樹脂等の合成樹脂と炭素繊維とを混合した複合材料》

carbon filament ［C］ 炭素フィラメント

carbon grain microphone ［C］ 炭素型マイクロホン

carbon graphite brush 黒鉛炭素ブラシ

carbonized fuel 炭化燃料

carbonizing flame 炭水炎（たんすいえん）

carbon lightning arrester ［C］ 炭素避雷器

carbon monoxide 一酸化炭素

carbon monoxide indicator ［C］ 一酸化炭素検知器

carbon monoxide poisoning 一酸化炭素中毒

carbon packing ［U］ 炭素パッキン

carbon pile ［C］ ①カーボン・パイル ②炭素原子炉

carbon pile voltage regulator ［C］ カーボン・パイル電圧調整器

carbon residue ［C］ 残留炭素分

carbon rod ［C］ 炭素棒

carbon tetrachloride 四塩化炭素

carburetion 気化作用

carburetor ［C］ ①キャブレーター ②【空自】気化器

carburetor air temperature 気化器空気温度

carburetor anti-leer ［C］ 気化器防氷装置

carburetor deicer ［C］ 気化器防氷装置

carburetor heater ［C］ 気化器予熱器

carburetor ice-control system ［C］ 気化

器防氷装置

carburetor icing ［U］ 気化器の凍結

carburetor mixture temperature gauge
［C］ 吸入温度計

card extractor ［C］ カード抜き取り器 《ペ
トリオット用語》

card-gap test ［C］ カード・ギャップ試験
《火薬の起爆感度を調べる試験》

cardiac arrest 心停止

cardiac massage 心臓マッサージ

cardinal point effect 基点効果 《レーダー電
波が、地上に一列に並べられた物体の線または群
の表面に垂直にあたったとき、レーダー・スコー
プ上に現れる反射線または群の明るさが強いこ
と。㉿ レーダー用語集》

cardinal points ［pl.］ ①基点 ②【空自】
方位点 《東西南北》 ③【海自】四方点

cardioid pattern ［C］ カーディオイド・パ
ターン 《マイクロホンにおけるハート型の極性
パターン。全指向性パターンとダイポール・パ
ターン（8の字の指向性パターン）を合成すること
で得られる》

cardiovascular deconditioning 心臓血管不
全状態 《無重力による心臓血管不全状態》

care and preservation 保存整備

careen 傾船手入れ 《船を傾けて船底の修理や
清掃を行うこと》

career control (CC) ［U］ 経歴管理

career development ［U］ 経歴開発

career field subdivision ［C］ 特技職系

career guidance ［U］ 経歴指導

career management ［U］ 経歴管理

Career Management Section 【空自】養成
班 《の英語呼称》◇用例：養成班長 ＝ Chief,
Career Management Section

career planning ［U］ 経歴計画

careers adviser ［C］ 進路設計相談員

career soldier ［C］ 職業軍人

care of (C/O) 気付

caretaker status 保管状態

care under fire 【米軍】砲火下の救護 《敵の
有効な火力下における救護であり、戦傷者本人ま
たは隊員相互による処置》

cargo (Cgo) 貨物；積荷

cargo aircraft mine laying 輸送機用機雷投
下装置

cargo carrier ［C］ 貨物船

cargo classification ［U］ 貨物の区分

cargo compartment ［C］ 荷物室

cargo delivery receipt (CDR) ［C］ 荷物
引き渡し受領書

cargo helicopter (CH) ［C］ 輸送ヘリコプ
ター 《㉿ transport helicopter》

cargo manifest 貨物目録

cargo offering and booking 貨物輸送申請・
予約

cargo outturn message ［C］ 到着貨物状態
要報

cargo outturn report ［C］ 到着貨物状態
詳報

cargo parachute ［C］ 物料傘；物糧傘

cargo plane ［C］ ①輸送機 ◇用例：Air
Force C-130 cargo plane ＝ 米空軍のC-130輸送
機；Air Self-Defense Force cargo plane ＝ 航空自
衛隊輸送機 ②貨物輸送機；貨物機

cargo projectile ［C］ カーゴ弾 《複数の子
弾を内蔵している砲弾。「cluster projectile（クラ
スター弾）」のこと》

cargo ship (AK) ［C］ ①輸送艦 ②貨
物船

cargo sling カーゴ・スリング 《荷役用の各種
吊具》

cargo sling flight ［C］ カーゴ吊架飛行 《機
内に搭載できない重量物等を、機体下部にスリン
グ・ネットを使用して吊架し、輸送すること》

cargo transporter ［C］ 貨物コンテナー

Carnivore 【米】カーニボー 《FBIのネット監
視システム》

carpet bombing ＝ carpet-bombing ［U］
絨毯爆撃（じゅうたんばくげき） 《「無差別爆撃」
のこと》

carriage ［C］ 砲架 《㉿ gun carriage》

carried forward 繰り越し

carrier ①航空母艦 ②搬送波 ③収納袋

carrier aircraft ［pl. ＝ ～］ 艦載機

carrier air group (CAG) ［C］ 空母航空群

carrier air patrol (CAP) 空母上空空中哨戒

carrier air traffic control (CATC) ［U］
空母航空管制

**carrier air traffic control center
(CATCC)** ［C］ 【米】空母航空管制セ
ンター

carrier air wing (CVW) ［C］ 空母航空団

carrier-based ［adj.］ 艦載の

carrier-based aircraft ［pl. ＝ ～］ 艦載機

carrier battle group (CVBG) ［C］ 空母
戦闘群

carr 126

carrier bomber ［C］ 艦上爆撃機

carrier control approach (CCA) 空母誘
導アプローチ；空母誘導着艦

carrier control zone ［C］ 空母管制圏

carrier current 搬送電流

carrier frequency 搬送周波数

carrier-frequency cable ［C］ 搬送ケーブル

carrier helicopter ［C］ 輸送ヘリコプター

carrier multiplex communication 搬送多
重通信

carrier on-board delivery 艦載輸送機

carrier power 搬送電力

carrier qualification (CQ) 空母発着艦資格

carrier safe fuze ［C］ 信管

carrier striking force 空母打撃部隊

carrier tactical support center ［C］ 空
母戦術支援センター

carrier task force 空母機動艦隊群

carrier vessel reactor (CVR) ［C］ 航空
母艦用原子炉

carrier wave ［C］ 搬送波

carrying handle ［C］ キャリング・ハンド
ル；提把（ていは）；提げ手（さげて） 《機関銃を
運搬する時に使用する取っ手部》

carrying out anchor 錨搬出

carry light ［C］ 追随用照空灯

carry-over loss 持ち上げ損失

cartel ship ［C］ 交換船

cartographical sketching 要図

cartridge ［C］ 弾薬包；薬筒；カートリッジ

cartridge-actuated device (CAD) ［C］
①薬筒式始動装置；カートリッジ作動装置 《爆
発時に発生する燃焼ガスの圧力によって機械的に
作動させる小型の爆発装置。航空機の緊急脱出装
置などの部品として使用される。⊛ NDS Y
0001D》 ②【海自】ソノブイ射出カートリッジ

cartridge-actuated firing device ［C］ 薬
筒式発火装置

cartridge-actuated initiator ［C］ 薬筒式
始動装置；薬筒式イニシエーター

cartridge-actuated thruster ［C］ 薬筒式
スラスター

cartridge bag ［C］ 薬囊（やくのう） 《発射
薬や点火薬などを充填した袋またはケース。
⊛ NDS Y 0001D》《⊕ propellant bag; powder
bag》

cartridge belt ［C］ 弾帯（だんたい）

cartridge case ［C］ 薬莢（やっきょう） 《発

射薬を収納する容器。⊛「cartridge」または
「case」とのみ略されていることがある》

cartridge case rim ［C］ 薬莢つば（やっきょ
うつば）

cartridge chamber ［C］ 薬室（やくしつ）
《小銃または拳銃に弾丸を装填するところ。
⊛ NDS Y 0041》

cartridge clip ＝clip ［C］ 挿弾子（そうだん
し）《弾倉への装弾を容易にするために用いる弾
薬の保持具。⊛ NDS Y 0001D》《⊕ ammunition
clip》

cartridge cloth 薬囊布（やくのうぬの） 《薬
囊を作成するための布地。⊛ NDS Y 0001D》

cartridge extractor ［C］ ①抽筒子 ②
【海自】殻抜き

cartridge starter ①【空自】火薬式始動機 ②
【海自】火薬式起動機

cartridge-type fuze ［C］ 筒形ヒューズ

carvel-built 平張り

CAS battery CASバッテリー 《CAS ＝
control actuator section（ミサイル操舵部）》《ペ
トリオット用語》

cascade amplifier ［C］ カスケード増幅器

cascade connection カスケード接続；縦続
接続

cascade control ［C］ 縦続制御法

case ［C］ ①容器 ②ケース 《引合受諾書に
基づく個々の取引をいう。⊛ 防衛庁訓令第18号》
◇用例：a Foreign Military Sales (FMS) case
＝ 有償対外軍事援助（FMS）ケース

cased charge ①充填炸薬；充填爆薬 ②装薬包

case deflector ［C］ 打ち殻落し（うちがらお
とし）

case discharge 薬莢落し（やっきょうおとし）

cased telescoped ammunition (CTA)
［U］ テレスコープ弾 《弾丸が薬莢内に埋め込
まれている構造の弾薬》

case ejection door actuator ［C］ 薬莢放
出扉起動器（やっきょうほうしゅつとびらきどう
き）

case fatality rate (CFR) ［C］ 患者死亡率
《戦傷者の死亡率》

case hardening 表面硬化

case hardening steel ［U］ はだ焼き鋼

casemate 耐爆掩蔽設備

case mouth ［C］ 薬莢口（やっきょうぐち）
《薬莢の開放口。発射薬の注入に使用する》

case neck ［C］ 薬莢首部（やっきょうくびぶ）；
薬莢の首 《薬莢の首の部分》

case shoulder ［C］ 薬莢肩部（やっきょうか

たぶ)；薬莢の肩 《薬莢の肩の部分》
case study ［U］ 事例研究
cash book ［C］ 現金出納簿
cash on delivery (COD) 代金引換え
cash with order 前払い方式
casing lever ［C］ 検査てこ
castable refractory キャスタブル耐火材
cast blade ［C］ 鋳物羽根
castellanus (Cas) 塔状雲
cast homogeneous steel armor ［U］ 鋳造均質装甲
cast loading ［U］ 溶填(ようてん) 《固体の爆薬を加熱して溶かし、爆弾や弾丸などに注入し、固化させて充填すること。「鋳填(いてん)」ともいう。[典] NDS Y 0001D》
casual ［n.］ ①【自衛隊】待機者 ②待機兵
casual ［adj.］ 臨時の
casual detachment ［C］ 発令待機隊
casualty ［C］ ①死傷病者 ②損耗 ③【海自】傷者
casualty category ［C］ 【海自】傷者分類
casualty control ［U］ 応急処置
casualty estimate 人員損耗見積り
casualty evacuation (CASEVAC) 負傷者後送
casualty firing (LOS) カジュアルティ発射
casualty panel (CP) ［C］ カジュアルティ管制盤
casualty power 応急動力
casualty power cable ［C］ 応急動力線
casualty rate ［C］ 死傷率；人的損害率
casualty receiving and treatment ship ［C］ 【海自】傷者収療艦船
casualty report (CASREP) ［C］ 【海自】故障欠損報告
casualty status 【海自】傷者状況
casualty summary ［C］ 故障欠損概報
casualty type 【海自】傷者形態
casualty weapon direction panel (CWDP) ［C］ カジュアルティ武器指示盤
cataloging ①【空自】類別 ②【海自】規格制定；収集処理
Cataloging and Standardization Office (CASO) 【米】空軍類別・標準化局
cataloging management data (CMD) ［U］ 【米】類別カタログ管理資材
cataloging management data notification (CMDN) 【米】類別カタログ管理資材通知
cataloging responsibility code (CRC) 【米】類別責任コード
catalog supply manual ［C］ カタログ補給便覧
catalytic attack ［C］ 触媒攻撃
catapult (CAT) ［C］ ①射出装置 《ミサイルの射出装置》 ②飛行機射出装置 《空母からの飛行機射出装置》
catastrophe ［C］ 大災害
catastrophic failure 突発事故
catastrophic fault 致命的故障 《システムまたはサブシステムの機能をほぼ瞬時に破壊する故障。[典] NDS Y 0001D》
catch ［vt.］ 把握する
catch-all controls ［pl.］ キャッチオール規制 《大量破壊兵器や通常兵器の関連汎用品・技術の輸出管理を補完・強化することを目的とした規制》
catch-holder ［C］ 遮断子(しゃだんし)
catch light ［C］ キャッチ・ライト
catchment basin ［C］ 流域；集水域
catch plate ［C］ 回し板
catch up キャッチ・アップ 《バッジ用語》
categories of maintenance ［pl.］ 整備の類別 《部隊等の整備に関する任務および責任を明らかにするための区分をいい、部隊整備、野整備および補給処整備に類別される。[典] 陸自教範》
category ［C］ ①類別 ②カテゴリー
category of mission 任務区分
category test ［C］ カテゴリー・テスト
catenary curve ［C］ 懸垂曲線；カテナリ・カーブ
cathedral angle ［C］ 下反角
cathode bias カソード・バイアス
cathode coupled crystal oscillator ［C］ 陰極結合水晶発振器
cathode coupling 陰極結合
cathode drive circuit ［C］ 陰極励振回路
cathode drop 陰極降下
cathode fall 陰極降下
cathode feedback amplifier ［C］ 陰極帰還増幅器
cathode follower ［C］ カソード・フォロワー
cathode-modulated oscillator ［C］ 陰極変調発振器
cathode ray ［C］ 陰極線
cathode ray oscillograph ［C］ 陰極線オシ

ログラフ

cathode ray tube (CRT) = cathode-ray tube ［C］ ①ブラウン管；陰極線管 ②合成表示器 《ペトリオット用語》

cathode-return circuit ［C］ 陰極帰還回路

cat whisker ［C］ 触針

caulking かしめ；コーキング 《[備]「calking」は誤りなので用いない》

cause the enemy to mass 敵を蝟集させる《蝟集（いしゅう）》

causeway ［C］ ①築堤道；桟道（さんどう） ②【海自】コーズウェイ

C

causeway launching area ［C］ 【海自】コーズウェイ進水海域

caustic alkali 苛性アルカリ（かせいアルカリ）

caustic brittleness アルカリ脆性（アルカリぜいせい）

caustics ［pl.］ ①コースティクス 《同一の音源から放射された音線が反射や屈折によって収束し、衝撃波的な音になる現象。例えば、海底で地震が発生した後、津波が到達するまでに沖合に聞こえる爆音のような音》 ②コースティクス；集光模様 《光線が曲面で反射、屈折することによって収束する現象。例えば、プールの底に映るキラキラした光の模様》

caution (caut) 警告；注意

caution area ［C］ ①要注意空域 ②【海自】注意空域

caution crossing ［C］ 注意通過

caution range ［C］ 注意範囲

cavalry ［U］ 騎兵隊；騎兵 ◇用例： cavalry company = 騎兵中隊

Cavalry Division 【米陸軍】騎兵師団 ◇用例： 3rd Brigade, 1st Cavalry Division = 第1騎兵師団第3旅団

cavalry fighting vehicle (CFV) ［C］ 騎兵戦闘車 《[備] 歩兵戦闘車は、「infantry fighting vehicle」》◇用例： the M3 Bradley Cavalry Fighting Vehicle = M3ブラッドレー騎兵戦闘車

caveat 警告

cave hole ［C］ 横穴

cave shelter ［C］ 坑道式掩体

cavitation キャビテーション；空洞現象 《プロペラーの高速回転等、海水中での局所的な減圧によって気泡が発生する現象》

cavitation noise ［U］ キャビテーション雑音《キャビテーションで生成された気泡の振動や崩壊によって発生する雑音。[典] NDS Y 0011B》

cavitation noise scaling キャビテーション雑音相似則

cavitation threshold ［C］ キャビテーション閾値（～いきち） 《1. キャビテーションが発生し始めるときの圧力。2. キャビテーションが発生し始めるときの音の強さ。[典] NDS Y 0011B》

cavity 空隙；巣 《弾薬の炸薬または推進薬の中にある気孔または気泡》

cavity magnetron 空洞マグネトロン

cavity resonance 空洞共鳴；空洞共振 《[同] flow-induced cavity resonance》

cavity resonator ［C］ 空洞共振器

cavity wavemeter ［C］ 空洞電波計

C-bias detector ［C］ Cバイアス検波器

CBR center ［C］ 【陸自】特殊武器防護センター 《の英語呼称》《CBR = chemical, biological and radio activities（化学・生物・放射能戦）》

CBRN Defense Technology Division 【防衛装備庁】研究管理官（CBRN対処技術担当）《の英語呼称》《放射線、生物剤および化学剤に対処する技術についての考案、調査研究および試験。[典] 防衛装備庁HP》

CBR officer ［C］ ①【自衛隊】CBR係幹部 ②CBR係将校

CBRP warning CBRP警報 《化学兵器、生物兵器、放射線または空挺部隊による攻撃に対する警報をいう。[典] JAFM006-4-18》《CBRP = chemical, biological, radiological and paradrops（化学、生物、放射線および落下傘投下）》《CBRP = シービーアールピー》

CBR sanitation ［U］ 【陸自】特殊武器衛生

CBR warfare ［U］ CBR戦 《CBR warfare = chemical, biological and radio activity warfare（化学・生物・放射能戦）》

CBR weapons protection ［U］ ①【陸自】特殊武器防護 《敵の特殊武器（核兵器、生物兵器および化学兵器）使用に対して、部隊および隊員が自らを保護する機能をいい、部隊防護と各個防護に区分される。[典] 統合訓練資料1-4》 ②【空自】CBR武器防護；化学・生物・核武器防護

CB track number 通信バッファー用航跡番号《通信バッファー（CB）でのメッセージの送受信に使用される航跡番号をいう。[典] JAFM006-4-18》《CB = communication buffer（通信バッファー）》

CCP Management Group 【統幕】中央指揮所運営隊 《自衛隊指揮通信システム隊～の英語呼称》

CCW Meeting of Experts on LAWS 【国連】定通常兵器使用禁止制限条約（CCW）自律型致死兵器システム（LAWS）非公式専門家会議 ◇用例： the third CCW Meeting of Experts on LAWS = 自律型致死兵器システム（LAWS）第3

回非公式専門家会議《CCP = Central Command Post（中央指揮所）》

C-day ①Cデー；C日 ②【空自】展開開始日

C-division C区画

cease engagement ［C］ 【空自】目標変換《射撃および目標追随を停止し、他の目標に変換用意を行うことをいう。既に発射したミサイルは要撃を完了させる。[典] 統合訓練資料1-4》

cease fire (CSF) = cease-fire ①射撃中止 ②【空自】射撃控置（しゃげきこうち）《射撃制限指示の一つであり、射撃の一時中止をいう。[典] JAFM006-4-18》

cease fire agreement = cease-fire agreement ［C］ ①【空自】停戦合意 ②休戦協定

cease fire line ［C］ 停戦ライン《[同] armistice demarcation line》

cease fire observers ［pl.］ 停戦監視団

cease tell シーズ・テル《他セグメントおよび関連システム等に対し、航跡通報を停止するように要求することをいう。[典] JAFM006-4-18》

Ceco injection carburetor ［C］ セコー噴射式気化器

Cedars Medical Center 【米】シーダーズ・メディカル・センター

ceiling ①上昇限度 ②シーリング；雲高 ③内張板

ceiling balloon ［C］ 測雲気球

ceiling lamp ［C］ 天井灯

ceiling light ［C］ 雲照灯

ceiling of convection 対流上限高度

ceiling shunt depth 上方制限深度

ceilometer ［C］ 雲高計；シーロメーター

celestial altitude 天測高度

celestial axis 天の軸

celestial body ［C］ 天体

celestial chart ［C］ 天球図

celestial coordinates ［pl.］ 天球座標

celestial declination 赤緯

celestial equator 天の赤道

celestial fix 天測位置

celestial globe ［C］ 天球儀

celestial guidance ［U］ 天測誘導

celestial horizon 真地平；地平圏

celestial latitude 天測緯度

celestial longitude 天測経度

celestial map ［C］ 天体図

celestial mechanics ［U］ 天体力学

celestial meridian 天の子午線

celestial navigation ［U］ ①【空自】天測航法 ②【海自】天文航法

celestial observation error 天測誤差

celestial pole 天の極

celestial sphere 天球

cell ［C］ 電池

Cellular Telephone and Internet Association ［the ～］ 【米】セルラー通信・インターネット協会

Celsius scale 摂氏目盛

cemented lens ［C］ 接合レンズ

cemented steel ［U］ 浸炭鋼

cement mortar ［U］ セメント・モルタル；漆喰（しっくい）

cement paste セメント糊

censorship ［U］ 検閲

center 中央；中枢；センター

center control panel ［C］ 集中監視盤

center distance 中心距離

center-fire ［adj.］ センターファイアー式《薬莢底部の中央に火管があり、撃鉄または撃針で打撃して発火させる方式。[典] NDS Y 0001D》◇用例： center-fire cartridge case = センターファイアー式薬莢

Center for Air Power Strategic Studies (J-CAPSS) 【空自】航空研究センター 《の英語呼称》《航空自衛隊唯一のシンクタンク》◇用例： 航空研究センター長 = Director, J-CAPSS

Center for Excellence in Liberal Arts 【防大】教養教育センター 《の英語呼称》◇用例： 教養教育センター長 = Director of Center for Excellence in Liberal Arts

Center for Global Security 【防大】グローバルセキュリティセンター 《の英語呼称》◇用例： グローバルセキュリティセンター長 = Director of Center for Global Security

Center for International Exchange 【防大】国際交流センター 《の英語呼称》◇用例： 国際交流センター長 = Director of Center for International Exchange

Center for Strategic and International Studies (CSIS) ［the ～］ 【米】戦略国際問題研究所

center frequency 中心周波数

center girder ［C］ 中心線ガーダー

centering 心合わせ；中心整合

centering signal ［C］ 中心信号

center line ［C］ 中心線

C

center line camber ［C］ 中心線キャンバー

center line inner bottom 中心線内底板

center of an explosion ［the ～］ 爆心地

center of buoyancy 浮心；浮力の中心

center of burst error 破裂点中心偏差

center of cyclone 低気圧の中心

center of flotation 浮面心

center of gravity ①重心；重心位置；重心点 ②中枢

center of gravity limit 重心限界

center-of-gravity range 重心範囲

center of impact 平均弾着点 《同一諸元で弾丸を発射したとしても、各種の要因により、弾丸は同一点に着弾せず、ある区域内に散布する。この区域を散布区域といい、その中心を平均弾着点という。[典] NDS Y 0005B》

center of lift 揚力点

center of pressure 圧力中心

center of thrust 推力中心

center point mooring 地上係留塔 《気球の地上係留塔》

center rest 振れ止め

center section wing ［C］ 中央翼

Centers for Disease Control and Prevention (CDC) ［the ～］ 【米】疾病管理センター

center ship ［C］ 基準艇

center to center (C TO C) 芯から芯；中心から中心

Centigrade (C) ［U］ 摂氏

centigray センチグレイ

Central Air Base Group 【空自】航空中央業務隊 《の英語呼称》◇用例： 航空中央業務隊司令 = the Commander of the Central Air Base Group

Central Air Communications Group 【空自】中央航空通信群 《の英語呼称》

Central Aircraft Control and Warning Wing 【空自】中部航空警戒管制団 《の英語呼称》

central air data computer (CADC) ［C］ 対気諸元計算装置

Central Air Defense Force 【空自】中部航空方面隊 《の英語呼称》◇用例： 中部航空方面隊司令部（中空司令部） = Headquarters, Central Air Defense Force

Central Air Traffic Control and Weather Services 【陸自】中央管制気象隊 《の英語呼称》◇用例： 中央管制気象隊長 = the Commander of the Central Air Traffic Control and Weather Services

Central Army Group (CENTAG) 【NATO】中央方面軍 《CENTAG = センタグ》

Central Band 【陸自・空自】中央音楽隊 《の英語呼称》◇用例： 航空中央音楽隊 = JASDF Central Band；陸上自衛隊中央音楽隊 = JGSDF Central Band

Central Civilian Personnel Office (CCPO) 【在日米空軍】中央人事部

Central Command (CENTCOM) ［the ～］ 【米】中央軍 《正式名称は「United States Central Command（USCENTCOM） = 合衆国中央軍」。地域別統合軍の一つ》《CENTCOM = セントコム》

Central Command Post (CCP) 【自衛隊】中央指揮所 《有事の際等に防衛大臣が情勢を把握し、部隊等に命令を下達するための指揮所をいう。[典] JAFM006-4-18》

Central Command System (CCS) 【防衛省】中央指揮システム 《防衛省・自衛隊の指揮・統制・情報通信の中枢であり、骨幹をなすシステム》

central command system communication net 【防衛省】中央指揮システム専用通信系 《中央指揮所と庁舎A棟の防衛省本省の内部部局、統合幕僚監部、陸上幕僚監部、海上幕僚監部、航空幕僚監部および情報本部の専有部分ならびに庁舎C棟および庁舎D棟ならびに陸上自衛隊、海上自衛隊および航空自衛隊の主要な防衛大臣直轄部隊司令部等の所在する建物との間の電気通信および伝令通信のための器材およびその組合せをいう。[典] 防衛庁訓令第6号》

Central Communication Command 【海自】中央通信隊群 《の英語呼称》

Central Communications Squadron 【空自】中央通信隊 《の英語呼称》

central control ［U］ 中央統制

central controlling system 中央制御方式

central control officer ［C］ ①【海自】中央統制官 ②【米】中央統制将校

Central Council on Defense Facilities ［the ～］ 【防衛省】防衛施設中央審議会 《の英語呼称》

central depot ［C］ 中央補給処

Central Finance Command 【陸自】中央会計隊 《の英語呼称》《中央会計隊は、陸上自衛隊の金銭会計に係る審査、経費および収入に関する調査および統計、給与に関する計算の電子計算機処理、債権管理および歳入徴収に関する業務ならびに陸上幕僚長の定める役務の調達に関する契約に関する業務を行うとともに、陸上幕僚監部および陸上幕僚長の指定する部隊等に係る金銭会計

cent

に関する業務を行なうことを任務とする。㊗ 陸上
自衛隊訓令第41号》◇用例：陸上自衛隊中央会計
隊長 = the Commander of the GSDF Central
Finance Command

central gear box (CGB) ［C］ セントラ
ル・ギヤー・ボックス

Central Intelligence Agency (CIA) ［the
〜］ 【米】中央情報局 ◇用例：the US
Central Intelligence Agency = 米中央情報局

central issue location ［C］ 中央交付所

**Centralization of Supply Management
Operations Systems Army (COSMOS)**
【米】陸軍集中化補給管理運営システム

centralized control ［C］ ①集権的統制；
統一指揮 ②【空自】中央統制 ③セントラライ
ズド・コントロール

centralized direction 一元的指揮

centralized items ［pl.］ 中央統制品目
《㊗ decentralized items = 非中央統制品目》

central lateral plane ［C］ 中心線縦断面

central maintenance panel ［C］ 集中整備
パネル

**Central Nuclear Biological Chemical
Weapon Defense Unit (CNBC)** 【陸
自】中央特殊武器防護隊《の英語呼称》《前身部
隊は「第101化学防護隊」》

central organization of national defense
国防中央機構

central pressure 中心気圧

Central Prisoners of War Agency 中央捕
虜収容所 《中立国に置く》

central processing unit (CPU) ［C］ 中
央処理装置 《コンピューターの主要な構成単位
であり、命令を解読し実行する装置制御ユニッ
ト。㊗ レーダー用語集》

central procurement (CP) = central
purchase ［U］ 中央調達 《装備本部において
行う装備品等および役務の調達をいう。㊗ 統合訓
練資料1-4》《㊗ local procurement = 現地調達；
地方調達》

**central procurement specification
(CPS)** ［C］ 中央調達仕様書

Central Readiness Force (CRF) ［the 〜］
【陸自】中央即応集団 《の英語呼称》◇用例：
中央即応集団司令官 = the Commanding General
of the Central Readiness Force

Central Readiness Regiment (CRR)
【陸自】中央即応連隊《の英語呼称》

central section wing ［C］ 中央翼

Central Security Service 【米国防総省】中
央保安局 《国家安全保障局（NSA）の中心機関》

Central Service Support Unit 【陸自】中
央業務支援隊 《の英語呼称》◇用例：陸上自衛
隊中央業務支援隊長 = the Commander of the
GSDF Central Service Support Unit

Central System 【防衛省】中央システム
《中央指揮所内の電子計算機を中心とする主とし
て防衛本省の内部部局および統合幕僚監部の防衛
大臣補佐業務を支援するデータ処理のための装置
およびプログラム。㊗ 防衛庁訓令第6号》

Central System Management Group
【空自】中央システム管理隊 《の英語呼称》

Central Training Area (CTA) ［the 〜］
【在日米軍】中部訓練場 《沖縄。キャンプ・ハン
センの訓練地区とキャンプ・シュワブの訓練地区
を合わせた地域》

Central Transportation Command 【陸
自】中央輸送隊 《の英語呼称》

**Central Transportation Management
Command** 【陸自】中央輸送業務隊 《の英
語呼称》◇用例：陸上自衛隊中央輸送業務隊長
= the Commander of the GSDF Central
Transportation Management Command

Central Treaty Organization (CENTO)
中央条約機構

Central Weather Squadron 【空自】中枢
気象隊 《の英語呼称》《統合気象システムを運用
し、陸、海、空自衛隊の気象情報を集約して、多
角的で詳細、正確な気象予報を行う》

centrifugal acceleration ［U］ 遠心加速度

centrifugal air compressor ［C］ 遠心式エ
ア・コンプレッサー

centrifugal blast generator ［C］ 遠心式
爆発実験装置

centrifugal blower ［C］ 遠心送風機；遠心
通風機

centrifugal clutch ［C］ 遠心クラッチ

centrifugal compressor ［C］ 遠心圧縮機

centrifugal fan ［C］ 遠心送風機；遠心通風機

centrifugal filter ［C］ 遠心式濾過器

centrifugal governor ［C］ 遠心調速機

centrifugal governor weight ［C］ 遠心式
調速器錘（えんしんしきちょうそくきおもり）

centrifugal lubricator ［C］ 遠心注油器

centrifugal pump ［C］ 渦巻きポンプ

centrifugal relay ［C］ 遠心力継電器

centrifugal separator ［C］ 遠心分離器

centrifugal supercharger ［C］ 遠心過給器

centrifugal switch ［C］ 遠心スイッチ

centrifugal tachometer ［C］ 遠心回転速

cent 132

度計

centrifugal type 遠心式

centrifugation 遠心分離法 《ウラン235とウラン238の質量の違いを利用し、遠心力を用いて両者を分離し、ウランを濃縮する方法》

cepstrum analysis ケプストラム分析

ceramic cartridge ［C］ セラミック・カートリッジ；磁器カートリッジ

ceramic coating ［C］ セラミック・コーティング；セラミック被覆

ceramic engine ［C］ セラミック・エンジン

ceramic sleeve ［C］ 陶磁製筒

ceramic tube ［C］ セラミック管

certificate ［C］ 証明書

certificate authority (CA) 認証局 《公開鍵基盤 (PKI) において、証明書の発行・更新・失効、秘密鍵の生成・保護および証明書利用者の登録を行う機関のことをいう。㊞ 統幕指運第119号》《CA ＝ シーエー》

certificate for decoration 勲記；勲章証書

certificate of achievement 賞詞（しょうし）

certificate of destruction 破棄証明書 《秘密の破棄証明書》

certificate of disability for discharge 兵役免除該当証明書

certificate of discharge 除隊証明書

certificate of expenditures 消耗証明書

certificate of merit 賞状

certificate of proficiency 修業証書

certificate of service 服務修了証書

certificate of ship's nationality 船舶国籍証書

certification and accreditation (C&A) 評価認定

Certified Round サーティファイド・ラウンド《ペトリオット用語》

certifier ［C］ 評価者

Cessna plane ［C］ セスナ機

cetane number セタン価 《㊞ cetane rating》

cetane rating セタン価 《㊞ cetane number》

chaff ［U］ ①チャフ 《敵のレーダー探知を妨害する手段として使用する金属薄片。主にアルミニウム箔やアルミニウムでコーティングされたガラス繊維が使用される》 ②【空自】レーダー妨害片

chaff cartridge ［C］ チャフ弾 《チャフを充填した火砲弾薬またはロケット弾。㊞ NDS Y 0001D》

chaff dispenser ［C］ 【空自】レーダー妨害

片散布器

chafing chain 摺動チェーン（しゅうどうチェーン）

chain cable compressor ［C］ 制鎖器

chain cable controller ［C］ 制鎖器

chain charge 連鎖爆破薬 《複数個の爆破薬を導爆線で直列に繋いだもの。㊞ NDS Y 0001D》

chain connector ［C］ チェーン接続具

chain grab 錨鎖車

chain locker ［C］ 錨鎖庫；チェーン・ロッカー

chain mooring 鎖係維

chain of command 指揮系統 《指揮を行い、または指揮を受ける関係にある部隊等の長の上下の系列をいう。この系列にある上級の部隊等の長を「上級部隊等の長」、上級部隊等の長の指揮を受ける部隊等を「下級部隊等」という。㊞ 防衛省訓令第17号》

chain of evacuation 後送系統

chain pipe ［C］ チェーン・パイプ；錨鎖管

chain pulley ［C］ 鎖車（くさりぐるま）

chain pump ［C］ 鎖ポンプ

chain rammer ［C］ チェーン・ランマー《装填装置の一種。チェーンに装填用の器具が取り付けられており、チェーンの前進によって弾薬を砲身に装填するようになっている。㊞ NDS Y 0003B》

chain reaction 連鎖反応

chain wheel ［C］ 鎖車（くさりぐるま）

chain winding 鎖巻き

challenge ［n.］ 誰何（すいか） 《歩哨等の警戒・監視員が声をかけて相手の名前、所属等を問いただすこと。㊞ 民軍連携のための用語集》

challenge ［v.］ 誰何する

Challenger main battle tank ［C］ チャレンジャー戦車

chamber ①低圧室 ②薬室 《銃砲の薬室》《㊞ cartridge chamber》

chamber flight ［C］ 低圧室飛行

chamber gauge ［C］ ①薬室ゲージ 《薬室の寸法を検査するために使用する器具。㊞ NDS Y 0002B》 ②【海自】薬室嵌合試験器（やくしつかんごうしけんき）

chambering 装填（そうてん） 《弾薬を薬室に入れること》

chamber length ＝ length of chamber 薬室長

chamber pressure ①薬室圧力；薬室圧 《薬莢が爆発したときに火器の薬室の内側に生じる燃焼ガスの圧力。㊞ NDS Y 0006B》 ②燃焼室圧力

chamber volume 薬室容積

chance of fighting 戦機 《作戦または戦闘の目的達成のための絶好の機会をいい、彼我（ひが）の作戦または戦闘の経過中、我が戦闘力の発揮により敵撃破のため相対戦闘力の優位の獲得が期待できる状態にある好機をいう場合に多く用いられる。[典] 統合訓練資料1-4》

chandelle シャンデル

change 推移；転移；変化 ◇用例： changes in the operation = 作戦の推移

change bulletin (CB) ［C］ 変更通知

change gear device ［C］ 替え歯車装置

change in disposition 配備変更

change in true bearing 真方位変化；真方位変化量

change in work site 職場変更

change notice (CN) 変更通報

change of operational control (CHOP) ①【統幕】作戦指揮権の転移 ②【海自】作戦統制の変更；用兵指揮の変更 《CHOP = チョップ》

change of range 変距離

change of security classification 秘密区分の変更

changeover contact 切り替え接点

changeover cue = change over cue 切り替えキュー；切り替え標識記号

changeover link ［C］ 切り替えリンク

changeover switch ［C］ 切り替えスイッチ

change-speed motor ［C］ 多速度電動機

change to different BWT 異なるBWTへの変更

change to lower grade 低い等級への変更

change valve ［C］ 切り替え弁

change watch 当直交替；当直交替員

channel ［C］ ①チャンネル；通話路 ②水路；水道 《海峡の水道》 ③溝

channel bar ［C］ 溝形材

channel control station ［C］ 経路統制所

channel defense ［U］ 海峡防備 《防衛上、重要な海峡を防備することをいう。[典] 統合訓練資料1-4》

channel designation チャンネル指定

channel investigation 水路調査

channel letter チャンネル識別文字

channel number チャンネル番号

channel of communication 連絡系統

channel of signal communication 通信系統

channel selector system ［C］ チャンネル選択装置

chant link ［C］ 短鎖環

Chaparral チャパラル 《ミサイル名》

chaplain ［C］ ①【自衛隊】宗教要員 《敵国軍隊等構成員の宗教要員および軍隊以外の職員（篤志救済団体職員）で同一の任務にあたる者。[典] 統合訓練資料1-4》 ②従軍牧師

character and personality test ［C］ 性格検査

character education ［U］ 精神教育

characteristic actuation 特性作動

characteristic actuation width 特性作動幅

characteristic curve ［C］ 特性曲線

characteristic detection probability 特性探知確率

characteristic detection width 特性探知幅

characteristic distortion 特性歪み（とくせいひずみ）

characteristic impedance ［U］ 特性インピーダンス ◇用例： characteristic impedance of a medium = 媒質の特性インピーダンス

characteristic point ［C］ 特性点

characteristic resistance 特性抵抗

characteristic test ［C］ 特性試験

characteristic time test ［C］ 特性時間試験

charge ①充電 ②装薬

charge and discharge board ［C］ 充放電盤

charge and discharge system 充放電方式

charge bag ［C］ 薬包 《爆薬を薬嚢に充填したもの。[典] NDS Y 0001D》

charge coupled device (CCD) ［C］ 電荷結合素子

charged body ［C］ 帯電体

charged particle ［C］ 荷電粒子

charged particle beam weapon ［C］ 荷電粒子ビーム兵器

Charge No. 装薬号数 ◇用例： Charge 1 = 1号；Charge 2 = 2号

charger ［C］ 弾薬装填器（だんやくそうてんき）；挿弾子（そうだんし）

charger handle ［C］ 装填ハンドル；槓桿（こうかん）

charge rush 突撃

charge sheet ［C］ 告訴状；告発状

charge temperature 装薬温度

charge-weight ratio ［C］ 炸薬質量比；炸薬

C

重量比 《爆弾や弾丸の全重量に対する炸薬の重量比。㊥ NDS Y 0001D》

charging 装弾 《弾薬を弾倉に詰めること。㊥ NDS Y 0003B》

charging choke ［C］ 充電チョーク

charging circuit ［C］ 充電回路

charging column ［C］ 装気柱

charging current 充電電流

charging device ［C］ 充電装置

charging efficiency ［U］ 充電効率

charging generator ［C］ 充電発電機

C

charging lead ［C］ 装気管

charging rate ［C］ 充電率

charging stud ［C］ 装填用掛け金(そうてんようかけがね)

charging time 充電時間

chart ［C］ 図表

chart base ①地図基礎資料 ②【海自】海図基準

chart direction of wind 射線風向

Charter of the United Nations (UN Charter) ［the ～］ 国際連合憲章 ◇用例：Article 51 of the United Nations Charter = 国連憲章51条

chart maneuvers ［pl.］ 図上演習；図演

chart of visibility mark 視程目標図

chase gun ［C］ 追撃砲

chase plane ［C］ 追撃機

chaser ［C］ 駆潜艇

chassis ［C］ シャシー

chattering おどり 《弁接点などのおどり》

Chechen mafia チェチェン・マフィア

check ［n.］ 点検 《整備の種類において、法令などの規定などに基づき実施する点検をいい、あらかじめ点検周期を定めて実施するものを定期点検、その他を臨時点検に区分される。㊥ GLT-CG-Z500002J》

check ［vt.］ 点検する

check bearing method 確認照準発射法

check bolt ［C］ 止めボルト

checker's telescope ［C］ 鑑査望遠鏡

check flight ［C］ 検定飛行

check list (C/L) ［C］ チェック・リスト

checkman ［pl. = checkmen］ 管制員 《ボイラーの管制員》

check of drawing 検図

check pilot ［C］ 検定操縦士

check point = checkpoint ［C］ ①検点《射撃》 ②照合点 ③検問所 ④【陸自】確認点《部隊の行動等を容易にするため、行動地帯または担任区域に示す参照のための地点をいい、我が部隊の配置・行動等についての報告・通報、命令等において使用する。㊥ 陸自教範》

check report ［C］ 確認報告

check ring ［C］ 制限リング

check sight ［C］ 監視鏡

check sweeping 確認掃海

checkup = check up ①点検 ②定期健康診断

check valve ［C］ チェック・バルブ；逆流防止弁；逆止め弁

cheek pad ［C］ 頬当て

Chemical (Cml) 【自衛隊】化学科 《職種の英語呼称》《主任務は、除染等の特殊武器防護全般》

chemical action 化学作用

chemical agent ［C］ 化学剤 《有毒化学剤、無傷害化学剤および対植物化学剤の総称をいう。㊥ 陸自教範》

chemical agent cumulative action 化学剤蓄積作用

chemical ammunition ［U］ 化学弾；化学弾薬

chemical ammunition cargo 化学弾薬貨物

chemical and biological warfare (CBW) ［U］ 生物化学戦

chemical and biological weapon (CBW) ［C］ 生物化学兵器

chemical attack ［C］ 化学攻撃

chemical barrier ［C］ 散毒地帯

chemical, biological and radioactive weapons ［pl.］ ①【空自】化学・生物・放射能兵器 ②【陸自】特殊武器

chemical, biological and radiological (CBR) 化学・生物・放射能

chemical, biological and radiological activity warfare (CBR warfare) ［U］ 化学・生物・放射能戦；CBR戦

chemical, biological and radiological operation (CBR operation) 化学・生物・放射能作戦

chemical burn 熱傷 《薬品による熱傷》

chemical cleaning ［U］ 化学洗浄 《ボイラー等の化学洗浄》

chemical contamination ［U］ 化学汚染

chemical corps ［pl.］ 【陸軍】化学部隊

chemical cylinder ［C］ ガスボンベ

chemical defense [U] 化学防衛

chemical-defense company [C] 化学戦防御中隊

chemical detector kit [C] ガス検知器

chemical division [C] 【自衛隊】化学部

chemical energy projectile (CE projectile) = chemical energy ammunition [C] 化学エネルギー弾；CE弾 《弾丸の化学エネルギー(炸薬の爆発)によって装甲または他の硬目標破壊する弾薬》

chemical fire extinguisher [C] 薬品消火器

chemical foam [U] 化学泡

chemical fog 化学かぶり

chemical fuel 化学燃料

chemical hand grenade [C] 化学手榴弾（かがくしゅりゅうだん）；ガス手榴弾

chemical heating pad [C] 救命かいろ

chemical horn [C] 化学式触角

chemical laser [C] 化学レーザー

chemical mine [C] 化学地雷

chemical operations [pl.] 化学作戦

chemical protection vehicle [C] 化学防護車

chemical protective cloth 化学防護衣 《防護マスクと併用することで身体を完全に覆い、有毒化学剤等から身体を防護する》

chemical pyrotechnics [pl.] 化学火工品 《演習等において各種状況を付与するために使用する、音や煙を発生させる加工品。㊟ 民軍連携のための用語集》

Chemical School [the ~] 【陸自】化学学校 《の英語呼称》《放射性物質等の汚染を検知・除染する化学科隊員の教育を行う》◇用例：陸上自衛隊化学学校長 = the Principal of the JGSDF Chemical School

Chemical Section 【陸自】化学班 《の英語呼称》

chemical smoke [U] 薬煙

chemical substances [pl.] 化学物質

Chemical Unit 【陸自】化学防護隊 《の英語呼称》◇用例：第7化学防護隊 = 7th Chemical Unit（7Cml）

chemical warfare (CW) [U] 化学戦

chemical warfare service (CWS) [C] 化学戦部隊

chemical weapon (CW) [C] ①化学兵器 ②【陸自】化学武器 《有毒化学剤またはこれを充填した砲爆弾等をいう。㊟ 陸自教範》

Chemical Weapons Convention (CWC) 化学兵器禁止条約 《正式名称は「化学兵器の開発、生産、貯蔵及び使用の禁止並びに廃棄に関する条約」(Convention on the Prohibition of the Development, Production, Stockpiling and Use of Chemical Weapons and on their Destruction)》

chemosphere [C] 化学圏

chest-type parachute [C] 胸掛け型落下傘；前掛け型落下傘

chest X-ray examination 胸部エックス線検査

chevron [C] 布章（ふしょう）

Chibana Branch 【在日米軍】知花支所 《沖縄》

chicken target [C] チキン・ターゲット

chicken wire [C] 1インチ目金網

Chief Cabinet Secretary 【日】内閣官房長官

chief controller [C] ①首席管制官 ②【空自】管制係長

chief dietitian [C] 主任栄養官

chief engineer [C] ①機関長 ②施設課長

Chief Intelligence Directorate of the Soviet General Staff (GRU) [the ~] 【旧ソ連】国防省参謀本部諜報部

Chief Master Sergeant (CM Sgt.) 【米空軍】上級曹長

Chief Master Sergeant of the Air Force (CMSAF) 【米】空軍先任級曹長

chief military censor [C] 検閲主任

Chief of Army's Exercise (CAEX) 【日】豪州陸軍本部長会議

Chief of Chaplains 【米陸軍・米空軍】軍僧総監

Chief of Civil Engineer 【米空軍】施設総監

chief of construction requesting organ 【空自】工事要求機関の長

Chief of Information 【米海軍】広報担当部長

Chief of Legislative Affairs 【米海軍】議会担当部長

Chief of Legislative Liaison 【米陸軍】議会担当官

Chief of Naval Operations (CNO) 【米】海軍作戦部長

Chief of Public Affairs 【米陸軍】広報担当官

Chief of Safety 【米空軍】安全総監

Chief of Security Police 【米空軍】警務総監

Chief of Staff (CS) [the ~] ①【自衛隊】

幕僚長 《の英語呼称》 ②参謀長

Chief Petty Officer ①【海自】海曹長 《の英語呼称》 ②【米海軍】1等兵曹

Chief Scientist 【米空軍】科学総監

chief signal officer ［C］ 通信課長

chief staff officer ［C］ 先任幕僚

Chief Superintendent 【日】警視長

Chief Technical Officer 【防衛省】技術官 《の英語呼称》

Chief Warrant Officer ①【米空軍】上級准尉 ◇用例： Chief Warrant Officer W5 = 1等上級准尉；～ W4 = 2等～；～ W3 = 3等～；～ W2 = 4等～；～ W1 = 5等～ ②【米海兵隊】上級准尉 ◇用例： Chief Warrant Officer 5 = 1等上級准尉；～ 4 = 2等～；～ 3 = 3等～；～ 2 = 4等～；～ 1 = 5等～

Chief Warrant Officer CWO 【米海軍】上級兵曹長 ◇用例： Chief Warrant Officer CWO4 = 1等上級兵曹長；～ CWO3 = 2等～；～ CWO2 = 3等～

chief weapon assignment director (CWD) ［C］ 【空自】先任兵器割当指令官 《JADGE用語》《CWD = チーフ・ワッド》

chief weapon assignment technician (CWT) ［C］ 先任兵器割当技術員 《JADGE用語》《CWT = チーフ・ワット》

child-care leave 育児休暇

child SRN チャイルドSRN 《[対] parent SRN = ペアレントSRN》

Chinzei Exercise 【陸自】鎮西演習 《陸上自衛隊西部方面隊が定期的に実施している演習の一つ》◇用例： 鎮西27 = the Chinzei27 Exercize

chisel truck ［C］ チズル・トラック

Chitose Test Center 【防衛装備庁】千歳試験場 《の英語呼称》《航空機および誘導武器等のエンジン性能・空力性能についての試験、試作品等の寒地・積雪地・泥ねい地での性能に関する試験を行う。以前の「札幌試験場」。[典] 防衛装備庁HP》

chloride accumulator ［C］ クロライド蓄電池

chloride emulsion 塩化銀乳剤

chloride of lime = chlorinated lime さらし粉

chloride tester ［C］ 水質計

chlorination 塩素処理

chlorine war gas 軍用塩素ガス

chlorinity 塩素量

chock ［C］ 車輪止め

choice method 選択法

choke-bore チョーク銃腔 《銃口の近くがテーパー状に狭くなっている銃腔。散弾銃に使用し、散弾が広範囲に拡がらないようにする。[典] NDS Y 0002B》

choke input filter ［C］ チョーク入力濾波器

choke line 閉塞線(へいそくせん)

choke modulation ［C］ チョーク変調

choke ring ［C］ 閉塞環

choker search ［C］ 緊縮捜索

choke tube ［C］ 絞り管

choking 閉塞(へいそく)

choking gas 窒息性ガス

chord ［C］ 翼弦線；翼弦 《翼の断面の前縁と後縁を結んだ直線》

chord length 翼弦長

chord line ［C］ 翼弦線

chromatic aberration 色収差

chronic radiation doses ［pl.］ 長期線量

chronometer ［C］ クロノメーター

chronometer time 経線儀示時

chuffing チャッフィング；断続燃焼；息つき燃焼 《ロケット・モーターまたはロケット・エンジンの推進薬が、燃焼の中断と再着火を間欠的に繰り返す異常な現象。[典] NDS Y 0001D》《[同] chugging》

chugging チャッギング；断続燃焼；息つき燃焼 《[同] chuffing》

Chugoku-Shikoku Defense Bureau 【防衛省】中国四国防衛局 《の英語呼称》《前身は「広島防衛施設局」》

chute failure 不開傘事故

CIA officer ［C］ 【米】CIA工作員

CIC liaison officer ［C］ CIC連絡係士官 《CIC = combat information center(戦闘情報センター)》

CIC officer ［C］ 【海自】船務士

cigarette burning 端面燃焼 《薬幹の片端面から軸方向へのみ燃焼する燃焼方式。[典] NDS Y 0001D》《[同] end-burning》

cipher 暗号 《第三者に漏洩しないように、当事者間でのみ解読できる記号、文字。[典] 民軍連携のための用語集》

cipher device ［C］ 暗号機 《手動暗号機》

cipher equipment ［U］ 暗号器材

cipher machine = ciphering machine ［C］ 暗号機 《暗号の組立ておよび翻訳ならびに秘話のために製作された機械をいう。[典] 統合訓練資料 1-4》

cipher key ［C］ 暗号鍵

cipher key list ［C］ 暗号鍵表

cipher square　暗号用方眼
cipher system　暗号体系
cipher text　= ciphertext　暗号文　《暗号化した情報》《㊙ plaintext = 平文》
ciphony　暗号電話
Cipro　シプロ　《バイエル社の炭疽治療薬。商品名》
Ciprofloxacin　シプロフロキサシン　《抗生物質。商品名は「シプロ」》
circadian rhythm　日間リズム
circle of confusion　錯乱円
circle of declination　赤緯の圏
circle of inertia　慣性円
circle of position　位置の圏
circle of spacing　サークル間隔
circle search　[C]　旋回探索　《魚雷が旋回航走を行いながら探索すること。NDS Y 0041》
circle trial　旋回圏試験
circling approach　周回進入
circuit (CKT)　[C]　①回路　《発電機、電池などからの電流の導通、継電、増幅などに関連する電気回路・電子回路をいう。㊙ NDS Y 4076C》　②回線　《2以上の地点、相互を結んだ端末の機器の機能を含む通信の伝送路をいい、1以上のチャンネルからなる。㊙ 陸自教範》《㊙ communication channel》
circuit allocation　[U]　回線割り当て
circuit breaker　[C]　回路遮断器　《回路保護器の一種で、定額以上の電流が流れた場合、自動的に回路を開く遮断器。㊙ レーダー用語集》
circuit changing switch　[C]　切り替えスイッチ
circuit constant　回路定数
circuit control (C/C)　[U]　①【空自】回線統制　《回線統制とは、回線試験その他の各種試験のための統制、障害処理その他伝送および端末機器を標準の状態に維持し、その機能を発揮させるための措置を一元的かつ系統的に主導することをいい、これに関する成果の分析を含む。㊙ 防衛庁訓令第11号》　②【陸自】回線の統制　《回線を運用上の要求および技術上の要求に適応させて効率的に構成・維持するため、指揮下部隊の構成する回線について統制することをいう。㊙ 陸自教範》《㊙ circuit technical control》
circuit designation　回路標識
circuit diagram　[C]　回路図；回線図
circuit discipline　[U]　通信規律
circuit joint　[C]　回路結合器
circuit noise　[U]　回路雑音

circuit number　回路番号
circuit operation　回線操作
circuit power factor　[C]　回路力率
circuit priority　[U]　回線使用優先順位
circuit protector　[C]　①回路保護器　②【海自】回路安全器
circuit requirements　[pl.]　回線所要　《2地点間の通信に必要な回線の種類、質および容量をいう。㊙ 陸自教範》
circuit technical control　[U]　【陸自】回線の統制　《回線を運用上の要求および技術上の要求に適応させて効率的に構成・維持するため、指揮下部隊の構成する回線について統制することをいう。㊙ 陸自教範》《㊙ circuit control》
circuit tester　[C]　回路試験器
circuit test unit (CTU)　[C]　回線試験盤　《バッジ用語》
circular　回覧文書
circular attack method　円形攻撃法
circular disposition　円形配備
circular error average (CEA)　爆弾誤差率
circular error probable (CEP)　円形公算誤差；円形半数必中径；半数必中界　《投下した爆弾の半数が収まる円形領域の半径》《CEP = セップ》
circular formation　[U]　円形陣形
circular line of position　[C]　円形位置線
circular measure　弧度（こど）；弧度法　《弧の長さが半径の何倍であるかという数値で角の大きさを表す方法》
circular method of stationing　円形占位法
circular N observation　[U]　サーキュラーN式観測
circular polarized wave　[C]　円偏波（えんへんぱ）　《電磁波が伝搬するとともに、電界方向が回転する偏波。㊙ NDS C 0012B》
circular probable error (CPE)　円形公算誤差
circular run　①旋回走行　《自動車》　②旋回航走　《水平面雷道を円形にしたプログラム航走。㊙ NDS Y 0041》
circular scanning　円形走査；全周走査
circular screen　[C]　円形直衛
circular sweep　円形掃引
circular take-off　旋回離水
circular timing axis　円形時間軸
circular waveguide　[C]　円形導波管
circulating circuit　[C]　循環回路

circ 138

circulating current 循環電流

circulating index ［C］ 循環指数

circulating memory ［C］ 循環記憶装置

circulating oiling 循環注油

circulating pump (CP) ［C］ 循環ポンプ

circulating water (CW) ［U］ 循環水

circulation control ［U］ 交通運行統制

circulation index ［C］ 環流指数

circumstances ［pl.］ 状況；情勢

circumzenithal arc 天頂弧；天頂環

cirrocumulus (Cc) ①【空自】巻積雲 ②絹積雲（けんせきうん）

cirrocumulus lenticularis レンズ状巻積雲

cirrostratus (Cs) ①【空自】巻層雲 ②絹層雲（けんそううん）

cirrostratus filosus 毛状巻雲

cirrus (Ci) 巻雲；絹雲（けんうん）

cirrus census ［海自］濃絹雲

cirrus uncinus ①鉤巻雲（かぎけんうん） ②【海自】かぎ絹雲

citation ［C］ 表彰状

civic action 民生活動 《軍隊による民生活動》

civil administration ［U］ 民政 《⊛ military administration ＝ 軍政》

civil aeronautics law ［C］ 航空法

civil affairs ［pl.］ ①民政 ②民事 《部外との相互の信頼と協力関係を確立し、部隊の作戦を容易にするとともに、適時適切な支援を行って住民の安全の確保に寄与するため、任務遂行に必要な基盤の構築および環境の醸成を図る機能であり、渉外、部外力活用および部外支援からなる。⊛ 陸自教範》

civil affairs agreement 民事協定

civil agency (CA) ［C］ 文官庁；文官機関

civil air defense ［U］ 民間防空

Civil Air Regulation (CAR) 【米】民間航空規則

civil airway ［C］ 民間航空路

civil appropriation 民事予算

civil aviation 民間航空

civil aviation bureau 航空局；民間航空局

Civil Aviation Bureau (CAB) 【日】国土交通省航空局

civil censorship ［U］ 部外通信検閲 《民間通信の検閲》

Civil Claims Section 【陸自】賠償班 《の英語呼称》

civil day 常用日

civil defense (CD) ［U］ 民間防衛 《敵の侵略に際し、国民の防災や救護、避難のため、政府、地方公共団体と国民が一体となって、国民の生命、財産を保護し、被害を最小限に止めるための一連の措置をいう。⊛ 統合訓練資料1-4》

civil defense emergency 民間防衛事態；民防事態

civil defense intelligence ［U］ 民間防衛情報

civil defense organization 民間防衛組織；民防組織

civil direction of shipping 船舶運航民間指令

civil disturbance ［C］ ①【自衛隊】騒擾（そうじょう）《多人数が集合して暴行、脅迫等の暴力を行使し、その影響が一地方の静穏を害する程度になる状態をいう。⊛ 統合訓練資料1-4》 ②騒乱；暴動

civil disturbance readiness condition 騒擾準備態勢

Civil Engineering and Constriction 【空自】土木建築 《准空尉空曹空士特技区分の英語呼称》

Civil Engineering Division ①【防衛省】土木課 《建設部～の英語呼称》◇用例：土木課長 ＝ Director, Civil Engineering Division ②【空自】施設課 《の英語呼称》◇用例：施設課長 ＝ Head, Civil Engineering Division

Civil Engineering Management Section 【空自】管理班 《施設課～の英語呼称》◇用例：管理班長 ＝ Chief, Civil Engineering Management Section

Civil Engineering Officer 【空自】施設幹部 《幹部特技区分の英語呼称》

Civil Engineering Planning Section 【空自】計画班 《施設課～の英語呼称》◇用例：計画班長 ＝ Chief, Civil Engineering Planning Section

Civil Engineering Section 【空自】施設課 《航空総隊装備部～の英語呼称》◇用例：施設課長 ＝ Chief, Civil Engineering Section

Civil Engineering Squadron 【空自】施設隊 《の英語呼称》

Civil Engineering Staff Officer 【空自】施設幕僚 《幹部特技区分の英語呼称》

civil engineering support 施設支援

civil engineering support plan (CESP) ［C］ 施設支援計画

civil engineering support plan generator (CESPG) ［C］ 施設支援計画作成支援ソフト

139   **clan**

civilian = civilian personnel ［n.］ ①民間人 《㋐ 軍人》 ②文民（ぶんみん）《軍人以外の公務員》 ③軍属《軍に雇用されている人》

civilian ［adj.］ ①民間の 《軍に対する》 ②民生用の 《㋐ 軍事用の》

Civilian Advanced Course (CAC) 【空自】上級事務官等講習《航空自衛隊幹部学校の課程名》

civilian airports and ports ［pl.］ 民間空港・港湾

civilian auxiliary ［C］ 民間補助部隊

civilian casualty ［C］ 民間人の犠牲者

civilian construction capability 部外建設力

civilian control ［U］ 文民統制；シビリアン・コントロール

civilian hospital ［C］ ①【自衛隊】部外病院 ②民間病院

civilian internee ［C］ ①文民抑留者 ②民間人抑留者

civilian internee camp ［C］ 民間人抑留施設

civilian maintenance capability 部外整備能力

civilian objects ［pl.］ 民用物

civilian occupational specialty ［C］ 軍属特技区分

Civilian Personnel Director (CPD) 【在日米陸軍】民間人人事部長

Civilian Personnel Division (CPD) 【在日米陸軍】民間人人事部

civilian personnel management ［U］ 軍属人事管理

Civilian Personnel Office (CPO) 【在日米陸軍】民間人人事事務所

Civilian Personnel Section ①【陸自】職員班 《の英語呼称》 ②職員人事管理室 《の英語呼称》◇用例：職員人事管理室長 = Chief, Civilian Personnel Section

civilian supplies ［pl.］ 民需補給品

civilian transportation ［U］ 部外輸送機関 ◇用例：civilian transportation data = 部外輸送機関データ

civil information ［U］ 対外広報

civil military cooperation ［U］ 部外連絡協力《自衛隊が作戦遂行を容易にするため、部外からの積極的な協力を得るとともに、部外が被る災禍の未然防止等に資するため、部外に対して適時適切な支援を行うことをいう。㋺ 統合訓練資料1-4》

civil military cooperation estimate of the situation 部外連絡協力見積り《指揮官の状況（情勢）判断に資するため、また他の幕僚に対し必要な資料を提供するため、任務達成あるいは各行動方針に対する部外連絡協力の難易、各行動方針の優劣および部外連絡協力上の制約事項とその対策を明らかにすることをいう。㋺ 統合訓練資料1-4》

Civil Military Cooperation Support Office 【統幕】連絡調整業務室《総務部総務課〜の英語呼称》

civil-military operations ［pl.］ 軍民作戦

civil-military operations center (CMOC) ［C］ 軍民作戦センター

civil nuclear power 潜在的核保有国

civil organization 部外機関《㋺「部外」とは、防衛省以外をいい、必ずしも「民間」のみを意味しない》

civil protection ［U］ 【陸自】部外保全《部隊の作戦行動が妨げられないようにするため、関係部外機関が行う各種施策に対する部隊等による支援をいう。㋺ 統合訓練資料1-4》

civil protection call-up 【自衛隊】国民保護招集

civil requirements ［pl.］ 民需

Civil Reserve Air Fleet (CRAF) 【米】民間予備役航空軍；民間予備役飛行隊

civil strength ［U］ 民力

civil time 常用時

civil transportation ［U］ 民間輸送《民間の輸送施設および輸送手段で人員、資材等を輸送することをいう。㋺ 統合訓練資料1-4》

civil transportation capability 部外輸送力《民間船舶、民間航空機、米軍等の自衛隊以外の輸送力を総称していう。㋺ 統合訓練資料1-4》

civil twilight ［U］ ①【自衛隊】第3薄明《太陽高度が、地平線の−6度から日の出まで、または日の入りから−6度までをいう》 ②常用薄明

civil war ［U］ 内戦

Civil War ［the 〜］ 【米】南北戦争

cladding 合わせ板法

clad metal 合わせ板

clad steel 合わせ鋼板

claim ［n.］ 賠償請求

claim ［vt.］ 賠償請求する

clamshell door ［C］ クラムシェル・ドアー

clamshell-like nose cone ［C］ クラムシェル型ノーズ・コーン

clandestine operation 秘密作戦；隠密活動

clandestine work 秘密工作；裏面工作

clarification 清澄

clarifier ［C］ 清澄機

CLAR personnel ［pl.］ 総合後方調整室要員

clash of civilizations ［the ～］ 文明の衝突

clasp クラスプ；従軍記章付属金具

class I supply 第1種補給品 ◇用例：class III supply = 第3種補給品

class II installation ［C］ 第2種施設

class "A" amplification A級増幅

class entry 入校人員

classes of supply ［pl.］ ①【陸自】品種 《補給品の種別分類をいい、第1種（Class I）～第10種（Class X）の区分がある。⊛ 統合訓練資料1-4》 ②【海自】補給品の種別

classes of target ［pl.］ 目標の種別

classification ①分類；類別 ②秘密区分 《情報または文書の秘密区分》 ③特技区分

classification of contact 【海自】目標類別 《あらゆる探知情報から、触接目標が潜水艦であるかないかを決定することをいう。⊛ 統合訓練資料1-4》

classification of defects (C/D) 欠陥分類

classification of industrial property 国有財産区分

classification of prisoner of war 捕虜の分類

classification test ［C］ 分類検査

classification yard ［C］ 操車場

classified ［adj.］ 秘密扱いの；秘密区分に指定されている

classified contract ［C］ ①秘密契約 ②【海自】秘匿契約

classified defense information ［U］ 秘密国防情報資料

classified information ［U］ ①秘密情報資料 ◇用例：access to classified information = 秘密情報資料へのアクセス ②【海自】区分指定情報

classified materials ［pl.］ 秘密取り扱い物件

classified matter ①【空自】秘密事項 《⊛ unclassified matter = 非秘密事項》 ②秘密物件 ③【海自】区分指定事項

classified message ［C］ 秘密通信文

classified photo ［C］ 秘密写真

classify ［vt.］ ①分類する；類別する ②秘密区分を指定する

class room ［C］ 教場

claw clutch ［C］ かみ合いクラッチ 《⊛ dog clutch》

claymore mine ［C］ クレイモア地雷

clean aircraft ［pl. = ～］ 【空軍】クリーン・エアクラフト

clean bomb ［C］ 清浄爆弾

clean fuel oil tank = clean fuel tank ［C］ 清浄油タンク

cleaning bath 清浄浴

cleaning-bottom 艦底掃除

cleaning brush 銃腔ブラシ；手入れブラシ 《銃腔の清掃を行うための道具。手入れ棒の先端に取り付けて使用する。⊛ NDS Y 0002B》

cleaning door ［C］ 掃除戸

cleaning fireside ［C］ 外部掃除

cleaning hole ［C］ 掃除口

cleaning patch ［C］ 裁断布

cleaning rod ［C］ 手入れ棒；洗い矢；洗桿（せんかん） 《銃腔の清掃を行うための棒状の道具。先端に銃腔ブラシを取り付けて使用する。⊛ NDS Y 0002B》

cleaning solvent ［C］ 洗浄液

cleaning waterside 内部掃除（ないぶそうじ） 《ボイラーの内部掃除》

clean out 掃除口

cleanse ［vt.］ 除染する

cleansing station ［C］ 除染所 《⊛ decontamination station》

cleanup team ［C］ 汚染除去班

clear ［n.］ ①快晴 ②明瞭度（めいりょうど）

clear ［vt.］ 解除する；許可する；掃討する；撤去する；治療後送する

clear air turbulence (CAT) ［C］ 晴天乱気流

clearance (clnc) ①間隙；有効高 ②許可；管制承認 ③身元調査

clearance adjuster ［C］ すき間調整器

clearance adjustment すき間調整

clearance authority ［U］ 許可権

clearance capacity ①貨物処理能力 ②【海自】日施輸送能力

clearance fee ［C］ 出港手数料

clearance fit すき間ばめ

clearance formation ［U］ 許可待機隊形

clearance indicator ［C］ すき間インジケーター

clearance limit ①管制承認限界点 ②容積限界

clearance operation 清掃；清掃戦 《掃海》

clearance rate ［C］ 【海自】清掃率 《「掃海率」のこと》

clearance requirements ［pl.］ 許可条件

clearance time 通過完了時刻

clearance volume すき間容積

clear anchor ［C］ 正錨（まさいかり）

clear for action 【海自】合戦準備

clear hawse 絡み解き（からみとき）

clear ice ［C］ 雨氷（うひょう）；クリアー・アイス

clearing ①整地；伐採 ②治療後送

clearing authority ［C］ 許可権者

clearing company ［C］ 治療後送中隊

clearing hospital ［C］ 野戦病院；後送病院

clearing mark ［C］ 避険標

clearing solvent ［C］ 洗浄液

clearing station ［C］ 治療後送所

clearing turn 見張り旋回

clearing unit ［C］ 治療後送部隊

clear lamp ［C］ 透明電球

clear quadrant 明瞭信号象限

cleartext 生文（なまぶん） 《暗号化していない原文》◇用例： message in cleartext = 生文の通信文

cleartext telegram 生文電報

cleat クリート

clemency ［U］ 寛大な処置

clew クリュー 《帆のクリュー》

cliff report ［C］ ECM速報 《ECM = electronic countermeasures（電子対策）》

cliftatol クリフタトール 《混合爆薬の一種》

climate boundary 気候限界

climate limit 気候限界

climate of perpetual frost ［U］ 永久凍結気候

climatic anomaly 気候異常

climatic change 気候変化

climatic chart ［C］ 気候図 《[同] climatic map》

climatic data ［U］ 気候資料

climatic divide 気候境界

climatic element ［C］ 気候要素

climatic environment ［C］ 気候環境

climatic factor ［C］ 気候因子

climatic formula ［C］ 気候式

climatic map ［C］ 気候図 《[同] climatic chart》

climatic province ［C］ 気候区

climatic symbol ［C］ 気候記号

climatic type 気候型

climatic variation 気候変動

climatic year 気候年

climatic zone ［C］ 気候帯

climatography ［U］ 気候誌

climatological data ［U］ 気候資料

climatological information ［U］ 気候情報

climatological summary ［C］ 気候集計

climb angle = climbing angle ［C］ 上昇角

climbing flight ［C］ 上昇飛行

climbing quality 上昇能力

climbing speed 上昇速度

climbing turn 上昇旋回

clinical charts (CC) ［pl.］ 診療録

clinical record ［C］ 臨床記録

clinker-build よろい張り

clinometer ［C］ クリノメーター；傾斜計

clip feeding クリップ給弾

clipping circuit ［C］ クリッパー回路

clock code 時計式表示法

clock code position ［C］ 時計式目標表示位置

clock delay mechanism ［C］ 遅動時計機構

clock mechanism ［C］ 時計機構

clock method 時計法

clock pulse ［C］ ①【空自】演算パルス ②【海自】時刻パルス

clock relay 時計リレー

clock starter 時計発動装置

clock starter mechanism ［C］ 時計発動機構；時計発動装置

clock system 時計法

clockwise rotation 時計回り

clockwork 時計機構；時計仕掛け

close ［adj.］ 密接な

close adjustment 精密修正

close air support (CAS) 近接航空支援 《陸上部隊の要請に基づき、陸上部隊と交戦中または直接対じしている敵陸上戦力に航空攻撃を加え、陸上部隊の作戦を支援する作戦をいう。 [典] JAFM006-4-18》

close air support weapon system (CASWS) ［C］ 近接航空支援兵器システム

close ASW action 【海自】近接対潜戦闘 《ASW = anti-submarine warfare（対潜水艦戦）》

clos 142

close battle　接戦

close column　[C]　短縮縦隊

close combat　【陸自】近接戦闘　《敵と直接的に地上接触して戦闘力を行使することをいう。㉟陸自教範》

close combat force　【陸自】近接戦闘部隊《敵と直接的に地上接触して戦闘力を行使することを主任務とする部隊をいい、攻撃においては機動に任ずる部隊等、防御においては主戦闘地域守備部隊、機動打撃部隊等に任ずる。㉟陸自教範》

close connection　緊密な連携

close control　[U]　直接管制

close control interception technique　【海自】精密管制要撃法

close controlled air interception　①緊急管制航空要撃　②【海自】精密管制要撃

close coordination　緊密な調整

close coupling　密結合

close covering group　[C]　近接掩護任務群

closed area　[C]　閉鎖地域

closed bomb test　[C]　密閉ボンプ試験；密閉爆発試験　《発射薬を密閉ボンプ内で燃焼させ、発射薬の砲内特性を調べる試験。㉟ NDS Y 0001D》

closed chamber　[C]　カブラー

closed circuit　[C]　閉回路；閉路

closed-circuit underwater breathing apparatus　閉式潜水器

closed column　[C]　短縮縦隊

closed-core type　= closed core type　閉心型

closed cycle　[C]　密閉サイクル

closed cycle diesel (CCD)　密閉サイクル・ディーゼル　《大気非依存推進(air independent propulsion)の一つ》

close defense　[U]　近接防御

close defensive fire　近接防御射撃

closed exhaust　密閉排気

closed exhaust valve　[C]　密閉排気弁

closed feed system　[C]　密閉給水装置

closed feed valve　[C]　密閉給水弁

closed formation　[U]　短縮隊形　《車両行進において、通常、各車の距離がおおむね50メートル以下をもって行進する隊形をいう。㉟陸自教範》

closed-loop degaussing (CLDG)　クローズド・ループ消磁方式；閉回路消磁方式　《艦内に装備されている磁気センサーにより、船体の磁気の状態を常時監視し、その状態を消磁装置に伝送して、船体の磁気を常に最適な消磁状態に維持する消磁方式》

closed loop sweep　閉ループ掃海　《㉟ open loop sweeps = 開ループ掃海》

closed runway　[C]　閉鎖滑走路

closed traverse　閉トラバース；閉導線法

closed type engine　[C]　密閉型機関

closed type fuel valve　[C]　密閉型燃料弁

closed vessel heating test　[C]　密閉加熱試験

closed warehouse inventory　= closed inventory　閉鎖式現況調査

close formation　[U]　密集隊形

close-hauled　つめ開き　《帆走のつめ開き》

close-in dispersal　近接地域内分散

close-in fueling　クローズイン給油法

close-in procedure　クローズイン手順

close-in protection　[U]　近接防御

close-in range　[C]　近距離

close-in run　近接航過

close-in search　[C]　近接捜索

close-in security　[U]　近接警戒

close-in support　近接支援

close interval　[C]　短間隔

close-in trim　トリム保持状態

close-in weapon system (CIWS)　[C]　近接防御システム　《射撃指揮装置と機関砲を組み合わせた防御システムであり、目標の捜索から発射までを自動処理する機能を持つ。㉟統合訓練資料1-4》《CIWS = シーウス》

close order　密集隊形

close order drill　[C]　密集教練

close quarters battle (CQB)　近接屋内戦闘

close reconnaissance　近距離偵察

close screen　[C]　近接直衛

close search　[C]　中心捜索

close search pattern　[C]　中心捜索パターン

close sheaf　= close-sheaf　[C]　閉射向束（へいしゃこうそく）

close ship　[C]　近接艦

closest point of approach (CPA)　[C]　【海自】最接近点　《自艦と目標の行動に基づく相対運動から、自艦が目標に最も接近する点》

close support　近接支援

close support area　[C]　近接支援外洋海域

close supporting fire　近接支援射撃

close support operation　近接支援作戦

close surface-to-air guided missile　[C]

近距離地対空誘導弾

close tactical air support 近接戦術航空支援

close terrain ［U］ 錯雑地 《[同] dense terrain》

close traffic pattern ［C］ 【空自】短場周経路 《360度直上進入において、ブレーク・ポイント、クロス・ウインド・レグ、ダウン・ウインド・レグ、ベース・レグおよび最終進入を経て着陸するまでの経路をいう。[典] 航空自衛隊達第29号》

close-up photograph ［C］ 接写

closing flight plan ［C］ クロージング・フライト・プラン；飛行完了通知

closing plug ［C］ 弾頭栓（だんとうせん）《信管が取り付けられていない弾丸の弾頭の開口部をふさぎ、内部の炸薬を保護する木製やベークライト製などの保護栓。[典] NDS Y 0001D》

closing range rate ［C］ 【海自】近接変距

closing ship ［C］ 近接艦

closure 集結

closure minefield ［C］ 封鎖機雷原

clothing 被服

clothing allowance ［C］ ①被服支給定数 ②被服手当て

Clothing and Textile Office (C&TO) 【米】空軍被服繊維製品部

Clothing Supply Office (CSO) 【米】海軍被服補給所

cloud amount ［C］ 雲量

cloud atlas ［C］ 雲級図

cloud attack ［C］ ガス攻撃

cloud base ［C］ 雲底（うんてい）

cloud droplet ［C］ 雲の粒

cloud form 雲形

cloud height 【空自】雲高 《全天の8分の5以上を覆う雲層であって、当該雲層の地表または水面からの高さが6,000メートル（20,000フィート）未満のもののうち、最も低い雲層の雲底の地表または水面からの高さをいう。[典] 航空自衛隊達第29号》

cloudiness 雲量

cloud particle ［C］ 雲の粒

cloud point 曇り点

cloud sea 雲海

cloud symbol ［C］ 雲型記号

cloud thickness 雲の厚さ

cloud top 雲頂（うんちょう）

cloud top height 雲頂高度

cloud type 雲型

cloudy 曇

clove hitch 巻き結び

clover leaf ［C］ クローバー・リーフ

cluster ［C］ ①地雷群 《半径約2m（約2.5歩）の半円内に含まれる1～5個の地雷の総称。[典] NDS Y 0001D》 ②機雷群 《機雷探知機により得られた目標位置の集合。[典] NDS Y 0012B》 ③クラスター 《[備] クラスター爆弾を示していることもあるので、不明な場合は「クラスター」にする》

cluster adapter ［C］ ①クラスター・アダプター ②【空自】爆弾集束器

cluster bomb ［C］ クラスター爆弾；集束爆弾 《多数の子爆弾を内蔵した爆弾の総称。航空機から投下されると、小型爆弾・地雷などの子爆弾を目標上空で撒布し、広範囲を制圧する爆弾》 ◇用例： 500-pound cluster bomb = 500ポンド・クラスター爆弾

cluster bomb unit (CBU) ［C］ クラスター爆弾ユニット 《散布装置（SUU = suspension underwing unit）および内蔵する子爆弾（BLU = bomb live unit）の組み合わせにより、さまざまな種類がある。例えば、CBU-87は、SUU-65BとBLU-97/Bで構成される》

cluster munitions ［pl.］ クラスター弾薬 《「improved conventional munitions（改良型通常弾薬）」ともいう》

cluster projectile ［C］ クラスター弾 《それぞれの重量が20キログラムを超えない爆発性子弾を散布または放出するように設計されている通常弾》

cluster rocket ［C］ 集束ロケット 《2個以上のロケット・エンジンを束ねて、一つの推進装置として働くようにしたロケット。[典] NDS Y 0001D》

clutch compartment ［C］ クラッチ区画

clutch disc ［C］ クラッチ板 《[同] clutch plate》

clutch diverter valve ［C］ クラッチ油転流弁

clutch magnet ［C］ クラッチ電磁石

clutch plate クラッチ板 《[同] clutch disc》

clutter クラッター；レーダー固定反射 《レーダー・エコーのうち、地上、海面、雲等からの反射波をいう。[典] JAFM006-4-18》

clutter diagram ［C］ クラッター図；固定反射図

clutter index ［C］ クラッター指標 《目標が、防空監視所（SS）のクラッター領域で探知されたことを示す指標をいう。[典] JAFM006-4-18》

CNS oxygen toxicity 中枢神経系酸素中毒 《CNS = central nervous system（中枢神経系）》

CO2 meter ［C］ 二酸化炭素計

coach and pupil method ＝coach-and-pupil method 交互指導法；相互学習

coach whipping 組み飾り

coalition 連合

coalition coordination cell (CCC) ［C］ 連合調整機構

coalition force 多国籍部隊；連合部隊

Coalition Provisional Authority (CPA) 連合暫定施政当局

co-altitude attack ［C］ 同高度圏攻撃

coarse aggregate 粗骨材

C

coarse control synchro motor ［C］ 粗制御シンクロ・モーター

coarse mine ［C］ 低感度機雷

coarse sight ［C］ 概略照準

coarse synchronization 粗同期 《[対] fine synchronization ＝ 精同期》

coarse tuning 粗同調

coastal area ［C］ 沿岸海域

coastal climate ［U］ ①沿岸気候 ②【海自】海岸気候

coastal convoy ［C］ 沿岸船団

coastal defense ［U］ 沿岸防備

Coastal Defense Group 【海自】防備隊《の英語呼称》《防備隊は、防備隊本部、警備所およびミサイル艇隊で編成する》◇用例：余市防備隊 ＝ Coastal Defense Group Yoichi；防備隊司令 ＝ Commanding Officer, Coastal Defense Group

coastal defense operations ［pl.］ 【陸自】沿岸防備戦 《我が港湾、海峡、その他沿岸の重要地域および施設ならびに沿岸海域における我が国の海上活動を防護するため、沿岸海域における敵作戦兵力を撃破し、またはその活動を封殺し、制約する作戦をいう。[典] 統合訓練資料1-4》

coastal defense system ［C］ 沿岸防衛システム

coastal desert climate ［U］ 海岸砂漠気候

coastal frontier ［C］ 沿岸地帯

coastal frontier defense ［U］ 沿岸防衛

coastal mine ［C］ 水際地雷（すいさいじらい） 《上陸する敵の行動を妨害・阻止するため、浅水中に設置する地雷。[典] NDS Y 0001D》

coastal navigation ［U］ 沿岸航法

coastal refraction 海岸線誤差；沿岸屈折

coastal sea control ［U］ 沿岸におけるシー・コントロール

coastal search ［C］ 沿岸捜索

coastal ship ［C］ 内航船

coastal ship convoy ［C］ 内航船団

coastal shipping 沿岸輸送

coastal submarine ［C］ 沿岸潜水艦；近距離潜水艦

coastal target ［C］ 沿岸の目標

coastal waters ［pl.］ 沿岸水域

coast artillery ［U］ 沿岸防備砲兵隊；沿岸防衛砲兵隊

coast chart ［C］ ①沿岸図 ②【海自】海岸図

coast defense ［U］ 沿岸防御

coast defense ship ［C］ 沿岸防備艇

Coast Disposition Brigade 【陸自】沿岸配置旅団 《方面隊の作戦構想に基づき、沿岸部の前方地域または後方地域に位置し、敵着上陸時の地歩の確立の阻止・妨害、敵戦闘力の減殺または我の欲する地域への敵の導入もしくは拘束等により、有利な条件を作為するために配置される旅団をいう。[典] 統合訓練資料1-4》

Coast Disposition Division 【陸自】沿岸配置師団

coast down time コースト・ダウン所要時間

coast earth station ［C］ 海岸地球局

coast guard ［C］ 沿岸警備隊

Coast Guard ［the ～］ 【米】沿岸警備隊《軍種の一つ》

coast guard office ［C］ 【海保】海上保安部

Coast Guard Reserve ［the ～］ 【米】沿岸警備隊予備役

coast guard station ［C］ 【海保】海上保安署

coasting 沿岸航行

coasting area ［C］ 沿海区域

coasting lining 岸線測量

coast line ［C］ 海岸線 《[同] shore line》

coast observation ［U］ 沿岸監視

coast observation training ［U］ 【陸自】沿岸監視訓練

coast observation unit ［C］ 沿岸監視隊《国土の沿岸に配置され船舶等の監視に任ずる部隊。[典] 民軍連携のための用語集》

coastwise traffic ［U］ 沿岸交通

coast zone ［C］ 【陸自】沿岸部 《対着上陸作戦においては、内陸部に対応する地域として、汀線（ていせん）の前後付近からおおむね海岸堡の設定を可能とする程度の縦深があり、かつ、地形区分を有する一連（または一帯）の地域をいう。[典] 陸自教範》《[対] inland ＝ 内陸部》

coated cable ［C］ 被覆ケーブル

coating ［C］ ①被覆 ②塗装 ③表面膠化（ひょうめんこうか）《発射薬の初期燃焼を抑えるため、発射薬の表面に緩燃剤を塗布すること》

coaxial antenna ［C］ 同軸アンテナ

coaxial cable ［C］ 同軸ケーブル 《高周波を伝送するケーブルの一種で、芯線を中心として絶縁した周囲を外部導体で取り巻いた構造のもので、芯線は、外部導体でシールドされた形になるので、妨害を出したり受けたりすることが少なく、機械的にも丈夫な特徴がある。[典] レーダー用語集》

coaxial feeder ［C］ 同軸給電線

coaxial line ［C］ 同軸線

coaxial-line oscillator ［C］ 同軸線発振器

coaxial machine gun (coax machine gun) ［C］ 同軸機関銃 《戦車や歩兵戦闘車などにおいて、主砲の射向と平行した射向を持つように取り付けられている機関銃。非装甲車両や人員などの軟目標と交戦するとき、主砲の代わりに使用する。[典] NDS Y 0002B》

coaxial rotor ［C］ 同軸回転翼

coaxial rotor configuration 同軸反転型

cobalt bomb ［C］ コバルト爆弾

Cobra Gold 【自衛隊】コブラ・ゴールド 《多国間共同訓練の訓練名》◇用例： 多国間共同訓練コブラ・ゴールド17 = the Cobra Gold 2017 multilateral exercise

cock ［n.］ 発火；撃発状態

cock ［vt.］ 撃鉄を起こす；発射準備をする

cocked hat ①正帽 ②誤差3角形

cocking 撃発準備；撃発待機 《[同] full cock》

cocking handle 槓桿（こうかん）；打針こう起てい 《打針こう起てい（打針扛起挺）》

cocking lever ［C］ ①撃発作動桿 ②撃発準備レバー；撃発待機レバー 《自動式小火器の撃鉄または撃針を引き戻すためのレバー》

cocking lever pin ［C］ 撃発レバー・ピン

cockpit ［C］ ①コックピット；操縦室 ②【海自】艇尾座席；操縦席

cockpit angle measure ［C］ コックピット角計

cockpit procedure 操縦席点検手順

cockpit procedure trainer (CPT) ［C］ コックピット手順訓練装置

cockpit television sensor (CTVS) ［C］ コクピット・テレビ・センサー 《HUDのコンバイニング・グラスを通して見える外景を、ビデオ記録するための小型のカラー・ビデオ・カメラ。[典] レーダー用語集》

cockpit voice recorder (CVR) ［C］ 操縦席音声記録装置

code ①コード ②略号 《通信文を短くするため使用する定められた文字、信号文等をいう。略号のうち、ある程度の秘匿性を期待するものを秘匿略号（operational code）という。[典] 統合訓練資料1-4》 ③暗号；符号

code amplifier ［C］ コード増幅器

code book ［C］ ①暗号書 《暗号の組立ておよび翻訳のために製作された秘密の文書等をいう。[典] 統合訓練資料1-4》 ②【海自】暗号書表

code bracketing method コード・ブラケッティング方式

code calling system 符号呼び出し法

co-declination = codeclination 余赤緯；極距離

code conversion 符号変換

code converter (CC) ［C］ 符号変換部 《バッジ用語》

coded copy ［C］ 出荷通知書；補給通知書

code-distinguishing ability コード識別能力

coded message ［C］ 暗号メッセージ

Code for Unplanned Encounters at Sea (CUES) 洋上で不慮の遭遇をした場合の行動基準 《他国の海軍艦艇と海上において予期せず遭遇した場合の行動規範。第14回西太平洋海軍シンポジウムにおいて合意されたものであり、西太平洋地域の海軍艦艇に限定されている。規範であり、遵守義務はない》

code group ［C］ 暗号文字群

code key ［C］ コード・キー

Code of Conduct 【米】行動規範

Code of the Conduct of Parties in the South China Sea (COC) 南シナ海に関する行動規範

code panel ［C］ 布板（ふばん）

code practice oscillator = code-practice oscillator ［C］ 符号練習発振器

coder ［C］ 符号器

coder decoder (CODEC) ［C］ コーデック

code sending type radiosonde ［C］ 符号式ラジオゾンデ

code text ［C］ 暗号本文

code word ［C］ ①【空自・陸自】隠語（いんご）《通信文の内容を秘匿するため、通信文全部またはその文中の文字、語句をそれと意味の異なる文または語で表したものをいう。[典] 陸自教範》 ②暗語（あんご）

coding circuit ［C］ コード回路

coding delay コード遅延

coding gate コード化ゲート

C

coding system コード化方式

codress message ［C］ 宛名秘匿通信文

Cod War タラ戦争

coefficient method 係数法

coefficient of deviation 自差係数

coefficient of discharge 流量係数

coefficient of expansion 膨張係数

coefficient of form 弾形係数 《弾道計算に使用する弾丸の形状に関する係数。[典] NDS Y 0006B》

coefficient of friction 摩擦係数

coefficient of heat convection 熱対流係数

coefficient of heat transfer 熱伝達係数

coefficient of humidity 湿度係数

coefficient of hysteresis ヒステリシス係数

coefficient of induction 誘導係数

coefficient of linear expansion 線膨張係数

coefficient of overall heat transmission 熱貫流率

coefficient of performance 動作係数

coefficient of potential 電位係数

coefficient of thermal expansion 熱膨張率

coefficient of utilization 照明率

coefficient of velocity 速度係数

coefficient of viscosity 粘性係数

coercive force 保磁力

cofferdam ［C］ 防水せき

cognizance symbol ［C］ 主管記号

coherent oscillator (COHO) ［C］ コヒーレント発振器

cohesive 結集行動

coil antenna ［C］ コイル・アンテナ

coil core ［C］ コイル鉄心

coiled wire filter ［C］ 巻き線フィルター

coil effect コイル効果

coil former ［C］ 巻き型

coil rack ［C］ コイル架

coil side コイル辺

coil winding machine ［C］ 巻き線機

coincidence amplifier ［C］ 一致増幅器

coincidence indicator ［C］ コインシデンス指示器

coir rope ［C］ カイヤー索；しゅろロープ 《しゅろ（棕櫚）》

co-latitude = colatitude 余緯度

cold advection 寒気移流

cold air inlet ［C］ 冷気取り入れ口

cold air mass ［C］ 寒気団 《寒冷な気団》《[対] warm air mass = 暖気団》

cold anticyclone ［C］ 寒冷高気圧

cold area allowance ［C］ 寒冷地手当て

cold blast ［C］ 冷風

cold climate ［U］ 寒冷気候

cold climate region ［C］ 積雪寒冷地

cold current 寒流

cold front ［C］ 寒冷前線 《[対] warm front = 温暖前線》

cold front type occlusion 寒冷前線型閉塞

cold junction ［C］ 冷接点

cold launch コールド・ランチ；コールド・ローンチ

cold plug ［C］ 低温点火栓

cold pole ［C］ 寒冷極

cold run ①コールド・ラン；非放射能実験《放射性核種を用いないで行う擬似的な実験》 ②冷走（れいそう） 《燃焼ガスによらず、圧縮空気などで機関を駆動して航走させること。[典] NDS Y 0041》《[対] hot run = 熱走》

cold shortness 冷脆性（れいぜいせい）；常温脆さ

cold shot 冷走

cold start = cold starting ①【空自】寒冷始動 ②【海自】常温起動；寒冷起動

cold storage ［U］ 低温貯蔵；冷蔵

cold tongue ［C］ 寒舌

cold trough ［C］ 冷たい谷

cold vortex ［C］ 寒冷渦

cold war ［U］ 冷戦；冷たい戦争

Cold War ［the ～］ 冷戦

cold water mass ［C］ 冷水塊（れいすいかい） 《[対] warm water mass = 暖水塊》

cold wave ［C］ 寒波

Cold Weather Combat Training Unit ［the ～］ 【陸自】冬季戦技教育隊 《の英語呼称》《陸上自衛隊冬季戦技教育隊は、陸上自衛官に対し、積雪寒冷地における戦闘および戦技の指導に必要な知識および技能を修得させるための教育訓練を行なうとともに、積雪寒冷地における部隊の運用等に関する調査研究を行なうことを任務とする。[典] 陸上自衛隊訓令第7号》◇用例： 陸上自衛隊冬季戦技教育隊 = the GSDF Cold Weather Combat Training Unit

collaboration 共同行動；策応

collaborative purchase 合同調達

collapse 瓦解 《一部の崩れから全体が崩れるこ

と》

collapse depth 圧壊深度

collateral damage 〔U〕 副次的損害

collateral mission 〔C〕 付随任務

collating 照合

collator 〔C〕 照合機

collecting point 〔C〕 ①集合所 ②収集所《回収の収集所》 ③集合地点

collecting station 〔C〕 ①患者収容所；《患者の》収容所 《師団以下の各部隊固有の衛生科部隊または要員および方面隊の診療隊の開設・運営する治療施設をいう。[典] 統合訓練資料1-4》 ②【陸自】回収所 《回収のうち、選別、分類、処理の機能を担う施設のことをいう。[典] 陸自教範》

collecting station treatment 収容所治療《[同] medical station treatment》

collecting tank 〔C〕 集合タンク

collection 収集；収容 《[備] 図書館の場合は「蔵書管理」》◇用例： collection of information = 情報資料の収集

collection agency 〔C〕 収集機関

collection asset 〔C〕 収集アセット 《[備] 収集する対象が情報とは限らないので「収集アセット」にする》◇用例： data collection asset = データ収集アセット；intelligence collection asset = 情報収集アセット

collection management 〔U〕 収集管理《[備] 図書館の場合は「蔵書管理」》◇用例： collection management authority = 収集管理権者；collection manager = 収集管理者

collection operations management 〔U〕 収集作戦管理

collection plan 〔C〕 収集計画 ◇用例： collection planning = 収集計画立案

collection requirements 〔pl.〕 収集要求◇用例： collection requirements management = 収集要求管理

Collection Section 【陸自】収集班 《の英語呼称》

Collection Squadron 【空自】収集隊 《の英語呼称》

Collection Unit 【空自】収集班 《の英語呼称》

collective call 一括指呼

collective call sign 同時呼び出し符号

collective defense 〔U〕 集団防衛

collective lens 〔C〕 集光レンズ

collective protection 〔U〕 集団防御

collective protector 〔C〕 空気浄化装置

collective security 〔U〕 集団的安全保障《[対] individual security = 個別的安全保障》

Collective Security Treaty Organization (CSTO) 集団安全保障条約機構

collective self-defense 〔U〕 集団的自衛《[対] individual self-defense = 個別的自衛》

collective training on potential capability cultivation 能力開発設計集合教育

collector ring 〔C〕 集電環

collimate 〔vt.〕 ①平行にする；一直線にする ②視準する

collimating lens 〔C〕 平行レンズ

collimating sight 〔C〕 照準コリメーター

collimation ①視準 《光学軸と機械軸を一直線上に定めること》 ②視準規正 《照準具の光学軸と銃砲の腔軸が平行になるように調整すること》 ③コリメーション 《同一目標からの捜索レーダーによる位置データとビーコン・レーダーによる位置データとの誤差（方位および距離）を修正すること》

collimator 〔C〕 コリメーター 《レンズまたは反射鏡の焦点面にスリットまたはピンホールなどを置き、これを透過した光を平行光束とする器具。[典] NDS C 0213B》

collimator objective 〔C〕 自体調整用対物鏡

collinear array 〔C〕 共線空中線列

collision 衝突

collision alarm 衝突警報 《潜水艦》

collision avoidance system (CAS) 〔C〕 空中衝突防止装置

collision bulkhead 〔C〕 船首隔壁

collision course 〔C〕 ①【空自】会敵コース；衝突コース ②【海自】出会い針路

collision course for projectiles 弾道交差経路

collision mat 〔C〕 防水マット

collision prevention 〔U〕 衝突防止

collocated operating base (COB) 〔C〕 共同運用基地

collocation ①並置 ②共同作業

collodion cotton 〔U〕 弱綿薬（じゃくめんやく）

colloidal solution コロイド溶液

co-located VHF omnirange and TACAN station (VORTAC) 〔C〕 オムニレンジ・タカン併置局 《TACAN = Tactical Air Navigation System（戦術航法装置）》

Colonel (Col.) ①【陸自・空自】1佐 《「1等陸

佐（陸自1佐）、1等空佐（空自1佐）」が正式な階級呼称》　②【米陸空軍・米海兵隊】大佐　《英空軍大佐は「group captain」》

color at half mast　半旗

color band　[C]　色帯

color-bearer　= color bearer　[C]　旗手

color-burst unit　[C]　カラーバースト・ユニット　《黒色火薬と発煙剤で構成される部品。対空演習弾の部品として使用され、弾頭信管の作動によって所定の色が発生する。㊟ NDS Y 0001D》

color chart　[C]　色表（いろひょう）

color code　①カラー・コード　②色識別　《色または色の組み合わせによる弾種の識別方法》

color company　[C]　軍旗中隊

color data　[U]　カラー・データ

color development with coupler　外式発色カプラー

colored smoke　[U]　①【自衛隊】着煙②色煙（いろけむり）；彩煙　《花火》

colored smoke rifle grenade　[C]　着色発煙小銃擲弾

color guard　①【陸自】旗衛隊　②【海自】隊旗警衛　③軍旗衛兵；軍旗衛兵隊

colorimeter　[C]　比色計

colorimetric method　比色法

coloring agent　[C]　着色剤

color presentation　【陸自】隊旗授与式◇用例：第42即応機動連隊旗授与式 = the 42nd Rapid Deployment Regiment Color Presentation

colors　= colours　[pl.]　①国旗　◇用例：national colors = 国旗　②軍旗　③【陸自】隊旗《unit flag》　④軍艦旗　⑤【海自】自衛艦旗

color sergeant　[C]　軍旗護衛下士官

colors guard　①国旗警護隊　②艦旗警護隊

colors salute　旗の敬礼

Columbus Air Force Base　【米】コロンバス空軍基地

column　[C]　①縦隊　《2列以上の縦隊》　②縦列　③柱

column cover　縦隊掩護

column formation　[U]　①縦列陣形　②【空自】縦隊編隊

column gap　[C]　縦隊間隔

column number　コラム番号

column of files　一列縦隊

column of masses　重畳縦隊

column of platoons　小隊重畳縦隊

column of route　行軍隊形

column open order　【海自】開縦列

combat　[U]　戦闘　《前線における「battle（戦闘）」よりも短い交戦》◇用例：to enter into combat = 戦闘に加入する；to enter into combat piecemeal = 逐次に戦闘加入する

combat action　戦闘行動

combat aircraft　[pl. = ～]　①戦闘用航空機　②【海自】作戦機

combat airlift support unit (CALSU)　[C]　戦闘空輸支援班

combat air patrol (CAP)　①【空自】戦闘空中哨戒　《要撃機編隊をあらかじめ空中で警戒のため、常時継続的に待機させ、目標発見後、直ちに進撃しうる態勢のこと》《CAP = キャップ》②空中警戒待機

combat airspace　[C]　戦闘空域

combat airspace control　[U]　戦闘空域統制

combat airtransport control team　[C]　戦闘空輸統制班

combat allowance　[C]　戦闘許容

combat altitude　戦闘高度

combatant　[C]　戦闘員　《紛争当事者の軍隊の構成員で、衛生要員と宗教要員を除く者をいう。㊟ 統合訓練資料1-4》《㊉ noncombatant = 非戦闘員》

Combatant Command　[C]　【米】統合軍　《米軍の運用は、軍種ごとではなく、軍種横断的に編成された統合軍の指揮のもとで行われており、統合軍は、機能によって編成された機能別統合軍（functional combatant command）と、地域によって編成された地域別統合軍（regional combatant command）から構成されている》

combatant commander　[C]　戦闘部隊指揮官

combatant ship　[C]　【海自】警備艦；機動艦艇

combat application tourniquet (CAT)　[C]　戦闘用止血帯

combat area　[C]　戦闘地域

combat arm　[C]　①【陸自】戦闘職種　②戦闘兵種

combat assessment　戦闘評価

combat aviation　戦闘任務航空部隊

combat aviation brigade　戦闘航空旅団

combat boots　[pl.]　半長靴（はんちょうか）

combat cargo officer　①戦闘荷積士官　②【海自】輸送部隊搭載幹部；艦搭載幹部

combat ceiling　【空自】戦闘上昇限度　《航空機の上昇能力を表す値の一つで、標準大気内で連

続最大出力状態の上昇率が500 feet/minに減ずるに至る高度をいう。[典] 統合訓練資料1-4》

combat chart 〔C〕 【海自】戦闘用海図

combat command 〔C〕 戦闘部隊

combat control system (CCS) 【米海軍】戦闘指揮システム

combat control team (CCT) 〔C〕 戦闘統制班

combat correspondent 〔C〕 戦闘広報係

combat day of supply 戦闘補給日量

combat development 〔U〕 戦闘開発

combat direction center (CDC) 〔C〕 戦闘指揮センター

combat direction system (CDS) 〔C〕 【海自】戦闘指揮システム

combat drill 〔C〕 ①【陸自】戦闘教練 ②【海自】戦闘訓練

combat echelon 〔C〕 戦闘部隊

combat effectiveness 〔U〕 戦闘効率

combat efficiency 〔U〕 戦闘効率

combat electronic warfare intelligence 〔U〕 戦闘電子戦情報

combat electronic-warfare intelligence battalion 〔C〕 戦闘電子戦情報大隊

combat element 〔C〕 ①【陸自】戦闘部隊 ②【海自】戦闘単位

combat engineer 〔C〕 戦闘工兵

combat engineer vehicle (CEV) 〔C〕 戦闘工兵車

combat environment 〔C〕 戦闘環境

combat exercise 〔C〕 戦闘演習；戦闘訓練

combat fatigue 〔U〕 戦争神経症；戦闘疲労

combat firing practice 戦闘射撃訓練

combat flight 〔C〕 戦闘飛行

combat force 戦闘部隊

combat formation 〔U〕 戦闘隊形

Combat Group (CGp) 【陸自】戦闘群《の英語呼称》《普通科中隊または戦車大隊を基幹とし、所要の指揮、戦闘、戦闘支援および後方支援の能力を付与して諸職種の機能を総合発揮できるように編成する編組部隊をいい、部隊区分を定めまたは部隊を配属する等により編成する。[典] 統合訓練資料1-4》

combat infantry 〔U〕 歩兵隊

Combat Infantry Badge (CIB) 【米軍】戦闘歩兵記章

combat information 〔U〕 ①戦闘情報 ②【空自】作戦情報

combat information center (CIC) 〔C〕 【海自】戦闘情報センター 《水上艦艇(部隊)の情報、戦闘中枢として指揮官の情勢(状況)判断および戦闘指揮に必要なすべての情報を処理するとともに、所要の武器等を管制する戦闘情報センターをいう。[典] 統合訓練資料1-4》

combat information center officer (CICO) 〔C〕 先任機上要撃指令官

combat information net 戦闘情報網

combat information ship 〔C〕 戦闘情報艦

combat intelligence 〔U〕 【米軍】戦闘情報 《指揮官が戦闘作戦を計画し、遂行するために必要な敵、天候および地形に関する情報をいう。[典] 統合訓練資料1-4》

combat lesson 〔C〕 戦訓

combat load 〔C〕 戦闘携行品；戦闘携帯品

combat loading 〔U〕 戦闘搭載 《戦闘部隊が予測される戦術作戦に即応できるように、人員、装備品および補給品を搭載する要領をいい、各搭載品は所望の時間内に卸下(しゃか)できるように搭載することをいう。[典] 統合訓練資料1-4》

combat logistics forces 〔pl.〕 戦闘後方部隊

combat management system (CMS) 〔C〕 戦闘管制システム

combat medic 〔C〕 【米軍】コンバット・メディック；救護兵

combat operation 戦闘作戦

combat operations center (COC) 〔C〕 【空自】航空総隊作戦指揮所 《航空総隊司令官およびBMD統合任務部隊指揮官が行う作戦および指揮の中枢をいう。[典] JAFM006-4-18》

combat operations section 〔C〕 航空作戦部

combat oriented maintenance organization (COMO) 〔U〕 戦闘指向型整備方式

combat oriented supply organization (COSO) 〔U〕 戦闘指向型補給方式

combat outfit 〔C〕 戦闘装備

combat outpost (COP) 〔C〕 【陸自】戦闘前哨 《防御において、敵の攻撃を警告するとともに、地上からの敵の偵察、観測、射撃等に対し、我が主戦闘地域を秘匿・掩護するため、主戦闘地域守備部隊指揮官がその直接前方に配置する警戒部隊をいう。[典] 陸自教範》

combat outpost line (COPL) 〔C〕 戦闘前哨線

combat patrol 戦闘派遣隊

combat phase 〔C〕 戦闘段階

combat power 戦闘力

C

combat practice 戦闘射撃

combat radius ［C］ 戦闘半径

combat readiness ［U］ ①戦闘可能態勢；戦闘即応態勢 ②【海自】戦闘即応能力《[同] combat ready》

combat readiness training ［U］ 戦技保持訓練

combat ready (CR) 戦闘可能態勢；作戦可能態勢

combat reconnaissance 戦闘偵察

combat report ［C］ ①戦闘詳報 《各級指揮官のじ後の作戦(戦闘)指導を適切にし、かつ、将来の作戦(戦闘)の参考とするため、作戦終了後に報告する記録をいう。[典] 統合訓練資料1-4》 ②【海自】戦闘報告

combat reserve ［C］ 戦闘予備

combat resources ［pl.］ 戦闘手段

combat search and rescue (CSAR) 【米軍】戦闘捜索・救難 《戦闘間およびそれ以外の軍事活動において、遭難した者を捜索し、救難する活動をいう。[典] 統合訓練資料1-4》

combat search and rescue mission coordinator ［C］ 【米軍】戦闘捜索・救難任務調整官

combat search and rescue task force 【米軍】戦闘捜索救難任務部隊

combat sector ［C］ 戦闘区域 《戦闘の実施にあたり、任務達成のために部隊に割り当てられる区域をいう。[典] 陸自教範》

combat service support (CSS) 戦務支援；戦闘後方支援；戦闘戦務支援

combat service support area ［C］ 戦務支援領域

combat service support element (CSSE) ［C］ 戦務支援部隊；戦闘後方支援部隊

combat service support unit ［C］ 戦務支援部隊；戦闘後方支援部隊

combat situation ［C］ 戦況

combat speed 戦闘速度

combat store ship ［C］ 戦闘給糧艦 《艦種記号： AFS》

combat support 戦闘支援 《特有の技術および装備をもって、近接戦闘部隊、火力戦闘部隊および対空戦闘部隊に対し、直接その戦闘行動を支援することをいう。[典] 陸自教範》

combat support element ［C］ 戦闘支援部隊

combat support troops ［pl.］ 戦闘支援部隊

combat surveillance ［U］ 戦闘監視

combat surveillance radar ［C］ 戦闘監視レーダー

combat survival 戦場保命法

combat system coordinator (CSC) ［C］ 【海自】システム運用調整官

combat system equipment room (CSER) ［C］ 【海自】戦闘システム機器室

Combat Team (CT) 【陸自】戦闘団 《の英語呼称》《普通科連隊、戦車連隊等を基幹とし、所要の指揮、戦闘、戦闘支援および後方支援の能力を付与して、諸職種の機能を総合発揮するように編成する編組部隊をいい、部隊区分を定め、または部隊を配属する等により編成する。[典] 陸自教範》

combat theater ［C］ 戦域

combat time 戦闘所要時間

combat train ［C］ 戦闘段列

combat troops ［pl.］ 戦闘部隊

combat uniform 戦闘服

combat unit 戦闘単位

combat unit loading ［U］ 戦闘部隊搭載

combat vehicle ［C］ 戦闘車

combat visual information support center ［C］ 戦闘視覚情報支援センター

combat zone (CZ) ［C］ ①【陸自】戦闘地帯 ②【海自】戦闘区域 ③【統幕・空自】作戦地帯

combination buffer ［C］ 緩衝器；緩衝板

combination circuit ［C］ 複合回路

combination detonator ［C］ 複合起爆筒 《電気エネルギーまたは機械的衝撃のいずれによっても発火する起爆筒。[典] NDS Y 0001D》

combination fuze ［C］ ①複動信管 《時限信管と着発信管の両方の機能を持つ信管。[典] NDS Y 0001D》 ②【海自】複合信管

combination gauge ［C］ 組み合わせゲージ

combination influence mine ［C］ ①複合感応地雷 ②複合感応機雷

combination mine ［C］ 複合機雷

combination primer ［C］ ①複合火管 《電気エネルギーまたは機械的衝撃のいずれによっても発火する火管。[典] NDS Y 0001D》 ②【海自】複動火管

combination storage ［U］ 混合貯蔵

combination tool ［C］ 組み合わせ工具

combination VOR and TACAN (VORTAC) ボルタック

combined (CMBD) ［adj.］ ①共同 ②連合 《2以上の国またはその軍隊等が共通の目的達成のために協力すること、またはその状態をいい、単一の指揮組織を設ける場合と、協同の場合がある。[典] 陸自教範》

combined air movement coordination center (CAMCC) 共同空輸調整所

Combined Air Operation Center (CAOC) 【NATO】合同航空作戦センター

combined air operation coordination center (CAOCC) ［C］協同航空作戦調整本部

combined arms ［pl.］諸兵連合部隊 《雑多な種類の部隊の混成隊》《「combined arms」を形容詞的に使う場合、自衛隊では「諸職種連合」、その他では「諸兵科」にすると、間違いが少ない》

combined arms force 【陸自】諸職種連合部隊 《通常、指揮、近接戦闘、火力戦闘、対空戦闘、戦闘支援および後方支援の諸機能を有し、各職種部隊の能力を有機的に総合発揮できるように編成された部隊をいう。㊙統合訓練資料1-4》

Combined Arms Live Fire Exercise (CALFEX) 【陸自】総合戦闘射撃訓練《㊙「CALFEX」で通じる》《CALFEX＝カルフェックス》

combined arms operation ①【陸自】諸職種連合作戦 ②諸兵科連合作戦

combined arms training ［U］ 【陸自】諸職種共同訓練

Combined Arms Training Center (CATC) 【陸自】諸職種共同訓練センター

combined blade ［C］合成羽根

Combined Brigade (CB) 【陸自】混成団《の英語呼称》◇用例：中部方面混成団＝Middle Army Combined Brigade；第1混成団（那覇）＝1st Combined Brigade（Naha）

combined diesel and gas turbine (CODAG) コダッグ方式 《巡航時にはディーゼル、高速時にはディーゼル・ガスタービンを使用する方式》《CODAG＝コダッグ》

combined doctrine 連合ドクトリン

combined effects bomblet (CEB) ［C］複合効果子弾 《クラスター爆弾に内蔵する子爆弾の一種》◇用例：combined effects munitions（CEM）＝複合効果弾薬

combined effects munitions (CEM) ［pl.］結合効果型爆弾

combined efficiency ［U］ 総合効率

combined engine ［C］ 複合エンジン

combined error 結合誤差

combined exercise ［C］ 連合演習

combined facilities coordination center (CFCCS) ［C］共同施設調整所

combined fleet ［C］ 連合艦隊

Combined Fleet ［the ～］ 【帝國海軍】聯合艦隊 《㊙ Grand Fleet》

combined force ①【米軍】連合部隊 《2以上の国の軍隊からなり、共通の目的達成のために一人の指揮官の下に組織された部隊をいう。㊙統合訓練資料1-4》 ②【陸自】混成部隊

Combined Force Command in Afghanistan (CFC-A) アフガニスタン多国籍軍

combined gas turbine and gas turbine (COGAG) コガッグ方式 《巡航時には一部のタービンを使用し、高速時にはすべてのガスタービンを使用する推進方式》《COGAG＝コガッグ》

combined gas turbine electric and gas turbine (COGLAG) コグラグ方式 《ガスタービン・エンジンと電動機を組み合わせた推進形式。低速時は、ガスタービン・エンジン発電機で電動機を動かし、高速時は、電動機とガスタービン・エンジンを組み合わせた複合推進で運転する推進形式をいう》《COGLAG＝コグラグ》

combined gas turbine or gas turbine (COGOG) コゴッグ方式 《巡航時には低速のガスタービン、高速時には高速のガスタービンを使用する推進システム》《COGOG＝コゴッグ》

combined information bureau (CIB) ［C］共同広報局

combined joint task forces (CJTF) ［pl.］共同統合任務部隊

combined logistics coordination center (CLCC) ［C］ ①【統幕】共同後方補給調整所 ②【空自】共同後方調整所

combined map and electronic display ［C］地図と電子情報の統合表示装置

combined medical coordination center (CMECCS) ［C］共同衛生調整所

combined movement coordination center (CMCCS) 共同輸送調整所

combined observation 交会観測 《射撃における数方向の交会観測》

combined operation ①共同作戦 ②【空自】連合作戦

combined reconnaissance 協同偵察 《海空作戦においては、海上自衛隊および航空自衛隊の部隊が協同して情報資料を収集する行動をいう。㊙統合訓練資料1-4》

combined rescue coordination center (CRCC) ［C］共同救難調整所

combined screen ［C］協同直衛

Combined Space Operations Initiative ［the ～］ 【米】連合宇宙作戦構想

combined staff ［C］ 連合幕僚

combined strategy ［C］ 連合戦略

combined supply and maintenance

coordination center (CSMCCS) ［C］
共同補給整備調整所

Combined Task Force 151 (CTF151) 第
151連合任務部隊 《米国を中心とした多国籍の枠
組みであり、海賊対処を任務とする。参加国の部
隊は、CTF151司令部との調整のもと、自国の法
令に基づき、特定の海域の警戒監視にあたる》

combined test team (CTT) ［C］ 統合試
験チーム

combined training ［U］ 連合訓練；協同訓練

combined training exercise ［C］ 共同
訓練

combined turbine ［C］ 混式タービン

combined unit ［C］ 混成部隊

combined wave height 総合波高

comb nephoscope ［C］ くし形測雲器

combustibility 可燃性

combustible cartridge case ［C］ 焼尽薬莢

combustible cartridge case (CCC) ［C］
焼尽薬莢（しょうじんやっきょう）《弾丸の発射
時に、発射薬の燃焼と共に燃え尽きる素材で作ら
れている薬莢。⊛ NDS Y 0001D》

combustible case ［C］ 焼尽部品

combustion 燃焼

combustion apparatus 燃焼装置

combustion can 燃焼筒

combustion catalyst ［C］ 燃焼触媒

combustion chamber ［C］ 燃焼室

combustion chamber housing ［C］ 燃焼
室覆い

combustion coefficient ［C］ 燃焼係数

combustion furnace ［C］ 燃焼炉

combustion point ［C］ 自然着火点 《ロ
ケット推進薬の自然着火点》

combustion rate ［C］ 燃焼率

combustion stroke 燃焼行程

combustion test ［C］ 燃焼試験

combustor ［C］ ①燃焼装置 ②【海自】燃
焼器

command ［n.］ ①指揮 《指揮権を与えら
れた個人が、その権限に基づき、部隊、機関また
は個人に対し意志を表示し、その意志に従わせる
ことをいう。⊛ 陸自教範》◇用例：unit under
the command ＝ 指揮下部隊 ②指令 ③瞰制
（かんせい） ④部隊

command ［vt.］ ①指揮する ②制する；瞰
制する

command activated sonobuoy system
sonobuoy (CASS sonobuoy) ＝

command active sonobuoy system sonobuoy
［C］ CASSソノブイ 《全指向性の送受波器を
装備したアクティブ・ソノブイの一種。無線リン
クを通じて航空機から指令信号を受信するこ
とで、音波を放射し、反射音を受信する。CASSは、
その管制装置を意味する》《CASS ＝ キャス》

command airspeed 指令気速

command altitude 指令高度

command and communication exercise
(CCX) ［C］ 指揮通信演習

Command and Communications
Division 【自衛隊】指揮通信課 《の英語呼
称》◇用例：指揮通信課長 ＝ Director,
Command and Communications Division

command and control (C2) ［U］ 指揮
統制

command and control center ［C］ 指揮
統制所

command and control information
system (CCIS) 指揮統制機能 《バッジ用
語》

command and control station (CCS)
［C］ 多機能入出力装置 《バッジ用語》

command and control system ［U］
【統幕】指揮統制システム 《与えられた任務を遂
行する指揮下部隊の作戦を計画・指揮し、統制す
るにあたって、指揮官にとって欠くことのできな
い施設、装備、通信、手続および要員のことをい
う。⊛ 統合訓練資料1-4》

command and control system module
(CCSM) ［C］ 指揮統制システム・モ
ジュール

command and control terminal (C2T)
［C］ 【海自】指揮統制支援ターミナル 《海上
作戦指揮管制システムの洋上端末装置として機能
するほか、洋上の部隊の指揮管制を支援するシス
テムをいう。⊛ 統合訓練資料1-4》

command and control warfare (C2W)
＝ command-and-control warfare ［U］ 指揮統
制戦

command and decision system ［U］
【海自】意志決定システム

command and director specialty 【自衛
隊】指揮幕僚特技職

Command and General Staff College
【米】指揮幕僚大学

command and signal ［C］ 指揮通信

Command and Staff Course (CSC) 【空
自・海自】指揮幕僚課程 《航空自衛隊幹部学校
および海上自衛隊幹部学校の課程名》

command and staff exercise ［C］ 指揮幕
僚演習

command and staff study (CSY) ［U］ ①【海軍】指揮幕僚研究 ②【海自】指揮幕僚演習

command and supervision ［U］ 指揮監督

command and warning net 指揮警報通話系

commandant ［C］ ①司令官 ②学校長

Commandant, Marine Corps ＝ Commandant of the Marine Corps 【米】海兵隊司令官

command authority ①指揮権 《[同] right of command》 ②指揮権者 ◇用例： a higher-level command authority ＝ 高官級の指揮権者

command briefing 定期概況報告

command bunker ［C］ 地下司令室

command burst ［C］ 指令爆破

command by proxy 指揮権の代行

command car 【米】司令車

command center ［C］ 指揮所

command center duty team (CCDT) ［C］ 指揮所勤務班

command channel ［C］ 指揮系統 《指揮を行い、または指揮を受ける関係にある部隊等の長の上下の系列をいう。この系列にある上級の部隊等の長を「上級部隊等の長」、上級部隊等の長の指揮を受ける部隊等を「下級部隊等」という。[典] 統合訓練資料1-4》

command chaplain ［C］ 部隊牧師

command chute ［C］ 指令開傘（しれいかいさん）

command code control ［U］ 指令符号管制

command communication equipment (CCEQ) ［U］ 指令用模写伝送装置；指令装置 《バッジ用語》

command communications vehicle (CCV) ［C］ 指揮通信車 《[備] 車体の中央部から後部に指揮通信室がある》

command, control and communications countermeasures (C3CM) ［pl.］ ①指揮統制通信対策 ②【海自】指揮管制通信対策

command, control and communications (C3) 指揮・統制・通信

command, control and communications system (C3S) ［C］ 指揮統制通信システム

command, control and management message (CCM) ［C］ 指揮等メッセージ 《バッジ用語》

command control communications 指揮管制通信

command, control, communications and computers system (C4 system) ［C］ 指揮、統制、通信及びコンピューター・システム 《教義、手順、組織の態勢、人員、装備品、施設、通信の統合システムで、軍事作戦の期間を通じ、指揮官の指揮・統制の行使を支援するものをいう。[典] 統合訓練資料1-4》

command, control, communications and intelligence (C3I) 指揮、統制、通信及び情報 《C3I, C cubed I ＝ シー・キューブド・アイ》

command, control, communications, computers and intelligence (C4I) 指揮、統制、通信、コンピューター及び情報 《指揮官が隷下部隊等を指揮統制するために必要なドクトリン、手順、装備、設備、通信および情報をいう。[典] 統合訓練資料1-4》

command, control, communications, computers, intelligence and interoperability (C4I2) 指揮、統制、通信、コンピューター、情報及び相互運用性

command, control, communications, computers, intelligence, surveillance and reconnaissance (C4ISR) 指揮、統制、通信、コンピューター、情報、監視及び偵察

command control computer (CCC) ［C］ 指揮統制コンピューター 《ペトリオット用語》

command control post ［C］ 指揮管制所

command control station (CCS) ［C］ 多機能入出力装置

command designation 【海自】砲戦目標指示

command destruct signal 指令破壊信号

command echelon ［C］ 指揮機関

commanded transfer 指揮管理換え

command element (CE) ［C］ 司令部部隊

commander ［C］ ①司令官；指揮官；部隊長 《[備] 不明な場合、自衛隊であれば「指揮官」にする》 ②【海自】司令

Commander ①【海自】2等海佐 《の英語呼称》《「海自2佐」ともいう》 ②【米英海軍・米沿岸警備隊】中佐

commander-in-chief (CINC) ＝ commander in chief ［pl. ＝ commanders-in-chief］ ①【陸軍】方面軍司令官 ②【海軍】司令長官 ③最高司令官；最高指揮官 《一国の～》 ④【米国】大統領 《この場合は、「the Commander-in-Chief」》

Commander-in-Chief, Channel (CINCCHAN) 【NATO】英仏海峡連合軍司令長官

Commander, Naval Forces Japan (COMNAVFORJAPAN) 【米】在日米海軍司令官

commander's critical information requirements ［pl.］ 指揮官の重要な情報要求

commander's cupola ［C］ 車長用天蓋

commander's estimate of the situation 指揮官の状況判断 《指揮官が任務達成のため、最良の行動方針を決定することをいい、任務を基礎とし、任務達成に影響のあるあらゆる要因を論理的に考察する。⊛ 陸自教範》

commander's intent 指揮官の意図

commander's periscope ［C］ 車長用照準潜望鏡 《戦車などの火砲搭載車両において、車長用に設置されている照準潜望鏡。目標の捕捉、距離の見積もりに使用し、砲手に指示する。⊛ NDS Y 0004B》

command flag ［C］ 指揮官旗

command fuze ［C］ 指令信管 《離れた場所からの指令信号によって作動する信管。⊛ NDS Y 0001D》

command guidance ［U］ 指令誘導 《指令信号を送信して、ミサイルなどを所定の経路で飛翔させる誘導方式。⊛ NDS Y 0001D》

command-guided missile ［C］ 指令誘導ミサイル

command heading 指令針路 《飛行すべき方位》

command homing system 指令ホーミング方式

commanding ground 制高地点

commanding height 制高点 《⊛ dominating height; commanding terrain》

commanding officer (CO) ［C］ ①【陸軍・空軍】部隊長；指揮官 《少尉から大佐までの階級の〜》 ②【海軍】司令；艦長

commanding terrain ［U］ 制高点 《⊛ commanding height》

command maintenance inspection (CMI) 部隊整備検査

command maintenance management inspection (CMMI) 整備管理検査

Command Master Chief Petty Officer 【海自】先任伍長 《の英語呼称》《部隊等の長により指定を受け、当該部隊等の海曹士を総括して部隊等の長を補佐する者をいう。当該部隊等の名称を冠して呼称する。⊛ 海上自衛隊達第13号》 ◇用例：自衛艦隊先任伍長（自衛艦隊司令部）= Command Master Chief Petty Officer of the Self Defence Fleet Headquarters

command net 指揮通信網

commando ［C］ ①特殊部隊；奇襲部隊 ②特殊部隊員；奇襲部隊員 ③コマンドゥ 《国家の意思を強要するために行動する特別に訓練された兵士により編成された特殊部隊（正規軍）をいう。⊛ 統合訓練資料1-4。⊛「コマンドゥ」もある

が、本書では「コマンドゥ」に統一している》

command of execution 動令 《号令には予令と動令があり、実際に動作に移るときの号令。例えば「前へ」が予令、「進め」が動令》

command of operational force 作戦部隊の指揮

command of the air 制空権 《一定範囲の空中を支配する権力。⊛ 民軍連携のための用語集》

command of the sea 制海権 《一定海域を支配しうる権力。⊛ 民軍連携のための用語集》 《⊛ control of the sea》

commando operation コマンドゥ作戦 《特別に訓練された隊員からなる部隊を使用し、敵の勢力圏内の各目標に対し、主として、戦略的な狙いをもって行う襲撃行動をいう。⊛ 統合訓練資料1-4》

command plan (CMND Plan) ［C］ コマンド・プラン 《ペトリオット用語》

command post (CP) 指揮所

command post activity 指揮所活動

command post administration ［U］ 指揮所管理

Command Post Exercise (CPX) 指揮所演習；指揮所訓練 《指揮機関に対して、主として指揮所活動および幕僚勤務について演練することをいう。⊛ 統合訓練資料1-4》《⊛ field training exercise = 実動演習；実動訓練》

command-post facility function 指揮所施設機能

command post trailer (CPT) ［C］ 有蓋指揮車（ゆうがいしきしゃ）《ペトリオット用語》

command procedure 指揮の手順

command pulse ［C］ 指令パルス

command radio set ［C］ 指揮用無線機

command relationship ［C］ 指揮関係

command relationship agreements ［pl.］ 指揮関係協定

command section ［C］ 指揮班

command select ejection system ［C］ 選択脱出システム

Command Sergeant Major (CSM) ①【陸自】最先任上級曹長 《の英語呼称》 ②【米陸軍】部隊先任上級曹長

command signal ［C］ 指揮信号

command signal center ［C］ 指揮所合同通信所

command speed 指令速度

Command Surgeon 【空自】医務官 《の英語呼称》

command system ①【空自】指揮システム

②【海自】指令誘導方式

command tracking ［U］ コマンド航跡追尾《戦闘機航跡の追尾方式の一つ》

commence fire 射撃を開始する

commencement of rifling 始線部（しせんぶ）《銃身または砲身の始線部。[典] NDS Y 0003B》

commendation ①表彰 ②賞詞

commercial aircraft ［pl. = ～］ 民間航空機

Commercial Computer Security Center (CCSC) 商用コンピューター・セキュリティ・センター

commercial explosive 産業火薬

commercial item ［C］ 市販品目

commercial item description (CID) 商用品目記述

commercial loading ［U］ 経済搭載

commercial off-the-shelf (COTS) COTS《[備]「民生品」、「商用製品」、「市販品」のことであるが、単に「COTS」と表記されることが多くなっている》《[対] government off-the-shelf》《COTS = コッツ》

Commercial Pilot License (CPL) 事業用操縦士《航空機の操縦士の資格の一つ》

commercial signal communication system ［C］ 部外通信組織

commissariat ［C］ 兵站部；糧食輸送部

commissary general 兵站総監

commission ［n.］ 任官

commission ［vt.］ ①任命する ②就役させる ◇用例：commission a warship = 軍艦を就役させる

commissioned officer (CO) ［C］ ①【自衛隊】幹部《将校に相当する》 ②将校《元帥から少尉まで》

Commission on Civil Rights 【米】公民権委員会

commit ［n.］ 指向

commit ［vt.］ 投入する；関与する

commitment 投入

commitment point ［C］ 攻撃針路進入点

commit piecemeal ［vt.］ 逐次に加入する

committed force 投入部隊

Committee on Disarmament (CD) 軍縮委員会

Committee On the Peaceful Use of Outer Space (COPUOS) 【国連】国連宇宙空間平和利用委員会

Committee to Promote the Use of Private Sector Maritime Transport 【防衛省】民間海上輸送力活用事業推進委員会《の英語呼称》

Committee to Review Securing Talented Human Resources for National Defense 【防衛省】国防を担う優秀な人材を確保するための検討委員会《の英語呼称》

Committee to Review Strengthening of Medical Functions 【防衛省】衛生機能の強化に関する検討委員会《の英語呼称》

Commodity Futures Trading Commission (CFTC) 【米】商品先物取引委員会

Commodity Integrated Material Manager (CIMM) 【米】物品群別統合資材管理機関

commodity loading ［U］ 【米軍】品目別搭載《卸下（しゃか）を容易にするため、混載する種々の貨物を、弾薬、糧食または梱包した車両等の品目別に搭載することをいう。[典] 統合訓練資料1-4》

commodity manager ［C］ 物品群別管理官

Commodity Stabilization Service (AG-CSS) 【米】農務省物資安定局

Commodore ①【米海軍・米沿岸警備隊】准将；代将《少将と大佐の間》 ②【英海軍】准将 ③【海自】司令《掃海隊または駆逐隊の司令》

commodore of a squadron ［the ～］ 戦隊司令官

commonality 共通性；共用性

common battery line circuit ［C］ 共電式回線

common battery system 共電式

common-channel interference ［U］ 同一チャンネル混信

common control ［U］ 共通統制

common criteria (CC) 共通基準

common data ［U］ 共通データ

common database definition (CDD) 共通データベース定義《バッジ用語》

common data definition (CDD) 共通データ定義《バッジ用語》

Common Foreign and Security Policy (CFSP) 【EU】共通外交・安全保障政策

common ground support equipment (CGSE) ［U］ 汎用地上支援器材

common imagery ground/surface station (CIG/SS) ［C］ 共通画像地上ステーション

common infrastructure 部隊共同支援施設

C

common item ［C］ 共通品目

common knowledge 共通ナレッジ

common language ［U］ 共通語

common link ［C］ 普通リンク

Common Management Information Protocol (CMIP) 共通管理情報プロトコル

Common Management Information Service (CMIS) 共通管理情報サービス

Common Operating Environment (COE) 【防衛省】共通運用基盤 《各自衛隊などが整備しているコンピューター・システムで共通に利用する基盤的なソフトウェア群》《COE＝シーオーイー》

C

Common Operating Environment Management Office 【統幕】コンピューター・システム共通運用基盤管理室 《指揮通信システム部指揮通信システム運用課〜の英語呼称》

common operational picture 共通作戦図

common part ［C］ 共通部品

common projectile (Com) ［C］ 通常弾

common rack (CR) コモラック 《バッジ用語》

common rating error 評定誤差

Common Security and Defense Policy (CSDP) 【EU】共通安全保障防衛政策

common servicing ①共通後方補給支援 ②【統幕】共通業務支援 ③【海自】共通後方支援方式

common-steel wire rope ［C］ 普通鋼索

common supplies ［pl.］ 共通補給品 《2以上の軍（自衛隊）が共通して使用する補給品をいう。[典] 統合訓練資料1-4》

common tool ［C］ 共通工具

common-user airlift service ［C］ 共用空輸業務

common-user circuit ［C］ 共用回線

common-user container ［C］ 共用コンテナー

common-user item ［C］ 共用品目

common-user logistics ［U］ 共用後方

common-user military land transportation (CULT) ［U］ 共用軍事陸上輸送

common-user network ［C］ ①共用通信網 ②【海自】共用ネットワーク

common-user ocean terminal ［C］ 共用海洋端末地

common-user sealift 共用海上輸送

common-user transportation ［U］ 共用輸送

Commonwealth of Independent States (CIS) 独立国家共同体

Commonwealth Ready Force (CRF) 英連邦常備軍

common whipping 端止め

communication ①通信 《通信とは、電気通信、信号通信および伝令通信をいう。[典] 防衛庁訓令第39号》 ②伝達；連絡

communicational duty function 通信要務処理機能

communicational operation function 通信運用機能

communication and coordination 【自衛隊】連絡調整

Communication and Electronics Division 【陸自】通信電子課 《の英語呼称》

Communication Buffer (CB) 通信バッファー 《JADGEが、TADIL-Aを使用して、E-767、E-2CおよびJ/TPS-102等との情報交換を行うための中継システムをいう。[典] JAFM006-4-18》

communication buffer officer (CBO) ［C］ 【空自】通信バッファー係幹部 《JADGE用語》

communication buffer technician (CBT) ［C］ 【空自】通信バッファー操作員 《JADGE用語》

communication business ［C］ 通信要務 《電話、ファクス、データ通信端末等の使用および電報の起案、発信依頼ならびにこれらについて行う統制および調整に関する業務をいう。[典] 統合訓練資料1-4》

communication by sound 音響通信

communication congested area ［C］ 通信混雑地域

communication control center (CCC) ［C］ 通信統制所 《バッジ用語》

communication control equipment (CCE) ［U］ 多重通信制御装置 《バッジ用語》

communication control terminal program (CCTP) 回線統制用端末プログラム 《バッジ用語》

communication control unit (CCU) ［C］ ①多重通信制御部 《バッジ用語》 ②通信システム制御装置 《ペトリオット用語》

communication countermeasures (COMCM) ［pl.］ 対通信

communication data ［U］ 通信諸元 《通信に使用される電波の周波数、変調方式等》

communication defense ［U］ 通信防衛

communication digital data processor

［C］ 通信データ処理装置 《ペトリオット用語》

communication discipline ［U］ 通信規律

communication disposition 通信配備

Communication-Electronics Staff Officer 【空自】通信電子幕僚 《幹部特技区分の英語呼称》

Communication Electronic Warfare Research Section 【防衛装備庁】通信電子戦研究室 《電子装備研究所～の英語呼称》《通信妨害・欺瞞技術および通信情報収集分析技術》

communication equipment (CE) ［U］ 通信器材

Communication Equipment Section ①【陸自】通信機材班 《の英語呼称》 ②【海自】通信器材班 《の英語呼称》◇用例： 通信器材班＝Officer, Communication Equipment Section

communication exercise ［C］ 通信演習

communication facility ［C］ 通信施設

communication facility office (CFO) ［C］ 回線統制所

communication function for commanders 指揮官用通信機能

communication function for staff 幕僚用通信機能

communication interface equipment (CIE) ［U］ 通信インターフェース装置 《JADGEと戦術データ交換システム（TDS）との間のプロトコルであるTADIL-Jに従い、データ通信を行うための装置をいう。[典] JAFM006-4-18》

communication interference ［U］ 通信妨害

communication lamp (COMMO Lamp) ［C］ コモ・ランプ 《ペトリオット用語》

communication management program (CMMP) ［C］ 通信管理プログラム 《通信サーバー上で動作する他セグメントおよび関連システム等との接続回線を制御するサーバー用プログラムをいう。[典] JAFM006-4-18》

communication mode 通信モード 《JADGE用語》

communication monitoring 通信監査 《円滑な通信実施、通信規律の維持、通信技術の向上および通信保全の確立を図るため、通信実施および信務業務の状態を調査し、監督することをいう。[典] 陸自教範》

communication-navigation-identification (CNI) 通信航法識別

communication network management function 通信ネットワーク管理統制機能

Communication Network Research Section 【防衛装備庁】通信ネットワーク研究室 《電子装備研究所～の英語呼称》《通信のネットワーク化技術、通信および対通信妨害に関する技術》

Communication Officer 【防衛省】通信官 《の英語呼称》

communication operation 通信運用 《通信を利用して情報の収集、処理および伝送等を単独または総合的に実施して、通信組織の機能を発揮させることをいう。ただし、電子戦、写真、補給整備等は含まない。[典] 統合訓練資料1-4》

communication operation instructions ［pl.］ 通信運用指令

communication out of commission for parts (COCP) 特別緊急請求 《通信用器材部品特別緊急請求》

communication pipe ［C］ 交通管

communication plan ［C］ 通信計画

communication procedure 通信手順

communication range ［C］ 通信距離

communication relay group (CRG) ［C］ 無線中継装置 《ペトリオット用語》

communication requirements ［pl.］ 通信所要 《必要とする通信の手段、区間、量、質および速度の総称をいう。[典] 陸自教範》

Communications and Computers Security Evaluation Group 【空自】保全監査群 《の英語呼称》

communications and electronics (C&E) ＝communications-electronics（CE） ［U］ 通信電子 《狭義には、通信およびその他の電子的手段を利用して、情報の収集、処理および意志の伝達等を単独または総合的に実施する活動をいう。広義には、上記に関する組織および運用を含めていう。[典] 統合訓練資料1-4》

Communications and Electronics Division (Comm & Elct Div) 【陸自】通信電子課 《の英語呼称》

communications and electronics facility ［C］ 通信電子施設

communications and electronics security ［U］ 通信電子保全 《保全活動の一部であり、敵および敵性勢力が我が通信電子から価値ある情報資料を入手するのを防護することをいう。[典] 統合訓練資料1-4》

Communications and Electronics Squadron 【空自】通信電子隊 《の英語呼称》

communications and electronics status (C&E status) 通信電子現況 《セクター内および隣接セクターの通信電子機器の運用現況等に関する情報をいう。[典] JAFM006-4-18》

Communications and Systems Management Group 【空自】システム管理群 《の英語呼称》

C

Communications Center 【海自】システム通信分遣隊 《の英語呼称》《航空基地内の電話回線、通信設備の維持管理および各部隊との通信ネットワークの維持管理など、通信に関する仕事を行う》◇用例： 鹿屋システム通信分遣 = Communications Center Kanoya；システム通信分遣隊長 = Commanding Officer, Communications Center

communications center (comcenter) = communication center ［C］ ①通信所（つうしんじょ）《信務所および有線通信、無線通信等の通信実施機関ならびに局地有線通信施設等からなる通信機関をいう。[典] 陸自教範》 ②【海自】通信中枢

C

Communications Command 【海自】システム通信隊群 《の英語呼称》◇用例： システム通信隊群司令 = Commander, Communications Command；システム通信隊群首席幕僚 = Chief Staff Officer, Commander of the Communications Command

Communications Construction Section 【空自】通信建設班 《の英語呼称》◇用例： 通信建設班長 = Chief, Communications Construction Section

communications control unit ［C］ 通信制御装置

communications countermeasures ［pl.］ 通信対策

communications deception ①【統幕】通信欺騙（つうしんぎへん）《敵に誤った判断をさせるため、彼我の無線通信回線に疑似電波を故意に挿入することをいう。[典] 統合訓練資料1-4》 ②【海自】通信欺瞞（つうしんぎまん）

communications detection ［U］ 通信標定

Communications Division 【海自】通信課 《の英語呼称》

communication security custodian ［C］ 通信保全責任者

Communication Security Group 【海自】通信保全業務隊 《の英語呼称》

communications-electronics countermeasures ［pl.］ 通信電子対策

communications-electronics deception 通信電子欺騙

Communications-Electronics Division 【空自】通信電子課 《の英語呼称》◇用例： 通信電子課長 = Head, Communications-Electronics Division

communications electronics doctrine (CED) 通信電子要綱

communications-electronics estimate of the situation 通信電子見積り 《指揮官の状況（情勢）判断に資するため、また、他の幕僚に対し必要な資料を提供するため、任務達成あるいは各行動方針に対する通信電子支援の可能性、通信電子上の各行動方針の優劣および制約事項とその対策を明らかにすることをいう。[典] 統合訓練資料1-4》

communications electronics instructions (CEI) ［pl.］ 通信電子運用細則

communications-electronics intelligence activity 通信電子情報活動 《敵の通信電子活動を捜索、傍受および標定することにより、情報資料を収集し、これを処理し、配布する機能をいう。[典] 陸自教範》

communications-electronics-meteorological (C-E-M) ［adj.］ 通信・電子・気象の

communications-electronics operation instructions (CEOI) ［pl.］ 通信電子規定 《通信電子活動に必要な技術的事項を規定したものをいい、作戦に関する命令の一種である。[典] 陸自教範》

Communications-Electronics Section 【空自】通信電子班 《の英語呼称》《航空総隊隷下（れいか）では「通信電子課」》◇用例： 通信電子第1班 = 1st Communications-Electronics Section

communications intelligence (COMINT) = communication intelligence ［U］ 通信情報 《外国の通信活動を主たる情報源として得られる情報および通信に関する技術的知識をいう。[典] JAFM006-4-18》《COMINT = コミント》

communications intelligence data base ［C］ 通信情報データベース

communications investigation 通信調査

Communication Site 【米軍】通信所（つうしんじょ） ◇用例： the Kyogamisaki Communication Site = 経ヶ岬通信所；the Sobe Communication Site = 楚辺通信所

communications jammer (COMJAM) ［C］ 通信妨害装置

communications jamming 通信妨害

communications management team (CMT) ［C］ 通信管理班

Communications Master Station 【海自】中央システム通信隊 《の英語呼称》◇用例： 中央システム通信隊司令 = Commanding Officer, Communications Master Station

Communications Monitoring Squadron 【空自】通信監査隊 《の英語呼称》

communications network (COMNET) ［C］ 通信網 《有機的に連接された単一の通信手段または通信方式による通信系の集団をいう。[典] 統合訓練資料1-4》

communications officer ［C］ 【海自】通

信長 《通信長は、船務長の所掌業務のうち、通信、暗号およびこれらに係る物件の整備（電子整備を除く）に関する業務を分掌する。㊞ 海幕人第10346号》

Communications Officer 【空自】通信幹部 《幹部特技区分の英語呼称》

communications patching panel (CPP) ［C］ 通信パッチ・パネル 《ペトリオット用語》

communications satellite (COMSAT) = communication satellite ［C］ 通信衛星

communications security (COMSEC) ［U］ 通信保全 《敵に、我が通信から価値ある情報資料を入手されないよう防護することをいい、暗号保全、伝送保全および保管保全に区分される。㊞ 陸自教範》《COMSEC = コムセック》

Communications Security Detachment 【海自】保全遣監査分遣隊 《の英語呼称》◇用例：保全遣監査分遣隊長 = Commanding Officer, Communications Security Detachment

communications security equipment ［U］ 通信保全機器

Communications Security Group 【海自】保全監査隊 《の英語呼称》◇用例：保全監査隊司令 = Commanding Officer, Communications Security Group

communications security material 通信保全物件

communications security monitoring 通信保全監査

Communications Security Squadron 【空自】通信保全隊 《の英語呼称》

Communications Security Unit ［the ～］ 【海自】保全監査隊 《の英語呼称》《海上自衛隊の情報システムを監視・防護する機関》

Communications Squadron 【空自】通信隊 《の英語呼称》

communications station ［C］ 通信所

Communications Station 【海自】システム通信隊 《の英語呼称》

communications system ［C］ ①通信システム ②通信組織 《有機的に連接された2種以上の通信網または通信系の集合をいう。㊞ 統合訓練資料1-4》

communication status 通信状況等

communications terminal (CT) ［C］ 通信端末；通信端局

communications traffic ［U］ 通信量

communication supply 通信補給

communication switch board ［C］ 通信配電盤

communications zone (COMMZ) ［C］ ①【自衛隊】後方地帯 《作戦地域の後方部分で、戦闘地域と連続した地域をいう。後方連絡線、補給や後送のための設備、野戦部隊への直接支援と整備のために必要なその他の組織が存在する。㊞ 統合訓練資料1-4》 ②兵站地帯

communication terminal ［C］ ①通信端末 ②端末通信所

communication terminal equipment (CTE) ［U］ 通信端末装置 《ペトリオット用語》

communication trench ［C］ 交通壕（こうつうごう）《陣地と陣地の連絡のために掘られた穴。㊞ 民軍連携のための用語集》

communication valve ［C］ 交通弁；連絡弁

communication zone indicator ［C］ 通信帯域表示器

communicator ［C］ 通信員

communist forces ［pl.］ 共産軍

Communist Party of India-Maoist (CPI-M) インド共産党毛沢東主義派 《インドで活動する武装組織》

community receiving system 共同受信方式

Community Relations Section 【陸自】渉外班 《の英語呼称》

commutating field ［C］ 整流磁界

commutating period ［C］ 整流時間

commutating pole ［C］ 整流極；補極

commutating speed 整流速度

commutating zone ［C］ 整流帯

commutation 整流

commutation allowance ［C］ 通勤手当て

commutator ［C］ 整流子

commutator frequency changer ［C］ 整流子周波数変換器

commutator motor type 整流子電動機型

commutator ripple ［C］ 整流子リップル

commutator riser ［C］ 整流子ライザー

commutator segment ［C］ 整流子片

commutator sleeve ［C］ 整流子胴

compact disk (CD) ［C］ コンパクト・ディスク

compacted soil 締め固め土

companion way ［C］ 昇降口（しょうこうぐち）

company (Co) ［C］ 中隊 《2個以上の小隊（platoon）で編成する》◇用例：company class unit = 中隊級規模の部隊

Company (Co) 【自衛隊】中隊 《の英語呼称》

comp 160

company clerk ［C］ 中隊庶務係

company commander ［C］ 中隊長

company grade officer ＝ company-grade officer ［C］ 尉官 《自衛隊では1尉から3尉まで》

company level ［adj.］ 中隊級の

company officer ［C］ 尉官

company sergeant major 【英】中隊付き曹長（ちゅうたいづきそうちょう）

company-size ［adj.］ 中隊級の

comparator front end (Comparator FE) コンパレーター・フロント・エンド 《ペトリオット用語》

comparison 比較 ◇用例： comparison of own courses of action ＝ 各行動方針の比較

comparison frequency ［U］ 比較周波数

compartment ［C］ 区画

compartment air salvage valve ［C］ 艦内救難空気弁 《潜水艦》

compartmentation 部隊の区画化；情報部隊の区画化

compartment of terrain 区画地形

compass ［C］ コンパス；羅針盤 《飛行中の航空機の機軸方向の方位角を示す計器で、磁石を用いた磁気コンパス、地磁気の磁力線による起電力を利用した磁気誘導コンパス、フラックス・ゲート・コンパス、ジャイロ・コンパス等がある。㊙ レーダー用語集》

compass bearing コンパス方位；羅針方位（らしんほうい）

compass bowl ［C］ 羅盆（らぼん）

compass card ［C］ コンパス・カード；羅牌（らはい） 《コンパス方位が記入されている軽いカード状のもの。㊙ レーダー用語集》

compass compensation コンパス修正

compass course ［C］ ①コンパス・コース ②【海自】コンパス針路；羅針路（らしんろ）

compass deviation コンパスの自差

compass direction 磁針方向

compass error コンパス・エラー；羅針誤差（らしんごさ）

compass fluid コンパスの緩衝液

compass heading コンパス針路；コンパス・ヘディング；羅針路（らしんろ）

compass locator station ［C］ コンパス・ロケーター局

compass lubber ［C］ コンパス標線

compass lubber line ［C］ コンパスの基線

compass needle ［C］ 羅針（らしん）

compass north 磁北

compass rose コンパス・ローズ；コンパス図

compass slaved gyro ［C］ コンパス連動ジャイロ

compass swinging コンパス修正

compatibility ①互換性；適合性 ②【空自】両用性

compensated cam ［C］ 補正カム

compensated volume control ［C］ 音量補償調節

compensating coil ［C］ 補償コイル

compensating gate circuit ［C］ 補償ゲート回路

compensating magnet ［C］ 修正用磁片

compensating port ［C］ 補正孔

compensating shunt ［C］ 補償型分流器

compensating sight ［C］ 補正照準器

compensating tank ［C］ 補重タンク 《潜水艦》

compensating torque 補償トルク

compensating water ［U］ 押し出し海水

compensating winding 補償巻き線

compensation ①補正；補強 ②補償

compensation against commutation accidents 通勤災害補償

Compensation and Procurement Cooperation Division 【防衛省】業務課 《業務部業務課の英語呼称》◇用例： 業務課長 ＝ Director, Compensation and Procurement Cooperation Division

compensation circuit ［C］ 補償回路

compensation controller ［C］ 補償調整器

Compensation Division 【内部部局】補償課 《の英語呼称》《漁船の操業の制限・禁止およびこれに伴う損失の補償》◇用例： 補償課長 ＝ Director, Compensation Division

compensation filter ［C］ 調整フィルター

compensation for damages 損害賠償 《債務不履行あるいは不法行為によって、特定人に財産上の損害を与えた場合に、その損害を補うことをいう。㊙ 陸自教範》

compensation for losses 損失補償 《適法な公権力の行使によって発生した損失を補うことをいう。㊙ 陸自教範》

compensation for on-duty accident 公務災害補償

Compensation Section 【空自】補償班

《の英語呼称》◇用例： 補償班長 = Chief, Compensation Section

compensator ［C］ 補償器

compensator wedge ［C］ 距離プリズム 《測距儀の距離プリズム》

competitive area ［C］ 競合地域

Compilation Section 【陸自】整理班 《の英語呼称》

complement 【海自】総定員数

complementary angle ［C］ 余角

complementary angle of site 補助高低角（ほじょこうていかく）《射撃用語》

complementary color = complementary colour 補色

complete combustion 完全燃焼 《⊛ incomplete combustion = 不完全燃焼》

complete detonation ［U］ 完爆（かんばく）《完全爆発》《⊛ incomplete detonation = 不完爆》

complete disarmament ［U］ 軍備撤廃

completed work inspection 作業完了検査

complete penetration ［U］ 完全侵徹（かんぜんしんてつ）《弾心のいずれかの部分が装甲板を突き抜けて裏面に突き出したり、または装甲板の裏面に光線が通過する程度の穴があいているものをいう。⊛ NDS Y 7109B》

complete round ［C］ ①完成弾 《発射薬、雷管、弾丸等が装填されているもの。⊛ NDS Y 0001D》 ②【海自】完成弾薬包

completion of service ［U］ 兵役満期

Completion of the Review of the Guidelines for US-Japan Defense Cooperation 日米防衛協力のための指針の見直しの終了 《文書名》

complex circuit ［C］ 複合回路

complex coupling 複結合

complex current ［C］ 複合電流

complex scale meter ［C］ 複目盛計器

complex situation ［C］ 複合的事態

complex target ［C］ 複合目標

complex wave ［C］ 複合波 《周波数の異なるいくつかの正弦波からなる波。⊛ NDS Y 0011B》

complimentary ensign ［C］ 儀礼旗

component (COMP) ［C］ ①構成部隊 ②構成品 ③コンポーネント 《標準部品クラスを構成するクラス間の依存関係の最小単位であり、個別クラスや標準業務クラスが利用可能なインターフェースを装備した、再利用可能な独立し

たソフトウェア部品をいう。⊛ 統幕指運第119号》

component circuit ［C］ 構成回路

component identification description 機器識別

Component Improvement Program (CIP) 【米軍】機器改善プログラム 《エンジンの改善を目的とする米軍主管の国際的なプログラム》

component of operation 部分作戦

component-owned container ［C］ 構成部隊所有コンテナー

component search and rescue controller ［C］ 構成部隊捜索救難統制官

component stress 分応力

compo rations ［pl.］ 非常携帯口糧

composite ［adj.］ 混成の

composite air photography 合成航空写真 《写真の撮影技術》

composite air strike force (CASF) 混成航空打撃部隊

composite alternator ［C］ 複巻き交流発電機

composite armor = composite armour ［U］ 複合装甲 《金属製の装甲板の間にセラミックス、ガラス、合成樹脂等を積層した装甲》

composite construction ①複合構造 ②木金混用構造

composite double-base propellant CDB推進薬

composite explosive 混合爆薬

composite map ［C］ ①合成地図 ②【海自】合成図

composite material 複合材料

composite-modified double-base propellant CMDB推進薬

composite propellant コンポジット推進薬；混合推進薬 《燃料、酸化剤および結合剤が混合された固体推進薬。⊛ NDS Y 0001D》◇用例： ammonium nitrate（AN）composite propellant = 硝酸アンモニウム系コンポジット推進薬；nitramine composite propellant = ニトラミン系コンポジット推進薬

composite pulse ［C］ 合成パルス

composite route system ［C］ 複合経路システム

composite separation 複合間隔

composite unit ［C］ 混成部隊

composite warfare commander ［C］ 複合戦指揮官

comp 162

Composite Wing 【米空軍】混成航空団

composition ①混合爆薬 ◇用例：
composition C-2 = C-2混合爆薬 ②組成物
◇用例：flash composition = 閃光組成物

composition tracer ［C］ 曳光剤（えいこう
ざい）

compound ［C］ 混和物

compound brush 合成ブラシ

compounded lubricating oil 混成潤滑油

compound engine ［C］ ①複合エンジン
②【海自】2段膨張機関

compound generator ［C］ 複巻き発動機

compound helicopter ［C］ 複合ヘリコ
プター

compound impulse turbine ［C］ 連成衝
動タービン

compound motor ［C］ 複巻き電動機

compound pressure gauge ［C］ 連成計

compound target ［C］ 混目標

compound turbine ［C］ 複式タービン

Comprehensive Acquisition Reform
Project Team 【防衛省】総合取得改革推進
委員会 《の英語呼称》

Comprehensive Convention on
International Terrorism ［the ～］
【国連】包括テロ防止条約

comprehensive disarmament plan ［C］
包括的軍縮案

comprehensive logistics coordination
room ［C］ 総合後方調整室

comprehensive mission ［C］ 包括的任務

comprehensiveness 包括性

Comprehensive Nuclear Test Ban
Treaty (CTBT) 包括的核実験禁止条約
《地下核実験を含むあらゆる核兵器の実験的爆発
および他の核爆発を禁止する条約。⊛ 日本の軍
縮・不拡散外交》

comprehensive operation room (COR)
［C］ 総合オペレーション・ルーム

comprehensive program on
disarmament (CPD) ［C］ 包括的軍縮
計画

Comprehensive Safeguards Agreements
(CSA) 包括的保障措置協定 《各国がIAEAと
の間で締結する、当該国の平和的な原子力活動に
係るすべての核物質を対象とした保障措置協定。
⊛ 日本の軍縮・不拡散外交》

comprehensive task ［C］ 包括的任務

Comprehensive Test Ban 包括的核実験禁止

Comprehensive Test Ban Treaty Talks
(CTBT) 包括的核実験禁止条約交渉

Comprehensive, Verifiable and
Irreversible Dismantlement (CVID)
すべての核計画の完全、検証可能かつ不可逆的な
廃棄

compressed air ［U］ 圧縮空気

compressed air line ［C］ 圧縮空気管

compressed air system 圧縮空気管系

compressed air wind tunnel ［C］ 高圧
風胴

compressed natural gas 圧縮天然ガス

compressed oxygen 圧縮酸素

compressed self-ignition 圧縮自己着火

compressibility drag 造波抗力

compressional wave ［C］ 圧縮波

compression cylinder ［C］ 圧縮シリンダー

compression efficiency ［U］ 圧縮効率

compression ignition 圧縮点火；圧縮着火

compression ignition engine ［C］ 圧縮点
火機関

compression pain 加圧関節痛

compression ratio ［C］ 圧縮比

compression refrigerating machine ［C］
圧縮冷凍機

compression relief cam ［C］ 圧縮加減カム

compression space ［C］ 圧縮室

compression stroke 圧縮行程

compression tester ［C］ 圧縮試験器

compressor ［C］ コンプレッサー

compressor oil コンプレッサー油

compressor stall コンプレッサー・ストール

compromise セキュリティの侵害；危殆化（き
たいか） ◇用例：information compromise =
情報の危殆化

compromised ［adj.］ セキュリティが侵害さ
れた；危殆化された ◇用例：a compromised
USB device = 危殆化されたUSB装置

Compton effect コンプトン効果

Comptroller 【空自】監理幹部 《幹部特技区
分の英語呼称》

Comptroller (Compt) 【陸自】監理部長
《の英語呼称》

Comptroller Department (Compt Dept)
【陸自】監理部 《の英語呼称》

Comptroller Division 【空自】監理課 《の
英語呼称》◇用例：監理課長 = Head,

Comptroller Division

Comptroller Section 【空自】監理班 《の英語呼称》◇用例：監理班長＝Chief, Comptroller Section

Comptroller Staff Officer 【空自幹部特技区分】監理幕僚 《の英語呼称》

compulsory exercise ［C］ 規定運動

compulsory reporting point ［C］ 義務的位置通報点

computational fluid dynamics (CFD) ［U］ 数値流体力学 《物体周りや流路内の流体の流れを数値計算により解析する技術のこと》

computational impossible コンピューテーショナル・インポッシブル 《要撃不能状態の一つであり、要撃機への誘導解を算出できない状態をいう。⊛ JAFM006-4-18》

computed air release point (CARP) ［C］ 算定空中投下点 《計算された空中投下点のこと》

computed altitude 計算高度

computed path ［C］ 算定経路

computer aided design (CAD) コンピューターによる設計

computer aided engineering (CAE) ［U］ コンピューター援用工学

computer aided instruction (CAI) コンピューターによる教育

computer aided manufacture (CAM) コンピューターによる製作 《CAM＝キャム》

computer aided software engineering (CASE) ［U］ コンピューター支援ソフトウェア工学

computer aided testing ［U］ コンピューター援用試験

Computer Analysis and Response Team ［the ～］【米】コンピューター分析対策チーム 《FBI》

Computer Assisted Force Management System (CAFMS) コンピューター援助型戦力管理システム；コンピューター支援型部隊管理システム

computer-assisted instruction (CAI) ①【空自】コンピューターによる教育 ②【海自】コンピューター学習指導支援

computer controlled action entry button (CCAEB) ［C］ 【海自】コンソール情報入力ボタン

Computer Emergency Response Team (CERT) コンピューター緊急事態対処チーム

computer forensic expert ［C］ コンピューター犯罪捜査の専門家

computer graphics metafile (CGM) ［C］ コンピューター・グラフィック・メタファイル

computer interface serial (CIS) コンピューター・インターフェース・シリアル 《バッジ用語》

computer maintenance panel (CMP) ［C］ コンピューター整備用パネル 《ペトリオット用語》

computer modeling コンピューター・モデリング

computer network attack ［C］ コンピューター・ネットワーク攻撃

computer network defense (CND) ［U］ コンピューター・ネットワーク防衛 《情報システムおよびコンピューター・ネットワーク内における不正な活動に対して、防護、監視、分析、検知および対処する行為をいう。⊛ 統合訓練資料1-4》

computer network war ［U］ コンピューター・ネットワーク戦 《敵による我のコンピューター・ネットワークへの侵入、コンピューター・システム機能の破壊・機能低下、情報の改ざん等から、我のコンピューター・ネットワークを防護するための活動をいう。⊛ 陸自教範》

computer operator station (COS) ［C］ コンピューター操作卓 《バッジ用語》

computer program component (CPC) ［C］ 計算機プログラム・コンポーネント 《バッジ用語》

computer program configuration item (CPCI) ［C］ コンピューター・プログラム形態品目 《ある機能を有し、かつ一つの形態を有するものとして識別するプログラムをいう。⊛ JAFM006-4-18》

computer program identification number (CPIN) コンピューター・プログラム識別番号 《プログラム等の管理を適切に行うために付与された固有の番号》

computer program specification (CPS) ［C］ 電子計算機プログラム仕様書

Computer Section 【海自】計算部 《の英語呼称》

computer security (COMSEC) ［U］ コンピューター保全；計算機保全

Computer Security Incident Response Team (CSIRT) 【日】コンピューターセキュリティインシデント対応チーム 《の英語呼称》《CSIRT＝シーサート》

computer simulation ［U］ コンピューター・シミュレーション

computer simulator interface unit (CSIU) ［C］ コンピューター・シミュレーター・インターフェース・ユニット 《ペトリ

オット用語》

Computer Software Management Officer 【空自】プログラム幹部 《幹部特技区分の英語呼称》

Computer Software Management Staff Officer 【空自】プログラム幕僚 《幹部特技区分の英語呼称》

Computers Security Evaluation Squadron 【空自】システム監査隊 《の英語呼称》

computer-system audit ［C］ 計算機システム監査 《コンピューター・システムの有効性と効率、信頼性、安全性などを第三者が総合的に点検、評価し、関係者に対して助言や勧告などを行うこと。㊟ 調達における情報セキュリティ基準》

computer to communications interface processor (CCIP) 計算機－通信連接処理装置 《ペトリオット用語》

computer virus ［C］ コンピューター・ウイルス

computing circuit ［C］ 計算回路

COMSEC function 通信保全機能 《COMSEC = communications security（通信保全）》

concatenated frequency changer 縦続周波数変換機

concatenation ［C］ ①連結 ②【海自】縦続

concave lens ［C］ 凹レンズ 《㊅ convex lens = 凸レンズ》

concealed position ［C］ 遮蔽陣地（しゃへいじんち）

concealment ①隠蔽（いんぺい） 《部隊、施設、器材等の所在およびその移動・活動状況を空地の敵から見えないようにすること、またはその状態をいう。㊟ 陸自教範》◇用例： area of concealment = 隠蔽地域 ②潜伏

concentrated fire 集中射撃；集中火力 《1. 2 隻以上の艦艇から単一目標へ向けた集中砲火。2. 多数の火器による単一点または小地域に向けた射撃》《㊅ massed fire》

concentrated movement pattern ［C］ 集中式海陸間移動型式

concentrated winding 集中巻き

concentration ①集中；集結 《兵力の集中；部隊の集結》◇用例： achieve concentration = 集中目的を達成する ②【陸自】火力集中点 《火力の指向を準備する地点または目標をいい、符番号で示す。㊟ 陸自教範》

concentration area ［C］ ①集中地 《火力の集中地》 ②集結地 《兵力の集結地》

concentration cell ［C］ 濃淡電池

concentration of combat power 戦闘力の集中

concentration of forces 兵力集中

concentric cable ［C］ 同軸ケーブル

concentric circular screen ［C］ 同心円形直衛；同心円形スクリーン

concentric fire 集中砲火

concentricity ［U］ 同心性

concentric lay cable ［C］ 同心より線

concentric screen ［C］ 同心直衛；同心スクリーン

concept ［C］ 構想 《指揮官の決心を具体化したものであり、計画または命令の中で、通常、方針および指導要領に区分して示される。㊟ 統合訓練資料1-4》◇用例： commander's concept = 指揮官の構想

concept exploration phase ［C］ 構想段階

concept for integrated defense 【防衛省】統合対処構想 《我が国を防衛するため、統合的見地からする対処の基本的考え方をいう。㊟ 統合訓練資料1-4》

concept of intelligence operations ［C］ 情報作戦構想

concept of logistics support ［C］ 後方支援構想

concept of operations (CONOPS) ［C］ 作戦構想 《作戦遂行に関する指揮官の構想または意図を概述したものをいい、作戦の全容を示すものである。㊟ 統合訓練資料1-4》

concept of required defense force ［C］ 所要防衛力構想

concept of standard defense force ［C］ 基盤的防衛力構想

concept plan ［C］ 構想計画

concept summary ［C］ 構想要約

conceptual phase ［C］ 構想段階

concertina ［C］ 蛇腹鉄条網（じゃばらてつじょうもう）

concrete block construction コンクリート・ブロック構造；CB構造

concrete piercing 【陸軍】コンクリート侵徹

concrete piercing fuze (CP fuze) ［C］ 対コンクリート信管；CP信管

concrete piercing projectile ［C］ コンクリート侵徹弾

concurrence 並行性

concurrent ［adj.］ 同時並行的

concurrent attack ［C］ 同時攻撃

concurrently ［adv.］ 同時並行的に；並行して

concurrent operation コンカーレント・オペレーション

concurrent planning ［U］ 同時計画作業

concussion grenade ［C］ 衝撃手榴弾

condemned (C) ［adj.］ 修理不能

condemned item ［C］ 修理不能品

condemn rate (CR) ［C］ 廃棄率

condensate pump (CP) ［C］ 復水ポンプ

condensation ①凝結 ②復水

condensation cloud 凝結雲

condensation level ［C］ 凝結高度

condensation trail (contrail) 飛行機雲

condensation valve ［C］ 復水弁

condenser ［C］ ①コンデンサー ②集光レンズ ③凝縮器；復水器

condenser cover ［C］ 復水器カバー

condenser diaphragm ［C］ 復水器仕切り板

condenser microphone ［C］ コンデンサー・マイクロホン

condenser shell ［C］ 復水器胴

condenser shunt type induction motor ［C］ コンデンサー分相型誘動電動機 《[同] capacitor shunt type induction motor》

condenser tube ［C］ 復水器管

condenser tube ferrule ［C］ 復水器管フェルール

condensing plant ［C］ ①凝縮装置 ②復水装置

conditional instability ［U］ 条件付き不安定度

conditionally qualified (CQ) 条件付き資格付与

conditionally unstable atmosphere ［C］ 条件付き不安定大気

conditional period appointment ［C］ 条件付き採用；条件付き任用

conditional transfer 条件付き飛び越し

condition class 条件区分

condition code (CC) 【米】コンディション・コード

conditioned reflex ［C］ 条件反射

condition item ［C］ 随時交換品目

condition of flight 飛行条件

condition of readiness 待機

condition of sick and wounded 傷病者の状況

condition requiring inspection 要検査条件

conditions ［pl.］ 状況；情勢 ◇用例：conditions of each ministry = 各省庁の状況；conditions of medicine = 主要医薬品の状況

condition upon water entry 射入状態

Condor コンドル 《ミサイル名》

conduct ［vt.］ 誘導する

conducted leakage (CL) 伝導漏洩 《機器、電源線または信号線を通して伝導的に放出される電磁漏洩。[典] NDS C 0013》

conducting staff ［C］ 訓練幕僚 《[同] exercise directing staff》

conduction ［U］ 伝導

conduction current 伝導電流

conduction of heat 熱伝導

conduction test ［C］ 導通試験

conductivity 伝導率；導電率

conductivity temperature depth 電気伝導度

conductivity tester ①電導度計 ②【海自】水質計

conduct of employee 従業員の行為

conduct of fire 射撃の実施

conduct of the attack 攻撃の実施

conductor ［C］ ①導線；導体；芯線 ②誘導員

conductor arrangement ［C］ 導体配置

conductor tube ［C］ 導体管

conduct tube ［C］ 電線管

conduit ［C］ 導管

conduit tube ［C］ 電線管

cone clutch ［C］ 円錐クラッチ（えんすいクラッチ）

cone of fire 集束弾道

cone of influence 影響円錐

cone of silence ①無信号円錐域 ②【海自】無感円錐形空域

cone pulley ［C］ 段プーリー

cone type loudspeaker ［C］ 円錐拡声器（えんすいかくせいき）

conferee ［C］ 会議出席者

conference call 会議用呼び出し

conference circuit ［C］ 会議用回線

conference control ［U］ コンファレンス・コントロール

conference line 会議式一斉通信系

conference method 会議方式

Conference on Disarmament (CD) ジュネーブ軍縮会議 《ジュネーブ（スイス）にある、

国際社会で唯一の多国間軍縮交渉機関。国連や他の国際機関から基本的に独立している。㊟日本の軍縮・不拡散外交》

Conference on Disarmament in Europe (CDE) 欧州軍縮会議

Conference on Interaction and Confidence Building Measures in Asia (CICA) アジア相互協力信頼醸成会議

Conference on Security and Cooperation in Europe (CSCE) 欧州安全保障協力会議

conference room ［C］ 会議室

conference trunk (CFT) ［C］ 会議トランク 《バッジ用語》

confidence 信頼度；信頼性 《㊟定量的な場合は「信頼度」、定性的な場合は「信頼性」を用いる》

confidence and security-building measures (CSBM) 信頼・安全醸成措置

confidence-building measures (CBM) ＝ confidence building measures ［pl.］ 信頼醸成措置 《偶発的な軍事衝突を防ぐとともに、国家間の信頼を醸成しようとの見地から、軍事情報の公開や一定の軍事行動の規制、軍事交流を進める努力のことをいう。㊟統合訓練資料1-4》

confidence maneuver ［C］ コンフィデンス・マヌーバー

confidential 秘 《秘密区分の「秘」》

confidentiality ［U］ 機密性 《情報保証においては、電子計算機情報にアクセスすることを許可された者だけが当該情報にアクセス可能になっている状態の度合いをいう。防衛省訓令第160号。㊟「sensitivity」は「重要度」にする》

configurable ［adj.］ 形態変更可能な

configuration 形態 《兵器システムの形状、寸法等の諸元、構造（部品、材料等を含む）、機能、性能および構成の特性をいう。㊟航空自衛隊達第28号》

configuration item (CI) ［C］ 形態品目 《形態管理を指定されたハードウェア/ソフトウェアの集合体またはその中の任意の個別部分をいう。狭義には、ハードウェアの形態品目をいう。㊟JAFM006-4-18》

configuration load manager (CLM) ［C］ 構成制御 《バッジ用語》

configuration management ［U］ 形態管理 《開発段階における試作品の形態の識別、形態の変更管理および形態の把握に関する一連の管理活動をいう。㊟装技計第250号》

confined detonating fuze (CDF) ［C］ 密封型導爆線

confirm ［vt.］ 確認する

confirmation of information 情報資料の確認

confirmation of intelligence 情報の確認

confiscated money ［C］ 押収金

confiscated property ［C］ 没収品

conflagration ［C］ 大火災

conflict ①紛争 ②葛藤

confluence 合流

conformal array ［C］ コンフォーマル・アレイ 《船体の形状に合わせて配列されている状態をいう。㊟NDS C 0012B》

conformal array antenna ［C］ コンフォーマル・アレイ・アンテナ

conformal sonar ［U］ コンフォーマル・ソーナー

conforming method 随伴法

conformity ［U］ 吻合（ふんごう）

confusion agent ［C］ 攪乱工作員

confusion circle ［C］ 錯乱円

confusion reflector ［C］ 攪乱反射器

congested area ［C］ 密集地域

Congressional Budget Office (CBO) ［the ～］ 【米】連邦議会予算事務局

conical cam ［C］ 円錐カム

conical helix ［C］ 円錐つる巻き線

conical liner ［C］ 円錐ライナー（えんすいライナー） 《成形炸薬弾のライナー形状の一つ。㊟NDS Y 0001D》

conically seated valve ［C］ 円錐座弁

conical pendulum governor ＝ pendulum governor ［C］ 振り子調速機

conical plug ［C］ 円錐形栓

conical scanning 円錐走査；円錐形走査 《走査方式の一種。高周波ビームが円錐（えんすい）を形成するように、アンテナを回転させて電波を発射する方式。㊟レーダー用語集》

conical shaped charge (CSC) 円錐形成形爆薬（えんすいけいせいけいばくやく）

conic projection 円錐図法（えんすいずほう）

coning angle ［C］ 上り角

conjugate 共役

conjugated double bond 共役2種結合

connected load ［C］ 接続負荷

connecting circuit ［C］ 結合回路

connecting file ［C］ 連絡員 《行進間の連絡員》

connecting link ［C］ 連絡リンク

connecting link cable ［C］ CLケーブル

connecting pipe ［C］ 連絡管

connecting rod ［C］ ①連接桿（れんせつかん） ②【海自】連接棒

connecting rod dipper ［C］ 連接棒油すくい

connecting rod fork ［C］ 連接棒ホーク

connecting route ［C］ 連絡路

connection ［C］ ①結線；接続 ②連係

connection box ［C］ 接続箱

connection diagram ［C］ 接続図 《機器の内部接続および機器間の接続を図記号を用いて原理的に表した図をいう。[典] NDS C 0002D》

connection link ［C］ 結合リンク

connectivity ［U］ 連接性

connector ［C］ コネクター；連結子

connector jacket ［C］ 接続部外皮

connector plug ［C］ 接続栓

connector receptacle ［C］ 接続用受け口

conning officer ［C］ ①哨戒長 ②操艦者《艦長、航海長、当直士官等》

conning tower ［C］ 司令塔 《軍艦または潜水艦の司令塔》

conscientious objection 良心的兵役拒否；良心的参戦拒否

conscientious objector (CO) ［C］ 良心的兵役拒否者；良心的兵役忌避者；良心的参戦拒否者

conscription ［U］ ①徴兵 ②徴用

conscription system 徴兵制度；徴兵制

consecutive attack ［C］ 連続攻撃

consecutive voyage charter ［C］ 連続航海用船契約

conservation ［U］ 節約

conservative property ［U］ 保存性

conservative quantity ［U］ 保存量

conserve ［vt.］ 節約する

console (CNSL) ［C］ ①コンソール 《電気、電子機器を操作するのに用いるボタン、スイッチ、計器等を取り付けたもの。[典] レーダー用語集》 ②【海自】コンソル 《[備] 海上自衛隊では「コンソル」であるが、本書では「コンソール」に統一している》

console alert コンソール・アラート 《バッジ用語》

console equipment trunk (GET) ［C］ コンソール・イクイップメント・トランク加入者回路 《バッジ用語》

console mode コンソール・モード 《バッジ用語》

console typewriter (CTW) ［C］ コンソール・タイプライター 《バッジ用語》

consolidate ［vt.］ 強化する

Consolidated Civilian Personnel Office (CCPO) 【在日米海軍】統合人事部

consolidated hazardous item list ［C］ 統合危険物品目表

consolidated stocks status list (CSSL) ［C］ 総合在庫状況一覧表

consolidated vehicle table ［C］ 船積車両一覧表

consolidating station ［C］ 集荷所

consolidation 強化

consolidation of position 【陸自】奪取地点の強化

consolidation of terrain 地形の強化

consolidation psychological operations 宣撫心理作戦

consort plane ［C］ 僚機

consort ship ［C］ 僚艦

conspiracy ［C］ 謀略；謀略活動 《戦争または作戦の遂行に利するよう転覆活動または妨業をすることをいう。この活動は、多くの場合、非合法手段によって行われる。[典] 統合訓練資料1-4》

constabulary ［C］ 警察機能

constant acceleration cam ［C］ 等加速度カム

constant airspeed climb 定速上昇 《[対] constant airspeed descent = 定速降下》

constant airspeed descent 定速降下 《[対] constant airspeed climb = 定速上昇》

constant bearing approach 等方位近接

constant bearing method 固定照準射撃法；待ち受け照準法

constant current generator ［C］ 定電流発電機

constant current modulation 定電流変調

constant current regulator (CCR) ［C］ 定電流調整器

constant depth run 定深航走（ていしんこうそう） 《魚雷が一定の深度で航走すること。[典] NDS Y 0041》

constant false alarm rate (CFAR) ［C］ 一定誤警報率 《ノイズを目標と誤認することを防止するために、ある一定のレベル以上のレーダー反射波だけを目標として処理する機能または回路。「CFAR」で通じる》《CFAR = シーファ》

constant-height chart ［C］ 等高度面天気図

constant modulation 定変調

constant pitch ［C］ 一定ピッチ

constant pressure chart ［C］ 等圧面天気図

constant pressure combustion ［U］ 定圧燃焼

constant pressure cycle ［C］ 定圧サイクル

constant pressure gas turbine ［C］ 定圧ガスタービン

constant pressure line ［C］ 等圧線

constant pressure valve ［C］ 定圧弁

C

constant reaction blade ［C］ 等反動羽根

constant speed drive 定速駆動

constant-speed motor ［C］ 定速度電動機《負荷にかかわらず、一定速またはほぼ一定の回転速度で動作する電動機をいう。[典] NDS F 8018D》

constant speed propeller = constant-speed propeller ［C］ 定速プロペラー

constant temperature cycle ［C］ 等温サイクル

constant temperature line ［C］ 等温線

constant temperature oven ［C］ 恒温槽

constant twist 等斉転度（とうせいてんど）《起線部から銃口まで、腔線（こうせん）の傾角が一定であること。[典] NDS Y 0002B》《[同] uniform twist》

constant-voltage constant-frequency power supply (CVCF) ［C］ 定電圧定周波電源装置 《電圧・周波数を安定化した電源のことをいう。一般に交流をいったん直流化し、制御されたインバータで定電圧・定周波数の交流として出力する。[典] JAFM006-4-18》

constant-voltage generator ［C］ 定電圧発電機

constant-volume cycle ［C］ 定容サイクル

constant-volume pump ［C］ 定量ポンプ

constant weight ［U］ 恒量

constellation ①星座 ②衛星群

constitute ［vt.］ 編成する

constitutional diagram ［C］ 状態図

constitutional restraints ［pl.］ 【日】憲法上の制約

construction ①建設 《作戦遂行に必要な施設および付帯設備を構築・維持して、作戦、特に兵站活動に寄与する機能をいう。[典] 統合訓練資料1-4》 ②施設 《ビルのような大きな建物》

construction basic plan ［C］ 工事基本計画書

construction battalion ［C］ 【米海軍】設営部隊

construction center ［C］ 構成本部

construction chief 構成班長

Construction Department 【防衛省】建設部 《の英語呼称》◇用例： 建設部長 = Director General, Construction Department

construction engineer ［C］ 建設工兵

construction joint ［C］ 施工継ぎ目；施工目地

construction plan ［C］ 工事実施計画書

Construction Planning Division 【防衛省】建設企画課 《建設部建設企画課の英語呼称》◇用例： 建設企画課長 = Director, Construction Planning Division

Construction Section 【陸自・空自】建設班《の英語呼称》◇用例： 建設第1班 = 1st Construction Section

construction work 建設工事

consumable item ［C］ 消耗品

consumable supplies and materials ［pl.］ 消耗品

consumed condition 消費状態

Consumer Information Center 【米】消費者情報センター

consumer logistics ［U］ ①【統幕】消費者後方 ②【海自】消費者ロジスティクス

Consumer Product Safety Commission (CPSC) 【米】製造物安全委員会

consumption of ammunition ［U］ 弾薬消費

consumption rate (CR) ［C］ 消費率

consumption type item ［C］ 消耗性部品

contact ［n.］ ①接触 《敵の動静を把握し、かつ、敵に対し随時戦闘力を行使できる状態をいう。[典] 陸自教範 ◇用例： maintain contact = 接触を保つ；maintenance of contact = 触接の保続》 ②探知

contact ［vt.］ 接触する

contact analog (CONALOG) コンタクト・アナログ

contact approach 目視進入；コンタクト・アプローチ

contact area (CA) ［C］ 【海自】触接区域《潜水艦と触接している区域、またはそのデイタムを取り囲む区域をいう。[典] 統合訓練資料1-4》

contact arm ［C］ ①コンタクト・アーム ②【海自】接触腕

contact breaker ［C］ コンタクト・ブレーカー；断続器

contact burst preclusion [U] 接触爆発防止

contact detonating device [C] 触発装置

contact flight [C] 目視飛行

contact fuze [C] 接触信管

contact imminent 接触の切迫した 《敵との接触の切迫した》

contact improbable 接触のおそれがある 《敵との接触のおそれがある》

contact information transfer system (CITS) [C] 探知情報伝達装置

contact loss 接触損

contact mine [C] ①接触地雷 《人員や車両などが接触したときに爆発する地雷。⊕ NDS Y 0001D》 ②触発機雷 《触角やアンテナに触れて爆発する機雷。⊕ NDS Y 0041》

contactor [C] コンタクター；接触器；接触片

contactor coil [C] コンタクター・コイル

contactor test machine [C] コンタクター試験器

contact patrol 連絡斥候

contact phase [C] 発見段階

contact point [C] 【陸自】連携点 《2以上の部隊が連携を維持するため、実際に接触して連絡を取る地点をいう。⊕ 陸自教範》

contact potential difference 接触電位差

contact procedure 接触手順

contact reconnaissance 接触偵察

contact remote 接触のおそれが少ない 《敵との接触のおそれが少ない》

contact report [C] 接触報告 《敵との接触報告》

contact resistance 接触抵抗

contact segment [C] 接触片

contact surface [C] 接触面

contact-type microphone [C] 接触型マイクロホン

contain [vt.] ①牽制する ②拘束する；抑留する

contained war [U] 限域戦争

container delivery system (CDS) 【空自】コンテナー投下方式

container weapon system [C] コンテナー化兵器システム

containing action 牽制攻撃

containing barrier [C] 包囲バリヤー

containing force 牽制攻撃部隊；拘束部隊

containing operation 包囲作戦

containing search [C] 包囲捜索

containment [U] 牽制（けんせい）《我が欲する方面に敵をひき付けるよう行動させることをいう。⊕ 陸自教範》

contaminated area [C] 汚染地域

contaminated remains [pl.] 汚染残留者

contaminated water [U] 汚染水

contamination (Con) [U] 【陸自】汚染 《放射性物質・有毒化学剤・生物剤等が人員、装備品、施設、土地等に付着しまたは空（水）中に浮遊している状態をいう。⊕ 陸自教範》 《⊕ decontamination ＝ 除染》

contamination control [U] 汚染管理

contamination control area (CCA) [C] 汚染制御地域 《汚染地域内で、適切な装置を使用し、汚染されていない空気の下で、人間が安全に着替え、かつ汚染した衣服および装備品を保管しておくことのできる地域をいう。⊕ 統合訓練資料1-4》

content indicator code (CIC) 内容表示コード

contiguous zone [C] 接続水域

Continental Air Command (CONAC) 【米】本土空軍

Continental Air Defense Command (CONAD) 【米】本土防空軍

continental air mass [C] 大陸性気団

continental arctic air mass [C] 大陸性極気団

continental climate [U] ①大陸性気候 ②【海自】大陸気候

continental polar air mass [C] 大陸性寒帯気団

continental shelf [C] 大陸棚

continental slope [C] 大陸斜面

continental tropical air mass [C] 大陸性熱帯気団

Continental United States (CONUS) 【米】米国本土

contingency ①【空自】不測の事態 ②不慮の事態；緊急事態；有事 《戦争状態のこと》

contingency fuel 補正燃料

contingency mutual support (CMS) 有事相互支援

contingency operation 不測事態対処作戦

contingency plan [C] ①不測事態対処計画 ②【海自】不慮事態計画；不測事態計画

contingency response program 不測事態対応計画

cont 170

contingency retention stock ［C］ 非常用
備蓄 《ある品目が余裕補給状態にあって、その
余裕分について特に所要引当ての予定がなく、余
剰の在庫品と見なしてもよいとき、これを非常の
場合における所要に応ずるために蓄えておくこと
をいう。ただし、これに指定された分は、経済的
備蓄に流用してはならない。㊟統合訓練資料1-4》

contingency theater air planning system
［C］ 戦域航空計画立案システム

contingency ZIP Code 緊急時用ZIPコード

contingent ［C］ 部隊

Contingent Commanders Course
(PKOCCC) 【統幕学校】国際平和協力上級
課程 《国際平和協力センター～への英語呼称》《国
際平和協力活動等に関する派遣部隊等の指揮官等
として必要な知識および技能の修得》

contingent effects ［pl.］ 付加的効果

contingent-owned equipment (COE)
［U］ ①【統幕】派遣隊所有の装備品 ②【空
自】派遣軍装備

contingent zone of fire 射撃準備地域

continual replenishment 補充敷設

continued engineering development
［U］ 継続技術開発

continued expense 継続費

continued service through day and
night 昼夜の継続勤務

continuing appointment 継続任用

continuity chart ［C］ 連続図

continuity of command 指揮権の継続性；指
揮の継続性

continuity of operations 作戦の継続性

continuity of the defense 防御の継続性

continuity test ［C］ 導通試験

continuity tester ［C］ 導通試験器

continuous acquisition and life-cycle
support (CALS) 継続的な調達とライフサ
イクルを通じての支援

continuous aim ［C］ 【海自】保続照準

continuous beam ［C］ 連続梁（れんぞくば
り）

continuous bearing method 連続照準発
射法

continuous built-in test equipment ［U］
継続自蔵試験装置

continuous communicational operation
function 通信運用継続機能

continuous fire 連続射撃 《一定の時間、連続
して行う射撃。㊟NDS Y 0005B。㊟「automatic
fire（連射）」とは異なる》

continuous flow type oxygen regulator
［C］ 連続流入型酸素調整器

continuous ignition 連続点火

continuous illumination fire 連続照明弾
射撃

continuous liner ［C］ 一体ライナー

continuously pointed fire 追随射撃

continuously variable transmission 無段
変速機

continuous path ［C］ 連続経路

continuous patrol aircraft ［pl. = ～］ 継
続哨戒航空機

continuous-pull firing mechanism ［C］
連続撃発装置

continuous rain ［U］ 連続性の雨

continuous rating ［C］ 連続定格

continuous running 連続運転

continuous salvo fire ①一斉連続発射 ②【海
自】一斉発射；一斉打ち方

continuous service incentive allowance
【自衛隊】勤続報奨金 《即応予備自衛官に対する
手当》

continuous spectrum 連続スペクトル

continuous strip ［C］ 連続写真

continuous strip camera ［C］ 連続写真用
カメラ

continuous tone original 連続調オリジナル

continuous wave (CW) ［C］ 連続波；持続
波 《通信やレーダーなど》

continuous wave illumination ［U］ 連続
波イルミネーション

continuous wave illuminator ［C］ 連続
波イルミネーター

continuous wave radar ［C］ 連続波
レーダー

continuous wave transmitter (CWT)
［C］ ミサイル誘導波送信機

contour ［C］ 等高線

contour flight ［C］ 等高線飛行

contour flying 超低空飛行

contour interval ［C］ 等高線間隔

contour line ［C］ 等高線

contour map ［C］ 等高線図

contour vibration 輪郭振動

contraband of war 戦時禁制品

Contract Division 【海自】契約課 《の英語
呼称》◇用例：契約課長 = Head, Contract
Division

contracted logistics support (CLS) 契約後方支援

contracting officer (CO) ［C］ 契約担当官

contracting officer's representative (COR) ［C］ 契約担当官代理者

contraction 縮み

contraction of area 絞り

contraction percentage 絞り率

contraction scale 縮尺

contract lead time (CLT) 契約所要期間

contract maintenance (CM) ［U］ 外注整備 《契約に基づき契約の相手方が実施する整備。[典] 3補LPS-E00001-9》

contractor (CONTR) ［C］ 契約の相手方；契約者

Contractor Administration Office (CAO) 【米】契約管理事務局

contractor furnished equipment ［U］ 業者委託調達器材

contractor furnished property ［C］ ①【空自】業者委託調達品 ②【海自】業者準備物

contractorisation 業務委託

contractor property (CP) ［C］ 業者負担部品

contractor purchased property (CPP) ［C］ ①【空自】業者調達品 ②【海自】業者調達部品

contractor responsibility parts or property (CRT) ［C］ 業者負担品

Contract Section 【陸自・海自】契約班 《の英語呼称》◇用例： 写真班長（海自）＝Officer, Contract Section

contract termination 契約終了；契約中止

contrail 飛行機雲

control ［U］ ①統制 《関係ある個人、部隊等に対し、特定の基準に従わせあるいは特定の行動を行わせるため規制を加えることをいう。[典] 陸自教範》 ②制御

control action 制御動作

control actuator section (CAS) ［C］ ミサイル操舵部 《ペトリオット用語》

control amplifier ［C］ 制御増幅器

control and assessment team ［C］ 【陸軍】対核攻撃統制評価班

control and reporting center (CRC) ［C］ 統制警戒本部；管制連絡所

control and reporting post ［C］ 統制警戒所

control and weather 管制気象

control area (CTA) ［C］ ①【空自】管制区 ②管制域

control augmentation system (CAS) ［C］ コントロール・オーグメンテーション・システム；操縦性増強装置

control board ［C］ 【海自】管制盤；制御盤

control box ［C］ 制御器

control buoy ［C］ 機雷浮標

control cable ［C］ 操縦索

control car ［C］ 先導車

control circuit ［C］ 制御回路

control column ［C］ ①操縦桿（そうじゅうかん）《[同] control stick》 ②制御コラム

control configured vehicle (CCV) ［C］ 運動能力向上機 《コンピューターを中心とした操縦装置を利用して、従来はできなかった飛び方ができる航空機のこと。例えば、機首を下げたまま水平飛行することなど》

control converter (CC) ［C］ 制御変換部

control desk ［U］ 制御盤卓

control display unit ［C］ 表示制御器

control fin ［C］ 制御翼

control flag ［C］ 指揮旗

control grid ［C］ 制御格子

control group ［C］ 【米軍】統制任務群 《水陸両用作戦において、揚陸用舟艇等の海陸間移動を統制するため、指定された人員、艦艇および揚陸艇から構成される任務群をいう。[典] 統合訓練資料1-4》

control-group method 統制群法

control indicator ［C］ ①【空自】表示制御器 ②【海自】制御指示器

controllability 操縦性

controllability curve ［C］ 操縦性曲線

controllable cost 管理可能原価

controllable mine ［C］ 管制可能機雷

controllable pitch ［C］ 可変ピッチ

controllable pitch propeller (CPP) ［C］ 可変ピッチ・プロペラー

controllable spin 回復操作可能スピン

controlled action 制御動作

controlled aerodrome 管制飛行場

controlled air space ＝controlled airspace ［C］ 【空自】管制空域 《航空交通管制区、航空交通管制圏、航空交通情報圏および洋上管制区をいう。[典] 航空自衛隊達第29号》

controlled carrier modulation 制限搬送波変調法

C

controlled dangerous air cargo 危険航空貨物

controlled departure 管制発進

controlled exercise ［C］ 一方統裁 《統裁官の企図するところに基づき、仮設敵および仮設彼我不明の目標または対抗部隊を計画的に運用し、所望の演習経過をとらせる統裁方式をいう。[典] 統合訓練資料1-4》《[対] free exercise maneuver; free play exercise ＝ 自由統裁》

controlled firing area ［C］ ①【陸自】射撃制限区域 《対空射撃部隊の射界において、味方航空機の飛行を安全にするため、対空射撃部隊の射撃を禁止または制限する空域をいう。[典] 統合訓練資料1-4》 ②【空自】射撃制限空域

C

controlled forces ［pl.］ 被統制部隊

controlled fragment ［U］ 調整破片 《所望の形状、質量になるように弾体にあらかじめ刻み目などを施した弾頭が、爆発によって破裂したときに生成される破片。[典] NDS Y 0001D》《[同] fire-formed fragment》

controlled information ［U］ 作為情報資料

controlled interception 【空自】管制要撃

controlled item ［C］ 統制品目

controlled map ［C］ 統制地図

controlled mine ［C］ ①管制地雷 ②管制機雷

controlled minefield ［C］ 管制機雷原

controlled mosaic 修正モザイク

controlled net 統制通信網

controlled passing 【陸自】交互一方通行

controlled pitch propeller ［C］ 【海軍】可変ピッチ・プロペラー

controlled port 管理港

controlled response 統制対応

controlled route ［C］ ①管制道路 ②【海自】管制航路

controlled supply rate ［C］ 統制補給率

controlled system 制御対象 《自動制御の制御対象》

controlled variable time 【陸軍】統制可変時作動

controlled variable time fuze (CVT fuze) ［C］ CVT信管 《設定した一定時間内は近接作動をしない機能を備えている近接信管。時間は可変。[典] NDS Y 0001D。[備]「可変延期式近接信管」もあるが「CVT信管」で通じる》

controller ［C］ ①管制員 《進入管制所、ターミナル・レーダー管制所および着陸誘導管制所において航空交通管制業務を行う隊員をいう。[典] 航空自衛隊達第50号》 ②制御器

controller error 管制官誤差

Controller of the Navy 【英海軍】海軍統制官

controller-pilot data-link communications (CPDLC) ［pl.］ 管制官パイロット間データ通信 《データリンクを使用した管制官とパイロットの直接通信。[典] 防管航第7575号》

controlling force 制御力

controlling torque 制御トルク

control linkage 管制連接桿

control logic assembly (CLA) ［C］ コントロール・ロジック・アセンブリー 《ペトリオット用語》

control mechanism ［C］ 制御機構

control of communication 通信統制 《通信の円滑化、速達化および通信保全を図るために実施する諸統制をいう。[典] 統合訓練資料1-4》

control of electro and magnetic radiation (CONELAD) 電波管制 《我が部隊の企図、行動、所在等の秘匿または敵による電波の逆用を防止するため、電波の発射を禁止または制限することをいう。[典] JAFM006-4-18》

control officer ［C］ 統制士官

control of fires 火力統制

control of hemorrhage 止血法

control of magnetic materials 磁性物品管理 《掃海艇の消磁性能を良好に維持するため、磁性物品の使用の制限、移動性磁性物品の搭載と移動の規制、渦電流磁界の抑制について必要な管理を行うこと。[典] NDS Y 0051》

control of march 行進の統制

control of supply and demand 需給の統制

control of the air 制空

control of the sea 制海 《[同] command of the sea》

control panel ［C］ 制御盤；管制盤

control pedestal ［C］ 操作台

control point ［C］ 統制点 《補給や交通の統制点》

control port 管制港

control pressure pump ［C］ 油圧管制ポンプ

control radar coverage ［U］ ①【空自】要撃管制レーダー覆域 ②【海自】管制レーダー覆域

control range ［C］ 管制範囲

control register ［C］ ①統制台帳 ②命令レジスター 《計算機の命令レジスター》

control relay ［C］ 制御継電器

control room [C] ①管制室 ②発令所
《潜水艦》

control room hatch [C] 発令所ハッチ
《潜水艦》

controls and coordination 統制・調整

control shaft [C] 管制軸

control ship [C] 統制艦

control station (CS) [C] 統制用処理装置
《バッジ用語》

control steaming 管制汽醸

control stick [C] 操縦桿（そうじゅうかん）

control stick boost and pitch
compensator [C] 操縦桿ブースト及び
ピッチ補正装置

control surface [C] ①【空自】操縦翼面
②【海自】操縦舵面

control system ①制御方式 ②操縦系統

control system electronics unit [C] 操
縦装置電子機器ユニット

control technician (CT) [C] 【空自】管
制技術員 《先任管制官の補佐をする警戒管制員
をいう。㊨ JAFM006-4-18》

control terminal (CT) [C] 管制ターミナ
ル 《バッジ用語》

control tower [C] 【空自】管制塔

control tower operator [C] 【空軍】管
制塔勤務員

control unit [C] 制御装置

control unit group (CUG) [C] 制御装置
《CUG = カグ》

control unit support 管制装置支腕

control valve [C] 制御弁

control vessel [C] 統制艇

control wheel [C] 操縦輪

control zone (CTZ) [C] 管制圏

controversial tracking software [U] 追
跡ソフトウェア

CONUS Ground Station (CGS) 【米空
軍】米本土地上基地

convalescent camp [C] 後療キャンプ

convection [U] 対流

convection superheater [C] 対流型過
熱器

convection valve [C] 制御弁

convective cloud 対流雲

convective condensation level (CCL)
[C] 対流凝結高度

convective instability [U] 対流不安定

convective rain [U] 対流性降雨

convector [C] 対流放熱器

conventional air launched cruise missile
(CALCM) [C] 通常弾頭型巡航ミサイル
《CALCM = カルコム》

conventional armed forces [pl.] 在来型
軍隊

Conventional Armed Forces in Europe
(CFE) 欧州通常戦力

Conventional Armed Forces in Europe
treaty (CFE) [The ～] 欧州通常戦力条約

conventional armed stand-off missile
(CASOM) [C] 通常弾頭スタンドオフ・ミ
サイル

conventional attack missile [C] 通常型
攻撃ミサイル

conventional bomb [C] 通常爆弾

conventional bomb triple ejector [C]
通常爆弾用3連エジェクター

conventional cruise missile [C] 通常弾
頭巡航ミサイル

Conventional Defense Improvement
(CDI) 【NATO】通常戦力改善計画

Conventional Defense Initiative (CDI)
【NATO】非核防衛構想 《CDI = シーディーア
イ》

conventional disarmament 通常軍縮

conventional forces [pl.] 通常戦力

conventional mines [pl.] 通常地雷

conventional missile [C] 通常ミサイル

Conventional Prompt Global Strike
(CPGS) 【米】通常兵器による迅速なグロー
バル打撃 《世界のいかなる場所に所在する目標
に対しても、命中精度の高い非核兵器によって、
敵のアクセス拒否能力を突破して迅速な打撃を与
えようとする構想》

conventional recovery operation 通常部
隊による救出作戦

Conventional Stability Talks (CST) 欧
州通常兵力安定交渉

conventional stand-off weapon [C] 通
常弾頭スタンドオフ兵器

conventional strategy [C] 通常戦略

conventional strike missile (CSM) [C]
通常弾頭搭載型打撃ミサイル

conventional take-off and landing
(CTOL) [C] 在来型の離着陸 《V/STOL
に対する在来型の離着陸》

conventional warfare [U] ①【統幕】通
常戦 ②【空自】在来戦；在来型戦

conventional warhead ［C］ 通常弾頭；在来型弾頭

conventional weapon ［C］ 通常兵器 《核兵器、生物兵器、化学兵器などの大量破壊兵器を除く従来型の兵器》

Convention for the Suppression of Unlawful Acts against the Safety of Civil Aviation 民間航空の安全に対する不法な行為の防止に関する条約 《「民間航空不法行為防止条約」(モントリオール条約)》

Convention for the Suppression of Unlawful Acts against the Safety of Maritime Navigation 海洋航行の安全に対する不法な行為の防止に関する条約 《「海洋航行不法行為防止条約」》

Convention for the Suppression of Unlawful Seizure of Aircraft 航空機の不法な奪取の防止に関する条約 《「航空機不法奪取防止条約 (ヘーグ条約)」》

Convention on Cluster Munitions (CCM) クラスター弾に関する条約 《クラスター弾の禁止に賛同する国およびNGOが中心となり開始されたオスロ・プロセスを通じ作成された条約。㊙ 日本の軍縮・不拡散外交》

Convention on Offenses and Certain Other Acts Committed on Board Aircraft 航空機内で行われた犯罪その他ある種の行為に関する条約 《「航空機内の犯罪防止条約 (東京条約)」》

Convention on Prohibitions or Restrictions on the Use of Certain Conventional Weapons Which may be Deemed to be Excessively Injurious or to Have Indiscriminate Effects (CCW) 特定通常兵器使用禁止制限条約 《過度に傷害を与え、または無差別に効果を及ぼすことがあると認められる特定の通常兵器の使用を禁止または制限する条約。㊙ 日本の軍縮・不拡散外交》

Convention on the International Regulations for Preventing Collisions at Sea (COLREG) 【国連】国際海上衝突予防規則に関する条約

Convention on the Marking of Plastic Explosives for the Purpose of Detection 可塑性爆薬の探知のための識別措置に関する条約 《「プラスチック爆薬探知条約」》

Convention on the Physical Protection of Nuclear Material 核物質の防護に関する条約 《「核物質防護条約」》

Convention on the Prevention and Punishment of Crimes against Internationally Protected Persons, including Diplomatic Agents 国際的に保護される者(外交官を含む)に対する犯罪の防止及び処罰に関する条約 《「国家代表等犯罪防止処罰条約」》

Convention on the Prohibition of the Use, Stockpiling, Production and Transfer of Anti-Personnel Mines and On Their Destruction 対人地雷禁止条約 《通称は「オタワ条約」》

converged sheaf ［C］ 閉射向束

convergence 収束；収斂(しゅうれん)

convergence air current 収束気流

convergence gain 収束利得

convergence zone (CZ) ［C］,［C］ 【海自】収束帯 《潜水艦》《CZ＝シーゼット》

convergence zone range (CZR) 【海自】収束帯距離 《収束帯伝搬による推定ソーナー探知距離。㊙ NDS Y 0012B》《CZR＝シーゼットアール》

convergence zone width (CZW) 【海自】収束帯の幅 《CZR＝シーゼットダブリュー》

convergent-divergent nozzle ［C］ 中細ノズル

convergent nozzle ［C］ 先細ノズル

convergent wind ［U］ 収束風

converging attack ［C］ 集中攻撃

converging fire 集中射撃；集中火力

converging lens ［C］ 収束レンズ

conversation mode 対話方式

conversion ①換算 ②逆転

conversion angle ［C］ 転換角

conversion conductance 変換コンダクタンス

conversion gain 変換利得

conversion plotting 転換作図

conversion scale 換算尺度

converted cruiser ［C］ 改装巡洋艦

converter ［C］ 変換器；転換装置；転換機

converter circuit ［C］ 変換回路

convertible engine system technology 互換性エンジン・システム技術

convertible lens ［C］ 変換レンズ

convexity ratio ［C］ ふくらみ率

convex lens ［C］ 凸レンズ 《㊙ concave lens＝凹レンズ》

convey ［vt.］ 伝達する

conveyance 伝達

convicted felon ［C］ 重罪犯

convoy ［C］ ①【陸軍】車両縦隊；自動車縦隊 ②【海軍】船団 《共に航海する目的で集められ編

成された商船、補助艦艇またはその両者を含む一群の船舶をいい、通常、戦闘艦艇、航空機またはその両者によって護衛される。⊛ 統合訓練資料1-4》

convoy assembly port 船団集結港

convoy commodore (CON COMO) ［C］ 船団長

convoy communication conference ［C］ 船団通信会議

convoy conference ［C］ 船団会議

convoy course ［C］ 船団針路

convoy dispersal point ［C］ 船団分散点

convoy equipment officer ［C］ 船団装備官

convoy escort ＝ escort of convoy 船団護衛《船団を安全かつ所要の時期に目的地に到着させるために、特定の部隊を指定して随伴させることをいう。⊛ 統合訓練資料1-4》

convoy fighter ［C］ 護衛戦闘機

convoy formation ［U］ 船団隊形

convoy joiner ［C］ 船団加入船 《⊛ convoy leaver ＝ 船団分離船》

convoy leaver ［C］ 船団分離船 《⊛ convoy joiner ＝ 船団加入船》

convoy loading ［U］ 船団搭載

convoy route ［C］ 船団航路

convoy routing instructions ［pl.］ 船団ルーティング指令

convoy screen commander ［C］ 船団直衛指揮官

convoy skeleton screen ［C］ 船団スケルトン直衛

convoy speed ［C］ 船団速力

convoy through escort 船団通し護衛艦

convoy title 船団名称

cook-off クックオフ；昇温発火

coolant 冷却液；冷却剤

coolant injection 冷剤噴射

cooler ［C］ 冷却器

cooling 冷却

cooling agent ［C］ 冷却剤

cooling coil ［C］ 冷却コイル

cooling fin ［C］ 冷却ひれ

cooling jacket ［C］ 冷却ジャケット

cooling liquid electron tube (CLET) ［C］ 電子管液体冷却装置 《CLET ＝ クレット》

cooling oil pipe ［C］ 冷却油管

cooling pipe ［C］ 冷却管

cooling plate ［C］ 冷却板

cooling system 冷却系統

cooling water ［U］ 冷却水

cooling water jacket ［C］ 冷却水ジャケット

cooling water pipe ［C］ 冷却水管

cooling water pump (CWP) ［C］ 冷却水ポンプ

cooperate ［vi.］ 協力する

cooperation ［U］ 協同 《ある特定の共通目的達成のため、指揮関係のない2以上の部隊が、相互に協力すること。またはその状態をいう。ただし、日米間の作戦に関して、共同というほか、警察や海上保安庁との訓練にも「共同」をあてており、米国以外の国との訓練でもシナリオに基づくものなどとは異なる親善訓練と区別して「共同訓練」と呼ぶことがある。⊛ 統合訓練資料1-4》

Cooperation Afloat Readiness and Training Exercise (CARAT) 【米軍】協力海上即応訓練 《米第7艦隊が主催して毎年行う東南アジア諸国との海の二カ国演習》《CARAT ＝ キャラット》

cooperation and support activities 【日】協力支援活動

co-operations zone (COZ) ［C］ 連携戦闘区域

Cooperative Cyber Defence Centre of Excellence (CCDCOE) 【NATO】サイバー防衛協力センター 《NATOのサイバー防衛に関する研究や訓練などを行う機関》

cooperative engagement capability ［C］ 協同交戦能力

cooperative engineering service program (CESP) ［C］ 協同技術支援計画

cooperative flight ［C］ 協調飛行 《複数の航空機の間で連携をとり、行動規範に基づいて行う飛行》

cooperative logistics ［U］ 共同後方補給

cooperative logistics support arrangement 共同後方補給支援協定

cooperative logistics support supply arrangement 共同後方補給支援協定

cooperative measures ［pl.］ 協力措置

cooperative research and deployment agreement (CRADA) 共同研究開発協定

cooperative security ［U］ 協調的安全保障

Cooperative State Research, Education and Extension Service 【米】連邦・州共同調査、教育及び公開講座部

coor 176

coordinate ［vt.］ 調整する

coordinate converter ［C］ 座標変換器

coordinated action 協同戦闘

coordinated assist plan ［C］ 協同援助計画

coordinated attack ［C］ ①調整攻撃 ②
【海自】協同攻撃

coordinated defense ［U］ 調整防御

coordinated draft plan ［C］ 協同計画案

coordinated illumination ［U］ 調整照明

coordinated onboard shipboard
allowance list (COSAL) ［C］ 艦船補給
品定数表

coordinated operation 共同作戦；協同作戦

coordinated shipboard allowance list
(COSAL) ［C］ 総合艦艇定数表

coordinated shore base material
allowance list ［C］ 陸上補給品定数表

coordinated sonobuoy-MAD tactics
［pl.］ ソノブイMAD併用戦術 《magnetic
anomaly detector（MAD） ＝航空機用磁気探知
機》

coordinated training ［U］ 協同訓練

coordinated turn 釣り合い旋回

coordinated two-ship attack ［C］ 2艦共
同攻撃

coordinated universal time (UTC) 協定
世界時

coordinates ［pl.］ 座標；座標値

coordinating altitude 調整高度 《固定翼機
と回転翼機の飛行高度を分離し、双方の飛行の安
全を確保するために設定する高度をいい、航空部
隊が設定する。㊨ 統合訓練資料1-4》

coordinating authority ①調整権者 ②調
整権

Coordinating Committee for
Multilateral Strategic Export
Controls (COCOM) 対共産圏輸出規制委
員会 《COCOM ＝ ココム》

coordinating point ［C］ 調整点 《隣接部
隊相互の火力、機動、陣地位置等を調整または統
制するため、境界上の所要の位置に示す地点をい
い、通常、境界と統制線、主戦闘地域の前縁等と
の点に設定する。㊨ 陸自教範》

coordination ①調整 《共通の目的を達成する
ため、指揮系統の異なる関係当事者間で協議し
て、行動または活動の調和と統一を図ることをい
う。㊨ 陸自教範》◇用例： necessary
coordination ＝ 所要の調整 ②【空自】三舵の調
和（さんだのちょうわ）

coordination committee meeting ［C］

調整会議

Coordination Division 【防衛省】管理課
《装備局～の英語呼称》◇用例： 管理課長 ＝
Director, Coordination Division

coordination mechanism ［C］ 調整メカニ
ズム

Coordination Section 【自衛隊】対外調整班
《南スーダン派遣施設隊》

coordination staff ［C］ 調整幕僚

co-pilot (CP) ［C］ 副操縦士

co-pilot gunner ［C］ 副操縦士兼射撃手

copper crusher gauge ［C］ 銅球圧力器；
銅柱検圧器 《射撃の発射時、薬室内に発生する
最大圧力を測定する測定器材。薬室などに挿入
し、銅球や銅柱のひずみが生じることを利用す
る。㊨ NDS Y 0002B》

copper fouling カッパー・ファウリング 《弾
丸の被甲や弾帯の銅が、銃腔、砲腔の内面に付着
したもの。㊨ NDS Y 0002B》

coppering 着銅；銅着 《弾丸の被甲や弾帯の銅
が、銃腔内、砲腔内に付着する現象。㊨ NDS Y
0002B》

copper loss 銅損

copper strip corrosion ［U］ 銅板腐食

copper-weld wire ［C］ ウェルド線；W銅線

copy 複製

copy back (CPB) コピー中 《JADGE用語》

copy number 複製番号

co-range line ［C］ 等潮差線

cordage 索具（さくぐ）

cord circuit ［C］ ひも回路

cordite ［U］ コルダイト

cord line ［C］ コード配線

cordon ［C］ 哨兵線（しょうへいせん）；非常
線；警戒線

core ［C］ ①心索 ②中子（ちゅうし）

core automatic flight control system
(CAFCS) ［C］ コア自動飛行操縦システム

core primary flight control system
(CPFCS) ［C］ コア1次飛行操縦システム

core sampler ［C］ 柱状採泥器

core type 内鉄型

core wire ［C］ 芯線

Coriolis acceleration error ①コリオリの加
速度誤差 ②【海自】偏向加速度誤差

Coriolis error コリオリ誤差

Coriolis force コリオリの力

Coriolis parameter ［C］ コリオリ因子；コ

リオリ指数

cork stopper 〔C〕 コルク栓

corner bend かど曲がり

corner reflector 〔C〕 コーナー・レフレクタ；角型反射器

corner reflector antenna 〔C〕 角型反射器付きアンテナ

corning 造粒 《粉状の火薬を粒状にしたり、塊状の火薬類を粉砕して粒状にしたりすること。[典] NDS Y 0001D》《[同] granulating》

corona 〔C〕 コロナ；光冠

corona discharge コロナ放電

corona loss コロナ損

corpen signal 〔C〕 方向信号

Corp of Engineers US Army 【米】陸軍技術部隊

Corporal 【米陸軍・米海兵隊】伍長（ごちょう）

corps 〔pl. = ～〕 ①軍団 《2個以上の師団(division)で編成する》◇用例： IX Corps = 第9軍団 ②兵科

corps area 〔C〕 軍団作戦地域

corps artillery 〔U〕 軍団砲兵

corps artillery fire direction center 〔C〕 ①【自衛隊】師団群特科隊射撃指揮所 ②【陸軍】軍団砲兵射撃指揮所

corpse 〔C〕 遺体 《[備] 場合によって、「ご遺体」にする》

corpse disposition 死体処理

corpse treatment 遺体処理；死体処理

corps headquarters 【陸軍】軍団司令部

corps maintenance area 〔C〕 軍団主補給整備地域

corps of engineers (CE) ①【陸自】施設科 ②工兵隊

corps of military police 【陸軍】憲兵隊

corps support weapon system 【陸軍】軍団支援兵器システム

corps troops 〔pl.〕 軍団直轄部隊

corrected altitude 修正高度

corrected compass course 〔C〕 修正コンパス・コース

corrected compass heading 〔C〕 修正コンパス・ヘディング

corrected gyro angle 〔C〕 修正斜進角

corrected observation 〔U〕 訂正観測

corrected range 〔C〕 修正距離

corrected report 〔C〕 訂正通報

corrected torpedo speed 修正雷速

corrected transmitter 〔C〕 修正発信器 《ジャイロ・コンパスの修正発信器》

correct exposure 適正露出

correction 修正

correction of discrepancy 不具合事項の修復

correction office 〔C〕 補導室

correction section 〔C〕 修正部

correction teaching 〔U〕 矯正指導

correction value 補正値

corrective action (CA) 是正措置 《検査制度に不具合が認められる場合または調達品等に不具合がある場合、その不具合を是正することをいう。[典] DSP Z 9003B》

corrective maintenance 〔U〕 修正整備

corrector loop 〔C〕 補正用ループ

corrector strip 〔C〕 補正片

correlation ①コリレーション；相関 ②相関関係；相関処理

correlation coefficient 〔C〕 相関係数

correlation detection and recording 【海軍】相関関係探知及び記録 《対潜作戦》

correlation direction finder 〔C〕 相関方位測定局

correlation display analyzing recorder (CODAR) 〔C〕 コーダー

correlation factor 〔C〕 相関係数

correlation function 相関関数

correlation interval 〔C〕 相関インターバル 《バッジ用語》

correlation processing 相関処理

correspondence education 〔U〕 通信教育

correspondence indicator 〔C〕 応答指示器；合致メーター

corresponding speed 対応速度

corridor 〔C〕 ①【空自】空中回廊 《[同] air corridor》 ②【陸自】縦走地形 《地形区画の一種であり、稜線および水系の一般方向が、部隊の移動方向に並行している地形をいう。[典] 陸自教範》《[対] cross-compartment = 横走地形》

corrosion control 〔U〕 ①【空自】防錆（ぼうせい） ②腐食対策

corrosion inhibitor 腐食防止剤

corrosion preventive compound 〔C〕 防食剤

corrosion-proof cable 〔C〕 防食ケーブル

corrosion protective covering 防食被覆

corrosion resistance 耐食性

corrosion resistant steel (CRES) 耐食鋼

corrosion test ［C］ 腐食試験

corrosion treatment 防食処理

corrosive ［adj.］ 侵食性の

corrugated iron ［U］ 波形鉄板

corrugate metal 【陸軍】波形金属板；なまこ板

corrugation 起伏

corvette ［C］ コルベット艦

cosecant squared cut off range コセカント2乗カット・オフ距離 《バッジ用語》

cosmic dust ［U］ 宇宙塵

cosmic rays ［pl.］ 宇宙線

cosmonaut ［C］ 宇宙飛行士 《[同] astronaut》

cossack post ［C］ 騎哨（きしょう） 《下士官1名および兵卒3名からなる》

cost and freight 運賃込み価格

cost audit officer ［C］ 【海自】原価監査官 《の英語呼称》

cost avoidance savings ［pl.］ 経費節減

cost category ［C］ 価格区分；原価費目

cost contract ［C］ 原価契約

cost-effective and reliable welding technology 【自衛隊】費用対効果がよく、高信頼性の溶接技術

Cost Evaluation and Audit Management Division 【内部部局】原価管理課 《管理局～の英語呼称》◇用例： 原価管理課長 = Director of Cost Evaluation and Audit Management Division

Cost Evaluation Department 【防衛省】原価計算部 《管理局～の英語呼称》◇用例： 原価計算部長 = Chief Director of Cost Evaluation Department

cost, insurance and freight (CIF) 運賃保険料込み価格

cost sharing contract ［C］ 原価分担契約

cotidal line ［C］ 等潮時線

cotter pin ［C］ 割りピン；コッター・ピン

cotton-covered wire ［C］ 綿巻き線

cotton-insulated wire ［C］ 綿絶縁電線

Cottrell precipitator ［C］ コットレル集塵器（コットレルしゅうじんき）

coulometer ［C］ 電量計

Council of Economic Advisers 【米】経済諮問委員会

council of war ［U］ 軍事会議；作戦会議

Council on Environmental Quality 【米】環境問題委員会

Council on Security and Defense Capabilities ［The ～］ 【日】安全保障と防衛力に関する懇談会

Councilor 【防大】評議員 《の英語呼称》◇用例： 特別評議員 = Special Councilor

countdown 時間読み

counter air (CA) 対航空 《敵航空部隊を撃破し、または無力化することによって航空優勢を獲得し、維持するために行われる航空部隊の行動をいう。[典] JAFM006-4-18》

counter air operation 【空自】対航空作戦 《敵の航空機および防空システムの両方を組織的に無力化または撃破することによって、作戦地域の航空優勢を獲得。維持する作戦をいう。[典] 統合訓練資料1-4》

counter air operations center ［C］ 対航空作戦本部

counterattack ［n.］ ①【陸自】逆襲 《防御において、陣地を奪回するために行う攻撃行動をいう。[典] 陸自教範》 ②反撃

counterattack ［vt.］ 逆襲する；反撃する

counterattack plan ［C］ 逆襲計画

counter-battery ［adj.］ 【陸軍】対砲兵の

counter-battery fire ①【陸自】対砲兵射撃；対射撃 ②【海自】対火砲射撃；対砲台射撃

counter-C2 ［adj.］ 対C2

countercharge 逆襲；反撃

counter circuit ［C］ 計数回路

counterclockwise 反時計回り

counter-countermeasures ［pl.］ カウンター・カウンターメジャー；対防害手段 《「countermeasures」に対抗する手段のこと》

counter current 逆流 《[同] back-flow》

counter cyber-attack capability ［C］ サイバー攻撃対処能力

counterdeception 対欺騙（たいぎへん）

counterdrug 対麻薬

counterdrug operations ［pl.］ 対麻薬作戦

counterdrug operations support 対麻薬作戦支援

counter electromotive force (CEMF) 逆起電力

counter electromotive force relay ［C］ 逆起電力継電器

counterenvelopment 逆包囲 《[対] envelopment = 包囲》

counterespionage ［U］ 対諜報

《㊗ espionage = 諜報》

counterfire = counter fire ①【陸軍・陸自】対
射撃 ②【海自】応射

counterfire operation 対砲迫戦

counter force 対抗勢力；反抗勢力

counterforce strategy ［C］ 対兵力戦略

counterguerrilla ［C］ 対遊撃

**counter-guerrilla and commando
training** ［U］ 【陸自】ゲリラ・コマンドゥ
対処訓練

counterguerrilla warfare ［U］ 対ゲリラ戦

counterincendiary 対焼夷 《敵の焼夷攻撃の
企図を未然に破砕し、あるいは防火、消火、救護
等によって被害を最小限にとどめることをいう。
㊗ 陸自教範》

counter-insurgency ［adj.］ 対ゲリラの；対
暴徒の；対反乱の

counter insurgency (COIN) ［n.］ ①
【自衛隊】暴動対処 《暴動鎮圧のこと》 ②対反
乱 《COIN = コイン》《㊗ insurgency = 暴動；
反乱》

**Counter-Insurgency and Jungle Warfare
School (CIJW School)** ［the ～］ 対内
乱・ジャングル戦学校 《インド陸軍の施設》

counterinsurgency warfare ［U］ 対ゲリ
ラ戦

counterinsurgent ［n.］ 対ゲリラ戦士

counterinsurgent ［adj.］ 対ゲリラの

counterintelligence (CI) = counter
intelligence ［U］ ①対情報 ②カウンター・イ
ンテリジェンス 《情報保全業務のうち、外匿贋
報機関による防衛省・自衛隊に対する諜報（盗聴、
窃取、協力者からの情報収集等により、合法非合
法を問わず防衛省・自衛隊の情報を不正に入手し
ようすることをいう）による情報の漏洩その他の
被害を防止することをいう。㊗ 防衛庁訓令第7
号。㊗ 本来の意味合いから言えば「対諜報」であ
るが、不適切な場合は「対情報」にする。不明な場
合は「カウンター・インテリジェンス」にする》

counterintelligence action 保全活動

counterintelligence activity 対情報活動
《㊗ intelligence activity = 情報活動》

counterintelligence corps (CIC) ［pl.］
防諜部隊

Counterintelligence Detachment 【海自】
調査分遣隊 《の英語呼称》

counterintelligence investigation 対情報
調査

Counter Intelligence Office 【統幕】カウ
ンターインテリジェンス室 《運用部運用第1課～
の英語呼称》

counterintelligence operation 保全活動；
保全措置

counterintelligence support 対情報支援

Counterintelligence Unit 【海自】調査隊
《の英語呼称》

counterlanding ［C］ 逆上陸

countermarch 背面行進

**countermeasure control indication
(CMCI)** ［C］ 妨害統制用指示器

**countermeasure launcher acoustic
module system (CLAMS)** ［C］ 【米
海軍】音響封止策射出器モジュール・システム

counter measure radar ［C］ 対電子
レーダー

countermeasures ［pl.］ 対抗策；対抗手段；
対抗措置

counter measures dispenser (CMD)
［C］ チャフ・フレア・ディスペンサー

**countermeasures torpedo tube
launching system (CTTLS)** ［C］
【米海軍】封止策魚雷発射管射出システム

countermine ［C］ 対機雷

countermining ①【陸軍】対地雷 《敵の地雷
を探知し、破壊し、無力化すること》 ②【海軍】
機雷の誘発 《機雷に近接させた爆破薬などを爆
発させて機雷を破壊し処理すること》

countermining radius ［C］ 地雷誘爆防止
距離 《地雷の連鎖的誘爆を避けるために必要な
地雷相互の最小離隔距離。㊗ NDS Y 0001D》

countermobility operations ［pl.］ 対機動
作戦

countermove 移動妨害

counteroffensive ①【統幕】反撃；攻撃転移
②【陸自】攻勢転移 ③【空自】反攻

counterpreparation fire ①【陸自】攻撃準備
破砕射撃 《防御において、敵の攻撃開始に先立
ち、敵の組織的な攻撃準備を妨害するために行う
計画射撃をいう。㊗ 陸自教範》 ②【海自】準備妨
害射撃

counter proliferation initiative (CPI)
対拡散阻止構想

counterpsychological operations ［pl.］
心理戦防護

counter-radar missile (CRM) ［C］ 対
レーダー・ミサイル

counter-recoil 復座 《火砲の後座体が、後座
位置から発射位置に復帰すること。㊗ NDS Y
0003B》

counter-recoil air cylinder ［C］ 推進空
気筒

counter-recoil buffer ［C］ 復座緩衝器

counter-recoil cylinder ［C］ 復座管 《復座装置の構成品。復座ピストン、ガス（または、ばね）などを収容するシリンダー。⊛ NDS Y 0003B》《⊛ recoil cylinder ＝ 駐退管》

counter-recoil piston ［C］ 復座ピストン 《火砲の復座装置の構成品。復座力を後座体に伝達する部品。⊛ NDS Y 0003B》《⊛ recoil piston ＝ 駐退ピストン》

counter-recoil time 復座秒時 《後座体が、後座位置から発射位置に復帰するのに要する時間》《⊛ recoil time ＝ 後座秒時。⊛ NDS Y 0003B》

counter-recoil velocity ［U］ 復座速度 《火砲の後座体が復座するときの速度。⊛ NDS Y 0003B》《⊛ recoil velocity ＝ 後座速度》◇用例：the maximum counter-recoil velocity ＝ 最大復座速度

counterreconnaissance 対偵察 《⊛ reconnaissance ＝ 偵察》

counterrotating propeller ［C］ 2重反転プロペラー

countersabotage ［U］ ①【統幕】対サボタージュ 《⊛ sabotage ＝ サボタージュ》 ②【空自】対妨業 《⊛ sabotage ＝ 妨業》

counter shaft ［C］ 仲介軸；副軸 《自動車の副軸》

countersign 合い言葉

countersubversion ［U］ 対転覆活動 《⊛ subversion ＝ 転覆活動》

countersurveillance ［U］ 対監視 《⊛ surveillance ＝ 監視》

counter terrorism ＝ counterterrorism ［U］ 対テロリズム

counter terrorism cooperation ［U］ 対テロ協力

countervailing strategy ［C］ 相殺戦略

countervalue strategy ［C］ 対価値戦略

counter weight ［C］ 平衡錘

Count Off！ 「番号！」《号令》

coup de main 奇襲

coupled amplifier ［C］ 結合増幅器

coupled circuit ［C］ 結合回路

coupled impedance ［U］ 結合インピーダンス

coupled ocean-atmosphere model ［C］ 大気海洋結合モデル

coupler ［C］ カプラー

coupler calibration カプラー校正

coupling ①継ぎ手 ②結合

coupling amplifier ［C］ 結合増幅器

coupling coefficient ［C］ 結合係数

coupling coil ［C］ 結合コイル

coupling device ［C］ 連結装置

coupling element ［C］ 結合素子

coupling factor ［C］ 結合係数

coupling loop ［C］ 結合ループ

coupling probe ［C］ 結合プローブ

coupling reactance 結合リアクタンス

coupling resistance 結合抵抗

coupling rod ［C］ 連結棒

coupling slit ［C］ 結合スリット

courier 伝令

course (crs) ［C］ ①航路；針路 ②課程

course alignment 針路整合

course arrow ［C］ コース指針

course chart ［C］ 課程進度表

course computer ［C］ コース計算機

course corrected munitions ［pl.］ 弾道修正弾 《飛翔中に操舵翼により弾道制御できる弾丸。見えない目標に命中させたり、命中精度を上げたりすることができる。⊛ NDS Y 0001D》《⊛ course corrected projectile》

course corrected projectile ［C］ コース修正弾 《飛翔中に操舵翼により弾道制御できる弾丸。見えない目標に命中させたり、命中精度を上げたりすることができる。⊛ NDS Y 0001D》《⊛ course corrected munitions》

course deviation indicator (CDI) ［C］ ①コース偏位指示器 《航空機》 ②【海自】コース偏差表示器

course error コース誤差

course fluctuation コース変動

course indicator ［C］ コース表示器；針路指示器

course information ［U］ コース情報

course light ［C］ コース・ライト；航空路標識灯

course line ［C］ コース・ライン；航路線

course line deviation コース・ライン偏差

course line deviation indicator ［C］ コース・ライン偏差指示器

course line lop コース・ライン・ロップ

course line selector コース・ライン選択器

course made good over the ground (COG) 修正対地針路

course made good through the water (CTW) 修正対水針路

course of action　行動方針　《指揮官が使命（任務）を達成するために採るべき方策をいい、実行の可能性があり、かつ戦略的・戦術的妥当性のあるものをいう。㊙ 統合訓練資料1-4》

course of action development　行動方針の開発

course order　針路指示

course sector　[C]　コース象限

course sensitivity　[C]　コース感度

course softening　コース感度低下

course stability　[U]　針路安定性

course surface　[C]　コース面

course swing　コース動揺

course width　コース幅

Courtesy and Discipline Section　【陸自】服務班　《の英語呼称》

court-martial　[pl. = courts-martial; court-martials]　軍法会議　◇用例：call a court-martial = 軍法会議を召集する；attend a court-martial = 軍法会議に出席する

court martial order　軍法会議命令

court of inquiry　査問会議

court of military appeals (CMA)　軍事控訴裁判所

court order　[C]　裁判所命令

cover　[n.]　①【陸自】掩蔽（えんぺい）　《部隊、施設、資器材等を地形または人工物により空地の敵火または放射線から防護すること、もしくはその状態をいう。㊙ 陸自教範》②【陸自】掩護　《敵の攻撃から味方の行動を守ること。㊙ 民軍連携のための用語集》③偽装工作

cover　[vt.]　掩護する；収容する

coverage　[U]　①掩護　②情報範囲　③目標存在範囲

coverage factor　[C]　①【空自】覆域関数　②【海自】カバレッジ係数

coverage in percentage　カバレッジ百分率

coverage rate　[C]　捜索率

coverage study　[U]　覆域調査

cover and concealment　隠掩蔽（いんえんぺい）　《敵火力から防護されかつ隠れていること。㊙ 民軍連携のための用語集》

covered ice and snow on runway (CIASOR)　滑走路上氷雪被覆

covered movement　掩護下の移動

covered position　[C]　掩蔽陣地

covered radio teletype (CRATT)　秘匿テレタイプ通信

covered route　[C]　掩蔽経路

covered trench　[C]　掩蔽壕（えんぺいごう）

covered voice　秘話

covered wire　[C]　被覆線

covering air operation　掩護航空戦

covering barrage　[C]　掩護弾幕射撃

covering fire　掩護射撃

covering force (CF)　①掩護部隊　《接敵機動、攻撃、防御等において主力の前方を広域にわたり行動し、主力の行動の自由と安全を確保するため、敵情・地形の解明および敵の拘束、遅滞等を行う警戒部隊をいい、通常、作戦部隊指揮官が配置する。㊙ 陸自教範》②【陸自】収容部隊　《主力および残置部隊の離脱等を容易にするため、離脱経路に沿う地域の要点に収容陣地を占領し、敵の圧迫に対し、離脱する部隊を力をもって収容・掩護する部隊をいう。㊙ 陸自教範》

covering force area　[C]　【陸自】前方地域　《主戦闘地域の前方の地域であり、掩護部隊その他の警戒部隊等が配置される地域をいう。「前地」ともいう。㊙ 陸自教範》《㊙ rear area = 後方地域》◇用例：battle in the covering force area = 前地の戦闘

covering plate　[C]　かぶせ板

covering position　[C]　収容陣地　《収容部隊が、主力および残置部隊の離脱等を容易にするため占領する陣地をいう。㊙ 陸自教範》

cover name　①カバーネーム；暗号名；偽名　②【陸自】秘匿名；秘匿名称

cover search　[C]　覆域捜索

covert action　[U]　非公然活動　《㊙ over action = 公然活動》

covert attack　密かな攻撃　《㊙ overt attack = 明らかな攻撃》

covert operation　①隠密作戦　《作戦》②非公然活動　《情報》③秘匿作戦　《㊙ overt operation = 公然活動》

cowl gun　[C]　機首搭載砲

cowling　エンジン覆い；カウリング　《空冷エンジン覆い》

coxswain　[C]　艇長；短艇長　《短艇の艇長》

CPU diagnostic (CPUD)　CPU診断プログラム　《ペトリオット用語》

crab angle　[C]　①クラブ角　②【海自】横ばい角

crab winch　[C]　移動ウインチ

crack　亀裂（きれつ）

crack arrester　[C]　割り止め

cracked gas　分解ガス

cracked gasoline　分解ガソリン

cracked residue　[C]　分解残油

cradle ［C］ 【陸自】揺架(ようか)

craft ［pl. = ～］ 舟艇

crash alarm ［C］ 救難警報

crash alarm system ［C］ 航空救難警報組織

crash axe ［C］ 破壊用斧(はかいようおの)

crash barrier ［C］ 着陸拘束装置

crash boat ［C］ 救難艇

crash convoy ［C］ 場外救難隊

crash crew ［C］ 地上救出員

Crash Crew Section 【海自】地上救難班 《の英語呼称》《航空基地内における航空機の事故に際し、火災の消火活動および人命の救助を行う》◇用例：地上救難班長 = Officer, Crash Crew Section

crash ditching 墜落 《海上への墜落》

crash dive 急速潜航 《潜水艦の急速潜航》

crash fire fighting 救難消防

crash landing 墜落 《陸上への墜落》

crash locator beacon ［C］ 墜落位置通知ビーコン

crash phone net 救難電話網

crash position indicator ［C］ 墜落位置指示器

crash procedure 不時着実施手順

crash rescue and fire suppression 救難消火活動

crash stop distance 急速停止距離；緊急停止距離

crash truck ［C］ 破壊救難消防車

crater ［C］ クレーター；漏斗孔(ろうとこう)；弾孔(だんこう)；弾痕(だんこん) 《爆弾・砲弾・地雷の破裂による漏斗状の穴》

crater analysis 弾痕解析

cratering charge 道路爆破薬

cratering effect ①【空自】被孔効果 ②【海自】穿孔効果(せんこうこうか)

C ration 【米陸軍】C号携帯口糧 《かんづめ類》

crawl ［vi.］ 匍匐する(ほふくする) 《腹ばいになって手と足で這いながら前進すること。㊟民軍連携のための用語集》

crawling 次同期運転

creative power 創造力

creative thinking 創造的思考

creep current 潜流

creeping barrage ［C］ 移動弾幕射撃

creeping line search ［C］ 漸進捜索

creeping mine ［C］ ①海底浮遊機雷 ②

【海自】匍匐機雷(ほふくきらい)

creep test ［C］ クリープ試験

crest ［C］ ①波高 ②遮蔽頂

crested 観測不能；目標照準不能

crest factor ［C］ 波高率

crest value 波高値

crevice corrosion クレビス腐食

crew ［C］ 乗組員；乗員 《㊟乗組員のグループ全体を指す集合名詞なので注意する》

crew chief ［C］ 機付き長；班長

crew chief method 機付き長方式

crew compartment ［C］ 乗員室

crew ratio ［C］ 搭乗員率

crew-served weapon ［C］ ①【空自】班装備武器 ②【陸自】組み扱い武器

crew training plane ［C］ 機上作業練習機

criminal act ［C］ 犯罪行為

criminal case ［C］ 刑事事件

criminal intention ［C］ 犯行計画

criminal investigation 犯罪捜査

criminal investigation detachment (CID) ［C］ 犯罪捜査隊

crisis 危機

crisis action planning ［U］ 危機対処計画

crisis action procedure (CAP) 危機対処手順

crisis action system (CAS) ［C］ 危険管理システム

crisis action team ［C］ 危機管理チーム

crisis management ［U］ 危機管理 《国際的な危機を抑制し、紛争の平和的解決をめざす措置をいう。広義には、自然災害や大事故等、国家、組織等に重大な影響を及ぼす各種不測の事態に対し、事前の対策、または事態収拾に講ずる措置をいう。㊟統合訓練資料1-4》

Crisis Management Center ［the ～］ 【日】危機管理センター 《の英語呼称》《首相官邸》

crisis management readiness ［U］ 危機管理態勢

Crisis Management Section 【統幕】運用室運営班 《運用部運用第2課～の英語呼称》

crisis planning team (CPT) ［C］ クライシス・プランニング・チーム

crisis situation ［C］ 危機状態

critical altitude 臨界高度

critical angle ［C］ 【海自】臨界角 《音束線が層深や海底からほぼ完全に近い形で反射され

る角度。🅰 対潜隊（音1）第401号》

critical angle of attack 臨界迎え角

critical angle of ricochet 跳飛限界 《地表面または水面に対する跳飛が50％の確率で生起する弾着角。🅰 NDS Y 0006B》

critical bias 臨界バイアス

critical bridge ［C］ 制限橋梁（せいげんきょうりょう）

critical compression ratio ［C］ 限界圧縮比

critical coupling 臨界結合

critical damping 臨界減衰

critical defect ［C］ 致命的欠陥

critical equipment ［U］ 緊要な装備品

critical frequency ［C］ 臨界周波数

critical inductance 臨界インダクタンス

critical information ［U］ 緊要情報資料

critical intelligence ［U］ 緊要情報

critical item ［C］ ①緊要品目 ②【空自】枯渇品目

critical item list (CIL) ［C］ 必需品リスト

criticality (CRTL) 緊要度；緊急度

critical load ［C］ 臨界荷重；危険荷重

critical mach number 臨界マッハ数

critical mass ［C］ 臨界質量；臨界量

critical materials ［pl.］ 緊要物資

critical node ［C］ 緊要点

critical point ［C］ 臨界点

critical pressure 臨界圧；臨界圧力

critical resistance 臨界抵抗

critical revolution 危険回転数

critical Reynolds number 臨界レイノルズ数

critical safety item ［C］ 緊要安全項目

critical speed 臨界速度

critical supplies ［pl.］ 緊要な補給品

critical supplies and materials ［pl.］ 緊要補給品 《作戦の遂行に重要かつ不可欠な補給品であって、なんらかの原因によって現に不足しているか、または作戦の途中で不足になることが予想されるものをいう。🅰 統合訓練資料1-4》

critical sustainability items ［pl.］ 緊要維持品目

critical temperature 臨界温度

critical terrain ［U］ 緊要地形（きんようちけい）《🄿 key terrain》

critical thinking 批判的思考

critical torsional vibration 危険ねじり振動

critical velocity ［U］ ①臨界速度；限界流速 《機械分野では「臨界速度」、土木分野では「限界流速」》 ②限界速度 《目標の完全侵徹に必要な最低の弾丸速度》《🄿 limit velocity》

critical voltage 臨界電圧

critical vulnerability 致命的脆弱性

critical zone ［C］ 爆撃照準地帯

critic report ［C］ 緊要報告

crop-duster plane ［C］ 農薬散布用飛行機

cross ［vt.］ 横断する

cross ampere-turn 交差アンペア回数

cross band responder ［C］ クロス・バンド応答機

cross beam ［C］ 横ビーム

cross bearing 交差方位法；クロス・ベアリング

cross board ［C］ 切り替え盤

cross coil ［C］ 交差コイル

cross-compartment ［C］ 【陸自】横走地形（おうそうちけい）《地形区画の一種であり、稜線および水系の一般方向が、その部隊の移動方向に直交または斜交する地形をいう。🅰 陸自教範》《🄿 corridor ＝ 縦走地形》

cross-compound steam turbine ［C］ クロス型蒸気タービン

cross connected operation 全通運転

cross connection 交差接続

cross-core type 交差鉄心型

cross-country ［adj.］ 路外の

cross-country flight ［C］ 場外飛行；クロス・カントリー飛行

cross-country maneuverability ＝ cross country maneuverability 路外機動性

cross-country navigation ［U］ 野外航法

cross-country trafficability 路外耐荷力

cross current 横流（おうりゅう）

cross curves stability 交差復原力曲線

cross-domain operations ［pl.］ 領域間作戦 《戦闘領域（航空、水上、陸上、宇宙およびサイバー空間）にまたがる作戦》

cross drainage ［U］ 横断排水

crossed dipole ［C］ 交差ダイポール

crossed field amplifier (CFA) ［C］ 【海自】電磁界交叉型増幅器

cross feed 横送り

cross field amplifier (CFA) ［C］ クロス・フィールド増幅器 《ペトリオット用語》

crossfire ①十字砲火 ②妨害《電信の妨害》③混信

cross grade ［C］ 横断勾配（おうだんこうばい）

cross hairs ［pl.］ クロス・ヘヤー；毛線

cross indicator ［C］ 交差指示器

crossing ［C］ 渡河（とか）《[同] river crossing》

crossing area ［C］ 【陸自】渡河地域《渡河正面のうちで渡河を実施する地域をいう。[典] 陸自教範》《[同] crossing zone》

crossing attack ［C］ 【陸自】渡河攻撃《河川を通過して行う攻撃において、攻撃部隊主力が徒渉点または既設の橋梁を利用できない場合、渡河器資材によって渡河して行う攻撃をいい、通常、橋頭堡を設定するまでの攻撃をいう。[典] 陸自教範》

crossing equipment ［U］ 渡河器材

crossing front ［C］ 【陸自】渡河正面《渡河攻撃を行う部隊に配当される戦闘区域の正面をいい、部隊はその正面内において渡河地域を選定する。[典] 陸自教範》

crossing in force 強行通過；強行渡河

crossing operation 渡河作戦

crossing point ［C］ 渡河点《橋を架けたり、徒歩で渡ったりする地点》

crossing site ［C］ 【陸自】渡河地点《渡河地域のうちで現実に渡河を行う地点をいう。渡河地点には突撃渡河地点、門橋渡河地点、架橋地点等がある。[典] 陸自教範》

crossing target ［C］ 横行目標《射線を横切って移動する目標。[典] NDS Y 0005B》

crossing zone ［C］ 【陸自】渡河地域《[同] crossing area》

cross leg ［C］ 横断レグ；斜行程

cross level angle ［C］ 横動揺角（よこどうようかく）《艦が動揺している場合、照準線を含む鉛直面と垂直面とのなす角度を、水平面と照準線を含む鉛直面との交線のまわりに測定したものをいう。[典] 海上自衛隊訓練資料第175号》

cross leveling 横断測量

cross level reset handwheel ［C］ 横動揺調定手輪

cross magnetization 交差磁化

cross magnetizing action 交差磁化作用

cross magnetomotive force 交差起磁力

cross modulation 混変調

cross modulation distortion 混変調ひずみ

crossover patrol 8字哨戒

crossover point ［C］ ①【空自】目標転換点 ②【海自】クロスオーバー点

crossover range ［C］ クロスオーバー・レンジ

crossover region ［C］ クロスオーバー領域

cross pointer indicator ［C］ クロス・ポインター指示器

cross pointer needle ［C］ クロス・ポインター指針

cross rail ［C］ 横滑り案内

cross-reinforcement ［U］ 相互増援

cross roll クロス・ロール《ペトリオット用語》

cross-roll correction system ［C］ クロスロール修正機構；横動揺修正機構

cross-roll gyro ［C］ 横動揺修正ジャイロ

cross rudder ［C］ 十字舵《潜水艦》

cross scavenging 横断掃気

cross sea 逆波

cross section ［C］ 横断面

cross-sectional area of bore 砲腔断面積

cross section diagram ［C］ 断面図

cross servicing ＝cross-servicing 相互業務支援

cross talk 漏話

cross tell ①クロス・テル《隣接防空指令所（DC）との間の航跡情報メッセージ等の相互通報のことをいう。[典] JAFM006-4-18》 ②【海自】情報転送

cross valve ［C］ クロス弁

cross way search ［C］ 交差捜索

cross wind ［U］ 横風《[同] side wind》

cross-wind landing 横風着陸

cross-wind take-off 横風離陸

cross wire ［C］ 十字線

crown plate ［C］ 冠材

cruise control ［U］ 巡航調整

cruise missile (CM) ［C］ 巡航ミサイル《ジェット・エンジンで推進する航空機型の誘導式ミサイル。低空飛行が可能であり、かつ、飛行中に経路を変更できるため、命中精度が高い》

cruise missile carrier (CMC) ［C］ 巡航ミサイル母艦

cruise missile carrier aircraft (CMCA) ［pl. ＝～］ 巡航ミサイル携行機

cruise missile defense (CMD) ［U］ 巡航ミサイル防衛

cruise missile submarine ［C］ 巡航ミサイル潜水艦

185 cuei

cruise missile submarine nuclear-powered (SSGN) ［C］ 巡航ミサイル搭載原子力潜水艦

cruiser ［C］ 巡洋艦 《艦種記号：CG》◇用例：Navy cruiser Bunker Hill ＝ 海軍巡洋艦バンカーヒル

cruiser guided missile nuclear powered 原子力ミサイル巡洋艦 《艦種記号：CGN》

cruising 巡航

cruising airspeed 巡航気速

cruising altitude ［空自］巡航高度 《飛行経路上における巡航のための飛行高度またはフライト・レベルをいう。⊛ 航空自衛隊達第29号》

cruising ceiling 巡航上昇限度

cruising disposition 航行陣形配備

cruising formation ［U］ 航行陣形

cruising order 航行序列

cruising power 巡航出力

cruising radius ［C］ ①巡航半径 ②【海自】行動半径

cruising range ［C］ ①巡航距離 ②【海自】航続距離

cruising speed ①［空自］巡航速度 ②【海自】巡航速度；巡航速力

cruising stage ［C］ 巡航段

cruising turbine (CT) ［C］ 巡航タービン

crush 破砕 《やぶりくだくこと》《⊕ smash》◇用例：「敵の企図の破砕」；「敵の攻撃を破砕」

crush depth 圧壊深度 《魚雷や潜水艦の外殻が外水圧で破壊される深度。⊛ NDS Y 0041》《⊕ burst depth》

crushing test ［C］ 破砕試験

cryogenic liquid 低温液体

cryogenic liquid gas 低温液化ガス

cryptanalysis ＝ cryptoanalysis ①暗号解析 《暗号を解読するための数学的手法》 ②【空自】暗号解読

cryptanalyst ［C］ 暗号解読者

crypto-aid ［C］ 暗号資材

cryptocenter ［C］ 暗号センター；暗号所

cryptocenter section 【空自】暗号班

cryptochannel ［C］ 暗号系統

cryptoclearance ［U］ 暗号員身分許証明

crypto custodian ＝ cryptocustodian ［C］ 暗号保全責任者

crypto date 暗号使用開始日

crypto equipment ＝ cryptoequipment ［U］ 暗号装置

cryptogram ［C］ 暗号文 《符号で書かれた秘密のメッセージ》

cryptographer ［C］ ①【自衛隊】暗号員 ②暗号作成者

cryptographic ［adj.］ 暗号用の

cryptographic equipment (cryptoequipment) ［U］ 暗号装置 《暗号ロジックを備えている装置。セキュアな通信を行うために、システムに組み込まれる》

cryptographic information ［U］ 暗号情報

cryptographic material 暗号用具

cryptographic system 暗号体系

cryptography ［U］ 暗号法 《通信文・資料を意味不明な文字または記号で書き表して、その内容を秘匿する手段をいう。⊛ 統合訓練資料1-4》

Cryptography Research & Evaluation Committees (CRYPTREC) 【防衛省】暗号技術検討会等 《の英語呼称》

cryptology ［U］, ［U］ ①暗号学 《暗号法および暗号解析》 ②【空自】暗号法

cryptomaterial 暗号資料；暗号用資料

crypto net クリプト・ネット 《JADGE用語》

crypto-operating instructions ［pl.］ 暗号運用規定

cryptoparts ［pl.］ 暗号区分

crypto period designator ［C］ クリプト・ピリオド・デジグネーター 《JADGE用語》

cryptosecurity ［U］ 暗号保全 《通信内容を暗号により秘匿すること、および内容を敵の解読等から防議することをいう。⊛ 陸自教範》

cryptosystem ［C］ 暗号システム

cryptotext 暗号文

crystal ball ［C］ クリスタル・ボール

CTBT Organization (CTBTO) 包括的核実験禁止条約機関

C Type Mapping Cタイプ・マッピング 《ペトリオット用語》

Cuban missile crisis ［the ～］ キューバ・ミサイル危機

cubic feet per minute (CFM) 立方フィート毎分

cubic feet per second (CFS) 立方フィート毎秒

cubicle switch gear ［C］ キュービクル開閉装置

cubic piston displacement ピストン排出量

cubic structure 立法構造

cubic system 立法晶系

cueing キューイング 《目標の位置を指示した

り、交戦を指示したりすることをいう。一般には、動作の指示をいう》

cuffs ［pl.］ 手錠 ◇用例：support to a white plastic cuffs＝白いプラスチックの手錠

cul-de-sac 三方包囲

cultural power 文化力

culture education ［U］ 素養教育

culvert ［C］ 暗渠(あんきょ)

cumulative ［adj.］ 和動の

cumulative compound generator ［C］ 和動複巻き発動機

cumulative compound motor ［C］ 和動複巻きモーター

C

cumuliform cloud 積雲状の雲

cumuliformis (Cuf) 累積雲

cumulonimbus (Cb) 積乱雲

cumulonimbus calvus 無毛積乱雲

cumulus (Cu) 積雲(せきうん)

cumulus congestus (Cu Con) 雄大積雲

cumulus fractus 片積雲(へんせきうん)

cumulus humilis 偏平積雲(へんぺいせきうん)

cumulus mamma 乳房積雲(ちぶさせきうん)

cup insulator ［C］ カップがい子

cupola ［C］ 回転砲塔；旋回砲塔 《軍艦の旋回砲塔》

curbside カーブサイド 《ペトリオット用語》

curb weight ［U］ 車両全備重量

cure ［vt.］ 治療する

cure date 加硫日 《合成ゴムの部品・材料を製造または修理する過程において加硫した年月》

cure date parts kit ［C］ キュア・デート部品キット 《調達物品を修理するに必要な部品のうち、キュア・デート部品等を集めたキットをいう。[典] 2補LPS-A00001-15》

curing キュアリング；加硫 《合成ゴムの部品および材料を製造または修理する過程における加硫をいう。[典] MHP-V-51028-13》

current 【海自】潮流 《[同] tidal current》

current amplification factor ［C］ 電流増幅率

current assignment 現所属

current balance relay ［C］ 電流平衡継電器

current balance type 電流平衡型

current circuit ［C］ 電流回路

current collector ［C］ 集電装置

current consumer ［C］ 電気負荷 《電力を消費する機器。単に「負荷」ともいう。[典] NDS F 8001E》

current-controlled feedback 電流帰還

current feedback amplifier ［C］ 電流帰還増幅器

current force 現有部隊

current gain 電流利得

current intelligence ［U］ 動態情報 《情勢の推移、部隊・艦艇・航空機等の動静、作戦地域の特徴を構成する各要因の動的変化等に関する情報をいう。[典] 統合訓練資料1-4》

current limiter fuze ［C］ 電流制限ヒューズ

current limiting reactor 限流リアクトル

current limiting relay ［C］ 限流リレー；限流継電器

current meter ［C］ 流速計

current modulation 電流変調

current operations team (COT) ［C］ カレント・オペレーション・チーム

current relay 電流継電器

current rip 潮目

currents ［pl.］ 海潮流

current sailing 流潮航法

current saturation ［U］ 電流飽和

current system 電流方式

current transformation ［C］ 変流

current wave ［C］ 電流波

cursor ［C］ カーソル

cursor fly back カーソル・フライバック

cursor time switch ［C］ カーソル時間スイッチ

curtain fire 弾幕；弾幕砲火

curvature ［U］ 曲がり

curved fire 曲射 《曲率の大きい弾道による射撃。[典] NDS Y 0005B》

curved trajectory ［C］ 曲射弾道

curved-trajectory fire 曲射弾道射撃

curve of extinction 減衰曲線

curve of pursuit 追跡曲線

curve of statical stability 静的復原力曲線

curve of trajectory 弾道曲線

cushion assembly ［C］ 緩衝装置

cushion landing 緩衝着陸

cushion valve ［C］ クッション弁；緩衝弁

custodial service ［C］ 用務員作業

custodian ［C］ 保管業務担当者

custody ①保護《人の保護》②保管《物の保管》③勾留

customer identification [U] 顧客の本人確認《金融機関》

customer quantity 供用数

customer ship [C] 受給艦

cut 切り通し

cut-and-cover shelter [C] 掘開式掩蔽部

cutaneous anthrax 皮膚炭疽

Cutler feed カトラー給電

Cutler feed radiator [C] カトラー給電放射器

cut-off approach カットオフ接敵

cut-off attack [C] 交会攻撃

cut-off date 調査期日

cut-off frequency [U] 遮断周波数

cut-off high 切離高気圧

cut-off limiting カットオフ制限

cut-off low 切離低気圧(せつりていきあつ)

cut-off procedure カットオフ法

cut-off relay [C] カットオフ継電器

cut-off switch [C] 遮断スイッチ

cut-off valve [C] カットオフ弁;遮断弁;締め切り弁

cut-off vector [C] 出会い針路

cut-off velocity [U] 遮断速度

cut-off voucher number 締め切り証書番号

cut-off wave-length 遮断波長

cut-out governing 締め切り調速法

cut-out switch [C] 遮断器

cut slope [C] 切り取り傾斜;切り取り斜面

cutter [C] ①【海自】カッター ②切断器

cutting blow-pipe [C] 切断トーチ

cutting-in 併用《ボイラーの併用》

cutting plane line [C] 破断線

cutting tip [C] 切断火口(せつだんひぐち)

cut water 水切り

cyaniding シアン化法

cyber サイバー《㊟米国防総省では、「computer & network」は「cyber」と表記することを推奨している》

cyber attack [C] サイバー攻撃《ネットワークを通じた情報システムへの電子的な攻撃をいう。㊟統合訓練資料1-4》◇用例: the source of a cyber attack = サイバー攻撃源

Cyber Command (CYBERCOM) [the ~] 【米】サイバー軍《正式名称は「United States Cyber Command (USCYBERCOM) = 合衆国サイバー軍」。機能別統合軍の一つ》

Cyber Communication Computers Command Control Command (C5 Command) 【陸自】システム通信団《の英語呼称》

Cyber Defense Council (CDC) 【日】サイバーディフェンス連携協議会《サイバーセキュリティに関心の深い防衛産業10社程度をコア・メンバーとする民間団体》

cyber defense exercise [C] サイバー防御演習

Cyber Defense Exercise with Recurrence (IAWG) 【総務省】サイバー防御反復演習《の英語呼称》《サイバー攻撃への対処能力の向上に向けた実践的サイバー防御演習》《CYDER = サイダー》

Cyber Defense Group [the ~] 【統幕】サイバー防衛隊《自衛隊指揮通信システム隊隷下~の英語呼称》◇用例: サイバー防衛隊準備室 = the Cyber Defense Unit Preparatory

Cyber Incident Mobile Assistanse Team (CYMAT) 【日】情報セキュリティ緊急支援チーム《の英語呼称》《内閣官房情報セキュリティセンターの一部門》《CYMAT = サイマット》

Cyber Information Research Section 【防衛装備庁】サイバー情報研究室《電子装備研究所~の英語呼称》《情報解析、評価技術、サイバー情報解析評価技術》

cyber range [C] 【自衛隊】サイバー・レンジ《自衛隊員のサイバー攻撃対処練度向上に資する演習環境》

cyber resilience [U] 【陸自】サイバー・レジリエンス《サイバー攻撃等によって指揮統制システムや情報通信ネットワークの一部が損なわれた場合でも、柔軟に対応して運用可能な状態に回復する能力があること》

Cyber Security Operations Centre (CSOC) 【英】サイバーセキュリティ運用センター《サイバー空間の監視などを行う機関。政府通信本部の一部門》

Cyber Security Research Section 【防衛装備庁】サイバーセキュリティ研究室《電子装備研究所~の英語呼称》《情報保全、サイバー保全技術》

cyberspace サイバー空間;サイバースペース《インターネット、通信ネットワーク、コンピューター・システムなどの情報技術を用いて構成され、情報がやりとりされる仮想的な情報空間》

cyberspace operations [pl.] サイバー空間作戦《サイバー空間における目的の達成を主目的とし、サイバース空間能力を展開すること》

cyber terrorism ［U］ サイバー・テロリズム《サイバーテロ》

cyber-warfare ［U］ サイバー戦争

cycle counter ［C］ 回転計

cycle diagram ［C］ サイクル線図

cycle inventory 循環現況調査

cycle matching サイクル整合

cycle overrun サイクル・オーバーラン《バッジ用語》

cycle passed time サイクル・パス・タイム《バッジ用語》

cycle time ①サイクル・タイム ②【海自】周期秒時

cyclic rate ［C］ 自動発射速度

D

cyclic rate mechanism ［C］ 自動発射速度調整装置

cyclogenesis ①【空自】低気圧発生 ②【海自】低気圧の発生；低気圧の発達

cycloid tooth ［C］ サイクロイド歯形

cyclolysis ①【空自】低気圧消滅 ②【海自】低気圧の消滅；低気圧の衰弱

cyclone ［C］ サイクロン；熱帯性低気圧

cyclone model ［C］ 低気圧のモデル

cyclone track ［C］ 低気圧経路

cyclonic motion 低気圧性の運動

cyclonic rain ［U］ 低気圧性降雨

cyclonic shear 低気圧性シヤー

cyclonic thunderstorm ［C］ 渦雷（からい）；低気圧雷

cyclonic wind ［U］ 低気圧性の風

cyclonite シクロナイト《爆薬の一種》《[同] RDX; hexogen; cyclotrimethylenetri-nitramine; trimethylenetri-nitroamine》

cyclostrophic motion 旋衡運動

cyclostrophic wind ［U］ 旋衡風

cyclotol シクロトール《混合爆薬の一種》

cyclotrimethylenetri-nitramine シクロトリメチレントリニトラミン《爆薬の一種》《[同] RDX; hexogen; cyclonite; trimethylenetri-nitroamine》

cylinder ［C］ ①シリンダー ②回転弾倉

cylinder bank ［C］ シリンダー列

cylinder barrel ［C］ シリンダー・バレル；シリンダー胴

cylinder bore シリンダー内径

cylinder bottom シリンダー底

cylinder carrier ［C］ シリンダー受け

cylinder column ［C］ シリンダー柱

cylinder constant シリンダー定数

cylinder cooling fin シリンダー冷却ひれ

cylinder head temperature シリンダー・ヘッド温度

cylinder oil ［U］ シリンダー油

cylinder ratio ［C］ シリンダー比

cylinder type シリンダー型

cylinder wall ［C］ シリンダー壁

cylindrical cavity ［C］ 円筒空洞

cylindrical coil ［C］ 円筒コイル

cylindrical slide valve ［C］ 円筒滑り弁

cylindrical solenoid 円筒形ソレノイド

cylindrical spreading 円筒発散

cylindrical wave ［C］ 円筒波

cylindrical waveguide ［C］ 円筒導波管

【D】

daily change 日変化（にちへんか）

daily check ①【空自】日日点検（にちにちてんけん） ②【海自】日施点検（にっしてんけん））

daily consumption ［U］ 日日消費

daily employee ［C］ 日雇い従業員

Daily Estimated Position Summarie (DEPSUM) 日施推定位置概報

daily intelligence summary ［C］ 日施情報要約

daily load ［C］ 日負荷

daily mission report ［C］ 【空自】戦闘要報《各級指揮官の当面の作戦指導を適切にするため、毎日、定められた時期までに、戦闘の状況について報告する記録をいう。[典] 統合訓練資料1-4》《[同] operational situation report》

daily movement summary ［C］ 日施動静概報

daily necessities ［pl.］ 生活関連物資

daily report ［C］ 日報

daily report of personnel 人事日報

daily routine 日課

daily sick report ［C］ 患者日報

daily strength report ［C］ 日日人員現況報告；現員日報

daily sweeping 日施掃海

189　　　　　　　　　　　　　　　　　　**dang**

daily tank　［C］　小出しタンク

daily variation　日変化

damage　損傷　《主として外力により物品の品質、価値および機能が低下することをいう。㊟ NDS Z 0001C》

damage area　［C］　危害範囲

damage assessment　損害評価

damage by frost　霜害（そうがい）

damage contour　［C］　危害曲線

damage control　①ダメージ・コントロール；被害対策　②【海軍】艦内防御；損害防止策

damage control board　［C］　応急指揮盤

damage control book　［C］　ダメージ・コントロール・ブック

damage control material and equipment　［U］　応急器材

damage control officer　［C］　【海自】応急長　《応急長は、機関長の所掌業務のうち、補機、電機、応急、工作、艦内敷難、潜水およびこれらに係る物件の整備に関する業務を分掌する。㊟ 海幕人第10346号》

damage control party　［C］　応急班

damage control party station　［C］　応急班待機所

damage control station　［C］　応急指揮所

damage criteria　［pl.］　損害評価基準

damaged oil tank　［C］　汚油タンク

damage estimation　被害見積り；損害見積り

damage expectancy　［U］　損害予測

damage function　損傷関数

damage limitation　損害局限

damage radius　［C］　損害半径

damage range　［C］　危害距離

damage repair　中修理

damage tolerable rotor blade　耐損傷性ローター・ブレード

damage tolerance design (DTD)　損傷許容設計

damage width　危害幅

damage zone　［C］　危害帯

dam buster　［C］　ダム破壊爆弾

damped natural frequency　［U］　減衰固有振動数

damped oscillation　減衰振動；減衰動揺

damped vibration　減衰振動

damped wave　［C］　減衰波

damper　［C］　①緩衝器；緩衝板　②制動器

《㊟ 不明な場合は、「ダンパー」にする》

damper disc　［C］　制動盤

damper housing　［U］　制動箱

damp haze　もや　《靄》

damping　ダンピング；制動；減幅

damping coefficient　［C］　減衰係数

damping coil　［C］　制動コイル

damping cut-out amplifier　［C］　制振切断増幅器　《ジャイロ・コンパスの制振切断増幅器》

damping cut-out switch　［C］　制振切断スイッチ　《ジャイロ・コンパスの制振切断スイッチ》

damping factor　［C］　減衰率；制動率

damping force　制動力

damping material　制振材料

damping oil　［U］　ダンピング油

damping oscillation　減衰振動

damping paint　制振塗料；防振塗料

damping ratio　［C］　減衰比

damping resistance　制動抵抗

damping screw　［C］　制動スクリュー

damping signal generator　［C］　ダンピング信号発生器

damping torque　［U］　減衰トルク　《ジャイロ・コンパスの減衰トルク》

damping vane　［C］　制動羽根

damp-proof machine　［C］　耐湿型機

DAM procedure (DAMP)　ダム手順　《DAM = display aided maintenance（表示方式整備）》《ペトリオット用語》

dan　［C］　目印

dan buoy　［C］　ダン・ブイ；目印浮標

D&C console simulator (DCCS)　［C］　表示制御訓練装置　《ペトリオット用語》

D&C control information processing (DCIP)　高射隊表示制御プログラム　《ペトリオット用語》

D&C interface diagnostics (DCID)　表示制御装置連接診断プログラム　《ペトリオット用語》

danger　危険

danger angle method　危険角法

danger area　= dangerous area　［C］　①危険区域　②【空自】危険空域　③【海自】危険海域

danger message　［C］　危険通報

dangerous air area　［C］　【米】危険空域　《飛行中の航空機に対して危険を与える可能性の

存在する特定の空域をいう。[典] 統合訓練資料1-4》

dangerous cargo 危険物；危険品 《法令によって輸送、保管および取り扱い要領が規制されており、爆発性・発火性・引火性・酸化性・腐食性・毒性・放射性を有する物品および高圧ガスなどをいう。[典] NDS Z 0001C》

dangerous front ［C］ 危険前面

dangerously exposed waters ［pl.］ 危険水域

dangerous semicircle ［C］ 危険半円 《台風の危険範囲》

dangerous work shop ［C］ 危険工室 《危険を伴う作業を行う建築物》

danger radius ［C］ 危険半径

danger range ［C］ 危険範囲

D

danger space ［C］ 危険界 《弾丸が命中する可能性のある区域》

danger width 危険幅

danger zone ［C］ 危険帯

dan runner ［C］ ダン・ランナー；目印ブイ航行船舶；指定航路航行船舶

Darlington connection ダーリントン接続

D'Arsonval galvanometer ［C］ ダルソンバール検流計

dart target ［C］ ダート型標的

dash plate ［C］ 波よけ板

data ［U］ ①諸元 ◇用例： the same data = 同一諸元 ②データ；資料

data analysis officer ［C］ 【海自】解析長 《解析長は、航空標的長の所掌業務のうち、誘導武器による射撃の解析、評価およびこれらに係る物件の整備に関する業務を分掌する。[典] 海幕人第10346号》

data assimilation ［U］ データ同化

data automation ［U］ データ自動化

data channel interface circuit (DCH) ［C］ データ・チャンネル・インターフェース回路 《バッジ用語》

data code データ・コード

data collection (DATA COLL) データ・コレクション 《ペトリオット用語》

data communication データ通信

data communication equipment ［U］ データ通信用機器 《データ通信用機器とは、防衛情報通信基盤のデータ通信網に使用する機器で、データ通信装置、電子計算機、周辺機器その他のハードウェア、ソフトウェア、データおよび附帯設備で構成されるものをいう。[典] 防衛庁訓令第11号》

data communication function (DCF) データ通信機能 《JADGE用語》

data count summary データ計数サマリー 《バッジ用語》

data entry and display station (DEDS) ［C］ 文字情報表示用コンソール 《DEDS = デッズ》

data entry hook (DE hook) データ・エントリ・フック 《JADGE用語》《DE hook = デ・フック》

data entry keyboard (DEK) ［C］ データ・エントリ・キーボード 《バッジ用語》

data entry station (DES) ［C］ データ入出力装置 《JADGE用語》

Data Entry Station Operational Computer Program (DESOCP) データ入出力装置運用プログラム 《JADGE用語》

Data Entry Station Support Computer Program (DESSCP) データ入出力装置運用支援プログラム 《JADGE用語》

data identification number (DIN) 資料識別番号

data item ［C］ データ項目

data link (DL) ［C］ データ・リンク 《2局以上の間の情報伝送に使用されるデータ通信回線をいう。[典] JAFM006-4-18》

data link reference point (DLRP) ［C］ データ・リンク基準点

data link terminal (DLT) ［C］ データ・リンク・ターミナル 《ペトリオット用語》

data link terminal module (DLTM) ［C］ データ・リンク・ターミナル・モジュール 《ペトリオット用語》

data logging function データ・ロギング機能 《測定または通信データをリアルタイムに記録する機能。[典] NDS F 8001E》

data mile データ・マイル

data net control unit (DNCU) ［C］ データ・リンク管制ユニット

data panel ［C］ データ・パネル

data preparation peripheral (DPP) ［C］ データ準備周辺装置 《バッジ用語》

data preparation peripheral program (DPPP) ［C］ データ準備プログラム 《バッジ用語》

data processing ①資料処理 ②【空自】データ処理

data processing center (DPC) ［C］ 情報処理センター

Data Processing Department 【海自】情報処理部 《の英語呼称》◇用例： 情報処理部長 = Director of Data Processing Department

data processing equipment (DPE) ［U］ データ処理装置

data processing system 【海自】データ処理方式

data processor ［C］ データ処理装置

data processor rack (DPR) ［C］ データ処理架 《JADGE用語》

data reckoning computer ［C］ 【海自】推測航法計算機

data recording function (DRF) データ・レコーディング機能 《バッジ用語》

data record number (DRN) データ記録番号

data reduction program (DRP) ［C］ データ・リダクション・プログラム 《バッジ用語》

Data Service 【空自】電算機処理 《准空尉空曹空士特技区分の英語呼称》

data terminal equipment (DTE) ［U］ データ終端装置 《通信路を介し、情報を送信および受信できる装置をいう。[典] JAFM006-4-18》

date and hour 日時

date and time effective 発効日時

date break 暗号改変日

dated item ［C］ 期限付き品目

date line 日付変更線

date material required (DMR) 受領期限

date of change of accountability 責任転移の年月日

date of enlistment 入隊期日

date of request (DOR) 請求日付；要求日付

date-time group (DTG) ［C］ ①日時群 ②【海自】発電日時

datum 【海自】デイタム 《潜水艦との接触が失われた場合に、最後に分かっていた潜水艦または潜水艦と思われるものの位置をいう。デイタムを設定した時刻を、デイタム・タイムという。[典] 統合訓練資料1-4》

datum course ［C］ 基点針路

datum dan buoy ［C］ 基準目印ブイ

datum error デイタム誤差 《対潜水艦戦》

datum level ①水平面 ②基準面 ③基準水面

datum line ［C］ 基準線

datum point ［C］ 基準点 《測量》

datum time 【海自】デイタム・タイム

davit ダビット

dawn 払暁（ふつぎょう）

dawn patrol 暁の偵察飛行

day 昼間 《例：7時から19時》

day CAP 昼間CAP 《[対] night CAP = 夜間CAP》《CAP（キャップ） = combat air patrol（戦闘空中哨戒）》

day fighter ［C］ 昼間戦闘機

day interceptor ［C］ 昼間要撃機

daylight filter ［C］ 昼光フィルター

daylight lamp ［C］ 昼光電球

day light loading ［U］ 白昼装塡

day mark ［C］ 【海自】昼標（ちゅうひょう）

day-night average sound level (DNL) 昼夜平均騒音レベル

day of duty 勤務日数

day of supply (DOS) 補給日量 《補給品の量を示す基準として設定された一定の単位数をいい、各種の状況下における1日あたりの平均消費量を見積もるために使用する。[典] 統合訓練資料1-4》《[同] one day's supply》

day room ［C］ 娯楽室

day withdrawal 昼間離脱

dazzle system 迷装法；迷彩塗装法

DC amplifier ［C］ 直流増幅器 《DC = direct current（直流）》

DC arc 直流アーク

DC balancer ［C］ 直流均圧機

DC biasing 直流バイアス法

DC booster ［C］ 直流昇圧機

DC bus ［C］ DC母線 《DC = direction center（防空指令所）》

DC compensator ［C］ 直流補償器

DC control mode DCコントロール・モード

DC electromotive force 直流起電力

DC generator ［C］ 直流発電機

DC machine ［C］ 直流機 《直流電力を発生もしくは変圧し、または直流電力を受けて機械動力を発生する回転機をいう。[典] NDS F 8018D》

DC meter ［C］ 直流計器

DC motor ［C］ 直流電動機

DC operational computer program (DC OCP) DC運用プログラム 《バッジ用語》

D/C pistol ［C］ 爆雷発火装置

DC plate resistance 直流陽極抵抗

DC power system ［C］ 直流電源装置

DC radio control (DC RC) DC用無線制御装置 《バッジ用語》

DC resistance 直流抵抗

DC resonance charging circuit ［C］ 直

流共振充電回路

DC segment (DTE) ［C］ DCセグメント《防空指令所(DC)、航空方面隊等戦闘指揮所(SOC)および警戒資料処理隊運用室に設置するソフトウェアおよびハードウェアにより構成するセグメントをいう。[典] JAFM006-4-18》

DC station address DCステーション・アドレス《バッジ用語》

DC step-by-step transmitter ［C］ 直流階動発信器

DC switch (DC SW) ［C］ DCスイッチ《バッジ用語》

D-day D日(ディーび)；Dデー；戦闘開始日

deactivate ディアクティベート《ペトリオット用語》

D

dead angle ［C］ 死角

dead area ［C］ 死界《[同] dead zone; dead space》

dead axle ［C］ 固定車軸

dead center ［C］ 死点

dead coil ［C］ 空きコイル

dead contact 空き接点

dead earth 完全接地；安全接地

dead end 行き止まり

dead engine ［C］ 停止発動機

deadline (DL) 締め切り日

dead load 【海自】死荷重

deadly weapon ［C］ 凶器

dead mine ［C］ 死滅機雷

dead point 死点

dead reckoning (DR) ①【空自】推測航法 ②【海自】位置推測

dead reckoning analyzer (DRA) ［C］【海自】航跡分析器

dead reckoning equipment (DRE) ［U］【海自】航跡自画装置

dead reckoning navigation ［U］【海自】推測航法

dead reckoning position ［C］【海自】推測位置

dead reckoning speed 【海自】推測速力

dead reckoning tracer (DRT) ［C］【海自】航跡自画器

dead reckoning track ［C］【海自】推測航跡

dead rise 船底勾配(せんていこうばい)

dead short-circuit ［C］ 完全短絡

dead soft steel 極軟鋼

dead space ［C］ ①死界《[同] dead area zone; dead space》②【空自】死界；使用不能空間 ③【海自】未掃面

dead stock ［C］ 死蔵品

dead storage ［U］ 備蓄品

dead time ①デッド・タイム；死節時 ②【海自】信管費消時(しんかんひしょうじ)《砲弾を信管調定器から取り外した瞬間から、その砲弾が発射される瞬時までの所要秒時をいう。[典] 海上自衛隊訓練資料第175号》

dead-weight tonnage = dead weight tonnage; deadweight tonnage 載貨重量トン数《船に積載可能な貨物の重量を示す》

deadwood ［U］ 力材(りきざい)

dead zero test ［C］ ゼロ点試験

dead zone ［C］ 死界《[同] dead area zone; dead space》

deaerator (DR) ［C］ デアレーター；脱気器

Dean of Graduate School of Science and Engineering 【防大】理工学研究科教務主事《の英語呼称》

Dean of Graduate School of Security Studies 【防大】総合安全保障研究科教務主事《の英語呼称》

dearming 安全装着《武器の安全装着》

dearming area ［C］ 武装解除地区

death notice 死亡通知

death other (DO) 傷病死者

death sand ［U］ 死の灰《放射能を含む死の灰》

death treatment ［the ～］ 死没者処理

debark ［vi.; vt.］ 揚陸する

debarkation 揚陸

debarkation net 下船用網

debarkation schedule ①揚陸計画表 ②【海自】荷おろし計画

debarkation station ［C］ 荷おろし位置；陸上げ位置

deboost ［n.］ 減速《ミサイルの減速》

deboost ［vi.］ 減速する《ミサイルが減速する》

debriefing ①デブリーフィング；聞き取り ②聴取《情報》

debt liquidation schedule 負債清算計画

debug デバッグ

debugging 初期故障発生修正

decay 減衰

decay stage 衰弱期

decay time 減衰時間

Decca flight log ［C］ デッカ飛行ログ

decelerate climb 減速上昇

deceleration 減速度

deceleration cam ［C］ 減速カム

deceleration error 減速誤差 《コンパスの減速誤差》

deceleration of hoisting movement 減速揚弾

deceleration parachute ［C］ 制動傘（せいどうさん）

decentralize ［vi.］ 分権する

decentralized control ［U］ 分権的統制

decentralized execution 分権実施

decentralized items ［pl.］ 非中央統制品目 《[対] centralized items = 中央統制品目》

deception (DECP) ①【陸自・空自】欺騙（ぎへん）《一般に敵に我が行動、配置、能力、企図等を誤認させ、だますことをいう。[典] 陸自教範》 ②【海自】欺瞞（ぎまん）

deception action 【海自】欺瞞行動

deception concept ［C］ 【海自】欺瞞コンセプト

deception course of action 【海自】欺瞞的行動方針

deception electronic countermeasures ［pl.］ 欺瞞電子妨害

deception event ［C］ 【海自】欺瞞事象

deception means ［pl.］ ①欺騙手段 ②【海自】欺瞞手段

deception objective ［C］ 【海自】欺瞞目標

deception operation 欺騙行動（ぎへんこうどう）《欺騙の目的をもって部隊が行う行動をいう。[典] 陸自教範》

deception plan ［C］ 欺騙計画

deception story 【海自】欺瞞シナリオ

deception target ［C］ 【海自】欺瞞目標

deceptive communication 偽装通信；欺騙通信

decibel ［C］ デシベル

decibels referred to one milliwatt (DBM) 1ミリワット相当のデシベル数

decibels referred to one watt (DBW) 1ワット相当のデシベル数

decipher ［vt.］ 暗号を解く

decipherment 暗号翻訳

decision ①決心 《指揮官が任務達成のため、部隊運用に関する意志を決定すること、またはその内容をいう。[典] 陸自教範》 ②【海自】判決

decision altitude (DA) 決心高度 《精密進入を行うときにおいて、その高さにおいて進入および着陸に必要な目視物標を視認できないときに進入復行を行わなければならない滑走路進入端または接地帯からの高さをいう。[典] 防管航第7575号》

decision authority committee 装備審査会議

decision height (DH) 決心高；進入限界高度

decision phase ［C］ 確定段階

decision point ［C］ 決定点

decision support template ［C］ 意志決定支援テンプレート

decisive area ［C］ 決戦地域

decisive battle 決戦

decisive combat 決戦

decisive engagement ［C］ 決戦 《攻防を問わず、あくまで勝敗を決しようとする意志をもって行う作戦または戦闘をいう。[典] 陸自教範》

decisive war ［U］ 決戦戦争

deck (DK) ［C］ 甲板

deck alert 艦上警戒；艦上待機

deck beam ［C］ 甲板ビーム

deck bolt ［C］ 甲板ボルト

deck brush 甲板刷毛（かんぱんはけ）

deck center line ［C］ 甲板中心線

deck decompression chamber (DDC) ［C］ 艦上減圧室 《潜水病にかかるのを防止するため、潜水員が潜水する深度に相当する高圧まで徐々に加圧したり、またその逆に徐々に減圧して大気圧まで下げたりするタンク》

deck department ［C］ 甲板部

deck fittings ［pl.］ 甲板金物

deck flange ［C］ 甲板付きフランジ

deck girder ［C］ 甲板下ガーダー

deck-hand = deckhand ［C］ 甲板員

deck landing projector sight 【海軍】着艦用プロジェクター・サイト

deck runner ［C］ 甲板下縦材

deck scupper ［C］ 甲板排水孔

deck seamanship ［U］ 甲板作業

deck side line ［C］ 甲板舷側線

deck socket ［C］ 甲板ソケット

deck stanchion ［C］ 甲板ピラー

deck tilt 甲板傾斜

deck watch 甲板時計

declaration of emergency condition 緊急事態布告

declaration of war ［U］ 宣戦布告

Declaration on the Conduct of Parties in the South China Sea (DOC) 南シナ海に関する行動宣言 《2002年にASEANと中国で調印され、南シナ海における紛争などを平和的に解決するための根源的な原則について明記した宣言。[典] 防衛白書(2011年度)》

declared speed 申告速力

declassification 秘密区分解除

declassify ［vt.］ 秘密区分を解除する

declination ①偏角 ②偏差 ◇用例： magnetic declination = 地磁気の偏差 ③赤緯(せきい) ◇用例： spin axis declination (SADEC) = スピン軸の赤緯

D

declination diagram ［C］ 偏差図

decocking lever ［C］ 撃鉄解放レバー；撃発準備解除レバー

decode ［vt.］ ①暗号を解く；解読する ②デコードする 《コードを使用して、エンコードされたテキストをプレーン・テキストに変換すること》

decodement 暗号翻訳

decoder ［C］ ①【空自】解読器 《パルス信号を解読するために、レーダー・ビーコンや質問器または質問応答器にある電子装置。[典] レーダー用語集》 ②【海自】符号解読器

decompression 減圧

decompression chamber ［C］ 減圧室

decompression depth marker ［C］ 減圧深度標

decompression device ［C］ 減圧装置

decompression sickness (DCS) ①【空自】減圧症 ②【海自】減圧症；減圧病

decontaminant ［C］ 除毒剤

decontaminating agent ［C］ 除毒剤

decontaminating chemical 除毒剤

decontamination (Dcn) ［U］ 【陸自】除染 《化学的または機械的な手段により、汚染を除くことをいう。[典] 陸自教範》《[対] contamination = 汚染》

decontamination shower ［C］ 除染シャワー

decontamination station ［C］ 除毒所

decoppering agent ［C］ 除銅剤

decorate ［vt.］ 叙勲する

decoration 勲章

decorrelate/recorrelate (DECOR/RECOR) デコリレート/リコリレート 《DECOR/RECOR = デコ・リコ》

decoupling 減結合

decoupling factor ［C］ 減結合計数

decoy ［C］ ①デコイ；おとり；偽構築物 《おとり(囮)》 ②擬似目標 《敵の攻撃目標となることを避けるために自艦の分身となるおとり器材》

decoy projectile ［C］ デコイ弾

decoy ship ［C］ おとり船 《囮船》

decrypt ［vt.］ 暗号を解く；解読する

decryption 暗号翻訳

dedicated call 直通呼 《バッジ用語》

dedicated communication function 専用通信機能

DEDS operational position data ［U］ DEDS運用ポジション・データ 《data entry and display station (DEBS) = 文字情報表示用コンソール》《バッジ用語》《DEDS = デッズ》

deduced position ［C］ 推測船位

deduced reckoning 船位推測

deduction ［C］ 減額

de-emphasis circuit ［C］ デ・エンファシス回路

deep air support 縦深航空支援

deep attack = deep strike ［C］ 縦深攻撃

deep convergence penetration ［U］ 穿貫突破(せんかんとっぱ)

deep diving system (DDS) ［C］ 深海潜水装置 《潜水艦救難の支援および海中調査などのために装備された潜水装置全般をいい、水中昇降室および艦上減圧室などで構成される》

deep diving vessel ［C］ 深海潜水作業船

deepening stage ［C］ 発達期

deep fording 深水徒渉

deep fording capability 深水渡渉能力

deep minefield ［C］ 深深度機雷原

deep scattering layer (DSL) ［C］ 深海散乱層

deep sea diving ［U］ 深海潜水

deep-slot squirrel-cage motor ［C］ 深みぞかご形電動機

deep sound channel ［C］ ディープ・サウンド・チャンネル

deep submergence rescue vehicle (DSRV) ［C］ 深海救難艇 《沈没潜水艦から人員を救助する装置。潜水艦救難艦に搭載される》

deep submergence search vehicle

(DSSV) [C] 深海潜水捜索艇
Deep Submergence Systems Project (DSSP) 【米海軍】沈船捜索救助計画
Deep Submergence Unit [C] 【米海軍】深深度潜水隊
deep submergence vehicle (DSV) [C] 深海潜水艇
deep supporting fire 遠隔支援射撃
deep water [U] 深海
deep water operation 深深度行動
deep water wave [C] 深海波
de facto boundary [C] 実質的境界線
default [C] 不作為
defeat 撃破
defeated army [C] 敗軍
defeated country [C] 敗戦国
defeat in detail 各個撃破
defect 欠陥
Defence Cyber Operations Group (DCOG) 【英】国防サイバー作戦グループ《国防省内のサイバー活動を一元化する機関》
Defence Science and Technology Laboratory (DSTL) 【英】国防科学技術研究所
Defence Specification (DSP) 【防衛省】防衛省仕様書
defend [vt.] 防衛する
defended area [C] 防護目標《ペトリオット用語》
defender [C] 防者《㊟ attacker = 攻者》
defending force 【陸自】防御部隊《㊟ attacking force = 攻撃部隊》
defense 【陸自】防御《敵の攻撃を待ち受け、あらかじめ準備した地域において交戦する戦術行動をいう。㊟ 陸自教範》
defense acquisition radar (DAR) [C] 防衛用捕捉レーダー；防御用捕捉レーダー
Defense Advanced Research Project Agency (DARPA) 【米】防衛高等研究企画庁；国防高等研究計画局
Defense and International Policy Planning Division 【統幕】防衛課《防衛計画部〜の英語呼称》◇用例：防衛課長 = Director, Defense and International Policy Planning Division；防衛調整官 = Deputy Director, Defense and International Policy Planning Division
Defense and Operations Division 【空自】防衛部《の英語呼称》◇用例：防衛部長 = Chief, Defense and Operations Division
defense appropriation 国防経費
defense area = defensive area [C] ①【陸自】防御地域《作戦部隊等が、防御のため使用する地域をいう。陸自教範》②【海自】防御区域
defense attachè 【日】防衛駐在官
Defense Automatic Addressing System (DAAS) 【米】国防自動あて先指定システム
defense budget 国防予算；防衛予算
defense budget to make the stationing of the USFJ as smooth and stable as possible 【日】思いやり予算《「在日米軍の駐留を円滑かつ安定的にするための防衛予算」》
defense business [U] 国防産業
Defense Business Operations Fund (DBOF) 【米】防衛産業運用基金
defense call-up 【自衛隊】防衛招集《防衛出動が発せられた場合または事態が緊迫し防衛出動命令が発せられることが予測される場合、防衛大臣が防衛招集命令を発して、予備自衛官または即応予備自衛官を招集することをいう。㊟ 統合訓練資料1-4》

Defense Capabilities Initiative (DCI) 【NATO】防衛能力イニシアティブ
defense capacity 防衛力
Defense Civil Preparedness Agency (DCPA) 【米】民間防衛準備局
defense classification ①【防衛省】防衛秘密区分 ②国防秘密区分
defense commander [C] 防御指揮官
Defense Commissary Agency (DeCA) 【米国防総省】国防物資配給局
Defense Communications Agency (DCA) = Defense Communication Agency 【米】国防通信局
defense communications satellite [C] 【日】防衛通信衛星 ◇用例：X-band defense communications satellite = Xバンド防衛通信衛星
Defense Communications System (DCS) 【米】国防通信システム
defense conditions (DEFCON) [pl.] ①【空自】防空態勢 ②防衛態勢
Defense Conference 【自衛隊】防衛会議
Defense Conference room (DCR) 【自衛隊】防衛会議室
Defense Conference Work room 【自衛隊】防衛会議室作業室
Defense Constructions Supply Center (DCSC) 【米】国防施設器材補給本部

defe 196

defense contract [C] 【自衛隊】防衛契約

Defense Contract and Audit Agency
(DCAA) 【米】国防契約監査庁

Defense Contract Audit Agency
(DCAA) 【米国防総省】国防契約監査局

defense contractor [C] ①軍需企業
◇用例：US defense contractors ＝ 米国の防衛産
業 ②【自衛隊】防衛関連企業 《装備品等および
役務の調達に関する保護すべき情報を取り扱う企
業(保護すべき情報を取り扱う下請負者を含む)を
いう。㊟ 防経装第9246号》

defense cooperation [U] 防衛協力

defense cost 国防費；防衛費

Defense Councilor 【防衛省】防衛審議官
《の英語呼称》

D Defense Data Network (DDN) 【米】国
防データ通信網

Defense Development Exchange
Program (DDEP) 防衛技術交換計画

defense district [C] 【陸自】警備区域
《自衛隊法施行令に示された方面隊の区域であり、
方面隊が警備実施計画の作成、警備地誌の調査お
よび作成若しくは警備情報の収集またはこれらの
事項についての関係機関との連絡に関する事項を
担当すべき区域をいう。㊟ 陸自隊範》

defense division 【自衛隊】防衛部

Defense Documentation Center (DDC)
【米】国防文書センター

Defense Electronics Fuel Center
(DFSC) 【米】国防燃料補給本部

Defense Electronics Supply Center
(DESC) 【米】国防電子用品補給本部

defense emergency 防衛緊急事態；防衛非常
事態

defense engagement [C] 防衛関与

defense exchange [C] 防衛交流

defense expenditure 国防費；防衛費

defense expert [C] 国防の専門家

Defense Finance and Accounting
Service (DFAS) 【米国防総省】国防財政予
算局

defense forces [pl.] 防衛軍

Defense Fuel Supply Center (DFSC)
【米】国防燃料補給所

defense fuel supply point (DFSP) 【米】
国防燃料補給点

Defense General Supply Center
(DGSC) 【米】国防一般用品補給本部

Defense Inactive Item Program (DIIP)
【米】国防非活動品目排除計画

defense in depth [U] ①縦深防御 《防衛
線が何層にもわたってあること》 ②多層防御
《情報技術を利用して、情報システムを多重防御
すること》

Defense Industrial Fund (DIF) 【米】国
防工業基金

Defense Industrial Plant Equipment
Center (DIPEC) 【米】国防工場器材本部

Defense Industrial Supply Center
(DISC) 【米】国防工業用品補給本部

defense industry [U] ①【自衛隊】防衛産
業 ②軍事産業；軍需産業

defense information [U] 防衛情報

Defense Information Infrastructure
(DII) 【防衛省】防衛情報通信基盤 《防衛情
報通信基盤とは、自衛隊が共通に使用する音声通
信網およびデータ通信網で、固定の通信回線(専
ら音声通信に使用するものにあっては多重伝送路
を使用するものに限る)および衛星可搬型により
構成される通信回線ならびに音声通信用機器(音
声交換機(中継交換の機能を有するものに限る)、
周辺機器その他のハードウェア、ソフトウェア、
データおよび附帯設備で構成されるものをいう)
およびデータ通信用機器で構成されるものをいう。
㊟ 防衛庁訓令第11号》《DII ＝ ディーアイアイ》

Defense Information Infrastructure
Common Operating Environment
(DII COE) 【防衛省】防衛情報通信基盤共通
運用環境

Defense Information System Network
(DISN) 【米】国防情報システム・ネット
ワーク

Defense Information Systems Agency
(DISA) 【米国防総省】国防情報システム局

defense in length [U] 線防御

Defense Innovation Unit Experimental
(DIUx) 【米】国防イノベーション実験ユニッ
ト 《民間の革新的な技術を取り入れ、軍事分野
に適用するために設立された組織。先進的な技術
を有する中小企業を見いだし、資金を投入して、
育成し、製品を開発して実験・評価するという取
り組み》

defense inspection 【防衛省】防衛監察 《防
衛省の他の機関から独立した立場において、予算
の適正かつ効率的な執行および法令遵守の観点か
ら防衛省における職務執行の状況を厳格に調査
し、および検査することにより、職員の職務執行
の適正を確保することを目的とした防衛監察本部
が実施する監察をいう。㊟ 防衛省訓令第57号》

defense inspection for check 【防衛省】点
検防衛監察 《改善結果の状況について、防衛監
察監が必要と認める事項を、計画に基づき実施す
る防衛監察をいう。㊟ 防衛省訓令第57号》

Defense Integrated Data System (DIDS) 【米】国防総合データ・システム

Defense Integrated Management Engineering (DIMES) 【米】国防統合管理技術システム

Defense Intelligence Agency (DIA) 【米国防総省】国防情報局

Defense Intelligence Division 【内部部局】調査課 《の英語呼称》《防衛省の事務に必要な情報の収集整理、情報本部の管理・運営を行う》◇用例： 調査課長 = Director, Defense Intelligence Division

Defense Intelligence Headquarters (DIH) 【防衛省】情報本部 《の英語呼称》《情報本部は、我が国最大の情報機関として、電波情報、画像情報、地理情報、公刊情報などを自ら収集・解析するとともに、防衛省内の各機関、関係省庁、在外公館などから提供される各種情報を集約・整理し、国際・軍事情勢等、我が国の安全保障に関わる動向分析を行うことを任務とする。⊛ 2019職員採用パンフレット》◇用例： 情報本部長 = Director, Defense Intelligence Headquarters；副本部長 = Deputy Director, Defense Intelligence Headquarters

Defense Intelligence Officer ［C］ ① 【防衛省】情報官 《の英語呼称》 ②【空自】情報幹部 《幹部特技区分の英語呼称》

defense intelligence production 防衛情報提示

Defense Investigative Service (DIS) 【米国防総省】国防調査局

Defense Legal Services Agency 【米国防総省】国防法務局

defense line ［C］ 防衛線

Defense Logistics Agency (DLA) 【米国防総省】国防兵站局

Defense Logistics Agency Regulation (DLAR) 【米】DLA規則

Defense Logistics Services Center (DLSC) 【米】国防個人装備品支援本部

Defense Mapping Agency 【米】国防地図庁

defense measure study ［U］ 防衛方策研究

Defense Medical Programs Activity (DMPA) 【米】国防医療計画室

defense message system ［C］ 防衛メッセージ・システム

Defense Meteorological Satellite Program (DMSP) 防衛気象衛星計画

Defense Microwave System (DEMICS) 【自衛隊】防衛マイクロ回線 《防衛省が建設し、運営しているマイクロ波帯を用いたアナログ方式による統合の多重通信区間をいう。⊛ 統合訓練資料1-4》

defense mobilization 防衛動員

Defense Nuclear Agency (DNA) 【米】国防核管理庁

Defense Nuclear Facilities Safety Board 【米】国防関係原子力施設安全委員会

defense of SLOCs ①【統幕】シーレーン防衛 《有事の際に、国民の生存を維持し、あるいは継戦能力を保持する観点から、港湾・海峡の防備、哨戒、護衛等、各種作戦の組み合わせによる累積効果によって、海上交通の安全を確保することをいう。⊛ 統合訓練資料1-4》 ②【空自】SLOC防衛 《SLOCs = sea lines of communications（海上交通路）》《SLOC = スロック》

defense operation alert order 防衛出動待機命令

defense operations ［pl.］ ①【自衛隊】防衛出動 《我が国に対する外部からの武力攻撃が発生した事態または武力攻撃が発生する明白な危険が切迫していると認められるに至った事態に際して、我が国を防衛するため必要があると認める場合に、内閣総理大臣の命により、自衛隊の全部または一部が執る行動のこと。⊛ 統合訓練資料1-4》 ②防御作戦

Defense Operations Division 【防衛省】運用課 《運用局～の英語呼称》◇用例： 運用課長 = Director, Defense Operations Division

Defense Operations Research Office 【空自】事態対処研究室 《航空研究センター隷下～の英語呼称》《事態対処の実効性向上に資する研究、実任務や演習等で得られる教訓業務の具体的な要領に関しての研究を実施する。⊛ 航空研究センターHP》

defense-oriented policy 専守防衛政策

Defense Personnel Review Board ［the ～］ 【防衛省】防衛人事審議会 《の英語呼称》

Defense Personnel Support Center (DPSC) 国防職員援護センター

defense plan ［C］ 防衛計画；防御計画

Defense Planning Committee (DPC) 防衛計画委員会

Defense Planning Division (Def Planning Div) 【陸自】防衛課 《の英語呼称》

Defense Planning Guidance (DPG) 【米】国防計画指針

Defense Planning Section 【陸自】防衛班 《の英語呼称》

Defense Plans and Operations Department 【陸自・空自】防衛部 《の英語呼称》◇用例： 防衛部長 = Director, Defense

Plans and Operations Department

Defense Plans and Operations Division 【空自】防衛部 《航空総隊～の英語呼称》◇用例： 防衛部長 = Head, Defense Plans and Operations Division

Defense Plans and Operations Section 【空自】防衛課 《航空総隊防衛部～の英語呼称》◇用例： 防衛課長 = Chief, Defense Plans and Operations Section

Defense Plans and Policy Department (J-5) 【統幕】防衛計画部 《の英語呼称》《統合的見地からの防衛力整備の指針の提示》◇用例： 防衛計画部長 = Director General, Defense Plans and Policy Department (J-5)；副部長 = Deputy Director General

D

Defense Plans and Programs Division ①【統幕】計画課 《防衛計画部～の英語呼称》◇用例： 計画課長 = Director, Defense Plans and Programs Division ②【空自】防衛課 《の英語呼称》◇用例： 防衛課長 = Head, Defense Plans and Programs Division

defense policy 防衛政策

Defense Policy and Programs Department 【陸自】防衛部 《の英語呼称》◇用例： 防衛部長 = Director, Defense Policy and Programs Department

Defense Policy Division 【内部部局】防衛政策課 《の英語呼称》◇用例： 防衛政策課長 = Director, Defense Policy Division

Defense Policy Section 【統幕】防衛班 《防衛計画部防衛課～の英語呼称》

defense position ［C］ 守備陣地

defense posture 防衛態勢

defense power 防衛力

Defense Prisoner of War/Missing in Action Office (DPMO) 【米国防総省】国防捕虜・行方不明米兵問題担当室

Defense Procurement Council ［the ～］ 【防衛省】防衛調達審議会 《の英語呼称》

Defense Property Disposal Service (DPDS) 【米】国防資産処分局

defense readiness condition (DEFCON) ①【統幕】防衛準備態勢 ②【陸自・海自】警戒態勢 ③【空自】防空態勢 《DEFCON = デフコン》

defense-related industry ［U］ 防衛関連産業

defense reutilization and marketing office (DRMO) 【米軍】国防再利用販売事務所 《米軍で発生する廃棄物を回収し、リサイクル利用を図るための窓口》

Defense Satellite Communications System (DCSC) = Defense Satellite Communication System 【米】国防衛星通信システム

Defense Science Board 【米】国防科学委員会

defense secrecy ［U］ 【防衛省】防衛秘密

defense sector ［C］ 【陸自】防御区域 《部隊に与えられる防御を担任する区域をいう。[典] 陸自教範》

Defense Security Assistance Agency 【米国防総省】国家安全保障援助局

Defense Security Service (DSS) 【米】国防保安局

Defense Special Weapons Agency (DSWA) 【米国防総省】国防特殊兵器局

defense spending ［U］ 国防支出；防衛支出

Defense Strategic Research Office 【空自】防衛戦略研究室 《航空研究センター隷下～の英語呼称》《航空自衛隊を取り巻く安全保障環境の研究、空自が保持すべき航空防衛力についての研究を実施する。[典] 航空研究センターHP》

defense strategy ［C］ 防衛戦略

Defense Structure Improvement Foundation 【日】防衛基盤整備協会

Defense Supply Agency 【米】国防補給庁

Defense Supply Center (DSC) 【米】国防補給本部

Defense Supply Service (DSS) 【米】国防補給隊

Defense Support Program (DSP) 【米】国防支援計画

Defense Switched Network (DSN) 【米】国防交換ネットワーク

defense system ［C］ 防御組織

Defense Systems Acquisition Review Council 【米国防総省】防衛システム取得審査会議

Defense Systems and Equipment International Exhibition and Conference 国際防衛装備品展示会・講演会

Defense Technical Information Center (DTIC) 【米】国防技術情報センター

Defense Technology Security Administration (DTSA) 【米国防総省】国防技術安全保障管理室

Defense Threat Reduction Agency ［the ～］ 【米国防総省】対防衛脅威軽減局

Defense Transportation System (DTS) 【米】国防輸送システム

defense visual flight rules (DVFR) ［pl.］ 防空識別圏内有視界飛行方式

defense waters ［pl.］ 防衛水域

Defense wide Information Systems Security Program (DISSP) 【米】国防情報システム保全計画

defensive ［n.］ ①防勢《敵の攻勢を破砕する待ち受け的な形態をいう。この形態をもって行う作戦を「防勢作戦」という。[典] 陸自教範》《[対] offensive = 攻勢》 ②防者

defensive action 防衛措置

defensive air operation 航空防御作戦

defensive alliance ［C］ 防衛同盟

defensive coastal area ［C］ 【海自】守勢沿岸海域

defensive combat training ［U］ 【陸自】防御戦闘訓練

defensive counter air (DCA) ①【空自】防勢対航空《友軍の部隊、装備品、施設等を攻撃する敵航空機等を探知、要撃して撃破する作戦をいう。[典] JAFM006-4-18》《[対] offensive counter air = 攻勢対航空》 ②【海自】守勢防空

defensive counter air operation 防勢対航空作戦《[対] offensive counter air operation = 攻勢対航空作戦》

defensive echelon ［C］ 防御における戦術群

defensive grenade ［C］ 防御手榴弾《[同] fragmentation grenade = 破片手榴弾》《[対] offensive grenade = 攻撃手榴弾》

defensive information operations ［pl.］ ①防勢的情報作戦 ②【海自】守勢的情報作戦

defensive minefield ［C］ ①【陸自】防御地雷原 ②【海自】守勢機雷原《[対] offensive minefield = 攻勢機雷原》

defensive mining operation 【海自】守勢機雷敷設戦《[対] offensive mining operation = 攻勢機雷敷設戦》

defensive-offensive 攻勢防御

defensive operation 防勢作戦《敵の攻勢に対し、その企図の達成を阻止する目的をもってする作戦をいう。[典] 統合訓練資料1-4》《[対] offensive operation = 攻勢作戦》

defensive position ［C］ 防御陣地

defensive power 防御力

defensive preparation 防備

defensive resources ［pl.］ 防御戦力；防御力

defensive sea area ［C］ ①【空自】防御水域 ②【海自】防御海域

defensive strategy ［C］ 防勢戦略《[対] offensive strategy = 攻勢戦略》

defensive war ［U］ 防衛戦争

defensive weapon ［C］ 防御用武器

defensive zone ［C］ 防御地帯

deferred 閑送（かんそう）

deferred message ［C］ 閑送電報

deferred print ディファード・プリント《バッジ用語》

deferred sign 閑送信符

defilade ［n.］ 遮蔽（しゃへい）《部隊、器材、資材、施設等を敵眼および敵火（てきか）から秘匿し、防護することをいう。[典] 統合訓練資料1-4》

defilade ［vt.］ 遮蔽する

defiladed area ［C］ 遮蔽地

defiladed position ［C］ 遮蔽陣地

defilade fire 遮蔽射撃（しゃへいしゃげき）

defile 隘路（あいろ）《山間の狭い道。[典] 民軍連携のための用語集》

definite rate climb 定率上昇

definition 定義

definitive treatment 専門治療《自衛隊中央病院、自衛隊地区病院および部外病院において行う診療科ごとの高度な専門の治療、野外・野戦病院が行う初期外科治療および師団・旅団が野外手術システムを使用して行う限定的初期外科治療をいう。[典] 陸自教範》

deflagrating explosives ［pl.］ 火薬《[同] low explosives》

deflagration 爆燃《爆発的燃焼》

deflation ［U］ ガス抜き

deflecting electrode ［C］ 偏向電極

deflecting plate ［C］ 偏向板

deflection ①たわみ；偏差；偏向；ふれ ②左右苗頭（さゆうびょうどう）《照準線に対し、とるべき砲軸線の左右方向の角度。弾丸の横方向のずれを修正する。[備] もともとは「苗頭」であったが、「上下苗頭」という用語が使用され始めたことにより、区別するため「左右苗頭」と表記されるようになった。「苗頭」の本来の意味は、稲穂が風に揺れるさまであるとのことであり、当初は火砲から発射された弾丸が左右方向にずれる現象を指していた。いくつか意味上の変遷を経て、現在では、照準線を基準とした左右方向の修正量のことを指している》

deflection amplifier ［C］ 偏向増幅器

deflection circuit ［C］ 偏向回路

deflection coil ［C］ 偏向コイル

deflection defocusing 偏向ぼけ

deflection error 方向誤差

deflection force 偏向力

deflection indicator ［C］ 苗頭表示器；左右苗頭目盛

deflection input handwheel ［C］ 苗頭調定ハンドル

deflection method 偏位法

deflection plate ［C］ 偏向板

deflection probable error 方向公算誤差

deflection sensitivity ［U］ 偏向感度

deflection spot 左右弾着修正

deflection spot cam ［C］ 左右修正カム

deflection wind correction 左右風力修正

deflection yoke ［C］ 偏向ヨーク

deflector ［C］ ①偏向板；そらせ板 ②偏針儀 ③消炎筒

defoaming agent ［C］ 泡止め剤

defocusing 焦点はずれ

D

defogging system ［C］ 防曇装置（ぼうどんそうち）

defoliant 枯れ葉剤

defoliant operation 枯れ葉剤散布作戦

defoliating agent ［C］ 枯れ葉剤

defoliation 枯れ葉作戦

deformation 変形

defrost 除霜

defrost blower heater ［C］ 防曇送風加熱器（ぼうどんそうふうかねつき）

defrost diffuser ［C］ 防曇拡散器

defroster tube ［C］ 除氷管

defrosting drive 除霜運転

defueling ①燃料抜き ②【海自】燃料取りおろし

defuze ＝defuse ［vt.］ 信管を取り外す

degaussing 消磁；デガウシング 《艦艇から発生する磁気に感応する磁気機雷等に対処するため、艦内に装備された消磁装置により、自艦の船体磁気を低減すること。[典] NDS Y 0051》

degaussing automatic controller (DAC) ［C］ 消磁自動管制装置 《DAC＝ダック》

degaussing chart ［C］ デガウシング・チャート

degaussing coil ［C］ 消磁コイル 《搭載品から発生する磁気を打ち消すためのコイル。例えば、船体の磁気を打消す目的で船体に装備するコイル。[典] NDS Y 0051》

degaussing coil effect 消磁コイル効果

degaussing coil setting ［C］ 消磁コイル調定 《消磁コイルで極性が反対の磁気を発生させ、磁気を相殺するように通電量の調整を行うこと》

degaussing control system 消磁管制方式

degaussing current 消磁電流

degaussing index (DGI) ［C］ 消磁指数 《消磁艦船の消磁性能を表す指数。[典] NDS Y 0051》

degaussing officer ［C］ 消磁担当官

Degaussing Range Station 【海自】磁気測定所 《の英語呼称》《磁気測定所は、船体磁気の測定に関する業務を行うことを任務とする》◇用例： 磁気測定所長＝Commanding Officer, Degaussing Range Station

degaussing station ［C］ 磁気測定所

degaussing system ［C］ 消磁装置

degaussing vessel ［C］ 【海自】消磁艦 《艦種記号： ADG》

degradation 劣化 《主として化学的作用により物品の品質、価値および機能が低下することをいう。[典] NDS Z 0001C》

degraded (DGRADE) ディグレード 《ペトリオット用語》

degree of finish 仕上げ程度

degree of freedom 自由度

degree of modulation 変調度

degree of risk 危険度

degree of superheat 過熱度

degree of vacuum 真空度

degressive grain 漸減燃焼薬粒

dehydrate ［vt.］ 脱水する

dehydrating agent ［C］ 脱水剤

dehydration 脱水；脱水症；水分喪失

de-icer ［C］ 除氷装置

de-icing 除氷

de-icing timer ［C］ 除氷タイマー

deionization effect 消イオン作用

deionization potential 消イオン電位

deionization voltage 消イオン電圧

deionizing effect 消イオン作用

de jure boundary ［C］ 法的境界線

delay ［n.］ ①遅延；遅滞 ②延期 《信管の発火または安全解除の時間を制御し、延ばすこと》

delay ［vt.］ 遅滞する

delay arming 遅動待ち受け

delay charge ［C］ 延期薬；延時薬

delay circuit ［C］ 遅延回路

delay detonator ［C］,［C］ 遅動雷管

delay distortion 遅延歪み

delayed blowback ＝delayed blowback system 遅延吹き戻し式 《吹き戻し式の一種。

遊底の開放時期を遅らせるための遅延機構を用いる方式。⊛ NDS Y 0003B》◇用例： gas-delayed blowback system ＝ ガス遅延吹き戻し式；roller-delayed blowback system ＝ ローラー遅延吹き戻し式

delayed contact fire　延期発火　《地雷の延期発火》

delayed correcting discrepancy list　［C］　修理遅延リスト

delayed detonation　［C］　延期爆発

delayed executive method　後刻発動法

delayed inspection　未実施整備

delayed opening chaff　［C］　遅動チャフ

delayed radioactivity　［U］　遅発放射能

delayed sweep　遅延掃引

delay element　［C］　遅延薬

delay fuze　［C］　延期信管　《弾着後、一定の時間をおいて爆発させる延期機構を備えた信管。⊛ NDS Y 0001D》《㊉ non delay fuze ＝ 無延期信管》

delaying action　【陸自】遅滞行動　《決定的な近接戦闘を避け、地域を犠牲にして敵の前進を遅滞し、時間の余裕を獲得するため、十分な縦深地域を活用して数線の陣地による抵抗を行いながら後方に移動する防勢的な戦術行動をいう。⊛ 陸自教範》

delaying engagement　［C］　持久戦

delaying operation　①遅滞作戦　《持久戦のこと》　②【自衛隊】遅滞行動　③【空自】持久戦

delaying position　［C］　遅滞陣地

delay in successive positions　数線の陣地による遅滞

delay line　［C］　遅延線；遅延線路

delay line memory　［C］　遅延記憶装置

delay release sinker　［C］　遅動解放沈錘

delay time　遅延時間

de-leer　［C］　除氷装置

delegation of authority　権限の委任

deletion reason/supply history code (DRSHC)　【米】削除理由/補給歴コード

deliberate attack　［C］　①【陸自】周密攻撃　②【統幕・海自】必中攻撃

deliberate crossing　＝ deliberate river crossing　［C］【陸自】周密渡河　《近岸を占領して周密な準備を整え、集権的な統制の下に総合戦闘力を発揮して、敵の組織的な抵抗を排除しつつ強行する渡河攻撃の方式をいう。⊛ 陸自教範》

deliberate defense　［U］　周到準備防御

deliberate fire　緩射（かんしゃ）　《1回の発射ごとに射弾指導ができるように発射間隔を管制して発射することをいう。⊛ 海上自衛隊訓練資料第175号》《㊉ slow fire》

deliberate plan　［C］　熟慮された計画

deliberate preparation　［U］　周到な準備

deliberate protective minefield　［C］　陣地地雷原

deliberate survey　［C］　精密測量

delivering ship　［C］　引き渡し船

delivery　引き渡し；繰り出し；送り出し

delivery cock　［C］　送出コック

delivery efficiency　［U］　送出効率

delivery error　投射誤差

delivery forecast　［C］　出荷予測

delivery listing (D/L)　［C］　出荷品目表

delivery pipe　［C］　送出管

delivery port　［C］　送出口

delivery pressure　送出圧力

delivery requirements　［pl.］　出荷要件

delivery stroke　［C］　送出行程

delivery system　①発射装置　②運搬システム

delivery valve　［C］　送出弁

delivery vehicle　［C］　運搬手段

Dellinger phenomenon　デリンジャー現象

Delta Daggar　デルタ・ダガー　《要撃機名》

Delta Dart　デルタ・ダート　《要撃機名》

Delta Force　【米】デルタフォース　《米陸軍特殊作戦部隊》

delta modulation　デルタ変調

demagnetization　減磁

demagnetizing action　減磁作用

demagnetizing ampere-turn　減磁アンペア回数

demagnetizing effect　減磁効果

demagnetizing factor　［C］　減磁率

demagnetizing force　減磁力

demand　［U］　需要

demand and supply prediction　需給予測

demand forecasting　需要予測

demand for equipment by special airlift　空輸要求

demand of transportation　輸送要求　《あらかじめ、輸送枠を確保するため、上級割当機関に対し要求することをいう。⊛ 統合訓練資料1-4》

demand-type oxygen system　［C］　デマンド型酸素装置

demand valve chamber [C] 応需弁室

demilitarization 非軍事化；非武装化 《⊛ militarization ＝ 軍事化》

demilitarize [vt.] 非軍事化する；非武装化する

demilitarized zone (DMZ) 非武装地帯

demineralizer [C] 純水器

demobilization 解隊；復員；動員解除

demodulated noise (DEMON) [U] 復調化雑音

demodulated noise processing デモン処理

demodulator [C] 復調器

demolition 爆破；爆破作業

demolition area [C] 爆破作業地域

demolition belt [C] 爆破地帯

demolition bomb [C] 破壊用爆弾

demolition chamber [C] 爆破チャンバー

demolition charge 爆破薬

demolition crew [C] 爆破作業員

demolition equipment [U] 爆破装置

demolition firing party [C] 爆破班；爆破実施班

demolition guard 爆破掩護隊

demolition kit [C] 爆破用キット

demolition materials [pl.] 爆破器材

demolition munitions [pl.] 爆破資材

demolition set [C] 爆破用具セット

demolition target [C] 爆破目標

demolition tool kit [C] 爆破用具

demonstrate [vt.] 陽動する

demonstration ①展示；実演 ②陽動 《欺瞞行動の一方法であって、敵の判断を誤らせるために行う、見せ掛けの行動をいう。⊛ 陸自教範》③示威 ④実証

demonstration group [C] 陽動任務群

demonstration method 実演方式

demoralize [vt.] 士気を沮喪させる

demoralizing fire 威嚇射撃（いかくしゃげき）《相手に警告するための射撃。⊛ 民軍連携のための用語集》

demotion 降任

denial measures [pl.] 拒否手段

denial of service (DoS) サービス拒否 《コンピューターへの許可アクセス（正当なアクセス）を妨害すること》◇用例： denial of service attack（DoS attack）＝ サービス拒否攻撃（DoS攻撃）

denial operation 【陸自】拒否行動 《戦略的または戦術的価値のある資源、施設および地域が敵に利用されることを妨げるために行う撤去、破壊または障害の設置等の諸行動をいう。⊛ 陸自教範》

denied area [C] 【海自】拒否海域；敵支配下の海域

denitrification 脱窒素；脱窒

dense fog 濃霧

dense fog warning 濃霧注意報

dense-graded aggregate 緻密粒度骨材

dense sonar sweep 精密ソーナー掃引

dense terrain [U] 錯雑地 《⇔ close terrain》

density altitude 密度高度

density bombing 濃密爆撃

density current 密度流

density meter [C] 密度計

density modulation 密度変調

dental corps (DC) [pl.] 歯科医官

Dental Officer 【空自】歯科医官 《幹部特技区分の英語呼称》

Dental Section 【海自】歯科班 《の英語呼称》◇用例： 歯科班長 ＝ Officer, Dental Section

Dental Service 【空自】歯科 《准空尉空曹空士特技区分の英語呼称》

dental service (Dent.) 歯科

deny [vt.] 拒否する

department 部局

departmental intelligence [U] 各省情報

Departmental Supply Storage Point/ Stock Storage Depot (DSSP/SSD) 【米】各省補給用品貯蔵所／備蓄用品補給所

Department of Aerospace Engineering 【防大】航空宇宙工学科 《の英語呼称》◇用例： 航空宇宙工学科長 ＝ Chairman of Department of Aerospace Engineering

Department of Applied Chemistry 【防大】応用化学科 《の英語呼称》◇用例： 応用化学科長 ＝ Chairman of Department of Applied Chemistry

Department of Applied Physics 【防大】応用物理学科 《の英語呼称》◇用例： 応用物理学科長 ＝ Chairman of Department of Applied Physics

Department of Civil and Environmental Engineering 【防大】建設環境工学科 《の英語呼称》◇用例： 建設環境工学科長 ＝ Chairman of Department of Civil and

Environmental Engineering

Department of Communications Engineering 【防大】通信工学科 《の英語呼称》◇用例： 通信工学科長 = Chairman of Department of Communications Engineering

Department of Computer Science 【防大】情報工学科 《の英語呼称》◇用例： 情報工学科長 = Chairman of Department of Computer Science

Department of Defense (DOD; DoD) 【米】国防総省 《⊛ 直訳すると「国防省」であり、そのように表記されている場合もあるが、本書では「国防総省」で統一している》

Department of Defense Activity Address Code (DODAAC) 【米】国防総省機関所在地コード

Department of Defense Activity Address Directory (DODAAD) 【米】国防総省機関所在地索引

Department of Defense Ammunition Code (DODAC) 【米】国防総省弾薬コード

Department of Defense Civilian Personnel Management Service (CPMS) 【米】国防総省文官人事管理室

Department of Defense Education Activity (DODEA) 【米】国防省教育担当室

Department of Defense Emergency Plans (DODEP) 【米】国防総省非常時計画

Department of Defense Identification Code (DODIC) 【米】国防総省識別番号 《DODIC = ドディック》

Department of Defense Intelligence Information System (DODIIS) 【米】国防総省情報資料システム

Department of Defense Item Standardization Code (DODISC) 【米】国防総省目標準化コード

Department of Earth and Ocean Sciences 【防大】地球海洋学科 《の英語呼称》◇用例： 地球海洋学科長 = Chairman of Department of Earth and Ocean Sciences

Department of Electrical and Electronic Engineering 【防大】電気電子工学科 《の英語呼称》◇用例： 電気電子工学科長 = Chairman of Department of Electrical and Electronic Engineering

Department of Equipment Policy 【防衛装備庁】装備政策部 《の英語呼称》《諸外国との防衛装備・技術協力等の装備政策の企画・立案を行う。⊛ 防衛装備庁HP》◇用例： 装備政策部長 = Director General, Department of Equipment Policy

Department of Foreign Languages 【防大】外国語教育室 《の英語呼称》◇用例： 外国語教育室長 = Chairman of Department of Foreign Languages

Department of Humanities 【防大】人間文化学科 《の英語呼称》◇用例： 人間文化学科長 = Chairman of Department of Humanities

Department of International Relations 【防大】国際関係学科 《の英語呼称》◇用例： 国際関係学科長 = Chairman of Department of International Relations

Department of Leadership and Military History 【防大】統率・戦史教育室 《の英語呼称》◇用例： 統率・戦史教育室長 = Chairman of Department of Strategic Studies

Department of Materials Science and Engineering 【防大】機能材料工学科 《の英語呼称》◇用例： 機能材料工学科長 = Chairman of Department of Materials Science and Engineering

Department of Mathematics 【防大】数学教育室 《の英語呼称》◇用例： 数学教育室長 = Chairman of Department of Mathematics

Department of Mechanical Engineering 【防大】機械工学科 《の英語呼称》◇用例： 機械工学科長 = Chairman of Department of Mechanical Engineering

Department of Mechanical Systems Engineering 【防大】機械システム工学科 《の英語呼称》◇用例： 機械システム工学科長 = Chairman of Department of Mechanical Systems Engineering

Department of National Defense Studies 【防大】国防論教育室 《の英語呼称》◇用例： 国防論教育室長 = Chairman of Department of National Defense Studies

Department of Physical Education 【防大】体育学教育室 《の英語呼称》◇用例： 体育学教育室長 = Chairman of Department of Physical Education

Department of Procurement Management 【防衛装備庁】調達管理部 《の英語呼称》《調達計画の策定、調整を行う。⊛ 防衛装備庁HP》◇用例： 調達管理部長 = Director General, Department of Procurement Management

Department of Procurement Operations 【防衛装備庁】調達事業部 《の英語呼称》《装備品の契約実務・調達の実施を行う。⊛ 防衛装備庁HP》◇用例： 調達事業部長 = Director General, Department of Procurement Operations

Department of Project Management 【防衛装備庁】プロジェクト管理部 《の英語呼称》

Department of Public Policy 【防大】公共政策学科 《の英語呼称》◇用例： 公共政策学科長 = Chairman of Department of Public Policy

Department of State Library 【米】国務図書館

Department of Strategic Studies 【防大】戦略教育室 《の英語呼称》◇用例： 戦略教育室長 = Chairman of Department of Strategic Studies

Department of Technology Strategy 【防衛装備庁】技術戦略部 《の英語呼称》

Department of the Air Force (DAF) ［the ～】 【米】空軍省

Department of the Army (DA) ［the ～］【米】陸軍省

Department of the Army Civilian (DAC) 【米】陸軍民間部 《DAC = ダック》

Department of the Interior (DOI) 【米】内務省

Department of the Navy ［the ～］【米】海軍省

Department of Veterans Affairs 【米】退役軍人省

departure 起程点；東西距

departure aerodrome 出発飛行場

departure airfield ［C］ 発進飛行場

departure area ［C］ 出発地域

departure controller ［C］ 出域管制官

departure end 離陸地点

departure point ［C］ 出発点

departure screen ［C］ 出撃直衛

departure time 出発時刻

dependent 被扶養者

Deperming Station 【海自】消磁所 《の英語呼称》◇用例： 消磁所長 = Commanding Officer, Deperming Station

depleted unit ［C］ 損耗した部隊

depleted uranium (DU) ［U］ 劣化ウラン；減損ウラン

depleted uranium munitions ［pl.］ 劣化ウラン弾

deploy ［vt.］ 展開する

deployability posture 展開段階

deployable medical system (DEPMEDS) ［C］ 緊急展開可能衛生システム

deployed air base = deployed airbase ［C］【空自】機動飛行場 《事前に、戦闘機部隊および支援部隊または支援部隊のみを展開させ、飛行部隊の機動性を増大し、または行動の柔軟性を確保する等の目的で使用される飛行場をいう。他の部隊の根拠飛行場を機動飛行場として使用することもある。㉚ 統合訓練資料1-4》

deployed nuclear weapon ［C］ 配備核兵器

deploying direction ［C］ 展開方向

deployment 展開 《部隊が、作戦・戦闘のために、縦深横広の配置または隊形を占める行動およびその状態または施設を開設することをいう。㉚ 陸自教範》◇用例： candidate sites for deployment = 展開候補地

Deployment Air-Force for Counter-Piracy Enforcement (DAPE) ［the ～］【自衛隊】派遣海賊対処行動航空隊 《の英語呼称》◇用例： the 20th Deployment Air Force for Counter Piracy Enforcement（20th DAPE； DAPE-20）= 第20次派遣海賊対処行動航空隊

deployment database ［C］ 配備データベース

deployment for combat 【陸自】戦闘展開 《部隊が、接敵機動をもって戦闘を開始する態勢を占める行動および状態をいう。㉚ 陸自教範》◇用例： deploy for combat = 戦闘展開する

deployment of forces 部隊展開

deployment order 展開命令

deployment planning ［U］ 展開計画の立案

deployment preparation order 展開準備命令

Deployment Support Group for Counter-Piracy Enforcement (DGPE) ［the ～】 【自衛隊】派遣海賊対処行動支援隊 《の英語呼称》

Deployment Surface Force for Counter Piracy Enforcement (DSPE) ［the ～］【自衛隊】派遣海賊対処行動水上部隊 《の英語呼称》◇用例： 第16次派遣海賊対処行動水上部隊 = the 16th Deployment Surface Force for Counter Piracy Enforcement；派遣海賊対処行動水上部隊指揮官 = Commander, Deployment Surface Force for Counter Piracy Enforcement

depolarization 減極

depolarizer 減極剤

depot (Dep) ［C］ 【陸自】補給処（ほきゅうしょ） 《補給処とは、陸上自衛隊北海道補給処、陸上自衛隊東北補給処、陸上自衛隊関東補給処、陸上自衛隊関西補給処および陸上自衛隊九州補給処をいう。陸上自衛隊訓令第72号。㉚ 補給処（ほきゅうしょ）および補給所（ほきゅうじょ）と呼称が区別されている》◇用例： 関東補給処 = Kanto Depot；九州補給処 = Kyushu Depot

depot activity 補給処施設

Depot Command Management System (DCMS) 【米】補給処指揮管理システム

depot kit ［C］ 補給処キット 《調達物品のオーバーホール作業に使用する修理部品を集めて一組にしたものをいう。[典] 2補LPS-A00001-15》《[同] overhall kit》

depot level ［C］ 補給処レベル

depot maintenance (Dep Maint) ［U］ ①補給処整備 《補給統制本部および補給処が実施する整備をいう。[典] 陸自教範》 ②処内整備

depot maintenance support plan (DMSP) ［C］ 補給処整備支援計画

Depot Maintenance Work Requirement (DMWR) 【米陸軍】補給処整備基準 《米陸軍が発行している補給処整備用技術図書》

depot master file (D/M) ［C］ 補給処管理原簿

depot procurement (DP) ［U］ 補給処等調達

Depot Property Branch 【在日米陸軍】軍財管理課

depot ship ［C］ 母艦；母船

depot supply report (DSR) ［C］ 補給処補給報告

depot transition file (D/Trn) ［C］ 補給処受け払い綴

depreciation ［U］ 減価償却

depreciation factor of light ［C］ 減光補償率

depressed trajectory ［C］ 低下飛翔経路

depression ①低気圧；減圧 ②俯角 《射撃の俯角》 ③凹地（おうち）

depression angle dial 俯角目盛

depression depth dedicator ［C］ 俯角深度指示器

depression deviation indicator (DDI) ［C］ 俯角偏位指示器

depression position finder ［C］ 俯角位置測定器

depressor tow wire ［C］ 沈降器曳索

depth ①縦深 ②深さ

depth adjustment 深度調整

depth alteration 深度変換

depth bomb (DB; D/B) ［C］ ①【空自】爆雷 ②【海自】対潜爆弾

depth charge (DC; D/C) 爆雷

depth charge pattern ［C］ 爆雷散布帯

depth charge projector (DCP) = depth charge thrower (DCT) ［C］ 爆雷投射機

depth contour ［C］ 等深線

depth control mechanism ［C］ 深度管制機構

depth control unit ［C］ 深度管制装置

depth curve ［C］ 深度曲線

depth cut-off (DCO) 深度自停 《魚雷の航走深度を制限しておき、魚雷がその制限深度を超えると自動的に停止すること。[典] NDS Y 0041》《DCO = ディーシーオー》

depth cut-off function 深度制限機能

depth cut-off switch ［C］ 深度自停スイッチ

depth determining sonar ［U］ 深度測定用ソーナー

depth engine ［C］ 横舵機

depth excess 余剰深度

depth gauge ［C］ 深度計

depth index ［C］ 深度指標

depth mechanism ［C］ 深度機

depth of dive 潜水深度

depth of field 被写界深度

depth of focus 焦点深度

depth of fusion 溶け込みの深さ

depth of snow cover 積雪の深さ

depth of the defense 防御縦深；防御の縦深

depth perception 深視力；深径覚奥行知感《奥行きを知覚する能力》

depth recorder ［C］ 深度記録器

depth recording 深度記録

depth resolving equipment ［U］ 深度解除装置

depth sensor ［C］ 深度検出器

depth sensor mechanism ［C］ 深度検出機構

depth setting 深度調定

depth setting mechanism ［C］ 深度調定機構

depth setting sleeve ［C］ 深度調定筒

depth sounder ［C］ 測深機；測深儀

depth steering ［U］ 垂直面操舵

depth unit ［C］ 深度装置

deputy ［C］ 代理者

Deputy Chief Cabinet Secretary for Crisis Management 【内閣官房】内閣危機管理監

Deputy Chief Cabinet Secretary for Information Technology Policy 【内閣

官房】内閣情報通信政策監 《の英語呼称》

deputy chief of staff 副参謀長;参謀次長;参謀副長

Deputy Chief of Staff 【米空軍】部長 ◇用例: Deputy Chief of Staff for Intelligence = 情報部長。[備]「Deputy Chief of Staff (Intelligence)」と表記することもある; Command, Control, Communication and Computers = C4部長; Logistics = 兵站部長; Personnel = 人事部長; Plans and Operations = 計画・作戦部長

Deputy Chief of Staff for Personnel/GI (DCSPER/GI) 【在日米陸軍】人事/GI担当副参謀長

Deputy Commissioner and Chief Defense Scientist 【防衛装備庁】防衛技監 《の英語呼称》

D

Deputy Director, 1st Operations Division (Defense Operations) 【統幕】事態対処調整官 《運用部運用第1課〜の英語呼称》

Deputy Director, 1st Operations Division (Operations Plans) 【統幕】運用企画調整官 《運用部運用第1課〜の英語呼称》

Deputy Director, 2nd Operations Division (Disaster Relief) 【統幕】災害対策調整官 《運用部運用第2課〜の英語呼称》

Deputy Director, 2nd Operations Division (International) 【統幕】国際地域調整官 《運用部運用第2課〜の英語呼称》

Deputy Director, Administration Division 【統幕】連絡調整官 《総務部総務課〜の英語呼称》

Deputy Director General 【防衛省】大臣官房審議官 《の英語呼称》

Deputy Head, Administration Division 【空自】総務調整官 《の英語呼称》

Deputy Head Guidance Officer 【防大】首席指導教官 《の英語呼称》

Deputy Inspector General (DIG) ①【防衛監察本部・陸自】副監察官 《の英語呼称》 ②【空自】総括副監察官 《の英語呼称》

Deputy Secretary of Defense 【米】国防副長官

Deputy Surgeon General 【空自】次席衛生官 《の英語呼称》

Deputy Under Secretary [C] 【米】次官代理

Deputy Under Secretary of the Air Force 【米空軍】空軍次官代理 ◇用例: Deputy Under Secretary of the Air Force = International Affairs

derichment valve [C] デリッチメント弁

derived type filter [C] 誘導型濾波器

derived unit 誘導単位

derrick デリック

derrick crane [C] デリック・クレーン

desalting kit [C] 脱塩剤

descend [vi.] 降下する

descending branch 降弧(こうこ) 《弾丸などの飛翔体が最高点から弾着点に至るまで下降する弾道をいう。[典] NDS Y 0006B》

descending current 下降気流

descending line [C] 降下索

descending slope [C] 下り勾配;勾配(こうばい)

descending speed 降下速度

descent 降下

description 判別 《目標の大きさ、数(多数または少数を含む》および種別(艦種、機種、ミサイル等)を判定することをいう。[典] 海上自衛隊訓練資料第175号》

description of target 目標判別

description signal [C] 追求信号

descriptive item file (DIF) [C] 【米】記述形式品目ファイル

descriptive method (DM) 記述的方法

descriptive name 識別名

desensitizer [C] ①鈍感剤 《火薬類の感度を低める目的で配合する添加物。[典] NDS Y 0001D》《[同] phlegmatizer》《[対] sensitizer = 鋭感剤》 ②減感剤

desensitizing 減感処理

desert [vi.] 脱走する;逃亡する ◇用例: desert the Army = 軍隊から脱走する

deserter [C] ①【陸自】脱走者 ②【海自】離脱者 ③脱走兵

desertion 脱走;逃亡 ◇用例: desertion from the army = 軍隊からの脱走

desiccating agent [C] 乾燥剤

design 設計 《設計とは、伝送路の伝送品質、伝送路の種類および経路の決定、機器の仕様書の作成その他伝送路および機器に関する設計をいう。[典] 防衛庁訓令第11号》

designate [vt.] 指定する

designated approving authority [C] 【海自】運用権者

designated place [C] 定位置

designated signal [C] 指示信号

designated specialty [C] 指定特技

designated target bearing 指示方向角

designated time 指定された時刻

designated time on target (DTOT) ［C］【海自】弾着指定時刻

designation 指定

design change notice (DCN) ［C］ 設計変更通知

design change suggestion 設計変更勧告

design cruising speed 設計巡航速度

designed speed 計画速力

design gross weight ［U］ 設計重量；設計総重量

design landing speed 設計着陸速度

design load ［C］ 設計荷重

design maneuvering speed 設計運動速度

design maximum load ［C］ 設計最大荷重量

design take-off speed 設計離陸速度

design validation test (DVT) 設計検証試験 《細部設計に基づき製造された供試品に対して、設計に要求された機能・性能等を満たしていることを検証するまで実施する試験をいう。[典] 装技計第250号》

desired effects ［pl.］ ①【統幕】期待効果《野戦特科の射撃に期待する効果をいう》 ②【陸自】所望効果 《野戦特科部隊の射撃に期待する効果をいい、制止、制圧、撃破、破壊、阻止、擾乱およびその他（発煙、照明、焼夷等）がある。[典] 陸自教範》 ③【海自】所望結果

desired ground zero (DGZ) 希望ゼロ地点《核兵器》

desired mean point of impact (DMPI) 所望平均弾着点；所望平均命中点

desired perception 【海自】所望欺瞞目標

desired point of impact (DPI) 所望弾着点；所望命中点

desired probability of kill (DPK) 要求撃破確率 《JADGE用語》

desired track ［C］ 所望トラック

desk set (DS) ［C］ デスク・セット 《卓上型の電話端末機器をいう。[典] JAFM006-4-18》

desk set adaptor (DS ADP) ［C］ デスク・セット用付加装置 《デスク・セット（DS）を搬送端局経由で使用するための付加装置をいう。[典] JAFM006-4-18》

destination (DEST) ①目的地 ②到着地 ③【海自】仕向け地

destination aerodrome 目的飛行場

destination change (Des Cha) 仕向け地変更

destination port 仕向け港 《船舶の荷揚げのため、指定された港湾をいう。[典] 統合訓練資料1-4》

destroy ［n.］ 撃破 《部隊が、一定の期間、作戦・戦闘ができない程度、あるいは最小限度にも企図を達成できない程度に、その人的・物的戦闘力を低減させることをいう。[典] 陸自教範》

destroy ［vt.］ 撃破する；破壊する

destroyer ［C］ ①駆逐艦 ②【海自】護衛艦《[備] 海上自衛隊が所有する警備艦の総称であり、駆逐艦に相当する。「escort ship」、「escort vessel」は用いない》《艦種記号： DD》◇用例： the destroyer Kurama ＝ 護衛艦「くらま」

destroyer escort 【海自】護衛艦 《2,000トン以下》《艦種記号： DE》

destroyer tender ［C］ 駆逐艦母艦 《艦種記号： AD》

destruct ［vt.］ 破壊する

destruction ［U］ ①【陸自】撃破 《敵部隊に損害を与え、長時間活動させないようにすることをいう。[典] 統合訓練資料1-4》 ②撃滅 ③【海自】破壊

destruction area ［C］ 撃滅区域

destruction effect 破壊効果

destruction fire 破壊射撃

destruction fire mission ［C］ 破壊射撃任務

destruction measures ［pl.］ 破壊措置 ◇用例： 弾道ミサイル等に対する破壊措置の実施 ＝ the implementation of destruction measures against ballistic missiles

destruction radius ［C］ 【海自】爆破半径《機雷の爆破半径》

destructive test ［C］ 破壊試験 《[対] non-destructive test ＝ 非破壊試験》

desuperheated steam ［U］ 緩熱蒸気

desuperheater ［C］ 過熱戻し器；緩熱器

detach ［vt.］ 派遣する

detachable-blade propeller ［C］ 分離羽根プロペラー

detached duty 派遣勤務

detached force 枝隊

detached post ［C］ 独立哨所

detached search and attack unit (detached SAU) ［C］ 分派SAU（ぶんぱサウ）

detached service ［C］ 派遣勤務

detached shock 分離衝突

detached unit ［C］ 派遣部隊

detachment [C] 分遣隊 《本隊から離れて行動する部隊》

Detachment (Det) 【自衛隊】基地隊；派遣隊；分遣隊 《の英語呼称》

detachment, air depot 【空自】補給処出張所 《の英語呼称》

detachment status file (Det/S) [C] 支処等現況綴り

detachment transaction record (Det Trn) 支処等受け払い記録

detail [C] ①詳細；細目 ◇用例：functional details = 機能詳細；the necessary details = 必要な細部の事項 ②班；隊 《特定の任務が与えられている兵士のグループ》

detail drawing [C] 詳細図

D

detailed design 細部設計 《基本設計に基づき、各主要構成品等に関する細部の設計（機能・性能の設定、製造図面の作成等）を行うことをいう。[典] 装技計第250号》

detailed photographic report [C] 詳細写真報告

detailed plan [C] 細部計画

detailed planning [U] 細部計画の立案

detail operation 細部作戦

detail specification [C] 個別仕様書 《調達しようとする装備品等または装備品等に関する役務の個々について、その仕様を記載した文書をいう。[典] 陸幕装計第110号》

detainee [C] ①被収容者 ②【海自】拘留者

detainee collecting point [C] 【海自】勾留者集合点

detainee processing station [C] 【海自】勾留者管理施設

detect [vt.] 探知する

detecting circle [C] 探知圏

detecting circuit [C] 探知回路 《機雷の探知回路》

detection (det) [U] ①検出；検知 ②探知 ③【陸自】探知活動 《敵等の情報・謀略組織、活動の実態および我が部隊の状況、特にその弱点を解明するための活動をいい、無力化活動に直接寄与するものである。[典] 陸自教範》

detection criteria control (DCC) [U] 検出基準制御 《バッジ用語》

detection device [C] 探知機器

detection differential 検出レベル差

detection factor [C] 探知係数

detection index [C] 検出指数

detection probability = probability of detection (PD) ①検出確率 《例えば、信号の検出において、複数個の信号が存在しているとき、実際に信号を検出する確率》 ②探知確率；探知公算 《例えば、目標の探知において、目標を探知する機会が複数回存在しているとき、実際に目標を探知する確率。海自では「探知公算」》 ③【空自】発見率

detection range [C] 探知距離

detection threshold (DT) [C] 検出閾値（けんしゅついきち） 《信号検出において、一定の検出確率と誤警報確率のもとで信号の有無を判定するときの信号検出器の入力端でのSN比。[典] 対潜隊（音1）第401号》

detection voltage 検出電圧

detective equipment [U] 探知機器

detector [C] ①検知器 ②検電器 《[同] voltage detector》 ③検波器

detector crayon [C] 検知クレヨン

detector paint 検知塗料

detector paper [C] 検知紙

detent ①留め金 《ラチェット機構等において、軸の逆転を防ぐ留め金。[典] レーダー用語集》 ②回転止め 《搭載されたロケット弾またはミサイルの回転止め。ロケット弾等は一定の推力がつくとデテントを乗り越え、ランチャー・ラインに沿って発射される。[典] レーダー用語集。[備] 不明な場合は「デテント」にする》

detent ball [C] 戻り止めボール

detent disc [C] 戻り止め盤

detente デタント

detention barracks 営倉

detention camp [C] 抑留所

detention facility [C] 抑留施設

deter [vt.] 抑止する

detergent 洗浄剤

detergent in decontamination 汚染除去剤

deteriorating supplies [pl.] 自然消耗補給品

deterioration limit 損耗限度

deterrence 抑止

deterrence by denial 拒否的抑止力 《敵の目標達成を不可能にする手段を確保することにより、敵の行動を拒否して、敵の交戦意図を減殺すること》

deterrence by punishment 懲罰的抑止力 《堪えきれないほどの代価を敵に予測させることによって、敵の戦闘開始の意思または敵の戦闘開始後の戦争継続意思を減殺すること》

deterrent option 抑止措置

deterrent power 抑止力 《一国が侵略しよう

とする場合に、その侵略によって得るであろう利益以上の耐え難い損失を与えられるであろうことを、その国に認識させることによって侵略を未然に防止しようとする力をいう。[典] 統合訓練資料1-4》

detonating agent ［C］ 起爆剤

detonating cap ［C］ 雷管

detonating charge 起爆薬

detonating cord ［C］ 導爆線

detonating explosive ［C］ 爆薬類 ◇用例： detonating explosives = 爆薬類

detonating net 導爆線網

detonation ①爆発；起爆 ②爆轟（ばくごう） ③爆裂音

detonation pressure 爆轟圧力（ばくごうあつりょく）

detonation propagation 爆轟伝播；伝爆

detonation rate ［C］ 爆速 《爆轟が伝播する速度。[典] NDS Y 0001D》《[同] detonation velocity》

detonation velocity ［U］ 爆速 《爆轟が伝播する速度。[典] NDS Y 0001D》《[同] detonation rate》

detonation velocity test ［C］ 爆速試験

detonation wave ［C］ 爆轟波（ばくごうは）

detonator ［C］ 雷管；起爆筒；起爆雷管

detour ［C］ 迂回；迂回路

detraining point ［C］ 下車停車場

Detroit Air Defense Sector (DEADS) 【米】デトロイト防空区域

detrucking point 下車地点

detuning 離調

develop ［vt.］ ①開始する 《攻撃を開始する》 ②拡大する 《戦線を拡大する》 ③展開する 《部隊を展開する》 ④明らかにする 《敵情を明らかにする》

developed area ［C］ 展開面積

developed color image 発色像

development ［U］ ①技術開発 ②散開

developmental approach 啓発教育

developmental assistance ［U］ 開発援助

development and maintenance program (DMP) 開発維持プログラム 《バッジ用語》

Development Department 【空自・海自】技術部 《の英語呼称》◇用例： 技術部長 = Director, Development Department

development directive (DD) 開発指令

Development Division 【空自・海自】技術課 《の英語呼称》◇用例： 技術第1課（空自） = Head, 1st Development Division

development of the situation 状況の進展

development test and evaluation (DT&E) 開発試験及び評価

development training ［U］ 拡充練成訓練

deviated pursuit course ［C］ 偏差追跡コース

deviation (DEV) ①自差；偏差 《コンパスの～》 ②偏位 ③弾着誤差

deviation calibration curve ［C］ 偏差校正曲線

deviation curve ［C］ 自差曲線

deviation indicator ［C］ 偏差指示器

deviation of the wind 風の偏角

deviation ratio ［C］ 偏移比

deviation signal ［C］ 偏差信号

device room ［C］ 機器室

device status area ［C］ 装置ステータス領域 《バッジ用語》

dew ［U］ 露

dew point ［C］ 露点；露点温度

dew point hygrometer ［C］ 露点湿度計

dew point temperature 露点温度

Dharma Guardian 【自衛隊】ダルマ・ガーディアン 《日本とインドとの対テロを想定した共同訓練の名称》

diagnostic aids (DA) ［pl.］ 診断補助機能 《ペトリオット用語》

diagnostic multiplexer scanner interface (DMSI) スキャナー・カード 《ペトリオット用語》

diagnostics 診断 《本来の機能性能を発揮できない可能性のある装備品等の修理の範囲、内容および程度を決定するため、分解、洗浄（清掃）、部品点検および故障探求等を実施する一連の作業。[典] 3補LPS-E00001-9》

diagnostics mode 診断モード 《バッジ用語》

diagnostic software ［U］ 診断ソフトウェア

diagnostic status area ［C］ 診断ステータス領域 《バッジ用語》

diagonal built 斜め張り

diagram ［C］ 図表；線図

dial plate ［C］ 目盛盤

diameter factor ［C］ 直径係数 《プロペラーの直径係数》

diamond antenna ［C］ ひし型アンテナ

diamond formation ［U］ ①【空自】ダイ

ヤモンド編隊 ②菱形隊形；ダイヤモンド隊形

diamond knot 飾り取り手結び第2法

diaphragm ［C］ 隔膜；隔膜板；仕切り板；振動板

diaphragm gas mask ［C］ 伝声ガス・マスク

diary ［C］ 部隊日誌

DICASS sonobuoy ［C］ 【海自】DICASSソノブイ 《指向性を持つ送受波器を装備したアクティブ・ソノブイの一種。無線リンクを通じて航空機から指令信号を受信することで、音波を放射し、反射音を受信する。航空機に搭載した音響分析装置で、目標までの距離と方位を判断する。DICASSは、その管制装置を意味する》《DICASS = directional command activated sonobuoy system》《DICASS = ダイキャス》

dicing photography 低空写真 《写真の撮影技術》

dictated order 口達筆記命令

DIDS Design Interface Guidance Handbook (DIG) 【米】DIDS設計インターフェース基準書 《DIDS = Defense Integrated Data System（国防総合データ・システム）》

died of wound (DOW) 負傷死 《戦傷を負い施設収容の後に死亡した場合》

died of wounds received in action (DWRIA) 戦傷死

dielectric ［n.］ 誘電体

dielectric ［adj.］ 誘導性の

dielectric absorption 誘電吸収

dielectric antenna ［C］ ①誘電体アンテナ ②【海自】誘電体空中線

dielectric breakdown 絶縁破壊

dielectric constant 誘電率

dielectric hysteresis 誘電ヒステリシス

dielectric hysteresis loss 誘電ヒステリシス損

dielectric loss 誘電損

dielectric loss angle ［C］ 誘電体損失角

dielectric phase angle ［C］ 誘電位相角

dielectric power factor ［C］ 誘電力率

dielectric rod antenna ［C］ ①誘電体ロッド・アンテナ ②【海自】誘電体棒空中線

dielectric strength ［U］ 絶縁耐力

dielectric strength test ［C］ 絶縁耐力試験

dielectric waveguide ［U］ 誘電体導波管

diesel engine ［C］ ディーゼル機関

diesel engine oil ［C］ ディーゼル・エンジン油

diesel generator ［C］ ディーゼル発電機

diesel index ［C］ ディーゼル指数

Diet-approval provision ［the ～］ 【日】国会承認事項

dietitian ［C］ 栄養官

DIFAR sonobuoy ［C］ ダイファー・ソノブイ 《指向性を持つ受波器とコンパスを有し、方位を検出することができるパッシブ・ソノブイ。⑲ NDS Y 0012B》《DIFAR = directional frequency analysis and recording（指向性周波数分析記録）》

difference frequency system 差周波数方式

difference in depth of modulation (DDM) 変調度差

difference of latitude (DL; DLat) ①【空自】緯度差 ②【海自】変緯

difference of longitude (DLo; DLong) ①【空自】経度差 ②【海自】変経

differential ①差動 ②微分

differential aileron ［C］ 差動エルロン

differential analysis 層別解析

differential ballistic wind ［U］ 偏差弾道風

differential brake ［C］ 差動ブレーキ

differential circuit ［C］ ①差動回路 ②微分回路

differential compound motor ［C］ 差動複巻きモーター

differential cost 差額費用

differential current protection relay 差動電流保護リレー

differential distance system 距離差方式

differential effect 弾道偏差 《標準状態における弾道と非標準状態における弾道の差。⑲ NDS Y 0006B》

differential governor ［C］ 差動調速機

differential mechanism ［C］ 差動機構

differential output 出力差方式

differential phase shift keying (DPSK) 差動位相変調 《ペトリオット用語》

differential pinion 差動ピニオン

differential pressure test ［C］ 差圧試験

differential pressure transmitter ［C］ 差圧発信機

differential pump ［C］ 差動ポンプ

differential relay ［C］ 差動リレー；差動継電器

differential starting valve ［C］ 差動発停弁

differential valve ［C］ 差動弁

differentiating circuit ［C］ 微分回路

differentiator ［C］ 微分器

differentiator amplifier ［C］ 微分増幅器

difficulty index (DI) ［C］ 難度指数

diffraction 回折

diffused front ［C］ ぼやけた前線

diffused reflection 拡散反射

diffuser ［C］ 拡散筒

diffuser efficiency ［U］ 拡散効率

diffuser nozzle ［C］ 吹き出し口

diffuser vane ［C］ ①【空自】拡散筒案内羽根 ②【海自】ディフューザー案内羽根

diffusion constant 拡散定数

diffusion current 拡散電流

diffusion index ［C］ 景気動向指数

diffusion method 拡散法

digital azimuth control unit (DACU) ［C］ ディジタル・アジマス制御装置 《ペトリオット用語》

digital bathythermograph (DBT) ディジタル記録方式のBT 《bathythermograph＝水温記録器》

digital beam forming (DBF) ディジタル・ビーム・フォーミング 《アンテナ・パターンをディジタル信号処理により形成する技術。機械的走査を必要としないので、目標捜索時間の大幅な短縮が可能になる》◇用例：digital beam forming antenna（DBFA）＝ディジタル・ビーム・フォーミング・アンテナ；digital beam forming processor（DBFP）＝ディジタル・ビーム・フォーミング処理装置

digital certificate ［C］ 電子証明書 《加入者、データ通信装置または電子計算機のそれぞれの身元の正当性を証明するために作成される電磁的記録をいう。㋹ 防官情第2209号》

digital data entry unit (DDEU) ［C］ ディジタル・データ入力ユニット

digital data extractor (DDE) ［C］ ディジタル・データ抽出装置 《JADGE用語》

digital data indicator (DDI) ［C］ ディジタル・データ表示部

digital data link (DDL) ［C］ ディジタル・データ・リンク 《ディジタル・データ伝送のための通信機構。㋹ JAFM006-4-18》

digital electronic engine control (DEEC) ディジタル式電子エンジン制御

Digital Flight Control System (DFCS) ディジタル・フライト・コントロール・システム

digital input (DI) ディジタル入力 《器材に対するディジタル情報の入力をいう。㋹ JAFM006-4-18》《㋹ digital output＝ディジタル出力》

digital integrated attack navigation equipment (DIANE) ［U］ ディジタル統合攻撃航法装置

digital interface circuit (DIC) ［C］ ディジタル・インターフェース回路 《バッジ用語》

digital magnetic tape system ［C］ 磁気テープ装置

digital multi-beam steering (DIMUS) ［U］ 【米海軍】ディジタル多ビーム操縦

digital output (DO) ディジタル出力 《器材に対するディジタル情報の出力をいう。㋹ JAFM006-4-18》《㋹ digital input＝ディジタル入力》

digital scene matching area correlator (DSMAC) ［C］ ディジタル地形図相関装置

digital service unit (DSU) ［C］ 回線終端装置

digital signal processor (DSP) ［C］ ディジタル信号処理装置 《ペトリオット用語》

digital signature ディジタル署名；電子署名 《ディジタル署名では、非対称鍵が使用され、データに署名するときは秘密鍵、署名を検証するときは公開鍵が使用される。ディジタル署名によって、メッセージの送信者や文書の署名者の認証が行えるため、信頼性の保護、完全性の保護および否認防止が可能になる》

digital to analog converter ＝digital-analog converter ［C］ ディジタル・アナログ変換器；D-A変換器

digitization ＝digitalization ディジタル化

dihedral angle ［C］ 上反角（じょうはんかく）

dilatometer ［C］ 膨張計

diluter demand oxygen regulator ［C］ 希釈応需型酸素調整器

diluter mechanism ［C］ 希釈機構

dilution air ［U］ 希釈空気

dimmer ［C］ 光量調整器；調光器

dimmer control ［U］ 輝度調整

dinghy ［C］ 救命浮舟

dip angle ［C］ 地平線俯角

dip difference 潜差 《方位盤または砲を含む水平線と地球湾曲によって生じる視水平線との差をいう。㋹ 海上自衛隊訓練資料第175号》

dip error 俯反角（ふはんかく）；ディップ・エラー

dip inclination 伏角（ふっかく）

D

diplexer ［C］ ダイプレクサー 《異なった周波数を同一のアンテナへ送ったり、受けたりするときに相互干渉を除くための回路。[典] レーダー用語集》

diploma ［C］ 公文書

diplomatic authorization 外交許可

dip needle circuit ［C］ 磁気検出回路

dip-of-the sea horizon 眼高差

dip of the shore horizon 水際眼高差

dipole ダイポール 《双極子(ごくわずかの距離にある一組の正負の等量電荷または磁荷)。[典] レーダー用語集》

dipole antenna ［C］ ダイポール・アンテナ

dipping needle compass 伏角コンパス(ふっかくコンパス)

dipping position ［C］ 吊り下げ位置

dipping sonar ［U］ 吊り下げ式ソーナー 《ヘリコプターなどから送受波器または受波器をつり下げ、水中で使用するソーナー。[典] NDS Y 0012B》

direct acquisition (without technological development phase) 直接取得

direct acting engine ［C］ 直動機関

direct action 直接行動

direct addressing 直接アドレス指定

direct aggression ［U］ 直接侵略 《外部の勢力が、武力をもって直接に攻撃することをいう。[典] 陸自教範》《[同] direct invasion》《[対] indirect aggression = 間接侵略》

direct air support (DAS) 直接航空支援 《[対] indirect air support = 間接航空支援》

direct air support center (DASC) ［C］ ①直接航空支援管制所；航空直接支援所 ②【海自】直接航空支援本部

direct approach 直行近接

direct assignment 直属 《部隊と指揮系統上、その直近上位にある指揮官との指揮関係をいう。指揮系統上、上位にあるすべての指揮官を、直属上官という場合もある。[典] 統合訓練資料1-4》

direct command 直轄 《部隊等の長が隷属系統または配属系統にある二段階以上の下級の部隊等の隊務の一部を一時的に直接指揮することをいう。この関係において、上級部隊等の長を「直轄上級部隊等の長」、直轄上級部隊等の長の指揮を受ける部隊等を「直轄部隊等」という。[典] 防衛省訓令第17号》

direct communication 直接通信 《[対] indirect communication = 間接通信》

direct control ［U］ ①直轄 ②【海自】直卒

direct control officer ［C］ 射撃指揮官

direct coupled turbine ［C］ 直結タービン

direct current (DC) 直流 《[対] alternating current = 交流》

direct defense ［U］ 直接防御

direct delivery 直払い

direct drive 直結駆動；直接駆動

directed energy 指向性エネルギー

directed energy weapon (DEW) ［C］ 指向性エネルギー兵器 《「beam weapon」または「direct-energy weapon」ともいう》

directed exercise ［C］ 【海自】指導演習 《統裁部が演習部隊に想定を交付して実施する演習または仮設敵として統裁部付属部隊および演習支援部隊の全部もしくは一部を行動させることにより実施する演習をいう。[典] 統合訓練資料1-4》

directed transfer 指令管理換え

direct electric starter ［C］ 電動起動機

direct-energy weapon ［C］ 指向性エネルギー兵器

direct exchange (DX) 直接交換 《交付の迅速と手続の簡素化のため、正規の請求書を作成することなく、特定の品目について、使用不能品を使用可能品と直接に交換することをいう。[典] 陸自教範》

direct fire 直接射撃；直接照準射撃 《射撃艦が光学またはレーダーにより目標を直接に照準して行う射撃をいう。[典] 海上自衛隊訓練資料第175号》《[対] indirect fire = 間接射撃；間接照準射撃》

direct fire control ［U］ 直接射撃指揮

direct hire 直接雇用

direct hit 直撃弾

direct illumination 直接照明 《[対] indirect illumination = 間接照明》

directing 指示

directing staff ［C］ 指示幕僚

direct injection 直接噴射

direct invasion 直接侵略 《外部の勢力が、武力をもって直接に攻撃することをいう。[典] 陸自教範》《[同] direct aggression》《[対] indirect invasion = 間接侵略》

direction ［C］ ①方向 ②指示

directional antenna ［C］ 指向性アンテナ

directional characteristics ［pl.］ 指向特性

directional coupler ［C］ 方向性結合器

directional flashing light ［C］ 指向性発光信号灯

directional frequency analysis and recording (DIFAR) 指向性周波数分析記録 《DIFAR = ダイファー》

directional gain 指向性利得

directional gyro ［C］ 定針儀；方位ジャイロ

directional homing 指向性ホーミング

directional information ［U］ 方向情報

directional infrared countermeasure system (DIRCM) ［C］ 光波自己防御システム 《光波自己防御システムは、レーザー光をミサイルのシーカーにあてることにより妨害を行うシステム。輸送機等の大型機およびヘリコプターに対する赤外線誘導方式の携行型地対空誘導ミサイルの脅威に対処することが可能になる。[典] 電子装備研究所研究要覧》

directional light ［C］ 指向性信号灯

directional marker ［C］ 指向性位置標識

directional pattern ［C］ 指向性パターン

directional research ［U］ 指定研究

directional shift valve ［C］ 方向移動弁

directional sonobuoy ［C］ 指向性ソノブイ

directional stability ［U］ 方向安定性

directional stabilization equipment ［U］ 方向安定装置

directional valve ［C］ 方向弁

direction angle ＝angle of direction ［C］ 方位角

direction center (DC) ［C］ 【空自】防空指令所 《航空方面隊司令官等が行う作戦指揮のため、担任防衛区域内における航空現況等を表示し、航空方面隊戦闘指揮所 (SOC) からの指令を伝達するとともに、警戒監視、識別および兵器管制を実施するほか、隣接する防空指令所 (DC)、戦闘機部隊および高射部隊と連携を保ち、定められたところにより、防空監視所 (SS) 等を統制または指導するところをいう。[典] 統合訓練資料1-4》

direction finder (DF) ［C］ 方向探知機 《指向性のループ・アンテナと受信機からなる機器で、特定の局からの電波を受信することによって、その電波の到来方向を知り、受信点に対するその局の方位を探知する。[典] レーダー用語集》

direction finder deviation 方探偏差

direction finding ①【空自】方向探知 ②【海自】方位測定

direction finding net 方向探知網

direction for operation 作戦指導 《指揮官が、作戦任務を達成するために状況判断を行い、自己の意志を指揮下部隊等に伝え、最も有利なように作戦を遂行していくことをいう。小規模の部隊にあっては、これを戦闘指導という。[典] 統合訓練資料1-4》

direction gun ［C］ 基準砲 《砲列の中で射撃の基準となる砲。[典] NDS Y 0005B》

direction of advance 前進方向

direction of attack 【陸自】攻撃方向 《主攻撃または主力が行動する特定の方向または経路をいう。[典] 陸自教範》

direction of collection effort 収集努力の指向

direction of operation 作戦方向 《攻勢作戦および防勢作戦を通じ、その作戦において、主な戦闘力の指向または保持を企図する軸線をいう。[典] 陸自教範》

direction of relative movement (DRM) 相対運動方向

direction sign 指向形象

directive ［C］ 指令

directive effect 指示的効果

directive gain 指向性利得

directivity 指向性

directivity factor ［C］ 指向係数

directivity index ［C］ 指向指数

direct laying 直接照準 《[対] indirect laying＝間接照準》

direct laying position ［C］ 直射陣地

direct liaison authorized (DIRLAUTH) 直接連絡権限

direct lift control (DLC) ［U］ 【空軍】直接揚力制御

direct lighting ［U］ 直接照射

directky heated thermistor ［C］ 直熱型サーミスター

direct measurement 直接測定 《[対] indirect measurement＝間接測定》

direct memory access (DMA) ダイレクト・メモリー・アクセス 《バッジ用語》

direct net 直通系

direct noise amplification (DINA) 直接ノイズ増幅

director (dir) ［C］ ①指揮官；指令官 《海自では「指揮官」；空自では「指令官」》 ②指揮盤 ③方位盤 ④導波管

director aiming 方位盤照準

director assignment controller (DAC) ［C］ 【海自】方位盤管制士官

Directorate for Administration 【情報本部】総務部 《の英語呼称》《情報本部職員の人事および給与、教育訓練、福利厚生、文書管理、決算および会計、物品の取得および管理等に関する業務を行う。[典] 2019職員採用パンフレット》◇用例： 総務部長＝Director for Administration

Directorate for Assessment 【情報本部】

D

分析部 《の英語呼称》《主に新聞、インターネット等の公刊資料からの情報収集と同時に、国内外での意見交換等による交換情報の他、情報本部の他の部門が収集する情報（電波情報、画像情報）を総合して分析する業務を行う。[典] 2019職員採用パンフレット》◇用例： 分析部長 = Director for Assessment

Directorate for Joint Intelligence 【情報本部】統合情報部 《の英語呼称》《自衛隊の統合運用のため、防衛大臣、各幕僚監部および部隊に対して情報支援を行う。[典] 2019職員採用パンフレット》◇用例： 統合情報部長 = Director for Joint Intelligence

Directorate for Planning 【情報本部】計画部 《の英語呼称》《防衛省内の関係部局（内部部局や各幕僚監部の情報部門等）との連絡調整、業務計画の作成、渉外等の業務を行う。[典] 2019職員採用パンフレット》◇用例： 計画部長 = Director for Planning

Directorate for SIGINT 【情報本部】電波部 《の英語呼称》《通信所が収集した各種の電波を処理し、国の防衛に必要な情報を提供する我が国唯一の電波情報部門。[典] 2019職員採用パンフレット》◇用例： 電波部長 = Director for SIGINT

Directorate of Defense Trade Controls (DDTC) 【米】国防貿易管理局 《国務省の一部門。軍事品の輸出規制の管理を所管している。[備]「防衛取引管理局」の訳語もある》

Directorate of Industrial Operations (DIO) 【在日米陸軍】工務局

Directorate of Operations ［the ～］ 【米】作戦本部 《CIA》

Directorate of Personnel and Community Activities (DPCA) 【在日米軍】人事社会連絡局

Directorate of Public Works 【在日米軍】公共事業部

Directorate of Support Operations 【在日米軍】支援局

Director, Audit and Evaluation Division 【防衛装備庁】監察監査・評価官 《の英語呼称》

director control 方位盤管制

Director, Development Division, etc. 【防衛装備庁】装備開発官等 《の英語呼称》

director elevation angle ［C］ 方位盤俯仰角

Director, Facilities Policy, Planning and Programming Division 【内部部局】施設整備官 《の英語呼称》《自衛隊施設の取得に係る実施計画の総括、建設工事の実施》

Director, Facilities Engineering Management and Research Division 【内部部局】提供施設計画官 《の英語呼称》《施設の建設工事に関する技術の管理、調査・研究》

director fire 方位盤発射

director for crisis action 【米】クライシス・アクション・ディレクター

Director General ［C］ 【防衛装備庁】装備官 《の英語呼称》◇用例： 装備官（統合装備担当） = Director General of Joint Systems；装備官（陸上担当） = Director General of Ground Systems；装備官（海上担当） = Director General of Naval Systems；装備官（航空担当） = Director General of Aerial Systems

Director General for Cadet Recruitment 【防大】人材確保統括官 《の英語呼称》

Director General for Facilities and Installations 【防衛省】施設監 《の英語呼称》

Director General for Health and Medicine 【防衛省】衛生監 《の英語呼称》

Director General, Logistics (J-4) 【統幕】首席後方補給官 《運用部運用第3課～の英語呼称》《統合的見地からの後方補給の構想および自衛隊の運用に係わる後方補給計画》

director handle bar ［C］ 方位盤ハンドル

Director, Health and Medical Division 【内部部局】衛生官 《の英語呼称》《職員の保健衛生、防衛医科大学校の管理・運営》

Director, Honors and Discipline Division 【内部部局】服務管理官 《の英語呼称》《職員の懲戒・服務・規律》

Director, Litigation Division 【内部部局】訟務管理官 《の英語呼称》《防衛省の所掌事務に関する訴訟・損失補償・損害賠償》

Director Manpower and Organization 【米空軍】兵員・編制組織部長

Director Morale Welfare Recreation and Services 【米空軍】士気・厚生・レクリエーション・援護部長

Director of Administration 【空自】総合監理幕僚 《幹部特技区分の英語呼称》

Director of Cabinet Intelligence ［the ～］ 【内閣官房】内閣情報官

Director of each Bureau 【自衛隊】各局長

Director of Information System for C4 【米陸軍】C4担当部長

Director of Legal Office 【海自】法務室長 《の英語呼称》

Director of Legislative Liaison 【米空軍】議会連絡部長

Director of Logistics 【空自】後方幕僚 《幹部特技区分の英語呼称》

Director of Medical Planning Office

【海自】衛生企画室長 《の英語呼称》

director of mobility forces (DIRMOBFOR) 【米軍】機動部隊指揮官

Director of National Intelligence (DNI) 【米】国家情報長官 ◇用例： Office of the Director of National Intelligence (ODNI) = 国家情報長官室

Director of Operation 【空自】作戦運用幕僚 《幹部特技区分の英語呼称》

Director of Operations Conference (DO CONF) 環太平洋空軍作戦部長会議

Director of Personnel Management 【空自】総合人事幕僚 《幹部特技区分の英語呼称》

director of police headquarters 【日】県警本部長

Director of Public Affairs 【米空軍】広報部長

Director of Research and Development 【空自】総合技術幕僚 《幹部特技区分の英語呼称》

Director of Small and Disadvantaged Business Utilization 【米空軍】中小企業部長

Director, Okinawa Coordination Division 【内部部局】沖縄調整官 《の英語呼称》《沖縄における地方公共団体・地域住民の理解・協力を確保するための連絡調整》

director pointer ［C］ 方位盤射手

Director, Policy Evaluation and Audit Division 【防衛省】政策評価監査官 《の英語呼称》

Director Program Appraisal 【米海軍】計画評価部長

Director Programs and Evaluation 【米空軍】計画・評価部長

director stand ［C］ 方位盤架台

Director, Supply and Services Support Division 【内部部局】沖縄調達官 《の英語呼称》《駐留軍のための物品・役務の調達、駐留軍から返還された物品の管理・返還・処分》

director train angle ［C］ 方位盤旋回角

Director, US Facilities Construction and Planning Division 【内部部局】提供施設計画官 《の英語呼称》《駐留軍施設の取得に係る実施計画の総括、建設工事の実施》

director valve ［C］ 振り分け弁

directory ［C］ ディレクトリ 《ファイルを管理する登録簿のこと。またはファイルを階層構造で管理するための概念のこと。[典] 調達における情報セキュリティ基準》

direct path (DP) ［C］ 【海自】ダイレクト・パス 《音波が海面や海底で反射することなく、受波点に直接到達する経路。[典] 対潜隊（音1）第401号》《DP = ディーピー》

direct path range (DPR) ［C］ 【海自】ダイレクト・パス伝搬による推定ソーナー探知距離 《DPR = ディーピーアール》

direct plotting 直接作図 《[対] indirect plotting = 間接作図》

direct pointing ［U］ 直接照準 《[対] indirect pointing = 間接照準》

direct pressure 直接圧迫

direct pressure force 直接圧迫に任ずる部隊

direct reading 直視式

direct reading gauge ［C］ 直読計器

direct reading indicator ［C］ 直視式指示器

direct route ［C］ 直行経路；ダイレクト・ルート

direct security ［U］ 直接警戒 《各級部隊指揮官が、自隊または特定対象に対し直接的に行う警戒をいう。[典] 陸自教範》

direct side-force control ［U］ 直接横力制御

direct sighting telescope ［C］ 直接照準眼鏡

direct spotting 全量修正

direct steering ［U］ 直接操舵

direct supply support depot ［C］ 直接支援補給処

direct support (D/S) 【陸自】直接支援；直接協力 《特定の部隊に対して、直接行う支援または協力をいう。[典] 統合訓練資料1-4》《[対] indirect support = 間接支援》

direct support artillery ［U］ 直接支援砲兵

direct supporting fire 直接支援射撃

Direct Support Unit 【陸自】直接支援隊 《の英語呼称》◇用例： 第1直接支援隊 = the 1st Direct Support Unit

direct support unit (DSU) ［C］ 直接支援任務部隊

direct tracking ［U］ 直接追従

direct transmission 直接伝動

direct wave ［C］ 直接波

direct weapon ［C］ 直射火器

dirty bomb ［C］ 汚い爆弾；ダーティ・ボム 《通常爆弾の内部に放射性物質を詰め込み、爆発させて放射性物質を拡散させ、汚染をもたらす爆弾》

dirty war ［U］ 汚い戦争

disability 勤務不能

D

disability termination 身体障害従業員の解雇

disabled veteran [C] 【米】傷痍軍人（しょういぐんじん）

disabling fire 無力化射撃 《働 disabling shot》

disabling shot [C] 無力化射撃 《働 disabling fire》

disaffected person [C] 不満分子

disappearing target [C] 隠顕的（いんけんてき）《現れたり、隠れたりする標的》

disarm [vt.] ①武装を解く 《働 arm = 武装する》 ②安全化する 《爆弾や地雷などの信管や爆発装置を取り除いたりすることで、爆発できないようにすること》

disarmament [U] ①軍備縮小；軍縮 ②武装解除 ◇用例： disarmament of the mind = 心の武装解除

disarmament conference [C] 軍縮会議

Disarmament, Demobilization, Reintegration (DDR) 武装解除；動員解除；社会復帰

disarmed mine [C] ①安全地雷 ②【海自】無能化機雷

disaster 災害

disaster call-up 【自衛隊】災害招集

disaster control [U] ①災害対策 ②【空自】被害局限

disaster control plan (DCP) [C] 【空自】被害局限計画

disaster medical assistance team (DMAT) [C] 災害派遣医療チーム 《災害急性期（発災後おおむね48時間以内）に活動するための機動性を保持した医療チーム》

disaster prevention [U] 防災

disaster prevention and risk control training [U] 【防衛省】防災・危機管理教育 《再就職援護策の一つ。若年定年退職予定の自衛官に対し防災行政の仕組みおよび国民保護計画などの専門知識を付与する》

disaster prevention measures [pl.] 防災対策

disaster prevention support 防災支援

disaster relief ①【空自】災害派遣 ②【陸自】災害救助 ③【海自】災害救援

Disaster Relief & Civil Protection Section 【統幕】災害派遣・国民保護班 《の英語呼称》

disaster relief dispatch 災害派遣 《働 disaster relief operations》

disaster-relief efforts [pl.] 被災者救援活動

disaster relief operations [pl.] 災害派遣 《働 disaster relief dispatch》

Disaster Relief Operations Section 【統幕】災害派遣班 《運用部運用第2課〜の英語呼称》

disaster victim [C] 被災者

disband [vt.] 解散する；解隊する 《軍隊、部隊を解散する》

disbursement [C] 支払い

disbursing clerk (DK) [C] 【海自】経理員 《経理員は、主として、収入、支出、支払、債権管理、契約、給与、旅費、計算証明、福利厚生、文書および人事に関する業務に従事する。働 海幕人第10346号》◇用例： chief disbursing clerk = 経理員長

disbursing office [C] 支払い事務所

Disbursing Section 【空自】主計班 《の英語呼称》◇用例： 主計班長 = Chief, Disbursing Section

disc and roller pressure mechanism [C] 摩擦板圧着機構

discarding sabot 装弾筒

disc array unit (DAU) [C] ディスク・アレイ装置 《補助記憶装置のディスク・アレイ装置のことをいう。働 JAFM006-4-18》

disc constant 計器定数

discharge ①除隊；懲戒免職；免職 ②排出；吐出；排水 ③放電 《働 electric discharge》 ④卸下（しゃか）

discharge allowance [C] 解雇手当て

discharge cock [C] 吐出コック

discharge current ①放出流 《プロペラーの放出流》 ②放電電流

discharge curve [C] 放電曲線

discharged soldier [C] 除隊兵

discharge gap [C] 放電間隙

discharge head [C] 吐出水頭

discharge lamp [C] 放電灯

discharge nozzle [C] 噴射ノズル；噴霧口

discharge outlet [C] 排出口

discharge pipe [C] 吐出管

discharge port [C] 排出口

discharge pressure 吐出圧；吐出圧力

discharge rate [C] 放電率

discharge regulator [C] 流量調整装置

discharge tube [C] 放電管

discharge valve [C] 吐出弁；排出弁

discharge voltage 放電電圧

disciplinary action 懲戒処分

disciplinary admonition 戒告

disciplinary authority ［C］ ①懲戒権 ②懲戒権者

disciplinary dismissal 懲戒免職

disciplinary punishment ①懲戒；懲戒処分

disciplinary reduction in pay 厳戒減給《懲戒処分による減給。[備]「減給」自体に懲戒の意味が含まれているので、通常は「懲戒」にする》《[同] forfeiture of pay》

discipline ［U］ 規律

discoloration ［U］ 変色

disconnecting gear ［C］ 掛け外し装置

disconnecting shaft ［C］ 連結軸

disconnection ［C］ 断線

discontinuation 中止

discontinue ［vt.］ 中止する

discrepancy ①【空自】欠陥 ②【海自】不具合；不一致

discrepancy report (DR) ［C］ 欠陥報告

discrete beacon code 【空自】2次レーダー個別コード

discrete fire 指定射撃

discretional access control (DAC) ［U］ 任意アクセス制御

discretionary dispatch 自主派遣

discriminant 判別式

discriminate deterrence strategy ［C］ 選別的抑止戦略

discriminating circuit ［C］ 識別回路

discriminating selector ［C］ 切り替えセレクター

discrimination ［U］ 識別

discriminator ［C］ 弁別器

disease and non-battle injury casualty (DNBI) ［C］ 病者及び非戦闘負傷者

disembark ［vi.; vt.］ 揚陸する

disembarkation 揚陸 《[対] embarkation = 搭載》

disembarkation schedule 揚陸スケジュール

disemplace ［vt.］ 撤去する

disemplacement 撤去

disengage ［vi.］ 離脱する

disengagement ①【陸自】離脱 《敵と交戦中の部隊が、敵との接触を中断して行動の自由を獲得するため後方へ移動する行動をいう。[典] 陸自教範》《[同] withdrawal》 ②【海自】撤退

disengaging force 離脱部隊

disguised enemy report ［C］ 偽装触敵報告

dishonorable discharge 懲戒免職

disinfection 消毒

disintegration 瓦解；崩壊 《瓦解とは、一部の崩れから全体が崩れること》

disintegration voltage 崩壊電圧

disk clutch ［C］ 円板クラッチ

disk crank ［C］ 円板クランク

disk loading ［U］ 円板面荷重

disk rotor ［C］ 円板羽根車

disk shutter ［C］ 円板シャッター

disk stop 円板絞り

disk valve ［C］ 円板弁

dislocated civilian ［C］ 避難民

dislocation 脱臼(だっきゅう)

dismiss ［vt.］ 解散する

dismissal 免職

dismounted battle 下車戦闘

dispatch ①派遣 ②【陸自】車両運行指令書

dispatched staff ［C］ 派遣幕僚

dispatched unit ［C］ 出動部隊

Dispatched Unit for International Peace Cooperation Activities 【陸自】国際平和協力活動等派遣部隊 《の英語呼称》

dispatched worker ［C］ 派遣労働者 ◇用例：労働者派遣事業の適正な運営の確保及び派遣労働者の保護等に関する法律 = the Act for Securing the Proper Operation of Worker Dispatching Undertakings and Protection of Dispatched Workers

dispatch interval ［C］ 出発間隔

dispatch road (DR) ［C］ 完全管制道路《管制道路で行う規制に加えて、道路使用上の優先順位の決定、通行の時間統制等高度の規制を行う道路をいう。[典] 陸自教範》

dispatch route ［C］ ①【陸自】完全管制道路 ②【海自】派遣ルート

dispensary ［C］ 医務室；診察室；診療室

dispersal ［U］ ①散布 《射弾のばらつき(弾着と射心との距離)をいう。[典] 海上自衛隊訓練資料第175号》 ②分散

dispersal airfield ［C］ 分散飛行場

dispersal area ［C］ 疎開地域

dispersal point ［C］ 開進点

disperse ［vt.］ 分散する

dispersed airdrome 分散飛行場

dispersed control ［U］ 分散指揮

dispersed formation ［U］ 分散隊形

dispersion ［U］ ①分散 ②散布 《射弾の散布》 ③光の散乱

dispersion error 散布誤差

dispersion ladder ［C］ 射弾散布梯尺（しゃだんさんぷていしゃく）；散布梯尺（さんぷていしゃく）

dispersion of fire 射弾散布

dispersion pattern ［C］ 散布パターン

dispersion zone ［C］ 散布区域 《同一諸元で弾丸を発射したとしても、各種の要因により、同一点に着弾せず、ある区域内に散布する。この区域を散布区域という》

displace ［vt.］ 陣地を変換する

displaced person ［C］ ①国外流民（こくがいるみん） ②難民

displacement ［U］ ①陣地変換 ②排水量 《軍艦の排水量。単位はトン》 ③変位 《電気》

displacement and other curve 排水量等曲線

displacement angle ［C］ 変位角

displacement current 変位電流

displacement curve ［C］ 排水量曲線

displacement limiter ［C］ 偏位制限器

displacement signal ［C］ 偏位信号

displacement ton 排水トン

displacement tonnage 排水トン数

display ①表示装置 ②表示 《[備] 画面の表示内容自体を指していることがある》 ③展示

display aided maintenance (DAM) ［U］ 表示方式整備 《DAM＝ダム》

display and control (D&C) 表示制御装置 《ペトリオット用語》

display board ［C］ 【海自】作図表示盤

display buffer overflow ディスプレイ・バッファー・オーバーフロー 《バッジ用語》

display command and control diagnostics (DCCD) 表示入出力制御装置診断プログラム 《ペトリオット用語》

display console processing (DCP) 航空現況表示処理プログラム 《バッジ用語》

display control panel ［C］ ディスプレイ・コントロール・パネル 《バッジ用語》

display instructions ［pl.］ 展示指導

display overload ディスプレイ・オーバーロード 《バッジ用語》

disposable lift 有効揚力

disposable weight ［U］ 有効積載量 《固定重量（fixed weight）を除く、航空機の全重量》

disposal ［U］ 【陸自】処分 《老朽化または修理不能の装備品等を不用決定し、破棄等を行うことをいう。また、装備品等の緊急破棄を含めていう場合がある。[典] 統合訓練資料1-4》

disposal item ［C］ 廃品

dispose ［vt.］ 処分する；処置する ◇用例：dispose mine＝地雷を処理する

disposition ①配備 《部隊、人員、艦船、航空機等をある特定の目的達成に便利なように配置すること、またはその状態をいう。[典] 陸自教範》 ◇用例：disposition of troops＝軍隊の配備 ②【海自】陣形配備 《各種戦闘または補給等の目的で、航進する複数の艦艇等に下令された配列をいう。[典] 統合訓練資料1-4》

disposition axis ［pl.＝disposition axes］ 配備軸；陣形配備軸

disposition center ［C］ 配備中心

disposition diagram ［C］ 配備図

disqualification 欠格；失格

disqualification termination 不適格解雇

disrupt 分裂

disruptive pattern ［C］ 迷彩模様；迷彩パターン

disseminate ［vt.］ 配布する

dissemination 配布 《情報の配布》

dissimilar air combat tactics (DACT) ［pl.］ 異機種対戦闘機戦闘 《DACT＝ダクト》

dissociation ［U］ 解離

dissociation constant 解離定数

dissolution 解除 《秘密区分の解除》◇用例：dissolution of security classification＝秘密区分の解除

dissolved acetylene ［U］ 溶解アセチレン

dissolved oxygen ［U］ 溶解酸素

dissolved oxygen testing cabinet ［C］ 溶解酸素試験器

dissonance coil ［C］ 非共振コイル

distance (DIST) ①距離 ②車間距離 ③航程

distance altitude cross section ［C］ 距離高度断面図

distance-by-vertical-angle method 仰角距離法

distance difference measurement 距離差測定

distance equivalent time delay 距離等価遅延時間

distance line ［C］ 距離索

219　　　　　　　　　　　　　　　　　　　　　　　　　　**dist**

distance marker　［C］　滑走路距離灯

distance measuring equipment (DME)
［U］　距離測定装置　《航空機》

distance measuring ground beacon　［C］
距離測定用地上ビーコン

distance meter　［C］　距離計

distance of distinct　明視距離（めいしきょり）
《目を近づけてみる場合に都合のよい距離をいう。
一般に、人間の明視距離は25cm程度である》

distance pieces　［pl.］　スペーサー

distance resolution　距離分解能

distance servo amplifier　［C］　距離サーボ
増幅器

distance signal　［C］　距離信号

distance sum measurement　距離和測定

distance table　［C］　距離表

distance thermometer　［C］　隔測温度計

distance to closest point of approach
(DCPA)　【海自】最接近点　《自艦から最接近
点（CPA）までの最接近距離》

distance to go　往路距離

distance-to-go indicator　［C］　往路距離指
示器

distance-to-go information　［U］　往路距
離情報

distance-to-go meter　［C］　往路距離計

distance to new course　【海自】真針路距離

distance traveled　航走距離

distant aircraft screen　［C］　遠隔航空直衛

distant control　［U］　遠隔制御

distant early warning (DEW)　遠距離早期
警戒

distant early warning line　［C］　遠距離早
期警報線

distant lightning　［U］　遠い電光

distant reconnaissance　遠距離偵察

distant retirement area　［C］　【海自】遠
隔退却区域

distant screen　［C］　遠隔直衛

distant search　［C］　遠隔捜索

distant support　【海自】遠隔支援

distant support area　［C］　【海自】遠隔支
援海域

distant support operations　［pl.］　①
【統幕】遠距離支援作戦　②【海自】遠隔支援作戦

distillation characteristics　［pl.］　分留性
状；蒸留性状

distillation test　［C］　分留試験；蒸留試験

distilled water　［U］　蒸留水

distiller　［C］　蒸留器

distilling plant (DP)　［C］　造水装置　《海
水から真水を作る装置》

Distinguished Conduct Medal (DCM)
【英陸軍】功労章

Distinguished Flying Cross　【米軍・英軍】
空軍殊勲十字章

distinguished service　殊勲

Distinguished Service Cross (DSC)　【米
陸空軍・英海軍】殊勲十字章

Distinguished Service Medal　【英海軍・
米軍】殊勲章

Distinguished Service Order (DSO)
【英軍】殊勲章

Distinguished Unit Emblem (DUE)
【米軍】殊勲部隊員章

distorted wave　［C］　ひずみ波

distortion　①ひずみ　《電気通信》　②ゆがみ
《機械》

distortion circuit　［C］　ひずみ回路

distress　［U］　遭難　◇用例： distress to be
rescued ＝ 要救難事故

distress message　［C］　遭難通報

distress phase　［C］　遭難段階

distress signal　［C］　①遭難信号　②遭難信
号筒

distress traffic　［U］　遭難通信

distribute　［vt.］　配布する；配分する

distributed amplifier　［C］　分散型増幅器

distributed capacity　分布容量

distributed denial of service (DDoS)　分
散型サービス拒否　《数多くのコンピューターを
使用して、許可アクセス（正当なアクセス）を妨害
すること》◇用例： distributed denial of service
attack（DDoS attack）＝ 分散型サービス拒否攻
撃（DDoS攻撃）

distributed fire　分散射撃

distributed network operating system
(DNOS)　［C］　分散ネットワーク・オペレー
ティング・システム　《DNOS ＝ ディノス》

distributed network operating system
performance monitoring function
(DNOS PERFORMANCE
MONITORING FUNCTION)　分散
ネットワーク・オペレーティング・システム・パ
フォーマンス・モニター機能　《バッジ用語》

distributing header　［C］　分配管寄せ

distributing panel (DP)　［C］　配電盤
《ペトリオット用語》

D

distributing pipe 〔C〕 配水管 《[同] water pipe》

distributing point 〔C〕 分配所 《[同] distribution point》

distribution ①交付 ②配分 《補給機能の一つであり、資材、施設、役務等を使用者に割り当て、分配する行為をいう。[典] 統合訓練資料1-4》 ③分布

distribution box 〔C〕 ①【空自】配電盤 ②【海自】分電箱

distribution curve 〔C〕 水平配光曲線

distribution line 〔C〕 配電線

distribution of personnel 人員配置；人事配置；配員

distribution of replacement 補充員の配分

D

distribution panel 〔C〕 配線パネル

distribution plan 〔C〕 配分計画

distribution plate 〔C〕 導き板

distribution point 〔C〕 【陸自】交付所 《補給品を使用部隊に交付する施設をいい、通常、師団等以下の部隊が開設する。交付所のほか、所要に応じて築城資材等を現地の集積位置において交付するところを交付支所という。[典] 統合訓練資料1-4》《[同] distributing point》

distribution port 仕向け港

distribution restriction 配布制限

distribution service 〔C〕 配達

distribution system 〔C〕 配分機構

distribution valve 〔C〕 分配弁

distributor 〔C〕 ①【空自】分配器 ②【海自】配電器

district 〔C〕 地区 ◇用例： a district in Okinawa Prefecture = 沖縄県の地区

District 〔C〕 【海自】地方隊 《の英語呼称》 ◇用例： 横須賀地方隊 = Yokosuka District；the commandants of regional districts = 各地方総監

District Air Investigation Detachment 【空自】地方調査隊 《の英語呼称》

District Air Police Squadron 【空自】地方警務隊 《の英語呼称》

District Communications Center 【海保】統制通信事務所

District Criminal Investigation Command 【海自】地方警務隊 《の英語呼称》◇用例： 地方警務隊長 = Commanding Officer, District Criminal Investigation Command

district depot 〔C〕 【陸自】地区補給処 ◇用例： District Depot of Northern Army = 北海道地区補給処

District Government (DG) 【米】統治区行政府

district hospital 〔C〕 【自衛隊】地区病院 ◇用例： SDF District Hospitals = 自衛隊地区病院

District Intelligence Security Unit 【海自】地方情報保全隊 《の英語呼称》◇用例： 地方情報保全隊長 = Commanding Officer, District Intelligence Security Unit

disturbance 擾乱(じょうらん)

disturbance of consciousness 意識障害

disturbed magnetic field 〔C〕 擾乱磁界(じょうらんじかい)

disturbing minefield 〔C〕 妨害地雷原 《敵を遅滞または混乱させ、あるいは敵が地域、道路、施設等を使用することを妨げるために使用する地雷原をいう。[典] 陸自教範》

ditching ①【空自】不時着水 《[同] emergency water landing》 ②【海自】不時着

ditching trainer 〔C〕 不時着脱出訓練装置

dither mechanism 〔C〕 振動機構

ditto 同上；同上の

diurnal circle 〔C〕 日周圏

diurnal range 〔C〕 日較差(にちかくさ)

diurnal variation 日変化

dive ①急降下 ②潜水

dive angle 〔C〕 ①降下角 ②潜入角 《魚雷の潜入角》

dive bombing 急降下爆撃

dive-bombing attack 〔C〕 急降下爆撃

dive bombing operation 急降下爆撃

diver 〔C〕 潜水員 《海上自衛隊において、潜水員は、主として潜水作業および関連器材の保守整備に関する業務に従事する。[典] 海幕人第10346号》

divergent duct 〔C〕 ①末広導管 ②ダイバージェント・ダクト

divergent nozzle 〔C〕 末広ノズル

divergent spread 開進散布

divergent wave 〔C〕 発散波

divergent wind 発散風

diverging air current 発散気流

diverging lens 〔C〕 発散レンズ

diverging wave 〔C〕 8字波

diversion ①牽制(けんせい) 《陽動作戦》 ②進路変更；航路変更 ③迂回；迂回路

diversion airfield 〔C〕 代替飛行場 《[同] divert airfield》

diversionary action 陽動作戦

diversionary attack ［C］ 牽制攻撃；分散攻撃

diversionary heading ディバージョナリー・ヘディング 《バッジ用語》

diversionary landing 牽制上陸

diversion order 航路変更命令

diversity reception ダイバーシティ受信

divert 目標変更；任務変更；目的地変更

divert and attitude control system (DACS) ［C］ 軌道及び姿勢制御システム 《キネティック弾頭の構成要素であり、キネティック弾頭を弾道ミサイルに直撃させるため、ガス噴射により軌道修正と姿勢制御を行うための装置》《DACS = ダクス》

divert field ［C］ 代替飛行場 《[同] diversion airfield》

dive toss 急降下投下

divided battery control ［U］ 分火指揮

divided furnace boiler ［C］ 分割炉ボイラー

dividing edge mirror ［C］ 分割鏡

dividing network ［C］ 分波回路網

diving ［U］ ①【空自】急降下 ②【海自】潜航 《潜入が開始された直後から完全に浮上し、水上状態に復旧するまでの潜水艦の運動および状態をいう。[典] 統合訓練資料1-4》 ③潜水 ④潜入

diving alarm 潜航警報；ダイビング・アラーム

diving cap ［C］ 潜水帽子

diving control console ［C］ 潜水管制盤

diving equipment ［U］ 潜水器具

diving illness ［U］ 潜水病

diving lamp ［C］ 潜水灯

diving medical officer ［C］ 潜水医官

diving message ［C］ 潜航通報

diving officer ［C］ ①潜航指揮官 ②【海自】潜水長 《潜水長は、潜水およびこれに係る物件の整備に関する業務を所掌する。[典] 海幕人第10346号》

diving operation 潜水作業

diving report ［C］ 潜航開始報告

diving shoes ［pl.］ 潜水靴(せんすいくつ)

diving station ［C］ 潜航部署

diving suit 潜水服

diving swirl 潜入渦紋(せんにゅうかもん)

diving tender ［C］ 潜水作業船

diving trainer ［C］ 潜航訓練装置；ダイビング・トレーナー

division ［C］ ①【陸軍】師団 《3～4個の旅団(brigade)で編成する》 ②【海自】隊；分隊 ③部；課

Division (D) 【自衛隊】師団 《の英語呼称》

divisional artillery brigade ［C］ 師団配属砲兵旅団

divisional units ［pl.］ 師団等の各部隊

Division Artillery Regiment 【陸自】師団特科連隊 《の英語呼称》

division beach party ［C］ 師団海岸設定隊

Division Commanding General (DCG) 師団長 ◇用例： Vice Commanding General of the Division (VCG) = 副師団長

division headquarters (DHQ) 師団司令部

division leading petty officer ［C］ 【海自】分隊先任海曹

Division of Digital Library and Information System 【防大】情報システム活用研究部門 《の英語呼称》◇用例： 情報システム活用研究部門長 = Head of Division of Digital Library and Information System

division officer ［C］ 【海軍・海自】分隊長

Division of Information Technology Research 【防大】IT技術研究部門 《の英語呼称》◇用例： IT技術研究部門長 = Head of Division of Information Technology Research

Division of Remote and Multimedia Education 【防大】遠隔・マルチメディア教育研究部門 《の英語呼称》◇用例： 遠隔・マルチメディア教育研究部門長 = Head of Division of Remote and Multimedia Education

division parade 【海自】分隊整列

division plate ［C］ 仕切り板；振動板

division police petty officer ［C］ 【海自】分隊甲板海曹 《分隊甲板海曹は、甲板士官の命を受けて服務し、分隊の内務遂行に関して分隊先任海曹を補佐する。[典] 海幕人第10346号》

division scale 目盛り

division shore party ［C］ 師団陸岸設定隊

division support command ［C］ 師団支援部隊

division train ［C］ 師団段列

division troops ［pl.］ 師団直轄部隊

division wall ［C］ 仕切り壁

Djibouti Local Coordination Center ［the ～］ 【海自】ジブチ現地調整所 《の英語呼称》◇用例： ジブチ現地調整所長 = Chief of Djibouti Local Coordination Center

D-layer = D layer D層

DLP Application Communication

Protocol (DACP)　連接関連装置アプリケーション通信プロトコル　《JADGE用語》《DLP = data link processor (データ・リンク・プロセッサー)》

DLP Communication Protocol (DCP)　DLP通信プロトコル　《JADGE用語》

DLP Session Communication Protocol (DSCP)　DLPセッション通信プロトコル　《JADGE用語》

DNA analysis　DNA分析

dock　[C]　ドック

dockage　ドック料　《[同] dock-dues》

dock chief　ドック係長

dock-dues　[pl.]　ドック料　《[同] dockage》

dock-floor　[C]　ドック底

D

dock gate　[C]　ドック門

docking　入渠(にゅうきょ)　《[対] undocking = 出渠》

dock landing ship　[C]　①【海自】ドック型揚陸艦　②【空自】上陸用舟艇母艦　《艦種記号： LSD》

dock method　ドック方式

dockyard　[C]　造船所

doctrine　①【米軍】教義　《軍事力または軍事的構成要素が国家目的遂行の際、自己の行動を導くための基本的原理をいう。[典] 統合訓練資料1-4》②原則；教範

Doctrine Development Research Office　【空自】運用理論研究室　《航空研究センター隷下〜の英語呼称》《部隊運用、教育訓練および防衛力整備の基盤となる考え方を示す空自ドクトリンの開発および部隊等への普及を実施する。[典] 航空研究センターHP》

documentation control　[U]　文書統制　《文書の処理を作戦上の要求に即応させ、かつ文書処理業務の円滑を図るため、発簡文書について必要に応じ秘密区分、緩急、区分、送達方法、事務手続等を統制することをいう。[典] 陸自教範》

document availability code (DAC)　【米】資料有効性コード

document control number (DCN)　書類統制番号

document identifier code (DIC)　【米】資料識別コード

Document Management Section　【陸自・空自】文書班　《の英語呼称》◇用例： 文書班長 = Chief, Document Management Section

document management system　[C]　文書管理システム　《総務省が文書管理業務の業務・システム最適化計画に基づき整備した政府全体で利用可能な一元的な文書管理システムをいう。[典] 防衛省訓令第15号》

Document Processing room　【空自】文書処理室　《の英語呼称》

DOE Technology Information Network　【米】エネルギー省技術情報ネットワーク　《DOE = Department of Energy (エネルギー省)》

dog　[C]　ドッグ；締め金

dog clutch　[C]　かみ合いクラッチ　《[同] claw clutch》

dogfight　= dog fight　[C]　格闘戦　《戦闘機の空中戦》

dog-fighting　[U]　空対空戦闘

dog tag　[C]　認識票　《米軍の俗語》

doldrums　赤道無風帯

dolly　[C]　【海軍】ドリー；運搬用架台

domestic air traffic　国内航空交通

domestic commercial jet　[C]　国内線民間ジェット旅客機

domestic emergencies　[pl.]　国内緊急事態

domestic flight　[C]　国内線旅客機

domestic intelligence　[U]　国内情報

domestic support operations　[pl.]　国内支援作戦

dominant maneuver　[C]　優勢機動

dominant user　[C]　優勢使用者

dominant user concept　[C]　優勢使用者概念

dominant wave　[C]　主波(しゅは)

dominate　[vt.]　支配する；制する

dominating height　制高点　《[同] commanding height》

Dong Feng　【中国】東風　《中国の戦略ミサイル》

Donor Alert　[the 〜]　ドナー・アラート　《支援国への警報》

donor impurities　[pl.]　ドナー不純物

door emergency release cylinder　[C]　扉緊急開放シリンダー (とびらきんきゅうかいほうシリンダー)

Doppler beam sharpening (DBS)　ドップラー・ビーム・シャープニング　《L-PRFパルス・ドップラー・レーダー方式によりビーム内を先鋭化して高分解能な地形表示を行う。静止目標および地形の強調されたレーダー反射を得るために使用。3段階に表示を拡大できる。[典] レーダー用語集》

Doppler direction finder　[C]　ドップラー方向探知機

Doppler effect　ドップラー効果　《波動の源と

観測者が相対的に運動している時、観測者が測定する振動数が波源の振動数と異なる現象。音波・電磁波(特に光)で見られる。⊛ レーダー用語集》

Doppler navigation ［U］ ドップラー航法

Doppler navigation system ［C］ ドップラー航法装置

Doppler radar ［C］ ドップラー・レーダー

Doppler shift ドップラー・シフト 《電波や音波などの周波数が、送信点や反射物、受信点が移動する速度によって変化すること。周波数の変化量から、移動する速度を知ることができる》

Doppler sonar ［U］ 【海自】ドップラー・ソーナー 《反響音のドップラー・シフトを検出して自艦の対地速力または対水速力を測定する航海用ソーナー。⊛ NDS Y 0012B》

dormitory ［C］ 宿舎

dorsal fin ［C］ 背びれ

dose ［C］ 線量

dosimeter ［C］ 線量計

dosimetry 線量測定

double-acting ［adj.］ 複動の

double-acting compressor ［C］ 複動圧縮機

double-acting cylinder ［C］ 複動シリンダー

double-acting engine ［C］ 複動機関

double-acting pump ［C］ 複動ポンプ

double agent ［C］ 二重スパイ

double-apron fence ［C］ 屋根型鉄条網

double-base powder ダブルベース火薬

double-base propellant = double-base gun propellant ダブルベース発射薬

double blackwall hitch 増し掛け結び

double bottom 2重底

double bracket assembly ［C］ 二重ささえ機構

double cavity klystron 複空洞クライストロン

double chain knot 二重鎖結び

double-clutch ［C］ 2段クラッチ

double-column magazine ［C］ 複列弾倉(ふくれつだんそう) 《弾薬を互い違いに2列に並べた状態で収容する弾倉。⊛ NDS Y 0002B》《 single-column magazine = 単列弾倉》

double commutator generator ［C］ 2整流子発電機

double commutator type machine ［C］ 2整流子機械

double contact extension 2接点拡張

double correction 倍量修正

double discharge 両吐出

double distributor ［C］ 二重配電盤

double drift 2偏流法

double drift correction 倍角偏流修正

double ejector rack (DER) ［C］ 二重懸架装置

double envelopment 両翼包囲

double expansion engine ［C］ 2段膨張機関

double exposure 二重露光

double exposure prevention ［U］ 二重露出防止

double fault ダブル・ホールト

double-flow turbine ［C］ 分流タービン

double funnel ［C］ 2重煙突

double hull ［C］ 複殻(ふくこく) 《潜水艦》

double-humped resonance curve ［C］ 双峰共振曲線

double hung rocket ［C］ 二重懸吊ロケット

double-inlet duct ［C］ 双吸気口

double-jet carburetor ［C］ 複ジェット気化器

double-layer winding 2層巻き

double-lift cam ［C］ 2段カム

double line crossover patrol 2重8字哨戒

double-lobe system 二重ローブ方式

double marline hitch 二重括り結び(にじゅうくくりむすび)

double master station ［C］ 二重主局

double Matthew Walker knot 飾り取り手結び

double messenger ［C］ 複伝令

double plate ［C］ 二重張り

double-pole, double-throw (DPDT) 双極双投 《スイッチ形式の一つ》

double-pole, single-throw (DPST) 双極単投 《スイッチ形式の一つ》

double-ported slide valve ［C］ 両口滑り弁

double radial engine ［C］ 二重星形発動機

double row ［C］ 複列

double salvo 2段打ち方

double sampling inspection 2回抜き取り検査

double-seat valve ［C］ 両座弁

doub 224

double sector screen ［C］ 二方向直衛

double sheet bend 二重つなぎ（ふたえつなぎ）《ロープの結び方の一種》

double site principle 重位置法

double stub tuner ［C］ 二重スタブ整合器

double suction ［U］ 両吸い込み

double-suction impeller ［C］ 両側吸い込み羽根車

double superheterodyne 2重スーパーヘテロダイン

double system of ignition 二系統点火式

doublet ダブレット

double talk ダブルトーク

doublet antenna ［C］ ダブレット・アンテナ

D double-throw (DT) 双投

double-throw switch ［C］ 双投スイッチ

double time ①駈歩（きゅうほ） ②「駆け足」《号令》◇用例：Double Time, March！＝「駆け足、進め！」

double transposition 二重転換

double-tuned amplifier ［C］ 複同調増幅器

double up ダブル・アップ

double weapon attack ［C］ 併用攻撃

double whip ダブル・ホイップ

doubling the angle on the bow 船首倍角法；倍角法

dowel ［C］ だぼ；止め栓

dowel pin ［C］ 合わせピン

downburst ダウンバースト 《上空から地表に強く吹き降ろす下降気流およびこの下降気流が地表に衝突して吹き出す破壊的な気流をダウンバーストという。ダウンバーストは地表にぶつかると水平方向に広がるが、広がりが4 km以上のものをマクロバースト、4 km以内のものをマイクロバーストという》

downcast header ［C］ 降水管ヘッダー

downcast pipe ［C］ 降水管

down comer ［C］ 降水管 《ボイラーの降水管》

down draft 下降気流 《㊎ up-draft ＝上昇気流》

down-draft carburetor ［C］ 降流気化器；降流式気化器

downgrade 格下げ；降格 ◇用例：downgrade of security classification ＝秘密区分の格下げ

down-ladder ［C］ 下げ階てい 《下げ階梯》

down link (DL) ［C］ ダウン・リンク

down stroke 【海自】下り行程 《㊎ up stroke ＝上り行程》

down time ①ダウン・タイム 《システム、機器、部品等が規定の機能を果たしうる状態にない時間、整備時間、補給待ち時間からなる。㊎ レーダー用語集》 ②着陸時間

downward looking infra-red (DLIR) 下方監視赤外線方式

down wash ＝downwash ダウン・ウォッシュ；洗流；吹き下げ流；吹き降し

down-wash angle ［C］ 吹き降し角

down-wind ［U］ ダウン・ウインド

down-wind approach 降下風進入

down-wind leg ［C］ ダウンウインド・レグ 《㊎ up-wind leg ＝アップウインド・レグ》

doxycycline ドキシサイクリン 《抗生物質名》

draft ［n.］ ①草案 ②徴兵 ③喫水 ④通風 ⑤垂直流

draft ［vt.］ ①起案する ②徴兵する ◇用例：draft military forces ＝軍事力を招集する

draft dodger ［C］ 徴兵忌避者

drafter ［C］ 起案者

draft gauge ［C］ ①喫水計 ②通風計

draft head 吸出水頭

drafting plan ［C］ 要員計画

draft mark ［C］ 喫水標

draft plan ［C］ 草案

draft pressure 通風圧

drag 抗力

drag axis ［pl. ＝ drag axes］ 抗力軸

drag coefficient ［C］ 抗力係数（こうりょくけいすう）；抵抗係数

drag effect 抗力効果

dragging ドラッギング

dragging anchor ［C］ 走錨（そうびょう）《錨をおろした状態で艦船が流されること》

drag link ［C］ 引棒

drag parachute ＝drag chute ［C］ 制動傘（せいどうさん）《ジェット機などの着陸時にブレーキとして使用する落下傘。爆弾などの落下速度を遅くするための落下傘。㊎ NDS Y 0001D》

drag plate ［C］ 抵抗板

drag rod ［C］ 引棒

drag strut ［C］ 翼内支柱

drag take-off 曳航離陸

drag truss ［C］ 抗力トラス

drain 排水；ドレン

drainage ［U］ 排水
drainage basin ［C］ 流域
drainage system ①【陸自】水系 ②【空自】排水施設 ③【海自】排水系統；ドレン系統
drain line ［C］ ドレン系
drain manifold 排出多岐管
drain pipe ［C］ 排水管；ドレン管
drain plug ［C］ ドレン栓
drain system ドレン系統；排水系統
drain tube ［C］ 排水管
drain valve ［C］ ドレン弁
drain well ドレンだめ
D ration ［C］ 【米陸軍】D号携帯口糧《緊急用》
draw 雨裂（うれつ）
draw bar ［C］ 引張棒；牽引棒
draw bucket ［C］ 布ばけつ
drawing (DWG) ［C］ 図面
drawing for approval 承認用図
drawing for inspection 検査図
drawing number 図面番号
drawing of civil engineering and architecture 建築用製図
dreadnought ［C］ 弩級艦（どきゅうかん）
dredge 浚渫船
dress ①整頓（せいとん） ②礼装
dressing line ［C］ 飾り綱
Dress Left！ 「左へ、ならえ！」《号令》
dress parade 正装閲兵式
Dress Ready Front！ 「直れ！」《号令》
Dress Right！ 「右へ、ならえ！」《号令》
dress ship 艦飾
dress uniform 礼装；正装用軍服
drift ①定偏《旋条による砲弾の旋転力と空気抗力との作用で、砲弾が右（左）に偏位する距離をいう。[典] 海上自衛隊訓練資料第175号》 ②偏流《航空機や発射体が風や回転の反作用によって機首を向けた方向から横方向にずれること。[典] レーダー用語集》 ③横流れ《艦船》
drift angle ［C］ ①定偏角 ②偏流角《航空機または船の方向と正しい航跡の間の角度。[典] レーダー用語集》
drift angle correction 偏流角修正量
drift correction 偏流修正量
drift correction angle ［C］ 偏流修正角
drift current 吹走流
drift down 圧流
drift ice ［U］ 流氷
drifting mine ［C］ 浮遊機雷《海上に浮かべた機雷》
drifting snow ［U］ 低い地吹雪；吹雪《[対] blowing snow = 高い地吹雪》
drift meter ［C］ ①【空自】偏流測定器 ②【海自】偏流計；偏流測定儀
drift signal ［C］ ①【空自】航法用目標弾 ②【海自】漂流信号
drift weight ［C］ 定偏錘
drill ［C］ 教練
drill ammunition ［U］ 教練弾
drill gauge ［C］ きりゲージ
drill mine ［C］ 模擬機雷；訓練機雷
drill sergeant ［C］ ドリル・サージェント；訓練担当軍曹
D-ring ［C］ Dリング
drinking water ［U］ 飲料水
drinking water fountain ［C］ 冷水器；飲用噴水器
drip pan ［C］ しずく受け
dripproof 防滴（ぼうてき）
drip tray ［C］ しずく受け
drive ①駆動装置 ②励振
drive link ［C］ 駆動リンク
drive mode ドライブ・モード《ペトリオット用語》
driven link ［C］ 駆動リンク
driver ［C］ ①駆動体；ドライバー ②ねじ回し ③励振器 ④操縦手《運転免許証を有し、かつ操縦免許証または操縦許可証を有する者。[典] 航空自衛隊達第17号》
driver amplifier ［C］ 励振増幅器
driver motor ［C］ 駆動モーター
driver stage ［C］ 励振段
driving device ［C］ 運転装備
driving face ［C］ 圧力面《プロペラーの圧力面》
driving key ［C］ 打ち込みキー
driving point ［C］ 駆動点
driving power 推進力
driving pulley ［C］ 駆動プーリー
driving shaft ［C］ 駆動軸；原軸
driving torque ［U］ 駆動トルク
driving wheel ［C］ 動輪
drizzle 霧雨

drizzle test ［C］ 霧化試験

drone ［C］ ①【空自】無人機 ②【海自】ドローン

drone anti-submarine helicopter (DASH) ［C］ 対潜水艦無人ヘリコプター 《DASH = ダッシュ》

Drone Maintenance Squadron 【海自】標的機整備隊 《の英語呼称》《艦艇部隊のミサイル訓練射撃の高速標的機の整備ならびに整備員の教育を主な任務とする》◇用例： 標的機整備隊司令 = Commanding Officer, Drone Maintenance Squadron

Drone Support Squadron 【海自】海上訓練支援隊 《の英語呼称》◇用例： 海上訓練支援隊司令 = Commander, Drone Support Squadron

D

drooping characteristics ［pl.］ 垂下特性

droop stop ドループ・ストップ

drop 降投下

drop altitude 降下高度；投下高度 《[同] drop height》

drop area ［C］ 【陸自】降着地域 《空挺部隊もしくは補給品を降投下または着陸させるために使用する目標地域内の一定の地域をいい、通常、2以上の降下場または着陸場を含む。[典] 統合訓練資料1-4》《[同] landing area》

drop-away current 落下電流

drop-away voltage 落下電圧

drop-feed 送り落し

drop hammer test ［C］ 落槌感度試験（らくついかんどしけん） 《火薬類の上にハンマーを落とし、高さを変えて、爆発の有無を調べる衝撃感度試験。[典] NDS Y 0001D》《[同] fall hammer test》

drop height 降下高度；投下高度 《[同] drop altitude》

drop long range ドロップ・ロング・レンジ 《ペトリオット用語》

drop lubrication 滴下注油

dropmaster ［C］ 降下連絡員

drop message ［C］ 投下通信

drop oiler ［C］ 滴下注油器

dropout altitude 測定限外高度

droppable tank ［C］ 落下タンク

dropping angle ［C］ 投下角

dropping point ［C］ 滴点

dropping zone (DZ) ［C］ 降下地帯；降着場

drop point (DP) ［C］ 降下地点

drop segment ［C］ ドロップ・セグメント 《ペトリオット用語》

drop short range ドロップ・ショート・レンジ 《ペトリオット用語》

drop sonde 投下ゾンデ

drop tank ［C］ 落下タンク

drop track ［C］ ドロップ航跡 《「drop track」には、「航跡を除去する」という意味と、「ドロップと指定された航跡」という意味がある。「航跡除去」であることが、確実ではない場合は、「ドロップ航跡」にする》

drop-weight impact sensitivity (DWIS) 落槌感度（らくついかんど） 《火薬類の衝撃感度（impact sensitivity）の指標の一つ》

drop zone (DZ) ［C］ ①降着場 《降着地域内の一定の地域をいい、降下場と着陸場の総称である。[典] 統合訓練資料1-4》《[同] landing zone》 ②降下地帯；投下地帯

Drug Enforcement Agency (DEA) 【米】麻薬取締局

drug interdiction ［C］ 麻薬取締

drum ［C］ ドラム缶

drum armature ［C］ 円筒電機子

drum cam ［C］ 円筒カム

drum type 太鼓形

drum winding 鼓状巻き

dry ［vt.］ 脱水する

dry-adiabatic change 乾燥断熱変化

dry-adiabatic cooling 乾燥断熱冷却

dry-adiabatic lapse rate ［C］ 乾燥断熱減率

dry air ［U］ 乾燥空気

dry battery ［C］ 乾電池

dry bulb thermometer ［C］ 乾球温度計

dry cell ［C］ 乾電池

dry climate ［U］ 乾燥気候

dry deck shelter ［C］ 【米海軍】ドライ・デッキ・シェルター

dry dive ドライ・ダイブ

drydock ［C］ 乾ドック；ドライドック

dryer cartridge = drier cartridge ［C］ 乾燥器；乾燥装置

drying agent ［C］ 乾燥剤

drying furnace ［C］ 乾燥炉

drying mark ［C］ 乾燥むら

drying temperature 乾燥温度

drying time 乾燥時間

dry inversion 乾燥逆転

dryness 乾き度

dry period ［C］ 乾燥期

dry pipe ［C］ ドライ・パイプ

dry point ［C］ 乾点

dry run ①【空自】ドライ・ラン ②模擬演習 《実弾を用いない演習》

dry season ［C］ 乾燥季；乾季

dry spell 乾燥期

dry stage ［C］ 乾燥級

dry steam ［U］ 乾燥蒸気

dry storage ［U］ 陸上格納

dry sump ［C］ ドライ・サンプ

dry sump lubricating system ドライ・サンプ潤滑方式

dry test ［C］ ドライ・テスト

dry thrust ドライ・スラスト 《ジェット・エンジンにおいて水噴射を行わないときに得られる推力》

dry tongue ［C］ 舌状の乾燥域；乾舌

dry-wick discharger ＝ dry wick discharger ［C］ 乾燥心放電器

dual axis ［pl.＝ dual axes］ デュアル軸

dual azimuth indicator ［C］ 複方位表示器

dual control 複操縦装置

dual-controlled aircraft ［pl. ＝ ～］ 複操縦装置航空機

dual element pump ［C］ 2重ポンプ

dual flight ［C］ 同乗飛行

dual fuel pump ［C］ 2重燃料ポンプ

dual hats ［pl.］ 兼務

dual hatted ［adj.］ 兼務

dual indicator ［C］ 複合指示器

dual maintenance of close contact (DMCC) 【米海軍】近距離探知の二重維持

dual modulation 2重変調

dual port adapter (DPA) ［C］ デュアル接続機構 《バッジ用語》

dual-purpose improved conventional munitions (DPICM) ［pl.］ 両目的改良型通常弾薬 《対人と対装甲の両方に使用することができる子弾を内蔵している弾薬。⊛ NDS Y 0001D》

dual purpose weapon ［C］ 対空対地兵器

dual role fighter (DRF) ＝ dual-role fighter 複合任務戦闘機

dual ship attack 2艦連合攻撃

dual system of ignition 2系統点火式

dual thrust 2重推進

dual tone multi frequency (DTMF) 多周波信号 《電話端末の番号ボタンを押下した時に送出される多周波信号をいう。JAFM006-4-18》

dual track ［C］ デュアル航跡 《相関基準を満たしているが、異なる航跡番号を持つ航跡》

dual type fuel check valve ［C］ 2重燃料チェック・バルブ

dual use technology デュアル・ユース技術 《民生分野と軍事分野の両方で使用可能な技術》

dual valve ［C］ デュアル弁

dual wheels ［pl.］ 複車輪

duct ［C］ ダクト；導管

ducted rocket engine ［C］ ダクテッド・ロケット・エンジン 《高速で飛翔することにより、空気取入口で圧縮した空気と燃料発生剤が反応して生成した高温・高圧の燃料をラム燃焼室にて混合させて燃焼させ、推力を得る推進装置》

duct effect ダクト現象

ductile failure 延性破壊

ducting 導管現象

duct loss ダクト損失

dud ［C］ 不発弾 《爆発しなかった爆弾またはミサイル》《DUD ＝ ダッド》

dud probability 不発率

due-in (DI; D/I) ①【統幕】入庫予定数 ②【空自】受け入れ予定

due-in card ［C］ 受け入れ予定カード

due-in date 受け入れ予定日

due-in detail file (DID) ［C］ 受け入れ予定明細綴り

due-in due-out card ［C］ 受け入れ払い出し予定カード

due-in summary card ［C］ 受け入れ総括カード

due-out (D/O) 払い出し予定

due-out date 払い出し予定日

due-out day 払い出し予定日

duet axis ［pl.＝ duet axes］ デュエット軸

duffle bag ＝ duffel bag ［C］ 衣嚢（いのう）《丈夫な布地で作った円筒形の大きな袋であり、上部に引き紐が付いている》

dug-in emplacement ［U］ 戦車用掩体

dugout ＝ dug-out ［C］ 退避所；地下掩蔽部（ちかえんぺいぶ）

dumdum bullet ［C］ ダムダム弾

dummy ［C］ 擬装物；ダミー

dummy ammunition ［U］ 擬製弾 《実弾と同じような形に作られ、訓練に使用する無火薬の弾薬。⊛ NDS Y 0001D》

dummy antenna ［C］ 擬似アンテナ；擬似空中線；ダミー・アンテナ

dummy attack ［C］ ダミー攻撃

dummy bomb ［C］ 擬製爆弾 《不活性物を充塡した爆弾。訓練などに使用する。[典] NDS Y 0001D》

dummy cartridge ［C］ 擬製薬筒

dummy coil ［C］ 遊びコイル

dummy director ［C］ ダミー・ディレクター

dummy drill ammunition ［U］ 訓練弾

dummy drill depth charge 擬製爆雷

dummy drop ダミー降下；ダミー投下

dummy fuze ［C］ 擬製信管

dummy height request ［C］ ダミー測高要求 《測高防空監視所関連器材および回線のチェックのため、防空指令所（DC）と防空監視所（SS）間で自動で処理される測高要求をいう。[典] JAFM006-4-18》

D

dummy joint 横方向収縮目地

dummy load ［C］ 擬似負荷

dummy log ［C］ ダミー・ログ

dummy message ［C］ ①【空自】偽通信文 ②【海自】ダミー・メッセージ

dummy mine ［C］ ①【陸自】擬製地雷《地雷の構造および設置などの基本的教育を実施するための無火薬の地雷》 ②【海自】擬似機雷

dummy minefield ［C］ 偽装機雷原

dummy piston ［C］ 釣り合いピストン

dummy position ［C］ 偽陣地《[同] imitative position》

dummy projectile ［C］ 擬製弾

dummy run 模擬射撃訓練；ダミー・ラン

dummy sonobuoy barrier ［C］ 擬似ソノブイ・バリヤー

dummy torpedo ［C］ 擬製魚雷；ダミー魚雷

dump 臨時集積所

dumping-at-sea disposal ［U］ 海中投棄処分

dump valve ［C］ 放出弁；ダンプ弁

duplex carburetor ［C］ 複式気化器

duplex cavity 2重空洞；デュプレックス空洞

duplex circuit ［C］ 重信回線

duplex communication 二重通信方式

duplex-drive tank ［C］ 改装水陸両用戦車

duplexer ［C］ 送受切り替え器 《同じアンテナを送信にも受信にも使えるようにさせる電子スイッチ装置。[典] レーダー用語集》

duplexer system ［C］ 送受切り替え装置

duplex injector ［C］ 複式インジェクター

duplex pump ［C］ 複式ポンプ

duplex system of ignition 連成点火法

duplex winding 2重巻き

duplicate circuit ［C］ 複回線

duplicated circuit ［C］ 往復回路

duplicate messenger ［C］ 二重伝令

duplicate track ［C］ デュプリケート航跡《同一の航跡番号を持つ二つの航跡》

duration ①航続時間 ②持続時間

duration of sunshine 日照期間；日照時間

duration of wind 連吹時間

dusk 薄暮（はくぼ）

dust catcher ［C］ 集塵器（しゅうじんき）

dust collector ［C］ 集塵器（しゅうじんき）

dust core ［C］ 圧粉磁心

dust counter ［C］ 計塵器（けいじんき）

dust devil = dust whirl 塵旋風（じんせんぷう）

dust proofing 防塵処理（ぼうじんしょり）

dust respirator ［C］ 防塵マスク

Dutch roll ダッチ・ロール

Dutch soldier ［C］ オランダ兵

duty 任務；業務；勤務

duty Air Force Specialty (duty AFS) 【空自】配置特技職

duty assignment 部署

duty call-up 【自衛隊】応招義務

duty connected 業務上

duty cycle ［C］ デューティサイクル；使用率《機器がある時点でなお規定の役割を実行する確率をいう。[典] NDS Z 9011B》

duty hours 勤務時間

duty officer ［C］ ①【陸自・空自】当直幹部 ②【海自】当直士官（停泊） ③当直将校

duty petty officer ［C］ 【海自】当直海曹（停泊）

duty pilot ［C］ 搭乗配置操縦士

duty position ［C］ 職務《職務とは、隊員に対し遂行すべきものとして割り当てられる仕事をいう。[典] 防衛庁訓令第21号》

duty roster ［C］ 職務分担表；勤務表

duty runway ［C］ 使用滑走路

duty seaman ［pl.= seamen］ 【海自】当直海士（停泊）

duty station ［C］ ①勤務地 ②原隊
duty unit ［C］ 所属部隊
duty with troops 隊付き勤務
D-value D値
dwarf wave ［C］ 矮小波（わいしょうは）
dye marker ［C］ ダイ・マーカー
dye penetrant inspection 染色探傷検査；染色探傷検査法
dynamical stability ［U］ 動安定；動安定性
dynamic anticyclone ［C］ 力学的高気圧
dynamic balancing 動的釣り合い
dynamic braking 発電制動
dynamic characteristics ［pl.］ 動的特性
dynamic control device ［C］ 動的管制装置
dynamic depth 力学的深度
dynamic effect 動的作用
Dynamic Joint Defense Force 【防衛省】統合機動防衛力 《の英語呼称》◇用例： 統合機動防衛力構築委員会 = Dynamic Joint Defense Force Committee
dynamic load 加速荷重；動荷重
dynamic load test ［C］ 動荷重試験
dynamic positioning system (DPS) ［C］ 自動艦位保持装置
dynamic pressure 動圧
dynamic random access memory (DRAM) ［C］ ダイナミックRAM
dynamics of battlefield 戦場力学
dynamic speaker ［C］ ダイナミック・スピーカー
dynamic stability curve ［C］ 動的復原力曲線
dynamoelectric machinery 電力機関
dynamometer ［C］ 動力計
dynamo room ［C］ 発電機室
dynamotor ［C］ 発電動機
dynatron oscillator ［C］ ダイナトロン発振器
dysbaric osteonecrosis 減圧性骨壊死
dysbarism 減圧症 《航空》

【E】

each Staff Office 【自衛隊】各幕
each Staff office Operations Room 【自衛隊】各幕作戦室
each Staff Office system 【自衛隊】各幕システム
each Staff Operations Meeting 【自衛隊】各幕作戦会議
ear defender ［C］ 耳保護具
early attack ［C］ 早期攻撃
early burst 過早破裂（かそうはれつ） 《弾薬が、所定の時間より前に破裂すること。[典] NDS Y 0001D》《[同] premature burst》
early failure 初期故障
early gate 早期ゲート
early maintenance ［U］ 早期整備
early mess for watch 当番食事
early operational capability (EOC) ［C］ 初期運用能力
early retirement system 若年定年制度
Early Spring アーリー・スプリング 《対偵察衛星武器システムの名称》
early warning (EW) 早期警戒；早期警報
early warning and control aircraft ［pl. = ～］ 早期警戒管制機
early warning plotting board ［C］ 早期警戒標示板
early warning radar (EWR) ［C］ 早期警戒レーダー
early warning satellite (EWS) ［C］ 早期警戒衛星 《弾道ミサイルの発射を探知する》
early warning system ［C］ 早期警報組織
ear muff ［C］ 耳保護具
ear piece = earpiece ［C］ 受話口
ear plug ［C］ 耳栓
ear receiver ［C］ 受話器；受聴器
earth 接地；アース
earth auger ［C］ 穿孔掘削機（せんこうくっさくき）；アース・オーガー
earth detector ［C］ 検漏器 《[同] ground detector》
earthed antenna ［C］ 接地空中線
earthed circuit ［C］ 接地回路
earthing conductor ［C］ 接地線
earthing resistance 接地抵抗
earth lamp ［C］ 接地灯；アース灯
earth magnetic field ［C］ 地磁界
earth magnetism ［U］ 地磁気
earth-penetrating bomb ［C］ 地中貫徹

爆弾

earth-penetrating nuclear device ［C］ 地下施設破壊爆弾 《「バンカーバスター」のこと》

earth plate ［C］ 接地板

earthquake disaster prevention 地震防災応急対策

earthquake disaster relief dispatch ［C］ 地震防災派遣

earthquake disaster relief operations ［pl.］ 地震防災派遣 《地震防災応急対策を的確かつ迅速に実施するため、自衛隊の支援を求める必要があると認めて地震災害警戒本部長(内閣総理大臣)が要請する場合、防衛大臣の命令によって発動される行動をいう。この際、国会の承認を必要としない。[典] 統合訓練資料1-4》

earth resistance 接地抵抗

earth screen ［C］ 接地遮蔽(せっちしゃへい)

earth station ［C］ 地球局

E

earth test switch ［C］ 接地試験スイッチ

earth wire ［C］ 地下アース線

East Asian Strategic Review 【防衛省】東アジア戦略概観 《防衛研究所が発行する刊行物の英語呼称》

East Asia Strategy Initiative (EASI) 東アジア戦略構想

East Asia Strategy Report (EASR) 東アジア戦略報告

East Asia Summit (EAS) 東アジア首脳会議

easterlies 偏東風

easterly axis of the vertical centerline 偏東軸

easterly deviation 東偏

easterly point of the vertical centerline 偏東点

easterly trough ［C］ 偏東風の谷；偏東風帯の谷

easterly wave ［C］ 偏東風の波；偏東風帯の波

Eastern Africa Standby Force (EASF) 東アフリカ待機軍

Eastern Alliance ［the ～］ 東部同盟 《アフガニスタン》

Eastern Alliance fighters ［pl.］ 東部同盟兵 《アフガニスタン》

Eastern Alliance forces ［pl.］ 東部同盟軍 《アフガニスタン》

Eastern Army (EA) 【陸自】東部方面隊 《の英語呼称》◇用例： 東部方面総監 = the Commanding General of the Eastern Army

easy index ［C］ 易度指数

eavesdropping data ［U］ 盗聴データ

ebb ①引き潮 ②【海自】下げ潮

ebb current 下げ潮流

ebb tide ［C］ 下げ潮

ebonite-clad battery ［C］ エボナイトクラッド電池

ebullition 体液沸騰

eccentric axis ［pl. = eccentric axes］ 偏心軸

eccentric circular screen ［C］ 異心円形直衛

eccentric governor ［C］ 偏心調速機

eccentricity ①偏心 ②離心率

eccentric pivot ［C］ 偏心ピボット；偏動軸

eccentric press 偏心プレス

eccentric rod ［C］ 偏心棒

eccentric screen ［C］ 異心直衛

eccentric sheave 偏心内輪

eccentric strap ［C］ 偏心外輪

Eccles Jordan circuit ［C］ エクルス・ジョルダン回路

ECCM Assist ECCMアシスト 《ペトリオット用語》

ECCM Enable ECCMイネーブル 《ペトリオット用語》

ECCM processor (ECCMP) ［C］ ECCM処理装置 《ペトリオット用語》

echelon ［C］ ①梯隊(ていたい)；梯団；部隊 ②段階 ◇用例： echelon of maintenance = 整備の段階

echeloned displacement ［U］ 部隊移動

echelon formation ［U］ 梯陣(ていじん)

Echelon listening post ［C］ 【米】エシュロンの受信基地

echelonment 梯次配置；梯状配置

echelon of maintenance ［C］ 整備の段階区分 ◇用例： 1st echelon maintenance = 第1段階整備；2nd ～ = 第2段階～；3nd ～ = 第3段階～；4th ～ = 第4段階～；5th ～ = 第5段階～

echo ①エコー；反響音 《1. 受波点に到達する目標からの反射音または散乱音。2. 直接音の後に、それとは分離して識別できる程度の強さと時間の遅れをもって到達する反射音。[典] NDS Y 0011B》 ②反射波

echo control switch ［C］ 反響切り替えスイッチ

echo depth sounding 反響測深

echo effect エコー効果

echo frequency generator ［C］ 反響周波数発生器

echo intensity control ［U］ 反響輝度調整

echo interpretation 映像判別

echo level ［C］ エコー・レベル；反響レベル

echo point correction 反響点修正

echo quality 音質

echo range ［C］ 探信距離

echo ranging 探信

echo sounder ［C］ 音響測深機；音響測深儀 《水深を測定するためのアクティブ・ソーナー。海底に音を発射し、反射音から水深を測る。⊛ NDS Y 0012B》

echo suppressor ［C］ 反射波抑制器

ECM wedge ECMウェッジ 《ペトリオット用語》

economic action 経済的処置；経済的活動

economical operation airspeed 経済速度 《航空機の経済速度》

economical power 経済力

economical speed 経済速度

Economic and Social Commission for Asia and the Pacific (ESCAP) アジア太平洋経済社会委員会

Economic Community of West African States (ECOWAS) 西アフリカ諸国経済共同体 《ECOWAS＝エコワス》

economic information warfare ［U］ 経済情報戦争

economic intelligence ［U］ 経済情報

economic mobilization 経済動員

economic order quantity 経済的発注量

economic potential 経済的潜在力

economic potential for war 戦争のために使用しうる潜在的経済力

Economic Research Service 【米】経済調査部

economic retention stock ［C］ 経済的備蓄 《ある品目が余裕補給状態にあって、その余裕品が、将来改めて調達するよりも、保存しておいて所要に応じて使用した方が経済的であるとき、その余裕分を平時の交付用または消費用として蓄えることをいう。ただし、これに指定されたものは、非常用備蓄に使用してはならない。⊛ 統合訓練資料1-4》

economic threat 経済的脅威

economic warfare ［U］ 経済戦争

economy of force ①兵力の節用 ②【海自】兵力の経済的使用

ECOWAS Monitoring Group (ECOMOG) ECOWAS監視グループ 《西アフリカ諸国経済共同体（ECOWAS）が域内の紛争解決のために派遣する監視グループ》《ECOWAS＝エコワス》

E-day E日

eddy ［C］ 渦

eddy-current brake ［C］ 渦電流ブレーキ

eddy-current loss 渦電流損

eddy plate ［C］ 水切り板

eddy resistance 渦抵抗

edge cam ［C］ 側面カム

edge strip 側面

Edison cell ［C］ エジソン電池

Edison socket ［C］ ねじ込みソケット

Education & Training Support Platoon 【陸自】教育支援小隊 《国際活動教育隊隷下～の英語呼称》

Education Affairs Section 【統幕学校】教務班 《教育課～の英語呼称》

Educational Affairs Division 【海自】教務課 《海上自衛隊幹部学校～の英語呼称》

educational diagnosis 教育診断

Educational Material Division 【海自】資料課 《海上自衛隊幹部学校～の英語呼称》

educational plan ［C］ 教育計画

educational quotient (EQ) ［C］ 教育指数

educational reform 教育改革

Educational Resources Information Center (ERIC) 【米】学術資料情報センター

Education and Research Promote Division 【防大】教育研究推進室 《の英語呼称》◇用例：教育研究推進室長＝Head of Education and Research Promote Division

education and training 教育訓練

Education and Training 【空自】教育訓練 《准空尉空曹空士特技区分の英語呼称》

education and training call-up 【自衛隊】教育訓練招集

Education and Training Department (Educ & Tng Dept) 【陸自】教育訓練部 《の英語呼称》◇用例：教育訓練部長＝Director, Education & Training Department

Education and Training Officer 【空自】教育幹部 《幹部特技区分の英語呼称》

Education and Training Staff Officer 【空自】教育幕僚 《幹部特技区分の英語呼称》

Education Division (Educ Div) 【防衛省・統幕学校・陸自・海自】教育課 《の英語呼

称》◇用例：教育課長 = Director, Education Division；教育課長（統幕学校）= Head, Education Division

Education Management Division 【海自】課程管理室 《海上自衛隊幹部学校～の英語呼称》

Education Management Section 【統幕学校】教育管理班 《教育課～の英語呼称》

education manual = educational manual ［C］教範

Education Section 【統幕】教育班 《総務部総務課～の英語呼称》

education training call-up allowance ［C］【自衛隊】教育訓練招集手当

Edwards Air Force Base 【米】エドワーズ空軍基地

EER sonobuoy ［C］ EERソノブイ 《EER = extended echo ranging》

effective acoustic center ［C］ 実効音響中心

effective admittance ［U］ 実効アドミタンス

effective angle of attack 有効迎え角

effective antenna length 実効アンテナ長

effective area ［C］ ①【空自】有効翼面積 ②有効範囲

effective area of antenna アンテナ実効面積

effective atmosphere ［C］ 有効大気

effective beaten zone ［C］ 有効被弾地域

effective bore 有効口径

effective communication range ［C］ 有効通達距離

effective coverage ［U］ 有効掃面

effective crossing coefficient ［C］ 有効交差係数

effective current 実効電流

effective damage ［U］ 有効損害

effective date 発効日

effective date of change of strength accountability (EDCSA) 移動完了日 《帳薄上の移動完了日》

effective diameter 有効径；有効直径

effective distance 有効距離

effective electromotive force 実効起電力

effective figure ［C］ 有効数字

effective fire 有効射撃

effective flight time 有効飛行時間

effective gate width 実効ゲート幅

effective head ［C］ 有効水頭；有効潜差

effective height 実効高

effective homing range ［C］ 有効ホーミング距離

effective horsepower (EHP) ［C］ 有効馬力

effective impedance ［U］ 実効インピーダンス

effective landing area ［C］ 有効着陸地帯

effective launching line (ELL) ［C］ 有効発射線

effective length 実効長

effectiveness of economic sanctions ［the～］ 経済制裁の実効性

effectiveness of regenerator ［U］ 熱交換率

effectiveness report ［C］ 勤務成績報告；勤務成績報告書

effective pattern ［C］ 有効被弾地

effective pattern zone ［C］ 有効被弾地域

effective permeability 実効透磁率

effective pitch ［C］ 有効ピッチ

effective power 有効電力

effective pressure 有効圧；有効圧力

effective projectile ［C］ 有効弾 《目標に損傷を与えたミサイルまたは砲弾をいい、目標を直撃した場合を特に命中弾という。射撃訓練においては、目標に損傷を与えると評価されたミサイルまたは砲弾をいう。㊞ 海上自衛隊訓練資料第175号》

effective radiated power (ERP) 実効放射電力；有効放射電力；有効輻射電力（ゆうこうふくしゃでんりょく）

effective range ［C］ 有効射程 《その火器の実用的な射程。㊞ 民軍連携のための用語集》

effective rate ［C］ 命中速度 《1指揮系統の射撃による平均1分間の命中弾数（有効弾数）をいう。㊞ 海上自衛隊訓練資料第175号》

effective reactance 実効リアクタンス

effective resistance 実効抵抗

effective Reynolds number 実効レイノルズ数

effectives ［pl.］ 実動部隊 《㊞「effective」は実動可能な1兵士のことを指す》

effective shot ［C］ 命中弾

effective sonar operating speed 有効ソーナー使用速力

effective sonar range (ESR) ［C］ 【海自】有効ソーナー探知距離 《探知率が50％のときの、ソーナー推定探知距離をいう。潜望鏡深度

にある目標に対するESRをPDR（Periscope Depth Sonar Range ： 潜望鏡深度ソーナー探知距離）そして層深下の目標に対するESRをPEDR（Penetration Depth Sonar Range ： 層深下ソーナー探知距離）という。[典] 統合訓練資料1-4》

effective strength ［U］ 実動人員 《[備] 意味としては「現有兵力」が近いが、自衛隊では「実動人員」としている》《[同] operating strength》

effective stroke 有効行程

effective sweep rate ［C］ 有効捜索率

effective target length 有効的長

effective thermal efficiency ［U］ 有効熱効率

effective throat thickness 有効のど厚

effective throttle 有効絞り

effective value 実効値；有効値

effective visibility ［U］ 有効視界

effective voltage 実効電圧

effective width 有効幅員

effective wind ［U］ 計算風

effective work 有効仕事

efficiency (effcy) ［U］ 効率；能率

efficiency by input-output test 実測効率

efficiency by summation of losses 規約効率

efficiency of catch 捕捉率（ほそくりつ）

efficiency of combustion 燃焼効率

efficiency of electroacoustic transducer ［C］ 電気音響変換効率；電気音響変換能率

efficiency of propulsion 推進効率

efficiency rating ［C］ 勤務評定

efficiency report ［C］ ①【統幕】勤務評定報告書；勤務成績報告書 ②【空自】勤務成績報告；勤務成績報告書

efficient employment ［U］ 効率的運用；能率的運用

efflorescence エフロレセンス

efflux angle ［C］ 流出角

Egmont Group ［the ～］ エグモント・グループ

eight across a road 路上交差8字飛行

eight around pylons 標柱回り8字飛行

eight on pylons 標柱上8字飛行

ejection ①射出 ②蹴出（しゅうしゅつ） 《薬莢や弾薬などを蹴子で火砲の外に蹴り出すこと》

ejection charge 放出薬

ejection seat ［C］ 射出座席

ejection system ［C］ 脱出システム

ejector ［C］ 蹴子（しゅうし）；殻蹴り（からけり） 《薬莢などを外部に放出するための部品。[典] NDS Y 0002B》

ejector condenser ［C］ エジェクター復水器

ejector opening 蹴り出し口

ejector rack ［C］ エジェクター・ラック

Ekman spiral ［C］ エクマン螺旋（エクマンらせん）

elastic axis ［pl.= axes］ 弾性軸

elastic constant 弾性定数

elasticity ［U］ 弾性

elastic limit 弾性限度

elastic modulus 弾性係数

elastic strength test ［C］ 弾性試験

E-layer E層

elbow 半巻き

elbow telescope ［C］ L型眼鏡

electrical angle ［C］ 電気角

electrical band-width バンド幅

electrical burn 電気やけど

electrical compartment ［C］ 電気機器室

electrical deception 欺騙通信（ぎへんつうしん）

Electrical Equipment Inspection Section 【海自】電機計器検査班 《の英語呼称》◇用例： 電機計器検査班長 = Officer, Electrical Equipment Inspection Section

Electrical Equipment Section 【海自】電機計器班 《の英語呼称》◇用例： 電機計器班長 = Officer, Electrical Equipment Section

electrical influence 電気感度

electrical instrument ［C］ 電気計器

electrical interception 窃信；盗聴；傍受

electrical leakage test ［C］ 漏電試験

electrical load ［C］ 電気的負荷

electrical loss 電気損失；電気損

electrically suspended gyro navigator (ESGN) ［C］ 【米海軍】電気支持式ジャイロ航法装置

electrical machine ［C］ 電気機器 《電圧30ボルト以上の電気を使用し、かつ、駐屯地等の電気工作物に接続して使用する電気機械、電気器具および電気設備をいう。[典] 陸上自衛隊達第83-4号》

electrical magnetic mine ［C］ 電磁気機雷

electrical magnetic mine sweeping control equipment ［U］ 磁気掃海管制装置

Electrical Maintenance 【空自】電機整備《准空尉空曹空士特技区分の英語呼称》

electrical servo-mechanism 〔C〕 電気サーボ機構

electrical set torpedo 〔C〕 電気的調定魚雷

electrical thermometer 〔C〕 電気温度計

electrical zero 電気的ゼロ

electric apparatus 電気装置

electric arc 〔C〕 電弧

electric bell 〔C〕 電鈴

electric blasting cap = blasting cap, electric 〔C〕 電気雷管 ◇用例： a long term fix = 長期《[対] blasting cap, electric or non-electric = 電気雷管または非電気雷管》

electric blower 〔C〕 電動送風機

electric brake 〔C〕 電気ブレーキ

electric cable 〔C〕 動力ケーブル

E **electric conductor** 〔C〕 導体《電気の導体》

electric control 〔U〕 電気制御

electric detonator 〔C〕 電気雷管

electric discharge = discharge 放電

electric drive 電気駆動；電動

electric dynamometer 〔C〕 電気動力計

electric-eye camera 〔C〕 EEカメラ

electric filter 〔C〕 電気濾波器

electric firing 電気発火；電気発火法

electric firing cord 〔C〕 発火電線

electric force 電気力

electric fuel controller (EFC) 〔C〕 エレクトリック・フューエル・コントローラー《ペトリオット用語》

electric furnace 〔C〕 電気炉

electric generator = generator 〔C〕 発電機

Electrician 【空自】電気《准空尉空曹空士特技区分の英語呼称》

electrician's mate (EM) 〔C〕 【海自】電機員《電機員は、主として電機器材および関連機器の操作ならびに整備に関する業務に従事する。[典] 海幕人第10346号。[備] 艦の発電所で、電機機器の運転・整備および管理を行う》◇用例： chief electrician's mate = 電機員長

electric ignition 電気点火

electric jamming 電波妨害

electric junction box 〔C〕 電気接続箱

electric lever 〔C〕 電気レバー

electric line of force 電気力線

electric machine 〔C〕 電気機械

electric meter 〔C〕 電気計器

electric optical camera 〔C〕 EOカメラ

electric oscillation 電気振動

electric power plant (EPP) 〔C〕 ①電源装置 ②電源車

electric power unit (EPU) 〔C〕 電源装置

electric primer 〔C〕 電気火管《電気エネルギーによって発火する火管》

electric propulsion 〔U〕 電気推進

electric reduction gear 〔C〕 電気減速装置

electric refrigerator 〔C〕 電気冷蔵庫

electric shock 電撃

electric starter 〔C〕 電気起動器

electric steering gear 〔C〕 電気舵取り装置

electric submersible pump 〔C〕 水中電動ポンプ

electric system 電気系統

electric tachometer 〔C〕 電気回転計；電気回転速度計

electric winch 〔C〕 電動ウインチ

electric winding machine 〔C〕 電動巻き上げ機

electric wire 〔C〕 電線

electrification 〔U〕 電撃

electroacoustic coupling coefficient 〔C〕 電気音響結合係数

electroacoustic efficiency 〔U〕 電気音響変換効率；電気音響変換能率

electroacoustic force factor 〔C〕 電気音響力係数

electroacoustic transducer 〔C〕 電気音響変換器

electrocardiogram (ECG) 〔C〕 心電図

electrocardiograph 〔C〕 心電計

electrochemical firing mechanism 〔C〕 電気化学式発火機構

electrode 〔C〕 電極

electrode field 〔C〕 電極磁場

electrode float 〔C〕 電極浮子

electro-deposited metal 電着金属

electrode potential 電極電位

electrode sweep 電極掃海

electrode tape 〔U〕 電極テープ

electrodynamometer 〔C〕 電流力計

electroencephalogram (EEG) 〔C〕 脳波

electro-explosive device (EED) = electro explosive device ［C］ 電気着火性爆発物；電子爆発装置

electrographite brush 電気黒鉛ブラシ

electro-hydraulic steering gear ［C］ 電動油圧舵取り装置

electro luminescence (EL) ［U］ 電界発光

electroluminescence element ［C］ EL要素

electrolysis 電解

electrolyte 電解液

electrolytic corrosion ［U］ 電食

electromagnet ［C］ 電磁石

electromagnetic action 電磁作用

electromagnetic aircraft recovery system (EARS) ［C］ 電磁着艦制動装置

electromagnetic brake ［C］ 電磁ブレーキ

Electromagnetic Characteristics Research Section 【防衛装備庁】電磁特性研究室 《電子装備研究所への英語呼称》《電波および光波に関する、大気中の伝搬特性、目標の反射特性および放射特性に関する技術》

electromagnetic chuck ［C］ 電磁チャック

electromagnetic coilgun ［C］ 電磁コイル砲

electromagnetic compatibility (EMC) ［C］ 電磁適合性；電磁環境適合性

electromagnetic contactor ［C］ 電磁接触器

electromagnetic controller ［C］ 電磁制御器

electromagnetic coupling ［C］ ①電磁継手 ②電磁結合

electromagnetic deception 通信・電子欺瞞 《通信・電子手段をもって、敵の通信電子活動および通信電子情報活動を利用して、自己部隊の企図、行動、能力等を欺瞞することをいう。® 陸自教範》

electromagnetic deflection 電磁偏向

electromagnetic environment (EME) ［C］ 電磁環境

electromagnetic environmental effect 電磁環境効果

electromagnetic field ［C］ 電磁界

electromagnetic force 電磁力

electromagnetic hardening 電磁防護

electromagnetic horn ［C］ 電磁らっぱ

electromagnetic induction 電磁誘導

electromagnetic interference (EMI) ［U］ ①【空自】電磁干渉 《複数の電気および電子機器相互間において発生する望ましくない電磁的影響、即ち電気磁気的妨害の放出と電気磁気的な妨害に対する感受性との間の相互関係。® NDS F 8001E》②【統幕・海自】電波干渉

electromagnetic interference filter (EMI Filter) ［C］ 電磁干渉フィルター

electromagnetic intrusion 電磁侵入

electromagnetic jamming 電磁妨害

electromagnetic leakage 電磁漏洩 《IT機器とその構成機器から、意図せずに伝導および放射される情報を含んだ電磁エネルギーおよびその量。® NDS C 0013》

electromagnetic meter ［C］ 電磁計器

electromagnetic propagation 電波伝搬

electromagnetic pulse (EMP) ［C］ 電磁パルス 《核爆発に伴い発生するガンマ線と大気との相互作用によって、極めて短時間に広い地域にわたって、通信電子機器等が使用不能になる等強く作用する電磁波をいい、核電磁パルスとも呼ばれる。® 陸自教範》

electromagnetic radiation ［U］ 電磁放射線

electromagnetic radiation hazards ［pl.］電磁放射線障害

electromagnetic railgun ［C］ 電磁レール砲

electromagnetic record 電磁的記録 《電子的方式、磁気的方式その他人の知覚によっては認識することができない方式で作られた記録をいう。® 装制第51号》

electromagnetic relay ［C］ 電磁継電器

electromagnetic shielding 電磁遮蔽（でんじしゃへい）《高い周波数を扱う場合に、導電率の高い材料を利用して、その内部の電界・磁界が外部に出ないようにすること。® NDS F 8001E》

electromagnetic spectrum 電磁スペクトル

electromagnetic switch ［C］ 電磁スイッチ

electromagnetic unit 電磁単位

electromagnetic wave ［C］ 電磁波

electromechanical ［adj.］ エレクトロメカニカル

electromechanical coupling coefficient 電気機械結合係数

electromechanical force factor ［C］ 電気機械力係数

electrometer ［C］ 電位計

electromotive force (EMF) 起電力

electron beam ［C］ 電子ビーム

electron coupling ［C］ 電子結合

elec 236

electron density ［U］ 電子密度

electron emission ［C］ 電子放射

electronic attack (EA) ［C］ 電子攻撃
《敵の戦闘能力を低下、無力化または破壊する目
的で、人員、施設または装備を攻撃するために電
磁エネルギー兵器、指向性エネルギー兵器または
対輻射兵器を使用する電子戦の一部門。火力の一
種とみなされる》

electronic attitude director indicator
(EADI) ［C］ 電子姿勢指令指示器 《航空
機》

electronic chart display and information
system (ECDIS) ［C］ 電子海図情報表示
システム

electronic combat (EC) 電子戦闘

electronic combat squadron (ECS) ［C］
【米空軍】電子戦飛行隊

electronic communications ［pl.］ 電子
通信

electronic computer ［C］ 電子計算機 《シ
ステム利用者が、情報システムのうち文字や図形
の電子計算機情報を入出力することができる端末
およびサーバーをいう。⊛ 陸上自衛隊達第61-8号》

electronic controls ［pl.］ 電子制御装置

electronic counter-countermeasures
(ECCM) ［pl.］ 対電子対策 《通信および
レーダー機能が、電波妨害されにくいようにする
対抗手段》

electronic countermeasures (ECM)
［pl.］ 対電子；電子対策 《電子支援対策によっ
て収集された電波諸元に基づいて、敵の通信およ
びレーダー機能を妨害する行為》

electronic coupling ［C］ 電子結合

electronic cross 電子十字線

electronic data interchange (EDI) ［C］
電子データ交換

electronic data processing (EDP) ①電子
データ処理 ②【空自】電子資料処理

electronic data processing machine
(EDPM) ［C］ 電子データ処理機械

electronic data processing system
(EDPS) ［C］ データ処理システム

electronic deception ①【統幕・空自】電子欺
騙（でんしぎへん）《敵が電子システムで受信し
た情報を解釈または使用する際、敵に誤判断させ
ることを企図して実施する電磁波の故意の発射、
再発射、変更または反射をいう。⊛ 統合訓練資料
1-4》②【海自】電子欺瞞（でんしぎまん）

electronic defense evaluation 電子防衛
評価

electronic emission security ［U］ 電子放

射保全

Electronic Equipment Section 【陸自】電
子器材班 《の英語呼称》

electronic flight instrument system
(EFIS) ［C］ 電子飛行計器システム

Electronic Frontier Foundation ［the ～］
【米】電子フロンティア財団

electronic governor ［C］ 電子式調速機

Electronic Industries Association (EIA)
【米】電子工業会

electronic intelligence (ELINT) ＝
electronics intelligence ［U］ 電子情報 《外国
の発射する通信用以外の電磁波（原子爆発または
放射能源から発射されるものを除く）を傍受して
得た情報および電子に関する技術的知識をいう。
⊛ JAFM006-4-18》《ELINT ＝ エリント》

Electronic Intelligence Center 【海自】電
子情報支援隊 《の英語呼称》◇用例：電子情報
支援隊司令 ＝ Commanding Officer, Electronic
Intelligence Center

electronic intercept equipment ［U］ 電
波捕捉装置（でんぱほそくそうち）

electronic inverter circuit ［C］ 電子イン
バーター回路

electronic jamming 電子妨害 《敵が使用中
の電子装置、装備またはシステムを使用させない
目的で、電磁波を故意に発射、再発射することを
いう。⊛ 統合訓練資料1-4》

electronic key ［C］ 電子式電鍵（でんししき
でんけん）

electronic mail (e-mail) 電子メール

electronic method 電子的方式

electronic navigation ［U］ 電波航法

electronic order of battle (EOB) ①【統
幕・空自】電子戦力組成 ②【海自】電子戦兵力
組成

electronic oscillation 電子振動

electronic photograph ［C］ 電子写真

Electronic Privacy Information Center
［the ～］ 【米】電子プライバシー情報センター

electronic protection (EP) ［U］ ①【統
幕・空自】電子防護 《味方の電磁波の有効な活
動を確保するための敵の電子戦への対抗活動。電
子戦の一部門》②【海自】電子防御

electronic reconnaissance (ER) 電子偵察

electronic relay ［C］ 電子継電器

electronic repair parts allowance list
(ERPAL) ［C］ 電子機器別修理部品定数表

electronic scanning 電子走査

electronics compartment ［C］ 電気機器室

Electronics Development and Test Group 【空自】電子開発実験群 《の英語呼称》《略称は「電実群」》

electronic security (ELSEC) [U] 電子保全

Electronic Security Command (ESC) 【米軍】電子保全軍団

Electronics Equipment Inspection Section 【海自】電子器材検査班 《の英語呼称》◇用例： 電子器材検査班長 = Officer, Electronics Equipment Inspection Section

electronic shell [C] 電子砲弾

electronic shop [C] 電子ショップ

electronic silence 電子発射封止

electronics maintenance officer [C] 【海自】電整士

electronic solid-state wide-angle camera system [C] 電子ソリッドステート式広角カメラ・システム

Electronics Shop Maintenance Division 【海自】電子整備班 《の英語呼称》◇用例： 電子整備班長 = Officer, Electronics Shop Maintenance Division

electronic support measures (ESM) [pl.] 電子支援対策 《敵のレーダー波を受信して、周波数、パルス幅等の電波諸元を収集・分析する行為》

Electronic Systems Research Center (ESRC) 【防衛装備庁】電子装備研究所 《の英語呼称》《通信、情報処理、レーダーおよび光波技術などの研究を行う。[典] 防衛装備庁HP》◇用例： 電子装備研究所長 = Director, ESRC

electronic tactical action report (ECTAR) [C] 電子活動報告

electronic trail [C] 電子的な痕跡

electronic voltage regulator [C] 電子レギュレーター

electronic warfare (EW) [U] 電子戦 《敵の使用する電磁波を探知し、これを逆用し、あるいは、その使用効果を低下させ、または無効にするための電磁波の使用およびその活用ならびに我が電磁波の利用を確保する活動をいう。[典] 統合訓練資料1-4》

electronic warfare coordination center [C] 【陸自】電子戦調整所 《の英語呼称》《電子戦の運用を状況に即応して効果的に行うため、作戦部隊の指揮所内に設ける機関をいう。[典] 陸自教範》

electronic warfare coordinator [C] 電子戦調整官

electronic warfare data support system (EDS) [C] 電子戦支援用データ管理装置

Electronic Warfare Evaluation Squadron 【空自】電子戦技術隊 《飛行開発実験団隷下～の英語呼称》

electronic warfare evaluation system (EWES) [C] 電子戦能力評価システム

Electronic Warfare Experimental Facility 【防衛装備庁】電波実験棟

electronic warfare group [C] 【陸自】電子隊 ◇用例： 1st Electronic Warfare Group = 第1電子隊

electronic warfare intelligence [U] 電子戦情報

Electronic Warfare Research Division 【防衛装備庁】電子対処研究部 《電子装備研究所～の英語呼称》《電波および光波による妨害・欺瞞技術および高出力の電波および光波による電子攻撃技術およびこれらのシステム化技術の調査研究を行う。[典] 電子装備研究所研究要覧》

electronic warfare support (ES) 電子戦支援 《敵が使用する電磁波の捜索、捕捉、位置評定、記録および分析を行う活動。電子戦の一部門》

electronic warfare support measure intelligence [U] ESM情報

electronic warfare support measures (ESM) [pl.] 【統幕・空自】電子戦支援対策 《敵の放射電磁波を収集、分析および処理し、電子対策(ECM)、対電子対策(ECCM)および作戦行動に必要な電子戦情報を提供または脅威の切迫を警報するためにとる各種の技法および手段をいう。[典] JAFM006-4-18》

Electronic Warfare Systems Section 【防衛装備庁】電子戦統合研究室 《電子装備研究所～の英語呼称》《電波および光波の妨害・欺瞞・対処システムの方式および性能》

electronic warfare unit [C] 電子戦部隊 《電子戦のうち主として通信電子情報活動と、通信電子攻撃を行うことを主任務とする部隊をいう。[典] 陸自教範》

electron lens [C] 電子レンズ

electron transit time 電子走行時間

electro-optical guidance [U] 電子光学誘導

electro-optical intelligence (ELECTRO-OPTINT) [U] 電子光学情報

electro-optical support measures [pl.] 電子光学支援対策

electro-optics (EO) 電子光学 《赤外線領域およびそれ以上の周波数を持った極小波長領域にある電磁波を利用した、電子光学分野をいう。[典] 統合訓練資料1-4》

electro-optics counter-counter-measures [pl.] 対電子光学対策

E

elec   **238**

electro-optics counter-measures
(EOCM) ［pl.］ ①【空自】電子光学対策
《光学装置を使う敵の脅威に対する対抗措置で、
敵の装備および戦術の効果を妨げ減殺する電子戦
術をいう。㊟ 統合訓練資料1-4》 ②【海自】対電
子光学

electropyrometer ［C］ 電気高温計

electrostatic capacity 静電容量

electrostatic coupling ［C］ 静電結合

electrostatic deflection 静電偏向

electrostatic field ［C］ 静電界

electrostatic focusing 電界集束

electrostatic ground detector ［C］ 静電
検漏器

electrostatic shielding ＝ electrostatic
screening 静電遮蔽（せいでんしゃへい） 《電気
抵抗の低い材料を利用して、その内部に存在する
電気力線が外部に出ないようにするか、または外
部に電気力線の影響が内部に現われないようにす
ること。㊟ NDS F 8001E》

electrostatic unit 静電単位

electrostrictive phenomenon ［C］ 電歪
現象（でんわいげんしょう）；電気ひずみ現象

electro-thermal-chemical gun (ETC)
［C］ 電子熱化学砲

element ［C］ ①部隊 ②【空自】小編隊 《2
機編隊》

elementary carburetor ［C］ 単純気化器

elementary inspection 素養検査

element puller ［C］ エレメント・プラー
《ペトリオット用語》

elements of fighting power 戦闘力要素

elements of national power 国力の要素

elements of strategy ［pl.］ 戦略諸要素

elevating mechanism ［C］ 高低装置；俯仰
装置（ふぎょうそうち）

elevation ①高度 ②標高；比高（ひこう） ③
高角；高低角；仰角；射角；照準角

elevation amplifier ［C］ 射角増幅器

elevation angle couple unit ［C］ 高低角
結合装置

elevation display (ED) 立面図表示
《JADGE用語》

elevation firing 高低角射

elevation gyro ［C］ 俯仰ジャイロ

elevation handwheel ［C］ 俯仰ハンドル

elevation indicator ［C］ ①射角指示器
②俯仰指示器

elevation information ［U］ 高低情報

elevation lead angle ［C］ 上下苗頭（じょう
げびょうどう） 《照準線に対し、とるべき砲軸線
の上下方向の角度。弾丸の縦方向のずれを修正す
る。NDS Y 0005B》

elevation parallax 上下視差

elevation parallax correction (Pv) 【海
自】間隔差上下修正 《集中角のうち、基準点と砲
との水平距離によって生じる砲俯仰角の修正をいう。
㊟ 海上自衛隊訓練資料第175号》《㊟ horizontal
parallax correction ＝ 間隔差左右修正》

elevation reversal 垂直面反転

elevation scanner ［C］ 高低走査器

elevation steering ［C］ 垂直面操舵

elevation switch ［C］ 垂直面スイッチ

elevation tint ［C］ 標高彩色

elevation tracker ［C］ 高低追跡器

elevation tracking cursor ［C］ 高低追跡
カーソル

elevation warning light ［C］ 高低警報灯

elevator ［C］ ①エレベーター ②【空自】昇
降舵（しょうこうだ） ③【海自】横舵（よこかじ）

elevator angle ［C］ 昇降舵角

elevator deflection scale 横舵舵角目盛

elevator tab エレベーター・タブ

elevon エレボン

ELF transmission facility ［C］ 【米海
軍】ELF送信施設 《ELF ＝ extremely low
frequency（極超長波）》

elicitation ［U］ 聞き取り情報

eligible contractor ［C］ 適合事業者

eliminate ［vt.］ 排除する

elimination ①排除 ②学生免除

elimination of terrorism ［the ～］ テロ
撲滅

eliminator ［C］ ①整流器 ②分離器

ELINT Ocean Reconnaissance Satellite
(EORSAT) エリント洋上偵察衛星

ELINT parameter list (EPL) ［C］ エリ
ント・パラメータ・リスト 《ELINT ＝
electronic intelligence（電子情報）》

elliptical polarization 楕円偏波

elliptical sweep 楕円走査

elliptic curve cryptosystem (ECC) 楕円
曲線暗号方式

elliptic equation 楕円均時差（だえんきんじ
さ）

elongation percentage ［C］ 伸び率

Elvira, Mistress of the Night 夜の女王・

エルビラ 《F-117Aのディジタル式戦術爆撃航法装置のニックネーム》
emagram エマグラム
emanations security (EMSEC) ［U］ 輻射保全
embankment ［C］ 堤防；土手
embargo ［C］ 船舶抑留
embargo enforcement operation 禁輸執行活動
embark ［vt.］ 搭載する
embarkation ①搭載 ②【海自】船積み ③乗船；積み込み；乗り込み
embarkation and tonnage table ［C］ 船積み表
embarkation area ［C］ ①搭載地域 ②【海軍】乗船海面
embarkation element ［C］ 【陸自】乗船梯隊（じょうせんていたい）
embarkation group ［C］ 【陸自】乗船群
embarkation officer ［C］ 【海自】乗船部隊搭載幹部
embarkation order ①乗船命令 ②船積み命令
embarkation organization 【陸自】乗船部隊 《海上作戦輸送任務部隊によって輸送される陸上自衛隊の部隊であり、部隊の規模および輸送艦船の編成に応じ、乗船梯隊および乗船群に区分して編成する。㋱ 統合訓練資料1-4》
embarkation phase ［C］ ①【米軍】乗船段階 《水陸両用作戦において、上陸諸部隊が、装備および補給品とともに指定された船舶に乗船する期間をいう。㋱ 統合訓練資料1-4》 ②船積段階
embarkation plan ［C］ ①【米軍】乗船計画 《水陸両用作戦において、上陸部隊の指揮官が乗船のため作成する計画であって、乗船編成・船舶の割当・積むべき補給品と装備・乗船地の指定・統制および通信要領ならびに行動予定と乗船順序等の内容が含まれる。㋱ 統合訓練資料1-4》 ②船積計画
embarkation team ［C］ 【陸自】乗船隊
embarkation unit ［C］ 乗船群
embattled line ［C］ 戦闘陣列
embed ［vt.］ ①組み込む；埋め込む 《コンピューター》 ②部隊に配属する 《ジャーナリストを部隊に配属する》◇用例： an embedded reporter with the U.S. military during the 2003 Iraq war
embedded reporter ［C］ 従軍記者 《㋱「embedded」の訳に窮した場合、正確ではないが「部隊と同行する」という意味合いにする》
embrasure ［C］ 銃眼；砲眼

emergency ①非常事態；不慮の事態；有事 ②緊急 《通信》
emergency action signal ［C］ 緊急戦闘信号
emergency air base = emergency airbase ［C］ 【空自】緊急飛行場 《緊急着陸を必要とする場合または故障もしくは被害等の緊急事態が発生した場合に緊急着陸のために使用する飛行場をいう。㋱ 統合訓練資料1-4》
emergency air breathing system ［C］ 応急呼吸装置
emergency air shut-down 危急停止装置
emergency alarm report ［C］ 緊急警報報告
emergency alarm signal ［C］ 緊急警報信号
emergency anchorage 緊急錨地
emergency apparatus 非常装置
emergency approach 緊急進入
emergency area (EA) ［C］ 緊急事態発生地域
emergency barrier ［C］ 非常バリヤー
emergency blow 緊急ブロー 《潜水艦》
emergency brake ［C］ 非常ブレーキ
emergency burial 仮埋葬
emergency cell ［C］ 非常電池
emergency chute ［C］ 緊急開傘（きんきゅうかいさん）
emergency code (EMGY code) エマージェンシー・コード 《航空機が緊急事態発生時に出力するコード》
emergency code ground/air file ［C］ 地対空緊急信号表
emergency combat capability (ECC) 緊急戦闘能力
emergency communication 応急通信
emergency crash work 緊急救難作業
emergency destruction ［U］ ①【陸自】緊急破棄 《装備品等が敵手に入ることを防止するため、戦況上やむを得ず、かつ、他に方法がない場合に、破壊、焼却、埋没、隠匿等の処置を行うことをいう。㋱ 陸自教範》 ②【空自】非常破棄 《非常の際の破棄》
emergency device ［C］ 非常装置
emergency equipment ［U］ 応急用器具
emergency equipment container ［C］ 危急品収納袋
emergency evacuation ［U］ 緊急避難
emergency exist door ［C］ 非常脱出扉

emer   240

emergency exit 非常口；脱出口

emergency flow test ［C］ 緊急流入試験

emergency food 非常用糧食

emergency fresh-water tank ［C］ 応急清
水タンク

emergency fuel stop valve ［C］ 危急燃料
遮断弁

emergency gate ［C］ 緊急ゲート

emergency gear extension system 非常脚
下げ系統

emergency generator ［C］ 非常発電機

emergency governor ［C］ 非常調速機

Emergency Headquarters 【日】対策室
《首相官邸》

emergency hydraulic 応急油圧 《バイタル
の油圧》

emergency identification signal ［C］ 緊
急識別信号

emergency intelligence ［U］ 緊急情報
《我が国の安全保障に重大な影響を及ぼす事態等
に関する情報のうち、緊急性が極めて高く、直ち
に報告、通報を要する情報をいう。㊟ 統合訓練資
料1-4》

emergency interment 緊急埋葬

emergency landing 緊急着陸

emergency legislation ［U］ 有事法制

emergency light ［C］ 非常灯

Emergency Management Exercise
(EME) 【米軍】緊急管理演習 《大地震、航
空機事故等の重大事故における対応訓練》

emergency medical services staff ［C］
緊急隊員

emergency medical tag (EMT) ［C］ 救
急医療票

emergency medical treatment 応急治療
《患者に対し、医官または歯科医官が行う応急的
な治療をいう。㊟ 陸自教範》

emergency power unit ［C］ 非常用電源ユ
ニット

emergency priority ［C］ 緊急優先順位

emergency procedure (EM PROC) ①
【空自】緊急手順 ②【海自】緊急措置法

emergency procurement ［U］ 緊急調達

emergency range recorded plot (ERRP)
記録器応急投射盤

emergency rations ［pl.］ 非常用糧食；非常
糧食；救命糧食

emergency ration stowage ［U］ 非常糧
食庫

emergency recruitment ［U］ 緊急募集
《作戦準備のため、自衛隊が迅速に行う募集をい
う。㊟ 統合訓練資料1-4》

emergency release cylinder ［C］ 緊急開
放シリンダー

emergency release relay ［C］ 緊急投下
リレー

emergency relief operations ［pl.］ 緊急
援助活動

emergency relocation site ［C］ 緊急再配
置陣地

emergency repair 【海自】応急修理 《艦船
の応急修理》

emergency replacement ［U］ 緊急補充

emergency requisition 緊急請求

emergency resupply 緊急再補給

emergency risk (nuclear) 緊急危険 (核)

emergency room ［C］ 救急室

emergency rudder angle ［C］ 緊急舵角

emergency safe altitude 緊急安全高度

emergency secure engine air system
【海自】主機応急停止弁 (もときおうきゅうていし
べん)

emergency security operation (ESO) 緊
急保全運用

emergency shut-off valve ［C］ 非常遮断弁

emergency signal ［C］ 緊急信号

emergency silence sign 緊急停信符

emergency situation ［C］ 緊急事態

emergency steering ［U］ 応急操舵

emergency stop button ［C］ 非常停止ボ
タン

emergency stop valve ［C］ 非常遮断弁；
危急遮断弁

emergency supplies ［pl.］ 緊急補給品

emergency surfacing 緊急浮上 《潜水艦》

emergency surgical treatment 救急外科
治療

emergency switch ［C］ 非常スイッチ

emergency switchboard ［C］ ①非常用
交換機 ②【陸自】簡易交換機

emergency traffic 非常通信

emergency turn 【海自】緊急斉動

emergency unsatisfactory report (EUR)
［C］ 緊急装備品等不具合報告

emergency valve ［C］ 非常弁

emergency war damage repair 応急被害

復旧

emergency water landing = emergency landing on water 〔C〕 不時着水 《[同] ditching》◇用例： landing in shallow water = 浅瀬への不時着水

Emerging Security Challenges Division (ESCD) 【NATO】新規安全保障課題局 《サイバー防衛に関する政策および行動計画を策定する機関》

emission エミッション；放出

emission control (EMCON) 〔U〕 ①【統幕・空自】電波発射管制 ②【海自】輻射管制 《EMCON = エムコン》

emission control order (EMCON order) ①電波発射管制命令 ②【海自】輻射管制命令

emission current 放出電流

emission emergency control 〔U〕 電波非常管制 《最も厳重な企図、所在の秘匿をする場合、行動上、絶対必要な最緊急の通信を行う場合のほか、一切の電波の発射を禁止することをいう。[典] 統合訓練資料1-4》

emission routine control 〔U〕 電波通常管制 《相当厳重な企図、所在の秘匿をする場合、行動上、重要な通信を行う場合のほか、一切の電波の発射を禁止することをいう。[典] 統合訓練資料1-4》

emission saturation 〔U〕 飽和放出

emission security 〔U〕 放射保全

emission security control 電波警戒管制 《厳重な企図、所在の秘匿をする場合、行動上、絶対必要な通信を行う場合のほか、一切の電波の発射を禁止することをいう。[典] 統合訓練資料1-4》

emission suspension 電波封止 《絶対厳重な企図、所在の秘匿をする場合、一切の電波の発射を禁止することをいう。[典] 統合訓練資料1-4》

emission tube tester 〔C〕 エミッション型真空管試験器

emitted electron 〔C〕 放出電子

emitter 〔C〕 エミッター

emitter cut-off current エミッター遮断電流

emitter follower 〔C〕 エミッター接地増幅器

emitter location system (ELS) 〔C〕 電波発生源位置標定システム

emitter resistance エミッター抵抗

emitter-to-base voltage エミッター・ベース間電圧

emotional maladjustment 情緒不適応

empathic understanding 〔U〕 共感的理解

empennage 尾部；尾翼 《航空機。仏語》

emplace 〔vt.〕 配置する；配備する

emplacement 〔U〕 ①銃座；砲座；砲床（ほうしょう） ②掩体 《銃砲の掩体》 ③布置（ふち） 《銃砲の布置。高射隊等の器材の設置》

employee 〔C〕 従業員

employer 〔C〕 雇用者

employment 〔U〕 雇用

Employment Assistance Division 【陸自・海自・空自】援護業務課 《の英語呼称》 ◇用例： 援護業務課長 = Head, Employment Assistance Division

Employment Assistance Planning Section 【空自】計画班 《援護業務課～の英語呼称》◇用例： 計画班長 = Chief, Employment Assistance Planning Section

Employment Assistance Section 【空自】援護班 《の英語呼称》◇用例： 援護班長 = Chief, Employment Assistance Section

Employment Department Assistance Division 【海自】援護業務室 《の英語呼称》 ◇用例： 援護業務室長 = Head of Employment Department Assistance Division

employment guidance education 〔U〕 就職補導教育

employment objective 〔C〕 運用目的

employment support 就職援護 《[同] vocational guidance》

empty case 〔C〕 空薬莢（からやっきょう）

empty weight 〔U〕 空虚重量；自重

emulsion characteristics 〔pl.〕 乳剤特性

emulsion speed 感光度

encamp 〔vi.〕 野営する

encampment 〔U〕 野営 《軍隊などがテントなどを使用して野外で宿泊すること。[典] 民軍連携のための用語集》

encapsulate 〔vt.〕 内包する；包含する

encapsulated harpoon command and launch subsystem 〔C〕 対艦ミサイル艦上装置

encipher 〔vt.〕 暗号化する；コード化する

encipherment = encipher 暗号化 《電子計算機情報について、所定の暗号による秘匿措置を講じることをいう。[典] 防衛省訓令第160号》

encirclement 全周包囲

enclosed cell 〔C〕 密閉蓄電池

enclosed fuze 〔C〕 密閉ヒューズ

enclosed mount 砲郭砲

enclosed switchboard 〔C〕 閉鎖配電盤

enclosed type 閉鎖型

encode 〔n.〕 暗号組み立て

encode 〔vt.〕 暗号化する；コード化する

encoder ［C］ 符号器

encrypt ［vt.］ 暗号化する

encrypted text 暗号本文

encryption ①暗号化 ②【海自】暗号組み立て

end-around carry 循環桁上げ

end-burning 端面燃焼 《薬幹の片端面から軸方向へのみ燃焼する燃焼方式。⑲ NDS Y 0001D》《⑲ cigarette burning》

end cell ［C］ 端電池

end coil ［C］ 端コイル

end evening civil twilight (EECT) ［U］ 常用薄明の終了時刻

end evening nautical twilight (EENT) ［U］ 航海薄明の終了時刻

endfire pattern ［C］ エンドファイアーパターン

ending ［C］ 末尾(まつび)

ending of bai-u 梅雨明け

end item ［C］ 【統幕・海自】最終品目；エンド・アイテム

endless chain A/S patrol 連鎖対潜哨戒 《A/S = anti-submarine（対潜水艦）》

endless chain patrol 循環阻止哨戒

end link ［C］ 端末鎖環

end of data (EOD) ［U］ エンド・オブ・データ 《バッジ用語》

end of file (EOF) エンド・オブ・ファイル；データ・ファイル終了表示文字 《バッジ用語》

end of fire 射撃終了

end of fiscal year 会計年度末

end of message (EOM) エンド・オブ・メッセージ 《バッジ用語》《⑲ beginning of message = ビギニング・オブ・メッセージ》

end of mission 任務終了

end of tape (EOT) エンド・オブ・テープ 《バッジ用語》

end of target 目標破壊

end of text 本文終結 《通信》

end of text character (ETX) テキスト終了文字 《バッジ用語》

end of the war ［the〜］ 終戦

end of transmission (EOT) ①伝送終了 ②【海自】伝送終結；終信

end of transmission block 伝送ブロック終結

end state 最終状態

end strength ［U］ 終了勢力 《⑲ start strength = 開始勢力》

end thrust 軸端スラスト

endurance ［U］ ①【空自】航続時間 ②【海自】航続力

endurance distance 走行継続距離；航続距離

endurance engagement ［C］ 持久戦 《攻防を問わず、決戦を避けて敵戦闘力の消耗を図り、時間の余裕を獲得し、あるいは戦果を累積して、敵にその企図を放棄させて目的を達成しようとする意志をもって行う作戦・戦闘をいう。⑲ 陸自教範》

endurance test ［C］ 耐久試験

endurance war ［U］ 持久戦

Enduring Freedom Operation = Operation Enduring Freedom 【米】エンデュアリング・フリーダム・オペレーション 《同時テロに対する報復軍事行動の作戦名。「不朽の自由作戦」、「不屈の自由作戦」を意味する。「Infinite Justice」から変更》

enemy (En) ①敵 ②相手方 《⑲「敵」との表現が不適当な場合は、「相手方」にする》

enemy activity 敵の活動

enemy armed forces ［pl.］ 敵国軍隊 ◇用例：member of enemy armed forces, etc. = 敵国軍隊等の構成員

enemy bullets ［pl.］ 敵弾

enemy camp ［C］ 敵陣

enemy capabilities ［pl.］ 敵の可能行動 《敵にとって実行可能であり、かつ、敵が採用したならば、我が任務の達成に影響を及ぼすような敵の行動をいう。⑲ 陸自教範》

enemy character ［C］ 敵性 《敵国の物または人としての性質をいう。⑲ 統合訓練資料1-4》

enemy contact report ［C］ 触敵報告

enemy disposition report ［C］ 敵配備通報

enemy fighter ［C］ 敵兵

enemy force 敵

enemy forces ［pl.］ 敵軍；敵の軍勢

enemy in sight 【海自】敵発見

enemy movement 策動

enemy observation ［U］ 敵眼

enemy order of battle 敵戦力組成

enemy plane ［C］ 敵機

enemy position ［C］ 敵陣地

enemy pressure 敵の圧迫

enemy prisoner of war ［C］ 捕虜 《⑲ prisoner of war》

enemy probable area ［C］ 敵存在可能区域

enemy probable course of action 敵の予期行動方針

enemy relay ship 〔C〕 触敵報告中継艦

enemy report 〔C〕 敵情報告

enemy ship 〔C〕 敵艦；敵船

enemy situation 〔C〕 敵情 《某時点における敵の兵力、編成、配置、兵站、顕著な活動、特性および弱点等、敵の状態をいう。敵の可能行動は、これには含まない。[典] 陸自教範》◇用例： present enemy situation ＝ 敵の現況

enemy situation map 〔C〕 敵状況図

enemy troops 〔pl.〕 敵軍 《[対] friendly troops ＝ 友軍》

energy band 〔C〕 エネルギー帯

energy barrier 〔C〕 エネルギー障壁

energy loss エネルギー損失

energy mass diagram (EMAGRAM) 〔C〕 エマグラム

energy meter 〔C〕 積算電力計

enfilade fire 縦射

engagement (ENG) 〔C〕 ①交戦 《[備]「engage」が「1対1の婚姻」を示しているように、「engagement」は「1対1の戦闘」を意味している》 ②結合

engagement control (ENG CONTR) 〔U〕 ①交戦管制；交戦統制 ②エンゲージメント・コントロール

Engagement Control Handle エンゲージメント・コントロール・ハンドル 《ペトリオット用語》

engagement control station (ECS) 〔C〕 射撃管制装置 《ペトリオット・システムの管制を司る装置》

engagement effectiveness (EE) 〔U〕 対空戦闘効率

engagement eligibility 交戦適格性 《ペトリオット用語》

engagement hold (ENG HOLD) 【空自】 エンゲージメント・ホールド

engagement mode (ENG Mode) 交戦モード

engage order 交戦命令

engage switch 〔C〕 かみ合いスイッチ

engine (E/G) 〔C〕 ①【空自】エンジン ②【海自】発動機

engine accessory 〔C〕 発動機補機

engine bed 〔C〕 機関台

engine build-up エンジン組み立て

engine casing 〔C〕 機関室囲壁

engine change inspection (ECI) エンジン交換検査

engine compartment 〔C〕 ①【空自】エンジン室 ②【海自】エンジン区画

engine conditioning 〔U〕 エンジン調整

engine control box (ECB) 〔C〕 エンジン・コントロール・ボックス 《ペトリオット用語》

engine control room 〔C〕 運転指揮所

engine controls 〔pl.〕 エンジン管制装置

engine displacement 〔U〕 総行程容積；総排気量

engine electronic control (EEC) 〔U〕 電子的燃料制御

engineer (engr) 〔C〕 ①工兵 ②技術者；技師

Engineer Battalion 【陸自】施設大隊 《の英語呼称》

Engineer Brigade 【陸自】施設団 《の英語呼称》◇用例： 5th Engineer Brigade ＝ 第5施設団

engineer combat support 施設戦闘支援

engineer combat support zone 〔C〕 施設戦闘支援地域

Engineer Company 【陸自】施設中隊 《の英語呼称》

engineer construction support zone 〔C〕 施設建設支援地域

Engineer Division (Engr Div) 【陸自】施設課 《の英語呼称》

Engineer Equipment Section 【陸自】施設器材班；器材班 《の英語呼称》

Engineer Equipment Unit 【陸自】施設器材隊 《の英語呼称》◇用例： 第103施設器材隊 ＝ 103th Engineer Equipment Unit

Engineer Group (EG) 【陸自】施設群 ◇用例： 第4施設群 ＝ 4th Engineer Group (4EG)；第4施設群長 ＝ Commander, 4EG；第4施設本部 ＝ 4EG HQs

engineering and manufacturing development phase 〔C〕 装備化段階

Engineering and Supply Advisory Officer 【海自】技術補給監理官 《の英語呼称》

engineering change authorization (ECA) 技術変更承認

engineering change proposal (ECP) 〔C〕 技術変更提案 《装備品等の性能などに影響を及ぼす設計変更に関して、当該装備品等の製造、修理等に係る業者が行う技術変更の提案。[典] MHP-V-51028-13》

engineering change request (ECR) ［C］ 技術変更要求

Engineering Department 【防衛省・海自】 技術部 《の英語呼称》◇用例： 技術部長 = Director of Engineering Department

Engineering Division 【海自】技術課 《の英語呼称》◇用例： 技術第1課 = 1st Engineering Division

engineering equipment ［U］ 施設器材

Engineering Equipment Platoon 【自衛隊】施設器材小隊 《南スーダン派遣施設隊隷下～の英語呼称》

engineering evaluation (EE) 技術審査 《仕様書の細部不確定要素を確定するもので、調達要求元が行う要求内容の補完行為をいう。[典] DSP Z 9008B》

engineering manual (EM) ［C］ 技術教範

engineering manufacturing development (EMD) ［U］ 生産技術開発

Engineering Platoon 【自衛隊】施設小隊 《南スーダン派遣施設隊隷下～の英語呼称》

engineering test ［C］ 技術試験

engineer intelligence situation map ［C］ ①【自衛隊】施設情報図 ②工兵情報図

engineer officer ［C］ ①【海軍】機関将校 ②【海自】機関長 《機関長は、主機、ボイラー、補機、電機、応急、工作、潜水およびこれらに係る物件の整備に関する業務を所掌する。[典] 海幕人第10346号》

engineer operation situation map ［C］ ①【自衛隊】施設状況図 ②工兵状況図

engineer reconnaissance 【陸自】施設偵察 《施設科の技術に関する専門的識能をもって行う偵察をいう。[典] 陸自教範》

Engineers (E) 【自衛隊】施設科 《職種の英語呼称》《主任務は、地雷原等の障害処理・渡橋等の施設作業。旧陸軍の工兵に相当する》

Engineers and Scientists Exchange Program (ESEP) 防衛科学技術者交流計画 《一定期間、自国の研究所に相手方の科学技術者を受け入れ、自国の研究者との共同研究活動に従事させる計画》

engineer's bell book ［C］ 速力記録簿

Engineer School ［the ～］ 【陸自】施設学校 《の英語呼称》《施設機材を使用し、戦闘部隊を支援する施設科隊員の教育訓練を行う》◇用例： 陸上自衛隊施設学校 = the JGSDF Engineer School

engineer's office ［C］ 機関科事務室

engineer transport post (ETP) 【陸自】施設通行指導所 《施設科部隊が施設作業を行う場所および指定された位置に設置する施設をいい、道路交通規制所または警務哨所および通行部隊への道路状況の伝達、現地を通過する部隊への指示等、技術上の指導を行って警務隊の行う道路交通統制を援助する。[典] 陸自教範》

engineer unit ［C］ 【陸自】施設科部隊

Engineer Unit 【自衛隊】施設隊 《南スーダン派遣施設隊隷下～の英語呼称》◇用例： 派遣施設隊長 = Commander, Engineer Unit

Engineer Unit Dispatched in South Sudan 【自衛隊】南スーダン派遣施設隊 《の英語呼称》《UNMISS》◇用例： 第8次要員 = the 8th Personnel

engineer work 施設作業

engine foot ［C］ 機関取り付け足

engine impulse エンジンの息つき

engine instrument ［C］ エンジン計器

engine junction box ［C］ エンジン部接続箱

engine limit 機関使用限度

engine log book ［C］ 機関日誌

engineman (EN) ［pl. = enginemen］ 【海自】ディーゼル員 《ディーゼル員は、主としてディーゼル機関、補助機械等の操作および整備に関する業務に従事する。[典] 海幕人第10346号。[備] 艦の動力であるエンジンの運転・整備を行う》◇用例： chief engineman = ディーゼル員長

engine material history ［U］ 機関来歴簿

engine mounting エンジン懸架

engine nacelle エンジン・ナセル

engine oil ［U］ エンジン油

engine order telegraph ［C］ 速力通信器；速力回転通信器

engine parts catalog (EPC) = engine parts catalogue ［C］ エンジン部品カタログ

engine quick-change power backup 急速換装エンジン

engine roughness エンジンの息つき

engine running on/off load (ERO) 戦闘搭載卸下

engine selector switch ［C］ エンジン選択スイッチ

engine shaft extension エンジン延長軸

engine weight per horsepower 馬力当たり重量

English tonnage 英トン 《1英トンは2240ポンド、1016 kg》《[同] long ton》

enhanced radiation (ER) ［U］ 放射能強化

enhanced radiation bomb (ERB) ［C］

放射能強化型爆弾

enhanced radiation/reduced blast bomb (ER/RB) ［C］ 中性子爆弾

enhanced radiation weapon (ERW) ［C］ 放射能強化兵器 《中性子爆弾》

enhanced visual system (EVS) ［C］ 強化型視覚装置 《航空機》

enhancement of the moral 士気の高揚

enlarged channel method 拡大航掃法

enlarged link ［C］ 拡大鎖環（かくだいさかん）

enlarged scale 倍尺

enlist ［vi.］ 入隊する；軍隊に入る

enlisted personnel ＝ enlisted men ［pl.］ ①下士官兵 《⓪ 女性も含む場合は、「enlisted personnel」》 ②【自衛隊】曹士 ◇用例：MSDF enlisted personnel ＝ 海曹士

enlistee ［C］ 入隊者 《⓪ separatee ＝ 除隊者》

enrichment 燃料濃化

enroute air traffic control service ［C］ 航空路管制業務

enroute area ［C］ 航空路領域

enroute forecast ［C］ 航路予報 《航空機》

enroute marker beacon ［C］ 航空路位置ビーコン

enroute support 中継基地支援

enroute weather forecast (WEAX) ［C］ エンルート気象予報

ensemble forecast ［C］ アンサンブル予報

ensign ［C］ ①国旗 《艦船・航空機の国籍を示す旗》◇用例：national ensign ＝ 国旗 ②【海軍】少尉

Ensign ①【海自】3等海尉 《の英語呼称》◇用例：海上自衛隊の3等海尉以上の自衛官 ＝ an ensign or higher-ranked personnel of Maritime Self-Defense Force ②【米海軍】少尉

ensign staff 船尾旗竿

entering port 入港

enticement 陽動

entire front 全正面

entity ［C］ エンティティ 《実在する物（実体）をいう。⓪ 統幕指運第119号》

entombment 埋葬

entomological control ［U］ 害虫駆除

entrance angle ［C］ 水切り角

entrance-exit light ［C］ 境界誘導灯

entrance fee 入港手数料

entrench ［vi.］ 壕を構築する

entropy エントロピー

entropy chart ［C］ エントロピー線図

entropy-temperature diagram ［C］ テヒグラム

entrucking point ［C］ 自動車搭載点

entry angle ［C］ 落角

entry control ［U］ 立ち入り統制

entry egress point 出入点

entry/feedback area (EFA) ［C］ エントリ/フィードバック領域 《バッジ用語》

entry leg ［C］ ①【空自】場周進入経路；エントリ・レグ ②【海自】進入経路

entry level ［C］ 初級練度

entry rate ［C］ 入校率

entry screen ［C］ 進入直衛

enumerate ［vt.］ 列挙する

enumeration ［C］ 列挙

envelop ［vt.］ 包囲する 《一翼を包囲する》

enveloping force 包囲部隊

envelopment 【陸自】包囲 《敵を戦場に捕捉撃滅するため、敵を正面に拘束しつつ、主力をもってその側背から攻撃して退路を遮断する攻撃機動の方式をいう。⓪ 陸自教範》 《⓪ counterenvelopment ＝ 逆包囲》

environmental assessment 環境アセスメント

Environmental Branch 【在日米陸軍】環境課

environmental chamber ［C］ 人工気候室

environmental clean-up 環境浄化

environmental considerations ［pl.］ 環境配慮

environmental control system (ECS) 空調和系統；機器冷却系統 《コクピットおよびアビオニクス系統へ調和空気を供給する系統。⓪ レーダー用語集》

environmental control unit (ECU) ［C］ 環境制御装置 《ペトリオット用語》

environmental health 環境衛生

Environmental Protection Agency (EPA) ［the ～］ 【米】環境保護庁

environmental sanitation ［U］ 環境衛生 《個人および部隊の環境を良好に維持する健康管理の機能をいい、その主な業務には、環境の整備、環境衛生業務の監視・指導、廃棄物の適切な処理等がある。⓪ 陸自教範》

environmental service ［C］ 気象海洋業務

environmental stewardship　環境管理

environmental support　気象海洋支援

Environs Improvement Adjustment Grants　【防衛省】周辺整備調整交付金

EOD officer　［C］　【海自】処分士　《EOD = explosive ordnance disposal（爆発物処分）》

epidemic prevention　= prevention of epidemics　［U］　防疫

equal area projection　等積投影

Equal Employment Opportunity Commission (EEOC)　【米】雇用機会均等委員会

equalizer　［C］　①均圧線　②等化器　③釣り合い装置

equalizer coil　［C］　均圧コイル

equalizing bus-bar　［C］　均圧母線

equalizing charge　均等充電

equalizing hole　［C］　圧力平衡孔

equalizing pipe　［C］　均圧管

equalizing ring　［C］　均圧環

equalizing switch　［C］　均圧開閉器

equalizing valve　［C］　均圧弁

equation of time　時差率；均時差

equator　赤道

equatorial air mass　［C］　赤道気団

equatorial calm zone　［C］　赤道無風帯

equatorial climate　［U］　赤道気候

equatorial convergence zone　［C］　赤道収束帯

equatorial front　［C］　赤道前線

equatorial low pressure belt　［C］　赤道低圧帯

equatorial westerlies　赤道西風

equilibrator　［C］　平衡機

equilibrium　平衡；バランス

equilibrium polygon　［C］　釣り合い多角形

equilibrium ring　［C］　調圧リング

equilibrium state diagram　［C］　平衡状態図

equinoctial　［the ～］　昼夜平分線

Equipage Section　【海自】装備班　《の英語呼称》◇用例：装備班長 = Officer, Equipage Section

equipment (EQUIP)　［U］　①機器；装置　②装備品　《部隊等が、その特定任務、関連業務または一般隊務遂行のために部隊等に装備し、または個人に保有させる品目をいう。㊹ 航空自衛隊達第35号》　③器材　《装備品のうち、車両、火器、誘導武器および航空機を除いたものをいい、装置、機械、器具、工具、用具等がある。㊹ 陸自教範》

Equipment and Technology Department　【海保】装備技術部　《の英語呼称》

Equipment Branch　【在日米陸軍】重機課

equipment component list (ECL)　［C］　装備細目基準表

equipment control (EQUIP CONTR)　［U］　①装備統制　②イクイプメント・コントロール

equipment cooling system (ECS)　器材冷却系

equipment cooling test set (ECTS)　［C］　器材冷却系試験用セット

equipment detail file (EqD)　［C］　装備明細綴

equipment diagnostic program (EDP)　装置診断プログラム　《バッジ用語》

Equipment Division (Equip Div)　①【防衛省】設備部　《建設部～の英語呼称》◇用例：設備課長 = Director, Equipment Division　②【陸自】装備課　《の英語呼称》

Equipment Management Section　【陸自】装備班　《の英語呼称》

equipment noise　［U］　機器雑音

equipment of oxygen inhalation　［U］　酸素吸入装置

equipment operationally ready　装備品の即応状態

Equipment Planning Division　【防衛省】装備企画課　《管理局～の英語呼称》◇用例：装備企画課長 = Director, Equipment Planning Division

Equipment Procurement Office (EPO)　【防衛省】装備本部　《の英語呼称》《前身は旧防衛庁の「契約本部」》

equipment requirement data　［U］　装備品所要資料

Equipment Section　【空自】器材班　《の英語呼称》◇用例：器材班長 = Chief, Equipment Section

equipment service research　［U］　装備業務調査

equipment status　器材現況

equipment status report (ESR)　［C］　装備品等現在高報告書

equipotential　等電位

equipotential surface　［C］　等電位面

equisignal type　等信号型

equivalent admittance ［U］ 等価アドミタンス

equivalent airspeed (EAS) ①【空自】等価気速 ②【海自】等価対気速度

equivalent band width 実効帯域幅

equivalent circuit ［C］ 等価回路

equivalent evaporation 相当蒸発量

equivalent head wind ［U］ 相当向かい風

equivalent impedance ［U］ 等価インピーダンス

equivalent isotropic noise level ［C］ 等価雑音レベル

equivalent item ［C］ 同等品目

equivalent network ［C］ 等価回路網

equivalent noise level ［C］ 等価雑音レベル

equivalent potential temperature 相当温位

equivalent reactance 等価リアクタンス

equivalent resistance 等価抵抗

equivalent service rounds ［pl.］ 推定命数

equivalent shaft horsepower (ESHP) ［C］ 相当軸馬力

erection mechanism ［C］ 直立装置

Eritrean People's Liberation Front ［the ～］ エリトリア人民解放戦線

erosion ［U］ 浸食

erosion shield ［C］ 侵食保護

erosion strategy ［C］ 戦意阻喪戦略

erosive burning 浸食燃焼

erratic round ［C］ 不規弾

erratic underwater travel 無効水中弾道

error angle ［C］ 誤差角

error control system 誤り制御方式

error correction code (ECC) 誤り訂正符号 《バッジ用語》

error detection and correction (EDAC) 誤り検出訂正 《バッジ用語》

error detector ［C］ 誤差検知器

error entry advisory partition エラー・エントリ勧告領域 《バッジ用語》

error function network ［C］ 誤差関数回線

error indicator ［C］ 誤差指示器

error of central tendency 中心集中誤差

error of halo 感情誤差

error of rating scale 採点尺度誤差

error of standard 標準誤差

error of the mean point of impact 射心偏差量

error sign 消信符

error signal ［C］ 誤差信号

error signal detector ［C］ 誤差信号検出器

error voltage 誤差電圧

escape ［n.］ 脱出

escape ［vt.］ 脱出する

escape and evasion intelligence ［U］ 脱出生還用情報

escape capsule ［C］ 脱出カプセル

escape course ［C］ 逃避針路

escapee ［C］ 脱出者；敵手離脱者

escape handle ［C］ 脱出用ハンドル

escape hatch ［C］ 脱出用ハッチ

escape line ［C］ 避難線；脱出ライン

escape route ［C］ 避難経路；脱出ルート

escape training tower ［C］ 脱出訓練塔

escape trunk ［C］ 脱出筒

escape trunk lower hatch ［C］ 脱出筒下部ハッチ 《⊛ escape trunk upper hatch ＝脱出筒上部ハッチ》

escape trunk upper hatch ［C］ 脱出筒上部ハッチ 《⊛ escape trunk lower hatch ＝脱出筒下部ハッチ》

escape valve ［C］ 逃がし弁

escape velocity ［U］ 脱出速度

E-scope Eスコープ 《縦軸に仰角、横軸に距離をとって表示するレーダーの表示画面》

escort ［n.］ ①護衛 《部隊、人、艦船、航空機等を、これに同行しながら警護することをいう。航空自衛隊では、〈掩護〉という。⊛ 統合訓練資料1-4》 ②【空自】掩護 ③随伴

escort ［vt.］ 護衛する；掩護する；随伴する

escort destroyer (DDE) ［C］ 護衛駆逐艦

Escort Division (Ed) 【海自】護衛隊 《の英語呼称》◇用例：第4護衛隊＝ Escort Division 4；護衛隊司令＝ Commander, Escort Division

escort fighter (EF) ［C］ ①【空自】掩護戦闘機（えんごせんとうき） ②【海自】護衛戦闘機

Escort Flotilla (EF) 【海自】護衛隊群 《の英語呼称》《艦艇部隊の編成単位の一つ。護衛艦8隻、哨戒ヘリコプター8機で編成される》◇用例：第1護衛隊群（横須賀）＝ Escort Flotilla 1 (Yokosuka)；護衛隊群司令＝ Commander, Escort Flotilla；護衛隊群首席幕僚＝ Chief Staff Officer, Commander Escort Flotilla

escort force commander (EFC) ［C］ 護衛部隊指揮官

escort forces ［pl.］ ①【空自】掩護部隊（えんごぶたい） ②【海自】護衛部隊

escort jamming (EJ) エスコート・ジャミング；エスコート妨害 《攻撃部隊とともに目標地域まで同行し、敵のレーダーを妨害する電子戦支援機の運用方法》

escort of honor 儀仗隊（ぎじょうたい）

escort operation 護衛作戦

espionage ［U］ ①【自衛隊】諜報（ちょうほう）《諜者等を使用し、主として非公然手段によって情報資料を入手する活動をいう。[典] 陸自教範》 ②諜報活動；スパイ活動 《[対] counterespionage = 対諜報》

esprit de corps 団結心

essay test ［C］ 論文式試験

essay type 論文式

essential element of information (EEI) ［pl. = essential elements of information］ 情報主要素 《情報要求のうち、最も優先度の高いものをいう。[典] 統合訓練資料1-4》

essential element of friendly information (EEFI) ［pl. = essential elements of information］ 友軍情報主要素；味方情報主要素

essential industry ［U］ 基幹産業

essential supply 生活必需物資

essential traffic information ［U］ 重要交通情報

establish ［n.］ 【空自】エスタブリッシュ

establish ［vt.］ 開設する

establishment ①施設 ②機関

establishment and operation 開設運営

establish track ［C］ エスタブリッシュ航跡 《JADGE用語》

estimate 見積り

estimated ceiling ［C］ 推定シーリング

estimated consumption rate (ECR) ［C］ 予測消費率

estimated cost 見積り原価

estimated elapsed time 所要時間

estimated off-block time (EOBT) 移動開始予定時刻

estimated position (EP) ［C］ 推定位置

estimated time of arrival (ETA) 到着予定時刻

estimated time of completion 完了予定時刻

estimated time of departure (ETD) 出発予定時刻

estimated time of enroute (ETE) ［C］ ①【空自】飛行予定時間 ②【海自】予想所要時間

estimated time of invasion (ETI) 予想侵入時刻 《彼我不明機の領空侵犯予想時刻をいう。[典] JAFM006-4-18》

estimated time of return (ETR) 帰還予定時間；復旧予定時間

estimated true airspeed (ETAS) 計算真気速

estimate of enemy air reaction 敵航空反撃見積り

estimate of enemy reaction 敵の対策見積り

estimate of logistics 兵站見積り

estimate of personnel situation = personnel estimate of the situation 人事見積り 《指揮官の状況（情勢）判断に資するため、また、他の幕僚に対し必要な資料を提供するため、任務達成あるいは各行動方針に対する人事支援の可能度、人事上の各行動方針の優劣および制約事項とその対策を明らかにすることをいう。[典] 統合訓練資料1-4》

estimate of situation change 戦況推移見積り

estimate of the situation 状況判断；情勢判断 ◇用例： commander's estimate of the situation = 指揮官の状況判断；指揮官の情勢判断

estimates of JSDF's movements 各自衛隊の行動に関する各種見積り

estimates of strategic mobilization 戦略機動見積り

etat-major 【仏】参謀部；幕僚部

etc. 等 《[備] 防衛省・自衛隊の文書では、「等」が頻用されている。例えば「本部等」の場合は、「headquarters, etc.」にする》◇用例： armed attack situations, etc. = 武力攻撃事態等

ethics rules ［pl.］ 倫理規定

ethnic cleansing 民族浄化

ethnic conflict 民族紛争

ethnic group ［C］ 民族グループ

ethylene dinitroamine (EDNA) ［C］ エドナ

Euro-Atlantic Partnership Council (EAPC) 欧州・大西洋パートナーシップ理事会

Eurocorps 欧州防衛軍

European Aviation Safety Authority (EASA) 欧州航空安全庁

European Command (EUCOM) ［the ～］ 【米】欧州軍 《正式名称は「United States European Command（USEUCOM）= 合衆国欧州軍」。地域別統合軍の一つ》

European Corps (EUROCORPS) 欧州軍団
European Defense Community (EDC) 欧州防衛共同体
European Launcher Development Organization (ELDO) ヨーロッパ打ち上げ機開発機構
European Nuclear Disarmament (END) 欧州核軍縮運動
European Organization for Civil Aviation Electronics (EUROCAE) 欧州民間航空電子機器基準策定機関
European Security and Defence Policy (ESDP) 【EU】欧州安全保障・防衛政策
European Security Defense Identity (ESDI) 欧州安全保障・防衛アイデンティティ
European Space Agency (ESA) 欧州宇宙機関
European Union (EU) 欧州連合
Euro-Theater Nuclear Forces (ETNF) 欧州戦域核戦力
Euskadi Ta Askatasuna (ETA) バスク祖国と自由
evacuation (evac) 後送（こうそう）《人、装備品等を後方の施設へ輸送すること。㊥民軍連携のための用語集》
evacuation control ship [C] 後送統制艦
evacuation policy ①後送基準 ②【海自】後送方針
evacuator [C] 排煙器
evacuee [C] ①避難民 ②後送患者
evader [C] 脱出者《敵地からの脱出者》
evaluating activity 評価活動；評価行動
evaluation 評価；情報評価
evaluation agent [C] 評価機関
evaluation and comparison 評価・比較
evaluation, decision and weapon assignment (EDWA) 交戦決定兵器割り当てプログラム《ペトリオット用語》
Evaluation Section ①【陸自】評価班《の英語呼称》 ②【空自】審査班《の英語呼称》◇用例：審査班長 = Chief, Evaluation Section
evaluator (EVAL) [C] 【海自】評定官
evanescent mode 消失モード
evaporative capacity 蒸発容量
evaporative power 蒸発力
evaporator [C] 蒸化器
evaporimeter [C] 蒸発計

evasion ①敵地脱出 ②回避
evasion and escape (E&E) ①【統幕】敵地脱出及び敵手脱出 ②【空自】回避及び脱出
evasion and escape intelligence [U] 逃避・脱出用情報；逃避・脱出支援用情報
evasion and escape net 逃避・脱出網
evasion time 回避時間
evasive action 回避行動《㊥evasive maneuver》
evasive course [C] 回避針路
evasive maneuver [C] 回避運動《㊥evasive action》
evasive phase [C] 回避段階
evasive steering [U] 回避航行
evasive tactics [pl.] 回避戦術
even bubble 前後水平
even harmonies [pl.] 偶数調波
evening 夕方《19時から22時》
evening astronomical twilight [U] 天文薄明《夕暮れの天文薄明をいう》
evening calm 夕なぎ《夕凪》
evening civil twilight [U] ①【自衛隊】第3薄明《夕暮れの第3薄明》 ②常用薄明
evening nautical twilight [U] 航海薄明《夕暮れの航海薄明をいう》
evening twilight [U] 薄暮（はくぼ）《日の出前の薄明（はくめい）を払暁、日の入り後の薄明を薄暮として区分する。太陽高度が、地平線から−18度までが、薄明が生じる限界である。㊥陸自教範》
even keel 等喫水
event-oriented [adj.] 状況に即した
every post flight check (EPO) 毎飛行後点検
evidence-based policy making (EBPM) 証拠に基づく政策立案
EW Intelligence Collection Equipment Section 【海自】電子戦情報収集器材班《の英語呼称》◇用例：電子戦情報収集器材班長 = Officer, EW Intelligence Collection Equipment Section
EW Training Support Equipment Section 【海自】電子戦訓練支援器材班《の英語呼称》◇用例：電子戦訓練支援器材班長 = Officer, EW Training Support Equipment Section
exact hour 正時（しょうじ）
exaltation of the morale 士気の高揚
examination [C] 検査

examination anchorage 臨検泊地

examination for promotion 〔C〕 昇任試験

examination vessel 〔C〕 臨検艇

example by leadership 率先垂範 《積極的に人々の先にたって、自らが模範を示すこと。[典] 民軍連携のための用語集》

excellent 極めて優良

exceptional release 特別免除

excerpt 抜粋

excess air 〔U〕 過剰空気

excess air factor 〔C〕 空気過剰率

excess air ratio 〔C〕 空気過剰率

excessive wear 極度の衰耗

excess property 〔C〕 過剰品 《定数等を超えて保有または保管している物品をいう。[典] 陸上自衛隊達第71-5号》

excess stock 〔C〕 過剰在庫量

excess-three code 3余りコード

exchange officer 〔C〕 売店係将校

exchange reaction 交換反応

exchange terminal frame (ETF) 〔C〕 端末装置架 《電話交換機を構成する架をいう。[典] JAFM006-4-18》

exchange track data 〔U〕 航跡データ交換 《指定した2つの航跡の位置、速度および方位等の航跡データを交換することをいう。[典] JAFM006-4-18》

exchanging station 〔C〕 交換所(こうかんじょ)

excimer laser 〔C〕 エキシマ・レーザー

excitation 励磁；励振

excitation arc reactor 励弧リアクトル

excitation current 励磁電流

excitation voltage 励磁電圧

excited state 〔C〕 励起状態

exciter 〔C〕 ①エキサイター ②【海自】励磁機；励振器

exciter ceiling relay 〔C〕 励磁器制限リレー

exciter controls 〔pl.〕 励磁機制御装置

exciter tube 〔C〕 励振管

exciting 励振

exciting anode 〔C〕 励弧極

exciting current 励磁電流

exclude 〔vt.〕 排除する

exclusion 排除

exclusion map 〔C〕 除去マップ 《バッジ用語》

exclusive defense 〔U〕 専守防衛 《専守防衛とは、相手から武力攻撃を受けたときにはじめて防衛力を行使し、その態様も自衛のための必要最小限にとどめ、また、保持する防衛力も自衛のための必要最小限のものに限るなど、憲法の精神にのっとった受動的な防衛戦略の姿勢をいう。[典] 平成22年版防衛白書》

exclusive defense posture = exclusively defensive posture 専守防衛態勢

Exclusive Economic Zone (EEZ) 排他的経済水域

exclusive line 〔C〕 【防衛省】専用線 《防衛省が電気通信事業者との専用契約により取得した伝送路(混合使用を含む)をいう。[典] 統合訓練資料1-4》

exclusively defense-oriented policy 専守防衛政策

execute order 実行命令；実施命令

execute signal 〔C〕 発動信号

executing commander (nuclear weapon) 〔C〕 実行指揮官(核兵器)

execution planning 実行計画の立案

execution preparation function (EPF) 演習準備機能 《バッジ用語》

execution processing unit (EPU) 〔C〕 演算処理機構 《バッジ用語》

executive control system (ECS) 〔C〕 実行制御システム 《バッジ用語》

executive method 指令発動法

Executive Office of the President (EOP) 【米】大統領府

executive officer 〔C〕 ①副隊長 ②【海軍・海自】副長 《艦長の次席の士官》 ③先任士官；先任将校 ④【自衛隊】先任幹部

Executive Officer Situation Monitor room 【空自】長官等状況把握室

Executive Staff Conference 【空自】幹部会議

executive summary 〔C〕 要約

exemption for dependents 扶養控除

exercise 〔C〕 演習；訓練 ◇用例：size of the exercise = 演習の規模

exercise commander 〔C〕 演習指揮官

exercise cut-off 訓練自停(くんれんじてい) 《魚雷の訓練発射において、魚雷を自停させること。[典] NDS Y 0041》

exercise director 〔C〕 演習統裁官 《統合訓練の準備および実施に関し、必要となる事項の立案および実施部隊等に対する当該訓練実施上の統

制等を行う者をいう。[典] 統合訓練資料1-4》

Exercise Evaluation and Support Section 【統幕】訓練評価・支援班 《運用部運用第3課～の英語呼称》

exercise head ［C］ 訓練用頭部

exercise list function (ELF) 演習リスト機能 《バッジ用語》

exercise mine ［C］ 訓練用機雷

exercise of command 指揮権の行使

exercise officer (EXO) ［C］ 【空自】訓練演習係幹部 《JADGE用語》

Exercise Planning Section 【空自】演習計画課 《航空総隊防衛部～の英語呼称》◇用例：演習計画課長 = Chief, Exercise Planning Section

exercise rules of engagement (EXROE) ［pl.］ 演習用交戦規則

Exercise Section 【陸自】演習班 《の英語呼称》

exercise shot ［C］ 訓練発射；訓練射撃

exercise signal ［C］ 訓練信号；演習信号

exercise specifications ［pl.］ 訓練詳細

exercise switch ［C］ 空打ちスイッチ（からうちスイッチ）

exercise term ［C］ 演習用語

exercise torpedo (EXTORT) ［C］ 訓練用魚雷

exercising 空打ち（からうち） 《実弾を装填しないで発射作動を行うこと。[典] NDS Y 0041》

exert ［vt.］ 発揮する

exfiltration 撤退

exhalation 吐き出し 《蒸気の吐き出し》

exhaust 排気；排出

exhaust air ［U］ 排気

exhaust area ［C］ 排気後面

exhaust back pressure 排気背圧

exhaust bent 排気箱 《[同] exhaust trunk》

exhaust cam ［C］ 排気カム

exhaust collector ［C］ 排気集合管

exhaust collector ring ［C］ 集合排気管

exhaust cone ［C］ 排気コーン

exhaust fan ［C］ 排気通風機

exhaust gas 排気；排気ガス

exhaust gas temperature (EGT) ①排気温度 ②【空自】排気ガス温度

exhaust lap 排気ラップ

exhaust line ［C］ 排気線

exhaust loss 排気損失

exhaust nozzle ［C］ 排出ノズル 《ジェット・エンジンの排出ノズル》

exhaust outlet ［C］ 排出口

exhaust passage ［C］ 排出路

exhaust pipe ［C］ 排気管；イグゾースト・パイプ

exhaust port ［C］ 排気孔；排気口；排出口

exhaust pressure 排気圧

exhaust receiver ［C］ 排気だめ

exhaust shell ［C］ 排気室

exhaust sound 排気音

exhaust stack ［C］ 単排気管

exhaust steam ［U］ 排気

exhaust stroke 排気行程

exhaust temperature indicator ［C］ 排気温度計

exhaust trunk ［C］ 排気箱 《[同] exhaust bent》

exhaust tube ［C］ 排気管；イグゾースト・パイプ

exhaust valve ［C］ 排気弁

exhaust valve assembly ［C］ 排気弁部

existent gum 実在ガム

existing buildings ［pl.］ 既存建物

existing communications facility ［C］ 既設通信施設 《自衛隊、公共団体、民間団体等によって既に設置されている通信施設をいう。[典] 陸自教範》

existing situation ［C］ 現況

exit angle ［C］ 出口角

exit pupil diameter 射出ひとみ径

exit road ［C］ 進出路

exit velocity ［U］ 排出速度

exoatmosphere ［C］ 外気圏

exoatmospheric kill vehicle ［C］ 大気圏外撃墜体

Exoatmospheric Reentry Vehicle Interception System (ERIS) ［C］ 大気圏外弾道要撃システム 《SDI》

Exocet エクゾセ 《フランスの対艦ミサイル》

exotic fuel 特殊燃料

expanded communication search ［C］ 拡大通信捜索

expanded data display (EDD) 拡大諸元表示

expanded delay sweep 拡大遅延掃引

expanded plan position indicator (EPI) ［C］ 拡大位置表示装置

expanded scope 〔U〕 拡大スコープ
expanded search 〔C〕 拡大捜索
expanded sonar message 〔C〕 拡大ソーナー・メッセージ
expanded sweep 拡大掃引
expanding square pattern 〔C〕 拡大方形パターン
expanding square search 〔C〕 拡大方形捜索；正方形拡大捜索
expanding square search pattern 〔C〕 拡大方形捜索パターン
expansion 展開 《兵力の展開》
expansion crack 膨張ひび割れ
expansion cylinder 〔C〕 膨張シリンダー
expansion efficiency 〔U〕 膨張効率
expansion in armaments 軍備拡張
expansion joint 〔C〕 ①【空自】膨張目地 ②【海自】伸縮継ぎ手
expansion of armaments 軍備拡張
expansion plan 〔C〕 展開図
expansion ratio 〔C〕 膨張比
expansion stroke 膨張行程
expansion tank 〔C〕 膨張タンク
expansion test 〔C〕 膨張試験
expansion valve 〔C〕 膨張弁
expectation 期待値
expected approach time (EAT) 進入予定時刻
expected departure clearance time 出発制御時刻
expect further clearance (EFC) 〔U〕 追加管制承認予定
expedite control register 〔C〕 急配処理台帳
expedite delivery system 急配方式
expeditionary fighter squadron 〔C〕 遠征戦闘飛行隊 ◇用例： 8th Expeditionary Fighter Squadron = 第8遠征戦闘飛行隊
expeditionary force 遠征軍；派遣軍；進攻軍
expeditionary force message 〔C〕 進攻軍電報
expeditious maintenance 〔U〕 急速整備 《任務に応ずる装備品等を迅速かつ最大限に作戦可能状態にすることを目的として実施する整備をいう。[典] 統合訓練資料1-4》
expellee 〔C〕 国外追放者
expelling charge 放出薬

E

expendable bathythermograph (XBT) 〔C〕 投棄式水温記録器；投棄式BT 《艦艇または航空機から水温検知錘を海中に投下して、海面からの垂直水温分布を測定する装置》
expendable item 〔C〕 消耗品
expendable jammer (EXJ) 〔C〕 射出型ECM装置
expendable launch vehicle 〔C〕 使い捨てロケット
expendable mobile acoustic target (EMAT) 〔C〕 投棄型自走音響標的
expendable mobile ASW training target (EMATT) 〔C〕 使い捨て型自走式対潜訓練用標的 《anti-submarine warfare (ASW) = 対潜戦》
expendable property 〔C〕 消耗品
expendables 〔pl.〕 消耗品 《[対] nonexpendables = 非消耗品》
expendable supplies 〔pl.〕 消耗品 《[対] nonexpendable supplies = 非消耗品》
expendable supplies and materials 消耗品 《[対] nonexpendable supplies and materials = 非消耗品》
expenditure ①経費；支出 ②消費
expenditure account 〔C〕 支出整理勘定
expenditure imposed action 支出負担行為
expenditure per sorties factor (EPSF) 〔C〕 出撃当たり損耗率
expenditure report 〔C〕 消費報告
experience curriculum 〔C〕 経験カリキュラム
experienced data acquisition and processing system 〔C〕 信頼性データ収集処理システム
experimental (X) 【空自】試作の航空機
experimental ship 〔C〕 【海自】試験艦
experimental station 〔C〕 実験局
expert gunner 〔C〕 特級砲手
Expert Infantryman Badge 【米】歩兵特級射手記章
expertise 〔U〕 専門的意見
experts' working group (EWG) 〔C〕 専門家会合
expiration dated item 〔C〕 失効期限付き品目
expired air 〔U〕 呼気
explanatory drawing 〔C〕 説明図
exploder 〔C〕 起爆装置

exploder arming cable ［C］ 起爆装置アーミング・ケーブル

exploder mechanism ［C］ 起爆機構

exploding foil initiator (EFI) ［C］ 爆発箔起爆装置 《雷管または起爆筒の一種で、起爆薬を用いずに、高電圧により二次爆薬を起爆させる機構。[典] NDS Y 0001D》

exploit ［vt.］ 利用する；戦果を拡張する

exploitation ①開発；開拓 ②利用 ③【陸自】戦果の拡張；戦果拡張 《攻撃間に収めた利益を一層拡張することをいう。追撃の段階に至るまでの戦果の拡張を、特に区別して表現する必要のある場合には、戦果拡張という用語を用いる。[典] 統合訓練資料1-4》◇用例： to conduct exploitation = 戦果を拡張する

exploiting force 戦果拡張部隊

exploration 探索

exploratory formation ［U］ 探索隊形

exploratory hunting ［U］ 探索掃討

exploratory operation 探索作戦

exploratory sweeping 探索掃海；探掃

explosion 爆発

explosion effect 爆発効果 《爆発によって生じる破壊効果》

explosion hazard ［C］ 爆発危険性

explosion-proof machine ［C］ 防爆型機械

explosion stroke 爆発行程

explosion temperature 爆発温度

explosive 炸薬（さくやく）；爆薬

explosive-actuated device ［C］ 火薬作動装置 《[同] propellant-actuated device》

explosive bolt ［C］ 爆発ボルト

explosive charge 装薬；炸薬（さくやく）

explosive charge signal ［C］ 発音弾信号

explosive combustion ［U］ 爆発燃焼；爆燃

explosive compartment ［C］ 炸薬室（さくやくしつ）

explosive compound ［C］ 化合火薬類

explosive cutter ［C］ 爆破型カッター

explosive cyclone ［C］ 爆発的低気圧

explosive D D爆薬

explosive decompression 爆発的減圧；瞬間的減圧

explosive destruction ［U］ 爆破処理

explosive disposal unit ［C］ 【海自】爆発物処分隊

explosive gas 爆発性ガス

explosive head ［C］ 炸薬弾頭（さくやくだんとう）

explosive lens ［C］ 爆発レンズ

explosively formed penetrator (EFP) ［C］ 爆発成形侵徹体（ばくはつせいけいしんてつたい） 《[備]「爆発成形貫通体」としている場合もある》《[同] explosively formed projectile = 爆発成形弾；self-forging projectile = 自己鍛造弾；self-forging fragment = 自己鍛造弾》

explosively formed projectile (EFP) ［C］ 爆発成形弾（ばくはつせいけいだん） 《炸薬につけた窪みに、これに合うお椀状の金属製の覆いをはめ、これを弾頭とする。この弾頭を爆発させると、金属製の覆いは、弾丸状に変形し高速で飛翔する》《[同] explosively formed penetrator = 爆発成形侵徹体；self-forging projectile = 自己鍛造弾；self-forging fragment = 自己鍛造弾》

explosive mixture 混合火薬類

explosive ordnance disposal (EOD) ［U］ ①爆発物処理 ②【空自】不発弾処理 ③【海自】水中処分 《海上、海中または海底の機雷、その他の危険物を探知して、爆破等の処分をすることをいう。[典] 統合訓練資料1-4》

explosive ordnance disposal bulletin (EODB) ［C］ 爆発物処分要表

explosive ordnance disposal incident ［C］ 水中処分事故

explosive ordnance disposal procedures ［pl.］ 爆発物処理手順

explosive ordnance disposal unit (EOD) ［C］ 爆発物処理隊；爆発物処分隊

Explosive Ordnance Disposal Unit (EOD) ①【陸自】不発弾処理隊 《の英語呼称》◇用例： 第101不発弾処理隊 = 101st Explosive Ordnance Disposal Unit ②【海自】水中処分隊 《の英語呼称》◇ 用例：横須賀水中処分隊 = Explosive Ordnance Disposal Unit Yokosuka

explosive ordnance diver (EOD) ［C］ 【海自】水中処分員；EOD員 《水深約50メートルまでの水中にある機雷・不発弾等の爆発物の捜索および処分を行う》

explosive reactive armor (ERA) ［U］ 爆発型反応装甲 《付加装甲の一種。鋼などの金属板の間に爆薬シートなどを挟んだ構造になっており、弾薬のジェット噴流に反応して爆発し、ジェット噴流をそらす。主として成形炸薬のジェット噴流を防護対象とする装甲。戦車の車体等に貼り付ける》《[同] reactive armor = 反応装甲》

explosive remnants of war (ERW) ［pl.］ 爆発性戦争残存物 《不発弾および遺棄弾の総称》

explosive remover ［C］ 火薬式離脱装置

explosives ［pl.］ 火薬類 《火薬、爆薬、火工品を総称して火薬類という》

explosives control law ［C］ 火薬類取締法

explosive signal ［C］ 発音弾信号

explosive substance ［C］ 爆発物

explosive sweeping 爆発掃海；爆破掃海

explosive train ［C］ ①火薬系列；炸薬系列 《発射薬や弾薬などを確実に爆発させるため、順次配列した火薬類の系列。[典] NDS Y 0001D》 ②【海自】火薬類伝火系列

exponent ［C］ 指数

exponential curve ［C］ 指数曲線

exponential sweep 指数掃引

Export Administration Act (DDTC) 【米】輸出管理法 《民生用品の輸出管理について定めた法令》

Export Administration Regulations (EAR) 【米】輸出管理規則 《商務省の管轄》

export control ［U］ 輸出管理 《大量破壊兵器関連物質や通常兵器およびこれら兵器の開発等に用いられるおそれのある関連汎用品・技術の輸出を、輸出管理当局の許可に服せしめること。[典] 日本の軍縮・不拡散外交》

Export-Import Bank of the United States 【米】輸出入銀行

exposed ［adj.］ 暴露された

exposed deck ［C］ 露天甲板

exposed flank ［C］ 暴露翼

exposed position ［C］ 暴露陣地

exposure ①暴露（ばくろ） ②露出

exposure diving 露頂

exposure dose ［C］ 照射線量

exposure index ［C］ 露光指数

exposure interval ［C］ 撮影間隔

exposure meter ［C］ 露光計

exposure table ［C］ 露出表

expulsion 駆逐 《おいはらうこと》◇用例：「微弱な敵の駆逐」、「敵の前方部隊の駆逐」

expulsion fuze ［C］ 放出ヒューズ

ex-serviceman ［pl.= ex-servicemen］ 【英】退役軍人

ex-soldier ［C］ 軍人あがり

extended communication search (EXCOM) ［C］ 拡大通信捜索

extended defense ［U］ 【陸自】広正面の防御 《防御の正面が、勢力に比して広大であり、特別な考慮を要する防御をいう。一般に縦深を犠牲にせざるを得ず、あるいは相互支援が局限される場合が多い。[典] 陸自教範》

extended flank ［C］ 延翼（えんよく）

extended formation ［U］ 散開隊形

extended interval ［C］ 広間隔

extended line approach 開列近接

extended maneuvering interval ［C］ 開運動間隔

extended order 散開隊形

extended range ［C］ 射程延伸

extended range ammunition ［U］ 長射程弾

extended range interceptor (ERINT) ［C］ 射程拡張型迎撃機；射距離延伸迎撃体 《JADGE用語》《ERINT ＝ エリント》

extended-range propagation 異常距離伝搬

extended search ［C］ 広範囲捜索

extender ［C］ 伸長器

extend range fuel tank ［C］ 増設燃料タンク

extension buoy ［C］ 拡張ブイ

extension coil ［C］ 延長コイル

extension course (EC) ［C］ 公開講座

extension drive shaft ［C］ 延長軸

extension flap ［C］ 張り出しフラップ

extension in depth 縦長の隊形

extension piece ［C］ 雌雄ソケット

extension tube ［C］ 延長チューブ

extent of damage ［U］ 損害範囲

exterior ballistics ［U］ 砲外弾道学（ほうがいだんどうがく）

exterior check 外部点検

exterior lighting 機外灯

exterior operation 【陸自】外線作戦 《敵に対し我が後方連絡線を外方に保持して、数方向から求心的に行う作戦をいう。[典] 陸自教範》《[対] interior operation ＝ 内線作戦》

external alarm ［C］ 外部警報器 《ペトリオット用語》

external characteristic curve ［C］ 外部特性曲線

external circuit ［C］ 外部回路

external compartment air salvage valve ［C］ 艦外救難空気弁

external feedback type 外部帰還型

external force 外力

external fuel and armament management system (EFAMS) ［C］ 機外燃料及び兵装管理システム

external impedance ［U］ 外部インピーダ
ンス

external interphone ［C］ 車外電話

externality pulsed system 外部パルス方式

externally mounted ［adj.］ 機外搭載の
《懸吊用器材をもって、航空機の外部に貨物等を
懸吊する搭載方法およびその状態をいう。⊛ 陸自
教範》

external memory ［C］ 外部記憶装置

external noise ［U］ 外部雑音

external power 外部電源

external power receptacle ［C］ 外部電源
リセプタクル 《外部電源からの電力を取り入れ
るための機体側の受け口。⊛ レーダー用語集》

external pressure 外圧；外圧力

external radiation ［U］ 外部放射線

external range scale 外部距離目盛

external resistance 外部抵抗

external security ［U］ 外部警備

external store ［C］ 機外搭載物 《航空機の
機外(胴下、翼下、翼端など)に搭載される搭載物
のこと。例えば、ジェット機の機外に搭載される
ミサイル、ロケット弾が機外搭載物である。
⊛ NDS Y 8100》

external store jettison system ［C］ 外部
搭載物投棄装置

external stores switch ［C］ 外部装備弾用
スイッチ

external system ［C］ 外部システム

external system simulation program
(EXSP) 外部システム・シミュレーション・
プログラム 《バッジ用語》

external work 外力仕事

extinction angle ［C］ 消弧角

extinction coefficient ［C］ 消散係数

extinction of arc 消弧

extinction potential 消弧電位

extinction voltage 消滅電圧

extinction voltage of arc 消弧電圧

extraction 抽筒(ちゅうとう) 《射撃後に薬室
から打ち殻薬莢を取り出すこと。⊛ NDS Y
0002B》

extraction parachute ［C］ 抽出用落下傘

extractor ［C］ ①抽筒子(ちゅうとうし)
《射撃後に薬室から打ち殻薬莢を引き抜く部品。
⊛ NDS Y 0002B》 ②【海自】殻蹴り(からけ
り)；殻抜き(からぬき)

extractor cam ［C］ 抽筒子カム(ちゅうとう
し～)

extractor groove ［C］ 抽筒溝(ちゅうとうみ
ぞ) 《抽筒子が引っ掛かる薬莢底部の溝。
⊛ NDS Y 0001D》

extractor step lag 抽筒子突起

extractor switch ［C］ 抽筒子転換板

extra-curricular 課外活動

extra feed water ［U］ 補給水

extra feed water valve ［C］ 補給水弁

Extra Long Characteristic Description
(ELCD) 【米】超長品目特性記述

Extra Long Reference Number (ELRN)
【米】超長参考番号

extraordinary plenary session ［C］ 臨時
全体会合

extrapolated track ［C］ エクストラポレー
ト航跡 《操作員の指定により生成した航跡で、
手動航跡追尾の対象となるレーダー・データと相
関を行う航跡をいう。⊛ JAFM006-4-18》

extrapolation 外挿(がいそう)

extrapolation interval ［C］ 外挿インター
バル 《JADGE用語》

extra super duralumin 超々ジュラルミン

extratropical cyclone ［C］ 温帯低気圧

extreme breadth 全幅

extreme deterrent range ［C］ 最大曳光
距離

extreme length 全長

extremely low frequency (ELF) ［U］ 極
超長波

extremely sensitive information (ESI)
［U］ 最高軍事機密

extreme-pressure grease ［U］ 極圧グ
リース

extreme-pressure lubricating oil ［U］
極圧潤滑油

extreme range ［C］ 最大射程

extreme service condition pressure
(ESCP) 極限使用状態圧力

extrusion ①押し出し ②押し出し型材

eyebolt ［C］ 眼環

eye integration ［U］ 【海自】目による累積
効果 《ローファー・グラムを角度をもって見る
ことにより、信号が見やすくなる効果。⊛ 対潜隊
(音1)第401号》《DP＝ディービー》

eyelid ［C］ まぶた型調節扉(まぶたがたちょう
せつとびら)

eye mark recorder ［C］ 視線追跡器

eye observation ［U］ 目視観測 《⊕ visual
observation》

eye piece ＝eye-piece ［C］ 接眼レンズ

eye plate ［C］ 眼環（がんかん）

eye point distance 射出ひとみ距離 《接眼レンズの最後の面から射出ひとみまでの距離。[典] NDS Y 0004B》《[同] eye relief》

eye relief 射出ひとみ距離 《接眼レンズの最後の面から射出ひとみまでの距離》《[同] eye point distance》

eyesafe laser radar ［C］ アイセーフ・レーザー・レーダー

eyesafe laser radiation ［U］ アイセーフ・レーザー光

Eyes Left! 「頭、左！」（かしら、ひだり）《号令》

eye splice 輪つなぎ

eye spotting ［U］ 肉眼観測

Eyes Right! 「頭、右！」（かしら、みぎ）《号令》

F

【F】

fabric envelope ［C］ 布袋（ほてい）

face bar ［C］ 面材

face blank ①マスク本体 ②接顔体（せつがんたい）

face cavitation 圧力面キャビテーション

face centered cubic lattice ［C］ 面心立方格子

face pitch ［C］ 圧力面ピッチ

face-recognition technology 顔認識技術

facilitate ［vt.］ 容易にする

facilitative assistance (FA) ［U］ 便宜供与

Facilites Division 【海自】施設課 《の英語呼称》

Facilities Acquisition Division 【防衛省】施設取得課 《施設部～の英語呼称》◇用例： 施設取得課長 = Director, Facilities Acquisition Division

Facilities Administration Division 【内部部局】施設管理課 《の英語呼称》《自衛隊施設、駐留軍施設・区域の取得・提供・返還》◇用例： 施設管理課長 = Director, Facilities Administration Division

Facilities Counter-Measures Division 【防衛省】施設対策課 《施設部～の英語呼称》◇用例： 施設対策課長 = Director, Facilities Counter-Measures Division

Facilities Department 【防衛省】施設部 《の英語呼称》◇用例： 施設部長 = Director General, Facilities Department

Facilities Division 【防衛省・海自】施設課 《の英語呼称》◇用例： 施設課長 = Director, Facilities Division

Facilities Engineering Section 【陸自】営繕班 《の英語呼称》

facilities improvement program (FIP) 提供施設整備

Facilities Improvement Program Division 【内部部局】提供施設課 《の英語呼称》《駐留軍の使用に供する施設・区域の建設工事》◇用例： 提供施設課長 = Director, Facilities Improvement Program Division

Facilities Planning Division 【防衛省】施設企画課 《施設部～の英語呼称》◇用例： 施設企画課長 = Director, Facilities Planning Division

Facilities Policy, Planning and Programming Division 【内部部局】施設計画課 《の英語呼称》《自衛隊施設の取得に関する制度および基本的な政策の企画・立案》◇用例： 施設計画課長 = Director, Facilities Policy, Planning and Programming Division

Facilities Standardization Section 【空自】施設基準班 《の英語呼称》◇用例： 施設基準班長 = Chief, Facilities Standardization Section

facilities subcommittee (FSC) 【空自】施設特別委員会

facility ［C］ ①施設 《作戦行動およびその支援を行う目的をもって設けた建造物、構築物、これらに付帯する設備およびこれらを含む地域ならびにこれらを運営する人員、器材等の総称であり、狭義には、単にその建造物、構築物、付帯する設備およびその地域をいう。[典] 陸自教範》 ②設備

facility maintenance administration function 施設維持管理機能

facility memorandum ［C］ 業務処理要領

facility rating 技能認定

facing paint 上塗りペイント

facing surface 接面

facing-up すり合わせ

factor of safety 安全率；安全係数

factory new part ［C］ ファクトリー・ニュー部品 《輸入品において、認定製造者または公認製造者が製造し、社内検査に合格した未使用の新製部品をいう。[典] GAV-CG-W150022U》

factory test equipment (FTE) ［U］ 工場用試験器材

Faculty Support Division 【防大】教育研

究支援室 《の英語呼称》◇用例： 教育研究支援室長 = Head of Faculty Support Division

fade ①目標消失　②フェード 《バッジ用語》

fade area ［C］ フェード・エリア 《地形または気象状態等により、レーダーによる探知または無線通信が不能となる地域をいう。⊕ レーダー用語集》

fade line ［C］ フェード線；消滅線

fade-out ①消失　②溶暗

fade-out range orientation 消滅距離標定法

fade zone ［C］ 消滅帯

fading ①フェーディング 《送信アンテナからの電波が建物等の反射で2つ以上の経路により受信アンテナに到達する場合、各電波には時間差があるため、合成した電波は干渉により強弱が発生する現象。⊕ 電子装備研究所研究要覧。⊕「フェージング」もあるが、本書では「フェーディング」に統一している》　②退色

Fahrenheit (F) 華氏

Fahrenheit scale 華氏目盛

failed test message ［C］ フェイルド・テスト・メッセージ 《ペトリオット用語》

fail-safe = fail safe フェイル・セーフ；多重安全

failure mode effective analysis 故障モード影響度分析

failure rate ［C］ 故障率

failure report (FR) ［C］ 故障報告

fainter ［C］ 失神傾向者

fair current 順流

fairing フェアリング；整形

fairing door ［C］ 整流扉 (せいりゅうとびら)

fairing wire ［C］ 整形張線

fair leader ［C］ 導索器

Fair Trade Commission 【日】公正取引委員会

fair wear and tear (FWT) ①【空自】正常損耗　②【海自】自然消耗

fair wind ［U］ 順風

fait accompli 既成事実 《仏語》

faker (FKR) ［C］ ①【空自】フェーカー；仮設敵　②【海自】標的機

faker identification officer (FIO) ［C］【空自】仮設敵識別係幹部

faker track ［C］ 仮設敵機航跡

Falcon 【米】ファルコン 《空対空ミサイル名》

Falklands War フォークランド紛争

fallback フォールバック

fall hammer test ［C］ 落槌感度試験 (らくついかんどしけん) 《火薬類の上にハンマーを落とし、高さを変えて、爆発の有無を調べる衝撃感度試験。⊕ NDS Y 0001D》《⊕ drop hammer test》

fall in 整列する

Fall In ! 「集まれ！」 《号令》

falling leaf 木の葉落し

falling test ［C］ 落下試験

fall of potential method 電位降下法

fall of shot 弾着

fall out = fallout ［n.］ ①フォールアウト 《核爆発により爆心地付近の物質が爆風により空中に巻き上げられ、放射性物質と混ざり合い、また放射化され地上に降下するものをいう。⊕ 陸自教範》　②放射降下物

fall out ［vt.］ 解散する

fallout contours フォールアウト等強線

fallout pattern ［U］ 放射能降下物散布状態

fallout prediction フォールアウト予測

fallout safe height of burst フォールアウト安全爆発高度

fallout wind vector plot ［C］ フォールアウト風向図

fall wind ［U］ おろし；下降風

false alarm probability 誤警報確率 《例えば、信号の検出において、信号が存在してないときに、信号が存在していると判定する確率》

false bottom 偽底 (ぎてい)

false cone of silence 擬似無感空域

false contact 虚探知 (きょたんち) 《目標以外のものを目標と認識すること。⊕ NDS Y 0012B》

false echo 偽エコー；偽像 《目標以外のものからの反射。⊕ NDS Y 0041》

false front ［C］ 偽似前線

false keel ［C］ 張り付けキール

false origin 仮座標原点

false report ［C］ 流言

false start 不良起動

false stem ［C］ 張り付けステム

false target generator ［C］ 擬似目標発生装置

familiarization ①慣熟　②親しみ易さ

familiarization course ［C］ 体験課程

familiarization flight ［C］ 慣熟飛行

familiarization job training ［U］ 慣熟実務訓練

family allowance 扶養手当て；家族手当て

family-care leave 介護休暇

family group number (FGN) 互換性科属群番号

family housing 家族住宅

family of heavy tactical vehicles 【陸軍】重戦術車両ファミリー

Family of Scatterable Mines (FASCAM) 散布地雷ファミリー

family support 家族支援 《隊員に後顧の憂いをなくすとともに、国民の信頼を高めるため、隊員および留守家族（遺族）の精神的援助、補償等を実施する留守家族（遺族）に関連する各種業務の総称をいう。[典] 陸自教範》

family support center ［C］ 家族支援センター 《家族支援業務を的確に遂行するため、自衛隊最高司令部および方面総監部に家族支援センターを設置する。[典] 陸自教範》

fan ［C］ 扇風機；送風機

fan antenna ［C］ ①扇形アンテナ ②【海自】扇形空中線

fan beam ファン・ビーム；扇形ビーム

F

fan brake ［C］ ファン・ブレーキ；羽根ブレーキ

fan marker ［C］ ファン・マーカー

fan motor ［C］ 送風電動機；通風電動機

fanned-beam antenna ［C］ 扇形ビーム・アンテナ

fan shaped pattern ［U］ 扇形パターン

fan turbine inlet temperature (FTIT) ファン・タービン入り口温度

Farad effect ファラッド効果

far bank 遠岸（えんがん）

Far-East situation ［C］ 極東情勢

far edge 遠端（えんたん）

far-infrared 遠赤外線 《遠赤外線は、主に数10℃（常温）の物体が放つ光。遠赤外線カメラは、人の体温を測るために使われたり、スマートフォンに搭載できるような小型のものがある。（8～12ミクロン帯）[典] 電子装備研究所研究要覧》

Farm Credit Administration (FCA) 【米】農業信用局

Farmers Home Administration (AG-FHA) 【米】農務省農業家庭局

Farm Service Agency 【米】農場施設局

far-point 遠点

far range jammer ［C］ 広帯域妨害機

far sound field ［C］ 遠距離音場 《[対] near sound field = 近距離音場》

farthest-on-position circle ［C］ 最優速占位圏

fast-acting cam ［C］ 速動型カム

fast attack craft (FAC) ［pl. = ～］ 高速攻撃艇

fast attack craft missile ［C］ ミサイル艇 《艦種記号： PG》

fast automatic gain control (FAGC) ［U］ 高速自動利得調整

fast-burn booster ［C］ 高速燃焼ブースター 《SDI》

fast combat support ship ［C］ ①【自衛隊】高速補給艦 ②高速戦闘支援艦 《艦種記号：AOE》

Fastener Quality Act (FQQ) 【米】ファスナー品質法

FAST-Foce 【自衛隊】ファスト・フォース 《初動対処部隊の名称。災害への初動対応という災害救助を目的とする》

fast missile craft ［pl. = ～］ ミサイル艇

fast relay ［C］ 速度継電器

fast sealift ship ［C］ 高速輸送船

fast submarine ［C］ 高速潜水艦

fast time analysis system ［C］ 高速音響処理装置

fast time-constant circuit ［C］ 小時定数かいろ（しょうじていすうかいろ） 《レーダーのクラッター除去に用いられる微分回路で、大きい点の信号を小さい点の信号にする。[典] レーダー用語集》

fatal ［adj.］ 致命的

fatal injury 致命傷

fatal wound 致命傷

FATF 40 Recommendations ［the ～］ FATF40の勧告

Fathom (FM) 尋（ひろ） 《水深を現す単位 ：一尋 ≒ 2 yds ≒ 6 ft ≒ 1.8 m。[典] 対潜隊（音1）第401号》《DP = ディーピー》

Fathometer ［C］ ファゾメーター 《[備] 音響測深機の商標。音響測深機または音響測深儀と訳されていることが多い》

fatigue ①疲労 《金属疲労》 ②作業

fatigue allowance 疲労余裕

fatigue call 作業らっぱ

fatigue clothes ［pl.］ 作業服

fatigue corrosion ［U］ 疲労腐食

fatigue dress 作業服

fatigue duty 作業

fatigue life 疲労寿命

fatigues ［pl.］ 作業服

fatigue uniform　作業服

fault　故障

fault data　[U]　フォルト・データ　《ペトリオット用語》

fault isolation mode (FI Mode)　故障探究モード　《ペトリオット用語》

fault localization mode (FL Mode)　故障特定モード　《ペトリオット用語》

fault processing program　障害処理プログラム

fault tree analysis (FTA)　故障の木解析

faulty run　不良航走

FBI agent　[C]　【米】FBI捜査官

FBI computer investigator　[C]　【米】FBIのコンピューター捜査官

FBI investigator　[C]　【米】FBI捜査官

fear of flying　飛行恐怖

feasibility　実行可能性；可能性　《行動の可能性》

feasibility study　[U]　実行可能性検討

feasibility test　[C]　実現可能性試験；実行可能性試験

feathering　フェザリング

federal agency　[C]　【米】連邦政府機関；連邦政府当局

federal agent　[C]　【米】連邦政府捜査官

Federal Atomic Committee (FAC)　【米】連邦原子力委員会

federal authorities　[pl.]　【米】連邦当局

Federal Aviation Administration (FAA)　[the ～]　【米】連邦航空局　《米国における民間航空に関する各種の行政指導監督およびこれに伴う検査業務を担当する機関。⍟ GAV-CG-W150022V》

federal budget　[the ～]　【米】国家予算

Federal Bureau of Investigation (FBI)　【米】連邦捜査局

Federal Bureau of Prisons　【米】連邦刑務局

Federal Catalog System (FCS)　【米】連邦カタログ制度

Federal Centers for Disease Control (CDC)　[the ～]　米疾病管理センター

Federal Communications Commission (FCC)　【米】連邦通信委員会

federal coordinating officer (FCO)　[C]　連邦調整官

Federal Deposit Insurance Corporation (FDIC)　【米】連邦預金保険公社

Federal Election Commission (FEC)　【米】連邦選挙委員会

Federal Emergency Management Agency (FEMA)　【米】連邦緊急管理庁

Federal Energy Regulatory Commission (FERC)　【米】連邦エネルギー統制委員会

federal grand jury　[C]　【米】連邦大陪審

Federal Housing Finance Board　【米】連邦住宅金融委員会

Federal investigator　[C]　【米】連邦捜査官

Federal Item Identification (FII)　連邦品目識別

Federal Item Identification Guide (FIIG)　【米】連邦品目識別基準　《1973年に類別業務の電算機処理拡充のために米国において開発され、NATO諸国等において共通して使用されている品目識別のための基準書》

Federal item identification number (FIIN)　【米】連邦品目識別番号

Federal Item Name Directory (FIND)　連邦指定品名索引

Federal Labor Relations Authority (FLRA)　【米】連邦労働関係院

federal law enforcement sources　[pl.]　【米】連邦捜査当局筋

Federal Law Enforcement Training Center　【米】連邦法執行研修センター

Federal Maritime Commission　【米】連邦海運委員会

Federal Mediation and Conciliation　【米】連邦調停仲裁庁

Federal Mine Safety and Health Review Commission　【米】連邦鉱山安全・衛生審査委員会

federal officer　[C]　【米】連邦政府職員

federal offices　[pl.]　【米】連邦政府機関

Federal officials　[pl.]　【米】連邦政府当局

Federal Prison Industries, Inc (JU-PI)　【米】司法省連邦刑務所産業公社

Federal Register　【米】官報

Federal Reserve Banks　【米】連邦準備銀行

Federal Reserve System (FRS)　【米】連邦準備制度

Federal Retirement Thrift Investment Board　【米】連邦職員退職貯蓄投資委員会

Federal rules　[pl.]　【米】連邦規則

Federal Specifications and Standards (FS)　米国連邦規格

Federal Standard Stock Catalog

Number (FSSC) 【米】連邦標準在庫目録番号

Federal Stock Number (FSN) 【米】連邦物品番号

Federal Supply Catalog (FSC) 【米】連邦補給カタログ

Federal Supply Classification (FSC) 【米】連邦補給分類

Federal Supply Classification Class 【米】連邦補給分類クラス

Federal Supply Class Management 【米】連邦補給分類管理

Federal Supply Code for Manufacturer (FSCM) 【米】連邦製造者記号

Federal Supply Code for Non-Manufacturers (FSCNM) 【米】連邦非製造者記号

Federal Supply Group (FSG) 【米】大分類区分

Federal Supply Service (GS-FS) 【米】連邦業務庁連邦補給局

F

Federal Trade Commission (FTC) 【米】連邦通商委員会

feed ①供給 ②給弾；送弾 ③給電

feedback ①帰還；フィードバック ②逆送

feedback circuit [C] 帰還回路

feedback coil [C] 帰還コイル

feedback ratio [C] 帰還率

feedback signal [C] 帰還信号

feedback winding 帰還巻き線

feed belt [C] 保弾帯

feed block [C] 送弾子

feed cam [C] 送りカム

feed change gear box [C] 送り変速装置

feed check valve [C] 給水逆止め弁

feed cock [C] 給水コック

feed control lever [C] 給弾梃（きゅうだんてい）

feeder [C] ①給弾器 ②給電線

feeder circuit [C] 給電回路

feeder controller [C] 中継管制係

feeder head 押し湯

feeder induction voltage regulator [C] フィーダー誘導電圧調整器

feed gear [C] 送り装置

feeding plan [C] 給養計画

feed mechanism [C] 給弾装置

feed pawl [C] 送弾子；給弾子

feed stop valve [C] 給水止め弁

feed supplementary valve [C] 補給水弁

feed water 給水

feed water control (FWC) [U] 給水制御

feed water control valve [C] 給水制御弁

feed water filter [C] 給水こし器

feed water heater (FWH) [C] 給水加熱器

feed water pipe [C] 給水管

feed water pump (FWP) [C] 給水ポンプ

feed water tank [C] 給水タンク

feed way [C] 送弾路 《送弾時の弾薬の通路》

feed wire [C] 給電線

feeling temperature 感覚温度

feet per minute (FPM) フィート毎分；毎分当たりフィート 《速度単位》

feint = feint attack [n.] 【陸自】陽動攻撃 《陽動の一種であって、我が真企図を誤認させるために行う攻撃行動をいう。[典] 陸自教範》

feint [vt.] 陽攻する

feint crossing 【陸自】陽動渡河 《真渡河に対比する用語であり、真渡河を欺騙するために行う渡河攻撃をいう。[典] 陸自教範》《[対] actual crossing = 真渡河》

feint operation [C] 陽動作戦

female part [C] 雌形部分

female SDF personnel [pl.] 【自衛隊】女性自衛隊員 ◇用例： female staff members of the Self-Defense Forces = 女性の自衛隊員

fence 包囲線 《包囲のため部隊が形成する地線を「包囲線」といい、「包囲線」を連ねて環状になったものを「包囲環」という。[典] 陸自教範》

fence search フェンス・サーチ 《レーダーの探索パターン》《[対] spiral search = スパイラル・サーチ》

fender [C] 防舷帯；防舷物

ferret [C] 探索機

ferrotyping フェロタイプ法

ferry back of repaired aircraft [pl. = ~] 返送配置換え 《航空機の返送配置換え》

ferryboat [C] フェリー・ボート；動力ボート

ferry flight フェリー・フライト

fertilizer bomb [C] 肥料爆弾 《化学肥料を使った爆弾》

fiber channel [C] ファイバー・チャンネル 《コンピューターと周辺機器を結ぶためのデータ転送方式の一つであり、グラス・ファイバー等の光伝導の材質により構成された通信路をいう。

[典] JAFM006-4-18》

fiber electrometer ［C］ 線電位計

fiberglass blanket ［C］ 繊維ガラス製覆い

fiber-glass covered wire ［C］ ガラス巻き線

fiber optic guided missile system with infrared image seeker ［C］ 光ファイバーTVM赤外線画像誘導方式を採用したミサイル

fiber optic hydrophone = optical fiber hydrophone ［C］ 光ファイバー・ハイドロホン《光ファイバーに加わる音圧により、ファイバー内を伝搬するレーザー光の位相や強度が変化する現象を応用したハイドロホン。[典] NDS Y 0012B》

fiber reinforced metal (FRM) 繊維強化金属

fiber reinforced plastics (FRP) 繊維強化プラスチック 《強化材料としてガラス繊維、炭素繊維等のマットを使用し、ポリエステル樹脂によって接着させた材料》

fiber reinforced rubber 繊維強化ゴム

fictitious ship ［C］ 仮想船

fiddle 止め枠（とめわく）

fidelity 忠実度

field airport ［C］ 作戦飛行場

field ambulance 野外救急車

field army 野戦軍

Field Army Ballistic Missile Defense System (FABMDS) 野戦軍弾道ミサイル防御システム

field army hospital (FAH) ［C］ 【陸自】野戦病院 《野戦病院隊（出動整備部隊）が前方支援地域等に開設する病院をいい、野外病院の増強として運用される。[典] 陸自教範》

field army support command (FASCOM) 野戦軍支援司令部 《FASCOM = ファスコム》

field artillery (FA) ［U］ ①野戦砲兵 ②野戦砲；野砲

Field Artillery (FA) 【陸自】野戦特科 《職種の英語呼称》《陸上自衛隊の戦闘職種の一つであり、長射程・大口径の榴弾砲やロケットを保有し、歩兵、軽装甲車両、施設などを目標として、それらを撃破したり行動を妨害するために使用する》

field artillery battalion ［C］ 【陸自】野戦特科大隊

field artillery brigade ［C］ ①【陸自】特科団 ②砲兵旅団

field artillery data processing system (FADS) ［C］ 【陸自】野戦特科情報処理システム

field artillery digital automatic computer (FADAC) ［C］ 【陸自】野戦特科射撃指揮装置

field artillery liaison officer ［C］ 【陸軍】野戦砲兵連絡将校

field artillery observer ①【陸自】野戦特科観測者 ②野戦砲兵観測者

Field Artillery Regiment 【陸自】特科連隊《の英語呼称》◇用例： 第11特科連隊 = 11th Field Artillery Regiment

field bag ［C］ 野外携帯嚢（やがいけいたいのう）

field battery 野戦砲兵中隊；野砲隊

field cable ［C］ 野外ケーブル

field camera ［C］ 組み立てカメラ

field carrier landing practice (FCLP) 空母艦載機着陸訓練 《陸上で行う空母艦載機の離着陸訓練》

field change (FC) 現地改修

field code 簡易暗号書

field coil ［C］ 界磁巻き線

Field Command, Defense Nuclear Agency (FCDNA) 【米】国防核管理庁野戦司令部

field communication network ［C］ 野外通信ネットワーク

field communication system ［C］ 野外通信組織 《野外を行動する部隊等の通信のため、必要に応じ随時構成される通信組織をいい、通常、共用通信所、合同通信所、部隊通信所、通信幹線、移動加入無線等で構成される。[典] 陸自教範》

field control motor ［C］ 界磁制御型電動機

field control relay ［C］ 界磁制御継電器

field core ［C］ 界磁鉄心

field current 界磁電流

field day 【海軍】清掃日

field distortion action 偏磁作用

field duty 野外勤務

field elevation 飛行場標高

field emission 電界放出

field equipment ［U］ 野外用個人装備

field exercise ［C］ 野外演習

field firing 戦闘射撃演習

field firing range ［C］ 戦闘射撃演習場

field forces ［pl.］ 野戦軍

field fortification ［U］ 野戦築城

field frequency フィールド周波数

field general 野戦将軍

field grade ①【自衛隊】陸佐 《1等陸佐から3等

F

陸佐の総称》 ②【陸軍】佐官 《[同] filed officer》

field-grade officer 〔C〕 【陸軍】佐官

field guided missile (FGM) 〔C〕 野戦誘導ミサイル

field gun 〔C〕 野戦砲；野砲

field headquarters 指揮所

field hospital (FH) 〔C〕 【陸自】野外病院《方面衛生隊の野外病院隊が前方支援地域に開設する病院をいう。[典] 陸自教範》

field impregnation 野外防護処理

field-indicator light 〔C〕 磁場表示灯

field inspection 現地査察

field intensity 電界強度

field interceptor missile (FIM) 〔C〕 野戦用対空ミサイル；野戦用防空ミサイル

field jacket 〔C〕 作業上衣

field kitchen 野外炊事場

field lens 〔C〕 視野レンズ

field magnet 〔C〕 界磁石

F

field maintenance (FM) ①【陸自】野整備《野整備部隊が実施する整備をいう。[典] 陸自教範》 ②【空自】基地整備

Field Maintenance Squadron 【空自】修理隊 《の英語呼称》

field maneuvers 〔pl.〕 機動演習

field manual (FM) 〔C〕 【陸自】野外教範《部隊等の行動規範を記述したもの。[典] 民軍連携のための用語集》

Field Marshal 【英・独・仏】陸軍元帥 《米陸軍の「General of the Army」にあたる》

field mirror landing practice (FMLP) 陸上ミラー着艦訓練

field officer 〔C〕 ①【自衛隊】陸佐 《1等陸佐、2等陸佐および3等陸佐の総称》 ②【陸軍】佐官 《同義はfiled grade》

field of fire 射界 《射撃が可能な範囲》

field of interest 担当分野

field of view (FOV) 視野

field of vision 視界

field pack 背嚢(はいのう)

field piece 〔C〕 野戦砲

field pole 界磁極

field press censorship 〔U〕 野戦報道検閲

field pressure method 飛行場気圧規正方式

field protective relay 〔C〕 界磁保護継電器

field radio 野外用無線機

field rank 佐官級 《自衛隊では1佐から3佐まで》

field rations 〔pl.〕 携行糧食；野外給食

field regulator 〔C〕 界磁調整器

field repetition rate 〔C〕 フィールド繰り返し数

field sanitation 〔U〕 防疫 《人的戦闘力の大量損耗を防止するため、感染症を予防、撲滅する機能をいい、敵の生物剤使用に対する処置を含む。[典] 陸自教範》

field service code 戦陣訓

field service representative 〔C〕 派遣技術員

fields of fire 射界 ◇用例：clear fields of fire ＝射界を清掃する

field storage 野外貯蔵；野戦貯蔵

field storage unit 野外集積単位

field strength meter 〔C〕 電界強度計

field-strip 〔n.〕 普通分解 《銃の普通分解》

field-strip 〔vt.〕 普通分解する 《銃を普通分解する》

field stripping 普通分解

field support equipment 〔U〕 野外支援装備品

field target 〔C〕 野外標的

field telegraph 〔U〕 野外電信機

field telephone 〔C〕 野外電話機

field telephone switchboard 〔C〕 野外交換機

field tester 〔C〕 野外試験器

field test model 野外実験車

field train 〔C〕 後方段列

field training 〔U〕 野外訓練

field training detachment (FTD) 〔C〕 訓練派遣隊

field training exercise (FTX) 〔C〕 実動演習；実動訓練 《部隊等の全部または一部をもって部隊行動を実地に演練する。[典] 統合訓練資料1-4》《[対] command post exercise ＝指揮所演習；指揮所訓練》

field trip 野外見学

field winding 界磁巻き線

field wire 〔C〕 野外線 《通信》

Fifth Air Force (5th AF) 【米軍】第5空軍

fifty percent zone 〔C〕 50％区域；半数必中界 《同一の火器および同一の射撃諸元で発射した半数が着弾する区域》

fighter 〔C〕 ①戦闘員；戦士 ◇用例：Taliban fighter ＝タリバン兵 ②戦闘機 ◇用

例： F-16 fighter = F-16戦闘機

fighter aircraft ［pl. = ～］ 戦闘機 《[同] fighter plane》

fighter aircraft escort 護衛戦闘機

fighter/attacker (F/A) 戦闘攻撃機

fighter availability summary ［C］ 戦闘機アベイラビリティ・サマリー 《バッジ用語》

fighter bomber (FB) ［C］ 戦闘爆撃機 《バッジ用語》

fighter data link (FDL) ［C］ 戦闘機用データリンク

fighter engagement zone (FEZ) ［C］ ①【統幕・海自】戦闘機交戦圏 ②【空自】戦闘機交戦区域

fighter escort (FE) 戦闘機による護衛

Fighter Experimental (FX) 次期主力戦闘機

fighter interceptor (FI; F/I) ［C］ 要撃戦闘機

fighter interceptor squadron (FIS) ［C］ 要撃戦闘飛行隊 《[備]「戦闘迎撃飛行隊」もあるが、用いない》

fighter interdiction ［C］ 戦闘機による阻止

fighter jet ［C］ ジェット戦闘機 ◇用例： US F-14 fighter jet = 米F-14ジェット戦闘機；Air Force F-15E fighter jet = 空軍のF-15Eジェット戦闘機

fighter pilot ［C］ 戦闘機パイロット

fighter plane ［C］ 戦闘機 ◇用例： F-15 fighter plane = F-15戦闘機《[同] fighter aircraft》

fighter squadron (FS) ［C］ 戦闘飛行隊

fighter support (FS; F/S) 【自衛隊】支援戦闘機 《[備]「支援戦闘機」は実質的には「戦闘攻撃機」のこと》

Fighter Support Experimental (FSX) 次期支援戦闘機；次期主力支援戦闘機

fighter sweep 戦闘機掃討

fighter weapon system 戦闘機兵器体系

Fighter Wing 【米軍】戦闘航空団 ◇用例： 35th Fighter Wing = 第35戦闘航空団

fighting capability 戦闘能力

fighting force ［C］ 戦闘部隊

fighting formation ［U］ 戦闘隊形

fighting line ［C］ 戦線

fighting load 戦闘装備

fighting power 戦闘力

fighting services ［the ～］ 陸海空軍

fighting ship ［C］ 軍艦

fighting spirit 戦意 ◇用例： the destruction of the enemy's fighting spirit = 敵の戦意を破砕する

fighting strength ［U］ 戦闘力

fighting unit 戦闘単位

fight or fix 戦闘継続判断 《ペトリオット用語》

figure eight 8字飛行

figure eight pattern 8字パターン

figure merit 探知指数

figure of eight knots 8字結び

figure of merit (FOM) 良さの指数；性能係数

figure punch 数字刻印

filament winding (FW) フィラメント・ワインディング 《樹脂を含浸した炭素繊維やガラス繊維をパイプや圧力容器の型に巻きつけた後、樹脂を硬化させて成形する手法》

file ［C］ ①縦隊 《1列縦隊》 ②ファイル 《書類またはデータのファイル》

file closer ［C］ 後尾監督者

file leader ［C］ 伍の先頭

File Management Server Protocol (FMS protocol) ファイル管理サーバー・プロトコル 《JADGE用語》

file transfer protocol (FTP) ファイル転送プロトコル

filing system ［C］ ファイリング・システム

fill 盛土；土手

filler 目止め；充填物；フィラー

filler metal 溶加材

filler personnel ［pl.］ 補充要員；補充兵

filler piece ［C］ 補填材（ほてんざい）

filler tube ［C］ 空気充填用連結管（くうきじゅうてんようれんけつかん）

fillet ①すみ肉 《溶接のすみ肉》 ②整流板

fill-in flash 補助光

filling 目止め

filling material 添加物

filling timber てん材 《添材》

fill in the blank (F-I-B) フィル・イン・ザ・ブランク 《バッジ用語》

fill in the blank form (F-I-B FORM) フィル・イン・ザ・ブランク・フォーム 《バッジ用語》

fill in transmission 挿入送話

film badge ［C］ フィルム・バッジ

film cooling フィルム冷却

film　　　　　　　　　　　　　　264

film factor　［C］　フィルム係数

film scanning　フィルム走査法

filter center　［C］　防空情報審査所

filter circuit　［C］　フィルター回路

filter factor　フィルター係数

filter medium　濾過剤（ろかざい）

filter paper　［C］　濾紙（ろし）

filter type traveling wave tube　［C］　濾波器型進行波管

filtration　濾過（ろか）

fin　［C］　垂直安定板

final approach　最終進入；ファイナル・アプローチ

final approach course　［C］　最終進入コース

final approach fix (FAF)　最終進入開始地点

final assembly　［C］　最終組み立て品

final assembly and check out (FACO)　最終組み立て・検査

final coating　上塗り

final controller　［C］　着陸誘導管制員

final control point (FCP)　［C］　最終統制点　《空中機動》

final course　［C］　①最終進入経路　②着達針路　《航海の着達針路》

final decision on submitted plans authority　決裁

final defense line　［C］　最終的防御線

final defensive area　［C］　最終確保地域

final destination　仕向け地

final diameter　終径

final discharge voltage　放電終期電圧

final inspection　最終検査

finalization　最終決定

final landing　最終着陸

final leg　［C］　最終進入経路

final mission report　［C］　戦闘詳報

final modulator simulator (FMS)　［C］　ファイナル・モジュレーター・シミュレーター　《ペトリオット用語》

final plan　［C］　最終計画

final planning conference (FPC)　［C］　最終調整会議

final preparation　最終準備

final protective fire　【陸自】突撃破砕射撃　《敵機甲部隊の突撃を破砕するため計画した対機甲突撃破砕射撃および敵徒歩部隊の突撃を破砕するため、戦闘陣地の直前に設定し、視界のいかん

にかかわらず実施できるように準備した機関銃、砲迫の弾幕射撃等からなる対歩兵突撃破砕射撃をいう。⊕ 陸自教範。⊕ 直訳すると「最終防護射撃」であるが用いない》

final protective line (FPL)　［C］　①【陸自】突撃破砕線　《対歩兵突撃破砕射撃に参加する機関銃等の射線をいう。⊕ 陸自教範》　②【空自】最終防衛線　③【海自】最終防護線　《港の最終防護線》

final staff conferring　合議

final status negotiations　［pl.］　最終的地位交渉

final trim　最終トリム

final tube test　最終真空管試験

final turn　最終旋回

final vector　最終針路

final velocity　［U］　終速　《落点における存速をいう。⊕ 海上自衛隊訓練資料第175号》

finance　会計　《予算、隊員の給与、旅費、物品や役務の調達に係る契約業務や会計監査、会計書類の審査に関する業務などを行う。事務系行政職の一つ。⊕ 航空自衛隊2018》

Finance (Fin)　【自衛隊】会計科　《職種の英語呼称》《主任務は、予算、給与、調達などの会計業務全般》

Finance Administration Section　【陸自】経理班　《の英語呼称》

finance and accounting　経理　《配分された予算の執行に関する業務の総称であり、現地調達における契約等、給与および旅費の支払、資金業務、決算等からなる。⊕ 陸自教範》

Finance Division (Fin Div)　①【内部部局・陸自・空自・防大】会計課　《の英語呼称》◇用例：会計課長（内部部局・陸自・空自）＝ Director, Finance Division；会計課長（防大）＝ Head of Finance Division　②【海自】経理課　《の英語呼称》

Finance Office　【統幕】会計室　《総務部総務課～の英語呼称》

finance officer　［C］　①【自衛隊】会計幹部　②会計将校

Financial Action Task Force (FATF)　［the ～］　【国連】金融活動作業部会

Financial Crimes Enforcement Network　【米】金融犯罪取締執行ネットワーク

financial inspection　会計検査

Financial Intelligence Unit (FIU)　【米】金融情報機関

financial inventory accounting (FIA)　【米】資産金銭評価

Financial Management Service (FMS)

【米】財務管理局

financial measures ［pl.］　金融的措置

financial organization　会計機関　《会計事務を取り扱うため、会計法規に基づき設けられる国の機関をいい、方面隊以下における会計機関には、資金前渡官吏、契約担当官、収入官吏、歳入歳出外現金出納官吏、出納員等がある。㊵ 陸自教範》

financial sector ［C］　金融セクター

Financial Stability Forum (FSF) ［the ～］　金融安定化フォーラム

financial supervisors and regulators　金融規制監督当局

financing of terrorism ［the ～］　テロへの資金供与；テロ資金供与

fine adjustment ①【空自】微調整　②【海自】細密調整

fine aggregate　細骨材（さいこつざい）

fineness　精細度

fine sight　精密照準

fine synchronization　精同期　《㊶ coarse synchronization = 粗同期》

fine tuning ①【空自】精密同調　②【海自】微同調

fingerprint ［C］　指紋　◇用例： collecting of fingerprints = 指紋の採取

fingerprint reader ［C］　指紋読み取り機

finger screen ［C］　指状濾過網

finger-type indicator ［C］　指針式指示器

finished size　仕上げ寸法

finished surface　仕上げ面

finish exercise (FINEX)　演習終了；訓練終了　《演習開始前の態勢に復帰すること》

finish mark ［C］　仕上げ記号

finish-turn inspection　仕上り検査

finite span　有限翼幅

fin stabilization　翼安定（よくあんてい）　《弾丸やミサイルなどに安定翼を取り付け、飛翔 間の弾道を安定させる方式。㊵ NDS Y 0006B》

fin stabilized ［adj.］　翼安定式の

fin stabilized ammunition ［U］　翼安定弾；有翼弾

fin-stabilized rocket ［C］　翼安定式ロケット

fire ［n.］　①射撃；発射　②火災　◇用例： class A fires = A火災

fire ［vt.］　射撃する；発射する

Fire !　「打ち方始め！」　《号令》

fire adjustment　射撃の修正

fire aisle ［C］　防火通路

fire alarm ①火災警報　②火災報知機

fire and forget (F&F)　撃ち放し

fire and forget capability　撃ち放し性能

fire and maneuver　火力と機動；射撃と運動

fire and rescue party ［C］　派遣防火隊

firearm ［C］　火器　《火薬を使用して射撃を行う兵器であり、口径が0.50インチ（12.7mm）以下の兵器をいう。通常は「小火器（small arms）」を指す》◇用例： fire arms for base protection = 警備火器

fire at will ①随意射撃　②「各個に撃て」

fire ball ［C］　火の玉

fire barrage　「弾幕射撃」

fire bay ［C］　射撃壕

fire bill　防火部署；防火部署表

fire bomb ［C］　火災爆弾

fire call　火災呼集

fire capabilities chart ［C］　射撃能力図

fire clay ［U］　耐火粘土

fire clay mortar ［U］　耐火モルタル

fire command　射撃号令

fire control ［U］　①【陸自】射撃統制　②【海自】射撃指揮　《指示された目標に対し、有効な射撃を実施するため、射撃指揮官が射撃武器システム等を指揮、運用することをいう。㊵ 海上自衛隊訓練資料第175号》　③【空自】火器管制

fire control computer ［C］　射撃統制計算機

fire control coordinator ［C］　発射管制官　《潜水艦》

fire control equipment ［U］　射撃統制器材；射撃指揮器材；射撃管制器材　《㊶ fire control instrument》

fire control instrument ［C］　①【陸自】射撃統制器具　②【海自】射撃指揮器具　③【空自】射撃管制器具　《㊶ fire control equipment》

fire control man (FC)　【海自】射管員　《射管員は、主として射撃指揮装置等の操作および保守整備に関する業務に従事する。㊵ 海幕人第10346号。㊶「射撃管制員」のこと》◇用例： chief fire control man = 射管員長

fire control plane ［C］　射撃観測機

fire control radar (FCR) ［C］　①【陸自】射撃統制レーダー　②【海自】射撃指揮レーダー　③【空自】火器管制レーダー

fire control spotting team ［C］　【海自】射撃管制班；射撃観測班

fire control system (FCS) ①【陸自】射撃統制装置　②【海自】射撃指揮装置　③【空自】火器管制装置　《目標を正確に射撃するために火器を

制御するための計算機を主体とする装置のことをいう。[典] JAFM006-4-18》

Fire Control Systems Maintenance 【空自】火器管制装置整備 《准空尉空曹空士特技区分の英語呼称》

fire coordination ［U］ 射撃調整；火力調整 《対陸上支援射撃を効率的に行うため、陸上部隊の火力と艦砲の火力とを密接に連係させるための調整をいう。[典] 海上自衛隊訓練資料第175号》

fire coordination line (FCL) ［C］ 【陸自】射撃調整線 《この線以遠の火力の発揮を増大させるとともに、我の火力戦闘部隊の射撃から第一線部隊の安全を確保するために設ける線をいい、直協任務の野戦特科部隊指揮官が被協力部隊指揮官の承認を得て設定する。[典] 陸自教範》

fire department ［C］ 消防署

fire detector ［C］ 火災探知器

fire detector system ［C］ 火災探知装置

fire direction 射撃指揮

fire direction center (FDC) ［C］ 射撃指揮所

F

fire direction net 射撃指揮通信網

fire discipline 射撃規律

fire distribution 火力配分

fire engine ［C］ 消防ポンプ

fire extinguisher = extinguisher ［C］ 消火器 ◇用例： fire extinguisher system = 消火装置

fire fight 射撃戦

firefighter ［C］ 消防士；消防隊員

fire-fighting ①消火；消防 ②【海自】防火

fire-fighting drill ［C］ 防火訓練

fire-fighting equipment ［U］ 防火用具

fire-fighting suit 防火衣

fire flushing pump (FFP) ［C］ 消火海水ポンプ

fire for adjustment = adjustment of fire 修正射 《射弾の弾着を観測し、命中に必要な射角・方位角・破裂高などの射撃諸元を得るために行う射撃》《[対] fire for effect = 効力射》

fire for effect (FFE) 効力射 《[対] 目標に対し効果を得るために行う射撃》《[対] fire for adjustment = 修正射》

fire-formed fragment ［C］ 調整破片 《所望の形状、質量になるように弾体にあらかじめ刻み目などを施した弾頭が、爆発によって破裂したときに生成される破片。[典] NDS Y 0006B》《[同] controlled fragment》

fire hydrant ［C］ 消火栓

fire interval ［C］ 発射間隔 《射弾と次の射弾の時間間隔。[典] NDS Y 0002B》

fire lane ［C］ 射道

fire main 消防管；消防主管

fire mask 消火マスク

fire mission 射撃任務

fire on the move (FOTM) 走行間射撃 《走行間に車両搭載火器などで行う射撃》

fire order 発射指令

fire party = fire-party ［C］ 防火隊

fire plan ［C］ 射撃計画；火力計画

fire point ［C］ 燃焼点

fire position ［C］ 射撃陣地

fire power = firepower 火力 《敵を直接殺傷および破壊するとともに、敵の統制ある行動を妨害し、また、我が機動を促進する火器の威力をいい、火力の発揮される領域の違いにより、対地火力、対空火力および対海上火力に区分される。[典] 陸自教範》

Fire Prevention and Protection Branch 【在日米陸軍】消防隊

fireproof 耐火；防火

fireproof bulkhead ［C］ 防火隔壁（ぼうかかくへき）

fireproof paint 防火ペイント；防火塗料

Fire Protection 【空自】消防 《准空尉空曹空士特技区分の英語呼称》

fire quarters ［pl.］ 防火部署

fire resistance test ［C］ 耐火試験

fire resisting division ［C］ 耐火隔壁

fire resisting material 耐火材料

fire resisting wood 耐火木材

fire squad ［C］ 射撃分隊

fire superiority ［U］ 火力の優越

fire support ①火力支援 《味方の行動等を火力により支援すること。[典] 民軍連携のための用語集》 ②【陸自】火力協力 《火力戦闘部隊が、火力により近接戦闘部隊の戦闘に協力することをいう。[典] 陸自教範》

fire support area ［C］ ①火力支援区域 ②【海自】火力支援海域

fire support base (FSB) ［C］ 火力支援基地

fire support coordinating measures ［pl.］ 火力支援調整手段

fire support coordination ①火力支援調整 ②【陸自】火力調整 《主要な火力を近接戦闘部隊の戦闘に密接に連携させるとともに、最も効率的に運用するために行う調整をいう。[典] 陸自教範》

fire support coordination center (FSCC)
［C］ ①火力支援調整所 ②【陸自】火力調整所 《火力調整を行うため、作戦部隊指揮官、第一線連隊長等が、その指揮所内に設ける施設をいう。㊞ 陸自教範》 ③【海自】火力支援調整本部

fire support coordination line (FSCL)
①【陸自】火力調整線 《この線以遠の航空火力等の発揮を増大させるとともに、我の航空攻撃等から部隊の安全を確保するために設ける線をいい、作戦部隊指揮官が航空部隊指揮官と調整して設定する。㊞ 陸自教範》 ②【空自】火力支援調整線

fire support coordinator (FSCOORD)
［C］ ①【統幕・米軍】火力支援調整者 ②【陸自】火力調整者 《火力調整に関し、作戦部隊指揮官または被直協部隊指揮官を補佐する者をいう。㊞ 陸自教範》 ③【海自】火力支援調整官

fire support element (FSE) ［C］ ①【統幕】火力支援班 ②【陸自】火力支援部隊

fire support group ［C］ 【海自】艦砲支援任務群 《水陸両用作戦において、艦砲射撃を行って上陸部隊の海岸付近における作戦を支援するため、一時的に編成された海上部隊をいう。㊞ 統合訓練資料1-4》

fire support coordination officer (FSCO) ［C］ ①【自衛隊】火力支援調整幹部 ②【米軍】火力支援調整将校

fire support officer (FSO) ［C］ ①【海自】火力支援幹部 ②【米軍】火力支援将校

fire support plan ［C］ 火力支援計画

fire support station 艦砲支援位置；火力支援位置

fire support team (FIST) ［C］ 火力支援チーム

fire support unit ［C］ 火力支援隊

fire suppression 火制 《火力によって制圧することを「火制」といい、野戦砲・迫撃砲により、ある諸元で射撃した場合の有効破片がおよぶ範囲を「火制地域」いう。㊞ 陸自教範》

fire switch box (FSB) ［C］ 【海自】発射スイッチ箱

fire symbol 火災標識

fire task 射撃任務

fire team ［C］ 射撃班

fire test ［C］ 引火試験

fire transfer switch (FTS) ［C］ 【海自】自動方位盤転換器

fire-tree blade ［C］ のこ歯羽根 《ガスタービンののこ歯羽根》

fire trench ［C］ 戦闘壕

fire unit (FU) = firing unit ［C］ ①射撃単位 《対空射撃部隊の最小射撃単位(射撃統制装置、射撃用レーダー装置、発射装置で構成される)》 ②【空自】高射隊 《ペトリオット・システムの最小射撃単位》《㊞ firing platoon》 ③【陸自】火力戦闘部隊 《火力戦闘により、敵戦闘力を撃破・減殺すること、および近接戦闘部隊に直接・間接的に協力することを主任務とする部隊をいう》

fire wall = firewall ［C］ ①防火壁 ②ファイアウォール 《IP接続されたLANなどのネットワーク上に設置する、ハッカーやクラッカーからの侵入や破壊を未然に防ぐための仕組みのこと。㊞ 調達における情報セキュリティ基準》

fire-wall shut-off valve ［C］ 防火壁遮断弁

fire warning 火災警報

fire warning light ［C］ 火災警報灯

fire warning system ［C］ 火災警報装置

firing ①ふん火；点火；着火 《ボイラーのふん火；ディーゼル機関の点火・着火》 ②発射；砲撃

firing angle ［C］ ①発射角 ②点弧角

firing azimuth 射線方位角

firing bearing 発射方位

firing by hand 手動発射

firing chart ［C］ 射撃図

firing circuit ［C］ 発射電路；発砲電路

Firing Command and Control System (FCCS) 【陸自】火力戦闘指揮統制システム

firing course ［C］ 発射針路

firing cut-out mechanism ［C］ 耐火試験 《火砲の射界を制限するための機構。㊞ NDS Y 0003B》

firing data ［U］ 射撃諸元

firing device ［C］ 発火装置

firing doctrine (FI DOC) ファイヤリング・ドクトリン 《ペトリオット用語》

firing elevation 射角 《㊞ quadrant elevation》

firing in harmonization 射撃照準調整 《砲弾を発射し、照準点を基準として、その着弾点を調整すること。㊞ レーダー用語集》

firing inhibit switch (FIS) ［C］ 【海自】発射禁止スイッチ

firing interlock mechanism ［C］ 発射インターロック機構

firing interval ［C］ 点火間隔

firing key ［C］ 発射キー；発射電鍵(はっしゃでんけん)

firing lead ［C］ 点火母線；発火母線 《電気点火時の電気回路の幹線に用いる絶縁被覆された引張強度の比較的大きい電線。㊞ NDS Y 0001D》

firing lever ［C］ 発射レバー

firing line ［C］ 火線；射線 《射撃のために火砲や部隊を配置した砲列線。[典] NDS Y 0005B》

firing mechanism ［C］ 発火機構；撃発機構；発火装置；撃発装置

firing order ①射撃順 ②点火順序

firing panel ［C］ 発射パネル

firing pin ［C］ 撃針；打針 《雷管または起爆筒を打撃または刺突して発火させる部品。[典] NDS Y 0003B》

firing pin hole ［C］ 撃針孔（げきしんこう）

firing pin indent 撃針打痕（げきしんだこん）

firing pin protrusion 撃針突出量

firing platoon (FP) ［C］ 【空自】高射隊 《ペトリオット用語》《[同] fire unit》

firing plunger ［C］ 撃発筒

firing point ①射撃位置 ②射点 《潜水艦》

firing port weapon ［C］ 銃眼銃（じゅうがんじゅう） 《戦闘車両の銃眼から射撃することが可能な銃。[典] NDS Y 0002B。[備]「gun port weapon」は間違い》

firing position ［C］ ①射撃姿勢 ②射撃陣地 ③発火位置

firing potential 放電開始電圧

firing range ［C］ ①射場 《射撃訓練を実施する場所。[典] 民軍連携のための用語集》 ②射距離

firing selector lever ［C］ 引き金切り替え挺（ひきがねきりかえてい）

firing spring ［C］ 撃発ばね

firing switch ［C］ 発射スイッチ

firing table ［C］ 射表（しゃひょう） 《各火器等ごとに、それに使用される弾薬の標準状態における弾道諸元および風、気温等によるその修正量を記載した表。[典] NDS Y 0005B》《[同] range table》

firing time 発射時機

firing timing relay ［C］ 発射時限継電器

firing transfer switch ［C］ 発砲電路開閉器

firing up 撃ち上げ

firing valve ［C］ 発射弁

firing zone ［C］ 射撃地帯

firm fixed price (FFP) 確定価格

firmware ［U］ ファームウェア 《ROMに書き込まれた固定プログラム》

first aid 救急処置 《傷病者発生時に、主として受傷現場において傷病者自らまたは傷病者に対して隊員相互に行う傷病に対する処置をいう。[典] 陸自教範》

first aid box ［C］ 救急箱 ◇用例： first aid box, life raft type ＝ 救命浮舟型救急箱

first aid kit ［C］ ①救急嚢（きゅうきゅうのう） ◇用例： first aid kit, aircraft type ＝ 航空機型救急嚢 ②【海自】救急処置箱

first aid on the aircraft 機上救護

first aid packet ［C］ 救急包帯

first angle projection 第1角法

first article test ［C］ 初回試験 《仕様の細部が確定している装備品等を調達するにあたり、当該装備品等の品質を確保するため、初回製造の装備品等について要求する試験をいう。[典] MHP-V-51028-13》

first battle 緒戦

first coat 地膚塗り

First Committee of the UN General Assembly ［The ～］ 国連総会第一委員会 《国連総会の下に設置された6つの主要委員会のうち、軍縮と国際安全保障問題全般を取り上げる委員会。[典] 日本の軍縮・不拡散外交》

first decompression stop 第1減圧点 《潜水》

first defense gun ［C］ 第一線防御機関銃

first degree burn 第1度熱傷

first excursion 第1衝程

first frost ［U］ 初霜

first harmonic 基本波

first high frequency oscillation 第1次高周波振動

First Island Chain ［the ～］ 【中国】第一列島線 《中国の海洋戦略における概念用語の一つ。日本列島から沖縄、台湾、フィリピン、ボルネオ島に至る線》

First Lieutenant (1st Lt.) ①【陸自・空自】2尉 《2等陸尉、2等空尉》 ②【米陸軍・米空軍・米海兵隊】中尉 ③【米海軍・海自】甲板士官 《艦内補修・維持・整頓担当の士官》 ④【英海軍】副長 《小型艦の副長》

first light ①第2薄明の初期 ②曙光

First Lord of the Admiralty ［the ～］ 海軍大臣

first meridian 本初子午線

first point of impact 初弾弾着点

first responder 第1対応者

First Sergeant 【米陸軍・米海兵隊】先任曹長

first shot ［C］ 初弾

first strike ①ファースト・ストライク ②第一撃 《ミサイル》

first-strike capability ［C］ 第一撃能力

first use 先制使用

fiscal station ［C］ 経理官署

fiscal year (FY) 会計年度

Fish and Wildlife Service 【米】魚類・野生生物部

fishery patrol vessel ［C］ 漁業監視船

fishery zone ［C］ 漁業水域

fish plate ［C］ 継ぎ目板

fishtailing フィッシュテール

Fissile Material Cut-off Treaty (FMCT) 核兵器用分裂性物質生産禁止条約 《核兵器およびその他の核爆発装置用の核分裂性物質（プルトニウムおよび高濃縮ウラン等）の生産を禁止する条約構想。通称は「カットオフ条約」。㊨ 日本の軍縮・不拡散外交》

fission 核分裂

fission chain reaction 核分裂連鎖反応

fission product ［C］ 核分裂生成物

fission to yield ratio ［C］ 核分裂生成比

fit はめ合い；すり合わせ

fitted mine ［C］ 充填機雷

fitting ball 連結ボール

fitting locker ［C］ 船具庫

fittings ［pl.］ 艤装品（ぎそうひん）

fit tolerance ［U］ はめ合い公差

five by five 感明度良好 《㊨ five square》

Five Powers Defense Agreement (FPDA) 5か国防衛取り極め 《マレーシア・シンガポール・英国・オーストラリア・ニュージーランド》

five square 感明度良好 《㊨ five by five》

five year defense program 国防5カ年計画

fix ①定点 ②フィックス 《地表の目視、無線施設の利用、天測航法その他の方法によって得られる地理上の位置をいう。㊨ 航空自衛隊達第29号》③機位；艦位 《2つ以上の方位線が交差する点に基づいて計算される電波発射の推定位置をいう。機位と艦位の両方が含まれる場合は「航行位置」にする》◇用例：fixing ＝ 機位決定；positive radar fixing ＝ レーダーによる機位決定 ④修理 ◇用例：a long term fix ＝ 長期的な修正；a near term fix ＝ 短期的な修正

fixation time 凝視時間

fix attack ［C］ 固定目標攻撃

Fix Bayonet！ 「着け、剣！」 《号令》

fixed ammunition ［U］ 固定弾薬 《薬莢が弾丸に固定されている弾薬。㊨ NDS Y 0001D》

fixed artillery ［U］ 固定砲 《砲台などぶ固定して設置する火砲。㊨ NDS Y 0003B》

fixed bias 固定バイアス

fixed bridge ［C］ 固定橋

fixed camouflage 永久偽装

fixed capital property ［C］ 固定資産

Fixed Communication Network 固定通信網 《固定通信網とは、全国的に相互に接続されている通信区間（車両、船舶または航空機を一端または両端とする通信区間、見通し外通信を行う区間ならびに短波、中波および長波の通信区間を除く）の総体をいう。㊨ 防衛庁訓令第11号》

fixed course range ［C］ 定的針距離

fixed earth station ［C］ 固定地球局

fixed element ［C］ 固定部

fixed error 固定誤差

fixed fin ［C］ 固定翼

fixed fire 固定射撃

fixed firing pin ［C］ 固定撃針

fixed gear ［C］ 固定脚

fixed guard 立哨（りっしょう） 《歩哨（警戒員）が定位置から監視・警戒すること。㊨ 民軍連携のための用語集》

fixed guide blade ［C］ 固定案内羽根 《㊐ fixed guide vane》

fixed guide vane ［C］ 固定案内羽根 《㊐ fixed guide blade》

fixed gun ［C］ 固定銃；固定砲

fixed index ［C］ 固定指標

fixed light ［C］ 不動灯

fixed loop 固定ループ

fixed loop aerial 固定ループ空中線

fixed medical treatment facility ［C］ 固定医療施設

fixed number of personnel 定員

fixed obstruction 固定防材

fixed part 固定部

fixed pitch propeller (FPP) ［C］ 固定ピッチ・プロペラ

fixed pivot ［C］ 旋回軸

fixed position ①【陸自】固定陣地 ②【海自】実測位置；決定位置

fixed price incentive contract 固定価格報償契約

fixed price type contract 固定価格契約

fixed rocket depression angle ［C］ ロケット固定俯角（ロケットこていふかく）

fixed round ［C］ 固定弾

fixed service 固定業務
fixed slot [C] 固定スロット
fixed station [C] 固定局
fixed station patrol 【海軍】定位阻止哨戒
fixed stock [C] 固定銃床
fixed tab [C] 固定タブ
fixed target [C] 固定目標 《固定または静止している目標。[典] NDS Y 0005B》
fixed-term and non-fixed-term SDF personnel [pl.] 【自衛隊】任期制・非任期制自衛官
fixed-term enlistee [C] 【自衛隊】任期制隊員
fixed three dimension radar (F-3D) [C] 地上用固定式3次元レーダー
fixed weight [U] 固定重量
fixed wing aircraft [pl. = ～] 固定翼航空機；固定翼機
fixed zone barrage 固定弾幕射法
fixture [C] 取り付け具
flag captain [the ～] 旗艦の艦長
flag chest [C] 旗箱
flag days [pl.] 旗日
flag hoist 旗流信号(きりゅうしんごう) 《旗旒信号》
flag lieutenant 【海軍】将官付き副官；司令官付き副官
flag list [C] 【英海軍】現役将官名簿
flag officer (FO) [C] 【海軍】将官；司令官 《座乗艦に将官旗を掲げる資格を持つ将官、司令官》
flag of truce [C] 休戦旗；休戦白旗 《戦場での交渉を求める白旗》
flag ship = flagship [C] 旗艦 《艦隊などの司令官が座乗する艦のこと。司令官が乗船時には、その階級を表す旗が掲揚されている。[典] 民軍連携のための用語集》
flag ship of escort fleet 【自衛隊】護衛艦隊旗艦 《護衛艦隊司令部が洋上司令部として隷下部隊を指揮するための艦艇》
flag signal [C] 旗流信号(きりゅうしんごう) 《旗旒信号》
flag staff 後部旗竿(こうぶはたざお)
flag state jurisdiction 旗国主義(きこくしゅぎ)
flak 対空射撃
flak jacket [C] 防弾チョッキ
flame burn 熱傷 《火災による熱傷》

flame out フレーム・アウト
flame piloting baffle [C] 邪魔板
flame plate [C] 炎板
flame retardant nitrocellulose 難燃化ニトロセルロース 《化学的に安定化することで熱・衝撃等に対する反応性を低く抑えたニトロセルロース》
flame thrower = flamethrower [C] 火炎放射器
flammable cargo 可燃貨物
flange [C] フランジ
flanged pipe [C] フランジ管
flank 翼側面
flank array [C] フランク・アレイ；側面アレイ 《船体の側面に配置したアレイ。[典] NDS Y 0012B》
flank attack = flanking attack [C] 側面攻撃
flank barrier [C] 側壁バリヤー
flanker [C] 側兵
flankers [pl.] 側面部隊
flank guard 側衛(そくえい) 《行進間、縦隊の側方に配置し、敵の奇襲、地上偵察、妨害等に対して機動中の縦隊の側背を掩護するとともに、側方からの敵の攻撃に対して主力が戦闘のために必要な時間と地域を確保するため、各縦隊指揮官が設ける警戒部隊をいう。[典] 陸自教範》
flanking fire 側射
flank protective weapon [C] 側防火器(そくぼうかき)
flanks [pl.] 両翼
flank security [U] ①【陸自】翼の警戒 ②【海自】側面警戒；側方警戒
flank speed 【海自】前進一杯
flank wind [U] 横風
flap angle [C] フラップ角
flaperon フラッペロン 《フラップとエルロンを一体にしたもの》
flapper valve [C] フラッパー弁
flap position indicator [C] フラップ位置指示器
flap travel フラップ作動範囲
flap valve [C] フラップ弁
flare ①照明弾；照明筒 《目標を照明するために使用する火工品》《[同] illuminating flare》 ②フレア 《赤外線を輻射する物質。赤外線誘導ミサイルの追尾を妨害する》
flare back 噴射炎

flare head ［C］ 照明薬頭部

flare out ①フレア・アウト；照明弾発光 ②引き起こし 《接地前の機体の引き起こし》

flare-out computer ［C］ 照明弾用計算機

flare-out glide path 照明弾降下経路

flare-out landing 引き起こし着陸

flare-up light 炎火（えんか）

flaring フレアリング

flash ①【米】特別緊急 《緩急区分指定の一つ。初めて接敵したときの報告または特に緊急を要する作戦通信である。指定符号は「Z」》 ②フラッシュ；閃光（せんこう） ③砲口炎 ④点滅

flash blindness 閃盲目（せんもうもく）

flash bulb ［C］ 閃光電球（せんこうでんきゅう）

flash burn 閃光火傷（せんこうやけど） 《原爆などによる閃光火傷》

flash charge 火炎点火薬 《爆粉（ほうふん）を起爆させるため、電気雷管または電気雷管の点火玉に使用する火薬。㋱ NDS Y 0001D》

flash deflector ［C］ 消炎器

flash hider ［C］ 消炎器 《機関銃などの銃口炎を減少または消滅させるための装置。㋱ NDS Y 0002B》《㋺ flash suppressor》

flash hole ［C］ 噴火孔；導火孔 《発火した雷管または火管などの炎を次の火薬系列に導くためのアナ。㋱ NDS Y 0001D》

flashing ①閃光（せんこう） ②点滅 ③フラッシング 《艦船の行動予定海域において、船体の垂直方向の誘導磁気を打消すように、垂直方向に永久磁気を付加するとともに、船体の首尾方向の永久磁気を減少させることを目的とした磁気処理》

flashing key ［C］ 点滅電鍵（てんめつでんけん）

flashing light ［C］ 発光信号灯

flashing light signal ［C］ 発光信号

flashing point ［C］ 引火点

flashing point tester ［C］ 引火点測定器

flashing relay ［C］ 断続継電器

flash lamp ［C］ 閃光電球（せんこうでんきゅう）

flashless powder 消炎火薬

flash message ［C］ 特別緊急信

flash of gun 発砲閃光

flash point ［C］ 引火点

flash powder 閃光粉

flash ranging 火光標定

flash ranging center ［C］ 【陸軍】火光標定所

flash reconnaissance 火光偵察

flash reducer 消炎剤 《銃口炎または砲口炎を消したり、減少させたりするために、発射薬に添加して使用する薬剤。㋱ NDS Y 0001D》

flash report ［C］ 速報

flash signal ［C］ 点滅信号

flash suppressor ［C］ 消炎器 《機関銃などの銃口炎を減少または消滅させるための装置。㋱ NDS Y 0002B》《㋺ flash hider》

flash to ground 落差

flask 型枠（かたわく）

flat approach 浅角進入

flatbed trailer ［C］ 平床トレーラー

flat bottom 平底

flat-compound generator ［C］ 平復巻き発電機

flat fire 平射

flat keel ［C］ 平板キール

flat line ［C］ 非共振線

flat nose 平頭弾頭（へいとうだんとう）

flat nose ammunition ［U］ 平頭弾（へいとうだん） 《先端部が平頭になっている弾薬。跳弾が少ない。㋱ NDS Y 0001D》

flat point ［C］ 無変化点

flatrack フラットラック

flat-seaming 平縫い

flat seizing 平締め

flat sennit 平編み

flat shallow sweep 浅深度掃海

flat slide valve ［C］ 平滑り弁

flat spin 水平きりもみ 《水平揉み》

flatted cargo 平置き貨物；下積み貨物 《㋺ understowed cargo》

flattening test ［C］ 偏平試験

flat tire フラット・タイヤ

flat trajectory ［C］ 低伸弾道；平射弾道 《曲率の小さい弾道。㋱ NDS Y 0006B》

flat trajectory fire 平射

flat trajectory weapon ［C］ 低伸弾道火器

flat type copper wire ［C］ 平角銅線

flat zone ［C］ 無変化感度帯

flaw detector ［C］ 探傷器

F-layer F層

flechette 矢弾（やだん）；フレシェット 《安定して飛翔するように、後ろが羽根の形になっている矢状の弾丸。㋱ NDS Y 0001D》

fleeing vessel ［C］ 逃走船

fleet ［C］ ①艦隊 ②船隊

Fleet Activities Sasebo 【在日米軍】佐世保海軍施設 ◇用例： US Fleet Activities Sasebo = 佐世保米海軍施設

Fleet Activities Yokosuka 【在日米軍】横須賀海軍施設 ◇用例： US Fleet Activities Yokosuka = 横須賀米海軍施設

Fleet Admiral 【米】海軍元帥

Fleet Air Arm (FAA) 【英海軍】航空隊

fleet aircraft carrier ［C］ 【米海軍】通常推進型航空母艦 《艦種記号： CV》

fleet air defense ［U］ 【海自】艦隊防空 《自隊の防空および護衛中の船舶の防空をいう。[典] 統合訓練資料1-4》

fleet air defense net (FAD net) ファッド・ネット；FADネット

Fleet Air Force (FAF) 【海自】航空集団 《の英語呼称》《自衛艦隊の航空部隊》◇用例： 航空集団司令官 = Commander, Fleet Air Force；航空集団幕僚長 = Chief of Staff, Commander Fleet Air Force

F

fleet air wing ［C］ 艦隊航空群

Fleet Air Wing 【海自】航空群 《の英語呼称》◇用例： 第1航空群（鹿屋） = Fleet Air Wing 1 （Kanoya）；航空群司令 = Commander, Fleet Air Wing；航空群首席幕僚 = Chief Staff Officer, Commander Fleet Air Wing

fleet and industrial supply center (FISC) ［C］ 【米】海軍補給センター

fleet ASW library system (FALIS) ［C］ 対潜オペレーショナルデータ配布プログラム 《ASW （anti-submarine warfare）= 対潜戦》

fleet ballistic missile (FBM) ［C］ 艦艇用弾道ミサイル

fleet ballistic missile SSN 弾道ミサイル搭載原子力潜水艦

fleet captain 【英海軍】艦隊副官

fleet command center (FCC) ［C］ 【海軍】艦隊指揮センター

fleet commander ［C］ 艦隊指揮官

Fleet Escort Force 【海自】護衛艦隊 《の英語呼称》◇用例： 護衛艦隊司令官 = Commander, Fleet Escort Force；護衛艦隊幕僚長 = Chief of Staff, Commander Fleet Escort Force

fleet in being 牽制艦隊

fleeting target ［C］ 瞬間目標

Fleet Intelligence Command 【海自】情報業務群 《の英語呼称》《海上自衛隊の情報専門部隊》◇用例： 情報業務群司令 = Commander, Fleet Intelligence Command；情報業務群首席幕僚 = Chief Staff Officer, Commander Fleet Intelligence

fleet launching ballistic missile (FLBM) ［C］ 艦隊弾道ミサイル

fleet logistics air transport unit ［C］ 艦隊後方支援空輸部隊

Fleet Marine Force (FMF) 【米】艦隊海兵部

fleet nuclear-powered aircraft carrier ［C］ 【米海軍】原子力空母 《艦種記号： CVN》

fleet ocean surveillance intelligence center (FOSIC) ［C］ 艦隊海洋監視情報センター

fleet ocean tug 艦隊随伴航洋曳船 《艦種記号： ATF》

fleet organization 艦隊編成

fleet readiness squadron (FRS) ［C］ 【米海軍】艦隊即応飛行隊

fleet rehabilitation and modernization (FRAM) 【米海軍】艦隊能力回復及び近代化 《FRAM = フラム》

Fleet Research and Development Command (FRDC) 【海自】開発隊群 《の英語呼称》《海上自衛隊の研究開発専任部隊》◇用例： 開発隊群司令 = Commander, Fleet Research and Development Command

fleet review 観艦式

fleet satellite communication 艦隊衛星通信

Fleet Satellite Communication (Fleet SATCOM) 艦隊通信衛星

fleet satellite communications system (FLTSATCOM) ［C］ 艦隊衛星通信システム

Fleet Submarine Force 【海自】潜水艦隊 《の英語呼称》◇用例： 潜水艦隊司令官 = Commander, Fleet Submarine Force；潜水艦隊幕僚長 = Chief of Staff, Commander Fleet Submarine Force

fleet time 【空自】フリート・タイム 《保有航空機の1検査周期までの使用可能合計時間をいう。[典] 統合訓練資料1-4》

Fleet Training and Development Command 【海自】開発指導隊群 《の英語呼称》

Fleet Training Command 【海自】海上訓練指導隊群 《の英語呼称》◇用例： 海上訓練指導隊群司令 = Commander, Fleet Training Command；海上訓練指導隊群首席幕僚 = Chief Staff Officer, Commander Fleet Training

Command

Fleet Training Group 【海自】海上訓練指導隊《の英語呼称》◇用例：海上訓練指導隊司令 = Commanding Officer, Fleet Training Group

flexibility 柔軟性；融通性

flexible deterrent options (FDOs) ［pl.］柔軟に選択される抑止措置《紛争の初期段階において、侵略国または潜在的侵略国に対し、部隊の展開等を通じ、段階的に武力を示威することによって、抑止を図るとともに、同盟国に対し安心感を与える。[備]「柔軟抑止措置」、「柔軟抑止選択肢」としている場合もある》

flexible metallic conduit ［C］ フレキシブル金属管；たわみ金属管

flexible pavement たわみ性舗装

flexible pipe ［C］ フレキシブル管；たわみ管

flexible response 柔軟反応

flexible response strategy ［C］ 柔軟反応戦略

flexible shaft ［C］ 可動駆動軸；フレキシブル・シャフト；フレキシブル軸；たわみ軸

flexible waveguide ［C］ 可動導波管

flextensional transducer ［C］ フレックステンショナル型振動子

flexure たわみ

flicker effect ちらつき効果

flickering 点滅

flight ［C］ ①飛行；フライト ②【空軍】飛行小隊

flight advisory ［C］ 飛行助言

flight altitude 飛行高度

flight attendant ［C］ 客室乗務員

flight attitude 飛行姿勢

flight calibration 飛行校正

flight characteristics ［pl.］ 飛行特性

flight check 【空自】飛行点検《飛行点検機を使用して、施設について定められた基本性能および運用の用に供するための必要な機能を点検し、その結果を評価および判定することをいう。[典] 航空自衛隊達第12号》

Flight Check Squadron 【空自】飛行点検隊《の英語呼称》

flight chief フライト・チーフ

flight condition 飛行状態

flight control system ［C］ 飛行操縦装置

flight data ［U］ 運航諸元《航空機》

flight data position ［C］ 副管制席

flight data processing system (FDP) ［C］ 飛行計画情報処理システム

flight data recorder (FDR) ［C］ 飛行記録装置

flight deck ［C］ ①飛行甲板；フライト・デッキ《航空母艦の飛行甲板》 ②【海自】発着甲板

flight director ［C］ フライト・ディレクター《フライト・ディレクターとは、所定の経路を飛行するために操縦士がとるべき操作を指示する計器をいう。[典] 防管航第7575号》

flight director group (FDG) ［C］ 飛行指令装置

flight dispatcher ［C］ 飛行管理員

Flight Division 【海自】飛行隊《の英語呼称》◇用例：飛行隊長 = Chief, Flight Division

flight duty assignment 搭乗配置

flight duty officer (FDO) ［C］ 【空自】飛行当直幹部

flight engineer (FE) ①【空自・海自】機上整備員 ②航空機関士

Flight Engineer 【空自】航空機整備（機上）《准空尉空曹空士特技区分の英語呼称》

Flight Engineer Helicopter 【空自】ヘリコプター整備（機上）《准空尉空曹空士特技区分の英語呼称》

flight envelope 飛翔可能領域（ひしょうかのうりょういき）

flight evaluation board (FEB) ［C］ 飛行評価委員会

flight facility officer ［C］ 管制隊管制班長

flight fatigue ［U］ 航空疲労

flight fitness ［U］ 航空身体適合；航空適応

flight follow フライト・フォロー

flight following 飛行追尾

flight formation ［U］ 飛行編隊

flight gear ［C］ 降下装置

Flight Group ［C］ 【空自】飛行群《の英語呼称》◇用例：飛行群本部 = Headquarters, Flight Group

flight hangar ［C］ 飛行格納庫

flight hazard ［C］ 飛行障害

flight hour 飛行時間

flight hour recording sheet ［C］ 飛行記録用紙

flight information ［U］ 【空自】飛行情報《飛行情報とは、航空機の運航のため必要な航空路、飛行場、航空保安無線施設、計器進入方式および航空交通管制機関等に関する資料をいう。[典] 航空自衛隊達第2号》

flight information center (FIC) ［C］ ①【空自】飛行情報センター ②【海自】飛行情報中枢

flight information publication (FLIP) ①【空自】飛行情報出版物 《飛行情報出版物とは、飛行情報を記載した出版物であって、航空路図誌（高高度用・低高度用）、飛行計画要覧、航空路要図および飛行情報出版物修正報をいう。[典] 航空自衛隊達第2号》 ②【海自】航空路図誌

flight information region (FIR) ［C］ ①【空自】飛行情報区 《国際民間航空機関（ICAO）によって設定された、自国の領空に隣接する公海上空を含む空域をいい、飛行情報業務および警告業務を実施する空域をいう。[典] JAFM006-4-18》 ②【海自】飛行情報地域

flight information service (FIS) ［C］ 飛行情報業務

Flight Information Squadron 【空自】飛行情報隊 《の英語呼称》

flight instructor ［C］ ①【空自】飛行教官 ②【海自】操縦教官

F

flight instrument ［C］ 飛行計器

flight leader ［C］ 編隊長；中隊長

flight leg ［C］ フライト・レグ 《飛行経路のうち、2つのチェック・ポイントを結んだ区間をいう。[典] JAFM006-4-18》

flight level (FL) 【空自】フライト・レベル 《標準気圧値1,013.2ヘクトパスカル（29.92水銀柱インチ）を基準とした等気圧平面》

Flight Lieutenant 【英空軍】大尉 《[同] captain》

flight line 列線

flight load 飛行荷重

flight log ［C］ ①【空自】航法計画書 ②【海自】飛行日誌

flight management and guidance control 飛行管理及び誘導制御装置

flight management computer system (FMCS) ［C］ 飛行管理コンピューター・システム

flight management system (FMS) ［C］ 飛行管理システム

flight manifest 搭乗員名簿

flight manual ［C］ 飛行規定 《飛行規定とは、自衛隊が使用する航空機の飛行手順書および関連規則類等をいう。[典] 防管航第7575号》

flight mission simulator (FMS) ［C］ フライト・ミッション・シミュレーター 《ペトリオット用語》

flight nurse ［C］ 航空看護師

flight observer ［C］ 機上観測員

flight officer ［C］ 【米】空軍准尉

flight operation course ［C］ 飛行作業進路；飛行作業針路

flight operation instruction chart ［C］ 飛行諸元表

flight path ［C］ 飛行経路

flight path control system ［C］ 航空路管制装置

flight path history フライト・パス・ヒストリー 《ペトリオット用語》

flight path selector ［C］ 飛行路選択器

flight personnel ［pl.］ 航空従事者

flight physical examination 【陸自】航空身体検査 《航空身体検査とは、操縦士等に対する医学的の身体適性検査をいう。[典] 陸上自衛隊達第36-7号》

flight plan (F/P; flt pln) ［C］ 飛行計画 《航空機の飛行する経路、チェックポイントにおける高度、時間等で構成される情報をいう。[典] JAFM006-4-18》

flight plan approval (FRA) ［U］ 飛行計画承認

flight plan auto ID 飛行計画自動識別 《JADGE用語》

flight plan correlation 飛行計画相関

flight plan route ［C］ 飛行計画ルート 《飛行計画のチェック・ポイント間を結ぶ直線により表示されるルートをいう。[典] JAFM006-4-18》

flight profile ［C］ 飛行プロファイル

flight progress strip ［C］ 運航表

flight qualities ［pl.］ 飛行特性

flight quarters ［pl.］ 機体状態

flight radio operator ［C］ 機上通信員

flight rations ［pl.］ 航空糧食

flight readiness (FR) 飛行可能状態

flight readiness aircraft ［pl. = ～］ 【空自】飛行可能機；FR機 《必要に応じ。通常の飛行が可能な状態にある航空機をいい、飛行前後の点検実施中のものおよび燃料、オイル、酸素の補給その他ごく軽易な整備作業により使用可能の状態になり得るものを含む。[典] 統合訓練資料1-4》

flight readiness rate (FR) ［C］ 飛行可動率

flight recorder (FR) ［C］ フライト・レコーダー；飛行記録器；飛行記録装置

flight regulation ［C］ 飛行規則

flight restricted area ［C］ 【空自】飛行制限区域 《味方航空機の飛行を制限または禁止する空域をいう》

flight rules ［pl.］ 飛行方式

flight safety (FS) ［U］ 飛行安全

flight safety council ［C］ 飛行安全会議

flight safety officer (FSO) ［C］ 【空自】飛行安全幹部

flight safety survey ［C］ 飛行安全観察

flight schedule ［C］ 運航計画 《輸送機を運行させるための計画》

flight school ［C］ 航空学校

flight service (FS) ［C］ 飛行管理業務 《パイロットが提出した飛行計画の点検、飛行監視および到着が遅れている航空機の運航状況の確認を実施する業務。[典] 航空保安管制群HP》

Flight Service and AMIS Data Processing System (FADP) ＝FS/AMIS Data Processing System 飛行管理情報処理システム 《飛行管理情報処理システム航空交通管制システム、航空警戒管制部隊および自衛隊各飛行場の間で、日本およびその周辺の上空における航空機の飛行計画、位置情報等を迅速に収集処理し、関係機関に通報するシステムをいう。[典] JAFM006-4-18》

flight service center (FSC) ［C］ 飛行管理中枢

Flight Service Squadron 【空自】飛行管理隊 《の英語呼称》

flight simulator (FS) ［C］ ①フライト・シミュレーター ②【空自】模擬飛行訓練装置 《模擬飛行訓練装置とは、ビジュアル装置およびモーション装置を有する乗組員の訓練、試験および審査等に適する装置であって、特定の型式の航空機の操縦室を模擬したもので、幕僚長等により適切に管理されているものをいう。[典] 防管航第7575号》

flight size (FS) フライト・サイズ 《航跡の機数をいう。[典] JAFM006-4-18》

flight size reply (FS reply) フライト・サイズ応答 《防空指令所(DC)からのフライト・サイズ要求に対する応答をいう。[典] JAFM006-4-18》

flight size request (FS REQ) ［C］ フライト・サイズ要求 《防空指令所(DC)が、3-Dレーダーに対して行う機数測定要求をいう。[典] JAFM006-4-18》

Flight Squadron (FS) 【空自】飛行隊 《の英語呼称》◇用例： 第41飛行隊 = 41st Flight Training Squadron；第403飛行隊 = 403rd Flight Squadron (403SQ)

flight surgeon (FS) ［C］ ①航空軍医 ②【空自・海自】航空医官

flight technical error (FTE) 飛行技術誤差 《RNAVシステムが計算した経路と当該経路に対する航空機の位置との間の相違。[典] 防管航第7575号》

flight test ［C］ 飛行試験

Flight Test Control System (FTCS) 【空自】飛行試験管制システム

Flight Test Group 【空自】飛行実験群 《飛行開発実験団隷下～の英語呼称》◇用例： 飛行実験群本部 = Flight Test Group Headquarters

Flight Test Squadron 【空自】飛行隊 《飛行開発実験団隷下～の英語呼称》《各種飛行試験およびテスト・パイロットを養成するための教育訓練を実施する》

flight time 飛行時間

Flight Training Devices Maintenance ＝ Flight Simulator Maintenance 【空自】地上訓練機整備 《准空尉空曹空士特技区分の英語呼称》

flight unit (FU) ［C］ ①【陸自】飛行部隊 ②【海自】飛行隊

flight visibility (FVIS) ［C］ 飛行視程；空中視程 《飛行中の航空機の操縦席から視認できる前方距離をいう。[典] 航空自衛隊達第29号》

flight weather forecast ［C］ 【海自】飛行気象予報

flipper ［C］ ひれ 《鰭》《[同] swim fin》

float angle ［C］ 展開角

float chamber ［C］ フロート室

floater net 浮き付き網

floating acoustic jammer (FAJ) ［C］ 投射型静止式ジャマー 《水上艦の発射機から海面に投射され、着水した後は、海面を浮遊しながら妨害音を発生し、敵の魚雷に対して音響的な妨害・欺瞞を行う装置。[典] NDS Y 0041》

floating base ［C］ 洋上基地

floating base support ①洋上基地後方支援 ②【海自】洋上基地支援

floating bridge ［C］ 浮橋(ふきょう) 《[同] pontoon bridge》

floating dump 洋上臨時集積場

floating effect 浮揚効果

floating gudgeon pin ［C］ 浮動ピストン・ピン

floating lever ［C］ ①フローティング・レバー ②【海自】遊動レバー

floating mine ［C］ 浮流機雷

floating reserve 洋上予備隊

floating ring 遊動リング

floating roof-tank ［C］ 浮屋根形タンク

floating smoke pot ［C］ 浮遊発煙筒 《位置標示のために水面に浮かべる発煙筒。[典] NDS Y 0001D》

F

float method 浮標法

float pendant ［C］ 浮標索

float-type carburetor ［C］ フロート式気化器

float-type fuel gauge ［C］ フロート式燃料計

float valve ［C］ フロート弁

float water level indicator ［C］ フロート水面計

flood 張水

flood and drain system ［C］ 注排水装置

flood compartment ［C］ 浸水区画

flood discharge 高水流量

flood electrode ［C］ 浸水警報器

flooder ［C］ 浸水装置

flooding ①浸水 ②注水 《潜水艦》

flooding cock ［C］ 注水コック

flooding pipe ［C］ 張水管

flooding test ［C］ 張水試験

F

flood light ＝floodlight ［C］ 投光器；照明灯

flood lighting 投光照明

flood port ［C］ フラッド口

flood switch ［C］ 浸水警報スイッチ

flood valve ［C］ フラッド弁；張水弁

flood warning 洪水警報（こうずいけいほう）

flooring 床板

floor loading ［U］ 床上荷重

floor plate ［C］ ①床 ②床板

floor space ［C］ 床面積

floppy disk (FD) ［C］ フロッピー・ディスク

floppy disk controller (FDC) ［C］ フロッピー・ディスク・コントローラー

floppy disk drive (FDD) ［C］ フロッピー・ディスク装置

flotilla ①【海軍】小艦隊 ②【海自】隊群 ③小型船隊

flow chart ［C］ ①【空自】流れ図 ②フロー・チャート

flow coefficient 流動計数

flow control ［U］ 流量制御

flow control valve ［C］ 流量調整弁

flow divider ［C］ 分流器

flow indicator ［C］ 流れ指示器；流動計

flow-induced cavity resonance 空洞共鳴《[同] cavity resonance》

flow-induced noise ［U］ 流体励振雑音《流れに起因する雑音》

flowing tide ［C］ 上げ潮流

flow limiting nozzle ［C］ 流量制限ノズル

flow meter ［C］ 流量計

flow noise ［U］ フロー・ノイズ 《水中目標が航走するときに、海水との境界に生じる乱流境界層、剝離流れ、伴流などの中の乱流に起因する雑音。[典] NDS Y 0011B》

flow noise simulator ［C］ フロー・ノイズ・シミュレーター 《水流を発生させた水槽内に航走体の模型を設置することにより、水中航走時に発生する流体雑音を模擬し、それを計測する装置》

flow rate ［C］ 流量率

flow regulator ［C］ 流量調整器

flow suction test ［C］ 流入負圧試験

flow test ［C］ 流量試験

fluctuating RPM 不安定回転数

fluctuation ゆらぎ；変動

flue ［C］ 煙道

flue gas 煙道ガス

flue gas analyzer ［C］ 煙道ガス分析計

fluid bed ［C］ 流動床

fluid fire extinguisher ［C］ 液体消火器

fluid injection 液体噴射

fluid inlet angle ［C］ 流入角

fluidity 流動性

fluid lubrication 液状潤滑

fluid outlet angle ［C］ 流出角

fluid situation ［C］ 浮動状況

fluorescent effect 蛍光作用

fluorescent noise generator ［C］ 蛍光灯雑音発生器

fluorescent penetrate inspection 蛍光浸透探傷検査

fluorescent scale 蛍光目盛

fluorescent screen ［C］ 蛍光面

flush deck type 平甲板型

flush type antenna ［C］ 埋め込み型アンテナ

flush valve ［C］ フラッシュ弁

flutter フラッター 《気流のエネルギーを受けて生じる振動。例えば、飛行中の飛行機の翼や胴体などが、気流のエネルギーを受けて起こす振動》

flutter approach angle ［C］ 動翼振動生起角

flutter speed フラッター速度

flux density ［U］ 磁束密度

flux gate フラックス・ゲート

fluxing action 侵食作用

flux meter = fluxmeter ［C］ 磁束計

flux of light 光束

flux valve ［C］ フラックス・バルブ 《地磁気によって作動する方位感知器で、ジャイロ・コンパスに用いられる。[典] レーダー用語集》

flyable storage ［U］ 飛行可能格納

flyaway kit ［C］ フライアウェイ・キット 《飛行部隊が携行する部品・工具類のセット》

fly-back line ［C］ 帰線

fly-back time 帰線時間

fly-by 【空自】展示飛行 《部内または部外の機関等の行事に関連して、隊員および隊員以外の者に対して展示するすべての飛行をいう。[典] 航空自衛隊達第29号》

fly-by-light (FBL) フライバイライト

fly-by-wire (FBW) フライバイワイヤー 《パイロットの操縦信号を電気配線により伝送する操縦システム。飛行性および操縦性が向上する》

flycatcher operation 対高速艇作戦

flying boat ［C］ 飛行艇

flying bridge ［C］ 艦橋通路

flying column ［C］ 遊撃隊

flying condition 飛行条件

flying corps ［pl. = ～］ 航空隊

flying feel 飛行感覚

flying ferry 係留渡し(けいりゅうわたし)

flying fitness ［U］ 航空適性

Flying Forward Observation System (FFOS) ［C］ 遠隔操縦観測システム 《野戦特科部隊において、目標の設定、射撃の観測等を行う無人偵察機システム》

Flying Officer ［C］ 【英空軍】中尉

flying personnel equipment ［U］ 搭乗員用救命装備品

flying proficiency ［U］ 操縦練度

flying speed 飛行速度

flying status 航空機搭乗身分

flying test bed ［C］ フライング・テスト・ベッド 《エンジン等を吊り下げ、実飛行環境下で試験を行う航空機》

Flying Training Group 【空自】飛行教育群 《の英語呼称》

Flying Training Section 【空自】飛行教育班 《の英語呼称》◇用例： 飛行教育班長 = Chief, Flying Training Section

Flying Training Squadron 【空自】飛行教育隊 《の英語呼称》

Flying Training Wing (FTW) ①【空自】飛行教育団 《の英語呼称》◇用例： 第11飛行教育団(11教団) = 11th Flying Training Wing ②【米空軍】飛行訓練航空団

flying weather condition 飛行気象状態

flying wire ［C］ 飛行張り線

fly to point 飛行目標点

FM smoke ［U］ FM発煙剤

foam 泡沫(ほうまつ)

foam container ［C］ 泡沫缶(ほうまつかん)

foaming of runways 滑走路泡沫散布

foam solution 泡沫溶液(ほうまつようえき)

focal area ［C］ 【海自】航路集束区域

focal distance 焦点距離

focal length 焦点距離

focal plane 焦点面

focal plane array ［C］ 焦点面アレイ

focal plane shutter ［C］ フォーカル・プレーン・シャッター

focus 焦点

focus control ［U］ 焦点調整

focusing 焦点合わせ

focusing coil ［C］ 集束コイル

focusing control ［C］ 集束調節

focusing device ［C］ 焦点調整装置

focusing electrode ［C］ 集束電極

focusing range ［C］ 焦点範囲

focusing screen ［C］ ピント・ガラス

foehn フェーン

foehn cloud フェーン雲

fog ①【空自】霧 ②【海自】水霧(すいむ) ③かぶり 《写真》

fog bell ［C］ 霧鐘(むしょう)

fogbow 霧にじ

fog-end ほつれ

fog foam 泡霧

fog jet 霧泡射出

fog signal ［C］ 霧中信号

fog siren ［C］ 霧笛

fog target ［C］ 霧中標的

fold back フォールド・バック 《バッジ用語》

folded antenna ［C］ ①折り返しアンテナ ②【海自】折り返し空中線

folded cavity ［C］ 組み立て空洞(くみたてく

F

fold 278

うどう)

folded dipole 折り返しダイポール

folded line ［C］ 折り返し線

folded seam ［C］ 折り曲げ接合

folder ［C］ フォルダー 《WindowsやMacOS
で、ファイルやプログラムなどを保存しておく入
れ物のこと。㊟ 調達における情報セキュリティ基
準》

folding fin (FF) ［C］ 折り畳み翼；折り畳み
式尾翼 《飛翔中、外側に展開するようになって
いる安定翼。㊟ NDS Y 0001D》

folding fin aircraft rocket (FFAR) ［C］
折り畳みフィン付き航空機搭載ロケット

folding lavatory ［C］ 折り畳み式洗面台

folding plate patch ［C］ ちょうつがい付き
板パッチ 《ちょうつがい＝蝶番》

folding stock ［C］ 折り畳み銃床；折り曲げ
銃床

foliage penetration (FOPEN) ［U］ 茂み
透視 《FOPEN＝フォッペン》

F **follower assembly** ［C］ 給弾板

following edge 後縁 《プロペラーの後縁》

following sea 追い波

following wake 伴流

follow-on forces attack (FOFA) ①【空自】
後続部隊攻撃 ②【統幕】敵後続部隊攻撃構想
《FOFA＝フォーファ》

**follow-on operational test and
evaluation** 技術的追認

follow rest 移動振れ止め

follow signal ［C］ 追随信号

follow-the-pointer dial 追従目盛盤；追尾目
盛盤

follow-the-pointer system ［C］ 追従装
置；追尾装置

follow-up ①補習指導；補備教育 ②追跡 《追
い続けること》

follow-up amplifier ［C］ 追従増幅器

follow-up attack ［C］ 追尾攻撃；追従攻撃

follow-up contact 追従接点

follow-up control armature ［C］ 追従
鉄片

follow-up echelon ［C］ 続行梯団

follow-up electrode ［C］ 追従電極

follow-up force 第2次上陸部隊

follow-up linkage 追随機構

follow-up motor ［C］ ①【空自】追随電動
機 ②【海自】追従モーター；追従電動機

follow-up operation 追しょう戦 《追従戦》

follow-up potentiometer ［C］ 追従ポテン
ショメーター

follow-up shipping 後続船舶

follow-up signal ［C］ 追従信号

follow-up supply 追送補給

follow-up system 追従方式

follow-up unit ［C］ 追従装置；追尾装置

food 糧食

food aid 食料援助

**Food and Agriculture Organization of
the United Nations (FAO)** 【国連】国連
食糧農業機関

Food and Drug Administration (FDA)
【米】食品及び医薬局

food handler ［C］ 糧食勤務員

food inspection 食品検査

food poisoning 食中毒

Food Service 【空自】給養 《准空尉空曹空士
特技区分の英語呼称》

Food Service Section 【海自】給養班 《の
英語呼称》◇用例： 給養班長＝Officer, Food
Service Section

food service supervisor ［C］ 給養管理業
務主任

foot bar ［C］ 踏み棒

foot brake ［C］ 足ブレーキ

foot bridge 徒橋（ときょう）

foot column ［C］ 徒歩縦隊

foot firing 足踏み発火

foot hold ＝foothold ［C］ ①【陸自】足場
②【海自】足掛け ③足掛かり

foot march 徒歩行進

foot messenger ［C］ 徒歩伝令

foot pedal ［C］ 足踏み

foot-pound (FT-LB) フット重量ポンド

foot reconnaissance 徒歩偵察

foot-second (FT-SEC) フット毎秒

foot treadle ［C］ 足踏み

foot troops ［pl.］ 徒歩部隊

foot valve ［C］ フート弁

foraging party ［C］ 糧秣徴発隊（りょうまつ
ちょうはつたい）

force 部隊；軍

force/activity designator (F/AD) ＝force
activity designator ［C］ 部隊/任務区分記号

force combat air patrol 作戦軍上空の戦闘空

中哨戒

force commander (FC) ［C］ 部隊指揮官；部隊司令官

forced alert 強制アラート 《バッジ用語》

forced circulation 強制循環

forced convection ［U］ 強制対流

forced crossing ［C］ 敵前渡河

forced down ①強制着陸 ②【海自】場外不時着

forced draft ［C］ 押し込み通風；強制通風

forced draught ［C］ 押し込み通風；強制通風

forced feed lubrication 強制潤滑

forced landing ①【空自】不時着陸 ②【海自】不時着 《不時着とは、航空機が緊急事態に遭遇してやむを得ず着陸または着水することをいう。[典] 海上自衛隊達第3号》

forced levies ［the ～］ 強制召集軍隊

forced lubrication 押し込み注油

forced march ［C］ ①【陸自】強行進 《部隊の目的地への到着を早めるための行進をいい、行進時間を増加するか、または行進速度を増大することにより行う。[典] 陸自教範》 ②強行軍 《寒暑昼夜の別なく行う行軍》

forced oscillation ①強制振動 《[同] forced vibration》 ②【海自】強制動揺

forced ventilation ［U］ 押し込み換気

forced vibration 強制振動 《[同] forced oscillation》

force employment ［U］ 実力行使

force fit ［C］ 圧力ばめ

force in contact 接触中の部隊

force integrity 部隊の建制（ぶたいのけんせい）

force list ［C］ ①部隊リスト ②【海自】兵力リスト

force logistics directive 部隊後方補給指令書

Force Logistics Support Group (FLSG) 【米軍】部隊後方支援群

force majeure 不可抗力

force module (FM) 単位部隊

force of arms 軍勢；武力；兵力

force of explosives 火薬の力

Force of the Future ［The ～］ 【米】将来の戦力

force package 部隊一括輸送

force planning 【海自】兵力計画立案

force projection 戦力投入；兵力投入

force protection ［U］ ①【陸自】部隊保護 《敵の特殊武器攻撃に対して、部隊が任務を達成するため、組織的に行う防護行動をいい、特殊武器情報、特殊武器警戒、防護、除染、救護等の防護活動と地形の利用、築城、分散、企図の秘匿・欺騙等の戦術的防護処置等からなる。[典] 陸自教範》 ②【海自】部隊防護

force protection condition (FPCON) 【海自】部隊防護基準

force pump ［C］ 押し上げポンプ

force record 部隊記録

force rendezvous 部隊会合

force rendezvous point (FRP) ［C］ 会合点

force requirement number (FRN) 部隊要求番号；兵力所要番号

force requirements ［pl.］ 要求兵力量

forces in being 現存部隊

force structure ①【海自】部隊構成 ②兵力構成

force sustainment 部隊保持

force tell フォース・テル 《入出力フィルターの制限に関係なく航跡等の通報を行う状態をいう。[典] JAFM006-4-18》

force tracking 部隊追跡

force weapons coordinator (FWC) ［C］ 【海自】部隊武器調整官

forcible entry 強制進出

forcing cone 圧入斜面

fordability 渡渉能力

fordable ［adj.］ 徒渉可能な 《徒歩で渡河できる》

fordable area ［C］ 徒渉場 《河川などにおいて、徒歩で渡ることができる場所》

fording depth 渡渉深度 《車両の最大渡渉深度》

forearm 木被（もくひ） 《銃の前部を手で保持する部品を「被筒（ひとう）」と呼ぶが、これが木製のものをいう》《[同] hand guard》

forebody 前部胴体

forecast (FCST) ［C］ 予報 《予報とは、観測の成果に基づく現象の予想の発表をいう。[典] 航空自衛隊達第23号》

forecast district ［C］ 予報区

forecaster ［C］ 予報官；予報者

forecasting center ［C］ 予報中枢

forecastle deck ［C］ 船首楼甲板

forecast support data ［U］ 予報支援データ

forecast valid time 予報有効時間

fore cooler ［C］ 予冷器

fore grip 前方握り

F

Foreign Affairs Department 【日】渉外部《県の渉外部》

Foreign Agricultural Service 【米】海外農業部

foreign armed forces ［pl.］ 外国軍

Foreign Assets Control Regulations 【米】外国資産管理規則 《略称は「OFAC規則」。財務省の管轄。[備]「外国資産管理法」の訳語もある》◇用例： Office of Foreign Asset Control (OFAC) = 外国資産管理室》

foreign assistance ［U］ 対外援助

foreign disaster 海外災害

foreign humanitarian assistance (FHA) ［U］ 対外人道援助

Foreign Information Section 【陸自】外語資料班 《の英語呼称》

foreign instrumentation signals intelligence (FISINT) ［U］ 【米軍】計装信号情報 《外国の航空宇宙、地上、地下、水上および水中システムの試験および作戦展開に伴う電磁放射を傍受して得られた技術資料および情報資料をいう。計装信号情報は信号情報の下部のカテゴリーである。計装信号には、テレメトリー、ビーコン、インテロゲーター、ビデオ・データリンク等の信号がある。[典] 統合訓練資料1-4》

F

foreign intelligence ［U］ 対外情報

Foreign Intelligence Surveillance Act (FISA) ［the ～］ 【米】外国諜報活動偵察法

foreign internal defense (FID) ［U］ 外国国内防衛

foreign legion ［C］ 外人部隊

foreign liaison 渉外 《民事に関する業務の基本的事項について関係部外機関と調整し、部外との緊密な連携協力体制を確立するとともに、諸業務を総括し、後方と相まってその基盤を確立することをいう。[典] 陸自教範》

Foreign Liaison Section ①【陸自】業務班《の英語呼称》 ②【統幕・空自】渉外班 《の英語呼称》

Foreign Military Financing (FMF) 【米】対外軍事融資

foreign military forces ［pl.］ 外国軍隊

Foreign Military Sales (FMS) ①【統幕】有償対外軍事援助；有償援助 《日本と米国との間の相互防衛援助協定に基づき、米国政府から装備品等および役務を購入する調達方式をいう。[典] 防衛庁訓令第18号》 ②【空自】FMS調達 ③【海自】有償軍事援助調達

foreign military sales trainee ［C］ 有償対外軍事援助訓練生

foreign military supplies ［pl.］ 外国軍用品

Foreign Military Supply Tribunal ［the ～］ 【日】外国軍用品審判 《武力攻撃事態の際に防衛省に臨時に置かれる特別の機関。外国軍用品等の海上輸送を規制するため、海上自衛隊の部隊が実施する停船検査を行った船舶に係る事件の調査および審判を行うことを任務とする。[典] 統合訓練資料1-4》◇用例： 外国軍用品審判所長 = President of the Foreign Military Supply Tribunal

foreign national 外国人

foreign object ［C］ 異物

foreign object damage (FOD) ①【空自】異物による破損 《滑走路上に落ちている異物をジェット・エンジンが吸い込んでエンジンが壊れること》 ②【海自】異物破損

foreign policy 世界政策

Foreign Purchaser Guide to Freight Forwarder Selection 【米軍】輸送代行業者選定指針

foreign service officer (FSO) ［C］ 【米】海外勤務職員

foreign terrorist organization 国外テロ組織

Foreman A (F/A) フォーマンA

Foreman B (F/B) フォーマンB

Foreman C (F/C) フォーマンC

fore perpendicular (FP) 前部垂線

fore sail 前帆；ジブ

forest 森林

Forest Light フォレストライト 《国内における陸上自衛隊と米海兵隊との実動訓練の演習名》

forfeiture of pay 厳戒減給 《法律や規則を破ったための懲戒処分による減給。[備]「減給」自体に懲戒の意味が含まれているので、通常は「懲戒」にする》《[同] forfeiture of pay》

forgeability 可鍛性

forged chain cable ［C］ 鍛接錨鎖

forked connecting rod ［C］ 二又連接棒

forked rod ［C］ 二又ロッド

fork end 二又

form ［vt.］ 制形する 《隊形、陣形を》

formal training 正規教習

format 型；様式

format controller (FMT) ［C］ フォーマット制御部 《バッジ用語》

formation ［U］ ①【陸自】整列；隊形 ②【海自】陣形 ③【空自・海自】編隊

formation axis (FA) ［pl. = ormation axes］陣形軸

formation bombing 編隊爆撃

formation center (FC) ［C］ 陣形中心

formation discipline 陣形規律

formation flight ［C］ 編隊飛行

formation guide 陣形基準艦

formation in depth ①縦深隊形 ②【陸自】縦長の隊形

formation in width 横広の隊形（おうこうのたいけい）

formation leader ［C］ 編隊長

formative 発生期 《台風の発生期》

formatted message text 書式付きメッセージ・テキスト

formed rib ［C］ 成形小骨

former commander ［C］ 元指揮官

formerly restricted data ［U］ 元部外秘データ；元秘密データ

Former Self-Defense Forces Act ［the ～］【日】旧自衛隊法 《改正前の自衛隊法のこと》

former soldier ［C］ 元兵士

former supreme NATO commander NATOの元最高司令官

former-wound 型巻き

former-wound coil ［C］ 型巻きコイル

form feed (FF) 改ページ 《バッジ用語》

forming up place 態勢整理位置

forming voltage 化成電圧

form line ［C］ 陣形ライン

form signal 陣形信号

forms of attack maneuver ［pl.］ 攻撃機動の方式

forms of defense ［pl.］ 防御の方式

formulation of plan 計画立案

form-up area ［C］ 制形区域

for official use only 公用専用；部内限り

fort (FT) ［C］ ①城砦（じょうさい）；堡塁（ほうるい） ②【陸軍】駐屯地 《常設の駐屯地》

fortification ［U］ 【陸自】築城（ちくじょう）《我の防護性を向上するとともに、戦闘力の発揮を容易にするため、土地に施す工事および各種構築物を総称していう。[典] 陸自教範》◇用例：organization of fortification = 築城の編成

fortification material 築城資材

fortification plan ［C］ 築城計画

fortify ［vi.］ 築城を行う

Fortin barometer ［C］ フォルタン気圧計

Forum for Security Cooperation (FSC) 安全保障協力フォーラム

forward ［vt.］ 前送する

forward aeromedical evacuation 前線航空患者後送

forward air control (FAC) 前進航空統制

forward air controller (FAC) ［C］ 【空自】前線航空統制官 《普通科連隊等に派遣され、航空支援統制所の長の指揮を受けて、近接航空支援に任ずる戦闘機等に対し、目標指示、誘導灯を行うとともに、空地作戦の航空に関する専門的事項について、派遣先部隊を援助する操縦幹部をいう。[典] JAFM006-4-18》

forward air control post (FACP) ［C］ 前線航空統制所

forward area ［C］ 前方区域

forward area air defense (FAAD) ［U］ 前方地域防空

Forward-Area Defense System (FAADS) 【米陸軍】前方地域防空システム

forward area sight ［C］ 直接照準具

forward arming and refueling point (FARP) ［C］ 燃料・弾薬再補給点 《ヘリコプター火力戦闘において、再出撃を効果的に行うため、航空科部隊が必要に応じて設定する補給点をいい、通常、航空燃料・弾薬の補給等に必要な軽易な施設が開設される。[典] 陸自教範》

forward azimuth 前方方位角

forward base ［C］ 前進基地

Forward Based X-Band Radar Transportable 【米軍】移動式前方配備型Xバンド・レーダー 《米軍が保有する前方配備型Xバンド・レーダーをいう。[典] JAFM006-4-18》

forward battle position ［C］ 第一線陣地

forward bomb line ［C］ 前方爆撃制限線

forward clearance 前方治療

forward current 順方向の流れ

forward defense ［U］ 前方防御

forward defense area ［C］ 前方防御区域

forward defense center ［C］ 前方防御中枢

forward defense echelon ［C］ 戦闘陣地守備部隊；前方防御区域守備部隊

forward defense force 戦闘陣地守備部隊；前方防御区域守備部隊

forward defense position ［C］ 前方防御陣地

forward defense strategy ［C］ 前方防衛戦略

forward deployed forces ［pl.］ 前方展開

F

部隊

forward deployed strategy ［C］ 前方配備戦略

forward deployment forces ［pl.］ 前方展開部隊

forward draft 前部喫水 《⊗ after draft ＝ 後部喫水》

forward draught 前部喫水

forward echelon ［C］ 前方群

forward edge of the battle area (FEBA) ［C］ 戦闘地域の前縁 《FEBA ＝ フェーバ》

forward edge of the main battle area (FEBA) ［C］［陸自］主戦闘地域の前縁 《主戦闘地域の前端をいい、前方地域と主戦闘地域を区分し、各部隊の陣地位置、火力等の調整の便のために用いられる。通常、第一線に配置される戦闘陣地の最前線を連ねた一連の地線をいう。⊛ 統合訓練資料1-4》

forward element ［C］ 前方部隊

forward field relay ［C］ 正パルス継電器

forward floating depot (FFD) ［C］ 前線洋上補給基地

forward gear ［C］ 前進装置

forward limit line ［C］ 前方限界線

forward line of own troops (FLOT) 部隊の前線

forward looking infrared radar (FLIR) ［C］ 前方監視赤外線レーダー；前方監視赤外線装置 《FLIR ＝ フラー》

forward looking radar (FLR) ［C］ 前方監視レーダー 《機首前方地形のグランド・マップ・データおよび地形障害回避に関する航法上の情報を得るレーダー。⊛ レーダー用語集》

forward maritime strategy ［C］ 前方海洋戦略

forward oblique air photograph ［C］ 前方斜め空中写真

forward observation post ［C］ 前進観測所

forward observer (FO) ［C］ 前進観測員

forward operating base (FOB) ［C］ 前線作戦基地；前進作戦基地；前方作戦基地

forward operating location 前進作戦拠点

forward pulse ［C］ 正パルス

forward salvage 前方回収

forward scatter 前方散乱

forward scattering 前方散乱

forward slope 敵方斜面（てきほうしゃめん） 《⊗ reverse slope ＝ 我が方斜面》

forward socket ［C］ 前部受け口

forward stroke 前進行程

forward support area (FSA) ［C］ 【陸自】前方支援地域 《師団・旅団等の兵站活動の後拠となる地域で、師団・旅団等を直接支援する方面隊の兵站部隊の展開する地域をいう。⊛ 陸自教範》

forward swept wing (FSW) ［C］ 前進翼

forward tell フォワード・テル

forward unit ［C］ 前方部隊

forward visibility ［U］ 前方視程

Foster-Seeley discriminator ［C］ フォスター・シーリー弁別器

Fougasse mine ［C］ フガス地雷 《爆発したとき、弾子（だんし）などをあらかじめ決めた方向に放出する地雷。⊛ NDS Y 0001D》

foul 失格

foul anchor ［C］ 絡み錨（からみいかり）

fouling 汚れ

fouling organisms ［pl.］ 付着生物

fouling rate ［C］ 付着率

foundation for defense 防衛基盤

foundation of employment 運用の基本

foundation ring ［C］ 基礎枠

found on base 簿外品

four-bladed propeller ［C］ 4枚羽根プロペラー ◇用例：〜－bladed ＝ 〜枚羽根

four-course LF range ［C］ 4コース長波レンジ 《long frequency（LF）＝ 長波》

four-point bearing 4点方位；4点方位法

Fourth Amendment ［the 〜］ 【米】合衆国憲法修正第4条

fowler flap ［C］ ファウラー・フラップ

foxer (FXR) ［C］ フォクサー；曳航具

foxhole ＝ fox hole ［C］ 各個掩体（かくこえんたい） 《通称は「たこつぼ」。1〜2人用の壕》

FP communication control (FPCC) 高射隊通信制御プログラム 《ペトリオット用語。FP ＝ firing platoon（高射隊）》

FP data acquisition (FPDA) 高射隊データ取得モード 《ペトリオット用語》

FP initialization (FP INI) 高射隊初期設定 《ペトリオット用語》

FP netted (FP NET) 高射隊間連携戦闘訓練 《ペトリオット用語》

FP Only 高射隊単独戦闘訓練 《ペトリオット用語》

FP Status FPステータス 《ペトリオット用語》

FP status monitor (FPSM) 高射隊状況監視プログラム 《ペトリオット用語》

FP status panel ［C］ 高射隊状況指示器パネル 《ペトリオット用語》

fractional orbit bombardment system (FOBS) ［C］ 部分軌道爆撃システム 《FOBS = フォーブス》

fractional pitch factor ［C］ 短節巻き係数

fractional pitch winding 短節巻き

fractional slot winding 分数みぞ巻き

fraction of damage 損害率

fractocumulus (Fc) 片積雲

fractostratus (Fs) 片層雲

fracture 破面

fracture test ［C］ 破面試験

fracture zone ［C］ 断裂帯

fragment ［C］ 破片；弾片

fragmentary order (FRAGORD) ①各別命令；部分命令 ②【海自】日施命令；日日命令

fragmentation 破砕；剝離；破片化 《弾丸によって、装甲板が破壊され、破片または剝離片が飛散する状態をいう。[典] NDS Y 0006B》

fragmentation bomb (FRAG) ［C］ 破片爆弾 《爆発時に多数の鋭利な破片が生じるような構造になっている爆弾。[典] NDS Y 0001D》

fragmentation code (FRAG) 部分コード

fragmentation effect 破片効果 《弾丸、爆弾、地雷などが破裂して生じる弾体の破片が飛散し、目標に損傷を与える効果のこと。[典] NDS Y 0006B》

fragmentation grenade ［C］ 破片手榴弾 《爆発によって飛散する破片によって敵を殺傷することを目的とした手榴弾。爆発力が大きく、金属容器の破片が広い範囲に飛散する。そのため、防御掩体などで防御しながら投擲することから、「defensive grenade = 防御手榴弾」とも呼ばれる。[典] NDS Y 0006B》

fragmentation test ［C］ 破片試験 《弾丸の破片効果を判定するための試験。[典] NDS Y 0006B》

fragment distribution pattern 破片の散飛界

fragment-simulating projectile (FSP) ［C］ 模擬破片弾 《破片に類似させて作成した弾丸。耐弾構造体(防弾チョッキなど)の破片等に対する耐弾性試験に使用される。発射装置から高速で発射し、貫通した後のエネルギー損失を測定して耐弾性を評価する。[典] NDS Y 0001D。[備]「破片模擬弾」ということもある》

frame antenna ［C］ 枠型アンテナ(わくがた〜)

frame ground (FG) 筐体接地 《筐体接地用のアースのことをいう。[典] JAFM006-4-18》

frame pallet ［C］ 枠型パレット

framework ①骨組み ②フレームワーク 《ソフトウェアおよびシステムを効率的に開発するために、基本的機能の骨格部分を提供するソフトウェア群をいう。[典] 統幕指運第119号》

frangible ammunition ［U］ フランジブル弾 《[同] frangible bullet》

frangible bullet ［C］ フランジブル弾 《金属粉を固めて弾頭にしたもので、硬目標に当たると細かく砕け散り、跳弾しないようになっている。人体などの軟目標は貫通するため、例えば、テロリストの近くにいる味方や第三者に対する危害が軽減される。[典] NDS Y 0001D》《[同] frangible ammunition》

Franklin antenna ［C］ フランクリン空中線

free air ［U］ 自由大気；自由空気

free air anomaly フリーエア異常

free air temperature 機外温度

Free and Open Indo-Pacific Strategy ［the 〜］ 自由で開かれたインド太平洋戦略 《日本が提唱する外交戦略。太平洋とインド洋の地域の連結性を高めることで、アジアとアフリカそして日本が共に発展することを目指す戦略》

free area ［C］ フリー・エリア 《バッジ用語》

free ascent 自由上昇法

free atmosphere ［C］ 自由大気

free board = freeboard 乾舷

free carbon 遊離炭素

free cementite 遊離セメンタイト

free communication 自由通水

Free Congress Foundation ［the 〜］ 【米】自由議会財団

free convection ［C］ 自然対流

freedom of action 行動の自由

Freedom of Navigation Operations (FONOPs) 航行の自由作戦

free drop (FD) 自由投下 《落下傘を装着することなく、航空機から物料を投下する方法をいう。[典] 統合訓練資料1-4》

free electron laser ［C］ 自由電子レーザー

free escape 自由脱出法

free exercise maneuvers ［pl.］ 自由統裁 《部隊の対抗による演習において、部隊指揮官の意思を尊重し、最小限の統制により実施する統裁方式をいう。[典] 統合訓練資料1-4》《[同] free play exercise》《[対] controlled exercise = 一方統裁》

free fall 自由降下

F

free fall descent 自由落下

free-fall parachute 〔C〕 自由降下傘 ◇用例： free-fall parachute jump = 自由降下傘による降下

free fall trajectory 〔C〕 自由落下弾道 《推進薬などによる推進力を持っていない爆弾などの弾道。[典] NDS Y 0006B》

free-field sensitivity 〔U〕 自由音場感度

free-field voltage sensitivity 〔U〕 受波電圧感度

free fire area (FFA) = free-fire area 〔C〕 【陸自】射撃自由地域 《火力調整線以内において、火力発揮を増大させるとともに、我の航空機の爆弾投下を容易にするために設ける地域をいい、作戦部隊指揮官が設定する。[典] 陸自教範》

free flight trajectory 〔C〕 自由飛翔弾道 《ロケット弾の推進薬の燃焼完了してから弾着するまでの間の弾道。[典] NDS Y 0006B》

free form message text 自由形式メッセージ・テキスト

free gun 追い撃ち；追い打ち

free gyro 〔C〕 自由ジャイロ

freeing port 〔C〕 放水口

free issue 無償交付

free jump 自由降下 《空挺》

free lift 純浮力

free mine 〔C〕 自由移動機雷

free net 自由通信網

free on board (FOB) 本船渡し

free on truck (FOT) トラック積み渡し

free oscillation 自由振動 《外部からの励振を取り除いた後に持続して起こる振動。自由振動では、その固有振動数で振動する。[典] NDS Y 0011B》《[同] free vibration》

free piston compressor 〔C〕 自由ピストン圧縮機

free piston engine 〔C〕 自由ピストン機関

free play exercise 〔C〕 自由統裁 《部隊の対抗による演習において、部隊指揮官の意思を尊重し、最小限の統制により実施する統裁方式をいう》《[同] free exercise maneuver》《[対] controlled exercise = 一方統裁》

free recoil 自由後座（じゆうこうざ） 《火砲の後座体が抵抗なく自由に後座すること。[典] NDS Y 0003B》

free recoil motion 自由後座運動

free space wave length 自由空間波長

free surface 自由表面

free surface effect 自由表面効果

free text フリー・テキスト 《バッジ用語》

free to fire 射撃控置解除（しゃげきこうちかいじょ）

free tower 〔C〕 落下傘塔

free vibration 自由振動 《[同] free oscillation》

free working distance 作動距離

freezing 結氷

freezing damage 凍害

freezing drizzle 着氷性の霧雨

freezing fog 着氷性の霧

freezing level 〔C〕 凍結高度

freezing point 〔C〕 氷点

freezing precipitation (frzg pcpn) 着氷性降水

freezing rain 着氷性の雨

free zone (FZ) 〔C〕 【空自】自由識別圏 《初度探知した航空機等を味方機と識別できる空域をいう。[典] 統合訓練資料1-4》

freight 〔U〕 貨物

Freight Classification Guide System (FCGS) 【米】貨物分類基準システム

freight consolidating activity 〔C〕 輸送貨物集積機関

freight distributing activity 〔C〕 輸送貨物配分機関

freight forwarder (FF) 〔C〕 運送事業者

French bowline 腰掛け結び第2法

French curve 〔C〕 雲形定規

Freon gas フロン・ガス；フレオン・ガス

frequency ①周波数；振動数 ②頻度

frequency agility 周波数アジリティ

frequency agility radar 〔C〕 周波数アジリティ・レーダー

frequency analysis 周波数分析

frequency analyzer 〔C〕 周波数分析器

frequency assignment 周波数割り当て

frequency band 〔C〕 周波数帯

frequency changer 〔C〕 周波数変換機

frequency coding 周波数コード化

frequency complement 周波数選択

frequency control 〔U〕 周波数制御

frequency converter 〔C〕 周波数変換器

frequency deviation 周波数偏移

frequency discriminator 〔C〕 周波数弁別器

frequency distortion 周波数歪み（しゅうは

すうひずみ)
frequency distribution 度数分布
frequency diversity 周波数ダイバーシティ
frequency divider ［C］ 周波数分割器；分周器
frequency division multiplex (FDM) 周波数分割多重 《バッジ用語》
frequency division multiplex optical translating block (FDM OPT TR) ［C］ 周波数分割多重光変換部 《バッジ用語》
frequency division multiplex optical transmission equipment (FDM OPT TR) ［U］ 周波数分割多重光伝送装置 《バッジ用語》
frequency division multiplex route transfer block (FDM TRF) ［C］ 周波数分割多重ルート切り替え部 《バッジ用語》
frequency evasion 周波数回避
frequency hopping 周波数ホッピング 《妨害電波を回避するため、通信周波数を次々に変える通信方式》
frequency indicator ［C］ 周波数計 《⇒ frequency meter》
frequency meter ［C］ 周波数計 《⇒ frequency indicator》
frequency-modulated interrupted continuous wave (FMICW) ［C］ 周波数変調中断型継続波
frequency-modulated oscillator ［C］ 周波数変調発振器
frequency modulation (FM) 周波数変調
frequency multiplication 周波数逓倍
frequency multiplier ［C］ 周波数逓倍器
frequency optimum transmission (FOT) 最適使用周波数
frequency plan ［C］ 周波数計画
frequency pulling 周波数引き込み
frequency range ［C］ 周波数範囲
frequency relay 周波数リレー
frequency resolution 周波数分解能
frequency response ①周波数応答 ②【海自】周波数レスポンス
frequency response curve ［C］ 周波数特性曲線
frequency scan radar ［C］ 周波数走査レーダー
frequency selection unit (FSU) ［C］ 周波数選択装置
frequency selective surface (FSS) ［C］ 周波数選択板
frequency shift 周波数移換
frequency shift keying (FSK) ［C］ 周波数偏移キーイング
frequency shift modulation (FSM) 周波数偏移変調 《バッジ用語》
frequency shift telegram FS電信
frequency shift transmission 周波数偏移伝送
frequency slide 周波数スライド
frequency spectrum 周波数スペクトル
frequency splitting 周波数分割
frequency stability ［U］ 周波数安定度
frequency standard 周波数標準
frequency synthesizer ［C］ ①【海自】周波数合成器；シンセサイザー ②【空自】周波数合成装置
frequency table ［C］ 周波数表
frequency tolerance ［U］ 周波数許容範囲
frequency translation 周波数転移
fresh provisions ［pl.］ 生糧品 (せいりょうひん) 《生鮮食品のこと》
fresh target ［C］ 新目標
fresh water (FW) ［U］ 真水；清水 《清水とは、艦内において一般的に使用される、塩分を含まない非飲用の水をいう。 NDS F 8004-2》
fresh-water pump ［C］ 真水ポンプ；清水ポンプ
fresh-water tank ［C］ 清水タンク
friction 摩擦
friction adjusting knob ［C］ 摩擦調整つまみ
friction brake ［C］ 摩擦ブレーキ
friction correction 摩擦修正
friction disc ［C］ 摩擦円板
friction drive 摩擦駆動
friction electricity ［U］ 摩擦電気
friction error 摩擦誤差
friction force 摩擦力
friction gear ［C］ 摩擦車
friction layer ［C］ 摩擦層
friction powder 摩擦薬 《摩擦による発火が起こりやすいカリウム、アンチモン、赤リンなどを粘結剤で混合した火薬。「擦り薬」ともいい、例えば、マッチの頭に塗布されている》
friction primer ［C］ 摩擦火管 《摩擦によって発火する火管。 NDS Y 0001D》

friction resistance 摩擦抵抗
friction sensitivity ［U］ 摩擦感度
friction sensitivity test ［C］ 摩擦感度試験
friction tape ［U］ 絶縁テープ
friction torque 摩擦トルク
friction transmission 摩擦駆動
friend 友軍；味方
friendly fire 友軍による誤射・誤爆
friendly-fire incident ［C］ 友軍の誤爆事故
friendly force ［C］ ①友軍；我 ②【空自】友
friendly foreign government (FFG) 友好外国政府
friendly origin 友軍機出現空域 《ペトリオット用語》
friendly protect (FRNDLY PROT) フレンドリー・プロテクト 《ペトリオット用語》
friendly special (FS) 友軍特別航跡
friendly troops ［pl.］ 友軍 《[対] enemy troops = 敵軍》
frigate ［C］ フリゲート艦 《艦種記号： FF》
frigate research ship ［C］ 実験フリゲート艦
frigid zone ［C］ 寒帯
fringing groove 弾帯環状溝（だんたいかんじょうこう） 《[同] cannelure》
Frog フロッグ 《ミサイル名》
frogman ［pl. = frogmen］ ①潜水工作員 ②【海自】水中処分隊隊員
front ①正面 ②前線；第一線
frontage ①正面 ②戦闘正面；戦闘正面幅
frontal analysis 前線解析
frontal attack ［C］ 正面攻撃
frontal breakthrough 正面突破
frontal characteristics ［pl.］ 前線の特性
frontal cloud 前線雲
frontal fire 正面射撃
frontal fog 前線霧
frontal inversion 前線逆転；前線性逆転
frontal precipitation ［U］ 前線性降水
frontal surface 前線面
frontal system 前線系
frontal thunderstorm ［C］ 界雷；前線雷
frontal weather ［U］ 前線性天気
frontal zone ［C］ 前線帯
front analysis 前線解析
front area ［C］ 前面
front attack ［C］ ①正面攻撃 《[対] rear attack = 背面攻撃》 ②【空自】前方攻撃
front band ［C］ 前部帯金（ぜんぶおびがね） 《短艇の前部帯金》
front beam 前方ビーム
front column ［C］ 前柱（ぜんちゅう）
front cone ［C］ 前部円錐環
front course ［C］ 前方コース
front elevation 正面図
front end (FE) フロント・エンド 《ペトリオット用語》
front fire 正面射 《敵の正面から射撃すること》
front hand guard ［C］ 前部木被
frontline ［adj.］ 第一線の
front line (FL) 前線；第一線 《敵と相対する第一線。[典] 民軍連携のための用語集》
frontline unit ［C］ 第一線部隊
front modification 前線の変質
front of operation 【陸自】作戦正面 《作戦方向に沿う作戦部隊の正面（横幅と向き）をいう。[典] 陸自教範》
frontogenesis ①【空自】前線発生 ②【海自】前線の発生；前線の発達
frontolysis ①【空自】前線解消 ②【海自】前線の消滅；前線の衰弱
front sight 照星（しょうせい） 《照準具を構成する部品の一つ。銃身の先端部付近に装着する。射手は、銃尾部にある照門と照星を通して目標を狙い、照準を定める。[典] NDS Y 0002B》 《[同] muzzle sight》
front spar 前桁（まえげた） 《[対] rear spar = 後桁》
front view 正面図
front wiring 表面配線
frost 霜
frostbite ［U］ 凍傷
frost columns ［pl.］ 霜柱 《[同] frost pillars》
frostless period ［C］ 無霜期間
frostless zone ［C］ 無霜帯
frost pillars ［pl.］ 霜柱 《[同] frost columns》
Froude number フルード数
frozen dew ［U］ 凍露
frozen soil 凍土
fruit rate ［C］ フルーツ率
frustrated cargo 出荷中止貨物
FS shell ［C］ FS発煙弾
Fuel 【空自】燃料 《准空尉空曹空士特技区分の

英語呼称》

fuel air explosive (FAE) 燃料気体爆薬；燃料気化爆薬 《燃料を空気中に希薄な濃度で広域に散布し、爆発させる爆薬。[典] NDS Y 0001D》

fuel air mixture 混合ガス

fuel air ratio indicator ［C］ 混合比計

fuel allowance ［C］ 燃料最小許容量

fuel auxiliary tank ［C］ 燃料補助タンク

fuel ballast tank ［C］ 【海自】燃料バラスト・タンク

fuel binder ［C］ 燃料結合剤

fuel boost pump ［C］ 燃料予圧ポンプ

fuel burning heater installation ［C］ 燃焼式暖房装置；燃焼式加熱装置

fuel capacity 燃料搭載容量

fuel cell ［C］ 燃料電池

fuel consumption ［U］ 燃料消費；燃料消費量

fuel contamination ［U］ 燃料汚染

fuel control assembly ［C］ 燃料制御装置

fuel controlling handle ［C］ 燃料加減ハンドル

fuel control system ［C］ 燃料管制装置

fuel control unit (FCU) ［C］ 燃料制御装置

fuel control valve ［C］ 燃料調整弁

fuel delivery pipe ［C］ 燃料吐出管

fuel discharge nozzle ［C］ 燃料噴射弁

fuel distribution point ［C］ 燃料交付所

fuel duct ［C］ 燃料導管

fuel dump system ［C］ 燃料放出装置

fuel emergency shut-off valve ［C］ 燃料非常遮断弁；燃料危急遮断弁

fuel enclosure ［C］ 燃料槽（ねんりょうそう）

fuel feed pump ［C］ 燃料供給ポンプ

fuel feed valve ［C］ 燃料供給弁

fuel flask ［C］ 燃料室

fuel float valve ［C］ 燃料浮子弁

fuel flow (FF) 燃料流量

fuel flow meter ［C］ 燃料流量計

fuel flow transmitter ［C］ 燃料流量発振器

fuel gauge ［C］ 燃料計

fuel impossible フューエル・インポッシブル《要撃不能状態の一つであり、誘導計算の結果、要撃および帰投後の搭載燃料が規定量以下となることをいう。[典] JAFM006-4-18》

fueling 燃料搭載；燃料補給

fueling position ［C］ 燃料補給位置

fuel injection 燃料噴射

fuel injection pipe ［C］ 燃料噴射管

fuel injection pressure 燃料噴射圧；燃料噴射圧力

fuel injection pump (FIP) ［C］ 燃料噴射ポンプ

fuel injection valve ［C］ 燃料噴射弁

fuel injector ［C］ 燃料噴射器

fuel jettison gear ［C］ 燃料放出装置

fuel line ［C］ 燃料配管

fuel low-level light ［C］ 燃料警報灯

fuel low-level warning system ［C］ 燃料低液面警報装置；燃料低油面警報装置

fuel metering unit ［C］ 燃料計量部

fuel monitor 燃料モニター 《要撃機の残存燃料をモニターすることをいう。[典] JAFM006-4-18》

fuel oil (FO) ［U］ 燃料油

fuel oil barge ［C］ 重油船

fuel oil cock ［C］ 燃料コック

fuel oil filter ［C］ 燃料こし器 《[同] fuel oil strainer》

fuel oil heater ［C］ 燃料加熱器

fuel oil pressure transmitter ［C］ 燃油圧発信器

fuel oil strainer 燃料こし器 《[同] fuel oil filter》

fuel oil system 燃料油系

fuel oil tank (FOT) ［C］ 燃料油タンク

fuel on hand 保有燃料

fuel pipe ［C］ 燃料管

fuel pressure indicator ［C］ 燃圧計

fuel pressure warning unit ［C］ 燃圧警報器

fuel pump ［C］ 燃料ポンプ

fuel quantity indicator ［C］ 燃量計

fuel regulator ［C］ 燃料調整器；燃料制御器

fuel requirements ［pl.］ 燃料所要量

Fuel Section 【海自】燃料班 《の英語呼称》
◇用例： 燃料班長 = Officer, Fuel Section

fuel selector ［C］ 燃料切り替えコック

fuel sequence switch ［C］ 始動燃料スイッチ

fuel servicing 燃料補給

fuel starvation ［U］ 燃料欠乏

fuel strainer ［C］ 燃料濾過器

fuel supply 燃料補給
fuel system 燃料系統
fuel tablet 〔C〕 固形燃料
fuel tank 〔C〕 燃料タンク
fuel tank vent system 燃料タンク・ベント系統
fuel transfer pump 〔C〕 燃料移動ポンプ
fuel valve 〔C〕 燃料弁
Fuess thermometer 〔C〕 フース型温度計
Fuji School 〔the ~〕 【陸自】富士学校《普通科・機甲科(戦車、偵察)・野戦特科の教育を行う》
fulcrum 〔C〕 支点
fulcrum pin 〔C〕 支点ピン
fulcrum shaft 〔C〕 支点軸
fulfill 〔vt.〕 遂行する
fulfillment 遂行
full admiral 海軍大将
full admission 〔U〕 全流入
F
full call 完全指呼
full capacity 全容量
full charge 全装薬《火器に装塡可能な最大量の発射薬》
full cock 撃発準備;撃発待機《[同] cocking》
full command 全面指揮権
full dimensional protection 【海自】全次元的防御
full-dressing ship 満艦飾《祝意を表すために国際信号旗を船首から船尾まで無作為に連ねて飾ること。軍艦以外の場合は「満船飾」》
full duplex (FDX) 両方向同時伝送;全二重《データを回線上のどちらの方向にも伝送することができ、かつ両方向同時に伝送することができる通信方式をいう。[典] JAFM006-4-18》《[対] half duplex》
full flow 全開流量
full flow pressure 全開圧力
full load ①【海自】満載;全荷重 ②【空自】許容最大搭載量;全負荷
full load condition 【海自】満載状態《艦艇が完成し、乗員、燃料、弾薬、その他計画された搭載物件を、計画された全量搭載した状態をいう。[典] 統合訓練資料1-4》
full load current 全負荷電流
full load draft 満載喫水
full loaded weight 〔U〕 全面重量
full load efficiency 〔U〕 全負荷効率
full load test 〔C〕 全負荷試験
full-load torque 全負荷トルク《定格回転速度の下で、定格出力を発生するときのトルクをいう。[典] NDS F 8302D》
full low pitch 〔C〕 最低ピッチ
full mobilization 全面動員《[対] partial mobilization = 部分動員》
Full Operate フル・オペレート《ペトリオット用語》
full period weather circuit 〔C〕 専用気象回線
full pitch winding 全節巻き
full power climb 最大出力上昇
full power rating 正規最大出力
full power run 全力航走
full pressure 全圧;全圧力
full pressure suit 【空自】全与圧服《航空》
full resources 〔pl.〕 総力
full scale development (FSD) 〔U〕 全規模開発
full scale wind tunnel 〔C〕 実物風胴
full security control of air traffic and navigation aid 運航・電波保全管制
full size 現尺
full size drawing 〔C〕 原寸図
full spectrum dominance 全範囲支配力
full speed 全速力
full speed ahead 前進全速;前進全速力
full speed astern 後進全速
full speed hoisting movement 全速揚弾
full-track vehicle 〔C〕 全装軌車
full voltage starting motor 〔C〕 全電圧起動電動機
fully articulated rotor 〔C〕 全関節型回転翼
fully authorized digital engine control (FADEC) 〔U〕 完全自動化ディジタル式エンジン制御
fulminate of mercury 雷汞(らいこう)《起爆薬の一種。現在は使用されていない。[典] NDS Y 0001D》《[同] mercury fulminate》
fume tight (FT) ガス・タイト;ガス密
fumulus 煙状雲
function ①機能;役割 ②任務
functional basis 機能本位
functional chart 〔C〕 機能図
functional check flight (FCF) 〔C〕 機能点検飛行

functional combatant command ［C］
【米】機能別統合軍 《US Cyber Command（米
サイバー軍）は、機能別統合軍の一つである》
◇用例：functional combatant commander ＝ 機
能別統合軍司令官

functional component ［C］ 機能部品 《部
品のうちそれ自体で基本的な機能を発揮すること
ができ、試験等により、その機能を判定すること
ができる部品。⊛ 2補LPS-A00001-15》

functional component command ［C］
機能別部隊

functional element 機能要素

functional input message (FIM) ［C］
機能別入力メッセージ 《MIDS LVT1端末装置
へ送信するメッセージをいう。⊛ JAFM006-4-
18》《⊛ functional output message ＝ 機能別出
力メッセージ》

functional item replacement ［C］ 要交
換品目

functionally gradient materials (FGM)
［pl.］ 傾斜機能材料 《2種以上の材料を混合し、
組成および機能を傾斜させた複合材料》

functional output message (FOM) ［C］
機能別出力メッセージ 《MIDS LVT1端末装置
から受信するメッセージをいう。⊛ JAFM006-4-
18》《⊛ functional input message ＝ 機能別入力
メッセージ》

functional plan ［C］ 機能別計画

functional test ［C］ 機能試験

functional test equipment ［U］ 機能試験
装置

functional test flight (FTF) ［C］ 機能試
験飛行

functional training ［U］ 機能別訓練

function block diagram (FED) ［C］ 機
能ブロック図 《ペトリオット用語》

function code ファンクション・コード
《バッジ用語》

functioning time (FT) 作動時間

function test ［C］ 機能検査 《指定された技
術基準に基づいて機能の良否、修理の要否または
それらの程度を判定することを目的とした検査お
よび試験をいう。⊛ GAV-CG-W500001N》

fund 資金 《示達・配分された予算に基づいて交
付を受け、資金前渡官吏および出納員が保管する
現金（預託金および預金を含む）をいう。⊛ 陸自教
範》

fundamental 要則 《原則のうち、目的達成に
必要な考慮、事項を総合・抽象化したものをいい、
野外令の作戦・戦闘の基盤的機能ならびに攻撃、
防御、後退行動および遅滞行動の記述の場等にお

いて使用されている。⊛ 陸自教範》

fundamental antenna ［C］ 基本空中線

fundamental education ［U］ 基本教育

fundamental elements of logistics ［pl.］
後方の根本要素

fundamental factor ［C］ 基礎的な要因

fundamental frequency 基本周波数；基本振
動数 《1. ある周期性の量において、それと同じ
周期をもつ正弦波成分の周波数。2. 振動系におい
て最も低い固有振動数。⊛ NDS Y 0011B》

fundamental functional profile ［C］ 基
本的機能構成

fundamental harmonic 基本波

fundamental maneuver ［C］ 基本操作

fundamental note 基本音

fundamental oscillation 基本振動
《⊛ fundamental vibration》

fundamentals of offensive action ［pl.］
攻撃の要則

fundamentals of the defense ［pl.］ 防御
の要則

fundamental unit 基本単位

fundamental vibration 基本振動
《⊛ fundamental oscillation》

fundamental wave ［C］ 基本波

funeral service ［C］ 葬式

funnel ［C］ ①煙突 ②漏斗

funnel cloud 漏斗雲（ろうとぐも）

furnace ［C］ 炉

furnace wall ［C］ 炉壁

furniture ［C］ 備品

further ［vt.］ 促進する

furtherance 促進

furthest-on circle 潜水艦潜在圏

fuselage ［C］ 胴体

fuselage reference line (FRL) ［C］ 機軸
線 《一般に対称面内にあり、航空機め胴体内か、
またはそれに沿って設けられている線で、ロケッ
ト・ランチャーの取り付け、機関砲等のハーモニ
ゼーションのときの基準線として用いられてい
る。⊛ レーダー用語集》

fuselage tank ［C］ 胴体タンク

fusibility 可融性

fusible plug ［C］ 可溶栓

fusillade ①一斉射撃 ②同時投下

fusing current 溶断電流

fusing point ［C］ 融点

fusion ①電解 ②融解 ③核融合

F

fusion bomb 〔C〕 水素爆弾；水爆

fusion center 〔C〕 融合センター

Futenma Air Station 【在日米軍】普天間飛行場 《沖縄》◇用例： the construction of an alternative facility to MCAS Futenma = 普天間代替施設建設

Futenma Implementation Group (FIG) 【日米】普天間実施委員会

Future Combat System (FCS) 将来戦闘システム

future obligation 後年度負担

Future of the Alliance Policy Initiative (FOTA) 未来の米韓同盟政策構想

future position 〔C〕 未来位置 《ミサイルまたは砲弾の飛行秒時中に移動する目標位置をいう。[典] 海上自衛隊訓練資料第175号》

future target elevation 目標未来高角

future target position 〔C〕 目標未来位置

Future Years Defense Program (FYDP) 〔the ～〕 【米】将来年度国防プログラム 《大統領予算教書が議会に送付される際に、国防長官は、要求年度と、これに続く最低4年間について、国防省が必要とする経費の見積を提出することが法律で決められている》

fuze = fuse 〔C〕 ①信管；導火線 ②【空自】フューズ ③【海自】ヒューズ 《[備] 本書では「フューズ」で統一している》

fuze board 〔C〕 フューズ盤

fuze body 〔C〕 信管体 《信管の主要構成部品の一つで、発火装置と安全装置を内蔵する部品。[典] NDS Y 0001D》

fuze cap 〔C〕 信管帽；信管キャップ 《運搬中の防水および損傷防止のために、弾頭信管の上に取り付ける金属製または樹脂製のキャップ》

fuze cavity 〔C〕 ①信管孔(しんかんこう) 《信管を装着するためのアナ。[典] NDS Y 0001D》 ②【空自】信管取付孔(しんかんとりつけこう)

fuze delay 遅動信管

fuze dudding 信管無効化

fuze explosive train 〔C〕 信管火薬系列 《信管内部の火薬系列。[典] NDS Y 0001D》

fuze holder 〔C〕 フューズ受け

fuze panel 〔C〕 フューズ盤

fuze range 〔C〕 信管距離；信管作動距離

fuze setter 〔C〕 信管測合器；信管調定器 《時限信管の発火秒時などの起爆条件を設定する装置。[典] NDS Y 0003B》◇用例： electric fuze setter = 電気信管測合器

fuze time 信管秒時 《信管に調定される秒時をいう。[典] 海上自衛隊訓練資料第175号》

fuze tube 〔C〕 フューズ管

fuze wrench 〔C〕 信管レンチ

【G】

G-20 Action Plan on Terrorist Financing テロ資金供与に関するG20の行動計画

G8 Heads of Government Statement G8首脳声明

gain ①補充 ②利得

gain band width product 利得帯域幅積

gain control 〔U〕 利得制御

gain control temporal 瞬時利得制御

gain reduction indicator 〔C〕 GR計

gain time 余裕を獲得する

gain time control (GTC) 〔U〕 利得時間調整

gain twist 漸増転度 《[同] increasing twist》

galactic noise 〔U〕 宇宙雑音

gale 〔C〕 強風

gale warning = advisory for gale 【海自】強風注意報 《平均風速が30ノット以上》

gallery 〔C〕 狭窄射撃場(きょうさくしゃげきじょう)

gallery practice 狭窄射撃訓練(きょうさくしゃげきくんれん) 《狭窄弾を用いて行う射撃訓練。[典] NDS Y 0005B》

gallery practice ammunition 〔U〕 狭窄弾(きょうさくだん) 《射撃訓練および警備目的に使用する減装薬の小火器弾薬。[典] NDS Y 0001D》

galley 〔C〕 調理室

gallon ガロン 《1(米)ガロン = 3.7853リットル；1ガロン = 6.5ポンド》

gallons per hour (GPH) ガロン毎時

gallons per minute (GPM) 毎分当たりガロン；ガロン毎分 《流量単位》

galvanic action ガルバニック作用；電食作用

galvanic contact mine 〔C〕 水中線機雷；アンテナ機雷

galvanometer 〔C〕 検流器；検流計

galvanometer constant 検流計定数

Gamaa Islamiyya (GI) イスラム集団 《エジプトで活動するイスラム主義過激組織》

Gambit tactics 〔pl.〕 【海自】ギャンビット戦術 《対潜戦において、潜水艦を欺き、誘致

して、探知の緒をつかもうとする戦術をいう。[典] 統合訓練資料1-4》

gamma rays ［pl.］ ガンマー線

gang board ［C］ 道板

gang control ［U］ 連動制御

ganged tuning 連結同調

gang switch ［C］ 連結スイッチ

gangway ［C］ 舷門

gap ［C］ 間隙（かんげき）

gap coding 間隙コード化

gap effect ギャップ効果

gap filler radar (GFR) ［C］ 間隙補完用レーダー（かんげきほかんようレーダー）

gap marker ［C］ 間隙標識 《地雷原の間隙標識》

gapped bed ［C］ 切り落しベッド

gap test ［C］ 殉爆試験（じゅんばくしけん）《同一の試験薬包を一定距離をおいて直線上に2つ並べ、一方の試験薬包を起爆し、他方が殉爆するかどうかを調べる。試験薬包間の距離を変え、殉爆する最大距離を計測する。[典] NDS Y 0001D》《[同] sympathetic detonation test》

G/A radio assignment switch (RAS) ［C］ 対空無線割当装置 《防空指令所（DC）用無線制御装置の中核を成す装置で、制御装置および通話路装置で構成されている装置をいう。[典] JAFM006-4-18》《RAS = ラス》

G/A radio control panel (RP) ［C］ 対空無線制御盤 《G/A = ground-to-air（地対空）》《バッジ用語》

G/A radio management equipment (RME) 対空無線統制装置 《JADGE用語》

G/A radio monitor console (RMC) 対空無線モニター装置 《防空指令所（DC）に設置され、DCの統制下防空監視所（SS）および隣接SSのシングル・チャンネル無線機の一元的な送受信アクセス制御およびモニターを行う装置をいう。[典] JAFM006-4-18》

G/A radio recorder/reproducer (RCDR/RPDR) 対空無線記録再生装置 《バッジ用語》

garble ガーブル 《1. 敵味方識別装置装備機2機またはそれ以上の航跡からの応答が同時に重複して受信される状態をいう。2. 複数の発信源または伝送路上の遅延等で発生する信号の重複により、正常な通信ができない状態をいう。[典] JAFM006-4-18》

garnishing 配飾

garrison cap ［C］ 略帽

garrison force = garrison ［C］ ①守備隊 ②【自衛隊】警備小隊

gas alarm ガス警報；ガス警報器

gas analysis ガス分析

gas attack ［C］ 毒ガス攻撃

gas bomb ［C］ ガス爆弾

gas bottle (GAS BTL) ガス・ボトル 《ペトリオット用語》

gas bubble ［C］ 気泡 《潜水艦》

gas burette ［C］ ガス・ビュレット

gas candle ［C］ ガス筒

gas casualty ［C］ ガス死傷者

gas cleaner ［C］ ガス清浄器

gas cloud ガス雲

gas constant ガス定数

gas cutting ガス切断

gas cylinder ［C］ ガス筒

gas cylinder cleaning tool ［C］ ガス筒掃除具

gas-delayed blowback = gas-delayed blowback system ガス遅延吹き戻し式

gas discipline ガス規律

gaseous discharge 気中放電

gaseous phase ［C］ 気相

gas erosion ガス・エロージョン；焼食（しょうしょく） 《火薬類の燃焼で生じる高温・高圧ガスの作用で、銃身内面の金属が滑らかに浸食される現象。[典] NDS Y 0003B》

gas-filled phototube ［C］ ガス入り光電管

gas-filled rectifier tube ［C］ ガス入り整流器管

gas-filled tube ［C］ ガス入り管

gas gauge ［C］ 燃料計

gas generator ［C］ ガス発生器

gas identification set ［C］ ガス確認セット

gasket ［C］ ガスケット

gas mask ［C］ ①ガス・マスク ②【陸自・海自】防護マスク 《有毒ガスから眼や呼吸器を守るために装着するガス・マスク。[典] 民軍連携のための用語集》

gas meter ［C］ ガス量計

gas munitions ［pl.］ ガス資材

gasoline engine ［C］ ガソリン機関

gasoline tanker ［C］ 軽質油補給艦；軽質油タンカー

gas-operated ［adj.］ ガス利用の

G

gas operation = gas operation blowback system ガス利用式 《銃身または砲身にガス漏孔を設けて火薬類の燃焼ガスの一部を取り出し、その圧力によって銃尾機関または砲尾機関を作動させる方式》◇用例: gas-operated rifles = ガス利用式小銃

gas permeability ガス透過性

gas pipe ［C］ ガス管

gas piston ［C］ ガス・ピストン

gas pocket ［C］ ガス穴

gas port ［C］ ガス漏孔（がすろうこう）；ガス・ポート 《ガス筒内に火薬類の燃焼ガスを導くため、ガス利用式の小火器の銃身に設けられている小さいアナ。㊞ NDS Y 0003B》

gas pressure ring ［C］ 圧力リング《㊞ gas ring》

gas-proofing 防気処理

gas-proof shelter ［C］ ガス掩蔽部

gas regulator ［C］ 規整子（きせいし） 《ガス利用式の機関砲において、ガス筒に導入する火薬類の燃焼ガスの流量を調整する装置》

gas respirator ［C］ 防毒マスク

gas ring ［C］ 圧力リング 《㊞ gas pressure ring》

gassed area ［C］ 散毒地域

gas sentinel ［C］ ガス哨

gas sentry ［C］ ガス哨

gas shell ［C］ 毒ガス弾

gas tight ガス・タイト；ガス密

gas turbine ［C］ ガスタービン

gas turbine compressor (GTC) ［C］ ガスタービン圧縮機

gas turbine rotor ［C］ ガスタービン・ローター

gas turbine system technician (GS) ［C］ 【海自】ガスタービン員 《ガスタービン員は、主としてガスタービン機関、補助機械等の操作および整備に関する業務に従事する。㊞ 海幕人第10346号》◇用例: chief gas turbine system technician = ガスタービン員長

gas warfare ［U］ ガス戦

gate amplifier ［C］ ゲート増幅器

gate check valve ［C］ 入り口逆流防止弁

gate valve ［C］ ゲート弁

gate vessel ［C］ ゲート船

gateway processor ［C］ 中継機連接装置

gate width ゲート幅

gating circle (G-CIR) ゲーティング・サー

クル 《バッジ用語》

Gatling gun ［C］ ガトリング砲

Gator mine system ［C］ ゲイター地雷装置 《クラスター爆弾の一種。対人・対装甲車両地雷を散布する》

GAT site ［C］ ガット・サイト 《「ground-to-air transmitter site」の略語》

gauge bomb (GB) ［C］ ゲージ爆弾

gauge meter ［C］ 計器

gauge panel ［C］ 計器板

gauge pressure ゲージ圧；ゲージ圧力

gauge rod ［C］ 標尺

gauze wire ［C］ 細目金網

G-cam ［C］ Gカム

GCA touchdown point ［C］ GCA接地点 《GCA = ground control approach（着陸誘導管制）》

GCI-GCA approach procedure GCI-GCA進入方式 《GCI-GCA = ground control interception-ground control approach（要撃管制－着陸誘導管制）》

gear ［C］ ①歯車 ②脚 ③装備；工具；用具

gear actuating cylinder ［C］ 脚作動筒

gear casing ［C］ 歯車ケーシング

gear door ［C］ ①【空自】脚ドアー ②脚格納扉

gear-driven supercharger ［C］ 歯車駆動過給器

geared turbine ［C］ 歯車減速タービン

gear position indicator ［C］ 脚位置指示器

gear ratio ［C］ 歯数比

gear reduction apparatus ［C］ 歯車減速装置

gear strut well ［C］ 脚格納室 《航空機の脚格納室》

gear tooth calipers ［pl.］ 歯形キャリバー

gear tooth micrometer ［C］ 歯形マイクロメーター

gear train ［C］ 歯車機構

gear up 脚上げ（きゃくあげ） 《航空機の脚上げ》

Geiger Muller counter ［C］ ガイガー・ミュラー計数器

general ①将官；将軍 ②【自衛隊】将；将補

General (Gen) ①【自衛隊】将（甲種） 《統合幕僚長および幕僚長である陸将・空将がこれにあたる》 ②【米陸軍・米空軍・米海兵隊】大将 《海軍大将は「Admiral」》

general account ［C］ 一般会計

general affairs ［pl.］ 庶務事項

General Affairs Department 【統幕・陸自・空自】総務部 《の英語呼称》◇用例： 総務部長 = Director General, General Affairs Department

General Affairs Division 【防衛省】総務課《総務部～の英語呼称》◇用例： 総務課長 = Director, General Affairs Division；総務課長（防大）= Head of General Affairs Division

General Affairs Section ①【統幕学校】総務班 《総務課～の英語呼称》 ②【防衛装備庁】庶務係 《電子装備研究所～の英語呼称》

General Agreement on Tariffs and Trade (GATT) 関税及び貿易に関する一般協定

general air superiority ［U］ 全般的航空優勢 《[対] local air superiority = 局地的航空優勢》

general air support 全般航空支援

general alarm 一般警報；ゼネラル・アラーム

general and complete disarmament 全般的完全軍縮

general announce system 一般拡声器系

general area forecast ［C］ 一般空域予報

general attack ［C］ 総攻撃

general calling frequency 一般呼び出し周波数

general cargo 一般貨物

general charge and profit 一般管理費及び利益率

general charge, profit and interest (GCBP) 総利益率 《一般管理及び販売費、利益及び支払い利子率》

general chart ［C］ 総図

general chart of coast 航海図

general circulation 大循環

general circulation of atmosphere 大気大循環

general conditions ［pl.］ 全般状況

General Counsel 【米陸軍・米空軍】法律顧問

General Counsel of the Department of the Navy 【米】海軍評議会

general court-martial (GCM) 高等軍法会議

general court-martial order ［C］ 高等軍法会議命令

general current 一般流

general discharge 普通除隊

general drill ［C］ 配置訓練

general education ［U］ 一般教育

general educational development tests ［pl.］ 一般教育修得程度試験

General Education Section 【陸自】教育班《の英語呼称》

general flight rule (GFR) 一般飛行規則

general flow 一般流

general guard 全般警備 《ある区域の警備を担当する部隊等が、当該区域全般について行う警備をいう。[典] 統合訓練資料1-4》《[同] general policing》

general headquarters 総司令部

General Headquarters (GHQ) 【米】聯合軍総司令部 《日本の占領時下の聯合軍総司令部》

general hospital ［C］ 総合病院 《[対] 野戦病院》

general inspection ①【空自】一般検査 《装備品等の各管理段階において、装備品等が当該品質基準に合致し、かつ、使用に供し得ることを保証するため、一般検査員が当該品質基準に基づき、装備品等の品質に直接関連する作業または検査を確認すること、および当該の作業または検査後の装備品等について目視点検、測定または機能試験等の方法により合否を判定することをいう。[典] 航空自衛隊達第15号》 ②【空自】総合監察 ③【海自】検閲

generalized noise and tonal system (GNATS) ［C］ 【米海軍】一般化騒音及び音調システム

general map ［C］ 全般地図

General Military Council for Iraqi Revolutionaries (GMCIR) イラク革命者総軍事評議会 《イラクで活動するスンニ派部族民兵などの連合体》

general mobilization 総動員

General Mobilization Reserve Stock (GMRS) 【米軍】総動員予備貯蔵量

general objective ［C］ 一般目標

general officer ［C］ 【陸軍・空軍・海兵隊】将官

general officer candidate ［C］ 【自衛隊】一般幹部候補生

General of the Air Force 【米】空軍元帥

General of the Army 【米】陸軍元帥

general operating requirements (GOR) ［pl.］ 一般運用要求

general order ①一般命令；般命（はんめい）《全部隊に出される一般命令》 ②【海自】一般守則《[対] special order = 個別命令；個命（こめい）》

general outpost (GOP) ［C］ 【陸自】全般前哨 《防御において、機動的な警戒の実施が有利でない場合に、掩護部隊の後方に一連の警戒陣地を占領して、防御準備間の全般的な警戒に任ずる部隊をいい、通常、防御部隊指揮官が配置する。[典] 陸自教範》

general outpost line (GOPL) ［C］ 全般前哨線

general plan ［C］ 一般計画

General Plans Section 【空自】総括班 《の英語呼称》◇用例： 総括班長 = Chief, General Plans Section

general point ゼネラル・ポイント 《ペトリオット用語》

general policing 全般警備 《ある区域の警備を担当する部隊等が、当該区域全般について行う警備をいう。[典] 統合訓練資料1-4》《[同] general guard》

general purpose bomb (GP bomb) ［C］ 普通爆弾；通常爆弾 《爆風、破片および貫徹の各効果を有する爆弾であり、爆弾の中で最も一般的なタイプの爆弾。[典] NDS Y 0001D》

general purpose DMA controller (GDC) ［C］ ダイレクト・メモリー・アクセス入出力制御部；DMA入出力制御部 《バッジ用語》

general purpose machine gun ［C］ 汎用機関銃 《軽機関銃としても、重機関銃としても使用できる機関銃。[備]「多目的機関銃」、「多用途機関銃」としている場合もある》

general quarters (GQ) ［pl.］ 【海軍】総員配置

general recall 警急呼集

general reserve 総予備隊

general's battle 軍略戦

general scientific technology 一般科学技術

general security ［U］ 全般警戒 《各級部隊指揮官が、部隊全般または担任区域全般のために行う警戒をいう。[典] 陸自教範》

General Security of Military Information Agreement (GSOMIA) 【日】軍事情報包括保護協定 《秘密軍事情報の保護のための秘密保持の措置に関する日米両政府間の実質的合意》《GSOMIA = ジーソミア》

General Service Administration (GSA) 【米】連邦業務庁

General Services Administration (GSA) 【米】共通役務庁

general situation ［C］ 全般状況

general specification ［C］ 【空自】共通仕様書 《二つ以上の仕様書のうち共通的要求事項を記載したもので、当該個別仕様書に同時に適用させる等の利便のために作成する仕様書。[典] C&LPS-A00001-22》

general staff ①【自衛隊】一般幕僚 ②一般参謀

General Staff Office ［the ～］ 参謀本部

general store material (GSM) 一般用品

general supplies ［pl.］ 一般補給品

general support (G/S) ①全般支援；全般協力 《被支援部隊の特定の一部に対してではなく、被支援部隊の全体に対して与えられる支援をいう。協力する場合は、全般協力という。[典] 統合訓練資料1-4》 ②【海自】一般支援

general support artillery ［U］ 全般支援砲兵

General Support Battalion 【陸自】全般支援大隊 《の英語呼称》◇用例： 第101全般支援大隊 = 101th General Support Battalion

general support fire 全般支援射撃

general support-reinforcing (G/S & Reinf) 全般任務兼増援任務 《全般任務と増援任務を併せ有する戦術任務であり、通常、全般任務を優先する。[典] 陸自教範》

general support unit (GSU) ［C］ 全般支援任務部隊

general term of official documents for order 通達類

general term of staff duty 要務

general trace 概略の経始(がいりゃくのけいし)

General Training Section 【空自】一般教育班 《の英語呼称》◇用例： 一般教育班長 = Chief, General Training Section

general trouble 全般的故障

general view 全体図

general war ［U］ 全面戦争；全面戦

generated aim 計出照準

generated bearing 計出方位

generated change of elevation 計出高角変化量

generated change of range 計出距離変化量

generated change of relative 計出方向変化量

generated present range ［C］ 計出現在距離

generated range ［C］ 計出距離

generated ranging 【海自】計出測距 《射撃盤、航跡自画器(DRT)等の装置により測距することをいう。[典] 海上自衛隊訓練資料第175号》

generating set ［C］ 発電装置

generating surface ［C］ 伝熱面

generating tube ［C］ 蒸発管

generator ［C］ ①発電機 《機械動力を受けて電力を発生する回転機をいう。[典] NDS F 8018D》《[同] electric generator》 ②発生器 《電波等の発生装置のことをいう》

generator control panel (GCP) ［C］ ①ジェネレーター・コントロール・パネル ②発電機制御盤

generator control unit (GCU) ［C］ 発電機制御装置

generator set (GS) ［C］ 発動発電機 《ペトリオット用語》

generator warning light ［C］ 発電機警報灯

Geneva Convention ジュネーブ条約

Genie ジニー 《ロケット名》

gentle slope ［C］ 緩斜面

gentle turn 緩旋回(かんせんかい)

gentle zooming 緩降下(かんこうか)

genuine part ［C］ 純正部品 《器材の製造者が自ら製造した部品もしくはその指定業者が製作した部品または指定外業者が製造し、器材の製造者の検査に合格した部品のいずれかをいう。[典] GGM-CG-Y600001C》

geodesic line ［C］ 最短基線

Geographical Combatant Command (GCC) ［C］ 【米軍】地域軍 《全世界に6個配置されている地域別統合軍(regional combatant command)のこと》

geographical movement 対地運動

geographical position ［C］ 地理的位置

geographic code 地名秘匿符号

geographic coordinates ［pl.］ 地理座標

geographic data ［U］ ジオグラフィック・データ 《セクター境界線、海岸線および国境線等の地理データをいう。[典] JAFM006-4-18》

geographic information system (GIS) 地理空間情報システム 《位置に関連づけされた情報を作成、加工、管理、分析、可視可、共有するためのシステム。[典] DIH-LG-16032A》

geographic pole 地理上の極 《地球の自転の極》

geological map ［C］ 地質図

Geological Survey (IN-GS) 【米】内務省地質調査所

geological thunderstorm ［C］ 地形雷

geology ［U］ 地質学

Geomagnetic Electro Kinetograph (GEK) 電磁海流計 《艦艇で測定部を曳航し、表層の流向、流速を測定する装置》

geomagnetic noise ［U］ 地磁気雑音 《地磁気の変動によって起る磁気雑音。[典] NDS Y 0051》

geopotential ジオポテンシャル

geospatial information and services (GI&S) 地理空間情報サービス

geospatial intelligence (GEOINT) 地理空間情報 《空間上の特定の地点または区域の位置を示す情報(当該情報に係る時点に関する情報を含む)に加えて、それらの情報に関連付けられた情報から分析して得られた情報。[典] DIH-LG-16032A》

Geospatial Intelligence Support System (GEOSS) 【情報本部】地理空間情報支援システム 《防衛省情報本部が管理・運用する画像・地理情報業務の基幹システム》

geosphere science ［U］ 地圏科学

geostationary meteorological satellite (GMS) ［C］ 静止気象衛星

geostrophic wind ［U］ 地衡風

geosynchronous orbit ［C］ 地球同期軌道

German gas 神経性ガス

germ warfare ［U］ 細菌戦

Gesaji Communication Site ［the ～］ 【在日米軍】慶佐次通信所 《沖縄》

Get List ゲット・リスト 《ペトリオット用語》

getter ［C］ ゲッター

getting ready for sea 出港準備

getting underway 出港

G factor G係数

G file ＝G-file ［C］ Gファイル；航空機綴り

G force 加速度

Ghillie suit ギリー・スーツ 《主に狙撃手が使用する偽装服の一種。植物等に紛れて身体を隠すので、カモフラージュ効果が高い》

ghost image ゴースト；迷像

ghost pulse ［C］ 虚像パルス

ghost signal ［C］ 虚信号

giant magnetostrictive material 超磁歪材料(ちょうじわいざいりょう) 《極めて顕著な磁歪効果を持つ磁歪材料。[典] NDS Y 0012B》

gib-headed flat key ［C］ 頭付きキー

Gifu Test Center 【防衛装備庁】岐阜試験場 《の英語呼称》《航空機および航空機用機器の性能に関する試験ならびに航空機を使用して行う航空機搭載誘導武器の性能に関する試験を行う。[典] 防衛装備庁HP》

gilding metal 丹銅(たんどう)；ギルディング・

G

メタル《小火器弾丸の被甲および火砲弾薬の弾帯などに使用する銅合金。成分は、銅約90%、亜鉛約10%。[典] NDS Y 0001D》

gilled cooler [C] ひれ付き冷却器

gilled radiator [C] ひれ付き放熱器

gimbal ジンバル《羅針盤などを常に水平に保つ装置。[典] レーダー用語集》

Gimbaru Training Area [the ~] 【在日米軍】ギンバル訓練場《沖縄》

G-induced loss of consciousness (G-LOC) G誘発性意識喪失

gin-pole [C] 一本起重機

girder [C] ガーダー；桁(けた)

giving way vessel [C] 避航船

glacier [C] 氷河

glare ①眩光(げんこう) ②まぶしさ

glass fiber ガラス繊維

glass fiber reinforced plastics [pl.] ガラス繊維強化プラスチック

glass filter [C] ガラス濾過器

glass water gauge [C] ガラス水面計

G

G layer G層

glaze 雨氷

glide 滑空

glide angle [C] 滑空角

glide bomb [C] 滑空爆弾《航空機から投下後、滑空する翼付きの爆弾》

glide landing 滑空姿勢着陸

glide path [C] ①【空自】滑空経路 ②【海自】降下経路

glide path angle [C] グライド・パス角

glide path facility [C] グライド・パス施設

glide path sector [C] グライド・パス象限

glide path width グライド・パス幅

glider [C] グライダー；滑空機

glide ratio [C] 滑空比

glide slope [C] グライド・スロープ

gliding angle [C] 滑空角

gliding distance 滑空距離

gliding efficiency [U] 滑空効率

gliding range [C] 滑空距離

gliding turn 滑空旋回

Global Air Chief Conference (GACC) 世界空軍参謀総長等会議

global ballistic missile defense (GBMD) [U] 全地球弾道ミサイル防衛

Global Combat Support System 全地球戦闘支援システム

Global Command and Control System (GCCS) グローバル指揮統制システム

Global Command and Control System-Maritime (GCCS-M) 【海自】海軍広域指揮・統制システム

Global Communications System (GLOBECOM) 汎世界通信組織

global distribution 【海自】広域配布

Global Information Grid (GIG) グローバル情報グリッド

Global Information Infrastructure 全世界情報基盤

Global Navigation Satellite System (GNSS) 全地球航法衛星システム《一つまたは複数の衛星群、航空機の受信機およびシステムの完全性監視機能を含み、必要に応じて要求される航法性能を提供するために補強された、全地球的位置および時間決定システム。[典] 防管航第7575号》

Global Organized Crime Project [the ~] 国際組織犯罪対策プロジェクト《戦略国際問題研究所》

Global Partnership (GP) グローバル・パートナーシップ《正式名称は、「The Global Partnership Against the Spread of Weapons and Materials of Mass Destruction(大量破壊兵器及び物質の拡散に対するグローバル・パートナーシップ)」》

Global Positioning System (GPS) ①【空自】全地球測位システム ②【海自】衛星航法装置

Global Protection Against Limited Strikes (GPALS) 限定的攻撃に対するグローバル防衛構想

global situation [C] 世界情勢

global terrorism [U] 国際的なテロ

global terrorist networks [pl.] グローバルなテロリスト・ネットワーク

global tracking system (GLOTRAC) [C] 汎世界追随組織(はんせかいついずいそしき)

Global Transportation Network 全世界輸送網

global war [U] 世界戦争

globe cam [C] 球型カム

globe photometer [C] 球形光度計

globe valve [C] 玉形弁

glossy paper [C] 光沢紙

glossy surface [C] 光沢面

glove box system 〔C〕 グローブ・ボックス装置

glow discharge グロー放電

glow discharge tube 〔C〕 グロー放電管

glow-discharge voltage regulator 〔C〕 グロー放電電圧調整器

glueing 接着

GM control room 〔C〕 誘導弾管制室《GM = guided missile（誘導ミサイル）》

GM counter 〔C〕 ガイガー・ミュラー計数器；GM式放射線測定器

g-meter 〔C〕 Gメーター；加速度計

gnomonic chart 〔C〕 ①大圏図 ②【空自】ノモニック投影図

gnomonic projection ①心射図法 ②【空自】ノモニック投影法 ③【海自】投影画法

go ahead 前進

go around = go-around 着陸復行

go astern 後進

go end とおり側 《ゲージのとおり側》

going alongside ①達着 ②横付け

goniometer 〔C〕 ゴニオメーター

goniometer type Adcock antenna 〔C〕 ゴニオメーター型アドコック・アンテナ

good おおむね良好《良好の下》；良好

Good Conduct Medal 【米】善行記章

good-conductor 〔C〕 良導体

good-poor analysis 優劣分析法

goop グープ 《粉状のマグネシウムを混合した焼夷剤。のり状でベトベトしている。焼夷爆弾の充塡物として使用する。[典] NDS Y 0001D》

goose neck 〔C〕 グース・ネック

government (GOVT) 政府；官

government administrated property 〔C〕 行政財産

government agency 〔C〕 政府機関

government aircraft 〔pl. = ～〕 政府専用機

Government Communications Headquarters (GCHQ) 【英】政府通信本部

government free issue (GFI) 【米】無償管理換え対象品目

government furnished aeronautical equipment 〔U〕 官給航空器材

government furnished airborne equipment (GFAE) 〔U〕 官給搭載機器

government furnished equipment (GFE) 〔U〕 官給器材；官給装備品；官給品

government furnished material (GFM) 官給資材；官給材料

government furnished part 〔C〕 官給部品

government furnished property (GFP) 〔C〕 官給品

government installation 〔C〕 政府施設

government intelligence agency 〔C〕 政府の情報機関

government issue (GI) ①官給品；官品（かんぴん） 《国家の所有物または国家から貸与された物品の総称。[典] 民軍連携のための用語集》 ②アメリカ兵 《俗称》

Government National Mortgage Association 【米】政府抵当協会

government officials 〔pl.〕 政府当局

government off-the-shelf (GOTS) GOTS 《COTSでは満たされない官側ニーズに対応して、官側の出資によって開発を行い、官側の内部で流通する専用品をいう。[備] 官用品のことであるが「GOTS」と表記されることが多くなっている》《[対] commercial off-the-shelf》《GOTS = ゴッツ》

Government of Japan (GOJ) 〔the ～〕 日本政府

government organization 政府機関

government-owned, contractor-operated (GOCO) 〔adj.〕 政府所有・民間運営

government post 〔C〕 官職

Government Printing Office (GPO) 【米】政府印刷局

government property 〔C〕 官物（かんぶつ） 《国家の所有物。[典] 民軍連携のための用語集》

Government Security Operation Coordination team (GSOC) 〔the ～〕 【日】政府機関情報セキュリティ横断監視・即応調整チーム 《の英語呼称》《GSOC = ジーソック》

government vessel 〔C〕 政府船舶

governor 〔C〕 調速機

governor test 〔C〕 調速機試験

GPS aided munitions (GAM) 〔pl.〕 GPSを利用した兵器

GPS aided targeting system (GATS) 〔C〕 GPSを利用した目標選定システム

GPS guidance 〔U〕 GPS誘導 《全地球測位（GPS）システム）を利用した誘導方式。[典] NDS Y 0001D》

gradation 階調度

grade ①階級；格付け ②勾配 ③粒度

gradeability 登坂能力（とうはんのうりょく）

grade chevron ［C］ 階級章 《袖章》 《[同] grade insignia》

grade crossing 踏み切り

graded area ［C］ 整地地区

grade filter ［C］ 階段型フィルター

grade insignia ［C］ 階級章 《袖章》 《[同] grade chevron》

grade insulated cable ［C］ 段絶縁ケーブル

grade insulation ［U］ 段絶縁

grade of fit はめ合い等級

grade of opening 開度

grade spread 階級範囲

gradient ［C］ ①【空自】勾配（こうばい） ②【海自】傾度

gradient circuit ［C］ 傾度回路

gradient wind ［U］ 傾度風

grading ①整地 ②敷ならし ③粒度

gradual decrease 漸減（ぜんげん）；逓減 《だんだん減ること》◇用例：「敵戦車の漸減」、「敵戦闘力の漸減」

gradual failure 劣化故障

graduation 目盛り

grain ①細粒 ②火薬粒

grain boundary 粒界

grain of ice 凍雨

grain shape ①粒形 ②薬粒形状 《薬粒の形状》

grain size 粒度；粒径 《[同] particle size》

Grand Fleet ［the ～］ 【帝國海軍】連合艦隊 《[同] Combined Fleet》

grand slam 【空自】全機撃墜

grand strategy ［C］ 大戦略

grant aid 無償援助

granularity 粒状性

granulating 造粒 《粉状の火薬を粒状にしたり、塊状の火薬類を粉砕して粒状にしたりすること。[典] NDS Y 0001D》《[同] corning》

grapher ［C］ 記録計器 《[同] graphic meter》

graphical firing table (GFT) ［C］ 射表計算図表

graphical kernel system (GKS) ［C］ グラフィックス・カーネル・システム

graphical representation of radio field intensity 電界図

graphical site table ［C］ 高低計算図表

graphic meter ［C］ 記録計器 《[同] grapher》

graphic scale 縮尺；図式縮尺

graphic solution 図解法

graphic training aid (GTA) ［C］ 図表教材

graphite ［U］ 黒鉛；グラファイト

graphite brush 黒鉛ブラシ

grapnel ［C］ ①四爪錨（よつめいかり） ②四爪防掃具

grasp ［vt.］ 把握する

grass fiber reinforced plastics (GFRP) ［pl.］ ガラス繊維強化プラスチック

grass-root grant aid 【日】草の根無償

graticule 経緯線網；直交線網

grating グレーティング；格子

grating lobe ［C］ グレーティング・ローブ

gratuitous indemnity 遺族年金

gratuitous issue 加給品

gravel ［U］ 砂利

graves registration ［U］ 墓地記録

graves registration service ［C］ 戦没者取り扱い業務

gravimeter ［C］ 重力計；比重計；浮きばかり

gravitational unit 重力単位

gravity bomb ［C］ 重力爆弾 《推進能力は持たず重力で自由落下する爆弾》◇用例：nuclear gravity bomb = 核重力爆弾

gravity correction 重力補正

gravity davit 重力型ダビット

gravity drop 重力落下

gravity-drop correction 重力落下修正

gravity-drop curvature ［U］ 弾道湾曲 《重力落下による弾道湾曲》

gravity extraction 重力抽出

gravity free state 無重力状態

gravity fuel system 重力式燃料系統

gravity of climb (GC) 上昇加速度指令

gravity oiling 重力注油

gravity oil tank ［C］ 重力油タンク

gravity tank ［C］ ①【空自】重力供給式タンク ②【海自】重力タンク

gravity wave ［C］ 重力波

gray propaganda = grey propaganda ［U］ 灰色宣伝

graze burst　着発

grazing fire　接地射撃；接地射　《弾道が地面の極めて近くを通るように行う射撃。[典] NDS Y 0005B》

grazing point　［C］　遮蔽頂

grease burnishing　油みがき

grease fitting　［C］　グリース注入口

great circle　大圏

great circle course　［C］　大圏航路

great circle sailing　大圏航法

Great East Asia Co-prosperity Sphere　［the ～］　大東亜共栄圏

great gross (GG)　グレート・グロス

great war　［U］　大戦

Green Beret　［the ～］　【米陸軍】グリーン・ベレー　《米陸軍特殊部隊》

green card　［C］　計器飛行証明

green channel　［C］　緑色水路

greenhouse effect　温室効果

green side light　［C］　右舷灯　《[対] red side light ＝左舷灯》

Greenwich apparent time (GAT)　グリニッチ視時

Greenwich hour angle (GHA)　［C］　グリニッチ時角

Greenwich mean time (GMT)　グリニッチ平均時

Greenwich meridian transit (GMT)　本初子午線正中時

Greenwich sidereal time (GST)　グリニッチ恒星時

Greenwich standard time (GST)　グリニッチ標準時

grenade　［C］　擲弾（てきだん）　《手で投げたり、機械的に発射したりする小型の爆弾。炸薬または化学剤を充填している。「投擲弾」に由来する。自衛隊では「てき弾」と表記する。[典] NDS Y 0002B》

grenade cartridge　［C］　擲弾発射薬筒；擲弾薬筒　《小銃に取り付けた擲弾を発射する目的で使用する薬筒。[典] NDS Y 0001D》

grenade gun　［C］　擲弾銃　《[同] grenade launcher》

grenade launcher　［C］　擲弾発射器；擲弾発射筒；擲弾銃　《擲弾を発射するための火器または装置。[典] NDS Y 0002B》

grenade machine gun　［C］　自動擲弾銃　《[同] automatic grenade launcher》

grenade projection adapter　［C］　擲弾発射補助筒

grenadier　［C］　①【陸自】擲弾手　②擲弾兵

grid　①グリッド；格子　②座標

grid azimuth　座標方位角

grid bearing　グリッド方位

grid bias (GB)　グリッド・バイアス

grid bias modulation　グリッド・バイアス変調

grid capacity　グリッド容量

grid control　［U］　グリッド制御

grid coordinates　［pl.］　グリッド座標

grid coordinate system　グリッド座標法；グリッド座標系

grid magnetic angle　［C］　GM角

grid map　［C］　①【空自】方眼地図　②グリッド地図

grid modulation　グリッド変調；格子変調

grid navigation　［U］　グリッド航法

grid north　グリッド北；座標北；方眼北

grid point value (GPV)　格子点値　《数値予報の計算結果を、大気中の仮想的な立体的な格子点（東西・南北・高さで表した座標）に割り当てた、気温、気圧、風等の大気の状態（物理量値）をいう。コンピューターで気象状態の画像表示や応用処理に適したデータ形態である》

grid-sweeping　グリッド掃海

grip　①グリップ；銃把（じゅうは）；握把（あくは））　《拳銃、小銃のグリップ。[備]「握把」としている場合もある》　②握り；つかみ

grip safety　［U］　握り式安全装置　《銃の握把に組み込まれている安全装置。射手が握把を強く握ることによって、押し下げられ、発射可能になる。[典] NDS Y 0002B》

grivation　グリッド偏差

grommet　［C］　①グロメット；はと目　②弾帯覆い　《弾帯を保護するために弾帯に被せる覆い》

groove　［C］　①溝　②腔線の谷　《火器の腔線の谷》

groove diameter　谷径；溝径

grooving　溝付け

gross calorific value　総発熱量

gross decontamination　［U］　応急除染

Gross Domestic Product (GDP)　国内総生産

gross lift　①【空自】全揚力　②【海自】総揚力

Gross National Product (GNP)　国民総生産

G

gross requirements (G/R) ［pl.］ 総所要量

gross requirements list (GRL) ［C］ ①【空自】必要部品器材リスト ②【海自】総所要リスト

gross ton (GT) ＝gross tonnage 総トン；総トン数

gross weight ［U］ 全備重量；総重量

gross wing area ［C］ 全翼面積

ground 接地 《電子機器等で、異常な高電圧を逃がす場合および回路の安定化のため、機器を地面に接続することをいう。[典] JAFM006-4-18》

ground abort グラウンド・アボート

ground adjustable propeller ［C］ 地上調整式ピッチ・プロペラー

ground/air emergency signal code 地対空緊急信号符号

ground alert 地上待機

ground angle ［C］ 地上静止角

ground antenna ［C］ ①接地アンテナ ②【海自】接地空中戦 ③【空自】地表空中線

Ground Arms! 「銃を、置け！」 《号令》

G

ground attack 対地攻撃

ground-based ［adj.］ 地上設置；地上配備

ground-based augmentation system (GBAS) ［C］ 地上型衛星航法補強システム 《航空機の着陸進入に使用するシステム》

ground-based interceptor (GBI) ［C］ 地上発射式要撃ミサイル

Ground-based Mid-course Defense System (GMD) ［C］ 地上配備型ミッドコース防衛システム 《長距離弾道ミサイルをミッドコース段階において地上の固定サイロから迎撃するシステム》

ground-based radar beacon ［C］ 地上レーダー・ビーコン

ground-based scanning 地上走査

Ground Burst Simulator (GBS) 【米軍】地上爆発模擬装置 《金属製の容器内で爆発物を破裂させ、爆発音を発生させる装置》

ground check 地上点検

ground clearance 対地間隙(たいちかんげき)

ground clutter グラウンド・クラッター；地表面反射 《レーダー・スコープ上に映る地形、地物等の映像をいう。[典] JAFM006-4-18》

ground clutter area ［C］ 地上擾乱区域

ground combat 地上戦闘

ground combat element ［C］ 地上戦闘部隊

ground combat power 地上戦闘力

ground combat unit ［C］ 地上戦闘部隊

Ground Component Command (GCC) ［the ～］ 【陸自】陸上総隊 《の英語呼称》

ground conductivity 大地導電率

ground constant 大地定数

ground control ［U］ ①地上管制 ②【海自】着陸管制

ground control for jump and drop 【陸自】降投下誘導 《空挺部隊および装備品等を所望の時期・場所に正確・安全に降着させ、部隊の戦力発揮を容易にさせるため、気象、地形等の状況に応じ、航空機を地上からの通報・表示または機上からの測定等により誘導することをいう。[典] 統合訓練資料1-4》

ground controlled approach (GCA) ＝ground control approach 着陸誘導管制

ground controlled approach procedure 地上管制進入手順

ground controlled approach service 着陸誘導管制業務 《着陸する航空機に対し、レーダー装置を使用して飛行コースと適切な高度を指示して滑走路へ誘導する業務。[典] 航空保安管制群HP》

ground controlled interception (GCI) 地上要撃管制

ground controlled interception officer (GCIO) ［C］ 【空自】要撃管制幹部

ground control position ［C］ 地上管制席

ground coverage 包轄範囲

ground crew ［C］ 地上勤務員

ground cushion グラウンド・クッション；地面緩衝

ground detector ［C］ 検漏器 《[同] earth detector》

ground distance 地上距離

ground effect 地面効果

ground effect machine (GEM) ［C］ 地面効果機 《ホバークラフト》

Ground Electronics Officer 【空自】地上電子幹部 《幹部特技区分の英語呼称》

Ground Electronics Section 【空自】地上電子班 《の英語呼称》◇用例： 地上電子班長＝Chief, Ground Electronics Section

ground envelopment 地上包囲

ground equipment failure (GEF) 地上器材の故障

ground establishment 地上施設

ground facility ［C］ 地上施設

ground feeding 地上糧食

301　　　　　　　　　　　　　　　　　　　　　　grou

ground fire　地上砲火

ground fire arm　［C］　地上火器

ground flash　落雷

ground floor　地上階

ground fog　低い霧

ground force　地上部隊

ground garnet　滑り止めペイント

ground guided missile　［C］　地上誘導弾

ground handling　運航支援

ground idling condition　地上緩速状態

ground impact effect　接地効果

ground indication　①対空標示　②地上の微候

ground installation　［C］　地上施設

ground inversion　接地逆転

ground-launched cruise missile (GLCM)　［C］　地上発射巡航ミサイル

ground liaison officer (GLO)　［C］　【陸自】陸上連絡幹部　《陸上自衛隊の方面隊から、通常、航空方面隊、航空団等の戦闘指揮所に派遣され、空地作戦に必要な陸上作戦の状況、陸上部隊の要請事項等の航空部隊への提示および航空部隊からの情報の入手等の連絡業務を主務とする陸上自衛隊の幹部をいう。㊟ 統合訓練資料1-4》

ground liaison section　［C］　地上連絡班

ground light　［C］　接地表示灯

ground line of communications (GLOC)　通信地上線

ground load　地上荷重

ground loop　グラウンド・ループ

ground mapping　地図表示

Ground, Maritime, and Air Self-Defense Forces　［the ～］　陸海空の各自衛隊

Ground, Maritime, and Air Staff Office　陸海空の各幕僚監部

ground mark　［C］　地上補助目標

Ground Materiel Control Command　【陸自】陸上自衛隊補給統制本部　《の英語呼称》　◇用例：陸上自衛隊補給統制本部長 = the Commander of the GSDF Ground Materiel Control Command

ground mine　［C］　沈底機雷（ちんていきらい）　《海底に沈めておく機雷。㊟ NDS Y 0041》

ground nadir　地底

ground observation　［U］　地上観測

ground observation fire　地上観測射撃

ground-observed　［adj.］　地上観測の

ground observer center　［C］　対空監視セ

ンター

ground observer corps　［pl.］　防空監視団

ground observer team　［C］　対空監視班

ground operations　［pl.］　地上作戦

ground photograph　［C］　地上写真　《地上用カメラを用いて撮影した静止画をいう（航空機から地上用カメラを用いて撮影した静止画を含む）。㊟ 陸上自衛隊達第96-9号》

ground plate amplifier　［C］　プレート接地増幅器

ground position　［C］　標定位置

ground position indicator (GPI)　［C］　地上位置指示装置

ground potential　大地電位

ground power　地上電源

ground power equipment　［U］　地上動力器材

ground power unit (GPU)　［C］　地上電源装置

ground pressure　接地圧

ground proximity warning system (GPWS)　［C］　対地接近警報装置；地上接近警報装置

ground radar　［C］　地上レーダー

Ground Radio Communication　【空自】通信　《准空尉空曹空士特技区分の英語呼称》

ground range　［C］　①【空自】グラウンド・レンジ　《2点間の対地距離をいう。㊟ JAFM006-4-18》　②【海自】地上距離

ground readiness　地上待機

ground reconnaissance　地上偵察

ground reference navigation　［U］　地文航法

ground reflected wave　［C］　地面反射波

ground reflection　大地反射

ground resistance　接地抵抗

ground resonance　地上共振　《ヘリコプターの地上共振》

ground return　①接地　②アース線　③接地電流

ground roll　地上滑走

ground run distance　滑走距離

ground safety　［U］　地上安全

ground safety lock　地上安全ロック

ground safety officer (GSO)　［C］　【空自】地上安全幹部

ground security　［U］　地上警戒

Ground Self-Defense Force (GSDF)

G

【自衛隊】陸上自衛隊 《[備]「日本国陸上自衛隊」であることを明記する場合は、「Japan Ground Self-Defense Force (JGSDF)」にする》◇用例： 陸上幕僚長 = Chief of Staff, Ground Self-Defense Force

Ground Self-Defense Network (G-NET) 【自衛隊】陸上自衛隊ネットワーク

ground speed (GS) 対地速度 《地表面と比較した航空機速度の水平的要素。[典] レーダー用語集》

ground speed indicator ［C］ 対地速度計 《航空機の対地速度を表示する計器。[典] レーダー用語集》

Ground Staff Office (GSO) 【陸自】陸上幕僚監部 《の英語呼称》《略称は「陸幕」》◇用例： 陸上幕僚長 = Chief of Staff, GSDF；陸上幕僚副長 = Vice Chief of Staff, GSDF

Ground Staff Office System (GSO System) 【自衛隊】陸幕システム 《中央指揮所内の電子計算機を中心とする陸上幕僚監部の防衛大臣補佐業務を支援するデータ処理のための装置およびプログラムならびにそれらの組合せをいう。[典] 防衛庁訓令第6号》

ground station ［C］ ①地上局 ②【海自】陸上局

ground strafing 【空自】対地射撃

ground support equipment (GSE) ［U］ ①【空自】地上支援器材 《地上にある間の航空機の整備と取り扱いに必要な器材をいう。[典] レーダー用語集》 ②【海自】陸上支援整備器材

ground support equipment out of commission for parts (GOCP) 特別緊急請求 《支援器材部品特別緊急請求》

ground surveillance radar (GSR) ［C］ 地上監視レーダー

ground survey ［C］ 地上測量

Ground Systems Development Division 【防衛装備庁】装備開発官（陸上装備） 《の英語呼称》《陸上で使用する火砲、弾薬、戦闘車両および指揮・統制・通信・情報システムなどの装備品等の開発を行う。[典] 防衛装備庁HP》

Ground Systems Research Center 【防衛装備庁】陸上装備研究所 《の英語呼称》《火器、弾火薬類、耐弾材料、耐爆構造、車両、車両用機器、施設器材などの調査研究を行う。[典] 防衛装備庁HP》

ground target ［C］ 地上目標

ground-to-air (G/A) ［adj.］ 地対空

ground-to-air communication 地対空通信

ground-to-air guided missile ［C］ 地対空誘導弾

ground-to-air missile ［C］ 地対空ミサイル

ground-to-air pilotless aircraft (GAPA) ［pl. = ～］ 地対空無人機

ground-to-air-to-ground voice communication (GAG) 地対空音声通信 《防空指令所（DC）または防空監視所（SS）から、SSに設置された対空無線機を通じて、要撃機等の航空機と行う音声通信をいう。[典] JAFM006-4-18》

ground-to-air transmitter site (GAT site) ［C］ ガット・サイト

ground-to-ground missile (GGM) ［C］ 地対地ミサイル 《地上から発射され、地上の目標を攻撃するために使用されるミサイル》

Ground to Ship & Anti Tank Company 【自衛隊】対舟艇対戦車中隊 《の英語呼称》◇用例： 第2対舟艇対戦車中隊 = 2nd Ground to Ship & Anti Tank Company

ground-to-ship missile ［C］ 地対艦ミサイル；地対艦誘導弾 《侵攻する水上艦艇を撃破するためのミサイル》◇用例： 地上発射型の88式地対艦誘導弾 = ground launch Type 88 SSM

ground track ［C］ ①【空自】地上航跡 ②【海自】実航跡

ground track maneuver ［C］ 地上航跡飛行

ground transmission (GT) 地上送信

ground troops ［pl.］ 地上部隊

ground truth グラウンド・トゥールース 《地上で確認した事実》

ground vehicle radio direction finder ［C］ 地上車両無線方向探知器

ground visibility (GVIS) ［U］ 【空自】地上視程 《地上観測によって得た視程（メートル単位。またはスタチュート・マイルにより観測する飛行場にあっては「スタチュート・マイル」にする）であって、地平円の半分以上に適用される最大値（卓越視程）をいう》

ground war ［U］ 地上戦

ground wave (GW) ［C］ 地表波

ground wrinkles ［pl.］ 地しわ

Ground Zero 【米】グラウンド・ゼロ 《世界貿易センター跡地を指す》

ground zero (GZ) ①爆心地 《原水爆の爆心地》 ②ゼロ地点

Group (Gp) 【自衛隊】群 《の英語呼称》

group allowance ［C］ 組余裕

group burial 合葬（がっそう）

Group Captain 【英空軍】大佐

group carrier frequency 群搬送周波数

group funeral 合葬(がっそう)

group guidance ［U］ 集団指導

group leader ［C］ 【海自】班長

group learning ［U］ グループ学習

group modulation 群変調

group of fires 火力集中群

group of targets ①目標群 ②【陸自】火力集中群 《戦術的に関係ある地域を火制するため、2個以上の火力集中点を一括したものをいい、文字と数字の組み合わせで示す。[典] 陸自教範》

group operation center (GOC) ［C］ 群戦闘指揮所 《高射群、警戒群等の群レベルの司令の行う戦闘指揮の中枢をいう。[典] JAFM006-4-18》

group patch unit (GPU) ［C］ グループ・パッチ盤；Gパッチ盤 《バッジ用語》

group propagation time 群伝搬時間

group simultaneous calling (GSC) 同時呼び出し 《JADGE用語》

group through filter equipment (G-THF) ［U］ 群通過濾波装置 《バッジ用語》

group track ［C］ グループ航跡 《正方形領域を用いて関連した複数の航空機を代表する単一航跡のことをいう。[典] JAFM006-4-18》

group training ［U］ グループ訓練

group translating block (G-TB) ［C］ 群変換部 《バッジ用語》

group translating equipment (G-TR) ［U］ 群変換装置 《バッジ用語》

grown junction ［C］ 成長接合

G tolerance 耐G性

Guantanamo Naval Base 【米軍】グアンタナモ海軍基地 《キューバ》

guarantee test ［C］ 保証試験

guarantee work 補償工事

guard ［n.］ ①警護；護衛；警備 ②衛兵；護衛兵；警戒員 《海自では「警戒員」》 ③待ち受け 《無線通信の「待ち受け」》

guard ［vt.］ 警護する

Guard and Rescue Department 【海保】警備救難部 《の英語呼称》

guard boat ［C］ ①【海軍】巡邏艇(じゅんらてい) ②巡視艇；監視艇

guard commander ［C］ ①【自衛隊】警衛司令 《警衛部隊の指揮官。[典] 民軍連携のための用語集》 ②衛兵司令

Guard Division 【海自】警衛隊 《の英語呼称》◇用例： 警衛隊長 = Chief, Guard Division

guard duty ［U］ 歩哨勤務(ほしょうきんむ)；警備勤務

guard house ［C］ ①【自衛隊】警衛所 《警衛部隊が待機する建物。[典] 民軍連携のための用語集。[備] 一般の「警備詰所」にあたる》 ②衛兵所

guarding against danger 戒厳

guarding operation 警護出動 《本邦内にある自衛隊の施設または地位協定第二条第一項の施設および区域(同協定第二十五条の合同委員会において自衛隊の部隊等が警護を行うこととされたものに限る)において、政治上その他の主義主張に基づき、国家もしくは他人にこれを強要し、または社会に不安もしくは恐怖を与える目的で多数の人を殺傷し、または重要な施設その他の物を破壊する行為が行われるおそれがあり、かつ、その被害を防止するため特別の必要があると認める場合に、当該施設または施設および区域の警護のため内閣総理大臣が命ずる部隊等の出動をいう。[典] 統合訓練資料1-4》

guard mail 軍事公用便；ガード・メール

guard of honor 儀仗隊(ぎじょうたい)

guard plate ［C］ 保護板

Guard Post 【海自】警備所 《の英語呼称》

guard ring ［C］ 保護環

guardroom ［C］ 衛兵詰所

Guard Section 【海自】警衛班 《の英語呼称》《航空基地の警備を行う》◇用例： 警衛班長 = Officer, Guard Section

guard ship = guardship ［C］ ①【海自】当直艦 ②警備艦；哨艦

Guard Unit 【陸自】警備隊 《の英語呼称》◇用例： 対馬警備隊 = Tsushima Guard Unit

gudgeon つば金；ガジオン

guerrilla ［C］ ゲリラ 《国家または国外勢力組織の意志を強要するために行動する武装民間人(不正規軍)をいう。[典] 統合訓練資料1-4》◇用例：Afghan guerrillas = アフガニスタン・ゲリラ

guerrilla action ①【陸自】遊撃行動 《独立した小部隊が敵地において襲撃・伏撃等により、敵戦闘力の減殺・戦闘力発揮の妨害、情報活動等を行うことをいう。[典] 陸自教範》 ②ゲリラ活動

guerrilla-commando-type attack ゲリラ・コマンドウ攻撃 《ゲリラ・コマンドウ部隊が、戦略・戦術目的をもって行う攻撃行動をいい、単独で行う場合と、他の作戦に連携して行う場合がある。[典] 陸自教範》

guerrilla forces ［pl.］ ①【陸自】遊撃部隊 ②【海自】ゲリラ部隊 《軍事組織に属さない勢力(不正規軍)。[典] 陸自教範》

guerrilla strong point = guerrilla stronghold ［C］ 【陸自】遊撃拠点 《遊撃部隊が遊撃行動を実施するため、長期間にわたる潜在のための根拠地として、敵地内に設定する拠点を

G

いう。㊦ 陸自教範》

guerrilla war ［U］ ゲリラ戦

guerrilla warfare (GW) ［U］ ①ゲリラ
戦 ②【空自】遊撃戦

guest room ［C］ 応接室

guff ガフ；斜こう

guidance ［U］ ①指針 ②指導 《本来、下
級者の権限において処理すべき事項について、こ
れを効率的に実施させるため、上級者が下級者に
対し所要の助言を与えることをいう。㊦ 陸自教
範》 ③誘導 《㊦ 不明な場合は「ガイダンス」
にする》

guidance and control section (G&C)
［C］ 誘導制御部

guidance limit 【空自】誘導限界 《レーダー
着陸誘導を継続し得る限界》

Guidance Officer 【防大】指導教官 《の英語
呼称》

guidance set ［C］ 誘導装置

guidance station equipment ［U］ ①誘
導所器材 ②【海自】誘導基地装備

guidance system ①誘導システム；誘導装置
②誘導方式

guide ［n.］ ①指針 ②誘導員 ③【海自】総
基準艦

guide ［vt.］ 誘導する

guide apparatus 案内装置

guide bar ［C］ 案内棒；滑り座

guide blade ［C］ 案内羽根

guide block ［C］ 滑り金 (すべりがね)

guide column ［C］ 案内柱

guided bomb ［C］ 誘導爆弾 《目標まで誘導
することができる爆弾。㊦ NDS Y 0001D》

guided bomb unit (GBU) ［C］ 誘導爆弾
ユニット

guided missile (GM) ［C］ ①【空自】誘
導ミサイル ②【陸自・海自】誘導弾 《推進装
置、誘導装置および弾頭を有する飛翔体。機体を
操舵しながら目標に接近・衝突・破壊する》

guided missile cruiser ［C］ ①ミサイル
巡洋艦 ②【海自】誘導弾搭載巡洋艦 《艦種記
号：CG》

guided missile cruiser, nuclear powered
［C］ 原子力ミサイル巡洋艦

guided missile destroyer ［C］ ①ミサイ
ル駆逐艦 ②【自衛隊】ミサイル搭載護衛艦 《主
として対空戦能力に優れた護衛艦を指す便宜的呼
称。海上自衛隊では、イージス・システム搭載型
とターター・システム搭載型の2種類を保有して
いる。いずれも長射程対空ミサイルであるスタン

ダード・ミサイルを装備している》◇用例： the
guided-missile destroyer USS Curtis Wilbur =
ミサイル駆逐艦カーティスウィルバー（米海軍）
③【海自】誘導弾搭載駆逐艦 《艦種記号：DDG》

guided missile frigate ［C］ ①ミサイル・
フリゲート艦 ②【海自】誘導弾搭載フリゲート
《艦種記号：FFG》

**guided missile launching system
(GMLS)** ［C］ 【海自】誘導弾発射装置

**guided missile patrol combatant,
hydrofoil** 水中翼ミサイル哨戒艇 《PHM》

Guided Missile Section 【陸自・空自】誘導
武器班 《の英語呼称》◇用例：誘導武器班長 =
Chief, Guided Missile Section

guided missile ship ［C］ ミサイル実験艦

guided missile submarine ［C］ ①ミサ
イル潜水艦 ②【海自】誘導弾搭載潜水艦 《艦種
記号：SSG》

guided missile submarine (nuclear) ［C］
原子力ミサイル潜水艦 《艦種記号：SSGN》

guided missile training round (GMTR)
［C］ 訓練用ミサイル

guided missile transporter (GMT) ［C］
ミサイル運搬車 《ペトリオット用語》

**Guided Munition Development and
Test Squadron** 【空自】誘導武器開発実験隊
《飛行開発実験団隷下～の英語呼称》

guided projectile ［C］ 誘導弾丸

guided propagation 拘束伝搬

guided rocket (GR) ［C］ 誘導ロケット
《㊦ unguided rocket = 無誘導ロケット》

guided torpedo ［C］ 誘導魚雷

guided weapon ［C］ ①誘導兵器 ②【海
自】誘導武器 《誘導弾、誘導砲弾および誘導爆
弾の総称》

guide flag ［C］ 基準旗

guide line = guideline ［C］ 指針

**Guidelines for Japan-US Defense
Cooperation** ［C］ 日米防衛協力のための
指針

**guidelines for JASDF training in mid-
term** 【空自】航空自衛隊中期練成訓練指針

guide pulley ［C］ 案内車

guide ship ［C］ 基準艦；基準艇

guide shoe ガイド・シュー

guide slot ［C］ 案内溝

guide tube bushing 案内筒ブッシュ

guide wave length 管内波長

guidon 隊旗 《識別用》

guinea pig ［C］ 試航艦

Gulf crisis ［the ～］ 湾岸危機

Gulf of Tonkin resolution ［the ～］ 【国連】トンキン湾決議 《ベトナム戦争》

Gulf War ［the ～］ 湾岸戦争

gun ［C］ ①火砲；砲 《口径が20mm以上の火器。迫撃砲、無反動砲、榴弾砲など》 ②加農砲（かのんほう） 《一般に砲身の口径長が、榴弾砲に比べて大きく、主として低射角で射撃をする火砲。「cannon」は用いない》◇用例：155mm gun＝155mm加農砲 ③銃

gun barrel ［C］ 銃身

gun barrel erosion ［U］ 銃身のエロージョン 《弾丸の発射によって銃身の内面に生じる損傷。⊛ NDS Y 0002B》

gunboat ［C］ 砲艦 《小型の沿岸警備艇》

gunboat diplomacy ［U］ 砲艦外交；武力外交

gun book ＝gunbook ［C］ ①【陸自】銃歴簿；砲歴簿 《⊚ weapon record book》 ②【海自】銃来歴簿；砲来歴簿

gun-bore axis ［pl.＝gun-bore axes］ 銃腔軸；砲腔軸 《銃腔または砲腔の中心を通る線。⊛ NDS Y 0002B》《⊚ line of bore》

gun-bore line ［C］ 銃線軸；砲軸線

gun camera ［C］ ガン・カメラ

gun captain ［C］ 砲員長

gun carriage ［C］ 砲架 《重砲を載せて支持するための構造物。旋回装置および俯仰装置を備えているものもある》

gun control ［U］ 砲台管制

gun control net 砲戦統制通信系

guncotton (G/S) 強綿薬（きょうめんやく）

gun crew ［C］ 砲側員（ほうそくいん） 《軍艦の砲側員》

gun defended area ［C］ 【海自】砲火防空界

gun defense zone ［C］ 砲火防御地帯

gun deployed parachute ［C］ 強制開傘式背負型落下傘

gun director ［C］ 方位盤

gun effect ガン効果

gun ejector ［C］ 噴気装置

gun elevation indicator ［C］ 砲仰角指示器

gun elevation order 砲仰角 《砲のすえ付け面と垂直な面内において、砲の上下方向の角度を測定したものをいう。⊛ 海上自衛隊訓練資料第175号》

gunfight ［C］ 銃撃戦

gunfire ①発砲 《砲弾を砲から射出することをいう。⊛ 海上自衛隊訓練資料第175号》 ②砲撃

gunfire control system (GFCS) ［C］ ①射撃指揮装置 ②【海自】射撃管制装置 《砲射撃指揮装置》

gunfire support 【海自】対陸上支援射撃 《陸上部隊の要請により、その戦闘を支援するため、敵の陣地、施設等に対して実施する射撃をいう。通常、対地射撃陸上管制班の観測によって射撃を管制する。⊛ 陸自教範》

gunfire support area (GSA) ［C］ 艦砲射撃支援海域

gun flash 砲口炎

gun-howitzer ［C］ ガンハウザー；加農榴弾砲；加農砲；長砲身榴弾砲 《砲身の口径長が大きい榴弾砲。⊛ NDS Y 0003B》

gun layer ＝gun-layer; gunlayer ［C］ 【海軍】照準手 《艦砲の照準手》

gun laying 砲の指向

gun line method もやい銃法

gun metal ＝gun-metal 砲金

gun-mortar ［C］ ガンモーター 《砲口または砲尾からの装填が可能であり、本来の高射角射撃のほか、砲のような連続した低射角（水平弾道）の直接射撃も行える迫撃砲。⊛ NDS Y 0003B》

gun mount ［C］ 銃架；砲架 《銃砲の支持物》

gun mount assigning panel (GMAP) ［C］ 砲指向管制盤

gunner ［C］ ①【陸自】砲手 ②【海自】砲員

gunner's mate (GM) ［C］ 【海自】射撃員 《射撃員は、主として射撃の実施に必要な器材（射撃指揮装置を除く）の操作および保守整備ならびに薬莢の取扱いに関する業務に従事する。⊛ 海幕人第10346号》◇用例：chief gunner's mate＝射撃員長

gunner's periscope ＝gunner's sight ［C］ 砲手用照準潜望鏡 《火砲を搭載した車両に設置されている砲手用の照準潜望鏡。⊛ NDS Y 0004B》

gunnery 砲術

gunnery coordination and administrative net (GC&A net) 砲戦調整兼要務通信系

gunnery exercise ［C］ 砲戦訓練

gunnery liaison officer ［C］ 砲戦連絡幹部；砲戦連絡士官

gunnery officer ［C］ 【海自】砲術長 《砲術長は、砲雷長または掃海長の所掌業務のうち、射撃、照射、運用およびこれらに係る物件の整備に関する業務を分掌する。⊛ 海幕人第10346号》

gunnery range (GR) ［C］ 射爆場；射爆空域

Gunnery Sergeant 【米海兵隊】1等軍曹

gun order 発砲諸元 《発射時の砲旋回角、砲仰角および信管秒時をいう。[典] 海上自衛隊訓練資料第175号》

gun order corrector ［C］ 照尺修正発信器

gun order transmitter ［C］ 照尺発信器

gun pointing data ［U］ 射撃諸元

gun port plug ［C］ 銃口蓋（じゅうこうふた）《銃腔内への異物の侵入を防止するための部品。[典] NDS Y 0002B》

gunpowder ［U］ 火薬 ◇用例： military gunpowder ＝ 軍用の火薬

gun purge system ＝ gun purging system ［C］ ガン排気システム

gun rack ［C］ 銃架 《「銃掛け」のこと》

gun range ［C］ 射撃場 ◇用例： a gun-range accident ＝ 射撃場の事故

gun salute ［C］ 礼砲 ◇用例： a 21-gun salute ＝ 21発の礼砲

gun-SAM complex 複合火網 《SAM ＝ surface-to-air missile（地対空ミサイル）》

G

gun's crew ［C］ 砲手

gunship ［C］ 武装ヘリコプター

gunshot 着弾距離

gun sight ［C］ 射撃照準器

gun silencer ［C］ 消音器 《小火器の銃口に装着し、発射音を減少させるための装置。[典] NDS Y 0002B》《[同] silencer》

gun stabilizer ［C］ 砲安定装置 《火砲が搭載されているプラットフォーム（車両や艦艇など）の運動や動揺などを補正し、砲軸線を維持するための装置。[典] NDS Y 0003B》

gun-target line ［C］ 砲目線 《火砲と目標を結ぶ直線》

gun train order 【海自】砲旋回角 《砲のすえ付け面内において、艦首から右回りに測定した砲の角度をいう。[典] 海上自衛隊訓練資料第175号》

gun tube ［C］ 砲身

gun type ammunition ［U］ 砲銃弾薬

gun wale 上縁

gust ［C］ 突風

gust front ［C］ 突風前線；ガスト・フロント

gust load 突風荷重

gust lock ガスト・ロック

gust tunnel ［C］ 突風風胴

gusty wind ［U］ 突風

guy ［C］ ①【海自】張り索（はりさく） ②【空自】支線

guy insulator ［C］ 支線がい子

guy rope ［C］ 控え綱（ひかえづな）

guy wire ①控え索（ひかえさく） ②支線

gyro angle ［C］ 斜進角 《魚雷を発車する艦の艦首尾線と、魚雷が発射後に変針すべき針路の差角。[典] NDS Y 0041》

gyro angle order 調定斜進角

gyro caging device ［C］ ジャイロ抑止装置

gyro caging knob ［C］ ジャイロ作動止め

gyro case ［C］ ジャイロ・ケース

gyro compass (GC) ＝ gyrocompass ［C］ ジャイロ・コンパス；転輪羅針儀（てんりんらしんぎ）

gyro compass repeater ［C］ ジャイロ・コンパス・レピーター 《航行中、自船の針路を確認したり、他船や陸上物標の方位を測定したりするための航海用具》

gyro computing sight ［C］ ジャイロ算定式照準器

gyro damper ［C］ ジャイロ制動器

gyro flux gate ＝ gyro fluxgate ［C］ ジャイロ・フラックス・ゲート

gyro frequency ［U］ ジャイロ周波数

gyro gear suspension ジャイロ懸吊装置（ジャイロけんちょうそうち）

gyro horizon ジャイロ・ホライズン

gyro horizon indicator ［C］ 水平儀

gyro inspection window ［C］ ジャイロ点検窓

gyro magnetic compass ［C］ ジャイロ磁気コンパス

gyro pointer ［C］ ジャイロ指針

gyro reducer ［C］ ジャイロ調和器

gyro roll indicator ［C］ ジャイロ垂直指示器

gyro rotor ［C］ ジャイロ回転子

gyro run ジャイロ航走 《魚雷》

gyro scale ジャイロ目盛

gyro scope ＝ gyroscope ジャイロ・スコープ

gyroscope unit ［C］ ジャイロ・スコープ・ユニット

gyroscopic load test ［C］ ジャイロ荷重試験

gyroscopic moment ジャイロ・モーメント

gyroscopic stability factor ［C］ ジャイロ安定係数 《旋動安定の飛翔安定性を示す係数。

®NDS Y 0006B》

gyro setting mechanism ［C］ 斜進調定機構

gyro spinning and unlocking mechanism ［C］ ジャイロ起動解脱装置

gyrostabilizer ［C］ ジャイロ安定機

gyro turn indicator ［C］ ジャイロ旋回計

gyro wheel spindle ［C］ ジャイロ軸

【H】

Hachinohe Fuel Terminal 【在日米軍】八戸貯油施設

hacker ［C］ ハッカー 《情報システムへの侵入を試みようとする無許可ユーザーのこと。優れたプログラマーを指す用語として使用される場合もある》

hacker warfare ［U］ ハッカー戦争

Hague Code of Conduct against Ballistic Missile Proliferation (HCOC) 弾道ミサイルの拡散に立ち向かうためのハーグ行動規範

hail 雹(ひょう)

hail stage 成雹級(せいひょうきゅう)

hair hygrometer ［C］ 毛髪湿度計

halazone tablet ［C］ ハラゾン錠；浄水錠

half adder ［C］ 半加算器

half and timber hitch 引綱結び

half cock ハーフコック；半撃ち 《銃の撃鉄が、撃発準備状態になる手前の位置にある切欠きによって固定され、半分起こされている状態。引き金を引いても銃は発射されない。古い銃に見られる。®NDS Y 0002B》

half compression cam ［C］ 半圧縮カム

half duplex (HDX) 両方向交互伝送 《データを回線上のどちらの方向にも伝送することができるが、両方向同時には伝送することができない方式をいう。®JAFM006-4-18》《® full duplex》

half hitch 一結び

Half Left ! 「半ば、左！」 《号令》《® Half Right ! ＝「半ば、右！」》

half-life ［C］ 半減期

half loading ［U］ 半装塡(はんそうてん) 《砲口から装塡する方式の迫撃砲の場合、砲弾を手で持って砲口に差し込み、手で保持している状態。手を離すと砲弾が砲腔内を滑り落ち、底部の撃針が雷管を打撃して装薬が点火し、発射する。

機関銃の場合は、初弾を装塡する時、発車準備の状態にするには、遊底を2回引くが、1回目の操作を「半装塡」、2回目の操作を「全装塡」という。第2弾以降は、機械動作によって、半装塡と全装塡が自動的に繰り返される》

half power frequency ［U］ 半電力周波数

half power point ［C］ 半電力点

half power width 半電力幅

half-residence time 滞留半減期

Half Right ! 「半ば、右！」 《号令》《® Half Left ! ＝「半ば、左！」》

half roll ＝half-roll 半横転

half speed 半速

half step 半歩 《早足で15インチ、駆け足で18インチ》

half-thickness ＝half thickness 半減厚；半減層

half tone 中間調

half-track vehicle ［C］ 半装軌車

half wave antenna ［C］ ①【空自】半波長アンテナ ②【海自】半波空中線

half wave dipole ＝half-wave dipole ①半波長ダイポール ②【海自】半波ダイポール

half wave doublet ［C］ 半波ダブレット

half wave length ＝half-wave length 半波長

half wave length open stub ［C］ 半波長開放スタブ

half wave length short stub ［C］ 半波長短絡スタブ

half wave rectifier tube ［C］ 半波整流管

half-yearly stock status report (HSSR) ［C］ 半期在庫状況通報

halide detector ［C］ ハロゲン検知器；ハライド・ディテクター

Halifax plot ハリファックス・プロット

hall effect ホール効果

halo ［C］ 暈(かさ)

halt ［vi.; vt.］ 停止する

halved door ［C］ 目かくし戸

halving 半量修正

halving joint ［C］ 相欠き

halyard ＝halliard ハリヤード；揚旗線

Hamas ハマス 《パレスチナ》

hammer ［C］ 撃鉄 《撃針を打撃し、雷管を発火させる部品。®NDS Y 0001D》《® striker》

hammer head stall 失速反転

hammer spring ［C］ 撃鉄ばね

hammer spring housing ［C］ 撃鉄ばね筒
hammer test ［C］ つち打ち試験
hammock ［C］ ハンモック 《網や布製のつり床。㊗ 民軍連携のための用語集》
hand arms ［pl.］ 携行武器 《拳銃、軽機関銃、刀など》《⇨ hand weapon》
handbook (hdbk) = hand-book ［C］ 必携；手順書
hand brake ［C］ ハンド・ブレーキ；手ブレーキ
hand carry 手搬送
hand circuit breaker ［C］ 手動遮断器 《⇔ automatic circuit breaker = 自動遮断器》
hand control lever ［C］ 手動レバー
hand crane ［C］ 手回しクレーン
hand crank ［C］ ハンド・クランク 《ペトリオット用語》
hand dynamo ［C］ 手動ダイナモーター
hand-firing key ［C］ 手動発射電鍵
hand flag ［C］ 手旗
hand flag signal ［C］ 手旗信号
hand gear ［C］ 手動装置
hand grenade ［C］ 手榴弾（しゅりゅうだん） 《手で投げるように設計されている擲弾（てきだん）。㊗ NDS Y 0001D》
hand guard 木被（もくひ） 《銃の前部を手で保持する部品を「被筒（ひとう）」と呼ぶが、これが木製のものをいう》《⇨ forearm》
handgun = hand gun ［C］ 拳銃
hand key ［C］ 手動電鍵（しゅどうでんけん）
hand lead 測鉛（そくえん）
handle grip ［C］ 握り
handler ［C］ 取り扱い者
hand lever lock bolt ［C］ 転換子
handling weight ［U］ 重量物取り扱い
hand loading ［U］ 手動装塡 《⇨ manual loading》
hand lubrication oil 手さし油
hand message ［C］ 手交文書
hand-operated ［adj.］ 手動の
hand-operating gear ［C］ 手動装置
hand over = handover ①管制移管；ハンド・オーバー 《要撃管制責任を一方から他方へ移管することをいう。㊗ JAFM006-4-18》 ②移管 《権限の移譲》
handover talks 引き渡し協議 ◇用例：Bin Laden handover talks = ビンラディンの引き渡し協議

hand rail ［C］ 手すり
hand reel ［C］ ハンド・リール
hand regulation 手動調整
hand reset relay ［C］ 手動復帰継電器
hand salute ［C］ 挙手の敬礼 《右手をあげ、手のひらを左下方に向け、人さし指を帽のひさしの右斜め前部にあてて行う。㊗ 防衛庁訓令第14号》
Hand Salute！ 「敬礼！」 《号令》
handset ［C］ ハンドセット；手持ち送受器
hand signal ［C］ 【海自】手先信号 《⇨ arm signal》
hand steering ［U］ ①手動操舵 ②【海自】人力操舵
hand tachometer ［C］ 手持ち回転計
hand-to-hand combat = hand to hand combat 白兵戦；格闘；白兵戦闘
hand weapon ［C］ 携行武器 《⇨ hand weapon》
handwheel ［C］ 手輪
hand wound ［C］ 手巻き
handy talkie ［C］ ハンディ・トーキー
hangar ［C］ 格納庫
hangar maintenance ［U］ 格納庫整備
hangfire = hang fire 遅発（ちはつ） 《火器の発射操作を行ってから、弾丸が銃口または砲口を離れるまでの時間が通常より長くかかる現象。㊗ NDS Y 0002B》
hanging bar ［C］ 吊り棒
hanging rudder ［C］ 吊り舵（つりかじ）
hang up (Hang) ハング・アップ 《ペトリオット用語》
harassing attack 擾乱攻撃（じょうらんこうげき）
harassing fire ①【陸自・空自】擾乱射撃（じょうらんしゃげき） 《小火器や迫撃砲などで、長時間にわたって断続的に攻撃し、敵に休息する時間を与えず、士気を低下させるための射撃。㊗ NDS Y 0005B》 ②【海自】攪乱射撃（かくらんしゃげき）
harassment ［U］ ①擾乱 《攻撃目標の射撃能力を減少させ、または行動の自由を失わせ、あるいは敵を分散させる等により、その活動を妨害することをいう。㊗ 統合訓練資料1-4》 ②【海自】擾乱；威嚇
harbor 港湾
harbor channel area ［C］ 港口
harbor craft ［pl. = ～］ 港内艇
harbor datum point ［C］ 港湾基準点
harbor defense (H/D) ［U］ 【海自】港湾防備 《港湾施設、泊地および船舶等を、水中お

よび水上からの攻撃と機雷の脅威等から防備することをいう。㊞ 統合訓練資料1-4》

harbor defense control center (HDCC) ［C］【海自】防備統制所

harbor defense post (HDP) ［C］【海自】防備衛所

harbor echo ranging and listening device (HERALD) ［C］ 水中探信儀《港湾用水中探信儀》《HERALD＝ヘラルド》

harbor entrance control post (HECP) ［C］【海自】防備指揮所

harbor entrance patrol 【海自】港口哨戒

harbor plan ［C］ 港泊図

harbor radio 港湾無線

harbor service ［C］ 港務

harbor tool ［C］ 港用品

harbor watch 停泊直

hard beach ［C］ 揚搭用エプロン

hard copy printer (HCP) ［C］ ハード・コピー・プリンター 《DDE-20の構成品の一つであり、ディジタル・データ抽出装置（DDE）に表示された情報を印字出力する装置である。㊞ JAFM006-4-18》

hard copy unit (HCU) ［C］ ハード・コピー・ユニット 《ペトリオット用語》

hard-drawn aluminum wire ［C］ 硬アルミ線

hard-drawn copper stranded conductor ［C］ 硬銅より線

hard-drawn copper wire ［C］ 硬銅線

hardened aircraft shelter ［C］ 航空機掩体

hardened target ［C］ 堅固化目標

hardener 硬化剤

hardening ①堅牢化；防護措置 ②焼き入れ

hardening bath 硬膜定着液

hardening time 硬化時間

hard facing 硬化仕上げ

hard-filmed aluminum 硬被アルミニウム

hard glass ［U］ 硬質ガラス

hard landing 落下着陸

hard lead 硬鉛（こうえん）

hardness test ［C］ 硬さ試験

hardness tester ［C］ 硬度計

hard rime ［U］ 粗氷（そひょう）

hard rubber ［U］ 硬質ゴム

hard savings ［pl.］ 経費節減

hardstand ［C］ ①ハードスタンド ②舗装駐車場；舗装駐機場 ③貨物集積所

hard target ［C］ 硬目標（こうもくひょう）《戦車、装甲車両、構造物など、防護性の高い目標。NDS Y 0001D》《㊤ soft target＝軟目標》

hard target fuze (HTF) ［C］ 硬目標信管《弾丸が硬目標を侵徹後に作動する信管。㊞ NDS Y 0001D》

hard-target kill capability 硬化目標破壊能力

hard tube ［C］ 高真空管 《㊤ soft tube＝軟真空管》

hard tube pulse generator ［C］ 高真空管パルス発生器

hard tube sweep generator ［C］ 高真空管掃引発生器

hard turn 急旋回

hardware (H/W) ［U］ ①ハードウェア《コンピューターを構成する物理的装置の総称。㊞ JAFM006-4-18》 ②兵器類；武器類

hardware-in-the-loop (HITL) ［C］ ハードウェア・イン・ザ・ループ 《数学モデルを実装置に置き換え、より実現象に近付けた模擬実験系》

hardware-in-the-loop test ハードウェア・イン・ザ・ループ試験 《シミュレーション・ループの中に実際のミサイルの一部を組み入れて模擬飛翔を実施し、誘導制御性能を確認する試験》

hard water ［U］ 硬水

hardwired ［adj.］ 有線連接されている

Hario Ordnance Facility 【在日米陸軍】針尾島弾薬集積所

harmonization 照準調整 《砲照準器およびカメラの照準線を航空機軸を基準として、弾丸経路と照準線が目標上で交わるように調整すること。㊞ レーダー用語集》

harmonization range ［C］ 射撃調整場

harness ①ハーネス ②【海自】袋帯；ハーネス

harness manifold 電線集束管

harp ［C］ 曳航具

harp antenna ［C］ ハープ形アンテナ

Harpoon ハープーン 《ミサイル名》

Harpoon weapons control console (HWCC) ［C］【海自】ハープーン武器管制コンソール

Harrier 【英】ハリアー 《戦闘機》◇用例：Harrier aircraft＝ハリアー航空機

harvest bare ハーベスト・ベア

harvest eagle ハーベスト・イーグル

harvest falcon ハーベスト・ファルコン

hasty attack 急速攻撃

hasty breaching 急速啓開

hasty crossing = hasty river crossing ［C］【陸自】応急渡河 《河川に向かう前進間に渡河準備を整え、各部隊に統制を分権し、近岸に停止することなく迅速に実施する渡河攻撃の方式をいう。⊛陸自教範》

hasty defense ［U］ 応急防御

hasty entrenchment ①【陸自・空自】応急塹壕（おうきゅうざんごう） ②【海自】応急掩体（おうきゅうえんたい）

hasty expedient road ［C］ 応急道路

hasty fortifications = hasty field fortifications ［pl.］ 応急築城

hasty shelter ［C］ 応急掩蔵（おうきゅうえんぺい）；応急掩体（おうきゅうえんたい）

hasty trench ［C］ 応急壕

hatch ［C］ ハッチ；昇降口；艙口（そうこう）

hatch-cover ［C］ 昇降口覆い

hatchet ［C］ 手斧（ておの）

hatch side coaming ハッチ側コーミング

haul down 降下 《旗の降下》

hauling-part ［C］ 引き手

Have Complied (HVCO) ハブ・コンプライド；要求受領済 《他セグメントまたは他システムから、指令に既に従っていることを通知する応答をいう。⊛JAFM006-4-18》

H haversack ［C］ 背嚢（はいのう）

hawse hole ［C］ 錨孔；ホーズ・ホール

hazard beacon ［C］ 危険区域航空灯台

hazard boundary ［C］ ハザード・バウンダリー

hazardous waste accumulation point (HWAP) ［C］【米軍】有害廃棄物集積所 《有害廃棄物が、有害廃棄物保管区域（hazardous waste storage area）に移動されるまでの間、または処理や廃棄のために輸送されるまでの間集積される場所》◇用例：HWAP Number = 有害廃棄物集積所番号

hazardous waste profile sheet (HWPS) ［C］【米軍】有害廃棄物概要記録書

hazardous wastes (HW) ［pl.］ 有害廃棄物

hazardous waste storage area (HWSA) ［C］【米軍】有害廃棄物保管区域 《有害廃棄物が、処理または廃棄のために輸送される前に集積される場所》

hazard sign ［C］ 危険標識

haze 煙霧

H-bomb ［C］ 水素爆弾 《「hydrogen bomb」の略語》

head ［C］ ①弾頭 ②【防衛省】課長 ◇用例：海上幕僚監部調査2課長 = Head, 2nd

Intelligence Division, Maritime Staff Office

head amplifier ［C］ 前置増幅器

head clearance ［U］ 頭部間隙（とうぶかんげき）

head-down display (HDD) ［C］ ヘッドダウン・ディスプレイ 《ヘッドアップ・ディスプレイと反対に、普通の状態で下方の状態がわかるように、下方視界をファインダーまたはスコープ等に表示するもの。⊛レーダー用語集》

header ［C］ ヘッダー；管寄せ

Head Guidance Officer 【防大】総括首席指導教官 《の英語呼称》

head harness ［C］ マスク・バンド 《防護マスク》

heading ①頭書；冒頭；表題；タイトル ②【空自】針路；機首方位 ③【海自】針路；艦首方位

heading and attitude reference system (HARS) ［C］ 方位姿勢基準装置

heading crossing angle (HCA) 機首交差角 《要撃機首方位と目標機機首方位との交差角をいう。⊛JAFM006-4-18》

heading flash 船首方位線

heading indicator ［C］ 針路指示器

heading marker ［C］ 船首方位線

head level display (HLD) ［C］ ヘッド・レベル・ディスプレイ

head mounted display (HMD) ［C］ ヘッド・マウント・ディスプレイ；頭部搭載型情報表示装置 《頭部に装着するディスプレイ装置》

head of fluid 水頭

head on 正面要撃

head-on attack 対面攻撃

head pressure 水頭圧力

headquarters (HQ) = head quarters ①司令部 ②本部

Headquarters (HQ) 【陸自】方面総監部；司令部；本部 《の英語呼称》

Headquarters Catalog Office (HCO) 【米】類別局本部

headquarters commandant ［C］ ①【陸自】保営幹部 ②保営将校

headquarters management ［U］ 【陸自】保営 《指揮所の移転、内部配置、警戒および管理事項に関する業務をいう。⊛陸自教範》

headquarters net 本部内通信網

Headquarters Service Company (HSC) 【自衛隊】本部管理中隊 《の英語呼称》

Headquarters Unit (HQU) 【自衛隊】司令部付き隊（しれいぶづきたい）《の英語呼称》

Headquarters Yokosuka District 【海自】
横須賀地方総監部 《の英語呼称》◇用例：横須
賀地方総監 = Commandant, Yokosuka District；
横須賀地方総監部幕僚長 = Chief of Staff,
Commandant Yokosuka District

head resistance 前進抵抗

head sea 向かい波

head set = headset ［C］ ヘッド・セット；
胸掛け送受器

head space ［C］ 頭部間隙（とうぶかんげき）；
頭隙（とうげき）

headspace gauge ［C］ 頭隙ゲージ 《頭部
間隙を検査するために使用する器具。⊛ NDS Y
0002B》

headstock ［C］ 主軸台

head-up display (HUD) ［C］ ヘッドアッ
プ・ディスプレイ 《人間の視野に虚像を重ね合
わせ、例えば戦闘機では、そこに機体情報、戦闘
情報などを表示する装置。⊛ NDS Y 0004B》
《HUD = ハッド》

head wall ［C］ 擁壁

head way 前進の行き足

head wind ［U］ 向かい風

health and medical affairs ［pl.］ 衛生
《個人の健康を維持増進または回復せしめて、人
的戦闘力の充実を図る機能をいい、健康管理、防
疫、衛生施設の管理運営、各種衛生資材等の補給
および患者の収容・後送・治療・看護などの業務
からなる。⊛ 統合訓練資料1-4》

Health and Medical Section 【陸自】医務
保健班 《の英語呼称》

health and medical service ①【空自】衛生
②【海自】医務衛生

health authorities ［C］ 医療当局

health care 健康管理 《⊛ health
management》

Health Care Financing Administration
【米】保健医療資金局

health check ①健全性確認 ②ヘルス・チェッ
ク 《装置間で通信状態およびお互いの稼動状態
を確認するために送受信するメッセージをいう。
⊛ JAFM006-4-18》

health checkup 健康診断 ◇用例：三歳児健
康診査 = three-year-old infant health checkup

health control ［U］ 【海自】健康管理

health insurance ［U］ 健康保険

health management ［U］ 健康管理 《個人
の健康状態を良好に維持する人事の一機能をい
い、その業務は、機能上、精神衛生、体力衛生、
予防衛生および環境衛生に区分される。⊛ 陸自教
範》《⊛ health care》

Health Section 【陸自】保健班 《の英語呼称》

Health Services Officer 【空自】衛生幹部
《幹部特技区分の英語呼称》

health service support (HSS) 健康管理
支援

hearing loss (HL) 聴力喪失

heart cam ［C］ ハート形カム

heart rate ［C］ 心拍数

heart-shape characteristics ［pl.］ ハート
形特性

heat capacity 熱容量

heat coil ［C］ 熱コイル

heat conductivity 熱伝導率

heat consumption ［U］ 熱消費量

heat control ［U］ 熱管理

heat convection ［U］ 熱対流

heat diffuser ［C］ 暖気孔

heat drop 熱落差

heat engine ［C］ 熱機関

heater ［C］ 加熱器

heater-type tube ［C］ 傍熱型真空管

heat exchanger ［C］ 熱交換器

heat exhaustion ［U］ 熱疲労

heat fatigue ［U］ 熱障害

heating coil ［C］ 加熱コイル

heating device ［C］ 加熱装置；電熱装置

heating loss 熱損失

heating surface ［C］ 加熱面

heating system 加熱系統

heating value 熱量

heat insulation ［U］ 断熱

heat insulator ［C］ 断熱材；保温材

heat loss 熱損失

heat muff 排気加熱室

heat of absorption 吸収熱

heat of explosion 爆発熱 《断熱条件下で火
薬類が爆発した時に発生する熱量。⊛ NDS Y
0001D》

heat of fusion 融解熱

heat of solution 溶解熱

heat radiation ［U］ 熱放射

heat ray ［C］ 熱線

heat regulator ［C］ 温度調整器

heat resistance 耐熱度

heat-resistant structure 耐熱構造

heat 312

heat resisting property 耐熱性

heat retaining 保温処理

heat run test ［C］ 温度上昇試験

heat seeker ［C］ ①熱線追尾装置；赤外線
追尾装置 ②熱線追尾式ミサイル；赤外線追尾式
ミサイル

heat-seeking missile ［C］ 熱線追尾式ミサ
イル；赤外線追尾式ミサイル；赤外線誘導式ミサ
イル

heat sensitive paint 示温塗料

heat shroud ［C］ 防熱覆い（ぼうねつおおい）

heat stroke ＝ heatstroke 熱射病

heat test ［C］ 加熱試験；耐熱試験 ◇用例：
120℃ heat test ＝ 120℃耐熱試験（火薬類安定度
試験の一つ）

heat thunderstorm ［C］ 熱雷

heat transfer 熱伝達

heat transfer rate ［C］ 熱伝達率

heat treatment 熱処理

heaving 上下動

heaving line ［C］ 投げ綱

heaving to ちちゅう；ヒービング・ツー 《踟
蹰》

heaving up anchor 揚錨（ようびょう） 《錨
を巻きあげること》

Heaviside layer ヘビサイド層

heavy antitank weapon ［C］ 重対戦車兵器

heavy artillery ［U］ 重砲 《口径が155mm
以上の火砲》

heavy barrel ［C］ 重銃身

heavy bomber (HB) ［C］ 重爆撃機 ◇用
例：B-2 heavy bomber ＝ B-2重爆撃機（米軍）
《⊛ light bomber ＝ 軽爆撃機》

heavy caliber gun ［C］ 大口径銃

heavy cannon ［C］ 重砲 《口径が161～
210mmの火砲》《⊛ light cannon ＝ 軽砲》

heavy charge 強装薬

heavy cruiser ［C］ 重巡洋艦 《⊛ light
cruiser ＝ 軽巡洋艦》

heavy damage 大破 《⊛ light damage ＝ 小
破》

heavy equipment ［U］ 重器材

heavy expedient road ［C］ 仮設道路

heavy gun ［C］ 重砲

heavy infantry ［U］ 重装歩兵

heavy lift cargo 重量貨物

heavy lift ship ［C］ 重量物運搬船

heavy load 重負荷

heavy machine gun (HMG) ［C］ 重機関
銃 《小銃の口径よりも大きい弾薬を使用する機
関銃。略称は「重機」》◇用例：12.7mm HMG
＝ 12.7mm重機関銃《⊛ light machine gun ＝ 軽
機関銃》

heavy mortar ［C］ 重迫撃砲（じゅうはくげ
きほう） 《口径が100mmを超える迫撃砲》

heavy mortar company 重迫撃砲中隊 《略
称は「重迫中隊」》

heavy oil heater (HOH) ［C］ 重油加熱器

heavy raft ［C］ 重門橋 《重門橋は、通常、
浮のう、自走浮橋架設車等を使用し、主として重
車両用である。⊛ 陸自教範》《⊛ light raft ＝ 軽門
橋》

heavy snow warning 大雪警報

heavy tank ［C］ 重戦車 《⊛ light tank ＝
軽戦車》

heavy water reactor (HWR) ［C］ 重水
炉 《重水を減速材として用いる原子炉》

heavy weapon ［C］ 重火器 《破壊力が大き
く、重量がある鉄砲。⊛ 民軍連携のための用語
集》《⊛ light weapon ＝ 軽火器》

heavy weather ［U］ 荒天

heavy weather preparation ［U］ 荒天
準備

heavy-weight torpedo (HWT) ［C］ 長
魚雷 ◇用例：heavy-weight anti-submarine
torpedo ＝ 対潜用長魚雷《⊛ light-weight
torpedo ＝ 短魚雷》

hedgehog ①ヘッジホッグ ②小拒馬 ③針鼠
陣（しんろうじん） 《四周防御のための要塞化陣
地》 ④針鼠爆雷

heel 傾斜

heeling error 傾船差

heel recording 左右傾斜記録

hegemony ［U］ 覇権

height ①高度 ②ハイト 《係維機雷の海底から
の高度》

height above airport (HAA) 空港上空高度

height correction (HT COR) 測高補正
《バッジ用語》

height datum 高さ基準

height delay 高度遅滞

height finder (HF) ［C］ 測高レーダー 《測
高用レーダーのことをいう。⊛ JAFM006-4-18》

height finder programmer (HFP) ［C］
測高レーダー・プログラマー

height finding radar ［C］ ①【空自】測高

レーダー　②【海自】高度測定用レーダー

height function (HTF)　測高機能
《JADGE用語》

height indicator　［C］　高度計

height of burst (HOB)　①【空自】爆発高度
②【海自】破裂高　《砲弾を発射した砲口から破裂
点までの高さをいう。㊅海上自衛隊訓練資料第
175号》

height of eye (HE)　眼高 (がんこう)

height of frictional influence　摩擦高度

height parallax　高度パララックス　《バッジ用
語》

height quality (HQ)　測定高度信頼度；ハイ
ト・クオリティ　《3-Dレーダーにおける航跡の高
度更新状況を示す指標 (品質) をいう。㊅
JAFM006-4-18》

height range indicator (HRI)　［C］　高度
距離表示器

height reply　測高応答　《防空指令所 (DC) か
らの測高要求に対する応答をいう。㊅JAFM006-
4-18》

height request (height REQ)　［C］　測高
要求　《防空指令所 (DC) が測高レーダー (HF)
に対して行う高度および機数の測定要求をいう。
㊅JAFM006-4-18》

height technician (HT)　［C］　測高員
《JADGE用語》

heliborne　［adj.］　ヘリボン　《ヘリコプターに
よる空中機動。㊅民軍連携のための用語集》

heliborne (Hbn)　①【陸自・海自】ヘリボン
《㊅本書では、「ヘリボン」に統一している》　②
【空自】ヘリボーン

heliborne attack　［C］　ヘリボン攻撃　《輸送
ヘリコプターなどで重要地形付近に攻撃部隊を輸
送した後、地上で攻撃すること》

heliborne force (Hbn)　【陸自】ヘリボン作
戦部隊　《ヘリボン作戦に参加するヘリボン部隊
およびヘリコプター部隊をいう。㊅陸自教範》

heliborne head　［C］　【陸自】ヘリボン堡

heliborne operation　【陸自】ヘリボン作戦
《陸上部隊が、ヘリコプターによって空中を機動
し、敵が直接支配しているか、またはその脅威を
受けている地域に着陸し、降着戦闘を行う作戦を
いう。㊅陸自教範》

heliborne training　［U］　【陸自】ヘリボン
訓練

heliborne unit　［C］　【陸自】ヘリボン部隊
《ヘリボン作戦を行うため、通常、普通科連隊ま
たは普通科中隊を基幹とし、必要に応じ対戦車部
隊、特科部隊、施設科部隊等の一部を増強して編
成される部隊をいう。㊅陸自教範》

helical beam antenna　［C］　螺旋ビーム・ア
ンテナ (らせんビーム・アンテナ)

helical scan　ヘリカル走査

helical scanning　螺旋走査 (らせんそうさ)

helicopter (H/C)　［C］　ヘリコプター

Helicopter Airlift Squadron　【空自】ヘリ
コプター空輸隊　《航空救難団飛行群隷下～の英
語呼称》《主に、レーダー・サイトなど、飛行場の
ない基地への端末輸送や災害派遣において、被災
者救助や救援物資輸送を行う》◇用例：那覇ヘリ
コプター空輸隊 = Naha Helicopter Airlift
Squadron

helicopter antisubmarine squadron　［C］
ヘリコプター対潜飛行隊

helicopter assault force　ヘリコプター攻撃
部隊

helicopter break-up point　［C］　ヘリコプ
ター解散点

Helicopter Brigade (Hel Bde)　【陸自】ヘ
リコプター団　《～の英語呼称》◇用例：第1ヘリ
コプター団 = 1st Helicopter Brigade (1st Hel
Bde)

helicopter carrier　［C］　ヘリコプター空母
《略称は「ヘリ空母」》

helicopter-carrying destroyer　［C］
【海自】ヘリコプター搭載護衛艦　◇用例：ヘリ
コプター搭載護衛艦「くらま」= the helicopter-
carrying destroyer Kurama；ヘリコプター搭載護
衛艦「さわぎり」(3,550トン) = 3,550-ton
helicopter-carrying destroyer Sawagiri

helicopter combat direction system
［C］　ヘリコプター戦闘指揮装置

helicopter control station (HCS)　［C］
ヘリコプター管制所

helicopter destroyer　［C］　①【自衛隊】ヘ
リコプター搭載護衛艦　《対潜ヘリコプターを搭
載している》　②ヘリコプター駆逐艦　《艦種記
号：DDH》

helicopter direction center (HDC)　［C］
ヘリコプター指令所

helicopter gunship　［C］　攻撃ヘリコプター；
重装ヘリコプター　《地上攻撃用ヘリコプター》

**helicopter haul down and rapid securing
device**　［C］　ヘリコプター着艦拘束装置

helicopter in-flight refueling　ヘリコプター
空中給油

helicopter landing site　［C］　ヘリコプター
着陸場

helicopter landing zone　［C］　ヘリコプ
ター着陸帯

helicopter lane　［C］　ヘリコプター・レーン

heli 314

Helicopter Maintenance 【空自】ヘリコプター整備 《准空尉空曹空士特技区分の英語呼称》

helicopter night vision system ［C］ ヘリコプター用夜間暗視装置

Helicopter Rescue Detachment 【海自】航空分遣隊 《の英語呼称》◇用例：鹿屋航空分遣隊 = Helicopter Rescue Detachment Kanoya

helicopter rescue swimmer (HRS) ［C］【海自】ヘリコプター・レスキュー・スイマー 《ホイスト・ケーブルを利用することなく、洋上、艦上および陸上において機外展開し、遭難者等を救助する救助員。「HRS」で通じる》

helicopter retirement route ［C］ ヘリコプター避難経路

helicopter support team (HST) ［C］ ヘリコプター支援チーム

helicopter wave ［C］ ヘリコプター波

heliograph recorder ［C］ 日照計

helipad ［C］ ヘリパッド；ヘリコプター離着陸場

heliport ［C］ ヘリポート；ヘリコプター発着所

helium diving ヘリウム潜水

helmet ［C］ ヘルメット；鉄帽 《弾丸および破片等から頭部を防護するために装着するヘルメット。⊛民軍連携のための用語集》

helmet mounted display (HMD) ［C］ ヘルメット装着表示装置 《表示装置付きのヘルメット。パイロットは、計器を見ることなく表示情報を視認することができる》

helmet mounted sight (HMS) ［C］ ヘルメット装着照準装置

helmet visor display (HVD) ［C］ ヘルメット・バイザー表示装置

helm indicator ［C］ 舵角指示器

helm order 操舵号令

helm's man ［pl. = helm's men］ 縦舵操舵員

helocasting ヘロー・キャスティング

help-wanted ad 人事募集広告

hemitropic winding 交互巻き

hemp core ［C］ 心綱（しんづな）

hemp rope ［C］ 麻ロープ；麻索

Henoko Ordnance Ammunition Depot 【在日米軍】辺野古弾薬庫 《沖縄》

herbicide 植物枯渇剤；枯草剤 《通常は「植物枯渇剤」》

herculean rescue effort ［the ～］ 非常に困難な救助活動

Hercules ハーキュリーズ 《貨物輸送機名》

herring-boning つくろい縫い

Hertz resonator ［C］ ヘルツ共振子

Hess brisance test ［C］ ヘス猛度試験 《爆薬の猛度を測定する試験。⊛ NDS Y 0001D》《⊛ lead cylinder compression test》

heterodyne ヘテロダイン 《二つの振動電流が加わって、新しく別の振動電流を作ることをいい、周波数の差にあたる周期で振幅が変化する新しい振動となる。⊛ レーダー用語集》

hexogen ヘキソーゲン 《爆薬の一種》《⊛ RDX；cyclonite；cyclotrimethylenetri-nitramine；trimethylenetri-nitroamine》

HF direction finder (HFDF) ［C］ 短波方向探知機 《HF = high frequency（短波）》

HF radio control panel (HF CP) ［C］ HF無線制御盤 《バッジ用語》

HF radio remote control unit (HF RCU) ［C］ HF無線遠隔制御器 《バッジ用語》

H-hour H時（えいちじ）；行動発起時刻

high altitude (HA) 高高度 《主に成層圏（対流圏と中間圏の間にあって、気温のほぼ一定した部分。ほぼ高さ10〜50キロメートルの領域）の高度のこと。⊛「高々度」にしない》

high altitude bombing 高高度爆撃

high altitude burst 高高度爆発 《核兵器》

high altitude chamber ［C］ 低圧室

high altitude gloves ［C］ 【空自】与圧手袋

high altitude, high opening (HAHO) 高高度降下高高度開傘 《落下傘》《HAHO = ヘイホー》

high altitude, low opening (HALO) 高高度降下低高度開傘 《落下傘》《HALO = ヘイロー》

high-altitude low-opening parachute technique (HALO) 高高度低空開傘パラシュート技術

high-altitude missile engagement zone ［C］ 高高度ミサイル交戦圏 《⊛ low-altitude missile engagement zone = 低高度ミサイル交戦圏》

high altitude panoramic camera ［C］ 高高度パノラマ・カメラ

high alumina refractory 高アルミナ質耐火物

high angle ［C］ 高角度

high angle course ［C］ 高角度コース

high angle fire ①【陸自】高射角射撃；曲射火力 《最大射程を得る射角よりも大きい射角で行う射撃。⊛ NDS Y 0005B》《⊛ low angle fire = 低射角射撃》 ②【空自・海自】高角度射撃

high angle path 高角度パス

high angle scan 高角度走査

high angle strafing 急降下機銃掃射

high atmospheric pressure 高気圧 《気象。単に「high」と表記する場合もある》《⊛ low atmospheric pressure = 低気圧》

high blade angle ［C］ 高翼角

high burning rate propellant 高燃焼速度推進薬 《⊛ low burning rate propellant = 低燃焼速度推進薬》◇用例：high burning rate composite propellant = 高燃焼速度コンポジット推進薬

high calorific power 高位発熱量

high capacity communication (HICAPCOM) 大容量通信

high capacity projectile (HC) ［C］ 高炸薬弾；高勢弾 《弾殻が薄肉で炸薬量の多い弾丸。⊛ NDS Y 0001D》

high cloud 上層雲

high command ［the ～］ 最高司令部

high-density airspace control zone (HIDACZ) ［C］ 高密度空域統制圏 《異種の航空機、野砲、対空火器等が多数使用される空域において、作戦部隊指揮官が射撃を一元的に統制するための空域をいい、陸上部隊の要請により航空部隊が設定する。⊛ 統合訓練資料1-4》

high early strength cement ［U］ 早期ポルトランド・セメント

high-efficiency amplifier ［C］ 高能率増幅器

high endoatmospheric defense interceptor (HEDI) ［C］ 高大気圏内防衛要撃機；高大気圏内要撃兵器

high energy laser ［C］ 高エネルギー・レーザー

high energy laser system ［C］ 高エネルギー・レーザー・システム 《高エネルギー・レーザー・システムは、高エネルギーのレーザー光を高速目標に照射し、瞬時にダメージを与えるシステムであり、従来の対処方法に比べ、迎撃機会の増加や真上から飛来する脅威への対処が可能になる。⊛ 電子装備研究所研究要覧》

High Energy Liquid Laser Area Defense System (HELLADS) ［the ～］ 【米軍】高エネルギー液体レーザー地域防空システム

higher ［adj.］ 上級の

higher altitude control area ［C］ 高高度管制区 《高度24,000フィート以上の管制区をいう》

higher assembly ［C］ 大組み部品

higher echelon unit (HEU) ［C］ 上級部隊 《パトリオット用語》

higher unit ［C］ 上級部隊

highest alert 【米】最高度の警戒

high explosive anti-tank (HEAT) 対戦車榴弾（たいせんしゃりゅうだん） 《成形炸薬を内蔵していることから「成形炸薬弾」とも呼ばれている》《HEAT = ヒート》

high explosive anti-tank multi-purpose (HEAT-MT) 多目的対戦車榴弾

high explosive dual purpose 両用榴弾

high explosive incendiary (HEI) 焼夷榴弾（しょういりゅうだん）

high explosive incendiary plugged (HEIP) 焼夷徹甲榴弾

high explosive incendiary self-destroying projectile (HEI-SD) ［C］ 焼夷自爆榴弾

high explosive incendiary tracer-self-destroying (HEIT-SD) = high explosive incendiary tracer-self-destruct 曳光焼夷自爆榴弾 《自爆機構を持つ対空用の曳光焼夷自爆榴弾》◇用例：20mm high explosive incendiary tracer, self-destruct = 20mm曳光焼夷自爆榴弾

high explosive plastics (HEP) ［pl.］ 粘着榴弾（ねんちゃくりゅうだん） 《可塑性の炸薬を内蔵している榴弾》《⊜ high explosive squash head》《HEP = ヘップ》

high explosive projectile (HE projectile) ［C］ 榴弾

high explosives (HE) ［pl.］ 爆薬 《火薬類のうち、爆轟反応を利用するものを爆薬という。⊛ NDS Y 0001D》《⊖ deflagrating explosive》《⊛ low explosives = 火薬》

high explosive shell ［C］ 榴弾

high explosive squash head (HESH) ［C］ 粘着榴弾（ねんちゃくりゅうだん） 《可塑性の炸薬を内蔵している榴弾》《⊜ high explosive plastics》《HESH = ヘッシュ》

high explosive tracer projectile (HE-T) ［C］ 曳光榴弾（えいこうりゅうだん）

high explosive tracer self-destroying projectile (MET-SD) ［C］ 曳光自爆榴弾（えいこうじばくりゅうだん）

high explosive warhead ［C］ 火薬弾頭

high fidelity (Hi-Fi) ハイ・ファイ；高忠実度

high fog 高い霧

high-frequency amplifier ［C］ 高周波増幅器

high-frequency choke ［C］ 高周波チョーク

high-frequency coil ［C］ 高周波コイル

high-frequency compensation　高周波補償

high-frequency current　高周波電流

high-frequency direction finder　[C]　短波方向探知機

high-frequency generator　[C]　高周波発電機

high-frequency heating　[U]　高周波加熱

high-frequency inductance coil　[C]　高周波インダクタンス・コイル

high-frequency passive broadband (HFPBB)　[C]　【米海軍】高周波パッシブ広帯域

high-frequency sonar program (HFSP)　【米海軍】高周波ソーナー計画

high intensity conflict (HIC)　高強度紛争

high iron oxide type　高酸化鉄系

high level anti-cyclone　[C]　高層高気圧

high level cyclone　[C]　高層低気圧

High-level Data Link Control Procedure (HDLC)　ハイレベル・データリンク制御手順　《国際標準化機構 (ISO) が制定した、同期式シリアル伝送方式の伝送手順をいう。® JAFM006-4-18》

high-lift device　[C]　高揚力装置

highly enriched uranium　高濃縮ウラン　《ウラン235の濃縮度が20%以上であるウランをいう》

highly skewed propeller　[C]　ハイスキュー・プロペラー　《プロペラーによる振動と雑音を低減するために、スキュー角を大きくしたプロペラー。® NDS Y 0012B》

high mica　[U]　ハイ・マイカ

high mobility multipurpose wheeled vehicle (HMMWV)　[C]　高機動多用途装輪車　《HMMWV ＝ ハンヴィー》

high mobility vehicle　[C]　【陸自】高機動車

high-mu tube　[C]　高増幅率管

high oblique　小俯角斜写真　《® low oblique 大俯角斜写真》

high octane fuel　高オクタン燃料

high order burst　完爆　《完全爆発》《® low order burst ＝ 不完爆》

high order detonation　完爆　《完全爆発》《® low order detonation ＝ 不完爆》

high-pass filter　[C]　高域フィルター

high performance　高性能

high performance maneuver　[C]　高性能操作

high potential test　[C]　高圧試験；高電圧試験

high power acquisition radar (HIPAR)　[C]　高出力捕捉レーダー

high power laser　[C]　高出力レーザー

high power microwave (HPM)　高出力マイクロ波　《高出力マイクロ波は、照射すると電子機器内の電子回路に侵入し、そのエネルギーによって電子機器を故障、破壊する。® 電子装備研究所研究要覧》

high-power running　高力運転

high pressure air　[U]　高圧空気

high pressure area　[C]　高圧域

high pressure belt　[C]　高圧帯

high pressure cylinder　[C]　高圧シリンダー

high pressure discharge　高気圧放電

high pressure leak test　[C]　高圧漏洩試験（こうあつろうえいしけん）

high pressure nervous syndrome (HPNS)　高圧神経症候群

high pressure oxygen (HPOX)　[U]　高圧酸素

high pressure pump　[C]　高圧ポンプ

high pressure stage　[C]　高圧段

high pressure test ammunition　[U]　高圧試験弾　《基準とする弾薬よりも高い腔圧が得られる試験用の弾薬》

high pressure transfer valve　[C]　高圧切り替え弁

high pressure turbine　[C]　高圧タービン

high pressure valve　[C]　高圧弁

high pressure water tank　[C]　水圧環境試験装置

high pressure wind tunnel　[C]　高圧風胴

high range resolution-ground moving target indication (HRR-GMTI)　高レンジ分解能・地上移動目標表示

high-resolution color monitor (HRCM)　高解像度カラー・モニター　《バッジ用語》

high-resolution radar　[C]　高解像度レーダー

high seas　[pl.]　公海　◇用例：the high seas surrounding Japan ＝ 我が国周辺の公海

high-speed aerodynamics　高速空気力学　《空気の圧縮性の概念、高速機まわりにできる衝撃波、膨張波の構造や性質について研究する学問。® 防衛大学校HP》

high-speed anti-radiation missile

(HARM) ［C］ 高速対レーダー・ミサイル《HARM＝ハーム》

high-speed attack submarine nuclear propulsion ［C］ 攻撃型高速原子力潜水艦《艦種記号：SSN》

high-speed circuit breaker ［C］ 高速度遮断器

high-speed coiled wire ［C］ 高速構成用電話線

high-speed cruise ［C］ 高速巡航

high-speed data transmission 高速データ伝送

high-speed engine ［C］ 高速機関

high-speed photography ［U］ 高速度撮影《写真の撮影技術》

high-speed serial data buffer (HSDB) ［C］ 高速シリアル・データ・バッファー《ペトリオット用語》

high-speed silent-running submarine ［C］ 高速無音潜水艦；高速無音航走潜水艦

high-speed spring ［C］ 高速スプリング

high-speed steel ［U］ 高速度鋼

high-speed submarine ［C］ 高速潜水艦

high-speed sweep gear ［C］ 高速掃海具

high-technology (high-tech) ハイテク；高度技術；先端技術

high temperature combustion phenomenon ［pl.＝high temperature combustion phenomena］ 高温度燃焼状況

high tension 高圧

high tension arc 高圧アーク；高電圧アーク

high tension circuit ［C］ 高圧回路

high tension coil ［C］ 高圧コイル

high tension current 高圧電流

high tension ignition system ［C］ 高圧点火装置

high tension lead ［C］ 高圧電線

high tension steel (HT) ［U］ 高張力鋼

high tension winding 高圧巻き線

high tide 高潮（こうちょう）《一番高い潮位。㊟異常な潮位を意味しない。台風等の低気圧によって引き起こされる潮位の上昇である「高潮（たかしお）」とは異なる》《㊐ low tide＝低潮》

high vacuum rectifier tube ［C］ 高真空度整流管

high value asset control item ［C］ ①高資産価値管制品目 ②【海自】重要統制品目

high value target (HVT) ［C］ ①高価値目標 ②【海自】重要目標

high value unit ［C］ 重要ユニット

high velocity ［U］ 高速

high velocity aircraft rocket (HVAR) ［C］ 高速航空機ロケット弾

high velocity armor piercing (HVAP) 高速徹甲弾

high velocity drop 高速度投下；高速度降下

high velocity fog 高速水霧

high voltage battery (HV Battery) ［C］ 高電圧バッテリー

high voltage power supply (HVPS) ［C］ 高電圧電源装置 《ペトリオット用語》

high water 最高水位 《川や湖、海の一番高い水位。㊟異常な水位を意味しない》《㊐ low water＝最低水位》

high water level ［C］ 高水位

high water mark ［C］ 高水標

highway (HW) ①自動車道 ②ハイウェイ《時分割交換機において、複数のチャンネルを時分割方式で多重化した共通回線をいう。㊐ JAFM006-4-18》

highway capability 道路能力 《各種の条件下において、道路上のある区間を一定の時間内（通常1日）において、現実に道路上を移動できる通行量をいい、通行車両数または貨物のトン数で表され、一般には、通行方向は特定せず両方向の総和をいう。㊐ 陸自教範》

highway capacity 道路容量 《道路上のある地点において、利用可能の全幅員を使用して得られる最大通行量をいい、通常、1時間当たりの車両数をもって表され、一般には、通行方向とは特定せず両方向の総和をいう。㊐ 陸自教範》《㊐ road capacity》

highway regulation ［C］ 【陸自】道路使用の統制 《通行上の競合および混雑を避け、作戦上の要求に即応して道路を最も有効に使用し、円滑な通行の流れを確保するため、一般に通行の経路、方向、時間等を規制するとともに、通行の状況に応じてこれを統制することをいう。㊐ 陸自教範》

highway traffic control ［U］ 【陸自】道路交通統制 《円滑な交通の流れを確保するため、道路使用計画に準拠し、警務哨所・警務巡察等をもって実施する通行の整理、誘導、道路交通情報の提供、法規・命令に対する違反の予防および交通の取締りをいう。㊐ 陸自教範》

highway traffic regulating point (TRP) ［C］ 【陸自】道路交通規制所 《道路交通規制を行う施設をいい、完全管制道路およびその他の混雑が予想される地点に配置される。㊐ 統合訓練資料1-4》

highway traffic regulation ［C］ 【陸自】

道路交通規制 《道路の最も効率的な使用を図るため、通行の方向、通行部隊、通行時間、通行車両の種類・速度、灯火の使用等を規制することをいい、道路使用計画および道路交通規制所を通じて規制を行う。[典] 陸自教範》

highway transportation (HT) ［U］ 道路輸送

highway utilization plan ［C］ 【陸自】 道路使用計画 《道路を最も有効に使用し、円滑な通行の流れを確保するため、道路交通を規制し、統制の準拠を付与する計画であり、道路の状況、通行の量・質等を考慮して、使用する道路を定め、それぞれの移動方向、通行車両の種類、速度の制限、通行の優先順位、灯火使用の制限等の通行上の諸制限を明らかにする。[典] 陸自教範》

hijacker ［C］ ハイジャック犯

hill shading 陰影図法

hinder ［vt.］ 妨害する

hindrance ［C］ 妨害

hingeless rotor hub ［C］ ヒンジレス・ローター・ハブ

hinge line ［C］ ヒンジ線

Hiro Ammunition Depot 【在日米陸軍】広弾薬庫

Hiro Facilities Engineer Det 【在日米陸軍】広分遣隊

H

hiss noise ［U］ ヒス・ノイズ

historical record ［C］ 来歴簿

historical record for aeronautical ［C］ 航空装備品来歴簿

historical record-technical instruction compliance record ［C］ 来歴簿改修実施記録

history ヒストリー 《過去のレーダー・プロットの位置を示す表示をいう。[典] JAFM006-4-18》

history of war 戦史

histotoxic hypoxia 組織中毒性低酸素症

hit 命中

hit-and-run tactics ［pl.］ 一撃離脱攻撃法

hitching ring bolt 輪かがり結び

hit probability ①命中確率 ②【自衛隊】命中公算 《目標に命中する確率》 ③【海自】命中率

hit time 命中時刻

hitting space ［C］ 命中界

Hizballah ヒズボラ 《レバノンを拠点に活動するシーア派組織》

HMS 【英海軍】HMS 《「Her Majesty's Ship」の略語。艦名に冠して、英国海軍の艦艇であることを示す。[備] 日本の場合は、「JS (Japan Ship)」》 ◇用例： HMS Vanguard = HMSバンガード

hoar-frost 霜

hog of sweep wire 掃海索浮上量

hoist ①【空自】ホイスト ②【海自】掲揚；揚収 ③【海自】揚弾 《自動砲において、弾薬を装填直前の位置まで操作することをいう。[典] 海上自衛隊訓練資料第175号》

hoist control lever ［C］ ホイスト調節レバー

hoist hydraulic system ［C］ ホイスト油圧装置

hoisting band ［C］ 吊り上げバンド (つりあげバンド)

hoisting lug ［C］ 吊り輪 (つりわ)

hoisting sling ［C］ 吊り上げ索

hoist operation ホイスト操作

hoist ring ［C］ ホイスト環

hoist tube ［C］ 揚弾筒

Hokkaido-Dai Maneuver Area ［the ～］ 【陸自】北海道大演習場 《の英語呼称》

Hokkaido Defense Bureau 【防衛省】北海道防衛局 《の英語呼称》《前身は「札幌防衛施設局」》

hold ［n.］ 船倉

hold ［vt.］ 確保する；保持する；牽制する；拘束する；抑留する

hold accounting procedure detail file (HAPD) ［C］ 計画欄数量明細綴り

hold course 保針

hold-down tactics ［pl.］ ホールド・ダウン戦術；制圧戦術

hold fire 【空自】射撃禁止 《射撃を禁止し、既に発射したミサイルは直ちに破壊させることをいう。[典] 統合訓練資料1-4》

holding ①【陸自】牽制；拘束；抑留 ②【海自】待機 ③【空自】空中待機

holding anchorage 待機用泊地 (たいきようはくち)

holding and reconsignment point 輸送中継所

holding attack 牽制攻撃；抑留攻撃

holding battalion ［C］ 後送患者収容大隊

holding circuit ［C］ 保持回路

holding coil ［C］ 保持コイル

holding current 保持電流

holding down bolt ［C］ 据え付けボルト

holding-down lever ［C］ 開放レバー

holding fix 空中待機定点

holding force 拘束部隊

holding hand 【空自】密集隊形

holding line marker ［C］ 停止位置標識

holding magnet ［C］ 保持電磁石

holding pattern ［C］ ①ホールディング・パターン ②【空自】待機経路

holding point ［C］ ①ホールディング・ポイント ②【空自】滞空地点；待機位置

holding position ［C］ ホールディング・ポジション

holding power 把駐力（はちゅうりょく）《錨の把駐力》

holding relay ［C］ 保持継電器

holding unit ［C］ 牽制攻撃部隊

holiday ①休日 ②【海軍】残存未掃面

holiday pay 祝日給

Holloman Air Force Base (HAFB) 【米軍】ホロマン空軍基地

hollow charge ［C］ 成形炸薬；成形爆薬；指向性爆薬 《モンロー効果（ノイマン効果）を利用して一方向に爆発圧力を集中させるため、先端を円錐形にし、かつ中空にした爆薬。[典] NDS Y 0001D》《[同] shaped charge》

hollow propeller ［C］ 中空プロペラー

hollow shaft ［C］ 中空軸

hollow space oscillator ［C］ 空洞発振器

holy war ［U］ 聖戦

home air base ［C］ 【空自】根拠飛行場 《戦闘機の主力を配置し、整備、補給、通信等の部隊機能の中枢をなす飛行場群の基幹飛行場をいう。[典] 統合訓練資料1-4》

home base ［C］ ホーム基地

home defense ［U］ 本土防衛

home guard ［C］ ①国防義勇兵 ②【米】地方義勇兵

Home Guards ［the ～］ 【英】国防市民軍

Homeland Security Council (HSC) 【米】国土安全保障会議

home on jam 妨害源追尾 《電子妨害源を自動追尾する火器管制装置（FCS）の特殊能力。[典] レーダー用語集》

home on jamming missile (HOJM) ［C］ 妨害波指向ミサイル

home port ①母港 ②【海自】定係港

homer ホーマー

home station ［C］ 【海自】母基地

homeward voyage ［C］ 復航

homing ホーミング；自動追尾 《無線、レーダー等から出る電波やエンジンからの赤外線等、放射物の発生源に向かって、相手の位置を自動的に追跡すること。[典] レーダー用語集》

homing device = homing equipment ［C］ ホーミング装置 《目標に誘導するために必要な目標情報を検出し、識別する装置。[典] NDS Y 0041》

homing guidance ［U］ ホーミング誘導 《ミサイルなどが内蔵するセンサーにより目標を探知し、自己誘導を行う方式。パッシブ誘導、アクティブ誘導、セミアクティブ誘導の3種類がある。[典] NDS Y 0001D》

homing mine ［C］ ホーミング機雷

Homing Overlay Experiment (HOE) ホーミング・オーバーレイ実験

homing range ［C］ ホーミング距離

homing run ホーミング航走 《航走体に搭載しているホーミング装置が検知し、識別した目標に向かって、航走体が航走すること。[典] NDS Y 0041》

homing system ホーミング方式

homing torpedo ［C］ ホーミング魚雷 《ホーミング装置を使用し、目標に向かって自己誘導を行う魚雷。[典] NDS Y 0041》

homing weapon ［C］ ホーミング武器

homogeneous atmosphere 等密度大気

homogeneous steel plate ［C］ 均質鋼板

honeycomb ハニカム；多孔材

honeycomb skin ハニカム外皮

honeynet ［C］ ハニーネット 《ハッカーを惹きつけ、その手口を監視し、分析する目的で構築された仮想のネットワーク》

honorable discharge 名誉除隊 《[対] blue discharge = 不名誉除隊》

honor guard = guard of honor ［C］ ①【自衛隊】儀仗隊 《外国の元首等が来日した場合に閲兵を受ける部隊であり、陸上自衛隊第302保安中隊がその専門部隊にあたる。[典] 民軍連携のための用語集》 ②儀杖兵

Honors and Discipline Section 【空自】服務班 《の英語呼称》◇用例： 服務班長 = Chief, Honors and Discipline Section

hood assembly ［C］ 遮光装置（しゃこうそうち）

hooded approach 訓練盲目計器飛行進入方式

hooded flight ［C］ 幌飛行（ほろひこう）

hooking フッキング 《ボタンを押し下げることにより、または送受器の受付についたフック・スイッチを瞬間押し下げることにより、通信線のループを短い時間解放し、交換機に信号を送ることをいう。[典] JAFM006-4-18》

Hopkinson effect ホプキンソン効果 《鋼板、

hori

コンクリート壁などの一部に爆発衝撃を与えると、その裏面が剝離する現象。㋴ NDS Y 0006B》
horizon 地平線；水平線
horizon sector ［C］ 水平空域 《ペトリオット用語》
horizontal action mine ［C］ 水平作動地雷
horizontal angle ［C］ 水平角
horizontal antenna ［C］ 水平アンテナ
horizontal axis ［pl. = axes］ 水平軸
horizontal base 基準占位差
horizontal base length 水平基線長
horizontal base system ［C］ 水平測定装置
horizontal blanking signal ［C］ 水平帰線消去信号
horizontal centering control ［U］ 水平位置調整
horizontal deflection 水平偏向
horizontal deviation 水平偏差
horizontal distance 水平距離
horizontal engine ［C］ 横型機関
horizontal error 水平誤差
horizontal fire 水平射撃
horizontal flight ［C］ 水平飛行
horizontal gate ［C］ 水平式ゲート
horizontal gimbal ［C］ 水平環
horizontal gyro ［C］ 水平ジャイロ
horizontal instability ［U］ 水平不安定度
horizontal intensity 水平強度
horizontal jump angle ［C］ 水平跳起角（すいへいちょうきかく）《跳起角の水平成分。㋴ NDS Y 0006B》《㋕ lateral jump angle》
horizontal line ［C］ 水平線 《1. あらゆる点で海面上の高度が一様な線。2. 測定観察等で感知しうる水平線に並行する線。レーダー用語集》
horizontal loading ［U］ 水平搭載

horizontally polarized wave ［C］ 水平偏波 《電界ベクトルの方向が大地に対して水平な偏波。㋴ NDS C 0012B》《㋕ vertically polarized wave = 垂直偏波》
horizontal magnetic force 水平磁力
horizontal magnetic mine ［C］ 水平磁気機雷 《㋕ vertical magnetic mine = 垂直磁気機雷》
horizontal mixing 水平混合
horizontal opposed engine ［C］ 水平対向型エンジン
horizontal parallax (HP) 地平視差

horizontal parallax correction (Ph) 間隔差左右修正 《集中角のうち、基準点と砲との水平距離によって生じる砲旋回角の修正をいう。㋴ 海上自衛隊訓練資料第175号》《㋕ elevation parallax correction = 間隔差上下修正》
horizontal plotting table ［C］ 水平作図盤
horizontal range ［C］ 水平距離
horizontal range rate ［C］ 【海自】水平変距
horizontal range recorder ［C］ 水平距離記録器
horizontal resolution 水平分解能
horizontal sextant angles method 三標画角法
horizontal shear 水平シヤー 《㋕ vertical shear = 鉛直シヤー》
horizontal situation display ［C］ 水平状況表示装置
horizontal situation indicator (HSI) ［C］ 水平位置指示器 《航空機とある地点との相対関係を、地表面に投影した形で指示する複合指示器。㋴ レーダー用語集》◇用例：electronic horizontal situation indicator (EHSI) = 電子水平位置指示器
horizontal sliding-wedge breech block ［C］ 水平鎖栓式閉鎖機（すいへいさせんしきへいさき）《鎖栓を横方向に動かして薬莢を排出し、薬室を閉じる閉鎖機。㋴ NDS Y 0003B》
horizontal stabilizer 水平安定板
horizontal storage 水平格納庫
horizontal surface ［C］ 水平表面
horizontal sweep 水平掃引
horizontal synchronizing signal ［C］ 水平同期信号
horizontal tail plane ［C］ 水平尾翼 《㋕ vertical tail plane = 垂直尾翼》
horizontal take-off and landing (HOTOL) ［C］ 水平離着陸
horizontal trace line ［C］ 水平走査線
horizontal-type air plotting board ［C］ 水平型対空作図盤
horizontal visibility ［U］ 水平視程
horn ［C］ ①触角 《機雷の触角》 ②らっぱ；ホーン 《喇叭》
horn antenna ［C］ ホーン・アンテナ
horn radiator ［C］ ①【空自】ホーン放射器 ②【海自】らっぱ放射器
horn type loudspeaker ［C］ らっぱ型拡声器
horse latitude 中緯度

horse latitudes 亜熱帯；無風帯

horsepower (HP) 馬力

horsepower hour 馬力時

horse shoe block ［C］ 馬蹄片（ばていへん）

horse shoe screen ［C］ 馬蹄形直衛；馬蹄形スクリーン

hose connection valve ［C］ ホース接続弁

hose director ［C］ 筒先 《ホースの筒先》

hospital corpsman (HM) ［pl. = hospital corpsmen］ 【海自】衛生員 《衛生員は、主として救護、医療事務等の実施、診療、その他の衛生に関する業務の補佐に従事する。[典] 海幕人第10346号》◇用例： chief hospital corpsman = 衛生員長

hospitalization ①【陸自】病院治療 《自衛隊中央病院、自衛隊地区病院および部外病院が行う専門治療等をいう。[典] 陸自教範》 ②【統幕・海自】収療（しゅうりょう）

hospital orderly ［pl. = hospital orderlies］ 看護兵

hospital ship ［C］ 病院船 《艦種記号：AH》

hospital zone ［C］ 病院地帯；病院地区 《ジュネーブ条約（第1条約）第23条に基づき、敵の攻撃特に長距隊兵器および空爆の危険から、軍または一般の傷病者を保護するため、戦闘地帯外に設ける病院等の建物が所在する場所または比較的広範囲の地区を選定して組織される地域をいう。この地帯・地区の発効のためには、設定した国と交戦国の間に協定が必要である。[典] 陸自教範》

hostage ［C］ 人質

host country ［C］ 受け入れ国；接受国；主催国

hostile action 敵性行為

hostile acts ［pl.］ 敵対行為

hostile army ［C］ 敵軍

hostile environment ［C］ 敵性環境

hostile force 敵軍；敵性勢力

hostile force's conditions ［pl.］ 敵性勢力の情況

hostile intent 敵対的意図

hostile origin 敵機出現空域 《ペトリオット用語》

hostile position ［C］ 敵陣地

hostile scheming 策動

hostility 敵対関係；敵対行為

host nation assets ［pl.］ 受け入れ国資産

host nation support (HNS) ①【防衛省】受け入れ国支援 《受入国が同盟国軍に対し、平時、戦争移行時ならびに戦時に提供する民事および軍事支援をいう。[典] 統合訓練資料1-4》 ②【外務省】接受国支援

host nation support agreement 受け入れ国支援合意

hot air deicer ［C］ 熱気除氷装置

hot air seasoning 熱気乾燥

hot air type heater ［C］ 通風型暖房器

hot case ［C］ 打ち殻（うちがら） 《弾薬の打ち殻》

hot cathode ［C］ 熱陰極

hot cathode discharge tube ［C］ 熱陰極放電管

hot cathode rectifier tube ［C］ 熱陰極整流管

hot gunnery 実弾射撃

hot junction ［C］ 熱接点

hot line ［C］ ホットライン；直通回線；即時通話回線

Hot Line Agreement ホットライン協定

hot-line job ［C］ 活線作業

Hot Line Modernization Agreement ホットライン近代化協定

hot-line work 活線作業

hot news report ［C］ 特報

hot plug ［C］ 高温点火栓

hot pursuit ［U］ 継続追跡

hot rolled, pickled and oiled (HRPO) 熱間圧延、ピックル及び油処理済み

hot run 熱走（ねっそう） 《燃焼ガスによって機関を駆動し、航走させること》《[対] cold run = 冷走》

hot running torpedo ［C］ 熱走魚雷 《燃焼ガスによって航走する魚雷》

hot shortness 赤熱脆性（せきねつぜいせい）；熱脆性

hot shot 熱走（ねっそう）

hot spot ［C］ 熱源

hot standby system = hot stand-by system ［C］ 自動即時切り替えシステム

hot start ホット・スタート

hot war ［U］ 熱戦；武力戦争 《[対] cold war》

hot water boiler ［C］ 温水ボイラー

hot water heating ［U］ 温水暖房

hot water process 湯ならし

hot well ［C］ 温水だめ

hot wire ammeter ［C］ 熱線電流計

hotwire anemometer ［C］ 熱線風力計

hot wire meter ［C］ 熱線型計器

hot wire relay ［C］ 熱線継電器

Hound Dog 【米】ハウンド・ドッグ 《空対地ミサイル名》

hour angle (HA) ［C］ 時角

hour angle of the apparent sun (HAAS) 視太陽時角；視陽時角

hour angle of the mean sun (HAMS) 平均太陽時角

hour circle 時圏（じけん）

hourly pay temporary employment (HPT) ［U］ 時給制臨時雇用

hourly post-flight check (HPO) 定時飛行後点検

hourly post-flight inspection 定期飛行後点検

hour meter ［C］ 時間計；作動時間計

hours of daylight 日照時間

hours of work 勤務時間

House Appropriations Committee ［the ～］ 【米】下院歳出委員会

House Judiciary Committee ［the ～］ 【米】下院司法委員会

House Science committee ［the ～］ 【米】下院科学委員会

housing ［C］ 外筐（がいきょう）；外被（がいひ）；ハウジング

housing allowance ［C］ 住居手当て

Housing and Urban Development Library 【米】住宅・都市開発図書館

hoverability ホバリング能力

hovercraft ［pl. = ～］ ホバークラフト

hovering ①ホバリング；空中静止飛行 ②ホバリング 《海中において、潜水艦が任意の位置にとどまること》

hovering ceiling ①【空自】ホバリング限界高度 ②【海自】ホバリング上昇限度

hovering in ground effect (hovering IGE) 地面効果内ホバリング

hovering out of ground effect (hovering OGE) 地面効果外ホバリング

howitzer (HOW) ［C］ 【陸軍】榴弾砲（りゅうだんほう） ◇用例： 155mm Howitzer = 155mm榴弾砲

howler ［C］ 射撃合図器

hub ［C］ ハブ；受け口

hub airport ［C］ ハブ空港；中枢空港；拠点空港

hub and spoke distribution ハブ・アンド・スポーク配送

hub yoke ［C］ ハブ・ヨーク

huge gun ［C］ 巨砲

hull ①船殻（せんこく）；船体；ハル ②車体《戦車》 ③艇体 《飛行艇》 ④外殻（がいこく）《魚雷の外形を形成する構造物。[備] 昆虫や甲殻類では「外殻（ がいかく）」》

hull angle ［C］ 姿勢角 《潜水艦》

hull construction 船体構造

hull down 車体遮蔽

hull exhaust blower ［C］ 艦内排気通風機

hull fitting 船体艤装（せんたいぎそう）

hull history card ［C］ 船体来歴簿

hull maintenance technician (HT) ［C］ 【海自】応急工作員 《応急工作員は、主として防火、防水およびその他の応急、工作に必要な器材の操作および整備に関する業務に従事する。[典] 海幕人第10346号。[備] 艦内で消防士の役割を担う》 ◇用例： chief hull maintenance technician = 応急工作員長

hull masker ［C］ 【海自】ハル・マスカー《船体に取り付けた帯状の管に小さな孔を設け、そこから空気を吹き出して船体の周辺に気泡層を形成し、船体から出る雑音を低減する一種の消音装置。[典] NDS Y 0012B》

hull-mounted sonar (HMS) = hull sonar ［U］ ハル・ソーナー 《送受波器または受波器が船体に固定装備されているソーナー》

hull report ［C］ 船体記録簿

hull resonance 船体振動

hull strength ［U］ 船体強度

hull supply blower ［C］ 艦内給気通風機

hull war risks insurance ［U］ 船舶戦争保険

hull works ［pl.］ 船体工事

human combat power 【陸自】人的戦闘力《有形・無形の人に関する戦闘力をいい、量および質の両面があり、その力の発揮は単に隊員の数だけでなく、各人の自主的な活動意欲、指揮官を核心とする団結力、訓練、部隊の伝統等に影響される。[典] 陸自教範》《[対] physical combat power = 物的戦闘力》

human engineering 人間工学

human error 人的過誤

human factor ［C］ 人的要因

human intelligence (HUMINT) ［U］ 人的情報 《人員が観察または判断することにより得た情報をいう。[典] 統合訓練資料1-4》《HUMINT = ヒューミント》

human intelligence source ［C］ 人的情

報源

humanitarian aid ［U］ 人道的援助

humanitarian and civic assistance ［U］
人道的民事支援

**humanitarian and reconstruction
assistance** ［U］ 人道・復興支援

humanitarian assistance (HA) ［U］ 人
道支援 《人道的危機に対応し、人道目的で提供
される物資援助または後方支援。人道援助の主た
る目的は人命の救助、被害の軽減および人間とし
ての尊厳維持にある。⊛ 国連平和維持活動（原則
と指針）》◇用例：humanitarian
assistance/disaster relief（HA/DR）= 人道支
援・災害救援

humanitarian coordinator (HC) ［C］
【国連】人道調整官

humanitarian demining ［U］ 人道的地雷
除去

humanitarian intervention 人道的の介入

humanitarian relief efforts ［pl.］ 人道的
救援活動

humanitarian standpoint ［C］ 人道的
立場

humanity 人道

human machine interface (HMI) ［C］
ヒューマン・マシン・インターフェース 《人間
（操作者）と機械（端末）がやり取りする部分また
はその規約をいう。⊛ 統幕指運第119号》《HMI =
エイチエムアイ》

**Human Resources Development
Division** 【内部部局】人材育成課 《の英語呼
称》◇用例：人材育成課長 = Director, Human
Resources Development Division

human science study ［U］ 人間科学研究

human-wave tactics ［pl.］ 人海戦術

humidity ［U］ 湿度

hung bomb ［C］ 不落下爆弾

hung fire 不発

hung striker ［C］ 不良撃針

hunter killer (HUK) 対潜攻撃

hunter-killer group ［C］ 対潜掃討任務群

hunter-killer operation (HUK) ①【統幕】
対潜掃討 ②【海自】対潜掃討戦 《敵潜水艦が存
在すると予想される海域において、積極的に敵潜
水艦を探し出し、これを撃沈するための作戦をい
い、航空機および艦艇の緊密な協同の下に実施さ
れる。⊛ 統合訓練資料1-4》

hunter-killer satellite ［C］ 衛星破壊衛星；
衛星攻撃衛星；キラー衛星

hunter-killer team ［C］ 対潜攻撃チーム

hunter track ［C］ 機雷掃海跡

hunting 乱調

hunting area ［C］ 掃討区域

hurricane ［C］ ハリケーン

H-wave ［C］ H波

hybrid circuit ［C］ ハイブリッド回路

hybrid coil ［C］ ハイブリッド・コイル

hybrid duplexer ［C］ ハイブリッド送受切り
換え器

hybrid hull construction ハイブリッド船体
構造 《船体中央部を金属製の構造物とし、船首
と船尾部を複合材料製構造物とするなど、異種材
料と組み合わせた船体構造。艦艇近傍での水中爆
発および対艦ミサイル等の被弾時の艦内爆発に対
し、防御力が向上する》

hybrid junction ［C］ ハイブリッド結合

hybrid operation ［C］ 【国連】合同活動
《複数の主体が単一の構造の下で軍事、警察また
は文民の要員を展開する平和活動：国連平和維持
活動（原則と指針）》

hybrid propellant ハイブリッド推進薬 《固
体燃料と液体酸化剤から構成される推進薬》

hybrid rocket ［C］ ハイブリッド・ロケット
《液体式と固体式を組み合わせた推進薬を使用す
るロケット。⊛ NDS Y 0001D》

hydrant ［C］ 消火栓；給水栓

hydraulic ［adj.］ 水圧の；油圧の

hydraulic cement ［U］ 水硬セメント

hydraulic dynamometer ［C］ 水動力計

hydraulic efficiency ［U］ 水力効率

hydraulic engine ［C］ 水圧機関

hydraulic fluid = hydraulic oil 作動油

hydraulic generator ［C］ 油圧駆動発電機

hydraulic launch 水圧発射 《圧縮空気を水中
発射管の射出筒に供給し、発生する水圧によって
魚雷を打ち出すこと。⊛ NDS Y 0041》

hydraulic lock 液体閉塞（えきたいへいそく）

Hydraulic Maintenance 【空自】油圧整備
《准空尉空曹空士特技区分の英語呼称》

hydraulic motor drive 油圧モーター駆動

hydraulic panel ［C］ 油圧パネル

hydraulic pipe ［C］ 水圧管

hydraulic pressure 水圧；油圧

hydraulic pressure indicator ［C］ 作動
油圧計

hydraulic pressure regulator ［C］ 油圧
調整器

hydraulic propeller ［C］ 油圧式プロペラー

hydraulic pump ［C］ 水圧ポンプ

hydraulic pumping unit (HPU) ［C］ 油圧発生装置

hydraulic reduction gear ［C］ 流体減速装置

hydraulic reservoir ［C］ 作動油槽

hydraulic return pipe ［C］ 水圧戻り管

hydraulic seal 水密

hydraulic shock absorber ［C］ 油圧緩衝装置

hydraulic steering gear ［C］ 油圧舵取り装置

hydraulic system 油圧系統

hydraulic system accumulator ［C］ 油圧系統蓄圧器

hydraulic tank ［C］ 水圧タンク

hydraulic test ［C］ 水圧試験

hydraulic transmission 水力伝達

hydrazine ヒドラジン

hydrodynamic noise ［U］ 流体雑音；流体力学的雑音

hydro-dynamics ［U］ 流体動力学

hydroextractor ［C］ 脱水機

hydrofoil ［C］ 水中翼

H

hydrofoil research ship ［C］ 水中翼実験艇《艦種記号： AGEH》

hydrofoil ship ［C］ 水中翼船

hydrogen bomb (H-bomb) ［C］ 水素爆弾；水爆

hydrogen detector ［C］ 水素ガス検測器

hydrogen eliminator ［C］ 水素ガス吸収器

hydrogen vent assembly ［C］ 水素ベント弁装置

hydrograph ［C］ 水路図

hydrographic chart ［C］ 海図；水路図

hydrographic condition 海象

Hydrographic Department 【海保】水路部《の英語呼称》

hydrographic map ［C］ 海図

Hydrographic Observatory 【海保】水路観測所 《の英語呼称》

hydrographic office ［C］ 水路部

hydrographic publication 水路図誌

hydrographic reconnaissance 水路偵察

hydrography 水路学

hydrometeor 大気水象

hydrometer ［C］ 比重計；浮きばかり

hydronaut ［C］ 【米海軍】深深度潜航員；深海艇乗組員

hydrophone ［C］ 受波器；ハイドロホン《受波を目的とした電気音響変換器》

hydrophone contact 聴知

hydrophone effect 聴音効果

hydrophone motion noise ［U］ 渦流雑音（かりゅうざつおん）

hydroplaning ハイドロプレーニング

hydro-pneumatic recoil mechanism ［C］ 液気圧式駐退復座装置 《液体（作動油など）とガスの力によって後座エネルギーを吸収した後、後座中に圧縮されたガスの膨張力で後座体を発射位置に復帰させる方式。[典] NDS Y 0003B》

hydro-spring recoil mechanism ［C］ 液ばね式駐退復座装置 《液体（作動油など）とばねの力によって後座エネルギーを吸収した後、後座中に圧縮されたばねの力で後座体を発射位置に復帰させる復座装置。[典] NDS Y 0003B》

hydrostatic fuze ［C］ 水圧信管

hydrostatic head ［C］ 静水頭

hydrostatic pressure 静水圧

hydrostatic pressure test ［C］ 静水圧試験

hydro-statics ［U］ 流体静力学

hydrostatic safety device ［C］ 水圧安全装置

hydrostatic switch ［C］ 水圧スイッチ

hygrograph ［C］ ①湿度計 ②【海自】自記湿度計

hygrometer ［C］ 湿度計

hygroscopicity 吸湿性

hygrothermograph ［C］ 自記温湿計

hyperbolic chamber ［C］ 減圧室

hyperbolic horn ［C］ 双曲線電磁らっぱ

hyperbolic navigation ［U］ 双曲線航法

hyperbolic navigation system 双曲線航法方式 《適切な受信機を搭載した航空機の位置を決定する無線航法システムで、二つ以上の交差する双曲位置線によって決定される。パルス発信の時間差の測定か、または固定位相の連続波発信の位相差計測のいずれかを採用している。[典] レーダー用語集》

hyperbolic system 双曲線方式

hypercapnia 高炭酸症

hyper-eutectoid steel ［U］ 過共析鋼

hypergolic fuel 混合発火性燃料

hypergolic propellant 自燃性推進薬（じねん

せいすいしんやく）《酸化剤と燃料が接触するだけで爆発的に燃焼する液体推進薬。㊞ NDS Y 0001D》《㊥ nonhypergolic propellant = 非自燃性推進薬》

hypersonic　[adj.]　極超音速の　《マッハ5以上》

Hypersonic Air-breathing Weapon Concept (HAWC)　【米】極超音速吸気式兵器構想　《超音速で取り入れた空気を音速以下に減速することなく燃焼させることで極超音速飛翔を可能とするスクラムジェット・エンジン（scramjet engine）の技術を使用した兵器構想》

hypersonic glide vehicle (HGV)　[C]　極超音速滑空飛翔体

hypersonic missile　[C]　極超音速ミサイル　◇用例：air-launched Kinzhal hypersonic missile = 空中発射型極超音速ミサイル「キンジャル」（ロシア）》

hypersonic speed　極超音速

hypersonic velocity　[U]　極超音速

hypersonic weapon　[C]　極超音速兵器

hyperspectral imagery (HSI)　[U]　ハイパースペクトル画像

hypervelocity armor piercing (HVAP)　高速徹甲弾

hypervelocity gun　[C]　超音速砲

Hyper Velocity Gun Weapon System (HVGWS)　【米】超高速度砲兵器システム　《通常の火砲からも超高速発射弾（hyper velocity projectile）が発射できるシステム》

hyper velocity missile (HVM)　[C]　超高速ミサイル

hyperventilation　過換気；過呼吸

hypo alum toning　ハイポみょうばん調色

hypocapnia　低炭酸症

hypo eliminator　[C]　ハイポ駆除剤

hypokinesia　運動機能減少

hypothetical enemy　[C]　仮想敵

hypoxia　低酸素症

hysteresis　ヒステリシス

hysteresis loop　ヒステリシス・ループ

hysteresis loss　ヒステリシス損

【 I 】

IAEA Additional Protocol　国際原子力機関追加議定書　《国際原子力機関（IAEA）と包括的保障措置協定締結国との間で追加的に締結される保障措置強化のための議定書。㊞ 日本の軍縮・不拡散外交》

ICAO place name abbreviations　飛行場国際符号

ICC Status　ICCステータス　《パトリオット用語》

iceberg　[C]　氷山

ice blink　氷光

ice breaker = icebreaker　[C]　【海自】砕氷艦　《艦種記号：AGB》◇用例：砕氷艦「しらせ」 = the naval ice-breaker SHIRASE；南極地域観測船「しらせ」 = Antarctic research expedition vessel SHIRASE

ice cap　[C]　氷冠

ice climate　[U]　永久凍結気候

ice column　[C]　霜柱

ice crystal　氷晶

ice fender　[C]　対氷フェンダー

ice fog　氷霧

ice forming condition　着氷気象状態

ice-free port = ice free port　不凍港

ice making tank　[C]　製氷タンク

ice needle　[C]　細氷

ice pellets　[pl.]　凍雨

Ice Saints　[the ～]　寒の戻り

ice storm　[C]　着氷性悪天

ice strengthening　対氷補強

ice supersaturation　[U]　氷過飽和

Ichigaya Base　【自衛隊】市ヶ谷基地　◇用例：JASDF Ichigaya Base = 航空自衛隊市ヶ谷基地

Ichigaya district　[C]　【自衛隊】市ヶ谷地区

icing　[U]　着氷

icing zone　[C]　凍結地帯

IC room　[C]　IC室

IC switch board　[C]　IC配電盤

ID area　[C]　IDエリア　《パトリオット用語》

ID conflict　IDコンフリクト　《パトリオット用語》

ideal gas　理想気体

identifiable　[adj.]　識別容易な

identification (ID)　識別　《探知した目標《電磁波を含む》について、敵、味方、敵味方不明または中立であることを判定することをいう。㊞ 海上自衛隊訓練資料第175号》

iden 326

identification and authentication ［U］
識別認証 《情報システムを利用する者、情報シ
ステムの構成品等の身元の真正性を確認すること
をいう。⊛ 防衛省訓令第160号》

identification camera ［C］ IDカメラ

identification card (ID card) ［C］ 身分
証明書 ◇用例： identification card number =
身分証明書番号

identification code (ID) 識別コード

identification conflict (ID conflict) IDコ
ンフリクト 《識別の不一致をいう。
⊛ JAFM006-4-18》◇用例： aircraft
identification conflicts = 航空機識別の不一致

identification friend or foe (IFF) ①【統
幕・空自】敵味方識別 《探知した目標の敵味方
を判定する措置をいい、識別の結果を次のとおり
区分する。(1) 味方 (friendly)： 味方として確実
に判別した目標。(2) 敵 (hostile)： 敵として確実
に判別した目標。(3) 敵味方不明 (unknown)：
敵味方の識別に必要な情報が得られなかった目
標。⊛ 統合訓練資料1-4》 ②【陸自】彼我の識別
（ひがのしきべつ）

identification function (IF) 識別処理機能

identification list (IL) ［C］ 識別資料表

identification maneuver ［C］ 識別行動

identification marking ［C］ 識別表示
《ある物品を、他の種類、形式、等級などの物品
と識別するために、その物品に付与された品名の
表示をいう。⊛ NDS Y 4066C》

I identification number 認識番号

identification officer (IDO) ［C］ 識別係
幹部 《警戒管制組織において、識別に関して全
般を統制する幹部をいう。⊛ JAFM006-4-18》

identification panel ［C］ 隊号布板

identification pass (ID pass) 識別接敵；
IDパス

identification plate ［C］ 認識票；識別票

identification point (IP) ［C］ 識別点

identification safety range ［C］ 識別安全
距離

identification signal ［C］ ①【陸自】識別
符号 ②【海自】標識信号 ③【空自】識別信号

identification tag ［C］ 認識票 《首から鎖
でぶら下げ、氏名、認識番号等が刻印されている
アルミ製の2枚組プレート。⊛ 民軍連携のための
用語集》

identification technician (IDT) ［C］ 識
別技術員 《警戒管制組織において、識別に関し
て識別係幹部を補佐する技術員をいう。
⊛ JAFM006-4-18》

identification tone 局識別音

identification turn (ID turn) ①アイデン
ティフィケーション・ターン ②【空自】識別旋回

identified flying object (IFO) ［C］ 確認
飛行物体

identified secondary address coding (I/
SAC) 個別第2次アドレス・コード

identify ［vt.］ 識別する

identify-pulse ［C］ 識別パルス

ideological war ［U］ イデオロギー戦争；思
想戦争

Idesuna Jima Range 【在日米軍】出砂島射
爆撃場 《沖縄》

ID history IDヒストリー 《ペトリオット用語》

idle ①【空自】緩速回転 ②【海自】アイドル；最
小連続回転数

idle adjustment plate ［C］ 緩速調整板

idle control valve ［C］ アイドル・コント
ロール弁

idle current アイドル電流

idle message ［C］ アイドル・メッセージ
《バッジ用語》

idle pulley ［C］ 遊び車

idle signal ［C］ アイドル信号 《データが送
信されていないことを知らせる信号。
⊛ JAFM006-4-18》

idle time ①アイドル時間；遊び時間 ②待ち
時間

idle valve ［C］ 微速弁

idle wheel ［C］ 遊び車

idling 緩速運転

idling condition 緩速状態 《ガスタービンの
緩速状態》

idling control valve ［C］ 緩速混合気制御弁

idling jet 【海自】緩速噴霧

idling system ［C］ 緩速装置

idling tube ［C］ 無負荷運動用管

ID mode 識別モード 《ペトリオット用語》

ID turn IDターン 《ID turn = identification
turn》

ID weight IDウェイト 《ペトリオット用語》

Ie Jima Auxiliary Airfield 【在日米軍】伊
江島補助飛行場 《沖縄》

Ie Jima Training Facility ［the ～］ 【在
日米軍】伊江島訓練施設 《沖縄》

IFF condition IFFコンディション

IFF evaluation (IFF EVAL) IFF評価
《ペトリオット用語》

igloo ［C］ 覆土式弾薬庫；ドーム型弾薬庫

ignitability 点火性

igniter 〔C〕 ①【空自】点火装置 ②【海自】点火器 ③点火薬 《火管において雷管からの出力により発火し、発射薬を点火するための火薬。[典] NDS Y 0001D。[備] 不明な場合は「イグナイター」にする》

igniter plug 〔C〕 点火栓（てんかせん）

igniter train 〔C〕 点火薬系列 《発射薬系列において、発射薬を点火するための火薬系列。点火薬系列の順序は ： 雷管→点火薬。[典] NDS Y 0001D》

ignition ①点火；着火 《点火源によって、火薬類の燃焼が始まること》 ②発火 《音および光を伴う火薬類の爆発または燃焼》

ignition cartridge 〔C〕 点火薬筒

ignition charge = igniting charge 点火薬 《火薬類に点火するための薬剤》

ignition coil 〔C〕 点火コイル

ignition delay ①点火遅れ；着火遅れ ②発火遅れ

ignition harness 〔C〕 点火ケーブル

ignition lag ①点火遅れ；着火遅れ ②発火遅れ

ignition mixture 点火薬

ignition plug 〔C〕 ①点火プラグ ②【空自】点火栓

ignition point 〔C〕 発火点 《火薬類を加熱したとき、発火が開始する温度。[典] NDS Y 0001D》《[同] ignition temperature = 発火温度》

ignition point test 〔C〕 発火点試験 《火薬類の発火点を測定する試験。[典] NDS Y 0001D》

ignition switch 〔C〕 点火スイッチ

ignition system 点火系統

ignition temperature 発火温度 《火薬類が発火する最低温度。[典] NDS Y 0001D》《[同] ignition point = 発火点》

ignition timing 〔U〕 発火時間調整；発火期調整

ignition timing check 点火時期点検

incendiary projectile 〔C〕 焼夷弾

Iioka Branch 【防衛装備庁】飯岡支所 《の英語呼称》《電波および光波による大気中の伝搬特性、目標の反射特性および放射特性および電磁環境に関する技術についての考案、調査研究および試験評価を行う。[典] 防衛装備庁HP》

Ikego Housing Area and Navy Annex 〔the ～〕 【在日米軍】池子住宅地区及び海軍補助施設

illegal action reason code (IARC) 誤操作理由表示記号；イリーガル・アクション・リーズン・コード 《コンソール操作において誤ったスイッチ操作を行った場合に表示される誤りの理由を示す記号をいう。[典] JAFM006-4-18》

illegal activity 〔C〕 非合法活動

illegal air activity 〔C〕 不法航空活動 《空域における不法行動をいう。[典] 統合訓練資料1-4》

illegal entry 〔U〕 不法入国

illegal operations 〔pl.〕 不法行動

illuminant 照明剤；発炎剤

illuminated 〔adj.〕 照明下の

illuminated attack 〔C〕 照明攻撃

illuminated night attack 〔C〕 照明夜間攻撃

illuminating cartridge 〔C〕 照明弾 《[同] illuminating projectile》

illuminating flare 〔C〕 照明弾；照明筒 《目標を照明するために使用する火工品。[典] NDS Y 0001D》《[同] flare》

illuminating projectile 〔C〕 照明弾 《[同] illuminating cartridge》

illuminating shell 〔C〕 照明弾

illumination (ILL) 照明

illumination curve 〔C〕 照度曲線

illumination fire 〔C〕 照明弾射撃 《照明弾を使用し、目標を照明するための射撃。方向を指示するためなどにも行う。[典] NDS Y 0005B》

illumination photometer 〔C〕 照度計

illumination shell 〔C〕 落下傘式投下照明弾

illuminator 〔C〕 照明器

illuminometer 〔C〕 照度計

illustrated parts break down (IPB) ①構成部品図 ②【海自】図入り部品表

ILS descend path 〔C〕 ILS降下パス 《ILS = instrument landing system（計器着陸装置）》

ILS reference point 〔C〕 ILS基準点

image 映像 《ビデオテープ等および記憶媒体（メモリ・カード等）に記録された動画および映画をいう。[典] 陸上自衛隊達第96-9号》

image dissector tube 〔C〕 解像管

image format 画像形式

image frequency 〔U〕 影像周波数

image impedance 〔C〕 影像インピーダンス

image infra-red (IIR) 赤外線映像

image intelligence (IMINT) 〔U〕 映像情報 《IMINT = イミント》

image intensifier tube 〔C〕 映像増倍管

image motion compensation = image-motion compensation 移動像修正

I

image orthicon イメージ・オルシコン

image pickup tube ［C］ 撮像管

image processing unit (IPU) ［C］ 表示処理部 《表示操作卓において、現況表示等の表示処理を行う部位をいう。[典] JAFM006-4-18》

image ratio ［C］ 影像比

imagery communication 画像通信 《映像伝送および模写電送の通信の総称をいい、前者は動画像および静止画像を伝送する通信であり、後者は文章、図表、図画、写真等を伝送する通信である。[典] 陸自教範》

imagery data recording 画像データ記録

imagery exploitation 画像活用

imagery intelligence (IMINT) ［U］ 画像情報；映像情報 《偵察衛星および偵察機により撮影した写真、レーダー映像および赤外線映像を判読して得た情報をいう。[典] JAFM006-4-18》《IMINT = イミント》

imagery interpretation ①【統幕・海自】画像判読 ②映像判読

imagery server support environment (ISSE) 画像サーバー支援環境

image tube ［C］ イメージ管

imaginary line ［C］ 想像線

imaging infra-red seeker (IIR seeker) ［C］ 赤外線画像シーカー 《赤外線画像誘導方式》

imaging laser radar ［C］ 画像レーザー・レーダー

I

imaging reconnaissance satellite ［C］ 映像偵察衛星

Imam Bukhari Jamaat イマーム・ブカリ・ジャマート 《ウズベキスタン出身者を主体とするシリアの武装組織》

imitative deception ①【統幕】偽信；模倣欺騙（もほうぎへん） ②【空自】模倣欺瞞（もほうぎまん） ③【海自】偽電

imitative electronic deception (IED) 偽信 《陸上自衛隊では、敵の通信機関を装い、敵と直接交信して、これを欺騙する通信をいう。海上自衛隊では、敵の通信に擬して行う偽電の方法をいう。技術的に高度の要素を含むので、通常は、特定の部隊において実施する。[典] 統合訓練資料1-4》

imitative position ［C］ 偽陣地 《敵を欺騙する目的をもって構築する陣地をいい、偽工事と真工事とをもって構成する。[典] 陸自教範》《[同] dummy position》

immediate ①【米】緊急 《緩急区分指定の一つ。合衆国/連合国の軍または国民の安全に重大な影響を与える状態に関する非常に緊急な通信用である。指定符号は「O」》 ②【陸自】特別至急《通信文の優先順位の一つ》

immediate action TCTO 即時実施TCTO 《TCTO = time compliance technical order（期限付き技術指令書）》

immediate air support 緊急航空支援

immediate attack ［C］ 即時攻撃

immediate executive method 即時発動法

immediately vital cargo 緊要貨物

immediate message ［C］ 緊急文書

immediate mission ［C］ 緊急任務 《航空攻撃の目標あるいは時期等を基準時刻までに決定できない場合における任務をいい、所要の調整を経て、近接航空支援実施計画に基づき、通常、攻撃実施の前日に示される。通常、航空支援統制所長に所要の権限を委任して実施される。[典] 統合訓練資料1-4》《[対] preplanned mission = 計画任務》

immediate mission request ［C］ 緊急要請 《空地作戦において、陸上部隊が近接航空支援を航空部隊に要請する場合のうち、計画要請以外の緊急の要請をいう。[典] 陸自教範》

immediate reenlistment 継続任用

immediate report (IMREP) ［C］ 緊急報告

immediate requisition 緊急請求

immediate superior 直属上官；直近上官 《直属上司（直接上位にある上司のこと）》

immediate superior institution 直近上位機関（ちょっきんじょういきかん）

immediate superior unit ［C］ 直上部隊

immediate target ［C］ 【海自】緊急目標 《探知、報告された目標のうち、戦闘指揮官（艦長）の許可を受ける余裕なく、攻撃指揮官、哨戒長または射撃指揮官が直ちに対処を必要と判断した目標をいう。[典] 海上自衛隊訓練資料第175号》

Immelmann turn インメルマン・ターン；インメルマン反転

immersion ［U］ 液浸（えきしん）

immigration act 移民法

Immigration and Naturalization Service ［the ～］ 【米】移民帰化局 《現在は国土安全保障省に編入されている》

immigration control ［U］ 出入国管理

Immigration Control and Refugee Recognition Act ［the ～］ 【日】出入国管理及び難民認定法 《通称は「入国管理法」》

immigration control officer ［C］ 【日】入国警備官

immigration violations ［pl.］ 入国管理法違反

imminent ［adj.］ 切迫した

immobilize ［vt.］ 牽制抑留する

immunity 免疫

immunity of sovereignty 主権免除

immunization 免疫化

immunize ［vt.］ 免疫にする

impact ①弾着 《弾丸などが目標または地表に到達すること。[典] NDS Y 0006B》 ②衝撃

impact accelerometer ［C］ 衝撃加速度計

impact action fuze ［C］ 衝撃作動信管

impact adjustment 弾着修正

impact angle ［C］ 撃角(げきかく) 《弾丸などが目標に衝突するときの目標表面の法線と弾道接線との交角。[典] NDS Y 0041》

impact area ［C］ 着弾区域；弾着地域；被弾地域

impact bag ［C］ 緩衝バッグ

impact direct action firing mechanism ［C］ 衝撃式発火機構

impact extrusion 衝撃押し出し

impact fire 着発射撃

impact fuze ［C］ 着発信管 《弾着の衝撃によって作動する信管。[典] NDS Y 0001D》

impact load 衝撃荷重

impact point (IP) ＝point of impact ［C］ 弾着点 《砲弾が海面または地面に着達する点をいう。[典] 海上自衛隊訓練資料第175号》

impact point prediction (IPP) 弾着点予測

impact pressure 衝撃圧；衝撃圧力

impact sensitivity ［U］ 衝撃感度 《火薬類に衝撃を加えたときの発火または爆発の起こりやすさ。[典] NDS Y 0001D》

impact test ［C］ 衝撃試験

impact velocity ［U］ 着速 《弾丸などの弾着点における速度。[典] NDS Y 0006B》 《[同] striking velocity＝撃速》

impassable ［adj.］ 通行不可の

impedance coupling インピーダンス結合

impedance drop インピーダンス降下

impedance matching インピーダンス整合

impedance relay ［C］ インピーダンス継電器

impedance test ［C］ インピーダンス試験

impedance unbalance インピーダンス不平衡

impedance unbalance measuring-set ［C］ インピーダンス不平衡測定器

impedance voltage インピーダンス電圧

impede ［vt.］ 妨害する

impeller ［C］ 羽根車

impending ［adj.］ 切迫した

Imperial Army of Japan ［the ～］ 【旧軍】大日本帝國陸軍

Imperial General Headquarters (IGHQ) 【旧軍】大本営

impermeable protective clothing 完全防護衣服

implementation ①実行；履行 ②実際の組み上げ

Implementation Force (IFOR) 和平履行部隊；平和実施軍

Implementation Group (IG) ［the ～］ 執行グループ

implementation planning ［U］ 実行計画の立案

implementing arrangement (IA) ［C］ 実施取り決め

implosion 爆縮(ばくしゅく)

implosion assembly ［C］ 爆縮機構

impossible intercept condition 要撃不可能状態

impregnated cathode ［C］ 含浸性陰極

impressed voltage 印加電圧

imprinting 押印(おういん) 《印形に、インキなどを付けて表面に転写する操作をいう。この操作は、常温および加熱状態で施すものを含む。[典] NDS Y 4066C》

improper function 機能低下

improved control display console (ICDC) ［C］ 【米海軍】改良型制御ディスプレイ・コンソール

improved conventional munitions (ICM) ［pl.］ 改良型通常弾薬 《複数の対人用、対物用および/または対装甲用の子弾を内包した対装甲用弾薬。cluster munitions(クラスター弾薬)ともいう。[典] NDS Y 0001D》

improved crater ［C］ 弾痕利用壕(だんこんりようごう)

Improved Hawk System ［the ～］ 改良ホーク

improvised early resupply 即座早期輸送

improvised explosive device (IED) ［C］ 即製爆発装置；簡易仕掛け爆弾

improvised measures ［pl.］ 臨機応変の処置 《[同] improvised steps》

improvised mine ［C］ 応用地雷 《入手できる爆破資材などを使用して即製した地雷。[典] NDS Y 0001D》

improvised steps ［pl.］ 臨機応変の処置 《[同] improvised measures》

impulse 衝撃；衝動

impulse air ［U］ 発射空気

impulse blade ［C］ 衝動羽根

impulse current 衝撃電流

impulse force 衝撃力 《機械的衝撃力》

impulse ratio ［C］ 断続比

impulse stage ［C］ 衝動段

impulse switch ［C］ 極性切り替えスイッチ

impulse turbine ［C］ 衝動タービン

impulse voltage test ［C］ 衝撃電圧試験

impulse wave ［C］ 衝撃波 《[同] shock wave》

imputed cost 付加原価

Imua Dawn 【米陸軍】イムアドーン 《機動強化旅団（Maneuver Enhancement Brigades）用に考案された指揮所演習の演習名》

in accordance with (IAW) ①～に準拠して ②【海自】一致して；従って

inactive ［adj.］ 非活動

inactive aircraft ［pl. ＝～］ 非活動航空機

inactive duty training ［U］ 予備役訓練

inactive front ［C］ 活動的ではない前線 《[対] active front ＝活動的な前線》

inactive gas 不活性ガス

inactive installation ［C］ 遊休施設

Inactive National Guard (ING) 【米】待命州兵

inadvertent stall 偶発ストール

inboard exhaust valve ［C］ 第1排出弁

inboard profile ［C］ 船内側面図

inboard saddle whip ［C］ 内方サドル・ホイップ 《洋上給油時の内方サドル・ホイップ》

inboard sweep wire ［C］ 内方掃海索

inboard turning 内回り

inboard valve ［C］ 中間弁

inboard vent 艦内ベント

in-bore premature 【海自】とう発 《砲中弾が加熱された砲身からの熱を吸収し砲中で爆発または燃焼することをいう。とう発には、作薬とう発、発射薬とう発および信管とう発がある。[典] 海上自衛隊訓練資料第175号》

inbound 到来；進入 《[対] outbound ＝出発》

in-bound aircraft ＝inbound aircraft ［pl. ＝～］ 到着機

inbound leg ［C］ 内行行程

incapacitating agent ［C］ 無能力化剤；無力化剤

incapacitation effect 無力化効果 《人員または装備品の能力を無能にする効果。「無力能力効果」としている場合もある。[典] NDS Y 0006B》

incendiary ［adj.］ 焼夷の

incendiary (I) ［n.］ 焼夷弾；焼夷剤

incendiary ammunition ［U］ 焼夷弾 《焼夷剤を充塡した弾薬。[典] NDS Y 0001D》

incendiary bomb (IB) ［C］ 焼夷爆弾（しょういばくだん）

incendiary cartridge ［C］ 焼夷実包（しょういじっぽう）

incendiary effect 焼夷効果 《弾丸、爆弾などにより、目標を焼損する効果。例えば、照明弾、曳光弾などの弾薬類にも付随的に焼夷効果がある。[典] NDS Y 0006B》

incendiary warfare ［U］ 焼夷戦

incendiary weapon ［C］ 焼夷兵器 《物質の化学反応による火炎または高熱により、火災を生じさせたり、人に火傷を負わせたりすることを目的とする兵器》

incentive-type contract ［C］ 原価報奨契約

inch-ounce (IN-OZ) インチ重量オンス

inch-pound (IN-LB) インチ重量ポンド

incidence rate ［C］ 傷病率

incidence wire ［C］ 迎え角張り線

incident ［C］ ①武力紛争 ②【統幕】変乱 ③インシデント 《情報システムの脆弱性を攻撃する事象をいう》

incident light ［U］ 入射光

incident report (INCREP) ［C］ 事故報告

incident wave ［C］ 入射波；到来波

inclination ①傾斜 ②傾角

inclination angle ［C］ 軌道傾斜角

inclined antenna ［C］ 傾斜アンテナ

inclined draft gauge ［C］ 傾斜通風計

inclining experiment ［U］ 傾斜試験

inclining moment ［C］ 傾斜モーメント

inclinometer ［C］ 傾斜計

inclosure (INCL) ［C］ 同封書類

incoming flight ［C］ 到着便

incoming line ［C］ 引き込み線

incoming message ［C］ 着信文 《[対] outgoing message ＝発信文》

incoming panel ［C］ 受電盤

incoming target ［C］ ①接近目標 《接近してくる目標のこと》 ②【海自】近対勢目標

in complete　欠品
incomplete combustion　[U]　不完全燃焼《㊅ complete combustion = 完全燃焼》
incomplete detonation　不完爆　《不完全爆発》《㊅ complete detonation = 完爆》
increased deployability posture (ID)　強化展開段階
increasing pitch　[C]　漸増ピッチ
increasing twist　漸増転度（ぜんぞうてんど）《腔線の傾角が最初は緩く、銃口に向かうに従って増加すること。㊅ NDS Y 0002B》《㊅ gain twist》
incremental cost　増分費用
incubation period　[C]　潜伏期
incursion　[C]　侵略
incus　かなとこ雲
indefinite call sign　不特定呼び出し符号
indefinite delivery type contract　[C]　納期未定契約
Independence　【米海軍】インデペンデンス《フォレスタル級空母四隻のうちの4番艦》
independence war　[U]　独立戦争
independent　【海自】独航船　《戦闘艦艇の護衛を受けず、単独で航行する船舶をいう。㊅ 統合訓練資料1-4》
independent chuck　[C]　単独チャック
independent ejection system　[C]　単独脱出システム
independent firing　独立射撃
independent leaver　[C]　独航分離船
independent mine　[C]　独立機雷
independent operation　独立作戦
independent research　[U]　自主研究
independent review　【海自】独立見直し
independent route　[C]　独航船航路
independent unit　[C]　独立部隊
independent verification and validation (IV&V)　独立した検証と有効性の検証
in depth　縦深に（じゅうしんに）
index　[C]　①指標　②目盛
index correction　器差修正
index device　[C]　割り出し装置
index error　器差
index line　[C]　指標線
index number　指数
index of modulation　[C]　変調指数
index of refraction　[C]　屈折率
index pointer　[C]　指標環

index pointer carrier　[C]　指標環座
index prism　[C]　指度プリズム
index register　[C]　指標レジスター
India-Japan Special Strategic and Global Partnership　【防衛省】日印特別戦略的グローバル・パートナーシップ
Indian Mujahideen (IM)　インディアン・ムジャヒディン　《インドで活動するイスラム過激組織》
Indian Ocean Naval Symposium (IONS)　【日】インド洋海軍シンポジウム
indicated air speed (IAS)　指示対気速度；計器速度　《動圧型速度計の指示する速度。㊅ レーダー用語集》
indicated airspeed (IAS)　【空自】計器速度；指示気速　《速度計の指示の読み》
indicated air temperature (IAT)　計器気温；指示気温
indicated altitude　計器高度；指示高度
indicated course　[C]　指示コース；指示針路
indicated displacement error　指示変位誤差
indicated horsepower (IHP)　= indicated horsepower　①【空自】指示馬力　②【海自】図示馬力
indicated mach number　計器マッハ数
indicated mean effective pressure　図示平均有効圧；図示平均有効圧力
indicated thermal efficiency　[U]　図示熱効率
indicated true airspeed (ITAS)　指示真気速
indicating instrument　[C]　指示計器　《電気的、物理的などの測定量の値を、目盛板に対する指針または電気的なディジタル表示によって指示する測定器をいう。㊅ NDS Y 4076C》
indicating lamp　[C]　表示灯
indicating voltmeter　[C]　指示電圧計
indicating wattmeter　[C]　指示電力計
indication light　[C]　指示灯
indication of security classification　秘密区分の指定
indications　[pl.]　兆候　《敵の可能行動の採否を示唆または立証するものをいい、通常、それは敵の可能行動の前触れである。㊅ 陸自教範》
indications and warning (I&W)　兆候・警告
indicator (Ind)　[C]　①指示器；表示器　②指示薬
indicator diagram　[C]　インジケーター線図

indicator dial 指示目盛

indicator gun-laying 受信器指向；受信器追尾指向

indicator rod ［C］ 指示棒

indicator section ［C］ 指示部

indifferent equilibrium 中立平衡 《[同] neutral equilibrium》

indigenous labor ［C］ 現地労働者

indirect aggression ［U］ 間接侵略 《外国の教唆または干渉により引き起こされた大規模な内乱および騒じょうをいう。[典] 陸自教範》《[同] indirect aggression》《[対] direct aggression = 直接侵略》

indirect air support 間接航空支援 《[対] direct air support = 直接航空支援》

indirect call fire 間接要請射撃

indirect communication 間接通信；中継通信 《[対] direct communication = 直接通信》

indirect fire 間接射撃；間接照準射撃 《目標を直接に照準せず、海図または仮標を利用して行う射撃をいう。[典] 海上自衛隊訓練資料第175号》《[対] direct fire = 直接射撃；直接照準射撃》

indirect fire control ［U］ 間接射撃管制；間接照準射撃管制

indirect frequency modulation 間接周波数変調

Indirect Hire Agreement (IHA) 【日】諸機関労務協約

indirect illumination 間接照明 《[対] direct illumination = 直接照明》

indirect invasion 間接侵略 《外国の教唆または干渉により引き起こされた大規模な内乱および騒じょうをいう。[典] 陸自教範》《[対] direct invasion = 直接侵略》

indirect laying 間接照準 《[対] direct laying = 直接照準》

indirect measurement 間接測定 《[対] direct measurement = 直接測定》

indirect observation ［U］ 図上研究

indirect plotting 間接作図 《[対] direct plotting = 直接作図》

indirect pointing ［U］ 間接照準 《[対] direct pointing = 直接照準》

indirect protection ［U］ 間接的保護

indirect support 間接支援 《[対] direct support = 直接支援》

indiscriminate bombing 無差別爆撃

indiscriminately ［adv.］ 無差別に

individual area for each Staff Office 各幕区画

individual attack ①各個攻撃 ②【海自】個艦攻撃

individual data ［U］ 構成要員個人情報

individual equipment ［U］ 【自衛隊】個人装備品；個人装具 《隊員が身に着けるヘルメット、防弾チョッキ等の装備品に加え、隊員が携行する小銃、糧食等の装備品をいう》

individual escape 個人脱出

individual escape apparatus 個人脱出用具

individual firing ①各個射 ②【海自】各個射撃（かくこしゃげき） 《各人が個々に射撃すること》《[対] volley = 一斉射撃》

individual management item detail file (IMD) ［C］ 個別管理物品明細綴り

individual number ［C］ 個人番号

Individual Partnership Program (IPP) 個別協力計画

individual patrol spacing 個別哨戒間隔

individual protection ①【陸自】各個防護 《敵の特殊武器攻撃に対して個人が実施する身体、個人装備品等の防護処置をいう。[典] 陸自教範》 ②【海自】個人防護

individual protective equipment ［U］ 個人防護装備

individual ready reservist ［C］ 個人常備予備役

individual reserve 個人携行予備補給品

individual security ［U］ 個別的安全保障 《[対] collective security = 集団的安全保障》

individual self-defense ［U］ 個別的自衛 《[対] collective self-defense = 集団的自衛》

individual ship exercise (ISE) ［C］ 個艦訓練；個艇訓練

individual ship protection net 個艦防御網

individual tracer control ［U］ 曳光弾による射撃修正

individual training ［U］ 各個訓練（かっこくんれん） 《部隊訓練に先んじて行う、個人ごとの基礎的動作。[典] 民軍連携のための用語集》

Individual Training Section 【空自】個人訓練班 《の英語呼称》◇用例： 個人訓練班長 = Chief, Individual Training Section

individual weapon ［C］ 個人装備火器

indoctrination 教示

Indo-Pacific Command (INDOPACOM) ［the ～］ 【米】インド太平洋軍 《Pacific Command（太平洋軍）から名称変更された。正式名称は「United States Indo-Pacific Command (USINDOPACOM) = 米国インド太平洋軍」》◇用例： Commander, US Indo-Pacific

Command = 米インド太平洋軍司令官

Indo-Southeast Asia Deployment (ISEAD) 【海自】インド太平洋方面派遣訓練《インド太平洋地域の各国海軍等との共同訓練》◇用例： 平成30年度インド太平洋方面派遣訓練 = Indo-Southeast Asia Deployment 2018 (ISEAD2018)

induced current 誘導電流

induced dangerous voltage 誘導危険電圧

induced draft 吸い出し通風；誘引通風

induced draft fan ［C］ 吸い出し送風機

induced drag 誘導抗力

induced draught 吸い出し通風

induced electromotive force 誘導起電力

induced environment ［C］ 誘導環境

induced grid noise ［U］ グリッド誘導雑音

induced insulation test ［C］ 誘導絶縁試験

induced noise ［U］ 誘導雑音

induced radiation ［U］ 誘導放射線

induced radioactivity ［U］ 誘導放射能

induced revolution 誘転

induced voltage 誘導電圧

induced voltage test ［C］ 誘導電圧試験

inductance インダクタンス

induction coil ［C］ 誘導コイル

induction field 誘導磁界；誘導電界；誘導電磁界

induction flame damper ［C］ 吸気消炎装置

induction flux ［U］ 誘導磁束

induction generator ［C］ 誘導発電機

induction heating ［U］ 誘導加熱

induction loss 誘導損

induction machine ［C］ 誘導機 《固定子および回転子に互いに独立した電機子巻線をもち、通常、整流子を持たず、一方の巻線が他方の巻線から電磁誘導作用によってエネルギーを受けて動作する非同期機をいう。[典] NDS F 8018D》

induction manifold 吸い込みマニホールド

induction mine ［C］ 誘導型機雷

induction motor ［C］ 誘導電動機 《固定子および回転子に互いに独立した巻線を有し；一方の巻線が他方の巻線から電磁誘導作用によってエネルギーを受けて動作する電動機をいう。[典] NDS F 8302D》

induction pipe ［C］ 吸い込み管

induction system 吸気系統

induction time 発火待ち時間 《一定温度において、火薬類が発火するまでの時間。[典] NDS Y 0001D》

induction-type magnet ［C］ 誘導型マグネット

induction-type relay ［C］ 誘導型継電器

induction-type wind tunnel ［C］ 誘導式風洞

induction valve ［C］ 吸い込み弁

induction voltage regulator ［C］ 誘導電圧調整器

inductive circuit = induction circuit ［C］ 誘導回路

inductive coupled circuit ［C］ 誘導結合回路

inductive coupling 誘導結合；電磁結合

inductive load 誘導負荷

inductive loading ［U］ 誘導負荷

inductive reactance 誘導リアクタンス

inductor ［C］ 誘導子

inductor type generator ［C］ 誘導子型交流発電機

industrial base 産業基盤

industrial chemicals ［pl.］ 化成物

Industrial College of the Armed Forces (ICAF) 【米】軍工科大学校

industrial control ［U］ 産業統制

industrial mobilization 産業動員

industrial property ［C］ 産業資産

industrial readiness ［U］ 産業即応態勢

industrial television (ITV) ［C］ 工業用テレビ

ineligibility 欠格条項

inert ammunition ［U］ 不活性弾薬

inert gas 不活性ガス

inertia 慣性；惰力

inertia damper ［C］ 慣性制動子

inertia fuze ［C］ 慣性信管 《着発信管の一種。弾着時の慣性によって撃針が起爆筒を打撃、発火させる信管。[典] NDS Y 0001D》《[同] non delay fuze = 無延期信管》

inertia governor ［C］ 慣性調速機

inertial guidance ［U］ 慣性誘導 《自己の加速度・角速度を計測して自己位置を算出し、目標位置へ飛翔すること。[典] NDS Y 0001D》

inertial measurement system ［C］ 慣性測定システム

inertial measurement unit ［C］ 慣性測定装置

inertial navigation ［U］ 慣性航法

inertial navigation system (INS) ［C］ 慣性航法装置 《代表的な自動航法装置。物体の移動によって加わる加速度慣性を利用した航法装置である。ジャイロによって水平に安定された加速度計で自動的、連続的に加速度を検出し、その加速度からコンピューターが速度、位置、方向を算出する。[典] レーダー用語集》

inertial navigation unit (INU) ［C］ 慣性航法ユニット 《慣性航法装置のセンサーおよび計算機。[典] レーダー用語集》

inertial reference system (IRS) ［C］ 慣性基準装置 《航空機》◇用例： integrated inertial reference system（IIRS）＝統合慣性基準装置

inertial sensor assembly (ISA) ［C］ イナーシャル・センサー・アッセンブリー 《ペトリオット用語》

inertial system 慣性誘導方式

inertia oscillation 慣性振動

inertia starter ［C］ 慣性起動機

inertia switch ［C］ 慣性スイッチ

inertia test ［C］ 惰力試験

inertia wave ［C］ 慣性波

inert mine ［C］ 無火薬地雷

inert squid 重スキッド

inevitability ［U］ 不可抗力

infantry ①【陸自】普通科 ②【陸軍】歩兵 《兵科》

Infantry (i) 【陸自】普通科 《職種の英語呼称》《主任務は、近接戦闘による敵の撃破および地域の占領》

infantry battalion ［C］ 歩兵大隊

Infantry Battalion 【陸自】普通科大隊 《の英語呼称》◇用例： 第1普通科大隊＝1st Infantry Battalion

infantry combat vehicle (ICV) ［C］ 歩兵戦闘車

infantry company ［C］ ①【自衛隊】普通科中隊 ②【陸軍】歩兵中隊

infantry division ［C］ 【陸軍】歩兵師団

infantry fighting vehicle (IFV) ［C］ 歩兵戦闘車 ◇用例： M2 Bradley Infantry Fighting Vehicle＝M2ブラッドレー歩兵戦闘車

infantry heavy 歩兵重編成

infantry position ［C］ 歩兵陣地

infantry regiment ［C］ ①【陸自】普通科連隊 《の英語呼称》◇用例： 第41普通科連隊＝41st Infantry Regiment（41i） ②【陸軍】歩兵連隊

infantry-tank team ［C］ 普戦チーム

infantry unit ［C］ ①【自衛隊】普通科部隊 ②歩兵部隊

infectious disease 感染症；伝染病

inferiority in strength ［U］ 劣勢

infiltrate ［vi.; vt.］ 浸透する；潜入する

infiltrating column ［C］ 不規縦隊

infiltration ①【陸自】浸透 《小部隊ごとに分散して隠密に敵中に潜入し、敵の後方地域に集結した後、目標を奪取する攻撃機動の一要領をいう。[典] 陸自教範》 ②潜入

infiltration surveillance center (ISC) ［C］ 侵入監視センター

infinite baffle 無限大バッフル

infinite impedance detector ［C］ 無限インピーダンス検波器

Infinite Justice 【米】インフィニット・ジャスティス 《同時テロに対する報復軍事行動の作戦名。「限りない正義」、「究極の裁き」を意味する。のちに「Enduring Freedom Operation」に変更された》

inflammable cargo 可燃貨物

inflammation point ［C］ 着火温度

inflatable seat ［C］ 浮袋形座席

in-flight feeding ＝inflight feeding 機上食；機内食

in-flight phase ［C］ 飛翔段階

in-flight refueling 空中給油

inflight technician (IFT) ［C］ 【海自】機上電子整備員 《センサー等の電子機器の操作・制御を行う》

inflow 流入

influence 影響；感化

influence exploder ［C］ 感応起爆装置

influence field ［C］ 感応域

influence fuze ［C］ 感応信管

influence mine ［C］ 感応機雷

influence sweep 感応掃海

inform ［vt.］ 通報する

informant ［C］ 情報提供者

information (info) ［U］ 情報資料 《敵、地域等に関し、資料源から得た知識のうち、評価・判定等、処理の過程を経ていないものをいう。[典] 統合訓練資料1-4。[備]「information＝情報資料」、「intelligence＝情報」として区別している。しかしながら、一般的には混同するので、「information＝情報」、「intelligence＝インテリジェンス」にする場合が多くなっている。「intelligence＝諜報」としても問題なければ、

「諜報」を使用する》

information addressee 〔C〕 受報者

Information and Communication Research Division 【防衛装備庁】情報通信研究部 《電子装備研究所～の英語呼称》《情報処理技術、通信ネットワーク技術、サイバー技術についての考案、調査研究および試験評価を行う。[典] 防衛装備庁HP》

Information and Communications Division 【内部部局】情報通信課 《の英語呼称》《防衛省の情報システムの整備および管理》 ◇用例： 情報通信課長 = Director, Information and Communications Division

information and communications technology (ICT) 情報通信技術 ◇用例： an advanced information and telecommunications network society = 高度情報通信ネットワーク社会

information and coordination central (ICC) 情報調整装置 《ペトリオット・システムの構成器材であり、情報処理装置のことをいう。[典] JAFM006-4-18》

information and data processing function インフォメーション&データ処理機能

Information and Media Library 【防大】総合情報図書館 《の英語呼称》◇用例： 総合情報図書館長 = Director of Information and Media Library

information assurance (IA) 情報保証 《情報システムおよび情報システムにおいて取り扱われるデータの機密性、完全性、可用性、識別認証および否認防止を維持することをいう。[典] 防衛省訓令第160号》

Information-based RMA (Info-RMA) 情報RMA 《軍事力の目標達成功率を飛躍的に向上させるために、情報技術を中核とした先進技術を軍事分野に応用することによって生起する、装備体系、組織、戦術、訓練等を含む軍事上の変革(RMA ： Revolution in Military Affairs)のこと》

information collection 〔C〕 情報収集 ◇用例： collection and coordination of the information = 情報の収集整理

information collecting activity 〔C〕 情報収集活動

information collection plan 〔C〕 情報収集計画

information condition (INFOCON) 情報態勢 《防衛情報通信基盤およびこれに接続する情報システムに対しサイバー攻撃等が発生するおそれがある場合または発生した場合において、サイバー攻撃等の脅威の状態に応じて5段階で未然防止措置または防衛情報通信基盤における対処措置を講ずることによりサイバー攻撃等に対処する態勢をいう。[典] 統合訓練資料1-4》

information coordination center (ICC) 〔C〕 情報調整所

Information Disclosure and Personal Information Protection Review Board 〔the ～〕 【日】情報公開・個人情報保護審査会 ◇用例： 情報公開・個人情報保護審査会設置法 = the Act for Establishment of the Information Disclosure and Personal Information Protection Review Board

information environment (IE) 〔C〕 情報環境 《情報を収集、処理、発信また活用する人員、組織およびシステムの集合体をいう》

information-gathering mission 〔an ～〕 情報収集任務

information-gathering purpose 情報収集目的

information operations (IO) 〔pl.〕 情報作戦 《作戦・戦闘全般の遂行を容易にするため、情報作戦の主要な手段等を、横断的かつ一元的に運用して、作戦の全期にわたり我に有利な作戦環境を構築する作戦をいう。[典] 陸自教範》

information processing 情報処理

Information Processing Division (Info Proc Div) 【陸自】資料課 《の英語呼称》

information processing system 〔C〕 情報通信システム

information report 〔C〕 情報資料報告

information request 〔C〕 情報資料要求

information requirements 〔pl.〕 情報要求 《指揮官が任務達成のため必要とする情報資料の収集努力の重点を示したもので、指揮官の情報運用に関する方針的事項であり、情報主要素とその他の情報要求からなる。[典] 陸自教範》◇用例： commander's critical information requirements = 指揮官の重要な情報要求

information resource 〔C〕 情報源

information retrieval (IR) 〔U〕 情報検索

information room 〔C〕 情報室

information security (INFOSEC) 〔C〕 ①情報保全 《秘密保全、隊員保全、組織・行動等の保全および施設・装備品等の保全をいう。[典] 統合訓練資料1-4》 ②情報セキュリティ 《情報セキュリティとは、保護すべき情報の機密性、完全性および可用性を維持することをいう。[典] 防衛省訓令第160号。[備] コンピューター・システムに係わる場合は、「情報セキュリティ」にする》

information security event 〔C〕 情報セキュリティ事象 《情報セキュリティ事象とは、情報セキュリティ基本方針等への違反のおそれのある状態および情報セキュリティ事故につながる

I

おそれのある状態をいう。[典] 調達における情報セキュリティ基準》

information security incident ［C］ 情報セキュリティ事故 《情報セキュリティ事故とは、保護すべき情報の漏洩、紛失、破壊等の事故が発生し、またはそれらの疑いがある状態をいう。[典] 調達における情報セキュリティ基準》

information security management system (ISMS) ［C］ 情報保全管理システム

Information Security Policy Council ［the ～］ 【日】情報セキュリティ政策会議《の英語呼称》

information sharing 情報共有

information sharing analysis center (ISAC) ［C］ 情報共有分析センター

information signal ［C］ 情報信号

information superiority ［U］ 情報優勢；情報の優越 《戦場における主動性を確保して戦勢を支配するため、情報活動等が、敵に比し相対的に優越することをいう。[典] 陸自教範》

information system ［C］ 情報システム《ハードウェア、ソフトウェア、ネットワークまたは記憶媒体で構成されるものであって、これら全体で業務処理を行うものをいう。[典] 防衛省訓令第160号》

information system security officer (ISSO) ［C］ 【自衛隊】情報システム保全幹部

I

information systems office ［C］ 情報システム室 《外部からの侵入が容易にできないよう外壁等に囲まれた、情報システムを設置する区域をいう。[典] 自衛隊統合達第23号》

information technology (IT) 情報技術

information technology security (ITSEC) ［U］ 情報技術保全

information warfare (IW) ［U］ 情報戦

information zone ［C］ 情報圏

informer ［C］ ①情報通報者 ②【海自】情報提供者

INFOSEC assessment capability maturity model (IA-CMM) 情報セキュリティ評価能力成熟度モデル

infrared (IR) ＝infra-red 赤外線

infrared charge-coupled device (IRCCD) ［C］ 赤外線電荷結合素子

infrared communication 赤外線通信

infrared counter-countermeasures (IRCCM) ［pl.］ 対赤外線妨害対抗手段《[対] infra-red countermeasures＝対赤外線妨害手段》

infrared countermeasures (IRCM) ［pl.］ 対赤外線妨害手段；赤外線対策 《[対] infra-red counter-countermeasures＝対赤外線妨害対抗手段》

infrared detecting set ［C］ 赤外線偵察装置

infrared detecting system ［C］ 赤外線探知装置

infrared film ［C］ 赤外線フィルム

infrared guidance ［U］ 赤外線誘導

infrared image 赤外線画像

infrared imagery 赤外線映像

infrared imaging sensor ［C］ 赤外線センサー

infrared intelligence ［U］ 赤外線情報

infrared intruder system (IRIS) ［C］ 赤外線潜入探知装置

infrared missile (IR missile) ［C］ 赤外線ミサイル

infrared photograph ［C］ 赤外線写真

infrared radiation ［U］ 赤外線放射

infrared ray (IR) ［C］ 赤外線

infrared search and track (IRST) 赤外線探知追尾

infrared seeker ［C］ 赤外線シーカー 《赤外線センサーを用いて目標を探知、識別、追尾する装置》

infrared sight system ［C］ 赤外線照準装置

in ground effect (IGE) 地面効果内

inhalation anthrax ［U］ 肺炭疽

inhalation assembly ［C］ 吸気部

inhalation valve ［C］ 吸気弁

inhaul line ［C］ つり索

inherent equipment reliability ［U］ 固有機器信頼度

inherent reliability ［U］ 固有信頼度

inhibit (INHB) インヒビット；禁止制御

inhibiting gate ［C］ 抑止ゲート

inhibition 抑制

inhibitor 抑制剤

inhibitor strip ［C］ 抑制片

initial ［adj.］ 初度

initial aiming point ［C］ 第1次照準点

initial air charge 初度注気

initial appointment 採用

initial approach 初期進入

initial approach area ［C］ 初期進入区域

initial approach fix (IAF) 進入開始点

initial approach leg 〔C〕 イニシャル・アプローチ・レグ

initial assessment 初期評価

initial bomb release line (IBRL) 〔C〕 爆弾投下開始線

initial charge 初充電

initial contact report 〔C〕 ①第1次接触報告 ②【海自】初探知報告

initial continuous display 初期常時表示

initial course 〔C〕 起程針路

initial demand 初度需要

initial detonating agent 〔C〕 起爆剤

initial dive 射入

initial draft plan 〔C〕 素案

initial early resupply 初期早期再補給

initial error lamp (INIT ERROR Lamp) 〔C〕 イニシャル・エラー・ランプ 《ペトリオット用語》

initial failure 初期故障

initial inspection 初期検査

initial installation 初度取り付け

initial issue ①【統幕】初度交付 ②【陸自】初度補給 《新(改)編部隊等に対し、未充足の物品を初めて補給すること。または新たに定数等を設けた場合に、その充足のために物品を初めて補給することをいう。[典] 陸上自衛隊達第71-5号》《[同] initial supply》 ③【空自】初度供用；初度供用装備

initial issue of equipment 初度装備 《編制装備表、備付定数表、携行定数表等により、部隊等または個人に装備するよう定められた装備品で、未交付のものを初めて交付することをいい、このため準備しまたは交付する装備品を初度装備品という。[典] 統合訓練資料1-4》

initialization 初期値の設定 《コンピューター》◇用例： initialize〔vt.〕= 初期値を設定する

initialization configuration command 〔C〕 初期化構成コマンド

initial operational capability (IOC) ①【空自】初期運用能力 ②【海自】初期作戦能力

initial operational test and evaluation 初度運用試験及び評価

initial-outfitting list 〔C〕 初度補充表；イニシャル・アウトフィッティング・リスト

initial photo interpretation report 〔C〕 初期写真判読報告

initial pip 初期ピップ

initial planning conference (IPC) 〔C〕 初期計画検討会；初度調整会議

initial point (IP) 〔C〕 ①【陸自】行進加入点 ②【空自】進入開始点；進入点 ③【海自】進入点

initial pressure 初圧

initial program load (IPL) イニシャル・プログラム・ロード 《バッジ用語》

initial provisioning ①初度補給基準の策定 ②【海自】初度プロビジョニング

initial radiation 〔U〕 初期放射線

initial reconnaissance 第1回踏査

initial report 〔C〕 初度報告

initial requisition 初度請求

initial reserves 〔pl.〕 初度予備品

initial response force 初期対応部隊

Initial Response Rediness Exercise (IRRE) 【米軍】初動対応即応演習 《運用即応演習(ORE)の初期段階を想定して緊急事態発生に対する初動の対応を行う訓練》

initial search lower bound (ISLB) 初度捜索低域限界 《ペトリオット用語》

initial spare parts (ISP) 〔pl.〕 初度部品 《主要な装備品について有事所要を基礎として品目数量を定め、装備状況に応じ、部隊等が常に保有または保管する部品をいう。[典] 陸上自衛隊達第71-5号》

initial spare support list (ISSL) 〔C〕 初度補用支援品目表

initial speed 開始速度

initial stability 〔U〕 初期復原力

initial starting date 課程開始期日

initial status monitor (ISM) 〔C〕 初期状況監視プログラム 《ペトリオット用語》

initial steam 〔U〕 初蒸気

initial supply 初度補給 《部隊等の新(改)編あるいは定数または保有基準の設定変更に伴い、未だ補給されていない装備品等を初めて部隊等に補給することをいう。[典] 統合訓練資料1-4》

initial supply requirements 〔pl.〕 初度補給所要 《新・改編部隊に未充足の装備品等を初めて補給するための所要をいう。[典] 陸自教範》

initial temperature 初温

initial treatment 初期治療

initial turn 初期旋回

initial unloading period 〔C〕 初期揚陸期間

initial vector 〔C〕 初度指令方位

initial velocity 〔U〕 初速 《砲弾が砲を離れ

I

る瞬時の砲弾の速力をいう。[典] 海上自衛隊訓練資料第175号》◇用例： measuring equipment of initial velocity = 初速測定装置

initiating directive ［C］ 初期命令

initiating explosive 起爆薬 《熱、衝撃または摩擦などの刺激に対して極めて鋭敏な爆薬であり、容易に爆轟（ばくごう）する爆薬》◇用例： initiating high-explosive = 高性能起爆薬 《[同] primary explosive》

initiation ①起爆 《爆薬を爆発させること。[典] NDS Y 0001D》 ②始動 《信管の時限機構における作動の開始。[典] NDS Y 0001D》 ③点火 《火薬類を燃焼または爆燃させること。[典] NDS Y 0001D》 ④イニシエーション 《手動または自動により航跡をシステム内に生成することをいう。[典] JAFM006-4-18》

initiation diagnostic menu ［C］ 初期診断メニュー

initiation of procurement action 調達行為の開始

initiative 主動；主動性；主導；主導性 ◇用例： to take initiative = 主動性を発揮する

initiator ［C］ ①【空自】点火管；点爆管 ②【海自】起爆薬 ③イニシエーター 《火薬系列の第1番目の部品として使用するものの総称。通常、少量の鋭敏な火薬類を使用し、機械的または電気的な刺激によって燃焼または爆轟（ばくごう）を起こす。[典] NDS Y 0001D。[備] 不明な場合は「イニシエーター」にする》

I

injected voltage 補償電圧調整器

injection 噴射

injection air ［U］ 噴射用空気

injection cam ［C］ 噴射カム

injection nozzle ［C］ 噴射ノズル

injection pipe ［C］ 噴射管

injection pressure 噴射圧；噴射圧力

injection-type carburetor ［C］ 噴射型気化器

injection valve ［C］ 噴射弁

injection water ［U］ 噴射水

injector ［C］ 燃料噴射弁

injured in action 戦傷者

injured other ill (IOI) 傷病者

injured soldier ［C］ 負傷兵

injury 傷害

injury casualty ［C］ 負傷者

in kind 現物で

inland 【陸自】内陸部 《沿岸部と対応する地域として、沿岸部から更に内陸の地域をいう。[典] 統合訓練資料1-4》《[対] coast zone = 沿岸部》

inland area operation 【陸自】内陸部の作戦 《侵攻する敵に対して、攻勢転移の条件を作為し、内陸部において、これを撃破する作戦をいう。[典] 陸自教範》

inland search and rescue region ［C］ 内陸部捜索救難地域

inland water way ［C］ 内陸水路

inlet blade angle ［C］ 羽根入口角

inlet cock ［C］ 入り口コック

inlet duct ［C］ 吸気管

inlet duct door ［C］ 吸気管扉

inlet guide vane (IGV) ［C］ ①【空自】インレット・ガイド・ベーン ②【海自】入り口案内羽根

inlet passage ［C］ 吸い込み路

inlet pipe ［C］ 入り口管；吸い込み管

inlet port ［C］ 入り口；吸い込み口

inlet valve ［C］ 入り口弁

in-line 一線化 《信管火薬系列が、信管を作動させるに必要な爆轟（ばくごう）を伝播することができる状態にすること。[典] NDS Y 0001D》

inner artillery zone ［C］ 飛行禁止地域

inner bottom plate ［C］ 内底板

inner chamber ［C］ 内部燃焼筒

inner defense zone ［C］ 内部防御地帯

inner detection area ［C］ 内側探知区域

inner halo ［C］ 内かさ

inner harbor patrol 港内哨戒

inner hull ［C］ 内殻（ないこく） 《潜水艦》《[対] outer hull = 外殻》

inner leg ［C］ 内側脚線

inner marker (IM) ［C］ 内側標識；内側マーカー

inner marker beacon ［C］ 内側無線位置標識

inner patrol line 内方哨戒線 《[対] outer patrol line = 外方哨戒線》

inner picket station ［C］ 内側ピケット占位位置

inner transport area ［C］ 内側輸送艦区域

inner zone of audibility 内聴域

innocent passage ①無害通航 《船舶が沿岸国の平和、秩序または安全を害することなく領海を通航することをいう。[典] 統合訓練資料1-4》 ②【海自】無害航行

in-patient = inpatient ［C］ 入院患者

in-phase 同相

in-phase component 同相成分

in place turn 一斉旋回

in-process inspection 工程間検査

input control block (ICB) ［C］ 入力制御ブロック 《バッジ用語》

input flow meter ［C］ 入力流量計

input impedance ［U］ 入力インピーダンス

input measuring device ［C］ 入力測定装置

input/output controller (IOC) ［C］ 多重入出力制御装置 《バッジ用語》

input/output control unit (IOCU) ［C］ 入出力制御装置

input/output diagnostic equipment (IDE) ［U］ 入出力診断装置 《バッジ用語》

input/output request block (IORB) ［C］ 入出力要求ブロック 《バッジ用語》

input/output unit (I/OU) ［C］ 入出力装置

input resonator ［C］ 入力共振器

input selector switch ［C］ 入力選択スイッチ

input termination queue (ITQ) インプット・ターミネーション・キュー 《バッジ用語》

input unit ［C］ 入力装置

inquiry ①問い合わせ ②査問

inquisitor ［C］ 質問用装置

insensitive munitions (IM) ［pl.］ 低感度弾薬 《目標への的中以外では爆発しにくいように、銃撃などや殉爆に対する抗堪性を持たせて、安全性を高めた弾薬。[典] NDS Y 0001D。[備]「不感弾薬」ともいう》

insertion power gain 挿入電力利得

inshore air patrol 沿岸航空哨戒

inshore patrol ①【空自】沿岸哨戒（えんがんしょうかい） ②【海自】内域哨戒

inside painting 内部塗装

inside turn 内側旋回 《編隊の内側旋回》

insight ①視認；発見 ②洞察力

insolation 日射

inspect ［vt.］ 点検する

inspection (insp) ①検査 《検査とは、対象について調査、試験または実験を行って、諸性能が要求内容に適合しているかどうかを判断する行為。[典] NDS F 8002E》 ②点検 ③監察 《指揮下部隊等の実状を把握することにより、任務遂行を阻害する諸要因を探求し、その改善施策の推進を図ることを目的として、部隊等を観察、調査する機能およびその行為をいう。[典] 陸自教範》

inspection and repair as necessary (IRAN) ①【空自】機体定期修理 ②定期修理 《装備品等の全般検査・整備などを行う》《IRAN ＝ アイラン》

inspection arms 銃点検 《号令》

inspection between processes 工程間検査

inspection check sheet ［C］ 検査点検用紙

Inspection Division 【海自】検査隊 《の英語呼称》◇用例： 検査隊長 = Chief, Inspection Division

inspection door ［C］ 検査ドアー

inspection gauge ［C］ 検査ゲージ

inspection hole ［C］ 検査孔；点検孔

inspection interval ［C］ 検査間隔

inspection lot ［C］ 検査ロット 《検査対象品目を幾群かに分類した場合の個々の対象となる単位群をいう。[典] GW-CG-Y710103M》

inspection of personnel 分隊点検

inspection of troops 軍隊の視察

inspection of watertight integrity 防水扉蓋点検（ぼうすいひがいてんけん）

inspection requirements ［pl.］ 検査要求事項

Inspection Section 【防衛監察本部】監察班 《の英語呼称》

inspection sequence chart ［C］ 検査順序表

inspection work card ［C］ 検査作業票

inspector ［C］ 検査官 《分任支出負担行為担当官の補助者として任命され、検査を行う職員。[典] 3補LPS-E00001-9》

inspector general ［pl. = inspectors general］ 監察長官；検閲総監

Inspector General ①【陸自・海自】監察官 《の英語呼称》 ②【空自】監理監察官 ③【米】監察官

Inspector General of the Air Force 【米空軍】監察官

Inspector General's Office of Legal Compliance ［the ～］ 【防衛省】防衛監察本部 《の英語呼称》◇用例： 防衛監察監 = Inspector General for Legal Compliance；副監察監 = Vice Inspector General

Inspector, Military Police 【防衛省】警務管理官 《の英語呼称》

instability line ［C］ 不安定線

instability shower ［C］ 不安定しゅう雨；不安定性しゅう雨 《しゅう雨（驟雨）》

installation (instl) ①設置；据え付け ②施

I

設 《[同] facility》 ③就任；任命

installation commander 〔C〕 施設司令官

installation drawing 〔C〕 装備図

installation error 取り付け誤差 《計器の取り付け誤差》

installation security 〔U〕 施設保全 《主として、敵の情報活動・謀略活動から自隊の施設、資材および装備品等を防護することをいう。[典] 統合訓練資料1-4》

installation transportation officer (ITO) 〔C〕 軍事施設移動許可士官

instantaneous automatic gain control (IAGC) 瞬間自動利得調整

instantaneous combustion 〔U〕 瞬間燃焼

instantaneous current 瞬時電流

instantaneous electromotive force 瞬時起電力

instantaneous field of view (IFOV) 瞬時視野 《赤外線撮像装置としての視野の最小単位であり、一つの検知素子がある瞬間に観測している物体空間の範囲をいう》

instantaneous frequency 〔U〕 瞬時周波数

instantaneous overload relay 〔C〕 瞬時過負荷継電器

instantaneous reverse current 瞬時逆電流

instantaneous sound pressure 瞬時音圧

instantaneous value ①瞬間値 ②【海自】瞬時値

I

Institute for the Prevention of International Conflicts (IPIC) 国際紛争予防研究機構

instruction ①指示 ②達 ③命令 《コンピューターのコード》

instructional material 教育資料；教材

instructional objective 教育訓練目標

instruction code 命令コード

instruction firing ①【陸自】教習射撃 ②【海自】教程射撃

instruction material 教育資料

instruction method 教育法

instruction procedure 〔C〕 教育要領

instructions 〔pl.〕 説明書；規定 《[備] 説明書類は、通常、複数形にする》

instruction time 命令時間 《コンピューター》

instructor 〔C〕 教官

instructor navigator (IN) 〔C〕 【空自】教官航法士

instructor pilot (IP) 〔C〕 【空自】教官操縦士

Instructors Office 【統幕学校】教官室 《教育課～の英語呼称》《第1教官室と第2教官室がある》◇用例： 第1教官室 = 1st Instructors Office

instructor training console (ITC) 〔C〕 教官卓 《ペトリオット用語》

Instructor Training Course (ITC) 【空自】教育技術課程 《の英語呼称》

instrument 〔C〕 器具；計器

instrumental error 器材誤差

instrumental meteorological condition (IMC) 計器気象状態 《航空機の飛行高度等の区分に応じ、視程および雲の状況を考慮して、航空法で定める有視界気象状態（VMC）以外の視界上不良な気象状態をいう。[典] JAFM006-4-18》

instrument approach 【空自】計器進入 《計器飛行方式により飛行する航空機（IFR機）が行う計器進入方式による進入およびレーダー進入をいう》

instrument approach procedure (IAP) ①【空自】計器進入方式 ②【海自】計器進入手順

Instrumentation Squadron 【空自】計測隊 《飛行開発実験団隷下～の英語呼称》《飛行試験管制システム（FTCS）の維持・運用、試験映像の撮影および試験データ収集・処理を実施する》

instrument board 〔C〕 計器板

instrument certificate 〔C〕 計器飛行証明書

instrument departure route (IDR) 〔C〕 計器出発経路

instrument error 計器誤差；器差

instrument flight 〔C〕 計器飛行

instrument flight rules (IFR) 〔pl.〕 計器飛行方式

instrument for aircraft 〔pl. = instruments for aircraft〕 航空計器

instrument interpretation 計器判読

instrument landing 計器着陸

instrument landing approach (ILA) 計器着陸進入

instrument landing system (ILS) 〔C〕 計器着陸装置 《航空機》

instrument letdown 計器降下

instrument low approach system (ILAS) 計器低空進入誘導方式

Instrument Maintenance 【空自】計器整備 《准空尉空曹空士特技区分の英語呼称》

instrument meteorological condition (IMC) 計器気象状態

instrument panel 〔C〕 計器板

instrument rating 計器飛行技量資格
instrument runway ［C］ 計器着陸用滑走路
instrument take-off (ITO) 計器離陸
insubordination 抗命
insulated wire ［C］ 絶縁線；絶縁電線
insulating breakdown 絶縁破壊
insulating material 絶縁材；絶縁物；絶縁体
insulating resistance 絶縁抵抗
insulating resistance tester ［C］ 絶縁抵抗計
insulating rubber tape ［U］ 絶縁ゴム・テープ
insulating stand ［C］ 絶縁台
insulating tape ［U］ 絶縁テープ
insulating tissue paper ［U］ 絶縁薄紙（ぜつえんうすがみ）
insulation course ［C］ 遮断層
insulation resistance 絶縁抵抗
insulation test ［C］ 絶縁試験
insulation tester ［C］ 絶縁抵抗計
insulator ［C］ がい子；絶縁体；絶縁物
insurance ［U］ 保険
insurance item ［C］ ①【空自】保険品目 ②【海自】保障品目
insurance premium deductions ［pl.］ 保険料控除
insure ［vt.］ 確認する
insurgency ①【空自】暴動 ②反乱《[対] counter insurgency = 暴動対処；対反乱》
insurgents ［pl.］ 武装勢力；暴徒
insurgent troops ［pl.］ 反乱軍
intact ［adj.］ 無傷で
intake 取り入れ口
intake air 吸気
intake air duct ［C］ 空気取り入れ口
intake air heater ［C］ 吸気加熱器
intake air temperature indicator ［C］ 吸気温度計
intake manifold 吸気マニホールド
intake pipe ［C］ 吸入管
intake solenoid valve ［C］ 吸気電磁弁
intake stroke 吸気行程
intake valve ［C］ 吸気弁；注入弁
integral action 積分動作
integral combat unit ［C］ 単位編成部隊
integrally stiffened skin 骨付き一体外板
integral multi-pack film ［C］ 多層フィルム
integral part ［C］ 構成要素
integral rocket ramjet (IRR) インテグラル・ロケット・ラムジェット《ラムジェットは、空気圧縮機を持たないため、超音速飛行状態にならなければ作動しない。IRRでは、ラムジェット・エンジンの燃焼室に充填された固体ロケット燃料によって所要の速度まで加速した後、ラムジェットとして作動させる》
integral spar ［C］ 一体桁（いったいけた）
integral structure 一体構造
integral tank ［C］ ①【空自】インテグラル・タンク ②【海自】造り付けタンク
integrated air defense system (IADS) ［C］ 統合防空組織
integrated avionics technician ［C］ 情報処理システム整備員
integrated barrier ［C］ 総合バリヤー
integrated catapult control station (ICCS) ［C］ 【海軍】統合型カタパルト指揮所
integrated combat take-off (ICT) 統合戦闘再発進
integrated combat turn around (ICT) 総合戦闘再発進準備
integrated communication center (ICC) 統合通信所
integrated communications navigation and identification (I/CNI) 統合式通信航法識別装置
integrated communications system ［C］ 統合通信組織
integrated contingency plan ［C］ 統合警備計画
integrated coordination ［U］ 統合調整
integrated coordination for command 指揮命令の統合調整
integrated data-display system ［C］ 戦術データ総合表示装置
integrated data processing (IDP) ①【空自】集中データ処理 ②【海自】一貫資料総合処理
integrated data processing system (IDPS) 集中データ処理方式
Integrated Defense Digital Network (IDDN) 【自衛隊】防衛統合ディジタル通信網《通信網の統合化を図るとともに、各自衛隊の通信網を有機的に結合させ、自衛隊の任務を効果的に遂行するための通信基盤の確立を図るため、陸・海・空自衛隊が協同で整備する防衛通信網の骨幹をなすディジタル方式による通信網をい

I

う。㊙ 統合訓練資料1-4》

integrated drive generator (IDG) ［C］統合駆動ジェネレーター

integrated electronic warfare ［U］ 統合電子戦

integrated electronic warfare system (INEWS) ［C］統合電子戦システム

integrated fire control area (IFC area) ［C］射撃統制地域

integrated fire control system ［C］統合射撃管制装置

integrated helmet and display sight system (IHADSS) ［C］統合型ヘルメット及び表示照準システム

integrated instrument system (IIS) ［C］総合計器装置

integrated logistics support (ILS) ①【統幕】統合後方支援 ②【空自・海自】総合後方支援

integrated logistics support plan (ILSP) ［C］統合後方支援計画書

integrated material management (IMM) ［U］一元資材管理

integrated material manager (IMM) ［C］【米】統合資材管理機関

integrated navigation system 統合航行方式

integrated operational intelligence system (IOIS) ［C］統合作戦情報システム

Integrated Peacebuilding Strategy (IPBS) 【国連】統合平和構築戦略

integrated priority list (IPL) ［C］統合優先リスト

Integrated Regulatory Review Service (IRRS) 総合規制評価サービス 《原子力安全規制に係る制度等についてIAEAの安全基準に照らし、IAEAが総合的に評価を行うサービス。㊙ 日本の軍縮・不拡散外交》

integrated rocket ramjet engine (IRR) ［C］ロケット・ラムジェット複合エンジン

integrated screen ［C］統合直衛

integrated staff ［C］統合幕僚

integrated support area ［C］統合支援区域

integrated tactical air control system ［C］【空軍】統合型戦術航空管制システム

integrated tactical amphibious warfare data system (ITAWDS) ［C］揚陸戦情報戦術統合装置

integrated tactical surveillance system (ITSS) ［C］統合戦術監視システム

integrated tactical warning 統合戦術警戒

integrated undersea surveillance system (IUSS) ［C］統合水中監視システム

integrated use 統一使用

integrated voice communication system (IVCS) ［C］【海自】総合音声通信システム

integrated warfare ［U］統合戦

integrated weapon system (IWS) ［C］統合兵器システム

integrated weapon system database (IWSDB) ［C］統合ウェポン・システム・データベース

integrating circuit ［C］積分回路

integrating indicator ［C］積算計

integrating wattmeter ［C］積算電力計

integration 統合 《国連システムがその多様な能力を一貫して、相互支援的に発揮することにより、紛争終結国への寄与の極大化を図るプロセス。㊙ 国連平和維持活動（原則と指針）》

integration meter ［C］積算計器

integration system 積分方式

integration test ［C］総合試験

integrator ［C］積分器 《慣性航法装置において、加速度を速度に変換したり、速度を距離に変換する装置。㊙ レーダー用語集》

integrity ［C］完全性 《電子計算機情報およびその処理方法が正確かつ完全である度合いをいう。㊙ 防衛省訓令第160号》

intellectual property ［U］知的所有権

Intelligence 【空自】情報 《准空尉空曹空士特技区分の英語呼称》

intelligence (INTEL) ［U］①情報 《戦略、戦術等に必要な諸外国および敵等ならびに地域に関する情報資料を処理して得た知識をいい、我が部隊等に関する知識を含めていう場合がある。㊙ 陸自教範。㊙「information」との区別が必要な場合は、「information」を「情報資料」にする》 ②諜報 《㊙「諜報」が不適切な場合は用いない》 ③インテリジェンス 《「情報」と「諜報」が適訳ではない場合に用いる》

intelligence activity ［C］情報活動 《情報に関する活動の総称であり、収集努力の指向、情報資料の収集、情報資料の処理および情報の使用の4過程からなる。㊙ 統合訓練資料1-4》《㊙ counterintelligence activity ＝ 対情報活動》

intelligence agency ［C］情報局；情報部

intelligence and investigation organization ［C］情報調査機関

intelligence and investigation service

［C］ 情報業務

intelligence annex ①【統幕】情報付属文書 ②【空自】情報別紙

intelligence-based warfare (IBW) ［U］ 情報基盤戦争

intelligence center (Int C) ［C］ 情報所 《防衛作戦準備の初期段階および作戦実施間における浮動状況の場合等において指揮所が開設・推進されるまでの間設けられ、情報資料の収集、処理等を実施するところをいい、通常、情報幕僚以下所要の要員が位置する。㊞ 陸自教範》

intelligence collection agency ［C］ 情報収集機関

intelligence collection plan ［C］ 情報収集計画

intelligence collection ship (AGI) ［C］ 情報収集艦

intelligence command ［C］ 【陸自】情報専門部隊

intelligence community ［C］ 情報機関

intelligence contingency fund ［C］ 情報用予備資金

intelligence cycle ［C］ 情報サイクル；情報循環

intelligence database ［C］ 情報データベース

intelligence data handling system ［C］ 情報データ処理システム

intelligence data process ［C］ 情報データ処理

Intelligence Department 【防衛省・空自・海自】調査部 《の英語呼称》◇用例：陸上幕僚監部調査部 = Intelligence Department, GSO (Intel Dept)；調査部長 = Director, Intelligence Department

intelligence discipline ［U］ 情報分野

Intelligence Division 【空自・陸自・海自】調査課 《の英語呼称》◇用例：調査第1課 = 1st Intelligence Division (1 Intel Div)

intelligence doctrine 情報ドクトリン

intelligence effort 諜報活動

intelligence estimate = estimate of intelligence 情報見積り 《指揮官の状況（情勢）判断に資するため、また他の幕僚に対し必要な資料を提供するため、敵の可能行動あるいは任務達成に影響を及ぼす地域の特性および敵情について考察し、敵の可能行動およびその採用公算の順位、我が任務達成に重大な影響を及ぼす敵の可能行動および我の乗じ得る敵の弱点を明らかにすることをいう。㊞ 統合訓練資料1-4》

intelligence evaluation 情報評価；情報の評価

intelligence expert ［C］ 諜報活動の専門家

intelligence federation ［C］ 情報連合

intelligence gathering 情報収集

intelligence information ［U］ 情報資料

intelligence journal ［C］ 情報日誌

intelligence network ［C］ 情報網

Intelligence Office 【空自】情報室 《の英語呼称》◇用例：情報室長 = Head, Intelligence Office

intelligence officer ［C］ 情報将校；情報士官

Intelligence Officer 【空自】情報幹部 《幹部特技区分の英語呼称》

intelligence officials ［pl.］ 情報当局 ◇用例：Pakistani intelligence officials = パキスタン情報当局

Intelligence Operation office 【空自】情報運用室 《の英語呼称》

intelligence operations (IO) ［pl.］ 情報作戦

Intelligence Operations Division (Intel Opns Div) 【陸自】調査課 《の英語呼称》

intelligence organization ［C］ 情報組織 《情報業務を遂行するための自己司令部および指揮下部隊等の機構をいい、司令部の情報幕僚、情報科部隊、情報活動を主任務とする部隊、情報活動に任ずる一般の部隊等から構成される。㊞ 陸自教範》

intelligence plan ［C］ 情報計画 《情報活動に関する指揮官の構想、情報収集に関する各部隊等の担当事項、その他必要な情報活動に関する統制事項等を定めた計画をいい、作戦計画の一部として作成されることが多い。㊞ 統合訓練資料1-4》

Intelligence Planning Section 【空自】計画班 《調査部調査課〜の英語呼称》◇用例：計画班長 = Chief, Intelligence Planning Section

intelligence preparation of the battle space (IPB) 戦場情報準備

intelligence process ［C］ 情報プロセス

intelligence product ［C］ 情報成果

intelligence quotient (IQ) 知能指数

intelligence-related activity 情報関連活動

intelligence report (INTREP; IR) ［C］ 情報報告

intelligence reporting ①情報報告 ②【統幕】情報の報告

intelligence requirement directive 収集努力の指向

intelligence requirements ［pl.］ 情報要求

inte 344

《指揮官が任務達成のため必要とする敵および地域に関する情報上の要求をいう。⊛ 統合訓練資料1-4》

intelligence running estimate 連続情報見積り

Intelligence Section ①【陸自】情報班 《の英語呼称》 ②【空自】調査班 《の英語呼称》《航空総隊では「調査課」》◇用例：調査第1班 = 1st Intelligence Section

Intelligence Security Detachment 【海自】情報保全分遣隊 《の英語呼称》◇用例：情報保全分遣隊長 = Office in Charge, Intelligence Security Detachment

intelligence service ［C］ ①情報業務 《収集努力の指向、情報資料の収集、情報資料の処理および情報の使用をいう。⊛ 陸自教範》 ②情報部

intelligence source ［C］ 情報源

intelligence staff ［C］ ①【自衛隊】情報幕僚 ②情報参謀

Intelligence Staff Officer 【空自】情報幕僚 《幹部特技区分の英語呼称》

intelligence staff procedures ［pl.］ 情報幕僚要務 《幕僚が幕僚活動を実施するにあたり常に必要な基礎的手段であって、調査研究、会議、文書要務、通信要務、プレゼンテーションおよび幕僚業務記録の総称をいう。⊛ 陸自教範》

intelligence standard score 知能偏差値

intelligence subject ［C］ 情報目標

intelligence subject code 情報目標コード

intelligence summary (INTSUM) ［C］ 情報要約；情報要約書

intelligence, surveillance, reconnaissance (ISR) 情報・警戒監視・偵察

intelligence test ［C］ 知能検査

intelligence work 情報作業

intelligent munitions ［pl.］ 知能弾薬 《弾薬自体に各種のセンサーを付加し、目標の検知・弾道修正・起爆タイミングの制御等を自動的に行わせることにより、命中精度等を高めた弾薬》

intelligibility ［U］ 認識

intensifier ［C］ 補力液

intensity control ［U］ 輝度制御

intensity control panel ［C］ インテンシティ・コントロール・パネル 《バッジ用語》

intensity modulation 輝度変調

intensity of illumination 照度

Intensive Commnand and Staff Course 【海自】幹部特別課程 《海上自衛隊幹部学校の課程名》

intensive management ［U］ 集中管理

intensive training to acquire skills and qualifications 技術資格取得集合訓練

intention 意図；企図

interaction 相互作用

interactive electronic technical manual (IETM) ［C］ 対話型電子技術マニュアル

interagency communication system (ICS) ［C］ 【米】省庁間通信システム

interagency coordination 省庁間調整

interagency operations ［pl.］ 省庁間作戦

interaircraft communication 機上相互通信

Inter-American Defense Board (IADB) 【米】米州防衛委員会

Inter-American Foundation 【米】米州基金

Inter-American Geodetic Survey (IAGS) 【米】国土測量所

inter-annual variation 年々変化

inter-artillery zone ［C］ 砲撃対抗区域

inter block gap (IBG) ブロック間隔 《バッジ用語》

inter-carrier sound system インター・キャリヤー音声方式

intercept ［n.］ 要撃 《来襲する空中目標を撃破するために、戦闘機を発進させること、または地対空誘導弾を発射させること》

intercept ［vt.］ ①傍受する ②要撃する

intercept area ［C］ 要撃区域

intercept combat time 要撃戦闘時間

intercept control ［U］ 【空自】要撃管制 《航空警戒管制部隊が行う、兵器割当てならびに要撃機およびSAMの管制の各機能を総称している。⊛ 統合訓練資料1-4》

intercept control area ［C］ 要撃管制区域

intercept controller ［C］ 要撃管制官

intercept controller assignment summary ［C］ インターセプター(IC)割り当てサマリー 《バッジ用語》

intercept control technician (ICT) ［C］ 要撃管制技術員 《兵器管制官(WCO)の補助者のことをいう。⊛ JAFM006-4-18》

intercept equipment ［U］ 電波捕捉装置（でんぱほそくそうち）

intercepting barrier ［C］ 捕捉バリヤー

intercepting distance 捕捉距離(ほそくきょり)

intercepting search ［C］ 捕捉捜索

interception (intcp) ①要撃 《来襲する空中目標を攻撃するため、要撃戦闘機を発進させ、またはミサイルを発射することをいう。® 統合訓練資料1-4》 ②捕捉（ほそく） ③傍受；窃信

interception and surveillance station ［C］ 要撃監視所

interception fire control radar ［C］ 要撃用射撃管制レーダー

interception noise ［U］ 電流分配雑音

intercept method 傍受法

intercept missile (IM) ［C］ 要撃ミサイル

intercept mission ［C］ 要撃ミッション 《目標機の識別または撃墜のために、要撃機等を目標機に対して指向するミッションをいう。® JAFM006-4-18》

intercept operation 要撃オペレーション

interceptor ［C］ ①要撃機；迎撃機 《正式には「要撃機」》 ②要撃ミサイル

interceptor controller monitor unit (IC MON) ［C］ インターセプター・コントローラー監視盤；ICコントローラー監視盤 《バッジ用語》

interceptor director (IND) ［C］ 【空自】要撃指令官 《防空指令所（DC）・防空監視所（SS）等に勤務する要撃管制幹部および要撃管制幕僚を総称していう。兵器管制官ともいう。® 統合訓練資料1-4》

interceptor fighter ［C］ ①【陸自】要撃戦闘機 《攻めてくる航空機を待ち構えて攻撃する戦闘機。® 民軍連携のための用語集》 ②【海自】防空戦闘機

interceptor fire control radar ［C］ 要撃用レーダー

interceptor missile (IM) ［C］ ①【陸自】要撃ミサイル ②【空自】要撃用誘導ミサイル

interceptor officer ［C］ ①【空自】要撃戦関係幹部 ②要撃戦関係将校

interceptor pair line 要撃機ペア・ライン 《バッジ用語》

intercept plan display (IPD) 迎撃計画表示 《JADGE用語》

intercept plot 要撃作図

intercept point ①【空自】会敵点；要撃点 《要撃戦闘機の会敵点をいう。® JAFM006-4-18》 ②【海自】命中点；交点

intercept receiver ［C］ 逆探受信機

intercept search ［C］ 逆探捜索

intercept sonar ［U］ 逆探ソーナー

intercept station ［C］ 傍受所

intercept surveillance station ［C］ 要撃監視所

interchangeability 互換性

interchangeability and substitutability (I/S) 互換及び代用性

interchangeable item ［C］ 互換品目

intercockpit communication system (ICS) ［C］ 機内通話装置

interconnecting box ［C］ 中間接続箱

interconnecting tube ［C］ 連結管

interconnection 相互接続

interconnector tube ［C］ 相互結合管

intercontinental ballistic missile (ICBM) ＝ inter-continental ballistic missile ［C］ 大陸間弾道ミサイル；大陸間弾道弾 《射程は、約5,500km以上》

intercooler ［C］ 中間冷却器

intercrystalline crack 粒間割れ

interdepartmental intelligence ［U］ 省庁間情報

interdepartmental or agency support 省庁間支援

interdict ［vt.］ 阻止する

interdiction ［U］ 【陸自】阻止 《一時的または継続的に敵の移動を停止もしくは妨害し、あるいは地点・地域の使用を妨害することをいう。® 統合訓練資料1-4》◇用例：「敵の突破の阻止」、「敵機甲戦闘力の突進の阻止」

interdiction fire 阻止射撃

interdiurnal change 日日変化

inter-electrode capacitance ＝ interelectrode capacitance 電極間容量

interface ［C］ ①インターフェース 《システム内およびシステム間における形態に関する整合をいう。® 航空自衛隊達第28号。® 本書では「インターフェース」に統一している》 ②接際部；中間面；接触面 ③相互連接

interface control drawing (ICD) ［C］ インターフェース管理図面 《バッジ用語》

interface management message (IMM) ［C］ インターフェース管理メッセージ 《バッジ用語》

interface unit ［C］ インターフェース・ユニット；相互接続装置

interfere ［vt.］ 妨害する

interference ［U］ ①干渉 《同一周波数で位相または伝搬方向が異なる2つ以上の音波が重畳して生じる現象。® NDS Y 0011B》 ②妨害 《他の信号または静電気により、求める信号や音に対する妨害。その合成雑音。® レーダー用語集》 ③混信

inte 346

interference fading　干渉フェージング

interference filter　［C］　干渉除去器

interferenceprotectionfeature (IPF)
［C］　干渉防止機能　《JADGE用語》

interference suppressor (IS)　［C］　干渉制
御器

interim Afghan government　アフガニスタ
ン暫定政府　◇用例：an interim Afghan
government《成立前は「an ～」》；the interim
Afghan government《成立後は「the ～」》

interim allowance　［C］　調整手当て

interim financing　暫定財務処理；仮財務処理

interim government　［an ～］　暫定政府

interim overhaul　暫定的オーバーホール

interim report　［C］　中間報告

Interim Report on the Review of the
Guidelines for US-Japan Defense
Cooperation　【日】日米防衛協力のための指
針の見直しに関する中間とりまとめ　《文書名》

interim requisition　中間請求

interior air defense　［U］　本土防空

interior ballistics　［U］　砲内弾道学

interior check　内部点検

interior emergency light　［C］　室内非常灯

interior guard　警衛

interior guard officer　［C］　【海自】警衛
士官

interior guard petty officer　［C］　【海
自】警衛海曹　《警衛海曹は、副長、当直士官、
警衛士官および甲板士官の命を受け、規律・風紀
に関することに従事するとともに、当直海曹およ
び当番を監督し、また、曹士全般にわたる事務に
関し先任伍長を補佐する。⊛ 海幕人第10346号》

interior inspection　内部検査

interior lighting system　機内灯系統

interior operation　【陸自】内線作戦　《数方
向の外方から求心的に、我に向かって作戦を行う
敵に対し、我が後方連絡線を内方に保持して行う
作戦をいう。⊛ 陸自教範》《⊗ exterior operation
＝ 外線作戦》

interlaced scanning　飛び越し走査

interlacing method　飛び越し走査法

interlock dead period　不感秒時

interlocking device　［C］　連動インターロッ
ク装置

interlocking mechanism　［C］　インター
ロック機構

intermediary report　［C］　中間報告

intermediate　副縦通材

intermediate approach　中間進入

intermediate cipher text　［C］　中間暗号文

intermediate circuit　［C］　中間回路

intermediate flash　中間炎　《砲口炎の一つ》

intermediate frequency (IF)　［U］　中間周
波数　《スーパーヘテロダイン方式において、入
力信号波と局部発信器の出力とを混合検波し、出
力にでてくるうなり周波数。⊛ レーダー用語集》

intermediate frequency amplifier　［C］
中間周波増幅器

Intermediate Level Jet Trainer　【自衛隊】
中等練習機 (T-4)

intermediate maintenance (IM)　［U］
①【統幕】中間整備　②【空自】支援整備

intermediate marker　［C］　中間標識　《地
雷戦》

intermediate nuclear forces (INF)　［pl.］
中距離核戦力

intermediate objective　［C］　中間目標

intermediate power amplifier　［C］　中間
電力増幅器

intermediate pressure cylinder　［C］　中
圧シリンダー

intermediate pressure turbine　［C］　中
圧タービン

intermediate range　［C］　中距離

intermediate-range ballistic missile
(IRBM)　［C］　①中距離弾道ミサイル　②
【陸自】中距離弾道弾　《射程は、約3,000km～約
5,500km》

Intermediate-Range Nuclear Forces
(INF)　中距離核戦力

Intermediate-Range Nuclear Forces
Treaty (INF Treaty)　中距離核戦力条約

intermediate repair　【海自】中間修理　《自
衛艦が毎年計画的に実施している修理の一つであ
り、年1回、定係港等の岸壁で約2週間にわたり行
う》

intermediate section　［C］　中間地区

intermediate shaft　［C］　中間軸

intermediate stop valve　［C］　中間止め弁

intermediate synoptic hour　中間観測時間

intermediate trainer　［C］　中等練習機

intermediate valve　［C］　中間弁

intermediate wave　［C］　中短波

intermittent aim　選択照準

intermittent drive　間欠駆動

intermittent drive gear　［C］　間欠駆動歯車

intermittent fault　断続的故障　《ペトリオッ

ト用語》

intermittent illumination　間欠照明

intermittent movement　間欠運動装置

intermittent operation　間欠作動

intermittent rain　[U]　断続性の雨

intermittent ranging　[U]　間隔測距

intermittent rendering active device
　[C]　間欠待ち受け装置；断続待ち受け装置

intermittent ringing　断続信号

intermodal transportation　[U]　複合一貫
輸送

intern　研修生

Internal Bureau　【防衛省】内部部局　《の英
語呼称》

internal characteristic curve　[C]　内部特
性曲線

internal combustion engine　[C]　内燃
機関

internal communication system (ICS)
　[C]　機内交話装置；艦内交話装置

internal defense　[U]　国内防衛

internal displaced person (IDP)　[C]
国内避難民

internal efficiency　[U]　内部効率

internal energy　[U]　内部エネルギー

internal-external burning　全面燃焼　《薬粒
または薬幹の全表面から燃焼する燃焼形式。
Ⓡ NDS Y 0001D》

internal impedance　[U]　内部インピーダ
ンス

internally displaced person　[C]　国内
難民

internal medicine　内科

internal memory　[C]　内部記憶装置

internal noise　[U]　内部雑音

internal pressure　内圧；内圧力

internal radiation　[U]　体内放射線

internal resistance　内部抵抗

Internal Revenue Service (TR-IR)　【米】
財務省税務局

internal security　[U]　①【空自】国内治安
②内部警備；治安

internal security operation call-up　【自
衛隊】治安招集　《治安出動が発せられた場合ま
たは事態が緊迫し命令による治安出動が発せられ
ることが予測される場合、防衛大臣が治安招集命
令を発して、即応予備自衛官を招集することをい
う。Ⓡ 統合訓練資料1-4》

internal security operations　[pl.]　治安

出動

internal synchronizer　[C]　内蔵同調装置

internal waters　[pl.]　内水

internal wave　[C]　内部波

Internatinal Policy Division　【内部部局】
国際政策課　《の英語呼称》《防衛交流・安全保障
環境の安定化に資する防衛協力に関する企画・調
整》◇用例：国際政策課長 = Director,
Internatinal Policy Division

international airport (IAP)　[C]　国際
空港

International Air Transport Association
　[the ~]　国際航空運送協会

international arms control organization
　[C]　国際軍備管理機構

International Association of
Peacekeeping Training Centers
(IAPTC)　[the ~]　国際平和活動訓練セン
ター協会

International Atomic Energy Agency
(IAEA)　国際原子力機関　《原子力の平和的利
用を促進するとともに、原子力が軍事的に利用さ
れないことを確保するための保障措置の実施を目
的とした国際機関。Ⓐ 日本の軍縮・不拡散外交》

International Atomic Time (TAI)　国際
原子時

international call sign　国際呼び出し符号

International Campaign to Ban
Landmines (ICBL)　地雷禁止国際キャン
ペーン　《地雷禁止を目指すNGOの国際的連合
体》

International Center for Air
Transportation　[the ~]　国際航空輸送セ
ンター

international certificate of vaccination
(ICV)　[C]　予防接種証明書

International Civil Aviation
Organization (ICAO)　国際民間航空機関
《ICAO = アイカオ》

international cloud abbreviation　[C]
国際雲型符号

international cloud atlas　国際雲図帳

international code　国際信号符字

International Code of Signal　国際信号書

International Committee of the Red
Cross (ICRC)　国際赤十字委員会

international community　[the ~]　国際
社会

International Conference on Air &
Space Power (ICAP)　【日】エア・スペー
スパワーに関する国際会議

International Conference on Reconstruction Assistance to Afghanistan ［the ～］ アフガニスタン復興支援国際会議

international contribution ［C］ 国際貢献

International Convention Against the Taking of Hostages ［the ～］ 【国連】人質をとる行為に関する国際条約 《通称は「人質行為防止条約」》

International Convention for the Suppression of Acts of Nuclear Terrorism ［the ～］ 【国連】核テロ防止条約

International Convention for the Suppression of Terrorist Bombings ［the ～］ 【国連】テロリストによる爆弾使用の防止に関する国際条約 《通称は「爆弾テロ防止条約」》

International Convention for the Suppression of the Financing of Terrorism ［the ～］ 【国連】テロリズムに対する資金供与の防止に関する国際条約 《通称は「テロ資金供与防止条約」》

international cooperation ［U］ 国際協力；国際協調

International Cooperation Administration (ICA) 【米】国際協力局

International Cooperation Office 【統幕】国際協力室 《運用部運用第2課～の英語呼称》

I

International Court of Justice (ICJ) 国際司法裁判所

International Criminal Court (ICC) 国際刑事裁判所

International Criminal Police Organization (ICPO) 国際刑事警察機構 《通称は「Interpol = インターポール」》

International Criminal Tribunal for the Former Yugoslavia (ICTY) 旧ユーゴー国際刑事裁判所

international date line 国際日付変更線

International Disarmament Organization (IDO) 国際軍縮機構

international disaster relief activity ［C］ 国際緊急援助活動 《特に開発途上にある海外の地域において発生し、または正に発生しようとしている大規模な災害に際し、被災国政府等の要請に応じて行う活動をいい、救助活動、医療活動（防疫活動を含む）のほか、災害応急対策および災害復旧のための活動がある。[典] 陸自教範》

International Disaster Relief Law ［the ～］ 【日】国際緊急援助隊法

international disaster relief operation 国際緊急援助活動

international disputes ［pl.］ 国際紛争

international distress frequency ［U］ 国際遭難周波数

international donor community ［the ～］ 国際ドナー・コミュニティ

International Electrotechnical Commission (IEC) 国際電気標準会議

International Emergency Economic Powers Act (IEEPA) 【米】国際緊急経済権限法 《財務省の管轄》

International Energy Agency (IEA) 国際エネルギー機関

International Exchange Specialist 【統幕学校】国際交流専門官 《の英語呼称》

international force 国際軍

International Force in East Timor (INTERFET) 東ティモール国際軍 《INTERFET = インターフェット》

international forces ［pl.］ 多国籍軍

International Humanitarian Affairs Office 【統幕】国際人道業務室 《総務部総務課～の英語呼称》

international humanitarian law 国際人道法 《戦闘員および一般住民を不必要な苦痛から保護し、紛争犠牲者の基本的人権を確保し、交戦による破壊を合理的な程度にとどめて、平和の回復を助長するため、国際的紛争および圏内的紛争に際して、武力の行使を規律する国際法規範をいう。[典] 陸自教範》

international humanitarian relief operations ［the ～］ 人道的な国際救援活動

international identification code 国際識別コード

international index number 国際地点番号

International Institute for Strategic Studies (IISS) ［The ～］ 【英】国際戦略問題研究所

international law 国際法

international law in time of war 戦時国際法規

international law of war 戦時国際法

international logistics ［U］ ①国際後方補給 ②【海自】国際後方

international logistics communication system (ILCS) ［C］ 国際後方通信システム

International Logistics Program (ILP) 【米】国際後方支援計画

international logistics support 国際後方支援

international mail 国際郵便

International Marine Satellite Organization (INMARSAT) 国際海事衛星機構 《INMARSAT = インマルサット》

International MCM Seminar 【日】西太平洋国際掃海セミナー

international military cooperation ［U］国際軍事協力

International Military Education and Training (IMET) 【米】国際軍事教育訓練《米国で実施する外国軍人・文官を対象とする軍事教育訓練プログラム》

International Military Tribunal (IMT) ［the ～］ 国際軍事裁判

International Monetary Fund (IMF) 国際通貨基金

International Monitoring System (IMS) 国際監視制度

international Morse code 国際モールス符号

International Operations Section 【統幕】国外運用班 《の英語呼称》

international organization (IO) ［C］ 国際機関；国際組織

International Organization for Migration (IOM) 国際移住機関

International Organization for Standardization (ISO) 国際標準化機構

International Peace Cooperation Activities Training Unit (IPCAT) 【陸自】国際活動教育隊 《の英語呼称》《国際平和協力活動に係る基本教育および練成訓練支援を任務とする》

international peace cooperation activity ［C］ 国際平和協力活動 《国際的な安全保障環境を改善するために国際社会が協力して行う活動をいい、国際平和協力業務、国際緊急援助活動等の活動に区分される。[典] 陸自教範》

international peace cooperation assignment 国際平和協力業務 《「国際平和協力法」に基づく、国際連合平和維持活動および人道的な国際救援活動をいう。特別措置法による同種活動を含め「国際平和協力業務等」という。[典] 陸自教範》

International Peace Cooperation Corps 【内閣府】国際平和協力隊 《の英語呼称》

International Peace Cooperation Headquarters 【内閣府】国際平和協力本部《の英語呼称》◇用例： 国際平和協力本部事務局 = Secretariat of the International Peace Cooperation Headquarters

International Peace Cooperation Law ［the ～］ 【日】国際平和協力法；PKO法《正式名称は「国際連合平和維持活動等に対する協力に関する法律（Act on Cooperation with United Nations Peacekeeping Operations and Other Operations）」》

International Peace Cooperation Program Advisor 【内閣府】国際平和協力研究員 《の英語呼称》

international peace force 国際平和維持軍

International Peace Support Training Centre (IPSTC) ケニア国際平和支援訓練センター 《アフリカのPKO訓練センター》

International Physicians for the Prevention of Nuclear War (IPPNW) 核戦争防止国際医師の会

International Policy Planning Division 【防衛省】国際企画課 《防衛局～の英語呼称》◇用例： 国際企画課長 = Director, International Policy Planning Division

International Policy Planning Section 【統幕】防衛交流班 《防衛計画部防衛課～の英語呼称》

international radio telegram 国際無線電報

International Red Cross (IRC) 国際赤十字

International Science and Technology Center (ISTC) 国際科学技術センター 《旧ソ連下で大量破壊兵器の研究に従事していた科学者・研究者の国外流出を防止するために、これらの科学者・研究者が平和目的の研究プロジェクトに従事する機会を提供し、軍民転換を促進することを目的として設立された国際機関。[典] 日本の軍縮・不拡散外交》

International Sea Power Symposium (ISS) 【日】国際シーパワーシンポジウム

International Security Assistance Force (ISAF) 国際治安支援部隊

international security environment ［C］国際的な安全保障環境

International Ship and Port Facility Security Code (ISPS Code) 船舶・港湾施設の保安の確保等に関する国際規則

International Standard Atmosphere (ISA) 国際標準大気

international strait ［C］ 国際海峡

International Symposium on the History of Air Warfare (ISAW) 【日】航空戦の歴史に関する国際シンポジウム

International Telecommunications Satellite Organization (INTELSAT) 国際電気通信衛星機構 《INTELSAT = インテルサット》

International Telecommunication

I

Standardization Sector (ITU-T) 国際
電気通信標準化部門

International Telecommunications
Union (ITU) 国際電気通信連合 《1932年に
発足した国際電気通信関係の国際団体》

International Telegraph and Telephone
Consultative Committee (CCITT) 国
際電信電話諮問委員会

international terrorism ［U］ 国際テロリ
ズム

International Test Operation Procedure
(ITOP) 国際試験実施手順書

International Trade Administration
(ITA) 【米】国際貿易局

International Traffic in Arms
Regulations (ITAR) 【米】国際武器取引
規則 《国務省の管轄》

International Tribunal for the Law of
the Sea (ITLOS) 国際海洋法裁判所

international waters ［pl.］ 国際水域 《領
域主権の及ばない全ての海洋区域をいい、公海、
排他的経済水域および接続水域の総称である。な
お、「国際水域」は、法律上の用語ではない。㊞ 統
合訓練資料1-4》

international weapons fair 国際兵器見本市

International Year of Dialogue Among
Civilizations ［the ～］ 【国連】文明対話
の年

internee ［C］ 抑留者；抑留対象者 《捕虜お
よびその他の外国人で抑留資格認定または裁決を
受けて抑留される者をいう。㊞ 統合訓練資料1-4》

Internet Control Message Protocol
(ICMP) インターネット制御管理プロトコル
《インターネット・プロトコルのエラー・メッ
セージや制御メッセージを転送するプロトコルを
いう。㊞ JAFM006-4-18》

Internet Protocol (IP) インターネット・プ
ロトコル 《インターネット上でデータを送受信
するときに使用される標準プロトコル》

internment 抑留 《捕虜や敵国文民を自国の権
力下に留めおくことをいう。㊞ 統合訓練資料1-4》
◇用例： person subject to internment ＝ 抑留対
象者

internment camp ［C］ 抑留所

interocular distance 瞳孔間隔（どうこうかん
かく）

interoperability 相互運用性；インターオペラ
ビリティ 《一般には、戦術、装備、後方支援等
に関し、共通性、互換性を確保することをいう。
㊞ 陸自教範》

interoperation 相互運用

interphase reactor 相間リアクトル

Interpol インターポール 《国際刑事警察機構
（International Criminal Police Organization）の
通称》

interpolating oscillator ［C］ 補間発振器

interpolation 補間法

interpretability 判読適性度

interpretation ①判定 《情報》 ②判読 ③
解釈

interpretative method 解釈法

interrogation 尋問

interrogation coding 質問コード

interrogation frequency ［U］ 質問周波数

interrogation link ［C］ 質問リンク

interrogation pulse spacing 質問パルス
間隔

interrogation reply cycle ［C］ 質問応答
周期

interrogation reply system 質問応答方式

interrogator (INTRG) ［C］ インテロゲー
ター；質問機 ◇用例： IFF interrogator ＝
IFFインテロゲーター

interrogator-responder 質問応答器

interrogator set (IS) ［C］ インテロゲー
ター・セット 《ペトリオット用語》

interrupt 割り込み

interrupt control ［U］ 割り込み制御

interrupted continuous wave (ICW)
［C］ 中断型継続波

interrupted fire 点射

interrupted screw ＝ interrupted thread 断
隔螺式（だんかくらしき）；隔螺式（かくらしき）

interrupter ［C］ ①遮断器 ②遮断子；イ
ンターラプター 《信管に使用され、これを越え
て雷管、起爆筒などの爆発効果が及ばないよう
に、火薬系列を遮る部品。㊞ NDS Y 0001D》

interrupting capacity 遮断容量

interrupting current 遮断電流

interruption 割り込み

interruption save area (ISA) ［C］ 割り
込み保存領域 《バッジ用語》

interrupt request (IRQ) ［C］ 割込要求
《周辺機器から生じる割込み信号のことをいう。
㊞ JAFM006-4-18》

intersection ①交会点 ②交会法 《測量》 ③
交差点

intersection take-off インターセクション・
テイクオフ

351 inve

interservice ［adj.］ 軍部間の

interservice agreement 各軍間相互協定

interservice education 軍間教育

interservice support agreement (ISA) 各軍間支援協定

interservice training ［U］ 軍間訓練

inter-sessional meeting (ISM) ［C］ インターセッショナル会合

Inter-sessional Support Group (ISG) インターセッショナル支援グループ

Inter-Sessional Support Group Meeting on Confidence Building Measures and Preventive Diplomacy (ISG on CBM/PD) 信頼醸成措置及び予防外交に関するインターセッショナル支援グループ

intership dead period 閉鎖時間

interstage shielding 段間遮蔽（だんかんしゃへい）

Interstate Commerce Commission (ICC) 【米】国内通商委員会

intertheater ［adj.］ 戦域間の

intertheater airlift ［C］ 戦域間空輸 《戦略空輸のこと》

intertheater evacuation 戦域間患者救出

intertheater movement 戦域間輸送；戦域間移動

intertheater traffic 戦域間交通

intertropical convergence zone (ITCZ) ［C］ 熱帯収束帯

intertype training ［U］ インタータイプ訓練

intervalometer ［C］ ①【空自】発射間隔調整器 ②【海自】間隔調整器；投下間隔管制器；時隔調定器

interval scale 間隔尺度

interval separation 対距

interval timer ［C］ インターバル・タイマー 《バッジ用語》

inter vehicle cable ［C］ インター・ビークル・ケーブル 《ペトリオット用語》

intervention 介入；干渉

intra-country movement 国内輸送；国内移動

intransit aeromedical evacuation facility ［C］ 乗り継ぎ航空衛生後送施設

intratheater ［adj.］ 戦域内の

intratheater airlift ［C］ 戦域内空輸 《戦術空輸のこと》

intratheater evacuation 戦域内患者救出

intratheater traffic 戦域内交通

intrench ［vi.］ 壕を構築する

intrigue 謀略

intrinsic conduction 固有伝導

intrinsic permeability 固有透磁率

intrinsic semiconductor ［C］ 真性半導体

introductory pattern ［C］ 導入パターン

intrude ［vt.］ 侵入する

intruder ［C］ ①侵入者 ②侵入機

intruder operation 進入襲撃作戦

intrusion 侵入

intrusion detection system (IDS) ［C］ 侵入検知システム 《ネットワーク・パケットを捕捉して、分析し、攻撃を検知するシステム》

invade ［vt.］ 侵入する；侵略する

invader ［C］ 侵略者

invading army ［C］ 侵略軍；侵入軍

invasion ①侵略；侵攻 ②【空自】侵入

invasion country ［C］ 侵攻国

invasion forces conditions ［pl.］ 侵攻部隊等の情況

inventory (inv) ①在庫調査；在庫検査；たな卸し ②在庫品；在庫品目表

inventory adjustment 在庫調整

inventory adjustment voucher (IAV) ［C］ 受け払い命令書

inventory control ［U］ 【海自】在庫統制

inventory control point ［C］ 資材統制所

inventory count slip ［C］ 在庫計算票；在庫計算表

Inventory/Locator Branch 【在日米陸軍】在庫調査室

inventory management ［U］ 在庫管理

inventory manager (IM) ［C］ ①在庫管理者 ②【米】物品管理機関

inverse cam ［C］ 逆転カム

inverse feedback 逆再生

inverse Mercator chart ［C］ 逆メルカトール地図

inverse peak voltage 逆ピーク電圧

inverse synthetic aperture radar (ISAR) ［C］ 逆合成開口レーダー

inversion 逆転；反転

inversion fog 逆転霧

inversion layer ［C］ 逆転層

inverted flight 背面飛行

inverted image 倒像；倒立像

inverted spin 背面きりもみ

I

inverted wedge formation ［U］ V形隊形

inverter ［C］ 周波数変換装置

invest ［vt.］ 包囲する；攻囲する

investigate ［vt.］ 調査する

investigating search ［C］ 精密捜索

investigation 調査

Investigation Officer 【空自】調査幹部 《幹部特技区分の英語呼称》

Investigations 【空自】調査 《准空尉空曹空士特技区分の英語呼称》

investment cost ［C］ 投資費用

Invincible Armada ［the ～］ 【スペイン】無敵艦隊

inviolability 不可侵；不可侵権

invisible ray 不可視光線

invoice ［C］ インボイス；送り状

invulnerability 抗堪性（こうたんせい） 《基地や施設等が敵の攻撃を受けた場合、その組織的機能を維持する能力をいう。抗たん性を向上させるための手段として、防護、偽装、欺脳および分散等の被害局限、被害復旧、代替機能の確保等がある。[典] 統合訓練資料1-4》

inward leak test ［C］ 内方漏洩試験

inward turning 内回り

in width 横広に（おうこうに）

IOCU diagnostic (IOCD) 入出力制御装置診断プログラム 《ペトリオット用語》

ion concentration イオン濃度

ion focusing イオン集束

ionic catalyst ［C］ イオン触媒

ionic current イオン電流

ionic heated cathode ［C］ イオン加熱陰極

ionization 電離；イオン化

ionization chamber ［C］ 電離箱

ionization current 電離電流

ionization potential 電離電圧

ionized layer ［C］ 電離層

ion noise ［U］ イオン雑音

ionosphere 電離層

ionospheric error 電離層誤差

ion pair イオン対

ion product イオン積

Iorizaki Fuel Terminal 【在日米陸軍】庵崎貯油所

IP spoofing IPスプーフィング；IP詐称 《攻撃元を隠蔽するために、実際のIPアドレスとは別のIPアドレスからネットワーク・パケットが来たようにみせかけることをいう》◇用例： IP spoofing attack ＝ IPスプーフィング攻撃

Iran-Iraq War イラン・イラク戦争

iridescent cloud 彩雲

Irish National Liberation Army (INLA) アイルランド民族解放軍

Irish Republican Army (IRA) アイルランド共和国軍

iron-clad battery ［C］ ラッド式蓄電池

iron core ［C］ 鉄心

iron core choking coil ［C］ 鉄心チョーク・コイル

iron core coil ［C］ 鉄心コイル

Iron Fist 【自衛隊】アイアンフィスト 《米国において実施される米海兵隊との日米共同訓練の名称。[備]「鉄拳」》

iron pipe size (IPS) 鉄管寸法

irregular army ［C］ 不正規軍

irregular curve ruler ［C］ 雲形定規

irregular forces ［pl.］ 不正規軍 《[対] regular forces ＝ 正規軍》

irregular reflection 乱反射

irregular troops ［pl.］ 不正規軍

irresistible force 不可抗力

irreversible control ［U］ 不可逆操縦装置

irritant gas 刺激ガス

isallobar 気圧等変化線

isallobaric wind ［U］ 変圧風

isallotherm 気温等変化線

isametral 等偏差線

Islamic Army of Iraq (IAI) イラク・イスラム軍 《イラクのスンニ派武装組織》

Islamic cleric ［C］ イスラム教聖職者

Islamic community ［the ～］ イスラム世界

Islamic countries ［pl.］ イスラム諸国

Islamic culture イスラム文化圏

Islamic Development Bank ［the ～］ イスラム開発銀行

Islamic Front (IF) イスラム戦線 《シリアで活動するスンニ派武装組織の連合体》

Islamic fundamentalist group ［C］ イスラム原理主義グループ

Islamic fundamentalist Taliban regime イスラム原理主義タリバン政権

Islamic International Peacekeeping Brigade (IIPB) イスラム国際平和維持旅団 《チェチェン共和国で活動する武装組織》

Islamic Jihad Union (IJU) イスラミック・

ジハード・ユニオン 《ウズベキスタンで活動するスンニ派過激組織》

Islamic Movement of Uzbekistan (IMU) ウズベキスタン・イスラム運動 《トルキスタンにイスラム国家を樹立することを目的とするイスラム過激組織》

Islamic Resistance Movement ［The ～］ イスラム抵抗運動

Islamic scholar ［C］ イスラム神学者

Islamic State of Iraq and the Levant (ISIL) ［The ～］ イラク・レバントのイスラム国 《イラク、シリアなどで活動するスンニ派過激組織》

Islamic Youth Shura Council ［The ～］ イスラム青年のシューラ評議会 《リビアの東部を拠点とするイスラム過激組織》

island of resistance ［pl. = islands of resistance］ 抵抗堡；抵抗拠点

isobar ［C］ 等圧線

isobaric analysis 等圧面解析；等圧線解析

isobaric chart ［C］ 等圧面天気図

isobaric equivalent potential temperature 等圧相当温位

isobaric equivalent temperature 等圧相当温度

isobaric expansion 等圧膨張

isobaric surface ［C］ 等圧面

isobront ［C］ 同鳴線

isochrone ［C］ 等時線

isochronous rolling 等時横揺れ

isodrosotherm ［C］ 等露点温度線

isogon ［C］ 等風向線

isogonic line ［C］ 等偏差線；等偏角線（とうへんかくせん）

isogradient ［C］ 等傾度線

isogram ［C］ 等値線

isohyet ［C］ 等雨量線

isohyetal map ［C］ 雨量分布図

isohypse ［C］ 等高度線

isoline ［C］ 等値線

isometric drawing ［C］ 等角図

isometric stick アイソメトリック・スティック 《ペトリオット用語》

isoneph ［C］ 等雲量線

isotach ［C］ 等風速線

isotherm ［C］ 等温線

isothermal ［adj.］ 等温の

isothermal atmosphere 等温大気

isothermal change 等温変化

isothermal layer ［C］ 【海自】等温層 《実質的に温度一定の特性をもつ海水層。⊛ NDS Y 0011B》

isothermal line ［C］ 等温線

isothermal water layer ［C］ 恒温層

isotope ［C］ 同位元素

isotropic antenna ［C］ 等方位アンテナ

isotropic noise ［U］ 等方性雑音

isovel ［C］ 等風速線

isovolumetric change 等容変化

Israeli-Palestinian conflict ［the ～］ イスラエルとパレスチナの紛争

issuance of order 命令下達（めいれいかたつ） 《命令を指揮下部隊等に発すること。⊛ 民軍連携のための用語集》

issue ［n.］ ①供用 《供用とは、部局所属の国有財産をその用途または目的に応じて部隊等の使用に供することをいう。⊛ 防衛庁訓令第30号》 ②交付 ③下達

issue ［vt.］ ①供用する ②交付する ③下達する ◇用例： to issue an order ＝ 命令を下達する

issue code 供用記号

issue control ［U］ 出庫管制

issue control group ［C］ 出庫管制グループ

issue in charge 供用事務担当官

issue in kind 現物支給 《糧食、資材等を金銭ではなく、現物で支給すること。⊛ 民軍連携のための用語集》

issue rate ［C］ 供用率

issue slip (IS) ［C］ 供用票

Itazuke Air Base (Itazuke AB) 【在日米陸軍】板付飛行場

item ［C］ ①品目 ②アイテム；項目

item identification ［U］ 品目識別

itemization of weight 重量区分

Item Management Statistical Series (IMSS) 【米】品目管理統計シリーズ

item manager (IM) ［C］ ①品目管理者 ②【米】物品管理機関

item manager coding (IMC) 【米】物品管理機関設定

item name (IN) 品目名

item name code (INC) 品目名コード

item of issue ［pl. = items of issue］ 交付品目

item of work ［pl. = items of work］ 工事

区分

item processing card (IPC) ［C］ 品目処理カード

item serial number (ISN) 項目通し番号

I-time 日本標準時

itinerary 行動予定

Iwakuni Air Base 【在日米軍】岩国飛行場

Iwakuni Project Office 【在日米軍】岩国建設事務所

Iwojima Air Base Group 【空自】硫黄島基地隊 《の英語呼称》

【J】

jack 艦首旗

jacket ［C］ ①上衣（じょうい） ②被甲（ひこう） 《銃弾の被甲》

jack ladder ［C］ 縄梯子（なわばしご）

jack-of-the-dust ＝jack of the dust 食卓係

jack staff 前部旗竿（ぜんぶはたざお）

jack stay ジャック・ステイ

jackstay search ［C］ ジャックステイ捜索；ジャックステイ捜索法

jack strip ［C］ ジャック片

Jacob's ladder ［C］ 縄梯子（なわばしご）；綱梯子（つなばしご）

J

JADGE Communication Protocol (JCP) JADGE通信プロトコル 《航空作戦管制所（AOCC）/防空指令所（DC）における通信プロトコルのことをいう。[典] JAFM006-4-18》《JADGE＝Japan Aerospace Defense Ground Environment（自動警戒管制システム）》《JADGE＝ジャッジ》

JADGE Software Evaluation System 自動警戒管制システムソフトウェア評価装置 《JADGEのプログラム管理を適切に行い、JADGEの円滑な運用および的確な機能向上を図るために運用する装置をいう。[典] JAFM006-4-18》

JADGE track number ［C］ JADGE航跡番号

Jakarta International Defence Dialogue (JIDD) 【日】ジャカルタ国際防衛ダイアログ

J-ALERT J-ALERT 《全国瞬時警報システムの通称。通信衛星を介して送信されてくる緊急地震速報、津波警報、弾道ミサイル情報、緊急火山情報などを自治体の同報系防災行政無線で住民に伝達するシステム。[備] 単に「J-ALERT」では海外に通じないので「Japan's J-Alert warning system」と補記するとよい》《J-ALERT＝ジェイアラート》

jammer ［C］ ①妨害機 ②ジャマー

jammer track ［C］ ジャマー航跡 《電子妨害を行っているか、または過去に電子妨害を行ったことのある航跡をいう。[典] JAFM006-4-18》

jamming ジャミング；電波妨害 《相手方の使用電波を無効にするために電磁波の放射または反射を用いる対電子（ECM）に関連した活動。[典] レーダー用語集》

jamming evasive action 妨信回避

jamming intelligence ［U］ 通信電子妨害情報

jamming pod ［C］ 妨害ポッド

jamming report ［C］ 電子妨害報告

jamming signal ［C］ 妨害信号

jamming transmitter ［C］ 妨害送信機

jam strobe ［C］ ジャム・ストローブ 《電子妨害を探知した防空監視所（SS）から報告される、妨害電波の到来方位を示す情報をいう。[典] JAFM006-4-18》

jam strobe message ［C］ ジャム・ストローブ・メッセージ 《JADGE用語》

jam-to-signal ratio (J/S) ［C］ 妨害対信号比

Japan Aerospace Defense Ground Environment (JADGE) 【空自】自動警戒管制システム 《航空自衛隊の航空作戦の中核となる全国規模のC3Iシステム。我が国周辺空域の警戒監視、敵味方識別、要撃機の管制を行う》◇用例： JADGE surveillance picture＝JADGE警戒監視画像情報《JADGE＝ジャッジ》

Japan Aerospace Defense Ground Environment (SCP) 自動警戒管制システム運用支援プログラム 《JADGE用語》

Japan Air Self-Defense Force (JASDF) 【日】航空自衛隊

Japan Area Exchange (JAAX) ジャパン・エリア・エクスチェンジ 《JAAX＝ジャックス》

Japan-ASEAN Invitation Program on Humanitarian Assistance and Disaster Relief 【自衛隊】HA/DRに関する日ASEAN招へいプログラム 《人道支援・災害救援分野に関するセミナーおよび関連する自衛隊部隊の視察等を実施する》

Japan-ASEAN Ship Rider Cooperation Program 【自衛隊】日ASEAN乗艦協力プログラム 《人道支援・災害救援分野のセミナー、海洋に関する国際法分野のセミナー、各種訓練の見学および体験搭乗等を実施する》◇用例： 第2

回日ASEAN乗艦協力プログラム = the second Japan-ASEAN Ship Rider Cooperation Program

Japan Association of Defense Industry (JADI) 【日】日本防衛装備工業会

Japan Badge 〔自衛隊〕国籍記章 《の英語呼称》《国際平和維持活動関連記章の一つ》

Japan Civil Aviation Bureau (JCAB) 【日】国土交通省航空局

Japan Coast Guard [the ～] 【日】海上保安庁 ◇用例：長官 = Commandant；次長 = Vice Commandant；海上保安監 = Vice Commandant for Operations；海上保安官 = Coast Guard Officer

Japan Coast Guard Academy 〔海保〕海上保安大学校 《の英語呼称》

Japan Coast Guard School [the ～] 〔海保〕海上保安学校 《の英語呼称》

Japan Cybercrime Control Center (JC3) 【日】日本サイバー犯罪対策センター 《の英語呼称》《一般財団法人》

Japan Defense Intelligence Headquarters (JDIH) 〔防衛省〕情報本部

Japan Defense Ship (JDS) 〔海自〕自衛艦

Japan Disaster Relief Team 〔C〕 〔自衛隊〕国際緊急援助隊 ◇用例：インドネシア国際緊急援助隊 = Japan Disaster Relief Team for Indonesia（編成される前は「a ～」、編成された後は「the ～」）

Japan Environmental Governing Standards (JEGS) 日本環境管理基準

Japanese Air Force One/Two ①【日】日本国政府専用機 《の英語呼称》《主務機/予備機》 ②〔空自〕特別輸送機 《天皇皇后両陛下、内閣総理大臣、国賓、在外邦人等の輸送に使用する航空機》

Japanese Army 日本軍

Japanese authorities [pl.] 日本側当局

Japanese base business equipment authorization list (JBAL) 〔C〕 〔空自〕業務装備品装備定数表

Japanese Foreign Ministry officials [pl.] 日本外務省当局

Japanese government officials [pl.] 日本政府当局

Japanese Imperial General Headquarters [the ～] 〔旧軍〕大本営

Japanese Industrial Standards (JIS) 【日】日本工業規格

Japanese material standard (JMS) 〔空自〕部品標準 《航空自衛隊部品標準》

Japanese nationals [pl.] 【日】邦人

◇用例： Japanese nationals abroad = 在外邦人；海外在留邦人

Japanese table of allowance (JT/A) 〔空自〕装備基準数表

Japanese unit support equipment authorization list (JUAL) 〔C〕 〔空自〕支援装備品定数表

Japanese waters [pl.] 日本領海

Japan International Cooperation Agency (JICA) 【日】国際協力機構

Japan Patriot data link (JPDL) 〔C〕 ペトリオット・データ・リンク 《ペトリオット用語》

Japan Peacekeeping Training and Research Center (JPC) 〔統幕学校〕国際平和協力センター 《の英語呼称》《国際平和協力活動等に関する教育訓練および調査研究を行う》◇用例： 国際平和協力センター長 = JPC Director

Japan Procurement Agency (JPA) 【米】在日米軍調達本部

Japan Self-Defense Force (JSDF) 【日】自衛隊

Japan Self Defense Force C4 Systems Command (JSDF C4 Systems Command) 〔自衛隊〕自衛隊指揮通信システム隊 《の英語呼称》◇用例： 自衛隊指揮通信システム隊司令 = Commander, Japan Self Defense Force C4 Systems Command

Japan Self Defense Force Digital Communication System (Fighter) (JDCS(F)) 〔自衛隊〕自衛隊ディジタル通信システム（戦闘機搭載用）

Japan Standard Time (JST) 日本標準時

Japan's war-renouncing Constitution 戦争放棄の日本国憲法

Japan-US Acquisition and Cross-Servicing Agreement (ACSA) 日米物品役務相互提供協定；日米ACSA 《正式名称は「物品役務の相互支援に関する日本国政府とアメリカ合衆国政府との間の協定（Agreement between the Government of Japan and the Government of the United States of America concerning Reciprocal Provision of Logistic Support, Supplies and Services between the Self-Defense Forces of Japan and the Armed Forces of the United States of America）」》

Japan-US alliance [the ～] 日米同盟

Japan-US cooperative project 日米共同研究

Japan-US Cyber Defense Policy Working Group (CDPWG) [the ～]

J

【防衛省】日米サイバー防衛政策ワーキンググループ 《の英語呼称》《防衛当局間の政策協議》◇用例：Joint Statement of the U.S.‐Japan Cyber Defense Policy Working Group = 日米サイバー防衛政策ワーキンググループ共同声明

Japan-US Cyber Dialog = Japan-US Cyber Dialogue ［the ～］ 日米サイバー対話 《の英語呼称》《サイバー空間を取り巻く諸問題に関する日米両政府による包括協議》◇用例：the first Japan-US Cyber Dialog = 第1回日米サイバー対話

Japan-US Defense Cooperation 日米防衛協力

Japan-US Defense Cooperation Division 【内部部局】日米防衛協力課 《の英語呼称》《防衛分野におけるアメリカ合衆国との協力の基本・調整》◇用例：日米防衛協力課長 = Director, Japan-US Defense Cooperation Division

Japan-US defense cooperation guidelines ［the ～］ 日米防衛協力指針

Japan-US Information Assurance Working Group (IAWG) 【防衛省】日米情報保証実務者定期協議 《の英語呼称》《情報保証やサイバー攻撃等への対処における協力に向けた協議を実施する機関》

Japan-US Interoperability Management Board (IMB) ［the ～］ 【防衛省】日米形態管理調整会議 《の英語呼称》《自衛隊と米軍との間で共通に使用される通信システムの相互運用性を確保するために、日米間で定期的に協議を実施する機関》

Japan-US IT Forum ［the ～］ 【防衛省】日米ITフォーラム 《の英語呼称》《防衛当局間の情報通信分野に関する協議》

Japan-US Joint Committee 日米合同委員会

Japan-US relations ［pl.］ 日米関係

Japan-US Security Arrangement 日米安全保障体制

Japan-US Security Treaty = Japan-United States Security Treaty 日米安全保障条約

JASDF annual individual and unit training ［U］ 【空自】練成訓練

JASDF annual training program ［C］ 【空自】航空自衛隊年度練成訓練計画

JASDF official report management ［U］ 【空自】報告管理

JASDF registered report code 【空自】報告統制章号

JASDF special managing item lists-equipment items (ASIL-EQI) 【空自】航空自衛隊補給特定管理品目録－装備品目表

JASDF specialty classification 【空自】特技職

JASDF stock list (ASL) ［C］ 【空自】航空自衛隊物品目録

JASDF unit ［C］ 【空自】編制単位部隊

JASDF unit group ［C］ 【空自】編制単位群部隊

J-day J日；作戦開始日

JDIH area 【防衛省】情報本部区画 《JDIH = Japan Defense Intelligence Headquarters（情報本部）》

JDIH system 【防衛省】情報本部システム

Jericho ジェリコ 《イスラエルのミサイル名》

jet 噴流

jet aircraft starting unit (JASU) ［C］ ジェット機始動装置

jet-assisted take-off (JATO) ①【空自】ジャトー離陸 《ジェット補助装置を使用した離陸》 ②離陸補助ジェット

jet barrier ［C］ 着陸拘束装置

jet blast ジェット噴流；ジェット後流

jet blast deflector (JBD) ［C］ ジェット排気偏向板

jet engine airplane ［C］ ジェット機

jet fighter ［C］ ジェット戦闘機

jet fuel starter (JFS) ［C］ ジェット・フューエル・スターター

jet injection carburetor ［U］ 噴射気化器

jet lubrication ジェット潤滑

jet petroleum (JP) ［U］ ジェット燃料

jet propulsion ［U］ ジェット推進

jet propulsion gas turbine ［C］ ジェット推進ガスタービン

Jet Propulsion Laboratory (JPL) 【米】ジェット推進研究所

jet pump ［C］ 噴射ポンプ

jet route ［C］ ジェット・ルート 《航空保安無線施設相互間を結ぶ高高度管制区における直行経路をいう》

Jet Star ジェット・スター 《輸送機名》

jet stream ［C］ ジェット気流

jet stream cloud ジェット気流雲

jettison 投棄

jettisoned mine ［C］ 投棄機雷

jettisoning 投棄

jetty ［C］ 桟橋（さんばし）

Jewish Defense League (JDL) ユダヤ防衛

連盟

Jezebel tactics ［pl.］ ジェジベル戦術

JFLIP 【空自】航空路図誌 《航空路図誌とは、航空機の運航のために必要な航空路、ジェット・ルート、飛行場、航空保安無線施設、航空灯火および計器進入方式等を記載した出版物をいい高高度用と低高度用に区分する。㊟「JFLIP」は「Japan Self-Defende Force Flight Information Publication」の略語。直訳すると「防衛省飛行情報出版物」であるが、「航空路図誌」のことを指す。「JFLIP」で通じる》

JFLIP PLANNING 【空自】飛行計画要覧 《飛行計画要覧とは、飛行計画に必要な諸元資料および航空交通管制諸方式の抜粋等を記載した出版物をいう。㊟ 航空自衛隊達第2号。㊟「JFLIP PLANNING」は「Japan Self-Defende Force Flight Information Publication Planning」の略語。「JFLIP PLANNING」で通じる。「JFLIP PLANNING」は、防衛省の飛行計画要覧を指す。米国防総省の飛行計画要覧は「DOD FLIP PLANNING」と表記する》

JGSDF High Technical School ［the ～］【陸自】陸上自衛隊高等工科学校 《の英語呼称》《普通科高校と同等の教育に加え、将来の陸上自衛官として、必要な技術と知識を学ぶ学校。前身は「陸上自衛隊少年工科学校」》◇用例：陸上自衛隊高等工科学校生徒 = JGSDF High Technical School student

JGSDF Training, Evaluation, Research and Development Command (TERCOM) ［the ～］【陸自】教育訓練研究本部《の英語呼称》《教育、組成訓練および研究開発に係る各種成果、教訓等の知見を集約して陸上自衛隊の新たな戦い方を確立し、これを各部隊、学校に普及するとともに、戦い方に基づく各種訓練の評価支援を行う》

jib ［C］ 前帆；ジブ

jig ［C］ ①ジグ ②【空自】治具

JIG status 要撃機等地上待機現況

Jig-type sweeping J型掃海

jitter ジッター 《電気信号の微少な変動。例えば、通信回線における信号の変動に起因するひずみ。データ転送エラーの原因になる》

JMSDF Band 海上自衛隊音楽隊 《の英語呼称》◇用例：横須賀音楽隊 = JMSDF Band Yokosuka；音楽隊長 = Band Master, JMSDF Band

JMSDF Command and Staff College (MCSC) ［the ～］【海自】海上自衛隊幹部学校 《の英語呼称》◇用例：海上自衛隊幹部学校長 = President, JMSDF Command and Staff College；副校長 = Vice President

JMSDF destroyer ［C］ 【海自】海自護

衛艦

JMSDF Intelligence Security Command 【海自】海上自衛隊情報保全隊 《の英語呼称》◇用例：海上自衛隊情報保全隊司令 = Commanding Officer, JMSDF Intelligence Security Command

JMSDF, JASDF coordination ［U］ 【自衛隊】海空協同

JMSDF Officer Candidate School ［the ～］【海自】海上自衛隊幹部候補生学校 《の英語呼称》◇用例：海上自衛隊幹部候補生学校長 = Superintendent, JMSDF Officer Candidate School；副校長 = Deputy Superintendent

JMSDF Service Activity, Tokyo 【海自】海上自衛隊東京業務隊 《の英語呼称》◇用例：海上自衛隊東京業務隊司令 = Commanding Officer, JMSDF Service Activity, Tokyo

JMSDF Service School ［the ～］【海自】海上自衛隊術科学校 《の英語呼称》《第1術科学校から第4術科学校まである》◇用例：第1術科学校 = 1st Service School；第1術科学校長 = Superintendent, 1st Service School；第1術科学校副校長 = Deputy Superintendent, 1st Service School … 第4術科学校 = 4th Service School；第4術科学校長 = Superintendent, 4th Service School；第4術科学校副校長 = Deputy Superintendent, 4th Service School

JMSDF Shore Police Command 【海自】海上自衛隊警務隊 《の英語呼称》◇用例：海上自衛隊警務隊司令 = Commanding Officer, JMSDF Shore Police Command

JMSDF Undersea Medical Center 【海自】海上自衛隊潜水医学実験隊 《の英語呼称》◇用例：海上自衛隊潜水医学実験隊司令 = Commanding Officer, JMSDF Undersea Medical Center

job analysis 職務分析

job definition 職務定義

job evaluation 職務評価

job improvement proposal 業務改善提案

job knowledge test (JKT) ［C］ 実務試験

job placement support service 就職援護業務

job title 職種名

joiner ［C］ 加入船

joiner convoy ［C］ 加入船団

joining shackle ［C］ ジョイニング・シャックル

joint ［n.］ ①接続 ②継ぎ手；継ぎ目

joint ［adj.］ ①統合 《同一国家に属する2以上の軍種(自衛隊)またはそれらの部隊等が、ある

特定の目的達成のために協力すること、またはその状態をいう。[典] 陸自教範》 ②共同

joint action 統合活動

joint action area (JAA) ［C］ 【海自】統合作戦海域

joint action armed forces (JAAF) ［pl.］ 軍統合活動

Joint Advanced Course 【統幕学校】統合高級課程 《統合幕僚学校の課程名》

joint air attack team (JAAT) ［C］ 統合航空攻撃チーム

joint airborne training ①統合空挺訓練 ②【海自】統合空輸訓練

joint airlift control center ［C］ 空輸統制委員会

joint airlift coordination board ［C］ 統合航空輸送調整会議

joint airlift mission ［C］ 統合航空輸送

joint air operations ［pl.］ 統合航空作戦

Joint Air Operations Center (JAOC) 【米】統合航空作戦本部

joint air operations plan ［C］ 統合航空作戦計画

joint air photograph center ［C］ 統合航空写真本部

joint amphibious operation 統合水陸両用作戦

joint amphibious task force 統合水陸両用作戦任務部隊

joint and combined ［adj.］ 統連合 《統合と連合が、複合した状態をいう。[典] 統合訓練資料1-4》

J

Joint Army-Navy (JAN) 【米】統合陸海軍 《JAN＝ジャン》

Joint Army-Navy-Air Force (JANAF) 【米】統合陸海空軍 《JANAF＝ジャナフ》

Joint Army-Navy-Air Force publication (JANAP) 【米】陸海空統合図書出版物

joint attack force 統合攻撃部隊

joint attack weapons system (JAWS) ［C］ 統合攻撃兵器システム

joint base ［C］ 統合基地

Joint Bilateral Air Space Control Plan (JBACP) 日米共同統合空域統制計画

Joint Blood Program Office (JBPO) 【米】統合血液計画事務所

joint box ［C］ 接続箱；継箱

joint captured material exploitation center ［C］ 統合捕獲物資調査センター

Joint CBRN Training 【自衛隊】日米共同CBRN訓練 《CBRN＝Chemical Biological Radiological Nuclear（化学・生物・放射線・核）》

Joint Central Graves Registration Office 【米】中央墓所登録所

Joint Chiefs of Staff (JCS) ［the ～］ 【米】統合参謀本部 ◇用例： Chairman, Joint Chiefs of Staff（CJCS）＝統合参謀本部議長

Joint Chiefs of Staff room 【自衛隊】統幕事務局長室

joint civil-military operations task force (JCMOTF) 統合民軍活動任務部隊

joint combat search and rescue operation 統合戦闘捜索救難作戦

joint committee (JC) ［C］ 合同委員会

Joint Committee on Printing (JCP) 【米】印刷に関する統合委員会

joint common user item ［C］ 統合共通使用品目

joint communication 統合通信

joint communication and electronics ［U］ 統合通信電子 《自衛隊の統合運用または自衛隊全般にわたる統合的な業務に資するために、通信およびその他の電子的手段を利用して情報の収集、処理、意思の伝達等を単独または総合的に実施する組織および運用をいう。[典] 統合訓練資料1-4》

joint communication and electronics system ［C］ 統合通信電子システム 《統合通信電子のための通信機器、センサー、コンピューター・システム、データ端末装置等の有機的な連接によって構成される総体をいう。[典] 統合訓練資料1-4》

joint communications control center ［C］ 統合通信統制センター

joint communications network ［C］ 統合通信網

joint communication system ［C］ 統合通信組織

Joint Communication Systems Research Section 【統幕】統合通信システム研究班 《指揮通信システム部指揮通信システム企画課～の英語呼称》

Joint Conventional Ammunition Production Coordination Group (JCAP-CG) 【米】統合通常弾薬生産調整グループ

joint decision support tool ［C］ 統合意志決定支援ツール

Joint Deployable Intelligence Support System (JDISS) 統合展開可能情報支援システム

joint deployment community 統合展開部隊

Joint Deployment System (JDS) ［C］ 統合展開システム

joint direct attack munitions (JDAM) ［pl.］ 精密誘導装置付き普通爆弾；統合直接攻撃弾薬；統合直撃弾 《通常型爆弾にGPS付き誘導装置を装着し、命中精度を向上させた精密誘導兵器》《JDAM ＝ ジェイダム》

joint doctrine ①統合教義 ②【海自】統合ドクトリン

Joint Doctrine Working Party 統合ドクトリン作業部会

joint document exploitation center ［C］ 統合ドキュメント開発センター

joint duty assignment 統合任務割り当て

Joint Duty Assignment List 統合任務割り当てリスト

joint efficiency ［U］ 継ぎ手効率

Joint Electronics Type Designation System (JETDS) 【米】統合電子器材形式名付与制度

Joint Emergency Evacuation Plan (JEEP) 【米】統合緊急後送計画

joint engagement zone (JEZ) ［C］ ①【統幕】統合交戦圏 《同時に複数種の防空火器または防空組織が運用される空域をいう。この中での交戦は、相互の協力と調整の下に行われる。[典] 統合訓練資料1-4》 ②【空自】調整区域

joint exercise ［C］ ①【統幕】統合訓練 《部隊等を自衛隊の統合運用に関する部隊行動に習熟させ、もってその任務を完遂するに必要な能力の向上を図ることを目的とする訓練をいう。[典] 統合訓練資料1-4》 ②【空自】統合演習；共同訓練

Joint Exercise (JX) 【統幕】自衛隊統合演習 《統幕から部隊レベルに至る統合運用能力等の維持・向上を図るための実動演習》

joint exercise and maneuver ［C］ 統合演習

Joint Exercise for Rescue (JXR) 【自衛隊】自衛隊統合防災演習 《の英語呼称》《国内の大規模災害の対処に係る自衛隊の統合運用能力を維持・向上するための演習。自衛隊の演習であることを明示する場合は「JSDF Joint Exercise for Rescue」にする》

joint flow and analysis system for transportation (JFAST) 統合輸送物流分析システム

joint force (JF) 統合部隊 ◇用例：commander, joint force（CJF）＝統合部隊指揮官

joint force air component commander (JFACC) ［C］ 【米】統合航空部隊指揮官

joint force commander (JFC) ［C］ 統合部隊指揮官

joint force land component commander (JFLCC) ［C］ 統合陸上部隊指揮官

joint force maritime component commander (JFMCC) ［C］ 統合海上部隊指揮官

joint force special operations component commander (JFSOCC) ［C］ 統合特殊作戦部隊指揮官

joint force surgeon ［C］ 統合部隊軍医

Joint Information Environment (JIE) 統合情報環境

joint integrated prioritized target list ［C］ 統合優先目標リスト

joint intelligence ［U］ 統合情報

joint intelligence center ［C］ ①統合情報所 ②【海自】統合情報センター

joint intelligence doctrine 統合情報ドクトリン

joint intelligence liaison element ［C］ 統合情報連絡隊

joint intelligence support element ［C］ 統合情報支援隊

Joint Intensive Course 【統幕学校】統合短期課程 《統合幕僚学校の課程名》

Joint Interoperability of Tactical Command and Control Systems (JINTACCS) 【米軍】統合戦術指揮統制互換システム

joint interrogation and debriefing center (JIDC) ［C］ 統合尋問聴取センター

joint liaison office ［C］ 統合連絡調整所

joint logistics ［U］ 統合後方

joint logistics over-the-shore commander ［C］ 統合後方揚陸搭載指揮官

joint logistics over-the-shore operations ［pl.］ 統合後方揚陸搭載活動

joint logistics transportation ［U］ 【統幕】統合後方補給

joint long-term defense estimate 統合長期防衛見積り

joint manpower program ［C］ ①統合人員計画 ②統合動員プログラム

Joint Maritime Command Information System (JMCIS) ［the ～］ 統合海軍指揮情報システム

Joint Materiel Priorities and Allocation Board (JMPAB) 【米軍】統合物資優先・

join　　　　　　　　　　360

分配委員会

joint matters　[pl.]　統合関連事項

**Joint Medical Regulating Office
(JMRO)**　【米】統合衛生統制所

**Joint Medical Resource Allocation
Committee (JMRAC)**　【米】統合衛生資
源配分委員会

**joint meteorological and oceanographic
forecast**　【米】統合気象・海洋予報

**joint meteorological and oceanographic
forecast unit (JMFU)**　[C]　【米】統合
気象・海洋予報部隊

**joint mid-term defense estimate
(JMTDE)**　【日】統合中期防衛見積り

Joint Military Strategy Office　【統幕】統
合防衛戦略室　《防衛計画部計画課～の英語呼称》

**Joint Military Technology Commission
(JMTC)**　日米武器技術共同委員会

Joint Mission Analysis Center　【国連】統
合ミッション分析センター　《UNMISS》◇用
例：Chief Staff = 官房長；Intelligence Staff
Officer = 情報幕僚

joint mission essential task (JMET)　統
合重要任務

Joint Mobility Control Group (JMCG)
[the ～]　【米軍】統合機動統制群

joint movement center　[C]　【米軍】統
合機動指揮所

**Joint Nuclear Accident Coordinating
Center (JNACC)**　[the ～]　【米軍】統
合核事故調整センター

J　**joint operation**　統合作戦

joint operational command　統合作戦指揮

joint operational intelligence agency
[C]　統合作戦情報機関

**Joint Operational Tactical System
(JOTS)**　[the ～]　【米軍】統合作戦戦術シ
ステム

joint operation planning　統合作戦計画立案

**Joint Operation Planning Execution
System (JOPES)**　[the ～]　【米軍】統
合作戦計画立案実施システム

joint operation planning process　統合作
戦計画立案過程

**Joint Operation Planning System
(JOPS)**　[the ～]　【米軍】統合作戦計画作
成システム

joint operations area　[C]　統合作戦区域

joint operations center　[C]　統合作戦指
揮所

Joint Operations Center (JOC)　【米】統
合作戦本部

**Joint Patient Movement Requirements
Center (JPMRC)**　[the ～]　【米軍】統
合患者輸送要求センター

Joint Personnel Management Office
【統幕】統合人事室　《総務部総務課～の英語呼称》

Joint Petroleum Office (JPO)　【米軍】統
合燃料事務所

**Joint Photographic Type Designation
System (JPTDS)**　【米軍】統合写真器材形
式付与制度

joint planning group　[C]　統合計画立案グ
ループ

joint psychological operations task force
【米軍】統合心理作戦任務部隊

joint purchase　共同購入

Joint Rapid Deployment Force　【英軍】
統合緊急展開部隊

joint readiness　統合即応態勢

joint rear area　[C]　統合後方地域

joint rear area coordinator　[C]　統合後
方地域調整官

joint rear area operations　[pl.]　統合後方
地域作戦

joint rear tactical operations center
[C]　統合後方地域戦術作戦指揮所

joint reception center　[C]　合同受け付け
センター

joint search and rescue center　[C]　統
合捜索救難センター

**Joint Service Lightweight Integrated
Suit Technology Program (JLIST)**
【米軍】軍統合計量統合化服装技術計画

joint servicing　統合業務支援

**Joint Space Operations Center
(JSpOC)**　【米】統合宇宙作戦センター

**joint special operations air component
commander**　[C]　統合特殊作戦航空部隊指
揮官

joint special operations area　[C]　統合
特殊作戦区域

joint special operations task force　統合
特殊作戦任務部隊

joint staff　①【防衛省】統合幕僚　②統合参謀

Joint Staff (JS)　【防衛省】統合幕僚監部
《の英語呼称》《外国軍の統合参謀本部に相当し、
陸海空自衛隊を一体的に部隊運用することを目的
とした機関。略称は「統幕」》◇用例：統合幕僚
長 = Chief of Staff, Joint Staff；統合幕僚副長 =
Vice Chief of Staff, Joint Staff

Joint Staff College 【防衛省】統合幕僚学校《の英語呼称》《統合教育および統合運用に関する調査・研究》◇用例： 統合幕僚学校長 = Commandant, Joint Staff College；統合幕僚学校副校長 = Vice Commandant

Joint Staff Councilor 【統幕】統幕参事官《の英語呼称》《実際の部隊運用に関する業務を対外説明や関係省庁との連絡調整を含め一元的に実施する》

Joint Staff Press Release 【防衛省】統合幕僚監部報道発表資料

joint strategic capabilities plan 〔C〕 統合戦略能力計画

joint strategic planning system 〔C〕 統合戦略計画立案システム

joint strategy 〔C〕 統合戦略

Joint Strike Fighter (JSF) 【米】統合攻撃戦闘機

joint suppression of enemy air defense 統合敵防空網制圧

Joint Surveillance Target Attack Radar System (JSTARS) 【米】統合監視・目標攻撃レーダー・システム 《JSTARS = ジェイスターズ》

Joint Systems Development Division 【防衛装備庁】装備開発官（統合装備）《の英語呼称》《各種のミサイルとそれに関連する機器などの開発を行う。[典] 防衛装備庁HP》

joint table of allowance (JTA) 統合定数表

joint table of distribution 統合配分表

Joint Tactical Air Reconnaissance/Surveillance Mission Report (MISREP) 【米軍】統合戦術航空偵察/監視任務報告

Joint Tactical Ground Station (JTAGS) 【米軍】統合戦術地上ステーション 《米国の弾道ミサイル情報処理システムの一つ》

Joint Tactical Information Distribution System (JTIDS) 【米軍】統合戦術情報分配システム 《戦術に適用するための米統合フォーマットにより、情報配布、位置決定、識別能力を持つ近代的な無線通信システムをいう。このシステムは、高い伝送速度で情報を配布し、敵の電波空間でも安全に通信できるように秘匿化し、対通信妨害能力を持つように暗号化されている。[典] 統合訓練資料1-4》《JTIDS = ジェイティーズ》

Joint Tactics, Techniques and Procedures (JTTP) 統合戦術、技術及び手順

joint target list 〔C〕 統合目標リスト

joint task force (JTF) 統合任務部隊 《単一指揮官の下に2以上の自衛隊の部隊等により編成される部隊をいい、特定の任務を達成するために特別の部隊を編成する場合および隷属する指揮官以外の指揮官の一部指揮下に所要の部隊を置く場合がある。[典] 陸自教範》◇用例： commander, joint task force = 統合任務部隊指揮官

Joint Task Force-BMD ［the ～］ 【自衛隊】BMD統合任務部隊 《弾道ミサイル等に対する破壊措置を実施するために一時的に編成された部隊》◇用例： the Commander of the Joint Task Force-BMD = BMD統合任務部隊指揮官

Joint Task Force-Computer Network Defense (JTF-CND) 【米軍】コンピューター網防御統合部隊

joint task force counter intelligence coordinating authority (JFCICA) 統合任務部隊対情報調整当局

Joint Task Force-Full Accounting 【米軍】統合任務部隊フルアカウンティング

Joint Test Action Group (JTAG) バウンダリ・スキャン・テスト・グループ 《IEEE 1149.1標準の通称。集積回路や基板の検査、デバッグなどに使用するバウンダリ・スキャン・テストやテスト・アクセス・ポートを定義している》《JTAG = ジェイタグ》

joint theater missile defense 〔U〕 統合戦域ミサイル防衛

joint training 〔U〕 統合訓練 《部隊等を自衛隊の統合運用に関する部隊行動に習熟させ、もってその任務を完遂するに必要な能力の向上を図ることを目的とし、統合幕僚長が実施する訓練をいう。[典] 自衛隊統合達第8号》

joint training exercise 〔C〕 統合訓練・演習

joint transportation 〔U〕 統合輸送 《統合幕僚長の統制下において、陸上自衛隊、海上自衛隊、航空自衛隊および特別の部隊等の人員、貨物等を輸送することをいう。[典] 自衛隊統合達第34号》

Joint Transportation Board (JTB) 【米軍】統合輸送委員会

joint urban operations (JUOS) 統合市街作戦

joint use 共同使用

joint warfighting capabilities assessment (JWCA) 統合戦闘能力評価

Joint Weather Analysis and Forecast Computer System (JAFCOM) 〔C〕 【自衛隊】統合気象解析予報用電子計算機システム 《各種気象データの数値解析、予想資料、気象衛星画像等を解析し、部隊のニーズに合った精度の高い気象情報を迅速に作成するシステム》

Joint Weather Central (JWC) 【自衛隊】統合気象中枢 《3自衛隊が共通の基礎的気象解

析、予報および気象通信等の業務を統合して運用する機能をいう。㊞ 統合訓練資料1-4》

Joint Weather Communication Computer System (JOWCOM) 【自衛隊】統合気象通信用電算機システム 《陸上、海上、航空自衛隊の各気象通信所および気象庁、米軍等をオンライン結合し、必要とする気象情報の収集、編集、配布および問い合わせ応答等をリアルタイムに実行する気象通信システムをいう。㊞ JAFM006-4-18》

Joint Weather System (JWS) 【自衛隊】統合気象システム 《陸海空自衛隊が協同運営する情報システムをいい、気象情報の収集・配布、天気図等の作成、公開等を行う。㊞ 海幕運第2955号》

Joint Working Group on Defence Equipment and Technology Cooperation (JWG-DETC) 【防衛省】防衛装備・技術協力に関する事務レベル協議 《日印間における装備協力の枠組み》

Joint Worldwide Intelligence Communication System (JWICS) ［C］ 世界的統合情報通信システム

joint zone ［C］【米軍】統合地帯 《統合して作戦を実施する部隊が、同時に作戦を実施するために、特別に指定した区域についての一般的呼称をいう。㊞ 統合訓練資料1-4》

join up ＝ join-up 空中集合；編隊集合

jolly roger 海賊旗 《黒地に「髑髏と大腿骨のぶっ違い」を白く染め抜いた旗など》

Journal of the National Defense Medical College 【日】防衛医科大学校雑誌 《の英語呼称》

joystick ［C］ ジョイスティック 《火器管制装置（FCS）のレーダー操作を行う操縦桿。空対空目標の捕捉時に、アンテナおよびレンジ・ゲートを制御する。㊞ レーダー用語集》

JS 【自衛隊】JS 《「Japan Ship」の略語。艦名に冠して、自衛隊の艦艇であることを示す。㊞ 米国の場合は、「USS（United States Ship）」》◇用例：JS KURAMA ＝ JSくらま

J-scope indication Jスコープ表示

JSDF's condition 各自衛隊の状況

JTIDS unit ［C］ JTIDSユニット 《TADIL-J（LINK-16）ネットに参加するユニットのことをいう。㊞ JAFM006-4-18》《Joint Tactical Information Distribution System（JTIDS）＝ 統合戦術情報分配システム》

jubilee patch ［C］ 応急バンド

judge advocate (JA) 法務官

Judge Advocate Division (JA Div) 【陸自】法務課 《の英語呼称》

judge advocate general ［pl. ＝ judge advocates general, judge advocate generals］ 法務総監 ◇用例：Judge Advocate General of the Navy ＝ 海軍法務総監

Julian date 年通算日

jump angle ［C］ 出行角 《発射のために準備した砲仰角と発射瞬時の砲仰角との差をいう。㊞ 海上自衛隊訓練資料第175号》

jump area ［C］ 降下地域

jump distance 躍距離

jumpmaster ［C］【陸自】降下長 《降下長とは、空挺従事者が搭乗した各航空機ごとの空挺降下搭乗に関する指揮官をいう。㊞ 陸上自衛隊達第111-2号》

jump-off ①攻撃開始 ②降下開始

jump-off line ［C］【空自】攻撃開始線

jump table ［C］ 跳躍表

jump transfer 飛び越し

jump zone ［C］ 跳躍地帯

junction box ［C］ 接続箱

junction temperature ジャンクション温度；接合部温度

jungle fatigue ジャングル・ファティーグ；熱帯戦闘服

Jungle Warfare Training Center (JWTC) ［the ～］【在日米軍】ジャングル戦闘訓練センター 《「Northern Training Area」（北部訓練場）の別称》《沖縄》

junior-grade officer ［C］ 尉官（いかん）《陸軍・空軍・海兵隊の大尉、中尉、少尉。自衛隊では1尉から3尉までが尉官》

junior officer ［C］ ①【自衛隊】初級幹部 ②下級将校

junior officer of the deck (JOOD) 【海自】副直士官（停泊）《2等海尉以下の幹部が副直士官の勤務に服する。准海尉が服してもよい。㊞「当直幹部」は、「当直士官」と「副直士官」の総称》

junior officers training test ［C］ 初級幹部検定；初級幹部審査

junior watch officer (JWO) ［C］【海自】副直士官（航海）《2等海尉以下の幹部が副直士官の勤務に服する。㊞「当直幹部」は、「当直士官」と「副直士官」の総称》

junk ring ［C］ 押え輪

junta ［C］ 軍事政権 《クーデター直後の暫定的な軍事政権》

jurisdiction ［U］ 管轄権

jury stud ［C］ 仮支柱

jute serving ジュート巻き

【 K 】

Kadena Air Base (Kadena AB) 【在日米軍】嘉手納空軍基地 《沖縄》

Kadena Airfield 嘉手納飛行場 《沖縄》

Kadena Ammunition Storage Area ［the ～］【在日米軍】嘉手納弾薬庫地区 《沖縄》◇用例：the Chibana area ＝ 知花地区

Kalman filter ［C］ カルマン・フィルター

kapok カポック

Kastner Army Airfield (KAAF) 【在日米軍】キャスナー陸軍飛行場

katabatic wind ［U］ 滑降風

katafront カタフロント

katallobar 気圧下降域 《⇔ anallobar ＝ 気圧上昇域》

Kawakami Ammo Surveillance Branch 【在日米軍】川上弾薬検査課

Kawakami Ammunition Depot 【在日米陸軍】川上弾薬庫

Kawakami Telephone Exchange Office 【在日米軍】川上電話交換室

Kawasaki Branch 【防衛装備庁】川崎支所 《の英語呼称》《磁気器材および水中電界器材に関する調査研究を行う。⇨ 防衛装備庁HP》

KC-130 Hercules aircraft ［pl. ＝ ～］ KC-130ハーキュリーズ航空機

K-day K日

kedge anchor ［C］ 副錨；小錨（しょうびょう）

keel ［C］ キール；竜骨

keel block ［C］ キール盤木（キールばんぎ）

keel line ［C］ キール線

keel sonar ［U］ キール・ソーナー

Keen Swordt (KS) 【自衛隊】キーンソード 《日米共同統合演習の演習名》◇用例：Keen Sword 17（KS17）＝ キーンソード17

keep-alive voltage キープアライブ電圧

keep plate ［C］ 止め板（とめいた）

Keesler Air Force Base 【米軍】キースラー空軍基地

Kelvin voltmeter ［C］ ケルビン電圧計

Kennedy Space Center 【米】ケネディ宇宙センター

kenter shackle ［C］ ケンター・シャックル

kerosine ＝ kerosene 灯油

key ［C］ 電鍵（でんけん）

key activity 主要活動

key approach 主要近接路

key area ［C］ 要域 《一般に、戦争遂行または戦争実施上、重要な価値のある地域をいう。⇨ 統合訓練資料1-4》

key avenues of approach 主要接近経路

keyboard data entry area ［C］ キーボード・データ入力領域 《バッジ用語》

keyboard transmitter ［C］ 鍵盤送信機（けんばんそうしんき）

key depot ［C］ 重要品補給処

key facilities list ［C］ 緊要施設一覧表

key generator ［C］ 符号変換装置 《ペトリオット用語》

keying キーイング 《対空無線機において対空音声通話を行うための操作をいう。⇨ JAFM006-4-18》

key item ［C］ 重要品目

key military infrastructure 主要軍事基盤

key personnel ［pl.］ 基幹人員；基幹要員

key point ［C］ 要点；要所 《その破壊または占領によって、戦争遂行または作戦実施上重大な影響が生じるような施設または場所をいう。⇨ 統合訓練資料1-4》

key position ［C］ ①要所；要点 ②キー位置 ③基幹職

key terrain ［U］ 【陸自】緊要地形（きんようちけい） 《これを支配または占領することにより、彼我の戦術行動に決定的な影響を与える地形をいう。陸自教範》《⇨ critical terrain》

key way ［C］ キー溝

key word ＝ keyword ［C］ ①キーワード ②【海自】基本語

kick-up limiter ［C］ キックアップ・リミター

kill assessment 撃墜判定 《ペトリオット用語》

kill box ［C］ キル・ボックス

killed in action (KIA) ①【空自】戦死者 《戦傷により収容施設に到着するまでに死亡した場合》 ②戦没者

killing zone ［C］ 殺傷地帯

kill rate ［C］ 【海自】撃墜率 《ミサイルまたは砲の命中率と発射弾数から累積した目標撃墜の確率をいう。⇨ 海上自衛隊訓練資料第175号》

kill ratio ［C］ 殺傷率

kill vehicle (KV) ［C］ 撃破体 《⇨ 「撃墜体」、「破壊体」などがある。不明な場合は「キル・ビークル」にする。「interceptor」の場合は

「迎撃体」にする》

kiloton weapon ［C］ キロトン級核兵器

Kin Blue Beach Training Area ［the ～］【在日米軍】金武ブルー・ビーチ訓練場 《沖縄》

kinematic coefficient of viscosity 動粘性係数

kinematic viscosity ［U］ 動粘度

kinetic attack ［C］ 物理的攻撃 ◇用例： non-kinetic attack ＝ 非物理的攻撃

kinetic energy weapon (KEW) ＝ kinetic-energy weapon ［C］ 運動エネルギー兵器

kinetic warhead ［C］ キネティック弾頭 《ミサイルから射出され、自律的に軌道修正することにより目標である弾道ミサイルの弾頭を直撃し、その運動エネルギーで破壊する弾頭》

Kingston valve ［C］ キングストン弁

Kinki Chubu Defense Bureau 【防衛省】近畿中部防衛局 《の英語呼称》《前身は「大阪防衛施設局」》

Kin Red Beach Training Area ［the ～】【在日米軍】金武レッド・ビーチ訓練場 《沖縄》

Kirameki 【日】きらめき 《防衛通信衛星名》◇用例： きらめき2号 ＝ Kirameki-2

Kirchhoff's Law キルヒホッフの法則

kitchen police (KP) ［pl. ＝ ～】①【自衛隊】炊事勤務員 ②炊事当番兵

kitchen train ［C］ 炊事列車

klystron クライストロン 《マイクロ波用の発信や増幅に使用する電子管の一種》

knapsack ［C］ 背嚢（はいのう）

kneeling position ［C］ ①【陸自】膝射ち ②【海自】膝射ちの姿勢

knife edge wiper ［C］ 刃形ワイパー

knife rest 拒馬（きょば）

knife switch (KS) ［C］ ナイフ・スイッチ

knob ［C］ ①つまみ；ノブ；握り ②目くぎ

knot ①ノット 《1ノットは1海里/時 ＝ 1.852 Km/h》 ②結索（けっさく）

known-distance firing 定距離射撃

known-distance range ［C］ 定距離射場

known ground 熟地

known trouble method 故意故障作成法

knuckle ［C］ 【海自】蹴り出し

Kobi Sho Range 【在日米軍】黄尾嶼射爆撃場（こうびしょしゃばくげきじょう） 《沖縄。「黄尾嶼」とは「久場島」のこと》

Kodaira School ［the ～］ 【陸自】小平学校 《の英語呼称》《警務・会計・情報科隊員の教

育を行う》

Kollesman window コールスマン・ウィンドウ 《高度計のコールスマン・ウィンドウ》

Korea Massive Punishment & Retaliation (KMPR) 【韓国】大量反撃報復概念

Korea Military Advisory Group (KMAG) 【米】対韓軍事顧問団

Korean Peninsula Energy Development Organization (KEDO) ［The ～］ 朝鮮半島エネルギー開発機構

Korean People's Army 朝鮮人民軍

Korean Service Medal 【米】朝鮮戦争従軍記章

Korean War ［the ～］ 朝鮮戦争 ◇用例： 50th Anniversary of the Korean War ＝ 朝鮮戦争50周年

Kosovo conflict ［the ～］ コソボ紛争

Kosovo Force (KFOR) 国際安全保障部隊 《国連安保理決議に基づき、コソボに展開された、NATO軍を主体とする多国籍軍》

Kosovo Liberation Army ［the ～］ コソボ解放軍

Kraemer system クレーマー方式

Kume Jima Range 【在日米軍】久米島射爆撃場 《沖縄》

Kurdistan Democratic Party (KDP) クルド民主党（クルディスターン民主党）

Kure Commissary Annex 【在日米軍】呉カミサリー・アネックス

Kure District 【海自】呉地方隊 《の英語呼称》◇用例： 呉地方総監 ＝ Commandant, Kure District

Kure Field Office 【在日米軍】呉渉外事務所

Kure Harbor Club 【在日米軍】呉ハーバー・クラブ

Kure MWR Office 【在日米陸軍】呉厚生局事務所

Kure Office 【在日米陸軍】呉事務所

Kure Pier 6 【在日米陸軍】呉第六突堤

Kure Sub Office 【在日米陸軍】呉民間人人事課

Kure Telephone Exchange Office 【在日米陸軍】呉電話交換室

Kuroshio front ＝ Kurosio front 黒潮前線

Kwakami Facilities Engineer Detachment 【在日米軍】川上分遣隊

Kyogamisaki Communication Site ［the ～］ 【在日米軍】経ヶ岬通信所

Kyoto Conference of Scientists 科学者京

都会議

Kyushu Defense Bureau 【防衛省】九州防衛局 《の英語呼称》《前身は「福岡防衛施設局」》

【L】

Lab 110 【北朝鮮】110研究所 《朝鮮人民軍偵察総局隷下のサイバー部隊》

labor ＝labour 労務 《組織化されていない個人と契約し、または奉仕団体等の自発的協力を得て、その作業力等を活用することをいう。また、これにより提供される作業力等をいう。[典] 統合訓練資料1-4》

laboratory ［C］ 【海自】検査室

laboratory service ［C］ 衛生試験業務

Labor Management Division ①【内部部局】労務管理課 《の英語呼称》《駐留軍等のために労務に服する者の雇入れ・提供・労務管理等》 ◇用例： 労務管理課長＝Director, Labor Management Division ②渉外労務課 《県の渉外労務課》

Labor Management Office (LMO) 渉外労務管理事務所

Labor Safety and Sanitary Act 【日】労働安全衛生法

laborsaving ＝labor-saving 省力；省力化

Labor Standards Act 【日】労働基準法

Labor Standards Inspection Office (LSIO) 【日】労働基準監督署

Labour Relations Commission for Seafarers 【日】船員中央労働委員会

lacing 線締め

lacing wire ［C］ 押え金

Lackland Air Force Base 【米空軍】ラックランド空軍基地

lacrimator ＝lachrymator 催涙ガス 《[同] tear gas＝催涙ガス》

Lacrosse imaging radar satellite ラクロス・レーダー衛星

ladder ［C］ 梯子（はしご）

ladder fire 試射 《あらかじめ設定したさまざまな高角で連続的に目標を斉射し、射距離を得るために行う射撃。[典] NDS Y 0005B》

lag adjustment 遅相調整

lag angle ［C］ 遅れ角

lagging commutation 遅れ整流

lagging device ［C］ 遅相装置

lagging material 被覆材；保温材

lag time 遅延時間；死節時間

lake breeze ［C］ 湖風

Lambert projection ランバート投影法

Lambert's law ランベルトの法則

laminar airfoil ［C］ 層流翼

laminar boundary layer ［C］ 層流境界層

laminar flow 層流

laminar flow control ［U］ 層流制御

laminar separation 層流剥離

laminated brush ［C］ 成層ブラシ

laminated core ［C］ 成層鉄心

laminated insulation ［C］ 積層絶縁物

laminated lumber 積層材

lamination 層板（そうばん）

lamp ［C］ ランプ 《可視の光学的放射を作るための電気を利用した発光部品（ハロゲン電球、LED等）をいう 。[典] 防整技第6759号》

Lance 【米陸軍】ランス 《ミサイル名》

Lance Corporal ①【米海兵隊】上等兵 ②【英陸軍】下級伍長（かきゅうごちょう）

lance sergeant ［C］ 【英陸軍】軍曹勤務伍長

land 山 《腔線の山》

land and sea breeze ［C］ 海陸風

Land Attack Standard Missile (LASM) 【米海軍】陸上攻撃型スタンダード・ミサイル

land battle 地上戦闘

land boiler ［C］ 陸用ボイラー

land breeze ［C］ 陸風（りくふう）

land combat power 地上戦闘力

land control operation 地上統制作戦

land fight 陸戦

land forces ［pl.］ 地上軍；地上部隊；陸上部隊

Land Forces Pacific (LANPAC) 【日】太平洋地上軍シンポジウム

landing (L/D) ①上陸 ②着陸 ③揚陸 《海上作戦輸送において、味方の支配下にある海岸または港湾に、輸送艦船等から人員を上陸させ、装備品等を卸下（しゃか）することをいう。[典] 統合訓練資料1-4》

landing aids ［pl.］ 着陸援助施設

landing angle ［C］ 着陸角

landing approach 着陸進入

landing area ［C］ ①【陸自】降着地域 《空挺部隊もしくは補給品を降投下または着陸させるために使用する目標地域内の一定の地域をいい、

通常、2以上の降下場または着陸場を含む。[典] 統合訓練資料1-4》《[同] drop area》 ②着陸地域；着陸地帯 《航空機の～》 ③上陸地域；上陸区域；上陸地帯 ④【海軍】揚陸区域

landing attack 〔C〕 ①【陸自】上陸攻撃 ②【米軍】上陸戦闘 《水陸両用作戦において、上陸部隊を艦船・舟艇・水陸両用車両またはヘリコプター等によって輸送し、敵地に着上陸させて行う戦闘をいう。[典] 統合訓練資料1-4》

landing attitude 着陸姿勢；接地姿勢着陸姿勢

landing barge 〔C〕 上陸用はしけ

landing beach = landing coast 〔C〕 【米軍】上陸海岸 《水陸両用作戦において、上陸適地内で基本的な上陸戦闘部隊(通常、最小戦術単位であって、米軍においては大隊上陸戦闘団)が強襲上陸可能な海岸をいう。[典] 統合訓練資料1-4》

landing beam 着陸ビーム

landing characteristic stall 着陸特性失速

landing clearance 〔U〕 ①着陸許可 ②着水許可

landing coast 〔C〕 上陸海岸

landing control operations 〔pl.〕 上陸制圧作戦

landing craft (LC) 〔C〕 上陸用舟艇(じょうりくようしゅうてい)

landing craft air cushioned (LCAC) 〔C〕 【海自】輸送用エア・クッション艇 《ホバークラフト輸送艇のこと》《LCAC = エルキャック》

Landing Craft Air Cushioned Unit 【海自】エアクッション艇隊 《の英語呼称》◇用例：エアクッション艇隊長 = Officer in Charge, Landing Craft Air Cushioned Unit

landing craft and amphibious vehicle assignment table 〔C〕 上陸用舟艇・強襲ビークル任務表

landing craft availability table 〔C〕 上陸用舟艇使用可能表

L

landing craft deployment diagram 〔C〕 上陸用舟艇展開表

Landing Craft Division 【海自】輸送艇隊 《の英語呼称》◇用例： 輸送艇隊司令 = Commanding Officer, Landing Craft Division

landing craft, infantry (LCI) 〔C〕 【海軍】歩兵揚陸艇

landing craft, mechanized (LCM) 〔C〕 【海軍】機械化部隊揚陸艇

landing craft, personnel (LCP) 〔C〕 【海軍】兵員揚陸艇

landing craft, repair ship 〔C〕 揚陸艇修理艦 《艦種記号： ARL》

landing craft, tank (LCT) 〔C〕 戦車上陸用舟艇

landing craft, utility (LCU) 〔C〕 ①汎用揚陸艇 ②【海自】輸送艇 《艦種記号： LCU》

landing craft, vehicle 〔C〕 車両揚陸船

landing craft, vehicle and personnel (LCVP) 〔C〕 人員車両揚陸用舟艇

landing diagram 〔C〕 上陸要領図

landing distance 着陸距離

landing facility 〔C〕 着陸施設

landing field 〔C〕 ①軽飛行場 ②着陸地域

landing force (LF) 〔C〕 【米軍】上陸部隊 《水陸両用作戦において、強襲上陸を実施するため任務編成された航空および地上部隊であって、水陸両用作戦における最上段階の部隊をいう。[典] 統合訓練資料1-4》◇用例： commander, landing force = 上陸部隊指揮官；commander of landing force

Landing Force Integrated Communications System (LFICS) 〔C〕 上陸部隊統合通信システム

landing force supplies 〔pl.〕 上陸部隊用補給品

landing force support party 〔C〕 上陸部隊支援班

landing gear 〔C〕 降着装置 《航空機の降着装置》

landing gear warning device 〔C〕 着陸脚出し警報装置

landing gear warning horn 〔C〕 脚警報器

landing gross weight 〔U〕 着陸時総重量

landing group 〔C〕 【米軍】上陸任務群 《単一指揮官の下に、1ないし数群の陣地に対し、水陸両用作戦を実施し得るような能力を付与された上陸部隊の構成部隊をいう。[典] 統合訓練資料1-4》◇用例： landing group commander = 上陸任務群指揮官

landing helicopter assault ship 〔C〕 ヘリコプター搭載揚陸艦

landing light 〔C〕 着陸灯

landing load 着陸荷重

landing mark beacon 〔C〕 地標航空灯台；地標点航空灯台

landing mat 〔C〕 ランディング・マット

landing objective area 〔C〕 【陸自】降着目標地域 《空中機動作戦において、降下地域・着陵地域(降着地域)および空挺・ヘリボン攻撃の攻撃目標の存在する地域の総称をいう。[典] 陸自教範》

landing operation ①【統幕】着上陸作戦；揚陸作戦 《陸海空自衛隊が協力して、敵の支配下

にある我が領土に対し、空中機動作戦、事前の火力制圧等により、海岸地域の敵を無力化し、対機雷戦および揚陸に必要な安全を確保した上で海上作戦輸送をもって部隊を揚陸させ、特定の目的を達成するために行う作戦をいう。®統合訓練資料1-4》②【海自】上陸作戦 《® antilanding operation ＝ 対着陸作戦》

landing party ［C］ 上陸戦闘部隊

landing plan ［C］ 上陸計画

landing point ［C］ 着陸点

landing roll ＝ landing run 着陸滑走

landing roll distance 着陸滑走距離

landing safety officer (LSO) ［C］ 発着管制官

landing schedule ［C］ 上陸計画

landing sequence table ［C］ 上陸シーケンス・テーブル

landing sheet ［C］ 着陸布板；着陸方向指示布板

landing ship ［C］ ①揚陸艦 ②【海自】輸送艦 《艦種記号：LST》

Landing Ship Division 【海自】輸送隊《の英語呼称》◇用例：輸送隊司令 ＝ Commander, Landing Ship Division

landing ship, dock (LSD) ［C］ 上陸用舟艇母艦

landing ship, medium (LSM) ［C］【海軍】中型揚陸船

landing ship, tank (LST) ［C］ ①【海軍】戦車揚陸艦 《陸上部隊の戦車や装軌車両を輸送できる輸送艦。装軌車両の重量や走行に耐えうるように、床面などが強化されている》②【海自】輸送艦

landing ship, utility (LSU) ［C］ ①【海軍】多用途揚陸艦 《陸上部隊（戦車や一部の装軌車両を除く部隊）の海上輸送を行う輸送艦》②【海自】輸送艦 《艦種記号：LSU》

landing ship, vehicle ［C］【海軍】車両揚陸艦

landing signal officer (LSO) ［C］ ①【海軍】着艦誘導士官 ②【海自】着艦誘導幹部

landing site ［C］ 上陸適地 《人員、装備および補給品を海上から揚陸するために適する海岸地域をいう。®陸自教範》

landing speed 着陸速度

landing strip ［C］ 着陸場；着陸帯

landing surface ［C］ 着陸表面

landing T T型着陸標識

landing team ［C］ 上陸団

landing teletype 有線テレタイプ 《® radio teletype ＝ 無線テレタイプ》

landing track ［C］ 着陸経路

landing vehicle tracked (LVT) ［C］ 水陸両用装軌車

landing weight ［U］ 着陸重量

landing zone (LZ) ［C］ ①上陸地域 ②着陸帯；着陸地域 ◇用例：tactical landing zone (tactical LZ) ＝ 戦術着陸帯 ③降着場 《降着地域内の一定の地域をいい、降下場と着陸場の総称である。®統合訓練資料1-4》《® drop zone》

landing zone control ［C］ 着陸地域管制

landing zone control party ［C］ 着陸地域管制班

landing zone marker ［C］ 着陸帯標識

landline ［C］ 陸上有線

landmark ＝ land mark ［C］ ①【陸自】著名な地形地物 ②【海自】地上標識

landmark plot system 地物利用法

land mine (LM) ＝ landmine ［C］ 地雷

land mine dispenser ［C］ 地雷散布装置《複数の地雷を収納した散布容器をヘリコプターなどに搭載または懸吊(けんちょう)して、地雷を放出または落下する装置》◇用例：87式地雷散布装置 ＝ Type 87 mine dispenser

landmine disposal ［U］ 地雷処理

land mine warfare ［U］ 地雷戦

land mobile station ［C］ 陸上移動局

land operation 地上作戦

Land Partnership Plan (LPP) 連合土地管理計画

land power ①大陸勢力 ②【海自】陸上権力国

landing reference point ［C］ 着水基準点

land-rescue team ［C］ 陸上救難チーム

land-rescue unit ［C］ 陸上救難隊

land, sea and air joint anti-ship warfare operation 【統幕】陸海空協同対艦攻撃

land, sea and air transportation ［U］ 陸上・海上・航空輸送

land, sea or aerospace projection operation 陸海空軍投入作戦

land search ［C］ 地上捜索

landspout 竜巻 《陸上の竜巻》

land station ［C］ 陸上局

land tail ［C］ 地上後続部隊

land trial 陸上運転試験

lane marker ［C］ ①通路標識 《地雷》②車線標示 《道路の車線標示》

L

lang 368

Langevin-type transducer ［C］ ランジュ
バン型振動子；ランジュバン振動子

lang's lay ラング撚り

language allowance ［C］ 語学手当て

lanyard ［C］ 索

lap ラップ

lap course ［C］ 【海自】ラップ針路

lapping ラップ仕上げ

lap seaming 重ね接続

lapse rate ［C］ 減率

lap splice 重ね接続

lap winding 重ね巻き

large aperture seismic array (LASA) 超
遠距離地震検出装置 《地下核実験探知用の超遠
距離地震検出装置》《LASA ＝ ラサ》

large army ［C］ 大軍

large auxiliary floating dry dock ［C］
【海軍】大型浮ドック 《艦種記号：AFDB》

large displacement unmanned
underwater vehicle (LDUUV) ［C］
長期運用型無人水中航走体 《長期間に渡って、
水中の脅威に対する警戒監視を継続的に実施する
ことが可能な無人航走体》

large enemy force ［C］ 敵の大軍

large-lot storage ［U］ 大口貯蔵

large medium-speed, roll-on/roll-off 大
型中速車両貨物船

large repair parts transporter (LRPT)
［C］ 大型部品運搬車 《ペトリオット用語》

large-scale disaster 大規模災害

large-scale disaster accident ［C］ 大規模
事故

large-scale disaster relief 大規模災害派遣

large-scale earthquake 大規模震災 《地震
災害のうち、その被害の規模が特に大きいものと
して防衛大臣が指定するものをいう。㋺ 防衛庁訓
令第28号》

large-scale map ［C］ 大縮尺地図（だいしゅ
くしゃくちず）

large screen display (LSD) ［C］ 大型表
示装置 《JADGE用語》

large screen display processing (LSDP)
ラージ・スクリーン・ディスプレイ処理プログラ
ム；LSD処理プログラム 《バッジ用語》

large search area (LSA) ［C］ ラージ・
サーチ・エリア 《レーダー・データと航跡との
相関の中間の領域であり、航跡の予測位置を中心
とした円で定義される領域をいう。㋺ JAFM006-
4-18》

laryngaphone ［C］ のど当て送話器

laser aligner ［C］ レーザー照準器

laser designator (LD) ［C］ レーザー・デ
ジグネーター；レーザー指示器 《レーザー光を
目標に照射し、誘導弾をその照射点に向けて誘導
するためのレーザー指示器のこと》

laser footprint レーザー・フットプリント

laser geodynamic satellite (LAGEOS)
［C］ レーザー測地衛星

laser guidance unit ［C］ レーザー誘導装置

laser-guided bomb (LGB) ［C］ レーザー
誘導爆弾

laser-guided weapon (LGW) ［C］ レー
ザー誘導兵器

laser gyro ［C］ レーザー・ジャイロ

laser head ［C］ レーザー光源部

laser homing レーザー・ホーミング

laser illuminator ［C］ レーザー照射器

laser image detection and ranging
(LIDAR) レーザー画像検出・測距法

laser inertial navigation system ［C］
レーザー慣性航法装置

laser intelligence (LASINT) ［U］ レー
ザー情報

laser pulse duration レーザー・パルス幅；
レーザー・パルス持続時間

laser range finder ［C］ レーザー測距器

laser spot ［C］ レーザー・スポット

laser spot tracker (LST) ［C］ レーザー照
射追尾装置

laser target designating system ［C］
レーザー目標指示システム 《㋺ laser target
marking system》

laser target designator (LTD) ［C］ レー
ザー目標標定器

laser target line ［C］ レーザー目標線

laser target marker ［C］ レーザー目標
マーカー

laser target marking system ［C］ レー
ザー目標指示システム 《㋺ laser target
designating system》

laser weapon ［C］ レーザー兵器

Laser Weapon System (LaWS) レーザー
兵器システム

lashing 固縛

lashing point ［C］ 固縛点

Lashkar-e-Tayyiba (LeT) ラシュカレ・タイ
バ 《カシミール地方およびパキスタン・パン

ジャブ州を中心に活動するスンニ派過激組織》
last prior database (LPDB) 最新のデータベース 《ペトリオット用語》
latch ［C］ 留め金；掛け金
latch mechanism ［C］ ラッチ機構
latch release valve ［C］ 掛け金解放弁
lateen type sail ［C］ 三角帆（さんかくほ）
late gate ［C］ 後期ゲート
latent energy 潜勢力（せんせいりょく）
latent heat 潜熱
latent image 潜像
latent instability ［U］ 潜在不安定度
lateral axis ［pl. = axes］ 横軸
lateral bending 横曲げ
lateral communications ［pl.］ 部隊間通信
lateral distance 航過間隔
lateral drift landing 横滑り着陸
lateral gain ラテラル・ゲイン
lateral guidance ［U］ 左右誘導
lateral jump angle ［C］ 水平跳起角（すいへいちょうきかく） 《跳起角の水平成分。[典] NDS Y 0006B》《[同] horizontal jump angle》
laterally ［adv.］ 横広に（おうこうに）
laterally and in depth 縦深横広に（じゅうしんおうこうに）
laterally disposed dual rotor type helicopter ［C］ 双回転翼式ヘリコプター
lateral observation ［U］ 遠隔観測
lateral separation ①【空自】横間隔 ②【海自】横方向分離
lateral stability ［U］ ①【空自】横安定 ②【海自】横安定性
lateral tell ラテラル・テル
lateral tilt 横俯角（おうふかく）
lateral underwater area ［C］ 水中側面積
late timing 遅れタイミング
latitude ①緯度 ②寛容度
latitude and longitude 経緯度
latitude and speed corrector ［C］ 緯度速度誤差修正器
latitude band ［C］ 緯度帯
latitude by meridian altitude 子午線緯度
latitude by Polaris 極星緯度
latitude correction 緯度修正 《ジャイロコンパス。「緯度補正」としている場合もある》
latitude error 緯度誤差
latitude error corrector ［C］ 緯度誤差修正器
latitude in (Lat In) 着達緯度
latitude of initial 起程緯度
latitude of vertex 頂点緯度
latrine ［C］ 便所
latter of offer and acceptance (LOA) ［pl. = latters of offer and acceptance］ 引き合い受諾書
Laughlin Air Force Base 【米軍】ラフリン空軍基地
launch ［vt.］ ①発射する；打ち上げる ◇用例： to launch a missile = ミサイルを発射する ②進水させる
launch and leave 撃ち放し 《発射後に誘導する必要のないこと》
launch cage ［C］ 発射框（はっしゃきょう） 《箱状の簡易水中自走発射装置。上下左右にガイドレールがあり、所要の発射機構を備えている。魚雷の各種発射試験に使用される》
launch control center ［C］ 発射統制センター
launch control unit (LCU) ［C］ 【空自】発射制御装置 《ペトリオット用語》
launch decision 射撃決定 《ペトリオット用語》
launcher (Lchr) ［C］ ①ランチャー ②発射機；発射装置 ③ミサイル発射台；ロケット発射台
launcher action message (LAM) ［C］ ランチャー・アクション・メッセージ 《ペトリオット用語》
launcher and missile simulator ［C］ LAMS 《アスロック・ランチャー・システムの構成機器の一つ。[備] 自衛隊では「LAMS（ラムス）」で通じる》
launcher captain's control panel ［C］ LCCP 《アスロック・ランチャー・システムの構成機器の一つ。[備] 自衛隊では「LCCP（エルシーシーピー）」で通じる》
launcher control indicator (LCI) ［C］ 発射機統制指示器
launcher control officer (LCO) ［C］ 【空自】ナイキ発射幹部
launcher electronics (LE) ［pl.］ 発射機電子装置 《ペトリオット用語》
launcher electronics module (LEM) 発射機電子モジュール 《ペトリオット用語》
launcher missile round distributor (LMRD) ［C］ 発射機ミサイル・ディストリビューター 《ペトリオット用語》

L

launcher response message (LRM) ［C］ ランチャー・レスポンス・メッセージ 《ペトリオット用語》

launching ①発射；打ち上げ ②進水作業

launching area (LA) ［C］ ①【空自】発射地域 ②【海自】発射区域

launching control station (LCS) ［C］ 発射統制所

launching control trailer (LCT) ［C］ 発射統制トレーラー

launching hook ［C］ ゴム索フック

launching phase guidance ［U］ 発射行程誘導

launching position ［C］ 発射位置

launching section ［C］ 【空自】発射班 《ミサイルの発射班》

launching shoe ［C］ 発射架 《ミサイルの発射架》

launching station (LS) ［C］ ①発射装置 ②発射機

launching station test set (LSTS) ［C］ 発射機テスト・セット 《ペトリオット用語》

launching track ［C］ 敷設軌条

launching weight ［U］ 発射重量

launch mount ［C］ 発射台

launch now intercept point (LNIP) ［C］ 発射前予想要撃点 《ペトリオットのミサイル発射前の予想要撃点をいう。[典] JAFM006-4-18》《LNIP＝エルニップ》

launch order 点火指令

launch pad ［C］ 発射パッド 《ミサイルの発射パッド》

launch platform ［C］ 発射プラットフォーム 《ミサイルの発射プラットフォーム》

launch point estimate (LPE) 発射推定点 《戦域弾道ミサイル（TBM）の発射推定点をいう。[典] JAFM006-4-18》

L

launch selection 発射選択

launch under attack ＝launch-under-attack 攻撃後発射 《核攻撃があった後に報復の核ミサイルを発射すること》

law enforcement ［U］ ①法執行 ②捜査当局；警察当局 ◇用例：law enforcement surveillance system＝捜査当局の監視システム

law enforcement agency ［C］ 法執行機関

law enforcement investigator ［C］ 警察の捜査官

law enforcement officials ［pl.］ 司法当局

law enforcement sources ［pl.］ 捜査当局筋

Law for Control of Poisons 【日】毒物及び劇物取締法

Law for Preventing Collision at Sea ［the ～］ 【日】海上衝突予防法

lawful self-defense ［U］ 正当防衛

Law of Armed Conflict 武力紛争法

law officer ［C］ 法務官

law of land warfare 陸戦法；陸戦法規

law of naval warfare 海戦法；海戦法規

law of neutrality 中立法；中立法規

law of normal wind 基準風の法則

law of war 戦争法

law of warfare 交戦法規

Law on Special Measures for Land for the US Military ［the ～］ 【日】駐留軍用地特措法

Lawrence Livermore National Laboratory 【米】ローレンス・リバモア国立研究所

laws and regulations 法規

laws and regulations concerned 関係法規

lawsuit against noise ［U］ 騒音訴訟

lawsuit service 訟務（しょうむ）

lay ［vt.］ 敷設する

laydown bombing 超低空爆撃

layer-built battery ［C］ 積層電池

layer-built cell ［C］ 積層電池

layer depth (DP) 【海自】層深（そうしん） 《海洋における混合層の下端までの深度。層深下に潜航した潜水艦の探知類別は困難とされている》

layer effect 層効果

layer insulation ［U］ 層間絶縁

layer insulation test ［C］ 層間絶縁試験

layer of no motion 無流層

layer short-circuit 層間短絡

laying ①照準 ②設標 ③敷設

lay reference number 敷設機雷識別番号

Lazarus Group 【北朝鮮】ラザルス 《北朝鮮のハッカー集団》

LCAC Unit 【海自】エアクッション艇隊 《の英語呼称》《LCAC（エルキャック）＝landing craft air cushioned（エアクッション艇）の略語》

L coil ［C］ Lコイル 《ループを船体のキール線上に直角・直列に巻き、首尾線方向の磁気を打ち消すコイル。「longitudinal field coil」の略語》

LC oscillator ［C］ LC発振器

LC ratio ［C］ LC比

leaching 浸出

lead ①車両距離 ②未来修正量；見越し ③先導 ④導線

lead accumulator ［C］ 鉛蓄電池

lead acid storage battery ［C］ 鉛蓄電池

lead agent ［C］ 主担当機関

lead aircraft ［pl. = ～］ 先頭機

lead-alloy-sheathing 鉛被（えんぴ）

lead angle ［C］ ①見越し角 《移動する物体に対する射撃においては、銃軸線と照準線が異なる。この銃軸線と照準線のなす角度を見越し角という。[典] レーダー用語集》 ②【海自】進出角《照準線と艦首尾線とのなす角度で目標進行方向の角度を正とする。[典] NDS Y 0041》 ③進み角《機械》

lead-angle information ［U］ 見越し角修正諸元

lead azide アジ化鉛；窒化鉛（ちっかえん）

lead collision 【空自】見越し会敵 《見越し衝突攻撃法のこと》

lead collision course ［C］ 【空自】見越し会敵コース 《空対空ロケット攻撃等の場合に、攻撃機が飛行するコースであって、攻撃機の速度およびロケットの速度と、飛翔時間分の見越し角を取ったコリジョン・コース。[典] レーダー用語集》

lead computing gyro ［C］ リード・コンピューティング・ジャイロ 《こまの原理を利用して射撃計算を行う装置。空対空ガン攻撃時に、ターゲットに対する見越し角の計算を行う装置。「リード・コンピューティング」とは「見越し計算」のこと。[典] レーダー用語集》

lead computing optical sight system (LCOSS) ［C］ リード・コンピューティング・オプティカル・サイト・システム 《未来位置修正量をジャイロ・スコープで算定し、レティクルで表示する光学的な照準装置。[典] レーダー用語集》◇用例： lead computing optical sight (LCOS) = リード・コンピューティング・オプティカル・サイト

lead-covered cable ［C］ 鉛被ケーブル（えんぴケーブル）

lead-covered wire ［C］ 鉛被線（えんぴせん）

lead cylinder compression test ［C］ 鉛柱圧縮試験（えんちゅうあっしゅくしけん） 《爆薬の猛度を測定する試験。[典] NDS Y 0001D》《[同] lead cylinder Hess brisance test》

leader cable ［C］ 誘導ケーブル

leadership 統御 《組織の長が、その構成員に対し上下一体となって、その任務を忠実かつ積極的に遂行し、その能力を最高度に発揮するよう感化を与えることをいう。[典] 陸自教範》

leaders of the G8 ［the ～］ G8首脳

lead foil 鉛箔（えんぱく）

lead-in 引き込み

leading company ［C］ 先頭中隊

leading current 進み電流

leading edge (LE) 前縁 《翼の前縁》

leading edge flap ［C］ 前縁フラップ

leading edge root extension (LERX) 主翼前縁付け根延長

leading element ［C］ 先頭部隊

leading in wire 導入線

leading light ［C］ 導灯（どうとう） 《前灯（低い塔）と後灯（高い塔）が1組になった標識。この2基の灯火を垂直線上に見るように進むことによって安全に運航することができる》

leading line ［C］ 導索

leading mark ［C］ 導標

leading pole-tip 磁極前端

Leading Private 【陸自】陸士長 《の英語呼称》

Leading Seaman ①【海自】海士長 《の英語呼称》 ②【英海軍】1等兵

leading unit ［C］ 先頭部隊

leading wave ［C］ 先導波

lead-line ［C］ 測鉛線

leadman's platform ［C］ 測鉛台

lead mobility wing (LMW) ［C］ 主機動航空隊

lead nation ［C］ 主導国

lead pellet ［C］ 鉛片（えんぺん）

lead plate test ［C］ 鉛板試験（えんばんしけん） 《起爆筒などの威力試験の一つ。厚さ4mmの鉛板の中央に起爆筒などを直立させて起爆し、鉛板に生じた穿孔の程度を調べる。[典] NDS Y 0001D》

lead pursuit ［U］ 【空自】見越し追跡 《敵機の後を追尾して攻撃する方法。「リード・パーシュート」としている場合もある》

lead pursuit course ［C］ 【空自】見越し追跡コース 《空対空機関（銃）砲、レーダー・ホーミング・ミサイル等の攻撃をする場合に飛行するコースであって、弾丸等の速度x飛翔時間分の見越し角を取ったパーシュート・コース。[典] レーダー用語集》

lead-shielded wire ［C］ 鉛被線（えんぴせん）

lead ship ［C］ 誘導艦艇
lead storage battery ［C］ 鉛蓄電池
lead susceptibility ［U］ 加鉛効果
lead-the-force program (LTF) ［C］ 先駆航空機管理
lead through operation 船舶誘導作戦
lead time (L/T) ①リード・タイム ②【海自】費消期間；費消期
lead wire ［C］ リード線；導線；口出し線
leaf filter ［C］ 葉状フィルター
leaflet bomb ［C］ 伝単爆弾；宣伝爆弾
leakage 漏洩（ろうえい）；漏話（ろうわ）
leakage coefficient ［C］ 漏れ係数
leakage current 漏洩電流 ◇用例：initial leakage current ＝ 初期漏洩電流
leakage impedance ［U］ 漏洩インピーダンス
leakage power 漏洩電力
leakage steam condenser ［C］ 漏洩蒸気復水器
leakage test ［C］ 漏洩試験
leak detector ［C］ 漏洩検知器
leaker 漏出物（ろうしゅつぶつ）《爆弾または弾丸から漏れ出た化学剤。⊛ NDS Y 0001D》
leak off pipe ［C］ 出口管
lean fuel mixture 希薄混合気
leap frog ＝ leapfrog ［n.］ 交互躍進
leap frog ［v.］ 躍進する
leapfrog shuttling 超越折り返し輸送
learning activity ［C］ 学習活動
learning allowance 慣熟余裕

leased broadband system ［C］ 広帯域専用システム
leased circuit ［C］ 専用線
least replacement unit (LRU) 最小交換単位 《JADGE用語》
least significant bit (LSB) 最下位ビット《2進数符号の最下位桁をいう。⊛ JAFM006-4-18》
leave 休暇
leave area ［C］ 休暇地域
leaver ［C］ 分離船
leaver convoy ［C］ 分離船団
leave without pay (LWOP) 無給休暇《無許可欠勤》
leaving a buoy 単浮標解らん出港
Lecher line ［C］ レッヘル線

lee anchor ［C］ 緩み錨鎖
leech 後縁《帆の後縁》
lee side 風下側
leeward 風下
leeway ①風偏流 ②風圧差
left bank 左バンク《⊛ right bank ＝ 右バンク》
left-bladed propeller ［C］ 左回りプロペラー《⊛ right-bladed propeller ＝ 右回りプロペラー》
Left Face! 「左向け、左！」《号令または動作》
left flank 左翼《⊛ right flank ＝ 右翼》
left-handed single propeller 左回り単螺旋《⊛ right-handed single propeller ＝ 右回り単螺旋》
left-hand lay Sより；右より《⊛ right-hand lay ＝ Zより；左より》
left-hand traffic ＝ left hand traffic ①【空自】左側場周 ②【海自】左回り場周経路《⊛ right hand traffic ＝ 右側場周》
leftmost ［adj.］ 左端の
leg ［C］ 行程
legal affairs ［pl.］ 法務《部隊行動の適法性を確保し、作戦全般の法的正当性を保持して、作戦を容易にする機能であり、指揮・統制機能、作戦基盤機能および正当性保持機能からなる。⊛ 陸自教範》
Legal Affairs Division ①【防衛省】法規課《の英語呼称》◇用例：法規課長 ＝ Director, Legal Affairs Division ②【空自・海自】法務課《の英語呼称》◇用例：法務課長 ＝ Head, Legal Affairs Division
Legal Affairs General 【統幕・海自】首席法務官《の英語呼称》
Legal Affairs Section 【陸自・空自】法務班《の英語呼称》◇用例：法務班長 ＝ Chief, Legal Affairs Section
legal counsel 法律相談
legal officer ［C］ 法務将校
Legal Officer 【空自】法務幹部《幹部特技区分の英語呼称》
Legal Staff Officer 【空自】法務幕僚《幹部特技区分の英語呼称》
legal support 法律支援
legal transaction 法律の処理
leggings ［pl.］ 脚絆（きゃはん）
legislation for emergency situations ［U］ 有事法制

leg wire ［C］ 脚線

length between perpendiculars (LPP)
垂線間長

length breadth ratio ［C］ 長さ幅比

length depth ratio ［C］ 長さ深さ比

length of cannon ＝ cannon length 砲全長
《砲部全体の長さ》

length-of-service award 永年勤続表彰

length overall (LOA) 全長 《頭部の先端か
ら尾部の後端までの長さ》

lens apparatus 照光器

lens assembly ［C］ 光学装置

lens front end (Lens FE) レンズ・フロン
ト・エンド 《ペトリオット用語》

lens resolving power レンズの解像力

lenticularis (Len) レンズ雲

Lentz's law レンツの法則

lesson library レッスン・ライブラリ 《ペト
リオット用語》

lessons learned ［pl.］ ①戦訓 ②【自衛隊】
教訓

less than carload 小口貨物

less than truckload 小口トラック貨物

letdown procedure 降下手順

lethal ［adj.］ 致命的な

lethal autonomous robot (LAR) ［C］
致死性自律型ロボット ◇用例：lethal
autonomous robot system ＝ 致死性自律型ロボッ
ト・システム

lethal autonomous weapon (LAW) ［C］
自律型致死性兵器 ◇用例：lethal autonomous
weapon system (LAWS) ＝ 自律型致死性兵器シ
ステム

lethal concentration ［U］ 致死濃度

lethal dose ［C］ 致死量

lethality 殺傷力

lethality criterion ［pl. ＝ lethality criteria］
損傷基準

lethality enhancer (LE) ［C］ リーサリ
ティ・エンハンサー 《成型破片型弾頭の破片を
大型化して命中確率を向上させた弾頭》

lethal radius ［C］ ①【陸自】有効半径
《砲弾の効力が及ぶ範囲。砲弾の破裂点からの距
離で表す。「殺傷半径」としている場合もある》
②【海自】致命半径

lethal weapon ［C］ 致死性兵器
《㊦ nonlethal weapon ＝ 非致死性兵器》

letter ［C］ ①【陸自】頼信 ②【海自】通達；
通知

letter of acceptance ［pl. ＝ letters of
acceptance］ 承諾書

letter of agreement ［pl. ＝ letters of
agreement］ ①【空自】協定書 ②【海自】協
約書

letter of appreciation 感謝状

letter of assist (LOA) 援助手配書

letter of commendation 感謝状

letter of credit (LC) 信用状

letter of instructions ［pl.］ 指令書

letter of offer (LO) 引き合い書 《米国政府
が有償援助により販売する調達品等の内容および
条件を記載した書類であり、米国政府の代表者が
署名したものをいう。㊦ 防衛庁訓令第18号》

letter of offer and acceptance 引合受諾書
《引合書に支出負担行為担当官が署名したものを
いう。㊦ 防衛庁訓令第18号》

letter of proposal (LOP) 入札書

letter of request (LOR) 要求書；要望書；
依頼状

letter of resignation 辞表

letter of understanding (LOU) ［pl. ＝
letters of understanding］ 同意書

level ①水平器 ②縦動揺

level angle ［C］ 【海自】縦動揺角 《艦が動
揺している場合、水平面と基準面とのなす角度
を、照準線を含む鉛直面内において測定したもの
をいう。㊦ 海上自衛隊訓練資料第175号》

level bombardment 水平爆撃

level bomber ［C］ 水平爆撃機

level bombing 水平爆撃

level flight ［C］ 水平飛行

level gauge ［C］ 水準器

leveling 水平保持

level landing 水平着陸

level of command 部隊の大小 《部隊の規模
のこと》

level of effort-oriented items 労働基準品目

level off 水平飛行に移行

level of free convective (LFC) ［pl. ＝
levels of free convective］ 自由対流高度

level of protection 防護レベル

level of strength ［pl. ＝ levels of strength］
兵力基準

level of supply ［pl. ＝ levels of supply］ 保
有基準 《補給整備部隊等が保管する補給用品の
数量の基準をいい、安全基準および操作基準から
なる。陸上自衛隊達第71-5号》

leve　　374

level point ［C］ 落点（らくてん） 《弾道の原点（起点）と同一の標高に水平面が広がっているものと仮定し、弾道が降弧して、その水平面と交わる点を落点という。本来なら、地表面を落点とみなせばよいが、地表面が傾斜している場合もあるため、理論上の落点を設定する》《圓 point of fall》

level rod ［C］ 箱尺（はこじゃく）

level surface 水準面

level turn 水平旋回

lewisite ルイサイト

LF transmission facility ［C］ 【米海軍】LF送信施設 《LF = low frequency（長波）》

L-hour L時（Lじ）

liaison 連絡 《相互の意思の疎通を図り、状況を知り合うため人および部隊相互間の連携を保持することをいい、通信手段の使用、関係者の会合、連絡幹部の派遣、文書の送達等により行われる。圓 陸自教範》

liaison aircraft ［pl. = ～］ 連絡機

liaison net 連絡通信網

liaison office ［C］ 連絡事務所；連絡所；連絡室

Liaison Office 【海自】連絡事務所 《の英語呼称》

liaison officer (LO) ［C］ ①【自衛隊】連絡幹部 ②連絡士官；連絡将校 ◇用例：Liaison Officer, US Naval Academy = 米海軍兵学校連絡官

liaison personnel ［pl.］ 連絡員 《の英語呼称》◇用例：the dispatch of liaison personnel = 連絡員の派遣

liberated territory ［C］ 解放地域

liberation 遊離

Liberation Tiger of Tamil Eelam (LTTE) ［The ～］ タミル・イーラム解放のトラ

liberty 【海軍】48時間未満の上陸許可 《圓 定訳はない》

liberty man ［pl. = liberty men］ 上陸員

liberty section 非番直

licensed production ［U］ ライセンス生産 《技術援助契約に基づき外国から技術導入を行い、わが国で生産することをいう》

Lieutenant ①【海自】1等海尉 ②【米陸軍・米空軍・米海兵隊】中尉 ③【海軍・米沿岸警備隊】大尉

Lieutenant Colonel (Lt. Col.) ①【陸自・空自】2佐 《「2等陸佐（陸自2佐）、2等空佐（空自2佐）」が正式な階級呼称》 ②【米陸軍・米空軍・米海兵隊】中佐

Lieutenant Commander ①【海自】3等海佐 《海自3佐ともいう》 ②【海軍・米沿岸警備隊】少佐

Lieutenant General (Lt. Gen.) ①【自衛隊】陸将；空将 《将（乙種）》》◇用例：Lieutenant General, JASDF = 空将；Lieutenant General, JGSDF = 陸将 【米陸軍・米空軍・米海兵隊】中将

Lieutenant Junior Grade ①【海自】2等海尉 ②【米海軍】中尉

life 寿命

life boat ［C］ 救命艇

life buoy ［C］ 救命浮環

life cycle ［C］ ①ライフサイクル 《装備品等の取得における構想段階から、研究・開発段階、量産・配備段階、運用・維持段階の各段階を経て、廃棄段階に至るまでの過程をいう。圓 防衛省訓令第36号》 ②使用命数

life cycle cost ライフサイクル・コスト 《装備品等のライフサイクルを通じてそれらの取得を行うのに必要な経費であって、ライフサイクルの各段階ごとに算定される経費の総額をいう。圓 防衛省訓令第36号》

lifeguard ［C］ 救難艦

lifeguard submarine ［C］ 救難潜水艦

life jacket = life vest ［C］ 救命胴衣

life line ［C］ 命綱；命索

life net 救命網

life preserver ［C］ 救命用具

life raft ［C］ ①救命いかだ；ライフ・ラフト ②【空自】救命浮舟 ◇用例：life raft for air = 航空救命浮舟

life saving 人命救助

life saving equipment ［U］ 救命装備品

life saving service 救助作業隊

life support equipment ［U］ 救命装備品

life support research ［U］ 保命研究

life support system (LSS) ［C］ ①生命維持装置 ②【空自】救命装置

life test ［C］ 寿命試験

life vest ［C］ 救命胴衣 ◇用例：life vest for air = 航空救命胴衣

lift ①揚力 ②揚収；揚程

lift coefficient ［C］ 揚力係数

lift distribution 揚力分布

lift/drag ratio = lift-drag ratio ［C］ 揚抗比

lift fire ［n.］ ①【陸自】射程延伸 ②【海自】射撃中止

lift fire ［vt.］ ①【陸自】射程延伸する ②

【海自】射撃を中止する

lifting action　上昇運動

lifting condensation level (LCL)　［C］
上昇凝結高度

lifting cup　［C］　押し上げコップ

lifting eye　［C］　揚収環

lifting gear　［C］　吊り上げ装置

lifting plug　［C］　揚弾栓（ようだんせん）《大
型の弾丸の先端には信管を取り付けるためのネジ
穴（信管孔）がある。ここに装着するアイボルトの
こと。輸送するとき、ロープやフックをリングに
取り付け、弾丸を吊り上げる。⊛ NDS Y 0001D》

lift line　［C］　揚力線

lift-off　離昇

lift-off speed　①浮揚速度　②離陸速度

lift pump　［C］　吸い上げポンプ

lift slope　［C］　揚力傾斜

lift strut　［C］　揚力支柱

lift valve　［C］　持ち上げ弁

lift wire　［C］　飛行張り線

light　［U］　灯光　《灯器によって得られる光色
の不動光をいう。⊛ 防整技第6759号》

light airborne multipurpose system　=
light airborne multi-purpose system　［C］　艦
載多目的航空システム

light alternating (Alt)　互光

light alternating fixed and flashing (Alt
F Fl)　連成不動閃互光

light alternating fixed and group
flashing (Alt F Gp Fl)　連成不動群閃互光

light alternating flashing (Alt Fl)　閃互光

light alternating group flashing (Alt Gp
Fl)　群閃互光

light alternating group occulting (Alt
Gp Occ)　群明暗互光

light amplification by stimulated
emission of radiation (laser)　レーザー

light anti-tank missile　［C］　軽対戦車誘
導弾

light anti-tank weapon　［C］　軽対戦車兵器

light armed reconnaissance aircraft　［pl.
= ～］　軽武装偵察機

light armored mobility vehicle　［C］
【陸自】軽装甲機動車

light armored vehicle (LAV)　［C］　軽装
甲車　《装甲厚が比較的薄い車両》《LAV＝ラブ》

light artillery　［U］　軽砲（けいほう）《口径
が105mm以下の火砲》

light balancing filter　［C］　色温度変換フィ
ルター

light beacon　［C］　灯標

light bomber (LB)　［C］　軽爆撃機
《⊛ heavy bomber＝重爆撃機》

light brown haze　淡煙

light burned magnesia　軽焼マグネシア

light cannon　［C］　軽砲《口径が120mm以下
の火砲》《⊛ heavy cannon＝重砲》

light-case bomb (LC)　［C］　薄肉爆弾

light color　光色　《JIS W 8301（航空標識の色）
に規定された色度を有する灯火の色をいう。⊛ 防
整技第6759号》

light condition　軽荷状態

light cruiser　［C］　軽巡洋艦　《⊛ heavy
cruiser＝重巡洋艦》

light damage　小破　《⊛ heavy damage＝大
破》

light data　［U］　明度資料（めいどしりょう）
《日出没、薄明、月出没、月齢等の各種部隊行動
に必要な明度に関する天文上の諸元をいう。⊛ 陸
自教範》

light detection and ranging　光探知及び
測距

light distribution curve　［C］　配光曲線

light draft　軽荷喫水

lighted buoy　［C］　灯浮標（とうふひょう）
《海上に浮かべている灯火標識》

light emission diode (LED)　［C］　発光ダ
イオード

lighter　［C］　はしけ　《艀》

lighter aboard ship (LASH)　［C］　ラッ
シュ船

lighterage　はしけ運送料金

lighter ship　［C］　【海自】運貨船　《艦種記
号：YL》

lighter-than-air aircraft (LTA)　［pl. =
～］　軽航空機

light fixed (F)　不動光（ふどうこう）《点滅せ
ず、点灯したままの光り方》

light fixed and group flashing (F Gp Fl)
連成不動群閃光

light flashing (Fl)　閃光

light fog　光線かぶり

light group flashing (Gp Fl)　群閃光　《一
定の間隔をおきながら、複数回ピカッ・ピカッと
点滅する光り方》

light group occulting (Gp Occ)　群明暗光

light gun ［C］ 指向信号灯
Light Helicopter Experimental (LHX) 次期軽ヘリコプター
light house ［C］ 灯台
light house oscillator ［C］ 灯台管発振器
light house tube ［C］ 灯台管
light infantry ［U］ 軽装備歩兵
lighting discharge 電光放電
lighting distribution system 照明系統
lighting equipment ［U］ 照明器具
lighting fixture ［C］ 照明器具
lighting off 【海自】点火 《ボイラーの点火》
lighting the fuze 非電気発火法
light line (LL) ［C］ 【陸自】灯火制限線《夜間、この線から前方では車両等の灯火使用を制限する線をいい、この線を通過して前方に行く車両は、管制灯火行進を行い、この線を通過して後方に向かう車両は、全灯火行進を行うことが認められる。㊥ 統合訓練資料1-4》
light load condition 軽荷状態
light machine gun (LMG) ［C］ 軽機関銃《小銃と同一の弾薬を使用する軽量の機関銃。略称は「軽機」。㊥ NDS Y 0002B》《㊟ heavy machine gun = 重機関銃》
light mortar ［C］ 軽迫撃砲 《口径が60mm以下の迫撃砲》
lightning 電光
lightning conductor ［C］ 避雷針
lightning stroke 電撃；雷撃
light observation helicopter ［C］ 軽観測ヘリコプター
light occulting and flashing (Occ Fl) 連成明暗閃光
light of night sky 大気光
light plaster-loaded charge 軽プラスター・ロード
light raft ［C］ 軽門橋 《㊟ heavy raft = 重門橋》
light ray ［C］ 光線束（こうせんそく）
light reconnaissance airplane ［C］ 軽偵察機
light shelter ［C］ 重掩蔽部
light ship ［C］ 灯船 《㊐ light vessel》
light signal ［C］ 灯火信号；灯標
lights out 消灯
light tank ［C］ 軽戦車 《㊟ heavy tank = 重戦車》
light value (LV) 光量値
light vessel ［C］ 灯船 《㊐ light ship》
light water reactor (LWR) ［C］ 軽水炉《通常の水（軽水）を減速材および冷却材として用いる原子炉。㊥ 日本の軍縮・不拡散外交》
light weapon ［C］ 軽火器 《㊟ heavy weapon = 重火器》
light-weight air compressor ［C］ 軽量コンプレッサー
light-weight anti-tank munitions (LAM) ［pl.］ 個人携帯対戦車弾
lightweight combat vehicle (LCV) ［C］ 軽量戦闘車
light-weight exo-atmospheric projectile (LEAP) ［C］ 軽量大気圏外飛翔弾；軽量大気圏外投射体
light-weight fighter (LWF) ［C］ 【米】軽量戦闘機
light-weight refractory 軽量耐火物
light-weight torpedo (LWT) ［C］ 短魚雷《水上艦から発射または航空機から海面に投下し、水中の潜水艦を撃破するための魚雷。㊥ NDS Y 0041》◇用例： light-weight anti-submarine torpedo = 対潜用短魚雷《㊟ heavy-weight torpedo = 長魚雷》
limber ［C］ 前車（ぜんしゃ） 《大型の火砲と牽引車との連結に使用される台車。火砲の重量が牽引車に直接加わらないようにする。㊥ NDS Y 0003B》
limitation ［C］ 制約；制約事項
limitation of armaments ［the ～］ 軍備制限
limitation of damage 被害局限
limitation of personnel support 人事支援限界
limited access area ［C］ 立ち入り制限区域《物理的防護を目的として、立ち入りが制限されている区域》
limited air control ［U］ 制限航空管制
limited and restricted area ［C］ 制限及び禁止区域
limited clearing 限定清掃
limited coverage range ［C］ 限定区域範囲
limited depth 限界深度
limited identification zone (LIZ) ［C］ 制限識別圏 《LIZ = リズ》
limited load 制限荷重
limited nuclear war ［U］ 限定核戦争
limited nuclear warfare ［U］ 制限核戦；

限定核戦争

limited objective ［C］ 限定目標 《攻撃において、究極の目的である「敵部隊の撃滅」を直接のねらいとせず、自主的に、目的を「所望の効果の獲得」に限定して設定した目標をいう。[典] 陸自教範》

limited objective attack ［C］ 限定目標の攻撃

limited operation 制限運用 《JADGE用語》

limited production type item ［C］ 限定生産品目

limited small-scale aggression ［U］ 限定的かつ小規模な侵略

limited space-charge accumulation diode ［C］ LSAダイオード

limited standard (LS) 仮制式（かりせいしき） 《まだ制式として決定しない装備品等について、防衛大臣が仮に定めた型式をいう。[典] 統合訓練資料1-4》

limited standard item ＝limited standard article ［C］ 仮制式品目（かりせいしきひんもく）

limited term employee ［C］ 限定期間従業員

limited time emergency approach 時間制限緊急進入

limited war ［U］ ①限定戦争 ②【海自】制限戦争；制限戦 《[対] all-out war＝全面戦争》

limit gauge ［C］ 限界ゲージ

limiting amplifier ［C］ 制限増幅器

limiting course ［C］ 限界針路

limiting depth 限界深度

limiting factor ［C］ ①制約事項 ②【海自】制限要因

limiting line of submerged approach ［C］ 潜航近接限度線

limiting line of torpedo firing position ［C］ 魚雷発射限界圏

limiting point ［C］ 限界点

limiting ray ［C］ 限界音線

limit marking 制限マーク

limit of advance (LA) 進出限界

limit of elasticity 弾性限度

limit of fire 射撃限界 《火力が届く限界》

limit of proportionality 比例限度；比例限界

limit pawl ［C］ 制限金

limit ring ［C］ 制限リング

limit size 限界寸法

limit speed 制限速度

limit stop valve ［C］ 極度制限弁

limit switch ［C］ 制限スイッチ

limit velocity ［U］ 限界速度 《目標の完全侵徹に必要な最低の弾丸速度。[典] NDS Y 0006B》《[同] critical velocity》

limpet mine ［C］ リムペット・マイン；吸着機雷

line ［C］ ①横隊 《2列以上の横隊》 ②前線 ③配管

line abreast ［pl. ＝ lines abreast］ 横陣（おうじん）；横隊；横列

line ahead ［pl. ＝ lines ahead］ 縦陣

linear acceleration 直線加速度

linear burning rate ＝linear burng velocity ［U］ 線燃焼速度 《火薬が燃焼する際に、燃焼面から垂直な方向に進行する燃焼速度。[典] NDS Y 0006B》

linear characteristics ［pl.］ 直線特性

linear exponent of sound propagation 伝搬定数

linear feature mapping detector (LFMD) ［C］ 線形特徴マッピング検出器

linear foot (LF) ［C］ リニア・フート；直線フート

linear frequency modulation (LFM) リニア周波数変調方式 《LFM＝エルエフエム》

linearity control ［U］ 直線性制御

linear logarithmic amplifier ［C］ 直線対数増幅器

linear modulation 直線変調

linear patrol 直線阻止哨戒

linear scale 線状縮尺

linear scan 直線走査

linear shaped charge (LSC) V形成形爆破線

linear shrinkage 線収縮

linear speed method 線速度法

Linear Tape-Open (LTO) リニア・テープオープン 《大容量、高速読み書きを目指したテープ規格をいう。[典] JAFM006-4-18》

linear target ［C］ 線状目標

line change over frame (LCF) 回線切り替え架 《バッジ用語》

line chief 列線班長

line coupling 線路結合器

line current 線電流；線路電流

line defense ［U］ ①【陸自】線防御 ②【海

L

自】一線防御

line drop 線路電圧降下

line item ［C］ 項目

line loss 線路損失

line maintenance (LM) ［U］ 【海自】列線整備 《航空機の部隊整備の区分で、飛行作業等を直接支援するため行う飛行前後の点検、燃料、弾薬等の搭載、その他のサービスを主とする列線における整備をいう。[典] 統合訓練資料1-4》

Line Maintenance Division 【海自】列線整備隊 《の英語呼称》◇用例： 列線整備隊長 = Chief, Line Maintenance Division

line man equipment ［U］ 柱上工具

lineman's detector ［C］ 携帯検電器

line observe 路線慣熟

line of battle ［pl. = lines of battle］ ①戦列；戦線 ②第一線

line of bearing ［pl. = lines of bearing］ ①方位線 ②【空自】象限方位線 ③【海自】方位列

line of bore ［pl. = lines of bore］ 銃軸線；砲軸線 《銃腔または砲腔の中心を通る線。[典] NDS Y 0002B》《[同] gun bore axis》

line of columns ［pl. = lines of columns］ 並列縦隊

line of communications (LOC) ［pl. = lines of communications］ ①【統幕・陸自】後方連絡線 《中央兵站基地および方面兵站基地の策源と作戦部隊を連接する各種交通路線群をいう。[典] 陸自教範》 ②【海自】補給路；補給線；交通路；交通線 ③兵站線

line of constant direction ［pl. = lines of constant direction］ 等方位線

line of contact (LC) ［pl. = lines of contact］ 接触線

Line of Control (LOC) 管理ライン

line of departure (LOD) ［pl. = lines of departure］ ①【陸自】攻撃開始線 《攻撃において、機動に任ずる部隊の発進を規制し、火力調整を有効に行うために設ける線をいい、第一線部隊の先頭が攻撃開始時期に通過すべき地線をもって示す。[典] 陸自教範》 ②【米軍】出発線 《水陸両用作戦において、強襲する舟艇が、所定の海浜に、所定の時刻に次々と到着できるようにするために、沖合に適宜の標識（標識艦）をもって示した線をいう。[典] 統合訓練資料1-4》

L

line of direction between anchors ［pl. = lines of direction between anchors］ 錨位線

line of discontinuity ［pl. = lines of discontinuity］ 不連続線

line of drift ［pl. = lines of drift］ 患者後退路

line of duty 公務

line of elevation ［pl. = lines of elevation］ 射線 《発射準備状態にある火砲（砲または銃）の火砲軸（砲軸線または銃軸線）を延長した線。[典] NDS Y 0006B》《[同] line of fire》

line officer ［C］ 戦列将校；戦列士官；兵科将校；兵科士官 《戦闘部隊を指揮する将校》《[対] staff officer = 幕僚幹部；参謀将校》

line of fire (LOF) ［pl. = lines of fire］ ①射線 《発射瞬時における砲軸線（ミサイル弾軸の延長線）をいう。[典] 海上自衛隊訓練資料第175号》《[同] line of elevation》 ②砲列線 《[同] firing line》

line of flow 流線

line of force 力線（りきせん）

line of future target 未来照準線

line of impact 弾着線 《弾着点における弾道の接線。[典] NDS Y 0006B》

line of magnetic force 磁力線

line of march 進路

line of masses 密集横隊

line of mines 機雷敷設列線

line of operations ［pl. = lines of operations］ 作戦軸

line of position (LOP) ①【空自】要撃基準線 《バッジ用語》 ②【海自】位置の線

line of resistance ［pl. = lines of resistance］ 抵抗線

line of retirement ［pl. = lines of retirement］ 【空自】偵察引き返し線；偵察折り返し線

line of sight (LOS) ［pl. = lines of sight］ ①照準線 《照準具または照準装置と目標を結ぶ線。[典] NDS Y 0005B》 ②見通し線 《電波の直接伝搬路。[備]「見通し内」と訳すとよい場合がある》《[対] beyond line of sight (BLOS) = 見通し線外》

line-of-sight anti-tank (LOSAT) 照準線誘導対戦車ミサイル

line-of-sight anti-tank weapon system 【陸軍】直接照準対戦車兵器システム

line-of-sight barrage 距離連測信管極限射法

line of skirmishers 散開線；散兵線

line of squads 分隊の横隊

line of supply 補給線

line of support ［pl. = lines of support］ 抵抗部隊

line organization ［C］ 現業式組織

liner ［C］ ①ライナー 《内管、内筒（内部円筒）》 ②ライナー 《内張り、裏打ち》 ③中帽（なかぼう） 《口語は「ライナー」》 ④定期船

⑤ライナー

line replaceable unit (LRU) ［C］ ライン交換ユニット

line-route map ［C］ 経路図 《通信》

linesman ［pl. = linesmen］ 戦列歩兵

line start motor ［C］ 直入れ電動機

line switching 回線交換

line throw gun ［C］ もやい銃

line throwing appliance ［C］ もやい索発射器

line valve ［C］ ライン弁

line voltage 線間電圧

line vortex ［C］ 線うず

Linguistics 【空自】語学 《准空尉空曹空士特技区分の英語呼称》

Linguistics Officer 【空自】語学幹部 《幹部特技区分の英語呼称》

link ［C］ ①リンク 《通信》 ②リンク：保弾子（ほだんし） 《弾薬と弾薬を連結するために使用する部品》

link belt ［C］ リンク・ベルト 《多数の弾薬を連結された状態で保持するためのベルト。 ⓇNDS Y 0002B》

link-belt feeding リンク・ベルト給弾；ベルト給弾 《リンク・ベルトを使用して弾薬を給弾する給弾方式。 ⓇNDS Y 0003B》

link idle time リンク・アイドル時間 《使用しているディジタル・データ・リンク上にデータを転送していない時間をいう。 ⓇJAFM006-4-18》

linking station ［C］ 無線中継所

linking unit ［C］ 中継ユニット

linkless feeding リンクレス給弾 《給弾方式の一種。リンク・ベルトに代わるコンベアなどを用いて弾薬を給弾する。 ⓇNDS Y 0003B》

link-loading machine ［C］ 装弾器

link management function (LMF) リンク管理機能 《JADGE用語》

link motion リンク動作

link receiver ［C］ 中継受信機

link status リンク現況 《他セグメントおよび関連システム等との回線状況をいう。 ⓇJAFM006-4-18》

linkup = link up ［n.］【陸自】提携 《相互に離れている2以上の地上部隊が、同一作戦・戦闘目的達成のため合一すること、またはその状態をいう。 Ⓡ陸自教範》

linkup = link up ［vt.］ 提携する

linkup force 提携部隊

linkup operation 提携作戦

linkup point (LP) ［C］ 提携点 《提携を行う部隊相互の機動等を調整するために設置する地点をいう。 Ⓡ陸自教範》

liquefied methane gas 液化メタン・ガス

liquefied natural gas (LNG) 液化天然ガス

liquefied petroleum gas 液化石油ガス

liquid compass ［C］ 液体コンパス

liquid-cooled engine ［C］ 液冷式エンジン

liquid crystal display (LCD) ［C］ 液晶表示装置

liquid crystal light valve (LCLV) ［C］ 液晶ライト・バルブ 《バッジ用語》

liquid explosive 液体爆薬 《液状の爆破薬。 ⓇNDS Y 0001D》

liquid filling plug ［C］ 注入栓

liquid gun propellant 液体発射薬 《液体状の発射薬》

liquid junction potential 液相電位差；液界電位

liquid oxygen (LOX) ［U］ 液体酸素

liquid propellant 液体推進薬 ◇用例：liquid propellant rocket = 液体推進薬ロケット 《Ⓐ solid propellant = 固体推進薬》

liquid propellant gun ［C］ 液体発射薬火砲

liquid thermometer ［C］ 液体温度計

list ［n.］ ①列挙 ②横固定傾斜

list ［vt.］ 列挙する

list control damper ［C］ 傾斜管制ダンパー

listening ①受聴 《受信信号を聴取すること》 ②聴音 《目標の放射音または反響音を受信し、聴覚により目標の情報を得ること》

listening point ［C］ 聴音哨

listening range ［C］ 聴音距離

listening silence 送信封止

listening sweep 聴音掃引

listening watch 監視員

list of drawing ［pl. = lists of drawing］ 図面目録

list of lights ［pl. = lists of lights］ 灯台表

list of modification (LOM) 改修表

list of radio location stations ［pl. = lists of radio location stations］ 無線測位局局名録

literal coefficient ［C］ 文字係数

literal equation 英数字

literal number 文字数

lithometeor 大気塵象（たいきじんしょう）

litter ［C］ 担架

litt   380

litter bearer ［C］ 担架要員

litter patient ［C］ 担送患者

littoral battle space 沿海戦闘空間

littoral climate ［U］ 海岸気候

littoral combat ship (LCS) ［C］ 沿海域
戦闘艦

live ammunition ［U］ ①実弾 《⊗ blank
ammunition ＝空包》 ②【海自】作動弾薬

live cartridge ［C］ 実弾 《小銃の実弾》
《⊗ blank cartridge ＝空包》

live center 回りセンター

live circuit ［C］ ①通電回路 ②活線（かっ
せん）

live fire 実弾射撃 ◇用例：live fire test ＝実
射試験

live firing 実弾射撃

live load 活荷重；動荷重

live period 待ち受け秒時

live shell ［C］ 実弾 《大砲の実弾》
《⊗ loaded shell》

live shooting 実弾射撃

live steam ［U］ 生蒸気

live torpedo ［C］ 実用魚雷

living aid 生活支援

Living Environment Improvement
Division 【内部部局】周辺環境整備課 《の英
語呼称》《自衛隊施設、駐留軍施設・区域の周辺に
おいて防衛省が行う生活環境・産業基盤の整備に
係わる業務》◇用例：周辺環境整備課長 ＝
Director, Living Environment Improvement
Division

living space ［C］ 居住区

LMO action request (LAR) ［C］ 労務管
理機関措置要求書 《LMO ＝ Labor
Management Office（渉外労務管理事務所）》

L load ［n.］ 負荷

load ［vt.］ ①搭載する；積載する ②装填す
る；充填する

load adjuster ［C］ 重心計算尺

load capacity ①搭載能力 ②負荷容量

load characteristic curve ［C］ 負荷特性
曲線

load current 負荷電流

load curve ［C］ 負荷曲線

load-dispatching board ［C］ 給電盤

loaded deployability posture (LD) 積載
展開段階

loaded line ［C］ 装荷線路

loaded shell ［C］ 実弾 《大砲の実弾》
《⊗ live shell》

loader ［C］ 送弾機（そうだんき） 《弾薬また
は弾丸を装填機、装填板などの装填準備位置まで
送る装置。⊛ NDS Y 0003B》

loader catch lever ［C］ 給弾掛け金

load factor ［C］ 荷重係数

loading ［U］ ①搭載；積載 ②装填；充填
③装薬 ④填薬（てんやく） 《炸薬を弾丸や爆弾
などに炸薬を充填すること。火薬類を薬莢や火管
などに充填すること》

loading area (LA) ［C］ 搭載地域 《空挺・
空中機動》

loading-back method 返還負荷法

loading coil ［C］ 装荷コイル

loading control officer ［C］ ①【自衛隊】
搭載統制幹部 ②搭載統制将校

loading criteria ［pl.］ 搭載基準

loading density ［U］ 装填密度（そうてんみ
つど） 《火薬類の質量を火薬類を装填する空間の
容積で除して得られる値。⊛ NDS Y 0001D》

loading discriminator ［C］ 負荷弁別器

loading factor ［C］ 充填比（じゅうてんひ）

loading method 搭載方式 《人員、資材等を
船舶に搭載する方式をいう》

loading plan ［C］ 搭載計画

loading platform ［C］ 装填台（そうてんだ
い）

loading point (LodP) ［C］ 搭載地点；積載
地点

loading port 積荷港

loading site ［C］ 搭載位置

loading time 搭載時間；搭載所要時間

loading tray ［C］ 装填盤

loading/unloading 積み卸し

load manifest 積荷目録

load master ＝ loadmaster ［C］ 【空自】
ロード・マスター；空中輸送員 《輸送機に対す
る人員および貨物の搭載および卸下（しゃか）を計
画し、重量平衡管理、機内における人員および貨
物の取扱い等、空輸についての作業を実施する輸
送機の乗組員をいう。⊛ 統合訓練資料1-4》

load module (LM) ［C］ ロード・モジュー
ル 《コンピューターが、メモリに読み込んで実
行することが可能なプログラムをいう。
⊛ JAFM006-4-18》

load tester ［C］ 負荷試験器

lobe ［C］ ローブ 《指向性アンテナにおいて、
特定の方向に放射される電波の束。⊛ レーダー用

語集》

lobe-on-receive only 受信専用ロープ

lobe switching ロープ切り替え

lobe width ロープ幅

local acquisition ［U］ 現地取得

local action 局部作用

local address ［C］ ローカル・アドレス 《ペトリオット用語》

local administrative agency ［C］ 地方行政機関

local aiming 砲側照準（ほうそくしょうじゅん）

local air superiority ［U］ 局地的航空優勢 《㊙ general air superiority ＝ 全般的航空優勢》

local apparent noon 地方視正午

local apparent solar time (LAT) 地方視時

local area network (LAN) ［C］ ①構内情報通信網 ②ローカル・エリア・ネットワーク 《限定された範囲の地域内（同じ建物など）に設置され、通信回線で接続されているネットワーク機器群》

local barrier ［C］ 【陸自】局地障害 《戦闘的見地から、局地における敵の行動を制限することにより、火力効果の増大、部隊・施設の直接防護を図るため設定する障害をいう。㊙ 陸自教範》

local barrier system ［C］ 地域障害組織

local battery ［C］ 局部電池

local BITE test ［C］ ローカル・バイト・テスト；半自動BITEテスト 《ペトリオット用語》《BITE（バイト）＝ built-in test equipment（組み込み試験装置）》

local circuit ［C］ 局地回線

local civil time (LCT) 地方常用時

local climate ［U］ 局地気候

local commander ［C］ ①現地司令官 ②【海自】局地指揮官

local control ［U］ 砲側管制；機側管制

local control drive 砲側動力操縦；機側動力操縦

local controller ［C］ 飛行場管制官

local control panel ［C］ 機側操縦装置

Local Cooperation Planning Division 【内部部局】地方協力企画課 《の英語呼称》《地方防衛局の管理・運営、特定防衛施設周辺整備調整交付金の指定に係わる業務》◇用例： 地方協力企画課長 ＝ Director, Local Cooperation Planning Division

Local Coordination Division 【内部部局】地方調整課 《の英語呼称》《本土における地方公共団体・地域住民の理解・協力を確保するための

連絡調整に係わる業務》◇用例： 地方調整課長 ＝ Director, Local Coordination Division

local coordination personnel 現地調整要員

local counterattack 【陸自】局地逆襲 《陣地を奪回するため、主戦闘地域守備部隊指揮官が行う逆襲をいう。㊙ 陸自教範》

local data entry and display station (LOCAL DEDS) ［C］ ローカルDEDS 《バッジ用語》《DEDS ＝ デッズ》

local designation 砲側目標指示

local flight ［C］ 局地飛行 《局地飛行とは、局地飛行空域内において行う飛行であって、出発飛行場等以外の飛行場等においては離陸または着陸を行わない飛行をいう。㊙ 海上自衛隊達第3号》

local flying area ［C］ 局地飛行空域 《局地飛行空域とは、主として航空業務に関する教育訓練および試飛行に使用する空域であって、飛行場等およびそれらの周辺の上空にあたる空域をいう。㊙ 海上自衛隊達第3号》

local flying regulation ［C］ 局地飛行規則

local government ［C］ 【日】自治体

local government agency ［C］ 地方公共団体

local government organization ［C］ 地方自治体

Local Government Wide Area Network 【日】総合行政ネットワーク 《の英語呼称》《全国の地方自治体のコンピューター・ネットワークを相互接続した広域ネットワーク》

local guard 局地警備 《局地の警備を担当する部隊等が局地ごとに行う警備をいう。㊙ 統合訓練資料1-4》《㊙ local policing》

local haul 局地輸送

local hour angle (LHA) ［C］ 地方時角

local interceptor fighter ［C］ 局地戦闘機

localization ［U］ 位置局限；ローカリゼーション 《目標（潜水艦など）が存在する範囲を測定または算出し、位置を正確につかむこと。㊙ NDS Y 0012B》

localizer (lczr) ［C］ ローカライザー 《着陸機に対し、滑走路中心線からの左右の逸脱を知らせる装置》

local key firing 砲側電鍵発射

local liaison office ［C］ 【自衛隊】地方連絡部

local line ［C］ 局地線

local management message (LMM) ［C］ ローカル管理メッセージ 《バッジ用語》

local mean time (LMT) 地方平時

local meridian 地方子午線

L

loca　　　382

local mode　ローカル・モード

local modem loop back　ローカル・モデム折り返し　《送信したメッセージをローカル・モデム側で折り返して受信するループ試験をいう。㊨ JAFM006-4-18》

local national　現地雇用人

local negotiation　地元調整

local oscillator　［C］　局部発振器　《スーパー・ヘテロダインやヘテロダイン受信機で、受信電波または中間周波の高周波電流と干渉させて、ビート（うなり）やゼロ・ビートを起こすために受信機の一部として局部的に発振する同路をいう。㊨ レーダー用語集》

local policing　局地警備　《局地の警備を担当する部隊等が局地ごとに行う警備をいう。㊨ 統合訓練資料1-4》《㊨ local guard》

local populace　地域住民

local procurement (LP) = local purchase ［U］　現地調達；地方調達　《部隊等が、与えられている権限に基づいて、現地において自ら調達することをいう。㊨ 統合訓練資料1-4》《㊨ local purchase》《㊨ central procurement = 中央調達》

local procurement specification (LPS)　［C］　地方調達用仕様書

local protection　局地防護

local resonance　局部共振

local resource　［C］　現地資源

local security　［U］　【陸自】局地警戒　《防御において、主戦闘地域の第一線中隊等が、その陣地の直前において実施する警戒をいう。㊨ 陸自教範》

local sidereal time　地方恒星時

local site　［C］　ローカル・サイト　《自己施設のJADGEシステムをいう。JADGEにおけるローカル・サイトとは、航空作戦管制所（AOCC）または代替AOCCを指し、リモート・サイトとは、航空幕僚監部作戦室（ASOOC）を指す。㊨ JAFM006-4-18》《㊨ remote site = リモート・サイト》

local site startup　ローカル・サイト・スタートアップ　《JADGE用語》《㊨ remote site startup = リモート・サイト・スタートアップ》

local situation　［C］　地域の状況

local standard time　地方標準時

local stock number (LSN)　物品整理番号

local surface escort　局地水上護衛

local tactical grid (LTG)　局地戦術グリッド

local telephone　［C］　局地電話

local time (LT)　地方時　《㊨ universal time = 世界時》

local track　［C］　ローカル航跡　《自己防空指令所（DC）内で自動または手動により生成した航跡をいう。㊨ JAFM006-4-18》《㊨ remote track = リモート航跡》

local trouble　局部故障

local war　［U］　局地戦争；局地戦

local wind　［U］　局地風

local zone time (LZT)　地方標準時

locate　［vt.］　位置をつきとめる

locating　①配備　②【海自】探知目標順序

locating criteria　［pl.］　路線選定基準

locating socket　［C］　調定ソケット

location　①位置　②【海自】位置決定　③保管場所

location code　場所コード

location identifier　［C］　地点表示符号

location marker　［C］　位置マーカー

location system　［C］　ロケーション・システム

lock　①施錠（せじょう）；鎖錠（さじょう）　②閉鎖　《薬室を閉じること》

Locked Shields　【NATO】ロックド・シールド　《NATOが主催するサイバー防衛演習の名称》

locking bolt　［C］　締め付けボルト

locking circuit　［C］　保持回路

locking mechanism　［C］　閉鎖機構　《薬室の閉鎖を行うための機構》

locking relay　［C］　閉鎖継電器

locking ring　［C］　固定環；閉鎖環

locking slide　［C］　滑動筒

locking wire　［C］　固縛ワイヤー

lock magnet　［C］　鎖錠電磁石

lock metal　［C］　止め金

lock-on　ロック・オン　《目標の追尾を開始すること。あるいは絶えず追尾し続けている状態のこと》

lock-on after launch (LOAL)　発射後ロックオン　《射撃の直後に目標を指示すること》《㊨ lock-on before launch = 発射前ロックオン》

lock-on before launch (LOBL)　発射前ロックオン　《射撃の直前に目標を指示すること》《㊨ lock-on after launch = 発射後ロックオン》

lock-on jamming　自動追尾妨害

lock-on range　［C］　ロックオン・レンジ

lockout relay　［C］　閉鎖継電器

lock switch　［C］　固定スイッチ

lock test　［C］　拘束試験

lock test pulse ［C］ 拘束試験パルス

lodgment ＝lodgement ［C］ 拠点

lodgment area ＝lodgement area ［C］ 拠点地域

lofar gram ［C］ 【海自】ローファー・グラム 《ローファー信号を表示した記録紙。[典] 対潜隊（音1）第401号》《LOFAR＝low frequency analyzing and recording》

lofar gram recorder (LGR) ［C］ 【海自】ローファー・グラム記録器 《[同] signal data recorder》

LOFAR sonobuoy ［C］ ローファー・ソノブイ 《全方向性の受波器を海中に吊り下げ、低周波信号の受信を目的とするパッシブ・ソノブイ》《LOFAR＝low frequency analysis and recording（低周波分析記録》

loft bombing ロフト爆撃

log ［C］ ①傍受記録 ②【海自】測程儀 ③ログ

LOGAIR 【米陸軍・米空軍】長期空輸役務契約 《「long-term contract airlift service」の略語》

logarithmic amplifier ［C］ 対数増幅器

log book ［C］ 航泊日誌

log distance transmitter ［C］ 航程発信器

logging data ［U］ ロギング・データ 《バッジ用語》

logical-file number (LFN) 論理ファイル番号 《バッジ用語》

logical resource number (LRN) 論理資源番号 《バッジ用語》

logic bomb ［C］ ロジック爆弾；論理爆弾

log in ログ・イン 《コンピューター・システムの資源にアクセス可能な状態になることをいう。[典] JAFM006-4-18》

logistical corps ［pl.］ 兵站部隊 《補給、整備、回収、輸送、建設等の兵站活動を行う部隊をいい、兵站活動を主任務とする部隊および兵站活動に任ずる部隊がある。[典] 陸自教範》

logistical establishment ［C］ 後方支援部隊機関

logistical situation map ［C］ 兵站状況図

logistical support ①【陸自】後方支援 《作戦部隊に対して、所要の人員、資材、装備、サービス等を提供することをいい、人事および兵站支援を含め、あるいは更に部外連絡協力、広報および会計を含めて総称する場合がある。[典] 統合訓練資料1-4》 ②兵站支援

Logistical Support Operation Center (LSOC) 【米軍】後方支援作戦本部

logistical system ［C］ ①【陸自】兵站組織 《基地兵站、野戦兵站、部隊兵站を連接する体系的な組織であり、主として中央兵站基地、方面兵站基地、方面前進兵站基地（状況により）、前方支援地域、師団・旅団段列地域、部隊段列地域等の支援地域に兵站部隊・施設および補給品等を配置し、補給幹線等をもってこれらを有機的に連結した組織をいう。[典] 陸自教範》 ②兵站システム

logistics (log) ［U］ ①後方 《防衛力の造成、維持および発揮に必要な人員、施設、装備品等を準備し、提供すること、およびこれに関連する諸活動を総称していう。[典] 統合訓練資料1-4》 ②後方補給 《部隊の戦闘力の維持・増進、発揮に必要な装備品、資材、役務、施設等を準備し提供すること、およびこれらに関連する諸活動をいい、主たる機能は補給、整備、輸送、衛生および施設に区分される。[典] 統合訓練資料1-4》 ③兵站 《部隊の戦闘力を維持増進して、作戦を支援する機能をいい、補給、整備、回収、輸送、建設、不動産、労務・役務等からなる。[典] 陸自教範》

logistics activity ［C］ 後方活動

Logistics and Facilities Division 【防大】管理施設課 《の英語呼称》◇用例： 管理施設課長＝Head of Logistics and Facilities Division

Logistics and Management Division 【陸自】装備計画課 《の英語呼称》

logistics annex 後方支援別紙

logistics assessment 後方評価

logistics assistance ［U］ 後方援助

logistics base ［C］ 兵站基地 ◇用例： United Nations Logistics Base（UNLB）＝国連兵站基地

Logistics Branch 【国連】兵站課 《UNMISS》◇用例： Logistics Staff Officer＝兵站幕僚

logistics capability plan ［C］ 後方能力見積り

logistics condition 後方状況

Logistics Coordination Section 【空自】調整班 《装備部装備課調整班の英語呼称》◇用例： 調整班長＝Chief, Logistics Coordination Section

logistics data gathering environment-supply (LODGE-S) 機械化補給管理方式

Logistics Department (Log Dept) ①【陸自】装備計画部 《の英語呼称》◇用例： 装備計画部長＝Director, Logistics Department ②【空自・海自】装備部 《の英語呼称》◇用例： 装備部長＝Director, Logistics Department

Logistics Division ①【空自】装備部 《航空総隊および航空団の装備部の英語呼称》◇用例： 装備部長＝Head, Logistics Division（航空総隊）；Chief, Logistics Division（航空団） ②【海自】装

備課

logistics estimate ①後方見積り ②兵站見積り

logistics estimate of the situation 後方補給見積り 《指揮官の状況(情勢)判断に資するため、また、他の幕僚に対し必要な資料を提供するため、使命(任務)達成あるいは各行動方針に対する後方補給支援の可能度、後方補給上の各行動方針の優劣および制約事項とその対策を明らかにすることをいう。[典] 統合訓練資料1-4》

logistics information 〔U〕 後方情報

logistics information processing system 〔C〕 後方情報処理システム

logistics level 〔C〕 後方の段階

Logistics Office (J-4) 【統幕】後方補給室 《運用部運用第3課～の英語呼称》

Logistics Operations Division (Log Opns Div) 【陸自】後方運用課 《の英語呼称》

logistics over the shore operation = logistics over-the-shore operation ①【統幕】後方揚陸搭載活動 ②兵站揚陸搭載行動

logistics phase 〔C〕 後方の局面

logistics plan 〔C〕 ①【海自】後方計画 ②兵站計画

Logistics Planning and Supplies Division 【海自】装備需品課 《の英語呼称》

Logistics Planning Division 【空自・海自】装備課 《の英語呼称》◇用例： 装備課長 = Head, Logistics Planning Division

Logistics Planning Section ①【陸自】後方計画班 《の英語呼称》 ②【空自】計画班 《装備部装備課～の英語呼称》《航空総隊では「計画課」》◇用例： 計画班長 = Chief, Logistics Planning Section

logistics readiness team (LRT) 〔C〕 ロジスティック・レディネス・チーム

logistics requirements ［pl.］ 兵站所要

L

Logistics Research Section 【空自】研究班 《装備部装備課～の英語呼称》◇用例： 研究班長 = Chief, Logistics Research Section

logistics situation 〔C〕 兵站状況

Logistics Studies Office 【海自】ロジスティクス研究室 《海上自衛隊幹部学校～の英語呼称》

logistics summary 〔C〕 兵站要約書

logistics support 後方支援；補給支援

logistics support activity 〔C〕 後方支援活動

logistics support analysis (LSA) 後方支援解析

logistics support area 〔C〕 後方支援区域

logistics support force 後方支援部隊

logistics support group 〔C〕 【陸自】兵站支援群 《後方支援部隊の警戒・防護および移動を指揮し、配置を統制するとともに、業務の統合・一元化のため師団・旅団等を直接支援する方面隊の後方支援部隊をもって編成する編組部隊をいい、師団・旅団等の兵站活動の後拠となる前方支援地域に位置する。[典] 陸自教範》

logistics support site 〔C〕 後方支援基地；兵站支援基地

Logistics Support Regiment (LogSR) 【陸自】後方支援連隊 《の英語呼称》◇用例： 第6後方支援連隊 = the 6th Logistics Support Regiment；第13後方支援連隊衛生隊(13後支衛生隊) = the Medical Unit of the 13th Logistics Support Regiment (13LogSR Med)

log line 〔C〕 測定線

long delay detonator (LDD) 〔C〕 長秒時延時起爆管 《[備] 例えば、0.5秒刻みで最大6秒の延期秒時を得る製品がある》

long delay fuze 〔C〕 ①【空自】長延期信管 《爆弾用延期信管の一種。弾着後、爆発まで数分間から数日間の延期することができる。[典] NDS Y 0001D》《[対] short delay fuze = 短延期信管》 ②【海自】長時間遅動信管

longeron 縦通材(じゅうつうざい) 《航空機の胴体の縦通材、船体の縦通材》《[同] longitudinal》

longevity step increase 定期昇給

long forecastle deck type 長船首楼型

long frequency 〔U〕 長波

long halt 大休止

long haul circuit 〔C〕 長距離回線

long-haul communications control and management (LCCM) 〔U〕 通信回線統制 《バッジ用語》

longitude (Long) 経度

longitude in (Long In) 着達経度

longitude in time (L IN T) 経度時

longitude of initial 起程経度

longitude of vertex 頂点経度

longitudinal 縦通材(じゅうつうざい) 《航空機の胴体の縦通材、艦船の船体の縦通材》《[同] longeron》

longitudinal axis ［pl. = longitudinal axes］ 縦軸 《航空機の縦軸》

longitudinal bulkhead 〔C〕 縦隔壁(たてかくへき)

longitudinal deviation 射距離偏差 《[同] range deviation》

longitudinal drainage ［U］ 縦断排水

longitudinal field coil (L coil) ［C］ Lコ
イル 《ループを船体のキール線上に直角・直列
に巻き、首尾線方向の磁気を打ち消すコイル》

longitudinal grade 縦断勾配（じゅうだんこう
ばい）

longitudinal magnetization (LM) ①船体
首尾線方向磁気 《⊛ athwartship
magnetization ＝ 船体横方向磁気》 ②縦方向磁
化 《磁気共鳴影像法》

longitudinal metacenter ［C］ 縦メタセ
ンター

longitudinal metacentric height 縦メタセ
ンター高さ

longitudinal seam ［C］ 縦継ぎ目

longitudinal section ［C］ 縦断面

longitudinal separation 縦間隔（たてかんか
く）

longitudinal stability ［U］ ①【空自】縦
安定（たてあんてい） ②【海自】縦復原力

longitudinal wave ［C］ 縦波

long leg ［C］ ①長脚（ちょうきゃく）

long leg zigzag 長行程の字運動 《長行程之字
運動》

long local circuit ［C］ 長距離局地線

long part number (LPN) 長い部品番号

long piston ［C］ ロング・ピストン 《検圧銃
身を利用して弾丸速度の測定を行うとき、ピスト
ン孔全体をふさぐために使用する部品。⊛ NDS Y
0002B》

long range air superiority ［U］ 長期にわ
たる航空優勢 《⊛ temporary air superiority ＝
一時的航空優勢》

long range anti-ship missile (LRASM)
［C］ 長射程対艦ミサイル

long-range bomber ［C］ 【米】長距離爆
撃機 ◇用例：B-52 long-range bomber ＝ B-
52長距離爆撃機（米軍）

long-range fires ［pl.］ 長射程火力

long-range flight ［C］ 長距離飛行

long-range forecast ［C］ 長期予報

long-range guided missile ［C］ 長距離誘
導弾；長距離誘導ミサイル

long-range gun ［C］ 長距離砲

long-range intermediate nuclear force
(LRINF) 長射程中距離核戦力

long-range navigation (LORAN) ［U］
ロラン 《二つの無線局からの電波を受信し、そ
の到達時間の差を測定して現在位置を算出する。

⊛ レーダー用語集》

long-range oblique panoramic camera
(LOROP) ［C］ 長距離偵察カメラ

long-range oceanic flight ［C］ 長距離洋上
飛行

long-range radar (LRR) ［C］ 長距離
レーダー

long-range reporting 長距離警報

long-range searching 長距離捜索

long-range sector ［C］ 長距離空域 《ペト
リオット用語》

long-range sonar ［U］ 長距離ソーナー

long-range summary curve ＝ long-range
summary curve ［C］ 航続距離性能曲線

long-range surface-to-air missile (L-
SAM) ［C］ 長距離地対空ミサイル

long-range theater nuclear forces
(LRTNF) ［pl.］ 長距離戦域核戦力

long-range time and distance curve
［C］ 航続時間対距離曲線

long-range transport aircraft ［pl. ＝ ～］
長距離輸送機

long-range weather forecast ［C］ 長期予
報；長期気象予報

long recoil operation 反動利用長後座式
《反動利用式の一種で、砲身と遊底が一体のまま
で後座する距離が弾薬の全長を超える方式》
《⊛ short recoil operation ＝ 反動利用短後座式》

long reference number (LRN) 長い参考
番号

long reference number code (LRNC) 長
い参考番号コード

long rifle (LR) ［C］ 長銃身銃；ロング・ライ
フル

long shunt ［C］ 外分巻き

long splice より繋ぎ 《綟り繋ぎ》

long supply 余裕補給状態

long-term agreement 長期的取り極め

long-term benefit 長期給付

long-term casualty estimate 長期人員損耗
見積り

Long-Term on-shore Storage Facility for
Reactor Compartments ［The ～］ 原子
炉区画陸上保管施設 《原子力潜水艦を解体した
後に残る原子炉区画を、陸上で安全かつ安定的に
長期間保管するための施設。⊛ 日本の軍縮・不拡
散外交》

Long Term Plans Section 【空自】研究班
《防衛部防衛課～の英語呼称》◇用例：研究班長

= Chief, Long Term Plans Section

long-term reinitialization 長期の再初期設定 《ペトリオット用語》

long-term strategic planning ［U］ 長期戦略計画作業

long ton ロングトン；英トン 《1英トンは2240ポンド、1016kg》《⊕ English tonnage》

long-type magazine ［C］ 長弾倉 《短弾倉よりも長い、収容弾数の多い弾倉。⊕ NDS Y 0002B》《⊕ short-type magazine = 短弾倉》

long wave ［C］ 長波

long wheelbase 長軸間距離 《⊕ short wheelbase = 短軸間距離》

look around 見張り

look-down radar ［C］ ルックダウン・レーダー 《低空の移動物標を高高度から探査する航空機搭載のレーダー》

lookout 見張り

loop ［C］ ①ループ 《バッジ用語》 ②宙返り ③輪

loop antenna ［C］ ループ・アンテナ；枠形アンテナ

loop back ループ・バック 《自分自身に対してデータを送信すること、またはそのような機能をいう。⊕ JAFM006-4-18》◇用例： loop back test = ループ・バック試験

loop coupling ［C］ ループ結合

loop loss 絞り損

loop on error ループ・オン・エラー 《バッジ用語》

loop on test ［C］ ループ・オン・テスト 《バッジ用語》

loop resistance ループ抵抗

loop scavenging ループ掃気

loop system 環状式

loose cargo ルース・カーゴ 《梱包はされているが、積載時に固定されていない状態の貨物。⊕「ルーズ・カーゴ」は用いない》

loose coupling ［C］ ①疎結合 ②ルーズ継ぎ手；たわみ継ぎ手

loose fit 動きばめ

loose issue stock ［C］ 小分け品

loose item ［C］ 端数品目

loose line abreast 概略横列

loose line column ［C］ 概略縦列

loose line of bearing 概略方位列

loose sonar sweep 概略ソーナー掃討

loran chart ［C］ ロラン・チャート

loran fix ロラン位置

Loran Navigational System Center 【海保】ロラン・センター

Los Alamos National Laboratory 【米】ロス・アラモス国立研究所

losses ［pl.］ ①損害 ②損耗

loss of head 損失水頭

loss replacement ①損耗補充 ②補充員

loss resistance 損失抵抗

lost and damage 亡失損傷

lost carrier 搬送波喪失

lost contact ［C］ 失探（しったん）；ロスト・コンタクト 《いったん探知した目標を見失い、探知できなくなること》

lost contact search 失探捜索

lost position ［C］ 機位不明

lost track ［C］ ロスト航跡 《航跡諸元を更新するにはレーダー・データが不十分であることを示す航跡をいう。⊕ JAFM006-4-18》

lost work 無効仕事

lot ロット 《同一の製造設備により、同一の条件、同一の仕様書および図面に基づいて製造される製品の最小管理単位。ロットの大きさは、別途定められる（例えば、空砲の場合は1万発以下、弾薬の場合は27トン以下など）》

lot number ロット番号

lot tolerance percent defective (ITPD) ロット許容不良率

loudmouth ラウドマウス 《バッジ用語》

loud-speaker system 拡声系統

louver ［C］ ルーバー；空気調整孔

louvered fairing よろい戸覆い

LOVA powder LOVA発射薬 《ニトラミン化合物を基剤とする発射薬。通常の発射薬よりも熱、火炎、衝撃、摩擦等に対する感度が低いという特徴を有しながら、一方で着火性や燃焼性等については適正な性能を有する発射薬。取扱いや保存が容易になる。⊕ NDS Y 0001D》《LOVA = low vulnerable（低脆弱）》

low altitude (LA) 低高度

low-altitude bombing 低高度爆撃

low-altitude bombing system (LABS) 低高度爆撃方式

low altitude incoming threats 超低空目標

low-altitude missile engagement zone ［C］ 低高度ミサイル交戦圏 《⊕ high-altitude missile engagement zone = 高高度ミサイル交戦圏》

low-altitude navigation and targeting

387 lowl

infrared system for night (LANTIRN) 低高度赤外線利用夜間航法目標指示装置 《赤外線を利用した夜間用航法、照準装置》《LANTIRN = ランターン》

low-altitude panoramic camera ［C］ 低高度パノラマ・カメラ

low-altitude parachute extraction system (LAPES) 超低高度落下傘抽出投下法

low-altitude warning light ［C］ 低高度警報灯

low angled rogue delivery 【空軍】低角度減速投下

low angle fire 低射角射撃 《最大射程を得る射角よりも小さい射角で行う射撃。⊛ NDS Y 0005B》《⊛ high angle fire = 高射角射撃》

low angle loft bombing 低角度ロフト爆撃

low approach 低空進入

low approach system 低高度進入方式

low atmospheric pressure 低気圧 《気象。単に「low」と表記する場合もある》《⊛ high atmospheric pressure = 高気圧》

low bed trailer ［C］ 低床トレーラー

low burning rate propellant 低燃焼速度推進薬 《⊛ high burning rate propellant = 高燃焼速度推進薬》

low calorific power 低発熱量

low CAP (LOCAP) 低空CAP 《CAP (キャップ) = combat air patrol (戦闘空中哨戒キャップ)》

low carbon steel 低炭素鋼

low cloud 下層雲

low cruise ［C］ 低速巡航

low cycle fatigue ［U］ 低サイクル疲労

low depression 低気圧 《気象》

low dollar value item ［C］ 少金額品目

low drag 低抵抗

low earth orbit (LEO) 低高度地球軌道 《高度200km～500km》

lower (LWR) ローワー 《バッジ用語》

lower atmosphere ［C］ 下層大気 《⊛ upper atmosphere = 上層大気》

lower band ［C］ 後部帯金 (こうぶおびがね)

lower calorific value 低発熱量

lower carriage ［C］ 【陸自】下部砲架 《砲架の下部を構成し、上部砲架を含む旋回体を支持する装置。⊛ NDS Y 0003B》《⊛ bottom carriage》

lower echelon ［C］ 下級部隊

lower keel ［C］ 副キール

lower left (LL) 下部左 《⊛ lower right = 下部右》

lower medium range sector (Lower MR Sector) ［C］ 中距離下部空域 《ペトリオット用語》

lower ray 下層波

lower right (LR) 下部右 《⊛ lower left = 下部左》

lower roller path ［C］ 下部ローラー・パス

lower side band (LSB) ［C］ 下側帯波

lower trace 下部走査線

lower transit 下正中

lower yoke leg ［C］ 下脚 (かきゃく)

lowest usable frequency (LUF) ［U］ 最低使用可能周波数

low explosives ［pl.］ 火薬 《火薬類のうち、燃焼反応を利用するものを火薬という。⊛ NDS Y 0001D》《⊛ deflagrating explosive》《⊛ high explosives = 爆薬》

low flame temperature propellant 低燃焼温度推進薬

low flying area ［C］ 低空飛行空域 《低空飛行等の訓練に使用する空域》

low fog 低い霧

low frequency (LF) ［U］ ①長波 《キロメートル波》 ②低周波

low frequency amplifier ［C］ 低周波増幅器

low frequency analyzing and recording (LOFAR) ［海自］低周波分析記録 《受信信号を周波数分析し、その結果を表示するパッシブ・ソーナーの受信方式の一つ。⊛ 対潜隊 (音1) 第401号》《LOFAR = ローファー》

low frequency coil ［C］ 低周波コイル

low-frequency noise (LFN) ［U］ 低周波騒音

low frequency oscillator ［C］ 低周波発振器

low frequency towed active sonar system (LFTASS) ［C］ 低周波曳航式ソーナー

low hydrogen type 低水素系

low indication zone ［C］ 低指示帯域

low intensity conflict (LIC) 低強度紛争

low intensity warfare ［U］ 低水準戦争

low-level bombing 低高度水平爆撃

low-level electronics (LLE) ロー・レベル・エレクトロニクス 《ペトリオット用語》

L

low-level flight ［C］ 低空飛行

low-level jet 下層ジェット

low-level jet stream ［C］ 下層ジェット気流

low-level transit route (LLTR) ［C］ 【陸自】低空域航路 《味方機が、対空火網および統制・制限空域を低高度で通過できるよう一時的に設定する。[典] 陸自教範》

low light level television (LLLTV) ［C］ ①低光量テレビ ②【海自】暗視装置

low minimum altitude attack ［C］ 超低空攻撃

low noise amplifier (LNA) ［C］ 低雑音増幅器

low oblique 大俯角斜写真 《[対] high oblique ＝小俯角斜写真》

low observability (LO) 低視認性

low order burst 不完爆 《不完全爆発》《[対] high order burst ＝完爆》

low order detonation 不完爆 《不完全爆発》《[対] high order detonation ＝完爆》

low pass filter (LPF) ［C］ 低域フィルター 《ある周波数fcよりも低い周波数の電力を通過させ、fcよりも高い周波数を阻止するフィルター。[典] レーダー用語集》

low power ロー・パワー 《ペトリオット用語》

low power acquisition radar (LOPAR) ［C］ 低出力捕捉レーダー（ていしゅつりょくほそくレーダー）

low pressure area ［C］ 低圧域

low pressure blower ［C］ 低圧ブロワー

low pressure chamber ［C］ 低圧室

low pressure cylinder ［C］ 低圧シリンダー

low pressure oxygen (LPOX) ［U］ 低圧酸素

low pressure relief valve ［C］ 低圧調整弁

L

low pressure turbine ［C］ 低圧タービン

low pressure zone ［C］ 低圧帯

low probability of intercept (LPI) 低捕捉性

low-profile wideband antenna ［C］ 低姿勢広帯域空中線；低姿勢広帯域アンテナ 《低姿勢広帯域空中線は、小型艦艇および車両等用の通信用空中線。限られたスペースに通信用空中線を配置することが可能になる。[典] 電子装備研究所研究要覧》

low rate initial production (LRIP) ［C］ 小規模初期生産；低率初期生産 《LRIP ＝エルリープ》

low rpm operation 低速運転

low-signature ship ＝low-signature vessel ［C］ 低シグネチャ艦艇 《艦艇から周囲環境に出される音響、電磁気等の信号レベルが低い艦艇》

low speed wind tunnel ［C］ 低速風洞

low tension 低圧

low tension high energy ignition system ［C］ 低圧高エネルギー点火装置

low tension ignition tester 低圧点火装置試験器

low tension side 低圧側

low tide 低潮（ていちょう） 《一番低い潮位》《[対] high tide ＝高潮》

low velocity beam picture tube ［C］ 低速ビーム映像管

low velocity drop 低速投下

low velocity fog 低速水霧

low visibility ［U］ 低視程；視界不良

low visibility approach 【海自】狭視界進入

low visibility operations ［pl.］ 【海自】狭視界作戦

low voltage 低圧

low voltage battery (LV battery) ［C］ 低圧電池

low vulnerability ammunition ［U］ 低脆弱性弾薬

low water 最低水位 《川や湖、海の一番低い水位》《[対] high water ＝最高水位》

low water alarm ［C］ 低水位警報器

low water level ［C］ 低水位

low wire entanglement ［U］ 低鉄条網

low-yield nuclear weapon ［C］ 低出力核兵器

lubber line ［C］ 基線 《コンパスの基線》

lubber ring ［C］ 基線環

lubricant 潤滑剤

lubricating oil 潤滑油

lubricating oil cooler (LOC) ［C］ 潤滑油冷却器

lubricating oil filter ［C］ 潤滑油こし器

lubricating oil pump (LOP) ［C］ 潤滑油ポンプ

lubricating oil strainer ［C］ 潤滑油こし器

lubricating oil system 潤滑油系統

lubrication ①潤滑 ②塗油；施油

lubrication order (LO) 給油指令

lubricator ［C］ 注油器

Luftwaffe ドイツ空軍

389   maga

lug　出っ張り

lug band　[C]　懸吊用バンド（けんちょうよう〜）《ロケット弾用懸吊用バンド》

luminous flame　輝炎（きえん）

luminous flux　光束

luminous intensity　光度

luminous paint　発光塗料

luminous radiation　[U]　光放射

luminous standard　光度標準器

lumped constant　集中定数

lumped voltage　集成電圧

lunar corona　[C]　月光冠

lunar halo　[C]　月の暈（つきのかさ）

lunette　牽引環（けんいんかん）《被牽引車の後部に取り付けられている環。牽引車の牽引フックをそこに引っかけて牽引する。⊛ NDS Y 0003B。⊛「ルーネット」》

luni-solar precession　日月歳差（じつげつさいさ）

luster　①走査線　②光沢

lusterless paint　つや消しペイント

luxmeter　[C]　ルクス計

lying wire　[C]　敷設線

lyster bag　[C]　リスター・バッグ；浄水嚢（じょうすいのう）

【 M 】

M&S/Advanced Technology Division　【防衛装備庁】研究管理官（M&S・先進技術担当）《の英語呼称》《モデリング及びシミュレーション技術および装備品等の開発に応用される先進技術についての考案、調査研究および試験を行う。⊛ 防衛装備庁HP》

mach　マッハ　《速度の単位》

Mach disk　マッハ・ディスク　《砲口から超音速で噴出した空気、火薬類の燃焼ガスなどによって形成される衝撃波》

mach effect　マッハ効果

mach indicator　[C]　マッハ計

machine cannon　[C]　機関砲　《発射の反動力、火薬類の燃焼ガスの圧力または外部動力によって、弾倉または給弾装置の弾薬を自動的に装塡して連続発射が行える口径が20mm以上の火砲。⊛ NDS Y 0003B》《⊕ automatic cannon》

machine element　[C]　機械の要素

machine gun (MG)　[C]　①機関銃；機銃　②機関砲

machine pistol　[C]　機関拳銃　《拳銃弾を連続射撃する銃。⊛ NDS Y 0002B》

machinery control and surveillance system　[C]　機関制御監視記録装置

machinery noise　[U]　機械雑音；機械音　《機械類の運転に起因して発生する雑音。⊛ NDS Y 0011B》

machinery room　[C]　機械室　◇用例：first machinery room ＝ 第1機械室；second machinery room ＝ 第2機械室

mach number　マッハ数

mach wave　[C]　マッハ波

macroburst　マクロバースト　《上空から地表に強く吹き降ろす下降気流およびこの下降気流が地表に衝突して吹き出す破壊的な気流をダウンバーストという。ダウンバーストは地表にぶつかると水平方向に広がるが、広がりが4km以上のものをマクロバースト、4km以内のものをマイクロバーストという》

macro climate　[U]　大気候

macro virus　[C]　マクロ・ウイルス　《電子文書に埋め込まれ、電子文書のマクロ・プログラミング機能を使用して実行され、伝播するウイルス》

MAD boom　[C]　MADブーム　《航空機の尾部に突き出ている円柱状の構造物。ここにMAD ＝ magnetic anomaly detector（航空機用磁気探知機）を取り付ける。突出させることによって、航空機自体の磁気雑音の影響を少なくしている》

MAD hunting circle (MHC)　[C]　MADハンティング・サークル

MAD tactics　[pl.]　MAD戦術

MAD tracking　MAD追尾

MAD tracking tactics　[pl.]　MAD触接追尾戦術

MAD trapping tactics　[pl.]　MADトラッピング戦術

MAD verification run (MADVEC)　【海自】マッドベック　《対潜艦艇が探知している目標を確認するため、哨戒機に針路等を指示して、航空機用磁気探知機（MAD）により目標を確認させることをいう。⊛ 統合訓練資料1-4》

magazine　[C]　①弾倉　《多数の弾薬を収納する装置》　②弾薬庫；火薬庫　《火薬類の貯蔵のために設置された建物》　③【海自】弾火薬庫　④マガジン　《フィルム》

magazine body　[C]　弾倉体

magazine catch　[C]　弾倉止め　《弾倉を尾筒、引金室などに保持する部品。⊛ NDS Y 0002B》《⊕ magazine release》

M

magazine feeding 弾倉給弾 《弾倉を使用して弾薬を給弾する給弾方式。[典] NDS Y 0003B》

magazine filler ［C］ 装弾器 《[同] magazine loader》

magazine follower ［C］ ①押上板；送弾板 ②【海自】給弾板

magazine inspection 【海自】弾火薬庫点検

magazine loader ［C］ 装弾器 《弾薬を弾倉に詰めるのに使用する器具。[典] NDS Y 0003B》《[同] magazine filler》

magazine release ［C］ 弾倉止め 《[同] magazine catch》

magazine spring ［C］ 弾倉ばね

magic eye ［C］ 同調指示管

magic T マジックT

magnaflux method 磁気探傷法

magnesyn マグネシン

magnetic action 磁気作用

magnetic aging 磁気枯れ

magnetic alloy 磁性合金

magnetic amplifier ［C］ 磁気増幅器

magnetic anomaly detector (MAD) ［C］ 磁気探知機 《潜水艦が航行することによって生じる磁場の乱れを探知する装置。「MAD boom（MADブーム）」に取り付ける。[典] NDS Y 0051》《MAD ＝ マッド》

magnetic axis ［pl. ＝ magnetic axes］ 磁軸

magnetic azimuth 磁針方位角

magnetic balance system 磁気平衡方式

magnetic balance type 磁気平衡型

magnetic bearing ①磁方位 ②【海自】磁気方位

magnetic blowout arrester ［C］ 磁気吹き消し避雷器

magnetic brake ［C］ ①【空自】磁力ブレーキ ②【海自】磁気ブレーキ

magnetic check 磁気検査

M

magnetic circuit ［C］ 磁気回路

magnetic clutch ［C］ 磁気クラッチ

magnetic compass ［C］ ①磁気コンパス ②【海自】磁気羅針盤（じきらしんばん）

magnetic compass adjusting 磁差修正

magnetic compass compensating coil ［C］ 【海自】磁気羅針儀補償コイル

magnetic compass compensation system ［C］ 磁気コンパス修正装置

magnetic compass compensator ＝ compensating device of magnetic compass ［C］ 磁気コンパス補償装置 《船体消磁が磁気コンパスに影響を及ぼさないようにするため、磁気コンパスに組み込んだコイルおよび抵抗器からなる補償装置。[典] NDS Y 0051》

magnetic course (Mag Co; MC) ［C］ ①磁針路 ②【空自】磁針航路

magnetic current 磁流

magnetic damping 磁気制動

magnetic declination 磁気偏差

magnetic detecting equipment ［U］ 磁気探知機器

magnetic detection ［U］ 磁気探知 《磁気現象を利用して艦船、機雷、地雷などを探知すること。[典] NDS Y 0051》

magnetic deviation 磁気偏差

magnetic deviation corrector ［C］ 磁気偏差修正器

magnetic dip 伏角（ふっかく）

magnetic dip-needle firing mechanism ［C］ 磁針型磁気発火装置

magnetic dip-needle mine ［C］ 磁針型機雷

magnetic disk controller (DKC) ［C］ 磁気ディスク制御部 《バッジ用語》

magnetic equator 磁気赤道

magnetic equipment ［U］ 磁気器材

magnetic field 磁場；磁界 《[備] 理学系分野では「磁場」、工学系分野では「磁界」が使用されている。意味は、全く同じ》

magnetic field intensity 磁界強度

magnetic field observation ［U］ 磁気観測

magnetic figure ［C］ 磁力線図

magnetic flux density ［U］ 磁束密度

magnetic force 磁気力

magnetic guard loop 磁気ガード・ループ

magnetic guidance system 磁気誘導方式

magnetic heading (MH) 磁針路；マグネット・コース

magnetic indicator loop (MIL) ［C］ 磁気探知装置 《MIL ＝ ミル》

magnetic induction 磁気誘導

magnetic induction compass ［C］ 磁気誘導コンパス

magnetic leakage ①【空自】磁気漏洩（じきろうえい） ②【海自】磁気漏れ

magnetic lens ［C］ 磁気レンズ

magnetic map ［C］ 磁気地図

magnetic measurement 磁気測定

magnetic meridian 磁気子午線

magnetic method 磁気的方式

magnetic mine ［C］ 磁気機雷 《艦船の航行によって生じる磁界の変化を関知して作動する機雷。[典] NDS Y 0051》

magnetic minehunting 磁気機雷掃討

magnetic needle ［C］ 磁針

magnetic noise ［U］ 磁気雑音

magnetic noise compensation 磁気雑音補償

magnetic north 磁北（じほく） 《磁気コンパスが指す北（磁北）と地球の真の北極（真北）とは一致していない。磁北は、場所により東西のどちらかに偏っている》《[対] magnetic south = 磁南》

magnetic observatory ［C］ 磁気観測所

magnetic particle inspection 磁気探傷検査

magnetic path ［C］ 磁路

magnetic polarity ［U］ 磁気極性

magnetic pole ［C］ 磁極

magnetic potential 磁位

magnetic potential difference 磁位差

magnetic print through magnetic printing 磁気転写

magnetic proximity fuze ［C］ 磁気近接信管

magnetic range station ［C］ 磁気測定所 《船体の磁気測定を実施する施設。[典] NDS Y 0051》

magnetic sensitivity ［U］ 磁気感度

magnetic shielding 磁気遮蔽（じきしゃへい） 《透磁率の高い材料を利用して、その内部に存在する磁力線が外部に出ないようにすること。または、外部の磁力線の影響が内部に現われないようにすること。[典] NDS Y 0051》

magnetic shielding device ［C］ 磁気シールド装置；磁気遮蔽装置

magnetic shielding room ［C］ 磁気シールド室；磁気遮蔽室 《磁気シールド装置を内蔵した非磁性建屋。[典] NDS Y 0051》

magnetic source ［C］ 磁気源

magnetic south 磁南（じなん） 《[対] magnetic north = 磁北》

magnetic storm ［C］ 磁気嵐（じきあらし）

magnetic sweep cable ［C］ 磁気掃海ケーブル

magnetic sweep gear ［C］ 磁気掃海具 《磁気掃海に使用される掃海具》

magnetic sweep (MGS) 磁気掃海 《磁気掃海具によって船体の磁気を模擬し、磁気機雷を作動させ、爆破処分する掃海法。[典] NDS Y 0051》

magnetic treatment 磁気処理

magnetic variation 磁気偏差

magnetic wedge ［C］ 磁気くさび

magnetizing force 磁化力

magneto electric ignition マグネト点火

magneto selector switch ［C］ マグネト選択スイッチ

magneto-strictive phenomenon 磁歪現象（じわいげんしょう）；磁気ひずみ現象

magnetron マグネトロン；磁電管 《極超短波（マイクロ波）発振用の電子管の一種。能率が高くレーダーをはじめ工業用から家庭用（電子レンジ）まで、各種の極超短波機器に利用される。[典] レーダー用語集》

magnet ship ［C］ 高磁力船

magnet steel ［U］ 磁石鋼

Magnus effect マグナス効果

maguey rope ［C］ マゲイ索

mail bomb ［C］ 郵便爆弾

main action 主作戦 《主努力を指向する作戦をいい、主作戦を実施する正面を「主作戦正面」という。[典] 陸自教範》《[対] subordinate action = 支作戦》

main airfield ［C］ 主飛行場

main air reservoir ［C］ 主空気だめ

main armaments ［pl.］ 主砲 《[対] secondary armaments = 補助火器》

main array メイン・アレイ 《ペトリオット用語》

main attack ［C］ 【陸自・海自】主攻撃 《攻撃において決定的成果を収めることを企図する正面の攻撃をいう。[典] 陸自教範》《[対] secondary attack = 助攻撃》

main attack unit ［C］ 主攻部隊

main ballast tank (MBT) ［C］ メイン・バラスト・タンク；主バラスト・タンク 《潜水艦の～》

main battery ［C］ ①主砲 《[対] secondary battery = 副砲》 ②主蓄電池 《推進動力源として使用される電池》

main battle area (MBA) ［C］ 【陸自】主戦闘地域 《戦闘地域を占領して、防御の主たる努力を集中する地域をいう。[典] 陸自教範》

main battle tank (MBT) ［C］ 主力戦車

main body ［C］ ①本隊；主力 ②【海自】主隊

main boiler ［C］ 主ボイラー

main breaker 〔C〕 主遮断器

main bus system 主母線系統

main chain cable (MCC) 〔C〕 主錨鎖

main charge 〔C〕 主炸薬(しゅさくやく)

main coil (M coil) 〔C〕 Mコイル 《船体の垂直方向の磁気を打ち消すための消磁コイル。船体にほぼ水平に装備する。[典] NDS Y 0051》

main command post 〔C〕 主指揮所

main computer 〔C〕 主コンピューター

main condenser 〔C〕 主復水器

main connecting rod 〔C〕 主連接棒 《[同] master connecting rod》

main control cable 〔C〕 主管制ケーブル

main control console (MCC) 〔C〕 主監視制御盤

main control valve 〔C〕 主管制弁

main convoy 〔C〕 主船団

main counterattack 〔C〕 【陸自】主逆襲 《陣地に対する重大な敵の侵入を排除して陣地を奪回するため、防御部隊指揮官が行う逆襲をいう。[典] 陸自教範》

main crossing operation 主渡河

main deck 〔C〕 上甲板;第1甲板

main delay line 〔C〕 主遅延線路

main detonating line 〔C〕 主導爆線

main discharge 主放電

main disconnecting switch 〔C〕 主断路器

main distribution frame (MDF) 〔C〕 主配線盤

main drainage system 〔C〕 主排水装置

main drive shaft 〔C〕 メイン・ドライブ・シャフト;主駆動軸;主推進軸

main drive shaft tunnel cover 〔C〕 軸室軸覆い

main engine cut-off (MECO) 主エンジン・カットオフ

main equipment condition 主要装備品の状況

main eyepiece 〔C〕 主接眼鏡

main feed water pump (MFWP) 〔C〕 主給水ポンプ

main fleet 〔the ~〕 主力艦隊

main force 〔the ~〕 ①【陸自】主力 ②【海自】主力部隊 ③本隊

main gate 〔C〕 正門

main gear wheel 〔C〕 主輪

main generator (MG) 〔C〕 主発電機

main guard 警衛隊

main hydraulic 主油圧

main hydraulic system fluid reservoir 〔C〕 主油圧系統油槽;主作動油油槽

main injection nozzle 〔C〕 主噴射口

main injection valve 〔C〕 主噴射弁

main landing gear 〔C〕 ①主脚 《航空機の主脚》 ②【海自】メイン・ランディング・ギヤー;主降着装置

main landing gear shock strut 主脚緩衝支柱

mainland of Japan 〔the ~〕 日本本土

main line 〔C〕 幹線

main line circuit breaker 〔C〕 主回路遮断器

main line of resistance (MLR) 主抵抗線

main lobe 〔C〕 メイン・ローブ;主極 《アンテナにおいて、電波の最大放射方向をメイン・ローブという》

main longitudinal girder 〔C〕 主縦通材(しゅじゅうつうざい)

main memory unit (MMU) 〔C〕 主記憶装置;主記億部

main motor (MM) 〔C〕 主電動機

main nozzle 〔C〕 主ノズル

main oil pipe 〔C〕 主油管;主注油管

main operations base 〔C〕 主作戦基地

main optical system 〔C〕 主光学装置

main pilot 〔C〕 主操縦士

main point 〔C〕 ①【陸自】主眼 《主要な狙いのことをいい、達成すべき目的・目標の狙いを特に強調して、端的に表現する場合に使用する。[典] 陸自教範》 ②要点

main pole 〔C〕 主磁極

main position 〔C〕 主陣地

main power 主動力

main power switch 〔C〕 主電力スイッチ

main pulse reference group 〔C〕 主基準パルス群

main road 〔C〕 ①【統幕】幹線道路 《[対] secondary road = 補助道路》 ②【空自】幹線路

main rotor 〔C〕 ①メイン・ローター ②【空自】主回転翼

main rotor hub 〔C〕 メイン・ローター・ハブ

main sail 大帆

main shaft 〔C〕 主軸

main slide valve 〔C〕 主滑り弁

main snorkel exhaust valve 〔C〕 主スノーケル排出装置；主スノーケル排出弁

main spar 〔C〕 主桁；主構（しゅこう）

main spindle 〔C〕 主軸

mainstay fighter 〔C〕 主力戦闘機

main stop valve (MSV) 〔C〕 主止め弁

main structure 主構造

main supplies condition 主要補給品の状況

main supply airlift 〔C〕 幹線空輸

main supply route (MSR) 〔C〕 ①【統幕・陸自・海自】補給幹線 《後方連絡線のうち、常時、交通を確保する必要がある輸送路線として指定されたものをいう。[典] 陸自教範》 ②【空自】主要補給路

main support base (MSB) 〔C〕 主支援基地

main support depot 〔C〕 主支援補給処

main sweep 主掃引

main switchboard (MSB) 〔C〕 主配電盤

maintain 〔vt.〕 維持管理する；整備する；保持する

maintenability 整備性

maintenance 〔U〕 ①整備 《装備品等の使用可能な状態の維持、故障した装備品等の使用可能な状態への修復および装備品等の改修等に関する整備作業と整備管理からなる一連の業務。[典] 3補LPS-E00001-9》 ②保守 《保守とは、障害修理、障害管理、諸試験、機器の点検、整備、修理、調整、清掃等、回線統制その他伝送路および端末機器を正規の状態に維持するための一切の作業ならびにこれに附随する事務をいい、これに関する統計の作成を含む。[典] 防衛庁訓令第11号》

maintenance ability 整備能力；整備力 《整備を遂行するために必要な資源（人、物、金）の質的、量的な働きをいう。[典] 統合訓練資料1-4》

maintenance and administration 維持管理

maintenance and salvage 整備回収

maintenance and supply 整備補給

Maintenance and Supply Control Section 【海自】整備補給統制班 《の英語呼称》◇用例： 整備補給統制班長 = Officer, Maintenance and Supply Control Section

Maintenance and Supply Squadron 【空自・海自】整備補給隊 《の英語呼称》《航空基地に所在する航空機および航空機に搭載する装備品の点検整備ならびに燃料・部品の補給、地上操縦訓練装置等の基地器材の維持管理を実施する》◇用例： 整備補給隊司令（海自） = Commanding Officer, Maintenance and Supply Squadron；第203整備補給隊（海自） = Maintenance and Supply Squadron 203

maintenance and supply trailer (MST) 〔C〕 整備補給用トレーラー

maintenance area 〔C〕 ①整備地域 ②【海自】整備区域

maintenance category 整備の類別

maintenance center (MC) 〔C〕 整備センター

maintenance control 【空自】整備管理；整備統制 《整備に関する指揮または統制を通じて、人員、器材、施設および予算を効果的かつ経済的に運用する一連の管理活動をいう。[典] 航空自衛隊達第16号》

maintenance control center (MCC) 〔C〕 整備統制センター

maintenance control computer (MCC) 〔C〕 整備統制コンピューター 《ペトリオット用語》

maintenance control system (MCS) 〔C〕 整備統制プログラム 《ペトリオット用語》

maintenance crew 〔C〕 整備班

maintenance cycle (M/C) 〔C〕 整備周期

maintenance data collection system (MDCS) 整備資料収集体系

Maintenance Department 【海自】整備部 《の英語呼称》◇用例： 整備部長 = Director of Maintenance Department

maintenance discipline 〔C〕 整備規律

Maintenance Division 【空自】整備課 《の英語呼称》◇用例： 整備課長 = Head, Maintenance Division

maintenance echelon 〔C〕 整備の段階区分；整備段階

maintenance effect 整備効果

maintenance engineering ①【統幕】整備工学 ②【空自・海自】整備技術

Maintenance Engineering Order (MEO) 修理標準指示

maintenance facility 〔C〕 整備施設

maintenance float 整備予備 《被支援部隊から修理のため後送される装備品等の交換補給用として補給整備部隊等において保有する補給品をいう。[典] 陸自教範》

maintenance ground equipment (MGE) 〔U〕 整備用地上支援器材

Maintenance Group 【空自】整備群 《航空救難団または飛行開発実験団隷下～の英語呼称》《整備群は、航空機および装備品等の基地整備、

試験に関する改修作業の実施、および整備技術に関する調査研究を実施する》◇用例： 整備群本部 = Maintenance Group Headquarters

maintenance hangar 〔C〕 整備格納庫

maintenance index page (MIP) 整備点検項目一覧表

maintenance inspection certification 整備検査証明

maintenance installation 〔C〕 整備施設

maintenance instructions 〔pl.〕 整備指示書

maintenance level 整備段階

maintenance manual 〔C〕 整備規定 《自衛隊が使用する航空機の整備に関する手順書および関連規則類等のこと。[典] 防管航第7575号》

maintenance officer (MO) 〔C〕 【空自】整備幹部 《の英語呼称》

maintenance parts list (MPL) 〔C〕 整備部品表

maintenance period 整備期間

maintenance personnel 〔pl.〕 整備員

maintenance plan (MP) 〔C〕 整備計画書

maintenance plan analysis (MPA) 整備計画分析

Maintenance Planning Section 【空自】計画班 《整備課～の英語呼称》◇用例： 計画班長 = Chief, Maintenance Planning Section

maintenance replacement factor (MRF) 〔C〕 整備交換率

maintenance requirement card 〔C〕 標準整備カード

maintenance requirements 〔pl.〕 整備所要 《装備品等を常に良好な状態に維持し、または使用不能な装備品等を使用可能な状態に回復させるための必要数量・工数等をいい、通常、故障発生の時期別、場所別、品目別および段階区分別の数量を明らかにする。[典] 陸自教範》

Maintenance Section 【空自】整備班 《の英語呼称》《航空総隊では「整備課」》◇用例： 整備第1班 = 1st Maintenance Section

maintenance service 〔C〕 保守サービス 《要修理部品を、契約の相手方が提供する良品と交換する修理作業。[典] 3補LPS-E00001-9》

maintenance shop 〔C〕 整備ショップ

Maintenance Squadron ①【空自】整備隊 ②【海自】支援整備隊

maintenance stand 〔C〕 整備用作業台

maintenance standard 整備標準 《作業標準および管理標準をいう。[典] 航空自衛隊達第16号》

Maintenance Standardization 【空自】整備基準班 《の英語呼称》◇用例： 整備基準班長 = Chief, Maintenance Standardization

maintenance status 整備状態

Maintenance Supply Group 【空自】整備補給群 《の英語呼称》◇用例： 整備補給群本部 = Headquarters, Maintenance Supply Group

maintenance support equipment 〔U〕 整備支援装備品

maintenance support schedule (MSS) 〔C〕 整備支援計画

Maintenance Technical Squadron 【空自】整備技術隊 《飛行開発実験団隷下～の英語呼称》

maintenance test flight 〔C〕 整備試験飛行

maintenance unit 〔C〕 整備部隊

maintenance vehicle (MV) 〔C〕 レッカー車 《ペトリオット用語》

maintenance work 整備作業 《装備品等について実施する手入れ、点検、防せい、格納、塗装、検査、調整、交換、改修、修理、検定、製作、状態の識別判定および記録等の諸作業をいう。[典] 3補LPS-E00001-9》

maintenance worker 〔C〕 営繕工

main transfer valve 〔C〕 主切り替え弁

main valve 〔C〕 主弁

main wheel well 〔C〕 主車輪室

main winding 主巻き線

main wing 〔C〕 主翼

main wing tank 〔C〕 主翼タンク

Major (Maj.) ①【陸自・空自】3佐 《「3等陸佐（陸自3佐）、3等空佐（空自3佐）」が正式な階級呼称》 ②【米陸軍・米空軍・米海兵隊】少佐 《英空軍少佐は「squadron leader」》

Major Air Command (MAC) 【米空軍】長官直轄コマンド

major assembly 〔C〕 主組み立て品

major check 大点検

major combat element 〔C〕 主戦闘部隊

major command (MAJCOM) 〔C〕 ①【空自】メジャー・コマンド ②【米】主要コマンド

Major Cycle メジャー・サイクル 《ペトリオット用語》

major defense program (MDP) 〔C〕 主要防衛プログラム 《[同] major force program》

major disaster 大災害；大規模災害

major fleet ①主要艦隊 ②【海自】主要艦隊；主力艦隊

major force 主力部隊

major force program (MFP) 〔C〕 主要

防衛プログラム 《[同] major defense program》

Major General (Maj. Gen.) ①【陸自・空自】将補 《陸将補；空将補》◇用例： 陸将補 = Major General, JGSDF；空将補 = Major General, JASDF ②【米陸軍・米空軍・米海兵隊】少将 《英空軍少将は「Air Vice-Marshal」》

major grid メジャー・グリッド 《世界地図照合方式（GEOREF）の大区分をいい、緯度と経度を15度ずつに分割し、アルファベットのIとOを除いたAからQまでの15文字のうちの2文字で表したものをいう。[典] JAFM006-4-18》《[対] minor grid = マイナー・グリッド》

major item ［C］ 主品目 《単体または数個の単体からなる物品で、それ自体で完全な機能を有するものをいう。[典] 航空自衛隊達第35号》

majority carrier ［C］ 多数キャリヤー

major noun 主品名

major nuclear power 核超大国；主要核保有国

major operation 主要作戦

major organizational entity (MOE) ［C］ 【米】主要組織体

major overhaul 高段階分解修理

major port ①主要港 ②【海自】一級港；主要港 《[対] minor port = 中小港》

major repair 大修理

major ridge ［C］ 長波の峰 《[対] major trough = 長波の谷》

major routing port 主要ルーティング港

major runway ［C］ 主要滑走路

major subordinate commander ［C］ 主要指揮下部隊指揮官

major subsystem ［C］ 主要補助システム

major theater war (MTW) ［U］ 大規模戦域戦争

major trough ［C］ 長波の谷 《[対] major ridge = 長波の峰》

major water terminal ［C］ ①主水路末地（しゅすいろまつち） 《[対] secondary water terminal = 補助水路末地》 ②【統幕】主要水上端末地 《[対] secondary water terminal = 補助水上端末地》

make and break contact 開閉接点

make-up feed 補給水

Makiminato Service Area 【在日米軍】牧港補給地区 《沖縄》

Malabar 【海自】マラバール 《日米印共同訓練の名称。海上自衛隊の戦術技量の向上ならびに米印海軍との相互理解の増進および信頼関係の強化を図る》◇用例： Exercise Malabar 2018 = マラバール2018

maladjustment 調整不良；不適応

male part ［C］ 雄形接続部

male rotor ［C］ おす回転子

malfunction ①【空自】機能不良 ②【海自】変兆 ③誤動作 《機器の本来の目的とは異なる動作をいう》

malfunction gear ［C］ 故障した装置

malicious code 悪意のあるコード 《悪意のあるコードとは、情報システムが提供する機能を妨害するプログラムの総称であり、コンピューター・ウイルス、トロイの木馬およびスパイウェア等をいう。[典] 調達における情報セキュリティ基準》

malware ［U］ マルウェア 《データ、アプリケーション、オペレーティング・システムなどに害を及ぼすために作成されたプログラムであり、ウイルス、ワーム、トロイの木馬などがある》

mammatocumulus 乳房雲（ちぶさぐも）

mammatus 乳房雲（ちぶさぐも）

man ［vt.］ ～に人員を配置する

management analysis 管理分析

management and control system ［C］ 管理・統制システム

Management and Transportation Division (Mgt & Trans Div) 【陸自】管理・輸送課 《の英語呼称》

management control ［U］ 業務統制

management control system ［C］ マネージメント・コントロール・システム

management data list (MDL) ［C］ 管理資料表

management engineering 管理技術

management information base (MIB) ［C］ 管理情報ベース

management information system (MIS) ［C］ 管理情報システム

management list (ML) ［C］ 管理資料表

management reports and statistics (MARS) 【米】管理報告・統計

management support 管理支援

management survey ［C］ 管理調査

management training ［U］ 業務管理教育

management training program (MTP) ［C］ 管理者訓練計画

man-carrying parachute back pack type ［C］ 背負い式落下傘

man-carrying parachute chest type ［C］ 前掛け式落下傘

man-carrying parachute seat type ［C］

座席式落下傘

mandatory scramble (M/S) ①【空自】強行緊急発進 《飛行場の気象または状態が、別に定める基準以下である場合において、特命により行う緊急発進をいう。[典] 統合訓練資料1-4》 ②【統幕】マンダトリー・スクランブル

mandatory scramble condition 強行緊急発進状態

maneuver 〔C〕 ①機動 《敵に対して有利な態勢を占め、戦闘力を発揮するために部隊が移動することをいい、その目的によって戦略機動と戦術機動に区分され、さらに、戦術機動は、接敵機動と戦場機動に区分される。[典] 陸自教範》 ②マヌーバー 《人工衛星に搭載されているジェット燃料を噴射して、人工衛星の軌道を制御すること。[備]「マヌーバ」「マニューバー」などあるが、本書では「マヌーバー」で統一している》

maneuverability 機動性

maneuverable reentry vehicle (MaRV) 〔C〕 終末誘導機動弾頭 《再突入フェーズの間、飛行機動ができる再突入体をいう。大気圏に突入する場合、大気圏内では弾道軌道で落下することなく旋回や回避が可能なようにツインまたは空力的翼面を持つ。[典] JAFM006-4-18。[備]「機動式再突入弾頭」、「飛行制御再突入体」などがあり、一定していない《MARV = マーブ》

maneuver box (MB) 〔C〕 マヌーバー・ボックス 《レーダー・データと航跡との相関の領域であり、航跡の予測位置を中心とした方形で定義される領域をいう。[典] JAFM006-4-18》

maneuver control system (MCS) 〔C〕 機動統制システム

maneuver deployment 機動展開 《戦略、戦術上の目的で、部隊が敵に対して有利な態勢を占めるために所望の場所に移動し、態勢を整えることをいう。[典] 統合訓練資料1-4》

Maneuver Enhancement Brigade (MEB) 【米陸軍】機動強化旅団 ◇用例：303rd Maneuver Enhancement Brigade = 第33機動強化旅団

maneuvering area 〔C〕 走行地域

maneuvering board 〔C〕 運動盤

maneuvering data 〔U〕 運動性能

maneuvering force 機動に任ずる部隊 《機動を伴って任務を遂行する近接戦闘部隊の総称をいう。一般に、陣地攻撃および遭遇戦における第一線部隊、追撃における迂回に任ずる部隊および直接圧迫に任ずる部隊、防御等における逆襲および機動打撃部隊等が含まれる。[典] 陸自教範》

maneuvering gear 〔C〕 操縦装置

maneuvering handle 〔C〕 操縦ハンドル

maneuvering information 〔U〕 運動情報

maneuvering interval 〔C〕 運動間隔

maneuvering net (MN NET) 運動通信系

maneuvering reentry vehicle (MARV) = maneuvering re-entry vehicle 〔C〕 機動式再突入弾頭 《MARV = マーブ》

maneuvering room 〔C〕 制御盤室

maneuvering target 〔C〕 ①移動目標 ②【空自】移動射撃目標

maneuvering valve 〔C〕 操縦弁

maneuvering valve box 〔C〕 操縦弁箱

maneuver striking 機動打撃 《防御等において、敵部隊を撃滅するため、機動力と火力による衝撃力を発揮して行う攻撃行動をいう。[典] 陸自教範》

maneuver time 要撃機動時間

man hour (M/H) = man-hour 人時；工数

manifest 乗客名簿；搭載目録

manifold ①マニホールド ②多岐管

manifold pressure 吸気圧力

manifold pressure gauge 〔C〕 吸気圧力計

Manila rope 〔C〕 マニラ・ロープ；マニラ索

man-in-the-loop (MITL) マン・イン・ザ・ループ

man-in-the-middle attack (MitM) 〔C〕 中間者攻撃 《攻撃者がシステム間の通信に関与するエンティティとして偽装し、システム間の通信を傍受して、その通信データを選択的に変更する盗聴攻撃の一形態》

manipulate 〔vt.〕 操作する

manipulation 操作

manipulative deception 陽信 《敵を欺くため、我が通信所間で真実と異なる通信系の構成、通信量の変化、通信諸元の使用等見せかけの通信を実施することをいう。「陽動通信」ともいう。[典] 陸自教範》

manipulative electronic deception (MED) 電子欺騙操作

man-machine system 人間機械系

man-made noise 〔U〕 人為雑音 《[同] artificial noise》

man-made work 人工物

manned aircraft 〔pl. = ～〕 有人機

manning detail 〔C〕 砲班

manning level 充員率；人員充足率；限度人員数

manning plan 〔C〕 人事計画

manning table 〔C〕 定員表

manning the sides 登舷礼

man-of-war ［pl. = men-of-war］ 軍艦

manometer ［C］ 圧力計 《流体》

man over board (MOB) 溺者（できしゃ）

man-portable ［adj.］ 携行可能な

man-portable air-defense system (MANPADS) ［C］ 携帯式地対空防衛システム 《個人で携行し、低空を飛行する航空機やヘリコプターを目標として、通常、肩に乗せて発射する》

man-portable surface-to-air missile (man-portable SAM) ［C］ 携行式地対空ミサイル；携SAM

manpower ［U］ ①人的勢力 ②人的資源

Manpower and Organization Section 【空自】編成班 《の英語呼称》◇用例：編成班長 = Chief, Manpower and Organization Section

manpower authorization voucher ［C］ 定員規定書

manpower management ［U］ 人員管理

manpower management survey ［C］ 人員管理調査

manpower requirements ［pl.］ 人員所要

manpower resources ［pl.］ 人的資源

manpower savings ［pl.］ 省人化

manpower survey ［C］ 人的資源調査

man rope knot 握り網結び

man space 人員搭載容積

man station (MS) ［C］ 操作員卓 《ペトリオット用語》

mantelet = mantlet 防楯（ぼうじゅん）

man transportable ［adj.］ 人員で輸送可能な

manual ［n.］ ①【空自】教範 ②【海自】勤務必携；便覧；執務参考書

manual ［adj.］ 手動の

manual control ［U］ 手動管制 《⊛ automatic control = 自動管制》

manual controller ［C］ 手動管制器 《⊛ automatic controller = 自動管制器》

manual control officer (MCO) ［C］ 【空自】手動兵器管制官

manual display board (MDB) ［C］ 手書き表示板 《バッジ用語》

manual drive 人力操縦（じんりょくそうじゅう）《⊛ automatic control drive = 自動操縦》

manual drive clutch ［C］ 手動クラッチ

manual engagement and retraction 手動かん脱 《手動嵌脱。「嵌脱」とは、はめたり、はずしたりすること》

manual firing mechanism ［C］ 手動発射装置

manual gain control (MGC) ［U］ 手動利得制御 《⊛ automatic gain control = 自動利得制御》

manual input (MI) 手動入力

manual input track ［C］ 手動入力航跡；マニュアル・インプット航跡 《バッジ用語》

manual loading ［U］ 手動装填 《手動で弾薬を火砲の薬室に挿入すること。⊛ NDS Y 0003B》《⊛ hand loading》

manually operated mixture control ［U］ 手動混合比制御

manual map ［C］ 手動マップ 《JADGE用語》

manual of arms ［the ～］ 武器教範

manual of meteorological observation 気象観測法

manual of operations (MANOP) マノップ

manual-operated firearm ［C］ 手動火器 《手動式の小火器》

manual-operated rifle ［C］ 手動小銃 《手動式の小銃》

manual operation 手動

manual override 手動オーバーライド 《計算機の自動処理に対し、手動によって所望の処理を計算機に命令することをいう。JAFM006-4-18》

manual parachute ［C］ 手動開傘式落下傘 《⊛ automatic opening parachute = 自動開傘式落下傘》

manual power steering ［U］ 人力操舵（じんりょくそうだ）《⊛ power steering = 機力操舵》

manual ranging 手動測距 《⊛ automatic ranging = 自動測距》

manual rate control ［U］ 手動レート・コントロール 《⊛ automatic rate control = 自動レート・コントロール》

Manuals and Publications Section 【陸自】教範教養班 《の英語呼称》

Manuals and Training Aids Section 【空自】教範教材班 《の英語呼称》◇用例：教範教材班長 = Chief, Manuals and Training Aids Section

manual shut-off valve ［C］ 手動開閉弁

manual starting 手動始動

manual telegraph ［U］ 手動電信

manual transportation ［U］ 人力搬送

manufacturer (MFR) ［C］ 製造者 《製造

者とは、装備品等の製造図面、製造仕様書等を作成し、または管理する者(法人を含む)、団体または国の機関をいう。[典] 防衛庁訓令第53号》

manufacturers assistance in verifying identification in cataloging (MAVERICK) 類別時の識別、確認に係る製造者の支援

manufacturers number (MFRN) 製造者記号

manufacturing certificate ［C］ 製造証明

man-year (M/Y) 人－年

map ［C］ ①地図 ②マップ

map cipher ＝map cypher 【陸自】地図暗号《通信文において地図上の地点等を秘匿する必要がある場合に使用する暗号方式の一種をいう。[典] 統合訓練資料1-4》

map coordinate code 秘密座標

map distance 図上距離

map exercise ［C］ 図上演習；図演 《状況を順次図上に示して、これに応ずる部隊等の指揮、運用を演練する演習をいう。兵棋を用いて行う図上演習を、特に兵棋演習という。[典] 統合訓練資料1-4》

map line radar display 地図式レーダー表示

map maneuvers (MM) ［pl.］ 図上演習；図演

map orientation 地図の標定

mapping camera ［C］ 【空自】地図作製用航空写真機 ◇用例：digital mapping camera (DMC) ＝航空測量用ディジタル・カメラ

mapping, charting and geodesy 地図・海図作成及び測地

map plotting 天気図記入

map problem ［C］ 図上研究

map reading ［U］ 地図判読

map reconnaissance 図上偵察

map reference code 地図参照記号

map series 地図シリーズ

map sheet ［C］ 地図 《[備] 中国語では「単張地図」》

maps overflow マップ・オーバーフロー《バッジ用語》

map substitute 代用地図

map type マップ・タイプ 《バッジ用語》

march ①【自衛隊】行進 《徒歩で長距離を移動すること。[典] 民軍連携のための用語集》 ②行軍

march column ［C］ ①【自衛隊】行進縦隊《行進における統制を容易にするため設ける行進部隊の区分で同一の行進経路上を順次移動する1以上の行進梯隊からなる部隊をいう。[典] 陸自教範》 ②行軍縦隊

march com center ［C］ 移動通信センター

march discipline ［U］ 行進規律

march formation ［U］ 行進隊形

march graph ［C］ ①【自衛隊】行進図表《場所・時間を座標にとり、計画する行進の状態を図表にしたものをいい、行進表の作成、行進の点検等に使用する。[典] 陸自教範》 ②行軍図表

marching bugle ［C］ 進軍らっぱ

marching fire 突撃射撃

marching order 行進順序

marching song ［C］ 進軍歌

march in review 観閲行進

march objective ［C］ ①【陸自】行進目標 ②【陸自】前進目標 《接敵機動において、敵主力との接触を図るため占領または到達すべき地域をいう。[典] 陸自教範》

march order 機動命令 《ペトリオット用語》

march plan ［C］ 行進計画

march rate ［C］ 行進速度 《行進における小休止を含む一定時間内の平均速度をいう。[典] 陸自教範》

march route ［C］ 行進経路

march serial ①【自衛隊】行進梯隊 《行進における統制を容易にするため設ける行進部隊の区分で、数個の行進単位部隊からなる部隊をいう。[典] 陸自教範》 ②行軍梯隊

march table ［C］ 行進表 《行進のための編成、時間統制等に関する計画を総合し一表としたものをいう。[典] 陸自教範》

march unit ［C］ 行進単位部隊 《指揮官の直接指揮により同時に移動および休止できる行進の基本部隊をいい、通常、中隊またはこれに準ずる部隊をいう。[典] 陸自教範》

Mare Island Navy Yard (MINY) 【米海軍】メア・アイランド海軍工廠

marginal check ①【空自】限界試験 ②【海自】限界検査

marginal data ［U］ 傍注 《欄外に記入されている註記のこと》

marginal information ［U］ 整飾(せいしょく)

marginal relay ［C］ 限界継電器

margin of safety 余裕安全率

margin plate ［C］ 縁板

Marine Accident Inquiry Agency 【日】海難審判庁

marine acoustics 海洋音響学 《海洋音響に関

する基礎と応用、例えば、波動方程式、水中音波の反射と透過、海洋音響トモグラフィーなどについて研究する学問。㊐ 防衛大学校HP》

marine air command and control system 【米】海兵航空指揮統制組織

marine air control squadron [C] 海兵航空管制隊

Marine Aircraft Group (MAG) 【米海兵隊】海兵航空群 ◇用例：Marine Aircraft Group 36（MAG-36）＝第36海兵航空群

Marine Aircraft Wing (MAW) 【米海兵隊】海兵航空団 ◇用例：the First Marine Aircraft Wing（1st MAW）＝第1海兵航空団

Marine Air-Ground Task Force (MAGTF) 【米】海兵空地任務部隊

marine air support squadron [C] 海兵航空支援隊

Marine Amphibious Brigade (MAB) 【米】海兵隊上陸作戦旅団

Marine Amphibious Force (MAF) 海兵水陸両用部隊

marine base [C] 【米】海兵隊基地

marine climate [U] 海洋気候 《㊐ maritime climate, oceanic climate》

Marine Corps [the ～] 【米軍】海兵隊

Marine Corps Air Station (MCAS) 【米軍】海兵隊飛行場 ◇用例：Marine Corps Air Station Futenma ＝海兵隊普天間飛行場；Marine Corps Air Station Iwakuni ＝海兵隊岩国飛行場

Marine Corps Base (MCB) 【米軍】海兵隊基地 ◇用例：Marine Corps Base Camp Butler（MCB Camp Butler）＝海兵隊基地キャンプ・バトラー

Marine Corps Installations Pacific (MCIPAC) 【米軍】海兵隊太平洋基地

Marine Corps Order (MCO) 【米軍】海兵隊命令

Marine Corps Reserve [the ～] 【米軍】海兵隊予備役

Marine Corps Supply Activity (MCSA) 【米軍】海兵隊補給機関

Marine Corps Warfighting Laboratory (MCWL) [the ～] 【米軍】海兵隊戦闘研究所

marine environment [C] 海上環境

Marine Expeditionary Brigade (MEB) 【米軍】海兵機動展開旅団 《「海兵隊上陸作戦旅団」としている場合もある》

Marine Expeditionary Force (MEF) 【米軍】海兵機動展開部隊

Marine Expeditionary Unit (MEU) 【米軍】海兵機動展開隊 《「海兵遠征隊」としている場合もある》《MEU＝ミュー》

marine growth 海中付着生物

marine life 海中生物

marine marker retro-ejector [C] マリン・マーカー後方投射機

marine observatory [C] 海洋気象台

marine power [C] 海軍力

Mariners Contract (MC) 【日】船員契約

marine tactical air command center (Marine TACC) [C] 洋上戦術航空指揮所

Marine Wing Liaison Kadena (MWLK) 【在日米軍】海兵航空団連絡事務所（嘉手納）《沖縄》

maritime action group (MAG) [C] 水上打撃部隊

Maritime Administration (CO-MA) 【米】商務省海事庁

maritime air defense [U] 【海自】洋上防空 《洋上を航行中の船舶（船団）および行動中の部隊を敵航空機の攻撃および敵艦艇等が発射する対艦ミサイルの攻撃から防護することをいう。㊐ 統合訓練資料1-4》

maritime air mass [C] 海洋性気団

Maritime Air Operation Commmand and Control System (MACCS) 【海自】海上航空作戦指揮統制システム 《海上航空作戦指揮統制システム（MACCS）とは、作戦担当海域における各種事態様相に対応するため、指揮官の意思決定の支援ならびに固定翼哨戒機に対する指揮統制および戦術支援を行い、各種業務の的確かつ効率的な遂行に寄与するシステム》

maritime air support 【空自】海上航空支援 《海上部隊の要請に基づき、海上部隊と交戦中またはそのおそれのある敵艦隊等に航空攻撃等を加え、海上部隊の作戦を支援する作戦をいう。㊐ 統合訓練資料1-4》

maritime and air communication mechanism [C] 【陸自】海空連絡メカニズム 《艦船や航空機による偶発的な衝突が起きるのを防ぐため、防衛当局間で緊急に連絡を取り合う仕組み》

maritime antipollution [U] 海洋汚染防止

maritime arctic air mass [C] 海洋性北極気団

maritime area [C] 海洋域

maritime climate 海洋気候 《㊐ marine climate；oceanic climate》

maritime control area [C] 防衛海域

maritime country [C] 海運国

maritime defense policy 海上防衛政策

maritime defense sector ［C］ 海上防衛区域

maritime environment ［C］ 海洋環境

Maritime Guard and Rescue Office 【海保】海上警備救難部 《の英語呼称》

maritime interception training (MIT) ［U］ 海上阻止訓練

maritime intercept operation (MIO) 海上阻止行動

Maritime Interdiction Operations (MIO) 海上阻止活動

Maritime Materiel Command 【海自】海上自衛隊補給本部 《の英語呼称》《海上自衛隊が使用する艦船・航空機等の各種装備品等の調達、保管、補給、整備などの後方支援業務を隷下の艦船補給処および航空補給処とともに実施する》 ◇用例： 補給本部長 = Commander, Maritime Materiel Command；副本部長 = Vice Commander

maritime meteorological observation ［U］ 海上気象観測

maritime meteorology ［U］ 海洋気象学

Maritime Operation Center 【海自】海上作戦センター

maritime operation force (MOF) 海上作戦部隊 ◇用例： commander, maritime operation force (CMOF) = 海上作戦部隊指揮官

Maritime Operation Force System (MOF System) 【海自】海上作戦部隊指揮統制支援システム 《海上作戦部隊および自衛艦隊司令部等において、作戦等に関する各級指揮官の意思決定ならびに情報の伝達を支援するシステムをいう。[典] JAFM006-4-18》

maritime operations ［pl.］ 海上作戦

Maritime Operations Studies Office 【海自】作戦研究室 《の英語呼称》《海上自衛隊幹部学校》

maritime patrol aircraft (MPA) ［pl. = ～］ 海上哨戒機

M

maritime patrol helicopter ［C］ 海上哨戒ヘリコプター

maritime patrol operations ［pl.］ 海上警備行動

maritime polar air mass ［C］ 海洋性寒帯気団

maritime power ［U］ 海洋力

maritime power projection 海上からの戦力の投入

maritime prepositioning force (MPF) 海上事前集積戦力

maritime prepositioning force operation 海上事前集積戦力作戦；海上事前集積部隊作戦

maritime prepositioning ship (MPS) ①【統幕】海上事前集積船 ②【海自】洋上事前集積船

maritime satellite (MARISAT) ［C］ 海事衛星 《Marisat = マリサット》

maritime search and rescue region ［C］ ①【空自】海上捜索救助区 ②【海自】洋上捜索救難区域

maritime security operation (MSO) 【自衛隊】海上警備行動；海上における警備行動 《海上における人命もしくは財産の保護または治安の維持のため、特別の必要がある場合、防衛大臣が内閣総理大臣の承認を得て、自衛隊の部隊に命ずる行動をいう。[典] 統合訓練資料1-4》

Maritime Self-Defense Force (MSDF) 【自衛隊】海上自衛隊 《[備]「日本国海上自衛隊」であることを明記する場合は、「Japan Maritime Self-Defense Force (JMSDF)」にする》◇用例： 海上幕僚長 = Chief of Staff, Maritime Self-Defense Force；海上自衛隊の部隊 = Maritime Self-Defense Forces units

Maritime Self-Defense Force Item Identification Number (MIIN) 【海自】海上自衛隊品目識別番号

Maritime Self-Defense Force officer ［C］ 【海自】海上自衛隊幹部

maritime special purpose force 海上特殊目的部隊

Maritime Staff Office (MSO) 【海自】海上幕僚監部 《略称は「海幕」》◇用例： 海上幕僚長 = Chief of Staff, Maritime Self-Defense Force；海上幕僚副長 = Vice Chief of Staff, Maritime Self-Defense Force

Maritime Staff Office System (MSO System) 【海自】海幕システム 《中央指揮所内の電子計算機を中心とする海上幕僚監部の防衛大臣補佐業務を支援するデータ処理のための装置およびプログラムならびにそれらの組合せをいう。[典] 防衛庁訓令第6号》

maritime strategy ［C］ 海洋戦略

maritime subarea ［C］ 海洋分区

maritime superiority ［U］ 海洋優勢

maritime theater ［C］ 海洋戦域

maritime traffic coordination ［U］ 海上運航調整

maritime tropical air mass ［C］ 海洋性熱帯気団

marker beacon ［C］ マーカー・ビーコン；位置標識

marker float 位置浮標

marker frequency ［U］ マーカー周波数

marker ship ［C］ 【米軍】標識艦 《水陸両用作戦において、指定された統制点に占位する艦船をいい、通常、昼間は標識旗を掲げ、夜間は沖合に向かって灯火を示す。[典] 統合訓練資料1-4》

marker stake ［C］ 位置くい 《位置杭》《ペトリオット用語》

market price ［C］ 市場価格

marking error 標示誤差

marking fire 標示射撃

marking panel ［C］ 布板（ふばん） 《味方部隊同士が視覚通信するために設置する薄板》

marking round 標示弾

marksman ［pl. = marksmen］ ①射手《射撃の名手》 ②【米陸軍】2級射手

marksmanship 射撃術

marline hitch 括り結び（くくりむすび）

marline spike hitch 梃子結び（てこむすび）

married band ［C］ 結止帯

married failure 係維索解放失敗

marshal ［a ～］ 陸軍元帥

marshal ［vt.］ ～の位置を決める

marshaled deployability posture (MD) 集結展開段階

marshaling = marshalling ①【陸自】出撃準備；発進準備 《空挺作戦部隊が、発進準備地域に入る前に出撃準備地域において行う出撃のための準備をいう。[典] 陸自教範》 ②発送準備

marshaling airfield = marshalling airfield ［C］ 出撃飛行場

marshaling area = marshalling area ［C］ 出撃準備地域；発進準備地域 《空挺作戦部隊が発進準備のため発進飛行場の近傍に設ける発進集結地および発進飛行場を含む地域をいう。[典] 陸自教範》

marshaling point = marshalling point ［C］ 誘導地点

marshaling yard = marshalling yard ［C］ 鉄道操車場

martial law 戒厳令 ◇用例： proclaim martial law = 戒厳令を敷く

martial music 軍楽

martial song ［C］ 軍歌

mask clearance 遮蔽頂間隙

masked terrain (MASK TERR) ［U］ マスクド・テライン 《ペトリオット用語》

masked terrain map (MTM) ［C］ マスク地形図 《ペトリオット用語》

mass air flow 空気流量

mass air flow control valve ［C］ 空気流量調整弁

mass-area bombing 地域爆撃 《あらかじめ選定した地域に爆弾を散布する》

mass burning rate 質量燃焼速度

mass casualty ［C］ 大量の死傷者

mass communication マスコミ；大衆伝達

mass destruction weapon ［C］ 大量破壊兵器 《核兵器、生物兵器、化学兵器など》

massed fire 集中射撃；集中火力 《1. 2隻以上の艦艇から単一目標へ向けた集中砲火。2. 多数の火器による単一点または小地域に向けた射撃》《[同] concentrated fire》

mass formation ［U］ 密集隊形

Massive Ordnance Air Blast (MOAB) 大規模爆風爆弾 《ニックネームは、the Mother of All Bombs（すべての爆弾の母）》◇用例： the GBU-43 Massive Ordnance Air Blast bomb 《MOAB = モアブ》

massive retaliation ［U］ 大量報復

massive retaliation strategy ［C］ 大量報復戦略

mass of fire 集中火力

mass storage unit (MSU) ［C］ 大容量記憶装置 《ペトリオット用語》

mass track ［C］ 集団航跡

master air attack plan ［C］ 航空攻撃基本計画

master-at-arms ［pl. = masters-at-arms］ 先任衛兵伍長 《艦内の秩序を維持する下士官》

Master Chief Petty Officer 【米海軍】上級上等兵曹

Master Chief Petty Officer of the MSDF 【海自】海上自衛隊先任伍長 《海上幕僚監部に配置された先任伍長をいう。[典] 海上自衛隊達第13号》

Master Chief Petty Officer of the Navy 【米海軍】海軍最先任上級上等兵曹

master compass ［C］ マスター・コンパス；主羅針儀

master connecting rod ［C］ 主連接棒 《[同] main connecting rod》

master controller ［C］ 主制御器

master cross reference list (MCRL) ［C］ 総合対照索引表

master equipment allowance list (MEAL) ［C］ 主要装備表

master firing 主電鍵発射（しゅでんけんはっしゃ）

master force list (MFL) ［C］ 主要部隊リスト

master freight file (MFF) ［C］ 総合輸送ファイル

master gain control ［U］ 主利得調整

Master Gunnery Sergeant 【米海兵隊】上級曹長

master ignition switch ［C］ 主点火スイッチ

master indicator ［C］ マスター・インジケーター；主指示器

master instruction tape (MIT) ［C］ マスター指令テープ

master item file (MIF) ［C］ 総合品目ファイル

master item intelligence file (MIIF) ［C］ 総合品資料ファイル

Master Labor Contract (MLC) 【日】基本労務契約

master lesson plan ［C］ 基本教案

master lobe ［C］ 基準カム山

master maintenance schedule (MMS) ［C］ 主要装備品整備計画

master monitor display ［C］ 主モニター表示装置

master repair schedule (MRS) ［C］ ①【空自】補給処整備計画 ②【海自】修理計画表

master requirements code (MRC) 主要求項目コード

master requirements directory (MRD) ［C］ 総合要求項目索引

master routine ［C］ 主ルーチン

Master Sergeant (M Sgt.) ①【陸自・空自】1曹 《1等陸曹；1等空曹》 ②【米空軍】1等軍曹 ③【米陸軍・米海兵隊】曹長

master slave operation (MSOP) マスター・スレーブ法

master station ［C］ 主局 《ロランの主局》《[対] slave station = 従局》

master surveillance station (MSS) ［C］ 主防空監視所

master time keeper ［C］ マスター・タイム・キーパー 《バッジ用語》

masthead bombing 超低空爆撃

masthead light ［C］ マスト灯

mast mounted sight (MMS) ［C］ マスト装備型照準器

mast step ［C］ マスト座

matching 整合；組み合わせ

matching layer ［C］ 整合層

matching method 組み合わせ法

material 資材 《器材を使用する際に必要となる材料または消耗品等を総称して「資材」といい、使用目的に応じて築城資材、衛生資材等と称する。[典] 陸自教範》

Material Assets Redistribution Center Europe (MARCE) 【米】ヨーロッパ地区資材再配分本部

material condition = materiel condition 状態区分

material condition code 物品状態区分記号

material control ［U］ 資材統制

Material Control Section 【海自】資材班《の英語呼称》◇用例： 資材班長 = Officer, Material Control Section

Material Division 【在日米陸軍】資材部

material improvement program ［C］ 不具合改善計画

material improvement project (MIP) ［C］ 装備品改善計画

material issuer ［C］ 物品供用官

material management code (MMC) = materiel management code 物品管理記号

material readiness = materiel readiness ［U］ 資材の準備状態；物的即応能力

material requirement list (MRL) ［C］ ①【空自】資材見積り表 ②【海自】所要部品見積り表

material resources ［pl.］ 物的資源

Material Section 【海自】資材班 《の英語呼称》◇用例： 資材班長 = Officer, Material Section

materials handling ［U］ 運搬管理；荷役（にやく）

materials handling equipment (MHE) ［U］ 荷役用器材

material standard list (MSL) ［C］ 機器別基準所要部品表

material storage and distribution manager ［C］ 物品出納官

material supervisor ［C］ 物品寄領者

material test ［C］ 材料試験

material witness ［C］ 重要参考人

materiel ①資材 ②装備 ③軍需品

materiel cognizance ［U］ ①資材管理権 ②【海自】資材監督

materiel control ［U］ 資材統制

materiel control section ［C］ 資材統制係

materiel inventory objective ［C］ 資材在庫目標

materiel management ［U］ 資材管理

M

materiel pipeline ［C］ 配分途上量；資材パイプライン 《補給組織の中で、ある資材の補給の流れが中断しないように、その組織内に保有すべき資材の量をいう。[典] 統合訓練資料1-4》

materiel planning ［U］ 資材計画の立案

Materiel R&D Division (Mat R&D Div) 【陸自】開発課 《の英語呼称》

materiel release confirmation ［U］ 資材放出証明

materiel release order 資材放出請求

materiel requirement list (MRL) ［C］ 資材見積り表

materiel requirements ［pl.］ ①【統幕】資材所要 ②【空自】物品請求 ③【海自】所要資材

materiel storage area ［C］ 物資集荷所

materiel test procedure (MTP) ［C］ 装備品試験手順書

mating part ［C］ かん合部 《嵌合部》

mattress antenna ［C］ 【海自】マットレス空中線

Maverick マーベリック 《ミサイル名》

maximum acceptable damage (MAD) 最大許容被害

maximum allowable concentration (MAC) 最大許容濃度

maximum allowable operating time 最大許容運転時間

maximum allowable transmission loss 最大許容伝搬損失

maximum and minimum thermometer ［C］ 最高最低温度計

maximum available G 最大実用G

maximum blade width ratio ［C］ 最大翼幅比

maximum breadth (BMax) 最大幅

maximum continuous rating power 連続最大出力

maximum cruise distance 最大巡航距離

maximum depression 最大俯角 《火器の最大限の俯角》《[対] maximum elevation = 最大仰角》

maximum detection range 最大探知距離

maximum draft 最大喫水

maximum echo range 最大探信距離

maximum effective range ①最大有効距離 ②最大有効射程

maximum effective sonar search speed 最大有効ソーナー捜索速力

maximum effective sonar speed 最大有効ソーナー速力

maximum elevation 最大仰角 《火器の最大限の仰角》《[対] maximum depression = 最大俯角》

maximum endurance 最大航続時間

maximum endurance cruising 最長滞空巡航

maximum firing depth 最大発射深度

maximum full power available 発揮可能速力

maximum fuze ceiling 信管最大射高

maximum governing check 最大調速試験

maximum gradeability 最大登坂力（さいだいとうはんりょく）

maximum ground speed 最大対地速力

maximum instantaneous wind speed = maximum instantaneous wind velocity ［U］ 最大瞬間風速

maximum landing weight ［U］ 最大着陸重量

maximum load 最大負荷；積載制限

maximum octane number 最高オクタン価

maximum operating pressure (MOP) ［C］ 最大運用圧力

maximum ordinate 最高弾道高（さいこうだんどうこう）；弾道頂点（だんどうちょうてん）《弾道軌道を描いて飛翔体（弾丸、弾道ミサイルなど）が、飛翔中に達する最も高い点。[典] NDS Y 0006B》

maximum output 最大出力

maximum overspeed 最大超過回転速度

maximum performance climb 最大性能上昇

maximum performance climbing turn 最大性能上昇旋回

maximum performance maneuver 最大性能操作

maximum performance take-off 最大性能離陸

maximum permissible concentration 最大許容濃度

maximum permissible dosage (MPD) 最大許容放射線量

maximum permissible grid resistance 最大許容格子抵抗

maximum permissible RPM 最大許容回転数

maximum power 最大出力

maximum pressure 最高圧力

maximum quiet speed　最大無音速力

maximum range　①最大射程　②最大航続距離

maximum range of detection　最大探知距離

maximum rate of fire　最大発射速度　《一定の時間内に発射することができる最大の発射弾数。火砲の性能の一つ》

maximum righting arm　最大復原梃（さいだいふくげんてい）

maximum running range　最大航走距離

maximum section coefficient　最大横断面係数

maximum sensitivity method　最大感度方式

maximum shutter time　最大シャッター速度

maximum sound level (Lmax)　最大騒音レベル　《対象とする時間範囲に発生した騒音レベルの最大値》

maximum speed　①【陸自】最高速度　②【空自】最大速度　③【海自】最大速力

maximum speed which can be maintained　持続可能最大速力

maximum steering angle　[C]　最大操舵角度

maximum storage quantity　最大貯蔵量

maximum sustained speed　最大持続速度

maximum sustained submerged speed　最大持続潜航速力

maximum sweep current　最大掃海電流

maximum take-off power　最大離陸出力

maximum take-off weight　[U]　最大離陸重量

maximum temperature　最高気温

maximum thermometer　[C]　最高温度計

maximum thickness line　最大翼厚線

maximum torque　最大トルク　《定格電圧および定格周波数の下で、軸端において発生し得るトルクの最大値をいい、全負荷トルクに対する百分率で表す。⊛ NDS F 8302D》

maximum unambiguous range　最大確定距離

maximum upset limit　最大制限角

maximum usable frequency (MUF)　最大使用可能周波数

maximum value　最大値

maximum wind speed　最大風速

maximum working pressure　最大使用圧；最大使用圧力

Maxwell Air Force Base　【米軍】マクスウェル空軍基地

may be issued (MBI)　交付予定

mayday　メーデー　《救難信号》

M coil　[C]　Mコイル　《船体の垂直方向の磁気を打ち消すための消磁コイル。船体にほぼ水平に装備する。「main coil」の略語。⊛ NDS Y 0051》

M-day (M-DAY)　M日（えむび）；動員開始日

M-display　M表示

meaconing　ミーコニング

meal requirement report　[C]　給食通報

meals for base service　[pl.]　基本食

meals ready to eat (MRE)　[pl.]　【米】調理済み糧食

mean aerodynamic chord (MAC)　[C]　空力平均翼弦

mean blade width ratio　平均翼幅比

mean camber line　[C]　平均そり線

mean carrier frequency　[U]　中心搬送周波数

mean chord　[C]　平均翼弦

mean day　平均日

meandering　蛇行（だこう）

mean detection probability　平均探知公算

mean detective range　[C]　平均探知距離

mean deviation　平均偏差

mean down time (MDT)　平均動作不能時間　《運用可能状態にない時間の平均値をいう。⊛ JAFM006-4-18》

mean draft　平均喫水

mean effective pressure　平均有効圧；平均有効圧力

mean error (ME)　平均誤差

mean lethal dose　[C]　平均致死線量

mean life　平均寿命

mean noon (MN)　平均正午

mean of means　平均の平均

mean point of burst　【海自】破裂中心　《「平均破裂点」のこと》

mean point of impact (MPI)　①【空自】平均弾着点　②【海自】弾着散布中心；射心　《一つの射弾群（斉射）における弾着の平均点をいう。⊛ 海上自衛隊訓練資料第175号》

mean pressure　平均圧；平均圧力

mean range　[C]　平均射距離　《初弾（初弾群）発砲時の射撃距離と最終弾（最終射弾群）発砲時の射撃距離の平均をいう。⊛ 海上自衛隊訓練資料第175号》

mean refraction 平均気差

mean sea level (MSL) ［U］ ①【空自】平均海面高度 ②【海自】平均海面

means of communication 通信手段 《通信を行う手段をいい、電気通信、視覚・音響通信および伝令通信に区分される。電気通信には、有線通信、無線通信、多重通信および衛星通信がある。[典] 陸自教範》

means of transport ［a 〜］ 輸送手段；輸送方式

mean solar day 平均太陽日

mean solar time (MST) 平均太陽時

mean speed 平均速力

mean strength ［U］ 平均人員数

mean sum 平均太陽

mean time (MT) 平均時

mean time between failures (MTBF) 平均故障発生間隔 《システム機器、部品等の故障発生から、次の故障発生までの時間間隔の平均値であり、機器が故障なしで作動する平均時間をいう。[典] JAFM006-4-18》

mean time between maintenance (MTBM) 平均整備発生間隔

mean time to failure (MTTF) 故障までの平均時間

mean time to repair (MTTR) 平均修復時間

mean trajectory ［C］ 平均弾道

mean value 平均値

mean water plane ［C］ 平均水線面

measured mile 実測マイル；標柱間距離（ひょうちゅうかんきょり）

measurement ［U］ 計測

measurement and signature intelligence (MASINT) ［U］ ①【統幕】計測・痕跡情報 ②【空自】計測信号情報

measurement capacity 載貨容積

measurement instrument ［C］ 計測器

measurement machine ［C］ 計測機

measurement ton (M/T; MT; MTON) = measurement tonnage 載貨容積トン数 《船が積める貨物の容積を示す。40立方フィート（1.133立方メートル）を1トンとする》

measure of effectiveness (MOE) 効果評価尺度；効果尺度

measures ［pl.］ 対策

measures against violation of national airspace = measures against violation of territorial airspace ［pl.］ 【自衛隊】対領空侵犯措置 《外国の航空機が国際法規または航空法その他の法令の規定に違反してわが国の領域の上空に侵入したとき、自衛隊の部隊が、これを着陸させ、またはわが国の領域の上空から退去させるために行う必要な措置をいう。[典] 統合訓練資料1-4。[備] 日本の領空であることを明確にする場合は「measures against violation of national airspace of Japan」にする》

measures involving the use of armed forces ［pl.］ 軍事的措置 《兵力の使用を伴う手段》◇用例： measures not involving the use of armed forces = 非軍事的措置

measuring apparatus 測定器

measuring cylinder ［C］ メス・シリンダー

measuring instrument ［C］ 測定器

measuring machine ［C］ 測定機

measuring range ［C］ 測定範囲

measuring tank ［C］ 計量タンク

meat chamber ［C］ 肉庫

Mechanical Activities 【空自】設備機械 《准空尉空曹空士特技区分の英語呼称》

mechanical bathythermograph (MBT) ［C］ 機械式水温記録器；機械式BT

mechanical brake ［C］ 機械ブレーキ

mechanical capacitance ［C］ 機械キャパシタンス

mechanical energy 機械エネルギー；機械的エネルギー

mechanical foam 機械泡

mechanical foam nozzle ［C］ 機械泡ノズル

mechanical fuze ［C］ 機械式信管

mechanical handle ［C］ 応急舵輪

mechanical impedance ［U］ 機械的インピーダンス

mechanical inspection 機構検査

mechanical jamming 機械的妨害

mechanical load 機械負荷

mechanical lubrication 機械式注油

mechanical reactance 機械リアクタンス

mechanical set torpedo ［C］ 機械的調定魚雷

mechanical sweep (MES) 係維掃海 《機雷を水中に係止している係維索を切断するためのカッターを取り付けた掃海ロープを曳航することで係維索を切断し、係維索が切断されて海面に浮かんできた機雷を銃撃等で爆破処分する掃海法》

mechanical time and superquick fuze (MTSQ fuze) ［C］ 時計式複動信管 《時

M

限信管と着発信管の両方の機能を持つ複動信管であり、時限信管に機械式時計機構を用いた信管。⊛ NDS Y 0001D》

mechanical time fuze (MT fuze) ［C］時計信管 《機械式時計機構によって所定の時限を得る時限信管。⊛ NDS Y 0001D》

mechanical wear 機械的摩耗

mechanical zero 機械的零位（きかいてきぜろい）《入力が零のときに、指針などが指示すべき位置をいう》

mechanics jamming 機械的妨害

mechanics of aircraft structures 航空機構造力学 《飛行中に受ける荷重やそれに耐えるための飛行機の構造様式について研究する学問。⊛ 防衛大学校HP》

mechanization 機甲化

mechanization of contact administration services (MOCAS) 機械化連絡管理業務

mechanized cavalry ［U］ 機甲部隊

mechanized design and integrated control (MEDIC) ［U］ 機械化設計及び統合管理

mechanized division (MD) ［C］ 機械化師団

mechanized-infantry battalion ［C］ 機械化歩兵大隊

mechanized-infantry combat vehicle (MICV) ［C］ 機械化歩兵戦闘車

mechanized-infantry company ［C］ 機械化歩兵中隊

mechanized-infantry division ［C］ 機械化歩兵師団

mechanized-infantry platoon ［C］ 機械化歩兵小隊

mechanized-infantry squad ［C］ 機械化歩兵分隊

mechanized property accounting (MPA) 機械化物品管理補給業務

mechanized-rifle regiment ［C］ 自動車化狙撃連隊

mechanized unit ［C］ 機械化部隊 《装甲車化された部隊の一般的な総称をいう。⊛ 陸自教範》

medal 記章

Medal of Honor (MOH) 【米】名誉勲章

media coverage 一般報道

median 中央値

median incapacitating dose 半数無力化量

median lethal dose ［C］ 半数致死量

media pool メディア・プール

mediastinal emphysema 縦隔気腫

medic ［C］ ①【陸自】救護員 ②【空自】救急救難員 《medic ＝ メディック》

medical ［adj.］ 衛生

Medical (Med) 【自衛隊】衛生科 《職種の英語呼称》《主任務は、患者の治療・後送および防疫・衛生業務》

medical activity 医療

Medical Advisory Officer 【海自】衛生監理官 《の英語呼称》

Medical and Dental Supply Office (MDSO) 【米】海軍衛材補給所

medical and sanitary affairs ［pl.］ ①【陸自】衛生 《個人の健康を良好に維持し、傷病者を治療・後送して、部隊の人的戦闘力を維持・増進するとともに、部隊の係累を除去する機能をいい、治療・後送、防疫、健康管理の技術援助等からなる。⊛ 陸自教範》 ②【海自】医務衛生

Medical Branch 【空自】衛生班 《航空団〜の英語呼称》◇用例： 衛生班長 ＝ Chief, Medical Branch

medical care ［U］ 治療

medical care activity ［C］ 治療行為

medical care service ［C］ 治療業務 《傷病者を回復させるための治療、看護、検査等の業務をいう。⊛ 陸自教範》

medical certificate ［C］ 診断書

medical corps (MC) ［C］ ①【空自・海自】医官

Medical Department (Med Dept) 【陸自】衛生部 《の英語呼称》◇用例： 衛生部長 ＝ Director, Medical Department

medical distribution point ［C］ 衛生交付所

Medical Division 【防大】衛生課 《の英語呼称》◇用例： 衛生課長 ＝ Head of Medical Division

medical evacuation (MEDEVAC) 患者後送 《より高度な治療を実施する等の目的のために、医学的管理下で患者を別の医療実施施設に搬送することをいい、地域の医療提供能力を超える大量患者発生時において、相当数の患者を別の地域に搬送して適切な治療を実施する場合を含む。⊛ 統合訓練資料1-4》《MEDEVAC ＝ メディバック》

medical evacuation aircraft ［pl. ＝ 〜］ 衛生航空機

medical evacuee ［C］ 後送患者

medical facility ［C］ 衛生施設；治療施設

medical history 身体歴

medical history report ［C］ 身体歴

medical inspection ①健康診断 ②検疫

medical intelligence (MEDINT) ［U］
①医学情報 ②【海自】医療情報

Medical Laboratory 【空自】臨床検査 《准
空尉空曹空士特技区分の英語呼称》

medical logistics support 医療後方支援

medical material 衛生資材

Medical Officer ①【空自】医官 《幹部特技区
分の英語呼称》 ②【海自】衛生長 《の英語呼
称》《衛生長は、保健衛生、診療、衛生資材の取扱
いおよびこれらに係る物件の整備に関する業務を
所掌する。⊛ 海幕人第10346号》

medical officer (MO) ［C］ ①【自衛隊】
医官 ②軍医；軍医官

medical personnel ［pl.］ 衛生要員 《敵国
軍隊等構成員の衛生要員および軍隊以外の職員
（篤志救済団体職員）で同一の任務にあたる者。
⊛ 統合訓練資料1-4》◇用例：designated
medical personnel ＝ 指定衛生要員

medical plan ［C］ 衛生計画

medical regulating station ［C］ 患者規
制所

medical regulation 患者規制 《円滑な患者
の後送を実施するため、各衛生施設間の患者の後
送を規制（患者の流れを統制）することをいい、そ
の主な業務としては、後送の優先順位の決定、後
送手段の割当て、病院等への患者の配分等があ
る。⊛ 陸自教範》

Medical School ［the ～］ 【陸自】衛生学校
《の英語呼称》《患者の治療や健康管理を担う衛生
科隊員の教育を行う》◇用例：陸上自衛隊衛生学
校 ＝ the JGSDF Medical School

Medical Section 【陸自・海自】医務班 《の
英語呼称》◇用例：医務班長 ＝ Officer, Medical
Section

medical service ［C］ ①衛生業務 ②医務

Medical Service 【空自】衛生 《准空尉空曹
空士特技区分の英語呼称》

medical service corps (MSC) ［pl.］ 衛生
医事幹部

medical service officer ［C］ 衛生幹部

Medical Service Unit 【海自】衛生隊 《の
英語呼称》◇用例：横須賀衛生隊 ＝ Medical
Service Unit Yokosuka；衛生隊長 ＝
Commanding Officer, Medical service Unit

Medical Squadron 【空自】衛生隊 《の英語
呼称》《⊛ 医務室のこと》

Medical Staff Officer 【空自】衛生幕僚
《幹部特技区分の英語呼称》

medical station (Med-Sta) ［C］ 収容所

《師団・旅団以下の各部隊固有の衛生科部隊また
は要員および方面隊の診療隊が開設・運営する治
療施設をいい、「師団収容所」、「連隊収容所」等部
隊名を冠して呼称する。⊛ 陸自教範》

medical station treatment 収容所治療
《野外病院隊、野戦病院隊、治療隊および治療小
隊等が作戦間に収容所等を開設して行う応急治療
等をいう。⊛ 陸自教範》《⊛ collecting station
treatment》

medical supply depot ［C］ 衛生補給処

medical supply procedure ［C］ 衛生物品
補給手続き

medical supply unit ［C］ 衛生補給隊

medical support ①【陸自】衛生支援 ②【海
自】医療支援

medical surveillance ［U］ 医学的監視

medical transport ①医療輸送機 ②【海自】
衛生輸送手段；医療用輸送手段

medical treatment 医療；治療

medical treatment facility ［C］ 医療施設

medical troops ［pl.］ 医療部隊 《の英語呼
称》◇用例：medical troops of the Self-Defense
Forces ＝ 自衛隊の医療部隊；SDF medical
troops ＝ 自衛隊医療部隊

Medical Unit 【陸自】衛生隊 《の英語呼称》
◇用例：第13後方支援連隊衛生隊（13後支衛生
隊）＝ the Medical Unit of the 13th Logistics
Support Regiment（13LogSR Med）

**Mediterranean Cooperation Group
(MCG)** 地中海協力グループ

medium altitude 中高度

medium altitude bombing 中高度爆撃

medium-angle loft bombing 中高角ロフト
爆撃

medium artillery ［U］ 中砲 《口径が
105mm超、155mm未満の火砲》

medium auxiliary floating dry dock
［C］ 非自走中型浮きドック

medium auxiliary repair dock ［C］ 非自
走中型修理浮きドック

medium bomber (MB) ［C］ 中爆撃機；中
型爆撃機

medium cannon ［C］ 中砲 《口径が121～
160mmの火砲》

medium-case bomb ［C］ 中型爆弾

medium delay fuze ［C］ 中延期信管 《弾
着後、4～15秒の時間をおいて爆発させる延期機
構を備えた信管。⊛ NDS Y 0001D》

medium detection range (MDR) ［C］
50%探知距離 《ソノブイの検出確率が50％にな

るときの推定探知距離。㊞ NDS Y 0012B》《MDR＝エムディーアール》

Medium Extended Air Defense System (MEADS) 【米】中距離射程延伸型防衛システム；中距離拡大防空システム

medium frequency (MF) ［U］ 中波；ヘクトメートル波

medium frequency LORAN 中波ロラン

medium girder bridge (MGB) ［C］ ①【自衛隊】パネル橋MGB ②中型桁橋（ちゅうがたけたきょう）

medium mortar ［C］ 中迫撃砲 《口径が60mm超で、かつ100mm以下の迫撃砲》

medium power homer (MH) ［C］ 中電力ホーマー

medium-range ［adj.］ 中距離；中射程

medium-range air-to-surface missile ［C］ 中距離空対地（艦）ミサイル

medium-range ballistic missile (MRBM) ［C］ 準中距離弾道ミサイル 《射程は、約1,000km～約3,000km。㊞「中距離弾道ミサイル (intermediate range ballistic missile)」と混同しないこと》

medium-range bomber aircraft ［pl. ＝ ～］ 中距離爆撃機

medium-range missile (MRM) ［C］ 中距離ミサイル

medium-range transport aircraft ［pl. ＝ ～］ 中距離輸送機

medium-range weather forecast ［C］ 中期気象予報；中期予報

medium-scale map ［C］ 中縮尺地図（ちゅうしゅくしゃくちず）

medium soil 普通土

medium-speed submarine ［C］ 中速潜水艦

medium sweep 中速掃引

medium tank ［C］ 中戦車

Medium Term Defense Program ［the ～］ 【日】中期防衛力整備計画 《閣議において決定される中期的な防衛力整備計画をいう》《㊈ Mid-Term Defense Program》

medium term strategic planning ［U］ 中期戦略計画作業

medium turn 普通旋回

medium voltage winding 中圧巻き線

medium water level ［C］ 平均水位

meeting engagement ［C］ 遭遇戦 《彼我双方ともに、前進中に遭遇して生起する戦闘をいう。我が全く予期しない敵と遭遇した場合の戦闘

を不期遭遇戦という。㊞ 陸自教範》

meet me conference ミート・ミー会議方式 《バッジ用語》

megaphone effect メガホン効果 《水中目標の捜索において、海底地形のために探知距離が伸びる効果。㊞ NDS Y 0012B》

megaton (MT) メガトン 《核兵器の威力の単位》

megaton weapon ［C］ メガトン兵器

melting of ice 融氷

melting point ［C］ 融点

members of armed forces ［pl.］ 戦闘員

memorandum of agreement (MOA) 合意事項覚書

memorandum of understanding (MOU) 了解事項覚書；了解覚書

Memorial Day 【米】戦没将兵記念日

memory capacity 記憶容量

memory error lamp (MEM ERR Lamp) ［C］ メモリー・エラー・ランプ 《ペトリオット用語》

memory image メモリー・イメージ 《バッジ用語》

memory lamp (MEM Lamp) ［C］ メモリー・ランプ 《ペトリオット用語》

memory period ［U］ 記憶期間

memory protection unit (MPU) ［C］ 記憶保護機構 《バッジ用語》

memory tube ［C］ 記憶管

mental damage 精神的打撃

mental health 精神衛生

mental hygiene 精神衛生 《個人の精神的健康の維持・増進を図るとともに、急性ストレス障害（ASD）等に適切に対処するための機能をいい、部隊等における業務は、隊員の精神状態の把握および惨事発生後の対処が主体であり、人事業務における規律および士気と密接な関係を有する。㊞ 陸自教範。㊞「hygiene」は「衛生状態」をいう。例えば、「meat hygiene（食肉衛生）」》

menu partition メニュー領域 《バッジ用語》

mercantile convoy ［C］ 商船船団

Mercator bearing 漸長方位

Mercator chart ［C］ 漸長図

Mercator projection ①メルカトール投影法 ②【海自】漸長図法

mercenary ［C］ 傭兵（ようへい） 《敵国国民、敵国軍隊等の構成員および敵国以外の軍隊の構成員のいずれでもなく、我が国に対する武力攻撃に参加するため敵国によって特別に採用され、

実際に敵対行為に参加している者。[典] 統合訓練資料1-4》

merchant intelligence ［U］ 商船情報

merchant ship casualty report (MERCASREP) ［C］ 商船故障欠損報告

merchant ship communications system (mercomms system) ［C］ 商船通信システム

merchant ship control zone ［C］ 商船統制海域

merchant ship movement reporting system (MERCO) ［C］ 商船動勢通報

merchant ship reporting and control message system ［C］ 商船報告・統制メッセージ・システム

merchant vessel ［C］ 商船

mercurial barometer ［C］ 水銀気圧計

mercury ballast ［U］ 水銀安定器

mercury barometer ［C］ 水銀気圧計

mercury battery ［C］ 水銀電池

mercury fulminate 雷汞（らいこう） 《起爆薬の一種。現在は使用されていない》 《[同] fulminate of mercury》

mercury manometer ［C］ 水銀圧力計

mercury reservoir ［C］ 水銀だめ

mercury test ［C］ 水銀試験

mercury thermometer ［C］ 水銀温度計

mercury tube ［C］ 水銀流動管

mercury vapor rectifier tube ［C］ 水銀蒸気整流管

merge 合流

meridian 子午線

meridian altitude 子午線高度

meridian convergence 子午線収差

meridian of vertex 頂点子午線

meridional circulation 子午面循環（しごめんじゅんかん）

meridional part (MP) 漸長緯度（ぜんちょういど）

Merit Systems Protection Board (MSPB) 【米】能力主義任用制度保護委員会

mesh connection ［C］ 環状接続；環状結線 《[同] ring connection》

mesoscale メソ・スケール

mesosphere 中間圏

mess 食事

message (msg) ［C］ ①通信文 ②メッセージ 《データ送信装置からデータ受信装置へ、一つのまとまりとして転送される文字および制御ビット列の一群であり、その文字の配列は、データ送信装置により決定される。[典] レーダー用語集》 ③信務 《信務とは、電報処理に関する業務のうち、暗号業務および送受信業務を除くその他の業務をいう。[典] 防衛庁訓令第39号》

message authentication ［U］ 通信文固有識別

message center ［C］ 信務班

message center number 信務班整理番号

message control ［U］ ①発信統制 《緊急な電報の速達を図るため、当該司令部等から発する電報について発信者名、あて名、秘密区分、緩急区分、取扱区分および通信内容を常時点検するとともに、通信の現況、戦況等を考慮して、電報とすることの要否および緩急区分を審査して電報の発信を統制することをいう。[典] 陸自教範》 ②発信調整 ③メッセージ制御 《コンピューター》

message header ［C］ メッセージ・ヘッダー 《バッジ用語》

message label ［C］ メッセージ・ラベル 《メッセージの識別子をいう。[典] JAFM006-4-18》

message log ［C］ メッセージ・ログ 《バッジ用語》

message precedence ［U］ ①【陸自・空自】優先順位 《通信文の優先順位》 ②【海自】緩急区分 《通信》

message processing function (MPF) メッセージ処理機能 《バッジ用語》

message reference number メッセージ参照番号 《バッジ用語》

message reporting format for SF system 自衛艦隊指揮支援システム用メッセージ通報様式

message request type (MRT) メッセージ・リクエスト・タイプ 《ペトリオット用語》

message security (MSEC) ［U］ メッセージ・セキュリティ 《JADGE用語》

message serial number 発信番号

message switching メッセージ交換

message traffic ［U］ 通信量

messenger ［C］ ①【陸自】伝令 ②【海自】伝令；口頭伝令

messenger communication 伝令通信 《伝令通信とは、各種の伝令による通信をいう。[典] 防衛庁訓令第39号》

messenger line ［C］ 導索

messenger rope ［C］ 迎え索

messenger wire ［C］ 添架線

mess gear ［C］ 携帯用食器セット

mess hall ［C］ 食堂

mess kit ［C］ 携帯用食器セット

messman ［pl. = messmen］ 【海軍】食堂担当の下士官

mess management specialist (MS) ［C］ 【海自】給養員 《給養員は、主として給養計画の作成、栄養管理、調理、糧食、給食器材および給食施設の管理、給食に関する衛生管理、作業管理に関する業務に従事する。[典] 海幕人第10346号》 ◇用例： chief mess management specialist = 給養員長

metacenter メタセンター

metacentric radius メタセンター半径

metal bellows ［pl.］ 受圧板

metal-bristle ionizer ［C］ 金属放電器

metal clad 金属被覆

metal detection ［U］ 金属探知 《金属反応を利用して地雷などを探知すること》

metal detector ［C］ 金属探知器

metal fouling 腔中の被銅

metalized graphite brush 金属黒鉛ブラシ

metal jacket bullet ［C］ 被甲弾丸(ひこうだんがん) 《外側を被甲で被覆した小火器用の弾丸。[典] NDS Y 0001D》 ◇用例： full metal jacket bullet = 全被甲弾丸；copper full metal jacket bullet = 銅被甲弾丸

metallic carbon brush 金属黒鉛ブラシ

metallic insulator ［C］ 金属絶縁体

metallic line ［C］ メタリック回線 《交換機と電話端末機器を接続する回線において、光伝送装置を含む多重通信装置を介していないものをいう。[典] JAFM006-4-18》《[対] non-metallic line = ノン・メタリック回線》

metal shielded detonating fuze ［C］ 金属被覆導爆線

metascope メタスコープ

meteorological code 国際気象通報式

meteorological control ［U］ 気象情報管制

M

meteorological correction 気象修正 《弾道に及ぼす大気の影響を標準大気に対して修正すること。[典] NDS Y 0006B》 ◇用例： meteorological correction factor = 気象修正係数

meteorological data ［U］ ①【空自】気象資料 ②【陸自】気象諸元 ③【海自】気象データ

meteorological datum plane (MDP) ［C］ 気象基準面 《火器に与える気象諸元の基準となる面。気象観測所の標高を基準とする。[典] NDS Y 0006B》

meteorological element ［C］ 気象要素

meteorological information ［U］ 気象情報 《部隊の保安および運用上必要な気象現象に関する情報をいう。[典] 海幕運第2955号》

meteorological instrument ［C］ 気象測器

meteorological message ［C］ 気象報 《射撃諸元の算定に必要な気象データ。[典] NDS Y 0006B》

meteorological observation ［U］ 気象観測 《現象の自然科学的手法による観察および測定をいう。[典] 海幕運第2954号》

meteorological observatory ［C］ 気象台

meteorological observing station ［C］ 気象観測所 《海上自衛隊の場合は、気象観測を実施する部隊、艦船および航空機をいう。[典] 海幕運第2954号》

meteorological officer ［C］ 【海自】気象長 《気象長は、航海長の所掌業務のうち、気象・海象の観測、予報およびこれらに係る物件の整備に関する業務を分掌する。[典] 海幕人第10346号》

meteorological radar ［C］ 気象レーダー

meteorological satellite ［C］ 気象衛星

Meteorological Section 【海自】気象班 《の英語呼称》 ◇用例： 気象班長 = Officer, Meteorological Section

meteorological service for advance operational planning 運航前計画気象業務

meteorological symbol ［C］ 天気記号

meteorological tables for observer ［pl.］ 気象常用表

meteorological tide 気象潮

meteorological watch 気象監視 《気象監視とは、特定の基地、空域および航空路の気象または特定の航空機の遭遇する気象を、絶えず監視予察し必要に応じ、所要の気象勧告を行なうことをいう。[典] 航空自衛隊達第23号》

meteorology ［U］ 気象学 《太陽放射、大気大循環、大気に働く力、気圧と風、気温と湿度、温帯低気圧と台風、気団と前線など、地球を取り巻く大気中で起る様々な現象について研究する学問。[典] 防衛大学校HP》

meteorology and oceanography (METOC) ［U］ 気象海洋

meteorotropic disease = meteorotropism 気象病 《気象の変化によって発病したり、病状が悪化したりする病気》《[同] meteorotropism》

meter constant 計器定数

metering jet 計量ジェット

meter sensitivity ［U］ 計器感度

method inspection 手順検査；方法検査

method of blasting-at-land disposal ［U］ 陸上爆破処分；陸上近接爆破処分

method of control (MOC) 統制方式 《ペ

411   **midt**

トリオット用語》

method of fire (MOF) 射撃方式 《ペトリオット用語》

method of numbering deck and compartment 区画記号法

method of step-by-step 階動方式

methyl violet paper ［U］ メチル・バイオレット試験紙

methyl violet paper test ［C］ Mテスト

metric tonnage メートル・トン 《1,000kg》

metrology ［U］ 度量衡学

Metropolitan Police Department of Tokyo ［the ～］ 【日】警視庁

Michinoku ALERT 【陸自】みちのくALERT 《東北方面隊や東北各県の自治体などが参加して実施する大規模災害対処訓練》《ALERT＝アラート》

micro action マイクロ作用

microbarometer ［C］ 微気圧計

microburst マイクロバースト 《上空から地表に強く吹き降ろす下降気流およびこの下降気流が地表に衝突して吹き出す破壊的な気流をダウンバーストという。ダウンバーストは地表にぶつかると水平方向に広がるが、広がりが4km以上のものをマクロバースト、4km以内のものをマイクロバーストという》

microform ［C］ マイクロフォーム

microforms management officer (MMO) ［C］ マイクロフォーム管理官

micrographics production (MPO) ［U］ マイクログラフィック製品

microphonic noise ［U］ マイクロホニック雑音

microwave ［C］ マイクロ波

microwave amplification by stimulated emission of radiation (MASER) メーザー

microwave device assembly (MDA) ［C］ マイクロウェーブ・デバイス・アッセンブリー 《ペトリオット用語》

microwave landing system (MLS) ［C］ マイクロ波着陸システム 《航空機に対し、その着陸降下直前または着陸降下中に、水平および垂直の誘導を与え、かつ、着陸基準点までの距離を示すことにより、着陸のための複数の進入の経路を設定する無線航行方式をいう。⊛ 防管航第7575号》

midair collision ＝ mid-air collision 空中衝突

midcourse defense system (MDS) ［C］ 中間段階防衛システム 《弾道ミサイルを飛翔途中の大気圏外で迎撃するシステムをいう。

⊛ JAFM006-4-18》

midcourse guidance ＝ mid-course guidance ［U］ ①中間誘導 ②中期コース誘導

midcourse phase ［C］ ミッドコース・フェーズ 《ロケット・エンジンの燃焼が終了し、慣性運動によって大気圏外を飛翔している段階》

Middle Army (MA) 【陸自】中部方面隊 《の英語呼称》

middle cloud 中層雲

Middle East Defense Community (MEDC) 中東防衛共同体

Middle Eastern countries ［pl.］ 中東諸国

Middle East expert ［C］ 中東専門家

Middle East peace 中東和平

middle latitude 中分緯度

middle latitude sailing 中分緯度航法

middle leg ［C］ 中央脚線

middle locator ［C］ 中間ロケーター

middle of the target 的中心；標的中心

middle rope ［C］ 中間索

middle seaming 中縫い

middle valve ［C］ 中間弁

midget submarine ［C］ 小型潜水艇

midget typhoon ［C］ 豆台風

mid-infrared 中赤外線 《中赤外線は、主に数100℃の物体が放つ光。防衛用途では、遠方のミサイルや航空機等の高温の排気ガスを探知するために使われている。(3～5ミクロン帯)⊛ 電子装備研究所研究要覧》

mid life upgrade (MLU) 中間寿命延長改修

mid-meridian 中間子午線

mid planning conference (MPC) ［C］ 中間計画検討会

mid range estimate 中期見積り

midship coefficient ［C］ 中央横断面係数

midshipman ［pl.＝midshipmen］ ①【米】海軍兵学校生徒 ②【英】海軍少尉候補生

midshipman's hitch ねじ掛け結び

mid-term ability estimate 中期能力見積り

Mid-Term Defense Program ［the ～］ 【日】中期防衛力整備計画 《⊛ Medium Term Defense Program》

mid-term plan ［C］ 中期計画

Mid-Term Programs Section 【空自】防衛班 《の英語呼称》◇用例：防衛班長 ＝ Chief, Mid-Term Programs Section

mid-term R&D plan ［C］ 中期研究開発

M

計画

migratory 移動性

migratory anticyclone ［C］ 移動性高気圧

migratory cyclone ［C］ 移動性低気圧

Mikoyan i Gurevich (MiG) ミグ

mil ①ミル 《爆弾や誘導弾の発射等で用いられる角度計測の単位 ： ミルは半径のI/,000の弧の長さ（1.000フィートで約1フィートの動き）によって決まる角度であるが、実行上は360度の1/6,400を用いる。[典] レーダー用語集》 ②ミル 《長さの単位 ： 1/1,000インチ》

mild detonating fuze (MDF) = mild detonating cord（MDC） ［C］ 緩衝導爆線

mile マイル

mile post ［C］ 標柱

miles per hour 陸マイル/時

militant nation ［C］ 軍国

militarily significant fallout 軍事能力阻害放射性降下物

militarism ［U］ 軍国主義 《[対] anti-militarism = 反軍国主義》

militarist ［C］ 軍国主義者

militaristic ［adj.］ 軍国主義的な；軍国主義の

militarization 軍事化；軍国主義化 《[対] demilitarization = 非軍事化》

military ［adj.］ ①軍の；軍隊の；軍事の ②陸軍の

military (MIL) ［n.］［the ～］ 軍；軍隊；軍部

military academy ［C］ ①【陸軍】士官学校 ②軍隊式高等学校

Military Academy ［the ～］ 【米】陸軍士官学校

military action 軍事行動 ◇用例： US military action = 米国の軍事行動；US-led military action = 米国主導の軍事行動

military administration 軍政 《[対] civil administration = 民政》

M

military adviser ［C］ 軍事顧問

military advisory group ［C］ 軍事顧問団

military affairs ［pl.］ 軍務

military aggression ［U］ 軍事的侵略

military aid 軍事援助

military aid program ［C］ 軍事援助計画

military aircraft ［pl. = ～］ 軍用機 ◇用例： enemy military aircraft = 敵国軍用航空機

Military Airlift Command (MAC) 【米軍】軍事空輸コマンド 《MAC = マック》

military airlift service ［C］ 航空軍事輸送

military air power 航空戦力

military air strength ［U］ 航空兵力

Military Air Transport Service (MATS) 【米軍】軍航空輸送部

military alliance 軍事同盟

military arms ［pl.］ 軍用の武器

military assistance ［U］ 軍事援助

military assistance advisory group (MAAG) ［C］ 軍事援助顧問団

Military Assistance Articles and Services List 軍事援助物品及びサービス表

Military Assistance Program (MAP) 軍事援助計画

Military Assistance Program Training 軍事支援計画訓練

military attachè ①【自衛隊】防衛駐在官 ②駐在武官

military authorities ［pl.］ 軍当局；軍部

military authorization identification number (MAIN) 軍団体旅行証明番号

military aviation notice ［C］ 軍事航空告示

military balance ［U］ 軍事バランス

military band ［C］ 軍楽隊；吹奏楽隊

military base ［C］ 軍事基地 ◇用例： US military base = 米軍基地

military budget ［C］ 軍事予算 ◇用例： to cut the military budget = 軍事予算を削る

military build-up ［C］ 軍事増強

military burial service ［C］ 部隊葬

military cadet ［C］ ①【自衛隊】一般曹候補生 ②【陸軍】士官候補生 ◇用例： Iraqi military cadets = イラク軍の士官候補生

military camp ［C］ 軍営

military campaign ［C］ 軍事行動 ◇用例： the NATO military campaign = NATO軍事行動；the US military campaign = 米国の軍事行動；the US-led military campaign = 米国主導の軍事行動

military cap ［C］ 軍帽

military capability ［C］ 軍事能力

military censorship ［U］ 軍事検閲

military central management organization ［C］ 軍の中央管理組織

military channel ［C］ 軍用チャンネル

military character 軍国色

military characteristics (MC) ［pl.］ 軍

事的特性

military chest 〔C〕 軍隊金庫

military civic action 軍隊の民生活動

military climb corridor (MCC) 〔C〕 軍用上昇回廊

military clique 〔C〕 軍閥

Military College of Vermont (MCV)【米軍】バーモント士官学校

military command 〔C〕 軍令

military commentator 〔C〕 軍事評論家

military commission 軍法委員会

military communication 軍事通信

military conflict 軍事衝突

military confrontation 軍事衝突

military construction (MILCON) 〔U〕軍事建設

military construction program 〔C〕 軍事建設計画

military container moved via ocean (SEAVAN) 〔C〕 海上コンテナー

military convoy 〔C〕 ①【陸軍】軍事車列②【海軍】軍事船団

military cooperation 〔U〕 軍事協力

military counterintelligence unit 〔C〕対情報専門部隊

military coup 〔C〕 軍事クーデター

military court 〔C〕 軍事裁判所

military crest 〔C〕 防界線

Military Cross 【英】戦功十字勲章

military currency 軍票

military damage assessment 軍事損害評価

military deception (MILDEC) ①軍事欺騙 《敵対する軍隊、準軍事組織または過激組織の意思決定者を意図的に誤認させるために実行される活動》 ②【海自】軍事欺瞞

military defense 〔U〕 軍事防御

military department (MILDEP) 〔C〕軍事省

military diplomacy 〔U〕 軍事外交

military discipline ①【陸自】規律 《法、命令、規則、公共の秩序、良俗等集団活動を秩序づける規範、またはそれを背景とした部隊等における命令服従の状態をいう。㊟ 陸自教範》 ②軍規；軍紀 ③教練

military district 〔C〕 軍管区

military doctrine 軍事上の法則

military dog 〔C〕 軍用犬

military domination 〔U〕 軍事支配

military draft 〔C〕 徴兵

military drill 〔C〕 軍事教練 ◇用例：planned live-fire military drills = 予定されている実弾演習

military duty 軍務 ◇用例：begin military duty = 軍務に就く

military education 〔U〕 軍事教育

military engagement 〔C〕 軍事関与 《信頼性の構築、情報の共有、活動の相互調整などを目的として、外国の軍隊または軍人と定期的に接触し、交流すること》

military engineering 〔U〕 軍事工学；工兵学

military exercise 〔C〕 軍事演習

military expenditure 軍事費

military explosives 〔pl.〕 軍用の爆発物

military facility 〔C〕 軍事施設 ◇用例：US military facility = 米軍施設

military force 軍事力；兵力

military forces 〔pl.〕 軍隊；軍勢

military funeral 〔C〕 軍葬

military geographic documentation 〔C〕 兵要地誌

military geographic information 〔U〕兵要地誌情報；軍事地理情報

military geography 〔U〕 ①【統幕・空自】兵要地誌 ②警備地誌

military governance 〔C〕 戒厳

military government 〔C〕 ①軍事政権；軍政 ②軍政府；軍政部

military government officer 〔C〕 軍政部将校

military government ordinance 〔C〕 軍政部令

military governor 〔C〕 軍政長官；司政官

military grid 〔C〕 軍用グリッド

military grid reference system (MGRS)軍用グリッド基準方式

military guard 軍事警戒

military handbook (MILHDBK) 〔C〕軍用ハンドブック

military headquarters 軍司令部

military helicopter 〔C〕 軍用ヘリコプター

military history 戦史

Military History & Leadership Studies Office 【海自】戦史統率研究室 《海上自衛隊幹部学校～の英語呼称》

M

Military History Department 【自衛隊】戦史部 《の英語呼称》

military honors = military honours ［pl.］軍葬の礼 《士官の埋葬などにおける部隊による軍葬の礼》

military hospital ［C］陸軍病院

military-industrial complex (MIC) ［C］軍産複合体

military information ［U］軍事情報資料

military installation ［C］軍事施設

Military Intelligence (MI) ①【自衛隊】情報科 《職種の英語呼称》《主任務は、情報資料の収集・処理および地図・航空写真の配布》②【英】軍事情報部 ◇用例：Military Intelligence 6（MI6）＝軍事情報部6課

Military Intelligence Command 【陸自】中央情報隊 《の英語呼称》

Military Intelligence Integrated Data System (MIIDS) 【米軍】軍事情報統合データ・システム

Military Intelligence School ［the ～］【陸自】情報学校 《の英語呼称》《情報科に必要な知識および技能を修得させるための教育訓練ならびに情報科部隊の運用等に関する調査研究を行う》

military intelligence unit ［C］情報専門部隊

military intervention 軍事介入；軍事干渉；武力干渉

military jurisdiction ［C］軍事裁判管轄権

military justice ［U］軍事裁判

military land transportation ［U］軍事陸上輸送

military land transportation resources ［pl.］軍事陸上輸送資産

military law 軍法

military life 軍人生活；軍隊生活

military load ［C］戦時搭載量

military load classification 軍事荷重等級

M military logistics ［U］軍事後方

military machine ［C］軍事機構

military maneuver ［C］軍事演習

military march 軍隊行進曲

military materials ［pl.］兵器資材

military medicine (MM) ［U］①【防衛省】防衛医学 ②軍事医学

military mission ［C］軍事使節

military mobilization 軍事動員

military necessity 軍事的必要

military nuclear power 軍事核保有国

military objective ［C］軍事目標

military occupation 軍事占領

military occupational specialty (MOS) ［C］特技 《軍隊等における専門的な技術、技能。®民軍連携のための用語集》《MOS＝モス》

military offense ［U］軍法違反

military officials ［pl.］軍当局 ◇用例：Pakistani military officials＝パキスタン軍当局；US military officials＝米軍当局

military operation ①【自衛隊】軍事行動 ②軍事作戦 ◇用例：the US-led military operation＝米国主導の軍事作戦

military operational guidance ［U］作戦指導

military operations on urban terrain (MOUT) 市街地戦闘 《®「MOUT」で通じる》◇用例：MOUT training＝MOUT訓練

military operations other than war (MOOTW) 戦争以外の軍事作戦

military option ［C］軍事オプション

military organization ［C］①【空自】軍事組織 ②軍制

military parade ［C］閲兵式；軍事パレード

Military Parts Control Advisory Group (MPCAG) 【米軍】軍部品統制顧問団

military payment certificate (MPC) ［C］軍票

Military pension 【日】軍人恩給

military personnel ［pl.］軍人 ◇用例：US military personnel＝米軍人

Military Personnel Records (MPRC) 【米軍】軍人人事記録

military police (MP) ［pl.］①【自衛隊】警務官；警務隊 ◇用例：the commanders of military police units＝警務隊長 ②【兵科】憲兵；憲兵隊

Military Police (MP) 【自衛隊】警務科 《職種の英語呼称》《主任務は、自衛隊内の規律の維持、要人の警護や道路交通統制》

Military Police Division (MP Div) 【陸自】警務課 《の英語呼称》

military policeman ［pl.＝military policemen］①【自衛隊】警務隊員 ②憲兵

military police patrol 警務巡察

military police post (MPP) ［C］①【自衛隊】警務所 《警務隊の機能を発揮するため最小の業務単位として設置される施設をいい、地域の要点等に開設される。®陸自教範》②【陸軍】憲兵哨所

Military Police Section 【陸自】警務班
《の英語呼称》

military police station (MPS) [C]
【自衛隊】警務運用所 《警務隊の機能を総合的に
発揮するため設置される施設をいい、兵站基地等
の重要地域に開設される。⑲ 陸自教範》

military policy 軍事政策；防衛政策

military posture 軍事態勢

military power 軍事力；防衛力 《広義には、
全般的な国力のうち、軍事面に現に使用し、また
は使用することのできるすべての力をいう。狭義
には、軍隊の力をいい、その人的、物的および精神
的な諸力全部を含めたものをいう。我が国におい
ては、通常、防衛力という。⑲ 統合訓練資料1-4》

military presence 軍事プレゼンス

military profession [the ～] 軍職

military provocation 軍事的挑発

military psychological warfare [U] 軍
事心理戦 《軍事心理戦とは、敵の戦意を破砕し
て戦闘力の低下を図るとともに、味方の精神的健
全性を保持して、敵の行う心理戦の効果を無効に
する作戦、戦闘をいう。⑲ 統合訓練資料1-4》

military railway service [C] 軍鉄道部

military-rated thrust 軍用推力

military regime [C] 軍事政権

military requirements [pl.] 軍事所要

military reservation 軍用地

military resource [C] 軍事資源

military retaliation [U] 軍事報復

military review [C] 観兵式（かんぺいしき）

military road [C] 軍用道路

military satellite [C] 軍事衛星

military school [C] 陸軍士官学校

military science [U] 軍事科学；軍事学
◇用例：professor of military science ＝ 軍事学
教授

Military Sealift Command (MSC) 【米
海軍】軍事海上輸送軍；海上輸送コマンド

military sealift service [C] 軍事海上輸送

**Military Sea Transportation Service
(MSTS)** 【米軍】軍事海上輸送隊

military secret [C] 軍事機密 《略称は「軍
機」》

military service [C] ①軍務；兵役 ②軍
種 ◇用例：the U.S. Military Services ＝ 米国
の全軍種

military ship [C] 軍用艦

military shoes [pl.] 軍靴

military specialist [C] 特技者

military specification [C] 軍仕様；軍事仕
様書

**Military Specifications and Standards
(MIL-STD)** 【米軍】米軍規格；MIL規格
《米軍各省が制定した規格》

military standard 軍規格；軍用標準

**Military Standard Activity Address
Directory (MILSTAAD)** 【米軍】軍標準
機関所在地索引

**Military Standard Contract
Administration Procedures
(MILSCAP)** 【米軍】軍標準契約管理手き

**Military Standard Inventory
Management System (MILSIMS)** 【米
軍】軍標準資産管理システム

**Military Standard Item Characteristics
Coding Structure (MILSTICCS)** 【米
軍】軍標準品目特性コード構成

**Military Standard Item Management
Data System (MILSIMDS)** 【米軍】軍
標準品目管理資料システム

**Military Standard Requisitioning and
Issue Procedure (MILSTRIP)** 【米軍】
軍標準請求及び払い出し手続き

**Military Standard Transaction
Reporting and Accounting Procedure
(MILSTRAP)** 【米軍】軍標準受け払い報告
及び会計手続き

**Military Standard Transportation and
Movement Procedure (MILSTAMP)**
【米軍】軍標準輸送及び移動手続き

**Military Strategic and Tactical Relay
(MILSTAR)** 【米軍】戦略・戦術用衛星中継
システム 《MILSTAR ＝ ミルスター》

military strategy [C] 軍事戦略

military strike [C] 軍事攻撃 ◇用例：
US-led military strike ＝ 米国主導の軍事攻撃

military strip [C] 軍票

military subsistence supply agency [C]
軍糧食補給部

**Military Supply and Transportation
Evaluation Procedure (MILSTEP)**
【米軍】軍補給及び輸送評価手続き

Military Supply Standard (MSS) 【米
軍】軍補給規格

military support 軍事支援 ◇用例：US
military support ＝ 米国の軍事支援

military symbol [C] ①【自衛隊】部隊符
号 ②軍隊符号

military system 軍制

military target ［C］ 軍事目標

military technology 軍事技術

military testament ［C］ 口頭遺言 《戦場
における軍人の口頭遺言》

military threat 軍事的脅威

military-to-military consultation 【防衛
省】防衛当局間協議

military topography ［U］ 軍用地誌

Military Traffic Management Command
(MTMC) 【米軍】軍輸送管理本部

military training ［U］ 軍事訓練；軍事教
育；軍事教練

military tribunal ［C］ 軍事裁判

military uniform ［C］ 軍服

military utilization 軍事転用；軍事利用

military van (MILVAN) ［C］ 軍用コンテ
ナー 《MILVAN＝ミルバン》

military vehicle ［C］ 軍用車

military vigilance ［U］ 軍事的警戒

military wing ［C］ 軍事組織

militia ［C］ ①民兵；民兵組織；民兵部隊
◇用例： Taliban militia＝タリバンの民兵組織
②義勇軍

Miller integrator ［C］ ミラー積分器

mill scale ミル・スケール

mill type lamp ［C］ 耐震電球

MILVAN ミルバン；軍用コンテナー
《MILVAN＝military van》

mine ［C］ ①【陸自】地雷 ②【海自】機雷
《「機械水雷」の略》 ③水雷 《水中で爆発し、
艦船を破壊する兵器の総称。魚雷、機雷、爆雷が
ある》

mineable area ［C］ 敷設可能区域

mineable water ［U］ 機雷敷設可能海域

mine accessoriey ［C］ 機雷付属品

Mine and Ice Detection System
(MIDAS) 【米海軍】機雷及び氷塊探知シス
テム

M

mine case ［C］ 機雷缶

mine case depth 機雷缶深度

mine clearance ［U］ 【海自】機雷排除
《機雷掃海および機雷掃討の手段を総括したもの
をいう。⊛ 統合訓練資料1-4》

mine clearance system (MCS) ［C］ 地
雷処理システム；地雷除去システム

mine clearance vehicle (MCV) ［C］
【陸自】地雷原処理車 《作戦地域に構成された地
雷原に対し、処理用ロケット弾を使用して地雷原

を処理し、第一線部隊の戦車等を含む車両用通路
を開設するために使用する》◇用例： 92式地雷原
処理車＝Type-92 mine-clearance vehicle

mine clearing rocket ［C］ 地雷処理用ロ
ケット弾 《地雷を処理して通路を開くために爆
索を地雷原に展開し、起爆させるロケット
弾。⊛ NDS Y 0001D》

mine counter-countermeasures ［pl.］ 対
機雷対策

mine countermeasures (MCM) ［pl.］
対機雷

Mine Countermeasures Helicopter
Squadron 111 【海自】第111航空隊 《の英
語呼称》《主任務は、航空掃海および輸送。⊛ 海上
自衛隊では、「航空隊」に1対1で対応する英語の
総称は存在しない》

mine countermeasures operation 【海自】
対機雷戦 《敵の敷設攻撃から、我が港湾および
水路等の安全を図るため、敵の敷設機雷の脅威を
除去しまたはこれを回避するための作戦をいう。
⊛ 統合訓練資料1-4》

mine countermeasures vehicle ［C］ 対
機雷艦艇

mined area ［C］ ①地雷敷設地域 ②機雷
敷設地域

mine defense ［U］ ①地雷防御 ②機雷防
御 《機雷に触雷しないように、音や磁気を極力
出さないようにすること》

mine density ［U］ 地雷密度

mine depth 敷設深度

mine detection and clearance
technology 地雷の探知・処理技術

mine detector ［C］ ①【陸自】地雷探知機
②【海自】機雷探知機

mine disposal ［U］ ①【陸自】地雷処理
②【海自】機雷処分

mine evasion ［U］ 【海自】機雷回避 《通
航船船の被害を局限するために航行警報の発令、
危険海域の設定、迂回水路の設定等により、機雷の
脅威を回避する措置をいう。⊛ 統合訓練資料1-4》

mine exploder tank ［C］ 地雷処理戦車

minefield (MF) ＝mine field ［C］ ①【陸
自】地雷原 《地雷を組織的に敷設（設置または散
布）した地域をいい、使用目的により自衛地雷原、
陣地地雷原、地域地雷原、妨害地雷原等に分類さ
れる。⊛ 陸自教範》 ②【海自】機雷原

minefield breaching ①地雷原処理 ②機雷
処理

minefield density ［U］ 機雷原密度

minefield gap ［C］ 地雷原の間隙

minefield lane ［C］ ①【陸自】地雷原の通

路 ②【海自】機雷原通航路

minefield marker ［C］ ①地雷原標識 ②機雷原標識

minefield record ［C］ ①地雷原記録 ②機雷原記録

minefield report ［C］ 機雷原報告

mine hunting ［U］ 【海自】機雷掃討（きらいそうとう）《掃討具を使用し、または水中処分員により、敷設機雷を捜索し、処分することをいう。㊟ 統合訓練資料1-4》

mine hunting sonar ［U］ 機雷探知機《機雷を探知するためのアクティブ・ソーナー。㊟ NDS Y 0012B》

minelayer ＝ mine layer ［C］ ①【海軍】機雷敷設艦 ②【海自】敷設艦；敷設艇 ③地雷敷設装置《機械力によって地雷を敷設する装置》

minelayer coastal (MMC) ［C］ 機雷敷設艦

mine laying 機雷敷設

mine laying officer ［C］ 【海自】敷設長（掃海母艦）《敷設長は、掃海長の所掌業務のうち、敷設、射撃、照射、発射およびこれらに係る物件の整備に関する業務を分掌する。㊟ 海幕人第10346号》

mine locating 【海自】機雷捜索《敷設された機雷の位置を確認し、または特定の海域内に機雷が存在しないことを確認することをいう。㊟ 統合訓練資料1-4》

mineman (MN) ［pl. ＝ minemen］ 【海自】掃海機雷員《掃海機雷員は、主として機雷の掃海、敷設および整備に必要な器材の操作・保守整備、運用作業ならびに火薬類の取扱いに関する業務に従事する。㊟ 海幕人第10346号》◇用例：chief mineman ＝ 掃海機雷員長

mine neutralization vehicle (MNV) ［C］ 機雷処分具《有線で誘導される水中航走体。係維機雷のワイヤーを切断したり、沈底機雷に爆雷を仕掛けて処分する。㊟ NDS Y 0041》

mine operation 機雷敷設戦《機雷によって敵の艦船を撃破し、またはその行動を制約するために、所要の海域に機雷を敷設することをいい、攻勢的に使用される場合と守勢的に使用される場合とがある。㊟ 統合訓練資料1-4》

mine probe ［C］ 地雷探針

mine protection ［U］ 【空自】機雷防御《敷設機雷による危険を局限または避航するために採用する自己防御の手段をいう。㊟ 統合訓練資料1-4》

miner ［C］ 地雷工兵；地雷敷設兵

Minerals Management Service 【米】鉱物資源管理部

mine removal operations 地雷除去作業

mine resistant ambush protected vehicle (MRAP) ［C］ 耐地雷・待ち伏せ攻撃防護車

mine row ［C］ ①地雷線 ②機雷列

Mine Safety and Health Administration 【米】鉱山保安衛生局

Mine Section 【海自】機雷班《の英語呼称》◇用例：機雷班長 ＝ Officer, Mine Section

mine setting 【海自】機雷諸元の調定

mines other than anti-personnel mines (MOTAPM) 対車両地雷

mine spotting ［U］ マイン・スポッティング

mine station ［C］ 機雷管制所

minesweeper ＝ mine sweeper ［C］ 掃海艇

minesweeper coastal (MSC) ［C］ 【海自】掃海艇

minesweeper control ship ［C］ 掃海管制艇《艦種記号：MCL》

Minesweeper Division 【海自】掃海隊《の英語呼称》◇用例：第41掃海隊 ＝ Minesweeper Division 41；掃海隊司令 ＝ Commander, Minesweeper Division

minesweeper fleet (MSF) ［C］ 艦隊随伴掃海艇

minesweeper helicopter (MH) ［C］ 掃海ヘリコプター

minesweeper ocean ［C］ 【海自】掃海艦《艦種記号：MSO》

minesweeper tender ［C］ 【海自】掃海母艦《艦種記号：MST》◇用例：掃海母艦「うらが」(5,650トン) ＝ the 5,650-ton minesweeper tender URAGA

minesweeping ＝ mine sweeping ①【陸自】地雷の清掃 ②【海自】機雷掃海；掃海《掃海具を使用して、敷設された機雷を処分することをいう。㊟ 統合訓練資料1-4》

minesweeping aircraft ［pl. ＝ 〜］ 掃海機

minesweeping area ［C］ 掃海面

minesweeping controller ［C］ 【海自】掃海管制艇

minesweeping equipment ［U］ 掃海器材

Minesweeping Equipment Section 【海自】掃海器材班《の英語呼称》◇用例：掃海器材班長 ＝ Officer, Minesweeping Equipment Section

minesweeping generator (MSG) ［C］ 掃海発電機《略称は「掃発」》

mine sweeping officer ［C］ 【海自】掌帆長《掃海長は、掃海、敷設、射撃、照射、運用、発射、水測およびこれらに係る物件の整備に関する業務を所掌する。㊟ 海幕人第10346号》

M

minesweeping operation 掃海作戦；掃海戦

minesweeping type 掃海の型

minesweeping winch [C] 掃海ウインチ

mine warfare (MW) [U] 【海自】機雷戦《機雷を使用しまたは敵の機雷敷設に対して行うすべての行動をいい、機雷敷設戦および対機雷戦を総称したものである。[典] 統合訓練資料1-4》

mine warfare diving [U] 機雷戦潜水

Mine Warfare Force 【海自】掃海隊群《の英語呼称》《機雷戦および水陸両用戦を担当する部隊》◇用例：掃海隊群司令 = Commander, Mine Warfare Force；掃海隊群幕僚長 = Chief of Staff, Commander Mine Warfare Force

mine warfare forces [pl.] 機雷戦部隊

mine warfare group [C] 機雷戦任務群

mine warfare ship [C] 【海自】機雷艦艇

Mine Warfare Support Center 【海自】掃海業務支援隊《の英語呼称》◇用例：掃海業務支援隊司令 = Commander, Mine Warfare Support Center

Mine Warfare Support Detachment 【海自】掃海業務支援分隊《の英語呼称》◇用例：掃海業務支援分隊長 = Commanding Officer, Mine Warfare Support Detachment

mine watching 【海自】機雷監視《敵の機雷敷設行動時に、その敷設の事実を確認し、機雷の敷設位置、敷設個数、種別等に関する情報を収集し、処理することをいう。[典] 統合訓練資料1-4》

mine weapon [C] ①地雷兵器 ②機雷兵器

MINEX MINEX《「mine warfare exercise」の略語》《MINEX = マイネックス》

miniature practice bomb (MPB) [C] 小形演習爆弾

minimum air crew [C] 最少搭乗員

minimum altitude 最低高度

minimum altitude bombing 超低空爆撃

minimum approach altitude 最低進入高度

minimum attack altitude 最低攻撃高度

minimum bending radius [C] 許容屈曲半径

minimum clearance 最低超過間隙

minimum crossing altitude (MCA) 最低通過高度

minimum descent altitude (MDA) 最低降下高度

minimum design weight [U] 最小設計重量

minimum detectable level (MDL) 最小検出信号レベル《与えられた条件の下で、検出可能な最小の信号レベル。[典] NDS Y 0012B》《MDL = エムディーエル》

minimum detectable temperature difference (MDTD) 最小検出可能温度差《ある大きさの目標を検出するために必要とされる、目標とその背景の最小温度差。[典] NDS Y 0004B》

minimum discernible signal (MDS) 最低識別信号

minimum elevation 最低射角

minimum enroute altitude (MEA) 最低経路高度

Minimum Equipment List (MEL) 運用許容基準《航空機の一部が故障した場合でも、運航の安全を害さない範囲で、修理をせずに運航できるかどうかを判定するための基準。[典] 防管航第7575号》

minimum essential equipment [U] 必要最小限装備品

minimum flow adjustment valve [C] 最小流量調整弁

minimum fuel 最少残燃料；最低保有燃料《口語は「ミニマム・フュエル」》

minimum gross weight for landing 着陸時最小総重量

minimum holding altitude 最低待機高度

minimum interval take-off 最小間隔の離陸

minimum line of detection (MLD) 最小発見線《JADGE用語》

minimum line of interception (MLI) 最小要撃線《JADGE用語》

minimum longitudinal separation 最小縦距離

minimum obstruction clearance altitude (MOCA) ①最低障害物間隔高度 ②【空自】最低無障害高度

minimum probability of kill (MPK) 最小撃破確率《宇宙航跡の予測着弾範囲に重要防護対象が存在しない場合に、システムが作成する迎撃計画の最低限目標とする撃破確率のことをいう。[典] JAFM006-4-18》

minimum radar receiver gain レーダー受像最小感度

minimum raid size (MRS) 最小レイド・サイズ《パッシブ航跡のレイド・サイズ（フライト・サイズ）をいう。[典] JAFM006-4-18》

minimum range [C] 最小射距離

minimum reception altitude (MRA) 最低受信可能高度

minimum reserve level (MRL) 最低保有基準

minimum residual radioactivity weapon

［C］ 最少残留放射能兵器

minimum resolvable temperature difference (MRTD) 最小分解可能温度差 《赤外線撮像装置の感度の指標。決められた条線パターンを視認するために必要とされる、条線パターンとその背景の最小温度差。®NDS Y 0004B》

minimum-risk route (MRR) ［C］ 【米軍】最小危険経路 《範囲を特定した一時的な飛行回廊であり、戦闘区域を低高度で飛行する高速の固定翼機にとって、危険の最も少ない飛行経路をいう。® 統合訓練資料1-4》

minimum safe altitude (MSA) 最低安全高度

minimum safe distance 最短安全距離

minimum safety altitude (MSA) 最低安全高度 《飛行安全のため、誘導計算において要撃機等に指令される最低高度をいう。® JAFM006-4-18》

minimum safe velocity (MSV) ［U］ 最小安全速度 《ペトリオット用語》

minimum sector altitude 最低扇形別高度

minimum sensitivity method 最小感度方式

minimum shutter time 最低シャッター速度

minimum speed 最小速力

minimum temperature 最低気温

minimum thermometer ［C］ 最低温度計

minimum vectoring altitude (MVA) 最低誘導高度 《航空機が誘導される際（レーダー着陸誘導が行われる場合を除く）、指定される最低高度をいう。® 空自訓練資料005-94-3》

minimum working current 最小動作電流

minimum working excitation 最小動作励磁

Minister of Defense 【防衛省】防衛大臣 《の英語呼称》

Minister's Secretariat, Ministry of Defense 【内部部局】大臣官房 《の英語呼称》《職員の人事、省内事務の総合調整、広報、会計などに関する業務を実施する》◇用例：官房長 = Director General, Minister's Secretariat

mini strike package (MSP) ［C］ ミニストライク・パッケージ

Ministry of Defense ［the ～］ 【日】防衛省

Ministry of Defense (MoD) 国防省

Ministry of Defense Library 【日】防衛省図書館 《国立国会図書館の支部図書館の一つ》

Ministry of Defense Reform Review Committee 【防衛省】防衛省改革検討委員会

《の英語呼称》

Ministry of Finance Notification ［the ～］ 【財務省】財務省告示

Ministry of Foreign Affairs Notification ［the ～］ 【外務省】外務省告示

minol マイノール 《混合爆薬の一種》

minor cycle ［C］ 短周期

minor damage 小破

minor grid ［C］ マイナー・グリッド 《世界地図照合方式（GEOREF）の中区分をいい、大区分により分割される15度区画の四平形を更に1度ずつに分割し、アルファベットのIとOを除いたAからQまでの15文字のうちの2文字で表したものをいう。® JAFM006-4-18》《® major grid = メジャー・グリッド》

minor injury 軽傷 《国際民間航空機関（ICAO）では、「minor injury」とは、2日未満の入院治療を要する負傷であると定義している。一方、自衛隊では、重傷に至らない負傷で入院、入室または休養を要するもの（® 防衛庁訓令第35号）であると定義している》

Minority Business Development Agency 【米】少数民族企業開発局

minority carrier 少数キャリヤー

minor joint exercise ［C］ 統合小演習

minor lobe ［C］ 副ローブ

minor loop 小循環経路

minor port 中小港 《® major port = 主要港》

minor repair 小修理 《要修理品等の診断において発見された不具合が、手入れ、調整、部品（材料）の交換、給脂油、スポット・ペイント、取り外し、取り付け、締め付けおよび欠品補充等に定める部隊整備段階の範囲で簡単に修復できる修理。® 4補LPS-00001-20》

minor routing port 小ルーティング港

minute gun ［C］ 分時砲

Minuteman 【米】ミニットマン 《大陸間弾道弾名》

mirage 蜃気楼（しんきろう）

Mirage ミラージュ 《フランスの戦闘機名》

mirror galvanometer ［C］ 反照検流計

Misawa Air Base ①【空自】三沢基地 ②【在日米軍】三沢飛行場

miscellaneous command ship ［C］ 指揮艦

miscellaneous frame (MISCF) ［C］ 付帯装置架 《バッジ用語》

miscellaneous ship ［C］ 雑船

misf 420

misfeed　送弾不良

misfire　①不発　《発火または起爆しないこと》②不発射　《発射操作を行っても、弾丸などが発射されないこと》

mismatching　不整合：ミスマッチング

miss distance　ミス・ディスタンス　《1. 指令方位の算出において、目標機と要撃機との離間距離を、要撃機が目標機の飛行経路を横切った時点での目標機の位置から要撃機の飛行経路までの垂直距離をいう。㊗ JAFM006-4-18 2. 魚雷が目標を外れて通過したときの目標と魚雷との最短距離。㊗ NDS Y 0041》

missed approach　【空自】進入復行　《計器進入中の航空機が、気象状態その他の理由により着陸することができない場合、当該飛行場について定められた方式または管制機関の指示する方式に従って飛行すること》

missed approach point (MAP)　[C]　①【空自】進入復行開始点　《計器進入において飛行場が視認できない場合、進入復行を開始しなければならない点》　②【海自】進入復行点

missed approach procedure　進入復行方式

missed interception (MI)　要撃不成功

missed recognition (MR)　[C]　目視確認不成功

miss fire　点火不良

missile　[C]　①ミサイル　《ロケット・エンジンやジェット・エンジンを使って目標に向かって飛ぶ兵器であり、目標破壊のための弾頭、飛行制御のための誘導制御部、エンジンなどの推進部などから構成される》　②【陸自】誘導弾

missile, anti-tank (MAT)　[C]　対戦車ミサイル

missile ascent phase　[C]　ミサイル上昇フェーズ

missile assembly　[C]　ミサイル組み立て

missile assembly-checkout facility　[C]　ミサイル組み立て点検施設

missile attack　[C]　ミサイル攻撃

missile ballistic determination phase　[C]　ミサイル弾道飛行確定フェーズ

missile ballistic phase　[C]　ミサイル弾道飛行フェーズ

missile base　[C]　ミサイル基地

missile battery　[C]　ミサイル発射台

missile boost phase　[C]　ミサイル・ブースト・フェーズ

missile borne computer (MBC)　[C]　ミサイル搭載コンピューター　《ペトリオット用語》

missile complex　[C]　ミサイル複合体　《ミサイルを主体とした複合兵器またはシステム。例えば、装甲車両に高射砲、レーダー装置、ミサイル発射装置を一緒に搭載すれば、それはミサイル複合体になる。あるいは、ミサイル基地に、高射砲、短距離ミサイル、長距離ミサイルを配備し、連係するシステムを構築すれば、ミサイル複合体になる》

missile control system (MCS)　[C]　ミサイル制御システム

missile crisis　ミサイル危機

missile cruiser　[C]　ミサイル巡洋艦　《艦種記号：CG》

missile danger zone　[C]　ミサイル危険区域

missile decoy　[C]　おとりミサイル

Missile Defense (MD)　【米】ミサイル防衛

missile defense alarm system (MIDAS)　[C]　ミサイル防衛警報システム

Missile Defense Battery　【米軍】ミサイル防衛中隊　◇用例：10th Missile Defense Battery＝第10ミサイル防衛中隊

Missile Defense Detachment　【米軍】ミサイル防衛分遣隊　◇用例：10th Missile Defense Detachment＝第10ミサイル防衛分遣隊

Missile Defense Feasibility Study (MD-FS)　【NATO】ミサイル防衛調査研究

missile descent phase　ミサイル降下フェーズ

missile destroyer　[C]　ミサイル駆逐艦

missile early warning station (MEWS)　[C]　ミサイル早期警戒所

missile effective range (MER)　[C]　ミサイル有効射程

missile engagement zone (MEZ)　[C]　①【統幕・海自】ミサイル交戦圏　②【空自】ミサイル射撃圏

missile export　[U]　ミサイル輸出

missile failure (MF)　【空自】ミサイル・フェーラー

missile fire control system (MFCS)　[C]　①【空自】ミサイル射撃管制装置　②【海自】ミサイル射撃指揮装置

missile gap　[C]　ミサイル・ギャップ

missile guidance simulation facility (MGSF)　[C]　ミサイル誘導性能試験装置　《ペトリオット用語》

missile guidance system　[C]　ミサイル誘導システム

missile hazard　[C]　ミサイル・ハザード　《ペトリオット用語》

missile inventory (MSL INVNT)　[C]

ミサイル保有現況 《ペトリオット用語》

missile launch controller (MLC) [C] ミサイル発射制御装置

missile-launching submarine [C] ミサイル発射潜水艦

missile man [pl. = missile men] ミサイル設計者；ミサイル発射要員

missile master [C] ミサイル・マスター

missile midcourse phase [C] ミサイル・ミッドコース・フェーズ

missile monitor [C] ミサイル・モニター

Missile Operations 【空自】高射操作 《准空尉空曹空士特技区分の英語呼称》

Missile Operations Squadron 【空自】指揮所運用隊 《の英語呼称》

missile order of battle (MOB) ミサイル戦力組成

missile out of commission for parts (MOCP) 【空自】特別緊急請求 《誘導弾・対空火器用機器および同関連器材の故障等を修復するために緊急に必要とする部品についての補給請求をいう。[典] 統合訓練資料1-4》

missile reentry phase [C] ミサイル大気圏再突入フェーズ

missile release line (MRL) [C] ミサイル発射線

Missile Research Division 【防衛装備庁】誘導武器技術研究部 《の英語呼称》《ミサイルの誘導制御・追尾・射撃管制・推進機関等についての考案、調査研究および試験評価を行う。[典] 防衛装備庁HP》

missile round (MR) [C] ①ミサイル完成弾 ②ミサイル本体

missile round trainer (MRT) [C] ミサイル訓練弾

missilery ミサイル工学

missile silo [C] ミサイル格納庫；ミサイル地下発射台

missile site [C] ミサイル基地

missile site radar (MSR) [C] ミサイル基地レーダー；ミサイル・サイト・レーダー《対弾道弾ミサイルを誘導制御するレーダー》

missile strike ミサイル攻撃

missile system supervisor (MSS) [C] 【海自】ミサイル・システム管制員

Missile System Training Center 【海自】誘導武器教育訓練隊 《の英語呼称》◇用例：誘導武器教育訓練隊司令 = Commanding Officer, Missile System Training Center

Missile Technology Control Regime (MTCR) ミサイル技術管理レジーム 《ミサイル、その他の運搬手段およびその開発に寄与し得る関連汎用品・技術の輸出規制を目的とする国際輸出管理レジーム。[典] 日本の軍縮・不拡散外交》

Missile Testing Agreement [The ~] ミサイル実験協定

missile tracking radar (MTR) [C] ミサイル追随レーダー

missile warhead [C] ミサイル核弾頭

missing aircraft [pl. = ~] 行方不明機

missing in action (MIA) ①【自衛隊】行方不明者 《交戦の結果、行方不明となり、その状態(例えば、生存、死亡、負傷)が不明である者をいう。[典] 統合訓練資料1-4》 ②戦闘中の行方不明；戦闘中の行方不明者

mission (msn) [C] ①任務 《個人または部隊等が特定の目標を達成するために指揮官から付与された責務をいう。[典] 陸自教範。 ◇用例：mission of each unit = 各部隊の任務》 ②使命《個人または特定の組織体が、本来持っている責務をいう。[典] 陸自教範》

mission accomplished (MA) [U] 任務成功

mission assurance 任務保証 《任務の遂行に不可欠な機能を維持するために必要な能力を確保するプロセスのこと》

mission call 任務指令番号

mission cycle [C] ミッション・サイクル

mission-essential materiel [U] 任務主要資材

mission freeze interval ミッション・フリーズ・インターバル 《バッジ用語》

mission phase [C] ミッション・フェーズ《JADGE用語》

mission report (MISREP) [C] ①【空自】任務報告 ②【海自】任務成果報告

mission report of each operation [C] 【空自】戦闘速報 《各級指揮官の戦闘指揮を適切にするため、通常、一戦闘ごとに戦闘結果について速やかに報告・通報することをいう。[典] 統合訓練資料1-4》

mission segment [C] ミッション・セグメント 《ミッション・フェーズを、要撃機等の機動の種類ごとに区分したものをいう。[典] JAFM006-4-18》

mission specific data set [C] 任務特定データ・セット

Mission Support Division 【国連】ミッション支援部 《UNMISS》◇用例：Director of Mission Support Division = ミッション支援部長

mission-type order = mission type order 大綱命令

mist もや

miter group valve = mitre group valve ［C］ 集合弁

mixed brigade ［C］ 混成旅団

mixed layer ［C］ 混合層 《波浪による攪拌や表面冷却による対流などによって、混合が起きている表面付近の等温層。[典] NDS Y 0011B》

mixed minefield ［C］ 混合機雷原

mixed oxide fuel (MOX fuel) 混合酸化物燃料；MOX燃料 《原子力発電所で利用するウランとプルトニウムの混合酸化物燃料》《MOX = モックス》

mixed salvo ［C］ 不斉夾叉（ふせいきょうさ）

mixing chamber ［C］ 混合室

mixing fog 混合霧（こんごうぎり）

mixing ratio ［C］ 混合比

mixing valve ［C］ 混合弁

mixture ①混合 ②混合ガス；混合物

mixture control (MC) ［U］ 混合比調節

mixture ratio ［C］ 混合比

MLC charge of offense MLC違反行為の嫌疑書 《MLC = Master Labor Contract（基本労務契約）》

MLC medical service and supply request (MSSR) ［C］ MLC医務及び需品要求書

MLC report of alleged offense ［C］ MLC違反行為報告書

MMP battery ［C］ MMPバッテリー 《MMP = modular midcourse package（中間誘導部）》《ペトリオット用語》

MMU diagnostic (MMUD) MMU診断プログラム 《MMU = monolithic memory unit（主記憶装置）》《ペトリオット用語》

mobile aeromedical staging facility (MASF) ［C］ 機動航空衛生滞在施設

Mobile Aircraft Control and Warning Squadron (Mobile ACW SQ) 【空自】移動警戒隊 《の英語呼称》◇用例： 第1移動警戒隊 = 1st Mobile ACW SQ

Mobile Air Traffic Control Squadron (Mobile ATC SQ) 【空自】移動管制隊 《の英語呼称》

mobile armaments ［pl.］ 機動火砲

mobile army surgical hospital (MASH) ［C］ 陸軍移動外科病院

mobile bath ［C］ 野外風呂

mobile combat vehicle ［C］ 【陸自】機動戦闘車 ◇用例： 16式機動戦闘車 = Type-16 Mobile Combat Vehicle

Mobile Communications Group 【空自】移動通信群 《の英語呼称》

Mobile Communications Squadron (Mobile COMM SQ) 【空自・海自】移動通信隊 《の英語呼称》《各種通信回線を応急的に提供するため、全国各地に出動する》◇用例： 移動通信隊司令（海自） = Commanding Officer, Mobile Communications Group

Mobile Construction Group 【海自】機動施設隊 《の英語呼称》◇用例： 機動施設隊司令 = Commanding Officer, Mobile Construction Group

mobile control (mobo) ［U］ 地上移動誘導管制 《mobo = モーボ》

mobile decoy (MOD) ［C］ 自走式デコイ 《デコイの一種。水中を航走しながら、魚雷からの送信音に対して擬似エコー音を発生する器材。[典] NDS Y 0041》

mobile defense ［U］ 機動防御

mobile deployment 機動展開

mobile earth station ［C］ 移動地球局

mobile environmental team (MET) ［C］ 移動環境支援チーム；移動気象海洋班

mobile guided rocket (MGR) ［C］ 移動式誘導ロケット

mobile interceptor missile (MIM) ［C］ 移動式対空ミサイル

mobile interpretative display data link equipment (MIDDLE) ［U］ GAT出力モニター装置 《要撃機への誘導指令を表示するモニター装置のことをいう。[典] JAFM006-4-18》《MIDDLE = ミドル》

mobile logistics support 機動後方支援

mobile logistics support base ［C］ 機動後方支援基地

mobile logistics support organization ［C］ 移動後方支援機構

mobile medical unit ［C］ 【陸自】移動衛生隊

mobile mine ［C］ 自走機雷 《[同] propelled mine》

mobile missile ［C］ 移動式ミサイル

mobile multifunction decoy (MMD) ［C］ 【米海軍】機動多機能デコイ

mobile offensive force 機動打撃部隊

mobile oil モビル油

mobile replenishment 移動補給

mobile station ［C］ 移動局

Mobile Striking Brigade 【陸自】機動打撃旅団 《の英語呼称》《対着上陸作戦において、方面隊主力の攻勢時に使用される旅団であり、沿岸

M

配置旅団の作戦の成果を活用して、戦闘力を総合発揮して敵を海岸に圧倒撃破する旅団をいう。[典] 統合訓練資料1-4》

Mobile Striking Division 【陸自】機動打撃師団 《の英語呼称》《対着上陸作戦において、方面隊主力の攻勢時に使用される師団であり、沿岸配置師団の作戦の成果を活用して、戦闘力を総合発揮して敵を海岸に圧倒撃破する師団をいう。[典] 統合訓練資料1-4》

mobile striking force 機動打撃部隊

mobile submarine simulator (MOSS) 〔C〕 【米海軍】機動潜水艦シミュレーター

mobile support group 〔C〕 【海自】機動後方支援群

mobile surgical hospital 〔C〕 移動外科病院

mobile terminal 〔C〕 移動端末 《ダイヤルアップにより、またはインターネットを経由して、防衛情報通信基盤のデータ通信網に接続する電子計算機をいう。[典] 防官情第2209号》

mobile three dimension radar (M-3D) 〔C〕 地上用移動式3次元レーダー

mobile training 〔U〕 巡回教育；移動訓練

mobile training assistance 〔U〕 移動訓練支援

mobile training team 〔C〕 移動訓練チーム

mobile warfare 〔U〕 ①【陸自】運動戦 ②【海自】機動作戦

mobile warning and surveillance radar system 〔C〕 移動式警戒監視システム

mobile weather station 〔C〕 移動観測所《航空》

mobility 機動；機動力

mobility and strike power 機動打撃力《戦車、装甲車の突進により、敵の攻撃を撃破する行動》

mobility equipment (ME) 〔U〕 移動器材

mobility performance 〔C〕 機動性能

Mobility Research Division 【防衛装備庁】機動技術研究部 《の英語呼称》《車両の要素技術、車両用機器、施設器材の要素技術についての考案、調査研究および試験評価を行う。[典] 防衛装備庁HP》

mobility support bridge 〔C〕 【陸自】機動支援橋 《作戦地域の河川、地隙（ちげき）等に架設して、第一線部隊等の機動を容易にするための交通作業に使用する》◇用例： 07式機動支援橋 = Type 07 mobility support bridge

Mobility System Simulator for Tracked Vehicles 装軌車両機動システム・シミュレーター

mobilization 動員

Mobilization Against Terrorism Act (MATA) 【米】対テロリズム動員法

mobilization base 〔C〕 動員基盤

mobilization base unit (MOBU) 〔C〕 動員基盤部隊 《MOBU = モーブ》

mobilization designee 〔C〕 動員被指名者

mobilization exercise 〔C〕 動員演習

mobilization materiel procurement capability 〔C〕 動員資材調達能力

mobilization plan 〔C〕 動員計画

mobilized infantry combat vehicle (MICV) 〔C〕 装甲歩兵戦闘車

mock fight 模擬戦

mock-up 〔C〕 実物大模型

mode code (MC) モード・コード

mode line diagram 〔C〕 モード・ライン図

modeling and simulation (M&S) モデリング&シミュレーション 《研究開発対象であるシステム全体のモデルを構築し、各種設計、試験等の一部をコンピューター上で再現することにより、機能・性能を確認する手法》

model test 〔C〕 模型試験

modem モデム

modem interface adaptor (MIA) モデム・インターフェース・アダプター 《JADGE用語》

modem rack (MR) 〔C〕 モデム・ラック 《各種モデム、交流分岐装置およびデータ・シグナル・スプリッターを収容し、所要の電源を供給するものをいう。[典] JAFM006-4-18》

mode number モード番号

mode of oscillation 振動モード

mode of transport 輸送方式

mode of vibration 振動モード

modernization 【海自】特別改造

modern warfare 〔U〕 近代戦

mode selection menu モード・セレクション・メニュー 《ペトリオット用語》

modification ①改修 《使用目的または基本性能を変更することなく、不具合事項の是正のため、もしくは装備品等の性能、安全性の向上、操作および整備の容易または耐用命数の延長を図るため、一部の構成品、部品、機能などを変更、追加または廃止することをいう。[典] GLT-CG-Z500002J》 ②技術改善

modification center 〔C〕 改修場

modification kit 〔C〕 改修キット 《改修作業に必要な部品等を組み合せたものをいう。[典] 2

M

補LPS-A00001-15》《[同] TCTO kit》

modification proposal 技術改善要望

modification work order (MWO) 改修指令；改修指令書

modified pierce oscillator ［C］ 変型ピアス発振器

modified refractive index ［C］ 修正屈折率

modified survey モディファイド・サーベイ《ペトリオット用語》

modified table of allowance (MTA) ［C］ 修正定数表

modified table of equipment (MTOE) ［C］ 修正装備定数

modular charge モジュラー装薬

modular isolated deck section (MIDS) ［C］ 【米海軍】モジュール式独立甲板区画

modular midcourse package (MMP) ［C］ 中間誘導部 《ペトリオット用語》

modulated amplifier ［C］ 被変調増幅器

modulated continuous wave ［C］ 変調持続波

modulated oscillator ［C］ 変調発振器

modulating tube ［C］ 変調管

modulation 変調 《搬送波に信号を乗せること。搬送波は送るべき信号波によって特定形式の変化を与えられている。変調は。位相変調、振幅変調。パルス変調、周波数変調等に区別される。[典] レーダー用語集》

modulation degree 変調度

modulation eliminator ［C］ 変調除去器

modulation envelope ［C］ 変調包絡線

modulation index ［C］ 変調指数

modulation meter ［C］ 変調計

modulation noise ［U］ 変調雑音

modulation on pulse パルス変調

modulation transfer function (MTF) 最変調伝達関数

M

modulation wave ［C］ 変調波

modulator ［C］ 変調器

modulator demodulator (MODEM) 変復調装置 《MODEM = モデム》

modulator power supply ［C］ 変調器電源《ペトリオット用語》

module maintenance ［U］ モジュール整備

module rack assembly (MRA) ［C］ モジュール・ラック・アッセンブリ 《ペトリオット用語》

modulus of rigidity 横弾性係数

Moh's hardness ［U］ モース硬さ

moist adiabatic change 湿潤断熱変化《[同] wet adiabatic change》

moist adiabatic lapse rate ［C］ 湿潤断熱減率 《[同] wet adiabatic lapse rate》

moist adiabatic line ［C］ 湿潤断熱線《[同] wet adiabatic line》

moist adiabatic process ［C］ 湿潤断熱過程 《[同] wet adiabatic process》

moist air ［U］ 湿潤空気；湿り空気

moist labile 湿潤不安定

moist tongue ［C］ 湿潤舌状部；湿舌

moisture content 含水量；水分量

moisture proof 防湿

moisture-proof package ［C］ 耐湿梱包（たいしつこんぽう）

moisture ratio ［C］ 含水比

molded breadth 型幅 《船の型幅》

molded insulation ［U］ 成形絶縁物

Mollier chart ［C］ モリエル線図

Molotov cocktail ［C］ 火炎瓶

momentary overload 瞬時過負荷

moment to change trim one centimeter (MTC) 毎センチ・トリム・モーメント

moment to change trim one inch 毎インチ・トリム・モーメント

momentum of the attack 攻撃衝力

money laundering 資金洗浄

monitor ［n.］ ①監視 ②監視装置 ③モニター 《コンピューター・モニター》

monitor ［vt.］ 監視する 《[備] 文脈上、「注視する」や「チェックする」が適切な場合もある》

monitor circuit ［C］ 監視回路；モニター回路

monitor display station (MDS) ［C］ 監視表示装置 《バッジ用語》

monitoring antenna ［C］ 監視用アンテナ

monitoring service ［C］ 監視業務

monitoring station ［C］ 監視通信所

monitor relay ［C］ モニター・リレー

monitor station ［C］ 監視局

monoblock gun ［C］ 単肉砲

monoblock tube ［C］ 単肉砲身（たんにくほうしん） 《単一の円筒で作られた砲身。[典] NDS Y 0003B》《[対] multilayer tube = 層成砲身》

monochromatic receiver ［C］ 単色受信機

monochrome 白黒；単色

monochrome picture ［C］ 白黒画像；モノクロ画像

monocoque construction ［U］ ①【空自】モノコック構造 ②【海自】張殻構造（はりがらこうぞう）

monocoque fuselage ［C］ モノコック胴体

monolithic memory unit (MMU) ［C］ 主記憶装置 《ペトリオット用語》

monomorph element ［C］ モノモルフ素子 《[対] bimorph element = バイモルフ素子》

monoplane ［C］ 単葉機

monopole soundsource ［C］ モノポール音源

monotatic sonar ［U］ モノスタティック・ソーナー 《送波器（音源）と受波器が同一の場所にあるアクティブ・ソーナー運用方式。ほとんどのソーナー・システムはこの方式である。[典] NDS Y 0012B》

monotone 単調音

Monroe effect モンロー効果

monsoon ［C］ モンスーン；季節風

monsoon burst 季節風の吹き出し

monsoon climate ［U］ 季節風気候

monthly check 月間点検

monthly leave (ML) 月例休暇

monthly mean temperature 月平均気温

monthly report ［C］ 月報

monthly stock status report (MSSR) ［C］ 月間在庫状況通報

monthly total precipitation ［U］ 月間降水量

moon phase 月令

moonrise 月の出

moonset 月没 《月の入り》

moorage 係船場

moored mine ［C］ 係維機雷 《海底に係留して中層に敷設した機雷。[典] NDS Y 0041》

moored sweep gear ［C］ 係維掃海具

mooring 係留；停泊

mooring anchor chain 係維錨鎖；係錨鎖

mooring buoy ［C］ 係留浮標

mooring cable ［C］ 係留索；係維索

mooring capstan ［U］ 係船機

mooring head in 入り船係留 《[対] mooring head out = 出船係留》

mooring head out 出船係留 《[対] mooring head in = 入り船係留》

mooring line ［C］ 係留索；もやい 《もやい（舫い）》

mooring rope ［C］ 係留索（けいりゅうさく）

mooring shackle ［C］ 係留用シャックル

mooring side 係留舷

mooring swivel ムアリング・スイブル

mooring to buoys bow and stern 前後浮標係留

mooring trial 係留運転

mooring winch ［C］ 係船機

mooring wire ［C］ 係留用ワイヤー

mop ［C］ 【海自】掃布（そうふ） 《海自では「モップ」のことを「掃布」という》

mopping up 掃討 《組織的抵抗能力を喪失し、または喪失しつつある敵の抵抗能力を全面的に奪うことをいう。[典] 陸自教範》

mopping-up operation 掃討作戦

mop-up ［n.］ 掃討 《残敵などの掃討》

mop-up ［vt.］ 掃討する

mop-up operation 掃討作戦

morale ［U］ 士気 《個人あるいは部隊が進んで任務を遂行しようとする精神状態をいう。[典] 陸自教範》◇用例： enhance the morale；exalt the morale = 士気を高揚する

moral education ［U］ 訓育

Moratorium on Nuclear-Weapon Test Explosions 核実験モラトリアム 《核兵器の実験的爆発やその他の核爆発を自主的に一時停止すること》

morning astronomical twilight ［U］ 天文薄明 《明け方の天文薄明をいう》

morning calm 朝なぎ 《朝凪》

morning civil twilight ［U］ ①【自衛隊】第3薄明 《明け方の第3薄明》 ②常用薄明

morning formation ［U］ 朝礼

morning nautical twilight ［U］ 航海薄明 《明け方の航海薄明をいう》

morning report ［C］ 人事日報

morning roll call 日朝点呼（にっちょうてんこ）

morning twilight ［U］ 払暁（ふつぎょう） 《日の出前の薄明（はくめい）を払暁、日の入り後の薄明を薄暮として区分する。太陽高度が、地平線から－18度までが、薄明が生じる限界である。[典] 陸自教範》

Moro Islamic Liberation Front (MILF) モロ・イスラム解放戦線

Morse code モールス符号

Morse symbol モールス符号

mortality rate ［C］ 死亡率

mortar ［C］ ①迫撃砲 《曲射弾道で砲弾を飛ばす火砲の総称。一般に砲身の口径長が榴弾砲に比べて短く、射角が大きい射撃をする火砲。略称は「迫」。⊕ NDS Y 0003B》 ②モルタル

mortar ammunition ［U］ 迫撃砲用弾薬

mortar pit ［C］ 迫撃砲掩体（はくげきほうえんたい）

mortar-target line (MTL) ［C］ 砲目線《迫撃砲の砲目線》

mortuary ［C］ 遺体安置所

mortuary affairs ［pl.］ 戦没者取り扱い

most economical range ［C］ 経済航続距離

Most-Favored-Nations treatment (MFN) 最恵国待遇

most frequent wind direction ［C］ 最多風向

Most Penetrating Particle Size (MPPS) 最大通過量の粒子径

Mother of All Bombs (MOAB) すべての爆弾の母 《「Massive Ordnance Air Blast（大規模爆風爆弾）」のニックネーム》《MOAB ＝ モアブ》

mother ship ［C］ 母艦

motion sickness ［U］ 動揺病

motive power 原動力

motor ［C］ ①電動機 《電力を受けて機械動力を発生する回転機をいう。⊕ NDS F 8018D》 ②車両

motor case ［C］ モーター・ケース 《ロケット・モーターの固体推進薬を入れる容器。⊕ NDS Y 0001D》

motor control unit (MCU) ［C］ モーター制御装置 《パトリオット用語》

motor convoy ［C］ 自動車縦隊

motor density ［U］ 【陸自】車両密度 《ある単位の長さの道路上にある車両数をいい、通常、1キロメートル当たりの車両数で表す。⊕ 陸自教範。⊕「vehicle density」を用いるのが望ましい》《⊕ vehicle density》

motor-driven hydraulic pump ［C］ モーター駆動油圧ポンプ

motor generator (MG) ［C］ 電動発電機 《電動機と発電機を機械的または電磁気的に連結して構成された回転機をいう。⊕ NDS F 8018D》

motorized ［adj.］ 車両化；自動車化

motorized rifle division (MRD) ［C］ 自動車化狙撃師団

motorized unit ［C］ 自動車化部隊；車両化部隊

motor launch 内火艇（ないかてい）

motor load pressure steering engine ［C］ 電動油圧舵取り機

motor maintenance ［U］ 車両整備

motor march 車両行進；自動車行進

motor pool ［C］ 駐車場

Motor Pool Section 【海自】車両班 《の英語呼称》《人員輸送時の車両操縦や航空基地内で使用する車両の整備を行う》◇用例： 車両班長 ＝ Officer, Motor Pool Section

motor torpedo boat ［C］ 魚雷艇 《艦種記号： PT》

motor vehicle accident (MVA) ［C］ 車両事故

motor wound adjustable period clock ［C］ 電動巻き式運動時計

Moujahiden Khalq Organization (MKO) ムジャーヘディーン・ハルク・オーガニゼーション

mount ［vi.］ 乗車する

mount ［C］ ①台；架台 ②銃架；砲架 《⊕ gun mount》 ③台紙

mountain and valley breeze ［C］ 山谷風（やまたにかぜ）

mountain breeze ［C］ 山風（やまかぜ）

Mountain Division 【米】山岳師団 ◇用例： the 10th Mountain Division ＝ 第10山岳師団；the US Army's 10th Mountain Division ＝ 米陸軍第10山岳師団

mountain operations 山地の戦闘

mountain rescue 山岳救難

mountain sickness ［U］ 高山病

mountain warfare ［U］ 山岳戦

mount captain ［C］ 砲台長

mounted recoilless rifle ［C］ 車両搭載無反動砲

mounting ①装填（そうてん） ②作戦準備

mounting area ［C］ ①進攻準備地域 ②搭載地域

mounting flange ［C］ 取り付けフランジ

mounting hole ［C］ 取り付け口

mounting pad ［C］ 取り付け台

mounting plate ［C］ 取り付け板

mourning leave 忌引休暇

mousing a hook 【海自】安全止め

mouthpiece ＝ mouth piece ［C］ ①送話口 ②口金

mouth-to-mouth method 口うつし法；マ

ウス・ツー・マウス法 《人工呼吸》

movable blade ［C］ 可動羽根 《働 movable vane》

movable contact ［C］ 可動接触子

movable end ［C］ 可動端

movable guide vane ［C］ 可動案内羽根

movable maintenance vehicle (MMV) ［C］ 巡回整備車 《支援整備に必要な工具、補用部品および試験器材等を搭載した整備用車両》

movable nozzle ［C］ 首振りノズル

movable range marker ［C］ 可動距離目盛

movable vane ［C］ 可動羽根 《働 movable blade》

movement ①移動 ②【海自】運航

movement control ［U］ 移動の統制 《部隊、補給品等を作戦上の要求に応じて効率的かつ整斉と移動させるため、作戦構想に基づき、部隊移動、部隊、補給品等の輸送および交通路使用について統制することをいう。働 陸自教範》

movement directive 移動指示

movement order 移動命令

movement phase ［C］ 【米軍】移動段階 《水陸両用任務部隊の諸部隊が、乗船地から目標地域へ移動する段階をいう。働 統合訓練資料1-4》

movement plan ［C］ 移動計画

movement priority ［C］ 移動の優先順位

movement report ［C］ 移動報告

movement report control center ［C］ 移動報告統制センター

movement report system ［C］ 移動報告システム

movement requirements ［pl.］ 移動所要 《作戦遂行のための時期別および場所別の部隊、補給品等の移動の必要量をいう。働 陸自教範》

movement restrictions ［pl.］ 移動制限

movement schedule ［C］ 移動スケジュール

movement table ［C］ 移動表

movement to contact ①【陸自】接敵機動 《戦闘する態勢を有利にするために戦闘に先立って行う機動をいう。働 陸自教範》 ②【海自】接敵移動

moving blade ［C］ 回転羽根 《働 moving vane》

moving brush 可動ブラシ

moving coil ［C］ 可動コイル

moving coil galvanometer ［C］ 可動コイル検流計

moving coil type ammeter ［C］ 可動コイル型電流計

moving coil type meter ［C］ 可動コイル型計器

moving core type meter ［C］ 可動鉄片計器

moving haven ［C］ 移動安全海面 《働 ship haven》

moving iron vane meter ［C］ 可動鉄片計器

moving mine ［C］ 移動式機雷

moving picture camera ［C］ 映画撮影機

moving submarine haven ［C］ 移動潜水艦安全海面

moving surface ship haven ［C］ 移動水上艦船安全海面

moving target ［C］ 移動目標 《動いている目標》

moving target indication (MTI) 移動目標表示

moving target indicator (MTI) ［C］ 移動目標表示装置 《ドップラー効果を利用して、固定目標からの反射信号を抑圧し、移動目標を検出する装置をいう。働 JAFM006-4-18》

moving target simulator (MTS) ［C］ 模擬射撃訓練装置

moving vane ［C］ 回転羽根 《働 moving blade》

MR cable test set (MRCTS) ［C］ ミサイル・ラウンド・ケーブル・テスト・セット 《ペトリオット用語》

MSL attack warning ミサイル攻撃警報 《ペトリオット用語》

MSL depletion rule MSL選定基準 《ペトリオット用語》

MSU diagnostic (MSUD) MSU診断プログラム 《MSU = mass storage unit（大容量記憶装置）》《ペトリオット用語》

mud drum ［C］ 泥だめ（どろ溜め）

mu factor ［C］ ミュー係数

muffler ［C］ 消音器

Mujahideen Shura Council in the Environs and Jerusalem (MSC) エルサレム周辺のムジャヒディン・シューラ評議会 《パレスチナ自治区で活動する過激組織の連合体》

multi address unit (MAU) ［C］ 同報部 《バッジ用語》

multiband antenna ［C］ 多帯域アンテナ

multiband receiver ［C］ マルチバンド受信機

multi-base propellant マルチベース発射薬 《複数の火薬類を基剤とする発射薬。働 NDS Y

0001D》

multibeam transmission 多ビーム送信《アクティブ・ソーナーにおいて、パルス信号を複数の音響ビームで同時に送信すること。[典] NDS Y 0012B》

multicavity klystron 多空洞クライストロン

multicavity magnetron 多空胴型マグネトロン

multichannel ［C］ 多重通信路

multichannel communication system ［C］ 多重通信システム

multichannel data recorder (MCDR) ［C］ 多重諸元記録装置

multi coverage ［U］ マルチ覆域 《レーダー覆域および通信覆域の総称。[典] JAFM006-4-18》

Multi-dimensional United Nations Peacekeeping Operations ［pl.］ 【国連】複合型国連平和維持活動 《国軍事部門、警察部門、文民部門を組み合わせ、これらが連携して持続可能な平和の基盤を築く国連平和維持活動。[典] 国連平和維持活動（原則と指針）》

multifactor authentication ［U］ 多要素認証 《ユーザーが保持しているユーザーに固有の複数の要素によってユーザーを認証する方式（例：暗証番号、トークン、指紋など）》

Multifunctional Information Distribution System (MIDS) 多機能情報分配システム 《通信、航法および識別を統合した能力を持つ、TDMA方式を採用した高い耐妨害性能を有するL帯の周波数の統合サービス・システムをいう。[典] JAFM006-4-18》

Multi-functional Transport Satellite (MTSAT) 運輸多目的衛星

multifunction array radar (MAR) ［C］ 多用途群別レーダー

multi-function display (MFD) = multifunction display ［C］ 多機能表示装置

multi-function radar (MFR) ［C］ 多機能レーダー

multilateral dialogue 多国間対話

M **multilateral exercise** ［C］ 多国間訓練

multilateral forces (MNF) ［pl.］ 多国籍軍

Multilateral Logistics Staff Talks (MLST) 【防衛省】陸軍兵站実務者交流

Multilateral Naval Exercise Komodo (MNEK) ［the ～］ 多国間共同訓練コモド《インドネシア海軍が主催する人道支援・災害救援に関する多国間共同訓練》

Multilateral Nuclear Approaches (MNA) 核燃料サイクルへのマルチラテラル・アプローチ

multilateral nuclear force (MLF) 多角的核戦力

Multilateral Peace Negotiations of the Middle East Peace Process 中東和平多国間協議

multilayer board ［C］ 多層板

multilayer coil ［C］ 多層コイル

multilayer tube ［C］ 層成砲身（そうせいほうしん）《複数の同心円筒で組み立てられた砲身。[典] NDS Y 0003B》《[対] monoblock tube = 単肉砲身》

multi level network (MLN) ［C］ マルチレベル・ネットワーク

multi level security (MLS) ［U］ マルチレベル・セキュリティ

multi mode receiver (MMR) ［C］ マルチモード受信機 《航空機》

multi-mode seeker ［C］ 複合シーカー《ミサイル誘導装置に用いる誘導方式には、異なる複数の方式がある。複合シーカーは、複数の方式を組み合わせて使用するものであり、一つの方式のみを使用するシーカーに比べて、目標選択・捕捉能力、対妨害能力、高精密誘導能力が向上する》

multi-narrow beam echo sounder (MNBES) ［C］ マルチナロー・ビーム音響測深機

multinational ［adj.］ 多国間の；多国籍の

Multinational Cooperation Program in the Asia Pacific (MCAP) 【陸自】アジア太平洋地域多国間協力プログラム 《陸上自衛隊が主催する人道支援・災害救援等について議論する国際会議》

multi-national coordination center (MNCC) ［C］ 多国間調整所

Multinational Division (MND) 多国籍師団 ◇用例：Multinational Division（Center South）= 多国籍師団（中南部）；Multinational Division（South East）= 多国籍師団多国籍師団（南東部）

multinational force (MNF) ［C］ 多国籍軍；多国籍部隊

multinational operations ［pl.］ 多国籍作戦

Multinational Planning and Augmentation Team (MPAT) ［C］ 多国籍活動立案・能力増強チーム

multipath ［adj.］ マルチパス；多重通路

multipath propagation マルチパス伝搬；多経路伝搬

multipath reflection 多量反射

429　　　　　　　　　　　　　　　　　　　　　　　　　　**mult**

multiphase ［adj.］　多相

multiplane otter ［C］　多翼展開器

multiple-address message ［C］　同文電報

multiple approach ［C］　複数機進入

multiple arc lamp ［C］　並列アーク灯

multiple call　同時呼び出し

multiple-channel aural reception (MCAR) ［U］　【米海軍】多チャンネル式音響受信

multiple choice method　多肢選択法

multiple connection ［C］　並列接続

multiple control connector ［C］　多極制御コネクター

multiple disk clutch ［C］　多板クラッチ

multiple drift correction (MDC)　重複偏流補正

multiple echo　多重反響

multiple ejection rack (MER) ［C］　多重懸架装置

multiple electric strikes ［pl.］　多重電撃

multiple gun ［C］　多連装砲；多連装銃

Multiple Hypothesis Tracker (MHT) ＝ Multiple Hypothesis Tracking　多重仮説追尾方式 《レーダー・データとローカル航跡との相関を複数の仮説として残し、延期的に適切な相関を決定する方式をいう。⍟ JAFM006-4-18》

multiple image　複像

multiple inactive duty training period ［C］　予備役集合訓練期間

multiple independently-targetable reentry vehicle (MIRV) ［C］　個複数個別誘導再突入体；多弾頭独立目標再突入ミサイル 《一つの弾道ミサイルに複数の弾頭（一般的に核弾頭）を装備し、それぞれが違う目標に攻撃ができる弾道ミサイルをいう。⍟ JAFM006-4-18。⍟「多弾頭独立目標再突入体」；「多弾頭各個目標再突入ミサイル」；「個別誘導複数目標弾頭」などがあり、一定していない》《MIRV ＝ マーブ》

Multiple-Input, Multiple-Output (MIMO)　多入力・多出力 《従来は1つの送信アンテナと受信アンテナで構成していた電波伝搬経路を複数の送信アンテナと受信アンテナで構成し、複数の小さなアンテナで等価的に大きなアンテナを構成する技術。⍟ 電子装備研究所研究要覧》

multiple jet carburetor　多ジェット気化器

multiple launch　多数発射

multiple launching　多数発射

multiple launch rocket system (MLRS)　多連装ロケット砲　◇用例：240 mm multiple launch rocket system ＝ 240mm多連装ロケット砲《MLRS ＝ マルス》

multiple line ［C］　複列

multiple line formation ［U］　複列陣形

multiple-L-section filter ［C］　多段L型フィルター

multiple mass track ［C］　集団多数航跡

multiple mount ［C］　多連装銃架 《複数の銃を取り付けることができる銃架。⍟ NDS Y 0002B》

multiple mount machine gun ［C］　多連装機銃

multiple on-course signal ［C］　複数コース信号

multiple orbit bombardment system (MOBS) ［C］　多数軌道爆撃システム 《MOBS ＝ モッブス》

multiple protective shelter (MPS) ［C］　多重防護シェルター

multiple re-entrant winding　複口巻き

multiple reentry vehicle (MRV) ［C］　多弾頭ミサイル 《一つの弾道ミサイルに複数の弾頭を装備した弾道ミサイルをいう。MIRVのように弾頭が独立に別々の目標を照準する能力はない。⍟ JAFM006-4-18》

multiple rocket ［C］　多連装ロケット

multiple rocket launcher ［C］　多連装ロケット発射機

multiple sampling inspection　多回抜き取り検査

multiple speed torpedo ［C］　多速度魚雷

multiple stage expansion engine ［C］　多段膨張機関

multiple switchboard ［C］　複式交換機

multiple system　並列式

multiple targets ［pl.］　多目標

multiple time around clutter (MTAC)　マルチプル・クラッター処理 《ペトリオット用語》

multiple track range ［C］　多段トラック・レンジ

multiple track search ［C］　多通跡捜索

multiple tropopause　多重圏界面（たじゅうけんかいめん）

multiple turret ［C］　多連装砲塔

multiple winding　並列巻き

multiple wire system　多線式

multiplex communication　多重通信

multiplex equipment (MUX) ［U］　搬送

端局装置 《音声等の信号を時分割多重方式により多重化し、一つの伝送路にのせて伝送するための装置をいう。⊕ JAFM006-4-18》《MUX = マックス》

multiplex operation　多重通信

multiplex radio　[U]　多重無線
《⊛ multiplex wire = 多重有線》

multiplex radio communication　多重無線通信　《超短波(VHF)以上の周波数を使用する無線機と多重通信器材を接続して多重通信回線を構成する通信手段をいい、単一回線で使用する無線通信の欠点を補い、迅速・簡易かつ長距離にわたって通信容量の大きい回線を構成することができる。⊕ 陸自教範》《⊛ multiplex wire communication = 多重有線通信》

multiplex transmission　多重伝送

multiplex wire　[C]　多重有線
《⊛ multiplex radio = 多重無線》

multiplex wire communication　多重有線通信　《多重通信器材を光ケーブル等の通信線に接続して、多重通信回線を構成する通信手段をいい、一つの通信線で多くの回線を確保できる。⊕ 陸自教範》《⊛ multiplex radio communication = 多重無線通信》

multiplying factor　[C]　倍率

multiprocessor control diagnostic (MPCD)　マルチプロセッサー診断プログラム《ペトリオット用語》

multipulse transmission　お手玉送信　《アクティブ・ソーナーにおいて、1回の探信で、複数の同一のパルス信号を送信すること。⊕ NDS Y 0012B》

multi-purpose aircraft carrier　[C]　空母《艦種記号：CV》◇用例：multi-purpose aircraft carrier (nuclear) = 原子力空母《艦種記号：CVN》

multi-purpose control and display unit (MCDU)　[C]　多目的制御表示装置　《航空機》

multi-purpose display (MPD)　[C]　多目的ディスプレイ

multi-purpose missile system (MPMS)　[C]　多目的ミサイル・システム

multi-purpose projectile　[C]　多目的弾

multi-purpose support aircraft　[pl. = ～]　多用途支援機

multi-role fighter (MRF)　[C]　多任務戦闘機

multirotor system　多回転翼式

multi-service doctrine　多軍種ドクトリン

multiship A/S action　多艦対潜戦闘　《A/S

= anti-submarine(対潜水艦)》

multiship attack　[C]　多艦攻撃

multiskip　多段跳躍

multi-span structure　[U]　多桁構造(たけたこうぞう)

multispeed motor　[C]　多段速度電動機《定速度電動機の一種で、その回転速度を数段に変更できる電動機をいう。⊛ NDS F 8018D》

multistage　[n.]　多段

multistage　[adj.]　多段式の

multistage amplifier　[C]　多段増幅器

multistage compressor　[C]　多段圧縮機

multistage improvement program (MSIP)　[C]　多段階能力向上計画

multistage pump　[C]　多段ポンプ

multistage rocket　[C]　多段ロケット《⊜ step rocket》《⊛ single-stage rocket = 一段ロケット》

multistage supercharger　[C]　多段過給器(ただんかきゅうき)　《エンジンの出力を高めるため、エンジンへ空気を圧縮して強制的に送り込む過給器を複数段組み合わせ、性能を高めたもの》◇用例：two-stage supercharger = 2段過給器

multi-static ASW system　[C]　マルチスタティックASWシステム　《ASW = anti-submarine warfare(対潜水艦戦)》

multi-static tactics　[pl.]　マルチスタティック戦術　《複数の護衛艦や対潜ヘリコプター等のソーナー・システムを相互に連携させ、潜水艦を探知、追尾する戦術》◇用例：bistatic and multistatic tactics = バイ/マルチスタティック戦術

multi-target handling capability　[C]　多目標処理能力

multitrack pulse range　[C]　多段トラック・パルス式レンジ

multitrack radar range　[C]　多段トラック・レーダー・レンジ

multiunit tube　[C]　複合管

Municipal Ordinance　【日】市町村条例

munitions (MUN)　[pl.]　①弾薬　②軍需品

Munitions and Aircraft Armament　【空自】武器弾薬　《准空尉空曹空士特技区分の英語呼称》

munitions factory　[C]　軍需工場

munitions industry　[U]　軍需産業；軍需工業

munitions plant　[C]　軍需工場

Munroe effect モンロー効果

Murray loop ミューレイ・ループ

musette bag ［C］ 野外携帯袋；小雑嚢（しょうざつのう）

mushing 沈み

mushing error マッシング誤差

mushroom cloud きのこ雲

mushy landing 落下着陸

musical performance uniform 【自衛隊】演奏服装

musician (MU) ［C］ 【海自】音楽員

mustard agent ［C］ マスタード剤

mustard gas マスタード・ガス

muster 点呼

muster book ［C］ 点呼簿

mutineer ［C］ 抵抗者；抗命者 《上官に対する抵抗者》

muting switch ［C］ 消音スイッチ

mutiny 共同抗命；反乱

Mutual and Balanced Force Reductions (MBFR) 中部欧州相互均衡兵力削減交渉

mutual assured destruction (MAD) ［U］ 相互確証破壊 《MAD＝マッド》

mutual assured destruction strategy 相互確証破壊戦略

Mutual Benefit Section 【海自】共済班 《の英語呼称》◇用例：共済班長＝Officer, Mutual Benefit Section

mutual calibration 相互校正

mutual conductance 相互コンダクタンス

mutual cooperation planning 相互協力計画立案

Mutual Defense Assistance Agreement (MDAA) 相互防衛援助協定 《正式名称は「the Mutual Defense Assistance Agreement between the United States of America and Japan＝日米相互防衛援助協定」》

Mutual Defense Assistance Office (MDAO) 【米】相互防衛援助事務所

Mutual Defense Assistance Program (MDAP) 【米】相互防衛援助計画

mutual deterrence ［U］ 相互抑止

mutual fire support 相互火力支援

mutual impedance ［U］ 相互インピーダンス

mutual inductance 相互インダクタンス

mutual radiation impedance ［U］ 相互放射インピーダンス

Mutual Reduction of Forces and Armaments (MRFA) 中部欧州相互兵力軍備削減交渉

mutual relations ［pl.］ 相互関係

mutual repulsion effect 相互反発効果

mutual security military sales ［pl.］ 有償軍事援助

Mutual Security Program ［the ～］ 【米】相互安全保障計画

mutual servicing 相互後方支援方式

mutual support 相互支援

mutual support activity ［C］ 相互支援活動

mutual supporting distance 相互支援距離

mutual support program (MSP) ［C］ 相互支援網領

muzzle ［C］ ①銃口 《銃身の先端》《⊛ breech ＝銃尾》②砲口 《砲身の先端》《⊛ breech ＝砲尾》

muzzle attachment ［C］ 銃口装置 《⊚ muzzle device》

muzzle blast ［C］ 砲口爆風 《砲口から出る爆風。⊛ NDS Y 0006B》

muzzle blast field ［C］ 砲口爆風域 《砲口爆風の影響を受ける区域》

muzzle booster ［C］ 後座ブースター 《反動利用式の火砲において、砲口を出た火薬類の燃焼ガスの一部を利用して、砲身の後座エネルギーを増大させる装置。⊛ NDS Y 0003B》《⊚ recoil booster》

muzzle brake ［C］ 砲口ブレーキ；砲口制退器（ほうこうせいたいき）

muzzle burst 砲口爆発 《砲口での弾丸の爆発または砲口から短い距離での弾丸の爆発。⊛ NDS Y 0001D》

muzzle cap ［C］ 砲口栓

muzzle cover ［C］ 砲口覆い（ほうこうおおい）

muzzle device ［C］ 銃口装置 《銃口に取り付ける消炎器；制退器などの装置。⊛ NDS Y 0003B》《⊚ muzzle attachment》

muzzle door 前扉（ぜんぴ）《潜水艦の魚雷発射管の管口の扉。⊛ NDS Y 0041》《⊛ breech door ＝後扉》

muzzle door mechanism ［C］ 前扉開鎖機構 《潜水艦》

muzzle door operating shaft ［C］ 前扉開鎖軸 《潜水艦》

muzzle flash 銃口炎；砲口炎 《弾丸を発射したとき、火薬類の燃焼ガスによって銃口または砲

口に生じる閃光。[典] NDS Y 0001D》

muzzle-loader ［C］ 前装銃；前装砲 《銃口または砲口から砲弾と装薬を装填する銃砲。口装銃、口装砲ともいう》《[対] breech-loader ＝ 後装銃；後装砲》

muzzle loading ［U］ 前装；銃口装填；砲口装填 《銃口または砲口から弾薬を装填する「先込め」のこと。[典] NDS Y 0003B》《[対] breech loading ＝ 後装；後方装填》

muzzle plug ［C］ 砲口栓 《[同] tampion》

muzzle pressure 砲口圧 《砲口位置における火薬類の燃焼ガスの圧力。[典] NDS Y 0003B》

muzzle sight ［C］ 照星 《[同] front sight》

muzzle velocity ［U］ 銃口速度；砲口速度 ◇用例： measuring equipment of muzzle velocity ＝ 砲口速度測定装置

【N】

nacelle ［C］ ナセル 《航空機のエンジン覆い》

nadir 天底（てんてい）

Nagasaka Rifle Range 【在日米軍】長坂小銃射撃場

Naha Port 【在日米軍】那覇港湾施設 《沖縄》

name information correlation key (NICK) ［C］ 品名資料修正キー

name plate ［C］ 銘板

Nancy equipment ［U］ 【海自】哨信儀

Nankai Rescue 【陸自】南海レスキュー 《南海レスキューとは、南海トラフ地震対処時の運用の実効性向上を図る目的で陸上自衛隊中部方面隊が実施する災害対処演習》◇用例： a Nankai Trough earthquake ＝ 南海トラフ地震

napalm ［U］ ナパーム

napalm bomb ［C］ ①【陸自】ナパーム弾 ②【空自】ナパーム爆弾

nap-on-the earth flight (NOE) 匍匐飛行（ほふくひこう） 《ヘリコプターが、飛行高度および速度を変化させながら、地表面に虜接して超低空で行う飛行要領をいう。[典] 陸自教範》

Narashino Maneuver Area ［the ～］ 【陸自】習志野演習場

narco-terrorism ［U］ 麻薬犯罪テロ；麻薬テロ

narcotic effect of nitrogen 窒素麻酔

narrative 経過概要

narrow-band accelerated active search ［C］ 【米海軍】狭帯域加速型アクティブ捜索

narrow-band filter ［C］ 狭帯域フィルター

narrow gate ［C］ 狭ゲート

narrow weave 小ウィーブ

National Aeronautics and Space Administration (NASA) 【米】航空宇宙局

National Aerospace Standards (NAS) 【米】米国航空宇宙規格 《米国航空宇宙工業会が制定した規格》

National Agricultural Library 【米】農務図書館

National Aircraft Standards (NAS) 【米】米国航空機規格

National Aircraft Standards Committee (NASC) 【米】アメリカ航空工業会航空宇宙規格委員会

national airspace ［U］ 領空

national anthem ［C］ 国歌

National Archives and Records Administration (NARA) 【米】国立公文書・記録管理局

National Army for the Liberation of Uganda (NALU) ウガンダ解放国民軍 《ウガンダで活動する武装組織》

National Association of Insurance Commissioners ［the ～］ 【米】全米保険監督官協会

National Bureau of Standards (CO-BS) 【米】商務省標準局

National Capital Housing Authority 【米】首都住宅公社

National Cemetery System 【米】国立墓地システム部

national censorship ［U］ 国家通信検閲

National Center of Incident Readiness and Strategy for Cybersecurity (NISC) ［the ～］ 【内閣官房】内閣サイバーセキュリティセンター 《の英語呼称》《情報セキュリティ政策に係る基本戦略の立案その他官民における統一的、横断的な情報セキュリティ対策の推進に係る企画および立案ならびに総合調整を行う》◇用例： センター長 ＝ Director of NISC；副センター長 ＝ Deputy Director of NISC《NISC ＝ ニスク》

National Codification Bureau (NCB) 【米】ナショナル類別局

National Command Authorities (NCA) 【米】最高指揮権限保有者

National Commission on Libraries and Information Science (NCLIS) 【米】図

書館及び情報科学委員会
National Commission on Terrorism ［the 〜］ 【米】テロリズム対策委員会
National Communication System (NCS) 【米】国家通信システム
National Contingent Commander 【国連】派遣国代表 《UNMISS》
National Counter Intelligence Center (NACIC) 【米】国家対情報センター
National Credit Union Administration (NCUA) 【米】信用組合庁
national defense ［U］ 国防
National Defense Academy 【防衛省】防衛大学校 《の英語呼称》◇用例：防衛大学校長 = President, National Defense Academy；副校長 = Vice President
National Defense Academy student ［C］ 【防衛省】防衛大学校学生
National Defense Advisory Commission (NDAC) 【米】国防諮問委員会
national defense area ［C］ 国防区域；国防エリア
National Defense Authorization Act 【米】国防授権法 ◇用例：National Defense Authorization Act for Fiscal Year 2019 = 2019会計年度国防授権法
national defense bond ［C］ 国防債券
national defense contribution ［C］ 国防献金
National Defense Contribution 【英】国防税
National Defense Council ［the 〜］ 【日】国防会議
National Defense Division 【日】国防部会 《自民党》◇用例：Liberal Democratic Party's National Defense Division = 自民党国防部会
national defense expenditure ［the 〜］ 国防費
National Defense Medical College 【防衛省】防衛医科大学校 《の英語呼称》◇用例：防衛医科大学校長 = President, National Defense Medical College
National Defense Medical College Research Annual 【防衛省】防衛医科大学校研究年報 《の英語呼称》
National Defense Medical College Research Institute 【防衛省】防衛医学研究センター 《の英語呼称》◇用例：防衛医学研究センター長 = Director of National Defense Medical College Research Institute
National Defense Medical College

student ［C］ 【防衛省】防衛医科大学校医学科学生
National Defense Panel (NDP) 【米】国防委員会
national defense plan ［C］ 国防計画
national defense policy 国防政策
national defense program ［C］ 国防計画
National Defense Program Guidelines ［the 〜］ 【日】防衛計画大綱
National Defense Reserve Fleet (NDRF) 【米】国防予備役艦隊
National Defense Society ［The 〜］ 【日】防衛学会
National Defense Standards (NDS) 【日】防衛省規格 《国定規格（日本工業規格）が定められていない場合において、装備品等の標準化のため、必要があるときに防衛大臣が制定する技術的な標準》
national defense strategy 国防戦略 ◇用例：US National Homeland Defense Strategy = 米国土防衛戦略
National Defense University (NDU) ①【自衛隊】防衛研修所 ②【米】国防総合大学
national defense zone (NDZ) ［C］ 国防圏
national disaster 国家的災害
National Drug Code (NDC) 【米】アメリカ薬剤法
National Economic Council (NEC) 【米】国家経済会議
National Electrical Code (NEC) 【米】アメリカ電気コード
National Electrical Manufacturers (NEMA) 【米】アメリカ電気製造者協会
national emergency 国家緊急事態
National Emergency Airborne Command Post (NEACP) 【米】国家非常事態空中指揮所 《NEACP = ニーキャップ》
national emergency command post afloat (NECPA) ［C］ 【米海軍】国家洋上緊急指揮所
National Endowment for the Arts (NEA) 【米】芸術基金
National Endowment for the Humanities (NEH) 【米】人文基金
National Formulary (NF) 【米】アメリカ処方集
National Foundation on the Arts and the Humanities 【米】芸術・人文科学基金
National Geospatial-Intelligence Agency

(NGA) 【米】国家地理空間情報局

National Guard (NG) ［the ～］ 【米】州兵 《正式名称は「the National Guard of the United States」》

National Guard Bureau ［the ～］ 【米】州兵総局 ◇用例：Chief of the National Guard Bureau ＝州兵総局長

National Imagery and Mapping Agency (NIMA) 【米】国家映像地図局

National Industrial Security Program Operating Manual (NISPOM) 【米】国家産業保全計画運用マニュアル

national information infrastructure 国家情報基盤

National Information Security Center ［the ～］ 【内閣官房】内閣官房情報セキュリティセンター 《現在は「内閣官房内閣サイバーセキュリティセンター（National Center of Incident readiness and Strategy for Cybersecurity）」に改組されている》

national infrastructure 国家基盤

National Institute for Defense Studies ［The ～］ 【防衛省】防衛研究所 《の英語呼称》◇用例：防衛研究所長 ＝ President, National Institute for Defense Studies

National Institute for Research Advancement (NIRA) 【日】総合研究開発機構

National Institute of Allergy and Infectious Disease (NIAID) ［the ～］ 【米】国立アレルギー感染症研究所

National Institute of Standards and Technology (NIST) 【米】標準・技術院

National Institutes of Health (NIH) ［the ～］ 【米】国立衛生研究所

national intelligence ［U］ 国家情報

national intelligence estimate 国家情報見積り

national intelligence support team ［C］ 国家情報支援チーム

national intelligence survey ［C］ 国家情報調査

national interest 国益

national inventory control point (NICP) ［C］ 【米】資材統制機関

National Item Identification Number (NIIN) 【米】ナショナル品目識別番号

National Labor Relations Board (NLRB) 【米】労働関係委員会

National Library of Education (NLE) 【米】国立教育図書館

National Library of Medicine (NLM) 【米】国立医学図書館

national logistics ［U］ 国家ロジスティクス

National Mediation Board (NMB) 【米】鉄道・航空労使調停委員会

National Microfilm Association (NMA) 【米】アメリカマイクロフィルム協会

national military authority ［C］ 国防機関

National Military Command Center (NMCC) 【米】国家軍事指揮センター

National Military Command System (NMCS) 【米】国家軍事指揮システム

national military establishment (NME) 国軍

National Military Joint Intelligence Center (NMJIC) 【米】国家軍事統合情報センター

national military strategy ［C］ 国家軍事戦略

National Missile Defense (NMD) 【米】国家ミサイル防衛 《現在、米国政府は「Missile Defense（MD）＝ミサイル防衛）」と呼称変更している》

National Mobilization Law 【米】国家総動員法

National Motor Freight Classification (NMFC) 【米】アメリカ自動車貨物分類

national objective ［C］ 国家目標

National Oceanic and Atmospheric Administration (NOAA) 【米】米国海洋大気局

National Ocean Service 【米】海洋業務部

National Park Service (IN-NP) 【米】内務省国立公園局

National Police Agency (NPA) ［the ～］ 【日】警察庁 ◇用例：警察庁長官 ＝ the Commissioner General of the National Police Agency

national policy 国家政策

national power 国力

National Priorities Project (NPP) ［the ～］ 【米】国家優先課題プロジェクト 《非政府組織（NGO）》

national property ［C］ 国有財産

national psychological warfare ［U］ 国家心理戦 《国家心理戦とは、平戦両時を通じ、敵国・中立国および友好国の国民ならびに自国民を対象として、その心理に働きかけ、国家政策の達成に有利な条件を醸成することを主たる目的と

して、政治的・外交的・経済的・軍事的および思想的手段を、国家レベルで計画的に行使することをいう。⊛ 統合訓練資料1-4》

National Public Safety Commission ［The ～］ 【日】国家公安委員会

National Railroad Passenger Corporation (AMTRAK) 【米】鉄道旅客公社

National Reconnaissance Office (NRO) 【米】国家偵察局 《スパイ衛星運用の主要拠点》

National Research Institute of Police Science (NRIPS) 【警察庁】科学警察研究所

National Science and Technology Council (NSTC) 【米】国家科学技術会議

National Science Foundation ［the ～］ 【米】全米科学財団

national security ［U］ 国家安全保障

National Security & Strategic Studies Office 【海自】戦略研究室 《海上自衛隊幹部学校～の英語呼称》

national security adviser ［C］ 【米】国家安全保障担当大統領補佐官

national security agencies ［pl.］ 国家保安当局

National Security Agency (NSA) 【米】国家安全保障局

National Security Council (NSC) ［the ～］ 【米】国家安全保障会議

National Security Directive (NSD) 【米】国家安全保障指令

national security expert ［C］ 国家安全保障の専門家

national security fellow ［C］ 国家安全保障担当者

National Security Incident Response Center (NSIRC) 【米】国家安全保障事態対応センター

National Security Institute ［the ～］ 【米】国家安全保障研究所

national security policy 国家安全保障政策

National Security Resources Board (NSRB) 【米】国家安全保障資源委員会

National Security Secretariat 【内閣官房】国家安全保障局 《の英語呼称》

National Security Space Strategy (NSSS) 【米】国家安全保障宇宙戦略

National Security Strategy (NSS) 【米】国家安全保障戦略

National Security Telecommunications and Information Systems Security Committee (NSTISSC) 【米】国家安全保障通信・情報システム・セキュリティ委員会

National Shipping Authority 【米】国家船舶運航統制局

national standard 国定規格 《日本の代表的な国定規格は、日本工業規格（JIS）や日本農林規格（JAS）など》◇用例：当該上場商品の等級について定められた国定規格があるときは＝when a specified national standard exists with regard to the grade of the Listed Commodity for Transactions on a Commodity Market

National Stock Number (NSN) ①【米】ナショナル物品番号 《ナショナル物品番号とは、連邦カタログ制度において定められた物品番号をいう。⊛ 防衛庁訓令第53号》 ②【海自】国内物品番号

national strategy ［C］ 国家戦略

National Strike Team Station 【海保】特殊救難基地 《の英語呼称》

National Support Cell (NSC) 【米】国家支援班

National Support Element (NSE) ［C］ 【米】国家支援小隊

National Technical Information Service (NTIS) 【米】技術情報部

National Telecommunications and Information Administration 【米】電気通信・情報局

National Training Center 【米】国家訓練センター

National Transportation Library 【米】運輸図書館

National Transportation Safety Board (NTSB) ［the ～］ 【米】国家運輸安全委員会

National War College 【米】国防大学

National Weather Service 【米】気象業務部

National Zoological Park (SI-Z) 【米】国立動物公園

nation state ［C］ 国民国家

NATO Air Defense Ground Environment (NADGE) NATO警戒管制組織 《NADGE＝ナッジ》

NATO ammunition ［U］ NATO弾 《NATO規格の弾薬》

NATO Catalog System (NCS) 【NATO】連邦カタログ制度 《装備品等の補給・管理を効率的に行うため、NATO諸国等の間で装備品等の情報を共有する制度》

NATO forces ［pl.］ NATO軍

NATO Maintenance Supply Services

Agency (NAMSA) NATO整備支援補給局

NATO Response Force (NRF) NATO即応部隊

NATO-Russia TMD Interoperability Study NATO－ロシア戦域ミサイル防衛相互運用性研究

NATO Standardization Agreement (STANAG) NATO標準化協定

N

NATO Stock Number (NSN) NATO物品番号 《NATO物品番号とは、NATOカタログ制度において定められた物品番号をいう。[典] 防衛庁訓令第53号》

NATO Supply Center (NASC) NATO補給本部

NATO Supply Classification (NSC) NATO分類番号

NATO Supply Code for Manufacturers (NSCM) NATO製造者記号

natural circulation boiler ［C］ 自然循環ボイラー

natural circulation reactor (NCR) ［C］【米海軍】自然循環式原子炉

natural convection ［U］ 自然対流

natural disaster 自然災害；天災

natural draft 自然通風

natural frequency ［U］ ①固有周波数 ②【海自】固有振動数

natural gas liquids (NGL) ［pl.］ 圧縮天然ガス

natural obstacle ［C］ 天然障害物

natural oscillation 固有振動

natural period ［C］ 固有周期

Natural Resources Conservation Service 【米】天然資源保全部

natural vibration 固有振動

natural wavelength ［C］ 固有波長

nautical almanac 航海暦

nautical astronomy ［U］ 航法天文学

nautical chart ［C］ 海図

nautical mile (NM) 海里 《1海里＝1, 852m》《浬（かいり）》

nautical table ［C］ 航海表

nautical twilight ［U］ ①【自衛隊】第2薄明 《太陽高度が、地平線の－12度から－6度までの薄明》 ②航海薄明

Nautilus 【米】ノーチラス 《原子力潜水艦名》

naval ［adj.］ 海軍の 《「navy」の形容詞形》

naval academy ［C］ 海軍兵学校

Naval Academy ［the ～］ 【米軍】海軍兵学校 《通称は「Annapolis」。正式名は「the United States Naval Academy」》

naval affairs ［pl.］ 【海軍】軍務

naval air base ［C］ 【米軍】海軍航空基地

Naval Air Engineering Facility (NAEF) 【米軍】海軍航空技術工作所 《現在は、「Naval Air Engineering Center」》

naval air facility (NAF) ［C］ 【米軍】海軍航空施設

Naval Air Facility, Atsugi (NAF, Atsugi) ＝US Naval Air Facility, Atsugi 【在日米軍】米海軍厚木航空施設

Naval Air Force (NAF) 【米軍】海軍航空隊

naval air station (NAS) ［C］ 【米軍】海軍航空基地

Naval Air Systems Command 【米軍】海軍航空システム・コマンド

Naval Air Training and Operating Procedures (NATOPS) 【米軍】海軍技術指令書

Naval Air Warfare Center Aircraft Division (NAWCAD) ［the ～］ 【米軍】海軍航空戦センター航空機課

naval and air operation 海空作戦 《海上作戦を有利に導くため、海上自衛隊の部隊と航空自衛隊の部隊とが、組織的連携の下に協力して行う作戦をいう。[典] 統合訓練資料1-4》

naval arsenal ［C］ 海軍工廠（かいぐんこうしょう）

naval attachè 海軍武官

naval automatic switching center ［C］ 海軍電子交換システム

naval band ［C］ 【海軍】軍楽隊

naval base ［C］ 海軍基地 ◇用例：US naval base＝米海軍基地

naval battle 海戦 《海軍の艦隊同士による激戦》

naval battle force 海軍機動部隊

naval beach group ［C］ 海軍海岸作業隊群

naval brigade ［C］ 海軍陸戦隊

naval building plan ［C］ 建艦計画

naval cadet ［C］ 海軍士官候補生

naval campaign ［C］ 海戦 《海軍（水上部隊、水中部隊、航空部隊等）によって行われる作戦》

naval coastal warfare ［U］ 海軍沿岸戦

naval college ［C］ 海軍兵学校

naval communications station ［C］ 海軍基地通信基地

437   nava

naval component commander ［C］ 海軍
構成部隊指揮官

Naval Computer and
Telecommunication 【米軍】海軍コン
ピューター・遠距離通信コマンド

naval control of shipping (NCS) 【米軍】
船舶運航軍事統制 《海軍当局により、同盟国商
船の移動、航路選定、報告および船団の構成、戦
術的な進路の変更等を統制することをいう。この
場合、船舶の積極的な防護は含まない。⊛ 統合訓
練資料1-4》

naval control of shipping liaison officer
(NCSLO) ［C］ 船舶運航軍事統制連絡官

naval control of shipping officer (NCSO)
［C］ 船舶運航軍事統制官

naval control of shipping organization
(NCSO) ［C］ 【米軍】船舶運航軍事統制
組織

naval diplomacy ［U］ 海軍外交

naval district ［C］ 海軍区

naval dockyard ［C］ 【英】海軍工廠

Naval Doctrine Command 【米軍】海軍教
義コマンド

Naval Education and Training 【米軍】海
軍教育訓練部

naval ensign ［C］ 軍艦旗

Naval Facilities Engineering Command
【米軍】海軍施設・工兵コマンド

naval flight officer (NFO) ［C］ 海軍航空
士官

naval force ［C］ ①海軍部隊 ②【海自】海
上部隊

naval forces ［pl.］ ①海軍 ②【海自】海上
兵力

naval gun ［C］ 艦艇搭載砲；艦砲 ◇用例：
6-inch naval gun＝6インチの艦砲

naval gunfire (NGF) 【海自】艦砲射撃 《艦
砲により、陸上の目標を射撃することをいい、対
陸上支援射撃および対沿岸射撃に区分される。
⊛ 陸自教範》

naval gunfire control party ［C］ 艦砲射
撃統制班

naval gunfire liaison officer ［C］ 艦砲射
撃連絡士官

naval gunfire liaison team ［C］ 艦砲射撃
連絡班

naval gunfire support 艦砲射撃支援；艦砲火
力支援

naval headquarters 海軍軍司令部

naval holiday 海軍休日

Naval Hospital ［the ～］ 【米軍】海軍病院

Naval Inactive Fleet 【米軍】海軍非現役戦隊

Naval Information Systems
Management 【米軍】海軍情報システム管
理部

Naval Inspector General 【米軍】海軍監察
総監

Naval Intelligence Processing System
(NIPS) 【米軍】海軍戦略情報処理装置

navalism ［U］ 大海軍主義

navalist ［C］ 大海軍主義者

Naval Legal Service Command 【米軍】
海軍法制コマンド

naval liaison officer (NLO) ［C］ 【空
自】海上連絡幹部

Naval Meteorology and Oceanography
Command 【米軍】海軍地理・海洋コマンド

naval mine ［C］ 【海軍】機雷 《水面下に
敷設・係留し、艦船が接触したり、磁気を感知し
たりすると爆発する爆弾。「機械水雷」の略》
《⊜ underwater mine》

Naval Ocean Surveillance Information
Center (NOSIC) 【米軍】海軍海洋監視情
報センター

Naval Ocean Surveillance Satellite
(NOSS) 【米軍】海軍海洋監視衛星 《NOSS
＝ノス》

naval officer ［C］ ①海軍士官；海軍将校
②【自衛隊】海自幹部

naval operation ①海軍作戦 ②【海自】海上作
戦 《必要な海域を獲得、維持するとともに、敵
の制海を拒否する等のために、海上部隊およびそ
の他所要の部隊を使用して、主として、海上にお
いて実施する諸作戦をいう。⊛ 統合訓練資料1-4》

naval operational logistics ［U］ 【海自】
作戦ロジスティクス

Naval Ordnance (NAV ORD) 【米】海軍
武器隊

Naval Ordnance Systems Command
(NAVORD) 【米軍】海軍武器体系統制所

Naval or Marine air base ［C］ 【米軍】
海軍または海兵隊航空基地

naval policy 海軍政策

naval port 軍港

naval power ①海軍力；海軍国 ②【海自】海上
防衛力

Naval Research Laboratory (NRL) 【米
軍】海軍研究所

Naval Reserve ［the ～］ 【米軍】海軍予
備役

N

Naval Reserve Force (NRF) 【米軍】海軍予備部隊

Naval Reserve Forces Operational 【米軍】海軍予備役部隊

naval review 観艦式

Naval Safety Center 【米軍】海軍安全センター

N

Naval Sea Systems Command 【米軍】海軍海上システム・コマンド

Naval Security Group Command 【米軍】海軍保全群コマンド

naval ship ［C］ 海軍艦船

Naval Ship Design Division 【防衛装備庁】艦船設計官 《の英語呼称》《護衛艦、潜水艦などの艦船の設計を行う。[典] 防衛装備庁HP》

naval ship survivability 艦艇残存性 《戦闘において艦艇の損傷を最小限にし、戦闘を継続する能力のこと。「ship survivability」は「船舶残存性」》

Naval Ship Systems Command (NAVSHIP) 【米軍】海軍艦船体系統制所

naval shipyard ［C］ 【米軍】海軍工廠

Naval Space Command 【米軍】海軍宇宙コマンド

Naval Space Surveillance (NAVSPASUR) 【米軍】海軍宇宙監視

naval special warfare ［U］ 海軍特殊戦

Naval Special Warfare Command 【米軍】海軍特殊戦コマンド

naval special warfare forces ［pl.］ 海軍特殊戦部隊

naval special warfare group ［C］ 海軍特殊群

naval special warfare unit ［C］ 海軍特殊戦部隊

naval station ［C］ 海軍補給地；海軍要港；海軍基地

naval stores ［pl.］ 海軍軍需品 《兵器は除く》

naval strategy ①海軍戦略 ②【海自】海上防衛戦略

naval strength ［U］ 海軍兵力量

Naval Submarine Support Command 【米軍】海軍潜水艦支援コマンド

naval supply depot ［C］ 海軍補給廠

Naval Supply Systems Command 【米軍】海軍補給システム・コマンド

naval support area ［C］ 上陸支援海域

naval surface fire support 対地火力支援

naval surface ship (N/S) ［C］ 水上艦艇

naval surgeon ［C］ 海軍軍医

Naval Systems Development Division 【防衛装備庁】装備開発官（艦船装備） 《の英語呼称》《船舶とそれに搭載する機器、武器などの開発を行う。[典] 防衛装備庁HP》

Naval Systems Research Center 【防衛装備庁】艦艇装備研究所 《の英語呼称》《船舶、船舶用機器、水中武器、音響器材、磁気器材および掃海器材のシステム化技術とこれらの要素技術について研究を行う。[典] 防衛装備庁HP》

Naval Tactical Data System (NTDS) 【米軍】海軍戦術データ・システム

naval uniform 【海軍】軍服

Naval Vehicle Research Division 【防衛装備庁】航走技術研究部 《の英語呼称》《船体、雷体、缶体、船舶の艤装（ぎそう）、推進装置および掃海器材に関する要素技術ならびに船舶用機器についての考案および調査研究を行う。[典] 防衛装備庁HP》

naval vessel ［C］ 艦艇

Naval War College (NAWC) 【米軍】海軍大学

naval warfare ［U］ 海戦 《海上と海中で行われる戦闘》

naval warfare doctrine 海戦ドクトリン

navigable semicircle ［C］ 可航半円

navigation (NAV) ［U］ 航法

navigational aid inoperative for parts (NAIOP) 特別緊急請求 《保安管制・気象用器材部品特別緊急請求》

navigational aids (NAVAIDS) ［pl.］ ①【空自】航法援助施設 ②【海自】航路標識施設

navigational air flight inspection system (NAFIS) ［C］ 航法援助施設飛行点検システム

navigational beacon ［C］ 航海用ビーコン

navigational computer set (NCS) 航法計算機

navigational control ［U］ 【陸自】航進統制 《ヘリボン作戦または航空輸送において航空機の行動を作戦上の要求に適合させるため、飛行経路、時刻等を統制することをいう。[典] 陸自教範》

navigational equipment ［U］ 航海機器

navigational facility ［C］ 航法設備

navigational instrument ［C］ 航法用計器

navigation computer ［C］ 航法計算機

navigation coordinate 航行座標

navigation countermeasures (NAVCM) ［pl.］ 電波航法対抗策

navigation display (ND) ［C］ 航法指示計
器《航空機》

Navigation Equipment Section 【海自】
航法器材班《の英語呼称》◇用例：航法器材班
長＝Officer, Navigation Equipment Section

navigation head ［C］ 端末地《㊇陸上輸
送と水上輸送の接点である地点をいう。したがっ
て「端末港」にすると正確ではなくなるが、「端末
地」では通じず、かつ意味上に問題がなければ
「端末港」にする》

navigation light ［C］ ①【海自】航海灯：
航空灯；飛行灯 ②【空自】航法灯

navigation light indicator ［C］ 航海灯表
示盤

navigation mark ［C］ 航路標識

navigation mode 飛行モード

navigation radar ［C］ 【海自】航海レーダ
ー《航行の安全のため、比較的近傍の目標の捜
索に使用する》

navigation sonar ［U］ 航海ソーナー《航
海に必要な水深、自艦の速力などの情報を得るた
めのソーナー。NDS Y 0012B》

navigation zone ［C］ 航路帯《艦船を通航
させるために設けられる安全な海域》

navigator ［C］ ①【空自】航法士 ②【海自】
航海長《航海長は、航行、信号、見張り、操舵、
気象およびこれらに係る物件の整備に関する業務
を所掌する。㊇海幕人第10346号》

Navigator 【空自】偵察航法幹部《幹部特技区
分の英語呼称》

navy ［C］ 海軍

Navy (USN) ［the ～］ 【米軍】米国海軍

Navy Achievement Medal 【米軍】海軍任
務遂行章

navy aircraft ［pl.＝～］ 海軍航空機

Navy Area Defense (NAD) 【米軍】海軍
地域防衛

navy base ［C］ 海軍基地

Navy Bureau of Ships (NBSH) 【米軍】
海軍艦船局

Navy Department ［the ～］ 【米軍】海
軍省

navy exchange ［C］ 売店；酒保《米海軍基
地内の売店》

Navy General Staff (NGS) 【米軍】海軍参
謀本部

**Navy International Programs Office
(NIPO)** 【米軍】海軍国際プログラム事務所

navy man ［pl.＝navy men］ 海軍軍人

Navy Medical Research Institute

(NMRI) 【米軍】海軍医学研究所

**Navy Navigation Satellite System
(NNSS)** 【米軍】海軍航法衛星システム

Navy Post Office (NPO) 【米軍】海軍郵
便局

navy ramp ［C］ 海軍駐機場

Navy Resale Activity (NRA) 【米軍】ネ
イビー・リセイル・アクティビティ《旧Navy
Exchange》

Navy support element (NSE) ［C］
【米軍】海軍支援部隊

Navy tactical air control center ［C］
【米軍】海軍戦術航空管制センター

**Navy tactical ballistic missile defense
capability** ［C］ 【米軍】海軍戦術弾道ミサ
イル防衛能力

**Navy tactical missile system
(NTACMS)** ［C］ 【米軍】海軍戦術ミサイ
ル・システム

Navy Theater Wide Defense (NTWD)
【米軍】海上配備型上層システム

navy yard ［C］ 海軍工廠；海軍造船所

NBC center (NBCC) ［C］ 【陸自】防護
センター《対特殊武器戦に関する情報業務、計
画の作成、指揮下部隊に対する統制等を一元的に
実施するため、特殊武器の脅威に応じ、方面隊お
よび師団・旅団指揮所内に設けられる組織をい
う。㊇陸自教範》《NBC＝nuclear, biological
and chemical（核・生物・化学）》

**NBC Countermeasure Medical Unit
(NBCCBMED)** 【陸自】対特殊武器衛生隊
《の英語呼称》《対特殊武器衛生隊は、2個の対特
殊武器治療隊を保有し、生物剤感染患者の応急治
療を実施する部隊》

NBC defense ［U］ NBC防御

NBC defense operations ［pl.］ 【陸自】
対特殊武器戦《敵の特殊武器使用による被害を
局限して、作戦・戦闘全般への影響を最小限にし、
部隊の任務達成を容易にするための諸活動をい
う。㊇陸自教範》

NBC reconnaissance vehicle ［C］ 【陸
自】NBC偵察車《車体に放射線測定器材、有毒
化学剤および生物剤の検知・識別装置を搭載した
車両》

NBC report ［C］ 【陸自】特殊武器に関す
る報告・通報《敵の使用した特殊武器の種類、
時期、位置、危険地域、汚染状況等を知らせるた
めの報告・通報をいう。㊇陸自教範》

NBC warfare ［U］ NBC戦；核・生物・化学
戦《核兵器・生物兵器・化学兵器を使用する戦
いおよびこれを用いる敵の攻撃に対する防護対策
を採ることをいう。㊇統合訓練資料1-4》

NBC Weapon Defense Unit 【陸自】特殊武器防護隊 《の英語呼称》◇用例：第14特殊武器防護隊 = 14th NBC Weapon Defense Unit（14NBC）

NBC weapons [pl.] ①NBC兵器 ②【陸自】特殊武器 《核武器、化学武器および生物武器あるいはこれらの総称をいう。㊞ 陸自教範》

NBC weapons protection [U] 【陸自】特殊武器防護 《敵の特殊武器使用に対して、被害を最小限にとどめて任務を遺憾なく遂行するため、部隊および隊員が自らを保護する機能をいう。㊞ 陸自教範》

N-day N日（えぬび）《現役部隊が展開または移動を指示された日》

neap tide 小潮

near bank 近岸

near-by unit [C] 近傍所在部隊

near edge [C] 近端

nearest landing field (NLF) [C] 最寄り着陸場

near-infrared 近赤外線 《近赤外線は、可視光に近い赤外線であり、主に約1000℃以上の高温物体が放つ光（0.9〜2.5ミクロン帯）㊞ 電子装備研究所研究要覧》

near land operating area [C] 陸地に接近した空母の作戦区域

near mid-air collision (NMAC) 異常接近

near miss ニアミス；異常接近 《航空機》

near-peer competitor [C] 潜在的競争国 《戦力が拮抗している相手国》

near real time (NRT) ニア・リアルタイム

near sound field [C] 近距離音場 《㊞ far sound field = 遠距離音場》

near-term mine reconnaissance system (NMRS) [C] 【米海軍】近距離機雷偵察システム

neat line [C] 図郭線（ずかくせん）

necessary [adj.] 所要の ◇用例：necessary preparations = 所要の準備

necessary unit [C] 所要の部隊 ◇用例：other necessary units = その他所要の部隊

needle [C] 針；可動子

needle bar [C] 針棒（はりぼう）

needle bar connecting link [C] 針棒クランク

needle mine [C] 磁針型機雷

needle plate [C] のど板；針板（はりいた）

needle valve [C] ニードル弁

need to know 必知事項 《情報は知る必要のある人のみに伝え、知る必要のない人には伝えないことをいう。㊞「最小権限の原則」もある。「need to know」で通じる》

negative (NG) 否

negative acknowledgement 否定符号

negative bias 負バイアス

negative buoyancy [C] 負浮力

negative charge 負電荷

negative counter [C] 負カウンター

negative counting 負計数

negative dihedral angle [C] 下反角（かはんかく）

negative feedback (NF) 負帰還 《㊞ reverse feedback》

negative G マイナスG

negative gradient [C] 負勾配（ふこうばい）

negative-grid oscillator [C] 負格子発振器

negative lens [C] 負のレンズ

negative modulation 負変調

negative oscillator [C] 負抵抗発振器

negative phase relay [C] 逆相継電器

negative pitch propeller [C] 負ピッチ・プロペラー

negative report [C] ネガティブ報告；否定報告

negative resistance 負性抵抗；負抵抗

negative security assurance (NSA) [U] 消極的安全保障

Negative Security Assurances (NSAs) 消極的安全保証 《核兵器国が非核兵器国に対し核兵器を使用しない旨約束することをいう。㊞ 日本の軍縮・不拡散外交》《㊞ Positive Security Assurances = 積極的安全保証》

negative stability [U] 負復原力

negative temperature gradient [C] 負の温度勾配

Negishi Housing Area [the 〜] 【在日米軍】根岸住宅地区

neglect of duty 職務怠慢

negligible risk 無視しうる危険

negotiate [vt.] 折衝する

negotiation ①折衝；交渉 ②ネゴシエーション 《JREAP-Cプロトコルによる装置間でタイム・ソースを決めるためにCommon Time Referenceを送受信してタイム・ソースを決定することをいう。㊞ JAFM006-4-18》

Negotiation on Conventional Forces in Europe (CFE) 欧州通常戦力交渉

441   neut

neighboring country ［C］ 隣国　◇用例：
neighboring countries ＝ 周辺諸国

Nellis Air Force base 【米軍】ネリス空軍
基地

neon arc lamp ［C］ ネオン・アーク灯

neon glow lamp ［C］ ネオン電球

neon tube ［C］ ネオン管

neon tube lamp ［C］ ネオン管灯

neoprene ネオプレン

nephoscope ［C］ 測雲器 (そくうんき)

nerve agent ［C］ 神経剤　《毒ガスの一種》
◇用例： military grade nerve agent ＝ 軍用級の
神経剤

nerve gas 神経ガス　《サリン、VXなど》

net authentication ［U］ 通信系固有識別

net buoyancy ［C］ 正味浮力

net call sign 通信系呼び出し符号

net casualty 純損耗数　《某期間における人員
の総損耗数から当該期間における勤務復帰者の数
を除いた損耗数をいう。⍟ 陸自教範》

net control station (NCS) ［C］ ①【統
幕・陸自・空自】統制通信所　《一つの通信系内に
おいて、各通信所の交信実施を統制する通信所を
いう。⍟ 統合訓練資料1-4》 ②【海自】通信統制所

net efficiency ［U］ 正味効率

net explosive weight (NEW) ［U］ 爆薬
純重量

net horsepower 正味馬力

net inventory assets ［pl.］ 純在庫量

net loading ［U］ 網梯子による移乗

net loss 正味損失

net mean pressure 正味平均圧；正味平均圧力

net plan ［C］ 通信網構成計画

net slip 正味スリップ

net sweep ネット掃海；網掃海

net thrust ①正味推力　②【海自】真推力
《⍟「真推力」は、海上自衛隊でのみ通用する》

net ton 純トン

net tonnage 純トン数　《総トン数から船員室、
機関室など船の運航に必要な場所を差し引き、旅
客や貨物を積載する容積を示す》

net usable space 正味貯蔵地積

net weight ［U］ 正味重量；純重量

network ［C］ ①ネットワーク　《ネット
ワークとは、電気通信回線で接続された電子計算
機、周辺機器および付帯設備で構成されたものを
いう。⍟ 陸自教範》 ②通信網

network-centric warfare (NCW) ［U］
ネットワーク中心の戦い

network design load (NDL) ネットワーク
設計ロード　《戦術データ交換システム (TDS)
ネットワークを構築する際、各端末装置に設定す
る個々のネットワーク設計データをいう。
⍟ JAFM006-4-18》

networked, integrated, attack-in-depth
to disrupt, destroy and defeat (NIA/
D3) ネットワーク化、統合化された縦深攻撃に
よる敵の混乱、破壊、打倒

network intrusion detection (NID) ［U］
ネットワーク侵入検知

network management system (NMS)
［C］ ネットワーク管理システム

network of observation 観測網

Network Operation Group 【統幕】ネット
ワーク運用隊　《自衛隊指揮通信システム隊～の
英語呼称》

network participation group (NPG)
［C］ ネットワーク参加グループ　《戦術データ
交換システム (TDS) の各種メッセージは、機能
ごとにグループ化されており、この機能別グルー
プのことをいう。⍟ JAFM006-4-18》

network security function (NSF) ネット
ワーク・セキュリティ機能　《連接関連装置にお
いて、規定外のメッセージの検出および遮断を行
う機能をいう。⍟ JAFM006-4-18》

network sniffing ネットワーク・スニッフィン
グ　《ネットワーク通信を監視し、プロトコルを
解読し、対象とする情報のヘッダーとペイロード
を調べることをいう》

network time reference (NTR) 時刻基準
局　《戦術データ交換システム (TDS) ネットワー
クの中で、基準時刻となる役割を持っている
JTIDSユニット (JU) をいう。⍟ JAFM006-4-18》

Neumann effect ノイマン効果

neutral angle ［C］ 中立姿勢角

neutral buoyancy ［U］ 中性浮力

neutral burning 中性燃焼

neutral bus ［C］ 中性母線

neutral conductor ［C］ 中性線

neutral earthing 中性点接地

neutral equilibrium 中立平衡
《⍟ indifferent equilibrium》

neutral flame 中性炎

neutral grounding 中性点接地

neutrality ［U］ 中立

neutralization ①制圧　《敵部隊に損害を与え、
一時的にその戦闘力の発揮を妨害するものであ

り、敵部隊は、人的損耗を補充し、装備を修理すれば再び活動する。[典] 陸自教範》 ②無力化 《軍事力を使用して、敵の戦争遂行能力または作戦実施の能力を一時的または所望の期間、発揮し得ないような状態にすることをいう。[典] 統合訓練資料1-4》 ③安全化 《発火装置を不作動または無害なものにすること。[典] NDS Y 0001D》

N

neutralization activity ［C］ 無力化活動 《保全すべき対象の秘匿、部隊の健全性の維持、施設等に対する防護処置の強化等により、敵等の情報・謀略活動を無効化する活動(防勢的活動)と、情報・謀略活動を行う敵部隊等の撃滅、施設・器材の破壊等により、敵の情報・謀略活動そのものを排除する活動(攻勢的活動)をいい、保全の目的を達成するための活動である。[典] 陸自教範》

neutralization fire ①【陸自】制圧射撃 《[同] suppression fire》 ②【海自】掃討射撃

neutralization value 中和価

neutralize ［vt.］ ①無力化する；制圧する ②中立にする

neutralized track ［C］ ニュートラライズド・トラック 《バッジ用語》

neutralizing attack ［C］ 制圧攻撃

neutral line ［C］ 中立線

neutral particle beam weapon (NPBW) ［C］ 中性粒子ビーム兵器

neutral point ［C］ 中性点

neutral position ［C］ 中性位置

neutral refractory 中性耐火物

neutral state ［C］ 中立国

neutron ［C］ 中性子

neutron bomb ［C］ 中性子爆弾 《「放射線強化兵器」の通称》

neutron induced radioactivity ［U］ 中性子誘発放射能

New Agenda Coalition (NAC) 新アジェンダ連合 《非同盟・西側諸国の中の6カ国(ブラジル、エジプト、アイルランド、メキシコ、ニュージーランド、南アフリカ)による核軍縮推進を目的としたグループ。[典] 日本の軍縮・不拡散外交》

New Agenda Initiative 新アジェンダ 《旧 New Agenda Coalition (NAC)》

New and Non-Official Remedies (NNR) 【米】新規及び局方外薬品

new attack submarine (NAS) ［C］ 【米海軍】新攻撃型潜水艦

New Central Command Post (NCCP) 【自衛隊】新中央指揮所

New Central Command System (NCCS) 【海自】新中央指揮システム

new construction 新規建築

New Field Artillery Digital Automatic Computer ［the ～］ 【自衛隊】新野戦特科射撃指揮装置

new guard 上番衛兵

new high frequency radio system ［C］ 【自衛隊】新地上無線機

New Independent States (NIS) 【旧ソ連】新独立国家

new light observation helicopter (XOH-1) ［C］ 【自衛隊】新小型観測ヘリコプター

newly ensign 【海自】初任3尉；実習初級幹部

New Medium Range Air-to-Air Missile (XAAM-4) ［the ～］ 【自衛隊】新中距離空対空誘導弾

New Medium Range Surface-to-Air Missile ［the ～］ 【自衛隊】新中距離地対空誘導弾

New Nuclear-Powered Attack Submarine 【米海軍】新型攻撃型原子力潜水艦 《艦種記号： NSSN》

New People's Army (NPA) 新人民軍 《フィリピン共産党の軍事部門》

New Sanno US Forces Center ［the ～］ 【在日米軍】ニューサンノー米軍センター

New Short Range Air-to-Air Missile (XAAM-5) ［the ～］ 【自衛隊】新短距離空対空誘導弾

New Short Range Ship-to-Air Missile system ［C］ 【自衛隊】艦載用新短SAMシステム

new silver 洋銀

news media representatives (NMRs) ［pl.］ 報道機関代表者

new sonar intercept system (NSIS) ［C］ 【米海軍】新型ソーナー逆探システム

New World Order 新世界秩序

next higher commander ［C］ 直上指揮官 《直近上位にある指揮官》

next higher echelon ［C］ 直上部隊

nick ニック

night 夜間 《1. 日没時刻から日出時刻までをいう。2. 22時から翌日7時までをいう》

night airglow 大気光

night attack ［C］ 夜間攻撃

night bomber ［C］ 夜間爆撃機

night CAP 夜間CAP 《CAP(キャップ) = combat air patrol(戦闘空中哨戒)》《[対] day CAP = 昼間CAP》

night combat = nighttime combat 夜間戦闘

◇用例：night combat capability = 夜間戦闘能力

night defensive position (NDP) ［C］ 夜間防御陣地

night differential 夜勤給

night effect 夜間効果

night exercise ［C］ 夜間演習

night fighter ［C］ 夜間戦闘機

night firing 夜間射撃

night flight ［C］ 夜間飛行 《口語は「ナイト・フライト」》

night flight training operations ［pl.］ 夜間飛行訓練の運用

night glass ［U］ 夜間望遠鏡

night heckler ［C］ 夜間制圧隊

Night Landing Practice (NLP) 【米軍】夜間着陸訓練 《夜間着陸訓練とは、航空母艦(空母)の艦載機が、滑走路の一部を空母の着艦甲板に見立て、夜間、地上の誘導ライト等を頼りに大きな推力を維持しつつ滑走路上に定められた基点に向けて滑走路に進入し、着陸後直ちに急上昇して復航することを数回繰り返す訓練》

night march 夜間行進

night myopia ［U］ 夜間近視

night observation device ［C］ 夜間観測装置

night operations ［pl.］ 夜間作戦

night target acquisition capability ［C］ 夜間監視能力

nighttime exercise ［C］ 夜間訓練 ◇用例：late-night exercise = 深夜の訓練

nighttime pursuit ［U］ 夜間追撃

nighttime withdrawal 夜間離脱

night traffic line ［C］ 夜間乗り入れ禁止線

night training exercise ［C］ 夜間演習

night visibility ［U］ 夜間視程

night vision ［U］ 夜間視力；夜間視界

night vision device (NVD) ［C］ 暗視装置 《夜間に人工的に照明することなく目標を視認できる装置。[典] NDS Y 0004B》

night vision goggles (NVG) ［pl.］ 暗視ゴーグル

night vision sight ［C］ 狙撃銃用暗視装置 《小銃に装着する暗視装置。[典] NDS Y 0004B》

night weapon sight ［C］ 照準用暗視装置

Niijima Branch 【防衛装備庁】新島支所 《の英語呼称》《誘導武器の発射試験に関する業務を行う。[典] 防衛装備庁HP》

Nike-Ajax 【米軍】ナイキアジャックス 《米陸軍の地対空ミサイル》

Nike Hercules 【米軍】ナイキ・ハーキュリーズ 《ミサイル名》

Nike Operation Center (NOC) 【空自】ナイキ管制所 《の英語呼称》

Nike operation officer (NOO) ［C］ 【空自】ナイキ管制官

nimbostratus (Ns) 乱層雲

nimbus ①乱雲；雨雲 ②後光

nitrocotton ［U］ 綿薬

nitrogen absorption ［U］ 窒素吸収

nitrogen elimination ［U］ 窒素排泄(ちっそはいせつ)

nitrogen mustard (HN) ［U］ 窒素マスタード 《毒ガスの一種》

nitrogen narcosis 窒素酔い 《潜水》

nitroglycerine ニトログリセリン 《爆薬の一種》

no change (NC) 変更なし

no-control steaming 人力汽醸；無管制汽醸

nocturnal radiation ［U］ 夜間放射

nodal point ［C］ 節点

nodding scan ノッディング走査

Node room ［C］ ノード室

node status ノード・ステータス 《リモート起動制御対象装置の現在のステータスをいう。[典] JAFM006-4-18》

Nodong I ノドン1号 《北朝鮮の弾道ミサイル。労働1号》

no Doppler target ［C］ ノー・ドップラー目標

no-electronic jamming 非電子的ジャミング

no fire area (NFA) = no-fire area ［C］ 【陸自】射撃禁止地域 《住民避難地域、病院および敵中の我が拠点等が我の射撃によって被害を受けないようにするために設ける地域をいい、作戦部隊指揮官が設定する。[典] 陸自教範》

no fire line (NFL) = no-fire line ［C］ ①射撃禁止線 ②【海自】射撃中止線

no firing zone ［C］ 射撃禁止領域

No First Use (NFU) 先制不使用 《核兵器による攻撃を受けない限り、核兵器を使用しないことをいう》

no-gyro vectoring ノージャイロ誘導 《定針儀か故障した航空機に対するレーダー誘導をいう。[典] 空自訓練資料005-94-3》

noise ［U］ ノイズ 《家庭で使用している掃除機やドライヤーなどのモーター類や工場等社会活動における屋外で発生するノイズが電波と一緒に

受信機に混入して受信電波を乱す現象。®電子装備研究所研究要覧》

noise augmentation emitter (NAE) ［C］ 雑音発生器

noise augmentation unit (NAU) ［C］ 欺瞞音源発生装置 《各種の船舶放射雑音を模擬する艦船装備のデコイ。® NDS Y 0012B》

noise canceller ［C］ 雑音消去器

noise complaint 騒音の苦情 《離着陸訓練に対する騒音の苦情》

noise contour ［C］ 騒音コンター

noise emission control ［U］ 音響管制 《敵のソーナーによる探知を避けるため、艦内で発生する雑音を一定の基準にしたがって規制すること。® NDS Y 0012B》

noise-equivalent temperature difference (NETD) 雑音等価温度差 《見分けることが可能な温度差（温度分解能）。赤外線撮像装置の感度の指標。® NDS Y 0004B》

noise figure ［C］ 雑音指数

noise filter ［C］ 雑音濾波器

noise generator ［C］ 雑音発生装置

noise jamming 雑音妨害

noise level (NL) ［C］ 雑音レベル；騒音値

noise level monitor ［C］ 雑音監査機 《艦艇に装備し、自艦の各部から発生する水中雑音や船体振動などを監査するための装置。® NDS Y 0012B》

noise-limited condition 雑音制限状態

noise limiter ［C］ 雑音制限器 ◇用例：automatic noise limiter ＝ 自動雑音制限器

noise maker ［C］ 雑音発生装置

noise measurement 【海自】雑音測定 《自衛艦の船体から水中に放射される雑音を測定するものであり、艦艇の就役後および定期検査後に実施する》

noise reduction baffle ［C］ 遮音壁

noise silencer ［C］ 雑音消去器

noise squelch ［C］ 雑音遮断器

noise suppressor ［C］ ①【空自】雑音抑制器；雑音防止器 ②【海自】雑音抑圧器

noise susceptibility ［U］ 雑音感受性

no joy ノージョイ

no lift angle ［C］ 無揚力迎え角

no load 無負荷

no load running 無負荷運転

no load test ［C］ 無負荷試験

no load voltage 無負荷電圧

nomenclature 品名；部品名

nomenclature plate ［C］ 銘板

nominal atomic bomb ［C］ 標準原子爆弾

nominal diameter 呼び径

nominal dimension 呼び寸法

nominal focal length 標準焦点距離

nominal frequency band (NFB) ［C］ 公称周波数バンド

nominal horsepower 公称馬力

nominal initial velocity ［U］ 公称初速

nominal pressure 呼び圧；呼び圧力

nominal rating 公称定格

nominal scale 名義尺度

nominal sensitivity ［C］ 公称感度

nominal size 呼び寸法

nominal voltage 公称電圧

nominal weapon ［C］ 通常核兵器

nonadjustable (NONADJ) ［adj.］ 調節できない；調整できない

Non-Aligned Movement (NAM) 非同盟運動

nonaligned state ［C］ 非同盟国家

nonalignment 非同盟

nonappropriated fund (NAF) ［C］ 歳出外資金

non auto-initiation 非自動イニシエーション 《防空指令所（DC）における航跡の自動生成を禁止するため、防空監視所（SS）で設定する領域をいう。® JAFM006-4-18》

non-automatic control ［U］ 非自動制御

nonbattle casualty ［C］ ①非戦闘損耗死傷病者 ②【陸自・海自】非戦闘損耗 《戦闘行動に起因しない人員の損失をいい、非戦闘死亡、非戦傷（病）死、非戦闘行方不明および在隊患者に分類される。® 陸自教範》《® battle casualty ＝ 戦闘損耗》

nonbattle dead 非戦闘死亡

nonbattle losses ［pl.］ 非戦闘損耗 《戦闘行動に起因しない死亡、負傷、疾病、行方不明等による人員の損耗をいう。® 統合訓練資料1-4》《® battle losses ＝ 戦闘損耗》

non-cataloged (N/C) ［adj.］ 未類別

noncombatant ［C］ 非戦闘員 《1. 降伏者および捕獲者。2. 戦闘力を失った戦闘員の負傷者、病者および離船者。3. 軍隊の衛生要員および宗教要員。4. 文民。® 統合訓練資料1-4》《® combatant ＝ 戦闘員》

noncombatant evacuation operation (NEO) ①【自衛隊】非戦闘員後送作戦 ②非戦闘員退避活動

noncombatant troops ［pl.］ 非戦闘部隊

non-combat duty ＝noncombat duty 非戦闘任務

non-commissioned officer (NCO) ［C］ ①【自衛隊】曹 《自衛隊では下士官を「曹」という》 ②下士官

non-compulsory reporting point ［C］ 任意位置通報点

noncontiguous facility ［C］ 非隣接機関

non-continuous liner ［C］ 非一体ライナー

non-delay fuze ＝nondelay fuze ［C］ 無延期信管 《着発信管の一種。弾着時の慣性によって撃針が起爆筒を打撃し、発火させる信管。[典] NDS Y 0001D》《[同] inertia fuze＝慣性信管》《[対] delay fuze＝延期信管》

non-destructive inspection (NDI) 非破壊検査

non-destructive-reading memory ［C］ 非破壊読み出し記憶装置

non-destructive test ［C］ 非破壊試験 《[対] destructive test＝破壊試験》

non-developmental item (NDI) ［C］ 開発不要品目 《新規の開発を必要としない品目》

nondirectional antenna ［C］ ①【空自】無指向性アンテナ ②【海自】無指向性空中線

nondirectional beacon ［C］ 無指向性ビーコン

nondirectional radio beacon (NDB) ［C］ 無指向性無線標識

nondirectional sonobuoy ［C］ 無指向性ソノブイ

non-divergence level ［C］ 非発散高度

nonduplicate (NDUP) 非重複

non-duty connected 業務外

noneffective rate ［C］ 【陸自】無効者率；無効率 《算定期間中の隊員千人あたり1日について、無効患者(1日を越えて、休養・療養する者)が何人あったかを示す比率をいう。[典] 統合訓練資料1-4》

noneffective sortie ［C］ 無効果出撃

non-electric blasting cap ＝blasting cap, non-electric ［C］ 非電気雷管 《[対] electric blasting cap＝電気雷管》

nonelectric jamming 非電子的ジャミング

non-executive type message ［C］ 了解発動法

nonexpendable ［adj.］ 非消耗性

nonexpendables ［pl.］ 非消耗品 《[対] expendables＝消耗品》

nonexpendable supplies ［pl.］ 非消耗品 《[対] expendable supplies＝消耗品》

nonexpendable supplies and materials 非消耗品 《[対] expendable supplies and materials＝消耗品》

nonfixed medical treatment facility ［C］ 移動医療施設

nonfixed term service 非任期制

nonfreezing mixture 不凍混合物

non-governmental organization (NGO) ［C］ 非政府組織 《理念的に非政府かつ非営利の立場で、公共あるいは社会的弱者である他者の利益のために活動する団体をいう。[典] 陸自教範》

non-ground system 非接地方式

non-group aircraft ［pl.］ ノン・グループ航空機 《ノン・グループ航空機とは、航空機グループに含まれない航空機をいう。[典] 防管航第7575号》

non-hygroscopic powder (NH) 非吸湿性無煙火薬

nonhypergolic propellant 非自燃性推進薬（ひじねんせいすいしんやく） 《酸化剤と接触しても発火しない液体推進薬。[典] NDS Y 0001D》《[対] nonhypergolic propellant＝非自燃性推進薬》

non-illuminated ［adj.］ 非照明の

nonilluminated attack ［C］ 無照明攻撃

nonlethal chemical agent ［C］ 無傷害化学剤 《生理的効果によって、人員および動物を一時的に無力化する物質をいう。[典] 陸自教範》

nonlethal weapon ［C］ 非致死性兵器 《[対] lethal weapon＝致死性兵器》

nonlinear distortion 非直線ひずみ

non-magnetic engine ［C］ 非磁性エンジン 《磁性材料(鋼など)の使用を最小限にし、磁気量を低減したエンジン。掃海艇などに使用される。対義語は「magnetic engine(磁性エンジン)」であり、一般的なエンジンのことをいう》

non-magnetic materials ［pl.］ 非磁性材料 《磁化されにくい材料》◇用例：non-magnetic materials＝非磁性鋼材

non-metallic line ［C］ ノン・メタリック回線 《交換機と電話端末機器を接続する回線において、光伝送装置を含む多重通信装置を介しているものをいう。[典] JAFM006-4-18》《[対] metallic line＝メタリック回線》

non-nuclear strategic war (NNSW) ［U］ 非核戦略戦争

non-nuclear warfare ［U］ 非核戦争 《[対] nuclear warfare＝核戦争》

non-nuclear weapon country (NNWC)

N

［C］　非核兵器保有国

non-nuclear weapon state　［C］　非核保有国　《⊗ nuclear weapon state = 核保有国》

non-oscillatory spin　無振動スピン

nonparallel track　［C］　非平行トラック

nonpersistent agent　［C］　非持続性化学剤《⊗ persistent agent = 持続性化学剤》

nonpersistent chemical agent　［C］　非持続性化学剤

non-physician health supervisor　［C］　医師ではない衛生管理者

non-plastics　［pl.］　非塑性

non-precision approach　非精測進入　《精測進入以外の計器進入をいう》《⊗ precision approach = 精測進入》

non-profit organization (NPO)　［C］　民間の非営利団体

nonprogram aircraft　［pl. = ～］　計画除外機

Non-Proliferation and Disarmament Initiative (NPDI)　軍縮・不拡散イニシアティブ

non-recoverable (NR)　［adj.］　修復不能

non-recoverable item　［C］　非修復性品目

non-registered publication　［C］　非登録刊行物；未登録刊行物

nonregular scheduled flight　［C］　不定期運航

non-repairable (NR)　［adj.］　修理不能

non-repairable item　［C］　修理不能品《⊗ repairable item = 修理可能品》

non-repudiation　否認防止　《情報システムを利用して電子計算機情報の送受信を行った者が、当該の送受信を行ったことを否定できないようにすることをいう。⊗ 防衛省訓令第160号》

non-salient pole alternator　［C］　非突極交流発電機

nonsecure　［adj.］　秘匿されていない

nonstandard (NONSTD)　［adj.］　非標準の；非制式の；非規格の

nonstandard item　［C］　非標準化品目《⊗ standard item = 標準品目》

nonstandard unit　［C］　非標準部隊

nonstocked item　［C］　①非保管品目　②【海自】非在庫品

non-stop run　無着陸飛行

non-strategic nuclear weapon　［C］　非戦略核兵器　《⊗ strategic nuclear weapon = 戦略核兵器》

non-submarine　ノン・サブマリン　《潜水艦ではないという意味》

non-system track　［C］　ノン・システム航跡《バッジ用語》

non-toxic gas (NTG)　非毒性ガス

non-under command light　［C］　運転不自由灯

non-unit-related cargo (NURC)　部隊携行外貨物

non-US citizen suspected of being a terrorist　［C］　テロリスト容疑の非米国市民

non-US forces　［pl.］　非米国軍

nonvolatile storage　［C］　持久性記憶装置

non-watertight compartment　［C］　非水密区画

non-work allowance　［C］　休業手当て

noon sun fix　太陽位置法

no parking　駐車禁止

no-parking perimeter　［C］　駐車禁止区域

no response procedure　無応答法

normal action run　同航

normal approach course　［C］　直角接敵針路

normal charge　①標準装薬；常装薬　《基準初速（定められた初速）で弾丸を発射するために必要な装薬。⊗ NDS Y 0001D》　②通常充電

normal condition　【海自】常備状態　《満載状態から真水、燃料、糧食等、通常の航海において消費する物件を満載量の1/3消費した状態。⊗ 統合訓練資料1-4》

normal cruise　［C］　【空自】常用巡航

normal cruising airspeed　【空自】常用巡航速度

normal day-by-day routine　［C］　【海自】平常業務

normal deployability posture (ND)　通常展開段階

normal formation　［U］　【空自】基本隊形《編隊の基本隊形》

normal impact　直角弾着　《目標に垂直な弾着。⊗ NDS Y 0006B》

normal interval　［C］　正常間隔

normal landing　【空自】正常着陸

normal operation　①通常運用；通常作戦◇用例：under normal operation = 通常の運用では　②通常操作　③正常な動作

normal operational limit　【空自】常用運転制限

normal power climb　常用出力上昇

447　　　　　　　　　　　　　　　　　　　　　nose

normal procedure　[C]　通常手順

normal rated power　常用定格出力

normal rated RPM　【空自】正規回転数

normal solution　[C]　規定液

normal speed　【海自】常用速力

normal start　正常始動

normal sweep　正常掃引

normal time　①正常時間　《㊥ abnormal time
= 異常時間》　②正味時間　《作業を遂行するた
めに直接必要な時間》《㊥ net time》

normal traffic pattern　[C]　常用場周経路

normal turn　①【空自】普通旋回　②【海自】正
常旋回

normal value　①正常値　《㊥ abnormal value
= 異常値》　②平年値　《気象》

normal zone of fire　主射撃区域

North American Aerospace Defense
Command (NORAD)　【米軍】北米航空宇
宙防衛軍　《NORAD = ノーラッド》

North American Air Defense Command
(NORAD)　【米軍】北米防空軍司令部

North Atlantic Cooperation Council
(NACC)　北大西洋協力会議

North Atlantic Treaty Organization
(NATO)　[The ～]　北大西洋条約機構

Northeast Asia Cooperation Dialogue
(NEACD)　[The ～]　北東アジア協力ダイ
アログ

Northeastern Army (NEA)　【陸自】東北
方面隊　《の英語呼称》◇用例：東北方面総監部
= Northeastern Army Headquarters
(NEAHQ)；東北方面総監部幕僚長 = Chief of
Staff, Northeastern Army HQ

Northeastern Army Flag-Unit　【陸自】東
北方面フラッグ隊　《の英語呼称》《北方面隊内の
女性自衛官をもって編成され、東北方面音楽隊
(Northeastern Army Band)の演奏と連携し、旗
による演技を披露する。陸上自衛隊唯一のフラッ
グ隊》

Northeastern Lumber Manufacturers
Association (NELMA)　【米】東北部木材
生産者協会

northerly turning error　北旋誤差

Northern Aircraft Control and Warning
Wing　【空自】北部航空警戒管制団　《の英語
呼称》

Northern Air Defense Force　【空自】北部
航空方面隊　《の英語呼称》◇用例：北部航空方
面隊司令部(北空司令部) = Headquarters,
Northern Air Defense Force

Northern Alliance　北部同盟　《アフガニスタ
ン》◇用例：Northern Alliance commander =
北部同盟司令官；Northern Alliance forces = 北
部同盟軍

Northern Army (NA)　【陸自】北部方面隊
《の英語呼称》

Northern Army Group (NAG)　【NATO】
北部軍集団

Northern Command (NORTHCOM)
[the ～]　【米】北方軍　《正式名称は「United
States Northern Command (USNORTHCOM)
= 米国北方軍」。地域別統合軍の一つ》

Northern Limit Line (NLL)　北方限界線
《朝鮮半島において、国連軍側が自軍の艦艇およ
び航空機の活動の北方限界を規定するために設定
した線》

Northern Training Area (NTA)　[the
～]　【在日米軍】北部訓練場　《沖縄》◇用
例：北部訓練場返還式 = the Return Ceremony
of the Northern Training Area

Northern Viper　【陸自】ノーザンヴァイパー
《国内における陸上自衛隊と米海兵隊との実動訓
練の演習名》

northing　北距 (ほっきょ)

North Kanto Defense Bureau　【防衛省】
北関東防衛局　《の英語呼称》《前身は「東京防衛
施設局」》◇用例：北関東防衛局長 = Director
General of North-Kanto Defense Bureau

north pole　北極

north reference (NREF)　ノース・リファレ
ンス　《ペトリオット用語》

north-seeking action　指北作用

north-seeking device　[C]　指北装置
《ジャイロ・コンパスの指北装置》

north-seeking gyroscopic element　[C]
指北機構

north-seeking pole　指北極 (しほっきょく)
《北を向く磁極》

north-seeking torque　指北トルク

North Wind　【陸自】ノースウインド　《国内
における陸上自衛隊と米陸軍との実動訓練の演習
名》

nose circle　先端円

nose cone (NC)　[C]　ノーズ・コーン　《航
空機の場合は、胴体前端の円錐状に整形された部
分をいう。レーダーや電子機器を収納するレドー
ムを兼ねている場合もある。ミサイルの場合は、
先端部に装備し、大気中を飛翔中に空力加熱から
内部の弾頭を保護するカバーをいう》

nose cover　[C]　機首カバー

nose dive　垂直降下

nose 448

nose-down 機首下げ 《＠ nose-up＝機首上げ》

nose fuze ［C］ 弾頭信管 《弾頭に装着して使用する信管。＠ NDS Y 0001D》《＠ point fuze；point detonating fuze》

nose gear wheel ［C］ ①【空自】前輪 ②【海自】前車輪

nose-high attitude 機首上げ姿勢 《＠ nose-low attitude＝機首下げ姿勢》

nose-high stall 機首上げ失速 《＠ nose-low stall＝機首下げ失速》

nose irritant ［C］ くしゃみガス

nose landing gear (NLG) ［C］ ①前脚 ②前輪式降着装置；前部降着装置

nose-low attitude 機首下げ姿勢 《＠ nose-high attitude＝機首上げ姿勢》

nose-low stall 機首下げ失速 《＠ nose-high stall＝機首上げ失速》

nose of cam カム先端

nose of thunderstorm 雷雨の鼻

nose over ①ノーズ・オーバー ②【海自】とんぼ返り

nose piece ［C］ 頭部

nose plug ［C］ ノーズ・プラグ；弾頭栓；弾頭プラグ

nose ring ［C］ 揚収環

nose section ［C］ ①前部 《機体の前部》 ②先端部

nose section fuselage ［C］ 前部胴体

nose spray 前方破片

nose steering 前輪操向

nose-up 機首上げ 《＠ nose-down＝機首下げ》

nose wheel well ＝nose-wheel well ［C］ 前車輪室

no significant unknown (NU) 処置不要彼我不明機（しょちふようひがふめいき）

no-strike list (NSL) ［C］ 非攻撃対象リスト

no-strike target list ［C］ 非攻撃目標リスト

not applicable (N/A；NA) ①【陸自】該当せず ②【空自】非該当

notation 記号

notch effect ノッチ効果

not complied with (NCW) 未実施

note ［C］ ①注意 ②準則；通達

not go end 止まり側

not go gauge ［C］ 止まりゲージ

notice 通報

notice of delayed items 遅延品目の通知

notice of termination 解雇通知

notice to airman (NOTAM) ノータム 《航空施設、航空業務、航空手続または運航上の危険に関する航空情報》

notice to mariner 航路告示

notification (NOTIF) 通知；通報

notify ［vt.］ 通報する

not included (N/INCL) 含まれていない

not in stock (NIS) 在庫なし

not in stock list property (NISL) ［C］ 物品目録非記載物品

notional ship ［C］ 計画基準船

not mission capable 非任務可動

not operationally ready, maintenance (NORM) 整備待ち非可動

not operationally ready, supply (NORS) 補給待ち非可動

not rated (N/R) 定めていない；定格なし

not repairable this station (NRTS) 基地修理不能

not required (N/R) 不要

no vehicle-light line ［C］ 車両灯火禁止線 《夜間、この線から前方では車両等の灯火使用を禁止する線をいい、この線を通過して前方に行く車両は、無灯火行進を行い、この線を通過して後方に向かう車両は、管制灯火行進を行う。＠ 統合訓練資料1-4》

no wind range (NWR) ［C］ 無風距離

nozzle ［C］ ①ノズル ②【海自】火口

nozzle angle ［C］ ノズル角

nozzle closure ノズル・クロージャー 《ロケット・モーターの防塵・防湿のためにノズル部に装着するフタ。＠ NDS Y 0001D》

nozzle cut-out governing ノズル締め切り調速

nozzle efficiency ［U］ ノズル効率

nozzle plate ノズル板

nozzle valve ［C］ ノズル弁

NPT Review Conference ［The ～］ NPT 運用検討会議 《核兵器不拡散条約（NPT）の運用状況について検討する締約国間の会議》

Nth country ［C］ 次期核兵器所有国

nuclear ［adj.］ 核の

nuclear accident ［C］ ①核事故 ②原子力事故

nuclear airburst 空中核爆発

nuclear arms reduction　核軍縮

nuclear attack　[C]　核攻撃 《核兵器による攻撃》

nuclear, biological and chemical weapon (NBC weapon)　[C]　核・生物及び化学兵器

nuclear biological chemical warfare (NBC warfare)　[U]　核・生物・化学戦；NBC戦

nuclear bomb　[C]　核爆弾

nuclear burst　核爆発

nuclear capability　[C]　核戦力

nuclear cloud　核雲；原子雲

nuclear column　[C]　核コラム

nuclear damage　[U]　①核被害；核損害②原子力被害；原子力損害

nuclear damage assessment　核被害評価；核損害評価

nuclear defense (NUCDEF)　[U]　核防御；核防護

Nuclear Defense Affairs Committee (NDAC)　【NATO】核防衛問題委員会

nuclear deterrent capability　[C]　核抑止力

nuclear detonation detection and reporting system (NUDETS)　[C]　核爆発探知警報組織

nuclear detonation evaluation technique (NUDET)　[C]　核爆発探知技術

nuclear disarmament　[U]　核軍縮

nuclear energy　核エネルギー

Nuclear Energy Agency (NEA)　原子力機関 《OECD》

nuclear explosion　[C]　核爆発

nuclear explosion detection satellite (NDS)　[C]　核爆発探知衛星

nuclear fission　[U]　核分裂

nuclear forces communications satellite (NFCS)　[C]　核戦力通信衛星

nuclear-free　[adj.]　非核の；核のない

nuclear-free declaration by local authorities　非核自治体宣言

nuclear fusion　核融合

nuclear intelligence (NUCINT)　[U]　核情報

nuclear logistics movement　核兵站移動

nuclear material　[C]　核物質

nuclear missile　[C]　核ミサイル

nuclear nation　[C]　核保有国

Nuclear Ordnance Catalog Office (NOCO)　【米】核兵器類別局

nuclear parity　核の均衡；核均衡

Nuclear Posture Review (NPR)　【米】核態勢の見直し 《米国の核政策・核態勢等に関する包括的な見直し》

nuclear power　[C]　核保有国

nuclear powered aircraft carrier　[C]　①原子力空母　②【空自】原子力航空母艦 《艦種記号：CVN》

nuclear-powered cruise missile　[C]　原子力推進型巡航ミサイル

nuclear-powered guided missile cruiser　[C]　原子力誘導ミサイル巡洋艦 《艦種記号：CGN》

Nuclear Powered Ship and Submarine Recycling Program (NPSSRP)　【米海軍】原子力艦リサイクル・プログラム

nuclear powered submarine　[C]　原子力潜水艦

nuclear radiation　[U]　核放射線

nuclear reaction　核反応

nuclear reactor　[C]　原子炉

Nuclear Regulatory Commission (NRC)　【米】原子力規制委員会

Nuclear Renaissance　原子力ルネッサンス

Nuclear Risk Reduction Center　【米】核危機軽減センター

nuclear round　核弾薬

nuclear safety　[U]　原子力安全 《原子力の適正な使用、事故の防止、事故の影響緩和を達成することによって人や環境を放射線の危険から防護すること。㉕日本の軍縮・不拡散外交と》

nuclear safety line　[C]　核安全線

nuclear security　[U]　核セキュリティ 《核物質、その他の放射性物質、その関連施設およびその輸送を含む関連活動を対象にした犯罪行為または故意の違反行為の防止、探知および対応》◇用例：nuclear security threats ＝ 核セキュリティ脅威

nuclear shelter　[C]　核シェルター

nuclear stalemate　核手詰まり

nuclear strike warning　核攻撃警報

nuclear submarine (NS)　[C]　原子力潜水艦；原潜

nuclear suitcase　[C]　スーツケース型核爆弾

Nuclear Suppliers Group (NSG)　原子力供給国グループ

nuclear test　[C]　核実験

Nuclear Test-Ban Treaty　[the ～]　核実

験禁止条約

nuclear transmutation 核変換；核変換反応

nuclear umbrella ［C］ 核の傘

nuclear underground burst 地下核爆発 《[同] atomic underground burst》

nuclear underwater burst 水中核爆発 《[同] atomic underwater burst》

nuclear vulnerability assessment 核脆弱性評価

nuclear war ［C］ 核戦争

nuclear warfare ［U］ 核戦争 《[対] non-nuclear warfare = 非核戦争》

nuclear warhead ［C］ 核弾頭

nuclear warning message ［C］ 核警戒メッセージ

nuclear weapon ［C］ ①核兵器 《原子核の分裂または核融合反応より生ずる放射エネルギーを破壊力または殺傷力として使用する兵器。[典] 日本の軍縮・不拡散外交》

nuclear weapon accident = nuclear weapons accident ［C］ 核兵器事故

nuclear weapon degradation 核兵器劣化

nuclear weapon employment time 核兵器使用所要時間

nuclear weapon exercise ［C］ 核兵器演習

nuclear weapons free zone ［C］ 非核兵器地帯

nuclear weapon state ［C］ 核保有国 《[対] non-nuclear weapon state = 非核保有国》

nuclear yield 核出力

nuisance minefield ［C］ ①擾乱地雷原 ②妨害機雷原

nul ナル 《防空指令所 (DC) の測高要求に対して、防空監視所 (SS) が測高を実施したが、当該航跡の高度を測定できない状態をいう。[典] JAFM006-4-18》

null indicator ［C］ 中性点指示器

null method 零位法

Numazu Beach Training Area ［the ～］ 【在日米軍】沼津海浜訓練場

numbered fleet ［C］ 戦術艦隊

numbered reference position ［C］ 番号基準点

number of aircraft 機数

number of clear days 快晴日数

number of cloudy days 曇天日数

number of days partly cloudy 晴天日数

number of days with precipitation 降水日数

number of fighting days 継戦日数

number of revolution 回転数

number of shots 射撃弾数

number of stroke 行程数

number plate ［C］ 文字板

numeral flag ［C］ 数字方旗

numeral group ［C］ 数字符号

numeral pennant = numerical pennant ［C］ 数字旗

numeral sign 数字符 《手旗信号の数字符》

numerical forecasting 数値予報

numerical hook (NUM HOOK) ナム・フック 《ペトリオット用語》

numerical prediction 数値予報

numerical summary (NUSUM) ニューメリカル・サマリー 《バッジ用語》

numerical weather prediction 数値気象予報

nurse balloon ［C］ 補助気球

nurse corps (NC) ［C］ ①看護師部隊 ②看護師

nursing officer ［C］ 【自衛隊】看護官

Nusra Front ヌスラ戦線 《シリアで活動するスンニ派過激組織》

nutation 章動 (しょうどう)

nutation field ［C］ 章動場

Nyquist rate ナイキスト・レート

【 O 】

Oak Leaf Cluster 【米】樫葉章

oar lock ［C］ かい受け；オール受け

oath of enlistment 宣誓

obedience ［U］ 服従

obesity ［U］ 肥満症

obey ［vt.］ 服従する

objective (Obj) ［C］ 目標 《1. 目的を達成するために具体的に行うべき事項をいう。2. 部隊が占領または到達すべき地域をいう。3. 射撃等の対象物をいう。[典] 陸自教範》

objective analysis 客観解析

objective area ［C］ 目標地域 《目標の存在する地域をいう。[典] 陸自教範》

objective line (Obj L) ［C］ 【陸自】進出線 《攻撃、追撃等において、部隊の進出すべき

地線をいう。㋺ 陸自教範》

objective plane [C] 目標面

objective point [C] 弾着点

objectivity [U] 客観性

obligated reservist [C] 義務予備役

obligation outlay expense 歳出化経費

obliged vessel [C] 義務船

oblique aerial photograph ＝ oblique air photograph [C] 斜め空中写真

oblique barrage [C] 斜向弾幕

oblique drawing [C] 斜投影図；斜行図

oblique equation 傾斜均時差

oblique fire ①【陸自】斜射（しゃしゃ） ②【海自】斜め打ち

oblique photography [U] 斜め写真 《写真の撮影技術》

obscuration 発煙

obscuration fire 煙幕射撃

obscuration smoke [U] 【陸自】目つぶし煙幕 《敵の地上からの監視・観測および行動を妨害するため、敵を包むように構成する煙幕をいう。㋺ 陸自教範》

observation (Obsn) [U] ①観測 《敵情、地形、気象、射弾等を観察・測定することをいう。㋺ 陸自教範》 ②偵察

observation airplane [C] 観測機

observation altitude (Obs Alt) 観測高度；測高度

observational twilight [U] 天測薄明

observation field [C] 露場

observation helicopter (OH) [陸自] 観測ヘリコプター 《陸上自衛隊において、敵情の偵察・監視等に使用するヘリコプター》

observation network [C] 観測網

observation of fire [U] ①【陸自】射弾観測 ②【海自】弾着観測 《弾着点または破裂点と目標との遠近、左右および上下ならびに信管秒時の偏位量を観測することをいう。海上自衛隊訓練資料第175号》

observation point [C] 観測点

observation post (OP) [C] ①観測位置 《空中観測機の観測位置》 ②監視所；観測所

observation telescope [C] 観測用望遠鏡

observed altitude 観測高度；実高度

observed drift 測定偏流

observed fire 観測射撃 《弾着を直接観測しながら行う射撃。㋺ NDS Y 0005B》

observed fire procedure ①【空自】観測射撃手順 ②【海自】間接射撃修正法

observed position [C] 実測位置 《船位の種類》

observed present range [C] 測定現在距離

observer [C] ①観測者 ②【海自】審査官；見張り員

observer force 監視軍；監視隊

observer forward [C] 前進観測者

observer identification [U] 観測者識別

observer-target line (OTL) [C] 観目線 《海上自衛隊においては、対地射撃陸上管制班または観測機から目標を見る方位（真方位または磁気方位）をいう。陸上自衛隊においては、観測者から目標に至る線をいう。㋺ 統合訓練資料1-4》

observer-target range [C] 観目距離

observing angle [C] 観砲頂角（かんほうちょうかく） 《砲目線と観目線の交わる角。㋺ NDS Y 0005B》

observing line [C] 観目線（かんもくせん） 《観測位置（観測者または観測所）と目標を結ぶ線。㋺ NDS Y 0005B》

observing point [C] 覘視点（てんしてん）

observing sector [C] 監視区域

obsolete item [C] 使用不適品

obstacle [C] 【陸自】障害；障害物 《敵の空・地・海からの機動を制限し、時間の余裕の獲得および我が火力効果の増大等を図るものをいい、障害となる物体としていう場合には障害物という。㋺ 陸自教範》《㋺ obstruction》

obstacle clearance surface 無障害物表面

obstacle course [C] 障害物訓練場 《障害物が沢山設置されている訓練場》

obstacle detection/avoidance technology 障害物探知回避技術

obstacle plan [C] 障害計画

obstruction [C] 【陸自】障害；障害物 《㋺ obstacle》

obstruction clearance [U] ①最低障害物間隔 ②【海自】最小障害物余裕

obstruction light [C] 障害灯；航空障害灯

obstructive phenomena to vision 視程障害現象

obtained score 得点

obturation 緊塞（きんそく） 《弾丸の発射時、火薬類の燃焼ガスが銃身から漏れないようにすること。㋺ NDS Y 0002B。㋺「緊塞」とは、塞いで密閉すること》

obturator [C] 緊塞具（きんそくぐ） 《火薬類の燃焼ガスが後方に漏れるのを防ぐために閉鎖機などに組み込む装置。㋺ NDS Y 0003B》

occasional intelligence report ［C］ 随時情報報告

occasional light ［C］ 臨時灯

occasional repair 臨時修理 《オーバーホール以外の作業をいう》

occluded cyclone ［C］ 閉塞低気圧

occluded front ［C］ 閉塞前線（へいそくぜんせん）

occlusion 閉塞（へいそく）

occulting light (Occ) 明暗光

occupation 占領

occupational aptitude test ［C］ 職域適性検査

occupational field ［C］ 職域 《[同] appointment area》

occupational rating ［C］ 職種等級

Occupational Safety and Health Administration (OSHA) 【米】労働安全衛生管理局

occupation forces ［pl.］ 占領軍；駐屯軍

occupation of position 陣地占領

occupied area ［C］ 占領地域

occupied territory ［C］ 占領地

occupy ［vt.］ 占領する

occupying army ［C］ 占領軍

ocean convoy ［C］ 外航船団

ocean escort 外航護衛

ocean-going convoy ［C］ 外航船団

ocean-going ship ［C］ 外航船

oceanic climate ［U］ 海洋気候 《[同] maritime climate; marine climate》

oceanic control area ［C］ 洋上管制区

oceanic flight ［C］ 洋上飛行

Oceanic Surveillance Information System Center (OSISC) 【米】海洋哨戒情報システム・センター

oceanic transition route (OTR) ［C］ 洋上転移経路

oceanic type 海洋型

ocean manifest 船荷明細書

Oceanographic Observation 【海自】海洋観測所 《の英語呼称》◇用例： 海洋観測所長＝Commanding Officer, Oceanographic Observation

oceanographic observation station ［C］ 海洋観測所

oceanographic officer ［C］ 【海自】観測長 《観測長は、海洋の観測、気象およびこれらに係る物件の整備に関する業務を所掌する。[典] 海幕人第10346号》

oceanographic prediction 海洋予報

oceanographic research ［U］ 海洋観測 《海洋における水温、塩分、海潮流、海底地形、地質、生物、音響、海中電導度、地磁気等について測定または観察することをいう。[典] 統合訓練資料1-4》

oceanographic research ship (AGS) ［C］ 【海自】海洋観測艦

oceanographic service unit ［C］ 海洋資料作業隊

oceanography ［U］ 海洋学 《海水の働き、水温と塩分の分布、海洋の熱収支、海洋の循環、波と潮汐などについて研究する学問。[典] 防衛大学校HP》

Oceanography ASW Support Command 【海自】海洋業務・対潜支援群 《の英語呼称》◇用例： 海洋業務・対潜支援群司令＝Commander, Oceanographic ASW Command；海洋業務・対潜支援群首席幕僚＝Chief Staff Officer, Commander Oceanographic ASW Command

ocean patrol submarine ［C］ 海洋哨戒潜水艦

ocean shipping ［U］ 海洋輸送

ocean station vessel ［C］ 定点観測船

ocean surveillance ［U］ 洋上監視

ocean surveillance information system (OSIS) ［C］ 海洋監視情報システム

ocean surveillance satellite (OSS) ［C］ 海上監視衛星

ocean surveillance ship (AOS) ［C］ 【海自】音響測定艦

ocean terminal ［C］ 海洋端末地

ocean terminal facility ［C］ 洋上ターミナル施設

octant 八分儀

octave band ［C］ オクターブ帯域

octave band analysis オクターブ帯域分析

ocular ①接眼レンズ ②【海自】接眼鏡

ocular housing 視度調節環

oculogyral illusion オキュロジャイラル錯覚；回転めまい

ODA budget ［the ～］ 【日】ODA予算

odd harmonics 奇数調波

Odua People's Congress (OPC) オドゥーア人民会議 《ナイジェリア南西部のヨルバ族による武装民族組織》

off bore-sight capability ［C］ オフ・ボア

サイト能力

off center 偏心

off-center PPI 偏心PPI 《PPI = plan-position indicator（図形表示管）》《逆 open center PPI = 開心PIP》

off channel selectivity [U] チャンネル外選択度

off-course [adj.] オフコース 《航路外》《逆 on-course = オンコース》

off-course detector [C] オフコース検出器

off-course position [C] オフコース位置

off-duty hours [pl.] 勤務時間外

off-duty illness [U] 私傷病

offense [U] 違反行為

offensive [n.] ①攻勢 《敵を求めて、これを撃破しようとする積極可動的な形態をいう。この形態をもって行う作戦を「攻勢作戦」という。逆 陸自教範》《逆 defensive = 防勢》 ②攻者

offensive [adj.] 攻撃的な；攻勢の

offensive air operation 航空攻撃作戦

offensive counter air (OCA) = offensive counterair 《空自》攻勢対航空 《敵の航空戦力に対し、主として地上にある敵の航空機、防空システムおよび敵の航空戦力を支えている全てのものを攻撃して撃破する作戦をいう。逆 JAFM006-4-18》《逆 defensive counter air = 防勢対航空》

offensive counter air attack operation = offensive counterair attack operation 攻勢対航空攻撃作戦

offensive counter air operation = offensive counterair operation 攻勢対航空作戦 《逆 defensive counter air operation = 防勢対航空作戦》

offensive grenade [C] 攻撃手榴弾 《非金属容器の円筒形の手りゅう弾で、爆風および衝撃によって人員を殺傷する。逆 NDS Y 0001D》《逆 defensive grenade = 防御手榴弾》

offensive minefield [C] 《海自》攻勢機雷原 《逆 defensive minefield = 守勢機雷原》

offensive mining operation 《海自》攻撃機雷戦；攻勢機雷敷設戦 《逆 defensive mining operation = 守勢機雷敷設戦》

offensive missile [C] 攻撃用ミサイル

offensive operation 攻撃作戦 《敵を求めて、これを攻撃する積極主動的な作戦をいう。逆 統合訓練資料1-4》《逆 defensive operation = 防勢作戦》

offensive strategy 攻勢戦略 《逆 defensive strategy = 防勢戦略》

Office of Assistant Director for Civilian Personnel (ADCP) 《在日米陸軍》民間人事課

Office of Civil and Defense Mobilization (OCDM) [the ～] 【米】民間防衛動員局

Office of Civilian Health and Medical Program of the Uniformed Services (OCHAMPUS) 【米】軍文官医療計画室

Office of Cyber Defense 【統幕】サイバー企画室 《指揮通信システム部指揮通信システム企画課～の英語呼称》

Office of Cybersecurity and Communications (CS&C) 【米】サイバーセキュリティ通信室 《国土安全保障省の一部門》

Office of Cyber Security and Information Assurance (OCSIA) 【英】サイバーセキュリティ・情報保証部 《政府全体のサイバーセキュリティ戦略の立案・調整などを行う機関。内閣府の一部門》

Office of Economic Adjustment (OEA) 【米国防総省】経済調整室

Office of Economic Impact and Diversity 【米】経済効果及び多角的委員会

Office of Government Ethics (OGE) 【米】政府倫理局

Office of Homeland Security [the ～] 【米】国土安全保障局

Office of Justice Programs (OJP) 【米】司法計画局

Office of Management and Budget (OMB) 【米】行政管理予算局

Office of Munitions Control (OMC) 【米】軍需品供給局

Office of National Drug Control Policy 【米】薬物取締政策局

Office of Naval Intelligence (ONI) 【米軍】海軍情報部

Office of Naval Research (ONR) 【米軍】海軍研究局

Office of Personnel Management (OPM) 【米】人事管理局

Office of Resource Management 【在日米陸軍】呉財産室

Office of Science and Technology Policy 【米】科学技術政策局

Office of Special Counsel (OSC) 【米】公務公正・適正確保特別顧問局

Office of Special Investigation 【米】特別調査部

Office of Strategic Services (OSS) 【米】戦略情報局 《CIAの前身機関》

Office of the Assistant Secretary of

Defense (OASD) 【米軍】国防次官補官房

Office of the Chief 【在日米陸軍】隊長室;部長室

Office of the Chief of Naval Operations 【米軍】海軍作戦本部

Office of the Commander 【在日米陸軍】司令官室

Office of the Comptroller of the Currency (OCC) 【米】通貨統制官室

Office of the Division Chief 【在日米陸軍】部長室

Office of the High Representative (OHR) 上級代表事務所

Office of the PM Representative 【在日米陸軍】憲兵隊事務所

Office of the Prime Minister's Official Residence 【日】総理大臣官邸事務所

Office of the Secretary of Defense (OSD) 【米】国防省内部部局

Office of the Secretary of the Army (OSA) 【米軍】陸軍長官官房

Office of the Secretary of Treasury (TR-OS) 【米】財務省長官官房

Office of the UN High Commissioner for Refugees (UNHCR) 【国連】国連難民高等弁務官事務所

Office of the United Nations High Commissioner for Human Rights (OHCHR) [the ～] 【国連】人権高等弁務官事務所

Office of Thrift Supervision (OTS) 【米】倹約貯蓄機関監督局

Office of Treasurer of the United States (TR-OT) 【米】財務省出納局

Office of War Information (OWI) 【米】戦時情報部

officer [C] ①【自衛隊】幹部 《働 一般にいう「将校」のこと》◇用例: Self-Defense Forces officer = 幹部自衛官 ②将校 《少尉以上》

officer candidate (OC) [C] ①【自衛隊】幹部候補生 《幹部になる予定の者》 ②少尉候補生

Officer Candidate School (OCS) [the ～] 【自衛隊】幹部候補生学校 《の英語呼称》

officer conducting the exercise [C] 演習統制官

officer in charge (OIC) [C] ①【陸自】係幹部(かかりかんぶ) ②【空自】先任幹部 ③係将校(かかりしょうこう);係士官(かかりしかん)

officer in tactical command (OTC) [C]

【海自】戦術指揮官 《多数の艦船または部隊が戦術的に合同して作戦を実施している場合に、戦術指揮をとる所在先任指揮官またはその指揮官が指定した指揮官をいう。働 統合訓練資料1-4》

officer in the Army [C] 陸軍将校 《自衛隊の「陸自幹部」に相当する》

officer of the day [C] ①【自衛隊】当直幹部 ②当直将校;日直将校;当直士官;日直士官

officer of the deck (OOD) [C] 【海自】当直士官(停泊) 《通常、1等海尉以上の自衛官が当直士官の勤務に服する。働「当直幹部」は、「当直士官」と「副直士官」の総称》

officer of the guard [C] 警衛司令

officer of the watch [C] 当直士官 《甲板または機関室の当直士官》

officer on duty [C] ①当直士官 ②【海自】当直幹部

officer's quarter [C] 士官居住区

officers room [C] 【防衛省】幹部室

official approval [U] 承認

official correspondence [U] 公用郵便

Official Debt Rescheduling 【日】公的債務繰延べ

Official Development Assistance (ODA) 【日】政府開発援助 《我が国が実施する開発途上国への経済的援助》

official documents for answering an inquiry for permission 回答

official documents for notice 通知

official documents for order issued by superior organ 通達

official documents for report [C] 登録報告

official documents for request to inquiry 照会

official documents to acquire authorization 伺い

official envelope [C] 公用封筒

official flight [C] 任務運航

Official Gazette 【日】官報

official information [U] 公式情報

official report [C] 公報

official request for approval permission 申請

official request to superior office 上申

official sea trial 海上公試運転

official test [C] 公試

official trial 公試;公試運転

off limits 立入禁止

off-line diagnostic executive component (OLDE) オフライン診断実行部 《バッジ用語》

off load ①卸下（しゃか） ②ミサイル卸下 《翁 on load ＝ ミサイル搭載》

off loading ＝ off-loading ［U］ 卸下（しゃか） 《部隊、装備品および補給品を船舶、航空機、列車、車両またはその他から積み卸しを行うことをいう。翁 統合訓練資料1-4》《翁 on loading ＝ 搭載》

off-post ［adj.］ 駐屯地外の

offset ①偏流量；偏位量 ②相殺 《敵の能力をオフセット（相殺）すること》

offset aim point ［C］ オフセット照準点

offset angle ［C］ ①オフセット角 ②【海自】開角

offset approach 迂回近接

offset bombing ＝ off-set bombing 間接照準爆撃

offset cam ［C］ 片寄りカム

offset course computer ［C］ オフセット・コース計算機

offset cylinder ［C］ 片寄りシリンダー

offset distance 偏移距離；オフセット距離

offset fire control ［U］ 仮標射撃管制

offset pipe ［C］ 食い違い管

offset point ［C］ 最終旋回開始点；オフセット・ポイント 《要撃機が接敵のために、機動する旋回点および最終攻撃方位を取るための旋回点をいう。翁 JAFM006-4-18》

offset strategy ［C］ オフセット戦略 《潜在的な敵対者が強みを持つ分野で直接競争を挑むのではなく、新しい作戦コンセプトや技術の導入により、自国が優位性を持つ分野に競争の軸をずらす戦略》◇用例：the First Offset Strategy ＝ 第1のオフセット戦略

offset tracking 間隔追従

offshore air patrol 外域航空哨戒

offshore bulk fuel system ［C］ 沖合燃料移送システム

offshore financial center ［C］ オフショア金融センター

Offshore Financial Center assessments オフショア金融センター評価プログラム

offshore patrol 外域哨戒

offshore patrol vessel (OPV) ［C］ 外洋哨戒艦；外洋哨戒船

offshore petroleum discharge system ［C］ 沖合油脂類荷揚システム

offshore procurement ［U］ 域外調達

off-the-record オフレコ；非公開

off-the-shelf ［adj.］ 既製品

off-the-shelf item ［C］ ①【統幕】軍用仕様品目 ②既製品目

off the wind 風下に

Ogaden National Liberation Front (ONLF) オガデン民族解放戦線 《エチオピア東部のオガデン地域の分離独立を目的に設立された武装組織》

Ogasawara airmass 小笠原気団

Ogasawara high 小笠原高気圧

Ogden Air Logistics Center (OOALC) 【米軍】オグデン航空兵站センター

ogive ①【空自】弾頭卵形部（だんとうらんけいぶ） 《弾丸前方の円弧部。「蛋形部（たんけいぶ）」ともいう》 ②【海自】流線部

oil baffle collar ［C］ 油撥ねつば（あぶらはねつば）

oil barge ［C］ ①重油船 ②【海自】油船 《艦種記号： YO》

oil basin ［C］ 油溜め（あぶらだめ）

oil bath 油浴（ゆよく）

oil bath lubrication 油浴式潤滑

oil bomb ［C］ 油脂焼夷弾（ゆししょういだん）

oil box ［C］ 油箱

oil brake ［C］ 油ブレーキ

oil buffer ［C］ 油緩衝器；油緩衝装置

oil buffer body ［C］ 油圧緩衝器；油圧緩衝箱

oil buffer tube ［C］ 油圧緩衝筒

oil burner ［C］ 油バーナー

oil can ［C］ 油差し

oil catcher ［C］ 油受け

oil circuit breaker ［C］ 油入り遮断器

oil cleaner ［C］ 油清浄機

oil cloth 油布（あぶらぬの）

oil cock ［C］ 油コック

oil collector ［C］ 油寄せ

oil consumption ［U］ 油消費量

oil control valve ［C］ 油制御弁

oil-cooled piston ［C］ 油冷ピストン

oil-cooled valve ［C］ 油冷弁

oil cooler ［C］ 油冷却器

oil deflecting plate ［C］ 油止め板

oil deflecting ring ［C］ 油止めリング

oil deflector ring ［C］ 油反射輪

oil dilution system ［C］ ①【空自】滑油希釈装置 ②【海自】油薄め装置

oil dipper ［C］ 油すくい

oil drain 排油 《排油とは、航空機の燃料タンクから給油車のタンクへ燃料を移送することをいう。[典] DSP D 6003F》

oil drain sump ［C］ 排油だまり

oil dump 油溜め（あぶらだめ）

oiler ［C］ ①給油艦；油槽船（ゆそうせん）

oil extractor ［C］ 油抜き

oil feeder ［C］ 油差し

O

oil filler ［C］ オイル注入孔；オイル注入ドアー

oil filling pipe ［C］ 油取り入れ管

oil filling post ［C］ 油取り入れ口

oil film 油膜

oil film lubrication 油膜潤滑

oil filter ［C］ ①オイル・フィルター ②【海自】油こし器

oil fire 油火災

oil gauge ［C］ 油量計

oil gravity tank ［C］ 油重力タンク

oil groove ［C］ 油みぞ

oil guard 油よけ

oil head tank ［C］ 油重力タンク

oil heater ［C］ 油加熱器

oil heating pipe ［C］ 油加熱管

oil hole ［C］ 油穴（あぶらあな）

oiliness 油性

oiliness agent ［C］ 油性向上剤

oiling 注油

oil insulation ［U］ 油絶縁

oil level ［C］ 油面（ゆめん）

oil level gauge ［C］ ①検油棒；油面計 ②【海自】液面計

oil level window ［C］ 油面点検窓

oil medium-paint 油性塗料

oil meter ［C］ 油量計

oil paint 油ペイント

oil pan ［C］ 油受け

oil patch ［C］ 油紋

oil pipe ［C］ 油管（ゆかん）

oil pot ［C］ 油つぼ

oil pressure 油圧

oil pressure change gear ［C］ 油圧変更装置

oil pressure controlling gear ［C］ 油圧制御装置

oil pressure engine ［C］ 油圧機関

oil pressure gauge ［C］ 油圧計 《[同] oil pressure indicator》

oil pressure indicator ［C］ 油圧計 《[同] oil pressure gauge》

oil pressure pipe ［C］ 油圧管

oil pressure pump ［C］ 油圧ポンプ

oil pressure regulator ［C］ 油圧調整器

oil pressure tank ［C］ 油圧タンク

oil proof 耐油

oil pump ［C］ 油ポンプ

oil purifier ［C］ 油清浄機

oil radiator ［C］ 油放熱器

oil receiver ［C］ 油受け

oil removing 油抜き

oil reservoir ［C］ ①【空自】オイル・リザーバー ②【海自】油だめ

oil resistance ［U］ 耐油性

oil retainer ［C］ 油だめ

oil sampling cock ［C］ 油試験コック

oil scraping ring ［C］ 油かきリング

oil separator ［C］ 油分離器

oil skipper ［C］ 油すくい

oil slinger ［C］ 油切り

oil sludge ［C］ 油スラッジ

oil sprayer ［C］ 噴油器

oil sump ［C］ 油だめ

oil switch ［C］ 油入り開閉器

oil system 潤滑油系統；オイル系統

oil temperature indicator ［C］ ①【空自】滑油温度計 ②【海自】油温計

oil temperature regulator ［C］ 油温調整器

oil tester ［C］ 油試験器

oil thrower ［C］ 油切り

oiltight (OT) オイル・タイト；油密（ゆみつ）

oil tight bulkhead ［C］ 油密隔壁

oil tight test ［C］ 油密試験

Okhotsk high オホーツク海高気圧

Okhotsk sea airmass オホーツク海気団

Oki Daito Jima Range 【在日米軍】沖大東島射爆撃場 《沖縄》

Okinawa Defense Bureau 【防衛省】沖縄防衛局 《の英語呼称》《前身は「那覇防衛施設局防衛施設局」》◇用例： 沖縄防衛局長 = Director General of Okinawa Defense Bureau

Oklahoma City Air Logistics Center

(OCALC)　【米軍】オクラホマシティ航空兵站センター

Okuma Rest Center　【在日米軍】奥間レスト・センター　《沖縄》

oleo shock absorber　［C］　オレオ式緩衝装置

oleo-strut　オレオ・ストラット

olive drab　オリーブ・ドラブ；緑褐色

omega navigation system　［C］　オメガ航法システム

Ominato District　【海自】大湊地方隊　《の英語呼称》

omitted report　［C］　欠測通報

omni-bearing　オムニ方位

omni-bearing converter　［C］　オムニ方位変換器

omni-bearing distance (OBD)　オムニ方位距離

omni-bearing distance facility　［C］　オムニ方位距離施設

omni-bearing distance navigation　［U］　オムニ方位距離航行

omni-bearing indicator (OBI)　［C］　オムニ方位指示器

omni-bearing line　［C］　オムニ方位線

omni-bearing selector (OBS)　［C］　オムニ方位選択器

omnidirectional antenna　［C］　全方向性空中線

omnidirectional radio range (ODR)　［C］　全方向式無線標識；オムニレンジ

omnidirectional range beacon (ORB)　［C］　全方向式無線航路標識

omnidirectional transmission (ODT)　ODT　《アクティブ・ソーナーにおいて、全指向性で送信すること。[典] NDS Y 0012B。[備] 定訳はないが「ODT」で通じる》《ODT ＝ オーディーティー》

omni-distance　= omnidistance　オムニ距離

omnirange (OMNI)　= omni-range　オムニレンジ

omni-range resolver　［C］　オムニレンジ分解器

on berth　停泊中

on-board inert gas generating system (OBIGGS)　［C］　機上不活性ガス発生装置

on-board inspection　船上検査　◇用例：on-board inspector = 船上検査官

on-board oxygen generating system (OBOGS)　［C］　搭載酸素発生装置

on-board repair　艦内修理

on-board track on jam　搭載妨害源追尾

on call　要求に応じて

on-call fire　要求射撃

on-call supply　［C］　【陸自】請求補給　《使用部隊等の請求に基づいて実施する補給をいう。[典] 統合訓練資料1-4》《[同] supply by requisition》

on-condition maintenance (OCM)　［U］　オン・コンディション整備　《信頼性管理に基づく整備技法であり、調達物品の履歴および状態から検査および試験項目を決定し、整備の必要性、修理範囲またはオーバーホールの要否を判定するとともに、調達物品の信頼性を維持回復するために実施する整備作業。[典] 2補LPS-A00003-6》

on-course　［adj.］　オンコース　《航路上》《[対] off-course = オフコース》

on-course curvature　オンコース曲率

on-course indicator　［C］　オンコース指示器

on-course line　［C］　オンコース線

on-course signal　［C］　オンコース信号

On-Demand Small Unmanned Aircraft System (ODSUAS)　【米】オンデマンド小型無人航空機システム　《兵士が必要な条件をソフトウェアに入力すると、システムが最適な仕様の無人機を3Dプリンターで製造するシステム》

one day's supply　補給日量　《[同] day of supply》

one-eighty degrees approach　180度進入《着陸》

one function diagram　［C］　機能別作動系統図

one-hour rating　1時間定格

one hundred percent rectangle　［C］　100%散布矩形

one look circuit　［C］　単一ルック回路

one man fox hole　［C］　一人用掩体（ひとりようえんたい）；たこつぼ

one ping　単発探信

one pip area　［C］　ワン・ピップ区域

one-time flight　ワン・タイム・フライト

one time report　［C］　一時報告

one time tape (OTT)　［C］　一回限りテープ

one way pattern　片道指向特性

one way station　［C］　単方向通信所

one-wheel landing　= one wheel landing　片輪着陸

one year appropriation　年度歳出予算

on hand (O/H)　①【統幕・海自】在庫数　②

【空自】現在高

on load ミサイル搭載 《[対] off load = ミサイル卸下》

on loading = on-loading ［U］ 搭載 《部隊、装備品および補給品を船舶、航空機、列車、車両またはその他に積み込みを行うことをいう。[典] 統合訓練資料1-4》《[対] off loading = 卸下》

on mast cable ［C］ オン・マスト・ケーブル《ペトリオット用語》

on/off-loading ［U］ 搭載/卸下(とうさい/しゃか)

on-scene commander = on scene commander ［C］ ①現場指揮官 ②【海自】救難指揮官

onset-rate adjusted monthly day-night average sound level (Ldnmr) オンセット・レート補正月間昼夜平均騒音レベル

onset-rate adjusted sound exposure level (SELr) オンセット・レート補正騒音暴露レベル

on-site inspection 立入検査

On-Site Inspection Agency (OSIA) 【米国防総省】現地監察局

on station 到着 《指定場所に到着》

on-station time 現場到着時間

On Target ①【海自】「目標よし」 ②【空自】「目標捕捉」

on the basis of に準拠して

on the job training (OJT) = on-the-job training ［U］ 実務訓練；実地訓練

on top ①【海自】オン・トップ；直上 ②【空自】雲上

on top altitude 雲上飛行高度

on top flight ［C］ 雲上飛行

on top indicator ［C］ 直上指示装置

on-vehicle materiel 車両装備

on work order 修理中；整備中

o-o line ［C］ 観測調整線

open air temperature 野外気温

open ammunition space ［C］ 弾薬野積所

open arc lamp ［C］ 開放アーク灯

open area ［C］ 開豁地(かいかつち) 《遠くまで見通すことができる土地のこと》

open cell ［C］ 開放型蓄電池

open center operation 開心オペレーション

open center PPI 開心PPI 《PPI = plan-position indicator(図形表示管)》《[対] off-center PPI = 偏心PPI》

open-circuit ［C］ 開放回路；開路

open-circuit current 開路電流

open-circuit impedance ［U］ 開放インピーダンス

open-circuit time-constant 開路時定数

open-circuit underwater breathing apparatus 開式潜水器

open-circuit voltage 開路電圧；開放電圧

open city ［C］ 無防備都市

open-coil armature ［C］ 開路電機子

open column ［C］ 伸長隊形 《車両行進において各車の距離をおおむね50メートル以上を保持して行進する隊形をいう。[典] 陸自教範》

open core type 開心型

open cycle ［C］ 開放サイクル

open cycle control system 開回路制御系

open exhaust 普通排気

open exhaust valve ［C］ 普通排気弁

open feed system ［C］ 開放給水式

open fire 射撃開始

open flank ［C］ 開放翼；暴露翼

open formation ［U］ 疎開隊形

open fuze ［C］ 開放型ヒューズ

open improved storage space ［C］ 改良屋外貯蔵所

opening ①開口 ②冒頭

opening band ［C］ 開放バンド

opening delay 開傘所要時間

opening disconnection 開放

opening of the defile 隘路口

opening shock 開傘衝撃 《落下傘の開傘衝撃》

opening time 開傘秒時 《落下傘の開傘秒時》

open inventory 開放式現況調査

open loop sweep ［C］ 開ループ掃海 《[対] close loop sweep = 閉ループ掃海》

open mount ［C］ 露天砲架

open position ［C］ 暴露陣地

open road ［C］ 公開道路 《各部隊が自由に通行できる、道路使用上の制約のない道路をいう。[典] 陸自教範》

open route ［C］ 公開道路

open sea search and rescue mission ［C］ 洋上救難等の任務

open sheaf ［C］ 開射向束(かいしゃこうそく)

open sight ［C］ ①谷照門(たにしょうもん) 《V字型、U字型など、照準用の切り込みがある照門》 ②補助照準具

459 oper

open sky observation plan ［C］ 空中偵察
計画

open slot ［C］ ①開孔 ②開放スロット

open source information (OSINT) ［U］
①【空自】公刊情報 ②【海自】公開情報

open storage ［U］ 屋外貯蔵

Open Systems Interconnection (OSI)
開放型システム間相互接続

open terrain ［U］ 開濶地（かいかつち）

open type 開放型

open warehouse inventory 開放式現況調査

open wire ［C］ 裸線

operate ［vt.］ 操作する；運用する

operating active aircraft ［pl. = ～］ 現
用機

operating aircraft ［pl. = ～］ 運用機；就役
航空機

operating base ［C］ 作戦基地

operating current 作動電流

operating distance 動作距離

operating forces ［pl.］ 【海自】作戦部隊

operating instruction book ［C］ 取り扱
い説明書

operating level of supply (OPL) ①【陸
自・空自】操作基準 《補給整備部隊等において、
補給用品の請求（入荷）から補給（入荷）まで
の間、補給を継続するために必要な数量を日また
は月数をもって示した基準をいう。⑲ 陸上自衛隊
達第71-5号》 ②【海自】操作在庫基準

operating period ［C］ 就役期間

operating plan ［C］ 運用計画

operating procedure ［C］ 操作手順；操法

operating record ［C］ 運転記録

operating rod ［C］ 作動桿（さどうかん）

operating shaft ［C］ 開閉軸

operating shaft crank ［C］ 開閉クランク

operating signal ［C］ ①規約信号 ②交
信略語；交信略号

operating specialty ［C］ 運用特技

operating strength ［U］ 実動人員
《⑲ effective strength》

operating system (OS) ［C］ オペレーティ
ング・システム；基本ソフトウェア 《バッジ用
語》

operating time ①【空自】運用時間；操作時間
②【海自】作動時間

operating voltage 作動電圧

operating weight ［U］ ①【空自】運用重量
②【海自】運航重量

operation ①作戦 《広義には、軍隊（自衛隊）
が与えられた任務達成のために遂行するあらゆる
軍事行動（防衛行動）をいう。狭義には、ある目的
を達成するまでの一連の戦闘行動をいい、捜索、
攻撃、防御、移動、機動等およびこれに必要な後
方活動を含む。⑲ 統合訓練資料1-4》 ②運用
《部隊、人員、資材および施設等を目的達成のた
めに使用することをいう。狭義には、作戦運用の
意に用いられる。⑲ 統合訓練資料1-4》 ③操作
《機器の使用者が主としてパネル面などにある操
作部位を用いて、その機器を使用目的に合致させ
る行為をいう。⑲ NDS C 0002D》

operational aircraft ［pl. = ～］ ①【統
幕・空自】可動機 《一般に、飛行可能な状態に
ある航空機をいう。⑲ 統合訓練資料1-4》 ②【海
自】作戦機

operational amplifier ［C］ 演算増幅器

operational area ［C］ 作戦地域；作戦区域

operational art ［U］ 作戦術

**Operational Art & Design Studies
Department** 【海自】運用教育研究部 《海
上自衛隊幹部学校～の英語呼称》

operational aspect ［C］ 作戦様相

**operational assessment (OPER
ASSESS)** 運用評価

operational base ［C］ 策源地；策源 《作戦
部隊の人的、物的戦闘力を維持増進する源泉とな
る基地、または基地群を含む地域をいう。⑲ 陸自
教範》

operational build-up ①【陸自】出動整備
《出動整備とは、防衛出動のために所要の部隊等
を編成し、または廃止することをいう。⑲ 統合訓
練資料1-4》 ②【海自】出動準備

operational capability 作戦能力

operational ceiling 運用上昇限度

operational chain of command ［C］ 作
戦指揮系統

operational characteristics ［pl.］ 機能
特性

operational code 秘匿略号

operational command (OPCOM) ［C］
作戦指揮

operational communication 作戦通信

operational computer program (OCP)
［C］ 運用プログラム 《バッジ用語》

operational concept ［C］ 運用構想

operational control (OPCON) ［U］ 作
戦統制 《特定の指揮官等（統制者）が、指揮系統
にない他の部隊等（被統制者）を統制することをい

oper 460

う。㋺ 統合訓練資料1-4》

operational control authority (OCA)
［C］ ①船舶運航保護統制権者 ②作戦統制
官；作戦統制権者

operational control net 作戦統制通信系

operational conversion unit ［C］【英
空軍】運用転換部隊

operational data interface (ODIN) ［C］
運用データ・インターフェース

operational deception 作戦欺瞞（さくせんぎ
まん）

operational deployment 【陸自】作戦展開
《方面隊が作戦を遂行するため、戦略機動をもっ
て基礎配置につく行動および状態をいう。㋺ 陸自
教範》

operational depth 地形縦深 《⇔ tactical
depth》

**operational directions toward
subordinate organization** ［pl.］戦闘
指導

operational disposition 作戦陣形配備

operational doctrine 戦則

operational environment ［C］ ①作戦環
境 ②【空自】運用環境

operational evaluation (OPEVAL) 作戦
評価；運用評価

operational flight ［C］ 作戦飛行

operational flight program ［C］ 作戦飛
行計画

operational flight tactical trainer ［C］
作戦飛行戦術訓練装置

operational force 作戦部隊 《独立的に作戦
を担任できる諸職種連合の部隊をいい、通常、師
団・旅団およびこれに準ずる部隊以上の部隊であ
る。㋺ 陸自教範》

Operational Forces of the Marine Corps
【米軍】海兵隊作戦部隊

operational formation signal ［C］ 作戦
陣形信号

operational function 運用機能

operational hazard report (OHR) ［C］
運航危険報告

operational immediate ①【空自】特別至急
②【海自】特別至急信

operational intelligence ［U］ 作戦情報
《各種作戦の計画および遂行に必要な情報（任務達
成に影響ある敵、地域等に関するもの）をいう。
㋺ 統合訓練資料1-4》

Operational Intelligence Center 【海自】
作戦情報支援隊 《の英語呼称》◇用例： 作戦情

報支援隊司令 ＝ Commanding Officer,
Operational Intelligence Center

**Operational Intelligence Operation
room** ［C］ 作戦情報運用室

operational interchangeability 運用互換性

Operational Law Office 【海自】作戦法規研
究室 《海上自衛隊幹部学校～の英語呼称》

Operation Allied Force (NATO) アライ
ド・フォース作戦 《1999年のNATO軍による
ユーゴ空爆の作戦名》

operational limit speed ①【空自】運用限界
速度 ②【海自】運用限度速度

operational logistics ［U］ 作戦ロジスティ
クス

operational loss 戦闘損失

operationally ready (OR) 作戦可能態勢

operational maneuver group ［C］ 作戦
機動グループ

operational manual ［C］ 運航規定；運航規
定 《自衛隊が使用する航空機の運航に関する手
順書および関連規則類等のこと。㋺ 防管規第7575
号》

operational materials ［pl.］ 作戦資材
《戦略資材のうち、直接、作戦の実施に必要な諸
資材をいう。㋺ 統合訓練資料1-4》

operational missile ［C］ 実用ミサイル；現
用ミサイル

operational missile launcher ［C］ 実用ミ
サイル発射機

operational necessity ［U］ 作戦所要

operational needs ［pl.］ 運用要求

operational objective ［C］ 作戦目標 《作
戦目的を達成するために、具体的に達成すべき事
項をいう。㋺ 陸自教範》

operational phase ［C］ 運用段階 《部隊で
の使用開始から運用を終了するまでの運用段階を
いう。航空自衛隊達第28号》

Operational Policy Division 【内部部局】
運用政策課 《の英語呼称》《自衛隊の行動および
部隊訓練の基本に関する総合的な政策の企画・立
案を行う》◇用例： 運用政策課長 ＝ Director,
Operational Policy Division

operational procedure ［C］ 作戦手順

operational purpose ［C］ 作戦目的 《作戦
によって獲得すべき所望の成果をいい、通常、数
次の戦闘の効果的な成果の累積によって達成され
る。㋺ 陸自教範》

operational readiness ［U］ 作戦即応態勢；
作戦即応能力

operational readiness aircraft ［pl. ＝ ～］

①【統幕】OR機《作戦任務に応じて定められる基準を満足している、作戦可能の状態にある航空機をいう。[典] 統合訓練資料1-4。[備]「OR機」は総称として用いる》②【空自】作戦可能機 ③【陸自・海自】任務可動機

operational readiness evaluation (ORE) ①作戦即応評価 ②【海自】訓練成績評価 ③【空自】戦闘能力点検

Operational Readiness Exercise (ORE) 【米軍】運用即応演習《仮想戦闘環境における基地の機能テストであり、具体的には、テロ攻撃や航空機または地上戦闘力等による基地への攻撃を想定し、実践的な即応体制をとることを目的とした演習》

Operational Readiness Inspection (ORI) 【米軍】運用即応監査《運用即応演習(ORE)を実施し、太平洋空軍司令部が監査し、演習を評価する》

operational ready ①作戦即応態勢 ②【海自】作戦即応能力

operational reliability [U] 動作信頼度

operational report [C] 作戦報告

operational requirements [pl.] ①作戦要求;運用要求 ②業務上の必要性

Operational Requirements Document (ORD) 【米】運用要求書

operational research (OR) [C] 運用解析

operational reserves [pl.] ①作戦予備品《ある特定の作戦に関して、所要の急変、補給の予想期間以上の中断等の事態に備えるために控置された資材をいう。ただし、単に作戦予備という場合には、人員を含むことがある。[典] 統合訓練資料1-4》②作戦予備

operational risk management (ORM) [U] オペレーショナル・リスク・マネージメント

operational scheming work 【海自】作戦計画作業

operational search lower bound (OSLB) 運用捜索低域限界《ペトリオット用語》

operational situation report [C] 【陸自】戦闘要報《各級指揮官の当面の作戦指導を適切にするため、毎日、定められた時期までに、戦闘の状況について報告する記録をいう。[典] 統合訓練資料1-4》《[同] operational situation report》

operational speed 【海自】オペレーション速力《艦艇が指示された期間または特定の作戦中に、航進するために必要とする最高速力をいう。[典] 統合訓練資料1-4》

operational status 運用態勢

operational stock [C] 超過保有品

operational summaries and histories reduction function (OSHF) 運用状況要約及びヒストリー・リダクション機能《バッジ用語》

operational support server (OPS) [C] 運用支援サーバー《JADGE用語》

operational test (OT) [C] 運用試験

operational test and evaluation (OT&E) 運用試験及び評価

Operational Test and Evaluation Agency 【米】運用試験・評価局

O

operational training [U] 作戦訓練

operation and maintenance [U] 運用及び整備

operation and maintenance frame (OMF) [C] 運用保守架《バッジ用語》

operation annexs [pl. = operation annexes] 作戦別紙

operation chief 運営班長

operation code 秘匿略語

operation control function (OCF) 運用統制機能《JADGE用語》

operation data management function (OMF) 運用データ管理機能《JADGE用語》

operation duty officer (ODO) [C] 運航当直士官;飛行場当直幹部

operation estimate = estimate of operation 作戦見積り《指揮官の状況(情勢)判断に資するため、任務達成に影響を及ぼすすべての要因を検討し、使命(任務)の達成が可能であり、かつ、合理的に実施できる、すべての我が行動方針を分析比較し、最良の行動方針を選定することをいう。[典] 統合訓練資料1-4》

Operation Evaluation System (UOES) 使用者運用評価システム

operation formation [U] 作戦陣形

Operation Freedom Sentinel (OFS) 【米】自由の番人作戦《アフガニスタン》

operation function test [C] 運転機能試験

operation map [C] 作戦図《作戦に関する指揮官の構想、各部隊・施設の配置、行動等を地図、要図またはオーバーレイ素材に図示したものをいう。[典] 陸自教範》

operation of intelligence 情報運用《指揮官が情報活動(狭義)を律するため、任務または作戦構想に基づき情報要求を確立して情報組織を構成し、情報部隊を運用するとともに情報業務を運営することをいう。[典] 陸自教範》

operation overlay 作戦オーバーレイ

operation plan (OPLAN) [C] ①作戦

計画 《指揮官が、ある状況下において、与えられた任務を達成するため、その決心に基づき指揮官の構想、構成部隊等の運用およびこれに伴う人事、情報、後方、通信電子等の諸事項について、作戦の準備および実施の準拠を定めたものをいう。作戦計画を実行に移すためには、必要な事項について適時命令として下達する。[典] 統合訓練資料1-4》 ②【自衛隊】行動計画

O

operation planning and supervising procedure ［C］ 【海自】作戦要務 《作戦等に関する情勢（状況）判断、計画の立案、令達の作成・伝達および実施の監督ならびにこれらに関連して行う報告、通報、諸記録の作成等の諸手続き、諸手順をいう。[典] 統合訓練資料1-4》

operation planning work 作戦計画作業

operation report ［C］ ①作戦詳報 《各級指揮官のじ後の作戦（戦闘）指導を適切にし、かつ、将来の作戦（戦闘）の参考とするため、作戦終了後に報告する記録をいう。[典] 統合訓練資料1-4》 ②【海自】作戦報告

operations analysis 作戦分析；作戦解析

Operations Analysis Section 【空自】分析室 《防衛部防衛課～の英語呼称》◇用例： 分析室長 = Chief, Operations Analysis Section

Operations and Intelligence Department 【空自】運用支援・情報部 《の英語呼称》◇用例： 運用支援・情報部長 = Director General, Operations and Intelligence Department

Operations and Plans Department 【海自】防衛部 《の英語呼称》◇用例： 防衛部長 = Director, Operations and Plans Department

operations area ［C］ 作戦区域 《作戦の実施にあたり、任務達成のために作戦部隊に割り当てられる区域をいう。[典] 陸自教範》

operations center ［C］ 作戦指揮所

operations code (OPCODE) 作戦通信用暗号 《OPCODE = オプコード》

Operations Conference room ［C］ 【空自】作戦会議室

Operations Department (J-3) 【統幕】運用部 《の英語呼称》《自衛隊の統合運用全般および統合訓練・演習の総合調整に係る業務を行う》◇用例： 運用部長 = Director General, Operations Department（J-3）；運用部副部長 = Deputy Director General, Operations Department（J-3）

operations diary = operational diary ［C］ 作戦日誌 《各級指揮官が各種の教訓を得るため、暦日に従い経験した事実および所見を収録し、各級部隊の行動の実態を記録したものをいう。通常、作戦に関する任務の受領からその終了に至る間、毎日記述し、月末に締め切り、1か月分をまとめて所要の上級指揮官に提出する。海上自衛隊では、戦時日誌という。[典] 統合訓練資料1-4》

Operations Division (Opns Div) ①【統幕】運用第○課 《運用部～の英語呼称》《運用第1課から運用第3課までである》◇用例： 運用第1課 = 1st Operations Division；運用第1課長 = Director, 1st Operations Division … 運用第3課 = 3rd Operations Division；運用第3課長 = Director, 3rd Operations Division ②【陸自・海自・空自】運用課 《の英語呼称》◇用例： 運用課長 = Head, Operations Division

operations letter ［C］ 運用要領

Operation Snipe 【米軍】スナイプ作戦 《マウンテン・ライオン作戦の一環。Snipeは、鴫（しぎ）》

operations officer ［C］ 【海自】船務長 《船務長は、情報、電測、通信、暗号、船体消磁およびその他の艦種別の業務ならびにこれらに係る物件の整備に関する業務を所掌する。[典] 海幕人第10346号》

operations of JSDF ［pl.］ 自衛隊の行動

operations order (OPORD) = operational order ①作戦命令 《指揮官が指揮下の部隊に、作戦に関する任務を付与し、その実行を命ずるものをいう。[典] 統合訓練資料1-4》 ②【空自】行動命令

operations other than war (OOTW) ［pl.］ 戦争以外の作戦

Operations Planning Division 【防衛省】運用企画課 《運用局～の英語呼称》◇用例： 運用企画課長 = Director, Operations Planning Division

operations research (OR) ［C］ オペレーションズ・リサーチ；作戦解析

Operations Research Section 【陸自】運用分析室 《の英語呼称》

operations room ［C］ 作戦室

Operations Section 【統幕・陸自・空自・海自】運用班 《の英語呼称。[備] 航空総隊では「運用課」》◇用例： 1st Operations Section = 運用第1班；Officer, Operations Section = 運用班長（海自）

operations security (OPSEC) = operational security ［U］ 作戦保全

operations security indicator ［C］ 作戦保全指標

operations security vulnerability 作戦保全脆弱性

operations specialist (OS) ［C］ 【海自】電測員 《電測員は、主として情報の収集、作図、整理および配布ならびに電測器材の操作および保守整備に関する業務に従事する。[典] 海幕人第10346号》◇用例： chief operations specialist =

電測員長

operations support 運用支援

Operations Support and Intelligence Department 【陸自】運用支援・情報部 《の英語呼称》◇用例：運用支援・情報部長 = Director, Operations Support and Intelligence Department

Operations Support Division 【海自】運用支援課 《の英語呼称》

Operations Support Wing 【空自】作戦システム運用隊 《の英語呼称》《作戦システム運用隊は、航空情報の収集および関係部隊等への提供ならびに横田基地における隊員生活等に対する基地業務を任務とする。⊛ 航空自衛隊横田基地HP》

operation summary (OPSUM) ［C］ 作戦要約

operation support estimate 作戦支援見積り

operation time 正味演算時間

operator ［C］ 操作員；操作手；オペレーター

operator console (OPCON) ［C］ 電算機操作員コンソール 《OPCON = オペコン》

operator control station (OCS) ［C］ 操作制御卓 《バッジ用語》

operator's telephone circuit ［C］ 交換手電話回路

operator tactics trainer (OTT) ［C］ ペトリオット戦術訓練シミュレーター 《ペトリオット用語》

operator telephone unit (OTU) ［C］ オペレーター電話ユニット 《JADGE用語》

OPLAN-dependent force module ［C］ 特別任務実施部隊

opportunity cost 機会費用

opportunity fire ①【陸自】臨機目標射撃 ②【海自】機会射撃

opportunity target = target of opportunity ［C］ 臨機目標（りんきもくひょう）《本来の目標ではないが、戦闘中、臨機に出現し、攻撃の対象となる目標。⊛ NDS Y 0005B》

opposed departure 強行出撃

opposed landing 敵前上陸

opposed piston engine ［C］ 対向ピストン機関

opposed piston type 対向ピストン型

opposing forces (OPFOR) ［pl.］ ①【陸自】彼我部隊（ひがぶたい）②仮想敵部隊 《⊛ 通常は「仮想敵」》

opposite direction traffic ［U］ 反方向飛行交通

opposite phase 逆位相；逆相

oppression ［U］ 制圧

optical aim ［C］ 光学照準；光学装置照準 《光学照準装置による照準をいう。⊛ 海上自衛隊訓練資料第175号》

optical angle ［C］ 光角

optical axis ［pl. = optical axes］ 光軸

optical communication 光通信

optical countermeasures (OCM) ［pl.］ 光学対策

optical display sight (ODS) ［C］ 光学照準表示器 《火器管制装置（FCS）の光学照準器の構成品。照準を行うためのレティクルを表示する。⊛ レーダー用語集》

optical firing 光学照準射撃

optical instrument ［C］ ①【陸自】光学器具 ②【海自】光学機器

optical landing system ［C］ 光学着陸装置；光学着艦装置

optical minehunting ［U］ 光学機雷掃討

optical pyrometer ［C］ 光高温計

optical ranging 測距儀測距

Optical Sensors Research Section 【防衛装備庁】光波センサ研究室 《電子装備研究所～の英語呼称》《光波探知、光波識別技術および光波計測技術》

optical sight (OPT) ［C］ ①光学式照準具 《対物レンズ、正立レンズ、焦点鏡、接眼レンズなどから構成される照準具。⊛ NDS Y 0002B》②【海自】光学照準機

optical sight system ［C］ 光学式照準装置

optical spotting ［U］ 光学弾着観測

optical tracker ［C］ 目標照準具

optical turbidity 光学的混濁

optimum approach course (OAC) ［C］ 最良接敵針路

optimum filter ［C］ 最適フィルター

optimum height 最適高度

optimum height of burst 最適破裂高度 《核兵器》

optimum moisture ratio ［C］ 最適含水比

optimum path aircraft routing (OPARS) 最適航空路予報

optimum sonar speed 【海自】最適ソーナー速力 《特定の条件の下で、艦艇が装備するソーナーの能力を最大限に発揮できる航進速力をいう。⊛ 統合訓練資料1-4》

optimum track ship routing (OTSR) 最

opti 464

適航路予報

option module (OM) ［C］ オプション・モ
ジュール 《バッジ用語》

oral inflation tube ［C］ 送気管

oral inflation valve ［C］ 送気弁

oral mission report ［C］ 聞き取り報告

oral order 口頭命令

orange forces ［pl.］ 仮想敵 《演習での仮想
敵》

orbit ［C］ ①軌道旋回 《航空軌道旋回》 ②
周回軌道 《宇宙周回軌道》

orbit and wait 軌道旋回待ち受け要撃

orbit determination ［U］ 軌道決定

orbit figure of eight 8字形軌道旋回

orbit point ［C］ ①空中待機点 ②【海自】
軌道旋回基点

order 命令 《上司が職務権限に基づき、部下に
実行を命ずること。㊞ 民軍連携のための用語集》

order and shipping time (OST) ①【陸自】
請求入荷期間 《陸上自衛隊において、部隊等が
補給整備部隊等に対し、物品を請求してから入手
するまでの期間をいい、請求目標算定の一要素で
ある。航空自衛隊では、請求所要日数という。
㊞ 統合訓練資料1-4》 ②【空自】 請求所要日数

Order Arms！ 「立て、銃！」（たて、つつ）
《号令》

ordered depth 指令深度

orderly ［pl. = orderlies］ 当番兵；伝令

orderly book ［C］ 命令簿 《上官の命令を記
録する命令簿》

orderly man 当番兵

orderly officer ［C］ ①【自衛隊】当直幹部
②当直将校

orderly room ［C］ 中隊事務室

order of battle (OB) ①戦力組成 《ある国
の軍隊に関する人員、部隊、機関、装備等の区別、
兵力、部隊の構成、指揮の関係、配置等をいう。
また、上記の外に、その慣用戦法、作戦能力、部
隊歴、個人歴等を含めることがある。㊞ 統合訓練
資料1-4》 ②【陸自】 勢力組成 ③【海自】 勢力組
成；戦闘序列

order of march 行進順序

order of probability of adoption 採用公
算の順位

order of ready in one minute over ［an
～］ 一分前用意

order of sequence numbers 順番号順序

order table ［C］ 指令表；オーダー・テーブル

order time 請求期間

order wire (O/W) ［C］ 保守打ち合わせ
回路

order wire unit (OWU) ［C］ オーダー・
ワイヤー盤 《バッジ用語》

ordinance ［C］ 法令

Ordinance of the Ministry 【日】省令

Ordinance of the Ministry of Defense
【日】防衛省令

ordinary clearance pass 基準航掃法

ordinary-lay 普通撚り（ふつうより）

ordinary requisition (requisition D) 普
通請求；D請求

ordinary rudder ［C］ 通常舵

ordinary seaman ［C］ 【英海軍】水兵

ordinary situation ［C］ 通常時

ordinary state-owned property ［C］ 普
通財産

ordnance ［U］ ①武器；兵器 ②弾薬 ③
火工品

Ordnance (Ord) 【自衛隊】武器科 《職種の
英語呼称》《主任務は、火器・車両等の補給・整備
および弾薬の補給》

Ordnance and Chemical Division (Ord
& Cml Div) 【陸自】武器・化学課 《の英
語呼称》

Ordnance Battalion 【米陸軍】兵器大隊
◇用例： the 83d Ordnance Battalion ＝ 第83兵
器大隊

ordnance corps ［pl.］ 陸軍武器廠

ordnance depot ［C］ 武器補給処

Ordnance Inspection Section 【海自】武
器検査班 《の英語呼称》◇用例： 武器検査班長
＝ Officer, Ordnance Inspection Section

ordnance locator ［C］ 武器探知器

ordnance officer ［C］ ①【自衛隊】武器科
幹部 ②武器科将校

Ordnance School ［the ～］ 【陸自】武器
学校 《の英語呼称》《火器や車両の整備、不発弾
処理等を行う武器科隊員の教育訓練を行う》

Ordnance Section 【海自】武器班 《の英語
呼称》◇用例： 武器班長 ＝ Officer, Ordnance
Section

organ ［C］ 機関

organic ［adj.］ ①編成上の ②固有の

organic corps artillery ［U］ 軍団固有砲兵

organic glass ［U］ 有機ガラス

organic transportation ［U］ 固有輸送機関

Organisation for the Prohibition of
Chemical Weapons (OPCW) 化学兵器

禁止機関 《化学兵器禁止条約（CWC）の発効に伴いオランダのハーグに設置された国際機関》

organization ［C］ ①組織；機関；機構 ②編制 《「陸上自衛隊の編制に関する訓令」に定められた部隊等または大臣が特に定める部隊等の固有の組織、定員および定数をいう。[典] 陸自教範》 ③編成 《編制に基づいて部隊等を組織することをいう。参考編制に基づき新たに部隊等を編成することを「新編」といい、改正された編制に基づき既に編成されている部隊等を改正編成することを「改編」という。[典] 陸自教範》 ④編合 《編合とは、部隊を隷属させることにより編制部隊ではない部隊を組織することをいう。編合された部隊を「編合部隊」といい、編合のために部隊の隷属の関係を総合的に定めたものを「編合区分」という。[典] 陸上自衛隊訓令第17号》

organizational ［adj.］ 編成上の

organizational entity (OE) ［C］ 組織体

organizational entity code (OEC) 組織体コード

organizational entity identity (OEI) 組織体区分

organizational entity name (OEN) 組織体名

organizational equipment ［U］ 部隊装備

organizational equipment list (OHL) ［C］ 部隊装備表

organizational maintenance (OM) ［U］ 部隊整備 《使用部隊等が自ら実施する整備をいう。[典] 陸自教範》

organizational supply 部隊補給

organizational training ［U］ 部隊訓練

organization and equipment 編制装備

organization chart ［C］ 組織図

organization classification 編合区分 《編合のために部隊の隷属の関係を総合的に定めたものを編合区分という》

Organization Commander 【空自】部隊指揮官 《幹部特技区分の英語呼称》

organization equipment ［U］ 部隊装備；部隊装備品

organization field maintenance (OFM) ［U］ 部隊野整備

organization for combat 【陸自】作戦・戦闘のための編成 《作戦・戦闘上の要求に基づき、部隊を戦術的な機能に応じて区分し、指揮・統制、支援・協力等の関係を律することをいう。[典] 陸自教範》

organization for defense 防御の編成

Organization for Economic Co-operation and Development (OECD) 経済協力開発機構

Organization for Economic Cooperation and Development/Committee on Consumer Policy (OECD/CCP) 経済協力開発機構/消費者政策委員会

organization for embarkation 船積編成

organization for landing 【米軍】上陸編成 《水陸両用作戦において、強襲上陸を実施するため任務編成された航空および地上部隊であって、水陸両用作戦における最上段階の部隊をいう。[典] 統合訓練資料1-4》

Organization for Security and Co-operation in Europe (OSCE) 欧州安全保障協力機構

Organization for the Prohibition of Chemical Weapons (OPCW) ［The ～］ 化学兵器禁止機関 《化学兵器禁止条約の発効に伴いオランダのハーグに設置された国際機関》

organization integrity ［C］ 固有編成

Organization of Africa Unity (OAU) アフリカ統一機構

organization of fires 【陸自】火力の編成 《火力を有効に発揮するため、各種火器の射撃を組織化することをいう。[典] 陸自教範》

organization of fortification 築城の編成 《防御を組織的に構成し、火力の発揚および逆襲の実施を容易にするため、地形と障害、陣地施設、交通施設等とを組み合わせること、またはその状態をいう。[典] 陸自教範》

organization of national defense 国防機構

organization of position 陣地の編成 《防御、遅滞行動等のための各陣地を組織的に配置することまたはその状態をいう。[典] 陸自教範》

organization of the ground 陣地の編成

Organization of the Islamic Conference イスラム諸国会議機構

Organization of the Joint Chiefs of Staff 【米軍】統合参謀本部機構

organizations and activities ［pl.］ 部隊・機関

Organization Section 【陸自】編成班 《の英語呼称》

organize ［vt.］ 編成する

organized ［adj.］ 組織的な

organized defense ［U］ 組織的防御

organized fire 組織的火力

organized position ［C］ 編成陣地

organized resistance ［U］ 組織的抵抗

organized strength ［U］ 編成兵力

organized unit ［C］ 編成部隊

orient ［vt.］ 標定する ◇用例：orient the map ＝ 地図の標定をする

orientation 標定 《各種の手段および方法により目標の位置等を定めることをいう。㊞ 陸自教範》

orientation check 標定点検

orientation flight ［C］ 慣熟飛行

orienting line ［C］ 方向基線；方位基線

orienting point ［C］ 標定点

Orient Shield ［陸自］ オリエントシールド 《国内における陸上自衛隊と米陸軍との実動訓練の演習名》◇用例：Orient Shield exercise ＝ オリエントシールド演習

orifice meter ［C］ オリフィス流量計

origin (ORG) 展開開始地点

original error (OE) 原差

original record ［C］ 原簿 《㊞ original register》

original register ［C］ 原簿 《㊞ original record》

originator ［C］ ①発信権者 《発信権者とは、電報（模写電報を含む）を発信する権限を有する者をいう。防衛庁訓令第39号》 ②発信者

origin of the trajectory 弾道原点 《弾丸が、銃口または砲口を離れるときの弾丸の重心位置。㊞ NDS Y 0006B》

Orion ［米軍］ オライオン 《対潜哨戒機P-3の愛称》

orographic cyclone ［C］ 地形性低気圧

orographic rain ［U］ 地形性降雨

orographic thunderstorm ［C］ 山岳雷

Oromo Liberation Front (OLF) オロモ解放戦線 《エチオピアのオロモ人居住地域における自治権獲得などを目的に設立された武装組織》

Oropesa sweep gear ［C］ オロペサ型掃海具

Orsat analyzer ［C］ オルザット・ガス分析器

orthographic projection 正投影図

Orthopedic Service (Ort.) ［海自］ 整形外科 《の英語呼称》

orthostatic tolerance ［U］ 起立耐性

oscillating assembly ［C］ 俯仰部

oscillating mine ［C］ 浮沈機雷

oscillating tube ［C］ 発振管

oscillation damper ［C］ 振動制動子

oscillation frequency ［U］ 発振周波数；振動周波数

oscillation mode 発振モード；振動モード

oscillator amplifier ［C］ 発振増幅器

oscillator motor ［C］ 発振器モーター

oscillator projector ［C］ 発振送波器

oscillatory current 振動電流

oscillatory type 振動型

Oslo Agreement オスロ合意

Osprey ［米軍］ オスプレイ 《回転翼航空機と固定翼航空機の特性を併せ持つティルト・ローター機。垂直離着陸が可能であるとともに、高速で長距離を航行することができる。空軍向けの機体が「CV-22」、海兵隊向けの機体が「MV-22」》

other all emergency requirement (OAER) 特別緊急請求 《緊急所要物品特別緊急請求》

other information ［U］ その他の情報

other intelligence requirement (OIR) ①補足情報要求 ②［空自］その他の情報要求

other war reserve materiel requirement 残余戦時備蓄資材所要

our maneuver ［C］ 我の行動

outboard float 外方浮標

outboard saddle whip ［C］ 外方サドル・ホイップ

outboard sweep wire ［C］ 外方掃海索

outboard valve ［C］ 舷外弁

out bound ＝ outbound 出発 《航空機の出発》

out bound aircraft ［pl. ＝ 〜］ 出発機

out bound leg ［C］ ①［空自］出発経路 ②［海自］外行行程；外行レグ

outbreak 吹き出し

outburst 吹き出し

outer casing ［C］ 外側ケーシング

outer conductor ［C］ 外部導体

outer detection area ［C］ 外側探知区域

outer diameter 外径

outer gimbal ［C］ 外環

outer hull ［C］ 外殻（がいこく） 《潜水艦》 《㊦ inner hull ＝ 内殻》

outer landing ship area ［C］ 外側揚陸艦区域

outer leg ［C］ 外側脚線

outer locator (OL) ［C］ 外側ロケーター

outer marker (OM) ［C］ ①［空自］アウター・マーカー 《計器進入着陸装置の一つであり、滑走路末端からの距離を知らせる装置》 ②［海自］外側標識；外側マーカー

outer patrol line ［C］ 外方哨戒線 《㊦ inner patrol line ＝ 内方哨戒線》

outer shaft ［C］ 外側軸

outer sphere 外球

outer transport area ［C］ 外側輸送艦区域

outer wing ［C］ 外翼

outer zone of audibility 外聴域

outfit ［C］ ①部隊 《小規模な軍隊組織》 ◇用例：an ISIS outfit ＝ ISISの勢力；a Kurdish paramilitary outfit ＝ クルド民兵組織 ②衣服 《衣服一式》◇用例：military-type training outfits ＝ 軍隊式の訓練服 ③装具 ④ アウトフィット 《不明な場合は「アウトフィット」にする》

outflanking maneuver ［C］ 迂回機動

outflow 流出

outgoing message ［C］ 発信文 《㊙ incoming message ＝ 着信文》

outgoing target ①遠向目標（えんこうもくひょう）《我が方から遠ざかる目標》 ② 【海自】遠対勢目標（えんたいせいもくひょう）

outgoing unit ［C］ 被交代部隊

outguard ［C］ 外哨 《敵の近接を警告するために配置する小部隊。㊙ 民軍連携のための用語集》

outguard position ［C］ 外哨陣地

outlet ［C］ 出口

outlet blade angle ［C］ 羽根出口角

out-let cock ［C］ 出口コック

out-let valve ［C］ 出口弁

out-let velocity ［U］ 出口速度

outline ［C］ ①概要 ②大綱 《閣議において決定される防衛計画の大綱をいう》

outline diagram ［C］ イメージ図

outline plan ［C］ 大綱計画 《統合部隊等の作戦は、複雑かつ広範にわたることから、通常、各構成部隊等の思想の統一を図ることを目的として、細部にわたる計画（作戦計画）に先だって作成される計画をいう。㊙ 統合訓練資料1-4》

outnumbered enemy ［C］ 優勢な敵

out of action 運用不能；作動不能

out-of-Cabinet cooperative relationship 【日】閣外協力関係

out of control (OC) 制御不可能

out of country R&R center 国外休養施設 《R&R ＝ rest and recuperation（休養回復）》

out-of-line safe 一線外安全 《信管火薬系列において、一つ以上の火薬類構成部品を他の構成部品に対し一線化していない位置に保持し、正常な作動が起こらない状態にあること。㊙ NDS Y 0001D》

out of order 故障

out of phase 位相ずれ；位相はずれ

out of range (OR) ①射程外 ②【海自】アウト・オブ・レンジ 《ミサイルが有効に作動し得ない距離が入力された場合のハープーン・ウェポン・システム（HWS）の状態をいう。㊙ 海上自衛隊訓練資料第175号》

out of track トラッキング不良

out of trim トリム不良

outpatient ［C］ 通院患者

outpatient service ［C］ 外来治療

Outplacement Assistance Division ①【海自】援護業務課 《の英語呼称》◇用例：援護業務課長 ＝ Head, Outplacement Assistance Division

outpost ［C］ 【陸自】前哨（ぜんしょう） 《部隊の休止、集結、宿営等に対して、敵地上部隊による奇襲、地上偵察等から、主力を掩護するために配置される警戒部隊をいう。㊙ 陸自教範》

outpost area ［C］ 前哨地域

outpost line ［C］ 前哨監視線

outpost line of resistance ［C］ 前哨抵抗線

outpost position ［C］ 前哨陣地

output axis ［pl. ＝ output axes］ 出力軸

output control block (OCB) ［C］ 出力制御ブロック 《バッジ用語》

output impedance ［U］ 出力インピーダンス

output meter ［C］ 出力計

output winding 出力巻き線

outrigger ［C］ ①アウトリガー ②【海自】張り出し材

out rudder ［C］ 外舵

outside air temperature (OAT) 外気温度

outside bracket ［C］ 外側ひじ板

outside loop ［C］ 逆宙返り

outside painting ［U］ 【海自】外舷塗装

outside plank ［C］ 外板

outside plating 外板

outside turn 外側旋回 《編隊外側旋回》

outside view ［C］ 外形図 《電子機器等の外形を示す図であり、外形総寸法、外形各部寸法、装着に必要な取付寸法などが記載されたものをいう。㊙ GLT-CG-C000001Q》

outsized cargo 特大型貨物

outstanding obligation 供用未済；出庫未済

outward leak test ［C］ 外方漏洩試験

outwork ［C］ 陣前施設

over ①「応答どうぞ」　②「遠」　《弾着の「遠」》《🄫 short ＝「近」》

overall air defense coverage　[U]　全般的対空火網

overall characteristics　[pl.]　総合特性

overall combat system operability test (OCSOT)　[C]　【海自】戦闘システム総合作動試験

overall dimension　全体寸法

overall efficiency　[U]　総合効率

overall height　全高

overall leak test　[C]　全体漏洩試験（ぜんたいろうえいしけん）

overall mean detection probability　全平均探知公算

overall stability　[U]　総合復原力

overbalance　過度釣り合い

over board drain　＝ overboard drain　機外排出ドレン

over-charge　過充電

overcoat　[C]　保護膜

overcompensation　過補償

over dense strobe　[C]　オーバー・デンス・ストローブ　《バッジ用語》

overdrive　[U]　過励振

overdriven amplifier　[C]　過励振増幅器

overdue (O/D)　期限超過

overdue aircraft　＝ over-due aircraft　[pl. ＝ ～]　時間超過機

overexposure　[U]　露光過度

overflow　①あふれ　②排水　③オーバーフロー

overflow pipe　[C]　あふれ管

overflow tank　[C]　あふれタンク

overflow valve　[C]　あふれ弁

over gravity　[U]　オーバーG　《ある規定値の加速度を超過することをいう。🄫 レーダー用語集》

overhand knot　止め結び

over hang　張り出し

overhaul (OH)　オーバーホール；分解修理《火器・車両・施設器材の欠陥箇所または欠陥の生ずるおそれのある箇所を分解して修理を行い、完全な使用可能状態に回復させることをいう。🄫 GLT-CG-Z500001D》

overhaul and repair schedule (O/R SKED)　[C]　O/Rスケッド

overhaul inspection　開放検査

overhaul kit　[C]　オーバーホール用キット

《調達物品のオーバーホール作業に使用する修理部品キットをいう。🄫 2補LPS-A00001-15》《🄫 depot kit》

overhead cover　掩蓋（えんがい）　《部隊や資材等を地形または人工物により敵の火力等から防護すること。🄫 民軍連携のための用語集》

overhead fire　超過射撃

overhead line　[C]　架空線

overhead target　[C]　直上目標

overhead traveling crane　[C]　天井クレーン

overheating　[U]　過熱

overheat warning circuit　[C]　過熱警報回路

overlap　重複量；重複度

overlapping fire　重畳射撃

overlap tell　他区域航跡通報

overlap zone　[C]　オーバーラップ・ゾーン《バッジ用語》

overlay type order　オーバーレイ命令

overload　過負荷

overload capacity　過負荷容量

overload nozzle valve　[C]　過負荷ノズル弁

overload relay　[C]　過負荷継電器

overload test　[C]　過負荷試験

overpower relay　[C]　過電力継電器

overpressure　爆風圧；過圧

overprotection　＝ over-protection　[U]　過保護

override　オーバーライド　《バッジ用語》

override switch　[C]　オーバーライド・スイッチ　《航空機の射撃回路を地上で安全にするため、整備時に使用するスイッチ。地上において脚が伸ばされているとき、各種射撃回路を断にする機構をバイパスするスイッチ。🄫 レーダー用語集》

overrun　[n.]　オーバーラン

overrun　[vt.]　蹂躙する

overrunning　過回転

oversea duty　海外勤務

oversea procurement (OSP)　[U]　域外調達

overseas deployment of the Self-Defense Forces　[the ～]　【日】自衛隊の海外派遣

Overseas Security Advisory Council (OSAC)　【米】海外安全対策協議会

overseas terminal arrival date　海外端末地到着日

Oversight Board for the Resolution Trust Corporation　【米】貯蓄機関決済信託公社監督委員会
oversized cargo　規格外貨物
overspeed test　[C]　過速度試験
overt action　[U]　公然活動　《⇔ covert action = 非公然活動》
overtaking light　[C]　追越灯
overt attack　[C]　明らかな攻撃　《⇔ covert attack = 密かな攻撃》
over-the-horizon (OTH)　①【空自】超水平線　②【海自】水平線以遠　③見通し外　《超短波 (UHF) 以上の周波数の電波を利用して、見通し距離以上の遠距離地点間で行う通信をいう。⊛ JAFM006-4-18》
over-the-horizon backscatter (OTH-B)　後方散乱型超水平線
over-the-horizon backscatter radar (OTH-B)　[C]　後方散乱型超水平線レーダー
over-the-horizon communication　見通し外通信
over-the-horizon radar　[C]　超水平線レーダー：OTHレーダー
over-the-horizon targeting (OTHT)　【海自】超水平線目標照準　《超水平線目標照準のことをいい、ミサイル攻撃ユニットのアクティブ・センサー限界外の目標に対して、目標通報機 (TRU) による位置決定評価および通報または伝送により行われる。⊛ 統合訓練資料1-4》
over-the-shoulder bombing　= over the shoulder bombing　肩越し爆撃
over-the-shoulder shooting　肩越し射撃
over the side torpedo (OTST)　[C]　短魚雷発射管　《水上艦艇に装備される魚雷発射管。⊛ NDS Y 0041》
overthrow　【陸自】撃滅　《部隊。じ後の作戦・戦闘が不可能な程度に、その戦闘力を低減させることをいう。⊛ 陸自教範》
overtime pay　時間外勤務給
overtone oscillator　[C]　高周波発振器
overt operation　公然活動　《⇔ covert operation = 非公然活動》
overturning moment　転倒モーメント
overvoltage　過電圧
overvoltage relay　[C]　過電圧継電器
over water flight　[C]　洋上飛行
overwhelming combat power　圧倒的な戦闘力
Owada Communications Station　【在日米軍】大和田通信所

own Doppler nullification (ODN)　自艦ドップラー消去
own Doppler nullifier (ODN)　[C]　自艦ドップラー消去器
own ship Doppler　自艦ドップラー
own ship noise　[U]　自艦雑音
own ship range component　[C]　自速距離分力
own ship speed　自速
own speed (OS)　自速
oxidizer　酸化剤　《酸化作用を有する物質。火薬、爆薬などの成分として使用する。⊛ NDS Y 0001D》
oxidizing flame　酸化炎
oxygen analyzer　[C]　酸素純度試験器
oxygen balance　[U]　酸素バランス　《火薬または爆薬が、完全に燃焼するために必要な酸素量に対する含有酸素量の過不足量。⊛ NDS Y 0001D》
oxygen breathing apparatus (OBA)　【海自】酸素呼吸器　《艦内で火災が発生し煙が充満した状況で消火活動をする場合に用いる酸素呼吸器。OBA員は、防火服にOBAを装着し、消火活動にあたる》
oxygen flask　[C]　酸素びん　《⇔ oxygen tank》
oxygen inhalation　酸素吸入
oxygen intoxication　酸素中毒
oxygen mask　[C]　酸素マスク
oxygen mask, continuous flow type　[C]　流入型酸素マスク
oxygen mask, demand type　圧力応需型酸素マスク
oxygen poisoning　酸素中毒
oxygen-pressure suit　酸素与圧服　《航空》
oxygen ratio test　[C]　酸素混合比試験
oxygen recharge servicing trailer　[C]　酸素充填トレーラー
oxygen regulator　[C]　酸素調整器
oxygen system　酸素系統
oxygen tank　[C]　酸素タンク
oxygen transfer machine　[C]　酸素充填装置
Oyashio front　親潮前線
Oyashio undercurrent　親潮潜流
ozone layer　オゾン層
ozonosphere　オゾン層

【P】

pace setter　[C]　ペース・セッター

Pacific Air Chiefs Conference (PACC)
【日】太平洋地域空軍参謀総長等会同

Pacific Air Chiefs Symposium (PACS)
【日】太平洋地域空軍参謀総長等シンポジウム

Pacific Air Forces (PACAF)　= US Pacific
Air Force（USPACAF）【米】太平洋空軍
《PACAF＝パカフ》

**Pacific Area Senior Officer Logistics
Seminar (PASOLS)**　【日】アジア太平洋地
域後方補給セミナー　《アジア太平洋およびイン
ド洋地域の国々から後方補給に携わる上級幹部が
参加して意見交換を行う場》

**Pacific Armies Chiefs Conference
(PACC)**　【日】太平洋地域陸軍参謀総長等会議

**Pacific Armies Management Seminar
(PAMS)**　【日】太平洋地域陸軍管理セミナー

Pacific Command (PACOM)　[the ～]
【米軍】太平洋軍　《Indo-Pacific Command（イン
ド太平洋軍）に名称変更された》◇用例：
Commander-in-Chief, Pacific（CINPAC）＝太
平洋軍総司令官

Pacific Fleet (PACFLT)　= US Pacific Fleet
（USPACFLT）【米海軍】太平洋艦隊　◇用
例：Commander-in-Chief, Pacific Fleet
（CINCPACFLT）＝太平洋艦隊司令長官

Pacific Islands Forum (PIF)　太平洋諸島
フォーラム

Pacific Partnership (PP)　パシフィック・
パートナーシップ　《米軍が主催している活動で
あり、米海軍を主体とする艦艇が域内各国を訪問
して、医療活動、施設補修活動および文化交流な
どを行い、各国政府、軍、国際機関およびNGOと
の協力を通じ、参加国の連携強化や国際災害救援
活動の円滑化を図ることを目的とする活動》

PACIFIC REACH　【海自】パシフィック・
リーチ　《訓練名。正式名は「西太平洋潜水艦救
難訓練」。目的は、潜水艦救難技量の向上および参
加各国との信頼関係の強化》◇用例：第7回西太
平洋潜水艦救難訓練＝ PACIFIC REACH 2016

Pacific Rim nations　[pl.]　環太平洋諸国

Pacific Standard Time (PST)　【米】太平
洋標準時

Pacific War　[the ～]　太平洋戦争

pacifism　[U]　平和主義

pacifist　[C]　反戦主義者

pack　[C]　雑嚢（ざつのう）

package (PKG)　[C]　パッケージ

package contents sheet (PCS)　[C]　梱包
内訳表；梱包内容明細書

packaged fuel　容器入り燃料

packaged magnetron　組み込み型マグネト
ロン

packaged petroleum product　[C]　梱包
容器入り石油製品

package sequence number (PSN)　パッ
ケージ順位番号

packed parts　[pl.]　機体付属品

packet filtering　パケット・フィルタリング
《パケットのヘッダー部に保持されている情報に
対し、あらかじめ設定されているルールを適用
し、ネットワークを出入りするデータの流れを許
可または禁止することによって、選択的に制御す
る技法のこと》◇用例：packet filter ＝パケッ
ト・フィルター

packet sniffer　[C]　パケット・スニッファー
《ネットワーク・トラフィックを監視し、パケット
を記録するソフトウェア》

pack ice zone　[C]　流氷海域

packing　[U]　包装　《部品を輸送または保管す
るために、個装、内装および外装を行い、表示標
識を付ける作業ならびに状態。® C&LPS-
A00001-22》

packing information (PIF)　[U]　防錆包
装資料（ぼうせいほうそうしりょう）

packing list　[C]　梱包一覧表；梱包明細書
《梱包番号、内容品、数量、重量などの明細を記
した書類》

packing type code　梱包記号（こんぽうきご
う）

pack transportation　[U]　駄馬輸送

**PACOM Amphibious Leaders
Symposium (PALS)**　【日】米太平洋軍水
陸両用指揮官シンポジウム

PACRIM Airpower Symposium　【日】環
太平洋空軍シンポジウム

pad chief　パッド長

padding　[U]　①パディング　②肉盛り

pad shoulder strap　[C]　肩当て皮

page and item number (PIN)　ページ及び
品目番号

paint film　[C]　塗料皮膜

painting stage　[C]　足場板

paint remover　塗料剥離剤（とりょうはくりざ
い）

paint store = paint locker ［C］ 塗具庫；塗料庫

pair line ［C］ ペア・ライン 《要撃機と目標機または指定した地点および高射隊と目標機との間に表示される線をいう。⊛ JAFM006-4-18》

Palestine Liberation Army (PLA) パレスチナ解放軍

Palestine Liberation Organization (PLO) パレスチナ解放機構

Palestinian Interim Self-Government Authority (PA) パレスチナ暫定自治政府

pallet ［C］ パレット

palletized load system (PLS) ［C］ パレット積載システム 《コンテナーを搭載する際に使用するアーム状の器材》

palletized unit load パレット積載量

Palmer scan パルマー走査

Panama Canal Commission 【米】パナマ運河委員会

pancake coil ［C］ パンケーキ形コイル

panel code 布板記号（ふばんきごう）《味方部隊同士が布板（marking panel）を使用して視覚通信するために、あらかじめ定められている記号》

panel signal ［C］ 布板信号

panoramic adapter ［C］ パノラマ監視器

panoramic adaptor ［C］ パノラマ式表示装置

panoramic camera ［C］ パノラマ・カメラ

panoramic receiver ［C］ パノラミック受信機

panoramic sketch ［C］ 写景図

panoramic telescope ［C］ パノラマ眼鏡

paper-covered wire ［C］ 紙巻き線

paper disk ［C］ 紙塞（しそく）《防湿用に雷管の内部に挿入する紙片》

paper insulation ［U］ 紙絶縁

paper pulp insulated cable ［C］ パルプ絶縁ケーブル

paper ribbon insulated cable ［C］ 紙テープ絶縁ケーブル

parabolic antenna ［C］ ①パラボラ・アンテナ 《極超短波用の放物反射面を持つアンテナ。反射面の焦点に電波の放射器を置くと、その電波は反射面で反射されて平行なビームをつくる。⊛ レーダー用語集》②【海自】放物面アンテナ

parabolic equation method 放物型方程式法；PE法

parabolic-reflector ［C］ 放物面反射器

parachute (prcht) ［C］ 落下傘

parachute assembly ［C］ パラシュート一式

parachute deployment height 落下傘開傘高度

parachute drop training ［U］ パラシュート降下訓練

parachute dry locker ［C］ 落下傘乾燥塔

parachute element ［C］ 降下部隊

parachute flare ［C］ ①吊光投弾（ちょうこうとうだん）；パラシュート照明弾；落下傘付き照明弾 《航空機、地上または水面から放出し、落下傘で降下中の間、照明ができる照明弾。⊛ NDS Y 0001D》

parachute force 落下傘部隊

parachute inner pack ［C］ 落下傘内袋（らっかさんないたい）《⊛ parachute outer pack ＝落下傘外袋》

parachute jump ［C］ 【陸自】空挺降下 《空挺降下とは、航空機から落下傘を利用して降下することをいう。⊛ 陸上自衛隊訓令第39号》◇用例：展示降下 = a demonstration of parachute jump

parachute jumper ［C］ ①【陸自】降下員 ②【空自】落下傘降下者

parachute outer pack ［C］ 落下傘外袋（らっかさんがいたい）《⊛ parachute inner pack ＝落下傘内袋》

parachute pack ［C］ 落下傘収納袋；パラパック

parachute packing tool ［C］ 落下傘折り畳み用具

parachute record card ［C］ 落下傘経歴簿

parachute release mechanism ［C］ 落下傘離脱装置

parachute rigger (PR) ［C］ ①落下傘整備員 ②【海自】航空救命整備員

parachute troops ［pl.］ 空挺降下部隊

parachute-type stabilizer ［C］ 安定傘

parachute unit ［C］ 空挺降下部隊

parachuting ［U］ 落下傘降下

parachutist ［C］ ①【陸自】落下傘隊員 ②落下傘兵

parade ground ［C］ ①【陸自】パレード場 ②【海自】観閲式場

Parade Rest ! 「整列、休め！」《号令》

paradrop 落下傘降下；落下傘投下

paraffin wire ［C］ パラフィン線

parallax 視差；パララックス

parallax correction ①視差修正 《照準線と銃軸線、ランチャー・ライン等との取り付け位置

para 472

による誤差の修正。⊛ レーダー用語集》 ②パラ
ラックス修正 《2個以上のサイトで追尾している
同一航跡データを、一つの平面上(防衛区域単位)
で同一航跡として、表示および処理するために必
要なサイト位置の修正をいう。⊛ JAFM006-4-18》

parallax corrector ［C］ 【海自】占位差修
正器

parallax in altitude 高度視差

parallel approach 平行進入

parallel branch ［C］ 並列分岐

parallel circuit ［C］ 並列回路

parallel-connected type 並列型

parallel connection ［C］ 並列接続

parallel feed 並列給電

parallel flow 平行流れ

parallel motion protractor (PMP) ［C］
平行移動定規

parallel of declination 赤緯の距等圏

parallel of equal altitude 等高度圏

parallel of latitude ①距等圏 ②【海自】緯
度圏

parallel operation ①【空自】並列操作；並列
運転 ②【海自】並列運転；並行運転

parallel planning ［U］ 並行計画作業

parallel plate oscillator ［C］ 平行板発振器

parallel resistance 並列抵抗

parallel resonance 並列共振

parallel running 並列運転；並列操作；並行
運転

parallel runway ［C］ 平行滑走路

parallel sailing 距等圏航法

parallel sheaf ［C］ 平行射向束(へいこう
しゃこうそく) 《全火砲の方向および射角が平行
している射向束。⊛ NDS Y 0005B》

parallel summing network ［C］ 並列加算
回路網

parallel track search ［C］ 平行捜索

parallel track search pattern ［C］ 平行
捜索パターン

paramedic ［C］ ①医療補助者 ②【空自】
救難降下員

parametric amplifier ［C］ パラメトリック
増幅器

parametric sound source ［C］ パラメト
リック音源

paramilitary ［adj.］ 準軍事的な

paramilitary forces ［pl.］ 準軍事部隊

paramilitary police unit ［C］ 準軍事警
察隊

parapet ［C］ 胸土 《塹壕の前にある盛土》

PAR approach 精測レーダー進入 《PAR =
precision approach radar(精密進入レーダー)》

pararescueman ［pl. = pararescuemen］ 救
難降下員

pararescue team (PRT) ［C］ 落下傘救
急班

pararescue trainee ［C］ 救難降下訓練生

parasite drag 有害抵抗

parasite power 有害抵抗馬力

parasitic oscillation 寄生振動

parasitic suppressor ［C］ 寄生振動防止器

paratrooper ［C］ 【陸自】空挺隊員 《空挺
隊員とは、空挺基本訓練課程を修了し、かつ、空
挺教育隊その他の空挺部隊に所属している自衛官
のうち空挺降下を本務とするものをいう。⊛ 陸上
自衛隊訓令第39号》

paratroops ［pl.］ ①【陸自】空挺降下部隊
②落下傘部隊

paravane パラベーン

parceling きせ巻き

parent metal 母材

parent SRN ペアレントSRN 《⊛ child SRN
= チャイルドSRN》,《SRN = simulation
reference number(シミュレーション・リファレ
ンス・ナンバー)》《⊛ child SRN = チャイルド
SRN》

parent unit ［C］ 親部隊 《指揮下部隊から見
た上級部隊。⊛ 民軍連携のための用語集》

Paris Club agreement ［the ～］ パリ・ク
ラブ合意

park ［C］ 車廠

parking apron ［C］ パーキング・エプロン

parking area ［C］ パーキング・エリア；駐
機場

parking lot ［C］ 駐車場

Parliamentary Secretary for Defense
【防衛省】防衛政務官

Parliamentary Vice-Minister of Defense
【防衛省】防衛大臣政務官 《の英語呼称》

parrot ［C］ パロット 《敵味方識別用の送信
器》

part ［C］ ①部品 《単一部品、小組部品およ
び組部品をいう。⊛ GLT-CG-Z000001U》 ②単
一部品 《単体または単体の結合体であって、破
壊しなければ分解できない部品をいう。⊛ GLT-
CG-Z000001U》

part drawing ［C］ ①部品図 《機器に使用する部品の構造などを表した図をいう。[典] NDS C 0002D》 ②部分図

partial admission ［U］ 部分流入

partial assembly drawing ［C］ ①部品組み立て図 ②部分組み立て図

partial automatic designation 半自動指示

partial charge 部分充電

partial descriptive method (PDM) 部分記述形式

partial general view ［C］ 部品組み立て図；部分組み立て図

partial load 部分負荷

partial mobilization ①部分動員 ②【統幕】一部動員 《[対] full mobilization = 全面動員》

partial obscuration 部分オブスキュレーション

partial optical aim ［C］ 一部光学装置照準

partial penetration ［U］ 部分侵徹(ぶぶんしんてつ) 《弾丸の一部だけが目標に侵入している状態。[典] NDS Y 0006B》

partial potential temperature 分温位

partial pressure 分圧

partial radar aim ［C］ 一部レーダー照準

partial salvo ［C］ 指名打ち方

Partial Test Ban Treaty (PTBT) 部分的核実験禁止条約 《正式名称は「Treaty Banning Nuclear Weapon Tests in the Atmosphere, in Outer Space and under Water(大気圏、大気圏外空間及び水中における核兵器実験を禁止する条約)」》

participating unit (PU) ［C］ 参加ユニット 《TADIL-A(LINK-11A)ネットに参加するユニットのことをいう。[典] JAFM006-4-18》

particle beam weapon (PBW) ［C］ 粒子ビーム兵器

particle displacement ［U］ 粒子変位

particle size 粒度；粒径 《[同] grain size》

particle velocity ［U］ 粒子速度

particular sheet ［C］ 要目簿；要目表

particulars of operation 作戦の経過

parting sand ［U］ 分れ砂

partisan パルチザン

partition ［C］ 仕切り

partition noise ［U］ 分配雑音

Partiya Karkeran Kurdistan (PKK) クルド労働者党 《トルコ南東部を中心に活動する分離主義組織》

part learning method 分習法

partnership ［U］ パートナーシップ

Partnership for Peace (PfP) 平和のためのパートナーシップ

part number 部品番号 《製造業者が、その生産品目に対してそれぞれ付与した番号》

part-ride 移動折り返し輸送

parts list (PL) ［C］ 部品表 《電子機器等に使用している部品を明確にする表であり、図面葉番号、品目名、品名、規格番号および形名または定格など、数量、製造者名、備考などが記載されたものをいう。[典] GLT-CG-C000001Q》

part task trainer (PTT) ［C］ パート・タスク・トレーナー；単体整備教育装置 《ペトリオット用語》

part-time SDF personnel ［pl.］ 【自衛隊】非常勤隊員 《非常勤隊員とは、陸上自衛隊における臨時の事務補助職、技術補助職、技能職および労務職に任用されるものをいう。[典] 陸幕補第296号》

part-walk shuttle 移動折り返し輸送

part-walk shuttling 移動折り返し輸送

party line (PL) ［C］ ①共用線 ②パーティ・ライン

pass ①外出証 ②通過 ③峠

passage of lines 超越交代

passage of responsibility 責任転移

passage point ［C］ 【陸自】通過点 《部隊を、他の部隊の担任地域を通過して行動させる場合に、実際に通過する場所を指定して相互の混乱を防止するために示す地点をいう。[典] 統合訓練資料1-4》

pass band = passing band ［C］ 通過帯域 《フィルターなどで、信号成分が通過する周波数範囲。[典] NDS Y 0012B》

passenger ［C］ 【空自】同乗者 《航空機に搭乗している者のうち、乗組員以外の者》

passenger address system (PAS) ［C］ 機内放送装置

passenger information card ［C］ 人員空輸通報

passing point ［C］ 合格点

passing sight distance (PSD) 車両視距離

passing time 通過時刻

passing unit ［C］ 通過部隊

passive acoustic center ［C］ パッシブ音響情報処理中枢

passive air defense ［U］ 消極防空 《空からの敵の攻撃の効果を局限するために、掩蔽・隠

P

蔽・偽装・分散の手段を使用して行う積極防空以外のあらゆる防空活動をいう。⊛ 統合訓練資料1-4》《⊛ active air defense ＝ 積極防空》

passive angle track (PAT) 受動角度追尾

passive defense ［U］ 消極防御；消極の防衛

passive detection ［U］ 逆探知 《敵の発信する電波、通信等を通してその発信地を探すこと。⊛ 民軍連携のための用語集》

passive detection system (PDS) ［C］ 電波探知装置

passive ECM 消極的対電子 《⊛ active ECM ＝ 積極的対電子》

passive electrical network ［C］ 受動電気回路網

passive electronic countermeasures ［pl.］ パッシブ電子妨害

passive front ［C］ 活動的ではない前線 《⊛ inactive front》

passive homing 受動ホーミング

passive homing guidance ［U］ パッシブ・ホーミング誘導；受動ホーミング誘導 《目標が放射するエネルギーを検知し、目標を追尾し命中させる誘導方式。⊛ NDS Y 0001D》

passive homing system ［C］ 受動ホーミング・システム

passive jamming 受動電波妨害；パッシブ・ジャミング

passive mine ［C］ パッシブ機雷

passive mode パッシブ・モード 《目標の放射雑音を検出し、目標に自己誘導する魚雷の探索モード。⊛ NDS Y 0041》

passive night vision device ［C］ パッシブ暗視装置 《目標からの放射または反射を利用する方式の暗視装置。⊛ NDS Y 0004B》《⊛ active night vision device ＝ アクティブ暗視装置》

passive radar ［C］ パッシブ・レーダー

passive radar homing (PRH) パッシブ・レーダー・ホーミング；パッシブ・レーダー誘導 《目標が放射する電波で目標の位置情報を取得する電波誘導方式》《⊛ active radar homing ＝ アクティブ・レーダー・ホーミング》

passive raid ［C］ パッシブ・レイド 《バッジ用語》

passive ranging sonar ［U］ パッシブ・レンジング・ソーナー；聴音測距ソーナー 《目標との距離を測定する機能を有するパッシブ・ソーナー。⊛ NDS Y 0012B》

passive search ［C］ パッシブ・サーチ

passive shaft grounding method パッシブ・シャフト・グラウンディング法 《⊛ active shaft grounding method ＝ アクティブ・シャフト・グラウンディング法》

passive sight ［C］ 受動暗視装置

passive sonar ［U］ パッシブ・ソーナー 《自らは音波を発せず、目標艦艇等が発する音波を受信し、目標艦艇等を探知するソーナーのこと》《⊛ active sonar ＝ アクティブ・ソーナー》

passive sonobuoy ［C］ パッシブ・ソノブイ 《目標からの放射音を受信するソノブイ。潜水艦からの放射音は、プロペラーや機械の音など、各潜水艦によって特徴があり、探知・分類・位置局限に使用することができる》《⊛ active sonobuoy ＝ アクティブ・ソノブイ》

passive tactics ［pl.］ 【海自】パッシブ戦術 《パッシブ捜索・測的武器のみを使用して、敵を捜索・攻撃する戦術をいう。⊛ 統合訓練資料1-4》《⊛ active tactics ＝ アクティブ戦術》

passive track ［C］ パッシブ航跡 《バッジ用語》《⊛ active track ＝ アクティブ航跡》

pass time 通過時間

password ［C］ ①合い言葉 《前もって問いと答えを打ち合わせておく合図の言葉。⊛ 民軍連携のための用語集》 ②パスワード 《コンピューターや機密性の高いファイルへのアクセス権を認証するために使用される文字列（英字、数字、記号など）》

paster ［C］ 弾痕紙

patch board ［C］ 配線盤

Patent and Trademark Depository Library Program (PTDLP) 【米】特許・商標保管図書館プログラム

Patent and Trademark Office 【米】特許・商標局

path difference 路程差

pathfinder ［C］ ①着陸誘導班 ②誘導機

pathfinder team ［C］ 降着誘導班

pathogen ［C］ 病原体；病原菌

path width パス幅

patient 患者

patient collecting point (PCP) ［C］ 【陸自】患者集合点 《中隊等地域に発生した患者を、効率的に連隊、大隊等の収容所に収容するため設ける患者の集合場所をいう。⊛ 陸自教範》

patient collecting station ［C］ 患者集合所 《後送中の患者および後送のため待機中の患者に、所要の処置（応急治療、休養等）を行うため、飛行場、港湾、鉄道端末地等、後送経路上の要点に開設する衛生施設をいう。⊛ 陸自教範》

patient evacuation policy ①【陸自】患者後送基準 《陸上自衛隊の方面隊等が所管する病院施設（部外病院を含む）外への患者後送の基準とし

て定めるものをいい、当該方面隊等の病床所要数、後送所要量算定の基礎となるものである。通常、陸上自衛隊の方面隊に対し必要に応じ設定される、患者が当該方面隊で病院治療を受けることのできる最大限の日数をもって示す。⊛統合訓練資料1-4》②【海自】後送基準 《衛生》

patient movement 患者輸送

patient movement item (PMI) ［C］患者輸送項目

patient movement requirements center (PMRC) ［C］患者輸送要求センター

Patriot 【米陸軍】ペトリオット 《中射程地対空ミサイル》

Patriot Advanced Capability-3 (PAC-3) 能力向上型ペトリオット3 《経空脅威に対処するための防空システムの一つであり、主として航空機を迎撃目標としていた従来型のPAC-2と異なり、主として弾道ミサイルを迎撃目標とするシステムをいう。JAFM006-4-18》◇用例：PAC-3 unit＝PAC-3部隊

Patriot data processing system (PDPS) ［C］ペトリオット・データ処理システム 《ペトリオット用語》

Patriot development system (PDS) ［C］ペトリオット・デベロップメント・システム 《ペトリオット用語》

Patriot group track ［C］ペトリオット・グループ航跡 《ペトリオット管制所から受領する航跡をグループ化した航跡群をいう。⊛ JAFM006-4-18》

Patriotic Union of Kurdistan (PUK) クルド愛国同盟（またはクルディスターン愛国同盟）

Patriot interface equipment (PIE) ［U］バッジ・ペトリオット連接装置；データ変換装置 《PIE＝パイ》

Patriot missile ［C］ 【米】ペトリオット・ミサイル 《Phased-Array TRacking and Intercept Of Target（PATRIOT）》

Patriot Operation Center (POC) 【空自】ペトリオット管制所 《航空作戦管制所（AOCC）および防空指令所（DC）の統制を受け、高射群の中枢として射撃単位（FU）を統制するところをいい、指揮所運用隊に設置される。⊛ JAFM006-4-18》

Patriot operation officer (POO) ［C］【空自】ペトリオット管制幹部

Patriot organizational maintenance trainer (POMT) ［C］ペトリオット整備員教育装置 《ペトリオット用語》

Patriot system ［C］ペトリオット・システム 《ペトリオット用語》

Patriot track ［C］ペトリオット航跡 《ペトリオット管制所から受領した航跡をいう。⊛ JAFM006-4-18》

patrol ①哨戒 《敵の奇襲を防いだり、情報を収集したりするため、ある特定の地域を計画的に見回ること》②巡察 《警戒、視察するために各地を回ること。または、その見回る人。⊛ 民軍連携のための用語集》

patrol aircraft (P) ［pl.＝～］哨戒機（しょうかいき）

patrol area ［C］【海自】哨戒区域；阻止哨戒区域

patrol boat ［C］哨戒艇

patrol combatant craft ［pl.＝～］【海自】哨戒艦艇

patrol combatant ship ［C］哨戒艦艇

patrol craft, fast 高速哨戒艇

patrol guided missile boat (PG) ［C］【海自】ミサイル艇

Patrol Guided Missile Boat Division 【海自】ミサイル艇隊 《の英語呼称》《ミサイル艇隊は、ミサイル艇2以上で編成する》

patrol gunboat ［C］哨戒艇 《艦種記号：PB》

patrol helicopter (PH) ［C］哨戒ヘリコプター

patrol limit ［C］哨戒限度線；阻止哨戒限度線

patrol plane ［C］【海自】哨戒機；阻止哨戒機

patrol point ［C］【陸自】哨戒点 《早期警戒機等が敵の侵入に備え警戒監視するための中心点をいう。⊛ 統合訓練資料1-4》

patrol quiet 【海自】哨戒無音潜航

patrol screen ［C］哨戒直衛

patrol segment ［C］哨区

patrol ship ［C］哨戒艇；巡視船 ◇用例：a Cyclone-class patrol ship＝サイクロン級哨戒艇

patrol squad ［C］哨戒班；阻止哨戒班

patrol torpedo boat (PT boat) ［C］哨戒魚雷艇

patrol type aircraft ［pl.＝～］大型固定翼哨戒機

patrol vessel (PV) ［C］哨戒艦艇

pattern (PAT) ［U］模様；型；様式；図形

pattern bombing 【空自】パターン爆撃 《編隊の行う爆撃法の一種で、編隊長機だけが照準して、他機は編隊長機の爆弾投下にならって同時に爆弾を投下し、ある範囲の目標を爆撃する爆撃方法をいう。⊛ 統合訓練資料1-4》

pattern firing 散布帯発射

pattern launch 散布帯発射

pattern laying パターン敷設 《地雷》

pattern painting 迷彩

pattern-running torpedo ［C］ パターン航走魚雷；パターン魚雷

paved road ［C］ 舗装路 《コンクリート舗装路またはアスファルト舗装路をいう。NDS D 1201B》《⓪ unpaved road = 未舗装路》

pavement classification number (PCN) 舗装分類指数

Pay and Allowance Section ①【陸自】給与班 《の英語呼称》②【空自】給与室 《の英語呼称》◇用例：給与室長 = Chief, Pay and Allowance Section

pay grade ［C］ 給与等級

payload ①有効搭載量 《ある特定の運用状況下で、搭載して輸送することができる設計上の荷重をいい、貨物または装備品についてはトンで、人員については人数で表す。⓪ 統合訓練資料1-4》②ペイロード 《搬送の対象となる弾頭のこと》

paymaster ［C］ 主計官

paymaster general ［C］ 【米軍】主計総監

payment ［C］ 給与

payment by rough estimate ［C］ 概算払い

pay raise 昇給

payroll ［C］ ペイロール；賃金台帳

P-day P－日

peace agreement ［C］ 和平合意 《暴力的紛争を終結させるか、著しく変容させることを意図した正式な条約。⓪ 国連平和維持活動（原則と指針）》

peace building ［U］ 平和構築 《国内の紛争管理能力を強化し、持続可能な平和の基礎を築くことにより、紛争の発生または再発のリスクを低下させるねらいを有する措置。⓪ 国連平和維持活動（原則と指針）》

Peace Corps 【米】平和部隊

peace enforcement (PE) 平和執行 《国連安保理が平和への脅威、平和の破壊または侵略行為の存在を認定した事態において、安保理の承認を受け、国際の平和と安全を維持または回復するために講じられる強制措置。⓪ 国連平和維持活動（原則と指針）》

peace enforcement unit ［C］ 平和執行部隊

peaceful co-existence ［U］ 平和共存

Peaceful Nuclear Explosion Treaty (PNET) 平和目的地下爆発制限条約

peaceful settlement of disputes ［the ～］ 紛争の平和的解決

Peace Implementation Council (PIC) ボスニア和平履行評議会

peacekeeping 平和維持 《いかに不安定であろうとも、戦闘が停止した平和な状態を維持し、和平仲介者が取り付けた合意の履行を助けるための措置。⓪ 国連平和維持活動（原則と指針）》

Peacekeeping Forces (PKF) = Peace Keeping Forces, Peace-Keeping Forces ①【自衛隊】国連平和維持部隊；国連平和維持隊 ②国連平和維持軍

Peacekeeping Operations (PKO) 国連平和維持活動

peacemaking ［U］ 和平創造 《敵対する当事者間に合意を成立させるための措置。⓪ 国連平和維持活動（原則と指針）》

peace operations ［pl.］ 平和活動 《暴力的紛争を予防、管理、解決するか、その再発リスクを低下させるために展開されるフィールド活動。⓪ 国連平和維持活動（原則と指針）》◇用例：United Nations-led Peace Operations = 国連主導の平和活動

peace organization 平時編成

peace time 平時 《⓪ war time = 戦時》

peace time basis ［C］ 平時態勢

peacetime engagement ［C］ 平時関与

peacetime establishment 平時編制表

peacetime force materiel assets ［pl.］ 平時部隊用資材

peacetime force materiel requirements ［pl.］ 平時部隊用資材所要

peacetime materiel consumption and losses ［pl.］ 平時資材損耗

peacetime operating stock ［C］ 平時運用在庫品

peacetime presence ［U］ 平時プレゼンス

peacetime stock levels ［pl.］ 平時在庫基準

peaked wave ［C］ ピーク波

peak factor ［C］ 波高率

peak gust 最大瞬間風速；ピーク・ガスト

peaking circuit ［C］ ピーキング回路

peak inverse voltage ピーク逆電圧

peak load ピーク負荷

peak overpressure 尖頭圧力（せんとうあつりょく）

peak strength ［U］ 最大兵力

peak voltage ピーク電圧

peculiar data ［U］ 固有データ

peculiar equipment　[U]　特殊器材

peculiar ground support equipment
　[U]　専用整備用器材；特殊整備用器材

peculiar information　[U]　固有の情報

peculiar item　[C]　専用品目

peculiarity　[C]　特性

peculiar part　[C]　専用部品

pedestal circuit　[C]　ペデスタル回路

peel-off　ピール・オフ

peep hole　[C]　のぞき穴

peep sight　[C]　穴照門　《照準用に小さい穴が開けられている照門。㊛ NDS Y 0002B》《㋫ aperture sight》

pellet　[C]　①ペレット　②小球；小弾丸　③丸薬　④【海自】小粒薬（しょうりゅうやく）

pelleting　ペレット成形　《爆薬を柱状に圧搾成形する火工作業。㊛ NDS Y 0001D》◇用例：pelleting machine ＝ ペレット成形機

penalty　[C]　制裁措置

pencil beam　[C]　ペンシル・ビーム

pencil shape beam radar　[C]　ペンシル・ビーム式レーダー

pending track　[C]　識別保留航跡

pendulum　[C]　振り子；揺錘

pendulum governor　[C]　振り子調速機　《㋫ conical pendulum governor》

pendulum relay　[C]　振り子リレー

pendulum solenoid　[C]　揺錘ソレノイド

pendulum stiffness　傾感度

pendulum unit　[C]　揺錘装置

penetrate　[vt.]　突破する

penetrating aircraft　[pl. ＝ ～]　侵入機

penetrating area　[C]　侵入地域

penetrating power　透過力

penetration　[U]　①【陸自】突破　《敵の戦闘組織を破砕してこれを各個に撃滅するため、主力をもって敵の正面から攻撃して、これを突破分断する攻撃機動の方式をいう。㊛ 陸自教範》《㋫ breakthrough》　②侵入；進攻　③潜入《情報》　④貫通；貫徹　⑤侵徹

penetration aids　[pl.]　【空軍】侵攻支援機材

penetration bomb　[C]　貫徹爆弾　《強固な弾殻で作られ、目標へ侵徹または目標を貫徹した後に爆発する爆弾。㊛ NDS Y 0001D》

penetration depth sonar range (PEDR)　[C]　【海自】層深下ソーナー探知距離　《層深下の目標に対する有効ソーナー探知距離(ESR)。㊛ 統合訓練資料1-4》

penetration effect　侵徹効果　《侵徹により目標に損傷を与える効果。㊛ NDS Y 0006B》

penetration fighter　[C]　進攻戦闘機

penetration hole　[C]　侵徹孔　《弾丸、ジェットなどが目標を侵徹して生じたアナ。㊛ NDS Y 0006B》

penetration power　侵徹力

penetrator　[C]　①侵攻機　②侵入者　◇用例：would-be system penetrator ＝ システムへ侵入しようとする者　③ペネトレーター　《槍型の探査機器。惑星に打ち込んで内部構造を調べたりする》　④針入度計　《針入度によって硬さを測定する計器》

penetrometer　[C]　ペネトロメーター；貫入試験機

pennant　[C]　流旗

Pension and Benefit Section　【陸自】共済班　《の英語呼称》

Pension Benefit Guaranty Corporation　【米】年金給付保証公社

Pension Section　【空自】共済班　《の英語呼称》◇用例：共済班長 ＝ Chief, Pension Section

Pensky-Martens tester　[C]　ペンスキー・マルテンス試験器

pentaerythrite tetranitrate (PETN)　ペトン；ペンスリット　《ペンタエリトリット四硝酸エステル、四硝酸ペンタエリトリット。プラスチック爆弾の一種》

Pentagon　[the ～]　【米】ペンタゴン　◇用例：Pentagon authorities ＝ 国防総省当局

Pentagon officials　[pl.]　【米】ペンタゴン当局　◇用例：a Pentagon official ＝ ペンタゴン当局者

Pentagon sources　[pl.]　ペンタゴン筋

pentolite　ペントライト　《PETNとTNTの混合爆薬》

people of Okinawa　[the ～]　沖縄県民

People's Liberation Army (PLA)　[the ～]　【中国】人民解放軍

perceived noise level (PNL)　[C]　感覚騒音レベル　《航空機の騒音の評価基準》

percentage of clearance　機雷排除率

percentage of contraction　縮み率

percentage of elongation　伸び率

percentage of modulation　変調率

percentage of voids　空隙率

percussion　[U]　撃発　《衝撃エネルギーによって火薬を発火させること。㊛ NDS Y 0003B》

perc 478

percussion cap ［C］ 撃発雷管 《打撃によっ
て発火する雷管》

percussion firing 撃発発射

percussion fuze ［C］ 撃発信管 《打撃に
よって発火する信管。⊛ NDS Y 0001D》

percussion-hammer firing mechanism
［C］ 撃鉄式撃発装置

percussion primer ［C］ 撃発火管 《打撃に
よって発火する火管。⊛ NDS Y 0041》

per diem 日当

perfect combustion ［U］ 完全燃焼
《⊛ complete combustion》

P perfidy ［U］ 背信行為

perforated pipe ［C］ 多孔管

perforation hole ［C］ 貫通孔（かんつうこ
う）《侵徹孔のうち、完全侵徹したもの。
⊛ NDS Y 0006B》

performance based logistics (PBL) ［U］
成果保証契約 《可動率や安全性、修理時間の短
縮、安定在庫の確保といった装備品のパフォーマ
ンスの達成に対して対価を支払う契約形式。
⊛ 防衛白書（平成18年版）》

performance characteristics ［pl.］ 性能
的特性

performance chart ［C］ ①性能諸元表
②動作線図

performance curve ［C］ 性能曲線；特性
曲線

performance decrement 性能低下

performance figure ［C］ 能力値

performance improvement (PI) 性能改善

performance load 性能荷重

performance monitor frame (PMF)
［C］ 回線品質測定架 《バッジ用語》

performance monitoring パフォーマンス・
モニター機能 《バッジ用語》

performance monitor software ［U］ パ
フォーマンス・モニター・ソフトウェア 《装置
の性能情報を統合的に監視および収集するソフト
ウェアのことをいう。⊛ JAFM006-4-18》

performing test ［C］ 作動試験 《特定の機
能部品を機体またはエンジンに取り付けた状態で、
技術基準に基づいて機能の良否、修理の要否およ
び系統の総合機能を判定することを目的とした検
査および試験をいう。⊛ GAV-CG-W500001N》

perigee 近地点

perils of the sea ［pl.］ 海難

perimeter acquisition radar (PAR) ［C］
周辺捕捉レーダー

perimeter defense ［U］ 円陣防御 《あらゆ
る方向から同時に指向される敵の攻撃に対処でき
るように、おおむね円形の戦闘陣地に部隊を配置
する防御をいう。⊛ 陸自教範》

periodic ［adj.］ 定期の

periodic airframe rework (PAR) 機体定
期点検修理

periodic flight check 定期飛行点検；定期飛
行検査

periodic function 周期関数

periodic inspection (PE) 定期検査

periodic intelligence report
(PERINTREP) ［C］ 定期情報報告書

periodic intelligence summary ［C］ 定
期情報要約；定期情報要約書

periodicity 日間リズム

periodic maintenance ［U］ 定期整備

Periodic Maintenance Squadron 【空自】
検査隊 《の英語呼称》

periodic medical examination 定期健康
診断

periodic motion 周期運動

periodic operational report ［C］ 戦闘
詳報

periodic report ［C］ 定期報告

periodic training ［U］ ①【陸自】定期訓練
②【海自】周期訓練

period light ［C］ 周期灯

period of rolling 横揺れ周期

peripheral acquisition radar (PAR)
［C］ 周辺捕捉レーダー（しゅうへんほそくレー
ダー）

peripheral cam ［C］ 周辺カム

peripheral control unit (PCU) ［C］ 周
辺機器制御装置 《ペトリオット用語》

peripheral countermeasures work 周辺対
策事業

peripheral initiation 周辺起爆

peripheral service function (PSF) 周辺
入出力サービス機能 《JADGE用語》

peripheral war ［U］ 周辺戦争

periscope ［C］ 潜望鏡

periscope depth (PD) 潜望鏡深度 《潜望鏡
が使える水深》

periscope depth launch (PD launch) 露
頂発射（ろちょうはっしゃ）《潜水艦が、潜望鏡
深度で魚雷を打ち出すこと。⊛ NDS Y 0041》

periscope depth range (PDR) ［C］ 潜望

鏡深度探知距離 《潜望鏡深度にある潜水艦が、ソーナーで目標を探知可能な最大距離。[典] NDS Y 0012B》《PDR = ピーディーアール》

periscope depth running 露頂航走

periscope depth sonar range (PDSR) ［C］ 【海自】潜望鏡深度ソーナー探知距離 《潜望鏡深度にある目標に対する有効ソーナー探知距離（ESR）。[典] 統合訓練資料1-4》

periscope sextant 潜望式六分儀；ペリスコープ六分儀

periscope sextant system ［C］ 潜望鏡天測装置

periscope well ［C］ 潜望鏡昇降筒

periscopic sight ［C］ 潜望照準具

perishable cargo 腐敗性貨物

perishable target ［C］ 脆弱目標

peritectic 包晶

permafrost ［U］ 永久凍土

permanence ［U］ 耐久度

permanent athwartship magnetization (PAM) 船体横方向永久磁気 《[対] permanent longitudinal magnetization = 船体首尾線方向永久磁気》《PAM = ピーエーエム》

permanent aurora 大気光

permanent change of assignment 転属

permanent change of station (PCS) 転属 《所属部隊の変更。一般でいう転勤》

permanent echo 固定反射

permanent employee ［C］ 常用従業員

permanent hardness ［U］ 永久硬度

permanent hard water ［C］ 永久硬水

permanent longitudinal magnetization (PLM) 船体首尾線方向永久磁気 《[対] permanent athwartship magnetization = 船体横方向永久磁気》《PLM = ピーエルエム》

permanent magnetic noise ［U］ 永久磁気雑音 《航空機》

permanent magnetization 永久磁気 《永久磁石の磁気のように外部からの磁気の影響によって容易に変化しない磁性体の磁気。[典] NDS Y 0051》

permanent station ［C］ 原隊 《自分の籍がある部隊》

permanent system control number (PSCN) 標準品目統制番号

permanent vertical magnetization (PVM) 船体垂直方向永久磁気 《PVM = ピーブイエム》

permeability ①通気性 ②透磁率

permeance パーミアンス

permissible CG limit ［C］ 許容重心限度 《center of gravity（CG）》

permissible error 許容誤差

permissible individual maximum pressure (PIMP) 許容個別最大腔圧

perpendicular method 直角法

perpendicular pier ［C］ 垂直桟橋（すいちょくさんばし）

Pershing 【米】パーシング 《ミサイル名》

Persian Gulf crisis ［the ～］ 湾岸危機

Persian Gulf War ［the ～］ 湾岸戦争

persistence of vision 残像性；残像現象

persistency 持続性

persistent agent ［C］ 持続性化学剤 《[対] nonpersistent agent = 非持続性化学剤》

persistent gas 持久ガス

personal circuit ［C］ 【陸自】専用回線 《通信組織のうち、特定の部隊等または特定の目的のため専用する回線をいう。[典] 陸自教範》

personal effects (PE) ［pl.］ 私物品（しぶっぴん） 《個人の私有する物品。[典] 民軍連携のための用語集》

personal equation 個人誤差 《観測上の個人誤差》

personal equipment (PE) ［U］ 個人装備品；個人装具 《[対] unit equipment = 部隊装備品》

personal equipment connector (PEC) ［C］ 救命装具関連接続器

Personal Equipment Maintenance 【空自】救命装備品整備 《准空尉空曹空士特技区分の英語呼称》

personal error (PE) 人的過誤

personal history statement (PHS) ［C］ 履歴書

personal hygiene ［U］ 個人衛生

personality test ［C］ 性格検査

personal locator beacon (PLB) ［C］ 【空自】救命用携帯無線機

personal property ［C］ 動産

personal staff ［C］ 専属幕僚 ◇用例：commander's personal staff = 専属幕僚

personal transfer capsule (PTC) ［C］ 水中昇降室 《深海潜水装置を構成する装置の一つ。船上から深海まで潜水員を移送するカプセル》

personnel ①人員 ②人事 《後方の一分野であって、補充、任免、補職、士気および規律の維持、捕虜および戦没者の取扱い、健康管理等の機

P

能を総称していう。㊞ 統合訓練資料1-4》

Personnel 【空自】人事 《准空尉空曹空士特技区分の英語呼称》

personnel action 人事措置

personnel action request (PAR) ［C］人事措置要求書

personnel administration ［U］ ①【陸自】人事行政管理 ②【海自】人事管理

personnel affairs ［pl.］人事業務

Personnel Affairs Division 【内部部局】人事計画・補任課 《の英語呼称》《職員（自衛官等）の人事を行う》◇用例：人事計画・補任課長 = Director, Personnel Affairs Division

personnel allowance ［C］定員

Personnel and Education Department 【海自・空自】人事教育部 《の英語呼称》◇用例：人事教育部長 = Director General, Personnel and Education Department

Personnel and Training Department 【防衛省・空自】人事教育部 《の英語呼称》◇用例：人事教育部長 = Director, Personnel and Training Department

personnel attrition rate ［C］ 人員損耗率

personnel carrier ［C］ 人員輸送車

personnel ceiling 許容最高人員

personnel center (PAC) ［C］ 【海自】人事センター 《方面隊および師団・旅団が、作戦に際し、補任、補充業務等を迅速かつ能率的に行うとともに、それらの業務の調整・統一を図るため、必要に応じて後方指揮所に設ける施設をいう。㊞ 陸自教範》

personnel change 人事異動

personnel daily summary ［C］ 人員要約日報

Personnel Department (Pers Dept) 【陸自】人事部 《の英語呼称》◇用例：人事部長 = Director, Personnel Department

Personnel Division (Pers Div) ①【防衛省・海自】人事課 《の英語呼称》◇用例：人事第1課 = 1st Personnel Division；人事課長 = Director, Personnel Division ②【空自】人事部 《の英語呼称》◇用例：人事部長 = Chief, Personnel Division

personnel information ［U］ 人事情報

personnel losses ［pl.］ 人員損耗

personnel management ［U］ 人事管理 《人事機能の一部であり、各個人の能力を最大限に発揮させるように個人について管理する機能をいい、任免、分限、懲戒、服務等を含む。㊞ 統合訓練資料1-4》

Personnel Planning Division (Pers Planning Div) 【陸自・海自・空自】人事計画課 《の英語呼称》◇用例：人事計画課長 = Head, Personnel Planning Division

personnel program ［C］ 人事計画

personnel record ［C］ 人事記録

personnel recovery (PR) 人員救出

Personnel Research Section 【空自】研究班 《の英語呼称》◇用例：研究班長 = Chief, Personnel Research Section

Personnel Section 【陸自・空自】人事班 《の英語呼称》《航空総隊では「人事課」》◇用例：人事第1班 = 1st Personnel Section

personnel security ［U］ 人的保全

personnel security investigation ①保全適格性検査 ②要員保全調査 《情報》

personnel status 人事状況

personnel summary ［C］ 人事要約書

personnel test ［C］ 人事検査

personnel work order (PWO) 労務要求書

perspective drawing ［C］ 透視図

perspective projection 透視図法；透視投影

petalling 花弁状貫通；花弁状貫徹；ペタリング 《弾丸などによって装甲板が押し出され、花弁状にめくれた状態で貫通していること。㊞ NDS Y 0006B》

petrol bomb ［C］ 火炎瓶

petroleum intersectional service (POLIS) ［C］ 燃料一貫補給業務 《POLIS = ポリス》

petroleum, oil and lubricants (POL) ［pl.］ 燃料油脂類 《POL = ポル》

Petroleum, Oils and Lubricants Section (POL Section) 【陸自】燃料班 《の英語呼称》

Petroleum Terminal ［C］ 【海自】貯油所 《の英語呼称》◇用例：貯油所長 = Commanding Officer, Petroleum Terminal

petty officer ［C］ ①【英海軍】兵曹 ②【米海軍】下士官 《陸軍のnon-commissioned officerにあたる》

Petty Officer ［C］ 【海自】海曹 《階級の英語呼称》《3等海曹から海曹長までの階級をいう》◇用例：1等海曹 = Petty Officer First Class

Petty Officer First Class = Petty Officer 1st Class ①【海自】1等海曹 《の英語呼称》②【米海軍】2等兵曹

Petty Officer Second Class = Petty Officer 2nd Class ①【海自】2等海曹 《の英語呼称》 ②【米海軍】3等兵曹

Petty Officer Third Class ＝Petty Officer 3rd Class ①【海自】3等海曹 《の英語呼称》 ②【米海軍】4等兵曹

Phantastron circuit ［C］ ファンタストロン回路

phantom contact 虚探知

phantom order 仮注文

phantom ring ［C］ 追従リング

phantom signal ［C］ 幻像信号

phantom target ［C］ ①【空自】擬似目標 ②【海自】虚像目標

pharmaceutical officer (PC) ［C］ 薬剤官

Pharmaceutical Section 【陸自】薬務班 《の英語呼称》

Pharmacist Officer 【空自】薬剤幹部 《幹部特技区分の英語呼称》

phase ［n.］ ①段階 ◇用例：first phase＝第1段階 ②位相 《周期的現象において；1周期ごとに繰り返される変量の位置を示す量。[典] NDS Y 0011B》

phase ［vt.］ 編入する

phase adjustment 位相調整

phase amplifier ［C］ 位相反転器

phase angle ［C］ 位相角

phase belt ［C］ 相帯

phase comparator ［C］ 位相比較器

phase comparison 位相比較

phase comparison localizer ［C］ 位相比較式ローカライザー

phase comparison principle ［C］ 位相比較法

phase compensation ［U］ ①力率改善 ②位相補償

phase compensator ［C］ 位相補償器

phase control ［U］ 位相制御

phase conversion 相数変換 《電気》

phase converter ［C］ 位相変換器

phase current 相電流

phased array antenna ［C］ フェーズド・アレイ・アンテナ

phased array radar (PAR) ［C］ フェーズド・アレイ・レーダー

phase detector ［C］ 位相検波器

phase deviation 位相偏移 《[同] phase shift》

phase diagram ［C］ 状態図

phase difference 位相差

phased inspection (PH) フェーズド検査

phase discriminator ［C］ 位相弁別器

phase distance system 位相距離方式

phase equalizer ［C］ 位相等化器

phase inversion 位相反転

phase keying 位相電鍵操作

phase lag 位相遅れ；位相の遅れ

phase lead 位相の進み

phase line (PL) ［C］ 【陸自】統制線 《部隊の前進および後退を統制し、調整ある行動を行うために示す地線をいう。必要に応じ、統制線とともに通過時刻を示す。[典] 統合訓練資料1-4》

phase localizer ［C］ 位相比較式ローカライザー

phase measuring circuit ［C］ 位相測定回路

phase meter ［C］ 位相計

phase modulation (PM) 位相変調

phase of penetration ［pl.＝phases of penetration］ 突破の段階

phase-out 漸次閉鎖

phase point (PP) ［C］ 【陸自】統制点 《部隊の前進および後退を統制し、調整ある行動を行うために示す地点をいう。必要に応じ、統制点とともに通過時刻を示す。[典] 統合訓練資料1-4》

phase rotation 位相回転

phase sequence 相順

phase shift 位相偏移 《[同] phase deviation》

phase shifter (P/S) ［C］ 移相器

phase shift oscillator ［C］ 位相変換発振器

phase splitter ［C］ 分相器

phase splitting 分相

phase splitting circuit ［C］ 位相分相回路

phase test ［C］ 段階試験

phase velocity ［U］ 位相速度

phase voltage 相電圧

phase wave ［C］ 位相波

phishing フィッシング 《見た目は本物であるが、偽の電子メールを使用してユーザーに情報を要求したり、偽のWebサイトに誘導したりして、個人情報や金融情報を不正に入手しようとする攻撃手法》

phlegmatizer 鈍感剤 《火薬類の感度を低める目的で配合する添加物》《[同] desensitizer》《[対] sensitizer＝鋭感剤。[典] NDS Y 0001D》

phone record ［C］ 通話記録

phone talker ［C］ 電話員

phonetic alphabet ［C］ 音標アルファベット

P

phony minefield ［C］ ①擬似地雷原（ぎじぢらいげん）；偽地雷原（ぎぢらいげん） ②擬似機雷原（ぎじきらいげん）

phosgene ホスゲン 《毒ガスの一種》

phosphate coated (PHOS-CTD) りん酸塩被膜処理

photocathode ［C］ 光電陰極

photocell ［C］ 光電池

photochemical smog ［U］ 光化学スモッグ

photoelectric cell ［C］ 光電池

photoelectric effect 光電効果

photoelectric photometer ［C］ 光電光度計

photoelectric tube ［C］ 光電管

photoelectron ［C］ 光電子（こうでんし）

photoflash bomb ［C］ 写真撮影用吊光投弾（しゃしんさつえいようちょうこうとうだん）

photoflash cartridge ［C］ 閃光弾

photogrammetry 写真測量

photograph ［C］ 写真 《フィルムおよび記憶媒体（メモリ・カード等）に記録された静止画をいい、航空写真および地上写真に区分する。[典] 陸上自衛隊達第96-9号》

photographer's mate (PH) ［C］ 【海自】写真員

photographic effects ［pl.］ 電光作用

photographic equipment ［U］ 写真装備品

photographic intelligence (PHOTINT) ［U］ 写真情報

photographic interpretation 写真判読

photographic observation ［U］ 写真観測

photographic panorama パノラマ写真

photographic reading 写真読み取り

photographic reconnaissance 写真偵察

photographic scale 写真縮尺

photographing 写真の撮影

photograph interpretation = photo interpretation 写真判読

Photograph Section 【海自】写真班 《の英語呼称》◇用例： 写真班長 = Officer, Photograph Section

Photography 【空自】写真 《准空尉空曹空士特技区分の英語呼称》

photo interpretation report (PI report) 航空写真判読報告

photomap ［C］ 写真地図 《多数の航空写真を集成（モザイク）して作った写真図に、地名、等高線、座標等を記入して必要な整飾を施し、地図のように複製したものをいう。[典] 陸自教範》

photometeor 大気光象

photometer ［C］ 光度計；測光器

photometric standard 測光標準

photometry 測光

photo mission 撮影任務

photo nadir 写真天底

photonics mast ［C］ 非貫通式潜望鏡 《船体を貫通しない潜望鏡。外部の映像を電気信号として艦内の表示器に映し出す装置》

photo processing 映像処理

photo reconnaissance = photoreconnaissance ①【空自】写真偵察 ②航空写真偵察 《航空写真撮影を行う偵察》

P-hour P時（Pじ）

physical accounting ［U］ 実数計算

physical characteristics ［pl.］ 物理的特性

physical check-up 健康診断

physical combat power 物的戦闘力 《装備品、補給品等の物に関する戦闘力をいい、量および質の両面があり、その力の発揮は、性能、諸元等で規定され、かつ、人的戦闘力に影響される。[典] 陸自教範》《[対] human combat power = 人的戦闘力》

physical damage 物的損害

physical education ［U］ 体育

physical examination 身体検査

physical fitness ［U］ 体力衛生 《任務遂行に必要な強靱な体力を維持・増進するための機能をいい、主要な業務には、疲労の予防および体力の回復、機会を捉えた身体の鍛錬等がある。[典] 陸自教範》

physical half-life 半減期

physical objective ［C］ 物的目標 《作戦の物的対象あるいは有形的焦点をいう。[典] 統合訓練資料1-4》

physical protection ［U］ ①物理的防護 ②核物質防護 《核セキュリティ》

physical security ［U］ 物理的保全

physical simulation test ［C］ フィジカル・シミュレーション試験 《フィジカル・シミュレーション試験では、例えば、シミュレーション・ループの中に実際のミサイルの一部を組み入れて模擬飛翔を実施して、誘導制御性能を確認する》

physical strength measurement 体力測定

Physical Training School ［the ～］ 【防衛省】体育学校 ◇用例： the JSDF Physical Training School = 自衛隊体育学校

physician health supervisor ［C］ 医師で

ある衛生管理者

physiographic province 〔C〕 地形区分

physiological leave 生理休暇

physiotherapy room 〔C〕 理学療法室

piano wire 〔C〕 ピアノ線

pibal 測風気球 《「pilot balloon（測風気球）」の略語》《pibal = パイボール》

picket axis ［pl. = picket axes］ ピケット軸

picket line 〔C〕 哨戒線；前哨線；警戒線

picket ship 〔C〕 ミサイル監視船

pickling 酸洗い 《[同] acid treating》

pick up 【空自】吊り上げ；回収

pick-up controller 〔C〕 入域管制官

pick-up zone (PZ) 〔C〕 吊り上げ場所 《ヘリコプターによる吊り上げ場所》

picture carrier wave 〔C〕 映像搬送波

picture dot interlacing 画点飛び越し走査

picture element 〔C〕 画素

picture tube 〔C〕 受像管

piecemeal attack 〔C〕 ①【陸自】逐次の攻撃 ◇用例： to attack in a piecemeal manner = 逐次に攻撃する ②【海自】各個攻撃

piecemeal combat commitment 逐次戦闘加入

piecemeal commitment 逐次加入

pier 〔C〕 桟橋（さんばし）

Pierce circuit 〔C〕 ピアス回路

pierced steel planking (PSP) = perforated steel planking 舗装用穴あき鋼板

piercing pin 〔C〕 打針

piezo electric gauge 〔C〕 ピエゾ検圧器

piezoelectric polymer 〔C〕 高分子圧電材料

Pigmy submarine 〔C〕 ピグミイ潜水艦

pigtail wire 〔C〕 毛線（もうせん）

pileus 頭巾雲（ずきんぐも）

pillbox 〔C〕 トーチカ；機関銃座

pilot 〔C〕 ①操縦士 ②水先人

Pilot 【空自】操縦幹部 《幹部特技区分の英語呼称》

pilotage 【海自】水先案内

pilotage waters ［pl.］ 水先案内水域

Pilot Aptitude Test Squadron 【空自】操縦適性検査隊 《の英語呼称》

pilot balloon (PIBAL) 〔C〕 測風気球 《PIBAL = パイボール》

pilot balloon observation 〔U〕 測風気球観測；パイボール観測

pilot chute 〔C〕 ①【空自】誘導傘（ゆうどうさん）《落下傘の誘導傘》 ②【海自】補助傘（ほじょさん）

pilot compartment 〔C〕 操縦室

pilot delay line 〔C〕 パイロット遅延線路

pilot exciter 〔C〕 パイロット励磁機

pilot flag 〔C〕 水先旗

pilot flame 口火

pilot flight simulator (PFS) 〔C〕 シム戦闘機操作員 《バッジ用語》

pilot flying (PF) 〔C〕 正操縦者 《操縦する席のいかんにかかわらず、現に航空機を操縦している者。[典] 防管航第7575号》《[対] pilot not flying = 副操縦者》

pilot frequency 〔U〕 パイロット周波数

pilot house 〔C〕 操舵室

pilot-in-command 機長

pilot-in-the-loop simulation 〔U〕 パイロット・イン・ザ・ループ・シミュレーション 《ループの中に人間（パイロット）を介在させて行うシミュレーション》

pilot lamp (PL) 〔C〕 表示灯

pilotless aircraft (UAV) ［pl. = ～］ 無人機

pilot night vision system (PNVS) 〔C〕 パイロット暗視装置

pilot not flying (PNF) 〔C〕 副操縦者 《正操縦者の操縦を補佐している者。[典] 防管航第7575号》《[対] pilot flying = 正操縦者》

Pilot Officer 【英空軍】少尉

pilot parachute 〔C〕 誘導傘（ゆうどうさん）

pilot rating 〔C〕 パイロット技量資格

pilot rating instructor 〔C〕 操縦教官

pilot special rations ［pl.］ 加給食

pilot valve 〔C〕 パイロット弁

pilot vessel 〔C〕 水先船

pilot weather report (PIREP) 〔C〕 操縦者気象通報 《操縦者が飛行中に遭遇した飛行障害現象、風、視程、天気現象、雲の状況、気温等について飛行中もしくは着陸後、または管制機関もしくは気象隊に対して行う気象通報をいう。[典] JAFM006-4-18》《PIREP = パイレップ》

pin block 〔C〕 寄せ盤木（よせばんぎ）

ping ソーナー発信

pinger 〔C〕 ピンガー 《水中移動体などの位置測定や標識などとして使用される音響パルス発信装置。[典] NDS Y 0041》 pini   484

pinion　ピニオン

pinpoint　[vt.]　精密爆撃する

pinpoint attack　[C]　精密爆撃　《特定の目標に照準して投弾する爆撃》

pinpoint bombing　①【空自】ピンポイント爆撃　②精密爆撃

pinpoint photograph　[C]　ピンポイント写真

pinpoint target　[C]　点目標；ピンポイント目標　《⑰ point target》

pintle　銃軸；軸針

pip　ピップ　《ソーナーの表示装置に表示される反響音の映像。⑲ NDS Y 0012B》

pipe arrangements　[pl.]　配管

pipe bomb　[C]　鉄パイプ爆弾

pipe clamp　[C]　管クランプ

pipe hanger　[C]　管つり

pipe line (PL)　= pipeline　[C]　①【空自】パイプ・ライン　②【海自】配管系

pipe line time (PT)　= pipeline time　①【統幕】補給所要期間　②【空自】補給所要日数

pipe support　管支え

piping　[U]　配管

piping diagram　[C]　配管図

piping system　管系統

pipper　[C]　ピッパー　《光学的照準点。パイロットが目視によって、目標を攻撃するときに、照準点として用いるレティクルの中心に表示される点。⑲ レーダー用語集》

piracy　[U]　海賊行為

pistol　[C]　①拳銃；ピストル　②発火装置

piston bleed hole　[C]　ピストン漏油孔

piston cooling oil pump　[C]　ピストン冷却油ポンプ

piston cooling water pump　[C]　ピストン冷却水ポンプ

piston displacement　[U]　ピストン行程容積

piston engine　[C]　ピストン機関

piston position indicator　[C]　ピストン位置指示器

piston rod　[C]　ピストン棒

piston speed　ピストン速度

piston vibration　ピストン振動

pit　[C]　①監的壕（かんてきごう）　②ピット　《腐食または電気めっきによって、銃身内面にできた小さな穴》

pitch　【海自】ピッチ　《艦が動揺している場合、水平面と基準面とのなす角度を、自艦の艦首尾線を含む鉛直面内の基準点において測定したものをいう。⑲ 海上自衛隊訓練資料第175号》

pitch angle　[C]　ピッチ角

pitch attitude　ピッチ姿勢

pitch attitude signal　[C]　ピッチ姿勢信号

pitch beam　[C]　ピッチ・ビーム

pitch chord ratio　[C]　節弦比

pitch circle　[C]　ピッチ円

pitched battle　激戦

pitching　ピッチング；縦揺れ

pitching error　ピッチング誤差

pitching period　[C]　ピッチング周期

pitching up tendency　[C]　機首上げ傾向

pitch lock control valve　[C]　ピッチ固定制御弁

pitch lock valve　[C]　ピッチ固定弁

pitch rate gyroscope　[C]　ピッチ・レート・ジャイロ　《機体の縦方向の動きを検出する装置。⑲ NDS Y 0041》《⑰ roll rate gyroscope = ロール・レート・ジャイロ》

pitch ratio　[C]　ピッチ比

pitch steering　[U]　垂直操舵　《魚雷》《⑰ azimuth steering = 水平操舵》

pit fragmentation test　[C]　水井戸試験；砂井戸試験　《弾丸などから生成される破片の数量および質量分布を求めるために、弾丸などを水、砂またはおがくずの中で破裂させる試験。⑲ NDS Y 0001D》

Pitot pressure　ピトー圧

Pitot static system　ピトー静圧系統

Pitot static tube　[C]　ピトー静圧管　《動圧と静圧の差を伝える円筒状の管。動圧は正面の開口から伝えるようになっており、その差が速度計の指示に表れる。静圧は、高度計や昇降計等に伝えられ、ピトー静圧系を構成する。⑲ レーダー用語集》

Pitot tube　[C]　ピトー管　《動圧孔だけで静圧孔を持たない管。この管の場合、静圧は機体の機首に近い両側面に設けられた静圧孔によって、速度計、その他の計器に接続してある。⑲ レーダー用語集》

Pitot-Venturi tube　[C]　ピトー・ベンチュリ管

pit stop　ピット・ストップ

pitting　点食；ピッチング

pivot　[C]　①ピボット　②【海自】軸列

pivoting point ［C］ 転心

pivot ship ［C］ 軸艦

PKO cooperation law ［the ～］ 【日】 PKO協力法 ◇用例： the 1992 PKO cooperation law = 1992年のPKO協力法

PKO Emblem 【自衛隊】平和協力隊員記章 《の英語呼称》《国際平和維持活動関連記章の一つ》

place ［vt.］ 配置する

placed bomb ［C］ 設置爆弾

Placement Screening Committee for SDF Retired Personnel 【自衛隊】自衛隊離職者就職審査会 《の英語呼称》

Placement Section 【陸自】援護室 《の英語呼称》

place of issuance 発簡場所

place of repatriation 【日】送還地（そうかんち） 《被収容者の引渡しを行うべき地》

placing 打設 《コンクリートの打設》

plain code 生記号（なまきごう）

plain concrete 無筋コンクリート

plain hypo 単ハイポ

plain language ［U］ ①平文（ひらぶん） 《暗号化していない言葉》 ②平易な言葉 《誰でも読み、理解することができる言葉》◇ 用例： brief plain language description = 平易で簡潔な説明

plain language address ［C］ 平文アドレス

plaintext ［C］ ①平文（ひらぶん） 《暗号化していない情報》《[対] cipher text = 暗号文》 ②プレーン・テキスト 《1. 暗号関係では「平文」と同じ意味。2. 暗号関係でなければ、特別なコードを使用せずに書かれ、他のコンピューター・プログラムで簡単に処理することができる文のこと》

plan ［C］ ①計画 《計画とは、回線区間、伝送速度および回線数に関する計画、回線の構成に関する計画、伝送路の形態の概要、通信所の施設および機器の概要、多重通信区間における回線収容計画、予算計画その他所要の通信の質と量とに応じた計画をいう。[典] 防衛庁訓令第11号》 ②平面図

plane guard ［C］ 航空機救難艦

plane of departure 発射面 《弾丸などの飛翔体の発射面》

plane of fire 射面

plane of polarization 偏波面

plane of position 砲目垂直面

plane of rotation 回転面

plane of the nominal glide path 公称グライド・パス

plane sailing 平面航走

plane table surveying 平板測量

planetary precession 惑星歳差

planetary reduction gear ［C］ 遊星減速装置

planetary wave ［C］ プラネタリ波

plane transverse wave ［C］ 平面横波

plane wave ［C］ 平面波 《伝搬方向に対して垂直な平面で、位相も振幅も一様な電界・磁界成分をもった電磁波。[典] NDS C 0012B》

plane-wave initiation 平面起爆

plan for landing 上陸計画

plan identification number 計画識別番号

planimetric map ［C］ ①平面地図 ②【空自】水平地図

plan information capability ［C］ 計画情報処理能力

planned fire 計画射撃 《目標に対するあらかじめ準備した射撃。[典] NDS Y 0005B》《[同] scheduled fire》

planned inspection 計画検査

planned phase ［C］ 計画段階

planned requirement (PR) ［C］ 引き当て

planned resupply 計画的再補給

planned target ［C］ 計画目標

Planning and Administration Department 【海自】企画部 《海上自衛隊幹部学校～の英語呼称》

planning and direction 計画と指向

Planning and Programming Division 【防衛省】計画課 《防衛局～の英語呼称》◇用例： 計画課長 = Director, Planning and Programming Division

Planning Department 【海自】計画部 《の英語呼称》◇用例： 計画部長 = Director of Planning Department

planning directive ［C］ 計画指令

Planning Division ①【防大・統幕学校】企画室 《の英語呼称》◇用例： 企画室長 = Head, Planning Division ②【海自】企画課 《の英語呼称》《海上自衛隊幹部学校》

planning document ［C］ 基本計画文書

planning factor ［C］ ①計画諸元 ②【海自】計画立案要素

planning factor (logistics) ［C］ 後方計画諸元

planning factors database ［C］ 計画立案要素データベース

planning memorandum 〔C〕 計画メモ

planning order 計画作成命令

planning phase 〔C〕 【米軍】計画段階《水陸両用作戦において、初期命令が出てから、乗船までの期間をいう。㊥ 統合訓練資料1-4》

planning program 〔C〕 計画作業プログラム

Planning Section ①【陸自】計画班 《の英語呼称》 ②【空自】企画班 《の英語呼称》◇用例： 企画班長 = Chief, Planning Section

planoconcave lens 〔C〕 平凹レンズ《㊧ planoconvex lens = 平凸レンズ》

planoconvex lens 〔C〕 平凸レンズ《㊧ planoconcave lens = 平凹レンズ》

P

plan of attack 攻撃計画

plan of supporting fires 火力支援計画

plan-position indication PPI表示 《円周方向(縦軸)に方位角、半径方向(横軸)に距離を表示するレーダーの表示形式。㊥ NDS Y 0012B》《PPI = ピーピーアイ》

plan-position indicator scope (PPI scope) PPIスコープ 《円周方向に方位角、半径方向に距離をとって表示するレーダーの表示画面》《PPI = ピーピーアイ》

Plans and Administration Section 【陸自】企画班；業務班；総括班 《の英語呼称》

Plans and Coordination Section 【統幕】総括班 《運用部運用第1課～の英語呼称》

Plans and Operations Division (Plans & Opns Div) 【陸自】防衛課 《の英語呼称》

Plans and Programs Division 【海自】防衛課 《の英語呼称》

plant annual requirements (PANR) 〔pl.〕 工場年間平均消費予測数

plant control unit 〔C〕 機側操縦装置

planting depth 敷設水深

plan view 〔C〕 平面図 ㊐ top view

plasma stealth antenna 〔C〕 プラズマ・ステルス・アンテナ 《プラズマ・ステルス・アンテナは、プラズマ励起時の金属的な性質を利用したアンテナであり、非励起時にステルス性を有するアンテナ。㊥ 電子装備研究所研究要覧》

plaster loaded charge 擬薬

plastic bomb 〔C〕 プラスチック爆弾

plastic bonded explosives (PBX) 〔pl.〕 プラスチック結合爆薬 《結合剤に合成樹脂を使用し、起爆感度を下げた爆薬。㊥ NDS Y 0001D》

plastic cartridge case 〔C〕 プラスチック薬莢 《合成樹脂または合成繊維を成形して作る薬莢。㊥ NDS Y 0001D》

plastic explosives 〔pl.〕 可塑性爆薬 《自由に形状を変えることのできる爆破薬。通称「プラスチック爆薬」。㊥ NDS Y 0001D》

plasticized white phosphorus (PWP) 可塑性黄燐(かそせいおうりん)

plasticizer 可塑剤 《可塑性を与えるため、発射薬、推進薬または爆薬に加える添加剤。㊥ NDS Y 0001D》

plastic knife 〔pl. = plastic knives〕 プラスチック製ナイフ

plastic refractory material プラスチック耐火材

plastic weapon 〔C〕 プラスチック製の武器

plastic zone 〔C〕 プラスチック・ゾーン；塑性領域

plate aerial 平板空中線

plateau 〔C〕 ①【陸自】台地 ②【海自】海台(かいだい)

plate bending roll 板曲げロール

plate cam 〔C〕 板カム

plate capacitance 〔U〕 陽極キャパシタンス

plate circuit efficiency 〔U〕 陽極回路効率

plate clutch 〔C〕 板クラッチ

plate current 陽極電流

plate dent test 〔C〕 鋼板試験(こうばんしけん) 《起爆筒などの威力試験の一つ。鋼片の中央に起爆筒などを直立させて起爆し、鋼片に生じたへこみの程度によって起爆筒などの強さを調べる。㊥ NDS Y 0001D》《㊐ steel dent test》

plate efficiency 〔U〕 陽極効率

plate keying 陽極電鍵操作

plate load impedance 〔U〕 陽極負荷インピーダンス

plate modulation 陽極変調

plate patch 〔C〕 板パッチ

plate power 陽極電力

plate resistance 陽極内部抵抗

plate return circuit 〔C〕 陽極接地回路

plate valve 〔C〕 板弁(いたべん)

plate voltage 陽極電圧

platform 〔C〕 ①プラットフォーム 《搭載母体(車両、艦船、航空機等)のこと》 ②砲床(ほうしょう) ③【海自】操作台

platform delivery system (PDS) プラットフォーム投下法

platform drop プラットフォーム投下

platform noise 〔U〕 プラットフォーム雑音《プラットフォーム自体が放射する雑音。㊥ NDS

Y 0011B。[備] 艦船の場合は「自艦雑音（own ship noise）」、航空機の場合は「自機雑音」》

platoon (Pt) ［C］ 小隊 《2個以上の分隊（「squad」または「section」）で編制する》

Platoon (Pt) 【自衛隊】小隊 《の英語呼称》

platoon leader ［C］ 小隊長 《小隊を指揮する指揮官。[典] 民軍連携のための用語集》

Platoon Sergeant ①【陸自】小隊陸曹 ②【海自】小隊海曹 ③【米陸軍】小隊軍曹

playback (PB) プレイバック 《レコーディング・データから航空現況等を再作成し、表示操作卓に表示することをいう。[典] JAFM006-4-18》

playback file generation function (PFGF) プレイバック・ファイル生成機能 《バッジ用語》

playback function (PBF) プレイバック機能 《バッジ用語》

plenum chamber ［C］ 空気溜め（くうきだめ）

plenum duct ［C］ 充蓄管

plenum system 給気方式；換気方式

plimsoll line ［C］ 満載喫水線

plimsoll mark ［C］ 満載喫水線標

plot ①作図 ②謀略

plot activity ［C］ 謀略活動

plot analysis reports function (PARF) プロット分析報告機能 《バッジ用語》

plot cell ［C］ プロット・セル 《バッジ用語》

Plot Extractor (PEX) ［C］ プロット抽出部 《DDE-2の構成品であり、自動目標検出、プロット・データ抽出、ジャム・ストローブ処理等の機能を有する装置をいう。[典] JAFM006-4-18》

plotter ［C］ ①プロッター ②表示盤 ③表示員

plotter bar extension ［C］ 変距板

plotting board ［C］ 【空自】航跡表示板

plotting chart ［C］ 標定海図

plotting room ［C］ ①作図室 ②発令所

plotting sheet ［C］ 位置記入図；地点表示紙

plowing 水上誘導

plug ［C］ 点火プラグ；点火栓

plug board ［C］ 配線盤；プラグ盤

plug cap ［C］ 差し込みプラグ

plug connector ［C］ プラグ・コネクター；接栓

plugging 打ち抜き；プラッギング 《弾丸などによって装甲板が打ち抜かれた状態で貫通していること。[典] NDS Y 0006B》

plugging relay ［C］ 逆転防止継電器

plug-in coil ［C］ 差し込みコイル

plug-in type 差し込み式

plumb bob 下げ振り

plummet 深度錘

pluviograph ［C］ 自記雨量計

pluviometer ［C］ 雨量計

pneumatic antishock garment (PASG) ［C］ ショック・パンツ 《骨盤骨折の安定化や骨盤内・腹腔内出血のコントロールに有用であるとされている》

pneumatic launch 空気発射 《魚雷の場合、圧縮空気を発射管内に直接供給して、魚雷を打ち出すこと。小型無人機の打ち出しも圧縮空気を利用しているので「空気発射」。[典] NDS Y 0041》

pneumatic signal ［C］ 空気信号

pneumatic system 空気系統；空気圧系統

pneumatic transmitter ［C］ 空気発信器

pneumatic tube ［C］ 気送管

pocket dosimeter ［C］ ポケット線量計

pocket of resistance ［C］ 抵抗堡；抵抗拠点

POC segment ［C］ POCセグメント 《ペトリオット管制所（POC）に設置されるソフトウェアおよびハードウェアにより構成されるセグメントをいう。[典] JAFM006-4-18》《POC = Patriot Operation Center（ペトリオット管制所）》

pod ［C］ ポッド

point ［C］ ①地点 ②【陸自】路上斥候 ③弾頭先端部

point air defense ［U］ 地点防空

point-blank range ［C］ 至近距離；零距離

point boresight 軸線整合点

point defense ［U］ ①【空自】地点防衛 ②【海自】個艦防御

point defense missile system (PDMS) ［C］ 個艦防御ミサイル・システム

point detonating fuze (PD fuze) ［C］ 弾頭信管

point discharge 先端放電

pointer ［C］ ①指針；針 《計器の～》 ②射手

pointer counter dial register ［C］ 指針型計量装置

pointer galvanometer ［C］ 指針検流計

pointer's telescope ［C］ 射手望遠鏡

pointer type 指針型

pointer type indicator ［C］ 指針型指示器

P

point fire 地点射撃

point fuze ［C］ 弾頭信管

point harmo 集中方式照準調整；点照準調整

point-initiating, base-detonating fuze (PIBD fuze) ［C］ 弾頭点火弾底起爆信管（だんとうてんかだんていきばくしんかん）《弾頭に点火機構を持ち、かつ弾底に起爆機構を持つ、弾着の衝撃によって作動する信管》

point-initiating fuze (PI fuze) ［C］ 弾頭点火信管

point of arrival 到着地

point of burst 破裂点 《砲弾が空中において破裂する点をいう。㊕ 海上自衛隊訓練資料第175号》

point of complete explosion 完爆点（かんばくてん）《感度試験において、すべての試料が爆発する最低エネルギー。例えば、衝撃感度試験の場合は、すべての試料が爆発する最低落高。熱感度試験の場合は最低温度》《㊗ point of nonexplosion ＝ 不爆点。㊕ NDS Y 0001D》

point of contact ①接点 ②接敵点 ③連絡窓口

point of contrary flexure 反曲点

point of departure ①【空自】出発点 ②【陸自】出発地 ③【海自】出発地；発動点

point of destination 目的地

point of embarkation 船積み地

point of fall 落点（らくてん）《弾道の原点（起点）と同一の標高に水平面が広がっているものと仮定し、弾道が降弧して、その水平面と交わる点を落点という。本来なら、地表面を落点とみなせばよいが、地表面が傾斜している場合もあるため、理論上の落点を設定する》《㊗ level point》

point of inflection 変曲点

point of lighting fire 点火点

point of nonexplosion 不爆点（ふばくてん）《感度試験において、すべての試料が爆発しない最高エネルギー。例えば、衝撃感度試験の場合は、すべての試料が爆発しない最高落高。熱感度試験の場合は最高温度。㊕ NDS Y 0001D》《㊗ point of complete explosion ＝ 完全爆点》

point of no return ①ポイント・オブ・ノーリターン ②【空自】帰還不能限界点 ③【海自】帰投不能限界点

point of origin ①【陸自】出発地 ②【海自】原点

point of recurvature 転向点

point of release 開放点

point of safe return 安全帰還限界点

point of vortex 点うず

point option 開進点

point sound source ［C］ 点音源

point target ［C］ 点目標 《特に正確な射撃または爆撃を要する目標。㊕ NDS Y 0005B》《㊞ pinpoint target》

point-to-point communication ①【統幕】地点間通信 ②【空自】固定通信

point-to-point shuttle 固定折り返し輸送

point-to-point shuttling 固定折り返し輸送

poised mine ［C］ 爆発準備完了機雷

poison gas 毒ガス

Poisson's ratio ポアソン比

polar air mass ［C］ 寒帯気団 《㊞ tropical air mass ＝ 熱帯気団》

polar cap 極冠

polar circles ［pl.］ 両極圏

polar coordinate 極座標

polar coordinate board ［C］ 極座標盤

polar curve ［C］ 揚抗曲線

polar diagram ［C］ 極座標図

polar distance ①【空自】極距離 ②【海自】極距

polar easterlies 極偏東風

polar form 極形式

polar front 寒帯前線

polar front jet stream ［C］ 寒帯前線ジェット気流

polar grid ［C］ 極座標 《バッジ用語》

Polaris 【米海軍】ポラリス 《ミサイル名》

polariscope ［C］ 偏光器

Polaris correction 極星修正値

Polaris submarine ［C］ 【米海軍】ポラリス潜水艦

polarity checker ［C］ 極性試験器

polarity coincidence correlation (PCC) 極性一致相関

polarity indicator ［C］ 極性指示器

polarity inversion 極性反転

polarity reversal 極性反転

polarity signal light (PSL) ［C］ 極性信号灯

polarization 偏波

polarization error 偏波誤差

polarization photometer ［C］ 偏光光度計

polarized light ［U］ 偏光

polarized wave ［C］ 偏波

polar jet 寒帯ジェット

polar orbit ［C］ 極軌道

polar orbit meteorological satellite ［C］ 極軌道気象衛星

polar region antenna ［C］ 極地用アンテナ

polar screen ［C］ 偏光フィルター

polar wind ［U］ 極風

polar year 極年

polar zone ［C］ 寒帯

pole arc ［C］ 磁極弧

pole change motor ［C］ 極数切り替え電動機

pole changer ［C］ 転極器

pole change-type AC generator ［C］ 極性切り替え型交流発電機

pole face ［C］ 磁極面

pole piece = pole shoe ［C］ 磁極片；極片

pole-tip 磁極端

pole trailer ［C］ ポール・トレーラー 《パイプ、橋桁（はしげた）その他長大な物品を運搬することを目的とし、これらの物品により他の自動車に牽引される構造の被牽引自動車をいう。[典] 防経艦第6002号》

police action 治安活動 《軍隊の治安活動》

police contributing country (PCC) ［C］ 【国連】警察要員提供国

police force 警察隊

police inspector ［C］ 警部

policeman ［pl. = policemen］ 巡査

police officer ［C］ 警察官

Police Official Duties Execution Act ［the ～］ 【日】警察官職務執行法 《の英語呼称》◇用例： 警察官職務執行法第七条の規定 = the provision of Article 7 of the Act on Police Official Duties Execution Act

police operation 【日】治安出動

police petty officer ［C］ 【海自】甲板海曹 《甲板海曹は、甲板士官の命を受け、日課の施行、艦内の整備、外容の整斉等に関して甲板士官を補佐する。[典] 海幕人第10346号》

police sergeant ［C］ 巡査部長

police wiretap powers ［pl.］ 警察による電話盗聴の権限

policing 警備 《暴動等に対して、国内の治安、または公共の秩序を維持するため、国内警察権によって実施する諸行動をいう。[典] 統合訓練資料1-4》

policy accommodation ［C］ 政策調整

policy consultations ［pl.］ 政策協議

Policy Planning and Evaluation Division 【内部部局】企画評価課 《の英語呼称》◇用例： 企画評価課長 = Director, Policy Planning and Evaluation Division

Political Advisor 【海自】政策補佐官 《の英語呼称》

political, conceptional or psychological threat 政治・思想・心理的脅威

political foundation for defense operations 【自衛隊】行動の基本 《自衛隊法第6章に基づく、自衛隊の行動に関する政治面からの方針的事項をいう。[典] 統合訓練資料1-4》

political intelligence ［U］ 政治情報

political power 政治力

political scientist ［C］ 政治学者

political warfare ［U］ 政略戦

polluted water ［U］ 汚水

POL subdepot ［C］ 燃料支処 《POL = petroleum, oils and lubricants（燃料油脂類）》

polyhedral projection 多面体投影法

polytropic atmosphere ［C］ 多方大気

polytropic change ポリトロープ変化

polytropic constant ポリトロープ定数

polytropic curve ［C］ ポリトロープ曲線

polytropic efficiency ［U］ ポリトロープ効率

polyvinyl chloride wire ［C］ ポリ塩化ビニール線

poncho ［C］ ポンチョ

ponton float ［C］ 浮嚢（ふのう）

pontoon ［C］ ポンツーン；浮桟橋

pontoon bridge ［C］ ①【陸自】浮橋（ふきょう） 《重車両等を渡河させるため、浮嚢（ふのう）、自走浮橋架設車等を橋脚とした橋をいう。橋脚として渡河ボートを使用した場合には、「軽浮橋」という。[典] 陸自教範》《[同] floating bridge》 ②【海自】舟橋（ふなばし）

pool ①備蓄 ②【海自】共同管理

poop deck ［C］ 船尾楼甲板（せんびろうこうはん）

poor visibility ［U］ 視度不良

poppet valve ［C］ ポペット弁

popping pressure 吹き出し圧；吹き出し圧力

populace control ［U］ 住民統制

popular front ［C］ 人民戦線

Popular Front for the Liberation of Palestine (PFLP) ［the ～］ パレスチナ解

放人民戦線

population 母集団

porosity 通気度

port ①港湾 ②左舷 《船舶の左舷》《[対] starboard = 右舷》

portable ［adj.］ 携帯用の

portable anemometer ［C］ 携帯風速計

portable aneroid barometer ［C］ 携帯アネロイド気圧計

portable anti-tank missile ［C］ 携行型の対戦車ミサイル

portable blower ［C］ 移動通風機

portable equipment ［U］ 携帯機器

portable fire extinguisher ［C］ 可搬式消火器

portable grinder ［C］ 携帯グラインダー；ポータブル・グラインダー

portable light ［C］ 移動灯

portable pump ［C］ 携帯ポンプ；ポータブル・ポンプ

portable station ［C］ 携帯局

portable storage media ［pl.］ 可搬記憶媒体 《パソコンまたはその周辺機器に挿入または接続して情報を保存することができる媒体または機器のうち、可搬型のものをいう。なお、外付けハードディスクは可搬記憶媒体とする。[典] 装装制第51号》

portable surface-to-air missile (PSAM) ［C］ 携帯地対空誘導弾 《PSAM = ピーサム》

portable telephone ［C］ 携帯電話機

portable testing set ［C］ 携帯試験器；ポータブル試験器

port admiral ［C］ 【英海軍】海軍基地司令官

port area ［C］ 港湾地域

Port Arms! 「控え、銃！」(ひかえ、つつ)《号令》

port authority ［C］ 港長

port call 搭載地域への移動要求

port capability 港湾能力 《当該港湾において、桟橋・埠頭・突堤・海浜・荷揚場その他あらゆる荷役設備を利用し、1日に船舶および艀(はしけ)から揚陸または船舶に搭載できる船積貨物の量をいい、容積トン/日、または重量トン/日で表す。[典] 統合訓練資料1-4》

port commander ［C］ 港長

port committee ［C］ 港湾委員会

port complex ［C］ 複合港

port crane ［C］ 門形クレーン

port deep (PD) ポート・ディープ；左旋回深深度発射 《[対] starboard deep = スターボード・ディープ；右旋回深深度発射》

port entry/exit 出入港

port evacuation of shipping 海運港湾後送

port of arrival 到着港

port of debarkation (POD) 【米軍】揚陸港 《部隊、兵員、資材等が卸下(しゃか)される海上または航空端末地をいう。[典] 統合訓練資料1-4》《[対] port of embarkation = 搭載港》

port of distress 避難港

port of embarkation (POE) 【米軍】搭載港 《部隊、兵員および資材等を船舶または航空機に積み込む海上または航空端末地をいう。[典] 統合訓練資料1-4》《[対] port of debarkation = 揚陸港》

port of support (POS) 支援港；支援空港

port scavenging 穴掃気

port security ［U］ 港湾警備

port shallow (PS) ポート・シャロー；左旋回浅深度発射 《[対] starboard shallow = スターボード・シャロー；右旋回浅深度発射》

Portsmouth Navy Yard (PNY) 【米海軍】ポーツマス海軍工廠

port transportation officer (PTO) ［C］ 港湾輸送係幹部

port visit (PVST) 寄港

port work 港湾作業 《端末地業務であり、港湾における人員・装備品等の搭載、揚陸作業およびこれに付随する諸作業(役務の調達、はしけ運送作業、港湾地域における装備品等の保管集積等)を総称したものをいう。[典] 統合訓練資料1-4》

Poseidon 【米海軍】ポセイドン 《潜水艦発射弾道ミサイル名》

Poseidon submarine ［C］ ポセイドン潜水艦

position ［n.］［C］ ①【陸自】陣地 《戦闘のため、部隊・個人・火器等を配備し、または配備するように準備した場所をいい、通常、所要の施設および設備を含む。[典] 統合訓練資料1-4》◇用例： Taliban position = タリバンの拠点 ②官職；職位；地位 ③位置

position ［vt.］ 配置する；配備する

positional notation 位取り記数法

position analysis 職務分析

position and azimuth determination system (PADS) ［C］ 位置標定装置 《PADS = パッズ》

position angle ［C］ 位置角

position buoy ［C］ 位置浮標

position by dead reckoning 推測位置

position chart ［C］ 職位組織図

position classification 職位区分；職位の格付け

position control ［U］ 位置調節

position defense ［U］ 陣地防御

position error 位置誤差

position fixing 位置決定

positioning circuit ［C］ 位置調整回路

position predictor ［C］ 位置予測器

position report (P/R) ［C］ 位置通報《バッジ用語》

position suffix ［C］ 位置符号

position warfare ［U］ 陣地戦

positive ［adj.］ 積極的な

positive blower ［C］ 押し込み送風機

positive charge 正電荷；陽電荷

positive control ［U］ ①直接統制 ②【海自】精密管制

positive control area ［C］ 特別管制空域

positive counter ［C］ 正カウンター

positive counting 正計数

positive direct current restorer ［C］ 正直流分再生回路

positive engagement ［C］ 肯定的な関与

positive feedback ［U］ 正帰還

positive feedback amplifier ［C］ 正帰還増幅器

positive fog 反転かぶり

positive grid characteristics ［pl.］ 正格子特性

positive grid oscillator ［C］ 正格子発振器

positive identification radar advisory zone ［C］ 積極識別助言圏

positive phase 正相

positive pressure 正圧

positive radar fixing 機位決定《レーダーによる機位決定》

Positive Security Assurances (PSAs) 積極的安全保証《非核兵器国が核兵器による攻撃または威嚇を受けた場合にはその国に支援を与える旨、核兵器国が約束することをいう。[典] 防衛白書(平成18年版)》《[対] Negative Security Assurances = 消極的安全保証》

positive stop 停止金

positive submarine ポジティブ・サブマリン《潜水艦確実》

positive temperature gradient ［C］ 正温度勾配(せいおんどこうばい)

positivity ①積極性 ②陽性

positron ［C］ 陽電子

possible enemy course of action 敵の行動方針

possible submarine ポッシブル・サブマリン《潜水艦らしい》

post ［C］ 基地；駐屯地

postal concentration center 【米】軍事郵便物集中センター

Postal Rate Commission 【米】郵便料金委員会

post-attack period = postattack period 攻撃後の期間

post-boost vehicle (PBV) ［C］ ポストブースト・ビークル

post Cold War ポスト冷戦

post Cold War environment ［C］ 冷戦後の情勢

post deflection acceleration 後段加速

post deployment build (PDB) ポスト・デプロイメント・ビルド《ペトリオット用語》

post detection integral (PDI) 検波積分

posterior attack ［C］ 背面攻撃《敵の側背から攻撃する攻撃機動の一要領をいう。[典] 陸自教範》

Post Exchange (PX) 売店；酒保《PX = ピーエックス》

post-flight analysis (PFA) 飛行後解析；飛翔後解析

post-flight inspection (PO) 飛行後点検《[対] pre-flight inspection = 飛行前点検》

post-flight report ［C］ 飛行後報告

post-hostilities period 戦後期

Post Office Department (PO) 【米】郵政省

post-payment certificate ［C］ 後払い証

post-Taliban ［adj.］ タリバン後の ◇用例： post-Taliban Afghanistan = タリバン後のアフガニスタン

post-test ［C］ 事後テスト；終末テスト

postwar era ［the ～］ 【日】戦後

potable water ［U］ 飲料水

potable water tank ［C］ 飲料水タンク

potential ①潜在力 ②電位

potential adversary ［C］ 対象勢力

P

potential barrier ［C］ 電位障壁

potential climb angle ［C］ 潜在的上昇角

potential coil ［C］ 電圧コイル

potential difference 電位差

potential divider ［C］ 分圧器

potential enemy ［C］ 対象勢力

potential gum ［C］ 潜在ガム

potential heat 保有熱

potentiality ［C］ 可能性

potential temperature 温位（おんい）

potential threat 潜在的脅威

potential track ［C］ ポテンシャル航跡《バッジ用語》

potentiometer ［C］ 電位差計 《電位法によって電圧を精密に測定する装置。㊥ レーダー用語集》◇用例： DC potentiometer ＝ 直流電位差計

pound oscillator ［C］ パウンド発振器

pound per hour (PPH) 毎時当たりポンド《流量単位》

pounds per hour (PHR) ポンド毎時

pounds per square inch (PSI) 重量ポンド毎平方インチ

pounds per square inch absolute (PSIA) 絶対重量ポンド毎平方インチ

pour point ［C］ 流動点

pour point depressant ［C］ 流動点降下剤

powder bag ［C］ 薬嚢（やくのう）《発射薬や点火薬などを充塡した袋またはケース。㊥ NDS Y 0001D》《㊥ cartridge bag; propellant bag》

powder blast ［C］ 砲口爆風

powder case ［C］ 装薬缶（そうやくかん）

powder chamber ［C］ 薬室（やくしつ）《小銃または拳銃に弾丸を装塡するところ》

powder charge 装薬

powder magazine ［C］ 弾薬庫

powder man ［pl. ＝ powder men］ 装薬手

powdery white substance ［C］ 粉状の白い物質

power amplification 電力増幅

power amplifier ［C］ 電力増幅器

power apparatus 電源装置；電源機器

power boat ［C］ 機動艇

power brake ［C］ ①パワー・ブレーキ ②【海自】動力ブレーキ

power brush 錆打ち機（さびうちき）

《「電動ブラシ」のこと》

power cable ［C］ 電力ケーブル

power circuit ［C］ 電源回路；電力回路

power coefficient ［C］ パワー係数

power control (PCON) ［U］ パワー・コントロール 《ペトリオット用語》

power control panel (PCP) ［C］ 電源制御パネル 《ペトリオット用語》

power craft ［pl. ＝ ～］ 動力船

power directional relay ［C］ 電力方向継電器

power distribution system 配電系統

power distribution unit (PDU) ［C］ 配電盤

power drive 動力操縦

Powered Ground Equipment Maintenance 【空自】動力器材整備 《准空尉空曹空士特技区分の英語呼称》

powered high lift device ［C］ 動力式高揚力装置

power factor clause ［C］ 力率条項

power factor improvement 力率改善

power inverter ［C］ 逆変換装置

power loading ［U］ 馬力荷重

power model ［C］ パワー生成モデル《㊥ blip/scan model ＝ ブリップ/スキャン・モデル》

power-off relay ［C］ 停電切り替え継電器

power-on landing 動力着陸

power-operated control ＝ power operated control 動力式操縦装置

power-operated muzzle door mechanism ［C］ 機力開閉式前扉機構 《潜水艦》

power panel ［C］ 電力配電盤

power plant ［C］ ①発電所 ②動力装置

Power Plant Inspection Section 【海自】発動機検査班 《の英語呼称》◇用例： 発動機検査班長 ＝ Officer, Power Plant Inspection Section

Power Plant Section 【海自】発動機班 《の英語呼称》◇用例： 発動機班長 ＝ Officer, Power Plant Section

power politics ［U］ パワー・ポリティクス

power projection 戦力投入

power projection operation 戦力投入作戦

power rating ［C］ 定格電力

power relay ［C］ 電力継電器

power source ［C］ 電源

power spectrum パワー・スペクトル

power spectrum density = power spectral density ［U］ パワー・スペクトル密度

power steering ［U］ 機力操舵 《⊕ manual power steering = 人力操舵》

power supply (PS) ［C］ 電源 ◇用例：C-power supply = C電源

power supply amplifier ［C］ 電源増幅器

power supply assembly (PSA) ［C］ 電源供給装置

power system 電力系統

power take-off gear box ［C］ 駆動力ギヤー・ボックス

power transfer relay ［C］ 電源切り替え継電器

power transmission 送電

power transmission shaft ［C］ 動力伝達軸

power traverse 動力旋回

power turbine ［C］ 出力タービン

power unit ［C］ ①電源装置 ②【海自】動力装置

power winding 出力巻き線

practicability test and evaluation 実用試験

practical rate of fire 実用発射速度 《標準的な一連の射撃関連操作を連続的に行った場合の1分間あたりの発射可能弾数（例：200発/分）。⊛ NDS Y 0003B》

practice 訓練；演習

practice at activity 部隊実習

practice bomb ［C］ 演習爆弾；訓練用爆弾

practice depth charge (PDC) 訓練用爆雷

practice exploder equipment ［U］ 訓練用起爆装置

practice grenade ［C］ 演習手榴弾 《演習または訓練に使用する手榴弾。⊛ NDS Y 0001D》

practice head ［C］ 訓練用弾頭；演習弾頭

practice mine ［C］ ①【陸自】訓練用地雷 《教育訓練に使用する地雷。演習地雷と擬製地雷がある。⊛ NDS Y 0001D》 ②【海自】訓練用機雷；実習用機雷

practice projectile ［C］ 訓練弾

practice rifle grenade ［C］ 演習小銃擲弾 《演習目的に使用する小銃てき（擲）弾。⊛ NDS Y 0001D》

practice rocket ［C］ ①演習ロケット弾 《射撃訓練に使用するロケット弾。⊛ NDS Y 0001D》 ②【海自】ロケット訓練弾

practice teaching ［U］ 学習教育

Prague Capabilities Commitment (PCC) プラハ能力コミットメント

prairie masker ［C］ プレイリー・マスカー 《プロペラー前縁の半径方向に多数の小さな孔を設け、空気を吹き出してプロペラー周辺に気泡層を形成し、プロペラー雑音を低減する装置。⊛ NDS Y 0012B》

pre-action aim calibration (PAC) ［U］ 【海自】較正射 《適正な当日修正量を把握するために、射撃開始前に疑似ビデオ等を目標として行う射撃をいう。⊛ 海上自衛隊訓練資料第175号》

preamplifier ［C］ 前置増幅器

pre-apportionment plan ［C］ 事前兵力配分計画

prearranged fire 計画射撃

prearranged message code 略号表

prearranged message signal ［C］ 約束信号

preassault operation 強襲前哨戦

pre-baiu-rainfall 走り梅雨（はしりづゆ）

precautionary cruising 【海自】警戒航行 《早期に敵を発見または探知して、その兵力、配備および動静を偵知し、適時適切な処置を講じ、我が行動準備に余裕を得るとともに、我が企図を秘匿して敵の偵察および奇襲を防止することを目的とする航行をいう。⊛ 統合訓練資料1-4》

precautionary cruising order 【海自】警戒航行序列 《⊕ protective cruising order》

precautionary landing 予防着陸 《安全を確保するために、通常の手順に従って行う着陸》 ◇用例：JGSDF helicopter makes 'precautionary landing'.

precede ［vt.］ 先行する

precedence ①緊急区分 ②先行性

precedence designation ［C］ 緊急区分指定

precession 歳差運動（さいさうんどう） 《弾道接線を中心とする離軸角の運動。⊛ NDS Y 0006B》

precipice ［C］ 断崖

precipitation ［U］ ①降水 ②析出；沈澱

precipitation intensity 降水強度

precipitation noise ［U］ 降水雑音 《雨、あられ、ひょうなどが水面に降ることによって発生する海中雑音。⊛ NDS Y 0011B》

precipitation static 降水空電；沈積空電

precipitation static noise ［U］ 沈積空電雑音

precise frequency ［U］ 精密周波数；高精度

周波数

preciseness 正確性

precise participant location and identification (PPLI) ［U］ 詳細加入者位置及び識別 《JADGE用語》

precision ［U］ 精度 《[備] 精粗の度合い》

precision approach 精測進入 《計器飛行による進入であり、進入方向(azimuth)と降下経路(glide path)について指示を受けるものをいう》《[対] non-precision approach = 非精測進入》

precision approach path indicator (PAPI) ［C］ ①【空自】進入角指示器 ②【海自】進入角指示灯

precision approach radar (PAR) ［C］ 精測進入レーダー

precision bombing 精密爆撃 《特定の目標に照準して投弾する》

precision engagement ［C］ 精密交戦

precision fire 精密射撃

precision guided ammunition ［U］ 精密誘導兵器

precision guided mortar munitions (PGMM) ［pl.］ 精密誘導迫撃砲弾

precision guided munitions (PGMs) ［pl.］ 精密誘導弾；精密誘導兵器 《従来は無誘導である弾薬に誘導制御装置を付加し、弾着精度を向上させた弾薬。[典] NDS Y 0001D》

precision indicator ［C］ 精測指示器

precision landing 定点着陸

precision location strike system (PLSS) ［C］ 【空軍】精密位置攻撃システム

precision measuring equipment (PME) ［U］ 精密測定装置

Precision Measuring Equipment Maintenance 【空自】計測器整備 《准空尉空曹空士特技区分の英語呼称》

precision PPI 精密PPI 《PPI = plan-position indicator(図形表示管)》

precision radar ［C］ 精測レーダー

precision scanning 精密走査

precision strike ［C］ 精密爆撃

precision sweep 精密掃引

precision system 精測系

precision type instrument ［C］ 精密計器；精密型計器

precombustion chamber ［C］ 予燃室

pre-commissioning training ［U］ 慣熟訓練

pre-communication search (PRECOM) ［C］ 第1次通信捜索

pre-computed altitude = precomputed altitude ①【空自】予測高度 ②【海自】予定計算高度

precursor ［C］ 前駆体

precursor front ［C］ 前駆風圧波

precursor operation 前駆

precursor sweeping 前駆掃海

precut frame building ［C］ 組み立て式建築

pre-deployment training 派遣前訓練

predicted firing 待ち受け射撃

predicted intercept point (PIP) ［C］ 予想要撃点 《PIP = ピップ》

predicted intercept time (PTI) 予測迎撃時刻 《BMDウェポンから通報される弾道ミサイルの予測迎撃時刻をいう。[典] JAFM006-4-18 JADGE用語》

predicted position angle ［C］ 未来高角

prediction angle ［C］ 未来位置修正角

prediction lead angle ［C］ 予想見越し角

prediction time 予想命中秒時；予期命中秒時

predominant height 優勢高度

pre-employment preparation ［U］ 投入前準備

preemption ①先制 ②強制割り込み 《コンピューター》

preemptive attack ［C］ 先制攻撃

preempt offering tone (PRE) 割り込み表示用可聴信号音 《作戦用電話の割り込み表示用可聴信号音》

preengraved rotating band ［C］ 溝付き弾帯

prefectural liaison office (PLO) ［C］ 【自衛隊】地方連絡部 《略称は「地連」》◇用例：Yamaguchi Prefecture Liaison Office = 山口地方連絡部

Prefectural Ordinance 【日】都道府県条例

prefectural police 【日】県警 ◇用例：the Ishikawa Prefectural Police = 石川県警

prefectural police headquarters 【日】県警本部

preferential runway ［C］ 優先滑走路

prefix ［C］ 接頭記号

preflight course ［C］ 地上準備課程

preflight course training ［U］ 地上準備教育

preflight data insertion program

(**PDIP**) ［C］ 飛行前データ入力プログラム

preflight inspection (PR) 飛行前点検 《[対] post-flight inspection = 飛行後点検》

preflight training ［U］ 地上準備教育；飛行前教育

Preflight Training Squadron 【空自】地上準備教育隊 《の英語呼称》

preformed beam ［C］ プリフォームド・ビーム；待ち受けビーム

preformed beam reception ［U］ 待ち受け受信

preformed fragment ［C］ 成形破片 《あらかじめ所望の形状（例 ： 球、立方体など）、質量に成形して弾頭に組み込む破片。[典] NDS Y 0006B》

pregnancy leave 妊娠休暇

preheater ［C］ 予熱器

preheating ［U］ 予熱

pre-hire medical examination 雇用前の健康診断

preignition = pre-ignition 早め点火；早期着火

pre-issue item (P/I) ［C］ 前渡し部品

pre-issue stock ［C］ プリイッシュー・ストック

prelanding check 着陸前点検

prelanding operation 上陸前哨戦

preliminary action 準備行動

preliminary adjustment 予備調整

preliminary call 事前呼び出し

preliminary communications search ［C］ 事前通信探索

preliminary firing 射撃準備訓練

Preliminary Flight Rating Test (PFRT) ［C］ 【米軍】予備飛行定格試験 《米軍規格 MIL-E-5007D》

preliminary simmering 仮吹き

preliminary test ［C］ 事前検査

preliminary TO 予備TO

preliminary trial 予備試験

preload 事前搭載

premature 早発（そうはつ）《信管の安全解除の時間または距離経過後、所定の発火時期以前に作動した弾丸などの誤発火。[典] NDS Y 0001D》

premature burst 過早破裂（かそうはれつ）《弾薬が、所定の時間より前に破裂すること。[典] NDS Y 0001D》《[同] early burst》

premature deployment 過早展開

premature ignition ①過早点火（かそうてんか）《内燃機関》 ②早火（はやび）《溶接》

pre-overhaul test and inspection (POT&I) = preoverhaul test and inspection オーバーホール前試験及び検査

preparation fire ①【陸自】攻撃準備射撃 《攻撃開始およびじ後の攻撃を容易にするため、攻撃開始に先立って、火力の優越を獲得し、敵の防御組織を破壊するように実施する計画射撃。[典] NDS Y 0005B》《[同] artillery preparation》 ②【海自】準備射撃

preparation for entering port 入港準備

preparation for getting underway 出港準備

preparation for operations 作戦準備 《作戦任務を与えられた部隊等が、その任務達成のために必要な事前処置を行うことをいう。海上自衛隊では、非常事態が生起したとき、または生起しようとするとき、部隊および機関の編成、組織、兵力、配員、配備、装備、施設、運用態勢等を、作戦の実施に備えて整備拡充することをいう。[典] 統合訓練資料1-4》

preparation for sea 航海準備

preparation for the attack 攻撃準備

preparation of plan 計画の作成

preparatory action 準備行動

preparatory command 予令

preparatory marksmanship training ［U］ 射撃予習 《小銃の実弾射撃前に行う訓練》

preparatory training ［U］ 準備訓練

preparedness condition (PREPCON) 共同の作戦準備段階

prepare to engage 交戦準備

preparing for sea 出港準備

preplanned air support 計画航空支援

preplanned mission ［C］ 計画任務 《航空攻撃または航空偵察の目標、時期等を基準時刻までに決定できる場合における任務をいい、十分な調整を経て、細部実施計画に基づき、通常、攻撃実施の前日に示される。[典] 統合訓練資料1-4》《[対] immediate mission = 緊急任務》

preplanned mission request ［C］ ①計画要請 《空地作戦において、陸上部隊が近接航空支援を航空部隊に要請する場合のうち、事前に計画した任務の要請をいう。[典] 陸自教範》 ②【海自】計画任務要請

preplanned supply 初期補給量の算定

preponderance of combat power 戦闘力の優越

pre-position ①【統幕・陸自・空自】事前集積 《作戦指導上特に必要な場合、あるいは常続的な

追送が困難な場合に、支援の継続を図るため、特定の期間に必要な補給品を事前に所要の地域に集積する行為をいう。⊕ 陸自教範》 ②事前配置

pre-positioned requirements ［pl.］ 事前集積所要

pre-positioned war reserve requirements (PWRR) ［pl.］ 事前集積戦時備蓄所要

pre-positioned war reserve stock (PWRS) ［C］ 事前集積戦時備蓄保有；事前集積戦時備蓄保有品；事前配置戦時予備ストック

pre-positioning of materiel configured to unit sets (POMCUS) ①【統幕】部隊別装備品事前配置 ②【空自】展開部隊用装備品海外事前集積 《POMCUS＝ポンカス》

pre-positioning ship (PREPO) ［C］ 事前集積船

pre-position objective ［C］ 事前集積目標 《自衛隊最高司令部および方面隊が主として防衛作戦準備間において、補給品を事前集積する場合に、集積地域ごとに定める計画数量をいい、通常、単位部隊あたりの月数または日数、時として他の単位で表す。⊕ 陸自教範》

pre-position war reserve materiel (PWRM) 展開部隊用装備品海外事前集積 《単位部隊形式で海外に事前配備された資材》

preprogrammed conference プリプログラム会議方式 《JADGE用語》

prerequisite ［C］ 要件 《必要な条件のことをいい、原則等のうち、特定の事項を特に重視して端的に表現する場合に使用する。⊕ 陸自教範》

prescribed load (P/L) 携行定量

prescribed place 定位置

prescribed time 指定された時刻

prescription ［C］ 処方箋（しょほうせん）

present arms 捧げ銃の敬礼（ささげつつのけいれい）《小銃を右手で体の中央前に上げ、同時に左手で銃の引金室前部を握り、前腕を水平にして体につけ、小銃を体から約10センチメートル離して垂直に保ち、次に右手で銃把を握って行う。⊕ 防衛庁訓令第14号》

Present Arms！ 「捧げ、銃！」（ささげ、つつ）《号令》

present assignment 現所属

present engine speed 現用機関速力

present position (PP) ［C］ 現在位置 《飛行中の航空機またはミサイル等の現在位置をいう。緯度、経度で表現する場合と、特定の地点からの方位、距離で表す場合があり、これを指示する計器を現在（目標）位置指示器という。⊕ レーダー用語集》

present range ［C］ 現在距離

present target position ［C］ 目標現在位置

present weather ［U］ 現在天気

preservation ［U］ ①格納処置 ②防錆（ぼうせい）

preservation of force integrity 建制の保持；部隊建制の維持

preservation packing package (PPP) ［C］ 防錆梱包；防錆包装

preservative ［C］ 防腐剤；保恒剤

Presidential Decision Directive (PDD) 【米】大統領令

press briefing ［C］ 記者会見 ◇用例：Department Of Defense Press Briefing ＝ 米国防省のプレス・ブリーフィング

pressed loading ［U］ 圧填（あってん）；圧縮充填

presser bar ［C］ 押え棒

presser foot lever ［C］ 押え金上げ

press information officer (PIO) ［C］ 広報官

press ring ［C］ 加圧リング

Press Secretary 【防衛省】報道官 《の英語呼称》

press to talk (PTT) プレス・トゥ・トーク 《マイクロホンのスイッチを押すことにより、無線機を強制的に送信状態にすることをいう。⊕ JAFM006-4-18》

press-to-talk system プレス・トゥ・トーク方式

press-to-talk tone (PTT tone) プレス・トゥ・トーク・トーン 《送信機用の無線制御信号のことをいい、防空指令所（DC）から防空監視所（SS）への送信音声には、PTTトーンが重畳されている。⊕ JAFM006-4-18》

pressure accumulator ［C］ 蓄圧器

pressure altimeter ［C］ 気圧高度計 《◎ barometric altimeter》

pressure altitude 気圧高度

pressure altitude variation 気圧高度偏差

pressure angle ［C］ 圧力角

pressure bellows ［pl.］ 圧力ベローズ

pressure breathing ［U］ 加圧呼吸

pressure cabin altitude ①【空自】室内与圧高度 ②【海自】与圧高度

pressure calibration ［U］ 音圧校正

pressure chamber ［C］ 与圧室

pressure change 気圧変化

pressure coefficient ［C］ 圧力係数

pressure compensating valve ［C］ 圧力補整弁

pressure compound turbine ［C］ 圧力複式タービン

pressure container ［C］ 圧力容器

pressure control valve ［C］ 圧力制御弁

pressure cut-out switch ［C］ 圧力遮断スイッチ

pressure cylinder ［C］ 圧力シリンダー《圧縮ガスを封入した円筒状の圧力容器。[典] NDS Y 0041》

pressure demand system ［C］ 加圧酸素吸入装置

pressure drag 圧力抵抗

pressure feed lubrication 圧力潤滑；圧力注油

pressure filter ［C］ 圧力フィルター

pressure gauge ［C］ 圧力計

pressure gauge tester ［C］ 圧力計試験機

pressure governor ［C］ 調圧器

pressure gradient ［C］ 気圧傾度；圧力勾配

pressure-gradient hydrophone ［C］ 音圧傾度型受波器；音圧傾度型ハイドロホン

pressure head ［C］ 圧力水頭

pressure height 気圧高度

pressure height equation 測高公式

pressure hull ［C］ 耐圧殻(たいあつこく)《潜水艦が潜水したときに、水圧に抗して内部の人員、機器等を保護する船体構造部分》

pressure hydrophone ［C］ 音圧型受波器；音圧型ハイドロホン 《入射音圧に比例する電気出力を取り出すように構成された受波器。[典] NDS Y 0012B》

pressure indicator ［C］ 圧力計

pressure lubrication 強制潤滑

pressure lubricator ［C］ 圧力注油器

pressure measurement 気圧測定

pressure mine ［C］ 【海自】水圧機雷

pressure oil tank ［C］ 油圧タンク

pressure operated switch ［C］ 圧力スイッチ；圧力開閉器 《[同] pressure switch》

pressure pattern ［C］ 気圧配置《[同] barometric distribution》

pressure pattern navigation ［U］ 等圧面航法

pressure pump ［C］ 圧力ポンプ

pressure recorder ［C］ 記録圧力計

pressure reducing valve ［C］ 減圧弁

pressure regulation ［U］ 調力 《調和圧力に調整すること》

pressure regulator ［C］ 圧力調整器

pressure relief valve ［C］ 圧力逃し弁

pressure relief vent 空気逃し穴

pressure ridge ［C］ 気圧の峰

pressure ridge line ［C］ 気圧の峰線

pressure ring ［C］ 圧力リング

pressure sensitivity ［U］ 受波音圧感度；音圧感度

pressure sonobuoy launch tube (PSLT) ［C］ 与圧式ソノブイ投射装置

pressure stage ［C］ 圧力段

pressure suit 与圧服 《航空》

pressure switch ［C］ 圧力スイッチ；圧力開閉器 《[同] pressure operated switch》

pressure system 気圧系

pressure tank ［C］ 圧力タンク

pressure tendency ［C］ 気圧傾向《[同] barometric tendency》

pressure test ［C］ 圧力試験

pressure transducer ［C］ 圧力変換器

pressure-travel curve ［C］ 圧力経過曲線

pressure trough ［C］ 気圧の谷

pressure vessel ［C］ ①圧力容器 ②ベッセル

pressure volume diagram ［C］ 圧力容積線図；PV線図

pressure wave ［C］ 圧力波

pressurization 与圧

pressurization system 与圧系統

pressurized cabin ［C］ 与圧室

pressurized chamber ［C］ 与圧室

pressurized compartment ［C］ 与圧室

pressurized system 与圧系統

prestart inspection 始動前点検

prevailing visibility ［U］ 卓越視程(たくえつしてい) 《全方向(360度)の視程を観測したとき、半分(180度)以上の方向に共通する水平方向の視程。降雨などで方向によって水平方向の視程(水平視程)が異なるときは(視程にばらつきがあるときは)、視程の大きい方から(見通せる距離の大きい方から)順に観測して、その角度が180度以上となるときの視程》

prevailing wind ［U］ 卓越風

preventer 予備舫い(よびもやい)

prev 498

prevent fouling 防汚（ぼうお）

preventing the outbreak 未然防止

Prevention of Arms Race in Outer Space (PAROS) 宇宙空間における軍備競争の防止

prevention of fratricide 相撃防止

prevention of mutual interference (PMI) 相互干渉防止

prevention of stripping equipment ［U］ 回収妨害装置 《例 antirecovery device》

preventive control ［U］ 予防管制

preventive deployment 予防展開

preventive diplomacy ［U］ 予防外交 《当事者間で生じた不和が紛争へと発展するのを回避するための外交努力。㊐ 国連平和維持活動（原則と指針）》

preventive maintenance (PM) ［U］ ①予防整備 《系統的な点検または分解した部品の検査等により、故障の兆候を検出し、使用上支障をきたすような故障を未然に排除し、修復する整備。㊐ 3補LPS-E00001-9》 ②【海自】予防整備；保存整備

preventive maintenance inspection (PMI) 予防整備点検

preventive medicine ①予防医療 ②予防医学

preventive sanitation ［U］ 予防衛生 《疾病の発生を未然に防止し、または疾病を早期に発見するための機能をいい、主要な業務には、基本的な衛生規律の徹底、健康診断および衛生教育ならびに予防接種および予防薬等の投与等がある。㊐ 陸自教範》

preventive stripping equipment (PSE) ［U］ 分解防止装置

preventive war ［U］ 予防戦争

previously complied with (PCW) 既に実施済み

previous operating time (POT) 既作動時間；既使用時間

prewetting system ［C］ 甲板散水装置

price and availability (P&A) 価格及び調達可能性

primacord ［C］ ①導火線 ②【海自】導爆線 《例 detonating cord》

primary accelerator ［C］ 主促進剤

primary address code (PAC) 第一次アドレス・コード 《㊐ secondary address code = 第二次アドレス・コード》

primary air ［U］ 一次空気 《㊐ secondary air = 二次空気》

primary Air Force Specialty (PAFS) 【空自】主特技 《㊐ additional Air Force Specialty = 従特技》

primary battery ［C］ 一次電池 《㊐ secondary battery = 二次電池》

primary cell ［C］ 一次電池 《㊐ secondary cell = 二次電池》

primary censorship ［U］ 第一次私通信検閲

primary circuit ［C］ 一次回路 《㊐ secondary circuit = 二次回路》

primary coil ［C］ 一次コイル 《㊐ secondary coil = 二次コイル》

primary control officer ［C］ 主統制官

primary control ship ［C］ 主統制艦

primary control surface ［C］ 主操縦翼面 《㊐ secondary control surface = 二次操縦翼面》

primary CPU ［C］ プライマリーCPU 《㊐ secondary CPU = セカンダリーCPU》

primary current 一次電流 《㊐ secondary current = 二次電流》

primary demolition belt ［C］ 主破壊地帯 《㊐ subsidiary demolition belt = 補助破壊地帯》

primary electron ［C］ 一次電子 《㊐ secondary electron = 二次電子》

primary equipment ［U］ 主要装備品 《装備品のうち部隊等がその任務を遂行するために直接必要とする主要なもので、航空自衛隊の編制に定める品目をいう。㊐ 航空自衛隊達第35号》

primary explosive 一次爆薬 《熱、衝撃または摩擦などの刺激に対して極めて鋭敏な爆薬であり、容易に爆轟（ばくごう）する爆薬。起爆薬》 《例 initiating explosive》《㊐ secondary explosive = 二次爆薬》

primary factor ［C］ 要因 《ある結果をもたらす原因となる事実および設想またはこれから推論されるものをいう。㊐ 陸自教範》

primary fire control ［U］ 基本管制法

primary flash 一次炎（いちじえん） 《砲口炎の一つ》《㊐ secondary flash = 二次炎》

primary flight display (PFD) ［C］ 主飛行表示器 《航空機》

primary heat exchanger ［C］ 一次熱交換器 《㊐ secondary heat exchanger = 二次熱交換器》

primary high-explosive 高性能一次爆薬 《㊐ secondary high-explosive = 高性能二次爆薬》

primary inventory control activity (PICA) ［C］ 【米】主資材統制機関

primary load ［C］ 主荷重（しゅかじゅう）

《[対] secondary load = 従荷重》

primary mission ［C］ 主任務

primary objective ［C］ 主目的《[対] secondary objective = 副次目的》

primary power supply 主系電源

primary radar ［C］ 一次レーダー《[対] secondary radar = 二次レーダー》

primary radar target ［C］ 一次レーダー・ターゲット《[対] secondary radar target = 二次レーダー・ターゲット》

primary rainbow ［C］ 主虹（しゅにじ）《[対] secondary rainbow = 副虹》

primary read out (PRO) 主画面《表示操作卓の左側のディスプレイを指し、現況表示や運用状態等表示等を表示する。[典] JAFM006-4-18》

primary sector of firing (PSF) ［C］ 主射撃空域

primary sector of responsibility (PSR) ［C］ 主射撃責任範囲

primary servo ［C］ 主サーボ

primary surveillance radar (PSR) ［C］ 一次監視レーダー《[対] secondary surveillance radar = 二次監視レーダー》

primary tabular display (PTD) ［C］ 主文字情報表示装置《[対] secondary tabular display = 補助文字情報表示装置》

primary target ［C］ ①【陸自】主目標《[対] secondary target = 副次目標》 ②【海自】主要目標《[対] 二次目標》

primary target line (PTL) ［C］ 主目標線《各高射隊に割り当てられる主対空戦闘空域の基準となる方位線をいう。[典] JAFM006-4-18》《[対] secondary target line = 二次目標線》

primary trainer ［C］ 初等練習機

primary voltage 一次電圧《[対] secondary voltage = 二次電圧》

primary weapon ［C］ 主要火器《[対] secondary weapon = 補助火器》

primary weapons and equipment ［U］ 主要装備品

primary winding 一次巻き線《[対] secondary winding = 二次巻き線》

prime contractor ［C］ ①【陸自】主契約者 ②【空自】プライム・コントラクター《航空機の製造に必要な資料を所有して、その航空機を製造し、またはその部品を下請負業者、ベンダー等に発注して、所要の整備上または生産技術上の検討および指導を行う航空機の製造担当業者。[典] C&LPS-A00001-22》 ③【海自】主契約業者

prime meridian 本初子午線

prime mover ［C］ 原動機

primer ［C］ 火管（かかん）《発射薬（装薬）に点火するための火工品。[典] NDS Y 0001D。[備] 雷管と点火薬を中心部に内蔵した小管であり、発火方法により、撃発火管、摩擦火管、電気火管などがある》

primer composition = priming composition ［C］ 爆粉（ぼうふん）《雷管に使用する混合起爆薬》《[同] primer mixture》

primer cup ［C］ 雷管体（らいかんたい）《爆粉（ぼうふん）を充塡するための雷管用の金属製カップ。[典] NDS Y 0001D》

primer detonator unit (PDU) ［C］ 起爆雷管

primer mixture 爆粉（ぼうふん）《雷管に使用する混合起爆薬。[典] NDS Y 0001D》《[同] primer composition》

primer perforation ［C］ 雷管突破《雷管に穴があくこと。[典] NDS Y 0001D》

primer seat ［C］ 雷管室《薬莢の底部または火管の頭部などに設けられている雷管を装着するための室。[典] NDS Y 0001D》

prime vertical 東西圏

principal axis ［pl. = principal axes］ 主軸

Principal Deputy Under Secretary 【米】首席次官代理

principal item ［C］ 主要品目

principal mission ［C］ 主任務

principal operational interest 主運用権

principal parallel 主平行線《[対] principal vertical = 主垂直線》

principal plane ［C］ 主平面

principal point ［C］ 主点

principal subordinate commander (PSC) ［C］ 主要指揮下部隊指揮官

principal vertical 主垂直線《[対] principal parallel = 主平行線》

principle ［C］ 原則《作戦または戦闘を有利に導くため、必要にして普遍性のあるやり方をいい、古来幾多の戦史、戦例から帰納された基本的なもので応用活用の余地が大なるものである。原理には例外はないが、原則には例外がある。[典] 統合訓練資料1-4》

principles of war ［pl.］ ①【陸自】戦いの原則 ②【海自】用兵原則；戦争の諸原則

Printing and Drawing 【空自】印刷製図《准空尉空曹空士特技区分の英語呼称》

printing telegraph ［U］ 印刷電信

Print Supply Unit 【海自】印刷補給隊《の英語呼称》◇用例：印刷補給隊司令 =

P

prio　　　　　　　　　　　　500

Commanding Officer, Print Supply Unit

prior consultation ［C］ 事前協議

**priorities and allocations manual
(PAM)** ［C］ 優先度及び配分手引

prioritization 優先順位付け

prioritize ［vt.］ 優先順位をつける

priority ①優先順位　②【米】至急　《緊急区分
指定の一つ。状況の推移に応ずる作戦指揮に関す
る通信用およびその他普通では不十分な場合で重
要かつ至急な事項用である。指定符号は「P」》

priority call 優先呼び出し；優先呼　《加入者
話中またはトランク全話中が発生した時、この優
先順位を比較して、優先順位の低い通話を切断
し、優先順位の高い通話を接続することをいう。
⊛ JAFM006-4-18》

priority delivery date (PDD) ①優先配送
日付　②【海自】標準送達期限

priority intelligence requirement (PIR)
［C］ 優先情報要求

priority message ［C］ 至急

priority national intelligence objective
［C］ 優先国家情報目標

priority of fires 【陸自】火力優先　《火力運用
において、特定の部隊または正面に対する火力の
配分および指向を優先することをいう。⊛ 陸自教
範》

priority requisition 優先請求

prior permission ［U］ 事前許可

prismatic coefficient ［C］ 柱形係数

prisoner of war (POW) ［pl. = prisoners of
war（POWs）］ 捕虜　◇用例：prisoners of
war, etc. = 捕虜等

prisoner of war branch camp ［C］ 捕虜
分遣収容所

prisoner of war cage ［C］ 捕虜仮収容所

prisoner of war camp (PWC) ［C］ 捕虜
収容所　《捕虜等の抑留、送還等の事務を行うた
めに設置される自衛隊の臨時の機関をいう。⊛ 統
合訓練資料1-4》◇用例：a prisoner of war camp
commander = 捕虜収容所長

prisoner of war censorship ［U］ 戦争捕虜
の通信文検閲

prisoner of war collecting point ［C］
【米軍】捕虜収集所　《前線地域の指定された場所
で、そこに捕虜を集め、または戦術価値のある情
報を集めるために捕虜を尋問し、または後送する
まで収容しておく軍の施設をいう。⊛ 統合訓練資
料1-4》

prisoner of war enclosure ［C］ 捕虜収容
所区画

prisoner of war personnel record ［C］
捕虜人事記録

privacy function 秘話機能

private ［C］ 兵士；兵卒

Private ①【陸自】2等陸士　《の英語呼称》　②
【米海兵隊】2等兵

**private automatic branch exchange
(PABX)** ［C］ 構内自動交換機　《バッジ用
語》

private branch exchange (PBX) ［C］
構内交換機　《バッジ用語》

private branch exchange trunk (PBXT)
［C］ プライベート・ブランチ・エクスチェン
ジ・トランク；PBXトランク　《バッジ用語》

Private E-1 【米陸軍】2等兵

Private E-2 【米陸軍】1等兵

private finance initiative (PFI) 民間資金
等の活用による公共施設等の整備等の促進　《民
間の資金、経営能力および技術能力を活用して、
公共施設等の建設、維持管理、運営等を行う手法》

Private First Class (PFC) ①【陸自】1等陸
士　《の英語呼称》　②【米陸軍】上等兵　③【米海
兵隊】1等兵

privately owned vehicle (POV) ［C］ 自
家用車

private pilot ［C］ 自家用操縦士

**Private Secretary to the Minister of
Defense** 【防衛省】防衛大臣秘書官　《の英語
呼称》

privileged vessel ［C］ 保持船

prize ［C］ 捕獲品

probability forecast ［C］ 確率予報　《気
象》

probability of contact 触接公算

probability of damage 損害確率；損傷確率

probability of hitting 命中率；命中公算

probability of kill = kill probabilityl　①撃破
確率　②【陸自】撃墜公算

probability of survival (PS) 残存確率
《機器がある時点でなお規定の役割を実行する確
率をいう。⊛ NDS Z 9011B》

probable error (PE) 公算誤差

probable kill プロバブル・キル　《ペトリオッ
ト用語》

probable line of deployment ［C］ 展開予
定線

probable submarine プロバブル・サブマリ
ン　《潜水艦おおむね確実》

probe ［C］ ①プローブ；探針　②探査；偵察

③探索機

problem solving 問題解決

procedural agreement (PA) ［C］ 手続き取り極め

procedural control ［U］ 計画統制

procedure ［C］ 交信；手続き；要領

procedure of information ［C］ 情報資料の処理

procedures for long supply assets utilization screening (PLUS) 【米】余剰物品利活用照合手続き

procedure sign (PROSIGN) ①交信略号 ②【海自】交信略符号

procedure turn ①【空自】方式旋回 ②【海自】方式旋回；方向旋回

procedure word (PROWORD) ［C］ ①【統幕】交信略語 ②【海自】通話略語

proceed to point 進出目標点

process allowance ［C］ 作業余裕

process for engagement (PFE) 交戦事前指令 《ペトリオット用語》

processing control numbered (PCN) 処理統制番号

Processing Unit 【空自】処理班 《の英語呼称》

process plate ［C］ プロセス乾板

proclamation 布告；宣言；声明文

proclamation of martial law 戒厳令布告

procure ［vt.］ 調達する

procurement ［U］ 調達 《各級部隊が対価を支払って、装備品等、不動産および労務・役務を取得することをいう。陸自教範》

Procurement 【空自】調達 《准空尉空曹空士特技区分の英語呼称》

procurement code 調達区分記号

Procurement Division 【空自】調達課 《の英語呼称》◇用例：調達課長 = Head, Procurement Division

procurement lead time (PLT) ①調達所要期間；取得所要期間；調達入荷期間 ②【海自】調達費消期間

Procurement Officer 【空自】生産調達幹部 《幹部特技区分の英語呼称》

Procurement Planning Division 【防衛装備庁】調達企画課 《の英語呼称》《総合調整、業務の総括、苦情処理を行う。⑲ 防衛装備庁HP》

Procurement Planning Section 【空自】計画班 《装備部調達課～の英語呼称》◇用例：計画班長 = Chief, Procurement Planning Section

procurement request ［C］ 調達要求

procurement request number 調達要求番号

Procurement Section ①【空自・海自】調達班 《の英語呼称》◇用例：調達第1班（空自） = 1st Procurement Section；補給班長（海自） = Officer, Procurement Section ②【防衛装備庁】調達係 《電子装備研究所～の英語呼称》

Procurement Staff Officer 【空自】生産調達幕僚 《幹部特技区分の英語呼称》

Procurement Standardization Section 【空自】調達基準班 《の英語呼称》◇用例：調達基準班長 = Chief, Procurement Standardization Section

producer logistics ［U］ 【海自】供給者ロジスティクス；生産のロジスティクス

product inspection 製品検査

Production and Marketing Administration (PMA) 【米】需給管理局

production base ［C］ 生産基盤

production lead time (PLT) 製造所要期間；生産所要期間

production line method 流れ作業方式

production logistics ［U］ 生産後方

production loss appraisal 生産損失評価

production oriented maintenance organization (POMO) 生産指向型整備方式

productive direct labor 直接作業 《⑲ productive indirect labor = 間接作業》

productive indirect labor 間接作業 《⑲ productive direct labor = 直接作業》

productive thinking 生産的思考

product liability (PL) ［U］ 製造物責任

product test ［C］ 製品試験 《納入予定の試作品に対して、仕様書に規定された主に構造・形状・寸法・質量、機能および性能に関して適合していることを保証し、技術試験等に供し得ることを確認するための試験をいう。⑲ 装技計第250号》

professional soldier ［C］ 職業軍人

professional treatment ［U］ 専門治療；病院治療

Professor Emeritus 【防大】名誉教授 《の英語呼称》

proficiency ［C］ 練度

profile ［C］ ①プロファイル 《要撃ミッションを遂行するための飛行形式をいう。⑲ JAFM006-4-18》 ②船体縦断面

profile drag 形状抵抗

profile thickness 翼厚

prognostic chart 〔C〕 予想天気図

Program Advisory Committee (PAC) プログラム諮問委員会

program aircraft 〔pl. = ~〕 【空自】保有機

program attention key 〔C〕 プログラム・アテンション・キー 《バッジ用語》

program change request (PCR) 〔C〕 プログラム変更請求

program definition and risk reduction 計画確定リスク低減

program definition phase 〔C〕 確定段階

Program Evaluation Review Technique (PERT) プログラム評価点検技法 《PERT = パート》

program halt (PROG HALT) プログラム・ホルト 《ペトリオット用語》

programmable read only memory (PROM) 〔C〕 プログラマブル読み出し専用メモリー

programmable ROM (PROM) 〔C〕 プログラマブルROM 《バッジ用語》

Program Management Group 【空自】プログラム管理隊 《の英語呼称》

program manager (PM) 〔C〕 プログラム管理官

programmed forces 〔pl.〕 プログラム部隊

programmed learning 〔U〕 プログラム学習

programmed run プログラム航走 《あらかじめ設定された順序に従った雷道および雷速で魚雷が航走すること。[典] NDS Y 0041》

programming 〔U〕 ①プログラミング《プログラムの作成》 ②業務計画

program modification プログラム改修

program objective 〔C〕 業務計画目標

program of instruction (POI) 教育計画

Programs Management Section 【陸自】監理班 《の英語呼称》

program update function (PUF) プログラム更新機能

progress chart 〔C〕 進度表

progress check 進度試験

Progressive Aircraft Rework (PAR) 【海自】PAR 《航空機等の信頼性データ等に基づき、航空機の使用態様に応じ、部隊等で整備できない機体の修理、交換、調整、改修、検査および試験等を行う作業。[典] MHS-V-46008-23。[備]「PAR」で通じる》

progressive scanning 順次走査

progressive winding 進み巻き

progress report 〔C〕 進捗状況報告

Progress Report on the Guidelines Review for US-Japan Defense Cooperation 【日】日米防衛協力のための指針の見直しの進捗状況報告

progress schedule 〔C〕 工程表；進度表

prohibited air space 〔C〕 飛行禁止空域

prohibited area 〔C〕 ①【空自】飛行禁止区域 《航空機の飛行に関し危険を生ずるおそれがあるため、その上空における航空機の飛行を全面的に禁止する区域をいう。[典] 統合訓練資料1-4》 ②【海自】禁止区域

Project Coordinator 【防衛装備庁】プロジェクト調整官 《電子装備研究所～の英語呼称》

projected area 〔C〕 投影面積

projected map display ①投影地図表示器 ②投影地図表示画像

projected video 〔U〕 映写画面

project flight 〔C〕 要務飛行

Project for Africa Rapid Deployment of Engineering Capabilities (ARDEC) 【国連】アフリカ施設部隊早期展開支援プロジェクト

projectile 〔C〕 ①弾丸；砲弾 《兵器から発射される物体》 ②飛翔体 《自己推進するミサイルやロケットなど》

projectile base pressure 弾底圧（だんていあつ） 《弾底部に作用する火薬類の燃焼ガスの圧力。[典] NDS Y 0006B》

projectile hoist 【海自】揚弾機

projectile hoist loader 〔C〕 揚弾機員

projectile velocity 〔U〕 弾丸合成速度 《銃口速度と戦闘機の飛行速度のベクトル和をいう。[典] レーダー用語集》

projection angle 〔C〕 映写角

projection drawing 〔C〕 投影図

projection port 〔C〕 映写窓

projection PPI 投影PPI 《PPI = plan-position indicator（図形表示管）》

projection room 〔C〕 映写室

projection surface 〔C〕 映写面

project item 〔C〕 特定計画物品

projective method 講案法

project manager (PM) 〔C〕 ①プロジェクト・マネージャー 《防衛装備庁長官から指名されてプロジェクト管理の円滑かつ効率的な実施のための総合調整を行う担当官をいい、統合プロ

ジェクト・チームが置かれる場合にあってはその長として統合プロジェクト・チームの事務を掌理するものをいう。[典] 防衛省訓令第36号》 ②【米】計画管理官

project number 特定計画番号

projector ［C］ ①投影器 ②発射機 ③音響発信機 《音波伝搬状況等の海洋特性調査に使用される。[典] 対潜隊（音1）第401号。[備] 不明な場合は「プロジェクター」にする》

projector charge 発射弾

project stocks ［pl.］ 計画対処用品

proliferation 拡散 《核兵器》

Proliferation Security Initiative (PSI) 拡散に対する安全保障構想

prolonge ［C］ 曳索（ひきづな）

prolonged blast ［C］ 長音（ちょうせい） 《4〜6秒間の汽笛の吹鳴（すいめい）》《[対] short blast = 短声》

prolonged war ［U］ 長期戦

promote ［vt.］ 促進する

promotion ①昇任 ②促進

prompt field プロンプト・フィールド 《バッジ用語》

prompt report ［C］ 速報

promulgate ［vt.］ 公布する

prone position ［C］ 伏せ射ち

pronunciation of numeral 数字発唱法

proof ammunition ［U］ 試験弾 《試験、研究のために使用する弾薬。[典] NDS Y 0001D》《[同] test ammunition》

proof charge 増装薬；強装薬 《基準初速を超える初速で弾丸を発射するために必要な装薬。[典] NDS Y 0001D》《[同] super charge》

proof load ［C］ 保証荷重

proof mark ［C］ 検印；プルーフ・マーク

proof stress ［U］ 耐力

proof test ［C］ 耐力試験；保証試験

propaganda ［U］ 宣伝 《直接または間接に部隊の利益を図るため、敵の思考、感情、態度または慣習に影響を及ぼす目的で、情報、思想、主義等を流布する諸活動をいう。[典] 統合訓練資料1-4》

propagation 伝搬（でんぱん）；伝播（でんぱ）

propagation anomaly 伝搬アノマリー

propagation loss (PL) 伝搬損失 《音の伝搬する媒質中における、ある指定された2点間の音圧レベルの低下量。[典] 対潜隊（音1）第401号》《[同] transmission loss》

propagation velocity ［U］ 伝搬速度

propellant ①発射薬 《火器から弾丸を発射するために使用する火薬。[典] NDS Y 0001D》 ②推進薬；推進剤

propellant-actuated device (PAD) ［C］ 火薬作動装置 《火薬の燃焼で発生する燃焼ガスの圧力によって機械的に作動させる装置》《[同] explosive-actuated device》

propellant bag ［C］ 薬嚢（やくのう） 《発射薬や点火薬などを充塡した袋またはケース。[典] NDS Y 0001D》《[同] cartridge bag; powder bag》

propellant grain ［U］ 推進薬グレイン 《推進薬の形状に成形された個体推進薬。[典] NDS Y 0001D》

propellant increment charge 増加装薬 《射距離を延伸する目的で追加する薬包または発射薬。[典] NDS Y 0001D》

propelled mine ［C］ 自走機雷 《[同] mobile mine》

propeller ［C］ ①プロペラー 《艦船、航空機》 ②推進器 《魚雷を航走させるために主軸の回転力を推力に換える機構。[典] NDS Y 0041》

propeller balancing stand ［C］ プロペラー・バランス台

propeller blade ［C］ プロペラー翼

propeller blast ［C］ 【空自】プロペラー後流 《[同] propeller wash》

propeller-dragging resistance 推進器抵抗

propeller efficiency ［U］ プロペラー効率

propeller fan ［C］ プロペラー送風機

propeller governor ［C］ プロペラー調速機

propeller hub ［C］ プロペラー・ハブ

propeller ice-control system ［C］ プロペラー防氷装置

propeller loading ［U］ プロペラー荷重

propeller modulation プロペラー変調

propeller noise ［U］ ①プロペラー雑音 《艦船のプロペラーによる雑音》 ②推進器雑音 《潜水艦》

propeller pump ［C］ プロペラー・ポンプ

propeller runaway プロペラー過回転

propeller shaft ［C］ プロペラー軸

propeller singing プロペラー鳴音 《プロペラー雑音のうち、プロペラー翼が渦の励振力で局部振動することによって発生する雑音。[典] NDS Y 0011B》

propeller synchronization プロペラー同期

propeller synchronizer ［C］ プロペラー同調器

P

prop 504

propeller test stand ［C］ プロペラー運転台

propeller wash (propwash) ①【空自】プロペラー後流 《⑩ propeller blast》 ②【海自】後流

propelling charge 発射薬；装薬

propelling charge explosive train ［C］ 発射薬系列 《弾丸を発射させるための火薬系列。発射薬系列の順序は : 点火薬系列 (igniter train)→発射薬。⑲ NDS Y 0001D》

propelling nozzle ［C］ 推進ノズル

proper authority ［C］ 関係当局

property ［C］ ①財産 ②物品

property accounting ［U］ 物品会計

property disposal officer (PDO) ［C］【米】廃品処理官；廃品出納官

property management ［U］ 物品管理

property management director ［C］ 物品管理官

property management representation ［U］ 分任物品管理官

Property Management Section 【防衛装備庁】用度係 《電子装備研究所～の英語呼称》

property management unit 物品管理単位

property officer ［C］ ①【自衛隊】資材施設係幹部 ②資材施設係将校

proportional limit 比例限度；比例限界

proportional navigation ［U］ 比例航法

proportional navigation course ［C］ 比例航法コース 《誘導弾の進路方向の変化率が、誘導弾から目標への見通し線の回転率に正比例するコース。⑲ レーダー用語集》

proportional range spring ［C］ 比例調整ばね

proposed route ［C］ ①予定経路 ②【海自】予定航路

propulsion ［U］ 推進

propulsion arming and firing unit (PAFU) ［C］ 推進薬点火装置 《PAFU = パフュ》

propulsion arming lanyard ［C］ 推進薬始動索

propulsion efficiency ［U］ 推進効果

propulsion motor ［C］ 推進電動機

propulsion system ［C］ 推進装置 《飛翔体に付属して、飛翔体に推力を与える装置。⑲ NDS Y 0001D》

propulsion trajectory ［C］ 推進弾道 《ロケット弾の推進薬が点火されてから、燃焼が完了するまでの間の弾道。⑲ NDS Y 0006B》

propulsive efficiency ［U］ 推進効率

prosign 交信略符号

prospective commanding officer ［C］ 艤装員長（ぎそういんちょう）

prospective officer and crew 艤装員（ぎそういん）

protected echelon ［C］ 援護型梯陣（えんごがたていじん） 《⑳ unprotected echelon = 非援護型梯陣》

protected harbor area ［C］ 保護港区

protected name 秘匿名；秘匿名称

protected name of the place 秘匿地名

protected reversing thermometer ［C］ 防圧転倒温度計

protected site ［C］ 防護施設

protecting covering 被り覆土（こうむりふくど）

protecting power 利益保護国 ◇用例 : representative of protecting power = 利益保護国代表；substitute of protecting power = 利益保護国代理

protection ［U］ ①防護 《敵の火力等の威力から、我が部隊、施設、補給品等を保護する機能をいう。⑲ 陸自教範》 ②保護 ③秘匿

protection from chemical agents ［U］ 化学防護

protection of nationals ［U］ 自国民保護

protection piece ［C］ 保護片

protective clothing ［U］ ①【陸自】防護被服 ②【海自】防護服

protective coat ［C］ 保護膜

protective coating ［C］ 保護塗装

protective colloid 保護コロイド

protective concealment 偽装

protective cruising order 【海自】警戒航行序列 《⑩ precautionary cruising order》

protective fire 掩護射撃

protective leader ［C］ 保護リーダー

protective mask ［C］ 防護マスク

protective minefield ［C］ ①【陸自】自衛地雷原 《各部隊および施設の自衛のため、直接防護の補助手段として使用する地雷原をいう。⑲ 陸自教範》 ②【海自】防御機雷原

protective obstacle ［C］ 自衛障害

protective ointment 防護軟膏

protective operations ［pl.］ ①防護作戦 ②【海自】防護の作戦；防勢的作戦

protective piece ［C］ 防食片

protective ring ［C］ 保護環

protective soft steel 保護軟鋼

protective suits ［pl.］ 防護服 ◇用例：
white protective suits＝白い防護服

protective wire ［C］ 自衛鉄条網

protectoscope ［C］ 潜望鏡

protect switch ［C］ プロテクト・スイッチ
《バッジ用語》

**Protocol for the Suppression of
Unlawful Acts against the Safety of
Fixed Platforms Located on the
Continental Shelf** 大陸棚に所在する固定プ
ラットフォームの安全に対する不法な行為の防止
に関する議定書 《通称は「大陸棚プラット
フォーム不法行為防止議定書」》

prototype ［C］ ①【空自】プロトタイプ ②
【海自】原形

protracted war ［U］ ①持久戦 ②【海自】
持久戦争

Provincial Cooperation Office 【自衛隊】
地方協力本部 《の英語呼称》◇用例：札幌地方
協力本部＝Sapporo Provincial Cooperation
Office

provincial liaison office ［C］ 【自衛隊】
地方連絡部

Provincial Reconstruction Team (PRT)
地方復興チーム 《アフガニスタン》

proving ground ［C］ 実験場；性能試験場

provisional budget ［C］ 暫定予算

provisional operation 試験的運用

provisional specification ［C］ 暫定仕様書
《臨時に利用が許可される仕様書》

provisional unit ［C］ 臨時編成部隊

provisioned spares ［pl.］ 補用部品

provisioning プロビジョニング；機器調達前準
備業務 《装備品等が新規に装備されるとき、ま
たはこれに準ずるとき、これを調達する前後にお
いて、その維持、修理等に必要とする修理用部品、
工具、支援機器等の範囲または種類および数量を
定めることをいう。装備品等の改造またはその使
用実績に基づき、前回のプロビジョニングの結果
を見直すことを、リプロビジョニングという。
㊙統合訓練資料1-4》

provisioning control code (PCC) 準備照
合統制コード

provision of services 【日】役務の提供

provisions ［pl.］ 糧食

provost court 軍事裁判所 《占領地域内の軽
犯罪を即決する》

provost guard 憲兵隊

provost marshal ［C］ ①【自衛隊】警務隊
長 ②【陸軍】憲兵司令官；憲兵隊長

Provost Marshal Activity Kure 【在日米
陸軍】呉憲兵隊

provost sergeant ［C］ 憲兵軍曹

proword ［C］ 通話略号

proximity function 近接作動機能 《目標に
近接したことを信管が自動的に検知して作動する
機能。㊙NDS Y 0001D》

proximity fuze ［C］ 近接信管 《㊙variable
time fuze》

proxy server ［C］ プロキシ・サーバー 《ク
ライアントからの要求を収集し、これらの要求を
すべて外部のサーバーに転送するサーバー。クラ
イアントからの要求は、外部のサーバーによって
処理される》

proxy war ［U］ 代理戦争 《㊙war by
proxy》

prudent limit of endurance 実用航続時間

prudent limit of patrol 実用哨戒時間

pseudo code ＝pseudo-code 擬似符号；擬似
コード 《㊙本書では、「疑似」ではなく「擬似」
を用いている》

pseudo-equivalent temperature 偽相当
温度

pseudo instability ［U］ 擬似不安定

pseudo latent instability ［U］ 偽潜在不
安定

pseudopursuit navigation ［U］ 偽追尾航
法 《ホーミング航法の一種。ミサイルを瞬間目
標位置の方向へ向けるとともに、目標に対するよ
り好ましい攻撃角度が得られるまで、射角での追
尾航行を遅らせる。㊙レーダー用語集》

pseudorandom noise (PRN) ［U］ 擬似雑
音；擬似ランダム雑音 《定められた数学処理に
よって作られる人工的な擬似雑音。㊙NDS Y
0012B》《PRN＝ピーアールエヌ》

pseudo target ［C］ 擬似標的 《目標を模擬
する標的》

pseudo-wet-bulb potential temperature
偽湿球温位

pseudo-wet-bulb temperature 偽湿球温度

psychological activity ［U］ 心理活動

psychological operation (PSYOP) 心理
作戦 《防衛目的または特定の作戦等の目標の達
成に寄与するために敵に対し計画的に宣伝その他
の諸活動を行い、その戦意を破砕・誘導するとと
もに、敵の宣伝の影響を防止または局限し、ある
いは積極的に我が士気を高揚するために行う作
戦・戦闘をいう。㊙陸自教範》

psychological warfare (PSYWAR) ［U］

心理戦 《国家心理戦および軍事心理戦を総称していう。[典] 統合訓練資料1-4》

Psychologist 【空自】心理幹部 《幹部特技区分の英語呼称》

psychrometer 〔C〕 乾湿計

psychrometric table 〔C〕 乾湿計表

Public Address System (PAS) 〔C〕 【米軍】パブリック・アドレス・システム 《以前はジャイアント・ボイスと呼ばれていたものであり、大音響の出る特殊なスピーカーを使用して、サイレンや広報を行なう》

P

public affairs (PA) 〔pl.〕 広報；広報業務；広報活動 《国民の理解と信頼を深めて協力気運を醸成し、人心の安定に寄与するとともに、隊員の士気の高揚等に資するため、彼我の部隊およびその行動に関する事項等を部外および部内に知らせる機能をいう。[典] 統合訓練資料1-4》

public affairs assessment 広報評価

Public Affairs Division 【内部部局】広報課《の英語呼称》《防衛省・自衛隊に関する広報》◇用例： 広報課長 = Director, Public Affairs Division

public affairs estimate of the situation 広報見積り 《指揮官の状況（情勢）判断に資するため、また、他の幕僚に対し必要な資料を提供するため、使命（任務）達成あるいは各行動方針に対する広報の難易、広報上の各行動方針の優劣および制約事項とその対策を明らかにすることをいう。[典] 統合訓練資料1-4》

Public Affairs Office 【空自】広報室 《の英語呼称》◇用例： 広報室長 = Head, Public Affairs Office

public area 〔C〕 協同区画

Publications and Printing Office (PPO) 【米】出版物印刷局

publications bulletin (PB) 〔C〕 刊行物公報；公報

Public Buildings Service (GS-PB) 【米】連邦業務庁公共建物局

public corporation 〔C〕 公共法人

Public Health Service Program Office 【米】公衆衛生局

public information 〔U〕 ①【陸自】部外広報 《防衛に関する国民の理解と信頼を深め、協力気運を醸成するため、国民に広く防衛の実態を知らせることをいう。[典] 統合訓練資料1-4》 ②公開情報

public information officer (PIO) 〔C〕 ①【防衛省】広報官 ②広報将校

Public Information Section 【陸自】広報班 《の英語呼称》

public information service 〔C〕 対外広報業務

public interest corporation 〔C〕 公益法人

public key infrastructure (PKI) 公開鍵基盤 《公開鍵方式（対になる2つの鍵を使用してデータの符号化および復号化を行う方式をいう）および電子証明書を用いて、通信の安全を確保するための環境をいう。[典] 防官情第2209号》《PKI = ピーケーアイ》

public office 〔C〕 公務所

public order 治安 《国家の統治が安泰に遂行され、公共の安寧秩序がよく保持されている状態をいう。[典] 統合訓練資料1-4》◇用例： the maintenance of public order = 公共の秩序維持 《[同] public peace》

public peace 治安 《[同] public order》

public relation activity 〔U〕 広報活動

public relations (PR) 〔pl.〕 広報 《作戦を容易にするため、部隊およびその行動に関することを周知し、国民等の理解と信頼を深める指揮官から一隊員に至るまでの一貫した機能をいう。[典] 陸自教範》

public road 〔C〕 公道 ◇用例： conditioning hikes on public roads = 公道における行軍

public room 〔C〕 公室

public telecommunication law 〔C〕 公衆電気通信法

published minimum 規定最低条件

published route 〔C〕 公示経路

Puget Sound Naval Shipyard (PSNS) 【米海軍】ピュージェット・サウンド海軍工廠

Pugwash Conference パグウォッシュ会議

pull out ①引き起こし ②プル・アウト 《呼号》

pull-out torque 〔U〕 脱出トルク

pull up 機首起こし

pull-up instructions 〔C〕 着陸中止指示

pulmonary oxygen toxicity 肺酸素中毒

pulsating current ①脈流 ②【海自】脈動電流

pulsation loss 脈動損

pulse amplifier 〔C〕 パルス増幅器

pulse amplitude modulation (PAM) パルス振幅変調 《レーダー等のパルス電波における変調方式のうち、振幅を変えることによって情報を伝達する方式。[典] レーダー用語集》

pulse analyzer 〔C〕 パルス分析器

pulse code パルス符号

pulse code modulation (PCM) パルス符号変調

pulse communication system パルス通信方式

pulse compression (P/C) ［U］ パルス圧縮

pulsed continuous wave (PCW) ［C］パルス持続波 《PCW＝ピーシーダブリュー》

pulse Doppler elevation scan (PDES) パルス・ドップラー高度走査

pulse Doppler non-elevation scan (PDNES) パルス・ドップラー非高度走査

pulse Doppler radar (PDR) ［C］ パルス・ドップラー・レーダー 《自機と目標との速度差によって生じるレーダー電波の周波数変化から目標の速度情報を探知する方式およびその電波を単一パルス型として地表からの反射波の中から動いている物だけを取り出す方式がパルス・ドップラー・レーダーで、戦闘機が低空を侵入してくる目標を捕捉、空対空ミサイルで迎撃するための火器管制用レーダーに用いられる。ⓜ レーダー用語集》

pulse duration (PD) パルス持続時間；パルス幅

pulse expansion network (PEN) ［C］パルス拡大装置 《ペトリオット用語》

pulse frequency modulation (PFM) パルス周波数変調

pulse generator ［C］ パルス発生器

pulse interval ［C］ パルス間隔

pulse jet ［C］ パルス・ジェット

pulse length パルス長

pulse method パルス法

pulse modulation パルス変調

pulse number modulation パルス数変調；パルス密度変調

pulse operating time パルス動作時間

pulse phase modulation パルス位相変調

pulse polarity 通電極性

pulse radar ［C］ パルス・レーダー

pulse rate ［C］ パルス率

pulse reference group ［C］ 主基準パルス群

pulse repeating unit ［C］ パルス繰り返し装置

pulse repetition frequency (PRF) ［U］パルス繰り返し周波数 《レーダーから放射されるパルスの単位時間のパルス数をいう。PRFが1000 pps (pulse per second) は、1秒間に1000個のパルスを出していることをいう。ⓜ レーダー用語集》

pulse repetition interval (PRI) ［C］ パルス繰り返し間隔 《パルス・レーダーが送信するパルスの繰り返し感覚》

pulse repetition period ［C］ パルス繰り返し周期

pulse schedule ［C］ パルス組み合わせ

pulse sequence パルス順序

pulse shaping circuit ［C］ パルス成形回路

pulse signal generator ［C］ パルス信号発生器

pulses per second (PPS) 毎秒当たりパルス数 《周波数単位》

pulse stretcher ［C］ パルス・ストレッチャー

pulse time modulation パルス時変調

pulse width パルス幅

pulse width coding パルス幅コード化

pulse width modulation (PWM) パルス幅変調

pump circulation ［U］ ポンプ循環

pumping water 揚水

pump suction port ［C］ ポンプ吸入口

puncture voltage 破壊電圧

purchase description ［C］ 調達解説書

purchase notice agreements ［pl.］ 調達通知協定

Purchase Section 【海自】出納班 《の英語呼称》◇用例：出納班長＝Officer, Purchase Section

purchasing office ［C］ 調達事務所

pure logistics ［U］ 純理ロジスティクス

pure range system 純距離方式

purge valve ［C］ 空気抜き弁

purification ［U］ 清浄

purifier ［C］ 清浄機

purple dye method 紫色ダイチェック法

Purple Heart 【米】パープル・ハート勲章

purpose letter ［C］ 目的符字

pursue ［vt.］ 追撃する

pursuing force 追撃に任ずる部隊

pursuit ［C］ ①追撃 《戦場を離脱する敵を捕捉して、これを撃滅するために行う攻撃の一段階をいう。ⓜ 陸自教範》 ②追跡；追随

pursuit curve ［C］ 追随曲線

pursuit homing 追随ホーミング

pursuit homing system ［C］ 追尾ホーミング・システム

purs 508

pursuit navigation [U] 追跡航法

pursuit plane [C] 追撃機

push boat [C] 押し船

push button signal (PB signal) [C] 押しボタン信号 《電話端末の番号ボタンを押下した時に送出される多周波信号をいう。⊛ JAFM006-4-18》

push button switch [C] 押しボタン・スイッチ

push-pull amplifier [C] プッシュプル増幅器

push-pull error プッシュプル誤差

push-pull oscillator [C] プッシュプル発振器

push-pull underwater breathing apparatus 大気循環式潜水器

push rod [C] 突き棒

push-to-talk system プッシュ・ツー・トーク方式

PV diagram [C] 圧力容積線図 《「pressure volume diagram」の略語》

pycnometer [C] ピクノメーター；比重びん

pylon [C] パイロン 《外装物を懸吊する装置》

pylon eight 水平8字飛行

pyrheliometer [C] 日射計

pyrometer [C] 高温計

pyrotechnic code 信号弾記号

pyrotechnic pistol [C] 信号拳銃 《⊛ signal pistol》

pyrotechnics [pl.] ①火工剤；料薬 《発煙、発光、発音、焼夷または延期を目的とする弾薬類に使用する可燃剤。⊛ NDS Y 0001D》 ②火工品 《火薬また爆薬を利用して加工し、製造したものを火工品という》《pyrotechnics ＝ パイロテクニクス》

【Q】

Q code Q符号

Q coil [C] Qコイル 《船体首尾線方向の磁気を打ち消すコイル。「quarter-deck coil」の略語》

Q-matching ①Q整合 ②1/4波長整合

Q message [C] Q情報

Q-ship [C] おとり船 《囮船》

quadrant [C] 象限儀(しょうげんぎ) 《傾斜角度を測定する器材。⊛ NDS Y 0004B》◇用例：gunner's quadrant ＝ 砲手用象限儀《火砲の射角を測定するために用いる》

quadrantal deviation 象限差；象限誤差

quadrantal error 象限誤差；4分円誤差

quadrant angle of departure 発射角 《⊛ angle of departure；angle of projection》

quadrant electrometer [C] 象限電位計

quadrant elevation ＝ quadrant angle of elevation [C] 射角 《射線（火砲軸を延長した線）と砲口における水平面との交角。この射角は象限儀（quadrant）で与えられる。直接照準の射角とは異なる。⊛ NDS Y 0006B》《⊛ firing elevation》

quadrant rule [C] 象限規則

quadrant sight [C] 高低照準具 《射角の付与と測定を行うために火砲に取り付ける照準具。⊛ NDS Y 0004B》

quadrant signal [C] 象限信号

quadrant visibility [U] 象限の視程

quadrature-axis reactance 横軸リアクタンス

quadrature modulation 直交変調；直角変調

Quadrennial Defense Review (QDR) 【米】4年ごとの国防計画の見直し

quadruple-mount machine gun [C] 4連装機銃

qualification course [C] 検定射撃

qualification in arms [C] 射手等級

qualification test [C] 認定試験

qualified products list (QPL) [C] 認定品目表

qualifying examination (QE) 資格審査

qualitative materiel development objective [C] 資材の質的開発目標

qualitative materiel requirement [C] 資材の質的要件

quality 品質基準 《装備品等の性能その他の特性の総称であって、測定により数値をもって表示し得るものまたは観察によって判別し得るものをいう。⊛ 航空自衛隊達第15号》

quality assurance (QA) [U] 品質保証

quality assurance representative (QAR) [C] 品質保証代表者

quality control (QC) [U] 品質管理 《調達品を規定された品質基準に合致させ、不具合の場合には是正措置を行う管理機能をいう。⊛ GLT-CG-C000001Q》

Quality Control Section 【海自】品質管理

班 《の英語呼称》◇用例： 品質管理班長 = Officer, Quality Control Section

quality evidence ［U］ 品質証拠 《調達品等の品質の状態を示すことのできる資料をいう。[典] DSP Z 9003B》

quality inspection 品質検査 《装備品等の各管理段階において、装備品等の当該品質基準との合致または使用可能状態に関する信憑性（しんぴょうせい）を更に評価確認するため、品質検査員が当該品質基準に基づき、手順審査および対物審査を行うことをいう。[典] 航空自衛隊達第15号》

quality standard 品質基準 《装備品等の各管理段階において、装備品等の品質およびその品質に直接関連する作業または検査について定められた数値の許容範囲または手順等をいい、原則として技術指令書、仕様書、補給図書およびこれらを補足する手順書等において設定されたものをいう。[典] 航空自衛隊達第15号》

quantity distance 保安距離

quantity per unit package (QUP) 個別包装数

quantity required in war time 戦時所要量

quantizing 量子化

quantum dot infrared photodetector (QDIP) ［C］ 量子ドット型赤外線センサー

quantum well infrared photodetector (QWIP) ［C］ 量子井戸型赤外線センサー

quarantine ［U］ ①検疫；隔離 ②検疫《あとで駆除したり、検査したりするため、マルウェアが含まれているファイルを隔離して保存すること》

quarantine flag ［C］ 検疫旗

quarantine station ［C］ 検疫所

quarter ［C］ 方位原点 《コンパスの方位原点》

quarter bill ［C］ 戦闘部署表

quarter-deck coil (Q coil) ［C］ Qコイル《船体首尾線方向の磁気を打ち消すコイル》

quartering party ［C］ 宿営班；設営班

quartering wind ［U］ 斜風

quarterly check 四半期点検

quarterly stock list (QSL) ［C］ 四半期在庫表

quarterly stock status report (QSSR) ［C］ 四半期在庫状況通報

quartermaster (QM) ［C］ ①【陸自】需品係幹部 ②【陸軍】需品係将校 ③【海軍】操舵員（そうだいん）

Quartermaster (QM) 【自衛隊】需品科《職種の英語呼称》《主任務は、糧食・燃料などの補給、給水・入浴・洗濯業務》

quartermaster depot 需品補給処

Quartermaster Division (QM Div) 【陸自】需品課 《の英語呼称》

quartermaster general (QMG) ［C］ 陸軍補給局長；主計総監

Quartermaster School ［the ～］ 【陸自】需品学校 《の英語呼称》《糧食や燃料等の補給を担う需品科隊員の教育訓練を行う》

Quartermaster Section 【陸自】需品班《の英語呼称》

quartermaster sergeant ［C］ 兵站部付き軍曹

quarters ［pl.］ 隊舎；宿舎

quarter-wave antenna ［C］ 1/4波長空中線

quarter-wave length 1/4波長

quarter-wave line 1/4波長線路

quartz oscillator ［C］ 水晶発振器

quartz plate ［C］ 水晶板

quartz plate holder ［C］ 水晶保持器

quasi-geostrophic approximation 準地衡風近似

quasi-special area allowance ［C］ 準特地勤務手当て

quasi-stationary front ［C］ 準停滞前線

quasi-steady state 準定常状態

quay ［C］ 岸壁

queuing alert キューイング・アラート 《バッジ用語》

quick access memory ［C］ 高速記憶装置

quick acting door ［C］ 急速開閉ドアー

quick-break switch ［C］ 速切りスイッチ

quick cleaning strainer ［C］ 高速掃除ストレーナー

quick dive 急速潜入

quick engine change (QEC) 急速エンジン交換

quick fire 急射 《1. 目標に対し、発見後直ちに行う射撃。2. 発射速度を発揮するため、極力発射間隔を短縮して発射することをいう》

quick-fire gun ［C］ 速射砲 《発射速度を高めるために自動または半自動化された装填装置を有する砲をいう。[典] 海上自衛隊訓練資料第175号》《[同] rapid-fire gun》

quick flashing (Qk Fl) 急閃光（きゅうせんこう）

quick image クイック・イメージ 《バッジ用語》

quick image file (QIF) 〔C〕 クイック・イメージ・ファイル 《バッジ用語》

quick march 速歩行進

quick match ＝quickmatch 〔C〕 速燃導火線；速火線（そっかせん） 《黒色粉火薬が入った紐状の導火線であり、普通の導火線より速く燃焼する導火線。または紐に泥状の黒色粉火薬を塗布して乾燥させた導火線。燃焼速度の表記例 ： 長さ39cm 12±3秒》

quick reaction (QR) クイック・リアクション

quick reaction alert 【空軍】迅速反応警戒待機

quick reaction capability 〔C〕 緊急対処能力

quick response excitation 〔U〕 速応励磁

quick-return motion mechanism 〔C〕 早戻り機構

quick short counterattack 〔C〕 短切な逆襲

R

quick stop 急停止 《[同] rapid deceleration》

quick time 速足（はやあし）；速歩

quicktrans 長期空輸役務契約

quiescent current 零入力電力

quiescent point 〔C〕 静止点

quiet hour 沈黙時間

quiet launcher (QTLHNR) 〔C〕 【米海軍】無音射出器

quiet short take-off and landing (QSTOL) 無騒音短距離離着陸機

quiet speed 無音速力

quiet submergence 無音潜航 《被聴音探知防止のため、潜水艦が主電動機や電動送風機、軸受注油ポンプなどを停止した状態で行う水中航走》

Quonset hut 〔C〕 【米】かまぼこ形兵舎

quorum 編成定員

【R】

racer 〔C〕 旋回砲架

racing 急転；空転

rack 〔C〕 投下架；ラック

rack selector 〔C〕 ラック・セレクター

radar 〔C〕 レーダー 《「radio detection and ranging」の略語》

radar absorbent material (RAM) レーダー波吸収材 《カーボン、フェライト、グラファイト、カーボン・ファイバーなど》

radar acceptance status レーダー受領ステータス

radar action cycler (RAC) 〔C〕 レーダー・アクション・サイクラー 《RAC＝ラック》

radar action message (RAM) 〔C〕 レーダー・アクション・メッセージ 《ペトリオット用語》

radar advisory レーダー助言

radar advisory service (RAS) 〔C〕 レーダー通報業務

radar air traffic control (RATC) 〔C〕 レーダー航空交通管制

radar air traffic control center 〔C〕 レーダー航空交通管制所

radar altimeter 〔C〕 電波高度計 《[備]「レーダー高度計」と訳されていることが多い》

radar altimetry area 〔C〕 レーダー高度測量地域

radar altitude レーダー高度

radar and radio contact (R/R contact) レーダー捕捉及び無線交信

radar antenna system group (RASG) 〔C〕 レーダー・アンテナ装置 《RASG＝ラスグ》

radar approach レーダー進入 《航空機がレーダー誘導を受けて行う計器進入をいう。[典] 空自訓練資料005-94-3》

radar approach control (RAPCON) 〔U〕 レーダー進入管制 《RAPCON＝ラプコン》

radar approach control facility (RADAR) 〔C〕 ターミナル管制所

radar approach guidance 〔U〕 レーダー着陸誘導 《最終進入中の航空機に対する誘導をいう。[典] 空自訓練資料005-94-3》

radar beacon (RACON) 〔C〕 レーダー・ビーコン 《固有の型のパルスによって始まる符号化された信号を送る送信機と、受信機を組み合わせたもので、問い合わせてきた局や航空機が、それによって距離や方角の情報資料を確定することができる。[典] レーダー用語集》《RACON＝レーコン》

radar bearing レーダー方位

radar blind zone 〔C〕 レーダー不感帯

radar bright display scope 空域監視レーダー・スコープ

radar calibration 〔U〕 レーダー校正

radar camouflage レーダー・カモフラージュ

511　　　　　　　　　　　　　　　　　　　　rada

radar clutter　レーダー・クラッター

radar collimation　レーダー視準規正　《レーダー・ビームの軸とレーダー・アンテナの光学軸が平行になるように調整すること》

radar contact　①【空自】レーダーによる捕捉　②【海自】レーダー探知；レーダー・コンタクト

radar control　[U]　レーダー管制

radar control information processing system　[C]　レーダー管制情報処理装置

radar controlled firing　レーダー管制射撃

radar control panel (RCP)　[C]　レーダー・コントロール・パネル

radar control room　[C]　レーダー管制室

radar control trailer (RCT)　[C]　レーダー統制トレーラー

radar countermeasures (RCM)　[pl.]　レーダー逆探

radar coverage　[U]　レーダー覆域

radar coverage analysis program (RCA)　[C]　レーダー覆域解析プログラム　《バッジ用語》

radar coverage diagram plan view　[C]　レーダー覆域平面図

radar coverage diagram profile view　[C]　レーダー垂直面覆域図

radar coverage model　[C]　レーダー覆域モデル　《レーダーの探知距離、探知高度およびアンテナの模擬方位を使用して、探知可能範囲を算出するモデルをいう。⊛ JAFM006-4-18》

radar cross section (RCS)　= radar cross-section　[C]　レーダー反射断面積　《電波の反射の度合いを表す値であり、RCSが小さいほど電波の反射が小さく、敵のレーダーから捕捉されにくくなる》

radar data monitor (RDM)　[C]　レーダー・データ・モニター　《防空指令所 (DC) において、各防空監視所 (SS) から受信したレーダー・データをモニターする装置をいう。⊛ JAFM006-4-18》

radar data monitor radar plots situation display (RDM radar plots situation display)　RDMレーダー・プロット現況表示　《バッジ用語》

radar data processing function (RDPF)　レーダー・データ処理機能　《バッジ用語》

radar data processing system (RDP)　[C]　航空路レーダー情報処理システム

radar deception　レーダー欺騙（レーダーぎへん）

radar detection repeater　レーダー欺瞞発射機（レーダーぎまんはっしゃき）

radar dome (radome)　レーダー・ドーム　《特に航空機の機体外に設備したレーダー・アンテナを格納し、空気抵抗を少なくする。また、風雨から防護するための目的の絶縁材料で作られたドーム形の構造物。⊛ レーダー用語集》《radome ＝レドーム》

radar echo　レーダー・エコー

Radar Equipment Section　【海自】レーダー班　《の英語呼称》◇用例：レーダー班長＝ Officer, Radar Equipment Section

radar evaluation　レーダー評価

radar evasion　[U]　レーダー回避

radar firing　レーダー射撃

radar flight following　レーダー追尾

radar guard ship　= radar guardship　[C]　レーダー当直艦

radar hand-off　レーダー移管　《レーダー追跡を中断することなく、レーダーを使用して行われる業務が移管されることをいう。⊛ 空自訓練資料 005-94-3》

radar hole　[C]　レーダー・ホール

radar homing (RH)　レーダー・ホーミング

radar homing and warning system (RHAWS)　[C]　レーダー・ホーミング警戒装置　《1側あるいは数個のアンテナを用いて、火器管制装置 (FCS) レーダーの電波を受信判別し、到来方向、距離等をパイロットに知らせ警報を与える装置。⊛ レーダー用語集》《RHAWS ＝ローズ》

radar horizon　①レーダー地上探知範囲　②【海自】レーダー水平線

radar identification　[U]　レーダー識別　《特定航空機のレーダー・ターゲットがレーダー・スコープ精測レーダーにあっては方位スコープおよび高度スコープ面上に確認されることをいう。⊛ 空自訓練資料005-94-3》

radar imagery　[U]　レーダー映像

radar indication　レーダー目標表示

radar indicator　[C]　レーダー指示器

radar information　[U]　レーダー情報

radar input control officer (RICO)　[C]　レーダー入力統制幹部　《JADGE用語》《RICO ＝リコー》

radar installation　[C]　レーダー施設

radar intelligence (RADINT)　[U]　レーダー情報

radar intercept officer (RIO)　[C]　【米海軍】レーダー要撃士官

radar intercept ship　[C]　レーダー妨害艦

radar interference　[U]　レーダー干渉

R

radar jamming report ［C］ レーダー妨害報告

radar line of sight (RLS) レーダー見通し線

radar linking ship ［C］ レーダー中継艦

radar map ［C］ レーダー地図

radar mapping レーダー・マッピング 《パトリオット用語》

radar mapping parameter (RADAR MAP PARAM) ［C］ レーダー・マッピング・パラメーター 《バッジ用語》

radar message type (R-TYPE) Rタイプ

radar monitoring レーダー監視 《特定の航空機に対し、レーダー追跡を行い、当該機が承認された飛行経路から規定以上逸脱した場合、当該機に対し、その旨通報して、助言が行われることをいう。⓪ 空自訓練資料005-94-3》

radar navigation ［U］ レーダー航法

radar netting レーダー網

radar netting unit ［C］ レーダー網装置

radar NM レーダー・マイル 《NM＝nautical mile（海里）》

radar ocean reconnaissance satellite (RORSAT) ［C］ レーダー海洋偵察衛星

radar officer ［C］ 【自衛隊】レーダー幹部

radar operator (RO) ［C］ レーダー操作員

radar order of battle (ROB) レーダー戦力組成

radar out of commission for parts (ROCP) 特別緊急請求 《航空警戒管制用器材部品特別緊急請求。航空警戒管制用機器および同関連機器の故障等を修復するために、緊急を必要とする部品についての補給請求をいう。⓪ 統合訓練資料1-4》

radar picket ［C］ レーダー・ピケット 《レーダー覆域を延伸または補足するために配置されるレーダー装備の艦船、航空機、車両等をいう。⓪ レーダー用語集》

radar picket CAP レーダー・ピケットCAP 《CAP（キャップ）＝combat air patrol（戦闘空中哨戒）》

radar picket destroyer ［C］ レーダー監視駆逐艦 《艦種記号：DDR》

radar picket escort ship ［C］ レーダー・ピケット艦

radar quality control (RQC) ［U］ レーダー品質管理

radar range equation ［C］ レーダー距離方程式

radar range unit ［C］ レーダー距離器

radar ranging レーダー測距

radar receiver group (RRG) ［C］ レーダー受信装置 《パトリオット用語》

radar reconnaissance レーダー偵察

radar relay ［C］ レーダー中継

radar report net レーダー報告網

Radar Research Section 【防衛装備庁】電波センサ研究室 《電子装備研究所への英語呼称》《レーダー技術、射撃管制レーダー技術および測位・標定技術》

radar resident software (RRSW) ［U］ レーダー・レジデント・ソフトウェア 《パトリオット用語》

radar responder ［C］ レーダー応答器

radar response message (RRM) ［C］ レーダー・レスポンス・メッセージ 《パトリオット用語》

radar safety beacon ［C］ レーダー安全ビーコン

radar safety zone (RSZ) ［C］ レーダー安全圏 《航空機が精測レーダー進入を行う場合に安全な進入継続が期待できるグライド・パスにかかるレーダー・スコープ上の範囲であって、次のものをいう。⓪ 空自訓練資料005-94-3》

radar scan レーダー・スキャン

radar scope ［C］ レーダー・スコープ 《レーダーの映像指示器。⓪ レーダー用語集》

radar screen ［C］ レーダー・スクリーン

radar search ［C］ レーダー探索

radar separation レーダー間隔

radar service ［C］ レーダー業務 《レーダーを使用して行う管制業務、飛行情報業務および警告業務をいう。⓪ 空自訓練資料005-94-3》

radar set (RS) ［C］ レーダー装置 ◇用例：attack radar set（ARS）＝攻撃レーダー装置

radar silence ［U］ レーダー封止

radar site ［C］ レーダー・サイト

radar sonde レーダー・ゾンデ

radar spotting レーダー弾着観測

radar station ［C］ レーダー監視所

radar surveillance program ［C］ レーダー監視プログラム

radar target ［C］ レーダー目標

radar track intelligence ［U］ レーダー航跡情報

radar transmitter group (RTG) ［C］ レーダー送信装置 《パトリオット用語》

radar transponder ［C］ レーダー応答機

radar video distribution system (RVDS) ［C］ レーダー・ビデオ分配装置 《JADGE用

語》

radar warning　レーダー警報

radar warning receiver (RWR)　［C］　①【空自】レーダー警戒受信機　②【海自】ミサイル警報装置　③レーダー警戒装置　《1個または数個のアンテナを用いて、火器管制装置（FCS）レーダーの電波を受信、判別し、到来方向等をパイロットに知らせ、警報を与える装置をいう。[典] JAFM006-4-18》

radar warning system (RWS)　［C］　レーダー警戒システム

radar weapons control interface unit (RWCIU)　［C］　レーダー連接装置　《ペトリオット用語》

radar weather reports (RAREPS)　［pl.］　レーダー気象通報　《著しい雷雨、前線等のレーダー・スコープ上に映る反射エコーの強度および分布状況等のことをいう。[典] JAFM006-4-18》《RAREPS = ラレップス》

radiac dosimeter　［C］　放射線量計

radial　放射方位

radial acceleration　半径方向加速

radial approach　ラジアル進入

radial blade　［C］　放射羽根　《[同] radial vane》

radial clearance　［C］　①歯先すき間　②半径方向のすき間

radial deflection　放射偏向

radial displacement　［U］　半径方向偏位

radial engine　［C］　星形発動機；星形機関

radial impeller　［C］　遠心インペラー

radial line　［C］　放射状線

radial roller path　［C］　縦ローラー・パス

radial trace system　放射状航路方式

radial triangulation　［U］　放射三角測量

radial turbine　［C］　ふく流タービン

radial vane　放射羽根　《[同] radial blade》

radiant energy　輻射エネルギー

radiant exposure　放射露光；放射露光量

radiant heat　放射熱

radiant ray　［C］　放射線

radiant superheater　［C］　放射型過熱器

radiate　［vt.］　放射する

radiated leakage (RL)　［U］　放射漏洩　《機器、電源線または信号線から空間に放射される電磁漏洩。[典] NDS C 0013》

radiated noise　［U］　放射雑音　《船舶、潜水艦または固定設備などによって水中に放射される雑音。[典] NDS Y 0011B》

radiated power　輻射電力（ふくしゃでんりょく）

radiation　［U］　輻射（ふくしゃ）；放射；電波発射

radiation absorbing materials (RAM)　［pl.］　電波吸収材

radiation absorbing structure (RAS)　電波吸収構造

radiational cooling　放射冷却

radiation area　［C］　放射面積

radiation boiler　［C］　放射ボイラー

radiation contamination　［U］　放射能汚染

radiation dose　［C］　放射線量

radiation dose rate　［C］　放射線量率

radiation equilibrium　放射平衡

radiation fog　放射霧

radiation from the whole sky　全天放射

radiation hazard　［C］　電波障害；放射線危険界

radiation impedance　［U］　放射インピーダンス

radiation injury　放射線傷害

radiation intelligence　［U］　電波放射情報

radiation intensity　放射線強度

radiation loss　放射損失；放射損

radiation pyrometer　［C］　放射高温計

radiation reactance　放射リアクタンス

radiation resistance　放射抵抗

radiation scattering　［C］　放射線の散乱

radiation shield　［C］　放射線遮蔽

radiation sickness　［U］　放射性疾患；放射線宿酔（ほうしゃせんしゅくすい）

radiation situation map　［C］　放射線状況図

radiator　［C］　①ラジエーター　②【海自】放熱器；冷却器

radiator grid　［C］　放熱器格子

radiatus　放射状雲

radical Islamic group　［C］　イスラム過激派　◇用例： radical Islamic fundamentalist group = イスラム原理主義過激派

radio　［U］　無線　《[対] wire = 有線》

radioactive　［adj.］　放射性の

radioactive decay　放射性崩壊

radioactive material　= radioactive substance　［C］　放射性物質

radioactive source 放射線源 《放射線の発生源》

radioactive warfare ［U］ 放射能戦 《[同] radiological warfare》

radioactivity ［U］ 放射能

radioactivity concentration guide ［C］ 放射能濃度指標

radio address ［C］ ラジオ演説

radio altimeter ［C］ 電波高度計 《電波で絶対高度を測定する高度計。地上の状態(砂地、海面など)、飛行姿勢、電波状態によって信頼性が低下する場合があるので火器管制装置(FCS)ではバックアップとして使用している。[典] レーダー用語集》◇用例： FM radio altimeter = FM電波高度計

radio altitude 絶対高度

radio and optical-wave propagation 電波・光波の伝搬

radio and wire net 有無線網

radio approach aids ［pl.］ 無線着陸進入援助機器

radio beacon (RBn) ［C］ ラジオ・ビーコン；無線標識

radio beacon station ［C］ 無線標識局

radio beam ［C］ 無線ビーム

radio buoy ［C］ ソノブイ；聴音浮標

radio call sign 無線呼び出し符号

radio check 無線調整；ラジオ・チェック

radio command (RC) 無線指令

radio communication 無線通信 《[対] wire communication = 有線通信》

radio communication control equipment (RCC) ［U］ 対空無線制御装置；制御装置《バッジ用語》

radio communication, navigation and approach aid equipment ［U］ 無線電話並びに航行及び進入援助機器

radio communication net 無線通信網

radio compass ［C］ ラジオ・コンパス；無線羅針盤(むせんらしんばん)

radio compass bearing 無線方位

Radio Control Aerial Target Unit 【陸自】無線誘導機隊 《の英語呼称》◇用例： 第304無線誘導機隊 = the 304th Radio Control Aerial Target Unit

radio control equipment (RCE) ［U］ 無線制御装置 《JADGE用語》

radio-controlled airplane ［C］ 無線操縦機

radio control system 無線操縦方式

radio control terminal (RCT) ［C］ 無線制御端末機 《JADGE用語》

radio countermeasures ［pl.］ 電波妨害

radio deception ①【統幕・海自】欺信 ②【空自】偽信

radio detection ［U］ 無線探知

radio detection and ranging (radar) 電波による探知及び測距 《radar = レーダー》

radio direction finder (RDF) ［C］ ①【空自】無線方向探知機 ②【海自】無線方位測定機；無線方位探知器

radio direction finding ①無線方向探知 ②【統幕・海自】無線方位測定

radio direction finding database ［C］ 【海自】無線方位測定データベース

radio direction finding station ［C］ ①【空自】無線方向探知所 ②【海自】無線方位測定局

radio discipline ［U］ 通信規律

radio distress procedure 遭難通信法

radio distress signal ［C］ 無線遭難信号

radio-electronic combat (REC) = radio electronic combat 通信電子戦闘

radio emergency set ［C］ 非常無線機

radio equipment ［U］ ①【空自】無線装備品 ②【海自】無線設備 《無線電信、無線電話その他の電波を送り、または受けるための電気的設備をいう。[典] 防衛庁訓令第34号》

radio fix 無線標定 《無線による標定》

radio fog signal (RFOGSIG) ［C］ 無線霧信号

radio frequency (RF) ［U］ 無線周波数；無線周波

radio frequency amplifier ［C］ 無線周波増幅器

radio frequency assignment 無線周波数割り当て

radio frequency carrier shift (RFCS) 無線周波数偏移方式

radio frequency choke (RFC) ［C］ 高周波チョーク

radio frequency interference (RFI) ［U］ ①電波干渉 《機器より発せられた電波が、他の機器で利用している電波に対して機能低下などの障害を与えること。[典] NDS F 8001E》 ②【空自】無線周波数妨害

radio frequency interference filter (RFI Filter) ［C］ 電波干渉フィルター 《ペトリオット用語》

radio frequency shielding 無線遮蔽装置(む

せんしゃへいそうち）

radio frequency signal generator ［C］
無線周波信号発生器

**radio frequency surveillance/ECM
system (RFS/ECMS)** ［C］　無線周波数
監視/電子妨害システム

radio frequency tuning coil ［C］　無線周
波同調コイル

radio frequency unit ［C］　高周波ユニット

radiographic imagery intelligence ［U］
電波映像情報

radiography ［U］　エックス線撮影

radio guard ①無線監視所　②無線監視船

radio horizon　電波水平線

radio interception　無線傍受

radioisotope ［C］　放射性同位元素　《原子の
科学的性質を決める原子番号が同じで、原子の質
量数が異なるもの同士を同位元素（または同位体）
と言い、その中で放射性を有するものを放射性同
位元素という。㋜ 日本の軍縮・不拡散外交》

radio jamming　無線妨害

radio landing beam ［C］　無線着陸ビーム

radio law ［C］　電波法

radio line connection equipment (RLC)
［U］　無線接続装置　《JADGE用語》

radio listening silence ［U］　無線聴取のた
めの封止

radio location ［U］　電波測位

radio log ［C］　無線日誌

radiological defense ［U］　放射能防護；放
射能防御；放射線防護；放射線防御

radiological intelligence ［U］　放射能情報

radiological monitoring　放射能監視；放射
線監視

radiological operations ［pl.］　放射能作戦

radiological survey ［C］　放射能調査

radiological survey flight altitude　放射能
調査飛行高度

radiological warfare ［U］　放射能戦
《㋜ radioactive warfare》

radiological warhead ［C］　放射能弾頭

radiological weapon ［C］　放射能武器　《核
反応を伴うことなく放射性物質を殺傷あるいは放
射能汚染地域の構成に使用する飛散装置等をい
う。㋜ 陸自教範》

Radiology 【空自】放射線　《准空尉空曹空士特
技区分の英語呼称》

radio magnetic indicator (RMI) ［C］
磁方位指示器　《磁北を基準にして、無線局の方位

と機首方位を指示する計器。㋜ レーダー用語集》

radioman (RM) ［pl. = radiomen］　【海
自】通信員　《通信員は、主として通信、暗号の
組立ておよび翻訳ならびに関連器材の操作および
保守整備に関する業務に従事する。㋜ 海幕人第
10346号》◇用例：chief radioman ＝ 通信員長

radio marker ［C］　無線マーカー

radio marker beacon ［C］　無線マーカー・
ビーコン；無線位置標識

radio meteorograph　ラジオ・ゾンデ

radio milepost ［C］　無線道標

radio navigation ［U］　①【空自】無線航法
②【海自】無線航法；電波航法

radio navigational aids ［pl.］　無線航法援
助施設；航空保安無線施設　《航空保安無線施設
とは、電波により航空機の航行を援助するための
施設であって、TACAN、VOR、ラジオ・ビーコン、
ラジオ・レンジ、VHF/DFおよびUHF/DF等を
いう。㋜ 航空自衛隊達第2号》

radio net　無線通信網　《㋙ wire net ＝ 有線通
信網》

radio noise ［U］　高周波雑音

radionuclide　放射性核種　《自発的に素粒子、γ
線またはX線を放射する原子核の種類》

radio position finding　無線通信所位置標定

radio procedure　無線交信法

radio propagation　電波伝播（でんぱでんぱ）

radio proximity fuze ［C］　電波近接信管
《電波の放射を検知して作動する近接信管。
㋜ NDS Y 0001D》

radio rack ［C］　ラジオ架

radio range ［C］　ラジオ・レンジ

radio range beacon ［C］　【空自】無線航
路標識

radio range finding　無線距離探知

radio recognition ［U］　無線識別

radio recording equipment (RRE) ［U］
音声記録装置　《無線制御装置からの音声データ
をレコーディングするための装置をいう。
㋜ JAFM006-4-18》

**radio recording equipment program
(RREP)** ［C］　音声記録装置用プログラム
《無線制御装置からの音声データを記録するため
のプログラムのことをいい、音声記録装置上で動
作する。㋜ JAFM006-4-18》

radio relaying　無線中継

radio relay station ［C］　無線中継所

radio relay system　無線中継方式

radio relay terminal (RRT) ［C］　無線中

R

継ターミナル 《ペトリオット用語》

radio repairman ［pl. = radio repairmen］ 無線整備員

radio silence ［U］ 無線封止

radiosonde ［C］ ラジオ・ゾンデ

radiosonde observation ［U］ ラジオ・ゾンデ観測

radiosonde station ［C］ ラジオ・ゾンデ観測所

radio speech pass equipment (RSP) ［U］ 通話路装置 《バッジ用語》

radio station ［C］ 無線局

radio status display (RSD) ［C］ 対空無線現況表示装置；対空無線ステータス・ディスプレイ 《バッジ用語》

Radio Surveillance 【空自】無線調査 《准空尉空曹空士特技区分の英語呼称》

R

Radio Technical Commission on Aeronautics (RTCA) 【米】航空無線技術委員会

radio telegraphy ［U］ 無線電信 《電波を利用してモールス符号を送り、または受けるための無線設備をいう。[典] 防衛庁訓令第34号》

radio telephone (RT) ［C］ 無線電話 《電波を利用して音声その他の音響を送り、または受けるための無線設備をいう。[典] 防衛庁訓令第34号》《[対] wire telephone = 有線電話》

radio telephone operator ［C］ 通信手

radio telephony ［U］ 無線電話方式 《[対] wire telephony = 有線電話方式》

radio teletype 無線テレタイプ 《[対] landing teletype = 有線テレタイプ》

radio teletypewriter (RATT) ［C］ 無線テレタイプライター

radio wave ［C］ 電波 《周波数が3000GHz以下の電磁波をいう》

radius of action (R/A) 行動半径

radius of curvature ［C］ 曲率半径

radius of damage ［C］ 損害半径

radius of destruction (RD) ［C］ 損害半径

radius of gyration ［C］ 回転半径

radius of probability ［C］ 存在圏

radius of rupture ［C］ 破壊半径 《爆発によって破壊が及ぶ地表面の最大半径。[典] NDS Y 0006B》

radius of safety ［C］ 安全半径

radius of turn ［C］ 旋回半径

radius of visibility ［C］ 視界半径

radius rope レディアス・ロープ 《ペトリオット用語》

radome レドーム 《特に航空機の機体外に設備したレーダー・アンテナを格納し、空気抵抗を少なくする。また、風雨から防護するための目的の絶縁材料で作られたドーム形の構造物。「radar dome」の略語。[典] レーダー用語集》

raft ［C］ 門橋 《車両等を渡河させるため、数隻の舟艇上に木製導板または金属製導板等を連接・固定したものをいい、軽門橋および重門橋がある。門橋を連接することにより、軽浮橋または浮橋を構築することができる。[典] 陸自教範》

raft carrying case ［C］ 【海自】浮舟収納袋

raft mount ［C］ ラフト・マウント

raid ［n.］［C］ 【陸自】襲撃 《土地を占領・確保する意志なく、敵の指揮・通信・兵站施設等の破壊、移動妨害、欺瞞、擾乱、情報収集等の目的を達成するために行う攻撃行動をいう。[典] 陸自教範》

raid ［vt.］ 襲撃する

raid assessment mode (RAM) レイド・アセスメント・モード 《複数の目標が存在する空域の状況を把握するためのレーダー・モードで、通常のレーダーでは、一つの目標として表示されるような目標を分離して、表示することができる。対空追尾時、同一ビーム内に存在する近接目標の分離を行う。[典] レーダー用語集》

raid designation ［C］ レイド呼称

raiding party ［C］ 襲撃部隊；挺進部隊

raid letter ［C］ レイド文字

raid operation ①【陸自】挺進行動（ていしんこうどう） 《遊撃行動のうち、第一線部隊が、敵地に潜入して襲撃・伏撃を行い、敵から離脱して帰還するものをいう。[典] 陸自教範》 ②襲撃作戦

raid report ［C］ レイド報告

raid size indicator (RSI) ［C］ 機数指示器 《[備]「侵入機数指示器」の意味》

rail capacity 線路容量

rail gun ［C］ レール・ガン 《火薬の代わりに電気エネルギーから発生する磁場を利用して弾丸を撃ち出す兵器》

railhead (RHD) ［C］ 鉄道輸送末端地

Railroad Retirement Board (RRB) 【米】鉄道退職者委員会

railway transportation (RT) = railroad transportation ［U］ 鉄道輸送

rain and snow mixed みぞれ

raincoat ［C］ 雨衣（あまい） 《レインコート》

rainfall 降雨

rainfall area ［C］ 降雨域

rainfall density ［U］ 雨量密度

rainfall depth 雨量

rainfall distribution 雨量分布

rainfall duration 降雨時間

rainfall gauge ［C］ 雨量計

rainfall intensity 雨量強度

rainfall probability 降雨確率

rain gauge ［C］ 雨量計

rain making 人工降雨

rain measuring glass ［U］ 雨量ます

rain remover ［C］ 雨よけ器

rain return 雨滴反射

rain shower ［C］ しゅう雨 《驟雨》

rain warning 大雨注意報

raising steam ［U］ 汽醸

rake angle ［C］ すくい角

rake observation ［U］ レーク観測

rallying point ［C］ 集合点

ram air turbine (RAT) ［C］ ラム・エア・タービン

ramie rope ［C］ ラミー索

ramjet ［C］ ラムジェット 《空気取り入れ型エンジンの一種。空気圧縮機を持たず、自らの飛行速度（超音速）によって空気を空力的に圧縮し、そこに燃料を噴出して燃焼させ、推力を得るエンジン》◇用例： ramjet engine ＝ ラムジェット・エンジン

rammer ［C］ ①装填機（そうてんき） 《弾薬または弾丸を装填する装置》◇用例： power rammer ＝ 自動装填機 ②突き棒

rammer cocking lever ［C］ 滑り金起こし

rammer control spindle arm ［C］ 引き金作動梃（ひきがねさどうてい）

rammer lever ［C］ 弾薬送り金

rammer operator ［C］ 装填手（そうてんしゅ） 《弾薬の装填手》

ramming air intake ラム空気取り入れ口

ramming effect ラム効果 《自らの飛行速度（超音速）によって空気が圧縮される現象》

ramp ［C］ ①ランプ ②【空自】航空機係留地区 ③斜面

ramp out ランプ・アウト

ram pressure ラム圧；ラム圧力

random access ランダム・アクセス

random access memory (RAM) ［C］ ①ランダム・アクセス・メモリー ②【空自】読み書き記憶装置 ③【海自】即時呼び出し記憶装置

random access plan position indicator (RAPPI) ［C］ 目標検出状況モニター用コンソール；ランダム・アクセスPPIスコープ《バッジ用語》

random digits ［pl.］ 乱数

random failure 偶発故障率

random gate signal ［C］ 乱調ゲート信号

random item file locator (RIFL) ［C］ ランダム品目ファイル・ロケーター

random multiple access (RMA) 任意多重同時交信

random noise ［U］ ①ランダム雑音；不規則雑音 ②【海自】不定雑音；白色雑音

random number 乱数

range (rng) ［C］ ①距離；航続距離 ②範囲 ③射程 《弾道原点から落点までの距離。[典] NDS Y 0006B》 ④射距離 《ミサイルまたは砲弾を発射した位置から弾着点または破裂点までの直距離をいう。[典] 海上自衛隊訓練資料第175号》《[同] firing range》 ⑤射場；射爆場

range advantage 距離利得

Range Air Installations Compatible Use Zones (RAICUZ) ［the ～］ 【米】射撃場航空施設周辺適合利用地域；射撃場航空施設整合利用ゾーン

range and azimuth indicator ［C］ 方位距離指示器

range bias レンジ・バイアス 《ペトリオット用語》

range circle ［C］ レンジ・サークル 《距離指示円。パイロットに目標までの距離を示すため、火器管制装置（FCS）のレーダー・スコープ上に表示される円。[典] レーダー用語集》

range correction 距離修正；距離修正量

range correction for a change in initial velocity 初速差距離修正

range deviation 射距離偏差 《砲目線に沿って測定された砲弾の弾着点と目標の間の距離。[典] NDS Y 0005B》《[同] longitudinal deviation》

range dial 距離目盛盤

range error 射程誤差

range estimate レンジ・エスティメート 《ペトリオット用語》

range finder ［C］ ①【陸自】測遠機 ②【海自】測距儀 ③測距器

range gate ［C］ レンジ・ゲート

range gate pull-off (RGPO) レンジ・ゲート・プルオフ；距離欺瞞 《レーダー撹乱の一つであり、敵のレーダーに対して距離誤差を与え

て、探知精度を下げる効果がある》

range height indication RHI表示 《円周方向(縦軸)に高度、半径方向(横軸)に距離を表示するレーダーの表示形式》《RHI = アールエイチアイ》

range-height indicator scope RHIスコープ《縦軸に高度、横軸に距離をとって表示するレーダーの表示画面》《RHI = アールエイチアイ》

range indicator 〔C〕 距離指示器

range keeper 〔C〕 射撃盤

range light 〔C〕 境界誘導灯

range mark 距離指標

range of action 行動距離

range officer 〔C〕 ①【自衛隊】射場係幹部 ②射場係将校

range of light 光達距離 《光が到達する距離》

range of stability 復原範囲

range of the day 当日探知距離

range pattern 距離の型

range pole 〔C〕 ①標桿(ひょうかん) ②基準ポール

range probable error 射距離公算誤差 《射弾の散布によって生じる射距離上の公算誤差。[典] NDS Y 0005B》

range quadrant 〔C〕 高低照準具

ranger 〔C〕 遊撃隊員；レンジャー

range radar 〔C〕 距離レーダー

range rate 【海自】変距 《彼我の相対運動により照準線上の距離が変化する速度をいう。[典] 海上自衛隊訓練資料第175号》

range rate diving speed 【海自】急降下目標変距

range rate generator 〔C〕 【海自】変距発信器

range resolution 距離分解能 《一定条件のもとで、それぞれ別の目標として区別できる2つの目標間の最小の距離。[典] NDS Y 0012B》

range ring 〔C〕 レンジ・リング 《ペトリオット用語》

range scale calibration adjustment 距離尺目盛調定

range selector 〔C〕 距離切り替え器

range selector switch 〔C〕 距離切り替えスイッチ

range setter 〔C〕 照尺手

range shift test 〔C〕 距離改調試験

range spot 〔C〕 遠近観測；遠近修正 《砲の～》

range spot transmitter 〔C〕 遠近修正発信器

range step 〔C〕 距離ステップ

range strobe 〔C〕 距離示標

Range Support Squadron 【空自】射場勤務隊 《の英語呼称》

range table 〔C〕 射表(しゃひょう) 《各火器等ごとに、それに使用される弾薬の標準状態における弾道諸元および風、気温等によるその修正量を記載した表。[典] NDS Y 0005B》《[同] firing table》

range table initial velocity 〔U〕 射表初速

range time conversion factor 〔C〕 距離時間変換係数

range wind 〔U〕 縦風(たてかぜ) 《発射方向に平行に吹く風。[典] NDS Y 0006B》

range wind correction 距離風力修正

range wind rate 〔C〕 距離風力

range zero setting 距離ゼロ調定

ranging ①位置標定 《目標距離を確定ずる過程。位置標定の種類には、断続、反響、手動、航法、爆発反響、光学、レーダー等がある。[典] レーダー用語集》 ②【海自】測距(そっきょ) 《射撃艦から目標までの距離を測定することをいう。[典] 海上自衛隊訓練資料第175号》

ranging circuit 〔C〕 測距回路

ranging pole 〔C〕 標桿(ひょうかん)

rank 〔C〕 ①横隊 《横長に整列すること。[典] 民軍連携のための用語集》 ②階級

rank and file ［the ～］ 兵卒

rank badge 〔C〕 階級章

rapid and precise firing data computation 高速高精度射撃諸元算定

rapid bloom off-board chaff (RBOC) = rapid blooming off-board chaff チャフ・ロケット弾

rapid deceleration 急停止 《[同] quick stop》

rapid deflagrating cord (RDC) 急速爆燃コード

Rapid Deployment Brigade 【陸自】機動旅団 《の英語呼称》

Rapid Deployment Division 【陸自】機動師団 《の英語呼称》《高い機動力や警戒監視能力を備え、機動運用を基本とする作戦基本部隊》

rapid deployment force 緊急展開部隊

Rapid Deployment Forces (RDF) ［the ～］ 【米】緊急展開軍

Rapid Deployment Joint Task Forces (RDJTF) 【米軍】緊急展開統合軍

Rapid Deployment Regiment 【陸自】即応機動連隊 《の英語呼称》《略称は「即機連」》◇用例： 第15即応機動連隊 = 15th Rapid Deployment Regiment

rapid fire (R/F) ①並射 《機関銃の持続発射速度による射撃。通常、6発程度の連射を数秒間隔で実施する。⊛ NDS Y 0005B》 ②速射 《機関銃の持続発射速度を超える速度の射撃。通常、10発程度の連射を数秒間隔で実施する。⊛ NDS Y 0005B》

rapid-fire gun ［C］ 速射砲 《自動装填装置を有する発射速度の高い火砲。⊛ NDS Y 0003B》《⊛ quick-fire gun》

rapid formation ［U］ 急速化成

rapid runway repair (RRR) 滑走路応急修理

rapping bar ［C］ 型抜き棒

rash barrier ［C］ 非常用拘束装置

raster scan ラスター走査

rated altitude 定格高度

rated capacity 定格容量

rated current 定格電流

rated engine speed 定格エンジン回転

rated frequency ［C］ 定格周波数

rated horsepower 定格馬力

rated load 定格負荷

rated maximum pressure (RMP) 規定最大腔圧 (きていさいだいこうあつ)

rated output 定格出力

rated personnel ［pl.］ 有資格者

rated pilot ［C］ 有資格操縦士

rated power 定格出力

rated power factor ［C］ 定格力率

rated scale 格付け基準

rated speed 定格速度

rated voltage 定格電圧

rate-grown junction method 可変成長接合法

rate of advance 前進速度

rate of altitude 定格高度

rate of catch 捕捉率 (ほそくりつ)

rate of change of altitude 高度変化率

rate of climb 上昇率

rate of climb indicator ［C］ ①【空自】昇降計 ②【海自】昇降度計

rate of closure ①【空自】接近率 ②【海自】近接率

rate of consumption 消費率

rate of descent 降下率

rate of detonation 爆速

rate of fire ①【空自】発射速度 《単位時間（通常1分間）あたりの発射弾数（例： 300発/分）》②【海自】射撃速度 《人的要素等を加味した結果発射できる（発射できた）1分間あたりの弾数をいう。⊛ 海上自衛隊訓練資料第175号》

rate of march 行進速度

rate of turn 旋回率

rate signal ［C］ 偏位率信号

rate time 微分時間

rat guard ねずみよけ

rating 定格 《機器を実際の使用条件で使用するとき、その機器に対して規定された温度上昇、その他の制限を超過することのない使用限度をいう。⊛ NDS C 0002D》

rating badge ［C］ 【米海軍】職種別等級章

rating check 定格試験

rating plate ［C］ 銘板

ratio control ［C］ 比率制御

ratio controller ［C］ 比率制御器

ratio detector ［C］ 比検波器

ration ①糧食 (りょうしょく) ②携行食 (けいこうしょく) 《携行食とは、乾パン、詰め合わせ食、缶詰飯、パン等で給食実施機関を離れて行動する隊員が携行する糧食をいう。⊛ 海上自衛隊達第19号》

rational horizon 真水平

rationalization 合理化

ration cycle ［C］ 糧食周期 《1日分の糧食使用の周期をいい、草月・昼・夕食のいずれかの食区分から始まる。⊛ 陸自教範》

ration distributing point (RDP) ［C］ 糧食交付所

rationed item ［C］ 割り当て指定品

ration interval ［C］ 糧食間隔 《給食単位部隊（連隊・大隊等）が請求書を提出してから炊事を行う部隊（通常中隊等）が糧食（現品）を受領するまでの時間をいう。⊛ 陸自教範》

ration strength ［U］ 給食人員 《給食人員とは、食事を喫食する見込み人員または食事を喫食した人員をいう。⊛ 海上自衛隊達第19号》

ration supplements ［pl.］ 加給品 《部隊から配給される物品。⊛ 民軍連携のための用語集》

ratio of contact 接触率

ratio of print 印刷比

ratio of reduction gear ［C］ 減速比

ratio scale 比例尺度

ratline 段索(だんさく) 《縄梯子(なわばしご)の段索》

rawin observation [U] レーウィン観測

rawin sonde [C] レーウィン・ゾンデ

raw score 素点(そてん)

ray control electrode [C] 電子線制御電極

Rayleigh wave [C] レイリー波

ray path [C] 音線

ray theory [U] 音線理論

RC coupling RC結合

R cut Rカット

R-day R－日

RDX RDX 《爆薬の一種。research department explosiveの略》《[同] hexogen；cyclonite；cyclotrimethylenetri-nitramine；trimethylenetri-nitroamine》《RDX = アールディーエックス》

R

react [vt.] 対応する

reactance attenuator [C] リアクタンス減衰器

reactance coupling リアクタンス結合

reactance modulation リアクタンス変調

reactance tube [C] リアクタンス管

reaction 反応；反動；反作用；対応行動

reaction enginer [C] 反動エンジン

reaction force ①【陸自】即動部隊 ②【海自】反力

reaction of control 操舵反応(そうだはんのう)

reaction point [C] 支点

reaction propulsion [U] 反動推進 《後方にガスを噴出し、その反動作用によって飛翔すること。[典] NDS Y 0001D》

reaction stage 反動段

reaction time [C] 反応時間

reaction turbine [C] 反動タービン

reactive armor = reactive armour 反応装甲；リアクティブ・アーマー 《付加装甲の一種。鋼などの金属板の間に爆薬シートなどを挟んだ構造になっており、弾薬のジェット噴流に反応して爆発し、ジェット噴流をそらず。主として成形炸薬のジェット噴流を防護対象とする装甲。戦車の車体等に貼り付ける。[典] NDS Y 0006B》《[同] explosive reactive armor = 爆発型反応装甲》

reactive component [C] 無効分

reactive current 無効電流

reactive factor meter [C] 無効率計

reactive power 無効電力

reactive power relay [C] 無効電力継電器

reactive volt-ampere hour-meter [C] 積算無効電力計

reactive volt-ampere meter [C] 無効電力計

reactor [C] 反応器；反応装置

readability 明瞭度；了解度

readiness ①【陸自】即応性 ②【海自】戦備；待機

Readiness Action Plan (RAP) 即応性行動計画

readiness condition 準備態勢；即応態勢

reading beam [C] 解読ビーム

reading gun [C] 解読ガン

reading scan 解読スキャン

read only memory (ROM) [C] ①【空自】読み取り専用記憶装置；読み出し専用メモリー ②【海自】固定記憶装置

read only storage [C] 読み取り専用記憶装置

ready ①「準備よし」 ②【海自】「用意よし」

ready (RDY) 準備済み；即応

ready condition 準備状態

ready duty aircraft [pl. = ～] 応急出動機

ready duty ship [C] 応急出動艦

ready for action 戦闘準備完了

ready for issue (RFI) 使用可能

ready issue store (RIS) 小出庫

ready light [C] 整備灯

ready missile rate [C] 準備完了ミサイル率

ready position [C] 射撃準備姿勢 《射撃準備が完了した姿勢。[典] NDS Y 0005B》

Ready Reserve 【米軍】即応予備

Ready Reserve Fleet (RRF) 【米軍】即応予備役艦隊

Ready Reserve Force (RRF) 【米軍】即応予備役部隊

Ready Reserve Strategic Army Forces 【米陸軍】緊急予備役戦略部隊

ready reservist [C] 【米軍】常備予備役

ready service ammunition [U] 砲側弾薬

ready service box [C] 砲側弾薬箱

ready storage [C] 応急弾薬庫

ready to fire 発射準備完了

ready-to-load date (RLD) 展開準備完了日

real estate [C] 不動産 《作戦遂行に必要な土地、構造物等を取得、配分および管理する兵站の機能をいう。[典] 陸自教範》

real focus 実焦点

real image 実像

real latent instability [U] 真性潜在不安定

reallocation authority [C] 再配分権

reallocation of resources 資源の再配分

real time 実時間；リアルタイム

real time clock (RTC) [C] リアルタイム・クロック 《ソフトウェアの制御の下で、時刻計時を行うハードウェア機構をいう。㉫ JAFM006-4-18》

real time counter [C] 実時間カウンター

real time data transmission リアルタイム・データ伝送 《ソーナーにおいて、センサーによる情報取得と並行して、その場で取得した情報を伝送すること》

real time processing 実時間処理

real time quality control (RTQC) [U] リアルタイム・クオリティ・コントロール 《バッジ用語》

real time quality control summary (RTQC SUMMARY) [C] リアルタイム・クオリティ・コントロール・サマリー 《バッジ用語》

real time simulation リアルタイム・シミュレーション 《データの転送および処理を実時間で行うシミュレーション》

reappointment system 【防衛省】再任用制度

rear 後方 ◇用例：bringing up the rear ＝ しんがりをつとめる

Rear Admiral ①【海自】海将補 ②【海軍】少将

Rear Admiral, lower half 【米海軍】准将

Rear Admiral, upper half 【米海軍】少将

rear area (RrA) [C] 【陸自】後方地域 《主戦闘地域の後方の地域であり、予備陣地、予備隊および後方支援のための部隊・施設が配置される地域をいう。㉫ 陸自教範》《㉠ covering force area ＝ 前方地域》

rear area search and rescue activity [C] 【自衛隊】後方地域捜索救助活動 《周辺事態において行われた戦闘行為（国際的な武力紛争の一環として行われる人を殺傷し、または物を破壊する行為をいう）によって遭難した戦闘参加者について、その捜索または救助を行う活動（救助した者の輸送を含む）であって、後方地域において我が国が実施するものをいう。㉫ 統合訓練資料1-4》

rear area security [U] 後方地域保全

rear area support 【陸自】後方地域支援 《周辺事態に際して日米安保条約の目的の達成に寄与する活動を行っているアメリカ合衆国の軍隊に対する物品および役務の提供、便宜の供与その他の支援措置であって、後方地域において我が国が実施するものをいう。㉫ 統合訓練資料1-4》

rear attack [C] 背面攻撃 《㉠ front attack ＝ 正面攻撃》

rear battle (RB) 後方地域の戦闘

rear boundary [C] 後方境界

rear combat zone (RCZ) [C] 後方戦闘地域

rear command post [C] 後方指揮所

rear commodore of convoy [C] 3席船団長

rear convoy commodore [C] 3席船団長

rear echelon [C] ①後方群 ②後方梯隊（こうほうていたい）

rear-echelon support 後方支援

rear-echelon support activity 後方支援活動

rear-echelon support effort [the ～] 【日】後方支援活動 《米軍に対する後方支援活動》

rear engine [C] 後部エンジン

rear guard 後衛 《行進間、縦隊の後方に配置し、敵の奇襲、地上偵察、妨害等に対して機動中の縦隊の側背を掩護するとともに、後方からの敵の攻撃に対して主力が戦闘のために必要な時間と地域を確保するため、各縦隊指揮官が設ける警戒部隊をいう。㉫ 陸自教範》《㉠ advance guard ＝ 前衛》

rearguard action 後衛戦

rear hand-guard 後部木被

rear header [C] 後部ヘッダー

rearm [vt.] 再軍備する；再武装する

rearmament 再軍備

rearmost ship [C] 殿艦（でんかん）《最後尾の艦のこと》

rear party [C] 後衛尖兵

rear security [U] 後方警戒

rear sight [C] 照門 《照星照門式の照準具を構成する部品の一つ。通常、尾筒の上部に装着する。射手は、照門、照星を通して目標を直接照準することができる。㉫ NDS Y 0002B》

rear sight base [C] 照門座 《照門を装着するための座面。㉫ NDS Y 0002B》

rear sight cover [C] 照門覆い（しょうもんおおい）

rear spar 後桁（うしろげた）《㉠ front spar ＝ 前桁》

rear trail 後脚

rearward flight ［C］ 後進飛行

reassignment 配置転換

reattack ［C］ 再攻撃

rebel army ［C］ 反乱軍；賊軍（ぞくぐん）

rebellion 内乱 《国の統治機構を破壊し、またはその領土において国権を排除して権力を行使し、その他憲法の定める統治の基本秩序を壊乱することを目的として暴動することをいう。[典] 統合訓練資料1-4》

rebuild ①復元 ②再生 《主品目、主組部品または組部品を完全に分解して全構成品を検査し、欠陥のある箇所は修理の上、再組立てを実施して、外観、機能、耐用命数等を新品同様な状態に復元することをいう。[典] 陸自教範》

recall observation ［U］ 反復観測

recall to active duty 現役招集

recall word ［C］ 訓練中止帰投指示略号

R

re-capture ［n.］ 再拘束

re-capture ［vt.］ 再拘束をする

receipt ①【陸自】受領 ②【海自】領収

receipt book ［C］ 接受簿

receipt control ［U］ 入庫管制

receipt into the supply system 補給組織への引き渡し

receipt note 受領証

receive and transmit (RT) 送受信

received 解信（かいしん）；了解

received document ［C］ 来簡文書

receiver (RCVR) ［C］ ①受信機；受信器 ②受領者；受領機関 ③尾筒

Receiver Autonomous Integrity Monitoring (RAIM) 受信機による完全性の自律的監視

receiver cord 受話器コード

receiver end ［C］ 受電端

receiver regulator ［C］ 受信調整器

receiver transmitter unit (RTU) ［C］ 送受信部 《バッジ用語》

Receiving Center 【海自】補充部 《の英語呼称》

receiving element ［C］ 受波素子

receiving inspection ①【空自】受け入れ検査 ②【海自】受領検査

receiving interface equipment (RX IF) ［U］ 受信インターフェース装置 《JADGE用語》

receiving ship ［C］ 受領艦

receiving, staging deployment (RSD) 受け入れ駐留支援

receiving system ［C］ 受信装置

receiving unit ［C］ 受令部隊

receptacle ［C］ ①リセプタクル 《燃料給油口》 ②栓受け

reception ①受信 ②人員受領業務 ③接受《受け付け》

reception center ［C］ 人員受領所 《人員受け入れセンター》

reception, staging and onward movement support (RSOM support) 受け入れ、駐留及び前方移動支援；RSOM支援 《ホスト・ネーション・サポートの一環として、日本防衛のための作戦を実施する米軍の陸上部隊の受け入れ、駐留および展開に関し、日本国が米軍に対して行う後方支援等をいう。[典] 統合訓練資料1-4》

Reception, Staging, Onward Movement and Integration (RSOI) 【米韓】連合戦時増援演習

receptivity 受容性

recharge servicing trailer ［C］ 充塡車

recharging 再充塡（さいじゅうてん）

recipient ［C］ 受領者

reciprocal bearing 反方位

reciprocal calibration 相互校正

reciprocal jurisdiction ［U］ 相互司法権

reciprocal laying 反覘法（はんてんほう）

reciprocal leg ［C］ 逆のレグ

reciprocal transducer ［C］ 相反変換器

reciprocating compressor ［C］ 往復圧縮機

reciprocating engine ［C］ ①レシプロ・エンジン ②【海自】往復機関

reciprocating motion 往復運動

reciprocating pump ［C］ 往復ポンプ

recirculation 循環通風

reclamation ①再生利用；回収；回復

reclassification ①分類区分変更；識別区分変更 ②特技変更

recognition differential (RD) ［C］ 認識ディファレンシャル 《指定された聴覚の検出システムにおいて、定められた検出確率となる場合の耳に提示された音のSN比。[典] 対潜隊（音1）第401号》《RD ＝ アールディー》

recognition light ［C］ 標識灯

recognition signal ［C］ 識別信号

recoil 後座（こうざ） 《弾丸発射の反動または火

薬類の燃焼ガスの圧力で火砲の後座体が後退すること。®NDS Y 0003B》

recoil and counter-recoil mechanism
［C］駐退復座装置 《後座エネルギーを規定の後座長で吸収した後、火砲の後座体を発射位置に復帰させる装置。駐退装置、復座装置、復座緩衝機などから構成される。®NDS Y 0003B。®「駐退復座装置」であるが、「駐退装置（recoil mechanism）」と略して表記されていることがある》

recoil and counter-recoil velocity ［U］後復座速度 《射撃により、火砲が後座する速度と復座する速度をいう》

recoil booster ［C］後座ブースター 《反動利用式の火砲において、砲口を出た火薬類の燃焼ガスの一部を利用して、砲身の後座エネルギーを増大させる装置。®NDS Y 0003B》《® muzzle booster》

recoil brake ［C］駐退機（ちゅうたいき）

recoil brake pressure 駐退機圧力 《火砲の後座体の後座に伴って、駐退機に生じる圧力。®NDS Y 0003B》

recoil cylinder ［C］駐退管 《駐退装置の構成品。火砲の後座体または揺架などに連結される。内部に作動油（駐退油など）、駐退ピストンなどを収容するシリンダー。®NDS Y 0003B。®「駐退筒」としている場合もある》《® counter-recoil cylinder = 復座管》

recoil energy 反動エネルギー 《弾丸の発射によって火砲に生じる弾丸の進行方向とは反対方向の運動エネルギー。®NDS Y 0003B》

recoil force 反動力 《弾丸の発射によって火砲に生じる弾丸の進行方向とは反対方向の力。®NDS Y 0003B》

recoiling part ［C］後座体 《火砲の構成品のうち、弾丸の発射時に後座する部品。®NDS Y 0003B》

recoil length 後座長（こうざちょう） 《火砲の射撃により火砲の後座体が後座する距離。®NDS Y 0003B》

recoilless gun ［C］無反動砲 《弾丸の発射時の後座をなくすため、火薬類の燃焼ガスなどの一部を後方へ噴出させる火砲。®NDS Y 0003B》《® recoilless rifle》

recoilless gun ammunition = recoilless ammunition ［U］無反動砲用弾薬 《無反動砲に使用する弾薬》

recoilless rifle (RR) ［C］無反動砲 《弾丸の発射時の後座をなくすため、火薬類の燃焼ガスなどの一部を後方へ噴出させる火砲。®NDS Y 0003B》◇用例：84mm recoilless rifle = 84mm 無反動砲《® recoilless gun》

recoil mechanism ［C］駐退装置 《火砲の後座体の後座エネルギーを吸収する装置。®NDS Y 0003B》《® counter-recoil mechanism = 復座装置》

recoil momentum 後座運動量 《後座運動中の火砲の運動量》

recoil motion 後座運動 《後座するときの後座体の運動》《® counter-recoil motion = 復座運動》

recoil operation 反動利用式 《弾丸発射の反動による火砲の後座運動を利用して砲尾機関を作動させる方式》◇用例：recoil-operated firearms = 反動利用式火器

recoil piston ［C］駐退ピストン 《火砲の駐退装置の構成品。後座抗力を後座体または揺架などに伝達する部品。®NDS Y 0003B》《® counter-recoil piston = 復座ピストン》

recoil resistance 後座抗力 《弾丸発射時の火砲の後座体の後退運動を減速させる抵抗力。®NDS Y 0003B》

recoil spring ［C］復座ばね 《後座体を元の位置に復帰させるばね。®NDS Y 0003B》

recoil time 後座秒時 《後座体が、後座に要する時間。®NDS Y 0003B。®「後座時間」としている場合もある》《® counter-recoil time = 復座秒時》

recoil velocity ［U］後座速度 《火砲の後座体が後座するときの速度。®NDS Y 0003B》《® counter-recoil velocity = 復座速度》

recommend ［vt.］意見具申する

recommendations ［pl.］意見具申 《自分の考えを上官に申し伝えること》

Recommend ID リコメンドID 《ペトリオット用語》

recommit 再指向；リコミット 《既に目標または戦闘空中哨戒（CAP）ポイント等に指向されている要撃機を、他の目標またはCAPポイント等に指向することをいう。®JAFM006-4-18》

recompression 再加圧

recompression chamber ［C］再圧縮室；再圧タンク

recompression treatment 再圧治療

recompression treatment table ［C］再圧治療表

reconfigurable ［adj.］再配置可能な

reconfiguration 再配置

reconfigure ［vt.］再配置する

reconnaissance (recon) 偵察 《作戦または戦闘の行われる区域および敵等に関する情報資料を収集するために、目視または他の探知手段によって実施される各種の行動をいう。®統合訓練資料1-4》《® counterreconnaissance = 対偵察》

《recon ＝ レコン》

reconnaissance action 偵察行動

reconnaissance aircraft (R) ［pl. ＝ ～］ 偵察機

reconnaissance airplane ＝ reconnaissance plane ［C］ 偵察機

reconnaissance and patrol vehicle ［C］ 偵察警戒車 ◇用例： 87式偵察警戒車 ＝ Type-87 reconnaissance and patrol vehicle

reconnaissance and security force (R&S) 【陸自】偵察警戒部隊 《防御において、地形および部隊の編成・装備から機動的な警戒が有利な場合に、掩護部隊の後方の地域において、防御準備間の全般的な警戒に任ずる警戒部隊をいい、通常、防御部隊指揮官が配置する。[典] 陸自教範》

reconnaissance and security line ［C］ 偵察警戒線

R

reconnaissance and security position ［C］ 偵察警戒陣地

reconnaissance and underwater demolition group ［C］ 偵察及び水中破壊任務群

reconnaissance aviation ［C］ 偵察飛行

reconnaissance by fire 射撃による偵察

reconnaissance car ［C］ 偵察車

reconnaissance exploitation report ［C］ 偵察報告様式

reconnaissance fighter (RF) ［C］ 偵察戦闘機

reconnaissance flare ［C］ パラシュート照明弾

reconnaissance flight ［C］ 偵察飛行

reconnaissance formation ［U］ 偵察隊形

reconnaissance imagery ［U］ 偵察画像

reconnaissance in force 【陸自】威力偵察 《敵の勢力・編組および配置を暴露させるとともに、その反応を見るために行う限定目標の攻撃による偵察をいう。[典] 陸自教範》

Reconnaissance Interpretation Squadron 【空自】偵察情報処理隊 《の英語呼称》

reconnaissance missile ［C］ 偵察用ミサイル

reconnaissance operation 偵察作戦

reconnaissance party ［C］ 偵察隊

reconnaissance patrol ①偵察斥候 ②【海自】偵察哨戒

reconnaissance photography ［U］ ①【空自】偵察写真術 ②【海自】偵察写真 《写真の撮影技術》

reconnaissance radar ［C］ 偵察レーダー

reconnaissance satellite ［C］ 偵察衛星；スパイ衛星

reconnaissance strip ［C］ 偵察用連続写真

reconnaissance, surveillance and target acquisition 偵察監視及び目標捕捉

Reconnaissance Unit 【陸自】偵察隊 《の英語呼称》◇用例： 第13偵察隊 ＝ the 13th Reconnaissance Unit

reconnoiter ［vt.］ 偵察する

reconstruction 再構成作業；リコン

record book ［C］ 記録簿

recorder and control console ［C］ 指示管制器

recorder panel ［C］ 記録盤

recorder trace 記録器映像

record firing 記録射撃

record identification number (RIN) 記録識別番号

record information ［U］ 記録情報

recording altimeter ［C］ 記録式高度計

recording ammeter ［C］ 記録電流計

recording frequency meter ［C］ 記録周波計

recording function (RCF) レコーディング機能 《JADGE用語》

recording meter ［C］ 記録計器

recording specification (RES) レコーディング・スペシフィケーション 《バッジ用語》

recording specification generation program (RSGP) ［C］ レコーディング・スペシフィケーション・プログラム 《バッジ用語》

recording voltmeter ［C］ 記録電圧計

recording wattmeter ［C］ 記録電力計

recording wind vane ［C］ 自記風向計

record mode レコード・モード 《ペトリオット用語》

record observation ［U］ レコード観測

records holding area ［C］ 記録保管所

recoverability 修復性

recoverable ［adj.］ 修理可能な

recoverable item ［C］ 修理可能品

recover hook ［C］ 揚収用フック

recovery (Recov) ①【陸自】回収 《使用不能品、遺棄品、その他の装備品等を再利用するため、収集、選別、分類、処理および後送する機能をい

う。㊞ 陸自教範》《㊞ salvage》 ②【海自】揚収 ③【空自】帰投；収容 ④リカバリー

recovery airfield ［C］ 帰投飛行場

recovery and reconstitution 国力再建回復策

recovery assist, secure and traverse system ［C］ 着艦拘束移送装置

recovery base ［C］ 帰投基地

recovery boat ［C］ 採収船；採収艇；揚収船；揚収艇

recovery effort ［C］ 復旧作業

recovery factor ［C］ 修復率

recovery point ［C］ 帰投定点；回復点

recovery room ［C］ 回復室

recovery storage unit (RSU) ［C］ 回復用記憶装置 《ペトリオット用語》

recovery storage unit diagnostic (RSUD) RSU診断プログラム 《ペトリオット用語》

recovery vehicle ［C］ 回収車

recovery voltage 回復電圧

recreational event ［C］ レクリエーション行事

recruit ［n.］ ①【自衛隊】新隊員 ②新兵

recruit ［vt.］ 募集する

Recruit ［陸自］ 3等陸士 《の英語呼称》

recruiting 募集

Recruiting Division ［陸自］ 募集課 《の英語呼称》

Recruiting Office 【自衛隊】募集事務所 《の英語呼称》◇用例：佐伯募集事務所 = Saiki Recruiting Office

Recruiting Section ［陸自・空自］ 募集班 《の英語呼称》◇用例：募集班長 = Chief, Recruiting Section

recruitment ［U］ ①募集 ②補充

Recruit Training Center ［海自］ 教育隊 《の英語呼称》◇用例：横須賀教育隊 = Recruit Training Center Yokosuka；教育隊司令 = Commanding Officer, Recruit Training Center

rectangular coordinates ［pl.］ 直角座標

rectangular pattern ［C］ 箱形パターン

rectangular pulse ［C］ 方形パルス

rectangular search ［C］ 箱形捜索

rectangular traffic pattern ［C］ 矩形場周経路（くけいじょうしゅうけいろ）

rectification 整流

rectified air speed (RAS) 修正対気速度

rectified current 整流電流

rectifier tube ［C］ 整流管

rectifier type instrument ［C］ 整流型計器

recuperator = recuperator mechanism ［C］ 復座装置 《射撃によって後退した後座体を元の発射位置に復帰させ、保持する装置。㊞ NDS Y 0003B。㊞「復座機」もあるが本書では「復座装置」に統一している》《㊞ counter-recoil mechanism》

recurrence of cold 寒の戻り

recurring demand 周期的所要；継続需要

recurvature point ［C］ 転向点

recycle base ［C］ 再発進基地

red レッド 《信号が暗号化されていないことをいう》◇用例：red network = レッド・ネットワーク《保護されていないデータを搬送する》《㊞ black = ブラック》

red alert 警戒警報

Red Army ［the ～］ 赤軍

red channel ［C］ 赤色水路

Red Cross ［the ～］ 赤十字

redeployment 再展開

redeployment airfield ［C］ 再展開用飛行場

Redeye 【米】レッドアイ 《ミサイル名》

red flashing light ［C］ 赤色閃光灯

redirection 再指令

redisposition ①配置替え ②再配分

redistribution ①移管 ②【海自】再配分

red lead 鉛丹（えんたん）

red lead paint さび止めペイント

Red oil レッド油

red out 赤視症

red oxide べんがら

red phosphorus 赤燐（せきりん）

red sensitivity ［U］ 赤感性

red shortness 赤熱脆性（せきねつぜいせい）

red side 赤い側 《暗号化される前の普通の文を扱う回路》《㊞ black side = 黒い側》

red side light ［C］ 左舷灯 《㊞ green side light = 右舷灯》

red status 赤現況

reduced charge 減装薬（げんそうやく） 《基準初速未満の初速または基準腔圧未満の腔圧で弾丸を発射するために必要な装薬。主に試験評価用に使用される。㊞ NDS Y 0001D》

reduced current sweeping 減電流掃海

reduced operational status (ROS) 縮小作戦状態

reduced residual radiation bomb (RRR bomb) ［C］ 残存放射能低減爆弾；RRR爆弾《RRR = アールアールアール》

reduced strength ［U］ 平時編制兵力

reduced strength unit ［C］ 平時編制部隊

reduced tactical diameter ［C］ 縮小旋回径

reduced take-off and landing (RTOL) 短距離離着陸機

reducer ［C］ 径違い継ぎ手；漸縮管

reducing valve ［C］ ①調和弁 ②減圧弁《[同] pressure reducing valve》

reduction ①降任 ②リダクション《「レコーディング・データ」ファイルに基づき、運用状況の解析および訓練結果の集計等のための各種帳票または航跡図を出力することをいう。[典] JAFM006-4-18》

R

reduction gear (RG) ［C］ 減速歯車

reduction gear ratio ［C］ 減速比

reduction in force (RIF) ①人員整理 ②兵力削減；軍事削減《RIF = リフ》

reduction in pay 減給 ◇用例：disciplinary reduction in pay = 厳戒減給

reduction of area 絞り

reduction of armaments ［the ～］ 軍備縮小

reduction table ［C］ 平時編制表

reduction-to-mean sea level 海面較正

redundancy 冗長性《冗長性とは、規定の機能を遂行するための構成要素または手段が余分に付加され、その一部が故障しても全体としては故障とならない性質をいう。[典] NDS F 8004-2》

Redwood viscosimeter ［C］ レッドウッド粘度計

Redwood viscosity ［U］ レッドウッド粘度

reefer ［C］ 冷凍機；冷凍庫；冷凍車

reefing 縮帆

reef knot 本結び

reef line つめひも《爪紐》

reel antenna ［C］ 巻き込み空中線

reemployment 再雇用

reemployment support 【防衛省】再就職援護

reenlistment 再任用

re-entry 再突入

reentry phase ［C］ 再突入段階

re-entry vehicle (RV) = reentry vehicle ［C］ 再突入体；再突入弾頭《弾頭ミサイル飛行経路の最終部分（終末段階）で、地球の大気圏に再突入するように設計された弾道ミサイルの一部分をいう。[典] JAFM006-4-18》

reeving-line bend 大綱つなぎ第1法

reference ambient temperature 基準周囲温度《機器およびケーブルの温度上昇を定めるときの基準となる周囲温度。[典] NDS F 8001E》

reference axis ［pl. = reference axes］ 基準軸

reference course ［C］ 基準針路

reference data ［U］ 参照データ

reference datum ［C］ 基準面《航空機の機首またはその前方に設想した垂直面で、機体の各ステーションを測るための基準とする。[典] レーダー用語集》

reference designator ［C］ 参照記号

reference direction 基準方向

reference diversion point ［C］ 航路変更基準点

reference drawing group (RDG) ［C］ 参考場面群

reference fuel 標準燃料

reference input 基準入力

reference level ［C］ 基準レベル

reference library creation (RLC) リファレンス・ライブラリー・クリエーション《ペトリオット用語》

reference line ［C］ 基準線

reference lobe ［C］ 基準ローブ

reference lot ［C］ 基準ロット《基準品として使用するために特に選んだロット。[典] NDS Y 0001D》

reference mark ［C］ ①参照記号 ②【海自】遊標；基準マーク

reference meridian 基準子午線

reference method (RM) 参照的方法

reference number (REF NO.; RN) 参考番号

reference number action activity code (RNAAC) 参考番号提出機関コード

reference number category code (RNCC) 参考番号区分コード

reference number justification code (RNJC) 参考番号立証コード

reference number variation code (RNVC) 参考番号変種コード

reference or partial descriptive method reason code (RPDMRC) 参照的または部分的記述方法選択理由コード

reference path ［C］ 基準路

reference pattern 〔C〕 参照パターン

reference phase 〔C〕 基準位相

reference phase circuit 〔C〕 基準位相回路

reference phase signal 〔C〕 基準位相信号

reference pitch angle 〔C〕 基準ピッチ角

reference plane 〔C〕 基準面

reference point 〔C〕 ①基準点 ②参照点《ソフトウェア》

reference signal 〔C〕 基準信号

reference sound pressure 基準音圧 《音圧の基準量》

reference temperature 基準温度

reference track 〔C〕 リファレンス航跡《バッジ用語》

reference voltage 基準電圧

refilling point 〔C〕 補給点

reflectance 反射率

reflected shock wave 〔C〕 反射衝撃波

reflected wave 〔C〕 反射波

reflecting galvanometer 〔C〕 反照検流計

reflecting plate 〔C〕 反射板

reflecting thinking 反省的思考

reflection 反射 《音波が媒質境界面に入射したとき、進行方向が変わって再びもとの媒質中を進行する現象。[典] NDS Y 0011B》

reflection angle 〔C〕 反射角

reflection factor 〔C〕 反射率

reflection loss 反射損失

reflection plotter 〔C〕 反射式作図盤

reflector 〔C〕 反射器；反射鏡

reflector glass 〔C〕 バック・ミラー

reflex action 反射運動

reflex force 即応部隊

reflex klystron 反射型クライストロン

reflex sight 〔C〕 反射式照準器

refloat device 〔C〕 浮上装置 《訓練用魚雷を浮上させるための装置。[典] NDS Y 0041》

reflux 還流

refracted wave 〔C〕 屈折波

refraction ①屈折 ②気差

refraction angle 〔C〕 屈折角

refraction diagram 〔C〕 屈折図

refractive index 〔C〕 屈折率

refractoriness 耐火性

refractory 耐火物

refractory arch 〔C〕 耐火アーチ

refractory body 〔C〕 耐火物

refractory cement 〔U〕 耐火セメント

refresher instructions 〔pl.〕 ①【空自】補習教育 ②【海自】再教育

refresher training (RFT) 〔U〕 慣熟訓練；再練成訓練；リフレッシャー・トレーニング

refrigerant 冷媒

refrigerant injection cooling 液噴射冷却

refrigerating cycle 〔C〕 冷凍サイクル

refrigerating machine (RM) 〔C〕 冷凍機

refrigerating machine oil 〔U〕 冷凍機油

refrigeration (REFRIG) 冷却；冷凍

refrigerator 〔C〕 冷凍機

refuel 〔n.〕 ①燃料補給 ②給油 《給油とは、給油車のタンクから航空機の燃料タンクへ燃料を移送することをいう。[典] DSP D 6003F》

refuel 〔vt.〕 給油する

refueling aircraft 〔pl. = ～〕 空中給油機 ◇用例： KC-135 refueling aircraft = KC-135給油機

refueling support 燃料補給支援

refueling system in air 空中給油装置

refuge 〔n.〕 退避；避難

refuge 〔vi.〕 退避する；避難する

refuge area 〔C〕 ①非難地域 ②【海自】避難海域

refugee 〔C〕 ①難民 ◇用例： the Afghan refugee = アフガニスタン難民 ②【空自】避難民

refugee assistance 〔U〕 難民支援

refugee camp 〔C〕 難民キャンプ

refugee evacuation center 〔C〕 避難民仮収容所

refugee relief 難民救援

refugee relief activity 〔C〕 難民救援活動

refugee support activity 〔C〕 難民支援活動

regain 〔vt.〕 奪回する ◇用例： to regain contact = （失探した目標を）再探知する

regenerated turboprop engine 〔C〕 再生式ターボ・プロップ・エンジン

regeneration brake 〔C〕 再生ブレーキ

regenerative apparatus 再生装置

regenerative control 〔U〕 再生制御

regenerative detector 〔C〕 再生検波器

regenerative frequency 〔U〕 再生式周波数

R

regenerative heat exchanger ［C］ 再生熱交換器

regenerative receiver ［C］ 再生受信機

regenerator ［C］ 再生器；蓄熱器；蓄熱室

regiment ［C］ 連隊 《2個以上の大隊(battalion)で編制する》

Regiment (R) 【自衛隊】連隊 《の英語呼称》

regimental combat team (RCT) ［C］ 連隊戦闘団

regimental commander ［C］ 連隊長

regimental landing team (RLT) ［C］ 連隊上陸戦闘団

Regiment Command Control System (ReCS) 【陸自】基幹連隊指揮統制システム

Regional Antiterrorist Structure (RATS) 地域対テロ機構 《上海協力機構》

regional chart ［C］ 地域図

Regional Coast Guard Headquarters 【海保】管区海上保安本部 《の英語呼称》

regional combatant command ［C］ 【米】地域別統合軍 《[備] US Indo-Pacific Command (米インド太平洋軍) は、地域別統合軍の一つである》◇用例： regional combatant commander = 地域別統合軍司令官

regional conflict 地域紛争

Regional Cooperation Agreement on Combating Piracy and Armed Robbery against Ships in Asia (ReCAAP) アジア海賊対策地域協力協定

Regional Defense Bureau 【防衛省】地方防衛局 《の英語呼称》《防衛行政全般の地方拠点として、地元の理解および協力の確保に関する業務や防衛施設の建設工事等を実施する》

regional disaster relief asset ［C］ 地域災害救援アセット

regional forecast ［C］ 地方予報

regional intelligence ［U］ 地域情報 《地形・気象およびその他に関する情報資料を収集・処理して得た知識をいう。[典] 陸自教範》

regional meteorological center (RMC) ［C］ 地域気象中枢

regional security ［U］ 地域的安全保障

regional wartime construction manager (RWCM) ［C］ 地域戦時建設管理官

regional weather central 地方中枢気象所

region communication company ［C］ 管区通信中隊

regions of heavy traffic 通信混雑地域

register ［n.］［C］ レジスター；置数器

register ［vt.］ 試射する

register book ［C］ 【海自】船名録；登録簿

registered matter ［C］ 登録文書

registered publication ［C］ 登録刊行物

registered report ［C］ 登録報告

registration 【空自】レジストレーション 《JADGE用語》

registration cycle ［C］ レジストレーション・サイクル 《航跡レジストレーションでデータを収集する時間の間隔をいう。[典] JAFM006-4-18》

registration fire 試射 《目標を効果的に攻撃するために必要な射撃諸元を得るために行う射撃。[典] NDS Y 0005B》

registration function 蓄積機能

registration point ［C］ 試射点

registry 登録

regroup airfield ［C］ 再編成用飛行場

regular aerodrome ［C］ 正規飛行場

regular army ［C］ 正規陸軍；正規軍

Regular Army ［the ～］ 【米軍】正規軍

Regular Course 【防衛省】一般課程 《防衛研究所の課程名》

regular defense inspection 【防衛省】定期防衛監察 《防衛監察監が必要と認める事項について、毎年度、計画に基づき実施する防衛監察をいう。[典] 防衛省訓令第57号》

regular flight service ［C］ 定期運航

regular forces ［pl.］ 正規軍 《[対] irregular forces = 不正規軍》

regular fuze ［C］ 普通ヒューズ

regular type motor oil ［U］ レギュラー・タイプ・モーター油；レギュラー・タイプ・モーター・オイル

regulated item ［C］ 規制品目 《供給の不足する品目、高価な品目、取扱いに高度の技術を必要とする品目等で、陸上幕僚長または方面総監が補給を特に規制するものをいう。[典] 陸上自衛隊達第71-5号》

regulated pressure 調和圧力 《圧力制御弁によって一定に調整された圧力》

regulating ring ［C］ 調整リング

regulating station ［C］ 規制所

Regulation Section 【空自】法規班 《の英語呼称》◇用例： 法規班長 = Chief, Regulation Section

regulations for preventing collisions at sea 海上衝突予防法

regulator (REG) ［C］ 調整器 《温度、圧力、速力、電圧等を調整する装置。[典] レーダー用

語集》

regulator fill valve ［C］ レギュレーター・フィル弁

regulator gasket ［C］ 調整ガスケット

regulator packing 調整パッキング

regulator valve ［C］ 調整弁

regulatory sign ［C］ 規制標識

rehabilitation ①戦列復帰；戦力回復 ②リハビリテーション

rehabilitation area ［C］ 戦闘力回復地域；戦力回復地

rehabilitation center ［C］ 戦闘力回復所

rehearsal 予行；予行演習

rehearsal phase ［C］ 【米軍】予行演習段階 《水陸両用作戦》

rehearse ［vt.］ 予行する

reheat chamber ［C］ 再熱室

reheater ［C］ 再熱器

reheat factor ［C］ 再熱係数

reheating turbine ［C］ 再熱タービン

Reid vapor pressure リード蒸気圧

reimbursable ［adj.］ 償還可能な

reinforce ［vt.］ 増援する；増強する

reinforced concrete (RC) ［U］ 鉄筋コンクリート

reinforced concrete construction ［U］ RC構造

reinforced data ［U］ リインフォース・データ 《JADGE用語》

reinforced division ［C］ 増強師団

reinforced plastics ［pl.］ 強化プラスチック

reinforced troops ［pl.］ 増強部隊

reinforcement ［U］ ①増援 《部隊を増加し、戦闘力を強化することをいう。㊞ 陸自教範》 ◇用例：to bring up reinforcements ＝ 援軍を送り込む ②補強

reinitialization 再初期設定

reinitiate リイニシエート 《防空指令所（DC）における手動による航跡の位置更新および航跡諸元の変更をいう。㊞ JAFM006-4-18》

reinstatement 復職

reject (REJ; RJCT) リジェクト 《拒否することをいう。㊞ JAFM006-4-18》

rejected or condemned tag ［C］ 修理不能物品票；不合格物品票

rejoin ＝ re-join 編隊集合

related document ［C］ 関連文書

related Ministries and Agencies ［pl.］

【日】関係各省庁 ◇用例：condition of related ministries ＝ 関係省庁の対応状況

related units 関係部隊

relative address ［C］ 相対アドレス

relative altitude 高度差

relative aperture 口径比

relative bearing 相対方位

relative biological effectiveness ［U］ 生物学的効果比率

relative calibration 比較校正

relative combat power 相対戦闘力

relative distance (RD) 相対距離

relative fighting strength ［U］ 相対戦力；相対戦闘力

relative heading ［C］ 相対機首方位

relative humidity ［U］ 相対湿度

relative inclinometer ［C］ 相対傾斜計

relative line of bearing 相対方位列

relative movement line (RML) ［C］ 相対運動線

relative plot ［C］ 相対作図

relative reverberation level ［C］ 相対残響レベル

relative speed (RS) 相対速力

relative target bearing 相対目標方位

relative velocity ［U］ 相対速度 《飛翔体の空気に対する速さ。㊞ NDS Y 0006B》

relative vorticity 相対渦度（そうたいうずど）

relative wind ［U］ 相対風

relaxation table ［C］ 緩和表

relay ［n.］［C］ ①継電器 ②中継装置 ③中継薬 《信管の火薬系列の中間に配列され、起爆力を増大させる目的で使用する爆薬》 ④中継；リレー 《㊞ 不明な場合は「リレー」にする》

relay aircraft ［pl. ＝ ～］ 中継機

relay base ［C］ 中継基地

relay beacon ［C］ 中継ビーコン

relayed radar ［C］ 中継レーダー

relay escort 引き継ぎ護衛

relay escorting 引き継ぎ護衛

relay governor ［C］ 間接調速機

relay interrupter ［C］ 断続器

relay point ［C］ 中継所 《通信》

relay ship ［C］ 通信中継艦

relay station ［C］ 中継所 《通信》

relay transmitter ［C］ 中継発信器

R

release altitude 投下高度

release current 開放電流

release hook ［C］ 離脱フック

release line ［C］ 投下線

release plunger ［C］ 解放ピストン

release plunger spring ［C］ 解放ピストンばね

release point (RP) ［C］ ①【陸自】分進点《行進（航行）部隊が、行進（航行）を指揮する上級部隊指揮官の統制を離れる地点をいい、各部隊の分進を整斉と実施するために設ける。⊛ 陸自教範》 ②【空自】指揮転移点 ③【海自】誘導機引き継ぎ地点 ④【空自】投下位置 ⑤【海自】投下点

release pulse ［C］ 放出パルス

release pushbutton ［C］ 復帰押しボタン

release switch ［C］ 投下スイッチ

releasing officer ［C］ 発信調整者《発信調整者とは、電報の発信および市外通話の調整を行う権限を有する者。⊛ 防衛庁訓令第39号》

relevant government agencies ［pl.］【日】関係行政機関

reliability ［U］ 信頼性；信頼度

reliability centered maintenance ［U］ 信頼性重点整備

reliability diagram ［C］ 信頼度曲線

reliability management ［U］ 信頼性管理

reliability of source 情報源の信頼性

reliable リライアブル《航跡状態尺度（TM）の区分の一つであり、相関が成功していることを示す。⊛ JAFM006-4-18》《⊛ unreliable ＝ アンリライアブル》

reliable tube ［C］ 高信頼管

relief ①起伏 ②交代；人員交代

relief activity ［C］ 救援活動

relief agency ［C］ 救援団体

relief and drainage system 稜線・水系

relief feature ［C］ 突出目標；著名目標

relief in place その場交代

relief map ［C］ 地形模型図

relief materials ［pl.］ 救援物資

relief operation 部隊交代

relief ring ［C］ 調圧環

relief tube ［C］ 排尿管

relief valve ［C］ 逃がし弁

relieved unit ［C］ 被交代部隊《⊛ relieving unit ＝ 交代部隊》

relieving light ［C］ 予備灯

relieving unit ［C］ 交代部隊《⊛ relieved unit ＝ 被交代部隊》

religious ministry support 宗教支援

religious ministry support plan ［C］ 宗教支援計画

religious ministry support team ［C］ 宗教支援チーム

reload ①再装塡（さいそうてん） ②再搭載

reloading ［U］ 換装

relocatable over-the-horizon radar (ROTHR) ［C］ 可搬型超水平線レーダー

relocation 職場移動

reluctance 磁気抵抗

remaining forces ［pl.］ 残存部隊

remaining overnight (RON) 【海自】継続滞留；継続係止《RON ＝ ロン》

remaining velocity ［U］ 存速（そんそく）《弾道上の任意の点における飛翔体の速度。⊛ NDS Y 0006B》

remain over flight (RON) 【空自】ロン《航空機の他基地泊》

remains ［pl.］ 遺体

remarks ［pl.］ 備考

remedy ［C］ 治療

remnant magnetism ［U］ 残留磁気

remote (RMT) ［adj.］ リモート《遠隔制御のことをいう。⊛ JAFM06-4-18》

remote access リモート・アクセス《ユーザー（または情報システム）による情報システムのセキュリティ境界外にあるシステムへアクセスすること》

remote control ［U］ ①遠隔制御 ②間接管制

remote control gear ［C］ 遠隔操縦装置

remote control panel (RCP) ［C］ 【海自】遠隔管制盤

remote control unit (RCU) ［C］ リモート・コントロール・ユニット《JADGE用語》

remote cut-off tube ［C］ リモート・カット・オフ管

remote DEDS リモートDEDS《DEDS（デッズ）＝ Data Entry And Display Station（文字情報表示用コンソール）》

remote delivery ①遠隔敷設 ②リモート配信

remote depth and range indicator ［C］ 遠隔深度距離指示器；遠隔深度距離指示機

remote enable mode リモート・イネーブル・モード《ペトリオット用語》

remote indicator system ［C］ 遠隔指示

装置

Remote Island Disaster Relief Exercise (RIDEX) 【自衛隊】離島統合防災訓練 《の英語呼称》《離島における突発的な台風災害等に対し、統合運用によって円滑に災害に対処するための能力の維持・向上を図る訓練》

remote islands ［pl.］ 離島 《本土周辺に隔絶して位置する島しょ（嶼）をいい、戦略的価値を有するものは、敵の本土侵攻の中継基地、我の本土防衛の前進拠点または海峡等の支配の拠点となり得る。㊞ 陸自教範。㊞「島嶼部」ともいう》

remotely operated mine neutralization system ［C］ 水中航走式機雷掃討具

remotely operated vehicle (ROV) ［C］ 無人潜水装置

remotely piloted vehicle (RPV) ［C］ ①【空自】遠隔操縦機；無人機 ②【海自】遠隔操縦無人機 《㊞ 現在は「unmanned air vehicle (UAV)」が一般的》

remote management message (RMM) ［C］ リモート管理メッセージ 《バッジ用語》

remote measuring equipment ［U］ 遠隔測定装置

remote mode リモート・モード 《ペトリオット用語》

remote modem loop back リモート・モデム折り返し 《バッジ用語》

remote PPI 遠隔PPI 《PPI = plan-position indicator（図形表示管）》

remote sensing リモートセンシング 《大気・海洋・地球表層からの可視光・赤外・マイクロ波の反射、放射、散乱等を観測することにより、大気・海洋・地球表層に関する情報を収集すること》

remote site ［C］ リモート・サイト 《セグメント内をローカル・エリア・ネットワーク単位で物理的に区分し、航空作戦管制所（AOCC）セグメントにおける航空幕僚監部作戦室（ASOOC）のように、ローカル・サイトに連接することにより、ローカル・サイトにおいて動作する基本機能の一部を、遠隔地において動作させる区分のことをいう。㊞ JAFM006-4-18》《㊞ local site = ローカル・サイト》

remote site startup リモート・サイト・スタートアップ 《リモート・サイト内のリモート起動制御対象装置で作動するプログラムの起動および初期化を行うことをいう。㊞ JAFM006-4-18》《㊞ local site startup = ローカル・サイト・スタートアップ》

remote special point ［C］ リモート特定点 《他セグメントおよび関連システム等から受領した特定点をいう。㊞ JAFM006-4-18》

remote strobe ［C］ リモート・ストローブ 《他セグメントおよび関連システム等から通報されたストローブ情報をいう。㊞ JAFM006-4-18》

remote thermometer ［C］ 隔測温度計

remote track ［C］ リモート航跡 《各セグメントおよび関連システム等からのメッセージにより生成された航跡をいう。㊞ JAFM006-4-18》《㊞ local track = ローカル航跡》

removable bomb rack ［C］ 着脱式爆弾投下架

removal ［n.］ ①撤去；排除 ②解雇

removal of location 所在地の移動

remove ［vt.］ 撤去する；撤収する；排除する

remove trouble 故障復旧

remove wounded personnel 傷者運搬

Remuneration Division 【内部部局】給与課 《の英語呼称》◇用例：給与課長 = Director, Remuneration Division

render safe 安全化

render safe procedure ［C］ 安全化手順

rendezvous (Rdvu) ［C］ ①【空自】空中会合点 ②【海自】会合

rendezvous area ［C］ 【米軍】会合海域 《水陸両用作戦において、揚陸舟艇および水陸両用車両に乗船または積載後、海岸への出発に先だって、揚陸のために陣形を作る海域をいう。㊞ 統合訓練資料1-4》

rendezvous point (RP) 会合点

rendezvous time 会合時間

renovation ①再生作業 《構成部品を交換し、弾薬を再び使用できる状態にする修復作業》 ②修理

Renovation Branch 【在日米陸軍】弾薬補修課

rent 裂け目（さけめ）

rental billet ［C］ 一般借り受け宿舎

rental billet on KKR fund ［C］ 【空自】特別借り受け宿舎

reorder cycle ［C］ 請求間隔 《定期的な請求において、請求日から次の請求日までの期間をいう。㊞ 統合訓練資料1-4》

reorder point ［C］ 再請求点 《補給整備部隊等において、補給用品の在庫数量と受入予定数量の合計が、それ以下に減少した場合に請求を行うことと定めた保管基準量を示すものをいう。㊞ 陸上自衛隊達第71-5号》

reorganization ①改編 《部隊等の編成を改めること。㊞ 民軍連携のための用語集》 ②再編成 《戦闘後の部隊の戦闘力を回復して、じ後の戦闘を準備するため、死傷者の処理、弾薬その他の補給品の補給、補充、編組の変更等を行うことをい

う。[典] 陸自教範》

reorganization ceremony 【陸自】編成完結式 ◇用例： 第8師団編成完結式 = the 8th Division reorganization ceremony

reorganize ［vt.］ 改編する；再編成する

reorientation リオリエンテーション 《ペトリオット用語》

repair ［n.］ ①修理 《指定された修理基準に基づき、火器・車両・施設器材の点検、検査、調整、交換、溶接、びょう締め、補強などによって欠陥を是正したり、または使用不能な状態を使用可能な状態に回復させたりすることをいう。[典] GLT-CG-Z500001D》 ②【海自】造修 《艦船、航空機、武器等の製造、改造、修理および点検、検査を総称していう。[典] 統合訓練資料1-4》

repair ［vt.］ 修理する

repairable (R) ［C］ 要修理品 《外注整備の対象として契約の相手方に寄託する装備品。[典] 3補LPS-E00001-9》

repairable item ［C］ 修理可能品 《[対] non-repairable item = 修理不能品》

repairable or rework tag ［C］ 要修理物品票；再修正物品票

repairable rate ［C］ 修復率

repairable this station (RTS) 基地修理可能

repair and maintenance 修理及び整備

Repair and Supply Facility 【海自】造修補給所 《の英語呼称》◇用例： 横須賀造修補給所 = Repair and Supply Facility Yokosuka；造修補給所長 = Commanding Officer, Repair and Supply Facility

repair cycle (RC) ［C］ 修復期間

repaired and return (R&R) 修理後戻入（しゅうりごれいにゅう）

Repair Facility 【海自】造修所 《の英語呼称》

repairing or cable laying ship ［C］ 敷設艦 《艦種記号： ARC》

repair locker ［C］ 応急用具庫

repair of repairables (ROR) 要修理品修理

repair parts ［pl.］ 修理部品；修理用部品 ◇用例： repair parts kit = 修理部品キット

repair parts kit ［C］ 修理部品キット

repair request ［C］ 修理請求

repair schedule ［C］ 修理計画

repair ship ［C］ 工作艦

Repairs Section 【海自】営繕班 《の英語呼称》◇用例： 営繕班長 = Officer, Repairs Section

repair status file (Rep/S) ［C］ 修理現況綴り（しゅうりげんきょうつづり）

repair work request ［C］ 工事請求書

repatriate 本国送還者；送還者；引揚者

repatriation 本国送還 ◇用例： the repatriation of prisoners of war, medical personnel, and chaplains = 捕虜、衛生要員及び宗教要員の送還

repeal 廃止；撤廃 《法律の～》◇用例： repeal of martial law = 戒厳令解除

repeat ［vt.］ 復唱する

repeat-back system ［C］ リピート・バック装置

repeated load ［C］ 繰り返し荷重

repeated stress 繰り返し応力

repeater ［C］ 中継器

repeater compass ［C］ リピーター・コンパス；従羅針儀（じゅうらしんぎ）

repeater jammer ［C］ リピーター・ジャマー

repeater panel ［C］ 【海自】レピーター配電盤；中継盤

repeating ship ［C］ 中継艦；復唱艦艇

repeating type 連発式 《手動火器の一種。弾倉を有し、弾薬を連続して発射する火器の型式。[典] NDS Y 0003B。[備] 特に火器に限らない》◇用例： repeating-type organ-fastening tool = 連発式の臓器固定具

repel ［vt.］ 撃退する 《[同] repulse》

repelling operation 撃退作戦

repetition ［U］ 復唱（ふくしょう） 《受領した命令などを確認するために、その命令を繰り返し言うこと。[典] 民軍連携のための用語集》

repetition rate oscillator ［C］ 繰り返し周波数発振器

replace ［vt.］ 補充する

replacement ①補充 《部隊の定員（認可された増加人員を含む）または示された充足率を維持するための人員を充足することをいう。[典] 陸自教範》 ②補充員；交代要員 ③再配置

replacement cost 取替原価

replacement estimate 補充見積り

replacement factor (R/F) ［C］ 交換率；更新率

replacement-in-kind (RIK) 現物決済

replacement item ［C］ 置換品目

replacement program ［C］ 補充計画等

replacement requirements ［pl.］ 補充所

要《要員の補充所要》

replacement requisition 補充請求《要員の補充所要》

replacement status 補充現況

replacement stream ［C］ 補充系統

replacement stream input 補充系統新加入者

replacement theory ［U］ 取替理論

replacement training ［U］ 補充教育

replacement type item ［C］ 交換性物品

replenisher ［C］ 油補充器（あぶらほじゅうき）《ほぼ均一の圧力を作動油に付与し、駐退管内を常に作動油で満たす装置。[典] NDS Y 0003B》《replenisher = リプレニッシャー》

replenishing pump ［C］ 補充ポンプ

replenishing valve ［C］ 補充弁

replenishment ①【空自】補充；充足 ②【海自】補給

replenishment at sea (RAS) 【海自】洋上補給《燃料、食料、弾薬、需品、予備品、その他必要な資材を洋上において、艦船から他の艦船または航空機に補給することをいう。[典] 統合訓練資料1-4》

Replenishment-at-Sea Squadron 【海自】海上補給隊《の英語呼称》◇用例： 海上補給隊司令 = Commander, Replenishment-at-Sea Squadron

replenishment course ［C］ 補給針路

replenishment factor ［C］ 充足率

replenishment formation ［U］ 補給陣形

replenishment level = level of replenishment ［C］ 充足基準《任務・行動する地域等の特性等によって、諸定数表等に定められた人員または装備品等の数に対する充足の基準をいう。一般に数または百分率によって示される。[典] 統合訓練資料1-4》

replenishment oiler ［C］ 艦隊随伴給油艦《艦種記号： AOR》

replenishment period ［C］ 補給期間；補充期間

replenishment plan ［C］ 補給計画 ◇用例： replenishment planning = 補給計画立案

replenishment requisition 充足請求

replenishment speed 補給速力

replica correlation レプリカ相関

reply 応信；応答

reply frequency ［U］ 応答周波数

reply pulse spacing 応答パルス間隔

reportable value ［C］ 通報値

report control management ［U］ 報告統制《統合部隊等司令部から不要不急、あるいは類似の報告の要求が乱発されるのを防ぎ、部隊の報告に関する業務を軽減するための行為をいう。[典] 統合訓練資料1-4》

report control management system 報告統制制度

reporting officer (REPTOF) ［C］ 船舶動静報告官

reporting point (RP) ［C］ ①【空自】位置通報点 ②【海自】位置通報点；通報地点

reporting post ［C］ 警戒哨

reporting unit (RU) ［C］ 報告ユニット《TADI-B（LINK-11B）に参加するユニットのことをいう。[典] JAFM006-4-18》

report line ［C］ 報告線

report of arrival ［C］ 入港届け

report of departure ［C］ 出港届け

report of discrepancy (ROD) ［C］ 不具合報告書

report of item discrepancy (ROID) ［U］ 不具合報告

report of survey (R/S) ［C］ 物品亡失報告書；物品損傷等報告書

reports control system (RCS) ［C］ 報告統制システム

representative authorization 受領代理証明書

representative fraction (RF) 縮尺率

representativeness 代表性

representative track ［C］ 代表航跡《バッジ用語》

reprimand 戒告

reprisal 報復

reprocessing 再処理《原子炉から出た使用済み燃料の中から、核燃料として再利用することができるウランおよびプルトニウムを他の核分裂生成物等と分離し、回収する工程。[典] 日本の軍縮・不拡散外交》

reproduction method 再生法

repulse ［vt.］ 撃退する《[同] repel》

repulsion induction motor ［C］ 反発誘導電動機

repulsion start induction motor ［C］ 反発起動誘導電動機

repulsion type 反発型

request ［n.］［C］ 要請

request ［vt.］ 要請する

request for information (RFI) ①情報要請 《指揮下の部隊の能力をもってして収集困難な情報の配布を上級部隊、その他の関係部隊、機関に依頼することをいう。㊙ 統合訓練資料1-4》 ②情報提供依頼

request for issue 供用請求

request for proposal (RFP) 提案要求書

request modify 修正要求

request tell リクエスト・テル 《他セグメントおよび関連システム等に対して、航跡の通報開始を要求することをいう。㊙ JAFM006-4-18》

request to send (RTS) 送信要求信号 《送受信部と符号変換装置間のデータ送信要求信号をいう。㊙ JAFM006-4-18》

required delivery date (RDD) ①【統幕】所要引き渡し日；所望到着期日 ②【海自】受領希望期日

required military force 所要部隊

Required Navigation Performance (RNP) 航法精度要件 《機上での性能監視および警報性能が要求される航法上の性能要件。㊙ 防管航第7575号》

required supply rate (RSR) 所要補給率 《部隊が支障なく作戦を継続するため、弾薬類の要求に用いる基準をいい、通常、特定期間における1火器あたりの弾数で表す。地雷、爆破資材は、特定期間における部隊単位あたりの数量またはその他の単位で表す。㊙ 陸自教範》

requirement, analysis and design (RA&D) 【米】要求分析設計段階

requirements [pl.] ①【統幕・空自】所要；所要量 《ある特定の期間内または時期において、人員・資材・資金、その他各種の資源、施設、諸サービス等についての必要な数量をいう。㊙ 統合訓練資料1-4》 ②【海自】請求；所要量

requisition [n.] ①【統幕・空自・海自】請求 《一般に、編制装備表、人員配当表、各種割当表等に基づき、不足分を要求することをいう。㊙ 統合訓練資料1-4》 ②調達要求

requisition [vt.] 要請する

requisition C C請求 《㊙ urgent requisition ＝C至急請求》

requisition cycle [C] 請求周期

requisitioning objective (R/O) [C] 請求目標 《在庫補充に際し、請求（補充）量算定のために使用する補充の目標とすべき量をいう。㊙ 統合訓練資料1-4》

rescue 救難

rescue aircraft [pl. ＝～] 救難機

rescue alert 救難待機

rescue alert aircraft [pl. ＝～] 救難待機

航空機

rescue alert crew 救難待機要員

Rescue and Recovery 【空自】救難 《准空尉空曹空士特技区分の英語呼称》

rescue and relief efforts 救助・救援活動

rescue boat 救難艇

rescue CAP (RESCAP) 救難CAP 《CAP（キャップ）＝combat air patrol（戦闘空中哨戒）》

rescue chamber レスキュー・チャンバー

rescue chart [C] 救難用海図

rescue commander [C] 救難指揮官

rescue control center 救難統制本部

Rescue Coordination Center (RCC) ①【空自】中央救難調整所 《航空支援集団司令部に設置され、拡大通信捜索、航空救難に関する情報の収集・評価および伝達、区域指揮官が行う航空救難業務にかかわる連絡等を行う組織をいう。㊙ 統合訓練資料1-4》 ②【海自】救難調整本部

rescue dog [C] 災害救助犬

rescue efforts 救助活動；救出活動

rescue equipment [U] 救難装備品

Rescue Flight Division 【海自】救難飛行班 《の英語呼称》◇用例： 救難飛行班長 ＝ Officer, Rescue Flight Division

rescue flight squadron [C] 救難航空隊；救難飛行隊

rescue helicopter (RQH) [C] 救難ヘリコプター

rescue hoist system [C] 救助用吊り上げ装置

rescue information [U] 救難情報

rescue information center (RIC) [C] 【海自】救難指揮所 《潜水艦の救難指揮所》

rescue operation center (ROC) [C] 【空自】救難運用本部 《航空方面隊司令部等に設置され、中央救難調整所（RCC）および航空総隊の防空組織からの、あるいは救難運用本部が直接入手した要救難事故に関する情報に基づく航空救難行動の発令に関する業務等を行う組織をいう。㊙ 統合訓練資料1-4》

rescue operation procedure [C] 救難運用手順

rescue plan [C] 救難計画

rescue plane CAP 救難機CAP 《CAP（キャップ）＝combat air patrol（戦闘空中哨戒）》

rescuer [C] 救助作業者

rescue scramble 救難緊急発進

rescue ship [C] 救難船

rescue submarine CAP (Sub CAP) 救難潜CAP 《CAP（キャップ）＝combat air patrol（戦闘空中哨戒）》

rescue team ［C］ 救助チーム

rescue unit ［C］ 救難隊

rescue vehicle ［C］ 回収車

rescue vessel ［C］ 救難船

Rescue Wing 【空自】救難団 《の英語呼称》

rescue work 救助作業

re-search ［C］ 再探索 《魚雷が、ホーミング航走中に目標を見失い、再び探索を行うこと。[典] NDS Y 0041》

research ［C］ 調査；研究；技術研究

Research Affairs Division 【海自】総括室 《海上自衛隊幹部学校～の英語呼称》

research and development (R&D) ［U］ 研究開発 ◇用例： research and development program＝研究開発計画

Research and Development Administration Staff Officer 【空自】技術行政幕僚 《幹部特技区分の英語呼称》

Research and Development Explosive (RDX) アール・ディー・エックス爆薬；RDX爆薬

Research and Development Officer 【空自】技術幹部 《幹部特技区分の英語呼称》◇用例： 技術幹部（航空）＝Research and Development Officer（Aeronautics）；（化学）＝（Chemistry）；（電子）＝（Electronics）；（数理）＝（Mathematics）；（機械）＝（Mechanics）；（冶金）＝（Metallurgy）；（物理）＝（Physics）

Research and Development Planning Division 【防衛省】開発計画課 《の英語呼称》◇用例： 開発計画課長＝Director, Research and Development Planning Division

research and study ［U］ 調査研究 《ある問題を解明するため必要な資料を収集、評価し、これを組織化して問題の解決を求めることをいう。[典] 陸自教範》

Research and Test Support Section 【防衛装備庁】業務係 《電子装備研究所～の英語呼称》

Research Coordinator 【防衛装備庁】研究調整官 《電子装備研究所～の英語呼称》

research, development, test and evaluation (RDT&E) 研究、開発、試験及び評価

Research Division (Rsch Div) 【陸自】研究課 《の英語呼称》

Research, Economics and Education 【米】調査、経済分析及び教育部

Research Management Office 【空自】研究企画管理室 《航空研究センター～の英語呼称》《航空研究センターが実施する各種研究の企画調整、各研究室の研究業務の統括および各研究室および部隊等が実施した研究成果等を知的資産として維持管理するための電子化、蓄積等を実施する。[典] 航空研究センターHP》

Research Office 【統幕学校】研究室 《教育課～の英語呼称》◇用例： 研究室長＝Chief, Research Office；総括主任研究官＝Deputy Chief, Research Office

Research Officer 【統幕学校】研究員 《の英語呼称》

Research Programs Section 【防衛装備庁】研究企画係 《電子装備研究所～の英語呼称》

Research Section 【統幕・陸自・空自】研究班 《の英語呼称》◇用例： 研究班長＝Chief, Research Section

reseating pressure 吹き止り圧；吹き止り圧力

resection 後方交会法

reserve ①予備 ②予備隊；予備役

reserve aircraft ［pl. ＝～］ 保留航空機；予備機

reserve area ［C］ 予備地域

reserve army ［C］ 予備軍

reserve charge 保存充電量

reserve component ［C］ 予備役部隊；予備軍構成部隊

reserve corps ［C］ 遊軍

reserve curve ［C］ S曲線；背向曲線

reserved demolition target ［C］ 【陸自】指定破壊目標 《部隊の撤収および敵の追尾阻止等を確実にするため、作戦部隊指揮官が、主要経路上に指定し、最後まで確保を命じて、破壊の実行を統制する緊要な破壊目標をいう。[典] 陸自教範》

reserved road (RR) ［C］ 専用道路

reserved route ［C］ 専用路

reserved stock level ［C］ 予備在庫基準

reserve echelon ［C］ 予備隊

reserve feed tank ［C］ 予備水タンク

reserve feed water (RFW) ［U］ ボイラー予備水

reserve force 予備隊

reserve lube oil tank ［C］ 予備潤滑油タンク

reserve machine ［C］ 予備機器

reserve officer ［C］ 予備役将校

Reserve Officers' Training Corps (ROTC) 【米】予備役将校訓練部隊；予備将

R

校訓練団

reserve parachute ［C］ 予備傘（よびさん）

Reserve Personnel Section 【陸自】予備自
衛官班 《の英語呼称》

Reserve Readiness Force (RRF) 【陸自】
即応予備部隊

reserve stock level ［C］ 予備在庫基準

reserve stock point (RSP) 備蓄機関

reserve supplies ［pl.］ 予備補給品 《いかな
る事態になっても補給を中断させないために、当
面必要とする量以上に蓄えてある補給品をいう。
㊨ 統合訓練資料1-4》

reserve supply requirements ［pl.］ 予備
補給所要 《認可された予備の設置またはその補
充のための所要をいう。㊨ 陸自教範》

reserve tank ［C］ 予備タンク

reserve troops ［pl.］ 予備軍

reservist ［C］ 予備役

reservoir ［C］ ①【空自】貯蔵器 《油》 ②
【海自】溜め（ため）

reset 復帰

reset clutch ［C］ 復帰クラッチ

reset function 復帰機能

reset kill リセット・キル 《バッジ用語》

reset lever ［C］ 復帰レバー

reset pushbutton ［C］ 復帰押しボタン

reset switch ［C］ 復帰スイッチ

reset time 復帰時間

reshaping circuit ［C］ 再成形回路

resident coordinator (RC) ［C］ 【国連】
常駐調整官

residential place ［C］ 居住場所

residual altitude 残余高度

residual altitude error 残余高度誤差

residual capacity 残留容量

residual chlorine ［U］ 残留塩素

residual contamination ［U］ 残留汚染

residual error 残余誤差

residual forces ［pl.］ 控置部隊（こうちぶた
い）

residual image 残像

residual image effect 残像効果

residual magnetism ［U］ 残留磁気

residual oil ［U］ 残留油

residual radiation ［U］ 残留放射線

residual radioactivity ［U］ 残留放射能

residue ［C］ ①残留物 《情報処理操作は完

了したものの、消去や上書きがまだ行われておら
ず、記憶媒体上に残っているデータ》 ②残渣（ざ
んさ） 《弾丸の発射後の発射薬などの燃え残り、
燃えかす。㊨「燼渣（じんさ）」ともいうが、あま
り用いない》

resignation 辞職

resistance ①レジスタンス；抵抗；反抗 ②抵
抗器；抵抗

resistance attenuator ［C］ 抵抗減衰器

resistance box ［C］ 抵抗箱

resistance bulb thermometer ［C］ 測温
抵抗温度計

resistance by remaining enemy 残敵の
抵抗

resistance capacitance ［U］ 抵抗容量

resistance capacitance oscillator ［C］
抵抗容量発振器

resistance coefficient ［C］ 抵抗係数

resistance coupling ［C］ 抵抗結合

resistance loss 抵抗損

resistance movement レジスタンス運動

resistance pyrometer ［C］ 抵抗高温計

resistance thermometer ［C］ 抵抗温度計

resistance tube ［C］ 抵抗管

resistance wire ［C］ 抵抗線

resisting moment 抵抗モーメント

resistive load ［C］ 抵抗性負荷

resistivity 固有抵抗；抵抗率

resize ［vt.］ サイズ変更する

resolute ［adj.］ 断固とした

Resolute Support Mission (RSM)
【NATO】確固たる支援任務 《アフガニスタン》

resolution 分解能

resolution in azimuth 方位分解能

Resolution Trust Corporation 【米】貯蓄
機関決済信託公社

resolving power 解像力；分解能

resonance 共振 《励振周波数のわずかな増減に
よっても系の応答が減少するような、強制振動系
の現象。㊨ NDS Y 0011B》《㊉ anti-resonance ＝
反共振》

resonance bridge ［C］ 共振ブリッジ

resonance cavity magnetron 共振空洞付き
マグネトロン

resonance characteristics ［pl.］ 共振特性

resonance circuit ［C］ 共振回路

resonance current 共振電流

resonance curve ［C］ 共振曲線

resonance filter ［C］ 共振フィルター

resonance frequency ［U］ 共振周波数《共振の起こる周波数》《[対] anti-resonance frequency = 反共振周波数》

resonance frequency meter ［C］ 共振型周波数計

resonance indicator ［C］ 共振指示器

resonance point ［C］ 共振点

resonance range ［C］ 共振範囲

resonance test ［C］ 共振試験

resonant line ［C］ 共振線

resonant line oscillator ［C］ 共振線発振器

resonator ［C］ 共振器

resources ［pl.］ 資源 《あることを行うために使用する一切のものをいい、大別して人的資源、物的資源および資金に分けられる。[典] 統合訓練資料1-4》

respite 休止

responder ［C］ レスポンダー；応答機

responder action 応答動作

responder-assisted surveillance radar ［C］ 応答式探知レーダー

responder beacon ［C］ 応答ビーコン

responder coding 応答コード化

responder dead time 応答機無効時間

responder link ［C］ 応答リンク

responder loss 応答損失

response ①応答 ②反応

response force 即応部隊；対応部隊

response of control 操舵反応（そうだはんのう）

response of control movement 操舵反応

response time ①応答時間 ②反応時間

responsibility ［C］ 責任 《責任とは、隊員が職務を遂行し、または職務の遂行を指揮監督する義務をいう。[典] 防衛庁訓令第21号》

responsible person for security ［C］ 保管責任者 《秘密の保管責任者》

responsible stakeholder ［C］ 責任ある利害共有者

rest ①休養 ②静止

rest and recuperation 休養回復

rest area ［C］ 休養地

rest energy 静止エネルギー

restoration ①復旧 ②復職

restorative maintenance ［U］ 修復整備

restore ［vt.］ 復職する；復旧する

restoring bellows ［pl.］ 復元ベローズ

restoring force ①復元力 ②【海自】復原力《艦船の場合》

restrained beam ［C］ 固定ビーム

restraining voltage 再起電圧

restricted ①立入禁止区域 ②注意 《文書等の「注意」表示》

restricted air cargo 要注意航空貨物

restricted area ［C］ ①制限区域 《1. 味方部隊相互間の妨害の防止または局限のために、特別の措置がとられている区域をいう。2. 秘密保全のため、無許可の出入を禁止する等、特別の保全手段がとられている区域をいう。3. 危険防止のため、特別の保安、制限の手段がとられている区域をいう。[典] 統合訓練資料1-4》 ②飛行制限空域

restricted dangerous air cargo 制限危険航空貨物

restricted data ［U］ 部外秘データ ◇用例： formerly restricted data = 元部外秘データ

restricted line ［C］ 制限線

restricted measures ［pl.］ 制限措置

restricted operation area (ROA) ［C］ 運用制限区域 《陸上部隊の射撃、海上部隊の支援射撃、空中給油、集中的な阻止、捜索救難活動等が行われる場合、優先的に当該空域を使用するために設定する空域をいう。当該空域は、陸上部隊の要請により航空部隊が設定する。[典] 統合訓練資料1-4》《[同] restricted operation zone》

restricted operation zone (ROZ) ［C］ 運用制限区域 《[同] restricted operation area》

restricted war ［U］ ①【空自】制限戦；制限戦争 ②【海自】限定戦争 《[対] unrestricted war = 非限定戦争》

restriction ［U］ 行動制限

restrictive fire area (RFA) = restricted fire area ［C］ 【陸自】射撃制限地域 《地域内の射撃に特定の制限を加えて、我の地上部隊に対する危害を防止するために設ける地域をいい、作戦部隊指揮官が設定する。[典] 陸自教範》

restrictive fire line (RFL) ［U］ 【陸自】射撃制限線 《空挺・ヘリボン部隊と、これとの提携を企図する部隊との間または錯綜（さくそう）している部隊相互間の妨害を防止するために設ける線をいい、関係部隊に共通の指揮官の統制に基づき、関係部隊指揮官が調整して設定する。[典] 陸自教範》

restrictive measures ［pl.］ 制限措置

restrictor ［C］ レストリクター 《燃焼抑止材。固体推進薬の表面の一部に貼り付け、その部分の燃焼を抑制し、燃焼面積を調節する。[典] NDS Y 0001D》

R

rest 538

restrictor set ［C］ 制量セット

restrictor valve ［C］ 制限弁

resultant force 合力

resultant lifting force 合成揚力

resultant pitch ［C］ 合成ピッチ

resultant rate of closure 合成接近率；相対
接近率

resultant relative wind ［U］ 合成相対風

resultant wind ［U］ 合成風

resumption of exercise 状況再興 《状況中
止により一時取りやめていた演習の実演を再び開
始すること。㋺ 統合訓練資料1-4》

resupply 再補給；追送補給

resupply capability 再補給能力

retail store system 購買方式

retain ［vt.］ ①保有する；維持する ②領置
する ◇用例：retain the cash and articles ＝ 金
品を領置する

retained arms ［pl.］ 領置武器（りょうちぶ
き）

retained article ［C］ 領置品 《指定部隊長
等または方面総監が捕虜等の所持品から没収・保
管できる物品をいう。㋺ 陸自教範》◇用例：
retained cash ＝ 領置金；the cash and articles
being retained ＝ 領置されている金品

retained object ［C］ 留置物件

retainer ［C］ ①保持器 ②留め金具

retaining wall ［C］ 擁壁（ようへき）

retaliation ［U］ 報復；阻止手段

retaliation power ①【統幕】報復力 ②【空自】
対処力

retaliatory action ＝ retaliation effort ［C］
報復行動 ◇用例：US retaliatory action ＝ 米
国の報復行動

retaliatory strike ［C］ 報復攻撃 《の英語
呼称》◇用例：US-led retaliatory strike ＝ 米国
主導の報復攻撃

retardation 遅延；減速

retardation time 遅延時間

retardation torque ［U］ 制動トルク

retarded bomb ［C］ 減速爆弾 《制動傘など
の減速装置を装着した爆弾》《㋺ quick-fire gun》

retention ［U］ 保有

retention limit 保有限度

retention stock ［C］ 備蓄 《平時において、
日常の維持運営に使用されるものの外に、非常事
態のために必要な各種資材を蓄えておくこと、ま
たはこの目的のために蓄えられた諸資材をいう。
㋺ 統合訓練資料1-4》《㋺ stockpile》

retention stock for defense ［C］ 防衛備
蓄 《防衛行動全般にかかわる備蓄をいう。㋺ 統
合訓練資料1-4》

retention stock for operation ［C］ 作戦
備蓄 《防衛備蓄のうち、直接作戦の実施に必要
な諸資材をいう。㋺ 統合訓練資料1-4》

retentivity 残磁性

reticle ［C］ 焦点鏡；レティクル 《照準、観測
などのため、接眼レンズなどの光学系の焦点面に
十字線などの刻線を施した光学部品》

reticle image レティクル像

reticle mark ［C］ 基標（きひょう）

retire ［vt.］ ①退職する ②離隔する

retired (Retd) ［adj.］ ①退役した
《㋺ 退役後も階級は維持されるので、「元」や
「前」は用いない。自衛隊では、階級は失われるの
で、「元」や「前」を用いる》◇用例：retired
Marine Lt. Colonel John Blitch ＝ ジョン・ブ
リッチ米海兵隊退役中佐；Admiral (Retd)
Dennis BLAIR, former Director of National
Intelligence ＝ 元米国国家情報長官海軍大将（退
役）デニス・ブレア ②使用を停止した

retired list ［C］ 退役軍人名簿

retired personnel ［pl.］ 退職者

Retired Reserve 【米軍】退役予備

retired SDF personnel ［pl.］ 退職自衛官

retirement ①退職 ②【陸自】離隔 《部隊が新
たな任務に移行するため、敵から遠ざかる行動を
いい、通常、離脱に引き続き行われることが多い。
㋺ 陸自教範》③退却；後退

retirement age 定年

retirement allowance ［C］ 退職手当

retirement allowance for SDF personnel
under early-age retirement system
【自衛隊】若年定年退職者給付金

retirement and withdrawal 撤退

retirement of deployment 【陸自】離隔展
開 《遭遇戦において、終始優勢な敵と交戦する
不利を避ける場合、または特に装備の優れた敵を
我の欲する場所において、総合戦闘力をもって撃
破しようとする場合等に、敵から適宜離隔した展
開地域を選定し、かつ、必要な部隊の展開完了を
待って攻撃を開始しようとする戦闘展開をいう。
㋺ 陸自教範》

retiring 避退

retiring search ［C］ 遠心捜索

retortion 報復

retrace line ［C］ 帰線

retractable landing gear ［C］ 引き込み脚

retracting lever ［C］ 打針起こしレバー

retracting system [C] 脚引き込み装置
retraction unit [C] 引き上げ装置
retreat [n.] ①退却 ②国旗降下式
retreat [vt.] 退却する
retreating blade [C] 後退翼；リトリーティング・ブレード 《ヘリコプターの～》
retreating half 後退半面
retrievable [adj.] 検索可能な
retrieve/compare 回収比較 《ペトリオット用語》
retrieving line [C] 引き寄せ索；リトリービング・ライン
retro-ejector [C] 後方投射機
retrofit action 改装処置
retrograde [n.] 逆行
retrograde [vi.] 逆行する
retrograde cargo 後送貨物
retrograde movement 【陸自】後退行動 《新たな企図に応ずるため、戦闘を中止して敵との接触を解き、敵から遠ざかる防勢的な戦術行動をいう。[典] 陸自教範》《[同] retrograde operation》
retrograde operation 【陸自】後退作戦 《[同] retrograde movement》
retrograde personnel [pl.] 後送人員
retrogression 後退；逆行
retrogressive winding もどり巻き
retro-rocket [C] 逆推進ロケット
return (RTN) ①返納 ②リターン 《信号の戻り経路をいう。[典] JAFM006-4-18》
return bend 返しベンド
return fire 応射
returning transfer 返還管理換え
return interval [C] 帰線期間
return loss 反射減衰量
return period [C] 再現期間
return pipe [C] 戻り管
return stroke ①戻り行程 ②帰還雷撃
return-through-swept-water method 既掃面反転航掃法
return to base (RTB) 【空自・海自】帰投 《航空基地または帰投定点への帰投をいう。[典] JAFM006-4-18》
return to duty 原隊復帰(げんたいふっき) 《教育、訓練、出張などが終了して元の部隊に戻ること。[典] 民軍連携のための用語集》
return trace 帰走査線
return voltage 復帰電圧
reveille 起床らっぱ 《[対] taps = 消灯らっぱ》
reverberation 残響 《音源が停止した後に繰り返される反射または散乱の結果として空間に持続する音。[典] NDS Y 0012B》
reverberation level [C] 残響レベル 《受波点で観測される残響の音圧レベル。[典] NDS Y 0011B》
reverberation-limited condition 残響制限状態 《アクティブ・ソーナーにおいて、残響によって信号の検出が制限される状態。[典] NDS Y 0012B》
reversal zone [C] 負変位感度帯域
reverse action run 反航
reverse and reduction gear [C] 逆転減速装置
reverse course [C] 折り返しコース
reverse current circuit breaker [C] 逆流遮断器
reverse current relay [C] 逆流継電器
reverse error 反転誤差
reverse feedback [U] 負帰還 《[同] negative feedback》
reverse flow combustion chamber [C] 逆流燃焼室
reverse order of sequence number 逆番号順序
reverse phase relay [C] 逆相継電器
reverse pitch [C] 逆ピッチ
reverse pitch propeller [C] 逆ピッチ・プロペラー
reverse power relay [C] 逆力継電器
reverse pulse [C] 負パルス
reverse slope [C] ①我が方斜面 《[対] forward slope = 敵方斜面(てきほうしゃめん)》 ②反斜面
reverse slope defense [U] 反斜面防御
reverse slope fire 背面射撃
reverse slope position [C] 反斜面陣地 《敵の火力および機甲戦闘力が特に優勢な場合、我が配備を秘匿して敵火による損害を軽減するとともに、敵の突撃部隊と支援火力との分離に乗じて奇襲しようとする目的をもって、敵方と反対の斜面およびその直後に設ける陣地をいう。[典] 陸自教範》
reverse thrust 逆推力
reversible battery [C] 可逆電池
reversible booster [C] 可逆昇圧機
reversible cell [C] 可逆電池
reversible clutch [C] 逆転クラッチ

reve 540

reversible pitch propeller ［C］ 可逆ピッチ・プロペラー

reversible transducer ［C］ 可逆変換器 《電気信号を音響信号や機械振動に変換可能であるとともに、またその逆も可能な変換器。⦿ NDS Y 0012B》

reversing clutch ［C］ 逆転クラッチ

reversing device ［C］ 逆転装置

reversing gear ［C］ 逆転装置

reversing handle ［C］ 逆転ハンドル

reversing handwheel ［C］ 逆転ハンドル

reversing hydraulic propeller ［C］ 可逆式油圧プロペラー

reversing index ［C］ 逆転表示板

reversing lever ［C］ 前後進レバー

reversing shaft ［C］ 逆転軸

reversing switch ［C］ 転極器

reversing water bottle ［C］ 転倒式採水器

revetment ①被覆 ②防壁 ③護岸

review ①検閲 ②観閲式 《指揮官が部隊を閲兵すること。⦿ 民軍連携のための用語集》

Review Board on the Recognition of Prisoner of War Status, etc. ［the ～］【防衛省】捕虜資格認定等審査会 《の英語呼称》

reviewing ground ［C］ 観閲式場

revised PKO cooperation law ［the ～］【日】PKO協力改正法

revolution ①革命 ②公転 《地球の公転》

revolution counter 積算回転計

revolution indicator ［C］ 回転計

Revolution in Military Affairs (RMA) 軍事における革命

revolutions per minute (RPM) ①【空自】毎分当たり回転数 《回転速度の単位》 ②【海自】毎分回転数

revolutions per second (RPS) 毎秒回転数 《主にハード・ディスクなどのディスク回転数を表すための単位をいう。⦿ JAFM006-4-18》

revolution valve ［C］ 回転弁

revolver ［C］ 回転式拳銃；リボルバー 《回転弾倉を有し、手動で射撃操作を行う拳銃。⦿ NDS Y 0002B》

revolving-armature type 回転電機子型

revolving field type 回転界磁型

revolving fund ［C］ 回転資金

revolving magnetic field ［C］ 回転磁界 《⦿ rotating magnetic field》

reward for services 賞じゅつ金 《自衛隊員

が、一身の危険を顧みることなく職務を遂行し、そのため死亡し、または障害の状態となったとき、功労の程度に応じ、賞じゅつ金（賞恤金）が支給される》

rewinder ［C］ 巻き返し機

rewinding 巻き返し

rework 整備工事

Reynolds number レイノルズ数

Reynolds stress レイノルズ応力

RF unit ［C］ 高周波ユニット

rhombic antenna ［C］ 菱形アンテナ；菱形空中線

rhombi line ［C］ 等方位線

rhumb bearing 航程線方位

rhumb line ［C］ ①【空自】等方位線 ②【海自】航程線

rib リブ

ribbon fuze ［C］ 板ヒューズ

ribbon lightning ［C］ リボン電光

ribbon line ［C］ リボン線

rich best power mixture 濃厚最大出力混合気

rich mixture 濃混合気；濃厚混合気

ricochet 跳飛 《弾丸が地表面または水面で破砕したり、地中または水中に潜入したりしてしまうことなく、再び空中に飛び出す現象。一般的には「跳弾」と訳されている。⦿ NDS Y 0006B》

ricochet burst 跳飛爆破

ricochet fire 跳飛射撃 《跳飛破裂の効果を得るように行う射撃。「第二弾道射撃」ともいう。⦿ NDS Y 0005B》

ricochet trajectory ［C］ 跳飛弾道 《地表面または水面で跳飛した弾丸の弾道。「第二弾道」ともいう。⦿ NDS Y 0006B》

ridge ［C］ 気圧の峰

ridge approach 稜線接近経路

ridgeline ［C］ 稜線

ridge line fire 稜線射撃（りょうせんしゃげき） 《稜線（地形の頂上と頂上を結ぶ線）の側面に隠れ、稜線越しに行う射撃。⦿ NDS Y 0005B》

ridge pole ［C］ 天幕縦木

ridge rope ［C］ 天幕張りロープ；リッジ・ロープ

ridge waveguide ［C］ リッジ導波管

riding at single anchor 単錨泊（たんびょうはく） 《片舷の錨（いかり）を使用する錨泊》 《⦿ single anchor mooring》《⦿ riding at two anchors ＝ 双錨泊》

riding at two anchors 双錨泊 《両舷の錨（いかり）を使用する錨泊》《働 two anchor mooring》《働 riding at single anchor = 単錨泊》

riding cable = riding chain ［C］ 張り錨鎖（はりびょうさ）

riding light ［C］ 停泊灯

rifle ［vt.］ 旋条をつける 《銃身または砲身の内側に螺旋状の溝をつけること》

rifle (rifl) ［C］ 小銃 《個人携行の肩撃ち銃であり、銃身長が16インチ以上の施条銃身を通じて銃弾を発射できるものをいう。使用目的によって、歩兵銃、騎銃、突撃銃、狙撃銃などがある》

rifle bullet impact sensitivity 小銃弾衝撃感度

rifled bore 施条銃腔（しじょうじゅうこう）；施条砲腔（しじょうほうこう）《腔線を施した銃腔または砲腔。働 NDS Y 0003B》

rifled bore gun ［C］ 施条砲；施線砲 《砲腔に腔線を施している火砲。働 NDS Y 0003B》◇用例： 105-mm rifled bore = 105mm施線砲

rifle grenade ［C］ 小銃擲弾（しょうじゅうてきだん）《小銃を用いて発射する擲弾。小銃の銃口部分または小銃装着式擲弾発射器に装着して発射する。働 NDS Y 0002B》

rifle grenade launcher ［C］ 小銃擲弾発射器 《擲弾を発射するために小銃の銃口部分に装着する部品》

rifleman ［pl. = riflemen］ 小銃手

rifle-mounted grenade launcher ［C］ 小銃装着式擲弾発射器 《小銃に装着する擲弾（てきだん）発射器。働 NDS Y 0002B》

rifle salute ［C］ 銃礼 《左手の手のひらを下にして指をそろえて伸ばし、手首と前腕をまっすぐにしておおむね水平に伸ばし、人さし指の第1関節が銃に軽く接触する程度に保って行なう。働 防衛庁訓令第14号》

rifling ①【陸自】腔線（こうせん）《発射する弾丸に旋動を与える目的で銃身または砲身の内側につけた螺旋状の溝。働 NDS Y 0003B》②【海自】旋条（しじょう）

rifling twist = twist of rifling 腔線の転度

rig for dive 【海自】合戦準備 《潜水艦》

rig for surface 【海自】合戦準備用具収め 《潜水艦》

rigging first parachute ［C］ 吊索優先方式落下傘（ちょうさくゆうせんほうしきらっかさん）

right ascension (RA) 赤経（せきけい）

right ascension of the mean sun (RAMS) 平均太陽赤経

right bank 右バンク 《働 left bank = 左バンク》

right-bladed propeller ［C］ 右回りプロペラー 《働 left-bladed propeller = 左回りプロペラー》

right end box ［C］ 右端箱

Right Face ! 「右向け、右！」《号令》

right flank 右翼 《働 left flank = 左翼》

right-handed single propeller 右回り単螺旋 《働 left-handed single propeller = 左回り単螺旋》

right hand lay Zより；左より 《働 left-hand lay = Sより；右より》

right-hand traffic 右側場周 《働 left-hand traffic = 左側場周》

righting arm ［C］ 復原梃（ふくげんてい）

righting couple 復原偶力

righting effect 復原効果

righting moment 復原モーメント

right of approach 近接権

right of archipelagic sea lane passage 群島航路帯通航権

right of belligerency ［the 〜］ 交戦権

right of collective self-defense 集団的自衛権 《働 right of individual self-defense = 個別的自衛権》

right of command 指揮権 《職に伴って個人に与えられる指揮する権限をいう。働 陸自教範》《働 command authority》

right of control 【陸自】統制権 《一般には、個人、部隊等を特定の基準に従わせ、または特定の行動を行わせるため、特定の個人に与える権限をいう。統合・連合作戦においては、特定の部隊等の指揮官に、指揮下にない部隊等を統制させるために与える権限をいう。働 陸自教範》

right of coordination 調整権 《特定の部隊等指揮官または幕僚に、他の部隊等と指導的立場で調整させる権限をいう。働 陸自教範》

right of hot pursuit 継続追跡権

right of individual self-defense 個別的自衛権 《働 right of collective self-defense = 集団的自衛権》

right of necessity 緊急避難

right of self-defense 自衛権 《国際法上、国家が自国または自国民に対する侵害を除去するために行う防衛の権利。働 民軍連携のための用語集》

right of war 交戦権

right of way (ROW) 進路権

Right Shoulder Arms ! 「担え、銃！」(になえ、つつ) 《号令》

R

righ 542

right traffic　右旋回場周経路

rigid frame　[C]　ラーメン構造

rigid hull inflatable boat (RHIB)　[C]　硬式ゴム・ボート　《RHIB＝リブ》

rigidity　剛性

rigidity stiffness　剛性

rigid pavement　剛性舗装

rigid rotor　[C]　①【空自】リギッド回転翼　②【海自】剛性ローター

rim　[C]　起縁部；リム　《薬莢底部にある、薬莢体部より外径の大きい鍔（つば）の部分》

rime　[U]　樹氷；霜；霧氷

rime ice　[U]　樹氷

rim-fire　[adj.]　リムファイアー式　《薬莢底部の起縁部の内周に爆粉を詰めておき、起縁部を打撃して叩き潰し、爆粉を発火させる方式》◇用例：rim-fire cartridge case＝リムファイアー式薬莢

rimless cartridge case　[C]　無起縁薬莢　《起縁部がなく、薬莢底部を削って抽筒溝を形作っている薬莢》《@ rimmed cartridge case＝起縁薬莢》

rimmed cartridge case　[C]　起縁薬莢　《起縁部を持つ薬莢》《@ rimless cartridge case＝無起縁薬莢》

Rim of The Pacific Exercise (RIMPAC)　リムパック

ring-and-bead sight　[C]　円環照準具

ring armature　[C]　環状電機子

ring bus　[C]　環状母線

ring coil　[C]　環状コイル

ring connection　環状接続；環状結線　《@ mesh connection》

ring counter　[C]　リング計数器

ring current　環状電流

ring dial　環状目盛り盤

ringing circuit　[C]　①信号回路　②【海自】リンギング回路

ringing oscillator　[C]　リンギング発振器

ringing tone (RGT)　着信音　《電話の着信音をいう。@ JAFM006-4-18》

ring laser gyro (RLG)　[C]　リング・レーザー・ジャイロ

ring lubrication　リング注油

ring magnet　[C]　輪形磁石

ring modulator　[C]　リング変調器

ring mount　[C]　環状銃架

ring shake　輪状割れ

ring sight　[C]　環型照準具　《円環状の前方の部品および球状、棒状などの後方の部品を組み合わせた照準具。@ NDS Y 0004B》

ring solenoid　輪形ソレノイド

ring type sense antenna　[C]　環状センス・アンテナ

ring voltage　環状電圧

ring winding　環状巻き

riot　暴動　《多人数が集合して、暴行脅迫等の暴力的不法行為を行うことで、内乱、騒擾における集団的暴力行使の事象をいう。@ 統合訓練資料1-4》

riot control agent (RCA)　[C]　暴動鎮圧剤

riot control operations　[pl.]　暴動鎮圧作戦

riot gun　[C]　短銃身散弾銃

riot hand grenade　[C]　対処用手榴弾　《プラスチック、ガラスなどの脆弱な容器に催涙剤などを充填した手榴弾。@ NDS Y 0001D。@ 暴徒鎮圧用手榴弾》

riot police　[pl.]　警察機動隊

riot rifle grenade　[C]　対処用小銃擲弾　《プラスチック、ガラスなどの脆弱な容器に催涙剤などを充填した小銃擲弾。@ NDS Y 0001D。@ 暴徒鎮圧用小銃擲弾》

rip cord assembly　[C]　開放装置

ripple　[C]　①脈流　②リップル　《同一目標に対し、2発以上のミサイル（SSM）を連続して発射することをいう。@ 海上自衛隊訓練資料第175号》

ripple current　リップル電流

ripple factor　[C]　リップル係数

ripple frequency　[U]　リップル周波数

ripple percentage　リップル百分率

Ripsaw Range　【在日米軍】三沢対地射爆撃場

rise of floor　船底勾配（せんていこうばい）

rising ground　[C]　傾斜地

rising mine　[C]　上昇機雷

Rising Sun　[the～]　【日】旭日旗

Rising Thunder　【陸自】ライジングサンダー　《米国における陸上自衛隊と米陸軍との実動訓練の演習名。@「雷神」》

risk　危険；危機

risk evaluation force　リスク評価部隊

risk management (RM)　[U]　危機管理

river　[C]　河川

river basin　[C]　流域

river crossing　[C]　渡河（とか）

R

《[同] crossing》

riverine operations ［pl.］ 河川作戦

riverinewarfare ［U］ 河川戦

river terrace ［C］ 河岸段丘（かがんだんきゅう）

RLRIU diagnostic (RLUD) RLRIU診断プログラム 《RLRIU = routing logic radio interface unit（通信データ処理装置）》

R method 受領通知式

RNAV System RNAVシステム 《RNAVシステムとは、無線施設からの電波の受信または慣性航法装置の利用により任意の経路を飛行する方式による飛行を可能にする航法システムをいう。[典] 防管航第7575号。[備] RNAVは、「area navigation（広域航法）」の略語》《RNAV = アールナブ》

road ［C］ 道路 《道路法による道路、道路運送法による自動車道およびその他の一般交通の用に供する場所をいう。[典] 防衛庁訓令第1号》

road bed ［C］ 路床

road blocks ［pl.］ 道路阻絶 《倒木、拒馬、鉄条網等の障害物をもって交通路を閉塞することをいう。[典] 陸自教範》

road capacity 道路容量 《[同] highway capacity》

road head ［C］ 端末地；端末

road junction ［C］ 三叉路

road net 道路網

road passage ［C］ 道路通過

road screen ［C］ 道路遮蔽物

roadside ［C］ ロードサイド 《ペトリオット用語》

road space (RS) ［C］ 行進長径 《行進する部隊の先頭から後尾までが、道路上に占める長さ（距離）をいう。[典] 陸自教範》

roadstead ［C］ 泊地（はくち）；停泊地

road surface element ［C］ 道路マット

road system 道路網

road traffic law ［C］ 道路交通法

road type symbol ［C］ 道路格付け記号

road width 車道幅員

roband hitch 天幕結び

Robinson cup anemometer ［C］ ロビンソン風速計

robot bomb ［C］ ロボット爆弾

robot observation ［U］ ロボット観測

rocker arm ［C］ ロッカー・アーム；揺れ腕

rocker fulcrum shaft ［C］ 支点軸

rocket ［C］ ロケット 《内蔵する推進薬の燃焼による高温ガスをジェットとして後方に噴出し、その反動力で推進する飛翔体。[典] NDS Y 0001D》

rocket ammunition ［U］ ロケット弾薬 《ロケットを使用した弾薬。通常、弾頭、信管およびロケット・モーター（またはロケット・エンジン）で構成される》

rocket-assisted projectile (RAP) ［C］ 噴進弾 《弾底部にロケット・モーターを組み込んだ火砲弾薬。発射後、ロケット・モーターが点火し射程を延伸する。[典] NDS Y 0001D。[備]「ロケット補助推進弾」としている場合もある》《RAP = ラップ》

rocket-assisted take-off (RATO) ロケット補助離陸 《航空機等のロケット補助離陸》《RATO = ラトー》

rocket-assisted torpedo (RAT) ［C］ ロケット発射魚雷 《RAT = ラット》

rocket bomb ［C］ ロケット爆弾 《推進機構がついている爆弾》

rocketeer ［C］ ロケット弾発射筒射手

rocket engine ［C］ ロケット・エンジン

rocket firing ロケット発射

rocket igniter ［C］ ロケット用点火装置 《固体推進薬を点火するために使用する点火管》

rocket launcher ［C］ ロケット弾発射筒；ロケット発射機

rocket launcher line ［C］ ロケット発射線

rocket motor ［C］ ロケット・モーター 《固体推進薬を使用する推力発生装置。[典] NDS Y 0001D》

rocket propellant ロケット推進薬 《ロケット弾や誘導弾などを推進するために使用する火薬。個体推進薬、液体推進薬、ハイブリッド推進薬がある。[典] NDS Y 0001D》

rocket propulsion ［U］ ロケット推進

rocket tube ［C］ ロケット管

rocket window ［C］ ロケット反射箔（ロケットはんしゃはく）

Rockwell A (RA) ロックウェルA 《硬さ試験方法》◇用例： Rockwell C (RC) = ロックウェルC；Rockwell D (RD) = ロックウェルD

Rockwell hardness ［U］ ロックウェル硬度

Rockwell hardness tester ［C］ ロックウェル硬度計

rock wool ［U］ 岩綿（がんめん）

Rodong-I 【北朝鮮】労働1号

roger ①ラジャー ②【空自】了解

rogue country ［C］ ならず者国家

rogue nation ［C］ ならず者国家

Role Mission Capability (RMC) 役割・

任務・能力

roll ①横転 ②ロール

roll axis ［pl. = roll axes］ 縦軸

roll back 巻き返し

roll call 点呼（てんこ）《人員の数および健康状態等を確認するために実施する集合。[典] 民軍連携のための用語集》

roll cloud ロール雲

roll correction 横動揺修正

rolled homogeneous armor (RHA) 圧延均質装甲 《拡散焼なましによって均質化した圧延鋼板による装甲。[典] NDS Y 0006B》

rolled steel plate ［U］ 圧延鋼板

roller-delayed blowback = roller-delayed blowback system ローラー遅延吹き戻し式

roller-path ローラー・パス

roller path compensator ［C］ ローラー・パス修正器

roller path tilt ローラー・パス傾斜

roll in ロール・イン；旋回開始

rolling ①横揺れ ②圧延

rolling angle ［C］ 横揺れ角

rolling error ローリング誤差

rolling friction 転がり摩擦

rolling hitch 枝結び

rolling period ［C］ 横揺周期

rolling point ［C］ 集合点

rolling take-off ローリング・テイクオフ

rolling terrain ［U］ 起伏地

roll integrator ［C］ ロール積分器

roll-on/roll-off (RO/RO) ロールオン/ロールオフ 《RO/RO = ローロー》

roll-on/roll-off discharge facility ［C］ ロールオン/ロールオフ設備

roll out 【空自】旋回終了；ロール・アウト

roll out point ［C］ ロール・アウト・ポイント 《バッジ用語》

roll rate gyroscope ［C］ ロール・レート・ジャイロ 《機体の横回転の動きを検出する装置。[典] NDS Y 0041》《[対] pitch rate gyroscope = ピッチ・レート・ジャイロ》

roll stabilization ロール安定

roll-up 撤収；撤去

roof-top target ［C］ 屋上目標

room for discretion 自主裁量の余地

root bend test ［C］ 裏曲げ試験

root chord ［C］ 翼根翼弦長

root cutting ［C］ 抜根作業

rootkit ルートキット 《コンピューターへの管理者レベルのアクセス権を取得した後、コンピューター上における攻撃者の活動を隠蔽し、攻撃者が管理者レベルのアクセス権を維持するために使用するツール》

root mean square value (RMS) 根自乗平均実効値（こんじじょうへいきんじっこうち）；根二乗平均実効値（こんにじょうへいきんじっこうち）

roots compressor ［C］ ルーツ圧縮機

root valve ［C］ 元弁

rope-chaff ［U］ ロープ・チャフ 《ロープを用いたチャフ》

rope ladder ［C］ 縄梯子（なわばしご）

rope yarn knot 糸結び

Rossby diagram ［C］ ロスビー図

roster ［C］ 勤務名簿；勤務名簿表

rotary compressor ［C］ 回転圧縮機

rotary converter ［C］ 回転変流機

rotary magnet ［C］ 回転電磁石

rotary pump ［C］ 回転ポンプ

rotary table ［C］ 回転テーブル

rotary teeth ［pl.］ 回転歯

rotary valve ［C］ 回転弁

rotary wing ［C］ 回転翼

rotating amplifier ［C］ 増幅発電機

rotating band ［C］ ①弾帯 《燃焼ガスの漏れを防止するために、弾丸の弾尾部の外周に装着する金属製または樹脂製の帯。[典] NDS Y 0003B》 ②【海自】導環

rotating beacon ［C］ 飛行場灯台

rotating cam ［C］ 回転カム

rotating directional transmission (RDT) 逐次方向送信 《アクティブ・ソーナーにおいて、音響ビームを旋回させながら、または逐次その指向方向を変化させながら送信すること。[典] NDS Y 0012B。[備]「RDT」で通じる》《RDT = アールディーティー》

rotating disc ［C］ 回転円板

rotating loop ［C］ 回転ループ

rotating magnetic field ［C］ 回転磁界 《[同] revolving magnetic field》

rotating mechanism ［C］ 回転機構

rotating plate ［C］ 回転盤

rotating screen ［C］ 旋回直衛

rotation 旋回

rotational directional transmission (RDT) 【米海軍】逐次方向送信

rotational wave ［C］ すべり波 《[同] shear wave》

rotation anemometer ［C］ 回転風速計

rotation clockwise 旋回方向右回り《[対] rotation counter clockwise = 旋回方向左回り》

rotation counter clockwise 旋回方向左回り《[対] rotation clockwise = 旋回方向右回り》

rotor ［C］ ①回転翼 《ヘリコプター》 ②回転子 《かご形の二次巻線をもつ電動機の回転部分をいう。[典] NDS F 8302D。[備] 不明な場合は「ローター」にする》

rotor blade ［C］ ローター・ブレード

rotor core ［C］ 回転子鉄心

rotorcraft = rotor craft ［pl. = ～］ 回転翼航空機；回転翼機

rotor head ［C］ ローター・ヘッド

rotor hub ［C］ ローター・ハブ

rotor type relay ［C］ 回転子型継電器

rotor vane ［C］ ローター・ベーン；動翼

rough air ［U］ 悪気流

rough ditch ［C］ 素堀り溝（すぼりこう）

rough handling ［U］ ラフ・ハンドリング《粗雑な取り扱い》

rough location ［C］ 概略位置

roughness coefficient ［C］ 粗さ係数（あらさけいすう）

rough terrain ［U］ 不整地 《[同] broken terrain》

rough terrain container handler (RTCH) ［C］ 不整地コンテナー処理装置

rough weather ［U］ 荒天

round ①【米海軍】巡検 ②【海自】発 《弾数の呼称単位》

round bar ［C］ 丸棒

round complete 打ち終わり 《射撃終了》

round fired counter ［C］ 発射弾数計

round missile ［C］ ミサイル完成弾

round of ammunition ［U］ 完成弾薬

round robin (RR) 周回航法

round steel 丸鋼

round thimble ［C］ 丸形シンブル

round trip timing (RTT) ラウンド・トリップ・タイミング 《戦術データ交換システム（TDS）ネットワークのシステム・タイムを維持させる機能を支援するためのメッセージをいう。[典] JAFM006-4-18》

round turn 一巻き

round turn and elbow 一巻き半

round turn and half hitch 錨結び第1法

round turn and two half hitch 錨結び第2法

Rousseau diagram ［C］ ルーソー図

rout 敗走

route ［C］ ①経路 ②【海自】航路

route capacity 通行容量

route column ［C］ 【陸自】途上縦隊 《接敵機動のための行進において、敵との地上接触の恐れの少ない場合、行進速度の維持および戦闘力の温存とを主たる狙いとして編成される行進縦隊をいう。[典] 陸自教範》《[対] tactical column = 戦術縦隊》

route cross section ［C］ 航空路断面図

route forecast ［C］ 航空路予報

route map ［C］ ①【陸自】経路図 ②【空自】航路図

route of flight 飛行経路

route of patrol 偵察経路

route of retreat 退路

route position ［C］ 航路点

route reconnaissance 進路偵察

route reconnaissance party ［C］ 路上斥候班

route step みちあし

routine ①【米】普通 《緩急区分指定の一つ。上級の優先順位をつけるには、重要性や緊急性に欠けるが急いで伝送する必要があると判断される通信用である。指定符号は「R」》 ②命令群；ルーチン

routine action TCTO 普通実施TCTO《TCTO = time compliance technical order（期限付き技術指令書）》

routine flight check 定例飛行点検

routine inspection 定期検査

routine message ［C］ 普通信；通常メッセージ

routine observation ［U］ ルーチン観測

routine order 日日命令

routine overhaul 定期分解

routine precaution ［C］ 一般守則

routine replenishment 補充

routine report ［C］ 定期報告

routine requisition 普通請求

routine sweeping 日施掃海

routine test ［C］ 定期試験

routine upkeep 保守

routing 【海自】ルーティング 《通るべき航路、港湾からの出発時刻、船団または独航船の航行上の細目、航路上の会合点および分離点の細目等に関することをいう。㋻統合訓練資料1-4》

routing indicator ［C］ ①経路指示文字 ②【海自】ルーティング表示

routing instructions ［pl.］ ルーティング指針

routing logic radio interface unit (RLRIU) ［C］ 通信データ処理装置 《ペトリオット用語》

rowing 漕艇（そうてい）

rowlock ［C］ 櫂座（かいざ） 《オール受け》

Royal Air Force (RAF) ［the ～］ 英国空軍 《RAF＝ラフ》

Royal Air Force Volunteer Reserve (RAFVR) 【英】空軍志願予備軍

Royal Australian Air Force (RAAF) オーストラリア空軍

Royal Canadian Air Force (RCAF) 王立カナダ空軍

Royal Marines (RM) ［the ～］ 【英】海兵隊

Royal Military Academy ［the ～］ 【英】英国陸軍士官学校

Royal Navy (RN) ［the ～］ 【英】英国海軍

Royal Observer Corps (ROC) 【英】英国防空監視隊

Royal United Services Institute for Defence and Security Studies (RUSI) ［the ～］ 【英】英国王立防衛安全保障研究所

RRR mat ［C］ 滑走路復旧マット 《「runway rapid repair mat」の略語》

rubber cement ［U］ ゴム接着剤

rubber-covered wire ［C］ ゴム被覆線

rubber dome ［C］ ラバー・ドーム 《ゴムを主たる材質とするソーナー・ドーム》

rubber-insulated cable ［C］ ゴム絶縁ケーブル

rubber-insulated gloves ［pl.］ 電気用ゴム手袋

rubber-insulated wire ［C］ ゴム絶縁線

rubber jacket cable ［C］ ゴムさやケーブル

rubber pad ［C］ ゴム・パッド

rubble concrete 砕石コンクリート

rudder ［C］ ①【空自】方向舵（ほうこうだ）②縦舵（たてかじ）《魚雷の水平面運動を制御する舵》

rudder adjusting rod ［C］ 縦舵調整桿（じゅうだちょうせいかん）

rudder angle ［C］ 舵角；方向舵支柱

rudder bar ［C］ 踏み棒

rudder force 舵圧；舵圧力

rudder's man 縦舵手

rudder steering unit assembly ［C］ 縦舵操舵装置（じゅうだそうだそうち）

rudder tab ［C］ ラダー・タブ；方向舵修正舵

rudder tube ［C］ 舵管

rudder wheel ［C］ 舵輪

rudder yoke ［C］ 横舵柄

ruggedized COTS 防衛化COTS 《防衛用に改善されたCOTS機器。改善には、シールドや出力調整器の付加、またCOTS機器の改造がある。㋻NDS C 0001D》《COTS（コッツ）＝ commercial off-the-shelf（市販品）》

rugged terrain ［U］ 荒れ地

Rule of Law 法の支配 《国家自体も含め、すべての人、機構および主体が、官民を問わず、公布され、平等に執行され、独立の司法を有し、かつ国際的な人権の規範と規準に合致する法律に対して責任を問われるというガバナンス原則。㋻国連平和維持活動（原則と指針）》

Rules of Behavior for Safety of Air and Maritime Encounters ［the ～］ 海空遭遇時の安全行動規範 《㋻定訳はなく「海空遭遇時における安全のための行動規則」などがある》

rules of engagement (ROE) ①交戦規定；交戦規則 《㋻基本的には「交戦規定」にする》②【自衛隊】部隊行動基準 《㋻自衛隊の部隊等が取り得る対処行動の限度を示すための行動基準。「部隊行動基準」は、相手方（敵）への接近限界や特定の対処行動が制限される範囲の指定、使用しまたは携行し得る武器の種類、選択し得る武器の使用方法等、特に政策的判断に基づき制限することが必要な重要事項に関して、状況に応じて部隊等に示すべき基準であることから、実質的には「交戦規定」を意味する》

runaway 暴走

runaway gun ［C］ ランナウェー・ガン

run away speed 無拘束速度

run length ラン・レングス 《アジマス・チェンジ・パルス（ACP）の単位で数えた、レーダー領域の方位の幅をいう。㋻JAFM006-4-18》

runner ［C］ 羽根車

running bowline knot わなもやい結び 《罠舫い結び》

running dive 通常潜入

running estimate of the situation 連続情勢判断

running fight 追撃退却戦闘

running fire 連続射撃

running fix ランニング・フィックス

running in ＝running-in すり合わせ運転

running landing 滑走着陸

running log ［C］ ランニング・ログ

running repair 一般修理

running rope ［C］ 動索

running spare 操作予備品

running take-off and landing 滑走離着陸

running time 走行時間

running trial 運転性能試験

running wire ［C］ 動索

run off 流出

run-out firing 自走発射

run out point ［C］ 時計発動点

run time control ［U］ 航走時間管制

run-up 試運転 《エンジンの試運転》

runway condition report (RCR) ［C］ 滑走路状況報告

runway control ［U］ 滑走路管制

runway distance marker ［C］ 滑走路距離標識

runway distance marker light ［C］ 滑走路距離灯

runway guidance ［U］ 滑走路誘導

runway light ［C］ 滑走路灯

runway observation ［U］ 滑走路観測

runway rapid repair mat (RRR mat) ［C］ 滑走路復旧マット

runway temperature 滑走路気温

runway visibility ［U］ 滑走路視程

runway visual range (RVR) ［C］ 滑走路視距離 《滑走路の中心線上にある航空機から滑走路標識または滑走路灯もしくは滑走路中心灯を視認できる最大距離（滑走路視距離）をいう。[典] 防管航第7575号》

rupture ［n.］ 突破口の形成

rupture ［vt.］ 突破口を形成する

rupture zone ［C］ 爆裂圏

Rural Business and Cooperative Development 【米】農業及び農業共同組合部

Rural Utilities 【米】農業設備部

ruse ［C］ 策略

rush ［n.］ 早駆け

rush ［vi.］ 早駆けする

Russell-Einstein Manifesto ラッセル・アインシュタイン宣言

Russian Federal Space Agency (FSA) 【露】ロシア連邦宇宙局

Russo-Japanese War ［the ～］ 日露戦争

rusting 発錆（はっせい）

rust preventive grease ＝rust preventing grease ［U］ さび止めグリース；防錆グリース

rust preventive oil ［U］ 防錆作動油 《滑動面への塗布および油圧機器の作動用として使用する油。[典] NDS Y 0003B》

rust-proofing さび止め 《[同] anti-corrosion》

rust resisting paint さび止めペイント

【S】

Sabathe cycle ＝Sabathe's cycle 複合サイクル

Sabathe cycle engine ＝Sabathe's cycle engine ［C］ 複合サイクル機関

sabot 送弾筒

sabotage ［U］ ①【陸自・空自】妨業 《防衛目的またはこれに関連のある施設、資材等を、主として隠密、非公然の手段によって破壊し、あるいはその機能を妨害する行為をいう。[典] 陸自教範》 ②サボタージュ

sabotage alert team ［C］ サボタージュ警戒チーム

saboteur ［C］ 破壊工作員；サボタージュを行う人

SACO Final Report ［The ～］ 【日】SACO最終報告 《沖縄》

SACO Interim Report ［The ～］ 【日】SACO中間報告 《沖縄》

Sacramento Air Logistics Center (SMALC) 【米軍】サクラメント航空兵站センター

saddle ［C］ 鞍部

safe area ［C］ 安全地帯

safe bottoming area ［C］ 安全沈座区域

safe burst height 安全爆発高度

safe condition 安全状態

safe current 安全電流

S

safe current sweeping 安全電流掃海

safe data ［U］ セーフ・データ 《JADGE用語》

safe depth 安全深度

safe distance 安全距離

safeguard ①保障措置 《原子力が平和的利用から軍事的目的に転用されないことを確認するための措置。[典] 日本の軍縮・不拡散外交》 ②安全装置 《弾道弾ミサイル・システムの安全装置》

safe haven ＝safehaven ［C］ 避難区域；避難地

safe house ［C］ セーフ・ハウス

safe speed 【海自】安全速力

safe turning radius ［C］ 安全旋回半径

safety ［U］ ①安全 ②安全装置 《自衛隊の各種武器等に付属し誤動作が起きないようにする装置。[典] 民軍連携のための用語集》 ③安全子 《レバーや押ボタンなど、安全装置を操作するための部品》

safety and arming device (S&D) ［C］ 安全起爆装置 《弾頭部を構成する装置の一つ。規定以上の重力が一定時間継続しないと起爆可能とならず、地上での暴発を防止する。[典] NDS Y 0001D》

safety angle ［C］ 安全角

safety belt ［C］ 安全ベルト

Safety Branch 【空自】安全班 《航空団隷下～の英語呼称》◇用例： 安全班長 = Chief, Safety Branch

safety bulletin board ［C］ 安全掲示板

safety buoyancy ［U］ 予備浮力

safety catch arm ［C］ 安全腕

safety clearance ［U］ 安全限界

safety clutch ［C］ 安全クラッチ

safety course ［C］ 安全針路

safety device ［C］ 安全装置 《信管が、ある時期まで起爆可能な状態に移るのを防ぐ装置。[典] NDS Y 0001D》《[同] arming device》

safety distance ①安全距離 ②保安距離 《火薬類製造施設や火薬庫などの万一の発火または爆発による影響から保安物件（学校、保育所など）を保護するために保有すべき水平最短距離。[典] NDS Y 0001D》 ③安全間隔

safety factor ［C］ 安全率；安全係数

safety fuel 安全燃料

safety fuze ［C］ 導火線

safety gear ［C］ 安全装置

safety goggles ［pl.］ 保護めがね

safety governor ［C］ 非常調速機

safety guard 安全覆い

safety height 安全高度

safety lane ［C］ 安全航路

safety latch ［C］ 安全掛け金

safety level (S/L) ①【陸自】安全基準 《補給整備部隊等において補給品の継続的補給の中断または予想外の所要量の増加に対し、補給を継続するため必要な数量を日または月数等をもって示した基準をいう。[典] 陸自教範》 ②【海自】安全在庫基準 ③【空自】安全レベル

safety lever ［C］ 安全レバー 《手榴弾の安全ピンを除去した後の安全確保のため、投擲者の手または擲弾発射器で抑えることができるレバー。[典] NDS Y 0002B》《[同] safety device》

safety load ［C］ 安全荷重

safety locker ［U］ 安全掛け金

safety management ［U］ 安全管理 《人的・物的戦闘力の維持・活用に寄与するため、災害事故の原因を合理的に除去する一連の行為をいう。[典] 陸自教範》

safety measure ［C］ 安全止め

safety officer ［C］ 【自衛隊】安全幹部

safety pin ［C］ 安全ピン 《信管に使用される安全装置の一種。外部から挿入して、安全解除を防止するためのピン。主として輸送、貯蔵などの間の安全のために使用される。安全機構を解除するため、弾薬の発射時や投下時には引き抜かれる。[典] NDS Y 0001D》《[同] arming pin》

safety pin retracting spring ［C］ 安全栓引き込みばね

safety precaution 【海自】安全守則 《安全守則とは、艦船の装備品等の操作および取扱い等に際して、人命の安全を確保し、および当該装備品等の安全上重大な事故または故障欠損を防止するための、乗員の遵守すべき事項をいう。[典] 海上自衛隊達第66号》

safety pressure test ［C］ 安全圧力テスト

safety runner ［C］ 控え索

safety speed 安全速力

safety survey ［C］ 安全観察

safety switch ［C］ 安全スイッチ 《起爆装置を起爆不能にするとともに、条件を解除すると起爆可能な状態に復帰できるスイッチ。[典] NDS Y 0041》

safety traffic 安全通信

safety valve (SV) ［C］ 安全弁

safety vane ［C］ 安全解除翼 《[同] arming vane》

safety vector ［C］ 安全針路

safety wire ［C］ 安全線

safety working load ［C］ 安全荷重

safety zone ［C］ 安全地帯

safe working load ［C］ ①【陸自】許容荷重 ②【海自】安全使用荷重；安全荷重

safe working pressure (SWP) ①安全作動圧 ②【海自】安全使用圧力

Sagami General Depot 【在日米軍】相模総合補給廠

Sagamihara Housing Area ［the ～］【在日米軍】相模原住宅地区

sag of sweep wire 掃海索沈下量

sag resistance 曳索抵抗

sail ①セイル ②帆

sail free 順走

sailing 帆走

sailing chart ［C］ 航洋図

sailing cruise ［C］ 帆走巡航

sailing directions ［pl.］ 水路誌

sailing equipment ［U］ 帆走用具

sailing interval ［C］ 航行間隔

sail plane ［C］ 潜舵

sail plane's man ［pl. = sail plane's men］ 潜舵操舵員

Sakibe Navy Annex 【在日米陸軍】崎辺海軍補助施設

saliency 突極性

salient 突角部

salient-pole machine ［C］ 突極機

salinity temperature depth recorder (STD) ［C］ 塩分・水温・深度記録装置《艦艇から測定部を海中につりさげ、塩分、水温および深度を連続記録する装置》

salinometer ［C］ 検塩計 《「塩分計」のこと》

sally ［n.］ 出撃

sally ［vi.］ 出撃する

sally port ［C］ 出撃路

salt bath ［C］ 塩浴（えんよく）

salted weapon ［C］ 放射能強化核兵器

salty wind damage ［U］ 塩風害（えんぷうがい）

salute ［n.］ ①敬礼 《各個の敬礼（個人同士）と部隊の敬礼の2種類があり、捧げ銃や挙手の敬礼が一般的。[典] 民軍連携のための用語集》 ②礼砲

salute ［vt.］ 敬礼する

saluting charge 礼砲装薬包 《礼式に使用する発射音と煙を出す装薬包》

saluting gun ［C］ 礼砲

salvage (Salv) ①【陸自】回収 《使用不能品、遺棄品、その他の装備品等を再利用するため、収集、選別、分類、処理および後送する機能をいう。[典] 陸自教範》《[同] recovery》 ②回収業務；不用品処理 ③回収品

salvage air ［U］ 救難空気

salvage air connection 救難空気接続口

salvage dump 回収品集積所

salvage operation サルベージ作業

salvage ship ［C］ 救難艦

salvage vessel ［C］ サルベージ船

salvaging and towing landing craft ［pl. = ～］ 海岸救難船

salvaging and towing landing ship ［C］ 海岸救難船

Salvation Army 救世軍 《慈善団体》

salvo ［C］ ①斉射（せいしゃ） 《基本的には「一斉に射撃すること」であるが、兵器によって、意味合いが若干異なる。火砲の場合は、近接する2門以上の火砲で同時に射撃すること。または、同一目標に対して同一の砲種を2門以上を使用して同時に射撃すること。ミサイルの場合は、2発のミサイルをほぼ同時に発射すること。魚雷の場合は、複数本の魚雷を連続的に発射すること。[備]「同時発射」は「simultaneous launch」と混同する可能性がある。「一斉打ち方」は旧海軍の用語》《[同] volley》 ②一斉投下

salvo interval ［C］ 斉射間隔 《連続する2つの斉射間の発射間隔をいう。[典] 海上自衛隊訓練資料第175号》

salvo latch ［C］ 早開止め

salvo shoot サルボ発射

salvo signal key ［C］ 斉射信号電鍵

sampan ［C］ 伝馬船

sample ［C］ 試料；見本；資料

sampler ［C］ 試料採取器；資料採集器

sampling 試料採取；資料採集

sampling frequency ［U］ サンプリング周波数；標本化周波数

sampling inspection 抜き取り検査

sampling inspection by attributes 計数抜き取り検査

sampling inspection by variable 計量抜き取り検査

sampling theory ［U］ サンプリング定理；標本化定理

SAM track ［C］ サム航跡 《SAM = surface-to-air missile（地対空ミサイル）》

Samurai Readiness Inspection (SRI) 【米軍】サムライ即応監査 《運用即応演習 (ORE)を実施し、監査する》

Samurai surge training ［U］ 【米軍】サムライサージ訓練 《輸送機の運用能力向上のため、多数機により編隊飛行などを行う訓練》

San Antonio Air Logistics Center (SAALC) 【米軍】サンアントニオ航空兵站センター

sanction by acting personnel 代決

sanctuary ［U］ ①聖域 ②【海自】保護区域

sandbag ［C］ 砂嚢（さのう）

sandbox ［C］ サンドボックス 《悪意のあるコードが含まれている可能性があるソフトウェアを実行し、動作を分析するために構築されている独立した仮想領域。他の情報システムに影響を及ぼさないようにするため、厳格に統制されている》

Sandia National Laboratories 【米】サンディア国立研究所 《アルバカーキ》

sand storm ［C］ ①【空自】砂あらし ②【海自】風塵（ふうじん）

sand table ［C］ 砂盤（さばん） 《戦術を検討するために砂で作った地形の模型》

sandwich winding サンドイッチ巻き線

sanitary equipment ［U］ 【日】医療衛生器具

sanitary inspection 衛生巡視

sanitary quality test of water ［C］ 水質試験

sanitary situation ［C］ 衛生状況

sanitary tank ［C］ 汚水タンク

sanitation ［U］ 衛生

sanitize ［n.］ 情報源等秘匿

sanitize ［vt.］ ①消毒する ②浄化する；省略する 《情報》

sapper ［C］ 工兵隊員；敵前工作兵

sapwood 白太材

Saracen 【英】サラセン 《英陸軍の装甲輸送車名》

Sasebo District 【海自】佐世保地方隊 《の英語呼称》◇用例：佐世保地方総監 = the Commandant of the Sasebo District

Sasebo Naval Base 【在日米軍】佐世保海軍基地

Sasebo POL Depot 【在日米陸軍】佐世保弾薬補給所

satchel charge 梱包装薬 《携行や装着に便利なように、複数の爆破薬を携行袋等に収納または縛着（ばくちゃく）した爆破薬。® NDS Y 0001D。® 「梱包爆破薬」としている場合もある》

satelite-based augmentation system (SBAS) ［C］ 静止衛星型衛星航法補強システム 《静止衛星からの信号を受けてGPSを補強する広域補強システム。® 防管航第7575号》

satellite and missile observation system (SAMOS) 【米】軍事偵察衛星 《SAMOS = サモス》

satellite and missile surveillance ［U］ 衛星・ミサイル監視

satellite communication control center ［C］ 衛星通信管制センター

satellite communications (SATCOM) 衛星通信 《SATCOM = サトコム》

satellite communications system ［C］ 衛星通信システム

Satellite Data System (SDS) 【米】衛星データ・システム

satellite interceptor system (SIS) ［C］ 衛星要撃システム 《SIS = シス》

satellite navigation (SATNAV) ［U］ 衛星航法

Satellite Tactical Data Link A (Satellite TADIL-A; S TADIL-A) 衛星戦術ディジタル情報リンクA；衛星戦術情報リンクA 《JADGE用語》

Satellite Tactical Data Link J (Satellite TADIL-J; S TADIL-J) 衛星戦術ディジタル情報リンクJ；衛星戦術情報リンクJ 《JADGE用語》

Satellite TADIL Gateway Controller (STGC) S-TADIL J管制局 《JADGE用語》

satisfactory 可

saturated air ［U］ 飽和空気

saturated steam ［U］ 飽和蒸気

saturating core device ［C］ 飽和鉄心装置

saturating signal ［C］ 飽和信号

saturation adiabatic lapse rate ［C］ 飽和断熱減率

saturation amplitude 飽和振幅

saturation attack ［C］ 集中攻撃

saturation bombing 完全爆撃；集中爆撃

saturation coil ［C］ 飽和コイル

saturation current 飽和電流

saturation deficit ［C］ 飽差（ほうさ）

saturation depth 飽和深度

saturation diver ［C］ 【海自】飽和潜水員 《主に潜水艦救難艦に乗り組み、深い海底に沈没

した潜水艦等の救助を行う》

scuba diver ［C］ 【海自】スクーバ潜水員 《主に潜水艦救難艦に乗り組み、水深約20メートルまでの潜水作業（艦艇調査、遺失物捜索等）を行う》

saturation diving 飽和潜水 《窒素酔いや酸素中毒を防ぐために、ヘリウムを加えた特殊な空気を吸入して行う深深度潜水》

saturation factor ［C］ 飽和率

saturation point ［C］ 飽和点

saturation pressure 飽和圧；飽和圧力

saturation temperature 飽和温度

saturation vapor pressure 飽和蒸気圧

saturation voltage 飽和電圧

saving 節約

saw tooth current のこぎり波状電流

saw tooth oscillator ［C］ のこぎり波発振器

saw tooth sweep のこぎり波掃引

saw tooth voltage のこぎり波状電圧

saw-tooth wave ［C］ のこぎり波

saw tooth wave form のこぎり波形

Saybolt viscometer ［C］ セイボルト粘度計

S/B launch tube (SLT) ［C］ ソノブイ投射装置 《S/B = sonobuoy》

scald 熱傷（やけど）《蒸気による熱傷》

scale はかり；目盛り

scale effect 寸法効果

scale error 目盛誤差

scale illuminator plate ［C］ 基標照明板

scale index ［C］ 目盛指標

scale mark ［C］ 目盛線

scale pan ［C］ はかりざら 《秤皿》

scale repeater ［C］ 目盛中継点

scale transmitter ［C］ 目盛伝送器

scaling law スケーリング則

scan ［vt.］ 走査する

scan line ［C］ 走査線

scanning 走査；スキャニング

scanning capacitor ［C］ 走査キャパシター

scanning control circuit ［C］ 走査制御回路

scanning line ［C］ 走査線

scanning reception スキャニング受信 《一つの受波音響ビームを走査させながら受信すること。⊛ NDS Y 0012B》

scanning speed 走査速度

scanning switch assembly ［C］ スキャニング・スイッチ装置

scan period ［C］ 走査周期

scan rate ［C］ 走査速度

scan type 走査型式

scarf joint ［C］ はめ継ぎ

scatterable antitank mine ［C］ 散布式対戦車地雷

scatterable mine ［C］ 散布地雷 《航空機、車両および弾丸から散布または投射する地雷。⊛ NDS Y 0001D》

scatter band ［C］ 散乱帯域

scattered light ［U］ 散光

scattering 散乱 《音波が多くの方向に不規則に回折または反射される現象。⊛ NDS Y 0011B》

scattering angle ［C］ 散乱角

scattering coefficient ［C］ 散乱係数 ◇用例： surface or bottom scattering coefficient = 海面または海底の散乱係数

scattering cross-section ［C］ 散乱断面積 ◇用例： scattering cross-section of a surface or a bottom = 海面または海底の散乱断面積

scattering strength ［U］ 散乱強度 ◇用例： surface or bottom scattering strength = 海面または海底の散乱強度

scatter propagation 散乱波伝播（さんらんはでんぱ）

scatter sounding 散乱波反響法

scavenging 掃気；スカベンジング

scavenging air passage ［C］ 掃気通路

scavenging air receiver ［C］ 掃気溜め（そうきだめ）

scavenging blower ［C］ 掃気送風機

scavenging efficiency ［U］ 掃気効率

scavenging port ［C］ 掃気口

scavenging pump ［C］ 排水ポンプ；排油ポンプ；掃気ポンプ

scavenging stroke ［C］ 掃気行程

scavenging valve ［C］ 掃気弁

scenario ［C］ ①【陸自】想定 ②シナリオ

Scenario Data Editing Program (SDEP) シナリオ・データ編集プログラム 《訓練シナリオ・データの生成および編集を行うことができるプログラムで、表示操作卓上で動作する。⊛ JAFM006-4-18》

Scenario Edit Function (SEF) 訓練演習準備機能 《訓練演習用プログラムの機能の一つで、模擬目標行動プラン等の訓練シナリオ・データの作成および確認を行う。⊛ JAFM006-4-18》

scenario generation support system (SGSS) ［C］ シナリオ作成補助装置 《ペトリオット用語》

scene coordinator ［C］ 現場調査官

scene of action commander (SAC) ［C］ 現場指揮官

scene of fire 火災現場

scene of the casualty 被害現場

scheduled arrival date 到着予定日

scheduled fire 計画射撃 《目標に対するあらかじめ準備した射撃。[典] NDS Y 0005B》《[同] planned fire》

scheduled flight ［C］ 定期飛行

scheduled maintenance ［U］ 計画整備 《年度業務計画などによって、特に命ぜられた、装備品等の機能・性能を維持するために行う整備をいう。[典] GLT-CG-Z500002J》《[対] unscheduled maintenance = 計画外整備》

scheduled service ［C］ 計画業務

scheduled speed 計画速度

scheduled target ［C］ 計画目標

scheduled wave ［C］ 計画波

schedule speed 表定速度（ひょうていそくど）《[備] 電車の表定速度 = 運転区間の距離 ÷ 運転時間（走行時間 + 停車時分）》

scheduling and movement capability 計画・移動能力

schematic diagram ［C］ 概略図

scheme of maneuver 機動計画

school education 学校教育

School of Applied Sciences 【防大】応用科学群 《の英語呼称》◇用例： 応用科学群長 = Dean of School of Applied Sciences

School of Defense Sciences 【防大】防衛学教育学群 《の英語呼称》◇用例： 防衛学教育学群長 = Dean of School of Defense Sciences

School of Electrical and Computer Engineering 【防大】電気情報学群 《の英語呼称》◇用例： 電気情報学群長 = Dean of School of Electrical and Computer Engineering

School of Humanities and Social Sciences 【防大】人文社会科学群 《の英語呼称》◇用例： 人文社会科学群長 = Dean of School of Humanities and Social Sciences

School of Liberal Arts and General Education 【防大】総合教育学群 《の英語呼称》◇用例： 総合教育学群長 = Dean of School of Liberal Arts and General Education

School of Systems Engineering 【防大】システム工学群 《の英語呼称》◇用例： システム工学群長 = Dean of School of Systems Engineering

school solution 原案 《教育および訓練等において問いに対する模範解答。[典] 民軍連携のための用語集》

Scientific Analysis Advisor 【空自】分析企画官 《の英語呼称》

scientific and technical intelligence (S&TI) ［U］ 科学技術情報

scientific intelligence ［U］ 科学情報

scientific technology 科学技術

scope of depressor tow wire ［C］ 沈降器曳索長

scope operator = scoper ［C］ スコープ監視員

scout ［n.］［C］ ①斥候；偵察 ②偵察兵 ③偵察艦；偵察機

scout ［vt.］ 偵察する

scout flight ［C］ 偵察飛行

scouting ①哨戒 《敵の奇襲防止、我が企図の秘匿、味方部隊の掩護、治安維持、敵潜入小部隊の捕獲または撃破、情報の収集等の目的をもって、ある特定の区域を計画的に見回ることをいう。[典] 統合訓練資料1-4》 ②斥候

scouting course ［C］ 哨戒航路

scouting distance 哨戒間隔

scouting line ［C］ 哨戒線

scouting speed 哨戒速力；スカウティング速力

scout plane ［C］ 偵察機

scramble (S/C) ［C］ 【空自】緊急発進 《地上待機の要撃機等が発進の指令によって速やかに離陸する行動をいう。[典] JAFM006-4-18。[備] 口語は「スクランブル」》

scramble and recovery procedure (SARP) 緊急発進帰投方式 《対領空侵犯措置を命ぜられた航空機およびその訓練を行う航空機に対する飛行計画の承認ならびに航空交通の指示および誘導に関する方式および手順をいう。この方式および手順を定めた防衛省と国土交通省との協定をSARP協定と通称し、中央協定と地方協定がある。[典] 統合訓練資料1-4》

scramble time 【空自】緊急発進所要時間 《緊急発進指令の発令から地上待機中の要撃機が離陸するまでの所要時間をいう。[典] 統合訓練資料1-4》

scramble track ［C］ スクランブル航跡 《バッジ用語》

scramble track screening angle ［C］ スクランブル航跡スクリーニング・アングル 《防空監視所（SS）の周辺の物理的または地理的な遮蔽物による遮蔽仰角をいう。[典] JAFM006-4-18》

scramjet engine ［C］ スクラムジェット・エ

ンジン 《超音速の空気流をエンジンに吸い込み、音速以下に減速することなく燃焼させる方式のジェット・エンジン。極超音速機や宇宙往還機の推進機関として研究開発が進められている。supersonic combustion ramjet engine（超音速燃焼ラムジェット・エンジン）の略語》

scratch かき傷

scratch file ［C］ スクラッチ・ファイル 《バッジ用語》

screen ［n.］［C］ ①【陸自】遮掩 ②【海自】直衛 《主隊または船団を護衛するための艦艇またはヘリコプター等の配置をいう。[典] 統合訓練資料1-4》

screen ［vt.］ 遮掩する

screen axis (SA) ［pl. = screen axes］ 直衛軸

screen bulkhead ［C］ 仕切り隔壁

screen center (sc) ［C］ 直衛中心

screen circle ［C］ 直衛サークル

screen commander ［C］ 直衛隊指揮官

screen common net (SC net) 直衛共用通信系

screen front ［C］ 直衛正面

screening agent ［C］ 発煙剤

screening angle ［C］ 遮蔽角（しゃへいかく）；スクリーニング・アングル 《バッジ用語》

screening efficiency ［U］ 直衛効率

screening fire 煙幕射撃

screening force ①【陸自】遮掩部隊 ②【海自】直衛部隊

screening front ［C］ 直衛正面

screening group ［C］ 【海自】直衛任務群 《目標地域への航行中または目標地域内の作戦期間中、部隊の防護に任ずる艦艇の部隊をいう。[典] 統合訓練資料1-4》

screening line ［C］ 直衛線

screening operation 遮掩行動

screening ship ［C］ 直衛艦

screening smoke ［U］ 【陸自】遮断煙幕 《主として地上の敵に対し、我が行動を隠蔽するように彼我（ひが）の中間にカーテン状に構成する煙幕をいう。[典] 陸自教範》

screening speed 直衛速力

screening sweep 前路掃海

screening wedge ［C］ スクリーニング・ウェッジ 《ジャム・ストローブに基づいた捜索レーダーに対するくさび形（水平方向）の遮蔽領域をいう。[典] JAFM006-4-18》

screen penetration ［U］ 【海自】直衛突破 《潜水艦が、船団または重要艦船を攻撃するため、対潜直衛艦等に探知されずに直衛内に進入することをいう。[典] 統合訓練資料1-4》

screen sweeping 前路掃海

screen tube ［C］ スクリーン管

screw brake ［C］ ねじブレーキ

screw current 推進器流

screw plug ［C］ ねじ込み栓

screw pump ［C］ ねじポンプ

screw shell ［C］ ねじ込み受け金

screw socket ［C］ ねじ込みソケット

screw stay ［C］ ねじ控え

screw thrust 推進器推力

scudding 順走

Scud missile ［C］ スカッド・ミサイル

scullery ［C］ 流し場

scum cock ［C］ 水面ブローコック

scupper 排水口

scuttle 舷窓（げんそう）

S-day S日；作戦準備下令日

SDF base ［C］ 【自衛隊】自衛隊基地

SDF deployment ［an ～］ 【自衛隊】自衛隊派遣

SDF member ［C］ 【自衛隊】自衛隊員 ◇用例： female staff members of the Self-Defense Forces = 女性の自衛隊員

SDF mobilization order ［C］ 【自衛隊】自衛隊行動命令 ◇用例： an SDF mobilization order

SDF nursing officer candidate ［C］ 【防衛省】自衛官候補看護学生 《「防衛医科大学校看護学科学生」のこと》

SDF prefectural liaison office ［C］ 【自衛隊】自衛隊地方連絡部

SDF ready reserve allowance 【自衛隊】即応予備自衛官手当

SDF ready reserve personnel ［pl.］ 【自衛隊】即応予備自衛官 《2等陸尉以下の退職陸上自衛官の中から志願に基づき選考により採用される非常勤の特別職国家公務員。[典] 統合訓練資料1-4》◇用例： former ready reserve personnel = 元即応予備自衛官

SDF Ready Reserve Personnel System 【自衛隊】即応予備自衛官制度

SDF reserve allowance ［C］ 【自衛隊】予備自衛官手当

SDF reserve personnel = SDF reservist ［pl.］ 【自衛隊】予備自衛官 《1尉以下の退職自衛官の中から志願に基づき選考により採用される

S

非常勤の特別職国家公務員》◇用例： former reserve personnel = 元予備自衛官

SDF reserve personnel candidate ［C］ 【自衛隊】予備自衛官補 《予備自衛官となるために教育訓練を受けている自衛官未経験者。所要の教育訓練を経た後、予備自衛官として任用される》

SDF Reserve Personnel Candidate System 【自衛隊】予備自衛官補制度

SDF Reserve Personnel System 【自衛隊】予備自衛官制度

SDF ship ［C］ 【海自】自衛艦

SDF transportation of weapons 【自衛隊】自衛隊の武器輸送

SDF vessel ［C］ 【海自】自衛艦

SDGP control function (SCF) エス・ディー・ジー・ピー制御機能；SDGP制御機能《バッジ用語》

S

sea area ［C］ 海域 《ある特定の海の範囲を概括的に表現したものをいい、その範囲内の水中、島嶼およびその上方の空域を含むことがある。[典] 統合訓練資料1-4》

sea-based anti-ballistic missile system (SABMIS) ［C］ 艦艇搭載型対弾道弾ミサイル・システム 《SABMIS = サブミス》

Sea-based Mid-course Defense System (SMD) 海上配備型ミッドコース防衛システム《短・中距離弾道ミサイルをミッドコース段階において海上のイージス艦から迎撃するシステム。[典] 防衛白書(平成18年版)》

sea-based missile ［C］ 海上発射ミサイル

Seabee 【米海軍】設営部隊；設営部隊員《「construction battalion」の略語である「CB」を発音のとおりに読んだ愛称》

sea-bottom reflection 海底反射 《音波が海底で反射する現象。[典] NDS Y 0011B》《[対] sea-surface reflection = 海面反射》

sea-bottom reverberation 海底残響 《海底反射または海底散乱によって生じる残響。[典] NDS Y 0011B》《[対] sea-surface reverberation = 海面残響》

sea-bottom scattering 海底散乱 《海底面およびその付近に存在する散乱体による散乱。[典] NDS Y 0011B》《[対] sea-surface scattering = 海面散乱》

sea breeze ［C］ 海風(うみかぜ)

sea captain ［C］ ①海軍大佐 ②艦長；船長 《商船の船長》

sea clutter ①【空自】シー・クラッター；海面反射 《海面からの電波の乱反射》 ②【海自】海面反射雑音

Sea Cobra 【米海兵隊】シーコブラ 《対地攻撃ヘリコプターの愛称》

sea condition 海面状況

sea control ［U］ 制海；シー・コントロール

sea control operations ［pl.］ 制海作戦

sea control ship ［C］ 制海艦

sea denial 海洋拒否 《海洋利用の拒否》

sea drome ①水上飛行場 ②【海自】水上機基地

sea duty 【米海軍】国外任務

sea echelon ［C］ シー・エシャロン

sea echelon area ［C］ シー・エシャロン区域

sea echelon plan ［C］ シー・エシャロン計画

seafaring country ［C］ 海恵国

sea fog 海霧(うみぎり)

sea forces ［pl.］ 海軍

sea frontier ［C］ 沿岸部隊

sea frontier commander ［C］ 沿岸地域指揮官

seagoing quality 航洋性能

sea guard radar ［C］ 水上警戒レーダー

sea horizon 視水平

sea ice ［U］ 海氷

sea-ice-activity noise ［U］ 海氷雑音 《海氷の生成、消滅、亀裂、衝突、運動などによって発生する雑音。[典] NDS Y 0011B》

seakeeping quality 耐波性；りょう波性 《凌波性》

Sea King 【米海軍】シーキング 《ヘリコプターの愛称》

Sea Knight 【米海兵隊】シーナイト 《ヘリコプターの愛称》

sea lane = sea-lane ［C］ ①シーレーン；海上交通路；海上航路帯 ②【海自】離着水滑走路；離着水用水路

sea lane light ［C］ 着水路灯

sea-launched ballistic missile (SLBM) ［C］ 海上発射弾道ミサイル

sea-launched cruise missile (SLCM) ［C］ 海上発射巡航ミサイル

seal box ［C］ 封じ箱

sealed cabin ［C］ 気密室

sealed cowling ［C］ 密閉型カウリング

sealed orders ［pl.］ 封緘命令(ふうかんめいれい)

sea level (SL) ［C］ 海面高

sea level pressure (SLP) 海面気圧

sealift = sea lift 海上輸送 《海上自衛隊の艦艇または民間船舶による輸送をいう。[典] 統合訓練資料1-4》

sealift readiness program (SRP) ［C］
海上輸送即応計画

sea lines of communication (SLOC) ①
【海自】シーレーン　②【空自】海上交通路
《SLOC ＝ スロック》

sealing　閉塞

sealing collar　［C］　密封つば

sealing compound　［C］　封止用コンパウン
ド　《インテグラル燃料タンク、与圧胴体等の気
密性を保つために用いる密封剤の総称。⊛レー
ダー用語集》

sealing glass　［C］　密封ガラス

sealing water　［U］　封水

seaman　［pl. ＝ seamen］　①水兵　②【海自】
海士　《海上自衛隊の士長〜3士までを総称する場
合使用する》◇用例： 初任海士 ＝ newly seaman

Seaman　①【海自】1等海士　《の英語呼称》　②
【米海軍】1等水兵

Seaman Apprentice　①【海自】2等海士　《の
英語呼称》　②【米海軍】2等水兵

Seaman Recruit　①【海自】3等海士　《の英語
呼称》　②【米海軍】3等水兵

seaman's eye　【海自】目測能力

seamanship　［U］　【海自】運用術

seamen's competency certificate　［C］
海技免状

sea mile　海里

sea mine　［C］　機雷

seamless pipe　［C］　継ぎ目なし管

seamless steel tube　［C］　継ぎ目なし鋼管

sea mount　［C］　海山（かいざん）

sea noise　［U］　海中雑音　《熱擾乱、風、波浪、
海潮流、雨など、自然界の音源によって海中に放
射された音。⊛ NDS Y 0011B》

sea plane　＝ seaplane　［C］　水上機

seaplane trim　水上トリム

seaport　＝ sea port　海港；港湾

sea port service　［C］　港湾業務

sea power　①海軍国；海洋国；海洋勢力
《⊛ かつての英国のような国家》　②海軍力；制
海権　③【海自】海上権力

sea protest　［C］　海難報告書

sear　逆鈎（ぎゃっこう）；掛け金　《撃鉄、
撃針、遊底などを撃発準備の状態に保持する部品》

sear carrier　［C］　掛け金保持筒

search　［C］　①捜索　《敵または所在不明の
味方の部隊、人員等を捜し求めることをいう》
②索敵　《敵の部隊、人員等を捜し求めることを
いう》　③探索　《ある海域内に存在しているかま

たは存在すると思われる目標を確認したり、存在
しないことを確認したりするために実施する行動
をいう》

search aircraft　［pl. ＝ 〜］　捜索機

search altitude　捜索高度

search and destroy operations　［pl.］　索
敵撃滅作戦

search and rescue (SAR)　捜索救難　《緊急
な状態に陥った航空機・艦船に搭乗している人員
およびそれ以外で重大な障害に遭遇した人員を、
捜索し救助することをいう。状況により、人員と
ともに、その人員が搭乗している航空機・艦船お
よびその積荷を保護するための作業を含むことが
ある。⊛ 統合訓練資料1-4》

search and rescue activity　捜索救助活動

search and rescue aircraft　［pl. ＝ 〜］　捜
索救難機

search and rescue alert (SAR alert)　捜
索救難警報

search and rescue alert notice　［C］　捜索
救難警戒通知

search and rescue amphibious aircraft
［pl. ＝ 〜］　救難飛行艇

search and rescue assigned area　［C］
捜索救難担任区域

search and rescue facility (SAR facility)
［C］　捜索救難施設

search and rescue mission coordinator
［C］　捜索救難任務調整官

search and rescue operations　［pl.］　捜索
救難活動

search and rescue plan　［C］　捜索救難計画

search and rescue region　［C］　捜索救難
地域

search and rescue unit　［C］　捜索救難隊

search and track (S/T)　捜索追尾

search antenna　［C］　捜索用アンテナ

search arc　［C］　捜索弧

search area　［C］　サーチ・エリア　《レー
ダー・データと航跡との相関を調べるための領域
をいう》

search area association　サーチ・エリア・ア
ソシエーション　《JADGE用語》

search around　全周捜索

search attack unit (SAU)　［C］　【海自】
捜索攻撃隊　《潜水艦を捜索および攻撃するため
に編成または陣形内から特別に派遣される隊をい
う。⊛ 統合訓練資料1-4》

search attack unit commander　［C］　捜
索攻撃指揮官

search axis ［pl. = search axes］ 捜索軸

search center ［C］ 捜索中心

search coil (SC) ［C］ サーチ・コイル；受磁コイル

search coil housing ［C］ サーチ・コイル筒

search course ［C］ 捜索針路

search data ［U］ 捜索データ 《一次レーダーにより目標を検出するためのデータをいう。[典] JAFM006-4-18》

search depth (SD) 探索深度 《魚雷が発射後に旋回探索または蛇行探索を行う深度。[典] NDS Y 0041》◇用例： initial search depth (ISD) = 初期探索深度

searched channel ［C］ 【海自】捜索済み水道

searcher ［C］ 捜索艦

search indicator ［C］ 捜索指示器

searching fire 縦射

search jammer ［C］ 捜索妨害装置

search leg ［C］ ①【空自】捜索レグ ②【海自】捜索行程

searchlight ［C］ 探照灯（たんしょうとう）《遠方の目標を照明する装置。[典] 民軍連携のための用語集》

searchlight sonar ［U］ サーチライト・ソーナー

search mission ［C］ 捜索任務

search mode 探索モード 《魚雷の探索種別。舵行、旋回など。[典] NDS Y 0041》

search operation 捜索作戦

search pattern ［C］ 捜索パターン

search phase ［C］ 捜索段階

search plane ［C］ 捜索機

search planning 捜索計画立案

search radar ［C］ 捜索用レーダー

search radius ［C］ 捜索半径

search rate ［C］ 捜索率

search run 探索航走 《目標を探知するまで、内蔵プログラムまたは外部からの指令によって、魚雷が目標を探索しながら航走すること。[典] NDS Y 0041》

search speed 捜索速力

search strobe ［C］ 捜索ストローブ 《捜索レーダー・データによって追尾されている電子妨害ストローブをいう。[典] JAFM006-4-18》

search sweeping 探索掃海；探掃

search system 捜索方式

search time 捜索時間

search track ［C］ サーチ・トラック 《捜索レーダー・データによって追尾されている航跡をいう。[典] JAFM006-4-18》

search turn 【海自】捜索回頭

sea rescue ①【空自】洋上救難 ②【海自】海上救難

sea return 海面反射

sear pivot ［C］ 掛け金軸

sear safety latch ［C］ 安全止め金

sear slide ［C］ 逆鈎板（ぎゃっこうばん）

sea sickness ［U］ 船酔い

seasonal employee ［C］ 季節従業員

seasonal forecasting 季節予報

seasonal requirements ［pl.］ 季節的所要量

seasonal variation 季節変動

seasonal weather forecasting 季節予報

season crack 干割れ（ひわれ）

season cracking 時期割れ 《黄銅薬莢または他の黄銅部品に亀裂が現れる現象。[典] NDS Y 0001D》

seasoning ①枯らし ②自然なまし

Sea Sparrow 【米海軍】シースパロー 《艦対空ミサイル名》《艦艇に搭載し、航空目標を撃破するための短距離艦対空ミサイル》

sea speed 航海速力

sea state (SS) シー・ステート 《国際気象機関が定めた海面の粗さを表した階級表示。0〜9の階級がある》

sea superiority ［U］ 海上優勢 《海戦における敵軍に対する優勢の度合いをいい、一定の時間、一定の場所について、相手方の戦力による妨害を受けることなく、陸海空の作戦を実施しうる状態のことをいう。[典] 統合訓練資料1-4》

sea supremacy ［U］ 制海権

sea-surface reflection ［C］ 海面反射 《音波が海面で反射する現象。[典] NDS Y 0011B》《[対] sea-bottom reflection = 海底反射》

sea-surface reverberation 海面残響 《海面反射または海面散乱によって生じる残響。[典] NDS Y 0011B》《[対] sea-bottom reverberation = 海底残響》

sea-surface scattering 海面散乱 《海面および海面付近に存在する散乱体による散乱。[典] NDS Y 0011B》《[対] sea-bottom scattering = 海底散乱》

sea surveillance ［U］ 海洋監視

sea surveillance system ［C］ 海洋監視システム

Sea Systems Center (SSC) 【海自】艦艇開

557　　　　　　　　　　　　　　　　　　　　seco

発隊　《海上自衛隊開発隊群隷下～の英語呼称》《艦艇装備品や艦艇の運用に必要なシステムの開発》◇用例：艦艇開発隊司令 = Commanding Officer, Sea Systems Center

seating ring　[C]　座環

sea transportation (ST)　[U]　海上輸送

seat-type parachute　[C]　座席型落下傘

sea type air droppable survival kit　[C]　海上救難装備セット

sea valve　[C]　海水弁

seavan　[C]　海上コンテナー

seawater　[U]　海水

sea water battery　[C]　海水電池　《海水を流入させることにより電力を発生する電池。⊛ NDS Y 0041》

seawater pipe　[C]　海水管

seawater pump　[C]　海水ポンプ

sea wing　[C]　水中翼

seaworthiness　= sea worthiness　堪航性（たんこうせい）

Sebiki Sho Range　【在日米軍】赤尾嶼射爆撃場（せきびしょうしゃばくげきじょう）　《沖縄。「赤尾嶼」とは「大正島」のこと》

Secchi disk　= Secchi disc　[C]　透明度板（とうめいどばん）；セッキー板

secondary address code (SAC)　第二次アドレス・コード　《⊛ primary address code = 第一次アドレス・コード》

secondary air　[U]　二次空気　《⊛ primary air = 一次空気》

secondary armaments　[pl.]　補助火器　《⊛ main armaments = 主砲》

secondary attack　[C]　【陸自】助攻撃；助攻　《主攻撃に直接的に寄与するための攻撃をいう。⊛ 陸自教範》《⊛ main attack = 主攻撃》

secondary battery　[C]　①副砲　《⊛ main battery = 主砲》　②二次電池　《⊛ primary battery = 一次電池》

secondary cell　[C]　二次電池　《⊛ primary cell = 一次電池》

secondary circuit　[C]　二次回路　《⊛ primary circuit = 一次回路》

secondary circulation　[U]　副環流

secondary coil　[C]　二次コイル　《⊛ primary coil = 一次コイル》

secondary control surface　[C]　二次操縦翼面　《⊛ primary control surface = 主操縦翼面》

secondary CPU　[C]　セカンダリーCPU

《⊛ primary CPU = プライマリーCPU》

secondary current　二次電流　《⊛ primary current = 一次電流》

secondary electron　[C]　二次電子　《⊛ primary electron = 一次電子》

secondary emission　二次電子放出

secondary explosive　二次爆薬　《一次爆薬（起爆薬）によって起爆する伝爆薬および炸薬（さくやく）のこと》《⊛ primary explosive = 一次爆薬》

secondary fire sector　[C]　射撃準備区域

secondary flash　二次炎（にじえん）　《燃焼ガスの中にある可燃物が燃焼して生じる炎。砲口炎の一つ。⊛ NDS Y 0006B》《⊛ primary flash = 一次炎》

secondary flow　二次流れ（にじながれ）　《ガスタービンの二次流れ》

secondary front　[C]　二次前線

secondary heat exchanger　[C]　二次熱交換器　《⊛ primary heat exchanger = 一次熱交換器》

secondary high-explosive　高性能二次爆薬　《⊛ primary high-explosive = 高性能一次爆薬》

Secondary Inventory Control Activity (SICA)　【米】補助資材統制機関

secondary load　[C]　従属重（じゅうかじゅう）　《⊛ primary load = 主荷重》

secondary low　副次低気圧

secondary means　[pl.]　【陸自】副手段

secondary objective　[C]　副次目的　《⊛ primary objective = 主目的》

secondary power system (SPS)　エンジン始動系統

secondary radar　[C]　二次レーダー　《⊛ primary radar = 一次レーダー》

secondary radar target　[C]　二次レーダー・ターゲット　《⊛ primary radar target = 一次レーダー・ターゲット》

secondary rainbow　[C]　副虹（ふくにじ）　《⊛ primary rainbow = 主虹》

secondary rescue facility　[C]　補助救難施設

secondary road　[C]　補助道路　《main road = 幹線道路》

secondary stall　二次失速

secondary surveillance radar (SSR)　[C]　二次監視レーダー　《⊛ primary surveillance radar = 一次監視レーダー》

secondary tabular display (STD)　[C]

補助文字情報表示装置 《㉔ primary tabular display = 主文字情報表示装置》

secondary target ［C］ ①【陸自】副次目標 《㉔ primary target = 主目標》 ②【海自】二次目標 《㉔ 主要目標》

secondary target line (STL) ［C］ 二次目標線 《㉔ primary target line = 主目標線》

secondary voltage 二次電圧 《㉔ primary voltage = 一次電圧》

secondary water terminal ［C］ ①補助水路末地（ほじょすいろまつち）《㉔ major water terminal = 主水路末地》 ②【統幕】補助水上端末地 《㉔ major water terminal = 主要水上端末地》

secondary weapon ［C］ 補助火器 《㉔ primary weapon = 主要火器》

secondary winding 二次巻き線 《㉔ primary winding = 一次巻き線》

second deck ［C］ 第2甲板

second degree burn 2度熱傷

second in command ①【陸自】指揮上の次級者 ②【海自】次席指揮官

Second Island Chain ［the ～］ 【中国】第二列島線 《中国の海洋戦略における概念用語の一つ。日本列島から伊豆諸島、小笠原諸島、グアム、サイパン、パプアニューギニアに至る線》

Second Lieutenant (2nd Lt.) ①【陸自・空自】3尉 《の英語呼称》《3等陸尉、3等空尉》 ②【米陸軍・米空軍・米海兵隊・英陸軍】少尉

second Pearl Harbor 第2の真珠湾攻撃

second strike 第2撃

second substitute 第2代表旗

secrecy ［U］ 企図の秘匿；秘匿；秘密

secret ①極秘 《秘密区分》 ②秘密

Secretarial Division 【内部部局】秘書課 《の英語呼称》《防衛省の所掌事務に関する総合調整、国会との連絡調整を行う》◇用例：秘書課長 = Director, Secretarial Division

Secretarial Section 【陸自】庶務班 《の英語呼称》

Secretariat 【防衛装備庁】長官官房 《の英語呼称》《庁内の内部管理、人材育成の実施、監察・監査の実施。㉔ 防衛装備庁HP》◇用例：長官官房審議官 = Assistant Commissioner；長官官房装備官 = Director General

Secretariat Office 【統幕】庶務室 《総務部総務課～の英語呼称》

secretary general 庁長

Secretary General of National Security Secretariat 【内閣官房】国家安全保障局長

《の英語呼称》

Secretary of Defense (SECDEF) ［the ～］ 【米】国防長官 ◇用例：Secretary of Defense Perry = ペリー国防長官

Secretary of Navy (SECNAF) ［the ～］ 【米】海軍長官

Secretary of State ［the ～］ 【米】国務長官

Secretary of the Air Force (SAF) ［the ～］ 【米】空軍長官

Secretary of the Army (SA) ［the ～］ 【米】陸軍長官

Secretary of the Navy ［the ～］ 【米】海軍長官

secret court ［C］ 【米】極秘の連邦法廷

Secret Intelligence Service (SIS) 【英】秘密情報部

Secret Internet Protocol Router Network (SIPRNET) 【米】秘匿インターネット・プロトコル・ルーター・ネットワーク

secret matter ［C］ 秘密事項

Secret Service 【米】財務省検察局；シークレットサービス

section ［C］ ①課 ②班 《小隊の下に位置する部隊。㉔ 民軍連携のための用語集》 ③断面

sectional density ［U］ 断面密度

sectional lead weight ［C］ 鉛錘片

sectional view ［C］ 断面図

section control group (SCG) ［C］ 発射班統制グループ

section control indicator (SCI) ［C］ 発射班統制指示器

section control indicator operator ［C］ 発射班制御操作員

section dive 3直潜入

section leader ［C］ ①【陸自】班長 ②【海自】直長

section modulus 断面係数

section of wire line ［C］ 有線区間

sector ［C］ ①区域 ②地区 ③セクター 《航空方面隊司令官等が航空作戦を担当する区域をいう。㉔ JAFM006-4-18》

sector air operation coordination center (SAOCC) ［C］ 区域航空作戦調整所

sectoral horn ［C］ 扇形らっぱ

sector battery control ［U］ セクター指揮

sector boundary ［C］ セクター・バウンダリー 《ペトリオット用語》

sector coordinate セクター座標 《各防空指

令所（DC）セグメントにおいて、セグメントごとに定義した中心に地球の近似球体に正接する平面に平射投影した座標をいう。⊛ JAFM006-4-18》

sector display　扇形区域表示

sector form　扇形

sector numerical summary (NUSUM)
［C］　セクター・ニューメリカル・サマリー《セクターが管理している航跡の現況を示すデータであり、敵・彼我不明航跡、ジャマー航跡、兵器別割当て航跡、ミッション別航跡、撃墜、被撃墜航跡に分類し、航跡数を集計したデータをいう。⊛ JAFM006-4-18》《NUSUM＝ニューサム》

sector of calibration　誤差修正

sector of defensive responsibility　［C］防御責任区分

sector of fire　［C］　射撃区域

sector operation center (SOC)　［C］【空自】航空方面隊戦闘指揮所 《航空方面隊司令官等の行う作戦指揮の中枢をいい、通常、防空指令所（DC）と同一の施設内に設置される。⊛ JAFM006-4-18》

sector patrol　セクター哨戒

sector scan　セクター走査；扇形走査

sector scan indication　SSI表示

sector search　［C］　セクター捜索

secular change　経年変化

secular variation　永年変化

secure　［n.］　①係止；停止　②確保；占領確保

secure　［vt.］　①確保する　②秘匿化する《情報の内容または情報の存在を隠すことを目的に情報の変換等を行うことをいう。⊛ 調達における情報セキュリティ基準》

Secure Arms !　「腕に、銃！」（うでに、つつ）《号令》

Sling Arms !　「吊れ、銃！」（つれ、つつ）《号令》

secure function　秘匿機能 《伝送情報の暗号化および使用者等の認証機能》

secure operations　［pl.］　占領確保作戦

secure voice　秘話

securing strap　［C］　係止帯

securing to a buoy　単浮標係留

Securities and Exchange Commission (SEC)　【米】証券取引委員会

security　［U］　①安全保障 《国の存立に関わる外部からの侵略等に対して国家および国民の安全を保障することをいう。⊛ 法律第百八号》◇用例：Japan's national security ＝ 我が国の安全保障　②警戒 《敵の奇襲を防止するとともに、

我が状況を秘匿して、敵の情報活動・謀略活動の効果を無効化し、もって部隊主力の安全および行動の自由の確保に資することをいう。⊛ 陸自教範》 ③保全 《敵等の情報・謀略活動等を無力化して我が行動の秘匿および部隊の安全を確保することをいい、対象によって、部隊保全および部外保全に区分され、これらの業務を遂行するための活動として、探知活動および無力化活動がある。⊛ 陸自教範》

security accident　［C］　秘密事故

security agencies　［pl.］　保安当局

Security and Defense Cooperation Forum (SDCF)　日米豪安全保障・防衛協力会合

security area　［C］　警戒地域

security assistance (SA)　［U］　安全保障援助

security assistance accounting center　［C］　安全保障援助会計センター

Security Assistance Program　安全保障援助計画

security certification　［C］　保全資格証明書

security check　セキュリティ・チェック

security classification　秘密区分

security clearance　［U］　①保全許可証；保全許可証　②【海自】機密委任許可

security consultancy organization　［C］安全保障コンサルタント機関

Security Consultative Committee (SCC)　＝ US-Japan Security Consultative Committee　［the ～］【日】日米安全保障協議委員会 《通称は「2+2」》◇用例：the 17th Security Consultative Committee ＝ 第17回日米安全保障協議委員会

Security Consultative Group (SCG)【日】日米安全保障運用委員会

Security Consultative Meeting (SCM)米韓安全保障協議会議

security control measures　［pl.］　保全統制手段

security control of air traffic (SCAT)［U］　運航保全管制 《SCAT＝スキャット》

security control of air traffic and electromagnetic radiation　［U］　航空交通及び電磁波保安管制

security control of air traffic and navigational aids (SCATANA)　［U］航空保全管制及び航法援助統制 《権限を与えられた指揮官が、作戦上の要求に基づき、非作戦飛行に対する運航および航法援助施設の電波発射に関する統制を行うことをいう。⊛ 統合訓練資料1-

4)《SCATANA = スキャタナ》

Security Council 【国連】安全保障理事会

Security Council of Japan (SCJ) 【日】安全保障会議

Security Council Resolution (SCR) 【国連】安全保障理事会決議

security countermeasures ［pl.］ 安全対策；保全対策

security dialogue 安全保障対話

security echelon ［C］ 警戒部隊

security environment ［C］ 安全保障情勢

security expert ［C］ ①安全保障専門家 ②セキュリティ専門家 《コンピューター・ネットワーク》

security force 警戒部隊

Security Guard and Transportation Squadron 【空自】管理隊 《の英語呼称》

Security Guard Branch 【在日米軍】警備隊 ◇用例： Akizuki Security Guard Branch = 秋月警備隊 ： Hiro Security Guard Branch = 広警備隊；Kawakami Security Guard Branch = 川上警備隊 ： Kure Port Security Guard Branch = 呉ポート警備隊

security information ［U］ セキュリティ情報 《サイバー攻撃等およびサイバー攻撃等の対応策に関する情報をいう。[典] 自衛隊統合達第23号》

security intelligence ［U］ 保全情報

security measures ［pl.］ ①【陸自】保全手段 ②【空自】保全措置

security officer ［C］ 警備官

security of secret matters ［U］ 秘密保全 《主として、敵の情報活動・謀略活動から、秘密に属する我が知識、文書、図画および物件を秘匿することをいう。[典] 統合訓練資料1-4》

security patrol 警戒斥候

security perimeter ［C］ セキュリティ境界 《外壁、カードで制御した入口または有人の受付といった障壁を形成することによる保護すべき領域とそうでないものとの境目のこと。[典] 調達における情報セキュリティ基準》

Security Police 【空自】警備 《准空尉空曹空士特技区分の英語呼称》

security police (SP) ［pl.］ 空軍憲兵

Security Police Officer 【空自】警備幹部 《幹部特技区分の英語呼称》

security policy ①安全保障政策 ②セキュリティ方針：セキュリティ・ポリシー 《パスワード作成の規則など、情報システムを保護するために必要なセキュリティ規則を定めた基準をいう》

security review 保全審査

security risk 保安上の危険

Security Section 【陸自】保全班 《の英語呼称》

Security Sector Reform (SSR) 治安部門改革

Security Subcommittee (SSC) ［the ～］ 【日】日米安全保障事務レベル協議

security surveillance ［U］ 警戒監視 《警戒を有効化するために、特定の区域または特定の目標を継続的、組織的に観察し、主として目標の動静および戦力組成に関する情報資料を収集すること、またはその行為をいう。[典] 統合訓練資料1-4》

security test and evaluation (ST&I) セキュリティ・試験及び評価

security think tank ［C］ 安全保障関連シンクタンク

Security Treaty between Australia, New Zealand and United States of America (ANZUS) オーストラリア、ニュージーランド及びアメリカ合衆国安全保障条約 《通称は「アンザス条約」》《ANZUS = アンザス》

security unit ［C］ 警戒部隊

security violation 秘密保全違反

sediment 堆積物；沈殿物

sedimentation velocity ［U］ 沈下速度

sediment layer ［C］ 堆積層（たいせきそう） 《海底に堆積している粒状物質からなる層。[典] NDS Y 0011B》

sedition ［U］ 扇動

seeker ［C］ シーカー 《誘導装置の構成品で、目標を捜索・検知および追尾する機能を有する》

seeker antenna ［C］ シーカー・アンテナ 《ペトリオット用語》

seen fire 目標観測射撃

segment ［C］ セグメント 《機能別構成単位をいう。[典] JAFM006-4-18》

segment plate ［C］ セグメント・プレート

segment ring ［C］ セグメント・リング

segment startup セグメント・スタートアップ 《システム制御装置からの指定により、セグメント内の各装置に分散配置されているプログラムの一斉起動および初期化処理を行い、セグメントが具備するソフトウェア機能を活用可能な状態にすることをいう。[典] JAFM006-4-18》

seismic alloy system ［C］ 地震波測定システム

seismic exploration 地震探査

seize ［vt.］ 奪取する ◇用例： seize and hold the initiative = 先制を獲得し確保する

seizing シージング 《括着（かっちゃく）》

seizing wire ［C］ かがり針金

seizure ①焼き付き ②奪取

selected area for evasion area intelligence description (SAID) 回避限定区域情報

selected elevation intermittent aim 俯仰選択照準

Selected Reserve 【米軍】選抜予備

Selected Reservist 【米軍】選抜予備役

selected train intermittent aim 旋回選択照準

selection 選抜；選考

selective beacon radar (SBR) ［C］ 選択ビーコン・レーダー

selective calling system ［C］ 選択呼び出し機構

selective fading 選択性フェーディング

selective gate ［C］ 選択ゲート

selective identification feature (SIF) ［C］ ①【空自】味方識別装置 《質問パルスを発するインテロゲーターと、質問パルスに対して、あらかじめ設定された応答コードを応答パルスにより返送するトランスポンダーからなる装置をいい、応答パルスによりトランスポンダーの位置を特定するとともに、応答コードにより、味方を識別する。[典] JAFM006-4-18》 ②【海自】選択識別装置

selective jamming 点妨害；スポット・ジャミング

selective loading ［U］ 選択搭載

selective mobilization 選別動員

selective pulse ［C］ 選択パルス

Selective Service System (SSS) 【米軍】徴兵選抜制度

selective shot ［C］ 選択発射

selective unloading ［U］ 選択積みおろし

selectivity 選択度

selector ［C］ ①選択装置 ②切換え金 《単射、連射、制限点射、安全などの機能を選択するために用いる部品》

selector drive ［C］ 駆動切り替え器

selector lever ［C］ 切り替えレバー

selector switch ［C］ 選択スイッチ

selenodesy 測月学 《月の測地学》

self aid 自己救急法

self-chambering 自動装填

self-contained navigation (SCN) ［U］ 自立航法

self-contained underwater breathing apparatus (SCUBA) スクーバ

self-deactivation (SDA) 自己不活性化 《弾薬が不発時の対処技術の一つ。信管作動に不可欠な電池等を不可逆的に消耗させせることによって信管を不作動にすること》

Self-Defence Fleet Headquarters 【海自】自衛艦隊司令部 《の英語呼称》

Self-Defence Forces Central Hospital Nursing Institute 【防衛省】自衛隊中央病院高等看護学院 《の英語呼称》《平成28年3月28日に閉校》

self-defense ［U］ 自衛

Self-Defense Fleet (SF) = Self Defense Fleet 【海自】自衛艦隊 《の英語呼称》◇用例：自衛艦隊司令官 = Commander in Chief, Self-Defense Fleet；自衛艦隊幕僚長 = Chief of Staff, Commander in Chief Self-Defense Fleet

Self-Defense-Fleet Command Support System 【海自】自衛艦隊指揮支援システム 《自衛艦隊司令官や主要作戦部隊指揮官の作戦指揮に資する海上自衛隊の作戦情報処理システム。通称は「SFシステム」》

Self-Defense Forces (SDF) 【日】自衛隊

Self-Defense Forces Act (SDF Act) ［the ～］ 【日】自衛隊法 ◇用例： 自衛隊法82条 = Article 82 of the Self-Defense Forces Act；自衛隊法第82条の3第3項の規定 = the provision of Article 82-3, Paragraph 3 of the SDF Act

Self-Defense Forces Central Hospital ［the ～］ 【防衛省】自衛隊中央病院 《の英語呼称》◇用例： the SDF Central Hospital

Self-Defense Forces facility ［C］ 【自衛隊】自衛隊施設

Self-Defense Forces hospital (SDF hospital) ［C］ 【防衛省】自衛隊病院 ◇用例： 自衛隊那覇病院 = Self-Defense Forces Naha Hospital；自衛隊福岡病院 = Self-Defense Forces Fukuoka Hospital

Self-Defense Forces personnel (SDF personnel) ［pl.］ 【自衛隊】自衛隊員 《[備] 日本の自衛隊員であることを明示する場合は「JSDF personnel」にする》

Self-Defense Forces Personnel Ethics Act 【防衛省】自衛隊員倫理法 《の英語呼称》

Self-Defense Forces Personnel Ethics Code ［the ～］ 【日】自衛隊員倫理規程 《の英語呼称》

Self-Defense Forces Personnel Ethics Review Board ［the ～］ 【防衛省】自衛隊員倫理審査会 《の英語呼称》

Self-Defense Forces unit ［C］ 【自衛隊】自衛隊の部隊

S

self-defense official ［C］ 【防衛省】自衛官

self-defense official cadet ［C］ 【防衛省】自衛官候補生

Self-Defense Reserve 【防衛省】予備自衛官

Self-Defense Ship 【海自】自衛艦

self-destroying ＝self-destruct ［adj.］ 自爆用の

self-destroying equipment ［U］ 自爆装置

self-destroying fuze ＝self-destruct fuze ［C］ 自爆信管 《対空用弾丸が空中目標を外れて遠くへ飛んだ場合など、所期の目的が達成されなかったとき、一定時間後（飛翔が終了する前）に自爆するように設計されている信管。[典] NDS Y 0001D》

self-destruct ［vi.］ 自爆する ◇用例： If it fails to find a target, the skeet warhead within the bomb self-destructs.

self-destruction (SD) ［U］ 自爆 《対空弾またはミサイルなどが目標を外れた場合、自爆信管または曳光筒などの作動によって弾頭が破裂すること。あるいは、 地雷が一定時間経過後に破裂すること。[典] NDS Y 0001D》

self-forging fragment (SFF) ［C］ 自己鍛造弾（じこたんぞうだん） 《[備]「自己鍛造破片」としている場合もある》《[同] self-forging projectile＝自己鍛造弾；explosively formed projectile＝爆発成形弾；explosively formed projectile＝爆発成形侵徹体》

self-forging projectile (SEFOP) ［C］ 自己鍛造弾（じこたんぞうだん） 《[同] self-forging fragment＝自己鍛造弾；explosively formed projectile＝爆発成形弾；explosively formed projectile＝爆発成形侵徹体》

self-hooping 自緊（じきん） 《「autofrettage」が一般的》

self-loading ［adj.］ 自動装塡の

self-loading pistol ［C］ 自動式拳銃 《[備]「自動装塡拳銃」ともいう》《[同] autoloading pistol》

self-neutralization (SN) 自己無力化 《弾薬が不発時の対処技術の一つ。信管を破壊、分離または不作動状態にすること》

self-noise ［U］ 自己雑音

self-propelled acoustic target (SPAT) ［C］ 水中自走標的 《データ入力によって、針路や速力、水深を変えることができる水中航走体であり、護衛艦の戦闘訓練では、この標的を潜水艦に見立てて攻撃訓練を行う》

self-propelled antiaircraft gun (SPAAG) ［C］ 【陸自】自走高射機関砲 《局地防空用の自走型近距離対空火器》◇用例： 87式自走高射機関砲＝Type-87 self-propelled anti-aircraft machine gun

self-propelled anti-tank gun (SPATG) ［C］ 自走対戦車砲

self-propelled armored combat vehicle ［C］ 自走装甲戦闘車

self-propelled artillery (SPA) ［U］ 自走砲 《野戦砲、高射機関砲などを装輪車両または装軌車両に搭載して機動性を持たせた火砲。[典] NDS Y 0003B》◇用例： wheeled self-propelled artillery＝装輪自走砲

self-propelled gun (SPG) ［C］ 自走加農砲 ◇用例： 170 mm self-propelled gun＝170mm自走加農砲

self-propelled howitzer (SPH) ［C］ 自走榴弾砲 《装輪車両または装軌車両に搭載された榴弾砲。[典] NDS Y 0003B》◇用例： 99式自走155mm榴弾砲＝Type-99 155 mm self-propelled howitzer；新自走155mm榴弾砲＝new 155 SPH

self-propelled mortar (SPM) ［C］ 自走迫撃砲 《装輪車両または装軌車両に搭載された迫撃砲。[典] NDS Y 0003B》◇用例： 120-mm self-propelled mortar＝120mm自走迫撃砲；self-propelled mortar vehicle＝自走迫撃砲車両

self-protection depth ＝self-protective jamming 自己防御深度

self protection jamming (SPJ) 自己防御用妨害 《敵の脅威を排除するため、自己防御を目的として実施する妨害をいう。[典] JAFM006-4-18》

self-pulsing blocking oscillator ［C］ 自己パルス間欠発振器

self-pulsing oscillator ［C］ 自己パルス発振器

self-radiation impedance ［U］ 自己放射インピーダンス

self-regulation 自己平衡性

self-rotation 自転

self-saturation type 自己帰還型

self-sealing tank ［C］ 自己漏洩止めタンク

self-sufficiency 自己完結性

self-supplied article ［C］ 自弁物品 ◇用例： purchase of self-supplied articles＝自弁物品の購入

self-sustaining containership ［C］ コンテナー揚降クレーン装備コンテナー船

self-synchronous radar system ［C］ 自己同期レーダー装置

self-vulcanizing tape ［U］ 自然硫化テープ

selsyn セルシン

semi-active homing guidance ［U］ セミアクティブ・ホーミング誘導 《航空機から目標

に電波を発射し、その反射波をミサイルがとらえて追尾する方法。[典] レーダー用語集》

semiactive homing guidance ［U］ セミアクティブ・ホーミング誘導 《他の照射源から目標を照射し、その反射波をミサイルなどに内蔵するセンサーが検知し、ミサイルが目標を追尾する誘導方式。[典] NDS Y 0001D》

semi-active homing system ［C］ セミアクティブ誘導装置

semi-active laser セミアクティブ・レーザー《目標標定器からレーザーを目標に照射し、目標にぶつかって形成される円錐形の反射波のこと。この反射波を捕捉し、弾体を誘導する。レーザーを目標別にパルス・コード化して個別に設定することにより、複数の目標への同時攻撃が可能になる》

semi-active radar homing セミアクティブ・レーダー誘導

semiannual check 半年点検

semi-armorpiercing bomb (SAP bomb) ［C］ ①半徹甲爆弾 ②【海自】準徹甲爆弾

semiautomatic ［adj.］ 半自動式 《自動式の一種ではあるが、初弾発射後、自動的に次弾を装塡するものの、撃発機構は準備状態となるため、1発発射するごとに引き金を引く必要がある。[典] NDS Y 0002B》

semiautomatic command to line of sight (SACLOS) 半自動指令照準線 《SACLOS＝ザクロス》

semiautomatic fire 半自動射撃

semiautomatic ground environment (SAGE) 半自動式防空警戒管制組織 《SAGE＝セージ》

semiautomatic pistol ［C］ 半自動式拳銃

semiautomatic rifle ［C］ 半自動小銃 《半自動式の小銃》

semiautomatic starter ［C］ 半自動起動器

semiautomatic weapon ［C］ 半自動火器

semi-auto mode 半自動交戦モード 《ペトリオット用語》

semi-autonomous weapon system ［C］ 半自律型兵器システム 《操作員によって選択された個別の目標または特定の目標群のみを攻撃するように設計されている自律型兵器システム》

semibalanced rudder ［C］ 半平衡舵

semiclosed-circuit underwater breathing apparatus 半閉式潜水器

semi-combustible cartridge case ［C］ 部分焼尽薬莢（ぶぶんしょうじんやっきょう）《薬莢底部が金属製の焼尽薬莢。薬莢底部は燃え尽きず底部のみ排出される。[典] NDS Y 0001D》

semidiurnal variation 半日変化

semi-double hull ［C］ 半複殻（はんふくこく）

semifixed ammunition ［U］ 半固定弾薬 《薬莢が弾丸に固定されていない弾薬。射距離に応じ、装薬を増減することができる。[典] NDS Y 0001D。[備]「半固定弾」としている場合もある》

semi-integrated avionics ［U］ 半集積アビオニクス

semistall 半失速

semisubmersible vessel ［C］ 半潜水艇

semitrailer ［C］ セミトレーラー 《前車軸を有しない被牽引自動車であって、その一部が牽引自動車に載せられ、かつ、当該被牽引自動車およびその積載物の重量の相当部分が牽引自動車によって支えられる構造のものをいう。[典] 防経艦第6002号》

Senaha Communication Station 【在日米軍】瀬名波通信施設 《沖縄》

Senate Budget Committee ［the ～］【米】上院予算委員会

Senate Judiciary Committee ［the ～］【米】上院司法委員会 ◇用例： the US Senate Judiciary Committee＝米上院司法委員会

send ［vt.］ 前送する

sender ［C］ 発簡者

sender's composition message ［C］ 発信者文言電報

sending end ［C］ 送電端

senior ［adj.］ ①上級の 《階級が上位であること》 ②先任の 《階級が同じでも先に進級していること》

Senior Adviser to the Minister of Defense 【防衛省】防衛大臣補佐官 《の英語呼称》

Senior Airman (SAMN) 【米空軍】伍長

Senior Chief Petty Officer 【米海軍】上等兵曹

senior controller (SC) ［C］ 先任管制官

Senior Deputy Inspector General 【防衛監察本部】統括監察官 《の英語呼称》

senior director (SD) ［C］ 【空自】先任指令官

Senior Enlisted Advisor 【空自】准曹士先任 《の英語呼称》◇用例： 西部航空警戒管団第43警戒群准曹士先任＝Senior Enlisted Adviser of 43rd Aircraft Control and Warning Group

Senior Enlisted Advisor Badge 【空自】准曹士先任識別章

Senior Enlisted Advisor Badge of Group 【空自】編制単位群部隊准曹士先任識別章

S

Senior Enlisted Advisor Badge of Japan Air Self-Defense Force 【空自】航空自衛隊准曹士先任識別章

Senior Enlisted Advisor Badge of Major Command 【空自】編合部隊等准曹士先任識別章

Senior Enlisted Advisor Badge of Squadron 【空自】編制単位部隊准曹士先任識別章

Senior Enlisted Advisor Badge of Wing and Direct Reporting Unit 【空自】編制部隊等准曹士先任識別章

Senior Enlisted Advisor to the Chief of Staff, Joint Staff 【統幕】統幕最先任 《の英語呼称》《准曹士隊員の最高の助言者および関係各国軍隊下士官との相互交流》

Senior Guidance Officer 【防大】次席指導教官 《の英語呼称》

Senior Master Sergeant (SM Sgt.) ①【空自】空曹長 《の英語呼称》 ②【米空軍】曹長

senior officer 〔C〕 先任将校

senior officer present (SOP) 所在先任指揮官

senior officer present afloat (SOPA) 所在先任海上指揮官

senior officer search force (SOSF) 捜索部隊先任指揮官

Senior Officials Meeting (SOM) 高級事務レベル会合 《ARF閣僚会合に先立って行われる高級事務レベル会合》

senior pilot 〔C〕 上級操縦士

Senior Planning Coordinator 【統幕】計画調整官 《の英語呼称》

senior policeman ［pl. = senior policemen］【日】巡査長

Senior Policy Coordinator 【統幕】政策調整官 《の英語呼称》

Senior Research Officer 【統幕学校】主任研究官 《の英語呼称》

Senior State Secretary for Defense 【防衛省】防衛総括政務次官

Senior Superintendent 【日】警視正

sense and destroy armor (SADARM) 対装甲探知破壊兵器

sense and destroy armor munitions (SADARM) ［pl.］ 【米陸軍】対装甲探知破壊弾薬 《SADARM = サダーム》

sense of responsibility 責任感

sensibility 〔U〕 感度

sensible nuclear technology (SNT) 機微技術

sensing engineering 〔U〕 センシング工学 《物体の計測に用いられるセンサーの種類や動作原理に関してセンサーの基本原理、各種変換素子、各物理量のセンサー、光波センシング、海洋センサーなどについて研究する学問。[典] 防衛大学校HP》

sensitive altimeter 〔C〕 精密高度計

sensitive area 〔C〕 情報焦点地域

sensitive element 〔C〕 鋭感部；感応部；検出部

sensitive material 感光材料

sensitive relay 〔C〕 高感度リレー；高感度継電器

sensitivity 〔U〕 感度 《[備]「sensitiveness」は「敏感であること」を意味しており、「感度」を表す意味には使えない。「insensitiveness」は「鈍感であること」》

sensitivity calibration 〔U〕 感度校正

sensitivity time control (STC) 〔U〕 感度時間制御；感度時間調整 《受信機に受信される反射信号の強さは、距離の四乗に逆比例して、遠くに行くほど小さくなるので、近距離からの強い信号に対しては抑制し、遠距離にいくに従って、感度を上げていくようにする。時間領域で距離に応じて受信機利得を変化させクラッターのレベリングを行う。[典] レーダー用語集》

sensitized material 感光材料

sensitizer ①鋭感剤 《火薬類の感度を高める目的で配合する添加物。[典] NDS Y 0001D》《[対] desensitizerr = 減感剤》 ②増感剤

sensitometry 感光度測定

sensor 〔C〕 センサー；探知装置

sensor control function (SCF) センサー統制機能 《JADGE用語》

Sensor Countermeasures Research Section 【防衛装備庁】センサ妨害研究室 《電子装備研究所～の英語呼称》《電波、光波の妨害・欺瞞技術、電波情報収集分析技術および電磁環境技術》

sensor cueing センサー・キューイング 《戦域弾道ミサイル（TBM）目標の探知および追尾のために、センサーの待受位置および追尾キューイング位置を指示することをいう。[典] JAFM006-4-18》

sensor-fuzed submunitions (CEB) ［pl.］ センサー信管付き子弾 《クラスター爆弾に内蔵する子爆弾の一種。搭載した赤外線センサーにより装甲車両を捜索し、攻撃する》

sensor management function (SMF) センサー・マネジメント機能 《運用プログラムの機能の一つ。[典] JAFM006-4-18》

Sensor Research Division 【防衛装備庁】センサ研究部 《電子装備研究所～の英語呼称》

《電波センサーおよび光波センサー技術について
の考案、調査研究および試験評価を行う。(殊)防衛
装備庁HP》

sensor resource ［C］ センサー・リソース
《JADGE用語》

Sensor Systems Section 【防衛装備庁】セ
ンサ統合研究室 《電子装備研究所～の英語呼称》
《電波センサー、光波センサー・システムおよび
複合センサー・システムの方式および性能》

sentinel ［C］ 歩哨（ほしょう）《警戒・監視
などの任務につく隊員。(殊)民軍連携のための用語
集》

sentinel post ［C］ 哨所

sentinel valve ［C］ 用心弁

sentry ［C］ 歩哨

sentry squad ［C］ 分哨

Seoul Defense Dialogue (SDD) 【日】ソ
ウル安全保障対話

separate ［vt.］ 分離する

separate battalion ［C］ 独立大隊

separate battery ［C］ 独立砲兵中隊；独立
特科中隊

separated ammunition ［U］ 分離弾

separatee ［C］ 除隊者《(殊) enliste＝入隊
者》

separate loading ammunition ［U］ 分離
装填弾薬《弾丸、装薬および火管を別々に火砲
に装填する形式の弾薬。(殊) NDS Y 0001D。(殊)「分
離弾」としている場合もある》

separately excited generator ［C］ 他励
発電機

separately excited motor ［C］ 他励電動機

separate unit ［C］ 独立部隊

separating 析出

separating funnel ［C］ 分液漏斗

separation ①分離；はがれ《剥離（はくり）》
②除隊

separation point ［C］ 分岐点

separation zone ［C］ 分離帯

separator ①分離器 ②間隔板；隔離板

Sept. 11 terrorist attacks ［the ～］
【米】9月11日のテロ攻撃

September 11th Fund ［the ～］ 【米】9
月11日基金

sequence circuit ［C］ シーケンス回路

sequence control counter ［C］ 逐次制御
計数器

sequence number (SQN) ①一貫番号；順序
番号 ②シーケンス番号 《バッジ用語》 ③【海
自】艦船番号

sequence of command 指揮継承順序

sequence report ［C］ 連続通報

sequence valve ［C］ シーケンス弁

sequential access memory ［C］ シーケン
シャル・アクセス・メモリー

sequential control ［U］ 逐次制御

sequential hook (SEQ HOOK) ［C］
シーケンシャル・フック 《ペトリオット用語》

sergeant ［C］ 軍曹

Sergeant ①【陸自・空自】3曹 《の英語呼称》
《3等陸曹、3等空曹》②【陸軍・米海兵隊】3等軍
曹 ③サージャント 《ミサイル名》

Sergeant First Class ①【陸自・空自】2曹
《の英語呼称》《2等陸曹、2等空曹》②【米陸軍】
1等軍曹 《の英語呼称》

Sergeant Major ①【陸自】陸曹長 ②【米陸
軍】上級曹長 ③【米海兵隊】先任上級曹長

Sergeant Major of the Army 【米陸軍】
陸軍先任上級曹長

Sergeant Major of the Marine Corps
【米海兵隊】海兵隊先任上級曹長

Sergeant Training Unit 【陸自】陸曹教育隊
《の英語呼称》《陸曹に対する教育訓練を行う部
隊》◇用例：第4陸曹教育隊＝4th Sergeant
Training Unit

serial assignment table ［C］ 梯団割り当
て表

serial bus interface (SBI) シリアル・デー
タバス・インターフェース 《バッジ用語》

serial clock (SCLK) シリアル・クロック
《シリアル通信用基準クロック信号をいう。
(殊) JAFM006-4-18》

serial data bus (SDB) ［C］ シリアル・
データ・バス 《バッジ用語》

serial number ①一連番号 ②【海自】一貫番号

serial observation ［U］ 各層観測

series circuit ［C］ 直列回路

series coil ［C］ 直巻きコイル（ちょくまきコイ
ル）

series compensation ［U］ 直列補償

series connected type 直列型

series generator ［C］ 直巻き発電機

series motor ［C］ 直巻き電動機

series of fires 火力集中

series of targets 【陸自】火力集中団 《戦闘
の重要な段階において、ある地域を火制するた
め、多数の火力集中点および火力集中群を一括し

たものをいい、秘匿名で示す。⊛ 陸自教範》

series parallel 直並列

series parallel circuit ［C］ 直並列回路

series parallel connection 直並列接続

series peaking circuit ［C］ 直列ピーキング回路

series resistance 直列抵抗

series resonance 直列共振

series shunt peaking circuit ［C］ 直並列ピーキング回路

series trip coil ［C］ 直列引き外しコイル

series winding 直列巻き

series wound arc lamp ［C］ 直巻きアーク灯

serious injury 重傷 《国際民間航空機関（ICAO）では、「serious injury」とは、3日以上の入院治療を要する負傷であると定義している。一方、自衛隊では、「重傷」とは、致命傷または致命のおそれのある負傷および大骨折、その他2週間以上の入院治療を要する見込みの負傷（⊛ 防衛庁訓令第35号）であると定義している。そのため、「serious injury」と「重傷」は、意味上、1対1で対応していない。ICAOの定義では、「致命傷」は「fatal injury」になる》

seriously ill 重症

serve ［vt.］ 服務する ◇用例：serve in the army ＝ 軍務に服する

service ［C］ ①【自衛隊】役務 《民間または公共の会社、団体等と契約し、その作業力等を活用すること、またはこれにより提供される作業力等をいう。⊛ 陸自教範。⊛「役務」が適切でない場合は「サービス」にする》◇用例：ocean transportation services ＝ 海上輸送役務；service contracts ＝ 役務契約 ②軍役；兵役 ③軍種 《米国の場合、陸軍、海軍、空軍、海兵隊、沿岸警備隊の5軍種がある》

serviceability 取り扱い性

serviceable ［n.］［C］ 使用可能品

serviceable ［adj.］ 使用可能な

serviceable balance ［C］ 有効残高

serviceable equipment ［U］ 使用可能装備品

serviceable item ［C］ 使用可能品

serviceable property ［C］ 使用可能品

serviceable supplies ［pl.］ 使用可能補給品

serviceable tag ［C］ 使用可能物品票；合格物品票

service afloat 海上勤務

service air ［U］ サービス空気

service ammunition ［U］ ①実弾 《戦闘に使用する目的で設計した弾薬。⊛ NDS Y 0001D》 ②【統幕】作戦用弾薬

service area ［C］ 有効範囲

service bulletin (SB) ［C］ サービス・ブリテン

service calls ［pl.］ 日課号音

service cap ［C］ 制帽

service capacity 有効容量

service carrier ［C］ 【自衛隊】自衛隊歴

service ceiling ［C］ ①【空自】実用上昇限度 《航空機の上昇能力を表す値の一つで、標準大気内で連続最大出力状態の航空機の上昇率が0.5 m/sまたは100 ft/minに減ずるに至る高度をいう。この高度以上に上昇するには時間がかかりすぎ、水平飛行可能の範囲が著しく狭くなって実用に適さない。⊛ 統合訓練資料1-4》 ②【海自】実用高度限界

service club ［C］ 隊員集会所

service component ［C］ 軍種部隊

service component command ［C］ 軍種部隊

service component commander ［C］ 【米】各軍指揮官

service condition 運用環境；使用状態

service craft ［pl. ＝ ～］ 【海自】特務艇

Service educational activity (SEA) ［C］ 軍管理機関

Service Facility 【海自】業務分遣隊 《の英語呼称》

service flight ［C］ 要務飛行

service force 【海自】役務部隊

Service force modules ［pl.］ 各軍種単位部隊

Service Inventory Control Center (SICC) 【米】軍資材支援統制機関

service life 有効寿命；耐用年数

Service Life Extension Program (SLEP) 【米海軍】就役期間延長プログラム 《SLEP ＝ スレップ》

service life of gun barrel 銃身寿命；砲身寿命

service load ［C］ 運用荷重

serviceman ［pl. ＝ servicemen］ 軍人 ◇用例：US serviceman ＝ 米軍兵士

Servicemen's Compensation Section 【陸自】補償班 《の英語呼称》

service message ［C］ 事務信

service mine ［C］ 【海自】実用機雷

service number 認識番号

service pipe 〔C〕 供給管 《[同] supply pipe》

service practice 総合射撃演習

service pump 〔C〕 サービス・ポンプ

service record 〔C〕 ①人事記録 ②【空自】勤務記録表

service regulation 服務規定

service ribbon 〔C〕 略綬

services 〔the ～〕 ①全軍種 《[備] 通常は「陸海空軍」のこと。「各軍種」と訳すとよい場合がある。「the Services」と大文字で表記した場合は、特定の国の全軍種を指す》◇用例： the US services = 米国の全軍種 ②【自衛隊】陸海空自衛隊；三自衛隊 《[備]「各自衛隊」と訳すとよい場合がある》◇用例： Self Defense Force services

Services and Secretarial Section 【陸自】総務班 《の英語呼称》

service ship 〔C〕 【海自】特務艦

service specialist 〔C〕 従軍技術者

Service Squadron 【空自・海自】業務隊 《の英語呼称》

service stock 〔C〕 推進補給

service stock system 推進補給方式

Service Stripe 【米軍】精勤章

service support 業務支援

service test 〔C〕 実用試験

service uniform 常装

service voltage 供給電圧；使用電圧

service weight pick-up 付加重量

servo-amplifier 〔C〕 サーボ増幅器

servo-controller 〔C〕 サーボ制御器

servo-mechanism 〔C〕 サーボ機構 《自動制御系の一種で、機械的な位置や方向、角度などを目標とする値になるように自動的に制御する機構をいい、機械的な働きと、電気的な動作を組み合わせることが多い。[典] レーダー用語集》

servo-system 〔adj.〕 サーボ方式

servo-system 〔C〕 サーボ装置 《入力信号を追随した機械運動に変換する装置。[典] NDS Y 0001D》

servo-valve 〔C〕 サーボ弁

session plan 〔C〕 セッション・プラン 《ペトリオット用語》

set ①セット ②流向

set a sail 展帆（てんぱん）

setback 慣性後退 《慣性によって後退する運動。[典] NDS Y 0001D》《[対] set forward = 慣性前進》

setback force 慣性後退力 《慣性後退によって生じる慣性力。[典] NDS Y 0001D》《[対] set forward force = 慣性前進力》

setback pin 〔C〕 後退ピン 《慣性後退力が作用したときに後退し、信管の安全状態を解除する部品。[典] NDS Y 0001D》

set course time 航法基準時点

set depth 調定深度 《あらかじめ設定する深度。機雷の場合は、爆発する深度。魚雷の場合は、航走初期の探索深度。[典] NDS Y 0041》

set forward 慣性前進 《慣性によって前進する運動。[典] NDS Y 0001D》《[対] setback = 慣性後退》

set forward force 慣性前進力 《慣性前進によって生じる慣性力。[典] NDS Y 0001D》《[対] setback force = 慣性後退力》

set noise 〔U〕 機器雑音；セット・ノイズ 《機器自体から発生する固有の磁気雑音。[典] NDS Y 0041》

set-off 相殺

setting 〔C〕 ①設置；据え付け ②整定；調定；設定 ③測合（そくごう） 《信管に所定の信号または情報を入力すること》

setting crank 〔C〕 調定手輪

setting diagram 〔C〕 据え付け図（すえつけず）

setting point 〔C〕 静止点

setting time 整定時間

settlement 沈下

settling 沈澱

settling tank 〔C〕 すましタンク

set up 〔vt.〕 開設する

Seventh Fleet (7th Fleet) 〔the ～〕 【米軍】第7艦隊 ◇用例： the US Seventh Fleet = 米第七艦隊

sever 〔vt.〕 分離する ◇用例： sever tank from infantry = 歩戦分離する

severance 〔C〕 分離

severe 強 《着氷の強。騒乱の強》

sewage disposal 〔U〕 汚水処理

sewage disposal plant 〔C〕 下水処理施設

sewer 〔C〕 排水溝

sexagesimal system 60分法

sextant 〔C〕 六分儀

sextant altitude 六分儀高度

sextant error 六分儀誤差

sexual harassment 〔U〕 セクシュアル・ハラスメント 《他の者を不快にさせる職場における性的な言動および職員が他の職員を不快にさせせる職場外における性的な言動。[典] 防衛庁訓令第

29号》

sexually transmitted disease (STD) 性感染症

SF System (SFS) 自衛艦隊指揮支援システム《SF = Self Defense Fleet (自衛艦隊)》

SF track [C] SF航跡 《JADGE用語》

shaded relief 陰影図

shades [pl.] 陰影線

shading coil [C] くま取りコイル

shadow シャドー 《機雷探知機などにおいて、目標の後方に音波が到達しないために、目標映像の後方が影のようになっている映像部分。[典] NDS Y 0012B》

shadow zone [C] シャドー・ゾーン；不感帯《屈折によって音線が到達できなくなる海中の領域。[典] NDS Y 0011B》

shaft alley [C] 軸路

shaft base system 軸基準式

shaft bracket [C] シャフト・ブラケット

S

shaft current 軸電流

shaft horsepower (SHP) 軸馬力

shaft output 軸出力 《推進軸後端における出力。[典] NDS Y 0041》

shaft tunnel [C] 軸室

shakedown training (SDT) [U] 就役訓練

shaking 動揺

shallow depth 浅深度

shallow fog 地霧(じぎり)

shallow fording 浅瀬徒渉力

shallow waters [pl.] 浅海；浅水域 《海底深度100尋(600フィート)以内の海域。[典] NDS Y 0011B。[備]「浅海」の定義は分野によって異なる》

shallow water wave [C] 浅海波

shamrock mad hunting pattern [C] シャムロック・パターン

Shanghai Cooperation Organization (SCO) 上海協力機構

Shangri-La Dialogue シャングリラ会合

shaped charge 成形炸薬；成形爆薬；指向性爆薬 《モンロー効果(ノイマン効果)を利用して一方向に爆発圧力を集中させるため、先端を円錐形にし、かつ中空にした爆薬。[典] NDS Y 0001D》《[同] hollow charge》

shaped-charge effect 成形炸薬効果

shaped-charge head [C] 成形炸薬頭部；成形爆薬頭部

shaped-charge munitions [pl.] 成形炸薬弾 《成形炸薬を用いた弾丸または弾薬》

Shared Early Warning (SEW) 早期警戒情報 《早期警戒情報とは、日本に対して飛来する弾道ミサイルに関する予想データを、発射後、短時間のうちに米軍が解析して自衛隊に伝達する情報であり、具体的には、落下予想地域、落下予想時刻などが伝達される。[典] 防衛白書(平成11年版)》

Shariki Communication Site [the ～]【在日米軍】車力通信所

shark chaser [C] ふかよけ剤 《鱶除け剤》

sharp front [C] はっきりした前線

sharpness 尖鋭度(せんえいど)

sharp shooter = sharpshooter [C] 狙撃兵

shattering 破砕効果

sheaf [C] 射向束(しゃこうそく) 《2門以上の火砲で射撃する場合における各火砲の射撃方向(射向)の関係性を示す用語であり、有効射向束、集中射向束、平行射向束などがある。[典] NDS Y 0005B》

shearing force 剪断力(せんだんりょく)

shearing instability [U] シヤー不安定度

shearing pin [C] シヤーリング・ピン

shear line [C] シヤー・ライン 《[備]「シアー・ライン」もあるが、本書では「shear」は「シヤー」に統一している》

shear pin [C] シヤー・ピン；剪断ピン 《所定の力が加わると、切断して信管の作動を可能にするピンまたは線。[典] NDS Y 0001D》

shear strake 舷側厚板；シヤー・ストレイク

shear wave [C] すべり波 《[同] rotational wave》

shear wire [C] 剪断線(せんだんせん)

sheathed deck [C] 被覆甲板

sheathed thermometer [C] 2重管温度計

shed 格納庫

shedding tappet 開口タペット

sheep shank つめ結び 《爪結び》

sheer 舷弧(げんこ)

sheet cutting blanking 板取り

shelf life 貯蔵寿命；保管寿命；保存期間

shelf-life control [U] シェルフ・ライフ・コントロール；保管期限統制 《保管中に劣化または品質が低下するおそれのある部品等について、キュアリング(加硫)・組立・受領検査などを行った日から、その部品等が本来の使用目的に支障なく使用し得る状態を維持することができる最大限の保管期間を指定するとともに、これに伴う特定の検査・出荷などの業務を統制することをいう。[典] MHP-V-51028-13》

569　　　　　　　　　　　　　　　　　　**ship**

shell　①外殻（がいこく）；外皮　②砲弾；弾体
③薬莢（やっきょう）；弾殻（だんかく）

shell chute　［C］　薬莢滑降路

shell construction　［U］　張がら構造

shell crater　［C］　漏斗孔

shell deflector　［C］　薬莢転向器

shell expansion plane　［C］　外板展開図

shell hole　［C］　漏斗孔

shelling report　［C］　①【陸自】敵弾報告
②被弾報告

shell plate　［C］　胴板

shell plating　外板

shell shock　戦場ショック　《戦争神経症》

shell type　外鉄型

shelter　［C］　①シェルター　②【陸自】掩蔽
部　③【空自】退避壕（たいひごう）

shelter tent　［C］　携帯天幕

shepherd-pierce tube　［C］　シェファード・
ピアス管

shield　①遮蔽（しゃへい）　《空間または物体（真
空管、コイル、配線）のある部分に対して、電界
や磁界等の外部の影響をさえぎる作用または装
置。® レーダー用語集》　②防盾（ぼうじゅん）
《敵の射撃から砲員を防護するために火砲に取り
付ける装置。® NDS Y 0003B。® 本書では、「防
楯」ではなく、「防盾」を用いている》

shielded pair cable　［C］　遮蔽ペア・ケー
ブル

shielding wire　［C］　シールド線

shift　①けた送り　②射向変換；転移射

shift berth　［C］　転錨

shifting field type　移動磁界型

Shillelagh　シレーラ　《ミサイル名》

shimmy damper　［C］　シミー・ダンパー；振
動吸収装置

Shimokita Test Center　【防衛装備庁】下北
試験場　《の英語呼称》《火器・弾薬類の弾道性能
に関する試験を行う。® 防衛装備庁HP》

shipboard degaussing system　［C］　船体
消磁装置　《船体消磁のため、船体に装備した消
磁コイルおよびこれに流す電流の管制装置などを
いう。® NDS Y 0051》

shipboard plane　［C］　艦載機；艦上機

shipboard repair kit　［C］　電線補修用具箱

shipborne　［adj.］　艦艇

shipbuilding yard　［C］　造船所　《® ship
yard》

Ship Characteristics Board (SCB)　【米

海軍】艦船要目会議

ship control　［U］　操艦管制

ship counter　［C］　航過計数器

ship earth station　［C］　船舶地球局

ship handling　［U］　操艦

ship haven　［C］　移動安全海面　《® moving
haven》

ship hull　［C］　船体

ship hull form　船型

ship in commission　就役艦

ship inspection　船舶検査

ship inspection operation　船舶検査活動
《船舶検査活動とは、重要影響事態または国際平
和共同対処事態に際し、貿易その他の経済活動に
係る規制措置であって我が国が参加するものの厳
格な実施を確保する目的で、当該厳格な実施を確
保するために必要な措置を執ることを要請する国
際連合安全保障理事会の決議に基づいて、または
旗国（海洋法に関する国際連合条約第九十一条に
規定するその旗を掲げる権利を有する国をいう）
の同意を得て、船舶（軍艦および各国政府が所有
しまたは運航する船舶であって非商業的目的のみ
に使用されるもの（以下「軍艦等」という。）を除
く）の積荷および目的地を検査し、確認する活動
ならびに必要に応じ当該船舶の航路または目的港
もしくは目的地の変更を要請する活動であって、
我が国が実施するものをいう。® 重要影響事態等
に際して実施する船舶検査活動に関する法律》

Ship Inspection Operations Act　【日】船
舶検査活動法　《「周辺事態に際して実施する船舶
検査活動に関する法律（Act on Ship Inspection
Operations in Situations in Areas Surrounding
Japan)」の略称》

ship launched cruise missile　［C］　艦艇発
射巡航ミサイル

shipmate　［C］　乗員；乗組員　《現場では「乗
組員」》

ship motion analyzing computer system
(SMACS)　［C］　【海自】船体運動状態表示
装置　《各種航海情報および船体に作用する力を
計測し、艦周辺の波浪状況を推定する装置》

shipping　①出荷；積出し；発送；輸送；船舶輸送

shipping back transfer　返送管理換え

shipping control　船舶運航統制

shipping control authorities　［pl.］　船舶
運航統制当局

shipping control authority　［C］　船舶運航
統制権者

shipping designator　［C］　①出荷先記号
②【海自】船舶指定コード

shipping document (S/D) ［C］ 出荷証書
shipping inspection 出荷検査
shipping lane ［C］ 航路帯 《船舶》
shipping order (SO) 出荷指令
shipping order number 出荷指令番号
shipping order register ［C］ 出荷指令書台帳
shipping route development ［U］ 航路啓開業務
shipping time 入荷期間
ship projector ［C］ 攻撃艦投影器
ship qualification trial (SQT) 艦艇装備認定試験
ship's allowance list (SAL) ［C］ 艦艇定数表
Ships and Weapons Division 【海自】艦船・武器課 《の英語呼称》
ship's data ［U］ 艦船要目
Ships Department 【海自】艦船部 《の英語呼称》◇用例： 艦船部長 = Director of Ships Department

S

ship's destination authority (SDA) ［C］ 船舶仕向け地統制機関
Ships Division 【海自】艦船課 《の英語呼称》
ship's fittings ［pl.］ 船具
ship's inertial navigation system (SINS) ［C］ 慣性航法装置
ship's intelligence officer ［C］ 艦内情報士官
ship's magnetization 船体磁気 《船体の外部に生じる磁界またはその磁界の原因となる磁気。[典] NDS Y 0051》
ship's organization 艦内編成
Ships Parts Control Center (SPCC) 【米】海軍艦船部品管制センター
ship's service telephone ［C］ 艦内電話
ship's signature ［C］ 船舶特性
ship's store ［C］ 艦内売店
ship's supply hull valve ［C］ 艦内給気内殻弁（かんないきゅうきないこくべん）
ship station ［C］ 船舶局
Ship Supply Depot 【海自】艦船補給処 《の英語呼称》◇用例： 艦船補給処長 = Commanding Officer, Ship Supply Depot
ship's weapons coordinator (SWC) ［C］ 【海自】攻撃指揮官
ship-to-air missile (SAM) ［C］ ①艦対空ミサイル ②【陸自】艦対空誘導弾 《艦船から航空機などに対して発射する誘導弾。[典] NDS Y 0001D》
ship-to-ship missile ［C］ 艦対艦ミサイル；艦対艦誘導弾 《艦艇に搭載し、侵攻する水上艦艇を撃破するためのミサイル。[典] NDS Y 0001D》◇用例： 艦上発射型の90式艦対艦誘導弾 = ship launch Type-90 SSM
ship-to-ship transfers ［pl.］ 【海自】瀬取り（せどり） 《接舷（横付け）して行う洋上での物資の積み替え》
ship-to-shore movement = ship to shore movement 【米軍】海陸間移動 《水陸両用作戦における強襲上陸段階の一部であって、揚陸用艦艇から上陸区域内の海岸の指定された位置に対し、人員および装備品を適時に展開することをいう。[典] 統合訓練資料1-4》
ship-to-surface missile (SSM) ［C］ 艦対地ミサイル；艦対地誘導弾 《艦船から地上目標に対して発射する誘導弾。[典] NDS Y 0001D》
ship towed 引かれ船
ship transportation ［U］ 船舶輸送
ship will adjust 【海自】射撃艦修正射撃 《射撃艦が目標を視認できる場合で、弾着観測と射弾修正を射撃艦が実施する方法をいう。[典] 海上自衛隊訓練資料第175号》
shipwrecked ［n.］［the ～］ 難船者 《船舶の沈没、座礁もしくはその他の損傷または航空機の撃墜もしくは遭難等により、船舶または航空機に災厄を及ぼす結果として、海上または他の水域において危険にさらされており、かつ一切の敵対行為を控える者をいい、軍人であるか、文民であるかを問わない。[典] 統合訓練資料1-4》
shipwrecked ［adj.］ 難破した
ship yard ［C］ 造船所 《[同] shipbuilding yard》
shoal ［C］ 浅瀬
shock 衝撃
shock absorber ［C］ 緩衝装置；緩衝器
shock action ①【陸自】衝撃力 《攻撃行動において、敵の戦闘組織を分断・破壊しつつ突き進む力をいう。衝撃力の主要な要素は、機動力と火力である。[典] 陸自教範》 ②急襲；衝撃戦法
shock cord ［C］ 緩衝ゴム索
shock effect 衝撃効果
shock front ［C］ 衝撃波前面
shock mount ［C］ ①緩衝架 ②【海自】緩衝板取り付け
shock strut ［C］ 緩衝支柱
shock troops ［pl.］ 格闘戦部隊；突撃専用部隊；突撃隊；奇襲部隊
shock wave ［C］ 衝撃波 《[同] impulse wave》

shoe ［C］ 台木

shooter ［C］ 射手

shooting 射撃

shoot look shoot 単射；シュート・ルック・シュート 《射撃方式の一つで、ミサイルを1発ずつ発射すること。[典] JAFM006-4-18》

shop ［C］ 工場；作業場

shop maintenance ［U］ ショップ整備

shop replaceable unit (SRU) ［C］ ショップ交換ユニット

shoran bombing ショーラン爆撃

shore-based aircraft ［pl. = ～］ 基地航空機

shore-based supply support 基地後方支援

shore battery ［C］ 沿岸砲台

shore bombardment 【海自】対沿岸射撃 《作戦目的を達成するため、艦砲により陸上の目標に対して実施する射撃をいう。[典] 陸自教範》

shore bombardment area (SHOBA) ［C］ 対地支援射撃区域

shore bombardment line ［C］ 対陸上射撃限界線

shore cable ［C］ 海底電線

shore fire control party (SFCP) ［C］ ①【海軍】艦砲射撃統制班 ②【海自】対地射撃陸上管制班 《対陸上支援射撃実施地域にあって弾着を観測し、射撃を管制するため、射撃艦または味方部隊から派出された小部隊をいう。[典] 統合訓練資料1-4》

shore guard 陸上警備

shore leave 上陸許可

shore line ［C］ 海岸線 《汀線（ていせん）》《[同] coast line》

shore party ［C］ ①【米軍】海岸設定隊 《水陸両用作戦の実施にあたり、陸上部隊、装備、補給品の揚陸支援、負傷者・捕虜の後送、揚陸艦艇の離着岸支援および救難に任ずる上陸部隊の1任務部隊で、海軍部隊と上陸部隊双方からの部隊で編成される。[典] 統合訓練資料1-4》 ②【陸自】陸岸作業隊 《海上作戦輸送の実施にあたり、発地および着地における乗船部隊の搭載および揚陸を支援する陸上自衛隊の部隊をいう。[典] 統合訓練資料1-4》

shore patrol (SP) 【米】海軍憲兵

shore power 陸電

shore power connections box ［C］ 艦外受電箱

shore station ［C］ 陸上衛所

shore-to-shore movement 【米軍】舟艇機動 《水陸両用作戦において、上陸部隊の人員、器材を揚陸用舟艇、水陸両用車両等をもって海岸の基地から、直接、上陸地点に対して強襲上陸させることをいう。[典] 統合訓練資料1-4》

short ①短絡 ②「近」 《弾着の「近」》《[対] over =「遠」》

shortage 過少；不足

short bar ［C］ 短絡片

short blast ［C］ 短声（たんせい） 《約1秒間の汽笛の吹鳴（すいめい）》《[対] prolonged blast = 長音》

short chain cable ［C］ 短鎖

short charge 短装薬包

short circuit ［C］ 短絡回路

short circuit characteristic curve ［C］ 短絡特性曲線

short circuit current 短絡電流

short circuit impedance ［U］ 短絡インピーダンス

short circuit power factor ［C］ 短絡力率

short circuit ratio ［C］ 短絡比

short circuit test ［C］ 短絡試験

short circuit winding 短絡巻き線

short delay fuze ［C］ 短延期信管 《爆弾用延期信管の一種。弾着後、爆発まで1秒以下の延期機構を備えた信管。[典] NDS Y 0001D》《[対] long delay fuze = 長延期信管》

short distance navigational aids ［pl.］ 短距離航行援助施設

shortened visual call 略式視覚指呼

shortfall ［C］ 不足

short-handed operating procedure 減員操法

short haul communication equipment (SHCE) ［U］ 基地内通信装置 《各基地の局舎間の通信回線をいい、音声帯域信号または多重化した音声帯域信号を伝送する。[典] JAFM006-4-18》

short leg zigzags ［pl.］ 短行程の字運動 《短行程之字運動》

short line ［C］ 短絡線

short period forecast ［C］ 短期予報 《[同] short range forecast》

short piston ［C］ ショート・ピストン 《検圧銃身で腔圧を測定するとき、ピストン孔に取り付ける部品。[典] NDS Y 0002B》

short-pitch factor ［C］ 短節係数

short-pitch winding 短節巻き

short pulse ［C］ 短パルス

short range ［C］ 短射程

S

short range air defense (SHORAD) ［U］ 短距離防空；短射程防空

short range attack missile (SRAM) ［C］ ①短距離攻撃ミサイル ②【海自】短射程攻撃ミサイル 《SRAM = スラム》

short-range ballistic missile (SRBM) ［C］ 短距離弾道ミサイル 《射程は、約1,000km以下》

short range fire 至近距離射撃

short range forecast ［C］ 短期予報 《[同] short period forecast》

short range navigation (SHORAN) ［U］ 【空軍】近距離航法 《SHORAN = ショーラン》

short range nuclear force (SNF) 短距離核戦力

short range pop-up sector (SR Pop-Up Sector) ［C］ 短距離ポップ・アップ空域 《ペトリオット用語》

short range SAM ［C］ 短SAM 《SAM（サム） = surface-to-air missile（地対空ミサイル）》

S

short range submarine ［C］ 沿岸潜水艦；近距離潜水艦

short range surface-to-air missile (SRSAM) ［C］ 短距離地対空ミサイル；短距離地対空誘導弾；短SAM

short recoil operation 反動利用短後座式 《反動利用式の一種で、砲身と遊底が一体のままで後座する距離が弾薬の全長を超えない方式》《[対] long recoil operation = 反動利用長後座式》

short-scope buoy = short scope buoy ［C］ ショートスコープ・ブイ

short shunt 内分巻き

short stay 近錨（ちかいかり；きんびょう）

short supply 補給量の不足

short take-off and landing (STOL) 短距離離着陸；短距離離着陸機 《STOL = ストール》

short take-off and vertical landing (STOVL) ［C］ 短距離離陸垂直着陸；短距離離陸垂直着陸機

short term casualty estimate 短期人員損耗見積り

short term granting for dependents 短期給付

short term operation 短期作戦

short term reinitialization 短期の再初期設定 《ペトリオット用語》

short term service 任期制

short term strategic planning 短期戦略計画作業

short time current 短時間電流

short title ［C］ 略称

short ton (S/T; STON) 米トン 《1米トン = 2,000ポンド》

short-type magazine ［C］ 短弾倉 《自動式拳銃の握把に挿入する比較的短い弾倉。[典] NDS Y 0002B》《[対] long recoil action = 反動利用長後座式》

short water 水面降下 《ボイラーの水面降下》

short wheelbase 短軸間距離 《[対] long wheelbase = 長軸間距離》

shot ［C］ 散弾 《散弾銃から同時に発射された大量の金属球。[典] NDS Y 0001D》

shot effect 散弾効果

shot group ［C］ 弾痕群

shotgun ［C］ 散弾銃

shotgun cartridge ［C］ 散弾銃弾薬；散弾銃用実包 《散弾を充填した弾薬。[典] NDS Y 0001D》《[同] shot shell》

shot hole ［C］ 弾痕（だんこん） 《小銃弾等の弾痕》

shot locker ［C］ 弾薬箱

shot pattern ［C］ 弾痕群

shot shell = shotgun shell ［C］ 散弾銃弾薬；散弾銃用実包 《散弾を充填した弾薬。[典] NDS Y 0001D》《[同] shotgun cartridge》

shot start pressure 弾丸起動圧；弾丸起動圧力 《銃砲の腔内で火薬類が燃焼し、弾丸が動き出すときの燃焼ガスの圧力。[典] NDS Y 0006B》

shoulder ［C］ 路肩

shoulder harness ［C］ 肩バンド

shoulder loop ［C］ 肩台

shoulder patch ［C］ ひじ章

shoulder stock ［C］ 銃床 《「stock」または「butt」ともいう》《[同] buttstock》

shoulder weapon ［C］ 肩射ち火器 《肩に当てて射撃する火器。[典] NDS Y 0002B》

shovel ［C］ 円匙（えんぴ） 《自衛隊では、土に穴を掘るシャベルのこと。[典] 民軍連携のための用語集》

show ［vt.］ 発揮する

shower ［C］ しゅう雨性降水

shower rain ［U］ しゅう雨 《驟雨。にわか雨のこと》

show of force ［pl. = shows of force］ 武力の示威 ◇用例： show of force operations = 武力示威作戦

show speed flags 速力旗掲揚

shrapnel 榴散弾（りゅうさんだん） 《弾子（だんし）を放出する榴弾。[典] NDS Y 0001D》

573　　　　　　　　　　　　　　　　　side

shred-out　接尾記号　《特技》

shrinkage allowance　[C]　縮みしろ　《縮み代》

shrinkage crack　縮み割れ

shroud　[C]　シュラウド

shrouded blade　[C]　シュラウド羽根

shroud plate　[C]　被覆板

shunt　[C]　①分路　②分流器

shunt coil　[C]　分流コイル

shunt compensation　[U]　並列補償

shunt feed　並列給電

shunt feedback amplifier　[C]　並列帰還増幅器

shunt field relay　[C]　分磁路継電器

shunt generator　[C]　分巻き発電機

shunt motor　[C]　分巻き電動機　《囫 shunt-wound motor》

shunt peaking　並列ピーキング

shunt winding　分巻き巻き線

shunt-wound motor　= shunt wound motor　[C]　分巻電動機　《囫 shunt motor》

shut down　停止

shut-off　遮断

shut-off valve　[C]　遮断弁

shutter door　[C]　門扉（もんぴ）　《潜水艦において、水中発射管の前扉と連動して開閉する船体の一部分》

shuttered fuze　[C]　腔内安全信管

shutter test　[C]　シャッター試験

shuttle　折り返し；折り返し輸送

shuttle bombing　往復爆撃；折り返し爆撃

shuttle descend　非常降下

shuttle operation　折り返し輸送　《自動車輪送で、車両が不足する場合に行う同一車両による反復輸送をいう。囫 統合訓練資料1-4》

shuttle valve　[C]　シャトル弁；往復弁

shuttling　折り返し；折り返し輸送

Siberian air mass　シベリア気団

Siberian high　シベリア高気圧

sick　[the ～]　病者

sick and wounded　[the ～]　①【自衛隊】傷病者　②傷病兵

sick bay　[C]　病室　《船舶の病室》

sick call　患者呼集

sick leave (SL)　傷病休暇；病気欠勤

sick report　[C]　患者日報

side arms　[pl.]　着装武器

side band　[C]　側帯波

side bar keel　[C]　側板キール

side beam　[C]　副ビーム

side block　[C]　腹盤木（はらばんぎ）

side-by-side dozing　並列推進法

side ceiling　船側内張り

side clearance　[U]　横逃げ角

side echo　サイド・エコー

side gate　[C]　補助ゲート

side light　[C]　舷灯

side lobe　[C]　サイド・ローブ；副極　《指向性アンテナにおいて、電波の最大放射方向であるメイン・ローブとは別の方向に微弱な電波が漏れて放射され、複数の小さな放射のピークが生じるが、これらをメイン・ローブ（主極）に対し、サイド・ローブという。囫 NDS Y 0012B》

side lobe blanking (SLB)　サイド・ローブ・ブランキング

side lobe canceller (SLC)　サイド・ローブ消去装置

side lobe jamming (SLJ)　サイド・ローブ妨害

side lobe suppression (SLS)　サイド・ローブ抑圧

side lobe suppressor　[C]　サイド・ローブ抑圧装置

side-looking airborne radar (SLAR)　[C]　①【空自】航空機搭載側方監視レーダー　②側方監視機上レーダー

side pressure　側圧力

sidereal day　恒星日

sidereal hour　恒星時

sidereal hour angle　[C]　恒星時角

sidereal time (SDT)　恒星時

sidereal year　恒星年（こうせいねん）

sidescan sonar　[U]　サイドスキャン・ソーナー　《進行方向の側方を探信し、連続的に海中や海底を捜索または探査するアクティブ・ソーナー。囫 NDS Y 0012B》

side scatter　側方散乱　《横方向への散乱》

side shaft　[C]　側軸

side shell plate　[C]　船側外板

side slip　横滑り

side slope　[C]　法面（のりめん）

side spray　側方散布；側方破片

side stringer　[C]　船側縦材

side stroke 横滑り

side thruster ［C］ サイド・スラスター 《1. 船舶を横方向に動かすための動力装置であり、接岸や離岸の際に使用される。2. 弾丸の側面から、火薬の発火などによるジェット流を噴射して弾道を変える装置。[典] NDS Y 0001D》

side tone 側音

side view ［C］ 側面図

sideways creep 偏斜（へんしゃ） 《魚雷が、設定された針路から外れて航走すること。[典] NDS Y 0041》

side wind ［U］ 横風；側風 《[同] cross wind》

Sidewinder 【米】サイドワインダー 《ミサイル名》

sidewise pressure 横圧（おうあつ）

siege area ［C］ 攻囲区域

siege warfare ［U］ 攻囲戦

SIF data ［U］ SIFデータ 《レーダ・データのうち二次レーダー・データのことをいう。[典] JAFM006-4-18》《SIF = selective identification feature（味方識別装置）》

SIF track ［C］ SIF航跡 《SIF（ビーコン）データによって追尾されている航跡をいう。[典] JAFM006-4-18》

SIF zone ［C］ SIFゾーン 《JADGE用語》

sight ［C］ 照準具；照準器 《目標に狙いを定めるとともに、火器に射向と射角を与えるために用いる装置。[典] NDS Y 0002B》

sight angle ［C］ 照準角；照尺角

sight bar ［C］ 照準バー

sight base ［C］ 眼鏡托座（がんきょうたくざ）《火器に照準眼鏡を取り付けるために用いる装置。[典] NDS Y 0004B》《[同] telescope mount》

sight blade ［C］ 照星

sight body ［C］ 照準器

sight checker ［C］ 監査手

sight cover ［C］ 照星覆い 《照星を覆う半円筒状の部品。[典] NDS Y 0002B》

sight distance 通視距離

sight feed lubricator ［C］ 視滴注油器

sight head ［C］ 照星頂（しょうせいちょう）《照星の頂上部。[典] NDS Y 0002B》

sight height 照準高（しょうじゅんこう） 《銃軸線から照準線までの高さ。[典] NDS Y 0002B》

sighting ①目撃 ②【海自】発見

sighting anchor 検錨（けんびょう）

sighting angle ［C］ 照準角 《爆撃の際の、照準点の視線と垂直の間の角度。[典] レーダー用語集》

sighting bar ［C］ 照準練習具

sighting compass ［C］ 自差修正用標準コンパス

sighting shot ［C］ 点検弾

sighting table ［C］ 射表

sight leaf ［C］ 照尺

sight line ［C］ 照準線

sight mount ［C］ 照準具取り付け台 《照準具を銃に装着するために用いる部品。[典] NDS Y 0002B》

sight picture ［C］ 鏡内像

sight radius ［C］ ①【自衛隊】照準半径《照星と照門との距離。[典] NDS Y 0002B》 ②照準長

sight range control ［U］ 照準距離調整；照準距離装置

sight reduction table ［C］ 天測計算表

sight selector ［C］ 照準切り替え装置

sight setter ［C］ 照尺手

sight telescope ［C］ 照準望遠鏡

SIGINT Site 【情報本部】通信所 《の英語呼称》《世界中から我が国上空に飛来する各種の電波を収集する。[典] 2019職員採用パンフレット》◇用例： 通信所長 = Commander, SIGINT Site

sign 記号；標識；符号

signal ［C］ ①信号 ②通信

Signal (Sig) 【自衛隊】通信科 《職種の英語呼称》《主任務は、通信組織の構成・維持・運営》

signal and communication analysis 通信解析

signal axis ［pl. = signal axes］ 【陸自】通信幹線 《骨幹となる回線をいい、通常、合同通信所、共用通信所および部隊通信所を相互に連接し、多重通信を主体としてこれに各種の通信手段を併用して構成する。[典] 陸自教範》

Signal Battalion 【陸自】通信大隊 《の英語呼称》◇用例： 第5通信大隊 = 5th Signal Battalion（5SigBn）

signal bias 信号バイアス

signal book ［C］ 信号書

signal bridge ［C］ 旗甲板

Signal Brigade 【陸自】通信団 《の英語呼称》◇用例： 通信団長 = the Commander of the Signal Brigade

signal center ［C］ ①【陸自】合同通信所《指揮所のための通信所をいい、師団・旅団以上の指揮所用の指揮所合同通信所と部隊共用のための共用合同通信所がある。[典] 陸自教範》 ②通信センター；通信中枢

signal circuit 〔C〕 信号系

signal cluster = cluster 〔C〕 群星信号弾

signal communication 信号通信 《信号通信とは、手旗、旗流(きりゅう)、発光および対空布板等による視覚信号等ならびに汽笛、霧笛、打鐘および水中通話機等による音響信号等による通信をいう。[典] 防衛庁訓令第39号》

signal communucation training 〔U〕 【陸自】通信訓練

Signal Company 【陸自】通信中隊 《の英語呼称》

signal contact シグナル・コンタクト；送信接点

signal corps 〔pl.〕 ①【米】陸軍通信隊

signal data converter (SDC) 〔C〕 ①【空自】信号諸元変換器 ②【海自】信号転換器

signal data recorder (SDR) 〔C〕 【海自】ローファー・グラム記録器 《[同] lofar gram recorder》

signal data recording set (SDRS) 〔C〕 シグナル・データ・レコーディング・セット 《航空機の疲労を分析し必要な整備、改修等を実施するための情報を得る。装置は、シグナル・データ・レコーダー(SDR)とテープ・カセット等から構成される。[典] レーダー用語集》

signaled course 〔C〕 指令針路

signaled speed 指令速力

signal ejector 〔C〕 信号発射筒 《信号弾を発射する装置》

signal flag 〔C〕 信号旗

signal flare 〔C〕 閃光信号弾

signal generator 〔C〕 信号発生器

signal ground (SG) 信号用接地 《回線接地アースを示す。[典] JAFM006-4-18》

Signal Group 【自衛隊】通信群 《の英語呼称》

signal gun 〔C〕 信号拳銃(しんごうけんじゅう)

signal identification 〔U〕 信号識別

signaling mirror 〔C〕 信号反射鏡

signaling search light 〔C〕 信号探照灯

signal integration 〔U〕 信号積分法

signal lantern 〔C〕 手提げ信号灯(てさげしんごうとう)

signal letters 〔pl.〕 信号符字

signal light 〔C〕 信号灯

signal operation instructions (SOI) 〔pl.〕 ①【陸自】通信規定 ②【空自】通信運用指令

Signal Operations Section 【陸自】通信班 《の英語呼称》

signal pistol 〔C〕 信号拳銃 《信号弾または照明弾を発射するための拳銃。[典] NDS Y 0002B》 ◇用例： 21.5 mm signal pistol = 21.5mm信号拳銃；Type-53 signal pistol = 53式信号拳銃 《[同] pyrotechnic pistol》

signal processing gain 信号処理利得

signal processor group (SPG) 〔C〕 信号処理装置 《SPG = スパグ》

Signal School 〔the ～〕 【陸自】通信学校 《の英語呼称》《部隊間通信や電子戦をつかさどる通信科隊員の教育訓練を行う》

signal security (SIGSEC) 〔U〕 ①通信保全 ②【海自】信号保全

signal service 〔C〕 通信業務

signals intelligence (SIGINT) 〔U〕 信号情報；電波情報 《通信情報(COMINT)、電子情報(ELINT)およびテレメトリー情報(TELINT)の総称をいう。[典] 統合訓練資料1-4》 《SIGINT = シギント》

signals support 通信支援

signal station 〔C〕 信号所

signal strength 〔U〕 信号強度

signal to jamming ratio 〔C〕 信号対妨害比

signal to noise ratio (S/N) = signal-to-noise ratio 信号対雑音比；SN比 《信号のパワーと雑音のパワーの比。通常、デシベル表示される。[典] NDS Y 0012B》

signal to reverberation ratio 〔C〕 信号対残響比；SR比

signal tracing 信号追跡法

signal troops 〔pl.〕 通信部隊

signal yard 信号ヤード

signature ①署名 ◇用例： digital signature = ディジタル署名；電子署名 ②シグネチャ 《探知装置および識別装置により、目標(兵器、システムなど)を特定することが可能な目標固有の特性(形状、レーダー画像、電子ノイズ、航跡、放射音、反響音など)。[典] NDS Y 0012B》 ③シグネチャ 《システムへの不正アクセスに使用されるウイルスなどを識別し、特定することが可能なパターンのこと》

signed route 〔C〕 標識道路

significant figure 〔C〕 有効数字

significant meteorological information (SIGMET) 〔U〕 空域悪天情報 《SIGMET = シグメット》： bottom reflection》

Significant Military Equipment (SME)

S

【米】重要軍事装備品

significant point ［C］ 特異点

significant wave ［C］ 有義波（ゆうぎは）

significant wave height 有義波高（ゆうぎはこう）

silence ［U］ 封止

silence period ［C］ 沈黙時間

silencer ［C］ ①消音装置 ②消音器 《小火器の銃口に装着し、発射音を減少させるための装置》《[同] gun silencer》

silencing ①消音 ②無音潜航

silent point ［C］ 無感点

silent running ＝silent-running 無音航走

silent service 潜水艦隊

silo ［C］ サイロ 《地下ミサイル格納庫》

silty soil シルト質土壌

silvered vessel test ［C］ 銀瓶試験（ぎんびんしけん）《火薬類の安定度試験の一つ。[典] NDS Y 0001D》

S

Silver Flag Exercise 【米軍】シルバーフラッグ訓練 《米太平洋空軍が主催する施設部隊訓練》

Silver Star (SS) 【米軍】銀星章

simple beam ［C］ 単純ばり

simple blowback ＝simple blowback system 単純吹き戻し式 《吹き戻し式の一種。遊底の慣性力および復座ばねの力によって遊底の開放時期を遅らせる方式。この方式では、撃針と遊底は一体である。[典] NDS Y 0002B》

simple coupling 単結合

simple gas turbine cycle ［C］ 単純ガスタービン・サイクル

simple harmonic motion 単振動；単弦振動

Simple Network Management Protocol (SNMP) 簡易ネットワーク管理プロトコル 《TCP/IPネットワークにおいて、ルーター、コンピューターおよび端末など、ネットワークに接続された通信機器をネットワーク経由で監視・制御するためのプロトコルをいう。[典] JAFM006-4-18》

Simple Network Time Protocol (SNTP) 簡易ネットワーク時刻同期プロトコル 《TCP/IPネットワークを通じてコンピューターの時刻を同期させるプロトコルの一つで、クライアントがサーバーに正確な時刻を問い合わせる。[典] JAFM006-4-18》

simple recall 単純再生法

simple substance ［C］ 単体

simple target ［C］ 単純目標

simple turbine ［C］ 単式タービン

simplex 単方向通信

simplex circuit ［C］ 単信回線

simplex winding 単導巻き

simplification 単純化

simulated attack ［C］ 仮想攻撃

simulated exercise ［C］ 模擬演習

simulated forced landing 模擬不時着訓練

simulated instrument approach 模擬計器進入

simulated launch LAM 模擬発射LAM 《LAM＝launcher action message（ランチャー・アクション・メッセージ）》

simulated system training (SST) ［U］ 模擬組織訓練

simulated tactical drill ［C］ 模擬戦術教練

simulated take-off 模擬離陸

simulated target (ST) ［C］ 模擬目標 《訓練演習環境で模擬する模擬目標。[典] JAFM006-4-18》

simulated track ［C］ 模擬航跡

simulation シミュレーション；模擬実験

simulation data generation program (SDGP) ［C］ シミュレーション・データ・ジェネレーション・プログラム 《バッジ用語》

simulation function シミュレーション機能 《バッジ用語》

simulation over live mode (SIM OVER LIVE) シム・オーバー・ライブ・モード 《バッジ用語》

simulation reference number (SRN) シミュレーション・リファレンス・ナンバー；SRナンバー 《バッジ用語》

simultaneous acts of terror ［the 〜］［pl.］ 同時テロ

simultaneous attack ［C］ 一斉攻撃

simultaneous range station ［C］ 同時レンジ局

simultaneous tracking test ［C］ 同時追随テスト

simultaneous transmission 同時送信

sine galvanometer ［C］ 正弦検流計

sine wave ［C］ 正弦波

sine wave alternating current 正弦波交流

singing 鳴音；呼び出し信号

single acting 単動

single acting engine ［C］ 単動機関

single acting pump ［C］ 単動ポンプ

single advanced signal processor (SASP) ［C］ 音響信号処理装置

577 sing

single anchor-leg mooring (SALM) シングル・アンカーレグ係留方式 《海水面または海水面付近に設置した係留用の浮体構造物に索で係留する係留方式であり、この係留用の浮体施設自体は海底に連結されている》

single anchor mooring 単錨泊(たんびょうはく) 《片舷の錨(いかり)を使用する錨泊》《⇔ riding at single anchor》《⇔ two anchor mooring ＝ 双錨泊》

single approach 単機進入

single balanced rudder ［C］ 単平衡舵

single banked boat ［C］ 単座艇

single-barreled gun ［C］ 単身銃

single-barrel machine gun ［C］ 単装機銃

single-base powder シングルベース火薬

single-base propellant ＝ single-base gun propellant シングルベース発射薬

single block wall hitch かけ結び

single bottom 単底(たんてい)

single buoy tracking 単ブイ追尾

single-chain knot 鎖結び

single-channel ground and airborne radio system ［C］ 地上・空中用単一チャンネル無線システム

single-column magazine ［C］ 単列弾倉(たんれつだんそう) 《弾薬を1列に並べた状態で収容する弾倉。⇔ NDS Y 0002B》《⇔ double-column magazine ＝ 複列弾倉》

single contact extension 1接点拡張

single core cable ［C］ 単芯ケーブル

single cotton-covered wire ［C］ ひとえ綿巻き線

single department purchase 【米】一括調達 《ある省が他省の分も含めて特定の物品を一括調達する方法をいう》

single-detection search ［C］ 逐次捜索

single electrode potential 単極電圧

single element feed water regulator ［C］ 単要素給水調整器

single ended tube ［C］ シングル・エンド型真空管

single engine ［C］ 単式機関

single envelopment 一翼包囲

single flow 単流

single fluke anchor ［C］ 片つめ錨

single frequency trunk (SFT) ［C］ シングル・フリーケンシー加入者回路 《作戦用通信回線統制システム(TNCS)と単一周波信号方式を用いた電話端末機器を接続する回路をいう。⇔ JAFM006-4-18》

single-geared drive 1段歯車駆動

single-grid heading (SGH) グリッド定針

single heading flight (SHF) ［C］ 定針飛行

single hull ［C］ 単殻(たんこく) 《⇔ double hull ＝ 複殻》

single inlet duct ［C］ 単吸気口

single integrated air picture (SIAP) ［C］ 単一統合航空現況図

Single Integrated Operational Plan (SIOP) 【米】単一統合作戦計画

single launch 単発射

single layer winding 単層巻き

single lens ［C］ 単レンズ

single line 単列

single loader ［C］ 単発手動装填火器

single manager ［C］ 単一管理者

single manager system 単一管理方式

single Mathew Walker knot 取手結び

single pass heat exchanger ［C］ 単流熱交換器

single phase 単相

single phase circuit ［C］ 単相回路

single phase induction motor ［C］ 単相誘導電動機

single phase motor ［C］ 単相電動機

single phase power 単相電力

single point mooring (SPM) 一点係留方式 《船体の1箇所から出る何本かの係留索によって船体を保持する係留方式》《⇔ spread mooring ＝ 多点係留方式》

single-pole (SP) 単極

single-pole, double-throw (SPDT) 単極双投

single-pole, single-throw (SPST) 単極単投

single pulse transmission 単パルス送信 《アクティブ・ソーナーにおいて、1回の探信で、一つのパルス信号のみを送信すること。⇔ NDS Y 0012B》

single row 単列

single sampling inspection 1回抜き取り検査

single screw propeller ［C］ 単螺旋推進器(たんらせんすいしんき)

single sheet bend 一重つなぎ(ひとえつなぎ)

S

《ロープの結び方の一種》

single ship A/S action 単艦対潜戦闘 《A/S = anti-submarine（対潜水艦）》

single ship attack ［C］ 単艦攻撃

single ship sweep 単艦掃海

single-shot ［C］ 単発

single-shot firing 単射 《火器において、1発ずつ発射する射撃方法。[典] NDS Y 0005B》

single-shot hit probability (SSHP) 一弾命中確率

single-shot kill probability (SSKP) ①一弾撃破確率 ②【空自】単弾発射撃墜確率

single-shot probability ①【空自】命中公算《一弾の命中公算》 ②一弾命中確率

single-shot type 単発式 《弾倉を持たず、弾薬を1発ずつ給弾して発射する手動火器。[典] NDS Y 0003B》◇用例： single-shot type gun = 単発式銃

single side-band (SSB) 単側波帯 《変調において生ずる上下の側波帯のことであるが、通常、単側波帯通信方式（一つの側波帯だけ、または一つの側波帯と抑圧した搬送波を送信し、受信側ではこれに手を加えて信号を取り出す通信方式）を指すことが多い。[典] レーダー用語集》

single side-band selective reception (SSBSR) 単側波帯選択受信

single-sided impeller ［C］ 片側吸い込み羽根車

single silk-covered wire ［C］ ひとえ絹巻き線 《一重絹巻き線》

single speed torpedo ［C］ 単速魚雷

single square wave ［C］ 単一方形波

single stage 単段

single stage air compressor ［C］ 1段空気圧縮機

single stage centrifugal pump ［C］ 1段渦巻きポンプ

single stage compressor ［C］ 1段圧縮機

single suction 片吸い込み

single-throw (ST) 単投

single throw switch ［C］ 単投スイッチ

single track search ［C］ 単通跡捜索

single tuned circuit ［C］ 単同調回路

single turned amplifier ［C］ 単同調増幅器

single wire antenna feed 単線空中線給電

single wire current circuit ［C］ 単線回路

single-wrap cable splice 傘接続（かさせつぞく）

sinkage 沈下

sinker ［C］ おもり；ちんすい 《沈錘（ちんすい）》

sinking 撃沈

sinking rate ［C］ 沈下率；降下率

sinking speed 沈降速度

sinking time 沈降秒時

sintered metal 焼結金属

sintering 焼結

sinusoidal sweep 正弦波掃引

siome 潮目

siphon lubricator = syphon lubricator ［C］ サイホン注油器

sisal rope ［C］ サイザル索

sister ship ［C］ 姉妹艦；姉妹船

site ［C］ ①陣地 ②高低；高低角 ③サイト《セグメントの中に、ローカル・エリア・ネットワーク単位で物理的に区分された一つまたは二つの動作環境をいう。[典] JAFM006-4-18》

site address サイト・アドレス 《16進2桁で定義されたサイト固有の番号をいう。[典] JAFM006-4-18》

site calibration サイト・キャリブレーション《ペトリオット用語》

site effect 位置効果

site error 位置誤差

siting 器材設置 《ペトリオット用語》

sitting position ［C］ 座り射ち

situation ［C］ ①状況 《任務達成に影響を及ぼす一切の条件およびその状態をいう。[典] 陸自教範》◇用例： as far as the situation permits = 状況の許す限り；each situation = 各事態；if the situation permits = 状況が許せば；to the extent the situation permits = 状況の許す限り ②情勢

situational ［adj.］ 状況的

situation assessment 情勢評価

situation attention display (SAD) 現況アテンション表示 《現況表示領域に表示されるアテンションで、点滅表示され、操作員に注意を促すものをいう。[典] JAFM006-4-18》

situation display (SD) 現況表示 《JADGE用語》

situation map ［C］ ①【陸自】状況図 《現在の状況および現在までの経緯を地図、要図またはオーバーレイ素材に図示したものをいう。[典] 陸自教範》◇用例： enemy situation map = 敵状況図 ②【海自】情勢図

Situation Monitoring room ［C］ 【空自】状況把握室 《の英語呼称》

situation report (SITREP) ［C］ ①【空自】状況報告 ②【海自】情勢報告；状況報告

situations ［pl.］ 各種事態

situations in areas surrounding Japan 【日】周辺事態 《そのまま放置すれば我が国に対する直接の武力攻撃に至るおそれのある事態等我が国周辺の地域における我が国の平和および安全に重要な影響を与える事態。㊗ 統合訓練資料1-4》

six-hour circle 六時圏

six-unit code 6単位符号

skate mount ［C］ 旋回機関銃架

skeleton drill ［C］ 幹部実設演習

skeleton enemy ［C］ 仮設敵

sketch ［C］ ①【陸自】写景図；要図 ②【海自】対景図

sketch drawing ［C］ 見取図

skew chisel ［C］ 斜め刃

skewed slot ［C］ 斜めスロット

skid ①外滑り(そとすべり) ②そり

skill 技能

skill level ［C］ 練度

skill test ［C］ 技能検定

skim sweeping スキム掃海

skin depth 表皮深さ

skin drag 表面抗力

skin effect 表皮効果

skin friction 表面摩擦

skinning 被覆はぎ

skin paint スキン・ペイント 《目標からのレーダー信号の反射によって生じるレーダー映像をいう。㊗ レーダー用語集》

skin tracking スキン・トラッキング

skip bombing 【空自・海自】跳飛爆撃 《超低空で接近し、ほぼ水平飛行で爆弾を投下し、その爆弾を直接または水面もしくは地面で跳飛させて目標に命中させる爆撃法をいう。㊗ 統合訓練資料1-4》

skip distance 跳飛距離

skip it 要撃中止

skip zone ［C］ 跳躍地帯

skirmish ［C］ 小競り合い

skirmisher 散兵

skirmish line ［C］ 散兵線

ski troops ［pl.］ スキー部隊

sky glow 発射による光影

sky light ［C］ 天窓

skyline ［C］ 地平線

sky radiation ［U］ 天空放射

sky wave ＝ sky-wave ［C］ 空間波；上空波 (じょうくうは)

sky wave accuracy pattern ［C］ 空間波確度パターン

sky wave correction 空間波校正

sky wave station error 空間波局誤差

sky wave synchronized LORAN SSロラン

slack water 憩潮 (けいちょう)

slag inclusion ［U］ スラグ巻き込み

slalom shooting スラローム射撃 《蛇行走行しながら車両搭載火器などで行う射撃》

slant course line ［C］ 傾斜コース

slant distance 傾斜距離

slant plane ［C］ 的針面

slant range ［C］ ①直距離 (ちょっきょり) 《同一の高度ではない (高低差のある) 2つの地点間の直線距離。例えば、火砲、観測点またはレーダーから、目標 (特に空中目標) までの直線距離。㊗ NDS Y 0005B》 ②【空自】斜め直距離 ③スラント・レンジ 《防空監視所 (SS) から目標位置までの直線距離のことをいう。㊗ JAFM006-4-18》

slant visibility ［U］ ①【空自】斜め視程 ②【海自】斜方視程

slash 斬撃 (ざんげき)

slash cut 板目切り

slat ［C］ スラット 《失速を予防するために主翼の前縁に装着された小さく細長い板》

slated items ［pl.］ バルク調達海外用燃料

slave station ［C］ 従局 《ロランの従局》 《㊦ master station ＝ 主局》

slave sweep 従属掃引

sled ［C］ 水上標的

sled test ［C］ スレッド試験 《弾頭や信管の動的な作動性や威力を評価するため、実際に射撃して行う試験の代わりに、推進装置でレール上を所望の速度で滑走させ、供試体に衝突・爆発させる試験。㊗ NDS Y 0001D》

sleep deprivation 睡眠欠乏

sleeper ［C］ 床板受け

sleet ［U］ みぞれ 《糞》

sleet shower ［C］ 驟雨性凍雨 (しゅううせいとうう)

sleeve emblem ［C］ 袖章

sleeve spring ［C］ 支持筒ばね；スリーブ・スプリング

sleeve target ［C］ 吹き流し的

sleeve valve ［C］ スリーブ弁

sleigh 〔C〕 滑動体 《砲身部を支え、揺架上を後復座する装置。[典] NDS Y 0003B》

slenderness ratio 〔C〕 細長比（ほそながひ）

slew correction スリュー補正 《防空監視所（SS）への測高要求に含まれるアジマスの補正をいう。[典] JAFM006-4-18》

slewing mechanism 〔C〕 スリュー機構

slice 〔C〕 ①スライス；関係人員数 ②【海自】スライス；後方支援計画立案要素

slick maker 〔C〕 航法目標弾

slide 〔C〕 遊標（ゆうひょう） 《照尺に組み込まれ、射距離に応じて射角を調整するために照尺上をスライドする部品。[典] NDS Y 0002B》

slide bar 〔C〕 滑り棒

slide block 〔C〕 滑り金（すべりがね）

slide fit 滑りばめ

slide guide 〔C〕 滑り座

slide key 〔C〕 案内金

slide knot 〔C〕 滑り結び

S

slide plate 〔C〕 滑り板

slide stop 〔C〕 遊底止め（ゆうていどめ） 《銃の遊底が、尾筒から後方へ抜け出すのを止める部品。[典] NDS Y 0002B》《[同] bolt stop》

slide valve 〔C〕 滑り弁

slide valve box 〔C〕 滑り弁箱

slide valve rod 〔C〕 滑り弁棒

slide way 案内面

sliding cam shaft type 移動カム軸式

sliding door 〔C〕 引き戸

sliding fit 滑りばめ

sliding surface 〔C〕 滑り面

sliding-wedge breech block 〔C〕 鎖栓式閉鎖機（させんしきへいさき） 《鎖栓を動かして薬莢を排出し、薬室を閉じる閉鎖機。[典] NDS Y 0003B》

sling 〔C〕 ①吊り索 ②負紐（おいひも）；負い革（おいがわ） 《主として携行を容易にするために取り付ける革製、布製などのひも》《[同] strap》

sling psychrometer 〔C〕 振り回し式乾湿計

slip スリップ；内滑り

slip flask 〔C〕 抜き勾配（ぬきこうばい）

slip frequency 〔U〕 滑り周波数

slip indicator 〔C〕 スリップ計

slipper 〔C〕 引き上げ船台

slipper hitch 帆綱止め

slipping anchor 〔C〕 捨錨（しゃびょう）；捨て錨（すていかり） 《揚錨が不能なときに、錨鎖を切って錨を捨てること》

slipping turn 横滑り旋回

slip regulator 〔C〕 滑り調整器

sliver 〔C〕 スライバー 《発射薬または推進薬が燃焼した後に燃え残った細片》

slope angle 〔C〕 傾き角 《勾配角度》

slope current 傾斜流

slope detector 〔C〕 スロープ検波器

slope deviation 傾斜偏差

slope of lift curve 〔C〕 ①【空自】揚力勾配 ②【海自】揚力傾斜

slope of surface 表面傾斜

slope ratio 〔C〕 法勾配（のりこうばい）

slop tank 〔C〕 汚水タンク

slot 〔C〕 溝穴

slot coupling スロット結合

slot insulation 〔U〕 スロット絶縁

slot leakage スロット磁気漏れ；みぞ漏洩（みぞろうえい）

slotted aileron 〔C〕 すき間補助翼

slotted core armature スロット付き電機子

slotted flap 〔C〕 すき間フラップ

slotted line 〔C〕 スロット付き線路

slotted stop gear 〔C〕 溝形ストップ・ギヤー

slotted wing 〔U〕 すき間翼

slow-action relay 〔C〕 遅動リレー 《[同] slow-operating relay》

slow cyclic rate 緩速（かんそく）

slow developer 緩性現像液

slow fire 緩射（かんしゃ） 《[同] deliberate fire》

slow flight 〔C〕 低速飛行

slow-operating relay 〔C〕 遅動リレー 《[同] slow-action relay》

slow roll スロー・ロール；緩横転

slow speed 微速

slow sweep 低速掃引

sluice valve 〔C〕 仕切り弁

slush brush 洗桿（せんかん）

small arms ＝smallarms 〔pl.〕 小火器 《口径が20mm未満の火器。拳銃、小銃、機関銃、重機関銃など》

small arms ammunition 〔U〕 小火器弾薬；小銃弾薬 《小火器に使用する弾薬。[典] NDS Y 0001D》

small arms and light weapons 〔pl.〕 小

型武器 《狭義では、兵士一人で携帯、使用が可能な武器（自動拳銃、小銃等）を指す。広義では、数人で運搬・使用する「軽兵器」（重機関銃、携帯式対戦車ミサイル等）および「弾薬・爆発物」を併せた3種類の総称としても用いられる。㊔ 日本の軍縮・不拡散外交》

small arms fire (SAF)　小火器射撃

small auxiliary floating dry dock　[C]　非自走小型浮きドック

small bore practice　縮射射撃

Small Business Administration (SBA)　【米】中小企業庁

small-caliber rounds　＝ small calibre rounds [pl.]　小口径弾

small circle　[C]　小圏

smaller-scale contingency (SSC)　[C]　小規模緊急事態

small intercontinental ballistic missile (SICBM)　[C]　小型大陸間弾道ミサイル；小型大陸間弾道弾

small-lot storage　[C]　小区画格納

smallpox vaccine　天然痘ワクチン

small repair parts transporter (SRPT)　[C]　小型部品運搬車 《ペトリオット用語》

small-scale map　[C]　小縮尺地図（しょうしゅくしゃくちず）

small search area (SSA)　[C]　最小相関区域；スモール・サーチ・エリア 《航跡の自動追尾処理において、レーダー・データと航跡との相関の最小の領域をいい、航跡の予測位置を中心として円で定義される。㊔ JAFM006-4-18》

small ship　[C]　小型艦

small stuff　[U]　細網；細索

small waterplane area twin hull (SWATH)　[C]　【海軍】半没水双胴船型

smart bomb　[C]　スマート爆弾

smart munitions　[pl.]　スマート弾薬

smash　破砕 《破り砕くこと》◇用例：「敵の企図の破砕」、「敵の攻撃を破砕」《㊞ crush》

Smithsonian Institution (SI)　【米】スミソニアン学術協会

smoke (Smk)　[U]　①煙幕 《敵の監視・観測、射撃および行動を妨害し、あるいは我が勢力、配置、行動等を秘匿・欺瞞するための人工的な煙をいう。㊔ 陸自教範》 ②硝煙

smoke agent　[C]　発煙剤 《空気または水に触れたり、点火したりすると煙を発生する薬剤。㊔ NDS Y 0001D》

smoke ball　[C]　煙幕弾；発煙弾

smoke bomb (SB)　[C]　発煙爆弾

smoke candle　[C]　発煙筒 《発煙剤の燃焼または気化によって煙を発生させる火工品。㊔ NDS Y 0001D》《㊞ smoke pot》

smoke chart　[C]　煙色図

smoke curtain　[C]　煙幕 《㊞ smoke screen》

smoke fire　煙幕射撃

smoke gauge　[C]　煙濃度表

smoke generator　[C]　発煙機

smoke grenade　＝ smoke hand grenade　[C]　発煙手榴弾 《煙幕の展張または信号用に使用する手榴弾。㊔ NDS Y 0001D》

smoke hall　[C]　発煙筒

smoke haze　もや状煙幕

smoke head　[C]　発煙頭部

smoke indicator　[C]　煙濃度計

smoke-laying　煙幕展張

smoke-laying equipment　[U]　煙幕展張装置

smokeless powder　無煙火薬

smokeless propellant　無煙性推進薬

smoke point　[C]　煙点

smoke pot　[C]　発煙筒 《発煙剤の燃焼または気化によって煙を発生させる火工品。㊔ NDS Y 0001D》《㊞ smoke candle》

smoke powder　発煙薬；煙薬；発煙剤；煙剤 《着火すると煙を発生する火薬。信号筒等に用いる。「発煙剤（煙剤）」と表記すると、煙を発生する物質という意味合いになる。防衛省では「発煙薬（煙薬）」を用いている》

smoke scale　煤煙濃度

smoke screen　[C]　煙幕 《敵の監視・観測および行動を妨害し、あるいは敵を欺くための人工的な煙。㊔ 民軍連携のための用語集》◇用例：to deploy smoke screen ＝ 煙幕を展張する《㊞ smoke curtain》

smoke seasoning　くん煙乾燥 《燻煙乾燥》

smoke shell　＝ smoke projectile (SP)　[C]　発煙弾 《煙幕の構成および目標の指示に使用する弾薬。㊔ NDS Y 0005B》◇用例：smoke shell firing ＝ 発煙弾射撃

smoke signal　[C]　①【空自】発煙信号 ②【海自】煙幕信号；スモーク信号 ③発煙信号筒；発煙信号弾 《識別、位置および警告などの表示に使用する火工品。㊔ NDS Y 0001D》

smoke test　[C]　煙試験

smooth bore　滑腔（かっこう） 《腔線（こうせん）のない平滑な銃腔または砲腔。㊔ NDS Y 0003B》

smooth bore gun　[C]　滑腔砲（かっこうほ

smoo 582

う）《滑腔の砲身を有する火砲》

smoothing 平滑化；スムージング 《JADGE用語》

smoothing choke coil ［C］ 平滑用チョーク・コイル

smoothing effect 平滑作用

smoothing filter ［C］ 平滑フィルター

smooth water area ［C］ 平水区域

snag-line mine ［C］ スナグライン機雷

snail cam ［C］ 渦カム

snake mode スネーク・モード

snake run 蛇行航走 《魚雷において、水平面雷道を蛇行形にしたプログラム航走。㊞ NDS Y 0041》

snake search ［C］ 蛇行探索 《魚雷が蛇行航走を行いながら探索すること。㊞ NDS Y 0041》

snaking 蛇行（だこう）

snap flask ［C］ 抜き枠（ぬきわく）

snap hook ［C］ スナップ・フック

snap report ［C］ 任務要報

snap roll 急横転；スナップ・ロール

snap-up attack ［C］ スナップ・アップ攻撃 《急上昇攻撃。高高度で侵入してくる目標に対し、中高度で高度を維持して加速し、接敵し、適当な距離から機首を引き起こして急上昇しつつ攻撃する方法。㊞ レーダー用語集》

snap vector ［C］ 初度要撃針路

sneak action 隠密行動

sneak attack ［C］ 隠密攻撃（おんみつこうげき）《我の企図を秘匿して、秘密裏に攻撃すること。㊞ 民軍連携のための用語集》

sneezing gas くしゃみガス

Snell's law スネルの法則

sniff set ［C］ ガス試臭セット

snipe ［vi.］ 狙撃する

sniper ［C］ ①【自衛隊】狙撃手 ②狙撃兵

sniperscope ［C］ 狙撃眼鏡

sniper's rifle ［C］ 狙撃銃（そげきじゅう）《狙撃に使用する銃。狙撃用眼鏡を装着して使用する》

sniping ［U］ 狙撃 《敵指揮官、狙撃手等重要と判断する目標に対し狙撃銃等をもって行う精密な射撃をいう。㊞ 陸自教範》

sniping post ［C］ 狙撃陣地（そげきじんち）

snorkel depth スノーケル深度

snorkel exhaust diffuser plate ［C］ スノーケル排気泡押板

snorkel exhaust mast ［C］ スノーケル排気筒

snorkel exhaust valve ［C］ スノーケル第2排出弁

snorkel induction mast ［C］ スノーケル給気筒

snorkel induction valve ［C］ スノーケル主給気弁

snorkeling スノーケル潜航

snorkel intake head valve ［C］ スノーケル給気頭部弁

snorkel speed スノーケル速力

snow ①雪 ②スノー；掃引妨害 《レーダー》

snow cover ＝ snow coverage 積雪

snow depth 積雪の深さ

snow drift 吹きだまり 《雪の吹き溜まり》

snow flurry 驟雪（しゅうせつ）

snow gauge ［C］ 雪量計

snow grain 霧雪（むせつ）

snow measuring plate ［C］ 積雪根

snowmobile ［C］ 【陸自】雪上車 ◇用例：78式雪上車 ＝ Type-78 snowmobile

snow pellets ［pl.］ 雪あられ

snow scale 雪尺

snow shower ［C］ 驟雪（しゅうせつ）

snowslide ［C］ 雪崩（なだれ）

snow storm ＝ snowstorm 吹雪（ふぶき）

snow warning 大雪注意報

soakage pit ［C］ 集水壕

soaping 石鹸ぶき（せっけんぶき）

Social Cooperation Division 【防大】社会連携推進室 《総務部〜の英語呼称》◇用例：社会連携推進室長 ＝ Head of Social Cooperation Division

social insurance ［U］ 社会保険

social isolation ［U］ 社会的隔離

social media ［pl.］ ソーシャル・メディア 《サイバー空間においてユーザー同士が対話し、情報やアイデアを共有、交換するための手段。SNSのこと》

Social Security Administration (SSA) 【米】社会保障局

social security number ①【自衛隊】認識番号 ②【米】社会保障番号

Society of Automotive Engineers (SAE) 【米】アメリカ自動車技術協会

Society of Japanese Aerospace Companies (SJAC) ［The 〜］ 【日】日本航空宇宙工業会 《一般社団法人》

sociological intelligence ［U］ 社会情報

soft baffle ［C］ ソフト・バッフル；軟バッフル

softener 軟化剤

softening 軟化法

soft hail 雪あられ

soft steel 軟鋼

soft target ［C］ 軟目標（なんもくひょう）《非装甲車両、地上の航空機、人員など、防護性の低い目標。㊇ NDS Y 0005B》《㊈ hard target ＝ 硬目標》

soft tube ［C］ 軟真空管 《ガス入り真空管またはあまり真空度の高くない真空管のこと》《㊈ hard tube ＝ 高真空管》

software ［U］ ソフトウェア 《情報処理システムのプログラム、手続き、規則および関連文書の全体または一部分をいう。㊇ NDS C 0002D》

Software-Capability Maturity Model (SW-CMM; CMM) ソフトウェア能力成熟度モデル

software defined radio (SDR) ［C］ ソフトウェア無線機 《変調や復調、音声符号化など、内部の信号処理をソフトウェアで実現し、ソフトウェアの入れ替えによって、さまざまな無線機との交信が可能となる無線機》

Software Management Section 【空自】プログラム班 《の英語呼称》◇用例：プログラム班長 ＝ Chief, Software Management Section

software user guide (SUG) ［C］ ソフトウェア・ユーザー・ガイド 《SUG ＝ サグ》

Soil Conservation Service (AG-SCS) 【米】農務省土壌保全局

soil conversion factor ［C］ 土量換算係数

soil pipe ［C］ 汚水管

soil survey ［C］ 土質調査

solar battery ［C］ 太陽電池

solar constant ①【空自】太陽常数 ②【海自】太陽定数

solar corona ［C］ 日光冠

solar day 太陽日

solar eclipse 日食

solar halo ［C］ 日暈（ひがさ）

solar radiation ［U］ 太陽放射；日射

solar still 天日蒸留器

solar time 太陽時

soldier ［C］ ①軍人 《陸軍の軍人》 ②兵士 ◇用例：Taliban soldier ＝ タリバン兵；US soldier ＝ 米兵

Soldier & Unmanned Systems Integration Technology Division 【防衛装備庁】研究管理官（ヒューマン・ロボット融合技術担当） 《の英語呼称》《装備品等についての人間工学およびロボット技術ならびにそれらの連携融合技術についての考案、調査研究および試験を行う。㊇ 防衛装備庁HP》

soldier's battle 兵力戦

Soldier's Medal 【米】軍人褒章

solenoid ［C］ ソレノイド 《一定間隔でらせん状に巻いた導線。あるいは共通の軸に2重以上にらせん状に巻いた導線。電気を通すと電磁石として働く。㊇ レーダー用語集》

solenoid brake ［C］ 電磁ブレーキ

solenoid relay ［C］ 電磁継電器

solenoid sweep ソレノイド掃海

solenoid valve ［C］ 電磁弁；ソレノイド弁

solid-borne sound 固体伝搬音 《㊈ structure-borne sound》

solid cam ［C］ 立体カム

solid crank ［C］ 一体クランク

solid end ［C］ 箱形端

solid figure ［C］ ①立体図 ②【海自】立図

solid fuel 固体燃料

solid head ［C］ 固形弾頭

solid injection ［U］ 無気噴射

solid matter ［C］ 固形物

solid piston ［C］ 一体ピストン

solid plate frame ［C］ 1枚板フレーム

solid propellant 固体推進薬 ◇用例：solid propellant rocket ＝ 個体推進薬ロケット》《㊈ liquid propellant ＝ 液体推進薬》

solid propeller ［C］ 一体プロペラ

solid shaft ［C］ 一体軸

solid solution 固溶体

solid steel head ［C］ 鋼頭部

solidus curve ［C］ 固相線

solid wire ［C］ 単線

solitary wave ［C］ 孤立波

solo flight ［C］ 単独飛行

solubility 溶解度

soluble washer ［C］ 溶解片

solution 溶液

solution carrying system 搬送液化法

solution indicator ［C］ 計出指示器

solvent recovery 溶剤回収

somatoscopy 身体計測

sonar ［U］ ソーナー 《水中音波を用い、海中の物体に関する情報を得る技術または装置。

「sound navigation and ranging」の頭字語。[備] 本書では「ソナー」ではなく、「ソーナー」で統一している》

sonar background noise 〔U〕 ソーナー背景雑音

sonar beacon 〔C〕 ソーナー・ビーコン

sonar chart 〔C〕 ソーナー・チャート

sonar condition 水測状況

sonar contact ソーナー探知

sonar dome 〔C〕 ソーナー・ドーム 《ソーナーの送受波器を保護するための流線形のカバー。[典] NDS Y 0012B》

sonar dome insertion loss ソーナー・ドーム挿入損失 《ソーナー・ドームを挿入することによる損失。[典] NDS Y 0012B》

sonar dome loss directivity pattern 〔C〕 ソーナー・ドーム損失指向性パターン

sonar equation 〔C〕 ソーナー方程式 《ソーナー・パラメータ相互の関係を表し、ソーナーの探知能力の評価などに用いられる方程式。[典] NDS Y 0012B》

S

sonar fire control system (SFCS) 〔C〕 水中攻撃指揮装置

sonar for surface ship 水上艦用ソーナー

sonar indicator control 指示管制器

sonar interference 〔U〕 ソーナー妨害

sonar log 〔C〕 ソーナー・ログ

sonar message 〔C〕 ソーナー・メッセージ；ソーナー情報；水測情報

sonar operator 〔C〕 ソーナー操作員

sonar parallax correction ソーナー視差修正

sonar parameter 〔C〕 ソーナー・パラメーター 《ソーナー方程式を構成する基本パラメーター。[典] NDS Y 0012B》

sonar performance figure 〔C〕 ソーナー能力値

sonar prediction ソーナー予察；水測予察 《ソーナー等を使用する海域の環境条件に基づき、その海域で使用したときのソーナーの探知能力を見積もること。[典] NDS Y 0012B》

sonar range 〔C〕 ソーナー探知距離

sonar self-noise 〔U〕 ソーナー自己雑音 《ソーナー背景雑音のうち、ソーナーまたは機械類およびソーナーを搭載した船またはプラットフォームの運行によって発生する雑音。[典] NDS Y 0012B》

sonar silence 〔U〕 ソーナー封止

sonar simulator 〔C〕 ソーナー・シミュレーター 《海洋音響環境モデルとソーナー・システムのモデルを組み合わせたシミュレーション・システム。さまざまな海洋状況や各種のソーナー運用条件でソーナー・システムの機能・性能を評価することができる》

sonar source level 〔C〕 ソーナー送波レベル 《[同] axial source level = 正面送波レベル》

sonar surveillance system 〔C〕 ソーナー監視システム

sonar technician (ST) 〔C〕 【海自】水測員 《水測員は、主として水測情報の収集、整理および配布ならびに水測器材の操作および保守整備に関する業務に従事する。[典] 海幕人第10346号。[備] 潜水艦を見つけるために海のなかの音を聞いている》◇用例： 水測員長 = chief sonar technician

sonar transducer 〔C〕 ソーナー送受波器

sonar transducer transfer switch 〔C〕 ソーナー送受波器転換器

sonic altimeter 〔C〕 音響高度計

sonic boom 〔C〕 ソニック・ブーム 《衝撃波音》

sonic layer 〔C〕 ソニック層

sonic prospecting 音質探査

sonic range 〔C〕 聴音距離

sonic type 可聴周波型

sonobuoy 〔C〕 ソノブイ；聴音浮標 《航空機から投下して海面に浮かべ、音波を送受信して潜水艦の探知に使用するブイ。[典] NDS Y 0012B》

sonobuoy close search pattern 〔C〕 ソノブイ中心捜索パターン

sonobuoy data display system (SDDS) 〔C〕 ソノブイ状況表示装置

sonobuoy data processing system (SDPS) 〔C〕 艦船用ソノブイ信号処理装置 《ソノブイおよびヘリコプター信号中継装置ならびに艦船用音響信号処理装置からなり、潜水艦の探知、目標類別などを行う装置。[典] NDS Y 0012B》《SDPS = エスディーピーシー》

sonobuoy reference system (SRS) 〔C〕 ソノブイ・リファレンス・システム

sonobuoy tactics 〔pl.〕 ソノブイ戦術

sonobuoy target simulator 〔C〕 ソノブイ目標発生装置

sonobuoy tracking ソノブイ触接追尾

sortie 〔C〕 ①ソーティ 《ソーティとは、航空機の飛行活動を表す用語のひとつであり、飛行任務が付与された単一の航空機の離陸から着陸までの飛行活動をいう。例えば、単機がA飛行場から離陸し、B飛行場に着陸すると1回のソーティ（1ソーティ）になる。航空機の飛行活動を表す別の用語に「運用（operation）」がある。ソーティと異なり、運用は、飛行場、着陸帯および空域に

における単機の飛行活動に適用される。例えば、着陸帯における1回の着陸や離陸は、それぞれ1回の運用（1運用）になる。例えば、低空アプローチも1回の運用になる。つまり、基地から離陸し、着陸帯まで地形飛行経路を使用し、複数の着陸帯において離着陸し、基地へ帰還して着陸すると1ソーティであるが、1ソーティのあいだに、複数の運用を実施していることになる》 ②出撃 ③出撃数

sortie allotment message ［C］ 出撃割り当てメッセージ

sortie report ［C］ 出撃報告

SOSEN 【陸自】総戦 《北部方面隊による総合戦闘力演習の演習名。「Strategic, Operational, Study and Exercise of Northern Army（戦略的枠組みにおける作戦レベルの北部方面隊の検証と錬成）」を意味する》

sound absorber ［C］ 吸音材

sound absorbing wedge ［C］ 吸音くさび

sound absorption ［U］ 吸音

sound absorption coefficient ［C］ 吸音率

sound challenge 音響問号

sound channel (SC) ［C］ サウンド・チャンネル 《深さとともに音速が変わってゆくとき、途中で音速の極小部をもつような海洋中の領域。[典] NDS Y 0011B》

sound channel depth (SC depth) サウンド・チャンネル深度

sound energy flux 音響エネルギー束

sound energy flux density ［U］ 音響エネルギー束密度

sound exposure level (SEL) ［C］ 騒音暴露レベル

sound field ［C］ 音場（おんば） 《音波の存在する媒質の領域。[典] NDS Y 0011B》

sound fixing and ranging (SOFAR) 音響測位測距 《SOFAR = ソーファー》

sound fixing and ranging channel ［C］ SOFARチャンネル

sounding 測深

sounding board ［C］ 測深板

sounding diagram ［C］ 測深図表

sounding machine ［C］ 測深機；測深儀

sounding pipe ［C］ 測深管

sounding rod ［C］ 測深棒

sounding scale 測深尺；測深尺度

sounding table ［C］ 測深表

sound intensity 音の強さ；音響インテンシティ

sound intensity level ［C］ 音の強さのレベル 《ある指定された方向に対する音の強さと基準の音の強さとの比の対数。[典] NDS Y 0011B》

sound intensity method 音響インテンシティ法 《[同] acoustic intensity method》

sound lag 音響到達時間

sound locator ［C］ 音源標定機；聴音機

sound measuring set ［C］ 音響測定器

sound navigation and ranging (SONAR) ソーナー；探信儀 《水中音波を用いて海中の物体に関する情報を得るための装置》

sound of firing 発射音 《弾丸などが発射された時の音》

sound output 音響出力

sound power density ［U］ 音響パワー密度

sound-powered telephone (SP) ［C］ 無電池電話 《永久磁石を使用し、音声（振動）エネルギーを電気エネルギーに変換し、通話できる有線の通話装置》◇用例： portable sound-powered telephone = 携帯無電池電話

sound power reflection coefficient ［C］ 音響パワー反射率

sound pressure 音圧

sound pressure level (SPL) ［C］ 音圧レベル 《ある音圧と基準音圧との比の対数。[典] NDS Y 0011B》

sound pressure reflection coefficient ［C］ 音圧反射率

sound projection 送波 《機械またはその他のエネルギーを音響エネルギーに変換し、水中に放射すること。[典] NDS Y 0012B》《[対] sound reception = 受波》

Soundproof Measures Division 【内部部局】防音対策課 《の英語呼称》《自衛隊施設等の運用等により生ずる音響に起因する障害の暖和に資するための措置を講じる》◇用例： 防音対策課長 = Director, Soundproof Measures Division

sound propagation coefficient ［C］ 伝搬定数

sound range ［C］ 直線距離

sound range recorder ［C］ 直距離記録器

sound ranging 音源標定（おんげんひょうてい） 《敵の射撃音等により、その位置を特定すること。[典] 民軍連携のための用語集》

sound ranging chart ［C］ ソーナー・チャート

sound ray ［C］ 音線（おんせん）

sound reception ［U］ 受波 《水中音を受けて電気信号に変換すること。[典] NDS Y 0012B》《[対] sound projection = 送波》

sound reduction index ［C］ 音響透過損失

S

《[同] sound transmission loss》

sound reflection coefficient 〔C〕 音響反射率

sound signal 〔C〕 音響信号

sound signaling 音響通信

sound source 〔C〕 音源

sound spectrum 音響スペクトル

sound speed = speed of sound 音の速さ；音速

sound speed distribution 音速分布

sound speed excess 余剰音速

sound speed gradient 〔C〕 音速勾配；音速傾度

sound speed profile 〔C〕 音速プロファイル

Sound Surveillance System (SOSUS) 音響監視システム 《対潜水艦音響監視システム》《SOSUS = ソーサス》

sound surveillance under the sea 水中音響監視

sound sweep 音響掃引

sound transmission coefficient 〔C〕 音響透過率

sound transmission loss 音響透過損失 《[同] sound reduction index》

sound tube 〔C〕 音響管 《電気音響変換器、音響材料などの各種の音響特性を測定するための管。[典] NDS Y 0012B》

sound underwater signal 〔C〕 水中発音弾

sound wave 〔C〕 音波

sound wave velocity = sound velocity 〔U〕 音の速度；音速度

source data automation (SDA) 〔U〕 装備品等認可資料自動検索

source document 〔C〕 ソース・ドキュメント

source level (SL) 〔C〕 音源レベル

source maintenance and recoverability code 取得源；整備及び修復性コード

source of information 〔C〕 資料源 《敵および諸外国ならびに地域、海域、空域等に関する情報資料が得られる実際の出所をいい、通常、これには人、組織、物、行為、地形、気象等がある。[典] 統合訓練資料1-4》

source of intelligence 〔C〕 情報源

source of supply (SOS) 〔C〕 補給源

source of supply code (SOSC) 補給源コード

source of supply modifier (SOSM) 補給源修正コード

source region 〔C〕 発現地

source track number (STN) ソース航跡番号 《JADGE用語》

South Asia Association for Regional Cooperation (SAARC) 南アジア地域協力連合

Southeast Asia Nuclear Weapon-Free Zone (SEANWFZ) 東南アジア非核兵器地帯

Southeastern Power Administration (IN-SE) 【米】内務省東南部電力管理局

Southern Aircraft Control and Warning Wing 【空自】南西航空警戒管制隊 《の英語呼称》

Southern Command (SOUTHCOM) 〔the ～〕 【米】南方軍 《正式名称は「United States Southern Command（USSOUTHCOM）= 合衆国南方軍」。地域別統合軍の一つ》

Southern Pine Inspection Bureau (SPIB) 【米】南部松材検査局

South Kanto Defense Bureau 【防衛省】南関東防衛局 《の英語呼称》《前身は「横浜防衛施設局」》

South Pacific Forum (SPF) 南太平洋諸国会議

south seeking pole 南極

Southwestern Aircraft Control and Warning Squadron 【空自】南西航空警戒隊 《の英語呼称》《略称は「南警隊」。那覇》

Southwestern Air Defense Force 【空自】南西航空方面隊 《の英語呼称》

Southwestern Composite Air Division (SWCAD) 【空自】南西航空混成団 《の英語呼称》《略称は「南混団」》◇用例： 南西航空混成団司令 = Commander, Southwestern Composite Air Division；南西航空混成団司令部 = Headquarters, Southwestern Composite Air Division

Southwestern Power Administration (IN-SP) 【米】内務省西南部電力管理局

sovereignty 〔U〕 主権 ◇用例： sovereignty to aerial domain = 領空主権

Soviet forces 〔pl.〕 ソビエト軍

Soviet invasion 〔the ～〕 ソビエト侵略

Soviet invasion forces 〔the ～〕 ソビエト侵略軍

Soviet military intervention 〔the ～〕 ソビエトの軍事介入

Soviet ocean surveillance system ソ連海洋監視システム

Space and Missile Tracking System

(SMTS) 【米軍】宇宙飛行体及びミサイル追尾システム

Space and Naval Warfare Systems Command 【米海軍】宇宙・海上戦システム・コマンド

space assets [pl.] 宇宙アセット 《宇宙システム、宇宙システムを構成する個別部品、宇宙要員、支援インフラ等に対する総称。®「宇宙資産」は用いない》

space-based inverse synthetic aperture radar (SBISAR) [C] 宇宙設置型逆合成開口レーダー

space-based kinetic kill vehicle (SBKKV) [C] 宇宙設置型連動エネルギー兵器

space capability [C] 宇宙能力

space charge 空間電荷

space charge effect 空間電荷効果

space charge grid tube [C] 空間電荷格子管

space coding 間隔コード化

space control [U] 宇宙統制

space control operations [pl.] 宇宙統制作戦

Space Cooperation Working Group (SCWG) [the ～] 【防衛省】日米宇宙協力ワーキンググループ 《の英語呼称》《宇宙分野における日米防衛当局間の協力を促進するために設置されている》

spacecraft [pl. = ～] 宇宙機

space current 空間電流

spaced armor = spaced armour 空間装甲 《2枚以上の板を間隔をおいて配列した装甲。® NDS Y 0006B》

space defense [U] 宇宙防衛

Space Detection and Tracking System (SPADATS) 【米軍】宇宙探知追跡システム

space diversity 空間ダイバーシティ

space mean 空間平均

space permeability 真空透磁率

space power 宇宙戦力

Space Promotion Committee 【防衛省】宇宙開発利用推進委員会 《の英語呼称》

spacer [C] 間隔板

space shuttle [C] スペース・シャトル；宇宙連絡船

space situational awareness (SSA) 宇宙状況監視；宇宙状況把握 《宇宙デブリの状況や宇宙の気象、人工衛星の状況の把握等》

space station [C] 宇宙局

space superiority [U] 宇宙優勢

space support 宇宙支援 《宇宙戦力を運用・保持するために必要な宇宙輸送、衛星運用等の活動。宇宙に対する支援のこと》

space surveillance [U] 宇宙監視

space surveillance telescope (SST) [C] 宇宙監視望遠鏡

space system [C] 宇宙システム

space track [C] 宇宙航跡 《JADGE用語》

Space Treaty 宇宙条約

space vehicle [C] 宇宙機

space warfare [U] 宇宙戦

space wave [C] 空間波

space weather [U] 宇宙気象

space weather forecast [C] 宇宙天気予報 《太陽活動や太陽風による放射線、プラズマ流および磁気嵐の予報。® NDS Y 0051》

space zone [C] 死角

spacing of mine [C] 敷設間隔；機雷敷設間隔

spade [C] 駐鋤（ちゅうじょ）《火砲の脚の後端などに取り付け、固定するための鋤形（すきがた）の部品。発射時の反動で火砲が後退するのを防止する。® NDS Y 0003B。®自走砲などの車体を固定する大型の駐鋤になると、ブルドーザーの排土板のような形状をしている》

spall [C] 剥離破片（はくりはへん）《運動エネルギー弾の衝撃または化学エネルギー弾の作用によって装甲板から剥離した破片。® NDS Y 0001D》

spalling ①剥落（はくらく）《岩石や金属などの表面が剥がれ落ちる現象。® 適訳が不明の場合は「スポーリング」にする》 ②山の脱落 《腔線（こうせん）の山が剥落する現象。® NDS Y 0003B》

spam [U] スパム 《迷惑な電子メールまたは商用目的で送信される大量の電子メール》

span ①スパン；差し渡し ②翼幅 ③翼長 《有翼弾の翼端から翼端までの最大の長さ。® NDS Y 0001D》

span loading [U] 全翼面荷重分布

span-wire fueling スパンワイヤー方式

spar [C] ①桁（けた）②円材

spare machine [C] 予備機器

spare parts [pl.] 予備品；補用部品 《機器に使用している部品が不良などの場合に交換するために添付してある部品をいう。® GLT-CG-Z000001U》

Spare Parts Change Notice (SPCN)

【空自】部品変更通知 《契約履行中または継続して調達することが予測される補用部品等に関し、技術変更または国産化等により部品番号の変更がある場合に、契約の相手方が官側に提出する資料。[典] C&LPS-A00001-22》

spare parts list for codification (SPLC) ［C］ 類別用補用部品表

spare room ［C］ 予備室

spark discharge 火花放電

spark distributor ［C］ 火花分配器

spark gap ［C］ 火花ギャップ

spark igniter ［C］ 火花点火器

spark ignition engine ［C］ 火花点火機関

spark killer ［C］ 火花消し

spark plug ［C］ 点火栓

spark test ［C］ 火花試験

Sparrow 【米軍】スパロー 《ミサイル名》

Spartan 【米軍】スパルタン 《ミサイル名》

S

spatial disorientation (SD) = spacial disorientation 空間識失調；眩暈(げんうん)

spatial filter ［C］ 空間フィルター

spatial frequency ［U］ 空間周波数

S pattern Sパターン

speaker volume (SP VOL) スピーカー・ボリューム 《表示操作卓におけるスピーカーの音量の調整を行うつまみをいう。[典] JAFM006-4-18》

spear pointer ［C］ やり形指針 《槍形指針》

special access program (SAP) ［C］ 特別アクセス・プログラム

Special Action Committee on Okinawa (SACO) ［The ～］ 【日】沖縄に関する特別行動委員会 《SACO = サコ》

special activity 特別活動；特殊行動

Special Adviser to the Minister of Defense 【防衛省】防衛大臣政策参与 《の英語呼称》

special agent ［C］ ①情報専門員 ◇用例：former special agent = 元特別捜査官 ②【海自】特殊工作員

special agreement ［C］ 特別協定

Special Airlift Group 【空自】特別航空輸送隊 《の英語呼称》

Special Airlift Operations Office 【空自】特別航空輸送隊運用室 《の英語呼称》◇用例：特別航空輸送隊運用室長 = Head, Special Airlift Operations Office

special air operation 特殊航空作戦

Special Air Service (SAS) 【英】空軍特殊部隊 《または「Special Air Service Regiment」》

Special Air Service Regiment (SASR) 【英】空軍特殊部隊

special ammunition supply point ［C］ 特殊弾薬補給点

special area allowance ［C］ 特地勤務手当て

Special Assault Team (SAT) 【日】特殊急襲隊 《警察庁の対テロ部隊》

special assignment 特別職務割り当て

special assignment airlift requirements ［pl.］ ①特別空輸所要 ②【海自】特別指定空輸要求

special atomic demolition munitions ［pl.］ 特殊核爆弾

special ballast tank (SET) ［C］ 特殊バラスト・タンク

Special Boarding Unit 【海自】特別警備隊 《の英語呼称》《海上警備行動において、不審船の立入検査を行う場合に予想される抵抗を抑止し、その不審船の武装解除などを行う専門の部隊》◇用例：特別警備隊隊長 = Commanding Officer, Special Boarding Unit；特別警備隊隊員 = Special Boarding Unit personnel

Special Boat Squadron (SBS) 【英国海兵隊】特殊舟艇部隊

Special Boat Unit (SBU) 【米海軍】特殊舟艇隊

special cargo 特殊貨物

special condolence money ［U］ 特別弔慰金

special considerations ［pl.］ 特に考慮すべき事項

special control instructions ［pl.］ 【空自】射撃制限指示 《ペトリオット高射隊の対空戦闘中、高射隊の射撃を制限するために与える指示をいう。[典] 統合訓練資料1-4》

special convoy ［C］ 特殊船団

special cost 特殊原価

special defense inspection 【防衛省】特別防衛監察 《防衛大臣が特に命ずる事項について、計画に基づき実施する防衛監察をいう。[典] 防衛省訓令第57号》

special defense secret 【防衛省】特別防衛秘密

special delivery 速達

special duty 特別勤務 《当直勤務、警衛勤務などの総称。[典] 民軍連携のための用語集》

special emergency requisition (requisition A) 特別緊急請求；A請求

special equipment ［U］ 特殊装備品

special-equipment vehicle ［C］ 特殊車両

special factor ［C］ 特別要因 《幕僚見積り
を行うにあたり、将来事実となって現れるか否か
現時点では判定できないが、もし事実となった場
合、見積りの結論に重大な相違を生ずるような要
因をいう。⊛ 陸自教範》

special feature (SPCL FEAT) ［C］ 特記
事項

special field ［C］ 専門分野

special fire 特殊火災

special flag and pennant 特別方旗及び特別
流旗

special flight ［C］ 特別飛行便

special flight operation 特別運航

special forces (SF) ［pl.］ 特殊部隊；特別
部隊

Special Forces Group (SFG) 【米】特別部
隊群

Special Operations Group (SOG) 【陸
自】特殊作戦群 《の英語呼称》

special forces operations base (SFOB)
［C］ 特殊部隊作戦基地

Special Forces Support Group (SFSG)
【英】特殊部隊支援部隊

Special Forces troop ［C］ 【米軍】特殊部
隊員 ◇用例： US Special Forces troop = 米特
殊部隊員

special guard 特殊警衛

special guard of honor uniform 【自衛隊】
特別儀仗服装

special height request ［C］ 特定測高要求
《バッジ用語》

special information operations (SIO)
［pl.］ 特殊情報作戦

special inspection 特別検査

special inventory 特別現況調査

specialist ［C］ ①専門員 ②【米陸軍】特技
下士官 ◇用例： Specialist 1 = 1等特技下士官

specialization 専門化

specialized depot ［C］ 専門補給処

specialized maintenance (SM) ［U］ 総
合整備

**specially controlled general wastes
(SCGW)** ［pl.］ 【米軍】特別管理一般廃棄
物 《産業から発生する有害廃棄物であり、爆発
性、腐食性、感染性を有するもの》

**specially controlled industrial wastes
(SCIW)** ［pl.］ 【米軍】特別管理産業廃棄
物 《産業以外から発生する有害廃棄物であり、
爆発性、腐食性、感染性を有するもの》

specially designated secret 【防衛省】特定
秘密 ◇用例： the designation of specially
designated secret = 特定秘密の指定；the
termination of the designation = 指定の解除；
特定秘密の保護に関する法律 = Act on the
Protection of Specially Designated Secrets

special marking 特別表示

special medical examination 特別健康診断

Special Mission Unit (SMU) 【米】特別任
務隊

special modification aircraft ［pl. = ～］
特別改修機

special observation ［U］ 特別観測

special operations (SO) ［pl.］ 特殊作戦
《特別に編成され、特別な訓練を受け、特別な装
備を有する特殊作戦部隊が実施する、一般の部隊
では対応できない、または一般の部隊による対応
が適切でない作戦をいう。⊛ 統合訓練資料1-4》

**Special Operations Command
(SOCOM)** ［the ～］ 【米】特殊作戦軍
《正式名称は「United States Special Operations
Command (USSOCOM) = 合衆国特殊作戦軍」。
機能別統合軍の一つ》

**Special Operations Command, Pacific
(SOCPAC)** 【米】太平洋特殊作戦軍

special operations forces (SOF) ［pl.］
特殊作戦部隊

**special operations liaison element
(SOLE)** ［C］ 特殊作戦連絡班

Special Operations Medical Association
【米】特殊作戦衛生協会

Special Operations Office 【統幕】特殊作
戦室 《運用部運用第1課～の英語呼称》

special operations troops ［pl.］ 【米】
特殊作戦部隊

Special Operations Wing (SOW) 【米空
軍】特殊作戦航空団 ◇用例： 193rd Special
Operations Wing = 第193特殊作戦航空団

special order ①個別命令；個命（こめい）
《⊛ general order = 一般命令；般命（はんめ
い）》 ②特別守則 《歩哨などの特別守則》

special paint 特殊ペイント

special pennant signal ［C］ 特別流旗信号

special permanent employee ［C］ 特別
常用従業員

special point ［C］ 特定点 《JADGE用語》

special position identification (SPI)
［U］ 特別位置識別

special process (SP) 特殊工程 《通常の方法による作業または検査だけでは、装備品等の品質を確保または評価確認することが困難な特殊な作業または検査をいう。㊞ 航空自衛隊達第15号》

Special Purpose Islamic Regiment (SPIR) イスラム特務連隊 《チェチェン（ロシア）の独立を目的に設立した武装組織》

special reconnaissance (SR) 特殊偵察

special repair 特別修理；特修

Special Representative of the Secretary General (SRSG) ［国連］国連事務総長特別代表 ◇用例：Deputy Special Representative of the Secretary General ＝国連事務総長副特別代表

Special Rescue Station 【海保】特殊警備基地

special rework ①【海自】定期特別修理 《特定の航空機に対して所定の周期に実施する修理であって、定められた整備によって良好な作動状態を保持するために必要な作業。㊞ MHS-V-46008-23》 ②特定整備工事

special rudder angle ［C］ 特殊舵角

Special Security Team (SST) 【海保】特殊警備隊 《海上保安庁第5管区所属の対テロ部隊》

special separation 特例解雇

special services ［pl.］ 福祉隊

special staff ［C］ 特別幕僚；専門幕僚

special status 特定条件

special steel 特殊鋼

special supply requirements ［pl.］ 特殊補給所要 《特異な気象および地域等の作戦の特性から、特に増加が必要となる補給品および新たに充足することが必要な補給品の所要をいう。㊞ 陸自教範》

special tactics team (STT) ［C］ 特殊戦術チーム

special term employee ［C］ 特殊期間従業員

special terminology 専門用語

special text ［C］ 特別教本

special tool ［C］ 特殊工具

special training ［U］ 特別訓練

special trench ［C］ 掩壕（えんごう）

specialty ［C］ ①特技職 《特技職とは、職務の種類および複雑の度と責任の度が十分類似している職をまとめたものをいう。㊞ 防衛庁訓令第21号》 ②特技 《特技とは、特技職または付加特技職の職務および責任を遂行するために必要な知識、技能、身体的能力および心理的適性をいう。㊞ 防衛庁訓令第21号》

specialty code 特技番号

specialty description 特技職明細書

specialty qualification ［C］ 特技資格

specialty summary ［C］ 特技概要

special use airspace (SUA) ［U］ 特別空域

special VFR flight ［C］ 特別有視界飛行

special visual flight rules (special VFR) ［pl.］ 特別有視界飛行方式

special warfare craft, light ［pl. ＝〜］ 小型特殊戦支援艇

special warfare craft, medium ［pl. ＝〜］ 中型特殊戦支援艇

special watch zone ［C］ 特別監視地帯

special weapon ［C］ 特殊兵器

special work allowance ［C］ 特殊作業手当て

specifiable ［adj.］ 指定可能な

specific absorption rate (SAR) ［C］ 比吸収率 《生体が電磁界にさらされることによって単位質量の組織に単位時間に吸収されるエネルギー量（電力）》

specific acoustic impedance ［U］ 比音響インピーダンス；固有音響インピーダンス

specific acoustic reactance 比音響リアクタンス

specific acoustic resistance 比音響抵抗；固有音響抵抗

specific air defense ［U］ 個別防空 《基地、師団、艦艇等のような特定の防護対象を特別に防護するものであり、防空に関与する一部の戦闘力を防護対象ごとに個別に運用して行うことをいう。航空自衛隊が行う航空作戦の一つである防空において、防空戦闘力の運用方法の違いにより分類されている二つのうちの一つである。㊞ 統合訓練資料1-4》

specification (Spec) ［C］ ①仕様 《装備品等の形状、構造、品質、性能その他の特性、装備品等の試験方法、検査方法その他のこれらの特性を確保するための方法または装備品等の防せい方法、包装方法、表示方法その他の出荷条件をいう。㊞ 防衛庁訓令第33号》 ②仕様書 《調達しようとする装備品等の仕様を記載した文書をいう。㊞ 防衛庁訓令第33号》

specific conductance 導電率

specific fuel consumption (SFC) ［U］ 燃料消費率

specific gas constant 比気体定数

specific humidity ［U］ 比湿

specific impulse (Isp) 比推力 《単位時間に

消費される推薬の単位重量あたりの推力の大きさ。[典] NDS Y 0001D》

specific impulse fuel 燃料比推力

specific inspection 特定監察

specific intelligence collection requirement (SICR) ［C］ 特別情報収集要求

specific oil consumption ［C］ 潤滑油消費率

specific period ［C］ 特定期間

specific power 比出力

specific refraction 比屈折

specific reluctance リラクタンス率

specific resistance 固有抵抗 《抵抗率》

specific search ［C］ 特定目標捜索

specific speed 比較速度；比較回転数

specific viscosity ［U］ 比粘度

specified command ［C］ 特定部隊

Specified Command 【米軍】特定軍 《統合参謀本部の助言と補佐により、国防長官を通じて大統領が設置し、その構成を指定するものであって、広範かつ永続的使命を有する部隊をいう。通常、1軍種だけの部隊で構成される。[典] 統合訓練資料1-4》

specified defense facility ［C］ 特定防衛施設

specified harmful activity 特定有害活動 《公になっていない情報のうちその漏えいが我が国の安全保障に支障を与えるおそれがあるものを取得するための活動、核兵器、軍用の化学製剤もしくは細菌製剤もしくはこれらの散布のための装置もしくはこれらを運搬することができるロケットもしくは無人航空機またはこれらの開発、製造、使用もしくは貯蔵のために用いられるおそれが特に大きいと認められる物を輸出し、または輸入するための活動その他の活動であって、外国の利益を図る目的で行われ、かつ、我が国および国民の安全を著しく害し、または害するおそれのあるものをいう。[典] 法律第百八号》

spectacular substitute 状況現示

spectral imagery ［U］ スペクトル画像

spectrometric oil analysis program (SOAP) ［C］ ①【空自】潤滑油分光分析 ②【海自】エンジン・オイル分光分析

spectrum analyzer ［C］ スペクトル分析器

spectrum density = spectral density ［U］ スペクトル密度

spectrum density level ［C］ スペクトル密度レベル

spectrum generating system スペクトル発生回路系

spectrum level ［C］ スペクトル・レベル

spectrum management ［U］ スペクトル管理

spectrum of war 戦争の諸形態

spectrum sensibility ［U］ スペクトル感度

specular reflection 鏡面反射

speech quality 通話品質

speed adjustment 速度調整

speed cam ［C］ 速度カム

speed characteristic curve ［C］ 速度特性曲線

speed characteristics ［pl.］ 速力特性

speed coefficient ［C］ 速度係数

speed control ［U］ 速度制御

speed error 速度誤差

speed error corrector ［C］ 速度誤差修正器

speeder spring ［C］ 調速ばね

speed flag indicator ［C］ 速力表示旗

speed governor = governor ［C］ 調速機

speed impossible スピード・インポッシブル 《要撃不能状態の一つであり、誘導計算の結果、要撃機等の速度が要撃に不十分であることをいう。[典] JAFM006-4-18》

speed length ratio ［C］ 速長比

speed limitation 速度制限

speed limiting device ［C］ 速度制限装置

speed made good over the ground (SOG) 修正対地速力

speed made good through the water (STW) 修正対水速力

speed meter multiplier 速度計乗数

speed of advance (SOA) 【海自】進出予定速力 《予定航路上における、進出予定速力をいう。[典] 統合訓練資料1-4》

speed of relative motion 相対運動速力

speedometer ［C］ 速度計

speedometer multiplier 速度計乗数

speed over the ground 対地速力

speed reducing mechanism ［C］ 減速機構 《[同] speed reduction mechanism》

speed reduction gear ［C］ 減速装置

speed reduction mechanism ［C］ 減速機構 《[同] speed reducing mechanism》

speed relay ［C］ 速度継電器

speed signal ［C］ 速力記号

S

speed signal generator ［C］ 回転数発信器

speed static stability ［U］ 速度静安定

speed telegraph ［U］ 速力通信器

speed test ［C］ 速力試験；速度試験

speed trial 速力試験

spending cut 支出削減

spent case ［C］ 空薬莢（からやっきょう）

spherical aberration 球面収差

spherical buoy ［C］ 玉ブイ

spherical cam ［C］ 球面カム

spherical roller ［C］ 球面ころ

spherical spreading 球面発散 《波面の広がりが球面状になる発散。[典] NDS Y 0011B》

spherical valve ［C］ 玉形弁

spherical wave ［C］ 球面波 《波面が同心球面である波。[典] NDS Y 0011B》

spider element ［C］ 十字架機構

spider shoulder ［C］ スパイダー肩部

spider web coil ［C］ くもの巣コイル

spigot ［C］ 差し込み

spike eliminator ［C］ スパイク除去器

spike nose ［C］ スパイク・ノーズ 《弾丸の先端部の揚力を減少させるために、弾丸の蛋形部（たんけいぶ）に設ける口径より小さい円筒部をスパイクといい、これを有している弾丸の先端部のこと。[典] NDS Y 0001D》

spill-over effect スピルオーバー効果

spin ①スピン 《[備] 適訳が不明な場合は「スピン」にする》 ②きりもみ 《航空機が失速した状態で、旋回しながら落下すること》 ③旋動（せんどう）；旋転（せんてん） 《弾丸などの飛翔安定のために弾軸回りに与えられる回転。[典] NDS Y 0001D》

spin axis ［pl. = spin axes］ 回転軸

spindle guide ［C］ 主軸案内金

spindle oil ［U］ スピンドル油

spindle valve ［C］ スピンドル弁

spinner ［C］ スピンナー

spinning wheel ［C］ 旋動輪

spin prevention and incidence limitation system (SPILS) ［C］ スピン回復及び迎え角制限システム

spin rate ［C］ 旋動速度；旋転速度；旋速 《腔線（こうせん）によって与えられる弾丸の回転速度。通常、1分間あたりの回転数で表される。[典] NDS Y 0006B》

spin recovery characteristics ［pl.］ きりもみ回復特性

spin stabilization 旋動安定 《旋動によって飛翔間の弾道を安定させる方式。[典] NDS Y 0006B》

spin-stabilized ammunition ［U］ 旋動安定弾；旋動弾 《弾丸の旋動によって、飛翔中の安定を保持する弾薬。[典] NDS Y 0001D》◇用例：spin-stabilized grenade = 旋動安定榴弾

spiral band ［C］ 螺旋バンド

spiral casing ［C］ 渦形室

spiral coil ［C］ 渦巻きコイル

spiral descent 螺旋降下（らせんこうか） 《螺旋状に旋回しながら、垂直方向に降下すること》

spiral development スパイラル開発 《開発装備品の進捗状況の評価を頻繁に実施することにより、開発計画の修正などを柔軟に行い、新規技術の導入を容易にする開発手法。コスト低減や開発期間の短縮などが期待できる》

spiral glide 螺旋滑空（らせんかっくう）

spiral instability ［U］ 螺旋不安定

spiral path ［C］ 螺旋状航跡

spiral run スパイラル航走 《魚雷において、水平面雷道をうず巻き形にしたプログラム航走。[典] NDS Y 0041》

spiral scanning 渦巻き走査

spiral search ［C］ スパイラル・サーチ 《レーダーの探索パターン》《[対] fence search = フェンス・サーチ》

spiral sweep 螺旋掃引；渦巻き掃引

splash ①【空自】撃墜 ②【海自】弾着

splash lubrication はねかけ注油

splash noise ［U］ スプラッシュ雑音 《艦船の航走などで生じる飛沫（ひまつ）によって発生する雑音。[典] NDS Y 0011B》

splash-proof machine ［C］ 防沫型機械（ぼうまつがたきかい）

splice 接続；接着

splint ［C］ 副木（そえぎ）；添え木

splinter net 弾よけネット

split ［n.］ 分離

split ［vt.］ 分離する

split anode magnetron 分割陽極マグネトロン

split beam ［C］ スプリット・ビーム

split beam correlation スプリット・ビーム相関

split beam reception ［U］ スプリット・ビーム受信

split flap ①スプリット・フラップ ②【海自】

開きフラップ

split-phase induction motor ［C］ 分相誘導電動機

split-phase type 分相型

split pin ［C］ 割りピン

split plant operation 区分運転

split salvo 交互打ち方

split trail 開脚架

spoiler ［C］ スポイラー 《暴力の拡散または継続から利益を得られるか、ある状況において紛争解決を損なうことに利益を有する個人または集団。廠 国連平和維持活動（原則と指針）》

spoiler board ［C］ 逆流板

spoiling attack ［C］ 妨害攻撃；陣前出撃

spoke ［C］ スポーク

sponson 張り出し

sponson beam ［C］ 張り出しビーム

sponson deck ［C］ 張り出し甲板

spontaneous combustion ［U］ 自然燃焼

spontaneous fission rate (SFR) ［C］ 自発性核分裂速度

spontaneous ignition 自然発火 《空気中で自然に発火し、燃焼する現象。廠 NDS Y 0001D》

spontaneous ignition spool ［C］ 巻わく管

spontaneous ignition temperature 自然発火温度

spontaneous pneumothorax 自然気胸

spoofer ［C］ スプーファー

spool ［C］ 巻わく

sporadic E layer スポラディックE層

sporadic refraction condition スポラディック屈折状態

Sport Fisheries and Wildlife Service (IN-FW) 【米】内務省魚獣保護局

spot check method スポット・チェック法

spot converter ［C］ 弾着換算盤

spot elevation ①【空自】地点標高 ②【陸自】独立標高 《同 spot height》

spot height ①【空自】地点標高 ②【陸自】独立標高 《同 spot elevation》

spot hover 地点上空停止

spot inspection 立入検査；抜き取り検査

spot jammer ［C］ 狭帯域妨害機

spot jamming ①【空自】狭帯域妨害 《特定の周波数またはチャンネルについて、狭い帯域幅の信号を集中的に送信して妨害を行う方法をいう。

廠 JAFM006-4-18》 ②【海自】点妨害；スポット・ジャミング

spot landing 定点着陸

spot reaction はん点反応

spot report ［C］ ①【空自】緊急報 ②【陸自】緊急報告 ③【海自】スポット・レポート

spot size スポット・サイズ

spotter ［C］ ①【空自】監的手 ②【海自】弾着観測員

spotter tracer ［C］ 曳光標示弾 《曳光剤の外に、弾着標示のための薬剤を充填してある弾薬。廠 NDS Y 0001D》

spotting ①弾着観測；弾観 ②地点標定

spotting charge 弾着表示薬

spotting dye 弾着表示剤

spray angle test ［C］ 噴射角試験

spray dome ［C］ 水煙ドーム

sprayed metal coating ［C］ 金属溶射被覆

spray gun ［C］ 霧吹き；スプレイ・ガン；吹き付け器

spray nozzle ［C］ 霧吹きノズル；噴射ノズル

spray pump (SP) ［C］ 散水ポンプ

spray tube ［C］ 波よけ管

spread 展開幅

spread angle ［C］ ①拡がり角 ②開角 《開角発射における隣接する魚雷針路間の角度。廠 NDS Y 0041》

spread computer ［C］ 開度計算盤

spread control ［U］ 拡大調整；展開調整

spreader bar ［C］ スプレッダー・バー

spread fire 開進発射

spreading 拡散；発散；展開

spreading fire ①拡散射撃 ②類焼

spreading loss 発散損失

spread mooring 多点係留方式 《船体の複数箇所から出る何本かの係留索によって船体を保持する係留方式》《同 single point mooring ＝ 一点係留方式》

spread spectrum (SS) スペクトル拡散

spread spectrum system ［C］ スペクトル拡散システム

spring balancer ［C］ ばねばかり

spring buffer ［C］ ばね緩衝器

spring compasss ［C］ ばねコンパス

spring cotter ［C］ 割りピン

spring counter-recoil mechanism ［C］

ばね式復座装置 《後座中に圧縮されたばねの力を用いる復座装置。[典] NDS Y 0003B》

spring engaging collar ［C］ ばね圧縮環

spring equilibrator ［C］ ばね式平衡機 《平衡機の一種で、ばねの力を利用するもの。[典] NDS Y 0003B》

spring governor ［C］ ばね調速機

spring guide ［C］ ばね案内金

spring point caliper ［C］ ばねパス

spring safety valve ［C］ ばね安全弁

spring separator ［C］ ばね隔離環

spring steel ばね鋼

spring tide ［C］ 大潮

sprinkler head ［C］ 散水栓

sprinkling 散水；噴気

sprinkling system ［C］ 散水装置

sprinkling valve ［C］ 散水弁

spun yarn こより小綱

spurious oscillation = spurious vibration スプリアス振動

spurious radiation ［U］ スプリアス放射

spurious reply スプリアス応答

sputtering engine ［C］ 息つきエンジン

spy investigation スパイ調査

spy plane ［C］ 偵察機

spy satellite ［C］ 偵察衛星

spy ship ［C］ 工作船 《特殊部隊や工作員等が我が国に潜入する一つの手段として使用する船舶。[典] 統合訓練資料1-4》◇用例： North Korean spy ship = 北朝鮮の工作船

spyware ［U］ スパイウェア 《悪質なコードの一種であり、情報システムに秘密裏にインストールされ、個人または組織に関する情報を収集するソフトウェア》

squad ［C］ 分隊 《班の下の単位で、数名で編成。[典] 民軍連携のための用語集》

squad drill ［C］ 分隊教練

squad leader ［C］ ①【陸自】分隊長 ②【海自】分隊海曹

squadron (Sq) ［C］ ①【陸軍】騎兵大隊 ②【海軍】戦隊；小艦隊 ③【空自】飛行隊 ◇用例： 第11飛行隊 = 11th Squadron ④【米空軍】飛行大隊 ⑤【英空軍】飛行中隊

squadron duty officer (SDO) ［C］ 飛行隊当直士官

Squadron Leader 【英空軍】少佐

Squadron Officers Course (SOC) 【空自】幹部普通課程 《航空自衛隊幹部学校の課程名》

squad room ［C］ 【自衛隊】隊員居室（たいいんきょしつ） 《隊員が居住する部屋。[典] 民軍連携のための用語集》

squall ［C］ スコール 《熱帯性のにわか雨》

square cam ［C］ 2乗カム

square coil ［C］ 方形コイル

square flag ［C］ 方形旗

square knot ［C］ こぶ結び 《瘤結び》

square-law detection ［U］ 2乗検波

square pattern ［C］ 方形パターン

square search ［C］ 方形捜索

square wave cam ［C］ 方形波形カム；Aカム

squatting position ［C］ しゃがみ射ち

squawk flash スクォーク・フラッシュ

squeezer ［C］ 押し曲げ器；スクイーザー

squelch スケルチ

squib ［C］ ①スクイブ 《小型の発火装置で、通常、電気によって発火し、熱（炎）を生成する少量の火薬を充填したもので、ロケット点火薬の点火、電気信管の点火などに使用する。[典] NDS Y 0001D》 ②【空自】導火爆管

squid mount ［C］ スキッド発射機

squirrel-cage induction motor ［C］ かご形誘導電動機

squirrel cage motor ［C］ かご形電動機

SR blank SRブランク 《監視レーダー（SR）ビデオによる目標の検出を禁止することをいう。[典] JAFM006-4-18》

SS manual map ［C］ SSレーダー手動マップ 《SS = surveillance station（防空監視所）》

SS radio control (SS RC) ［C］ SS用無線制御装置 《無線制御装置（RCE）を構成する各装置のうち、防空監視所（SS）に設置されるものをいう。[典] JAFM006-4-18》

SSR blank SSRブランク 《二次レーダー（SSR）ビデオによる目標の検出を禁止することをいう。[典] JAFM006-4-18》

SSR quality (SQ) 二次レーダー品質度

SS segment ［C］ SSセグメント 《防空監視所（SS）に設置されるソフトウェアおよびハードウェアにより構成されるセグメントをいう。[典] JAFM006-4-18》

stab detonator ［C］ 刺突起爆筒（しとつきばくとう） 《撃針の刺突作用によって発火する起爆筒。[典] NDS Y 0001D》

stability ［U］ ①安定性 ②安定度 《火薬類の緩慢な分解に対する抵抗性の尺度。[典] NDS Y 0001D》 ③【海自】復原性能 《船舶》

stability augmentation system (SAS) ［C］ 安定増加装置；安定増強装置

stability curve ［C］ 復原力曲線

stability index ［C］ 安定指数

stability of civilian livelihood 民生の安定

stability test ［C］ 安定度試験 《火薬類の安定度を判定するための試験。[典] NDS Y 0001D》

Stabilization Force (SFOR) 安定化部隊

stabilized binoculars ［pl.］ 防振双眼鏡 《車両などの振動または手振れによる像の振動を防止するための像安定機構を内蔵した双眼鏡。[典] NDS Y 0004B》

stabilized flight ［C］ 安定化飛行

stabilized front ［C］ 堅固な正面

stabilized local oscillator ［C］ 安定化局部発振器

stabilized master oscillator ［C］ 安定化主発振器

stabilized warfare ［U］ 固定戦

stabilizer ［C］ ①安定板；安定具；揺れ止め ②安定装置 ③安定剤 《貯蔵中の自然分解を抑制または減少させるため、発射薬または推進薬に加える添加剤。[典] NDS Y 0001D》

stabilizer fairing 安定覆い

stabilizing baffle flame holder ［C］ 保炎板

stabilizing fin ［C］ ①安定翼 《弾丸、ミサイルなどの飛翔を安定させるために装着する翼。[典] NDS Y 0001D》 ②【海自】安定ひれ

stabilizing piston ［C］ 安定ピストン

stabilizing supply 安定化電源

stable atmosphere 安定な大気

stable equilibrium ①【空自】安定平衡 ②【海自】安定釣り合い

stable stratification 安定な成層

stable vertical 垂直安定装置

stab primer ［C］ 刺突雷管 《撃針の刺突作用によって発火する雷管。[典] NDS Y 0001D》

stack antenna ［C］ スタック空中線

Stack Arms! 「組め、銃！」(くめ、つつ) 《号令》

stacked net スタック・ネット 《JADGE用語》

stacking procedure スタッキング方式

stacking swivel 叉銃環(さじゅうかん)

staff ［U］ ①【自衛隊】幕僚 《司令部に直属し指揮官を補佐する。旧軍の参謀に相当する。[典] 民軍連携のための用語集》 ②参謀

staff activity 幕僚活動

Staff College (SC) 【自衛隊】幹部学校 《の英語呼称》

staff conference 幕僚会議

Staff Conference room ［C］ 幹部会議室

staff duty officer ［C］ 当直幕僚 《停泊時の当直幕僚》

staff estimate 幕僚見積り 《幕僚が指揮官の状況判断に資するため、また、他の幕僚に対して必要な資料を提供するため、その所掌事項について、任務達成に影響を及ぼす要因を整理し、その要因が各行動方針に及ぼす影響を分析検討して結論を求めることをいう。[典] 統合訓練資料1-4》

staff journal = staff section journal ［C］ 幕僚業務記録 《幕僚が業務を遂行するための指針または資料を記録したものであって、業務日誌、指針綴り、作業記録等をいう。これらは、作戦の経過に従い、その都度事実を記録しておき、計画、命令、報告、通報およびその他の文書作成の基礎資料となるものであり、用済み後、適宜破棄する。[典] 統合訓練資料1-4》

staff meeting 幕僚会議

Staff Office IOR 各幕情報運用室

Staff Office N-1 【海自】第1幕僚室 《の英語呼称》◇用例： 第1幕僚室長 = Assistant Chief of Staff for Administration

Staff Office N-2 【海自】第2幕僚室 《の英語呼称》◇用例： 第2幕僚室長 = Assistant Chief of Staff for Intelligence

Staff Office N-3 【海自】第3幕僚室 《の英語呼称》◇用例： 第3幕僚室長 = Assistant Chief of Staff for Operations

Staff Office N-4 【海自】第4幕僚室 《の英語呼称》◇用例： 第4幕僚室長 = Assistant Chief of Staff for Logistics

Staff Office N-5 【海自】第5幕僚室 《の英語呼称》◇用例： 第5幕僚室長 = Assistant Chief of Staff for Communications and Electronics

staff officer ［C］ ①【自衛隊】幕僚幹部 ②参謀将校 《[対] line officer = 戦列将校；戦列士官》

staff responsibility ［U］ 幕僚責任

staff ride 幕僚演習

staff section ［C］ 幕僚部

staff section worksheet 幕僚作業記録

Staff Sergeant (S Sgt.) ①【空自】3等空曹 ②【米陸軍・米海兵隊】2等軍曹 ③【米空軍】3等軍曹

staff's office ［C］ 幕僚等執務室

staff specialty ［C］ 幕僚特技

staff study report ［C］ 幕僚研究報告

staff supervision ［U］ 幕僚監督

S

staff talk ［C］ 【防衛省】幕僚間協議

staff waiting room ［C］ 【防衛省】幹部控室

staff watch officer ［C］ 当直幕僚 《航海時の当直幕僚》

stage ［C］ ①段階 ◇用例：first stage ＝第1段階 ②段

stage A cross-servicing ステージA相互支援

stage B cross-servicing ステージB相互支援

stage decompression ［U］ 段階減圧

staged radiation implosion bomb ［C］ 段階的放射線爆縮爆弾

stage efficiency ［U］ 段効率

stage plank ［U］ 足場板

stagger angle ［C］ 食い違い角

stagger circuit ［C］ スタガー回路

staggered pulsing system 追従パルス方式

staggering ずらし

stagger take-off 交互離陸

stagger tuned amplifier ［C］ スタガー同調増幅器

stagger wire ［C］ 迎え角張り線

staging area (SA) ［C］ ①【統幕】駐留地域 ②【陸自】中間準備地域

staging base ［C］ 中継基地

staging beddown plan ［C］ 受け入れ計画

staging port 中継港

stagnation point ［C］ よどみ点

stagnation temperature 総温

stain 着色

stainless steel ステンレス鋼

stall ①失速；ストール 《航空機》 ②頓挫（とんざ）《計画などが途中で急に駄目になること。®民軍連携のための用語集》

stall characteristics ［pl.］ 失速特性

stalling flutter 失速フラッター

stalling incidence 失速角度

stalling torque ［U］ 停動トルク

stall recovery 失速回復

stand-alone simulation スタンドアロン・シミュレーション 《バッジ用語》

standard ①基準 《定められたとおり、厳格に守るべきものである。®GS-CG-C000007D》 ②標準 《判断のためのよりどころを示したものであり、基準のような拘束力はないが、原則として順守されるものである。®GS-CG-C000007D》 ③【陸自】隊旗 《車載の隊旗》 ④軍旗

standard advanced base unit ［C］ 標準前進基地部隊

standard army aviation flight route ［C］ 陸軍航空機常用飛行経路

standard atmosphere 標準大気 《射表または弾道計算の基礎として採用する気象状態の標準値。®NDS Y 0006B》

standard automated materiel management system (SAMMS) ［C］ 標準自動化資材管理システム

standard bearer ［C］ 旗手

standard commodity classification (SCC) 標準商品分類

standard condition 【海自】基準状態 《満載状態から油水類、消費物件、補給物件、バラスト等を除いた状態をいう。®統合訓練資料1-4》

standard cruising 標準巡航

standard day of supply 標準補給日量

standard decompression table ［C］ 標準減圧表

standard delivery date (SDD) 標準交付日；標準配分日

standard deviation 標準偏差

standard displacement ［U］ 【海自】基準排水量 《艦艇の基準状態における排水量をいい、トン数で表す。®統合訓練資料1-4》

standard distance 標準距離

standard emplacement initialization 標準布置初期設定 《ペトリオット用語》

standard engine rating ［C］ 定格出力

standard frame building 標準型建築

standard height request ［C］ 標準測高要求 《バッジ用語》

standard hydrophone ［C］ 標準受波器；標準ハイドロホン 《定められた校正法に基づいて感度が厳密に校正・維持された受波器。®NDS Y 0012B》《⊗ standard sound projector ＝ 標準送波器》

Standard Industrial Code (SIC) 標準工業コード

standard initial velocity ［U］ 標準初速 《射表の基準となる初速。®NDS Y 0006B》

standard inspection procedure (SIP) ①【空自】標準検定規定 ②【海自】検査標準

standard instrument departure (SID) 標準計器出発方式 《航空機》

standard isobaric surface ［C］ 指定気圧面

standard item ［C］ 標準品目 《⊗ nonstandard item ＝ 非標準化品目》

standardization 標準化 《物品の種類または仕様を統一し、または単純化することをいう。陸上自衛隊達第71-5号》

standardize ［vt.］ 標準化する

standard load ［C］ 標準搭載量

standard meridian 基準子午線

Standard Missile (SM) 【米軍】スタンダード・ミサイル 《米国で開発された短・中距離弾道ミサイル迎撃用の誘導弾》◇用例：SM-3 Block IIA missile = SM-3ブロック2Aミサイル；destroyers equipped with SM-3 missiles = SM-3搭載護衛艦

standard model ［C］ 標準模型

Standard Navy Stock Number (SNSN) 【米軍】標準海軍物品番号

standard of treatment 治療基準 《第一線から中央兵站基地に至る各治療施設において、それぞれの施設が傷病者に対して実施する、必要な治療の技術的範囲を定めたものをいう。⊛ 陸自教範》

standard operating life 標準可動寿命

standard operating procedure (SOP) 【空自】業務処理手順 《部隊等において円滑な業務遂行のために定められた業務処理手順をいう。⊛ JAFM006-4-18》

standard package ［C］ 標準梱包(ひょうじゅんこんぽう)

standard parallel 【海自】基準距等圏

standard part ［C］ 標準部品 《いかなる工業所有権法上の制約を受けることなく、公共規格を用いて自由に製造および販売することができる部品をいう》

standard practice instructions (SPI) ［pl.］ 一般業務規定

standard pressure ①標準圧；標準圧力 ②標準気圧

standard product ［C］ 規格品 《国定規格、官庁規格、各種団体規格等に基づき製造された製品をいう》

standard rate turn ①標準旋回 ②【空自】標準率旋回

standard requirement (SR) ［C］ 標準要求項目

standard rework 定期修理

standard route ［C］ 標準航路

standard rudder angle ［C］ 常用舵角

standard sample ［C］ 標準見本 《契約担当官等が提示したもので、契約の相手方が製品の標準とする見本をいう。⊛ GLT-CG-Z000001U》

standard scale 標準尺度

standard sea level ［C］ 基本水準面

standard search ［C］ 基本捜索

standard sector ［C］ 標準セクター

standard solution 標準液

standard sound projector = standard projector ［C］ 標準送波器 《定められた校正法に基づいて感度が厳密に校正・維持された送波器。⊛ NDS Y 0012B》《⊛ standard hydrophone = 標準受波器》

standard sound source ［C］ 標準音源 《定められた校正法に基づいて感度が厳密に校正・維持された音源。⊛ NDS Y 0012B》

standard speed 【海自】基準速力；原速

standard tactical diameter 標準旋回径

standard terminal arrival route (STAR) ［C］ 標準到着経路 《航空機》

standard test frequency ［U］ 標準試験周波数

standard time ①【陸自】標準時間 ②【海自】標準時

standard torpedo ［C］ 直進魚雷

standard trajectory ［C］ 標準弾道 《標準の気象状態において、標準の火器および弾薬で射撃した際の飛翔体が通過すべき計算上の経路で、射表の基礎とするもの。⊛ NDS Y 0006B》

standard transducer ［C］ 標準送受波器 《定められた校正法に基づいて感度が厳密に校正・維持された送受波器。⊛ NDS Y 0012B》

standard turn 基準旋回

standard unit ［C］ 基準部隊

standard unit authorization list ［C］ 標準装備定数表

standard use army aircraft flight route (SAAFR) ［C］ 【陸自】標準陸上航空経路 《航空部隊とあらかじめ調整した高度以下において、陸上部隊の航空機の移動を統制するため設定するものをいい、陸上部隊が設定する。⊛ 統合訓練資料1-4》

standard wire gauge (SWG) ［C］ スタンダード・ワイヤー・ゲージ

standby (sby) = stand by ①【陸自】待機 ②【海自】用意；スタンバイ ③【空自】スタンバイ

standby anchor 投錨用意

standby machine ［C］ 予備機器

standby operator ［C］ 補助員；予備員

Standby Reserve 【米軍】待機予備

Standby Reservist 【米軍】待機予備役

stand forward jamming (SFJ) スタンド・フォワード妨害

standing army ［C］ 常備軍

Standing Naval Force Atlantic (STANAVFORANT) 【NATO】大西洋常備艦隊

standing operating procedure (SOP) 【陸自】作戦規定 《部隊運用を軽快・機敏にするため、部隊の行動実施上、あらかじめ規定しておくのが有利である事項について、その具体的な方法および手続きを規定したものをいう。⊛ 陸自教範》

standing order 永続命令

standing position ［C］ ①【陸自】立ち射ちの姿勢 ②【海自】立ち打ちの姿勢

standing rope ［C］ 静索（せいさく）

standing take-off スタンディング・テイクオフ

standing wave ［C］ 定在波

standing wave indicator ［C］ 定在波表示器

stand-off (SO) ＝ standoff スタンドオフ

standoff capability スタンドオフ能力 《攻撃目標が反撃できる能力の外側から攻撃目標攻撃することができる能力》

stand-off distance 離隔距離

stand-off error 変位誤差

stand-off jamming (SOJ) スタンド・オフ妨害 《敵の戦闘機または地対空ミサイル（SAM）等の脅威圏外から地上および水上捜索レーダー、捕捉レーダー、射撃管制レーダー、通信機器等の防空システムに対して、妨害、欺瞞を行い友軍を支援するための電子攻撃のことをいう。⊛ JAFM006-4-18》

stand-off land attack missile (SLAM) ［C］ スタンドオフ対地攻撃ミサイル

stand-off missile ［C］ スタンドオフ・ミサイル

stand-off weapon ［C］ スタンドオフ兵器

stand-on vessel ［C］ 保持船

stand running test ［C］ 回転試験

starboard ［U］ 右舷 《船舶の右舷》《⊛ port ＝ 左舷》

starboard deep スターボード・ディープ；右旋回深深度発射 《⊛ port deep ＝ ポート・ディープ；左旋回深深度発射》

starboard shallow スターボード・シャロー；右旋回浅深度発射 《⊛ port shallow ＝ ポート・シャロー；左旋回浅深度発射》

star-delta starting スターデルタ起動 《起動電流を制限するため、一次巻線を星形結線（スター結線）して起動し、ほぼ定格回転速度に達したとき三角結線（デルタ結線）にする起動方法をいう。⊛ NDS F 8302D》

Starfighter 【米軍】スターファイター 《戦闘機名》

star gauge ［C］ スター・ゲージ 《砲腔径をプルオーバー・ゲージよりも精密に測定し、目盛尺で表示するゲージ。山径と谷径が測定できる。砲腔測定器具の一つ。⊛ NDS Y 0003B》

star light scope 微光暗視装置；スターライト・スコープ

Star of Hope 【日】希望の星 《極東ロシアにおける退役原子力潜水艦の解体に関する日本とロシアの協力事業。⊛ 日本の軍縮・不拡散外交》

star shake 星割れ

star shell (SS) ［C］ 【海自】照明弾 《⊛ 中国語では「星光彈」》

star shell computer ［C］ 【海自】照明弾射撃盤

start 発動 《魚雷の動力装置が作動を開始すること。⊛ NDS Y 0041》

start and cut-off 発停 《魚雷の発動と自停のこと。⊛ NDS Y 0041》

starter ［C］ 起動機；起動器；スターター

starter generator ［C］ 発動発電機

starter lever ［C］ 発停レバー

starting 起動

starting aids ［pl.］ 起動補助装置

starting air ［U］ 起動空気

starting air bottle ［C］ 起動空気だめ 《⊛ starting air reservoir》

starting air reservoir ［C］ 起動空気だめ 《⊛ starting air bottle》

starting air valve ［C］ 起動空気弁

starting cable ［C］ 起動索

starting cam ［C］ 起動カム

starting characteristics ［pl.］ 起動特性

starting compensator ［C］ 起動補償器

starting contactor ［C］ 起動接触器

starting crank ［C］ 起動クランク

starting current 起動電流 《定格電圧および定格周波数の下で、電動機の回転子が回転しようとするとき、一次巻線に流入する電流をいう。⊛ NDS F 8302D》

starting handle ［C］ 起動ハンドル

starting lever ［C］ 発動レバー

starting motor ［C］ 起動電動器

starting piston ［C］ 発動ピストン

starting resistance 起動抵抗

starting servo-motor ［C］ 起動サーボモーター

starting system ［C］ 起動装置

starting torque ［C］ 起動トルク 《定格電圧および定格周波数の下で、起動するとき、軸端において発生するトルク（発生トルクから摩擦トルクを差し引いたもの）をいい、全負荷トルクに対する百分率で表す。[典] NDS F 8302D》

starting valve ［C］ 起動弁

starting vibrator 起動用バイブレーター

starting voltage 起動電圧

starting wage ［C］ 初任給

start of exercise 状況開始 《状況の付与または現示により、演習の実演を開始すること。[典] 統合訓練資料1-4》

start of heading 冒頭開始

start of message (SOM) スタート・オブ・メッセージ 《バッジ用語》

start of text 本文開始

start of text character (STX) テキスト開始文字 《バッジ用語》

start over スタート・オーバー 《JADGE用語》

start point (SP) ［C］ 【陸自】発進点 《行進（航行）する部隊が、行進（航行）を指揮する上級部隊指揮官の統制に入る当初の地点をいい、縦（編）隊等の行進（航行）順序等を規制して発進を円滑にするために設ける。[典] 陸自教範》

star tracker ［C］ 星追跡式位置決定器

start signal ［C］ 起動符号

start strength ［U］ 開始勢力 《[対] end strength ＝ 終了勢力》

startup ＝start up スタートアップ 《各装置で作動するプログラムの起動および初期化を行い、ソフトウェア機能を提供可能な状態にすることをいう。[典] JAFM006-4-18》

startup time 起動時間 《電源投入から装置が正常に動作するまでの時間をいう。[典] NDS C 0212B》

state attorney general 【米】州検事総長

state bar association ［C］ 【米】州弁護士会

State Department ［the ～］ 【米】国務省

State Department officials ［pl.］ 【米】国務省当局

state guard 国防軍

stateless person ［C］ 無国籍者

State Minister of Defense 【防衛省】防衛副大臣 《の英語呼称》

State Oceanic Administration (SOA) 【中国】国家海洋局 《中国であることを明示する場合は、「China's State Oceanic Administration」にする》

state of ground 地面状態

state of national emergency 国家非常事態 《諸外国において戦争、内乱または大規模な災害（地震、火災、風水害等）が発生し、国の存立に影響を及ぼすほど治安が乱れたり、また、そのおそれのある状態をいう。[典] 統合訓練資料1-4》

state of readiness 即応態勢；準備態勢

state of the sea シーステート

State Secretary for Defense 【防衛省】防衛政務次官

State System for Nuclear Material Accountancy and Control (SSAC) 核物質計量管理国家制度

State System of Accounting for and Control of Nuclear Material (SSAC) 国内計量管理制度 《各国国内に存在する核物質の種類および量を正確に管理するための仕組み。[典] 日本の軍縮・不拡散外交》

State, War, Navy Coordinating Committee (SWNCC) ＝State-War-Navy Coordinating Committee 【米】国務・陸軍・海軍三省調整委員会

static air pressure vent system 静圧配管系統

static air temperature 真大気温度

statical stability ［U］ 静的復原力

static balance ［U］ ①【空自】静的平衡 ②【海自】静的釣り合い

static cord ［C］ 放電索

static current 静止電流

static discharger ［C］ 静電放電器

static electricity ［U］ 静電気

static explosion test ［C］ 静爆試験 《供試体の前面に試験用弾薬を静置して起爆させ、ジェットを供試体に衝突させる試験》

static frequency converter (SFC) ［C］ 電源周波数変換器 《ペトリオット用語》

static friction 静止摩擦

static fuel consumption ［U］ 静止燃料消費量

static head ［C］ 静水頭

static impedance ［U］ 静インピーダンス

static line ［C］ 自動索

static load ［C］ 静荷重

static loading limit 静荷重制限

static load test ［C］ 静荷重試験

static magnetic field ［C］ 静磁界 《船体磁気のうち、磁性体の誘導磁気および永久磁気に

S

起因して生じる磁界。[典] NDS Y 0051》

static moment ［C］ 静的モーメント

static over flow スタティック・オーバーフロー 《バッジ用語》

static pressure 静圧

static pressure ratio ［C］ 静圧比

static propeller thrust 静止時プロペラー推力

static register ［C］ 静止レジスター

static stability ［U］ ①【空自】静安定 ②【海自】静安定性；静安定度

static sweeping 定置掃海

static test ［C］ 静的試験

static test article (STA) ［C］ 静止試験機

static thrust 静止スラスト

static tube ［C］ 静圧管 《水または空気のような流体中に挿入されるシリンダー状の管で。管壁に幾つかの開口を設けたもの。開口は流れと平行に置き、静圧の測定に用いる。ピトー静圧管をいうことがある。[典] レーダー用語集》

static vent 静圧孔 《大気圧を受感するために機体に設けられた小孔で、胴体前部両側面等の飛行中の姿勢変化に左右されない箇所に設けられている。[典] レーダー用語集》

static vent heater ［C］ 静圧孔ヒーター

station ［C］ ①基地 ②占位位置；定位置 ③無線局；通信所

stationary beacon ［C］ 不動ビーコン

stationary blade ［C］ 固定羽根 《[同] stationary vane》

stationary dive 停止潜入

stationary fit 締りばめ

stationary front ［C］ 停滞前線

stationary induction apparatus 静止誘導器

stationary plate ［C］ 固定盤

stationary socket ［C］ 固定ソケット

stationary sweeping 定置掃海

stationary target ［C］ 静止目標

stationary vane ［C］ 固定羽根 《[同] stationary blade》

station barometer ［C］ ステーション型気圧計

station complement unit ［C］ 駐屯地業務隊

station coverage diagram ［C］ ステーション覆域図

station designation 局符号

station guard 自隊警備 《各部隊等が、自ら実施する自隊の人員、施設等に対する警備をいう。[典] 統合訓練資料1-4》《[同] station policing》

station identification ［U］ 通信所識別

station identifier ［C］ 位置識別符

station index ［C］ 地点番号

stationing distance 占位距離

stationing signal ［C］ 占位信号

stationing speed 【海自】占位速力 《艦艇が下令された占位位置に到達するための速力で、オペレーション速力より低い速力をいう。[典] 統合訓練資料1-4》

station keeping 占位保持

station keeping equipment (SKE) ［U］ 編隊航法装置

station log ［C］ 無線通信所日誌

station marker ［C］ 位置マーカー

station number 位置表示番号；局指定番号

station passage ［C］ 【空自】局上通過

station policing ［U］ 自隊警備 《各部隊等が、自ら実施する自隊の人員、施設等に対する警備をいう。[典] 統合訓練資料1-4》《[同] station guard》

station pressure 現地気圧

station quality control (SQC) ［U］ 監視能力QC

station time ステーション・タイム

station vessel ［C］ 定点哨戒艇

statistical energy analysis method 統計的エネルギー解析法；SEA法

statistical evaluation 統計的評価

statistical quality control (SQC) ［U］ 統計的品質管理

statistical service ［C］ 統計業務

statistical sweeping 確率掃海

Statistics Section 【空自】統計班 《の英語呼称》◇用例： 統計班長 = Chief, Statistics Section

stator ［C］ ①固定子 《電源側に接続された一次巻線をもつ電動機の主要静止部分をいう。[典] NDS F 8302D》 ②固定羽根

stator core ［C］ 固定子鉄心

stator housing ［U］ 固定子ハウジング

stator vane ［C］ ステーター・ベーン；静翼（せいよく）

stator winding 固定子巻き線

status ①状態 ②分限 ③地位；身分

status board (STBD) ［C］ ①【陸自】現況図 ②【空自】現況表示板；状況表示板；ステー

タス・ボード ③【海自】情況表示盤

status card ［C］ 履歴カード

status console (**STCON**) ［C］ 状態表示用
コンソール 《STCON = ステコン》

status message ［C］ ステータス・メッセー
ジ 《ディジタル・データ抽出装置(DDE)から防
空指令所(DC)へ送出されるメッセージをいい、
真北情報および機材状況情報が含まれる。
® JAFM006-4-18》

Status of Forces Agreement (**SOFA**) 地
位協定

status of supplies 補給品の状態

status report (**STAREP**) ［C］ 現状報告；
自隊の現状報告

statute mile ①【空自】法定マイル；スタチュー
ト・マイル 《1スタチュート・マイル = 1609.
344m》 ②【海自】陸マイル

stay ①維持索 ②支え；支柱

stay-behind force 残置部隊 《後退行動にお
いて、一時第一線地域に残置され、主力の離脱を
容易にするため企図の秘匿、欺騙および警戒に任
ずる部隊をいい、第一線部隊の一部、その他の部
隊からなる。® 陸自教範》

stay-behind patrol 残置斥候

stay-behind unit ［C］ 残置部隊 《® 少人
数の場合は、「stay-behind force」ではなく、
「stay-behind unit」を用いる》

stay bolt ［C］ 支えボルト

steady flow 定常流

steady green light ［C］ 緑色不動灯

steady line ［C］ 控え索

steady on 定針

steady red light ［C］ 赤色不動灯

steady rest 振れ止め

steady state 定常状態

steady state current 定常電流

steady wind ［U］ 定常風

stealth ステルス；低被探知性 《レーダーで捕
捉し難いこと》

stealth aircraft ［pl. = ～］ ステルス機

stealth attacker ［C］ ステルス攻撃機

stealth bomber ［C］ ステルス爆撃機 ◇用
例：US B-2 stealth bomber = 米B-2ステルス爆
撃機

stealth capability ステルス能力

stealth fighter ［C］ ステルス戦闘機

stealth technology ステルス技術

stealth weapon ［C］ ステルス兵器

steam ［U］ 蒸気；水蒸気

steam accumulator ［C］ 蒸気アキュム
レーター

steam chest ［C］ 蒸気室

steam cock ［C］ 蒸気コック

steam collector ［C］ 蒸気寄せ

steam consumption ［U］ 蒸気消費量

steam cushion ［C］ 蒸気クッション

steam cylinder ［C］ 蒸気シリンダー

steam drum ［C］ 蒸気ドラム

steam edge ［C］ 蒸気縁

steam engine ［C］ 蒸気機関

steam engineman (**SE**) ［pl. = steam
enginemen］【海自】蒸気員 《蒸気員は、主
として蒸気機関、補助機械等の操作および整備に
関する業務に従事する。® 海幕人第10346号》
◇用例：chief steam engineman = 蒸気員長

steam extraction 抽気

steam film ［C］ 蒸気膜

steam fog 蒸気霧

steam generator ［C］ 蒸気発生器

steam heater ［C］ 蒸気暖房

steaming 汽醸(きじょう)

steaming record ［C］ 汽醸記録

steaming test ［C］ 汽醸試験

steaming watch 航海直

steam jacket ［C］ 蒸気ジャケット

steam lap 蒸気ラップ

steam packing ［U］ 蒸気パッキン

steam passage ［C］ 蒸気道

steam pipe ［C］ 蒸気管

steam pocket ［C］ 蒸気溜り(じょうきだま
り)

steam port ［C］ 蒸気口

steam power plant ［C］ 蒸気動力装置

steam pressure 蒸気圧；蒸気圧力

steam receiver ［C］ 蒸気溜め(じょうきだ
め)

steam reciprocating engine ［C］ 蒸気ピ
ストン機械

steam regulator ［C］ 蒸気調整器

steam root valve ［C］ 蒸気元弁

steam separator ［C］ 汽水分離器

steam strainer ［C］ 蒸気こし器

steam-tight (**ST**) 気密；スチームタイト

steam trap ［C］ 蒸気トラップ

stea 602

steam turbine ［C］ 蒸気タービン

steam valve ［C］ 蒸気弁

steam whistle ［C］ 汽笛

steel cartridge case ［C］ 鉄薬莢（てつやっきょう）《低炭素鋼製の薬莢。⊛ NDS Y 0001D》

steel construction ［U］ 鋼構造

steel deck plate ［C］ 鋼甲板

steel dent test ［C］ 鋼板試験（こうばんしけん）《起爆筒などの威力試験の一つ。鋼片の中央に起爆筒などを直立させて起爆し、鋼片に生じたへこみの程度によって起爆筒などの強さを調べる。⊛ NDS Y 0001D》《⇔ plate dent test》

steel ship ［C］ 鋼船

steel spike ［C］ 鋼製スパイク

steep climbing turn 急上昇旋回 《⇔ steep gliding turn ＝急降下旋回》

steep gliding turn 急降下旋回 《⇔ steep climbing turn ＝急上昇旋回》

steep turn 急旋回

steerable hull-array beamformer (SHAB) ［C］【米海軍】可操縦式船体アレイ・ビームフォーマー

steerage speed 舵効き速力

steerage way 舵効き進行

steerage way speed 舵効き速力

steer by indicator ［C］ 指示器操舵

steering ①指向 ②操舵

steering circle ［C］ ステアリング・サークル《火器管制装置（FCS）のレーダー・スコープに円で表示される操縦信号。⊛ レーダー用語集》

steering compass ［C］ 舵取りコンパス

steering computer ［C］ 操縦計算機

steering control gear ［C］ 舵制御装置

steering current 指向流

steering damper 方向舵緩衝装置

steering device ［C］ 操縦装置；舵取装置

steering directional transmission (SDT) SDT 《アクティブ・ソーナーにおいて、音響ビームを用いて任意の一方向に送信すること。⊛ NDS Y 0012B。定訳はないが「SDT」で通じる》《SDT ＝エスディーティー》

steering dot ステアリング・ドット 《点で表示される操縦信号。⊛ レーダー用語集》

steering engine ［C］ 舵取り機；縦舵機

steering gear (SG) ［C］ 舵取り装置

steering level ［C］ 指向高度

steering line ［C］ 指向線

steering linkage 操舵伝導装置

steering motor ［C］ 舵取り機電動機；操舵電動機

steering order 航行序列；操舵号令

steering response ［C］ 操舵応答

steering rod ［C］ 操舵桿（そうだかん）

steering stand ［C］ 操舵席

steering system ［C］ ①【空自】操向装置 ②【海自】操舵装置

steering transmitter ［C］ 舵角発信器

steering trial 舵取り機試運転

steering wheel ［C］ 操舵輪

stellar guidance ［U］ 天体誘導 《ミサイルの誘導方式であり、天体との相対位置関係に基づいて経路を決める》

stem cursor 船尾カーソル

stem post ［C］ 艦首材；船首材；艇首材

stem thermometer ［C］ 棒状温度計

stencil ［C］ 型板

step ［C］ ①ステップ ②踏み段

step-aside procedure ステップアサイド法

step board ［C］ 踏み板

step-by-step counting 段階式計数

step-by-step motor ［C］ 階動電動機

step diving bombing ステップ・ダイブ爆撃

step out 同期はずれ

step-out relay ［C］ 同期はずれ継電器

stepped-frequency modulation (SFM) ステップ周波数変調 《アクティブ・ソーナーにおいて、送信パルスのキャリア信号の周波数が時間とともに階段状に変化するもの。⊛ NDS Y 0012B。「SFM」で通じる》《SFM ＝エスエフエム》

stepping relay ［C］ 間隔管制器

step rocket ［C］ 多段ロケット《⇔ multistage rocket》

stereogram 実体写真；双眼写真 《立体写真》

stereographic projection 平面正切立体図法

stereoscope ①【陸自】実体鏡 ②【海自】立体鏡

stereoscopic camera ［C］ ステレオ・カメラ

stereoscopic range finder ［C］ ステレオ式測遠機

stereoscopic vision 立体視力

stereoscopy 実体鏡学

stereo vertical strip photography ステレオ垂直単連続写真 《写真の撮影技術》

sterilization 消毒

sterilization switch ［C］ 自滅スイッチ 《起爆装置を手動で起爆不能にするためのスイッチであり、起爆可能な状態に復帰させることはできない。⊛ NDS Y 0041》

sterilize ［vt.］ 自滅させる 《機雷》

sterilizer ［C］ ①特殊時限装置 《所望の時期に爆発させるかまたは不活性にするために、弾薬に組み込まれる装置。⊛ NDS Y 0001D》 ②【海自】自滅装置

sterilizing device (SD) ［C］ 自滅装置

stern 艦尾；艇尾；船尾

stern aspect 艦尾アスペクト

stern attack ［C］ 後方攻撃

stern cursor 艦尾カーソル；船尾カーソル 《自艦の艦尾方向をソーナーの表示画面上または記録紙上に表示する線またはマーク。⊛ NDS Y 0012B》

stern draft ［C］ 艦尾喫水；船尾喫水

stern frame ［C］ 艦尾材；船尾材

stern light ［C］ 艦尾灯；船尾灯

stern line ［C］ 後もやい 《後紡い》

stern man ［pl. = stern men］ 艦尾員

stern plane ［C］ 横舵（おうだ）

stern plane's man ［pl. = stern plane's men］ 横舵操舵員

stern post ［C］ 船尾材

stern seat ［C］ 艦尾座；艇尾座

stern shaft ［C］ 船尾軸

stern tube ［C］ 船尾管

stern tube bearing ［C］ 船尾管軸受け

stern tube bush ［C］ 船尾管ブッシュ

stern tube packing ［U］ 船尾管パッキン ◇用例：stern tube packing box = 船尾管パッキン箱

stern wave ［C］ 艦尾波

stethoscope ［C］ 音診器

steward ［C］ ①【海軍】主計士官 ②【海自】士官室係

St. George's ensign 【英】イギリス海軍旗

stick deflection ［U］ 操縦桿操作量（そうじゅうかんそうさりょう）

stick displacement 操縦桿操作量

stick force 操舵力（そうだりょく）

stick relay ［C］ 保持継電器

sticky bomb ［C］ 粘着爆弾

sticky charge ［C］ 粘着性爆薬

stiffener 補強材

stiffening bead ［C］ 補強ビード

Stinger スティンガー 《歩兵携行用肩撃ち式の対空ミサイル名。自衛隊ではPSAM（ピーサム）》

S/T intermediate frequency (S/T IF) IF処理装置 《S/T IF = スティフ》

stock (STK) ［C］ ①在庫；在庫品 ②銃床 《小銃の銃床》

stock account ［C］ 在庫品勘定

stockage objective (S/O) ［C］ ①【空自】貯蔵目標 ②【海自】在庫目標 ③【統幕】保有基準

stock anchor ［C］ 有かん錨；ストック・アンカー 《⊗ stockless anchor = 無かん錨》

stock balance and consumption report ［C］ 残費報告

stock card ［C］ 管理記録カード

stock control ［U］ ①【陸自】在庫統制 《在庫統制とは、部隊等が必要とする装備品等に係る所要に速やかに応じるため、在庫品を効率的に配分し、装備品等の在庫量を適正に維持することをいう。⊛ 陸上自衛隊訓令第72号》 ②【海自】在庫管制

Stock Control Branch 【在日米陸軍】貯蔵品管制課

stock control data ［U］ 在庫統制諸元

stock control level (SCL) ［C］ 在庫統制基準

stock control record ［C］ 在庫統制記録

stock coordination ［U］ 在庫調整

stock data ［U］ 在庫諸元

stock fund ［C］ 在庫資金

Stockholm International Peace Research Institute (SIPRI) ストックホルム国際平和研究所

stockless anchor ［C］ 無かん錨；ストックレス・アンカー 《⊗ stock anchor = 有かん錨》

stock level (SL) 在庫基準

stock list ［C］ 物品目録

stock locator card ［C］ 在庫票；保管場所カード

stock locator system 保管場所標示方式

stock management ［U］ 在庫管理

stock number (S/N; SN) 物品番号 《防衛省が定めた品目識別のための番号。⊛ MHP-V-51028-13》

stock number action bulletin (SNAB) ［C］ 物品番号変更目録

stock number data section (SNDS) 物品

番号現状目録

stock number user directory (SNUD) 物品番号使用機関識別諸元等変更通知

stock on hand 手持ち在庫品

stockpile ［C］ 備蓄 《平時において、日常の維持運営に使用されるものの外に、非常事態のために必要な各種資材を蓄えておくこと、またはこの目的のために蓄えられた諸資材をいう。[典] 統合訓練資料1-4》《[同] retention stock》

stock record ［C］ 在庫記録

stock record card ［C］ 【空自】管理記録カード

stock report ［C］ 残量報告

stock rest ［U］ 銃床台

stock status report (SSR) ［C］ 在庫状況通報

stock tag ［C］ 在庫品表示カード

stop ［n.］ 【海自】停止点

stop ［vt.］ 中止する；停止する

S

stop cam ［C］ 停止カム

stop end of runway 滑走路停止端

stop latch ［C］ 停止掛け金

stop motion 運動止め

stopped ship inspection 【日】停船検査 《外国軍用品等を輸送しているかどうかを確かめるため、船舶の進行を停止させて立入検査をし、または乗組員および旅客に対して必要な質問をすることをいう。[典] 法律第百十六号》

stopping distance 制動距離

stop run safety switch ［C］ 非常スイッチ

stop slide ［C］ スライド止め

stop solution 停止液

stop valve ［C］ そく気弁；止め弁

stop way ［C］ 過走帯

storage ［U］ ①貯蔵；保管；格納 ②記憶装置

storage aircraft ［pl. = ～］ 格納航空機

storage area ［C］ 貯蔵地区

storage battery ［C］ 蓄電池

Storage Branch 【在日米陸軍】貯蔵課

storage capacity ①記憶容量 ②【海自】載貨容積 ③【陸自】集積能力

storage cell ［C］ 蓄電池

storage cradle ［C］ 架台

Storage Department 【海自】保管部 《の英語呼称》◇用例： 保管部長 = Director of Storage Department

storage life 貯蔵期間

storage location ［C］ 記憶場所 《コンピューター》

storage loss 貯蔵減

storage objective ［C］ 集積目標

storage protection ［U］ 記憶保護 《コンピューター》

storage security ［U］ 保管保全 《秘密通信器材および秘密書類の捕獲、盗写または紛失等を防止するために管理することをいう。[典] 陸自教範》

storage space ［C］ ①【陸自】集積場所 ②【海自】格納場所 ③保管場所；置き場 ④記憶領域；格納領域 《コンピューター》

storage tank ［C］ 貯油タンク 《液体燃料または潤滑油を貯蔵するために設置された槽（そう）のこと》

storage time 蓄積時間

storage time limitation 保管期限

storage tube ［C］ 蓄積管

storage unit ［C］ 記憶装置 《コンピューター》

store ［vt.］ 保管する

storekeeper (SK) ①【海自】倉庫管理者 ②補給員 《補給員は、主として装備品等に関する調達、受領、保管、補給、返納、処分、輸送等に関する業務に従事する。[典] 海幕人第10346号》◇用例： chief storekeeper = 補給員長

store room ［C］ 倉庫

store room inspection 倉庫点検

store ship ［C］ 給糧艦

storm ［C］ 暴風；暴風雨

storm boat ［C］ ストーム・ボート

storm guy ［C］ 暴風雨支線

storm radar ［C］ 雨域レーダー

storm surge 風津波（かぜつなみ）

storm tide ［C］ 高潮（たかしお） 《風津波による異常高潮（いじょうこうちょう）》

storm warning 暴風警報 《平均風速が50ノット以上》

storm wave ［C］ 暴風波（ぼうふうは）

stowage ［U］ 積み荷

stowage capacity 載貨容積

stowage diagram ［C］ 積載図

stowage factor ［C］ 載荷係数；載貨係数

stowage plan ［C］ 貨物積み付け図

stow position ［C］ ストー・ポジション 《ペトリオット用語》

straddle 夾叉（きょうさ）

strafing 機銃掃射

straggle ［vi.］ 落伍する

straggler ［C］ ①【陸自】落伍者（らくご
しゃ）《行進あるいは戦闘等の状況下で、身体的
理由等により自己の意志に反して所属部隊から脱
落したものをいう。® 陸自教範》 ②落伍船

straggler collecting point ［C］ 落伍者収
容所

straggler post ［C］ 落伍者監視所

straggler's route ［C］ 落伍船航路

straight ahead climb 直線上昇飛行

straight and level flight ［C］ 水平直線
飛行

straight baseline ［C］ 直線基線

straight blade ［C］ 等厚翼

straight blowback ＝ straight blowback
system 純粋吹き戻し式 《吹き戻し式の一種。
遊底の慣性力および復座ばねの力によって遊底の
開放時期を遅らせる方式。この方式では；撃針と
撃鉄は独立している。® NDS Y 0002B》

straightening 癖取り（くせとり）

straight fire 直進発射

straight in approach ＝ straight-in approach
直線進入

straight jet 直射

straight joint ［C］ さおつぎ

straight-line stock ［C］ 直銃床（ちょくじゅ
うしょう）《床尾が銃軸線と一直線になるように
取り付けられている銃床。自動小銃の銃床に用い
られ、発射反動によって生じる銃口の跳ね上がり
を少なくする効果がある。® NDS Y 0002B。
® 対義は「曲銃床」》《® shoulder stock》

straight out departure 直線出発

straight polarity 正極性

straight-running torpedo ［C］ 直進魚雷

straight shackle 並シャックル

straight shoot 直線放水

straight slope cam ［C］ 直線形カム

straight stream ［C］ 直射流

straight tail sweep I型掃海

straight through combustion chamber
［C］ 直流燃焼室

straight type engine ［C］ 直列型機関

strain deformation ひずみ；ひずみ度

strain hardening ひずみ硬化

strain meter ［C］ ひずみ計

straits used for international navigation
［pl.］ 国際海峡

stranded wire ［C］ より線

stranger ［C］ ①不審者 ②他機 ③ストレ
ンジャー

strap ［C］ 負紐（おいひも）；負い革（おいが
わ）《主として携行を容易にするために取り付け
る革製、布製などのひも》《® sling》

strap shoulder ［C］ 吊り皮

stratagem ［C］ 策略；計略；詭計（きけい）

strategic ［adj.］ 戦略的

strategic advantage 戦略的優位

Strategic Air Command (SAC) 【米】戦
略空軍 ◇用例： Commander-in-Chief,
Strategic Air Command（CINCSAC）＝ 戦略空
軍最高司令官《SAC ＝ サック》

strategic air intelligence ［U］ 航空戦略
情報

strategic airlift ［C］ 戦略空輸

strategic airlift operation 戦略空輸作戦

strategic air transport ［U］ 戦略航空輸送

strategic air transport operations ［pl.］
戦略航空輸送作戦

strategic air warfare ［U］ 【空自】戦略航
空作戦 《敵国の戦争遂行能力またはその意志を
破砕するために行う作戦をいい、その主なもの
は、戦略攻撃、戦略防御、戦略航空偵察、戦略航
空輸送である。® 統合訓練資料1-4》

strategic arms ［pl.］ 戦略兵器

**Strategic Arms Limitation Talks
(SALT)** 戦略兵器制限交渉 《SALT ＝ ソル
ト》

**Strategic Arms Limitation Talks 1
(SALT1)** 第1次戦略核兵器制限交渉

**Strategic Arms Limitation Talks 2
(SALT2)** 第2次戦略核兵器制限交渉

Strategic Arms Limitation Treaty 戦略
兵器制限協定

**Strategic Arms Reduction Talks
(START)** 戦略兵器削減交渉 《START ＝ ス
タート》

**Strategic Arms Reduction Treaty
(START)** 戦略兵器削減条約 《START ＝ ス
タート》

**Strategic Arms Reduction Treaty III
(START III)** 第3次戦略兵器削減条約

**Strategic Arms Reduction Treaty I
(START I)** 第1次戦略兵器削減条約 《戦略
核兵器（戦略攻撃兵器）の削減等に関する米国・ロ
シア（ソ連）二国間条約。® 日本の軍縮・不拡散外
交》

Strategic Army Corps (STRAC) 【米】

戦略軍団

Strategic Army Forces (STRAF) 【米】
戦略陸軍

strategic bombardment 戦略爆撃

strategic bomber ［C］ 戦略爆撃機

strategic bombing 戦略爆撃

strategic chart ［C］ 戦略図

Strategic Command (STRATCOM)
［the ～］ 【米】戦略軍 《正式名称は「United
States Strategic Command (USSTRATCOM)
＝米国戦略軍」。機能別統合軍の一つ》

strategic communication (SC) 戦略的コ
ミュニケーション 《国家目的を達成するため、
主要な人物の理解や賛同を得るための取り組み。
「戦略的情報発信」としている場合もある》

strategic concentration ［C］ 戦略集中

strategic concept ［C］ 戦略構想

**Strategic Concept for the Defence and
Security of the Members of the North
Atlantic Treaty Organization** 【NATO】
NATO新戦略概念 《2010年11月、リスボン（ポ
ルトガル）で開催されたNATO首脳会合において
採択された、NATO加盟国の防衛および安全保障
のための戦略概念》

**Strategic Defence and Security Review
(SDSR)** 【英】戦略防衛・安全保障見直し

Strategic Defence Review (SDR) 【英】
戦略防衛見直し

Strategic Defense Initiative (SDI) ［the
～］ 【米】戦略防衛構想

**Strategic Defense Initiative
Organization (SDIO)** 【米】戦略防衛構
想局

strategic defensive 【海自】戦略守勢

strategic deployment 戦略展開 《作戦任務
達成のため、大部隊等を状況に適合するよう配置
することをいう。㊞ 統合訓練資料1-4》

strategic environment ［C］ 戦略環境

strategic estimate 戦略見積り

strategic geography ［U］ 戦略地理

strategic guidance ［U］ 戦略指針

strategic intelligence (SI) ［U］ 戦略情報
《平時、戦時を通じて国の安全に寄与するため、
国家安全保障戦略、防衛戦略等に使用する情報を
いう。㊞ 統合訓練資料1-4》

strategic maneuver ［C］ 〔陸自〕戦略機
動 《敵に対して、戦略的に有利な態勢を占める
ために行う機動をいい、陸上最高司令部が計画す
る全国的規模の部隊移動をもって行う機動と方面
隊が自己の作戦区域内で行う機動とがある。㊞ 陸
自教範》

strategic maneuverability 【自衛隊】戦略
機動性 《敵に対し戦略的に有利な態勢を占める
ため、全国的規模または方面隊の作戦区域内で行
う部隊の移動の容易性》

strategic map ［C］ 戦略地図

strategic material 戦略物資

strategic material (critical) 戦略的緊要
物資

strategic military psychological warfare
［U］ 戦略心理戦

strategic mine filed ［C］ 戦略的機雷原

strategic mining operation 戦略的機雷作戦

strategic missile ［C］ 戦略ミサイル

strategic missile squadron ［C］ 【空軍】
戦略ミサイル中隊

strategic missile submarine ［C］ 戦略ミ
サイル潜水艦

strategic missile wing ［C］ 戦略ミサイル
航空団

strategic mission ［C］ ①【統幕】戦略的任
務 ②【海自】戦略的使命

strategic mobility ［U］ 戦略機動力

strategic movement 戦略移動

**strategic nuclear delivery vehicle
(SNDV)** ［C］ 戦略核兵器運搬手段

strategic nuclear force 戦略核戦力

strategic nuclear weapon ［C］ 戦略核兵
器 《大陸間弾道ミサイル、潜水艦発射弾道ミサ
イル、戦略爆撃機など》《㊟ non strategic nuclear
weapon ＝ 非戦略核兵器》

strategic offensive 戦略攻撃

strategic offensive mine filed ［C］ 戦略
的攻撃機雷原

strategic photographic reconnaissance
戦略写真偵察

strategic plan ［C］ 戦略計画 ◇用例：
strategic planning ＝ 戦略計画立案

Strategic Planning Division 【内部部局】
戦略企画課 《の英語呼称》《防衛および警備に関
する中長期的な見地からの政策の企画および立案
ならびに推進》◇用例：戦略企画課長 ＝
Director, Strategic Planning Division

strategic point ［C］ 要衝；要点 《軍事上の
要衝、戦略上の要点》

strategic propaganda ［U］ 戦略的宣伝

strategic psychological activity 戦略心理
行動

strategic psychological warfare ［U］ 戦

略心理戦

strategic reconnaissance (SR) 戦略偵察

strategic reconnaissance aircraft (SR) ［pl. ＝～］ 戦略偵察機

strategic reserve 戦略予備

strategic sealift 戦略海上輸送

strategic sealift force 戦略海上輸送部隊

Strategic Studies Department 【海自】防衛戦略教育研究部 《の英語呼称》《海上自衛隊幹部学校》

strategic submarine ballistic nuclear (SSBN) ［C］ 【米海軍】弾道ミサイル搭載原子力潜水艦

strategic surface-to-surface guided weapon system (SSGW) ［C］ 戦略地対地誘導兵器システム

Strategic Systems Programs 【米海軍】戦略計画システム部

strategic target ［C］ 戦略目標

strategic transport aircraft ［pl. ＝～］ ①戦略輸送機 ②【海自】戦略輸送航空機

strategic unit 戦略単位

strategic vulnerability 戦略的脆弱性（せんりゃくてきぜいじゃくせい）

strategic warning 戦略警報

strategic withdrawal ①戦略撤退 ②【海自】戦略後退

strategy ［C］ 戦略 《一般に、戦術の上位にある概念で、主として軍事力を運用する方策および術をいう。[典] 陸自教範》

strategy determination ［U］ 戦略決定

strategy meeting ［C］ 作戦会議

strategy of annihilation 殲滅戦略（せんめつせんりゃく）；撃滅戦略

strategy of attrition 消耗戦略

strategy of exhaustion 消耗戦略

stratiform cloud 層状雲

stratocumulus (Sc) 層積雲（そうせきうん）

stratocumulus opacus 不透明層積雲

stratocumulus translucidus 半透明層積雲

stratocumulus vesperalis 夕暮層積雲

Stratofortress 【米軍】ストラトフォートレス《重爆撃機名》

Stratofreighter 【米軍】ストラトフレイター《輸送機名》

stratosphere 成層圏

Stratotanker 【米軍】ストラトタンカー 《給油機名》

stratus (St) 層雲

stray bullet ［C］ 流弾（りゅうだん）

stray current 迷走電流

stray loss 漂遊損

stray magnetic field ［C］ 漂遊磁界 《電気装置、電気回路の電流および腐食あるいは防食に伴う電流により船体外部に発生する磁界。[典] NDS Y 0051》

stray volt 浮遊電圧

stream anchor ［C］ 中錨（なかいかり；ちゅうびょう）

streamline 流線

streamline chart ［C］ 流線図

streamline flow 層流

streamline shape 流線形

stream tube ［C］ 流管

street fighting 市街戦

strength ［U］ ①兵力 ②【陸自】勢力 《1. 人員数をもって表された部隊の力をいう。2. 部隊全体の規模、大小をいう。[典] 統合訓練資料1-4》

S

strength change 戦力推移

strength for duty 実動人員

strength of materials 材料強度

strength return 現員報告

stress ［U］ ①ストレス 《欠点、故障、破損などの発生の起動力となる要因。[典] NDS F 8001E》 ②応力 《物体が荷重を受けたとき荷重に応じて物体の内部に生じる抵抗力》

stress concentration ［U］ 応力集中

stress corrosion cracking 応力腐食割れ（おうりょくふしょくわれ）

stress distribution 応力分布

stressed skin construction ［U］ 応力外皮構造

stress fatigue ［U］ 応力疲労

stress relief heat treatment 応力除去熱処理

stress relieving 応力除去

stress skin 応力外皮

stress strain diagram ［C］ 応力ひずみ図

stretcher ［C］ ①担架 ②足掛け 《短艇の足掛け》

stretcher patient ［C］ 担送患者 《[同] litter patient》

stretch interval ［C］ 必要作動秒時

strike 打撃

strike cruiser ［C］ 攻撃巡洋艦

strike-force = strike force 打撃部隊

strike power 打撃力

striker ［C］ 撃鉄 《撃針を打撃し、雷管を発火させる部品。[典] NDS Y 0001D》《[同] hammer》

striking force 打撃部隊

striking potential 放電開始電圧

striking power 打撃力

striking velocity ［U］ 撃速 《弾丸などの弾着点における速度。[典] NDS Y 0006B》《[同] impact velocity = 着速》

striking voltage of arc 点弧電圧

stringer ［C］ 縦材(じゅうざい)；縦通小骨

strip map ［C］ 進路要図

strip photograph ［C］ 連続写真

strip sweeping ストリップ掃海

strobe ［C］ ストローブ 《ジャマー機が発生する妨害電波を防空監視所(SS)が捕捉した後に、防空指令所運用プログラム(DC OCP)へ送信する方位およびラン・レングスを持つデータをいう。[典] JAFM006-4-18》

strobe data ［U］ ストローブ・データ 《レーダーによって測定された方位およびラン・レングスをいう。[典] JAFM006-4-18》

stroke ①行程 ②字画 《手旗の字画》

stroke bore ratio ［C］ 行程内径比

stroke-neutralizing valve ［C］ 斜整復原弁

stroke volume 行程体積

strong-bag ［C］ 伸長器引き揚げ具

stronghold ［C］ 根拠地；拠点 《ある特定のグループによって占拠されている地域》◇用例： Taliban stronghold = タリバンの拠点

strong point ［C］ 拠点 《いろいろな活動をするための足場となる重要な所。[典] 民軍連携のための用語集》

structural failure 機体の故障；構造上の故障

structural loading ［U］ 構造荷重

structure-borne sound 固体伝搬音 《[同] solid-borne sound》

Stuart Creek Impact Area ［the ～］ 【米】スチュアートクリーク着弾地 《アラスカ》

stub line ［C］ スタブ線路

stub shaft ［C］ 舵軸

stub support スタブ支持物

stud ①スタッド ②植え込み

stud bolt ［C］ 植え込みボルト

Students Corps 【海自】学生隊 《海上自衛隊幹部候補生学校～の英語呼称》◇用例： 学生隊長 = Chief of Students Corps

Students Islamic Movement of India (SIMI) インド学生イスラム運動 《インドで活動するイスラム過激組織》

student training console (STC) ［C］ 学生卓 《ペトリオット用語》

student training group (STG) ［C］ スチューデント・トレーニング・グループ 《ペトリオット用語》

stud link chain スタッド付きチェーン

study habit 学習心得

stuffing box ［C］ パッキン箱

Sub-Area Activity 【海自】基地隊 《の英語呼称》◇用例： 函館基地隊 = Sub-Area Activity Hakodate；基地隊司令 = Commander, Sub-Area Activity

sub-area petroleum office (SAPO) ［C］ 地区燃料事務所

Sub Area Trans Office/Japan-Kure 【在日米陸軍】呉地区輸送事務所

subassembly (SUBASSY) = sub-assembly ［C］ 部分組み立て品；サブアセンブリ；小組部品 《いくつかの単体部品の機械的および電気的な組み立てが完了した組み立て品の構成部分をいう》

subassembly jig ［C］ 部分組み立てジグ

Sub Base 【空自】分屯基地 《の英語呼称》◇用例： 航空自衛隊習志野分屯基地 = ASDF Narashino Sub Base；車力分屯基地 = Shariki Sub Base

sub-bottom profile ［C］ 海底プロフィール

sub-bottom profiler ［C］ 海底音波探査機

sub-bottom profile survey ［C］ 海底音波探査

subcaliber (SUBCAL) ［adj.］ 縮射口径の

sub-caliber aircraft rocket (SCAR) ［C］ 小口径航空機搭載ロケット

subcaliber ammunition ［U］ 縮射弾 《本来使用する火器の口径よりも小さい火器(縮射装置)で使用する射撃演習用弾薬。[典] NDS Y 0001D》

subcaliber firing 縮射砲射撃 《射撃訓練のため、砲身の外部または内部に口径の小さい銃または砲を装着して行う射撃。[典] NDS Y 0005B》

subcaliber gun ［C］ 縮射砲 《本来の砲身より小さい口径の砲身を用いる火砲。射撃訓練において、本来の弾薬の消耗を減らすとともに、火砲の部品の損耗を防ぐために使用される。[典] NDS Y 0003B》

subcommand ［C］ 隷下部隊

Subcommittee for Defense Cooperation (SDC) 【日】日米防衛協力小委員会

subcontract 下請け

subcontractor ［C］ 下請負業者；下請負者 《部品の製造に必要な資料を発注元の業者から貸与を受け、それに関連する検討および指導を受けてその部品を製造する業者。[典] C&LPS-A00001-22》

subcritical experiment ［C］ 未臨界実験 《プルトニウム等の核分裂性物質を高性能火薬により爆縮させ、臨界以下の爆縮の状況を確認する実験。[典] 日本の軍縮・不拡散外交》

subcritical nuclear test ［C］ 未臨界核実験

subcutaneous emphysema 皮下気腫

subdepot ［C］ 補給所支処

Sub Depot 【空自】支処 《の英語呼称》《補給処の支処》◇用例： 立川支処 = Tachikawa Sub Depot

subdivision ［C］ 【海自】小隊

subgrade 路盤；路床

subgravity ［U］ 低重力

subject curriculum 教科カリキュラム

subkiloton weapon ［C］ キロトン未満核兵器

sublieutenant 【英】海軍中尉

sublimation 昇華

submachine gun (SMG) = sub-machine gun ［C］ 短機関銃；サブマシンガン 《拳銃と同じ弾丸を使用する小型の機関銃。「light machine gun (軽機関銃)」とは異なる》

submarine ［C］ 潜水艦

submarine acoustic jamming and deception (SUBAJAD) 【米海軍】潜水艦音響妨害及び欺騙

submarine acoustic warfare system (SAWS) ［C］ 【米海軍】潜水艦音響戦システム

submarine advanced combat system (SubACS) ［C］ 潜水艦用先進戦闘システム

submarine advanced reactor (SAR) ［C］ 【米海軍】潜水艦先進型原子炉

submarine anomaly detector (SAD) ［C］ 磁探信号処理装置 《SAD = サッド》

Submarine Base 【海自】潜水艦基地隊 《の英語呼称》◇用例： 潜水艦基地隊司令 = Commanding Officer, Submarine Base

submarine cable ［C］ 海底電線

submarine canyon ［C］ 海谷(かいこく)

submarine check report ［C］ 潜水艦確認報告

submarine command and control system ［C］ 潜水艦指揮統制システム

submarine communication facility ［C］ 潜水艦通信施設

submarine contact area ［C］ 潜水艦触接区域

Submarine Development Squadron 【米海軍】潜水艦開発戦隊 ◇用例： Submarine Development Squadron 5 = 第5潜水艦開発戦隊

Submarine Division 【海自】潜水隊 《の英語呼称》◇用例： 第2潜水隊 = Submarine Division 2；潜水隊司令 = Commander, Submarine Division

Submarine Flotilla 【海自】潜水隊群 《の英語呼称》◇用例： 第1潜水艦群 = Submarine Flotilla 1；潜水隊群司令 = Commander, Submarine Flotilla；潜水隊群首席幕僚 = Chief Staff Officer, Commander Submarine Flotilla

submarine fog bell ［C］ 水中霧鐘

submarine fog signal ［C］ 水中霧信号

submarine force 潜水艦隊

Submarine Force, Atlantic Fleet 【米海軍】大西洋艦隊潜水艦部隊

Submarine Force, Pacific Fleet 【米海軍】太平洋艦隊潜水艦部隊

submarine generated search area (SGSA) ［C］ 潜水艦捜索区域

Submarine Group 【米海軍】潜水群 ◇用例： Submarine Group 2 = 第2潜水群

submarine haven ［C］ 潜水艦非戦闘海面

submarine ice expedition (SCICEX) ［C］ 【米海軍】潜水艦極地遠征

submarine in distress 遭難潜水艦

submarine insignia ［C］ 潜水艦記章

submarine intended movement 潜水艦行動予定

submarine intermediate reactor (SIR) ［C］ 潜水艦載中速中性子炉

submarine laser communication satellite (SLCSAT) ［C］ 【海軍】潜水艦レーザー通信衛星

submarine launched air missile ［C］ 潜水艦発射対空ミサイル

submarine launched ballistic missile (SLBM) ［C］ 潜水艦発射弾道ミサイル

submarine launched cruise missile (SLCM) ［C］ 潜水艦発射巡航ミサイル

submarine LF/VLF VMEbus receiver (SLVR) ［C］ 【米海軍】潜水艦長波/超長波VMEバス受信機

Submarine Logistics Support Center 【米海軍】潜水艦兵站支援センター

S

subm 610

submarine moving haven ［C］ 潜水艦移動安全海面；潜水艦行動圏

submarine notice 潜水艦行動報告；潜水艦行動予告

submarine, nuclear powered ［C］ 原子力潜水艦 《艦種記号：SSN》

Submarine On Board Training (SOBT) 【米海軍】潜水艦要員実習

submarine operating authority (SUBOPAUTH) ［C］ 潜水艦運用権者

submarine operation 【海自】潜水艦作戦 《潜水艦の特長を最大限に発揮して海上防衛に寄与するため、潜水艦を各種の作戦目的に運用する作戦をいう。㊟統合訓練資料1-4》

submarine operational control ［U］ 潜水艦統制

submarine operations area ［C］ 潜水艦作戦区域

submarine patrol area ［C］ 潜水艦哨戒区域

submarine patrol zone ［C］ 潜水艦哨戒海域

submarine periscope ［C］ 潜水艦潜望鏡 《潜水艦内から周辺の監視、目標の確認・標定、自艦位置決定のための方位測定などを行う潜望鏡。㊟NDS Y 0004B》

submarine plot ［C］ 潜水艦プロット

submarine probability area (SPA) ［C］ 潜水艦存在可能区域 《潜水艦が存在する可能性のある海域》

submarine quickened response (SQUIRE) ［C］ 【米海軍】潜水艦高速化応答

submarine rescue equipment ［U］ 潜水艦救難装置

submarine rescue ship ［C］ 【海自】潜水艦救難艦

submarine rescue tender 【海自】潜水艦救難艦母艦

submarine rescue vessel ［C］ 潜水艦救難艦 《艦種記号：ASR》

submarine restricted area ［C］ 潜水艦特定海域；潜水艦特定区域

submarine ridge ［C］ 海嶺

submarine rocket (SUBROC) ［C］ 【米海軍】対潜水艦用ロケット 《SUBROC = サブロック》

submarine safety course ［C］ 潜水艦安全針路

submarine safety lane ［C］ 潜水艦安全航路

submarine sanctuary ①【統幕】潜水艦保護区域 ②【海自】潜水艦保護区；潜水艦保護海面

submarine search and rescue 潜水艦救難 《消息不明になった潜水艦の捜索および沈没した潜水艦乗員の救出》

submarine search and rescue facility ［C］ 潜水艦捜索救難機関

Submarine Squadron 【米海軍】潜水戦隊 ◇用例：Submarine Squadron 11 = 第11潜水戦隊

submarine striking forces ［pl.］ 攻撃潜水艦部隊

submarine tender ［C］ 潜水母艦

submarine thermal reactor (STR) ［C］ 【米海軍】潜水艦熱中性子炉

submarine torpedo defense (SMTD) ［U］ 【米海軍】潜水艦魚雷防御

submarine-towed array sonar system (STASS) = submarine towed array sonar system ［C］ 潜水艦用曳航式アレイ・ソーナー・システム

Submarine Training Center 【海自】潜水艦教育訓練隊 《の英語呼称》◇用例：潜水艦教育訓練隊司令 = Commanding Officer, Submarine Training Center

Submarine Training Detachment 【海自】潜水艦教育訓練分遣隊 《の英語呼称》◇用例：潜水艦教育訓練分遣隊長 = Commanding Officer, Submarine Training Detachment

submarine transit area ［C］ 敵潜通過予想海域；敵潜水艦通過予想海域

submarine zone ［C］ 潜水艦地帯

submerged body ［C］ 没水体

submerged condition 水中状態

submerged deep 深深度潜航

submerged depth ①水深 ②潜航深度

submerged roadway ［C］ 水中道 《敵の視察に対して、道路を秘匿するため、路面を水面下におく構造の道路をいう。㊟陸自教範》

submerged shallow 浅深度潜航

submerged speed 潜航速力

submerged torpedo tube ［C］ 水中発射管 《潜水艦に装備される発射管。㊟NDS Y 0041》《㊆underwater torpedo tube》

submerged trim 潜航トリム

submersible cable ［C］ 水密ケーブル

submersible machine ［C］ 水中型機械

submitting activity code (SAC) 提出機関コード

submunitions ［pl.］ 子弾 《親弾の弾殻内に

内蔵される弾薬。㋐ NDS Y 0001D》
《㋑ bomblet》

subordinate ［adj.］ 指揮下の

subordinate action 《陸自》支作戦 《主作戦と離れた地域において、主作戦を容易にするために行う作戦をいい、支作戦を実施する正面を「支作戦正面」という。㋐陸自教範》《㋒ main action ＝主作戦》

subordinate command ［C］ 指揮下部隊《㋑「subordinate unit」より大きい部隊》

subordinate commander ［C］ 指揮下部隊指揮官

subordinate facility office (SFO) ［C］【空自】防衛区通信組織統制所

subordinates ［pl.］ 指揮下部隊 《ある指揮官の指揮下にあるすべての部隊、機関等をいい、隷下部隊および配属部隊からなる。㋐統合訓練資料1-4》

subordinate unit ［C］ 指揮下部隊《㋑「subordinate command」より小さい部隊》

subpolar climate ［U］ 亜寒帯気候

subpolar low pressure belt ［C］ 亜寒帯低圧帯

subpolar zone ［C］ 亜寒帯

sub-requirement (SUBRQMT) 細要求事項

subscriber station ［C］ 加入電話局

subscriber toll dialing network ［C］ 自動即時網

subsequent ［adj.］ じ後の 《爾後の》

subsidence ［U］ 沈降 《大気の沈降》

subsidence inversion 沈降逆転

subsidiary demolition belt ［C］ 補助破壊地帯 《㋒ primary demolition belt ＝主破壊地帯》

subsidiary directive ［C］ 補助令達

subsidiary landing 補助上陸作戦

subsidiary plan ［C］ 補助計画

subsistence ［U］ 食糧；糧食（りょうしょく）

Subsistence Section 【陸自】糧食班 《の英語呼称》

subsonic ［adj.］ 亜音速の

subsonic airfoil 亜音速翼型

subsonic cruise armed decoy (SCAD) ［C］ 亜音速巡航武装囮（あおんそくじゅんこうぶそうおとり）

subsonic low altitude bomber (SLAB) ［C］ 亜音速低高度爆撃機

subsonic speed 亜音速

subsonic type ①亜音速型 ②低周波型

substitute 代表旗

substitute item ［C］ 代替品目

substratosphere 亜成層圏

substructure 下部構造

sub-sub-assembly ［C］ 最小組み部品

subsurface unknown 不明水中目標

subsystem capability and impact reporting 任務可動状況報告

sub-test ［C］ 下位テスト

subtractive color process 減色法

subtractive polarity 減極性

subtropical anticyclone ［C］ 亜熱帯高気圧

subtropical climate ［U］ 亜熱帯気候

subtropical high 亜熱帯高気圧

subtropical high pressure belt ［C］ 亜熱帯高圧帯

subtropical jet 亜熱帯ジェット

subtropical jet stream ［C］ 亜熱帯ジェット気流

subtropical zone ［C］ 亜熱帯

subunit ［C］ 子部隊

subversion ［U］ ①転覆 ②【空自・海自】転覆活動 《政府の機構またはその機能を、非合法的手段で変革または混乱せしめようとする活動をいう。㋐統合訓練資料1-4》《㋒ countersubversion ＝対転覆活動》

subversive activity 転覆活動

subvert ［vt.］ 転覆させる

succession of command 指揮権の継承

successive attack ［C］ 波状攻撃；連続攻撃

successive loops ［pl.］ 連続宙返り

successive positions ［pl.］ 逐次の陣地

successive tracking line ［C］ 連続追尾線

success or failure 成否

suction ［U］ ①吸い込み ②吸入 《吸入とは、ディスチャージ・ホース（給油用）内の燃料を抜き取り、タンクへ戻すことをいう。㋐ DSP D 6003F》

suction blower ［C］ 吸い込み送風機

suction box ［C］ 吸入室

suction cock ［C］ 吸い込みコック

suction current 吸入流

suction gas plant ［C］ サクション・ガス発生器

suction gas producer ［C］ サクション・ガス発生器

suction hose [C] 吸い込みホース

suction pipe [C] 吸い込み管 《例 inlet pipe》

suction pressure 吸い込み圧；吸い込み圧力

suction pump [C] 吸引ポンプ；吸い上げポンプ

suction relief valve [C] 真空調整弁

suction stroke 吸入行程

suction valve [C] 吸入弁；吸い込み弁

Sudan Liberation Army (SLA) [The ～] スーダン解放軍

Sudan Liberation Movement (SLM) [The ～] スーダン解放運動

sudden stoppage 急停止

suffix [pl. = suffixes] 補足符字；補足語

suffix code 接尾記号

suggestion 提案

suicide attack [C] 特攻攻撃

suicide bomber [C] 自爆テロ犯

suicide terrorism attack [C] 自爆テロ

suitability [U] 適合性

suitable [adj.] 適宜の；適切な

sum frequency [U] 和周波数

summarize [vt.] 要約する

summarize 【海自】サマライズ 《ノータムを特定の様式に要約したもの》

summary [C] ①要約 ②【空自】要報

summary court-martial [C] 【米】簡易軍事法廷 《将校の判事1名による簡易軍事法廷》

summary of operation 運用概要

summary plot [C] 摘要作図

summary plotter [C] 摘要作図員

summary plotting board [C] 摘要作図盤

summation meter [C] 総合計器

summer allowance [C] 夏季手当て

summer solstitial point 夏至点 《例 winter solstitial point = 冬至点》

summer zone [C] 夏季帯

summit of trajectory 最高弾道高（さいこうだんどうこう）；弾道頂点（だんどうちょうてん） 《例「maximum ordinate」を用いる》

sum up [vt.] 要約する

sunburn ointment 日焼け止め

sunk cost 埋没費用

sunken reef [C] 暗礁（あんしょう） 《例 sunken rocks》

sunken rocks [pl.] 暗礁（あんしょう）

《例 sunken reef》

sun lamp [C] 太陽灯

sunrise 日の出

sunrise colors [pl.] 朝焼け

sunset 日没

sunset colors [pl.] 夕焼け

sunshade [C] 日除け（ひよけ）

sunshine duration 日照時間

sunshine recorder [C] 日照計

sun spot [C] 太陽黒点

sun-synchronous orbit [C] 太陽同期軌道

supercargo 上乗り

super charge ＝ supercharge 増装薬；強装薬 《基準初速を超える初速で弾丸を発射するために必要な装薬》《例 proof charge》

supercharge pump [C] 過給ポンプ

supercharger [C] 過給機；スーパーチャージャー

super conduction [C] 超伝導

supercooling 過冷；過冷却

super duralumin 超ジュラルミン

superelevation [C] ①砲軸角 《弾丸降下量を補正するため、砲仰角に追加する角度。 例 NDS Y 0006B》 ②片勾配（かたこうばい） 《土木》

superelevation test [C] 砲軸角試験

superencipherment 二重暗号化

superheated steam [U] 過熱蒸気

superheater (SH) [C] 過熱器

superheater element [C] 過熱器エレメント

superheating 過熱

super heterodyne スーパー・ヘテロダイン

super high frequency (SHF) [U] マイクロ波

superimposed [adj.] 拡大されている

Superintendent General 【日】警視総監

Superintendent Supervisor 【日】警視監

superior 優勢

superior air mass [C] 高層気団

superiority [U] ①【陸自】優越 ②【空自・海自】優勢

superiority of combat power [U] 戦闘力の優越

superior officer [C] 上官 《上官とは、指揮系統上、上位にある者をいう。例 上位の階級に

ある自衛官は、上位者という》

supernumerary ［U］ 余剰人員

superposition theory ［U］ 重畳の定理

superproportional intensification 過比例補力

superquick 瞬発

superquick fuze ［C］ 瞬発信管

super rapid off-board chaff チャフロケット弾

super regeneration 超再生

super regenerative detector ［C］ 超再生検波器

Super Sabre 【米軍】スーパーセイバー 《戦闘機名》

supersaturated steam ［U］ 過飽和蒸気

supersaturation ［U］ 過飽和

superseded item ［C］ 置換品目

supersede item ［C］ 廃止品目

super sensitive fuze ［C］ 超高感度信管；瞬鋭信管

supersession date 暗号更新日

supersonic ［n.］ スーパー・ソニック；超音速

supersonic ［adj.］ 超音速の

supersonic airfoil 超音速翼型

supersonic detector ［C］ 超音波探傷器

supersonic frequency ［U］ 超音波

supersonic low altitude missile (SLAM) ［C］ 超音速低高度ミサイル

supersonic speed 超音速

supersonic transport (SST) ［C］ 超音速旅客機

superstructure ①【陸自】上部構造 ②【海自】上部構造物

super synchronous speed 超同期速度

supervened stipulation ［C］ 付随要件

supervised road (SR) ［C］ 管制道路 《通行の方向、時期、車種等について、所要の規制を行う道路をいう。⊛ 陸自教範》

supervised route ［C］ ①【統幕】監視下経路 ②【陸自】管制道路 ③【海自】管制経路

supervised solo flight ［C］ 監督下の単独飛行

supervised study ［U］ 監督学習；指導学習

supervised technician ［C］ 技術員

supervision ［U］ 監督

supervision of execution 実行の監督

supervisory test console (STC) ［C］ 監視試験コンソール 《バッジ用語》

supplement (SUPP) ①補充 ②追補；補還

supplemental food for special duty 増加食

Supplemental Type Certificate (STC) 【米】追加型式設計承認

supplementary aerodrome ［C］ 【海自】補助飛行場

supplementary barbed wire ［C］ 補助鉄条網

supplementary budget ［C］ 補正予算

supplementary charge ①補助炸薬 《信管孔の深い弾薬で、深信管孔用信管を使用しないとき、その空間を埋めるために挿入する補助の炸薬。⊛ NDS Y 0001D》 ②追徴（ついちょう） 《追加税》

supplementary code 補助暗号

supplementary facility ［C］ 補給施設；補給基地

supplementary feed 補給水

supplementary position ［C］ 補足陣地

supplementary prize ［C］ 副賞

supplementary target ［C］ 補足目標

supplementary track identification (SUP TRACK ID) ［U］ 航跡細部識別 《バッジ用語》

supplementary water pipe ［C］ 補給水管

supplementing signal ［C］ 補足信号

supplies ［pl.］ 補給品 《部隊等に装備し、その能力を維持し、行動させるために必要な一切の資材をいう。狭義には、装備品以外の補給品あるいは消耗性の補給品のみを指すことがある。⊛ 統合訓練資料1-4》

Supplies Department 【海自】需品部 《の英語呼称》◇用例： 需品部長 = Director of Supplies Department

Supplies Division 【海自】需品課 《の英語呼称》

supply ［vt.］ 補給する

Supply 【空自】補給 《准空尉空曹空士特技区分の英語呼称》

supply (Sup) ［n.］ 補給 《航空機、レーダー、車両などを構成する各種部品の必要量の算定、在庫統制ならびに出納および保管に関する業務や品質管理に関する業務などを行う。事務系行政職の一つ。⊛ 航空自衛隊2018》

supply action 補給活動

supply and maintenance unit ［C］ 補給整備部隊

Supply and Service Battalion 【米】補給業務大隊 ◇用例： the 35th Supply and Service Battalion（35th S&S Bn）＝第35補給業務大隊

supply base ［C］ 補給基地

supply by requisition 【海自】請求補給《使用部隊等の請求に基づいて実施する補給をいう。[典] 統合訓練資料1-4》《[同] on-call supply》

supply catalog = supply catalogue ［C］ 補給カタログ

supply categories 補給種別

supply chain management (SCM) ［U］ サプライ・チェーン・マネジメント 《材料の調達、部品の製造・修理、物流、販売に係るすべての活動やプロセスの統合管理》

supply chain risk サプライチェーン・リスク《装備品の設計・製造・調達・設置段階において、装備品の構成部品などに悪意のあるソフトウェアが埋め込まれるリスク》

supply control ［U］ 補給統制 《作戦上の要求に即応し、補給業務を効率的に運用するため、各級指揮官がそれぞれの職責に応じ、補給業務を計画、組織、指令、調整および統制する機能をいう。[典] 陸自教範》

S

supply control point ［C］ 補給統制所

supply demand control ［U］ 需給統制《需給統制とは、装備品等の所要量を適切に決定し、決定された所要量に基づき必要な調達を行ない、もって需給の均衡を図ることをいう。[典] 陸上自衛隊訓令第72号》

supply depot ［C］ 補給処

supply discipline ［U］ 補給規律

Supply Division ①【空自】補給課 《の英語呼称》◇用例： 補給課長 = Head, Supply Division ②【海自】補給隊 《の英語呼称》◇用例： 補給隊長 = Chief, Supply Division

supply economy 補給経済 《補給品を最も効率的に使用し、また、補給品を愛護節用して補給の経済性を発揮することをいう。[典] 陸自教範》

supply effectiveness ［U］ 補給支援率

supply function 補給機能

supply information ［U］ 補給通知

supplying ship ［C］ 補給艦

supply line ［C］ 補給線

supply, maintenance and salvage 補給・整備・回収

supply management ［U］ 補給管理

supply management report (SMR) ［C］ 補給管理報告

Supply Management Section 【陸自】補給管理班 《の英語呼称》

supply manual (SM) ［C］ 補給教範；補給手続き

supply officer ［C］ 【海自】補給長 《補給長は、経費、物品の取扱い、給食、福利厚生、庶務、文書、人事事務およびこれらに係る物件の整備に関する業務を所掌する。[典] 海幕人第10346号》

Supply Officer ①【空自】補給幹部 《幹部特技区分の英語呼称》 ②【統幕学校】補給管理専門官 《の英語呼称》

supply operations (SUPOPS) ［pl.］ 補給運用；補給作戦

supply pipe ［C］ 供給管 《[同] service pipe》

Supply Planning Section 【空自】計画班《補給課～の英語呼称》◇用例： 計画班長 = Chief, Supply Planning Section

supply point (SP) ［C］ ①補給所（ほきゅうじょ）《自衛隊最高司令部および方面隊において、補給統制本部および補給処が開設・運営する補給施設をいう。[典] 陸自教範。[備] 補給処（ほきゅうしょ）および補給所（ほきゅうじょ）と呼称が区別されている》 ②【陸自・空自】補給点 《通常、方面隊の兵站部隊が開設・運営し、使用部隊または交付所に補給品を交付する施設をいう。一般に移動性のある兵站部隊が開設・運営し、通常、所要の補給品を保有する。[典] 陸自教範》 ③【海自】補給地点

supply point distribution 補給所交付 《補給施設において、受領する部隊等に補給品を交付する方法をいい、輸送は受領部隊が担任する。[典] 陸自教範》

supply priority ［C］ ①【空自】補給優先順位 ②【陸自】補給品の優先順位

supply publication ［C］ 補給出版物

supply requirements ［pl.］ 補給所要 《作戦遂行のため、必要とする装備品等を充足・維持するための数量をいい、初度補給所要、維持補給所要、予備補給所要および特殊補給所要がある。[典] 陸自教範》

supply requisition 補給請求

supply requisition register ［C］ 補給請求台帳

supply room ［C］ 補給庫

Supply Section ①【空自】補給班 《補給課～の英語呼称。航空総隊では「補給課」》◇用例： 補給第1班 = 1st Supply Section ②【海自】補給班 《の英語呼称》◇用例： 補給班長 = Officer, Supply Section

supply ship ［C］ 【海自】補給艦 ◇用例： 補給艦「はまな」 = the supply ship HAMANA；補給艦「とわだ」(8,100トン) = the 8,100-ton supply ship Towada

supply shut-off valve leak test ［C］ 遮

断弁漏洩試験（しゃだんべんろうえいしけん）

Supply Staff Officer 【空自】補給幕僚 《幹部特技区分の英語呼称》

Supply Standardization Section 【空自】補給基準班 《の英語呼称》◇用例：補給基準班長 = Chief, Supply Standardization Section

supply status code (SSC) 補給状態コード

supply status list ［C］ 補給処理一覧表

supply substation ［C］ 【陸自】交付支所

supply support arrangements (SSA) ［pl.］ ①【空自】補給支援取り決め ②【海自】後方支援取り決め

supply support center (SSC) ［C］ 補給支援センター

supply support request (SSR) ［C］ 補給支援請求

supply table ［C］ 在庫基準表

support ［n.］ 支援 《ある部隊等が、他の部隊等の特定の任務の達成に対して援助を与えることをいう。⊛ 陸自教範》◇用例：necessary support = 所要の支援

support ［vt.］ 支援する

supportable ［adj.］ 支援可能な

support base ［C］ 支援基地

support carrier group ［C］ 支援空母任務群

support company ［C］ 尖兵中隊

Support Control Program (SCP) 運用支援プログラム 《運用プログラムを支援する機能を提供するプログラムをいい、自動警戒管制システム運用支援プログラム（JADGESCP）およびデータ入出力装置運用支援プログラム（DESSCP）からなる。⊛ JAFM006-4-18》

Support Coordination Officer ［C］【防衛省】業務調整官 《の英語呼称》

Support Department 【防衛省】業務部 《の英語呼称》◇用例：業務部長 = Director General, Support Department

support echelon ［C］ 支援部隊

supported commander ［C］ 被支援部隊指揮官 《⊛ supporting commander = 支援部隊指揮官》

supported flank ［C］ 掩護翼

supported unit ［C］ 被支援部隊；被協力部隊 《⊛ supporting unit = 支援部隊》

support fighter ［C］【自衛隊】支援戦闘機 《⊛「戦闘攻撃機」のこと》

support fire 支援射撃

support force ①【空自】増援部隊 ②【海自】

支援部隊

support group ［C］ 支援群

support helicopter ［C］ 支援ヘリコプター

supporting aircraft ［pl. = ～］ 支援航空機；支援機

supporting air operation 支援航空作戦

supporting arms ［pl.］ 支援火器；支援兵器

supporting arms coordination center (SACC) ［C］ ①【空自】支援火力調整所 ②【米軍】支援火力調整本部 《水陸両用作戦において、火砲、航空機および艦砲による攻撃の調整のため、上陸部隊の火力支援調整本部に対応して設置される海軍の組織をいう。⊛ 統合訓練資料1-4》

supporting arms coordinator ［C］ 支援火力調整官

supporting artillery ［U］ 支援砲兵

supporting attack ［C］ 支援攻撃

supporting commander ［C］ 支援部隊指揮官 《⊛ supported commander = 被支援部隊指揮官》

supporting crossing operation 助渡河

supporting distance 支援距離

Supporting Establishment 【米海軍】支援組織

supporting fire ①支援射撃 ②支援火力

supporting forces ［pl.］ 支援部隊

supporting instrument ［C］ 補助計器

supporting plan ［C］ 支援計画

supporting point ［C］ 支点

supporting range ［C］ 支援射距離

supporting ship ［C］ 支援艦

supporting troops ［pl.］ 支援部隊

supporting unit ［C］ 支援部隊 《⊛ supported unit = 被支援部隊》

supporting weapon ［C］ 支援火器

support item ［C］ 支援品目

support jamming (SJ) 支援妨害

support maintenance ［U］ 支援整備 《装備品等を使用または保有する隊等を直接支援することを主たる任務とする整備隊等において実施する作業等をいう。⊛ 統合訓練資料1-4》

support operations = supporting operation ［pl.］ 支援作戦

Support Planning Division 【防衛省】業務企画課 《業務部～の英語呼称》◇用例：業務企画課長 = Director, Support Planning Division

support proper 【陸自】尖兵中隊の本隊

support ship ［C］ 支援艦

support unit ［C］ 支援部隊

Support Unit for Headquarters 【自衛隊】本部付隊 《南スーダン派遣施設隊》◇用例：隊本部 = Unit Headquarters

supposition 想定 《教育訓練等のため、作為した状況（情勢）をいう。㊞ 統合訓練資料1-4》

suppress ［vt.］ 制圧する

suppressed circuit ［C］ 抑制回路

suppressed time 抑制時間

suppressing attack ［C］ 制圧攻撃

suppression ①制圧；鎮圧 ②【陸自】制止 《火力によって敵に脅威を与え、または視界を制限し、あるいは心理的に混乱させて、その戦闘力の発揮を抑制するものであり、その効果は、射撃が継続している間である。㊞ 陸自教範》

suppression fire ＝ suppressive fire 制圧射撃 《敵に損害を与え、その戦闘力の発揮を妨害するための射撃》《㊞ neutralization fire》

suppression of enemy air defense (SEAD) 敵防空網制圧 《航空攻撃が効果的に実施されるように、陸上および航空部隊の火力ならびに電子戦によって、特定地域の敵の防空網を破壊または無効にし、あるいは一時的に能力を低下させる行動をいう。㊞ 統合訓練資料1-4》◇用例：joint suppression of enemy air defense ＝ 統合敵防空制圧

suppression operation 制圧作戦

suppressive effect 制圧効果

suppressor grid ［C］ 抑制格子

Supreme Allied Commander, Europe (SACEUR) 欧州連合軍最高司令官

supreme commander 最高指揮官 ◇用例：former supreme NATO commander ＝ NATOの元最高司令官

Supreme Commander for the Allied Powers (SCAP) 連合国軍最高司令官 《SCAP ＝ スキャップ》

supreme command prerogative ［the ～］ 【旧軍】統帥権

Supreme Headquarters of Allied Powers in Europe (SHAPE) 欧州連合軍最高司令部 《SHAPE ＝ シェープ》

surf 磯波（いそなみ）

surface ①地上；水上 ②路面 ③浮上 《潜水艦の浮上》

surface action 水上戦闘

surface action group (SAG) ［C］ ①【海自】水上戦闘グループ 《水上脅威に対処するために編成された水上部隊（支援航空機を含

む）㊞ 統合訓練資料1-4》 ②【米海軍】水上戦闘群

surface barrier ［C］ 表面障壁

surface blowout ［C］ 水面ブロー

surface bounce 反跳（はんちょう） 《着水時に魚雷が水面で跳ねる現象。㊞ NDS Y 0041》

surface burst 地表爆発

surface carburetor ［C］ 表面気化器

surface coating ［C］ 表面被覆

surface combatant ［C］ 水上戦闘艦艇

surface condition 水上状態

surface decompression ［U］ 水上減圧

surface decompression table ［C］ 水上減圧表

surface detection unit (SDU) ［C］ 水上探知所

surface drainage ［U］ 表面排水

surfaced submarine ［C］ 浮上潜水艦

surface duct ［C］ サーフェス・ダクト 《海面直下の音速勾配が正の領域により形成されるサウンド・チャンネル。㊞ NDS Y 0011B》

surface effect ship (SES) ［C］ 表面効果船 《ホバークラフト》

surface forces ［pl.］ 地上軍

surface friction 表面摩擦

surface gauge ［C］ トースカン

surface inversion 接地逆転

surface layer ［C］ 表面層

surface line ［C］ 敷設線

Surface Mining, Reclamation and Enforcement 【米】露天採鉱・開墾部

surface observation ［U］ 地上気象観測

surface of discontinuity 不連続面

surface of position 位置面

surface on the snorkel スノーケル浮上

surface permeability 表面浸水率

surface picture ［C］ 水上作図

surface plate ［C］ 定盤

surface plotter ［C］ 水上作図員

surface preparation ［U］ 生地ごしらえ（きじごしらえ） 《塗装前に実施する脱脂、錆落としおよび穴埋めなどの表面清浄処理をいう。㊞ GLT-CG-Z000002F》

surface radar ［C］ 【海自】水上レーダー 《対水上目標の捜索に使用する》

surface raid ［C］ 水上レイド

surface raid reporting control ship ［C］ 水上レイド報告管制艦

surface range ［C］ 水面探知距離

surface resistance 表面抵抗

surface resistivity 表面抵抗率

surface run 水面航走 《操舵系などの故障によって、魚雷が水面を航走すること。[典] NDS Y 0041》

surface scattering ［C］ 表面散乱

surface search attack unit ［C］ 水上捜索攻撃隊

surface search radar ［C］ 水上捜索レーダー

surface ship ［C］ 水上艦艇

surface strike operation 【海自】水上打撃戦 《敵の水上艦船、地上兵力、陸上基地、沿岸施設等を撃破または無力化するために、水上艦艇をもってこれを攻撃する作戦をいう。[典] 統合訓練資料1-4》

surface striking forces ［pl.］ 【海軍】水上打撃部隊

surface-supported diving system ［C］ 他給気潜水器

surface sweep 水上掃引

surface-to-air guided missile (SAM) ［C］ ①地（艦）対空ミサイル ②【陸自】地対空誘導弾 ③【海自】艦（地）対空ミサイル 《SAM ＝ サム》

surface-to-air machine gun ［C］ 対空機関砲

surface-to-air missile (SAM) ［C］ ①地（艦）対空ミサイル 《[備] 機能に応じて、「地対空」、「艦対空」にする。不明な場合は「SAM」にする》 ②【陸自】地対空誘導弾 《地上から航空機などに対して発射する誘導弾。[典] NDS Y 0001D》 ③【海自】艦（地）対空ミサイル

surface-to-air missile installation ［C］ 地（艦）対空ミサイル施設

surface-to-air missile site ［C］ 地（艦）対空ミサイル基地

surface-to-air rocket ［C］ 地対空用ロケット弾 《地上から航空機などに対して発射するロケット弾。[典] NDS Y 0001D》

surface-to-air weapon ［C］ ①地対空兵器 ②【海自】艦（地）対空兵器

surface-to-surface missile (SSM) ［C］ ①地（艦）対地（艦）ミサイル 《地上または海上から地上または海上の目標に対して発射するミサイル。[備] 機能に応じて、「地対地」、「地対艦」などにする。不明な場合は「SSM」にする》 ②【陸自】地対地（艦）誘導弾 ③【海自】艦（地）対艦（地）ミサイル

surface-to-surface missile system ①地（艦）対地（艦）ミサイル・システム ②【海自】艦（地）対艦（地）ミサイル・システム

surface-to-surface rocket ［C］ 地対地用ロケット弾 《地上から地上目標に対して発射するロケット弾。[典] NDS Y 0001D》

surface treatment 表面処理

surface vessel ［C］ 水上艦艇

surface warfare (SUW) ［U］ ①水上戦 ②【海自】対水上戦 《[備] 海上自衛隊では「anti-surface warfare」の意味で使用されている》

surface warfare commander (SUWC) ［C］ 水上戦指揮官

surface wave ［C］ ①表面波 ②【空自】地表波

surface weather map ［C］ 地上天気図

surface wind ［U］ 地上風；地表風

surfacing feed 横送り

surfacing report ［C］ 浮上報告 《潜水艦》

surfacing signal ［C］ 浮上信号 《潜水艦》

surge current サージ電流

surge line ［C］ サージング線

surgeon ［C］ 軍医

Surgeon General ①【防衛省】首席衛生官 《の英語呼称》 ②【米陸軍・米空軍】軍医総監

Surgeon General and Director of Medicine 【海自】首席衛生官 《の英語呼称》

surgical strike 局部攻撃 《目標を限定し；周囲の被害を最小にする攻撃》

surging ①【空自】サージング ②【海自】動揺

surplus new part ［C］ サープラス・ニュー部品 《輸入品において、サープラス品のうち未使用の部品をいう。[典] GAV-CG-W150022V》

surplus part ［C］ サープラス品 《輸入品において、ファクトリー・ニュー部品と同一条件で製造され、当該製造者が販売者に引き渡したものをいう。サープラス・ニュー部品とサープラス・ユーズド部品に区分される》

surplus property ［C］ 余剰装備品

surplus stock ［C］ 余剰在庫；過剰在庫

surplus supplies ［pl.］ 余剰補給品

surplus used part ［C］ サープラス・ユーズド部品 《サープラス品のうち、使用されたことのあるものが、外国政府機関または当該製造業者の定めた技術基準に基づいて所要の点検、修理等が行われ、かつ検査に合格したものをいう。[典] GAV-CG-W150022V。[備] いわゆる「流通業者所有中古品」》

surplus weapon-grade plutonium ［U］ 余剰兵器プルトニウム 《解体された核兵器から

S

取り出された兵器用プルトニウム。㋐日本の軍縮・不拡散外交》

surprise ＝ surprise attack ［C］ 奇襲 《不意をついて敵を攻撃すること。㋐民軍連携のための用語集》

surrender 降伏

surrounding sea area ［C］ 周辺海域

surrounding waters ［pl.］ 周辺海域 《日本の周辺海域》

surrounding waters and airspace 周辺海空域

surveillance (survl) ［U］ 監視；警戒監視 《情報資料獲得のため、目視・写真・電子装置その他の手段によって、空中・地水表面・水中を組織的かつ継続的に観察することをいう。㋐統合訓練資料1-4。㋐「警戒監視」とすることが多くなっている》《㋐ countersurveillance ＝ 対監視》

surveillance, acquisition, tracking and kill assessment (SATKA) 監視・捕捉・追尾・撃墜評価 《SATKA ＝ サトカ》

surveillance air patrol (SAP) 警戒監視空中哨戒（けいかいかんしくうちゅうしょうかい）

surveillance approach 捜索レーダー進入 《最終進入の部分が捜索レーダーによる、レーダー着陸誘導を受けて行われるレーダー進入をいう。㋐空自訓練資料005-94-3》《㋐ ASR approach》

surveillance area ［C］ ①監視区域 ②監視担当空域 《各防空指令所（DC）が警戒監視を担当する空域をいう。㋐JAFM006-4-18》

surveillance intelligence ［U］ 監視情報

Surveillance Intelligence Group 【空自】警戒資料群 《の英語呼称》

Surveillance Intelligence Squadron 【空自】警戒資料隊 《の英語呼称》

surveillance operation ①哨戒 ②【海自】監視活動；哨戒

surveillance plane ［C］ 偵察機 ◇用例：AWACS surveillance plane ＝ AWACS偵察機；EP-3 surveillance plane ＝ AWACS偵察機

surveillance radar (SR) ［C］ 監視レーダー

surveillance radar approach 監視レーダー進入

surveillance radar element (SRE) ［C］ 監視レーダー部隊

surveillance station (SS) ［C］ 【空自】防空監視所 《航空作戦管制所（AOCC）および防空指令所（DC）作戦統制を受け、警戒監視を継続し、一部において必要に応じ、要撃管制を実施するところをいう。㋐JAFM006-4-18》

surveillance technology 監視技術

surveillance test (s-test) ［C］ サーベイランス試験 《火薬類の安定度試験の一つ。65.5℃で褐色ガスの発生まで加熱を続け、その日数を調べる。㋐NDS Y 0001D。㋐「サーベランス試験」としている場合もある》

surveillance towed array sonar system (SURTASS) ［C］ 【海軍】曳航式ソーナー監視システム 《比較的広域の情報収集を目的とする監視用曳航式アレイ・ソーナー。㋐NDS Y 0012B》《SURTASS ＝ サータス》

surveillance towed array system (SURTAS) ［C］ 曳航式監視システム

survey ［C］ ①測量；調査 ②サーベイ

survey airplane ［C］ 測量機

survey/cartographic photography ［U］ 測量/地図作製用写真撮影 《測量/地図作製用の精密度の基準を得るための写真撮影であり、戦略的および戦術的の両方がある》

survey control point ［C］ 測量統制点

survey information center ［C］ 測量情報所

surveying ship ［C］ 測量船

survey photography ［U］ 測量写真 《写真の撮影技術》

survivability 残存性 《戦闘後も戦闘行動が行える状態で存在できること》

survivable ［adj.］ 抗たん性の高い

survival ［U］ ①【空自】保命；救命 ②【海自】救命生存

survival equipment ［U］ ①【空自】保命器材；生存用救命装備品 ②【海自】救命装具

survival food 保命食

Survival Gear Section 【海自】救命器材班 《の英語呼称》◇用例：救命器材班長 ＝ Officer, Survival Gear Section

survival kit (S/KIT) 保命用具キット

survival rations ［pl.］ 保命食

survival time 生存時間

survival training ［U］ 救命生存訓練

surviving family ［C］ 遺族援護 ◇用例：support to a surviving family ＝ 遺族援護

survivor ［C］ 生存者

survivors' pension ［C］ 遺族年金

susceptibility 感受性

suspected terrorist ［C］ テロリスト容疑者；テロ容疑者

suspected underground nuclear facility ［C］ 地下核疑惑施設

suspended ammunition ［U］ 使用一時停

止弾薬

suspense payment ［C］ 仮払い金

suspension ①懸吊 (けんちょう)；懸架装置 ②吊り索 (つりづな) ③出勤停止

suspension band ［C］ サスペンション・バンド 《短魚雷を航空機に懸架するために取り付けるバンド。⊛ NDS Y 0041》

suspension from duty 停職

suspension line ［C］ 吊り索 (つりづな)

suspension lug ［C］ 吊り輪

suspension method 吊り下げ法

suspension of arms 停戦

suspension of exercise 状況中止 《気象上、演習の指導上その他の理由により演習の実演を一時取り止めること。⊛ 統合訓練資料1-4》

suspension of flight 飛行停止

suspension rod ［C］ リンク引き手

suspension spring ［C］ 懸吊ばね

suspension underwing unit (SUU) ［C］ 翼下懸架装置 《クラスター爆弾の散布装置の一種》

suspension wire ［C］ 懸吊線

suspicion 容疑

suspicious ship ［C］ 不審船 《我が国周辺を航行する船舶であって、重大凶悪犯罪に関与している外国船舶と疑われる不審な船舶。⊛ 統合訓練資料1-4》

sustainability ①【空自】継続能力 《継続的に戦える能力》 ②【海自】持続性

sustained attrition minefield ［C］ 連続的消耗機雷原

sustained combat operations [pl.] 持久戦 《攻防を問わず、決戦を避けて敵戦闘力の消耗を図り、時間の余裕を獲得し、あるいは戦果を累積して、敵にその企図を放棄させて目的を達成しようとする意志をもって行う作戦・戦闘をいう。⊛ 陸自教範》

sustained fire 持続射撃 《長時間持続する射撃。⊛ NDS Y 0005B》

sustained rate of fire ［C］ 持続発射速度 《小火器または火砲の機能に影響を及ぼすことなく、続けて発射できる最大の発射速度。⊛ NDS Y 0003B》

sustained submerged speed 持続潜航速力

sustained supply requirements [pl.] 維持補給所要 《損耗を更新し、消費した補給品を充足するための所要をいう。⊛ 陸自教範》

sustainer ［C］ サステナ 《ブースターまたは他のエンジンによって所要の速度に加速されたミサイルなどの飛翔速度を維持するための推進装置。⊛ NDS Y 0001D》

sustaining surface ［C］ 支持翼面

Suzuran 【日】すずらん 《日本の支援によりロシアで建設された、浮体構造型の低レベル液体放射性廃棄物処理施設 (Floating Facility to Process Low-Level Radioactive Liquid Waste)》

swan socket ［C］ 差し込みソケット；バイオネット・ソケット

swash plate ［C］ 回転斜板

swash plate engine ［C］ 斜板機関

swash plate pump ［C］ 斜板ポンプ

sway 横流し

sway indicator ［C］ スウェイ・インジケーター 《ペトリオット用語》

sway sensor ［C］ スウェイ・センサー 《ペトリオット用語》

sweep [vt.] ①掃海する ②掃引する

sweep back 後退角

sweep-back wing ［C］ 後退翼

sweep current 掃海電流

sweep distance 掃海距離

sweep gate ［C］ 掃引ゲート

sweep gear ［C］ 掃海具 《係維掃海具、音響掃海具および磁気掃海具がある。それぞれ、係維機雷、音響機雷、磁気機雷を処分する。⊛ NDS Y 0041》

sweep generator ［C］ 掃引発生器

sweeping anchor ［C］ 探錨

sweeping board ［C］ かき板

sweeping control equipment ［U］ 掃海管制装置

sweeping core ［C］ かき中子 (かきちゅうし)；引き中子 (ひきちゅうし)

sweeping depth 掃海深度

sweeping fire 掃射 (そうしゃ) 《機関銃などにより、左右に広い角度で連続して弾丸を発射すること。⊛ 民軍連携のための用語集》

sweeping intensity 掃海密度

sweeping procedure 掃海手順

sweeping speed 掃海速力

sweeping transit ［U］ 航掃

sweep integrating circuit ［C］ 掃引積分回路

sweep intensity control ［U］ 掃引輝度調整

sweep jamming 掃引妨害 《広い周波数帯域または帯域内の多数の周波数を妨害するために、

搬送波の繰り返し走査または自動的に変化する周波数を掃引させて、広範囲に妨害を行う方法をいう。[典] JAFM006-4-18》

sweep line ［C］ 掃引線

sweep obstructer ＝sweep obstructor ［C］ 妨掃具

sweep path 掃海幅

sweep rate ［C］ 掃引率

sweep spacing 掃引間隔

sweep width 掃海幅；掃引幅；捜索幅

sweep wire ［C］ 掃海索

sweep wire length 掃海索長

swell diameter 蛋形部最大直径（たんけいぶさいだいちょっけい）《蛋形部の最大直径。[典] NDS Y 0001D》

sweptback wing ［C］ 後退翼

swept channel ［C］ 掃海水道

swept water ［U］ 既掃面

swerve 【空自】横滑り接地

S

swim fin ［C］ ひれ 《鰭》《[同] flipper》

swim out 自走発射 《水中発射管などの中で魚雷を発動させ、自力航走によって発進させること。[典] NDS Y 0041》

swing 振動

swinging base ［C］ コンパス修正盤

swinging traverse 掃射

swirl 渦流（かりゅう）

swirl error 旋転誤差 《コンパスの旋転誤差》

swirl type atomizer ［C］ 渦巻き噴霧器

swirl vane ［C］ 渦巻き形羽根

switch board (SWBD) ＝switchboard ［C］ ①交換機 ②配電盤

switch cock ［C］ 切り替えコック

switch control (SCON) スイッチ・コントロール 《ペトリオット用語》

switch horn ［C］ スイッチ触角

switching central 交換所

switching circuit ［C］ 開閉回路；切り替え回路

switching hub ［C］ スイッチング・ハブ 《ネットワークの中継機器であるハブの一種であり、端末から送られてきたデータを解析して宛先を検出し、所定の宛先だけにデータを転送する。[典] JAFM006-4-18》

switching oscillator ［C］ 切り替え発振器

switching relay ［C］ 切り替え継電器

switch over スイッチ・オーバー 《待機系を有する装置において、運用系の装置またはソフトウェアに障害が発生した場合、もしくはシステム制御装置からの指定に基づき、運用系の装置から待機系の装置へ処理を切り替えることをいう。[典] JAFM006-4-18》

switch panel ［C］ スイッチ・パネル 《操作スイッチのこと》

switch position ［C］ 斜交陣地

swivel gun ［C］ 施回砲

swivel slide ［C］ 旋回台；自在テーブル

syllabus ［C］ 【海自】訓練実施基準

symmetrical blading 対称翼列

symmetrical flutter 対称フラッター

symmetrical strategy ［C］ 対称戦略

sympathetic detonation 殉爆；誘爆 《爆薬または弾薬の爆発によって、近くにある爆薬または弾薬が、ほとんど同時に爆発する現象。[典] NDS Y 0001D》

sympathetic detonation range ［C］ 共爆距離；殉爆距離

sympathetic detonation test ［C］ 殉爆試験 《[同] gap test》

sympathetic vibration 共鳴振動

Sympathy Budget 【日】思いやり予算

synchronism indicator ［C］ 同期検定器

synchronization 同期化

synchronization error 周期誤差

synchronize ［vt.］ 同期調整する

synchronized clamping 同期クランピング

synchronized operation 同期運転

synchronized signal lamp ［C］ 同期信号表示灯

synchronized sweeping 同期掃海

synchronized test machine ［C］ 同期試験機

synchronizer ［C］ 同期装置

synchronizer elevator ［C］ 同調エレベーター

synchronizing 同期調整

synchronizing circuit ［C］ 同期回路

synchronizing current 同期化電流

synchronizing impulse 同期インパルス

synchronizing lamp ［C］ 同期検定灯

synchronizing relay ［C］ 同期継電器

synchronizing signal ［C］ 同期信号

synchronizing signal lamp ［C］ 同期信号表示灯

synchronizing system ［C］ 同期装置

synchronous ［adj.］ 同期型

synchronous bomb sight ［C］ 同期式爆撃照準器

synchronous communications satellite (SYNCOM) ［C］ 通信用静止衛星《SYNCOM = シンコム》

synchronous induction motor ［C］ 同期誘導電動機

synchronous machine ［C］ 同期機 《定常運転状態において、同期速度で回転する交流機をいう。[典] NDS F 8018D》《[対] asynchronous machine = 非同期機》

synchronous motor ［C］ シンクロ・モーター；同期電動機

synchronous orbit ［C］ 同期軌道

synchronous reactance 同期リアクタンス

synchronous watt 同期ワット

synchronous word 同期語

synopsis ［C］ 気象概況

synoptic map ［C］ 総観図；概観地図

synoptic weather chart ［C］ 概況気象図

syntax error シンタックス・エラー 《バッジ用語》

synthesis 合成

synthetic aperture 合成開口 《移動中の送受波器による複数回の送受信信号を利用して物理的開口長（送受波面の大きさ）より大きな開口を仮想的に形成すること、または形成された仮想的な開口。[典] NDS Y 0012B》

synthetic aperture radar (SAR) ［C］ 合成開口レーダー 《移動中のアンテナによる複数回の送受信号を利用して、物理開口長（アンテナの大きさ）よりも大きな開口を仮想的に形成することにより、高い角度分解能を得る信号処理方式を利用したレーダー》◇用例： airborne SAR = 航空機搭載SAR

synthetic equipment ［U］ 模擬訓練装置

synthetic fiber ［C］ 化繊索

synthetic visual system (SVS) ［C］ 合成視覚装置 《航空機》

syphon lubricator ［C］ サイホン注油器

system ［C］ ①システム 《いろいろな部分が集まって、それが有機的に結合され、それらの部分が共同し、あるいはいくつかの仕事を分担して一つの目的のための業務をおこなうもの。[典] NDS C 0002D》 ②体系；系統 ③組織

system administration function システム管理統制機能

System and Technology Forum (S&TF) 【日】日米装備・技術定期協議

systematic ［adj.］ 組織的

systematically ［adv.］ 有機的に

systematic error 器材誤差；定誤差

system concept paper ［C］ システム構想書

system control number (SCN) システム統制番号

System Control Office (SCO) 【空自】システム統制班 《の英語呼称》《システムの機能を最大限に発揮させるための統制業務を実施するために部隊に設置する組織をいう。[典] JAFM006-4-18》

system control station (SCS) ［C］ 【空自】システム制御装置 《航空作戦管制所（AOCC）セグメントまたは防空指令所（DC）セグメントのソフトウェアおよび装置の動作を制御および管理する機能を有し、データ入出力装置（DES）の機能も備えた装置をいう。[典] JAFM006-4-18》

system coordination center (SCC) ［C］ システム座標原点 《ペトリオット用語》

system coverage diagram ［C］ 組織覆域図

system delay 装置固有遅延

system design システム設計 《仕様書に規定されたシステムの構想や任務、特性等を考慮しつつ、仕様書に要求された機能・性能等を実現するために、システムにおける主要構成品ごとの機能・性能等を解析し、明確にすることをいう。[典] 装技計第250号》

system design pressure (system DP) システム設計圧力 《システム設計に用いられる圧力の最大値。[典] NDS Y 0006B》

system deviation 制御偏差

system diagram ［C］ 系統図 《機器または機器の集合について、その構成要素間の連絡を簡明に表した図をいう。[典] NDS C 0002D》

System Engineering-Capability Maturity Model (SE-CMM) システム・エンジニア能力成熟度モデル

system exerciser (SE) ［C］ システム・エクササイザー 《ペトリオット用語》

System Integration and Interoperability Section 【統幕】統合装備体系班 《防衛計画部計画課～の英語呼称》

system maintenance administration function システム維持管理機能

system management ［U］ システム管理

system management program (SMP)

［C］ システム管理プログラム 《航空作戦管制所 (AOCC) セグメントおよび防空指令所 (DC) セグメントのソフトウェア、装置を管理するプログラムをいい、システム制御装置上で動作する。⊛ JAFM006-4-18》

system monitor and control (SMC) システム監視制御部 《DDE-2の構成品であり、DDE-2システム構成機器の作動状態表示、デュアル構成機器をいう。⊛ JAFM006-4-18》

system monitor and control rack (SMCR) ［C］ システム監視制御架 《バッジ用語》

system monitoring data terminal set (SM-DTS) ［C］ システム・モニター用データ・ターミナル・セット

system numerical summary (SYSSUM) システム・ニューメリカル・サマリー 《SYSSUM = シッサム》

system of fits はめ合い方式

system operability test ［C］ システム試験

system operation function システム運用機能

system parameter ［C］ システム・パラメーター 《バッジ用語》

system permissible maximum pressure (system PMP) システム許容最大圧力 《システムが許容する圧力の最大値。⊛ NDS Y 0006B》

System Protection Unit ［the ~］ 【陸自】システム防護隊 《の英語呼称》《陸上自衛隊の情報システムを監視・防護する機関》

Systems and Technology Forum (S&TF) 【日】日米装備・技術定期協議 《装備・技術面での意見交換の場》

Systems Division 【防衛装備庁】システム研究部 《の英語呼称》

system security authorization agreement (SSAA) システム・セキュリティ合意文書

system security engineering (SSE) ［U］ システム・セキュリティ・エンジニアリング

System Security Engineering-Capability Maturity Model (SSE-CMM) システム・セキュリティ・エンジニアリング能力成熟度モデル

System Security Unit ［the ~］ 【空自】システム監査隊 《の英語呼称》《航空自衛隊の情報システムを監視・防護する機関》

Systems Planning Department 【海自】装備計画部 《の英語呼称》◇用例：装備計画部長 = Director of Systems Planning Department

Systems Programs Division 【海自】装備

体系課 《の英語呼称》

system supervision function (SSF) システム監視機能 《システム制御および管理プログラムの機能の一つで、装置群を構成する装置およびソフトウェアの作動状態および負荷状態を周期的に監視する。⊛ JAFM006-4-18》

system support record (SSR) ［C］ システム支援記録

Systems Work 【空自】工作 《准空尉空曹空士特技区分の英語呼称》

system time システム時刻 《バッジ用語》

system track ［C］ システム航跡 《システム内に航跡として確立された航跡をいう。⊛ JAFM006-4-18》

system track number システム航跡番号 《JADGE航跡番号、TDS用航跡番号、通信バッファ用航跡番号およびSS/陸自SAM用航跡番号の総称をいう。⊛ JAFM006-4-18》

system user ［C］ システム利用者 《情報システムの利用を許可された隊員をいう。⊛ 陸上自衛隊達第61-8号》

【T】

tab ［C］ ①タブ ②小安定翼

table elevating screw ［C］ テーブル昇降ねじ

table of allowance (T/A) ①【統幕】定数表 ②【空自】装備基準数表

table of basic allowance (T/BU) 基本定数表

table of distribution (TD) ①【陸自】定員表 ②【空自】配分表

table of distribution and allowance (TDA) 補給品配分定数表

table of distribution and allowance unit (TDA unit) ［C］ 編合部隊 《編合によって編成される部隊をいう。⊛ 陸自教範》

table of equipment (TOE) ①【統幕・空自】装備定数表 ②【陸自】装備表

table of organization 編制表

table of organization and equipment (TOE) ①【陸自】編制装備表 ②【海自】編成表

table of organization and equipment unit (TOE unit) ［C］ 編制部隊 《大臣が編制を定めることにより編成される部隊をいう。⊛ 陸自教範》

table of random 乱数表

623　　　　　　　　　　　　　　　　　　　　tact

table of random digits　乱数表

table of uniforms (T/U)　保護衣及び制服貸
与基準表

taboo frequency　[U]　①禁止周波数　《友
軍による故意のジャミングあるいは干渉が、決し
てあってはならない非常に重要な周波数あるいは
周波数の範囲》　②【海自】不可侵周波数

tabular attention display (TAD)　文字情
報アテンション表示　《操作員に注意や確認が必
要な際に出力されるものをいい、表示操作卓の文
字アテンション表示領域に出力され、可聴アラー
ムを伴う。㊞ JAFM006-4-18》

tabular display (TD)　文字情報表示　《アク
ション・エントリの操作によって表示される文字
情報をいい、主画面（PRO）または補助画面
（ARO）に表示される。㊞ JAFM006-4-18》

tachograph　[C]　記録回転計

tachometer　[C]　回転計；回転速度計；瞬間
回転計

tachometer generator　[C]　回転速度計発
電機　《㊂ tachometer transmitter》

tachometer transmitter　[C]　回転速度計
発信器　《㊂ tachometer generator》

tacit arms control agreement　軍備管理の
黙契

tackiness　粘着性

tacking　上手回し

tackle　テークル

tactical　[adj.]　戦術の；戦術的

tactical action (TA)　戦術行動

tactical action officer　[C]　【海自】哨戒
長；戦術管制士官

tactical advantage　戦術的優位

tactical aeromedical evacuation　戦術患者
航空後送

tactical air base　[C]　【米軍】戦術空軍
基地

Tactical Airborne Information
Document (TACAID)　【米軍】戦術機上
必携

Tactical Air Command (TAC)　【米軍】戦
術空軍　《TAC＝タック》

tactical air command center　[C]　【海
自】戦術航空指揮所

Tactical Air Command Center-Ashore
【米軍】陸上戦術航空指揮本部　《米海兵隊の戦術
航空作戦にかかわる、すべての航空機に対する指
令および警報の発令を行う航空作戦の本部をい
う。海兵隊の航空にかかわる指揮統制の最上位の
組織であり、ここから海兵隊の戦術航空部隊の指

揮官は戦術航空作戦を指揮統制し、他の軍と調整
を行う。㊞ 統合訓練資料1-4》

tactical air commander　[C]　①【統幕】
戦術航空部隊指揮官　②【海自】戦術航空指揮官

tactical air control center (TACC)　[C]
【米軍】戦術航空統制本部　《航空作戦の主指揮施
設（陸上または艦上）をいい、ここで戦術航空作戦
に関する全航空機および航空警戒警報機能を統制
する。㊞ 統合訓練資料1-4》

tactical air control center-afloat　[C]
【米軍】艦上戦術航空統制所　《戦術航空作戦にか
かわる、すべての航空機の統制と警報を発令する
航空作戦の統制所をいい、艦上に位置する。㊞ 統
合訓練資料1-4》

tactical air control group (TACG)　[C]
戦術航空統制任務群

tactical air controller　[C]　①戦術航空統
制官　②【海自】戦術航空管制官

tactical air control operations team
[C]　①戦術航空統制作戦班　②【海自】戦術
航空管制運用チーム

tactical air control party (TACP)　[C]
①【米軍】戦術航空統制班　《陸上部隊との連絡任
務および航空機の統制に任ずるよう設定された戦
術航空統制組織運用のための下部組織をいう。
㊞ 統合訓練資料1-4》　②【海自】戦術航空管制班

tactical air control squadron　[C]　①
戦術航空統制隊　②【海自】戦術航空管制隊

tactical air control system (TACS)　[C]
【米軍】戦術航空統制組織　《戦術航空作戦に関す
る計画、指令、統制ならびに他軍種部隊との調整に
必要な組織および器材をいい、中央統制と任務の
分権実施を可能ならしめる統制組織および通信電
子施設をもって構成される。㊞ 統合訓練資料1-4》

tactical air coordinator (TACCO)　[C]
①戦術航空調整官　②【海自】戦術航空士　《各航
空士から集めた情報を分析するとともに、操縦士
や各航空士に指示を出し、戦術を統制する》

tactical air coordinator-airborne
(TACCA)　空中戦術航空調整官　《必
要に応じて、作戦地域において航空機に搭乗し、
空中調整、通信中継等を行い、航空支援統制所の
代替または補完をする航空部隊の幹部をいう。
㊞ 統合訓練資料1-4》

tactical air director (TAD)　[C]　【海
自】戦術航空指導官

tactical air doctrine　航空戦術ドクトリン

tactical air force　①戦術空軍　②【海自】戦術
航空部隊

tactical air group　[C]　戦術航空群

tactical air intelligence　[U]　航空戦術情報

tactical air launched decoy (TALD)

T

［C］ 戦術空中発射デコイ

tactical airlift ［C］ 戦術空輸

Tactical Airlift Group ①【米空軍】戦術空輸群

tactical airlift operation 戦術空輸作戦

Tactical Airlift Wing (TAW) ①【空自】輸送航空隊 《の英語呼称》《略称は「輸空隊」》 ◇用例： 第1輸送航空隊（小牧） = 1st Tactical Airlift Wing (Komaki)；第3輸送航空隊司令部 = 3rd Tactical Airlift Wing Headquarters ②【米空軍】戦術空輸航空団

tactical air missile (TAM) ［C］ 戦術航空ミサイル

tactical air navigation system (TACAN) ［C］ 戦術航法装置 《操縦者に自機の位置を知らせるために、ある地上局からの距離と方位情報を与える地上および機上航法装置をいう。[典] JAFM006-4-18》《TACAN = タカン》

tactical air observer ［C］ 戦術航空観測官

tactical air officer ［C］ 戦術航空士官

tactical air operation 戦術航空作戦 《戦域において敵の各種作戦遂行能力またはその意志を破砕するために行う作戦をいう。[典] JAFM006-4-18》

tactical air operations center ［C］ ①戦術航空指揮所 ②【海自】戦術航空作戦センター

tactical air reconnaissance (TAR) 戦術航空偵察

tactical air reconnaissance pod system (TARPS) ［C］ 戦術航空偵察ポッド・システム 《TARPS = タープス》

tactical air support 戦術航空支援

tactical air support element (TASE) ［C］ 【米軍】戦術航空支援班 《当面する陸上作戦と戦術航空支援とを調整し統合するため、G-2およびG-3（航空）からなる米陸軍野戦軍、軍団、師団の陸上作戦本部の一組織をいう。[典] 統合訓練資料1-4》

tactical air-to-surface missile (TASM) ［C］ 空中発射戦術対地ミサイル

tactical air transport operations ［pl.］ 戦術航空輸送作戦

tactical alert net 警報通信網

tactical area of responsibility (TAOR) ［C］ 戦術担任区域

tactical ballistic missile ［C］ 戦術弾道ミサイル

tactical board ［C］ 攻撃作図盤

tactical bomb line ［C］ 戦術爆撃線

tactical call sign ①【空自】戦術呼び出し符号 ②【海自】戦術用コール・サイン

tactical chart ［C］ 戦術図

tactical column ［C］ 【陸自】戦術縦隊 《接敵機動のための行進において、敵との地上接触のおそれのある場合、迅速に戦闘隊形に移ることができるように戦術的に編成した行進縦隊をいう。[典] 陸自教範》《[対] route column = 途上縦隊》

tactical combat casualty care (TCCC; T3C) ［U］ 【米軍】戦術的戦傷救護

tactical combat force (TCF) 戦術戦闘部隊

tactical command ［C］ ①【海自】戦術部隊 ②【海自】戦術指揮

tactical command post ［C］ 戦闘指揮所

tactical communication 戦術通信

tactical communication network ［C］ 作戦通信網

Tactical Communications Satellite (TACOMSAT) ［C］ 戦術通信衛星 《TACOMSAT = タコムサット》

tactical concept 戦術構想

tactical control (TACON) ［U］ 【米軍】戦術統制 《指定された使命または任務を完遂するために必要な移動または機動に関する詳細かつ局地的な指示および統制をいう。[典] 統合訓練資料1-4》

tactical control assistant (TCA) 射撃管制コンソール員 《ペトリオット用語》

tactical control officer (TCO) ［C］ 【空自】高射指令官 《高射運用幕僚もしくは高射運用幹部の主特技を有する者またはその配置にある者のうち、高射隊または高射教導隊第2教導隊に所属する者をいう。[典] 航空自衛隊達第11号》

tactical control operations team (TCOT) ［C］ 戦術統制運用チーム

tactical countermeasures ［pl.］ 戦術的対抗手段

tactical data ［U］ 戦術要素

tactical data display system ［C］ 戦術データ表示装置

Tactical Data Distribution System (TDS) 戦術データ交換システム 《[備]「配布システム」ではないことに注意する》

Tactical Data Link (TDL) 戦術情報リンク ◇用例： Tactical Data Link-J = 戦術情報リンク－J《[同] Tactical Digital Information Link》

tactical data system ［C］ 目標指示装置

tactical deception group ［C］ 戦術欺瞞任務群

tactical decision ［C］ 戦術上の決定

tactical defensive 戦術守勢

tactical depth 地形縦深 《[同] operational

T

depth》

tactical diameter 旋回径

Tactical Digital Information Link (TADIL) 戦術ディジタル情報リンク ◇用例： Tactical Digital Information Link-J = 戦術ディジタル情報リンク－J《[同] Tactical Data Link》

tactical director (TD) ［C］ 【空自】高射管制官 《高射運用幕僚もしくは高射運用幹部の主特技を有する者またはその配置にある者のうち、指揮所運用隊または高射教導隊第1教導隊に所属する者をいう。[典] 航空自衛隊達第11号》

tactical director assistant (TDA) ［C］ 情報調整コンソール員 《ペトリオット用語》

tactical diversion 戦術的航路変更

tactical echelon of command 戦術部隊

tactical effectiveness evaluation (TEE) 要撃戦技点検

tactical electronic combat squadron (TEWS) ［C］ 戦術電子戦飛行隊

tactical electronic reconnaissance (TEREC) 【空自】戦術電子偵察 《戦線周辺における敵の最新の電子情報を収集するために、脅威識別と位置標定および収集情報を地上へ伝達する活動をいう。[典] 統合訓練資料1-4》

tactical electronic warfare squadron ［C］ 戦術電子戦飛行隊

tactical electronic warfare system (TEWS) ［C］ 戦術電子戦システム 《TEWS = チューズ》

tactical element 戦術単位

tactical employment 戦術的用法

tactical environmental support system (TESS) ［C］ 戦術環境支援システム

tactical evacuation 戦術的後送 《「戦術的後送」には、「casualty evacuation（負傷者後送）」と「medical evacuation（患者後送）」が含まれる》◇用例： tactical evacuation care = 戦術的後送救護

tactical evaluation 戦力評価

tactical evaluation check 戦力評価

tactical exercise ［C］ 戦術演習

tactical field care (TFC) ［U］ 【米軍】戦術的野外救護 《敵の直接の砲火は脱したものの、依然敵の脅威下での衛生隊員による処置》

tactical fighter (TF) ［C］ 戦術戦闘機

Tactical Fighter Training Group 【空自】飛行教導隊 《の英語呼称》

tactical flag command center (TFCC) ［C］ 旗艦戦術指揮センター

Tactical Flight Research Section 【自衛隊】飛行隊戦技研究班 《の英語呼称》

tactical game board ［C］ 兵棋演習盤；図上演習盤

tactical grouping 戦術編合

tactical information coordinator (TIC) ［C］ 【海自】戦術情報管制員

tactical information display (TID) ［C］ 戦術状況表示器

tactical information processing and interpretation system ［C］ 戦術情報資料処理判定システム

tactical initialization (TACI) 高射隊初期設定プログラム 《TACI = ターキィ》

tactical intelligence (TACINTEL) ［U］ 戦術情報

Tactical Intelligence and Related Activities (TIARA) 戦術情報及び関連活動

Tactical Intelligence Management Equipment Section 【海自】戦術情報処理器材班 《の英語呼称》◇用例： 戦術情報処理器材班長 = Officer, Tactical Intelligence Management Equipment Section

Tactical Internet 戦術インターネット

tactical logistical group (TACLOG group) ［C］ 戦術後方班

tactical maneuver ［C］ ①【陸自】戦術機動 《敵に対して、戦術的に有利な態勢を占めるために行う機動をいい、接敵機動と戦場機動がある。[典] 陸自教範》 ②【海自】戦術運動

tactical map ［C］ 戦術用地図

tactical march 【自衛隊】戦術行進

tactical message center ［C］ 戦術通信中枢

tactical micro-nuke ［C］ 超小型核爆弾

tactical mine filed ［C］ 戦術的機雷原

tactical mining 戦術的機雷敷設

tactical missile (TM) ［C］ 戦術ミサイル；戦術誘導弾

tactical missile defense (TMD) ［U］ 戦術ミサイル防衛

Tactical Missile Defense Initiative (TMDI) 戦術ミサイル防衛構想

tactical mission ［C］ ①【陸自】戦術任務 《火力戦闘部隊の戦闘遂行の基準を与えるために付与する任務をいい、火力戦闘の責任を明らかにするものである。[典] 陸自教範》 ②【空自】戦術ミッション 《要撃機等を戦術目標として指定した地点または空中航跡以外の航跡に対して指向するミッション。[典] JAFM006-4-18》

tactical mission route ［C］ 戦術ミッション・ルート 《要撃機等を戦術目標に向かわせる

T

ルートを含む戦術ミッション計画のことをいう。⦿ JAFM006-4-18》

tactical movement 【海自】戦術移動 《戦術的な任務達成のために、戦闘を予期しつつ実施する移動をいう。⦿ 統合訓練資料1-4》

Tactical Network Control System (TNCS) 【空自】作戦用通信回線統制システム 《TNCSは、JADGEの作戦運用に必要とする音声・データ通信の提供、運用区分ごと（方面隊等）のネットワークの構築機能、障害時の回線統制機能を有するものであり、航空自衛隊の航空警戒管制任務等に必要不可欠な通信インフラである》

tactical nuclear weapon (TNW) ［C］ 戦術核兵器 《個々の戦場で使用するための核兵器。短距離核ミサイル、核火砲、核地雷など》

tactical obstacle ［C］ 戦術障害；戦術障害物

tactical offensive 戦術攻勢

tactical offensive minefield ［C］ 戦術的攻勢機雷原

tactical operation center (TOC) = tactical operations center ［C］ ①【米軍】陸上作戦本部 《当面する陸上作戦およびこれに対する戦術支援に関する幕僚業務を遂行する陸上部隊の幕僚組織をいう。⦿ 統合訓練資料1-4》 ②【海自】戦術作戦指示所

tactical operations ［pl.］ ①戦術作戦 ②【陸自】戦術行動 《部隊を戦術的に運用する各種の行動をいい、攻撃、防御、後退行動、遅滞行動、部隊交代等がある。⦿ 陸自教範》

tactical operations area ［C］ 戦術的作戦区域

tactical organization 戦術編成

tactical peripheral diagnostic (TPHD) 周辺機器診断プログラム 《ペトリオット用語》

tactical photographic reconnaissance 戦術写真偵察

tactical picture ［C］ 戦術的様相

tactical plan ［C］ 戦闘計画

tactical plot ［C］ 戦術プロット

tactical psychological warfare ［U］ 戦術心理戦

tactical range ［C］ 戦術距離

tactical reconnaissance 戦術偵察

Tactical Reconnaissance Group (TAC RECON Group) 【空自】偵察航空隊 《の英語呼称》《略称は「偵空隊」》

tactical reserve 戦術予備

tactical ride 現地研究 《車両による現地研究》

tactical sea transportation ［U］ 【海自】海上作戦輸送 《作戦上の要求に基づき、陸海空自衛隊の部隊ならびに装備品等を、海上自衛隊の任務部隊をもって、味方の支配下にある海岸または港湾に海上輸送することをいう。⦿ 陸自教範》

tactical sea transportation group (TSTG) ［C］ 海上作戦輸送部隊

tactical security ［U］ 戦術保全

tactical situation ［C］ ①戦況 ②【海自】戦術状況

tactical situation display (TSD) 戦術状況表示 《JADGE用語》

tactical software development facility (TSDF) ソフトウェア開発試験装置 《ペトリオット用語》

tactical sonar range (TSR) ［C］ 戦術ソーナー探知距離

tactical support center (TSC) ［C］ 戦術支援センター

tactical surprise ［C］ 戦術的奇襲

tactical target ［C］ 戦術目標

tactical towed array sonar (tactical TASS; TACTAS) ［U］ 戦術曳航アレイ・ソーナー 《比較的限定された領域の情報収集を目的とする戦術用えい航式アレイ・ソーナー。⦿ NDS Y 0012B》《TACTAS ＝ タクタス》

tactical training ［U］ 戦闘訓練

tactical transport aircraft ［pl. ＝ ～］ 戦術輸送機

tactical troops ［pl.］ 戦術部隊

tactical unit ［C］ ①【陸自】戦術部隊 ②【海自】戦術単位

tactical vehicle ［C］ 戦術車両

tactical walk 現地研究 《徒歩による現地研究》

tactical warning 戦術警報

tactical warning and attack assessment (TW/AA) 戦術警戒・攻撃評価

tactical wire entanglement ［U］ 戦術鉄条網

tactics ［pl.］ ①戦術 《作戦および戦闘において、状況に即し任務達成に最も有利なように部隊を運用する術をいう。⦿ 統合訓練資料1-4》 ②【陸自】戦法 《ある特定の戦略思想または戦術思想を受けて開発された作戦、戦闘の具体的な実行方法をいう。⦿ 陸自教範》

Taepo Dong-1 (TD) テポドン 《北朝鮮のミサイル》◇用例： Taepo Dong-1 (TD-1) ＝ テポドン1号

tag ［C］ 札；票 《識別札、物品票》

tail ［C］ ①後尾 ②尾部 ③弾尾 《弾丸、爆弾、誘導弾の後部。⦿ NDS Y 0001D》

tail area ［C］ 尾翼面積

tail assembly ［C］ 尾翼 《航空機》《[同] tail unit》

tail chase 追しょう運動

tail cone ［C］ テール・コーン

tail down landing 尾部下げ着陸

tail fuze ［C］ 弾底信管 《弾底または弾尾に装着して使用する信管》《[同] base fuze, base detonating fuze》

tailgate (TGT) ［C］ 尾板；テールゲート

tail guard assembly ［C］ 尾部

tail heavy ①テール・ヘビー ②しり重

tail landing gear ［C］ テール・ランディング・ギヤー；尾部降着装置

tailless aircraft ［pl. = ～］ 無尾翼機

tail light ［C］ 尾灯

tail load ①【空自】尾翼部荷重 ②【海自】尾翼荷重

Tailored Deterrence Strategy 【米】オーダーメード型抑止戦略

tailored repairable item list (TRIL) ［C］ 特定修理品目リスト

tail pipe ［C］ ①【空自】テール・パイプ ②【海自】排気導管；尾管

tail plane ［C］ ①尾翼 ②尾翼面

tail rotor ［C］ 尾部回転翼；テール・ローター

tail splice テール線結合法

tail stock 心押台（しんおしだい）

tail tube ［C］ 尾筒（びとう）

tail unit ［C］ 尾翼 《航空機》《[同] tail assembly》

tail warning radar ［C］ 後方警戒レーダー

tail warning system (TWS) ［C］ 後方警戒装置

tail wheel ［C］ 尾輪

tail wind ［U］ 背風

tail wind landing ①【空自】背風着陸 ②【海自】追い風着陸

tail wire ［C］ 尾索（びさく）

take-off (T/O) ①離陸 ②離水

take-off and landing drill ［C］ 離着陸訓練 《戦闘機》

take-off clearance 離陸許可

take-off climb 離陸上昇

take-off distance (TOD) 離陸距離

take-off forecast ［C］ 離陸予報 《航空機》

take-off gross weight ［U］ 離陸全備重量

take-off limitation 離陸制限

take-off path ［C］ 離陸経路

take-off power 離昇出力

take-off rated power 離陸定格出力

take-off roll 離陸滑走

take-off RPM 離昇回転数

take-off run 離陸滑走

take-off run distance 離陸滑走距離

take-off weight ［U］ 離陸重量

taking ship ［C］ 回航船舶 ◇用例： taking ship supervisor = 回航監督官；order to take the ship = 回航命令

taking ship measure ［C］ 【日】回航措置 《停船検査を行った船舶の船長等に対し、我が国の港へ回航すべき旨を命じ、当該命令の履行を確保するために必要な監督をすることをいう。[典] 法律第百十六号》

talc タルク；滑石（かっせき）

Taliban タリバン 《アフガニスタンで活動するスンニ派過激組織》

Talisman Sabre 【陸自】タリスマンセーバー 《豪州における陸上自衛隊と米軍との実動訓練の演習名》◇用例： the biennial military training exercise Talisman Saber 2017 = 隔年軍事演習タリスマン・セーバー2017

talk 通話

talk control ［U］ 通話統制 《緊急な電話の速達を図るため、当該司令部等から発する電話について、あて名、緩急区分、通話時間、通話の要旨、必要により秘密区分等を点検するとともに、通信の現況および戦況上必要な場合は、通話の要否および緩急区分を審査して、通話を統制することをいう。[典] 統合訓練資料1-4》

talker ［C］ 交話員

talking circuit ［C］ 通話回路；通話回線

talking range ［C］ 通話距離

talk-key ［C］ 通話電鍵（つうわでんけん）

Tallinn Manual ［the ～］ タリン・マニュアル 《NATOサイバー防衛協力センター（CCDCOE）が行ったサイバー活動と国際法の関係に関する研究の成果物。2013年に出版された。正式名称は「Tallinn Manual on the International Law Applicable to Cyber Operations」。Tallinn Manual 2.0（タリン・マニュアル2.0）に改訂されている》

tallyho report ［C］ 敵機発見報告

Tama Hills Recreation Center 【在日米軍】多摩サービス補助施設

tamper-resistance technology 耐タンパー技術 《耐タンパー技術は、装備品システム内部の重要情報を保護するための技術。この技術によ

tamp 628

り、ハードウェア攻撃が行われたときの攻撃検知およびサイドチャネル攻撃に対する耐性強化が可能になる。⊛ 電子装備研究所研究要覧》

tamping 穴込め；突き固め（つきかため）

tampion ＝ tompion 砲口栓（ほうこうせん）《ほこりや水などの侵入を防ぐため、砲口部に装着する栓。⊛ NDS Y 0003B》《⟐ muzzle plug》

tandem engine ［C］ タンデム機関；くし形機関

tandem plane ［C］ タンデム式複座機

tandem propeller タンデム・プロペラー

tandem rotor helicopter ［C］ タンデム回転翼式ヘリコプター

tandem switch ［C］ 中継スイッチ

tandem transmission タンデム送信 《アクティブ・ソーナーにおいて、1回の探信で複数の異なるパルス信号を縦列に組み合せ、一つのパルス信号として送信すること。⊛ NDS Y 0012B》

tandem warhead ［C］ タンデム弾頭 《1個の弾薬の中に2個の弾頭を前後に並べ、2段階で爆発するようにした弾頭。⊛ NDS Y 0001D》

tangent galvanometer ［C］ 正切検流計

tangential approach principle ［C］ 接線進入法

tangential load ［C］ 接線荷重

tangent key ［C］ 接線キー

tank (TK) ［C］ 戦車 ◇用例：90式戦車 ＝ Type-90 tank

tank battalion ［C］ 戦車大隊 ◇用例：第10戦車大隊 ＝ 10th Tank Battalion（10TKB）

tank capacity タンク容量

tank circuit ［C］ タンク回路 《高周波の発振器または増幅器に用いる共振回路。これらの共振回路は、コイルとコンデンサーとでエネルギーを交互に蓄えることから、この名称がある。⊛ レーダー用語集》

tank corps ［pl.］ 戦車隊

tank destroyer ［C］ 戦車駆逐車

tanker aircraft ［pl. ＝ ～］ 空中給油機

Tank Group 【陸自】戦車群 《の英語呼称》◇用例：1st Tank Group ＝ 第1戦車群

tank gun ［C］ 戦車砲 《戦車に搭載した火砲。⊛ NDS Y 0003B》◇用例：120mm tank gun ＝ 120mm戦車砲

tank jettison タンク投棄

tank landing ship ［C］ 戦車揚陸艦 《艦種記号：LST》

tank laser sight ［C］ 戦車用レーザー照準装置

tank periscope ［C］ 照準潜望鏡 《戦車用部品》◇用例：tank-gunner's periscope ＝ 砲手用照準潜望鏡

tank recovery 戦車回収車 《戦車から砲および砲塔などを取り除いた車体部に回収装置を取り付けた車両。戦車部隊等に同行し、戦車などの野外回収作業を行う》

tank-regiment command control system (T-ReCs) ［C］ 【陸自】戦車連隊指揮統制システム

tank top planting タンク頂板

tank unit ［C］ 【陸自】戦車部隊

tap 水栓

tap changer ［C］ タップ切り替え器

tape library unit (TLU) ［C］ テープ・ライブラリ装置 《補助記憶装置のテープ・ライブラリ装置をいい、媒体としてリニア・テープオープン（LTO）を使用し、レコーディングやレコーディング・データの長期保存などに使用する。⊛ JAFM006-4-18》

tape mark (TM) ［C］ テープ・マーク《バッジ用語》

tapered waveguide ［C］ テーパー導波管

tapered wing ①【空自】先細翼 ②【海自】テーパー翼

taper ratio ［C］ 先細比

taper screw chuck ［C］ ねじ込みチャック

tape transport cassette (TTC) ［C］テープ・トランスポート・カセット 《ペトリオット用語》

tappet タペット

tappet guide タペット案内

taps 消灯らっぱ 《⟐ reveille ＝ 起床らっぱ》

tap voltage タップ電圧

tardiness 遅刻

tare ［C］ 器材重量；風袋（ふうたい）

tare weight ［U］ 風袋重量

target (TGT) ［C］ ①目標 《射撃すべき物体または地点をいう。⊛ 海上自衛隊訓練資料第175号》 ②標的；射撃目標

target acquisition ［U］ 目標捕捉（もくひょうほそく）《指示された目標を射撃指揮装置のレーダー・スコープ上または光学照準装置の視野内に捕らえることをいう。⊛ 海上自衛隊訓練資料第175号》

target acquisition and designation sight (TADS) ［C］ 目標捕捉及び指示照準器

target acquisition and designation system (TADS) ［C］ 目標補足指示システム

target acquisition radar ［C］ 目標捕捉レーダー

target acquisition system (TAS) ［C］ 目標捕捉システム 《TAS = タス》

target acquisition unit ［C］ 目標捕捉装置

target allocation ［U］ 目標割り当て

target analysis 目標分析 《目標を審査して、目標の重要度およびこれに指向する最良の火力手段と火力指向の要領とを明らかにすることをいう。㊨ 陸自教範》

target angle ［C］ 【海自】的角（てきかく） 《目標の艦首尾線を含む鉛直面と照準線を含む鉛直面とのなす角度を、水平面内において目標の艦首から右回りに測定したものをいう。㊨ 海上自衛隊訓練資料第175号》

target approach point ［C］ 目標接近点

target area = area of target ［C］ 目標地域 《射撃》

target array ［C］ 目標配列

target aspect ［C］ 目標アスペクト

target assignment 目標付与

target base line 目標基準線

target bearing 的方位角（まとほういかく）；目標方位

target center display (TCD) 目標中心表示 《PPI表示において、目標位置を中心に置く表示方式。㊨ NDS Y 0012B》《TCD = ティーシーディー》

target chart ［C］ 目標図

target combat air patrol 目標戦闘空中哨戒

target complex 複合目標

target concentration ［U］ 集中目標

target container ［C］ 標的展張容器

target control unit ［C］ 目標管制装置

target coordinator ［C］ 目標調整官

target course ［C］ 的針 《標的艦の針路》

target course indicator ［C］ 的針指示器

target date ①開始日 ②完了日

target designation ①【空自】目標指定 ②【陸自】目標指示；目標呼称指定

target designation sector ［C］ 目標呼称セクター

target designation system ［C］ 【海自】目標指示装置

target designation transmitter (TDT) ［C］ 【海自】目標指示発信器

target designator ［C］ 目標標定器 《昼夜間の目標の探知、標定、測距、測角および射撃の観測に用いる装置。㊨ NDS Y 0004B》

target direction post ［C］ 目標誘導所

target discrimination ［U］ 目標識別

target discriminator ［C］ 標的識別装置

target Doppler nullifier (TDN) ［C］ 目標ドップラー消去器

target dossier ［C］ 目標関係ファイル

target elevation ［C］ 目標高角

target folder ［C］ ①【空自】目標綴り（もくひょうつづり）；攻撃目標綴り ②【海自】目標関係フォルダー

target grid ［C］ 目標グリッド

target homing device ［C］ 目標追尾装置

target identification bomb (TIB) ［C］ 目標識別爆弾

Target Identification System Electro-Optical (TISEO) 【米空軍】電子光学目標識別システム

target indicating system ［C］ 目標指示装置

target indication 目標表示

target information ［U］ 目標情報

target information center ［C］ ①【陸自】目標情報所 ②【海自】目標情報センター；目標情報中枢

targeting ①【空自】目標選定 ②【陸自】目標指向 ③【統幕】目標の決定；ターゲティング 《限られた戦力で、より多くの打撃を敵に与えるため、陸・海・空のそれぞれの部隊が、それぞれの目標を相互に調整する活動をいう。㊨ 統合訓練資料1-4》

target intelligence ［U］ 目標情報 《火力等の指向のために必要な目標の位置、種類、状態等に関する情報資料を収集・処理して得た知識をいう。㊨ 陸自教範》

target length 目標長 《目標の全長。㊨ NDS Y 0041》

target line ［C］ 目標線

target list = list of target ［C］ ①攻撃目標リスト 《作戦》 ②目標リスト 《情報》

target lost 目標消失

target materials ［pl.］ 目標資料

target motion 目標運動

target motion analysis (TMA) 目標運動解析 《方位線情報またはローファーの情報をもとに、目標の針路、速力、位置などを求めること。㊨ NDS Y 0012B》《TMA = ティーエムエー》

target noise ［U］ 目標雑音 《ソーナーの目標が発生する雑音。㊨ NDS Y 0011B》

target number 目標番号

target pattern 〔C〕 目標パターン

target plane 〔C〕 標的機

target positional data 〔U〕 目標位置諸元

target practice cartridge 〔C〕 演習弾《射撃訓練に使用する目的で設計した弾薬。弾着表示薬を装塡しているので、着弾時に爆発、発光する。[典] NDS Y 0001D》《[同] practice ammunition》

target practice with live shells 実弾射撃《訓練》

target priority 目標の優先順位

target range 目標距離

target ranging radar (TRR) 〔C〕 目標測距レーダー

target recognition (TR) 〔U〕 目標確認；視認

Target Recognition Attack Multi-sensor (TRAM) 〔C〕 【米軍】目標識別攻撃多目的センサー

target reporting unit (TRU) 〔C〕 【海自】目標通報機《有人または遠隔操縦のセンサー・プラットフォームをいう。目標通報機は、水上目標情勢図の作成およびミサイル交戦に関するデータを評価して、ミサイル攻撃ユニットに通報または送信することができる。[典] 統合訓練資料1-4》

T

target response 〔C〕 目標反応

target run 的航走距離（てきこうそうきょり）

targets array 〔C〕 目標系列

target-seeking torpedo 〔C〕 索的魚雷

target selection 目標選定《攻撃すべき個別の目標または特定の目標群を決定すること》《[同] targeting》

target size 目標の大きさ

target source level 〔C〕 目標音源レベル

target spanning 目標幅員測定

target speed ①【空自】標的速度；目標速度 ②【海自】的速《標的艦の速度》

target speed ratio 〔C〕 目標速度比

target spot 〔C〕 射撃目標地点；目標地点

target strength 〔U〕 ターゲット・ストレングス

target system 目標系

target tracking 目標追随

target tracking console (TTC) 〔C〕 【海自】目標追尾コンソール

target tracking radar (TTR) 〔C〕 目標追尾レーダー；目標追随レーダー

target transmitter 〔C〕 目標発信器

target turn 的変針（てきへんしん）

target velocity 〔U〕 【海自】的速（てきそく）《測的した目標の速力。[典] NDS Y 0041》

target width 目標幅《目標からの放射音または反響音が、ソーナーの表示装置に表示される角度の幅。[典] NDS Y 0012B》

tar oil 〔U〕 タール油

tarpaulin 防水布；防水幌

tarpaulin canvas 〔C〕 防水帆布

tarred rope 〔C〕 タール索

Tartar 【米軍】ターター《ミサイル名》

Tartar system 〔C〕 【米軍】ターター・システム《ミサイル発射機、射撃指揮装置などから構成される米国製の中距離艦対空ミサイル・システム》

task 〔C〕 ①任務 ②タスク

task assignment 作業割り当て

task element (TE) 〔C〕 任務分隊

task fleet (TFLT) 〔C〕 任務艦隊

task force (TF) ①【海自】任務部隊《特定の任務達成のため編成された海上部隊をいう。任務群（TG ： Task Group）、任務隊（TU ： Task Unit）等によって構成される。[典] 統合訓練資料1-4》 ②支隊《通常、主力と離れて特定の作戦任務を、ある期間独立的に遂行するため派遣される部隊をいう。[典] 陸自教範》

Task Force for Intelligence and Countermeasure against Terrorist Financing 〔the ～〕 【日】テロ資金情報・対策作業部会

task group (TG) 〔C〕 任務群

task organization ①編組（へんそ）《部隊区分により配属系統を定め、もしくは個別に配属系統を定めることにより部隊を一時的に組織すること、または指揮下にある部隊の人員および装備をもって当該部隊以外の部隊を一時的に組織することをいう。編組によって一時的に組織された部隊を「編組部隊」という。[典] 防衛省訓令第17号》 ②【海自】任務編成

task organization unit 〔C〕 編組部隊《編組によって一時的に組織された部隊を「編組部隊」という。[典] 防衛省訓令第17号》

task unit (TU) 〔C〕 任務隊

Tategami Pier 【海自】立神港区（たてがみこうく）《佐世保》

taut wire measuring gear 〔C〕 海上基線測定機

taxi 地上滑走《航空機の地上滑走。[備]「taxi」は「トーイング」と発音する》

631   tech

taxi clearance　滑走許可

taxi instructions　[pl.]　地上滑走指示

taxing　地上滑走

taxing noise　タクシーイング音　《航空機が離着陸の前後に駐機場と滑走路を行き来する際の騒音》

taxiway (twy)　誘導路　《航空機の誘導路》

taxiway light　[C]　誘導路灯

TBM mode　TBMモード　《TBM = theater ballistic missile（戦域弾道ミサイル）》《JADGE用語》

TBM target　[C]　TBM目標　《TBM（戦域弾道ミサイル）またはその疑いのある飛翔体をいう。⊛ JAFM006-4-18》

TBM tracking　TBM追尾　《JADGE用語》

TBM warning　TBM警報　《弾道ミサイル発射情報を入手した場合に発する警戒警報をいう。⊛ JAFM006-4-18》《TBM（戦域弾道ミサイル）》

TCTO kit　[C]　TCTOキット　《改修作業に必要な部品等を組み合せたものをいう。⊛ 2補LPS-A00001-15》《TCTO = time compliance technical order（期限付き技術指令書）》《⊛ modification kit》

TDS track　[C]　TDS航跡　《戦術データ交換システム（TDS）地上用システムから受領した航跡をいう。⊛ JAFM006-4-18》

TDS unit　[C]　TDSユニット　《戦術データ交換システム（TDS）地上用システムから受領するJU（JTIDS unit）の総称をいう。⊛ JAFM006-4-18》

teaching suggestion　教育指針

Team Spirit　チーム・スピリット　《米韓合同軍事演習》

team training exercise (TTX)　[C]　防空組織訓練

tear down　分解　《エンジン等の分解》

teardown deficiency report (TDR)　[C]　分解検査報告

tear down report　[C]　分解検査報告書

tear drop type　涙滴形

tear gas　催涙ガス　《⊛ lacrimator = 催涙ガス》

tear-gas bomb　[C]　催涙弾

tear-gas canister　[C]　催涙筒

tear resistance　破断抗力

tear test　[C]　引き裂き試験

Technical Advisory Group (TAG)　技術支援アドバイザリー・グループ

technical analysis　技術分析

technical and engineering official　技官

technical architecture　[U]　技術アーキテクチャ

technical assistance　[U]　技術援助　《装備品等の製造者等の技術者が、官側の整備員などに対し、装備品等の操作要領；整備・修理・試験などの要領を指定した場所において技術指導を行うことをいう。⊛ GLT-CG-Z500002J》

technical bulletin (TB)　[C]　技術出版物；技術指令書

technical characteristics　[pl.]　技術特性

technical circular directive (TCD)　[C]　耐空性改善通報

technical development plan (TDP)　[C]　技術開発計画

technical directive　[C]　技術指令；技術指令書

technical documentation (TECDOC)　[U]　技術文書

technical education　[U]　技術教育

technical evaluation　技術評価

technical function　技術機能

technical information　[U]　技術情報

technical inspection　技術検査

technical instruction compliance (TIC)　[U]　技術指令条件適用

technical instruction compliance record　[C]　技術指令実施記録

technical instructors course (TIC)　[C]　教育技術課程

technical intelligence (TECH-INT)　[U]　技術情報　《火器・弾薬、誘導武器、軍用車両、工兵器材、軍用航空機、軍用艦船、補給器材、衛生器材、通信電子・情報装備、核・生物・化学兵器、宇宙兵器等の技術に関する情報資料を収集・処理して得た知識をいう。⊛ 陸自教範》

technical manual (TM)　[C]　技術教範

technical material　【空自】技術資料　《調達物品の整備、補給支援、安全等を適正かつ効率的に実施するために必要な技術指令書、修理標準指示（MEO）、技術変更提案（ECP）、取扱説明書等の技術的根拠となる資料。⊛ 2補LPS-A00001-15》

Technical Officers Course (TOC)　【空自】技術幹部課程　《の英語呼称》《技術幹部として必要な専門的知識および技能の修得および技術幹部としての資質の陶冶（とうや）を目的とする課程》

technical operational intelligence (TOPINT)　[U]　技術的作戦情報

Technical Order (TO)　【空自】技術指令書　《航空自衛隊技術指令書規則に基づき刊行されるもので、装備品等の運用および整備ならびにこれ

T

に関連する補給支援および安全対策に関して必要な技術指令事項を内容として発行する出版物等。[典] C&LPS-A00001-22》

technical order compliance (TOC) ［U］ 期限付き技術指令書処理要領

technical order deficiency report (TODR) ［C］ 技術指令書欠陥報告書

technical performance measurement (TPM) ［C］ 技術性能管理；技術業績測定

technical report (TR) ［C］ 技術報告

technical requirements ［pl.］ 技術要求事項

Technical Research and Development Institute (TRDI) 【防衛省】技術研究本部《の英語呼称》◇用例： 技術研究本部長 ＝ Director General, Technical Research and Development Institute

Technical School 【空自】術科学校 《の英語呼称》◇用例： 第1術科学校 ＝ 1st Technical School《略称は「1術校」》

technical science ［U］ 術科

Technical Sergeant (T Sgt.) ①【空自】2等空曹 《の英語呼称》 ②【米空軍】2等軍曹

T

technical specialty ［C］ 技術特技

technical specification ［C］ 技術仕様書

Technical Standard Order (TSO) 技術基準書 《米国連邦航空局》

technical supply operation 技術補給操作

Technical Support Group (TSG) 技術支援グループ

technical survey ［C］ 技術調査

technical training ［U］ 技能訓練

Technical Training Section 【空自】術科教育班 《の英語呼称》◇用例： 術科教育班長 ＝ Chief, Technical Training Section

Technical Training Squadron 【空自】技能訓練隊 《の英語呼称》

technician ［C］ 技術者

technological demonstration research ［U］ 技術実証型研究

technological research and development ［U］ 技術研究開発

technological surprise ［C］ 技術的奇襲

Technology Analysis Specialist 【防衛装備庁】技術分析専門官 《電子装備研究所～の英語呼称》

Technology Analyst 【防衛装備庁】技術分析官 《電子装備研究所～の英語呼称》

tee T 《継ぎ手》

teeth and tail 第一線部隊及び後方部隊

teeth to tail ratio ［C］ 第一線・後方比率

Tehrik-e-Taliban Islami (TTI) イスラム・タリバン運動 《パキスタンで活動する過激組織》

Tehrik-e Taliban Pakistan (TTP) パキスタン・タリバン運動 《パキスタン北西部を中心に活動するスンニ派過激組織》

telebriefing ［C］ 電話記者会見；電話ブリーフィング

telecommunication ①【統幕】電気通信 《電気通信とは、有線および無線の電信電話、ファクシミリまたはビデオ伝送等による通信をいう。[典] 防衛庁訓令第39号》 ②【陸自】遠隔通信

telecommunication cable ［C］ 通信ケーブル

telecommunications center ［C］ 電気通信センター

telecommunication system 通信方式 《通信方式とは電気通信を行う方式をいい、電話、電信および画像通信に区分される。[典] 統合訓練資料1-4》

Telecommunication Systems Equipment Maintenance 【空自】地上無線整備 《准空尉空曹空士特技区分の英語呼称》

teleconference ［C］ 電話会議

teleconnection テレコネクション

telegram blank 電報用紙

telegram with multiple address 同文電報

telegraph ［U］ 【海自】テレグラフ 《艦橋が指示した速力区分とプロペラー回転数の増減を表示する機材》

telegraph communication 電信通信

telegraphic distortion 電信ひずみ

telegraph key ［C］ 電鍵（でんけん）

telemeteorograph ［C］ 隔測自記気象計

telemetering 遠隔測定

telemetry intelligence (TELINT) ［U］ テレメトリー情報 《外国のテレメトリー信号を傍受、処理および分析をすることで得られる情報および技術的知識をいう。なお、テレメトリー情報は計装信号情報（FISINT）の一つのカテゴリーである。[典] 統合訓練資料1-4》

telephone (TEL) ［C］ 電話機 《卓上型の電話端末機器をいい、1回線を多周波信号（DTMF）ダイヤルを用いて使用する。[典] JAFM006-4-18》

telephone adaptor (TEL ADP) ［C］ 電話機用付加装置 《電話機Aを搬送端局装置経由で使用するための端末側インターフェースを有する付加装置をいう。[典] JAFM006-4-18》

telephone authentication ［U］ 電話固有

識別

telephone cable ［C］ 電話ケーブル

telephone call wire ［C］ 呼び出し線

telephone center ［C］ 電話交換所

telephone circuit ［C］ 電話回路

telephone circuit switch (TEL SW)
［C］ 作戦用電話交換機 《TEL SW＝テルスイッチ》

telephone console equipment (CE) ［U］
電話コンソール装置 《バッジ用語》

telephone line ［C］ 電話線路

telephone receiver ［C］ 受話器；受聴器

telephone signal converter (TSC) ［C］
テレフォン・シグナル・コンバーター 《ペトリオット用語》

telephone wire ［C］ 電話線

telephony 電話方式；電話法

telephotography ［U］ 望遠写真 《写真の撮影技術》

telephoto lens ［C］ 望遠レンズ

teleprocessing テレプロセシング

telescope ［C］ ①望遠鏡；望遠装置 ②望遠銃

telescope mount ［C］ 眼鏡托座（がんきょうたくざ）《火器に照準眼鏡を取り付けるために用いる装置。⊛ NDS Y 0004B》《⊕ sight base》

telescopic pipe ［C］ 入れ子管

telescopic sight ［C］ 望遠式照準器

telescopic stock ［C］ 伸縮式銃床 《銃床部を前後方向に伸縮できる銃床。⊛ NDS Y 0002B》《⊕ shoulder stock》

teletype circuit ［C］ テレタイプ回線

teletype message ［C］ テレタイプ電報

teletypewriter exchange service (TWX)
［C］ テレタイプ交換業務

teletypewriter switching central テレタイプ交換所

television and radar air navigation (TELE-RAN) ［U］ テレラン

television guidance (TV guidance) ［U］
テレビジョン誘導；TV誘導 《誘導弾などの先端にテレビ・カメラを装着し、その映像を誘導手のテレビ上に表示させ、誘導手がテレビ上の目標に照準を合わせてロックオンすることによって、自動的に目標を追尾し命中させる誘導方式。⊛ NDS Y 0001D》

television guided bomb (TV guided bomb) ［C］ テレビジョン誘導爆弾；TV誘導爆弾 《頭部（先端）にテレビ・カメラを装着し、その映像を母機が受信し、テレビ上の目標に照準を合わせてロックオンすることによって自動的に誘導する爆弾。⊛ NDS Y 0001D》

television imagery ［U］ テレビ映像

television weapon delivery system テレビ誘導方式

teller ［U］ 通報員

telling filter ［C］ 通報フィルター 《JADGE用語》

tell tale loop テル・テール・ループ

temperate climate ［U］ 温帯気候

temperate zone ［C］ 温帯

temperature alarm 温度警報

temperature characteristics ［pl.］ 温度特性

temperature coefficient ［C］ 温度係数

temperature compensating device ［C］
温度補償装置

temperature compensator ［C］ 温度補正器

temperature control ［U］ 温度調節

temperature controller ［C］ 温度調節器

temperature correction 温度補正

temperature departure 気温偏差

temperature gradient ［C］ 温度傾度

temperature indicator ［C］ 温度指示計

temperature inversion 気温の逆転

temperature lapse rate ［C］ 気温減率；気温逓減率

temperature radiation ［U］ 熱放射

temperature relay ［C］ 温度継電器

temperature rise 温度上昇

temperature rise ratio ［C］ 温度上昇比

temperature sensitivity ［U］ 温度感度

tempered air ［U］ 予熱空気

TEMPEST テンペスト 《コンピューターや周辺機器から発する微弱電磁波を用いた盗聴および盗聴防止技術の総称をいう。⊛ 統合訓練資料1-4。⊕「漏洩放射」の意味で用いられていることが多い》

template ［C］ テンプレート 《⊕ 型板、ひな形、常用文、標準書式等さまざまであり、区別が困難であることから「テンプレート」にする》

temporal gain control ［U］ 瞬間利得制御

temporary additional duty 臨時付加任務

temporary air superiority ［U］ 一時的航空優勢 《⊕ long range air superiority＝長期に

temp 634

わたる航空優勢》

temporary appointment ［C］ 仮任命
temporary cemetery ［C］ 仮墓地
temporary construction ［U］ 仮設構造物
temporary disability retired list ［C］ 身体障害者暫定退役名簿
temporary disposal ［U］ 応急処置
temporary duty (TDY) 臨時勤務
temporary grade ［C］ 仮階級
temporary hardness ［U］ 一時硬度
temporary light ［C］ 仮灯
temporary magnet ［C］ 一時磁石
temporary rank ［C］ 仮階級
temporary reception area ［C］ 一時受け入れ地域
temporary record number (TRN) 臨時レコード番号
temporary retirement 休職
temporary standard 暫定規格
temporary storage ［C］ 一時格納
temporary structure 仮設物 《使用目的、仕様規格および構造が臨時的なもので、物品として取り扱い地上に構築するものをいう。㊨ 陸上自衛隊達第81-1号》

T

temporary suspension 暫定出勤停止
ten-day forecast ［C］ 旬日予報
tender ［C］ 母艦；テンダー
tenefrescence 変色蛍光（へんしょくけいこう）
Tengan Pier ［在日米軍］天願桟橋 《沖縄》
Tennessee Valley Authority (TVA) 【米】テネシー川流域開発公社
ten point cursor ［C］ テン・ポイント・カーソル 《周波数分析画面において、指定した周波数を中心として等間隔に10分割して表示される11本のカーソル。㊨ NDS Y 0012B》
tensile load ［C］ 引張荷重
tensile strain 引張ひずみ
tensile strength (TS) ［U］ 抗張力
tension ①張力 《断面に垂直に働き、互いに引き合うような応力》 ②引っ張り
tension meter ［C］ 張力計
tension roller ［C］ テンション・ローラー
tension spring ［C］ 引っ張りばね
tension test ［C］ 引っ張り試験
tension tester ［C］ 引っ張り試験機
tent ［C］ 天幕（てんまく） 《テントの総称。㊨ 民軍連携のための用語集》

tentative plan ［C］ 腹案（ふくあん）
tentative standard 仮規格
tentative track ［C］ テンタティブ航跡 《バッジ用語》
tent canvas ［U］ 天幕地 《帆布のうち、主として天幕用として使用されるものをいう。㊨ GLT-CG-L000001E》
ten types of cloud 10種雲級
tephigram テヒグラム
term end allowance ［C］ 年度末手当
terminal ［C］ ①端末地 《輸送の発着または中継の地点をいう。道路、鉄道、水路、空路等の各端末地がある。㊨ 陸自教範》 ②端末 《端末装置》 ③端子 《電気回路や機器を接続するために設ける口出し部》
terminal aids ［pl.］ ターミナル援助施設
terminal airlift ［C］ 端末空輸
terminal airport ［C］ ターミナル空港
terminal air traffic control facility ［C］ ターミナル管制機関
terminal area ［C］ ターミナル区域
terminal ballistics ［U］ 終末弾道学 《弾着または空中破裂してからの弾丸、ロケット弾などの挙動および効果を研究する学問。㊨ NDS Y 0006B》
terminal behavior 目標行動
terminal control ［U］ ターミナル管制
terminal control area ［C］ ターミナル管制区
terminal equipment ［U］ ①【空自】端局装置 ②【統幕】端末器材 ③【海自】ターミナル装置
terminal forecast (TAFOR) ［C］ ①【空自】飛行場予報 ②【海自】飛行場予報；基地予報
terminal forecast cross-section ［C］ 飛行場予報断面図
terminal guidance ［U］ 終末誘導 《魚雷を目標艦艇の近距離まで接近させた後、目標艦艇を攻撃する最終段階まで誘導すること》
terminal guidance section (TGS) ［C］ 終末誘導部 《ペトリオット用語》
terminal guidance warhead ［C］ 終末誘導弾頭
Terminal High Altitude Area Defense (THAAD) 【米】終末段階高高度地域防衛；ターミナル段階高高度地域防衛 《ターミナル段階の短、中距離弾道ミサイルを地上から迎撃するシステムのことをいう。㊨ JAFM006-4-18》 《THAAD＝サード》

terminal leave 除隊休暇

terminally guided sub-munitions ［pl.］ 終末誘導子弾

terminal operations ［pl.］ 端末地業務 《[同] terminal service = 端末地業務》

terminal phase ［C］ 終末段階；ターミナル段階 《大気圏に再突入して着弾するまでの段階》

terminal port 航路端末港

terminal radar approach control (TRACON) ［U］ ターミナル・レーダー進入管制

terminal radar control service ［C］ ターミナル・レーダー管制業務 《レーダー装置を利用して、管轄する進入管制区を飛行する航空機に対し、進入・出発の順序、経路および高度、上昇・降下等を指示する業務。[典] 航空保安管制群HP》

Terminal Radar Section 【海自】ターミナル・レーダー班 《の英語呼称》◇用例： ターミナル・レーダー班長 = Officer, Terminal Radar Section

terminal service (TS) ［C］ 端末地業務 《端末地において行う搭載、卸下（しゃか）およびこれに附帯する業務の総称をいう。[典] 自衛隊統合達第34号》《[同] terminal operations = 端末地業務》

terminal station ［C］ 端局

terminal strip ［C］ 端子板

terminal throughput capacity 端末地処理能力

terminal transportation ［U］ 【自衛隊】端末輸送 《各自衛隊が保有する輸送力を使用あるいは輸送担任部隊の輸送力を利用して、幹線輸送に連接して主要な自衛隊基地あるいは主要な空港、港湾等から周辺の作戦基地等の間で実施される輸送のことをいう。通常は、統合任務部隊および各自衛隊が自ら輸送を実施することを基本とするが、状況に応じ、統合輸送統制下で実施される。[典] 統合訓練資料1-4》

terminal unit (TU) ［C］ 端末装置

terminal velocity ［U］ ①落速（らくそく）《飛翔体の落点における速度。[典] NDS Y 0006B》②【空自】最終速度

terminal VOR (TVOR) ターミナルVOR 《VOR = VHF omnirange（VHF全方向式無線標識）》

terminating resistance 終端抵抗

termination ①終了；終結 ②ターミネーション

termination data ［U］ ターミネーション・データ 《バッジ用語》

termination of employment 雇用の終了

termination of exercise = end of exercise 状況終了 《演習において、状況の付与または現示による状況下の実演を終了することをいう。[典] 統合訓練資料1-4》

termination of war 戦争終了

term of enlistment (TOE) 軍在籍期間

terms of reference (T/R) 付託事項

terrain ［U］ 地形 《地表面の天然および人工的な形状をいい、通常、稜線・水系、地表面土質、植生および人工物に区分する。狭義には、土地の起伏の状態をいう。[典] 陸自教範》◇用例： terrain dominating traffic route = 交通路を制する地形

terrain analysis 地形分析

terrain appreciation ［U］ 地形評価

terrain avoidance ［U］ 地形回避

terrain avoidance system ［C］ 地形回避システム

terrain clearance ［U］ 対地間隔

terrain clearance indicator ［C］ 地勢間隙指示器

terrain compartment ［C］ 地形区画

terrain contour matching (TERCOM) 地形等高線照合

terrain contour matching navigation system ［C］ 地形等高線照合航法装置

terrain echo ①地形反射 ②【海自】地勢反射

terrain effect error 地形効果誤差

terrain error ①地形誤差 ②【海自】地勢誤差

terrain evaluation 地形評価

terrain exercise ［C］ 現地戦術；現地研究 《教室などで地図により脳裏に描いている戦術を現地で実施検証すること。[典] 民軍連携のための用語集》

terrain explanation 地点指示

terrain feature ［C］ 地形地物；地貌（ちぼう） 《「地物（ちぶつ）」とは、地上にある物で、あまり大きくない物。例えば、堤防、樹木、家屋など》

terrain features of opposing maneuver area 彼我行動地域の地形等

terrain flight (TERF) ［C］ 地形飛行

terrain following 地形追随

terrain following system ［C］ 地形追随システム

terrain intelligence ［U］ 地形情報

terrain objective ［C］ 地形目標

terrain obstacle ［C］ 地形障害

terrain reflection eraser (TRE) ［C］ 地面反射除去回路

T

terrain sensing 地形判定

terrain study ［U］ 地形研究

TerraSAR-X Satellite TerraSAR-X衛星《ドイツ航空宇宙センターとEADS Astrium社との官民連携事業により開発・運用されている地球観測衛星》《TerraSAR-X = テラサーエックス》

terrestrial magnetism ［U］ 地磁気

terrestrial noise ［U］ 地殻雑音（ちかくざつおん）《地震活動、火山の噴火など、地殻の運動に起因する海中雑音。[典] NDS Y 0011B》

terrestrial observation ［U］ 地上観測

terrestrial radiation ［U］ 地球放射

terrestrial reference flight ［C］ 地測飛行

terrestrial reference guidance ［U］ 地測誘導

terrestrial refraction 地上気差

territorial airspace ［U］ 領空

territorial integrity ［U］ 領域保全

territorial seas ［pl.］ 領海

territorial waters ［pl.］ 領水 ◇用例： Japanese territorial waters = 日本領海

T

territory ①領域《一国の主権に属する一定の区域であり、領土、領海および領空からなる。[典] 陸自教範》◇用例： Japanese territory = 日本の領域；the Japan's territory = 我が国の領域 ②領土

terror attack ［C］ テロ攻撃

terrorism ［U］ テロリズム；テロ行為

terrorism attack ［C］ テロ攻撃

terrorism expert ［C］ テロの専門家

terrorism-related crime ［C］ テロリズム関連の犯罪

terrorist ［C］ テロリスト

terrorist activity テロ活動《政治上その他の主義主張に基づき、国家もしくは他人にこれを強要し、または社会に不安もしくは恐怖を与える目的で人を殺傷し、または重要な施設その他の物を破壊するための活動をいう。[典] 法律第百八号》

terrorist assault テロ攻撃

terrorist asset-tracking center ［C］ テロ資産追跡センター

terrorist attack ［C］ テロ攻撃《テロリストによる攻撃》

terrorist group ［C］ テロリスト・グループ；テロリスト集団

terrorist organization ［C］ テロ組織；テロ集団

terrorist threat テロの脅威

terrorist training camp ［C］ テロリスト訓練キャンプ

test ［C］ 試験《試験とは、検査を行うための資料を得るために行う運転、測定などの行為。[典] NDS F 8002E》

test action number (TAN) テスト・アクション・ナンバー《TAN = タン》

test ammunition ［U］ 試験弾《試験、研究のために使用する弾薬。[典] NDS Y 0001D》《[同] proof ammunition》

test and evaluation (T&E) 試験・評価

Test and Evaluation Forces ［pl.］ 【米海軍】運用試験評価部隊

Test and Measurement Station 【海自】試験所《の英語呼称》◇用例： 試験所長 = Commanding Officer, Test and Measurement Station

test cell ［C］ テスト・セル

test circuit ［C］ 試験回路

test clip ［C］ 試験クリップ

test control officer ［C］ 試験管制官

test depth 安全潜航深度

test discharge 放電試験

test dive 試験潜航

test fire 試験射撃；試験発射；験射

test-fire ［vt.］ 試射する ◇用例： a successful test-firing of a intermediate-range missile = 中距離ミサイルの試射に成功

test flight (TF) ［C］ 試験飛行

test for paraffin wax content ろう分試験《蠟分試験》

testimonial ［C］ 賞状

test indicator ［C］ 試験指示器

test launch ［C］ 試射 ◇用例： test launches of long-range missiles = 長距離ミサイルの試射

test load ［C］ 試験荷重

test message ［C］ テスト・メッセージ《データリンクの現況監視とデータリンク間の時刻同期管理に使用するメッセージをいう。[典] JAFM006-4-18》

test mine ［C］ 実験用機雷

test operation procedure (TOP) 試験実施手順書

test piece ［C］ 試験片

test pressure 試験圧；試験圧力

test primer ［C］ 試験火管《発砲（発射）回路の試験に使用する火管。[典] NDS Y 0001D》

test program set (TPS) ［C］ テスト・プログラム・セット《ペトリオット用語》

637 ther

test run ①試運転 ②【空自】台上試運転 ③テスト・ラン

test ship ［C］ 試験船

test stand run up 台上試運転

test telephone block (TST TEL) ［C］ 試験通話部 《バッジ用語》

test tool set ［C］ 試験器具セット

tetryl テトリル 《トリニトロフェニルメチルニトロアミンジニトロメチルアニリンまたはジメチルアニリンを硝化して得られる淡黄色結晶状の爆薬》

tetrytol テトリトール 《テトリールとTNTの混合爆薬》

TGS battery ［C］ TGSバッテリー 《TGS = terminal guidance section (終末誘導部)》《ペトリオット用語》

theater ［C］ 戦域 《⊕ 米軍では、アジア太平洋、中東、欧州をそれぞれ「戦域 (theater)」と定義している》

Theater Air and Missile Defense (TAMD) 【米軍】戦域防空・ミサイル構想

theater airlift ［C］ 戦域空輸

theater airlift liaison officer ［C］ 戦域空輸連絡幹部

theater airlift operation 戦域空輸作戦

theater air operation (TAO) ①【空自】戦域航空作戦 ②【海自】戦域航空作戦

theater army logistical command ［C］ 戦域陸軍兵站部

theater ballistic missile (TBM) ［C］ 戦域弾道ミサイル 《弾道ミサイルの一呼称で、戦域の大きさにおいて発射、着弾する能力を有した弾道ミサイルをいう。⊕ JAFM006-4-18》

theater commander ［C］ ①戦域司令官 ②【海自】戦域指揮官

theater deployable system (TDS) ［C］ 戦域配備システム

theater engagement plan ［C］ 戦域関与計画

theater headquarters 戦域司令部

theater missile ［C］ 戦域ミサイル

Theater Missile Defense (TMD) 【米軍】戦域ミサイル防衛

theater nuclear force (TNF) 戦域核戦力

theater nuclear weapon (TNW) ［C］ 戦域核兵器

theater of operations 戦域 《通常、包括的な戦略的任務を与えられた大規模な作戦部隊に割り当てられる区域をいい、与えられた任務達成のための攻防双方にわたる軍事諸作戦およびこれに伴う管理的諸活動等の実施に必要な広さを持つ。⊕ 統合訓練資料1-4》

theater of war ［U］ ①戦域 ②交戦圏

theater strategy ［C］ 戦域戦略

theater wartime construction manager (TWCM) ［C］ 職域戦時建設管理官

theodolite ［C］ ①【空自】経緯儀 ②【海自】測風経緯儀

theoretical air-fuel ratio ［C］ 理論空燃比

theoretical throat 理論のど厚

thermal agitation noise ［U］ 熱擾乱雑音 (ねつじょうらんざつおん)

thermal barrier ［C］ 熱障壁

thermal battery ［C］ 熱電池 《化学的に発熱させることにより電力を発生する電池。⊕ NDS Y 0041》

thermal burn 熱傷 (やけど) 《熱による熱傷》

thermal capacity 熱容量

thermal circuit breaker ［C］ 熱回路遮断器

thermal conductivity 熱伝導率

thermal delay mine ［C］ サーマル・ディレイ機雷；熱遅延式機雷

thermal diffusion ［U］ 熱拡散

thermal efficiency ［U］ 熱効率

thermal energy 熱エネルギー

thermal expansion ［U］ 熱膨張

thermal expansion feed water controller ［C］ 熱膨張式給水制御器

thermal expansivity 熱膨張率

thermal exposure 熱暴露

thermal imagery ［U］ 熱映像

thermal imagery device ［C］ 熱線受像装置

thermal jacket ［C］ 砲身被筒 (ほうしんひとう) 《太陽輻射、風、雨などによる砲身の横断面の温度分布の片寄りに起因する砲身の曲がりを小さくするために、砲身の外側に装着する筒状の覆い。NDS Y 0003B》《= thermal sleeve》

thermal layer ［C］ 【海自】躍層 《表面層の下の層のことであり、季節、水温等の違いにより、色々な様相となる。⊕ 統合訓練資料1-4》

thermal noise ［U］ 熱雑音

thermal overload protection 加熱保護

thermal pressure 熱圧力

thermal pulse ［C］ 熱パルス

thermal radiation ［U］ 熱線；熱放射

thermal relay ［C］ ①サーマル・リレー

T

②【海自】熱動継電器

thermal resistance 熱抵抗

thermal shunt ［C］ 熱分流器

thermal sleeve ［C］ 砲身被筒（ほうしんひとう）《太陽輻射、風、雨などによる砲身の横断面の温度分布の片寄りに起因する砲身の曲がりを小さくするために、砲身の外側に装着する筒状の覆い。⊛ NDS Y 0003B》《⊚ thermal jacket》

thermal stress ［U］ 温熱ストレス

thermal switch ［C］ 温度スイッチ

thermal tripping 熱動引き外し

thermal type meter ［C］ 熱型計器

thermal wind ［U］ 温度風

thermal X-ray ［C］ 熱X線

thermate サーメート 《テルミットに添加剤（硝酸バリウム、硫黄および潤滑油）を加えた混合物。焼夷弾に使用する。⊛ NDS Y 0001D》

thermite テルミット 《金属酸化物とアルミニウム粉との混合物。焼夷弾に使用する。⊛ NDS Y 0001D》

thermite bomb ［C］ テルミット爆弾；テルミット焼夷爆弾

thermobaric bomb ［C］ サーモバリック爆弾；熱圧爆弾

thermocline 水温躍層（すいおんやくそう）《海水温は、表面近くでは高く、深層では低い。水温は、一般には深さと共に減少するが、急激に変化する層があり、これを水温躍層という。⊛ NDS Y 0011B》

thermocouple 熱電対（ねつでんつい）

thermocouple ammeter ［C］ 無電対電流計

thermodynamic efficiency ［U］ 熱力学的効率

thermodynamics ［U］ 熱力学

thermoelectric couple 熱電対（ねつでんつい）

thermoelectric current 熱電流

thermoelectric effect 熱電効果

thermoelectricity ［U］ 熱電気

thermoelectric thermometer ［C］ 熱電温度計

thermoelectric type 熱電型

thermoexpansion ［U］ 熱膨張

thermograph ［C］ 自記温度計

thermometer ［C］ 温度計

thermometry 温度測定

thermonuclear ［adj.］ 熱核の

thermonuclear bomb ［C］ 熱核爆弾 《水素爆弾のこと》

thermonuclear weapon ［C］ 熱核兵器

thermorelay ［C］ 熱電継電器

thermosphere ［C］ 熱圏（ねつけん）

thermostat ［C］ ①サーモスタット ②【海自】温度スイッチ

thermostatic control unit ［C］ 感温制御装置

thermostatic expansion valve ［C］ 感温膨張弁

thermostatic oven ［C］ 恒温槽

thermostatic pyrometer ［C］ 熱電高温計

thermostatic valve ［C］ 調温弁

thickened fuel ゲル化燃料

thickened gasoline ゲル化ガソリン

thick fog 濃霧

thick lens ［C］ 厚レンズ；厚肉レンズ 《⊚ thin lens ＝ 薄レンズ；薄肉レンズ》

thickness 層厚（そうこう）

thickness chart ［C］ 層厚図

thickness line ［C］ 層厚線

thickness of armor 装甲厚

thick plate ［C］ 厚板

thin lens 薄レンズ；薄肉レンズ 《⊚ thick lens ＝ 厚レンズ；厚肉レンズ》

thin-line handling equipment (TLHE) ［U］ 【米海軍】細線アレイ運用装備

thin sky cover 薄曇り

third angle projection drawing ［C］ 第3角図

third brush generator ［C］ 第3ブラシ発電機

third deck ［C］ 第3甲板

Third Offset Strategy ［the ～］ 【米】第3のオフセット戦略 《ソ連に対抗するための1950年代の戦術核の導入が「第1のオフセット戦略」、1970年代の精密誘導・ステルス技術の導入が「第2のオフセット戦略」。現在進められている「第3のオフセット戦略」は、人工知能であろうと言われている》

Thompson submachine gun ［C］ トムソン式小型機関銃

Thor 【米軍】ソア 《中距離弾道弾名》

thread take-up 天秤（てんびん）

threat 脅威

threat alert and collision avoidance system (T-CAS) ［C］ 着陸衝突警報装置

threat analysis　脅威分析

threat assessment　脅威評価

threat attrition score　スレット・アトリション・スコア　《パトリオット用語》

threat evaluation　脅威評価

three-axis freedom　［U］　3軸の自由度

three budget categories　［pl.］　予算の3分類

three-component balance　3分力天秤

three conditions of exercise of right of self-defense　【日】自衛権発動の3要件

three-core cable　［C］　3芯ケーブル

three-dimensional radar (TDR)　［C］　3次元レーダー

three-dimensional warfare　［U］　【陸自】立体戦　《空地の全縦深にわたる激烈かつ流動的な総合された戦闘をいう。陸自教範》

three islander　［C］　三島船（さんとうせん）

three minutes rules　［pl.］　3分間の法則

Three Non-Nuclear Principles　【日】非核三原則　《核兵器を持たず、作らず、持ち込ませずの三原則のこと》

three-phase　3相

three-phase AC　3相交流

three-phase circuit　［C］　3相回路

three-phase exciter　［C］　3相励磁機

three-phase generator　［C］　3相発電機

three-phase motor　［C］　3相電動機

three-point landing　3点着陸

Three Principles on Arms Exports and Their Related Policy Guidelines　［the ～］　【日】武器輸出三原則及び関連政策指針　《通称は、「武器輸出三原則 (the Three Principles on Arms Exports)」。現在、「防衛装備移転三原則」に代わっている》

Three Principles on Transfer of Defense Equipment and Technology　［the ～］　【日】防衛装備移転三原則　《「武器輸出三原則及び関連政策指針」に代わる新たな原則》

three services　［the ～］　陸海空軍

three-shot burst　3点制限点射　《自動火器において、引き金を1回引いて、3発ずつ連射する射撃方法》

three-sixty-degrees overhead landing　360度オーバーヘッド着陸

three-throw crank shaft　［C］　3連クランク軸

Three Warfares　［the ～］　【中国】三戦（さんせん）　《中国では、輿論戦（よろんせん）・心理

戦・法律戦の展開を政治工作としており、これらをまとめて「三戦」と呼んでいる》

three-way cock　［C］　3方コック

three-way switch　［C］　3路スイッチ

three-way valve　［C］　3方弁

threshold　［C］　しきい値

threshold actuation level　［C］　必要最小作動レベル

threshold level　［C］　しきい値レベル

Threshold Test Ban Treaty (TTBT)　［The ～］　地下核実験制限条約

throat depth　のど厚

throat of nozzle　ノズルのど

throat pressure　のど圧力

throttle　［C］　スロットル

throttle body　［C］　スロットル本体

throttle governing　絞り調速

throttle nozzle　［C］　絞りノズル

throttle plate　［C］　絞り板（しぼりいた）

throttle valve　= throttling valve　［C］　絞り弁

throttling rod　［C］　絞り棒

through escort　一貫護衛

through escort force　一貫護衛部隊

through escorting　一貫護衛

through flight plan　［C］　【空自】スルー・フライト・プラン　《同一の航空機が連続して行おうとする2以上の飛行計画のすべてに対して、最初の出発地において飛行承認を受け、かつ、中間着陸飛行場および最終着陸飛行場のATS機関に対して飛行計画の通報が行われる飛行の計画をいう》

through hole　［C］　貫通孔（かんつうこう）　《⊕ 例えば、ドリルなどで開けたアナ。貫通している場合は「孔」、貫通していない場合は「穴」を用いる》

through-the-wall radar (TWR)　= through-wall radar　壁透過レーダー　《建物の壁等の遮蔽物を透過し、その向こう側にいる人物の位置、人数、動きをリアルタイムかつ高精度に探知する装置。⊕ 電子装備研究所研究要覧》

through tube　［C］　貫通孔（かんつうこう）　《原子力》

throw of eccentric　偏心距離

throw weight　［U］　投射重量

thru-flight inspection (TH)　飛行間点検

thrust　スラスト；推力

thrust horsepower (THP)　［C］　①【空自】推力馬力　②【海自】スラスト馬力

thrust line ［C］ 秘密基線

thrust reverser ［C］ 逆推力装置

thrust shaft ［C］ スラスト軸

thrust vector control (TVC) ［U］ 推力偏向制御 《魚雷投射ロケットのロケット・モーターの推力を偏向する装置。[典] NDS Y 0041》《TVC = ティーブイシー》

thumb piece ［C］ 指掛(ゆびかけ) 《回転弾倉を解放するときに指の力を弾倉駐子に伝える部品。[典] NDS Y 02B》

thunder ［U］ 雷鳴

thunder and lightning 雷電

thunderbolt = thunder bolt ［C］ 落雷；雷電

thunder cloud 雷雲

thunderstorm (T) ［C］ 雷雨

thunderstorm warning 雷注意報

thunder stroke 電撃

thwart 漕手座(そうしゅざ)

tickler coil ［C］ 再生コイル

tickler feedback oscillator ［C］ ティックラー再生コイル式発振器

tidal current = current 潮流

tidal information ［U］ 潮信

tidal range ［C］ 潮差

tidal signal ［C］ 潮流信号

tide ［C］ 潮汐

tideway ［C］ 潮路

tie bar = tie rod ［C］ 控え棒

tied on 「タイド・オン」

tie-down ［n.］ 縛着(ばくちゃく) 《縛り付けて固定すること》

tie-down eye ［C］ 結着眼環

tie wire ［C］ 連結線

tight control ［U］ 精密管制

tight fit 締りばめ

tiller ［C］ 舵柄(だへい)

tilt angle ［C］ 傾斜角；チルト角

tilting box ［C］ 斜板箱

tilting mixer ［C］ 可傾式ミキサー

tilting rotor ［C］ 首振りローター

tilt plate ［C］ 斜盤

tilt rack ［C］ 傾斜架台

tiltrotor aircraft ［pl. = ～］ ティルト・ローター機 《回転翼航空機と固定翼航空機の特性を併せ持つ航空機》

tilt stability ［U］ 傾斜安定度

tilt stabilization 傾斜安定

tilt stabilizer ［C］ 傾斜安定器

tilt torque motor ［C］ 傾斜駆動電動機

timber ［C］ 音色

timber hitch ねじ結び

time adjuster ［C］ 時限調整器

time altitude cross section ［C］ 時間高度断面図

time and frequency standard 時間周波数標準

time and material contract ［C］ 実費精算契約

time azimuth method 時針方位法

time base 時間軸

time base generator ［C］ 時間軸発生器

time between overhaul (TBO) オーバーホール間隔時間

time bomb ［C］ 時限爆弾

time change item ［C］ 時間交換品目

time charring (TS) 時間割

time circle (TC) ［C］ タイム・サークル 《火器管制装置(FCS)のレーダー・スコープに表示され、空対空射撃時またはデータリンク作動時、射撃開始まで、あるいはオフセット・ポイントまでの時閥経過を示す環。[典] レーダー用語集》

time compliance technical order (TCTO) 期限付き技術指令書；期限付きTCTO 《装備品等の改修、特別検査または操作使用上の制限等に関し、実施の方法、担当、期限等について発行する技術指令書をいう。[典] JAFM006-4-18》

time constant 時定数

time-definite delivery 時間限定配達

time delay 時間遅延；遅延

time delay action 運動作用

time delay distortion 遅延ひずみ

time delay of higher order 高次遅れ

time discrimination ［U］ 時間識別

time discriminator ［C］ 時間識別器

time distance 時間距離

time-distance calculation ［U］ 時間距離測定

time division data link (TDDL) ［C］ 時分割方式データ・リンク 《防空指令所(DC)から要撃機等に対し、誘導指令および目標情報を自動伝送するための時分割方式を用いた対空ディジタル・メッセージ伝送機構をいう。[典] JAFM006-4-18》《TDDL = ティドゥル》

time division multiple access 時分割多元

641   time

接続方式

time division multiplex (TDM) 時分割
多重

time fire 時限射撃；限秒射撃

time front method 時波線法

time function 時限作動機能 《所定の時間を
経過した後に信管が作動する機能。®NDS Y
0001D》

time fuze (TF) ［C］ 時限信管 《始動後、所
定の時間を経過した後に発火する信管。®NDS Y
0001D》

time hack 時刻規制

time indicator ［C］ 標時旗

time interval ［C］ ①【海自】時間間隔
《行進する車両または部隊の後尾がある地点を通
過後、後続の車両または部隊の先頭がその地点に
到着するまでに要する時間をいう。® 陸自教範》
②【海自】時隔

time interval system 測的時隔管制法

time lead 時間距離

time length (TL) 【陸自】時間長径 《部隊の
先頭が、ある地点を通過後、同部隊の後尾がその
地点を通過し終わるまでに要する時間をいう。
® 陸自教範》

time limit relay ［C］ 時限リレー

timeliness ［U］ 適時性

timely ［adv.］ 適時の

time motor regulator ［C］ 時計モーター調
整器

time of arrival (TOA) 到着時刻

time of attack (TOA) ①【陸自】攻撃開始時
期 《攻撃において第一線部隊の先頭が、攻撃開
始線を通過すべき時刻をいう。® 陸自教範。®「時
刻」であることに注意する》 ②【海自】発射時刻

time of delivery 送達時刻

time of establishment 開設時期

time of flight ①飛翔時間 《飛翔体が、弾道原
点から弾着点または破裂点に到るまでの所要時
間。®NDS Y 0006B》 ②【海自】飛行秒時 《ミ
サイルまたは砲弾が、発射されたときから破裂ま
たは弾着するまでの時間をいう。® 海上自衛隊訓
練資料第175号》

time of origin ①【陸自】発信開始時刻 ②【海
自】発信時刻

time of receipt (TOR) ①【空自】了解時刻
②【海自】受信時刻

time of turn 変針時刻

time of useful consciousness (TUC) 有
効意識時間

time on bottom 海底時間

time on target (TOT) ①同時弾着 《目標に
複数弾を同時に弾着させる射撃。® NDS Y
0005B》 ②【海自】弾着時刻 《ミサイル (SSM)
を発射し、目標に弾着させる時刻をいう。XXXX
にも使用する。® 海上自衛隊訓練資料第175号》

time on target surprise fire 同時弾着奇襲
射撃

time out (TO) タイムアウト 《あらかじめ決
めておいた時間内に相手からの応答がないことを
いう。® JAFM006-4-18》◇用例： bus time out
(BTO) ＝ バス・タイムアウト

time over target (TOT) 【空自】目標上空
到達時刻 《航空阻止、近接航空支援、戦場航空
阻止、航空偵察等を実施する場合における航空機
の目標上空への到達時刻をいう。® 統合訓練資料
1-4》

**time-phased force and deployment data
(TPFDD)** ＝ time-phased force deployment
data ［U］ 時系列部隊展開データ

**time-phased force and deployment list
(TPFDL)** ＝ time-phased force deployment
list ［C］ 時系列部隊展開リスト

**time-phased transportation requirement
list (TPTRL)** ［C］ 時系列輸送所要リスト

time range plot (TRP) ［C］ 時間距離プ
ロット

timer contact arm ［C］ 時限付き安全装置

time received 受け付け時刻

time returned 帰着時刻

timer unit ［C］ タイマー装置

time schedule (TS) 時間表 《射撃》

time series analysis 時系列分析

time sharing (TS) 時分割；タイム・シェアリ
ング

time sharing gain circuit ［C］ 時分割利得
回路

time slot ［C］ タイム・スロット ◇用例：
time slot block (TSB) ＝ タイム・スロット・ブ
ロック

time synchronization equipment ［U］
時刻同期装置

time tag ［C］ タイム・タグ 《受信したデー
タに付与した、そのデータの処理時刻。
® JAFM006-4-18》

time tagging 時刻付与 《捜索、ビーコン・ス
トローブ等のレーダー・データごとに検出時刻を
計算し、付与することをいう。® JAFM006-4-18》

**time to closest point of approach
(TCPA)** 【海自】最接近時間 《目標が最接近
点 (CPA) に到達するまでの所要時間》

time to first launch (TTFL) 初弾発射最適

時間 《コンピューターが計算する初弾発射最適時間をいう。目標が一定の確率で撃墜できる位置に到達するまでの時間である。[典] JAFM006-4-18》

time-to-go タイム・ツー・ゴー

time-to-go circle タイム・ツー・ゴー・サークル

time to last launch (TTLL) 最終射撃時間《コンピューターが計算する最終射撃時点までの時間をいう。指定した防護地域への侵入前に目標を撃墜するために残された余裕時間である。[典] JAFM006-4-18》

time-varied gain (TVG) = time varied gain 【海自】時間的変化利得 《アクティブ・ホーミング魚雷において、過大な残響入力による受信器の飽和を防止するため。送信と同時に受信器の利得を低下させ、その後漸増させること。[典] NDS Y 0041》《TVG = ティーブイジー》

time zone [C] 時間帯

timing circuit [C] 時限回路

timing device [C] 時限装置

timing mechanism [C] 秒時調定装置

timing motor [C] 時限電動機

timing shaft [C] 同期軸

T

timing signal [C] 時刻整合信号

tip clearance [U] 先端すき間

tip jet rotor helicopter [C] ジェット反動回転翼式ヘリコプター

tip pass plane [C] 翼端回転面

tipping bucket rain gauge [C] 転倒ます型雨量計

tip speed 先端速度；翼端速度

tip stall 翼端失速

tip stall of rotor 先端失速

Titan 【米軍】タイタン 《大陸間弾道弾名》

titanium tetrachloride 四塩化チタン 《空気中の水分と反応し、白煙を生じる。発煙剤に使用する。[典] NDS Y 0001D》

titration [U] 滴定（てきてい）

TNT equivalent TNT換算量 《TNT = trinitro-toluene（トリニトロトルエン）》

to be engaged queue (TBEQ) 射撃予定表《ペトリオット用語》

TOE strength [U] 編制定員 《TOE = table of organization and equipment（編制装備表）》

TOE unit [C] 編制部隊 《TOE = table of organization and equipment（編制装備表）》

toggle mechanism [C] トグル機構

Tohoku Defense Bureau 【防衛省】東北防衛局 《の英語呼称》《前身は「仙台防衛施設局」》

Tokai Defense Branch 【防衛省】東海防衛支局 《の英語呼称》《前身は「名古屋防衛施設支局」》

token word (TOK) トークン・ワード《バッジ用語》

Tokorozawa Transmitter Site 【在日米軍】所沢通信施設

Tokyo Metropolitan Police Department [the ～] 【日】警視庁

told-in track [C] トールドイン航跡《JADGE用語》

tolerance [U] ①許容範囲；公差 ②耐性

tolerance dose [C] 放射線許容量；耐容線量

tolerance on frequency 周波数許容偏差

toll dialing 自動即時

Tomahawk 【米軍】トマホーク 《巡航ミサイル名》

Tomahawk Anti-Ship Missile (TASM) 【米軍】トマホーク対艦ミサイル

Tomahawk cruise missile [C] 【米軍】トマホーク巡航ミサイル

Tomahawk Land Attack Missile (TLAN) 【米軍】トマホーク対地攻撃ミサイル

Tomahawk missile [C] 【米軍】トマホーク・ミサイル

Tomahawk SLCM 【米軍】トマホーク艦載巡航ミサイル

Tomcat 【米軍】トムキャット 《戦闘機名》

Tommy gun [C] トミーガン 《Thompson submachine gun = トンプソン（トムソン）式小型機関銃の俗称》

Tomodachi Rescue Exercise (TRX) = Japan-US Joint Exercise for Rescue 【自衛隊】日米共同統合防災訓練 《の英語呼称》《国内の大規模災害発生時における在日米軍等との連携要領の確立および震災対処能力の維持・向上を図るための訓練》

tone ①音調 ②色調

tone control [U] 音質調整

tone fidelity [U] 音質忠実度

tone jamming 音声妨害

tons measurement 容積トン数 《載貨容積トン数》

tons of displacement 排水トン数

tons per centimeter immersion (TPC) 毎センチ排水トン数

tons per inch immersion 毎インチ排水トン数

643 | **torp**

tons weight ［U］ 重量トン数

tool bag ［C］ 艇具嚢（ていぐのう）

toothed armature ［C］ スロット付き電機子

tooth pitch gauge ［C］ 歯形ピッチ・ゲージ

top-attack トップアタック；上面攻撃 《戦車などの装甲の薄い上面への攻撃。㊟ NDS Y 0006B》

top carriage ［C］ 【陸自】上部砲架 《砲架の上部を構成し、俯仰部を直接支持する装置。㊟ NDS Y 0003B》《㊙ upper carriage》

top coat ［C］ 上塗り

top dead center (TDC) ［C］ 上死点

top door ［C］ 上扉（じょうひ）

top electrode ［C］ 上部電極

top iron 押え金

topographical crest ［C］ 頂界線

topographic identification ［U］ 地形識別

topographic intelligence ［U］ ①【陸自】警備地誌 ②【空自】地誌情報

topographic interpretation 地形判読

topographic map ［C］ ①【空自】地形図 ②【海自】地勢図

topographic marker ［C］ 地点標識

topographic symbol 地形標示記号

topography ［U］ ①地誌 《地域の自然および人文についてその特性を明らかにしたものをいう。㊟ 陸自教範》 ②地形

topology ［U］ トポロジー 《コンピューター・ネットワークにおける各構成要素の接続形態をいう。㊟ 統幕指運第119号》

topping lift 上張り索（うわばりづな）

top rail ［C］ 上部軌道

top rudder ［C］ 旋回外側方向舵

topsail トップスル

topsail schooner ［C］ トップスル・スクーナー

top secret 機密

top secret control officer (TSCO) ［C］ 機密物件取り扱い責任者

top secret information ［U］ 機密情報資料

topside 上側

top speed 最大速度

top type こま形

top view ［C］ 上面図（じょうめんず）

torch blow-pipe ［C］ トーチ；吹管

torch igniter ［C］ トーチ点火器

Torii Communication Station 【在日米軍】トリイ通信施設 《沖縄》

Tori Shima Range 【在日米軍】鳥島射爆撃場 《沖縄》

tornado ［C］ 竜巻 《陸上の竜巻》

torpedo ［pl. = torpedoes］ 魚雷 《推進機構、管制機構および自動操縦機構で水中を自走し、狙った目標に命中または至近距離を通過する際に爆発し、目標を破壊する水中武器。㊟ NDS Y 0041》

torpedo air stabilizer ［C］ 魚雷エア・スタビライザー 《魚雷投射ロケットまたは航空機を使用して短魚雷を発射する場合に、所要の着水姿勢と着水速度を保たせ、着水衝撃を緩和するために魚雷の後端に取り付ける装置。㊟ NDS Y 0041》

torpedo air trajectory ［C］ ①空中弾道 ②空中雷道 《魚雷を海上から発射したり航空機から投下したりした後に着水するまでの飛翔経路。㊙「air trajectory」としている場合もある》

torpedo arming system ［C］ 魚雷装填装置

torpedo axis ［pl. = torpedo axe］ 雷軸（らいじく） 《魚雷または機雷の中心軸。㊟ NDS Y 0041》

torpedo battery ［C］ 魚雷砲台

torpedo bay ［C］ 魚雷庫

torpedo boat ［C］ 魚雷艇

torpedo bomber ［C］ 雷撃機（らいげきき）

torpedo control circuit ［C］ 魚雷調定電路

torpedo control panel ［C］ 魚雷管制パネル 《魚雷の所定の航走諸元を遠隔操作によって電気的に設定する航空機搭載用機器。㊟ NDS Y 0041》

torpedo counter-countermeasures (TCCM) ［pl.］ 対魚雷防御 《魚雷防御策（TCM）に対する魚雷側の対抗手段。㊟ NDS Y 0041。㊙「対魚雷防御（TCCM）」とすることで、「TCM」との混同を避けることができる》《TCCM＝ティーシーシーエム》

torpedo countermeasure device ［C］ 対魚雷器材

torpedo countermeasures (TCM) ［pl.］ 魚雷防御策；魚雷防御手段 《魚雷攻撃に対する対抗手段。おとり（デコイ）、妨害（ジャマー）などのソフトキルおよび魚雷を破壊することを目的としたハードキルがある。㊟ NDS Y 0041》《TCM＝ティーシーエム》

torpedo countermeasure tactics ［pl.］ 対魚雷戦術

torpedo danger area (TDA) ［C］ 【海自】雷撃危険区域 《潜水艦からの雷撃による被雷公算の大きい区域をいう。㊟ 統合訓練資料1-4》

torpedo danger zone (TDZ) ［C］ 【海

自】雷撃危険帯 《潜水艦が、魚雷発射時に進入しなければならない区域をいう。働 統合訓練資料1-4》

torpedo data computer (TDC) ［C］ 魚雷発射指揮装置

torpedo defense net 魚雷防御網

torpedo deflection 魚雷偏位

torpedo derrick ［C］ 魚雷デリック

torpedo detection sonar equipment ［U］ 魚雷探知用ソーナー装置

torpedo evasion 魚雷回避

torpedo evasion exercise ［C］ 魚雷回避訓練

torpedo fire 魚雷発射

torpedo fire control ［U］ 魚雷発射管制

torpedo firing range ［C］ 魚雷発射距離

torpedo head ［C］ 魚雷頭部 《魚雷の前部を構成する区画であり、先端部、実用頭部または訓練用頭部などの総称。働 NDS Y 0041》

torpedo initial trajectory 初期雷道 《発射された魚雷が、最初の調定深度で安定航走するまでの水中雷道。働「initial trajectory」としている場合もある》

torpedo loading hatch ［C］ 魚雷搭載ハッチ

torpedo main assemblage ［C］ 魚雷組み立て

torpedoman's mate (TM) ［C］ 【海自】魚雷員 《魚雷員は、主として対潜攻撃武器の操作および保守整備ならびに魚雷および弾火薬の取扱いに関する業務に従事する。働 海幕人第10346号》◇用例: chief torpedoman's mate ＝ 魚雷員長

torpedo net 防雷網

torpedo-projection rocket ［C］ 魚雷投射ロケット 《艦艇などから発射した後、空中を飛翔して、所定の位置まで魚雷を搬送するために使用するロケット。働 NDS Y 0041》

torpedo rack ［C］ 魚雷架台

torpedo range ［C］ 魚雷射程

torpedo reach 魚雷リーチ

torpedo recovery 魚雷揚収

torpedo room ［C］ 発射管室

torpedo run 雷走距離 《発射または投下された魚雷が自力で航走した延べ距離。働 NDS Y 0041》

torpedo running depth 魚雷航走深度 《魚雷が航走する海面からの深度。働「running depth（航走深度）」と表記されていることが多い》

Torpedo Section 【海自】魚雷班 《の英語呼称》◇用例: 魚雷班長 ＝ Officer, Torpedo Section

torpedo speed 雷速 《魚雷の航走中の速力。通常、平定雷速をいう。働 NDS Y 0041》

torpedo stop mechanism ［C］ 自停機構

torpedo target ［C］ 魚雷標的 《訓練発射または試験発射された魚雷の音響ホーミング装置または起爆装置の性能を確認するための標的。働 NDS Y 0041》

torpedo track ［C］ 雷跡

torpedo track angle ［C］ 雷道交角；魚雷交角 《目標の針路と魚雷針路とのなす角度。通常、目標艦船の向首方位から魚雷に向かって右または左へ180度まで測る。働 NDS Y 0041》

torpedo trajectory ［C］ 雷道 《魚雷の空中雷道と水中雷道の総称。働 NDS Y 0041》

torpedo tube ［C］ 【海自】魚雷発射管；発射管

torpedo tube base line ［C］ 発射管基線長

torpedo tube depth 発射管深度 《水中発射管の中心の深度。働 NDS Y 0041》

torpedo tube trainer ［C］ 発射管訓練機

torpedo turning radius ［C］ 魚雷旋回半径

torpedo underwater trajectory ［C］ 水中雷道 《魚雷が水中を航走して描く経路。働「underwater trajectory」としている場合もある》

torpedo warhead ［C］ 魚雷弾頭

torpex トルペックス 《RDX、TNTおよびアルミニウムの配合比が、42/40/18の混合爆薬。魚雷；機雷および爆雷などの炸薬として使用する。働 NDS Y 0001D》

torque ［U］ トルク；回転力

torque balance system ［C］ トルク平衡方式；トルク平衡装置

torque coefficient ［C］ トルク係数

torque compensator ［C］ トルク補償器

torque limiter ［C］ トルク制限器

torque rod ［C］ トルク棒

torque tube ［C］ トルク管

torrid zone ［C］ 熱帯

torsional moment (TM) ねじりモーメント

torsional oscillation ねじり振動

torsional rigidity ねじり剛性；ねじりこわさ

torsional strength ［U］ ねじり強さ

torsional test ［C］ ねじり試験

torsional vibration ねじり振動

torsion bar ［C］ トーション・バー 《棒をね

じったときの反発力を利用したスプリング（ばね）。[典] NDS Y 0003B》

torsion damper　［C］　ねじり振動止め

torsion meter　［C］　ねじれ計測器

torsion test　［C］　ねじり試験

toss bombing　【空自・海自】トス爆撃　《低空で接近し、急上昇中に爆弾を投下して目標に命中させる爆撃法をいう。[典] 統合訓練資料1-4》

total air temperature　全気温

total bottom time　滞底時間

total cubic displacement　［C］　総排気量

total decompression time　総減圧時間

total emission　全放出電流

total head　全水頭；全揚程；全落差

total heat of vaporization　蒸発全熱量

total impulse　総推力　《ロケットの推力を全作動時間にわたって積分した量。[典] NDS Y 0001D》《[同] total thrust》

total indicator reading (TIR)　計器表示度数総計

total inspection　全数検査

Total Item Record (TIR)　総合品目レコード

total load　［C］　総荷重

total materiel assets　［pl.］　①総資材；総資材量　②【海自】総資産

total materiel requirements　［pl.］　総軍需品所要

total miles counter　［C］　総航程計算器

total mobilization　総動員

total moisture　［U］　全水分

total pressure　全圧；全圧力

total probable error　総計公算誤差

total quality management　［U］　総合的品質管理

total reflection　全反射

total requirements　［pl.］　総所要

total resistance　全抵抗

total system　［C］　トータル・システム

total temperature　全温度

total thrust　総推力　《ロケットの推力を全作動時間にわたって積分した量。[典] NDS Y 0001D》《[同] total impulse》

total vertical error (TVE)　総垂直方向誤差《総垂直方向誤差とは、航空機が飛行している実際の気圧高度と航空機乗組員により設定された気圧高度との垂直方向の差をいう。[典] 防管航第7575号》

total war　［U］　①【空自】全面戦争　②【陸自】総力戦

To the Rear March!　「回れ右、前へ進め！」《号令》

touch and go　連続離着陸；タッチ・アンド・ゴー

touch and go landing　連続離着陸

touch current　接触電流　《電磁界中に置かれた非接地導電物体に、接地された人体が触れることによって接触点を介して流れる電流をいう。[典] NDS C 0001D》

touch-down　接地　《航空機の接地》

touch-down ground speed　接地速度

touch-down point　［C］　接地点

touch-down zone (TDZ)　［C］　接地帯

touch hazard　［C］　接触ハザード　《接触電流を生じさせるような潜在的な状況。[典] NDS C 0001D》

touching phase　［C］　接敵期

tough-rubber sheathed cable　［C］　キャブタイヤー・ケーブル

tourniquet　［C］　止血帯　《tourniquet = ターニケット》

tour of duty　勤務期間

towbar　［C］　牽引棒（けんいんぼう）

towed array range processor (TARP)　［C］　【米海軍】曳航アレイ測距処理装置

towed array sonar system (TASS)　［C］　曳航式アレイ・ソーナー・システム（えいこうしき～）《直線配列の受波器を自艦から離して曳航する方式のパッシブ・ソーナー。[典] NDS Y 0012B》《TASS = タス》

towed artillery　［U］　牽引砲（けんいんほう）《牽引車で牽引される火砲。[典] NDS Y 0003B》

towed howitzer　［C］　牽引榴弾砲（けんいんりゅうだんほう）《車両などの牽引によって移動できる榴弾砲。短距離移動用の自走装置を有しているものもある。[典] NDS Y 0003B》

towed magnetic anomaly detector (towed MAD)　［C］　曳航磁気探知機；曳航マッド　《航空磁探の検知部を収納した曳航体を航空機自体からの磁気雑音の影響を受けないように、ヘリコプターなどの機体から遠く離して曳航する方式の航空磁探。[典] NDS Y 0051》

towed noise maker　［C］　①曳航ノイズ・メーカー　《電気的または機械的に広帯域雑音を発生させる水上艦用の曳航航式ジャマー。[典] NDS Y 0012B》　②【海自】曳航騒音発生器

towed sleeve　［C］　吹流し曳的（ふきながしえいてき）

T

towed sonar ［U］ 曳航ソーナー

towed sonar sweep 曳航式ソーナー掃引

towed target ［C］ 曳航標的 《航空機または艦艇が曳航する目標。[典] NDS Y 0005B》

towed torpedo countermeasures ［pl.］ 曳航具 《水上艦用の曳航式ジャマーであり、水上艦から曳航されながら妨害音を発生する装置。デコイとしての機能を有す場合もある。[典] NDS Y 0041》

tower crane ［C］ タワー・クレーン

towering cumulus 塔状積雲

tower observation ［U］ タワー観測；タワー観察

tower visibility ［U］ 管制塔視程

towing 曳航（えいこう）

towing alongside 横引き

towing arrangement ［C］ 曳航装置

towing light ［C］ 曳航灯

towing pendant ［C］ 曳航用ペンデント

towing ship ［C］ 引船

towing slip ［C］ 曳航用スリップ

towing speed 曳航速力

T

towline ［C］ 曳索

tow plane ［C］ ①【空自】曳航機 ②【海自】曳的機

tow rope resistance 曳引抵抗（えいいんていこう）

tow ship ［C］ 曳航機（えいこうき）

toxic chemical agent ［C］ 有毒化学剤 《化学的毒性により、人員および動物を殺傷する物質をいい、持久性有毒化学剤および一時性有毒化学剤に区分される。[典] 陸自教範》

toxic chemicals ［pl.］ 有害化学物質

toxic gas (TG) 有毒ガス

toxic weapon ［C］ 毒素兵器 《毒素兵器とは、武力の行使の手段として使用される物で、毒素を充てんしたものをいう。[典] 昭和五十七年法律第六十一号》

toxin ［C］ 毒素 《毒素とは、生物によって産生される物質であって、人、動物または植物の生体内に入った場合にこれらを発病させ、死亡させ、または枯死させるものをいい、人工的に合成された物質で、その構造式がいずれかの毒素の構造式と同一であるものを含むものとする。[典] 昭和五十七年法律第六十一号》

TPT scenario replacement cartridge (TSRC) ［C］ TPTシナリオ・リプレースメント・カートリッジ 《TPT = troop proficiency trainer（模擬戦闘訓練）》《ペトリオット用語》

trace ①経始（けいし） ②痕跡；軌跡 ③追跡 ④走査線

traced drawing ［C］ 元図

tracer mixture 曳光剤 《曳光用の光を発する火工剤。[典] NDS Y 0001D》

tracer ［C］ 曳光弾（えいこうだん） 《弾底部の曳光筒により、飛翔軌跡を肉眼で見えるようにした弾薬。[典] NDS Y 0001D》

tracer ammunition ［U］ 曳光弾薬

tracer bullet (TB) ［C］ 曳光弾 《銃弾》

tracer cartridge ［C］ 曳光弾

tracer shell ［C］ 曳光砲弾

track ［n.］ ①航跡；軌跡 ②追尾；追跡 ③履帯（りたい） 《キャタピラーのこと》

track ［vt.］ 追尾する；追随照準する

track amplifying data (TRK AMP DATA) ［U］ トラック・アンプ・データ 《ペトリオット用語》

track block ［C］ 履板（りばん）

track chart ［C］ 行動図

track correlation 航跡相関

track data ［U］ 航跡データ

track data block ［C］ 航跡データ・ブロック 《バッジ用語》

track diagram ［C］ 航跡図

Track Down Tell トラック・ダウン・テル 《ペトリオット用語》

tracked vehicle ［C］ 装軌車 《起動輪により無限軌道（いわゆるキャタピラー）を回転させて走行する車両》

tracker ［C］ 追随機 《捜索アンテナ、追随アンテナおよび光学センサーを有し、空間安定された状態で目標の捜索および追随を行う器材。[典] NDS Y 0004B》

track handover request ［C］ 航跡ハンド・オーバー要求

track history analysis program (TRHA) ［C］ 航跡図作図プログラム 《バッジ用語》

track identification function (TIF) 航跡識別機能 《JADGE用語》

track information ［U］ 航跡情報

tracking 追尾；追跡 《目標の動きに追従しながら継続的に測的すること。[典] NDS Y 0012B》《TCD = ティーシーディー》

Tracking and Data Relay Satellite (TDRS) ［C］ 【米】追跡データ中継衛星

tracking equipment ［U］ 追跡機器；追跡装置

tracking gate ［C］ 追跡ゲート

647 traf

tracking homing　追跡帰還

tracking line　[C]　追尾線；追随線

tracking noise　[U]　追跡雑音

tracking officer (TO)　[C]　航跡追尾幹部
《航跡追尾技術員を統制し、航跡の追尾について
責任を有する幹部をいう。⊛ JAFM006-4-18》

tracking point　[C]　追尾照準点；追随照準点

tracking radar (T/R)　[C]　追尾レーダー；
追随レーダー

tracking section　[C]　追従部

tracking servo　追跡サーボ

tracking technician (TT)　[C]　航跡追尾
員　《JADGE用語》

tracking telescope　[C]　追随眼鏡　《移動目
標を追尾して観測するための望遠鏡。⊛ NDS Y
0004B》

track management　[U]　航跡管理

track management function (TMF)　航
跡管理機能　《JADGE用語》

track merit (TM)　[C]　航跡状態尺度；ト
ラック・メリット　《相関処理の成功の程度を示
し、リライアブルとアンリライアブルの2種類か
おる。⊛ JAFM006-4-18》

track number　①【空自】航跡番号　②【海自】
目標番号

track number assignment　航跡番号指定

track of typhoon　[C]　台風経路

track quality (TQ)　航跡信頼度　《JADGE用
語》

track selector　[C]　トラック選択器

track shoe　[C]　履板

track spacing　①【空自】捜索間隔　②【海自】
トラック間隔

track supervisor (TK/SUP)　[C]　トラッ
ク・スーパーバイザー

track symbology　[U]　航跡表示記号

track via missile (TVM)　ミサイル経由追尾
《地上のレーダー装置から目標に電波を照射し、
その反射した電波をミサイル経由受診し、地上で
誘導計算等を行い、ミサイルを誘導する方式をい
う。⊛ JAFM006-4-18》

track while scan (TWS)　トラック・ホワイ
ル・スキャン；多目標同時追尾

track-while-scan radar　[C]　走査追跡
レーダー

tractor　[C]　牽引車；牽引自動車　《専ら被牽
引自動車を牽引（けんいん）することを目的とする
と否とにかかわらず、被牽引自動車を牽引する目
的に適合した構造および装置を有する自動車をい

う。⊛ 防経艦第6002号》

trade wind　[U]　貿易風

Trading with the Enemy Act (TWEA)
【米】対敵取引規制法　《財務省の管轄》

traffic　[C]　①交通　②トラフィック；交信；
通信；通信量

trafficability　地耐力　《地表面土質が車両、人
等の通行に対し耐えうる能力をいう。⊛ 陸自教範》

Traffic Advisory Service Center　【海保】
海上交通センター

traffic alert and collision avoidance
system (TCAS)　[C]　航空機衝突回避警告
システム

traffic analysis　交信分析；通話量分析

traffic bottleneck　[C]　交通上の隘路

traffic capacity　交通容量

traffic circulation map　[C]　通行循環図

traffic control　[U]　通行統制

traffic control computer　[C]　【海自】交
通管制計算機

traffic control point　[C]　通行統制点

traffic control post (TCP)　[C]　通行統
制所

traffic density　[U]　交通密度

traffic diagram　[C]　交信図

traffic exit　場周離脱

traffic flow　①交通量　②通信量

traffic flow security　[U]　通信量保全

traffic management　[U]　運輸管理

Traffic Management　【空自】輸送　《准空尉
空曹空士特技区分の英語呼称》

traffic map　[C]　道路交通現況図

traffic noise　[U]　①船舶航行雑音；トラ
フィック雑音　《不特定多数の船舶の航行によっ
て発生する雑音。⊛ NDS Y 0011B》　②【海自】
他艦雑音

traffic patrol　交通巡察

traffic pattern　[C]　【空自】場周経路
《着陸する航空機の流れを整えるために、滑走路
周辺に設定された飛行経路であって、アップ・ウ
インド・レグ、クロス・ウインド・レグ、ダウ
ン・ウインド・レグ、ベース・レグおよび最終進
入からなるものをいう》

traffic pattern altitude　場周経路高度

traffic rate　[C]　運航率

traffic regulating point (TRP)　[C]　交
通規制所；通行規制所；道路交通規制所

traffic regulation　交通規制；通行規制；道路
交通規制

T

traf 648

traffic regulation point ［C］ 道路交通規制所

traffic security ［U］ 通信保全；交信保全

traffic spacing 場周飛行間隔

traffic volume 交通量

trail ①小径（しょうけい）《小道のこと》 ②脚《砲架の一部であり、火砲を安定させ、発射の際の反動を地面に伝える装置。⍟ NDS Y 0003B》③単縦陣

trail acrobatics ［pl.］ 単縦陣特殊編隊飛行

trail angle ［C］ ①【空自】照準角 ②【海自】追従角

trailer aircraft ［pl. ＝～］ 【空自】触接機《主として、目視による接触を維持して、敵または彼我不明の航空機等に追随する航空機をいう。通常、レーダーによる追随が困難となるものに対して使用する。接触機ということもある。⍟ 統合訓練資料1-4》

trail formation ［U］ 単縦陣編隊

trailing aerial 垂下空中線 《⍟ trailing antenna》

trailing antenna ［C］ ①垂下アンテナ②【海自】垂下空中線 《⍟ trailing aerial》

trailing edge (TE) ［C］ 後縁 《翼の後縁》

trailing edge criteria (TEC) ［pl.］ 後縁探知基準

trailing pole-tip ［C］ 磁極後端

trailing screw ［C］ 誘転軸

trail officer ［C］ ①【自衛隊】後尾係幹部②後尾係将校

trail party ［C］ 後尾班

train (Tn) ［C］ 【陸自】段列 《後方支援部隊の移動・警戒の指揮および配置の統制、必要に応じて支援業務を統制するために編成する編組部隊をいう。⍟ 陸自教範》

train centering pin ［C］ 旋回固定栓

trainee ［C］ 実習員

trainer ［C］ ①訓練機 ②訓練装置 ③旋回手 《砲塔の左右旋回を操作する》

trainer's telescope ［C］ 旋回手望遠鏡；旋回手照準望遠鏡

train headway ［C］ 列車間隔

train indicator ［C］ 旋回指示器

training ［C］ 訓練；教育；研修 《⍟ 座学が中心の場合は「教育」にする》

training aid ［C］ 教材

training aircraft ［pl. ＝～］ 練習機

training ammunition ［U］ 訓練弾 《火器の射撃操法の訓練に使用する弾薬。⍟ NDS Y

0001D》《⍟ training projectile》

Training and Doctrine Command (TRADOC) 【米陸軍】訓練教義コマンド《TRADOC ＝ トラドック》

training and exercise area ［C］ 訓練演習区域

Training and Exercise Section 【統幕】訓練班 《運用部運用第3課～の英語呼称》

Training and Research Office 【統幕学校】教育・研究室 《の英語呼称》◇用例： 教育・研究室長 ＝ Chief, Training and Research Office

training area (TA) ［C］ ①【陸自】演習場◇用例： 鬼志別演習場 ＝ the Onishibetsu Training Area；矢臼別演習場 ＝ the Yausubetsu Training Area ②【空自】訓練空域

Training Battalion 【陸自】教育大隊 《の英語呼称》《新入隊員や予備自衛官等に対して、自衛官として必要な基礎的教育を行う》◇用例： 第109教育大隊 ＝ 109th Training Battalion

training bomb ［C］ 訓練爆弾 《弾着標示薬と信管を有し、弾着時に発煙する爆撃訓練用の爆弾。⍟ NDS Y 0001D》

Training Brigade 【陸自】教育団 《の英語呼称》

training buffer ［C］ 旋回緩衝器

training call-up 【自衛隊】訓練招集 《防衛大臣が所要の訓練を行うため、訓練招集命令を発して予備自衛官または即応予備自衛官を招集することをいう。⍟ 統合訓練資料1-4》

training call-up allowance ［C］ 【自衛隊】訓練招集手当

training camp ［C］ 訓練所

training circular 訓練用回覧書

training course ［C］ ①訓練課程 ②訓練場

training course chart ［C］ 訓練課程表

training cycle ［C］ 訓練周期

Training Department 【防大】訓練部 《の英語呼称》◇用例： 訓練部長 ＝ Director of Training Department

training device ［C］ 訓練装置

Training Division ①【内部部局・陸自・防大】訓練課 《の英語呼称》◇用例： 訓練課長（内部部局・陸自） ＝ Director, Training Division；訓練課長（防大） ＝ Head of Training Division ②【空自】教育課 《の英語呼称》◇用例： 教育課長 ＝ Head, Training Division ③【海自】練習隊《の英語呼称》◇用例： 練習隊司令 ＝ Commander, Training Division

Training Equipment Section 【海自】訓練器材班 《の英語呼称》◇用例： 訓練器材班長 ＝

Officer, Training Equipment Section

Training Exercise Program (TXP) 訓練演習用プログラム 《訓練演習を実現するプログラムをいい、シナリオ・データ編集プログラム (SDEP) と訓練演習支援プログラム (TXSP) で構成される。[典] JAFM006-4-18》

training facility ［C］ 訓練施設

training flight ［C］ ①【空自】運航訓練 ②【海自】訓練飛行

training grenade ［C］ 訓練用手榴弾 《投擲訓練に使用する無火薬の手榴弾。[典] NDS Y 0001D》

training guide ［C］ 訓練手引；指導要領書

training inspection 訓練検閲

training literature ［U］ 訓練用図書類

training material 訓練資料；教育資料

Training Materials Officer 【統幕学校】教材管理専門官 《の英語呼称》

Training Materials Section 【陸自】教材班 《の英語呼称》

training memorandum ［C］ 訓練指示

training officer (TO) ［C］ 【自衛隊】運用訓練幹部 《運用および訓練に係わる業務を実施する幹部。[典] 民軍連携のための用語集》

training participating unit ［C］ 訓練参加部隊；演習参加部隊 《訓練 (演習) に実際に参加する部隊等を総称していい、統裁部、訓練 (演習) 実施部隊等および対抗部隊 (仮設敵部隊を含む) をいう。[典] 統合訓練資料1-4》

training period ［C］ 訓練期間

Training Planning Section 【空自】計画班 《教育課〜の英語呼称》◇用例： 計画班長 = Chief, Training Planning Section

training program ［C］ 教育訓練計画；訓練実施計画

training projectile ［C］ 訓練弾 《火器の射撃操法の訓練に使用する弾薬。[典] NDS Y 0001D》《[同] training ammunition》

training project outline (TPO) 学習概要；教育指導要領；教程

training prospectus ［C］ 教育訓練指針

training readiness evaluation (TRE) 訓練準備評価

training readiness inspection (TRI) 訓練準備調査

Training Regiment 【陸自】教育連隊 《の英語呼称》

training rocket ［C］ 訓練用ロケット弾 《ロケット弾の射撃操法の訓練に使用するロケット弾。[典] NDS Y 0001D》

training scenario ［C］ 訓練シナリオ 《訓練および演習に使用する模擬情報を発生するタイミングおよび内容を指定した筋書きをいう。[典] JAFM006-4-18》

training schedule ［C］ 訓練予定表；教育予定表

Training Section 【陸自】訓練班 《の英語呼称》

training ship ［C］ 【海自】練習艦 《艦種記号： TV》

Training Squadron (TS) 【海自】練習艦隊 《の英語呼称》◇用例： 練習艦隊司令官 = Commander, Training Squadron；練習艦隊首席幕僚 = Chief Staff Officer, Commander Training Squadron

training standard 訓練基準

Training Submarine ［C］ 【海自】練習潜水艦

Training Submarine Division 【海自】練習潜水隊 《の英語呼称》◇用例： 練習潜水隊司令 = Commander, Training Submarine Division

training supporting unit ［C］ 訓練支援部隊；演習支援部隊 《訓練 (演習) を支援する部隊等をいう。[典] 統合訓練資料1-4》

training support ship ［C］ 【海自】訓練支援艦 《艦種記号： ATS》

training time table ［C］ 訓練予定表；教育予定表

training unit ［C］ 訓練実施部隊；演習実施部隊 《訓練 (演習) において、練成の対象となる部隊等をいう。[典] 統合訓練資料1-4》

training vessel ［C］ 練習艦 《艦種記号： TV》

train order 旋回発砲角

trains area ［C］ 段列地域 《段列が位置する地域をいい、師団・旅団の段列が位置する地域を師団・旅団段列地域といい、連隊、大隊等の段列が位置する地域を部隊段列地域という。[典] 陸自教範》

trajectory ［C］ ①弾道 《弾丸、ロケット弾、爆弾など、飛翔体が運動するときの重心の軌跡。[典] NDS Y 0006B》 ②軌道 《戦域弾道ミサイル (TBM) の飛翔経路をいう。[典] JAFM006-4-18》 ③流跡線；流動線

trajectory chart ［C］ 弾道側視図 《各種高角に応じる標準弾道を弾道高と距離の関係で示した曲線図。[典] NDS Y 0006B》

trajectory drop 弾道低下量

trajectory shift 弾道偏位 《弾丸等が発射されたとき、各種外力によって生じる弾道の偏向。[典] レーダー用語集》

transaction card ［C］ 受け払いカード

transaction queue ［C］ 送信キュー 《バッジ用語》

trans atmospheric vehicle (TAV) ［C］ 大気圏外航空機

trans-attack period = transattack period ［C］ ①攻撃続行期間 ②【海自】攻撃実施期間

transducer ［C］ 変換器；トランスデューサー 《ある種の入力信号を受け、これを別の種類の出力信号として供給するが、入力信号の必要とされる特徴が出力信号に現れるように設計されたデバイス。[典] NDS Y 0012B》

transfer ①転移；移動 ②転属；転籍；転任；配属換え ③移載；管理換え ④横距（おうきょ） ⑤転移射 ⑥着信転送

transfer area ［C］ ①転移地域 ②【海自】積み替え海面

transfer at sea 洋上移送

transfer berth ［C］ 移載泊地

transfer bus ［C］ 切り替え母線

transfer characteristic curve ［C］ 増幅特性曲線

transfer contact 切り替え接点

T

transfer for repairing 修理管理換え

transfer for requisition 請求管理換え

transfer impedance ［U］ 伝達インピーダンス

transfer lever ［C］ 切り替えレバー

transfer line ［C］ 移載線

transfer of aircraft attachment 航空機配置換え

transfer of fire 転移射 《試射結果を利用して、転移限界内の目標に対し、修正射を行うことなく、効力射を行う射撃。[典] NDS Y 0005B》

transfer of issue 供用換え

transfer of radar identification レーダー移送

transfer of responsibility 責任転移

transfer order 管理換え指示

transfer point ［C］ 指揮転移点

transfer pump ［C］ 移動ポンプ

transferred position line ［C］ 転位線

transferring facility ［C］ 移管機関

transfer switch ［C］ 切り替えスイッチ

transfer valve ［C］ 切り替え弁

transformation 変態

transformation point ［C］ 変態点

transformation ratio ［C］ 変圧比；変成比

transformed air mass ［C］ 変質気団

transient 一時寄港地

transient aircraft ［pl. = ～］ 外来機

transient current 過渡電流

transient delay 過渡遅れ

transient deviation 過渡偏差 《[同] transient error》

transient electromagnetic pulse surveillance technology (TEMPEST) テンペスト

transient error 過渡偏差 《[同] transient deviation》

transient forces ［pl.］ 通過部隊；一時残留部隊

transient objective ［C］ 一時目標

transient oscillation 過渡振動

transient phenomenon ［pl. = transient phenomena］ 過渡現象

transient radiation effects on electronics (TREE) 電子機器に対する過渡放射線効果 《核爆発の影響による電子回路への過渡的な照射効果。[典] NDS Y 0001D》

transient reactance 過渡リアクタンス

transient recovery voltage 過渡回復電圧

transient response ［C］ 過渡レスポンス

transient short-circuit ［C］ 過渡短絡

transient sound 過渡音（かとおん） 《継続時間の短い過渡的な音。[典] NDS Y 0011B》

transient stability ［U］ 過渡安定度

transient state 過渡状態

transient target ［C］ 瞬間目標

transient voltage 過渡電圧

transit 寄港；通過

transit area ［C］ 通過区域

transit bearing 通過方位

transition 推移

transitional administration 【国連】暫定行政機構 《政権交代期または独立への過渡期にある国を援助するために、安保理が設置した暫定当局。[典] 国連平和維持活動（原則と指針）》

transitional lift effect 転移揚力効果

transitional surface ［C］ ①【空自】転移表面 ②【海自】転動表面

transition altitude 転移高度

transition ballistic simulation facility ［C］ 非定常高速過渡弾道シミュレーション試験装置

transition carrier ［C］ 移行期空母

651 tran

transition fit ［C］ 止まりばめ

transition layer ＝ transitional layer ［C］
転移層

transition level ［C］ 転移レベル

transition point ［C］ 遷移点

transition route ［C］ 転移経路

transition to forward flight and climb
前進上昇への移行

transitory attrition minefield ［C］ 一時
的消耗機雷原

transit passage ［C］ 通過通航

transit port 通過港

transit route ［C］ 通過経路

transit route use regulation 交通路使用の
統制 《円滑かつ効率的な移動の流れを確保する
ため、移動に使う陸路、水路および空路について、
一般に経路、方向、時間等を規制することをいう。
㊟ 陸自教範》

transit time ①走行時間 ②移動時間

translation 併進

translational lift 転移揚力

transmission ①送信；電送 ②伝達；送達
《㊟「達」には、「通達」のように「通知する、命
令する」という意味がある。「伝達」とは、文書な
どの有体物に依らない意思の通知であり、「送達」
とは、文書などの有体物に依る意思の通知をい
う》 ③伝動装置；変速機；変速装置 《㊟ 不明
な場合は「トランスミッション」にする》

transmission center ［C］ 伝送所 《移動間
または浮動状況下にある部隊が交信時間あるいは
位置の不確定等のため直接交信が困難な場合に、
その連絡を確保するために設置し、あるいは我が
通信所等を敵に秘匿し、または誤認させるために
設置する中継所をいう。㊟ 陸自教範》

transmission communication center
［C］ 伝送通信所 《伝送所と同様な目的をもっ
て設置する中継通信所をいう。㊟ 陸自教範》

transmission device ［C］ 送信装置

transmission factor ［C］ 透過率

transmission identification ［U］ 送信区
別番号

transmission instructions ［pl.］ 送信指示

transmission interface equipment (TX
IF) ［U］ 送信インターフェース装置
《JADGE用語》

transmission loss (TL) ①伝搬損失
《㊙ propagation loss》 ②透過損失 《音波の透
過において、入射波の音圧レベルから透過波の音
圧レベルを引いた値。㊟ NDS Y 0011B》

transmission loss rate ［C］ 伝搬損失係数

transmission mode 送信モード

transmission route ［C］ 伝送経路

transmission security ［U］ 伝送保全 《我
の通信に関する電磁波を、敵の通信情報活動から
防護することをいう。㊟ 陸自教範。㊟「トランス
ミッション・セキュリティ」でもよい》

transmission shaft ［C］ 伝達軸

transmission speed 送信速度

transmission system 送電系統

transmission unit ［C］ 送信部

transmissometer ［C］ 透過率計

transmit ［vt.］ 送信する；伝送する；伝達する

transmitted time 伝達終了時刻

transmitter (TX) ［C］ 送信器；送信機；送
話器

transmitter & receiver (TRX) 送受信機
《無線の送信および受信を行う器材をいう。
㊟ JAFM006-4-18》

transmitter and receiver assembly ［C］
送受信器 《送信器と受信器の組立品。㊟ NDS Y
0041》

transmitter dead time (TDT) 送信機休止
時間

transmitter receiver tube ［C］ TR管
《レーダーにおいて、アンテナを送受信に共用す
る場合、受信機を自動的に切り替えるために使用
される放電管。㊟ レーダー用語集》

transmitter waveguide pressurization
system (TWPS) ［C］ 導波管加圧装置
《ペトリオット用語》

transmitting antenna ［C］ 送信空中線

transmitting tube ［C］ 送信管

transoceanic flight ［C］ 渡洋飛行

transoceanic waters ［pl.］ 渡洋水域

transonic ［adj.］ 遷音速（せんおんそく）

transonic flow 遷音速流れ（せんおんそくなが
れ）

transonic range ［C］ 遷音速域

transonic speed 遷音速

transparency ①透明 ②透明フィルム

transponder ［C］ トランスポンダー；応答器
《1. 地上からの質問電波に応じた航空機からの応
答電波により表示を行うための機上装置。2. イン
テロゲーターからの質問パルスを受信し、自動的
に応答信号を発信する電子装置。㊟ レーダー用語
集》

transponder beacon ［C］ 質問ビーコン

transponder dead time 応答機無効時間

transport ①輸送 ②輸送機 ③兵員輸送艦

T

transportability 運搬可能性

transport aircraft ［pl. = ～］ 輸送機 ◇用例： C-17 transport aircraft = C-17輸送機《[同] transport plane》

transport area ［C］ 輸送艦区域

transportation ［U］ ①輸送 《船舶・航空機・鉄道・車両等を使用して、部隊・資材等を、ある場所から他の場所へ運ぶことをいう。[典] 統合訓練資料1-4》 ②輸送機関 ③配置替え

Transportation (Tran) 【陸自】輸送科《職種の英語呼称》《主任務は、大型車両による部隊および各種補給品等の輸送》

transportation between main bases or terminals 幹線輸送

transportation capacity 輸送能力

Transportation Command (TRANSCOM) ［the ～］ 【米】輸送軍《正式名称は「United States Transportation Command（USTRANSCOM）= 米国輸送軍」。機能別統合軍の一つ》

transportation control ［U］ 輸送統制

Transportation Control Section 【海自】輸送統制班 《の英語呼称》◇用例： 輸送統制班長 = Officer, Transportation Control Section

transportation corps (TC) ［pl.］ ①【米】陸軍輸送隊

Transportation Division 【陸自】輸送課《の英語呼称》

transportation emergency 輸送緊急事態

transportation facility ［C］ 【陸自】輸送機関 《輸送を専門任務とし、実施する部隊（海上自衛隊、航空自衛隊を含む）、部外機関等の総称をいう。[典] 統合訓練資料1-4》

transportation force 輸送部隊

Transportation Helicopter Group 【陸自】輸送ヘリコプター群 《の英語呼称》◇用例：第1輸送ヘリコプター群 = 1st Transportation Helicopter Group

transportation management command (TMC) 輸送業務部隊

transportation office ［C］ ①【陸自】輸送事務所 《担任する区域、施設および部隊が定められ、輸送に関する命令等の監督・指導、輸送機関と被支援部隊との間の調整、交通に関する情報資料の収集等を行うため、輸送上の要点に配置される施設をいい、空港に配置された場合、特に「空輸事務所」という。[典] 陸自教範》 ②【空自】輸送室 ◇用例： 輸送室長 = Head, Transportation Office

Transportation Officer 【空自】輸送幹部《幹部特技区分の英語呼称》

transportation of Japanese from foreign country 在外邦人等の輸送

transportation operation 輸送活動

transportation operation agency (TOA) ［C］ 輸送実施機関

transportation plan ［C］ 輸送計画 《輸送業務を担当する部隊または機関が作成する輸送実施のための計画をいう。[典] 統合訓練資料1-4》

transportation priority ［C］ 輸送優先順位

transportation regulation 輸送の統制 《部隊、補給品等を効率的かつ整斉と輸送するため、輸送所要の決定、輸送の割当て、輸送の優先順位、運行等を統制することをいう。[典] 陸自教範》

transportation request ［C］ 輸送請求《統合輸送計画に基づき、統合輸送要求部隊等の長が、統合輸送担任部隊長が属する自衛隊の手続きにより、人員、貨物等の輸送を請求する行為をいう。[典] 自衛隊統合達第34号》

transportation requirements ［pl.］ 輸送所要 《移動所要のうち、輸送機関を使用して移動させることが必要な量をいう。[典] 陸自教範》

transportation route ［C］ 輸送経路

Transportation School ［the ～］ 【陸自】輸送学校 《の英語呼称》《大型車両で戦車や重火器等を輸送する輸送科の教育を行う》

Transportation Section 【陸自・海自】輸送班 《の英語呼称》◇用例： 輸送班長（海自）= Officer, Transportation Section

transportation service number 輸送業務番号

Transportation Staff Officer 【空自】輸送幕僚 《幹部特技区分の英語呼称》

transportation system ［C］ 輸送システム

transport control center ［C］ 空輸統制所

transporter-erector-launcher (TEL) ［C］ 移動式ランチャー；発射台付き車両

transport group ［C］ 輸送任務群

transport helicopter (CH) ［C］ 輸送ヘリコプター 《[同] cargo helicopter》◇用例： CH-47 transport helicopter = CH-47輸送ヘリコプター

transport loss 輸送減耗

transport movement control (TMC) ［U］ 空輸調整

transport plane ［C］ 輸送機 ◇用例： C-130 transport plane = C-130輸送機《[同] transport aircraft》

transport vehicle ［C］ 輸送車両

transposition block ［C］ 交差区画

transposition system 交差形式

transversal strain 横ひずみ

transverse axis ［pl. = transverse axes］ 横軸

transverse load ［C］ 横荷重（よこかじゅう）

transverse metacenter 横メタセンター

transverse metacentric height 横メタセンター高さ

transverse oscillation 横振動

transverse wave ［C］ 横波

trapezoidal sweep generator ［C］ 台形掃引発振器

trapezoidal wave ［C］ 台形波

trap mine ［C］ 仕掛け地雷

trapping layer ［C］ トラッピング層

trapping tactics ［pl.］ トラッピング戦術

trash disposal unit ［C］ 舷外排出筒

traumatic brain injury (TBI) 外傷性脳症

Trauzl test トラウツル試験 《試験する爆薬（標準薬量10g）を鉛筒の穴の中に入れて爆発させ、広がった空洞の容積を、標準爆薬（TNT）を同じ条件で爆発させて得た値と比較して、その相対爆力を測定する試験。[典] NDS Y 0001D。[備]「Trauzl lead block test（トラウツル鉛筒試験）」ともいう》

travel ①行程 ②旅行；出張；通勤

Travel and Tourism Administration 【米】旅行・観光局

traveled way 有効幅員

travel ghost 画面の流れ

traveling anticyclone ［C］ 移動性高気圧

traveling charge 移動装薬 《砲身内を弾丸と共に移動しながら燃焼することにより、薬室圧力と弾底圧力の均衡をはかり、弾丸を効率的に加速することができるように弾丸底部に取り付けられる装薬。[典] NDS Y 0001D》

traveling contact 可動接点

traveling crane ［C］ 走行クレーン

traveling cyclone ［C］ 移動性低気圧

traveling hoist ［C］ 走行ホイスト

traveling tube ［C］ 進行波管

traveling wave ［C］ 進行波

traveling wave magnetron 進行波マグネトロン

traveling wave tube (TWT) ［C］ 進行波管 《マイクロ波増幅用の大電力の真空管。[典] NDS Y 0004B》

travel order authority ［C］ 旅行命令権者

traverse ［vt.］ 横断する

traverse gyro ［C］ 旋回ジャイロ

traverse level ［C］ 旋回レベル

traverse mirror ［C］ 旋回鏡

traverse plane ［C］ 旋回面

traverse sailing 連針路航法（れんしんろこうほう）

traversing fire 横射（おうしゃ）

traversing mechanism ［C］ 旋回装置；方向装置 《砲身に所望の方向角を与え、保持する装置。[典] NDS Y 0003B》

tray shelf ［C］ 装塡棚（そうてんだな）

tread ①踏み板 ②踏面（とうめん） 《タイヤ・車両の接地面》 ③輪距（りんきょ） 《左右車輪間の幅》

treadway 導板（みちいた）

treadway bridge ［C］ 導板橋（どうばんきょう）

treason ［U］ 反逆；背信

treat ［vt.］ 治療する

treatment 手当て

treatment table ［C］ 治療表

Treaty Between the United States of America and the Russian Federation on Strategic Offensive Reductions ［the ～］ 戦略攻撃能力削減に関する条約 《米国・ロシア間の配備戦略核弾頭（戦略攻撃兵器）の削減に関する条約。通称は「モスクワ条約」。[典] 日本の軍縮・不拡散外交》

Treaty of Amity and Cooperation in Southeast Asia (TAC) 東南アジア友好協力条約

Treaty of Mutual Cooperation and Security between Japan and the United States of America ［the ～］ 日本国とアメリカ合衆国との間の相互協力及び安全保障条約；日米安全保障条約；日米安保条約

Treaty on the Non-Proliferation of Nuclear Weapons (NPT) 核兵器不拡散条約 《[備]「NPT」で通じる》

trench ［C］ 壕（ごう） 《土を掘って作った溝。[典] 民軍連携のための用語集》

trench burial 塹壕埋葬（ざんごうまいそう）

trench mortar ［C］ 迫撃砲

trends in tactical situation ［C］ 【陸自】戦勢 《作戦または戦闘における彼我の相対的な状態を動的にとらえたものをいう。「戦勢を支配する」とは、作戦または戦闘において敵に対して有利な状態を獲得または保持することをいう。[典] 陸自教範》

triad ［C］ 3辺施設

triage ［U］ トリアージ 《第一線における人的戦闘力の維持および状況に応じた最大限の治療効果の発揮を目的として、傷病者の重症度、使用可能な時間・衛生資材等、戦況の推移および作戦上の要求等により治療・後送の優先順位および後送手段等を決定することをいう。[典] 陸自教範》

trial 試運転；試行

trial and error 試行錯誤

trial fire 試射 《射撃諸元を修正するために固定点または目標に対して行う緩射。[典] NDS Y 0005B》

trial intercept calculation (TIC) ［C］ 要撃試算 《要撃戦闘において目標機に対し、最良の要撃兵器を選定するために計算機が行う計算をいう。[典] JAFM006-4-18》《TIC ＝ ティック》

trial period ［C］ 試用期間

trial speed 公試速力

triangular bandage 三角巾（さんかくきん）

triangular cam ［C］ 三角カム

triangular notch ［C］ 三角ノッチ

Triangular Partnership Project 【国連】 三角パートナーシップ・プロジェクト 《国連、国連PKOの要員派遣国および技術や装備を有する第三国間の協力により、国連PKOの要員派遣国の要員の能力向上を支援するパートナーシップ》

triangular patrol 三角哨戒

triangular shoring 三角型補強

triangular wave ［C］ 三角波

triangulation ①【陸自】三点監査法 ②三角法

triangulation station ［C］ 三角点

triangulation system 三角方式

trick valve ［C］ トリック弁

tricycle landing gear ［C］ 三輪式降着装置

Trident 【米海軍】トライデント 《潜水艦発射弾道ミサイル》

Trident Refit Facility ［C］ 【米海軍】トライデント・ミサイル整備所

Trident Submarine 【米海軍】トライデント潜水艦

Trident Training Facility (TTF) 【米海軍】トライデント・ミサイル訓練所

trigger ［C］ 引き金（ひきがね） 《指で引いて、撃針、撃鉄、揺底、遊底などの逆鈎（ぎゃっこう）による固定を解く部品。[典] NDS Y 0003B》

trigger bar ［C］ 引き金桿（ひきがねかん） 《引き金の動きを逆鈎に伝える部品。[典] NDS Y 0002B》《[同] trigger lever》

trigger circuit ［C］ トリガー回路

trigger guard 用心金（ようじんがね） 《引き金が誤って引かれないように保護するとともに、引き金の損傷を防ぐ部品。[典] NDS Y 0002B》

trigger housing ［C］ 引き金室；引き金枠 《引き金などを取り付けるために、尾筒に取り付けられた部品。[典] NDS Y 0003B》《[同] trigger room》

trigger level ［C］ 駆動レベル

trigger lever ［C］ 引き金桿（ひきがねかん） 《引き金の動きを逆鈎に伝える部品。[典] NDS Y 0002B》《[同] trigger bar》

trigger pull 引き金牽引力 《引き金を引くために必要な力。[典] NDS Y 0002B》

trigger room ［C］ 引き金室；引き金枠 《引き金などを取り付けるために、尾筒に取り付けられた部品。[典] NDS Y 0003B》《[同] trigger housing》

trigger shaper ［C］ トリガー・シェーパー

trigger stop ［C］ 引き金止め

trigger sweeping 引き金掃引

trigger timing pulse ［C］ トリガー時限パルス

trigger voltage トリガー電圧

trig list ［C］ 三角点リスト；三角点表

Trilateral Coordination and Oversight Group (TCOG) 北朝鮮問題に関する日米韓三国調整グループ

trim トリム 《魚雷の前後方向のバランスのことであり、魚雷の雷軸上に投影した重心と浮心との距離で表す。重心に対して浮心が頭部側にある場合をアップトリム、尾部側にある場合をダウントリムと呼ぶ。[典] NDS Y 0041。[備] 現場では「ツリム」を用いている》

trim analysis トリム解析

trimaran ship ＝ trimaran vessel ［C］ 三胴船 《細長い主船体の両脇にサイドハルを設けた船。在来の船舶に比べ、後部甲板の面積が広い》 ◇用例： multi-hull ship ＝ 多胴船

trim by the head 船首トリム

trim by the stern 船尾トリム

trim dive トリム潜航

trimethylenetri-nitroamine トリメチレントリニトロアミン 《爆薬の一種》《[同] RDX；hexogen；cyclonite；cyclotrimethylenetri-nitramine》

trim for take-off feature ［C］ 離陸姿勢調整

trim method トリム法

trimming ①移水；トリム調整 ②縁取り

trimming die 抜き型

trimonite トリモナイト

trim pump [C] トリム・ポンプ

trim strip [C] トリム板

trim system トリム系統

trim weight [C] トリム調整錘

trinitro-toluene (TNT) = trinitrotoluene トリニトロトルエン 《トルエンを硝酸と硫酸によって硝化して製造する、淡黄色ないし鈍黄色結晶状の爆薬。弾丸、爆弾などの炸薬(さくやく)として広く使用する。[典] NDS Y 0001D》

trip coil [C] 引き外しコイル

trip gear [C] 引き外し装置

tri-plane トリプレーン

triple-base propellant = triple-base gun propellant トリプルベース発射薬 《ニトロセルロース、ニトログリセリンおよびニトログアニジンを基剤とする発射薬。[典] NDS Y 0001D》

triple ejector rack (TER) [C] 三叉爆弾架

triple expansion engine [C] 3段膨張機関

triple point [C] 3重点

triple rotating directional transmission (TRDT) 三重逐次方向送信 《アクティブ・ソーナーにおいて、各々120度ごとに配置された3つの音響ビームを120度旋回させて全方向に送信すること。RDTの一つ。[備]「TRDT」で通じる》《TRDT = ティーアールディーティー》

triple screw [C] 3軸プロペラー

tripod [C] 三脚架 《3本の脚、銃取り付け部、方向高低装置などから構成される銃の支持装置。[典] NDS Y 0002B》

tripod head [C] ①脚頭 《三脚架の頂部にあり、銃軸が取り付く部品。[典] NDS Y 0002B》 ②車両 《三脚にカメラを取り付けるための中間アクセサリー》

tripping current 引き外し電流

tripping relay [C] 引き外し継電器

trip plate [C] 作動板

trip ticket [C] 車両運行指令書

trip-wire [C] 仕掛け線;罠線(わなせん) 《引張力または引張力解放によって作動する地雷信管に使用する細い線。[典] NDS Y 0001D》

tri-service stand-off attack missile (TSSAM) [C] 三軍統合スタンドオフ攻撃ミサイル

tritonal トリトナール 《TNTとアルミニウムの配合比が80/20の混合爆薬。[典] NDS Y 0001D》

triton block [C] TNT爆破薬 《爆破作業に使用するため、TNTを圧搾成形した爆破薬。[典] NDS Y 0001D》

troop [sin.] 兵;兵員;部隊員 《兵員の集団》 ◇用例: US Special Forces troop = 米特殊部隊員

Troop (Trp) 【自衛隊】隊 《の英語呼称》《指揮者のいる2人以上の自衛官の集団をいう。[典] 防衛庁訓令第14号》

troop basis 部隊構成表

troop carrier [C] ①軍隊輸送機 ②軍隊輸送船

troop contributing country (TCC) [C] 【国連】部隊提供国

troop information [U] 部内広報 《隊員の使命の自覚を促し、各種の行動または活動の能率を高め、使命の達成に資するため、内外の情勢・政策・方針・各種の出来事等を部内の者に知らせることをいい、各級指揮官の指揮機能の一部をなすものである。[典] 統合訓練資料1-4》

troop leading procedure [C] 部隊指揮手順

troop movement 部隊移動

troop movement control [U] 部隊移動の統制 《効率的かつ整斉とした部隊移動を行うため、部隊区分、移動の順序、移動手段、目標、移動の開始および終了の時期、警戒処置、経路等について統制することをいう。[典] 陸自教範》

troops [pl.] ①部隊 《[備]「units」と同義》 ◇用例: Taliban troops = タリバン部隊 ②軍隊 ◇用例: British troops = イギリス軍

troopship [C] 兵員輸送船

troop staging area [C] 部隊待機区域

troop test [C] 部隊試験

troop train [C] 軍用列車

tropic [C] 回帰線

tropical air mass [C] 熱帯気団 《[対] polar air mass = 寒帯気団》

tropical climate [U] 熱帯気候

tropical cyclone [C] 熱帯低気圧

tropical depression (TD) 弱い熱帯低気圧

tropical front [C] 熱帯前線

tropical rucksack [C] 熱帯リュックサック

tropical storm [C] 熱帯性暴風雨

tropical year 太陽年

tropical zone [C] 熱帯

Tropic of Cancer [the ~] ①北回帰線 ②【海自】夏至圏

Tropic of Capricorn [the ~] ①南回帰線 ②【海自】冬至圏

tropopause 圏界面;対流圏界面 《対流圏と成層圏の境界》

troposphere 対流圏

tropospheric propagation 対流圏伝搬

tropospheric scatter 対流圏散乱

trouble 故障

trouble analysis 故障分析

trouble analysis station (TAS) ［C］ 故障解析装置 《TAS = タス》

trouble shooting 故障探求

trough ［C］ 気圧の谷

trough line ［C］ 谷線

trough-ridge diagram ［C］ 谷・尾根図

truce ［C］ 停戦；停戦協定 ◇用例： make a truce = 停戦する

true airspeed (TAS) = true air speed 真対気速度；真気速 《航空機と大気との真の相対速度》

true air temperature (TAT) 真対気温度

true altitude 真高度

true azimuth 真方位角

true bearing 真方位

true bearing amplifier ［C］ 真方位増幅器

T

true bearing follower ［C］ 真方位追従装置

true course (TC) ［C］ 真航路

true false 正誤式

true heading 真針路

true horizon 真水平

true index ［C］ 真針路指標

true north 真北（しんぽく）

true overlap 実重複量

true place of heavenly body 天体の真位置

true target bearing 真方向角

true vertical photography ［U］ 正垂直写真 《写真の撮影技術》

true wind speed 真風速

trunk ［C］ トランク 《中継線または中継線とインターフェースし、ディジタル信号をスイッチ部に送出する回路をいう。[典] JAFM006-4-18》

trunk air route ［C］ 幹線航空路

trunk engine ［C］ トランク機関

trunk line ［C］ 幹線

trunk line transportation ［U］ 幹線輸送

trunk switch (TS) ［C］ 回線切り替え装置 《バッジ用語》

trunnion ①銃耳（じゅうじ） ②砲耳（ほうじ） 《揺架、砲鞍部または砲架に固定され、火砲の俯仰（ふぎょう）の中心となる部分。[典] NDS F 8018D》 ③【海自】耳軸（じじく）

trunnion tilt 耳軸傾斜（じじくけいしゃ）

trusted computing base (TCB) 高信頼コンピューティング基盤

trustworthy tube ［C］ 高信頼管

Tsuchiura Branch 【防衛装備庁】土浦支所 《の英語呼称》《誘導武器の要素技術の試験に関する業務を行う。[典] 防衛装備庁HP》

Tsuken Jima Training Area 【在日米軍】津堅島訓練場 《沖縄》

Tsurumi Fuel Terminal 【在日米軍】鶴見貯油施設

TDDL buffer TDDLバッファー 《防空監視所（SS）に設置され、防空指令所（DC）のコンピューターから送信される地対地TDDL（time division data link）メッセージを受信処理して地対空TDDLメッセージに変換し、TDDL送信機に伝送する装置をいう。[典] JAFM006-4-18》《TDDL = ティドゥル》

tube ［C］ ①銃身；砲身 《[同] barrel》 ②真空管 《[備] 海上自衛隊では「電子管」》

tube arrangement ［C］ 管配置

tube bank ［C］ 管群

tube checker ［C］ 真空管試験器

tube cleaner ［C］ 管掃除機

tube cutter ［C］ 管切り

tube expander ［C］ 管広げ；拡管器（こうかんき）

tube hole ［C］ 管穴

tube lamp ［C］ 管形電球

tube life 銃身命数；砲身命数 《発射した弾数で表した銃身または砲身の寿命。[典] NDS Y 0003B》《[同] barrel life》

tube nest 管巣（かんそう）

tube plate ［C］ 管板（くだいた）

tube plug ［C］ 管栓

tube seam ［C］ 管継ぎ目

tube sheet ［C］ 管板（くだいた）

tube stopper ［C］ 管栓

tube wall ［C］ 管壁（かんへき）

tubular boiler ［C］ 水管ボイラー

tubular lamp ［C］ 管形電球

tubular magazine ［C］ 筒型弾倉 《散弾銃などに使用され、銃身と平行に銃の下側に一体として設けた円筒状の弾倉。[典] NDS Y 0002B》

tubular powder 管状火薬 《軸方向に孔を有する円筒形の発射薬または推進薬。[典] NDS Y 0001D》

tubular radiator ［C］ 管形放熱器

Tudor-type battery ［C］ チュードル蓄電池

tumbler ［C］ タンブラー

tumbling タンブリング；横転 《飛翔体が横軸回りに回転する現象。弾丸の過少旋動あるいはロケット弾の翼脱落などによって生じる。[典] NDS Y 0006B》

tuned amplifier ［C］ 同調増幅器

tuned circuit ［C］ 同調回路 《[同] tuning circuit》

tuned grid oscillator ［C］ グリッド同調発振器

tungsten alloy core ［C］ タングステン合金弾心 《タングステン合金製の弾心。[典] NDS Y 0001D》

tungsten filament lamp ［C］ タングステン電球

tuning circuit ［C］ 同調回路 《[同] tuned circuit》

tuning coil ［C］ 同調コイル

tuning dial 同調ダイアル

tuning indicator ［C］ 同調指示器

tuning motor ［C］ 同調モーター

turbidity current 乱泥流

turbidity factor ［C］ 濁り係数

turbine blade ［C］ タービン羽根

turbine casing ［C］ タービン車室

turbine housing ①タービン・ハウジング ②【海自】タービン車室

turbine inlet temperature タービン入り口温度

Turbine Off 非常停止 《ペトリオット用語》

turbine oil ［U］ タービン油

turboblower ［C］ ターボ送風機

turbocompressor ［C］ ターボ圧縮機

turboelectric drive submarine (TEDS) ［C］ タービン電気推進潜水艦

turbofan ＝turbo fan ［C］ ターボ送風機

turbofan engine ［C］ ターボファン・エンジン

turbogenerator ［C］ ターボ発電機

turbojet ターボジェット

turbojet engine ［C］ ターボジェット・エンジン

turboprop engine ［C］ ターボプロップ・エンジン

turboramjet engine ［C］ ターボラムジェット・エンジン

turbo scavenge pump ［C］ ターボ掃気ポンプ

turboshaft engine ［C］ ターボシャフト・エンジン

turbulence ［U］ ①【空自】乱気流 ②【海自】乱流

turbulence flow 乱流

turbulence noise ［U］ 乱流雑音

turbulent boundary layer ［C］ 乱流境界層

turbulent burner ［C］ 渦巻きバーナー

turbulent flow 乱流

turn ①【空自】旋回 ②【海自】回頭

turnability 旋回性；旋回性能

turn and bank indicator ［C］ 旋回傾斜計

turn and circle 旋回圏

turn and slip indicator ［C］ 旋回傾斜計

turnaround 再発進準備

turnaround cycle ［C］ 往復サイクル

turnaround time 【海自】再発進準備所要時間 《着陸後の航空機に、所要の点検および整備を実施後、指定された武器、燃料等を搭載し、再発進可能な状態にするまでに要する時間をいう。[典] 統合訓練資料1-4》

turnbuckle ターンバックル

turn count ターン・カウント；律動数

turn count masking 【海自】対僣欺瞞運転

turn error 旋回誤差

turn in 返納；戻入(れいにゅう)

turning 折り返し

turning board ［C］ 折り返し面

turning circle ［C］ 旋回圏

turning distance 回頭距離

turning engine ［C］ 回転機械

turning error 旋回誤差

turning force 迂回に任ずる部隊

turning gear ［C］ 回転装置

turning instructions ［pl.］ 回頭規定

turning moment ［C］ 回転モーメント；旋回モーメント

turning movement 【陸自】迂回(うかい) 《敵の準備しない地域において決戦を求めてこれを撃滅するため、敵の準備した地域を避けてその後方に進出する攻撃機動の方式をいう。[典] 統合訓練資料1-4》

turning point ［C］ 針路転換点

turning radius ［C］ 旋回半径

turning together 一斉回頭

turning wheel ［C］ 回転輪

turning worm 旋回ウォーム

turn-in slip ［C］ 返納票；返納証

turn insulation ［U］ ターン絶縁

turn of tides 転流

turnover frequency ［U］ 転移周波数

turnover rate ［C］ 回転率

turn radius ［C］ 旋回半径

turn ratio ［C］ 巻数比

turn together 一斉回頭

turret ［C］ 砲塔

turret captain ［C］ 砲台長

turret gun ［C］ 砲塔砲（ほうとうほう）《人員が砲塔内で砲を操作する火砲》

turret nozzle ［C］ ターレット・ノズル

TVM analog processor (TVM AP) ［C］ TVMアナログ・プロセッサー 《TVM = track via missiler（トラック・バイア・ミサイル）》《ペトリオット用語》

TVM correlation processor (TVM CP) ［C］ TVMコリレーション・プロセッサー 《ペトリオット用語》《track via missile（TVM）= トラック・バイア・ミサイル》

TVM digital (TVM DIG) TVMディジタル 《ペトリオット用語》

TVM spoof TVMスプーフ 《ペトリオット用語》

tweeter ［C］ 【海自】高音拡声器

twilight ［U］ 薄明（はくめい） 《日の出前および日の入り後、しばらくの間、空が薄く光っている現象をいう。日の出前の薄明を「払暁（ふつぎょう）」、日の入り後の薄明を「薄暮（はくぼ）」として区分する。太陽高度が、地平線から−18度までが、薄明が生じる限界である。◉ 陸自教範》

twin agent system ［C］ TAS消火装置

twine 帆縫い糸

twin rotor system 双回転翼式

twin rotor type helicopter ［C］ 双回転翼式ヘリコプター

twin shaft engine ［C］ 複軸エンジン

twin-ship sweep 対艦掃海 《◉ two-ship sweep》

twin spool engine ［C］ 2軸エンジン

twin T filter ［C］ 2重T形フィルター

twisting index number ねじれ指数

twisting tester ねじり試験器

two-anchor mooring 双錨泊（そうびょうはく）；二錨泊 《両舷の錨（いかり）を使用する錨泊》《◉ riding at two anchors》《◉ single anchor mooring ＝ 単錨泊》

two-bearing computer ［C］ 2方位計算機

two bowline もやい繋ぎ 《舫い繋ぎ》

two-course aural VHF range ［C］ 2コース可聴式VHFレンジ

two-course radio range ［C］ 2コース・ラジオ・レンジ

two dimensional positioning 平面上の占位

two-electrode system ［C］ 二電極法 《一対の電極を用いて、海水中において電位差を検知する方式。◉ NDS Y 0051》

two-factor authentication ［U］ 二要素認証 《ユーザーが保持しているユーザーに固有の2つの要素によってユーザーを認証する方式。例：暗証番号とキャッシュ・カード》

two-frequency mine ［C］ 2周波数機雷

two half hitch 二結び

two-hole directional coupler ［C］ 双孔方向性結合器

two-man rule ［C］ 2人監視態勢

two or more chemical compound ［C］ 混成火薬

two-path DME system 2通路DME方式

two phase 2相

two-position controllable pitch propeller ［C］ 2段可変ピッチ・プロペラー

two-resonator klystron 2空胴クライストロン

two-ship attack ［C］ 2艦攻撃

two-ship sweep 対艦掃海 《◉ twin-ship sweep》

two-speed motor ［C］ 2速度電動機

two-stage air compressor ［C］ 2段空気圧縮機

two-stroke cycle 2サイクル

two-throw crank shaft ［C］ 2連クランク軸

two-track strategy 二股戦略

two-wavelength infrared sensor ［C］ 2波長赤外線センサー 《2つの波長帯（中赤外線および遠赤外線）を同時に同一の視軸上で画像化できる装置であり、2つの画像を融合処理することで、これまで判別が困難であった物体の識別が可能になる》

two-way switch ［C］ 2路スイッチ

two-wire circuit ［C］ 2線式回路

Type-07 mobility support bridge ［C］ 【陸自】07式機動支援橋 《川や深い段差などの地形に対し、自力で架橋が行える》

type-II superlattice infrared detector
［C］ type-II超格子赤外線検出器 《2つの異なる半導体を周期的に積層することで、所望の波長の赤外線を検知するセンサー》

Type-91 tank bridge ［C］ 【陸自】07式機動支援橋 《装甲化されているので、戦闘が行われている地域においても架橋が行える》

Type-94 decontamination set ［C］【陸自】94式除染装置 《73式トラック（Type-73 truck）に搭載して使用される》

type certification ［C］ 型式証明（けいしきしょうめい）

type command ［C］【米軍】タイプ編成 《艦隊または部隊を管理のために、同種の艦艇または部隊に区分した編成をいう。作戦上の区分ではない。タイプ編成には、旗艦、補給艦および配備された航空機も含まれる。㉛ 統合訓練資料1-4》②【海自】タイプ・コマンド

type indicator ［C］ 艦種表示符

type of aircraft 航空機の型式

type of ammunition 弾種 《弾丸の種類。㉛ 民軍連携のための用語集》

type of cloud 雲型

type of flight 飛行の種類

type organization タイプ編成

type Q1 cable ［C］ Q1型ケーブル

type training ［U］ タイプ訓練

type unit ［C］ ①タイプ部隊 ②【海自】タイプ・ユニット

typhoon ［C］ 台風 ◇用例：eye of typhoon ＝台風の目

typhoon warning (WT) 台風警報

【 U 】

Ukibaru Jima Training Area 【在日米軍】浮原島訓練場 《沖縄》

Ulster Defence Association (UDA) ［the ～］ アルスター防衛協会 《北アイルランドの英国への残留を主張する複数の組織の上部組織》

Ulster Volunteer Force (UVF) アルスター義勇軍 《北アイルランドの英国への残留を主張する過激組織》

ultimate range ballistic missile (URBM) ［C］ 超射程弾道ミサイル

ultimate weapon ［C］ 最終兵器

ultimatum ［U］ 最後通牒（さいごつうちょう）

ultra-high frequency (UHF) ＝ ultra high frequency ［U］ 極超短波

ultra-high strength steel ［U］ 超高張力鋼材 《一般に使用される鋼材の3～4倍以上の強度を有する鋼材》

ultra light plane (ULP) ［C］ 超軽量動力機

ultra quiet 【海自】特別無音潜航

ultra-reliable radar ［C］ 超信頼性レーダー

ultra-short take-off and landing (USTOL) 超短距離着陸；超短距離着陸機

ultra sonic frequency ［U］ 超可聴周波数

ultra sonic wave ［C］ 超音波

ultra supersonic wave ［C］ 極超音波

ultra wide band (UWB) ［C］ 超広帯域 《非常に広い周波数帯域を有する信号で、周波数帯域を搬送周波数で割った値が0.25以上の信号をUWBと定義する場合が多い。㉛ 電子装備研究所研究要覧》

umbilical cable ［C］ アンビリカル・ケーブル 《航空機と搭載中のミサイル間の結線の束で、ミサイルのアーミングおよびファイアー信号以外の信号（例えば電源）等を伝える。㉛ レーダー用語集》

umbrella antenna ［C］ 傘形アンテナ

umbrella barrage ［C］ 傘形弾幕

umbrella-type alternator ［C］ 傘形交流発電機

umbrella-type generator ［C］ 傘形発電機

umpire 審判官

unacceptable density of troops 蝟集（いしゅう） 《部隊の蝟集》

unacceptable loss 不当損害 《㊉ acceptable loss ＝ 許容損害》

unaccompanied duty allowance ［C］ 単身赴任手当て

unanticipated ［adj.］ 予期せぬ

unanticipated situation ［C］ 不測の状況 《㊉ unexpected situation》

unattended station ［C］ 無人局

unavailable energy 無効エネルギー

unavoidable delay (UD) 避けられない遅れ

unbalance circuit ［C］ 不平衡回路

unbalance current 不平衡電流

unbalanced line ［C］ 不平衡線

unbalanced rudder ［C］ 不平衡舵；非平衡

舵 《⊗ balanced rudder ＝ 平衡舵》

unbalance load ［C］ 不釣り合い荷重；不釣り合い負荷

uncertain environment ［C］ 不確実な環境

uncertainty ［U］ 不確実性

uncertainty phase ［C］ 不確実段階

unclassified 秘区分なし

unclassified controlled information (UCI) ［U］ 取り扱い注意文書

unclassified matter ［C］ 非秘密事項 《⊗ classified matter ＝ 秘密事項》

unclassified miscellaneous unit ［C］ 非分類雑役船

unconditional surrender 無条件降伏

unconditional transfer 無条件転送

uncontrolled mosaic 非修正モザイク

uncontrolled spin 操縦不能錐もみ

uncontrolled superheater ［C］ 非制御型過熱器

unconventional assisted recovery (UAR) 不正規復旧支援

unconventional assisted recovery coordination center (UARCC) ［C］ 不正規復旧支援調整センター

unconventional assisted recovery mechanism (UARM) ［C］ 不正規復旧支援メカニズム

unconventional recovery operation 不正規復旧作戦

unconventional warfare (UW) ［U］【米軍】不正規戦 《敵が保有または支配する領土、あるいは政治的に不安定な領土において行われる広範囲にわたる軍事的・準軍事的行動のことをいう。不正規戦には、ゲリラ戦に相互に関連した分野のほか、それに限定されない、敵地脱出、転覆、サボタージュ、直接行動任務および公然または秘密の見通しのきかないその他の作戦も含まれる。⊛ 統合訓練資料1-4》

unconventional warfare forces ［pl.］ 不正規戦部隊

unconventional weapon ［C］ 非在来型兵器

UN Convention for the Suppression of the Financing of Terrorism ［the ～］ 国連テロ資金供与防止条約

UN Convention on the Suppression of Terrorist Financing ［the ～］ 国連テロ資金供与防止条約

uncooled infrared sensor ［C］ 非冷却赤外線センサー

uncovered ［adj.］ 非掩護下の

uncovered movement 非掩護移動

undercooling 過冷；過冷却

undercover investigation 極秘捜査

undercurrent relay 不足電流継電器

underdense strobe ［C］ アンダーデンス・ストローブ 《バッジ用語》

Under Director General, Logistics 【統幕】首席後方補給官付後方補給官 《運用部運用第3課～の英語呼称》◇用例：首席後方補給官付後方補給官（補給）＝ Under Director General, Logistics （Supply）；（輸送）＝（Transportation）；（衛生）＝（Medical）

under excitation ＝ underexcitation 不足励磁

underflow アンダーフロー 《バッジ用語》

under ground burst 地中爆発

under ground magazine ［C］ 地中式火薬庫

underground nuclear test ［C］ 地下核実験

underground protective structure 地下防護構造物

under limit of variation 下の寸法差 《⊗ upper limit of variation ＝ 上の寸法差》

under-power relay ［C］ 不足電力継電器

undersea warfare (USW) ［U］ ①水中戦 《水中に所在する敵のセンサー、武器およびランチャー等を対象とする海軍作戦の一部》 ②【海自】対潜戦 《⊛ 海上自衛隊では「anti-submarine warfare」の意味で使用されている》

Under Secretary of Defense 【米】国防次官

Under Secretary of the Air Force 【米】空軍次官

Under Secretary of the Army 【米】陸軍次官

Under Secretary of the Navy 【米】海軍次官

under shoot アンダー・シュート

understowed cargo 平置貨物；下積貨物 《⊛ flatted cargo》

understudy ［C］ 代行者

underwater acoustic range ［C］ 水中音響レンジ

underwater acoustic ranging 水中音響測距 ◇用例：underwater acoustic ranging system （UARS）＝ 水中音響測距システム

underwater acoustic transducer ［C］

水中音響送受波器 《送波および受波を目的とした電気音響変換器。[典] NDS Y 0012B》

underwater battery plot (UBP) 対潜指揮室

underwater bridge ［C］ 水中橋 《敵の視察に対して、橋を秘匿するため、橋床面を水面下におく構造の橋をいう。[典] 陸自教範》

underwater burst 水中爆発

underwater communication equipment ［U］ 水中通信機器

underwater cutting ［C］ 水中切断

underwater demolition 水中破壊 《上陸用舟艇の接近を阻害する水中障害物を爆破薬などによって破壊または除去する作業。[典] NDS Y 0001D》

underwater demolition team (UDT) ［C］ ①水中破壊隊 ②【海自】水中処分隊；水中破壊班 《機雷処理だけではなく、低烈度戦争に対応できる独自の特殊戦能力を備えた隊》

underwater detection gear ［C］ 水中探知機器

underwater detection unit (UDU) ［C］ 水中探知所

underwater electric potential (UEP) = underwater electric field 水中電界 《艦船はさまざまな金属で造られている。例えば、船体は鋼、プロペラーは銅。これらが海水中に存在すると、船体とプロペラーの間に電位差が生じ、水中電界が発生する》

underwater electric potential detection (UEP detection) = underwater electric field detection ［U］ 水中電界探知；UEP探知 《UEP現象として発生している海中における電位あるいは電流を検知して、UEP源を探知すること。[典] NDS Y 0051》《UEP = ユーイーピー》

underwater electric potential noise (UEP noise) = underwater electric field noise ［U］ 水中電界雑音；UEP雑音 《UEPの探知、観測および測定を行う場合、UEP信号の検出を妨げるUEP。[典] NDS Y 0051》《UEP = ユーイーピー》

underwater electric potential sensor (UEP sensor) = underwater electric field sensor ［C］ 水中電界センサー；UEPセンサー 《UEPを探知、観測あるいは計測するセンサー。[典] NDS Y 0051》《UEP = ユーイーピー》

underwater electric potential signal (UEP signal) = underwater electric field signal ［C］ 水中電界信号；UEP信号 《探知、観測および測定の対象としているUEP源が発生しているUEP。[典] NDS Y 0051》《UEP = ユーイーピー》

underwater electric potential signature (UEP signature) = underwater electric field signature ［C］ 水中電界シグネチャ；UEPシグネチャ 《UEP源を探知、観測または測定した結果として得られるUEP信号波形。[典] NDS Y 0051》《UEP = ユーイーピー》

underwater electric potential source (UEP source) = underwater electric field source ［C］ 水中電界源；UEP源 《UEPを発生するもの。[典] NDS Y 0051》《UEP = ユーイーピー》

underwater explosion 水中爆破

underwater explosion test ［C］ 水中爆破試験

underwater fire control system (UWFCS) ［C］ 水中射撃管制システム

underwater floor light ［C］ 水中灯

underwater launched missile system (ULMS) ［C］ 水中発射ミサイル・システム

underwater lighting ［U］ 水中照明

underwater long-range missile system (ULMS) = underwater long range missile system ［C］ 水中発射長距離ミサイル・システム；海中発射長距離ミサイル・システム

underwater magnetic detector ［C］ 水中磁気探知装置 《海底に敷設する磁気探知機器。[典] NDS Y 0051》

underwater mine ［C］ 【海軍】機雷 《水面下に敷設・係留し、艦船が接触したり、磁気を感知したりすると爆発する爆弾。「機械水雷」の略》《[同] naval mine》

underwater missile ［C］ 水中ミサイル

underwater noise ［U］ 水中雑音

underwater obstacle ［C］ 水中障害物

Under Water Sensing Research Division 【防衛装備庁】探知技術研究部 《の英語呼称》《船舶、水中武器および掃海器材に関する要素技術、音響器材および磁気器材についての考案および調査研究を行う。[典] 防衛装備庁HP》

underwater signal ［C］ 水中信号

underwater sound ［U］ 水中音

underwater sound projector ［C］ 水中音響送波器 《送波を目的とした電気音響変換器。[典] NDS Y 0012B》

underwater sound velocity ［U］ 水中音速

underwater telephone (UWT) ［C］ 【海自】水中電話 《水中での音波伝搬を利用し、水中を介して水上艦艇同士、または水上艦と潜水艦間の通信を実施するための通信手段をいう。[典] 統合訓練資料1-4》

underwater-to-air missile (UAM) ［C］ 潜対空ミサイル；水中対空ミサイル 《潜水艦か

U

ら航空機に対して発射する誘導弾。⊛ NDS Y 0001D。⊛「潜対空誘導弾」もあるが、まれ》

underwater torpedo tube ［C］ 水中発射管 《潜水艦に装備される発射管。⊛ NDS Y 0041《⊛ submerged torpedo tube》

underwater-to-surface missile (USM) ［C］ 潜対地（艦）ミサイル；水中対地（艦）ミサイル 《潜水艦から艦船または地上目標に対して発射するミサイル。⊛ 機能に応じて、「潜対地」、「潜対艦」にする。不明な場合は「USM」にする》

underwater-to-underwater missile (UUM) ［C］ 潜対潜ミサイル；水中対水中ミサイル 《潜水艦から潜水艦に対して発射するミサイル。⊛ NDS Y 0001D》

underwater tracking equipment ［U］ 水中追尾機器

underwater tracking operation 水中追尾作戦

underwater tracking system (UTS) ［C］ 海底設置ハイドロホン信号処理装置

underwater ultrasonic wave ［C］ 水中超音波

underwater weapon ［C］ 水中武器

under way 航海中

underway data sheet ［C］ 運転成績表

underway replenishment (UNREP) 【海自】洋上補給 《UNREP＝アンレップ》

underway replenishment force 洋上補給部隊

underway replenishment group ［C］ 洋上補給群

underway replenishment operation 【海自】洋上補給作業

underway replenishment ship ［C］ 【海自】補給艦

undesirable discharge 分限免職

undistorted maximum power 無ひずみ最大出力

undocking 出渠（しゅっきょ） 《⊛ docking＝入渠》

undulatus (Und) 波状雲

unemployment ［U］ 失職

unescorted convoy ［C］ 非護衛船団

unexpected situation ［C］ 不測の状況 《⊛ unanticipated situation》

unexploded bomb (UXB) ［C］ 不発爆弾

unexploded explosive ordnance (UXO) 不発爆発物

unexploded ordnance ［U］ 不発化学火工品

Unfix Bayonet！ 「取れ、剣！」 《号令》

unfordable ［adj.］ 徒渉不可能な

unguided rocket ［C］ 無誘導ロケット 《誘導制御装置を搭載していないロケット》 《⊛ guided rocket＝誘導ロケット》

UN headquarters ［the ～］ 国連本部

unidentified ［adj.］ 識別不能な；彼我不明の（ひがふめいの）

unidentified aircraft ［pl.＝～］ 彼我不明機（ひがふめいき）

unidentified flying object (UFO) ［C］ ①未確認飛行物体 ②【空自】未確認飛翔物体

unidentified ship ［C］ 不審船

unidirectional sector scan ＝unidirectional sector scan 単一セクター走査

unified ［adj.］ 一元的

Unified Action Armed Forces 軍統一活動

unified combatant command ［C］ 【米軍】統合戦闘軍

unified command (UC) ［C］ ①【自衛隊】統一部隊 ②【米】統合軍

Unified Command Plan 統合軍計画

Unified Facilities Criteria (UFC) 統一施設基準

uniform 制服 《軍服のこと》

uniform allowance ［C］ 被服手当て

Uniform Code of Military Justice (UCMJ) ［the ～］ 【米】統一軍事裁判法

uniformed personnel ［pl.］ 【日】制服組 ◇用例：uniformed officer＝制服組幹部

uniform materiel movement and issue priority system (UMMIPS) ［C］ 統一資材移動及び出荷優先順位システム

uniform pressure 等圧力

uniform twist 等斉転度（とうせいてんど） 《起線部から銃口まで、腔線（こうせん）の傾角が一定であること。⊛ NDS Y 0002B》《⊛ constant twist》

unilateral arms control measure ［C］ 一方的軍備管理措置

unilateral cease-fire 一方的停戦

unilateral circuit ［C］ 単方向性回路

unilateral impedance ［U］ 単方向性インピーダンス

unilateral observation ［U］ 一方向観測 《一つの観測点から弾着点を観測する方法。⊛ NDS Y 0005B》

unintended engagement ［C］ 意図しない交戦 《想定していなかった軍事作戦の目標に、

損傷を与える武力の使用》

uninterruptible power supply (UPS) ［C］ 無停電電源装置

Union ensign ［C］ イギリス国旗

Union flag ［C］ イギリス国旗

union swivel end ［C］ ユニオンつば

uni-Service command ［C］ 単一軍種軍

uni-servicing 単一後方補給支援

unit ①単位 ②部隊 ③装置 ④単体

Unit (U) 【自衛隊】隊 《の英語呼称》

unit aircraft ［pl. = ～］ 部隊保有機

unit bore system 穴基準式

unit citation ［C］ 部隊表彰

unit code 単位符号

unit combat readiness ［U］ 部隊戦闘即応態勢

unit commander ［C］ 部隊長

unit conducting main attack ［C］ 主攻部隊

unit construction work 部隊施工工事

unit control ［U］ 部隊統制

unit cooler ［C］ 冷房機；ユニット・クーラー

unit distribution 部隊交付 《補給品を受領する部隊等の位置まで輸送して交付する方法をいい、輸送は補給を担任する部隊が行う。[典] 陸自教範》

United Liberation Front of Assam (ULFA) アッサム統一解放戦線 《インドのアッサム州の分離独立を目指して設立された武装組織》

United Nations (UN) 国際連合；国連 《[備] 本書では冠称として用いられる場合は「国連」に統一している》

United Nations Advance Mission in Cambodia (UNAMIC) 国連カンボディア先遣ミッション

United Nations Angola Verification Mission II (UNAVEM II) 第2次国連アンゴラ監視団

United Nations Assistance Mission for Rwanda (UNAMIR) 国連ルワンダ支援団

United Nations Assistance Mission in Afghanistan (UNAMA) 国連アフガニスタン支援ミッション

United Nations Civilian Police Mission in Haiti (MIPONUH) 国連ハイチ文民警察ミッション

United Nations Command (UNC) 国際連合軍司令部

United Nations Conference on Disarmament in Kyoto ［The ～］ 国連軍縮京都会議

United Nations Conference on Disarmament Issues 国連軍縮会議 《アジア・太平洋地域において、軍縮・安全保障問題に対する意識を高め、対話を促進する観点から、1989年よりほぼ毎年開催されている会議。[典] 日本の軍縮・不拡散外交》

United Nations Conference on the Illicit Trade in Small Arms and Light Weapons in All Its Aspects ［The ～］ 国連小型武器会議 《正式名称は「小型武器非合法取引のあらゆる側面に関する国連会議」。[典] 日本の軍縮・不拡散外交》

United Nations Convention against Transnational Organized Crime ［the ～］ 国連国際組織犯罪条約

United Nations Convention on the Law of the Sea (UNCLOS) 国連海洋法条約 《正式名は「海洋法に関する国際連合条約」》

United Nations counter terrorism conventions テロ対策国連諸条約

United Nations country team (UNCT) ［C］ 【国連】国連国別チーム

United Nations Disarmament Commission (UNDC) 国連軍縮委員会 《国連総会第一委員会と並んで、軍縮問題に関して議論するための国連総会の補助機関。[典] 日本の軍縮・不拡散外交》

United Nations Disengagement Observer Force (UNDOF) ①国連兵力引き離し監視軍 ②【日】国連兵力引き離し監視隊 《UNDOF = アンドフ》

United Nation Security Council (UNSC) 国連安全保障理事会

United Nation Security Council Resolution (UNSCR) 国連安保理決議

United Nations Emergency Forces (UNEF) 国連緊急軍

United Nations Forces (UNF) 国際連合軍；国連軍

United Nations General Assembly (UNGA) 国連総会

United Nations Good Offices Mission in Afghanistan and Pakistan (UNGOMAP) 国連アフガニスタン・パキスタン仲介ミッション

United Nations High Commissioner for Human Rights (UNHCHR) 国連人権高等弁務官

United Nations High Commissioner for Refugees (UNHCR) 国連難民高等弁務官

United Nations India-Pakistan Observation Mission (UNIPOM) 国連インド・パキスタン監視団《UNIPOM＝ユニポム》

United Nations Insignia 【自衛隊】国連記章《の英語呼称》《国際平和維持活動関連記章の一つ》

United Nations Institute for Disarmament Research (UNIDIR) 国連軍縮研究所

United Nations Interim Administration Mission in Kosovo (UNMIK) 国連コソボ暫定行政ミッション

United Nations Interim Force in Lebanon (UNIFIL) ①国連レバノン暫定軍 ②【自衛隊】国連レバノン暫定隊《UNIFIL＝ユニフィル》

United Nations Iran-Iraq Military Observer Group (UNIIMOG) 国連イラン・イラク軍事監視団《UNIIMOG＝ユニモグ》

United Nations Iraq-Kuwait Observation Mission (UNIKOM) 国連イラク・クウェイト監視団

United Nations Military Observer (UNMO) 国連軍事監視軍

United Nations Military Observer Group in India and Pakistan (UNMOGIP) 国連インド・パキスタン軍事監視団

United Nations Mission for the Referendum in Western Sahara (MINURSO) 国連西サハラ住民投票監視団

United Nations Mission for the Verification in Guatemala (MINUGUA) 国連グァテマラ和平検証ミッション

United Nations Mission in Bosnia and Herzegovina (UNMIBH) 国連ボスニア・ヘルツェゴヴィナ・ミッション

United Nations Mission in Central African Republic (MINURCA) 国連中央アフリカ共和国ミッション

United Nations Mission in East Timor (UNAMET) 国連東ティモール・ミッション

United Nations Mission in Ethiopia and Eritrea (UNMEE) 国連エチオピア・エリトリア・ミッション

United Nations Mission in Sierra Leone (UNAMSIL) 国連シエラ・レオーネ・ミッション

United Nations Mission in South Sudan (UNMISS) 国連南スーダン共和国ミッション

United Nations Mission in Sudan (UNMIS) 国連スーダン・ミッション

United Nations Mission of Observers in Prevlaka (UNMOP) 国連プレブラカ監視団

United Nations Mission of Observers in Tajikistan (UNMOT) 国連タジキスタン監視団

United Nations Mission of Support in East Timor (UNMISET) 国連東ティモール支援団

United Nations Monitoring, Verification and Inspection Commission (UNMOVIC) 国連監視検証査察委員会

United Nations NGO Special Session Devoted to Disarmament 国連NGO軍縮特別総会

United Nations Observation Group in Lebanon (UNOGIL) レバノン国連監視団《UNOGIL＝ウノギル》

United Nations Observer Mission for the Verification of the Elections in Nicaragua (ONUVEN) 国連ニカラグア選挙監視団

United Nations Observer Mission in Angora (MONUA) 国連アンゴラ監視団

United Nations Observer Mission in El Salvador (ONUSAL) 国連エル・サルヴァドル監視団

United Nations Observer Mission in Georgia (UNOMIG) 国連グルジア監視団

United Nations Office for the Coordination of Assistance to Afghanistan (UNOCAA) 国連アフガニスタン人道援助調整官事務所

United Nations Office for the Coordination of Humanitarian Affairs (UNOCHA) 国際連合人道問題調整事務所

United Nations Office of the Humanitarian Coordinator for Iraq (UNOHCI) 国連イラク人道調整官事務所

United Nations Operation in Mozambique (ONUMOZ) 国連モザンビーク活動

United Nations Operation in Somalia (UNOSOM) 国連ソマリア活動

United Nations Operation in Somalia II (UNOSOM II) 第2次国連ソマリア活動

United Nations Operation in the Congo (ONUC) コンゴー国連軍

United Nations Organization Mission in the Democratic Republic of the

665 unit

Congo (MONUC) 国連コンゴー民主共和国ミッション

United Nations organizations 国連諸機関

United Nations-owned (UNO) 国連物品

United Nations Peacekeeping Force in Cyprus (UNFICYP) ①【自衛隊】国連サイプラス平和維持隊 ②国連サイプラス平和維持軍

United Nations peacekeeping forces [pl.] 国連平和維持軍

United Nations peacekeeping operations (PKO) 国連平和維持活動

United Nations Preventive Deployment Force (UNPREDEP) ①【自衛隊】国連予防展開隊 ②国連予防展開軍

United Nations Programme of Fellowship on Disarmament 国連軍縮フェローシップ《特に開発途上国における軍縮問題の専門家を育成するため、軍縮問題に携わる各国の若手外交官・国防省関係者等を対象として行う国連の研修プログラム。㊗ 日本の軍縮・不拡散外交》

United Nations Protection Force (UNPROFOR) ①国連保護軍 ②【自衛隊】国連保護隊

United Nations Regional Centre for Peace and Disarmament in Asia and Pacific 国連アジア太平洋平和軍縮センター《アジア太平洋諸国の平和・軍縮への活動を支援するため、1988年に国連軍縮局（現在の軍縮部）の中に設立された組織。㊗ 日本の軍縮・不拡散外交》

United Nations Register of Conventional Arms 国連軍備登録制度

United Nations Relief and Works Agency for Palestine Refugees in the Near East (UNRWA) 国連パレスチナ難民救済事業機関

United Nations Secretary-General's Advisory Board on Disarmament Matters 国連軍縮諮問委員会《軍縮問題一般につき国連事務総長に助言を与えることを目的に設置された機関。㊗ 日本の軍縮・不拡散外交》

United Nations Security Council (UNSC) 国連安全保障理事会

United Nations Security Council Resolutions 国連安全保障理事会決議

United Nations Security Force (UNSF) 国連平和軍

United Nations Service Medal (UNSM) 国連従軍記章

United Nations Special Commission (UNSCOM) [the ~] 国連特別委員会

United Nations Special Mission to

United Nations Special Mission to Afghanistan (UNSMA) 国連アフガニスタン特別ミッション

United Nations Stabilization Mission in Haiti (MINUSTAH) 国連ハイチ安定化ミッション

United Nations Stand-by Forces [pl.] 国連待機軍

United Nations Transitional Administration in East Timor (UNTAET) 国連東ティモール暫定行政機構

United Nations Transitional Authority in Cambodia (UNTAC) 国連カンボディア暫定機構

United Nations Transition Assistance Group (UNTAG) 国連ナミビア独立支援グループ

United Nations Truce Supervision Organization (UNTSO) 国連休戦監視機構

United Nations World Food Program (WFP) [the ~] 国連世界食糧計画

United Nations Yemen Observation Mission (UNYOM) 国連イエメン監視団《UNYOM ＝ ウンヨム》

United States Agency for International Development (USAID) 【米】米国国際開発協力庁

United States Air Force (USAF) ＝ US Air Force [the ~] 米国空軍《正式には「合衆国空軍」と表記する》《USAF ＝ ユサフ》

United States Air Force Academy (USAFA) 米国空軍士官学校

United States Air Force in Europe (USAFE) 在欧米国空軍《USAFE ＝ ユサフェ》

United States Air Force Reserve (USAFR) 米国空軍予備部隊

United States Air Forces, Pacific (USAFPAC) 米国太平洋空軍

United States Armed Forces [pl.] 米国軍《㊗ 正式には「合衆国軍」と表記する》

United States Armed Forces Institute (USAFI) 米軍隊協会

United States Armed Forces in the Pacific (USAFPAC) 太平洋方面駐在アメリカ軍

United States Arms Control and Disarmament Agency (ACDA) 米国武器規制・軍縮庁

United States Army (USA) ＝ US Army 米国陸軍《㊗ 正式には「合衆国陸軍」と表記する》

U

United States Army Advisory Group, Korea (KMAG)　在韓陸軍顧問団

United States Army, Europe (USAREUR)　在欧米国陸軍

United States Army, Japan (USARJ)　在日米国陸軍　《USARJ＝ユサジェイ》

United States Army, Pacific (USARPAC)　米国太平洋陸軍

United States Army Reserve (USAR)　米国陸軍予備役

United States Army, Vietnam (USARV)　在ベトナム米国陸軍

United States Atlantic Command (LANTCOM)　米国大西洋軍

United States Civilian Internee Information Center　米国被抑留民間人情報センター；米国民間人抑留者情報センター

United States Coast Guard (USCG)　[the ～]　米国沿岸警備隊

United States Coast Guard Reserve (USCGR)　米国沿岸警備隊予備役

United States Continental Army Command (CONARC)　米国本土陸軍

United States Forces (US Forces; USF)　米国軍　《働 正式には「合衆国軍」と表記する》

United States Forces, Japan (USFJ)　＝ US Forces, Japan　在日米国軍　◇用例：Commander, United States Forces in Japan (COMUSJ)＝在日米国軍司令官；Headquarters, US Forces Japan (USFJ Hq.)＝在日米国軍司令部

United States Forces, Korea (USFK)　＝ US Forces, Korea　在韓米国軍

United States Information Agency (USIA)　米国情報庁

United States Institute of Peace　米平和研究所

United States intelligence　[U]　米国情報機関

United States International Trade Commission (USITC)　【米国】国際貿易委員会

United States Marine Corps (USMC)　＝ US Marine Corps　[the ～]　米国海兵隊

United States Marine Corps Reserve (USMCR)　米国海兵隊予備役

United States Marshals Service (USMS)　米国保安官局

United States message text format (USMTF)　米国メッセージ・テキスト形式

United States Military Academy (USMA)　＝ US Military Academy　[the ～]　米国陸軍士官学校

United States Military Assistance Command (USMAC)　米国軍事援助司令部

United States Mint　米国造幣局

United States Munitions List (USML)　[The ～]　米国軍需品リスト　《国際武器取引規則による規制対象品目のリスト。働「米国武器品目リスト」の訳もある》

United States National Guard (USNG)　米国国防軍

United States Naval Academy (USNA)　[the ～]　米国海軍兵学校

United States Naval Reserve (USNR)　米国海軍予備役

United States naval ship (USNS)　米国海軍艦艇

United States Navy (USN)　[the ～]　米国海軍　《働 正式には「合衆国海軍」と表記する》

United States of America (USA)　[the ～]　アメリカ合衆国　《働 本書では、表記をなるべく「米国」に統一している。「United States」も「米国」にしている。ただし、正式名称としては「合衆国」にする。「USA」または「US」と略記されている場合は「米」にしている》

United States Pharmacopoeia (USP)　アメリカ薬局方

United States Postal Service (USPS)　米国郵政公社　◇用例： US Postal Service facility ＝ 米郵政公社の施設

United States Prisoner of War Information Center　米国捕虜情報センター

United States ship (USS)　米国海軍艦艇

United States Trade and Development Agency　米国貿易・開発庁

United States Trade Representative (USTR)　米国通商代表部

United Tajik Opposition (UTO)　タジキスタン統一反政府勢力

unit equipment　[U]　部隊装備品　《働 personal equipment ＝ 個人装備品》

unit essential equipment (UEE)　[U]　主要装備品

unit exercise　[C]　部隊訓練

unit flag　【自衛隊】隊旗

Unit Headquarters (Unit HQ)　【自衛隊】隊本部　《の英語呼称》

unit identification　[U]　部隊識別

unit identification code　部隊識別コード

unit in contact　直接接触している部隊

unit indicator　〔C〕　①隊表示旗　②ユニット表示符号

unit in place　所在部隊

unit insignia　〔C〕　部隊章

unitized load　〔C〕　定形貨物

unit loading　〔U〕　【米軍】部隊搭載《部隊が、その装備品および補給品を同一の船舶、航空機または車両等に部隊とともに搭載することをいう。[典] 統合訓練資料1-4》

unit mission equipment (UME)　〔U〕　部隊装備品

unit of fire　火力単位

unit of issue (U/I)　①【統幕】交付単位　②【海自】出庫単位

unit of measure (U/M)　物品計量単位

unit of package (U/P)　包装単位

unit of price　単価

unit of report　報告単位

unit operational support　部隊運用支援

unit personnel and tonnage table (UP&TT)　〔C〕　部隊人員及び積載貨物表

unit plan　〔C〕　部隊運用計画

unit procurement　〔U〕　部隊調達《現地調達の一つであり、部隊が自隊の所要を調達することをいう》

unit readiness　〔U〕　部隊即応態勢

unit reserves　〔pl.〕　部隊備蓄

units concerned　〔pl.〕　関係部隊

units in the vicinity　近傍所在部隊

unit staff　部隊幕僚

unit strength　〔U〕　部隊兵力

unit supply　部隊補給

unit support equipment (USE)　〔U〕　支援装備品《装備品のうち、主要装備品を支援し、または補助するものおよび部隊等が当該部隊等の固有の任務を遂行するために必要とするもので、主要装備品、業務装備品および個人被服以外のものをいう。[典] 航空自衛隊達第35号》

unit support equipment authorization list (UAL)　〔C〕　支援装備品定数表

unit switch　〔C〕　ユニット・スイッチ

unit-to-unit exchange　部隊間交流

unit tour　〔C〕　部隊見学

unit train　〔C〕　部隊段列

unit training　〔U〕　部隊訓練

unit training inspection　訓練査閲

unit type code　部隊種別コード

unit weapon　〔C〕　部隊火器

unity of command　〔U〕　指揮の統一

universal chuck　〔C〕　連動チャック

universal front end (UFE)　ユニバーサル・フロント・エンド《バッジ用語》

universal galvanometer　〔C〕　万能検流計

universal gravity module (UGM)　ユニバーサル重力モジュール

universal military training (UMT)　〔U〕　一般国民軍事教練

universal motor　〔C〕　交直両用電動機

universal polar stereographic　極地立体画方式

universal polar stereographic grid　〔C〕　極地立体面方式グリッド

universal shunt　〔C〕　万能分流器

universal testing machine　〔C〕　万能試験機

universal time (UT)　世界時《[対] local time＝地方時》

Universal Transverse Mercator (UTM)　①ユニバーサル横メルカトール図法　②【海自】陸式正方形グリッド

unknown　〔n.〕　①彼我不明機（ひがふめいき）　②敵味方不明

unknown (unk)　〔adj.〕　彼我不明の（ひがふめいの）

unknown aircraft　〔pl.＝～〕　彼我不明機（ひがふめいき）

unknown pick-up　確認不能付加物

unknown soldier　〔C〕　無名戦士

unlimited war　〔U〕　無制限戦争

unload　〔vt.〕　卸下する（しゃかする）

unloading area　〔C〕　卸下地域（しゃかちいき）

unlocking mechanism　〔C〕　解脱装置

unmanned aerial vehicle (UAV)　〔C〕　①無人航空機　②無人飛翔体

unmanned air vehicle (UAV)　〔C〕　①無人機　②無人飛翔体

unmanned combat aerial vehicle (UCAV)　〔C〕　無人攻撃機《交戦能力を持つ無人航空機》

unmanned ground vehicle (UGV)　〔C〕　無人陸上車

unmanned platform　〔C〕　無人プラットフォーム《人間が搭乗していない航空、地上、水上、水中または宇宙の各プラットフォーム》

unmanned surface vehicle (USV) ［C］
無人水上航走体

unmanned surveillance plane ［C］ 無人
偵察機

unmanned underwater vehicle (UUV)
［C］ 無人水中航走体

unmanned weapon ［C］ 無人兵器

unmount アンマウント 《マウント状態の可搬
型記憶媒体のドライブをシステムから切り離すこ
とをいう。㊇ JAFM006-4-18》

unobserved fire 無観測射撃

unoccupied position ［C］ 人員配置してな
い陣地

unpacking instructions ［pl.］ 開梱法 (かい
こんほう)

unpaved road ［C］ 未舗装路 《砂利道およ
び砂質土、粘性土などで構成される自然の地面を
車両が走行できるように整地、転圧した土砂道で
あり、保守管理が行われている道路をいう。
㊇ NDS D 1201B》《㊇ paved road ＝ 舗装路》

unpremeditated war ［C］ 偶発戦争

**UN Project for African Rapid
Deployment of Engineering
Capabilities (ARDEC)** ［the ～］ 【国
連】アフリカ施設部隊早期展開プロジェクト

unprotected echelon ［C］ 非援護型梯陣
(ひえんごがたていじん)《㊇ protected
echelon ＝ 援護型梯陣》

unprotected field ［C］ 非保護フィールド
《バッジ用語》

unprotected reversing thermometer
［C］ 被圧転倒温度計

unreliable アンリライアブル 《航跡状態尺度
(TM) の区分の一つであり、相関が成功していな
いことを示す。㊇ JAFM006-4-18》《㊇ reliable ＝
リライアブル》

unrestricted attack ［C］ 無制限攻撃

unrestricted submarine ［C］ 無制限潜
水艦

unrestricted submarine operation 無制
限潜水艦戦

unrestricted war 【海自】非限定戦争
《㊇ restricted war ＝ 限定戦争》

unrestricted waters ［pl.］ 無制限水域

UN sanctions ［pl.］ 国連制裁

unsatisfactory ［adj.］ 不可；不良の

unsatisfactory material/condition report
［C］ 航空機等故障欠損通知

unsatisfactory report (UR) ［C］ 【空
自】装備品等不具合報告 《装備品等が一般的に

不完全な状況にあると認められる場合、または故
障もしくは欠陥を生起し、他の同種の器材につい
ても同様の欠陥が生ずるおそれがあると認められ
る場合、その事実を発見した部隊、機関の長等が
航空自衛隊補給本部長に対し注意を喚起し、ある
いは改善措置を要求する制度。㊇ C&LPS-
A00001-22》

unsaturated cell ［C］ 不飽和電池

unscheduled maintenance ［U］ 計画外整
備 《故障発生の都度実施する整備をいう》
《㊇ scheduled maintenance ＝ 計画整備》

unsecure ［adj.］ 秘匿化されていない

unserviceable ［n.］ 使用不能品

unserviceable ［adj.］ 使用不能

unserviceable ammunition ［U］ 使用不能
弾薬

unserviceable item (UNS) ［C］ 使用不能
品 《そのままの状態では本来の供用の目的に使
用できない物品をいう。㊇ 陸上自衛隊達第71-5号》

unstable equilibrium 不安定平衡

unstable multivibrator ［C］ 非安定マルチ
バイブレーター 《安定状態がなく、自動的に発振
するマルチバイブレーター。㊇ レーダー用語集》

unstable stratification 不安定成層

UN staff 国連スタッフ

UN Staff Officers Course (UNSOC)
【統幕学校】国際平和協力中級課程 《国際平和協
力センターの教育コース。国際平和協力活動等に
関する派遣部隊等の司令部の幕僚として必要な知
識および技能を修得する》

UN Stand-by Forces ［pl.］ 国連待機軍

unusual attitude 異常姿勢

unusual weather ［U］ 異常気象

up and down 立ち錨

up-draft ＝ updraft 上昇気流 《㊇ down
draft ＝ 下降気流》

up-draft carburetor ［C］ 蒸留気化器

upgrade of security classification 秘密区
分の格上げ 《㊇ downgrade of security
classification ＝ 秘密区分の格下げ》

up-grading 昇格

upkeep routine 定期手入れ

up link (UL) アップ・リンク 《ペトリオット
用語》

up-load 上向き荷重

upper air ［U］ 高層

upper air analysis 高層解析

upper air chart ［C］ 高層天気図

upper air observation ［U］ 高層観測

upper atmosphere ［C］ 高層大気 《[対] lower atmosphere = 下層大気》

upper branch 上半子午線

upper carriage ［C］ 【陸自】上部砲架 《砲架の上部を構成し、俯仰部を直接支持する装置。[典] NDS Y 0003B》《[同] top carriage》

upper conning tower hatch ［C］ 艦橋ハッチ

upper deck ［C］ 上部甲板

upper front ［C］ 上空の前線

upper hull pressurization 艇体上部の与圧化

upper left (UL) 上部左 《[対] upper right = 上部右》

upper limit 上限

upper limit of variation 上の寸法差 《[対] under limit of variation = 下の寸法差》

upper medium-range sector (Upper MR Sector) ［C］ 中距離上部空域 《ペトリオット用語》

uppermost continuous deck ［C］ 最上全通甲板

upper positioning chamber ［C］ 上位室

upper ray 上層波

upper right (UR) 上部右 《[対] upper left = 上部左》

upper side-band ［C］ 上側波帯

upper structure 上部構造

upper trace 上部走査線

upper wind 高層風

upper yield point ［C］ 上部降伏点

upright method 直立法

uprising 反乱

up salary 昇給

upsetting moment ［U］ 転覆モーメント

upslope fog 滑昇霧

upslope motion 滑昇運動

upstream ［adv.］ 上流へ

up stroke 【海自】上り行程 《[対] down stroke = 下り行程》

uptake アップテーク

up wind ［U］ 向かい風；吹き上げる風

up-wind leg ［C］ アップウインド・レグ 《[対] down wind leg = ダウン・ウインド・レグ》

uranium enrichment ウラン濃縮 《ウランに含まれるウラン235の割合（濃縮度）を高めること》

Urasoe Pier area ［the ～］ 【在日米軍】浦添埠頭地区 《沖縄》

urban area ［C］ 都市部

UR digest 装備品等不具合報告対策集 《UR = unsatisfactory report（装備品等不具合報告）》

urgency traffic 緊急通信

urgent (urg) 緊急 《通信文等の緊急》

urgent action TCTO 至急実施TCTO 《TCTO = time compliance technical order（期限付き技術指令書）》

urgent attack ［C］ 【海自】とっさ攻撃

urgent intelligence report ［C］ 緊急情報報告

urgent mining ［U］ 緊急機雷敷設

urgent priority ［C］ 緊急優先順位

urgent requisition 至急請求 《[同] requisition C = C請求》

urgent shipment point (USP) ［C］ 至急出荷点

urgent situation ［C］ 緊急事態

usable rate of fire 常用発射速度

USAF Scientific Advisory Board 米空軍科学諮問委員会

usage data ［U］ 使用実績

usage data report (VDR) ［C］ 使用実績報告

US Air Force (USAF) 米空軍

US Air Force, Japan (USAFJ) 在日米空軍

US Air Force Office of Special Investigations ［the ～］ 米空軍特別捜査局

US Air Force special operations unit ［the ～］ 米空軍特殊作戦部隊

USA Patriot Act ［the ～］ 米パトリオット法

US Armed Forces ［the ～］［pl.］ 米軍

US Army (USA) 米陸軍

US Army, Alaska 米アラスカ陸軍

US Army Armament Materiel Readiness Command (ARRCOM) 米陸軍武器資材準備司令部

US Army Communications and Electronics Materiel Readiness command (CERCOM) 米陸軍通信電子資材準備司令部

US Army Communications Research and Development Command (CORADCOM) 米陸軍通信研究開発本部

US Army Communications Security Logistics Agency (CSLA) 米陸軍通信保

U

全後方支援庁

US Army Corps of Engineers 米陸軍工兵隊

US Army Criminal Investigation Command 米陸軍犯罪調査コマンド

US Army DARCOM Catalog Data Activity (CDA) 米陸軍DARCOMカタログ資料隊 《DARCOM = US Army Materiel Development and Readiness Command（陸軍資材開発・準備司令部）》

US Army Electronics Materiel Readiness Activity (EMRA) 米陸軍電子資材準備機関

US Army Engineer District, Japan 米陸軍日本地区建設部隊

US Army Forces Command 米陸軍部隊コマンド

US Army Garrison, Honshu (USAGH) 在日米陸軍本州司令部

US Army General Materiel and Petroleum Activity (GMPA) 米陸軍一般用品及び燃料管理隊

US Army Health Service Command 米陸軍衛生コマンド

US Army Information System Command 米陸軍情報システム・コマンド

U

US Army Intelligence and Security Command 米陸軍情報保全コマンド

US Army, Japan (USARJ) 在日米陸軍 ◇用例： US Army, Japan Hq. = 在日米陸軍司令部

US Army Logistics Command Japan (USALCJ) 在日米陸軍兵站部隊

US Army Materiel Command 米陸軍装備コマンド

US Army Materiel Development and Readiness Command (DARCOM) 米陸軍資材開発・準備司令部

US Army Medical Materiel Agency (AMMA) 米陸軍衛生資材局

US Army Medical Research Institute of Infectious Diseases (USAMRIID) ［the ～］ 米陸軍感染症研究所 《USAMRIID = ユーサムリード》

US Army Military District of Washington 米陸軍ワシントン軍管区

US Army Missile Materiel Readiness Command (MIRCOM) 米陸軍誘導兵器資材準備司令部

US Army Petroleum Center (USAPC) 米陸軍石油本部

US Army Rangers 米陸軍レンジャー部隊

US Army soldier ［C］ 米陸軍兵士

US Army Space Command 米陸軍宇宙戦略防衛コマンド

US Army Special Operations Command 米陸軍特殊作戦コマンド

US Army Support Activity (SPTAP) 米陸軍支援隊

US Army Tank-Automotive Materiel Readiness Command (TARCOM) 米陸軍戦車－車両資材準備隊

US Army Training and Doctrine Command 米陸軍訓練・教義コマンド

US Army Transportation Battalion 米陸軍輸送大隊 ◇用例： the 836th US Army Transportation Battalion = 第836米陸軍輸送大隊

US Army Troop Support and Aviation Materiel Readiness Command (TSARCOM) 米陸軍部隊支援及び航空資材準備隊

US authorities ［pl.］ 米側当局

US bomber ［C］ 米爆撃機 ◇用例： US B-1 bomber = 米B-1爆撃機

US Botanic Garden (BG) アメリカ国立植物園

US Centers for Disease Control and Prevention ［the ～］ 米疾病管理センター

US Coast and Geodetic Survey (CO-GS) 米商務省国土測量局

United States Customs Service 米国関税局

US defense official 米国防当局者 ◇用例： US defense officials = 米国防当局

US Drug Enforcement Administration ［the ～］ 米麻薬取締局

used cartridge case ［C］ 打ち殻薬莢（うちがらやっきょう）《射撃後の薬莢。[典] NDS Y 0001D》

useful life ①【空自】耐用年数 ②【海自】有効寿命

useful load ［C］ 利用荷重；有効積載量

use life 使用命数

use-of-force resolution ［the ～］ 武力行使決議

use of maneuver 機動の利用

use of terrain = utilization of terrain 地形の利用

US facilities and areas ［the ～］ 米軍の施設及び区域

US Facility Environs Improvement Adjustment Grants 【日】施設等所在市町

村調整交付金 《通称は「調整交付金」》

USF communication format 米軍通信文様式 《USF = United States Forces》

USFJ Facilities and Installations 在日米軍施設

US Fleet and Industrial Supply Center Yokosuka, Japan 【米海軍】在日米軍横須賀補給センター

US forces vehicle ［C］ 米軍車両 ◇用例： US forces official vehicle = 米軍の公用車両；non-tactical US forces vehicle = 非戦闘用米軍車両

USF unit ［C］ 米軍部隊 《USF = United States Forces》

US ground forces ［pl.］ 米地上軍

US housing area ［C］ 米軍住宅地区

US Information and Data Systems Command (USAIDSCOM) 米陸軍情報及びデータシステム隊

using unit ［C］ 使用部隊

US-Japan alliance ［the ～］ 【日】日米同盟 《[備] 直訳すると「米日同盟」であるが、日本側の文書には「日米同盟」と表記する》◇用例： the US-China relationship = 米中関係

US-Japan Joint Declaration on Security 【日】日米安全保障共同宣言

US-Japan security relationship ［the ～］ 【日】日米安全保障関係

US-Japan Status of Forces Agreement (SOFA) 【日】日米地位協定

US-led ［adj.］ 米国主導の ◇用例： US-led airstrike = 米国主導の空爆

US Marine Corps ［the ～］ 米海兵隊

US Marine Corps Force, Pacific (USMARFORPAC) 米太平洋海兵隊

US Message Text Format (USMTF) 米国メッセージ・テキスト形式

US military ［the ～］ 米軍

US Naval Force, Japan (USNFJ) 在日米海軍 ◇用例： US Naval Force, Japan Hq. = 在日米海軍司令部

US Naval Forces Central Command 【米海軍】中央軍海軍部隊

US Naval Forces Europe 【米海軍】欧州海軍部隊

US Naval Radio Receiving Facility, Kami Seya (NRRF, Kami Seya) 米海軍上瀬谷通信施設

US Navy (USN) 米海軍 ◇用例： US Navy base = 米海軍基地

US officials 米政府当局 ◇用例： a US official = 米政府当局者

US plane ［C］ 米機

USS 【米海軍】USS 《United States Ship（米国海軍艦艇）の略語。艦名に冠して、米国海軍の艦艇であることを示す。[備] 日本の場合は、「JS（Japan Ship）」》◇用例： USS John C. Stennis = USSジョン・C・ステニス

US service member ［C］ 米軍兵士

US Special Forces ［pl.］ 米特殊部隊 ◇用例： US Special Forces helicopter = 米特殊部隊のヘリコプター

US Special Forces soldier ［C］ 米特殊部隊員

US Special Operation troops ［pl.］ 米特殊作戦部隊

US Supreme Court ［the ～］ 米連邦最高裁 ◇用例： William Rehnquist, Chief Justice of the US Supreme Court = 米連邦最高裁のウィリアム・レンキスト首席裁判官

Unites States Tariff Commission (TC) 米国関税委員会

utensil 器具

Utilities Branch 【在日米陸軍】設備課

utility aircraft ［pl. = ～］ 多用機

utility factor ［C］ 利用率

utility helicopter (UH) ［C］ 多用途ヘリコプター

utility hour (UH) 【空自】ユーティリティ・アワー；月間平均飛行時間 《航空機1機あたりの月間平均飛行時間をいい、月間総飛行時間数を月間平均利用可能機数で割った数値で表す。[典] 統合訓練資料1-4》

utility vehicle ［C］ 多用車

utilization factor ［C］ 照明率

【 V 】

vacancy ［C］ 欠員；空席

vacuum advancer ［C］ 真空点火早め装置

vacuum arrester ［C］ 真空避雷器

vacuum brake ［C］ 真空ブレーキ

vacuum capacitor ［C］ 真空蓄電器

vacuum chamber ［C］ 真空室

vacuum cleaner ［C］ 真空掃除器

vacuum desiccator ［C］ 真空デシケーター

vacuum discharge 真空放電

vacuum distillation　真空蒸留

vacuum ejector　[C]　真空エジェクター

vacuum filter　[C]　真空こし器

vacuum gauge　[C]　真空計

vacuum indicator　[C]　真空指示器

vacuum melting　真空溶解

vacuum pressure　真空圧

vacuum pump　[C]　真空ポンプ

vacuum relief valve　[C]　真空圧調整弁

vacuum stability test　[C]　真空安定度試験　《火薬類の安定度試験の一つ。火薬類を真空試験管内で加熱して一定温度に所定時間保持し、発生する分解ガスによる圧力上昇を測定して安定度を求める。⊛ NDS Y 0001D》

vacuum tank　[C]　真空タンク

vacuum test　[C]　真空試験　《魚雷の内部を減圧した後、規定時間放置し、その内圧を計測して魚雷の気密状態を確認する試験。⊛ NDS Y 0041》

vacuum thermocouple　真空熱電対

vacuum trajectory　[C]　真空中弾道　《重力だけの影響を受けると考えた場合の弾道。⊛ NDS Y 0006B》

valence electron　[C]　価電子

valley approach　谷地接近

valuable cargo　貴重品貨物

V

value added network (VAN)　[C]　付加価値通信網　《VAN＝ヴァン》

value engineering　[U]　価値工学

valve box　[C]　弁箱

valve cage　[C]　弁かご

valve casing　[C]　弁箱

valve chest　[C]　弁室

valve cover　[C]　弁カバー

valve diagram　[C]　弁線図

valve disk　[C]　弁ディスク

valve disk guard　[C]　弁押え

valve easing gear　[C]　弁上げ装置

valve gear　[C]　弁装置

valve guide　[C]　弁案内

valve-in-head scavenging　頭弁掃気

valve lever　[C]　弁レバー

valve lift　弁揚程

valve plate　[C]　弁板（べんいた）

valve push rod　[C]　弁突き棒

valve rocker　[C]　弁ロッカー

valve rod　[C]　弁棒

valve scavenging　弁掃気

valve seat　[C]　弁座

valve setting　弁調整

valve spindle　[C]　弁棒

valve steel　弁用鋼

valve stem　[C]　弁棒

valve yoke　[C]　弁ヨーク

Vandenberg Air Force Base (VAFB)　【米軍】バンデンバーグ空軍基地

VAND system　[C]　VANDシステム　《魚雷および格納容器の真空試験と窒素封入を行う装置。⊛ NDS Y 0041。⊛「VAND（バンド）」は、「vacuum and nitrogen distribution」の略語。「VANDシステム」で通じる》

vane　[C]　ベーン；風車；羽根；翼

vaned diffuser　[C]　羽根付きディフューザー

vane shear wire　[C]　切断線

V antenna　[C]　V形アンテナ

vapor　＝vapour　蒸気；水蒸気

vapor-filled tube　[C]　ガス入り管

vaporizer　[C]　蒸発器；気化器

vaporizing combustion chamber　[C]　気化式燃焼室

vapor lock　＝vapour lock　蒸気閉塞

vapor nozzle　[C]　蒸気ノズル

vapor phase　気相（きそう）

vapor pressure　蒸気圧；蒸気圧力

vapor-proof package　[C]　耐湿こん包

vapor separator　[C]　蒸気分離器

variability　[U]　変動性

variable angle launcher installation　[C]　変角式ランチャー装置

variable area nozzle　[C]　可変面積ノズル

variable-area propelling nozzle　[C]　可変面積推進ノズル

variable ballast tank　[C]　調整バラスト・タンク

variable capacitance tuning　可変容量同調

variable compression ratio　[C]　可変圧縮比

variable coupling　可変結合

variable cycle engine　[C]　可変サイクル・エンジン

variable delay marker　[C]　可動遅延符

variable depth sonar (VDS)　[U]　【海自】可変深度ソーナー　《送受波器の深度を変更できるように、艦艇から送受波器を吊下して曳航

する方式のアクティブ・ソーナー。[典] NDS Y 0012B》《VDS ＝ ブイディーエス》

variable error 不定誤差

variable exit guide vane ［C］ 可変放出ガイド・ベーン

variable expansion valve ［C］ 加減膨張弁

variable geometry 可変後退

variable geometry wing ［C］ 可変後退翼

variable inductance 可変インダクタンス

variable inductor ［C］ 可変インダクター

variable length block format 可変長ブロック形式 《バッジ用語》

variable lift device ［C］ 揚力可変装置

variable load ［C］ 可変荷重；可変負荷

variable loss 可変損

variable mu tube ［C］ 可変増幅率管

variable phase circuit ［C］ 可変位相回路

variable phase signal ［C］ 可変位相信号

variable pitch ［C］ 可変ピッチ

variable pitch propeller ［C］ 可変ピッチ・プロペラー

variable recoil 可変後座（かへんこうざ） 《火砲の射角に応じて、後座長が変化する後座。[典] NDS Y 0003B》

variable resistance 可変抵抗

variable speed gear ［C］ 変速装置

variable speed motor ［C］ 変速度電動機

variable speed scanning 速度可変走査

variable time fuze (VT fuze) ［C］ 近接信管；VT信管 《[同] proximity fuze》

variant ①等価異形暗号 ②可変要素 ③バリエーション ◇用例： product variant ＝ 商品バリエーション ④変異株；変異体 ⑤異体字

variation (VAR) 偏差 《1. 一定の標準となる数値、位置、方位等から、偏って外れること。2. 真北と磁北との水平角度差。[典] レーダー用語集》

variation of tolerance 寸法差

varying speed motor ［C］ 変速度電動機

vector ［C］ 進路

vectored attack (VECTAC) ［C］ 【海自】誘導攻撃 《対潜艦艇が探知している目標に対し、哨戒機に針路等を指示して対潜攻撃させることをいう。[典] 統合訓練資料1-4》

vectoring 誘導

vector representation ベクトル表示

vector sum ベクトル和

vegetable chamber ［C］ 野菜庫

vegetation ［C］ 植生

vehicle ［C］ ①車両 ②運搬具 《車両、船舶、列車、航空機等の輸送手段の総称をいう。[典] 陸自教範》◇用例： commercial-type vehicle ＝ 市販型運搬具

Vehicle and Equipment Maintenance Squadron 【空自】車両器材隊 《の英語呼称》

vehicle assembly building (VAB) ［C］ 打ち上げロケット組み立て棟

vehicle bomb ［C］ 自動車爆弾 《[同] car bomb》

vehicle-borne improvised explosive device (VBIED) ［C］ 車両爆弾

vehicle cargo 車両貨物

vehicle cargo ship ［C］ 車両輸送艦

vehicle class 車両等級

vehicle density ［U］ 車両密度 《[同] motor density》

Vehicle Maintenance 【空自】車両整備 《准空尉空曹空士特技区分の英語呼称》

Vehicle Maintenance Officer 【空自】車両器材整備幹部 《幹部特技区分の英語呼称》

vehicle-mounted ［adj.］ 車両搭載の ◇用例： vehicle-mounted mortar ＝ 車両搭載の迫撃砲

Vehicles Section 【陸自】車両班 《の英語呼称》

vehicular equipment ［U］ 車両用機器

vehicular firing 車上射撃

vehicular radio communication 車両無線通信

vehicular station ［C］ 車上通信所

velocity compound turbine ［C］ 速度複式タービン

velocity constant 速度定数

velocity correction rundown ［C］ 速度修正ランダウン

velocity curve ［C］ 速度曲線

velocity diagram ［C］ 速度線図

velocity gate pull-off (VGPO) ベロシティ・ゲート・プルオフ；速度欺瞞 《レーダー撹乱の一つであり、敵のレーダーに対して速度誤差を与えて、探知精度を下げる効果がある》

velocity gradient ［C］ 音速傾斜度

velocity head ［C］ 速度水頭

velocity hydrophone ［C］ 速度型受波器；速度型ハイドロホン

velocity jump 速度偏位；弾道偏位角

velocity leader ［C］ ベロシティ・リーダー

《捕捉した目標の針路、速力をレーダー上に直線の方向と長さで表し、直線が長いほど速力が速いことを示す》

velocity modulated tube 〔C〕 速度変調管

velocity modulation 速度変調

velocity of detonation 〔U〕 爆速

velocity of flow 〔U〕 流速

velocity potential 速度ポテンシャル

velocity pressure compound turbine 〔C〕 速度圧力複式タービン

velocity ratio 〔C〕 速度比

velocity search (VS) 〔C〕 ベロシティ・サーチ 《H-PRFドップラー・レーダー方式により、対向接近目標の速度探知を行いさらに、測距を行う。[典] レーダー用語集》《H-PRF = high pulse repetition frequency（高パルス繰り返し周波数）》

velocity stage 〔C〕 速度段

velocity test rifle 〔C〕 検速銃 《弾薬の試験および検査において、弾速を測定するために用いる銃》

vender = vendor 〔C〕 【空自】ベンダー 《部品の製造に必要な資料を所有して、その部品を製造する専門業者。[典] C&LPS-A00001-22》

venereal disease (VD) 性行為感染症

Venetian door = Venetian shutter よろい戸

vent 通気孔；通風口

vent hole 〔C〕 通気孔 《[同] air hole》

V

ventilated psychrometer 〔C〕 通風乾湿計

ventilating fan 〔C〕 換気扇

ventilating pressure 換気圧；換気圧力

ventilation duct = ventilating duct 〔C〕 通風ダクト

ventilation exhaust pipe 〔C〕 通風排気管 《[同] ventilation exhaust tube》

ventilation exhaust tube 〔C〕 通風排気管 《[同] ventilation exhaust pipe》

ventilation system 〔C〕 通風装置

ventilation trunk 〔C〕 通風トランク

ventilation trunk bulkhead valve 〔C〕 通風隔壁弁

ventilator 〔C〕 通風筒 ◇用例： downcast ventilator = 給気通風筒

vent operative gear 〔C〕 ベント閉鎖機構

vent plug 〔C〕 排気栓

vent valve 〔C〕 ベント弁；通気弁；逃がし弁

verbal designation 〔C〕 口頭指示

verification ①確認；監査 ②検証 《条約の締約国がその条約の義務を誠実に履行しているかどうかを確認すること。[典] 日本の軍縮・不拡散外交》

verification fire 点検射撃；点検射 《火器および射撃統制器材の機能または修正諸元を点検するために行う射撃。[典] NDS Y 0005B》

vernal equinox 春分点

vernier indication バーニア表示

vernier ratchet 〔C〕 バーニア形ラチェット

vertex 頂点高

vertex of the great circle 大圏の頂点

vertical air photograph 〔C〕 垂直航空写真

vertical antenna 〔C〕 垂直アンテナ

vertical antenna effect 垂直アンテナ効果

vertical autorotation 垂直オートローテーション

vertical axis ［pl. = vertical axes］ 垂直軸

vertical bank 〔C〕 垂直バンク

vertical base 基準潜差

vertical base length 垂直基線長

vertical base system 垂直測定法

vertical blanking signal 〔C〕 垂直帰線消去信号

vertical centering control 〔U〕 垂直位置調整

vertical circle 垂直圏

vertical component sweep 垂直磁場掃海

vertical cross section 〔C〕 垂直断面図

vertical deflection 垂直偏向

vertical deviation 高低偏差

vertical deviation accuracy 〔U〕 垂直偏移確度

vertical dipole 垂直ダイポール

vertical display indicator (VDI) 〔C〕 垂直状況指示計

vertical elevation parallax correction 潜差術仰角修正

vertical engine 〔C〕 立て型機関

vertical envelopment 立体包囲

vertical fin 〔C〕 垂直安定板

vertical gate 〔C〕 垂直ゲート

vertical guidance 〔U〕 垂直内誘導

vertical gyro indicator (VGI) 〔C〕 水平儀

vertical hold control 〔U〕 垂直同期調整

vertical illumination 〔U〕 鉛直面照度

vertical incidence 垂直入射

vertical interval 高低差

vertical jump angle 〔C〕 垂直跳起角（すい

ちょくちょうきかく）《跳起角の垂直成分。[典] NDS Y 0006B》

vertical landing 垂直着陸

vertical landing point (VLP) ［C］ 垂直着陸点

vertical launched ASROC (VLA) 垂直発射アスロック 《垂直に発射するアスロック・ミサイル。[典] NDS Y 0041》《VLA = ブイエルエー》

vertical launching system (VLS) ［C］ 【海自】垂直発射システム 《水上艦艇に装備され、VLAおよび対空ミサイルなどを発射する垂直発射装置。[典] NDS Y 0041》《VLS = ブイエルエス》

vertical launch system (VLS) ［C］ 垂直発射装置 《垂直にミサイルを格納、発射するミサイル・ランチャーおよびそのシステム》

vertical launch tube (VLT) ［C］ 垂直発射筒

vertical line array DIFAR sonobuoy (VLAD sonobuoy) ［C］ 垂直アレイ型DIFARソノブイ 《受波器が垂直方向に直線配列されているダイファー・ソノブイ。[典] NDS Y 0012B》《DIFAR（ダイファー） = directional frequency analysis and recording（指向性周波数分析記録）》

vertical load ［C］ 鉛直荷重

vertical loading ［U］ 垂直搭載

vertically polarized wave ［C］ 垂直偏波 《電界ベクトルの方向が大地に対して垂直な偏波。[典] NDS C 0012B》《[対] horizontally polarized wave = 水平偏波》

vertical magnetic mine ［C］ 垂直磁気機雷 《[対] horizontal magnetic mine = 水平磁気機雷》

vertical magnetization (VM) 船体垂直方向磁気 《船体磁気のうち、静磁界の磁気源の垂直方向成分。[典] NDS Y 0051》《VM = ブイエム》

vertical mixing 垂直混合

vertical needle ［C］ 垂直指針

vertical photograph ［C］ 垂直写真

vertical plotting board ［C］ 垂直作図盤

vertical probable error 垂直公算誤差 《射距離公算誤差と落角の正接との積。[典] NDS Y 0005B》

vertical radiation ［U］ 垂直放射

vertical replenishment (VERTREP) 垂直補給 《ヘリコプターによる艦船への洋上補給》《VERTREP = ヴァートレップ》

vertical retrace ratio ［C］ 垂直帰線期間比

vertical scanning 垂直走査

vertical separation ①【空自】垂直間隔 ②【海自】垂直方向分離

vertical shear 鉛直シヤー 《[対] horizontal shear = 水平シヤー》

vertical/short take-off and landing (V/STOL) ［C］ 垂直短距離離着陸；垂直短距離離着陸機

vertical situation display (VSD) 垂直位置表示 《垂直方向に、位置、状況等を表示する》

vertical slide crank ［C］ 垂直移動クランク

vertical sliding-wedge breech block ［C］ 垂直鎖栓式閉鎖機（すいちょくさせんしきへいさき）《鎖栓を垂直方向に動かして薬莢を排出し、薬室を閉じる閉鎖機。[典] NDS Y 0003B》

vertical speed indicator (VSI) ［C］ 昇降計

vertical splitting 垂直分裂

vertical stabilizer ［C］ 垂直安定板

vertical steering channel 横舵系統；垂直操舵系統

vertical steering engine ［C］ 横舵機

vertical steering motor ［C］ 横舵電動機

vertical storage 垂直格納法

vertical sweep 垂直掃引

vertical synchronization 垂直同期

vertical tail plane ［C］ 垂直尾翼 《[対] horizontal tail plane = 水平尾翼》

vertical take-off 垂直離陸

vertical take-off and landing (VTOL) 垂直離着陸；垂直離着陸機 《VTOL = ブトール》

vertical take-off and landing aircraft (VTOL aircraft) ［pl. = ～］ 垂直離着陸機

vertical take-off and landing plane (VTOL) ［C］ 垂直離着陸機 《VTOL = ブトール》

vertical turn 垂直旋回

vertical viability 鉛直視程

vertigo ［U］ 空間識失調；眩暈（げんうん）《めまいのこと》

very good おおむね優良《優良の下》；優良

very heavy cannon ［C］ 超重砲 《口径が211mm以上の火砲》

very high altitude 超高高度

very high frequency (VHF) ［U］ 超短波；メートル波

very high frequency omnidirectional radio range (VOR) ［C］ 超短波全方向式無線標識

very high frequency transmitter and receiver ［C］ 超短波送受信機

V

very 676

Very High Readiness Joint Task Force
【NATO】高度即応統合任務部隊

very important material (VIM) 重要品目

very low altitude (VLA) 超低高度

very low frequency (VLF) ［U］ 超長波；
ミリメートル波

very seriously ill 危篤

**very short-range air defense
(VSHORAD)** ［U］ 極短距離防空

very short range forecast ［C］ 短時間
予報

very small aperture terminal (VSAT)
［C］ 超小型地球局

vesicant ビラン・ガス 《糜爛ガス》

vesicant agent ［C］ ビラン剤

vesicant crayon ［C］ ビラン・ガス検知クレ
ヨン

vesicant detector paint ビラン・ガス検知
塗料

vesicant detector paper ［C］ ビラン・ガ
ス検知紙

vessel ［C］ ①艦船 《「艦艇」と「船舶」の
総称》②艦艇 《軍用》③船舶 《民間用》

vessel not under command ［C］ 運転不
自由船

**vessel ordnance consolidated allowance
list (VOCAL)** ［C］ 艦艇別武器部品定数表

**vessel restricted in her ability to
maneuver** ［C］ 操縦性能制限船

veteran ［C］ 退役軍人 《現役および予備役を
退いた軍人をいう。劖「復員軍人」もあるが、復員
軍人には、動員を解除された軍人や軍務を解除さ
れて帰郷した軍人という意味もあるので、混同を
さけるため、「退役軍人」を用いる》

Veterans Administration (VA) 【米】退
役軍人管理局

Veterans Benefits Administration 【米】
退役軍人手当て局

Veteran's Day 【米】退役軍人の日

**Veterans Educational Assistance
Program (VEAP)** 【米】在郷軍人教育援助
計画

Veterans Health Administration 【米】
退役軍人保険局

veterinary dispensary ［C］ 獣医診療所

veterinary service ［C］ 保健業務

vetronics ベトロニクス 《「vehicle（車両）」と
「electronics（電子機器）」を組み合わせた技術》

V formation ［U］ 傘形陣形

VHF omnirange (VOR) ＝ VHF omni-
range ［C］ VHF全方向式無線標識

vibrating reed frequency meter ［C］ 振
動片周波計

vibrating relay ［C］ 振動継電器

vibration damper ［C］ バイブレーション・
ダンパー

vibration damping 制振（せいしん）◇用
例： vibration damping materials ＝ 制振材

vibration galvanometer ［C］ 振動検流計

vibration isolation ［U］ 防振；振動絶縁

vibration isolation support 防振支持 《機
器と据付構造の間に防振材を挿入して振動絶縁を
図る支持方法または装置。® NDS Y 0012B》

vibration isolator ［C］ 防振材；防振架台；
振動装置

vibration pick-up unit ［C］ 振動摘出器

vibration signal ［C］ 振動信号

vibration type voltage regulator ［C］
振動型電圧調整器

vibrator ［C］ バイブレーター；振動子

Vice Admiral ①【海自】海将 《の英語呼称》
《将（乙種）にあたる》②【米海軍】中将 《大将
の次位階級》

Vice Chairman of the JCS 【米】統合参謀
本部副議長

vice chief of staff (VCS) 副参謀長；参謀
次長

Vice Chief of Staff (VCS) 【自衛隊】幕僚
副長 《の英語呼称》◇用例： 統合幕僚副長 ＝
Vice Chief of Staff, Joint Staff；陸上幕僚副長 ＝
Vice Chief of Staff, GSDF；海上幕僚副長 ＝
Vice Chief of Staff, MSDF；航空幕僚副長 ＝
Vice Chief of Staff, ASDF；幕僚副長（防衛）＝
Vice Chief of Staff, Operations；幕僚副長（行
政）＝ Vice Chief of Staff, Administration

vice commander ［C］ 副指揮官

vice commodore of convoy ［C］ 次席船
団長

**Vice-Minister of Defense for
International Affairs** 【防衛省】防衛審議
官 《の英語呼称》

vice versa ［adv.］ 逆に

vicinity 近傍

Vickers hardness ビッカース硬さ

victor ［C］ 勝者

victory 勝利；戦勝

video amplifier ［C］ ビデオ増幅器

video detector ［C］ 映像検波器 《周波数範

囲の広い（通常、数MHz）成分を持つ信号波の検波器をいう。㊙レーダー用語集》

video distributor ［C］ 映像分配器

video frequency ［U］ ビデオ周波数

video frequency amplifier ［C］ ビデオ周波増幅器

video presentation 可視表示

video receiver ［C］ 映像受信機

video signal amplifier ［C］ 映像信号増幅器

video signal generator ［C］ ビデオ信号発生器

video switch ［C］ ビデオ・スイッチ

video telephone ［C］ テレビジョン電話

video transmitter ［C］ ビデオ送信機；ビデオ送信器

Vieille's equation ビエイユの式

Vietnam syndrome ベトナム戦争症候群

Vietnam Veterans of America (VVA) 【米】ベトナム戦争退役軍人会

Vietnam War ［the ～］ ベトナム戦争

viewgraph ビューグラフ

vigilante ［C］ 自警団員 《の英語呼称》◇用例：vigilantes ＝ 自警団

Vigilante 【米海軍】ビジランテ 《戦闘機名》

vignetting 口径食（こうけいしょく） 《光学系への入射光が、その入射角度によって鏡筒などで蹴られ、光線束の断面積が減少することをいう。㊙ NDS C 0212B》

villainous country ［C］ ならず者国家

violation of national air space 領空侵犯 《国際法規および航空法、その他法令の規定に違反して我が国の領域の上空に侵入する行為をいう。㊙統合訓練資料1-4》

violation report (VIREP) ［C］ 違反報告

virga 尾流雲（びりゅううん）

Virginia Military Institute (VMI) 【米軍】バージニア士官学校

virtual acoustic center ［C］ 仮想音響中心

virtual cathode ［C］ 仮想陰極

virtual completion ［U］ 概成

virtually complete ［vt.］ 概成する

Virtual Private Network (VPN) 仮想プライベート・ネットワーク 《トンネル技術を利用して、既存の物理的なネットワーク上に構築された仮想ネットワーク。あたかも専用線のように、保護された安全なネットワーク接続を提供する》

virtual reality (VR) ［U］ 仮想現実

virtual temperature 仮温度

virtual terminal (VT) ［C］ 仮想端末

viscometer for low-temperature ［C］ 低温粘度計

viscosity ［C］ 粘度

viscosity index ［C］ 粘度指数

visibility (vis) ［C］ ①【空自】視程 ②視度；可視距離 《見通し距離のこと》

visibility factor ［C］ 可視率

visibility meter ［C］ 視程計

visibility minimum 最低視程

visible attack ［C］ 透視攻撃

visible horizon ①視地平 ②【海自】視水平

visible light ［U］ 可視光線

visible range ［C］ 視程 《見通し距離のこと》

vision ［U］ 視界

vision device ［C］ 視察装置

visit 【海自】臨検

visiting patrol 巡察

visitors room ［C］ 面会室

visual approach 目視進入；視認進入

visual approach slope indication system ［C］ 進入角指示灯

visual approach slope indicator system ［C］ 進入角指示盤

visual call sign 視覚信号コール・サイン

visual check 目視点検

visual communication 視覚通信

visual communication duty ship ［C］ 信号当直艦

visual corona ［C］ 可視コロナ

visual course ［C］ 可視コース

visual descent point (VDP) ［C］ 目視降下点

visual drift meter ［C］ 目視偏流計

visual field ［C］ 視野

visual flight ［C］ ①【空自】有視界飛行 ②【海自】目視飛行

visual flight rules (VFR) ［pl.］ 有視界飛行方式

visual identification (VI) ［U］ 目視識別

visual information ［U］ 視覚情報

visual information documentation ［C］ 視覚情報資料

visual inspection 目視検査；視認検査

visual meteorological condition (VMC) 有視界気象状態 《バッジ用語》

V

visual mine firing indicator 〔C〕 目視機雷発火表示装置

visual mission accomplished (VMA) 目視要撃成功

visual observation 〔U〕 目視観測 《[同] eye observation》

visual operator 〔C〕 信号当務者

visual procedure 視覚信号法

visual range 〔C〕 ①【空自】視距離 ◇用例： within visual range = 視距離内 ②視程；視度

visual reconnaissance 目視偵察

visual reference point 〔C〕 目視参考点

visual search 〔C〕 目視捜索

visual separation 目視間隔

visual signal 〔C〕 可視信号；視覚信号

visual silence 〔U〕 停信

visual spotting 〔U〕 視認観測

visual test 〔C〕 視認試験

vital area (VA) 〔C〕 ①【陸自】重要地域 ②【海自】核心区域 ③【空自】重要防護区域 《彼の攻撃から防護すべき区域および対象物をさす。[典] JAFM006-4-18》

vital deficiency 重大欠陥

vivacity 〔U〕 ビバシティ；鋭性率

VLAD sonobuoy 〔C〕 VLADソノブイ 《受波器が垂直方向に直線配列されているダイファー・ソノブイ。[典] NDS Y 0012B》《VLAD（ブイラッド） = vertical line array DIFAR（垂直アレイ型DIFAR）》

VLF transmission facility 〔C〕 VLF送信施設 《VLF = very low frequency（超長波）》

vocal order (VO) 口頭命令

vocational education 〔U〕 職業教育

vocational guidance 〔U〕 就職援護 《[同] employment support》

vocational interest test 〔C〕 職業興味検査

vocational training 〔U〕 職業訓練

voice call sign 音声呼び出し符号

voice circuit 〔C〕 通話回路；通話回線

voice coil 〔C〕 音声コイル

voice communication (VOCOM) 音声通信

voice communication equipment (VCE) 〔U〕 音声通信器材 《ペトリオット用語》

voice communication system (VCS) 〔C〕 音声通信システム 《ペトリオット用語》

voice frequency 〔U〕 音声周波数

voice frequency amplifier 〔C〕 音声周波増幅器

voice grade channel 〔C〕 音声通話路

voice jamming 音声妨害

voice meteorological broadcast (VOLMET) ボルメット放送

voice modulation 音声変調

voice paging ボイス・ページング 《複数の電話端末にスピーカー呼び出しを行い、応答した電話端末と発信者を接続することをいう。[典] JAFM006-4-18》

voice procedure 交話方式

voice relay procedure 音声中継手順

voice tube 〔C〕 伝声管

void 空所（くうしょ）

volatility 揮発性；揮発度

volley 斉射（せいしゃ） 《[対] individual firing = 各個射撃》《[同] salvo》

voltage adjustment 電圧調整

voltage amplification 電圧増幅

voltage balanced relay 〔C〕 電圧平衡継電器

voltage booster 〔C〕 電圧昇圧器

voltage characteristics 〔pl.〕 電圧特性

voltage circuit 〔C〕 電圧回路

voltage coil 〔C〕 電圧コイル

voltage commutation 電圧整流

voltage control field 〔C〕 電圧調整界磁

voltage controlled oscillator (VCO) 〔C〕 電圧制御発振器 《入力電圧によって発振周波数を制御する発振器。[典] レーダー用語集》

voltage detector 〔C〕 検電器

voltage differential relay 〔C〕 電圧差動継電器

voltage drop 電圧降下

voltage feed 電圧給電

voltage feed antenna 〔C〕 電圧給電空中線

voltage feedback 電圧帰還

voltage for compensation 補償電圧

voltage gain 電圧利得

voltage multiplier 〔C〕 倍圧器

voltage multiplying circuit 〔C〕 倍電圧回路

voltage multiplying rectifier circuit 〔C〕 倍電圧整流回路

voltage pull-up rate 〔C〕 電圧上昇率

voltage rating ［C］ 電圧定格

voltage regulation ［C］ 電圧調整

voltage regulator ［C］ 電圧調整器

voltage regulator tube ［C］ 定電圧放電管

voltage relay ［C］ 電圧継電器

voltage response ［C］ 電圧レスポンス

voltage stabilizer ［C］ 電圧安定装置

voltage standing wave ratio (VSWR)
［C］ 電圧定在波比

voltammeter ＝ volt-ammeter ［C］ 電圧電流計

volt ampere characteristics ［pl.］ 電圧電流特性

volt box ［C］ 分圧箱

voltmeter ［C］ 電圧計

volume backscattering differential ［C］
体積後方散乱ディファレンシャル ◇用例：
surface or bottom backscattering differential ＝
体積後方散乱ディファレンシャル

volume control ［U］ 音量調節

volume of displacement 排水容積

volume of flow 流出量

volume reverberation 体積残響 《体積散乱
によって生じる残響。⊛ NDS Y 0011B》

volume scattering 体積散乱

volume scattering coefficient ［C］ 体積
散乱係数

volume scattering strength ［U］ 体積散
乱強度

volumetric efficiency ［U］ 体積効率

volume velocity ［U］ 体積速度

voluntary army ［C］ 義勇軍

voluntary retirement 依願退職

voluntary service 志願兵役

voluntary system 志願制度

voluntary training ［U］ 自発的訓練

voluntary training unit ［C］ 自発的訓練
部隊

volunteer ［C］ ①【自衛隊】志願者 ②志願
兵 ③義勇兵

volunteer corps ［pl. ＝ ～］ 挺身隊

volunteer system ①【自衛隊】志願制度 ②志
願兵制度

volute casing ［C］ 渦形室 (うずがたしつ)

volute pump ［C］ ボリュート・ポンプ

volute spring ［C］ 渦巻きばね；円錐形ばね

vomiting 嘔吐 (おうと)

vomiting gas 嘔吐ガス

vortex ［C］ 渦 (うず)

vortex chamber ［C］ 渦室 (うずしつ)

vortex gasket ［C］ ボルテックス・ガスケッ
ト；渦巻きガスケット

vortex generator ［C］ 渦発生装置

vorticity 渦度 (うずど)

voucher (VOU) ［C］ 証書

voyage data recorder (VDR) ［C］ 【海
自】航海データ記録装置 《日付、時刻および位
置、速力、船橋における音声、レーダー画面に表
示された映像等を常時記録する装置》

V-shaped depression V状低圧部

V-type engine ［C］ V形機関

Vulcan air defense system (VADS) ［C］
①【空自】バルカン防空装置；対空機関砲防空装置
《地対空機関砲のこと》 ②バルカン砲防空システ
ム 《VADS ＝ バッズ》

Vulcan gear ［C］ バルカン・ギヤー

vulnerability 脆弱性 (ぜいじゃくせい) 《攻
撃者によって悪用される可能性のある情報システ
ム、システム・セキュリティ手順、内部統制また
は実装の弱点》《⊛ invulnerability ＝ 抗堪性》

vulnerability analysis 脆弱性解析

vulnerability assessment 脆弱性評価 《情
報システムまたは製品の体系的検査であり、セ
キュリティ対策の妥当性を判断し、セキュリティ
の欠陥を特定し、提案されたセキュリティ対策の
有効性を予測するデータを提供する》

vulnerability study ［U］ 脆弱性研究

vulnerable area ［C］ 掩護地域

vulnerable point (VP) 弱点

W

【 W 】

WAC 【自衛隊】WAC 《陸上自衛隊女性自衛官
の愛称。米陸軍の「Women's Army Corps (陸軍
婦人部隊)」に由来する》《WAC ＝ ワック》

WAF 【自衛隊】WAF 《航空自衛隊女性自衛官
の愛称。米空軍の「Women in the Air Force (空
軍婦人部隊)」に由来する》《WAF ＝ ワッフ》

waiting period ［C］ 待機時間

wake ①【空自】後流；伴流 ②【海自】航跡 《推
進器からの水流をいう》

wake current 伴流

wake turbulence (WT) ［U］ 翼端乱流；後

方乱気流

wake turbulence category ［C］ 後方乱気流区分

walk-around cylinder ［C］ 携帯用酸素容器

Walleye 【米軍】ウォールアイ 《誘導空対地滑空爆弾》

wall knot 元結び

Walter Reed Medical Center ［the ～］ 【米軍】ウォルター・リード陸軍病院

Wanted : Dead or Alive 【米】お尋ね者；生死を問わず 《ブッシュ元米国大統領の発言》

war air service program (WASP) ［C］ 戦時空輸業務計画

war artist ［C］ 戦争画家

war at arms ［U］ 武力戦

war at sea (WAS) ［U］ ①【海自】水上戦闘 ②海戦

warble ウォーブル 《機雷》

warble tone 震音

war bond ［C］ 軍事公債

war boom ［C］ 軍需景気；戦争景気

war booty ［U］ 戦利品

war by proxy ［U］ 代理戦争 《[同] proxy war》

war chest ［C］ 軍資金

war correspondent ［C］ 従軍記者

war coverage ［U］ 戦争報道

war crime ［C］ 戦争犯罪 《行為》

war criminal ［C］ 戦争犯罪人；戦犯

ward ［C］ 病室；病棟

war damage ［U］ 戦禍；戦災

war diary ［C］ 戦時日誌

Ward-Leonard system ワード・レオナード方式

ward room ［C］ 士官室

war economy ［C］ 戦争経済 《戦争によって経済を押し上げること。「戦時下の経済」という意味ではない》

war effort 戦争遂行努力

warehouse ［C］ 倉庫

war expenditure 軍事費；軍費

warfare doctrine 戦策 《部隊運用および各種作戦についての基本的方策および実施上の一般要領をいう。[典] 統合訓練資料1-4》《[同] warfare publication》

warfare note ［C］ 戦則

warfare publication ［C］ 戦策 《[同] warfare doctrine》

war footing 戦時体制

war fund ［C］ 軍資金 ◇用例： abundant war funds = ふんだんな軍資金

war game = war-game; wargame ［C］ ①【統幕・空自】ウォー・ゲーム 《指揮官が、意思決定に必要な資料を得るために実施するもので、現実または現実に近い状況を表すように計画された規程、データおよび手法を用いて実施される模擬演習をいう。[典] 統合訓練資料1-4》 ②【陸自】兵棋演習 ③【海自】図上演習

War Gaming Division 【海自】図演装置運用課 《の英語呼称》《海上自衛隊幹部学校》

warhead (whd) ［C］ ①弾頭 《ロケット弾および誘導弾などの一部分を構成し、目標に対し最後に効力を発揮する部分。[典] NDS Y 0001D》 ②実用頭部 《魚雷において、炸薬を充填した区画。[典] NDS Y 0041》

warhead mating 弾頭部結合

warhead section ［C］ 弾頭部

war industry ［C］ 軍需産業

war-made nouveau riche 戦争成金

warm air mass ［C］ 暖気団 《温暖な気団》《[対] cold air mass = 寒気団》

warm anticyclone ［C］ 温暖高気圧

war materiel procurement capability 戦時資材調達能力

war materiel requirements ［pl.］ 戦時資材所要

warm current 暖流

warm front ［C］ 温暖前線 《[対] cold front = 寒冷前線》

warm front type occlusion 温暖前線型閉塞

warm high 温暖高気圧

warming 暖機

warming-up engine by warming steam ［C］ 回転暖機 《蒸気タービンの回転暖機》

warming valve ［C］ 暖機弁

warmonger ［C］ 戦争挑発者；主戦論者；戦争屋

warm rain ［U］ 暖かい雨

warm sector ［C］ 暖域

warm trough ［C］ 暖かい谷

warm-up 暖機

warm-up of engine 暖機運転

warm water mass ［C］ 暖水塊(だんすいかい) 《[対] cold water mass = 冷水塊》

warm wave ［C］ 暖波

warn ［vi.］ 警告する

warned exposed　警告露出

warned protected　警告防護

Warner Robins Air Logistics Center
(WRALC)　【米軍】ワーナーロビンズ航空兵
站センター

war neurosis　戦争神経症

warning (wng)　①警報　②警告　《警戒および
対応行動のため、脅威の存在を知らせることをい
う。⑲ 陸自教範》　③戒告

warning area　[C]　警戒区域

warning bomb　[C]　警告爆弾

warning center　[C]　警報中枢

warning circuit　[C]　警報回路

warning light　[C]　警報灯；警告灯　《各種
の系統や機構に発生した異常また致命的な事故に
発展する故障を表示する赤色またはアンバー（橙
色）色の灯器。⑲ レーダー用語集》

warning message　[C]　警告メッセージ
《バッジ用語》

warning net　警報通信網；警報通信系

warning of attack　攻撃の警告

warning order (WO)　①【自衛隊】準備命令
②【米】ウォーニング・オーダー

warning point　[C]　警戒点

warning point level (WPL)　[C]　再補充
基準

warning radar (W/R)　[C]　警戒レーダー

warning red　空襲警報；ウォーニング・レッド

warning shot　[C]　①【自衛隊】警告射撃
②【海保】威嚇射撃

warning signal　[C]　①【陸自】警報　《敵
の航空攻撃、特殊武器による攻撃等に対し、部隊
等に対応行動をとらせるために発する命令をいう。
⑲ 陸自教範》　②【海自】警報灯；船舶通航信号

warning squadron　[C]　警戒隊

warning system　[C]　警報装置

warning white　警報解除；ウォーニング・ホワ
イト

warning yellow　警戒警報；ウォーニング・イ
エロー

war note　[C]　軍票

war nurse　[C]　従軍看護師

war of aggression　[U]　侵略戦争

war of attrition　[U]　消耗戦

War of Independence　[the ～]　アメリカ
独立戦争

war of movement　[U]　運動戦

war of nerves　[U]　神経戦

war of position　[U]　陣地戦

War of Secession　[the ～]　【米】南北戦争

war organization　[U]　戦時編成

warp　曲がり

war plan　[C]　戦争計画

warplane　[C]　軍用機　◇用例：US
warplane ＝ 米戦闘機

war plant　[C]　軍需工場

war potential　戦力

war preparation　[U]　臨戦態勢

War Production Board (WPB)　【米】軍
需生産委員会

warrant officer　[C]　准士官　《⑲ 准尉クラ
スの士官の総称として用いる》

Warrant Officer (WO)　①【空自・海自】准尉
《の英語呼称》《准空尉、准海尉》　②【米海軍】兵
曹長

Warrant Officer 1　【米海兵隊】准尉

Warrant Officer W1　①【陸自】准陸尉　《の
英語呼称》　②【米陸軍】准尉

war readiness materials (WRM)　[pl.]
①作戦資材；行動要資材　②備蓄

war reserve materiel requirements　[pl.]
戦時備蓄資材所要

war reserves　[pl.]　戦時備蓄；戦時備蓄品

war reserve stock (WRS)　[C]　戦時備蓄
品；戦時備蓄保有品

war reserve stock for allies　[C]　同盟国
用戦時備蓄品

War Resister's League (WRL)　戦争抵抗
者同盟

war risk　戦争危険

war risk insurance (WRI)　[U]　戦争保険

war room　[C]　作戦室

Warsaw Pact Organization (WPO)　ワル
シャワ条約機構

warship　[C]　①軍艦；戦艦　《正しくは「戦
艦」は「battleship」》　②【自衛隊】艦船

warship accident　[C]　艦船事故

warshot torpedo　[C]　実装魚雷　《本体に実
用頭部を装着して、実戦に使用する状態の魚雷。
⑲ NDS Y 0041》

war song　[C]　①軍歌　②【海自】隊歌

war story　[C]　戦争体験記

war supplies　[pl.]　軍需品

war-sustaining effort　戦争遂行努力

war sustenance resources　[pl.]　継戦基盤

wartime = war time [U] 戦時 《㊦ peace time = 平時》

wartime accounts unsettled 戦時未整理

wartime basis 戦時態勢

wartime economy 戦時経済

wartime host nation support (WHNS) 戦時受け入れ国支援

wartime load [C] 戦時積載量

wartime manpower planning system (WARMAPS) [C] 戦時人員計画システム

wartime military tolerance [U] 戦時許容量

wartime new construction [C] 戦時新規建設

wartime profit tax 戦時利得税

wartime restoration of war damaged facilities repair 戦闘損傷施設の復旧

war trophy [C] 戦利品

war vessel [C] 軍艦；戦艦

war victim [C] 戦争犠牲者

war waging capability 戦争遂行能力

war widow [C] 戦争未亡人

war work 戦時労働

war zone [C] 交戦地帯

wash ahead 繰り上げ編入

wash back 次期編入

washing machine [C] 洗濯機；洗浄機

Washington Headquarters Services (WHS) 【米】ワシントン司令部支援局

W wash out 罷免；免除

wash-out circuit [C] ウォッシュ・アウト回路

wash port [C] 放水口

wash post 同時受け払い

wash rack [C] 洗機場 《航空機の洗機場》

Wassenaar Arrangement (WA) ワッセナー・アレンジメント

waste gas 廃ガス

waste gate valve [C] 排気逃し弁

waste heat 排熱

waste oil [U] 廃油

waste pipe [C] 排水管

watch 【海自】当直員 ◇用例：watch signalman = 信号当直員

watch berth [C] 当番寝台

watch den [C] 検潮標識

watch dog timer (WDT) [C] ウォッチ・ドッグ・タイマー 《定期的に自己診断を実施するための機能をいう。㊦ JAFM006-4-18》

watch-keeping 当直勤務

watch list [C] 要監視リスト

watch officer (WO) [C] ①【海軍】当直士官 ②【海自】当直士官（航海）《通常、1等海尉以上の自衛官が当直士官の勤務に服する。㊦「当直幹部」は、「当直士官」と「副直士官」の総称》

watch petty officer [C] 【海自】当直海曹（航海）

watch seaman [pl. = watch seamen] 【海自】当直海士（航海）

watch section [C] 【海自】当直部

watch team [C] 監視チーム

watch zone [C] 監視圏

water bag [C] 浄水嚢（じょうすいのう）

water barge [C] 水船

water-borne sound 水中伝搬音

water-bound macadam [U] 水締めマカダム

water brake [C] 水ブレーキ

water closet [C] 便所

water column [C] 水柱（みずばしら）

water content 水分

water-cooled [adj.] 水冷

water-cooled engine [C] 水冷機関；水冷エンジン

water-cooled tube [C] 水冷管

water-cooled valve [C] 水冷弁

water-cooling 水冷

watercraft 舟艇

water cylinder [C] 水シリンダー

water detector [C] 水分検出器

water discharge valve [C] 排水弁；駆水弁

water distribution system [C] 配水施設

water drum [C] 水ドラム

water entry ①射入状態 《魚雷が着水または射出後、調定深度に達するまでの状態。㊦ NDS Y 0041》②着水 《魚雷が、空中から水中に突入すること。㊦ NDS Y 0041》

water entry point (WEP) [C] 魚雷着水点 《アスロック》

water equivalent 水当量

water equivalent of snow 積雪の相当水量

water fog system [C] 水霧消火装置

water gauge [C] 水面計

water glass [U] 水ガラス

water hammer 〔C〕 ウォーター・ハンマー

water horsepower 水馬力

water injection 水噴射

water jacket 〔C〕 水ジャケット

water jet 噴射水

water landing 着水 《飛行艇の着水》

water line 〔C〕 水線

water line coefficient ＝water-line coefficient 〔C〕 水線面積係数

water mass 〔C〕 水塊（すいかい） 《水温、塩分濃度などがほとんど一様な水の塊。[典] NDS Y 0011B》

water measuring tube 〔C〕 検水管

water meter 〔C〕 水量計

water, oil or gas (WOG) 水、油または気体

water paint 水性塗料

water penetration 〔U〕 水中貫徹力

water pipe 〔C〕 配水管 《[同] distributing pipe》

water point 〔C〕 給水所

water pressure pipe 〔C〕 水圧管

waterproof 防水；水密

waterproof case 〔C〕 防水外箱

waterproof machine 〔C〕 防水型機械

waterproof package 〔C〕 水密荷作り

water purification set 〔C〕 浄水セット

water quality control set 〔C〕 水質試験器

water rate 〔C〕 蒸気消費率

water resisting property 〔U〕 耐水性

water round torpedo tank (WRT) 〔C〕 補水タンク

waters 〔pl.〕 水域

water screen 〔C〕 水膜

water slug 〔C〕 発射管水打ち

water softener 〔C〕 軟水装置

waterspace management (WSM) 〔U〕 水域管制；水域管理

waterspout ＝water spout 〔C〕 竜巻（たつまき） 《海上または湖上の竜巻》

water supply 給水

water supply pipe 〔C〕 給水管

water supply point 〔C〕 給水所

water tank 〔C〕 水タンク

water tank truck 〔C〕 給水車

water temperature observation 〔U〕 水温観測

water terminal 〔C〕 ①水路末地（すいろまつち） ②【海自】航路端末港（こうろたんまつこう）

watertight (WT) 防水；水密；ウォーター・タイト ◇用例： watertight training ＝ 防水訓練

watertight bulkhead 〔C〕 防水隔壁

watertight compartment 〔C〕 防水区画

watertight door 〔C〕 防水ドアー；防水扉

watertight flat 〔C〕 水密甲板

watertight hatch 〔C〕 防水ハッチ

watertight hatch and door 防水扉蓋（ぼうすいひがい）

watertight integrity 〔U〕 水密性

watertight receptacle 〔C〕 水密接続座

watertight scuttle 水密スカットル

watertight seal 水密シール

watertight test 〔C〕 防水検査

watertight work 水密工事

water tripping valve 〔C〕 点火運動弁

water tube boiler 〔C〕 水管ボイラー

water type 水系

water vapor content 水蒸気量

water vapor indicator 〔C〕 水分表示計

water vapor pressure 水蒸気圧

water wall 〔C〕 水冷壁（すいれいへき） 《ボイラーの火炎の放射熱を吸収し、炉壁を保護するために、燃焼室の壁面に水管を配置したもの》

water wall tube 〔C〕 水冷壁管

water washing 〔U〕 水洗い

waterway 〔C〕 水路

watt-hour (WH) ＝watt hour ワット時

watt meter ＝watt-meter 〔C〕 電力計

wave 〔C〕 ①波 ②攻撃波

WAVE 【自衛隊】WAVE 《海上自衛隊女性自衛官の愛称。米海軍の「Woman Accepted for Volunteer Emergency Service（海軍婦人部隊）」に由来する》《WAVE ＝ ウェーブ》

wave absorber 〔C〕 電波吸収体

wave age 波齢

wave-breaking noise 〔U〕 砕波雑音（さいはざつおん） 《波が崩れることによって発生する雑音。[典] NDS Y 0011B》

wave crest 〔C〕 波頂

wave cyclone 〔C〕 波動低気圧

wave direction 〔C〕 波向（はこう）

wave disturbance 〔C〕 波押え

wave equation 波動方程式

wave filter ［C］ フィルター 《特定の周波数帯域の信号成分を通過させ、他の周波数の信号成分を阻止する方法または電子回路。[典] NDS Y 0012B》

wave forecasting 波浪予報

wave form = waveform ［C］ 波形

wave form error measurement 波形誤り測定 《バッジ用語》

wave form factor ［C］ 波形率

wave front method (WFM) 波動前進法

wave generated noise ［U］ 波浪雑音 《波浪によって発生する雑音。[典] NDS Y 0011B》

waveguide (W/G) ［C］ 導波管 《マイクロ波の伝送に使用する中空の導体筒。[典] レーダー用語集》

waveguide attenuator ［C］ 導波管減衰器

wave height 波高

wave in the easterlies 偏東風の波；偏東風帯の波

wavelength ［C］ 波長

wavelength constant 波長定数

wavelength in waveguide ［C］ 管内波長

wave making resistance 造波抵抗

wave meter = wavemeter ［C］ 波長計；周波計

wave number ［C］ 波数

wave number integration method 波数積分法

wave observation ［U］ 波浪観測

wave off = wave-off 着陸復行

wave period ［C］ 波の周期

wave resistance 造波抵抗

wave shaper ［C］ ウェーブ・シェーパー 《炸薬（さくやく）の内部に置き、爆轟波（ばくごうは）を適当な形に変えるために使用する不活性物質または異なった爆速を持つ爆薬の挿入物。[典] NDS Y 0001D》

wave subduer ［C］ 消波装置

wave theory ［U］ 波動理論

wave trough ［C］ 波の谷

wave velocity ［U］ 波速

wave wake 波伴流

wave winding 波巻き

way point ①中間点 ②【海自】ウェイ・ポイント 《ミサイルを飛行経路途中で回り込みさせる点をいう。[典] 海上自衛隊訓練資料第175号》

W CODE ダブル・コード 《ペトリオット用語》

W delay indicating system ［C］ W遅延指示装置

weapon ［C］ 兵器；火器；武器

weapon assignment 【空自】兵器割り当て 《侵攻目標に対し、指向すべき最適兵器の選定ならびにこれを管制するサイト、兵器管制官および使用機器等を指定することをいう。兵器割り当ては、通常、先任指令官の統制下で兵器割当指令官（weapon assignment director）が行う。[典] 統合訓練資料1-4》

weapon assignment controller (WAC) ［C］ 【海自】武器管制士官

weapon assignment control officer (WACO) ［C］ 兵器割当管制官

weapon assignment director (WAD) ［C］ 【空自】兵器割当指令官 《侵攻目標に対し、指向すべき最適兵器の選定および兵力量ならびにこれを管制するサイト、兵器管制官および使用機器等を指定する者をいう。[典] JAFM006-4-18》《WAD = ワッド》

weapon assignment panel (WAP) ［C］ 【海自】武器指向管制盤 《WAP = ワップ》

weapon bay ［C］ 爆弾倉

weapon-capable ［adj.］ 軍事転用可能な

weapon-capable plutonium ［U］ 兵器転用可能なプルトニウム

weapon controller ［C］ 兵器管制官 《要撃管制幕僚または要撃管制幹部の主特技を有する者をいう。[典] 航空自衛隊達第11号》

weapon danger area ［C］ 武器危険区域

weapon emplacement ［U］ 火器用掩体

weapon engagement zone (WEZ) ［C］ 兵器交戦圏 《対空部隊と味方戦闘機の相撃を防ぐために設定され、この中での防空の交戦責任が特定の兵器システムにある空域をいう。兵器交戦圏には、「戦闘機交戦圏（fighter engagement zone）」と「ミサイル交戦圏（missile engagement zone）」がある。[典] 統合訓練資料1-4》

weapon-grade plutonium ［U］ 兵器級プルトニウム

weapon-grade uranium ［U］ 兵器級ウラン

weapon launch platform ［C］ 兵器発射プラットフォーム 《艦艇、航空機、ミサイル発射基地など》

weapon officer ［C］ 【海自】水雷長（潜水艦） 《水雷長は、発射、射撃、運用およびこれらに係る物件の整備に関する業務を所掌する。[典] 海幕人第10346号》

weapon of surprise ［C］ 奇襲兵器

weapon record book ［C］ 銃歴簿；砲歴簿

《小火器または火砲の射撃歴、整備歴などを記入する帳簿。[典] NDS Y 0003B》《[同] gun book》

weapon release circle (WRC) 〔C〕 【海自】武器発射圏

weapon release computer (WRC) 〔C〕 ウェポン・リリース・コンピューター

weapon release distance (WRD) 〔C〕 【海自】武器発射距離

weapon release line (WRL) 〔C〕 【空自】兵器発射線 《飛行諸元、その他の条件を一定にした場合、目標に命中させるため、最初の爆弾もしくはミサイルを投下または発射し得る機位を連ねた仮想の線をいう。[典] JAFM006-4-18》

weapon replaceable assembly (WRA) 〔C〕 交換可能組み立て品

weapon restriction order 〔C〕 武器使用制限命令

weaponry 〔U〕 兵器類

Weapons and Warships Division 【防衛省】艦船武器課 《管理局～の英語呼称》◇用例： 艦船武器課長 = Director, Weapons and Warships Division

weapons assignment 兵器割り当て

weapons carrier 〔C〕 武器運搬車

weapons control (WPN CONTR) 〔U〕 ①【空自】兵器管制 《航空警戒管制部隊および警戒飛行部隊が行う兵器割当てならびに要撃機、SAM等の管制の各機能を総称していう。[典] 統合訓練資料1-4》 ②ウェポン・コントロール

weapons control area (WPN CONTR AREA) 〔C〕 ウェポン・コントロール・エリア 《ペトリオット用語》

weapons control computer (WCC) 〔C〕 兵器管制コンピューター 《ペトリオット用語》

weapons control element (WCE) 〔C〕 【空自】兵器管制班

weapons control function 兵器管制機能 《JADGE用語》◇用例： BMD weapons control function（BWF）= BMD兵器管制機能

weapons control indicator panel (WCIP) 〔C〕 武器管制表示パネル

weapons control instructor (WCI) 〔C〕 【空自】教導兵器管制官 《飛行教導隊に所属する兵器管制官のこと》

weapons control panel (WCP) 〔C〕 【海自】武器管制盤

weapons control status 【空自】射撃区分 《全般の戦況の推移に応じて、上級司令部が高射部隊に指定する射撃方式をいう。[典] 統合訓練資料1-4》

weapons control system (WCS) 〔C〕 【海自】武器管制システム

Weapons Department 【海自】武器部 《の英語呼称》◇用例： 武器部長 = Director of Weapons Department

weapons discrete 指定射撃

Weapons Evaluation Group 【自衛隊】装備実験隊 《の英語呼称》

weapons free (W/F) ①【統幕】自由射撃 《高射隊が、味方機と識別されない目標を射撃する方式をいう。[典] 統合訓練資料1-4》 ②【空自】ウェポンズ・フリー 《ペトリオット用語》

weapons free zone (WFZ) 〔C〕 自由射撃圏

weapons hold (W/H) ①【統幕】射撃控置（しゃげきこうち） ②【空自】ウェポンズ・ホールド 《ペトリオット用語》

weapons integrated materiel manager (WIMM) 〔C〕 兵器統合資材管理機関

weapons of destruction 破壊兵器

weapons officer 〔C〕 【海自】砲雷長 《砲雷長は、射撃、照射、運用、発射、水測およびこれらの業務に係る物件の整備に関する業務を所掌する。[典] 海幕人第10346号》

weapons of mass destruction (WMD) 大量破壊兵器

weapons of offense 攻撃用兵器

weapons squad 〔C〕 火器分隊

weapons tight (W/T) ①【統幕】制限射撃 《高射隊が、敵機と識別された目標を射撃する方式をいう。[典] 統合訓練資料1-4》 ②【空自】ウェポンズ・タイト 《ペトリオット用語》

weapon-strength plutonium 〔U〕 兵器級プルトニウム

weapons-use provision 〔the ～〕 【日】武器使用条項

weapon system ウェポン・システム；兵器体系；兵器システム 《[備] 定まった用法はないが、主要装備品（ミサイルなど）やそれに関連する施設、人員も含めた組織的な事に言及する場合は「兵器体系」にし、装備品やそれに関連する器材の総体に言及する場合は「兵器システム」にする。不明な場合は「ウェポン・システム」にする》◇用例： major weapon system = 主要兵器システム

Weapon System Evaluation Group 【海自】装備実験隊 《の英語呼称》

weapon system manager 〔C〕 武器システム管理者

weapon system officer (WSO) 〔C〕 ①【空自】機上要撃指令官 ②兵器システム士官

Weapon Systems Planning Coordinator 【空自】装備体系企画調整官 《の英語呼称》

W

weapon system study 〔U〕 兵器体系研究

weapon system trainer (WST) 〔C〕 【海自】戦術訓練装置

weapon-target line 〔C〕 砲目線

wear 摩耗

wear and tear 衰耗

wearing 下手回し

wear-out failure 摩耗故障

wear-out rate 〔C〕 消耗率

wear reducing additive 〔C〕 焼食抑制剤（しょうしょくよくせいざい）《銃腔内または砲腔内の焼食を減少するため、発射薬中に添加するか、または発射薬に添えて使用する薬剤。[典] NDS Y 0001D》

weather (WX) 〔U〕 ①気象 《戦術上必要な天文、海象、電磁波等に関する現象の総称をいう。[典] 陸自教範》 ②天気 《気象とは、一般には、地球大気の状態とその中に起こる諸現象をいう。その任意の時刻における状態を「天気」という。[典] 陸自教範》 ③天候 《ある短期間の状態を「天候」という。[典] 陸自教範》 ④気候 《永年の平均の状態を「気候」という。[典] 陸自教範》

weather advisory ①【空自】気象勧告 ②【海自】気象注意報 《部隊の保安および運用上影響を及ぼす気象現象について注意を促す気象予報をいう。[典] 海幕運第2955号》

weather briefing 〔C〕 気象解説；ウェザー・ブリーフィング

weather broadcast 〔C〕 気象放送

weather bulletin 〔C〕 気象通報

Weather Bureau (CO-WB) 【米】商務省気象庁

weather central 〔C〕 ①気象台 ②【空自】中枢気象所

weather chart 〔C〕 天気図

weather cock stability 〔U〕 風上変向性；風見安定

weather code form 気象通報様式

weather communication 気象通信 《気象通信とは、気象情報を電気的通信手段により収集または通報するために行なう通信をいう。[典] 航空自衛隊達第23号》

Weather Communication Processor (WECOM) 【自衛隊】気象通信端末装置 《陸上、海上、航空自衛隊の各部隊に設置され、統合気象システム（JWS）と連接し、必要とする気象情報の入手、気象資料の作成、配布気象データの送信等を実施する気象通信端末をいう。[典] JAFM006-4-18》

weather debriefing 〔C〕 着後気象報告

Weather Equipment Maintenance 【空自】気象器材整備 《准空尉空曹空士特技区分の英語呼称》

weather forecast 〔C〕 気象予報 《気象観測の成果に基づく現象の予想の発表をいう。[典] 海幕運第2955号》

weather forecaster 〔C〕 気象予報官 《幹部専門気象海洋課程を履修・聴講した（または幹部専門気象海洋課程と同程度の気象予報教育を受けた）気象海洋幹部、准海尉である気象海洋員および航空自衛隊気象幹部課程を履修した幹部をいう。[典] 海幕運第2955号》

weather forecast guidance 〔U〕 天気予報ガイダンス

weather helm 〔C〕 上手舵（うわてかじ）

weather/hydrographic condition at maneuver area 〔C〕 彼我行動地域の気象・海象

weather information 〔U〕 ①【陸自】気象通報 ②【海自】気象情報

weathering 風化

weather intelligence 〔U〕 気象情報

weather map 〔C〕 天気図

weather map analysis 天気図解析

weather message 〔C〕 ①【空自】気象報 ②【海自】気象通報

weather minimum (WXMIN) 最低気象条件 《所望の安全度をもって航空機の飛行および空挺部隊の降投下を実施するために作戦の都度設定される最低許容限度の気象条件をいう。[典] 陸自教範》

Weather Mode ウェザー・モード 《ペトリオット用語》

weather observation from ships 〔U〕 船舶気象観測

weather observer 〔C〕 気象観測員

Weather Officer 【空自】気象幹部 《幹部特技区分の英語呼称》

weather penetration 〔U〕 雪中突破

weatherproof (WTHPRF) 〔adj.〕 耐候性の

weather radar 〔C〕 気象レーダー

weather reconnaissance (WXRECCO) 気象偵察

weather report 〔C〕 気象通報

weather routing ウェザー・ルーティング

weather service 〔C〕 気象業務 《気象業務とは、航空自衛隊の任務達成を支援するために行なう気象に関する業務をいう。[典] 航空自衛隊達第23号》

Weather Service 【空自】気象観測 《准空尉

空曹空士特技区分の英語呼称》

Weather Service Unit 【海自】気象資料管理隊 《の英語呼称》◇用例： 気象資料管理隊長 = Commanding Officer, Weather Service Unit

weather side 風上側

weather situation ［C］ 天気概況

Weather Squadron 【空自】気象隊 《の英語呼称》◇用例： 芦屋気象隊 = Ashiya Weather Squadron

Weather Staff Officer 【空自】気象幕僚 《幹部特技区分の英語呼称》

weather station ［C］ ①【陸自・海自】測候所 ②【空自】気象所 《気象所とは、気象業務に従事する所定の人員、気象器材および気象通信施設を有し、継続して気象業務を行なう施設をいう。[典] 航空自衛隊達第23号》

weather support 気象支援 《気象支援とは、航空自衛隊の任務達成を容易にするため行なう気象情報の提供をいう。[典] 航空自衛隊達第23号》

weather symbol 天気記号

weather type 天気の型

weather typing 天気の分類；天気図の分類

weather vaning 風見

weather vaning effect 風見効果

weather warning ①【空自】気象ウォーニング 《重大な災害発生のおそれのある旨を警告して行う気象の予報をいう。対象気象現象には台風、大雨、大雪、強風、雷雨、異常気象、異常乾燥、その他がある。[典] JAFM006-4-18》 ②【海自】気象警報 《部隊の保安および運用上重大な影響を及ぼす気象現象について警戒を促す気象予報をいう。[典] 海幕運第2955号》

weaving ウィービング

web thickness 薬厚（やくこう） 《薬粒または薬幹の隣接する穴の壁の厚さおよび穴と外周の壁の厚さ。円柱状のものは直径、シート状のものは厚さをいう。[典] NDS Y 0001D》

wedge formation ［U］ 傘形隊形

weekly check 週間点検

weekly report ［C］ 週報

weekly routine 週課

weighing 抜錨

weighing rain gauge ［C］ はかり型雨量計

weighing together 一斉抜錨

weighing unit ［C］ 重量計測器

weigh shaft ［C］ 逆転軸

weight ①質量 ②錘；重量物

weight and balance sheet ［C］ 重量バランス表

weight belt 重錘帯

weighted equivalent continuous perceived noise level (WECPNL) ［C］ 加重等価継続感覚騒音レベル

weight equipped 装備重量

weight in working order 運転整備重量

weightlessness 無重力状態

weight line ［C］ 重錘索

weight of projectile ［C］ 弾量

weight on board 搭載重量

weight per thrust 推力荷重

weight test ［C］ 重量検査

weight zone ［C］ 弾量区分 《弾丸の質量による分類区分。[典] NDS Y 0006B》

weight zone markings ［pl.］ 弾量標識 《弾量区分を示す符号。[典] NDS Y 0006B》

weld ability ［U］ 鍛接性

welded overlay rotating band ［C］ 溶接弾帯 《弾丸の外周に金属を肉盛り溶接し、機械加工によって仕上げた弾帯。[典] NDS Y 0001D》

welfare ［U］ 厚生 《隊員の福利厚生、共済組合に関する業務や公務災害に関する業務などを行う。事務系行政職の一つ。[典] 航空自衛隊2018》

Welfare 【空自】厚生 《准空尉空曹空士特技区分の英語呼称》

welfare and recreation fund ［C］ 福利厚生費

Welfare Division 【内部部局・陸自・海自・空自・防大】厚生課 《の英語呼称》◇用例： 厚生課長（内部部局・陸自・海自） = Director, Welfare Division；厚生課長（空自） = Head, Welfare Division；厚生課長（防大） = Head of) Welfare Division

Welfare Section 【陸自・海自・空自】厚生班 《の英語呼称》◇用例： 厚生班長 = Chief, Welfare Section

Welfare Service Officer 【空自】厚生幹部 《幹部特技区分の英語呼称》

well-trained ［adj.］ 精強な

westerlies 偏西風

westerly deviation 西偏

westerly wave ［C］ 偏西風波動

Western Aircraft Control and Warning Wing 【空自】西部航空警戒管制団 《の英語呼称》《略称は「西警団」》

Western Air Defense Force 【空自】西部航空方面隊 《の英語呼称》◇用例： 西部航空方面隊司令部（西空司令部） = Headquarters, Western Air Defense Force；西部航空方面司令部

W

支援飛行隊 = WADF Headquarters, Support Flight Squadron

Western Area (WA) 【自衛隊】西部地域

Western Army (WA) 【陸自】西部方面隊《の英語呼称》◇用例： 西部方面総監 = the Commanding General of the Western Army

Western Army Field Training Exercise ［the ～］ 【陸自】西部方面隊実動演習

Western European Union (WEU) 西欧同盟

Western Pacific Naval Symposium (WPNS) 西太平洋海軍シンポジウム《西太平洋諸国の海軍参謀総長などが意見交換を行う場》

West Pacific Area Missile Defense (WESTPAC) 西太平洋地域ミサイル防衛構想

West Point 【米軍】ウェストポイント

wet adiabatic change 湿潤断熱変化《[同] moist adiabatic change》

wet adiabatic cooling 湿潤断熱冷却

wet adiabatic lapse rate ［C］ 湿潤断熱減率《[同] moist adiabatic lapse rate》

wet adiabatic line ［C］ 湿潤断熱線《[同] moist adiabatic line》

wet adiabatic process ［C］ 湿潤断熱過程《[同] moist adiabatic process》

wet and dry bulb thermometer ［C］ 乾湿計

wet bulb potential temperature 湿球温位

wet bulb temperature 湿球温度

W

wet bulb thermometer ［C］ 湿球温度計

wet cell ［C］ 湿電池

wet consistency mortar ［U］ 軟練モルタル

wet fog 湿り霧

wetness 湿り度

wet steam ［U］ 湿り蒸気

wet sump lubricating system ウェット・サンプ潤滑方式

wet thrust ウェット・スラスト

wet tongue ［C］ 湿舌

wharf ［C］ 埠頭（ふとう）；波止場

wheelbase ［C］ ①軸間距離；軸距（じくきょ） ②【海自】車輪基底線

wheeled armored personnel carrier ［C］ 装輪装甲車《人員輸送などに使用する装輪式の装甲車。機動に優れている》

wheeled armored vehicle, light ［C］ 小型装甲車

wheeled carrier ［C］ 運搬車

wheeled combat vehicle ［C］ 装輪戦闘車《タイヤを駆動させて走行する戦闘用の車両》◇用例： armored wheeled combat vehicle = 装甲装輪戦闘車

wheeled vehicle ［C］ 装輪車

wheel house ［C］ 操舵室

wheeling 方向変換

wheel load ［C］ 車輪荷重；輪荷重《自動車の1個の車輪を通じて路面に加わる鉛直荷重をいう。[典] 防経艦第6002号》

wheel rim ［C］ 歯車リム

when authorized by ～の許可あれば

when ready 準備でき次第

whip antenna ［C］ むち型アンテナ

whip stall 急失速

whirling 振回り

whirlpool chamber ［C］ 渦室

whirl wind つむじ風

whistle ［C］ 号笛

whistle buoy ［C］ 吹鳴浮標

whistle composition ［U］ 笛薬（ふえやく）《燃焼時に高い音響を発生する火薬》

whistle signal ［C］ 汽笛信号；笛信号

white alert 警報解除；ウォーニング・ホワイト

White Beach Area 【在日米軍】ホワイト・ビーチ地区《沖縄》

whitecaps ［pl.］ 白波（しらなみ）《砕けて白く見える波頭（なみがしら）》

white case iron 白鋳鉄

White Ensign ［the ～］ 英国軍艦旗；英国海軍旗

white hole ［C］ ホワイト・ホール《修復や回避が可能な既知の問題領域をいう》《[対] black hole = ブラック・ホール》

white noise ［U］ 白色雑音

whiteout ［C］ ホワイトアウト

white phosphorous grenade (WP grenade) = white phosphorous hand grenade ［C］ 黄燐手榴弾（おうりんしゅりゅうだん）《発煙、焼夷効果がある黄燐を充填剤とし、これを飛散させる少量の炸薬をもった手榴弾。[典] NDS Y 0001D》

white phosphorus (WP) 黄燐（おうりん）◇用例： smoke, white phosphorus ammunition = 黄燐発煙弾；smoke, white phosphorus grenade = 黄燐発煙手榴弾

white phosphorus smoke grenade ［C］ 発煙黄燐手榴弾（はつえんおうりんしゅりゅうだ

689 wind

ん)

white phosphorus tracer ［C］ 曳光黄燐弾
（えいこうおうりんだん）

white pig iron 白銑

white propaganda ［U］ 広報宣伝；白色宣
伝 《広報活動のこと》《⊗ black propaganda ＝
黒宣伝》

white rainbow ［C］ 霧にじ；白にじ

White Sands Missile Range 【米軍】ホワ
イト・サンズ・ミサイル発射場

white war ［U］ 無血戦；経済戦争

whole crew ［the ～］ 【海自】総員

Wholesale Inter-service Supply Support
Agreement (WISSA) 【米】官庁間補給支
援協定

wick lubrication 灯心注油

wide aperture array (WAA) ［C］ 大開口
面アレイ

Wide Area Military Traffic
Management and Terminal Service
(WATS) 【米軍】広域軍交通管理及び基地駅隊

wide area network (WAN) ［C］ ①広
域情報通信網 ②【海自】広域ネットワーク

wide-band amplifier ［C］ 広帯域増幅器

wide-band antenna ［C］ 広帯域アンテナ

wide field of view 広視野

wide gate ［C］ 広ゲート

widening 突破口の拡大

widen the gap 突破口の拡大をする

width of sheaf 射向束の幅

Wien Bridge circuit ［C］ ウィーン・ブ
リッジ回路

wild cat ［C］ 錨鎖車

wild missile (WM) ［C］ 異常ミサイル

wild shot ［C］ 不規弾（ふきだん）《正規の
散布区域から外れた射弾。⊗ NDS Y 0005B》
《⊗ abnormal shot》

will be issued 交付予定

Will Comply ウィル・コンプライ；要求受領
《他セグメントまたは他システムから、指令に従う
ことを通知する応答をいう。⊗ JAFM006-4-18》

Williamson turn method ウィリアムソン・
ターン法

will not fire 射撃中止

will observe 観測射撃

windage ①風の修正量 ②【海自】風偏差

windage knob ［C］ 左右転輪；方向転輪
《照門の方向目盛を調整するために回転させるつ

まみ。⊗ NDS Y 0002B》

windage loss 風損

wind aloft 高層風；上層風

wind aloft chart ［C］ 高層風図

wind aloft observation ［U］ 高層風観測

wind around the corner 変針点測風

wind axis ［pl. ＝ wind axes］ 風軸

wind blast ［C］ 風圧

wind direction ［C］ 風向

wind direction indicator ［C］ 風向指示器

wind direction indicator light ［C］ 風向
指示灯；風向灯

wind drift 偏流

wind drift triangle ［C］ 偏流三角形

wind force 風力

winding ①巻き上げ ②巻き線

winding machine ［C］ ①巻き上げ機 ②
巻き線機 《⊗ coil winding machine》

winding pitch ［C］ 巻き線ピッチ

windlass ［C］ ウインドラス；揚錨機（よう
びょうき）《錨を巻き取ったり、巻き戻したりす
る機械》

wind line screen ［C］ ウインド・ライン直衛

windmill ＝ wind mill 風車

windmill breaking effect ブレーキ効果
《空転プロペラー等のブレーキ効果》

windmill condition 風車状態

windmilling ＝ wind milling 空転 《プロペ
ラー等の空転》

window ［C］ ①窓 《表示器の窓》②ウィ
ンドウ；レーダー妨害金属片 《レーダーに対し
て機械的妨害を行うため、破裂弾または、ロケッ
トからの放出、航空機またはミサイルからの落下
により、空間に散布する周波数調整された金属ホ
イル片、ワイヤー、バー等。⊗ レーダー用語集》

windowing ウィンドウ化

window of opportunity ［C］ 好機の窓

window projectile ［C］ チャフ弾 《第2次
世界大戦中、英国ではチャフをウインドウと呼ん
でいた。ウインドウはコード名》

wind pressure 風圧

wind profiler ［C］ ウインド・プロファイラー

wind rate ［C］ 風速

wind rose ［C］ 風向図；風配図

wind run 風程

wind shear (WS) ①【空自】ウインド・シアー
②【海自】風のシヤー

windshield ［C］ ①風防 ②風帽（ふうぼ

W

う）《空気抗力を減少させるために、弾丸の先端部に取り付ける中空で流線形のキャップ。薄肉の金属でできている》《[同] ballistic cap = 仮帽》

windshield anti-icing system 〔C〕 風防防氷装置

windshield defroster 〔C〕 風防防曇装置

windshield wiper 〔C〕 風防ワイパー

wind shift 風向の急変

wind sock = windsock 吹き流し；ウインド・ソック

wind speed 風速

wind storm 〔C〕 暴風；暴風雨

wind triangle 〔C〕 風向三角形

wind tunnel 〔C〕 風洞

wind tunnel balance 風洞天秤（ふうどうてんびん）

wind tunnel test 〔C〕 風洞試験

wind vane 〔C〕 風信機

wind vane and anemometer 〔C〕 風向風速計

wind velocity 〔U〕 風速

windward 風上

wind wave 〔C〕 風浪

wind wave and swell 波浪

wing (Wg) 〔C〕 ①翼；羽根 ②【空自】団

wing and wing 観音開き《観音開きで帆走する》

wing anti-icing system 〔C〕 翼防氷装置

wing area 〔C〕 翼面積

wing bomb 〔C〕 翼下爆弾

wing cascade 〔C〕 翼列

wing commander 〔C〕 【英】空軍中佐

winged 〔adj.〕 有翼の

winged missile 〔C〕 有翼ミサイル

winged type 有翼型

winged vehicle 〔C〕 有翼飛翔体

wing flap 〔C〕 翼フラップ

wing flap control system フラップ操作系統

wing flap position indicator 〔C〕 フラップ位置指示器

wing illuminating light 〔C〕 翼端照明灯

wing in ground effect (WIG) 地面効果翼艇《WIG = ウイッグ》

winglet 〔C〕 ウイングレット

wing load 〔C〕 主翼荷重

wing loading 〔U〕 翼面荷重《機体重量/翼面積》

wing man 編隊僚機

wing mark 〔C〕 航空記章

wing operation center (WOC) 〔C〕 【空自】航空団戦闘指揮所《航空団および航空警戒管制団の司令の行う戦闘指揮の中枢をいう。[典] JAFM006-4-18》

wing-over 上昇反転

wing power 翼面馬力

wing rib 〔C〕 翼小骨

wing screen 〔C〕 翼側直衛

wing section 〔C〕 翼断面

wing setting angle 〔C〕 翼取り付け角

wing shaft 〔C〕 外軸；側軸

wing span ①【空自】翼幅 ②【海自】翼スパン

wing spar 〔C〕 翼桁（よくげた）

wing strut 〔C〕 翼支柱

wing tip 〔C〕 ①【空自】翼端 ②【海自】翼先端

wing tip distance 翼端距離

wing tip float 翼端フロート

wing tip light 〔C〕 翼端灯

wing walk 翼道板（よくみちいた）

winner 〔C〕 勝者

winning 戦勝

winter monsoon pattern 〔C〕 冬型気圧配置

winter solstitial point 冬至点《[対] summer solstitial point = 夏至点》

wire 有線《[対] radio = 無線》

wire antenna 〔C〕 ワイヤー・アンテナ

wire bottom sweeps 〔pl.〕 ワイヤー海底掃海具

wire communication 有線通信《[対] radio communication = 無線通信》

Wire Communication Systems Maintenance 【空自】有線整備《准空尉空曹空士特技区分の英語呼称》

wire dispenser 〔C〕 ワイヤー・ディスペンサー《長魚雷を有線で誘導するための電線繰出し装置。[典] NDS Y 0041》

wire entanglement 〔U〕 鉄条網

wire guidance 〔U〕 有線誘導《誘導弾に電線および光ファイバーなどを経由して信号を送り、目標に命中させる誘導方式。[典] NDS Y 0001D》

wire guided = wire-guided 〔adj.〕 有線誘導の

W

691 work

wire-guided mine neutralization system [C] 遠隔操縦の機雷掃討具

wire head [C] 線路の端末

wireless access point (WAP) [C] 無線アクセス・ポイント 《無線通信デバイスを相互に接続し、無線ネットワークを構築するための接続点として機能するデバイス》

wireless direction finder (DF) [C] 方位測定機

wireless local area network (WLAN) [C] ①無線構内情報通信網 ②無線ローカル・エリア・ネットワーク 《限定された範囲の地域内(同じ建物など)に設置され、無線通信回線で接続されているネットワーク機器群》

wire net 有線通信網 《㊇ radio net = 無線通信網》

wire rod [C] 線材

wire sweep ワイヤー掃海

wiretap order [C] 盗聴命令

wire tapping 盗聴 《電信または電話の盗聴》

wiretapping authority [U] 盗聴の権限

wire telecommunication law [C] 有線電気通信法

wire telephone [C] 有線電話 《㊇ radio telephone = 有線電話》

wire telephone communication 有線電話通信

wire telephony 有線電話方式 《㊇ radio telephony = 無線電話方式》

wire terminal [C] 有線端末

wiring 配線;結線

wiring diagram [C] 配線図 《機器の配線の実体を表した図をいう。㊈ NDS C 0002D》

withdraw [vt.] 離脱する

withdrawal ①【陸自】離脱 《㊈ disengagement》 ②撤退;撤収

withdrawal action 離脱行動

withdrawal demand 退去要求

withdrawal from action 戦闘離脱

withdrawal under enemy pressure 敵の圧迫下における離脱

withdrawing force 離脱部隊

withdrawing route [C] 離脱経路

without delay 遅滞なく

withstand voltage test [C] 耐電圧試験

wobble pump [C] 補助手動燃料ポンプ

wolfpack tactics [pl.] 狼群戦術

wooden construction [U] W構造

wooden pattern [C] 木型

wooden plug [C] 木栓(もくせん)

wooden ship [C] 木船

wooden spike [C] 木製スパイク

work assignment 作業割り当て

work boundary [C] 作業境界

work card (WC) [C] ワーク・カード 《装備品等の検査要求項目をチェック・リストの形式で記述したカード形式の個別技術指令書をいう》

work clothing 作業服

worker [C] 従業者

work hardening 加工硬化

working capital fund [C] 運転資金

working current 使用電流;動作電流

working drawing [C] 製作図

working dress 作業服

working factor [C] 作動率

working fluid 動作流体

working gauge [C] 工作ゲージ

working group (WG) [C] ワーキング・グループ;作業グループ

Working Group to Build-up Defense Capabilities 【防衛省】防衛力構築作業部会 《の英語呼称》《統合機動防衛力の構築に向け、主要課題に関する取組や検討などの取りまとめを実施する機関》

working-level exchange [C] 実務レベル交流

working-level regular meeting [C] 実務者定期協議

working light [C] 作業灯

working load [C] 使用荷重

working party [C] 作業班;作業隊

working pressure 使用圧;使用圧力

working ratio [C] 可動率 《艦船、航空機、武器、車両またはその他の器材等について、ある時点またはある期間内において、使用可能な状態にあるものについて、その在籍総数に対する比率をいう。㊈ 統合訓練資料1-4》

working solution 使用液

working speed 動作速度

working stress 使用応力;許容応力

working stroke 働き行程

working voltage 使用電圧

work measurement 作業測定

work order ①作業命令 ②作業命令書

work room [C] 作業室

W

work   692

work schedule ［C］ 就業計画

work sheet ［C］ 作業記録

work stoppage (WS) 特別緊急請求 《支援
整備、計画整備、補給処整備用部品特別緊急請求》

work uniform 作業服

work unit 作業単位 ◇用例：work unit code
(WUC) ＝作業単位コード

work unit code (WUC) ［C］ 作業単位
コード 《装備品等の装備管理資料報告に必要な
作業単位コード、故障状態コード、発見時期コー
ド、処置コード等を示した個別技術指令書をいう》

World Conference Against Racism ［the
～］ 反人種主義・差別撤廃世界会議

World Conference on Human (WCHR)
世界人権会議

World Council of Peace (WCP) 世界平和
会議

World Geographic Reference System
(GEOREF) ［the ～］ 世界地図照合方式
《GEOREF ＝ ジオレフ》

World Meteorological Organization 世
界気象機関

World Veterans Federation (WVF) 世界
在郷軍人連盟

world war ［U］ 世界戦争

World War I (WWI) 第1次世界大戦

World War II (WWII) 第2次世界大戦

Worldwide Military Command and
Control System (WWMCCS) ①【統幕】
世界軍事指揮統制システム ②【空自】世界軍事
指揮統制組織

world-wide war ［U］ 全世界戦争

worm ［C］ ワーム 《ネットワーク機能を利用
して自分自身を拡散する自己複製型、自己増殖
型、自己完結型プログラム》

worming つめ巻き

wound ［C］ 負傷

wounded hostile (WH) ［C］ 戦傷者

wounded in action (WIA) 戦傷者

wounded personnel ［pl.］ 傷者

wounded soldier ［C］ 負傷兵

wound rotor ［C］ 巻き線型回転子

wound-rotor induction motor ［C］ 巻き
線型誘導電動機

wound-rotor type motor ［C］ 巻き線型電
動機

wound type rotor ［C］ 巻き線型回転子

wreckage diagram ［C］ 残骸散布図（ざんが
いさんぷず）

wreck buoy ［C］ 沈船ブイ

wreck chart ［C］ 沈船海図

wrecker ［C］ レッカー車

writer ［C］ 起案者

written detention order ［C］ 【日】収容
令書（しゅうようれいしょ）《捕虜収容所への収
容命令書》◇用例：a 6-month administrative
detention order ＝ 半年の行政拘禁命令

written internment order ［C］ 【日】抑
留令書（よくりゅうれいしょ）《捕虜等を抑留す
る命令書》

written order ［C］ 文書命令

written provisional detention order
［C］ 【日】収容令書（かりしゅうようれい
しょ）

written repatriation order ［C］ 【日】
送還令書（そうかんれいしょ）《捕虜等の本国へ
の送還命令書》

Wye River Memorandum ワイ・リバー
合意

【 X 】

X-axis X軸

X-coordinate X座標

X-hour X時（Xじ）

X-line X座標線

X-ray analysis X線分析

X-ray inspection X線検査

X rudder submarine ［C］ X舵潜水艦

X solenoid cable ［C］ Xソレノイド・ケーブ
ル 《磁気処理において、船首尾線方向に磁界を
発生させるために船体に巻くケーブル。® NDS Y
0051》

X-type engine ［C］ X形機関

【 Y 】

Yaedake Communication Site ［the ～］
【在日米軍】八重岳通信所 《沖縄》

yard ［C］ 帆桁（ほげた）

Yards and Docks Supply Office (YDSO)
【米軍】海軍建艦施設補給所

yaw 偏揺；離軸角；ヨー

693   **zero**

yaw dumper ［C］ ヨー・ダンパー

yawing 偏揺れ

yawing effect 偏揺れ効果

Y-axis Y軸

Y-azimuth Y方位角

Y-coordinate Y座標

Y delay indicating system ［C］ Y遅延指示装置

year end allowance ［C］ 年末手当て

year-end tax adjustment 年末調整

year of issuance 発簡年

yellow alert 警戒警報；ウォーニング・イエロー

yellow channel ［C］ 黄色水路

yellow flag ［C］ 検疫旗

yellow phosphorus (WP) ［U］ 黄燐(おうりん)

yellow sand ［U］ 黄砂

Yemeni special operations forces ［pl.］ イエメン特殊作戦部隊

Y-gun ［C］ 爆雷発射機

yield point ［C］ 降伏点

yield strength (YS) ［U］ 降伏強度

yield stress 降伏応力

yield-to-weight ratio (YTW; Y/W) ［C］ 威力/重量比 《核兵器の性能を表す数字の一つ》

Y-line Y座標線

yoke ［C］ 舵やく

yoke method 継鉄法

Yokohama North Dock 【在日米軍】横浜ノース・ドック

Yokose Fuel Terminal 【在日米陸軍】横瀬貯油所

Yokosuka Base 【海自】横須賀基地 《⊛ 米海軍基地との混同を避けるため、「海上自衛隊横須賀基地 (JMSDF Yokosuka Base)」と表記したほうがよい場合がある》

Yokosuka District 【海自】横須賀地方隊 《の英語呼称》◇用例：横須賀地方総監部 = Headquarters Yokosuka District

Yokosuka Naval Base 【在日米軍】横須賀海軍基地 ◇用例：the US Yokosuka Naval Base = 米横須賀海軍基地

Yokota Air Base ①【空自】横田基地 《⊛ 混同を避けるため、「航空自衛隊横田基地」と表記したほうがよい場合がある》 ②【在日米軍】横田飛行場 《⊛ 実質的には「横田空軍基地」であるが、正式名称は「横田飛行場」》◇用例：the US

Yokota Air Base = 米軍横田基地

Yomitan Auxiliary Airfield 【在日米軍】読谷補助飛行場 《沖縄》

Yonaguni Coast Observation Unit 【陸自】与那国沿岸監視隊 《の英語呼称》◇用例：与那国駐屯地 = Camp Yonaguni

Young's modulus ヤング係数

youth cadet ［C］ 自衛隊生徒

yperite gas イペリット・ガス

Y-scale Y縮尺

Y section junction ［C］ Y接合部

yttrium iron garnet (YIG) イットリウム・アイアン・ガーネット 《ペトリオット用語》

Y type engine ［C］ Y型機関

【Z】

zener effect ツェナー効果

zenith 天頂

zenith distance 天頂距離；頂距

zero ［vt.］ 零点規正する

zero adjusting ①【空自】零点調整 ②【海自】ゼロ点調整

zero adjustment ゼロ調整

zero beat 零ビート

zero capacity ゼロ容量

zero casualty ゼロ・カジュアリティ 《戦傷死者を極限すること。一人も出さないこと》

zero correction 零位補正

zero defect (ZD) 無欠陥

zero float 浮動

zero gravity ［U］ 無重力

zero hour ゼロ時；行動発起時刻

zero-in = zeroing 零点規正 《特定の距離において、照準規正を補完するため、射撃を行って、その平均弾着点と照準点が一致するように照準具を調整すること。⊛ NDS Y 0002B》

zero-length launching 無軌条発射

zero method 零位法

zero-phase-sequence component 零相分

zero phase-sequence reactance 零相リアクタンス

zero point ［C］ 爆心地点

zero potential ゼロ電位

zero reader dial ［C］ ゼロ点指示盤

zero   694

zero resistance　ゼロ抵抗

zero rock　ゼロ・ロック　《ペトリオット用語》

zero setting　ゼロ調定；零点設定

zero sight line　［C］基準照準線

zero-suppression　＝ zero suppression　ゼロ
制御

zero time　ゼロ・タイム

zero zero scale　ゼロ・ゼロ目盛

Z-hour　Z時（Zじ）

Ziemens Halske system　ジーメンス・ハル
スケ式

zigzag　①の字運動　《之字運動》　②千鳥形

zigzag clock　［C］の字運動時計　《之字運動
時計》

zigzag plan　［C］の字運動表　《之字運動表》

zinc chromate primer　［C］防錆下塗塗料

zinc protector　［C］保護亜鉛

zodiac　黄道帯

zodiacal light　黄道光

zonal circulation　東西循環；帯状循環

zonal index　東西指数；帯状指数

zone (Z)　［C］地帯；地域；地区

zone coordination　圏調整

zone description　時刻帯名

zone fire　散布射

zone of abnormal audibility　異常聴域

zone of action　【陸自】行動地帯　《各種作戦・
戦闘において、横方向に対する部隊の移動を規制
してその行動を統制するため、部隊に与えられる
地帯をいい、通常、部隊の側方の境界をもってこ
れを明らかにする。㊞陸自教範》

zone of advance　前進地帯

zone of audibility　外聴域

zone of dispersion　散布界　《弾着が散布した
界域の遠近、左右および上下の幅をいう。㊞海上
自衛隊訓練資料第175号》

zone of fire　射撃地域

zone of fire suppression　火制地帯

zone of interior (ZI)　【米】内国地帯

zone of march　【自衛隊】行進地帯　《行進を
行う部隊の行動する区域をいい、通常、部隊の大
小に応じ、1ないし数本の道路を含む特定の正面
および行進目標を含む特定の縦深を有する区域で
ある。㊞陸自教範》

Zone of Peace, Freedom and Neutrality
in Southeast Asia (ZOPFAN)　東南アジ
ア平和・自由・中立地帯

zone of responsibility　責任地帯

zone reconnaissance　地域偵察

zone suffix　時刻帯符号

zone time　時刻帯時

zone time system　経帯時方式

zoom attack　［C］急上昇攻撃

zoom-up attack　［C］ズーム・アップ攻撃

Z-scale　Z縮尺

zulu time (Z-TIME)　協定世界時

【 数字 】

100% inspection　全数検査

38th parallel of latitude　［the ～］38度線
《朝鮮半島》

90-degree approach　90度進入　《着陸》

日本語索引

日本語索引 3 数字

【 数字 】

1尉 【陸自・空自】→ Captain (Capt.) ‥ 124

1インチ目金網 → chicken wire ············· 135

1佐 【陸自・空自】→ Colonel (Col.) ···· 147

1曹 【陸自・空自】→ Master Sergeant (M Sgt.) ·· 402

1等海尉 【海自】→ Lieutenant ············· 374

1等海佐 【海自】→ Captain (Capt.) ···· 124

1等海士 【海自】→ Seaman ·················· 555

1等海曹 【海自】→ Petty Officer First Class ·· 480

1等空士 【空自】→ Airman Second Class (A2C) ··· 36

1等軍曹 【米海兵隊】→ Gunnery Sergeant ·· 306

1等軍曹 【米空軍】→ Master Sergeant (M Sgt.) ·· 402

1等軍曹 【米陸軍】→ Sergeant First Class ·· 565

1等水兵 【米海軍】→ Seaman ············· 555

1等兵 【米空軍】→ Airman (AMN) ······· 36

1等兵 【英海軍】→ Leading Seaman ···· 371

1等兵 【米陸軍】→ Private E-2 ············ 500

1等兵 【米海兵隊】→ Private First Class (PFC) ·· 500

1等兵曹 【米海軍】→ Chief Petty Officer ·· 136

1等陸士 【陸自】→ Private First Class (PFC) ·· 500

2尉 【陸自・空自】→ First Lieutenant (1st Lt.) ·· 268

2艦共同攻撃 → coordinated two-ship attack ··· 176

2艦攻撃 → two-ship attack ················· 658

2艦連合攻撃 → dual ship attack ·········· 227

2級射手 【米陸軍】→ marksman ··········· 401

2系統点火式 → dual system of ignition··· 227

2佐 【陸自・空自】→ Lieutenant Colonel (Lt. Col.) ··· 374

2重スーパーヘテロダイン → double superheterodyne ······························ 224

2重燃料チェック・バルブ → dual type fuel check valve ······························· 227

2周波数機雷 → two-frequency mine ······· 658

2重8字哨戒 → double line crossover patrol ··· 223

2曹 【陸自・空自】→ Sergeant First Class ·· 565

2段打ち方 → double salvo ················· 223

2等海尉 【海自】→ Lieutenant Junior Grade ··· 374

2等海佐 【海自】→ Commander ··········· 153

2等海士 【海自】→ Seaman Apprentice·· 555

2等海曹 【海自】→ Petty Officer Second Class ·· 480

2等空士 【空自】→ Airman Third Class (A3C) ··· 36

2等空曹 【空自】→ Technical Sergeant (T Sgt.) ··· 632

2等軍曹 【米陸軍・米海兵隊】→ Staff Sergeant (S Sgt.) ······························· 595

2等軍曹 【米空軍】→ Technical Sergeant (T Sgt.) ·· 632

2等水兵 【米海軍】→ Seaman Apprentice ······································· 555

2等飛行兵 【米海軍】→ Airman Apprentice (AA) ·· 36

2等兵 【英海軍】→ Able Seaman ·············· 3

2等兵 【米空軍】→ Airman Basic (AB) ·· 36

2等兵 【空軍】→ basic airman ············· 95

2等兵 【米海兵隊】→ Private·················· 500

2等兵 【米陸軍】→ Private E-1 ············· 500

2等兵曹 【米海軍】→ Petty Officer First Class ·· 480

2等陸士 【陸自】→ Private ················· 500

2人監視態勢 → two-man rule·············· 658

2波長赤外線センサー → two-wavelength infrared sensor ······························ 658

3尉 【陸自・空自】→ Second Lieutenant (2nd Lt.) ·· 558

3佐 【陸自・空自】→ Major (Maj.) ····· 394

3次元レーダー → three-dimensional radar (TDR) ·· 639

3曹 【陸自・空自】→ Sergeant ············· 565

3直潜入 → section dive····················· 558

3点制限点射 → three-shot burst ·········· 639

3等海尉 【海自】→ Ensign ················· 245

3等海佐 【海自】→ Lieutenant Commander ·································· 374

3等海士 【海自】→ Seaman Recruit ····· 555

数字　　　　　　　　　　　　　　　4　　　　　　　　　　　　日本語索引

英字

3等海曹 【海自】 → Petty Officer Third
Class ·· 481

3等空士 【空自】 → Airman Basic（AB）·· 36

3等空曹 【空自】 → Staff Sergeant（S
Sgt.）··· 595

3等軍曹【陸軍・米海兵隊】→ Sergeant·· 565

3等軍曹【米空軍】→ Staff Sergeant（S
Sgt.）··· 595

3等水兵 【米海軍】→ Seaman Recruit ··· 555

3等兵曹 【米海軍】→ Petty Officer Second
Class ·· 480

3等陸士 【陸自】→ Recruit····················· 525

4コース長波レンジ → four-course LF
range ··· 282

4点方位；4点方位法 → four-point
bearing ·· 282

4等兵曹 【米海軍】→ Petty Officer Third
Class ·· 481

4年ごとの国防計画の見直し 【米】
→ Quadrennial Defense Review
（QDR）··· 508

4連装機銃 → quadruple-mount machine
gun ·· 508

5か国防衛取り極め → Five Powers Defense
Agreement（FPDA）····························· 269

6単位符号 → six-unit code ····················· 579

07式機動支援橋 【陸自】→ Type-07 mobility
support bridge······································ 658

50％区域 → fifty percent zone ·············· 262

50％探知距離 → medium detection range
（MDR）··· 407

94式除染装置 【陸自】→ Type-94
decontamination set ···························· 659

110研究所 【北朝鮮】→ Lab 110 ·········· 365

【 英字 】

Aauxコイル → A auxiliary coil（Aaux
coil）···3

ABC兵器 → ABC weapons ·······················3

AIR/ASROCモード発射 → AIR/ASROC
launch ··· 22

AOCC兵器管制官 【空自】→ air operations
control center controller（AC）·············· 37

AP爆弾 → armor piercing bomb
（APB）·· 67

ASEAN国防相会議 → ASEAN Defense
Ministers Meeting（ADMM）················ 72

ASEAN安全保障共同体 → ASEAN Security
Community（ASC）······························ 72

ASEAN地域フォーラム → ASEAN
Regional Forum（ARF）······················ 72

ASEAN地域フォーラム災害救援実動演習
→ ASEAN Regional Forum Disaster Relief
Exercise（ARF DiREx）························ 72

ASWOC管制ターミナル → ASWOC
Control Terminal ································· 76

Aケーブル → A-cable ······························4

Aコイル
→ A coil ···7
→ athwart ship field coil（A coil）········ 76

Aコイル調定 → A coil setting ·················7

Aスコープ → A-scope ······························ 72

A請求 → special emergency requisition
（requisition A）··································· 588

Aタイプ・マッピング → A type mapping ·· 79

Aデー → A-day（A-DAY）····················· 11

Aレンジ → A range ······························· 63

B-A表示 → bearing amplitude
indication ·· 100

BIA航跡
→ battery initiated assignment track（BIA
track）·· 97
→ BIA track ··102

B-L表示 → bearing level indication········ 100

BMDウェポン → BMD weapon ············ 107

BMD運用支援器材 → BMD operation
support system（BOSS）···················· 107

BMD航跡管理幹部 【空自】→ BMD track
officer（BTO）····································· 107

BMDセンサー → BMD sensor ············· 107

BMDセンサー統制幹部 【空自】→ BMD
sensor officer（BSO）·························· 107

BMD統合任務部隊 【自衛隊】→ Joint Task
Force-BMD··· 361

BMD幕僚 【空自】→ BMD staff
（BMS）··· 107

BMD兵器割当指令官 【空自】→ BMD
weapon assignment director（BWD）··· 108

BNオンリー 【空自】→ BN Only········· 108

BNステータス 【空自】→ BN Status···· 108

BNディフェンス・ペリメーター 【空自】
→ BN Defense Perimeter···················· 108

BTR表示 → bearing time recorder

日本語索引　5　英字

indication ················· 101
BT観測 → bathythermograph
observation ··············· 97
B-T表示 → bearing time indication ······ 101
BTブイ → bathythermograph buoy ········ 97
Bスコープ → B-scope ········· 116
B戦 【海自】 → biological warfare
（BW）··················· 104
Bレンジ → B range ············ 113
C2防護 → C2 protection ·········· 120
C4担当部長 【米陸軍】 → Director of
Information System for C4 ··············· 214
CASSソノブイ → command activated
sonobuoy system sonobuoy（CASS
sonobuoy）··················· 152
CASバッテリー → CAS battery ········· 126
CBRP警報 → CBRP warning ············· 128
CBR係幹部 【自衛隊】 → CBR officer ··· 128
CBR係将校 → CBR officer ············· 128
CBR戦
→ CBR warfare ················128
→ chemical, biological and radiological
activity warfare（CBR warfare）······134
CBR武器防護 【空自】 → CBR weapons
protection··················· 128
CDB推進薬 → composite double-base
propellant··················· 161
CE弾 → chemical energy projectile（CE
projectile）················· 135
CIA工作員 【米】 → CIA officer ·········· 136
CIC連絡係士官 → CIC liaison officer ··· 136
CMDB推進薬 → composite-modified
double-base propellant··········· 161
COTS → commercial off-the-shelf
（COTS）··················· 155
CP信管 → concrete piercing fuze（CP
fuze）··················· 164
CVT信管 → controlled variable time fuze
（CVT fuze）··················· 172
C号携帯口糧 【米陸軍】 → C ration ······ 182
C請求 → requisition C ······················ 534
Cタイプ・マッピング → C Type
Mapping··················· 185
Cデー；C日 → C-day ··················· 129
DC運用プログラム → DC operational
computer program（DC OCP）·········· 191
DCコントロール・モード → DC control

mode ··················· 191
DCスイッチ → DC switch（DC SW）··· 192
DCステーション・アドレス → DC station
address ··················· 192
DCセグメント → DC segment（DTE）·· 192
DC母線 → DC bus··················· 191
DC用無線制御装置 → DC radio control（DC
RC）··················· 191
DEDS運用ポジション・データ → DEDS
operational position data ··················· 194
DICASSソノブイ 【海自】 → DICASS
sonobuoy··················· 210
DIDS設計インターフェース基準書 【米】
→ DIDS Design Interface Guidance
Handbook（DIG）··················· 210
DLA規則 【米】 → Defense Logistics Agency
Regulation（DLAR）··················· 197
DLPセッション通信プロトコル → DLP
Session Communication Protocol
（DSCP）··················· 222
DLP通信プロトコル → DLP
Communication Protocol（DCP）········ 222
D号携帯口糧 【米陸軍】 → D ration ······ 225
D請求 → ordinary requisition（requisition
D）··················· 464
D層 → D-layer··················· 221
Dデー → D-day··················· 192
D爆薬 → explosive D ··················· 253
D日（Dび）→ D-day··················· 192
ECCMアシスト → ECCM Assist ········ 230
ECCMイネーブル → ECCM Enable····· 230
ECCM処理装置 → ECCM processor
（ECCMP）··················· 230
ECMウェッジ → ECM wedge··········· 231
ECM速報 → cliff report ··················· 141
ECOWAS監視グループ → ECOWAS
Monitoring Group（ECOMOG）········ 231
EERソノブイ → EER sonobuoy··········· 232
ELF送信施設 【米海軍】 → ELF
transmission facility··················· 238
EOD員 【海自】 → explosive ordnance diver
（EOD）··················· 253
ESM情報 → electronic warfare support
measure intelligence··················· 237
Eスコープ → E-scope··················· 247
E層 → E-layer··················· 233
E日 → E-day··················· 231

英字 6 日本語索引

FADネット → fleet air defense net（FAD net）.. 272

FBI捜査官 【米】
→ FBI agent 259
→ FBI investigator 259

FMS調達 【空自】 → Foreign Military Sales（FMS）.................................. 280

FPステータス → FP Status 282

FR機 【空自】 → flight readiness aircraft 274

FS発煙弾 → FS shell 286

F層 → F-layer 271

GAT出力モニター装置 → mobile interpretative display data link equipment（MIDDLE）........... 422

GCA接地点 → GCA touchdown point... 292

GCI-GCA進入方式 → GCI-GCA approach procedure 292

GOTS → government off-the-shelf（GOTS）..................................... 297

GPSを利用した兵器 → GPS aided munitions（GAM）..................... 297

GPSを利用した目標選定システム → GPS aided targeting system（GATS）......... 297

GPS誘導 → GPS guidance 297

Gスーツ → anti-g-suit 57

G層 → G layer 296

Gパッチ盤 → group patch unit（GPU）.. 303

HA/DRに関する日ASEAN招へいプログラム 【自衛隊】 → Japan-ASEAN Invitation Program on Humanitarian Assistance and Disaster Relief.................................. 354

HF無線遠隔制御器 → HF radio remote control unit（HF RCU）............... 314

HF無線制御盤 → HF radio control panel（HF CP）.................................... 314

HMS 【英海軍】 → HMS 318

ICコントローラー監視盤 → interceptor controller monitor unit（IC MON）..... 345

IDウェイト → ID weight 326

IDエリア → ID area 325

IDコンフリクト
→ ID conflict 325
→ identification conflict（ID conflict）..326

IDターン → ID turn 326

IDパス → identification pass（ID pass）... 326

IDヒストリー → ID history 326

IFFコンディション → IFF condition 326

IFF評価 → IFF evaluation（IFF EVAL）... 326

IP詐称：IPスプーフィング → IP spoofing 352

IT技術研究部門 【防大】 → Division of Information Technology Research 221

I型掃海 → straight tail sweep 605

JADGE航跡番号 → JADGE track number 354

JADGE通信プロトコル → JADGE Communication Protocol（JCP）.......... 354

J-ALERT → J-ALERT 354

JS 【自衛隊】 → JS 362

JTIDSユニット → JTIDS unit 362

J型掃海 → Jig-type sweeping.............. 357

Jスコープ表示 → J-scope indication 362

J日 → J-day 356

K日 → K-day 363

LAMS → launcher and missile simulator 369

LCCP → launcher captain's control panel 369

LF送信施設 【米海軍】 → LF transmission facility 374

LOVA発射薬 → LOVA powder 386

LSD処理プログラム → large screen display processing（LSDP）...................... 368

Lコイル
→ L coil 370
→ longitudinal field coil（L coil）.....385

L時（Lじ）→ L-hour 374

MAD触接追尾戦術 → MAD tracking tactics 389

MAD戦術 → MAD tactics 389

MAD追尾 → MAD tracking 389

MADトラッピング戦術 → MAD trapping tactics 389

MADハンティング・サークル → MAD hunting circle（MHC）..................... 389

MADブーム → MAD boom 389

MIL規格 【米軍】 → Military Specifications and Standards（MIL-STD）.............. 415

MINEX → MINEX 418

MMPバッテリー → MMP battery 422

MMU診断プログラム → MMU diagnostic（MMUD）..................................... 422

MSL選定基準 → MSL depletion rule..... 427

日本語索引　　7　　英字

MSU診断プログラム → MSU diagnostic
（MSUD）·· 427

Mコイル
→ main coil（M coil）·····················392
→ M coil ···404

M日（Mび）→ M-day（M-DAY）··········· 404

NATO警戒管制組織 → NATO Air Defense
Ground Environment（NADGE）········ 435

NATO軍 → NATO forces ·················· 435

NATO新戦略概念 【NATO】→ Strategic
Concept for the Defence and Security of the
Members of the North Atlantic Treaty
Organization ·· 606

NATO製造者記号 → NATO Supply Code
for Manufacturers（NSCM）··············· 436

NATO整備支援補給局 → NATO
Maintenance Supply Services Agency
（NAMSA）··· 435

NATO即応部隊 → NATO Response Force
（NRF）·· 436

NATO弾 → NATO ammunition··········· 435

NATOの元最高司令官 → former supreme
NATO commander····························· 281

NATO標準化協定 → NATO Standardization
Agreement（STANAG）···················· 436

NATO物品番号 → NATO Stock Number
（NSN）··· 436

NATO分類番号 → NATO Supply
Classification（NSC）························ 436

NATO補給本部 → NATO Supply Center
（NASC）··· 436

NATO－ロシア戦域ミサイル防衛相互運用性
研究 → NATO-Russia TMD
Interoperability Study ····················· 436

NBC戦
→ NBC warfare ·····························439
→ nuclear biological chemical warfare
（NBC warfare）····························449

NBC偵察車 【陸自】→ NBC reconnaissance
vehicle ··· 439

NBC兵器 → NBC weapons ················· 440

NBC防御 → NBC defense··················· 439

NPT運用検討会議 → NPT Review
Conference··· 448

N日 → N-day····································· 440

ODT → omnidirectional transmission
（ODT）··· 457

OR機 【統幕】→ operational readiness
aircraft·· 460

OTHレーダー → over-the-horizon
radar··· 469

PBXトランク → private branch exchange
trunk（PBXT）···································· 500

PKO協力改正法 【日】→ revised PKO
cooperation law································· 540

PKO協力法 【日】→ PKO cooperation
law ·· 485

PKO法 【日】→ International Peace
Cooperation Law······························· 349

POCセグメント → POC segment········ 487

P時（Pじ）→ P-hour······················· 482

P－日 → P-day································· 476

Qコイル
→ Q coil··508
→ quarter-deck coil（Q coil）·············509

RDX → RDX··································· 520

RDMレーダー・プロット現況表示 → radar
data monitor radar plots situation display
（RDM radar plots situation display）··· 511

RDX爆薬 → Research and Development
Explosive（RDX）······························ 535

RLRIU診断プログラム → RLRIU
diagnostic（RLUD）··························· 543

RNAVシステム → RNAV System········ 543

RRR爆弾 → reduced residual radiation
bomb（RRR bomb）···························· 526

RSOM支援 → reception, staging and
onward movement support（RSOM
support）··· 522

R－日 → R-day································· 520

SACO最終報告 【日】→ SACO Final
Report ··· 547

SACO中間報告 【日】→ SACO Interim
Report ··· 547

SDGP制御機能 → SDGP control function
（SCF）··· 554

SDT → steering directional transmission
（SDT）··· 602

SF航跡 → SF track···························· 568

SLOC防衛 【空自】→ defense of
SLOCs·· 197

SOFARチャンネル → sound fixing and
ranging channel································· 585

SRナンバー → simulation reference number
（SRN）··· 576

SSRブランク → SSR blank··············· 594

SSセグメント → SS segment·············· 594

英字 8 日本語索引

SS用無線制御装置 → SS radio control（SS RC）……………………………………… 594

SSレーダー手動マップ → SS manual map……………………………………………… 594

S-TADIL J管制局 → Satellite TADIL Gateway Controller（STGC）………… 550

S日 → S-day…………………………………… 553

TBM警報 → TBM warning……………… 631

TBM追尾 → TBM tracking……………… 631

TBM目標 → TBM target………………… 631

TBMモード → TBM mode……………… 631

TCTOキット → TCTO kit……………… 631

TDDLバッファー → TDDL buffer…… 656

TDS航跡 → TDS track…………………… 631

TDSユニット → TDS unit……………… 631

TerraSAR-X衛星 → TerraSAR-X Satellite ……………………………………… 636

TPTシナリオ・リプレースメント・カートリッジ → TPT scenario replacement cartridge（TSRC）………………………… 646

TNT換算量 → TNT equivalent………… 642

TNT爆破薬 → triton block……………… 655

TVMアナログ・プロセッサー → TVM analog processor（TVM AP）………… 658

TVMコリレーション・プロセッサー → TVM correlation processor（TVM CP）……… 658

TVMスプーフ → TVM spoof…………… 658

TVMディジタル → TVM digital（TVM DIG）…………………………………………… 658

TV誘導 → television guidance（TV guidance）………………………………………… 633

TV誘導爆弾 → television guided bomb（TV guided bomb）……………………………… 633

type-II超格子赤外検出器 → type-II superlattice infrared detector…………… 659

T角 → angle T…………………………………… 53

UEP源 → underwater electric potential source（UEP source）…………………… 661

UEP雑音 → underwater electric potential noise（UEP noise）……………………… 661

UEPシグネチャ → underwater electric potential signature（UEP signature）… 661

UEP信号 → underwater electric potential signal（UEP signal）…………………… 661

UEPセンサー → underwater electric potential sensor（UEP sensor）……… 661

UEP探知 → underwater electric potential detection（UEP detection）…………… 661

USS 【米海軍】 → USS………………… 671

VANDシステム → VAND system……… 672

VLADソノブイ → VLAD sonobuoy…… 678

VT信管 → variable time fuze（VT fuze）…………………………………………… 673

V形アンテナ → V antenna……………… 672

V形隊形 → inverted wedge formation…… 352

WAC 【自衛隊】 → WAC………………… 679

WAF 【自衛隊】 → WAF………………… 679

WAVE 【自衛隊】 → WAVE…………… 683

X舵潜水艦 → X rudder submarine……… 692

【あ】

アイアンフィスト 【自衛隊】 → Iron Fist ……………………………………………… 352

相撃防止 → prevention of fratricide…… 498

アイセーフ・レーザー光 → eyesafe laser radiation ………………………………………… 256

アイセーフ・レーザー・レーダー → eyesafe laser radar ……………………………………… 256

相手方 → enemy（En）………………… 242

アイデンティフィケーション・ターン → identification turn（ID turn）……… 326

アイドル信号 → idle signal……………… 326

アイドル・メッセージ → idle message…… 326

相棒方式 → buddy system……………… 116

アイルランド共和国軍 → Irish Republican Army（IRA）……………………………… 352

アイルランド民族解放軍 → Irish National Liberation Army（INLA）…………… 352

隘路（あいろ）→ defile………………… 199

アウト・オブ・レンジ 【海自】 → out of range（OR）…………………………………… 467

アウトフィット → outfit………………… 467

青色防空警報 → blue alert ……………… 107

青現況（あおげんきょう）→ blue status… 107

青封筒（あおぶうとう）→ blue envelope… 107

亜音速巡航武装囮（あおんそくじゅんこうぶそうおとり）→ subsonic cruise armed decoy（SCAD）……………………………………… 611

亜音速低高度爆撃機 → subsonic low altitude bomber（SLAB）………………………… 611

赤い側 → red side ……………………… 525

赤坂プレス・センター 【在日米軍】
→ Akasaka Press Center ……………… 44

赤崎貯油所 【在日米陸軍】 → Akazaki Fuel
Terminal ……………………………… 44

暁の偵察飛行 → dawn patrol …………… 191

アカ・ムル・ムジャヒディン → Aqa Mul
Mujahidin（AMM）…………………… 63

秋月弾薬検査課 【在日米陸軍】 → Akizuki
Ammo Surveillance Branch …………… 44

秋月弾薬庫 【在日米陸軍】 → Akizuki
Ammunition Depot …………………… 44

明らかな攻撃 → overt attack …………… 469

悪意のあるコード → malicious code …… 395

アクション・エントリ → action entry
（AE）………………………………… 8

アクション・ポイント → action point …… 8

アクセス権 → access right ………………… 5

アクセス制御 → access control …………… 5

アクセス制御リスト → access control list
（ACL）………………………………… 5

アクセス（接近）阻止/エリア（領域）拒否
→ anti-access/area-denial（A2/AD）…… 55

アクティビティ選択 → activity selection … 10

アクティブCAP → active CAP …………… 9

アクティブECM → active electronic
countermeasures …………………………… 9

アクティブ暗視装置 → active night vision
device ………………………………… 9

アクティブ・モード → active mode ……… 9

アクティブ衛星防御 → active satellite
defense ……………………………… 9

アクティブ音響ホーミング → active acoustic
homing ……………………………… 8

アクティブ魚雷 → active torpedo ………… 10

アクティブ機雷 → active mine …………… 9

アクティブ航跡 → active track…………… 10

アクティブ後方警戒システム 【空軍】
→ active tail warning system ………… 10

アクティブ・サーチ → active search ……… 9

アクティブ・シーカー・ホーミング；アクティ
ブ・シーカー誘導 → active seeker homing
（ASH）………………………………… 9

アクティブ・シャフト・グラウンディング法
→ active shaft grounding method ……… 9

アクティブ・ジャマー航跡 → active jammer
track…………………………………… 9

アクティブ制御技術 → active control

technology ……………………………… 9

アクティブ・センサー → active sensor ……… 9

アクティブ戦術 → active tactics………… 10

アクティブ・ソーナー → active sonar …… 10

アクティブ・ソノブイ → active sonobuoy … 10

アクティブ探知距離 → active range of the
day…………………………………… 9

アクティブ探知システム 【海軍】 → active
detection system ……………………… 9

アクティブ電波ホーミング・シーカー 【自衛
隊】 → active radar homing seeker …… 9

アクティブ・ノイズ・コントロール → active
noise control ……………………………… 9

アクティブ飛行計画 → active flight plan …… 9

アクティブ・フェーズド・アレイ・レーダー
→ active phased array radar（APAR）…… 9

アクティブ・ホーミング → active homing …… 9

アクティブ・ホーミング誘導 → active
homing guidance……………………… 9

アクティブ揚力制御システム → active lift
control system ………………………… 9

アクティブ揚力配分制御システム → active
lift distribution control system …………… 9

アクティブ・レーザー誘導 → active laser
homing（ALH）……………………… 9

アクティブ・レーダー・ホーミング；アクティ
ブ・レーダー誘導 → active radar homing
（ARH）………………………………… 9

アクティベート → activate ………………… 8

悪天候空中投下システム → adverse weather
aerial delivery system ………………… 17

アクノレッジ → acknowledge（ACK）……… 6

握把（あくは）→ grip………………… 299

アクロフライト・チーム → aerobatic flight
team ………………………………… 18

朝霞駐屯地 【陸自】 → Camp Asaka …… 122

浅瀬徒渉力 → shallow fording …………… 568

アジア欧州首脳会議 → Asia-Europe Meeting
（ASEM）……………………………… 72

アジア海賊対策地域協力協定 → Regional
Cooperation Agreement on Combating
Piracy and Armed Robbery against Ships
in Asia（ReCAAP）………………… 528

アジア相互協力信頼醸成会議 → Conference
on Interaction and Confidence Building
Measures in Asia（CICA）………… 166

アジア太平洋諸国参謀総長等会議 【日】
→ Asia-Pacific Chief of Defense Conference

(CHOD) 72
アジア太平洋潜水艦会議 【日】 → Asia Pacific Submarine Conference 73
アジア太平洋戦没従軍記章 【米】 → Asiatic Pacific Campaign Medal 73
アジア太平洋地域後方補給セミナー 【日】 → Pacific Area Senior Officer Logistics Seminar (PASOLS) 470
アジア太平洋地域情報部長等会議 → Asia-Pacific Intelligence Chiefs Conference (APICC) 72
アジア太平洋地域多国間協力プログラム 【陸自】 → Multinational Cooperation Program in the Asia Pacific (MCAP) 428
アジア太平洋平和活動訓練センター協会 → Association of Asia-Pacific Peace Operations Training Centers (AAPTC) 75
アジア太平洋防衛分析会議 【日】 → Asia-Pacific Military Operations Research Symposium (AMORS) 72
アジア太平洋リバランス 【米】 → Asia-Pacific Rebalance 72
アジア不拡散協議 → Asian Senior-level Talks on Non-Proliferation (ASTOP) 72
アジマス推進器 → azimuth propeller 88
アジマス・チェンジ・パルス → azimuth change pulse (ACP) 87
アジマス・リファレンス・パルス → azimuth reference pulse (ARP) 88
アジュナド・ミスル → Ajnad Misr 44
アシュームド・フレンド → assumed friend 75
アスバト・アル・アンサール → Asbat al-Ansar 72
アスペクト
→ acoustic short pulse echo classification technique (ASPECT) 7
→ aspect 73
アセット・ディフェンス・スコア → asset defense score 74
アセンブル・ジオグラフィ機能 → assemble geography function (AGF) 73
アソシエーション → association 75
アタック・コース・ファインダー → attack course finder 78
アタック・ディレクター → attack director (A/D) 78
アタック・プロッター → attack plotter (A/P) 78

アダプティブ・ビーム・フォーミング → adaptive beamforming (ABF) 11
アダプテーション・カリキュレーション機能 → adaptation calculation function (ACF) 10
アダプテーション・ジオグラフィック・データ・ジェネレーション・プログラム → adaptation and geographic data generation program (AGDP) 10
アダプテーション・データ → adaptation data 10
アダプテーション・データベース機能 → adaptation data base function (ADF) 10
アダムサイト → adamsite 10
圧延均質装甲 → rolled homogeneous armor (RHA) 544
圧壊深度
→ burst depth 119
→ collapse depth 147
→ crush depth 185
厚木航空基地 【海自】 → Atsugi Air Base .. 77
アッサム統一解放戦線 → United Liberation Front of Assam (ULFA) 663
圧縮誤差修正 → airspeed compressibility correction 40
圧縮自己着火 → compressed self-ignition 162
圧縮着火；圧縮点火 → compression ignition 162
圧倒的な戦闘力 → overwhelming combat power 469
「集まれ！」 → Fall In！ 257
圧力計 → pressure indicator 497
あてな群 【統幕】 → address group 11
宛名秘匿通信文 → codress message 146
アテンション・アラート → attention alert 79
アテンション・アロー → attention arrow .. 79
「後歩」(あとあし) → back step 89
アドバイザリー空域 → advisory area 17
あと燃え 【海自】 → afterburning 20
穴径 → bore diameter 111
穴照門
→ aperture sight 61
→ peep sight 477
アナポリス → Annapolis 54
安波訓練場 【在日米軍】 → Aha Training

Area ·················· 21
アバディーン試験場 【米陸軍】 → Aberdeen Proving Ground ·················· 3
アーパネット → Advanced Research Project Agency Network (ARPANET) ·············· 15
アビオニクス → avionics ·················· 86
アビオニクス・システム → avionics system ·················· 87
アビオニクス・ステータス・パネル → avionics status panel ·················· 86
アビオニクス統合試験装置 → avionics support equipment (ASE) ·················· 87
アフガニスタン救援活動 【日】 → Afghan relief operations ·················· 20
アフガニスタン多国籍軍 → Combined Force Command in Afghanistan (CFC-A) ···· 151
アフガニスタン復興支援会議 → Afghan reconstruction conference ·················· 20
アフガニスタン復興支援国際会議 → International Conference on Reconstruction Assistance to Afghanistan ·················· 348
アブ・サヤフ・グループ → Abu Sayyaf Group (ASG) ·················· 4
アフター・バーナー → after burner (AB) ·················· 20
アフターバーニング → afterburning ········· 20
油重力タンク
　→ oil gravity tank ·················· 456
　→ oil head tank ·················· 456
油船 【海自】 → oil barge ·················· 455
アフリカ開発基金 【米】 → African Development Foundation ·················· 20
アフリカ軍 【米】 → Africa Command (AFRICOM) ·················· 20
アフリカ施設部隊早期展開支援プロジェクト 【国連】 → Project for Africa Rapid Deployment of Engineering Capabilities (ARDEC) ·················· 502
アフリカ施設部隊早期展開プロジェクト 【国連】 → UN Project for African Rapid Deployment of Engineering Capabilities (ARDEC) ·················· 668
アフリカ主導国際マリ支援ミッション 【国連】 → African-led International Support Mission in Mali (AFISMA) ·················· 20
アフリカ紛争解決平和維持訓練カイロ地域センター → Cairo Regional Center for Training on Conflict Resolution & Peacekeeping in Africa (CCCPA) ·················· 121
アフリカ平和安全保障アーキテクチャー → African Peace and Security Architecture (APSA) ·················· 20
アフリカ連合 → African Union (AU) ····· 20
アフリカ連合停戦監視団 → African Union Mission in Sudan (AMIS) ·················· 20
アブレーション → ablation ·················· 3
アブレージョン → abrasion ·················· 3
アプローチ・ゲート → approach gate ····· 62
アフワーズ・アラブ民主人民戦線 → al-Ahwaz Arab Peoples Democratic Popular Front (AADPF) ·················· 44
アフワーズ解放機構 → Ahwaz Liberation Organisation (ALO) ·················· 21
アベル耐熱試験 → Abel heat test ·············· 3
アボイダンス・ストール → avoidance stall ·················· 87
アボート → abort ·················· 3
アマトール → amatol ·················· 48
アーマメント・コントロール・システム → armament control system ·················· 65
アーマメント・コントロール・パネル → armament control panel ·················· 65
アミュニッション・シュート → ammunition chute ·················· 49
アーミング → arming ·················· 66
アーミング・コントロール・ユニット → arming control unit ·················· 66
アーミング・ワイヤー → arming wire ··· 66
アーミング・ワイヤー組み立て → arming wire assembly ·················· 67
アメリカ航空工業会航空宇宙規格委員会 【米】 → National Aircraft Standards Committee (NASC) ·················· 432
アメリカ国家標準協会 → American National Standards Institute (ANSI) ·················· 49
アメリカ戦時規格 → American War Standard (AWS) ·················· 49
アメリカ兵 → government issue (GI) ···· 297
誤り検出訂正 → error detection and correction (EDAC) ·················· 247
アライド・フォース作戦 → Operation Allied Force (NATO) ·················· 460
アライメント・データ → alignment data ·· 45
洗い矢 → cleaning rod ·················· 140
アラスカ空軍 【米軍】 → Alaskan Air Command (AAC) ·················· 44

アラスカ軍 【米軍】 → Alaska Command
（ALCOM） ………………………… 44
アラート → alert ……………………… 44
アラート・エプロン → alert apron ……… 44
アラート・オーダー → alert order ……… 44
アラート・クルー → alert crew …………… 44
アラート・ステート → alert state ……… 44
アラート・ハンガー → alert hangar ……… 44
アラビア半島のアルカイダ → al-Qaida in the
Arabian Peninsula（AQAP） …… 46
アラーム・レポート盤 → alarm reporting
unit（ARU） ……………………… 44
アーリー・スプリング → Early Spring … 229
アーリントン国立墓地 【米】 → Arlington
National Cemetery ………………… 65
アル・アクサ殉教者旅団 → Al-Aqsa Martyrs
Brigade（AAMB） ………………… 44
アル・イッティハード・アル・イスラミア
→ Al-Itihaad Al-Islamiya（AIAI） ……… 45
アル・ウマル・ムジャヒディン → al Umar
Mujahideen ………………………… 48
アルカイダ → al Qaeda …………………… 46
アルカイダ殉教隊 → al Qaeda Martyrdom
Battalion …………………………… 46
アルカイダのテロリスト・ネットワーク → al
Qaeda terrorist network ………………… 46
アルカイダ部隊 → al Qaeda troops ……… 46
アルコール・煙草・火器局 【米】 → Bureau
of Alcohol, Tobacco and Firearms
（ATF） …………………………… 118
アル・シャバーブ → al-Shabaab ………… 46
アルスター義勇軍 → Ulster Volunteer Force
（UVF） …………………………… 659
アルスター防衛協会 → Ulster Defence
Association（UDA） ………………… 659
アルチチュード・ホール → altitude hole … 48
アール・ディー・エックス爆薬 → Research
and Development Explosive（RDX） …… 535
アルノット → alert notices（ALNOTS） … 44
アル・バドル → Al-Badr ………………… 44
アルファベット信号旗 → alphabet code
flag ………………………………… 46
アルミニウム入り爆薬 → aluminized
explosive …………………………… 48
アルミニウム薬莢 → aluminum cartridge
case ………………………………… 48
アレスティング・ギヤー → arresting gear … 71

アレックス・ボンカヤオ旅団－革命的プロレタ
リア軍 → Alex Boncayao Brigade-
Revolutionary Proletarian Army（ABB-
RPA） …………………………… 45
泡瀬通信施設 【在日米軍】 → Awase
Communication Site ……………… 87
アンカー・ウオッチ → anchor watch …… 52
アングル・オフ 【空自】 → angle-off …… 53
アングル・ゲート・プルオフ → angle gate
pull-off（AGPO） ………………… 52
暗語（あんご） → code word …………… 145
暗号
→ cipher ……………………… 136
→ code ……………………… 145
暗号員 【自衛隊】 → cryptographer ……… 185
暗号員身許証明 → cryptoclearance ……… 185
暗号運用規定 → crypto-operating
instructions ……………………… 185
暗号化 → encryption …………………… 242
暗号解析 → cryptanalysis ……………… 185
暗号解読 【空自】 → cryptanalysis ……… 185
暗号解読者 → cryptanalyst ……………… 185
暗号改変日 → date break ……………… 191
暗号学 → cryptology …………………… 185
暗号機
→ cipher device ……………… 136
→ cipher machine …………… 136
暗号器材 → cipher equipment ………… 136
暗号技術検討会等 【防衛省】
→ Cryptography Research & Evaluation
Committees（CRYPTREC） ……… 185
暗号区分 → cryptoparts ………………… 185
暗号組み立て 【海自】 → encryption …… 242
暗号系統 → cryptochannel ……………… 185
暗号鍵 → cipher key …………………… 136
暗号鍵表 → cipher key list …………… 136
暗号更新日 → supersession date ……… 613
暗号作成者 → cryptographer …………… 185
暗号資材 → crypto-aid ………………… 185
暗号システム → cryptosystem ………… 185
暗号所 → cryptocenter ………………… 185
暗号書 → code book …………………… 145
暗号使用開始日 → crypto date ………… 185
暗号情報 → cryptographic information … 185
暗号書表 【海自】 → code book ………… 145
暗号資料 → cryptomaterial ……………… 185

暗号センター → cryptocenter ………… 185
暗号装置
 → crypto equipment ………………… 185
 → cryptographic equipment
  (cryptoequipment) ……………… 185
暗号体系
 → cipher system ……………………… 137
 → cryptographic system ……………… 185
暗号電話 → ciphony ……………………… 137
暗号班 【空自】 → cryptocenter section ‥ 185
暗号文
 → cipher text ………………………… 137
 → cryptogram ………………………… 185
 → cryptotext ………………………… 185
暗号法 → cryptography ……………………… 185
暗号法 【空自】 → cryptology ……………… 185
暗号保全 → cryptosecurity ………………… 185
暗号保全責任者 → crypto custodian ……… 185
暗号本文
 → code text …………………………… 145
 → encrypted text ……………………… 242
暗号翻訳
 → decipherment ……………………… 193
 → decodement ………………………… 194
 → decryption ………………………… 194
暗号名 → cover name ……………………… 181
暗号メッセージ → coded message ………… 145
暗号用具 → cryptographic material ……… 185
暗号用資材 → cryptomaterial …………… 185
暗号用方眼 → cipher square …………… 137
アンサール・アル・イスラム → Ansar al-
 Islam（AI）…………………………… 54
アンサール・アル・シャリーア → Ansar al-
 Sharia ………………………………… 54
アンサール・ウル・イスラム → Ansar-ul-
 Islam（AI）…………………………… 54
アンサールッラー・バングラ・チーム
 → Ansarullah Bangla Team（ABT）…… 54
アンサール・バイト・アル・マクディス
 → Ansar Bayt al Maqdis（ABM）……… 54
アンサール・ヒラーファ・フィリピン
 → Ansar Khilafah Philippines（AKP）‥ 54
アンサンブル予報 → ensemble forecast … 245
暗視ゴーグル → night vision goggles
 （NVG）……………………………… 443
暗視装置 → night vision device（NVD）… 443
安全化 → neutralization ………………… 441

安全解除 → arming ……………………… 66
安全解除器 → arming control unit ……… 66
安全解除距離
 → arming distance …………………… 66
 → arming range ……………………… 66
安全解除作用 → arming action …………… 66
安全解除時間 → arming delay …………… 66
安全解除線 【空自】 → arming wire ……… 66
安全解除抵抗 → arming resistance ……… 66
安全解除翼 → arming vane ……………… 66
安全掛け金 → safety locker ……………… 548
安全間隔 → safety distance ……………… 548
安全幹部 【自衛隊】 → safety officer …… 548
安全管理 → safety management ………… 548
安全帰還限界点 → point of safe return … 488
安全基準 【陸自】 → safety level（S/L）‥ 548
安全起爆装置 → safety and arming device
 （S&D）……………………………… 548
安全距離 → safety distance ……………… 548
安全在庫基準 【海自】 → safety level（S/
 L）…………………………………… 548
安全索保持器 → arming retainer ………… 66
安全子 → safety ………………………… 548
安全守則 【海自】 → safety precaution … 548
安全地雷 → disarmed mine ……………… 216
安全スイッチ → safety switch …………… 548
安全線 → arming wire …………………… 66
安全旋回半径 → safe turning radius …… 548
安全潜航深度 → test depth ……………… 636
安全線用安全クリップ → arming wire safety
 clip …………………………………… 67
安全総監 【米空軍】 → Chief of Safety … 135
安全装置
 → arming device ……………………… 66
 → safeguard ………………………… 548
 → safety ……………………………… 548
 → safety device ……………………… 548
安全装着 → dearming …………………… 192
安全対策 → security countermeasures …… 560
安全沈座区域 → safe bottoming area …… 547
安全電流掃海 → safe current sweeping … 548
安全止め金 → sear safety latch ………… 556
安全爆発高度 → safe burst height ……… 547
安全班 【空自航空団】 → Safety Branch ‥ 548

安全半径 → radius of safety……………… 516

安全ピン
　→ arming pin …………………………… 66
　→ safety pin ……………………………548

安全保障 → security …………………… 559

安全保障援助 → security assistance
　(SA) ………………………………………… 559

安全保障援助会計センター → security
　assistance accounting center ………… 559

安全保障援助計画 → Security Assistance
　Program ………………………………… 559

安全保障会議 【日】 → Security Council of
　Japan (SCJ) …………………………… 560

安全保障関連シンクタンク → security think
　tank ……………………………………… 560

安全保障協力フォーラム → Forum for
　Security Cooperation (FSC) ………… 281

安全保障コンサルタント機関 → security
　consultancy organization ……………… 559

安全保障情勢 → security environment …… 560

安全保障政策 → security policy ………… 560

安全保障専門家 → security expert ……… 560

安全保障対話 → security dialogue ……… 560

安全保障と防衛力に関する懇談会 【日】
　→ Council on Security and Defense
　Capabilities ……………………………… 178

安全保障理事会 【国連】 → Security
　Council …………………………………… 560

安全保障理事会決議 【国連】 → Security
　Council Resolution (SCR) …………… 560

安全レバー → safety lever ……………… 548

安全レベル 【空自】 → safety level (S/
　L) ………………………………………… 548

アンダーデンス・ストローブ → underdense
　strobe …………………………………… 660

安定化部隊 → Stabilization Force
　(SFOR) ………………………………… 595

安定傘 → parachute-type stabilizer …… 471

安定度試験 → stability test …………… 595

安定ひれ 【海自】 → stabilizing fin …… 595

安定翼 → stabilizing fin ………………… 595

アンテナ → antenna (ANT) …………… 54

アンテナ・アセンブリー → antenna
　assembly ………………………………… 55

アンテナ・アレイ → antenna array ……… 54

アンテナ位置指示器 → antenna position
　indicator ………………………………… 55

アンテナ位置制御装置 → antenna position
　control unit ……………………………… 55

アンテナ共用装置 → antenna duplexer …… 55

アンテナ機雷
　→ antenna mine………………………… 55
　→ galvanic contact mine ………………290

アンテナ切り替え器 → antenna switching
　unit ……………………………………… 55

アンテナ駆動ユニット → antenna drive
　unit ……………………………………… 55

アンテナ傾度 → antenna tilt …………… 55

アンテナ結合器 → antenna coupler……… 55

アンテナ効果 → antenna effect ………… 55

アンテナ効率 → antenna efficiency ……… 55

アンテナ・コントロール・ユニット
　→ antenna control unit (ACU) ……… 55

アンテナ指向装置 → antenna positioning
　system …………………………………… 55

アンテナ支持台 → antenna pedestal …… 55

アンテナ施設 → antenna facility ……… 55

アンテナ整合装置 → antenna matching
　device …………………………………… 55

アンテナ掃海 → antenna sweep ………… 55

アンテナ追跡カーソル → antenna-follower
　cursor …………………………………… 55

アンテナ・パターン → antenna pattern…… 55

アンテナ反射器 → antenna reflector……… 55

アンテナ標高 → antenna elevation ……… 55

アンテナ偏位角 → antenna train angle
　(ATA) …………………………………… 55

アンテナ放射パターン → antenna radiation
　pattern ………………………………… 55

アンテナ・マスト・グループ 【空自】
　→ antenna mast group (AMG) ……… 55

アンテナ・マスト・モニター・パネル
　→ antenna mast monitor panel
　(AMMP) ………………………………… 55

アンテナ・マップ → antenna map……… 55

アンドリュー空軍基地 【米軍】 → Andrews
　Air Force Base (AAFB) ……………… 52

アンビリカル・ケーブル → umbilical
　cable……………………………………… 659

アンモナール → ammonal ……………… 49

アンリライアブル → unreliable ………… 668

【い】

飯岡支所 【防衛装備庁】 → Iioka
Branch ································· 327

伊江島訓練施設 【在日米軍】 → Ie Jima
Training Facility ························ 326

伊江島補助飛行場 【在日米軍】 → Ie Jima
Auxiliary Airfield ···················· 326

イエメン特殊作戦部隊 → Yemeni special
operations forces ····················· 693

硫黄島基地隊 【空自】 → Iwojima Air Base
Group ······························ 354

庵崎貯油所 【在日米陸軍】 → Iorizaki Fuel
Terminal ···························· 352

威嚇 【海自】 → harassment ············· 308

威嚇射撃（いかくしゃげき）
→ demoralizing fire ·················202
→ warning shot ····················681

医学情報 → medical intelligence
（MEDINT）························ 407

医学的監視 → medical surveillance ······· 407

尉官
→ company grade officer ··············160
→ company officer ···················160
→ junior-grade officer ···············362

移管 → redistribution ··············· 525

医官 【空自・海自】 → medical corps
（MC）····························· 406

医官 【空自】 → Medical Officer ········· 407

医官 【自衛隊】 → medical officer（MO）·· 407

移管機関 → transferring facility ·········· 650

遺棄 → abandonment ·················3

異機種対戦闘機戦闘 → dissimilar air combat
tactics（DACT）····················· 218

キャビテーション閾値（～いき
ち）→ cavitation threshold ··············· 128

池子住宅地区及び海軍補助施設 【在日米軍】
→ Ikego Housing Area and Navy
Annex ····························· 327

意見具申 → recommendations ··············· 523

移行期空母 → transition carrier ·········· 650

移載 → transfer ······················· 650

維持管理 → maintenance and
administration ······················ 393

意志決定支援テンプレート → decision

support template ················· 193

意志決定システム 【海自】 → command and
decision system ···················· 152

イージス・アショア → Aegis Ashore········ 17

イージス艦 【海自】 → Aegis destroyer····· 17

イージス艦 → Aegis vessel ··············· 17

イージス駆逐艦 → Aegis destroyer········ 17

イージス護衛艦 【海自】 → Aegis
destroyer ·························· 17

イージス・システム → Aegis system········ 17

イージス戦闘システム 【海自】 → Aegis
combat system（ACS）··············· 17

イージス搭載護衛艦 【海自】 → Aegis-
equipped destroyer ················· 17

イージス表示装置 → Aegis display
system ··························· 17

イージス武器システム 【海自】 → Aegis
weapon system（AWS）············· 17

イージス防衛システム搭載巡洋艦 → Aegis
defense system-equipped cruiser ··········· 17

医師ではない衛生管理者 → non-physician
health supervisor ···················· 446

維持補給所要 → sustained supply
requirements ······················ 619

蝟集（いしゅう）
→ bunching ······················117
→ unacceptable density of troops ·······659

移譲 → hand over ···················· 308

異常伝播現象 → anomalous propagation
phenomenon ························· 54

異常電波伝搬（いじょうでんぱでんぱ
ん）→ anomalous propagation（AP）····· 54

異常伝搬 【海自】 → anomalous propagation
（AP）····························· 54

異常なし
→ be all right ····················100
→ be in good order ················101

異常ミサイル → wild missile（WM）······ 689

異心円形直衛 → eccentric circular
screen ···························· 230

イスラエルとパレスチナの紛争 → Israeli-
Palestinian conflict ·················· 353

イスラミック・ジハード・ユニオン → Islamic
Jihad Union（IJU）·················· 352

イスラム過激派 → radical Islamic group·· 513

イスラム軍 → Army of Islam（AOI）······· 70

イスラム国際平和維持旅団 → Islamic

International Peacekeeping Brigade (IIPB) ……………………… 352

イスラム集団 → Gamaa Islamiyya (GI) ……………………… 290

イスラム青年のシューラ評議会 → Islamic Youth Shura Council ……………… 353

イスラム戦線 → Islamic Front（IF）…… 352

イスラム・タリバン運動 → Tehrik-e-Taliban Islami（TTI）……………………… 632

イスラム地域警備隊 → Army Islamic regional ground（AIRG）…………………… 69

イスラム抵抗運動 → Islamic Resistance Movement …………………………… 353

イスラム特務連隊 → Special Purpose Islamic Regiment（SPIR）………………… 590

イスラム・マグレブ諸国のアルカイダ → al-Qaida in the Islamic Maghreb（AQIM）……………………………… 46

遺族 → bereaved family ……………… 102

遺族援護 → surviving family ………… 618

遺族年金 → survivors' pension ……… 618

遺体安置所 → mortuary ……………… 426

遺体遺棄 → abandonment of the remains…… 3

板付飛行場 【在日米陸軍】 → Itazuke Air Base（Itazuke AB）………………… 353

位置角 → angular position …………… 53

市ヶ谷基地 【自衛隊】 → Ichigaya Base … 325

市ヶ谷地区 【自衛隊】 → Ichigaya district ………………………………… 325

位置局限 → localization ……………… 381

一撃離脱攻撃法 → hit-and-run tactics …… 318

位置決定 【海自】 → location ………… 382

一元資材管理 → integrated material management（IMM）………………… 342

一元的指導 → centralized direction …… 131

一次炎（いちじえん）→ primary flash …… 498

一次監視レーダー → primary surveillance radar（PSR）………………………… 499

一時残留部隊 → transient forces……… 650

一時的航空優勢 → temporary air superiority ……………………………… 633

一時的消耗機雷原 → transitory attrition minefield …………………………… 651

一次爆薬 → primary explosive ……… 498

一時目標 → transient objective ……… 650

一次レーダー → primary radar ……… 499

一次レーダー・ターゲット → primary radar target ………………………………… 499

位置推測 【海自】 → dead reckoning（DR）……………………………… 192

一弾撃破確率 → single-shot kill probability（SSKP）………………………… 578

一弾命中確率
→ single-shot hit probability（SSHP）…578
→ single-shot probability………………578

位置通報 → position report（P/R）…… 491

位置の線 【海自】 → line of position（LOP）………………………………… 378

位置標識 【海自】 → beacon（bcn）… 100

位置標識 → marker beacon …………… 400

位置標定 → ranging …………………… 518

一部光学装置照準 → partial optical aim… 473

一部動員 【統幕】 → partial mobilization ………………………… 473

位置浮標 → marker float ……………… 400

一部レーダー照準 → partial radar aim … 473

一方向観測 → unilateral observation …… 662

一翼包囲 → single envelopment ……… 577

一列縦隊 → column of files…………… 148

一連射 → burst ……………………… 119

一括指呼 → collective call …………… 147

一括調達 【米】 → single department purchase ……………………………… 577

一括名宛て 【海自】 → address indicating group（AIG）……………………… 11

一貫護衛 → through escort…………… 639

一貫護衛部隊 → through escort force … 639

一級港 【海自】 → major port………… 395

一斉打ち方 【海自】 → continuous salvo fire ………………………………… 170

一斉回頭
→ turning together……………………657
→ turn together………………………658

一斉攻撃 → simultaneous attack …… 576

一斉射撃 → fusillade ………………… 289

一斉投下 → salvo…………………… 549

一斉爆撃 → area bombing …………… 64

一斉発射 【海自】 → continuous salvo fire ………………………………… 170

一斉連続発射 → continuous salvo fire …… 170

一線化 → in-line …………………… 338

一線外安全 → out-of-line safe ……… 467

一線防御 【海自】 → line defense……… 377

一定誤警報率 → constant false alarm rate (CFAR) ……………………………… 167
一般運用要求 → general operating requirements (GOR) ……………… 293
一般科学技術 → general scientific technology …………………………… 294
一般化騒音及び音調システム 【米海軍】 → generalized noise and tonal system (GNATS) ………………………… 293
一般課程 【防衛省】 → Regular Course ‥ 528
一般幹部候補生 【自衛隊】 → general officer candidate ………………………………… 293
一般教育班 【空自】 → General Training Section ……………………………………… 294
一般空域予報 → general area forecast …… 293
一般検査 【空自】 → general inspection ‥ 293
一般国民軍事教練 → universal military training (UMT) ……………………… 667
一般参謀 → general staff …………………… 294
一般支援 【海自】 → general support (G/S) ………………………………………… 294
一般守則 【海自】 → general order ……… 293
一般守則 → routine precaution …………… 545
一般曹候補生 【自衛隊】 → military cadet …………………………………… 412
一般幕僚 【自衛隊】 → general staff …… 294
一般飛行規則 → general flight rule (GFR) ………………………………… 293
一般補給品 → general supplies …………… 294
一般命令 → general order ………………… 293
一般用品 → general store material (GSM) ………………………………… 294
一方的軍備管理措置 → unilateral arms control measure ……………………… 662
一方的停戦 → unilateral cease-fire ……… 662
一方統裁 → controlled exercise ………… 172
イデオロギー戦争 → ideological war … 326
出砂島射爆撃場 【在日米軍】 → Idesuna Jima Range …………………………………… 326
移動安全海面 → moving haven ………… 427
移動医療施設 → nonfixed medical treatment facility ………………………………… 445
移動衛生隊 【陸自】 → mobile medical unit …………………………………… 422
移動角距離 → angular travel ……………… 53
移動角距離法 → angular travel method … 53
移動環境支援チーム → mobile environmental team (MET) ……………………… 422
移動管制隊 【空自】 → Mobile Air Traffic Control Squadron (Mobile ATC SQ) ‥ 422
移動観測所 → mobile weather station …… 423
移動完了日 → effective date of change of strength accountability (EDCSA) …… 232
移動器材 → mobility equipment (ME) … 423
移動気象海洋班 → mobile environmental team (MET) ……………………… 422
移動訓練支援 → mobile training assistance ……………………………… 423
移動訓練チーム → mobile training team‥ 423
移動警戒隊 【空自】 → Mobile Aircraft Control and Warning Squadron (Mobile ACW SQ) ……………………………… 422
移動計画 → movement plan ……………… 427
移動外科病院 → mobile surgical hospital ……………………………… 423
移動後方支援機構 → mobile logistics support organization ………………………… 422
移動式機雷 → moving mine ……………… 427
移動式警戒監視システム → mobile warning and surveillance radar system ………… 423
移動式前方配備型Xバンド・レーダー 【米軍】 → Forward Based X-Band Radar Transportable ………………………… 281
移動式対空ミサイル → mobile interceptor missile (MIM) ……………………… 422
移動式ミサイル → mobile missile …… 422
移動式誘導ロケット → mobile guided rocket (MGR) ………………………………… 422
移動式ランチャー → transporter-erector-launcher (TEL) …………………… 652
移動指示 → movement directive ………… 427
移動射撃目標 【空自】 → maneuvering target ………………………………… 396
移動所要 → movement requirements …… 427
移動水上艦船安全海面 → moving surface ship haven ………………………………… 427
移動スケジュール → movement schedule ……………………………… 427
移動制限 → movement restrictions……… 427
移動潜水艦安全海面 → moving submarine haven ………………………………… 427
移動装薬 → traveling charge …………… 653
移動段階 【米軍】 → movement phase … 427
移動弾幕射撃 → creeping barrage ……… 182

移動通信群 【空自】→ Mobile Communications Group ……… 422

移動通信隊 【空自・海自】→ Mobile Communications Squadron (Mobile COMM SQ) ……… 422

移動の統制 → movement control ……… 427

移動の優先順位 → movement priority …… 427

移動表 → movement table ……… 427

移動妨害 → countermove ……… 179

移動報告 → movement report ……… 427

移動報告システム → movement report system ……… 427

移動報告統制センター → movement report control center ……… 427

移動命令 → movement order ……… 427

移動目標
→ maneuvering target ……… 396
→ moving target ……… 427

移動目標表示 → moving target indication (MTI) ……… 427

移動目標表示装置 → moving target indicator (MTI) ……… 427

意図しない交戦 → unintended engagement ……… 662

イナーシャル・センサー・アッセンブリー → inertial sensor assembly (ISA) ……… 334

イニシエーション → initiation ……… 338

イニシエーター → initiator ……… 338

イニシャル・エラー・ランプ → initial error lamp (INIT ERROR Lamp) ……… 337

イニシャル・プログラム・ロード → initial program load (IPL) ……… 337

衣嚢 (いのう)
→ barracks bag ……… 93
→ canvas bag ……… 123
→ duffle bag ……… 227

衣嚢棚 (いのうだな) → bag rack ……… 89

イペリット・ガス → yperite gas ……… 693

イマーム・ブカリ・ジャマート → Imam Bukhari Jamaat ……… 328

移民帰化局 【米】→ Immigration and Naturalization Service ……… 328

医務 → medical service ……… 407

イムアドーン 【米陸軍】→ Imua Dawn ‥ 330

医務衛生 【海自】
→ health and medical service ……… 311
→ medical and sanitary affairs ……… 406

医務官 【陸自】→ Army Surgeon (Army Surg) ……… 71

医務官 【空自】→ Command Surgeon …… 154

医務室 → camp dispensary ……… 122

医務班 【陸自・海自】→ Medical Section ……… 407

医務保健班 【陸自】→ Health and Medical Section ……… 311

イラク・イスラム軍 → Islamic Army of Iraq (IAI) ……… 352

イラク革命者総軍事評議会 → General Military Council for Iraqi Revolutionaries (GMCIR) ……… 293

イラク・レバントのイスラム国 → Islamic State of Iraq and the Levant (ISIL) …… 353

イラン・イラク戦争 → Iran-Iraq War …… 352

イリーガル・アクション・リーズン・コード → illegal action reason code (IARC) ‥ 327

医療後方支援 → medical logistics support ……… 407

医療支援 【海自】→ medical support …… 407

医療施設 → medical treatment facility … 407

医療情報 【海自】→ medical intelligence (MEDINT) ……… 407

医療当局 → health authorities ……… 311

医療部隊 → medical troops ……… 407

医療補助者 → paramedic ……… 472

医療輸送機 → medical transport ……… 407

医療用輸送手段 【海自】→ medical transport ……… 407

威力偵察 【陸自】→ reconnaissance in force ……… 524

色煙 (いろけむり) → colored smoke ……… 148

岩国建設事務所 【在日米軍】→ Iwakuni Project Office ……… 354

岩国飛行場 【在日米軍】→ Iwakuni Air Base ……… 354

隠掩蔽 (いんえんぺい) → cover and concealment ……… 181

隠顕的 (いんけんてき) → disappearing target ……… 216

隠語 【海自】→ brevity code ……… 114

隠語 (いんご) 【空自・陸自】→ code word ……… 145

印刷製図 【空自准空尉空曹空士特技区分】→ Printing and Drawing ……… 499

印刷に関する統合委員会 【米】→ Joint Committee on Printing (JCP) ……… 358

日本語索引　　　　　　　　　　　　　19　　　　　　　　　　　　　うかいき

印刷補給隊　【海自】→ Print Supply
　Unit ·· 499
インシデント　→ incident ···················· 330
インターセッショナル会合　→ inter-sessional
　meeting（ISM）······························· 351
インターセッショナル支援グループ　→ Inter-
　sessional Support Group（ISG）·········· 351
インターセプター・コントローラー監視盤
　→ interceptor controller monitor unit（IC
　MON）··· 345
インターセプター（IC）割り当てサマリー
　→ intercept controller assignment
　summary ·· 344
インタータイプ訓練　→ intertype
　training ·· 351
インターフェース管理図面　→ interface
　control drawing（ICD）···················· 345
インターフェース管理メッセージ　→ interface
　management message（IMM）············· 345
インターラプター　→ interrupter ············ 350
インディアン・ムジャヒディン　→ Indian
　Mujahideen（IM）···························· 331
インテグラル・ロケット・ラムジェット
　→ integral rocket ramjet（IRR）········· 341
インデペンデンス　【米海軍】
　→ Independence ······························· 331
インテリジェンス　→ intelligence
　（INTEL）·· 342
インテロゲーター　→ interrogator
　（INTRG）··· 350
インテロゲーター・セット　→ interrogator set
　（IS）··· 350
インテンシティ・コントロール・パネル
　→ intensity control panel··················· 344
インド学生イスラム運動　→ Students Islamic
　Movement of India（SIMI）··············· 608
インド共産党毛沢東主義派　→ Communist
　Party of India-Maoist（CPI-M）·········· 159
インド太平洋軍　【米】→ Indo-Pacific
　Command（INDOPACOM）················ 332
インド太平洋方面派遣訓練　【海自】→ Indo-
　Southeast Asia Deployment（ISEAD）·· 333
インド洋海軍シンポジウム　【日】→ Indian
　Ocean Naval Symposium（IONS）······· 331
インフィニット・ジャスティス　【米】
　→ Infinite Justice···························· 334
インプット・ターミネーション・キュー
　→ input termination queue（ITQ）····· 339

隠蔽（いんぺい）→ concealment ·············· 164

【う】

雨域レーダー　→ storm radar ················ 604
ウィル・コンプライ　→ Will Comply ······ 689
ウェイ・ポイント　【海自】→ way point·· 684
上甲板　→ main deck····························· 392
ウェザー・ブリーフィング　→ weather
　briefing ··· 686
ウェザー・モード　→ Weather Mode ······ 686
ウェーブ・シェーパー　→ wave shaper···· 684
ウェポン・コントロール　→ weapons control
　（WPN CONTR）································ 685
ウェポン・コントロール・エリア　→ weapons
　control area（WPN CONTR AREA）·· 685
ウェポン・システム　→ weapon system ·· 685
ウェポンズ・タイト　【空自】→ weapons tight
　（W/T）·· 685
ウェポンズ・フリー　【空自】→ weapons free
　（W/F）·· 685
ウェポンズ・ホールド　【空自】→ weapons
　hold（W/H）····································· 685
ウェポン・リリース・コンピューター
　→ weapon release computer（WRC）·· 685
ウォー・ゲーム　【統幕・空自】→ war
　game ··· 680
ウォーニング・イエロー
　→ warning yellow····························· 681
　→ yellow alert·································· 693
ウォーニング・オーダー　【米】→ warning
　order（WO）····································· 681
ウォーニング・ホワイト
　→ warning white······························ 681
　→ white alert··································· 688
ウォーニング・レッド　→ warning red ···· 681
ウォールアイ　【米軍】→ Walleye·········· 680
ウォルター・リード陸軍病院　【米軍】
　→ Walter Reed Medical Center ·········· 680
迂回
　→ alter course ································· 46
　→ detour·· 209
　→ diversion····································· 220
迂回（うかい）【陸自】→ turning
　movement·· 657
迂回機動　→ outflanking maneuver········· 467

うかいろ　　　　　　　　　　　20　　　　　　　　日本語索引

迂回路
　→ detour …………………………209
　→ diversion ………………………220
ウガンダ解放国民軍 → National Army for
　the Liberation of Uganda（NALU）…… 432
浮桟橋 → pontoon ……………………… 489
浮原島訓練場 【在日米軍】→ Ukibaru Jima
　Training Area…………………………… 659
受け入れ検査 【海自】→ acceptance
　inspection（AI）…………………………5
受け入れ国 → host country …………… 321
受け入れ国支援 【防衛省】→ host nation
　support（HNS）………………………… 321
受け入れ国支援合意 → host nation support
　agreement……………………………… 321
受け入れ国資産 → host nation assets …… 321
受け入れ試験 【海自】→ acceptance
　inspection（AI）…………………………5
受け入れ総括カード → due-in summary
　card……………………………………… 227
受け入れ、駐留及び前方移動支援
　→ reception, staging and onward
　movement support（RSOM support）… 522
受け入れ払い出し予定カード → due-in due-
　out card ………………………………… 227
受け入れ予定 【空自】→ due-in（DI：D/
　I）………………………………………… 227
受け入れ予定カード → due-in card …… 227
受け入れ予定日 → due-in date ……… 227
受け入れ予定明細綴り → due-in detail file
　（DID）………………………………… 227
受け取り検査 → acceptance test …………5
薄肉爆弾 → light-case bomb（LC）……… 375
ウズベキスタン・イスラム運動 → Islamic
　Movement of Uzbekistan（IMU）……… 353
撃ち上げ → firing up…………………… 268
打ち上げ → launching ………………… 370
打ち上げロケット組み立て棟 → vehicle
　assembly building（VAB）…………… 673
内方哨戒線 → inner patrol line ………… 338
「打ち方始め！」　→ Fire！ ………… 265
内方漏洩試験 → inward leak test……… 352
打ち殻（うちがら）→ hot case………… 321
打ち殻落し（うちがらおとし）→ case
　deflector ……………………………… 126
打ち殻薬莢
　→ brass ………………………………113
　→ used cartridge case ………………670

内側探知区域 → inner detection area …… 338
内側ピケット占位位置 → inner picket
　station ………………………………… 338
内側輸送艦区域 → inner transport area… 338
打ち抜き → plugging…………………… 487
撃ち放し
　→ fire and forget（F&F）……………265
　→ launch and leave ……………………369
撃ち放し性能 → fire and forget
　capability ……………………………… 265
宇宙アセット → space assets …………… 587
宇宙・海上戦システム・コマンド 【米海軍】
　→ Space and Naval Warfare Systems
　Command……………………………… 587
宇宙開発利用推進委員会 【防衛省】→ Space
　Promotion Committee ……………… 587
宇宙監視 → space surveillance ………… 587
宇宙監視望遠鏡 → space surveillance
　telescope（SST）……………………… 587
宇宙機
　→ spacecraft …………………………587
　→ space vehicle ………………………587
宇宙気象 → space weather …………… 587
宇宙空間における軍備競争の防止
　→ Prevention of Arms Race in Outer
　Space（PAROS）……………………… 498
宇宙航行 → astrogation ………………… 76
宇宙航跡 → space track ……………… 587
宇宙航法 → astronautics ……………… 76
宇宙支援 → space support……………… 587
宇宙システム → space system ………… 587
宇宙状況監視；宇宙状況把握 → space
　situational awareness（SSA）………… 587
宇宙設置型逆合成開口レーダー → space-
　based inverse synthetic aperture radar
　（SBISAR）…………………………… 587
宇宙設置型運動エネルギー兵器 → space-
　based kinetic kill vehicle（SBKKV）…… 587
宇宙戦 → space warfare ……………… 587
宇宙戦力 → space power ……………… 587
宇宙探知追跡システム 【米軍】→ Space
　Detection and Tracking System
　（SPADATS）………………………… 587
宇宙天気予報 → space weather forecast… 587
宇宙統制 → space control……………… 587
宇宙統制作戦 → space control
　operations …………………………… 587

宇宙能力 → space capability ……………… 587

宇宙飛行士
→ astronaut ……………………………… 76
→ cosmonaut ……………………………178

宇宙飛行体及びミサイル追尾システム 【米軍】
→ Space and Missile Tracking System
(SMTS) ……………………………… 586

宇宙防衛 → space defense ……………… 587

宇宙優勢 → space superiority …………… 587

「腕に、銃！」（うでに、つつ）→ Secure
Arms！ ……………………………………… 559

右翼 → right flank ……………………… 541

浦添埠頭地区 【在日米軍】→ Urasoe Pier
area ……………………………………… 669

裏ビーム 【海自】→ back beam …………… 88

ウラン濃縮 → uranium enrichment ……… 669

運営班長 → operation chief ……………… 461

運貨船 【海自】→ lighter ship ………… 375

運航訓練 【空自】→ training flight ……… 649

運航計画 → flight schedule …………… 275

運航隊 【海自】→ Base Operation
Division ………………………………… 95

運航通報 → aircraft movement message …… 28

運航・電波保全管制 → full security control of
air traffic and navigation aid ………… 288

運航当直士官 → operation duty officer
(ODO) ………………………………… 461

運航表 → flight progress strip ………… 274

運航保全管制 → security control of air traffic
(SCAT) ………………………………… 559

運航前計画気象業務 → meteorological service
for advance operational planning ……… 410

運転不自由船 → vessel not under
command ……………………………… 676

運動エネルギー兵器 → kinetic energy weapon
(KEW) ………………………………… 364

運動戦 【陸自】→ mobile warfare ……… 423

運動戦 → war of movement …………… 681

運動能力向上機 → control configured vehicle
(CCV) ………………………………… 171

運搬車 → wheeled carrier ……………… 688

運搬用架台 【海軍】→ dolly …………… 222

運輸多目的衛星 → Multi-functional
Transport Satellite (MTSAT) ………… 428

運用 → operation ……………………… 459

運用員 【海自】→ boatswain's mate
(BM) …………………………………… 108

運用及び整備 → operation and
maintenance ………………………… 461

運用課 【防衛省運用局】→ Defense
Operations Division ………………… 197

運用課 【陸自・海自・空自】→ Operations
Division（Opns Div）………………… 462

運用解析 → operational research（OR）… 461

運用荷重 → applied load ……………… 62

運用環境 【空自】→ operational
environment ………………………… 460

運用機 → operating aircraft…………… 459

運用企画課 【防衛省運用局】→ Operations
Planning Division …………………… 462

運用企画調整官 【統幕運用部運用第1課】
→ Deputy Director, 1st Operations
Division（Operations Plans）……… 206

運用教育研究部 【海上自衛隊幹部学校】
→ Operational Art & Design Studies
Department …………………………… 459

運用局 【防衛省】→ Bureau of Defense
Operations…………………………… 118

運用許容基準 → Minimum Equipment List
(MEL) ………………………………… 418

運用訓練幹部 【自衛隊】→ training officer
(TO) …………………………………… 649

運用計画 → operating plan…………… 459

運用権者 【海自】→ designated approving
authority ……………………………… 206

運用構想 → operational concept ……… 459

運用士 【海自】→ assistant boatswain … 74

運用支援 → operations support ……… 463

運用支援課 【海自】→ Operations Support
Division ……………………………… 463

運用支援サーバー → operational support
server (OPS) ………………………… 461

運用支援・情報部 【空自】→ Operations and
Intelligence Department …………… 462

運用支援・情報部 【陸自】→ Operations
Support and Intelligence Department … 463

運用支援プログラム → Support Control
Program (SCP) ……………………… 615

運用試験 → operational test (OT) …… 461

運用試験及び評価 → operational test and
evaluation (OT&E) ………………… 461

運用試験・評価局 【米】→ Operational Test
and Evaluation Agency……………… 461

運用試験評価部隊 【米海軍】→ Test and
Evaluation Forces …………………… 636

うんよう 22 日本語索引

運用室運営班 【統幕運用部運用第2課】
→ Crisis Management Section ············ 182
運用状況要約及びヒストリー・リダクション機
能 → operational summaries and histories
reduction function（OSHF）·············· 461
運用制限区域
→ restricted operation area（ROA）·····537
→ restricted operation zone（ROZ）·····537
運用政策課 【内部部局】→ Operational
Policy Division ································· 460
運用捜索低域限界 → operational search lower
bound（OSLB）······························· 461
運用即応演習 【米軍】→ Operational
Readiness Exercise（ORE）·············· 461
運用即応監査 【米軍】→ Operational
Readiness Inspection（ORI）············· 461
運用第○課 【統幕運用部】→ Operations
Division（Opns Div）······················· 462
運用態勢 → operational status··············· 461
運用段階 → operational phase··············· 460
運用長 【海自】→ boatswain················· 108
運用データ管理機能 → operation data
management function（OMF）············ 461
運用転換部隊 【英空軍】→ operational
conversion unit································· 460
運用統制機能 → operation control function
（OCF）··· 461
運用特技 → operating specialty ············· 459
運用の基本 → foundation of
employment ···································· 282
運用班 【統幕・陸自・空自・海自】
→ Operations Section ······················ 462
運用評価
→ operational assessment（OPER
ASSESS）································ 459
→ operational evaluation
（OPEVAL）·························· 460
運用部 【統幕】→ Operations Department
（J-3）·· 462
運用プログラム → operational computer
program（OCP）······························ 459
運用分析室 【陸自】→ Operations Research
Section ·· 462
運用保守架 → operation and maintenance
frame（OMF）·································· 461
運用要求
→ operational needs ·················· 460
→ operational requirements ················ 461

運用要求書 【米】→ Operational
Requirements Document（ORD）········ 461
運用要領 → operations letter ·············· 462
運用理論研究室 【空自航空研究センター隷下】
→ Doctrine Development Research
Office································· 222

【え】

エア・アボート → air abort ·················· 22
エア・オイル・シール → air oil seal ········ 37
エア・クッション型降着装置 → air-cushion
landing gear（ACLG）·························· 29
エア・クッション艇 【海自】→ air cushion
vehicle（ACV）······························ 29
エアクッション艇隊 【海自】
→ Landing Craft Air Cushioned Unit ···366
→ LCAC Unit ······························ 370
エア・シチュエーション・ディスプレイ・モー
ド → air situation display mode（ASD
MODE）··· 39
エア・スタビライザー分離機構 → air
stabilizer release mechanism ·············· 40
エア・スペースパワーに関する国際会議 【日】
→ International Conference on Air &
Space Power（ICAP）······················ 347
エア・タイト → air-tight（AT）·············· 42
エアデータ慣性基準装置 → air-data and
inertial reference system（ADAIRS）····· 29
エア・データ・コンピューター → air data
computer（ADC）··························· 29
エア・データ・ユニット → air data unit
（ADU）··· 29
エアパワー会議 【日】→ Air Power
Conference（APC）·························· 38
エアフォースワン 【米】→ Air Force One·· 33
エア・ブリージング目標 → air breathing
target（ABT）·································· 25
エア・プロッティング・シート → air plotting
sheet··· 37
エアボーン・インターセプト・レンジ
→ airborne intercept range（AI-RNG）·· 24
エアボーン航跡 → airborne track ··········· 24
エアラックによる航空路誌改訂版 【海自】
→ AIRAC AIP Amendments ·············· 22
エアラックによる航空路誌補足版 【海自】

日本語索引　　23　　えいせい

→ AIRAC AIP Supplements ·············· 22

永久偽装 → fixed camouflage ·············· 269

影響円錐 → cone of influence ·············· 165

曳航アレイ測距処理装置 【米海軍】 → towed array range processor（TARP）·········· 645

曳光黄燐弾（えいこうおうりんだん）→ white phosphorus tracer ······························ 689

曳航機 【空自】 → tow plane ·············· 646

曳航機（えいこうき）→ tow ship············· 646

曳航具
　→ foxer（FXR）······························282
　→ towed torpedo countermeasures ·······646

曳光剤（えいこうざい）
　→ composition tracer·····················162
　→ tracer mixture ··························646

曳航式アレイ・ソーナー・システム（えいこうしき～）→ towed array sonar system（TASS）····································· 645

曳航式監視システム → surveillance towed array system（SURTAS）·············· 618

曳航式ソーナー監視システム 【海軍】 → surveillance towed array sonar system（SURTASS）····································· 618

曳航式ソーナー掃引 → towed sonar sweep ··· 646

曳航磁気探知機 → towed magnetic anomaly detector（towed MAD）·················· 645

曳光自爆弾（えいこうじばくりゅうだん）→ high explosive tracer self-destroying projectile（MET-SD）························ 315

曳光焼夷自爆榴弾 → high explosive incendiary tracer-self-destroying（HEIT-SD）··· 315

曳航騒音発生器 【海自】 → towed noise maker ··· 645

曳航ソーナー → towed sonar ·············· 646

曳光弾（えいこうだん）
　→ tracer··································646
　→ tracer bullet（TB）·····················646
　→ tracer cartridge·························646

曳光弾による射撃修正 → individual tracer control ·· 332

曳光弾薬 → tracer ammunition ············· 646

曳光徹甲弾 → armor piercing tracer（APT）··· 68

曳航ノイズ・メーカー → towed noise maker ··· 645

曳光被帽徹甲弾（えいこうひぼうてっこうだん）→ armor piercing capped-tracer ······ 68

曳光標示弾 → spotter tracer ·············· 593

曳航標的 → towed target ·················· 646

曳光砲弾 → tracer shell ·················· 646

曳航マッド → towed magnetic anomaly detector（towed MAD）·················· 645

曳光榴弾（えいこうりゅうだん）→ high explosive tracer projectile（HE-T）····· 315

英国王立防衛安全保障研究所 → Royal United Services Institute for Defence and Security Studies（RUSI）·························· 546

英国海軍 → Royal Navy（RN）············· 546

英国空軍 → Royal Air Force（RAF）····· 546

英国空軍特殊部隊対テロリスト・チーム → British Army's Special Air Services counterterrorist team······················ 115

英国防空監視隊 → Royal Observer Corps（ROC）································· 546

英国陸軍士官学校 → Royal Military Academy ································· 546

英在郷軍人会 → British Legion ·············· 115

営舎 → barracks ·····················92

営舎内監禁 → arrest in quarters ············· 71

衛生 → health and medical affairs ········ 311

衛生 【空自】 → health and medical service ··································· 311

衛生 【陸自】 → medical and sanitary affairs ····································· 406

衛生 【空自】 → Medical Service ············ 407

衛生医事幹部 → medical service corps（MSC）····································· 407

衛生員 【海自】 → hospital corpsman（HM）····································· 321

衛生科 【自衛隊】 → Medical（Med）····· 406

衛生課 【防大】 → Medical Division······· 406

衛生係 【海自】 → captain of the head ··· 124

衛生学校 【陸自】 → Medical School····· 407

衛生官 【内部部局】 → Director, Health and Medical Division ························ 214

衛生監 【防衛省】 → Director General for Health and Medicine ·················· 214

衛生看護隊 → bearer company············· 100

衛生幹部 【空自幹部特技区分】 → Health Services Officer······················· 311

衛生幹部 → medical service officer········ 407

衛生監理官 【海自】 → Medical Advisory Officer····································· 406

衛生企画室長 【海自】 → Director of Medical Planning Office·························· 214

え

えいせい 24 日本語索引

衛生機能の強化に関する検討委員会 【防衛省】
→ Committee to Review Strengthening of
Medical Functions ··························· 155

衛生業務 → medical service ················ 407

衛生計画 → medical plan ·················· 407

衛生航空機 → medical evacuation
aircraft ··································· 406

衛星攻撃衛星 → hunter-killer satellite ···· 323

衛星攻撃ミサイル → anti-satellite
interceptor ······························· 58

衛生交付所 → medical distribution
point ···································· 406

衛星航法 → satellite navigation
(SATNAV) ······························ 550

衛星航法装置 【海自】 → Global Positioning
System (GPS) ··························· 296

衛生士 【海自】 → assistant medical
officer ····································· 75

衛生支援 【陸自】 → medical support ····· 407

衛生試験業務 → laboratory service ········ 365

衛生資材 → medical material ·············· 407

衛生施設 → medical facility ··············· 406

衛星戦術情報リンクA → Satellite Tactical
Data Link A (Satellite TADIL-A ; S
TADIL-A) ······························· 550

衛星戦術情報リンクJ → Satellite Tactical
Data Link J (Satellite TADIL-J ; S
TADIL-J) ······························· 550

衛星戦術ディジタル情報リンクA → Satellite
Tactical Data Link A (Satellite TADIL-A ;
S TADIL-A) ····························· 550

衛星戦術ディジタル情報リンクJ → Satellite
Tactical Data Link J (Satellite TADIL-J ;
S TADIL-J) ····························· 550

衛生隊 【海自】 → Medical Service Unit··· 407

衛生隊 【空自】 → Medical Squadron ····· 407

衛生隊 【陸自】 → Medical Unit··········· 407

衛生長 【海自】 → Medical Officer ········ 407

衛星通信 → satellite communications
(SATCOM) ····························· 550

衛星通信管制センター → satellite
communication control center ········· 550

衛星通信システム → satellite
communications system ··············· 550

衛星データ・システム 【米】 → Satellite Data
System (SDS) ·························· 550

衛星破壊衛星 → hunter-killer satellite ···· 323

衛星破壊兵器 → anti-satellite interceptor ·· 58

衛生幕僚 【空自幹部特技区分】 → Medical
Staff Officer ···························· 407

衛生班 【空自】 → Medical Branch ········ 406

衛生部 【陸自】 → Medical Department
（Med Dept) ···························· 406

衛生物品補給手続き → medical supply
procedure ······························· 407

衛生兵 → aid man ························· 21

衛生補給処 → medical supply depot ······ 407

衛生補給隊 → medical supply unit········· 407

衛星・ミサイル監視 → satellite and missile
surveillance ···························· 550

衛生輸送手段 【海自】 → medical
transport ································ 407

衛生要員 → medical personnel ············· 407

衛星要撃システム → satellite interceptor
system (SIS) ··························· 550

営繕工 → maintenance worker ············· 394

営繕班 【陸自】 → Facilities Engineering
Section ································ 256

営繕班 【海自】 → Repairs Section ······· 532

営倉 【米】 → brig ······················· 115

営倉 → detention barracks ················· 208

映像情報
→ image intelligence (IMINT) ··········· 327
→ imagery intelligence (IMINT) ········· 328

映像偵察衛星 → imaging reconnaissance
satellite ································ 328

映像判読 → imagery interpretation ········ 328

H時（えいちじ）→ H-hour ················· 314

曳的機 【海自】 → tow plane ··········· 646

英特殊部隊
→ British secret forces ················· 115
→ British special forces ················ 115

英仏海峡連合軍 → Allied Command,
Channel (ACCHAN) ···················· 45

英仏海峡連合軍司令長官 【NATO】
→ Commander-in-Chief, Channel
(CINCCHAN) ···························· 153

衛兵所 → guard house ····················· 303

衛兵司令 → guard commander ············· 303

衛兵詰所 → guardroom ···················· 303

エイミング・サークル → aiming circle ····· 22

栄養官 → dietitian ························· 210

栄誉証 → accolade ·························· 5

英連邦常備軍 → Commonwealth Ready Force
(CRF) ·································· 156

液気圧式駐退復座装置 → hydro-pneumatic recoil mechanism ················· 324
液体推進薬 → liquid propellant ············· 379
液体爆薬 → liquid explosive················ 379
液体発射薬 → liquid gun propellant ······ 379
液体発射薬火砲 → liquid propellant gun·· 379
液ばね式駐退復座装置 → hydro-spring recoil mechanism ······································· 324
役務の提供 → provision of services ········ 505
役務部隊【海自】→ service force ·········· 566
エクストラポレート航跡 → extrapolated track ··· 255
エクゾセ → Exocet ······························· 251
エージェント → agent ····························· 21
エシュロンの受信基地【米】→ Echelon listening post ··································· 230
エスコート・ジャミング；エスコート妨害 → escort jamming（EJ）···················· 248
エスタブリッシュ航跡 → establish track·· 248
エス・ディー・ジー・ピー制御機能 → SDGP control function（SCF）··················· 554
閲兵式 → military parade ················· 414
エドワーズ空軍基地【米】→ Edwards Air Force Base ······································ 232
エネルギー省技術情報ネットワーク【米】 → DOE Technology Information Network ··· 222
エプロン【海自】→ apron（A/P）··········· 63
エプロン照明灯 → apron flood light········· 63
エマージェンシー・コード → emergency code（EMGY code）······························ 239
エラー・エントリ勧告領域 → error entry advisory partition ··························· 247
エリアズ・イネーブル → Areas Enable ··· 65
エリア・セル → area cell ························ 64
エリトリア人民解放戦線 → Eritrean People's Liberation Front ······························· 247
エリント・パラメータ・リスト → ELINT parameter list（EPL）······················ 238
エリント洋上偵察衛星 → ELINT Ocean Reconnaissance Satellite（EORSAT）··· 238
エルサレム周辺のムジャヒディン・シューラ評議会 → Mujahideen Shura Council in the Environs and Jerusalem（MSC）····· 427
エレクトリック・フューエル・コントローラー → electric fuel controller（EFC）········ 234
エレメント・プラー → element puller···· 238

「遠」→ over································· 468
掩蓋（えんがい）→ overhead cover········· 468
沿海域戦闘艦 → littoral combat ship（LCS）··· 380
掩蓋陣地 → bunker ···························· 117
沿海戦闘空間 → littoral battle space······ 380
遠隔航空直衛 → distant aircraft screen··· 219
遠隔支援【海自】→ distant support ····· 219
遠隔支援海域【海自】→ distant support area··· 219
遠隔支援作戦【海自】→ distant support operations ·· 219
遠隔支援射撃 → deep supporting fire ····· 195
遠隔捜索 → distant search···················· 219
遠隔操縦観測システム → Flying Forward Observation System（FFOS）··········· 277
遠隔操縦の機雷掃討具 → wire-guided mine neutralization system ······················· 691
遠隔退却区域【海自】→ distant retirement area··· 219
遠隔直衛 → distant screen···················· 219
遠隔PPI → remote PPI ······················· 531
遠隔・マルチメディア教育研究部門【防大】 → Division of Remote and Multimedia Education······································· 221
煙缶（えんかん）→ ashtray ····················· 72
沿岸監視 → coast observation ··············· 144
沿岸監視訓練【陸自】→ coast observation training ·· 144
沿岸監視隊 → coast observation unit ····· 144
沿岸警備隊【米】→ Coast Guard ········· 144
沿岸警備隊 → coast guard ···················· 144
沿岸警備隊予備役【米】→ Coast Guard Reserve·· 144
沿岸航空哨戒 → inshore air patrol········· 339
沿岸航行 → coasting ··························· 144
沿岸航法 → coastal navigation ·············· 144
沿岸哨戒（えんがんしょうかい）【空自】 → inshore patrol ······························· 339
円環照準具 → ring-and-bead sight ········· 542
沿岸水域 → coastal waters ··················· 144
沿岸潜水艦
 → coastal submarine······················144
 → short range submarine ···············572
沿岸船団 → coastal convoy ··················· 144
沿岸捜索 → coastal search···················· 144
沿岸地域指揮官 → sea frontier

えんかん 26 日本語索引

commander ……………………… 554
沿岸地帯 → coastal frontier ……………… 144
沿岸におけるシー・コントロール → coastal
sea control ……………………… 144
沿岸の目標 → coastal target …………… 144
沿岸配置師団 【陸自】→ Coast Disposition
Division ……………………… 144
沿岸配置旅団 【陸自】→ Coast Disposition
Brigade ……………………… 144
沿岸部 【陸自】→ coast zone …………… 144
沿岸部隊 → sea frontier ……………… 554
沿岸防衛 → coastal frontier defense ……… 144
沿岸防衛システム → coastal defense
system ……………………… 144
沿岸防衛砲兵隊 → coast artillery ………… 144
沿岸防御 → coast defense ……………… 144
沿岸砲台 → shore battery ……………… 571
沿岸防備 → coastal defense …………… 144
沿岸防備戦 【陸自】→ coastal defense
operations ……………………… 144
沿岸防備艇 → coast defense ship ………… 144
沿岸防備砲兵隊 → coast artillery ………… 144
延期信管 → delay fuze ………………… 201
延期爆発 → delayed detonation ………… 201
延期発火 → delayed contact fire ………… 201
延期薬 → delay charge ………………… 200
遠距離支援作戦 【統幕】→ distant support
operations ……………………… 219
遠距離早期警戒 → distant early warning
(DEW) ……………………… 219
遠距離早期警報線 → distant early warning
line ……………………… 219
遠距離偵察 → distant reconnaissance …… 219
遠近観測；遠近修正 → range spot ……… 518
円形攻撃法 → circular attack method …… 137
円形公算誤差 → circular error probable
(CEP) ……………………… 137
円形陣形 → circular formation ………… 137
円形掃引 → circular sweep …………… 137
円形走査 → circular scanning ………… 137
円形直衛 → circular screen …………… 137
円形配備 → circular disposition ………… 137
円形半数必中径 → circular error probable
(CEP) ……………………… 137
エンゲージメント・コントロール
→ engagement control（ENG

CONTR）……………………… 243
エンゲージメント・コントロール・ハンドル
→ Engagement Control Handle ……… 243
エンゲージメント・ホールド 【空自】
→ engagement hold（ENG HOLD）…… 243
掩護 → coverage ……………………… 181
掩壕（えんごう）→ special trench ………… 590
遠向目標（えんこうもくひょう）→ outgoing
target ……………………… 467
援護型梯陣（えんごがたていじん）→ protected
echelon ……………………… 504
掩護下の移動 → covered movement ……… 181
援護業務課 【陸自・海自・空自】
→ Employment Assistance Division …… 241
援護業務課 【海自】→ Outplacement
Assistance Division …………………… 467
援護業務室 【海自】→ Employment
Department Assistance Division ……… 241
掩護航空戦 → covering air operation …… 181
援護室 【陸自】→ Placement Section …… 485
掩護射撃
→ covering fire ……………………… 181
→ protective fire ……………………… 504
掩護戦闘機（えんごせんとうき）【空自】
→ escort fighter（EF）………………… 247
掩護弾幕射撃 → covering barrage ……… 181
掩護地域 → vulnerable area …………… 679
援護班 【空自】→ Employment Assistance
Section ……………………… 241
掩護部隊 → covering force（CF）………… 181
掩護部隊（えんごぶたい）【空自】→ escort
forces ……………………… 248
演算処理機構 → execution processing unit
(EPU) ……………………… 250
エンジェルス → angels ………………… 52
延時薬 → delay charge ………………… 200
演習
→ exercise ……………………… 250
→ practice ……………………… 493
演習計画課 【空自航空総隊防衛部】
→ Exercise Planning Section …………… 251
演習参加部隊 → training participating
unit ……………………… 649
演習支援部隊 → training supporting
unit ……………………… 649
演習指揮官 → exercise commander ……… 250
演習実施部隊 → training unit …………… 649
演習終了 → finish exercise（FINEX）…… 265

日本語索引　　27　　おうきか

演習手榴弾 → practice grenade ……… 493
演習準備機能 → execution preparation
　function（EPF）……………………… 250
演習場 【陸自】→ training area（TA）… 648
演習小銃擲弾 → practice rifle grenade … 493
演習信号 → exercise signal …………… 251
演習対抗部隊 【空自】→ aggressor forces … 21
演習弾
　→ blind loaded projectile ………… 106
　→ target practice cartridge ……… 630
演習弾頭 → practice head …………… 493
演習統裁官 → exercise director ……… 250
演習統制官 → officer conducting the
　exercise ……………………………… 454
演習爆弾 → practice bomb …………… 493
演習班 【陸自】→ Exercise Section …… 251
演習用語 → exercise term…………… 251
演習用交戦規則 → exercise rules of
　engagement（EXROE）…………… 251
演習リスト機能 → exercise list function
　（ELF）………………………………… 251
演習ロケット弾 → practice rocket …… 493
エンジン整備 【空自准空尉空曹空士特技区分】
　→ Aircraft Engine Maintenance……… 27
遠心捜索 → retiring search …………… 538
遠心分離法 → centrifugation………… 132
円陣防御 → perimeter defense……… 478
円錐形成形爆薬（えんすいけいせいけいばくや
　く）→ conical shaped charge（CSC）… 166
円錐形走査；円錐走査 → conical
　scanning …………………………… 166
円錐ライナー（えんすいライナー）→ conical
　liner ………………………………… 166
遠征軍 → expeditionary force ……… 252
遠征戦闘飛行隊 → expeditionary fighter
　squadron …………………………… 252
演奏服装 【自衛隊】→ musical performance
　uniform……………………………… 431
掩体 → emplacement………………… 241
遠対勢目標（えんたいせいもくひょう）【海自】
　→ outgoing target ………………… 467
鉛柱圧縮試験（えんちゅうあっしゅくしけ
　ん）→ lead cylinder compression test … 371
エンデュアリング・フリーダム・オペレーショ
　ン 【米】→ Enduring Freedom
　Operation…………………………… 242
煙点 → smoke point ………………… 581

エンド・アイテム 【統幕・海自】→ end
　item ………………………………… 242
エンド・オブ・データ → end of data
　（EOD）……………………………… 242
エンド・オブ・テープ → end of tape
　（EOT）……………………………… 242
エンド・オブ・ファイル → end of file
　（EOF）……………………………… 242
エンド・オブ・メッセージ → end of message
　（EOM）……………………………… 242
エントリ/フィードバック領域
　→ entry/feedback area（EFA）……… 245
エントリ・レグ 【空自】→ entry leg …… 245
鉛板試験（えんばんしけん）→ lead plate
　test ………………………………… 371
塩分・水温・深度記録装置 → salinity
　temperature depth recorder（STD）…… 549
掩蔽経路 → covered route …………… 181
掩蔽壕
　→ bunker……………………………… 117
　→ covered trench …………………… 181
掩蔽陣地 → covered position ……… 181
掩蔽部 【陸自】→ shelter …………… 569
煙幕
　→ smoke curtain……………………… 581
　→ smoke screen ……………………… 581
　→ smoke（Smk）……………………… 581
煙幕射撃
　→ obscuration fire…………………… 451
　→ screening fire ……………………… 553
　→ smoke fire ………………………… 581
煙幕信号 【海自】→ smoke signal ……… 581
煙幕弾 → smoke ball ………………… 581
煙幕展張 → smoke-laying …………… 581
煙幕展張装置 → smoke-laying
　equipment ………………………… 581
エンルート気象予報 → enroute weather
　forecast（WEAX）………………… 245

【 お 】

追い撃ち；追い打ち → free gun ………… 284
負い革（おいがわ）；負紐（おいひ
　も）→ strap………………………… 605
扇形アンテナ → fan antenna ………… 258
扇形空中線 【海自】→ fan antenna …… 258

お

扇形パターン → fan shaped pattern······ 258

扇形ビーム → fan beam······················ 258

扇形ビーム・アンテナ → fanned-beam
antenna·· 258

応急掩体（おうきゅうえんたい）【海自】
→ hasty entrenchment···················· 310

応急掩体（おうきゅうえんたい）；応急掩蔽（お
うきゅうえんぺい）→ hasty shelter······ 310

応急器材 → damage control material and
equipment·· 189

応急壕 → hasty trench························ 310

応急工作員 【海自】→ hull maintenance
technician（HT）······························ 322

応急塹壕（おうきゅうざんごう）【陸自・空自】
→ hasty entrenchment···················· 310

応急士 【海自】→ assistant damage control
officer··· 75

応急指揮所 → damage control station···· 189

応急指揮盤 → damage control board······ 189

応急射撃管制法 → auxiliary fire control···· 84

応急修理 → alternate repair················ 47

応急修理 【海自】→ emergency repair···· 240

応急出動艦 → ready duty ship············· 520

応急出動機 → ready duty aircraft········· 520

応急除染 → gross decontamination······· 299

応急処置
→ casualty control························127
→ temporary disposal······················634

応急弾薬庫 → ready storage················ 520

応急築城 → hasty fortifications············· 310

応急長 【海自】→ damage control
officer ·· 189

応急治療 → emergency medical
treatment·· 240

応急通信 → emergency communication··· 239

応急灯 → battery lantern···················· 97

応急道路 → hasty expedient road········· 310

応急渡河 【陸自】→ hasty crossing········ 310

応急発射管制法 → auxiliary fire control···· 84

応急班 → damage control party············ 189

応急班待機所 → damage control party
station·· 189

応急バンド → jubilee patch················· 362

応急被害復旧 → emergency war damage
repair··· 240

応急防御 → hasty defense··················· 310

横距（おうきょ）→ transfer················· 650

横広の隊形（おうこうのたいけ
い）→ formation in width················· 281

横行目標 → crossing target················· 184

応射 【海自】→ counterfire················· 179

応射 → return fire····························· 539

横射（おうしゃ）→ traversing fire··········· 653

欧州安全保障協力会議 → Conference on
Security and Cooperation in Europe
（CSCE）··· 166

欧州安全保障協力機構 → Organization for
Security and Co-operation in Europe
（OSCE）··· 465

欧州安全保障・防衛アイデンティティ
→ European Security Defense Identity
（ESDI）·· 249

欧州安全保障・防衛政策 【EU】→ European
Security and Defence Policy（ESDP）·· 249

欧州宇宙機関 → European Space Agency
（ESA）··· 249

欧州海軍部隊 【米海軍】→ US Naval Forces
Europe·· 671

欧州核軍縮運動 → European Nuclear
Disarmament（END）······················ 249

応招義務 【自衛隊】→ duty call-up······· 228

押収金 → confiscated money··············· 166

欧州軍 【米】→ European Command
（EUCOM）····································· 248

欧州軍縮会議 → Conference on Disarmament
in Europe（CDE）···························· 166

欧州軍団 → European Corps
（EUROCORPS）····························· 249

欧州航空安全庁 → European Aviation Safety
Authority（EASA）·························· 248

欧州戦域核戦力 → Euro-Theater Nuclear
Forces（ETNF）······························ 249

欧州・大西洋パートナーシップ理事会
→ Euro-Atlantic Partnership Council
（EAPC）··· 248

欧州弾道ミサイル任務組織 → Ballistic
Missiles European Task Organization····· 91

欧州通常戦力 → Conventional Armed Forces
in Europe（CFE）···························· 173

欧州通常戦力交渉 → Negotiation on
Conventional Forces in Europe
（CFE）··· 440

欧州通常戦力条約 → Conventional Armed
Forces in Europe treaty（CFE）·········· 173

欧州通常兵力安定交渉 → Conventional Stability Talks（CST） ……………… 173
欧州防衛共同体 → European Defense Community（EDC） ………………… 249
欧州防衛軍 → Eurocorps ………………… 248
欧州民間航空電子機器基準策定機関 → European Organization for Civil Aviation Electronics（EUROCAE） …… 249
欧州連合 → European Union（EU） ……… 249
欧州連合軍 → Allied Command, Europe（ACE） ……………………………………… 45
欧州連合軍最高司令官 → Supreme Allied Commander, Europe（SACEUR） ……… 616
欧州連合軍最高司令部 → Supreme Headquarters of Allied Powers in Europe（SHAPE） ……………………………………… 616
応信 → answer ……………………………………… 54
横陣（おうじん）→ line abreast …………… 377
横走地形（おうそうちけい）【陸自】→ cross-compartment ……………………………… 183
横隊
　→ line abreast ……………………………… 377
　→ rank ………………………………………… 518
横舵機 → depth engine ……………………… 205
応答
　→ acknowledge（ACK） ………………… 6
　→ answer ……………………………………… 54
応答器 → transponder ……………………… 651
応答機 → responder ………………………… 537
応答機無効時間
　→ responder dead time …………………… 537
　→ transponder dead time ……………… 651
応答時間 → answering time ……………… 54
応答式探知レーダー → responder-assisted surveillance radar ………………………… 537
「応答どうぞ」 → over ……………………… 468
応答ビーコン → responder beacon ……… 537
応答プラグ → answering plug …………… 54
黄銅薬莢（おうどうやっきょう）→ brass cartridge case ………………………………… 113
横動揺修正機構 → cross-roll correction system ………………………………………… 184
横動揺修正ジャイロ → cross-roll gyro …… 184
応答ランプ → answering lamp ………… 54
応答リンク → responder link …………… 537
嘔吐ガス → vomiting gas ………………… 679
往復爆撃 → shuttle bombing …………… 573

応募者【自衛隊】→ applicants …………… 61
応用科学群【防大】→ School of Applied Sciences ……………………………………… 552
応用化学科【防大】→ Department of Applied Chemistry ………………………… 202
応用地雷 → improvised mine …………… 329
応用物理学科【防大】→ Department of Applied Physics …………………………… 202
応用ロジスティクス → applied logistics …… 62
王立カナダ空軍 → Royal Canadian Air Force（RCAF） ……………………………………… 546
黄燐（おうりん）→ yellow phosphorus（WP） ……………………………………… 693
黄燐手榴弾（おうりんしゅりゅうだん）→ white phosphorous grenade（WP grenade） …… 688
大型浮ドック【海軍】→ large auxiliary floating dry dock ………………………… 368
大型固定翼哨戒機 → patrol type aircraft ……………………………………… 475
大型爆弾 → blockbuster ………………… 106
大型部品運搬車 → large repair parts transporter（LRPT） ……………………… 368
大湊地方隊【海自】→ Ominato District …… 457
大和田通信所【在日米軍】→ Owada Communications Station ………………… 469
オガデン民族解放戦線 → Ogaden National Liberation Front（ONLF） ……………… 455
沖大東島射爆撃場【在日米軍】→ Oki Daito Jima Range ………………………………… 456
沖縄調整官【内部部局】→ Director, Okinawa Coordination Division ………… 215
沖縄調達官【内部部局】→ Director, Supply and Services Support Division ………… 215
沖縄に関する特別行動委員会【日】→ Special Action Committee on Okinawa（SACO） ……………………………………… 588
沖縄防衛局【防衛省】→ Okinawa Defense Bureau ………………………………………… 456
屋上目標 → roof-top target ……………… 544
オグデン航空兵站センター【米軍】→ Ogden Air Logistics Center（OOALC） ……… 455
オクラホマシティ航空兵站センター【米軍】→ Oklahoma City Air Logistics Center（OCALC） …………………………………… 456
遅れ角 → angle of lag ……………………… 53
オーストラリア空軍 → Royal Australian Air Force（RAAF） ……………………………… 546
オーストラリア・グループ → Australia

Group（AG）……………… 80

オーストラリア、ニュージーランド及びアメリカ合衆国安全保障条約 → Security Treaty between Australia, New Zealand and United States of America（ANZUS）…… 560

オスプレイ 【米軍】 → Osprey…………… 466

汚染 【陸自】 → contamination（Con）… 169

汚染管理 → contamination control……… 169

汚染残留者 → contaminated remains ……169

汚染除去班 → cleanup team …………… 140

汚染水 → contaminated water ………… 169

汚染制御地域 → contamination control area（CCA）……………………………… 169

汚染地域 → contaminated area ………… 169

オーダー・テーブル → order table……… 464

オーダーメード型抑止戦略 【米】 → Tailored Deterrence Strategy ………………… 627

オーダー・ワイヤー盤 → order wire unit（OWU）…………………………… 464

オドゥーア人民会議 → Odua People's Congress（OPC）………………………… 452

オートジャイロ → autogyro …………… 80

オートダイヤル・ネットワーク・コントロール・ユニット → automatic dialing network control unit（ADNCU）……………… 82

オート・バイト → automatic built-in test equipment（AUTO BITE）…………… 81

おとり → decoy……………………… 194

おどり → chattering…………… 134

おとり戦術 → baiting tactics …………… 89

おとり船
　→ decoy ship……………………194
　→ Q-ship………………………508

おとりミサイル → missile decoy………… 420

オートローテーション → autorotation … 84

オーバー・デンス・ストローブ → over dense strobe …………………………… 468

オーバーホール → overhaul（OH）……… 468

オーバーホール用キット → overhaul kit… 468

オーバーライド・スイッチ → override switch ……………………………… 468

オーバーラップ・ゾーン → overlap zone… 468

オプション・モジュール → option module（OM）…………………………… 464

オフセット戦略 → offset strategy ……… 455

オフセット・ポイント → offset point …… 455

オフライン診断実行部 → off-line diagnostic

executive component（OLDE）………… 455

オペレーション速力 【海自】 → operational speed……………………………… 461

オペレーター電話ユニット → operator telephone unit（OTU）……………… 463

オムニレンジ・タカン併設局 → co-located VHF omnirange and TACAN station（VORTAC）……………………… 147

思いやり予算 【日】
　→ defense budget to make the stationing of the USFJ as smooth and stable as possible ……………………… 195
　→ Sympathy Budget ……………… 620

親部隊 → parent unit ……………… 472

オライオン 【米軍】 → Orion ………… 466

オリエントシールド 【陸自】 → Orient Shield ………………………… 466

折り返しアンテナ → folded antenna …… 277

折り返し空中線 【海自】 → folded antenna ………………………… 277

折り返し爆撃 → shuttle bombing ……… 573

折り畳み銃床 → folding stock ………… 278

折り畳みフィン付き航空機搭載ロケット → folding fin aircraft rocket（FFAR）… 278

折り曲げアンテナ → bend aerial ……… 102

折り曲げ銃床 → folding stock ………… 278

オルタネート・サーチ・セクター → alternate search sector ……………………… 47

オロペサ型掃海具 → Oropesa sweep gear ……………………………… 466

オロモ解放戦線 → Oromo Liberation Front（OLF）…………………………… 466

音圧型受波器；音圧型ハイドロホン → pressure hydrophone ……………… 497

音楽 【空自】 → Band（Band）………… 91

音楽員 【海自】 → musician（MU）…… 431

音楽科 【自衛隊】 → Band（Band）…… 91

音楽幹部 【空自幹部特技区分】 → Band Officer …………………………… 92

音楽隊 → band ……………………… 91

音楽隊 【陸自】 → Band（Band）……… 91

音響インテンシティ法 → acoustic intensity method ……………………………… 7

音響監視 → acoustical surveillance ……… 7

音響監視システム → Sound Surveillance System（SOSUS）…………………… 586

音響管制 → noise emission control……… 444

音響魚雷 → acoustic torpedo ……………… 7

日本語索引　31　かいかん

音響機雷 → acoustic mine ……………… 7
音響機雷掃討 → acoustic mine hunting …… 7
音響近接信管 → acoustic proximity fuze …… 7
音響効果 → acoustic efficiency …………… 7
音響シグネチャ → acoustic signature ……… 7
音響システム操作員 【海軍】 → acoustic
　system operator（ASO）………………… 7
音響情報
　→ acoustical intelligence（ACINT）……… 7
　→ acoustic intelligence（ACINT）………… 7
音響情報収集システム 【米海軍】 → acoustic
　information-gathering system（AIGS）…… 7
音響情報データ・システム 【海軍】
　→ acoustic intelligence data system ……… 7
音響資料分析センター → acoustic analysis
　center …………………………………… 7
音響信管 → acoustic influence fuze ……… 7
音響信号発生装置 → automatic sensor signal
　generator（ASSG）……………………… 83
音響振動 → acoustic oscillation …………… 7
音響ステルス → acoustic stealth ………… 7
音響戦 → acoustic warfare ………………… 7
音響窓 → acoustic window ………………… 7
音響掃海 → acoustic sweep（ACS）……… 7
音響掃海具 → acoustic sweep gear ………… 7
音響装備急速民生品利用挿入 【米海軍】
　→ acoustic rapid COTS insertion
　（ARCI）………………………………… 7
音響測位装置 → acoustic positioning
　system …………………………………… 7
音響測位測距 → sound fixing and ranging
　（SOFAR）…………………………… 585
音響測深機；音響測深儀 → echo
　sounder ………………………………… 231
音響測定 → acoustical emission monitoring
　（AEM）………………………………… 7
音響測定艦 【海自】 → ocean surveillance
　ship（AOS）…………………………… 452
音響測定器 → sound measuring set ……… 585
音響中心 → acoustic center ………………… 7
音響調査センター 【海軍】 → Acoustic
　Research Center（ARC）………………… 7
音響追跡レンジ → acoustic tracking range … 7
音響通信
　→ auditory communication ……………… 80
　→ communication by sound ……………… 156
音響データ処理装置 【海軍】 → acoustic data

processor ………………………………… 7
音響発信機 → projector …………………… 503
音響バッフル → acoustic baffle …………… 7
音響封止策射出器モジュール・システム 【米
　海軍】 → countermeasure launcher acoustic
　module system（CLAMS）…………… 179
音響分析員 → acoustic analyst（ACAN）…… 7
音響妨害 → acoustic jamming……………… 7
音響放射効率 → acoustic radiation
　efficiency ………………………………… 7
音響濾波器（おんきょうろはき）→ acoustic
　filter ……………………………………… 7
音源標定（おんげんひょうてい）→ sound
　ranging ………………………………… 585
音源標定機 → sound locator …………… 585
オン・コンディション整備 → on-condition
　maintenance（OCM）………………… 457
音声通信器材 → voice communication
　equipment（VCE）…………………… 678
音声通信システム → voice communication
　system（VCS）………………………… 678
音声妨害 → voice jamming……………… 678
隠密活動 → clandestine operation ……… 139
隠密攻撃（おんみつこうげき）→ sneak
　attack ………………………………… 582
隠密行動 → sneak action……………… 582
隠密作戦 → covert operation …………… 181

【 か 】

課
　→ division ……………………………… 221
　→ section ……………………………… 558
外域航空哨戒 → offshore air patrol …… 455
海域作戦 → area operations……………… 64
外域哨戒 → offshore patrol …………… 455
海運国 → maritime country …………… 399
海外安全対策協議会 【米】 → Overseas
　Security Advisory Council（OSAC）…… 468
海外勤務職員 【米】 → foreign service officer
　（FSO）………………………………… 280
開角 → spread angle …………………… 593
ガイガー・ミュラー計数器 → Geiger Muller
　counter ………………………………… 292
海岸 → beach…………………………… 99

かいかん　　　　　　　　　　　　32　　　　　　　　　日本語索引

海岸画像　→ beach imagery ···················· 99

海岸救難船
　→ salvaging and towing landing craft ···549
　→ salvaging and towing landing ship ····549

海岸傾斜　→ beach gradient ···················· 99

下位刊行物　→ below-the-line
　publications ···································· 101

海岸作業隊　【海自】→ beach party ········· 99

海岸作業隊指揮官　→ beach party
　commander ······································ 99

海岸支援地域　→ beach support area ······ 100

海岸写真　→ beach photography ·············· 99

海岸収容力　→ beach capacity ················· 99

海岸上陸地点　→ beach landing site ········· 99

海岸設定隊　【米軍】→ shore party ····· 571

海岸線　→ beach ································· 99

海岸調査　→ beach survey ···················· 100

海岸標識　【米軍】→ beach marker ·········· 99

海岸堡 (かいがんほ)【自衛隊】→ beachhead
　(Bhd) ·· 99

海岸堡進出路　→ beach exit ··················· 99

海岸堡線　→ beach head line ················· 99

海岸予備品　【米軍】→ beach reserves ····· 99

階級　→ rank ····································· 518

階級章
　→ grade chevron ···························· 298
　→ grade insignia ···························· 298
　→ rank badge ······························· 518

概況説明　→ briefing ·························· 115

海峡防備　→ channel defense ················ 133

海空火力支援連絡中隊　【米軍】
　→ air and naval gunfire liaison
　　company ······························· 22
　→ Air Naval Gunfire Liaison Company
　　(ANGLICO) ····························· 36

海空協同　【自衛隊】→ JMSDF, JASDF
　coordination ································· 357

海一空軍航空規格群　【米】→ Aeronautical
　Standards Group (ASG) ················ 19

海空作戦　→ naval and air operation ······· 436

海空遭遇時の安全行動規範　→ Rules of
　Behavior for Safety of Air and Maritime
　Encounters ································· 546

海空連絡メカニズム　【陸自】→ maritime and
　air communication mechanism ·········· 399

海軍
　→ naval forces ······························437
　→ navy ····································439

　→ sea forces ································554

海軍安全センター　【米】→ Naval Safety
　Center ······································ 438

海軍医学研究所　【米】→ Navy Medical
　Research Institute (NMRI) ·············· 439

海軍医療局　【米】→ Bureau of Medicine and
　Surgery (BUMED) ······················ 118

海軍宇宙監視　【米軍】→ Naval Space
　Surveillance (NAVSPASUR) ········· 438

海軍宇宙コマンド　【米】→ Naval Space
　Command ································· 438

海軍衛材補給所　【米】→ Medical and Dental
　Supply Office (MDSO) ················· 406

海軍衛生局　【米】→ Bureau of Medicine and
　Surgery (BUMED) ····················· 118

海軍沿岸戦　→ naval coastal warfare ······· 436

海軍海岸作業隊群　→ naval beach group··· 436

海軍外交　→ naval diplomacy ················ 437

海軍海上システム・コマンド　【米】→ Naval
　Sea Systems Command ···················· 438

海軍海洋監視衛星　【米】→ Naval Ocean
　Surveillance Satellite (NOSS) ············ 437

海軍海洋監視情報センター　【米】→ Naval
　Ocean Surveillance Information Center
　(NOSIC) ··································· 437

海軍監察総監　【米】→ Naval Inspector
　General ··································· 437

海軍艦船　→ naval ship······················· 438

海軍艦船局　【米】→ Navy Bureau of Ships
　(NBSH) ··································· 439

海軍艦船体系統制所　【米】→ Naval Ship
　Systems Command (NAVSHIP) ········· 438

海軍艦船部品管制センター　【米】→ Ships
　Parts Control Center (SPCC) ············ 570

海軍技術指令書　【米】→ Naval Air Training
　and Operating Procedures
　(NATOPS) ································· 436

海軍基地
　→ naval base ······························436
　→ naval station ····························438
　→ navy base ·······························439

海軍基地司令官　【英】→ port admiral ··· 490

海軍基地通信基地　→ naval communications
　station ···································· 436

海軍機動部隊　→ naval battle force ······ 436

海軍休日　→ naval holiday ·················· 437

海軍教育訓練部　【米】→ Naval Education
　and Training ······························ 437

海軍教義コマンド　【米】→ Naval Doctrine

Command ················· 437

海軍区 → naval district ···················· 437

海軍軍医 → naval surgeon ················ 438

海軍軍需品 → naval stores ················ 438

海軍軍司令部 → naval headquarters ······· 437

海軍軍人 → navy man ···················· 439

海軍建艦施設補給所 【米】 → Yards and
Docks Supply Office (YDSO) ··········· 692

海軍研究局 【米】 → Office of Naval Research
(ONR) ··· 453

海軍研究所 【米軍】 → Naval Research
Laboratory (NRL) ·························· 437

海軍元帥 【米】 → Fleet Admiral ········· 272

海軍憲兵 【米】 → shore patrol (SP) ···· 571

海軍広域指揮・統制システム 【海自】
→ Global Command and Control System-
Maritime (GCCS-M) ······················ 296

海軍航空機 → navy aircraft ··············· 439

海軍航空基地 【米】
→ naval air base ···························436
→ naval air station (NAS) ···············436

海軍航空士官 → naval flight officer
(NFO) ··· 437

海軍航空システム・コマンド 【米】 → Naval
Air Systems Command ····················· 436

海軍航空施設 【米軍】 → naval air facility
(NAF) ··· 436

海軍航空戦センター航空機課 【米】 → Naval
Air Warfare Center Aircraft Division
(NAWCAD) ································· 436

海軍航空隊 【米】 → Naval Air Force
(NAF) ··· 436

海軍航空補給所 【米】 → Aviation Supply
Office (ASO) ·································· 86

海軍工廠 (かいぐんこうしょう) → naval
arsenal ··· 436

海軍工廠 【英】 → naval dockyard ········· 437

海軍工廠 【米】 → naval shipyard ·········· 438

海軍工廠 → navy yard ···················· 439

海軍構成部隊指揮官 → naval component
commander ···································· 437

海軍航法衛星システム 【米】 → Navy
Navigation Satellite System (NNSS) ··· 439

海軍国
→ naval power ·······························437
→ sea power ·································555

海軍国際プログラム事務所 【米】 → Navy
International Programs Office

(NIPO) ··· 439

海軍コンピューター・遠距離通信コマンド
【米軍】 → Naval Computer and
Telecommunication ························ 437

海軍最先任上級上等兵曹 【米海軍】 → Master
Chief Petty Officer of the Navy ··········· 401

海軍作戦 → naval operation ················ 437

海軍作戦部長 【米】 → Chief of Naval
Operations (CNO) ························· 135

海軍作戦本部 【米】 → Office of the Chief of
Naval Operations ···························· 454

海軍参謀本部 【米】 → Navy General Staff
(NGS) ··· 439

海軍支援部隊 【米】 → Navy support element
(NSE) ··· 439

海軍士官 → naval officer ·················· 437

海軍次官 【米】 → Under Secretary of the
Navy ··· 660

海軍士官候補生 → naval cadet ············ 436

海軍次官補 【米】 → Assistant Secretary of
the Navy (ASN) ····························· 75

海軍施設・工兵コマンド 【米】 → Naval
Facilities Engineering Command ········ 437

海軍省 【米】
→ Department of the Navy ···············204
→ Navy Department ·······················439

海軍少尉候補生 【英】 → midshipman ···· 411

海軍将校 → naval officer ·················· 437

海軍情報システム管理部 【米】 → Naval
Information Systems Management ······· 437

海軍情報部 【米】 → Office of Naval
Intelligence (ONI) ························· 453

海軍人事局 【米】 → Bureau of Naval
Personnel ····································· 118

海軍政策 → naval policy ·················· 437

海軍戦術航空管制センター 【米】 → Navy
tactical air control center ················· 439

海軍戦術弾道ミサイル防衛能力 【米】
→ Navy tactical ballistic missile defense
capability ····································· 439

海軍戦術データ・システム 【米】 → Naval
Tactical Data System (NTDS) ··········· 438

海軍戦術ミサイル・システム 【米】 → Navy
tactical missile system (NTACMS) ····· 439

海軍潜水艦支援コマンド 【米】 → Naval
Submarine Support Command ··········· 438

海軍戦略 → naval strategy ················ 438

海軍戦略情報処理装置 【米】 → Naval

海軍 Intelligence Processing System (NIPS) ……… 437

海軍造船所 → navy yard ……… 439

海軍大学 【米】 → Naval War College (NAWC) ……… 438

海軍大佐 → sea captain ……… 554

海軍大将 → full admiral ……… 288

海軍大臣 → First Lord of the Admiralty ……… 268

海軍地域防衛 【米】 → Navy Area Defense (NAD) ……… 439

海軍中尉 【英】 → sublieutenant ……… 609

海軍駐機場 → navy ramp ……… 439

海軍長官 【米】
→ Secretary of Navy (SECNAF) ……558
→ Secretary of the Navy ……… 558

海軍地理・海洋コマンド 【米】 → Naval Meteorology and Oceanography Command ……… 437

海軍電子交換システム → naval automatic switching center ……… 436

海軍統制官 【英】 → Controller of the Navy ……… 172

海軍特殊群 → naval special warfare group ……… 438

海軍特殊戦 → naval special warfare ……… 438

海軍特殊戦コマンド 【米】 → Naval Special Warfare Command ……… 438

海軍特殊戦部隊
→ naval special warfare forces ……438
→ naval special warfare unit ……… 438

海軍任務遂行章 【米】 → Navy Achievement Medal ……… 439

海軍非現役戦隊 【米】 → Naval Inactive Fleet ……… 437

海軍被服補給所 【米】 → Clothing Supply Office (CSO) ……… 143

海軍病院 【米】 → Naval Hospital ……… 437

海軍評議会 【米】 → General Counsel of the Department of the Navy ……… 293

海軍武官 → naval attachè ……… 436

海軍武器隊 【米】 → Naval Ordnance (NAVORD) ……… 437

海軍武器体系統制所 【米】 → Naval Ordnance Systems Command (NAVORD) ……… 437

海軍部隊 → naval force ……… 437

海軍兵学校 【米】 → Naval Academy ……… 436

海軍兵学校

海軍兵学校 → naval academy ……… 436
→ naval college ……… 436

海軍兵学校生徒 → cadet ……… 121

海軍兵学校生徒 【米】 → midshipman ……411

海軍兵力量 → naval strength ……… 438

海軍法制コマンド 【米】 → Naval Legal Service Command ……… 437

海軍補給システム・コマンド 【米】 → Naval Supply Systems Command ……… 438

海軍補給廠 → naval supply depot ……… 438

海軍補給センター 【米】 → fleet and industrial supply center (FISC) ……… 272

海軍補給地 → naval station ……… 438

海軍保全群コマンド 【米】 → Naval Security Group Command ……… 438

海軍本部 【英】 → Admiralty ……… 13

海軍本部委員会 【米・英】
→ Admiralty Board ……… 13
→ Board of Admiralty ……… 108

海軍または海兵隊航空基地 【米】 → Naval or Marine air base ……… 437

海軍郵便局 【米】 → Navy Post Office (NPO) ……… 439

海軍要港 → naval station ……… 438

海軍予備役 【米】 → Naval Reserve ……… 437

海軍予備役部隊 【米】 → Naval Reserve Forces Operational ……… 438

海軍予備部隊 【米】 → Naval Reserve Force (NRF) ……… 438

海軍陸戦隊 → naval brigade ……… 436

海軍力
→ marine power ……… 399
→ naval power ……… 437
→ sea power ……… 555

会計 【空自准空尉空曹空士特技区分】
→ Accounting and Finance ……… 6

会計 → finance ……… 264

会計科 【自衛隊】 → Finance (Fin) ……… 264

会計課 【空自】 → Accounting and Finance Division ……… 6

会計課 【防衛省・海自】 → Accounting Division ……… 6

会計課 【内部部局・陸自・空自・防大】
→ Finance Division (Fin Div) ……… 264

会計監査官 【海自】
→ Audit Advisory Officer ……… 79
→ Auditor ……… 79

会計監査官 【米陸海空軍】 → Auditor

日本語索引　35　かいしよ

General ·· 79
会計監査室　【空自・海自】→ Auditing
　　Office ·· 79
会計監査班　【陸自】→ Audit Section ······· 80
会計監査報告　→ audit report ····················· 80
会計幹部　【空自幹部特技区分】→ Accounting
　　and Finance Officer ································· 6
会計幹部　【自衛隊】→ finance officer ····· 264
会計管理専門官　【防衛装備庁電子装備研究所】
　　→ Accounting Management Chief ············ 6
会計機関　→ financial organization ·········· 265
会計検査官　→ auditor ······························ 79
会計検査報告　→ audit report ····················· 80
会計室　【統幕】→ Finance Office ········· 264
会計将校　→ finance officer ···················· 264
会計責任機関符号　→ accounting symbol ····· 6
会計隊　【空自】→ Accounting Squadron ····· 6
会計幕僚　【空自幹部特技区分】→ Accounting
　　and Finance Staff Officer ························· 6
会計符号　→ account symbol ······················ 6
戒厳　→ military governance ··················· 413
戒厳令　→ martial law ···························· 401
戒厳令布告　→ proclamation of martial
　　law ··· 501
会合　【海自】→ rendezvous (Rdvu) ····· 531
会合海域　【米軍】→ rendezvous area ····· 531
開口角　→ angular aperture ······················ 53
外航護衛　→ ocean escort ······················· 452
会合時間　→ rendezvous time ················· 531
外航船　→ ocean-going ship ···················· 452
外航船団　→ ocean-going convoy ············· 452
回航船舶　→ taking ship ·························· 627
回航措置　【日】→ taking ship measure ··· 627
会合点
　　→ force rendezvous point (FRP) ······· 279
　　→ rendezvous point (RP) ·················· 531
外殻（がいこく）
　　→ hull ··· 322
　　→ outer hull ······································ 466
　　→ shell ·· 569
外国軍　→ foreign armed forces ·············· 280
外国軍隊　→ foreign military forces ········· 280
外国軍用品　→ foreign military supplies ··· 280
外国軍用品審判　【日】→ Foreign Military
　　Supply Tribunal ································ 280
外国語教育室　【防大】→ Department of

Foreign Languages ······························ 203
外国国内防衛　→ foreign internal defense
　　(FID) ·· 280
外国資産管理規則　【米】→ Foreign Assets
　　Control Regulations ··························· 280
外国諜報活動偵察法　【米】→ Foreign
　　Intelligence Surveillance Act (FISA) ··· 280
外語資料班　【陸自】→ Foreign Information
　　Section ·· 280
開傘衝撃　→ opening shock ···················· 458
開傘所要時間　→ opening delay ·············· 458
開傘秒時　→ opening time ······················ 458
海士　【海自】→ seaman ······················· 555
海事衛星　→ maritime satellite
　　(MARISAT) ····································· 400
海自幹部　【自衛隊】→ naval officer ······· 437
開式潜水器　→ open-circuit underwater
　　breathing apparatus ···························· 458
海自護衛艦　【海自】→ JMSDF
　　destroyer ·· 357
開始勢力　→ start strength ······················ 599
海士長　【海自】→ Leading Seaman ······· 371
開始日　→ target date ····························· 629
解釈　→ interpretation ····························· 350
開射向束（かいしゃこうそく）→ open
　　sheaf ··· 458
回収　【陸自】
　　→ recovery (Recov) ·······················524
　　→ salvage (Salv) ···························549
改修　→ modification ····························· 423
改修キット　→ modification kit ··············· 423
回収業務　→ salvage (Salv) ···················· 549
回収車
　　→ recovery vehicle ··························525
　　→ rescue vehicle ···························535
回収所　【陸自】→ collecting station ······ 147
改修場　→ modification center ················ 423
改修指令；改修指令書 → modification work
　　order (MWO) ··································· 424
回収品　→ salvage (Salv) ······················· 549
回収品集積所　→ salvage dump ·············· 549
回収妨害装置
　　→ antirecovery device ························ 58
　　→ prevention of stripping equipment ····498
開縦列　【海自】→ column open order ···· 148
海将　【海自】→ Vice Admiral ··············· 676

か

外哨 → outguard ································· 467

海上からの戦力の投入 → maritime power
projection ·································· 400

海上監視衛星 → ocean surveillance satellite
(OSS) ······································ 452

海上管理移動 → administrative sea
movement ································· 13

海上救難 【海自】→ sea rescue ··········· 556

海上救難装備セット → sea type air
droppable survival kit ················· 557

海上訓練支援隊 【海自】→ Drone Support
Squadron ·································· 226

海上訓練指導隊 【海自】→ Fleet Training
Group ······································ 273

海上訓練指導隊群 【海自】→ Fleet Training
Command ·································· 272

海上警備行動 → maritime patrol
operations ································ 400

海上警備行動 【自衛隊】→ maritime security
operation (MSO) ······················ 400

海上権力 【海自】→ sea power ············· 555

海上航空作戦指揮統制システム 【海自】
→ Maritime Air Operation Commmand
and Control System (MACCS) ·········· 399

海上航空支援 【空自】→ maritime air
support ···································· 399

海上航空部隊 【海自】→ air unit ········ 43

海上交通路 【空自】→ sea lines of
communication (SLOC) ·················· 555

海上コンテナー → military container moved
via ocean (SEAVAN) ··················· 413

海上作戦 → maritime operations ··········· 400

海上作戦 【海自】→ naval operation ····· 437

海上作戦センター 【海自】→ Maritime
Operation Center ························ 400

海上作戦部隊 → maritime operation force
(MOF) ····································· 400

海上作戦部隊指揮統制支援システム 【海自】
→ Maritime Operation Force System
(MOF System) ···························· 400

海上作戦輸送 【海自】→ tactical sea
transportation ···························· 626

海上作戦輸送部隊 → tactical sea
transportation group (TSTG) ·········· 626

海上自衛隊 【自衛隊】→ Maritime Self-
Defense Force (MSDF) ················· 400

海上自衛隊音楽隊 → JMSDF Band········ 357

海上自衛隊幹部 【海自】→ Maritime Self-
Defense Force officer···················· 400

海上自衛隊幹部学校 【海自】→ JMSDF
Command and Staff College (MCSC) ·· 357

海上自衛隊幹部候補生学校 【海自】
→ JMSDF Officer Candidate School ··· 357

海上自衛隊警務隊 【海自】→ JMSDF Shore
Police Command ························· 357

海上自衛隊術科学校 【海自】→ JMSDF
Service School ··························· 357

海上自衛隊情報保全隊 【海自】→ JMSDF
Intelligence Security Command ··········· 357

海上自衛隊潜水医学実験隊 【海自】
→ JMSDF Undersea Medical Center ··· 357

海上自衛隊先任伍長 【海自】→ Master Chief
Petty Officer of the MSDF ·············· 401

海上自衛隊東京業務隊 【海自】→ JMSDF
Service Activity, Tokyo ··················· 357

海上自衛隊品目識別番号 【海自】→ Maritime
Self-Defense Force Item Identification
Number (MIIN) ·························· 400

海上自衛隊補給本部 【海自】→ Maritime
Materiel Command ······················ 400

海上事前集積軍 → afloat prepositioning force
(AFP) ····································· 20

海上事前集積作戦 → afloat prepositioning
operations ································ 20

海上事前集積船 【統幕】→ maritime
prepositioning ship (MPS) ·············· 400

海上事前集積戦力 → maritime prepositioning
force (MPF) ······························ 400

海上事前集積戦力作戦 → maritime
prepositioning force operation············· 400

海上事前集積部隊 【海自】→ afloat
prepositioning force (AFP) ·············· 20

海上事前集積部隊作戦 → maritime
prepositioning force operation············· 400

海上哨戒機 → maritime patrol aircraft
(MPA) ····································· 400

海上哨戒ヘリコプター → maritime patrol
helicopter ································· 400

外哨陣地 → outguard position ············· 467

海上捜索救助区 【空自】→ maritime search
and rescue region ······················· 400

海上阻止活動 → Maritime Interdiction
Operations (MIO) ······················ 400

海上阻止訓練 → maritime interception
training (MIT) ··························· 400

海上阻止行動 → maritime intercept
operation (MIO) ························· 400

海上特殊目的部隊 → maritime special purpose force ………………… 400

海上における警備行動 【自衛隊】→ maritime security operation (MSO) …………… 400

海上配備型上層システム 【米軍】→ Navy Theater Wide Defense (NTWD) ……… 439

海上配備型ミッドコース防衛システム → Sea-based Mid-course Defense System (SMD) ………………………………… 554

海上幕僚監部 【海自】→ Maritime Staff Office (MSO) ……………………… 400

海上発射巡航ミサイル → sea-launched cruise missile (SLCM) …………………………… 554

海上発射弾道ミサイル → sea-launched ballistic missile (SLBM) ……………… 554

海上発射ミサイル → sea-based missile … 554

海上部隊 【海自】→ naval force ………… 437

海上兵力 【海自】→ naval forces ……… 437

海将補 【海自】→ Rear Admiral ………… 521

海上防衛力 【海自】→ naval power ……… 437

海上防衛区域 → maritime defense sector …………………………………… 400

海上防衛政策 → maritime defense policy …………………………………… 400

海上防衛戦略 【海自】→ naval strategy … 438

海上補給隊 【海自】→ Replenishment-at-Sea Squadron ……………………………… 533

海上優勢 → sea superiority …………… 556

海上輸送 → sealift ……………………… 554

海上輸送コマンド 【米海軍】→ Military Sealift Command (MSC) ……………… 415

海上輸送即応計画 → sealift readiness program (SRP) ……………………… 555

海上連絡幹部 【空自】→ naval liaison officer (NLO) ………………………………… 437

開進散布 → divergent spread ………… 220

開進点 → dispersal point ……………… 217

開進発射 → spread fire ………………… 593

外人部隊 → foreign legion ……………… 280

海水温度測定用ブイ → bathythermograph buoy …………………………………… 97

海図基準 【海自】→ chart base ………… 134

解析長 【海自】→ data analysis officer … 190

会戦 → campaign ……………………… 122

海戦
　→ naval battle ……………………… 436
　→ naval campaign ………………… 436
　→ naval warfare …………………… 438
　→ war at sea (WAS) ……………… 680

会戦計画 → campaign plan …………… 122

会戦計画立案 → campaign planning …… 122

外線作戦 【陸自】→ exterior operation … 254

回線所要 → circuit requirements ……… 137

回線統制 【空自】→ circuit control (C/C) ……………………………………… 137

回線統制所 → communication facility office (CFO) ………………………………… 157

回線統制用端末プログラム → communication control terminal program (CCTP) …… 156

海戦ドクトリン → naval warfare doctrine ……………………………… 438

回線の統制 【陸自】
　→ circuit control (C/C) ……………… 137
　→ circuit technical control …………… 137

回線品質測定架 → performance monitor frame (PMF) ……………………… 478

海戦法；海戦法規 → law of naval warfare ………………………………… 370

改造 → alteration (ALT) ……………… 46

海曹 【海自】→ Petty Officer …………… 480

外装 → armor …………………………… 67

外装鉛皮 → armoring sheathing ……… 67

改装巡洋艦 → converted cruiser ……… 174

改装水陸両用戦車 → duplex-drive tank … 228

海曹長 【海自】→ Chief Petty Officer … 136

海賊対処法 【日】→ Anti-Piracy Measures Law …………………………………… 58

外側探知区域 → outer detection area …… 466

外側揚陸艦区域 → outer landing ship area …………………………………… 466

解隊 → demobilization ………………… 202

海中雑音 → sea noise ………………… 555

外注整備 → contract maintenance (CM) …………………………………… 171

海中投棄処分 → dumping-at-sea disposal ……………………………… 228

海中発射長距離ミサイル・システム → underwater long-range missile system (ULMS) ……………………………… 661

海底音波探査機 → acoustic bottom profiler …………………………………… 7

海底残響 → sea-bottom reverberation … 554

海底散乱 → sea-bottom scattering ……… 554

海底設置ハイドロホン信号処理装置

かいてい　　　　　　　　38　　　　　　　日本語索引

→ underwater tracking system
（UTS）…………………………… 662
海底掃海　→ bottom sweep……………… 112
海底地形　→ bottom topography ………… 112
海底地形観測　→ bathymetric survey ……… 97
海底反射
→ bottom bounce（BB）………………111
→ bottom reflection…………………112
→ sea-bottom reflection ……………554
海底反射損失階級　→ bottom loss class
（BLC）………………………………… 111
海底反射損失測定装置　→ bottom loss
measuring system（BLMS）………… 112
海底浮遊機雷　→ creeping mine………… 182
海底余韻　→ bottom reverberation ……… 112
会敵コース　【空自】→ collision course … 147
会敵点　【空自】→ intercept point ……… 345
回転式拳銃　→ revolver………………… 540
回転弾倉　→ cylinder…………………… 188
回転止め　→ detent ……………………… 208
回転砲塔　→ cupola……………………… 186
回転翼機；回転翼航空機　→ rotorcraft …… 545
解読器　【空自】→ decoder ……………… 194
海幕システム　【海自】→ Maritime Staff
Office System（MSO System）………… 400
開発維持プログラム　→ development and
maintenance program（DMP）………… 209
開発課　【陸自】→ Materiel R&D Division
（Mat R&D Div）………………………… 403
開発計画課　【防衛省】→ Research and
Development Planning Division………… 535
開発試験及び評価　→ development test and
evaluation（DT&E）…………………… 209
開発指導隊群　【海自】→ Fleet Training and
Development Command ………………… 272
開発指令　→ development directive
（DD）…………………………………… 209
開発隊群　【海自】→ Fleet Research and
Development Command（FRDC）……… 272
開発不要品目　→ non-developmental item
（NDI）…………………………………… 445
回避　→ evasion…………………………… 249
外皮　→ shell ……………………………… 569
外被（がいひ）→ housing………………… 322
回避運動　→ evasive maneuver…………… 249
回避及び脱出　【空自】→ evasion and escape
（E&E）…………………………………… 249

回避航行　→ evasive steering …………… 249
回避行動　→ evasive action……………… 249
回避針路　→ evasive course …………… 249
回避戦術　→ evasive tactics …………… 249
回避段階　→ evasive phase …………… 249
海氷雑音　→ sea-ice-activity noise……… 554
回復点　→ recovery point ……………… 525
外部警備　→ external security …………… 255
外部警報器　→ external alarm…………… 254
外部システム・シミュレーション・プログラム
→ external system simulation program
（EXSP）………………………………… 255
外部搭載物投棄装置　→ external store jettison
system …………………………………… 255
海兵機動展開隊　【米】→ Marine
Expeditionary Unit（MEU）…………… 399
海兵機動展開部隊　【米】→ Marine
Expeditionary Force（MEF）………… 399
海兵機動展開旅団　【米】→ Marine
Expeditionary Brigade（MEB）………… 399
海兵空地任務部隊　【米】→ Marine Air-
Ground Task Force（MAGTF）………… 399
海兵航空管制隊　→ marine air control
squadron ………………………………… 399
海兵航空群　【米海兵隊】→ Marine Aircraft
Group（MAG）………………………… 399
海兵航空支援隊　→ marine air support
squadron ………………………………… 399
海兵航空指揮統制組織　【米】→ marine air
command and control system…………… 399
海兵航空団　【米海兵隊】→ Marine Aircraft
Wing（MAW）………………………… 399
海兵水陸両用部隊　→ Marine Amphibious
Force（MAF）………………………… 399
海兵隊　【米】→ Marine Corps………… 399
海兵隊　【英】→ Royal Marines（RM）… 546
海兵隊基地　【米】
→ marine base…………………………399
→ Marine Corps Base（MCB）…………399
海兵航空団連絡事務所　【在日米軍】→ Marine
Wing Liaison Kadena（MWLK）……… 399
海兵隊作戦部隊　【米】→ Operational Forces
of the Marine Corps …………………… 460
海兵隊上陸作戦旅団　【米】→ Marine
Amphibious Brigade（MAB）………… 399
海兵隊司令官　【米】→ Commandant, Marine
Corps……………………………………… 153

日本語索引　39　かえんて

海兵隊戦闘研究所 【米】→ Marine Corps Warfighting Laboratory（MCWL）…… 399

海兵隊先任上級曹長 【米】→ Sergeant Major of the Marine Corps …………………… 565

海兵隊太平洋基地 【米】→ Marine Corps Installations Pacific（MCIPAC）……… 399

海兵隊飛行場 【米】→ Marine Corps Air Station（MCAS）…………………………… 399

海兵隊補給機関 【米】→ Marine Corps Supply Activity（MCSA）……………… 399

海兵隊命令 【米】→ Marine Corps Order（MCO）…………………………………… 399

海兵隊予備役 【米】→ Marine Corps Reserve ……………………………………… 399

改編 → reorganization ……………………… 531

外方哨戒線 → outer patrol line ………… 466

開放スロット → open slot ………………… 459

外方掃海索 → outboard sweep wire …… 466

解放地域 → liberated territory ………… 374

海面残響 → sea-surface reverberation…… 556

海面散乱 → sea-surface scattering ……… 556

海面反射 【空自】→ sea clutter ………… 554

海面反射 → sea-surface reflection ……… 556

海面反射雑音 【海自】→ sea clutter …… 554

海面反射消去 【海自】→ anti-clutter … 57

開門橋 → bridge broken ………………… 114

外洋海軍 → blue water navy…………… 107

海洋監視 → sea surveillance …………… 556

海洋監視システム → sea surveillance system ……………………………………… 556

海洋監視情報システム → ocean surveillance information system（OSIS）…………… 452

海洋観測 → oceanographic research …… 452

海洋観測艦 【海自】→ oceanographic research ship（AGS）…………………… 452

海洋観測所 【海自】→ Oceanographic Observation ……………………………… 452

海洋観測所 → oceanographic observation station ………………………………… 452

海洋業務・対潜支援群 【海自】→ Oceanography ASW Support Command………………………………… 452

海洋拒否 → sea denial …………………… 554

海洋航行の安全に対する不法な行為の防止に関する条約 → Convention for the Suppression of Unlawful Acts against the Safety of Maritime Navigation ………… 174

海洋国 → sea power ……………………… 555

外洋哨戒艦 → offshore patrol vessel（OPV）…………………………………… 455

海洋哨戒情報システム・センター 【米】→ Oceanic Surveillance Information System Center（OSISC）……………… 452

外洋哨戒船 → offshore patrol vessel（OPV）…………………………………… 455

海洋哨戒潜水艦 → ocean patrol submarine ………………………………… 452

海洋資料作業隊 → oceanographic service unit ………………………………………… 452

海洋勢力 → sea power …………………… 555

海洋戦域 → maritime theater …………… 400

海洋戦略 → maritime strategy ………… 400

海洋分区 → maritime subarea…………… 400

海洋優勢 → maritime superiority……… 400

海洋力 → maritime power ……………… 400

海陸間移動 【米軍】→ ship-to-shore movement…………………………………… 570

概略横列 → loose line abreast ………… 386

概略縦列 → loose line column ………… 386

概略照準 → coarse sight………………… 144

概略ソーナー掃討 → loose sonar sweep… 386

概略の経始（がいりゃくのけいし）→ general trace………………………………………… 294

概略方位列 → loose line of bearing …… 386

改良型機上指揮所 【空軍】→ advanced airborne command post（AABNCP）…… 14

改良型空対空ミサイル → advanced air-to-air missile（AAAM）……………………… 14

改良型水陸両用強襲装甲車 【海軍】→ advanced amphibious assault vehicle …………………………………… 14

改良型制御ディスプレイ・コンソール 【米海軍】→ improved control display console（ICDC）………………………………… 329

改良型通常弾薬 → improved conventional munitions（ICM）………………………… 329

改良ホーク → Improved Hawk System … 329

開ループ掃海 → open loop sweep ……… 458

カウンター・インテリジェンス → counterintelligence（CI）……………… 179

カウンターインテリジェンス室 【統幕】→ Counter Intelligence Office …………… 179

カウンター・カウンターメジャー → counter-countermeasures ……………………… 178

火炎点火薬 → flash charge ……………… 271

か

かえんは　　　　　　　　　　　40　　　　　　　　　　　日本語索引

火炎爆弾 → fire bomb ······················ 265

火炎瓶
　→ Molotov cocktail ······················424
　→ petrol bomb ···························480

火炎放射器 → flame thrower··············· 270

化学エネルギー弾 → chemical energy
　projectile（CE projectile）················ 135

化学汚染 → chemical contamination ······ 134

化学科 【自衛隊】 → Chemical（Cml）··· 134

化学火工品 → chemical pyrotechnics······ 135

化学学校 【陸自】 → Chemical School··· 135

化学警戒 → antichemical security ··········· 56

化学攻撃 → chemical attack ················ 134

化学剤 → chemical agent ··················· 134

化学剤タンク → airplane spray tank ······· 37

化学剤蓄積作用 → chemical agent cumulative
　action ······································· 134

化学作戦 → chemical operations············ 135

化学手榴弾（かがくしゅりゅうだ
　ん）→ chemical hand grenade ············· 135

化学地雷 → chemical mine ················· 135

化学・生物・核武器防護 【空自】 → CBR
　weapons protection ························ 128

化学・生物・放射能 → chemical, biological
　and radiological（CBR）··················· 134

化学・生物・放射能作戦 → chemical,
　biological and radiological operation（CBR
　operation）·································· 134

化学・生物・放射能戦 → chemical, biological
　and radiological activity warfare（CBR
　warfare）··································· 134

化学・生物・放射能兵器 【空自】 → chemical,
　biological and radioactive weapons ······ 134

化学戦 → chemical warfare（CW）········· 135

化学戦部隊 → chemical warfare service
　（CWS）······································ 135

化学戦防御中隊 → chemical-defense
　company ··································· 135

科学総監 【米空軍】 → Chief Scientist···· 136

化学弾；化学弾薬 → chemical
　ammunition ································ 134

化学弾薬貨物 → chemical ammunition
　cargo ······································· 134

化学班 【陸自】 → Chemical Section······ 135

化学部 【自衛隊】 → chemical division··· 135

化学武器 【陸自】 → chemical weapon
　（CW）······································· 135

化学部隊 【陸軍】 → chemical corps······· 134

化学物質 → chemical substances ··········· 135

化学兵器 → chemical weapon（CW）····· 135

化学兵器禁止機関 → Organization for the
　Prohibition of Chemical Weapons
　（OPCW）···································· 465

化学兵器禁止条約 → Chemical Weapons
　Convention（CWC）························ 135

化学防衛 → chemical defense ··············· 135

化学防護 → protection from chemical
　agents ······································ 504

化学防護衣 → chemical protective cloth·· 135

化学防護車 → chemical protection
　vehicle ······································ 135

化学防護隊 【陸自】 → Chemical Unit···· 135

化学レーザー → chemical laser ············· 135

係幹部（かかりかんぶ）【陸自】 → officer in
　charge（OIC）······························ 454

係士官（かかりしかん）；係将校（かかりしょう
　こう）→ officer in charge（OIC）········· 454

火管
　→ cannon primer ·······················123
　→ primer ·······························499

火器
　→ firearm ·····························265
　→ weapon ····························684

火器係 → armorer···························· 67

火器管制 【空自】 → fire control············ 265

火器管制装置 【空自】 → fire control system
　（FCS）······································· 265

火器管制装置整備 【空自准空尉空曹空士特技
　区分】 → Fire Control Systems
　Maintenance ······························ 266

火器管制レーダー 【空自】 → fire control
　radar（FCR）······························· 265

火器班 【陸自】 → Arms Section ··········· 68

火器分隊 → weapons squad ················ 685

下級伍長（かきゅうごちょう）【英陸軍】
　→ Lance Corporal························· 365

下級将校 → junior officer ················· 362

加給品 → ration supplements··············· 519

下級部隊 → lower echelon ················· 387

架橋 → bridge ····························· 114

架橋位置 → bridge site ····················· 114

火器用掩体 → weapon emplacement······· 684

架橋段列（かきょうだんれつ）→ bridge
　train ·· 114

核安全線
　→ atomic safety line ……………… 77
　→ nuclear safety line ……………449
核エネルギー　→ nuclear energy ………… 449
核危機軽減センター【米】→ Nuclear Risk Reduction Center …………………… 449
角距離　→ angular distance ……………… 53
核均衡　→ nuclear parity ………………… 449
核雲　→ nuclear cloud ………………… 449
各軍間支援協定　→ interservice support agreement（ISA）……………………… 351
各軍間相互協定　→ interservice agreement ……………………………… 351
各軍指揮官【米】→ service component commander ……………………………… 566
核軍縮
　→ nuclear arms reduction ………………449
　→ nuclear disarmament …………………449
各軍種単位部隊　→ Service force modules ……………………………… 566
核警戒メッセージ　→ nuclear warning message ……………………………… 450
核撃滅地域　→ atomic killing area ……… 77
核攻撃　→ nuclear attack ………………… 449
核攻撃警報　→ nuclear strike warning … 449
角較差　→ angular variability …………… 53
各行動方針の分析　→ analysis of opposing courses of action …………………… 52
各個掩体（かくこえんたい）→ foxhole …… 282
各個射撃（かくこしゃげき）【海自】→ individual firing …………………… 332
核コラム　→ nuclear column …………… 449
角差　→ angular variability ……………… 53
拡散角度　→ beam ……………………… 100
拡散射撃　→ spreading fire ……………… 593
拡散に対する安全保障構想　→ Proliferation Security Initiative（PSI）……………… 503
各自衛隊の行動に関する各種見積り　→ estimates of JSDF's movements … 248
各自衛隊の状況　→ JSDF's condition …… 362
核シェルター　→ nuclear shelter ……… 449
核事故　→ nuclear accident …………… 448
核実験　→ nuclear test ………………… 449
核実験禁止条約　→ Nuclear Test-Ban Treaty ………………………………… 449
核実験モラトリアム　→ Moratorium on Nuclear-Weapon Test Explosions …… 425

確実探知距離　→ assured sonar range …… 75
拡充練成訓練　→ development training …… 209
各種事態　→ situations ………………… 579
確証破壊戦略　→ assured destruction strategy ………………………………… 75
確証破壊能力　→ assured destruction capability（ADC）……………………… 75
核情報　→ nuclear intelligence（NUCINT）……………………………… 449
各省補給用品貯蔵所／備蓄用品補給所【米】
　→ Departmental Supply Storage Point/Stock Storage Depot（DSSP/SSD）…… 202
核心区域【海自】→ vital area（VA）…… 678
学生課【防大】→ Cadets Affairs Division ……………………………… 121
学生軍事教練隊　→ cadet corps ……… 121
核脆弱性評価　→ nuclear vulnerability assessment …………………………… 450
学生隊【海上自衛隊幹部候補生学校】
　→ Students Corps …………………… 608
核・生物及び化学兵器　→ nuclear, biological and chemical weapon（NBC weapon）… 449
核・生物・化学戦
　→ atomic, biological and chemical warfare ……………………………… 77
　→ NBC warfare …………………………439
　→ nuclear biological chemical warfare（NBC warfare）……………………449
核・生物・化学兵器　→ atomic, biological and chemical weapons（ABC weapons）…… 77
核セキュリティ　→ nuclear security …… 449
核戦争
　→ atomic warfare ……………………… 77
　→ nuclear war …………………………450
　→ nuclear warfare ……………………450
核戦争防止国際医師の会　→ International Physicians for the Prevention of Nuclear War（IPPNW）……………………… 349
核戦力　→ nuclear capability …………… 449
核戦力通信衛星　→ nuclear forces communications satellite（NFCS）…… 449
角速度
　→ angular speed ……………………… 53
　→ angular velocity …………………… 54
角速度爆撃システム　→ angle rate bombing system（ARBS）……………………… 53
核損害　→ nuclear damage …………… 449
核損害評価　→ nuclear damage assessment …………………………… 449

拡大航掃法 → enlarged channel method ·· 245

核態勢の見直し 【米】 → Nuclear Posture Review（NPR） ················ 449

拡大捜索 → expanded search ··········· 252

拡大ソーナー・メッセージ → expanded sonar message ·················· 252

拡大通信捜索 → extended communication search（EXCOM） ·············· 254

拡大方形捜索 → expanding square search ························ 252

拡大方形捜索パターン → expanding square search pattern ·················· 252

拡大方形パターン → expanding square pattern ······················ 252

核弾頭 → nuclear warhead ··········· 450

核弾薬 → nuclear round ············· 449

核超大国 → major nuclear power ········· 395

拡張ブイ → extension buoy ············· 254

確定段階 → decision phase ············ 193

核テロ防止条約 【国連】 → International Convention for the Suppression of Acts of Nuclear Terrorism ············· 348

格闘 → hand-to-hand combat ··········· 308

核投射制限線 → atomic no-fire line（ANFL） ···················· 77

格闘戦 → dogfight ·················· 222

格闘戦部隊 → shock troops ············ 570

角度欺瞞 → angle gate pull-off（AGPO）·· 52

角度差 → angular difference ··········· 53

角度算定器 → angle solver ············· 53

角度分解能 → angular resolution ········· 53

確認照準発射法 → check bearing method ·························· 134

確認掃海 → check sweeping ··········· 134

確認点 【陸自】 → check point ········ 134

確認飛行物体 → identified flying object（IFO） ························ 326

確認報告 → amplifying report ··········· 51

核燃料サイクルへのマルチラテラル・アプローチ → Multilateral Nuclear Approaches（MNA） ···················· 428

格納場所 【海自】 → storage space ········ 604

核の傘 → nuclear umbrella ··········· 450

核の均衡 → nuclear parity ············· 449

各幕 【自衛隊】 → each Staff Office ······· 229

各幕区画 → individual area for each Staff Office ························· 332

各幕作戦会議 【自衛隊】 → each Staff Operations Meeting ············· 229

各幕作戦室 【自衛隊】 → each Staff office Operations Room ·············· 229

各幕システム 【自衛隊】 → each Staff Office system ······················ 229

各幕情報運用室 → Staff Office IOR ······· 595

核爆弾
→ atomic demolition munitions（ADM） ················· 77
→ nuclear bomb ················ 449

核爆発
→ nuclear burst ················ 449
→ nuclear explosion ············· 449

核爆発探知衛星 → nuclear explosion detection satellite（NDS） ········ 449

核爆発探知技術 → nuclear detonation evaluation technique（NUDET） ········ 449

核爆発探知警報組織 → nuclear detonation detection and reporting system（NUDETS） ················ 449

核被害 → nuclear damage ··········· 449

核被害評価 → nuclear damage assessment ···················· 449

核物質 → nuclear material ············· 449

核物質計量管理国家制度 → State System for Nuclear Material Accountancy and Control（SSAC） ···················· 599

核物質の防護に関する条約 → Convention on the Physical Protection of Nuclear Material ···················· 174

核物質防護 → physical protection ········· 482

角分解能 → angular resolution ··········· 53

核分裂
→ fission ····················· 269
→ nuclear fission ·············· 449

核分裂生成比 → fission to yield ratio ····· 269

核分裂生成物 → fission product ··········· 269

核分裂連鎖反応 → fission chain reaction ·· 269

核兵器
→ atomic weapon（A-weapon） ··········· 77
→ nuclear weapon ·············· 450

核兵器演習 → nuclear weapon exercise ··· 450

核兵器事故 → nuclear weapon accident ·· 450

核兵器使用所要時間 → nuclear weapon employment time ·············· 450

核兵器不拡散条約 → Treaty on the Non-Proliferation of Nuclear Weapons

（NPT） ……………………………… 653

核兵器用核分裂性物質生産禁止条約 → Fissile Material Cut-off Treaty（FMCT） ……… 269

核兵器類別局 【米】 → Nuclear Ordnance Catalog Office（NOCO） ……………… 449

核兵器劣化 → nuclear weapon degradation ……………………………… 450

核兵站移動 → nuclear logistics movement ……………………………… 449

各別命令 → fragmentary order （FRAGORD） ………………………… 283

角変位 → angular displacement …………… 53

角方位 → angular position ………………… 53

核防衛問題委員会 【NATO】 → Nuclear Defense Affairs Committee（NDAC） … 449

核防御
　→ atomic defense ……………………… 77
　→ nuclear defense（NUCDEF） ………449

核防御隊形 → atomic defense formation … 77

核防護
　→ atomic defense ……………………… 77
　→ nuclear defense（NUCDEF） ………449

核放射線 → nuclear radiation …………… 449

核砲弾 【陸軍】 → artillery fired atomic projectile（AFAP） ………………………… 72

核保有国
　→ nuclear nation ………………………449
　→ nuclear power ………………………449
　→ nuclear weapon state ………………450

核ミサイル → nuclear missile…………… 449

核抑止力 → nuclear deterrent capability ……………………………… 449

攪乱 【海自】 → harassment …………… 308

攪乱工作員 → confusion agent …………… 166

撹乱射撃（かくらんしゃげき）【海自】
　→ harassing fire……………………… 308

確率掃海 → statistical sweeping ………… 600

「駆け足」 → double time …………… 224

掛け金 → sear ………………………… 555

掛け金保持筒 → sear carrier …………… 555

加減速度電動機 → adjustable-speed motor ……………………………… 11

化合火薬類 → explosive compound ……… 253

火工剤 → pyrotechnics………………… 508

火光偵察 → flash reconnaissance ……… 271

火光標定 → flash ranging………………… 271

火光標定所 【陸軍】 → flash ranging

center ………………………… 271

火工品
　→ ordnance…………………………464
　→ pyrotechnics ………………………508

かご形アンテナ → cage antenna………… 121

カーゴ弾 → cargo projectile …………… 125

カーゴ吊架飛行 → cargo sling flight …… 125

火災呼集 → fire call …………………… 265

火災探知器 → fire detector …………… 266

火災探知装置 → fire detector system…… 266

傘形アンテナ → umbrella antenna……… 659

傘形陣形 → V formation ……………… 676

傘形隊形 → wedge formation ………… 687

傘形弾幕 → umbrella barrage ………… 659

傘形直衛 → bent-line screen ………… 102

傘形バリヤー → bent-line barrier ……… 102

下士官 → non-commissioned officer （NCO） ……………………………… 445

下士官 【米海軍】 → petty officer …… 480

下士官兵 → enlisted personnel ………… 245

樫葉章 【米】 → Oak Leaf Cluster ……… 450

カジュアルティ発射 → casualty firing （LOS） ……………………………… 127

カジュアルティ武器指示盤 → casualty weapon direction panel（CWDP） …… 127

過剰在庫 → surplus stock……………… 617

過剰在庫量 → excess stock ………… 250

過剰品 → excess property ……………… 250

「頭、左！」（かしら、ひだり）→ Eyes Left！ ……………………………… 256

「頭、右！」（かしら、みぎ）→ Eyes Right！ ……………………………… 256

ガス・エロージョン → gas erosion …… 291

ガス掩蔽部 → gas-proof shelter ……… 292

ガス検知器 → chemical detector kit …… 135

ガス攻撃 → cloud attack……………… 143

ガス死傷者 → gas casualty …………… 291

ガス手榴弾 → chemical hand grenade … 135

ガス哨
　→ gas sentinel ………………………292
　→ gas sentry …………………………292

ガス清浄器 → gas cleaner……………… 291

ガス戦 → gas warfare ………………… 292

ガス・タイト
　→ fume tight（FT） …………………288
　→ gas tight …………………………292

ガスタービン員 【海自】→ gas turbine system technician（GS） 292
ガス遅延吹き戻し式 → gas-delayed blowback 291
ガス筒 → gas candle 291
ガス爆弾 → gas bomb 291
ガス防護 → antigas defense 57
ガス・ポート → gas port 292
ガス・マスク → gas mask 291
ガス密
　→ fume tight（FT） 288
　→ gas tight 292
ガス利用式 → gas operation 292
ガス漏孔（がすろうこう）→ gas port 292
火制 → fire suppression 267
火制地帯
　→ band of fire 92
　→ zone of fire suppression 694
仮設敵 【空自】→ faker（FKR） 257
仮設敵 → skeleton enemy 579
仮設敵機航跡 → faker track 257
仮設敵識別係幹部 【空自】→ faker identification officer（FIO） 257
仮設道路 → heavy expedient road 312
火線 → firing line 268
河川作戦 → riverine operations 543
河川戦 → riverinewarfare 543
仮想攻撃 → simulated attack 576
可操縦式船体アレイ・ビームフォーマー 【米海軍】→ steerable hull-array beamformer（SHAB） 602
画像情報 → imagery intelligence（IMINT） 328
仮想船 → fictitious ship 261
画像通信 → imagery communication 328
仮想敵
　→ hypothetical enemy 325
　→ orange forces 464
仮想敵部隊 → opposing forces（OPFOR） 463
過早点火（かそうてんか）→ premature ignition 495
過早展開 → premature deployment 495
過早破裂（かそうはれつ）
　→ early burst 229
　→ premature burst 495

画像判読 【統幕・海自】→ imagery interpretation 328
画像レーザー・レーダー → imaging laser radar 328
加速誤差 → acceleration error 4
加速試験 → acceleration test 5
加速上昇段階要撃 → boost phase intercept（BPI） 111
加速調節装置 → acceleration control unit ... 4
加速点検 → acceleration check 4
加速度誤差 → ballistic error 91
加速度偏心誤差 → ballistic deflection 91
可塑性黄燐（かそせいおうりん）→ plasticized white phosphorus（PWP） 486
可塑性爆薬 → plastic explosives 486
可塑性爆薬の探知のための識別措置に関する条約 → Convention on the Marking of Plastic Explosives for the Purpose of Detection 174
肩射ち火器 → shoulder weapon 572
肩越し射撃 → over-the-shoulder shooting 469
肩越し爆撃 → over-the-shoulder bombing 469
片揺れ角 【海自】→ angle of yaw 53
カタログ補給便覧 → catalog supply manual 127
課長 【防衛省】→ head 310
可聴音 → audible sound 79
可聴距離 → audible distance 79
可聴信号 → audible signal 79
可聴度 【空自】→ audibility 79
可聴鳴音
　→ audible singing 79
　→ audible swish 79
滑空旋回 → gliding turn 296
滑空爆弾 → glide bomb 296
滑腔（かっこう）→ smooth bore 581
滑腔砲（かっこうほう）→ smooth bore gun 581
各個訓練（かっこくんれん）→ individual training 332
各個撃破 → defeat in detail 195
各個攻撃 → individual attack 332
各個攻撃 【海自】→ piecemeal attack 483
各個射 → individual firing 332
確固たる支援任務 【NATO】→ Resolute

日本語索引　　　　　　　　　　　45　　　　　　　　　　　かやくし

　　Support Mission（RSM）............ 536
「各個に撃て」→ fire at will 265
各個防護　【陸自】→ individual
　　protection 332
活性化地雷 → activated mine 8
活線作業 → hot-line job 321
合戦準備　【海自】
　　→ clear for action 141
　　→ rig for dive 541
合戦準備用具収め　【海自】→ rig for
　　surface 541
合戦図　【海自】→ action plot 8
合葬（がっそう）
　　→ group burial 302
　　→ group funeral 303
滑走路破壊爆弾 → anti-runway bomb 58
滑動体 → sleigh 580
活動平衡線評価 → activity balance line
　　evaluation（ABLE） 10
活動報告書 → after action report
　　（AAR） 20
カットオフ接敵 → cut-off approach 187
ガット・サイト
　　→ GAT site 292
　　→ ground-to-air transmitter site（GAT
　　site） 302
カッパー・ファウリング → copper
　　fouling 176
課程管理室　【海上自衛隊幹部学校】
　　→ Education Management Division 232
艦艇装備研究所　【防衛装備庁】→ Naval
　　Systems Research Center 438
嘉手納空軍基地　【在日米軍】→ Kadena Air
　　Base（Kadena AB） 363
嘉手納弾薬庫地区　【在日米軍】→ Kadena
　　Ammunition Storage Area 363
嘉手納飛行場 → Kadena Airfield 363
可動機　【統幕・空自】→ operational
　　aircraft 459
カートリッジ作動装置 → cartridge-actuated
　　device（CAD） 126
ガトリング砲 → Gatling gun 292
カーニボー　【米】→ Carnivore 125
加熱試験 → heat test 312
可能補給率 → available supply rate
　　（ASR） 85
加農榴弾砲 → gun-howitzer 305
加農砲（かのんほう）→ cannon 123

カバーネーム → cover name 181
カバレッジ係数　【海自】→ coverage
　　factor 181
カバレッジ百分率 → coverage in
　　percentage 181
可搬型超水平線レーダー → relocatable over-
　　the-horizon radar（ROTHR） 530
仮標射撃管制 → offset fire control 455
カービン銃 → carbine 124
下部砲架　【陸自】
　　→ bottom carriage 111
　　→ lower carriage 387
ガーブル → garble 291
壁透過レーダー → through-the-wall radar
　　（TWR） 639
可変座（かへんこうざ）→ variable
　　recoil 673
花弁状貫通；花弁状貫徹 → petalling 480
可変深度ソーナー　【海自】→ variable depth
　　sonar（VDS） 672
仮帽（かぼう）→ ballistic cap 90
火砲 → gun 305
下方監視赤外線方式 → downward looking
　　infra-red（DLIR） 224
火砲弾薬
　　→ artillery ammunition 71
　　→ artillery ammunition round 71
かまぼこ形兵舎　【米】→ Quonset hut 510
仮眠室　【空自】→ bed room 101
カム・アーム → cam arm assembly 122
貨物機 → cargo plane 125
貨物空輸証明書 → air bill 23
貨物処理能力 → clearance capacity 140
貨物船 → cargo ship（AK） 125
貨物輸送機 → cargo plane 125
火薬
　　→ deflagrating explosives 199
　　→ gunpowder 306
　　→ low explosives 387
火薬系列 → explosive train 254
火薬庫 → magazine 389
火薬作動装置
　　→ explosive-actuated device 253
　　→ propellant-actuated device（PAD） .. 503
火薬式起動機　【海自】→ cartridge
　　starter 126
火薬式始動機　【空自】→ cartridge

か

かやくし　　　　　　　　　　　　　　　46　　　　　　　　　　日本語索引

starter ················· 126
火薬式離脱装置 → explosive remover ····· 253
火薬弾頭 → high explosive warhead ······· 315
火薬の力 → force of explosives ············· 279
火薬粒 → grain ················· 298
火薬類 → explosives ················· 254
火薬類伝火系列　【海自】→ explosive
　　train ················· 254
火薬類取締法 → explosives control law ··· 254
空打ち（からうち）→ exercising ············· 251
空打ちスイッチ（からうちスイッ
　　チ）→ exercise switch ············· 251
殻蹴り（からけり）→ ejector ············· 233
ガラス繊維強化プラスチック → glass fiber
　　reinforced plastics ················· 296
殻抜き　【海自】
　　→ cartridge extractor ················· 126
　　→ extractor ················· 255
カラーバースト・ユニット → color-burst
　　unit ················· 148
空薬莢（からやっきょう）
　　→ empty case ················· 241
　　→ spent case ················· 592
仮階級
　　→ temporary grade ················· 634
　　→ temporary rank ················· 634
仮集積所 → beach dump ················· 99
仮制式（かりせいしき）→ limited standard
　　(LS) ················· 377
仮制式品目（かりせいしきひんもく）→ limited
　　standard item ················· 377
仮任命 → temporary appointment ········ 634
仮標定 → arbitrary orientation ········ 63
仮墓地 → temporary cemetery ············· 634
仮埋葬 → emergency burial ············· 239
渦流雑音（かりゅうざつおん）→ hydrophone
　　motion noise ················· 324
加榴砲 → gun-howitzer ················· 305
火力 → fire power ················· 266
火力基盤 → base of fire ················· 95
火力協力　【陸自】→ fire support ··········· 266
火力計画 → fire plan ················· 266
火力支援 → fire support ················· 266
火力支援位置 → fire support station ······ 267
火力支援海域　【海自】→ fire support
　　area ················· 266
火力支援幹部　【海自】→ fire support officer

（FSO） ················· 267
火力支援基地 → fire support base
　　(FSB) ················· 266
火力支援区域 → fire support area ·········· 266
火力支援計画
　　→ fire support plan ················· 267
　　→ plan of supporting fires ················· 486
火力支援将校　【米軍】→ fire support officer
　　（FSO） ················· 267
火力支援隊 → fire support unit ············· 267
火力支援チーム → fire support team
　　（FIST） ················· 267
火力支援調整 → fire support
　　coordination ················· 266
火力支援調整官　【海自】→ fire support
　　coordinator（FSCOORD） ················· 267
火力支援調整幹部　【自衛隊】→ fire support
　　coordination officer（FSCO） ················· 267
火力支援調整者　【統幕・米軍】→ fire support
　　coordinator（FSCOORD） ················· 267
火力支援調整手段 → fire support
　　coordinating measures ················· 266
火力支援調整所 → fire support coordination
　　center（FSCC） ················· 267
火力支援調整将校　【米軍】→ fire support
　　coordination officer（FSCO） ················· 267
火力支援調整線　【空自】→ fire support
　　coordination line（FSCL） ················· 267
火力支援調整本部　【海自】→ fire support
　　coordination center（FSCC） ················· 267
火力支援班　【統幕】→ fire support element
　　（FSE） ················· 267
火力支援部隊　【陸自】→ fire support element
　　（FSE） ················· 267
火力集中 → series of fires ················· 565
火力集中群 → group of fires ················· 303
火力集中群　【陸自】→ group of targets·· 303
火力集中団　【陸自】→ series of targets·· 565
火力集中点　【陸自】→ concentration ······ 164
火力戦闘指揮統制システム　【陸自】→ Firing
　　Command and Control System
　　（FCCS） ················· 267
火力戦闘部隊　【陸自】→ fire unit（FU）·· 267
火力単位 → unit of fire ················· 667
火力調整 → fire coordination ················· 266
火力調整　【陸自】→ fire support
　　coordination ················· 266
火力調整者　【陸自】→ fire support

coordinator（FSCOORD） ·············· 267
火力調整所 【陸自】→ fire support
　coordination center（FSCC） ·············· 267
火力調整線 【陸自】→ fire support
　coordination line（FSCL） ················ 267
火力統制 → control of fires ···················· 172
火力と機動 → fire and maneuver ··········· 265
火力の指向 → application of fire·············· 61
火力の編成 【陸自】→ organization of
　fires ··· 465
火力の優越 → fire superiority ················ 266
火力配分 → fire distribution ·················· 266
火力優先 【陸自】→ priority of fires ····· 500
枯れ葉剤
　→ defoliant ··· 200
　→ defoliating agent ···························· 200
枯れ葉剤散布作戦 → defoliant operation·· 200
枯れ葉作戦 → defoliation ······················ 200
カレント・オペレーション・チーム
　→ current operations team（COT） ···· 186
川崎支所 【防衛装備庁】→ Kawasaki
　Branch ·· 363
川上弾薬検査課 【在日米軍】→ Kawakami
　Ammo Surveillance Branch ··············· 363
川上弾薬庫 【在日米陸軍】→ Kawakami
　Ammunition Depot ····························· 363
川上電話交換室 【在日米軍】→ Kawakami
　Telephone Exchange Office ················ 363
川上分遣隊 【在日米軍】→ Kwakami
　Facilities Engineer Detachment ··········· 364
艦位 → fix ··· 269
簡易暗号書 → field code······················· 261
簡易軍事法廷 【米】→ summary court-
　martial ·· 612
簡易仕掛け爆弾 → improvised explosive
　device（IED） ····································· 329
簡易式精測進入角指示灯 → abbreviated
　precision approach path indicator ········· 3
簡易着陸場 → air strip ···························· 40
簡易問い合わせ装置；簡易報告装置
　→ automatic data acquisition·············· 81
観閲行進 → march in review·················· 398
観閲式 → review ···································· 540
観閲式場 【海自】→ parade ground ······ 471
観閲式場 → reviewing ground ·············· 540
間隔差左右修正 → horizontal parallax
　correction（Ph） ·································· 320

間隔差上下修正 【海自】→ elevation parallax
　correction（Pv） ································· 238
間隔調整器 【海自】→ intervalometer ···· 351
観艦式
　→ fleet review ···································· 272
　→ naval review ··································· 438
艦旗警護隊 → colors guard ··················· 148
官給器材 → government furnished equipment
　（GFE） ·· 297
緩急区分 【海自】→ message precedence·· 409
官給航空器材 → government furnished
　aeronautical equipment······················· 297
官給材料；官給資材 → government furnished
　material（GFM） ······························· 297
官給装備品 → government furnished
　equipment（GFE） ····························· 297
官給搭載機器 → government furnished
　airborne equipment（GFAE） ·············· 297
官給品
　→ government furnished equipment
　　（GFE） ···297
　→ government furnished property
　　（GFP） ···297
　→ government issue（GI） ·················· 297
官給部品 → government furnished part·· 297
艦橋 → bridge ·· 114
環境衛生 → environmental sanitation····· 245
環境課 【在日米陸軍】→ Environmental
　Branch ·· 245
環境支援システム → allied environmental
　support system（AESS） ······················ 45
艦橋資源管理 【海自】→ bridge resource
　management（BRM） ························ 114
艦橋情報表示装置 【海自】→ advanced
　bridge system（ABS） ·························· 14
環境制御装置 → environmental control unit
　（ECU） ··· 245
眼鏡托座（がんきょうたくざ）
　→ sight base·······································574
　→ telescope mount ····························633
艦橋通路 → flying bridge ······················ 277
艦橋伝令 → bridge talker ······················ 114
艦橋ハッチ → upper conning tower
　hatch ·· 669
管区通信中隊 → region communication
　company ·· 528
関係部隊 → related units ······················ 529
間隙補完用レーダ（かんげきほかんようレー

かんこう 48 日本語索引

ダー）→ gap filler radar（GFR）········ 291

眼高差 → dip-of-the sea horizon ············ 212

看護官 【自衛隊】→ nursing officer ······· 450

看護師；看護師部隊 → nurse corps
（NC）·· 450

看護兵 → hospital orderly ···················· 321

艦載機
　→ carrier aircraft ····························125
　→ carrier-based aircraft ··················125
　→ shipboard plane ··························569

艦載多目的航空システム → light airborne
multipurpose system ························ 375

艦載輸送機 → carrier on-board delivery·· 126

艦載用新射撃指揮装置 【自衛隊】→ advanced
shipboard fire control system ············· 15

艦載用新短SAMシステム 【自衛隊】→ New
Short Range Ship-to-Air Missile
system ··· 442

監査課 【内部部局・海自】→ Audit
Division ·· 79

監査手 → sight checker ······················· 574

監察 → inspection（insp）···················· 339

監察官 【米】→ Inspector General ········ 339

監察官 【陸自・海自】→ Inspector
General ·· 339

監察官 【米空軍】→ Inspector General of the
Air Force··· 339

監察監査・評価官 【防衛装備庁】→ Director,
Audit and Evaluation Division ············ 214

監察長官 → inspector general ·············· 339

監察班 【防衛監察本部】→ Inspection
Section ··· 339

鑑査望遠鏡 → checker's telescope ·········· 134

監視 → surveillance（survl）················ 618

監視員 → listening watch ····················· 379

監視係幹部 【空自】→ air surveillance officer
（ASO）··· 41

監視下経路 【統幕】→ supervised route· 613

監視活動 【海自】→ surveillance
operation ·· 618

監視管制隊 【空自】→ Aircraft Control and
Surveillance Squadron ······················ 26

監視技術 → surveillance technology ······· 618

監視技術員 【空自】→ air surveillance
technician（AST）······························ 41

監視鏡 → check sight··························· 134

監視業務 → monitoring service ············· 424

監視区域
　→ observing sector ·························451
　→ surveillance area ························618

監視軍 → observer force······················ 451

監視圏 → watch zone ·························· 682

監視試験コンソール → supervisory test
console（STC）································· 613

監視システム管制官 【空自】→ air
surveillance control officer（ASCO）······· 41

監視情報 → surveillance intelligence······· 618

監視隊 → observer force······················ 451

監視担当空域 → surveillance area ·········· 618

監視チーム → watch team···················· 682

監視通信所 → monitoring station ·········· 424

監視艇 → guard boat ·························· 303

監視表示装置 → monitor display station
（MDS）·· 424

監視・捕捉・追尾・撃墜評価 → surveillance,
acquisition, tracking and kill assessment
（SATKA）·· 618

緩射（かんしゃ）
　→ deliberate fire ···························201
　→ slow fire ··································580

患者規制 → medical regulation ············· 407

患者規制所 → medical regulating
station ··· 407

患者空輸 【空自】→ aeromedical
evacuation ··· 18

患者後送 → medical evacuation
（MEDEVAC）···································· 406

患者後送基準 【陸自】→ patient evacuation
policy ·· 474

患者後退路 → line of drift ···················· 378

患者呼集 → sick call···························· 573

患者死亡率 → case fatality rate（CFR）·· 126

患者集合所 → patient collecting station·· 474

患者集合点 【陸自】→ patient collecting
point（PCP）····································· 474

患者収容所 → collecting station ············· 147

患者日報
　→ daily sick report·························188
　→ sick report ································573

患者輸送 → patient movement ············· 475

患者輸送機
　→ airplane ambulance·······················37
　→ ambulance plane ·························48

患者輸送項目 → patient movement item
（PMI）··· 475

日本語索引　　　　49　　　　かんせい

患者輸送要求センター → patient movement requirements center（PMRC）············ 475
艦首 → bow ················ 112
艦首カーソル → bow cursor··············· 112
艦首旗 → jack ··············· 354
慣熟訓練 → refresher training（RFT）··· 527
慣熟実務訓練 → familiarization job training··············· 257
慣熟飛行 → familiarization flight··········· 257
艦首波 → bow wave ·············· 112
艦首発射管 → bow tube··············· 112
艦種表示符 → type indicator ············· 659
艦首方位 → beading ····················· 100
艦首方位 【海自】→ heading ··········· 310
監視用アンテナ → monitoring antenna··· 424
管状火薬 → tubular powder················· 656
艦上機 → shipboard plane··············· 569
艦上警戒 → deck alert ············· 193
艦上減圧室 → deck decompression chamber（DDC）············· 193
環状銃架 → ring mount ·············· 542
艦上戦術航空統制所 【米軍】→ tactical air control center-afloat ··············· 623
環状センス・アンテナ → ring type sense antenna··············· 542
艦上待機 → deck alert ··············· 193
緩衝地帯 → buffer zone（BZ）············ 116
緩衝着陸 → cushion landing ············· 186
緩衝導爆線 → mild detonating fuze（MDF）··············· 412
艦上爆撃機 → carrier bomber ·········· 126
干渉防止機能 → interferenceprotectionfeature（IPF）··············· 346
艦飾 → dress ship ················ 225
監視レーダー → surveillance radar（SR）··············· 618
監視レーダー進入 → surveillance radar approach ············· 618
監視レーダー部隊 → surveillance radar element（SRE）··············· 618
関心地域 → area of interest ·················· 64
管制移管 → hand over ·············· 308
管制域 → control area（CTA）············· 171
管制員
　→ checkman··············· 134
　→ controller··············· 172

管制係長 【空自】→ chief controller ······ 135
管制可能機雷 → controllable mine········ 171
管制官誤差 → controller error ············· 172
管制官パイロット間データ通信 → controller-pilot data-link communications（CPDLC）··············· 172
管制技術員 【空自】→ control technician（CT）··············· 173
慣性基準装置 → inertial reference system（IRS）··············· 334
管制機雷 → controlled mine ············· 172
管制機雷原 → controlled minefield········ 172
管制区 【空自】→ control area（CTA）··· 171
管制空域 【空自】→ controlled air space·· 171
管制区管制所 → area control center（ACC）··············· 64
管制経路 【海自】→ supervised route ····· 613
管制圏 → control zone（CTZ）············· 173
管制港 → control port ····················· 172
慣性航法 → inertial navigation············· 334
慣性航法装置 → inertial navigation system（INS）··············· 334
慣性航法ユニット → inertial navigation unit（INU）··············· 334
管制航路 【海自】→ controlled route ····· 172
管制室 → control room ··············· 173
管制承認 【空自】→ air traffic control clearance（ATC clearance）·············· 42
管制承認 → clearance（clnc）············· 140
管制地雷 → controlled mine ············· 172
慣性信管 → inertia fuze ·············· 333
慣性測定システム → inertial measurement system ··············· 333
慣性測定装置 → inertial measurement unit ··············· 333
管制隊 【空自】→ Air Traffic Control Squadron（ATCS）··············· 42
管制隊管制班長 → flight facility officer··· 273
管制ターミナル → control terminal（CT）··············· 173
完成弾 → complete round ··············· 161
完成弾薬 → round of ammunition········· 545
完成弾薬包 【海自】→ complete round ·· 161
管制塔 【空自】→ control tower········· 173
管制塔勤務員 【空軍】→ control tower operator ··············· 173

か

管制道路
　→ controlled route ·················172
　→ supervised road（SR）·················613

管制道路 【陸自】→ supervised route ···· 613

管制発進 → controlled departure ·········· 172

管制盤 【海自】→ control board ·········· 171

管制範囲 → control range·················· 172

管制飛行場 → controlled aerodrome······ 171

慣性誘導 → inertial guidance ·········· 333

管制要撃 【空自】→ controlled
　interception ·················· 172

管制レーダー覆域 【海自】→ control radar
　coverage ·················· 172

管制連絡所 → control and reporting center
　（CRC）·················· 171

間接航空支援 → indirect air support ······ 332

間接支援 → indirect support·················· 332

間接射撃 → indirect fire·················· 332

間接射撃管制 → indirect fire control ······ 332

間接射撃修正法 【海自】→ observed fire
　procedure ·················· 451

間接照準
　→ indirect laying ··················332
　→ indirect pointing ·················· 332

間接照準射撃 → indirect fire·················· 332

間接照準射撃管制 → indirect fire
　control ·················· 332

間接照準爆撃 → offset bombing ·············· 455

間接侵略
　→ indirect aggression··················332
　→ indirect invasion··················332

間接通信 → indirect communication ····· 332

間接の保護 → indirect protection ·········· 332

間接要請射撃 → indirect call fire ·········· 332

艦船 【自衛隊】→ warship·················· 681

艦船課 【海自】→ Ships Division·········· 570

完全管制道路 → dispatch road（DR）···· 217

完全管制道路 【陸自】→ dispatch route·· 217

艦船攻撃 → anti-shipping strike ·············· 59

艦船事故 → warship accident·············· 681

完全侵徹（かんぜんしんてつ）→ complete
　penetration ·················· 161

艦船設計官 【防衛装備庁】→ Naval Ship
　Design Division ·················· 438

完全燃焼
　→ complete combustion ··················161

→ perfect combustion ·················478

完全爆撃 → saturation bombing ·········· 550

艦船部 【海自】→ Ships Department····· 570

艦船・武器課 【海自】→ Ships and Weapons
　Division ·················· 570

艦船武器課 【防衛省管理局】→ Weapons and
　Warships Division·················· 685

完全防護衣服 → impermeable protective
　clothing·················· 329

艦船補給処 【海自】→ Ship Supply
　Depot ·················· 570

艦船補給品定数表 → coordinated onboard
　shipboard allowance list（COSAL）····· 176

艦船要目 → ship's data·················· 570

艦船要目会議 【米海軍】→ Ship
　Characteristics Board（SCB）·············· 569

艦船用ソノブイ信号処理装置 → sonobuoy
　data processing system（SDPS）·········· 584

換装 → reloading ·················· 530

観測機 → observation airplane·············· 451

観測士 【海自】→ assistant oceanographic
　officer ·················· 75

観測者 → observer ·················· 451

観測射撃
　→ observed fire·················451
　→ will observe·················689

観測射撃手順 【空自】→ observed fire
　procedure ·················· 451

観測者識別 → observer identification ····· 451

観測長 【海自】→ oceanographic officer·· 452

観測調整線 → o-o line ·················· 458

観測不能
　→ Cannot Observe··················123
　→ crested··················182

観測ヘリコプター 【陸自】→ observation
　helicopter（OH）·················· 451

管体 → barrel ·················· 93

艦隊 → fleet ·················· 272

艦隊衛星通信 → fleet satellite
　communication·················· 272

艦隊衛星通信システム → fleet satellite
　communications system
　（FLTSATCOM）·················· 272

艦隊海兵部 【米】→ Fleet Marine Force
　（FMF）·················· 272

艦隊海洋監視情報センター → fleet ocean
　surveillance intelligence center
　（FOSIC）·················· 272

日本語索引　　51　　かんない

艦対艦ミサイル；艦対艦誘導弾 → ship-to-ship missile ……………………… 570

艦対空ミサイル → ship-to-air missile (SAM) ………………………………… 570

艦対空誘導弾 【陸自】 → ship-to-air missile (SAM) ……………………… 570

艦隊航空群 → fleet air wing ……………… 272

艦隊後方支援空輸部隊 → fleet logistics air transport unit ……………………… 272

艦隊指揮官 → fleet commander ………… 272

艦隊指揮センター 【海軍】 → fleet command center (FCC) ………………… 272

艦対水中ミサイル → ahip-to-underwater missile (SUM) ……………………… 21

艦隊随伴給油艦 → replenishment oiler … 533

艦隊随伴航洋曳船 → fleet ocean tug …… 272

艦隊随伴掃海艇 → minesweeper fleet (MSF) ………………………………… 417

艦隊前進泊地；艦隊前進錨地 → advanced fleet anchorage ………………… 15

艦対潜ミサイル；艦対潜誘導弾 → ahip-to-underwater missile (SUM) …………… 21

艦隊即応飛行隊 【米海軍】 → fleet readiness squadron (FRS) ………… 272

艦隊弾道ミサイル → fleet launching ballistic missile (FLBM) …………… 272

艦対地ミサイル；艦対地誘導弾 → ship-to-surface missile (SSM) ………… 570

艦隊通信衛星 → Fleet Satellite Communication (Fleet SATCOM) …… 272

艦隊能力回復及び近代化 【米海軍】 → fleet rehabilitation and modernization (FRAM) …………………………… 272

艦隊副官 【英海軍】 → fleet captain …… 272

環太平洋空軍作戦部長会議 → Director of Operations Conference (DO CONF) … 215

環太平洋空軍シンポジウム 【日】 → PACRIM Airpower Symposium ………………… 470

艦隊編成 → fleet organization ………… 272

艦隊防御 【海自】 → area defense ……… 64

艦隊防空 【海自】 → fleet air defense … 272

艦(地)対艦(地)ミサイル・システム 【海自】 → surface-to-surface missile system …… 617

艦(地)対艦(地)ミサイル 【海自】 → surface-to-surface missile (SSM) ……………… 617

艦(地)対空兵器 【海自】 → surface-to-air weapon ……………………………… 617

艦(地)対空ミサイル 【海自】

→ surface-to-air guided missile (SAM) ……………………………… 617

→ surface-to-air missile (SAM) ……… 617

艦長 【海軍】 → commanding officer (CO) …………………………………… 154

艦長 → sea captain ……………………… 554

官庁間補給支援協定 【米】 → Wholesale Inter-service Supply Support Agreement (WISSA) …………………………… 689

貫通 → penetration ……………………… 477

貫通孔 (かんつうこう)

→ perforation hole …………………… 478

→ through hole ………………………… 639

艦艇

→ naval vessel ………………………… 438

→ shipborne …………………………… 569

→ vessel ……………………………… 676

艦艇開発隊 【海自】 → Sea Systems Center (SSC) ……………………………… 556

艦艇残存性 → naval ship survivability … 438

艦艇装備認定試験 → ship qualification trial (SQT) ……………………………… 570

艦艇定数表 → ship's allowance list (SAL) ………………………………… 570

艦艇搭載型対弾道弾ミサイル・システム → sea-based anti-ballistic missile system (SABMIS) …………………………… 554

艦艇搭載砲 → naval gun ……………… 437

艦艇発射巡航ミサイル → ship launched cruise missile ……………………… 569

艦艇別武器部品定数表 → vessel ordnance consolidated allowance list (VOCAL) … 676

艦艇用弾道ミサイル → fleet ballistic missile (FBM) ……………………………… 272

監的壕 (かんてきごう) → pit …………… 484

監的手 【空自】 → spotter ……………… 593

貫徹 → penetration ……………………… 477

貫徹限界角 → biting angle ……………… 104

貫徹爆弾 → penetration bomb ………… 477

貫徹力 → armor piercing value ………… 68

艦搭載幹部 【海自】 → combat cargo officer ……………………………… 148

監督下の単独飛行 → supervised solo flight ………………………………… 613

艦内給気内殻弁 (かんないきゅうきないこくべん) → ship's supply hull valve ……… 570

艦内救難空気弁 → compartment air salvage valve ………………………………… 160

かんない　　　　　　　　　52　　　　　　　　日本語索引

艦内情報士官 → ship's intelligence
　officer ……………………………………… 570
艦内点検 → below-deck inspection ……… 101
艦内当直；艦内当直員 → below-deck
　watch …………………………………… 101
艦内編成 → ship's organization ………… 570
艦内防御 【海軍】→ damage control …… 189
感応域 → influence field ………………… 334
感応起爆装置 → influence exploder ……… 334
感応機雷 → influence mine ……………… 334
感応信管 → influence fuze ……………… 334
感応掃海 → influence sweep …………… 334
ガンハウザー → gun-howitzer ………… 305
完爆（かんばく）
　→ complete detonation …………………161
　→ high order burst ………………………316
　→ high order detonation ………………316
完爆点（かんばくてん）→ point of complete
　explosion ……………………………… 488
甲板 → deck（DK）……………………… 193
甲板員 → deck-hand ……………………… 193
甲板海曹 【海自】→ police petty officer … 489
甲板士官 【米海軍・海自】→ First
　Lieutenant（1st Lt.）…………………… 268
甲板長 → boatswain ……………………… 108
艦尾カーソル → stern cursor …………… 603
官品（かんぴん）→ government issue
　（GI）…………………………………… 297
幹部 【自衛隊】
　→ commissioned officer（CO）…………155
　→ officer …………………………………454
幹部会議 【空自】→ Executive Staff
　Conference……………………………… 250
幹部会議室 → Staff Conference room …… 595
幹部学校 【自衛隊】→ Staff College
　（SC）…………………………………… 595
幹部高級課程 【海自】→ Advanced
　Command and Staff Course …………… 14
幹部高級課程 【空自幹部学校】→ Air War
　Course（AWC）………………………… 43
幹部候補生 【自衛隊】→ officer candidate
　（OC）…………………………………… 454
幹部候補生学校 【自衛隊】→ Officer
　Candidate School（OCS）……………… 454
幹部室 【防衛省】→ officers room …… 454
幹部実設演習 → skeleton drill ………… 579
幹部上級課程 【陸自】→ Advanced Officer's

Course（AOC）………………………… 15
幹部特別課程 【空自】→ Administrative
　Officers Course（AOC）……………… 13
幹部特別課程 【海上自衛隊幹部学校】
　→ Intensive Commnand and Staff
　Course ………………………………… 344
幹部控室 【防衛省】→ staff waiting
　room …………………………………… 596
幹部普通課程 【空自】→ Squadron Officers
　Course（SOC）………………………… 594
観兵式（かんぺいしき）→ military
　review ………………………………… 415
艦砲 → naval gun ………………………… 437
艦砲火力支援 → naval gunfire support … 437
艦砲支援位置 → fire support station …… 267
艦砲支援任務群 【海自】→ fire support
　group …………………………………… 267
艦砲射撃 【海自】→ naval gunfire
　（NGF）………………………………… 437
艦砲射撃支援 → naval gunfire support … 437
艦砲射撃支援海域 → gunfire support area
　（GSA）………………………………… 305
艦砲射撃統制班
　→ naval gunfire control party …………437
　→ shore fire control party（SFCP）……571
艦砲射撃連絡士官 → naval gunfire liaison
　officer ………………………………… 437
艦砲射撃連絡班 → naval gunfire liaison
　team …………………………………… 437
観砲頂角
　→ angle T ………………………………… 53
　→ apex angle …………………………… 61
　→ observing angle ………………………451
カンボディア地雷対策センター → Cambodia
　Mine Action Center（CMAC）………… 122
観目距離 → observer-target range……… 451
観目線
　→ observer-target line（OTL）…………451
　→ observing line ………………………451
ガンモーター → gun-mortar …………… 305
関門抽出検査 → barrier inspection …… 93
丸薬 → pellet …………………………… 477
管理移動 → administrative movement …… 13
管理運営室 【空自】→ Administration and
　Operations Support Room …………… 12
管理運営室区画 【空自】→ Administration
　and Operations Support Room area…… 12
監理課 【空自】→ Comptroller Division … 162

日本語索引　53　きかいか

管理課 【防衛省装備局】 → Coordination Division ……………………… 176

管理換え → transfer ………………… 650

管理換え指示 → transfer order ………… 650

管理隔離 → administrative segregation …… 13

管理監査 → administrative inspection …… 13

監理監察官 【空自】 → Inspector General ……………………… 339

監理幹部 【空自幹部特技区分】 → Comptroller ……………………… 162

管理局 【防衛省】 → Bureau of Finance and Equipment……………………… 118

管理区画 【空自】 → administration area … 12

管理計画 【海軍】 → administrative plan … 13

管理系統図 → administrative chart ……… 12

管理港 → controlled port ……………… 172

管理航空輸送業務 → administrative airlift service ……………………… 12

管理行軍 → administrative march ………… 13

管理行進 【自衛隊】 → administrative march …………………… 13

管理護衛艦船 【海軍】 → administrative escort…………………………… 13

管理指揮 → administrative command …… 12

管理指揮系統 → administrative chain of command ……………………… 12

管理事項 → administrative matters ……… 13

管理施設課 【防大】 → Logistics and Facilities Division ……………… 383

管理者権限 → administrator privileges …… 13

管理上陸 【海軍】 → administrative landing ……………………… 13

管理船積業務 → administrative shipping … 13

管理操縦者 → administrative pilot (AP)……………………………… 13

管理隊 【空自】 → Security Guard and Transportation Squadron …………… 560

管理地図 → administrative map ………… 13

管理通信 → administrative communication …………………… 12

管理搭載 → administrative loading ……… 13

管理統制 → administrative control ……… 12

管理任務群 → administrative group ……… 13

監理幕僚 【空自幹部特技区分】 → Comptroller Staff Officer ………… 163

監理班 【空自】 → Comptroller Section … 163

監理班 【陸自】 → Programs Management Section ……………………… 502

管理班 【空自施設課】 → Civil Engineering Management Section ……………… 138

管理飛行 → administrative flight ………… 13

監理部 【陸自】 → Comptroller Department (Compt Dept) ………………… 162

管理部 【海自】 → Administration Department ……………………… 12

管理部隊 → administrative echelon ……… 13

監理部長 【陸自】 → Comptroller (Compt) ……………………… 162

管理編成 → administrative organization … 13

管理報告・統計 【米】 → management reports and statistics (MARS) …………… 395

管理見積り → administrative estimate …… 13

管理命令 【米軍】 → administrative order … 13

簡略形式 → abbreviated form ……………3

簡略指呼 → abbreviated call ………………3

簡略報告 → abbreviated report ……………3

管理・輸送課 【陸自】 → Management and Transportation Division (Mgt & Trans Div) ………………………… 395

管理用車両 → administrative use vehicle … 13

管理ライン → Line of Control (LOC) … 378

寒冷起動 【海自】 → cold start ………… 146

寒冷始動 【空自】 → cold start ………… 146

関連支援 → associated support ………… 75

緩和表 → relaxation table ……………… 529

【き】

機位 → fix ……………………………… 269

機位決定 → positive radar fixing ………… 491

機位不明 → lost position ……………… 386

旗衛隊 【陸自】 → color guard ………… 148

偽エコー → false echo ………………… 257

起縁部 → rim …………………………… 542

起縁薬莢 → rimmed cartridge case ……… 542

「気をつけ！」 → Attention！ ………… 79

機械化師団 → mechanized division (MD) …………………………… 406

機械化部隊 → mechanized unit ………… 406

機械化部隊揚陸艇 【海軍】 → landing craft, mechanized (LCM) ……………… 366

きかいか 54 日本語索引

き

機械化補給管理方式 → logistics data gathering environment-supply（LODGE-S）……………………………………… 383

機械化歩兵師団 → mechanized-infantry division ……………………………… 406

機械化歩兵小隊 → mechanized-infantry platoon ……………………………… 406

機械化歩兵戦闘車 → mechanized-infantry combat vehicle（MICV）…………… 406

機械化歩兵大隊 → mechanized-infantry battalion ……………………………… 406

機械化歩兵中隊 → mechanized-infantry company ……………………………… 406

機械化歩兵分隊 → mechanized-infantry squad …………………………………… 406

機械化連絡管理業務 → mechanization of contact administration services（MOCAS）………………………………… 406

危害距離 → damage range…………… 189

機械工学科 【防大】 → Department of Mechanical Engineering ……………… 203

機械式BT → mechanical bathythermograph（MBT）…………………………… 405

機械式信管 → mechanical fuze ……… 405

機械式水温記録器 → mechanical bathythermograph（MBT）………… 405

機械システム工学科 【防大】 → Department of Mechanical Systems Engineering…… 203

機会射撃 【海自】 → opportunity fire… 463

議会担当官 【米陸軍】 → Chief of Legislative Liaison……………………… 135

議会担当部長 【米海軍】 → Chief of Legislative Affairs …………………… 135

機械的調定魚雷 → mechanical set torpedo ……………………………… 405

機械的妨害
→ mechanical jamming ……………405
→ mechanics jamming ……………406

機外搭載物 → external store………… 255

機外燃料及び兵装管理システム → external fuel and armament management system（EFAMS）……………………… 254

危害範囲 → damage area …………… 189

議会連絡部長 【米空軍】 → Director of Legislative Liaison ………………… 214

企画課 【海自】 → Planning Division…… 485

企画室 【防大・統幕学校】 → Planning Division ……………………………… 485

規格制定 【海自】 → cataloging………… 127

企画班 【空自】 → Planning Section …… 486

企画班 【陸自】 → Plans and Administration Section………………………………… 486

企画評価課 【内部部局】 → Policy Planning and Evaluation Division……………… 489

企画部 【海上自衛隊幹部学校】 → Planning and Administration Department……… 485

旗艦 → flag ship …………………… 270

機関拳銃 → machine pistol…………… 389

機関士 【海自】 → assistant engineer officer ……………………………… 75

機関銃 → machine gun（MG）……… 389

機関銃座 → pillbox ………………… 483

機関将校 【海軍】 → engineer officer …… 244

基幹職 → key position ……………… 363

基幹人員
→ cadre……………………………121
→ key personnel …………………363

旗艦戦術指揮センター → tactical flag command center（TFCC）…………… 625

機関長 → chief engineer …………… 135

機関長 【海自】 → engineer officer ……… 244

旗艦の艦長 → flag captain…………… 270

帰還不能限界点 【空自】 → point of no return ……………………………… 488

機関砲
→ automatic cannon………………… 81
→ machine cannon…………………389
→ machine gun（MG）……………389

基幹要員
→ cadre……………………………121
→ key personnel …………………363

基幹連隊指揮統制システム 【陸自】
→ Regiment Command Control System（ReCS）………………………… 528

危機 → crisis………………………… 182

機器 → equipment（EQUIP）………… 246

機器改善プログラム 【米軍】 → Component Improvement Program（CIP）………… 161

危機管理 → crisis management ………… 182

危機管理センター 【首相官邸】 → Crisis Management Center ………………… 182

危機管理態勢 → crisis management readiness……………………………… 182

危機管理チーム → crisis action team…… 182

危機状態 → crisis situation…………… 182

危機対処計画 → crisis action planning… 182

日本語索引　　　　　　　　　　　　　　　　55　　　　　　　　　　　　　　　　きしゆこ

危機対処手順　→　crisis action procedure
　（CAP） ·· 182
機器調達前準備業務　→　provisioning ······· 505
機器別部品定数表　→　allowance parts list ·· 46
気球係留所　→　balloon bed ······················ 91
気球隊　→　balloon squadron ····················· 91
気球反射器　→　balloon reflector ··············· 91
危急品収納袋　→　emergency equipment
　container ··· 239
危険界　→　danger space ·························· 190
危険海域【海自】→　danger area ············ 189
危険管理システム　→　crisis action system
　（CAS） ·· 182
危険区域　→　danger area ························ 189
危険空域　→　airspace danger area ············· 39
危険空域【空自】→　danger area ············ 189
危険空域【米】→　dangerous air area ······ 189
危険航空貨物　→　controlled dangerous air
　cargo ··· 172
危険工室　→　dangerous work shop ········· 190
危険水域　→　dangerously exposed
　waters ·· 190
危険帯　→　danger zone ··························· 190
危険通報　→　danger message ·················· 189
期限付きTCTO；期限付き技術指令書　→　time
　compliance technical order（TCTO）··· 640
期限付き品目　→　dated item ··················· 191
期限統制　→　age control（AC） ·············· 20
危険幅　→　danger width ························· 190
危険範囲　→　danger range ······················ 190
危険標識　→　hazard sign ························ 310
危険品；危険物　→　dangerous cargo ······· 190
機甲化　→　mechanization ······················· 406
機甲科【陸自】→　Armor ························ 67
機甲騎兵連隊【米陸軍】→　Armored Cavalry
　Regiment ··· 67
機甲教育隊【陸自】→　Armored Training
　Unit ·· 67
機甲群　→　armor group ···························· 67
機甲師団【米陸軍】→　Armored Division ·· 67
機甲師団　→　armored division ·················· 67
機甲襲撃　→　armor sweep ························ 68
機甲戦闘　→　armored combat ··················· 67
偽構築物　→　decoy ································ 194
機甲偵察　→　armored reconnaissance
　（ARCN） ·· 67
機甲偵察車　→　armored reconnaissance
　vehicle ··· 67
機甲偵察部隊　→　armored reconnaissance
　unit ·· 67
機甲部隊
　→　armored forces ································· 67
　→　armored unit ···································· 67
　→　mechanized cavalry ························· 406
機甲歩兵部隊　→　armored infantry ·········· 67
器材現況　→　equipment status ··············· 246
記載航空情報　→　aeronautical information
　overprint ·· 19
器材班【陸自】→　Engineer Equipment
　Section ·· 243
器材班【空自】→　Equipment Section ···· 246
擬似アンテナ　→　dummy antenna ·········· 228
擬似機雷【海自】→　dummy mine ········· 228
擬似機雷原（ぎじきらいげん）→　phony
　minefield ·· 482
擬似空中線　→　dummy antenna ············· 228
機軸線　→　fuselage reference line
　（FRL） ··· 289
擬似ソノブイ・バリヤー　→　dummy sonobuoy
　barrier ·· 228
擬似地雷原（ぎじぢらいげん）→　phony
　minefield ·· 482
擬似標的　→　pseudo target ····················· 505
擬似無感空域　→　false cone of silence ······ 257
擬似目標　→　decoy ································ 194
擬似目標【空自】→　phantom target ······ 481
擬似目標発生装置　→　false target
　generator ··· 257
旗手
　→　color-bearer ····································· 148
　→　standard bearer ······························· 596
奇襲
　→　coup de main ·································· 180
　→　surprise ··· 618
機銃　→　machine gun（MG） ················ 389
機銃掃射　→　strafing ····························· 605
奇襲部隊
　→　commando ······································ 154
　→　shock troops ···································· 570
奇襲部隊員　→　commando ····················· 154
奇襲兵器　→　weapon of surprise ············ 684
機首交差角　→　heading crossing angle
　（HCA） ·· 310

き

きしゆつ　　　　　　　　　　　　　　　　56　　　　　　　　　　　　日本語索引

技術援助 → technical assistance ………… 631

技術課 【空自・海自】→ Development
Division ……………………………… 209

技術課 【海自】→ Engineering Division‥ 244

技術開発官 【自衛隊】→ Assistant Director
General ……………………………… 75

技術官 【防衛省】→ Chief Technical
Officer ……………………………… 136

技術幹部 【空自幹部特技区】→ Research and
Development Officer ………………… 535

技術幹部課程 【空自】→ Technical Officers
Course（TOC）……………………… 631

技術行政幕僚 【空自幹部特技区分】
→ Research and Development
Administration Staff Officer ………… 535

記述形式品目ファイル 【米】→ descriptive
item file（DIF）……………………… 206

技術研究本部 【防衛省】→ Technical
Research and Development Institute
（TRDI）……………………………… 632

技術資格取得集合訓練 → intensive training
to acquire skills and qualifications …… 344

技術情報 → technical intelligence（TECH-
INT）………………………………… 631

技術情報部 【米】→ National Technical
Information Service（NTIS）………… 435

技術資料 【空自】→ technical material ‥ 631

技術指令書 【空自】→ Technical Order
（TO）………………………………… 631

技術審査 → engineering evaluation
（EE）………………………………… 244

技術戦略部 【防衛装備庁】→ Department of
Technology Strategy ………………… 204

技術的の作戦情報 → technical operational
intelligence（TOPINT）……………… 631

技術特技 → technical specialty ………… 632

技術部 【空自・海自】→ Development
Department ………………………… 209

技術部 【防衛省・海自】→ Engineering
Department ………………………… 244

技術分析官 【防衛装備庁】→ Technology
Analyst ……………………………… 632

技術分析専門官 【防衛装備庁電子装備研究所】
→ Technology Analysis Specialist …… 632

技術兵 → artificer ……………………… 71

技術変更承認 → engineering change
authorization（ECA）………………… 243

技術変更提案 → engineering change proposal
（ECP）……………………………… 243

技術変更要求 → engineering change request
（ECR）……………………………… 244

技術補給監理官 【海自】→ Engineering and
Supply Advisory Officer ……………… 243

機首搭載砲 → cowl gun ………………… 181

機首方位 → airplane heading …………… 37

機首方位 【空自】→ heading …………… 310

基準艦 → guide ship …………………… 304

基準航掃法 → ordinary clearance pass …… 464

基準照準線 → zero sight line …………… 694

基準水面 → datum level ………………… 191

基準線 → datum line …………………… 191

基準速力 → base speed ………………… 95

基準艇
→ center ship ……………………… 130
→ guide ship ……………………… 304

基準点 → datum point ………………… 191

基準排水量 【海自】→ standard
displacement ……………………… 596

基準標桿（きじゅんひょうかん）→ base
stake ………………………………… 95

基準部隊
→ base unit ………………………… 95
→ standard unit …………………… 597

基準砲 → direction gun ………………… 213

基準目印ブイ → datum dan buoy ……… 191

基準面 → datum level ………………… 191

記章
→ badge …………………………… 89
→ medal …………………………… 406

騎哨（きしょう）→ cossack post ……… 178

気象ウォーニング 【空自】→ weather
warning …………………………… 687

気象衛星 → meteorological satellite …… 410

気象音響学 → acoustic meteorology ……… 7

気象解説 → weather briefing …………… 686

気象勧告 【空自】→ weather advisory … 686

気象監視 → meteorological watch ……… 410

機上管制官；機上管制士官 → airborne
control officer ……………………… 23

気象観測 → meteorological observation ‥ 410

気象観測 【空自准空尉空曹空士特技区分】
→ Weather Service ………………… 686

機上観測員 【空自】→ air observer
（AOBSR）…………………………… 37

機上観測員 → flight observer …………… 274

日本語索引　57　きしよう

気象観測員　→ weather observer…………686
気象観測所　→ meteorological observing station…………410
気象幹部　【空自幹部特技区分】→ Weather Officer…………686
気象器材整備　【空自准空尉空曹空士特技区分】→ Weather Equipment Maintenance…686
気象基準面　→ meteorological datum plane（MDP）…………410
機上救護　→ first aid on the aircraft……268
機上救護員
　→ air medic…………36
　→ air rescue medical technician（air medic）…………38
気象業務　→ weather service…………686
気象業務隊　【空自】→ Air Weather Service Center Squadron…………44
気象業務部　【米】→ National Weather Service…………435
機上近接指示器　→ airborne proximity indicator…………24
気象警報　【海自】→ weather warning……687
機上光学追跡装置　→ airborne lightweight optical tracking system（ALOTS）………24
機上航法計算機　→ airborne navigation computer…………24
機上作業練習機　→ crew training plane……182
気象支援　→ weather support……………687
機上自己防御用ジャマー　→ airborne self protection jammer（ASPJ）……………24
機上自己防御レーザー　→ airborne self-defense laser（ASDL）………………24
機上射撃術　→ air gunnery………………34
機上射手　【空軍】
　→ aerial gunner（AG）………………17
　→ air gunner（AG）………………34
気象所　【空自】→ weather station………687
機上乗員訓練　→ airborne crew training（ACT）…………23
気象情報　→ meteorological information…410
気象情報　【海自】→ weather information…………686
気象情報　→ weather intelligence…………686
気象情報管制　→ meteorological control…410
気象諸元　【陸自】→ meteorological data…410
気象資料　【空自】→ meteorological data…410
気象資料管理隊　【海自】→ Weather Service

Unit…………687
気象資料自動編集中継システム　→ automated data editing and switching system（ADESS）…………81
機上整備員　【空軍】→ air mechanic………36
機上整備員　【空自・海自】→ flight engineer（FE）…………273
機上センサー操作員　→ airborne sensor operator…………24
機上センサー・プラットフォーム　→ airborne sensor platform（ASP）………………24
機上戦場管制センター　→ airborne battlefield control center（ABBC）………………23
機上戦場指揮統制センター　【統幕】→ Airborne Battlefield Command and Control Center（ABCCC）………23
機上相互通信　→ interaircraft communication…………344
気象隊　【空自】→ Weather Squadron……687
気象台
　→ meteorological observatory…………410
　→ weather central…………686
儀仗隊（ぎじょうたい）
　→ escort of honor…………248
　→ guard of honor…………303
儀仗隊　【自衛隊】→ honor guard…………319
機上対艦船レーダー　→ aircraft to surface vessel radar（ASVR）………………28
機上多種類センサー・システム　→ airborne multi-sensor system（AMSS）……24
気象注意報　【海自】→ weather advisory…686
気象長　【海自】→ meteorological officer…410
気象通信　→ weather communication……686
機上通信員　→ flight radio operator………274
気象通信隊　【空自】→ Air Weather Communications Squadron…………44
気象通信端末装置　【自衛隊】→ Weather Communication Processor（WECOM）…………686
気象通報　→ weather bulletin…………686
気象通報　【陸自】→ weather information…………686
気象通報　【海自】→ weather message……686
気象通報　→ weather report…………686
気象通報様式　→ weather code form………686
気象偵察　→ weather reconnaissance（WXRECCO）…………686
機上偵察員　【空自】→ air observer

（AOBSR） ……………………………… 37

気象データ 【海自】 → meteorological
data …………………………………… 410

機上データ収集システム → airborne data
acquisition system（ADAS） …………… 23

機上電子幹部 【空自幹部特技区分】
→ Airborne Electronics Officer ………… 23

機上電子整備 【空自准空尉空曹空士特技区分】
→ Airborne Electronic Equipment
Maintenance …………………………… 23

機上電子整備員 【海自】 → inflight technician
（IFT） ……………………………… 334

機上搭載 → airborne ……………………… 23

機上搭載機器 → airborne equipment ……… 24

機上任務指揮官 → airborne mission
commander ……………………………… 24

気象幕僚 【空自幹部特技区分】 → Weather
Staff Officer …………………………… 687

機上発射管制センター → airborne launch
control center（ALCC） ………………… 24

気象班 【海自】 → Meteorological
Section ………………………………… 410

儀杖兵 → honor guard …………………… 319

気象報 → meteorological message ……… 410

気象報 【空自】 → weather message …… 686

機上妨害装置 → airborne jammer ………… 24

機上方向探知 → airborne radio direction
finding（ARDF） ……………………… 24

気象放送 → weather broadcast …………… 686

機上ミサイル発射管制センター → airborne
launch control center（ALCC） ………… 24

機上無線 【空自准空尉空曹空士特技区分】
→ Airborne Radio Communication …… 24

機上無線機 → airborne radio …………… 24

機上無線中継 → airborne radio relay…… 24

機上要撃係幹部 【空自】 → aircraft control
officer（ACO） ………………………… 27

機上要撃管制幹部 【空自幹部特技区分】
→ Airborne Weapons Controller ……… 25

機上要撃指令官 【空自】 → weapon system
officer（WSO） ………………………… 685

機上要撃用レーダー → airborne intercept
radar（AIR ; AI RADAR） ……………… 24

機上用レーダー → airborne radar ……… 24

気象予報 → weather forecast …………… 686

気象予報官 → weather forecaster………… 686

起床らっぱ → reveille …………………… 539

気象レーダー

→ meteorological radar ………………… 410

→ weather radar ………………………… 686

機上レーダー局 → airborne radar station … 24

偽信 【統幕】 → imitative deception …… 328

偽信 → imitative electronic deception
（IED） ……………………………… 328

偽信 【空自】 → radio deception………… 514

欺信 【統幕・海自】 → radio deception… 514

起信形象 → attention sign……………… 79

偽陣地

→ dummy position ……………………… 228

→ imitative position …………………… 328

機数指示器 → raid size indicator（RSI）… 516

キースラー空軍基地 【米軍】 → Keesler Air
Force Base……………………………… 363

擬製魚雷 → dummy torpedo …………… 228

規制所 → regulating station …………… 528

擬製地雷 【陸自】 → dummy mine ……… 228

擬製信管 → dummy fuze………………… 228

擬製弾

→ dummy ammunition ………………… 227

→ dummy projectile …………………… 228

擬製爆弾 → dummy bomb……………… 228

擬製爆雷 → dummy drill depth charge … 228

既製品目 → off-the-shelf item ………… 455

擬製薬筒 → dummy cartridge ………… 228

軌跡弾道 → ballistics trajectory ……… 91

既設通信施設 → existing communications
facility ………………………………… 251

偽装 → protective concealment ………… 504

偽像 → false echo ……………………… 257

艤装員（ぎそういん） → prospective officer and
crew …………………………………… 504

艤装員長（ぎそういんちょう） → prospective
commanding officer …………………… 504

偽装機雷原 → dummy minefield ……… 228

偽装規律 → camouflage discipline …… 122

偽装係 → camoufleur…………………… 122

偽装触敵報告 → disguised enemy report… 217

偽装探知写真 → camouflage detection
photography …………………………… 122

偽装通信 → deceptive communication … 193

偽相当温度 → pseudo-equivalent
temperature …………………………… 505

擬装物 → dummy ……………………… 227

既掃面 → swept water ………………… 620

既掃面反転航掃法 → return-through-swept-water method ……… 539
偽装網（ぎそうもう）→ camouflage net …… 122
気速 【海自】→ air speed（A/S）………… 40
機側管制 → local control ……………… 381
機側機力操縦 → local control drive ……… 381
気速修正カード → airspeed compensation card ……………………………………… 40
機側操縦装置 → local control panel …… 381
基礎情報 → basic intelligence ……………… 96
基礎情報支援隊 【海自】→ Basic Intelligence Center ……………………………… 96
基礎諸元 → basic data ……………………… 96
基礎調整 → basic adjustment …………… 95
基礎的運用研究 → basic research for operation ……………………………… 96
基礎配置 → basic disposition …………… 96
基礎練成訓練 【海自】→ basic training … 96
危殆化（きたいか）→ compromise ……… 162
機体検査班 【海自】→ Airframe Inspection Section ……………………………… 34
期待効果 【統幕】→ desired effects …… 207
機体構造保全管理 → aircraft structural integrity program（ASIP）…………… 28
機体軸 → body axis ………………………… 108
機体状態 → flight quarters ……………… 274
機体信号 → aircraft signal ……………… 28
機体生存機材 → aircraft survival equipment（ASE）…………………………… 28
機体定期修理 【空自】→ inspection and repair as necessary（IRAN）………… 339
機体班 【海自】→ Airframe Section …… 34
機体臨時修理 → airframe unscheduled maintenance ………………………… 34
北関東防衛局 【防衛省】→ North Kanto Defense Bureau ……………………… 447
北大西洋協力会議 → North Atlantic Cooperation Council（NACC）………… 447
北大西洋条約機構 → North Atlantic Treaty Organization（NATO）……………… 447
北朝鮮問題に関する日米韓三国調整グループ → Trilateral Coordination and Oversight Group（TCOG）…………………… 654
汚い戦争 → dirty war …………………… 215
汚い爆弾 → dirty bomb ………………… 215
基地 → base …………………………………… 93

→ post ………………………………… 491
→ station ……………………………… 600
基地受け払い記録 → base transaction record（BTR）………………………………… 95
基地開発 → base development …………… 94
基地開発計画 → base development plan（BDP）………………………………… 94
基地器材班 【海自】→ Base Equipment Section ……………………………… 94
基地救難 → base rescue …………………… 95
基地業務 → base service ………………… 95
基地業務群 【空自】→ Air Base Group … 22
基地業務隊 【空自】→ Air Base Squadron ……………………………… 22
基地業務隊 【海自】→ Base Service Activity ……………………………… 95
基地業務分遣隊 【海自】→ Base Service Facility ……………………………… 95
基地群 → base cluster ……………………… 94
基地群作戦 → base cluster operations … 94
基地群作戦センター → base cluster operations center ……………………… 94
基地群司令 → base cluster commander … 94
基地計測器室 → base precision measurement equipment laboratory ………………… 95
基地警備 → base guard …………………… 94
基地警備教導隊 【空自】→ Base Defense Development and Training Squadron … 94
基地現況綴（きちげんきょうつづり）→ base status file（BS）…………………… 95
基地航空機 → shore-based aircraft ……… 571
基地航空団 → airbase wing（ABW）…… 23
基地工場 → base shop ……………………… 95
基地交付金 → air base environs improvement adjustment grants …………………… 22
基地後方支援 → shore-based supply support ……………………………… 571
基地支援計画 → base support plan（BSP）………………………………… 95
基地支援装備品 → base support equipment（BSE）………………………………… 95
基地施設基本計画 【空自】→ air base master plan …………………………………… 22
基地施設基本計画 → base facilities basic plan …………………………………… 94
基地施設基本計画書 → base facilities master plan …………………………………… 94

きちしせ 60 日本語索引

基地施設基本図 → base facilities condition drawing ……… 94
基地修理 → base repair ……… 95
基地司令官 → base commander ……… 94
基地整備 → base maintenance ……… 95
基地整備 【空自】 → field maintenance (FM) ……… 262
基地隊 【自衛隊】 → Detachment (Det) ‥ 208
基地隊 【海自】 → Sub-Area Activity ……… 608
基地対策 → air base environment coordination measure ……… 22
基地対策室 【空自】 → Air Base Environment Coordination Office ……… 22
基地地区 → base section ……… 95
基地調達 → base procurement (BP) ……… 95
基地調達事務所 【空自】 → base procurement office ……… 95
基地通信処理システム → base communication system ……… 94
基地通信センター → base communication center ……… 94
基地通信組織 【陸自】 → base communication system ……… 94
基地統廃合 【米】 → base realignment and closure (BRAC) ……… 95
基地内通信装置 → short haul communication equipment (SHCE) ……… 571
基地年間平均消費予測数 → base annual requirements (BANR) ……… 94
基地燃料幹部 【空自】 → base fuel supply officer (BFSO) ……… 94
基地能力増強セット → base augmentation support set (BASS) ……… 94
基地分遣隊 【海自】 → Base Facility ……… 94
基地兵站 → base logistics ……… 95
基地兵站司令部 → base logistical command (BALOG) ……… 95
基地防衛 → base defense ……… 94
基地防衛作戦 → base defense operations ……… 94
基地防空 → base air defense ……… 93
基地防空機械整備 【空自准空尉空曹空士特技区分】 → Base Air Defense Mechanical Equipment Maintenance ……… 93
基地防空群本部 【空自】 → Base Air Defense Group ……… 93
基地防空圏 → base defense zone (BDZ) ‥ 94
基地防空操作 【空自准空尉空曹空士特技区分】

→ Base Air Defense Operations ……… 93
基地防空隊 【空自】 → Base Air Defense Squadron ……… 93
基地防空電子整備 【空自准空尉空曹空士特技区分】 → Base Air Defense Electronic Equipment Maintenance ……… 93
基地防護 → air base protection ……… 22
基地補給 → base supply ……… 95
基地補給処 → base depot ……… 94
基地補給報告 → base supply report (BSR) ……… 95
基地問題 → base problem ……… 95
基地郵便局 → base post office (BPO) ……… 95
機長 → aircraft commander (AC) ……… 26
偽地雷原（ぎぢらいげん）→ phony minefield ……… 482
偽追尾航法 → pseudopursuit navigation ‥ 505
偽通信文 【空自】 → dummy message ……… 228
機付き長 → crew chief ……… 182
機付き長方式 → crew chief method ……… 182
偽底（ぎてい）→ false bottom ……… 257
規定最大腔圧（きていさいだいこうあつ）→ rated maximum pressure (RMP) ……… 519
起程針路 → initial course ……… 337
基底薬包 → base section ……… 95
基点
→ base point (BP) ……… 95
→ cardinal points ……… 125
偽電 【海自】 → imitative deception ……… 328
基点効果 → cardinal point effect ……… 125
基点針路 → datum course ……… 191
機動
→ maneuver ……… 396
→ mobility ……… 423
帰投 【空自】 → recovery (Recov) ……… 524
帰投 【空自・海自】 → return to base (RTB) ……… 539
軌道 → trajectory ……… 649
機動演習 → field maneuvers ……… 262
軌道及び姿勢制御システム → divert and attitude control system (DACS) ……… 221
機動火砲 → mobile armaments ……… 422
機動艦隊 【海軍】 → battle group ……… 98
機動艦艇 【海自】 → combatant ship ……… 148
機動技術研究部 【防衛装備庁】 → Mobility

日本語索引　61　きはくそ

Research Division ···························· 423
帰投基地　→ recovery base ··················· 525
機動強化旅団　【米陸軍】→ Maneuver
　Enhancement Brigade（MEB）·········· 396
機動空軍　【米軍】→ Air Mobility Command
　（AMC）······································· 36
機動航空衛生滞在施設　→ mobile aeromedical
　staging facility（MASF）···················· 422
機動後方支援　→ mobile logistics
　support ······································ 422
機動後方支援基地　→ mobile logistics support
　base·· 422
機動後方支援群　【海自】→ mobile support
　group·· 423
機動作戦　【海自】→ mobile warfare ······ 423
機動支援橋　【陸自】→ mobility support
　bridge ······································· 423
機動式再突入弾頭　→ maneuvering reentry
　vehicle（MARV）···························· 396
機動施設隊　【海自】→ Mobile Construction
　Group·· 422
機動師団　【陸自】→ Rapid Deployment
　Division ······································ 518
機動性能　→ mobility performance ········· 423
機動潜水艦シミュレーター　【米海軍】
　→ mobile submarine simulator
　（MOSS）···································· 423
機動戦闘車　【陸自】→ mobile combat
　vehicle ······································· 422
機動多機能デコイ　【米海軍】→ mobile
　multifunction decoy（MMD）·············· 422
機動打撃　→ maneuver striking ············· 396
機動打撃師団　【陸自】→ Mobile Striking
　Division ······································ 423
機動打撃部隊
　→ mobile offensive force ···················· 422
　→ mobile striking force ····················· 423
機動打撃力　→ mobility and strike
　power ·· 423
機動打撃旅団　【陸自】→ Mobile Striking
　Brigade ······································ 422
機動艇　→ power boat ······················· 492
帰投定点　→ recovery point ················· 525
機動展開
　→ maneuver deployment ···················· 396
　→ mobile deployment ······················· 422
機動統制システム　→ maneuver control
　system（MCS）······························ 396

機動に任ずる部隊　→ maneuvering force·· 396
機動の利用　→ use of maneuver ············· 670
機動飛行場　【空自】→ deployed air base·· 204
帰投飛行場　→ recovery airfield ············· 525
機動部隊　【海軍】→ battle group··········· 98
機動部隊指揮官　【米軍】→ director of
　mobility forces（DIRMOBFOR）········· 215
帰投不能限界点　【海自】→ point of no
　return ·· 488
機動防御　→ mobile defense··················· 422
機動命令　→ march order ····················· 398
帰投命令　【海自】→ call off ··············· 122
機動力　→ mobility ···························· 423
機動旅団　【陸自】→ Rapid Deployment
　Brigade ······································ 518
企図の秘匿　→ secrecy ························ 558
キネティック弾頭　→ kinetic warhead ····· 364
技能訓練隊　【空自】→ Technical Training
　Squadron······································ 632
機能材料工学科　【防大】→ Department of
　Materials Science and Engineering ······· 203
機能試験飛行　→ functional test flight
　（FTF）······································· 289
機能点検飛行　→ functional check flight
　（FCF）······································· 288
技能判定試験　【陸自】→ achievement test ··6
機能別訓練　→ functional training ··········· 289
機能別計画　→ functional plan ·············· 289
機能別出力メッセージ　→ functional output
　message（FOM）···························· 289
機能別統合軍　【米】→ functional combatant
　command ····································· 289
機能別入力メッセージ　→ functional input
　message（FIM）···························· 289
機能別部隊　→ functional component
　command ····································· 289
気曝（きばく）【空自】→ aeration ··········· 17
起爆
　→ detonation ································· 209
　→ initiation ·································· 338
起爆機構　→ exploder mechanism ··········· 253
起爆剤
　→ detonating agent ·························· 209
　→ initial detonating agent ·················· 337
起爆層
　→ burster course ····························· 119
　→ bursting layer ····························· 119

き

きはくそ　　　　　　　　62　　　　　　　　日本語索引

起爆装置　→ exploder ·············· 252

起爆装置アーミング・ケーブル　→ exploder arming cable ·············· 253

起爆筒　→ detonator ·············· 209

起爆ブロック　→ burster blocks ·············· 119

起爆薬
　→ detonating charge ·············· 209
　→ initiating explosive ·············· 338

起爆薬　【海自】　→ initiator ·············· 338

起爆雷管
　→ detonator ·············· 209
　→ primer detonator unit（PDU）·············· 499

起爆ワイヤー　【海自】　→ arming wire ···· 66

機番号　→ aircraft serial number ·············· 28

機番号　【海自】　→ bureau number ·············· 118

基盤的防衛力構想　→ concept of standard defense force ·············· 164

起伏的　→ bobbing target ·············· 108

岐阜試験場　【防衛装備庁】　→ Gifu Test Center ·············· 295

騎兵　→ cavalry ·············· 128

騎兵師団　【米陸軍】　→ Cavalry Division·· 128

騎兵戦闘車　→ cavalry fighting vehicle （CFV）·············· 128

騎兵隊　→ cavalry ·············· 128

騎兵大隊　【陸軍】　→ squadron（Sq）····· 594

欺騙（ぎへん）【陸自・空自】　→ deception （DECP）·············· 193

欺騙計画　→ deception plan ·············· 193

欺騙行動（ぎへんこうどう）→ deception operation ·············· 193

欺騙手段　→ deception means ·············· 193

欺騙通信
　→ deceptive communication ·············· 193
　→ electrical deception ·············· 233

気泡雑音　→ bubble noise ·············· 116

希望ゼロ地点　→ desired ground zero （DGZ）·············· 207

基砲線　→ base point line ·············· 95

気泡デコイ　→ bubble decoy ·············· 116

希望の星　【日】　→ Star of Hope ·············· 598

基本運用重量　→ basic operating weight （BOW）·············· 96

基本荷重　→ basic load（B/L）·············· 96

基本器材　→ basic equipment ·············· 96

基本気速　→ basic airspeed（BAS）·············· 95

基本空中線　→ fundamental antenna ······· 289

基本訓練　→ basic training ·············· 96

基本計画　【日】　→ Basic Plan ·············· 96

基本計画文書　→ planning document ······ 485

基本航跡諸元表示　→ basic track data display ·············· 96

基本交付表品目　→ basic issue list items···· 96

基本在庫　→ basic stocks ·············· 96

基本陣形　→ basic formation ·············· 96

基本請求番号　→ basic requisition number ·············· 96

基本戦術単位　【海自】　→ basic tactical unit ·············· 96

基本戦術編成　【米軍】　→ basic tactical organization ·············· 96

基本戦争計画　→ basic war plan ·············· 97

基本戦闘訓練　→ basic combat training （BCT）·············· 96

基本戦略評価　【米】　→ Base Force Review ·············· 94

基本掃海　→ basic sweep ·············· 96

基本捜索　→ standard search ·············· 597

基本装備　→ basic equipment ·············· 96

基本隊形　【空自】　→ normal formation··· 446

基本定数表　→ table of basic allowance（T/BU）·············· 622

基本的戦術部隊　→ basic tactical unit ······· 96

基本搭載量　→ basic load（B/L）·············· 96

基本反覆率　→ basic repetition rate ·············· 96

基本飛行包括線　→ basic flight envelope （BFE）·············· 96

基本要綱　→ base line ·············· 95

欺瞞（ぎまん）【海自】　→ deception （DECP）·············· 193

欺瞞音源発生装置　→ noise augmentation unit （NAU）·············· 444

欺瞞行動　【海自】　→ deception action ···· 193

欺瞞コンセプト　【海自】　→ deception concept ·············· 193

欺瞞事象　【海自】　→ deception event ···· 193

欺瞞シナリオ　【海自】　→ deception story·· 193

欺瞞手段　【海自】　→ deception means ···· 193

欺瞞的行動方針　【海自】　→ deception course of action ·············· 193

欺瞞電子妨害　→ deception electronic countermeasures ·············· 193

欺瞞目標　【海自】

日本語索引　　　　　　　63　　　　　　きゆいん

→ deception objective·················193
→ deception target··················193
機密　→ top secret ··················· 643
気密　→ air-tight（AT）················· 42
機密委任許可　【海自】→ security
clearance ································· 559
気密隔壁　→ air-tight bulkhead ·············· 42
気密試験　→ air-tight test ···················· 42
気密試験器　→ air testing equipment ········ 42
機密情報資料　→ top secret information ·· 643
機密性　→ confidentiality ···················· 166
気密継ぎ手　→ air-tight joint ·················· 42
機密物件取り扱い責任者　→ top secret control
officer（TSCO）···························· 643
義務的位置通報点　→ compulsory reporting
point ································· 163
義務予備役　→ obligated reservist··········· 451
偽名　→ cover name ························· 181
擬薬　→ plaster loaded charge············· 486
脚架壕　→ bipod trench ···················· 104
逆合成開口レーダー　→ inverse synthetic
aperture radar（ISAR）··················· 351
逆襲　→ countercharge···················· 178
逆襲計画　→ counterattack plan ············· 178
逆上陸　→ counterlanding ·················· 179
逆推進ロケット　→ retro-rocket············· 539
逆探受信機　→ intercept receiver ··········· 345
逆探捜索　→ intercept search ··············· 345
逆探ソーナー　→ intercept sonar ··········· 345
逆探知　→ passive detection ··············· 474
脚頭　→ tripod head······················· 655
逆包囲　→ counterenvelopment ·············· 178
逆方位角　→ back azimuth ················ 88
キャスナー陸軍飛行場　【在日米軍】
→ Kastner Army Airfield（KAAF）···· 363
逆鈎（ぎゃっこう）→ sear··················· 555
逆行　→ retrogression ···················· 539
逆鈎板（ぎゃっこうばん）→ sear slide······ 556
キャッチオール規制　→ catch-all
controls ································· 127
キャニスター　→ canister ··················· 123
キャノピー　→ canopy ···················· 123
キャノピー・クリアランス　→ canopy
clearance ······························· 123
キャノピー射出装置　→ canopy jettison

system ································· 123
キャノン・プラグ　→ cannon plug········· 123
キャビテーション　→ cavitation ············· 128
キャビテーション雑音　→ cavitation
noise···································· 128
キャビテーション雑音相似則　→ cavitation
noise scaling······························ 128
キャビン・エア・サーキット・コントローラー
→ cabin air circuit controller ············· 120
キャプター機雷　→ capsulated torpedo
（CAPTOR）···························· 124
キャリブレーション運転　→ calibration
operation ································· 121
キャリブレーション・ターン　→ calibration
turn ···································· 121
キャリング・ハンドル　→ carrying
handle ··································· 126
キャンノット・コンプライ　→ Cannot
Comply（CNC）···························· 123
キャンノット・プロセス　→ Cannot Process
（CNP）·································· 123
ギャンビット戦術　【海自】→ Gambit
tactics··································· 290
キャンプ朝霞　【在日米軍】→ Camp
Asaka ··································· 122
キャンプ桑江　【在日米軍】→ Camp
Kuwae ·································· 122
キャンプ・コートニー　【在日米軍】→ Camp
Courtney ································· 122
キャンプ座間　【在日米軍】→ Camp
Zama ··································· 122
キャンプ・シュワブ　【在日米軍】→ Camp
Schwab ·································· 122
キャンプ・シールズ　【在日米軍】→ Camp
Shields ·································· 122
キャンプ瑞慶覧　【在日米軍】→ Camp
Zukeran ································· 122
キャンプ千歳　【在日米軍】→ Camp
Chitose ································· 122
キャンプ・デービッド　【米】→ Camp
David ··································· 122
キャンプ・ハンセン　【在日米軍】→ Camp
Hansen ·································· 122
キャンプ富士　【在日米軍】→ Camp Fuji·· 122
キャンプ・マクトリアス　【在日米軍】
→ Camp McTureous······················ 122
キュア・デート部品キット　→ cure date parts
kit ····································· 186
キュアリング　→ curing ··················· 186
キューイング　→ cueing···················· 185

きゆいん

キューイング・アラート → queuing alert	509
球型銃座 → ball turret	91
給汽 【空自准空尉空曹空士特技区分】 → Boiler and Steam Systems	109
救急医療票 → emergency medical tag (EMT)	240
救急救難員 【空自】 → medic	406
救急外科治療 → emergency surgical treatment	240
救急室 → emergency room	240
救急車逓送基地 → ambulance basic relay post	48
→ basic relay post（BRP）	96
救急車逓送所 → ambulance relay post (ARP)	48
救急車搭載所 → ambulance loading post (ALP)	48
救急車統制所 → ambulance control post	48
救急車班 → ambulance section	48
救急処置 → first aid	268
救急処置箱 【海自】 → first aid kit	268
救急嚢（きゅうきゅうのう）→ first aid kit	268
救急箱 → first aid box	268
救急包帯 → first aid packet	268
義勇軍 → militia	416
→ voluntary army	679
救護員 【陸自】 → aid man	21
→ medic	406
急降下 → dive	220
急降下 【空自】 → diving	221
急降下機銃掃射 → high angle strafing	315
急降下投下 → dive toss	221
急降下爆撃 → dive bombing	220
→ dive-bombing attack	220
→ dive bombing operation	220
急降下目標変距 【海自】 → range rate diving speed	518
救護所 → aid station	21
救護兵 【米軍】 → combat medic	149
救済措置 → act of mercy	10
休止点 【海自】 → break point	113
急射 → quick fire	509

急襲 → shock action	570
吸収型波長計 → absorption wavemeter	4
吸収性フェーディング → absorption fading	4
吸収線量 → absorbed dose	4
吸収損失 → absorption loss	4
吸収断面積 → absorption cross-section	4
九州防衛局 【防衛省】→ Kyushu Defense Bureau	365
救出活動 → rescue efforts	534
球状火薬 → ball powder	91
球状艦首 → bulbous bow	117
急上昇攻撃 → zoom attack	694
球状照星 → bead sight	100
球状船首 → bulbous bow	117
救助活動 → rescue efforts	534
救助・救援活動 → rescue and relief efforts	534
救助作業 → rescue work	535
救助作業者 → rescuer	534
救助作業隊 → life saving service	374
救助チーム → rescue team	535
救助用吊り上げ装置 → rescue hoist system	534
急性線量 → acute dose	10
急性放射線量 → acute radiation dose	10
休戦 → armistice	67
休戦旗 → flag of truce	270
休戦協定 → cease fire agreement	129
急閃光（きゅうせんこう）→ quick flashing (Qk Fl)	509
休戦白旗 → flag of truce	270
急速啓開 → hasty breaching	309
急速攻撃 → hasty attack	309
急速整備 → expeditious maintenance	252
急速潜航 → crash dive	182
急速潜入 → quick dive	509
急速停止距離 → crash stop distance	182
急速爆燃コード → rapid deflagrating cord (RDC)	518
給弾 → feed	260
給弾掛け金 → loader catch lever	380
給弾加速モーター → ammunition booster motor	49
給弾艦 → ammunition ship	50

給弾器 → feeder ································ 260
給弾子 【海自】→ belt feed pawl ·········· 101
給弾子 → feed pawl ····························· 260
給弾操作 → ammunition performance ······ 50
給弾装置 → feed mechanism ·················· 260
給弾梃（きゅうだんてい）【海自】→ belt feed
　　lever ·· 101
給弾梃（きゅうだんてい）→ feed control
　　lever ·· 260
給弾板
　　→ belt feed slide ······························ 101
　　→ follower assembly ·······················278
給弾板 【海自】→ magazine follower ····· 390
給弾薬機
　　→ ammunition feed drum ················ 50
　　→ ammunition loader ······················· 50
吸着機雷 → limpet mine ······················ 377
吸着爆雷 → adhesive charge ················· 11
救難 【空自准空尉空曹空士特技区分】
　　→ Rescue and Recovery ·················· 534
救難CAP → rescue CAP（RESCAP）··· 534
救難運用手順 → rescue operation
　　procedure ··· 534
救難運用本部 【空自】→ rescue operation
　　center（ROC）································· 534
救難艦
　　→ lifeguard ······································374
　　→ salvage ship ································549
救難機 → rescue aircraft ····················· 534
救難機CAP → rescue plane CAP ········ 534
救難教育隊 【空自航空救難団隷下】→ Air
　　Rescue Training Squadron ················ 38
救難緊急発進 → rescue scramble ········ 534
救難空気 → salvage air ······················ 549
救難空気接続口 → salvage air
　　connection ······································· 549
救難計画 → rescue plan ······················ 534
救難警報 → crash alarm ····················· 182
救難降下員 【空自】→ paramedic ······· 472
救難降下員 → pararescueman ············· 472
救難降下訓練生 → pararescue trainee ····· 472
救難航空隊 → rescue flight squadron ······ 534
救難指揮官 【海自】→ on-scene
　　commander ······································ 458
救難指揮官 → rescue commander ········ 534
救難指揮所 → rescue information
　　center（RIC）··································· 534

救難消火活動 → crash rescue and fire
　　suppression ······································ 182
救難消防 → crash fire fighting············· 182
救難情報 → rescue information ··········· 534
救難船
　　→ rescue ship ································534
　　→ rescue vessel ·····························535
救難潜CAP → rescue submarine CAP（Sub
　　CAP）··· 535
救難潜水艦 → lifeguard submarine········ 374
救難装備セット → air droppable survival
　　kit··· 32
救難装備品 → rescue equipment ··········· 534
救難隊 【空自】→ Air Rescue Squadron
　　（ARS）··· 38
救難隊 → rescue unit···························· 535
救難待機 → rescue alert ······················ 534
救難待機航空機 → rescue alert aircraft ···· 534
救難待機要員 → rescue alert crew········ 534
救難団 【空自】→ Rescue Wing············ 535
救難調整本部 【海自】→ Rescue
　　Coordination Center（RCC）············· 534
救難艇
　　→ crash boat ································182
　　→ rescue boat ································534
救難電話網 → crash phone net ·············· 182
救難統制本部 → rescue control center ···· 534
救難飛行隊 → rescue flight squadron ······ 534
救難飛行艇 → search and rescue amphibious
　　aircraft ··· 555
救難飛行班 【海自】→ Rescue Flight
　　Division ··· 534
救難ヘリコプター → rescue helicopter
　　（RQH）·· 534
急浮上 → blowing up ·························· 107
義勇兵 → volunteer····························· 679
駈歩（きゅうほ）→ double time ·········· 224
救命 【空自】→ survival ····················· 618
救命網 → life net ······························· 374
救命いかだ → life raft ························ 374
救命浮舟 → dinghy ····························· 211
救命浮舟 【空自】→ life raft ·············· 374
救命かいろ → chemical heating pad ······ 135
救命器材班 【空自】→ Survival Gear
　　Section ··· 618
救命生存 【海自】→ survival ·············· 618
救命生存訓練 → survival training ········ 618

きゆうめ 66 日本語索引

救命装具 【海自】→ survival equipment‥ 618

救命装置 【空自】→ life support system
(LSS) ·· 374

救命装備品
→ life saving equipment ···············374
→ life support equipment ··············374

救命装備品整備 【空自准空尉空曹空士特技区
分】→ Personal Equipment
Maintenance ·································· 479

救命艇 → life boat ······························ 374

救命胴衣
→ life jacket·······························374
→ life vest ································374

救命浮環 → life buoy·························· 374

救命浮器 → buoyant apparatus ············· 117

救命用具 → life preserver ··················· 374

救命用携帯無線機 【空自】→ personal
locator beacon (PLB) ··················· 479

救命糧食 → emergency rations·············· 240

給油艦 → oiler································· 456

旧ユーゴー国際刑事裁判所 → International
Criminal Tribunal for the Former
Yugoslavia (ICTY) ······················ 348

給養 【空自】→ Food Service ············· 278

給養員 【海自】→ mess management
specialist (MS) ························· 410

給養管理業務主任 → food service
supervisor ···································· 278

給養班 【海自】→ Food Service Section‥ 278

給与課 【内部部局】→ Remuneration
Division ······································ 531

キューバ占領軍従軍記章 【米】→ Army of
Cuban Occupation Medal·················· 70

キューバ鎮定軍従軍記章 【米】→ Army of
Cuban Pacification Medal ················· 70

教育課 【防衛省・統幕学校・陸自・海自】
→ Education Division (Educ Div) ·· 231

教育課 【空自】→ Training Division ······ 648

教育幹部 【空自幹部特技区分】→ Education
and Training Officer ························ 231

教育管理班 【統幕学校教育課】→ Education
Management Section ······················ 232

教育技術課程 【空自】→ Instructor Training
Course (ITC) ······························ 340

教育群 【空自】→ Air Basic Training
Group ·· 23

教育訓練 【空自准空尉空曹空士特技区分】
→ Education and Training················ 231

教育訓練 → education and training······· 231

教育訓練局 【防衛省】→ Bureau of
Education and Training ··················· 118

教育訓練空軍 【米軍】→ Air Education and
Training Command (AETC) ·············· 32

教育訓練計画 → training program ········· 649

教育訓練研究本部 【陸自】→ JGSDF
Training, Evaluation, Research and
Development Command (TERCOM) ·· 357

教育訓練指針 → training prospectus ······ 649

教育訓練招集 【自衛隊】→ education and
training call-up···························· 231

教育訓練招集手当 【自衛隊】→ education
training call-up allowance··················· 232

教育訓練部 【陸自】→ Education and
Training Department (Educ & Tng
Dept) ·· 231

教育研究支援室 【防大】→ Faculty Support
Division ······································ 256

教育・研究室 【統幕学校】→ Training and
Research Office ····························· 648

教育研究推進室 【防大】→ Education and
Research Promote Division ················ 231

教育航空群 【海自】→ Air Training
Group ·· 43

教育航空集団 【海自】→ Air Training
Command (ATC) ·························· 43

教育航空隊 【海自】→ Air Training
Squadron ···································· 43

教育支援小隊 【陸自国際活動教育隊隷下】
→ Education & Training Support
Platoon ······································· 231

教育指導要領 → training project outline
(TPO) ······································ 649

教育資料 → training material ·············· 649

教育隊 【海自】→ Recruit Training
Center ·· 525

教育大隊 【陸自】→ Training Battalion·· 648

教育団 【陸自】→ Training Brigade ······ 648

教育幕僚 【空自幹部特技区分】→ Education
and Training Staff Officer·················· 231

教育班 【統幕総務部総務課】→ Education
Section ·· 232

教育班 【陸自】→ General Education
Section ·· 293

教育予定表
→ training schedule ························649
→ training time table ······················649

教育連隊 【陸自】→ Training Regiment·· 649

境界面センサー → boundary surface sensor ································· 112
強化型視覚装置 → enhanced visual system (EVS) ······························· 245
仰角 → angle of elevation ················ 53
強化展開段階 → increased deployability posture (ID) ···························· 331
経ヶ岬通信所 【在日米軍】 → Kyogamisaki Communication Site ························ 364
教官航法士 【空自】 → instructor navigator (IN) ·································· 340
教官室 【統幕学校教育課】 → Instructors Office ··································· 340
教官操縦士 【空自】 → instructor pilot (IP) ··································· 340
教官卓 → instructor training console (ITC) ·································· 340
教義 【米軍】 → doctrine ················ 222
教訓 【自衛隊】 → lessons learned ········ 373
強行緊急発進 【空自】 → mandatory scramble (M/S) ································ 396
強行緊急発進状態 → mandatory scramble condition ····························· 396
強行軍 → forced march ····················· 279
強行出撃 → opposed departure ·············· 463
強行進 【陸自】 → forced march ············· 279
競合地域 → competitive area ················ 161
強行着陸 → assault aircraft landing ········ 73
強行通過；強行渡河 → crossing in force·· 184
夾叉 (きょうさ) → straddle ················ 604
教材管理専門官 【統幕学校】 → Training Materials Officer ······················· 649
教材整備隊 【空自】 → Air Training Aids Group ·································· 43
共済班 【海自】 → Mutual Benefit Section ································· 431
共済班 【陸自】 → Pension and Benefit Section ································· 477
共済班 【空自】 → Pension Section ········ 477
教材班 【陸自】 → Training Materials Section ································· 649
夾叉距離 (きょうさきょり) → bracket ····· 113
夾叉区域 → ballistic area ···················· 90
狭窄射撃訓練 (きょうさくしゃげきくんれん) → gallery practice ················· 290
狭窄射撃場 (きょうさくしゃげきじょう) → gallery ··························· 290
狭窄弾 (きょうさくだん) → gallery practice ammunition ····························· 290
夾叉法 (きょうさほう) → bracketing method ································· 113
共産軍 → communist forces ················ 159
狭視界作戦 【海自】 → low visibility operations ······························· 388
業者委託調達器材 → contractor furnished equipment ······························· 171
業者委託調達品 【空自】 → contractor furnished property ····················· 171
業者準備物 【海自】 → contractor furnished property ································ 171
業者調達品 【空自】 → contractor purchased property (CPP) ························ 171
業者調達部品 【海自】 → contractor purchased property (CPP) ··············· 171
業者負担品 → contractor responsibility parts or property (CRT) ······················· 171
業者負担部品 → contractor property (CP) ··································· 171
強襲海域図 → assault area diagram ········ 73
強襲区域 【米軍】 → assault area ·········· 73
強襲計画 → assault schedule ················ 73
強襲後続部隊 【海自】 → assault follow-on echelon ································· 73
教習射撃 【陸自】 → instruction firing···· 340
強襲上陸
　→ amphibious assault ···················· 50
　→ amphibious assault landing ············· 50
　→ assault landing ························· 73
強襲上陸段階 【米軍】 → assault phase ···· 73
強襲上陸波 【海自】 → assault wave ········ 73
強襲前哨戦 → preassault operation ········ 493
強襲掃海 → assault sweeping ················ 73
強襲弾道ロケット・システム → assault ballistic rocket system (ABRS) ······· 73
強襲部隊 【海自】 → assault echelon ········ 73
強襲部隊 → assault unit ····················· 73
強襲用艦船 → assault ship ··················· 73
強襲揚陸艦 → amphibious assault ship ······ 50
強制アラート → forced alert ················ 279
強制開傘式背負型落下傘 → gun deployed parachute ······························· 305
行政禁足 → administrative restriction ······ 13
強制召集軍隊 → forced levies ··············· 279
行政職種 → administrative services········· 13
行政損耗 → administrative loss ·············· 13

行政担当補佐官　【米陸空軍】
　→ Administrative Assistant ················· 12
行政担当補佐官　【米空軍】→ Administrative
　Assistant to the Secretary of the Force ··· 12
強制着陸　→ forced down ······················ 279
行政の提出命令　→ administrative
　subpoena································· 13
行政幕僚　→ administrative staff ·············· 13
行政文書　→ administrative document······· 12
行政文書ファイル　→ administrative
　document file ····························· 12
行政文書ファイル管理簿　→ administrative
　document file register ······················ 12
強装薬
　→ heavy charge ····························312
　→ proof charge ····························503
　→ super charge····························612
狭帯域加速型アクティブ捜索　【米海軍】
　→ narrow-band accelerated active
　search ·· 432
狭帯域妨害　【空自】→ spot jamming ··· 593
狭帯域妨害機　→ spot jammer ············· 593
協調的安全保障　→ cooperative security ·· 175
協調飛行　→ cooperative flight ··········· 175
共通安全保障防衛政策　【EU】→ Common
　Security and Defense Policy（CSDP）·· 156
共通運用基盤　【防衛省】→ Common
　Operating Environment（COE）········· 156
共通外交・安全保障政策　【EU】→ Common
　Foreign and Security Policy（CFSP）··· 155
共通画像地上ステーション　→ common
　imagery ground/surface station（CIG/
　SS）··· 155
共通管理情報サービス　→ Common
　Management Information Service
　（CMIS）································· 156
共通管理情報プロトコル　→ Common
　Management Information Protocol
　（CMIP）································· 156
共通基準　→ common criteria（CC）······· 155
共通業務支援　【統幕】→ common
　servicing ··································· 156
共通後方支援方式　【海自】→ common
　servicing ··································· 156
共通後方補給支援　→ common servicing ·· 156
共通作戦図　→ common operational
　picture ······································ 156
共通統制　→ common control················· 155

共通補給品　→ common supplies ············ 156
教程射撃　【海自】→ instruction firing···· 340
胸土（きょうど）
　→ breastwork ·······························114
　→ parapet ································472
共同運用基地　→ collocated operating base
　（COB）································· 147
共同衛生調整所　→ combined medical
　coordination center（CMECCS）········· 151
協同援助計画　→ coordinated assist plan·· 176
協同技術支援計画　→ cooperative engineering
　service program（CESP）··················· 175
共同救難調整所　→ combined rescue
　coordination center（CRCC）············· 151
共同空輸調整所　→ combined air movement
　coordination center（CAMCC）··········· 151
共同訓練　→ combined training exercise ·· 152
共同訓練　【空自】→ joint exercise········· 359
協同訓練
　→ combined training ·························152
　→ coordinated training ·····················176
協同計画案　→ coordinated draft plan····· 176
共同計画検討委員会　【防衛省】→ Bilateral
　Planning Committee（BPC）············· 103
共同計画策定メカニズム　【防衛省】
　→ Bilateral Planning Mechanism
　（BPM）································· 103
共同研究開発協定　→ cooperative research and
　deployment agreement（CRADA）······· 175
協同航空作戦調整本部　→ combined air
　operation coordination center
　（CAOCC）····························· 151
協同攻撃　【海自】→ coordinated attack·· 176
協同交戦能力　→ cooperative engagement
　capability ··································· 175
共同広報局　→ combined information bureau
　（CIB）································· 151
共同後方調整所　【空自】→ combined logistics
　coordination center（CLCC）············· 151
共同後方補給　→ cooperative logistics ····· 175
共同後方補給支援協定
　→ cooperative logistics support
　arrangement ·······························175
　→ cooperative logistics support supply
　arrangement ·······························175
共同後方補給調整所　【統幕】→ combined
　logistics coordination center（CLCC）·· 151
共同抗命　→ mutiny ························· 431

日本語索引 69 きようり

共同作戦 → combined operation ············ 151
共同作戦；協同作戦 → coordinated
operation ································ 176
共同施設調整所 → combined facilities
coordination center（CFCCS） ············ 151
共同受信方式 → community receiving
system ································ 159
共同使用 → joint use ····················· 361
協同戦闘 → coordinated action ············· 176
協同直衛 → combined screen ············· 151
協同偵察 → combined reconnaissance ····· 151
協同転地演習 【陸自】 → Bilateral Relocation
Exercise ······························· 103
共同統合任務部隊 → combined joint task
forces（CJTF） ························ 151
共同の作戦準備段階 → preparedness
condition（PREPCON） ············· 495
教導兵器管制官 【空自】 → weapons control
instructor（WCI） ···················· 685
橋頭堡（きょうとうほ）【陸自】 → bridgehead
（Brhd） ······························· 114
協同防空作戦 【統幕】 → bilateral air defense
operation ····························· 102
共同補給整備調整所 → combined supply and
maintenance coordination center
（CSMCCS） ·························· 151
橋頭堡線 → bridgehead line ··············· 114
共同輸送調整所 → combined movement
coordination center（CMCCS） ··········· 151
共爆距離 → sympathetic detonation
range ································· 620
教範
→ doctrine ······························ 222
→ education manual ···················· 232
教範教材班 【空自】 → Manuals and Training
Aids Section ··························· 397
教範教養班 【陸自】 → Manuals and
Publications Section ·················· 397
教務課 【防大】 → Academic Division ·····4
教務課 【海上自衛隊幹部学校】
→ Educational Affairs Division ········· 231
業務課 【防衛省】 → Compensation and
Procurement Cooperation Division ····· 160
業務係 【防衛装備庁電子装備研究所】
→ Research and Test Support Section ·· 535
業務管理教育 【防衛省】 → business
management training ················· 119
業務企画課 【防衛省業務部】 → Support
Planning Division ···················· 615

業務計画班 【統幕防衛計画部計画課】
→ Annual Defense Programs Section ····· 54
業務計画班 【陸自・空自】 → Annual
Programs Section ····················· 54
業務処理手順 【空自】 → standard operating
procedure（SOP） ···················· 597
業務装備品装備定数表 → base business
equipment authorization list（BAL） ····· 94
業務隊 【空自・海自】 → Service
Squadron ····························· 567
業務調整官 【防衛省】 → Support
Coordination Officer ·················· 615
教務班 【統幕学校教育課】 → Education
Affairs Section ························ 231
業務班 【陸自】
→ Foreign Liaison Section ·············· 280
→ Plans and Administration Section ····486
教務部 【防大】 → Academic Department ···4
業務部 【防衛省】 → Support
Department ··························· 615
業務分遣隊 【海自】 → Service Facility ··· 566
強綿薬（きょうめんやく）→ guncotton（G/
S） ···································· 305
共用海上輸送 → common-user sealift ····· 156
共用海洋端末地 → common-user ocean
terminal ······························ 156
供用換え → transfer of issue ············· 650
供用記号 → issue code ··················· 353
教養教育センター 【防大】 → Center for
Excellence in Liberal Arts ············· 129
共用空輸業務 → common-user airlift
service ································ 156
共用軍事陸上輸送 → common-user military
land transportation（CULT） ············· 156
共用後方 → common-user logistics ······· 156
供用事務担当官 → issue in charge ········ 353
供用数 → customer quantity ············· 187
供用請求 → request for issue ············· 534
供用票 → issue slip（IS） ··············· 353
共用輸送 → common-user
transportation ························ 156
供用率 → issue rate ····················· 353
橋梁哨 → bridge guard ·················· 114
橋梁小隊 → bridge platoon ··············· 114
橋梁等級 → bridge class ················· 114
橋梁容量 → bridge capacity ·············· 114
協力海上即応訓練 【米軍】 → Cooperation

き

きょうり　　　　　　　　　　　　　　　70　　　　　　　　　　　　日本語索引

Afloat Readiness and Training Exercise
（CARAT）……………………………… 175

協力措置 → cooperative measures……… 175

教練 → drill…………………………… 225

教練弾 → drill ammunition…………… 225

許可権者 → clearing authority ……… 141

許可された無給休暇 → authorized leave
without pay（ALWOP）……………… 80

許可済み外出；許可済み離隊 → absence with
leave（AWL）………………………… 3

許可待機隊形 → clearance formation…… 140

漁業監視船 → fishery patrol vessel……… 269

曲技飛行
→ acrobatic flight ……………………… 8
→ aerobatic flight ……………………… 18

曲射 → curved fire …………………… 186

曲射火力 【陸自】→ high angle fire …… 314

曲射弾道 → curved trajectory ………… 186

曲射弾道射撃 → curved-trajectory fire… 186

極短距離防空 → very short-range air defense
（VSHORAD）………………………… 676

局地逆襲 【陸自】→ local counterattack… 381

局地警戒 【陸自】→ local security……… 382

局地警備
→ local guard ………………………… 381
→ local policing ……………………… 382

局地指揮官 【海自】→ local commander… 381

局地障害 【陸自】→ local barrier ……… 381

局地水上護衛 → local surface escort…… 382

局地戦 → local war …………………… 382

局地戦術グリッド → local tactical grid
（LTG）………………………………… 382

局地戦争 → local war ………………… 382

局地戦闘機 → local interceptor fighter… 381

局地的航空優勢 → local air superiority… 381

局地飛行 → local flight ……………… 381

局地飛行規則 → local flying regulation… 381

局地飛行空域 → local flying area……… 381

局地防護 → local protection ………… 382

極超音速兵器 → hypersonic weapon… 325

局部攻撃 → surgical strike…………… 617

挙手の敬礼 → hand salute…………… 308

虚像目標 【海自】→ phantom target …… 481

虚探知（きょたんち）
→ false contact ……………………… 257
→ phantom contact ………………… 481

拠点
→ lodgment …………………………… 383
→ stronghold………………………… 608
→ strong point ……………………… 608

拠点地域 → lodgment area …………… 383

拠点防空ミサイル・システム → basic point
defense missile system（BPDMS）……… 96

拒馬（きょば）→ knife rest …………… 364

拒否海域 【海自】→ denied area………… 202

拒否行動 【陸自】→ denial operation …… 202

拒否手段 → denial measures…………… 202

拒否的抑止力 → deterrence by denial …… 208

巨砲 → huge gun ……………………… 322

許容荷重 → allowable load …………… 46

許容貨物搭載量 → allowable cargo load…… 46

許容最大荷重；許容最大搭載量 → allowable
maximum load ……………………… 46

許容最大搭載量 【空自】→ full load …… 288

許容スタック重量 → allowable stacking
weight ………………………………… 46

許容全備重量 → allowable gross weight
（AGW）……………………………… 46

許容操舵誤差 → allowable steering error… 46

許容損害 → acceptable loss …………… 5

許容搭載量 → allowable cabin load
（ACL）………………………………… 46

許容被曝線量（きょようひばくせんりょ
う）→ acceptable dose ……………… 5

許容離陸全備重量 → allowable take-off gross
weight（AGW）……………………… 46

魚雷 → torpedo ……………………… 643

魚雷員 【海自】→ torpedoman's mate
（TM）………………………………… 644

魚雷エア・スタビライザー → torpedo air
stabilizer …………………………… 643

魚雷回避 → torpedo evasion ………… 644

魚雷回避訓練 → torpedo evasion
exercise ……………………………… 644

魚雷架台 → torpedo rack …………… 644

魚雷管制パネル → torpedo control
panel ………………………………… 643

魚雷組み立て → torpedo main
assemblage ………………………… 644

魚雷庫 → torpedo bay ……………… 643

魚雷交角 → torpedo track angle……… 644

魚雷航走深度 → torpedo running depth… 644

日本語索引　71　きらいふ

魚雷射程　→ torpedo range ……………… 644

魚雷旋回半径　→ torpedo turning radius‥ 644

魚雷装塡装置　→ torpedo arming system‥ 643

魚雷探知用ソーナー装置　→ torpedo detection
sonar equipment …………………………… 644

魚雷弾頭　→ torpedo warhead……………… 644

魚雷着水点　→ water entry point
（WEP）…………………………………… 682

魚雷調定電路　→ torpedo control circuit‥ 643

魚雷艇
　→ motor torpedo boat ………………… 426
　→ torpedo boat ……………………………643

魚雷デリック　→ torpedo derrick………… 644

魚雷搭載ハッチ　→ torpedo loading
hatch …………………………………………… 644

魚雷投射ロケット　→ torpedo-projection
rocket ……………………………………………… 644

魚雷頭部　→ torpedo head………………… 644

魚雷内蔵係留機雷　→ capsulated torpedo
（CAPTOR）………………………………… 124

魚雷発射　→ torpedo fire…………………… 644

魚雷発射管　【海自】→ torpedo tube…… 644

魚雷発射管制　→ torpedo fire control …… 644

魚雷発射距離　→ torpedo firing range …… 644

魚雷発射限界圏　→ limiting line of torpedo
firing position………………………………… 377

魚雷発射指揮装置　→ torpedo data computer
（TDC）……………………………………… 644

魚雷班　【海自】→ Torpedo Section …… 644

魚雷標的　→ torpedo target………………… 644

魚雷偏位　→ torpedo deflection …………… 644

魚雷防御策；魚雷防御手段　→ torpedo
countermeasures（TCM）……………… 643

魚雷防御網　→ torpedo defense net……… 644

魚雷砲台　→ torpedo battery ……………… 643

魚雷揚収　→ torpedo recovery……………… 644

魚雷リーチ　→ torpedo reach ……………… 644

距離測定用地上ビーコン　→ distance
measuring ground beacon………………… 219

距離プリズム　→ compensator wedge …… 161

距離レーダー　→ range radar……………… 518

距離連測信管極限射法　→ line-of-sight
barrage ………………………………………… 378

機雷　【海自】→ mine………………………… 416

機雷　【海軍】→ naval mine……………… 437

機雷　→ sea mine…………………………… 555

機雷　【海軍】→ underwater mine……… 661

機雷及び氷塊探知システム　【米海軍】→ Mine
and Ice Detection System（MIDAS）‥ 416

機雷回避　【海自】→ mine evasion……… 416

機雷缶　→ mine case ………………………… 416

機雷監視　【海自】→ mine watching…… 418

機雷缶深度　→ mine case depth …………… 416

機雷管制所　→ mine station ……………… 417

機雷艦艇　【海自】→ mine warfare ship‥ 418

機雷原　【海自】→ minefield（MF）……… 416

機雷原記録　→ minefield record………… 417

機雷原処理　→ minefield breaching …… 416

機雷原通航路　【海自】→ minefield lane‥ 416

機雷原標識　→ minefield marker………… 417

機雷原報告　→ minefield report…………… 417

機雷原密度　→ minefield density ………… 416

機雷諸元の調定　【海自】→ mine setting‥ 417

機雷処分　【海自】→ mine disposal……… 416

機雷処分具　→ mine neutralization vehicle
（MNV）……………………………………… 417

機雷戦　【海自】→ mine warfare（MW）‥ 418

機雷戦潜水　→ mine warfare diving…… 418

機雷戦任務群　→ mine warfare group…… 418

機雷戦部隊　→ mine warfare forces……… 418

機雷掃海　【海自】→ minesweeping……… 417

機雷掃海跡　→ hunter track……………… 323

機雷捜索　【海自】→ mine locating……… 417

機雷掃討（きらいそうとう）【海自】→ mine
hunting………………………………………… 417

機雷探知機　【海自】→ mine detector…… 416

機雷探知機　→ mine hunting sonar……… 417

機雷の誘発　【海軍】→ countermining…… 179

機雷排除　【海自】→ mine clearance …… 416

機雷排除率　→ percentage of clearance…… 477

機雷爆破装置　【海自】→ antilift device…… 58

機雷班　【海自】→ Mine Section………… 417

機雷敷設　→ mine laying…………………… 417

機雷敷設可能海域　→ mineable water…… 416

機雷敷設艦　【海軍】→ minelayer………… 417

機雷敷設艦　→ minelayer coastal
（MMC）……………………………………… 417

機雷敷設間隔　→ spacing of mine………… 587

機雷敷設戦　→ mine operation…………… 417

機雷敷設地域　→ mined area……………… 416

き

きらいふ

機雷敷設列線 → line of mines	378
機雷付属品 → mine accessoriey	416
機雷浮標 → control buoy	171
機雷兵器 → mine weapon	418
機雷防御 → mine defense	416
機雷防御 【空自】 → mine protection	417
機雷列 → mine row	417
キラー衛星 → hunter-killer satellite	323
きらめき 【日】 → Kirameki	364
ギリー・スーツ → Ghillie suit	295
規律 【陸自】 → military discipline	413
きりもみ → spin	592
旗流信号（きりゅうしんごう）	
→ flag hoist	270
→ flag signal	270
機力開閉式前扉機構 → power-operated muzzle door mechanism	492
キール・ソーナー → keel sonar	363
キル・ボックス → kill box	363
儀礼旗 → complimentary ensign	161
記録器応急投射盤 → emergency range recorded plot（ERRP）	240
記録射撃 → record firing	524
キロトン級核兵器 → kiloton weapon	364
キロトン未満核兵器 → subkiloton weapon	609
「近」 → short	571
近畿中部防衛局 【防衛省】 → Kinki Chubu Defense Bureau	364
緊急 → emergency	239
緊急 【米】 → immediate	328
緊急 → urgent（urg）	669
緊急安全高度 → emergency safe altitude	240
緊急援助活動 → emergency relief operations	240
緊急開傘（きんきゅうかいさん）→ emergency chute	239
緊急管制航空要撃 → close controlled air interception	142
緊急管理演習 【米軍】 → Emergency Management Exercise（EME）	240
緊急危険 → emergency risk（nuclear）	240
緊急救難作業 → emergency crash work	239
緊急機雷敷設 → urgent mining	669
緊急警報信号 → emergency alarm signal	239
緊急警報報告 → emergency alarm report	239
緊急航空支援 → immediate air support	328
緊急再配置陣地 → emergency relocation site	240
緊急再補給 → emergency resupply	240
緊急事態	
→ contingency	169
→ emergency situation	240
→ urgent situation	669
緊急事態発生地域 → emergency area（EA）	239
緊急事態布告 → declaration of emergency condition	194
緊急時用ZIPコード → contingency ZIP Code	170
緊急情報 → emergency intelligence	240
緊急情報報告 → urgent intelligence report	669
緊急指令所 【海自】 → alert center	44
緊急信号 → emergency signal	240
緊急進入 → emergency approach	239
緊急請求	
→ emergency requisition	240
→ immediate requisition	328
緊急斉動 【海自】 → emergency turn	240
緊急戦闘信号 → emergency action signal	239
緊急戦闘能力 → emergency combat capability（ECC）	239
緊急装備品等不具合報告 → emergency unsatisfactory report（EUR）	240
緊急措置法 【海自】 → emergency procedure（EM PROC）	240
緊急隊員 → emergency medical services staff	240
緊急待機員 → alert crew	44
緊急舵角 → emergency rudder angle	240
緊急脱出 → bail out	89
緊急着陸 → emergency landing	240
緊急調達 → emergency procurement	240
緊急・治療用呼吸装置 → built-in breathing system（BIBS）	117
緊急通信 → urgency traffic	669
緊急停止距離 → crash stop distance	182
緊急手順 【空自】 → emergency procedure	

日本語索引　73　きんせつ

（EM PROC）……………………… 240

緊急展開可能衛生システム → deployable
medical system（DEPMEDS）………… 204

緊急展開軍 【米】→ Rapid Deployment
Forces（RDF）…………………………… 518

緊急展開統合軍 【米軍】→ Rapid Deployment
Joint Task Forces（RDJTF）………… 518

緊急展開部隊 → rapid deployment force… 518

緊急任務 → immediate mission …………… 328

緊急破棄 【陸自】→ emergency
destruction ……………………………… 239

緊急発進 【空自】→ scramble（S/C）…… 552

緊急発進帰投方式 → scramble and recovery
procedure（SARP）…………………… 552

緊急発進所要時間 【空自】→ scramble
time ……………………………………… 552

緊急飛行場 → alternative airfield………… 47

緊急飛行場 【空自】→ emergency air
base……………………………………… 239

緊急避難 → emergency evacuation ……… 239

緊急錨地 → emergency anchorage……… 239

緊急浮上 → emergency surfacing ………… 240

緊急ブロー → emergency blow ………… 239

緊急文書 → immediate message ………… 328

緊急報告 → immediate report
（IMREP）……………………………… 328

緊急補給品 → emergency supplies ……… 240

緊急補充 → emergency replacement …… 240

緊急募集 → emergency recruitment …… 240

緊急保全運用 → emergency security
operation（ESO）……………………… 240

緊急埋葬 → emergency interment ……… 240

緊急目標 【海自】→ immediate target … 328

緊急優先順位
→ emergency priority ………………… 240
→ urgent priority ……………………… 669

緊急要請 → immediate mission request … 328

緊急予備役戦略部隊 【米陸軍】→ Ready
Reserve Strategic Army Forces………… 520

近距離機雷偵察システム 【米海軍】→ near-
term mine reconnaissance system
（NMRS）……………………………… 440

近距離航法 【空軍】→ short range navigation
（SHORAN）…………………………… 572

近距離潜水艦
→ coastal submarine…………………… 144
→ short range submarine ……………… 572

近距離探知の二重維持 【米海軍】→ dual
maintenance of close contact
（DMCC）……………………………… 227

近距離地対空誘導弾 → close surface-to-air
guided missile ………………………… 142

近距離偵察 → close reconnaissance ……… 142

禁止区域 【海自】→ prohibited area…… 502

禁止周波数 → taboo frequency…………… 623

緊縮捜索 → choker search ………………… 136

銀星章 【米軍】→ Silver Star（SS）…… 576

近接掩護任務群 → close covering group … 142

近接屋内戦闘 → close quarters battle
（CQB）………………………………… 142

近接回廊 → approach corridor …………… 62

近接艦
→ close ship …………………………… 142
→ closing ship ………………………… 143

近接区域 【海自】→ approaching area … 62

近接警戒 → close-in security …………… 142

近接計画 【海自】→ approach schedule… 62

近接航過 → close-in run…………………… 142

近接航空支援 → close air support
（CAS）………………………………… 141

近接航空支援兵器システム → close air
support weapon system（CASWS）… 141

近接航路 【海自】→ approach route…… 62

近接航路図 → approach chart …………… 62

近接作動機能 → proximity function ……… 505

近接支援
→ close-in support …………………… 142
→ close support ……………………… 142

近接支援外洋海域 → close support area… 142

近接支援作戦 → close support
operation ……………………………… 142

近接支援射撃 → close supporting fire …… 142

近接自停 → attack cut-off（ACO）……… 78

近接信管
→ proximity fuze ……………………… 505
→ variable time fuze（VT fuze）……… 673

近接針路 → approach course……………… 62

近接水路 【海自】→ approach channel…… 62

近接水路 → approach lane………………… 62

近接精密射撃 → assault fire……………… 73

近接戦術航空支援 → close tactical air
support ………………………………… 143

近接戦闘 【陸自】→ close combat ……… 142

きんせつ　　　　　　　　　　　　　　74　　　　　　　　　　日本語索引

近接戦闘部隊　【陸自】→ close combat
　force ·· 142
近接捜索　→ close-in search ·················· 142
近接対潜戦闘　【海自】→ close ASW
　action ·· 141
近接地域内分散　→ close-in dispersal ······ 142
近接直衛　→ close screen ························ 142
近接変距　【海自】→ closing range rate ·· 143
近接防御
　→ close defense ································ 142
　→ close-in protection ····················· 142
近接防御システム　→ close-in weapon system
　(CIWS) ··· 142
近接防御射撃　→ close defensive fire ······· 142
近接見越し　→ approach lead ···················· 62
緊塞（きんそく）→ obturation ··············· 451
緊塞具（きんそくぐ）→ obturator ··········· 451
金属製弾薬箱　→ ammunition chest ·········· 49
金属探知　→ metal detection ················· 410
金属探知器　→ metal detector ················ 410
金属被覆導爆線　→ metal shielded detonating
　fuze ··· 410
勤続報奨金　【自衛隊】→ continuous service
　incentive allowance ························· 170
キーンソード　【自衛隊】→ Keen Swordt
　(KS) ··· 363
近対勢目標　【海自】→ incoming target ·· 330
近代戦　→ modern warfare ···················· 423
ギンバル訓練場　【在日米軍】→ Gimbaru
　Training Area ···································· 296
金武ブルー・ビーチ訓練場　【在日米軍】
　→ Kin Blue Beach Training Area ······· 364
近傍所在部隊
　→ near-by unit ································· 440
　→ units in the vicinity ····················· 667
勤務記録表　【空自】→ service record ····· 567
勤務成績報告　→ effectiveness report ······ 232
勤務成績報告　【空自】→ efficiency
　report ··· 233
勤務成績報告書　→ effectiveness report ··· 232
勤務成績報告書　【統幕・空自】→ efficiency
　report ··· 233
金融犯罪取締執行ネットワーク　【米】
　→ Financial Crimes Enforcement
　Network ··· 264
禁輸執行活動　→ embargo enforcement
　operation ·· 239

緊要安全項目　→ critical safety item ······· 183
緊要維持品目　→ critical sustainability
　items ·· 183
緊要建設　→ bed-down construction ········ 101
緊要施設一覧表　→ key facilities list ······· 363
緊要情報　→ critical intelligence ············· 183
緊要情報資料　→ critical information ······· 183
緊要地形（きんようちけい）→ critical
　terrain ·· 183
緊要地形（きんようちけい）【陸自】→ key
　terrain ·· 363
緊要度　→ criticality (CRTL) ·············· 183
緊要な時機と場所に　→ at the critical times
　and places ·· 79
緊要な装備品　→ critical equipment ········ 183
緊要な補給品　→ critical supplies ··········· 183
緊要品目　→ critical item ······················ 183
緊要物資　→ critical materials ··············· 183
緊要報告　→ critic report ······················ 183
緊要補給品　→ critical supplies and
　materials ··· 183
金武レッド・ビーチ訓練場　【在日米軍】
　→ Kin Red Beach Training Area ········· 364

【く】

グアンタナモ海軍基地　【米軍】
　→ Guantanamo Naval Base ··············· 303
区域煙幕　【海自】→ area smoke screen ···· 65
区域救難　→ area rescue ························· 64
区域救難指揮官　→ area rescue
　commander ··· 65
区域航空作戦調整所　→ sector air operation
　coordination center (SAOCC) ··········· 558
区域指揮官　→ area commander ··············· 64
区域捜索　【海自】→ area search ·············· 65
区域防空指揮官　【米軍】→ area air defense
　commander (AADC) ···························· 63
区域目標　【海自】→ area target··············· 65
空域
　→ air area ·· 22
　→ airspace ··· 39
空域悪天情報　→ significant meteorological
　information (SIGMET) ····················· 575
空域監視表示・管制システム　→ airspace

日本語索引 75 くうくん

surveillance display control system········· 40

空域監視レーダー・スコープ → radar bright display scope································· 510

空域管理 → airspace management ··········· 39

空域指揮官 → area commander ············· 64

空域指揮統制 → airspace command and control ··································· 39

空域使用の統制・調整 → airspace management ······························ 39

空域統制 → airspace control ·················· 39

空域統制区 → airspace control sector ······· 39

空域統制区域 → airspace control area (ACA) ···································· 39

空域統制計画 → airspace control plan ······ 39

空域統制権者 → airspace control authority ································· 39

空域統制システム → airspace control system ································· 39

空域統制施設 → airspace control facility ··· 39

空域統制センター → airspace control center ··································· 39

空域統制命令 → airspace control order (ACO) ··································· 39

空域割り当て → air apportionment ·········· 22

空海協同救難 → air sea rescue (ASR) ····· 39

空海軍 【米】 → Air Force-Navy (AN) ···· 33

空海軍航空規格 【米】 → Air Force-Navy Aeronautical Standards (AN) ·············· 33

空海軍航空設計規格 【米】 → Air Force-Navy Aeronautical Design Standards (AND) ··································· 33

空間装甲 → spaced armor ·················· 587

空気吸入ミサイル → air-breathing missile ·································· 25

空気発射 → pneumatic launch ············· 487

空気力学的弾導学 → aeroballistics ··········· 18

空軍 【米】 → Air Force··················· 32

空軍 → air force ··························· 32

空軍安全センター 【米】 → Air Force Safety Center ··································· 33

空軍医療援護室 【米】 → Air Force Office of Medical Support ························· 33

空軍宇宙コマンド 【米】 → Air Force Space Command (AFSPC：SPACECOM) ···· 33

空軍運用試験評価センター 【米】 → Air Force Operational Test and Evaluation Center ··································· 33

空軍衛星管制施設 【米】 → Air Force Satellite Control Facility (AFSCF) ······· 33

空軍衛星通信システム 【米】 → Air Force Satellite Communications System (AFSATCOM) ······························ 33

空軍海軍設計 【米】 → Air Force Navy Design ··································· 33

空軍会計監査局 【米】 → Air Force Audit Agency ································· 32

空軍会計財政センター 【米】 → Air Force Accounting and Finance Center ············ 32

空軍核工学試験炉 【米】 → Air Force Nuclear Engineering Test Rector (AFNETR) ···· 33

空軍監察局 【米】 → Air Force Inspection Agency (AFIA) ······························ 33

空軍監理技術局 【米】 → Air Force Management Engineering Agency ··············· 33

空軍機 → air-force plane ·················· 33

空軍規格 【米】 → Air Force Standards (AD) ··································· 33

空軍技術応用センター 【米】 → Air Force Technical Applications Center (AFTAC) ································· 34

空軍技術指令書 【米】 → Air Force technical order (AFTO) ······························ 34

空軍記章 【英】 → Air Force Medal (AFM) ··································· 33

空軍規則 【米】 → Air Force Regulation (AFR) ··································· 33

空軍基地
→ air base (AB) ························· 22
→ air force base ························· 32

空軍基地 【米】 → Air Force Base (AFB) ··································· 32

空軍基地生存計画 【米】 → Airbase Survivability Program (ASP) ·············· 23

空軍教範 【米】 → Air Force Manual (AFM) ··································· 33

空軍研究所 【米】 → Air Force Research Laboratory (AFRL) ························· 33

空軍元帥 【米】 → General of the Air Force ··································· 293

空軍ケンブリッジ研究所 【米】 → Air Force Cambridge Research Laboratory ··········· 32

空軍憲兵 【米】 → air police (AP) ·········· 37

空軍憲兵 → security police (SP) ·········· 560

空軍憲兵隊 【米】 → air police (AP) ······· 37

空軍航空推進研究所 【米】 → Air Force Aero

くうくん　　　　　　　　　　76　　　　　　　　　　日本語索引

Propulsion Laboratory（AFAPL）········· 32

空軍航空電子工学研究所　【米】→ Air Force
Avionics Laboratory（AFAL）·············· 32

空軍工場駐在官　【米】→ Air Force plant
representative································· 33

空軍購買部　【米】→ Air Force Commissary
Service····································· 32

空軍後方支援司令部　【米】→ Air Force
Logistics Command（AFLC）·············· 33

空軍広報報道センター　【米】→ Air Force
Service Information and News Center···· 33

空軍参謀本部　【米】→ Air Staff············ 40

空軍次官　【米】→ Under Secretary of the Air
Force·· 660

空軍士官学校　【米】→ Air Force
Academy····································· 32

空軍士官候補生　【米】→ aviation cadet··· 85

空軍次官代理　【米】→ Deputy Under
Secretary of the Air Force················ 206

空軍次官補　【米】→ Assistant Secretary of
the Air Force（ASAF）····················· 75

空軍志願予備軍　【英】→ Royal Air Force
Volunteer Reserve（RAFVR）············· 546

空軍指揮幕僚大学校　【米】→ Air Command
and Staff College（ACSC）················· 25

空軍試験評価センター　【米】→ Air Force
Test and Evaluation Center（AFTEC）·· 34

空軍システムズ・コマンド　【米】→ Air Force
Systems Command（AFSC）··············· 33

空軍システム・セキュリティ規則　【米】→ air
force system security instructions·········· 34

空軍施設管理センター　【米】→ Air Force
Engineering and Services Center··········· 33

空軍史編纂官　【米】→ Air Force
Historian···································· 33

空軍十字章　【米・英】→ Air Force Cross·· 33

空軍州兵　【米】→ Air National Guard····· 36

空軍殊勲十字章　【米・英】→ Distinguished
Flying Cross································· 219

空軍准尉　【米】→ flight officer············· 274

空軍准将　【英】→ air commodore··········· 25

空軍省　【米】
→ Air Force Department（AF）············ 33
→ Department of the Air Force
（DAF）·································· 204

空軍将官　【英】→ air officer（AO）········· 37

空軍少将　【英】→ Air Vice Marshal········· 43

空軍情報局　【米】→ Air Intelligence Agency

（AIA）······································· 35

空軍情報戦センター　【米】→ Air Force
Information Warfare Center（AFIWC）·· 33

空軍情報隊　→ air intelligence service
squadron···································· 35

空軍司令部　→ Air Headquarters（AHQ）·· 34

空軍人事計画センター　【米】→ Air Force
Military Personnel Center················· 33

空軍先任級曹長　【米】→ Chief Master
Sergeant of the Air Force（CMSAF）··· 135

空軍総合大学　【米】→ Air University
（AU）·· 43

空軍装備品管理方式　【米】→ Air Force
equipment management system············· 33

空軍大学校　【米】→ Air War College
（AWC）······································ 43

空軍大将　【英】→ Air Chief Marshal······· 25

空軍地球物理学研究所　【米】→ Air Force
Geophysics Laboratory（AFGL）·········· 33

空軍中佐　【英】→ wing commander······· 690

空軍駐在武官　→ air attachè（AIRA）······· 22

空軍中将　【英】→ Air Marshal············· 36

空軍長官　【米】→ Secretary of the Air Force
（SAF）······································ 558

空軍調達指針　【米】→ Air Force
Procurement Instruction··················· 33

空軍調達補給部　【米】→ Air Force
Acquisition Logistics Division
（AFALD）································ 32

空軍通信軍団　【米】：空軍通信コマンド　【米】
→ Air Force Communications Command
（AFCC）································· 32

空軍通信部　【米】→ Air Force
Communications Service（AFCS）········· 32

空軍通達　【米】→ Air Force letter········· 33

空軍当局　【米】→ Air Force officials······· 33

空軍特技　【米】→ Air Force Specialty
（AFS）······································ 33

空軍特技番号　【米】→ Air Force Specialty
code（AFSC）······························ 33

空軍特殊作戦コマンド　【米】→ Air Force
Special Operations Command
（AFSOC）······························· 33

空軍特殊部隊　【英】
→ Special Air Service Regiment
（SASR）································· 588
→ Special Air Service（SAS）············· 588

空軍特別調査局　【米】→ Air Force Office of

日本語索引　　　　　　　　　77　　　　　　　　　くうたい

Special Investigations（AFOSI）………… 33

空軍特別編成部隊　【米】→ Air Force task
force ……………………………………… 34

空軍任務部隊　→ air task force…………… 41

空軍パンフレット　【米】→ Air Force
pamphlet ………………………………… 33

空軍飛行試験センター　【米】→ Air Force
Flight Test Center（AFFTC）………… 33

空軍被服繊維製品部　【米】→ Clothing and
Textile Office（C&TO）……………… 143

空軍評議会　【米】→ Air Force Council …· 33

空軍部隊　→ air force unit………………… 34

空軍兵　→ airman ………………………… 36

空軍兵器研究所　【米】→ Air Force Weapons
Laboratory（AFWL）…………………… 34

空軍法務センター　【米】→ Air Force Legal
Services Center………………………… 33

空軍補給処　【米】→ Air Force depot …… 33

空軍ミサイル実験所　【米】→ Air Force
Missile Test Center（AFMTC）………… 33

空軍郵便局　【米】→ Air Force Post
Office …………………………………… 33

空軍予備役コマンド　【米】→ Air Force
Reserve Command ……………………… 33

空軍予備役人事センター　【米】→ Air
Reserve Personnel Center …………… 39

空軍力の均等　→ air parity……………… 37

空軍類別・標準化局　【米】→ Cataloging and
Standardization Office（CASO）……… 127

空軍類別標準化局　【米】→ Air Force
Cataloging and Standardization Office
（AFLC CASO）………………………… 32

空軍連絡将校　【英】→ air contact officer ·· 26

空軍ロケット推進研究所　【米】→ Air Force
Rocket Propulsion Laboratory
（AFRPL）……………………………… 33

空港監視レーダー　→ airport surveillance
radar（ASR）…………………………… 38

空港管制センター　→ aerial port control
center …………………………………… 17

空港管制塔　→ airport control tower……… 37

空港管理者　→ airport administrator……… 37

空港業務　→ airport service……………… 37

空港業務部隊　→ aerial port unit………… 17

空港職員　→ airport officials……………… 37

空港中隊　→ aerial port squadron………… 17

空港当局者　→ airport officials…………… 37

空港ビーコン　→ airport beacon…………… 37

空港面探知装置　→ airport surface detection
equipment（ASDE）…………………… 37

空港面探知レーダー　【空自】→ airport
surface detection equipment（ASDE）…· 37

空載能力　→ air-ability …………………… 22

空士長　【空自】→ Airman First Class
（A1C）………………………………… 36

空襲　→ air raid ………………………… 38

空襲警報
→ air defense warning red ………… 31
→ warning red …………………………681

空襲参加機；空襲部隊　→ air raider……… 38

空襲報告艦　→ air raid report ship ……… 38

空襲報告管制艦　→ air raid reporting control
ship ……………………………………… 38

空将　【自衛隊】→ Lieutenant General（Lt.
Gen.）………………………………… 374

空水協同　【海自】→ air-surface
coordination…………………………… 41

空水地帯　→ air surface zone …………… 41

空戦機動　→ air combat maneuvering
（ACM）………………………………… 25

空戦機動訓練空域　→ air combat maneuvering
range …………………………………… 25

空戦機動計測システム　→ air combat
maneuvering instrumentation（ACMI）·· 25

空戦評価　→ air combat evaluation
（ACEVAL）…………………………… 25

空曹長　【空自】→ Senior Master Sergeant
（SM Sgt.）…………………………… 564

空対艦ミサイル；空対艦誘導弾　→ air-to-ship
missile ………………………………… 42

空対空迎撃ミサイル　→ air-launched intercept
missile（AIM）………………………… 35

空対空識別　→ air-to-air identification
（AAI）………………………………… 42

空対空射撃　→ air-to-air gunnery（AAG）·· 42

空対空射撃場　→ air-to-air gunnery range
（AAGR）……………………………… 42

空対空戦闘　→ dog-fighting ……………… 222

空対空通信　→ air-to-air communication…· 42

空対空ミサイル；空対空誘導弾　→ air-to-air
missile（AAM）………………………… 42

空対空誘導ミサイル　→ air-to-air guided
missile ………………………………… 42

空対空要撃ミサイル　→ air interceptor missile
（AIM）………………………………… 35

くうたい　　　　　　　　　　　　　78　　　　　　　　日本語索引

空対水中ミサイル → air-to-underwater
missile（AUM）.................................. 42

空対水中ロケット → air-to-underwater
rocket 42

空対潜誘導弾 → air-to-underwater missile
（AUM）.. 42

空対地火力 → air-to-ground firepower 42

空対地（艦）弾道ミサイル → air-to-surface
ballistic missile（ASBM）.................... 42

空対地（艦）ミサイル；空対地（艦）誘導弾
→ air-to-surface missile（ASM）........... 42

空対地（艦）誘導ミサイル → air-to-surface
guided missile 42

空対地射撃 → air-to-ground gunnery
（AGG）.. 42

空対地測距 → air-to-ground ranging
（AGR）.. 42

空対地爆撃 → air-to-ground bombing
（AGB）.. 42

空対地ミサイル → air-to-ground missile
（AGM）.. 42

空対地ロケット → air-to-surface rocket
（ASR）.. 42

空地作戦 → air-ground operation 34

空地作戦組織 → air-ground operations
system 34

空地作戦調整所；空地作戦調整班
→ battlefield coordination element........ 98

空地戦闘 → air land battle（ALB）.......... 35

空/地測距レーザー → air/surface laser ranger
（ASLR）.. 41

空地通信
→ air-ground communication 34
→ air-to-ground communication 42

空地通信網 → air-ground net 34

空中位置 → air position 38

空中移動 → air movement 36

空中移動計画表 → air movement table 36

空中移動縦隊 → air movement column 36

空中移動目標指示装置 → airborne-moving-
target indicator（AMTI）..................... 24

空中威力偵察 → aerial combat
reconnaissance 17

空中会合点 【空自】 → rendezvous
（Rdvu）.. 531

空中回廊 【空自】
→ air corridor（AC）........................... 26
→ corridor 177

空中格闘性能向上機 → agile combat aircraft
（ACA）.. 21

空中格闘戦技 → aerial combat maneuver
（ACM）.. 17

空中核爆発 → nuclear airburst 448

空中管制要撃 → airborne controlled
intercept.. 23

空中観測
→ aerial observation 17
→ air observation 37

空中観測者 【陸自】 → air observer
（AOBSR）.. 37

空中観測所 → air observation post 37

空中観測による射撃修正
→ air adjustment 22
→ air observer adjustment 37
→ air spot 40

空中機動 → airmobile（AM；Ambl）...... 36

空中機動作戦 【陸自】 → airmobile
operation.. 36

空中機動師団 【米軍】 → Air Mobility
Division（AMD）................................. 36

空中機動性 → air mobility..................... 36

空中給油
→ air refueling（AR）.......................... 38
→ air-to-air refueling 42

空中給油管制チーム → air refueling control
team（ARCT）.................................... 38

空中給油管制点 → air refueling control
point 38

空中給油機
→ aerial tanker 18
→ air refueling tanker 38
→ air tanker 41
→ refueling aircraft 527
→ tanker aircraft 628

空中給油群 【米空軍】 → airborne refueling
group（ARG）.................................... 24

空中給油指導教官 → air-to-air refueling
instructor（AARI）............................. 42

空中給油進入点 → air refueling initial point
（ARIP）.. 38

空中給油装置 → refueling system in air .. 527

空中魚雷 【空自】 → aerial torpedo 18

空中魚雷 → air torpedo 42

空中警戒活動 → air policing 37

空中警戒管制システム；空中警戒管制組織
→ airborne warning and control system
（AW&CS）.. 25

日本語索引　79　くうちゆ

空中警戒待機 → combat air patrol
　（CAP）………………………………… 148
空中降下 → air drop ……………………… 32
空中降下点
　→ air drop point（ADP）……………… 32
　→ air release point ……………………… 38
空中航法 → aerial navigation …………… 17
空中指揮管制航空団 【米空軍】 → airborne
　command and control wing（ACCW）…… 23
空中指揮管制飛行隊 【米空軍】 → airborne
　command and control squadron
　（ACCS）………………………………… 23
空中指揮所 → airborne command post …… 23
空中視程 → flight visibility（FVIS）…… 275
空中射撃術 → air gunnery ………………… 34
空中集合 → join up ……………………… 362
空中哨戒 → air patrol …………………… 37
空中哨戒統制計画 → CAP control plan
　（Ccp）…………………………………… 124
空中哨戒網（くうちゅうしょうかいも
　う）→ aerial pickets ……………………… 17
空中衝突 → midair collision …………… 411
空中衝突防止装置 → collision avoidance
　system（CAS）………………………… 147
空中静止飛行 → hovering ……………… 322
空中戦 → air battle ……………………… 23
空中線 → antenna（ANT）……………… 54
空中戦技 → air combat tactics（ACT）…… 25
空中戦術航空調整官 → tactical air
　coordinator-airborne（TACCA）……… 623
空中戦場指揮統制センター 【空自】
　→ Airborne Battlefield Command and
　Control Center（ABCCC）…………… 23
空中前進航空統制官 → airborne forward air
　controller（AFAC）…………………… 24
空中戦戦闘機 【米空軍】 → air combat fighter
　（ACF）………………………………… 25
空中戦闘
　→ aerial combat ………………………… 17
　→ air combat …………………………… 25
　→ air-to-air combat …………………… 42
空中早期警戒 → airborne early warning
　（AEW）………………………………… 23
空中早期警戒管制 → airborne early warning
　and control（AEWC；AEW&C）……… 23
空中早期警戒管制航空団 → airborne warning
　and control wing（AW&CW）………… 25
空中早期警戒管制飛行隊 【米空軍】

→ airborne warning and control squadron
　（AW&CS）……………………………… 24
空中早期警戒機 【空自】 → airborne early
　warning aircraft（AEW）……………… 23
空中待機
　→ air alert ……………………………… 22
　→ airborne alert（AA）………………… 23
空中待機 【空自】 → holding …………… 318
空中待機定点 → holding fix …………… 318
空中待機飛行 → airborne alert flight …… 23
空中待避 → air evacuation ……………… 32
空中弾道 → torpedo air trajectory ……… 643
空中弾幕 → aerial barrage ……………… 17
空中調整官 → air coordinator（AC）……… 26
空中偵察計画 → open sky observation
　plan …………………………………… 459
空中投下 【空自】
　→ aerial delivery（AR）………………… 17
　→ air delivery ………………………… 31
空中投下 → air drop …………………… 32
空中投下員 → air dispatcher …………… 31
空中投下機雷；空中投下地雷 → air mine …… 36
空中投下装置 → airborne launcher ……… 24
空中投下装備品
　→ air delivery equipment ……………… 31
　→ air drop equipment ………………… 32
空中投下点
　→ air drop point（ADP）……………… 32
　→ air release point ……………………… 38
空中投下補給 → aerial supply …………… 18
空中投下用器材 → air delivery
　equipment ……………………………… 31
空中投下用コンテナー 【空自】 → air delivery
　container ……………………………… 31
空中統合偵察システム → airborne integrated
　reconnaissance system（AIRS）………… 24
空中発射囮ミサイル → air-launched decoy
　missile（ADM）………………………… 35
空中発射訓練用ロケット → air-launched
　trainer rocket ………………………… 35
空中発射巡航ミサイル 【米】 → air-launched
　cruise missile（ALCM）………………… 35
空中発射戦術対地ミサイル → tactical air-to-
　surface missile（TASM）……………… 624
空中発射対衛星多段式ミサイル → air-
　launched anti-satellite multistage
　missile ………………………………… 35

くうちゆ 80 日本語索引

空中発射対レーダー・ミサイル 【米】 → air-launched anti-radiation missile （ALARM） ……………… 35

空中発射弾導ミサイル 【米】 → air-launched ballistic missile （ALBM） ……………… 35

空中発射誘導ミサイル → air-launched guided missile （AGM） ……………… 35

空中破裂 → airburst ……………… 25

空中破裂信管 → aerial-burst fuze ………… 17

空中目標
　→ air objective ……………… 37
　→ air target ……………… 41

空中目標情報 → air target information … 41

空中目標図表 → air target chart （ATC） ‥ 41

空中目標伝達システム → airborne target hand-off system （ATHS） ……………… 24

空中目標捕捉火器管制装置 → airborne target acquisition and fire control system （ATAFCS） ……………… 24

空中輸送 【空自准空尉空曹空士特技区分】 → Air Transportation ……………… 43

空中輸送員 【空自】 → load master ……… 380

空中輸送幹部 【空自幹部特技区分】 → Air Transportation Officer ……………… 43

空中要撃 → air interception ……………… 35

空中雷道 → torpedo air trajectory ……… 643

空中離脱 → aerial withdrawal ……………… 18

空中ロケット制御システム → aerial rocket control system （ARCS） ……………… 18

空地連絡周波数 → air-ground frequency … 34

空地連絡符号 → air-ground liaison code … 34

空挺 → airborne ……………… 23

空挺教育隊 【陸自】 → Airborne Training Unit ……………… 24

空挺強行着陸 → assault airborne landing ‥ 73

空挺強襲車 → airborne assault vehicle （AAV） ……………… 23

空挺降下 【陸自】 → parachute jump ……… 471

空挺降下部隊
　→ parachute troops ……………… 471
　→ parachute unit ……………… 471

空挺降下部隊 【陸自】 → paratroops ……… 472

空挺攻撃 （くうていこうげき） 【陸自】
　→ airborne assault ……………… 23

空挺攻撃火器 → airborne assault weapon ‥ 23

空艇作戦 → airborne operation （abn opr） ……………… 24

空挺作戦部隊 【陸自】 → airborne force … 24

空挺師団 【陸軍】 → airborne division （AbnD；ABND） ……………… 23

空挺戦 → airborne warfare ……………… 24

空挺隊員 【陸自】 → paratrooper ……… 472

空挺団 【陸自】 → Airborne Brigade （Abn Bde） ……………… 23

空挺任務部隊 → airborne task force ……… 24

空挺部隊 → airborne troops ……………… 24

空挺部隊 【陸自】 → airborne unit ……… 24

空挺部隊の降下訓練 【陸自】 → airborne unit landing training ……………… 24

空挺普通科部隊 【自衛隊】 → air infantry ‥ 34

空挺ヘリボン作戦 → airborne and heliborne operation ……………… 23

空挺堡 （くうていほ） 【陸自】 → airhead （Ahd） ……………… 34

空挺堡線 → airhead line ……………… 34

空挺堡部隊 → airhead element ……………… 34

空挺輸送 → airborne transport ……………… 24

空挺用ビーコン → airborne beacon ……… 23

空挺旅団 【陸軍】 → Airborne Brigade （Abn Bde） ……………… 23

腔内検査鏡 → bore scope ……………… 111

空幕システム 【自衛隊】 → Air Staff Office System （ASO System） ……………… 40

偶発攻撃 → accidental attack ……………… 5

偶発戦争
　→ accidental war ……………… 5
　→ unpremeditated war ……………… 668

空母
　→ aircraft carrier （CV） ……………… 26
　→ multi-purpose aircraft carrier ……… 430

空包
　→ blank ammunition ……………… 105
　→ blank cartridge ……………… 105

空砲
　→ blank ammunition ……………… 105
　→ blank shot ……………… 105

空包発射補助具 → blank-firing attachment ……………… 105

空母艦載機着陸訓練 → field carrier landing practice （FCLP） ……………… 261

空母管制圏 → carrier control zone ……… 126

空母機動隊群 → carrier task force ……… 126

空母航空管制 → carrier air traffic control （CATC） ……………… 125

空母航空管制センター 【米】 → carrier air

日本語索引　81　くらすた

traffic control center（CATCC）·········· 125

空母航空群　→ carrier air group（CAG）·· 125

空母航空団　→ carrier air wing（CVW）·· 125

空母上空空中哨戒　→ carrier air patrol
（CAP）·· 125

空母戦術支援センター　→ carrier tactical
support center································ 126

空母戦闘群　→ carrier battle group
（CVBG）·· 125

空母打撃部隊　→ carrier striking force····· 126

空母発着艦資格　→ carrier qualification
（CQ）·· 126

空母誘導アプローチ；空母誘導着艦　→ carrier
control approach（CCA）··················· 126

空輸
　→ air transport································· 43
　→ air transportation······················· 43

空輸可能部隊　→ air transportable unit ····· 43

空輸管理　→ administrative aircraft
service ·· 12

空輸管理システム　→ air transportation
support system（ATRAS）··················· 43

空輸機動表　【自衛隊】→ air movement
table·· 36

空輸業務　→ airlift service····················· 35

空輸後方支援　→ air logistics support········ 36

空輸作戦　→ airlift operation ················· 35

空輸指揮所　→ airlift command post
（ACP）··· 35

空輸指定記号　→ air movement designator
（AMD）·· 36

空輸所要　→ airlift requirements ·············· 35

空輸着陸部隊　→ air landed unit ············· 35

空輸調整所　【米陸軍】→ air transport
coordination office（ATCO）··············· 43

空輸調整班　【海自】→ airlift coordination
cell·· 35

空輸統制委員会　→ joint airlift control
center ··· 358

空輸統制所　→ transport control center ··· 652

空輸統制チーム　→ airlift control team
（ALCT）··· 35

空輸能力　→ airlift capability················· 35

空輸部隊　→ airlift force ······················· 35

空輸補給　→ air supply ························· 40

空輸補給品　→ air movable supplies········· 36

空輸優先順位決定委員会　→ air priorities

committee ·· 38

空輸量　→ airborne lift ························· 24

空輸連絡幹部　【自衛隊】→ air transport
liaison officer····································· 43

空輸連絡将校　→ air transport liaison
officer ··· 43

空輸割り当て委員会　→ air transport
allocations board ································ 43

空力ミサイル　→ aerodynamic missile ······· 18

空冷ひれ　→ air-cooling fin···················· 26

空路　→ air route ································· 39

矩形場周経路（くけいじょうしゅうけい
ろ）→ rectangular traffic pattern········· 525

くしゃみガス
　→ nose irritant ·······························448
　→ sneezing gas ·······························582

くしゃみ性毒ガス　→ adamsite ··············· 10

駆潜艇　→ chaser ······························ 134

駆逐艦　→ destroyer ···························· 207

駆逐艦母艦　→ destroyer tender ············· 207

掘開式掩蔽部　→ cut-and-cover shelter···· 187

クックオフ　→ cook-off·························· 175

グープ　→ goop······························· 297

区分指定事項　【海自】→ classified
matter ··· 140

区分指定情報　【海自】→ classified
information ··· 140

閉回路消磁方式　→ closed-loop degaussing
（CLDG）··· 142

組み扱い武器　【陸自】→ crew-served
weapon ··· 182

久米島射爆撃場　【在日米軍】→ Kume Jima
Range ··· 364

「組め、銃！」（くめ、つつ）→ Stack
Arms！·· 595

クライシス・アクション・ディレクター　【米】
　→ director for crisis action ··········· 214

クライシス・プランニング・チーム　→ crisis
planning team（CPT）····················· 182

グラウンド・クラッター　→ ground
clutter··· 300

グラウンド・トゥールース　→ ground
truth ··· 302

クラスター　→ cluster ························· 143

クラスター・アダプター　→ cluster
adapter ··· 143

クラスター弾　→ cluster projectile········· 143

クラスター弾に関する条約　→ Convention on

Cluster Munitions（CCM）······· 174

クラスター弾薬 → cluster munitions ······ 143

クラスター爆弾 → cluster bomb ··········· 143

クラスター爆弾ユニット → cluster bomb unit（CBU）····· 143

クラッター → clutter ····· 143

クラッター指標 → clutter index ····· 143

クラッター消去 → anti-clutter ····· 57

クラッター図 → clutter diagram ····· 143

クラムシェル型ノーズ・コーン → clamshell-like nose cone····· 139

グリッド掃海 → grid-sweeping ····· 299

グリッド偏角 → angular parallax ····· 53

グリップ → grip ····· 299

クリップ給弾 → clip feeding ····· 141

クリフタトール → cliftatol ····· 141

クリプト・ピリオド・デジグネーター → crypto period designator ····· 185

クリーン・エアクラフト 【空軍】 → clean aircraft ····· 140

グリーン・ベレー 【米陸軍】 → Green Beret ····· 299

クルド民主党（クルディスターン民主党）→ Kurdistan Democratic Party（KDP）····· 364

グループ訓練 → group training ····· 303

グループ航跡 → group track ····· 303

グループ・パッチ盤 → group patch unit（GPU）····· 303

クレイモア地雷 → claymore mine ····· 140

呉カミサリー・アネックス 【在日米軍】 → Kure Commissary Annex ····· 364

呉憲兵隊 【在日米陸軍】 → Provost Marshal Activity Kure ····· 505

呉厚生局事務所 【在日米陸軍】 → Kure MWR Office ····· 364

呉財産室 【在日米陸軍】 → Office of Resource Management ····· 453

呉事務所 【在日米陸軍】 → Kure Office ··· 364

呉渉外事務所 【在日米軍】 → Kure Field Office ····· 364

呉第六突堤 【在日米陸軍】 → Kure Pier 6 ····· 364

呉地区輸送事務所 【在日米陸軍】 → Sub Area Trans Office/Japan-Kure ····· 608

呉地方隊 【海自】 → Kure District ····· 364

呉電話交換室 【在日米陸軍】 → Kure Telephone Exchange Office ····· 364

呉ハーバー・クラブ 【在日米軍】 → Kure Harbor Club ····· 364

呉民間人事課 【在日米陸軍】 → Kure Sub Office ····· 364

黒い側 → black side ····· 105

クロージング・フライト・プラン → closing flight plan ····· 143

クロスオーバー点 【海自】 → crossover point ····· 184

クロスオーバー領域 → crossover region ··· 184

クロスオーバー・レンジ → crossover range ····· 184

クロス・カントリー飛行 → cross-country flight ····· 183

クロス・テル → cross tell ····· 184

クローズド・ループ消磁方式 → closed-loop degaussing（CLDG）····· 142

クロス・バンド応答機 → cross band responder ····· 183

クロス・ロール → cross roll ····· 184

クロスロール修正機構 → cross-roll correction system ····· 184

クルド労働者党 → Partiya Karkeran Kurdistan（PKK）····· 473

グローバル指揮統制システム → Global Command and Control System（GCCS）····· 296

グローバル情報グリッド → Global Information Grid（GIG）····· 296

グローバルセキュリティセンター 【防大】 → Center for Global Security ····· 129

グローバルなテロリスト・ネットワーク → global terrorist networks ····· 296

グローバル・パートナーシップ → Global Partnership（GP）····· 296

群 【自衛隊】 → Group（Gp）····· 302

軍 → armed services ····· 66

軍 【陸軍】 → army ····· 68

軍
　→ force ····· 278
　→ military（MIL）····· 412

軍医 【陸軍】 → army doctor ····· 69

軍医
　→ medical officer（MO）····· 407
　→ surgeon ····· 617

軍医官 → medical officer（MO）····· 407

訓育 → moral education ····· 425

日本語索引　83　くんしか

軍医総監　【米陸軍・米空軍】→ Surgeon
　General ……………………………… 617
軍営
　→ armed camp …………………………… 66
　→ military camp …………………………412
軍歌
　→ martial song ……………………………401
　→ war song ………………………………681
軍靴
　→ ammunition boots …………………… 49
　→ military shoes …………………………415
訓戒　→ admonition …………………… 14
軍海上輸送隊　【米軍】→ Military Sea
　Transportation Service（MSTS）……… 415
軍楽　→ martial music ………………… 401
軍拡競争
　→ arms drive……………………………… 68
　→ arms race ……………………………… 68
軍楽隊　→ military band ………………… 412
軍楽隊　【海軍】→ naval band ………… 436
軍楽隊長　→ band master ……………… 92
軍艦
　→ fighting ship …………………………263
　→ warship ………………………………681
　→ war vessel ……………………………682
軍艦旗
　→ colors …………………………………148
　→ naval ensign …………………………437
軍間教育　→ interservice education ……… 351
軍管区　【陸軍】→ Army area ………… 69
軍管区　→ military district ……………… 413
軍間訓練　→ interservice training ………… 351
軍艦灰色　→ battleship gray ………………… 99
軍管理機関　→ Service educational activity
　（SEA）……………………………… 566
軍旗　→ colors…………………………… 148
軍紀；軍規　→ military discipline ………… 413
軍旗衛兵；軍旗衛兵隊　→ color guard …… 148
軍規格　→ military standard……………… 415
軍旗護衛下士官　→ color sergeant………… 148
軍旗中隊　→ color company ……………… 148
空軍力　→ air power ……………………… 38
軍憲兵　【米】→ Armed Forces Police……… 66
軍港　→ naval port……………………… 437
軍工科大学校　【米】→ Industrial College of
　the Armed Forces（ICAF）…………… 333
軍航空輸送部　【米軍】→ Military Air

Transport Service（MATS）…………… 412
軍国　→ militant nation………………… 412
軍国主義　→ militarism ………………… 412
軍国主義化　→ militarization …………… 412
軍国主義者　→ militarist ………………… 412
軍国色　→ military character …………… 412
軍財管理課　【在日米陸軍】→ Depot Property
　Branch ……………………………… 205
軍在籍期間　→ term of enlistment
　（TOE）……………………………… 635
軍産複合体　→ military-industrial complex
　（MIC）……………………………… 414
軍事委員会　【米】→ Armed Services
　Committee ………………………… 66
軍事医学　→ military medicine（MM）…… 414
軍事衛星　→ military satellite …………… 415
軍事衛生統制所　→ armed services medical
　regulating office（ASMRO）…………… 66
軍事演習
　→ military exercise……………………413
　→ military maneuver …………………414
軍事援助
　→ military aid …………………………412
　→ military assistance …………………412
軍事援助計画
　→ military aid program………………412
　→ Military Assistance Program
　　（MAP）………………………………412
軍事援助顧問団　→ military assistance
　advisory group（MAAG）……………… 412
軍事援助物品及びサービス表　→ Military
　Assistance Articles and Services List…… 412
軍事オプション　→ military option ……… 414
軍事化　→ militarization ………………… 412
軍事会議　→ council of war …………… 178
軍事外交　→ military diplomacy………… 413
軍事海上輸送　→ military sealift service … 415
軍事海上輸送軍　【米海軍】→ Military Sealift
　Command（MSC）……………………… 415
軍事介入
　→ armed intervention ………………… 66
　→ military intervention ………………414
軍事科学；軍事学　→ military science …… 415
軍資格試験　【米】→ Armed Forces
　Qualification Test（AFQT）…………… 66
軍事核保有国　→ military nuclear power… 414
軍事荷重等級　→ military load
　classification ……………………… 414

くんしか　　　　　　　　84　　　　　　　　日本語索引

軍事干渉 → military intervention ········· 414
軍事関与 → military engagement··········· 413
軍事機構 → military machine ············ 414
軍事技術 → military technology ············ 416
軍事基地 → military base··················· 412
軍事欺騙 → military deception
　（MILDEC） ································· 413
軍事欺瞞 【海自】 → military deception
　（MILDEC） ································· 413
軍事機密 → military secret··················· 415
軍事教育
　→ military education ····················413
　→ military training ······················416
軍事協力 → military cooperation ········· 413
軍事教練
　→ military drill··························413
　→ military training ······················416
軍事教練場 【米】 → armory··················· 68
軍資金
　→ war chest ·····························680
　→ war fund ·····························680
軍事空輸コマンド 【米】 → Military Airlift
　Command（MAC） ····················· 412
軍事クーデター → military coup ········· 413
軍事訓練 → military training ··············· 416
軍事警戒 → military guard··············· 413
軍事検閲 → military censorship············· 412
軍事建設 → military construction
　（MILCON） ································· 413
軍事建設計画 → military construction
　program ································· 413
軍事工学 → military engineering ··········· 413
軍事航空告示 → military aviation
　notice ································· 412
軍事攻撃 → military strike ················· 415
軍事公債 → war bond··················· 680
軍事控訴裁判所 → court of military appeals
　（CMA） ································· 181
軍事行動
　→ military action ··················412
　→ military campaign ··················412
軍事行動 【自衛隊】 → military
　operation················· 414
軍事後方 → military logistics ··············· 414
軍事顧問 → military adviser ················· 412
軍事顧問団 → military advisory group ··· 412

軍資材支援統制機関 【米】 → Service
　Inventory Control Center（SICC） ······· 566
軍事裁判
　→ military justice ·················414
　→ military tribunal ·················416
軍事裁判管轄権 → military jurisdiction ·· 414
軍事裁判所
　→ military court ·················413
　→ provost court ·················505
軍事削減 → reduction in force（RIF） ···· 526
軍事作戦 → military operation··············· 414
軍事産業
　→ armaments industry························ 65
　→ defense industry·················196
軍事支援 → military support ··············· 415
軍事支援計画訓練 → Military Assistance
　Program Training ························· 412
軍事資源 → military resource··············· 415
軍事使節 → military mission··············· 414
軍事施設
　→ military facility ·················413
　→ military installation ·················414
軍事施設移動許可士官 → installation
　transportation officer（ITO） ········· 340
軍事支配 → military domination ········· 413
軍事車列 【陸軍】 → military convoy ····· 413
軍事省 → military department
　（MILDEP） ································· 413
軍事仕様書 → military specification ······· 415
軍事衝突
　→ military conflict ·················413
　→ military confrontation ·················413
軍事上の法則 → military doctrine ········· 413
軍事情報資料 → military information····· 414
軍事情報統合データ・システム 【米軍】
　→ Military Intelligence Integrated Data
　System（MIIDS） ································· 414
軍事情報部 【英】 → Military Intelligence
　（MI） ································· 414
軍事情報包括保護協定 【日】 → General
　Security of Military Information Agreement
　（GSOMIA） ································· 294
軍事所要 → military requirements ········· 415
軍事心理戦 → military psychological
　warfare ································· 415
軍事政権
　→ military government ·················413

日本語索引　85　くんしゆ

→ military regime ································ 415

軍事政策　→ military policy ················ 415

軍事船団　【海軍】→ military convoy ····· 413

軍事戦略　→ military strategy ··············· 415

軍事占領　→ military occupation ··········· 414

軍事増強　→ military build-up ·············· 412

軍事組織
→ military organization ···················· 414
→ military wing ······························· 416

軍事損害評価　→ military damage
assessment ···································· 413

軍事態勢　→ military posture ·············· 415

軍事地理情報　→ military geographic
information ····································· 413

軍事通信　→ military communication ······ 413

軍私通信検閲　【米】→ Armed Forces
censorship ······································ 66

軍事偵察衛星　【米】→ satellite and missile
observation system（SAMOS）··········· 550

軍事の脅威　→ military threat ·············· 416

軍事の警戒　→ military vigilance ··········· 416

軍事の侵略　→ military aggression ········· 412

軍事的措置　→ measures involving the use of
armed forces ·································· 405

軍事的挑発　→ military provocation ······· 415

軍事的特性　→ military characteristics
（MC）··· 412

軍事的必要　→ military necessity ··········· 414

軍事転用　→ military utilization ············· 416

軍事動員　→ military mobilization ········· 414

軍事同盟　→ military alliance ··············· 412

軍事における革命　→ Revolution in Military
Affairs（RMA）······························ 540

軍事能力　→ military capability ············· 412

軍事能力阻害放射性降下物　→ militarily
significant fallout ···························· 412

軍事能力阻害放射性降下物地域　→ area of
militarily significant fallout ················· 64

軍事バランス　→ military balance ········· 412

軍事パレード　→ military parade ··········· 414

軍事費
→ armaments expenditures ················ 65
→ military expenditure ····················· 413
→ war expenditure ························· 680

軍事評論家　→ military commentator ······ 413

軍事プレゼンス　→ military presence ······ 415

軍事防御　→ military defense ················ 413

軍事報復　→ military retaliation ············ 415

軍事目標
→ military objective ························· 414
→ military target ···························· 416

軍種
→ military service ···························· 415
→ service ····································· 566

軍集団　→ army group（AG）················ 69

軍集団司令官　【米】→ Army group
commander ······································ 69

軍事郵便物集中センター　【米】→ postal
concentration center ························· 491

軍需企業　→ defense contractor ············· 196

軍縮
→ arms reduction ····························· 68
→ disarmament ····························· 216

軍縮委員会　→ Committee on Disarmament
（CD）··· 155

軍縮会議　→ disarmament conference ······ 216

軍縮会談　→ arms reduction talks ··········· 68

軍縮諮問委員会　→ Advisory Board on
Disarmament Matters ························ 17

軍縮・不拡散イニシアティブ　→ Non-
Proliferation and Disarmament Initiative
（NPDI）······································· 446

軍需景気
→ armaments boom ························· 65
→ war boom ································· 680

軍需工業
→ ammunition industry ···················· 50
→ munitions industry ······················ 430

軍需工場
→ munitions factory ······················· 430
→ munitions plant ························· 430
→ war plant ································· 681

軍需産業
→ ammunition industry ···················· 50
→ arms industry ····························· 68
→ defense industry ······················· 196
→ munitions industry ······················ 430
→ war industry ····························· 680

軍需生産委員会　【米】→ War Production
Board（WPB）······························ 681

軍需品
→ munitions（MUN）······················ 430
→ war supplies ····························· 681

軍需品供給局　【米】→ Office of Munitions
Control（OMC）···························· 453

軍種部隊

くんしゆ　　　　　　　　　　86　　　　　　　　　日本語索引

→ service component ························566
→ service component command ··········566

軍需物資　→ arsenal ······························ 71

軍仕様　→ military specification ············· 415

軍情報　→ armed forces intelligence ·········· 66

軍職　→ military profession ····················· 415

軍事予算　→ military budget ················· 412

軍事陸上輸送　→ military land
transportation ································· 414

軍事陸上輸送資産　→ military land
transportation resources···················· 414

軍事利用　→ military utilization ············· 416

軍事力
→ armed strength ··························· 66
→ military force······························413
→ military power ····························415

軍司令官　【陸軍】→ army commander ····· 69

軍司令部　【陸軍】→ Army Headquarters
(AHQ) ·· 69

軍司令部　→ military headquarters ········· 413

軍司令部幕僚軍医　→ army medical staff
(AMS) ·· 70

軍人
→ military personnel ·······················414
→ serviceman ································566
→ soldier ·····································583

軍人恩給　【日】→ Military pension ······· 414

軍人事記録　【米軍】→ Military Personnel
Records (MPRC) ··························· 414

軍人生活　→ military life····················· 414

軍人褒章　【米】→ Soldier's Medal········· 583

軍制
→ military organization ····················414
→ military system ····························415

軍勢
→ force of arms ····························279
→ military forces ····························413

軍政
→ military administration ··················412
→ military government ······················413

軍政策審議会　【米】→ Armed Forces Policy
Council ·· 66

群星信号弾　→ signal cluster················· 575

軍政長官　→ military governor ············· 413

軍政府；軍政部　→ military government ··· 413

軍政部将校　→ military government
officer ··· 413

軍政部令　→ military government

ordinance ······································· 413

群閃光　→ light group flashing (Gp Fl) ·· 375

群閃互光　→ light alternating group flashing
(Alt Gp Fl) ··································· 375

群戦闘指揮所　→ group operation center
(GOC) ·· 303

軍全砲兵　→ artillery with the Army ······· 72

軍戦務地域　→ army service area············· 70

軍曹　→ sergeant ···························· 565

軍葬　→ military funeral ···················· 413

軍曹勤務伍長　【英陸軍】→ lance
sergeant ··· 365

軍僧総監　【米陸軍・米空軍】→ Chief of
Chaplains ······································· 135

軍葬の礼　→ military honors ··············· 414

軍属人事管理　→ civilian personnel
management ··································· 139

軍属特技区分　→ civilian occupational
specialty ··· 139

軍隊
→ armed forces································ 66
→ armed services ····························· 66
→ military forces····························413
→ military (MIL) ····························412
→ troops ·····································655

軍隊一般分類検査　→ army general
classification ···································· 69

軍隊行進曲　→ military march ··············· 414

軍隊式高等学校　→ military academy ······· 412

軍隊生活
→ army life··································· 69
→ military life································414

軍隊の視察　→ inspection of troops········· 339

軍隊の民生活動　→ military civic action ··· 413

軍隊符号　→ military symbol ················· 415

軍隊輸送機；軍隊輸送船　→ troop carrier·· 655

軍団　【米】→ Army corps···················· 69

軍団　→ corps ···························· 177

軍団固有砲兵　→ organic corps artillery··· 464

軍団作戦地域　→ corps area················· 177

軍団支援兵器システム　【陸軍】→ corps
support weapon system····················· 177

軍団主補給整備地域　→ corps maintenance
area··· 177

軍団司令部　【陸軍】→ corps
headquarters ··································· 177

軍団全砲兵　→ artillery with the corps ······ 72

日本語索引　　87　　くんひよ

軍団体旅行証明番号 → military authorization
　identification number（MAIN）·········· 412
軍団直轄部隊 → corps troops················· 177
軍団砲兵 → corps artillery ·················· 177
軍団砲兵射撃指揮所 【陸軍】→ corps
　artillery fire direction center ············· 177
軍調達規則 【米】→ Armed Services
　Procurement Regulation（ASPR）········· 66
軍徴募者検査所 【米】→ Armed Forces
　Examining Station（AFES）················ 66
軍直轄部隊 → army troops ···················· 71
軍直轄砲兵部隊 【陸軍】→ army artillery·· 69
群通過濾波装置 → group through filter
　equipment（G-THF）······················· 303
軍鉄道部 → military railway service······· 415
軍伝書使部 【米】→ Armed Forces Courier
　Service（ARFCOS）························· 66
軍統一活動 → Unified Action Armed
　Forces ··· 662
軍当局
　→ military authorities····················412
　→ military officials ·······················414
軍統合活動 → joint action armed forces
　（JAAF）······································ 358
軍統合計量統合化服装技術計画 【米】→ Joint
　Service Lightweight Integrated Suit
　Technology Program（JLIST）············ 360
群島航路帯 → archipelagic sea lanes ········ 63
群島航路帯通航 → archipelagic sea lanes
　passage ·· 63
群島航路帯通航権 → right of archipelagic sea
　lane passage ································· 541
群島水域 → archipelagic waters··············· 63
軍の戦力組成 → battle of order ·············· 99
軍の中央管理組織 → military central
　management organization··················· 412
軍閥
　→ army clique ······························· 69
　→ military clique ··························413
軍費 → war expenditure ··················· 680
軍備
　→ armament ································ 65
　→ arms ······································· 68
軍備拡張
　→ expansion in armaments ···············252
　→ expansion of armaments ···············252
軍備拡張競争
　→ arms drive································· 68

　→ arms race················· 68
軍備管理 【自衛隊】→ arms control ········ 68
軍備管理協定
　→ arm control agreement ·············· 65
　→ arms control agreement ·············· 68
軍備管理軍縮庁 【米】→ Arms Control and
　Disarmament Agency（ACDA）············ 68
軍備管理手段
　→ arm control measures···················· 65
　→ arms control measure···················· 68
軍備競争
　→ armaments race ······················· 65
　→ arms race················· 68
軍備削減；軍備縮小
　→ arms reduction·························· 68
　→ disarmament ··························216
　→ reduction of armaments···············526
軍備縮小会議 → arms reduction
　conference ································· 68
軍備制限
　→ arms control ·························· 68
　→ arms limitation ······················· 68
　→ limitation of armaments ···············376
軍備撤廃 → complete disarmament········· 161
軍備費 → armaments expenditures ·········· 65
軍票
　→ military currency ······················413
　→ military payment certificate
　　（MPC）································414
　→ military strip ·······················415
　→ war note·····························681
軍標準受け払い報告及び会計手続き 【米軍】
　→ Military Standard Transaction
　Reporting and Accounting Procedure
　（MILSTRAP）······························ 415
軍標準機関所在地索引 【米軍】→ Military
　Standard Activity Address Directory
　（MILSTAAD）······························ 415
軍標準契約管理手続き 【米軍】→ Military
　Standard Contract Administration
　Procedures（MILSCAP）··················· 415
軍標準資産管理システム 【米軍】→ Military
　Standard Inventory Management System
　（MILSIMS）······························· 415
軍標準請求及び払い出し手続き 【米軍】
　→ Military Standard Requisitioning and
　Issue Procedure（MILSTRIP）············ 415
軍標準品目管理資料システム 【米軍】
　→ Military Standard Item Management
　Data System（MILSIMDS）··············· 415
軍標準品目特性コード構成 【米軍】
　→ Military Standard Item Characteristics

くんひよ　　　　　　　　　　　88　　　　　　　　日本語索引

Coding Structure（MILSTICCS）‥‥‥‥ 415

軍標準輸送及び移動手続き 【米軍】
→ Military Standard Transportation and
Movement Procedure（MILSTAMP）‥‥ 415

軍部
→ army circles‥‥‥‥‥‥‥‥‥‥‥‥‥‥‥ 69
→ military authorities‥‥‥‥‥‥‥‥‥‥412
→ military（MIL）‥‥‥‥‥‥‥‥‥‥‥‥412

軍服 → military uniform‥‥‥‥‥‥‥‥‥ 416

軍服 【海軍】→ naval uniform‥‥‥‥‥‥ 438

軍部品統制顧問団 【米軍】→ Military Parts
Control Advisory Group（MPCAG）‥‥ 414

軍法 → military law‥‥‥‥‥‥‥‥‥‥‥‥ 414

軍帽 → military cap‥‥‥‥‥‥‥‥‥‥‥‥ 412

軍法委員会 → military commission‥‥‥‥ 413

軍法違反 → military offense‥‥‥‥‥‥‥‥ 414

軍法会議 → court-martial‥‥‥‥‥‥‥‥‥ 181

軍法会議命令 → court martial order‥‥‥ 181

軍砲兵 【陸軍】→ army artillery‥‥‥‥‥ 69

軍補給及び輸送評価手続き 【米軍】
→ Military Supply and Transportation
Evaluation Procedure（MILSTEP）‥‥‥ 415

軍補給規格 【米軍】→ Military Supply
Standard（MSS）‥‥‥‥‥‥‥‥‥‥‥‥ 415

軍民作戦 → civil-military operations‥‥‥ 139

軍民作戦センター → civil-military operations
center（CMOC）‥‥‥‥‥‥‥‥‥‥‥‥ 139

軍務
→ military affairs‥‥‥‥‥‥‥‥‥‥‥‥412
→ military duty‥‥‥‥‥‥‥‥‥‥‥‥‥413
→ military service‥‥‥‥‥‥‥‥‥‥‥‥415

軍務 【海軍】→ naval affairs‥‥‥‥‥‥‥ 436

軍務 → service‥‥‥‥‥‥‥‥‥‥‥‥‥‥ 566

軍務局 【米】→ Adjustment General's Office
（AGO）‥‥‥‥‥‥‥‥‥‥‥‥‥‥‥‥‥ 12

軍務局長 【米】→ Adjustment General
（AG）‥‥‥‥‥‥‥‥‥‥‥‥‥‥‥‥‥‥ 12

軍務局長 → adjutant general（AG）‥‥‥‥ 12

群明暗光 → light group occulting（Gp
Occ）‥‥‥‥‥‥‥‥‥‥‥‥‥‥‥‥‥‥ 375

群明暗互光 → light alternating group
occulting（Alt Gp Occ）‥‥‥‥‥‥‥‥ 375

軍輸送管理本部 【米軍】→ Military Traffic
Management Command（MTMC）‥‥‥‥ 416

軍用艦 → military ship‥‥‥‥‥‥‥‥‥‥ 415

軍用機
→ military aircraft‥‥‥‥‥‥‥‥‥‥‥412

→ warplane‥‥‥‥‥‥‥‥‥‥‥‥‥‥‥‥681

軍用グリッド → military grid‥‥‥‥‥‥‥ 413

軍用グリッド基準方式 → military grid
reference system（MGRS）‥‥‥‥‥‥‥ 413

軍用犬
→ army dog‥‥‥‥‥‥‥‥‥‥‥‥‥‥‥ 69
→ military dog‥‥‥‥‥‥‥‥‥‥‥‥‥413

軍用航空機 → air fleet‥‥‥‥‥‥‥‥‥‥ 32

軍用コンテナー
→ military van（MILVAN）‥‥‥‥‥‥‥416
→ MILVAN‥‥‥‥‥‥‥‥‥‥‥‥‥‥‥‥416

軍用車 → military vehicle‥‥‥‥‥‥‥‥‥ 416

軍用上昇回廊 → military climb corridor
（MCC）‥‥‥‥‥‥‥‥‥‥‥‥‥‥‥‥‥ 413

軍用仕様品目 【統幕】→ off-the-shelf
item‥‥‥‥‥‥‥‥‥‥‥‥‥‥‥‥‥‥ 455

軍用推力 → military-rated thrust‥‥‥‥‥ 415

軍用地 → military reservation‥‥‥‥‥‥‥ 415

軍用地誌 → military topography‥‥‥‥‥‥ 416

軍用チャンネル → military channel‥‥‥‥ 412

軍用電気規格庁 【米】→ Armed Services
Electro Standards Agency（ASESA）‥‥‥ 66

軍用道路 → military road‥‥‥‥‥‥‥‥‥ 415

軍用の爆発物 → military explosives‥‥‥‥ 413

軍用の武器 → military arms‥‥‥‥‥‥‥‥ 412

軍用ハンドブック → military handbook
（MILHDBK）‥‥‥‥‥‥‥‥‥‥‥‥‥‥ 413

軍用標準 → military standard‥‥‥‥‥‥‥ 415

軍用ヘリコプター → military helicopter‥‥ 413

軍用列車 → troop train‥‥‥‥‥‥‥‥‥‥ 655

軍ラジオ・テレビ・サービス 【米】→ Armed
Forces Radio and Television Service
（AFRTS）‥‥‥‥‥‥‥‥‥‥‥‥‥‥‥‥ 66

軍ラジオ放送 【米】→ Armed Forces Radio
Service（AFRS）‥‥‥‥‥‥‥‥‥‥‥‥‥ 66

軍略戦 → general's battle‥‥‥‥‥‥‥‥‥ 294

軍糧食補給部 → military subsistence supply
agency‥‥‥‥‥‥‥‥‥‥‥‥‥‥‥‥‥ 415

軍令 → military command‥‥‥‥‥‥‥‥‥ 413

訓練
→ exercise‥‥‥‥‥‥‥‥‥‥‥‥‥‥‥250
→ practice‥‥‥‥‥‥‥‥‥‥‥‥‥‥‥493

訓練演習係幹部 【空自】→ exercise officer
（EXO）‥‥‥‥‥‥‥‥‥‥‥‥‥‥‥‥ 251

訓練演習区域 → training and exercise
area‥‥‥‥‥‥‥‥‥‥‥‥‥‥‥‥‥‥ 648

訓練演習準備機能 → Scenario Edit Function

日本語索引　　　　　　　　　89　　　　　　　くんれん

（SEF）……………………………… 551

訓練演習用プログラム → Training Exercise
Program（TXP）…………………… 649

訓練課 【内部部局・陸自・防大】→ Training
Division ………………………………… 648

訓練課程 → training course …………… 648

訓練課程表 → training course chart …… 648

訓練機 → trainer ……………………… 648

訓練期間 → training period …………… 649

訓練器材班 【海自】→ Training Equipment
Section ………………………………… 648

訓練基準 → training standard ………… 649

訓練教義コマンド 【米陸軍】→ Training and
Doctrine Command（TRADOC）……… 648

訓練空域 【空自】→ training area（TA）… 648

訓練現役勤務 → active duty for training …… 9

訓練検閲 → training inspection ………… 649

訓練査閲 → unit training inspection …… 667

訓練参加部隊 → training participating
unit …………………………………… 649

訓練支援艦 【海自】→ training support
ship …………………………………… 649

訓練支援部隊 → training supporting
unit …………………………………… 649

訓練指示 → training memorandum ……… 649

訓練施設 → training facility …………… 649

訓練実施基準 【海自】→ syllabus………… 620

訓練実施計画 → training program ……… 649

訓練実施部隊 → training unit ………… 649

訓練自停（くんれんじてい）→ exercise cut-
off …………………………………… 250

訓練シナリオ → training scenario……… 649

訓練射撃 → exercise shot ……………… 251

訓練周期 → training cycle ……………… 648

訓練終了 → finish exercise（FINEX）…… 265

訓練準備調査 → training readiness inspection
（TRI）………………………………… 649

訓練準備評価 → training readiness evaluation
（TRE）………………………………… 649

訓練所 → training camp ………………… 648

訓練場 → training course ……………… 648

訓練詳細 → exercise specifications ……… 251

訓練招集 【自衛隊】→ training call-up… 648

訓練招集手当 【自衛隊】→ training call-up
allowance……………………………… 648

訓練資料 → training material ………… 649

訓練信号 → exercise signal …………… 251

訓練成績評価 【海自】→ operational
readiness evaluation（ORE）………… 461

訓練装置
→ trainer………………………………648
→ training device………………………648

訓練弾
→ dummy drill ammunition …………228
→ practice projectile …………………493
→ training ammunition…………………648
→ training projectile …………………649

訓練担当軍曹 → drill sergeant………… 225

訓練手引 → training guide …………… 649

訓練爆弾 → training bomb …………… 648

訓練幕僚 → conducting staff…………… 165

訓練派遣隊 → field training detachment
（FTD）……………………………… 262

訓練発射 → exercise shot …………… 251

訓練班 【統幕運用部運用第3課】→ Training
and Exercise Section ………………… 648

訓練班 【陸自】→ Training Section …… 649

訓練飛行 【海自】→ training flight……… 649

訓練評価・支援班 【統幕運用部運用第3課】
→ Exercise Evaluation and Support
Section ……………………………… 251

訓練部 【防大】→ Training Department… 648

訓練用回覧書 → training circular ……… 648

訓練用起爆装置 → practice exploder
equipment …………………………… 493

訓練用魚雷 → exercise torpedo
（EXTORT）…………………………… 251

訓練用機雷 → exercise mine …………… 251

訓練用機雷 【海自】→ practice mine … 493

訓練用手榴弾 → training grenade ……… 649

訓練用地雷 【陸自】→ practice mine …… 493

訓練用弾頭 → practice head …………… 493

訓練用頭部 → exercise head…………… 251

訓練用図書類 → training literature ……… 649

訓練用爆弾 → practice bomb …………… 493

訓練用爆雷 → practice depth charge
（PDC）……………………………… 493

訓練用ミサイル → guided missile training
round（GMTR）……………………… 304

訓練用ロケット弾 → training rocket …… 649

訓練予定表
→ training schedule……………………649
→ training time table …………………649

【け】

係維機雷 → moored mine ················ 425

係維掃海 → mechanical sweep（MES）··· 405

係維掃海具 → moored sweep gear ······ 425

警衛 → interior guard ················ 346

警衛海曹 【海自】 → interior guard petty
officer ···················· 346

警衛士官 【海自】 → interior guard
officer ···················· 346

警衛所 【自衛隊】 → guard house ········ 303

警衛司令 【自衛隊】 → guard
commander ···················· 303

警衛司令 → officer of the guard ··········· 454

警衛隊 【海自】 → Guard Division ········ 303

警衛隊 → main guard ···················· 392

警衛班 【海自】 → Guard Section ········ 303

警戒
→ alert ···················· 44
→ security ···················· 559

警戒監視
→ security surveillance ···················· 560
→ surveillance（survl）···················· 618

警戒監視空中哨戒（けいかいかんしくうちゅう
しょうかい）→ surveillance air patrol
（SAP）···················· 618

警戒管制 【空自准空尉空曹空士特技区分】
→ Airbus Control and Warning ··········· 25
→ Air Control and Warning ··············· 26

警戒管制機能 → air defense ground
environment（ADGE）···················· 30

警戒管制レーダー整備 【空自】 → AC&W
Radar Maintenance ···················· 4

警戒区域 → warning area ···················· 681

警戒群 【空自】 → Aircraft Control and
Warning Group ···················· 27

警戒警報
→ air defense warning yellow ··············· 31
→ air raid alert warning ···················· 38
→ air-raid precautions（ARP）··········· 38
→ red alert ···················· 525
→ warning yellow ···················· 681
→ yellow alert ···················· 693

警戒警報態勢 → air raid alert ··········· 38

警戒航空隊 【空自】 → Airborne Early

Warning Group（AEWG）··················· 23

警戒航行 【海自】 → precautionary
cruising ···················· 493

警戒航行序列 【海自】
→ precautionary cruising order ··········· 493
→ protective cruising order ··············· 504

警戒所 → alerting post ···················· 44

警戒哨 → reporting post ···················· 533

警戒情報 → alerting information ··········· 44

警戒資料群 【空自】 → Surveillance
Intelligence Group ···················· 618

警戒資料隊 【空自】 → Surveillance
Intelligence Squadron ···················· 618

警戒斥候 → security patrol ··············· 560

警戒線
→ cordon ···················· 176
→ picket line ···················· 483

警戒隊 【空自】 → Aircraft Control and
Warning Squadron ···················· 27

警戒隊 → warning squadron ············· 681

警戒待機 → alert ···················· 44

警戒待機区分 → alert status ··············· 45

警戒待機態勢 → air raid alert ··············· 38

警戒態勢 【空自】 → alert readiness ········· 44

警戒態勢 【陸自・海自】 → defense readiness
condition（DEFCON）···················· 198

警戒段階 → alert phase ···················· 44

警戒地域 → security area ···················· 559

警戒通信隊 【空自】 → Air Defense Control
Communications Squadron ··············· 30

警戒点 → warning point ···················· 681

警戒部隊
→ security echelon ···················· 560
→ security force ···················· 560
→ security unit ···················· 560

警戒レーダー → warning radar（W/R）·· 681

軽火器 → light weapon ···················· 376

計画課 【統幕】 → Defense Plans and
Programs Division ···················· 198

計画課 【防衛省】 → Planning and
Programming Division ···················· 485

計画外整備 → unscheduled
maintenance ···················· 668

計画航空支援 → preplanned air support·· 495

計画識別番号 → plan identification
number ···················· 485

計画射撃

日本語索引 91 けいさつ

→ planned fire ·····485
→ prearranged fire ·····493
→ scheduled fire·····552
計画除外機 → nonprogram aircraft ······ 446
計画諸元 → planning factor·····485
計画指令 → planning directive ·····485
計画調整官 【統幕】→ Senior Planning
Coordinator ·····564
計画任務 → preplanned mission ·····495
計画任務要請 【海自】→ preplanned mission
request·····495
計画班 【空自施設課】→ Civil Engineering
Planning Section·····138
計画班 【空自援護業務課】→ Employment
Assistance Planning Section ·····241
計画班 【空自調査部調査課】→ Intelligence
Planning Section·····343
計画班 【空自装備部装備課】→ Logistics
Planning Section·····384
計画班 【空自整備課】→ Maintenance
Planning Section·····394
計画班 【陸自】→ Planning Section ·····486
計画班 【空自装備部調達課】→ Procurement
Planning Section·····501
計画班 【空自補給課】→ Supply Planning
Section·····614
計画班 【空自教育課】→ Training Planning
Section·····649
計画・評価部長 【米空軍】→ Director
Programs and Evaluation·····215
計画評価部長 【米海軍】→ Director Program
Appraisal ·····215
計画部 【情報本部】→ Directorate for
Planning ·····214
計画部 【海自】→ Planning Department·· 485
計画目標 → planned target·····485
計画用航空図 → aeronautical planning
chart·····19
計画要請 → preplanned mission request·· 495
計画欄数量明細綴り → hold accounting
procedure detail file（HAPD）·····318
計画立案要素 【海自】→ planning factor·· 485
軽観測ヘリコプター → light observation
helicopter ·····376
軽機関銃 → light machine gun（LMG）·· 376
計器整備 【空自准空尉空曹空士特技区分】
→ Instrument Maintenance·····340

計器着陸 → blind landing ·····106
計器着陸装置 → blind landing
apparatus ·····106
計器飛行 → blind flight ·····106
警急業務 → alerting service ·····44
警急呼集 → general recall ·····294
計器離陸 → blind take-off ·····106
経空補給 → aerial supply ·····18
迎撃角 → angle of attack（AOA）·····52
迎撃角計 → angle of attack indicator ·····52
迎撃機 → interceptor·····345
迎撃計画表示 → intercept plan display
（IPD）·····345
携行型の対戦車ミサイル → portable anti-
tank missile ·····490
軽航空機 → lighter-than-air aircraft
（LTA）·····375
携行式地対空ミサイル → man-portable
surface-to-air missile（man-portable
SAM）·····397
携行食（けいこうしょく）→ ration·····519
携行定数 → authorized load ·····80
携行武器
→ hand arms·····308
→ hand weapon ·····308
携行補給品 → accompanying supplies ······6
携行糧食 → field rations ·····262
警告射撃 【自衛隊】→ warning shot·····681
警告灯 → warning light ·····681
警告爆撃 → warning bomb·····681
警告メッセージ → warning message·····681
警護出動 → guarding operation·····303
経済情報 → economic intelligence·····231
経済情報戦争 → economic information
warfare ·····231
経済戦争
→ economic warfare·····231
→ white war·····689
経済調整室 【米国防総省】→ Office of
Economic Adjustment（OEA）·····453
経済的発注量 → economic order
quantity·····231
経済的備蓄 → economic retention stock·· 231
経済動員 → economic mobilization·····231
経済搭載 → commercial loading·····155
警察要員提供国 【国連】→ police

け

けいさむ　　　　　　　　　　92　　　　　　　　　　日本語索引

contributing country（PCC）·············· 489

携SAM → man-portable surface-to-air
missile（man-portable SAM）············ 397

計算機－通信連接処理装置 → computer to
communications interface processor
（CCIP）··· 164

計算機保全 → computer security
（COMSEC）······································ 163

計算高度 → computed altitude·············· 163

計算部 【海自】→ Computer Section····· 163

型式証明（けいしきしょうめい）→ type
certification ···································· 659

傾斜アンテナ → inclined antenna ·········· 330

傾斜機能材料 → functionally gradient
materials（FGM）······························ 289

傾斜限界角 → angle of repose ·············· 53

計出距離 → generated range················ 294

計出距離変化量 → generated change of
range··· 294

計出現在距離 → generated present
range··· 294

計出高角変化量 → generated change of
elevation··· 294

計出照準 → generated aim ·················· 294

計出測距 【海自】→ generated ranging·· 294

計出方位 → generated bearing ·············· 294

計出方向変化量 → generated change of
relative ··· 294

軽巡洋艦 → light cruiser ····················· 375

軽水炉 → light water reactor（LWR）··· 376

継戦基盤
→ basic capability to continue fight ······ 96
→ war sustenance resources ··············681

軽戦車 → light tank ··························· 376

継戦日数 → number of fighting days ····· 450

継戦能力 【空自】→ sustainability ········ 619

軽装甲機動車 【陸自】→ light armored
mobility vehicle ································· 375

軽装甲車 → light armored vehicle
（LAV）··· 375

計装信号情報 【米軍】→ foreign
instrumentation signals intelligence
（FISINT）··· 280

軽装備歩兵 → light infantry ················ 376

計測器整備 【空自准空尉空曹空士特技区】
→ Precision Measuring Equipment
Maintenance ····································· 494

計測・痕跡情報 【統幕】→ measurement and
signature intelligence（MASINT）······· 405

継続哨戒航空機 → continuous patrol
aircraft ··· 170

計測信号情報 【空自】→ measurement and
signature intelligence（MASINT）······· 405

計測隊 【空自飛行開発実験団隷下】
→ Instrumentation Squadron ············· 340

継続追跡 → hot pursuit ····················· 321

継続追跡権 → right of hot pursuit ········· 541

継続的な調達とライフサイクルを通じての支援
→ continuous acquisition and life-cycle
support（CALS）································· 170

継続任用 → continuing appointment ····· 170

形態管理 → configuration management ·· 166

携帯式地対空防衛システム → man-portable
air-defense system（MANPADS）········ 397

軽対戦車兵器 → light anti-tank weapon·· 375

軽対戦車誘導弾 → light anti-tank
missile ··· 375

携帯地対空誘導弾 → portable surface-to-air
missile（PSAM）································· 490

形態品目 → configuration item（CI）····· 166

ゲイター地雷装置 → Gator mine
system ··· 292

軽偵察機 → light reconnaissance
airplane ··· 376

経度差 【空自】→ difference of longitude
（DLo；DLong）································· 210

軽爆撃機 → light bomber（LB）··········· 375

軽迫撃砲 → light mortar····················· 376

警備 【空自准空尉空曹空士特技区分】→ Air
Police ··· 37

警備 → policing································· 489

警備 【空自准空尉空曹空士特技区分】
→ Security Police ······························ 560

警備官 → security officer···················· 560

警備艦 【海自】→ combatant ship········· 148

警備艦 → guard ship ························· 303

警備幹部 【空自幹部特技区分】→ Security
Police Officer ···································· 560

警備勤務 → guard duty ····················· 303

警備区域 【陸自】→ defense district ······ 196

警備犬 【陸自】→ army dog··············· 69

軽飛行場 → landing field···················· 366

警備所 【海自】→ Guard Post·············· 303

日本語索引　　　　　　　　　93　　　　　　　　　　けいりよ

警備小隊　【自衛隊】→ garrison force ····· 291
警備隊　【海自】→ Area Guard Group
　（AGG）··· 64
警備隊　【陸自】→ Guard Unit············· 303
警備隊　【在日米軍】→ Security Guard
　Branch ·· 560
警備地誌　→ military geography············· 413
警備地誌　【陸自】→ topographic
　intelligence ····································· 643
軽武装偵察機　→ light armed reconnaissance
　aircraft·· 375
警報
　→ alarm（ALM）································ 44
　→ alert ·· 44
　→ warning signal ································681
軽砲（けいほう）
　→ light artillery ································375
　→ light cannon ··································375
警報解除
　→ air defense warning white ················ 31
　→ warning white ································681
　→ white alert ····································688
警報解除信号　→ all clear signal ············· 45
警報指令所　【空自】→ alert center ·········· 44
警報信号　→ alarm signal ······················· 44
警報装置
　→ alarm system ·································· 44
　→ alarm unit·· 44
　→ warning system ······························681
警報中枢　→ warning center ··················· 681
警報通信系　→ warning net ··················· 681
警報通信網
　→ tactical alert net ····························624
　→ warning net ····································681
警報灯　→ warning light ························ 681
警報灯　【海自】→ warning signal ········· 681
警務運用所　【自衛隊】→ military police
　station（MPS）································ 415
警務科　【自衛隊】→ Military Police
　（MP）··· 414
警務課　【陸自】→ Military Police Division
　（MP Div）······································· 414
警務官　【自衛隊】→ military police
　（MP）··· 414
警務幹部　【空自幹部特技区分】→ Air Police
　Officer ··· 37
警務管理官　【防衛省】→ Inspector, Military
　Police ·· 339
警務巡察　→ military police patrol ········· 414

警務哨所　【自衛隊】→ military police post
　（MPP）·· 414
警務総監　【米空軍】→ Chief of Security
　Police ·· 135
警務隊　【自衛隊】→ military police
　（MP）··· 414
警務隊員　【自衛隊】→ military
　policeman·· 414
警務隊長　【自衛隊】→ provost marshal·· 505
警務班　【陸自】→ Military Police
　Section·· 415
軽門橋　→ light raft ······························· 376
契約課　【海自】→ Contract Division ····· 170
契約後方支援　→ contracted logistics support
　（CLS）·· 171
契約者　→ contractor（CONTR）············ 171
契約終了　→ contract termination ·········· 171
契約所要期間　→ contract lead time
　（CLT）·· 171
契約担当官　→ contracting officer（CO）·· 171
契約担当官代理者　→ contracting officer's
　representative（COR）····················· 171
契約中止　→ contract termination ·········· 171
契約の相手方　→ contractor（CONTR）·· 171
契約班　【陸自・海自】→ Contract
　Section·· 171
掲揚　【海自】→ hoist ··························· 318
経理　→ finance and accounting ············ 264
経理員　【海自】→ disbursing clerk
　（DK）·· 216
経理課　【海自】→ Finance Division（Fin
　Div）·· 264
経理局　【防衛省】→ Bureau of Finance·· 118
経理室　【防大】→ Accounting Division ···6
経理隊　【海自】→ Accounting Unit
　Division ··6
経理班　【空自】→ Accounting and Finance
　Section··6
経理班　【陸自】→ Finance Administration
　Section·· 264
経理部　【海自】→ Accounts Department····6
係留運転　→ basin trial·························· 97
係留浮標　→ mooring buoy···················· 425
軽量戦闘機　【米】→ light-weight fighter
　（LWF）·· 376
軽量戦闘車　→ lightweight combat vehicle
　（LCV）·· 376
軽量大気圏外飛翔弾；軽量大気圏外投射体

け

けいれい　　　　　　　　　　94　　　　　　　　日本語索引

→ light-weight exo-atmospheric projectile (LEAP) ……………………………… 376

「敬礼！」　→ Hand Salute !……………… 308

経歴の再調査　→ background check ……… 88

経路統制所　→ channel control station …… 133

撃角
　→ angle of entry ……………………………… 53
　→ impact angle ……………………………329

撃針　→ firing pin ……………………………… 268

撃針孔（げきしんこう）→ firing pin hole … 268

撃針打痕（げきしんだこん）→ firing pin indent ……………………………………… 268

撃針突出量　→ firing pin protrusion ……… 268

激戦　→ pitched battle…………………………… 484

撃速　→ striking velocity………………………… 608

撃退作戦　→ repelling operation …………… 532

撃沈　→ sinking …………………………………… 578

撃墜　【空自】→ splash ……………………… 592

撃墜公算　【陸自】→ probability of kill… 500

撃墜判定　→ kill assessment ………………… 363

撃墜率　【海自】→ kill rate ………………… 363

撃鉄
　→ hammer ………………………………………307
　→ striker …………………………………………608

撃鉄解放レバー　→ decocking lever ……… 194

撃鉄式撃発装置　→ percussion-hammer firing mechanism……………………………… 478

撃鉄ばね　→ hammer spring ………………… 307

撃鉄ばね筒　→ hammer spring housing … 308

撃破　【陸自】→ destruction ……………… 207

撃破確率　→ probability of kill……………… 500

撃破体　→ kill vehicle（KV）……………… 363

撃発　→ percussion ……………………………… 477

撃発火管　→ percussion primer ……………… 478

撃発機構　→ firing mechanism ……………… 268

撃発作動桿　→ cocking lever ………………… 145

撃発準備
　→ cocking………………………………………145
　→ full cock……………………………………288

撃発準備解除レバー　→ decocking lever … 194

撃発準備レバー　→ cocking lever ………… 145

撃発信管　→ percussion fuze ………………… 478

撃発装置　→ firing mechanism ……………… 268

撃発待機
　→ cocking………………………………………145
　→ full cock……………………………………288

撃発待機レバー　→ cocking lever ………… 145

撃発筒　→ firing plunger ……………………… 268

撃発発射　→ percussion firing ……………… 478

撃発ばね　→ firing spring …………………… 268

撃発雷管　→ percussion cap………………… 478

撃発レバー・ピン　→ cocking lever pin… 145

撃滅　【海自】→ annihilation ……………… 54

撃滅　→ destruction ……………………………… 207

撃滅　【陸自】→ overthrow………………… 469

撃滅区域　→ destruction area ……………… 207

撃滅戦略　→ strategy of annihilation…… 607

慶佐次通信所　【在日米軍】→ Gesaji Communication Site……………………… 295

ゲージ爆弾　→ gauge bomb（GB）……… 292

下車戦闘　→ dismounted battle…………… 217

下車地点　→ detrucking point ……………… 209

下車停車場　→ detraining point ………… 209

月間平均飛行時間　【空自】→ utility hour （UH）………………………………………… 671

結合効果型爆弾　→ combined effects munitions（CEM）……………………… 151

結合帽　→ assembly cap………………………… 74

決心高度　→ decision altitude（DA）…… 193

決心高　→ decision height（DH）………… 193

決戦
　→ decisive battle……………………………193
　→ decisive combat……………………………193
　→ decisive engagement……………………193

血戦　→ bloody battle………………………… 107

決戦戦争　→ decisive war …………………… 193

決戦地域　→ decisive area …………………… 193

決定位置　【海自】→ fixed position ……… 269

決定点　→ decision point……………………… 193

ゲット・リスト　→ Get List ……………… 295

ゲーティング・サークル　→ gating circle（G-CIR）………………………………………… 292

ケニア国際平和支援訓練センター　→ International Peace Support Training Centre（IPSTC）………………………… 349

ケープ・カナベラル空軍基地　【米】→ Cape Canaveral Air Force Station （CCAFS）……………………………………… 124

ケーブル・リンク・プロセッサー　→ cable link processor……………………………… 121

煙試験　→ smoke test ………………………… 581

蹴り出し　【海自】→ knuckle …………… 364

日本語索引　　　　95　　　　けんさよ

ゲリラ → guerrilla ································· 303
ゲリラ活動 → guerrilla action ··············· 303
ゲリラ・コマンドウ攻撃 → guerrilla-
commando-type attack ····················· 303
ゲリラ・コマンドウ対処訓練 【陸自】
→ counter-guerrilla and commando
training ··· 179
ゲリラ戦
→ guerrilla war ································304
→ guerrilla warfare（GW）·············· 304
ゲリラ部隊 【海自】 → guerrilla forces ··· 303
限域戦争 → contained war ·················· 169
牽引環（けんいんかん）→ lunette··········· 389
牽引自動車；牽引車 → tractor ············· 647
現員日報 → daily strength report ········ 188
牽引砲（けんいんほう）→ towed artillery·· 645
現員報告 → strength return················· 607
牽引榴弾砲（けんいんりゅうだんほ
う）→ towed howitzer······················ 645
現役
→ active duty·································9
→ active service······························9
検疫旗 → yellow flag ························· 693
現役州兵 【米】 → active National Guard ···9
現役将官名簿 【英海軍】 → flag list ······ 270
現役招集 → recall to active duty ········· 522
現役表 → active list ···························9
現役部隊 → active component··················9
現役名簿 → active list ························9
現役陸軍 【米】 → Active Army ··············9
現役連邦勤務 → active Federal service ·······9
検閲 【海自】 → general inspection ········ 293
検閲 → review··································· 540
検閲主任 → chief military censor ··········· 135
検閲総監 → inspector general ·············· 339
厳戒減給
→ disciplinary reduction in pay ··········217
→ forfeiture of pay ·························280
舷外排出筒 → trash disposal unit ········· 653
原価監査官 【海自】 → cost audit officer·· 178
原価管理課 【内部部局】 → Cost Evaluation
and Audit Management Division ········· 178
原価計算部 【防衛省】 → Cost Evaluation
Department ···································· 178
建艦計画 → naval building plan ··········· 436

研究員 【統幕学校】 → Research Officer·· 535
研究課 【陸自】 → Research Division（Rsch
Div）··· 535
研究管理官 【防衛装備庁】
→ CBRN Defense Technology
Division ·······································128
→ M&S/Advanced Technology
Division······································389
研究管理官（ヒューマン・ロボット融合技術担
当）【防衛装備庁】 → Soldier & Unmanned
Systems Integration Technology
Division ··· 583
研究企画係 【防衛装備庁電子装備研究所】
→ Research Programs Section ············· 535
研究企画管理室 【空自航空研究センター】
→ Research Management Office··········· 535
研究室 【統幕学校教育課】 → Research
Office ·· 535
研究調整官 【防衛装備庁電子装備研究所】
→ Research Coordinator ···················· 535
研究班 【空自装備部装備課】 → Logistics
Research Section······························· 384
研究班 【空自防衛部防衛】 → Long Term
Plans Section ·································· 385
研究班 【空自】 → Personnel Research
Section··· 480
研究班 【統幕・陸自・空自】 → Research
Section··· 535
現況 → existing situation ···················· 251
現況アテンション表示 → situation attention
display（SAD）······························· 578
現況図 【陸自】 → status board
（STBD）·· 600
現況表示 → situation display（SD）······· 578
現況表示板 【空自】 → status board
（STBD）·· 600
権限の委任 → delegation of authority ····· 201
健康管理 → health management··············· 311
健康管理支援 → health service support
（HSS）·· 311
堅固化目標 → hardened target ··········· 309
堅固な正面 → stabilized front ··········· 595
検査官 → inspector ····················· 339
検査室 【海自】 → laboratory ··········· 365
検査隊 【海自】 → Inspection Division ··· 339
検査隊 【空自】 → Periodic Maintenance
Squadron··· 478
検査要求事項 → inspection
requirements ································· 339

けんさろ　　　　　　　　　96　　　　　　　日本語索引

検査ロット → inspection lot ················· 339

原子雲
　→ atomic cloud ······························· 77
　→ nuclear cloud ····························449

原子・生物及び化学兵器 → ABC weapons ··3

原子弾頭 → atomic warhead ·················· 77

現実配置 → actual placement ·············· 10

原子爆弾 → atomic bomb ······················ 77

原子爆弾傷害調査委員会 → Atomic Bomb
　Casualties Commission（ABCC）··········· 77

原子爆発 → atomic explosion ················· 77

原子兵器 → atomic weapon（A-weapon）·· 77

原子兵器研究所 【英】→ Atomic Weapons
　Research Establishment（AWRE）········· 77

験射 → test fire ································· 636

拳銃
　→ handgun ·································308
　→ pistol ··································484

拳銃サック → body holster ·········· 108

検証 → verification ························· 674

現状報告 → status report（STAREP）··· 601

現所属 → current assignment ················ 186

原子力 → atomic energy ························ 77

原子力安全 → nuclear safety ·············· 449

原子力委員会 【米】→ Atomic Energy
　Commission（AEC）····················· 77

原子力艦リサイクル・プログラム 【米海軍】
　→ Nuclear Powered Ship and Submarine
　Recycling Program（NPSSRP）·········· 449

原子力機関 → Nuclear Energy Agency
　（NEA）····································· 449

原子力規制委員会 【米】→ Nuclear
　Regulatory Commission（NRC）········· 449

原子力供給国グループ → Nuclear Suppliers
　Group（NSG）···························· 449

原子力空母 【米海軍】→ fleet nuclear-
　powered aircraft carrier···················· 272

原子力空母 → nuclear powered aircraft
　carrier ····································· 449

原子力航空母艦 【空自】→ nuclear powered
　aircraft carrier ···························· 449

原子力事故 → nuclear accident ·········· 448

原子力推進 → atomic propulsion ············· 77

原子力推進型巡航ミサイル → nuclear-
　powered cruise missile ······················ 449

原子力潜水艦
　→ atomic submarine ················· 77

　→ nuclear powered submarine ············449

　→ nuclear submarine（NS）·············449

　→ submarine, nuclear powered ·········610

原子力損害：原子力被害 → nuclear
　damage ····························· 449

原子力ミサイル巡洋艦
　→ cruiser guided missile nuclear
　powered ·····························185

　→ guided missile cruiser, nuclear
　powered ································304

原子力ミサイル潜水艦 → guided missile
　submarine（nuclear）···················· 304

原子力誘導ミサイル巡洋艦 → nuclear-
　powered guided missile cruiser ············ 449

原子力ルネッサンス → Nuclear
　Renaissance ··························· 449

原子炉区画陸上保管施設 → Long-Term on-
　shore Storage Facility for Reactor
　Compartments ························· 385

元帥 【米海軍・英海軍】→ admiral of the
　fleet ··································· 13

原水爆戦争 → atomic-hydrogen war········ 77

原水爆兵器 → atomic and hydrogen
　weapon ································· 77

牽制（けんせい）
　→ containment ····························169
　→ diversion ······························220

牽制 【陸自】→ holding ·············· 318

牽制艦隊 → fleet in being············· 272

牽制攻撃
　→ containing action·················169
　→ diversionary attack ················221
　→ holding attack ··················318

牽制攻撃部隊
　→ containing force ················169
　→ holding unit ···················319

牽制上陸 → diversionary landing··········· 221

建制の保持 → preservation of force
　integrity ······························ 496

建設環境工学科 【防大】→ Department of
　Civil and Environmental Engineering··· 202

建設企画課 【防衛省】→ Construction
　Planning Division ····················· 168

建設工兵 → construction engineer ········· 168

建設班 【陸自・空自】→ Construction
　Section ····························· 168

建設部 【防衛省】→ Construction
　Department ························· 168

原潜 → nuclear submarine（NS）·········· 449

日本語索引　　　　　　　　　　　　　97　　　　　　　　　　　けんよう

健全性確認 → health check ·················· 311
減装薬（げんそうやく）→ reduced charge·· 525
舷側（げんそく）→ aboard side ··············· 3
舷側曳航 → abeam method ···················· 3
減速誤差 → deceleration error ············· 193
検速銃 → velocity test rifle··············· 674
減速爆弾 → retarded bomb ················· 538
減速揚弾 → deceleration of hoisting
　movement ··································· 193
減損ウラン → depleted uranium（DU）·· 204
現存部隊 → forces in being·················· 279
原隊 → permanent station················· 479
原隊復帰（げんたいふっき）→ return to
　duty ··· 539
現地 → actual ground························· 10
現地改修 → field change（FC）············· 261
現地監察局 【米国防総省】→ On-Site
　Inspection Agency（OSIA）··············· 458
検知器 → detector ·························· 208
建築課 【防衛省】→ Building Division··· 116
建築用製図 → drawing of civil engineering
　and architecture ························· 225
検知クレヨン → detector crayon ··········· 208
現地研究
　→ tactical ride·························· 626
　→ tactical walk·························· 626
　→ terrain exercise······················ 635
現地査察 → field inspection ················· 262
検知紙 → detector paper··················· 208
現地司令官 → local commander ············· 381
現地戦術 → terrain exercise················ 635
現地調整要員 → local coordination
　personnel································· 381
現地調達 → local procurement（LP）····· 382
検知塗料 → detector paint················· 208
懸吊飛行（けんちょうひこう）→ captive
　flight ·· 124
懸吊用バンド（けんちょうよう～）→ lug
　band ·· 389
検定 → calibration（calibr）··············· 121
限定核戦争
　→ limited nuclear war···················· 376
　→ limited nuclear warfare··············· 376
検定器材
　→ approval equipment ···················· 63
　→ calibration test equipment ············· 121
検定射撃 → qualification course ············ 508

限定戦争 → limited war ·················· 377
限定戦争 【海自】→ restricted war······· 537
検定操縦士 → check pilot·················· 134
限定的かつ小規模な侵略 → limited small-
　scale aggression ··························· 377
限定的攻撃に対するグローバル防衛構想
　→ Global Protection Against Limited
　Strikes（GPALS）························· 296
検定飛行 → check flight ·················· 134
限定目標 → limited objective··············· 377
限定目標の攻撃 → limited objective
　attack ······································ 377
検点 → check point ······················· 134
減電流掃海 → reduced current sweeping·· 525
剣止め
　→ bayonet lug ··························· 99
　→ bayonet stud ························· 99
原爆 → atomic bomb······················· 77
現場指揮官
　→ on-scene commander ··················· 458
　→ scene of action commander（SAC）··552
現場調査官 → scene coordinator ··········· 552
現場爆破処分 → blow in place（BIP）···· 107
限秒射撃 → time fire······················· 641
憲兵 → military policeman·················· 414
憲兵 【兵科】→ military police（MP）··· 414
憲兵軍曹 → provost sergeant ············· 505
憲兵哨所 【陸軍】→ military police post
　（MPP）······································ 414
憲兵司令官 【陸軍】→ provost marshal·· 505
憲兵隊 【陸軍】→ corps of military
　police ······································ 177
憲兵隊 【兵科】→ military police（MP）·· 414
憲兵隊 → provost guard··················· 505
憲兵隊事務所 【在日米陸軍】→ Office of the
　PM Representative························· 454
憲兵隊長 【陸軍】→ provost marshal····· 505
検問所 → check point ···················· 134
現有部隊 → current force ················· 186
現用滑走路 【海自】→ active runway········· 9
現用機 → operating active aircraft········· 459
現用航空機 → active aircraft ·················· 8
現用ミサイル → operational missile ······ 460

け

【こ】

コア1次飛行操縦システム → core primary flight control system（CPFCS）‥‥‥‥ 176

コア自動飛行操縦システム → core automatic flight control system（CAFCS）‥‥‥‥ 176

壕（ごう）→ trench ‥‥‥‥‥‥‥‥‥‥ 653

腔圧（こうあつ）→ bore pressure ‥‥‥‥ 111

高圧試験弾 → high pressure test ammunition ‥‥‥‥‥‥‥‥‥‥‥‥‥ 316

高圧点火装置 → high tension ignition system ‥‥‥‥‥‥‥‥‥‥‥‥‥‥ 317

広域軍交通管理及び基地駅隊 【米軍】 → Wide Area Military Traffic Management and Terminal Service（WATS）‥‥‥‥ 689

広域交通統制 → area traffic control ‥‥‥ 65

広域航法 → area navigation（RNAV）‥‥‥ 64

広域配布 【海自】 → global distribution‥ 296

攻囲区域 → siege area ‥‥‥‥‥‥‥‥‥ 574

攻囲軍 → besieger‥‥‥‥‥‥‥‥‥‥ 102

攻囲戦 → siege warfare ‥‥‥‥‥‥‥‥ 574

後衛 → rear guard ‥‥‥‥‥‥‥‥‥‥ 521

後衛戦 → rearguard action ‥‥‥‥‥‥ 521

後衛尖兵 → rear party‥‥‥‥‥‥‥‥ 521

高エネルギー液体レーザー地域防空システム 【米軍】 → High Energy Liquid Laser Area Defense System（HELLADS）‥‥‥‥‥ 315

高エネルギー・レーザー → high energy laser ‥‥‥‥‥‥‥‥‥‥‥‥‥‥ 315

高エネルギー・レーザー・システム → high energy laser system ‥‥‥‥‥‥‥‥ 315

後炎 → back flash ‥‥‥‥‥‥‥‥‥‥ 88

交会角 → angle of interception‥‥‥‥‥ 53

交会観測
　→ bilateral observation ‥‥‥‥‥‥103
　→ combined observation‥‥‥‥‥‥151

交会攻撃 → cut-off attack ‥‥‥‥‥‥ 187

高解像度レーダー → high-resolution radar ‥‥‥‥‥‥‥‥‥‥‥‥‥‥ 316

航海ソーナー → navigation sonar ‥‥‥‥ 439

航海長 【海自】 → navigator‥‥‥‥‥‥ 439

公開道路
　→ open road ‥‥‥‥‥‥‥‥‥‥‥458
　→ open route ‥‥‥‥‥‥‥‥‥‥‥458

航海薄明
　→ evening nautical twilight ‥‥‥‥‥249
　→ morning nautical twilight ‥‥‥‥‥425
　→ nautical twilight‥‥‥‥‥‥‥‥‥436

航海薄明の開始時刻 → begin morning nautical twilight（BMNT）‥‥‥‥‥ 101

航海薄明の終了時刻 → end evening nautical twilight（EENT）‥‥‥‥‥‥‥‥‥ 242

航海レーダー 【海自】 → navigation radar ‥‥‥‥‥‥‥‥‥‥‥‥‥ 439

降下員 【陸自】 → parachute jumper ‥‥ 471

降下開始 → jump-off‥‥‥‥‥‥‥‥‥ 362

降下角
　→ angle of dive‥‥‥‥‥‥‥‥‥‥ 53
　→ dive angle ‥‥‥‥‥‥‥‥‥‥‥220

高角
　→ angle of elevation ‥‥‥‥‥‥‥‥ 53
　→ angular height ‥‥‥‥‥‥‥‥‥ 53

光学機雷掃討 → optical minehunting ‥‥‥ 463

光学式照準具 → optical sight（OPT）‥‥‥ 463

光学式照準装置 → optical sight system ‥‥ 463

光学照準 → optical aim ‥‥‥‥‥‥‥‥ 463

光学照準機 【海自】 → optical sight（OPT）‥‥‥‥‥‥‥‥‥‥‥‥‥ 463

光学照準射撃 → optical firing ‥‥‥‥‥ 463

光学照準表示器 → optical display sight（ODS）‥‥‥‥‥‥‥‥‥‥‥‥‥ 463

光学装置照準 → optical aim ‥‥‥‥‥‥ 463

光学対策 → optical countermeasures（OCM）‥‥‥‥‥‥‥‥‥‥‥‥‥ 463

光学弾着観測 → optical spotting ‥‥‥‥ 463

高角度射撃 【空自・海自】 → high angle fire ‥‥‥‥‥‥‥‥‥‥‥‥‥‥ 314

降下高度
　→ drop altitude ‥‥‥‥‥‥‥‥‥‥226
　→ drop height ‥‥‥‥‥‥‥‥‥‥226

降下索 → descending line ‥‥‥‥‥‥‥206

降下装置 → flight gear ‥‥‥‥‥‥‥‥ 273

降下地域 → jump area‥‥‥‥‥‥‥‥ 362

降下地帯
　→ dropping zone（DZ）‥‥‥‥‥‥226
　→ drop zone（DZ）‥‥‥‥‥‥‥‥226

降下地点 → drop point（DP）‥‥‥‥‥ 226

高価値目標 → high value target（HVT）‥‥‥‥‥‥‥‥‥‥‥‥‥ 317

降下長 【陸自】 → jumpmaster ‥‥‥‥ 362

降下部隊 → parachute element‥‥‥‥‥ 471

硬化目標破壊能力 → hard-target kill
capability ┄┄┄┄┄┄┄┄ 309
降下連絡員 → dropmaster ┄┄┄┄┄ 226
槓桿（こうかん）
　→ charger handle ┄┄┄┄┄┄ 133
　→ cocking handle ┄┄┄┄┄┄ 145
鋼甲板 → steel deck plate ┄┄┄┄ 602
高機動車 【陸自】 → high mobility
vehicle ┄┄┄┄┄┄┄┄ 316
高機動多用途装輪車 → high mobility
multipurpose wheeled vehicle
（HMMWV）┄┄┄┄┄┄ 316
高級事務レベル会合 → Senior Officials
Meeting（SOM）┄┄┄┄┄ 564
高級副官 → adjutant general（AG）┄┄ 12
公共事業部 【在日米軍】 → Directorate of
Public Works ┄┄┄┄┄┄ 214
公共政策学科 【防大】 → Department of
Public Policy ┄┄┄┄┄┄ 204
高強度紛争 → high intensity conflict
（HIC）┄┄┄┄┄┄┄┄ 316
航空安全 → aviation security ┄┄┄┄ 86
航空安全管理隊 【空自】 → Aerosafety
Service Group ┄┄┄┄┄┄ 19
航空安全班 【陸自】 → Aviation Safety
Section ┄┄┄┄┄┄┄┄ 86
航空安全保安対策の専門家 → aviation safety
and security expert ┄┄┄┄┄ 86
航空医学 → aeromedicine ┄┄┄┄┄ 18
航空医学研究所 → aeromedical
laboratory ┄┄┄┄┄┄┄ 18
航空医学実験隊 【空自】 → Aeromedical
Laboratory ┄┄┄┄┄┄ 18
航空医官 【空自・海自】 → flight surgeon
（FS）┄┄┄┄┄┄┄┄ 275
航空移送 → air direct delivery ┄┄┄ 31
航空移動業務 → aeronautical mobile
service ┄┄┄┄┄┄┄┄ 19
航空医療空輸飛行隊 【米空軍】
　→ aeromedical airlift squadron ┄┄┄ 18
航空宇宙管制作戦 → aerospace control
operations ┄┄┄┄┄┄┄ 19
航空宇宙慣性誘導・度量衡校正本部 【米】
　→ Aerospace Guidance and Metrology
Center（AG&MC）┄┄┄┄┄ 19
航空宇宙救難回収群 【米空軍】 → aerospace
rescue and recovery group（ARRG）┄┄ 19
航空宇宙救難回収航空団 【米空軍】

　→ aerospace rescue and recovery wing
（ARRW）┄┄┄┄┄┄┄ 20
航空宇宙救難回収飛行隊 【米空軍】
　→ aerospace rescue and recovery squadron
（ARRS）┄┄┄┄┄┄┄ 20
航空宇宙救難回収本部 【米】 → Aerospace
Rescue and Recovery Center ┄┄┄┄ 19
航空宇宙工学科 【防大】 → Department of
Aerospace Engineering ┄┄┄┄┄ 202
航空宇宙地上支援器材
　→ aerospace ground equipment
（AGE）┄┄┄┄┄┄┄ 19
　→ aerospace ground support equipment
（AGE）┄┄┄┄┄┄┄ 19
航空宇宙防衛 【米】 → aerospace defense ┄ 19
航空宇宙優勢 → air and space
superiority ┄┄┄┄┄┄┄ 22
航空運用班 【陸自】 → Aviation Section ┄ 86
航空衛生 → aeromedicine ┄┄┄┄┄ 18
航空衛生滞在施設 → aeromedical staging
facility（ASF）┄┄┄┄┄┄ 18
航空衛生滞在部隊 → aeromedical staging
unit ┄┄┄┄┄┄┄┄ 18
航空遠征航空団 【米軍】 → Air
Expeditionary Wing ┄┄┄┄┄ 32
航空遠征部隊 【米軍】 → Air Expeditionary
Force（AEF）┄┄┄┄┄┄ 32
航空音楽隊 【空自】 → Air Band ┄┄┄ 22
航空科 【自衛隊】 → Aviation（Avn）┄ 85
航空課 【国連】 → Aviation Section ┄┄ 86
航空・海事保安 → aviation and maritime
security ┄┄┄┄┄┄┄┄ 85
航空開発実験集団 【空自】 → Air
Development and Test Command ┄┄┄ 31
航空学校 【陸自】 → Aviation School ┄┄ 86
航空学校 → flight school ┄┄┄┄┄ 275
航空学生 【空自・海自】 → aviation cadet ┄ 85
航空学生教育群 【空自】 → Aviation Cadet
Training Group ┄┄┄┄┄┄ 86
航空活動 → air action ┄┄┄┄┄┄ 22
航空活動報告 → air activity report
（AIREP）┄┄┄┄┄┄┄ 22
航空可搬装備品 → air portable ┄┄┄ 37
航空科部隊 → air unit ┄┄┄┄┄┄ 43
航空貨物輸送 → air freighting ┄┄┄ 34
航空火力 → air fires ┄┄┄┄┄┄ 32
航空火力計画 → air fire plan ┄┄┄┄ 32

航空観閲式 【空自】→ air review ………… 39

航空看護師 → flight nurse ……………… 274

航空患者後送 【統幕】→ aeromedical
evacuation ……………………………… 18

航空患者後送機構 → aeromedical evacuation
system ………………………………… 18

航空患者後送室 → aeromedical evacuation
cell …………………………………… 18

航空患者後送調整センター → aeromedical
evacuation coordination center ………… 18

航空患者後送統制官 → aeromedical
evacuation control officer ……………… 18

航空患者後送統制本部 → aeromedical
evacuation control center ……………… 18

航空患者後送部隊 → aeromedical evacuation
unit …………………………………… 18

航空管制 【海自】→ air control ……… 26

航空管制 【空自准空尉空曹空士特技区分】
→ Air Traffic Control ……………… 42

航空管制員 【海自】→ air traffic controller
(ATC) ………………………………… 42

航空管制官 → air controller …………… 26

航空管制艦 → air control ship ………… 26

航空管制幹部 【空自幹部特技区分】→ Air
Traffic Control Operations Officer ……… 42

航空管制器材整備 【空自准空尉空曹空士特技
区分】→ Air Traffic Control Equipment
Maintenance …………………………… 42

航空管制業務群 【空自】→ Air Control
Service Group (ACSG) ……………… 26

航空管制作戦 → air control operations ……26

航空管制センター → air control center
(ACC) ………………………………… 26

航空管制組織 → air control system ……… 26

航空管制隊 【海自】→ Air Control Service
Group (ACSG) ……………………… 26

航空管制点 → air control point (ACP) ……26

航空管制幕僚 【空自幹部特技区分】→ Air
Traffic Control Staff Officer …………… 42

航空管制飛行隊 → air control squadron
(ACS) ………………………………… 26

航空観測 → air observation …………… 37

航空観測所 → air observation post …… 37

航空・艦砲射撃連絡中隊 → air and naval
gunfire liaison company ……………… 22

航空機空地データ通信システム → Aircraft
Communications Addressing and Reporting
System (ACARS) …………………… 26

航空機移動情報業務 → aircraft movement
information service (AMIS) ………… 28

航空機移動情報組織 → aircraft movement
information system (AMIS) ………… 28

航空機掩体
→ aircraft revetment ……………… 28
→ aircraft shelter ………………… 28
→ hardened aircraft shelter ………309

航空機課 【防衛省・陸自・海自】→ Aircraft
Division (Acft Div) ………………… 27

航空機型航法衛星補強システム → aircraft-
based augmentation system (ABAS) …… 26

航空機環境安全室 【米】→ Aircraft
Environmental Safety Office (AESO) …… 27

航空機関士
→ aircraft engineering mechanic
(AEM) …………………………… 27
→ flight engineer (FE) ……………273

航空機関士官 → aircraft engineering officer
(AEO) ……………………………… 27

航空機監視制御 → aircraft monitoring and
control ……………………………… 28

航空機管制 → aircraft control ………… 26

航空機管制官 【海自】→ aircraft
controller …………………………… 27

航空機管制艦 【海自】→ aircraft control
ship ………………………………… 27

航空機管制所 【空軍】→ aircraft control post
(ACP) ……………………………… 27

航空機管理システム → aircraft management
system (AMS) ……………………… 28

航空機技術研究部 【防衛装備庁】→ Aircraft
Research Division …………………… 28

航空機技術隊 【空自飛行開発実験団隷下】
→ Aircraft Engineering Squadron ……… 27

航空機局
→ aeroplane station ………………… 19
→ aircraft station …………………… 28

航空機緊急発進 → aircraft scrambling …… 28

航空機区間速度 → aircraft block speed …… 26

航空機グループ → aircraft group ………… 27

航空機係留 → aircraft tiedown …………… 28

航空機係留場 【空自】→ apron (A/P) … 63

航空機係留地区 【空自】→ ramp ……… 517

航空機検査整備記録 → aircraft inspection
and maintenance record ……………… 27

航空機検査体系；航空機検査方式 → aircraft
inspection system …………………… 27

航空機現状報告 → aircraft status report … 28

日本語索引　101　こうくう

航空機拘束ギヤー → aircraft arresting
gear ……………………………………… 26
航空機拘束装置 → aircraft arresting
system ………………………………… 26
航空機拘束バリヤー → aircraft arresting
barrier ………………………………… 26
航空機拘束ワイヤー → aircraft arresting
wire …………………………………… 26
航空機識別 → aircraft identification ……… 27
航空機識別モニタリング・システム
→ aircraft identification monitoring system
（AIMS）……………………………… 27
航空機事故 【海自】→ aircraft accident … 26
航空機事故 → aircraft incidence ………… 27
航空機事故報告 → aircraft accident report
（AAR）………………………………… 26
航空機出撃地 → aircraft marshaling area … 28
航空技術情報 → air technical intelligence
（ATI）………………………………… 41
航空気象 → aerial weather ……………… 18
航空記章 → wing mark ………………… 690
航空気象学 → aeronautical meteorology … 19
航空気象観測 → aeronautical meteorological
observation …………………………… 19
航空気象業務 → aviation weather service … 86
航空気象群 【空自】→ Air Weather Group
（AWG）……………………………… 44
航空気象部隊 【空自】→ air weather service
（AWS）………………………………… 44
航空気象放送 → aviation weather
broadcast ……………………………… 86
航空機照明
→ aircraft lighting …………………… 27
→ airplane lighting …………………… 37
航空機性能諸元 → airplane data ………… 37
航空機整備 【空自准空尉空曹空士特技区分】
→ Aircraft Maintenance ……………… 27
航空機整備 → aircraft maintenance ……… 27
航空機整備 【空自准空尉空曹空士特技区分】
→ Flight Engineer …………………… 273
航空機整備員 【空自】→ airplane general
（APG）………………………………… 37
航空機整備幹部 【空自幹部特技区分】
→ Aircraft Maintenance Officer ……… 27
航空機整備隊 【海自】→ Aircraft Shop
Maintenance Division ………………… 28
航空機整備部隊 → aircraft maintenance unit
（AMU）……………………………… 27

航空機設計標準 → aeronautical design
standard（ANDS）…………………… 19
航空機戦技訓練評価装置 【空自】→ air
combat maneuvering instrumentation
（ACMI）……………………………… 25
航空機騒音規制措置 → aircraft noise
abatement countermeasures …………… 28
航空機相互支援 → aircraft cross-
servicing ……………………………… 27
航空機損耗見込み → advance attrition
（AA）………………………………… 14
航空機隊 → air fleet …………………… 32
航空機対艦攻撃グループ → air surface action
group …………………………………… 41
航空機体整備員 【海自】→ aviation
structural mechanic（AM）…………… 86
航空機短期滞在役務 → aircraft transient
servicing ……………………………… 28
航空基地 【自衛隊】→ air base（AB）…… 22
航空基地 → air station ………………… 40
航空基地隊 【海自】→ Air Station ……… 40
航空機着陸灯 → aircraft landing light …… 27
航空機着陸方式 → aircraft landing
system ………………………………… 27
航空機中間整備部門 → aircraft intermediate
maintenance department（AIMD）……… 27
航空機通信電子課 【防衛省】→ Aircraft and
Electronics Division …………………… 26
航空機積荷明細表 → aircraft loading
table …………………………………… 27
航空機動衛生隊 【空自】→ Aero-Medical
Evacuation Squadront（AMES）………… 18
航空機動軍団 【米軍】→ Air Mobility
Command（AMC）…………………… 36
航空機搭載気象偵察システム → airborne
weather reconnaissance system
（AWRS）……………………………… 25
航空機搭載気象レーダー → airborne weather
radar（AWR）………………………… 25
航空機搭載衝突防止システム → airborne
collision avoidance system（ACAS）……… 23
航空機搭載側方監視レーダー 【空自】→ side-
looking airborne radar（SLAR）………… 573
航空機搭載対戦車ロケット → antitank
aircraft rocket（ATAR）……………… 60
航空機搭載通信電子機器 → avionics
equipment ……………………………… 86
航空機搭載表 → air loading table ………… 35

こ

航空機搭載砲 → aircraft-mounted gun······ 28

航空機搭載要撃 → airborne intercept ······· 24

航空機搭載要撃ミサイル 【空自】 → air intercept missile（AIM）····················· 35

航空機搭載要撃ロケット → airborne interceptor rocket ································ 24

航空機搭載レーザー → airborne laser（ABL）·· 24

航空機搭載レーザー指示ポッド → airborne laser designator pod（ALDP）·············· 24

航空機搭載ロケット 【空自】 → aircraft rocket（AR）································· 28

航空機搭乗員 → air crew····················· 28

航空機動展開部隊 【米軍】 → aerospace expeditionary force（AEF）·············· 19

航空機動能力 → air mobility··················· 36

航空機動部隊 → airmobile forces ············· 36

航空機特別分解検査 → analytical condition inspection（ACI）·························· 52

航空機内で行われた犯罪その他ある種の行為に関する条約 → Convention on Offenses and Certain Other Acts Committed on Board Aircraft ······································· 174

航空機の進路誘導 → aircraft vectoring ··· 28

航空機の不法な奪取の防止に関する条約 → Convention for the Suppression of Unlawful Seizure of Aircraft ··············· 174

航空機班 【海自】 → Aircraft Section ··· 28

航空機飛行報告及び整備記録 → aircraft flight report and maintenance record············· 27

航空機部 【海自】 → Aircraft Department ·· 27

航空機分類指数 → aircraft classification number（ACN）····························· 26

航空騎兵旅団 【米陸軍】 → Air Cavalry Brigade ···································· 25

航空機補給品定数表 → aviation consolidated allowance list（AVCAL）·················· 86

航空機無線通信装置 → aircraft radio communication system························· 28

航空機野外整備 → aircraft field maintenance（AFW）······························· 27

航空救難 → air rescue ······················· 38

航空救難警報組織 → crash alarm system ···································· 182

航空救難情報 → air rescue information····· 38

航空救難組織 → air rescue service（ARS）·· 38

航空救難団 【空自】 → Air Rescue Wing ·· 39

航空救難飛行隊 【米空軍】 → Air Rescue Squadron（ARS）······················· 38

航空救命整備員 【海自】 → parachute rigger（PR）······································· 471

航空教育集団 【空自】 → Air Training Command（ATC）······················· 43

航空教育隊 【空自】 → Air Basic Training Wing ···································· 23

航空機用曳航標的 → aerial tow target ····· 18

航空機要撃 → aircraft interception（AI）·· 27

航空機用磁気探知機 → airborne magnetic anomaly detector ························· 24

航空強襲 → air assault ························ 22

航空強襲作戦 → air assault operations ····· 22

航空強襲支援 → air assaulting support····· 22

航空機用周波数 → airborne frequency ······ 24

航空強襲部隊 → air assault force············· 22

航空機用消耗品の再補充 → aircraft replenishing ······························ 28

航空機用対装甲防御 → airborne anti-armor defense（AAAD）························ 23

航空機用地上支援器材 → aerospace ground equipment（AGE）······················· 19

航空機用投棄式BT；航空機用投棄式水温記録器 → airborne expendable bathythermograph（AXBT）·················· 24

航空機用特定任務別装備品 → aircraft mission equipment ······························ 28

航空局 → civil aviation bureau············· 138

航空魚雷 【海自】 → aerial torpedo ········· 18

航空機雷作戦 → air mining warfare（AMW）·· 36

航空機雷敷設 → aerial mine laying ·········· 17

航空機雷敷設作戦 → aerial mining operation································· 17

航空機来歴簿 → aircraft log book············· 27

航空群 【海自】 → Fleet Air Wing········· 272

航空軍医 → flight surgeon（FS）··········· 275

航空軍事輸送 → military airlift service··· 412

航空勲章 【米】 → Air Medal（AM）······· 36

航空軍団 【米空軍】 → air command······· 25

航空訓練軍団 【米空軍】 → Air Training Command（ATC）······················· 43

航空訓練隊 【英空軍】 → Air Training Corps································· 43

航空訓練展示 → air training

demonstration ················· 43

航空警戒管制 【空自】 → aircraft control and warning（AC&W）················· 26

航空警戒管制組織 【空自】 → aircraft control and warning system（AC&W system）··· 27

航空警戒管制団 【空自】 → Aircraft Control and Warning Wing················· 27

航空警務官 【空自】 → air police（AP）···· 37

航空警務隊 【空自】 → Air Criminal Investigation Group（ACIG）··············· 28

航空研究センター 【空自】 → Center for Air Power Strategic Studies（J-CAPSS）···· 129

航空現況表示 → air situation display（ASD）··············· 39

航空現況表示処理プログラム → display console processing（DCP）··············· 218

航空現況表示用コンソール → air situation display console（ASD CONSOLE）········ 39

航空現況表示用モード → air situation display mode（ASD MODE）··············· 39

航空現況要約 → air situation summary ···· 39

航空憲兵隊 【米】 → air police（AP）······· 37

航空権力 【海自】 → air power··············· 38

航空攻撃
→ air action ················· 22
→ air attack ················· 22
→ air strike ················· 40

航空攻撃基本計画 → master air attack plan················· 401

航空攻撃調整官 → air strike coordinator··· 40

航空工作所 【海自】 → aircraft repair facility（ARF）················· 28

航空攻勢 → air offensive ················· 37

航空攻勢作戦 → offensive air operation ··· 453

航空後送 → air evacuation ················· 32

航空交通及び電磁波保安管制 → security control of air traffic and electromagnetic radiation ················· 559

航空交通管制 → air traffic control（ATC）················· 42

航空交通管制官 【空自】 → air traffic controller（ATC）················· 42

航空交通管制機関 → air traffic control facility ················· 42

航空交通管制業務 【空自】 → air traffic control service（ATC）················· 42

航空交通管制許可 【海自】 → air traffic control clearance（ATC clearance）········ 42

航空交通管制区 → air traffic control area ·· 42

航空交通管制圏 → air traffic control zone ·· 43

航空交通管制システム → air traffic control system（ATC）················· 43

航空交通管制所 → air traffic control center（ATCC）················· 42

航空交通管制着陸システム → air traffic control and landing system（ATCALS）················· 42

航空交通管制調整幹部 → air traffic coordinating officer ················· 43

航空交通管制部 【日】 → Area Control Center（ACC）················· 64

航空交通管制レーダー → air traffic control radar ················· 42

航空交通業務 → air traffic service（ATS）················· 43

航空交通業務用設備通知 → Air Traffic Services Facilities Notification（AFN）··· 43

航空交通許可 → air traffic clearance ········ 42

航空交通識別 → air traffic identification ··· 43

航空交通部 → air traffic section ················· 43

航空交通流 → air traffic flow ················· 43

航空交通流管理管制官 → air traffic flow management officer ················· 43

航空航法
→ aerial navigation ················· 17
→ aeronautical navigation ················· 19
→ air navigation ················· 36

航空航法地図 → air navigation chart········ 36

航空効率 【空自】 → air load factor ········ 35

航空護衛 → air escort ················· 32

航空固定業務 → aeronautical fixed service ················· 19

航空祭 【空自】 → air festival ················· 32

航空作戦
→ air campaign ················· 25
→ air operation ················· 37

航空作戦管制所 【空自】 → air operations control center（AOCC）················· 37

航空作戦センター → air operations center ················· 37

航空作戦部 → combat operations section ················· 149

航空士
→ air crew ················· 28
→ air navigator ················· 36

航空自衛隊 【日】 → Japan Air Self-Defense Force（JASDF）················· 354

こうくう 104 日本語索引

航空自衛隊幹部学校 【空自】 → Air Staff College ……………………………… 40

航空自衛隊幹部学校航空研究センターシンポジウム 【空自】 → Air Power Studies Center Symposium ……………………………… 38

航空自衛隊幹部候補生学校 【防衛省】 → Air Officer Candidate School ………………… 37

航空自衛隊機 【自衛隊】 → Air Self-Defense Force aircraft ……………………………… 39

航空自衛隊准曹士先任識別章 【空自】 → Senior Enlisted Advisor Badge of Japan Air Self-Defense Force ………………… 564

航空自衛隊中期練成訓練指針 【空自】 → guidelines for JASDF training in mid-term ……………………………… 304

航空自衛隊年度練成訓練計画 【空自】 → JASDF annual training program ……… 356

航空自衛隊の部隊 【自衛隊】 → Air Self-Defense Forces unit ……………………… 39

航空自衛隊物品目録 【空自】 → JASDF stock list（ASL）……………………………… 356

航空自衛隊補給特定管理品目録－装備品目表 【空自】 → JASDF special managing item lists-equipment items（ASIL-EQI）…… 356

航空自衛隊補給本部 【空自】 → Air Materiel Command（AMC）…………………… 36

航空支援 【陸自】 → air support ………… 40

航空支援艦 → aviation support ship ……… 86

航空支援作戦 → air support operation（ASO）……………………………… 41

航空支援作戦センター 【米空軍】 → air support operation center（ASOC）……… 41

航空支援集団 【空自】 → Air Support Command（ASC）…………………… 40

航空支援集団指揮システム 【空自】 → Air Support Command System（ASCS）…… 41

航空支援組織 【空自】 → air support system ……………………………… 41

航空支援統制所 【空自】 → air support operation center（ASOC）…………… 41

航空支援部隊 → air support force ………… 41

航空支援部隊指揮官 → air support force commander ……………………………… 41

航空支援要求 → air support request ……… 41

航空支援レーダー班 【米軍】 → air support radar team（ASRT）…………………… 41

航空磁気掃海 → aircraft magnetic sweep … 27

航空事故 → air accident ……………………… 22

航空事故 【空自】 → aircraft accident … 26

航空事故調査委員会 → aircraft accident investigation board ………………… 26

航空事故率 → aircraft accident rate ……… 26

航空資材 → air-munitions ………………… 36

航空資材本部 【米空軍】 → Air Materiel Command（AMC）…………………… 36

航空システム通信隊 【空自】 → Air Communications and Systems Wing …… 25

航空システム部 【米空軍】 → Aeronautical Systems Division（ASD）……………… 19

航空施設 → air facility …………………… 32

航空施設周辺適合利用地域 【米】；航空施設整合利用ゾーン 【米】 → Air Installations Compatible Use Zones（AICUZ）……… 34

航空施設隊 【空自】 → Air Civil Engineering Group ……………………………… 25

航空施設隊 【海自】 → Air Construction Engineers Group ………………………… 25

航空師団 → air division …………………… 31

航空磁探 → airborne magnetic anomaly detector ……………………………… 24

航空支配戦闘機 【米軍】 → air dominance fighter（ADF）………………………… 31

航空写真
→ aerial photograph ………………… 17
→ aerial photography ………………… 17
→ aerophotography ………………… 19
→ air photograph …………………… 37

航空写真集成図 → assembly of aerial photograph ……………………………… 74

航空写真偵察
→ air photographic reconnaissance ……… 37
→ photo reconnaissance ………………… 482

航空写真判読 → air photograph interpretation ………………………… 37

航空写真判読報告 → photo interpretation report（PI report）…………………… 482

航空集団 【海自】 → Fleet Air Force（FAF）……………………………… 272

航空修理隊 【海自】 → Air Repair Squadron ……………………………… 38

航空出撃情報報告 【統幕】 → air mission intelligence report（AMIR）…………… 36

航空哨戒 【海自】 → air patrol…………… 37

航空将校 【米空軍】 → air officer（AO）… 37

航空情報 → air intelligence………………… 35

航空情報業務 → aeronautical information service（AIS）………………………… 19

日本語索引　　　　　　　　　　105　　　　　　　　　こうくう

航空・情報資料センター　【米空軍】
→ Aeronautical Craft and Information
Center ································· 19

航空司令　【米海軍】→ air officer（AO）··· 37

航空身体検査　【陸自】→ flight physical
examination ····························· 274

航空進入図　→ aeronautical approach
chart································· 18

航空審判官　→ air umpire ····················· 43

航空図　→ aeronautical chart ················ 19

高空性能試験施設　→ altitude test facility
（ATF）································· 48

航空戦
→ aerial warfare ························· 18
→ air war ································· 43

航空戦術教導団　【空自】→ Air Tactics
Development Wing···················· 41

航空戦術支援通信システム　【空自】→ ASW
Support Communication（ASCOMM）··· 76

航空戦術情報　→ tactical air intelligence·· 623

航空戦術ドクトリン　→ tactical air
doctrine ································· 623

航空戦術任務計画立案システム　【米陸軍】
→ Aviation Mission Planning System
（AMPS）································· 86

航空戦センター　【米空軍】→ Air Warfare
Center（AWC）························· 43

航空戦闘　→ air battle ····················· 23

航空戦闘情報資料　→ air combat information
（ACI）································· 25

航空戦闘班　→ aviation combat element
（ACE）································· 86

航空戦闘部隊　→ air combat element
（ACE）································· 25

航空戦の歴史に関する国際シンポジウム　【日】
→ International Symposium on the History
of Air Warfare（ISAW）················ 349

航空戦略情報　→ strategic air
intelligence ································· 605

航空戦力　→ military air power ············· 412

航空戦力の均等　→ air parity················ 37

航空早期警戒　→ air early warning
（AEW）································· 32

航空総隊　【米空軍】→ air command········ 25

航空総隊　【空自】→ Air Defense Command
（ADC）································· 30

航空総隊作戦指揮所　【空自】→ combat
operations center（COC）················ 149

航空総隊指揮システム　【空自】→ Air
Defense Command System（ADCS）······ 30

航空総隊司令部飛行隊　【空自】→ ADC
Headquarters Flight Group ············· 11

航空装備研究所　【防衛装備庁】→ Air-
Systems Research Center ·················· 41

航空装備品来歴簿　→ historical record for
aeronautical ································· 318

航空測量　→ air survey ····················· 41

航空測量カメラ　→ air survey camera ······· 41

航空測量写真
→ aerotopography····························· 20
→ air survey photography ·················· 41

航空測量隊　→ aerial survey team ··········· 18

航空測量用カメラ　→ aerial mapping
camera ································· 17

航空阻止　【空自】→ air interdiction
（AI）································· 35

航空阻止作戦　→ air interdiction
operation································· 35

航空隊　【海自】
→ Air ASW Helicopter Squadron ········· 22
→ Air Patrol Squadron ···················· 37

航空隊　【英海軍】→ Fleet Air Arm
（FAA）································· 272

航空隊　→ flying corps························· 277

航空隊本部　→ Air Headquarters（AHQ）·· 34

航空団　【空自】→ Air Wing（AWG）······· 44

航空団戦闘指揮所　【空自】→ wing operation
center（WOC）································· 690

航空端末；航空端末地　→ air terminal ······· 42

航空弾薬　→ air ammunition ·················· 22

航空地上勤務　→ aviation ground duty······ 86

航空中央業務隊　【空自】→ Central Air Base
Group································· 130

航空中心捜索　→ aircraft close search········ 26

航空長期防衛見積り　→ air long-term defense
estimate ································· 36

航空調整委員会　【米】→ Air Coordination
Committee（ACC）························· 26

航空調整官　→ air element coordinator······· 32

航空直衛　→ aircraft screening ·············· 28

航空直衛隊　【海自】→ air screening unit
（ASU）································· 39

航空直接支援所　→ direct air support center
（DASC）································· 212

航空手当て　→ aviation pay···················· 86

航空偵察　【空自】→ aerial reconnaissance

こ

こうくう　　　　　　　　　　　　　106　　　　　　　　日本語索引

（AR）……………………………… 18

航空偵察員 → air tactical observer ……… 41

航空偵察連絡幹部 【海自】 → air
reconnaissance liaison officer ………… 38

航空データ・コンピューター → air data
computer（ADC）………………… 29

航空電気計器整備員 【海自】 → aviation
electrician's mate（AE）…………… 86

航空電子機器 → avionics equipment……… 86

航空電子機器近代化計画 → Avionics
Modernization Program（AMP）……… 86

航空電子工学 → avionics………………… 86

航空電子整備員 【海自】 → aviation
electronics technician（AT）………… 86

航空電子戦 → air electronic warfare
（AEW）………………………… 32

航空電子装置 → avionics………………… 86

航空灯火 → aeronautical light…………… 19

航空統制 → air control ………………… 26

航空統制班 【空自】 → air control team
（ACT）………………………… 26

航空灯台 → aeronautical beacon ………… 19

航空任務部隊 【防衛省】 → air task force ‥ 41

航空任務命令 【米軍】 → air tasking order
（ATO）………………………… 41

航空能力 → air capability ……………… 25

航空爆弾 → aerial bomb ………………… 17

航空幕僚監部 【空自】 → Air Staff Office
（ASO）………………………… 40

航空幕僚監部作戦室 【空自】 → Air Staff
Office Operation Center（ASOOC）……… 40

航空派遣隊 【海自】 → Auxiliary Air
Facility ………………………… 84

航空発動機 【海自】 → aircraft engine…… 27

航空発動機整備員 【海自】 → aviation
machinist's mate（AD）……………… 86

航空班 【空自】 → Aeronautics Section … 19

航空班 【陸自】 → Aviation Section……… 86

航空ピケット 【海自】 → air picket……… 37

航空標的士 【海自】 → assistant aviation
target officer …………………… 74

航空標的長 【海自】 → aviation target
officer ………………………… 86

航空武器管制官 【空自】 → Air Weapons
Controller……………………… 44

航空武器整備員 【海自】 → aviation ordnance
man（AO）……………………… 86

航空服 → aviation garment …………… 86

航空部隊 【海自】 → air command …… 25

航空部隊 【自衛隊】 → air force unit …… 34

航空部隊 【空自】 → air unit ………… 43

航空部隊の飛行訓練 【陸自】 → aviation unit
flight training ………………… 86

航空プログラム開発隊 【海自】 → Air-
Systems Programming Center（APC） … 41

航空分遣隊 【海自】 → Helicopter Rescue
Detachment …………………… 314

航空兵 【英】 → aircraftman………… 28

航空兵 → airman ……………………… 36

航空兵器管制装置 → air weapons control
system ………………………… 44

航空兵器グループ → airborne weapon group
（AWG）………………………… 25

航空兵站センター 【米軍】 → air logistics
center（ALC）………………… 35

航空兵力
→ air strength ……………………… 40
→ military air strength ……………412

航空保安官 → airport security officer …… 37

航空保安管制業務 【空自】 → aeronautical
safety and control service …………… 19

航空保安管制群 【空自】 → Air Traffic
Control Group（ATCG）……………… 42

航空保安施設 → aeronautical safety and
navigation facility …………………… 19

航空保安無線施設 → radio navigational
aids …………………………… 515

航空防衛力整備等計画 【空自】 → air defense
build-up program ……………… 29

航空方位探知機 → air direction finder
（ADF）………………………… 31

航空防衛駐在官 【空自】 → air attachè
（AIRA）………………………… 22

航空防御作戦 → defensive air operation‥ 199

航空防勢 → air defensive………………… 31

航空方面軍 → air defense force ………… 30

航空方面隊 【空自】 → Air Defense Force
（ADF）………………………… 30

航空方面隊戦闘指揮所 【空自】 → sector
operation center（SOC）……………… 559

航空母艦
→ aircraft carrier（CV）……………… 26
→ airplane carrier …………………… 37
→ carrier ……………………………125

航空母艦用原子炉 → carrier vessel reactor

日本語索引　　107　　こうげき

（CVR）……………………………… 126

航空補給　【海自】→ air supply ………… 40

航空補給員　【海自】→ aviation storekeeper
（AK）…………………………………… 86

航空補給処　【空軍】→ air depot ……… 31

航空補給処　【海自】→ Air Supply Depot ‥ 40

航空補給所　【海自】→ air supply depot
（ASPD）……………………………… 40

航空保全管制及び航法援助統制 → security
control of air traffic and navigational aids
（SCATANA）………………………… 559

航空無線援助施設 → air navigation radio
aids ……………………………………… 36

航空無線航法業務 → aeronautical radio
navigation service …………………… 19

航空目標資料 → air target materials ……… 41

航空目標資料計画 → Air Target Materials
Program ……………………………… 41

航空目標モザイク写真 → air target
mosaic ………………………………… 41

航空優位　【海自】→ air supremacy ……… 41

航空優勢 → air superiority ……………… 40

航空優勢　【統幕・陸自】→ air supremacy ‥ 41

航空優勢度　【海自】→ air supremacy …… 41

航空輸送
→ airlift（alft）……………………… 35
→ air transportation…………………… 43

航空輸送効率　【統幕】→ air load factor … 35

航空輸送作戦 → air transport operations ‥ 43

航空輸送任務群 → air transport group …… 43

航空用材料仕様書　【米】→ Aeronautical
Material Specification（AMS）………… 19

航空用捜索レーダー → air surveillance radar
（ASR）………………………………… 41

航空用地上灯火 → aeronautical ground
light …………………………………… 19

航空用ロケット弾　【海自】→ aircraft rocket
（AR）…………………………………… 28

航空糧食 → flight rations ……………… 274

航空力　【空自】→ air power…………… 38

航空劣勢 → air inferiority ……………… 34

航空連絡官 → air liaison officer（ALO）… 35

航空連絡幹部　【空自・海自】→ air liaison
officer（ALO）………………………… 35

航空連絡将校 → air liaison officer
（ALO）………………………………… 35

航空連絡班 → air liaison party（ALP）…… 35

航空路 → air line……………………… 35

航空路　【海自】→ air route…………… 39

航空路位置ビーコン → enroute marker
beacon ………………………………… 245

航空路監視レーダー → air route surveillance
radar（ARSR）………………………… 39

航空路管制 → air route traffic control …… 39

航空路管制業務
→ air route traffic control service……… 39
→ enroute air traffic control service…… 245

航空路管制装置 → flight path control
system ………………………………… 274

航空路管制レーダー・ビーコン・システム
→ air traffic control radar beacon
system ………………………………… 42

航空路交通管制 → airway traffic control … 44

航空路交通管制所 → air route traffic control
center（ARTCC）……………………… 39

航空路誌 → aeronautical information
publication（AIP）…………………… 19

航空路誌改訂版 → AIP Amendments …… 22

航空路誌補足版 → AIP Supplements……… 22

航空路情報提供業務 → aeronautical enroute
information service（AEIS）…………… 19

航空路図誌　【海自】→ flight information
publication（FLIP）…………………… 274

航空路図誌　【空自】→ JFLIP ………… 357

航空路通信所 → airways station ………… 44

航空路通信部 → airways and air
communications service………………… 44

航空路灯台 → airway beacon …………… 44

航空路標識灯 → course light …………… 180

航空路無線標識 → airway beacon ……… 44

航空路領域 → enroute area …………… 245

航空路レーダー情報処理システム → radar
data processing system（RDP）………… 511

行軍 → march …………………………… 398

行軍縦隊 → march column ……………… 398

行軍図表 → march graph ……………… 398

行軍隊形 → column of route …………… 148

行軍梯隊 → march serial ……………… 398

口径
→ bore …………………………………111
→ bore diameter ………………………111
→ caliber（Cal）………………………121

口径長 → caliber length………………… 121

攻撃開始 → jump-off …………………… 362

こうけき 108 日本語索引

攻撃開始時期 【陸自】 → time of attack
(TOA) ……………………………………… 641

攻撃開始線 【空自】 → jump-off line …… 362

攻撃開始線 【陸自】 → line of departure
(LOD) ……………………………………… 378

攻撃角 → attack angle ……………………… 78

攻撃型高速原子力潜水艦 → high-speed attack
submarine nuclear propulsion …………… 317

攻撃艦 → attack ship ……………………… 78

攻撃艦投影器 → ship projector ………… 570

攻撃機
→ attack aircraft …………………………… 78
→ attacker …………………………………… 78
→ attack plane ……………………………… 78

攻撃基準点 → attack reference point …… 78

攻撃機動 → attack maneuver …………… 78

攻撃機動の方式 → forms of attack
maneuver …………………………………… 281

攻撃規模 → attack size …………………… 78

攻撃距離 【海自】 → assaulting distance … 73

攻撃機雷戦 【海自】 → offensive mining
operation …………………………………… 453

攻撃空母 → attack aircraft carrier ……… 78

攻撃空母打撃部隊 → attack carrier striking
forces ………………………………………… 78

攻撃訓練場 → assault course …………… 73

攻撃計画
→ attack plan ……………………………… 78
→ plan of attack …………………………… 486

攻撃経路 → attack route ………………… 78

攻撃兼練習機 → attack trainer ………… 78

攻撃交差角 → angle-off …………………… 53

攻撃後発射 → launch under attack ……… 370

攻撃後の期間 → post-attack period …… 491

攻撃作図盤 → tactical board …………… 624

攻撃指揮官 → attack commander ……… 78

攻撃指揮官 【海自】 → ship's weapons
coordinator (SWC) ……………………… 570

攻撃指揮盤 → attack director (A/D) …… 78

攻撃軸 → axis of attack ………………… 87

攻撃師団 → assault division ……………… 73

攻撃実施期間 【海自】 → trans-attack
period ……………………………………… 650

攻撃手榴弾 → offensive grenade ……… 453

攻撃準備 → preparation for the attack … 495

攻撃準備射撃 → artillery preparation …… 72

攻撃準備射撃 【陸自】 → preparation
fire ………………………………………… 495

攻撃準備破砕射撃 【陸自】
→ counterpreparation fire ……………… 179

攻撃巡洋艦 → strike cruiser …………… 607

攻撃状態A → attack condition alpha …… 78

攻撃状態B → attack condition bravo …… 78

攻撃正面 → attack frontage …………… 78

攻撃衝力 → momentum of the attack …… 424

攻撃信号 → attack signal ……………… 78

攻撃針路 → attack course ……………… 78

攻撃針路 【空自】 → attack heading …… 78

攻撃針路進入点 → commitment point … 155

攻撃成果分析 → attack analysis ……… 78

攻撃潜水艦部隊 → submarine striking
forces ……………………………………… 610

攻撃速度
→ attacking speed ……………………… 78
→ attack speed …………………………… 78

攻撃続行期間 → trans-attack period …… 650

攻撃隊形 → attack formation …………… 78

攻撃態勢盤
→ attack course finder ………………… 78
→ attack plotter (A/P) ………………… 78

攻撃単位 → attack unit …………………… 78

攻撃段階
→ assault phase ………………………… 73
→ attack phase …………………………… 78

攻撃チーム → attack team ……………… 78

攻撃転移 【統幕】 → counteroffensive …… 179

攻撃任務群 【米軍】 → attack group …… 78

攻撃の警告 → warning of attack ……… 681

攻撃の実施 → conduct of the attack …… 165

攻撃の要則 → fundamentals of offensive
action ……………………………………… 289

攻撃波
→ assault wave …………………………… 73
→ attack wave …………………………… 78
→ wave ……………………………………… 683

攻撃爆撃機 → attack-bomber …………… 78

攻撃パターン → attack pattern ………… 78

攻撃発射に関する戦域報告システム → attack
and launch early reporting to theater
(ALERT) …………………………………… 78

攻撃飛行隊 【米海軍】 → Attack
Squadron …………………………………… 78

攻撃評価 → attack assessment ………… 78

日本語索引　　　109　　　こうしや

攻撃部隊　【陸自】
　→ attack force ································ 78
　→ attacking force ······························ 78
攻撃部隊　→ attacking unit ··················· 78
攻撃ヘリコプター
　→ attack helicopter（AH）··············· 78
　→ helicopter gunship ························313
攻撃法
　→ attack pattern ····························· 78
　→ attack procedure ·························· 78
攻撃方位　→ azimuth of attack ············· 88
攻撃方向　【海自】→ attack heading ······ 78
攻撃方向　【陸自】→ direction of attack·· 213
攻撃発起位置　【陸自】→ attack position
　（AtP）·· 78
攻撃発起点　→ attack origin ················· 78
攻撃見越し　→ attack lead ··················· 78
攻撃命令　→ attack order····················· 78
攻撃目標綴り　【空自】→ target folder···· 629
攻撃目標リスト　→ target list ··············· 629
攻撃用兵器　→ weapons of offense ·········· 685
攻撃用ボート　→ assault boat ················· 73
攻撃用ミサイル
　→ attack missile ······························ 78
　→ offensive missile ·························453
交互一方通行　【陸自】→ controlled
　passing·· 172
港口哨戒　【海自】→ harbor entrance
　patrol ·· 309
航行序列　→ cruising order ··················· 185
航行陣形　→ cruising formation ············· 185
航行陣形配備　→ cruising disposition ······ 185
高高度　→ high altitude（HA）············· 314
高高度管制区　→ higher altitude control
　area ·· 315
高高度降下高高度開傘　→ high altitude, high
　opening（HAHO）···························· 314
高高度降下低高度開傘　→ high altitude, low
　opening（HALO）···························· 314
高高度低空開傘パラシュート技術　→ high-
　altitude low-opening parachute technique
　（HALO）·· 314
高高度爆撃　→ high altitude bombing ····· 314
高高度爆発　→ high altitude burst ·········· 314
高高度ミサイル交戦圏　→ high-altitude
　missile engagement zone ·················· 314
航行の自由作戦　→ Freedom of Navigation

Operations（FONOPs）···················· 283
交互躍進
　→ advance by echelon ···················· 14
　→ leap frog ································372
後座（こうざ）→ recoil···················· 522
後座運動　→ recoil motion ················· 523
後座運動量　→ recoil momentum ··········· 523
工作　【空自准空尉空曹空士特技区分】
　→ Systems Work ··························· 622
工作員　→ agent ····························· 21
工作員網　→ agent net······················ 21
工作活動員　【自衛隊】→ action agent·······8
工作艦　→ repair ship ······················ 532
工作船　→ spy ship ························· 594
高炸薬弾　→ high capacity projectile
　（HC）··· 315
後座抗力　→ recoil resistance ··············· 523
交差捜索　→ cross way search ·············· 184
後座速度　→ recoil velocity················· 523
後座体　→ recoiling part ··················· 523
後座長（こうざちょう）→ recoil length ··· 523
後座秒時　→ recoil time ···················· 523
後座ブースター
　→ muzzle booster·························431
　→ recoil booster·························523
鉱山保安衛生局　【米】→ Mine Safety and
　Health Administration···················· 417
後視　→ back sight ························· 89
高資産価値管制品目　→ high value asset
　control item ·································· 317
攻者　→ attacker ···························· 78
高射運用幹部　【空自幹部特技区分】→ Air
　Defense Artillery Operations Officer····· 29
高射運用隊　→ antiaircraft artillery
　operations detachment···················· 55
高射運用幕僚　【空自幹部特技区分】→ Air
　Defense Artillery Operations Staff
　Officer·· 29
高射運用分遣隊　【自衛隊】→ air defense
　artillery operations detachment
　（ADAOD）······································ 29
高射角射撃　【陸自】→ high angle fire ··· 314
高射学校　【陸自】→ Air Defense School··· 31
高射管制官　【空自】→ tactical director
　（TD）·· 625
高射機械整備　【空自】→ Air Defense Artillery
　Mechanical Equipment Maintenance ······ 29

こうしや　110　日本語索引

高射機関銃　→ antiaircraft machine gun ···· 56
高射教導隊　【空自】→ Air Defense Missile
　Training Group ································· 30
高射教導隊　【陸自】→ Air Defense School
　Unit（ASU）································· 31
高射群　【空自】
　→ Air Defense Missile Group
　　（ADMG）······························· 30
　→ Battalion（Bn）························· 97
高射群航跡管理プログラム　【空自】→ BN
　track management（BNTM）············· 108
高射群指揮調整プログラム　【空自】
　→ battalion command and coordination
　（BCAC）································· 97
高射群システム座標原点　【空自】→ BN
　system coordination center（BNSCC）·· 108
高射群状況監視プログラム　【空自】→ BN
　status monitor（BNSM）··················· 108
高射群状況指示器パネル　【空自】→ BN
　status panel ······························ 108
高射群初期設定　【空自】→ BN initialization
　（BN INI）································· 108
高射群初期設定プログラム　【空自】
　→ battalion initialization（BATI）········ 97
高射群組織戦闘訓練　【空自】→ BN netted
　（BN NET）······························· 108
高射群通信制御プログラム　【空自】→ BN
　communication control（BNCC）········· 108
高射群表示制御プログラム　【空自】→ BN
　display and control（BNDC）············· 108
高射算定具　→ antiaircraft director··········· 56
高射自動火器　→ antiaircraft artillery
　automatic weapon························· 55
高射指令官　【空自】→ tactical control officer
　（TCO）································· 624
高射整備幹部　【空自幹部特技区分】→ Air
　Defense Artillery Maintenance Officer ···· 29
高射整備幕僚　【空自幹部特技区分】→ Air
　Defense Artillery Maintenance Staff
　Officer································· 29
高射操作　【空自准空尉空曹空士特技区分】
　→ Missile Operations····················· 421
高射隊　【空自】
　→ Air Defense Missile Squadron ··········· 30
　→ battery ······························· 97
　→ fire unit（FU）························· 267
　→ firing platoon（FP）··················· 268
高射隊間連携戦闘訓練　→ FP netted（FP
　NET）································· 282

高射隊現況　→ battery status ················· 98
高射隊状況監視プログラム　→ FP status
　monitor（FPSM）······················· 283
高射隊状況指示器パネル　→ FP status
　panel································· 283
高射隊初期設定　→ FP initialization（FP
　INI）································· 282
高射隊初期設定プログラム　→ tactical
　initialization（TACI）····················· 625
高射隊戦闘指揮付加装置　→ battery terminal
　equipment（BTE）························· 98
高射隊単独戦闘訓練　→ FP Only············· 282
高射隊通信制御プログラム　→ FP
　communication control（FPCC）········· 282
高射隊データ取得モード　→ FP data
　acquisition（FPDA）····················· 282
高射隊統制トレーラー　【空自】→ battery
　control trailer（BCT）····················· 97
高射隊表示制御プログラム　→ D&C control
　information processing（DCIP）··········· 189
高射直接支援大隊　【陸自】→ Air Defense
　Artillery Direct Support Battalion
　（AADSBn）································· 29
高射電子整備　【空自准空尉空曹空士特技区分】
　→ Air Defense Artillery Electronic
　Equipment Maintenance ····················· 29
高射特科　【陸自】→ Air Defense Artillery
　（ADA）································· 29
高射特科群　【陸自】→ Air Defense Artillery
　Group（AAGp）························· 29
高射特科指揮所　【自衛隊】→ air defense
　artillery command post····················· 29
高射特科情報機関　→ air defense artillery
　intelligence service ······················· 29
高射特科制圧　【陸自】→ air defense artillery
　neutralization································· 29
高射特科戦闘区分　【自衛隊】→ air defense
　artillery condition of readiness ············· 29
高射特科大隊　【陸自】→ Air Defense
　Artillery Battalion（AABn）················· 29
高射特科団　【陸自】→ Air Defense
　Brigade································· 29
高射特科統制官　【自衛隊】→ air defense
　artillery controller························· 29
高射特科連隊　【陸自】→ Antiaircraft
　Artillery Regiment························· 55
高射部隊　【空自】→ air defense missile
　unit································· 30

日本語索引　　111　　こうせい

高射砲
　→ ack-ack ……………………………………6
　→ antiaircraft artillery（AAA）…………55
高射砲　【陸自】→ antiaircraft gun ………56
高射砲隊　→ antiaircraft artillery（AAA）‥55
高射砲兵運用室　→ antiaircraft artillery
　operations room（AAOR）………………55
高周波ソーナー計画　【米海軍】→ high-
　frequency sonar program（HFSP）……316
豪州陸軍本部長会議　【日】→ Chief of Army's
　Exercise（CAEX）………………………135
高出力レーザー　→ high power laser ……316
工事要求機関の長　【空自】→ chief of
　construction requesting organ …………135
広正面の防御　【陸自】→ extended
　defense………………………………………254
高磁力船　→ magnet ship…………………391
行進　【自衛隊】→ march …………………398
行進加入点　【陸自】→ initial point
　（IP）…………………………………………337
行進規律　→ march discipline ……………398
行進計画　→ march plan……………………398
行進経路　→ march route……………………398
行進縦隊　【自衛隊】→ march column ……398
行進順序
　→ marching order ………………………398
　→ order of march …………………………464
行進図表　【自衛隊】→ march graph ……398
行進速度　→ march rate……………………398
行進隊形　→ march formation………………398
行進単位部隊　→ march unit ………………398
行進地帯　【自衛隊】→ zone of march ……694
行進長径　→ road space（RS）……………543
行進梯隊　【自衛隊】→ march serial………398
航進統制　【陸自】→ navigational
　control ………………………………………438
行進の統制　→ control of march …………172
行進表　→ march table ……………………398
交信保全　→ traffic security ………………648
行進目標　【陸自】→ march objective……398
交信略語　【統幕】→ procedure word
　（PROWORD）………………………………501
交信略号　→ procedure sign
　（PROSIGN）………………………………501
交信略符号　【海自】→ procedure sign
　（PROSIGN）………………………………501
後進離陸　→ backward take-off ……………89

厚生　【空自准空尉空曹空士特技区分】
　→ Welfare…………………………………687
厚生　→ welfare……………………………687
厚生課　【内部部局・陸自・海自・空自・防大】
　→ Welfare Division ………………………687
合成開口　→ synthetic aperture……………621
合成開口レーダー　→ synthetic aperture radar
　（SAR）………………………………………621
厚生幹部　【空自幹部特技区分】→ Welfare
　Service Officer……………………………687
校正気速　【海自】→ calibrated airspeed
　（CAS）………………………………………121
校正曲線　→ calibration curve……………121
攻勢機雷原　【海自】→ offensive
　minefield …………………………………453
攻勢機雷敷設戦　【海自】→ offensive mining
　operation …………………………………453
合成航空写真　→ composite air
　photography ………………………………161
校正高度　【海自】→ calibrated altitude‥121
校正誤差　→ calibration error ……………121
攻勢作戦　→ offensive operation …………453
較正射　【海自】→ pre-action aim calibration
　（PAC）………………………………………493
校正焦点距離　→ calibrated focal length ‥121
合成図　【海自】→ composite map………161
構成制御　→ configuration load manager
　（CLM）……………………………………166
攻勢戦略　→ offensive strategy……………453
校正装置　→ calibrator……………………121
校正測高要求　→ calibration height
　request ……………………………………121
攻勢対空　【空自】→ offensive counter air
　（OCA）……………………………………453
攻勢対航空攻撃作戦　→ offensive counter air
　attack operation …………………………453
攻勢対航空作戦　→ offensive counter air
　operation …………………………………453
高勢弾　→ high capacity projectile
　（HC）………………………………………315
合成地図　→ composite map………………161
攻勢転移　【陸自】→ counteroffensive……179
高性能一次爆薬　→ primary high-
　explosive …………………………………498
高性能二次爆薬　→ secondary high-
　explosive …………………………………557
厚生班　【陸自・海自・空自】→ Welfare
　Section ……………………………………687

構成班長 → construction chief 168
校正表 → calibration card 121
校正標識【海自】→ calibration marker
 (CAL MARK) 121
構成品試験装置 → automatic test system
 (ATS) 83
構成品整備教育装置 → active maintenance
 training simulator (AMTS) 9
構成部隊 → component (COMP) 161
構成部隊所有コンテナー → component-
 owned container 161
構成部隊捜索救難統制官 → component
 search and rescue controller 161
攻勢防御 → defensive-offensive 199
構成本部 → construction center 168
航跡管理 → track management 647
航跡管理機能 → track management function
 (TMF) 647
航跡細部識別 → supplementary track
 identification (SUP TRACK ID) 613
航跡自画器【海自】→ dead reckoning tracer
 (DRT) 192
航跡自画装置【海自】→ dead reckoning
 equipment (DRE) 192
航跡識別機能 → track identification function
 (TIF) 646
航跡状態尺度 → track merit (TM) 647
航跡情報 → track information 646
航跡信頼度 → track quality (TQ) 647
航跡図 → track diagram 646
航跡図作図プログラム → track history
 analysis program (TRHA) 646
航跡相関 → track correlation 646
航跡追尾員 → tracking technician
 (TT) 647
航跡追尾幹部 → tracking officer (TO) ... 647
航跡データ → track data 646
航跡データ交換 → exchange track data ... 250
航跡データ・ブロック → track data
 block 646
航跡番号【空自】→ track number 647
航跡番号指定 → track number
 assignment 647
航跡ハンド・オーバー要求 → track handover
 request 646
航跡表示記号 → track symbology 647
航跡分析器【海自】→ dead reckoning

analyzer (DRA) 192
交戦
 → action 8
 → engagement (ENG) 243
腔線(こうせん)【陸自】→ rifling 541
公然活動
 → overt action 469
 → overt operation 469
交戦管制 → engagement control (ENG
 CONTR) 243
交戦規則；交戦規定 → rules of engagement
 (ROE) 546
腔線傾角(こうせんけいかく)→ angle of
 twist 53
交戦決定兵器割り当てプログラム
 → evaluation, decision and weapon
 assignment (EDWA) 249
交戦圏
 → area of war 64
 → theater of war 637
交戦権
 → belligerent rights 101
 → right of belligerency 541
 → right of war 541
交戦国 → belligerent 101
交戦事前指令 → process for engagement
 (PFE) 501
交戦準備 → prepare to engage 495
交戦状態 → belligerence 101
交戦地帯 → war zone 682
交戦適格性 → engagement eligibility 243
交戦統制 → engagement control (ENG
 CONTR) 243
腔線の転度 → rifling twist 541
交戦法規 → law of warfare 370
交戦命令 → engage order 243
交戦モード → engagement mode (ENG
 Mode) 243
後装 → breech loading 114
後送(こうそう)→ evacuation (evac) 249
構想 → concept 164
後送患者
 → evacuee 249
 → medical evacuee 406
後送患者収容大隊 → holding battalion ... 318
航走技術研究部【防衛装備庁】→ Naval
 Vehicle Research Division 438
後送基準 → evacuation policy 249

日本語索引 113 こうつう

後送基準 【海自】→ patient evacuation policy …………………………………… 474

構想計画 → concept plan ………………… 164

後送軸 → axis of evacuation …………… 87

後装銃 → breech-loader ………………… 114

後送人員 → retrograde personnel ……… 539

構想段階
　→ concept exploration phase………… 164
　→ conceptual phase………………… 164

後送統制艦 → evacuation control ship …… 249

後送病院 → clearing hospital …………… 141

後装砲 → breech-loader ………………… 114

後送方針 【海自】→ evacuation policy … 249

構想要約 → concept summary …………… 164

拘束 【陸自】→ holding ………………… 318

航続距離 【海自】→ cruising range ……… 185

航続距離
　→ endurance distance ………………… 242
　→ range（rng）………………………… 517

高速航空機ロケット弾 → high velocity aircraft rocket（HVAR）……………… 317

高速攻撃艇 → fast attack craft（FAC）… 258

高速高精度射撃諸元算定 → rapid and precise firing data computation ……………… 518

航続時間 【空自】→ endurance………… 242

高速巡航 → high-speed cruise ………… 317

高速哨戒艇 → patrol craft, fast ………… 475

高速潜水艦
　→ fast submarine………………………… 258
　→ high-speed submarine ……………… 317

高速戦闘支援艦 → fast combat support ship …………………………………… 258

高速掃海具 → high-speed sweep gear …… 317

高速徹甲弾
　→ high velocity armor piercing
　　（HVAP）………………………………… 317
　→ hypervelocity armor piercing
　　（HVAP）………………………………… 325

高速度降下；高速度投下 → high velocity drop ……………………………………… 317

高速燃焼ブースター → fast-burn booster ………………………………… 258

拘束部隊
　→ containing force ……………………… 169
　→ holding force ………………………… 318

後続部隊攻撃 【空自】→ follow-on forces attack（FOFA）…………………………… 278

高速補給艦 【自衛隊】→ fast combat support ship …………………………………… 258

高速無音航走潜水艦；高速無音潜水艦 → high-speed silent-running submarine ………… 317

高速輸送船 → fast sealift ship…………… 258

航続力 【海自】→ endurance…………… 242

後退
　→ retirement ……………………………… 538
　→ retrogression………………………… 539

広帯域アンテナ
　→ broad band antenna………………… 115
　→ wide-band antenna ………………… 689

広帯域雑音；広帯域ノイズ → barrage noise ………………………………………… 93

広帯域妨害 【空自】→ barrage jamming （BJ）………………………………………… 93

広帯域妨害機 → far range jammer……… 258

高大気圏内防衛要撃機；高大気圏内要撃兵器 → high endoatmospheric defense interceptor（HEDI）…………………… 315

後退行動 【陸自】→ retrograde movement………………………………… 539

後退作戦 【陸自】→ retrograde operation………………………………… 539

後退ピン → setback pin ………………… 567

交代部隊 → relieving unit ……………… 530

交代要員 → replacement ………………… 532

口達筆記命令 → dictated order ………… 210

高段階分解修理 → major overhaul……… 395

控置部隊（こうちぶたい）→ residual forces …………………………………… 536

膠着銃身（こうちゃくじゅうしん）→ bound barrel……………………………………… 112

降着場
　→ dropping zone（DZ）………………… 226
　→ drop zone（DZ）……………………… 226
　→ landing zone（LZ）………………… 367

降着地域 【陸自】
　→ drop area …………………………… 226
　→ landing area ………………………… 365

降着目標地域 【陸自】→ landing objective area……………………………………… 366

降着誘導班 → pathfinder team………… 474

腔中の被銅 → metal fouling…………… 410

交通運行統制 → circulation control…… 138

交通規制 → traffic regulation…………… 647

交通規制所 → traffic regulating point （TRP）…………………………………… 647

こうつう　114　日本語索引

交通壕（こうつうごう）→ communication trench ……………………………… 159

交通線 【海自】；交通路 【海自】→ line of communications（LOC）………………… 378

高低角 → angle of sight ……………………… 53

高低角結合装置 → elevation angle couple unit ………………………………………… 238

高低角射 → elevation firing …………………… 238

高低警報灯 → elevation warning light …… 238

高低照準具 → quadrant sight………………… 508

高低情報 → elevation information………… 238

高低走査器 → elevation scanner ………… 238

高低装置 → elevating mechanism ……… 238

高低追跡カーソル → elevation tracking cursor …………………………………… 238

高低追跡器 → elevation tracker ………… 238

交点 【海自】→ intercept point ………… 345

合同受け付けセンター → joint reception center ………………………………… 360

降投下 → drop ………………………………… 226

合同活動 【国連】→ hybrid operation…… 323

降投下誘導 【陸自】→ ground control for jump and drop ………………………… 300

行動規範 【米】→ Code of Conduct …… 145

高等軍法会議 → general court-martial （GCM）………………………………… 293

高等軍法会議命令 → general court-martial order ……………………………………… 293

行動計画 【自衛隊】→ operation plan （OPLAN）……………………………… 461

高等研究計画局 【米国防総省】→ Advanced Research Projects Agency（ARPA）…… 15

合同航空作戦センター 【NATO】 → Combined Air Operation Center （CAOC）………………………………… 151

坑道式掩体 → cave shelter………………… 128

口頭指示 → verbal designation………… 674

行動信号 → action signals ………………… 8

行動地帯 【陸自】→ zone of action …… 694

合同通信所 【陸自】→ signal center …… 574

口頭伝令 【海自】→ messenger…………… 409

行動の基本 【自衛隊】→ political foundation for defense operations……………… 489

行動半径 → action radius ………………… 8

行動半径 【海自】→ cruising radius…… 185

高等飛行 → advanced maneuver ……………… 15

→ aerial acrobatics ……………………… 17

行動分子 → action agent ……………………… 8

行動方針 → course of action …………… 181

行動方針の開発 → course of action development ……………………………… 181

行動発起時刻 → H-hour ………………… 314

行動保留 → action deferred …………………… 8

口頭命令
→ oral order………………………………… 464
→ vocal order（VO）………………………… 678

行動命令 【空自】→ operations order （OPORD）……………………………… 462

口頭遺言 → military testament ………… 416

行動要資材 → war readiness materials （WRM）………………………………… 681

高等練習機 → advanced trainer……………… 16

高度監視警報システム → altitude alert system ……………………………………… 47

高度技術爆撃機 → advanced technology bomber（ATB）………………………… 16

高度基準 → altitude datum ………………… 47

高度距離表示器 → height range indicator （HRI）…………………………………… 313

高出力マイクロ波 → high power microwave （HPM）………………………………… 316

高度上の優位 → altitude advantage ……… 47

高度即応統合任務部隊 【NATO】→ Very High Readiness Joint Task Force ……… 676

高度測定用レーダー → altitude determining radar ……………………………………… 47

高度測定用レーダー 【海自】→ height finding radar ……………………………………… 312

高度防衛通信衛星 → Advanced Defense Communications Satellite（ADCS）……… 14

高度方向指示器 → altitude direction indicator（ADI）………………………… 47

腔内安全信管
→ boresafe fuze …………………………… 111
→ shuttered fuze…………………………… 573

腔内安全栓 → bore riding pin ………… 111

港内哨戒 → inner harbor patrol ………… 338

高燃焼速度推進薬 → high burning rate propellant ……………………………… 315

後年度負担 → future obligation…………… 290

高濃縮ウラン → highly enriched uranium ………………………………… 316

光波自己防御システム → directional infrared countermeasure system（DIRCM）…… 213

日本語索引　　115　　こうほう

光波センサ研究室　【防衛装備庁電子装備研究所】→ Optical Sensors Research Section ……………… 463

広範囲捜索 → extended search ………… 254

鋼板試験（こうばんしけん）
→ plate dent test ……………………486
→ steel dent test ……………………602

後扉
→ back plate ……………………… 89
→ breech door ………………………114

後尾係幹部 【自衛隊】→ trail officer …… 648

後尾係将校 → trail officer ……………… 648

後尾監督者 → file closer ………………… 263

黄尾嶼射爆撃場（こうびしょしゃばくげきじょう）【在日米軍】→ Kobi Sho Range …… 364

後尾班 → trail party ……………………… 648

交付 → distribution ……………………… 220

交付基準 → basis of issue ………………… 97

降伏 → surrender …………………………… 618

後復座速度 → recoil and counter-recoil velocity ………………………………… 523

交付支所 【陸自】→ supply substation … 615

交付所 【陸自】→ distribution point …… 220

交付単位 【統幕】→ unit of issue（U/I）… 667

交付能否検討 → availability edit ………… 85

工兵 → engineer（engr）………………… 243

工兵学 → military engineering …………… 413

工兵状況図 → engineer operation situation map ……………………………………… 244

工兵情報図 → engineer intelligence situation map ……………………………… 244

工兵隊 → corps of engineers（CE）……… 177

工兵隊員 → sapper ……………………… 550

後方
→ logistics（log）………………………383
→ rear …………………………………521

後方運用課 【陸自】→ Logistics Operations Division（Log Opns Div）……………… 384

後方援助 → logistics assistance ………… 383

航法援助施設 【空自】→ navigational aids（NAVAIDS）………………………… 438

航法援助施設飛行点検システム
→ navigational air flight inspection system（NAFIS）……………………… 438

広報課 【内部部局】→ Public Affairs Division ………………………………… 506

後方活動 → logistics activity …………… 383

広報官 【防衛省】→ public information officer（PIO）………………………… 506

航法器材班 【海自】→ Navigation Equipment Section ……………………… 439

後方境界 → rear boundary ……………… 521

後方群 → rear echelon …………………… 521

後方警戒 → rear security ………………… 521

後方警戒装置 → tail warning system（TWS）………………………………… 627

後方警戒レーダー → tail warning radar … 627

後方計画 【海自】→ logistics plan ……… 384

航法計画書 【空自】→ flight log ……… 274

後方計画諸元 → planning factor（logistics）……………………………… 485

後方計画班 【陸自】→ Logistics Planning Section ………………………………… 384

航法計算盤 → air navigation computer …… 36

後方攻撃
→ astern attack ……………………… 76
→ stern attack ………………………603

後方散乱 → backscatter ………………… 89

後方散乱型超水平線 → over-the-horizon backscatter（OTH-B）……………… 469

後方散乱型超水平線レーダー → over-the-horizon backscatter radar（OTH-B）… 469

後方散乱断面積 → backscattering cross-section ………………………………… 89

後方散乱ディファレンシャル
→ backscattering differential …………… 89

航法士 【空自】→ navigator……………… 439

後方支援 【陸自】→ logistical support … 383

後方支援
→ logistics support ……………………384
→ rear-echelon support ………………521

後方支援解析 → logistics support analysis（LSA）………………………………… 384

後方支援活動
→ logistics support activity ……………384
→ rear-echelon support activity …………521
→ rear-echelon support effort …………521

後方支援基地 → logistics support site … 384

後方支援区域 → logistics support area … 384

後方支援構想 → concept of logistics support ………………………………… 164

後方支援作戦本部 【米軍】→ Logistical Support Operation Center（LSOC）… 383

後方支援取り決め 【海自】→ supply support arrangements（SSA）………………… 615

こ

こうほう   116   日本語索引

後方支援部隊 → logistics support force… 384

後方支援部隊機関 → logistical
　establishment ……………………… 383

後方支援別紙 → logistics annex………… 383

後方支援連隊 【陸自】→ Logistics Support
　Regiment（LogSR）…………………… 384

後方指揮所 → rear command post ……… 521

広報室 【空自】→ Public Affairs Office… 506

後方状況 → logistics condition ………… 383

広報将校 → public information officer
　（PIO）…………………………………… 506

後方情報 → logistics information ……… 384

後方情報処理システム → logistics
　information processing system ………… 384

後方戦闘地域 → rear combat zone
　（RCZ）………………………………… 521

後方装塡 → breech loading……………… 114

広報担当官 【米陸軍】→ Chief of Public
　Affairs…………………………………… 135

広報担当部長 【米海軍】→ Chief of
　Information …………………………… 135

後方段列 → field train ………………… 262

後方地域 【陸自】→ rear area（RrA）… 521

後方地域支援 【陸自】→ rear area
　support ………………………………… 521

後方地域捜索救助活動 【自衛隊】→ rear area
　search and rescue activity ……………… 521

後方地域の戦闘 → rear battle（RB）…… 521

後方地域保全 → rear area security……… 521

後方地帯 【自衛隊】→ communications zone
　（COMMZ）…………………………… 159

後方梯隊（こうほうていたい）→ rear
　echelon ………………………………… 521

後方データ電子計算機ネットワーク
　→ automatic computer transmission and
　digital network（ACTDIN）………… 81

後方投射機 → retro-ejector …………… 539

後方止め環 → butt swivel ……………… 119

後方能力見積り → logistics capability
　plan …………………………………… 383

後方の局面 → logistics phase ………… 384

後方の根本要素 → fundamental elements of
　logistics ……………………………… 289

後方の段階 → logistics level…………… 384

後方爆風
　→ back blast ……………………………… 88
　→ breech blast ………………………… 114

後方爆風域 → back blast area…………… 88

後方幕僚 【空自】→ Director of
　Logistics ……………………………… 214

後方破片 → base spray ………………… 95

広報班 【陸自】→ Public Information
　Section ………………………………… 506

後方評価 → logistics assessment ……… 383

広報部長 【米空軍】→ Director of Public
　Affairs………………………………… 215

後方補給 → logistics（log）…………… 383

後方補給室 【統幕運用部運用第3課】
　→ Logistics Office（J-4）…………… 384

後方補給見積り → logistics estimate of the
　situation……………………………… 384

後方見積り → logistics estimate ……… 384

広報見積り → public affairs estimate of the
　situation……………………………… 506

航法目標弾 → slick maker …………… 580

航法用資料 → aeronautical data……… 19

航法用目標弾 【空自】→ drift signal…… 225

後方揚陸搭載活動 【統幕】→ logistics over
　the shore operation …………………… 384

後方連絡線 【統幕・陸自】→ line of
　communications（LOC）…………… 378

候補者；候補生 → candidate ………… 122

高密度空域統制圏 → high-density airspace
　control zone（HIDACZ）…………… 315

工務局 【在日米陸軍】→ Directorate of
　Industrial Operations（DIO）……… 214

公務災害補償 → compensation for on-duty
　accident ……………………………… 160

公務不在 → absence on duty …………… 3

被り覆土（こうむりふくど）→ protecting
　covering ……………………………… 504

抗命 → insubordination ……………… 341

抗命者 → mutineer …………………… 431

硬目標（こうもくひょう）→ hard target… 309

硬目標信管 → hard target fuze（HTF）… 309

航洋曳船 → auxiliary ocean tug ……… 85

公用専用 → for official use only……… 281

豪陸軍主催射撃競技会 → Australian Army
　Skill at Arms Meeting（AASAM）……… 80

後流 【海自】→ propeller wash
　（propwash）………………………… 504

勾留 → custody ……………………… 187

拘留者 【海自】→ detainee ………… 208

勾留者管理施設 【海自】→ detainee

日本語索引　　117　　こくさい

processing station ······························ 208

勾留者集合点　【海自】→ detainee collecting
point ··· 208

交流UEP（こうりゅうゆーいーぴー）→ AC
underwater electric field（alternating
UEP）··· 10

効力射 → fire for effect（FFE）············· 266

功労章　【英陸軍】→ Distinguished Conduct
Medal（DCM）··································· 219

航路線 → course line ···························· 180

航路帯 → navigation zone ···················· 439

航路端末港 → terminal port ················· 635

航路端末港（こうろたんまつこう）【海自】
→ water terminal ····························· 683

航路標示器 → aircraft plotter ··············· 28

航路標識施設　【海自】→ navigational aids
（NAVAIDS）····································· 438

航路変更 → diversion ··························· 220

航路変更命令 → diversion order ··········· 221

航路予報 → enroute forecast················· 245

港湾警備 → port security ····················· 490

港湾防備　【海自】→ harbor defense（H/
D）··· 308

港湾輸送係幹部 → port transportation officer
（PTO）··· 490

護衛艦　【海自】
→ destroyer································207
→ destroyer escort·························207

護衛艦隊　【海自】→ Fleet Escort Force·· 272

護衛艦隊旗艦　【自衛隊】→ flag ship of escort
fleet ··· 270

護衛駆逐艦 → escort destroyer（DDE）·· 247

護衛作戦 → escort operation················· 248

護衛戦闘機 → convoy fighter ················· 175

護衛戦闘機　【海自】→ escort fighter
（EF）··· 247

護衛戦闘機 → fighter aircraft escort······· 263

護衛隊　【海自】→ Escort Division（Ed）·· 247

護衛隊群　【海自】→ Escort Flotilla
（EF）··· 247

護衛部隊　【海自】→ escort forces··········· 248

護衛部隊指揮官 → escort force commander
（EFC）··· 247

語学　【空自准空尉空曹空士特技区分】
→ Linguistics····································· 379

語学幹部　【空自幹部技区分】→ Linguistics
Officer·· 379

小形演習爆弾 → miniature practice bomb
（MPB）··· 418

小型艦 → small ship····························· 581

小型軽機関銃 → burp gun······················ 119

小型潜水艇 → midget submarine ··········· 411

小型船隊 → flotilla······························· 276

小型装甲車 → wheeled armored vehicle,
light ··· 688

小型大陸間弾道弾；小型大陸間弾道ミサイル
→ small intercontinental ballistic missile
（SICBM）··· 581

小型特殊戦支援艇 → special warfare craft,
light ··· 590

小型武器 → small arms and light
weapons ··· 580

コガッグ方式 → combined gas turbine and
gas turbine（COGAG）····················· 151

枯渇品目　【空自】→ critical item ··········· 183

個艦訓練 → individual ship exercise
（ISE）··· 332

個艦攻撃　【海自】→ individual attack ··· 332

互換性科属群番号 → family group number
（FGN）··· 258

個艦防御　【海自】→ point defense········· 487

個艦防御対空ミサイル・システム → basic
point defense surface missile system ······· 96

個艦防御ミサイル・システム
→ basic point defense missile system
（BPDMS）··· 96
→ point defense missile system
（PDMS）··487

個艦防御網 → individual ship protection
net ·· 332

国外運用班　【統幕】→ International
Operations Section····························· 349

国外追放者 → expellee·························· 252

国外テロ組織 → foreign terrorist
organization ······································ 280

国外流民（こくがいるみん）→ displaced
person·· 218

国軍 → national military establishment
（NME）··· 434

国際安全保障部隊 → Kosovo Force
（KFOR）··· 364

国際海上衝突予防規則に関する条約　【国連】
→ Convention on the International
Regulations for Preventing Collisions at Sea
（COLREG）······································· 174

こくさい 118 日本語索引

国際活動教育隊 【陸自】→ International Peace Cooperation Activities Training Unit (IPCAT) ………………………… 349

国際関係学科 【防大】→ Department of International Relations ………………… 203

国際企画課 【防衛省防衛局】→ International Policy Planning Division ……………… 349

国際休戦監視部隊 → blue helmet ………… 107

国際協力室 【統幕運用部運用第2課】→ International Cooperation Office …… 348

国際緊急援助活動 → international disaster relief activity ‥348 → international disaster relief operation …………………………… 348

国際緊急援助隊 【自衛隊】→ Japan Disaster Relief Team ……………………………… 355

国際緊急援助隊法 【日】→ International Disaster Relief Law ……………………… 348

国際軍 → international force …………… 348

国際軍事教育訓練 【米】→ International Military Education and Training (IMET) ……………………………… 349

国際軍事協力 → international military cooperation ……………………………… 349

国際軍事裁判 → International Military Tribunal (IMT) ………………………… 349

国際軍縮機構 → International Disarmament Organization (IDO) ………………… 348

国際軍備管理機構 → international arms control organization ………………… 347

国際原子力機関 → International Atomic Energy Agency (IAEA) ……………… 347

国際後方 【海自】→ international logistics ……………………………… 348

国際後方支援 → international logistics support ……………………………… 348

国際後方支援計画 【米】→ International Logistics Program (ILP) …………… 348

国際後方通信システム → international logistics communication system (ILCS) ……………………………… 348

国際後方補給 → international logistics ‥ 348

国際交流センター 【防大】→ Center for International Exchange …………………… 129

国際交流専門官 【統幕学校】→ International Exchange Specialist ………………… 348

国際シーパワーシンポジウム 【日】→ International Sea Power Symposium (ISS) ……………………………… 349

国際人道業務室 【統幕総務部総務課】→ International Humanitarian Affairs Office …………………………… 348

国際人道法 → international humanitarian law ……………………………… 348

国際水域 → international waters ……… 350

国際政策課 【内部部局】→ Internatinal Policy Division ………………………… 347

国際戦略問題研究所 【英】→ International Institute for Strategic Studies (IISS) ‥ 348

国際組織犯罪対策プロジェクト → Global Organized Crime Project …………… 296

国際治安支援部隊 → International Security Assistance Force (ISAF) …………… 349

国際地域調整官 【統幕運用部運用第2課】→ Deputy Director, 2nd Operations Division (International) ……………… 206

国際的な安全保障環境 → international security environment ………………… 349

国際的なテロ → global terrorism ……… 296

国際的に保護される者（外交官を含む）に対する犯罪の防止及び処罰に関する条約 → Convention on the Prevention and Punishment of Crimes against Internationally Protected Persons, including Diplomatic Agents …………… 174

国際テロリズム → international terrorism ……………………………… 350

国際武器取引規則 【米】→ International Traffic in Arms Regulations (ITAR) … 350

国際紛争 → international disputes ……… 348

国際紛争予防研究機構 → Institute for the Prevention of International Conflicts (IPIC) ……………………………… 340

国際兵器見本市 → international weapons fair ……………………………… 350

国際平和維持軍 → international peace force ……………………………… 349

国際平和活動訓練センター協会 → International Association of Peacekeeping Training Centers (IAPTC) ……………………………… 347

国際平和協力活動 → international peace cooperation activity ………………… 349

国際平和協力活動等派遣部隊 【陸自】→ Dispatched Unit for International Peace Cooperation Activities ……………… 217

国際平和協力基礎講習 【統幕学校国際平和協力センター】→ Basic Course ………… 96

国際平和協力業務 → international peace

cooperation assignment·················· 349

国際平和協力研究員 【内閣府】
→ International Peace Cooperation
Program Advisor ························· 349

国際平和協力上級課程 【統幕学校】
→ Contingent Commanders Course
(PKOCCC) ······························· 170

国際平和協力センター 【統幕学校】→ Japan
Peacekeeping Training and Research Center
(JPC) ··································· 355

国際平和協力隊 【内閣府】→ International
Peace Cooperation Corps ················ 349

国際平和協力中級課程 【統幕学校】→ UN
Staff Officers Course (UNSOC) ·········· 668

国際平和協力法 【日】→ International Peace
Cooperation Law ························· 349

国際平和協力本部 【内閣府】→ International
Peace Cooperation Headquarters ········ 349

国際防衛装備品展示会・講演会 → Defense
Systems and Equipment International
Exhibition and Conference ············· 198

国際連合軍 → United Nations Forces
(UNF) ·································· 663

国際連合軍司令部 → United Nations
Command (UNC) ························· 663

国際連合憲章 → Charter of the United
Nations (UN Charter) ·················· 134

国際連合人道問題調整事務所 → United
Nations Office for the Coordination of
Humanitarian Affairs (UNOCHA) ······ 664

黒色火薬（こくしょくかやく）→ black powder
(BP) ··································· 105

黒色宣伝 → black propaganda ············· 105

国籍記章 【自衛隊】→ Japan Badge······ 355

国籍不明機 → bogey ······················ 109

極超音速吸気式兵器構想 【米】→ Hypersonic
Air-breathing Weapon Concept
(HAWC) ································· 325

極超音速ミサイル → hypersonic missile·· 325

国土安全保障会議 【米】→ Homeland
Security Council (HSC) ················· 319

国土安全保障局 【米】→ Office of Homeland
Security ································· 453

国土交通省航空局 【日】
→ Civil Aviation Bureau (CAB) ·······138
→ Japan Civil Aviation Bureau
(JCAB) ································355

国内緊急事態 → domestic emergencies ··· 222

国内支援作戦 → domestic support

operations ······························· 222

国内情報 → domestic intelligence ·········· 222

国内治安 【空自】→ internal security ···· 347

国内難民；国内避難民 → internal displaced
person (IDP) ···························· 347

国内物品番号 【海自】→ National Stock
Number (NSN) ·························· 435

国内防衛 → internal defense ··············· 347

極秘 → secret···························· 558

国防 → national defense··················· 433

国防委員会 【米】→ National Defense Panel
(NDP) ·································· 433

国防一般用品補給本部 【米】→ Defense
General Supply Center (DGSC) ········ 196

国防イノベーション実験ユニット 【米】
→ Defense Innovation Unit Experimental
(DIUx) ································· 196

国防医療計画室 【米】→ Defense Medical
Programs Activity (DMPA) ············· 197

国防衛星通信システム 【米】→ Defense
Satellite Communications System
(DCSC) ································ 198

国防エリア → national defense area······· 433

国防を担う優秀な人材を確保するための検討委
員会 【防衛省】→ Committee to Review
Securing Talented Human Resources for
National Defense ························· 155

国防会議 【日】→ National Defense
Council ································· 433

国防科学技術研究所 【英】→ Defence Science
and Technology Laboratory (DSTL) ··· 195

国防核管理庁 【米】→ Defense Nuclear
Agency (DNA) ·························· 197

国防核管理庁野戦司令部 【米】→ Field
Command, Defense Nuclear Agency
(FCDNA) ······························· 261

国防関係原子力施設安全委員会 【米】
→ Defense Nuclear Facilities Safety
Board ·································· 197

国防機関 → national military authority··· 434

国防機構 → organization of national
defense·································· 465

国防技術安全保障管理室 【米国防総省】
→ Defense Technology Security
Administration (DTSA) ················ 198

国防技術情報センター 【米】→ Defense
Technical Information Center
(DTIC) ································· 198

国防義勇兵 → home guard ················ 319

こくほう 120 日本語索引

国防区域 → national defense area········· 433

国防軍 → state guard ······················· 599

国防計画
→ national defense plan ·····················433
→ national defense program···············433

国防計画指針 【米】→ Defense Planning
Guidance（DPG）····························· 197

国防経費 → defense appropriation ········· 195

国防契約監査局 【米国防総省】→ Defense
Contract Audit Agency（DCAA）······· 196

国防契約監査庁 【米】→ Defense Contract
and Audit Agency（DCAA）·············· 196

国防圏 → national defense zone（NDZ）·· 433

国防献金 → national defense
contribution ····································· 433

国防交換ネットワーク 【米】→ Defense
Switched Network（DSN）·················· 198

国防工業基金 【米】→ Defense Industrial
Fund（DIF）··································· 196

国防工業用品補給本部 【米】→ Defense
Industrial Supply Center（DISC）······· 196

国防工場器材本部 【米】→ Defense Industrial
Plant Equipment Center（DIPEC）····· 196

国防高等研究計画局 【米】→ Defense
Advanced Research Project Agency
（DARPA）····································· 195

国防5カ年計画 → five year defense
program ··· 269

国防個人装備品支援本部 【米】→ Defense
Logistics Services Center（DLSC）······· 197

国防債券 → national defense bond········· 433

国防財政予算局 【米国防総省】→ Defense
Finance and Accounting Service
（DFAS）··· 196

国防サイバー作戦グループ 【英】→ Defence
Cyber Operations Group（DCOG）····· 195

国防再利用販売事務所 【米軍】→ defense
reutilization and marketing office
（DRMO）··· 198

国防産業 → defense business················· 195

国防支援計画 【米】→ Defense Support
Program（DSP）······························· 198

国防次官 【米】→ Under Secretary of
Defense ··· 660

国防次官補 【米】→ Assistant Secretary of
Defense（ASD）································· 75

国防次官補官房 【米軍】→ Office of the
Assistant Secretary of Defense
（OASD）··· 453

国防資産処分局 【米】→ Defense Property
Disposal Service（DPDS）·················· 198

国防支出 → defense spending················ 198

国防施設器材補給本部 【米】→ Defense
Constructions Supply Center
（DCSC）··· 195

国防自動あて先指定システム 【米】
→ Defense Automatic Addressing System
（DAAS）··· 195

国防市民軍 【英】→ Home Guards········ 319

国防諮問委員会 【米】→ National Defense
Advisory Commission（NDAC）·········· 433

国防授権法 【米】→ National Defense
Authorization Act··························· 433

国防省 → Ministry of Defense（MoD）··· 419

国防省教育担当室 【米】→ Department of
Defense Education Activity
（DODEA）····································· 203

国防省参謀本部諜報部 【旧ソ連】→ Chief
Intelligence Directorate of the Soviet
General Staff（GRU）······················· 135

国防省内部部局 【米】→ Office of the
Secretary of Defense（OSD）·············· 454

国防情報局 【米国防総省】→ Defense
Intelligence Agency（DIA）················ 197

国防情報システム局 【米国防総省】→ Defense
Information Systems Agency（DISA）·· 196

国防情報システム・ネットワーク 【米】
→ Defense Information System Network
（DISN）··· 196

国防情報システム保全計画 【米】→ Defense
wide Information Systems Security
Program（DISSP）····························· 199

国防職員援護センター → Defense Personnel
Support Center（DPSC）··················· 197

国防税 【英】→ National Defense
Contribution ································· 433

国防政策 → national defense policy ······· 433

国防戦略 → national defense strategy····· 433

国防総合大学 【米】→ National Defense
University（NDU）····························· 433

国防総合データ・システム 【米】→ Defense
Integrated Data System（DIDS）········ 197

国防総省 【米】→ Department of Defense
（DOD；DoD）································· 203

国防総省機関所在地コード 【米】
→ Department of Defense Activity Address
Code（DODAAC）····························· 203

国防総省機関所在地索引 【米】

→ Department of Defense Activity Address Directory（DODAAD）…………………… 203

国防総省識別番号 【米】 → Department of Defense Identification Code （DODIC）……………………………………… 203

国防総省情報資料システム 【米】 → Department of Defense Intelligence Information System（DODIIS）………… 203

国防総省弾薬コード 【米】 → Department of Defense Ammunition Code （DODAC）…………………………………… 203

国防総省非常時計画 【米】 → Department of Defense Emergency Plans（DODEP）… 203

国防総省文官人事管理室 【米】 → Department of Defense Civilian Personnel Management Service（CPMS）………………………… 203

国防総省目標準化コード 【米】 → Department of Defense Item Standardization Code（DODISC）……… 203

国防大学 【米】 → National War College… 435

国防地図庁 【米】 → Defense Mapping Agency ………………………………………… 197

国防中央機構 → central organization of national defense………………………………… 131

国防長官 【米】 → Secretary of Defense （SECDEF）…………………………………… 558

国防長官補佐官 【米】 → Assistant to the Secretary of Defense……………………… 75

国防調査局 【米国防総省】 → Defense Investigative Service（DIS）…………… 197

国防通信局 【米】 → Defense Communications Agency（DCA）……… 195

国防通信システム 【米】 → Defense Communications System（DCS）……… 195

国防データ通信網 【米】 → Defense Data Network（DDN）…………………………… 196

国防電子用品補給本部 【米】 → Defense Electronics Supply Center（DESC）… 196

国防統合管理技術システム 【米】 → Defense Integrated Management Engineering （DIMES）…………………………………… 197

国防特殊兵器局 【米国防総省】 → Defense Special Weapons Agency（DSWA）…… 198

国防燃料補給所 【米】 → Defense Fuel Supply Center（DFSC）………………………… 196

国防燃料補給点 【米】 → defense fuel supply point（DFSP）…………………………… 196

国防燃料補給本部 【米】 → Defense Electronics Fuel Center（DFSC）……… 196

国防の基本方針 → basic policy for national defense…………………………………………… 96

国防の専門家 → defense expert …………… 196

国防費
→ appropriation for national defense…… 63
→ defense cost……………………………… 196
→ defense expenditure …………………… 196
→ national defense expenditure…………… 433

国防非活動品目排除計画 【米】 → Defense Inactive Item Program（DIIP）………… 196

国防秘密区分 → defense classification …… 195

国防部会 【日】 → National Defense Division ……………………………………… 433

国防副長官 【米】 → Deputy Secretary of Defense ……………………………………… 206

国防物資配給局 【米国防総省】 → Defense Commissary Agency（DeCA）…………… 195

国防文書センター 【米】 → Defense Documentation Center（DDC）………… 196

国防兵站局 【米国防総省】 → Defense Logistics Agency（DLA）………………… 197

国防保安局 【米】 → Defense Security Service （DSS）………………………………………… 198

国防貿易管理局 【米】 → Directorate of Defense Trade Controls（DDTC）……… 214

国防法務局 【米国防総省】 → Defense Legal Services Agency…………………………… 197

国防補給隊 【米】 → Defense Supply Service （DSS）………………………………………… 198

国防補給庁 【米】 → Defense Supply Agency ……………………………………… 198

国防補給本部 【米】 → Defense Supply Center（DSC）……………………………… 198

国防捕虜・行方不明米兵問題担当室 【米国防総省】 → Defense Prisoner of War/Missing in Action Office（DPMO）……… 198

国防輸送システム 【米】 → Defense Transportation System（DTS）………… 198

国防予算 → defense budget ………………… 195

国防予備役艦隊 【米】 → National Defense Reserve Fleet（NDRF）…………………… 433

国防論教育室 【防大】 → Department of National Defense Studies………………… 203

国民保護招集 【自衛隊】 → civil protection call-up …………………………………………… 139

国務・陸軍・海軍三省調整委員会 【米】 → State, War, Navy Coordinating Committee（SWNCC）…………………… 599

コグラグ方式 → combined gas turbine

electric and gas turbine（COGLAG）… 151

国連アジア太平洋平和軍縮センター → United Nations Regional Centre for Peace and Disarmament in Asia and Pacific……… 665

国連アフガニスタン支援ミッション → United Nations Assistance Mission in Afghanistan（UNAMA）………………………… 663

国連アフガニスタン人道援助調整官事務所 → United Nations Office for the Coordination of Assistance to Afghanistan（UNOCAA）………………………… 664

国連アフガニスタン特別ミッション → United Nations Special Mission to Afghanistan（UNSMA）………………………… 665

国連アフガニスタン・パキスタン仲介ミッション → United Nations Good Offices Mission in Afghanistan and Pakistan（UNGOMAP）………………………… 663

国連アンゴラ監視団 → United Nations Observer Mission in Angora（MONUA）………………………… 664

国連安全保障理事会
→ United Nation Security Council（UNSC）…………………………………663
→ United Nations Security Council（UNSC）…………………………………665

国連安全保障理事会決議 → United Nations Security Council Resolutions ………… 665

国連安保理決議 → United Nation Security Council Resolution（UNSCR）………… 663

国連イエメン監視団 → United Nations Yemen Observation Mission（UNYOM）………………………… 665

国連イラク・クウェイト監視団 → United Nations Iraq-Kuwait Observation Mission（UNIKOM）………………………… 664

国連イラク人道調整官事務所 → United Nations Office of the Humanitarian Coordinator for Iraq（UNOHCI）……… 664

国連イラン・イラク軍事監視団 → United Nations Iran-Iraq Military Observer Group（UNIIMOG）………………………… 664

国連インド・パキスタン監視団 → United Nations India-Pakistan Observation Mission（UNIPOM）………………… 664

国連インド・パキスタン軍事監視団 → United Nations Military Observer Group in India and Pakistan（UNMOGIP）…………… 664

国連宇宙空間平和利用委員会 【国連】
→ Committee On the Peaceful Use of Outer Space（COPUOS）……………… 155

国連エチオピア・エリトリア・ミッション → United Nations Mission in Ethiopia and Eritrea（UNMEE）………………… 664

国連NGO軍縮特別総会 → United Nations NGO Special Session Devoted to Disarmament ………………………… 664

国連エル・サルヴァドル監視団 → United Nations Observer Mission in El Salvador（ONUSAL）………………… 664

国連海洋法条約 → United Nations Convention on the Law of the Sea（UNCLOS）………………… 663

国連監視検証査察委員会 → United Nations Monitoring, Verification and Inspection Commission（UNMOVIC）………… 664

国連カンボディア暫定機構 → United Nations Transitional Authority in Cambodia（UNTAC）………………… 665

国連カンボディア先遣ミッション → United Nations Advance Mission in Cambodia（UNAMIC）………………… 663

国連記章 【自衛隊】 → United Nations Insignia ………………… 664

国連休戦監視機構 → United Nations Truce Supervision Organization（UNTSO）… 665

国連緊急軍 → United Nations Emergency Forces（UNEF）………………… 663

国連グァテマラ和平検証ミッション → United Nations Mission for the Verification in Guatemala（MINUGUA）………… 664

国連国別チーム 【国連】 → United Nations country team（UNCT）………………… 663

国連グルジア監視団 → United Nations Observer Mission in Georgia（UNOMIG）………………… 664

国連軍 → United Nations Forces（UNF）………………… 663

国連軍事監視軍 → United Nations Military Observer（UNMO）………………… 664

国連軍縮委員会 → United Nations Disarmament Commission（UNDC）…… 663

国連軍縮会議 → United Nations Conference on Disarmament Issues ………………… 663

国連軍縮京都会議 → United Nations Conference on Disarmament in Kyoto… 663

国連軍縮研究所 → United Nations Institute for Disarmament Research（UNIDIR）………………… 664

国連軍縮諮問委員会 → United Nations Secretary-General's Advisory Board on

日本語索引　　123　　こくれん

Disarmament Matters························· 665

国連軍縮フェローシップ → United Nations
Programme of Fellowship on
Disarmament ·································· 665

国連軍備登録制度 → United Nations Register
of Conventional Arms ····················· 665

国連小型武器会議 → United Nations
Conference on the Illicit Trade in Small
Arms and Light Weapons in All Its
Aspects ·· 663

国連国際組織犯罪条約 → United Nations
Convention against Transnational
Organized Crime ·························· 663

国連コソボ暫定行政ミッション → United
Nations Interim Administration Mission in
Kosovo（UNMIK）···························· 664

国連コンゴー民主共和国ミッション → United
Nations Organization Mission in the
Democratic Republic of the Congo
（MONUC）···································· 664

国連サイプラス平和維持軍 → United Nations
Peacekeeping Force in Cyprus
（UNFICYP）·································· 665

国連サイプラス平和維持隊 【自衛隊】
→ United Nations Peacekeeping Force in
Cyprus（UNFICYP）······················· 665

国連シエラ・レオーネ・ミッション → United
Nations Mission in Sierra Leone
（UNAMSIL）·································· 664

国連事務総長特別代表 【国連】 → Special
Representative of the Secretary General
（SRSG）······································· 590

国連従軍記章 → United Nations Service
Medal（UNSM）······························ 665

国連人権高等弁務官 → United Nations High
Commissioner for Human Rights
（UNHCHR）·································· 663

国連スーダン・ミッション → United Nations
Mission in Sudan（UNMIS）·············· 664

国連制裁 → UN sanctions ················· 668

国連ソマリア活動 → United Nations
Operation in Somalia（UNOSOM）····· 664

国連待機軍
→ United Nations Stand-by Forces ······665
→ UN Stand-by Forces ····················668

国連タジキスタン監視団 → United Nations
Mission of Observers in Tajikistan
（UNMOT）···································· 664

国連中央アフリカ共和国ミッション → United
Nations Mission in Central African
Republic（MINURCA）····················· 664

国連テロ資金供与防止条約 → UN Convention
for the Suppression of the Financing of
Terrorism ······························· 660

国連特別委員会 → United Nations Special
Commission（UNSCOM）·················· 665

国連東ティモール暫定行政機構 → United
Nations Transitional Administration in
East Timor（UNTAET）··················· 665

国連ナミビア独立支援グループ → United
Nations Transition Assistance Group
（UNTAG）···································· 665

国連難民高等弁務官 → United Nations High
Commissioner for Refugees
（UNHCR）···································· 663

国連難民高等弁務官事務所 【国連】 → Office
of the UN High Commissioner for Refugees
（UNHCR）···································· 454

国連ニカラグア選挙監視団 → United Nations
Observer Mission for the Verification of the
Elections in Nicaragua（ONUVEN）···· 664

国連西サハラ住民投票監視団 → United
Nations Mission for the Referendum in
Western Sahara（MINURSO）············ 664

国連ハイチ安定化ミッション → United
Nations Stabilization Mission in Haiti
（MINUSTAH）······························· 665

国連ハイチ文民警察ミッション → United
Nations Civilian Police Mission in Haiti
（MIPONUH）·································· 663

国連パレスチナ難民救済事業機関 → United
Nations Relief and Works Agency for
Palestine Refugees in the Near East
（UNRWA）···································· 665

国連東ティモール支援団 → United Nations
Mission of Support in East Timor
（UNMISET）·································· 664

国連東ティモール・ミッション → United
Nations Mission in East Timor
（UNAMET）·································· 664

国連プレブラカ監視団 → United Nations
Mission of Observers in Prevlaka
（UNMOP）···································· 664

国連兵力引き離し監視軍 → United Nations
Disengagement Observer Force
（UNDOF）···································· 663

国連兵力引き離し監視隊 【日】 → United
Nations Disengagement Observer Force
（UNDOF）···································· 663

国連平和維持活動
→ Peacekeeping Operations（PKO）····476
→ United Nations peacekeeping operations

こ

こくれん　124　日本語索引

（PKO）…………………………… 665

国連平和維持軍
→ Peacekeeping Forces（PKF）…………476
→ United Nations peacekeeping
forces ……………………………665

国連平和維持隊 【自衛隊】；国連平和維持部隊
【自衛隊】→ Peacekeeping Forces
（PKF）………………………… 476

国連平和軍 → United Nations Security Force
（UNSF）…………………………… 665

国連保護軍 → United Nations Protection
Force（UNPROFOR）………………… 665

国連保護隊 【自衛隊】→ United Nations
Protection Force（UNPROFOR）……… 665

国連ボスニア・ヘルツェゴヴィナ・ミッション
→ United Nations Mission in Bosnia and
Herzegovina（UNMIBH）……………… 664

国連南スーダン共和国ミッション → United
Nations Mission in South Sudan
（UNMISS）…………………………… 664

国連モザンビーク活動 → United Nations
Operation in Mozambique
（ONUMOZ）………………………… 664

国連予防展開軍 → United Nations Preventive
Deployment Force（UNPREDEP）…… 665

国連予防展開隊 【自衛隊】→ United Nations
Preventive Deployment Force
（UNPREDEP）……………………… 665

国連ルワンダ支援団 → United Nations
Assistance Mission for Rwanda
（UNAMIR）………………………… 663

国連レバノン暫定軍 → United Nations
Interim Force in Lebanon（UNIFIL）… 664

国連レバノン暫定隊 【自衛隊】→ United
Nations Interim Force in Lebanon
（UNIFIL）………………………… 664

固形弾頭 → solid head………………… 583

互光 → light alternating（Alt）………… 375

後刻発動法 → delayed executive
method ……………………………… 201

コゴッグ方式 → combined gas turbine or gas
turbine（COGOG）………………… 151

後日供用 → back order release（BOR）…… 89

後日補給 【海自】→ back order release
（BOR）……………………………… 89

故障機；故障航空機 → aircraft defective… 27

個人訓練班 【空自】→ Individual Training
Section ……………………………… 332

個人携行予備補給品 → individual
reserve ……………………………… 332

個人携帯対戦車弾 → light-weight anti-tank
munitions（LAM）………………… 376

個人常備予備役 → individual ready
reservist …………………………… 332

個人装具 【自衛隊】→ individual
equipment ………………………… 332

個人装具 → personal equipment（PE）… 479

個人装備火器 → individual weapon……… 332

個人装備品 【自衛隊】→ individual
equipment ………………………… 332

個人装備品 → personal equipment
（PE）……………………………… 479

個人脱出 → individual escape ………… 332

個人脱出用具 → individual escape
apparatus ………………………… 332

個人防護 【海自】→ individual
protection………………………… 332

個人防護装備 → individual protective
equipment ………………………… 332

コーズウェイ 【海自】→ causeway……… 128

コーズウェイ進水海域 【海自】→ causeway
launching area…………………… 128

コースティクス → caustics…………… 128

小競り合い → skirmish ………………… 579

コソボ解放軍 → Kosovo Liberation
Army……………………………… 364

コソボ紛争 → Kosovo conflict………… 364

小平学校 【陸自】→ Kodaira School…… 364

コダッグ方式 → combined diesel and gas
turbine（CODAG）………………… 151

子弾 → bomblet ……………………… 110

伍長（ごちょう）【米陸軍・米海兵隊】
→ Corporal……………………… 177

伍長 【米空軍】→ Senior Airman
（SAMN）………………………… 563

国家安全保障 → national security……… 435

国家安全保障宇宙戦略 【米】→ National
Security Space Strategy（NSSS）……… 435

国家安全保障援助局 【米国防総省】→ Defense
Security Assistance Agency…………… 198

国家安全保障会議 【米】→ National Security
Council（NSC）…………………… 435

国家安全保障局 【米】→ National Security
Agency（NSA）…………………… 435

国家安全保障局 【内閣官房】→ National
Security Secretariat……………… 435

国家安全保障局長 【内閣官房】→ Secretary

General of National Security Secretariat ································· 558

国家安全保障研究所 【米】→ National Security Institute ······························ 435

国家安全保障資源委員会 【米】→ National Security Resources Board（NSRB）····· 435

国家安全保障事態対応センター 【米】→ National Security Incident Response Center（NSIRC）····························· 435

国家安全保障指令 【米】→ National Security Directive（NSD）····························· 435

国家安全保障政策 → national security policy ····································· 435

国家安全保障戦略 【米】→ National Security Strategy（NSS）····························· 435

国家安全保障担当者 → national security fellow ····································· 435

国家安全保障担当大統領補佐官 【米】→ national security adviser················ 435

国家安全保障通信・情報システム・セキュリティ委員会 【米】→ National Security Telecommunications and Information Systems Security Committee（NSTISSC）····························· 435

国家安全保障の専門家 → national security expert ····································· 435

国家安全保障問題に関する意識高揚及び対応 → awareness of national security issues and response（ANSIR）····························· 87

国家運輸安全委員会 【米】→ National Transportation Safety Board（NTSB）····························· 435

国家映像地図局 【米】→ National Imagery and Mapping Agency（NIMA）············ 434

国家科学技術会議 【米】→ National Science and Technology Council（NSTC）······· 435

国家基盤 → national infrastructure········ 434

国家緊急事態 → national emergency····· 433

国家軍事指揮システム 【米】→ National Military Command System（NMCS）··· 434

国家軍事指揮センター 【米】→ National Military Command Center（NMCC）··· 434

国家軍事戦略 → national military strategy································· 434

国家軍事統合情報センター 【米】→ National Military Joint Intelligence Center（NMJIC）····························· 434

国家訓練センター 【米】→ National Training Center ····································· 435

国家支援小隊 【米】→ National Support Element（NSE）····························· 435

国家支援班 【米】→ National Support Cell（NSC）····································· 435

国家情報 → national intelligence··········· 434

国家情報基盤 → national information infrastructure····························· 434

国家情報支援チーム → national intelligence support team ····························· 434

国家情報長官 【米】→ Director of National Intelligence（DNI）····························· 215

国家情報調査 → national intelligence survey································· 434

国家情報見積り → national intelligence estimate································· 434

国家心理戦 → national psychological warfare································· 434

国家政策 → national policy ·················· 434

国家船舶運航統制局 【米】→ National Shipping Authority····························· 435

国家戦略 → national strategy ·············· 435

国家総動員法 【米】→ National Mobilization Law································· 434

国家対情報センター 【米】→ National Counter Intelligence Center（NACIC）····························· 433

国家地理空間情報局 【米】→ National Geospatial-Intelligence Agency（NGA）····································· 433

国家通信検閲 → national censorship······ 432

国家通信システム 【米】→ National Communication System（NCS）········· 433

国家偵察局 【米】→ National Reconnaissance Office（NRO）············ 435

国家非常事態 → state of national emergency································· 599

国家非常事態空中指揮所 【米】→ National Emergency Airborne Command Post（NEACP）····························· 433

国家保安当局 → national security agencies································· 435

国家ミサイル防衛 【米】→ National Missile Defense（NMD）····························· 434

国家目標 → national objective ·············· 434

国家優先課題プロジェクト 【米】→ National Priorities Project（NPP）··················· 434

国家洋上緊急指揮所 【米海軍】→ national emergency command post afloat（NECPA）····························· 433

国家ロジスティクス → national logistics‥ 434
国旗警護隊 → colors guard ·················· 148
国境紛争 → border dispute ·················· 111
国境保全 → boundary security ············· 112
固定医療施設 → fixed medical treatment facility ··· 269
個艇訓練 → individual ship exercise (ISE) ·· 332
固定撃針 → fixed firing pin ················· 269
固定射撃 → fixed fire ························· 269
固定銃 → fixed gun ··························· 269
固定銃床 → fixed stock ····················· 270
固定照準射撃法 → constant bearing method ····································· 167
固定陣地 【陸自】 → fixed position ········ 269
固定戦 → stabilized warfare ················· 595
固定弾 → fixed round ······················· 269
固定弾幕射法 → fixed zone barrage ······ 270
固定弾薬 → fixed ammunition ············· 269
固定通信網 → Fixed Communication Network ······························· 269
固定反射図 → clutter diagram ·········· 143
固定砲
　→ fixed artillery ························269
　→ fixed gun ···························269
固定目標 → fixed target ····················· 270
固定目標攻撃 → fix attack ················· 269
固定翼機；固定翼航空機 → fixed wing aircraft ···································· 270
伍の先頭 → file leader ······················ 263
コバルト爆弾 → cobalt bomb ············· 145
個複数個別誘導再突入体 → multiple independently-targetable reentry vehicle (MIRV) ································· 429
子部隊 → subunit ·························· 611
コブラ・ゴールド 【自衛隊】 → Cobra Gold ······························· 145
個別管理物品明細綴り → individual management item detail file (IMD) ·· 332
個別哨戒間隔 → individual patrol spacing ·································· 332
個別的安全保障 → individual security 332
個別的自衛 → individual self-defense······ 332
個別的自衛権 → right of individual self-defense································ 541
個別防空 → specific air defense ············ 590

個別命令 → special order ····················· 589
コマンドウ → commando ···················· 154
コマンドウ作戦 → commando operation·· 154
コマンド航跡追尾 → command tracking·· 155
コマンド・プラン → command plan （CMND Plan） ····························· 154
個命（こめい）→ special order ············· 589
固有識別 【自衛隊】 → authentication ······ 80
固有編成 → organization integrity ········· 465
雇用機会均等委員会 【米】 → Equal Employment Opportunity Commission （EEOC） ··························· 246
コルベット艦 → corvette···················· 178
コロンバス空軍基地 【米】 → Columbus Air Force Base ··························· 148
根拠地 → stronghold ·························· 608
根拠飛行場 【空自】 → home air base····· 319
コンクリート侵徹 【陸軍】 → concrete piercing ································ 164
コンクリート侵徹弾 → concrete piercing projectile ······························ 164
混合火薬類 → explosive mixture··········· 253
混合機雷原 → mixed minefield············· 422
混合推進薬 → composite propellant ······· 161
混合爆薬
　→ composite explosive ·················· 161
　→ composition ·························162
コンゴー国連軍 → United Nations Operation in the Congo （ONUC） ····················· 664
混成火薬 → two or more chemical compound ······························· 658
混成航空打撃部隊 → composite air strike force （CASF） ·························· 161
混成航空団 【米空軍】 → Composite Wing ································ 162
混成団 【陸自】 → Combined Brigade （CB） ·································· 151
混成部隊 【陸自】 → combined force ····· 151
混成部隊
　→ combined unit ························152
　→ composite unit ·······················161
混成旅団 → mixed brigade ················· 422
コンテナー化兵器システム → container weapon system ························ 169
コンテナー投下方式 【空自】 → container delivery system （CDS） ··············· 169
コンドル → Condor ························· 165

コンピューター・ウイルス → computer
virus ……………………………………… 164
コンピューター援助型戦力管理システム
→ Computer Assisted Force Management
System（CAFMS）………………… 163
コンピューター緊急事態対処チーム
→ Computer Emergency Response Team
（CERT）…………………………… 163
コンピューター支援型部隊管理システム
→ Computer Assisted Force Management
System（CAFMS）………………… 163
コンピューター・システム共通運用基盤管理室
【統幕】→ Common Operating
Environment Management Office……… 156
コンピューターセキュリティインシデント対応
チーム 【日】→ Computer Security
Incident Response Team（CSIRT）…… 163
コンピューター・ネットワーク攻撃
→ computer network attack…………… 163
コンピューター・ネットワーク戦
→ computer network war …………… 163
コンピューター・ネットワーク防衛
→ computer network defense（CND）‥ 163
コンピューター犯罪捜査の専門家
→ computer forensic expert …………… 163
コンピューター分析対策チーム 【米】
→ Computer Analysis and Response
Team …………………………………… 163
コンピューター保全 → computer security
（COMSEC）………………………… 163
コンピューター網防御統合部隊 【米軍】
→ Joint Task Force-Computer Network
Defense（JTF-CND）………………… 361
コンフォーマル・アレイ → conformal
array …………………………………… 166
コンフォーマル・アレイ・アンテナ
→ conformal array antenna…………… 166
コンフォーマル・ソーナー → conformal
sonar …………………………………… 166
梱包装薬 → satchel charge ……………… 550
コンポジット推進薬 → composite
propellant……………………………… 161
混目標 → compound target …………… 162

【 さ 】

在欧米国空軍 → United States Air Force in
Europe（USAFE）…………………… 665
在欧米国陸軍 → United States Army, Europe
（USAREUR）………………………… 666
災害救援 【海自】→ disaster relief ……… 216
災害救助 【陸自】→ disaster relief ……… 216
災害招集 【自衛隊】→ disaster call-up … 216
災害対策 → disaster control……………… 216
災害対策調整官 【統幕運用部運用第2課】
→ Deputy Director, 2nd Operations
Division（Disaster Relief）…………… 206
災害派遣 【空自】→ disaster relief ……… 216
災害派遣
→ disaster relief dispatch ……………216
→ disaster relief operations……………216
災害派遣医療チーム → disaster medical
assistance team（DMAT）…………… 216
災害派遣・国民保護班 【統幕】→ Disaster
Relief & Civil Protection Section……… 216
災害派遣班 【統幕】→ Disaster Relief
Operations Section…………………… 216
在韓米国軍 → United States Forces, Korea
（USFK）……………………………… 666
在韓陸軍顧問団 → United States Army
Advisory Group, Korea（KMAG）……… 666
細菌攻撃 → bacterial attack …………… 89
細菌製剤 → bacterial agent …………… 89
細菌戦 → bacteriological warfare（BW）… 89
細菌戦 【陸自】→ biological warfare
（BW）………………………………… 104
細菌戦 → germ warfare………………… 295
在空予備機 → airborne spare aircraft …… 24
再軍備 → rearmament ………………… 521
在郷軍人教育援助計画 【米】→ Veterans
Educational Assistance Program
（VEAP）……………………………… 676
再攻撃 → reattack ……………………… 522
最高指揮官
→ commander-in-chief（CINC）………153
→ supreme commander ………………616
最高指揮権限保有者 【米】→ National
Command Authorities（NCA）………… 432
最高司令官 → commander-in-chief
（CINC）……………………………… 153
最高司令部 → high command …………… 315
最高弾道高（さいこうだんどうこう）
→ maximum ordinate ………………403
→ summit of trajectory………………612

最高度の警戒 【米】 → highest alert 315
在庫管理 【海自】 → stock control 603
在庫管理者 → inventory manager (IM) .. 351
在庫調査室 【在日米陸軍】 → Inventory/
　Locator Branch 351
在庫統制 【陸自】 → stock control 603
在庫品 → stock (STK) 603
歳差運動（さいさうんどう）→ precession .. 493
再指向 → recommit 523
最終確保地域 → final defensive area 264
最終射撃時間 → time to last launch
　（TTLL）... 642
再就職援護 【防衛省】 → reemployment
　support 526
最終進入 → final approach 264
最終進入開始地点 → final approach fix
　（FAF）... 264
最終進入経路 → final course 264
最終進入コース → final approach
　course 264
採収船 → recovery boat 525
最終旋回開始点 → offset point 455
最終速度 【空自】 → terminal velocity 635
採収艇 → recovery boat 525
最終の防御線 → final defense line 264
最終統制点 → final control point
　（FCP）... 264
最終品目 【統幕・海自】 → end item 242
最終兵器 → ultimate weapon 659
最終防御線 【空自】 → final protective line
　（FPL）... 264
最終防護線 【海自】 → final protective line
　（FPL）... 264
最小危険経路 【米軍】 → minimum-risk route
　（MRR）... 419
最小撃破確率 → minimum probability of kill
　（MPK）... 418
最少残留放射能兵器 → minimum residual
　radioactivity weapon 418
最小射距離 → minimum range 418
最小障害物余裕 【海自】 → obstruction
　clearance 451
最上全通甲板 → uppermost continuous
　deck 669
最少搭乗員
　→ basic crew 96
　→ minimum air crew 418

最小発見線 → minimum line of detection
　（MLD）... 418
最小要撃線 → minimum line of interception
　（MLI）... 418
最小レイド・サイズ → minimum raid size
　（MRS）... 418
最新型弾道ミサイル防御庁 【米陸軍】
　→ Advanced Ballistic Missile Defense
　Agency 14
再請求点 → reorder point 531
最接近時間 【海自】 → time to closest point
　of approach （TCPA）....................... 641
最接近点 【海自】
　→ closest point of approach （CPA）...... 142
　→ distance to closest point of approach
　（DCPA）... 219
細線アレイ運用装備 【米海軍】 → thin-line
　handling equipment （TLHE）........... 638
最先任上級曹長 【陸自】 → Command
　Sergeant Major （CSM）................... 154
再装填（さいそうてん）→ reload 530
最大仰角 → maximum elevation 403
最大航走距離 → maximum running
　range 404
最大航続距離 → maximum range 404
最大持続潜航速力 → maximum sustained
　submerged speed 404
最大射程
　→ extreme range 255
　→ maximum range 404
最大掃海電流 → maximum sweep
　current 404
最大速度 【空自】 → maximum speed 404
最大速力 【海自】 → maximum speed 404
最大探信距離 → maximum echo range.... 403
最大探知距離
　→ maximum detection range 403
　→ maximum range of detection 404
最大発射深度 → maximum firing depth .. 403
最大発射速度 → maximum rate of fire 404
最大俯角 → maximum depression 403
最大有効距離；最大有効射程 → maximum
　effective range 403
最大有効ソーナー捜索速力 → maximum
　effective sonar search speed 403
最大有効ソーナー速力 → maximum effective
　sonar speed 403

日本語索引　　129　　さいはこ

再探索 → re-search ……………………… 535
最長滞空巡航 → maximum endurance
　cruising …………………………………… 403
最低気象条件 → weather minimum
　（WXMIN）………………………………… 686
最低気象条件未満 → below weather
　minimum（BLW）………………………… 101
最低攻撃高度 → minimum attack
　altitude ………………………………… 418
最低射角 → minimum elevation………… 418
最低障害物間隔 → obstruction
　clearance ……………………………… 451
最低障害物間隔高度 → minimum obstruction
　clearance altitude（MOCA）…………… 418
最低待機高度 → minimum holding
　altitude ………………………………… 418
最低保有基準 → minimum reserve level
　（MRL）…………………………………… 418
最低無障害高度 【空自】 → minimum
　obstruction clearance altitude
　（MOCA）………………………………… 418
最低誘導高度 → minimum vectoring altitude
　（MVA）…………………………………… 419
最適巡航高度 → best cruise altitude
　（BCA）…………………………………… 102
最適消磁 → best degaussing …………… 102
最適ソーナー速力 【海自】 → optimum sonar
　speed …………………………………… 463
最適破裂高度 → optimum height of
　burst …………………………………… 463
再展開 → redeployment ………………… 525
再展開用飛行場 → redeployment airfield… 525
再搭載 → reload ………………………… 530
サイドスキャン・ソーナー → sidescan
　sonar …………………………………… 573
再突入 → re-entry ……………………… 526
再突入体 → re-entry vehicle（RV）……… 526
再突入段階 → reentry phase …………… 526
再突入弾頭 → re-entry vehicle（RV）…… 526
サイド・ローブ → side lobe…………… 573
サイド・ローブ消去装置 → side lobe
　canceller（SLC）………………………… 573
サイド・ローブ・ブランキング → side lobe
　blanking（SLB）………………………… 573
サイド・ローブ妨害 → side lobe jamming
　（SLJ）…………………………………… 573
サイド・ローブ抑圧 → side lobe suppression
　（SLS）…………………………………… 573

サイド・ローブ抑圧装置 → side lobe
　suppressor ……………………………… 573
サイドワインダー 【米】 → Sidewinder… 574
在日アメリカ軍調達部 【米】 → Army
　Procurement Agency of Japan（APA）… 70
在日米海軍 → US Naval Force, Japan
　（USNFJ）………………………………… 671
在日米海軍司令官 【米】 → Commander,
　Naval Forces Japan
　（COMNAVFORJAPAN）………………… 153
在日米空軍 → US Air Force, Japan
　（USAFJ）………………………………… 669
在日米軍施設 → USFJ Facilities and
　Installations …………………………… 671
在日米軍駐留維持経費 【日】 → bearing cost
　for the stationing of US Forces in
　Japan …………………………………… 100
在日米軍調達部 【米】 → Army Procurement
　Agency of Japan（APA）………………… 70
在日米軍調達本部 【米】 → Japan
　Procurement Agency（JPA）…………… 355
在日米軍横須賀補給センター 【米海軍】
　→ US Fleet and Industrial Supply Center
　Yokosuka, Japan………………………… 671
在日米国軍 → United States Forces, Japan
　（USFJ）…………………………………… 666
在日米国陸軍 → United States Army, Japan
　（USARJ）………………………………… 666
在日米陸軍 → US Army, Japan
　（USARJ）………………………………… 670
在日米陸軍兵站部隊 → US Army Logistics
　Command Japan（USALCJ）…………… 670
在日米陸軍本州司令部 → US Army Garrison,
　Honshu（USAGH）……………………… 670
再任用制度 【防衛省】 → reappointment
　system …………………………………… 521
サイバー → cyber ……………………… 187
再配置 → replacement …………………… 532
サイバー企画室 【統幕指揮通信システム部指
　揮通信システム企画課】 → Office of Cyber
　Defense ………………………………… 453
サイバー空間 → cyberspace…………… 187
サイバー空間作戦 → cyberspace
　operations ……………………………… 187
サイバー軍 【米】 → Cyber Command
　（CYBERCOM）………………………… 187
サイバー攻撃 → cyber attack ………… 187
サイバー攻撃対処能力 → counter cyber-
　attack capability………………………… 178

さ

サイバー情報研究室 【防衛装備庁電子装備研究所】→ Cyber Information Research Section 187

サイバースペース → cyberspace 187

サイバーセキュリティ運用センター 【英】→ Cyber Security Operations Centre (CSOC) 187

サイバーセキュリティ研究室 【防衛装備庁電子装備研究所】→ Cyber Security Research Section 187

サイバーセキュリティ・情報保証部 【英】→ Office of Cyber Security and Information Assurance (OCSIA) 453

サイバーセキュリティ通信室 【米】→ Office of Cybersecurity and Communications (CS&C) 453

サイバー戦争 → cyber-warfare 188

再発進基地 → recycle base 525

サイバーディフェンス連携協議会 【日】→ Cyber Defense Council (CDC) 187

サイバー・テロリズム → cyber terrorism 188

サイバー防衛演習 → cyber defense exercise 187

サイバー防衛協力センター 【NATO】→ Cooperative Cyber Defence Centre of Excellence (CCDCOE) 175

サイバー防衛隊 【統幕自衛隊指揮通信システム隊隷下】→ Cyber Defense Group 187

サイバー防御反復演習 【総務省】→ Cyber Defense Exercise with Recurrence (IAWG) 187

サイバー・レジリエンス 【陸自】→ cyber resilience 187

サイバー・レンジ 【自衛隊】→ cyber range 187

砕氷艦 → auxiliary ice breaker 84

砕氷艦 【海自】→ ice breaker 325

細部作戦 → detail operation 208

在ベトナム米国陸軍 → United States Army, Vietnam (USARV) 666

再編成 → reorganization 531

再編成用飛行場 → regroup airfield 528

財務省検察局 【米】→ Secret Service 558

財務省麻薬局 【米】→ Bureau of Narcotics (TR-BN) 118

在来型軍隊 → conventional armed forces 173

在来型戦 【空自】→ conventional warfare 173

在来型弾頭 → conventional warhead 174

在来型の離着陸 → conventional take-off and landing (CTOL) 173

在来戦 【空自】→ conventional warfare 173

最良深度探知距離 → best depth range (BDR) 102

最良接敵針路 → optimum approach course (OAC) 463

催涙ガス → tear gas 631

催涙弾 → tear-gas bomb 631

催涙筒 → tear-gas canister 631

再練成訓練 → refresher training (RFT) 527

サウンド・チャンネル → sound channel (SC) 585

サウンド・チャンネル深度 → sound channel depth (SC depth) 585

相模総合補給廠 【在日米軍】→ Sagami General Depot 549

相模原住宅地区 【在日米軍】→ Sagamihara Housing Area 549

佐官 【陸軍】
→ field grade 261
→ field-grade officer 262
→ field officer 262

佐官級 → field rank 262

崎辺海軍補助施設 【在日米陸軍】→ Sakibe Navy Annex 549

作業隊 【空自】→ Air Civil Engineering Squadron 25

作業隊：作業班 → working party 691

作為情報資料 → controlled information 172

策源；策源地 → operational base 459

錯雑地 → dense terrain 202

作戦 → operation 459

作戦運用幕僚 【空自】→ Director of Operation 215

作戦オーバーレイ → operation overlay 461

作戦会議
→ council of war 178
→ strategy meeting 607

作戦会議室 【空自】→ Operations Conference room 462

作戦開始日 → J-day 356

作戦解析
→ operations analysis 462

日本語索引　　　131　　　さくせん

→ operations research（OR）・・・・・・・・・・・・462

作戦可能機 【空自】 → operational readiness
aircraft・・・・・・・・・・・・・・・・・・・・・・・・・・・・・・・・・・・ 460

作戦可能態勢
→ combat ready（CR）・・・・・・・・・・・・・・・・・・150
→ operationally ready（OR）・・・・・・・・・・・・460

作戦環境 → operational environment ・・・・・ 460

作戦機 【海自】
→ combat aircraft ・・・・・・・・・・・・・・・・・・・・・・・148
→ operational aircraft・・・・・・・・・・・・・・・・・・・・459

作戦基地
→ base of operations ・・・・・・・・・・・・・・・・・・・・ 95
→ operating base ・・・・・・・・・・・・・・・・・・・・・・・459

作戦規定 【陸自】 → standing operating
procedure（SOP）・・・・・・・・・・・・・・・・・・・・・・・・ 598

作戦機動グループ → operational maneuver
group・・・・・・・・・・・・・・・・・・・・・・・・・・・・・・・・・・・・・ 460

作戦欺瞞（さくせんぎまん）→ operational
deception・・・・・・・・・・・・・・・・・・・・・・・・・・・・・・・・・ 460

作戦区域
→ operational area・・・・・・・・・・・・・・・・・・・・・・・459
→ operations area ・・・・・・・・・・・・・・・・・・・・・・・462

作戦軍上空の戦闘空中哨戒 → force combat
air patrol ・・・・・・・・・・・・・・・・・・・・・・・・・・・・・・・・ 278

作戦訓練 → operational training ・・・・・・・・・・ 461

作戦計画 → operation plan（OPLAN）・・・ 461

作戦計画作業 【海自】 → operational
scheming work・・・・・・・・・・・・・・・・・・・・・・・・・・・ 461

作戦計画作業 → operation planning
work ・・・・・・・・・・・・・・・・・・・・・・・・・・・・・・・・・・・・・ 462

作戦計画発動日 → A-day（A-DAY）・・・・・・・ 11

作戦研究室 【海自】 → Maritime Operations
Studies Office・・・・・・・・・・・・・・・・・・・・・・・・・・・・ 400

作戦構想 → concept of operations
（CONOPS）・・・・・・・・・・・・・・・・・・・・・・・・・・・・ 164

作戦支援見積り → operation support
estimate ・・・・・・・・・・・・・・・・・・・・・・・・・・・・・・・・・ 463

作戦指揮 → operational command
（OPCOM）・・・・・・・・・・・・・・・・・・・・・・・・・・・・・・・ 459

作戦指揮系統 → operational chain of
command ・・・・・・・・・・・・・・・・・・・・・・・・・・・・・・・・ 459

作戦指揮権の転移 【統幕】 → change of
operational control（CHOP）・・・・・・・・・・・・ 133

作戦指揮所 → operations center ・・・・・・・・・・ 462

作戦軸 → line of operations ・・・・・・・・・・・・・・・ 378

作戦資材
→ operational materials ・・・・・・・・・・・・・・・・・460
→ war readiness materials（WRM）・・・・・681

作戦システム運用隊 【空自】 → Operations
Support Wing ・・・・・・・・・・・・・・・・・・・・・・・・・・・ 463

作戦室
→ operations room ・・・・・・・・・・・・・・・・・・・・・・・462
→ war room ・・・・・・・・・・・・・・・・・・・・・・・・・・・・・681

作戦指導
→ direction for operation ・・・・・・・・・・・・・・・・213
→ military operational guidance・・・・・・・・・414

作戦術 → operational art ・・・・・・・・・・・・・・・・・ 459

作戦準備
→ mounting ・・・・・・・・・・・・・・・・・・・・・・・・・・・・・426
→ preparation for operations ・・・・・・・・・・・・495

作戦準備下令日 → S-day・・・・・・・・・・・・・・・・・・ 553

作戦上の関心地域 → area of operational
interest ・・・・・・・・・・・・・・・・・・・・・・・・・・・・・・・・・・ 64

作戦詳報 → operation report ・・・・・・・・・・・・・ 462

作戦情報 【空自】 → combat
information・・・・・・・・・・・・・・・・・・・・・・・・・・・・・・・ 149

作戦情報 → operational intelligence ・・・・・・・ 460

作戦情報運用室 → Operational Intelligence
Operation room ・・・・・・・・・・・・・・・・・・・・・・・・・ 460

作戦情報支援隊 【海自】 → Operational
Intelligence Center ・・・・・・・・・・・・・・・・・・・・・・ 460

作戦情報隊 【空自】 → Air Intelligence
Wing ・・・・・・・・・・・・・・・・・・・・・・・・・・・・・・・・・・・・・ 35

作戦正面 【陸自】 → front of operation ・・ 286

作戦所要 → operational necessity ・・・・・・・・・ 460

作戦陣形 → operation formation ・・・・・・・・・ 461

作戦陣形信号 → operational formation
signal ・・・・・・・・・・・・・・・・・・・・・・・・・・・・・・・・・・・ 460

作戦陣形配備 → operational disposition・・ 460

作戦図 → operation map・・・・・・・・・・・・・・・・・ 461

作戦・戦闘のための編成 【陸自】
→ organization for combat ・・・・・・・・・・・・・・ 465

作戦即応態勢
→ operational readiness ・・・・・・・・・・・・・・・・・460
→ operational ready ・・・・・・・・・・・・・・・・・・・・461

作戦即応能力 → operational readiness・・・・ 460

作戦即応能力 【海自】 → operational
ready ・・・・・・・・・・・・・・・・・・・・・・・・・・・・・・・・・・・ 461

作戦即応評価 → operational readiness
evaluation（ORE）・・・・・・・・・・・・・・・・・・・・・・ 461

作戦担当地域 → area of responsibility
（AOR）・・・・・・・・・・・・・・・・・・・・・・・・・・・・・・・・・・ 64

作戦地域
→ area of operations（AO）・・・・・・・・・・・・・・ 64
→ operational area・・・・・・・・・・・・・・・・・・・・・・・459

さ

作戦地帯　【統幕・空自】→ combat zone (CZ) 150
作戦通信　→ operational communication ‥ 459
作戦通信網　→ tactical communication network 624
作戦通信用暗号　→ operations code (OPCODE) 462
作戦手順　→ operational procedure 460
作戦展開　【陸自】→ operational deployment 460
作戦統制　→ operational control (OPCON) 459
作戦統制官；作戦統制権者　→ operational control authority (OCA) 460
作戦統制通信系　→ operational control net 460
作戦統制の変更　【海自】→ change of operational control（CHOP）............... 133
作戦日誌　→ operations diary 462
作戦能力　→ operational capability 459
作戦の経過　→ particulars of operation ... 473
作戦の継続性　→ continuity of operations 170
作戦飛行　→ operational flight 460
作戦飛行計画　→ operational flight program 460
作戦飛行場　→ field airport 261
作戦飛行戦術訓練装置　→ operational flight tactical trainer 460
作戦備蓄　→ retention stock for operation 538
作戦評価　→ operational evaluation (OPEVAL) 460
作戦部隊　【海自】→ operating forces 459
作戦部隊　→ operational force 460
作戦部隊の指揮　→ command of operational force 154
作戦分析　→ operations analysis 462
作戦別紙　→ operation annexs 461
作戦法規研究室　【海上自衛隊幹部学校】→ Operational Law Office 460
作戦方向　→ direction of operation 213
作戦報告　→ operational report 461
作戦報告　【海自】→ operation report ... 462
作戦保全　→ operations security (OPSEC) 462
作戦保全指標　→ operations security indicator 462
作戦保全脆弱性　→ operations security vulnerability 462
作戦本部　【米】→ Directorate of Operations 214
作戦見積り　→ operation estimate 461
作戦命令　→ operations order (OPORD) 462
作戦目的　→ operational purpose 460
作戦目標　→ operational objective 460
作戦要求　→ operational requirements 461
作戦様相　→ operational aspect 459
作戦用弾薬　【統幕】→ service ammunition 566
作戦用通信回線統制システム　【空自】→ Tactical Network Control System (TNCS) 626
作戦要務　【海自】→ operation planning and supervising procedure 462
作戦要約　→ operation summary (OPSUM) 463
作戦予備；作戦予備品　→ operational reserves 461
作戦ロジスティクス　【海自】→ naval operational logistics 437
作戦ロジスティクス　→ operational logistics 460
索敵　→ search 555
索敵機　→ air picket 37
索的魚雷　→ target-seeking torpedo 630
索敵撃滅作戦　→ search and destroy operations 555
策動
　→ enemy movement 242
　→ hostile scheming 321
炸薬（さくやく）
　→ bursting charge 119
　→ explosive 253
　→ explosive charge 253
炸薬系列　→ explosive train 254
炸薬室（さくやくしつ）→ explosive compartment 253
炸薬質量比；炸薬重量比　→ charge-weight ratio 133
炸薬弾頭（さくやくだんとう）→ explosive head 253
炸薬筒（さくやくとう）→ burster 119
炸薬筒体（さくやくとうたい）→ burster

tube ······ 119
炸薬筒用炸薬 → burster charge ······ 119
サクラメント航空兵站センター 【米軍】
→ Sacramento Air Logistics Center
(SMALC) ······ 547
炸裂 → burst ······ 119
提げ手（さげて）→ carrying handle ······ 126
「捧げ、銃！」（ささげ、つつ）→ Present
Arms！ ······ 496
捧げ銃の敬礼（ささげつつのけいれ
い）→ present arms ······ 496
サージャント → Sergeant ······ 565
サステナ → sustainer ······ 619
座席型落下傘 → seat-type parachute ······ 557
座席式落下傘 → man-carrying parachute seat
type ······ 395
座席天蓋 → canopy ······ 123
佐世保海軍基地 【在日米軍】→ Sasebo Naval
Base ······ 550
佐世保海軍施設 【在日米軍】→ Fleet
Activities Sasebo ······ 272
佐世保弾薬補給所 【在日米陸軍】→ Sasebo
POL Depot ······ 550
佐世保地方隊 【海自】→ Sasebo District ······ 550
左旋回深深度発射 → port deep (PD) ······ 490
左旋回浅深度発射 → port shallow (PS) ······ 490
鎖栓式閉鎖機（させんしきへいさき）→ sliding-
wedge breech block ······ 580
サーチ・エリア → search area ······ 555
サーチ・エリア・アソシエーション → search
area association ······ 555
サーチ・トラック → search track ······ 556
サーチライト・ソーナー → searchlight
sonar ······ 556
雑音監査機 → noise level monitor ······ 444
雑音測定 【海自】→ noise measurement ······ 444
雑音妨害 → noise jamming ······ 444
雑音防止器 【空自】→ noise suppressor ······ 444
雑音抑圧器 【海自】→ noise suppressor ······ 444
雑音抑制器 【空自】→ noise suppressor ······ 444
殺傷地帯 → killing zone ······ 363
殺傷率 → kill ratio ······ 363
雑船 → miscellaneous ship ······ 419
サーティファイド・ラウンド → Certified
Round ······ 132
差動位相変調 → differential phase shift
keying (DPSK) ······ 210

作動水深 → actuating depth ······ 10
作動弾薬 【海自】→ live ammunition ······ 380
サービス拒否 → denial of service
(DoS) ······ 202
サブマシンガン → submachine gun
(SMG) ······ 609
サプライ・チェーン・マネジメント → supply
chain management (SCM) ······ 614
サプライチェーン・リスク → supply chain
risk ······ 614
サープラス・ニュー部品 → surplus new
part ······ 617
サープラス品 → surplus part ······ 617
サープラス・ユーズド部品 → surplus used
part ······ 617
サーベイランス試験 → surveillance test (s-
test) ······ 618
サボタージュ → sabotage ······ 547
サボタージュ警戒チーム → sabotage alert
team ······ 547
座間駐屯地 【陸自】→ Camp Zama ······ 122
サーマル・ディレイ機雷 → thermal delay
mine ······ 637
サム航跡 → SAM track ······ 550
サムライサージ訓練 【米軍】→ Samurai
surge training ······ 550
サムライ即応監査 【米軍】→ Samurai
Readiness Inspection (SRI) ······ 550
サーモバリック爆弾 → thermobaric
bomb ······ 638
左右弾着修正 → deflection spot ······ 200
左右苗頭（さゆうびょうど
う）→ deflection ······ 199
左右苗頭目盛 → deflection indicator ······ 199
左右変角率 → angular bearing rate ······ 53
左翼 → left flank ······ 372
サラセン 【英】→ Saracen ······ 550
サルページ船 → salvage vessel ······ 549
サルボ発射 → salvo shoot ······ 549
サンアントニオ航空兵站センター 【米軍】
→ San Antonio Air Logistics Center
(SAALC) ······ 550
散開 → development ······ 209
散開線 → line of skirmishers ······ 378
散開隊形
→ extended formation ······ 254
→ extended order ······ 254
山岳師団 【米】→ Mountain Division ······ 426

さんかく

三角哨戒 → triangular patrol ········· 654
山岳戦 → mountain warfare ········ 426
三角パートナーシップ・プロジェクト【国連】
　→ Triangular Partnership Project ······ 654
参加ユニット → participating unit
　（PU）·· 473
三脚架 → tripod ···························· 655
産業火薬 → commercial explosive ······ 155
残響制限状態 → reverberation-limited
　condition ··································· 539
産業動員 → industrial mobilization ······ 333
三軍統合スタンドオフ攻撃ミサイル → tri-
　service stand-off attack missile
　（TSSAM）·································· 655
斬撃（ざんげき）→ slash ··············· 579
塹壕埋葬（ざんごうまいそう）→ trench
　burial ·· 653
三叉爆弾架 → triple ejector rack
　（TER）······································· 655
三自衛隊【自衛隊】→ services ········ 567
三戦（さんせん）【中国】→ Three
　Warfares ···································· 639
酸素呼吸器【海自】→ oxygen breathing
　apparatus（OBA）······················· 469
残存確率 → probability of survival
　（PS）··· 500
残存性 → survivability ··················· 618
残存部隊 → remaining forces ··········· 530
残存放射能低減爆弾 → reduced residual
　radiation bomb（RRR bomb）········ 526
残存未掃面【海軍】→ holiday ········· 319
傘体（さんたい）→ canopy ············· 123
三舵の調和（さんだのちょうわ）【空自】
　→ coordination ··························· 176
散弾
　→ canister shot ·························· 123
　→ shot ······································· 572
残弾あり → ammo plus ··················· 49
散弾効果 → shot effect ···················· 572
散弾銃 → shotgun ·························· 572
散弾銃弾薬
　→ shotgun cartridge ··················· 572
　→ shot shell ······························· 572
散弾銃用実包
　→ shotgun cartridge ··················· 572
　→ shot shell ······························· 572
残弾なし → ammo zero ···················· 49
残置斥候 → stay-behind patrol ········· 601

山地の戦闘 → mountain operations ······ 426
残置部隊
　→ stay-behind force ···················· 601
　→ stay-behind unit ······················ 601
暫定行政機構【国連】→ transitional
　administration ··························· 650
算定空中投下点 → computed air release point
　（CARP）···································· 163
残敵の抵抗 → bypassed resistance ······ 120
桟道（さんどう）→ causeway ········· 128
三島船（さんとうせん）→ three islander ··· 639
三胴船 → trimaran ship ··················· 654
散毒地域 → gassed area ·················· 292
散毒地帯 → chemical barrier ··········· 134
サンドボックス → sandbox ············· 550
散飛角 → angle of fragment ejection ····· 53
散布
　→ dispersal ································ 217
　→ dispersion ······························ 218
散布界 → zone of dispersion ············ 694
散布区域 → dispersion zone ············ 218
散布誤差 → dispersion error ············ 218
散布式対戦車地雷 → scatterable antitank
　mine ··· 551
散布射 → zone fire ························· 694
散布地雷 → scatterable mine ··········· 551
散布地雷ファミリー → Family of Scatterable
　Mines（FASCAM）······················ 258
散布帯投影器 → barrage image projector ·· 93
散布帯発射
　→ pattern firing ·························· 475
　→ pattern launch ························ 476
散布梯尺（さんぷていしゃく）→ dispersion
　ladder ······································· 218
散布パターン → dispersion pattern ······ 218
散兵 → skirmisher ························· 579
散兵線
　→ line of skirmishers ·················· 378
　→ skirmish line ·························· 579
参謀 → staff ·································· 595
参謀次長
　→ deputy chief of staff ················ 206
　→ vice chief of staff（VCS）········· 676
参謀将校 → staff officer ·················· 595
参謀長 → Chief of Staff（CS）········· 135
参謀長補 → Assistant Chief of Staff（AC/
　S）··· 74

日本語索引　　　　　　135　　　　　　しえつと

参謀副長　→ deputy chief of staff ………… 206

三方包囲　→ cul-de-sac …………………… 186

参謀本部　→ General Staff Office………… 294

残余戦時備蓄資材所要　→ other war reserve materiel requirement …………………… 466

【し】

自衛官　→ self-defense official …………… 562

自衛艦　【海自】
　　→ Japan Defense Ship（JDS）…………355
　　→ SDF ship ……………………………554
　　→ SDF vessel …………………………554
　　→ Self-Defense Ship …………………562

自衛艦旗　【海自】→ colors………………… 148

自衛官候補看護学生　→ SDF nursing officer candidate ………………………………… 553

自衛官候補生　→ self-defense official cadet ……………………………………… 562

自衛艦隊　【海自】→ Self-Defense Fleet （SF）………………………………………… 561

自衛艦隊指揮支援システム　【海自】→ Self-Defense-Fleet Command Support System …………………………………… 561

自衛艦隊司令部　【海自】→ Self-Defence Fleet Headquarters ………………………… 561

自衛権　→ right of self-defense …………… 541

自衛障害　→ protective obstacle ………… 504

自衛地雷原　【陸自】→ protective minefield ………………………………… 504

自衛隊
　　→ Japan Self-Defense Force（JSDF）…355
　　→ Self-Defense Forces（SDF）…………561

自衛隊員
　　→ SDF member ………………………553
　　→ Self-Defense Forces personnel（SDF personnel）…………………………………561

自衛隊員倫理規程　→ Self-Defense Forces Personnel Ethics Code…………………… 561

自衛隊員倫理審査会　→ Self-Defense Forces Personnel Ethics Review Board………… 561

自衛隊員倫理法　→ Self-Defense Forces Personnel Ethics Act ……………………… 561

自衛隊基地　→ SDF base …………………… 553

自衛隊行動命令　→ SDF mobilization order ……………………………………… 553

自衛隊指揮通信システム隊　→ Japan Self Defense Force C4 Systems Command （JSDF C4 Systems Command）………… 355

自衛隊施設　→ Self-Defense Forces facility ………………………………………… 561

自衛隊生徒　→ youth cadet ……………… 693

自衛隊地方連絡部　→ SDF prefectural liaison office………………………………………… 553

自衛隊中央病院　→ Self-Defense Forces Central Hospital ………………………… 561

自衛隊中央病院高等看護学院　→ Self-Defence Forces Central Hospital Nursing Institute ………………………………… 561

自衛隊ディジタル通信システム　→ Japan Self Defense Force Digital Communication System（Fighter）（JDCS（F））………… 355

自衛隊統合演習　→ Joint Exercise（JX）… 359

自衛隊統合防災演習　→ Joint Exercise for Rescue（JXR）…………………………… 359

自衛隊の海外派遣　→ overseas deployment of the Self-Defense Forces ………………… 468

自衛隊の行動
　　→ actions of JSDF ………………………8
　　→ activities of Self-Defense Forces ……… 10
　　→ operations of JSDF…………………462

自衛隊の武器輸送　→ SDF transportation of weapons ………………………………… 554

自衛隊の部隊　→ Self-Defense Forces unit ……………………………………… 561

自衛隊派遣　→ SDF deployment………… 553

自衛隊病院　→ Self-Defense Forces hospital （SDF hospital）………………………… 561

自衛隊法　→ Self-Defense Forces Act（SDF Act）……………………………………… 561

自衛隊離職者就職審査会　→ Placement Screening Committee for SDF Retired Personnel ………………………………… 485

自衛隊歴　→ service carrier ……………… 566

自衛鉄条網　→ protective wire …………… 505

ジェジベル戦術　→ Jezebel tactics……… 357

シー・エシャロン　→ sea echelon ……… 554

シー・エシャロン区域　→ sea echelon area………………………………………… 554

シー・エシャロン計画　→ sea echelon plan……………………………………… 554

ジェット推進研究所　【米】→ Jet Propulsion Laboratory（JPL）………………………… 356

ジェット・スター　→ Jet Star ………… 356

ジェット戦闘機

しえつと 136 日本語索引

→ fighter jet ·········· 263
→ jet fighter ·········· 356
ジェット反動回転翼式ヘリコプター → tip jet rotor helicopter ········ 642
ジェット噴流 → jet blast ········ 356
ジェマー・イスラミア → Al-Jama'ah Al-Islamiyyah（JI）············· 45
ジェリコ → Jericho ············· 356
支援火器
→ supporting arms ········· 615
→ supporting weapon ········· 615
支援火器調整本部 【米軍】→ supporting arms coordination center（SACC）······ 615
支援火力 → supporting fire ········· 615
支援火力調整官 → supporting arms coordinator ········· 615
支援火力調整所 【空自】→ supporting arms coordination center（SACC）········· 615
支援艦
→ auxiliary（AUX）············· 84
→ supporting ship ········· 615
→ support ship ········· 616
支援機 → supporting aircraft ········· 615
支援基地 → support base ········· 615
支援局 【在日米軍】→ Directorate of Support Operations ········· 214
支援距離 → supporting distance ········· 615
支援距離外 → beyond supporting distance ········· 102
支援空母任務群 → support carrier group ········· 615
支援群 → support group ········· 615
支援計画 → supporting plan ········· 615
支援航空機 → supporting aircraft ········· 615
支援航空作戦 → supporting air operation ········· 615
支援攻撃 → supporting attack ········· 615
支援作戦 → support operations ········· 615
支援射距離 → supporting range ········· 615
支援射撃
→ support fire ········· 615
→ supporting fire ········· 615
支援整備 【空自】→ intermediate maintenance（IM）········· 346
支援整備 → support maintenance ········· 615
支援整備隊 【海自】→ Maintenance Squadron ········· 394

支援戦闘機 【自衛隊】
→ fighter support（FS；F/S）········· 263
→ support fighter ········· 615
支援装備品 → unit support equipment（USE）········· 667
支援装備品定数表 【空自】→ Japanese unit support equipment authorization list（JUAL）········· 355
支援装備品定数表 → unit support equipment authorization list（UAL）········· 667
支援組織 【米海軍】→ Supporting Establishment ········· 615
支援品目 → support item ········· 615
支援部隊 → support echelon ········· 615
支援部隊 【海自】→ support force ········· 615
支援部隊
→ supporting forces ········· 615
→ supporting troops ········· 615
→ supporting unit ········· 615
→ support unit ········· 616
支援部隊指揮官 → supporting commander ········· 615
支援兵器 → supporting arms ········· 615
支援ヘリコプター → support helicopter ········· 615
支援妨害 → support jamming（SJ）········· 615
支援砲兵 → supporting artillery ········· 615
シーカー → seeker ········· 560
歯科 【空自】→ Dental Service ········· 202
シーカー・アンテナ → seeker antenna ········· 560
死界
→ dead area ········· 192
→ dead space ········· 192
視界 → angular range of the view ········· 53
歯科医官 → dental corps（DC）········· 202
歯科医官 【空自幹部特技区分】→ Dental Officer ········· 202
市街戦 → street fighting ········· 607
市街地戦闘 → military operations on urban terrain（MOUT）········· 414
施回砲 → swivel gun ········· 620
死角
→ blind spot ········· 106
→ dead angle ········· 192
視角 【海自】→ angle of view ········· 53
時隔調定器 【海自】→ intervalometer ········· 351
仕掛け地雷
→ booby-trap mine ········· 110

日本語索引 **137** しきしそ

→ trap mine ················· 653
仕掛け線 → trip-wire ················· 655
仕掛け爆弾 → booby trap ·············· 110
歯科班 【海自】 → Dental Section ········· 202
士官学校 【陸軍】 → military academy ··· 412
士官居住区 → officer's quarter ·············· 454
士官候補生 → cadet ······················· 121
士官候補生 【陸軍】 → military cadet ···· 412
自艦雑音 → own ship noise················ 469
士官室 → ward room ······················ 680
士官室係 【海自】 → steward ·············· 603
志願者 → applicants ····················· 61
志願者 【自衛隊】 → volunteer ············· 679
志願制度 → voluntary system ············· 679
志願制度 【自衛隊】 → volunteer system·· 679
時間超過機 → overdue aircraft ············· 468
時間長径 【陸自】 → time length（TL）·· 641
自艦ドップラー → own ship Doppler······ 469
自艦ドップラー消去 → own Doppler
　nullification（ODN）····················· 469
自艦ドップラー消去器 → own Doppler
　nullifier（ODN）····························· 469
志願兵
　→ applicants ································· 61
　→ volunteer ································679
志願兵役 → voluntary service ············· 679
志願兵制度 → volunteer system············· 679
次期核兵器所有国 → Nth country········· 448
指揮下部隊
　→ subordinate command·····················611
　→ subordinates································611
　→ subordinate unit··························611
指揮下部隊指揮官 → subordinate
　commander ································· 611
指揮官 → commander················ 153
指揮官 【陸軍・空軍】 → commanding officer
　（CO）····································· 154
指揮官 → director（dir）···················· 213
指揮艦 → miscellaneous command ship ·· 419
指揮官旗 → command flag ················· 154
指揮関係 → command relationship ······· 154
指揮関係協定 → command relationship
　agreements ································· 154
指揮管制所 → command control post ····· 153
指揮管制通信 → command control
　communications································· 153

指揮管制通信対策 【海自】 → command,
　control and communications
　countermeasures（C3CM）················· 153
指揮監督 → command and supervision ··· 153
指揮官の意図 → commander's intent······ 154
指揮官の重要な情報要求 → commander's
　critical information requirements········· 153
指揮官の状況判断 → commander's estimate
　of the situation································· 154
指揮官用通信機能 → communication function
　for commanders································· 157
指揮管理換え → commanded transfer····· 153
指揮官了解 【海自】 → acknowledgement····6
指揮旗 → control flag ··················· 171
指揮機関 → command echelon ············· 153
磁気機雷 → magnetic mine················ 391
磁気機雷掃討 → magnetic minehunting ·· 391
磁気近接信管 → magnetic proximity
　fuze ··· 391
指揮継承順序 → sequence of command ··· 565
指揮系統
　→ chain of command ·····················132
　→ command channel ····················153
次期軽ヘリコプター → Light Helicopter
　Experimental（LHX）····················· 376
指揮警報通話系 → command and warning
　net ··· 153
指揮権
　→ command authority ···················153
　→ right of command····················541
指揮権者 → command authority············ 153
指揮権代行 → alternate command
　authority ································· 47
指揮権の継承 → succession of command·· 611
指揮権の継続性 → continuity of
　command ································· 170
指揮権の行使 → exercise of command ···· 251
指揮権の代行 → command by proxy ······ 153
次期攻撃ヘリコプター 【米陸軍】 → advanced
　attack helicopter································ 14
士気・厚生・レクリエーション・援護部長
　【米空軍】 → Director Morale Welfare
　Recreation and Services ··················· 214
次期支援戦闘機 → Fighter Support
　Experimental（FSX）··················· 263
指揮システム 【空自】 → command
　system ································· 154
次期自走野砲システム 【米陸軍】 → Advanced

し

しきしや 138 日本語索引

Field Artillery System（AFAS）············ 15

磁気遮蔽（じきしゃへい）→ magnetic
shielding··· 391

磁気遮蔽室 → magnetic shielding room ·· 391

磁気遮蔽装置 → magnetic shielding
device ·· 391

次期主力支援戦闘機 → Fighter Support
Experimental（FSX）························· 263

次期主力戦闘機 → Fighter Experimental
（FX）··· 263

指揮所
　→ command center·························· 153
　→ command post（CP）··················· 154
　→ field headquarters······················ 262

指揮上の次級者 【陸自】→ second in
command ·· 558

指揮所運用隊 【空自】→ Missile Operations
Squadron·· 421

指揮所演習 → Command Post Exercise
（CPX）·· 154

指揮所活動 → command post activity ···· 154

指揮所管理 → command post
administration··································· 154

指揮所勤務班 → command center duty team
（CCDT）·· 153

指揮所訓練 → Command Post Exercise
（CPX）·· 154

指揮所合同通信所 → command signal
center ·· 154

指揮所施設機能 → command-post facility
function ·· 154

指揮所予定線 → axis of signal
communication···································· 87

磁気シールド室 → magnetic shielding
room ·· 391

磁気シールド装置 → magnetic shielding
device ·· 391

指揮信号 → command signal ················ 154

次期戦術航空機 【米海軍】→ advanced
tactical aircraft（ATA）····················· 16

次期戦術航空指揮中枢 【米海兵隊】
　→ Advanced Tactical Air Command
Central（ATACC）······························ 16

次期戦術航空偵察システム 【米】→ advanced
tactical air reconnaissance system
（ATARS）·· 16

次期戦略ミサイル・システム → advanced
strategic missile system（ASMS）········· 16

磁気掃海 → magnetic sweep（MGS）····· 391

磁気掃海管制装置 → electrical magnetic mine
sweeping control equipment················ 233

磁気掃海具 → magnetic sweep gear········ 391

磁気掃海ケーブル → magnetic sweep
cable ·· 391

磁気測定所 【海自】→ Degaussing Range
Station··· 200

磁気測定所
　→ degaussing station ····················· 200
　→ magnetic range station················ 391

次期短射程空対空ミサイル → advanced short
range AAM（ASRAAM）····················· 15

磁気探知 → magnetic detection············· 390

磁気探知機 → magnetic anomaly detector
（MAD）··· 390

指揮通信 → command and signal ·········· 152

指揮通信演習 → command and
communication exercise（CCX）··········· 152

指揮通信課 【海自】→ C4I Systems
Division ·· 120

指揮通信課 【自衛隊】→ Command and
Communications Division··················· 152

指揮通信開発隊 【海自開発隊群隷下】→ C4I
Systems Center（CSC）····················· 120

指揮通信システム運用課 【統幕指揮通信シス
テム部】→ C4 Systems Operations
Division ·· 120

指揮通信システム運用班 【統幕指揮通信シス
テム部指揮通信システム運用課】→ C4
Systems Operations Section··············· 120

指揮通信システム企画課 【統幕指揮通信シス
テム部】→ C4 Systems Planning
Division ·· 120

指揮通信システム企画班 【統幕指揮通信シス
テム部指揮通信システム企画課】→ C4
Systems Planning Section·················· 120

指揮通信システム研究室 【防衛装備庁電子装
備研究所】→ C4I Systems Section ····· 120

指揮通信システム調達班 【統幕指揮通信シス
テム部指揮通信システム企画課】→ C4
Systems Procurement Section ············· 120

指揮通信システム部 【統幕】→ C4 Systems
Department（J-6）····························· 120

指揮通信システム保全班 【統幕指揮通信シス
テム部指揮通信システム運用課】→ C4
Systems Security Section··················· 120

指揮通信車 → command communications
vehicle（CCV）··································· 153

指揮通信情報部 【海自】→ C4I

日本語索引　　　　　　　　　139　　　　　　　　　しきめい

Department ······························· 120

指揮通信網 → command net ··············· 154

指揮転移点 【空自】→ release point
(RP) ··· 530

指揮統制 → command and control
(C2) ··· 152

指揮統制機能 → command and control
information system（CCIS）··············· 152

指揮統制コンピューター → command control
computer（CCC）··························· 153

指揮統制支援ターミナル 【海自】→ command
and control terminal（C2T）··············· 152

指揮統制システム 【統幕】→ command and
control system ······························ 152

指揮統制システム・モジュール → command
and control system module（CCSM）··· 152

指揮統制所 → command and control
center ··· 152

指揮統制戦 → command and control warfare
(C2W) ··· 152

指揮・統制・通信 → command, control and
communications（C3）····················· 153

指揮、統制、通信及びコンピューター・システ
ム → command, control, communications
and computers system（C4 system）···· 153

指揮、統制、通信及び情報 → command,
control, communications and intelligence
(C3I) ··· 153

指揮、統制、通信、コンピューター及び情報
→ command, control, communications,
computers and intelligence（C4I）······· 153

指揮、統制、通信、コンピューター、情報及び
相互運用性 → command, control,
communications, computers, intelligence
and interoperability（C4I2）··············· 153

指揮、統制、通信、コンピューター、情報、監
視及び偵察 → command, control,
communications, computers, intelligence,
surveillance and reconnaissance
(C4ISR) ······································· 153

指揮統制通信システム → command, control
and communications system（C3S）····· 153

指揮統制通信対策 → command, control and
communications countermeasures
(C3CM) ······································· 153

指揮等メッセージ → command, control and
management message（CCM）············· 153

指揮の継続性 → continuity of command·· 170

士気の高揚

→ enhancement of the moral·············245
→ exaltation of the morale ···············249

指揮の手順 → command procedure········ 154

指揮の統一 → unity of command··········· 667

指揮幕僚演習 → command and staff
exercise ······································· 152

指揮幕僚演習 【海自】→ command and staff
study（CSY）································· 153

指揮幕僚課程 【空自・海自】→ Command
and Staff Course（CSC）·················· 152

指揮幕僚研究 【海軍】→ command and staff
study（CSY）································· 153

指揮幕僚大学 【米】→ Command and
General Staff College······················ 152

指揮幕僚特技職 【自衛隊】→ command and
director specialty ··························· 152

指揮班 → command section················· 154

指揮盤 → director（dir）··················· 213

識別 → identification（ID）··············· 325

識別安全距離 → identification safety
range ·· 326

識別係幹部 → identification officer
(IDO) ·· 326

識別技術員 → identification technician
(IDT) ·· 326

識別区分変更 → reclassification··········· 522

識別行動 → identification maneuver······· 326

識別コード → identification code（ID）·· 326

識別処理機能 → identification function
(IF) ·· 326

識別資料表 → identification list（IL）····· 326

識別信号 【空自】→ identification signal·· 326

識別接敵 → identification pass（ID
pass）··· 326

識別旋回 【空自】→ identification turn（ID
turn）··· 326

識別点 → identification point（IP）······· 326

識別認証 → identification and
authentication ······························ 326

識別票 → identification plate·············· 326

識別表示 → identification marking········· 326

識別符号 【陸自】→ identification signal·· 326

識別保留航跡 → pending track············· 477

識別モード → ID mode····················· 326

指揮命令の基本 【自衛隊】→ basic principles
for issuing commands and orders··········· 96

指揮命令の統合調整 → integrated

coordination for command ·············· 341

次期野戦砲兵戦術データ・システム　【米陸軍】
→ Advanced Field Artillery Tactical Data
System（AFATDS）···························· 15

至急
　→ priority ·································500
　→ priority message···························500

至急実施TCTO　→ urgent action
TCTO ···················· 669

次期有人戦略航空機　【空自】→ advanced
manned strategic aircraft（AMSA）······· 15

至急請求　→ urgent requisition ·············· 669

持久戦　→ delaying engagement ············ 201

持久戦　【空自】→ delaying operation ···· 201

持久戦
　→ endurance engagement ·················242
　→ endurance war ·····················242
　→ protracted war···················505
　→ sustained combat operations ··········619

持久戦争　【海自】→ protracted war ····· 505

指揮用無線機　→ command radio set······· 154

事業用操縦士　→ Commercial Pilot License
（CPL）·································· 155

至近距離射撃　→ short range fire············ 572

シーキング　【米海軍】→ Sea King ····· 554

自緊砲身　→ autofrettaged tube ············ 80

資金前渡し　→ advance fund payment ····· 16

資金前渡官吏（しきんまえわたしかん
り）→ advance fund payment officer ··· 16

軸艦　→ pivot ship································ 485

シグネチャ　→ signature ······················ 575

軸方向荷重　【海自】→ axial load ······· 87

シー・クラッター　【空自】→ sea clutter·· 554

シクロトリメチレントリニトラミン
　→ cyclotrimethylenetri-nitramine········· 188

シクロトール　→ cyclotol ···················· 188

シクロナイト　→ cyclonite ···················· 188

自警団員　→ vigilante ··························· 677

時系列部隊展開データ　→ time-phased force
and deployment data（TPFDD）········· 641

時系列部隊展開リスト　→ time-phased force
and deployment list（TPFDL）········· 641

時系列輸送所要リスト　→ time-phased
transportation requirement list
（TPTRL）···························· 641

試験火管　→ test primer ···················· 636

試験艦　→ auxiliary ship experiment········· 85

試験艦　【海自】→ experimental ship ····· 252

試験管制官　→ test control officer············ 636

試験業務室　【海自幹部学校】→ Admissions
Office ······················ 14

試験射撃　→ test fire ···························· 636

時限射撃　→ time fire ···························· 641

試験所　【海自】→ Test and Measurement
Station ···························· 636

時限信管　→ time fuze（TF）············ 641

試験船　→ test ship ···························· 637

試験潜航　→ test dive ···························· 636

試験弾
　→ proof ammunition ·····················503
　→ test ammunition·····················636

時限遅動機構；時限遅動装置　→ arming delay
device ·································· 66

時限爆弾　→ time bomb·························· 640

試験発射　→ test fire ···························· 636

試験飛行　→ test flight（TF）·············· 636

指向可能兵力　→ available forces ·········· 85

試航艦　→ guinea pig ·························· 305

指向性アンテナ　→ directional antenna ··· 212

指向性位置標識　→ directional marker····· 213

指向性エネルギー　→ directed energy······ 212

指向性エネルギー兵器
　→ directed energy weapon（DEW）······212
　→ direct-energy weapon ····················212

指向性曲線　【海自】→ beam pattern ····· 100

指向性周波数分析記録　→ directional
frequency analysis and recording
（DIFAR）······························ 212

指向性信号灯　→ directional light ·········· 213

指向性ソノブイ　→ directional sonobuoy·· 213

指向性爆薬
　→ hollow charge ·····················319
　→ shaped charge·····················568

指向性パターン　→ directional pattern ··· 213

指向性発光信号灯　→ directional flashing
light ······························ 212

指向性ホーミング　→ directional homing·· 213

視高度　→ apparent altitude··················· 61

指向幅　→ beam width ··························· 100

事故概況　→ accident summary··················5

事故可能性ゾーン　【米】；事故危険区域　【米】
→ Accident Potential Zone（APZ）·········5

自国民保護　→ protection of nationals····· 504

事故傾向 → accident proneness ……………5

自己診断機能 → built-in test（BIT）…… 117

自己鍛造弾（じこたんぞうだん）
　→ self-forging fragment（SFF）…………562
　→ self-forging projectile（SEFOP）……562

事故調査隊 → accident investigation unit…5

事故調査部門 → accident investigation
　department ………………………………5

事故調査報告書 → accident investigation
　report ……………………………………5

自己同期レーダー装置 → self-synchronous
　radar system ……………………………562

じ後の情報部隊等行動計画 → action plan of
　forces for intelligence …………………8

自己不活性化 → self-deactivation
　（SDA）…………………………………561

シーコブラ 【米海兵隊】 → Sea Cobra … 554

自己防御深度 → self-protection depth …562

自己防御用妨害 → self protection jamming
　（SPJ）…………………………………562

事故報告
　→ accident report ………………………5
　→ incident report（INCREP）…………330

事故報告書 → accident report ……………5

事故防止計画 → accident prevention
　program …………………………………5

自己無力化 → self-neutralization（SN）…562

シー・コントロール → sea control………554

視差 → azimuth difference…………………87

資材施設係幹部 【自衛隊】 → property
　officer …………………………………504

資材施設係将校 → property officer………504

資材所要 【統幕】 → materiel
　requirements …………………………403

資材統制
　→ material control ……………………402
　→ materiel control ……………………402

資材統制機関 【米】 → national inventory
　control point（NICP）…………………434

資材統制係 → materiel control section…402

資材統制所 → inventory control point …351

資材の準備状態 → material readiness……402

資材パイプライン → materiel pipeline…403

資材班 【海自】
　→ Material Control Section ……………402
　→ Material Section………………………402

資材表 → bill of materials（BOM）………103

資材部 【在日米陸軍】 → Material
　Division ………………………………402

資材見積り表 【空自】 → material
　requirement list（MRL）………………402

支作戦 【陸自】 → subordinate action …611

試作の航空機 【空自】 → experimental
　（X）……………………………………252

視差修正 → parallax correction…………471

指示管制器 → sonar indicator control…584

視軸 → axis of sighting……………………87

耳軸（じじく）【海自】 → trunnion ………656

耳軸傾斜（じじくけいしゃ）→ trunnion
　tilt ……………………………………656

指示幕僚 → directing staff………………212

指示方向角 → designated target
　bearing ………………………………207

試射
　→ ladder fire …………………………365
　→ registration fire……………………528
　→ test launch…………………………636
　→ trial fire……………………………654

試射点 → registration point ……………528

自主派遣 → discretionary dispatch………217

自主防衛 → autonomous national
　defense …………………………………84

視準；視準規正 → collimation …………147

支処 【陸自】 → Branch Depot ………113

支処 【空自】 → Sub Depot …………609

支所 → branch ……………………………113

旋条（しじょう）【海自】 → rifling …541

施条銃腔（しじょうじゅうこう）→ rifled
　bore……………………………………541

死傷病者 → casualty ……………………127

施条砲 → rifled bore gun ………………541

施条砲腔（しじょうほうこう）→ rifled
　bore……………………………………541

死傷率 → casualty rate……………………127

支処等受け払い記録 → detachment
　transaction record（Det Trn）…………208

支処等現況綴り → detachment status file
　（Det/S）………………………………208

磁針型機雷
　→ magnetic dip-needle mine …………390
　→ needle mine…………………………440

磁針型磁気発火装置 → magnetic dip-needle
　firing mechanism ……………………390

磁針方向 → compass direction …………160

地震防災派遣

→ earthquake disaster relief dispatch ···· 230
→ earthquake disaster relief operations ················· 230
視針路 → apparent course ················· 61
視水平線 【海自】 → apparent horizon ····· 61
システム運用調整官 【海自】 → combat system coordinator（CSC）··············· 150
システム監査隊 【空自】
→ Computers Security Evaluation Squadron ································· 164
→ System Security Unit ····················· 622
システム管理群 【空自】 → Communications and Systems Management Group ········ 157
システム研究部 【防衛装備庁】 → Systems Division ································· 622
システム工学群 【防大】 → School of Systems Engineering ································· 552
システム航跡 → system track ·············· 622
システム航跡番号 → system track number ································· 622
システム座標原点 → system coordination center（SCC）································· 621
システム・セキュリティ・エンジニアリング → system security engineering（SSE）·· 622
システム・セキュリティ・エンジニアリング能力成熟度モデル → System Security Engineering-Capability Maturity Model（SSE-CMM）································· 622
システム・セキュリティ合意文書 → system security authorization agreement（SSAA）································· 622
システム通信隊 【海自】 → Communications Station ································· 159
システム通信隊群 【海自】 → Communications Command ············ 158
システム通信団 【陸自】 → Cyber Communication Computers Command Control Command（C5 Command）···· 187
システム通信分遣隊 【海自】 → Communications Center ············ 158
システム統制班 【空自】 → System Control Office（SCO）································· 621
システム防護隊 【陸自】 → System Protection Unit ································· 622
シーズ・テル → cease tell ················· 129
シースパロー 【米海軍】 → Sea Sparrow·· 556
姿勢角 → hull angle ················· 322
司政官 → military governor ················· 413
姿勢検出器 → attitude heading and

navigation system ················· 79
姿勢/高度保持システム → attitude/altitude retention system（AARS）················· 79
姿勢指示器 → attitude indicator ············ 79
姿勢ジャイロ → attitude gyro················· 79
姿勢指令指示器 → attitude director indicator（ADI）································· 79
磁性物品管理 → control of magnetic materials ································· 172
姿勢方位基準装置
→ attitude and azimuth reference system（AARS）································· 79
→ attitude heading reference system（AHRS）································· 79
姿勢方向指示器 → attitude direction indicator（ADI）································· 79
次席衛生官 【空自】 → Deputy Surgeon General ································· 206
次席指揮官 【海自】 → second in command ································· 558
次席指導教官 【防大】 → Senior Guidance Officer································· 564
次席船団長 → vice commodore of convoy ································· 676
施設維持管理機能 → facility maintenance administration function ················· 256
施設科 【陸自】 → corps of engineers（CE）································· 177
施設科 【自衛隊】 → Engineers（E）······ 244
施設課 【空自】 → Civil Engineering Division ································· 138
施設課 【空自航空総隊装備部】 → Civil Engineering Section ················· 138
施設課 【陸自】 → Engineer Division（Engr Div）································· 243
施設課 【防衛省・海自】 → Facilities Division ································· 256
施設課長 → chief engineer ················· 135
施設学校 【陸自】 → Engineer School····· 244
施設科部隊 【陸自】 → engineer unit······ 244
施設監 【防衛省】 → Director General for Facilities and Installations················· 214
施設幹部 【空自幹部特技区分】 → Civil Engineering Officer ················· 138
施設管理課 【内部部局】 → Facilities Administration Division················· 256
施設企画課 【防衛省施設部】 → Facilities Planning Division ················· 256
施設器材 → engineering equipment········ 244

日本語索引　　　　　　　　143　　　　　　　　しせんへ

施設器材小隊 【自衛隊南スーダン派遣施設隊隷下】 → Engineering Equipment Platoon ················· 244

施設器材隊 【陸自】 → Engineer Equipment Unit ················· 243

施設器材班 【陸自】 → Engineer Equipment Section ················· 243

施設基準班 【空自】 → Facilities Standardization Section ·············· 256

施設群 【陸自】 → Engineer Group (EG) ················· 243

施設計画課 【内部部局】 → Facilities Policy, Planning and Programming Division ···· 256

施設建設支援地域 → engineer construction support zone ················· 243

施設支援 → civil engineering support ····· 138

施設支援計画 → civil engineering support plan (CESP) ················· 138

施設支援計画作成支援ソフト → civil engineering support plan generator (CESPG) ················· 138

施設取得課 【防衛省施設部】 → Facilities Acquisition Division ················· 256

施設状況図 【自衛隊】 → engineer operation situation map ················· 244

施設小隊 【自衛隊南スーダン派遣施設隊隷下】 → Engineering Platoon ················· 244

施設情報図 【自衛隊】 → engineer intelligence situation map ················· 244

施設司令官 → installation commander ··· 340

施設整備官 【内部部局】 → Director, Facilities Policy, Planning and Programming Division ················· 214

施設戦闘支援 → engineer combat support ················· 243

施設戦闘支援地域 → engineer combat support zone ················· 243

施設総監 【米空軍】 → Chief of Civil Engineer ················· 135

施設隊 【空自】 → Civil Engineering Squadron ················· 138

施設隊 【自衛隊南スーダン派遣施設隊隷下】 → Engineer Unit ················· 244

施設対策課 【防衛省施設部】 → Facilities Counter-Measures Division ················· 256

施設大隊 【陸自】 → Engineer Battalion·· 243

施設団 【陸自】 → Engineer Brigade ······ 243

施設中隊 【陸自】 → Engineer Company·· 243

敷設長 【海自】
→ cable laying officer ················· 121
→ mine laying officer ················· 417

施設通行指導所 【陸自】 → engineer transport post (ETP) ················· 244

施設偵察 【陸自】 → engineer reconnaissance ················· 244

施設等所在市町村調整交付金 【日】 → US Facility Environs Improvement Adjustment Grants ················· 670

施設特別委員会 【空自】 → facilities subcommittee (FSC) ················· 256

施設幕僚 【空自幹部特技区分】 → Civil Engineering Staff Officer ················· 138

施設部 【防衛省】 → Facilities Department ················· 256

施設保全 → installation security ············· 340

事前集積 【統幕・陸自・空自】 → pre-position ················· 495

事前集積所要 → pre-positioned requirements ················· 496

事前集積船 → pre-positioning ship (PREPO) ················· 496

事前集積戦時備蓄所要 → pre-positioned war reserve requirements (PWRR) ··········· 496

事前集積戦時備蓄保有；事前集積戦時備蓄保有品 → pre-positioned war reserve stock (PWRS) ················· 496

事前集積目標 → pre-position objective ··· 496

自然循環式原子炉 【米海軍】 → natural circulation reactor (NCR) ················· 436

事前情報 → advance information ············· 16

自然消耗 【海自】 → fair wear and tear (FWT) ················· 257

自然消耗補給品 → deteriorating supplies ················· 208

自然着火点 → combustion point ··· 152

事前展開段階 → advanced deployability posture (AD) ················· 14

事前配置 → pre-position ················· 495

事前配置戦時予備ストック → pre-positioned war reserve stock (PWRS) ················· 496

自然発火 → autogenous ignition ················· 80

始線部（しせんぶ） → commencement of rifling ················· 155

事前兵力配分計画 → pre-apportionment plan ················· 493

事前変更通報 【米軍】 → advance change

しせんほ   144   日本語索引

notice（ACN）‥‥‥‥‥‥‥‥‥‥‥‥ 14

施線砲 → rifled bore gun ‥‥‥‥‥‥‥ 541

自然放射能 → background radiation ‥‥‥‥ 88

事前輸送 → advance shipment ‥‥‥‥‥ 16

自走加農砲 → self-propelled gun
（SPG）‥‥‥‥‥‥‥‥‥‥‥‥‥‥‥ 562

自走機雷
→ mobile mine ‥‥‥‥‥‥‥‥‥‥422
→ propelled mine‥‥‥‥‥‥‥‥‥503

自走高射機関砲 【陸自】 → self-propelled
antiaircraft gun（SPAAG）‥‥‥‥‥ 562

自走式デコイ → mobile decoy（MOD）‥ 422

思想戦争 → ideological war ‥‥‥‥‥‥ 326

自走装甲戦闘車 → self-propelled armored
combat vehicle ‥‥‥‥‥‥‥‥‥‥ 562

自走対戦車砲 → self-propelled anti-tank gun
（SPATG）‥‥‥‥‥‥‥‥‥‥‥‥ 562

自走迫撃砲 → self-propelled mortar
（SPM）‥‥‥‥‥‥‥‥‥‥‥‥‥ 562

自走発射
→ run-out firing‥‥‥‥‥‥‥‥‥547
→ swim out ‥‥‥‥‥‥‥‥‥‥‥620

自走砲 → self-propelled artillery
（SPA）‥‥‥‥‥‥‥‥‥‥‥‥‥ 562

自走榴弾砲 → self-propelled howitzer
（SPH）‥‥‥‥‥‥‥‥‥‥‥‥‥ 562

紙塞（しそく）→ paper disk ‥‥‥‥‥‥ 471

持続射撃 → sustained fire ‥‥‥‥‥‥ 619

持続潜航速力 → sustained submerged
speed ‥‥‥‥‥‥‥‥‥‥‥‥‥‥ 619

持続発射速度 → sustained rate of fire ‥ 619

支隊
→ branch‥‥‥‥‥‥‥‥‥‥‥‥113
→ task force（TF）‥‥‥‥‥‥‥‥630

枝隊 → detached force ‥‥‥‥‥‥‥‥ 207

自隊警備
→ station guard‥‥‥‥‥‥‥‥‥600
→ station policing‥‥‥‥‥‥‥‥600

事態対処研究室 【空自】 → Defense
Operations Research Office‥‥‥‥‥ 197

事態対処調整官 【統幕運用部運用第1課】
→ Deputy Director, 1st Operations
Division（Defense Operations）‥‥‥‥ 206

子弾 → submunitions ‥‥‥‥‥‥‥‥ 610

師団 【陸軍】 → division ‥‥‥‥‥‥‥ 221

師団 【自衛隊】 → Division（D）‥‥‥‥ 221

師団海岸設定隊 → division beach party‥ 221

師団群特科隊射撃指揮所 【自衛隊】 → corps

artillery fire direction center ‥‥‥‥‥ 177

師団支援部隊 → division support
command ‥‥‥‥‥‥‥‥‥‥‥‥ 221

師団司令部 → division headquarters
（DHQ）‥‥‥‥‥‥‥‥‥‥‥‥ 221

磁探信号処理装置 → submarine anomaly
detector（SAD）‥‥‥‥‥‥‥‥‥ 609

師団段列 → division train ‥‥‥‥‥‥ 221

師団長 → Division Commanding General
（DCG）‥‥‥‥‥‥‥‥‥‥‥‥ 221

師団直轄部隊 → division troops ‥‥‥‥ 221

師団等の各部隊 → divisional units‥‥‥ 221

師団特科連隊 【陸自】 → Division Artillery
Regiment‥‥‥‥‥‥‥‥‥‥‥‥ 221

師団配属砲兵旅団 → divisional artillery
brigade ‥‥‥‥‥‥‥‥‥‥‥‥ 221

師団陸岸設定隊 → division shore party‥ 221

実演 → demonstration ‥‥‥‥‥‥‥‥ 202

実演方式 → demonstration method‥‥‥ 202

実距離 【海自】 → actual range‥‥‥‥ 10

実験フリゲート艦 → frigate research
ship ‥‥‥‥‥‥‥‥‥‥‥‥‥‥ 286

実験用機雷 → test mine‥‥‥‥‥‥‥ 636

執行グループ → Implementation Group
（IG）‥‥‥‥‥‥‥‥‥‥‥‥‥ 329

実行計画の立案 → execution planning‥‥ 250

実行指揮官 → executing commander
（nuclear weapon）‥‥‥‥‥‥‥‥ 250

実航跡 → actual path‥‥‥‥‥‥‥‥ 10

実航跡 【海自】 → ground track ‥‥‥‥ 302

実効帯域幅 → equivalent band width ‥‥ 247

実質的境界線 → de facto boundary‥‥‥ 195

実射距離 → actual range（AR）‥‥‥‥ 10

実習員 → trainee ‥‥‥‥‥‥‥‥‥‥ 648

実習初級幹部 【海自】 → newly ensign‥ 442

実習生 → apprentice（app）‥‥‥‥‥‥ 62

実習用機雷 【海自】 → practice mine ‥‥ 493

実勢力 → actual strength‥‥‥‥‥‥‥ 10

実ゼロ地点 → actual ground zero
（AGZ）‥‥‥‥‥‥‥‥‥‥‥‥ 10

実装魚雷 → warshot torpedo ‥‥‥‥‥ 681

実測位置 【海自】 → fixed position ‥‥‥ 269

失速警報 → buffeting warning ‥‥‥‥ 116

失速接近操作 → approaching stall
maneuver ‥‥‥‥‥‥‥‥‥‥‥‥ 62

失探（しったん）→ lost contact ‥‥‥‥ 386

日本語索引　145　しとうき

実弾
　→ live ammunition ……………………380
　→ live cartridge ……………………380
　→ live shell ……………………………380
　→ loaded shell ………………………380
　→ service ammunition ………………566

実弾射撃
　→ hot gunnery ………………………321
　→ live fire ……………………………380
　→ live firing …………………………380
　→ live shooting ………………………380
　→ target practice with live shells ……630

失探捜索　→ lost contact search …………386

実動演習；実動訓練　→ field training exercise
　（FTX）…………………………………262

実動航空機数　→ active aircraft inventory ……8

実動人員
　→ effective strength …………………233
　→ operating strength …………………459
　→ strength for duty …………………607

実任務　【海自】→ active duty ……………9

疾病管理センター　【米】→ Centers for
　Disease Control and Prevention
　（CDC）………………………………130

実兵力　→ actual strength …………………10

質問応答器　→ interrogator-responder ……350

質問応答周期　→ interrogation reply
　cycle ……………………………………350

質問応答方式　→ interrogation reply
　system …………………………………350

質問機　→ interrogator（INTRG）…………350

質問コード　→ interrogation coding ………350

質問周波数　→ interrogation frequency ……350

質問パルス間隔　→ interrogation pulse
　spacing …………………………………350

質問ビーコン　→ transponder beacon ……651

質問リンク　→ interrogation link …………350

実用魚雷　→ live torpedo …………………380

実用機雷　【海自】→ service mine …………566

実用哨戒時間　→ prudent limit of patrol ……505

実用頭部　→ warhead（whd）………………680

実用発射速度　→ practical rate of fire ……493

実用ミサイル　→ operational missile ………460

実用ミサイル発射機　→ operational missile
　launcher ………………………………460

実力行使　→ force employment ……………279

自停機構　→ torpedo stop mechanism ……644

指定航空機　→ assigned aircraft ……………74

指定高度　→ assigned altitude ………………74

指定航路航行船舶　→ dan runner …………190

指定射撃
　→ discrete fire ………………………217
　→ weapons discrete …………………685

指定積載空港　→ aerial port of embarkation
　（APOE）………………………………17

指定責任機関　【米】→ assigned responsible
　agency（ARA）………………………74

指定到着空港　→ aerial port of debarkation
　（APOD）………………………………17

指定特技　→ designated specialty …………206

指定破壊目標　【陸自】→ reserved demolition
　target …………………………………535

指定品名　→ Approved Item Name
　（AIN）…………………………………63

視程目標図　→ chart of visibility mark ……134

自動安定装置　→ automatic stabilization
　equipment（ASE）……………………83

自動イニシエーション禁止ゾーン
　→ auto-initiation inhibit zone（AII
　zone）…………………………………81
　→ automatic initiation inhibit zone（AII
　ZONE）………………………………82

指導演習　【海自】→ directed exercise ……212

自動開傘式落下傘　→ automatic opening
　parachute ………………………………83

自動解除日付　【米】→ automatic release date
　（ARD）…………………………………83

自動火器
　→ automatic gun ……………………82
　→ automatic weapon（AW）…………84

自動化後方支援管理システム局　【米】
　→ Automated Logistics Management
　System Agency（ALMSA）…………81

自動化指揮統制情報システム　→ automated
　command and control information system
　（ACCIS）………………………………81

自動艦位保持装置　→ dynamic positioning
　system（DPS）………………………229

自動管制　→ automatic control ……………81

自動管制器　→ automatic controller ………81

自動管理換え　→ automatically transfer ……81

自動給弾装置
　→ automatic feeding device（AFD）……82
　→ automatic feed mechanism …………82

指導教官　【防大】→ Guidance Officer ……304

しとうけ　146　日本語索引

自動警戒管制システム　【空自】→ Japan Aerospace Defense Ground Environment (JADGE) ················· 354

自動警戒管制システム運用支援プログラム → Japan Aerospace Defense Ground Environment（SCP）··················· 354

自動警戒管制システムソフトウェア評価装置 → JADGE Software Evaluation System ·················· 354

自動警戒管制組織　【自衛隊】→ Base Air Defense Ground Environment (BADGE) ································ 93

自動計器着陸装置 → automatic instrument landing system（AILS）····················· 83

自動計算ディスプレイ支援潜水艦制御システム 【米海軍】→ automatic aided display submarine control system（ADSCS）····· 81

自動航空管制 → automatic air traffic control （AATC）······························· 81

自動航跡イニシエーション → auto-initiation ·············· 80

自動航跡追尾　【海自】→ automatic tracking ························· 83

自動高度応答装置 → automatic altitude reporting device················· 81

自動航法中継局 → automatic navigation relay station（ANRS）···················· 83

自動在庫管制及び情報処理システム → automated inventory control and information processing system ·············· 81

自動式拳銃
→ autoloading pistol··········· 81
→ automatic pistol ············· 83
→ self-loading pistol ·········562

自動式小火器 → automatic firearm ········· 82

自動識別 → auto ID ···················· 80

自動識別技術 → automated identification technology（AIT）···················· 81

自動識別圏 → auto ID zone··············· 80

自動車化狙撃師団 → motorized rifle division （MRD）····················· 426

自動車化狙撃連隊 → mechanized-rifle regiment ··············· 406

自動車化部隊 → motorized unit ·········· 426

自動射撃統制装置 → automatic fire control system ···················· 82

自動車行進 → motor march··············· 426

自動車縦隊　【陸軍】→ convoy ············· 174

自動車縦隊 → motor convoy··············· 426

自動車搭載点 → entrucking point ·········· 245

自動車爆弾
→ car bomb ···················124
→ vehicle bomb ···············673

自動小銃 → automatic rifle·················· 83

自動小銃手 → automatic rifleman············· 83

自動諸元伝送装置　【空自】→ automatic data link（ADL）···················· 81

自動深度制御装置；自動深度保持装置
→ automatic depth controller（ADC）··· 82
→ automatic depth control system ······· 82

自動進入装置 → automatic approach equipment ···················· 81

自動進入着陸 → automatic approach and landing ···················· 81

自動針路保持装置 → automatic course keeping controller（ACK）··········· 81

自動精測進入用レーダー → automatic precision approach radar····················· 83

自動捜索妨害装置 → automatic search jammer ···················· 83

自動装填 → self-chambering ············ 561

自動装填装置（じどうそうてんそうち）→ automatic loading system ······· 83

自動測距 → automatic ranging·············· 83

自動ターミナル情報放送業務　【空自】 → automatic terminal information service （ATIS）·························· 83

自動地形追随 → automatic terrain following ···················· 83

自動地図表示装置 → automatic map display （AMD）······················ 83

自動地対空通信システム → automatic ground-to-air communications system ····· 82

自動着陸装置 → automatic landing system （ALS）························ 83

自動着艦システム → automatic carrier landing system（ACLS）··············· 81

自動追尾 → homing ·························· 319

自動追尾妨害 → lock-on jamming········· 382

自動ディジタル通信網　【米】→ Automatic Digital Network（AUTODIN）·············· 82

自動擲弾銃
→ automatic grenade gun················· 82
→ automatic grenade launcher············· 82
→ grenade machine gun ·················299

自動点火
→ auto-ignition ················ 80

→ automatic firing ················ 82
自動電話網 → automatic voice network
　（AUTOVON）······················· 83
自動発射速度 → cyclic rate············· 188
自動発射速度調整装置 → cyclic rate
　mechanism································ 188
自動発射電鍵 → automatic firing key ······· 82
自動秘匿電話通信網 → Automatic Secure
　Voice Communications Network
　（AUTOSEVCOM）···················· 83
自動補給請求及び情報処理システム
　→ automated supply requisition and
　information processing system ········· 81
自動目標識別 → automatic target recognition
　（ATR）································· 83
自動誘導装置 → automatic guidance
　system ································· 82
自動離陸推力制御 → automatic take-off
　thrust control（ATTC）················ 83
刺突起爆筒（しとつきばくとう）→ stab
　detonator······························ 594
刺突雷管 → stab primer················ 595
シーナイト 【米海兵隊】→ Sea Knight ·· 554
シナリオ作成補助装置 → scenario generation
　support system（SGSS）··············· 552
シナリオ・データ編集プログラム → Scenario
　Data Editing Program（SDEP）········ 551
ジニー → Genie······················· 295
視認 → target recognition（TR）········ 630
自燃性推進薬（じねんせいすいしんや
　く）→ hypergolic propellant ··········· 324
死の灰 → death sand·················· 192
自爆 → self-destruction（SD）·········· 562
自爆信管 → self-destroying fuze········ 562
自爆装置 → self-destroying equipment···· 562
自爆テロ → suicide terrorism attack···· 612
自爆テロ犯 → suicide bomber·········· 612
自発的訓練部隊 → voluntary training
　unit ··································· 679
シビリアン・コントロール → civilian
　control································ 139
ジブチ現地調整所 【海自】→ Djibouti Local
　Coordination Center················· 221
シプロフロキサシン → Ciprofloxacin ···· 137
死亡通知 → death notice··············· 192
四方点 【海自】→ cardinal points········ 125
死没者処理 → death treatment········· 192

シム戦闘機操作員 → pilot flight simulator
　（PFS）································ 483
「指命！」（しめい）→ At My
　Command！···························· 77
使命 → mission（msn）················ 421
死滅機雷 → dead mine ················ 192
自滅スイッチ → sterilization switch······ 603
自滅装置 【海自】→ sterilizer············· 603
自滅装置 → sterilizing device（SD）······ 603
地面効果外ホバリング → hovering out of
　ground effect（hovering OGE）········· 322
地面効果機 → ground effect machine
　（GEM）······························· 300
地面効果内ホバリング → hovering in ground
　effect（hovering IGE）················· 322
下北試験場 【防衛装備庁】→ Shimokita Test
　Center ································ 569
ジャイロ安定機 → gyrostabilizer·········· 307
ジャイロ安定係数 → gyroscopic stability
　factor ································· 306
ジャイロ回転子 → gyro rotor············· 306
ジャイロ荷重試験 → gyroscopic load
　test ··································· 306
ジャイロ起動解脱装置 → gyro spinning and
　unlocking mechanism·················· 307
ジャイロ・ケース → gyro case············ 306
ジャイロ懸吊装置（ジャイロけんちょうそう
　ち）→ gyro gear suspension············ 306
ジャイロ航走 → gyro run··············· 306
ジャイロ・コンパス → gyro compass
　（GC）································· 306
ジャイロ・コンパス・レピーター → gyro
　compass repeater····················· 306
ジャイロ作動止め → gyro caging knob···· 306
ジャイロ算定式照準器 → gyro computing
　sight ································· 306
ジャイロ磁気コンパス → gyro magnetic
　compass······························· 306
ジャイロ軸 → gyro wheel spindle········ 307
ジャイロ指針 → gyro pointer············ 306
ジャイロ周波数 → gyro frequency········ 306
ジャイロ垂直指示器 → gyro roll
　indicator ······························ 306
ジャイロ・スコープ → gyro scope········ 306
ジャイロ・スコープ・ユニット → gyroscope
　unit ·································· 306
ジャイロ制動器 → gyro damper·········· 306

日本語	ページ
ジャイロ旋回計 → gyro turn indicator	307
ジャイロ調和器 → gyro reducer	306
ジャイロ点検窓 → gyro inspection window	306
ジャイロ・フラックス・ゲート → gyro flux gate	306
ジャイロ方位角 → azimuth of gyro (AG)	88
ジャイロ・ホライズン → gyro horizon	306
ジャイロ目盛 → gyro scale	306
ジャイロ・モーメント → gyroscopic moment	306
ジャイロ抑止装置 → gyro caging device	306
遮掩行動 → screening operation	553
遮掩部隊 【陸自】 → screening force	553
遮音材 → acoustical insulator	7
卸下（しゃか）	
→ off load	455
→ off loading	455
射界	
→ field of fire	262
→ fields of fire	262
社会連携推進室 【防大総務部】 → Social Cooperation Division	582
視野角（しやかく）	
→ angle of field	53
→ angle of view	53
→ angle of visibility	53
射角	
→ firing elevation	267
→ quadrant elevation	508
射角指示器 → elevation indicator	238
射角増幅器 → elevation amplifier	238
しゃがみ射ち → squatting position	594
ジャカルタ国際防衛ダイアログ 【日】 → Jakarta International Defence Dialogue (JIDD)	354
射管員 【海自】 → fire control man (FC)	265
射距離	
→ firing range	268
→ range (rng)	517
射距離延伸迎撃体 → extended range interceptor (ERINT)	254
射距離公算誤差 → range probable error	518
射距離偏差	
→ longitudinal deviation	384
→ range deviation	517

日本語	ページ
射撃限界 → limit of fire	377
若年定年退職者給付金 【自衛隊】 → retirement allowance for SDF personnel under early-age retirement system	538
弱綿薬（じゃくめんやく）→ collodion cotton	147
射撃 → shooting	571
射撃合図器 → howler	322
射撃位置 → firing point	268
射撃員 【海自】 → gunner's mate (GM)	305
射撃開始 → open fire	458
射撃艦修正射撃 【海自】 → ship will adjust	570
射撃管制器具 【空自】 → fire control instrument	265
射撃管制器材 → fire control equipment	265
射撃管制コンソール員 → tactical control assistant (TCA)	624
射撃管制装置 → engagement control station (ECS)	243
射撃管制装置 【海自】 → gunfire control system (GFCS)	305
射撃管制班 【海自】 → fire control spotting team	265
射撃観測機 → fire control plane	265
射撃観測班 【海自】 → fire control spotting team	265
射撃規律 → fire discipline	266
射撃禁止 【空自】 → hold fire	318
射撃禁止区域 【空自】 → airspace coordination area (ACA)	39
射撃禁止空域 【陸自】 → airspace coordination area (ACA)	39
射撃禁止線	
→ artillery control line	71
→ no fire line (NFL)	443
射撃禁止地域 【陸自】 → no fire area (NFA)	443
射撃禁止領域 → no firing zone	443
射撃区域 → sector of fire	559
射撃空域 → aerial range	17
射撃区分 【空自】 → weapons control status	685
射撃計画 → fire plan	266
射撃決定 → launch decision	369
射撃壕 → fire bay	265
射撃控置（しゃげきこうち）【空自】 → cease

日本語索引　　　　　　149　　　　　　しやけき

fire（CSF）································· 129

射撃控置（しゃげきこうち）【統幕】
　→ weapons hold（W/H）················· 685

射撃控置解除（しゃげきこうちかい
　じょ）→ free to fire························ 284

射撃号令 → fire command···················· 265

射撃指揮 【海自】→ fire control············ 265

射撃指揮 → fire direction ···················· 266

射撃指揮官 【海自】→ anti-air warfare officer
　（AAWO）······································· 56

射撃指揮官 → direct control officer········ 212

射撃指揮器具 【海自】→ fire control
　instrument································ 265

射撃指揮器材 → fire control equipment ·· 265

射撃指揮所 → fire direction center
　（FDC）······································· 266

射撃指揮装置 【海自】→ fire control system
　（FCS）··· 265

射撃指揮装置 → gunfire control system
　（GFCS）······································· 305

射撃指揮通信網 → fire direction net······· 266

射撃指揮レーダー 【海自】→ fire control
　radar（FCR）································· 265

射撃姿勢 → firing position ·················· 268

射撃修正表 → adjustment chart ············· 12

射撃自由地域 【陸自】→ free fire area
　（FFA）··· 284

射撃終了 → end of fire························ 242

射撃術 → marksmanship···················· 401

射撃順 → firing order ························ 268

射撃準備区域 → secondary fire sector····· 557

射撃準備訓練 → preliminary firing········· 495

射撃準備姿勢 → ready position ············· 520

射撃準備地域 → contingent zone of fire ·· 170

射撃場 → gun range ·························· 306

射撃場航空施設周辺適合利用地域 【米】；射撃
　場航空施設整合利用ゾーン 【米】→ Range
　Air Installations Compatible Use Zones
　（RAICUZ）··································· 517

射撃照準器 → gun sight ······················ 306

射撃照準調整 → firing in harmonization·· 267

射撃諸元
　→ firing data······························267
　→ gun pointing data·······················306

射撃陣地
　→ fire position·····························266
　→ firing position ·························268

射撃図 → firing chart ························ 267

射撃制限区域 【陸自】→ controlled firing
　area··· 172

射撃制限空域 【空自】→ controlled firing
　area··· 172

射撃制限指示 【空自】→ special control
　instructions································ 588

射撃制限線 【陸自】→ restrictive fire line
　（RFL）··· 537

射撃制限地域 【陸自】→ restrictive fire area
　（RFA）··· 537

射撃精度 → accuracy of fire·················· 6

射撃戦 → fire fight ·························· 266

射撃速度 【海自】→ rate of fire ············· 519

射撃単位 → fire unit（FU）················ 267

射撃弾数 → number of shots················ 450

射撃地域 → zone of fire ···················· 694

射撃地帯 → firing zone ···················· 268

射撃中止
　→ brief lift································115
　→ cease fire（CSF）·····················129
　→ will not fire···························689

射撃中止線 【海自】→ no fire line
　（NFL）··· 443

射撃調整 → fire coordination ··············· 266

射撃調整場 → harmonization range······· 309

射撃調整線 【陸自】→ fire coordination line
　（FCL）··· 266

射撃統制 【陸自】→ fire control············ 265

射撃統制器具 【陸自】→ fire control
　instrument································ 265

射撃統制器材 → fire control equipment ·· 265

射撃統制計算機 → fire control computer·· 265

射撃統制装置 【陸自】→ fire control system
　（FCS）··· 265

射撃統制地域 → integrated fire control area
　（IFC area）··································· 342

射撃統制レーダー 【陸自】→ fire control
　radar（FCR）································· 265

射撃による偵察 → reconnaissance by
　fire··· 524

射撃任務
　→ fire mission···························266
　→ fire task·······························267

射撃能力図 → fire capabilities chart······· 265

射撃の解析 → analysis of fire················ 52

射撃の実施 → conduct of fire··············· 165

射撃の修正 → fire adjustment··············· 265

射撃班 → fire team	267
射撃盤 → range keeper	518
射撃分隊 → fire squad	266
射撃方式 → method of fire（MOF）	411
射撃目標 → target（TGT）	628
射撃目標地点 → target spot	630
「射撃用意」 → action	8
射撃要求 → call for fire	122
射撃予習 → preparatory marksmanship training	495
射撃予定表 → to be engaged queue（TBEQ）	642
射向角 → angle of train	53
斜交陣地 → switch position	620
射向束（しゃこうそく）→ sheaf	568
射向束の幅 → width of sheaf	689
斜向弾幕 → oblique barrage	451
斜射（しゃしゃ）【陸自】→ oblique fire	451
射手 → marksman	401
→ shooter	571
射出 → ejection	233
射出型ECM装置 → expendable jammer（EXJ）	252
射出座席 → ejection seat	233
射出装置 → catapult（CAT）	127
射出ひとみ距離 → eye point distance	256
→ eye relief	256
射出ひとみ径 → exit pupil diameter	251
射手等級 → qualification in arms	508
射手望遠鏡 → pointer's telescope	487
射場 → firing range	268
→ range（rng）	517
射場係幹部 【自衛隊】→ range officer	518
射場係将校 → range officer	518
射場勤務隊 【空自】→ Range Support Squadron	518
車上射撃 → vehicular firing	673
写真 【空自准空尉空曹空士特技区分】→ Photography	482
射心 【海自】→ mean point of impact（MPI）	404
写真員 【海自】→ photographer's mate（PH）	482

斜進角 → gyro angle	306
写真観測 → photographic observation	482
写真撮影用吊光投弾（しゃしんさつえいようちょうこうとうだん）→ photoflash bomb	482
写真情報 → photographic intelligence（PHOTINT）	482
写真地図 → photomap	482
斜進調定 → angle setting	53
斜進調定機構 → gyro setting mechanism	307
写真偵察 → photographic reconnaissance	482
写真班 【海自】→ Photograph Section	482
写真判読 → photographic interpretation	482
→ photograph interpretation	482
射線 → firing line	268
→ line of elevation	378
→ line of fire（LOF）	378
射線下観測 → axial observation	87
→ axial spotting	87
射線風向 → chart direction of wind	134
射線方位角 → firing azimuth	267
遮蔽煙幕 【陸自】→ screening smoke	553
射弾観測 【陸自】→ observation of fire	451
射弾散布 → bullet dispersion	117
→ dispersion of fire	218
射弾散布梯尺（しゃだんさんぷていしゃく）→ dispersion ladder	218
遮断子（しゃだんし） → catch-holder	127
→ interrupter	350
射弾の誤差 → absolute error	4
車長用照準潜望鏡 → commander's periscope	154
車長用天蓋 → commander's cupola	154
ジャックステイ捜索：ジャックステイ捜索法 → jackstay search	354
射程 → range（rng）	517
射程延伸 → extended range	254
射程外 → out of range（OR）	467
射程拡張型迎撃機 → extended range interceptor（ERINT）	254
射程誤差 → range error	517

射点 → firing point ･･････････････････ 268
射道 → fire lane ････････････････････ 266
ジャトー離陸【空自】→ jet-assisted take-off
　（JATO）････････････････････････ 356
射入 → initial dive ･･･････････････ 337
射入状態
　→ condition upon water entry ･･････ 165
　→ water entry ･･････････････････ 682
射爆空域；射爆場
　→ gunnery range（GR）････････････ 306
　→ range（rng）･･････････････････ 517
蛇腹鉄条網（じゃばらてつじょうも
　う）→ concertina ･････････････････ 164
射表（しゃひょう）
　→ firing table ･･･････････････････ 268
　→ range table ･･･････････････････ 518
　→ sighting table ･････････････････ 574
射表計算図表 → graphical firing table
　（GFT）････････････････････････ 298
射表初速 → range table initial velocity ･･･ 518
遮蔽（しゃへい）→ shield ･･･････････ 569
遮蔽角（しゃへいかく）→ screening
　angle ････････････････････････ 553
遮蔽射撃（しゃへいしゃげき）→ defilade
　fire ･･････････････････････････ 199
遮蔽陣地（しゃへいじんち）
　→ concealed position ･･･････････ 164
　→ defiladed position ････････････ 199
遮蔽地 → defiladed area ･････････････ 199
斜方視程【海自】→ slant visibility ･････ 579
ジャマー → jammer ･･･････････････ 354
ジャマー航跡 → jammer track ･･･････ 354
ジャミング → jamming ･･･････････ 354
ジャム・ストローブ → jam strobe ･･･････ 354
ジャム・ストローブ・メッセージ → jam
　strobe message ･･･････････････ 354
射面 → plane of fire ･･･････････････ 485
車力通信所【在日米軍】→ Shariki
　Communication Site ･･･････････ 568
車両
　→ tripod head ･･･････････････････ 655
　→ vehicle ･･･････････････････････ 673
車両運行指令書【陸軍】→ dispatch ･･･ 217
車両化部隊 → motorized unit ････････ 426
車両器材整備幹部【空自幹部特技区分】
　→ Vehicle Maintenance Officer ･････ 673
車両器材隊【空自】→ Vehicle and
Equipment Maintenance Squadron ･････ 673
車両距離 → lead ････････････････････ 371
車両行進 → motor march ･････････････ 426
車両縦隊【陸軍】→ convoy ･････････ 174
車両整備【空自准空尉空曹空士特技区分】
　→ Vehicle Maintenance ･･････････ 673
車両灯火禁止線 → no vehicle-light line ･･･ 448
車両搭載無反動砲 → mounted recoilless
　rifle ･･････････････････････････ 426
車両爆弾 → vehicle-borne improvised
　explosive device（VBIED）････････ 673
車両班【海自】→ Motor Pool Section ･･ 426
車両班【陸軍】→ Vehicles Section ･･･････ 673
車両密度【陸軍】→ motor density ･･････ 426
車両輸送艦 → vehicle cargo ship ･･････ 673
車両揚陸艦【海軍】→ landing ship,
　vehicle ･････････････････････････ 367
車両揚陸船 → landing craft, vehicle ･･････ 366
ジャングル戦闘訓練センター【在日米軍】
　→ Jungle Warfare Training Center
　（JWTC）････････････････････････ 362
ジャングル・ファティーグ → jungle
　fatigue ････････････････････････ 362
銃 → gun ･･････････････････････ 305
自由移動機雷 → free mine ････････････ 284
就役艦 → ship in commission ･････････ 569
就役期間 → operating period ･･･････････ 459
就役期間延長プログラム【米海軍】→ Service
　Life Extension Program（SLEP）････････ 566
就役訓練 → shakedown training
　（SDT）････････････････････････ 568
就役航空機 → operating aircraft ･･････････ 459
重掩蔽部 → light shelter ･････････････ 376
「銃を、置け！」→ Ground Arms！･････ 300
銃架
　→ arms rack ･･････････････････････ 68
　→ gun mount ･･････････････････････ 305
　→ gun rack ･････････････････････････ 306
重火器 → heavy weapon ･････････････ 312
銃眼 → embrasure ･･････････････････ 239
銃眼銃（じゅうがんじゅう）→ firing port
　weapon ････････････････････････ 268
重機課【在日米陸軍】→ Equipment
　Branch ････････････････････････ 246
重機関銃 → heavy machine gun
　（HMG）････････････････････････ 312
周期訓練【海自】→ periodic training ････ 478

しゅうき　　　　　　　　　　　　　152　　　　　　　　　　　日本語索引

重器材 → heavy equipment ·············· 312
宗教支援 → religious ministry support ··· 530
宗教支援計画 → religious ministry support
　　plan·· 530
宗教支援チーム → religious ministry support
　　team·· 530
宗教要員【自衛隊】→ chaplain ············ 133
州空軍基地【米】→ Air National Guard
　　Base（ANGB）······························ 36
従軍看護師 → war nurse ······················ 681
従軍記者
　　→ embedded reporter ·······················239
　　→ war correspondent ·······················680
従軍技術者 → service specialist ············· 567
従軍記章【米】
　　→ campaign badge ···························122
　　→ campaign medal ··························122
従軍記章付属金具 → clasp ···················· 140
従軍星章【米】→ Battle Star ················ 99
従軍青銅星【米】→ Bronze Service Star·· 115
従軍通信員 → accredited correspondent······6
従軍牧師 → chaplain ····························· 133
襲撃運動【海自】→ approach and attack·· 62
銃撃感度試験 → bullet impact test ······· 117
襲撃機 → assault aircraft ······················ 73
襲撃作戦 → raid operation ··················· 516
襲撃指揮官【海自】→ approach officer ···· 62
襲撃指揮官補佐 → assistant approach
　　officer ·· 74
銃撃戦 → gunfight ······························· 305
襲撃部隊 → raiding party ····················· 516
集結
　　→ closure ··143
　　→ concentration ······························164
集結地
　　→ assembly area ······························· 74
　　→ beddown ·····································101
　　→ concentration area·························164
集結点【陸自】→ assembly point ··········· 74
集結展開段階 → marshaled deployability
　　posture（MD）······························ 401
集結錨地【海自】→ assembly anchorage·· 73
銃剣 → bayonet ······································ 99
集権的統制 → centralized control ········· 131
銃剣止め → bayonet lug ·························· 99
銃口 → muzzle ······································ 431

銃腔 → bore ··· 111
銃口炎 → muzzle flash··························· 431
自由降下
　　→ free fall·······································283
　　→ free jump····································284
集合海域【海自】→ assembly area·········· 74
自由降下傘 → free-fall parachute··········· 284
銃腔ゲージ → bore gauge······················ 111
銃腔検査鏡 → barrel reflector ················ 93
自由後座（じゅうこうざ）→ free recoil····· 284
自由後座運動 → free recoil motion········ 284
銃腔軸 → gun-bore axis ························ 305
銃腔視線検査 → bore sighting ··············· 111
銃腔視線検査具 → bore sight ················ 111
集合所 → collecting point······················ 147
銃腔照準調整【空自】→ bore sighting··· 111
銃口装置
　　→ muzzle attachment ·······················431
　　→ muzzle device ·····························431
銃口装填 → muzzle loading··················· 432
銃口速度 → muzzle velocity··················· 432
集合隊形【海自】→ assembly formation·· 74
集合地点 → collecting point··················· 147
集合点【海自】→ assembly point ··········· 74
銃腔内離軸運動 → balloting ·················· 91
銃口蓋（じゅうこうふた）→ gun port
　　plug··· 306
銃腔ブラシ
　　→ bore brush ··································111
　　→ cleaning brush ·····························140
銃座 → emplacement ··························· 241
蹴子（しゅうし）→ ejector ···················· 233
銃耳（じゅうじ）→ trunnion ················· 656
自由識別圏【空自】→ free zone（FZ）··· 284
銃軸 → pintle ······································· 484
銃軸線
　　→ gun-bore line·······························305
　　→ line of bore································378
十字舵 → cross rudder ·························· 184
十字砲火 → crossfire ···························· 184
縦射
　　→ enfilade fire ································243
　　→ searching fire ·····························556
自由射撃【統幕】→ weapons free（W/
　　F）··· 685
自由射撃圏 → weapons free zone

（WFZ） 685
収集アセット → collection asset 147
収集管理 → collection management 147
収集機関 → collection agency 147
収集計画 → collection plan 147
収集作戦管理 → collection operations
　　management 147
収集所 → collecting point 147
収集処理 【海自】 → cataloging 127
重銃身 → heavy barrel 312
収集隊 【空自】 → Collection Squadron .. 147
収集努力の指向
　　→ direction of collection effort 213
　　→ intelligence requirement directive 343
収集班 【陸自】 → Collection Section 147
収集班 【空自】 → Collection Unit 147
収集要求 → collection requirements 147
蹴出（しゅうしゅつ）→ ejection 233
重巡洋艦 → heavy cruiser 312
銃床
　　→ buttstock 119
　　→ shoulder stock 572
　　→ stock（STK）...........................603
銃床台 → stock rest 604
終信 【海自】 → end of transmission
　　（EOT）..................................... 242
縦陣 → line ahead 377
銃身
　　→ barrel 93
　　→ gun barrel 305
　　→ tube 656
銃身受け → barrel extension 93
縦深横広に（じゅうしんおうこう
　　に）→ laterally and in depth 369
銃身緩衝器 → barrel buffer 93
縦深航空支援 → deep air support 194
縦深攻撃 → deep attack 194
銃身寿命 → service life of gun barrel 566
銃身前走式 → blow forward 107
縦深隊形 → formation in depth 281
銃身長 → barrel length 93
銃身つば → barrel collar 93
就寝点呼 → bed check 101
銃身のエロージョン → gun barrel
　　erosion 305
銃身の腐食 → barrel erosion 93

銃身部 → barrel assembly 93
縦深防御 → defense in depth 196
銃身命数
　　→ barrel life 93
　　→ tube life 656
銃身リンク → barrel link 93
重水炉 → heavy water reactor（HWR）.. 312
修正気速 【海自】 → calibrated airspeed
　　（CAS）..................................... 121
修正高角 → adjusted elevation 11
修正高度 【空自】 → calibrated altitude.. 121
修正射 → fire for adjustment 266
修正射距離 → adjusted range 12
修正整備 → corrective maintenance 177
修正装備定数 → modified table of equipment
　　（MTOE）................................. 424
修正対気速度 【空自】 → calibrated airspeed
　　（CAS）..................................... 121
修正対気速度 → rectified air speed
　　（RAS）..................................... 525
修正対水針路 → course made good through
　　the water（CTW）........................ 180
修正対地針路 → course made good over the
　　ground（COG）........................... 180
修正探知指数 → adjusted figure of merit
　　（AFOM）................................... 11
修正定数表 → modified table of allowance
　　（MTA）................................... 424
修正雷速 → corrected torpedo speed 177
集積場所 【陸自】 → storage space 604
終戦 → end of the war 242
重戦車 → heavy tank 312
重戦術車両ファミリー 【陸軍】 → family of
　　heavy tactical vehicles 258
銃創（じゅうそう）→ bullet wound 117
縦走地形 【陸自】 → corridor 177
重装ヘリコプター → helicopter gunship.. 313
重装歩兵 → heavy infantry 312
終速 → final velocity 264
充足 【空自】 → replenishment 533
充足基準 → replenishment level 533
収束帯 【海自】 → convergence zone
　　（CZ）...................................... 174
収束帯距離 【海自】 → convergence zone
　　range（CZR）............................. 174
収束帯の幅 【海自】 → convergence zone

しゅうそ　154　日本語索引

width（CZW）································· 174
集束弾道　→ cone of fire ···················· 165
集束爆弾　→ cluster bomb··················· 143
集束ロケット　→ cluster rocket ············· 143
縦隊
　　→ column ································148
　　→ file ···································263
縦隊掩護　→ column cover···················· 148
縦隊間隔　→ column gap······················ 148
重対戦車兵器　→ heavy antitank weapon·· 312
縦隊編隊　【空自】→ column formation ·· 148
銃弾　→ bullet································· 117
集団安全保障条約機構　→ Collective Security
　　Treaty Organization（CSTO） ··········· 147
集団航跡　→ mass track ····················· 401
集団多数航跡　→ multiple mass track······ 429
集団の安全保障　→ collective security ······ 147
集団的自衛　→ collective self-defense······· 147
集団的自衛権　→ right of collective self-
　　defense································· 541
絨毯爆撃（じゅうたんばくげき）→ carpet
　　bombing································· 125
集団防衛　→ collective defense ··············· 147
集団防御　→ collective protection ············ 147
集中角　→ angle of convergence············· 52
集中火力
　　→ concentrated fire ····················164
　　→ converging fire ······················174
　　→ massed fire···························401
　　→ mass of fire ·························401
集中攻撃
　　→ converging attack···················174
　　→ saturation attack····················550
集中式海陸間移動型式　→ concentrated
　　movement pattern······················· 164
集中射撃
　　→ concentrated fire ····················164
　　→ converging fire ······················174
　　→ massed fire···························401
集中地　→ concentration area ··············· 164
集中爆撃
　　→ area bombing ························ 64
　　→ saturation bombing ·················550
集中砲火　→ concentric fire ·················· 164
集中方式照準調整　→ point harmo··········· 488
集中目標　→ target concentration ··········· 629
舟艇（しゅうてい）
　　→ boat································· 108

　　→ craft································182
　　→ watercraft··························682
舟艇機動　【米軍】→ shore-to-shore
　　movement································· 571
舟艇群　→ boat group ······················· 108
舟艇群指揮官　→ boat group
　　commander································· 108
舟艇集群　【海自】→ boat flotilla ··········· 108
舟艇集合海面　→ boat assembly area ········ 108
舟艇進撃路　→ boat lane ···················· 108
舟艇隊　→ boat unit·························· 108
舟艇団　→ boat flotilla······················ 108
舟艇チーム　→ boat team···················· 108
舟艇波　→ boat wave························· 108
舟艇波指揮官　→ boat wave commander ·· 108
自由で開かれたインド太平洋戦略　→ Free and
　　Open Indo-Pacific Strategy················· 283
充填　→ loading······························ 380
充填機雷　→ fitted mine····················· 269
銃点検　→ inspection arms ·················· 339
充填炸薬；充填爆薬　→ cased charge ········ 126
自由投下　→ free drop（FD）··············· 283
自由統裁
　　→ free exercise maneuvers ··············283
　　→ free play exercise····················284
周到準備防御　→ deliberate defense ········ 201
縦動揺角　【海自】→ level angle ··········· 373
従特技　【空自】→ additional Air Force
　　Specialty（additional AFS） ················ 11
柔軟に選択される抑止措置　→ flexible
　　deterrent options（FDOs） ················ 273
柔軟反応戦略　→ flexible response
　　strategy································· 273
自由の番人作戦　【米】→ Operation Freedom
　　Sentinel（OFS）································· 461
銃把（じゅうは）→ grip······················ 299
重爆撃機　→ heavy bomber（HB）·········· 312
重迫撃砲（じゅうはくげきほう）→ heavy
　　mortar································· 312
重迫撃砲中隊　→ heavy mortar company·· 312
銃尾　→ breech······························ 114
銃尾機関
　　→ breech assembly ····················114
　　→ breech mechanism ··················114
銃尾機構
　　→ breech assembly ····················114
　　→ breech mechanism ··················114

日本語索引 155 しゆうり

自由飛翔弾道 → free flight trajectory ···· 284

銃尾板 → back plate ································ 89

州兵 【米】 → National Guard（NG）···· 434

州兵空軍航空隊支援航空機 【米】 → Air National Guard support aircraft（ANGSA）································ 36

州兵総局 【米】 → National Guard Bureau································ 434

周辺海域
　→ surrounding sea area ···················618
　→ surrounding waters ·····················618

周辺海空域 → surrounding waters and airspace ································ 618

周辺環境整備課 【内部部局】 → Living Environment Improvement Division ····· 380

周辺起爆 → peripheral initiation ··········· 478

周辺事態 【日】 → situations in areas surrounding Japan ································ 579

周辺事態に際して実施する船舶検査活動に関する法律 【日】 → Act on Ship Inspection Operations in Situations in Areas Surrounding Japan································ 10

周辺整備調整交付金 【防衛省】 → Environs Improvement Adjustment Grants ········ 246

周辺戦争 → peripheral war ··················· 478

周辺捕捉レーダー
　→ perimeter acquisition radar（PAR）································478
　→ peripheral acquisition radar（PAR）································478

重砲
　→ heavy artillery ·························312
　→ heavy cannon ·························312
　→ heavy gun ································312

終末段階 → terminal phase ················· 635

終末段階高高度地域防衛 【米】 → Terminal High Altitude Area Defense（THAAD）································ 634

終末弾道学 → terminal ballistics ········· 634

終末誘導 → terminal guidance ············· 634

終末誘導機動弾頭 → maneuverable reentry vehicle（MaRV）································ 396

終末誘導子弾 → terminally guided sub-munitions ································ 635

終末誘導弾頭 → terminal guidance warhead ································ 634

終末誘導部 → terminal guidance section（TGS）································ 634

周密攻撃 【陸自】 → deliberate attack ···· 201

周密渡河 【陸自】 → deliberate crossing ·· 201

重門橋 → heavy raft································ 312

重油船 → oil barge ································ 455

収容
　→ accommodation ························5
　→ collection ································147
　→ recovery（Recov）························524

重要軍事装備品 【米】 → Significant Military Equipment（SME）························· 575

重要交通情報 → essential traffic information ································ 248

収容施設管理部隊 → accommodating command ································5

収容所 → medical station（Med-Sta）···· 407

収容所《患者の》 → collecting station ····· 147

収容所治療
　→ collecting station treatment ·······147
　→ medical station treatment ···········407

収容陣地 → covering position ··············· 181

重要地域 【陸自】 → vital area（VA）···· 678

重要統制品目 【海自】 → high value asset control item ································ 317

重要品補給処 → key depot ··················· 363

重要品目 → key item ························· 363

収容部隊 【陸自】 → covering force（CF）································ 181

重要防護区域 【空自】 → vital area（VA）································ 678

重要目標 【海自】 → high value target（HVT）································ 317

収容令書（しゅうようれいしょ）【日】
　→ written detention order ··················692
　→ written provisional detention order··· 692

銃来歴簿 【海自】 → gun book ··········· 305

自由落下 → free fall descent ··············· 284

自由落下弾道 → free fall trajectory········ 284

修理
　→ fix································269
　→ renovation ································531

修理計画表 【海自】 → master repair schedule（MRS）································ 402

修理隊 【空自】 → Field Maintenance Squadron································ 262

修理遅延リスト → delayed correcting discrepancy list································ 201

修理標準指示 → Maintenance Engineering Order（MEO）································ 393

修理待ち → awaiting repair status

(ARS) 87
収療（しゅうりょう）【統幕・海自】
→ hospitalization 321
終了勢力 → end strength 242
重力爆弾 → gravity bomb 298
銃礼 → rifle salute 541
銃歴簿 【陸自】 → gun book 305
銃歴簿 → weapon record book 684
縦列 → column 148
縦列陣形 → column formation 148
樹幹鹿砦（じゅかんろくさい）→ abatis of trunks 3
主機動航空隊 → lead mobility wing (LMW) 371
主逆襲 【陸自】 → main counterattack ... 392
受給艦 → customer ship 187
需給統制 → supply demand control 614
需給の統制 → control of supply and demand 172
宿営 → cantonment 123
宿営地
  → bivouac area 104
  → cantonment 123
宿営班 → quartering party 509
宿舎 【自衛隊】 → barracks 92
宿舎 → quarters 509
縮射射撃 → small bore practice 581
縮射弾 → subcaliber ammunition ... 608
縮射砲 → subcaliber gun 608
縮射砲射撃 → subcaliber firing 608
縮小作戦状態 → reduced operational status (ROS) 525
殊勲十字章 【米陸空軍・英海軍】
  → Distinguished Service Cross (DSC) 219
殊勲章 【英海軍・米軍】 → Distinguished Service Medal 219
殊勲章 【英軍】 → Distinguished Service Order (DSO) 219
殊勲部隊員章 【米軍】 → Distinguished Unit Emblem (DUE) 219
主計官 → paymaster 476
主計士官 【海軍】 → steward 603
主計総監 【米軍】 → paymaster general .. 476
主計総監 → quartermaster general (QMG) 509
主計班 【空自】 → Disbursing Section 216

主攻撃 【陸自・海自】→ main attack ... 391
主攻部隊
  → main attack unit 391
  → unit conducting main attack 663
主作戦 → main action 391
主作戦基地 → main operations base 392
主炸薬（しゅさくやく）→ main charge 392
主傘 → canopy of parachute 123
主支援基地 → main support base (MSB) 393
主支援補給処 → main support depot ... 393
主指揮所 → main command post 392
主資材統制機関 【米】 → primary inventory control activity (PICA) 498
主射撃区域 → normal zone of fire 447
主射撃空域 → primary sector of firing (PSF) 499
主射撃責任範囲 → primary sector of responsibility (PSR) 499
樹枝鹿砦（じゅしろくさい）→ abatis of branches 3
受信専用ローブ → lobe-on-receive only .. 381
主陣地 → main position 392
守勢沿岸補域 【海自】→ defensive coastal area 199
守勢機雷原 【海自】→ defensive minefield 199
守勢機雷敷設戦 【海自】→ defensive mining operation 199
守勢的情報作戦 【海自】→ defensive information operations 199
守勢防空 【海自】→ defensive counter air (DCA) 199
首席衛生官 【防衛省】→ Surgeon General 617
首席衛生官 【海自】→ Surgeon General and Director of Medicine 617
首席会計監査官 【海自】→ Auditor General 79
首席管制官 → chief controller 135
首席後方補給官 【統幕運用部運用第3課】
  → Director General, Logistics (J-4) ... 214
首席後方補給官付後方補給官 【統幕運用部運用第3課】→ Under Director General, Logistics 660
首席指導教官 【防大】→ Deputy Head Guidance Officer 206
首席法務官 【統幕・海自】→ Legal Affairs

General ··· 372
主戦闘地域　【陸自】→ main battle area
　（MBA） ······································· 391
主戦闘地域の前縁　【陸自】→ forward edge of
　the main battle area（FEBA） ············ 282
主戦闘部隊　→ major combat element ······ 394
主隊　【海自】→ main body ···················· 391
出域管制官　→ departure controller ········ 204
術科学校　【空自】→ Technical School ···· 632
術科教育班　【空自】→ Technical Training
　Section ·· 632
出撃　→ sortie ······································ 584
出撃準備　【陸自】→ marshaling ············· 401
出撃準備地域　→ marshaling area ··········· 401
出撃数　→ sortie ··································· 584
出撃直衛　→ departure screen ················ 204
出撃飛行場　→ marshaling airfield ·········· 401
出撃報告　→ sortie report ······················ 585
出撃路　→ sally port ······························ 549
出撃割り当てメッセージ　→ sortie allotment
　message ·· 585
出庫管制　→ issue control······················ 353
出庫管制グループ　→ issue control group·· 353
出庫単位　【海自】→ unit of issue（U/I）·· 667
出庫未済　【統幕】→ back order（BO；B/
　O） ·· 88
出動準備　【海自】→ operational build-
　up ·· 459
出動整備　【陸自】→ operational build-
　up ·· 459
出動部隊　→ dispatched unit ·················· 217
出発時刻　→ actual time of departure
　（ATD） ··· 10
出発線　【米軍】→ line of departure
　（LOD） ··· 378
出発地域　→ departure area···················· 204
出発点　→ departure point ···················· 204
出発飛行場　→ departure aerodrome······· 204
主抵抗線　→ main line of resistance
　（MLR） ··· 392
主点火スイッチ　→ master ignition
　switch ··· 402
受動暗視装置　→ passive sight ··············· 474
手動開傘式落下傘　→ manual parachute·· 397
手動火器　→ manual-operated firearm ···· 397
主統制官　→ primary control officer ······ 498

主統制艦　→ primary control ship·········· 498
手動小銃　→ manual-operated rifle ········ 397
手動装填
　→ hand loading ································308
　→ manual loading ·····························397
手動調整　→ hand regulation ················· 308
受動電波妨害　→ passive jamming ········ 474
手動入力航跡　→ manual input track ····· 397
主導爆線　→ main detonating line ········· 392
手動発射　→ firing by hand ··················· 267
手動発射装置　→ manual firing
　mechanism ······································ 397
手動復帰継電器　→ hand reset relay ······· 308
手動兵器管制官　【空自】→ manual control
　officer（MCO） ································ 397
受動ホーミング　→ passive homing ········ 474
受動ホーミング・システム　→ passive homing
　system ·· 474
受動ホーミング誘導　→ passive homing
　guidance·· 474
主渡河　→ main crossing operation ········ 392
主特技　【空自】→ primary Air Force
　Specialty（PAFS） ···························· 498
取得指示コード　【米】→ acquisition advice
　code（AAC） ······································ 8
取得段階　→ acquisition phase ················· 8
シュート・ルック・シュート　→ shoot look
　shoot ·· 571
主任栄養官　→ chief dietitian················· 135
主任研究官　【統幕学校】→ Senior Research
　Officer ·· 564
主任幕僚　【自衛隊】→ Assistant Chief of
　Staff（AC/S） ···································· 74
主任務
　→ primary mission ·····························499
　→ principal mission ····························499
ジュネーブ軍縮会議　→ Conference on
　Disarmament（CD） ························ 165
主破壊地帯　→ primary demolition belt··· 498
受波器　→ hydrophone·························· 324
主飛行場　→ main airfield ····················· 391
守備陣地　→ defense position ················ 198
守備隊　→ garrison force ······················ 291
需品科　【自衛隊】→ Quartermaster
　（QM） ··· 509
需品課　【陸自】→ Quartermaster Division
　（QM Div） ······································ 509

しゅひん　　　　　　　　　158　　　　　　日本語索引

需品課　【海自】→ Supplies Division ······ 613

需品係幹部　【陸自】→ quartermaster
(QM) ··· 509

需品係将校　【陸軍】→ quartermaster
(QM) ··· 509

需品学校　【陸自】→ Quartermaster
School ·· 509

需品班　【陸自】→ Quartermaster
Section ·· 509

需品部　【海自】→ Supplies Department ·· 613

需品補給処　→ quartermaster depot ········ 509

酒保
　→ navy exchange ······························439
　→ Post Exchange (PX) ·····················491

主砲
　→ main armaments ····························391
　→ main battery ·································391

主防空監視所　→ master surveillance station
(MSS) ·· 402

主目的　→ primary objective ················· 499

主目標　【陸自】→ primary target 【陸自】 499

主目標線　→ primary target line (PTL) ·· 499

主要火器　→ primary weapon ··············· 499

主要核保有国　→ major nuclear power ····· 395

主要滑走路　→ major runway ··············· 395

主要艦隊　→ major fleet ····················· 394

主要軍事基盤　→ key military
infrastructure ···································· 363

主要港　→ major port ·························· 395

主要コマンド　【米】→ major command
(MAJCOM) ······································ 394

主要作戦　→ major operation ··············· 395

主要指揮下部隊指揮官
　→ major subordinate commander ········395
　→ principal subordinate commander
(PSC) ··499

主要水上端末地　【統幕】→ major water
terminal ·· 395

主要接近経路　→ key avenues of
approach ··· 363

主要装備表　→ master equipment allowance
list (MEAL) ······································ 401

主要装備品
　→ primary equipment ·······················498
　→ primary weapons and equipment ·····499
　→ unit essential equipment (UEE) ······666

主要装備品整備計画　→ master maintenance
schedule (MMS) ································· 402

主要装備品の状況　→ main equipment
condition ··· 392

主要組織体　【米】→ major organizational
entity (MOE) ···································· 395

主要部隊リスト　→ master force list
(MFL) ·· 401

主要防衛プログラム
　→ major defense program (MDP) ·······394
　→ major force program (MFP) ··········394

主要補給品の状況　→ main supplies
condition ··· 393

主要補給路　【空自】→ main supply route
(MSR) ·· 393

主要目標　【海自】→ primary target ······ 499

主要ルーティング港　→ major routing
port ·· 395

手榴弾（しゅりゅうだん）→ hand
grenade ··· 308

受領
　→ accept (ACPT) ·····························5
　→ acceptance ·································5

受領艦　→ receiving ship ····················· 522

受領期限　→ date material required
(DMR) ·· 191

受領希望期日　【海自】→ required delivery
date (RDD) ······································· 534

受領検査　→ acceptance inspection (AI) ····· 5

受領通知　【統幕・陸自】
　→ acknowledgement ·························6

主力　→ main body ···························· 391

主力　【陸自】→ main force ················· 392

主力艦　→ capital ship ······················· 124

主力艦隊　→ main fleet ······················· 392

主力艦隊　【海自】→ major fleet ············ 394

主力戦車　→ main battle tank (MBT) ··· 391

主力戦闘機　→ mainstay fighter ············· 393

主力部隊　【海自】→ main force ············ 392

主力部隊　→ major force ····················· 394

受令部隊　→ receiving unit ··················· 522

准尉　【米海兵隊】→ Warrant Officer 1 ·· 681

准尉　【米陸軍】→ Warrant Officer W1 ·· 681

准尉　【空自・海自】→ Warrant Officer
(WO) ··· 681

瞬鋭信管　→ super sensitive fuze ············ 613

巡回整備車　→ movable maintenance vehicle
(MMV) ··· 427

| 循環阻止哨戒 → endless chain patrol …… 242
| 瞬間目標 → fleeting target ………… 272
| 準軍事警察隊 → paramilitary police unit ………………………………… 472
| 準軍事部隊 → paramilitary forces ……… 472
| 巡検 【米海軍】 → round ………… 545
| 巡航 → cruising ……………………… 185
| 巡航気速 → cruising airspeed ………… 185
| 巡航距離 → cruising range …………… 185
| 巡航高度 【空自】 → cruising altitude …… 185
| 巡航出力 → cruising power …………… 185
| 巡航上昇限度 → cruising ceiling ……… 185
| 巡航速度 → cruising speed …………… 185
| 巡航速力 【海自】 → cruising speed …… 185
| 巡航段 → cruising stage ……………… 185
| 巡航調整 → cruise control …………… 184
| 巡航半径 → cruising radius …………… 185
| 巡航ミサイル → cruise missile (CM) …… 184
| 巡航ミサイル携行機 → cruise missile carrier aircraft (CMCA) ……………… 184
| 巡航ミサイル潜水艦 → cruise missile submarine ……………………… 184
| 巡航ミサイル搭載原子力潜水艦 → cruise missile submarine nuclear-powered (SSGN) ……………………… 185
| 巡航ミサイル防衛 → cruise missile defense (CMD) ……………………… 184
| 巡航ミサイル母艦 → cruise missile carrier (CMC) ……………………… 184
| 巡察
| → patrol ……………………………… 475
| → visiting patrol …………………… 677
| 准士官 → warrant officer …………… 681
| 巡視船 → patrol ship ………………… 475
| 巡視艇 → guard boat ………………… 303
| 准将 【英陸軍】 → Brigadier ……… 115
| 准将 【米陸空軍・米海兵隊】 → Brigadier General (Brig Gen.) ……… 115
| 准将 【英海軍・米沿岸警備隊】
| → Commodore …………………… 155
| 准将 【米海軍】 → Rear Admiral, lower half ……………………………… 521
| 純粋吹き戻し式 → straight blowback …… 605
| 准曹士先任 【空自】 → Senior Enlisted Advisor ……………………………… 563
| 准曹士先任識別章 【空自】 → Senior Enlisted

Advisor Badge ………………………… 563
純損耗数 → net casualty ……………… 441
準中距離弾道ミサイル → medium-range ballistic missile (MRBM) ………… 408
準徹甲爆弾 【海自】 → semi-armorpiercing bomb (SAP bomb) ………………… 563
殉爆 → sympathetic detonation ……… 620
殉爆距離 → sympathetic detonation range ………………………………… 620
殉爆試験（じゅんばくしけん）
  → gap test ………………………… 291
  → sympathetic detonation test ……… 620
瞬発信管 → superquick fuze ………… 613
準備完了ミサイル率 → ready missile rate ………………………………… 520
準備訓練 → preparatory training ……… 495
準備射撃 【海自】 → preparation fire …… 495
準備照合統制コード → provisioning control code (PCC) …………………… 505
準備状態 → ready condition ………… 520
準備済み → ready (RDY) …………… 520
準備態勢
  → readiness condition ……………… 520
  → state of readiness ………………… 599
準備妨害射撃 【海自】 → counterpreparation fire ………………………… 179
準備命令 【自衛隊】 → warning order (WO) ………………………………… 681
「準備よし」 → ready ……………… 520
巡洋艦 → cruiser …………………… 185
巡洋戦艦 → battle cruiser ……………… 98
巡邏艇（じゅんらてい）【海軍】 → guard boat ………………………………… 303
准陸尉 【陸自】 → Warrant Officer W1 … 681
将 【自衛隊】
  → Admiral ……………………………… 13
  → general ………………………… 292
  → General (Gen) ………………… 292
硝安 → ammonium nitrate …………… 49
硝安爆薬 → ammonium nitrate cratering explosive ………………………… 49
硝安油剤爆薬 → ammonium nitrate-fuel oil mixture (ANFO) ………………… 49
少尉 【海自】 → Acting Sublieutenant …… 8
少尉 【米海軍】 → Ensign ………… 245
少尉 【海軍】 → ensign ……………… 245
少尉 【英空軍】 → Pilot Officer ……… 483

しようい   160   日本語索引

少尉 【米陸軍・米空軍・米海兵隊・英陸軍】
　→ Second Lieutenant（2nd Lt.）········ 558
傷痍軍人（しょういぐんじん）【米】
　→ disabled veteran ····························· 216
焼夷効果 → incendiary effect ················ 330
少尉候補生 → officer candidate（OC）···· 454
焼夷剤 → incendiary（I）······················· 330
焼夷実包（しょういじっぽう）→ incendiary
　cartridge ··· 330
焼夷自爆榴弾 → high explosive incendiary
　self-destroying projectile（HEI-SD）··· 315
焼夷戦 → incendiary warfare ················ 330
焼夷弾
　→ incendiary ammunition···················330
　→ incendiary（I）·····························330
　→ incendiary projectile ·····················327
使用一時停止弾薬 → suspended
　ammunition ····································· 618
焼夷徹甲榴弾 → high explosive incendiary
　plugged（HEIP）······························ 315
焼夷爆弾（しょういばくだん）→ incendiary
　bomb（IB）···································· 330
焼夷兵器 → incendiary weapon ············· 330
焼夷榴弾（しょういりゅうだん）→ high
　explosive incendiary（HEI）··············· 315
硝煙 → smoke（Smk）···························· 581
消炎火薬 → flashless powder ················· 271
消炎器
　→ flash deflector ·····························271
　→ flash hider ·································271
　→ flash suppressor ·························271
消炎剤 → flash reducer ························· 271
消炎筒 → deflector ······························· 200
消音器 → gun silencer ·························· 306
消音器；消音装置 → silencer ················· 576
昇温発火 → cook-off······························ 175
哨戒
　→ patrol····································475
　→ scouting·································552
　→ surveillance operation ··················618
哨戒 【海自】→ surveillance operation··· 618
障害 【陸自】
　→ obstacle ·································451
　→ obstruction ·····························451
哨戒間隔 → scouting distance ··············· 552
哨戒艦艇 【海自】→ patrol combatant
　craft ··· 475
哨戒艦艇

　→ patrol combatant ship·················475
　→ patrol vessel（PV）··················475
哨戒機
　→ air picket ··································· 37
　→ patrol aircraft（P）··················475
哨戒機 【海自】→ patrol plane ············· 475
場外救難隊 → crash convoy ··················· 182
哨戒魚雷艇 → patrol torpedo boat（PT
　boat）··· 475
哨戒区域 【海自】→ patrol area············ 475
障害計画
　→ barrier plan································· 93
　→ obstacle plan·····························451
哨戒限度線 → patrol limit ···················· 475
障害行動 【陸自】→ barrier operation ····· 93
哨戒航路 → scouting course··················· 552
障害地雷原 → barrier minefield ············· 93
哨戒線
　→ picket line·································483
　→ scouting line······························552
障害戦術 → barrier tactics ···················· 93
哨戒速力 → scouting speed···················· 552
障害地帯 → barrier ······························· 93
障害地帯組織 → barrier system ············· 93
哨戒長 → conning officer······················ 167
哨戒長 【海自】→ tactical action officer·· 623
哨戒直衛 → patrol screen ····················· 475
哨戒艇
　→ patrol boat·································475
　→ patrol gunboat····························475
　→ patrol ship·································475
哨戒点 【陸自】→ patrol point ············· 475
哨戒班 → patrol squad ························· 475
渉外班 【陸自】→ Community Relations
　Section··· 159
渉外班 【統幕・空自】→ Foreign Liaison
　Section··· 280
場外飛行 → cross-country flight ············· 183
場外不時着 【海自】→ forced down ······· 279
障害物
　→ barrier······································ 93
　→ obstacle ·································451
　→ obstruction ·····························451
障害物訓練場 → obstacle course············· 451
障害物探知回避技術 → obstacle
　detection/avoidance technology ·········· 451
哨戒ヘリコプター → patrol helicopter

日本語索引　　　　　　　　　　　161　　　　　　　　　　　しようけ

（PH）‥‥‥‥‥‥‥‥‥‥‥‥‥‥‥ 475
哨戒無音潜航　【海自】→ patrol quiet ‥‥ 475
小火器　→ small arms‥‥‥‥‥‥‥‥‥ 580
小火器射撃　→ small arms fire（SAF）‥‥ 581
小火器弾薬　→ small arms ammunition ‥‥ 580
使用可能上陸用舟艇表　→ boat availability
　table‥‥‥‥‥‥‥‥‥‥‥‥‥‥‥‥ 108
使用可能水陸両用車一覧表　→ amphibious
　vehicle availability table‥‥‥‥‥‥‥‥ 51
使用可能装備品　→ serviceable
　equipment ‥‥‥‥‥‥‥‥‥‥‥‥‥ 566
使用可能補給品　→ serviceable supplies ‥‥ 566
哨艦　→ guard ship‥‥‥‥‥‥‥‥‥‥ 303
将官　【海軍】→ flag officer（FO）‥‥‥ 270
将官　→ general‥‥‥‥‥‥‥‥‥‥‥‥ 292
将官　【陸軍・空軍・海兵隊】→ general
　officer ‥‥‥‥‥‥‥‥‥‥‥‥‥‥ 293
上官　→ superior officer ‥‥‥‥‥‥‥‥ 612
将官旗　→ admiral flag ‥‥‥‥‥‥‥‥‥ 13
小艦隊　【海軍】
　→ flotilla ‥‥‥‥‥‥‥‥‥‥‥‥‥ 276
　→ squadron（Sq）‥‥‥‥‥‥‥‥‥ 594
将官付き副官（しょうかんづきふくか
　ん）→ aide-de-camp（ADC）‥‥‥‥‥ 21
将官付き副官　【海軍】→ flag lieutenant‥ 270
将官艇　→ admiral's barge ‥‥‥‥‥‥‥ 13
蒸気員　【海自】→ steam engineman
　（SE）‥‥‥‥‥‥‥‥‥‥‥‥‥‥ 601
小規模緊急事態　→ smaller-scale contingency
　（SSC）‥‥‥‥‥‥‥‥‥‥‥‥‥ 581
上級各個訓練　→ advanced individual training
　（AIT）‥‥‥‥‥‥‥‥‥‥‥‥‥‥ 15
上級検閲　→ base censorship ‥‥‥‥‥‥ 94
上級検閲官　→ base examiner ‥‥‥‥‥‥ 94
上級事務官等講習　【航空自衛隊幹部学校】
　→ Civilian Advanced Course（CAC）‥ 139
上級准尉　【米空軍】→ Chief Warrant
　Officer ‥‥‥‥‥‥‥‥‥‥‥‥‥‥ 136
上級上等兵曹　【米海軍】→ Master Chief
　Petty Officer ‥‥‥‥‥‥‥‥‥‥‥‥ 401
上級曹長　【米空軍】→ Chief Master Sergeant
　（CM Sgt.）‥‥‥‥‥‥‥‥‥‥‥‥ 135
上級曹長　【米海兵隊】→ Master Gunnery
　Sergeant ‥‥‥‥‥‥‥‥‥‥‥‥‥ 402
上級曹長　【米陸軍】→ Sergeant Major ‥ 565
上級部隊
　→ higher echelon unit（HEU）‥‥‥‥ 315

　→ higher unit ‥‥‥‥‥‥‥‥‥‥‥ 315
上級部隊訓練　→ advanced unit training
　（AUT）‥‥‥‥‥‥‥‥‥‥‥‥‥‥ 16
上級兵曹長　【米海軍】→ Chief Warrant
　Officer CWO‥‥‥‥‥‥‥‥‥‥‥‥ 136
状況
　→ conditions ‥‥‥‥‥‥‥‥‥‥‥ 165
　→ situation‥‥‥‥‥‥‥‥‥‥‥‥ 578
状況再興　→ resumption of exercise ‥‥‥ 538
状況終了　→ termination of exercise ‥‥‥ 635
状況図　【陸自】→ situation map‥‥‥‥‥ 578
状況中止　→ suspension of exercise ‥‥‥ 619
状況の進展　→ development of the
　situation ‥‥‥‥‥‥‥‥‥‥‥‥‥ 209
状況把握室　【空自】→ Situation Monitoring
　room‥‥‥‥‥‥‥‥‥‥‥‥‥‥‥ 578
状況判断　→ estimate of the situation ‥‥ 248
情況表示盤　【海自】→ status board
　（STBD）‥‥‥‥‥‥‥‥‥‥‥‥‥ 600
状況表示板　【空自】→ status board
　（STBD）‥‥‥‥‥‥‥‥‥‥‥‥‥ 600
状況報告　→ situation report
　（SITREP）‥‥‥‥‥‥‥‥‥‥‥‥ 579
消極的安全保障　→ negative security
　assurance（NSA）‥‥‥‥‥‥‥‥‥‥ 440
消極的対電子　→ passive ECM‥‥‥‥‥‥ 474
消極的防衛；消極防御　→ passive
　defense‥‥‥‥‥‥‥‥‥‥‥‥‥‥ 474
消極防空　→ passive air defense ‥‥‥‥‥ 473
小拒馬　→ hedgehog‥‥‥‥‥‥‥‥‥‥ 312
哨区　→ patrol segment ‥‥‥‥‥‥‥‥ 475
上空掩護
　→ air cover ‥‥‥‥‥‥‥‥‥‥‥‥ 26
　→ air umbrella ‥‥‥‥‥‥‥‥‥‥‥ 43
将軍　→ general ‥‥‥‥‥‥‥‥‥‥‥ 292
衝撃感度　→ impact sensitivity ‥‥‥‥‥ 329
衝撃作動信管　→ impact action fuze ‥‥‥ 329
衝撃式発火機構　→ impact direct action firing
　mechanism‥‥‥‥‥‥‥‥‥‥‥‥‥ 329
衝撃試験　→ impact test ‥‥‥‥‥‥‥‥ 329
衝撃手榴弾　→ concussion grenade ‥‥‥‥ 165
衝撃戦法　→ shock action‥‥‥‥‥‥‥‥ 570
衝撃電圧試験　→ impulse voltage test ‥‥ 330
衝撃力　【陸自】→ shock action‥‥‥‥‥ 570
上下視差　→ elevation parallax ‥‥‥‥‥ 238
上下苗頭（じょうげびょうどう）→ elevation
　lead angle‥‥‥‥‥‥‥‥‥‥‥‥‥ 238

しようけ　　　　　　　　　　　162　　　　　　　　日本語索引

上下変角率 → angular elevation rate……… 53
条件付き任用 → conditional period
　appointment ……………………………… 165
象限方位線 【空自】→ line of bearing…… 378
昇弧 → ascending branch ………………… 72
将校
　→ commissioned officer（CO）…………155
　→ officer……………………………………454
小口径航空機搭載ロケット → sub-caliber
　aircraft rocket（SCAR）……………… 608
小口径弾 → small-caliber rounds ………… 581
照合点 → check point …………………… 134
少佐 【海軍・米沿岸警備隊】→ Lieutenant
　Commander ……………………………… 374
少佐 【米陸軍・米空軍・米海兵隊】→ Major
　（Maj.）…………………………………… 394
少佐 【英空軍】→ Squadron Leader ……… 594
城砦（じょうさい）→ fort（FT）………… 281
詳細加入者位置及び識別 → precise
　participant location and identification
　（PPLI）………………………………… 494
硝酸アンモニウム → ammonium nitrate … 49
消磁 → degaussing ……………………… 200
消磁艦 【海自】→ degaussing vessel …… 200
消磁管制方式 → degaussing control
　system …………………………………… 200
消磁コイル → degaussing coil …………… 200
消磁コイル効果 → degaussing coil effect… 200
消磁コイル調定 → degaussing coil
　setting …………………………………… 200
消磁指数 → degaussing index（DGI）…… 200
消磁自動管制装置 → degaussing automatic
　controller（DAC）……………………… 200
消磁所 【海自】→ Deperming Station… 204
消磁装置 → degaussing system………… 200
消磁担当官 → degaussing officer……… 200
消磁電流 → degaussing current ……… 200
傷者 【海自】→ casualty ……………… 127
傷者 → wounded personnel……………… 692
傷者運搬 → remove wounded personnel… 531
照尺
　→ bar sight …………………………… 93
　→ sight leaf ……………………………574
照尺角 → sight angle …………………… 574
照尺手
　→ range setter …………………………518

　→ sight setter …………………………574
傷者形態 【海自】→ casualty type ……… 127
傷者収療艦船 【海自】→ casualty receiving
　and treatment ship……………………… 127
傷者状況 【海自】→ casualty status …… 127
傷者分類 【海自】→ casualty category… 127
召集 → call-up ………………………… 122
小銃 → rifle（rifl）…………………… 541
小銃手 → rifleman …………………… 541
場周進入経路 【空自】→ entry leg …… 245
小銃装着式擲弾発射器 → rifle-mounted
　grenade launcher ……………………… 541
小銃弾衝撃感度 → rifle bullet impact
　sensitivity ……………………………… 541
小銃弾薬 → small arms ammunition … 580
小銃擲弾（しょうじゅうてきだん）→ rifle
　grenade ………………………………… 541
小銃擲弾発射器 → rifle grenade
　launcher ………………………………… 541
照準
　→ aiming ……………………………… 21
　→ laying ………………………………370
照準角
　→ sight angle …………………………574
　→ sighting angle ……………………574
照準角 【空自】→ trail angle…………… 648
照準監査的 → aiming disk ……………… 22
照準器
　→ sight …………………………………574
　→ sight body …………………………574
照準魚雷 → aimed torpedo …………… 21
照準距離装置；照準距離調整 → sight range
　control …………………………………… 574
照準切り替え装置 → sight selector……… 574
照準具 → sight ………………………… 574
照準具取り付け台 → sight mount ……… 574
照準高（しょうじゅんこう）→ sight
　height …………………………………… 574
照準誤差 → aiming error……………… 22
照準コリメーター → collimating sight… 147
照準射撃 → aimed fire ………………… 21
照準手 【海軍】→ gun layer …………… 305
照準線
　→ line of sight（LOS）………………… 378
　→ sight line …………………………574
照準潜望鏡 → tank periscope…………… 628

日本語索引　　　　　163　　　　　しようと

照準線誘導対戦車ミサイル → line-of-sight anti-tank（LOSAT）...................... 378
照準装置 → aiming mechanism 22
照準地点 → aiming position 22
照準長 → sight radius........................... 574
照準調整 → harmonization 309
照準点 → aiming point（AP）................. 22
照準バー → sight bar 574
照準半径 【自衛隊】→ sight radius........ 574
照準望遠鏡 → sight telescope............... 574
照準用暗視装置 → night weapon sight.... 443
照準練習具 → sighting bar 574
哨所 → sentinel post 565
少将 【米陸軍・米空軍・米海兵隊】→ Major General（Maj. Gen.）...................... 395
少将 【海軍】→ Rear Admiral............. 521
少将 【米海軍】→ Rear Admiral, upper half 521
上昇段階防衛セグメント → boost defense segment（BDS）.............................. 110
焼食（しょうしょく）→ gas erosion 291
焼食抑制剤（しょうしょくよくせいざい）→ wear reducing additive 686
哨信儀 【海自】→ Nancy equipment..... 432
焼尽部品 → combustible case............... 152
焼尽薬莢
　　→ combustible cartridge case 152
　　→ combustible cartridge case（CCC）..152
照星（しょうせい）
　　→ front sight 286
　　→ muzzle sight 432
　　→ sight blade 574
情勢
　　→ conditions 165
　　→ situation 578
照星覆い → sight cover 574
情勢図 【海自】→ situation map 578
照星頂（しょうせいちょう）→ sight head.. 574
情勢判断 → estimate of the situation 248
情勢評価 → situation assessment 578
情勢報告 【海自】→ situation report （SITREP）...................................... 579
乗船海面 【海軍】→ embarkation area .. 239
乗船群 【陸自】→ embarkation group.... 239
乗船群 → embarkation unit 239
乗船計画 【米軍】→ embarkation plan.. 239

商船故障欠損報告 → merchant ship casualty report（MERCASREP）.................... 409
商船情報 → merchant intelligence........ 409
商船船団 → mercantile convoy 408
乗船隊 【陸自】→ embarkation team..... 239
乗船段階 【米軍】→ embarkation phase.. 239
商船通信システム → merchant ship communications system（mercomms system）... 409
乗船梯隊（じょうせんていたい）【陸自】 → embarkation element.................... 239
商船統制海域 → merchant ship control zone 409
商船動勢通報 → merchant ship movement reporting system（MERCO）............ 409
乗船部隊 【陸自】→ embarkation organization 239
乗船部隊搭載幹部 【海自】→ embarkation officer 239
商船報告・統制メッセージ・システム → merchant ship reporting and control message system 409
乗船命令 → embarkation order............. 239
常装薬 → normal charge 446
小隊 【自衛隊】→ Platoon（Pt）......... 487
小隊 → platoon（Pt）......................... 487
小隊 【海自】→ subdivision 609
小隊海曹 【海自】→ Platoon Sergeant .. 487
小隊軍曹 【米陸軍】→ Platoon Sergeant.. 487
小隊長 → platoon leader 487
小隊重畳縦隊 → column of platoons...... 148
小隊陸曹 【陸自】→ Platoon Sergeant .. 487
承諾不能 → Cannot Comply（CNC）..... 123
小弾丸 → pellet 477
常駐調整官 【国連】→ resident coordinator （RC）.. 536
省庁間作戦 → interagency operations..... 344
省庁間支援 → interdepartmental or agency support 345
省庁間情報 → interdepartmental intelligence 345
省庁間調整 → interagency coordination.. 344
省庁間通信システム 【米】→ interagency communication system（ICS）............. 344
焦点鏡 → reticle 538
常働信管 → all-ways fuze 46

しようと　　　　　　　　　164　　　　　　　　日本語索引

上等兵 【米空軍】 → Airman First Class
　(A1C) ································· 36
上等兵 【米海兵隊】 → Lance Corporal ·· 365
上等兵 【米陸軍】 → Private First Class
　(PFC) ································ 500
上等兵曹 【米海軍】 → Senior Chief Petty
　Officer ······························ 563
消灯用意らっぱ → call to quarters ········· 122
消灯らっぱ → taps ························· 628
衝突角 → angle of impact ·················· 53
衝突警報 → collision alarm ················ 147
衝突コース 【空自】 → collision course ··· 147
衝突防止灯 → anti-collision light ·········· 57
承認データ・リスト 【米】 → authorized data
　list (ADL) ····························· 80
上番衛兵 → new guard ······················· 442
上反角
　→ angle of dihedral ···················· 53
　→ dihedral angle ····················· 211
掌帆長 【海軍】 → boatswain ·············· 108
掌帆長 【海自】 → mine sweeping officer·· 417
床尾 (しょうび) → butt ···················· 119
常備軍 → standing army ···················· 597
消費者後方 【統幕】 → consumer
　logistics ····························· 168
消費者ロジスティクス 【海自】 → consumer
　logistics ····························· 168
床尾打撃 → butt stroke ···················· 119
床尾板 (しょうびばん) → butt plate ······· 119
傷病休暇 → sick leave (SL) ················ 573
傷病死者 → death other (DO) ············· 192
傷病者 → injured other ill (IOI) ········· 338
傷病者 【自衛隊】 → sick and wounded ·· 573
傷病者の状況 → condition of sick and
　wounded ····························· 165
傷病兵 → sick and wounded ················ 573
常備予備役 【米軍】 → ready reservist···· 520
上部甲板 → upper deck ····················· 669
使用部隊 → using unit ····················· 671
使用不能空間 【空自】 → dead space ······ 192
使用不能弾薬 → unserviceable
　ammunition ·························· 668
使用不能品 → unserviceable item
　(UNS) ······························· 668
上部砲架 【陸自】
　→ top carriage ······················· 643

→ upper carriage ·················· 669
哨兵線 (しょうへいせん) → cordon ········· 176
障壁部隊 → barrier forces ····················· 93
小編隊 【空自】 → element ·················· 238
将補 【自衛隊】 → general···················· 292
将補 【陸自・空自】 → Major General (Maj.
　Gen.) ································ 395
消防 【空自准空尉空曹空士特技区分】 → Fire
　Protection ··························· 266
情報RMA → Information-based RMA
　(Info-RMA) ·························· 335
情報運用 → operation of intelligence ····· 461
情報運用室 【空自】 → Intelligence Operation
　office ······························· 343
情報科 【自衛隊】 → Military Intelligence
　(MI) ································· 414
情報確度 → accuracy of information ·········· 6
情報学校 【陸自】 → Military Intelligence
　School································ 414
情報活動 → intelligence activity ··········· 342
情報官 【空自幹部特技区分】 → Defense
　Intelligence Officer ··················· 197
情報環境 → information environment
　(IE) ································· 335
情報幹部 【空自】 → Defense Intelligence
　Officer ······························ 197
情報幹部 【空自幹部特技区分】 → Intelligence
　Officer ······························ 343
情報関連活動 → intelligence-related
　activity ····························· 343
情報機関 → intelligence community ········· 343
情報技術保全 → information technology
　security (ITSEC) ····················· 336
情報基盤戦争 → intelligence-based warfare
　(IBW) ······························ 343
情報業務
　→ intelligence and investigation
　service ····························· 342
　→ intelligence service ··················· 344
情報業務群 【海自】 → Fleet Intelligence
　Command ···························· 272
情報共有 → information sharing ············ 336
情報共有分析センター → information sharing
　analysis center (ISAC) ················ 336
情報局 → intelligence agency ·············· 342
情報・警戒監視・偵察 → intelligence,
　surveillance, reconnaissance (ISR) ······ 344
情報計画 → intelligence plan ·············· 343

日本語索引　165　しようほ

情報圏 → information zone 336
情報源
　→ intelligence source 344
　→ source of intelligence 586
情報工学科 【防大】 → Department of
　Computer Science 203
情報作業 → intelligence work 344
情報作戦
　→ information operations（IO）............ 335
　→ intelligence operations（IO）........... 343
情報作戦構想 → concept of intelligence
　operations 164
情報参謀 → intelligence staff 344
情報士官 → intelligence officer 343
情報システム活用研究部門 【防大】
　→ Division of Digital Library and
　Information System 221
情報システム室 → information systems
　office 336
情報システム保全幹部 【自衛隊】
　→ information system security officer
　（ISSO）... 336
情報室 → information room 335
情報室 【空自】 → Intelligence Office 343
情報収集
　→ information collection 335
　→ intelligence gathering 343
情報収集艦 → intelligence collection ship
　（AGI）... 343
情報収集活動 → information collecting
　activity 335
情報収集機関 → intelligence collection
　agency 343
情報収集計画
　→ information collection plan 335
　→ intelligence collection plan 343
情報収集任務 → information-gathering
　mission 335
情報収集目的 → information-gathering
　purpose 335
情報主要素 → essential element of
　information（EEI）........................... 248
情報所 → intelligence center（Int C）..... 343
情報将校 → intelligence officer 343
情報処理 → information processing 335
情報処理システム整備員 → integrated
　avionics technician 341
情報処理部 【海自】 → Data Processing

Department 190
情報資料
　→ information（info）....................... 334
　→ intelligence information 343
情報資料隊 【空自】 → Air Intelligence
　Service Group 35
情報資料の確認 → confirmation of
　information 166
情報資料報告 → information report 335
情報資料要求 → information request 335
情報信号 → information signal 336
情報成果 → intelligence product 343
情報セキュリティ → information security
　（INFOSEC）.................................... 335
情報セキュリティ緊急支援チーム 【内閣官房情
　報セキュリティセンター】 → Cyber Incident
　Mobile Assistanse Team（CYMAT）.... 187
情報セキュリティ事故 → information
　security incident 336
情報セキュリティ事象 → information
　security event 335
情報セキュリティ政策会議 【日】
　→ Information Security Policy
　Council 336
情報セキュリティ評価能力成熟度モデル
　→ INFOSEC assessment capability
　maturity model（IA-CMM）............... 336
情報戦 → information warfare（IW）..... 336
情報専門員 → special agent 588
情報専門部隊 【陸自】 → intelligence
　command 343
情報専門部隊 → military intelligence
　unit 414
情報組織 → intelligence organization 343
消防隊 【在日米陸軍】 → Fire Prevention and
　Protection Branch 266
情報態勢 → information condition
　（INFOCON）.................................... 335
情報担当参謀長補 【米空軍】 → Assistant
　Chief of Staff for Intelligence 74
情報調査機関 → intelligence and
　investigation organization 342
情報調整コンソール員 → tactical director
　assistant（TDA）.............................. 625
情報調整所 → information coordination
　center（ICC）.................................... 335
情報調整装置 → information and
　coordination central（ICC）............... 335

しようほ 166 日本語索引

情報通信課 【内部部局】→ Information and Communications Division……………… 335
情報通信研究部 【防衛装備庁電子装備研究所】→ Information and Communication Research Division ……………… 335
情報通信システム → information processing system ……………………………… 335
情報通報者 → informer ………………… 336
情報提供依頼 → request for information (RFI) ……………………………… 534
情報提供者 → informant ……………… 334
情報提供者 【海自】→ informer ………… 336
情報データ処理 → intelligence data process ……………………………… 343
情報データ処理システム → intelligence data handling system ……………………… 343
情報データベース → intelligence database ……………………………… 343
情報転送 【海自】→ cross tell … 184
情報当局 → intelligence officials ……… 343
情報ドクトリン → intelligence doctrine ‥ 343
情報日誌 → intelligence journal ………… 343
情報の確認 → confirmation of intelligence ……………………………… 166
情報の評価 → intelligence evaluation ‥‥‥ 343
情報の報告 【統幕】→ intelligence reporting ……………………………… 343
情報の優越 → information superiority → 336
情報幕僚 【自衛隊】→ intelligence staff‥ 344
情報幕僚 【空自幹部特技区分】→ Intelligence Staff Officer ……………………………… 344
情報幕僚要務 → intelligence staff procedures……………………………… 344
情報班 【陸自】→ Intelligence Section … 344
情報評価 → intelligence evaluation ……… 343
情報部
 → intelligence agency…………………342
 → intelligence service…………………344
情報付属文書 【統幕】→ intelligence annex ……………………………… 343
情報部隊の区画化 → compartmentation‥ 160
情報プロセス → intelligence process …… 343
情報分野 → intelligence discipline………… 343
情報別紙 【空自】→ intelligence annex ‥ 343
情報報告
 → intelligence reporting ……………343
 → intelligence report（INTREP；

IR)…………………………………… 343
情報保証 → information assurance (IA) ……………………………… 335
情報保全 → information security (INFOSEC) ……………………………… 335
情報保全管理システム → information security management system（ISMS）‥ 336
情報保全についての日米協議 【防衛省】→ Bilateral Information Security Consultation（BISC）……………… 103
情報保全分遣隊 【海自】→ Intelligence Security Detachment ……………… 344
情報本部 【防衛省】
 → Defense Intelligence Headquarters (DIH) ……………………………… 197
 → Japan Defense Intelligence Headquarters (JDIH) ……………………………… 355
情報本部区画 【防衛省】→ JDIH area … 356
情報本部システム 【防衛省】→ JDIH system ……………………………… 356
情報見積り → intelligence estimate……… 343
情報網 → intelligence network ………… 343
情報目標 → intelligence subject………… 344
情報目標コード → intelligence subject code ……………………………… 344
情報優勢 → information superiority …… 336
情報要求
 → information requirements……………335
 → intelligence requirements …………343
情報要請 → request for information (RFI) ……………………………… 534
情報要約；情報要約書 → intelligence summary（INTSUM）……………… 344
情報用予備資金 → intelligence contingency fund ……………………………… 343
情報連合 → intelligence federation……… 343
訟務管理官 【内部部局】→ Director, Litigation Division ……………… 214
照明攻撃 → illuminated attack………… 327
照明剤 → illuminant………………… 327
使用命数 → use life ……………… 670
照明弾
 → flare…………………………………270
 → illuminating cartridge ………………327
 → illuminating flare……………………327
 → illuminating projectile………………327
 → illuminating shell …………………327
照明弾 【海自】→ star shell（SS）……… 598

日本語索引　　167　　しようら

照明弾降下経路 → flare-out glide path … 271
照明弾射撃 → illumination fire … 327
照明弾射撃盤 【海自】 → star shell
　computer … 598
照明弾発光 → flare out … 271
照明弾用計算機 → flare-out computer … 271
照明筒
　→ flare … 270
　→ illuminating flare … 327
照明夜間攻撃 → illuminated night
　attack … 327
照明薬筒 【海自】 → candle … 122
照明薬頭部 → flare head … 271
消滅線 → fade line … 257
上面攻撃 → top-attack … 643
正面攻撃
　→ frontal attack … 286
　→ front attack … 286
正面射 → front fire … 286
正面射撃 → frontal fire … 286
正面接近 → approaching head-on … 62
正面突破 → frontal breakthrough … 286
消耗機雷原 → attrition minefield … 79
消耗作戦 → attrition operation … 79
消耗戦 → war of attrition … 681
消耗戦略
　→ strategy of attrition … 607
　→ strategy of exhaustion … 607
消耗掃海 → attrition sweeping … 79
照門
　→ bracket ring … 113
　→ rear sight … 521
照門覆い（しょうもんおおい） → rear sight
　cover … 521
照門座 → rear sight base … 521
商用コンピューター・セキュリティ・センター
　→ Commercial Computer Security Center
　(CCSC) … 155
常用薄明
　→ civil twilight … 139
　→ evening civil twilight … 249
　→ morning civil twilight … 425
常用薄明の開始時刻 → begin morning civil
　twilight (BMCT) … 101
常用薄明の終了時刻 → end evening civil
　twilight (EECT) … 242
常用発射速度 → usable rate of fire … 669

将来型機上指揮所 【空軍】 → advanced
　airborne command post (AABNCP) … 14
将来型基地支援航空機 【空軍】 → advanced
　base support aircraft (ABSA) … 14
将来型空域計測航空機 → advanced range
　instrumentation aircraft (ARIA) … 15
将来型空中火力支援システム → advanced
　aerial fire-support system (AAFSS) … 14
将来型空中給油/輸送航空機 → advanced
　tanker/cargo aircraft (ATCA) … 16
将来型航空機発射戦略ミサイル 【米】
　→ advanced strategic air-launched missile
　(ASALM) … 16
将来型合成開口レーダー・システム
　→ advanced synthetic aperture radar
　system (ASARS) … 16
将来型支援ヘリコプター → advanced support
　helicopter (ASH) … 16
将来型自己防御用妨害装置 → advanced self-
　protection jammer (ASPJ) … 15
将来型赤外線映像シーカー → advanced infra-
　red imaging seeker … 15
将来型戦術輸送機 → advanced tactical
　transport (ATT) … 16
将来型戦術レーダー → advanced tactical
　radar (ATR) … 16
将来型阻止攻撃兵器システム → advanced
　interdiction weapon system (AIWS) … 15
将来型対戦車ミサイル 【米陸軍】 → advanced
　antitank weapons system heavy … 14
将来型弾道ミサイル防御 → advanced ballistic
　missile defense … 14
将来型中距離対戦車ミサイル 【米陸軍】
　→ advanced antitank weapons system
　medium … 14
将来型超音速技術 → advanced supersonic
　technology (AST) … 16
将来型超音速輸送機 → advanced supersonic
　transport (AST) … 16
将来型通常弾頭スタンドオフ・ミサイル
　→ advanced conventional stand-off missile
　(ACSM) … 14
将来型敵味方識別装置 → advanced
　identification friend or foe (AIFF) … 15
将来型爆弾ラック・ユニット → advanced
　bomb rack unit (ABRU) … 14
将来型ブレード構想 → advanced blade
　concept … 14
将来型誘導制御装置 → advanced guidance

し

しょうら　168　日本語索引

and control system（AGCS）………… 15

将来型輸送用回転翼機 → advanced cargo rotor craft …………………………… 14

将来戦闘システム → Future Combat System（FCS）…………………………… 290

将来年度国防プログラム【米】→ Future Years Defense Program（FYDP）……… 290

将来の戦力【米】→ Force of the Future‥ 279

擾乱（じょうらん）
　→ annoyance………………………… 54
　→ disturbance……………………… 220
　→ harassment……………………… 308

擾乱攻撃（じょうらんこうげき）→ harassing attack …………………………… 308

擾乱射撃（じょうらんしゃげき）【陸自・空自】→ harassing fire …………………… 308

擾乱地雷原 → nuisance minefield……… 450

上陸 → landing（L/D）……………… 365

上陸員 → liberty man………………… 374

上陸海岸【米軍】→ landing beach… 366

上陸海岸 → landing coast …………… 366

上陸海岸配当表 → beach diagram……… 99

上陸海岸表示旗 → beach flag…………… 99

上陸許可 → shore leave……………… 571

上陸拠点 → beachhead（Bhd）………… 99

上陸区域 → landing area……………… 365

上陸計画
　→ landing plan……………………… 367
　→ landing schedule………………… 367
　→ plan for landing ………………… 485

上陸攻撃【陸自】→ landing attack …… 366

上陸作戦【海自】→ landing operation… 366

上陸作戦支援群 → amphibious support group………………………………… 51

上陸作戦指揮群 → amphibious group……… 51

上陸作戦打撃部隊 → amphibious striking forces………………………………… 51

上陸作戦統制群 → amphibious control group………………………………… 50

上陸作戦部隊 → amphibious unit …… 51

上陸作戦用貨物輸送艦 → attack cargo ship………………………………… 78

上陸作戦用船団 → amphibious squadron ‥ 51

上陸作戦用輸送艦 → attack transport（APA）………………………………… 78

上陸支援海域 → naval support area …… 438

上陸シーケンス・テーブル → landing sequence table …………………… 367

上陸制圧作戦 → landing control operations ……………………… 366

上陸戦闘【米軍】→ landing attack …… 366

上陸戦闘部隊 → landing party ………… 367

上陸阻止用機雷原 → anti-invasion minefield ……………………… 57

上陸団 → landing team……………… 367

上陸地域
　→ landing area …………………… 365
　→ landing zone（LZ）……………… 367

上陸地帯 → landing area……………… 365

上陸適地 → landing site……………… 367

上陸任務群【米軍】→ landing group…… 366

上陸部隊【米軍】→ landing force（LF）‥ 366

上陸部隊支援班 → landing force support party ……………………………… 366

上陸部隊統合通信システム → Landing Force Integrated Communications System（LFICS）……………………… 366

上陸部隊用補給品 → landing force supplies……………………… 366

上陸編成【米軍】→ organization for landing ……………………… 465

上陸堡 → beachhead（Bhd）…………… 99

上陸補給点 → beach dump……………… 99

上陸用舟艇（じょうりくようしゅうてい）→ landing craft（LC）………… 366

上陸用舟艇・強襲ビークル任務表 → landing craft and amphibious vehicle assignment table ……………………… 366

上陸用舟艇使用可能表 → landing craft availability table……………… 366

上陸用舟艇展開表 → landing craft deployment diagram……………… 366

上陸用舟艇母艦【空自】→ dock landing ship ……………………… 222

上陸用舟艇母艦 → landing ship, dock（LSD）……………………… 367

上陸要領図 → landing diagram ……… 366

小粒薬（しょうりゅうやく）【海自】→ pellet……………………… 477

初期運用能力 → early operational capability（EOC）……………………… 229

初期運用能力【空自】→ initial operational capability（IOC）……………… 337

初期作戦能力【海自】→ initial operational

capability（IOC）................................ 337
初期写真判読報告 → initial photo
　interpretation report 337
初期状況監視プログラム → initial status
　monitor（ISM）................................ 337
初期早期再補給 → initial early resupply.. 337
初期対応部隊 → initial response force 337
初期雷道 → torpedo initial trajectory ... 644
初級幹部 【自衛隊】→ junior officer 362
初級幹部検定；初級幹部審査 → junior officers
　training test 362
初級専門員 → apprentice（app）............ 62
初級練度 → entry level 245
職域
　→ appointment area 62
　→ occupational field 452
職域戦時建設管理官 → theater wartime
　construction manager（TWCM）......... 637
職員人事管理室 → Civilian Personnel
　Section... 139
職員班 【陸自】→ Civilian Personnel
　Section... 139
職業軍人
　→ career soldier 125
　→ professional soldier 501
職種 → branch 113
職種 【自衛隊】→ branch of service 113
職種等級 → occupational rating 452
職種別等級章【米海軍】→ rating badge.. 519
触接機 【空自】→ trailer aircraft 648
触接区域 【海自】→ contact area（CA）.. 168
触接公算 → probability of contact 500
触敵報告 → enemy contact report 242
触敵報告中継艦 → enemy relay ship....... 243
食堂担当の下士官 【海軍】→ messman .. 410
触媒攻撃 → catalytic attack 127
触発機雷 → contact mine 169
触発装置 → contact detonating device.... 169
職務表 → activity list 10
職務離脱 【自衛隊】→ absent without leave
　（AWOL）.. 3
職務離脱者 【自衛隊】→ absentee 3
助攻 【陸自】；助攻撃 【陸自】→ secondary
　attack 557
所在先任海上指揮官 → senior officer present
　afloat（SOPA）................................ 564

所在先任指揮官 → senior officer present
　（SOP）... 564
所在部隊 → unit in place 667
諸職種共同訓練 【陸自】→ combined arms
　training 151
諸職種共同訓練センター 【陸自】→ Combined
　Arms Training Center（CATC）.......... 151
諸職種連合作戦 【陸自】→ combined arms
　operation 151
諸職種連合部隊 【陸自】→ combined arms
　force 151
女性自衛隊員 【自衛隊】→ female SDF
　personnel...................................... 260
女性乗務員；女性パイロット
　→ airwoman 44
緒戦 → first battle 268
除染 【陸自】→ decontamination
　（Dcn）... 194
除染シャワー → decontamination
　shower 194
除染所 → cleansing station 140
初速 → initial velocity 337
所属航空機 → assigned aircraft 74
所属部隊 → duty unit 229
除隊休暇 → terminal leave 635
除隊者 → separatee 565
除隊証明書 → certificate of discharge 132
除隊兵 → discharged soldier 216
初弾 → first shot 268
初弾弾着点 → first point of impact 268
初探知報告 【海自】→ initial contact
　report 337
初弾発射最適時間 → time to first launch
　（TTFL）... 641
処置不要彼我不明機（しょちふようひがふめい
　き）→ no significant unknown（NU）... 448
触角 → horn 320
ショック・パンツ → pneumatic antishock
　garment（PASG）............................ 487
ショップ交換ユニット → shop replaceable
　unit（SRU）.................................... 571
ショップ整備 → shop maintenance 571
初動対応即応演習 【米軍】→ Initial
　Response Readiness Exercise（IRRE）... 337
初等練習機 → primary trainer 499
初度運用試験及び評価 → initial operational
　test and evaluation......................... 337

しよとか 170 日本語索引

助渡河 → supporting crossing operation‥ 615

初度供用 【空自】；初度供用装備 【空自】
→ initial issue································ 337

除毒剤
→ decontaminant ··························194
→ decontaminating agent ···············194
→ decontaminating chemical···········194

除毒所 → decontamination station········ 194

初度交付 【統幕】 → initial issue ··········· 337

初度請求 → initial requisition ············· 337

初度捜索低域限界 → initial search lower
bound (ISLB) ····························· 337

初度装備 → initial issue of equipment ···· 337

初度調整会議 → initial planning conference
(IPC) ··· 337

初度部品 → initial spare parts (ISP) ···· 337

初度プロビジョニング 【海自】 → initial
provisioning ································· 337

初度報告 → initial report ···················· 337

初度補給 【陸自】 → initial issue ··········· 337

初度補給 → initial supply···················· 337

初度補給基準の策定 → initial
provisioning ································· 337

初度補給所要 → initial supply
requirements ································ 337

初度補用支援品目表 → initial spare support
list (ISSL) ·································· 337

初度要撃針路 → snap vector················· 582

初度予備品 → initial reserves················ 337

処内整備 → depot maintenance (Dep
Maint) ······································· 205

初任3尉 【海自】 → newly ensign ········· 442

処分 【陸自】 → disposal····················· 218

処分士 【海自】 → EOD officer ············· 246

諸兵科連合作戦 → combined arms
operation ····································· 151

諸兵連合部隊 → combined arms············· 151

庶務課 【在日米陸軍】 → Administrative of
Planning Branch···························· 13

庶務係 【防衛装備庁電子装備研究所】
→ General Affairs Section ·············· 293

庶務室 【統幕】 → Secretariat Office····· 558

庶務班 【陸自】 → Secretarial Section····· 558

所命の時期に → at the prescribed time ··· 79

所望欺瞞目標 【海自】 → desired
perception ··································· 207

所望結果 【海自】 → desired effects ······· 207

所望効果 【陸自】 → desired effects ······· 207

所望弾着点 → desired point of impact
(DPI) ·· 207

所望到着期日 【統幕】 → required delivery
date (RDD) ································· 534

所望トラック → desired track ············· 207

所望平均弾着点；所望平均命中点 → desired
mean point of impact (DMPI) ··········· 207

所望命中点 → desired point of impact
(DPI) ·· 207

所要 → requirements ························· 534

所要資材 【海自】 → materiel
requirements ································ 403

所要数だけ；所要だけ → as required
(AR) ··· 73

所要の部隊 → necessary unit ··············· 440

所要引き渡し日 【統幕】 → required delivery
date (RDD) ································· 534

所要部隊 → required military force········ 534

所要部品見積り表 【海自】 → material
requirement list (MRL) ·················· 402

所要防衛力構想 → concept of required
defense force ································ 164

所要補給率 → required supply rate
(RSR) ·· 534

ショーラン爆撃 → shoran bombing········ 571

処理班 【空自】 → Processing Unit ········ 501

処理不能 → Cannot Process (CNP) ······ 123

書類統制番号 → document control number
(DCN) ·· 222

地雷 → land mine (LM) ···················· 367

地雷 【陸自】 → mine························· 416

地雷禁止国際キャンペーン → International
Campaign to Ban Landmines (ICBL) ·· 347

地雷原 【陸自】 → minefield (MF) ······· 416

地雷原記録 → minefield record············· 417

地雷原処理 → minefield breaching ········ 416

地雷原処理車 【陸自】 → mine clearance
vehicle (MCV) ····························· 416

地雷原の間隙 → minefield gap············· 416

地雷原の通路 【陸自】 → minefield lane·· 416

地雷原標識 → minefield marker············ 417

地雷工兵 → miner···························· 417

地雷散布装置 → land mine dispenser ····· 367

地雷除去作業 → mine removal
operations ··································· 417

地雷除去システム → mine clearance system

日本語索引　　171　　しれいゆ

（MCS）……………………………… 416

地雷処理　→ landmine disposal ………… 367

地雷処理　【陸自】→ mine disposal ……… 416

地雷処理システム　→ mine clearance system
（MCS）……………………………… 416

地雷処理戦車　→ mine exploder tank …… 416

地雷処理用ロケット弾　→ mine clearing
rocket ……………………………… 416

地雷戦　→ land mine warfare …………… 367

地雷線　→ mine row ……………………… 417

地雷探針　→ mine probe ………………… 417

地雷探知機　【陸自】→ mine detector …… 416

地雷の清掃　【陸自】→ minesweeping …… 417

地雷の探知・処理技術　→ mine detection and
clearance technology …………………… 416

地雷敷設装置　→ minelayer ……………… 417

地雷敷設地域　→ mined area …………… 416

地雷敷設兵　→ miner …………………… 417

地雷兵器　→ mine weapon ……………… 418

地雷防御　→ mine defense ……………… 416

地雷除去防止装置
　→ antilift device ……………………… 58
　→ antiremoval device ………………… 58

地雷密度　→ mine density ……………… 416

地雷誘爆防止距離　→ countermining
radius ……………………………… 179

自律型致死性兵器　→ lethal autonomous
weapon（LAW）…………………… 373

自律型兵器システム　→ autonomous weapon
system …………………………………… 84

自律航行型無人潜水装置　→ autonomous
underwater vehicle（AUV）…………… 84

自律対装甲弾　→ brilliant anti-tank munitions
（BAT）……………………………… 115

自律着陸誘導　→ autonomous landing
guidance ………………………………… 84

自律陸上車　→ autonomous land vehicle
（ALV）…………………………………… 84

資料課　【海上自衛隊幹部学校】
　→ Educational Material Division ……… 231

資料課　【陸自】→ Information Processing
Division（Info Proc Div）……………… 335

資料源　→ source of information ………… 586

資料識別コード　【米】→ document identifier
code（DIC）………………………… 222

資料識別番号　→ data identification number
（DIN）……………………………… 190

資料有効性コード　【米】→ document
availability code（DAC）……………… 222

シルバーフラッグ訓練　【米軍】→ Silver Flag
Exercise …………………………… 576

司令　【海自】→ commander …………… 153

司令　【海軍】→ commanding officer
（CO）……………………………… 154

司令　【海自】→ Commodore …………… 155

指令開傘（しれいかいさん）→ command
chute ……………………………… 153

指令確認　【空自】→ acknowledge（ACK）…6

司令官
　→ commandant ……………………… 153
　→ commander ……………………… 153

司令官　【海軍】→ flag officer（FO）…… 270

指令官　→ director（dir）……………… 213

司令官旗　【海軍】→ broad pennant …… 115

司令官室　【在日米陸軍】→ Office of the
Commander ……………………… 454

司令官付き副官　【海軍】→ flag
lieutenant ………………………… 270

指令管理換え　→ directed transfer ……… 212

指令気速　→ command airspeed ………… 152

司令車　【米】→ command car ………… 153

指令信管　→ command fuze …………… 154

指令装置
　→ announcing system ………………… 54
　→ command communication equipment
（CCEQ）………………………… 153

司令長官　【海軍】→ admiral …………… 13

司令長官　→ captain general …………… 124

司令長官　【海軍】→ commander-in-chief
（CINC）…………………………… 153

司令塔　→ conning tower ……………… 167

指令破壊信号　→ command destruct
signal ……………………………… 153

指令爆破　→ command burst …………… 153

指令表　→ order table …………………… 464

司令部　【陸自】→ Headquarters（HQ）… 310

司令部　→ headquarters（HQ）………… 310

指令符号管制　→ command code control… 153

司令部付き隊（しれいぶづきたい）【自衛隊】
　→ Headquarters Unit（HQU）………… 310

司令部部隊　→ command element（CE）… 153

指令ホーミング方式　→ command homing
system …………………………… 154

指令誘導　→ command guidance ………… 154

指令誘導方式 【海自】→ command system ················· 154

指令誘導ミサイル → command-guided missile ·············· 154

シレーラ → Shillelagh ····················· 569

シーレーン 【海自】→ sea lines of communication（SLOC）····················· 555

シーレーン防衛 【統幕】→ defense of SLOCs ··································· 197

新暗号標準 → advanced encryption standard··································· 15

人為雑音 → artificial noise ····················· 71

人員空輸移動 → air trooping ················· 43

人員車両揚陸用舟艇 → landing craft, vehicle and personnel（LCVP）···················· 366

人員受領所 → reception center··········· 522

人員整理 → reduction in force（RIF）··· 526

人員損耗 → personnel losses ················ 480

人員損耗見積り → casualty estimate ······ 127

人員損耗率 → personnel attrition rate··· 480

人員配置 → distribution of personnel ····· 220

人員配置してない陣地 → unoccupied position································ 668

人員輸送車 → personnel carrier············· 480

深海救難艇 → deep submergence rescue vehicle（DSRV）····················· 194

深海散乱層 → deep scattering layer（DSL）··································· 194

深海潜水 → deep sea diving················ 194

深海潜水作業船 → deep diving vessel ····· 194

深海潜水捜索艇 → deep submergence search vehicle（DSSV）····················· 194

深海潜水装置 → deep diving system（DDS）··································· 194

深海潜水艇 → deep submergence vehicle（DSV）··································· 195

深海艇乗組員 【米海軍】→ hydronaut ··· 324

新型攻撃型原子力潜水艦 【米海軍】→ New Nuclear-Powered Attack Submarine ····· 442

新型後方支援艦 → auxiliary dry cargo carrier（T-ADC（X））·················· 84

新型コンフォーマル音響センサー → advanced conformal sonar acoustic system（ACSAS）····················· 14

新型巡航ミサイル → advanced cruise missile（ACM）··································· 14

新型戦術戦闘機 【空自】→ advanced tactical fighter（ATF）····················· 16

新型戦略空中発射ミサイル 【米】→ advanced strategic air-launched missile（ASALM）··································· 16

新型戦略ミサイル・システム → advanced strategic missile system（ASMS）··········· 16

新型ソーナー逆探システム 【米海軍】→ new sonar intercept system（NSIS）··········· 442

新型ソノブイ通信リンク → advanced sonobuoy communication link（ASCL）·· 16

新型短距離空対空ミサイル → advanced short range AAM（ASRAAM）····················· 15

新型短距離離着陸中型輸送機 → advanced medium STOL transport（AMST）········ 15

新型中距離空対空ミサイル 【米軍】→ advanced medium-range air-to-air missile（AMRAAM）····················· 15

新型有人侵攻機戦略システム 【空軍】→ advanced manned penetrator strategic system（AMPSS）····················· 15

新型有人戦略爆撃機 → advanced manned strategic aircraft（AMSA）·················· 15

新型レーダー処理システム → advanced radar processing system（ARPS）·················· 15

信管 → fuze ··································· 290

信管火薬系列 → fuze explosive train ······ 290

信管キャップ → fuze cap ················· 290

信管距離 → fuze range··················· 290

信管孔（しんかんこう）→ fuze cavity ······ 290

信管最大射高 → maximum fuze ceiling··· 403

信管作動距離 → fuze range··················· 290

信管測合器 → fuze setter ················· 290

信管体 → fuze body ··················· 290

信管調定器 → fuze setter ················· 290

信管取付孔（しんかんとりつけこう）【空自】→ fuze cavity ····················· 290

信管費消時（しんかんひしょうじ）【海自】→ dead time ··································· 192

信管秒時 → fuze time ················· 290

信管帽 → fuze cap ····················· 290

信管無効化 → fuze dudding ··················· 290

信管離脱防止装置 → antiwithdrawal device································ 61

信管レンチ → fuze wrench ··················· 290

新規安全保障課題局 【NATO】→ Emerging Security Challenges Division（ESCD）·· 241

新規採用隊員 → accessions ·················5

日本語索引　173　しんしせ

真空安定度試験 → vacuum stability test‥ 672
真空試験 → vacuum test ‥‥‥‥‥‥‥ 672
真空中弾道 → vacuum trajectory ‥‥‥‥ 672
シングルベース火薬 → single-base
powder‥‥‥‥‥‥‥‥‥‥‥‥‥ 577
シングルベース発射薬 → single-base
propellant‥‥‥‥‥‥‥‥‥‥‥ 577
進軍歌 → marching song‥‥‥‥‥‥‥‥ 398
進軍らっぱ → marching bugle‥‥‥‥‥‥ 398
陣形 【海自】→ formation ‥‥‥‥‥‥‥ 280
神経ガス → nerve gas‥‥‥‥‥‥‥‥‥ 441
陣形基準艦 → formation guide ‥‥‥‥‥ 281
陣形規律 → formation discipline‥‥‥‥ 281
神経剤 → nerve agent‥‥‥‥‥‥‥‥‥ 441
陣形軸 → formation axis（FA）‥‥‥‥‥ 281
陣形信号 → form signal ‥‥‥‥‥‥‥‥ 281
神経性ガス → German gas ‥‥‥‥‥‥‥ 295
神経戦 → war of nerves ‥‥‥‥‥‥‥‥ 681
陣形中心 → formation center（FC）‥‥‥ 281
陣形配備 【海自】→ disposition ‥‥‥‥ 218
陣形配備軸 → disposition axis‥‥‥‥‥ 218
陣形ライン → form line ‥‥‥‥‥‥‥‥ 281
侵攻 → invasion‥‥‥‥‥‥‥‥‥‥‥ 351
進攻 → penetration‥‥‥‥‥‥‥‥‥‥ 477
人工UEP雑音 → artificial underwater
electric field noise（artificial UEP
noise）‥‥‥‥‥‥‥‥‥‥‥‥‥ 71
信号炎管（しんごうえんかん）→ candle ‥ 122
信号旗 → signal flag‥‥‥‥‥‥‥‥‥ 575
侵攻機 → penetrator ‥‥‥‥‥‥‥‥‥ 477
進攻軍 → expeditionary force ‥‥‥‥‥ 252
進攻軍電報 → expeditionary force
message‥‥‥‥‥‥‥‥‥‥‥‥ 252
新攻撃型潜水艦 【米海軍】→ new attack
submarine（NAS）‥‥‥‥‥‥‥‥ 442
信号拳銃
→ pyrotechnic pistol ‥‥‥‥‥‥‥508
→ signal gun ‥‥‥‥‥‥‥‥‥‥575
→ signal pistol‥‥‥‥‥‥‥‥‥‥575
侵攻国 → invasion country ‥‥‥‥‥‥ 351
侵攻支援機材 【空軍】→ penetration
aids ‥‥‥‥‥‥‥‥‥‥‥‥‥‥ 477
人工磁気雑音 → artificial magnetic noise ‥ 71
信号識別 → signal identification‥‥‥‥ 575
進攻準備地域 → mounting area‥‥‥‥‥ 426

信号所 → signal station ‥‥‥‥‥‥‥‥ 575
人工障害物 → artificial obstacle ‥‥‥‥ 71
信号情報 → signals intelligence
（SIGINT）‥‥‥‥‥‥‥‥‥‥‥ 575
進攻戦闘機 → penetration fighter ‥‥‥‥ 477
信号対妨害比 → signal to jamming
ratio ‥‥‥‥‥‥‥‥‥‥‥‥‥ 575
信号弾記号 → pyrotechnic code‥‥‥‥‥ 508
信号探照灯 → signaling search light‥‥‥ 575
信号通信 → signal communication ‥‥‥‥ 575
信号当直艦 → visual communication duty
ship‥‥‥‥‥‥‥‥‥‥‥‥‥‥ 677
信号発射筒 → signal ejector‥‥‥‥‥‥‥ 575
侵攻部隊等の情況 → invasion forces
conditions‥‥‥‥‥‥‥‥‥‥‥ 351
信号保全 【海自】→ signal security
（SIGSEC）‥‥‥‥‥‥‥‥‥‥‥ 575
新小型観測ヘリコプター 【自衛隊】→ new
light observation helicopter（XOH-1）‥ 442
人材育成課 【内部部局】→ Human Resources
Development Division‥‥‥‥‥‥‥ 323
人材確保統括官 【防大】→ Director General
for Cadet Recruitment‥‥‥‥‥‥‥ 214
審査官 【海自】→ observer ‥‥‥‥‥‥ 451
審査班 【空自】→ Evaluation Section‥‥‥ 249
人事 【空自准空尉空曹空士特技区分】
→ Personnel ‥‥‥‥‥‥‥‥‥‥ 480
人事課 【防衛省・海自】→ Personnel
Division（Pers Div）‥‥‥‥‥‥‥ 480
人事教育局 【内部部局】→ Bureau of
Personnel and Education‥‥‥‥‥‥ 118
人事教育部 【海自・空自】→ Personnel and
Education Department ‥‥‥‥‥‥‥ 480
人事教育部 【防衛省・空自】→ Personnel
and Training Department‥‥‥‥‥‥ 480
人事記録 → service record‥‥‥‥‥‥‥ 567
人事計画課 【陸自・海自・空自】→ Personnel
Planning Division（Pers Planning
Div）‥‥‥‥‥‥‥‥‥‥‥‥‥ 480
人事計画・補任課 【内部部局】→ Personnel
Affairs Division ‥‥‥‥‥‥‥‥‥ 480
人事/GI担当副参謀長 【在日米陸軍】
→ Deputy Chief of Staff for Personnel/GI
（DCSPER/GI）‥‥‥‥‥‥‥‥‥ 206
人事社会連絡局 【在日米軍】→ Directorate
of Personnel and Community Activities
（DPCA）‥‥‥‥‥‥‥‥‥‥‥ 214
人事センター 【海自】→ personnel center

し

（PAC）……………………………… 480

人事日報 → daily report of personnel …… 188

人事配置 → distribution of personnel …… 220

人事班 【陸自・空自】→ Personnel Section ……………………………… 480

人事部 【陸自】→ Personnel Department （Pers Dept）……………………… 480

人事部 【空自】→ Personnel Division （Pers Div）………………………………… 480

人事募集広告 → help-wanted ad………… 314

人事見積り → estimate of personnel situation…………………………………… 248

伸縮式銃床 → telescopic stock ………… 633

進出角 【海自】→ lead angle…………… 371

進出線 【陸自】→ objective line （Obj L）……………………………………… 450

進出予定速力 【海自】→ speed of advance （SOA）………………………………… 591

深深度機雷原 → deep minefield………… 194

深深度潜航 → submerged deep………… 610

深深度潜航員 【米海軍】→ hydronaut … 324

深深度潜水隊 【米海軍】→ Deep Submergence Unit……………………… 195

深深度発射 → deep water operation…… 195

新人民軍 → New People's Army （NPA）……………………………… 442

深水徒渉 → deep fording……………… 194

深水渡渉能力 → deep fording capability… 194

陣前施設 → outwork …………………… 467

人像的 → aiming silhouette ……………… 22

迅速反応警戒待機 【空軍】→ quick reaction alert ………………………………… 510

身体障害者暫定退役名簿 → temporary disability retired list……………………… 634

身体障害従業員の解雇 → disability termination……………………………… 216

新短距離空対空誘導弾 【自衛隊】→ New Short Range Air-to-Air Missile （XAAM-5）……………………………………… 442

陣地 → site…………………………… 578

陣地攻撃 → attack on a position ………… 78

新地上無線機 【自衛隊】→ new high frequency radio system ……………… 442

陣地地雷原 → deliberate protective minefield……………………………… 201

陣地戦 → position warfare…………………491

→ war of position……………………681

陣地占領 → occupation of position ……… 452

陣地の編成
→ organization of position ……………465
→ organization of the ground…………465

陣地判断 → appreciation of the position … 62

陣地変換 → displacement ……………… 218

陣地防御 【陸自】→ area defense………… 64

陣地防御 → position defense……………491

新中央指揮システム 【海自】→ New Central Command System （NCCS） …………… 442

新中央指揮所 【自衛隊】→ New Central Command Post （NCCP）……………… 442

新中距離空対空誘導弾 【自衛隊】→ New Medium Range Air-to-Air Missile （XAAM-4）……………………………………… 442

新中距離地対空誘導弾 【自衛隊】→ New Medium Range Surface-to-Air Missile … 442

伸長隊形 → open column ……………… 458

人的情報 → human intelligence （HUMINT）……………………… 322

人的情報源 → human intelligence source ………………………………… 322

人的戦闘力 【陸自】→ human combat power …………………………………… 322

人的損害率 → casualty rate……………… 127

人的保全 → personnel security………… 480

侵徹限界（しんてつげんかい）→ ballistic limit ………………………………… 91

侵徹限界角 → biting angle …………… 104

侵徹孔 → penetration hole …………… 477

侵徹効果 → penetration effect………… 477

侵徹深度 → armor piercing capacity …… 67

侵徹弾道学 → ballistics of penetration … 91

侵徹長 → armor piercing capacity …… 67

侵徹力 → penetration power…………… 477

浸透 【陸自】→ infiltration …………… 334

人道支援 → humanitarian assistance （HA） ………………………………… 323

人道調整官 【国連】→ humanitarian coordinator （HC）…………………… 323

人道的援助 → humanitarian aid ……… 323

人道的介入 → humanitarian intervention ……………………… 323

人道的救援活動 → humanitarian relief efforts ………………………………… 323

人道的地雷除去 → humanitarian

日本語索引　175　しんむは

demining …………………………………… 323
人道的立場 → humanitarian standpoint‥ 323
人道的な国際救援活動 → international
humanitarian relief operations………… 348
人道的民事支援 → humanitarian and civic
assistance ……………………………… 323
人道・復興支援 → humanitarian and
reconstruction assistance……………… 323
真渡河 【陸自】→ actual crossing ……… 10
深度解除装置 → depth resolving
equipment ……………………………… 205
深度管制機構 → depth control
mechanism……………………………… 205
深度管制装置 → depth control unit……… 205
深度機 → depth mechanism…………… 205
深度記録 → depth recording ………… 205
深度記録器 → depth recorder………… 205
深度検出器 → depth sensor ………… 205
深度検出機構 → depth sensor
mechanism……………………………… 205
深度自停 → depth cut-off (DCO) ……… 205
深度自停スイッチ → depth cut-off
switch …………………………………… 205
深度制限機能 → depth cut-off function… 205
深度装置 → depth unit ………………… 205
深度測定用ソーナー → depth determining
sonar …………………………………… 205
深度調整 → depth adjustment ………… 205
深度調定 → depth setting ……………… 205
深度調定機構 → depth setting
mechanism……………………………… 205
深度調定筒 → depth setting sleeve……… 205
陣内戦闘 → battle in the main battle
area …………………………………… 98
侵入
→ intrusion ……………………………351
→ invasion ……………………………351
→ penetration …………………………477
進入 → approach ……………………… 62
進入開始点 【空自】→ initial point
(IP) ……………………………………… 337
進入角
→ angle of approach ………………… 52
→ angle of glide ……………………… 53
侵入監視センター → infiltration surveillance
center (ISC) ………………………… 334
進入管制 → approach control…………… 62
進入管制業務 → approach control service‥ 62

進入管制区 → approach control area……… 62
進入管制所 → approach control facility
(APPROACH) ………………………… 62
進入管制席 → approach control position… 62
進入管制レーダー → approach control radar
(ACR) ………………………………… 62
侵入機
→ intruder ……………………………351
→ penetrating aircraft ………………477
進入許可 → approach clearance…………… 62
進入区域
→ approach area ……………………… 62
→ approach zone ……………………… 63
侵入軍 → invading army ……………… 351
進入経路 【海自】→ entry leg ………… 245
進入限界高度 → decision height (DH) … 193
侵入検知システム → intrusion detection
system (IDS) ………………………… 351
進入航行 → approaching navigation……… 62
進入時刻 → approach time ……………… 63
侵入者
→ intruder ……………………………351
→ penetrator …………………………477
進入襲撃作戦 → intruder operation …… 351
進入順序
→ approaching sequence……………… 62
→ approach sequence………………… 62
侵入地域 → penetrating area …………… 477
進入直衛 → entry screen ……………… 245
進入通路 → approach tunnel …………… 63
進入点 → approach point (AP) ………… 62
進入点 【海自・空自】→ initial point
(IP) …………………………………… 337
進入灯
→ approach light ……………………… 62
→ approach lighting system ………… 62
進入表面 → approach surface…………… 62
進入フィックス → approach fix………… 62
人文社会科学群 【防大】→ School of
Humanities and Social Sciences……… 552
新兵 【空軍】→ basic airman ………… 95
新兵訓練基地 【米海軍・米海兵隊】；新兵訓練
所 【米海軍・米海兵隊】→ boot camp… 111
人民解放軍 【中国】→ People's Liberation
Army (PLA)………………………… 477
人民戦線 → popular front …………… 489
信務班 → message center …………… 409

信務班整理番号 → message center
　number ································· 409
新目標 → fresh target ················ 285
新野戦特科射撃指揮装置 【自衛隊】→ New
　Field Artillery Digital Automatic
　Computer ······························ 442
新誘電体レーダー波吸収材 → advanced
　dielectric radar absorbent materials
　(ADRAM) ································ 14
信頼・安全醸成措置 → confidence and
　security-building measures (CSBM) ···· 166
信頼醸成措置 → confidence-building
　measures (CBM) ······················ 166
信頼醸成措置及び予防外交に関するインター
　セッショナル支援グループ → Inter-
　Sessional Support Group Meeting on
　Confidence Building Measures and
　Preventive Diplomacy (ISG on CBM/
　PD) ····································· 351
心理幹部 【空自幹部特技区分】
　→ Psychologist ······················· 506
心理作戦 → psychological operation
　(PSYOP) ······························· 505
心理戦 → psychological warfare
　(PSYWAR) ···························· 505
心理戦基礎研究 → basic psychological
　operations study ······················ 96
心理戦防護 → counterpsychological
　operations ····························· 179
心理適性班 【陸自】→ Aptitude Test
　Section ·································· 63
侵略
　→ aggression ·························· 21
　→ incursion ··························· 331
　→ invasion ···························· 351
侵略軍 → invading army ············ 351
侵略国
　→ aggressor ···························· 21
　→ aggressor country ·················· 21
　→ aggressor nation ··················· 21
侵略者
　→ aggressor ···························· 21
　→ invader ····························· 351
侵略戦争
　→ aggressive war ····················· 21
　→ war of aggression ················· 681
針鼠陣（しんろうじん）；針鼠爆雷
　→ hedgehog ·························· 312
進路権 → right of way (ROW) ······ 541
進路偵察 → route reconnaissance ····· 545

す

【す】

水圧機雷 【海自】→ pressure mine ······· 497
水圧信管 → hydrostatic fuze ············· 324
水圧発射 → hydraulic launch ············ 323
水域管制；水域管理 → waterspace
　management (WSM) ····················· 683
随意射撃 → fire at will ·················· 265
水温鉛直分布図 → bathythermogram ······ 97
水温記録器 → bathythermograph (BT) ··· 97
水温躍層（すいおんやくそ
　う）→ thermocline ···················· 638
垂下アンテナ → trailing antenna ·········· 648
垂下空中線 【海自】→ trailing antenna ·· 648
水際眼高差 → dip of the shore horizon ··· 212
水際機雷原 → beach minefield ············ 99
水際障害物（すいさいしょうがいぶ
　つ）→ beach and underwater obstacles ··· 99
水際地雷（すいさいじらい）→ coastal
　mine ··································· 144
水際地雷敷設装置 【陸自】→ beach
　minelayer vehicle ······················· 99
水際防御（すいさいぼうぎょ）→ beach
　defense ································· 99
炊事勤務員 【自衛隊】→ kitchen police
　(KP) ···································· 364
随時交換品目 → condition item ············ 165
炊事段列 → kitchen train ·················· 364
炊事当番兵 → kitchen police (KP) ········ 364
水上艦艇
　→ naval surface ship (N/S) ·············438
　→ surface ship ·························617
　→ surface vessel ·······················617
水上艦用ソーナー → sonar for surface
　ship ···································· 584
水上機 → sea plane ······················ 555
水上機基地 【海自】→ sea drome ········ 554
水上警戒レーダー → sea guard radar ····· 554
水上航空基地 → air harbor ················ 34
水上支援 → afloat support ················· 20
水上戦 → surface warfare (SUW) ········ 617
水上戦指揮官 → surface warfare commander
　(SUWC) ································ 617

水上戦闘 → surface action ················ 616
水上戦闘 【海自】 → war at sea (WAS) ·· 680
水上戦闘艦艇 → surface combatant ······· 616
水上戦闘グループ 【海自】 → surface action group (SAG) ························ 616
水上戦闘群 【米海軍】 → surface action group (SAG) ························ 616
水上捜索攻撃隊 → surface search attack unit ······························ 617
水上捜索レーダー → surface search radar ····························· 617
水上打撃戦 【海自】 → surface strike operation ···························· 617
水上打撃部隊 → maritime action group (MAG) ························· 399
水上打撃部隊 【海軍】 → surface striking forces ····························· 617
水上探知所 → surface detection unit (SDU) ····························· 616
水上飛行場 → sea drome ··············· 554
水上標的 → sled ······················ 579
水上レイド → surface raid ············ 616
水上レイド報告管制艦 → surface raid reporting control ship ············· 616
水上レーダー 【海自】 → surface radar ··· 616
推進器 → propeller ···················· 503
推進器雑音 → propeller noise ········· 503
推進剤 → propellant ···················· 503
推進装置 → propulsion system ········· 504
推進段階 → boost phase ················ 111
推進弾道 → propulsion trajectory ·········· 504
推進補給 → automatic supply ············· 83
推進薬 → propellant ···················· 503
推進薬グレイン → propellant grain ········ 503
推進薬始動索 → propulsion arming lanyard ···························· 504
推進薬点火装置 → propulsion arming and firing unit (PAFU) ··············· 504
水葬 → burial at sea ···················· 118
吹奏楽隊 → military band ················ 412
推測位置 【海自】 → dead reckoning position ···························· 192
水測員 【海自】 → sonar technician (ST) ································ 584
推測航跡 【海自】 → dead reckoning track ······························· 192
推測航法 【空自】 → dead reckoning (DR) ······························· 192
推測航法 【海自】 → dead reckoning navigation ························· 192
推測航法計算機 【海自】 → data reckoning computer ·························· 191
水測状況 → sonar condition ············· 584
水測情報 → sonar message ············· 584
推測速力 【海自】 → dead reckoning speed ····························· 192
水測予察 → sonar prediction ············· 584
水素爆弾
  → fusion bomb ···················· 290
  → H-bomb ························ 310
  → hydrogen bomb (H-bomb) ········ 324
水中音 → underwater sound ··············· 661
水中音響監視 → sound surveillance under the sea ································ 586
水中音響送受波器 → underwater acoustic transducer ························· 660
水中音響送波器 → underwater sound projector ·························· 661
水中音響測距 → underwater acoustic ranging ···························· 660
水中音響レンジ → underwater acoustic range ······························ 660
水中核爆発
  → atomic underwater burst ·············· 77
  → nuclear underwater burst ············450
水中橋 → underwater bridge ·············· 661
水中攻撃指揮装置 → sonar fire control system (SFCS) ·················· 584
水中航走式機雷掃討具 → remotely operated mine neutralization system ··············· 531
水中固定機器 【海自】 → cable connected hydrophone (CCH) ················· 121
水中磁気探知装置 → underwater magnetic detector ··························· 661
水中自走標的 → self-propelled acoustic target (SPAT) ······························ 562
水中射撃管制システム → underwater fire control system (UWFCS) ············· 661
水中昇降室 → personal transfer capsule (PTC) ····························· 479
水中処分 【海自】 → explosive ordnance disposal (EOD) ··················· 253
水中処分員 【海自】 → explosive ordnance diver (EOD) ······················ 253
水中処分事故 → explosive ordnance disposal incident ··························· 253

すいちゆ　　　　　　　　　　　178　　　　　　　　　　日本語索引

水中処分隊 【海自】
→ Explosive Ordnance Disposal Unit
(EOD) ·······································253
→ underwater demolition team
(UDT) ·······································661
水中処分隊隊員 【海自】→ frogman ······ 286
水中戦 → undersea warfare (USW) ······ 660
水中線機雷
→ antenna mine································ 55
→ galvanic contact mine ···················290
水中対空ミサイル → underwater-to-air
missile (UAM) ······························· 661
水中対水中ミサイル → underwater-to-
underwater missile (UUM) ··············· 662
水中対地(艦)ミサイル → underwater-to-
surface missile (USM) ····················· 662
水中探信儀 → harbor echo ranging and
listening device (HERALD) ·············· 309
水中探知機器 → underwater detection
gear ·· 661
水中探知所 → underwater detection unit
(UDU) ·· 661
水中聴音機 【海自】→ cable connected
hydrophone (CCH) ························· 121
水中追尾機器 → underwater tracking
equipment ····································· 662
水中追尾作戦 → underwater tracking
operation ······································ 662
水中電界 → underwater electric potential
(UEP) ··· 661
水中電界源 → underwater electric potential
source (UEP source) ························ 661
水中電界雑音 → underwater electric
potential noise (UEP noise) ·············· 661
水中電界シグネチャ → underwater electric
potential signature (UEP signature) ··· 661
水中電界信号 → underwater electric
potential signal (UEP signal) ············ 661
水中電界センサー → underwater electric
potential sensor (UEP sensor) ··········· 661
水中電界探知 → underwater electric
potential detection (UEP detection) ··· 661
水中電話 【海自】→ underwater telephone
(UWT) ·· 661
水中道 → submerged roadway··············· 610
水中破壊 → underwater demolition········ 661
水中破壊隊 → underwater demolition team
(UDT) ·· 661

水中破壊班 【海自】→ underwater
demolition team (UDT) ··················· 661
水中爆破 → underwater explosion·········· 661
水中爆破試験 → underwater explosion
test ··· 661
水中爆破処分 → blasting-in-water
disposal··· 106
水中爆発 → underwater burst ··············· 661
水中発音弾 → sound underwater signal ·· 586
水中発射管
→ submerged torpedo tube··················610
→ underwater torpedo tube ················662
水中発射長距離ミサイル・システム
→ underwater long-range missile system
(ULMS) ·· 661
水中発射ミサイル・システム → underwater
launched missile system (ULMS) ······· 661
水中武器 → underwater weapon············· 662
水中武器評価施設 → Barking Sands Tactical
Underwater Range (BARSTUR) ········· 92
水中ミサイル → underwater missile ······· 661
水中翼実験艇 → hydrofoil research ship·· 324
水中翼船 → hydrofoil ship····················· 324
水中翼ミサイル哨戒艇 → guided missile
patrol combatant, hydrofoil ·············· 304
水中雷道 → torpedo underwater
trajectory ······································ 644
垂直アレイ型DIFARソノブイ → vertical
line array DIFAR sonobuoy (VLAD
sonobuoy) ······································ 675
垂直鎖栓式閉鎖機(すいちょくさせんしきへい
さき)→ vertical sliding-wedge breech
block ·· 675
垂直磁気機雷 → vertical magnetic mine·· 675
垂直磁場掃海 → vertical component
sweep··· 674
垂直短距離離着陸；垂直短距離離着陸機
→ vertical/short take-off and landing (V/
STOL) ·· 675
垂直発射アスロック → vertical launched
ASROC (VLA) ································ 675
垂直発射システム 【海自】→ vertical
launching system (VLS) ·················· 675
垂直発射装置 → vertical launch system
(VLS) ··· 675
垂直発射筒 → vertical launch tube
(VLT) ··· 675
垂直補給 → vertical replenishment

（VERTREP）·························· 675
垂直離着陸 → vertical take-off and landing
　（VTOL）·························· 675
垂直離着陸機
　→ vertical take-off and landing aircraft
　　（VTOL aircraft）·····················675
　→ vertical take-off and landing plane
　　（VTOL）························675
　→ vertical take-off and landing
　　（VTOL）························675
スイッチ触角 → switch horn············ 620
推定命数 → equivalent service rounds ···· 247
出納係　【防衛装備庁電子装備研究所】
　→ Accounting Section······················6
出納官 → accountable disbursing officer ·····6
出納官吏 → accountable officer ·············6
出納班　【海自】→ Purchase Section ··· 507
水爆
　→ fusion bomb·························290
　→ hydrogen bomb（H-bomb）········324
随伴艦 → attendant ship··················· 78
随伴戦車 → accompanying tank··············6
随伴艇 → attendant craft ·················· 78
随伴砲兵 → accompanying artillery ··········6
水兵　【英海軍】→ ordinary seaman······· 464
水兵 → seaman ························· 555
水平アンテナ → horizontal antenna······· 320
水平空域 → horizon sector ··············· 320
水平鎖栓式閉鎖機（すいへいさせんしきへいさ
　き）→ horizontal sliding-wedge breech
　block ·································· 320
水平作動地雷 → horizontal action mine ·· 320
水平磁気機雷 → horizontal magnetic
　mine ··································· 320
水平ジャイロ → horizontal gyro··········· 320
水平射撃 → horizontal fire ··············· 320
水平線以遠　【海自】→ over-the-horizon
　（OTH）······························ 469
水平線越え → beyond the horizon
　（BTH）······························ 102
水平跳込角（すいへいちょうきかく）
　→ horizontal jump angle ·················320
　→ lateral jump angle ·······················369
水平爆撃
　→ level bombardment ····················373
　→ level bombing ··························373
水平爆撃機 → level bomber ·············· 373
水平離着陸 → horizontal take-off and landing

（HOTOL）······························· 320
水辺障害物（すいへんしょうがいぶ
　つ）→ beach obstacle ··················· 99
水密甲板 → watertight flat················ 683
吹鳴浮標 → whistle buoy ················ 688
水面航走 → surface run ················· 617
水雷 → mine ···························· 416
水雷士　【海自】→ assistant ASW officer ·· 74
水雷士（潜水艦）【海自】→ assistant weapon
　officer ································· 75
水雷長　【海自】→ anti-submarine warfare
　officer（ASWO）······················· 60
水雷長（潜水艦）【海自】→ weapon
　officer ································· 684
水陸機動団　【陸自】→ Amphibious Rapid
　Deployment Brigade···················· 51
水陸機動連隊　【陸自】→ Amphibious Rapid
　Deployment Regiment ················· 51
水陸両用艦船 → amphibious ship ·········· 51
水陸両用牽引車 → amphibious tractor ····· 51
水陸両用作戦 → amphibious operation ···· 51
水陸両用作戦計画立案 → amphibious
　planning······························· 51
水陸両用車
　→ amphibian vehicle ····················· 50
　→ amphibious vehicle ···················· 51
水陸両用車卸下区域 → amphibious vehicle
　launching area························· 51
水陸両用車使用計画 → amphibious vehicle
　employment plan······················ 51
水陸両用車両一覧表　【海自】→ amphibious
　vehicle availability table··············· 51
水陸両用車両運用計画　【海自】→ amphibious
　vehicle employment plan ·············· 51
水陸両用車両進水海域 → amphibian vehicle
　launching area························· 50
水陸両用襲撃 → amphibious raid ·········· 51
水陸両用斥候 → amphibious patrol········ 51
水陸両用戦 → amphibious warfare········· 51
水陸両用戦隊 → amphibious squadron ···· 51
水陸両用戦用指揮情報処理装置 → amphibious
　command information system（ACIS）··· 50
水陸両用装軌車 → landing vehicle tracked
　（LVT）······························ 367
水陸両用打撃部隊　【海自】→ amphibious
　striking forces ························· 51
水陸両用偵察 → amphibious

reconnaissance·················· 51

水陸両用偵察隊 → amphibious
reconnaissance unit ················ 51

水陸両用撤退 → amphibious withdrawal··· 51

水陸両用任務部隊 【米軍】 → amphibious
task force ······················ 51

水陸両用部隊 → amphibious force ·········· 50

水陸両用部隊旗艦 【海自】 → amphibious
force flagship····················· 51

水陸両用目標研究 → amphibious objective
study ························· 51

水陸両用目標地域 【海自】 → amphibious
objective area（AOA）·············· 51

水陸両用輸送部隊 → amphibious transport
group ························· 51

水陸両用輸送量 → amphibious lift ·········· 51

水路偵察 → hydrographic
reconnaissance·················· 324

水路末地（すいろまつち）→ water
terminal ······················· 683

スウェイ・インジケーター → sway
indicator ······················ 619

スウェイ・センサー → sway sensor······· 619

数学教育室 【防大】 → Department of
Mathematics ···················· 203

数線の陣地による遅滞 → delay in successive
positions ······················· 201

図演装置運用課 【海自】 → War Gaming
Division ······················· 680

スカウティング速力 → scouting speed···· 552

スカッド・ミサイル → Scud missile······· 553

スキッド発射機 → squid mount ·········· 594

スキー部隊 → ski troops ················· 579

スキム掃海 → skim sweeping ·············· 579

スクーバ → self-contained underwater
breathing apparatus（SCUBA）·········· 561

スクーバ潜水員 【海自】 → scuba diver·· 551

スクラムジェット・エンジン → scramjet
engine ························· 552

スクランブル → aircraft scrambling········· 28

スクランブル航跡 → scramble track······· 552

スクランブル航跡スクリーニング・アングル
→ scramble track screening angle······· 552

スクリーニング・アングル → screening
angle ························· 553

スクリーニング・ウェッジ → screening
wedge ························· 553

スコープ監視員 → scope operator·········· 552

図上演習 【海自】 → war game ············· 680

図上演習；図演
→ chart maneuvers···························134
→ map exercise·····························398
→ map maneuvers（MM）·················398

図上演習盤 → tactical game board ········ 625

図上偵察 → map reconnaissance··········· 398

進み角 → lead angle···················· 371

すずらん 【日】 → Suzuran ·············· 619

スターファイター 【米軍】 → Starfighter·· 598

スターボード・シャロー → starboard
shallow························· 598

スターボード・ディープ → starboard
deep·························· 598

スーダン解放運動 → Sudan Liberation
Movement（SLM）·············· 612

スーダン解放軍 → Sudan Liberation Army
（SLA）························ 612

スタンダード・ミサイル 【米軍】 → Standard
Missile（SM）··················· 597

スタンドオフ対地攻撃ミサイル → stand-off
land attack missile（SLAM）·············· 598

スタンドオフ能力 → stand-off
capability ······················ 598

スタンドオフ兵器 → stand-off weapon ··· 598

スタンドオフ妨害 → stand-off jamming
（SOJ）························ 598

スタンドオフ・ミサイル → stand-off
missile ························· 598

スタンド・フォワード妨害 → stand forward
jamming（SFJ）·················· 597

スタンバイ → standby（sby）············· 597

スチュアートクリーク着弾地 【米】 → Stuart
Creek Impact Area·················· 608

スーツケース型核爆弾 → nuclear
suitcase························ 449

スティンガー → Stinger·················· 603

ステータス・ボード 【空自】 → status board
（STBD）······················ 600

ステータス・メッセージ → status
message························ 601

ステルス機 → stealth aircraft ·············· 601

ステルス技術 → stealth technology········· 601

ステルス攻撃機 → stealth attacker ········ 601

ステルス戦闘機 → stealth fighter ·········· 601

ステルス能力 → stealth capability ········· 601

| 日本語索引 | | せいかい |

ステルス爆撃機 → stealth bomber 601
ステルス兵器 → stealth weapon 601
ストラトタンカー【米軍】
　→ Stratotanker 607
ストラトフォートレス【米軍】
　→ Stratofortress 607
ストラトフレイター【米軍】
　→ Stratofreighter 607
ストリップ掃海 → strip sweeping 608
ストローブ → strobe 608
ストローブ・データ → strobe data 608
砂井戸試験 → pit fragmentation test 484
スナイプ作戦【米軍】→ Operation
　Snipe 462
スナグライン機雷 → snag-line mine 582
スナップアップ攻撃 → snap-up attack ... 582
スノーケル給気筒 → snorkel induction
　mast 582
スノーケル給気頭部弁 → snorkel intake head
　valve 582
スノーケル主給気弁 → snorkel induction
　valve 582
スノーケル深度 → snorkel depth 582
スノーケル潜航 → snorkeling 582
スノーケル速力 → snorkel speed 582
スノーケル第2排出弁 → snorkel exhaust
　valve 582
スノーケル排気筒 → snorkel exhaust
　mast 582
スノーケル排気泡押板 → snorkel exhaust
　diffuser plate 582
スノーケル浮上 → surface on the
　snorkel 616
スパイウェア → spyware 594
スパイ衛星 → reconnaissance satellite ... 524
スパイ活動 → espionage 248
スパイク・ノーズ → spike nose 592
スパイ調査 → spy investigation 594
スパイラル航走 → spiral run 592
スパイラル・サーチ → spiral search 592
スーパーセイバー【米軍】→ Super
　Sabre 613
スパム → spam 587
スパルタン【米軍】→ Spartan 588
スパロー【米軍】→ Sparrow 588
スピード・インポッシブル → speed
　impossible 591

スプーファー → spoofer 593
スプラッシュ雑音 → splash noise 592
すべての核計画の完全、検証可能かつ不可逆的
　な廃棄 → Comprehensive, Verifiable and
　Irreversible Dismantlement (CVID) 162
すべての爆弾の母 → Mother of All Bombs
　(MOAB) 426
スポット・ジャミング → selective
　jamming 561
スポット・ジャミング【海自】→ spot
　jamming 593
スマート弾薬 → smart munitions 581
スマート爆弾 → smart bomb 581
ズームアップ攻撃 → zoom-up attack 694
スモーク信号【海自】→ smoke signal ... 581
スラローム射撃 → slalom shooting 579
スラント・レンジ → slant range 579
スルー・フライト・プラン【空自】
　→ through flight plan 639
スレッド試験 → sled test 579
座り射ち → sitting position 578

【せ】

制圧
　→ neutralization 441
　→ suppression 616
制圧効果 → suppressive effect 616
制圧攻撃
　→ neutralizing attack 442
　→ suppressing attack 616
制圧作戦 → suppression operation 616
制圧射撃【陸自】→ neutralization fire .. 442
制圧射撃 → suppression fire 616
制圧戦術 → hold-down tactics 318
西欧同盟 → Western European Union
　(WEU) 688
制海
　→ control of the sea 172
　→ sea control 554
制海艦 → sea control ship 554
制海権
　→ command of the sea 154
　→ sea power 555
　→ sea supremacy 556

せいかい

| 制海作戦 → sea control operations ········· 554
| 正規軍 【米軍】 → Regular Army ········· 528
| 正規軍
| 　→ regular army ································528
| 　→ regular forces ······························528
| 正規飛行場 → regular aerodrome ··· 528
| 請求間隔 → reorder cycle ················ 531
| 請求所要日数 【空自】 → order and shipping time (OST) ·································· 464
| 請求入荷期間 【陸自】 → order and shipping time (OST) ·································· 464
| 請求日付 → date of request (DOR) ··· 191
| 請求補給 【陸自】 → on-call supply ··· 457
| 請求補給 【海自】 → supply by requisition ··· 614
| 請求目標 → requisitioning objective (R/O) ··· 534
| 正規陸軍 → regular army ··············· 528
| 精勤章 【米軍】 → Service Stripe ········· 567
| 制空
| 　→ air control ···································· 26
| 　→ control of the air ······················172
| 制空権 【空自】 → air supremacy ········· 41
| 制空権 → command of the air ··············· 154
| 青軍(せいぐん) → blue forces ·············· 107
| 整形外科 【海自】 → Orthopedic Service (Ort.) ··· 466
| 成形炸薬
| 　→ hollow charge ·····························319
| 　→ shaped charge ·····························568
| 成形炸薬効果 → shaped-charge effect ····· 568
| 成形炸薬弾 → shaped-charge munitions ··· 568
| 成形爆薬
| 　→ hollow charge ·····························319
| 　→ shaped charge ·····························568
| 成形爆薬頭部 → shaped-charge head ····· 568
| 成形破片 → preformed fragment ··········· 495
| 制限運用 → limited operation ··············· 377
| 制限及び禁止区域 → limited and restricted area ··· 376
| 制限核戦 → limited nuclear warfare ······· 376
| 制限橋梁(せいげんきょうりょう) → critical bridge ··· 183
| 制限空域
| 　→ air restricted area ························ 39
| 　→ airspace restricted area ················ 40
| 制限航空管制 → limited air control ········ 376

せ

| 制限識別圏 → limited identification zone (LIZ) ··· 376
| 制限射撃 【統幕】 → weapons tight (W/T) ·· 685
| 制限戦；制限戦争 【海自】 → limited war ··· 377
| 制限戦；制限戦争 【空自】 → restricted war ··· 537
| 制高地点 → commanding ground ··········· 154
| 制高点
| 　→ commanding height ·····················154
| 　→ commanding terrain ·····················154
| 　→ dominating height ·······················222
| 政策調整官 【統幕】 → Senior Policy Coordinator ······································ 564
| 政策評価監査官 【防衛省】 → Director, Policy Evaluation and Audit Division ············ 215
| 政策補佐官 【海自】 → Political Advisor·· 489
| 生産調達幹部 【空自幹部特技区分】
| 　→ Procurement Officer ··················· 501
| 生産調達幕僚 【空自幹部特技区分】
| 　→ Procurement Staff Officer ············ 501
| 制止 【陸自】 → suppression ················ 616
| 静止衛星型衛星航法補強システム → satelite-based augmentation system (SBAS) ··· 550
| 静磁界 → static magnetic field ············ 599
| 制式 → adopted types ······························ 14
| 制式軍需品品目；制式資材品目 → adopted items of material ······························· 14
| 政治・思想・心理的脅威 → political, conceptional or psychological threat ··· 489
| 静止目標 → stationary target ················ 600
| 斉射(せいしゃ)
| 　→ salvo ··549
| 　→ volley ···678
| 脆弱性解析 → vulnerability analysis ········ 679
| 脆弱性研究 → vulnerability study ········· 679
| 脆弱性評価 → vulnerability assessment ··· 679
| 斉射信号電鍵 → salvo signal key ·········· 549
| 正常損耗 【空自】 → fair wear and tear (FWT) ·· 257
| 清浄爆弾 → clean bomb ······················ 140
| 精神衛生
| 　→ mental health ································408
| 　→ mental hygiene ····························408
| 成形炸薬頭部 → shaped-charge head ······ 568
| 静水圧試験 → hydrostatic pressure test ·· 324

| 日本語索引 | 183 | せいひと |

聖戦　→　holy war ················ 319
清掃　→　clearance operation ········ 140
正装閲兵式　→　dress parade ········ 225
正操縦者　→　pilot flying（PF）······· 483
清掃戦　→　clearance operation ······ 140
清掃日　【海軍】→　field day ········ 261
正装用軍服　→　dress uniform ······· 225
清掃率　【海自】→　clearance rate ···· 140
精測進入　→　precision approach ····· 494
精測レーダー　→　precision radar ···· 494
生存者　→　survivor ··············· 618
生存用救命装備品　【空自】→　survival equipment ···················· 618
整定　→　setting ················· 567
青銅樫葉章　【米】→　Bronze Oak Leaf Cluster ······················ 115
制動傘（せいどうさん）
　→　deceleration parachute ·········193
　→　drag parachute···············224
青銅星章　【米】→　Bronze Star Medal ···· 115
制動着艦　【海軍】→　arrested landing ····· 71
青銅矢じり記章　【米】→　Bronze Arrowhead ···················· 115
制爆剤
　→　antidetonator················ 57
　→　anti-knock material ··········· 57
整備　→　maintenance ·············· 393
整備員　→　maintenance personnel···· 394
整備課　【空自】→　Maintenance Division·· 393
整備回収　→　maintenance and salvage ··· 393
整備格納庫　→　maintenance hangar ········ 394
整備幹部　【空自】→　maintenance officer（MO）······················ 394
整備管理　【空自】→　maintenance control ······················ 393
整備管理検査　→　command maintenance management inspection（CMMI）········ 154
整備期間　→　maintenance period ··· 394
整備技術　【空自・海自】→　maintenance engineering ···················· 393
整備技術隊　【空自飛行開発実験団隷下】
　→　Maintenance Technical Squadron ···· 394
整備基準班　【空自】→　Maintenance Standardization ················ 394
整備規定　→　maintenance manual ··· 394
整備規律　→　maintenance discipline········ 393

整備区域　【海自】→　maintenance area··· 393
整備群　【空自】→　Maintenance Group ·· 393
整備計画局　【内部部局】→　Bureau of Defence Build-up Planning ·········· 118
整備計画書　→　maintenance plan（MP）·· 394
整備計画分析　→　maintenance plan analysis（MPA）···················· 394
整備検査証明　→　maintenance inspection certification ····················· 394
整備工学　【統幕】→　maintenance engineering ···················· 393
整備交換率　→　maintenance replacement factor（MRF）··················· 394
整備作業　→　maintenance work········ 394
整備士　【海自】→　assistant maintenance officer ·························· 75
整備支援計画　→　maintenance support schedule（MSS）················· 394
整備支援装備品　→　maintenance support equipment ···················· 394
整備試験飛行　→　maintenance test flight· 394
整備指示書　→　maintenance instructions·· 394
整備施設
　→　maintenance facility·············393
　→　maintenance installation········394
整備周期　→　maintenance cycle（M/C）·· 393
整備状態　→　maintenance status ···· 394
整備ショップ　→　maintenance shop ······ 394
整備所要　→　maintenance requirements··· 394
整備資料収集体系　→　maintenance data collection system（MDCS）·········· 393
整備センター　→　maintenance center（MC）······················ 393
整備センター2型　→　battalion maintenance center（BMC）··················· 97
整備隊　【海自】→　aircraft intermediate maintenance department（AIMD）········ 27
整備隊　【空自】→　Maintenance Squadron ····················· 394
整備段階
　→　maintenance echelon···········393
　→　maintenance level············394
整備地域　→　maintenance area ······ 393
整備長　【海自】→　aviation maintenance officer ·························· 86
整備点検項目一覧表　→　maintenance index page（MIP）················· 394
整備統制　【空自】→　maintenance

せ

control ································· 393
整備統制センター → maintenance control center（MCC）···················· 393
整備能力 → maintenance ability ··········· 393
整備の段階区分
→ echelon of maintenance ············ 230
→ maintenance echelon ················· 393
整備の類別
→ categories of maintenance ········· 127
→ maintenance category ················ 393
整備幕僚 【空自幹部特技区分】 → Aircraft Maintenance Staff Officer ····················· 27
整備班 → maintenance crew ················ 393
整備班 【空自】 → Maintenance Section ·· 394
整備標準 → maintenance standard ······ 394
整備部 【海自】 → Maintenance Department ·································· 393
整備部隊 → maintenance unit ·············· 394
整備部品表 → maintenance parts list（MPL）···································· 394
整備補給 → maintenance and supply ····· 393
整備補給群 【空自】 → Maintenance Supply Group ···································· 394
整備補給隊 【空自・海自】 → Maintenance and Supply Squadron ······················ 393
整備補給統制班 【海自】 → Maintenance and Supply Control Section ···················· 393
整備補給用トレーラー → maintenance and supply trailer（MST）······················ 393

せ
整備待ち → awaiting maintenance（AWM）···································· 87
整備待ち率 → awaiting work alignment rate ·· 87
整備用地上支援器材 → maintenance ground equipment（MGE）······················ 393
整備予備 → maintenance float ·············· 393
整備力 → maintenance ability ··············· 393
政府機関情報セキュリティ横断監視・即応調整チーム 【日】 → Government Security Operation Coordination team（GSOC）··································· 297
制服組 【日】 → uniformed personnel ····· 662
西部航空警戒管制団 【空自】 → Western Aircraft Control and Warning Wing ···· 687
西部航空方面隊 【空自】 → Western Air Defense Force ····························· 687
政府船舶 → government vessel ············· 297
政府専用機 → government aircraft ········ 297

西部地域 【自衛隊】 → Western Area（WA）··································· 688
政府通信本部 【英】 → Government Communications Headquarters（GCHQ）································ 297
生物・化学兵器 → biological chemical weapon（BC）··························· 103
生物化学兵器
→ biological and chemical warfare agent ··································· 103
→ biological and chemical weapons（BC weapons）······························ 103
→ chemical and biological weapon（CBW）································ 134
生物化学兵器テロ対策 → anti-terrorism measures against biological and chemical weapons ································ 61
生物学戦攻撃 → biological warfare raid（BW raid）···························· 104
生物攻撃 → biological attack ················ 103
生物剤 → biological agent（Bio）············ 103
生物災害 → biohazard ························ 103
生物作戦 → biological operation ··········· 103
生物雑音 【海自】 → biological noise ······ 103
生物戦 → biological warfare（BW）········ 104
生物戦環境 → biological warfare environment ································ 104
生物戦脅威 → biological warfare threat ··· 104
生物戦剤 → biological warfare agent（BW agent）···································· 104
生物戦の専門家 → biological warfare expert ··································· 104
生物戦防御 【海自】 → biological defense ·· 103
生物弾薬 → biological ammunition ········· 103
生物テロ → bioterror ·························· 104
生物テロ対策専門家 → bioterror expert ··· 104
生物テロリズム → bioterrorism ············· 104
生物毒素 → biological toxin ·················· 104
生物武器 【陸自】 → biological weapon（BW）···································· 104
生物兵器 → biological weapon（BW）····· 104
生物兵器禁止条約 → Biological Weapons Convention（BWC）····················· 104
生物兵器攻撃 → biological weapon attack ···································· 104
生物兵器による攻撃 → bio-attack ········· 103
生物兵站 → bio-logistics ······················ 104

日本語索引　　　　　　　　　　　　　　185　　　　　　　　　　　　　　せきかい

生物防衛 → biological defense 103
政府の情報機関 → government intelligence agency 297
西部方面隊【陸自】→ Western Army (WA) 688
西部方面隊実働演習【陸自】→ Western Army Field Training Exercise 688
静爆試験 → static explosion test 599
制帽 → service cap 566
正方形拡大捜索 → expanding square search 252
精密位置攻撃システム【空軍】→ precision location strike system（PLSS）............ 494
精密管制【海自】→ positive control 491
精密管制要撃【海自】→ close controlled air interception 142
精密管制要撃法【海自】→ close control interception technique 142
精密交戦 → precision engagement 494
精密射撃 → precision fire 494
精密照準 → fine sight 265
精密捜索 → investigating search 352
精密測量 → deliberate survey 201
精密ソーナー掃引 → dense sonar sweep .. 202
精密爆撃
　　→ pinpoint attack 484
　　→ pinpoint bombing 484
　　→ precision bombing 494
　　→ precision strike 494
精密誘導装置付き普通爆弾 → joint direct attack munitions（JDAM）................ 359
精密誘導弾 → precision guided munitions（PGMs）... 494
精密誘導迫撃砲弾 → precision guided mortar munitions（PGMM）...................... 494
精密誘導兵器
　　→ precision guided ammunition 494
　　→ precision guided munitions（PGMs）...494
生命維持装置 → life support system（LSS）... 374
整理班【陸自】→ Compilation Section .. 161
政略戦 → political warfare 489
勢力【陸自】→ strength 607
勢力均衡 → balance of power 90
勢力組成【陸自・海自】→ order of battle（OB）... 464

勢力範囲 → area of influence 64
整列【陸自】→ formation 280
整列号音 → adjutant's call 12
「整列、休め！」→ Parade Rest！ 471
背負い型落下傘【海自】→ back pack parachute 89
背負い式パラシュート → back pack parachute 89
背負い式落下傘【空自】→ back pack parachute 89
背負い式落下傘 → man-carrying parachute back pack type 395
世界空軍参謀総長等会議 → Global Air Chief Conference（GACC）...................... 296
世界軍事指揮統制システム【統幕】→ Worldwide Military Command and Control System（WWMCCS）............. 692
世界軍事指揮統制組織【空自】→ Worldwide Military Command and Control System（WWMCCS）................................. 692
世界在郷軍人連盟 → World Veterans Federation（WVF）........................ 692
世界戦争
　　→ global war 296
　　→ world war 692
世界地図照合方式 → World Geographic Reference System（GEOREF）......... 692
世界的統合情報通信システム → Joint Worldwide Intelligence Communication System（JWICS）............................ 362
赤外線画像シーカー → imaging infra-red seeker（IIR seeker）........................ 328
赤外線シーカー → infrared seeker 336
赤外線照準装置 → infrared sight system .. 336
赤外線情報 → infrared intelligence 336
赤外線センサー → infrared imaging sensor 336
赤外線潜入探知装置 → infrared intruder system（IRIS）............................... 336
赤外線対策 → infrared countermeasures（IRCM）... 336
赤外線探知装置 → infrared detecting system 336
赤外線探知追尾 → infrared search and track（IRST）... 336
赤外線追尾式ミサイル：赤外線追尾装置
　　→ heat seeker 312
赤外線偵察装置 → infrared detecting

せきかい　　　　　　　　　　　　　　　186　　　　　　　　　　　　　日本語索引

set ·· 336
赤外線ミサイル → infrared missile（IR missile） ······································· 336
赤外線誘導 → infrared guidance ············ 336
赤外線誘導式ミサイル → heat-seeking missile ·· 312
赤軍 → Red Army ································ 525
責任地域【空自】→ area of responsibility（AOR） ··· 64
責任地帯 → zone of responsibility ········· 694
責任転移の年月日 → date of change of accountability ·································· 191
赤尾嶼射爆撃場（せきびしょうしゃばくげきじょう）【在日米軍】→ Sebiki Sho Range ··· 557
セキュリティ境界 → security perimeter ·· 560
セキュリティ試験及び評価 → security test and evaluation（ST&I） ················ 560
セキュリティ情報 → security information ·· 560
セキュリティ専門家 → security expert ··· 560
セキュリティ・チェック → security check ·· 559
セキュリティの侵害 → compromise ······· 162
セキュリティ方針；セキュリティ・ポリシー → security policy ···················· 560
セクター座標 → sector coordinate ········· 558
セクター指揮 → sector battery control ·· 558
セクター哨戒 → sector patrol ················· 559
セクター捜索 → sector search ················ 559
セクター・ニューメリカル・サマリー → sector numerical summary（NUSUM） ········· 559
セクター・バウンダリー → sector boundary ··· 558
設営 → billeting ···································· 103
設営隊 → billeting detail ······················· 103
設営班 → quartering party ···················· 509
設営部隊【米海軍】→ construction battalion ·· 168
設営部隊【米海軍】；設営部隊員【米海軍】→ Seabee ··· 554
絶縁耐力試験 → dielectric strength test ·· 210
積極広報策 → active public affairs policy ···· 9
積極識別助言圏 → positive identification radar advisory zone ····················· 491
積極的安全保証 → Positive Security Assurances（PSAs） ···················· 491

積極的対電子 → active ECM ····················· 9
積極防衛；積極防御 → active defense ········ 9
積極防空 → active air defense ··················· 9
積極方針 → active policy ··························· 9
積極ホーミング → active homing ············· 9
接近経路【陸自】→ avenue of approach（AA） ··· 85
接近目標 → incoming target ··················· 330
設計検証試験 → design validation test（DVT） ·· 207
斥候 → scouting ···································· 552
接受国 → host country ··························· 321
接受国支援【外務省】→ host nation support（HNS） ·· 321
雪上車【陸自】→ snowmobile ··············· 582
接触地雷 → contact mine ······················· 169
接触信管 → contact fuze ························ 169
接触線 → line of contact（LC） ············ 378
接触中の部隊 → force in contact ··········· 279
接触偵察 → contact reconnaissance ······· 169
接触手順 → contact procedure ·············· 169
接触のおそれがある → contact improbable ·· 169
接触のおそれが少ない → contact remote ·· 169
接触の切迫した → contact imminent ····· 169
接触爆発防止 → contact burst preclusion ·· 169
接触報告 → contact report ····················· 169
窃信
　→ electrical interception ···················· 233
　→ interception（intcp） ···················· 345
接戦 → close battle ································ 142
設想（せっそう）【陸自】→ assumption ····· 75
接続水域 → contiguous zone ·················· 169
絶対戦争 → absolute war ·························· 4
絶対的航空優勢 → absolute air superiority ·· 3
絶対不発弾 → absolute dud ······················ 4
絶対兵器 → absolute weapon ···················· 4
接地アンテナ → ground antenna ·········· 300
接地空中戦【海自】→ ground antenna ·· 300
接地射；接地射撃 → grazing fire ··········· 299
接地遮蔽（せっちしゃへい）→ earth screen ··· 230
設置爆弾 → placed bomb ······················· 485

せ

日本語索引　　　　　　　　　187　　　　　　　　　せんいき

雪中突破 → weather penetration ……… 686
接敵 【海自】 → approach ……………… 62
接敵移動 【海自】 → movement to
　contact ………………………………… 427
接敵期 → approach phase ……………… 62
接敵機動 【陸自】 → movement to
　contact ………………………………… 427
接敵行進 【海自】 → approach march …… 62
接敵水路 → approach lane ……………… 62
接敵前進
　→ advance to contact ………………… 16
　→ approach march …………………… 62
接敵隊形 → approach formation ………… 62
接敵段階 → approach phase …………… 62
接敵中止 → break off ………………… 113
接敵点 → point of contact …………… 488
設備課 【防衛省建設部】 → Equipment
　Division（Equip Div）……………… 246
設備課 【在日米陸軍】 → Utilities
　Branch ………………………………… 671
設備機械 【空自准空尉空曹空士特技区分】
　→ Mechanical Activities …………… 405
設標 → laying …………………………… 370
設標船 → buoy tender ………………… 117
瀬戸際政策 → brinkmanship ………… 115
瀬取り（せどり）【海自】 → ship-to-ship
　transfers ……………………………… 570
瀬名波通信施設 【在日米軍】 → Senaha
　Communication Station ……………… 563
セミアクティブ・ホーミング誘導
　→ semi-active homing guidance ……… 562
　→ semiactive homing guidance ……… 563
セミアクティブ誘導装置 → semi-active
　homing system ……………………… 563
セミアクティブ・レーザー → semi-active
　laser …………………………………… 563
セミアクティブ・レーダー誘導 → semi-active
　radar homing ………………………… 563
セルシン → selsyn …………………… 562
ゼロ・カジュアリティ → zero casualty … 693
ゼロ地点 → ground zero（GZ）………… 302
ゼロ調整 → zero adjustment…………… 693
ゼロ調定 → zero setting……………… 694
ゼロ点調整 【海自】 → zero adjusting … 693
戦意 → fighting spirit ………………… 263
戦域
　→ combat theater ……………………150

　→ theater ……………………………637
　→ theater of operations………………637
　→ theater of war……………………637
戦域核戦力 → theater nuclear force
　（TNF）……………………………… 637
戦域核兵器 → theater nuclear weapon
　（TNW）……………………………637
戦域間移動 → intertheater movement…… 351
戦域間患者救出 → intertheater
　evacuation …………………………… 351
戦域間空輸 → intertheater airlift………… 351
戦域間交通 → intertheater traffic ……… 351
戦域間輸送 → intertheater movement…… 351
戦域関与計画 → theater engagement
　plan …………………………………… 637
戦域空輸 → theater airlift ……………… 637
戦域空輸作戦 → theater airlift
　operation……………………………… 637
戦域空輸連絡幹部 → theater airlift liaison
　officer ………………………………… 637
戦域航空計画立案システム → contingency
　theater air planning system …………… 170
戦域航空作戦 【空自】 → theater air
　operation（TAO）…………………… 637
戦域航空戦 【海自】 → theater air operation
　（TAO）……………………………… 637
戦域指揮官 【海自】 → theater
　commander…………………………… 637
戦域司令官 → theater commander ……… 637
戦域司令部 → theater headquarters …… 637
戦域戦略 → theater strategy…………… 637
戦域弾道ミサイル → theater ballistic missile
　（TBM）……………………………… 637
戦域定員 → authorized strength of a
　theater ………………………………… 80
戦域内患者救出 → intratheater
　evacuation …………………………… 351
戦域内空輸 → intratheater airlift………… 351
戦域内交通 → intratheater traffic ……… 351
戦域配備システム → theater deployable
　system（TDS）……………………… 637
戦域防空・ミサイル構想 【米軍】 → Theater
　Air and Missile Defense（TAMD）……… 637
戦域ミサイル → theater missile ……… 637
戦域ミサイル防衛 【米軍】 → Theater Missile
　Defense（TMD）……………………… 637
戦域ミサイル防衛調査研究 【NATO】
　→ Active Layered Theatre Ballistic Missile
　Defense Feasibility Study（ALTBMD-

せ

せんいき　　　　　　　　　　　188　　　　　　　　日本語索引

FS) ··· 9

繊維強化金属 → fiber reinforced metal
　(FRM) ··· 261

繊維強化プラスチック → fiber reinforced
　plastics (FRP) ···························· 261

戦域陸軍兵站部 → theater army logistical
　command ····································· 637

戦意阻喪戦略 → erosion strategy ·········· 247

前衛 → advanced guard ························ 15

前衛戦闘 → advance guard action ·········· 16

前衛部隊 → advance guard ···················· 16

前衛本隊；前衛本部 → advance guard
　reserve ·· 16

戦役 → campaign ······························· 122

戦禍 → war damage ···························· 680

旋回角 → angle of traverse ··················· 53

旋回緩衝器 → training buffer ··············· 648

旋回機関銃架 → skate mount ··············· 579

旋回弧 → arc of turn ··························· 63

旋回航走 → circular run ······················ 137

旋回固定栓 → train centering pin ········· 648

旋回ジャイロ → traverse gyro ··············· 653

旋回手 → trainer ······························· 648

旋回手照準望遠鏡；旋回手望遠鏡 → trainer's
　telescope ······································ 648

旋回選択照準 → selected train intermittent
　aim ·· 561

旋回装置 → traversing mechanism ········· 653

旋回台 → swivel slide ························· 620

旋回探索 → circle search ····················· 137

旋回直衛 → rotating screen ·················· 544

旋回発砲角 → train order ····················· 649

旋回砲架 → racer ······························· 510

旋回砲塔
　→ ball turret ································· 91
　→ cupola ····································· 186

旋回離水 → circular take-off ················· 137

戦果拡大 【陸自】 → exploitation ·········· 253

戦果拡張部隊 → exploiting force ············ 253

戦果の拡張 【陸自】 → exploitation ······· 253

戦艦
　→ battleship ································· 99
　→ warship ··································· 681
　→ war vessel ································ 682

洗桿 (せんかん) → cleaning rod ··········· 140

前間隙 → barrel per cylinder gap ·········· 93

穿貫突破 (せんかんとっぱ) → deep
　convergence penetration ················· 194

戦機 → chance of fighting ··················· 133

全機撃墜 【空自】 → grand slam ·········· 298

戦技保持訓練 → combat readiness
　training ·· 150

戦況
　→ combat situation ····················· 150
　→ tactical situation ····················· 626

戦況推移見積り → estimate of situation
　change ··· 248

先駆航空機管理 → lead-the-force program
　(LTF) ·· 372

前駆掃海 → precursor sweeping ············ 494

戦訓
　→ combat lesson ························· 149
　→ lessons learned ······················· 373

全軍種 → services ······························ 567

先遣幹部 【自衛隊】 → advance officer ····· 16

漸減作戦 → attrition operation ·············· 79

先遣将校 → advance officer ··················· 16

先遣隊 → advance element ···················· 16

漸減燃焼薬粒 → degressive grain ··········· 200

先遣部隊 【陸自】 → advance troops ······· 16

潜航 【海自】 → diving ······················ 221

閃光 (せんこう)
　→ flash ······································ 271
　→ flashing ·································· 271
　→ light flashing (Fl) ··················· 375

潜航開始報告 → diving report ··············· 221

潜航管制盤 → ballast control panel ········· 90

潜航管制板操作員 → ballast control panel
　operator ··· 90

善行記章 【米】 → Good Conduct Medal·· 297

潜航近接限度線 → limiting line of submerged
　approach ······································ 377

潜航訓練装置 → diving trainer ·············· 221

潜航警報 → diving alarm ····················· 221

穿孔効果 (せんこうこうか) 【海自】
　→ cratering effect ························ 182

潜航指揮官 → diving officer ·················· 221

戦功十字勲章 【英】 → Military Cross···· 413

閃光信号弾 → signal flare ···················· 575

潜航深度 → submerged depth ··············· 610

潜航速力 → submerged speed ··············· 610

閃光弾 → photoflash cartridge ·············· 482

| 日本語索引 | 189 | せんしゃ |

潜航通報 → diving message 221
先行班 → advance element 16
潜航部署 → diving station 221
閃光粉 → flash powder 271
閃光火傷（せんこうやけど）→ flash burn... 271
船殻（せんこく）→ hull 322
閃互光 → light alternating flashing（Alt Fl）............. 375
潜差 → dip difference 211
戦災 → war damage 680
潜在航空力 → air potential 38
潜在的核保有国 → civil nuclear power ... 139
潜在的脅威 → potential threat ... 492
潜在的競争国 → near-peer competitor ... 440
センサー・キューイング → sensor cueing 564
戦策
　→ warfare doctrine 680
　→ warfare publication 680
センサ研究部 【防衛装備庁電子装備研究所】→ Sensor Research Division 564
センサ信管付き子弾 → sensor-fuzed submunitions（CEB）......... 564
センサ統合研究室 【防衛装備庁電子装備研究所】→ Sensor Systems Section 565
センサ統制機能 → sensor control function（SCF）............. 564
センサ妨害研究室 【防衛装備庁電子装備研究所】→ Sensor Countermeasures Research Section 564
センサー・マネジメント機能 → sensor management function（SMF）......... 564
センサー・リソース → sensor resource ... 565
戦史
　→ history of war 318
　→ military history 413
戦士 → fighter 262
戦時 → wartime 682
閂子（せんし）→ breech lock 114
閂子受け → breech lock recess ... 114
戦時受け入れ国支援 → wartime host nation support（WHNS）............. 682
戦時許容量 → wartime military tolerance 682
戦時禁制品 → contraband of war 170
戦時空輸業務計画 → war air service program（WASP）............. 680

戦時経済 → wartime economy ... 682
全次元的防御 【海自】→ full dimensional protection 288
戦時国際法 → international law of war ... 348
戦時国際法規 → international law in time of war 348
戦時資材所要 → war materiel requirements 680
戦時資材調達能力 → war materiel procurement capability 680
戦死者 【空自】→ killed in action（KIA）............. 363
戦時情報部 【米】→ Office of War Information（OWI）............. 454
戦時所要量 → quantity required in war time 509
戦時人員計画システム → wartime manpower planning system（WARMAPS）......... 682
戦時新規建設 → wartime new construction 682
戦時積載量 → wartime load 682
戦死・戦傷者 【空自】→ battle casualty .. 98
戦時体制 → war footing 680
戦時態勢 → wartime basis 682
戦時搭載量 → military load 414
戦史統率研究室 【海上自衛隊幹部学校】→ Military History & Leadership Studies Office 413
戦時日誌 → war diary 680
戦時備蓄 → war reserves 681
戦時備蓄資材所要 → war reserve materiel requirements 681
戦時備蓄品 → war reserves 681
戦時備蓄品；戦時備蓄有品 → war reserve stock（WRS）............. 681
戦史部 【自衛隊】→ Military History Department 414
戦時編成 → war organization ... 681
戦時未整理 → wartime accounts unsettled 682
戦車 → tank（TK）............. 628
前車（ぜんしゃ）→ limber 376
戦車回収車 → tank recovery ... 628
戦車駆逐車 → tank destroyer ... 628
戦車群 【陸自】→ Tank Group ... 628
戦車上陸用舟艇 → landing craft, tank（LCT）............. 366

せんしや　　　　　　　　　　　　　　190　　　　　　　　　　　　日本語索引

戦車隊　→　tank corps ························· 628

戦車大隊　→　tank battalion ·················· 628

戦車部隊　【陸自】　→　tank unit ············· 628

戦車砲　→　tank gun ··························· 628

戦車用掩体　→　dug-in emplacement ··· 227

戦車揚陸艦　【海軍】　→　landing ship, tank
　（LST）······································· 367

戦車揚陸艦　→　tank landing ship ··········· 628

戦車用レーザー照準装置　→　tank laser
　sight ··· 628

戦車連隊指揮統制システム　【陸自】　→　tank-
　regiment command control system（T-
　ReCs）······································· 628

全周射撃　→　all around fire ················ 45

全周旋回　→　all around traverse ·········· 45

全周走査　→　circular scanning ············ 137

全周捜索　→　search around ················ 555

全周反響音　→　all around echo ··········· 45

全周防御　→　all around defense ··········· 45

全周防護　→　all around protection ········ 45

船首隔壁　→　collision bulkhead ··········· 147

戦術
　→　art of war ································· 72
　→　tactics ····································· 626

戦術移動　【海自】　→　tactical movement·· 626

戦術インターネット　→　Tactical Internet·· 625

戦術運動　【海自】　→　tactical maneuver ·· 625

戦術曳航アレイ・ソーナー　→　tactical towed
　array sonar（tactical TASS；
　TACTAS）··································· 626

戦術演習　→　tactical exercise ··············· 625

戦術核兵器　→　tactical nuclear weapon
　（TNW）····································· 626

戦術環境支援システム　→　tactical
　environmental support system
　（TESS）····································· 625

戦術患者航空後送　→　tactical aeromedical
　evacuation ·································· 623

戦術管制士官　【海自】　→　tactical action
　officer ·· 623

戦術艦隊　→　numbered fleet ················ 450

戦術機上必携　【米軍】　→　Tactical Airborne
　Information Document（TACAID）····· 623

戦術機動　【陸自】　→　tactical maneuver ·· 625

戦術欺瞞任務群　→　tactical deception
　group ··· 624

戦術距離　→　tactical range ·················· 626

戦術空軍　【NATO】　→　Allied Tactical Air
　Force（ATAF）····························· 45

戦術空軍　【米軍】　→　Tactical Air Command
　（TAC）······································· 623

戦術空軍　→　tactical air force ············· 623

戦術空軍基地　【米軍】　→　tactical air
　base··· 623

戦術空中発射デコイ　→　tactical air launched
　decoy（TALD）····························· 623

戦術空輸　→　tactical airlift ················· 624

戦術空輸群　【米空軍】　→　Tactical Airlift
　Group ··· 624

戦術空輸航空団　【米空軍】　→　Tactical Airlift
　Wing（TAW）······························· 624

戦術空輸作戦　→　tactical airlift
　operation ···································· 624

戦術訓練装置　【海自】　→　weapon system
　trainer（WST）····························· 686

戦術警戒・攻撃評価　→　tactical warning and
　attack assessment（TW/AA）········· 626

戦術警報　→　tactical warning··············· 626

戦術航空管制運用チーム　【海自】　→　tactical
　air control operations team··············· 623

戦術航空管制官　【海自】　→　tactical air
　controller····································· 623

戦術航空管制隊　【海自】　→　tactical air
　control squadron···························· 623

戦術航空管制班　【海自】　→　tactical air
　control party（TACP）····················· 623

戦術航空観測官　→　tactical air observer ·· 624

戦術航空群　→　tactical air group ··········· 623

戦術航空作戦　→　tactical air operation···· 624

戦術航空作戦センター　【海自】　→　tactical air
　operations center ·························· 624

戦術航空士　【海自】　→　tactical air
　coordinator（TACCO）····················· 623

戦術航空支援　→　tactical air support ····· 624

戦術航空支援班　【米軍】　→　tactical air
　support element（TASE）················· 624

戦術航空士官　→　tactical air officer········· 624

戦術航空指揮官　【海自】　→　tactical air
　commander··································· 623

戦術航空指揮所　【海自】　→　tactical air
　command center··························· 623

戦術航空指揮所　→　tactical air operations
　center ··· 624

戦術航空指導官　【海自】　→　tactical air
　director（TAD）····························· 623

戦術航空調整官 → tactical air coordinator (TACCO) ……………………………… 623
戦術航空偵察 → tactical air reconnaissance (TAR) ……………………………… 624
戦術航空偵察ポッド・システム → tactical air reconnaissance pod system (TARPS) ‥ 624
戦術航空統制官 → tactical air controller‥ 623
戦術航空統制作戦班 → tactical air control operations team ……………………… 623
戦術航空統制組織 【米軍】 → tactical air control system (TACS) ……………… 623
戦術航空統制隊 → tactical air control squadron ………………………………… 623
戦術航空統制任務群 → tactical air control group (TACG) …………………………… 623
戦術航空統制班 【米軍】 → tactical air control party (TACP) ……………… 623
戦術航空統制本部 【米軍】 → tactical air control center (TACC) ……………… 623
戦術航空部隊 【海自】 → tactical air force ………………………………… 623
戦術航空部隊指揮官 【統幕】 → tactical air commander ……………………………… 623
戦術航空ミサイル → tactical air missile (TAM) ……………………………… 624
戦術航空輸送作戦 → tactical air transport operations ……………………………… 624
戦術行進 【自衛隊】 → tactical march …… 625
戦術攻勢 → tactical offensive ……………… 626
戦術構想 → tactical concept ……………… 624
戦術行動
　→ tactical action (TA) …………………623
　→ tactical operations ……………………626
戦術航法装置 → tactical air navigation system (TACAN) …………………… 624
戦術後方班 → tactical logistical group (TACLOG group) …………………… 625
戦術作戦 → tactical operations …………… 626
戦術作戦指揮所 【海自】 → tactical operation center (TOC) ……………………… 626
戦術支援センター → tactical support center (TSC) ……………………………… 626
戦術指揮 【海自】 → tactical command ‥ 624
戦術指揮官 【海自】 → officer in tactical command (OTC) ……………………… 454
戦術写真偵察 → tactical photographic reconnaissance ………………………… 626
戦術車両 → tactical vehicle ……………… 626

戦術縦隊 【陸自】 → tactical column …… 624
戦術守勢 → tactical defensive …………… 624
戦術障害；戦術障害物 → tactical obstacle ………………………………… 626
戦術状況 【海自】 → tactical situation …… 626
戦術状況表示 → tactical situation display (TSD) ………………………………… 626
戦術状況表示器 → tactical information display (TID) ……………………… 625
戦術上の決定 → tactical decision ………… 624
戦術情報 → tactical intelligence (TACINTEL) ……………………………… 625
戦術情報及び関連活動 → Tactical Intelligence and Related Activities (TIARA) ……… 625
戦術情報管理官 【海自】 → tactical information coordinator (TIC) ………… 625
戦術情報処理器材班 【海自】 → Tactical Intelligence Management Equipment Section ……………………………………… 625
戦術情報処理システム 【英海軍】 → Action Data Automation (ADA) ………………… 8
戦術情報資料処理判定システム → tactical information processing and interpretation system ……………………………………… 625
戦術情報リンク → Tactical Data Link (TDL) ………………………………… 624
戦術心理戦 → tactical psychological warfare …………………………………… 626
戦術図 → tactical chart ……………………… 624
戦術戦闘機 → tactical fighter (TF) ……… 625
戦術戦闘部隊 → tactical combat force (TCF) ……………………………………… 624
戦術ソーナー探知距離 → tactical sonar range (TSR) ………………………………… 626
戦術単位 → tactical element ……………… 625
戦術単位 【海自】 → tactical unit ………… 626
戦術弾道ミサイル → tactical ballistic missile ……………………………………… 624
戦術担任区域 → tactical area of responsibility (TAOR) ………………… 624
戦術通信 → tactical communication ……… 624
戦術通信衛星 → Tactical Communications Satellite (TACOMSAT) ………………… 624
戦術通信中枢 → tactical message center ‥ 625
戦術偵察 → tactical reconnaissance ……… 626
戦術ディジタル情報リンク → Tactical Digital Information Link (TADIL) ………… 625
戦術的奇襲 → tactical surprise …………… 626

戦術的機雷原 → tactical mine filed 625
戦術的機雷敷設 → tactical mining 625
戦術的攻勢機雷原 → tactical offensive
　minefield 626
戦術的後送 → tactical evacuation 625
戦術的航路変更 → tactical diversion 625
戦術的作戦区域 → tactical operations
　area 626
戦術的様相 → tactical picture 626
戦術的戦傷救護【米軍】→ tactical combat
　casualty care（TCCC；T3C）.......... 624
戦術的対抗手段 → tactical
　countermeasures 624
戦術的野外救護【米軍】→ tactical field care
　（TFC）... 625
戦術的優位 → tactical advantage 623
戦術的用法 → tactical employment 625
戦術データ交換システム → Tactical Data
　Distribution System（TDS）.............. 624
戦術データ総合表示装置 → integrated data-
　display system 341
戦術データ表示装置 → tactical data display
　system 624
戦術鉄条網 → tactical wire
　entanglement 626
戦術電子戦システム → tactical electronic
　warfare system（TEWS）................... 625
戦術電子戦飛行隊
　→ tactical electronic combat squadron
　　（TEWS）... 625
　→ tactical electronic warfare
　　squadron.. 625
戦術電子偵察【空自】→ tactical electronic
　reconnaissance（TEREC）................. 625
戦術統制【米軍】→ tactical control
　（TACON）.. 624
戦術統制運用チーム → tactical control
　operations team（TCOT）................. 624
戦術任務【陸自】→ tactical mission 625
戦術爆撃線 → tactical bomb line 624
戦術部隊【海自】→ tactical command .. 624
戦術部隊
　→ tactical echelon of command 625
　→ tactical troops 626
戦術部隊【陸自】→ tactical unit 626
戦術プロット → tactical plot 626
戦術編組 → tactical grouping 625
戦術編成 → tactical organization............ 626

戦術保全 → tactical security 626
戦術ミサイル → tactical missile（TM）.. 625
戦術ミサイル防衛 → tactical missile defense
　（TMD）... 625
戦術ミサイル防衛構想 → Tactical Missile
　Defense Initiative（TMDI）................ 625
戦術ミッション【空自】→ tactical
　mission 625
戦術ミッション・ルート → tactical mission
　route 625
戦術目標 → tactical target 626
戦術誘導弾 → tactical missile（TM）...... 625
戦術輸送機 → tactical transport
　aircraft 626
戦術用コール・サイン【海自】→ tactical call
　sign 624
戦術要素 → tactical data 624
戦術用地図 → tactical map 625
戦術予備 → tactical reserve 626
戦術呼び出し符号【空自】→ tactical call
　sign 624
船首砲 → bow chaser 112
専守防衛 → exclusive defense................. 250
専守防衛政策
　→ defense-oriented policy 197
　→ exclusively defense-oriented policy ...250
専守防衛態勢 → exclusive defense
　posture 250
船首楼甲板 → forecastle deck................. 279
戦勝 → battlefield success 98
戦場【陸自】→ battlefield 98
前哨（ぜんしょう）【陸自】→ outpost 467
戦場監視【陸自】→ battlefield
　surveillance 98
前哨監視線 → outpost line 467
戦場監視装置 → battlefield surveillance
　device 98
戦場機動【陸自】→ battlefield maneuver .. 98
船上検査 → on-board inspection 457
戦場航空阻止 → battlefield air interdiction
　（BAI）... 98
戦傷死 → died of wounds received in action
　（DWRIA）... 210
戦傷者
　→ injured in action 338
　→ wounded hostile（WH）..................692
　→ wounded in action（WIA）..............692

戦場情報準備 → intelligence preparation of the battle space（IPB） 343
戦場照明 → battlefield illumination 98
戦場ショック → shell shock 569
前哨陣地 → outpost position 467
戦場心理活動 → battlefield psychological activity 98
前哨線 → picket line 483
前哨地域 → outpost area 467
前哨抵抗線 → outpost line of resistance 467
戦場認識データ配布 → battlefield awareness data distribution（BAD） 98
戦場評価目標捕捉 → battlefield exploitation and target acquisition（BETA） 98
全情報源 → all-source intelligence 46
全情報源分析システム → all-source analysis system（ASAS） 46
戦場保命法 → combat survival 150
全正面 → entire front 245
線状目標 → linear target 377
戦場力学 → dynamics of battlefield 229
戦時利得税 → wartime profit tax 682
戦時労働 → war work 682
戦陣 → battle formation 98
前進 【陸自】 → advance 14
先進概念脱出システム → advanced-concept escape system（ACES） 14
前進角
　→ angle of advance 52
　→ angular advance 53
先進型艦隊潜水艦原子炉 【米海軍】 → advanced fleet submarine reactor（AFSR） 15
先進型機雷探知システム 【米海軍】 → advanced mine detection system（AMDS） 15
先進型SEAL輸送システム 【米海軍】 → advanced SEAL delivery system（ASDS） 15
先進型複合材料 【空自】 → advanced composite material（ACM） 14
前進観測員 → forward observer（FO） ... 282
前進観測所
　→ advance post 16
　→ forward observation post 282
先進技術概念実証 → advanced concept technology demonstration（ACTED） 14

先進技術推進センター 【防衛装備庁】 → Advanced Defense Technology Center 14
前進基地
　→ advanced base 14
　→ forward base 281
前進基地計画 → advanced base program ... 14
前進基地ユニット → advanced base unit ... 14
戦陣訓 → field service code 262
前進撃発吹き戻し式 → advanced primer ignition blowback（APIB） 15
先進鋼技術 → advanced steel technology ... 16
前進航空統制 → forward air control（FAC） 281
前進後方支援施設 → advanced logistics support site（ALSS） 15
前進SAU（ぜんしんサウ）→ advanced SAU 15
前進作戦基地
　→ advanced operations base 15
　→ forward operating base（FOB） 282
前進作戦拠点 → forward operating location 282
前進指揮所
　→ advance command post 14
　→ advanced command post 14
前進軸 【陸自】 → axis of advance 87
前進軸地雷敷設 → axial mining 87
前進陣地 【陸自】 → advance position 16
先進水上艦用曳航式TASS → advanced surface ship towed array surveillance system（ASSTASS） 16
先進整備群 【米陸軍】 → advanced maintenance group（AMG） 15
先進戦術戦闘機 → advanced tactical fighter（ATF） 16
先進戦術偵察システム → advanced tactical reconnaissance system（ATARS） 16
漸進捜索 → creeping line search 182
先進短距離離陸・垂直着陸機 → advanced short-range take-off vertical landing（ASTOVL） 15
先進地上車両技術 【陸軍】 → advanced ground vehicle technology 15
前進地帯 → zone of advance 694
前進着陸場 → advanced landing field 15
前進抵抗 → head resistance 311
先進敵味方識別装置 → advanced

せ

せんしん

identification friend or foe（AIFF）······· 15
浅深度　→ shallow depth······················ 568
浅深度潜航　→ submerged shallow ········· 610
浅深度掃海　→ flat shallow sweep ··········· 271
前進飛行場　→ advanced landing field ······· 15
前進部隊　→ advance force ····················· 16
前進兵站司令部　→ advance logistical
　command（ADLOG）····················· 16
前進補給処
　→ advanced depot ·························· 14
　→ advance depot ··························· 15
前進目標　【陸自】→ march objective····· 398
前進率　→ advance ratio ························ 16
前進路　→ advance route························ 16
潜水
　→ dive ··································220
　→ diving·································221
潜水医官　→ diving medical officer··········· 221
浅水域　→ shallow waters····················· 568
潜水員　→ diver····························· 220
潜水艦　→ submarine ····················· 609
潜水艦安全航路　→ submarine safety
　lane ······································· 610
潜水艦安全針路　→ submarine safety
　course ···································· 610
潜水艦移動安全海面　→ submarine moving
　haven······································ 610
潜水艦運用権者　→ submarine operating
　authority（SUBOPAUTH）················· 610
潜水艦音響戦システム　【米海軍】→ submarine
　acoustic warfare system（SAWS）········· 609
潜水艦音響妨害及び欺騙　【米海軍】
　→ submarine acoustic jamming and
　deception（SUBAJAD）··················· 609
潜水艦開発戦隊　【米海軍】→ Submarine
　Development Squadron ····················· 609
潜水艦確認報告　→ submarine check
　report ····································· 609
潜水艦記章　→ submarine insignia ··········· 609
潜水艦基地隊　【海自】→ Submarine
　Base ······································ 609
潜水艦救難　→ submarine search and
　rescue ···································· 610
潜水艦救難艦
　→ submarine rescue ship ················610
　→ submarine rescue vessel ··············610
潜水艦救難艦母艦　【海自】→ submarine
　rescue tender································ 610

潜水艦救難装置　→ submarine rescue
　equipment ································· 610
潜水艦教育訓練隊　【海自】→ Submarine
　Training Center ···························· 610
潜水艦教育訓練分遣隊　【海自】→ Submarine
　Training Detachment························ 610
潜水艦極地遠征　【米海軍】→ submarine ice
　expedition（SCICEX）····················· 609
潜水艦魚雷防御　【米海軍】→ submarine
　torpedo defense（SMTD）················· 610
潜水艦高速化応答　【米海軍】→ submarine
　quickened response（SQUIRE）··········· 610
潜水艦行動圏　→ submarine moving
　haven······································ 610
潜水艦行動報告；潜水艦行動予告
　→ submarine notice ······················ 610
潜水艦行動予定　→ submarine intended
　movement································· 609
潜水艦載中速中性子炉　→ submarine
　intermediate reactor（SIR）··············· 609
潜水艦作戦　【海自】→ submarine
　operation·································· 610
潜水艦作戦区域　→ submarine operations
　area······································· 610
潜水艦指揮統制システム　→ submarine
　command and control system············· 609
潜水艦哨戒海域　→ submarine patrol
　zone······································ 610
潜水艦哨戒区域　→ submarine patrol
　area······································· 610
潜水艦触接区域　→ submarine contact
　area······································· 609
潜水管制盤　→ diving control console······ 221
潜水艦潜在海域　→ area of probability
　（AOP）···································· 64
潜水艦潜在圏　→ furthest-on circle ········· 289
潜水艦先進型原子炉　【米海軍】→ submarine
　advanced reactor（SAR）·················· 609
潜水艦潜望鏡　→ submarine periscope····· 610
潜水艦捜索救難機関　→ submarine search and
　rescue facility ····························· 610
潜水艦捜索区域　→ submarine generated
　search area（SGSA）······················· 609
潜水艦存在可能区域　→ submarine probability
　area（SPA）································· 610
潜水艦隊　【海自】→ Fleet Submarine
　Force ····································· 272
潜水艦隊　→ submarine force················ 609
潜水艦地帯　→ submarine zone ············· 610

日本語索引　　　　　　　　　　　　　　　　　せんそう

潜水艦長波/超長波VMEバス受信機 【米海軍】 → submarine LF/VLF VMEbus receiver (SLVR) ……………… 609
潜水艦通信施設 → submarine communication facility ……………………………… 609
潜水艦統制 → submarine operational control ……………………………… 610
潜水艦特定海域；潜水艦特定区域 → submarine restricted area ……… 610
潜水艦熱中性子炉 【米海軍】 → submarine thermal reactor (STR) …………… 610
潜水艦発射巡航ミサイル → submarine launched cruise missile (SLCM) ……… 609
潜水艦発射対空ミサイル → submarine launched air missile ……………… 609
潜水艦発射弾道ミサイル → submarine launched ballistic missile (SLBM) …… 609
潜水艦非戦闘海面 → submarine haven …… 609
潜水艦プロット → submarine plot ……… 610
潜水艦兵站支援センター 【米海軍】 → Submarine Logistics Support Center ……………………………… 609
潜水艦保護海面 【海自】；潜水艦保護区【海自】 → submarine sanctuary …………… 610
潜水艦保護区域 【統幕】 → submarine sanctuary ……………………………… 610
潜水艦要員実習 【米海軍】 → Submarine On Board Training (SOBT) ……………… 610
潜水艦用曳航式アレイ・ソーナー・システム → submarine-towed array sonar system (STASS) ……………………………… 610
潜水艦用先進戦闘システム → submarine advanced combat system (SubACS) … 609
潜水艦レーザー通信衛星 【海軍】 → submarine laser communication satellite (SLCSAT) …………………………… 609
潜水器具 → diving equipment ………… 221
潜水靴（せんすいくつ）→ diving shoes …… 221
潜水群 【米海軍】 → Submarine Group …… 609
潜水工作員 → frogman ………………… 286
潜水作業 → diving operation ………… 221
潜水作業船 → diving tender ………… 221
潜水深度 → depth of dive ………… 205
潜水戦隊 【米海軍】 → Submarine Squadron ……………………………… 610
潜水隊 【海自】 → Submarine Division … 609
潜水隊群 【海自】 → Submarine Flotilla … 609
潜水長 【海自】 → diving officer ……… 221

潜水灯 → diving lamp ……………… 221
潜水病 → diving illness …………… 221
潜水服 → diving suit ……………… 221
潜水帽子 → diving cap …………… 221
潜水母艦 → submarine tender ……… 610
先制 → preemption ……………… 494
戦勢 【陸自】 → trends in tactical situation ……………………………… 653
先制攻撃 → preemptive attack ……… 494
先制使用 → first use ……………… 269
先制不使用 → No First Use (NFU) … 443
全世界情報基盤 → Global Information Infrastructure …………………… 296
全世界戦争 → world-wide war ……… 692
全世界輸送網 → Global Transportation Network …………………… 296
戦線
　→ battle line …………………… 98
　→ fighting line ………………… 263
　→ line of battle …………………378
前線
　→ front …………………………286
　→ front line (FL) ………………286
前線基地 → advanced base program ……… 14
前線航空患者後送 → forward aeromedical evacuation ……………………… 281
前線航空統制官 【空自】 → forward air controller (FAC) …………………… 281
前線航空統制所 → forward air control post (FACP) …………………………… 281
前線作戦基地 → forward operating base (FOB) …………………………… 282
宣戦布告 → declaration of war ……… 194
前線洋上補給基地 → forward floating depot (FFD) …………………………… 282
前装 → muzzle loading ……………… 432
戦争以外の軍事作戦 → military operations other than war (MOOTW) ………… 414
戦争以外の作戦 → operations other than war (OOTW) ………………………… 462
戦争危険 → war risk ……………… 681
全装軌車 → full-track vehicle ……… 288
戦争犠牲者 → war victim …………… 682
戦争計画 → war plan ……………… 681
戦争景気 → war boom …………… 680
戦争経済 → war economy ………… 680
戦争行為

→ act of war 10
→ belligerent act 101
前装銃 → muzzle-loader 432
戦争終了 → termination of war 635
戦争神経症
→ battle fatigue 98
→ combat fatigue 149
→ war neurosis 681
戦争遂行努力
→ war effort 680
→ war-sustaining effort 681
戦争遂行能力 → war waging capability 682
戦争体験記 → war story 681
戦争挑発者 → warmonger 680
戦争抵抗者同盟 → War Resister's League (WRL) 681
戦争成金 → war-made nouveau riche 680
戦争の諸形態 → spectrum of war 591
戦争の諸原則 【海自】 → principles of war 499
戦争のために使用しうる潜在的経済力
→ economic potential for war 231
戦争犯罪 → war crime 680
戦争犯罪人 → war criminal 680
戦争法 → law of war 370
前装砲 → muzzle-loader 432
戦争報道 → war coverage 680
戦争保険 → war risk insurance (WRI) 681
戦争捕虜の通信文検閲 → prisoner of war censorship 500
戦争未亡人 → war widow 682
戦争屋 → warmonger 680
全装薬 → full charge 288
戦則
→ operational doctrine 460
→ warfare note 680
戦速 【海自】 → battle speed 99
専属幕僚 → personal staff 479
全速揚弾 → full speed hoisting movement 288
戦隊 【空軍】 → battle group 98
戦隊 【海軍】 → squadron (Sq) 594
船隊 → fleet 272
船体運動状態表示装置 【海自】 → ship motion analyzing computer system (SMACS) 569
潜対空ミサイル → underwater-to-air missile

(UAM) 661
船体磁気 → ship's magnetization 570
船体首尾線方向永久磁気 → permanent longitudinal magnetization (PLM) 479
船体首尾線方向磁気 → longitudinal magnetization (LM) 385
船体消磁装置 → shipboard degaussing system 569
船体垂直方向永久磁気 → permanent vertical magnetization (PVM) 479
潜対潜ミサイル → underwater-to-underwater missile (UUM) 662
潜対地(艦)ミサイル → underwater-to-surface missile (USM) 662
船体垂直方向磁気 → vertical magnetization (VM) 675
船体横方向永久磁気 → permanent athwartship magnetization (PAM) 479
船体横方向磁気 → athwartship magnetization (AM) 76
選択識別装置 【海自】 → selective identification feature (SIF) 561
選択照準 → intermittent aim 346
選択脱出システム → command select ejection system 154
選択発射 → selective shot 561
選択ビーコン・レーダー → selective beacon radar (SBR) 561
船団 【海軍】 → convoy 174
船団会議 → convoy conference 175
船団加入船 → convoy joiner 175
船団航路 → convoy route 175
船団護衛 → convoy escort 175
先端式海陸両用攻撃軍用車 【海軍】 → advanced amphibious assault vehicle 14
船団集結港 → convoy assembly port 175
船団針路 → convoy course 175
船団スケルトン直衛 → convoy skeleton screen 175
船団装備官 → convoy equipment officer 175
船団速力 → convoy speed 175
船団隊形 → convoy formation 175
船団長 → convoy commodore (CON COMO) 175
船団直衛指揮官 → convoy screen commander 175

船団通信会議 → convoy communication conference ········· 175
全弾投下 → all bomb release ············ 45
船団搭載 → convoy loading ············ 175
船団通し護衛艦 → convoy through escort ········· 175
先端複合材料 → advanced composite material（ACM）········· 14
先端複合材料機体計画【米陸軍】→ Advanced Composite Airframe Program ········· 14
船団分散点 → convoy dispersal point ····· 175
船団分離船 → convoy leaver ············ 175
船団名称 → convoy title ············ 175
船団ルーティング指令 → convoy routing instructions ········· 175
全地球航法衛星システム → Global Navigation Satellite System（GNSS）··· 296
全地球戦闘支援システム → Global Combat Support System ········· 296
全地球測位システム【空自】→ Global Positioning System（GPS）········· 296
全地球弾道ミサイル防衛 → global ballistic missile defense（GBMD）········· 296
全駐留軍労働組合【日】→ All Japan Garrison Forces Labor Union ········· 45
全天候空中投下システム → all-weather aerial delivery system（AWADS）········· 46
全天候空母着艦システム → all-weather carrier landing system（AWCLS）····· 46
全天候攻撃レーダー → all-weather attack radar ········· 46
全天候航法 → all-weather navigation ······ 46
全天候戦闘機 → all-weather fighter ·········· 46
全天候着陸システム → all-weather landing system（AWLS）········· 46
全天候飛行 → all-weather flight ············ 46
宣伝爆弾 → leaflet bomb ············ 372
戦闘
　→ action ········· 8
　→ battle ········· 98
　→ combat ········· 148
旋動安定弾 → spin-stabilized ammunition ········· 592
戦闘員
　→ combatant ········· 148
　→ fighter ········· 262
　→ members of armed forces ········· 408
戦闘演習 → combat exercise ········· 149
戦闘開始日 → D-day ········· 192

戦闘開発 → combat development ········· 149
戦闘可能態勢
　→ combat readiness ············ 150
　→ combat ready（CR）············ 150
戦闘環境 → combat environment ········· 149
戦闘監視 → combat surveillance ············ 150
戦闘監視レーダー → combat surveillance radar ········· 150
戦闘管制システム → combat management system（CMS）········· 149
戦闘管理 → battle management（BM）···· 98
戦闘管理、指揮、統制、通信及び情報 → battle management, command, control, communications and intelligence（BMC3I）········· 98
戦闘管理、指揮、統制、通信、コンピューター及び情報 → battle management, command, control, communications, computers, and intelligence（BMC4I）···· 98
先頭機 → lead aircraft ············ 371
戦闘機
　→ fighter ············ 262
　→ fighter aircraft ············ 263
　→ fighter plane ············ 263
戦闘機アベイラビリティ・サマリー → fighter availability summary ············ 263
戦闘機交戦区域【空自】→ fighter engagement zone（FEZ）············ 263
戦闘機交戦圏【統幕・海自】→ fighter engagement zone（FEZ）············ 263
戦闘機掃討 → fighter sweep ············ 263
戦闘機による護衛 → fighter escort（FE）············ 263
戦闘機による阻止 → fighter interdiction ·· 263
戦闘機能力評価システム → aircraft capability evaluation system（ACES）···· 26
戦闘機パイロット → fighter pilot ·········· 263
戦闘機兵器体系 → fighter weapon system ········· 263
戦闘給糧艦 → combat store ship ············ 150
戦闘機用先端技術適用研究【空自】
　→ advanced fighter technology integration（AFTI）········· 15
戦闘機用データリンク → fighter data link（FDL）············ 263
戦闘教練【陸自】→ combat drill ········· 149
戦闘許容 → combat allowance ············ 148
戦闘記録 → battle record ············ 99

せんとう　　　　　　　　　　198　　　　　　　　　　日本語索引

戦闘区域　→ combat sector ……………… 150
戦闘区域　【海自】→ combat zone（CZ）‥ 150
戦闘空域　→ combat airspace……………… 148
戦闘空域統制　→ combat airspace
　control ……………………………………… 148
戦闘空間　→ battlespace ………………… 99
戦闘空間の支配　→ battlespace
　dominance ………………………………… 99
戦闘空軍　【米軍】→ Air Combat Command
　（ACC）…………………………………… 25
戦闘空中哨戒　【空自】→ combat air patrol
　（CAP）…………………………………… 148
戦闘空輸支援班　→ combat airlift support
　unit（CALSU）………………………… 148
戦闘空輸統制班　→ combat airtransport
　control team …………………………… 148
戦闘区分　→ action status………………………8
戦闘クラスプ　→ battle clasp…………… 98
戦闘群　【陸軍】→ battle group…………… 98
戦闘群　【陸自】→ Combat Group
　（CGp）…………………………………… 149
戦闘訓練　【海自】→ combat drill ……… 149
戦闘訓練
　→ combat exercise ……………………149
　→ tactical training ……………………626
戦闘計画
　→ battle plan …………………………… 99
　→ tactical plan …………………………626
戦闘携行品　→ combat load ……………… 149
戦闘継続判断　→ fight or fix …………… 263
戦闘携帯品　→ combat load ……………… 149
戦闘壕　→ fire trench …………………… 267
戦闘航空団　【米軍】→ Fighter Wing …… 263
戦闘航空旅団　→ combat aviation
　brigade …………………………………… 148
戦闘攻撃機　→ fighter/attacker（F/A）…… 263
戦闘高度　→ combat altitude …………… 148
戦闘行動　→ combat action ……………… 148
戦闘工兵　→ combat engineer …………… 149
戦闘工兵車　→ combat engineer vehicle
　（CEV）…………………………………… 149
戦闘広報係　→ combat correspondent …… 149
戦闘後方支援　→ combat service support
　（CSS）…………………………………… 150
戦闘後方支援部隊
　→ combat service support element
　　（CSSE）………………………………150

　→ combat service support unit…………150
戦闘後方部隊　→ combat logistics forces ‥ 149
戦闘効率
　→ combat effectiveness ………………149
　→ combat efficiency……………………149
戦闘作戦　→ combat operation …………… 149
戦闘支援　→ combat support …………… 150
戦闘支援部隊
　→ combat support element ……………150
　→ combat support troops………………150
戦闘視覚情報支援センター　→ combat visual
　information support center …………… 150
戦闘指揮システム　【米海軍】→ combat
　control system（CCS）………………… 149
戦闘指揮システム　【海自】→ combat
　direction system（CDS）……………… 149
戦闘指揮所　→ tactical command post …… 624
戦闘指揮センター　→ combat direction center
　（CDC）…………………………………… 149
戦闘指揮班　【自衛隊】→ battle staff team ‥ 99
戦闘指揮班員　【自衛隊】→ battle staff…… 99
戦闘指揮班長　【空自】→ battle director … 98
戦闘指向型整備方式　→ combat oriented
　maintenance organization（COMO）…… 149
戦闘指向型補給方式　→ combat oriented
　supply organization（COSO）………… 149
戦闘死傷病者　【統幕】→ battle casualty … 98
戦闘システム機器室　【海自】→ combat
　system equipment room（CSER）……… 150
戦闘システム総合作動試験　【海自】→ overall
　combat system operability test
　　（OCSOT）……………………………… 468
戦闘指導　→ operational directions toward
　subordinate organization………………… 460
先導車　→ control car……………………… 171
戦闘射撃　→ combat practice……………… 150
戦闘射撃演習　→ field firing……………… 261
戦闘射撃演習場　→ field firing range …… 261
戦闘射撃訓練　→ combat firing practice… 149
戦闘車　→ combat vehicle ………………… 150
戦闘手段　→ combat resources …………… 150
戦闘準備完了　→ ready for action ……… 520
戦闘照準　→ battle sight ………………… 99
戦闘上昇限度　【空自】→ combat ceiling‥ 148
戦闘詳報
　→ combat report…………………………150

→ final mission report····················264
→ periodic operational report ············478
戦闘情報 → combat information············ 149
戦闘情報【米軍】→ combat intelligence·· 149
戦闘情報艦 → combat information ship·· 149
戦闘情報自動処理システム【海自】→ Action Data Automation (ADA) ····················8
戦闘情報センター → action information center ··8
戦闘情報センター【海自】→ combat information center (CIC) ················· 149
戦闘情報組織 → action information organization ··8
戦闘情報網 → combat information net ··· 149
戦闘正面；戦闘正面幅 → frontage ········ 286
戦闘職種【陸自】→ combat arm ········ 148
戦闘所要時間 → combat time ············· 150
戦闘序列【海自】→ order of battle (OB) ···464
戦闘司令【空自】→ battle commander (BC) ··· 98
戦闘陣地【陸自】→ battle position (BP) ·· 99
戦闘陣地守備部隊
→ forward defense echelon ··················281
→ forward defense force ······················281
戦闘陣地の戦闘 → battle along FEBA····· 98
戦闘陣列 → embattled line ···················· 239
戦闘針路 → action course······················· 8
戦闘前哨【陸自】→ combat outpost (COP) ·· 149
戦闘前哨線 → combat outpost line (COPL) ·· 149
戦闘戦務支援 → combat service support (CSS) ·· 150
戦闘捜索・救難【米軍】→ combat search and rescue (CSAR) ··························· 150
戦闘捜索・救難任務調整官【米軍】→ combat search and rescue mission coordinator ·· 150
戦闘捜索救難任務部隊【米軍】→ combat search and rescue task force············· 150
戦闘装備
→ combat outfit ·····································149
→ fighting load ······································263
戦闘即応態勢 → combat readiness ········ 150
戦闘即応能力【海自】→ combat readiness ·· 150
戦闘速度 → combat speed ···················· 150

戦闘速報【空自】→ mission report of each operation································· 421
戦闘速力【海自】→ battle speed············ 99
戦闘損害評価 → bomb damage assessment (BDA) ·· 109
戦闘損失 → operational loss ················· 460
戦闘損傷機修理【空自】→ aircraft battle of damage repair (ABDR) ························ 26
戦闘損傷施設の復旧 → wartime restoration of war damaged facilities repair············ 682
戦闘損傷修理 → battle damage repair (BDR) ··· 98
戦闘損耗
→ battle casualty ·································· 98
→ battle losses ····································· 98
戦闘損耗人員報告 → battle casualty report ··· 98
戦闘隊形
→ battle formation······························· 98
→ combat formation····························149
→ fighting formation···························263
戦闘団【陸自】→ Combat Team (CT)·· 150
旋動弾 → spin-stabilized ammunition······ 592
戦闘単位【海自】→ combat element····· 149
戦闘単位
→ combat unit ·····································150
→ fighting unit ·····································263
戦闘段階 → combat phase···················· 149
戦闘段列 → combat train ····················· 150
戦闘地域
→ battle area ······································· 98
→ combat area ····································148
戦闘地域の前縁 → forward edge of the battle area (FEBA)······································ 282
戦闘地図 → battle map·························· 98
戦闘地帯【陸自】→ combat zone (CZ)·· 150
先頭中隊 → leading company··········· 371
戦闘中の行方不明；戦闘中の行方不明者 → missing in action (MIA) ················ 421
戦闘偵察
→ battle reconnaissance······················· 99
→ combat reconnaissance····················150
戦闘展開【陸自】→ deployment for combat·· 204
戦闘電子戦情報 → combat electronic warfare intelligence ··· 149
戦闘電子戦情報大隊 → combat electronic- warfare intelligence battalion················ 149
戦闘電話系 → battle telephone circuit······ 99

せんとう   200   日本語索引

戦闘搭載 → combat loading……………149

戦闘搭載卸下 → engine running on/off load
　（ERO）………………………244

戦闘統制班 → combat control team
　（CCT）……………………149

戦闘荷積士官 → combat cargo officer … 148

戦闘任務群 【海自】 → battle group………98

戦闘任務航空部隊 → combat aviation……148

戦闘能力 → fighting capability……………263

戦闘能力点検 【空自】 → operational
　readiness evaluation（ORE）…………461

戦闘のための前進 【陸自】 → approach
　march…………………………62

戦闘のための前進隊形 → approach march
　formation……………………62

戦闘配置
　→ action station………………………8
　→ battle station………………………99

戦闘配置表 → battle bill…………………98

戦闘爆撃機 → fighter bomber（FB）……263

戦闘幕僚 → battle staff……………………99

戦闘派遣隊 → combat patrol……………149

戦闘半径 → combat radius………………150

戦闘被害評価 → battle damage assessment
　（BDA）………………………98

戦闘飛行 → combat flight………………149

戦闘飛行隊 → fighter squadron（FS）……263

戦闘評価 → combat assessment…………148

戦闘疲労 → combat fatigue………………149

戦闘服
　→ battle dress…………………………98
　→ battle dress uniform（BDU）…………98
　→ combat uniform……………………150

戦闘部署表 → quarter bill………………509

先頭部隊
　→ leading element……………………371
　→ leading unit…………………………371

戦闘部隊
　→ battle force…………………………98
　→ combat command……………………149
　→ combat echelon………………………149

戦闘部隊 【陸自】 → combat element……149

戦闘部隊
　→ combat force…………………………149
　→ combat troops………………………150
　→ fighting force………………………263

戦闘部隊指揮官 → combatant
　commander……………………148

戦闘部隊搭載 → combat unit loading……150

前投兵器 → ahead throwing weapon
　（ATW）………………………21

戦闘兵種 → combat arm…………………148

戦闘編成 → battle organization…………99

戦闘報告 → action report…………………8

戦闘報告 【海自】 → combat report……150

戦闘補給日量 → combat day of supply…149

戦闘歩兵記章 【米軍】 → Combat Infantry
　Badge（CIB）………………149

戦闘名誉章 → battle honor………………98

戦闘命令 → battle order…………………99

戦闘用海図 【海自】 → combat chart……149

戦闘用航空機 → combat aircraft…………148

戦闘用止血帯 → combat application
　tourniquet（CAT）……………148

戦闘要報 【空自】 → daily mission
　report…………………………188

戦闘要報 【陸自】 → operational situation
　report…………………………461

戦闘予備 → combat reserve………………150

戦闘予備品 → battle reserves……………99

戦闘離脱 → withdrawal from action………691

戦闘力
　→ combat power………………………149
　→ fighting power………………………263
　→ fighting strength……………………263

戦闘力回復所 → rehabilitation center……529

戦闘力回復地域 → rehabilitation area……529

戦闘力の集中 → concentration of combat
　power…………………………164

戦闘力の配分 → allocation of combat
　power…………………………45

戦闘力の優越
　→ preponderance of combat power……495
　→ superiority of combat power…………612

戦闘力要素 → elements of fighting
　power…………………………238

潜入
　→ diving………………………221
　→ infiltration…………………334
　→ penetration…………………477

潜入角 → dive angle………………………220

潜入渦紋（せんにゅうかもん）→ diving
　swirl…………………………221

先任衛兵伍長 → master-at-arms…………401

先任管制官 → senior controller（SC）……563

日本語索引 201 せんひか

先任幹部 【自衛隊】→ executive officer ·· 250
先任幹部 【空自】→ officer in charge (OIC) ················· 454
先任機上要撃指令官 → combat information center officer（CICO）········ 149
先任伍長 【海自】→ Command Master Chief Petty Officer ··············· 154
先任士官 → executive officer ············· 250
先任上級曹長 【米海兵隊】→ Sergeant Major ···················· 565
先任将校
　→ executive officer ·················250
　→ senior officer ····················564
先任指令官 【空自】→ senior director (SD) ················· 563
先任曹長 【米陸軍・米海兵隊】→ First Sergeant ··················· 268
先任幕僚 → chief staff officer ············ 136
先任兵器割当技術員 → chief weapon assignment technician（CWT）············ 136
先任兵器割当指令官 【空自】→ chief weapon assignment director（CWD）············· 136
船舶運航軍事統制 【米軍】→ naval control of shipping（NCS）············ 437
船舶運航軍事統制官 → naval control of shipping officer（NCSO）················ 437
船舶運航軍事統制組織 【米軍】→ naval control of shipping organization (NCSO) ·············· 437
船舶運航軍事統制連絡官 → naval control of shipping liaison officer（NCSLO）······· 437
船舶運航統制 → shipping control ··········· 569
船舶運航統制権者 → shipping control authority ················ 569
船舶運航統制当局 → shipping control authorities ·················· 569
船舶運航保護統制権者 → operational control authority (OCA) ············· 460
船舶運航民間指令 → civil direction of shipping ················· 138
船舶気象観測 → weather observation from ships ···················· 686
船舶検査 → ship inspection ·············· 569
船舶検査活動 → ship inspection operation ·············· 569
船舶検査活動法 【日】→ Ship Inspection Operations Act ············· 569
船舶・港湾施設の保安の確保等に関する国際規則 → International Ship and Port Facility Security Code（ISPS Code）············· 349
船舶国籍証書 → certificate of ship's nationality ················ 132
船舶自動識別装置 → automatic identification system（AIS）············· 82
船舶仕向け地統制機関 → ship's destination authority（SDA）················ 570
船舶通航信号 【海自】→ warning signal ·· 681
船舶誘導作戦 → lead through operation ·· 372
船舶抑留 → embargo ··············· 239
選抜予備 【米軍】→ Selected Reserve ····· 561
選抜予備役 【米軍】→ Selected Reservist ·················· 561
戦犯 → war criminal ··············· 680
全範囲支配力 → full spectrum dominance ·················· 288
全般協力 → general support（G/S）······· 294
全般警戒 → general security ············· 294
全般警備
　→ general guard ···························293
　→ general policing ·················294
全般航空支援 → general air support ······· 293
全般支援 → general support（G/S）······· 294
全般支援射撃 → general support fire ······ 294
全般支援大隊 【陸自】→ General Support Battalion ················· 294
全般支援任務部隊 → general support unit (GSU) ···················· 294
全般支援砲兵 → general support artillery ··················· 294
全般状況 → general situation ··············· 294
全般前哨 【陸自】→ general outpost (GOP) ··················· 294
全般前哨線 → general outpost line (GOPL) ··················· 294
全般的完全軍縮 → general and complete disarmament ················ 293
全般的航空優勢 → general air superiority ··················· 293
全般的対空火網 → overall air defense coverage ·················· 468
全般任務兼増援任務 → general support-reinforcing（G/S & Reinf）···· 294
戦備 【海自】→ readiness ··············· 520
前扉（ぜんぴ）→ muzzle door ·············· 431
前扉開鎖機構 → muzzle door

mechanism ………………………………… 431
前扉開鎖軸 → muzzle door operating shaft ………………………………………… 431
船尾カーソル
　→ stem cursor ………………………………602
　→ stern cursor ………………………………603
船尾形弾尾 → boat tail ……………………… 108
潜伏 → concealment ………………………… 164
宣撫心理作戦 → consolidation psychological operations ……………………………… 167
尖兵
　→ advance guard …………………………… 16
　→ advance party …………………………… 16
全平均探知公算 → overall mean detection probability ……………………………… 468
尖兵小隊 → advance guard party ………… 16
尖兵中隊
　→ advance guard support ………………… 16
　→ support company ………………………615
尖兵中隊の本隊 【陸自】→ support proper ……………………………………… 615
選別の抑止戦略 → discriminate deterrence strategy ………………………………… 217
選別動員 → selective mobilization ……… 561
戦法 【陸自】→ tactics ……………………… 626
前方海洋戦略 → forward maritime strategy ………………………………… 282
前方監視赤外線装置；前方監視赤外線レーダー
　→ forward looking infrared radar （FLIR）………………………………… 282
前方監視レーダー → forward looking radar （FLR）…………………………………… 282
線防御 → defense in length ………………… 196
線防御 【陸自】→ line defense …………… 377
潜望鏡昇降筒 → periscope well ………… 479
潜望鏡深度 → periscope depth（PD）…… 478
潜望鏡深度ソーナー探知距離 【海自】
　→ periscope depth sonar range （PDSR）………………………………… 479
潜望鏡深度探知距離 → periscope depth range （PDR）………………………………… 478
潜望鏡天測装置 → periscope sextant system ……………………………………… 479
前方区域 → forward area …………………… 281
前方群 → forward echelon ………………… 282
前方限界線 → forward limit line ………… 282
前方攻撃 【空自】→ front attack ………… 286
前方作戦基地 → forward operating base

（FOB）………………………………………… 282
前方作戦群 → advanced force operations group ………………………………………… 15
前方支援地域 【陸自】→ forward support area（FSA）……………………………… 282
前方視程 → forward visibility …………… 282
潜望照準具 → periscopic sight …………… 479
前方信務班 → advance message center ……16
前方地域 【陸自】→ covering force area…181
前方地域防空 → forward area air defense （FAAD）………………………………… 281
前方地域防空システム 【米陸軍】→ Forward-Area Defense System（FAADS）……… 281
前方地域用装甲弾薬輸送車 → armored forward area rearm vehicle（AFARV）… 67
前方直衛 → advanced screen ……………… 15
前方治療 → forward clearance …………… 281
前方展開部隊
　→ forward deployed forces ……………… 281
　→ forward deployment forces ……………282
前方握り → fore grip ……………………… 279
前方配備戦略 → forward deployed strategy ………………………………… 282
前方爆撃制限線 → forward bomb line …… 281
前方ビーム → front beam …………………… 286
前方部隊
　→ forward element ………………………282
　→ forward unit ……………………………282
前方兵站地区 → advance section ………… 16
前方方位角 → forward azimuth …………… 281
前方防衛戦略 → forward defense strategy ………………………………… 281
前方防御 → forward defense ……………… 281
前方防御区域 → forward defense area …… 281
前方防御区域守備部隊
　→ forward defense echelon ………………281
　→ forward defense force …………………281
前方防御陣地 → forward defense position ………………………………… 281
前方防御中枢 → forward defense center …281
戦没者 → killed in action（KIA）………… 363
戦没者取り扱い → mortuary affairs …… 426
戦没者取り扱い業務 → graves registration service …………………………………… 298
戦没従軍記章 【米】→ American Campaign Medal（ACM）…………………………… 48
戦没将兵記念日 【米】→ Memorial Day… 408

船務士　【海自】→ CIC officer 136
戦務支援　→ combat service support
　　(CSS) 150
戦務支援部隊
　　→ combat service support element
　　　(CSSE) 150
　　→ combat service support unit 150
戦務支援領域　→ combat service support
　area 150
船務長　【海自】→ operations officer 462
殲滅（せんめつ）→ annihilation 54
殲滅射撃（せんめつしゃげき）→ annihilation
　fire 54
殲滅戦略（せんめつせんりゃく）
　→ annihilation strategy 54
　→ strategy of annihilation 607
全面指揮権　→ full command 288
全面戦；全面戦争
　→ all-out war 46
　→ general war 294
全面戦争　【空自】→ total war 645
全面動員　→ full mobilization 288
全面燃焼　→ internal-external burning 347
専門員　→ specialist 589
専門家会合　→ experts' working group
　　(EWG) 252
専門治療　→ definitive treatment 199
専門幕僚　→ special staff 590
専門補給処　→ specialized depot 589
戦友救急法　→ buddy aid 116
戦利品
　→ war booty 680
　→ war trophy 682
戦略　→ strategy 607
戦略移動　→ strategic movement 606
戦略海上輸送　→ strategic sealift 607
戦略海上輸送部隊　→ strategic sealift
　force 607
戦略核戦力　→ strategic nuclear force 606
戦略核兵器　→ strategic nuclear weapon .. 606
戦略核兵器運搬手段　→ strategic nuclear
　delivery vehicle (SNDV) 606
戦略環境　→ strategic environment 606
戦略企画課　【内部部局】→ Strategic
　Planning Division 606
戦略機動　【陸自】→ strategic maneuver .. 606
戦略機動性　【自衛隊】→ strategic
　maneuverability 606
戦略機動見積り　→ estimates of strategic
　mobilization 248
戦略機動力　→ strategic mobility 606
戦略教育室　【防大】→ Department of
　Strategic Studies 204
戦略空軍　【米】→ Strategic Air Command
　　(SAC) 605
戦略空輸　→ strategic airlift 605
戦略空輸作戦　→ strategic airlift
　operation 605
戦略軍　【米】→ Strategic Command
　　(STRATCOM) 606
戦略軍団　【米】→ Strategic Army Corps
　　(STRAC) 605
戦略計画　→ strategic plan 606
戦略計画システム部　【米海軍】→ Strategic
　Systems Programs 607
戦略警報　→ strategic warning 607
戦略決定　→ strategy determination 607
戦略研究室　【海上自衛隊幹部学校】
　→ National Security & Strategic Studies
　Office 435
戦略航空作戦　【空自】→ strategic air
　warfare 605
戦略航空輸送　→ strategic air transport .. 605
戦略航空輸送作戦　→ strategic air transport
　operations 605
戦略攻撃　→ strategic offensive 606
戦略攻撃能力削減に関する条約　→ Treaty
　Between the United States of America and
　the Russian Federation on Strategic
　Offensive Reductions 653
戦略構想　→ strategic concept 606
戦略後退　【海自】→ strategic
　withdrawal 607
戦略指針　→ strategic guidance 606
戦略写真偵察　→ strategic photographic
　reconnaissance 606
戦略集中　→ strategic concentration 606
戦略守勢　【海自】→ strategic defensive .. 606
戦略情報　→ strategic intelligence (SI) .. 606
戦略諸要素　→ elements of strategy 238
戦略心理行動　→ strategic psychological
　activity 606
戦略心理戦
　→ strategic military psychological
　warfare 606

せんりや　　　　　　　　　　204　　　　　　　　　日本語索引

→ strategic psychological warfare ········606

戦略図　→ strategic chart ·····················606

戦略・戦術用衛星中継システム　【米軍】
→ Military Strategic and Tactical Relay
(MILSTAR) ································415

戦略単位　→ strategic unit ·················607

戦略地図　→ strategic map ················606

戦略地対地誘導兵器システム　→ strategic
surface-to-surface guided weapon system
(SSGW) ·································607

戦略地理　→ strategic geography ···········606

戦略偵察　→ strategic reconnaissance
(SR) ·····································607

戦略偵察機　→ strategic reconnaissance
aircraft (SR) ·························607

戦略的機雷原　→ strategic mine filed ······606

戦略的機雷作戦　→ strategic mining
operation································606

戦略的緊要物資　→ strategic material
(critical) ·····························606

戦略的攻撃機雷原　→ strategic offensive mine
filed ····································606

戦略的コミュニケーション　→ strategic
communication (SC) ···············606

戦略的使命　【海自】→ strategic mission··606

戦略的脆弱性(せんりゃくてきぜいじゃくせ
い)→ strategic vulnerability ·······607

戦略的宣伝　→ strategic propaganda·······606

戦略的任務　【統幕】→ strategic mission··606

戦略的優位　→ strategic advantage ········605

戦略撤退　→ strategic withdrawal ··········607

戦略展開　→ strategic deployment ·········606

戦略爆撃
→ strategic bombardment ··················606
→ strategic bombing························606

戦略爆撃機　→ strategic bomber············606

戦略物資　→ strategic material············606

戦略兵器　→ strategic arms ················605

戦略兵器削減交渉　→ Strategic Arms
Reduction Talks (START) ·············605

戦略兵器削減条約　→ Strategic Arms
Reduction Treaty (START) ············605

戦略兵器制限協定　→ Strategic Arms
Limitation Treaty ····················605

戦略兵器制限交渉　→ Strategic Arms
Limitation Talks (SALT) ·············605

戦略防衛・安全保障見直し　【英】→ Strategic

Defence and Security Review
(SDSR) ·································606

戦略防衛構想　【米】→ Strategic Defense
Initiative (SDI) ·······················606

戦略防衛構想局　【米】→ Strategic Defense
Initiative Organization (SDIO) ··········606

戦略防衛見直し　【英】→ Strategic Defence
Review (SDR) ·························606

戦略ミサイル　→ strategic missile··········606

戦略ミサイル航空団　→ strategic missile
wing ····································606

戦略ミサイル潜水艦　→ strategic missile
submarine······························606

戦略ミサイル中隊　【空軍】→ strategic missile
squadron ·······························606

戦略見積り　→ strategic estimate ··········606

戦略目標　→ strategic target················607

戦略輸送機　→ strategic transport
aircraft·································607

戦略輸送航空機　【海自】→ strategic
transport aircraft ·····················607

戦略予備　→ strategic reserve ··············607

戦略陸軍　【米】→ Strategic Army Forces
(STRAF) ·······························606

占領確保作戦　→ secure operations ·······559

占領軍
→ army of occupation·················70
→ occupation forces ·····················452
→ occupying army ·····················452

占領軍従軍記章　【米】→ Army of
Occupation Medal (AOM) ·················70

占領地　→ occupied territory ·············452

占領地域　→ occupied area·····················452

戦力　→ war potential ····················681

戦力回復　→ rehabilitation ···············529

戦力回復地　→ rehabilitation area ········529

戦力集積　→ build-up ···················116

戦力推移　→ strength change ···········607

戦力整備　【空自】→ build-up ············116

戦力組成　→ order of battle (OB) ········464

戦力投入
→ force projection························279
→ power projection·····················492

戦力投入作戦　→ power projection
operation·······························492

戦力培養基地　→ build-up base ············117

戦力培養地区　→ build-up area ·············117

日本語索引　　　　　　　　　　　　205　　　　　　　　　　　　そうかつ

戦力評価
　→ tactical evaluation ·························625
　→ tactical evaluation check···············625
戦列
　→ battle line ································ 98
　→ line of battle·····························378
戦列士官：戦列将校 → line officer ········ 378
戦列復帰 → rehabilitation ·················· 529
戦列歩兵 → linesman ······················· 379
前路掃海
　→ screening sweep····························553
　→ screen sweeping···························553

【そ】

ソア 【米軍】 → Thor···························· 638
曹 【自衛隊】 → non-commissioned officer
　（NCO）·· 445
総員
　→ all hands································· 45
　→ assigned strength ····················· 74
総員 【海自】 → whole crew ················ 689
総員配置 【米軍】 → general quarters
　（GQ）··· 294
掃引妨害 → sweep jamming················· 619
総員離艦 【海自】 → abandon ship ··········3
増援 → reinforcement ······················· 529
増援能力 → capability of support ········· 123
増援部隊 → augmentation forces ··········· 80
増援部隊 【空自】 → support force ········ 615
掃海 【海自】 → minesweeping ··········· 417
掃海ウインチ → minesweeping winch ···· 418
掃海艦 【海自】 → minesweeper ocean···· 417
掃海管制装置 → sweeping control
　equipment ····································· 619
掃海管制艇 → minesweeper control ship·· 417
掃海管制艇 【海自】 → minesweeping
　controller······································· 417
掃海機 → minesweeping aircraft ··········· 417
掃海器材 → minesweeping equipment····· 417
掃海器材班 【海自】 → Minesweeping
　Equipment Section···························· 417
掃海業務支援隊 【海自】 → Mine Warfare
　Support Center ································· 418
掃海業務支援分隊 【海自】 → Mine Warfare

Support Detachment ······················ 418
掃海距離 → sweep distance ················· 619
掃海機雷員 【海自】 → mineman（MN）·· 417
掃海具 → sweep gear························· 619
掃海索 → sweep wire························· 620
掃海作戦 → minesweeping operation ······ 418
掃海索長 → sweep wire length ············· 620
掃海索沈下量 → sag of sweep wire········ 549
掃海士 【海自】 → assistant mine sweeping
　officer ·· 75
掃海深度 → sweeping depth················· 619
掃海水道 → swept channel ················· 620
掃海戦 → minesweeping operation ········· 418
掃海速力 → sweeping speed················· 619
掃海隊 【海自】 → Minesweeper Division·· 417
掃海隊群 【海自】 → Mine Warfare
　Force ··· 418
掃海艇 → minesweeper ······················ 417
掃海艇 【海自】 → minesweeper coastal
　（MSC）··· 417
掃海手順 → sweeping procedure ············ 619
双回転翼式ヘリコプター → twin rotor type
　helicopter ······································· 658
掃海電流 → sweep current··················· 619
掃海の型 → minesweeping type············· 418
掃海発電機 → minesweeping generator
　（MSG）··· 417
掃海幅
　→ sweep path································620
　→ sweep width·······························620
掃海ヘリコプター → minesweeper helicopter
　（MH）··· 417
掃海母艦 【海自】 → minesweeper
　tender ·· 417
掃海密度 → sweeping intensity············· 619
掃海面 → minesweeping area ··············· 417
増加装薬 → propellant increment
　charge ··· 503
総括官 【統幕】 → Administrative Vice Chief
　of Staff, Joint Staff ······················· 13
総括室 【海上自衛隊幹部学校】 → Research
　Affairs Division ····························· 535
総括首席指導教官 【防大】 → Head Guidance
　Officer··· 310
総括班 【空自】 → General Plans
　Section··· 294
総括班 【陸自】 → Plans and Administration

そうかつ　　　　　　　　　　206　　　　　　　　　日本語索引

Section ……………………………… 486

総括班 【統幕運用部運用第1課】 → Plans and
Coordination Section ……………… 486

総括副監察官 【海自】 → Assistant Inspector
General …………………………………… 75

総括副監察官 【空自】 → Deputy Inspector
General（DIG）…………………… 206

相関関係探知及び記録 【海軍】 → correlation
detection and recording ……………… 177

操艦管制 → ship control …………………… 569

操艦者 → conning officer ………………… 167

送還者 → repatriate …………………… 532

送還地（そうかんち）【日】 → place of
repatriation ………………………… 485

送還令書（そうかんれいしょ）【日】 → written
repatriation order …………………… 692

早期機上警戒装置 → airborne early warning
set …………………………………… 23

早期警戒 → early warning（EW）… 229

早期警戒衛星 → early warning satellite
（EWS）……………………………… 229

早期警戒管制機
→ airborne warning and control system
（AW&CS）…………………………… 25
→ early warning and control aircraft …229

早期警戒機 → airborne early warning
（AEW）……………………………… 23

早期警戒機 【統幕】 → airborne early
warning aircraft（AEW）…………… 23

早期警戒情報 → Shared Early Warning
（SEW）……………………………… 568

早期警戒標示板 → early warning plotting
board ………………………………… 229

早期警戒用機上レーダー → airborne early
warning radar ……………………… 23

早期警戒レーダー → early warning radar
（EWR）……………………………… 229

早期警報 → early warning（EW）… 229

早期警報組織 → early warning system …… 229

早期攻撃 → early attack …………………… 229

装軌車 → tracked vehicle ……………… 646

装軌車両機動システム・シミュレーター
→ Mobility System Simulator for Tracked
Vehicles ……………………………… 423

早期着火 → preignition …………………… 495

増強師団 → reinforced division ……… 529

増強部隊 → reinforced troops …………… 529

遭遇戦 → meeting engagement ………… 408

相互安全保障計画 【米】 → Mutual Security
Program ……………………………… 431

装甲 → armor …………………………… 67

総合安全保障研究科教務主事 【防大】
→ Dean of Graduate School of Security
Studies ……………………………… 192

総合オペレーション・ルーム
→ comprehensive operation room
（COR）……………………………… 162

総合音声通信システム 【海自】 → integrated
voice communication system（IVCS）… 342

総合監察 【空自】 → general inspection … 293

走行間射撃 → fire on the move
（FOTM）…………………………… 266

総合艦艇定数表 → coordinated shipboard
allowance list（COSAL）…………… 176

装甲甲板
→ armor deck ……………………… 67
→ armored deck …………………… 67

総合監理幕僚 【空自幹部特技区分】
→ Director of Administration………… 214

総合技術幕僚 【空自】 → Director of
Research and Development…………… 215

総合基地 → base complex ……………… 94

装甲救急車 → armored ambulance ……… 67

総合教育学群 【防大】 → School of Liberal
Arts and General Education ………… 552

走行継続距離 → endurance distance …… 242

総攻撃 → general attack ………………… 293

装甲厚 → thickness of armor …………… 638

装甲工兵車 【陸軍】 → armored engineer
vehicle（AEV）……………………… 67

総合後方支援 【空自・海自】 → integrated
logistics support（ILS）…………… 342

総合後方調整室 → comprehensive logistics
coordination room …………………… 162

総合後方調整室要員 → CLAR personnel… 140

総合在庫状況一覧表 → consolidated stocks
status list（CSSL）………………… 167

装甲指揮車 → armored command vehicle
（ACV）……………………………… 67

装甲指揮偵察車 【陸軍】 → armored command
and reconnaissance vehicle（ACRV）…… 67

装甲師団 → armored division ………… 67

装甲車
→ armored car ……………………… 67
→ armored vehicle ………………… 67

総合射撃演習 → service practice………… 567

総合取得改革推進委員会 【防衛省】

→ Comprehensive Acquisition Reform Project Team ································· 162
装甲巡洋艦 → armored cruiser ················ 67
総合情報図書館 【防大】→ Information and Media Library ································· 335
装甲人員輸送車 【陸自】→ armored personnel carrier (APC) ····················· 67
総合人事幕僚 【空自】→ Director of Personnel Management ····················· 215
総合整備 → specialized maintenance (SM) ··· 589
装甲戦闘掘削車 → armored combat earthmover (ACE) ······························ 67
総合戦闘再発進準備 → integrated combat turn around (ICT) ····························· 341
総合戦闘射撃訓練 【陸自】→ Combined Arms Live Fire Exercise (CALFEX) ··· 151
装甲戦闘車
　→ armored combat vehicle (ACV) ········ 67
　→ armored fighting vehicle (AFV) ······· 67
装甲戦闘車両技術 【米軍】→ Armored Combat Vehicle Technology (ACVT) ···· 67
装甲帯 → armor belt ································ 67
総合探知幅 → aggregation detection width ··· 21
装甲板 → armor plate ······························ 68
装甲兵員輸送車 → armored personnel carrier (APC) ··· 67
装甲砲 → armored artillery ······················ 67
装甲防護力 → armor protection ················ 68
装甲歩兵戦闘車 → mobilized infantry combat vehicle (MICV) ································ 423
装甲ボルト → armor bolt ·························· 67
装甲輸送車 → armored carrier ·················· 67
装甲輸送隊 → armored transportation unit ··· 67
装甲列車 → armored train ························ 67
総合練成訓練 → advanced training ··········· 16
相互確証破壊 → mutual assured destruction (MAD) ·· 431
相互確証破壊戦略 → mutual assured destruction strategy ·························· 431
相互火力支援 → mutual fire support ······ 431
倉庫管理者 【海自】→ storekeeper (SK) ··· 604
相互後方支援方式 → mutual servicing ···· 431
相互支援 → mutual support ··················· 431

相互支援活動 → mutual support activity ·· 431
相互支援距離 → mutual supporting distance ··· 431
相互支援綱領 → mutual support program (MSP) ·· 431
相互増援 → cross-reinforcement ··········· 184
相互防衛援助協定 → Mutual Defense Assistance Agreement (MDAA) ········· 431
相互防衛援助計画 【米】→ Mutual Defense Assistance Program (MDAP) ············· 431
相互防衛援助事務所 【米】→ Mutual Defense Assistance Office (MDAO) ················ 431
相互抑止 → mutual deterrence············· 431
相殺 → offset ······································· 455
相殺戦略 → countervailing strategy ······· 180
操作員卓 → man station (MS) ·············· 397
操作基準 【陸自・空自】→ operating level of supply (OPL) ································· 459
捜索 → search ···································· 555
捜索回頭 【海自】→ search turn ············ 556
捜索艦 → searcher ······························· 556
捜索機
　→ search aircraft ······························ 555
　→ search plane ································ 556
捜索救助活動 → search and rescue activity ·· 555
捜索救難 → search and rescue (SAR) ··· 555
捜索救難活動 → search and rescue operations ······································ 555
捜索救難機 → search and rescue aircraft ·· 555
捜索救難警戒通知 → search and rescue alert notice ··· 555
捜索救難計画 → search and rescue plan·· 555
捜索救難警報 → search and rescue alert (SAR alert) ····································· 555
捜索救難施設 → search and rescue facility (SAR facility) ·································· 555
捜索救難隊 → search and rescue unit ····· 555
捜索救難担任区域 → search and rescue assigned area ·································· 555
捜索救難地域 → search and rescue region ·· 555
捜索救難任務調整官 → search and rescue mission coordinator ·························· 555
捜索計画立案 → search planning ··········· 556
捜索弧 → search arc ···························· 555

そ

そうさく　　　　　　　　208　　　　　　　　日本語索引

捜索攻撃指揮官 → search attack unit commander ……………………………… 555
捜索攻撃隊【海自】→ search attack unit (SAU) ……………………………… 555
捜索行程【海自】→ search leg ………… 556
捜索作戦 → search operation …………… 556
捜索時間 → search time ………………… 556
捜索指示器 → search indicator ………… 556
捜索針路 → search course ……………… 556
捜索ストローブ → search strobe ……… 556
捜索済み水道【海自】→ searched channel ……………………………… 556
捜索速力 → search speed ……………… 556
捜索段階 → search phase ……………… 556
捜索地域 → area of search …………… 64
捜索追尾 → search and track（S/T）…… 555
捜索データ → search data ……………… 556
捜索任務 → search mission …………… 556
捜索パターン → search pattern ……… 556
捜索半径 → search radius ……………… 556
捜索部隊先任指揮官 → senior officer search force (SOSF) …………………… 564
捜索妨害装置 → search jammer ……… 556
捜索方式 → search system ……………… 556
捜索用アンテナ → search antenna …… 555
捜索用レーダー → search radar ……… 556
捜索率
　→ coverage rate ……………………… 181
　→ search rate ………………………… 556
捜索レグ【空自】→ search leg ……… 556
捜索レーダー進入
　→ ASR approach …………………… 73
　→ surveillance approach …………… 618
操作在庫基準【海自】→ operating level of supply (OPL) ……………………… 459
操作制御部 → operator control station (OCS) ……………………………… 463
走査追跡レーダー → track-while-scan radar ……………………………… 647
曹士【自衛隊】→ enlisted personnel …… 245
掃射（そうしゃ）
　→ sweeping fire …………………… 619
　→ swinging traverse ……………… 620
操縦幹部【空自幹部特技区分】→ Pilot …… 483
操縦桿ブースト及びピッチ補正装置 → control stick boost and pitch compensator …… 173
操縦教官【海自】→ flight instructor …… 274

操縦教官 → pilot rating instructor ……… 483
操縦室 → cockpit ………………………… 145
操縦者気象通報 → pilot weather report (PIREP) ……………………………… 483
造修所【海自】→ Repair Facility ……… 532
操縦性増強装置 → control augmentation system (CAS) ……………………… 171
操縦性能制限船 → vessel restricted in her ability to maneuver ………………… 676
操縦席【海自】→ cockpit ……………… 145
操縦席音声記録装置 → cockpit voice recorder (CVR) ……………………………… 145
操縦装置電子機器ユニット → control system electronics unit ……………………… 173
操縦適性検査隊【空自】→ Pilot Aptitude Test Squadron ……………………… 483
造修補給所【海自】→ Repair and Supply Facility ……………………………… 532
操縦練度 → flying proficiency ………… 277
騒擾（そうじょう）【自衛隊】→ civil disturbance ………………………… 138
騒擾準備態勢 → civil disturbance readiness condition ………………………… 138
総所要リスト【海自】→ gross requirements list (GRL) ………………………… 300
総所要量 → gross requirements (G/R) … 300
総司令官【海軍】→ admiral …………… 13
総司令官 → captain general …………… 124
総司令部 → general headquarters ……… 293
層深（そうしん）【海自】→ layer depth (DP) ……………………………… 370
送信空中線 → transmitting antenna …… 651
層深下ソーナー探知距離【海自】
　→ penetration depth sonar range (PEDR) ……………………………… 477
送信封止 → listening silence …………… 379
送信要求信号 → request to send (RTS) … 534
増勢計画 → build-up plan ……………… 117
層成砲 → built-up gun ………………… 117
層成砲身（そうせいほうしん）→ multilayer tube ………………………………… 428
総戦【陸自】→ SOSEN ………………… 585
増装薬
　→ proof charge ……………………… 503
　→ super charge ……………………… 612
相対戦闘力 → relative combat power …… 529
相対戦闘力；相対戦力 → relative fighting

strength	529
相対速度 → relative velocity	529
操舵員（そうだいん）【海軍】	
→ quartermaster（QM）	509
装弾	
→ charging	134
→ loading	380
送弾 → feed	260
装弾器	
→ link-loading machine	379
→ magazine filler	390
→ magazine loader	390
送弾機（そうだんき）→ loader	380
挿弾子（そうだんし）	
→ ammunition clip	49
→ cartridge clip	126
→ charger	133
送弾子	
→ belt feed pawl	101
→ feed block	260
→ feed pawl	260
装弾筒付き翼安定徹甲弾 → armor piercing fin-stabilized discarding sabot（APFSDS）	68
装弾筒 → discarding sabot	216
送弾筒 → sabot	547
装弾筒付き徹甲弾 → armor piercing discarding sabot（APDS）	68
送弾板 → magazine follower	390
送弾不良 → misfeed	420
送弾路 → feed way	260
曹長【米陸軍・米海兵隊】→ Master Sergeant（M Sgt.）	402
曹長【米空軍】→ Senior Master Sergeant（SM Sgt.）	564
想定 → supposition	616
総定員数【海自】→ complement	161
装填（そうてん）	
→ chambering	132
→ loading	380
→ mounting	426
装填機（そうてんき）→ rammer	517
装填手（そうてんしゅ）→ rammer operator	517
装填台（そうてんだい）→ loading platform	380
装填盤 → loading tray	380
装填ハンドル → charger handle	133

装填密度（そうてんみつど）→ loading density	380
掃討 → mopping up	425
総動員 → general mobilization	293
総動員予備貯蔵量【米軍】→ General Mobilization Reserve Stock（GMRS）	293
掃討区域 → hunting area	323
掃討作戦	
→ mopping-up operation	425
→ mop-up operation	425
掃討射撃【海自】→ neutralization fire	442
遭難信号；遭難信号筒 → distress signal	219
遭難潜水艦 → submarine in distress	609
遭難段階 → distress phase	219
遭難通信 → distress traffic	219
遭難通信法 → radio distress procedure	514
遭難通報 → distress message	219
早発（そうはつ）→ premature	495
装備課【陸自】→ Equipment Division（Equip Div）	246
装備課【海自】→ Logistics Division	383
装備課【空自・海自】→ Logistics Planning Division	384
装備開発官（艦船装備）【防衛装備庁】→ Naval Systems Development Division	438
装備開発官（統合装備）【防衛装備庁】→ Joint Systems Development Division	361
装備開発官等【防衛装備庁】→ Director, Development Division, etc.	214
装備開発官（陸上装備）【防衛装備庁】→ Ground Systems Development Division	302
装備化段階 → engineering and manufacturing development phase	243
装備官【防衛装備庁】→ Director General	214
装備企画課【防衛省管理局】→ Equipment Planning Division	246
装備技術部【海保】→ Equipment and Technology Department	246
装備基準数表【空自】	
→ Japanese table of allowance（JT/A）	355
→ table of allowance（T/A）	622
装備業務調査 → equipment service research	246
装備局【防衛省】→ Bureau of	

そうひく 210 日本語索引

Equipment ································ 118

装備空軍 【米】 → Air Force Materiel
Command（AFMC）···················· 33

装備計画課 【陸自】 → Logistics and
Management Division ··················· 383

装備計画部 【陸自】 → Logistics Department
（Log Dept）···························· 383

装備計画部 【海自】 → Systems Planning
Department ··························· 622

装備細目基準表 → equipment component list
（ECL）······························· 246

装備実験隊 【自衛隊】 → Weapons
Evaluation Group ······················ 685

装備実験隊 【海自】 → Weapon System
Evaluation Group ······················ 685

装備重量 → assembly weight ··············· 74

装備需品課 【海自】 → Logistics Planning
and Supplies Division ··················· 384

装備審査会議 → decision authority
committee ···························· 193

装備政策部 【防衛装備庁】 → Department of
Equipment Policy ······················ 203

装備隊 【空自】 → Armament Maintenance
Squadron····························· 65

装備体系課 【海自】 → Systems Programs
Division ····························· 622

装備体系企画調整官 【空自】 → Weapon
Systems Planning Coordinator ············ 685

装備定数 → authorized allowance of
equipment ···························· 80

装備定数表 【統幕・空自】 → table of
equipment（TOE）····················· 622

装備統制 → equipment control（EQUIP
CONTR）····························· 246

装備班 【海自】 → Equipage Section ······ 246

装備班 【陸自】 → Equipment Management
Section······························ 246

装備表 【陸自】 → table of equipment
（TOE）······························ 622

装備品 → equipment（EQUIP）············· 246

装備品改善計画 → material improvement
project（MIP）························· 402

装備品所要資料 → equipment requirement
data ······························· 246

装備品等現在高報告書 → equipment status
report（ESR）························· 246

装備品等不具合報告 【空自】
→ unsatisfactory report（UR）··········· 668

装備品の即応状態 → equipment operationally
ready ······························· 246

装備部 【空自・海自】 → Logistics
Department（Log Dept）················· 383

装備部 【空自】 → Logistics Division ····· 383

装備本部 【防衛省】 → Equipment
Procurement Office（EPO）·············· 246

装備明細綴 → equipment detail file
（EqD）······························ 246

造兵廠（ぞうへいしょう）；兵器工場（ぞうへい
しょう）→ armory ···················· 68

総務 【空自准空尉空曹空士特技区分】
→ Administration ····················· 12

総務課 【防衛省本省・統幕・統幕学校・陸自・
空自・海自】 → Administration
Division ····························· 12

総務課 【防衛省総務部】 → General Affairs
Division ····························· 293

総務グループ 【統幕学校】 → Administration
Section······························ 12

総務室 【在日米陸軍】 → Administrative
Office ······························· 13

総務人事幕僚 【空自幹部特技区分】
→ Administration and Personnel Staff
Officer ····························· 12

総務調整官 【空自】 → Deputy Head,
Administration Division················· 206

総務班 【統幕・空自・海自】
→ Administration Section ··············· 12

総務班 【統幕学校総務課】 → General Affairs
Section······························ 293

総務班 【陸自】 → Services and Secretarial
Section······························ 567

総務部 【海自】 → Administration
Department ··························· 12

総務部 【在日米陸軍】 → Administrative and
Services Division ······················ 12

総務部 【防大】 → Administrative
Department ··························· 12

総務部 【情報本部】 → Directorate for
Administration ······················· 213

総務部 【統幕・陸自・空自】 → General
Affairs Department ···················· 293

装薬
→ charge ··························· 133
→ explosive charge ··················· 253
→ powder charge ···················· 492
→ propelling charge··················· 504

装薬缶（そうやくかん）→ powder case····· 492

装薬号数 → Charge No.··················· 133

装薬手 → powder man ······················· 492
装薬包 → cased charge ····················· 126
総揚力 【海自】 → gross lift ················ 299
総予備隊 → general reserve ················ 294
騒乱 → civil disturbance ···················· 138
造粒
 → corning ································· 177
 → granulating ·····························298
総力戦 【陸自】 → total war ··············· 645
装輪車 → wheeled vehicle ················· 688
装輪戦闘車 → wheeled combat vehicle···· 688
装輪装甲車 → wheeled armored personnel carrier ·················· 688
ソウル安全保障対話 【日】 → Seoul Defense Dialogue（SDD）···················· 565
疎開隊形 → open formation ··············· 458
疎開地域 → dispersal area ················· 217
側衛（そくえい）→ flank guard ············· 270
測遠機 【陸自】 → range finder ··········· 517
即応 → ready（RDY）······················ 520
即応機動連隊 【陸自】 → Rapid Deployment Regiment ················· 519
即応性 【陸自】 → readiness ·············· 520
即応性行動計画 → Readiness Action Plan（RAP）···························· 520
即応態勢
 → readiness condition ····················· 520
 → state of readiness ······················599
即応部隊
 → reflex force ······························527
 → response force ··························537
即応予備 【米軍】 → Ready Reserve ····· 520
即応予備役艦隊 【米軍】 → Ready Reserve Fleet（RRF）···················· 520
即応予備役部隊 【米軍】 → Ready Reserve Force（RRF）··················· 520
即応予備自衛官 【自衛隊】 → SDF ready reserve personnel ····················· 553
即応予備自衛官制度 【自衛隊】 → SDF Ready Reserve Personnel System ········· 553
即応予備自衛官手当 【自衛隊】 → SDF ready reserve allowance ···················· 553
即応予備部隊 【陸自】 → Reserve Readiness Force（RRF）··················· 536
賊軍（ぞくぐん）→ rebel army ············· 522
測合（そくごう）→ setting ·················· 567
測高員 → height technician（HT）········ 313

測高応答 → height reply ···················· 313
測高要求 → height request（height REQ）································· 313
測高レーダー → height finder（HF）······ 312
測高レーダー 【空自】 → height finding radar ································· 312
即時攻撃 → immediate attack ············· 328
即時実施TCTO → immediate action TCTO ······························· 328
弾道側視図 → trajectory chart ············· 649
即時待機 【空軍・空自】 → battle station ·· 99
即時発動法 → immediate executive method ······························ 328
側射 → flanking fire ························· 270
速射 → rapid fire（R/F）··················· 519
速射砲
 → quick-fire gun ···························509
 → rapid-fire gun ···························519
測深 → sounding ···························· 585
測深管 → sounding pipe ···················· 585
測深機；測深儀
 → depth sounder ··························205
 → sounding machine ·····················585
測深航法 → bottom counter plotting navigation ·························· 111
測深尺；測深尺度 → sounding scale ······ 585
測深図表 → sounding diagram ············ 585
測深板 → sounding board ·················· 585
測深表 → sounding table··················· 585
測深棒 → sounding rod ····················· 585
即製爆発装置 → improvised explosive device（IED）··························· 329
測定高度信頼度 → height quality（HQ）·· 313
即動部隊 【陸自】 → reaction force ······· 520
速度型受波器；速度型ハイドロホン
 → velocity hydrophone ·················· 673
速度制限 → airspeed limitation ··········· 40
速燃導火線 → quick match ················ 510
側兵 → flanker ······························· 270
側壁バリヤー → flank barrier·············· 270
側防火器（そくぼうかき）→ flank protective weapon ···························· 270
側方監視機上レーダー → side-looking airborne radar（SLAR）··········· 573
側方警戒 【海自】 → flank security ······· 270
側方攻撃

→ attack on the beam ············· 78	阻止陣地 → blocking position ········· 107
→ beam attack ··················· 100	阻止線 → barrier line ················· 93
側方散布 → side spray ··············· 573	阻止戦闘空中哨戒 → barrier combat air
側方散乱 → side scatter ············· 573	patrol（barrier CAP；BARCAP） ····· 93
側方接敵 → beam approach ··········· 100	阻止部隊 → blocking force ············ 107
側方破片 → side spray ················ 573	ソース航跡番号 → source track number
側方要撃 → beam interception ········ 100	（STN） ································ 586
側面アレイ → flank array ············· 270	速火線（そっかせん）→ quick match ····· 510
側面警戒【自衛】→ flank security ····· 270	測距（そっきょ）【海自】→ ranging ····· 518
側面攻撃 → flank attack ·············· 270	測距器 → range finder ················ 517
側面部隊 → flankers ·················· 270	測距儀【海自】→ range finder ········· 517
測量機 → survey airplane ············· 618	測候所【陸自・海自】→ weather station ·· 687
測量写真 → survey photography ········ 618	続行梯団 → follow-up echelon ········· 278
測量情報所 → survey information	ソーティ → sortie ····················· 584
center ································ 618	袖章 → sleeve emblem ················ 579
測量船 → surveying ship ·············· 618	ソーナー
測量/地図作製用写真撮影	→ sonar ····························· 583
→ survey/cartographic photography ···· 618	→ sound navigation and ranging
測量統制点 → survey control point ····· 618	（SONAR） ·························· 585
狙撃 → sniping ······················· 582	ソーナー監視システム → sonar surveillance
狙撃眼鏡 → sniperscope ··············· 582	system ······························· 584
狙撃手【自衛隊】→ sniper ············· 582	ソーナー自己雑音 → sonar self-noise ····· 584
狙撃銃（そげきじゅう）→ sniper's rifle ··· 582	ソーナー視差修正 → sonar parallax
狙撃銃用暗視装置 → night vision sight ··· 443	correction ···························· 584
狙撃陣地（そげきじんち）→ sniping post ·· 582	ソーナー・シミュレーター → sonar
狙撃兵	simulator ···························· 584
→ sharp shooter ··················· 568	ソーナー情報 → sonar message ········· 584
→ sniper ·························· 582	ソーナー操作員 → sonar operator ········ 584
阻塞気球（そさいききゅう）	ソーナー送受波器 → sonar transducer ···· 584
→ balloon barrage ·················· 91	ソーナー送受波器転換器 → sonar transducer
→ barrage balloon ·················· 93	transfer switch ······················· 584
阻塞探照灯 → barrier light ············· 93	ソーナー送波レベル → sonar source
阻止【陸自】→ interdiction ············ 345	level ································· 584
阻止CAP → barrier combat air patrol	ソーナー探知 → sonar contact ·········· 584
（barrier CAP；BARCAP） ············ 93	ソーナー探知距離 → sonar range ········ 584
阻止火力 → blocking fire ·············· 107	ソーナー・チャート
組織の火力 → organized fire ··········· 465	→ sonar chart ······················ 584
組織の抵抗 → organized resistance ····· 465	→ sound ranging chart ··············· 585
組織の防御 → organized defense ········ 465	ソーナー・ドーム → sonar dome ········ 584
阻止射撃 → interdiction fire ············ 345	ソーナー・ドーム挿入損失 → sonar dome
阻止哨戒 → barrier patrol ·············· 93	insertion loss ························· 584
阻止哨戒機【海自】→ patrol plane ······ 475	ソーナー・ドーム損失指向性パターン
阻止哨戒区域【海自】→ patrol area ····· 475	→ sonar dome loss directivity pattern ·· 584
阻止哨戒限度線 → patrol limit ·········· 475	ソーナー能力値 → sonar performance
阻止哨戒班 → patrol squad ············· 475	figure ································ 584
	ソーナー背景雑音 → sonar background
	noise ································ 584

日本語索引　213　たい1は

ソーナー発信 → ping ···························· 483
ソーナー・パラメーター → sonar
　parameter ································· 584
ソーナー・ビーコン → sonar beacon ······ 584
ソーナー封止 → sonar silence ············· 584
ソーナー妨害 → sonar interference ······· 584
ソーナー方程式 → sonar equation ········ 584
ソーナー・メッセージ → sonar message·· 584
ソーナー予察 → sonar prediction ·········· 584
ソーナー・ログ → sonar log ··············· 584
ソノブイ
　→ radio buoy ·····························514
　→ sonobuoy ································584
ソノブイMAD併用戦術 → coordinated
　sonobuoy-MAD tactics ·················· 176
ソノブイ射出カートリッジ 【海自】
　→ cartridge-actuated device（CAD）··· 126
ソノブイ状況表示装置 → sonobuoy data
　display system（SDDS）·················· 584
ソノブイ触接追尾 → sonobuoy tracking·· 584
ソノブイ戦術 → sonobuoy tactics ·········· 584
ソノブイ中心捜索パターン → sonobuoy close
　search pattern ··························· 584
ソノブイ投射装置 → S/B launch tube
　（SLT）···································· 551
ソノブイ目標発生装置 → sonobuoy target
　simulator·································· 584
ソノブイ・リファレンス・システム
　→ sonobuoy reference system（SRS）·· 584
ソフトウェア無線機 → software defined radio
　（SDR）··································· 583
ソレノイド掃海 → solenoid sweep·········· 583
損害確率 → probability of damage········· 500
損害賠償 → compensation for damages ·· 160
損害範囲 → extent of damage ············· 254
損害半径
　→ radius of damage·····················516
　→ radius of destruction（RD）·············516
損害評価 → damage assessment ············· 189
損害評価基準 → damage criteria ··········· 189
損害防止策 【海軍】→ damage control··· 189
損害見積り → damage estimation ··········· 189
損害予測 → damage expectancy············· 189
存在圏 → radius of probability·············· 516
損失補償 → compensation for losses······· 160

損傷 → damage ································· 189
損傷確率 → probability of damage········· 500
損傷査定 → assessment of damage··········· 74
存速（そんそく）→ remaining velocity····· 530
損耗 → casualty ································· 127
損耗した部隊 → depleted unit ············· 204
損耗・使用及び損失率 → attrition utilization
　and loss rate（AULR）······················· 79
損耗補充 → loss replacement ··············· 386

【 た 】

隊 【海自】→ division ····················· 221
隊 【自衛隊】→ Troop（Trp）············· 655
第51航空隊 【海自】→ Air Development
　Squadron 51······························· 31
第61航空隊 【海自】→ Air Transport
　Squadron 61······························· 43
第71航空隊 【海自】→ Air Rescue Squadron
　71 ···································· 38
第81航空隊 【海自】→ Air Reconnaissance
　Squadron 81······························· 38
第91航空隊 【海自】→ Air Training Support
　Squadron 91······························· 43
第111航空隊 【海自】→ Mine
　Countermeasures Helicopter Squadron
　111 ···································· 416
第151連合任務部隊 → Combined Task Force
　151（CTF151）······························· 152
第1回踏査 → initial reconnaissance··········· 337
第1甲板 → main deck························· 392
第1次照準点 → initial aiming point ······· 336
第1次接触報告 → initial contact report ·· 337
第1次戦略核兵器制限交渉 → Strategic Arms
　Limitation Talks 1（SALT1）··············· 605
第1次戦略兵器削減条約 → Strategic Arms
　Reduction Treaty I（START I）········· 605
第1次通信捜索 → pre-communication search
　（PRECOM）······························· 494
第1種補給品 → class I supply ··············· 140
第1次揚陸貨物 → assault cargo ············· 73
第1対応者 → first responder ················ 268
第1薄明 【自衛隊】→ astronomical
　twilight ································· 76

第1幕僚室　【海自】→ Staff Office N-1	595
第2幕僚室　【海自】→ Staff Office N-2	595
第3甲板　→ third deck	638
第3次戦略兵器削減条約　→ Strategic Arms Reduction Treaty III (START III)	605
第3のオフセット戦略　【米】→ Third Offset Strategy	638
第3薄明　【自衛隊】	
→ civil twilight	139
→ evening civil twilight	249
→ morning civil twilight	425
第3幕僚室　【海自】→ Staff Office N-3	595
第4幕僚室　【海自】→ Staff Office N-4	595
第5空軍　【米軍】→ Fifth Air Force (5th AF)	262
第5幕僚室　【海自】→ Staff Office N-5	595
対C2　→ counter-C2	178
代替COC支援機能　→ alternate COC support function (ACSF)	47
耐G性	
→ antigravity	57
→ G tolerance	303
耐G服　【空自】→ anti-g-suit	57
対MCMビークル用機雷　→ anti MCMV mine	58
耐圧殻（たいあつこく）→ pressure hull	497
大尉　【米陸空軍・米海兵隊】→ Captain (Capt.)	124
大尉　【英空軍】→ Flight Lieutenant	274
大尉　【海軍・米沿岸警備隊】 → Lieutenant	374
体育学教育室　【防大】→ Department of Physical Education	203
体育学校　【防衛省】→ Physical Training School	482
第一撃　→ first strike	268
第一撃能力　→ first-strike capability	268
第一次私通信検閲　→ primary censorship	498
第一列島線　【中国】→ First Island Chain	268
第一線	
→ front	286
→ front line (FL)	286
第一線陣地　→ forward battle position	281
第一線部隊　→ frontline unit	286
第一線部隊及び後方部隊　→ teeth and tail	632

第一線防御機関銃　→ first defense gun	268
隊員居室（たいいんきょしつ）【自衛隊】→ squad room	594
隊員集会所　→ service club	566
対衛星兵器　→ anti-satellite weapon	58
対衛星ミサイル　→ anti-satellite missile	58
退役軍人　【英】→ ex-serviceman	254
退役軍人　→ veteran	676
退役軍人管理局　【米】→ Veterans Administration (VA)	676
退役軍人省　【米】→ Department of Veterans Affairs	204
退役軍人手当て局　【米】→ Veterans Benefits Administration	676
退役軍人の日　【米】→ Veteran's Day	676
退役軍人保険局　【米】→ Veterans Health Administration	676
退役軍人名簿　→ retired list	538
退役予備　【米軍】→ Retired Reserve	538
対沿岸射撃　【海自】→ shore bombardment	571
対応部隊　→ response force	537
隊歌　【海自】→ war song	681
対外軍事融資　【米】→ Foreign Military Financing (FMF)	280
大海軍主義　→ navalism	437
大海軍主義者　→ navalist	437
対外広報　→ civil information	139
対外広報業務　→ public information service	506
対外情報　→ foreign intelligence	280
対外人道援助　→ foreign humanitarian assistance (FHA)	280
対外調整班　【自衛隊南スーダン派遣施設隊】→ Coordination Section	176
代替指揮所（だいがえしきしょ）【統幕・空自】→ alternate command post	47
代替司令部（だいがえしれいぶ）→ alternate headquarters	47
対核攻撃統制評価班　【陸軍】→ control and assessment team	171
対拡散阻止構想　→ counter proliferation initiative (CPI)	179
対価値戦略　→ countervalue strategy	180
対火砲射撃　【海自】→ counter-battery fire	178
対韓軍事顧問団　【米】→ Korea Military Advisory Group (KMAG)	364

日本語索引　　　215　　　たいきら

対艦攻撃弾道ミサイル → anti-ship ballistic missile（ASBM）……………………… 58

対監視 → countersurveillance…………… 180

対艦巡航ミサイル → anti-ship cruise missile （ASCM）…………………………………… 59

対艦掃海
→ twin-ship sweep …………………658
→ two-ship sweep……………………658

対艦捜索測的 → anti-ship surveillance and targeting ……………………………………… 59

対艦ミサイル 【海自】→ anti-ship capable missile（ASCM）………………………… 59

対艦ミサイル → anti-ship missile （ASM）……………………………………… 59

対艦ミサイル艦上装置 → encapsulated harpoon command and launch subsystem………………………………… 241

対艦ミサイル防御 【海自】→ anti-ship missile defense（ASMD）………………… 59

対艦用弾薬 → anti-ship ammunition ……… 58

待機 【海自】
→ holding …………………………318
→ readiness…………………………520

待機 【陸自】→ standby（sby）………… 597

隊旗 【陸自】→ colors…………………… 148

隊旗 → guidon …………………………… 304

隊旗 【自衛隊】→ unit flag…………… 666

対気位置 → air position …………………… 38

待機位置 【空自】→ holding point……… 319

対気位置表示器 → air position indicator （API）……………………………………… 38

隊旗警衛 【海自】→ color guard ……… 148

待機経路 【空自】→ holding pattern …… 319

大気圏外撃墜体 → exoatmospheric kill vehicle ………………………………… 251

大気圏外航空機 → trans atmospheric vehicle （TAV）………………………………… 650

大気圏外弾道要撃システム
→ Exoatmospheric Reentry Vehicle Interception System（ERIS）………… 251

対機甲火力 → antiarmor firepower………… 56

対機甲警戒 → antitank security ………… 60

対機甲障害物 → antimechanized obstacle … 58

対機甲戦闘 → antiarmor warfare………… 56

対機甲防御
→ antiarmor defense………………… 56
→ antimechanized defense ………… 58

隊旗授与式 【陸自】→ color

presentation………………………… 148

待機状態 【海自】→ alert state …… 44

待機状態機雷 → armed mine …………… 66

対気諸元計算機 【空自】→ air data computer （ADC）……………………………… 29

対気諸元計算装置 → central air data computer（CADC）………………… 130

対気推測位置；対気図示 → air plot……… 37

対気速度 【空自】→ air speed（A/S）…… 40

対気速度計 → airspeed indicator ……… 40

対気速度/マッハ数計 → airspeed mach indicator（AMI）……………………… 40

対機動作戦 → countermobility operations ……………………………… 179

大気非依存推進 → air independent propulsion（AIP）…………………… 34

対欺騙（たいぎへん）→ counterdeception… 178

大規模災害
→ large-scale disaster ……………368
→ major disaster …………………394

大規模災害派遣 → large-scale disaster relief ……………………………………… 368

大規模事故 → large-scale disaster accident …………………………………… 368

大規模震災 → large-scale earthquake …… 368

大規模戦域戦争 → major theater war （MTW）………………………………… 395

大規模爆風爆弾 → Massive Ordnance Air Blast（MOAB）……………………… 401

退却 → retirement ……………………… 538

待機用泊地（たいきようはくち）→ holding anchorage………………………………… 318

待機予備 【米軍】→ Standby Reserve…… 597

待機予備役 【米軍】→ Standby Reservist ………………………………… 597

対魚雷 → antitorpedo…………………… 61

対魚雷器材 → torpedo countermeasure device …………………………………… 643

対魚雷戦術 → torpedo countermeasure tactics …………………………………… 643

対魚雷防御 → torpedo counter-countermeasures（TCCM）……………… 643

対機雷
→ countermine ……………………179
→ mine countermeasures（MCM）……416

対機雷艦艇 → mine countermeasures vehicle …………………………………… 416

対機雷戦 【海自】→ mine countermeasures

対機雷対策 → mine counter-
　countermeasures ·················· 416
大気利用ジェット・エンジン → atmospheric
　jet engine ······································· 77
対空掩護（たいくうえんご）【陸自】→ antiair
　cover ··· 55
対空演習 → anti-air raid drill ············ 56
対空火器
　→ anti-air artillery（AAA） ················ 55
　→ antiaircraft artillery（AAA） ··········· 55
　→ antiaircraft weapon ······················ 56
対空監視 → air surveillance ············· 41
対空監視所 【陸自】→ air observation
　post ··· 37
対空監視哨
　→ air guard ································ 34
　→ air scout ································ 39
　→ air sentinel ······························ 39
　→ antiaircraft lookout ·················· 56
対空監視センター → ground observer
　center ·· 301
対空監視班 → ground observer team ······ 301
対空監視表示板 → air surveillance plotting
　board ·· 41
対空機関砲
　→ antiaircraft machine cannon ········· 56
　→ surface-to-air machine gun ········· 617
対空機関砲防空装置 【空自】→ Vulcan air
　defense system（VADS） ·················· 679
対空警戒
　→ air alertness ···························· 22
　→ antiaircraft security ·················· 56
対空警戒員 → air guard ····················· 34
対空警戒通報 → aircraft warning report ··· 28
対空警戒標示員 → aircraft warning
　plotter ·· 28
対空警戒部隊 → aircraft warning service ··· 28
対空警報 【陸自】→ air defense warning
　（ADW） ·· 31
対空警報係幹部 【自衛隊】→ aircraft
　warning officer ····························· 28
対空警報係将校 → aircraft warning
　officer ··· 28
対空警報組織 → air warning system ········ 43
対空警報網 → air warning net ············· 43
対空行動 → anti-air operation ············ 56
対空護衛艦 【海自】→ antiaircraft surface
　escort ··· 56

対空作図 → air plotting ···················· 37
対空作戦 【陸自】→ antiaircraft
　operation ····································· 56
対空作戦幹部；対空作戦主任 → antiaircraft
　operations officer ························· 56
対空射撃 → antiaircraft fire ················ 56
対空射撃管制 → antiaircraft fire control
　（AAFC） ······································ 56
対空射撃指揮 → air defense fire direction ·· 30
対空射撃姿勢 → aerial target position ······ 18
対空射撃部隊連絡幹部 → AAA
　representative ································ 3
対空銃架 → antiaircraft mount ··············· 56
対空重視型駆逐艦 → all purpose
　destroyer ····································· 46
対空重視型護衛艦 【自衛隊】→ all purpose
　destroyer ····································· 46
対空十字砲火 → box barrage ············· 112
対空手段 → air defense measure ·········· 30
対空状況表示盤 → air status board ········· 40
対空情報
　→ air defense intelligence ·············· 30
　→ antiaircraft intelligence ············· 56
対空戦 → anti-air warfare（AAW） ······· 56
対空戦区域 → anti-air warfare area ········ 56
対空戦指揮官 → anti-air warfare
　commander ································ 56
対空戦調整所 【陸自】→ air defense combat
　coordination center ······················· 29
対空戦調整所 → air defense coordination
　center（ADCC） ····························· 30
対空戦闘 【海自】→ air action ············ 22
対空戦闘 【陸自】→ air defense combat ··· 29
対空戦闘 【海自】→ air warfare（AW） ···· 43
対空戦闘 【陸自】→ antiaircraft combat ··· 55
対空戦闘効率 → engagement effectiveness
　（EE） ·· 243
対空戦闘指揮所 → antiaircraft operations
　center ·· 56
対空戦闘指揮統制システム 【自衛隊】→ Air
　Defense Command and Control System
　（ADCCS） ··································· 30
対空戦分掌指揮官 【海自】→ anti-air warfare
　coordinator（AAWC） ····················· 56
対空捜索レーダー → air search radar
　（ASR） ······································· 39
対空疎開 【陸自】→ antiaircraft
　evacuation ··································· 56

対空対地兵器 → dual purpose weapon 227
対空弾 → antiaircraft projectile 56
滞空地点【空自】→ holding point 319
対空直衛 → antiaircraft screen 56
対空通常弾 → antiaircraft common projectile
 (AAC) 56
対空挺地雷原 → antiairborne minefield 55
対空挺防御 → antiairborne defense 55
対空摘要作図員 → air summary plotter 40
対空任務 → antiaircraft mission 56
対空配置 → action station 8
対空標示 → ground indication 301
対空布板（たいくうふばん）→ air-ground
 liaison panel 34
対空砲
 → anti-air artillery (AAA) 55
 → antiaircraft artillery (AAA) 55
対空砲火 → antiaircraft fire 56
対空防御 → antiaircraft defense 56
対空砲戦制限信号【海自】→ AA gunfire
 restriction signal 3
対空砲戦調整 → antiaircraft gunfire
 coordination 56
対空ミサイル → antiaircraft missile 56
対空ミサイル基地 → antiaircraft-missile
 installation 56
対空無線記録再生装置 → G/A radio
 recorder/reproducer（RCDR/RPDR）.. 291
対空無線現況表示装置；対空無線ステータス・
 ディスプレイ → radio status display
 (RSD) 516
対空無線制御装置 → radio communication
 control equipment (RCC) 514
対空無線制御盤 → G/A radio control panel
 (RP) 291
対空無線統制装置 → G/A radio management
 equipment (RME) 291
対空無線モニター装置 → G/A radio monitor
 console (RMC) 291
対空無線割当装置 → G/A radio assignment
 switch (RAS) 291
対空目標追尾員 → air detector and tracker
 (ADT: AD/T) 31
対空用弾薬 → antiaircraft ammunition 55
対空レーダー → anti-air radar 56
隊群【海自】→ flotilla 276
大軍 → large army 368

隊形【陸自】→ formation 280
対ゲリラ戦
 → counterguerrilla warfare 179
 → counterinsurgency warfare 179
対航空 → counter air (CA) 178
対航空作戦【空自】→ counter air
 operation 178
対航空作戦本部 → counter air operations
 center 178
大綱計画 → outline plan 467
大口径砲 → heavy caliber gun 312
対抗勢力 → counter force 179
対高速艇作戦 → flycatcher operation 277
対抗部隊【統幕】→ aggressor forces 21
隊号布板 → identification panel 326
大綱命令 → mission-type order 421
対コンクリート信管 → concrete piercing fuze
 (CP fuze) 164
大佐【米英海軍・米沿岸警備隊】→ Captain
 (Capt.) 124
大佐【米陸空軍・米海兵隊】→ Colonel
 (Col.) 147
大佐【英空軍】→ Group Captain 302
大災害 → major disaster 394
対策室【首相官邸】→ Emergency
 Headquarters 240
対サボタージュ【統幕】
 → countersabotage 180
隊舎【自衛隊】→ barracks 92
隊舎 → quarters 509
台車 → bogie 109
対射撃【陸自】→ counter-battery fire ... 178
対射撃【陸軍・陸自】→ counterfire 179
対車両地雷 → mines other than anti-
 personnel mines (MOTAPM) 417
対重力服【海自】→ anti-g-suit 57
代将【米海軍・米沿岸警備隊】
 → Commodore 155
大将【米英海軍・米沿岸警備隊】
 → Admiral 13
大将【海軍】→ admiral 13
大将【米陸軍・米空軍・米海兵隊】
 → General (Gen) 292
対焼夷 → counterincendiary 179
代将旗【海軍】→ broad pennant 115
対象勢力

たいしよ　　　　　　　　　　　　218　　　　　　　　　　日本語索引

→ potential adversary ·············· 491
→ potential enemy ················· 492
対称戦略　→ symmetrical strategy ········· 620
対情報　→ counterintelligence（CI）········ 179
対情報活動　→ counterintelligence
activity ································· 179
対情報支援　→ counterintelligence
support ································ 179
対情報専門部隊　→ military
counterintelligence unit ·············· 413
対情報調査　→ counterintelligence
investigation ·························· 179
対上陸舟艇ミサイル　→ antilanding craft
missile ································· 58
対上陸地雷原　→ antiamphibious
minefield ······························ 56
対上陸舟艇地雷　→ antilanding craft mine ·· 58
対上陸舟艇誘導弾　→ antilanding craft
missile ································· 58
対上陸戦闘
→ antiamphibious combat ··········· 56
→ antiamphibious warfare ·········· 56
退職自衛官　→ retired SDF personnel ····· 538
対処用手榴弾　→ riot hand grenade ········ 542
対処用小銃擲弾　→ riot rifle grenade ······· 542
対処力　【空自】→ retaliation power ······ 538
対地雷　【陸軍】→ countermining ··········· 179
耐地雷・待ち伏せ攻撃防護車　→ mine resistant
ambush protected vehicle（MRAP）····· 417
大臣官房　【内部部局】→ Minister's
Secretariat, Ministry of Defense ········ 419
大臣官房審議官　【防衛省】→ Deputy
Director General ······················ 206
対人地雷　→ anti-personnel mine（APM）·· 58
対人地雷禁止条約　→ Convention on the
Prohibition of the Use, Stockpiling,
Production and Transfer of Anti-Personnel
Mines and On Their Destruction ······· 174
対人地雷原　→ anti-personnel minefield ····· 58
対人擲弾（たいじんてきだん）→ anti-
personnel grenade ····················· 58
対人爆弾　→ anti-personnel bomb············ 58
対人破片子弾　→ anti-personnel
fragmentation bomblet ················· 58
対人用弾薬　→ anti-personnel
ammunition ···························· 58
対水上艦船ミサイル　→ anti-surface ship
missile ································· 60

対水上航空作戦　→ anti-surface air
operation ······························ 60
対水上戦　【海自】→ anti-surface warfare
（ASUW）······························· 60
対水上戦指揮官　→ anti-surface warfare
commander ····························· 60
大西洋核戦力　【米】→ Atlantic Nuclear
Forces（ANF）························· 77
大西洋艦隊　【米】→ Atlantic Fleet·········· 76
大西洋艦隊現役部隊　【米】→ Atlantic Fleet,
Active ·································· 76
大西洋艦隊潜水艦部隊　【米海軍】
→ Submarine Force, Atlantic Fleet ····· 609
大西洋艦隊予備役部隊　【米】→ Atlantic
Fleet, Reserve ························· 76
大西洋軍司令部　【米】→ Atlantic Command
HQ ···································· 76
大西洋常備艦隊　【NATO】→ Standing Naval
Force Atlantic（STANAVFORANT）··· 598
大西洋ミサイル射場　【米】→ Atlantic Missile
Range（AMR）························· 77
大西洋連合軍　→ Allied Command, Atlantic
（ACLANT）····························· 45
対赤外線妨害手段　→ infrared
countermeasures（IRCM）·············· 336
対赤外線妨害対抗手段　→ infrared counter-
countermeasures（IRCCM）············· 336
体積後方散乱ディファレンシャル　→ volume
backscattering differential ·············· 679
体積残響　→ volume reverberation ········· 679
体積散乱　→ volume scattering ············· 679
体積散乱強度　→ volume scattering
strength ······························· 679
体積散乱係数　→ volume scattering
coefficient ····························· 679
対蹠地爆撃機（たいせきちばくげき
き）→ antipodal bomber ················· 58
大戦　→ great war ························· 299
対潜オペレーショナルデータ配布プログラム
→ fleet ASW library system
（FALIS）······························· 272
対潜回避　→ anti-submarine evasion ········ 59
対潜回避航行　→ anti-submarine evasive
steering（A/S evasive steering）··········· 59
対潜海洋予報システム　【海自】→ Anti-
Submarine Warfare Environmental
Prediction System（ASWEPS）············ 60
対潜器材班　【海自】→ ASW Equipment

Section ································· 76
対潜協同直衛 → ASW integrated screen ··· 76
対潜魚雷 → anti-submarine torpedo
　（ASTOR）····························· 59
対潜機雷原 → anti-submarine minefield ···· 59
対潜近接航空支援 → anti-submarine close air
　support ······································· 59
対潜空母群 → anti-submarine carrier
　group ··· 59
対潜訓練 → anti-submarine exercise········ 59
対潜警戒網 → anti-submarine screen ······· 59
対潜航空遠距離支援 → anti-submarine air
　distant support······························ 59
対潜航空機遠隔支援【海自】→ anti-
　submarine air distant support ············· 59
対潜航空機近接支援 → anti-submarine air
　close support······························· 59
対潜航空攻撃行動 → anti-submarine air
　offensive operations ······················· 59
対潜航空護衛及び近接支援 → anti-submarine
　air escort and close support ·············· 59
対潜航空作戦 → anti-submarine air
　operation···································· 59
対潜攻撃
　→ ASW action ·························· 76
　→ hunter killer（HUK）················323
対潜攻撃チーム → hunter-killer team ····· 323
対潜護衛艦 → anti-submarine surface escort
　（A/S surface escort）····················· 59
対潜護衛機 → anti-submarine aircraft escort
　（A/S aircraft escort）····················· 59
対潜作戦 → anti-submarine operation ······ 59
対潜支援作戦 → anti-submarine support
　operation···································· 59
対潜指揮室 → underwater battery plot
　（UBP）····································661
対戦車火器 → antitank weapon ············· 60
対戦車警戒 → antitank security ············· 60
対戦車壕（たいせんしゃごう）→ antitank
　ditch ··· 60
対戦車射撃 → antitank fire ··················· 60
対戦車主任幹部【自衛隊】→ antitank
　officer ······································· 60
対戦車主任将校 → antitank officer ·········· 60
対戦車哨 → antitank lookout················· 60
対戦車障害 → antitank obstacle ············· 60
対戦車小銃擲弾 → antitank rifle grenade
　（AT rifle grenade）······················· 60

対戦車地雷 → antitank mine ················· 60
対戦車地雷原 → antitank minefield ·········· 60
対戦車隊【陸自】→ Antitank Unit ········ 60
対戦車中隊 → antitank company ············ 60
対戦車擲弾 → antitank grenade ············· 60
対戦車爆弾 → antitank bomb ················ 60
対戦車ヘリコプター
　→ antiarmor helicopter ·················· 56
　→ antitank helicopter（ATH）·········· 60
対戦車砲【陸軍】→ antitank gun
　（ATG）··································· 60
対戦車防御 → antitank defense ·············· 60
対戦車ミサイル
　→ antitank missile（ATM）············ 60
　→ missile, anti-tank（MAT）···········420
対戦車誘導弾【陸自】→ antitank guided
　missile（ATGM）························ 60
対戦車誘導弾 → antitank missile
　（ATM）··································· 60
対戦車誘導兵器 → antitank guided weapon
　（ATGW）································· 60
対戦車誘導ミサイル → antitank guided
　missile（ATGM）························ 60
対戦車用弾薬 → antitank ammunition······ 60
対戦車榴弾（たいせんしゃりゅうだん）→ high
　explosive anti-tank（HEAT）············315
対戦車ロケット弾 → antitank rocket（AT
　rocket）····································· 60
対戦車ロケット弾発射筒 → antitank rocket
　launcher ···································· 60
対潜重視型駆逐艦 → anti-submarine
　destroyer··································· 59
対潜重視型護衛艦【自衛隊】→ anti-
　submarine destroyer······················· 59
対潜術巡航ミサイル【米】→ anti-tactical
　cruise missile（ATCM）················· 60
対潜術弾道ミサイル【米】→ anti-tactical
　ballistic missile（ATBM）··············· 60
対潜術ミサイル兵器【米】→ anti-tactical
　missile（ATM）·························· 60
対潜哨戒（たいせんしょうかい）【海自】
　→ anti-submarine patrol（A/S patrol）·· 59
対潜情報処理装置 → ASW direction
　system······································ 76
対潜資料隊【海自】→ Anti Submarine
　Warfare Center···························· 59
対潜水艦作戦 → anti-submarine
　operation···································· 59

対潜水艦作戦 【空自】→ anti-submarine warfare（ASW）……………………… 59
対潜水艦戦 → anti-submarine warfare（ASW）………………………………… 59
対潜水艦戦戦闘指揮所 【海自】→ Anti-Submarine Warfare Operations Center（ASWOC）……………………… 60
対潜水艦戦用連続追跡無人艦 【米海軍】→ Anti-Submarine Warfare Continuous Trail Unmanned Vessel（ACTUV）…… 60
対潜水艦兵器 → anti-submarine weapon（ASW）………………………………… 60

対潜水艦無人ヘリコプター → drone anti-submarine helicopter（DASH）………… 226
対潜水艦用ロケット 【米海軍】→ submarine rocket（SUBROC）……………… 610
対潜水艦ロケット → anti-submarine rocket（ASROC）……………………………… 59
対潜水上護衛 → anti-submarine surface escort（A/S surface escort）…………… 59
対潜戦（たいせんせん）
　→ anti-submarine warfare（ASW）……… 59
　→ undersea warfare（USW）……………660
対潜戦指揮統制システム → anti-submarine operations command control system（AOCS）…………………………………… 59
対潜戦術訓練装置 → anti-submarine tactical trainer ………………………………… 59
対潜戦術指揮装置 → ASW command and control system（ASWCS）…………… 76
対潜戦センター指揮統制システム → anti-submarine warfare center command and control system（ASWCCCS）………… 59
対潜戦闘 → anti-submarine action（A/S action）…………………………………… 59
対潜戦部隊 → anti-submarine warfare forces ………………………………………… 60
対潜捜索 【海自】→ anti-submarine search（A/S search）………………………… 59
対潜掃討 【統幕】→ hunter-killer operation（HUK）…………………………………… 323
対潜掃討戦 【海自】→ hunter-killer operation（HUK）……………………………… 323
対潜掃討任務群 → hunter-killer group…… 323
対潜阻止哨戒 → anti-submarine barrier patrol（A/S barrier patrol）……………… 59
対潜阻止線 【海自】→ anti-submarine barrier …………………………………………… 59
対潜通峡阻止戦 【海自】→ anti-submarine transit operation …………………………… 59

対舟艇対戦車中隊 【自衛隊】→ Ground to Ship & Anti Tank Company …………… 302
対舟艇・対戦車誘導弾 → antilanding craft and antitank missile ……………………… 57
対舟艇ミサイル → anti-boat missile ……… 56
対潜入 → anti-infiltration ……………………… 57
対潜爆弾 【海自】→ depth bomb（DB；D/B）………………………………………… 205
対潜ピケット → anti-submarine picket（A/S picket）……………………………………… 59
対潜武器 【海自】→ anti-submarine weapon（ASW）………………………………… 60
対潜ミサイル → anti-submarine missile（ASM）…………………………………… 59
対潜網 → anti-submarine net ……………… 59
大戦略 → grand strategy…………………… 298
対潜ロケット → anti-submarine rocket（ASROC）……………………………… 59
対掃海艇機雷 → antisweeper mine ……… 60
対装甲火器 → antiarmor weapon ………… 56
対装甲クラスター弾薬 → antiarmor cluster munitions（ACM）……………………… 56
対装甲探知破壊弾薬 【米陸軍】→ sense and destroy armor munitions（SADARM）… 564
対装甲探知破壊兵器 → sense and destroy armor（SADARM）…………………… 564
大隊 【陸自】→ Battalion（Bn）………… 97
大隊 【陸軍】→ battalion（Bn）………… 97
大隊群 → battalion group ………………… 97
代替航空機離陸システム → alternate aircraft take-off system（AATS）………………… 47
大隊上陸戦闘団；大隊上陸団 → battalion landing team（BLT）…………………… 97
大隊戦闘段列（だいたいせんとうだんれつ）→ battalion combat train …………… 97
大隊長 → battalion commander ………… 97
大隊付き衛生小隊 → battalion medical platoon ……………………………………… 97
代替飛行場
　→ alternate aerodrome…………………… 47
　→ alternate air base ……………………… 47
　→ alternate airfield ……………………… 47
　→ diversion airfield ……………………220
　→ divert field ………………………………221
代替飛行場最低気象状態 → alternate weather minimum ……………………………………… 47
代替防衛 → alternative defense …………… 47

代替捕捉レーダー → alternate battery
acquisition radar·················· 47

タイタン 【米軍】→ Titan ·············· 642

耐弾構造 → anti-ballistic structure ········ 56

耐弾時鈍的外傷 → behind armor blunt
trauma（BABT）························· 101

対弾道ミサイル・システム制限条約 → Anti-
Ballistic Missile Treaty（ABM Treaty）·· 56

耐タンパー技術 → tamper-resistance
technology ····························· 627

対地火力 【陸自】→ air-to-ground
firepower ····························· 42

対地火力支援 → naval surface fire
support ······························· 438

対地航空支援 → air-ground support········ 34

対地攻撃 → ground attack ·················· 300

対地高度 【空自】→ above ground level
（AGL）································· 3

対地支援射撃区域 → shore bombardment
area（SHOBA）···················· 571

対地姿勢 → attitude relative to ground ···· 79

対地射撃 【空自】→ ground strafing······ 302

対地射撃陸上管制班 【海自】→ shore fire
control party（SFCP）·············· 571

対地信号 → air signal···················· 39

対地接近警報装置 → ground proximity
warning system（GPWS）·········· 301

大地反射 → ground reflection ············· 301

対着上陸作戦 【陸自】→ antilanding
operation······························· 58

対着上陸戦闘
→ antilanding combat·············· 57
→ antilanding warfare·············· 58

隊長室 【在日米陸軍】→ Office of the
Chief ································· 454

対諜報 → counterespionage ················ 178

対諜報活動；対諜報運動 → anti-espionage
campaign······························ 57

対通信 → communication countermeasures
（COMCM）···························· 156

隊付き外国武官（たいづきがいこくぶか
ん）→ accredited officer·············· 6

隊付き勤務 → duty with troops············· 229

対偵察 → counterreconnaissance ·········· 180

滞底時間 → total bottom time ············· 645

対敵取引規制法 【米】→ Trading with the
Enemy Act（TWEA）·················· 647

対テロ協力 → counter terrorism
cooperation················ 180

対テロ軍事行動
→ anti-terrorism campaign ·········· 60
→ campaign against terrorism············122

対テロ対策法 → anti-terrorism law ·········· 60

対テロ法案 【日】→ anti-terrorism bill ···· 60

対テロリズム
→ anti-terrorism ···················· 60
→ counter terrorism ···············180

対テロリズム動員法 【米】→ Mobilization
Against Terrorism Act（MATA）········· 423

対テロリズム法案 【日】→ anti-terrorism
bill ································· 60

対電子 → electronic countermeasures
（ECM）····························· 236

対電子光学 【海自】→ electro-optics counter-
measures（EOCM）···················· 238

対電子光学対策 → electro-optics counter-
counter-measures ···················· 237

対電子対策 → electronic counter-
countermeasures（ECCM）·············· 236

対電子妨害 → anti-jamming（AJ）·········· 57

対電子レーダー → counter measure
radar ································· 179

対電波妨害表示 → anti-jam display
（AJD）····························· 57

対電波放射源ミサイル → anti-radiation
missile（ARM）······················ 58

対転覆活動 → countersubversion ········· 180

対特殊武器 → anti CBR ·················· 56

対特殊武器衛生隊 【陸自】→ NBC
Countermeasure Medical Unit
（NBCCBMED）···················· 439

対特殊武器戦 【陸自】→ NBC defense
operations···························· 439

対内乱・ジャングル戦学校 → Counter-
Insurgency and Jungle Warfare School
（CIJW School）···················· 179

第7艦隊 【米軍】→ Seventh Fleet（7th
Fleet）····························· 567

第2甲板 → second deck···················· 558

第2撃 → second strike ···················· 558

第2次国連アンゴラ監視団 → United Nations
Angola Verification Mission II（UNAVEM
II）······························· 663

第2次国連ソマリア活動 → United Nations
Operation in Somalia II（UNOSOM
II）······························· 664

たいにし　　　　　　　　222　　　　　　　日本語索引

第2次上陸部隊 → follow-up force‥‥‥‥ 278

第2次戦略核兵器制限交渉 → Strategic Arms Limitation Talks 2（SALT2）‥‥‥‥‥ 605

第2種施設 → class II installation‥‥‥‥ 140

第2の真珠湾攻撃 → second Pearl Harbor ‥‥‥‥‥‥‥‥‥‥‥‥‥‥‥‥ 558

第2薄明 【自衛隊】→ nautical twilight ‥ 436

第2薄明の初期 → first light ‥‥‥‥‥‥ 268

第二列島線 【中国】→ Second Island Chain ‥‥‥‥‥‥‥‥‥‥‥‥‥‥‥‥ 558

耐爆掩蔽設備 → casemate ‥‥‥‥‥‥‥ 126

対反乱 → counter insurgency（COIN）‥ 179

退避壕（たいひごう）【空自】→ shelter ‥ 569

退避所 → dugout ‥‥‥‥‥‥‥‥‥‥‥ 227

ダイビング・アラーム → diving alarm ‥ 221

ダイビング・トレーナー → diving trainer ‥‥‥‥‥‥‥‥‥‥‥‥‥‥‥ 221

ダイファー・ソノブイ → DIFAR sonobuoy ‥‥‥‥‥‥‥‥‥‥‥‥‥ 210

タイプ訓練 → type training‥‥‥‥‥‥‥ 659

タイプ・コマンド 【海自】→ type command ‥‥‥‥‥‥‥‥‥‥‥‥‥‥ 659

タイプ部隊 → type unit‥‥‥‥‥‥‥‥‥ 659

タイプ編成 → type organization‥‥‥‥‥ 659

タイプ・ユニット 【海自】→ type unit ‥ 659

対フロッグマン手榴弾 → anti frogman grenade（AFG）‥‥‥‥‥‥‥‥‥‥‥ 57

太平洋安全保障条約機構 → Australia, New Zealand and the United States Treaty （ANZUS）‥‥‥‥‥‥‥‥‥‥‥‥‥‥ 80

太平洋艦隊 【米海軍】→ Pacific Fleet （PACFLT）‥‥‥‥‥‥‥‥‥‥‥‥‥ 470

太平洋艦隊潜水艦部隊 【米海軍】 → Submarine Force, Pacific Fleet ‥‥‥ 609

太平洋空軍 【米】→ Pacific Air Forces （PACAF）‥‥‥‥‥‥‥‥‥‥‥‥‥‥ 470

太平洋地域空軍参謀総長等会同 【日】 → Pacific Air Chiefs Conference （PACC）‥‥‥‥‥‥‥‥‥‥‥‥‥‥ 470

太平洋地域空軍参謀総長等シンポジウム 【日】 → Pacific Air Chiefs Symposium （PACS）‥‥‥‥‥‥‥‥‥‥‥‥‥‥ 470

太平洋地域陸軍管理セミナー 【日】→ Pacific Armies Management Seminar （PAMS）‥‥‥‥‥‥‥‥‥‥‥‥‥‥ 470

太平洋地域陸軍参謀総長等会議 【日】 → Pacific Armies Chiefs Conference （PACC）‥‥‥‥‥‥‥‥‥‥‥‥‥‥ 470

太平洋地上軍シンポジウム 【日】→ Land Forces Pacific（LANPAC）‥‥‥‥‥‥ 365

太平洋特殊作戦軍 【米】→ Special Operations Command, Pacific（SOCPAC）‥‥‥‥ 589

太平洋方面駐在アメリカ軍 → United States Armed Forces in the Pacific （USAFPAC）‥‥‥‥‥‥‥‥‥‥‥‥ 665

対兵力戦略 → counterforce strategy‥‥‥ 179

対防衛脅威軽減局 【米国防総省】→ Defense Threat Reduction Agency ‥‥‥‥‥‥ 198

対防害手段 → counter-countermeasures‥ 178

対妨害信管 → antidisturbance fuze ‥‥‥‥‥‥‥ 57 → antihandling fuze ‥‥‥‥‥‥‥‥‥ 57

対妨業 【空自】→ countersabotage ‥‥‥‥ 180

対砲台射撃 【海自】→ counter-battery fire ‥‥‥‥‥‥‥‥‥‥‥‥‥‥‥‥ 178

対砲迫戦 → counterfire operation ‥‥‥‥ 179

対砲兵射撃 【陸自】→ counter-battery fire ‥‥‥‥‥‥‥‥‥‥‥‥‥‥‥‥ 178

ダイポール → dipole ‥‥‥‥‥‥‥‥‥‥ 212

ダイポール・アンテナ → dipole antenna‥ 212

隊本部 【自衛隊】→ Unit Headquarters （Unit HQ）‥‥‥‥‥‥‥‥‥‥‥‥‥ 666

対麻薬 → counterdrug ‥‥‥‥‥‥‥‥‥ 178

対麻薬作戦 → counterdrug operations ‥‥ 178

対麻薬作戦支援 → counterdrug operations support ‥‥‥‥‥‥‥‥‥‥‥‥‥‥ 178

対ミサイル用弾薬 → anti-missile ammunition ‥‥‥‥‥‥‥‥‥‥‥‥‥ 58

対ミサイル用ミサイル → anti-missile missile （AMM）‥‥‥‥‥‥‥‥‥‥‥‥‥‥‥ 58

タイム・サークル → time circle（TC）‥‥ 640

待命州兵 【米】→ Inactive National Guard （ING）‥‥‥‥‥‥‥‥‥‥‥‥‥‥‥ 330

対面攻撃 → head-on attack ‥‥‥‥‥‥‥ 310

ダイヤモンド隊形 → diamond formation ‥‥‥‥‥‥‥‥‥‥‥‥‥ 209

ダイヤモンド編隊 【空自】→ diamond formation ‥‥‥‥‥‥‥‥‥‥‥‥‥ 209

対遊撃 → counterguerrilla ‥‥‥‥‥‥‥ 179

対遊撃戦 【陸自】→ anti-guerilla combat ‥ 57

対誘導弾ミサイル → anti-missile missile （AMM）‥‥‥‥‥‥‥‥‥‥‥‥‥‥‥ 58

耐容線量 → tolerance dose ‥‥‥‥‥‥‥ 642

代用標準品 → alternate standard（AS）‥ 47

大陸間弾道弾 → intercontinental ballistic missile（ICBM）‥‥‥‥‥‥‥‥‥‥‥ 345

大陸間弾道弾探知破壊衛星 → ballistic missile bombardment interceptor（BAMBI） 91
大陸間弾道ミサイル → intercontinental ballistic missile（ICBM） 345
対陸上支援射撃【海自】→ gunfire support 305
対陸上射撃限界線 → shore bombardment line 571
大陸勢力 → land power 367
代理戦争
　→ proxy war 505
　→ war by proxy 680
対領空侵犯措置【自衛隊】→ measures against violation of national airspace ... 405
大量殺傷兵器 → area weapon 65
大量の死傷者 → mass casualty 401
大量破壊兵器
　→ mass destruction weapon 401
　→ weapons of mass destruction （WMD） 685
大量反撃報復概念【韓国】→ Korea Massive Punishment & Retaliation（KMPR） ... 364
大量報復 → massive retaliation 401
大量報復戦略 → massive retaliation strategy 401
ダイレクト・パス【海自】→ direct path （DP） 215
ダイレクト・パス伝搬による推定ソーナー探知距離【海自】→ direct path range （DPR） 215
対レーダー塗料 → anti-radar covering 58
対レーダー・ホーミング → anti-radar homing 58
対レーダー・ミサイル
　→ anti-radar missile（ARM） 58
　→ counter-radar missile（CRM） 179
退路 → route of retreat 545
楕円走査 → elliptical sweep 238
高出力捕捉レーダー → high power acquisition radar（HIPAR） 316
多角的核戦力 → multilateral nuclear force （MLF） 428
高レンジ分解能・地上移動目標表示 → high range resolution-ground moving target indication（HRR-GMTI） 316
多艦攻撃 → multiship attack 430
多艦対潜戦闘 → multiship A/S action 430
他機 → stranger 605

多機能情報分配システム → Multifunctional Information Distribution System （MIDS） 428
多機能入出力装置 → command and control station（CCS） 152
多機能表示装置 → multi-function display （MFD） 428
多機能レーダー → multi-function radar （MFR） 428
他給気潜水器 → surface-supported diving system 617
ダクテッド・ロケット・エンジン → ducted rocket engine 227
多軍種ドクトリン → multi-service doctrine 430
打撃 → strike 607
打撃部隊
　→ strike-force 608
　→ striking force 608
打撃力
　→ strike power 608
　→ striking power 608
ターゲット・ストレングス → target strength 630
ターゲティング【統幕】→ targeting 629
蛇行航走 → snake run 582
蛇行探索 → snake search 582
多国間共同訓練コモド → Multilateral Naval Exercise Komodo（MNEK） 428
多国間訓練 → multilateral exercise 428
多国間調整所 → multi-national coordination center（MNCC） 428
多国籍活動立案・能力増強チーム → Multinational Planning and Augmentation Team（MPAT） 428
多国籍軍
　→ international forces 348
　→ multilateral forces（MNF） 428
多国籍作戦 → multinational operations .. 428
多国籍師団 → Multinational Division （MND） 428
多国籍部隊
　→ coalition force 144
　→ multinational force（MNF） 428
たこつぼ → one man fox hole 457
タジキスタン統一反政府勢力 → United Tajik Opposition（UTO） 666
多重仮説追尾方式 → Multiple Hypothesis Tracker（MHT） 429

た

たしゆう　　　　　　　　　　　　　　　224　　　　　　　　　　　　　日本語索引

多重防護シェルター → multiple protective
　shelter（MPS）······························ 429
打針 → firing pin······························ 268
打針こう起てい → cocking handle ······ 145
多数軌道爆撃システム → multiple orbit
　bombardment system（MOBS）········· 429
多数発射
　→ multiple launch···························429
　→ multiple launching·······················429
多層防御 → defense in depth ············· 196
多速度魚雷 → multiple speed torpedo···· 429
ターター 【米軍】→ Tartar················ 630
多帯域アンテナ → multiband antenna····· 427
戦いの原則 【陸自】→ principles of war·· 499
ターター・システム 【米軍】→ Tartar
　system ··· 630
多段階能力向上計画 → multistage
　improvement program（MSIP）··········· 430
多段式機雷 → bouquet mine················ 112
多弾頭ミサイル → multiple reentry vehicle
　（MRV）·· 429
多弾頭独立目標再突入ミサイル → multiple
　independently-targetable reentry vehicle
　（MIRV）·· 429
多段ロケット
　→ multistage rocket·························430
　→ step rocket ·······························602
達 → authorized order issued by
　superior ··· 80
立ち入り制限区域 → limited access area·· 376
立ち入り統制 → entry control············· 245
立ち射ちの姿勢 【陸自】→ standing
　position ··· 598
立ち打ちの姿勢 【海自】→ standing
　position ··· 598
多チャンネル式音響受信 【米海軍】
　→ multiple-channel aural reception
　（MCAR）······································ 429
多通跡捜索 → multiple track search······ 429
奪取地点の強化 【陸自】→ consolidation of
　position ··· 167
脱出訓練塔 → escape training tower ······ 247
脱出システム → ejection system········· 233
脱出者
　→ escapee·····································247
　→ evader ·····································249
脱出生還用情報 → escape and evasion

intelligence ································ 247
脱出筒 → escape trunk ····················· 247
脱出筒下部ハッチ → escape trunk lower
　hatch ·· 247
脱出筒上部ハッチ → escape trunk upper
　hatch ·· 247
脱出ブイ → ascending buoy················· 72
脱出用ハッチ → escape hatch ············· 247
脱出用ハンドル → escape handle········· 247
脱出ライン → escape line··················· 247
脱出ルート → escape route················· 247
脱走
　→ absent without leave（AWOL）···········3
　→ desertion··································206
脱走者 【陸自】→ deserter ················ 206
脱走兵 → deserter··························· 206
ダーティ・ボム → dirty bomb ············· 215
立神港区（たてがみこうく）【海自】
　→ Tategami Pier····························· 630
「立て、銃！」（たて、つつ）→ Order
　Arms！ ······································· 464
縦長の隊形 → extension in depth ······· 254
縦長の隊形 【陸自】→ formation in
　depth ·· 281
縦方向磁化 → longitudinal magnetization
　（LM）·· 385
ダート型標的 → dart target················ 190
谷照門（たにしょうもん）→ open sight···· 458
多任務戦闘機 → multi-role fighter
　（MRF）·· 430
多ビーム送信 → multibeam
　transmission································· 428
ダブルベース火薬 → double-base
　powder·· 223
ダブルベース発射薬 → double-base
　propellant···································· 223
多摩サービス補助施設 【在日米軍】→ Tama
　Hills Recreation Center····················· 627
ダミー・アンテナ → dummy antenna····· 228
ダミー魚雷 → dummy torpedo············ 228
ダミー降下 → dummy drop················· 228
ダミー攻撃 → dummy attack··············· 228
ダミー測高要求 → dummy height
　request ······································· 228
ダミー投下 → dummy drop················· 228
ターミナル管制 → terminal control········ 634

ターミナル管制機関 → terminal air traffic control facility ················· 634
ターミナル管制区 → terminal control area ······························· 634
ターミナル管制所 → radar approach control facility（RADAR）················ 510
ターミナル区域 → terminal area ········· 634
ターミナル段階 → terminal phase ········ 635
ターミナル段階高高度地域防衛 【米】→ Terminal High Altitude Area Defense（THAAD）························ 634
ターミナル・レーダー管制業務 → terminal radar control service ················ 635
ターミナル・レーダー情報処理システム → automated radar terminal system（ARTS）···························· 81
ターミナル・レーダー進入管制 → terminal radar approach control（TRACON）···· 635
ターミナル・レーダー班 【海自】→ Terminal Radar Section ······················ 635
ダミー・メッセージ 【海自】→ dummy message······························· 228
ダミー・ラン → dummy run ············· 228
タミル・イーラム解放のトラ → Liberation Tiger of Tamil Eelam（LTTE）········· 374
ダムダム弾 → dumdum bullet ············· 227
ダム手順 → DAM procedure（DAMP）·· 189
ダム破壊爆弾 → dam buster ·············· 189
ダメージ・コントロール → damage control ······························ 189
ダメージ・コントロール・ブック → damage control book ······················· 189
多目的対戦車榴弾 → high explosive anti-tank multi-purpose（HEAT-MT）········· 315
多目的弾 → multi-purpose projectile ······ 430
多目的ミサイル・システム → multi-purpose missile system（MPMS）············· 430
多目標 → multiple targets ················ 429
多目標同時追尾 → track while scan（TWS）··························· 647
多用機 → utility aircraft ··············· 671
多用車 → utility vehicle ··············· 671
多要素認証 → multifactor authentication ···················· 428
多用途群別レーダー → multifunction array radar（MAR）····················· 428
多用途支援艦 【海自】→ auxiliary multipurpose ship ····················· 84

多用途支援機 → multi-purpose support aircraft··························· 430
多用途ヘリコプター → utility helicopter（UH）···························· 671
多用途揚陸艦 【海軍】→ landing ship, utility（LSU）··························· 367
タリスマンセーバー 【陸自】→ Talisman Sabre······························ 627
タリバン → Taliban ···················· 627
タリン・マニュアル → Tallinn Manual ··· 627
ダルマ・ガーディアン 【自衛隊】→ Dharma Guardian···························· 209
ターレット・ノズル → turret nozzle ······ 658
多連装機銃 → multiple mount machine gun ································· 429
多連装銃 → multiple gun ················ 429
多連装銃架 → multiple mount ············ 429
多連装砲 → multiple gun ················ 429
多連装砲塔 → multiple turret ············ 429
多連装ロケット → multiple rocket ········ 429
多連装ロケット発射機 → multiple rocket launcher ··························· 429
多連装ロケット砲 → multiple launch rocket system（MLRS）···················· 429
団 【空自】→ wing（Wg）············· 690
単一軍種軍 → uni-Service command ······ 663
単一後方補給支援 → uni-servicing ······· 663
単一セクター走査 → unidirectional sector scan ·································· 662
単一統合航空現況図 → single integrated air picture（SIAP）····················· 577
単一統合作戦計画 【米】→ Single Integrated Operational Plan（SIOP）············ 577
単位部隊 → force module（FM）··········· 279
単位編成部隊 → integral combat unit ····· 341
短延期信管 → short delay fuze ············ 571
段階的放射線爆縮爆弾 → staged radiation implosion bomb ··················· 596
弾殻（だんかく）→ shell ·················· 569
弾火薬庫 【海自】→ magazine ············· 389
弾火薬庫点検 【海自】→ magazine inspection ······················· 390
担架要員 → litter bearer ················ 380
弾観 → spotting ······················· 593
弾丸
　→ bullet ····························117
　→ projectile ························502

「短間隔」→ at close interval ……………… 76
弾丸起動圧；弾丸起動圧力 → shot start pressure ……………………………………… 572
単艦攻撃 → single ship attack …………… 578
弾丸合成速度 → projectile velocity ……… 502
弾丸受圧面積 → area of projectile base …… 64
単艦掃海 → single ship sweep …………… 578
単艦対潜戦闘 → single ship A/S action ‥ 578
短機関銃 → submachine gun（SMG）…… 609
短期作戦 → short term operation ………… 572
短期人員損耗見積り → short term casualty estimate ……………………………………… 572
短期戦略計画作業 → short term strategic planning ……………………………………… 572
短魚雷 → light-weight torpedo（LWT）‥ 376
短距離核戦力 → short range nuclear force （SNF）………………………………………… 572
短距離攻撃ミサイル → short range attack missile（SRAM）…………………………… 572
短距離弾道ミサイル → short range ballistic missile（SRBM）…………………………… 572
短距離地対空ミサイル；短距離地対空誘導弾 → short range surface-to-air missile （SRSAM）…………………………………… 572
短距離防空 → short range air defense （SHORAD）………………………………… 572
短距離ポップ・アップ空域 → short range pop-up sector（SR Pop-Up Sector）…… 572
短距離離着陸 → short take-off and landing （STOL）……………………………………… 572
短距離離着陸機
　→ reduced take-off and landing （RTOL）……………………………………526
　→ short take-off and landing （STOL）………………………………………572
短距離離陸垂直着陸；短距離離陸垂直着陸機
　→ short take-off and vertical landing （STOVL）…………………………………… 572
タングステン合金弾心 → tungsten alloy core …………………………………………… 657
弾形係数 → coefficient of form ………… 146
弾孔（だんこう）→ crater ………………… 182
短魚雷発射管 → over the side torpedo （OTST）……………………………………… 469
単殻（たんこく）→ single hull …………… 577
弾痕
　→ bullet hole ……………………………117
　→ bullet mark …………………………117

た

　→ crater …………………………………182
　→ shot hole ……………………………572
弾痕解析 → crater analysis ……………… 182
弾痕群
　→ shot group …………………………572
　→ shot pattern ………………………572
弾痕紙 → paster …………………………… 474
弾痕利用壕（だんこんりようごう）→ improved crater ………………………………………… 329
探索
　→ exploration …………………………253
　→ search ………………………………555
探索機 → ferret …………………………… 260
探索航走 → search run …………………… 556
探索作戦 → exploratory operation ……… 253
探索深度 → search depth（SD）………… 556
探索掃海
　→ exploratory sweeping ……………253
　→ search sweeping …………………556
探索掃討 → exploratory hunting ………… 253
探索隊形 → exploratory formation ……… 253
探索モード → search mode ……………… 556
短SAM
　→ short range SAM …………………572
　→ short range surface-to-air missile （SRSAM）………………………………… 572
弾子（だんし）→ ball ……………………… 90
弾軸 → axis ………………………………… 87
弾室 → bullet seat ………………………… 117
単射
　→ shoot look shoot …………………571
　→ single-shot firing …………………578
短射程 → short range ……………………… 571
短射程攻撃ミサイル【海自】→ short range attack missile（SRAM）………………… 572
短射程防空 → short range air defense （SHORAD）………………………………… 572
弾種 → type of ammunition……………… 659
単縦陣 → trail ……………………………… 648
短銃身散弾銃 → riot gun ………………… 542
単縦陣特殊編隊飛行 → trail acrobatics … 648
単縦陣編隊 → trail formation …………… 648
短縮縦隊
　→ close column ………………………142
　→ closed column ……………………142
短縮隊形 → closed formation …………… 142
単純吹き戻し式 → simple blowback …… 576
単純目標 → simple target ………………… 576

短場周経路 【空自】 → close traffic pattern ················ 143
探信 → echo ranging ················ 231
探信儀 → sound navigation and ranging (SONAR) ················ 585
探信距離 → echo range ················ 231
探信式音響追尾 → active acoustic homing··· 8
単身銃 → single-barreled gun ················ 577
短切な逆襲 → quick short counterattack ················ 510
探掃
　→ exploratory sweeping ················ 253
　→ search sweeping ················ 556
弾倉 → magazine ················ 389
担送患者
　→ litter patient ················ 380
　→ stretcher patient ················ 607
単装機銃 → single-barrel machine gun···· 577
弾倉給弾 → magazine feeding ················ 390
弾倉体 → magazine body ················ 389
弾倉止め
　→ magazine catch ················ 389
　→ magazine release ················ 390
弾倉ばね → magazine spring ················ 390
短装薬包 → short charge ················ 571
炭疽菌攻撃 → anthrax attack ················ 55
炭疽菌毒素 → anthrax toxin ················ 55
単速魚雷 → single speed torpedo ················ 578
断続燃焼
　→ chuffing ················ 136
　→ chugging ················ 136
炭素繊維強化樹脂 → carbon fiber reinforced plastics (CFRP) ················ 124
弾体
　→ body ················ 108
　→ shell ················ 569
弾帯
　→ ammunition belt ················ 49
　→ cartridge belt ················ 126
　→ rotating band ················ 544
弾帯間隙 → band gap ················ 92
弾帯環状溝 (だんたいかんじょうこう) → fringing groove ················ 286
弾帯座 → band seat ················ 92
単体整備教育装置 → part task trainer (PTT) ················ 473
弾帯の溝 → band groove ················ 92

弾帯の山 → band land ················ 92
単弾発射撃墜確率 【空自】 → single-shot kill probability (SSKP) ················ 578
探知 → detection (det) ················ 208
探知確率 → detection probability ········· 208
探知活動 【陸自】 → detection (det) ····· 208
探知機器
　→ detection device ················ 208
　→ detective equipment ················ 208
探知技術研究部 【防衛装備庁】 → Under Water Sensing Research Division ········ 661
探知距離 → detection range ················ 208
探知圏 → detecting circle ················ 208
探知公算 → detection probability ········ 208
探知情報伝達装置 → contact information transfer system (CITS) ················ 169
探知目標順序 【海自】 → locating ······ 382
弾着
　→ fall of shot ················ 257
　→ impact ················ 329
弾着 【海自】 → splash ················ 592
弾着角
　→ angle of arrival ················ 52
　→ angle of impact ················ 53
弾着換算盤 → spot converter ················ 593
弾着観測 【海自】 → observation of fire ··· 451
弾着観測 → spotting ················ 593
弾着観測員 【海自】 → spotter ············ 593
弾着誤差 → deviation (DEV) ················ 209
弾着散布中心 【海自】 → mean point of impact (MPI) ················ 404
弾着時刻 【海自】 → time on target (TOT) ················ 641
弾着指定時刻 【海自】 → designated time on target (DTOT) ················ 207
弾着修正 → impact adjustment ············ 329
弾着線 → line of impact ················ 378
弾着地域 → impact area ················ 329
弾着地帯 → beaten zone ················ 101
弾着点 → impact point (IP) ················ 329
弾着点予測 → impact point prediction (IPP) ················ 329
弾着表示剤 → spotting dye ················ 593
弾着表示薬 → spotting charge ············ 593
単通跡捜索 → single track search ······ 578
短弾倉 → short-type magazine ············ 572

たんてい   228   日本語索引

短艇 (たんてい) → boat 108

弾底
  → base 93
  → base of projectile 95

弾底圧 (だんていあつ) → projectile base
  pressure 502

短艇員 → boat crew 108

弾底覆い → base cover 94

弾底起爆 → base initiation 94

弾底撃発信管 → base percussion fuze 95

短艇巡航 → boat cruise 108

弾底信管
  → base detonating fuze (BD fuze) 94
  → base fuze 94
  → tail fuze 627

弾底栓 (だんていせん) → base plug 95

弾底点火 → base ignition 94

短艇点検 → boat inspection 108

弾底燃焼 【陸軍】 → base bleed 94

短艇付属具 → boat equipment 108

弾底放出弾 → base ejection shell (BE
  shell) 94

短艇羅針儀 (たんていらしんぎ) → boat
  compass 108

タンデム弾頭 → tandem warhead 628

弾頭
  → head 310
  → warhead (whd) 680

弾道
  → ballistics 91
  → trajectory 649

弾頭音；弾道音 → ballistic crack 90

弾道学 → ballistics 91

弾道学者 → ballistician 91

弾道カメラ → ballistic camera 90

弾道気温 → ballistic temperature 91

弾道技術研究部　【防衛装備庁】 → Ballistics
  Research Division 91

弾道基線 → base of trajectory 95

弾道臼砲 (だんどうきゅうほう) → ballistic
  mortar 91

弾道曲線
  → ballistic curve 91
  → curve of trajectory 186

弾道空気密度 → ballistic air density 90

弾道傾角 → angle of inclination of the
  trajectory 53

弾道計算機 → ballistic computer 90

弾道係数 → ballistic coefficient (BC) 90

弾道経路 → ballistic trajectory 91

弾道原点 → origin of the trajectory 466

弾道交差経路 → collision course for
  projectiles 147

弾道効率 → ballistic efficiency 91

弾道再突入 → ballistic reentry 91

弾道修正 → ballistic correction 90

弾道修正弾 → course corrected
  munitions 180

弾道条件 → ballistic condition 90

弾道諸元表 → ballistic table 91

弾頭信管
  → nose fuze 448
  → point detonating fuze (PD fuze) 487
  → point fuze 488

弾頭栓 (だんとうせん)
  → closing plug 143
  → nose plug 448

弾頭先端部 → point 487

弾道弾　【陸自】 → ballistic missile (BM) .. 91

弾道弾迎撃ミサイル → anti-ballistic missile
  (ABM) 56

弾道弾要撃機 → ballistic missile
  interceptor 91

弾道弾要撃ミサイル
  → anti-ballistic missile (ABM) 56
  → ballistic missile interceptor 91

弾道頂点
  → maximum ordinate 403
  → summit of trajectory 612

弾道低下量 → trajectory drop 649

弾道定数 → ballistic constant 90

弾頭点火信管 → point-initiating fuze (PI
  fuze) 488

弾頭点火弾底起爆信管 (だんとうてんかだんて
  いきばくしんかん) → point-initiating, base-
  detonating fuze (PIBD fuze) 488

弾頭波 → bow wave 112

弾道波 → ballistic wave 91

弾道飛翔空中標的システム → ballistic aerial
  target system (BATS) 90

弾道表 → ballistic table 91

弾頭部 → warhead section 680

弾道風 → ballistic wind 91

弾頭部結合 → warhead mating 680

日本語索引　　　　　　　　　　　　229　　　　　　　　　　　　たんやく

弾頭プラグ → nose plug ···················· 448

弾道振子 → ballistic pendulum ············· 91

弾道癖（だんどうへき）→ calibration
　（calibr) ································· 121

弾道癖修正射撃 → calibration fire ··· 121

弾道偏位 → trajectory shift ··············· 649

弾道偏差 → differential effect ············· 210

弾道ミサイル → ballistic missile（BM) ···· 91

弾道ミサイル攻撃 → ballistic missile
　attack ··································· 91

弾道ミサイル潜水艦 → ballistic missile
　submarine ······························· 91

弾道ミサイル早期警戒システム → ballistic
　missile early warning system
　（BMEWS) ······························ 91

弾道ミサイル早期警戒組織 【空自】
　→ ballistic missile early warning system
　（BMEWS) ······························ 91

弾道ミサイル早期警報組織 → anti-ballistic
　missile early warning system ··············· 56

弾道ミサイル搭載原子力潜水艦
　→ ballistic missile submarine nuclear-
　powered（SSBN) ························· 91
　→ fleet ballistic missile SSN ·············· 272

弾道ミサイル搭載原子力潜水艦 【米海軍】
　→ strategic submarine ballistic nuclear
　（SSBN) ································ 607

弾道ミサイルの拡散に立ち向かうためのハーグ
　行動規範 → Hague Code of Conduct
　against Ballistic Missile Proliferation
　（HCOC) ································ 307

弾道ミサイル発射用サイロ → ballistic missile
　silo ······································ 91

弾道ミサイル防衛 → Ballistic Missile Defense
　（BMD) ································· 91

弾道ミサイル防衛局 【米国防総省】
　→ Ballistic Missile Defense Organization
　（BMDO) ······························ 91

弾道ミサイル防衛システム → ballistic missile
　defense system ························· 91

弾道ミサイル防衛見直し 【米】→ Ballistic
　Missile Defense Review（BMDR) ········· 91

弾道密度 → ballistic density ··············· 91

弾道要素 → ballistic factors ··············· 91

弾頭卵形部（だんとうらんけいぶ）【空自】
　→ ogive ································ 455

弾道湾曲 → gravity-drop curvature ······· 298

単独飛行 → solo flight ···················· 583

単肉砲 → monoblock gun ················· 424

単肉砲身（たんにくほうしん）→ monoblock
　tube ··································· 424

担任地域 【米軍】→ area of responsibility
　（AOR) ································· 64

単発 → single-shot ························ 578

単発式 → single-shot type ················· 578

単発射 → single launch ··················· 577

単発手動装填火器 → single loader ········· 577

単発探信 → one ping ····················· 457

弾尾 → tail ······························· 626

弾扉作動警報灯（だんぴさどうけいほうと
　う）→ bomb bay door warning light ···· 109

ダン・ブイ → dan buoy ··················· 189

弾幕
　→ barrage ····························· 93
　→ curtain fire ························· 186

弾幕計画表 → barrage chart ··············· 93

「弾幕射撃」→ fire barrage ··············· 265

弾幕射撃 → barrage fire ··················· 93

弾幕砲火 → curtain fire ··················· 186

端末空輸 → terminal airlift ··············· 634

端末地 → terminal ························ 634

端末地業務
　→ terminal operations ················· 635
　→ terminal service（TS) ··············· 635

端末地処理能力 → terminal throughput
　capacity ······························ 635

端末通信所 → communication terminal ·· 159

端末輸送 【自衛隊】→ terminal
　transportation ························· 635

端面燃焼
　→ cigarette burning ··················· 136
　→ end-burning ························ 242

弾薬
　→ ammunition ························ 49
　→ munitions（MUN) ················· 430
　→ ordnance ·························· 464

弾薬揚げ卸し能力 → ammunition lift
　capability ····························· 50

弾薬送り金 → rammer lever ··············· 517

弾薬架 → ammunition rack ··············· 50

弾薬化学班 【陸自】→ Ammunition and
　Chemical Section ······················ 49

弾薬係将校 → ammunition officer ········· 50

弾薬可能補給率 → ammunition available
　supply rate（ASR) ····················· 49

弾薬幹部 【空自】→ ammunition supply

た

officer（ASO）…………………… 50

弾薬給弾車 → ammunition resupply vehicle
（ARV）…………………………… 50

弾薬検査官 → ammunition inspector……… 50

弾薬検査部 【在日米陸軍】→ Ammunition
Surveillance Division ……………… 50

弾薬庫
→ ammunition storehouse ……………… 50
→ magazine ……………………………389
→ powder magazine …………………492

弾薬壕 → ammunition pit ……………… 50

弾薬交付所 → ammunition distributing
point ……………………………… 49

弾薬庫班 【海自】→ Ammunition Depot
Section …………………………… 49

弾薬作業車 → bomb service truck……… 110

弾薬識別符号 → ammunition identification
code（AIC）……………………… 50

弾薬支処 【陸自】→ Ammo Branch
Depot ……………………………… 49

弾薬室 → ammunition compartment …… 49

弾薬事務所 → ammunition office ……… 50

弾薬車 → ammunition carrier ………… 49

弾薬シュート → ammunition chute …… 49

弾薬種目 → ammunition items ………… 50

弾薬消費
→ ammunition expenditure …………… 50
→ consumption of ammunition ………168

弾薬消費率 → ammunition consumption rate
（ACR）…………………………… 49

弾薬諸元票 → ammunition data card …… 49

弾薬所要 → ammunition requirements…… 50

弾薬所要補給率 → ammunition required
supply rate ……………………… 50

弾薬製造単位番号 【空自】→ ammunition lot
number（ALN）………………… 50

弾薬整備 → ammunition maintenance …… 50

弾薬整備補給所 【海自】→ Ammunition
Maintenance and Supply Facility……… 50

弾薬装填器（だんやくそうてん
き）→ charger ……………… 133

弾薬帯 → ammunition belt ……………… 49

弾薬段列 → ammunition train ………… 50

弾薬通路 → ammunition passage ……… 50

弾薬定数 → basic load（B/L）………… 96

弾薬適正温度範囲 → ammunition
temperature range ……………… 50

弾薬データ・カード → ammunition data
card ……………………………… 49

弾薬填薬作業線 → ammunition loading
line………………………………… 50

弾薬搭載用器材 → ammunition loader…… 50

弾薬統制補給率 → ammunition controlled
supply rate ……………………… 49

弾薬トラック → ammunition truck ……… 50

弾薬取り扱い者 → ammunition handler…… 50

弾薬認証 → ammunition authentication … 49

弾薬の揚げ卸し → ammunition lift …… 50

弾薬嚢（だんやくのう）→ ammunition
bag………………………………… 49

弾薬の改修 → ammunition modification … 50

弾薬野積所 → open ammunition space … 458

弾薬の破棄 → ammunition disposal ……… 49

弾薬箱
→ ammunition box………………… 49
→ shot locker …………………………572

弾薬班 【陸自】→ Ammunition Section … 50

弾薬ブースター → ammunition booster … 49

弾薬包 → cartridge ……………………… 126

弾薬補給施設 → ammunition
establishment …………………… 50

弾薬補給所 【空自】→ ammunition supply
point（ASP）…………………… 50

弾薬補給点 【陸軍】→ ammunition supply
point（ASP）…………………… 50

弾薬補給日量 → ammunition day of
supply …………………………… 49

弾薬補修課 【在日米陸軍】→ Renovation
Branch …………………………… 531

弾薬臨時集積所 → ammunition dump …… 50

弾薬類付属品 → ammunition details …… 49

弾薬類ロット番号 【海自】→ ammunition lot
number（ALN）………………… 50

弾薬ロット → ammunition lot ………… 50

弾薬割り当て → allocation of
ammunition ……………………… 45

ダン・ランナー → dan runner ………… 190

弾量 → weight of projectile …………… 687

弾量区分 → weight zone………………… 687

弾量標識 → weight zone markings ……… 687

段列 【陸自】→ train（Tn）…………… 648

単列弾倉（たんれつだんそう）→ single-column
magazine………………………… 577

段列地域 → trains area………………… 649

【ち】

治安
 → internal security ……………………347
 → public order ……………………………506
 → public peace ……………………………506
治安活動 → police action …………… 489
治安出動 → internal security operations‥ 347
治安出動 【日】 → police operation……… 489
治安招集 【自衛隊】 → internal security operation call-up ……………………… 347
治安部門改革 → Security Sector Reform (SSR) ……………………………………… 560
地域煙幕
 → area smoke ……………………………… 65
 → blanketing smoke ……………………105
地域監視
 → area observation ……………………… 64
 → area surveillance ……………………… 65
地域管制レーダー → area control radar (ACR) …………………………………………… 64
地域気象観測システム 【日】 → automated meteorological data acquisition system (AMeDAS) ……………………………… 81
地域気象中枢 → regional meteorological center (RMC) ……………………… 528
地域軍 【米軍】 → Geographical Combatant Command (GCC) ………………………… 295
地域検閲 → area censorship………………… 64
地域権限 → area authority ………………… 64
地域攻撃 → area attack …………………… 64
地域作戦当局 → area operating authority ……………………………………… 64
地域支援群 【米陸軍】 → Area Support Group (ASG) ……………………………… 65
地域指揮官 → area commander …………… 64
地域射撃 → area fire ……………………… 64
地域障害 【陸自】 → area barrier ………… 64
地域障害組織 → local barrier system…… 381
地域情報 → regional intelligence………… 528
地域地雷原 → area minefield …………… 64
地域責任 → area responsibility…………… 65
地域戦時建設管理官 → regional wartime construction manager (RWCM) ……… 528

地域捜索 → area search …………………… 65
地域対潜対策 → area A/S measures……… 64
地域対テロ機構 → Regional Antiterrorist Structure (RATS) …………………… 528
地域調整機構 → area coordination group‥ 64
地域偵察 → zone reconnaissance ………… 694
地域的安全保障 → regional security …… 528
地域爆撃 【自衛隊】 → area bombing……… 64
地域爆撃 → mass-area bombing ………… 401
地域被害対策 【陸自】 → area damage control ………………………………………… 64
地域被害対策班 【陸自】 → area damage control party (ADCOP) ………………… 64
地域部隊 → area command………………… 64
地域紛争 → regional conflict……………… 528
地域別統合軍 【米】 → regional combatant command ………………………………… 528
地域防衛 【空自】 → area defense………… 64
地域防空 → area air defense ……………… 63
地域防空管制所 → area air defense control center ……………………………………… 64
地域見積り → area assessment …………… 64
地域目標 → area target……………………… 65
地域レーダー予測分析 → area radar prediction analysis ……………………… 64
地域割り当て → area assignment ………… 64
遅延吹き戻し式 → delayed blowback…… 200
遅延薬 → delay element …………………… 201
チェーン・ランマー → chain rammer…… 132
地下掩蔽部（ちかえんぺいぶ）→ dugout… 227
地下核疑惑施設 → suspected underground nuclear facility ………………………… 618
地下核実験 → underground nuclear test‥ 660
地下核実験制限条約 → Threshold Test Ban Treaty (TTBT) ………………………… 639
地下核爆発
 → atomic underground burst ………… 77
 → nuclear underground burst…………450
地下施設破壊爆弾 → earth-penetrating nuclear device ………………………… 230
地下司令室 → command bunker ………… 153
地下爆発 → camouflet ……………………… 122
地下防護構造物 → underground protective structure …………………………………… 660
地（艦）対空ミサイル
 → surface-to-air guided missile (SAM) ……………………………………617

ちかんた　　　　　　　　　　　　232　　　　　　　　　　　　日本語索引

→ surface-to-air missile (SAM) ……… 617
地(艦)対空ミサイル基地　→ surface-to-air missile site ……………………………… 617
地(艦)対空ミサイル施設　→ surface-to-air missile installation ………………………… 617
地(艦)対地(艦)ミサイル　→ surface-to-surface missile (SSM) ……………… 617
地(艦)対地(艦)ミサイル・システム　→ surface-to-surface missile system ……… 617
地球海洋学科　【防大】　→ Department of Earth and Ocean Sciences …………… 203
チキン・ターゲット　→ chicken target …… 135
逐次戦闘加入　→ piecemeal combat commitment ……………………………… 483
逐次捜索　→ single-detection search …… 577
逐次の攻撃　【陸自】　→ piecemeal attack‥ 483
逐次の陣地　→ successive positions ……… 611
築城 (ちくじょう)　【陸自】
　　→ fortification ……………………………… 281
築城計画　→ fortification plan …………… 281
築城資材　→ fortification material ……… 281
築城の編成　→ organization of fortification …………………………………… 465
築堤道　→ causeway ……………………… 128
地区燃料事務所　→ sub-area petroleum office (SAPO) …………………………… 608
地区病院　【自衛隊】　→ district hospital ‥ 220
地区補給所　【陸自】　→ district depot …… 220
地形回避　→ terrain avoidance …………… 635
地形回避システム　→ terrain avoidance system ………………………………………… 635
地形観望　→ area outlook ………………… 64
地形区画　→ terrain compartment ………… 635
地形研究　→ terrain study ………………… 636
地形誤差　→ terrain error ………………… 635
地形縦深
　　→ operational depth ……………………… 460
　　→ tactical depth ………………………… 624
地形障害　→ terrain obstacle ……………… 635
地形情報　→ terrain intelligence …………… 635
地形図　【空自】　→ topographic map …… 643
地形地物　→ terrain feature ………………… 635
地形追随　→ terrain following …………… 635
地形追随システム　→ terrain following system ………………………………………… 635
地形等高線照合　→ terrain contour matching (TERCOM) ……………………………… 635

地形等高線照合航法装置　→ terrain contour matching navigation system ……………… 635
地形の強化　→ consolidation of terrain …… 167
地形の利用　→ use of terrain ……………… 670
地形反射　→ terrain echo ………………… 635
地形判定　→ terrain sensing……………… 636
地形判読　→ topographic interpretation… 643
地形飛行　→ terrain flight (TERF) ……… 635
地形評価
　　→ appreciation of the terrain …………… 62
　　→ terrain appreciation …………………… 635
　　→ terrain evaluation …………………… 635
地形分析
　　→ analysis of the terrain ……………… 52
　　→ terrain analysis ……………………… 635
地形目標　→ terrain objective …………… 635
地誌　→ topography ……………………… 643
地誌情報　【空自】　→ topographic intelligence ……………………………… 643
致死性自律型ロボット　→ lethal autonomous robot (LAR) ……………………………… 373
致死性兵器　→ lethal weapon……………… 373
地上安全幹部　【空自】　→ ground safety officer (GSO) ………………………………… 301
地上移動誘導管制　→ mobile control (mobo) ……………………………… 422
地上火器　→ ground fire arm ……………… 301
地上監視レーダー　→ ground surveillance radar (GSR) ……………………………… 302
地上管制　→ ground control ……………… 300
地上管制進入手順　→ ground controlled approach procedure ……………………… 300
地上管制席　→ ground control position…… 300
地上観測射撃　→ ground observation fire‥ 301
地上救出員　→ crash crew ………………… 182
地上救難員　【海自】　→ aviation boatswain's mate (AB) ……………………………… 85
地上救難班　【海自】　→ Crash Crew Section ……………………………………… 182
地上勤務員　→ ground crew ……………… 300
地上軍
　　→ land forces ……………………………… 365
　　→ surface forces ………………………… 616
地上訓練機整備　【空自准空尉空曹空士特技区分】　→ Flight Training Devices Maintenance ……………………………… 275
地上型衛星航法補強システム　→ ground-based augmentation system (GBAS) ………… 300

地上警戒 → ground security 301
地上航跡 【空自】→ ground track 302
地上航跡飛行 → ground track maneuver .. 302
地上後続部隊 → land tail 367
地上作戦
　→ ground operations 301
　→ land operation 367
地上支援器材 【空自】→ ground support
　equipment（GSE）................... 302
地上式火薬庫 → above ground magazine 3
地上視程 【空自】→ ground visibility
　（GVIS）............................ 302
地上車両無線方向探知器 → ground vehicle
　radio direction finder 302
地上準備教育隊 【空自】→ Preflight Training
　Squadron 495
地上擾乱区域 → ground clutter area 300
地上接近警報装置 → ground proximity
　warning system（GPWS）............ 301
地上戦 → ground war 302
地上戦闘
　→ ground combat 300
　→ land battle 365
地上戦闘部隊
　→ ground combat element 300
　→ ground combat unit 300
地上戦闘力
　→ ground combat power 300
　→ land combat power 365
地上捜索 → land search 367
地上待機
　→ ground alert 300
　→ ground readiness 301
地上偵察 → ground reconnaissance 301
地上電子幹部 【空自幹部特技区分】
　→ Ground Electronics Officer 300
地上電子班 【空自】→ Ground Electronics
　Section 300
地上統制作戦 → land control operation .. 365
地上の微候 → ground indication 301
地上配備型ミッドコース防衛システム
　→ Ground-based Mid-course Defense
　System（GMD）..................... 300
地上爆発模擬装置 【米軍】→ Ground Burst
　Simulator（GBS）.................... 300
地上発射式要撃ミサイル → ground-based
　interceptor（GBI）.................... 300
地上発射式巡航ミサイル → ground-launched
cruise missile（GLCM）............... 301
地上部隊
　→ ground force 301
　→ ground troops 302
　→ land forces 365
地上部隊直協 → army cooperation 69
地上部隊直協機 → army cooperation aircraft
　（army co-op aircraft）................. 69
地上包囲 → ground envelopment 300
地上砲火 → ground fire.................. 301
地上無線整備 【空自准空尉空曹空士特技区分】
　→ Telecommunication Systems Equipment
　Maintenance 632
地上目標 → ground target 302
地上誘導弾 → ground guided missile 301
地上用移動式3次元レーダー → mobile three
　dimension radar（M-3D）............. 423
地上要撃管制 → ground controlled
　interception（GCI）................... 300
地上レーダー → ground radar 301
地上レーダー・ビーコン → ground-based
　radar beacon 300
地上連絡班 → ground liaison section 301
地図暗号 【陸自】→ map cipher 398
地図基礎資料 → chart base 134
地図と電子情報の統合表示装置 → combined
　map and electronic display 151
地図の標定 → map orientation 398
地図用航空写真機 【海自】→ aerial mapping
　camera 17
地勢誤差 【海自】→ terrain error.......... 635
地勢図 【海自】→ topographic map 643
地勢反射 【海自】→ terrain echo 635
地測飛行 → terrestrial reference flight 636
地測誘導 → terrestrial reference
　guidance 636
地対艦ミサイル；地対艦誘導弾 → ground-to-
　ship missile 302
地対空音声通信 → ground-to-air-to-ground
　voice communication（GAG）......... 302
地対空緊急信号表 → emergency code
　ground/air file 239
地対空緊急信号符号 → ground/air emergency
　signal code 300
地対空通信 → ground-to-air
　communication 302
地対空兵器 → surface-to-air weapon 617

ちたいく   234   日本語索引

地対空ミサイル → ground-to-air missile·· 302

地対空無人機 → ground-to-air pilotless
　aircraft（GAPA）······························· 302

地対空誘導弾 → ground-to-air guided
　missile ··· 302

地対空誘導弾 【陸自】
　→ surface-to-air guided missile
　　（SAM）······································· 617
　→ surface-to-air missile（SAM）·········· 617

地対空用ロケット弾 → surface-to-air
　rocket ·· 617

遅滞行動 【陸自】→ delaying action ······ 201

遅滞行動 【自衛隊】→ delaying
　operation ·· 201

遅滞作戦 → delaying operation ············· 201

遅滞陣地 → delaying position ··············· 201

地対地（艦）誘導弾 【陸自】→ surface-to-
　surface missile（SSM）······················ 617

地対地ミサイル → ground-to-ground missile
　（GGM）··· 302

地対地用ロケット弾 → surface-to-surface
　rocket ·· 617

地耐力 → trafficability ························· 647

地中海協力グループ → Mediterranean
　Cooperation Group（MCG）··············· 407

地中貫徹爆弾 → earth-penetrating
　bomb ·· 229

地中式火薬庫 → under ground
　magazine ··· 660

地中爆発 → under ground burst ············· 660

窒息性ガス → choking gas···················· 136

窒素マスタード → nitrogen mustard
　（HN）·· 443

地点射撃 → point fire ························· 488

地点標定 → spotting ··························· 593

地点防衛 【空自】→ point defense········· 487

地点防空 → point air defense··············· 487

遅動信管 → fuze delay ······················· 290

遅動装置 → arming delay device ············· 66

遅動チャフ → delayed opening chaff ······ 201

遅動時計 → arming delay timer··············· 66

遅動待ち受け → delay arming ·············· 200

遅動雷管 → delay detonator ················· 200

千歳試験場 【防衛装備庁】→ Chitose Test
　Center ··· 136

知能化対機甲子弾 → brilliant anti-tank
　munitions（BAT）···························· 115

知能弾薬 → intelligent munitions··········· 344

遅発（ちはつ）→ hangfire ················· 308

遅発放射能 → delayed radioactivity ······· 201

知花支所 【在日米軍】→ Chibana
　Branch ··· 135

地表空中線 【空自】→ ground antenna ·· 300

地表爆発 → surface burst ···················· 616

地表面反射 → ground clutter ··············· 300

地平圏 → celestial horizon··················· 129

地平線俯角 → dip angle ····················· 211

地貌（ちぼう）→ terrain feature ············· 635

地方義勇兵 【米】→ home guard ········· 319

地方協力企画課 【内部部局】→ Local
　Cooperation Planning Division ········· 381

地方協力局 【内部部局】→ Bureau of Local
　Cooperation ······································ 118

地方協力本部 【自衛隊】→ Provincial
　Cooperation Office ···························· 505

地方警務隊 【空自】→ District Air Police
　Squadron ·· 220

地方警務隊 【海自】→ District Criminal
　Investigation Command ···················· 220

地方情報保全隊 【海自】→ District
　Intelligence Security Unit ················· 220

地方隊 【海自】→ District ················· 220

地方中枢気象所 → regional weather
　central ··· 528

地方調査隊 【空自】→ District Air
　Investigation Detachment··················· 220

地方調整課 【内部部局】→ Local
　Coordination Division························· 381

地方調達 → local procurement（LP）····· 382

地方調達用仕様書 → local procurement
　specification（LPS）·························· 382

地方復興チーム → Provincial Reconstruction
　Team（PRT）···································· 505

地方防衛局 【防衛省】→ Regional Defense
　Bureau··· 528

地方連絡部 【自衛隊】
　→ local liaison office ·························· 381
　→ prefectural liaison office（PLO）······ 494
　→ provincial liaison office·················· 505

チーム・スピリット → Team Spirit ······· 631

致命的脆弱性 → critical vulnerability····· 183

致命半径 【海自】→ lethal radius ········· 373

地文航法 → ground reference
　navigation ··· 301

| 日本語索引 | 235 | ちゆうい |

チャイルドSRN → child SRN ‥‥‥‥ 136

着岸 → beaching ‥‥‥‥‥‥‥‥‥‥ 99

着上陸作戦 【統幕】 → landing
operation ‥‥‥‥‥‥‥‥‥‥‥‥ 366

着上陸侵攻 → airborne and seaborne
invasion ‥‥‥‥‥‥‥‥‥‥‥‥ 23

着色煙 【自衛隊】 → colored smoke ‥‥‥ 148

着色発煙小銃擲弾 → colored smoke rifle
grenade ‥‥‥‥‥‥‥‥‥‥‥‥ 148

着水 → water entry ‥‥‥‥‥‥‥‥‥ 682

着水基準点 → landing reference point ‥‥ 367

着水路灯 → sea lane light ‥‥‥‥‥‥ 554

着装武器 → side arms ‥‥‥‥‥‥‥‥ 573

着脱式爆弾投下架 → removable bomb
rack ‥‥‥‥‥‥‥‥‥‥‥‥‥‥ 531

着達針路 → final course ‥‥‥‥‥‥‥ 264

着弾距離 → gunshot ‥‥‥‥‥‥‥‥‥ 306

着弾区域 → impact area ‥‥‥‥‥‥‥ 329

着発 → graze burst ‥‥‥‥‥‥‥‥‥ 299

着発射撃 → impact fire ‥‥‥‥‥‥‥ 329

着発信管 → impact fuze ‥‥‥‥‥‥‥ 329

着陸 → landing (L/D) ‥‥‥‥‥‥‥ 365

着陸援助施設 → landing aids ‥‥‥‥‥ 365

着陸管制 【海自】 → ground control ‥‥‥ 300

着陸強襲作戦 → air landed assault
operation ‥‥‥‥‥‥‥‥‥‥‥‥ 35

着陸許容率 → acceptance rate ‥‥‥‥‥ 5

着陸距離 → landing distance ‥‥‥‥‥ 366

着陸空輸作戦 → air landed operation ‥‥‥ 35

着陸拘束装置 【空自】 → arresting gear ‥‥ 71

着陸拘束装置
  → crash barrier ‥‥‥‥‥‥‥‥‥ 182
  → jet barrier ‥‥‥‥‥‥‥‥‥‥ 356

着陸施設 → landing facility ‥‥‥‥‥‥ 366

着陸進入 【海自】 → approach ‥‥‥‥‥ 62

着陸進入指示器 → approach indicator ‥‥‥ 62

着陸帯 → landing zone (LZ) ‥‥‥‥‥ 367

着陸帯標識 → landing zone marker ‥‥‥‥ 367

着陸地域
  → landing area ‥‥‥‥‥‥‥‥‥ 365
  → landing field ‥‥‥‥‥‥‥‥‥ 366
  → landing zone (LZ) ‥‥‥‥‥‥ 367

着陸地域管制 → landing zone control ‥‥‥ 367

着陸地域管制班 → landing zone control
party ‥‥‥‥‥‥‥‥‥‥‥‥‥‥ 367

着陸地帯 → landing area ‥‥‥‥‥‥‥ 365

着陸配分 → air landed delivery ‥‥‥‥‥ 35

着陸復行 → go around ‥‥‥‥‥‥‥‥ 297

着陸布板；着陸方向指示布板 → landing
sheet ‥‥‥‥‥‥‥‥‥‥‥‥‥‥ 367

着陸補給 → air landed supply ‥‥‥‥‥ 35

着陸誘導管制 → ground controlled approach
(GCA) ‥‥‥‥‥‥‥‥‥‥‥‥‥ 300

着陸誘導管制員 → final controller ‥‥‥‥ 264

着陸誘導管制業務 → ground controlled
approach service ‥‥‥‥‥‥‥‥‥ 300

着陸誘導班 → pathfinder ‥‥‥‥‥‥‥ 474

着火
  → firing ‥‥‥‥‥‥‥‥‥‥‥‥ 267
  → ignition ‥‥‥‥‥‥‥‥‥‥‥ 327

着火遅れ
  → ignition delay ‥‥‥‥‥‥‥‥‥ 327
  → ignition lag ‥‥‥‥‥‥‥‥‥‥ 327

着艦拘束移送装置 → recovery assist, secure
and traverse system ‥‥‥‥‥‥‥ 525

着艦拘束装置
  → arresting gear ‥‥‥‥‥‥‥‥‥ 71
  → bear trap ‥‥‥‥‥‥‥‥‥‥‥ 101

着艦誘導幹部 【海自】 → landing signal
officer (LSO) ‥‥‥‥‥‥‥‥‥‥ 367

着艦誘導士官 【海軍】 → landing signal
officer (LSO) ‥‥‥‥‥‥‥‥‥‥ 367

チャッギング → chugging ‥‥‥‥‥‥‥ 136

チャッフィング → chuffing ‥‥‥‥‥‥ 136

チャパラル → Chaparral ‥‥‥‥‥‥‥ 133

チャフ → chaff ‥‥‥‥‥‥‥‥‥‥‥ 132

チャフ弾
  → chaff cartridge ‥‥‥‥‥‥‥‥‥ 132
  → window projectile ‥‥‥‥‥‥‥ 689

チャフ・フレア・ディスペンサー → counter
measures dispenser (CMD) ‥‥‥‥ 179

チャフ・ロケット弾
  → rapid bloom off-board chaff
    (RBOC) ‥‥‥‥‥‥‥‥‥‥‥ 518
  → super rapid off-board chaff ‥‥‥‥ 613

チャレンジャー戦車 → Challenger main
battle tank ‥‥‥‥‥‥‥‥‥‥‥ 132

中尉 【米陸軍・米空軍・米海兵隊】 → First
Lieutenant (1st Lt.) ‥‥‥‥‥‥‥ 268

中尉 【英空軍】 → Flying Officer ‥‥‥‥ 277

中尉 【米陸軍・米空軍・米海兵隊】
  → Lieutenant ‥‥‥‥‥‥‥‥‥‥ 374

中尉 【米海軍】 → Lieutenant Junior

ち

Grade ·································· 374

注意空域 【海自】 → caution area ········· 128

注意通過 → caution crossing ················ 128

注意範囲 → caution range ················ 128

中延期信管 → medium delay fuze ········· 407

中央音楽隊 【陸自・空自】 → Central
Band ······································· 130

中央会計隊 【陸自】 → Central Finance
Command································· 130

中央管制気象隊 【陸自】 → Central Air
Traffic Control and Weather Services ··· 130

中央救難調整所 【空自】 → Rescue
Coordination Center（RCC）············· 534

中央業務支援隊 【陸自】 → Central Service
Support Unit ································ 131

中央軍 【米】 → Central Command
（CENTCOM）···························· 130

中央軍海軍部隊 【米海軍】 → US Naval
Forces Central Command ················ 671

中央航空通信群 【空自】 → Central Air
Communications Group ·················· 130

中央交付所 → central issue location ······· 131

中央指揮システム 【防衛省】 → Central
Command System（CCS）················ 130

中央指揮システム専用通信系 【防衛省】
→ central command system communication
net ·· 130

中央指揮所 【自衛隊】 → Central Command
Post（CCP）······························· 130

中央指揮所運営隊 【統幕】 → CCP
Management Group ······················ 128

中央システム 【防衛省】 → Central
System ······································ 131

中央システム管理隊 【空自】 → Central
System Management Group··············· 131

中央システム通信隊 【海自】
→ Communications Master Station ····· 158

中央情報隊 【陸自】 → Military Intelligence
Command··································· 414

中央条約機構 → Central Treaty Organization
（CENTO）································· 131

中央人事部 【在日米空軍】 → Central Civilian
Personnel Office（CCPO）················ 130

中央即応集団 【陸自】 → Central Readiness
Force（CRF）······························ 131

中央即応連隊 【陸自】 → Central Readiness
Regiment（CRR）·························· 131

中央調達 → central procurement（CP）·· 131

中央調達仕様書 → central procurement

specification（CPS）····················· 131

中央通信隊 【空自】 → Central
Communications Squadron ··············· 130

中央通信隊群 【海自】 → Central
Communication Command ··············· 130

中央統制 → central control··············· 130

中央統制 【空自】 → centralized control·· 131

中央統制官 【海自】 → central control
officer ······································ 130

中央統制将校 【米】 → central control
officer ······································ 130

中央統制品目 → centralized items········· 131

中央特殊武器防護隊 【陸自】 → Central
Nuclear Biological Chemical Weapon
Defense Unit（CNBC）·················· 131

中央兵站基地 【陸自】 → base maintenance
area（BMA）······························· 95

中央保安局 【米国防総省】 → Central
Security Service···························· 131

中央方面軍 【NATO】 → Central Army
Group（CENTAG）······················ 130

中央補給処 → central depot ··············· 130

中央墓所登録所 【米】 → Joint Central
Graves Registration Office················ 358

中央捕虜収容所 → Central Prisoners of War
Agency ······································ 131

中央輸送業務隊 【陸自】 → Central
Transportation Management
Command··································· 131

中央輸送隊 【陸自】 → Central
Transportation Command ················ 131

中欧連合軍 【NATO】 → Allied Forces
Central Europe（AFCENT）··············· 45

中欧連合地上軍 【NATO】 → Allied Land
Forces Central Europe（LANDCENT）·· 45

中型桁橋（ちゅうがたけたばし）→ medium
girder bridge（MGB）····················· 408

中型特殊戦支援艇 → special warfare craft,
medium ····································· 590

中型爆撃機 → medium bomber（MB）··· 407

中型爆弾 → medium-case bomb ··········· 407

中型揚陸船 【海軍】 → landing ship, medium
（LSM）····································· 367

昼間CAP → day CAP ····················· 191

中間暗号文 → intermediate cipher text··· 346

中間炎 → intermediate flash ··············· 346

中間観測時間 → intermediate synoptic
hour ··· 346

日本語索引　　　　　237　　　　　ちゅうし

中間者攻撃 → man-in-the-middle attack
（MitM） ………………………………… 396

中間修理 【海自】 → intermediate repair‥ 346

中間寿命延長改修 → mid life upgrade
（MLU） ………………………………… 411

中間準備地域 【陸自】 → staging area
（SA） …………………………………… 596

中間整備 【統幕】 → intermediate
maintenance （IM） ………………… 346

昼間戦闘機 → day fighter ………………… 191

中間段階防衛システム → midcourse defense
system （MDS） ……………………… 411

中間点 → way point ……………………… 684

中間標識 → intermediate marker ……… 346

駐韓米軍放送 → American Forces Korea
Network （AFKN） …………………… 48

中間目標 → intermediate objective …… 346

中間誘導 → midcourse guidance ……… 411

中間誘導部 → modular midcourse package
（MMP） ………………………………… 424

昼間要撃機 → day interceptor ………… 191

昼間離脱 → day withdrawal …………… 191

中期コース誘導 → midcourse guidance … 411

駐機場 → apron （A/P） ………………… 63

中期戦略計画作業 → medium term strategic
planning ……………………………… 408

中期能力見積り → mid-term ability
estimate ……………………………… 411

中期防衛力整備計画 【日】
→ Medium Term Defense Program …… 408
→ Mid-Term Defense Program ………… 411

中距離核戦力
→ intermediate nuclear forces （INF） …346
→ Intermediate-Range Nuclear Forces
（INF） ………………………………346

中距離核戦力条約 → Intermediate-Range
Nuclear Forces Treaty （INF Treaty） … 346

中距離拡大防空システム 【米】 → Medium
Extended Air Defense System
（MEADS） …………………………… 408

中距離下部空域 → lower medium range
sector （Lower MR Sector） ………… 387

中距離空対地（艦）ミサイル → medium-range
air-to-surface missile ………………… 408

中距離射程延伸型防衛システム 【米】
→ Medium Extended Air Defense System
（MEADS） …………………………… 408

中距離上部空域 → upper medium-range
sector （Upper MR Sector） ………… 669

中距離弾道弾 【陸自】 → intermediate-range
ballistic missile （IRBM） …………… 346

中距離弾道ミサイル → intermediate-range
ballistic missile （IRBM） …………… 346

中距離爆撃機 → medium-range bomber
aircraft ………………………………… 408

中距離ミサイル → medium-range missile
（MRM） ………………………………… 408

中距離輸送機 → medium-range transport
aircraft ………………………………… 408

中継艦 → repeating ship ………………… 532

中継機 → relay aircraft ………………… 529

中継基地
→ relay base ……………………………529
→ staging base …………………………596

中継基地支援 → enroute support ……… 245

中継受信機 → link receiver …………… 379

中継所
→ relay point …………………………529
→ relay station ………………………529

中継通信 → indirect communication …… 332

中継ビーコン → relay beacon ………… 529

中継ユニット → linking unit …………… 379

中継レーダー → relayed radar ………… 529

中高角ロフト爆撃 → medium-angle loft
bombing ……………………………… 407

中高度爆撃 → medium altitude
bombing ……………………………… 407

中国遺棄化学兵器 【日】 → Abandoned
Chemical Weapons in China （ACW） …… 3

中国四国防衛局 【防衛省】 → Chugoku-
Shikoku Defense Bureau ……………… 136

中国人民解放軍空軍 → Air Force of People's
Liberation Army （AFPLA） ………… 33

中佐 【米英海軍・米沿岸警備隊】
→ Commander ………………………… 153

中佐 【米陸軍・米空軍・米海兵隊】
→ Lieutenant Colonel （Lt. Col.） …… 374

駐在武官 → military attachè …………… 412

中射程 → medium-range ………………… 408

抽出用落下傘 → extraction parachute … 255

駐鋤（ちゅうじょ）→ spade …………… 587

中将 【米陸軍・米空軍・米海兵隊】
→ Lieutenant General （Lt. Gen.） …… 374

中将 【米海軍】 → Vice Admiral ……… 676

中小企業部長 【米空軍】 → Director of Small

ちゅうし　　　　　　　　　　238　　　　　　　　日本語索引

and Disadvantaged Business
Utilization ……………………… 215
中心捜索 → close search …………… 142
中心捜索パターン → close search
pattern ………………………… 142
中枢気象所 【空自】→ weather central… 686
中枢気象隊 【空自】→ Central Weather
Squadron ……………………… 131
中性子爆弾
→ enhanced radiation/reduced blast bomb
（ER/RB）…………………… 245
→ neutron bomb……………………442
中性子誘発放射能 → neutron induced
radioactivity ………………… 442
中性粒子ビーム兵器 → neutral particle beam
weapon（NPBW）…………… 442
中戦車 → medium tank ……………… 408
鋳造均質装甲 → cast homogeneous steel
armor ………………………… 127
中速潜水艦 → medium-speed
submarine……………………… 408
中隊 【自衛隊】→ Company（Co）… 159
中隊 → company（Co）……………… 159
駐退管 → recoil cylinder ……………… 523
駐退機（ちゅうたいき）→ recoil brake … 523
駐退機圧力 → recoil brake pressure……… 523
中隊事務室 → orderly room ………… 464
中隊庶務係 → company clerk ………… 160
中隊長
→ company commander ………………160
→ flight leader……………………274
中隊付き曹長（ちゅうたいづきそうちょう）
【英】→ company sergeant major ……… 160
駐退装置 → recoil mechanism ………… 523
中隊統制幹部 【自衛隊】→ battery control
officer ………………………… 97
中隊統制将校 → battery control officer ……97
中隊統制地域 → battery control area …… 97
中隊の砲列中心 → battery center …… 97
駐退ピストン → recoil piston ………… 523
駐退復座装置 → recoil and counter-recoil
mechanism……………………… 523
抽筒（ちゅうとう）→ extraction …… 255
抽筒子
→ cartridge extractor ………………126
→ extractor…………………………255
抽筒子転換板 → extractor switch ……… 255

抽筒子突起 → extractor step lag ……… 255
中東防衛共同体 → Middle East Defense
Community（MEDC）……………… 411
抽筒溝（ちゅうとうみぞ）→ extractor
groove ………………………… 255
中等練習機 【自衛隊】→ Intermediate Level
Jet Trainer …………………… 346
中等練習機 → intermediate trainer ……… 346
中東和平多国間協議 → Multilateral Peace
Negotiations of the Middle East Peace
Process ………………………… 428
駐屯軍 → occupation forces…………… 452
駐屯地 → camp ……………………… 122
駐屯地 【陸軍】→ fort（FT）……… 281
駐屯地 → post………………………… 491
駐屯地業務隊 → station complement
unit ……………………………… 600
駐屯地司令 【陸自】→ camp
commander…………………… 122
中爆撃機 → medium bomber（MB）…… 407
中迫撃砲 → medium mortar …………… 408
昼標（ちゅうひょう）【海自】→ day
mark …………………………… 191
中部欧州相互均衡兵力削減交渉 → Mutual and
Balanced Force Reductions（MBFR）… 431
中部欧州相互兵力軍備削減交渉 → Mutual
Reduction of Forces and Armaments
（MRFA）……………………… 431
中部訓練場 【在日米軍】→ Central Training
Area（CTA）………………… 131
中部航空警戒管制団 【空自】→ Central
Aircraft Control and Warning Wing …… 130
中部航空方面隊 【空自】→ Central Air
Defense Force………………… 130
中部方面隊 【陸自】→ Middle Army
（MA）………………………… 411
中砲
→ medium artillery…………………407
→ medium cannon …………………407
駐留軍用地特措法 【日】→ Law on Special
Measures for Land for the US Military… 370
駐留する米軍の地位に関する協定 【日】
→ Agreement on the Status of US Armed
Forces ………………………… 21
駐留地域 【統幕】→ staging area（SA）… 596
超越交代 → passage of lines…………… 473
長延期信管 【空自】→ long delay fuze … 384
超遠距離地震検出装置 → large aperture

seismic array（LASA） ……………… 368
聴音 → listening ……………………… 379
聴音機 → sound locator ……………… 585
聴音距離 → listening range…………… 379
聴音効果 → hydrophone effect ………… 324
聴音差 → acoustic differential ………………7
聴音哨 → listening point ……………… 379
聴音掃引 → listening sweep …………… 379
聴音操舵系統 → acoustic steering system ……7
聴音測距ソーナー → passive ranging
  sonar ………………………………… 474
超音速低高度ミサイル → supersonic low
  altitude missile（SLAM） …………… 613
超音速砲 → hypervelocity gun ………… 325
聴音浮標
  → radio buoy ……………………………514
  → sonobuoy ……………………………584
懲戒 → disciplinary punishment ……… 217
懲戒権；懲戒権者 → disciplinary
  authority ……………………………… 217
懲戒除隊 → bad conduct discharge
  （BCD） ………………………………… 89
懲戒処分 → disciplinary punishment …… 217
懲戒免職
  → bad conduct discharge（BCD） ……… 89
  → disciplinary dismissal ………………217
  → dishonorable discharge ……………217
頂角
  → apex angle …………………………… 61
  → apical angle ………………………… 61
超過射撃 → overhead fire ……………… 468
ちょう形爆弾 → butterfly bomb ………… 119
長官官房【防衛装備庁】 → Secretariat … 558
長官直轄コマンド【米空軍】 → Major Air
  Command（MAC） ……………………… 394
長官等状況把握室【空自】 → Executive
  Officer Situation Monitor room ………… 250
長期運用型無人水中航走体 → large
  displacement unmanned underwater vehicle
  （LDUUV） ……………………………… 368
跳起角（ちょうききかく）→ angle of jump … 53
長期空輸役務契約【米陸軍・米空軍】
  → LOGAIR ……………………………… 383
長期人員損耗見積り → long-term casualty
  estimate ……………………………… 385
長期戦 → prolonged war ……………… 503
長期戦略計画作業 → long-term strategic
  planning ……………………………… 386
長期にわたる航空優勢 → long range air
  superiority …………………………… 385
長魚雷 → heavy-weight torpedo
  （HWT） ………………………………… 312
長距離空域 → long-range sector ……… 385
長距離戦域核戦力 → long-range theater
  nuclear forces（LRTNF） ……………… 385
長距離ソーナー → long-range sonar …… 385
長距離地対空ミサイル → long-range surface-
  to-air missile（L-SAM） ……………… 385
長距離爆撃機【米】 → long-range
  bomber ………………………………… 385
長距離飛行 → long-range flight ……… 385
長距離砲 → long-range gun …………… 385
長距離誘導弾；長距離誘導ミサイル → long-
  range guided missile ………………… 385
長距離輸送機 → long-range transport
  aircraft ………………………………… 385
長距離洋上飛行 → long-range oceanic
  flight …………………………………… 385
長距離レーダー → long-range radar
  （LRR） ………………………………… 385
超軽量動力機 → ultra light plane
  （ULP） ………………………………… 659
超高感度信管 → super sensitive fuze …… 613
兆候・警告 → indications and warning
  （I&W） ………………………………… 331
超高速度砲兵器システム【米】 → Hyper
  Velocity Gun Weapon System
  （HVGWS） …………………………… 325
超高速ミサイル → hyper velocity missile
  （HVM） ………………………………… 325
吊光投弾（ちょうこうとうだん）→ parachute
  flare …………………………………… 471
超小型核爆弾 → tactical micro-nuke …… 625
調査【空自准空尉空曹士特技区分】
  → Investigations ……………………… 352
調査課【内部部局】 → Defense Intelligence
  Division ……………………………… 197
調査課【空自・陸自・海自】 → Intelligence
  Division ……………………………… 343
調査課【陸自】 → Intelligence Operations
  Division（Intel Opns Div） …………… 343
調査幹部【空自】 → Investigation
  Officer ………………………………… 352
吊索優先方式落下傘（ちょうさくゆうせんほう
  しきらっかさん）→ rigging first
  parachute ……………………………… 541

ちょうさ 240 日本語索引

調査、経済分析及び教育部 【米】 → Research, Economics and Education ·················· 535

調査隊 【空自】 → Air Investigations Group ················· 35

調査隊 【海自】 → Counterintelligence Unit ················· 179

調査班 【空自】 → Intelligence Section ··· 344

調査部 【防衛省・空自・海自】 → Intelligence Department ················· 343

調査分遣隊 【海自】 → Counterintelligence Detachment ················· 179

長時間遅動信管 【海自】 → long delay fuze ················· 384

長射程火力 → long-range fires ·············· 385

長射程対艦ミサイル → long range anti-ship missile（LRASM）················· 385

長射程対潜ミサイル → ASW stand off weapon（ASWSOW）················· 76

長射程弾 → extended range ammunition ················· 254

超射程弾道ミサイル → ultimate range ballistic missile（URBM）················· 659

長射程中距離核戦力 → long-range intermediate nuclear force（LRINF）···· 385

長銃身銃 → long rifle（LR）················· 385

超重砲 → very heavy cannon ·············· 675

跳出 → broaching ················· 115

重畳射撃 → overlapping fire ················· 468

重畳縦隊 → column of masses ·············· 148

超信頼性レーダー → ultra-reliable radar ················· 659

超水平線 → beyond the horizon （BTH）················· 102

超水平線 【空自】 → over-the-horizon （OTH）················· 469

超水平線目標照準 【海自】 → over-the-horizon targeting（OTHT）················· 469

超水平線レーダー → over-the-horizon radar ················· 469

調整
　→ adjustment（ADJ）················· 12
　→ coordination ················· 176

調整区域 【空自】 → joint engagement zone （JEZ）················· 359

調整権
　→ coordinating authority ················· 176
　→ right of coordination ················· 541

調整権者 → coordinating authority ········ 176

調整攻撃 → coordinated attack ·············· 176

調整式引き金桿（ちょうせいしきひきがねかん）→ adjustable trigger bar················· 11

調整幕僚 → coordination staff················· 176

調整破片
　→ controlled fragment ················· 172
　→ fire-formed fragment ················· 266

調整班 【空自】 → Logistics Coordination Section ················· 383

調整防御 → coordinated defense·············· 176

朝鮮人民軍 → Korean People's Army ····· 364

朝鮮戦争 → Korean War················· 364

朝鮮戦争従軍記章 【米】 → Korean Service Medal ················· 364

調達 【空自准空尉空曹空士特技区分】 → Procurement ················· 501

調達 → procurement ················· 501

調達課 【空自】 → Procurement Division ················· 501

調達係 【防衛装備庁】 → Procurement Section ················· 501

調達管理部 【防衛装備庁】 → Department of Procurement Management················· 203

調達企画課 【防衛装備庁】 → Procurement Planning Division ················· 501

調達基準班 【空自】 → Procurement Standardization Section ················· 501

調達行為の開始 → initiation of procurement action ················· 338

調達事業部 【防衛装備庁】 → Department of Procurement Operations ················· 203

調達事務所 → purchasing office·············· 507

調達班 【空自・海自】 → Procurement Section ················· 501

超短距離離着陸；超短距離離着陸機 → ultra-short take-off and landing（USTOL）··· 659

跳弾防止装置 → antiricochet device········· 58

跳弾防止堤 → back stop ················· 89

聴知 → hydrophone contact················· 324

長弾倉 → long-type magazine ·············· 386

超長参考番号 【米】 → Extra Long Reference Number（ELRN）················· 255

超長品目特性記述 【米】 → Extra Long Characteristic Description（ELCD）···· 255

調定 → setting ················· 567

超低空攻撃 → low minimum altitude attack ················· 388

超低空爆撃

日本語索引　241　ちよくせ

→ laydown bombing …………………370
→ masthead bombing ………………402
→ minimum altitude bombing…………418
超低空飛行 → contour flying………… 170
超低空目標 → low altitude incoming
threats ………………………………… 386
超低高度落下傘抽出投下法 → low-altitude
parachute extraction system
（LAPES）………………………………… 387
調定斜進角 → gyro angle order ………… 306
調定手輪 → setting crank……………… 567
調定深度 → set depth………………… 567
聴度 【海自】 → audibility ……………… 79
懲罰的抑止力 → deterrence by
punishment………………………………… 208
跳飛 → ricochet………………………… 540
跳飛角 → angle of ricochet ……………… 53
跳飛限界 → critical angle of ricochet…… 183
跳飛射撃 → ricochet fire ……………… 540
跳飛弾道 → ricochet trajectory ………… 540
跳飛爆撃 【空自・海自】 → skip bombing… 579
跳飛爆破 → ricochet burst……………… 540
長秒時延時起爆管 → long delay detonator
（LDD）…………………………………… 384
徴兵
→ conscription …………………………167
→ military draft …………………………413
徴兵忌避者 → draft dodger …………… 224
徴兵制；徴兵制度 → conscription
system …………………………………… 167
徴兵選抜制度 【米軍】 → Selective Service
System（SSS）………………………… 561
諜報 → intelligence（INTEL）………… 342
諜報活動
→ espionage ……………………………248
→ intelligence effort……………………343
諜報活動の専門家 → intelligence expert… 343
長砲身榴弾砲 → gun-howitzer ………… 305
跳躍距離 → jump distance ……………… 362
跳躍式対人地雷 → bounding mine …… 112
跳躍地帯 → jump zone ………………… 362
跳躍表 → jump table…………………… 362
徴用 → conscription …………………… 167
調理済み糧食 【米】 → meals ready to eat
（MRE）………………………………… 404
直衛艦 → screening ship ……………… 553

直衛共用通信系 → screen common net（SC
net）……………………………………… 553
直衛効率 → screening efficiency………… 553
直衛サークル → screen circle …………… 553
直衛軸 → screen axis（SA）…………… 553
直衛正面
→ screen front …………………………553
→ screening front ………………………553
直衛線 → screening line ………………… 553
直衛速力 → screening speed …………… 553
直衛隊指揮官 → screen commander …… 553
直衛中心 → screen center（sc）……… 553
直衛突破 【海自】 → screen penetration… 553
直衛任務群 【海自】 → screening group… 553
直衛部隊 【海自】 → screening force …… 553
直撃弾 → direct hit……………………… 212
直射火器 → direct weapon …………… 215
直射陣地 → direct laying position……… 213
チョーク銃腔 → choke-bore …………… 136
直銃床（ちょくじゅうしょう）→ straight-line
stock ……………………………………… 605
直上指揮官 → next higher commander … 442
直上部隊
→ immediate superior unit ……………328
→ next higher echelon…………………442
直上目標 → overhead target …………… 468
直進魚雷
→ standard torpedo ……………………597
→ straight-running torpedo ……………605
直進発射 → straight fire………………… 605
直接圧迫に任ずる部隊 → direct pressure
force ……………………………………… 215
直接管制 → close control………………… 142
直接協力 【陸自】 → direct support（D/
S）………………………………………… 215
直接警戒 → direct security …………… 215
直接交換 → direct exchange（DX）……… 212
直接航空支援 → direct air support
（DAS）………………………………… 212
直接航空支援管制所 → direct air support
center（DASC）……………………… 212
直接航空支援本部 【海自】 → direct air
support center（DASC）……………… 212
直接支援 【陸自】 → direct support（D/
S）………………………………………… 215
直接支援射撃 → direct supporting fire… 215

ちょくせ　　　　　　　　　　242　　　　　　　　日本語索引

直接支援隊　【陸自】→ Direct Support
Unit ························· 215
直接支援任務部隊　→ direct support unit
（DSU）····························· 215
直接支援砲兵　→ direct support artillery·· 215
直接支援補給処　→ direct supply support
depot ····································· 215
直接射撃　→ direct fire ···················· 212
直接射撃指揮　→ direct fire control ········ 212
直接照射　→ direct lighting ················ 213
直接照準
　→ direct laying ························213
　→ direct pointing ······················215
直接照準眼鏡　→ direct sighting
telescope ······························· 215
直接照準具　→ forward area sight ········· 281
直接照準射撃　→ direct fire ················ 212
直接照準対戦車兵器システム　【陸軍】→ line-
of-sight anti-tank weapon system········ 378
直接侵略
　→ direct aggression ·····················212
　→ direct invasion ·······················212
直接追従　→ direct tracking················ 215
直接統制　→ positive control················ 491
直接防御　→ direct defense ················ 212
直接揚力制御　【空軍】→ direct lift control
（DLC）····························· 213
直接連絡権限　→ direct liaison authorized
（DIRLAUTH）······················ 213
直線阻止哨戒　→ linear patrol··············· 377
直属　→ direct assignment··················· 212
直属上官　→ immediate superior ··········· 328
直卒　【海自】→ direct control ··········· 212
直長　【海自】→ section leader ············· 558
貯蔵課　【在日米陸軍】→ Storage
Branch ································· 604
貯蔵品管制課　【在日米陸軍】→ Stock
Control Branch ························· 603
直角接敵針路　→ normal approach
course ································· 446
直角弾着　→ normal impact················ 446
直轄
　→ direct command ·····················212
　→ direct control·······················212
直距離（ちょっきょり）→ slant range ······ 579
直近上位機関（ちょっきんじょういきか
ん）→ immediate superior institution··· 328

直近上官　→ immediate superior ··········· 328
直行近接　→ direct approach ··············· 212
直行経路　→ direct route ··················· 215
貯油所　【海自】→ Petroleum Terminal ·· 480
貯油タンク　→ storage tank················ 604
地理空間情報　→ geospatial intelligence
（GEOINT）·························· 295
地理空間情報サービス　→ geospatial
information and services（GI&S）········ 295
地理空間情報支援システム　【情報本部】
→ Geospatial Intelligence Support System
（GEOSS）·························· 295
地理空間情報システム　→ geographic
information system（GIS）·············· 295
治療基準　→ standard of treatment········ 597
治療業務　→ medical care service ········ 406
治療行為　→ medical care activity ········ 406
治療後送　→ clearing ···················· 141
治療後送中隊　→ clearing company········ 141
治療後送部隊　→ clearing unit ··········· 141
治療施設　→ medical facility ············· 406
鎮圧　→ suppression ···················· 616
沈座（ちんざ）【海自】→ bottoming ··· 111
沈座潜水艦　→ bottomed submarine ······· 111
鎮西演習　【陸自】→ Chinzei Exercise ···· 136
沈船捜索救助計画　【米海軍】→ Deep
Submergence Systems Project
（DSSP）·························· 195
沈底機雷（ちんていきらい）
　→ bottom mine ·························112
　→ ground mine ·························301

【つ】

追撃　→ pursuit ························· 507
追撃機
　→ chase plane ·························134
　→ pursuit plane ·······················508
追撃退却戦闘　→ running fight·············· 547
追撃に任ずる部隊　→ pursuing force ········ 507
追撃砲　→ chase gun ···················· 134
追従角　【海自】→ trail angle··············· 648
追従攻撃　→ follow-up attack ············· 278
追しょう戦　→ follow-up operation ········· 278

日本語索引 **243** つうしん

追随機 → tracker ················· 646
追随射撃 → continuously pointed fire ····· 170
追随照準点 → tracking point ············· 647
追随ホーミング → pursuit homing ········· 507
追随用照空灯 → carry light ············· 126
追随レーダー → tracking radar（T/R）·· 647
追跡 → pursuit ·················· 507
追跡援助方式 【海自】 → aided tracking ··· 21
追跡機器 → tracking equipment ··········· 646
追跡航法 → pursuit navigation ············· 508
追跡装置 → tracking equipment ··········· 646
追跡ソフトウェア → controversial tracking software ·················· 173
追跡データ中継衛星 【米】 → Tracking and Data Relay Satellite（TDRS）··········· 646
追送補給 → follow-up supply ··········· 278
追徴（ついちょう）→ supplementary charge ················· 613
追尾攻撃 → follow-up attack ············· 278
追尾照準点 → tracking point ············· 647
追尾ホーミング・システム → pursuit homing system ·················· 507
追尾レーダー → tracking radar（T/R）·· 647
墜落
　→ crash ditching ················182
　→ crash landing ················182
墜落位置指示器 → crash position indicator ················· 182
墜落位置通知ビーコン → crash locator beacon ················· 182
通過時間 → pass time ··········· 474
通過点 【陸自】 → passage point ··········· 473
通過部隊
　→ passing unit ················473
　→ transient forces ················650
通行規制 → traffic regulation ··········· 647
通行規制所 → traffic regulating point （TRP）················· 647
通常運用 → normal operation ··········· 446
通常型攻撃ミサイル → conventional attack missile ·················· 173
通常軍縮 → conventional disarmament ··· 173
通常作戦 → normal operation ··········· 446
通常地雷 → conventional mines ··········· 173
通常推進型航空母艦 【米海軍】 → fleet aircraft carrier ·················· 272

通常戦 【統幕】 → conventional warfare·· 173
通常戦略 → conventional strategy ········· 173
通常戦力 → conventional forces ··········· 173
通常戦力改善計画 【NATO】 → Conventional Defense Improvement（CDI）············· 173
通常弾頭 → conventional warhead ········· 174
通常弾頭巡航ミサイル → conventional cruise missile ················· 173
通常弾頭スタンドオフ兵器 → conventional stand-off weapon ················· 173
通常弾頭スタンドオフ・ミサイル → conventional armed stand-off missile （CASOM）················· 173
通常弾頭搭載型打撃ミサイル → conventional strike missile（CSM）················· 173
通常展開段階 → normal deployability posture （ND）················· 446
通常爆弾
　→ conventional bomb ···············173
　→ general purpose bomb（GP bomb）················294
通常爆弾用3連エジェクター → conventional bomb triple ejector················· 173
通常部隊による救出作戦 → conventional recovery operation ················· 173
通常兵器 → conventional weapon ········· 174
通常兵器による迅速なグローバル打撃 【米】 → Conventional Prompt Global Strike （CPGS）················· 173
通常ミサイル → conventional missile ····· 173
通信 → communication ··········· 156
通信 【空自准空尉空曹空士特技区分】 → Ground Radio Communication ······· 301
通信 → traffic ················· 647
通信員 → communicator ··········· 159
通信員 【海自】 → radioman（RM）······· 515
通信運用 → communication operation ···· 157
通信運用機能 → communicational operation function ················· 156
通信運用継続機能 → continuous communicational operation function ···· 170
通信運用指令 → communication operation instructions ················· 157
通信運用指令 【空自】 → signal operation instructions（SOI）················· 575
通信衛星 → communications satellite （COMSAT）················· 159
通信演習 → communication exercise ····· 157

つうしん 244 日本語索引

通信科 【自衛隊】→ Signal (Sig) ········ 574

通信課 【海自】→ Communications Division ················ 158

通信課長 → chief signal officer ·············· 136

通信学校 【陸自】→ Signal School ········ 575

通信官 【防衛省】→ Communication Officer············· 157

通信監査 → communication monitoring·· 157

通信監査隊 【空自】→ Communications Monitoring Squadron························· 158

通信幹部 【空自】→ Communications Officer··············· 159

通信管理班 → communications management team (CMT) ································ 158

通信器材 → communication equipment (CE) ··· 157

通信器材班 【海自】→ Communication Equipment Section················· 157

通信機材班 【陸自】→ Communication Equipment Section················· 157

通信規定 【陸自】→ signal operation instructions (SOI) ······················· 575

通信欺騙（つうしんぎへん）【統幕】
→ communications deception ············· 158

通信欺瞞（つうしんぎまん）【海自】
→ communications deception ············· 158

通信業務 → signal service················· 575

通信距離 → communication range ········ 157

通信規律
→ circuit discipline····························137
→ communication discipline················157
→ radio discipline ····························514

通信群 【自衛隊】→ Signal Group ········ 575

通信訓練 【陸自】→ signal communucation training········· 575

通信計画 → communication plan ·········· 157

通信系統 → channel of signal communication ·················· 133

通信建設班 【空自】→ Communications Construction Section ···················· 158

通信工学科 【防大】→ Department of Communications Engineering············· 203

通信航法識別 → communication-navigation-identification (CNI) ···················· 157

通信混雑地域 → communication congested area················· 156

通信士 【海自】→ assistant communications officer ································· 75

通信支援 → signals support ················· 575

通信施設 → communication facility········ 157

通信手段 → means of communication····· 405

通信所（つうしんじょ）→ communications center (comcenter) ························· 158

通信所（つうしんじょ）【米軍】
→ Communication Site ················ 158

通信所 → communications station ·········· 159

通信所 【情報本部】→ SIGINT Site ······ 574

通信所 → station ································ 600

通信状況等 → communication status······ 159

通信情報 → communications intelligence (COMINT) ································· 158

通信情報データベース → communications intelligence data base ························ 158

通信諸元 → communication data············ 156

通信所識別 → station identification ········ 600

通信所要 → communication requirements ································· 157

通信センター → signal center ·············· 574

通信組織 → communications system ······ 159

通信隊 【空自】→ Communications Squadron················ 159

通信対策 → communications countermeasures ························· 158

通信大隊 【陸自】→ Signal Battalion ···· 574

通信団 【陸自】→ Signal Brigade··········· 574

通信端局；通信端末
→ communications terminal (CT) ·······159
→ communication terminal ················159

通信端末装置 → communication terminal equipment (CTE) ························· 159

通信中継艦 → relay ship ···················· 529

通信中枢 【海自】→ communications center (comcenter) ···························· 158

通信中枢 → signal center ···················· 574

通信中隊 【陸自】→ Signal Company ····· 575

通信長 【海自】→ communications officer ····························· 158

通信調査 → communications investigation ····························· 158

通信電子 → communications and electronics (C&E) ···································· 157

通信電子運用細則 → communications electronics instructions (CEI) ············· 158

通信電子課 【陸自】
→ Communication and Electronics

Division ·········· 156
→ Communications and Electronics
Division（Comm & Elct Div）········ 157
通信電子課 【空自】 → Communications-
Electronics Division ········· 158
通信電子規定 → communications-electronics
operation instructions（CEOI）········· 158
通信電子欺騙 → communications-electronics
deception ········· 158
通信電子現況 → communications and
electronics status（C&E status）········· 157
通信電子施設 → communications and
electronics facility ········ 157
通信電子情報活動 → communications-
electronics intelligence activity ········· 158
通信電子戦研究室 【防衛装備庁電子装備研究
所】 → Communication Electronic Warfare
Research Section ········· 157
通信電子戦闘 → radio-electronic combat
（REC） ········· 514
通信電子隊 【空自】 → Communications and
Electronics Squadron ········· 157
通信電子対策 → communications-electronics
countermeasures ········· 158
通信電子幕僚 【空自幹部特技区分】
→ Communication-Electronics Staff
Officer ········· 157
通信電子班 【空自】 → Communications-
Electronics Section ········· 158
通信電子妨害情報 → jamming
intelligence ········· 354
通信電子保全 → communications and
electronics security ········· 157
通信電子見積り → communications-
electronics estimate of the situation ····· 158
通信電子要綱 → communications electronics
doctrine（CED） ········· 158
通信統制 → control of communication ···· 172
通信統制所 → communication control center
（CCC） ········· 156
通信統制所 【海自】 → net control station
（NCS） ········· 441
通信ネットワーク管理統制機能
→ communication network management
function ········· 157
通信ネットワーク研究室 【防衛装備庁電子装
備研究所】 → Communication Network
Research Section ········· 157
通信配備 → communication disposition ·· 157
通信バッファー → Communication Buffer

（CB） ········· 156
通信バッファー係幹部 【空自】
→ communication buffer officer
（CBO） ········· 156
通信バッファー操作員 【空自】
→ communication buffer technician
（CBT） ········· 156
通信バッファー用航跡番号 → CB track
number ········· 128
通信班 【陸自】 → Signal Operations
Section ········· 575
通信標定 → communications detection ··· 158
通信部隊 → signal troops ········· 575
通信防衛 → communication defense ······ 156
通信妨害
→ communication interference ········· 157
→ communications jamming ········· 158
通信妨害装置 → communications jammer
（COMJAM） ········· 158
通信補給 → communication supply ······ 159
通信保全
→ communications security
（COMSEC） ········· 159
→ signal security（SIGSEC） ········· 575
通信保全監査 → communications security
monitoring ········· 159
通信保全機器 → communications security
equipment ········· 159
通信保全機能 → COMSEC function ······· 164
通信保全業務隊 【海自】 → Communication
Security Group ········· 158
通信保全責任者 → communication security
custodian ········· 158
通信保全隊 【空自】 → Communications
Security Squadron ········· 159
通信保全物件 → communications security
material ········· 159
通信網 → communications network
（COMNET） ········· 158
通信モード → communication mode ······ 157
通信要務 → communication business ······ 156
通信要務処理機能 → communicational duty
function ········· 156
通信量 → communications traffic ········· 159
通信量保全 → traffic flow security ········· 647
通達兵力 → action strength ········· 8
通報艦
→ advice-boat ········· 17
→ advice-vessel ········· 17

つうわと　　　　　　　　246　　　　　　　日本語索引

通話統制 → talk control ························ 627

通話略語 【海自】 → procedure word
　（PROWORD） ···························· 501

通話略号 【空自】 → brevity code ········· 114

通話路装置 → radio speech pass equipment
　（RSP） ·································· 516

使い捨て型自走式対潜訓練用標的
　→ expendable mobile ASW training target
　（EMATT） ···························· 252

使い捨てロケット → expendable launch
　vehicle ································· 252

つかみ → grip ····························· 299

次の次の陸軍 【米】 → Army After Next ·· 68

突き棒 → rammer ························ 517

「着け、剣！」 → Fix Bayonet！ ········· 269

津堅島訓練場 【在日米軍】 → Tsuken Jima
　Training Area ························· 656

つち打ち試験 → hammer test ············· 308

土浦支所 【防衛装備庁】 → Tsuchiura
　Branch ······························· 656

筒型弾倉 → tubular magazine ··········· 656

筒形ヒューズ → cartridge-type fuze ······ 126

冷たい戦争 → cold war ················· 146

吊り下げ式ソーナー → dipping sonar ····· 212

鶴見貯油施設 【在日米軍】 → Tsurumi Fuel
　Terminal ····························· 656

「吊れ、銃！」（つれ、つつ） → Sling
　Arms！ ······························· 559

【て】

出会い針路 【海自】 → collision course ··· 147

低圧高エネルギー点火装置 → low tension
　high energy ignition system ············· 388

低圧室飛行 → chamber flight ············· 132

低圧点火装置試験器 → low tension ignition
　tester ·································· 388

定位阻止哨戒 【海軍】 → fixed station
　patrol ································· 270

定員
　→ authorized strength ················ 80
　→ fixed number of personnel ········· 269

艇員 → boat crew ······················· 108

定員表 【陸自】 → table of distribution
　（TD） ································· 622

低角度減速投下 【空軍】 → low angled rogue
　delivery ······························· 387

低角度ロフト爆撃 → low angle loft
　bombing ······························· 387

低下飛翔経路 → depressed trajectory ····· 205

低感度機雷 → coarse mine················ 144

低感度弾薬 → insensitive munitions
　（IM） ································· 339

定期概況報告 → command briefing ········ 153

定期訓練 【陸自】 → periodic training ···· 478

定期修理 → inspection and repair as
　necessary（IRAN） ···················· 339

定期特別修理 【海自】 → special rework·· 590

定期飛行後点検 → hourly post-flight
　inspection ····························· 322

定期防衛監察 【防衛省】 → regular defense
　inspection ····························· 528

提供施設課 【内部部局】 → Facilities
　Improvement Program Division ··········· 256

提供施設計画官 【内部部局】
　→ Director, Facilities Engineering
　　Management and Research
　　Division ··························214
　→ Director, US Facilities Construction and
　　Planning Division ·····················215

提供施設整備 → facilities improvement
　program（FIP） ······················· 256

低強度紛争 → low intensity conflict
　（LIC） ································· 387

定距離射場 → known-distance range ····· 364

定距離射撃 → known-distance firing ····· 364

低空CAP → low CAP（LOCAP） ······· 387

低空域航路 【陸自】 → low-level transit route
　（LLTR） ······························· 388

低空飛行 → low-level flight ··············· 388

低空飛行空域 → low flying area··········· 387

提携作戦 → linkup operation ············· 379

提携点 → linkup point（LP） ············· 379

提携部隊 → linkup force ················· 379

抵抗拠点 → island of resistance··········· 353

抵抗者 → mutineer ····················· 431

抵抗線 → line of resistance················ 378

低高度水平爆撃 → low-level bombing ····· 387

低高度赤外線利用夜間航法目標指示装置
　→ low-altitude navigation and targeting
　infrared system for night
　（LANTIRN） ·························· 386

日本語索引　247　ていしや

低高度爆撃 → low-altitude bombing …… 386
低高度爆撃方式 → low-altitude bombing system（LABS）…………………… 386
低高度ミサイル交戦圏 → low-altitude missile engagement zone ……………… 386
抵抗部隊 → line of support …………… 378
抵抗堡 → island of resistance ………… 353
偵察 → reconnaissance（recon） ……… 523
偵察衛星
　→ reconnaissance satellite ………… 524
　→ spy satellite …………………… 594
偵察及び水中破壊任務群 → reconnaissance and underwater demolition group …… 524
偵察折り返し線 【空自】 → line of retirement ……………………… 378
偵察画像 → reconnaissance imagery …… 524
偵察監視及び目標捕捉 → reconnaissance, surveillance and target acquisition …… 524
偵察機
　→ reconnaissance aircraft（R） ……… 524
　→ reconnaissance airplane …………… 524
　→ scout plane …………………… 552
　→ spy plane ……………………… 594
　→ surveillance plane ……………… 618
偵察警戒車 → reconnaissance and patrol vehicle ……………………… 524
偵察警戒陣地 → reconnaissance and security position ……………………… 524
偵察警戒線 → reconnaissance and security line ……………………… 524
偵察警戒部隊 【陸自】 → reconnaissance and security force（R&S） ……………… 524
偵察経路 → route of patrol …………… 545
偵察航空隊 【空自】 → Tactical Reconnaissance Group（TAC RECON Group） ……………………… 626
偵察行動 → reconnaissance action ……… 524
偵察航法幹部 【空自幹部特技区分】 → Navigator ……………………… 439
偵察作戦 → reconnaissance operation …… 524
偵察車 → reconnaissance car …………… 524
偵察写真 【海自】 → reconnaissance photography ……………………… 524
偵察写真術 【空自】 → reconnaissance photography ……………………… 524
偵察哨戒 【海自】 → reconnaissance patrol ……………………… 524
偵察情報処理隊 【空自】 → Reconnaissance

Interpretation Squadron ……………… 524
偵察斥候 → reconnaissance patrol ……… 524
偵察戦闘機 → reconnaissance fighter （RF）……………………… 524
偵察隊 → reconnaissance party ………… 524
偵察隊 【陸自】 → Reconnaissance Unit … 524
偵察隊形 → reconnaissance formation …… 524
偵察引き返し線 【空自】 → line of retirement ……………………… 378
偵察飛行
　→ reconnaissance aviation ………… 524
　→ reconnaissance flight …………… 524
　→ scout flight …………………… 552
偵察報告様式 → reconnaissance exploitation report ……………………… 524
偵察用ミサイル → reconnaissance missile ……………………… 524
偵察用連続写真 → reconnaissance strip … 524
偵察レーダー → reconnaissance radar …… 524
低シグネチャ艦艇 → low-signature ship … 388
定時航空実況通報式 → aviation routine weather report（METAR）……… 86
低姿勢広帯域アンテナ；低姿勢広帯域空中線 → low-profile wideband antenna ……… 388
停止潜入 → stationary dive …………… 600
ディジタル・アジマス制御装置 → digital azimuth control unit（DACU）……… 211
ディジタル記録方式のBT → digital bathythermograph（DBT）…………… 211
ディジタル署名 → digital signature …… 211
ディジタル多ビーム操縦 【米海軍】 → digital multi-beam steering（DIMUS）……… 211
ディジタル地形図相関装置 → digital scene matching area correlator（DSMAC） …… 211
ディジタル統合攻撃航法装置 → digital integrated attack navigation equipment （DIANE）……………………… 211
ディジタル・ビーム・フォーミング → digital beam forming（DBF）……………… 211
ディジタル・フライト・コントロール・システム → Digital Flight Control System （DFCS）……………………… 211
梯次に → by echelon ……………… 120
梯次配置 → echelonment ……………… 230
定時発進指令 → airborne order scramble … 24
定時飛行後点検 → hourly post-flight check （HPO）……………………… 322
低射角射撃 → low angle fire …………… 387

て

ていしゅ   **248**   日本語索引

艇首員 → bowman ······················ 112

低周波曳航式ソーナー → low frequency
towed active sonar system（LFTASS）·· 387

低出力核兵器 → low-yield nuclear
weapon ······································ 388

低出力捕捉レーダー（ていしゅつりょくほそく
レーダー）→ low power acquisition radar
（LOPAR）··································· 388

梯状配置 → echelonment ·············· 230

梯陣（ていじん）→ echelon formation ····· 230

定深航走（ていしんこうそう）→ constant
depth run ·································· 167

挺進行動（ていしんこうどう）【陸自】→ raid
operation ··································· 516

挺身隊 → volunteer corps ············· 679

低伸弾道 → flat trajectory ············ 271

低伸弾道火器 → flat trajectory weapon ·· 271

挺進部隊 → raiding party ·············· 516

低水準戦争 → low intensity warfare ······· 387

定数改定要求 → allowance change request
（ACR）··· 46

定数弾薬 【陸自】→ basic load（B/L）···· 96

定数表 → allowance list ················· 46

定数表 【統幕】→ table of allowance（T/
A）·· 622

低脆弱性弾薬 → low vulnerability
ammunition ······························· 388

ディーゼル員 【海自】→ engineman
（EN）·· 244

停戦
→ armistice ······························· 67
→ suspension of arms ················619
→ truce ··································656

停戦監視団 → cease fire observers ········· 129

停戦協定 → truce ························· 656

停船検査 【日】→ stopped ship
inspection ································· 604

停戦合意 【空自】→ cease fire
agreement ································· 129

停戦ライン
→ armistice demarcation line（ADL）··· 67
→ cease fire line ························429

定速降下 → constant airspeed descent ··· 167

低速巡航 → low cruise ·················· 387

定速上昇 → constant airspeed climb ······ 167

低速投下 → low velocity drop ·········· 388

梯隊（ていたい）→ echelon ·············· 230

艇体 → hull ······························· 322

デイタム 【海自】→ datum·············· 191

デイタム誤差 → datum error ·············· 191

デイタム・タイム 【海自】→ datum
time ··· 191

梯団 → echelon ·························· 230

梯団割り当て表 → serial assignment
table ·· 565

定置掃海
→ static sweeping ····················600
→ stationary sweeping ··············600

定通常兵器使用禁止制限条約（CCW）自律型
致死兵器システム（LAWS）非公式専門家会
議 【国連】→ CCW Meeting of Experts on
LAWS ······································ 128

ディップ・エラー → dip error ·············· 211

定的針距離 → fixed course range ·········· 269

低鉄条網 → low wire entanglement ········ 388

定点哨戒艇 → station vessel ·············· 600

提督 【海軍】→ admiral ···················· 13

低燃焼温度推進薬 → low flame temperature
propellant ································· 387

低燃焼速度推進薬 → low burning rate
propellant ································· 387

提把（ていは）→ carrying handle ·········· 126

停泊場司令官 【米】→ Army terminal
commander ·································· 71

停泊直
→ anchor watch ························· 52
→ harbor watch ·······················309

低被探知性 → stealth ···················· 601

定偏角 → drift angle ···················· 225

ティルト・ローター機 → tiltrotor
aircraft······································ 640

デガウシング → degaussing ·············· 200

デガウシング・チャート → degaussing
chart ·· 200

敵
→ enemy（En）·························242
→ enemy force ·························242

的角（てきかく）【海自】→ target angle·· 629

敵艦 → enemy ship ····················· 243

敵眼 → enemy observation ············ 242

敵機 → enemy plane ··················· 242

敵機出現空域 → hostile origin ············· 321

敵機発見報告 → tallyho report············· 627

敵軍

→ enemy forces················242
→ enemy troops················243
→ hostile army ················321
→ hostile force················321
敵航空反撃見積り → estimate of enemy air reaction ················ 248
適合資材資産 → applicable materiel asset ················ 61
的航走距離（てきこうそうきょり）→ target run ················ 630
敵後続部隊攻撃構想 【統幕】→ follow-on forces attack（FOFA）················ 278
敵国軍隊 → enemy armed forces ············ 242
敵支配下の海域 【海自】→ denied area·· 202
敵手離脱者 → escapee ···················· 247
敵情 → enemy situation ················ 243
敵状況図 → enemy situation map ········ 243
敵情報告 → enemy report ················ 243
敵陣 → enemy camp ···················· 242
的針 → target course ···················· 629
的針指示器 → target course indicator····· 629
敵陣地
→ enemy position ···················242
→ hostile position ················321
敵性 → enemy character ················ 242
敵性環境 → hostile environment············ 321
敵性行為 → hostile action ················ 321
敵性国人 → alien enemy ················ 45
敵性勢力 → hostile force ················ 321
敵性勢力の情況 → hostile force's conditions················ 321
敵船 → enemy ship ···················· 243
敵前工作兵 → sapper ···················· 550
敵前上陸 → opposed landing ·············· 463
敵潜水艦通過予想海域；敵潜通過予想海域
→ submarine transit area ··············· 610
敵前渡河 → forced crossing ·············· 279
敵戦力組成 → enemy order of battle ······ 242
的速 【海自】
→ target speed ···················630
→ target velocity ···················630
敵存在可能区域 → enemy probable area·· 242
敵対関係 → hostility ···················· 321
敵対行為
→ hostile acts ···················321
→ hostility ···················321
敵対的意図 → hostile intent················ 321

敵弾 → enemy bullets ···················· 242
擲弾（てきだん）→ grenade ················ 299
擲弾手 【陸自】→ grenadier················ 299
擲弾銃 → grenade gun···················· 299
擲弾発射器 → grenade launcher············· 299
擲弾銃；擲弾発射器；擲弾発射筒 → grenade launcher ················ 299
擲弾発射補助筒 → grenade projection adapter ················ 299
擲弾発射薬筒 → grenade cartridge············ 299
擲弾兵 → grenadier ···················· 299
敵弾報告 【陸自】→ shelling report ······· 569
擲弾薬筒 → grenade cartridge················ 299
敵地脱出 → evasion···················· 249
敵地脱出及び敵手脱出 【統幕】→ evasion and escape（E&E）················ 249
敵の圧迫 → enemy pressure················ 242
敵の圧迫下における離脱 → withdrawal under enemy pressure················ 691
敵の活動 → enemy activity ················ 242
敵の可能行動 → enemy capabilities········ 242
敵の軍勢 → enemy forces ················ 242
敵の行動方針 → possible enemy course of action ················ 491
敵の接近経路 → avenue of enemy approach ················ 85
敵の大軍 → large enemy force················ 368
敵の対策見積り → estimate of enemy reaction················ 248
敵の予期行動方針 → enemy probable course of action················ 243
敵配備通報 → enemy disposition report·· 242
敵発見 【海自】→ enemy in sight·········· 242
敵兵 → enemy fighter ···················· 242
的変針（てきへんしん）→ target turn ······ 630
敵防空網制圧 → suppression of enemy air defense（SEAD）················ 616
敵方斜面（てきほうしゃめん）→ forward slope ················ 282
敵味方識別 【統幕・空自】→ identification friend or foe（IFF）················ 326
敵味方不明 → unknown ················ 667
適用装備品 → applicable equipment········ 61
デコイ → decoy ···················· 194
デコイ弾 → decoy projectile ··············· 194

て

手先信号 【海自】
　→ arm signal ··········· 68
　→ hand signal ···········308

手信号 → arm and hand signal ··········· 65

データ・マイル → data mile··········· 190

データ・リンク → data link（DL）········ 190

データ・リンク管制ユニット → data net control unit（DNCU）··········· 190

データ・リンク基準点 → data link reference point（DLRP）··········· 190

データ・リンク・ターミナル → data link terminal（DLT）··········· 190

データ・リンク・ターミナル・モジュール → data link terminal module（DLTM）··········· 190

徹甲焼夷曳光弾（てっこうしょういえいこうだん）→ armor piercing incendiary tracer（APIT）··········· 68

徹甲焼夷弾（てっこうしょういだん）→ armor piercing incendiary（API）··········· 68

徹甲弾
　→ armor piercing ammunition（AP）···· 67
　→ armor piercing（AP）··········· 67
　→ armor piercing projectile ··········· 68

徹甲弾薬 → armor piercing ammunition（AP）··········· 67

徹甲爆弾 → armor piercing bomb（APB）··········· 67

徹甲榴弾 → armor piercing high explosive ··········· 68

撤収 → withdrawal ··········· 691

鉄条網
　→ barbed wire··········· 92
　→ wire entanglement ···········690

撤退 【海自】→ disengagement ··········· 217

撤退 → withdrawal ··········· 691

撤退路 → avenue of withdrawal··········· 85

鉄道管理移動 → administrative rail movement··········· 13

デッド・タイム → dead time··········· 192

鉄パイプ爆弾 → pipe bomb ··········· 484

鉄帽 → helmet ··········· 314

鉄薬莢（てつやっきょう）→ steel cartridge case ··········· 602

テトリトール → tetrytol ··········· 637

テトリル → tetryl··········· 637

デトロイト防空区域 【米】→ Detroit Air Defense Sector（DEADS）··········· 209

デブリーフィング → debriefing ··········· 192

デュアル接続機構 → dual port adapter（DPA）··········· 227

デュアル・ユース技術 → dual use technology ··········· 227

デュプリケート航跡 → duplicate track ··· 228

デルタ・ダガー → Delta Daggar ··········· 201

デルタ・ダート → Delta Dart··········· 201

デルタフォース 【米】→ Delta Force····· 201

テルミット → thermite ··········· 638

テルミット焼夷爆弾；テルミット爆弾
　→ thermite bomb ··········· 638

テレスコープ弾 → cased telescoped ammunition（CTA）··········· 126

テレビジョン誘導 → television guidance（TV guidance）··········· 633

テレビジョン誘導爆弾 → television guided bomb（TV guided bomb）··········· 633

テレメトリー情報 → telemetry intelligence（TELINT）··········· 632

テロ活動 → terrorist activity ··········· 636

テロ行為 → terrorism ··········· 636

テロ攻撃
　→ terror attack··········636
　→ terrorism attack··········636
　→ terrorist assault··········636
　→ terrorist attack··········636

テロ資金供与に関するG20の行動計画 → G-20 Action Plan on Terrorist Financing·· 290

テロ資金供与に対し闘うためのG7行動計画 → Action Plan to Combat the Financing of Terrorism··········8

テロ資金情報・対策作業部会 【日】→ Task Force for Intelligence and Countermeasure against Terrorist Financing ··········· 630

テロ資産追跡センター → terrorist asset-tracking center ··········· 636

テロ集団；テロ組織 → terrorist organization ··········· 636

テロ対策国連諸条約 → United Nations counter terrorism conventions ··········· 663

テロ対策特措法 【日】→ Anti-Terrorism Special Measures Law··········· 61

テロ対策特措法に基づく対応措置の実施および対応措置に関する基本計画について 【日】 → Basic Plan regarding Response Measures Based on the Anti-Terrorism Special Measures Law··········· 96

テロ対策特別措置法 【日】→ Anti-Terrorism

Special Measures Law ················ 61
テロ対策特別措置法案 【日】 → Anti-
　Terrorism Special Measures Bill ············ 61
テロ対策法案 【日】 → anti-terrorism bill ·· 60
テロの脅威 → terrorist threat ············· 636
テロの専門家 → terrorism expert ·········· 636
テロへの資金供与 → financing of
　terrorism ··· 265
テロ撲滅 → elimination of terrorism ······ 238
テロ容疑者 → suspected terrorist ·········· 618
テロリスト → terrorist ························ 636
テロリスト・グループ → terrorist group·· 636
テロリスト訓練キャンプ → terrorist training
　camp ··· 636
テロリスト集団 → terrorist group ········· 636
テロリストによる爆弾使用の防止に関する国際
　条約 【国連】 → International Convention
　for the Suppression of Terrorist
　Bombings ······································· 348
テロリストの資産 → assets of terrorists···· 74
テロリスト容疑者 → suspected terrorist·· 618
テロリズム → terrorism ······················ 636
テロリズム関連の犯罪 → terrorism-related
　crime ··· 636
テロリズム対策委員会 【米】 → National
　Commission on Terrorism ················ 433
テロリズムに対する資金供与の防止に関する国
　際条約 【国連】 → International
　Convention for the Suppression of the
　Financing of Terrorism ····················· 348
転移角 → angle shift ······················· 53
転移射 → transfer of fire ·················· 650
点火
　→ firing ·· 267
　→ ignition ······································· 327
　→ initiation ····································· 338
天蓋 → canopy ································ 123
展開 → deployment ·························· 204
展開開始日 【空自】 → C-day ············· 129
展開計画の立案 → deployment planning·· 204
展開準備完了日 → ready-to-load date
　(RLD) ··· 520
展開準備命令 → deployment preparation
　order ·· 204
展開段階 → deployability posture ········· 204
展開部隊用装備品海外事前集積 【空自】
　→ pre-positioning of materiel configured to
　unit sets (POMCUS) ························ 496

展開部隊用装備品海外事前集積 → pre-
　position war reserve materiel
　(PWRM) ·· 496
展開方向 → deploying direction ··········· 204
展開命令 → deployment order ············ 204
展開予定線 → probable line of
　deployment ···································· 500
点火遅れ
　→ ignition delay ······························ 327
　→ ignition lag ································· 327
点火管 【空自】 → initiator ················ 338
点火器 【海自】 → igniter ·················· 327
点火系統 → ignition system ··············· 327
点火ケーブル → ignition harness ········· 327
点火コイル → ignition coil ················ 327
点火時期点検 → ignition timing check ··· 327
点火順序 → firing order ···················· 268
点火指令 → launch order ·················· 370
点火スイッチ → ignition switch ·········· 327
点火性 → ignitability ························ 327
点火栓（てんかせん）→ igniter plug ····· 327
点火栓 【空自】 → ignition plug ·········· 327
点火装置 【空自】 → igniter ··············· 327
点火点 → point of lighting fire ·········· 488
点火プラグ → ignition plug ··············· 327
点火不良 → miss fire ······················· 420
点火母線 → firing lead ····················· 267
点火薬
　→ igniter ·· 327
　→ ignition charge ··························· 327
　→ ignition mixture ·························· 327
点火薬系列 → igniter train ················· 327
点火薬筒 → ignition cartridge ············ 327
殿艦（でんかん）→ rearmost ship ········ 521
天願桟橋 【在日米軍】 → Tengan Pier ···· 634
電機員 【海自】 → electrician's mate
　(EM) ··· 234
電気化学式発火機構 → electrochemical firing
　mechanism ······································ 234
電気火管 → electric primer ················ 234
電機計器検査班 【海自】 → Electrical
　Equipment Inspection Section ·········· 233
電機計器班 【海自】 → Electrical Equipment
　Section ·· 233
電気 【空自准空尉空曹空士特技区分】
　→ Electrician ··································· 234

てんきし　　　　　　　　　　　　252　　　　　　　　　　　日本語索引

電気支持式ジャイロ航法装置　【米海軍】
　→ electrically suspended gyro navigator
　（ESGN）………………………………… 233

電気情報学群　【防大】→ School of Electrical
and Computer Engineering……………… 552

天気図解析　→ weather map analysis …… 686

電機整備　【空自准空尉空曹空士特技区分】
　→ Electrical Maintenance………………… 234

電気着火性爆発物　→ electro-explosive device
　（EED）…………………………………… 235

電気通信　【統幕】→ telecommunication… 632

電気通信・情報局　【米】→ National
Telecommunications and Information
Administration…………………………… 435

電気通信センター　→ telecommunications
center……………………………………… 632

電気的調定魚雷　→ electrical set torpedo… 234

電気点火　→ electric ignition ……………… 234

電気電子工学科　【防大】→ Department of
Electrical and Electronic Engineering … 203

電気発火；電気発火法　→ electric firing … 234

電極掃海　→ electrode sweep ……………… 234

電気雷管　→ electric blasting cap ………… 234

電計班　【陸自】→ Automatic Data Processing
System Section（ADPS Section）………… 82

電撃空襲　→ air blitz………………………… 23

電撃作戦　→ blitz tactics…………………… 106

電整士　【海自】→ electronics maintenance
officer…………………………………… 237

電撃戦　→ blitzkrieg（blitz）……………… 106

電撃的空襲　→ air blitzkrieg ……………… 23

点検　→ inspection（insp）………………… 339

点検孔　【海自】→ access door ……………… 5

点検射　→ verification fire ………………… 674

電源車　→ electric power plant（EPP）… 234

点検射撃　→ verification fire ……………… 674

点検弾　→ sighting shot …………………… 574

点検ドアー　→ access door ………………… 5

点検扉　【空自】→ access door ……………… 5

電源部浮標　→ battery buoy raft ………… 97

点検防衛監察　【防衛省】→ defense inspection
for check………………………………… 196

点呼（てんこ）→ roll call…………………… 544

点呼簿　→ muster book …………………… 431

電算機処理　【空自准空尉空曹空士特技区分】
　→ Data Service…………………………… 191

電算機整備　【空自准空尉空曹空士特技区分】

　→ AC&W Computer Maintenance………… 4

展示　→ demonstration …………………… 202

電子海図情報表示システム　→ electronic chart
display and information system
（ECDIS）………………………………… 236

電子活動報告　→ electronic tactical action
report（ECTAR）………………………… 237

電磁環境適合性　→ electromagnetic
compatibility（EMC）…………………… 235

電磁干渉　【空自】→ electromagnetic
interference（EMI）……………………… 235

電子機器に対する過渡放射線効果　→ transient
radiation effects on electronics
（TREE）………………………………… 650

電子機器別修理部品定数表　→ electronic
repair parts allowance list（ERPAL）… 236

電磁気機雷　→ electrical magnetic mine … 233

電子器材検査班　【海自】→ Electronics
Equipment Inspection Section…………… 237

電子器材班　【陸自】→ Electronic Equipment
Section…………………………………… 236

電子欺騙（でんしぎへん）【統幕・空自】
　→ electronic deception ………………… 236

電子欺騙操作　→ manipulative electronic
deception（MED）……………………… 396

電子欺瞞（でんしぎまん）【海自】→ electronic
deception………………………………… 236

電磁コイル砲　→ electromagnetic
coilgun…………………………………… 235

電子光学支援対策　→ electro-optical support
measures………………………………… 237

電子光学情報　→ electro-optical intelligence
（ELECTRO-OPTINT）…………………… 237

電子光学対策　【空自】→ electro-optics
counter-measures（EOCM）…………… 238

電子光学目標識別システム　【米空軍】
　→ Target Identification System Electro-
Optical（TISEO）……………………… 629

電子光学誘導　→ electro-optical
guidance………………………………… 237

電子攻撃　→ electronic attack（EA）…… 236

電子支援対策　→ electronic support measures
（ESM）…………………………………… 237

電子姿勢指令指示器　→ electronic attitude
director indicator（EADI）…………… 236

展示指導　→ display instructions………… 218

電磁遮蔽（でんじしゃへい）→ electromagnetic
shielding………………………………… 235

電子情報 → electronic intelligence (ELINT) ……………………………………… 236
電子情報支援隊 【海自】 → Electronic Intelligence Center ………………… 236
電子署名 → digital signature ……………… 211
電子証明書 → digital certificate …………… 211
電子ショップ → electronic shop ………… 237
電子整備班 【海自】 → Electronics Shop Maintenance Division ………………… 237
電子戦 → electronic warfare (EW) ……… 237
電子戦技術隊 【空自飛行開発実験団隷下】 → Electronic Warfare Evaluation Squadron ……………………………… 237
電子戦訓練支援器材班 【海自】 → EW Training Support Equipment Section … 249
電子戦支援 → electronic warfare support (ES) ……………………………………… 237
電子戦支援対策 【統幕・空自】 → electronic warfare support measures (ESM) …… 237
電子戦支援用データ管理装置 → electronic warfare data support system (EDS) … 237
電子戦情報 → electronic warfare intelligence ………………………………… 237
電子戦情報収集器材班 【海自】 → EW Intelligence Collection Equipment Section …………………………………… 249
電子戦調整官 → electronic warfare coordinator ……………………………… 237
電子戦調整所 【陸自】 → electronic warfare coordination center ………………… 237
電子戦闘 → electronic combat (EC) …… 236
電子戦統合研究室 【防衛装備庁電子装備研究所】 → Electronic Warfare Systems Section ………………………………… 237
電子戦能力評価システム → electronic warfare evaluation system (EWES) ………… 237
電子戦飛行隊 【米空軍】 → electronic combat squadron (ECS) ……………………… 236
電子戦部隊 → electronic warfare unit …… 237
電子戦兵力組成 【海自】 → electronic order of battle (EOB) …………………………… 236
電子戦力組成 【統幕・空自】 → electronic order of battle (EOB) ………………… 236
電子装備研究所 【防衛装備庁】 → Electronic Systems Research Center (ESRC) …… 237
電子隊 【陸自】 → electronic warfare group …………………………………… 237
電子対策 → electronic countermeasures (ECM) …………………………………… 236

電子対処研究部 【防衛装備庁電子装備研究所】 → Electronic Warfare Research Division …………………………………… 237
電磁着艦制動装置 → electromagnetic aircraft recovery system (EARS) ……………… 235
電磁漏洩 → electromagnetic leakage …… 235
電子偵察 → electronic reconnaissance (ER) ……………………………………… 236
電子的な痕跡 → electronic trail …………… 237
電磁的記録 → electromagnetic record …… 235
覘視点（てんしてん）→ observing point … 451
電子熱化学砲 → electro-thermal-chemical gun (ETC) ……………………………… 238
電子爆発装置 → electro-explosive device (EED) …………………………………… 235
電子発射封止 → electronic silence ………… 237
電子班 【空自】 → Avionics Section ……… 86
展示飛行 【空自】 → fly-by ………………… 277
電子プライバシー情報センター 【米】 → Electronic Privacy Information Center …………………………………… 236
電子防衛評価 → electronic defense evaluation ……………………………… 236
電子妨害 → electronic jamming …………… 236
電磁妨害 → electromagnetic jamming …… 235
電子妨害報告 → jamming report ………… 354
電子防御 【海自】 → electronic protection (EP) ……………………………………… 236
電子防護 【統幕・空自】 → electronic protection (EP) …………………………… 236
電子放射保全 → electronic emission security ……………………………… 236
電子砲弾 → electronic shell ……………… 237
電子保全 → electronic security (ELSEC) ……………………………… 237
電子保全軍団 【米軍】 → Electronic Security Command (ESC) ……………………… 237
点射 → interrupted fire ……………………… 350
点照準調整 → point harmo ………………… 488
電磁レール砲 → electromagnetic railgun ………………………………… 235
伝声ガス・マスク → diaphragm gas mask ………………………………… 210
伝声管 → voice tube ……………………… 678
電線敷設艦 【海軍】 → cable repairing ship ……………………………………… 121
伝送所 → transmission center …………… 651

伝送通信所 → transmission communication center ……………………………………… 651

伝送保全 → transmission security ……… 651

添装薬（てんそうやく）→ base charge …… 94

天測緯度 → celestial latitude …………… 129

電測員 【海自】→ operations specialist (OS) …………………………………… 462

天測計算表 → astronomical navigation table …………………………………… 76

天測経度 → celestial longitude ………… 129

天測航法 【空自】→ celestial navigation‥ 129

天測誤差 → celestial observation error‥‥ 129

天測点 → astronomic station …………… 76

天測薄明 → observational twilight ……… 451

天測誘導 → celestial guidance ………… 129

天体図 → celestial map ………………… 129

天体方位 【海自】→ azimuth （AZ） ……… 87

天体誘導 → stellar guidance …………… 602

テンタティブ航跡 → tentative track …… 634

伝単爆弾 → leaflet bomb ………………… 372

電池室
　→ battery compartment ……………… 97
　→ battery room ………………………… 98

電池車 → battery car …………………… 97

電池点火 → battery ignition …………… 97

伝導漏洩 → conducted leakage （CL） …… 165

電波映像情報 → radiographic imagery intelligence ……………………………… 515

電波干渉 【統幕・海自】→ electromagnetic interference （EMI） …………………… 235

電波干渉 → radio frequency interference (RFI) …………………………………… 514

電波干渉フィルター → radio frequency interference filter （RFI Filter） ……… 514

電波管制 → control of electro and magnetic radiation （CONELAD） ……………… 172

電波吸収構造 → radiation absorbing structure （RAS） ……………………… 513

電波吸収材 → radiation absorbing materials (RAM) ………………………………… 513

電波近接信管 → radio proximity fuze …… 515

伝爆 → detonation propagation ………… 209

伝爆薬 → booster （bstr） ……………… 110

伝爆薬装置アダプター → adapter booster ‥ 11

電波警戒管制 → emission security control ………………………………… 241

電波航法 【海自】→ radio navigation …… 515

電波実験棟 【防衛装備庁】→ Electronic Warfare Experimental Facility ……… 237

電波情報 → signals intelligence (SIGINT) ……………………………… 575

電波センサ研究室 【防衛装備庁電子装備研究所】→ Radar Research Section ……… 512

電波測位 → radio location ……………… 515

電波探知装置 → passive detection system (PDS) …………………………………… 474

電波通常管制 → emission routine control ………………………………… 241

点爆管 【空自】→ initiator ……………… 338

電波による探知及び測距 → radio detection and ranging （radar） ………………… 514

電波発射管制 【統幕・空自】→ emission control （EMCON） ………………… 241

電波発射管制命令 → emission control order (EMCON order) ……………………… 241

電波発生源位置標定システム → emitter location system （ELS） ………………… 241

電波非常管制 → emission emergency control ………………………………… 241

電波部 【情報本部】→ Directorate for SIGINT …………………………………… 214

電波封止 → emission suspension ……… 241

電波妨害
　→ electric jamming ………………… 234
　→ jamming …………………………… 354
　→ radio countermeasures …………… 514

電波放射情報 → radiation intelligence …… 513

電波捕捉装置（でんぱほそくそうち）
　→ electronic intercept equipment ……… 236
　→ intercept equipment ………………… 344

伝爆薬筒 → booster （bstr） …………… 110

伝搬損失 → transmission loss （TL） …… 651

転覆 → subversion ……………………… 611

転覆活動 【空自・海自】→ subversion … 611

転覆活動 → subversive activity ………… 611

テンペスト
　→ TEMPEST ………………………… 633
　→ transient electromagnetic pulse surveillance technology (TEMPEST) …………………………… 650

テン・ポイント・カーソル → ten point cursor …………………………………… 634

点妨害 → selective jamming …………… 561

点妨害 【海自】→ spot jamming ……… 593

日本語索引　　　　　　　　　　　255　　　　　　　　　　　とうこう

点目標
　→ pinpoint target ……………………484
　→ point target ………………………488
天文薄明
　→ astronomical twilight ………………76
　→ evening astronomical twilight ………249
　→ morning astronomical twilight ………425
填薬（てんやく）→ loading ………………380
転輪羅針儀（てんりんらしんぎ）→ gyro
　compass（GC）……………………306
伝令 → courier …………………………180
伝令 【陸自】→ messenger ………………409
伝令 【海自】→ messenger ………………409
伝令 → orderly …………………………464
伝令通信 → messenger communication … 409

【と】

ドイツ占領軍従軍記章 【米】→ Army of
　Occupation of Germany Medal …………70
統一軍事裁判法 【米】→ Uniform Code of
　Military Justice（UCMJ）……………662
統一指揮 → centralized control …………131
統一資材移動及び出荷優先順位システム
　→ uniform materiel movement and issue
　priority system（UMMIPS）……………662
統一施設基準 → Unified Facilities Criteria
　（UFC）………………………………662
統一部隊 【自衛隊】→ unified command
　（UC）…………………………………662
動員 → mobilization ……………………423
動員演習 → mobilization exercise ………423
動員開始日 → M-day（M-DAY）…………404
動員解除 → demobilization ………………202
動員基盤 → mobilization base ……………423
動員基盤部隊 → mobilization base unit
　（MOBU）……………………………423
動員計画 → mobilization plan ……………423
動員資材調達能力 → mobilization materiel
　procurement capability …………………423
動員被指名者 → mobilization designee … 423
投影PPI → projection PPI ………………502
等温層 【海自】→ isothermal layer ………353
投下位置 【空自】→ release point（RP）… 530

東海防衛支局 【防衛省】→ Tokai Defense
　Branch …………………………………642
投下角
　→ angle of drop ……………………… 53
　→ dropping angle ……………………226
投下間隔管制器 【海自】
　→ intervalometer ……………………351
灯火管制 → black out ……………………105
灯火管制照明灯 → battle light ……………98
等価気速 【空自】→ equivalent airspeed
　（EAS）…………………………………247
導火孔 → flash hole ………………………271
投下高度
　→ drop altitude ………………………226
　→ drop height ………………………226
　→ release altitude ……………………530
投下スイッチ → release switch ……………530
灯火制限線 【陸自】→ light line（LL）… 376
導火線
　→ blasting fuze ………………………106
　→ fuze …………………………………290
　→ primacord …………………………498
　→ safety fuze …………………………548
投下ゾンデ → drop sonde …………………226
等価対気速度 【海自】→ equivalent airspeed
　（EAS）…………………………………247
投下地帯 → drop zone（DZ）………………226
投下通信 → drop message …………………226
統括監察官 【防衛監察本部】→ Senior
　Deputy Inspector General ………………563
投下点 【海自】→ release point（RP）… 530
導火爆管 【空自】→ squib …………………594
導環 【海自】→ rotating band ……………544
投棄
　→ jettison ……………………………356
　→ jettisoning …………………………356
投棄型自走音響標的 → expendable mobile
　acoustic target（EMAT）………………252
投棄機雷 → jettisoned mine ………………356
投棄式BT：投棄式水温記録器 → expendable
　bathythermograph（XBT）……………252
同期式爆撃照準器 → synchronous bomb
　sight ……………………………………621
冬季戦技教育隊 【陸自】→ Cold Weather
　Combat Training Unit …………………146
統計班 【空自】→ Statistics Section ……600
統合意志決定支援ツール → joint decision
　support tool ……………………………358

と

とうこう　　　　　　　　　　　　　　　256　　　　　　　　　　　　　　日本語索引

統合ウェポン・システム・データベース
　→ integrated weapon system database
　（IWSDB）……………………………… 342

統合宇宙作戦センター 【米】→ Joint Space
　Operations Center（JSpOC）…………… 360

統合演習 【空自】→ joint exercise……… 359

統合演習 → joint exercise and
　maneuver …………………………………… 359

統合海軍指揮情報システム → Joint Maritime
　Command Information System
　（JMCIS）………………………………… 359

統合海上部隊指揮官 → joint force maritime
　component commander（JFMCC）…… 359

統合核事故調整センター 【米軍】→ Joint
　Nuclear Accident Coordinating Center
　（JNACC）………………………………… 360

統合型カタパルト指揮所 【海軍】→ integrated
　catapult control station（ICCS）……… 341

統合型戦術航空管制システム 【空軍】
　→ integrated tactical air control
　system ……………………………………… 342

統合型ヘルメット及び表示照準システム
　→ integrated helmet and display sight
　system（IHADSS）……………………… 342

統合活動 → joint action………………… 358

統合監視・目標攻撃レーダー・システム 【米】
　→ Joint Surveillance Target Attack Radar
　System（JSTARS）……………………… 361

統合患者輸送要求センター 【米軍】→ Joint
　Patient Movement Requirements Center
　（JPMRC）………………………………… 360

同行機 → accompanying aircraft …………6

統合危険物品目表 → consolidated hazardous
　item list ………………………………… 167

統合気象解析予報用電子計算機システム 【自衛
　隊】→ Joint Weather Analysis and Forecast
　Computer System（JAFCOM）………… 361

統合気象・海洋予報 【米】→ joint
　meteorological and oceanographic
　forecast …………………………………… 360

統合気象・海洋予報部隊 【米】→ joint
　meteorological and oceanographic forecast
　unit（JMFU）…………………………… 360

統合気象システム 【自衛隊】→ Joint
　Weather System（JWS）……………… 362

統合気象中枢 【自衛隊】→ Joint Weather
　Central（JWC）………………………… 361

統合気象通信用電算機システム 【自衛隊】
　→ Joint Weather Communication
　Computer System（JOWCOM）……… 362

統合基地 → joint base ………………… 358

統合機動指揮所 【米軍】→ joint movement
　center …………………………………… 360

統合機動統制群 【米軍】→ Joint Mobility
　Control Group（JMCG）……………… 360

統合機動防衛力 【防衛省】→ Dynamic Joint
　Defense Force…………………………… 229

統合教義 → joint doctrine……………… 359

統合共通使用品目 → joint common user
　item ……………………………………… 358

統合業務支援 → joint servicing ……… 360

統合緊急後送計画 【米】→ Joint Emergency
　Evacuation Plan（JEEP）……………… 359

統合緊急展開部隊 【英軍】→ Joint Rapid
　Deployment Force……………………… 360

統合空挺訓練 → joint airborne training ‥ 358

統合空輸訓練 【海自】→ joint airborne
　training………………………………… 358

統合軍 【米】
　→ Combatant Command………………148
　→ unified command（UC）……………662

統合軍計画 → Unified Command Plan … 662

統合訓練 【統幕】→ joint exercise……… 359

統合訓練 → joint training ……………… 361

統合訓練・演習 → joint training
　exercise ………………………………… 361

統合計画立案グループ → joint planning
　group…………………………………… 360

統合警備計画 → integrated contingency
　plan……………………………………… 341

統合高級課程 【統幕学校】→ Joint Advanced
　Course ………………………………… 358

統合航空攻撃チーム → joint air attack team
　（JAAT）………………………………… 358

統合航空作戦 → joint air operations …… 358

統合航空作戦計画 → joint air operations
　plan……………………………………… 358

統合航空作戦本部 【米】→ Joint Air
　Operations Center（JAOC）…………… 358

統合航空写真本部 → joint air photograph
　center …………………………………… 358

統合航空部隊指揮官 【米】→ joint force air
　component commander（JFACC）……… 359

統合航空輸送 → joint airlift mission……… 358

統合航空輸送調整会議 → joint airlift
　coordination board……………………… 358

統合攻撃戦闘機 【米】→ Joint Strike Fighter
　（JSF）…………………………………… 361

日本語索引 　　　　　　　　　　257　　　　　　　　　　とうこう

統合攻撃部隊 → joint attack force ········· 358

統合攻撃兵器システム → joint attack
weapons system（JAWS）················ 358

統合交戦圏 【統幕】 → joint engagement zone
（JEZ）···································· 359

統合後方 → joint logistics ···················· 359

統合後方支援 【統幕】 → integrated logistics
support（ILS）···························· 342

統合後方支援計画書 → integrated logistics
support plan（ILSP）···················· 342

統合後方地域 → joint rear area ············· 360

統合後方地域作戦 → joint rear area
operations ································ 360

統合後方地域戦術作戦指揮所 → joint rear
tactical operations center ··················· 360

統合後方地域調整官 → joint rear area
coordinator ······························ 360

統合後方補給 【統幕】 → joint logistics
transportation ··························· 359

統合後方揚陸搭載活動 → joint logistics over-
the-shore operations ···················· 359

統合後方揚陸搭載指揮官 → joint logistics
over-the-shore commander················· 359

統合作戦 → joint operation ················· 360

統合作戦海域 【海自】 → joint action area
（JAA）··································· 358

統合作戦区域 → joint operations area ···· 360

統合作戦計画作成システム 【米軍】 → Joint
Operation Planning System（JOPS）··· 360

統合作戦計画立案 → joint operation
planning································· 360

統合作戦計画立案過程 → joint operation
planning process ························· 360

統合作戦計画立案実施システム 【米軍】
→ Joint Operation Planning Execution
System（JOPES）······················ 360

統合作戦指揮 → joint operational
command ································ 360

統合作戦指揮所 → joint operations
center ··································· 360

統合作戦情報機関 → joint operational
intelligence agency ······················ 360

統合作戦情報システム → integrated
operational intelligence system
（IOIS）································· 342

統合作戦戦術システム 【米軍】 → Joint
Operational Tactical System（JOTS）·· 360

統合作戦本部 【米】 → Joint Operations

Center（JOC）·························· 360

統合参謀 → joint staff ······················ 360

統合参謀本部 【米】 → Joint Chiefs of Staff
（JCS）··································· 358

統合参謀本部機構 【米軍】 → Organization of
the Joint Chiefs of Staff················ 465

統合参謀本部副議長 【米】 → Vice Chairman
of the JCS ······························ 676

統合支援区域 → integrated support
area ···································· 342

統合市街作戦 → joint urban operations
（JUOS）································ 361

統合式通信航法識別装置 → integrated
communications navigation and
identification（I/CNI）··················· 341

統合試験チーム → combined test team
（CTT）·································· 152

統合資材管理機関 【米】 → integrated
material manager（IMM）················ 342

統合射撃管制装置 → integrated fire control
system ·································· 342

統合写真器材形式付与制度 【米軍】 → Joint
Photographic Type Designation System
（JPTDS）······························ 360

統合重要任務 → joint mission essential task
（JMET）································· 360

統合小演習 → minor joint exercise········ 419

統合情報 → joint intelligence ·············· 359

統合情報環境 → Joint Information
Environment（JIE）····················· 359

統合情報支援隊 → joint intelligence support
element ·································· 359

統合情報所 → joint intelligence center···· 359

統合情報センター 【海自】 → joint
intelligence center ······················ 359

統合情報ドクトリン → joint intelligence
doctrine ································· 359

統合情報部 【情報本部】 → Directorate for
Joint Intelligence ························ 214

統合情報連絡隊 → joint intelligence liaison
element ·································· 359

統合人員計画 → joint manpower
program ································· 359

統合人事室 【統幕】 → Joint Personnel
Management Office ······················ 360

統合人事部 【在日米海軍】 → Consolidated
Civilian Personnel Office（CCPO）······ 167

統合尋問聴取センター → joint interrogation
and debriefing center（JIDC）············· 359

と

統合心理作戦任務部隊 【米軍】→ joint psychological operations task force …… 360

統合水中監視システム → integrated undersea surveillance system（IUSS）…………… 342

統合水陸両用作戦 → joint amphibious operation……………………………… 358

統合水陸両用作戦任務部隊 → joint amphibious task force………………… 358

統合戦 → integrated warfare……………… 342

統合戦域ミサイル防衛 → joint theater missile defense……………………………………… 361

統合戦術監視システム → integrated tactical surveillance system（ITSS）…………… 342

統合戦術、技術及び手順 → Joint Tactics, Techniques and Procedures（JTTP）… 361

統合戦術警戒 → integrated tactical warning ………………………………… 342

統合戦術航空偵察/監視任務報告 【米軍】→ Joint Tactical Air Reconnaissance/ Surveillance Mission Report（MISREP）………………………… 361

統合戦術指揮統制互換システム 【米軍】→ Joint Interoperability of Tactical Command and Control Systems（JINTACCS）…………………………… 359

統合戦術情報分配システム 【米軍】→ Joint Tactical Information Distribution System（JTIDS）…………………………………… 361

統合戦術地上ステーション 【米軍】→ Joint Tactical Ground Station（JTAGS）…… 361

統合戦闘軍 【米軍】→ unified combatant command ………………………………… 662

統合戦闘再発進 → integrated combat take-off（ICT）……………………………………… 341

統合戦闘捜索救難作戦 → joint combat search and rescue operation ………………… 358

統合戦闘能力評価 → joint warfighting capabilities assessment（JWCA）……… 361

等高線飛行 → contour flight …………… 170

統合戦略 → joint strategy ……………… 361

統合戦略計画立案システム → joint strategic planning system ……………………… 361

統合戦略能力計画 → joint strategic capabilities plan ……………………… 361

統合捜索救難センター → joint search and rescue center …………………………… 360

統合装備体系班 【統幕防衛計画部計画課】→ System Integration and Interoperability Section……………………………………… 621

統合即応態勢 → joint readiness………… 360

統合対処構想 【防衛省】→ concept for integrated defense……………………… 164

統合短期課程 【統幕学校】→ Joint Intensive Course ……………………………………… 359

統合地帯 【米軍】→ joint zone ………… 362

統合中期防衛見積り 【日】→ joint mid-term defense estimate（JMTDE）…………… 360

統合長期防衛見積り → joint long-term defense estimate ……………………… 359

統合直衛 → integrated screen ………… 342

統合直撃弾；統合直接攻撃弾薬 → joint direct attack munitions（JDAM）…………… 359

統合通常弾薬生産調整グループ 【米】→ Joint Conventional Ammunition Production Coordination Group（JCAP-CG）…… 358

統合通信 → joint communication ……… 358

統合通信システム研究班 【統幕指揮通信システム部指揮通信システム企画課】→ Joint Communication Systems Research Section ……………………………………… 358

統合通信所 → integrated communication center（ICC）………………………… 341

統合通信組織
→ integrated communications system …341
→ joint communication system …………358

統合通信電子 → joint communication and electronics ……………………………… 358

統合通信電子システム → joint communication and electronics system… 358

統合通信統制センター → joint communications control center … 358

統合通信網 → joint communications network ………………………………… 358

統合定数表 → joint table of allowance（JTA）……………………………………… 361

統合敵防空網制圧 → joint suppression of enemy air defense ……………………… 361

統合展開可能情報支援システム → Joint Deployable Intelligence Support System（JDISS）……………………………………… 358

統合展開システム → Joint Deployment System（JDS）………………………… 359

統合展開部隊 → joint deployment community …………………………… 359

統合電子器材形式名付与制度 【米】→ Joint Electronics Type Designation System（JETDS）…………………………………… 359

統合電子戦 → integrated electronic

warfare 342
統合電子戦システム → integrated electronic warfare system（INEWS）................... 342
統合動員プログラム → joint manpower program 359
統合ドキュメント開発センター → joint document exploitation center 359
統合特殊作戦区域 → joint special operations area 360
統合特殊作戦航空部隊指揮官 → joint special operations air component commander .. 360
統合特殊作戦任務部隊 → joint special operations task force 360
統合特殊作戦部隊指揮官 → joint force special operations component commander（JFSOCC）................................. 359
統合ドクトリン 【海自】 → joint doctrine 359
統合ドクトリン作業部会 → Joint Doctrine Working Party 359
同高度圏攻撃 → co-altitude attack 144
統合任務部隊 → joint task force（JTF）.. 361
統合任務部隊対情報調整当局 → joint task force counter intelligence coordinating authority（JFCICA）.......................... 361
統合任務部隊フルアカウンティング 【米軍】 → Joint Task Force-Full Accounting 361
統合任務割り当て → joint duty assignment 359
統合任務割り当てリスト → Joint Duty Assignment List 359
統合燃料事務所 【米軍】 → Joint Petroleum Office（JPO）..................................... 360
統合配分表 → joint table of distribution.. 361
統合幕僚 → integrated staff 342
統合幕僚 【防衛省】 → joint staff 360
統合幕僚学校 【防衛省】 → Joint Staff College 361
統合幕僚監部 【防衛省】 → Joint Staff（JS）... 360
統合幕僚監部報道発表資料 【防衛省】 → Joint Staff Press Release 361
統合幕僚大学 【米】 → Armed Forces Staff College（AFSC）................................. 66
統合部隊 → joint force（JF）................... 359
統合部隊軍医 → joint force surgeon 359
統合部隊指揮官 → joint force commander（JFC）.. 359

統合物資優先・分配委員会 【米軍】 → Joint Materiel Priorities and Allocation Board（JMPAB）... 359
統合兵器システム → integrated weapon system（IWS）..................................... 342
統合平和構築戦略 【国連】 → Integrated Peacebuilding Strategy（IPBS）.......... 342
統合防衛戦略室 【統幕防衛計画部計画課】 → Joint Military Strategy Office 360
統合防空組織 → integrated air defense system（IADS）..................................... 341
統合捕獲物資調査センター → joint captured material exploitation center 358
統合ミッション分析センター 【国連】 → Joint Mission Analysis Center 360
統合民軍活動任務部隊 → joint civil-military operations task force（JCMOTF）........ 358
統合目標リスト → joint target list 361
統合優先目標リスト → joint integrated prioritized target list 359
統合優先リスト → integrated priority list（IPL）... 342
統合輸送 → joint transportation 361
統合輸送委員会 【米軍】 → Joint Transportation Board（JTB）............... 361
統合輸送物流分析システム → joint flow and analysis system for transportation（JFAST）.. 359
統合陸海空軍 【米】 → Joint Army-Navy-Air Force（JANAF）................................ 358
統合陸海軍 【米】 → Joint Army-Navy（JAN）... 358
統合陸上部隊指揮官 → joint force land component commander（JFLCC）........ 359
統合連絡調整所 → joint liaison office 359
搭載
　→ embarkation 239
　→ loading 380
搭載位置 → loading site 380
搭載可能貨物重量 【海自】 → available payload 85
搭載可能日 → available-to-load date（ALD）.. 85
搭載許容磁性物品 → authorized magnetic materials on board 80
搭載港 【米軍】 → port of embarkation（POE）... 490
搭載時間 → loading time 380

と

とうさい 260 日本語索引

搭載重量 → weight on board ……………… 687

搭載所要時間 → loading time …………… 380

搭載地域
→ embarkation area ………………………239
→ loading area (LA) ……………………380
→ mounting area ………………………426

搭載地点 → loading point (LodP) ……… 380

搭載電子機器総合試験装置 → avionics
intermediate shop (AIS) ………………… 86

搭載統制幹部 【自衛隊】 → loading control
officer ……………………………………… 380

搭載統制将校 → loading control officer … 380

搭載妨害源追尾 → on-board track on
jam ……………………………………… 457

搭載方式 → loading method ……………… 380

同軸機関銃 → coaxial machine gun (coax
machine gun) …………………………… 145

透視攻撃 → visible attack ……………… 677

同時攻撃 → concurrent attack …………… 164

同時弾着 → time on target (TOT) ……… 641

同時弾着奇襲射撃 → time on target surprise
fire ……………………………………… 641

同時テロ → simultaneous acts of terror ‥ 576

同時投下 → fusillade ……………………… 289

投射型静止式ジャマー → floating acoustic
jammer (FAJ) …………………………… 275

投射誤差 → delivery error ……………… 201

搭乗員名簿 → flight manifest …………… 274

搭乗員用救命装備品 → flying personnel
equipment ……………………………… 277

搭乗員率 → crew ratio…………………… 182

搭乗配置操縦士 → duty pilot …………… 228

同乗飛行 → dual flight…………………… 227

同心円形スクリーン；同心円形直衛
→ concentric circular screen…………… 164

同心スクリーン → concentric screen …… 164

等深線
→ bathymetric contour ………………… 97
→ depth contour …………………………205

等深線図 → bathymetric contour map … 97

同心直衛 → concentric screen …………… 164

統制 → control …………………………… 171

統制艦 → control ship …………………… 173

統制警戒所 → control and reporting
post ……………………………………… 171

統制警戒本部 → control and reporting center

(CRC) …………………………………… 171

統制権 【陸自】 → right of control ……… 541

統制士官 → control officer……………… 172

統制線 【陸自】 → phase line (PL) …… 481

統制対応 → controlled response ………… 172

統制台帳 → control register …………… 172

統制地図 → controlled map ……………… 172

統制・調整 → controls and coordination‥ 173

統制通信事務所 【海保】 → District
Communications Center………………… 220

統制通信所 【統幕・陸自・空自】 → net
control station (NCS) …………………… 441

統制通信網 → controlled net…………… 172

統制艇 → control vessel ………………… 173

統制点 → control point ………………… 172

統制点 【陸自】 → phase point (PP) …… 481

統制任務群 【米軍】 → control group …… 171

統制品目 → controlled item …………… 172

統制方式 → method of control (MOC) ‥ 410

統制補給率 → controlled supply rate…… 172

統制用処理装置 → control station (CS) ‥ 173

灯船 → light ship………………………… 376

逃走船 → fleeing vessel ………………… 272

動態情報 → current intelligence………… 186

胴体着陸 → belly landing………………… 101

投弾点 【陸自】 → bomb release point… 110

統治区行政府 【米】 → District Government
(DG) …………………………………… 220

到着機
→ arriving airplane ……………………… 71
→ in-bound aircraft ………………………330

到着時刻 → actual time of arrival
(ATA) …………………………………… 10

到着地 → destination (DEST) ………… 207

盗聴
→ electrical interception…………………233
→ wire tapping ……………………………691

盗聴データ → eavesdropping data ……… 230

盗聴の権限 → wiretapping authority…… 691

盗聴命令 → wiretap order ……………… 691

当直員 【海自】
→ boiler technician (BT) ………………109
→ watch …………………………………682

当直海士 【海自】
→ duty seaman……………………………228
→ watch seaman …………………………682

日本語索引 261 とうりょ

当直海曹 【海自】
　→ duty petty officer ……………………228
　→ watch petty officer……………………682
当直艦 【海自】→ guard ship …………… 303
当直幹部 【陸自・空自】→ duty officer ‥ 228
当直幹部 【自衛隊】→ officer of the day‥ 454
当直幹部 【海自】→ officer on duty……… 454
当直幹部 【自衛隊】→ orderly officer…… 464
当直勤務 → watch-keeping ……………… 682
当直交替；当直交替員 → change watch ‥ 133
当直士官 【海自】→ duty officer ………… 228
当直士官 → officer of the day…………… 454
当直士官 【海自】→ officer of the deck
　(OOD) ……………………………………… 454
当直士官
　→ officer of the watch……………………454
　→ officer on duty…………………………454
当直士官 【海軍】→ watch officer
　(WO) ……………………………………… 682
当直士官 【海自】→ watch officer
　(WO) ……………………………………… 682
当直将校
　→ duty officer………………………………228
　→ officer of the day ………………………454
　→ orderly officer …………………………464
当直幕僚
　→ staff duty officer………………………595
　→ staff watch officer……………………596
当直部 【海自】→ watch section ………… 682
東南アジア非核兵器地帯 → Southeast Asia
　Nuclear Weapon-Free Zone
　(SEANWFZ) ……………………………… 586
東南アジア平和・自由・中立地帯 → Zone of
　Peace, Freedom and Neutrality in
　Southeast Asia (ZOPFAN) …………… 694
東南アジア友好協力条約 → Treaty of Amity
　and Cooperation in Southeast Asia
　(TAC) …………………………………… 653
投入部隊 → committed force …………… 155
投入前準備 → pre-employment
　preparation……………………………… 494
統幕最先任 【統幕】→ Senior Enlisted
　Advisor to the Chief of Staff, Joint
　Staff ……………………………………… 564
統幕参事官 【統幕】→ Joint Staff
　Councilor ………………………………… 361
統幕事務局長室 【自衛隊】→ Joint Chiefs of
　Staff room ……………………………… 358

投爆線 → bomb release line (BRL) ……… 110
導爆線 → detonating cord ……………… 209
導爆線 【海自】→ primacord………………… 498
導爆線網 → detonating net……………… 209
とう発 【海自】→ in-bore premature …… 330
当番寝台 → watch berth ………………… 682
当番兵
　→ orderly …………………………………464
　→ orderly man …………………………464
逃避針路 → escape course ……………… 247
逃避・脱出支援用情報 → evasion and escape
　intelligence …………………………… 249
逃避・脱出網 → evasion and escape net‥ 249
逃避・脱出用情報 → evasion and escape
　intelligence …………………………… 249
東風 【中国】→ Dong Feng………………… 222
頭部搭載型情報表示装置 → head mounted
　display (HMD) ………………………… 310
東部同盟 → Eastern Alliance …………… 230
東部同盟軍 → Eastern Alliance forces …… 230
東部同盟兵 → Eastern Alliance fighters‥ 230
灯浮標（とうふひょう）→ lighted buoy …… 375
東部方面隊 【陸自】→ Eastern Army
　(EA) ……………………………………… 230
等方位アンテナ → isotropic antenna …… 353
東北防衛局 【防衛省】→ Tohoku Defense
　Bureau …………………………………… 642
東北方面隊 【陸自】→ Northeastern Army
　(NEA) …………………………………… 447
東北方面フラッグ隊 【陸自】→ Northeastern
　Army Flag-Unit………………………… 447
同盟 → alliance ……………………………… 45
同盟軍
　→ allied armies……………………………… 45
　→ allied troops …………………………… 45
同盟国
　→ allied countries ………………………… 45
　→ allied nations …………………………… 45
　→ allied power ……………………………… 45
　→ allies ……………………………………… 45
同盟国軍 → allied forces ………………… 45
同盟国用戦時備蓄品 → war reserve stock for
　allies……………………………………… 681
統率・戦史教育室 【防大】→ Department of
　Leadership and Military History……… 203
動力器材整備 【空自准空尉空曹空士特技区分】
　→ Powered Ground Equipment
　Maintenance …………………………… 492

と

動令 → command of execution ･････････････ 154
道路交通規制 【陸自】→ highway traffic regulation ･････････････････････････････････ 317
道路交通規制 → traffic regulation ･･･････････ 647
道路交通規制所 【陸自】→ highway traffic regulating point（TRP） ･････････････････ 317
道路交通規制所
　→ traffic regulating point（TRP）･･････ 647
　→ traffic regulation point ･･･････････････ 648
道路交通統制 【陸自】→ highway traffic control ････････････････････････････････････ 317
道路使用計画 【陸自】→ highway utilization plan ･･･････････････････････････････････････ 318
道路使用の統制 【陸自】→ highway regulation ･････････････････････････････････ 317
道路阻絶 → road blocks ･････････････････････ 543
道路能力 → highway capability ･･････････････ 317
道路爆破薬 → cratering charge ･･････････････ 182
道路輸送 → highway transportation（HT） ･･････････････････････････････････････ 318
道路容量 → highway capacity ････････････････ 317
渡河（とか）
　→ crossing ･･･････････････････････････････ 184
　→ river crossing ･････････････････････････ 542
渡河器材 → crossing equipment ･････････････ 184
渡河攻撃 【陸自】→ crossing attack ･･････････ 184
渡河作業地域 → actual crossing area ･･･････････ 10
渡河作戦 → crossing operation ･･････････････ 184
渡河正面 【陸自】→ crossing front ･･･････････ 184
渡河地域 【陸自】
　→ crossing area ･････････････････････････ 184
　→ crossing zone ･････････････････････････ 184
渡河地点 【陸自】→ crossing site ････････････ 184
渡河点 → crossing point ･･････････････････････ 184
ときの声 → battle cry ････････････････････････ 98
弩級艦（どきゅうかん）→ dreadnought ･･･ 225
徒橋（ときょう）→ foot bridge ･････････････ 278
毒ガス → poison gas ･･････････････････････････ 488
毒ガス攻撃 → gas attack ･････････････････････ 291
毒ガス弾 → gas shell ･････････････････････････ 292
特技
　→ military occupational specialty（MOS） ･････････････････････････････････ 414
　→ specialty ･･･････････････････････････････ 590
特技概要 → specialty summary ･･････････････ 590
特技下士官 【米陸軍】→ specialist ･･･････････ 589

特技区分 → classification ････････････････････ 140
特技資格 → specialty qualification ･･････････ 590
特技試験 → airman proficiency test（APT） ････････････････････････････････････ 36
特技者 → military specialist ･･････････････････ 415
特技職 【空自】→ JASDF specialty classification ････････････････････････････ 356
特技職 → specialty ････････････････････････････ 590
特技職系 → career field subdivision ･････････ 125
特技職明細書 【空自】→ AFS description ･･ 20
特技職明細書 → specialty description ･･････ 590
特技番号 → specialty code ･･･････････････････ 590
特技分類適性試験 → airman classification battery（ACB） ･･････････････････････････ 36
特技変更 → reclassification ･･････････････････ 522
特技名称 【空自】→ AFS title ････････････････ 20
特殊核爆弾 → special atomic demolition munitions ･･････････････････････････････････ 588
特殊期間従業員 → special term employee ･･････････････････････････････････ 590
特殊急襲隊 【日】→ Special Assault Team（SAT） ･････････････････････････････ 588
特殊救難基地 【海保】→ National Strike Team Station ････････････････････････････ 435
特殊警衛 → special guard ････････････････････ 589
特殊航空作戦 → special air operation ･･････ 588
特殊工作員 【海自】→ special agent ･･････ 588
特殊行動 → special activity ･･････････････････ 588
特殊作戦 → special operations（SO） ･････ 589
特殊作戦衛生協会 【米】→ Special Operations Medical Association ･･････････ 589
特殊作戦群 【陸自】→ Special Operations Group（SOG） ･････････････ 589
特殊作戦軍 【米】→ Special Operations Command（SOCOM） ･････････････････････ 589
特殊作戦航空団 【米空軍】→ Special Operations Wing（SOW） ････････････････ 589
特殊作戦室 【統幕運用部運用第1課】→ Special Operations Office ･････････････ 589
特殊作戦部隊 → special operations forces（SOF） ･････････････････････････････ 589
特殊作戦部隊 【米】→ special operations troops ･･････････････････････････････････････ 589
特殊作戦連絡班 → special operations liaison element（SOLE） ･･････････････････ 589
特殊時限装置 → sterilizer ･････････････････････ 603
特殊車両 → special-equipment vehicle ･････ 589

特殊舟艇隊 【米海軍】→ Special Boat Unit (SBU) 588
特殊舟艇部隊 【英国海兵隊】→ Special Boat Squadron (SBS) 588
特殊情報作戦 → special information operations (SIO) 589
特殊戦術チーム → special tactics team (STT) 590
特殊船団 → special convoy 588
特殊装備品 → special equipment 589
特殊弾薬補給点 → special ammunition supply point 588
特殊偵察 → special reconnaissance (SR) 590
特殊任務隊 【米】→ Special Mission Unit (SMU) 589
特殊飛行 【海自】→ acrobatics 8
特殊飛行 → aerial acrobatics 17
特殊武器 【陸自】
　　→ chemical, biological and radioactive weapons 134
　　→ NBC weapons 440
特殊武器衛生 【陸自】→ CBR sanitation 128
特殊武器に関する報告・通報 【陸自】→ NBC report 439
特殊武器防護 【陸自】
　　→ CBR weapons protection 128
　　→ NBC weapons protection 440
特殊武器防護センター 【陸自】→ CBR center 128
特殊武器防護隊 【陸自】→ NBC Weapon Defense Unit 440
特殊部隊
　　→ commando 154
　　→ special forces (SF) 589
特殊部隊員 → commando 154
特殊部隊員 【米軍】→ Special Forces troop 589
特殊部隊群 【米】→ Special Forces Group (SFG) 589
特殊部隊作戦基地 → special forces operations base (SFOB) 589
特殊部隊支援部隊 【英】→ Special Forces Support Group (SFSG) 589
特殊兵器 → special weapon 590
特殊補給所要 → special supply requirements 590

独身幹部宿舎 【自衛隊】→ bachelor officer's quarters (BOQ) 88
独身将校宿舎 【米軍】→ bachelor officer's quarters (BOQ) 88
電磁特性研究室 【防衛装備庁電子装備研究所】→ Electromagnetic Characteristics Research Section 235
毒素兵器 → toxic weapon 646
特定監察 → specific inspection 591
特定空路 【海自】→ air corridor (AC) 26
特定軍 【米軍】→ Specified Command .. 591
特定修理品目リスト → tailored repairable item list (TRIL) 627
特定整備工事 → special rework 590
特定通常兵器使用禁止制限条約 → Convention on Prohibitions or Restrictions on the Use of Certain Conventional Weapons Which may be Deemed to be Excessively Injurious or to Have Indiscriminate Effects (CCW) 174
特定秘密 【防衛省】→ specially designated secret 589
特定部隊 → specified command 591
特定防衛施設 → specified defense facility 591
特定目標捜索 → specific search 591
特定有害活動 → specified harmful activity 591
毒物及び劇物取締法 【日】→ Law for Control of Poisons 370
特別移動 → ad hoc movement 11
特別改修機 → special modification aircraft 589
特別改造 【海自】→ modernization 423
特別活動 → special activity 588
特別借り受け宿舎 【空自】→ rental billet on KKR fund 531
特別監視地帯 → special watch zone 590
特別管制空域 → positive control area 491
特別管理一般廃棄物 【米軍】→ specially controlled general wastes (SCGW) 589
特別管理産業廃棄物 【米軍】→ specially controlled industrial wastes (SCIW) ... 589
特別儀仗服黨 【自衛隊】→ special guard of honor uniform 589
特別緊急 【米】→ flash 271
特別緊急信 → flash message 271
特別緊急請求 【ミッション・アビオニクス、

搭載武装電子機器専用部品特別緊急請求】
→ aircraft not fully equipped
(ANFE) ·· 28

特別緊急請求 【航空機関係部品特別緊急請求】
→ aircraft out of commission for parts
(AOCP) ··· 28

特別緊急請求 【通信用器材部品特別緊急請求】
→ communication out of commission for
parts (COCP) ····································· 157

特別緊急請求 【支援器材部品特別緊急請求】
→ ground support equipment out of
commission for parts (GOCP) ·········· 302

特別緊急請求 【空自】 → missile out of
commission for parts (MOCP) ·········· 421

特別緊急請求 【保安管制・気象用器材部品特
別緊急請求】 → navigational aid
inoperative for parts (NAIOP) ········· 438

特別緊急請求 【緊急所要物品特別緊急請求】
→ other all emergency requirement
(OAER) ··· 466

特別緊急請求 【航空警戒管制用器材部品特別
緊急請求】 → radar out of commission for
parts (ROCP) ····································· 512

特別緊急請求 【A請求】 → special emergency
requisition (requisition A) ················ 588

特別緊急請求 【支援整備・計画整備、補給処
整備用部品特別緊急請求】 → work stoppage
(WS) ··· 692

特別勤務 → special duty ····················· 588

特別空輸所要 → special assignment airlift
requirements ···································· 588

特別訓練 → special training ················· 590

特別警備隊 【海自】 → Special Boarding
Unit ·· 588

特別航空輸送隊 【空自】 → Special Airlift
Group ·· 588

特別航空輸送隊運用室 【空自】 → Special
Airlift Operations Office ·················· 588

特別至急 【陸自】 → immediate ············ 328

特別至急 【空自】 → operational
immediate ·· 460

特別至急信 【海自】 → operational
immediate ·· 460

特別指定空輸要求 【海自】 → special
assignment airlift requirements··········· 588

特別守則 → special order ····················· 589

特別情報収集要求 → specific intelligence
collection requirement (SICR) ·········· 591

特別職務割り当て → special assignment·· 588

特別任務実施部隊 → OPLAN-dependent
force module ····································· 463

特別幕僚 → special staff ····················· 590

特別無音潜航 【海自】 → ultra quiet ······ 659

特別部隊 → special forces (SF) ············ 589

特別防衛監察 【防衛省】 → special defense
inspection ··· 588

特別防衛秘密 【防衛省】 → special defense
secret ··· 588

特別方旗及び特別流旗 → special flag and
pennant ·· 589

特別輸送機 【空自】 → Japanese Air Force
One/Two ··· 355

特務艦
→ auxiliary (AUX) ··························· 84
→ auxiliary ship utility ···················· 85
→ auxiliary training submarine ·········· 85

特務艦 【海自】 → service ship············· 567

特務艇 【海自】 → service craft ············ 566

独立行政法人評価委員会 【防衛省】
→ Assessment Committee of Independent
Administrative Organizations ············· 74

独立機雷 → independent mine ············· 331

独立作戦
→ autonomous operation ··················· 84
→ independent operation ···················331

独立した検証と有効性の検証 → independent
verification and validation (IV&V) ····· 331

独立射撃 → independent firing············· 331

独立哨所 → detached post···················· 207

独立戦争 → independence war ············· 331

独立大隊 → separate battalion ············· 565

独立特科中隊 → separate battery ········· 565

独立部隊
→ independent unit ··························331
→ separate unit ······························565

独立砲兵中隊 → separate battery ········· 565

時計式複動信管 → mechanical time and
superquick fuze (MTSQ fuze) ·········· 405

時計信管 → mechanical time fuze (MT
fuze) ·· 406

時計発動機構 → clock starter
mechanism·· 141

時計発動装置
→ clock starter ······························141
→ clock starter mechanism ···············141

所沢通信施設 【在日米軍】 → Tokorozawa
Transmitter Site ································ 642

日本語索引　　　265　　　とほこう

途上縦隊　【陸自】→ route column ········ 545
徒渉場　→ fordable area ····················· 279
渡渉深度　→ fording depth ················· 279
渡渉能力　→ fordability ····················· 279
トス爆撃　【空自・海自】→ toss bombing·· 645
トーチカ　→ pillbox ·························· 483
特科火力　【陸自】→ artillery fire ··········· 72
特科基本教練　【陸自】→ artillery drill ····· 72
特科群　【陸自】→ artillery group············ 72
特科項目　【陸自】→ artillery
　subparagraph ································ 72
特科射撃　【陸自】→ artillery fire ··········· 72
特科射撃観測者　【陸自】→ artillery
　observer ····································· 72
特科射撃場　【陸自】→ artillery range ······ 72
特科情報　【陸自】→ artillery intelligence·· 72
特科情報通報　【陸自】→ artillery intelligence
　bulletin ······································ 72
特科測量　【陸自】→ artillery survey ······· 72
特科隊　【陸自】→ Artillery Unit············· 72
特科大隊　【陸自】→ artillery battalion ···· 71
特科大隊群　【陸自】→ artillery battalion
　group··· 71
特科大隊本部　【陸自】→ Battalion
　Headquarter································· 97
特科団　【陸自】
　→ Artillery Brigade··················· 71
　→ field artillery brigade ·················261
特科中隊　【陸自】→ battery ················· 97
特科中隊長　【陸自】→ battery
　commander································· 97
特科中隊長随行班　【陸自】→ battery
　commander's party ······················· 97
特科中隊用捕捉レーダー　【自衛隊】
　→ battery acquisition radar（BAR）····· 97
特科別紙　【陸自】→ artillery annex········· 71
特科用地図　【陸自】→ artillery map········· 72
特科連隊　【陸自】→ Field Artillery
　Regiment ····································· 261
特級砲手　→ expert gunner ················· 252
ドック型揚陸艦　【海自】→ dock landing
　ship ·· 222
ドック型揚陸輸送艦　→ amphibious
　transport, dock···························· 51
突撃　→ charge rush ························· 133
突撃距離　【陸自】→ assaulting distance··· 73

突撃工兵　→ assault engineer····················· 73
突撃支援射撃　【陸自】→ assault support
　fire ·· 73
突撃射撃
　→ advancing fire ························· 16
　→ assault fire ····························· 73
　→ marching fire ····························398
突撃銃　→ assault rifle······················ 73
突撃専用部隊；突撃隊　→ shock troops ··· 570
突撃段階　→ assault phase ················· 73
突撃渡河　【陸自】→ assault crossing ······ 73
突撃破砕射撃　【陸自】→ final protective
　fire ·· 264
突撃破砕線　【陸自】→ final protective line
　（FPL）······································· 264
突撃部隊　【陸自】→ assault echelon ········ 73
突撃部隊　→ assault force···················· 73
突撃部隊随伴補給品　→ assault supplies ··· 73
突撃砲　→ assault gun ······················· 73
突撃発起位置　【陸自】→ assault position
　（AP）·· 73
特攻攻撃　→ suicide attack··················· 612
独航船　【海自】→ independent ··············· 331
独航分離船　→ independent leaver·········· 331
とっさ攻撃　【海自】→ urgent attack ····· 669
突破　【陸自】
　→ breakthrough·····················114
　→ penetration ·······················477
トップアタック　→ top-attack ·············· 643
ドップラー効果　→ Doppler effect ·········· 222
ドップラー航法　→ Doppler navigation ··· 223
ドップラー航法装置　→ Doppler navigation
　system ······································ 223
ドップラー・シフト　→ Doppler shift······ 223
ドップラー・ソーナー　【海自】→ Doppler
　sonar ·· 223
ドップラー・ビーム・シャープニング
　→ Doppler beam sharpening（DBS）··· 222
ドップラー方向探知機　→ Doppler direction
　finder·· 222
ドップラー・レーダー　→ Doppler radar·· 223
ドナー・アラート　→ Donor Alert·········· 222
土木課　【防衛省建設部】→ Civil Engineering
　Division ····································· 138
土木建築　【空自准空尉空曹空士特技区分】
　→ Civil Engineering and Constriction·· 138
徒歩行進　→ foot march····················· 278

とほしゆ　　　　　　　　　　266　　　　　　　　　日本語索引

徒歩縦隊 → foot column ················· 278
徒歩偵察 → foot reconnaissance ······· 278
徒歩伝令 → foot messenger ············· 278
徒歩部隊 → foot troops ·················· 278
トマホーク 【米軍】→ Tomahawk········ 642
トマホーク艦載巡航ミサイル 【米軍】
　→ Tomahawk SLCM ················· 642
トマホーク巡航ミサイル 【米軍】
　→ Tomahawk cruise missile ········· 642
トマホーク対艦ミサイル 【米軍】
　→ Tomahawk Anti-Ship Missile
　（TASM）··························· 642
トマホーク対地攻撃ミサイル 【米軍】
　→ Tomahawk Land Attack Missile
　（TLAN）·························· 642
トマホーク・ミサイル 【米軍】→ Tomahawk
　missile ····························· 642
トミーガン → Tommy gun ·············· 642
ドーム型弾薬庫 → igloo ················· 326
トムキャット 【米軍】→ Tomcat ········ 642
トムソン式小型機関銃 → Thompson
　submachine gun······················ 638
友 【空自】→ friendly force················ 286
渡洋水域 → transoceanic waters··········· 651
渡洋飛行 → transoceanic flight············· 651
ドライ・デッキ・シェルター 【米海軍】
　→ dry deck shelter ··················· 226
トライデント 【米海軍】→ Trident ······· 654
トライデント潜水艦 【米海軍】→ Trident
　Submarine······················· 654
トライデント・ミサイル訓練所 【米海軍】
　→ Trident Training Facility（TTF）···· 654
トライデント・ミサイル整備所 【米海軍】
　→ Trident Refit Facility··············· 654
ドライ・ラン 【空自】→ dry run ········· 227
トラウツル試験 → Trauzl test··············· 653
トラック・アンプ・データ → track
　amplifying data（TRK AMP DATA）·· 646
トラック・ダウン・テル → Track Down
　Tell ······························· 646
トラック・ホワイル・スキャン → track while
　scan（TWS）······················· 647
トラック・メリット → track merit
　（TM）····························· 647
トラッピング戦術 → trapping tactics····· 653
トランスポンダー → transponder ·········· 651
ドリー 【海軍】→ dolly ················· 222

取り扱い注意文書 → unclassified controlled
　information（UCI）················· 660
トリイ通信施設 【在日米軍】→ Torii
　Communication Station ·············· 643
鳥島射爆撃場 【在日米軍】→ Tori Shima
　Range································ 643
トリトナール → tritonal ················· 655
トリニトロトルエン → trinitro-toluene
　（TNT）··························· 655
トリプルベース発射薬 → triple-base
　propellant··························· 655
トリム → trim······················· 654
トリム解析 → trim analysis··············· 654
トリム角 → angle of trim ················· 53
トリム潜航 → trim dive ················· 654
トリメチレントリニトロアミン
　→ trimethylenetri-nitroamine··········· 654
ドリル・サージェント → drill sergeant··· 225
トールドイン航跡 → told-in track ········· 642
トルペックス → torpex················· 644
「取れ、剣！」→ Unfix Bayonet！······· 662
ドロップ航跡 → drop track ··············· 226
ドロップ・ショート・レンジ → drop short
　range······························ 226
ドロップ・セグメント → drop segment·· 226
ドロップ・ロング・レンジ → drop long
　range······························ 226
ドローン 【海自】→ drone················· 226
トンキン湾決議 【国連】→ Gulf of Tonkin
　resolution ·························· 305

【な】

内域哨戒 【海自】→ inshore patrol········ 339
内閣安全保障室 【内閣官房】→ Cabinet
　Security Affairs Office················ 120
内閣衛星情報センター 【内閣官房】→ Cabinet
　Satellite Intelligence Center ·············· 120
内閣危機管理監 【内閣官房】→ Deputy Chief
　Cabinet Secretary for Crisis
　Management ························· 205
内閣サイバーセキュリティセンター 【内閣官
　房】→ National Center of Incident
　Readiness and Strategy for Cybersecurity
　（NISC）························· 432

内閣情報官 【内閣官房】 → Director of Cabinet Intelligence ……………… 214

内閣情報調査室 【内閣官房】 → Cabinet Intelligence and Research Office ……… 120

内閣情報通信政策監 【内閣官房】 → Deputy Chief Cabinet Secretary for Information Technology Policy …………………… 205

内火艇 (ないかてい) → motor launch …… 426

ナイキアジャックス 【米軍】 → Nike-Ajax ………………………………… 443

ナイキ管制官 【空自】 → Nike operation officer (NOO) ……………………… 443

ナイキ管制所 【空自】 → Nike Operation Center (NOC) …………………… 443

ナイキ・ハーキュリーズ 【米軍】 → Nike Hercules ……………………… 443

ナイキ発射幹部 【空自】 → launcher control officer (LCO) ………………… 369

内航船団 → coastal ship convoy ……… 144

内戦 → civil war ……………………… 139

内線作戦 【陸自】 → interior operation… 346

内聴域 → inner zone of audibility …… 338

内部警備 → internal security ………… 347

内部部局 【防衛省】 → Internal Bureau… 347

内部防御地帯 → inner defense zone…… 338

内乱 → rebellion …………………… 522

内陸水路 → inland water way ………… 338

内陸部捜索救難地域 → inland search and rescue region ……………………… 338

内陸部の作戦 【陸自】 → inland area operation…………………………… 338

「直れ！」 → Dress Ready Front ! …… 225

長坂小銃射撃場 【在日米軍】 → Nagasaka Rifle Range……………………… 432

「半ば、左！」 → Half Left ! ………… 307

「半ば、右！」 → Half Right ! ……… 307

中帽 (なかぼう) → liner ……………… 378

ナショナル品目識別番号 【米】 → National Item Identification Number (NIIN) …… 434

ナショナル物品番号 【米】 → National Stock Number (NSN) …………………… 435

ナショナル類別局 【米】 → National Codification Bureau (NCB) ………… 432

斜め打ち 【海自】 → oblique fire …… 451

斜め視程 【空自】 → slant visibility …… 579

斜め直距離 【空自】 → slant range …… 579

那覇港湾施設 【在日米軍】 → Naha Port… 432

ナパーム弾 【陸自】 → napalm bomb…… 432

ナパーム爆弾 【空自】 → napalm bomb… 432

生記号 (なまきごう) → plain code …… 485

生文 (なまぶん) → cleartext …………… 141

生文電報 → cleartext telegram………… 141

ナム・フック → numerical hook (NUM HOOK) ……………………………… 450

習志野演習場 【陸自】 → Narashino Maneuver Area…………………… 432

ならず者国家
　→ rogue country ……………………543
　→ rogue nation ………………………543
　→ villainous country……………………677

南欧連合軍 【NATO】 → Allied Forces Southern Europe (AFSOUTH) ………… 45

南海レスキュー 【陸自】 → Nankai Rescue ………………………………… 432

南極地域観測協力 【海自】 → Antarctica Observation Activity ………………… 54

南西航空警戒管制隊 【空自】 → Southern Aircraft Control and Warning Wing …… 586

南西航空警戒隊 【空自】 → Southwestern Aircraft Control and Warning Squadron ……………………………… 586

南西航空混成団 【空自】 → Southwestern Composite Air Division (SWCAD) …… 586

南西航空方面隊 【空自】 → Southwestern Air Defense Force………………………… 586

難燃化ニトロセルロース → flame retardant nitrocellulose……………………… 270

南方軍 【米】 → Southern Command (SOUTHCOM) …………………… 586

南北戦争 【米】 → Civil War …………… 139

難民
　→ displaced person…………………218
　→ refugee ………………………………527

難民キャンプ → refugee camp………… 527

難民救援 → refugee relief …………… 527

難民救援活動 → refugee relief activity…… 527

難民支援 → refugee assistance ………… 527

難民支援活動 → refugee support activity………………………………… 527

軟目標 (なんもくひょう) → soft target…… 583

【 に 】

新島支所 【防衛装備庁】→ Niijima Branch ················· 443

二液型毒ガス兵器 → binary CW weapon ················· 103

二液推進薬 → bipropellant ················· 104

握り式安全装置 → grip safety ················· 299

肉眼観測 → eye spotting ················· 256

二元推進薬 → bipropellant ················· 104

二国間訓練 → bilateral exercise ················· 102

西アフリカ諸国経済共同体 → Economic Community of West African States (ECOWAS) ················· 231

二次炎（にじえん）→ secondary flash ······ 557

二次監視レーダー → secondary surveillance radar （SSR） ················· 557

西太平洋海軍シンポジウム → Western Pacific Naval Symposium （WPNS） ··············· 688

西太平洋国際掃海セミナー 【日】 → International MCM Seminar ·········· 349

西太平洋地域ミサイル防衛構想 → West Pacific Area Missile Defense （WESTPAC） ················· 688

二次爆薬 → secondary explosive ········· 557

二次目標 【海自】→ secondary target ···· 558

二次目標線 → secondary target line （STL） ················· 558

二重暗号化 → superencipherment ·········· 612

二重懸架装置 → double ejector rack （DER） ················· 223

二重懸吊ロケット → double hung rocket ················· 223

二重スパイ → double agent ················· 223

二次レーダー → secondary radar ··········· 557

二次レーダー・ターゲット → secondary radar target ················· 557

二次レーダー品質度 → SSR quality （SQ） ················· 594

二成分系化学兵器 → binary weapon ······ 103

二成分爆薬 → binary explosive ············· 103

日ASEAN乗艦協力プログラム 【自衛隊】 → Japan-ASEAN Ship Rider Cooperation Program ················· 354

日印特別戦略的グローバル・パートナーシップ 【防衛省】→ India-Japan Special Strategic and Global Partnership ················· 331

日施情報要約 → daily intelligence summary ················· 188

日施推定位置概報 → Daily Estimated Position Summarie （DEPSUM） ········· 188

日施掃海
→ daily sweeping ················· 188
→ routine sweeping ················· 545

日施動静概報 → daily movement summary ················· 188

日施命令 【海自】→ fragmentary order （FRAGORD） ················· 283

日施輸送能力 【海自】→ clearance capacity ················· 140

日日人員現況報告 → daily strength report ················· 188

日日点検（にちにちてんけん）【空自】→ daily check ················· 188

日日命令 【海自】→ fragmentary order （FRAGORD） ················· 283

日日命令 → routine order ················· 545

日米ACSA → Japan-US Acquisition and Cross-Servicing Agreement （ACSA） ··· 355

日米ITフォーラム 【防衛省】→ Japan-US IT Forum ················· 356

日米安全保障運用委員会 【日】→ Security Consultative Group （SCG） ··············· 559

日米安全保障関係 【日】→ US-Japan security relationship ················· 671

日米安全保障協議委員会 【日】→ Security Consultative Committee （SCC） ········· 559

日米安全保障共同宣言 【日】→ US-Japan Joint Declaration on Security ················· 671

日米安全保障事務レベル協議 【日】
→ Security Subcommittee （SSC） ······· 560

日米安全保障条約
→ Japan-US Security Treaty ················· 356
→ Treaty of Mutual Cooperation and Security between Japan and the United States of America ················· 653

日米安全保障体制 【防衛省】→ bilateral security arrangements ················· 103

日米安全保障体制 → Japan-US Security Arrangement ················· 356

日米安保条約 → Treaty of Mutual Cooperation and Security between Japan and the United States of America ········· 653

日米宇宙協力ワーキンググループ　【防衛省】
→ Space Cooperation Working Group
（SCWG） ································· 587

日米間の調整メカニズム　【防衛省】
→ bilateral coordination mechanism ···· 102

日米共同CBRN訓練　【自衛隊】→ Joint
CBRN Training ······························ 358

日米共同基盤　【防衛省】→ bilateral
infrastructure ································ 103

日米共同作戦　【防衛省】→ bilateral
operation ···································· 103

日米共同作戦計画の立案　【防衛省】
→ bilateral defense planning ············· 102

日米共同調整所　【自衛隊】→ Bilateral
Coordination Center（BCC） ············· 102

日米共同統合空域統制計画 → Joint Bilateral
Air Space Control Plan（JBACP） ······ 358

日米共同統合防災訓練　【自衛隊】
→ Tomodachi Rescue Exercise
（TRX） ······································ 642

日米共同班　【統幕運用部運用第1課】
→ Bilateral Operations Section ·········· 103

日米共同部　【陸自】→ Bilateral Coordination
Department（BCD） ······················· 102

日米協力　【防衛省】→ bilateral
cooperation ································· 102

日米形態管理調整会議　【防衛省】→ Japan-
US Interoperability Management Board
（IMB） ······································ 356

日米豪安全保障・防衛協力会合 → Security
and Defense Cooperation Forum
（SDCF） ····································· 559

日米合同委員会 → Japan-US Joint
Committee ··································· 356

日米サイバー対話 → Japan-US Cyber
Dialog ······································· 356

日米サイバー防衛政策ワーキンググループ
【防衛省】→ Japan-US Cyber Defense
Policy Working Group（CDPWG） ······ 355

日米情報保証実務者定期協議　【防衛省】
→ Japan-US Information Assurance
Working Group（IAWG） ·················· 356

日米装備・技術定期協議　【日】→ System and
Technology Forum（S&TF） ·············· 621

日米地位協定　【日】→ US-Japan Status of
Forces Agreement（SOFA） ··············· 671

日米同盟 → Japan-US alliance ············· 355

日米武器技術共同委員会 → Joint Military
Technology Commission（JMTC） ······· 360

日米物品役務相互提供協定 → Japan-US
Acquisition and Cross-Servicing Agreement
（ACSA） ····································· 355

日米防衛協力 → Japan-US Defense
Cooperation ································· 356

日米防衛協力課　【内部部局】→ Japan-US
Defense Cooperation Division ············ 356

日米防衛協力指針 → Japan-US defense
cooperation guidelines ····················· 356

日米防衛協力小委員会　【日】→ Subcommittee
for Defense Cooperation（SDC） ········· 608

日米防衛協力のための指針 → Guidelines for
Japan-US Defense Cooperation ·········· 304

日米防衛協力のための指針の見直しに関する中
間とりまとめ　【日】→ Interim Report on
the Review of the Guidelines for US-Japan
Defense Cooperation ······················ 346

日米防衛協力のための指針の見直しの終了
→ Completion of the Review of the
Guidelines for US-Japan Defense
Cooperation ································· 161

日米防衛協力のための指針の見直しの進捗状況
報告　【日】→ Progress Report on the
Guidelines Review for US-Japan Defense
Cooperation ································· 502

日施点検（にっしてんけん）【海自】→ daily
check ·· 188

日朝点呼（にっちょうてんこ）→ morning roll
call ·· 425

日直士官；日直将校 → officer of the day ·· 454

ニトログリセリン → nitroglycerine ········ 443

「担え、銃！」（になえ、つつ）→ Right
Shoulder Arms！ ··························· 541

二燃料推進 → bi-fuel propulsion··········· 102

二方向直衛 → double sector screen ······· 224

日本国とアメリカ合衆国との間の相互協力及び
安全保障条約 → Treaty of Mutual
Cooperation and Security between Japan
and the United States of America········ 653

日本国政府専用機　【日】→ Japanese Air
Force One/Two ····························· 355

日本サイバー犯罪対策センター　【日】→ Japan
Cybercrime Control Center（JC3） ····· 355

日本防衛装備工業会　【日】→ Japan
Association of Defense Industry
（JADI） ····································· 355

日本本土 → mainland of Japan ············· 392

日本領海 → Japanese waters ················ 355

荷物段列 → baggage train···················· 89

にもつひ　　　　　　　　　　　　　　270　　　　　　　　　　　日本語索引

荷物引換証 → bill of lading（B/L）……… 103

入域管制官 → pick-up controller ………… 483

入学試験課 【防大】 → Admission
Division …………………………………… 13

入庫予定数 【統幕】 → due-in（DI；D/
I）………………………………………… 227

入隊期日 → date of enlistment ………… 191

入隊者 → enlistee ………………………… 245

ニューサンノー米軍センター 【在日米軍】
→ New Sanno US Forces Center ……… 442

ニュートラライズド・トラック → neutralized
track……………………………………… 442

ニューメリカル・サマリー → numerical
summary（NUSUM）…………………… 450

二要素認証 → two-factor authentication‥ 658

二輪車式降着装置 → bicycle-type landing
gear……………………………………… 102

任意統制 → arbitrary control…………… 63

任期制 → short term service …………… 572

任期制隊員 【自衛隊】 → fixed-term
enlistee ………………………………… 270

任期制・非任期制自衛官 【自衛隊】 → fixed-
term and non-fixed-term SDF
personnel ……………………………… 270

人間文化学科 【防大】 → Department of
Humanities …………………………… 203

認識ディファレンシャル → recognition
differential（RD）…………………… 522

認識番号 → identification number ……… 326

認識番号 【自衛隊】 → social security
number ………………………………… 582

認識票
→ identification plate …………………326
→ identification tag ……………………326

認証 → authentication…………………… 80

認証局 → certificate authority（CA）…… 132

認証者 → authenticator ………………… 80

認証符号 【海自】 → authenticator ……… 80

任務
→ mission（msn）………………………421
→ task ……………………………………630

任務可動機 【陸自・海自】 → operational
readiness aircraft …………………… 460

任務艦隊 → task fleet（TFLT）………… 630

任務区分 → category of mission ……… 127

任務群 → task group（TG）…………… 630

任務訓練促進 → accelerated mission
training………………………………………4

任務試験促進 → accelerated mission test ‥‥4

任務終了 → end of mission ……………… 242

任務主要資材 → mission-essential
materiel ……………………………… 421

任務指令番号 → mission call…………… 421

任務成果報告 【海自】 → mission report
（MISREP）…………………………… 421

任務成功 → mission accomplished
（MA）………………………………… 421

任務隊 → task unit（TU）……………… 630

任務中止
→ abort……………………………………3
→ air abort……………………………… 22

任務特定データ・セット → mission specific
data set ……………………………… 421

任務部隊 【海自】 → task force（TF）…… 630

任務分隊 → task element（TE）………… 630

任務編成 【海自】 → task organization … 630

任務報告 【空自】 → mission report
（MISREP）…………………………… 421

任務保証 → mission assurance ………… 421

任命 → appointment ……………………… 62

任命権
→ appointing authority………………… 62
→ appointment authority ……………… 62
→ assignment jurisdiction……………… 74

任免 → appointment and dismissal ……… 62

任免権 → appointment power …………… 62

任免権者 → appointment authority……… 62

任用 → appointment ……………………… 62

任用割り当て → appointment quota……… 62

【ぬ】

ヌスラ戦線 → Nusra Front …………… 450

沼津海浜訓練場 【在日米軍】 → Numazu
Beach Training Area ……………… 450

【ね】

ネイビー・リセイル・アクティビティ 【米軍】
→ Navy Resale Activity（NRA）……… 439

根岸住宅地区 【在日米軍】 → Negishi

日本語索引 271 のとつふ

Housing Area ································ 440
熱圧爆弾 → thermobaric bomb ··········· 638
熱核爆弾 → thermonuclear bomb ········· 638
熱核兵器 → thermonuclear weapon ······· 638
熱戦 → hot war ································ 321
熱核追尾式ミサイル
　→ heat seeker ······························312
　→ heat-seeking missile ·····················312
熱線追尾装置 → heat seeker ············· 312
熱走（ねっそう）→ hot run ···················· 321
熱走魚雷 → hot running torpedo ·········· 321
熱帯戦闘服 → jungle fatigue ············· 362
熱遅延式機雷 → thermal delay mine ····· 637
ネットワーク運用隊 【統幕】→ Network
　Operation Group ························· 441
ネットワーク化、統合化された縦深攻撃による
　敵の混乱、破壊、打倒 → networked,
　integrated, attack-in-depth to disrupt,
　destroy and defeat（NIA/D3）··········· 441
ネットワーク参加グループ → network
　participation group（NPG）·············· 441
ネットワーク侵入検知 → network intrusion
　detection（NID）························· 441
ネットワーク・スニッフィング → network
　sniffing ·································· 441
ネットワーク・セキュリティ機能 → network
　security function（NSF）················· 441
ネットワーク中心の戦い → network-centric
　warfare（NCW）··························· 441
ネリス空軍基地 【米軍】→ Nellis Air Force
　base ····································· 441
年次訓練 → annual training（AT）·········· 54
年次射撃 → annual service practice
　（ASP）···································· 54
燃焼火薬系列 → burning train ············· 119
燃焼完了重量 → burnout weight ··········· 119
燃焼完了点 → burn out ···················· 119
燃焼完了点速度 → burnout velocity ······· 119
燃焼終了 → burn out ······················ 119
粘着性爆薬 → sticky charge ··············· 603
粘着爆弾 → sticky bomb ··················· 603
粘着榴弾（ねんちゃくりゅうだん）
　→ high explosive plastics（HEP）········315
　→ high explosive squash head
　（HESH）·································315
年度班 【統幕】→ Annual Estimate
　Division ·································· 54

年度糧食計画 → annual food plan ··········· 54
燃料 【空自准空尉空曹空士特技区分】
　→ Fuel ··································· 286
燃料気化爆薬；燃料気体爆薬 → fuel air
　explosive（FAE）························· 287
燃料緊急自動移送 → automatic emergency
　fuel transfer ····························· 82
燃料交付所 → fuel distribution point ····· 287
燃料支処 → POL subdepot ················· 489
燃料所要量 → fuel requirements ··········· 287
燃料・弾薬再補給点 → forward arming and
　refueling point（FARP）················· 281
燃料搭載 → fueling ························· 287
燃料取りおろし 【海自】→ defueling ····· 200
燃料抜き → defueling ······················ 200
燃料班 【海自】→ Fuel Section ············· 287
燃料班 【陸自】→ Petroleum, Oils and
　Lubricants Section（POL Section）······ 480
燃料補給
　→ fueling ································287
　→ fuel supply ····························288
燃料補給位置 → fueling position ············ 287
燃料補給支援 → refueling support ········· 527
燃料モニター → fuel monitor ··············· 287

【の】

能動暗視装置 → active sight ················9
能動通信衛星 → active communication
　satellite ··································9
濃密爆撃 → density bombing ··············· 202
能力向上型ペトリオット3 → Patriot
　Advanced Capability-3（PAC-3）········· 475
ノーザンヴァイパー 【陸自】→ Northern
　Viper ···································· 447
ノージャイロ誘導 → no-gyro vectoring··· 443
ノースウインド 【陸自】→ North Wind·· 447
ノーズ・コーン → nose cone（NC）······ 447
ノーズ・プラグ → nose plug ··············· 448
ノース・リファレンス → north reference
　（NREF）································· 447
ノズル・クロージャー → nozzle closure·· 448
ノーチラス 【米】→ Nautilus ··············· 436
ノー・ドップラー目標 → no Doppler

のりくみ　　　　　　　　272　　　　　　　日本語索引

target ……………………………… 443

乗組員　→　crew …………………… 182

乗り継ぎ航空衛生後送施設　→　intransit
aeromedical evacuation facility ………… 351

ノン・グループ航空機　→　non-group
aircraft…………………………………… 445

ノン・サブマリン　→　non-submarine …… 446

ノン・システム航跡　→　non-system
track…………………………………… 446

【 は 】

灰色宣伝　→　gray propaganda…………… 298

配員　→　distribution of personnel ………… 220

バイオテロ　→　bioterror ………………… 104

バイオテロ対策専門家　→　bioterror
expert …………………………………… 104

バイオテロリズム　→　bioterrorism ……… 104

バイオハザード　→　biohazard …………… 103

敗軍　→　defeated army …………………… 195

背景UEP雑音　→　background underwater
electric field noise（background UEP
noise）……………………………………… 88

背景雑音　【海自】→　background noise …… 88

背景磁界補償方式　→　background magnetic
field compensating system ……………… 88

背景磁気雑音
→　background magnetic noise ………… 88
→　background noise compensation ……… 88

賠償班　【陸自】→　Civil Claims Section … 138

ハイスキュー・プロペラ　→　highly skewed
propeller ………………………………… 316

バイスタティック・アクティブ・ソーナー
→　bi-static active sonar………………… 104

バイスタティックASWシステム　→　bi-static
ASW system …………………………… 104

バイスタティック・ソーナー　→　bistatic
sonar …………………………………… 104

敗戦国　→　defeated country……………… 195

配属　→　attachment（atch）……………… 77

配属換え　→　transfer……………………… 650

配属部隊
→　attached element …………………… 77
→　attached unit………………………… 77

配属砲兵　→　attached artillery …………… 77

配置　→　assignment ……………………… 74

配置替え
→　redisposition…………………………525
→　transportation………………………652

配置訓練　→　general drill ……………… 293

配置計画　→　arrangement plan …………… 71

配置特技職　【空自】→　duty Air Force
Specialty（duty AFS）………………… 228

売店　【米海軍・空軍】→　base exchange
（BX）…………………………………… 94

売店
→　navy exchange ………………………439
→　Post Exchange（PX）………………491

売店係将校　→　exchange officer ………… 250

ハイドロホン　→　hydrophone ………… 324

バイナリー型毒ガス兵器　→　binary CW
weapon ………………………………… 103

背嚢（はいのう）
→　backpack …………………………… 89
→　field pack……………………………262
→　knapsack……………………………364

バイパス・テル　→　by-pass tell ………… 120

バイパス・モード　→　by-pass mode ……… 120

配備
→　disposition …………………………218
→　locating………………………………382

配備核兵器　→　deployed nuclear weapon… 204

配備軸　→　disposition axis ……………… 218

配備中心　→　disposition center ………… 218

配備データベース　→　deployment
database ………………………………… 204

配備変更　→　change in disposition ……… 133

廃品処理官　【米】；廃品出納官　【米】
→　property disposal officer（PDO）… 504

ハイブリッド推進薬　→　hybrid
propellant ……………………………… 323

ハイブリッド船体構造　→　hybrid hull
construction …………………………… 323

ハイブリッド・ロケット　→　hybrid
rocket …………………………………… 323

配分
→　apportionment ……………………… 62
→　distribution…………………………220

配分表　【空自】→　table of distribution
（TD）…………………………………… 622

背面キャビテーション　→　back cavitation… 88

背面攻撃

→ posterior attack ･･････････････････491
　　→ rear attack ･･････････････････････521
背面行進　→ countermarch ･････････････ 179
背面射撃　→ reverse slope fire ･･････････ 539
パイロット暗視装置　→ pilot night vision
　system（PNVS）･･････････････････････ 483
パイロット・イン・ザ・ループ・シミュレー
　ション　→ pilot-in-the-loop simulation･･ 483
バウ・ソーナー　→ bow sonar ･･････････ 112
バウンダリ・スキャン・テスト・グループ
　　→ Joint Test Action Group（JTAG）･･ 361
ハウンド・ドッグ【米】→ Hound Dog･･ 322
バウンド・ユニット　→ bound unit
　（BU）･････････････････････････････････ 112
破壊【海自】→ destruction ･･････････ 207
破壊救難消防車　→ crash truck ･････････ 182
破壊効果　→ destruction effect ･･････････ 207
破壊工作員　→ saboteur ･････････････････ 547
破壊口の開設　→ breaching ･･････････････ 113
破壊射撃　→ destruction fire ･････････････ 207
破壊射撃任務　→ destruction fire mission･･ 207
破壊措置　→ destruction measures ･･･････ 207
破壊筒　→ bangalore torpedo ･････････････ 92
破壊半径　→ radius of rupture ･･･････････ 516
破壊兵器　→ weapons of destruction ･････ 685
破壊用斧（はかいようおの）→ crash axe ･･ 182
破壊用爆弾　→ demolition bomb ････････ 202
パキスタン・タリバン運動　→ Tehrik-e
　Taliban Pakistan（TTP）･･･････････････ 632
ハーキュリーズ　→ Hercules ････････････ 314
パグウォッシュ会議　→ Pugwash
　Conference･････････････････････････････ 506
爆煙　→ bursting smoke ･･････････････････ 119
爆撃
　→ bombardment ･･･････････････････････109
　→ bombing ･････････････････････････････110
　→ bombing strike ･･････････････････････110
爆撃角　→ bombing angle ････････････････ 110
爆撃機　→ bomber ･･･････････････････････ 110
爆撃機侵攻能力評価　→ bomber penetration
　evaluation ･････････････････････････････ 110
爆撃機防御ミサイル　→ bomber defense
　missile（BDM）････････････････････････ 110
爆撃航空団　→ bombardment wing ･･････ 109
爆撃航程
　→ bombing run ････････････････････････110
　→ bomb run ･･･････････････････････････110

爆撃高度　→ bombing altitude ･･････････ 110
爆撃航法装置　→ bombing-navigation system
　（BNS）･･･････････････････････････････ 110
爆撃効率判定【空自】→ bomb damage
　assessment（BDA）･････････････････････ 109
爆撃誤差率　→ circular error average
　（CEA）････････････････････････････････ 137
爆撃手
　→ bombardier ･････････････････････････109
　→ bomb dropper ･･･････････････････････110
爆撃照準器　→ bomb sight ････････････ 110
爆撃照準高度計　→ bombing altimeter ･･ 110
爆撃照準地帯　→ critical zone ････････････ 183
爆撃照準レーダー　→ bombing radar ･････ 110
爆撃制限線　→ bomb safety line ･････････ 110
爆撃線
　→ bombing line ････････････････････････110
　→ bomb line（BL）････････････････････110
爆撃被害アセスメント　→ bomb damage
　assessment（BDA）･････････････････････ 109
爆撃飛行隊　→ bombardment squadron
　（BS）･･････････････････････････････････ 109
迫撃砲　→ mortar ･･･････････････････････ 426
迫撃砲掩体（はくげきほうえんたい）→ mortar
　pit ････････････････････････････････････ 426
迫撃砲用弾薬　→ mortar ammunition ･････ 426
爆撃目標図　→ bomb impact plot ････････ 110
爆弾用加速度計　→ bomb drop
　accelerometer ･････････････････････････ 109
爆轟（ばくごう）→ detonation ･･･････････ 209
爆轟圧力（ばくごうあつりょく）→ detonation
　pressure ･････････････････････････････ 209
爆轟伝播　→ detonation propagation ･･････ 209
爆轟波（ばくごうは）→ detonation wave ･･ 209
爆縮（ばくしゅく）→ implosion ･･････････ 329
爆縮機構　→ implosion assembly ････････ 329
爆心地
　→ center of an explosion ･･････････････130
　→ ground zero（GZ）･･････････････････302
爆心地点　→ zero point ････････････････ 693
爆速
　→ detonation rate ･････････････････････209
　→ detonation velocity ･････････････････209
　→ rate of detonation ･･････････････････519
爆速試験　→ detonation velocity test ･････ 209
爆弾
　→ bomb ････････････････････････････････109

はくたん 274 日本語索引

→ bombshell ·································· 110
爆弾安全解除 → bomb arming ·············· 109
爆弾安全線取り付け装置 → arming
solenoid ································· 66
爆弾架 → bomb rack ····················· 110
爆弾型弾薬 → bomb-type ammunition ··· 110
爆弾懸吊架 → bomb rack ················· 110
爆弾懸吊具（ばくだんけんちょうぐ）→ bomb
shackle ································· 110
爆弾懸吊装置（ばくだんけんちょうそう
ち）→ bomb pylon ····················· 110
爆弾固定金具 【空自】→ bomb shackle ·· 110
爆弾作業庫 → bomb service track ········ 110
爆弾集束器 【空自】→ cluster adapter ·· 143
爆弾集束具 → bomb cluster adapter ····· 109
爆弾処理 【空自】→ bomb disposal ······· 109
爆弾倉（ばくだんそう）
→ bomb bay ··························· 109
→ weapon bay ························· 684
爆弾捜索 → bomb sweeps ················· 110
爆弾倉搭載量 → bomb bay load ·········· 109
爆弾倉目盛 → bomb bay scale ············ 109
爆弾投下
→ bomb away ························· 109
→ bomb release ······················· 110
爆弾投下合図 → bomb away ·············· 109
爆弾投下開始線 → initial bomb release line
（IBRL）····························· 337
爆弾投下切り換え器 → bomb train
selector ································ 110
爆弾投下順序 → bomb release sequence ·· 110
爆弾投下線 → bomb release line
（BRL）····························· 110
爆弾投下装置 → bomb release system ···· 110
爆弾投下点 → bomb release point ········ 110
爆弾投下ボタン → bomb release button ·· 110
爆弾同時投下 → bomb salvo ·············· 110
爆弾の爆発 → bomb blast ················ 109
爆弾命中 → bomb hit ···················· 110
爆弾用加速重錘（ばくだんようかそくじゅうす
い）→ bomb accelerated motor weight ·· 109
白昼装填 → day light loading ············ 191
爆燃 → explosive combustion ············ 253
爆破 → demolition ······················ 202
爆破掩護隊 → demolition guard ·········· 202
爆破器材 → demolition materials ········· 202

爆破作業 → demolition ················· 202
爆破作業員 → demolition crew ·········· 202
爆破作業地域 → demolition area ········· 202
爆破資材 → demolition munitions ········· 202
爆破実施班 → demolition firing party ····· 202
爆破処分 → blasting disposal ············· 106
爆破処理 → explosive destruction ········ 253
爆破掃海 → explosive sweeping ·········· 254
爆破装置 → demolition equipment ········ 202
爆破地帯 → demolition belt ·············· 202
爆破チャンバー → demolition chamber··· 202
爆発
→ detonation ························· 209
→ explosion ·························· 253
爆発型反応装甲 → explosive reactive armor
（ERA） ····························· 253
爆発危険性 → explosion hazard ··········· 253
爆発効果 → explosion effect ············· 253
爆発行程 → explosion stroke ············· 253
爆発高度 → burst altitude（BA）········· 119
爆発高度 【空自】→ height of burst
（HOB） ····························· 313
爆発準備完了機雷 → poised mine ········· 488
爆発成形侵徹体（ばくはつせいけいしんてつた
い）→ explosively formed penetrator
（EFP） ····························· 253
爆発成形弾（ばくはつせいけいだ
ん）→ explosively formed projectile
（EFP） ····························· 253
爆発性戦争残存物 → explosive remnants of
war（ERW）························· 253
爆発掃海 → explosive sweeping ·········· 254
爆発的減圧 → explosive decompression··· 253
爆発熱 → heat of explosion ·············· 311
爆発燃焼 → explosive combustion ········ 253
爆発箔起爆装置 → exploding foil initiator
（EFI） ····························· 253
爆発物 → explosive substance ············ 254
爆発物処分隊 【海自】→ explosive disposal
unit ···································· 253
爆発物処分隊 → explosive ordnance disposal
unit（EOD）······················· 253
爆発物処分要表 → explosive ordnance
disposal bulletin（EODB）·········· 253
爆発物処理 → explosive ordnance disposal
（EOD）····························· 253

爆発物処理隊 → explosive ordnance disposal unit（EOD）················· 253

爆発物処理手順 → explosive ordnance disposal procedures ················· 253

爆発ボルト → explosive bolt··············· 253

爆発レンズ → explosive lens ············· 253

爆破班 → demolition firing party ·········· 202

爆破半径 【海自】→ destruction radius·· 207

爆破目標 → demolition target ············· 202

爆破薬 → demolition charge ·············· 202

爆破用キット → demolition kit ············· 202

爆破用具
　→ blasting accessory·····················106
　→ demolition tool kit····················202

爆破用具セット → demolition set ········· 202

爆破用防護マット → blasting mat ········· 106

爆破用雷管 → blasting cap ··············· 106

爆破ライン → blast line ···················· 106

爆風 → blast ································ 105

爆風圧
　→ blast overpressure····················106
　→ blast pressure ·······················106

爆風圧曲線 → blast contour ·············· 105

爆風域 → blast area ······················ 105

爆風荷重 → blast loading ················· 106

爆風計 → blast gauge ···················· 105

爆風効果 → blast effect ·················· 105

爆風効果弾頭 → blast effect warhead ····· 105

爆風傷害 → blast injury··················· 106

爆風衝撃波 → blast shock wave··········· 106

爆風騒音 → blast noise ··················· 106

爆風弾頭 → blast warhead ················ 106

爆風波 → blast wave ····················· 106

爆風爆弾 → blast bomb ··················· 105

爆風偏向器 → blast deflector ·············· 105

白兵戦；白兵戦闘 → hand-to-hand combat ································· 308

薄暮（はくぼ）
　→ dusk································228
　→ evening twilight····················249

薄明（はくめい）→ twilight··········· 658

爆薬 → explosive ························· 253

爆薬純重量 → net explosive weight（NEW）······························· 441

爆薬類 → detonating explosive············· 209

爆雷 【空自】→ depth bomb（DB；D/B）································ 205

爆雷 → depth charge（DC；D/C）······· 205

爆雷散布帯 → depth charge pattern······· 205

爆雷投射機 → depth charge projector（DCP）································ 205

爆雷発火装置 → D/C pistol··············· 191

爆雷発射機 → Y-gun····················· 693

幕僚 【自衛隊】→ staff··················· 595

幕僚演習 → staff ride···················· 595

幕僚会議
　→ staff conference ·····················595
　→ staff meeting ·······················595

幕僚活動 → staff activity ················· 595

幕僚間協議 【防衛省】→ staff talk ······· 596

幕僚監督 → staff supervision ············· 595

幕僚幹部 【自衛隊】→ staff officer ······· 595

幕僚業務記録 → staff journal ············· 595

幕僚研究報告 → staff study report········· 595

幕僚作業記録 → staff section worksheet ··· 595

幕僚責任 → staff responsibility············ 595

幕僚長 【自衛隊】→ Chief of Staff（CS）·· 135

幕僚等執務室 → staff's office ············· 595

幕僚特技 → staff specialty················ 595

幕僚部 → staff section ··················· 595

幕僚副長 【自衛隊】→ Vice Chief of Staff（VCS）································ 676

幕僚見積り → staff estimate ·············· 595

幕僚用通信機能 → communication function for staff ······························ 157

爆裂音 → detonation ···················· 209

爆裂圏 → rupture zone ··················· 547

暴露陣地
　→ exposed position ·····················254
　→ open position·······················458

パケット・スニッファー → packet sniffer ······························· 470

派遣 → dispatch ························· 217

派遣海賊対処行動航空隊 【自衛隊】
　→ Deployment Air-Force for Counter-Piracy Enforcement（DAPE）············· 204

派遣海賊対処行動支援隊 【自衛隊】
　→ Deployment Support Group for Counter-Piracy Enforcement（DGPE）······························· 204

派遣海賊対処行動水上部隊 【自衛隊】
　→ Deployment Surface Force for Counter Piracy Enforcement（DSPE）············· 204

はけんき　　　　　　　　　　276　　　　　　　　　　日本語索引

派遣技術員 → field service representative·········· 262

派遣勤務
　→ detached duty·········· 207
　→ detached service·········· 207

派遣軍 → expeditionary force ·········· 252

派遣軍装備 【空自】 → contingent-owned equipment（COE）·········· 170

派遣国代表 【国連】 → National Contingent Commander ·········· 433

派遣隊 → branch ·········· 113

派遣隊 【自衛隊】 → Detachment（Det）·· 208

派遣隊所有の装備品 【統幕】 → contingent-owned equipment（COE）·········· 170

派遣幕僚 → dispatched staff ·········· 217

派遣部隊 → detached unit ·········· 207

派遣防火隊 → fire and rescue party ······ 265

派遣前訓練 → pre-deployment training ·· 494

派遣ルート 【海自】 → dispatch route ·· 217

箱形哨戒 → box patrol ·········· 112

箱形捜索
　→ box search·········· 112
　→ rectangular search ·········· 525

箱型弾倉 → box magazine ·········· 112

箱形ビーム → box beam ·········· 112

箱弾倉 → box magazine ·········· 112

破砕
　→ crush·········· 185
　→ fragmentation ·········· 283
　→ smash·········· 581

破砕試験 → crushing test ·········· 185

バージニア士官学校 【米軍】 → Virginia Military Institute（VMI）·········· 677

パシフィック・パートナーシップ → Pacific Partnership（PP）·········· 470

パシフィック・リーチ 【海自】 → PACIFIC REACH·········· 470

波状空襲 → air raid in waves ·········· 38

波状攻撃 → successive attack·········· 611

パーシング 【米】 → Pershing ·········· 479

バズーカ砲 → bazooka ·········· 99

バスク祖国と自由 → Euskadi Ta Askatasuna（ETA）·········· 249

バスタブ・パターン → bathtub pattern ·· 97

バースト → burst ·········· 119

バースト・シーケンス・ナンバー → burst sequence number（BSN）·········· 119

バースト・データ → burst data ·········· 119

バズ爆弾 → buzz bomb·········· 120

裸の爆薬 → bulk high explosive ·········· 117

旗の敬礼 → colors salute ·········· 148

パターン魚雷；パターン航走魚雷 → pattern-running torpedo ·········· 476

パターン爆撃 【空自】 → pattern bombing ·········· 475

パターン敷設 → pattern laying ·········· 476

八戸貯油施設 【在日米軍】 → Hachinohe Fuel Terminal ·········· 307

発 【海自】 → round ·········· 545

発煙浮信号（はつえんうきしんごう）【海自】 → buoyant smoke signal·········· 117

発煙黄燐手榴弾（はつえんおうりんしゅりゅうだん）→ white phosphorus smoke grenade ·········· 688

発煙機 → smoke generator ·········· 581

発炎剤 → illuminant·········· 327

発煙剤
　→ screening agent ·········· 553
　→ smoke agent ·········· 581
　→ smoke powder·········· 581

発煙剤タンク → airplane smoke tank ······ 37

発煙手榴弾 → smoke grenade ·········· 581

発煙信号 【空自】 → smoke signal ·········· 581

発煙信号弾；発煙信号筒 → smoke signal·· 581

発煙弾
　→ smoke ball·········· 581
　→ smoke shell·········· 581

発煙筒
　→ smoke candle·········· 581
　→ smoke hall·········· 581
　→ smoke pot·········· 581

発煙頭部 → smoke head·········· 581

発煙爆弾 → smoke bomb（SB）·········· 581

発煙薬 → smoke powder·········· 581

発音弾信号
　→ explosive charge signal ·········· 253
　→ explosive signal ·········· 254

ハッカー → hacker ·········· 307

発火 → ignition ·········· 327

伐開手（ばっかいしゅ）→ axman ·········· 87

発火位置 → firing position ·········· 268

発火遅れ
　→ ignition delay·········· 327
　→ ignition lag·········· 327

日本語索引　　　　　　　　277　　　　　　　　はつしや

発火温度 → ignition temperature ········· 327
発火金 (はっかがね) → anvil ················· 61
発火器 【海自】 → blasting machine······· 106
発火機構 → firing mechanism ············· 268
発火期調整；発火時間調整 → ignition
　　timing ·· 327
ハッカー戦争 → hacker warfare············· 307
発火装置
　　→ firing device ·······························267
　　→ firing mechanism ·······················268
発火点 → ignition point ····················· 327
発火点試験 → ignition point test ········· 327
発火電線 → electric firing cord············· 234
発火母線 → firing lead ······················· 267
発火待ち時間 → induction time············· 333
バック・ドアー → back door ················· 88
バック・ビーム → back beam ················· 88
バック・ローブ → back lobe··················· 88
発見段階 → contact phase ··················· 169
発見率 【空自】 → detection probability·· 208
パッシブ暗視装置 → passive night vision
　　device ·· 474
パッシブ機雷 → passive mine ············· 474
パッシブ航跡 → passive track ············· 474
パッシブ・ジャミング → passive
　　jamming ·· 474
パッシブ戦術 【海自】 → passive tactics·· 474
パッシブ・ソーナー → passive sonar······ 474
パッシブ・ソノブイ → passive
　　sonobuoy ·· 474
パッシブ電子妨害 → passive electronic
　　countermeasures ······························· 474
パッシブ・ホーミング誘導 → passive homing
　　guidance·· 474
パッシブ・モード → passive mode········· 474
パッシブ・レイド → passive raid ·········· 474
パッシブ・レーダー → passive radar······ 474
パッシブ・レーダー・ホーミング；パッシブ・
　　レーダー誘導 → passive radar homing
　　(PRH) ··· 474
パッシブ・レンジング・ソーナー → passive
　　ranging sonar ······································ 474
発射
　　→ firing ···267
　　→ launching ······································370
発射位置 → launching position············· 370

発射インターロック機構 → firing interlock
　　mechanism·· 267
発射音 → sound of firing····················· 585
発射架 → launching shoe ····················· 370
発射角
　　→ angle of departure ······················· 53
　　→ angle of projection······················· 53
　　→ firing angle ·······························267
　　→ quadrant angle of departure ···········508
発射管 【海自】 → torpedo tube ············ 644
発射間隔 → fire interval····················· 266
発射間隔調整器 【空自】
　　→ intervalometer ····························· 351
発射管基線長 → torpedo tube base line ·· 644
発射管訓練機 → torpedo tube trainer····· 644
発射管室 → torpedo room ··················· 644
発射管深度 → torpedo tube depth ········· 644
発射管制官 → fire control coordinator ···· 265
発射管体 → barrel ······························· 93
発射管水打ち → water slug ·················· 683
発射キー → firing key························· 267
発射機
　　→ launcher (Lchr) ··························369
　　→ launching station (LS) ··················370
　　→ projector··503
発射機テスト・セット → launching station
　　test set (LSTS) ································· 370
発射機電子装置 → launcher electronics
　　(LE) ··· 369
発射機電子モジュール → launcher electronics
　　module (LEM) ··································· 369
発射機統制指示器 → launcher control
　　indicator (LCI) ································· 369
発射機ミサイル・ディストリビューター
　　→ launcher missile round distributor
　　(LMRD) ··· 369
発射框 (はっしゃきょう) → launch cage ·· 369
発射禁止スイッチ 【海自】 → firing inhibit
　　switch (FIS) ····································· 267
発射区域 【海自】 → launching area
　　(LA) ··· 370
発射行程誘導 → launching phase
　　guidance·· 370
発射後ロックオン → lock-on after launch
　　(LOAL) ··· 382
発射時機 → firing time ······················· 268
発射時限継電器 → firing timing relay····· 268

はつしや

発射時刻 【海自】 → time of attack (TOA) ……………………………… 641
発射準備完了 → ready to fire …………… 520
発射指令 → fire order ………………… 266
発射針路 → firing course ……………… 267
発射スイッチ → firing switch …………… 268
発射スイッチ箱 【海自】 → fire switch box (FSB) ……………………………… 267
発射推定点 → launch point estimate (LPE) ……………………………… 370
発射制御装置 【空自】 → launch control unit (LCU) ……………………………… 369
発射選択 → launch selection …………… 370
発射装置
 → launcher (Lchr) ………………… 369
 → launching station (LS) ………… 370
発射速度 【空自】 → rate of fire ………… 519
発射台 → launch mount ………………… 370
発射台付き車両 → transporter-erector-launcher (TEL) …………………… 652
発射弾 → projector charge …………… 503
発射弾数計 → round fired counter …… 545
発射地域 【空自】 → launching area (LA) ……………………………… 370
発射電鍵（はっしゃでんけん）→ firing key ………………………………… 267
発射電路 → firing circuit ……………… 267
発射統制所 → launching control station (LCS) ……………………………… 370
発射統制センター → launch control center ……………………………… 369
発射統制トレーラー → launching control trailer (LCT) …………………… 370
発射パッド → launch pad ………………… 370
発射パネル → firing panel ……………… 268
発射班 【空自】 → launching section …… 370
発射班制御操作員 → section control indicator operator ……………………………… 558
発射班統制グループ → section control group (SCG) ……………………………… 558
発射班統制指示器 → section control indicator (SCI) ……………………………… 558
発射プラットフォーム → launch platform ……………………………… 370
発射弁 → firing valve ………………… 268
発射方位 → firing bearing ……………… 267
発射前予想要撃点 → launch now intercept point (LNIP) …………………… 370
発射前ロックオン → lock-on before launch (LOBL) ……………………………… 382
発射面 → plane of departure …………… 485
発射薬
 → propellant ……………………… 503
 → propelling charge ……………… 504
発射薬系列 → propelling charge explosive train ……………………………… 504
発射用接栓 → arming plug ……………… 66
発射レバー → firing lever ……………… 267
発進準備 【陸自】 → marshaling ………… 401
発進準備地域 → marshaling area ……… 401
発信調整 → message control …………… 409
発信調整者 → releasing officer ………… 530
発進点 【陸自】 → start point (SP) …… 599
発信統制 → message control …………… 409
発進飛行場 → departure airfield ……… 204
発送準備 → marshaling ………………… 401
発達型空対空ミサイル → advanced air-to-air missile (AAAM) ……………… 14
発達型コックピット評価機 → advanced cockpit evaluator (ACE) ………… 14
発達型戦闘機技術統合 → advanced fighter technology integration (AFTI) …… 15
発達型戦闘指揮システム → advanced combat direction system (ACDS) …… 14
発達型短射程空対空ミサイル → advanced short range AAM (ASRAAM) ……… 15
抜弾抗力（ばつだんこうりょく）→ bullet pull ……………………………… 117
発着甲板 【海自】 → flight deck ……… 273
発停 → start and cut-off ……………… 598
バッテリー・イニシエイティド航跡
 → battery initiated assignment track (BIA track) ……………………………… 97
バッテリー運搬車 → battery cart ……… 97
バッテリー・タンク → battery tank …… 98
発動機検査班 【海自】 → Power Plant Inspection Section ………………… 492
発動機班 【海自】 → Power Plant Section ……………………………… 492
発動地雷 → actuated mine ……………… 10
パッド長 → pad chief …………………… 470
発破器 【空自】 → blasting machine …… 106
バッファー・オーバーフロー → buffer

overflow ································ 116

バッファー航跡 → buffer track·········· 116

バッフル効果 → baffle effect ············· 89

バッフル板；バッフル・プレート → baffle
plate ··································· 89

発砲 → gunfire ························ 305

発砲諸元 → gun order ·················· 306

発砲閃光 → flash of gun ·············· 271

発砲電路 → firing circuit ·············· 267

発砲電路開閉器 → firing transfer switch·· 268

発令所 → control room ················ 173

発令所ハッチ → control room hatch ······ 173

発令待機隊 → casual detachment ········· 127

馬蹄形スクリーン；馬蹄形直衛 → horse shoe
screen ································ 321

ハードウェア・イン・ザ・ループ
→ hardware-in-the-loop（HITL）········ 309

ハードウェア・イン・ザ・ループ試験
→ hardware-in-the-loop test ············ 309

パート・タスク・トレーナー → part task
trainer（PTT）························ 473

バナー型標的 → banner target ············ 92

ハニーネット → honeynet ·············· 319

ばね式復座装置 → spring counter-recoil
mechanism ····························· 593

パネル橋MGB 【自衛隊】→ medium girder
bridge（MGB）······················· 408

パノラマ眼鏡 → panoramic telescope ····· 471

幅喫水比 → beam draft ratio ············ 100

幅深さ比 → beam depth ratio ············ 100

バフェット → buffet ··················· 116

パフォーマンス・モニター機能
→ performance monitoring ············· 478

パフォーマンス・モニター・ソフトウェア
→ performance monitor software ········ 478

ハープ形アンテナ → harp antenna ········ 309

ハーフコック → half cock ·············· 307

ハブ・コンプライド → Have Complied
（HVCO）···························· 310

パブリック・アドレス・システム 【米軍】
→ Public Address System（PAS）······· 506

パープル・ハート勲章 【米】→ Purple
Heart ································· 507

ハープーン → Harpoon ·················· 309

ハープーン武器管制コンソール 【海自】
→ Harpoon weapons control console
（HWCC）···························· 309

破片化 → fragmentation ·················· 283

破片効果 → fragmentation effect ··········· 283

破片試験 → fragmentation test ··········· 283

破片手榴弾 → fragmentation grenade····· 283

破片の散飛界 → fragment distribution
pattern ······························ 283

破片爆弾 → fragmentation bomb
（FRAG）···························· 283

ハマス → Hamas ······················ 307

バーミンガム・ワイヤー・ゲージ
→ Birmingham Wire Gauge（BWG）·· 104

バーモント士官学校 【米軍】→ Military
College of Vermont（MCV）··········· 413

速足（はやあし）；速歩 → quick time ····· 510

速歩行進 → quick march ·············· 510

早火（はやび）→ premature ignition········· 495

早め点火 【海自】
→ advanced ignition ················ 15
→ advanced sparking ··············· 16

早め点火 → preignition ················ 495

払い出し予定 → due-out（D/O）······· 227

払い出し予定日
→ due-out date ···················· 227
→ due-out day ····················· 227

バラージ電子妨害 【空自】→ barrage
jamming（BJ）······················ 93

バラージ妨害 【海自】→ barrage jamming
（BJ）······························· 93

パラシュート一式 → parachute
assembly ···························· 471

パラシュート降下訓練 → parachute drop
training ····························· 471

パラシュート照明弾
→ parachute flare ·················· 471
→ reconnaissance flare ·············· 524

バラトール → baratol ·················· 92

ばらの爆薬 → bulk high explosive ········ 117

パラパック → parachute pack ············ 471

パラボラ・アンテナ → parabolic
antenna ······························ 471

パララックス修正 → parallax correction·· 471

ハリアー 【英】→ Harrier ··············· 309

針尾島弾薬集積所 【在日米陸軍】→ Hario
Ordnance Facility ···················· 309

バリスタイト → ballistite ·············· 91

バルカン防空装置 【空自】→ Vulcan air
defense system（VADS）·············· 679

バルカン砲防空システム → Vulcan air defense system（VADS）………… 679

バルス・ドップラー・レーダー → pulse Doppler radar（PDR）……………… 507

バルス・レーダー → pulse radar ………… 507

ハル・ソーナー → hull-mounted sonar （HMS）………………………………… 322

ハル・マスカー 【海自】→ hull masker ‥ 322

パレスチナ解放機構 → Palestine Liberation Organization（PLO）……………… 471

パレスチナ解放軍 → Palestine Liberation Army（PLA）……………………… 471

パレスチナ解放人民戦線 → Popular Front for the Liberation of Palestine（PFLP）‥‥ 489

パレスチナ暫定自治政府 → Palestinian Interim Self-Government Authority （PA）…………………………………… 471

パレスチナ支援調整会議 → Ad Hoc Liaison Committee for Assistance to the Palestinian People（AHLC）………………………… 11

破裂 → burst ………………………………… 119

破裂圧；破裂圧力 → bursting pressure ‥ 119

破裂間隔 → burst interval ……………… 119

破裂距離 → burst range ………………… 119

破裂高 【海自】→ height of burst （HOB）………………………………… 313

破裂準備指令 → burst enable order ‥ 119

破裂指令 → burst order ………………… 119

破裂中心 【海自】→ mean point of burst …………………………………… 404

破裂点 → point of burst ………………… 488

破裂点中心 → burst center ……………… 119

破裂点中心偏差 → center of burst error ‥ 130

パレード場 【陸自】→ parade ground ‥‥ 471

バレル支え → barrel support …………… 93

バレル衝撃波 → barrel shock …………… 93

バレルの棚 → barrel shelf ……………… 93

波浪雑音 → wave generated noise ……… 684

バロッティング → balloting ……………… 91

パロット → parrot ………………………… 472

班
→ branch ……………………………… 113
→ section ……………………………… 558

バーンアウト → burn out ……………… 119

半撃ち → half cock ……………………… 307

バンカー・バスター → bunker buster …… 117

バンガロー → bangalore torpedo ………… 92

半旗 → color at half mast ……………… 148

半期在庫状況通報 → half-yearly stock status report（HSSR）…………………………… 307

ハング・アップ → hang up（Hang）…… 308

反軍国主義 → anti-militarism …………… 58

反撃 → countercharge…………………… 178

反撃 【統幕】→ counteroffensive ……… 179

「番号！」→ Count Off！………………… 180

反攻 【空自】→ counteroffensive ……… 179

反抗勢力 → counter force ……………… 179

半固定弾薬 → semifixed ammunition … 563

反視 → back sight ……………………… 89

半自動火器 → semiautomatic weapon… 563

半自動交戦モード → semi-auto mode … 563

半自動式拳銃 → semiautomatic pistol … 563

半自動式防空警戒管制組織 → semiautomatic ground environment（SAGE）………… 563

半自動射撃 → semiautomatic fire ……… 563

半自動小銃 → semiautomatic rifle……… 563

半自動指令照準線 → semiautomatic command to line of sight（SACLOS）‥ 563

半自動追尾 → aided tracking …………… 21

反視法 → back sight azimuth method …… 89

反射式照準器 → reflex sight…………… 527

反斜面 → reverse slope ………………… 539

反斜面陣地 → reverse slope position … 539

反斜面防御 → reverse slope defense … 539

半自律型兵器システム → semi-autonomous weapon system ………………………… 563

半数致死量 → median lethal dose …… 406

半数必中界
→ circular error probable（CEP）……… 137
→ fifty percent zone …………………… 262

汎世界追随組織（はんせかいついずいそしき）→ global tracking system （GLOTRAC）………………………… 296

汎世界通信組織 → Global Communications System（GLOBECOM）……………… 296

反戦自衛官 【日】→ antiwar JSDF personnel…………………………… 61

反戦デモ → antiwar demonstration……… 61

半装軌車 → half-track vehicle ………… 307

半装填（はんそうてん）→ half loading …… 307

班装備武器 【空自】→ crew-served weapon ……………………………… 182

反対薄明 → anti-twilight ･････････････････････ 61
反跳（はんちょう）→ surface bounce ･･････ 616
班長 → crew chief ･･････････････････････････ 182
班長【海自】→ group leader ･･････････････ 303
班長【陸自】→ section leader ････････････ 558
半長靴（はんちょうか）→ combat boots ･･･ 148
半徹甲爆弾 → semi-armorpiercing bomb
　（SAP bomb）････････････････････････････ 563
反テロ対策 → anti-terrorism measures ････ 60
バンデンバーグ空軍基地　【米軍】
　 → Vandenberg Air Force Base
　（VAFB）････････････････････････････････ 672
反照法（はんてんほう）
　→ backsight method ････････････････････ 89
　→ reciprocal laying ･･････････････････････522
反動利用式 → recoil operation ･･････････ 523
反動利用短後座式 → short recoil
　operation ････････････････････････････････ 572
反動利用長後座式 → long recoil
　operation ････････････････････････････････ 385
ハンド・オーバー → hand over ････････････ 308
万能携帯武器 → all purpose handheld
　weapon ･･･････････････････････････････････ 46
反応装甲 → reactive armor ･･･････････････ 520
半波空中線【海自】→ half wave
　antenna ･･････････････････････････････････ 307
半波長アンテナ【空自】→ half wave
　antenna ･･････････････････････････････････ 307
半複殻（はんふくこく）→ semi-double
　hull ･･･････････････････････････････････････ 563
半閉式潜水器 → semiclosed-circuit
　underwater breathing apparatus ････････ 563
半歩 → half step ････････････････････････ 307
半没水双胴船型【海軍】→ small waterplane
　area twin hull（SWATH）･････････････ 581
般命（はんめい）→ general order ････････ 293
半揚 → at the dip ････････････････････････ 79
汎用機関銃 → general purpose machine
　gun ････････････････････････････････････ 294
汎用地上支援器材 → common ground
　support equipment（CGSE）･･････････ 155
汎用揚陸艇 → landing craft, utility
　（LCU）･････････････････････････････････ 366
反乱
　→ insurgency ･････････････････････････341
　→ mutiny ････････････････････････････431
反乱軍
　→ insurgent troops ･･････････････････341

　→ rebel army ････････････････････････522

【ひ】

秘 → confidential ････････････････････････ 166
非掩護移動 → uncovered movement ･･････ 660
非援護型梯陣（ひえんごがたていじ
　ん）→ unprotected echelon ･･･････････ 668
被害局限【空自】→ disaster control ･･･ 216
被害局限 → limitation of damage ･･･････ 376
被害局限計画【空自】→ disaster control
　plan（DCP）････････････････････････････ 216
被害対策 → damage control ･･････････････ 189
被害復旧【空自】→ base recovery ････ 95
被害見積り → damage estimation ･･････ 189
「控え、銃！」（ひかえ、つつ）→ Port
　Arms！･･････････････････････････････････ 490
非核三原則【日】→ Three Non-Nuclear
　Principles ･･････････････････････････････ 639
非核自治体宣言 → nuclear-free declaration by
　local authorities ･････････････････････ 449
非核戦争 → non-nuclear warfare ････････ 445
非核戦略戦争 → non-nuclear strategic war
　（NNSW）･･･････････････････････････････ 445
非核兵器地帯 → nuclear weapons free
　zone ･･････････････････････････････････ 450
非核兵器保有国 → non-nuclear weapon
　country（NNWC）････････････････････ 445
非核防衛構想【NATO】→ Conventional
　Defense Initiative（CDI）･････････････ 173
非核保有国 → non-nuclear weapon
　state ･････････････････････････････････ 446
彼我行動地域の気象・海象
　→ weather/hydrographic condition at
　maneuver area ････････････････････････ 686
彼我行動地域の地形等 → terrain features of
　opposing maneuver area ･･･････････････ 635
東アジア戦略概観【防衛省】→ East Asian
　Strategic Review ･････････････････････ 230
東アジア戦略構想 → East Asia Strategy
　Initiative（EASI）････････････････････ 230
東アジア戦略報告 → East Asia Strategy
　Report（EASR）････････････････････････ 230
東アフリカ待機軍 → Eastern Africa Standby
　Force（EASF）･･････････････････････ 230
東ティモール国際軍 → International Force in

ひかつと   282   日本語索引

East Timor（INTERFET）·················· 348

非活動航空機 → inactive aircraft ··········· 330

彼我の識別（ひがのしきべつ）【陸自】
　→ identification friend or foe（IFF）··· 326

彼我部隊（ひがぶたい）【陸自】→ opposing
　forces（OPFOR）······························· 463

彼我不明機（ひがふめいき）
　→ unidentified aircraft ······················662
　→ unknown aircraft ··························667

光ファイバー**TVM**赤外線画像誘導方式を採用
　したミサイル → fiber optic guided missile
　system with infrared image seeker ·· 261

光ファイバー・ハイドロホン → fiber optic
　hydrophone ······································ 261

非貫通式潜望鏡 → photonics mast ········· 482

引揚者 → repatriate ···························· 532

引き金（ひきがね）→ trigger ················ 654

引き金桿（ひきがねかん）
　→ trigger bar ·································654
　→ trigger lever ·······························654

引き金切り替え挺（ひきがねきりかえて
　い）→ firing selector lever ··············· 268

引き金牽引力 → trigger pull ················ 654

引き金作動挺（ひきがねさどうて
　い）→ rammer control spindle arm ······ 517

引き金室
　→ trigger housing ····························654
　→ trigger room ·······························654

引き金掃引 → trigger sweeping ·········· 654

引き金止め → trigger stop ················· 654

引き金枠
　→ trigger housing ····························654
　→ trigger room ·······························654

引き継ぎ護衛
　→ relay escort ·······························529
　→ relay escorting ····························529

非吸湿性無煙火薬 → non-hygroscopic powder
　（NH）··· 445

被協力部隊 → supported unit ·············· 615

引き渡し協議 → handover talks············ 308

秘区分なし → unclassified ·················· 660

非軍事化 → demilitarization ··············· 202

ピケット機 → aerial picket ················· 17

ピケット軸 → picket axis ·················· 483

非限定戦争 【海自】→ unrestricted war·· 668

避険標 → clearing mark ···················· 141

被甲（ひこう）→ jacket ···················· 354

飛行安全 → flight safety（FS）············· 275

飛行安全会議 → flight safety council ····· 275

飛行安全観察 → flight safety survey········ 275

飛行安全幹部 【空自】→ flight safety officer
　（FSO）··· 275

飛行運用幕僚 【空自幹部特技区分】→ Air
　Operations Staff Officer ······················ 37

飛行開発実験団 【空自】→ Air Development
　and Test Wing（ADTW）···················· 31

飛行可動率 → flight readiness rate
　（FR）·· 274

飛行可能機 【空自】→ flight readiness
　aircraft·· 274

飛行可能状態 → flight readiness（FR）··· 274

飛行甲板 → flight deck ····················· 273

飛行管理 【空自准空尉空曹空士特技区分】
　→ Air Operation ······························· 37

飛行管理及び誘導制御装置 → flight
　management and guidance control ······ 274

飛行管理業務 → flight service（FS）······· 275

飛行管理コンピューター・システム → flight
　management computer system
　（FMCS）·· 274

飛行管理システム → flight management
　system（FMS）······························· 274

飛行管理情報処理システム → Flight Service
　and AMIS Data Processing System
　（FADP）·· 275

飛行管理隊 【空自】→ Flight Service
　Squadron·· 275

飛行管理中枢 → flight service center
　（FSC）·· 275

飛行完了通知 → closing flight plan ········ 143

飛行機射出装置 → catapult（CAT）······· 127

飛行記章 【米】→ aviation badge············ 85

飛行気象予報 【海自】→ flight weather
　forecast··· 275

飛行規則 → flight regulation ··············· 274

飛行規定 → flight manual ·················· 274

飛行教育群 【空自】→ Flying Training
　Group··· 277

飛行教育隊 【空自】→ Flying Training
　Squadron·· 277

飛行教育団 【空自】→ Flying Training Wing
　（FTW）··· 277

飛行教育班 【空自】→ Flying Training
　Section·· 277

ひ

日本語索引　　　　　　　　　　　283　　　　　　　　　　　ひこうし

飛行教官　【空自】→ flight instructor ····· 274
飛行教導隊　【空自】→ Tactical Fighter
　　Training Group ································· 625
飛行禁止区域　【空自】→ prohibited area·· 502
飛行禁止空域
　　→ airspace prohibited area ·················· 39
　　→ prohibited air space ······················ 502
飛行禁止地域　→ inner artillery zone······· 338
飛行群　【空自】→ Flight Group············ 273
飛行訓練航空団　【米空軍】→ Flying Training
　　Wing（FTW） ··································· 277
飛行計画　→ flight plan（F/P；flt pln）·· 274
飛行計画自動識別　→ flight plan auto ID·· 274
飛行計画承認　→ flight plan approval
　　（FRA） ·· 274
飛行計画相関　→ flight plan correlation ··· 274
飛行計画要覧　【空自】→ JFLIP
　　PLANNING ······································ 357
飛行計画ルート　→ flight plan route ······· 274
飛行経路　→ flight path ·························· 274
非攻撃対象リスト　→ no-strike list
　　（NSL） ··· 448
非攻撃目標リスト　→ no-strike target
　　list ·· 448
被孔効果　【空自】→ cratering effect ······ 182
飛行後点検　→ after-flight inspection ······· 20
飛行作業進路；飛行作業針路　→ flight
　　operation course ································ 274
飛行士　【海自】→ assistant aviation
　　officer ··· 74
飛行時間　→ flight time ·························· 275
飛行試験　→ flight test ··························· 275
飛行試験管制システム　【空自】→ Flight Test
　　Control System（FTCS） ···················· 275
飛行姿勢　→ attitude of flight ··················· 79
飛行実験群　【空自飛行開発実験団隷下】
　　→ Flight Test Group ························ 275
飛行視程　→ flight visibility（FVIS）······· 275
飛行場
　　→ aerodrome ······································ 18
　　→ airdrome ·· 32
　　→ air field（Afld；AFLD） ················ 32
　　→ air strip ··· 40
飛行場管制　→ airport traffic control········· 38
飛行場管制官　→ local controller ············· 381
飛行場管制業務
　　→ aerodrome control service ··············· 18

　　→ airport traffic control service ············ 38
飛行場管制区域　→ airport traffic area
　　（ATA） ·· 38
飛行場管制圏　→ airfield control zone········ 32
飛行場管制所
　　→ airfield control center ····················· 32
　　→ airport traffic control tower
　　　（TOWER） ···································· 38
飛行場管制塔　→ aerodrome control tower·· 18
飛行場管理業務　→ aerodrome operation
　　service（AOS） ··································· 18
飛行場気象所　→ airfield weather station ··· 32
飛行場規則　→ airport regulation ·············· 37
飛行場勤務隊　→ air staging unit ·············· 40
飛行場勤務隊　【空自飛行開発実験団隷下】
　　→ Base Operations Squadron·············· 95
飛行場将校　【米陸軍】→ air officer（AO）··· 37
飛行場交通
　　→ aerodrome traffic····························· 18
　　→ airfield traffic································· 32
飛行場最低気象状態　→ aerodrome
　　meteorological minimum ···················· 18
飛行場障害物地図　→ aerodrome obstruction
　　chart ·· 18
飛行場照明　→ airdrome lighting ·············· 32
飛行場照明管制盤　→ airfield lighting control
　　panel ·· 32
飛行場損害評価システム　→ airfield damage
　　assessment system（ADAS） ·············· 32
飛行小隊　【空軍】→ flight ····················· 273
飛行場灯火　→ aerodrome lights··············· 18
飛行場灯台　→ aerodrome beacon············· 18
飛行場当直幹部　【空自】→ aerodrome officer
　　（AO） ·· 18
飛行場当直幹部　→ operation duty officer
　　（ODO） ··· 461
飛行場被害復旧　→ airfield damage repair
　　（ADR） ··· 32
飛行場標高
　　→ aerodrome elevation ······················· 18
　　→ airport elevation ····························· 37
　　→ field elevation ······························ 261
飛行場標識施設　→ aerodrome marking and
　　aids ·· 18
飛行場標点
　　→ aerodrome reference point··············· 18
　　→ airport reference point ···················· 37
飛行情報　【空自】→ flight information··· 273

飛行情報業務 → flight information service (FIS) ·· 274
飛行情報区 【空自】→ flight information region (FIR) ·································· 274
飛行情報出版物 【空自】→ flight information publication (FLIP) ··············· 274
飛行情報センター 【空自】→ flight information center (FIC) ··················· 274
飛行情報隊 【空自】→ Flight Information Squadron ·································· 274
飛行情報地域 【海自】→ flight information region (FIR) ·································· 274
飛行情報中枢 【海自】→ flight information center (FIC) ························· 274
飛行場面上 → above aerodrome level ······· 3
飛行場予報 → aerodrome forecast ············ 18
飛行場連絡班 【陸自】→ airfield liaison team ··· 32
飛行助言 → flight advisory ····················· 273
飛行諸元表 → flight operation instruction chart ·· 274
飛行制限区域 【空自】→ flight restricted area ·· 274
飛行制限空域 → airspace reservation ········ 40
飛行性能 → air performance ··················· 37
避航船 → burdened vessel ······················ 118
非公然活動
　→ covert action ································· 181
　→ covert operation ····························· 181
飛行隊 【陸自】→ Aviation (Avn) ··········· 85
飛行隊 【海自】→ Flight Division ········· 273
飛行隊 【空自】→ Flight Squadron (FS) ·· 275
飛行隊 【空自飛行開発実験団隷下】→ Flight Test Squadron ································· 275
飛行隊 【海自】→ flight unit (FU) ······· 275
飛行隊 【空自】→ squadron (Sq) ·········· 594
飛行隊戦技研究班 【自衛隊】→ Tactical Flight Research Section ······················· 625
飛行大隊 【米空軍】→ squadron (Sq) ··· 594
飛行隊当直士官 → squadron duty officer (SDO) ·· 594
被交代部隊
　→ outgoing unit ································· 467
　→ relieved unit ·································· 530
被甲弾丸（ひこうだんがん）→ metal jacket bullet ··· 410
飛行中隊 【英空軍】→ squadron (Sq) ··· 594

飛行長 【海自】→ aviation officer ··········· 86
飛行艇
　→ aerohydroplane ······························· 18
　→ flying boat ····································· 277
飛行点検 【空自】→ flight check ··········· 273
飛行点検隊 【空自】→ Flight Check Squadron ·· 273
飛行統制点 → aircraft control point (ACP) ·· 27
飛行当直幹部 【空自】→ flight duty officer (FDO) ·· 273
飛行特性 → flight qualities ···················· 274
飛行日誌 【海自】→ flight log ··············· 274
飛行任務 【海自】→ air mission ············· 36
飛行任務情報報告 【海自】→ air mission intelligence report (AMIR) ···················· 36
飛行秒時 【海自】→ time of flight ········ 641
飛行部隊 【陸自】→ flight unit (FU) ···· 275
飛行プロファイル → flight profile ········· 274
飛行編隊 → flight formation ·················· 273
飛行方式 → flight rules ·························· 275
飛行連隊 → air group ······························ 34
飛行路選択器 → flight path selector ······· 274
非護衛船団 → unescorted convoy ············ 662
ビーコン → beacon (bcn) ························ 100
ビーコン・スコア → beacon score ········· 100
ビーコン・ストローブ → beacon strobe·· 100
ビーコン・データ → beacon data ··········· 100
被災者救援活動 → disaster-relief efforts ·· 216
非在来型兵器 → unconventional weapon ·· 660
膝射ち 【陸自】→ kneeling position ······· 364
膝射ちの姿勢 【海自】→ kneeling position ··· 364
被支援部隊 → supported unit ················ 615
被支援部隊指揮官 → supported commander ··· 615
菱形アンテナ；菱形空中線 → rhombic antenna ·· 540
菱形隊形 → diamond formation ············· 209
非自走小型浮きドック → small auxiliary floating dry dock ·································· 581
非自走中型浮きドック → medium auxiliary floating dry dock ·································· 407
非自走中型修理浮きドック → medium auxiliary repair dock ································ 407

非持続性化学剤
　　→ nonpersistent agent ……………446
　　→ nonpersistent chemical agent …………446
非自動イニシエーション → non auto-
　　initiation ………………………………… 444
非自燃性推進薬（ひじねんせいすいしんや
　　く）→ nonhypergolic propellant ……… 445
被収容者 → detainee …………………… 208
尾錠 → buckle………………………………… 116
非常勤隊員【自衛隊】→ part-time SDF
　　personnel ……………………………… 473
非常携帯口糧 → compo rations ………… 161
非常号音 → alarm call ……………………… 44
飛翔時間 → time of flight ……………… 641
非常事態 → emergency ………………… 239
非常線 → cordon ………………………… 176
飛翔体 → projectile ……………………… 502
非常待機部隊 → alert force……………… 44
非常通信 → emergency traffic ………… 240
非常破棄【空自】→ emergency
　　destruction …………………………… 239
非常無線機 → radio emergency set …… 514
非常用備蓄 → contingency retention
　　stock …………………………………… 170
非常糧食 → emergency rations ………… 240
非常糧食庫 → emergency ration
　　stowage ……………………………… 240
秘書課【内部部局】→ Secretarial
　　Division ……………………………… 558
ビジランテ【米海軍】→ Vigilante ……… 677
ヒズボラ → Hizballah …………………… 318
非政府組織 → non-governmental organization
　　（NGO）………………………………… 445
尾栓 → bolt ……………………………… 109
尾栓（びせん）【海自】
　　→ breech block ……………………114
　　→ breech plug ………………………114
尾栓開閉機構【海自】→ breech opening
　　mechanism …………………………… 114
尾栓開閉軸【海自】→ breech opening
　　shaft …………………………………… 114
尾栓開閉ハンドル【海自】→ breech opening
　　handle ………………………………… 114
尾栓室【海自】→ breech housing ……… 114
非戦闘員 → noncombatant ……………… 444
非戦闘員後送作戦【自衛隊】→ noncombatant
　　evacuation operation（NEO）……… 444

非戦闘員退避活動 → noncombatant
　　evacuation operation（NEO）………… 444
非戦闘死亡 → nonbattle dead …………… 444
非戦闘損耗【陸自・海自】→ nonbattle
　　casualty ……………………………… 444
非戦闘損耗 → nonbattle losses ………… 444
非戦闘損耗死傷病者 → nonbattle
　　casualty ……………………………… 444
非戦闘任務 → non-combat duty ………… 445
非戦闘部隊 → noncombatant troops …… 445
尾栓ハンドル【海自】→ bolt handle … 109
尾栓部【海自】→ bolt assembly ……… 109
非戦略核兵器 → non-strategic nuclear
　　weapon ………………………………… 446
密かな攻撃 → covert attack …………… 181
非対称戦争 → asymmetrical warfare …… 76
非対称戦略 → asymmetrical strategy …… 76
非対称掃海 → asymmetrical sweep …… 76
非対称直衛 → asymmetric screen ……… 76
「左へ、ならえ！」→ Dress Left！…… 225
左回り場周経路【海自】→ left-hand
　　traffic ………………………………… 372
「左向け、左！」→ Left Face！………… 372
被弾地域 → impact area ………………… 329
被弾報告 → shelling report …………… 569
備蓄
　　→ retention stock ……………………538
　　→ stockpile ……………………………604
備蓄品 → dead storage ………………… 192
非致死性兵器 → nonlethal weapon …… 445
ビーチマスター → beachmaster（BM）…99
ビーチマスター隊【海自】→ beachmaster
　　unit ……………………………………… 99
非中央統制品目 → decentralized items … 193
ビーチング → beaching ………………… 99
必需品リスト → critical item list
　　（CIL）………………………………… 183
必知事項 → need to know ……………… 440
必中攻撃【統幕・海自】→ deliberate
　　attack ………………………………… 201
ピッチ・レート・ジャイロ → pitch rate
　　gyroscope …………………………… 484
ピット → pit …………………………… 484
ピッパー → pipper ……………………… 484
ピップ → pip …………………………… 484
必要最小限装備品 → minimum essential

ひ

ひつよう　　　　　　　　　　　　　　　286　　　　　　　　　　　　　日本語索引

equipment ················· 418
必要部品器材リスト 【空自】 → gross requirements list（GRL） ········· 300
尾底 → back plate ················· 89
非定常過渡弾道シミュレーション試験装置 → transition ballistic simulation facility ············· 650
非電気雷管 → non-electric blasting cap ·· 445
非電子的ジャミング
　→ no-electronic jamming ··········· 443
　→ nonelectric jamming ············· 445
尾筒覆い → bolt cover ············· 109
被統制部隊 → controlled forces ······· 172
尾筒底 → back plate ················· 89
尾筒部 → breech ·················· 114
秘匿
　→ protection ····················· 504
　→ secrecy ······················· 558
秘匿機能 → secure function ········· 559
秘匿契約 【海自】 → classified contract ·· 140
秘匿作戦 → covert operation ········· 181
非毒性ガス → non-toxic gas（NTG）······ 446
秘匿テレタイプ通信 → covered radio teletype（CRATT）················· 181
秘匿名 → anonymous name ·········· 54
秘匿名 【陸自】 → cover name ········· 181
秘匿名称 → anonymous name ········ 54
秘匿名称 【陸自】 → cover name ······· 181
人質をとる行為に関する国際条約 【国連】 → International Convention Against the Taking of Hostages ·············· 348
一人用掩体（ひとりようえんたい） → one man fox hole ··············· 457
避難海域 【海自】 → refuge area ········ 527
避難区域 → safe haven ············· 548
避難経路 → escape route ··········· 247
避難線 → escape line ············· 247
避難地 → safe haven ············· 548
非難地域 → refuge area ············ 527
避難民
　→ dislocated civilian ··············· 217
　→ evacuee ······················· 249
避難民 【空自】 → refugee ············ 527
避難民仮収容所 → refugee evacuation center ·················· 527
非任期制 → nonfixed term service ······ 445
否認防止 → non-repudiation ·········· 446

被爆地 → bombsite ················· 110
非発散高度 → non-divergence level ······· 445
非番直 → liberty section ············ 374
非秘密事項 → unclassified matter ········ 660
尾部 → afterbody ··················· 20
被覆甲板 → sheathed deck ··········· 568
被服支給定数；被服手当て → clothing allowance ·················· 143
非武装化 → demilitarization ·········· 202
非武装地帯 → demilitarized zone（DMZ）······················ 202
皮膚炭疽 → cutaneous anthrax ········ 187
非分類雑役船 → unclassified miscellaneous unit ···················· 660
非米国軍 → non-US forces ············ 446
被帽
　→ armor piercing cap ············· 67
　→ cap ··························· 123
非放射能実験 → cold run ············ 146
被帽弾 → capped shell ·············· 124
被帽徹甲弾 → armor piercing capped（APC）······················· 67
被捕虜 → captured ················ 124
秘密
　→ secrecy ······················· 558
　→ secret ························ 558
秘密区分 → security classification ······· 559
秘密区分解除 → declassification ········· 194
秘密区分の格上げ → upgrade of security classification ················ 668
秘密区分の指定 → indication of security classification ················· 331
秘密区分の変更 → change of security classification ················· 133
秘密契約 → classified contract ········ 140
秘密工作 → clandestine work ········· 139
秘密国防情報資料 → classified defense information ················· 140
秘密作戦 → clandestine operation ······ 139
秘密事故 → security accident ········ 559
秘密事項 【空自】 → classified matter ····· 140
秘密事項 → secret matter ··········· 558
秘密写真 → classified photo ·········· 140
秘密情報工作員 → agent ············· 21
秘密情報資料 → classified information ··· 140
秘密情報部 【英】 → Secret Intelligence Service（SIS）················· 558

日本語索引　291　ふくむか

bridge ·· 489
俯仰指示器 → elevation indicator ········· 238
俯仰ジャイロ → elevation gyro ············· 238
俯仰選択照準 → selected elevation
intermittent aim ····························· 561
俯仰装置（ふぎょうそうち）→ elevating
mechanism···································· 238
俯仰ハンドル → elevation handwheel ····· 238
俯仰部 → oscillating assembly ··············· 466
武器用ロッカー → arms locker ··············· 68
不均衡装備制限 → asymmetrical store
limitation ···································· 76
不均衡投下制限 → asymmetrical release
limit ··· 76
覆域関数 【空自】→ coverage factor ······ 181
覆域捜索 → cover search ····················· 181
覆域調査 → coverage study ················· 181
復員 → demobilization························· 202
副官
→ adjutant（ADJ）··························· 12
→ aid flag lieutenant ······················· 21
副監察官 【空自】→ Assistant Inspector
General ··· 75
副監察官 【防衛監察本部・陸自】→ Deputy
Inspector General（DIG）················· 206
副極 → side lobe······························· 573
複合火管 → combination primer············· 150
複合型国連平和維持活動 【国連】→ Multi-
dimensional United Nations Peacekeeping
Operations···································· 428
複合火網 → gun-SAM complex ············· 306
複合感応機雷；複合感応地雷 → combination
influence mine ······························ 150
複合起爆筒 → combination detonator····· 150
複合機雷 → combination mine ············· 150
複合効果子弾 → combined effects bomblet
（CEB）··· 151
複合シーカー → multi-mode seeker········ 428
複合信管 【海自】→ combination fuze ··· 150
複合戦指揮官 → composite warfare
commander ···································· 161
複合装甲 → composite armor ··············· 161
複合的事態 → complex situation ··········· 161
複合任務戦闘機 → dual role fighter
（DRF）··· 227
複合ヘリコプター → compound
helicopter ···································· 162

複合目標
→ complex target···························· 161
→ target complex···························· 629
復殻（ふくこく）→ double hull ··············· 223
復座 → counter-recoil ······················· 179
復座管 → counter-recoil cylinder ··········· 180
復座緩衝器 → counter-recoil buffer ······· 179
復座装置 → recuperator ····················· 525
復座速度 → counter-recoil velocity··········· 180
復座ばね → recoil spring····················· 523
復座ピストン → counter-recoil piston····· 180
復座秒時 → counter-recoil time··········· 180
副参謀長
→ deputy chief of staff····················· 206
→ vice chief of staff（VCS）··············676
副指揮官 → vice commander ··············· 676
福祉隊 → special services ··················· 590
副次的損害 → collateral damage············· 147
副次目標 【陸自】→ secondary target···· 558
輻射管制 【海自】→ emission control
（EMCON）··································· 241
輻射管制命令 【海自】→ emission control
order（EMCON order）····················· 241
輻射保全 → emanations security
（EMSEC）····································· 239
復唱艦艇 → repeating ship ················· 532
副司令 【海自】→ Assistant Commander ·· 74
副操縦士 → co-pilot（CP）··················· 176
副操縦士兼射撃手 → co-pilot gunner····· 176
副操縦者 → pilot not flying（PNF）······· 483
複操縦装置航空機 → dual-controlled
aircraft··· 227
副隊長 → executive officer··················· 250
副長 【海軍・海自】→ executive officer·· 250
副長 【英海軍】→ First Lieutenant（1st
Lt.）··· 268
副直士官 【海自】
→ junior officer of the deck（JOOD）···362
→ junior watch officer（JWO）············362
複伝令 → double messenger··············· 223
複動火管 【海自】→ combination primer·· 150
複動信管 → combination fuze ··············· 150
覆土式弾薬庫 → igloo························· 326
副砲 → secondary battery ··················· 557
服務管理官 【内部部局】→ Director, Honors

and Discipline Division ········· 214
服務修了証書 → certificate of service ····· 132
服務班【陸自】→ Courtesy and Discipline Section ·························· 181
服務班【空自】→ Honors and Discipline Section ·························· 319
複列陣形 → multiple line formation ······· 429
複列弾倉（ふくれつだんそう）→ double-column magazine ····················· 223
符号解読器【海自】→ decoder ············· 194
符号式ラジオゾンデ → code sending type radiosonde ························ 145
不在旗 → absent pennant ················· 3
富士学校【陸自】→ Fuji School ········· 288
不時着【海自】
　→ ditching ······························ 220
　→ forced landing ······················ 279
不時着実施手順 → crash procedure ······· 182
不時着水【空自】→ ditching ············· 220
不時着水 → emergency water landing ····· 241
不時着脱出訓練装置 → ditching trainer ·· 220
不時着陸【空自】→ forced landing ······· 279
富士駐屯地【陸自】→ Camp Fuji ········· 122
負傷死 → died of wound（DOW）········· 210
負傷者 → injury casualty ················· 338
負傷者後送 → casualty evacuation（CASEVAC）························· 127
浮上信号 → surfacing signal ··············· 617
浮上潜水艦 → surfaced submarine ········· 616
浮上装置 → refloat device ················· 527
負傷兵
　→ injured soldier ······················ 338
　→ wounded soldier ···················· 692
浮上報告 → surfacing report ··············· 617
不審船
　→ suspicious ship ····················· 619
　→ unidentified ship ···················· 662
付随任務 → collateral mission ············· 147
ブースター → booster（bstr）············· 110
ブースター増幅器 → booster amplifier ··· 110
ブースター点火用ケーブル → booster igniter cable ··························· 111
ブースター落下地域 → booster impact area ······························· 111
ブースター・ロケット → booster rocket·· 111
ブースト段階 → boost phase ············· 111

不正規軍
　→ irregular army ······················ 352
　→ irregular forces ····················· 352
　→ irregular troops ····················· 352
不正規戦【米軍】→ unconventional warfare（UW）···················· 660
不正規戦部隊 → unconventional warfare forces ····························· 660
不正規復旧作戦 → unconventional recovery operation ···················· 660
不正規復旧支援 → unconventional assisted recovery（UAR）··················· 660
不正規復旧支援調整センター
　→ unconventional assisted recovery coordination center（UARCC）········· 660
不正規復旧支援メカニズム → unconventional assisted recovery mechanism（UARM）····················· 660
不斉夾叉（ふせいきょうさ）→ mixed salvo ································ 422
不整地
　→ broken terrain ······················ 115
　→ rough terrain ······················· 545
不斉地【海自】→ broken terrain ········· 115
不整地コンテナ処理装置 → rough terrain container handler（RTCH）········· 545
伏せ射ち → prone position ··············· 503
敷設可能区域 → mineable area············· 416
敷設艦【海自】
　→ cable repairing ship ·················· 121
　→ minelayer ··························· 417
敷設艦 → repairing or cable laying ship·· 532
敷設機雷識別番号 → lay reference number ···························· 370
敷設士【海自】→ assistant mine laying officer ····························· 75
敷設深度 → mine depth ··················· 416
敷設艇【海自】→ minelayer ············· 417
不戦条約 → antiwar pact ··················· 61
普戦チーム → infantry-tank team ········· 334
武装 → armament ·························· 65
武装安全固定装置 → armament safety disabling ··························· 65
武装解除 → disarmament ················· 216
武装解除地区
　→ arming area ························· 66
　→ dearming area ······················ 192
武装幹部【空自幹部特技区分】→ Armament

Officer ·· 65
武装基準線 → armament datum line
　（ADL）·· 65
武装キット → armament kit ················ 65
武装工作員 → armed agent ·················· 65
武装室 → armament compartment ········· 65
武装勢力 → insurgents ······················ 341
武装中立 → armed neutrality ················ 66
武装偵察 → armed reconnaissance ········· 66
武装幕僚 【空自幹部特技区分】 → Armament
　Staff Officer ·· 65
武装平和 → armed peace ······················ 66
武装ヘリコプター
　→ armed helicopter ···························· 66
　→ gunship ··306
武装防衛 → armed defense ··················· 66
不測事態計画 【海自】 → contingency
　plan ···169
不測事態対応計画 → contingency response
　program ··169
不測事態対処計画 → contingency plan ··· 169
不測事態対処作戦 → contingency
　operation ···169
不測の事態 【空自】 → contingency ······· 169
不測の状況
　→ unanticipated situation ·················659
　→ unexpected situation ·····················662
不足品調達指令 → advice of shortage ····· 17
部隊
　→ contingent ······································170
　→ echelon ···230
　→ element ···238
　→ force ···278
　→ outfit ···467
　→ troops ···655
　→ unit ···663
部隊一括輸送 → force package ············· 279
部隊移動
　→ echeloned displacement ···············230
　→ troop movement ····························655
部隊移動の統制 → troop movement
　control ···655
部隊員 → troop ···································· 655
部隊運用計画 → unit plan ···················· 667
部隊運用支援 → unit operational
　support ··667
部隊会合 → force rendezvous ·············· 279
部隊火器 → unit weapon ······················ 667

部隊間交流 → unit-to-unit exchange ······ 667
部隊間通信 → lateral communications ···· 369
部隊・機関 → organizations and
　activities ··465
部隊共同支援施設 → common
　infrastructure ···155
部隊記録 → force record ····················· 279
部隊訓練
　→ organizational training ···················465
　→ unit exercise ···································666
　→ unit training ····································667
部隊携行外貨物 → non-unit-related cargo
　（NURC）···446
部隊携行定数 → basic load（B/L）········· 96
部隊見学 → unit tour ···························· 667
部隊建制の維持 → preservation of force
　integrity ···496
部隊交換品目 → battery replaceable unit
　（BRU）··· 98
部隊交換品目リスト → battery replaceable
　unit list（BRU List）······························ 98
部隊構成 【海自】 → force structure ······· 279
部隊構成表 → troop basis ···················· 655
部隊交代 → relief operation ················· 530
部隊行動基準 【自衛隊】 → rules of
　engagement（ROE）······························546
部隊交付 → unit distribution ················ 663
部隊後方支援群 【米軍】 → Force Logistics
　Support Group（FLSG）······················· 279
部隊後方補給指令書 → force logistics
　directive ···279
部隊指揮官 → force commander（FC）··· 279
部隊指揮官 【空自幹部特技区分】
　→ Organization Commander ············· 465
部隊指揮手順 → troop leading
　procedure ··655
部隊識別 → unit identification ············· 666
部隊識別コード → unit identification
　code ··666
部隊試験 → troop test ························ 655
部隊実習 → practice at activity············ 493
部隊収容施設 → billet ·························· 103
部隊種別コード → unit type code·········· 667
部隊章 → unit insignia ························· 667
部隊司令官 → force commander（FC）··· 279
部隊人員及び積載貨物表 → unit personnel
　and tonnage table（UP&TT）··············· 667

ふたいせ　　　　　　　　　　294　　　　　　　　日本語索引

部隊整備 → organizational maintenance
　(OM) ·· 465

部隊整備検査 → command maintenance
　inspection（CMI）························· 154

部隊施工工事 → unit construction work·· 663

部隊戦闘即応態勢 → unit combat
　readiness ··· 663

部隊先任上級曹長 【米陸軍】 → Command
　Sergeant Major（CSM）···················· 154

部隊葬 → military burial service··········· 412

部隊装備
　→ organizational equipment···············465
　→ organization equipment ··················465

部隊装備表 → organizational equipment list
　(OHL) ·· 465

部隊装備品
　→ organization equipment···················465
　→ unit equipment ······························666
　→ unit mission equipment（UME）···667

部隊即応態勢 → unit readiness·············· 667

部隊待機区域 → troop staging area ······· 655

部隊弾薬定数 → basic load of
　ammunition ··· 96

部隊段列 → unit train ···························· 667

部隊長 → commander····························· 153

部隊長 【陸軍・空軍】 → commanding officer
　(CO) ·· 154

部隊長 → unit commander ···················· 663

部隊調達 → unit procurement ··············· 667

部隊追跡 → force tracking····················· 279

部隊提供国 【国連】 → troop contributing
　country（TCC）································· 655

部隊定数弾薬 → basic load of
　ammunition ··· 96

部隊手持ち弾薬 → ammunition in hands of
　troops ·· 50

部隊展開 → deployment of forces··········· 204

部隊搭載 【米軍】 → unit loading ········· 667

部隊統制 → unit control ······················· 663

部隊日誌 → diary ································· 210

部隊/任務区分記号 → force/activity
　designator（F/AD）··························· 278

部隊の区画化 → compartmentation ······· 160

部隊の建制（ぶたいのけんせい）→ force
　integrity ··· 279

部隊の前縁 → forward line of own troops
　(FLOT) ·· 282

部隊の大小 → level of command············ 373

部隊幕僚 → unit staff ··························· 667

部隊備蓄 → unit reserves ····················· 667

部隊表彰 → unit citation ······················ 663

部隊武器調整官 【海自】 → force weapons
　coordinator（FWC）·························· 279

部隊符号 【自衛隊】 → military symbol·· 415

部隊兵力 → unit strength····················· 667

部隊別装備品事前配置 【統幕】 → pre-
　positioning of materiel configured to unit
　sets（POMCUS）······························· 496

部隊防護 【海自】 → force protection ····· 279

部隊防護基準 【海自】 → force protection
　condition（FPCON）·························· 279

部隊補給
　→ organizational supply ·····················465
　→ unit supply ···································667

部隊牧師 → command chaplain ·············· 153

部隊保護 【陸自】 → force protection ····· 279

部隊保持 → force sustainment··············· 279

部隊保有機 → unit aircraft ··················· 663

部隊野整備 → organization field maintenance
　(OFM) ·· 465

部隊要求番号 → force requirement number
　(FRN) ·· 279

部隊リスト → force list························· 279

布置（ふち）→ emplacement ·················· 241

部長 【米空軍】 → Deputy Chief of Staff·· 206

部長室 【在日米陸軍】
　→ Office of the Chief ·························454
　→ Office of the Division Chief ···········454

浮沈機雷 → oscillating mine ················· 466

普通科 【陸自】
　→ infantry ·······································334
　→ Infantry（i）·······························334

普通科大隊 【陸自】 → Infantry
　Battalion ·· 334

普通科中隊 【自衛隊】 → infantry
　company ·· 334

普通科部隊 【自衛隊】 → infantry unit ··· 334

普通科連隊 【陸自】 → infantry regiment·· 334

普通実施TCTO → routine action
　TCTO ··· 545

普通実包 → ball cartridge ····················· 90

普通信 → routine message···················· 545

普通請求
　→ ordinary requisition（requisition

ふろのい　　　　　　　　298　　　　　　日本語索引

フロー・ノイズ・シミュレーター → flow
noise simulator ················· 276
プロバブル・キル → probable kill ········· 500
プロバブル・サブマリン → probable
submarine··············· 500
プロペラー後流 【空自】→ propeller wash
（propwash）················ 504
プロペラー雑音 → propeller noise········· 503
プロペラー鳴音 → propeller singing ······· 503
ブロー・ベント弁 → blow and vent
valve················ 107
ブロンズ・オーク・リーフ・クラスター章
【米】→ Bronze Oak Leaf Cluster········ 115
プロンプト・フィールド → prompt field·· 503
分火角 → angle of divergence················· 53
噴火孔 → flash hole················ 271
分火指揮 → divided battery control ······· 221
文官機関：文官庁 → civil agency（CA）·· 138
分権実施 → decentralized execution ······ 193
分遣隊 → detachment················ 208
分遣隊 【自衛隊】→ Detachment（Det）·· 208
分権的統制 → decentralized control ······ 193
分散型サービス拒否 → distributed denial of
service（DDoS）················ 219
分散攻撃 → diversionary attack ············ 221
分散指揮 → dispersed control ················ 218
分散射撃 → distributed fire ················ 219
分散隊形 → dispersed formation ············ 218
分散飛行場
→ dispersal airfield················217
→ dispersed airdrome ················217
分時砲 → minute gun ················ 419
噴射炎 → flare back ················ 270
分哨 → sentry squad ················ 565
文書処理室 【空自】→ Document Processing
room················ 222
文書統制 → documentation control ······· 222
文書班 【陸自・空自】→ Document
Management Section ··············· 222
噴進弾 → rocket-assisted projectile
（RAP）················ 543
分進点 【陸自】→ release point（RP）··· 530
分析企画官 【空自】→ Scientific Analysis
Advisor················ 552
分析室 【統幕防衛計画部計画課】→ Analysis
Office················ 52
分析室 【空自防衛部防衛課】→ Operations

Analysis Section ················· 462
分析部 【情報本部】→ Directorate for
Assessment ················ 213
紛争 → conflict················ 166
紛争の平和的解決 → peaceful settlement of
disputes ················ 476
分隊 【海自】→ division ················ 221
分隊 → squad················ 594
分隊海曹 【海自】→ squad leader ········· 594
分隊甲板海曹 【海自】→ division police petty
officer ················ 221
分隊教練 → squad drill ················ 594
分隊士 【海自】→ assistant division
officer ················ 75
分隊整列 【海自】→ division parade······ 221
分隊先任海曹 【海自】→ division leading
petty officer ················ 221
分隊長 【海軍・海自】→ division officer·· 221
分隊長 【陸自】→ squad leader ············ 594
分隊点検 → inspection of personnel ······· 339
分隊の横隊 → line of squads ················ 378
分屯基地 【空自】→ Sub Base············· 608
分任物品管理官 → property management
representation ················ 504
分配所 → distributing point ················ 220
分派SAU（ぶんぱサウ）→ detached search
and attack unit（detached SAU）········ 207
文民統制 → civilian control ················ 139
文民抑留者 → civilian internee ·············· 139
分離衝突 → detached shock ················ 207
分離船 → leaver················ 372
分離船団 → leaver convoy ················ 372
分離装填弾薬 → separate loading
ammunition ················ 565
分離弾 → separated ammunition ············ 565

【へ】

ベア・ベース → bare base················ 92
ペア・ライン → pair line················ 471
兵 → troop ················ 655
米アラスカ陸軍 → US Army, Alaska······ 669
兵員 → troop ················ 655
兵員・編制組織部長 【米空軍】→ Director

日本語索引　　　　　　　　　　297　　　　　　　　　　ふろのい

system（PDS） ················· 486
フランク・アレイ　→ flank array ············ 270
フランクリン空中線　→ Franklin antenna ···························· 283
ブランケット・アタック　→ blanket attack ······························ 105
フランジブル弾
　→ frangible ammunition ··············· 283
　→ frangible bullet ····················· 283
フリゲート艦　→ frigate ···················· 286
フリート・タイム　【空自】→ fleet time ·· 272
ブリーフィング　→ briefing ···················· 115
ブリーフィング&表示機能　→ briefing and display function（B&D） ················· 115
浮流機雷　→ floating mine ·················· 275
不良撃針　→ hung striker ·················· 323
不良航走　→ faulty run ····················· 259
武力　→ force of arms ····················· 279
武力外交　→ gunboat diplomacy ············· 305
武力介入；武力干渉
　→ armed intervention ··············· 66
　→ military intervention ···············414
武力攻撃　→ armed attack ····················· 65
武力攻撃事態　【日】→ armed attack situations ····························· 65
武力攻撃事態等における国民の保護のための措置に関する法律　【日】→ Act concerning the Measures for Protection of the People in Armed Attack Situations, etc ············· 8
武力攻撃事態等における我が国の平和と独立並びに国および国民の安全の確保に関する法律　【日】→ Act on the Peace and Independence of Japan and Maintenance of the Nation and the People's Security in Armed Attack Situations, etc. ················ 10
武力行使決議　→ use-of-force resolution ··· 670
浮力試験　→ buoyancy test ················· 117
武力衝突　→ armed conflict ·················· 66
武力戦
　→ armed war ·················· 66
　→ armed warfare ·················· 66
　→ war at arms ·················· 680
武力戦争　→ hot war ····················· 321
武力の示威　→ show of force ················ 572
武力紛争
　→ armed conflict ·················· 66
　→ incident ···························330
武力紛争法　→ Law of Armed Conflict ···· 370
不慮事態計画　【海自】→ contingency plan ······························ 169
不慮の事態
　→ contingency ·················· 169
　→ emergency ·························· 239
ブリンカー　→ blinker ····················· 106
ブルーインパルス　【空自】→ Blue Impulse ·························· 107
フル・オペレート　→ Full Operate ········· 288
ブルークロマイト　【自衛隊】→ Blue Chromite ························ 107
フレア　→ flare ··························· 270
フレア・アウト　→ flare out ··············· 271
プレイリー・マスカー　→ prairie masker ·· 493
ブレーク・ポイント　【空自】→ break point ····························· 113
フレシェット　→ flechette ··················· 271
ブレン　→ Bren ·························· 114
フレンドリー・プロテクト　→ friendly protect （FRNDLY PROT） ······················· 286
プログラム幹部　【空自幹部特技区分】
　→ Computer Software Management Officer ··························· 164
プログラム管理官　→ program manager （PM） ····························· 502
プログラム管理隊　【空自】→ Program Management Group ···················· 502
プログラム航走　→ programmed run ······· 502
プログラム幕僚　【空自幹部特技区分】
　→ Computer Software Management Staff Officer ··························· 164
プログラム班　【空自】→ Software Management Section ······················ 583
プログラム部隊　→ programmed forces ···· 502
プロジェクト管理部　【防衛装備庁】
　→ Department of Project Management ························ 203
プロジェクト調整官　【防衛装備庁電子装備研究所】→ Project Coordinator ········· 502
ブローチング　→ broaching to ············· 115
フロッグ　→ Frog ························· 286
プロット・セル　→ plot cell ················ 487
プロット抽出部　→ Plot Extractor （PEX） ····························· 487
プロット分析報告機能　→ plot analysis reports function（PARF） ················ 487
ブローニング自動小銃　→ Browning automatic rifle（BAR） ··················· 115
フロー・ノイズ　→ flow noise ··············· 276

ふ

不発弾捜索 → bomb reconnaissance ······· 110	（awarded AFS） ······························· 87
不発爆弾 → unexploded bomb（UXB）·· 662	フライト → flight ······························ 273
不発爆発物 → unexploded explosive ordnance（UXO） ································ 662	フライト・サイズ → flight size（FS） ····· 275
	フライト・サイズ応答 → flight size reply（FS reply） ··· 275
不発率 → dud probability ················· 227	
布板（ふばん） → code panel ·······························145 → marking panel ·····························401	フライト・サイズ要求 → flight size request（FS REQ） ···································· 275
	フライト・シミュレーター → flight simulator（FS） ··· 275
俯反角（ふはんかく）→ dip error ············ 211	
布板記号（ふばんきごう）→ panel code ····· 471	フライト・デッキ → flight deck ········· 273
ブービー・トラップ → booby trap ········ 110	フライト・パス・ヒストリー → flight path history ··· 274
浮標 → buoy ···································· 117	
浮標設置 → buoy establishment ············· 117	フライト・ミッション・シミュレーター → flight mission simulator（FMS） ······ 274
部品相互流用【空自】→ cannibalization·· 123	
部品定数表 → authorized parts list ········· 80	フライト・レグ → flight leg················ 274
部品標準【空自】→ Japanese material standard（JMS） ······························· 355	フライト・レコーダー → flight recorder（FR） ··· 274
	フライバイワイヤー → fly-by-wire（FBW） ··· 277
部品変更通知【空自】→ Spare Parts Change Notice（SPCN） ······························· 587	
	プライベート・ブランチ・エクスチェンジ・トランク → private branch exchange trunk（PBXT） ······································ 500
部品待ち → awaiting parts（AWP） ······· 87	
部分軌道爆撃システム → fractional orbit bombardment system（FOBS） ············ 283	フライング・テスト・ベッド → flying test bed ··· 277
部分作戦 → component of operation ······ 161	
部分焼尽薬莢（ぶぶんしょうじんやっきょう） → semi-combustible cartridge case ··· 563	ブラインド・エリア【空自】→ blind area ·· 106
	プラスチック結合爆薬 → plastic bonded explosives（PBX） ·························· 486
部分侵徹（ぶぶんしんてつ）→ partial penetration ···································· 473	
	プラスチック爆弾 → plastic bomb ········· 486
部分的核実験禁止条約 → Partial Test Ban Treaty（PTBT） ······························ 473	プラスチック薬莢 → plastic cartridge case ·· 486
部分動員 → partial mobilization············· 473	ブラスト・エリア → blast area ············ 105
部分命令 → fragmentary order（FRAGORD） ···································· 283	プラズマ・ステルス・アンテナ → plasma stealth antenna ······························ 486
不法航空活動 → illegal air activity········· 327	不落下爆弾 → hung bomb ···················· 323
ブーム・オペレーター；ブーム操作員 → boom operator ······························ 110	プラッギング → plugging···················· 487
	ブラック → black ······························ 104
ブーム調整レバー → boom control lever·· 110	ブラックアウト・ランディング → black out landing ·· 105
不明水中目標 → subsurface unknown ····· 611	
不名誉除隊；不名誉免職 → blue discharge ·· 107	ブラック宣伝 → black propaganda ········· 105
	ブラック・ホール → black hole············· 104
浮遊機雷 → drifting mine····················· 225	フラッシュ → flash ···························· 271
浮遊発煙筒 → floating smoke pot ··········· 275	フラッシング → flashing ····················· 271
フューエル・インポッシブル → fuel impossible ······································ 287	プラットフォーム → platform ·············· 486
	プラットフォーム雑音 → platform noise·· 486
フューズ【空自】→ fuze ······················ 290	プラットフォーム投下 → platform drop·· 486
付与特技 → awarded Air Force Specialty	プラットフォーム投下法 → platform delivery

D) ·······················464
→ routine requisition ·······················545

普通弾
→ ball ··································· 90
→ ball ammunition（BLL）················· 90

普通爆弾 → general purpose bomb（GP
bomb）·································· 294

普通ヒューズ → regular fuze ··············· 528

普通分解 → field stripping···················· 262

普通リンク → common link ················· 156

伏角（ふっかく）→ dip inclination ········· 211

伏角コンパス（ふっかくコンパス）→ dipping
needle compass································ 212

払暁（ふつぎょう）
→ dawn······························191
→ morning twilight ······················425

フッツクレイ弾薬工廠 【米陸軍】
→ Ammunition Factory, Footscray········ 50

物的戦闘力 → physical combat power······ 482

物的即応能力 → material readiness········ 402

物的目標 → physical objective ············· 482

物品役務相互提供協定 【日】→ Acquisition
and Cross-Servicing Agreement
（ACSA）································8

物品会計室 → accountable property office··6

物品管理官 → property management
director ································· 504

物品管理機関 【米】
→ inventory manager（IM）················351
→ item manager（IM）····················· 353

物品管理機関設定 【米】→ item manager
coding（IMC）····························· 353

物品管理単位番号 → account number·······6

物品供用官 → material issuer··············· 402

物品群別管理官 → commodity manager·· 155

物品群別統合資材管理機関 【米】
→ Commodity Integrated Material
Manager（CIMM）····························· 155

物品宰領者 → material supervisor ········ 402

物品出納官 → material storage and
distribution manager···················· 402

物品請求 【空自】→ materiel
requirements ··························· 403

物品番号 → stock number（S/N；SN）·· 603

物理的攻撃 → kinetic attack················· 364

物理的防護 → physical protection·········· 482

物理的保全 → physical security············· 482

物料傘；物糧傘 → cargo parachute········ 125

物量投下 【海自】
→ aerial delivery（AR）····················· 17
→ air delivery ·························· 31

物量投下用コンテナー 【海自】→ air delivery
container ·································· 31

物量投下用装備品 【海自】→ air delivery
equipment ································· 31

普天間実施委員会 【日米】→ Futenma
Implementation Group（FIG）············ 290

普天間飛行場 【在日米軍】→ Futenma Air
Station ·································· 290

不動光（ふどうこう）→ light fixed（F）··· 375

不動ビーコン → stationary beacon········ 600

部内限り → for official use only············ 281

部内広報 → troop information ··············· 655

船積み 【海自】→ embarkation············· 239

船積計画 → embarkation plan··············· 239

船積車両一覧表 → consolidated vehicle
table ·································· 167

船積段階 → embarkation phase ············· 239

船積み表 → embarkation and tonnage
table································ 239

船積み命令 → embarkation order··········· 239

舟橋（ふなばし）【海自】→ pontoon
bridge ·································· 489

不爆点（ふばくてん）→ point of
nonexplosion ······························· 488

不発
→ hung fire···························323
→ misfire ······························420

不発化学火工品 → unexploded
ordnance ·································· 662

不発射 → misfire ·························· 420

不発弾
→ blind shell··························106
→ dud·································227

不発弾処理 【陸自】→ bomb disposal ··· 109

不発弾処理 【空自】→ explosive ordnance
disposal（EOD）····························· 253

不発弾処理係幹部 【自衛隊】→ bomb
disposal officer··························· 109

不発弾処理係将校 → bomb disposal
officer ·································· 109

不発弾処理隊 → bomb disposal unit ······ 109

不発弾処理隊 【陸自】→ Explosive Ordnance
Disposal Unit（EOD）····················· 253

不発弾処理班 → bomb disposal squad···· 109

ふかく　　　　　　　　　　　　　　290　　　　　　　　　　　　日本語索引

　　→ depression ································ 205
俯角位置測定器 → depression position
　　finder ·· 205
俯角深度指示器 → depression depth
　　dedicator ···································· 205
俯角偏位指示器 → depression deviation
　　indicator（DDI）························· 205
俯角目盛　→ depression angle dial ········ 205
不可侵周波数　【海自】→ taboo
　　frequency ··································· 623
フガス地雷　→ Fougasse mine ·············· 282
付加装甲
　　→ add-on armor ···························· 11
　　→ applique armor ·························· 62
不活性弾薬　→ inert ammunition ··········· 333
不感区域　【海自】→ blind area ············ 106
不完全燃焼　→ incomplete combustion ···· 331
不感帯
　　→ blind sector ······························ 106
　　→ shadow zone ····························· 568
不感地帯　→ blind zone ······················· 106
不感地点　→ blind spot ························ 106
不完爆
　　→ incomplete detonation ················· 331
　　→ low order burst ·························· 388
　　→ low order detonation ··················· 388
武器
　　→ armament ································· 65
　　→ arms ······································· 68
　　→ ordnance ································ 464
　　→ weapon ································· 684
武器運搬車　→ weapons carrier ············· 685
武器覆い　→ arms cover ························ 68
武器科　【自衛隊】→ Ordnance（Ord）··· 464
武器・化学課　【陸自】→ Ordnance and
　　Chemical Division（Ord & Cml Div）·· 464
武器科幹部　【自衛隊】→ ordnance
　　officer ······································· 464
武器科将校　→ ordnance officer ············· 464
武器学校　【陸自】→ Ordnance School ·· 464
武器管制士官　【海自】→ weapon assignment
　　controller（WAC）························ 684
武器管制システム　【海自】→ weapons
　　control system（WCS）··················· 685
武器管制盤　【海自】→ weapons control panel
　　（WCP）···································· 685
武器管制表示パネル　→ weapons control
　　indicator panel（WCIP）················· 685
武器危険区域　→ weapon danger area ····· 684

武器教範　→ manual of arms ················ 397
武器研究開発工学センター　【米陸軍】
　　→ Armament Research, Development and
　　Engineering Center（ARDEC）············ 65
武器検査班　【海自】→ Ordnance Inspection
　　Section ····································· 464
武器庫
　　→ armory ···································· 68
　　→ arsenal ···································· 71
武器庫用途航空機　【米】→ arsenal plane ·· 71
武器指向管制盤　【海自】→ weapon
　　assignment panel（WAP）················ 684
武器システム管理者　→ weapon system
　　manager ··································· 685
不規縦隊　→ infiltrating column ············· 334
武器使用条項　【日】→ weapons-use
　　provision ··································· 685
武器使用制限命令　→ weapon restriction
　　order ·· 685
武器制限地域　→ area of limitation in
　　armaments（AOL）························ 64
不規弾（ふきだん）
　　→ abnormal shot ····························· 3
　　→ erratic round ···························· 247
　　→ wild shot ································ 689
武器探知器　→ ordnance locator ············ 464
武器弾薬　【空自准空尉空曹空士特技区分】
　　→ Munitions and Aircraft Armament ·· 430
武器弾薬倉庫　→ arsenal ······················· 71
武器取引　→ arms trade ························ 68
吹流し曳的（ふきながしえいてき）→ towed
　　sleeve ······································· 645
吹き流し的　→ sleeve target ················· 579
武器発射距離　【海自】→ weapon release
　　distance（WRD）························· 685
武器発射圏　【海自】→ weapon release circle
　　（WRC）···································· 685
武器班　【海自】→ Ordnance Section ···· 464
武器部　【海自】→ Weapons Department·· 685
武器貿易条約　【国連】→ Arms Trade
　　Treaty ·· 68
武器補給処　→ ordnance depot ·············· 464
吹き戻し式　→ blowback ····················· 107
武器輸出　→ arms export ······················ 68
武器輸出管理法　【米】→ Arms Export
　　Control Act（AECA）····················· 68
浮橋（ふきょう）→ floating bridge ········· 275
浮橋（ふきょう）【陸自】→ pontoon

ふ

日本語索引　289　ふかく

品目別搭載　【米軍】→ commodity
loading ·· 155

【ふ】

ファイナル・アプローチ → final
approach ··· 264

ファイナル・モジュレーター・シミュレーター
→ final modulator simulator（FMS）··· 264

ファイヤリング・ドクトリン → firing
doctrine（FI DOC）···························· 267

ファクトリー・ニュー部品 → factory new
part ·· 256

ファースト・ストライク → first strike···· 268

ファスト・フォース　【自衛隊】→ FAST-
Foce ··· 258

ファゾメーター → Fathometer ············· 258

ファッド・ネット → fleet air defense net
（FAD net）·· 272

ファルコン　【米】→ Falcon ················· 257

不安定成層 → unstable stratification ······ 668

ファン・ビーム → fan beam ················· 258

フィジカル・シミュレーション試験
→ physical simulation test ················ 482

フィックス → fix ································· 269

フィッシング → phishing ···················· 481

フィラメント・ワインディング → filament
winding（FW）···································· 263

フィル・イン・ザ・ブランク → fill in the
blank（F-I-B）····································· 263

フィル・イン・ザ・ブランク・フォーム → fill
in the blank form（F-I-B FORM）······· 263

封鎖機雷原 → closure minefield ············· 143

封止 → silence ····································· 576

封止策魚雷発射管射出システム　【米海軍】
→ countermeasures torpedo tube launching
system（CTTLS）······························· 179

風防開放装置 → canopy remover ··········· 123

風防開放薬筒 → canopy remover
cartridge ··· 123

フェーカー　【空自】→ faker（FKR）····· 257

フェーズド・アレイ・アンテナ → phased
array antenna······································ 481

フェーズド・アレイ・レーダー → phased
array radar（PAR）······························ 481

フェーディング → fading ····················· 257

フェーディング防止アンテナ → anti-fading
antenna··· 57

フェード → fade ·································· 257

フェード・エリア → fade area ············· 257

フェード線 → fade line ······················· 257

笛薬（ふえやく）→ whistle composition ··· 688

プエルトリコ占領軍従軍記章　【米】→ Army
of Puerto Rican Occupation Medal ······· 70

フェンス・サーチ → fence search ·········· 260

フォクサー → foxer（FXR）················· 282

フォークランド紛争 → Falklands War···· 257

フォース・テル → force tell··················· 279

フォールアウト安全爆発高度 → fallout safe
height of burst ···································· 257

フォールアウト等強線 → fallout
contours ·· 257

フォールアウト風向図 → fallout wind vector
plot ·· 257

フォールアウト予測 → fallout
prediction ·· 257

フォールド・バック → fold back ··········· 277

フォレストライト → Forest Light ·········· 280

フォワード・テル → forward tell··········· 282

部外機関 → civil organization ··············· 139

部外建設力 → civilian construction
capability ·· 139

部外広報　【陸自】→ public information·· 506

不開傘事故 → chute failure··················· 136

部外整備能力 → civilian maintenance
capability ·· 139

部外通信検閲 → civil censorship············ 138

部外通信組織 → commercial signal
communication system························· 155

部外秘データ → restricted data············· 537

部外病院　【自衛隊】→ civilian hospital·· 139

部外保全　【陸自】→ civil protection ····· 139

部外輸送機関 → civilian transportation ·· 139

部外輸送力 → civil transportation
capability ·· 139

部外連絡協力 → civil military
cooperation ··· 139

部外連絡協力見積り → civil military
cooperation estimate of the situation ··· 139

俯角（ふかく）
→ angle of depression ························· 53

日本語索引　287　ひょうし

秘密通信文　→ classified message ············· 140
秘密取り扱い物件　→ classified materials·· 140
秘密物件　→ classified matter ················· 140
秘密保全　→ security of secret matters ···· 560
秘密保全違反　→ security violation ········· 560
ビーム　→ beam ···································· 100
ビーム・アンテナ　→ beam antenna ········ 100
ビーム角　→ beam angle ·························· 100
ビーム管　→ beam tube ··························· 100
ビーム形成電極　→ beam-forming plate ··· 100
ビーム・コース　→ beam course·············· 100
ビーム・シフト　→ beam shift ················ 100
ビーム出力管　→ beam power tube ·········· 100
ビーム・ステアリング　→ beam steering·· 100
ビーム・ステアリング・プロセッサー
　　→ beam steering processor（BSP）····· 100
ビーム追跡　→ beam tracking ················· 100
ビーム動揺誤差　→ beam swinging error·· 100
ビーム・パターン　→ beam pattern ········· 100
ビーム幅　→ beam width ························· 100
ビーム幅誤差　→ beam width error ········· 100
ビーム反射器　→ beam reflector ·············· 100
ビームフォーマー　→ beamformer ············ 100
ビームフォーミング　→ beamforming ······ 100
ビームフォーミング・トリガー
　　→ beamforming trigger（BFT）··········· 100
ビーム兵器　→ beam weapon ··················· 100
ビーム方向　→ beam direction ················· 100
ビーム無線局　→ beam radio station ······· 100
ビーム・ライダー　→ beam rider············· 100
ビーム・ライダー誘導　→ beam-rider
　　guidance ·· 100
ビーム・ライディング誘導　→ beam riding
　　guidance ·· 100
ピュージェット・サウンド海軍工廠【米海軍】
　　→ Puget Sound Naval Shipyard
　　（PSNS）··· 506
ヒューズ【海自】→ fuze ······················ 290
ビューロー・ナンバー【米海軍・米海兵隊】
　　→ bureau number ······························· 118
病院船　→ hospital ship ························· 321
病院地区；病院地帯　→ hospital zone····· 321
病院治療【陸自】→ hospitalization ······· 321
評価班【陸自】→ Evaluation Section ···· 249
標桿（ひょうかん）
　　→ aiming post ····································· 22
　　→ aiming stake ···································· 22
　　→ ranging pole ··································· 518
標桿灯（ひょうかんとう）
　　→ aiming light···································· 22
　　→ aiming post lamp ····························· 22
評議員【防大】→ Councilor ················· 178
標識艦【米軍】→ marker ship ·············· 401
標識信号【海自】→ identification signal·· 326
標識灯　→ beacon light ·························· 100
標識用管制灯　→ blackout marker light ··· 105
標示射撃　→ marking fire ······················ 401
表示制御訓練装置　→ D&C console simulator
　　（DCCS）·· 189
表示制御装置　→ display and control
　　（D&C）·· 218
表示制御装置連接診断プログラム　→ D&C
　　interface diagnostics（DCID）············ 189
標示弾　→ marking round ····················· 401
秒時調定装置　→ timing mechanism········ 642
病室【海自】→ bed room ····················· 101
表示入出力制御装置診断プログラム
　　→ display command and control
　　diagnostics（DCCD）·························· 218
表示方式整備　→ display aided maintenance
　　（DAM）·· 218
病者及び非戦闘負傷者　→ disease and non-
　　battle injury casualty（DNBI）············ 217
標準音源　→ standard sound source ········ 597
標準海軍物品番号【米軍】→ Standard Navy
　　Stock Number（SNSN）······················ 597
標準・技術院【米】→ National Institute of
　　Standards and Technology（NIST）····· 434
標準減圧表　→ standard decompression
　　table ··· 596
標準原子爆弾　→ nominal atomic bomb··· 444
標準交付日　→ standard delivery date
　　（SDD）··· 596
標準受波器　→ standard hydrophone······· 596
標準巡航　→ standard cruising ················ 596
標準初速　→ standard initial velocity ····· 596
標準整備カード　→ maintenance requirement
　　card ·· 394
標準前進基地部隊　→ standard advanced base
　　unit ·· 596
標準送受波器　→ standard transducer ····· 597
標準送波器　→ standard sound projector··· 597

標準装備定数表 → standard unit authorization list ……………… 597

標準装薬 → normal charge ……………… 446

標準大気 → standard atmosphere ……… 596

標準弾道 → standard trajectory ………… 597

標準搭載荷重 → authorized standard loading ………………………………… 80

標準ハイドロホン → standard hydrophone ……………………………… 596

標準配分日 → standard delivery date (SDD) ……………………………………… 596

標準布置初期設定 → standard emplacement initialization ……………………………… 596

標準補給日量 → standard day of supply‥ 596

標準陸上航空経路 【陸自】→ standard use army aircraft flight route（SAAFR）…… 597

評定官 【海自】→ evaluator（EVAL）…… 249

評定誤差 → common rating error ……… 156

費用対効果がよく、高信頼性の溶接技術 【自衛隊】→ cost-effective and reliable welding technology ………………………………… 178

標定 → orientation ……………………… 466

表定速度（ひょうていそくど）→ schedule speed …………………………………… 552

標定点 → orienting point ……………… 466

標定点検 → orientation check …………… 466

標的 → target（TGT）………………… 628

標的機 【海自】→ faker（FKR）……… 257

標的機 → target plane ………………… 630

標的機整備隊 【海自】→ Drone Maintenance Squadron ………………………………… 226

標的識別装置 → target discriminator …… 629

標的速度 【空自】→ target speed ……… 630

標的中心 → middle of the target ……… 411

標的展張容器 → target container ……… 629

苗頭調定ハンドル → deflection input handwheel ……………………………… 200

錨当番 → anchor watch ………………… 52

苗頭表示器 → deflection indicator ……… 199

表面膠化（ひょうめんこうか）→ coating ‥ 145

表面効果船 → surface effect ship (SES) …………………………………… 616

錨用具入れ → boatswain bag …………… 108

漂流信号 【海自】→ drift signal………… 225

被抑留敵国民間人情報局支局 【米】→ Branch Enemy Civilian Internee Information Bureau………………………………… 113

被抑留米国民間人情報局支局 【米】→ Branch American Civilian Internee Information Bureau………………………………… 113

平文（ひらぶん）
→ plain language ……………………… 485
→ plaintext ……………………………… 485

ビラン・ガス
→ blister gas …………………………… 106
→ vesicant ……………………………… 676

ビラン・ガス検知クレヨン → vesicant crayon…………………………………… 676

ビラン・ガス検知紙 → vesicant detector paper …………………………………… 676

ビラン・ガス検知塗料 → vesicant detector paint……………………………………… 676

ビラン剤
→ blister agent ………………………… 106
→ vesicant agent ……………………… 676

肥料爆弾 → fertilizer bomb …………… 260

ビルボード型アンテナ → billboard-type antenna ………………………………… 103

比例航法コース → proportional navigation course …………………………………… 504

広弾薬庫 【在日米陸軍】→ Hiro Ammunition Depot …………………………………… 318

広分遣隊 【在日米陸軍】→ Hiro Facilities Engineer Det…………………………… 318

秘話
→ covered voice ………………………… 181
→ secure voice ………………………… 559

ピンガー → pinger …………………… 483

品質管理班 【海自】→ Quality Control Section ………………………………… 508

ピンポイント爆撃 【空自】→ pinpoint bombing………………………………… 484

ピンポイント目標 → pinpoint target …… 484

品目管理者 → item manager（IM）……… 353

品目管理統計シリーズ 【米】→ Item Management Statistical Series (IMSS) ………………………………… 353

品目識別資料受領者コード 【米】
→ Authorized Item Identification Data Receiver Code（AIIDR）………………… 80

品目識別資料審査者コード 【米】
→ Authorized Item Identification Data Collaborator Code（AIIDC）…………… 80

品目識別資料提出者コード 【米】
→ Authorized Item Identification Data Submitter Code（AIIDS）……………… 80

日本語索引　299　へいくう

Manpower and Organization ············· 214

兵員輸送艦　→ transport ····················· 651

兵員輸送船　→ troopship ····················· 655

兵員揚陸艇　【海軍】→ landing craft,
personnel（LCP）····························· 366

兵営　→ cantonment ··························· 123

兵役
　→ military service ····························415
　→ service ·····································566

兵役満期　→ completion of service ········· 161

兵役免除該当証明書　→ certificate of
disability for discharge ···················· 132

兵科
　→ branch ····································113
　→ branch of service ·························113
　→ corps ·····································177

米海外派遣軍　→ American Expeditionary
Forces（AEF）································· 48

米海軍　→ US Navy（USN）············· 671

米海軍厚木航空施設　【在日米軍】→ Naval
Air Facility, Atsugi（NAF, Atsugi）····· 436

米海軍上瀬谷通信施設　→ US Naval Radio
Receiving Facility, Kami Seya（NRRF,
Kami Seya）································· 671

米海兵隊　→ US Marine Corps ············· 671

兵科士官；兵科将校　→ line officer ········· 378

米韓安全保障協議会議　→ Security
Consultative Meeting（SCM）············· 559

兵器
　→ ordnance ·································464
　→ weapon ··································684

米機　→ US plane ··························· 671

兵棋演習　【海自】→ board maneuver ···· 108

兵棋演習　【陸自】→ war game ············· 680

兵棋演習盤　→ tactical game board ········ 625

兵器管制　【空自】→ weapons control（WPN
CONTR）····································· 685

兵器管制官　→ weapon controller ··········· 684

兵器管制機能　→ weapons control
function ······································ 685

兵器管制コンピューター　→ weapons control
computer（WCC）··························· 685

兵器管制班　【空自】→ weapons control
element（WCE）···························· 685

兵器級ウラン　→ weapon-grade uranium·· 684

兵器級プルトニウム
　→ weapon-grade plutonium ·············684
　→ weapon-strength plutonium ··········685

兵器庫　→ armory ···························· 68

兵器庫；兵器工場　→ arsenal ················· 71

兵器交戦圏　→ weapon engagement zone
（WEZ）······································· 684

兵器庫訓練　→ armory drill ················· 68

兵器資材　→ military materials ············· 414

兵器システム　→ weapon system ··········· 685

兵器システム士官　→ weapon system officer
（WSO）······································· 685

兵器製造業者　→ arms manufacturer ········ 68

兵器体系　→ weapon system ················· 685

兵器体系研究　→ weapon system study ··· 686

兵器大隊　【米陸軍】→ Ordnance
Battalion ····································· 464

兵器転用可能なプルトニウム　→ weapon-
capable plutonium ························· 684

兵器統合資材管理機関　→ weapons integrated
materiel manager（WIMM）············· 685

兵器取引　→ arms trade ····················· 68

兵器発射線　【空自】→ weapon release line
（WRL）······································· 685

兵器発射プラットフォーム　→ weapon launch
platform ····································· 684

兵器類　→ weaponry ························· 685

兵器割り当て　→ weapons assignment ····· 685

兵器割当管制官　→ weapon assignment
control officer（WACO）··················· 684

兵器割当指令官　【空自】→ weapon
assignment director（WAD）············· 684

平均射距離　→ mean range ················· 404

平均巡航速度　→ average cruise speed ······ 85

平均人員数　→ average strength ············· 85

平均速度
　→ average speed ·····························85
　→ average velocity ··························85

平均探知距離　→ mean detective range···· 404

平均探知公算　→ mean detection
probability ··································· 404

平均弾着点　→ center of impact ············· 130

平均弾着点　【空自】→ mean point of impact
（MPI）·· 404

平均弾道　→ mean trajectory ··············· 405

平均致死線量　→ mean lethal dose ········· 404

平均的速　→ average target speed ··········· 85

平均雷速　→ average torpedo speed ········· 85

米空軍　→ US Air Force（USAF）········· 669

へいくう 300 日本語索引

米空軍科学諮問委員会 → USAF Scientific
Advisory Board ⋯⋯⋯⋯⋯⋯⋯⋯⋯ 669
米空軍特殊作戦部隊 → US Air Force special
operations unit ⋯⋯⋯⋯⋯⋯⋯⋯⋯⋯ 669
米空軍特別捜査局 → US Air Force Office of
Special Investigations ⋯⋯⋯⋯⋯⋯ 669
米軍
　→ US Armed Forces ⋯⋯⋯⋯⋯⋯⋯669
　→ US military ⋯⋯⋯⋯⋯⋯⋯⋯⋯⋯671
米軍規格 【米軍】 → Military Specifications
and Standards（MIL-STD）⋯⋯⋯⋯ 415
米軍広報部 → American Forces Press
Service ⋯⋯⋯⋯⋯⋯⋯⋯⋯⋯⋯⋯⋯ 48
米軍車両 → US forces vehicle ⋯⋯⋯⋯ 671
米軍住宅地区 → US housing area ⋯⋯⋯ 671
米軍隊協会 → United States Armed Forces
Institute（USAFI）⋯⋯⋯⋯⋯⋯⋯⋯ 665
米軍通信文様式 → USF communication
format ⋯⋯⋯⋯⋯⋯⋯⋯⋯⋯⋯⋯⋯ 671
米軍南極基地放送 → American Forces
Antarctica Network（AFAN）⋯⋯⋯ 48
米軍の施設及び区域 → US facilities and
areas ⋯⋯⋯⋯⋯⋯⋯⋯⋯⋯⋯⋯⋯⋯ 670
米軍部隊 → USF unit ⋯⋯⋯⋯⋯⋯⋯⋯ 671
米軍文官医療計画室 【米】 → Office of
Civilian Health and Medical Program of the
Uniformed Services（OCHAMPUS）⋯⋯ 453
米軍兵士 → US service member ⋯⋯⋯ 671
米軍放送網 → American Forces Network
（AFN）⋯⋯⋯⋯⋯⋯⋯⋯⋯⋯⋯⋯⋯ 48
平行射向束（へいこうしゃこうそ
く）→ parallel sheaf ⋯⋯⋯⋯⋯⋯⋯ 472
平衡枠形空中線 → balanced-loop
antenna ⋯⋯⋯⋯⋯⋯⋯⋯⋯⋯⋯⋯⋯ 90
米国沿岸警備隊 → United States Coast
Guard（USCG）⋯⋯⋯⋯⋯⋯⋯⋯⋯ 666
米国沿岸警備隊予備役 → United States
Coast Guard Reserve（USCGR）⋯⋯ 666
米国遠征軍 → American Expeditionary
Forces（AEF）⋯⋯⋯⋯⋯⋯⋯⋯⋯⋯ 48
米国海軍 【米軍】 → Navy（USN）⋯⋯ 439
米国海軍 → United States Navy
（USN）⋯⋯⋯⋯⋯⋯⋯⋯⋯⋯⋯⋯⋯ 666
米国海軍艦艇
　→ United States naval ship（USNS）⋯666
　→ United States ship（USS）⋯⋯⋯⋯666
米国海軍兵学校 → United States Naval
Academy（USNA）⋯⋯⋯⋯⋯⋯⋯⋯ 666
米国海軍予備役 → United States Naval

Reserve（USNR）⋯⋯⋯⋯⋯⋯⋯⋯ 666
米国海兵隊 → United States Marine Corps
（USMC）⋯⋯⋯⋯⋯⋯⋯⋯⋯⋯⋯⋯ 666
米国海兵隊予備役 → United States Marine
Corps Reserve（USMCR）⋯⋯⋯⋯⋯ 666
米国空軍 → United States Air Force
（USAF）⋯⋯⋯⋯⋯⋯⋯⋯⋯⋯⋯⋯ 665
米国空軍士官学校 → United States Air Force
Academy（USAFA）⋯⋯⋯⋯⋯⋯⋯ 665
米国空軍予備部隊 → United States Air Force
Reserve（USAFR）⋯⋯⋯⋯⋯⋯⋯⋯ 665
米国軍
　→ Armed Forces of the United States ⋯ 66
　→ United States Armed Forces ⋯⋯⋯665
　→ United States Forces（US Forces；
USF）⋯⋯⋯⋯⋯⋯⋯⋯⋯⋯⋯⋯⋯⋯666
米国軍事援助司令部 → United States Military
Assistance Command（USMAC）⋯⋯⋯ 666
米国軍需品リスト → United States
Munitions List（USML）⋯⋯⋯⋯⋯ 666
米国軍用規格 → American Military
Standards（AMS）⋯⋯⋯⋯⋯⋯⋯⋯ 49
米国後方空軍 【自衛隊】 → Air Force
Logistics Command（AFLC）⋯⋯⋯⋯ 33
米国国防軍 → United States National Guard
（USNG）⋯⋯⋯⋯⋯⋯⋯⋯⋯⋯⋯⋯ 666
米国国防従軍記章 → American Defense
Service Medal⋯⋯⋯⋯⋯⋯⋯⋯⋯⋯ 48
米国在郷軍人会 → American Legion
（AL）⋯⋯⋯⋯⋯⋯⋯⋯⋯⋯⋯⋯⋯ 49
米国情報庁 → United States Information
Agency（USIA）⋯⋯⋯⋯⋯⋯⋯⋯⋯ 666
米国人捕虜情報局 → American Prisoner of
War Information Bureau（APWIB）⋯⋯ 49
米国太平洋空軍 → United States Air Forces,
Pacific（USAFPAC）⋯⋯⋯⋯⋯⋯⋯ 665
米国太平洋陸軍 → United States Army,
Pacific（USARPAC）⋯⋯⋯⋯⋯⋯⋯ 666
米国大西洋軍 → United States Atlantic
Command（LANTCOM）⋯⋯⋯⋯⋯ 666
米国通信空軍 【自衛隊】 → Air Force
Communications Command（AFCC）⋯⋯ 32
米国被抑留民間人情報センター → United
States Civilian Internee Information
Center ⋯⋯⋯⋯⋯⋯⋯⋯⋯⋯⋯⋯⋯ 666
米国武器規制・軍縮庁 → United States Arms
Control and Disarmament Agency
（ACDA）⋯⋯⋯⋯⋯⋯⋯⋯⋯⋯⋯⋯ 665
米国捕虜情報センター → United States
Prisoner of War Information Center⋯⋯ 666

米国本土 【米】 → Continental United States (CONUS) ······································ 169

米国本土陸軍 → United States Continental Army Command (CONARC) ············ 666

米国民間人抑留者情報センター → United States Civilian Internee Information Center ······································ 666

米国陸軍
  → Army of the United States (AUS) ···· 70
  → United States Army (USA) ··········· 665

米国陸軍士官学校 → United States Military Academy (USMA) ····························· 666

米国陸軍予備役 → United States Army Reserve (USAR) ····························· 666

閉鎖金 → breech lock ························ 114

閉鎖機 【陸自】 → breech block ········· 114

閉鎖機構 → locking mechanism ············ 382

閉鎖機槓桿 (へいさきこうかん) 【陸自】
  → breech operating lever ················· 114

閉鎖機室 【陸自】 → breech recess ········ 114

兵士
  → private ·································500
  → soldier ·································583

平時 → peace time ························ 476

平時運用在庫品 → peacetime operating stock ···································· 476

平時関与 → peacetime engagement ········ 476

閉式潜水器 → closed-circuit underwater breathing apparatus ····························· 142

平時在庫基準 → peacetime stock levels··· 476

平時資材損耗 → peacetime materiel consumption and losses···················· 476

平時態勢 → peace time basis ··············· 476

平時部隊用資材 → peacetime force materiel assets ···························· 476

平時部隊用資材所要 → peacetime force materiel requirements ······················ 476

平時プレゼンス → peacetime presence ··· 476

平時編成 → peace organization ············ 476

平時編制表
  → peacetime establishment ·············476
  → reduction table ························526

平時編制部隊 → reduced strength unit ··· 526

平時編制兵力 → reduced strength ········ 526

兵舎
  → barracks ································· 92
  → base camp································ 94

平射

→ flat fire ······························271
→ flat trajectory fire························271

並射 → rapid fire (R/F) ···················· 519

閉射向束 (へいしゃこうそく)
  → close sheaf·······························142
  → converged sheaf·······················174

兵舎室 → barrack room ···················· 92

平射弾道 → flat trajectory ··············· 271

米州防衛委員会 【米】 → Inter-American Defense Board (IADB) ···················· 344

兵術 → art of war······························ 72

並進補給 【海自】 → abeam replenishment ··3

兵装 → armament······························ 65

兵装操作表示パネル → armament control and display panel (ACDP) ············ 65

兵曹長 【米海軍】 → Warrant Officer (WO) ····························· 681

兵卒
  → private ·································500
  → rank and file···························518

米太平洋海兵隊 → US Marine Corps Force, Pacific (USMARFORPAC) ············ 671

米太平洋軍水陸両用指揮官シンポジウム 【日】 → PACOM Amphibious Leaders Symposium (PALS) ···················· 470

兵站 → logistics (log) ···················· 383

兵站課 【国連】 → Logistics Branch······· 383

兵站基地 → logistics base···················· 383

兵站計画 → logistics plan···················· 384

兵站支援 → logistical support ············ 383

兵站支援基地 → logistics support site ··· 384

兵站支援群 【陸自】 → logistics support group···································· 384

兵站システム → logistical system ·········· 383

兵站状況 → logistics situation··············· 384

兵站状況図 → logistical situation map···· 383

兵站所要 → logistics requirements ········ 384

兵站線 → line of communications (LOC) ································ 378

兵站総監 → commissary general ············ 155

兵站組織 【陸自】 → logistical system ······· 383

兵站地帯 → communications zone (COMMZ) ···························· 159

兵站部 → commissariat···················· 155

兵站部隊 → logistical corps ··············· 383

へいたん 302 日本語索引

兵站部付き軍曹 → quartermaster
sergeant ······················· 509
兵站見積り
→ estimate of logistics ················248
→ logistics estimate ················384
兵站要約書 → logistics summary ··········· 384
兵站揚陸搭載行動 → logistics over the shore
operation ······················ 384
米地上軍 → US ground forces ············· 671
米地上部隊 → American ground troops ···· 49
平頭弾（へいとうだん）→ flat nose
ammunition ···················· 271
平頭弾頭（へいとうだんとう）→ flat nose·· 271
米特殊作戦部隊 → US Special Operation
troops ························ 671
米特殊部隊 → US Special Forces ··········· 671
米特殊部隊員 → US Special Forces
soldier ························· 671
米爆撃機 → US bomber ····················· 670
兵法 → art of war ······················ 72
米本土地上基地【米空軍】→ CONUS
Ground Station（CGS）····················· 173
平面起爆 → plane-wave initiation ·········· 485
平面上の占位 → two dimensional
positioning ···················· 658
併用攻撃 → double weapon attack ········ 224
兵要地誌 → military geographic
documentation ···················· 413
兵要地誌【統幕・空自】→ military
geography ························· 413
兵要地誌情報 → military geographic
information ···················· 413
米陸軍 → US Army（USA）············· 669
米陸軍DARCOMカタログ資料隊 → US
Army DARCOM Catalog Data Activity
（CDA）··· 670
米陸軍一般用品及び燃料管理隊 → US Army
General Materiel and Petroleum Activity
（GMPA）························· 670
米陸軍宇宙戦略防衛コマンド → US Army
Space Command················· 670
米陸軍衛生コマンド → US Army Health
Service Command ················· 670
米陸軍衛生資材局 → US Army Medical
Materiel Agency（AMMA）············· 670
米陸軍感染症研究所 → US Army Medical
Research Institute of Infectious Diseases
（USAMRIID）····················· 670

米陸軍訓練・教義コマンド → US Army
Training and Doctrine Command ········ 670
米陸軍工兵隊 → US Army Corps of
Engineers ···················· 670
米陸軍支援隊 → US Army Support Activity
（SPTAP）····················· 670
米陸軍資材開発・準備司令部 → US Army
Materiel Development and Readiness
Command（DARCOM）··················· 670
米陸軍情報及びデータシステム隊 → US
Information and Data Systems Command
（USAIDSCOM）···················· 671
米陸軍情報システム・コマンド → US Army
Information System Command··········· 670
米陸軍情報保全コマンド → US Army
Intelligence and Security Command ····· 670
米陸軍石油本部 → US Army Petroleum
Center（USAPC）··················· 670
米陸軍戦車ー車両資材準備隊 → US Army
Tank-Automotive Materiel Readiness
Command（TARCOM）··················· 670
米陸軍装備コマンド → US Army Materiel
Command················· 670
米陸軍通信研究開発本部 → US Army
Communications Research and
Development Command
（CORADCOM）···················· 669
米陸軍通信電子資材準備司令部 → US Army
Communications and Electronics Materiel
Readiness command（CERCOM）······· 669
米陸軍通信保全後方支援庁 → US Army
Communications Security Logistics Agency
（CSLA）····················· 669
米陸軍電子資材準備機関 → US Army
Electronics Materiel Readiness Activity
（EMRA）····················· 670
米陸軍特殊作戦コマンド → US Army Special
Operations Command················· 670
米陸軍日本地区建設部隊 → US Army
Engineer District, Japan ··················· 670
米陸軍犯罪調査コマンド → US Army
Criminal Investigation Command ········ 670
米陸軍武器資材準備司令部 → US Army
Armament Materiel Readiness Command
（ARRCOM）····················· 669
米陸軍部隊コマンド → US Army Forces
Command················· 670
米陸軍部隊支援及び航空資材準備隊 → US
Army Troop Support and Aviation Materiel
Readiness Command（TSARCOM）···· 670

日本語索引　303　へりこふ

米陸軍兵士 → US Army soldier············· 670

米陸軍誘導兵器資材準備司令部 → US Army
Missile Materiel Readiness Command
（MIRCOM）····································· 670

米陸軍輸送大隊 → US Army Transportation
Battalion ··· 670

米陸軍レンジャー部隊 → US Army
Rangers··· 670

米陸軍ワシントン軍管区 → US Army
Military District of Washington ········· 670

ベイリー式組み立て橋 → Bailey bridge···· 89

兵力
　→ force of arms ······························279
　→ military force·····························413
　→ strength·····································607

兵力基準 → level of strength················ 373

兵力計画立案 【海自】 → force planning·· 279

兵力構成 → force structure·················· 279

兵力削減 → reduction in force（RIF）···· 526

兵力集中 → concentration of forces········ 164

兵力所要番号 → force requirement number
（FRN）·· 279

兵力戦 → soldier's battle····················· 583

兵力投入 → force projection ················ 279

兵力の経済的使用 【海自】 → economy of
force ··· 231

兵力の節用 → economy of force············ 231

兵力引き離し地域；兵力分離地帯 → area of
separation（AOS）···························· 64

兵力リスト 【海自】 → force list············ 279

閉ループ掃海 → closed loop sweep········ 142

並列縦隊 → line of columns················· 378

平和維持 → peacekeeping···················· 476

平和活動 → peace operations··············· 476

平和協力隊員記章 【自衛隊】 → PKO
Emblem ·· 485

平和構築 → peace building·················· 476

平和執行 → peace enforcement（PE）···· 476

平和執行部隊 → peace enforcement unit·· 476

平和実施軍 → Implementation Force
（IFOR）··· 329

平和のためのパートナーシップ
　→ Partnership for Peace（PfP）········· 473

平和部隊 【米】 → Peace Corps··········· 476

平和目的地下爆発制限条約 → Peaceful
Nuclear Explosion Treaty（PNET）····· 476

ヘキソーゲン → hexogen ··················· 314

ベース・キャンプ → base camp··········· 94

ベスト・デプス → best depth（BD）····· 102

ベース・ブリード弾 → base bleed
projectile·· 94

ベース・レグへの旋回 → base turn·········· 95

ペタリング → petalling····················· 480

ヘッジホッグ → hedgehog ················· 312

ヘッドアップ・ディスプレイ → head-up
display（HUD）································· 311

ベトナム戦争 → Vietnam War ············· 677

ベトナム戦争症候群 → Vietnam
syndrome ·· 677

ベトナム戦争退役軍人会 【米】 → Vietnam
Veterans of America（VVA）··········· 677

ペトリオット 【米陸軍】 → Patriot········· 475

ペトリオット管制幹部 【空自】 → Patriot
operation officer（POO）················· 475

ペトリオット管制所 【空自】 → Patriot
Operation Center（POC）··············· 475

ペトリオット・グループ航跡 → Patriot group
track··· 475

ペトリオット航跡 → Patriot track········· 475

ペトリオット・システム → Patriot
system ··· 475

ペトリオット整備員教育装置 → Patriot
organizational maintenance trainer
（POMT）··· 475

ペトリオット戦術訓練シミュレーター
　→ operator tactics trainer（OTT）······ 463

ペトリオット・データ処理システム → Patriot
data processing system（PDPS）········· 475

ペトリオット・データ・リンク → Japan
Patriot data link（JPDL）················· 355

ペトリオット・デベロップメント・システム
　→ Patriot development system
（PDS）·· 475

ペトリオット・ミサイル 【米】 → Patriot
missile ··· 475

ベトロニクス → vetronics ················· 676

ペテン → pentaerythrite tetranitrate
（PETN）··· 477

ペネトレーター → penetrator············· 477

辺野古弾薬庫 【在日米軍】 → Henoko
Ordnance Ammunition Depot············· 314

ヘリコプター管制所 → helicopter control
station（HCS）································· 313

ヘリコプター空中給油 → helicopter in-flight
refueling ·· 313

ヘリコプター空母 → helicopter carrier … 313

ヘリコプター空輸隊 【空自】→ Helicopter
Airlift Squadron ………………………… 313

ヘリコプター駆逐艦 → helicopter
destroyer ………………………………… 313

ヘリコプター攻撃部隊 → helicopter assault
force ……………………………………… 313

ヘリコプター支援チーム → helicopter
support team（HST）……………………… 314

ヘリコプター指令所 → helicopter direction
center（HDC）…………………………… 313

ヘリコプター整備 【空自准空尉空曹空士特技
区分】
→ Flight Engineer Helicopter ………… 273
→ Helicopter Maintenance …………… 314

ヘリコプター戦闘指揮装置 → helicopter
combat direction system ……………… 313

ヘリコプター対潜飛行隊 → helicopter
antisubmarine squadron ……………… 313

ヘリコプター団 【陸自】→ Helicopter
Brigade（Hel Bde）…………………… 313

ヘリコプター着陸場 → helicopter landing
site ……………………………………… 313

ヘリコプター着陸帯 → helicopter landing
zone ……………………………………… 313

ヘリコプター着艦拘束装置 → helicopter haul
down and rapid securing device ……… 313

ヘリコプター搭載型の先進戦術情報処理装置
【自衛隊】→ Advanced Helicopter Combat
Direction System（AHCDS）…………… 15

ヘリコプター搭載護衛艦 【海自】
→ helicopter-carrying destroyer ……… 313

ヘリコプター搭載護衛艦 【自衛隊】
→ helicopter destroyer ………………… 313

ヘリコプター搭載揚陸艦 → landing
helicopter assault ship ………………… 366

ヘリコプター波 → helicopter wave……… 314

ヘリコプター発着所 → heliport ………… 314

ヘリコプター避難経路 → helicopter
retirement route ……………………… 314

ヘリコプター用夜間暗視装置 → helicopter
night vision system …………………… 314

ヘリコプター・レスキュー・スイマー 【海自】
→ helicopter rescue swimmer（HRS）… 314

ヘリコプター・レーン → helicopter lane… 313

ヘリパッド → helipad…………………… 314

ヘリポート → heliport…………………… 314

ヘリボーン 【空自】→ heliborne（Hbn）… 313

ヘリボン 【陸自・海自】→ heliborne
（Hbn）…………………………………… 313

ヘリボン訓練 【陸自】→ heliborne
training ………………………………… 313

ヘリボン攻撃 → heliborne attack ……… 313

ヘリボン作戦 【陸自】→ heliborne
operation ……………………………… 313

ヘリボン作戦部隊 【陸自】→ heliborne force
（Hbn）…………………………………… 313

ヘリボン部隊 【陸自】→ heliborne unit… 313

ヘリボン堡 【陸自】→ heliborne head … 313

ベルト給弾
→ belt-feed ……………………………… 101
→ link-belt feeding ……………………… 379

ベルト組み込み弾薬 → belted
ammunition …………………………… 101

ヘルメット装着照準装置 → helmet mounted
sight（HMS）…………………………… 314

ヘルメット装着表示装置 → helmet mounted
display（HMD）………………………… 314

ヘルメット・バイザー表示装置 → helmet
visor display（HVD）…………………… 314

ペレット成形 → pelleting ……………… 477

変距 【海自】→ range rate……………… 518

変距発信器 【海自】→ range rate
generator ……………………………… 518

変距離 → change of range ……………… 133

変経 【海自】→ difference of longitude
（DLo；DLong）………………………… 210

編合 → organization …………………… 465

編合区分 → organization classification… 465

編合部隊 → table of distribution and
allowance unit（TDA unit）…………… 622

編合部隊等准曹士先任識別章 【空自】
→ Senior Enlisted Advisor Badge of Major
Command……………………………… 564

偏差
→ deflection …………………………… 199
→ deviation（DEV）…………………… 209

偏差校正曲線 → deviation calibration
curve …………………………………… 209

偏差指示器 → deviation indicator ……… 209

偏差弾道風 → differential ballistic wind… 210

偏差追跡コース → deviated pursuit
course ………………………………… 209

偏斜（へんしゃ）→ sideways creep ……… 574

ペンシル・ビーム式レーダー → pencil shape

日本語索引　305　ほういく

beam radar ……………………… 477
変針 → altering course ……………… 47
偏針儀 → deflector ……………… 200
ペンスリット → pentaerythrite tetranitrate
（PETN）……………………… 477
編制；編成 → organization ……………… 465
編成完結式 【陸自】→ reorganization
ceremony ……………………… 532
編成陣地 → organized position …………… 465
編制装備 → organization and
equipment ……………………… 465
編制装備表 【陸自】→ table of organization
and equipment（TOE）………………… 622
編制単位群部隊 【空自】→ JASDF unit
group ……………………… 356
編制単位群部隊准曹士先任識別章 【空自】
→ Senior Enlisted Advisor Badge of
Group ……………………… 563
編制単位部隊 【空自】→ JASDF unit …… 356
編制単位部隊准曹士先任識別章 【空自】
→ Senior Enlisted Advisor Badge of
Squadron ……………………… 564
編制定員 → TOE strength …………… 642
編成定員 → quorum ……………… 510
編成班 【空自】→ Manpower and
Organization Section …………… 397
編成班 【陸自】→ Organization Section … 465
編制表 → table of organization ………… 622
編成表 【海自】→ table of organization and
equipment（TOE）………………… 622
編制部隊
→ table of organization and equipment
unit（TOE unit）………………… 622
→ TOE unit ……………………… 642
編成部隊 → organized unit …………… 465
編制部隊等准曹士先任識別章 【空自】
→ Senior Enlisted Advisor Badge of Wing
and Direct Reporting Unit …………… 564
編成兵力 → organized strength ………… 465
編組（へんそ）→ task organization ……… 630
編組部隊 → task organization unit ……… 630
編隊 【空自・海自】→ formation …… 280
編隊解散 【空自】→ break away ……… 113
編隊航法装置 → station keeping equipment
（SKE）……………………… 600
編隊集合
→ join up ……………………… 362

→ rejoin ……………………… 529
編隊長
→ flight leader ……………… 274
→ formation leader ……………… 281
編隊爆撃 → formation bombing ……… 281
編隊飛行 → formation flight …………… 281
編隊離脱 【空自】→ break away ……… 113
編隊僚機 → wing man ……………… 690
ペンタゴン 【米】→ Pentagon ……… 477
ペントライト → pentolite ……………… 477
変乱 【統幕】→ incident ……………… 330

【 ほ 】

ボア・ゲージ → bore gauge …………… 111
ボアスコープ要撃点 → borescope intercept
point ……………………… 111
保安距離 → safety distance …………… 548
ホイスト 【空自】→ hoist …………… 318
砲
→ artillery（ARTY）……………… 71
→ gun ……………………… 305
砲安定装置 → gun stabilizer …………… 306
包囲 【陸自】→ envelopment …………… 245
方位 → bearing（BRG）……………… 100
方位安定 → azimuth stabilization ………… 88
方位角 【空自】→ azimuth（AZ）……… 87
方位角 → direction angle …………… 213
方位角誤差 → azimuthal error ………… 87
方位角差 → azimuth difference ………… 87
方位角指標 → azimuth index …………… 88
方位角変化率 → azimuth rate …………… 88
方位角目盛り → azimuth scale ………… 88
方位カーソル → bearing cursor ………… 100
方位環（ほういかん）→ azimuth circle … 87
方位鏡 → azimuth mirror ……………… 88
方位距離機首方位指示器 → bearing distance
heading indicator（BDHI）…………… 100
方位距離計算機 → bearing distance
computer ……………………… 100
方位距離指示器 → bearing range indicator
（BRI）……………………… 101
包囲軍 → besieging army ……………… 102

ほういけ　　　　306　　　　日本語索引

方位圏 → azimuth circle ···················· 87
方位高低追随部 → azimuth and elevation
　tracking unit ······························· 87
方位誤差 → bearing error ··················100
包囲作戦 → containing operation ········169
方位指示器
　→ azimuth indicator ····················· 88
　→ bearing indicator ·····················100
方位姿勢基準装置 → heading and attitude
　reference system（HARS）············· 310
方位指標 → azimuth marker ················ 88
方位ジャイロ → directional gyro ········· 213
方位修正；方位修正量 → bearing
　correction ·································100
方位受信器 → bearing receiver ··········101
包囲線 → fence ·····························260
方位線 → line of bearing ·················378
方位線捜索 → bearing search ············101
方位選択器 → bearing selector ··········101
包囲捜索 → containing search ·········169
方位測定 【海自】 → direction finding ···213
方位測定器 【空自】 → azimuth circle ··· 87
方位測定具 → azimuth instrument ··········88
方位対時間記録器 → bearing-time recorder
　（BTR）······································101
方位対周波数表示器 → bearing frequency
　indicator ································100
方位データのみによる発射 → bearing only
　launch（BOL）····························101
方位点 【空自】 → cardinal points ········125
方位電動機 → azimuth motor ············· 88
包囲突破 → breakout ·····················113
方位トルク・モーター → azimuth torque
　motor ····································· 88
包囲バリヤー → containing barrier ········169
方位盤
　→ aiming circle ··························· 22
　→ azimuth card ··························· 87
　→ director（dir）·························213
方位盤架台 → director stand ·············215
方位盤管制 → director control ··········214
方位盤管制士官 【海自】 → director
　assignment controller（DAC）·············213
方位盤射手 → director pointer ···········215
方位盤照準 → director aiming·············213
方位盤旋回角 → director train angle ·······215

方位盤発射 → director fire················214
方位盤ハンドル → director handle bar ··· 214
方位盤俯仰角 → director elevation
　angle ····································· 214
包囲部隊 → enveloping force·············245
方位分解能
　→ angular resolution ···················· 53
　→ azimuth resolution···················· 88
　→ bearing resolution ···················101
方位偏向指示器 → bearing deviation
　indicator（BDI）··························· 100
方位偏差 → azimuth deviation ·············· 87
方位マイクロメーター → azimuth
　micrometer ······························ 88
方位誘導 → azimuth guidance·············· 88
方位列 【海自】 → line of bearing ········· 378
砲員 【海自】 → gunner ····················· 305
砲員長 → gun captain ····················· 305
防衛医学 【防衛省】 → military medicine
　（MM）······································ 414
防衛医学研究センター 【防衛省】 → National
　Defense Medical College Research
　Institute ································ 433
防衛医科大学校 【防衛省】 → National
　Defense Medical College················ 433
防衛医科大学校医学科学生 【防衛省】
　→ National Defense Medical College
　student ·································· 433
防衛医科大学校研究年報 【防衛省】
　→ National Defense Medical College
　Research Annual······················ 433
防衛医科大学校雑誌 【日】 → Journal of the
　National Defense Medical College········ 362
防衛医科大学校進学課程研究紀要 【防衛省】
　→ Bulletin of Liberal Arts & Sciences of
　the National Defense Medical College··· 117
防衛課 【統幕防衛計画部】 → Defense and
　International Policy Planning Division·· 195
防衛課 【陸自】 → Defense Planning Division
　（Def Planning Div）························ 197
防衛課 【空自航空総隊防衛部】 → Defense
　Plans and Operations Section ············ 198
防衛課 【空自防衛計画部】 → Defense Plans
　and Programs Division ·················· 198
防衛課 【陸自】 → Plans and Operations
　Division（Plans & Opns Div）············· 486
防衛課 【海自】 → Plans and Programs
　Division ································ 486
防衛化COTS → ruggedized COTS········ 546

日本語索引　307　ほうえい

防衛海域 → maritime control area ········ 399

防衛会議 【自衛隊】 → Defense Conference ································ 195

防衛会議室 【自衛隊】 → Defense Conference room（DCR）································ 195

防衛会議室作業室 【自衛隊】 → Defense Conference Work room ····················· 195

防衛科学技術者交流計画 → Engineers and Scientists Exchange Program（ESEP）··································· 244

防衛学教育学群 【防大】 → School of Defense Sciences ································ 552

防衛学会 【日】 → National Defense Society ································· 433

防衛監察 【防衛省】 → defense inspection ······························· 196

防衛監察本部 【防衛省】 → Inspector General's Office of Legal Compliance ··· 339

防衛関与 → defense engagement ············ 196

防衛技監 【防衛装備庁】 → Deputy Commissioner and Chief Defense Scientist ································ 206

防衛技術交換計画 → Defense Development Exchange Program（DDEP）············· 196

防衛気象衛星計画 → Defense Meteorological Satellite Program（DMSP）················· 197

防衛基盤
→ basis for national defense················ 97
→ foundation for defense ····················282

防衛基盤整備協会 【日】 → Defense Structure Improvement Foundation ···················· 198

防衛協力 → defense cooperation ············ 196

防衛緊急事態 → defense emergency ······· 196

防衛区域 【統幕】 → air defense sector（ADS）····························· 31

防衛区通信組織統制所 【空自】 → subordinate facility office（SFO）···· 611

防衛軍 → defense forces ······················ 196

防衛軍備協会 【米】 → American Defense Preparedness Association（ADPA）········ 48

防衛計画 → defense plan····················· 197

防衛計画委員会 → Defense Planning Committee（DPC）························· 197

防衛計画大綱 【日】 → National Defense Program Guidelines ························ 433

防衛計画部 【統幕】 → Defense Plans and Policy Department（J-5）················· 198

防衛契約 【自衛隊】 → defense contract·· 196

防衛研究所 【防衛省】 → National Institute for Defense Studies ····················· 434

防衛研修所 【自衛隊】 → National Defense University（NDU）······················ 433

防衛航空宇宙総軍 【米軍】 → Aerospace Defense Command（ADC）················· 19

防衛高等研究企画庁 【米】 → Defense Advanced Research Project Agency（DARPA）······························· 195

防衛交流 → defense exchange ············· 196

防衛交流班 【統幕防衛計画部防衛課】 → International Policy Planning Section ································ 349

防衛産業 【自衛隊】 → defense industry·· 196

防衛産業運用基金 【米】 → Defense Business Operations Fund（DBOF）················· 195

防衛支出 → defense spending················ 198

防衛システム取得審査会議 【米国防総省】 → Defense Systems Acquisition Review Council ································ 198

防衛施設中央審議会 【防衛省】 → Central Council on Defense Facilities ············· 130

防衛事務次官 【防衛省】 → Administrative Vice-Minister of Defense ····················· 13

防衛出動 【自衛隊】 → defense operations ································ 197

防衛出動待機命令 → defense operation alert order ································ 197

防衛準備態勢 【統幕】 → defense readiness condition（DEFCON）····················· 198

防衛省 【日】 → Ministry of Defense······ 419

防衛省改革検討委員会 【防衛省】 → Ministry of Defense Reform Review Committee·· 419

防衛省規格 【日】 → National Defense Standards（NDS）························· 433

防衛招集 【自衛隊】 → defense call-up ··· 195

防衛省仕様書 【防衛省】 → Defence Specification（DSP）····················· 195

防衛省図書館 【日】 → Ministry of Defense Library ································ 419

防衛情報 → defense information ············ 196

防衛情報通信基盤 【防衛省】 → Defense Information Infrastructure（DII）········ 196

防衛情報通信基盤共通運用環境 【防衛省】 → Defense Information Infrastructure Common Operating Environment（DII COE）································ 196

防衛情報提示 → defense intelligence production ································ 197

ほ

防衛省令 【日】 → Ordinance of the Ministry of Defense……… 464

防衛審議官 【防衛省】
→ Defense Councilor ………………196
→ Vice-Minister of Defense for International Affairs………676

防衛人事審議会 【防衛省】 → Defense Personnel Review Board ……………… 197

防衛水域 → defense waters……………… 199

防衛政策
→ defense policy ………………………198
→ military policy ……………………415

防衛政策課 【内部部局】 → Defense Policy Division ……………………… 198

防衛政策局 【内部部局】 → Bureau of Defense Policy………………………… 118

防衛政務官 【防衛省】 → Parliamentary Secretary for Defense………………… 472

防衛政務次官 【防衛省】 → State Secretary for Defense ……………………… 599

防衛線 → defense line……………… 197

防衛戦争 → defensive war ……………… 199

防衛戦略 → defense strategy…………… 198

防衛戦略教育研究部 【海自】 → Strategic Studies Department ………………… 607

防衛戦略研究室 【空自】 → Defense Strategic Research Office………………… 198

防衛総括政務次官 【防衛省】 → Senior State Secretary for Defense ……………… 564

防衛装備移転三原則 【日】 → Three Principles on Transfer of Defense Equipment and Technology ……………… 639

防衛装備・技術協力に関する事務レベル協議 【防衛省】 → Joint Working Group on Defence Equipment and Technology Cooperation（JWG-DETC）…………… 362

防衛装備庁 【防衛省】 → Acquisition, Technology and Logistics Agency（ATLA）…………………………………8

防衛措置 → defensive action …………… 199

防衛大学校 【防衛省】 → National Defense Academy……………………………… 433

防衛大学校学生 【防衛省】 → National Defense Academy student ……………… 433

防衛大臣 【防衛省】 → Minister of Defense ……………………………… 419

防衛大臣政策参与 【防衛省】 → Special Adviser to the Minister of Defense……… 588

防衛大臣政務官 【防衛省】 → Parliamentary Vice-Minister of Defense ……………… 472

防衛大臣秘書官 【防衛省】 → Private Secretary to the Minister of Defense …… 500

防衛大臣副官 【防衛省】 → Aide to the Minister of Defense ……………………… 21

防衛大臣補佐官 【防衛省】 → Senior Adviser to the Minister of Defense ……………… 563

防衛態勢
→ defense conditions（DEFCON）………195
→ defense posture …………………………198

防衛駐在官 【日】 → defense attachè…… 195

防衛駐在官 【自衛隊】 → military attachè ……………………………… 412

防衛調達審議会 【防衛省】 → Defense Procurement Council………………… 198

防衛通信衛星 【日】 → defense communications satellite ……………… 195

防衛動員 → defense mobilization………… 197

防衛当局間協議 【防衛省】 → military-to-military consultation ………………… 416

防衛統合ディジタル通信網 【自衛隊】
→ Integrated Defense Digital Network（IDDN）………………………………… 341

防衛同盟 → defensive alliance…………… 199

防衛能力イニシアティブ 【NATO】 → Defense Capabilities Initiative（DCI）………… 195

防衛班 【陸自】 → Defense Planning Section ……………………………… 197

防衛班 【統幕】 → Defense Policy Section ……………………………… 198

防衛班 【空自】 → Mid-Term Programs Section ……………………………… 411

防衛費
→ defense cost………………………………196
→ defense expenditure ……………………196

防衛非常事態 → defense emergency ……… 196

防衛備蓄 → retention stock for defense… 538

防衛秘密 【防衛省】 → defense secrecy … 198

防衛秘密区分 【防衛省】 → defense classification ……………………… 195

防衛部 【空自】 → Defense and Operations Division ……………………………… 195

防衛部 【自衛隊】 → defense division …… 196

防衛部 【陸自・空自】 → Defense Plans and Operations Department ……………… 197

防衛部 【空自】 → Defense Plans and Operations Division ………………… 198

防衛部 【陸自】 → Defense Policy and Programs Department ………………… 198

防衛部 【海自】 → Operations and Plans

日本語索引　309　ほうきよ

Department ················· 462

防衛副大臣 【防衛省】→ State Minister of
Defense ················· 599

防衛方策研究 → defense measure study ·· 197

防衛マイクロ回線 【自衛隊】→ Defense
Microwave System（DEMICS）··········· 197

防衛メッセージ・システム → defense
message system ················· 197

防衛用捕捉レーダー → defense acquisition
radar（DAR）················· 195

防衛予算 → defense budget ·············· 195

防衛力
→ defense capacity ················195
→ defense power ·················198
→ military power ·················415

防衛力構築作業部会 【防衛省】→ Working
Group to Build-up Defense
Capabilities ················· 691

防衛力整備 → building up defense
capabilities ················· 116

防疫 → field sanitation ·············· 262

望遠式照準器 → telescopic sight ·········· 633

防音対策課 【内部部局】→ Soundproof
Measures Division ················· 585

砲科 【陸軍】→ artillery（ARTY）········· 71

砲架
→ carriage ·················125
→ gun carriage ·················305
→ gun mount ·················305

妨害 → interference·············· 345

妨害機 → jammer ·············· 354

妨害機雷原 → nuisance minefield·········· 450

妨害源追尾 → home on jam·············· 319

妨害地雷原 → disturbing minefield ········ 220

妨害信号 → jamming signal·············· 354

防界線 → military crest ·············· 413

妨害送信機 → jamming transmitter ······· 354

妨害対処員 → anti-jam technician
（AJT）·············· 57

妨害対信号比 → jam-to-signal ratio（J/
S）·············· 354

砲外弾道学（ほうがいだんどうが
く）→ exterior ballistics·············· 254

妨害統制用指示器 → countermeasure control
indication（CMCI）·············· 179

妨害波指向ミサイル → home on jamming
missile（HOJM）·············· 319

妨害ポッド → jamming pod ·············· 354

妨害用機上装置 【海自】→ airborne
jammer ·············· 24

砲郭砲 → enclosed mount ·············· 241

砲火下の救護 【米軍】→ care under fire·· 125

包括的核実験禁止 → Comprehensive Test
Ban ·············· 162

包括的核実験禁止条約機関 → CTBT
Organization（CTBTO）·············· 185

包括的核実験禁止条約交渉 → Comprehensive
Test Ban Treaty Talks（CTBT）········ 162

包括的軍縮案 → comprehensive disarmament
plan·············· 162

包括的軍縮計画 → comprehensive program
on disarmament（CPD）·············· 162

包括的任務
→ comprehensive mission·············162
→ comprehensive task·············162

包括的保障措置協定 → Comprehensive
Safeguards Agreements（CSA）·········· 162

包括テロ防止条約 【国連】→ Comprehensive
Convention on International
Terrorism ·············· 162

砲火防御地帯 → gun defense zone·········· 305

砲火防空界 【海自】→ gun defended
area ·············· 305

砲艦 → gunboat ·············· 305

砲眼 → embrasure ·············· 239

砲艦外交 → gunboat diplomacy ·········· 305

法規課 【防衛省】→ Legal Affairs
Division ·············· 372

砲機調整 → battery alignment ·············· 97

法規班 【陸自】→ Administrative Law
Section ·············· 13

法規班 【空自】→ Regulation Section···· 528

防御 【陸自】→ defense·············· 195

妨業 【陸自・空自】→ sabotage·············· 547

砲仰角 → gun elevation order ·············· 305

砲仰角指示器 → gun elevation indicator·· 305

防御海域 【海自】→ defensive sea area ·· 199

防御機雷原 【海自】→ protective
minefield ·············· 504

防御区域 【海自】→ defense area·········· 195

防御区域 【陸自】→ defense sector ·········· 198

防御計画 → defense plan·············· 197

防御作戦 → defense operations·············· 197

防御指揮官 → defense commander········ 195

ほ

ほうきよ 310 日本語索引

防御縦深 → depth of the defense ·········· 205
防御手榴弾 → defensive grenade ············ 199
防御地雷原 【陸自】 → defensive
minefield ······················· 199
防御陣地 → defensive position ············· 199
防御水域 【空自】 → defensive sea area ·· 199
防御責任区分 → sector of defensive
responsibility ····························· 559
防御戦闘訓練 【陸自】 → defensive combat
training ······························· 199
防御戦力 → defensive resources ············ 199
防御組織 → defense system ················· 198
防御地域 【陸自】 → defense area ········· 195
防御地帯 → defensive zone ················ 199
防御における戦術群 → defensive
echelon ······························· 199
防御の継続性 → continuity of the
defense ····························· 170
防御の縦深 → depth of the defense ········ 205
防御の編成 → organization for defense ··· 465
防御の方式 → forms of defense ············· 281
防御の要則 → fundamentals of the
defense ································· 289
防御部隊 【陸自】 → defending force ····· 195
防御用武器 → defensive weapon ············ 199
防御用捕捉レーダー → defense acquisition
radar (DAR) ························· 195
防御力
→ defensive power ·················· 199
→ defensive resources ··············· 199
砲金 → gun metal ························· 305
防空 → air defense (AD) ················ 29
防空運用チーム 【自衛隊】 → air defense
operations team ························· 31
防空演習 【空自】 → air defense exercise
(ADX) ····························· 30
防空演習 → air raid drill ················ 38
防空火器 → air defense artillery (ADA) ·· 29
防空管区 → air defense sector (ADS) ····· 31
防空監視所 【空軍】 → air defense
surveillance station ···················· 31
防空監視所 【空自】 → surveillance station
(SS) ························· 618
防空監視団 → ground observer corps ····· 301
防空管制 → air defense control ············ 30
防空管制官 → air defense controller ········ 30
防空管制群 【空自】 → Air Defense Control

Group ························· 30
防空管制所 → air defense control center
(ADCC) ·························· 30
防空管制隊 【空自】 → Air Defense Control
Squadron ························ 30
防空緊急事態 → air defense emergency ····· 30
防空区域 【海自】 → air defense area
(ADA) ······················ 29
防空区域 → air defense sector (ADS) ······ 31
防空空軍 【米軍】 → Air Defense Command
(ADC) ························· 30
防空訓練 【海自】 → air defense exercise
(ADX) ························ 30
防空警衛隊 【海自】 → Air Defense and
Guard Division ····················· 29
防空計画グループ → air defense planning
group (ADPG) ···················· 31
防空警報 【空自・海自】 → air defense
warning (ADW) ······················ 31
防空警報区分
→ air defense warning condition
(ADWC) ···················· 31
→ air raid warning condition ············· 38
防空警報所 【空軍】 → air raid warning
center (ARWC) ···················· 38
防空警報組織 → air raid warning system ·· 38
防空警報地区 → air raid warning district ·· 38
防空壕
→ air raid shelter ················ 38
→ bombproof shelter ···················· 110
→ bomb shelter ··························· 110
防空高射部隊 【陸軍】 → air defense artillery
(ADA) ······················· 29
防空構想 → Air Defense Initiative
(ADI) ························· 30
防空行動優先区域 → air defense action
area ···························· 29
防空作戦 → air defense operation ········· 30
防空作戦区域 → air defense operations
area ······························ 30
防空作戦センター → air defense operations
center ···························· 31
防空作戦チーム → air defense operations
team ······························ 31
防空指揮官 【海自】 → air defense
commander ····················· 30
防空指揮群 【空自】 → Air Defense
Operations Group ···················· 31
防空識別圏 → air defense identification zone

日本語索引　311　ほうこう

（ADIZ）……………………………… 30
防空識別圏内有視界飛行方式 → defense
　visual flight rules（DVFR）…………… 198
防空識別線 → air defense identification
　line ……………………………………… 30
防空システム → air defense system ……… 31
防空施設 → air defense installation ……… 30
防空情報審査所 → filter center …………… 264
防空情報通信基盤 → air defense information
　infrastructure ………………………… 30
防空司令官 【統幕】 → air defense
　commander …………………………… 30
防空指令所 → air defense direction center
　（ADDC）……………………………… 30
防空指令所 【空自】 → direction center
　（DC）………………………………… 213
防空陣形 → air defense formation ……… 30
防空制圧 → air defense suppression ……… 31
防空制圧ミサイル → air defense suppression
　missile（ADSM）……………………… 31
防空制限区域 → air defense restricted
　area……………………………………… 31
防空責任空域 → air defense area of
　responsibility（ADAOR）……………… 29
防空戦 【海自】 → air defense operation … 30
防空戦闘 【海自】 → air defense combat … 29
防空戦闘機 → air defense fighter ………… 30
防空戦闘機 【海自】 → interceptor
　fighter………………………………… 345
防空戦闘指揮所 【海自】 → air defense
　combat coordination center …………… 29
防空戦闘地帯 → air defense battle zone …… 29
防空早期警戒 → air defense early
　warning………………………………… 30
防空即応態勢 → air defense readiness …… 31
防空組織 → air defense system …………… 31
防空組織訓練 → team training exercise
　（TTX）……………………………… 631
防空態勢 → air defense readiness
　condition ……………………………… 31
防空態勢 【空自】
　→ defense conditions（DEFCON）……195
　→ defense readiness condition
　　（DEFCON）………………………198
防空/対戦車システム → Air Defense/Anti
　Tank System（ADATS）……………… 29
防空地域 → air defense area（ADA）……… 29
防空地域 【海自】 → air defense subsector … 31

防空地区 → air defense subsector ………… 31
防空調整 → air defense coordination ……… 30
防空統制艦 → air defense ship …………… 31
防空特定区域 → air defense restricted
　area……………………………………… 31
防空能力 → air defense capability ………… 29
防空配備 → air defense readiness………… 31
防空班 【海自】 → Air Defense Section…… 31
防空ピケット → air defense picket ……… 31
防空砲兵 【陸軍】 → air defense artillery
　（ADA）……………………………… 29
防空砲兵運用分遣隊 【陸軍】 → air defense
　artillery operations detachment
　（ADAOD）…………………………… 29
防空砲兵指揮所 → air defense artillery
　command post………………………… 29
防空砲兵情報機関 → air defense artillery
　intelligence service …………………… 29
防空砲兵制圧 → air defense artillery
　neutralization………………………… 29
防空砲兵戦闘区分 → air defense artillery
　condition of readiness ………………… 29
防空砲兵統制官 → air defense artillery
　controller……………………………… 29
防空ミサイル → air defense missile ……… 30
防空用グリッド → air defense grid ……… 30
防空旅団 【陸軍】 → air defense brigade
　（ADB）……………………………… 29
防空レーダー → air defense radar………… 31
防空レーダー部隊 → air defense radar unit
　（ADRU）……………………………… 31
防空連絡班 【米】 → Air Defense Liaison
　Element（ADLE）……………………… 30
方形捜索 → square search ………………… 594
砲撃
　→ bombardment ………………………109
　→ firing ………………………………267
　→ gunfire ……………………………305
砲撃対抗区域 → inter-artillery zone ……… 344
防護 → protection………………………… 504
砲口 → muzzle …………………………… 431
砲腔 → bore ……………………………… 111
砲口圧 → muzzle pressure ………………… 432
砲口炎
　→ flash…………………………………271
　→ gun flash……………………………305
　→ muzzle flash ………………………431
砲口覆い（ほうこうおおい）→ muzzle

ほうこう　　　　　　　　　　312　　　　　　日本語索引

cover ································· 431
砲腔検査鏡　→ bore scope ············· 111
砲腔軸　→ gun-bore axis ················ 305
砲腔視線検査　→ bore sighting ········· 111
砲腔視線検査具　→ bore sight ·········· 111
砲腔照準調整　【空自】→ bore sighting ·· 111
方向情報　→ directional information ······ 213
砲口制退器（ほうこうせいたいき）→ muzzle
　brake ······························· 431
砲口栓
　→ muzzle cap ······················ 431
　→ muzzle plug ····················· 432
　→ tampion ························· 628
方向装置　→ traversing mechanism ········ 653
砲口装填　→ muzzle loading ············· 432
方向探知　【空自】→ direction finding ····· 213
方向探知機　→ direction finder（DF）···· 213
方向探知網　→ direction finding net ······· 213
砲腔断面積　→ cross-sectional area of
　bore ······························· 184
砲腔長　→ bore length ················· 111
方向追随眼鏡　→ azimuth tracking
　telescope ··························· 88
砲口爆発　→ muzzle burst ·············· 431
砲口爆風
　→ muzzle blast ···················· 431
　→ powder blast ··················· 492
砲口爆風域　→ muzzle blast field ·········· 431
砲口速度　→ muzzle velocity ··············· 432
砲腔ブラシ　→ bore brush ··············· 111
砲口ブレーキ　→ muzzle brake ············ 431
砲腔兵器　→ artillery ordnance
　equipment ·························· 72
砲腔面積　→ bore area ················· 111
報告管理　【空自】→ JASDF official report
　management ······················· 356
報告統制　→ report control management··· 533
報告統制章号　【空自】→ JASDF registered
　report code ························· 356
報告統制制度　→ report control management
　system ···························· 533
防護作戦　→ protective operations ········· 504
防護施設　→ protected site ·············· 504
防護センター　【陸自】→ NBC center
　（NBCC）··························· 439
防護措置　→ hardening ················· 309

防護的作戦　【海自】→ protective
　operations ························· 504
防護被服　【陸自】→ protective clothing·· 504
防護服　【海自】→ protective clothing ···· 504
防護服　→ protective suits ················ 505
防護マスク　【陸自・海自】→ gas mask ·· 291
防護目標　→ defended area ·············· 195
砲座　→ emplacement ·················· 241
防災・危機管理教育　【防衛省】→ disaster
　prevention and risk control training ····· 216
防災訓練　→ anti-disaster drill ············· 57
防災支援　→ disaster prevention support·· 216
砲耳（ほうじ）→ trunnion ·············· 656
砲軸　→ axis of the bore ················ 87
砲軸角　→ superelevation ··············· 612
砲軸角試験　→ superelevation test ········· 612
砲軸線
　→ gun-bore line ··················· 305
　→ line of bore ···················· 378
砲軸線整合　【海自】→ bore sighting ······ 111
砲軸線整合筒　→ bore sight tube ··········· 111
砲軸線整合用眼鏡　→ bore sight
　telescope ··························· 111
砲指向管制盤　→ gun mount assigning panel
　（GMAP）·························· 305
砲耳軸　→ axis of trunnions ·············· 87
亡失損傷　→ lost and damage ············· 386
砲自動照準　→ automatic gun laying········· 82
防者　→ defender ····················· 195
放射効率　→ acoustic radiation efficiency ···· 7
放射雑音　→ radiated noise ··············· 513
放射線　【空自准空尉空曹士特技区分】
　→ Radiology ······················· 515
放射線監視　→ radiological monitoring ···· 515
放射線許容量　→ tolerance dose ··········· 642
放射線遮蔽　→ radiation shield ············ 513
放射線傷害　→ radiation injury ············ 513
放射線防御；放射線防護　→ radiological
　defense ···························· 515
放射線量　→ radiation dose ··············· 513
放射能監視　→ radiological monitoring ···· 515
放射能強化　→ enhanced radiation
　（ER）···························· 244
放射能強化核兵器　→ salted weapon ······· 549
放射能強化型爆弾　→ enhanced radiation

日本語索引　　　313　　　ほうせん

bomb（ERB）……………………… 244
放射能強化兵器 → enhanced radiation
　weapon（ERW）………………… 245
放射能降下物散布状態 → fallout pattern‥ 257
放射能作戦 → radiological operations…… 515
放射能情報 → radiological intelligence…… 515
放射能戦
　→ radioactive warfare………………514
　→ radiological warfare ………………515
放射能弾頭 → radiological warhead……… 515
放射能調査 → radiological survey ……… 515
放射能調査飛行高度 → radiological survey
　flight altitude………………………… 515
放射能武器 → radiological weapon……… 515
放射能防御；放射能防護 → radiological
　defense ………………………………… 515
放射保全 → emission security …………… 241
放射漏洩 → radiated leakage（RL）……… 513
砲手 → cannoneer…………………………… 123
砲手 【陸自】→ gunner……………………… 305
砲手 → gun's crew………………………… 306
傍受
　→ electrical interception………………233
　→ interception（intcp）………………345
砲銃弾薬 → gun type ammunition ……… 306
傍受所 → intercept station ……………… 345
砲術 → gunnery …………………………… 305
砲術士 【海自】→ assistant gunnery
　officer ………………………………… 75
砲術長 【海自】→ gunnery officer ……… 305
放出ヒューズ → expulsion fuze ………… 254
放出薬 → ejection charge ………………… 233
砲手用照準潜望鏡 → gunner's periscope‥ 305
防盾（ぼうじゅん）→ shield ……………… 569
砲床（ほうしょう）
　→ emplacement ………………………241
　→ platform ……………………………486
砲床レール → base ring …………………… 95
棒地雷 → bar mine ………………………… 92
砲身
　→ barrel ………………………………… 93
　→ gun tube ……………………………306
　→ tube …………………………………656
妨信回避 → jamming evasive action …… 354
砲身支え → bottom sleigh ……………… 112
砲身寿命 → service life of gun barrel…… 566

砲身被筒（ほうしんひとう）
　→ thermal jacket …………………………637
　→ thermal sleeve…………………………638
砲身部
　→ barrel assembly………………………… 93
　→ cannon assembly ……………………123
砲身部DP → cannon design pressure
　（cannon DP）………………………… 123
砲身部DP曲線 → cannon design pressure
　curve（cannon DP curve）…………… 123
砲身部FDP → cannon fatigue design
　pressure（cannon FDP）……………… 123
砲身部FDP曲線 → cannon fatigue design
　pressure curve（cannon FDP curve）…… 123
砲身部設計圧力 → cannon design pressure
　（cannon DP）………………………… 123
砲身部設計圧力曲線 → cannon design
　pressure curve（cannon DP curve）…… 123
砲身部疲労設計圧力 → cannon fatigue design
　pressure（cannon FDP）……………… 123
砲身部疲労設計圧力曲線 → cannon fatigue
　design pressure curve（cannon FDP
　curve）………………………………… 123
砲身命数
　→ barrel life……………………………… 93
　→ tube life………………………………656
防勢 → defensive …………………………… 199
防勢作戦 → defensive operation ………… 199
防勢戦略 → defensive strategy …………… 199
防勢対航空 【空自】→ defensive counter air
　（DCA）………………………………… 199
防勢対航空作戦 → defensive counter air
　operation……………………………… 199
防勢の作戦 【海自】→ protective
　operations …………………………… 504
防勢の情報作戦 → defensive information
　operations …………………………… 199
砲旋回角 【海自】→ gun train order…… 306
砲戦訓練 → gunnery exercise …………… 305
砲全長 → length of cannon ……………… 373
砲戦調整兼要務通信系 → gunnery
　coordination and administrative net
　（GC&A net）………………………… 305
砲戦統制通信系 → gun control net …… 305
防潜網 【海自】→ anti-submarine net…… 59
防潜網哨戒 → boom patrol……………… 110
砲戦目標指示 【海自】→ command
　designation …………………………… 153

ほ

ほうせん 314 日本語索引

砲戦連絡幹部；砲戦連絡士官 → gunnery liaison officer ････････ 305

放送管制 → broadcast control ････････ 115

放送管制要撃 → broadcast controlled air interception ････････ 115

妨掃機雷 → anti-sweep mine ････････ 60

妨掃具 → sweep obstructer ････････ 620

妨掃装置 → anti-sweep device ････････ 60

放送用空中線 → broadcast antenna ････････ 115

放送要撃管制 → broadcast fighter control （BROFICON） ････････ 115

砲側員（ほうそくいん）→ gun crew ････････ 305

砲側格納所 → ammunition ready locker ････ 50

砲側管制 → local control ････････ 381

砲側機力操縦 → local control drive ････････ 381

砲側照準（ほうそくしょうじゅん）→ local aiming ････････ 381

砲側弾薬 → ready service ammunition ････ 520

砲側弾薬箱 → ready service box ････････ 520

砲側電鍵発射 → local key firing ････････ 381

砲側目標指示 → local designation ････････ 381

砲台 → battery ････････ 97

砲台管制 → gun control ････････ 305

砲隊鏡 → battery commander's periscope ････････ 97

砲台長
→ mount captain ････････ 426
→ turret captain ････････ 658

砲弾
→ artillery shell ････････ 72
→ cannonball ････････ 123
→ projectile ････････ 502
→ shell ････････ 569

防弾ガラス
→ armor glass ････････ 67
→ bullet-proof glass ････････ 117

防弾チョッキ
→ bulletproof jacket ････････ 117
→ flak jacket ････････ 270

防弾衣 → body armor ････････ 108

方探偏差 → direction finder deviation ････ 213

砲中 【海自】 → bore ････････ 111

防諜活動 → anti-espionage campaign ････ 57

防諜部隊 → counterintelligence corps （CIC） ････････ 179

包底面（ほうていめん）→ bolt face ････････ 109

暴徒 → insurgents ････････ 341

砲塔 → turret ････････ 658

暴動 → civil disturbance ････････ 138

暴動 【空自】 → insurgency ････････ 341

暴動 → riot ････････ 542

砲塔員席 → basket ････････ 97

報道官 【防衛省】 → Press Secretary ････ 496

砲塔装甲 → barbette armor ････････ 92

暴動対処 【自衛隊】 → counter insurgency （COIN） ････････ 179

暴動鎮圧剤 → riot control agent （RCA） ････････ 542

暴動鎮圧作戦 → riot control operations ･･ 542

砲塔砲（ほうとうほう）→ turret gun ････････ 658

防毒マスク → gas respirator ････････ 292

砲内圧力 → bore pressure ････････ 111

砲内弾道学 → interior ballistics ････････ 346

放熱筒 → barrel jacket ････････ 93

砲の指向 → gun laying ････････ 305

防爆型機械 → explosion-proof machine ･･･ 253

砲爆撃 → bombardment ････････ 109

防爆マット → blasting mat ････････ 106

暴発 → accidental fire ････････5

砲班 → manning detail ････････ 396

砲尾 → breech ････････ 114

防備 → defensive preparation ････････ 199

砲尾圧；砲尾圧力 → breech pressure ････ 114

防備衛所 【海自】 → harbor defense post （HDP） ････････ 309

砲尾開閉装置 → breech operating mechanism ････････ 114

砲尾環（ほうびかん）→ breech ring ････ 114

砲尾機関
→ breech assembly ････････ 114
→ breech mechanism ････････ 114

砲尾機構
→ breech assembly ････････ 114
→ breech mechanism ････････ 114

砲尾後端 → breech end ････････ 114

防備指揮所 【海自】 → harbor entrance control post （HECP） ････････ 309

防備隊 【海自】 → Coastal Defense Group ････････ 144

砲尾端 → breech end ････････ 114

防備統制所 【海自】 → harbor defense control center （HDCC） ････････ 309

砲尾板 → back plate ････････ 89

日本語索引　315　ほうりつ

砲尾面 → breech face ················ 114
報復攻撃 → retaliatory strike ········ 538
報復行動 → retaliatory action ········ 538
報復力【統幕】→ retaliation power ····· 538
放物面アンテナ【海自】→ parabolic antenna ····· 471
爆粉（ぼうふん）
　→ primer composition ············· 499
　→ primer mixture ················ 499
砲兵【陸軍】→ artillery（ARTY）······· 71
砲兵 → artilleryman ················ 72
砲兵下士官【英】→ bombardier ········ 109
砲兵火力 → artillery fire ············ 72
砲兵基本教練 → artillery drill ········ 72
砲兵群 → artillery group ············ 72
砲兵項目 → artillery subparagraph ····· 72
砲兵射撃 → artillery fire ············ 72
砲兵射撃観測者 → artillery observer ···· 72
砲兵射撃計画表 → artillery fire plan table ····· 72
砲兵射撃場 → artillery range ········· 72
砲兵情報 → artillery intelligence ······ 72
砲兵情報通報 → artillery intelligence bulletin ····· 72
砲兵測量 → artillery survey ·········· 72
砲兵大隊 → artillery battalion ········ 71
砲兵大隊群 → artillery battalion group ····· 71
砲兵弾着観測 → artillery spotting ····· 72
砲兵中隊【陸軍】→ battery ··········· 97
砲兵中隊長【陸軍】→ battery commander ····· 97
砲兵中隊長随行班 → battery commander's party ····· 97
砲兵中隊用捕捉レーダー → battery acquisition radar（BAR）········ 97
砲兵別紙 → artillery annex ·········· 71
砲兵用地図 → artillery map ·········· 72
砲兵旅団
　→ Artillery Brigade ·············· 71
　→ field artillery brigade ·········· 261
砲兵連隊【陸軍】→ artillery regiment ···· 72
法務 → legal affairs ················ 372
法務課【陸自】→ Judge Advocate Division（JA Div）····· 362
法務課【空自・海自】→ Legal Affairs Division ····· 372

法務官
　→ judge advocate（JA）··········· 362
　→ law officer ··················· 370
法務幹部【空自幹部特技区分】→ Legal Officer ····· 372
法務室長【海自】→ Director of Legal Office ····· 214
法務将校 → legal officer ············ 372
法務総監 → judge advocate general ····· 362
法務幕僚【空自幹部特技区分】→ Legal Staff Officer ····· 372
法務班【陸自・空自】→ Legal Affairs Section ····· 372
保命【空自】→ survival ············· 618
保命器材【空自】→ survival equipment ····· 618
保命食
　→ survival food ················· 618
　→ survival rations ··············· 618
保命用具キット → survival kit（S/KIT）····· 618
砲目線
　→ gun-target line ··············· 306
　→ mortar-target line（MTL）········ 426
　→ weapon-target line ············· 686
方面音楽隊【陸自】→ Army Band ······· 69
方面区【陸自】→ Army area ·········· 69
方面軍 → army group（AG）········· 69
方面軍司令官【陸軍】→ commander-in-chief（CINC）····· 153
方面航空隊【陸自】→ Air Group ······ 34
方面前進兵站基地【陸自】→ Army forward maintenance area（AFMA）····· 69
方面総監【陸自】→ Army Commanding General（ACG）····· 69
方面総監部【陸自】
　→ Army Headquarters（AHQ）······· 69
　→ Headquarters（HQ）············ 310
方面隊【陸自】→ Army（A）········· 68
方面隊全特科部隊【陸自】→ artillery with the Army ····· 72
方面特科隊【陸自】→ Army Artillery ···· 69
方面兵站基地【陸自】→ Army maintenance area（AMA）····· 70
砲雷長【海自】→ weapons officer ······ 685
防雷網 → torpedo net ·············· 644
砲来歴簿【海自】→ gun book ········ 305
法律顧問【米陸軍・米空軍】→ General

ほうりや 316 日本語索引

Counsel ·· 293
謀略
　→ conspiracy ································167
　→ intrigue ··································351
謀略活動
　→ conspiracy ································167
　→ plot activity ··························487
堡塁 (ほうるい) → fort（FT）·········· 281
砲歴簿 → artillery gun book ·············· 72
砲歴簿 【陸自】→ gun book ············· 305
砲歴簿 → weapon record book ··········· 684
砲列 → battery ································ 97
砲列線 → line of fire（LOF）············· 378
飽和潜水 → saturation diving ············· 551
飽和潜水員 【海自】→ saturation diver ·· 550
保営 【陸自】→ headquarters
　management ································· 310
保営幹部 【陸自】→ headquarters
　commandant ································ 310
保営将校 → headquarters commandant ·· 310
頬当て → cheek pad ························· 134
捕獲書類 → captured documents ··········· 124
捕獲品
　→ captured materiel ·······················124
　→ prize ·····································500
母艦
　→ depot ship·······························205
　→ mother ship·····························426
　→ tender ··································634
保管責任者 → responsible person for
　security ····································· 537
保管場所
　→ location ·································382
　→ storage space ··························604
保管部 【海自】→ Storage Department ·· 604
保管保全 → storage security ·············· 604
ボギー → bogey ····························· 109
ボギー；ボギー車 → bogie ················· 109
母基地 【海自】→ home station··········· 319
補給 【海自】→ replenishment ··········· 533
補給 【空自准空尉空曹空士特技区分】
　→ Supply ··································· 613
補給 → supply（Sup）····················· 613
補給員 → storekeeper（SK）··············· 604
補給運用 → supply operations
　（SUPOPS）································· 614
補給課 【空自】→ Supply Division········ 614

補給活動 → supply action ···················· 613
補給艦 → supplying ship························ 614
補給艦 【海自】
　→ supply ship ·······························614
　→ underway replenishment ship ··········662
補給幹線 【統幕・陸自・海自】→ main
　supply route（MSR）····················· 393
補給幹部 【空自幹部特技区分】→ Supply
　Officer······································ 614
補給管理 → supply management ············ 614
補給管理専門官 【統幕学校】→ Supply
　Officer······································ 614
補給管理班 【陸自】→ Supply Management
　Section······································· 614
補給管理報告 → supply management report
　（SMR）····································· 614
補給基準班 【空自】→ Supply
　Standardization Section ···················· 615
補給基地
　→ supplementary facility·····················613
　→ supply base······························614
補給業務大隊 【米】→ Supply and Service
　Battalion····································· 614
補給規律 → supply discipline················· 614
補給経済 → supply economy·················· 614
補給源 → source of supply（SOS）········· 586
補給庫 → supply room······················· 614
補給作戦 → supply operations
　（SUPOPS）································· 614
補給士 【海自】→ assistant supply officer ·· 75
補給支援 → logistics support················· 384
補給支援請求 → supply support request
　（SSR）······································ 615
補給支援センター → supply support center
　（SSC）······································ 615
補給支援取り決め 【空自】→ supply support
　arrangements（SSA）······················· 615
補給施設 → supplementary facility ········ 613
補給処 【空自】→ Air Depot················· 31
補給処 (ほきゅうしょ)【陸自】→ depot
　（Dep）······································ 204
補給処 → supply depot······················· 614
補給所 (ほきゅうじょ)→ supply point
　（SP）·· 614
補給処受け払い綴 → depot transition file
　（D/Trn）···································· 205
補給処管理原簿 → depot master file（D/

日本語索引　317　ほこくい

M) ……………………………………… 205

補給処キット → depot kit ……………… 205

補給所交付 → supply point distribution‥ 614

補給処指揮管理システム 【米】→ Depot Command Management System（DCMS）……………………………… 205

補給所支処 → subdepot ………………… 609

補給処施設 → depot activity …………… 204

補給処出張所 【空自】→ detachment, air depot …………………………………… 208

補給処整備 → depot maintenance（Dep Maint）………………………………… 205

補給処整備基準 【米陸軍】→ Depot Maintenance Work Requirement（DMWR）……………………………… 205

補給処整備計画 【空自】→ master repair schedule（MRS）……………………… 402

補給処整備支援計画 → depot maintenance support plan（DMSP）……………… 205

補給処等調達 → depot procurement（DP）…………………………………… 205

補給処補給報告 → depot supply report（DSR）………………………………… 205

補給所要 → supply requirements ……… 614

補給処レベル → depot level…………… 205

補給陣形 → replenishment formation …… 533

補給請求 → supply requisition ………… 614

補給請求台帳 → supply requisition register ………………………………… 614

補給・整備・回収 → supply, maintenance and salvage …………………………… 614

補給整備部隊 → supply and maintenance unit ……………………………………… 613

補給線 【海自】→ line of communications（LOC）………………………………… 378

補給線
　→ line of supply……………………378
　→ supply line ……………………………614

補給隊 【空自】→ Base Supply Squadron‥ 95

補給隊 【海自】→ Supply Division ……… 614

補給地点 【海自】→ supply point（SP）‥ 614

補給長 【海自】→ supply officer ………… 614

補給定数 → authorized allowance of supplies ………………………………… 80

補給点 【陸自・空自】→ supply point（SP）…………………………………… 614

補給統制 → supply control …………… 614

補給統制所 → supply control point ……… 614

補給日量 → day of supply（DOS）……… 191

補給幕僚 【空自幹部特技区分】→ Supply Staff Officer ………………………… 615

補給班 【海自】→ Supply Section ……… 614

補給班 【空自補給課】→ Supply Section‥ 614

補給品 → supplies……………………… 613

補給品の種別 【海自】→ classes of supply …………………………………… 140

補給品の優先順位 【陸自】→ supply priority ………………………………… 614

補給品配分定数表 → table of distribution and allowance（TDA）……………… 622

補給本部指揮システム 【空自】→ Air Materiel Command System（AMCS）…‥ 36

補給優先順位 【空自】→ supply priority‥ 614

補給路 【海自】→ line of communications（LOC）………………………………… 378

補強掃海具 → armed sweep …………… 66

北欧連合軍 【NATO】→ Allied Forces Northern Europe（AFNORTH）………… 45

北東アジア協力ダイアログ → Northeast Asia Cooperation Dialogue（NEACD）……… 447

北部軍集団 【NATO】→ Northern Army Group（NAG）………………………… 447

北部訓練場 【在日米軍】→ Northern Training Area（NTA）………………… 447

北部航空警戒管制団 【空自】→ Northern Aircraft Control and Warning Wing … 447

北部航空方面隊 【空自】→ Northern Air Defense Force ………………………… 447

北部同盟 → Northern Alliance ………… 447

北部方面隊 【陸自】→ Northern Army（NA）…………………………………… 447

北米航空宇宙防衛軍 【米軍】→ North American Aerospace Defense Command（NORAD）……………………………… 447

北米防空軍司令部 【米軍】→ North American Air Defense Command（NORAD）…… 447

保健班 【陸自】→ Health Section ……… 311

保護
　→ custody …………………………187
　→ protection ………………………………504

保護衣及び制服貸与基準表 → table of uniforms（T/U）………………………… 623

保護環 → protective ring………………… 505

保護区域 【海自】→ sanctuary ………… 550

ほ

ボコ・ハラム → Boko Haram ……………… 109
保護片 → protection piece ………………… 504
補佐活動 → assistance activity …………… 74
補佐機関 → assistance organization ……… 74
ポジティブ・サブマリン → positive
　submarine ………………………………… 491
保守 → maintenance ………………………… 393
補充
　→ recruitment …………………………… 525
　→ replacement …………………………… 532
補充 【空自】 → replenishment …………… 533
募集 → recruitment ………………………… 525
補充員
　→ loss replacement ……………………… 386
　→ replacement …………………………… 532
補充員の配分 → distribution of
　replacement ……………………………… 220
補充員の割り当て → allotment of
　replacement ……………………………… 45
募集課 【陸自】 → Recruiting Division … 525
補充系統新加入者 → replacement stream
　input ……………………………………… 533
補充現況 → replacement status …………… 533
募集事務所 【自衛隊】 → Recruiting
　Office ……………………………………… 525
補充所要 → replacement requirements …… 532
補充請求 → replacement requisition ……… 533
補修正量 → arbitrary correction to hit
　(ACTH) …………………………………… 63
募集班 【陸自・空自】 → Recruiting
　Section …………………………………… 525
補充部 【海自】 → Receiving Center …… 522
補充兵；補充要員 → filler personnel …… 263
補助暗号 → supplementary code ………… 613
補助アンテナ → auxiliary antenna ……… 84
歩哨 (ほしょう)
　→ sentinel ………………………………… 565
　→ sentry ………………………………… 565
補償課 【内部部局】 → Compensation
　Division …………………………………… 160
歩哨勤務 (ほしょうきんむ) → guard
　duty ……………………………………… 303
保障措置 → safeguard ……………………… 548
補償班 【空自】 → Compensation
　Section …………………………………… 160
補償班 【陸自】 → Servicemen's
　Compensation Section …………………… 566

保障品目 【海自】 → insurance item …… 341
補助火器
　→ auxiliary weapon ……………………… 85
　→ secondary armaments ………………… 557
　→ secondary weapon …………………… 558
補助艦 【海自】 → auxiliary ship ………… 85
補助艦サークル → assisting ship circle …… 75
補助艦艇
　→ auxiliary (AUX) ……………………… 84
　→ auxiliary vessel ……………………… 85
補助救難施設 → secondary rescue
　facility …………………………………… 557
補職 → assignment ………………………… 74
補助航空機 → auxiliary aircraft …………… 84
補助高低角 (ほじょこうていか
　く) → complementary angle of site …… 161
補助炸薬 → supplementary charge ……… 613
補助傘 (ほじょさん) 【海自】 → pilot
　chute ……………………………………… 483
補助資材統制機関 【米】 → Secondary
　Inventory Control Activity (SICA) …… 557
補助受信機 → auxiliary receiver ………… 85
補助照準具 → open sight ………………… 458
補助照準点 → auxiliary aiming point …… 84
補助上陸作戦 → subsidiary landing ……… 611
補助信管 → auxiliary detonating fuze
　(ADF) …………………………………… 84
補助水上端末地 【統幕】 → secondary water
　terminal ………………………………… 558
補助水路末地 (ほじょすいろまつ
　ち) → secondary water terminal ……… 558
補助船舶 → auxiliary vessel ……………… 85
補助装置使用離陸 → assisted take-off
　(ATO) …………………………………… 75
補助装填機 → auxiliary rammer ………… 85
補助着陸場 → auxiliary landing strip …… 84
補助着陸地帯 → auxiliary landing area …… 84
補助鉄条網 → supplementary barbed
　wire ……………………………………… 613
補助伝爆薬筒 → auxiliary booster ……… 84
補助破壊地帯 → subsidiary demolition
　belt ……………………………………… 611
補助飛行場 【空自】 → auxiliary air base … 84
補助飛行場 【海自】 → supplementary
　aerodrome ……………………………… 613
補助ブースター → auxiliary booster …… 84
補助プロット員 → assistant plotter ……… 75

ほ

補助捕捉レーダー → auxiliary acquisition radar ⋯⋯⋯ 84

補助目標 → auxiliary target ⋯⋯⋯⋯ 85

補助令達 → subsidiary directive ⋯⋯ 611

保針 → hold course ⋯⋯⋯⋯ 318

ホスゲン → phosgene ⋯⋯⋯⋯ 482

ポスト冷戦 → post Cold War ⋯⋯ 491

ボスニア和平履行評議会 → Peace Implementation Council（PIC）⋯⋯ 476

ボースン → boatswain ⋯⋯⋯⋯ 108

補正照準器 → compensating sight ⋯⋯ 160

ポセイドン 【米海軍】→ Poseidon ⋯⋯ 490

ポセイドン潜水艦 → Poseidon submarine ⋯⋯⋯⋯ 490

保全 → security ⋯⋯⋯⋯ 559

保全遺監査分遣隊 【海自】→ Communications Security Detachment ⋯⋯⋯⋯ 159

保全活動
→ counterintelligence action ⋯⋯ 179
→ counterintelligence operation ⋯⋯ 179

保全監査群 【空自】→ Communications and Computers Security Evaluation Group⋯ 157

保全監査隊 【海自】
→ Communications Security Group ⋯⋯ 159
→ Communications Security Unit ⋯⋯ 159

保全許可；保全許可証 → security clearance ⋯⋯⋯⋯ 559

保全資格証明書 → security certification ⋯⋯ 559

保全手段 【陸自】→ security measures⋯ 560

保全情報 → security intelligence ⋯⋯ 560

保全審査 → security review ⋯⋯ 560

保全措置 → counterintelligence operation ⋯⋯⋯⋯ 179

保全措置 【空自】→ security measures⋯ 560

保全対策 → security countermeasures ⋯⋯ 560

保全適格性検査 → personnel security investigation ⋯⋯⋯⋯ 480

保全統制手段 → security control measures ⋯⋯⋯⋯ 559

保全班 【陸自】→ Security Section ⋯⋯ 560

捕捉（ほそく）
→ acquisition（ACQ）⋯⋯⋯⋯8
→ interception（intcp）⋯⋯⋯⋯345

捕捉レーダー（ほそく～）→ acquisition radar ⋯⋯⋯⋯8

捕捉距離（ほそくきょり）→ intercepting distance ⋯⋯⋯⋯ 344

保続照準 【海自】→ continuous aim ⋯⋯ 170

補足情報要求 → other intelligence requirement（OIR）⋯⋯⋯⋯ 466

補足陣地 → supplementary position ⋯⋯ 613

捕捉走査（ほそくそうさ）→ acquisition scan ⋯⋯⋯⋯8

捕捉捜索 → intercepting search ⋯⋯ 344

補足目標 → supplementary target ⋯⋯ 613

捕捉レーダー管制システム → acquisition radar and control system（ARCS）⋯⋯8

保弾子（ほだんし）→ link ⋯⋯⋯⋯ 379

保弾帯
→ ammunition belt ⋯⋯⋯⋯ 49
→ feed belt ⋯⋯⋯⋯260

保弾帯弾薬装入 → belt loading ⋯⋯ 101

北海道大演習場 【陸自】→ Hokkaido-Dai Maneuver Area ⋯⋯⋯⋯ 318

北海道防衛局 【防衛省】→ Hokkaido Defense Bureau ⋯⋯⋯⋯ 318

ポッシブル・サブマリン → possible submarine ⋯⋯⋯⋯ 491

ホットライン協定 → Hot Line Agreement ⋯⋯⋯⋯ 321

北方軍 【米】→ Northern Command（NORTHCOM）⋯⋯⋯⋯ 447

北方限界線 → Northern Limit Line（NLL）⋯⋯⋯⋯ 447

ポーツマス海軍工廠 【米海軍】
→ Portsmouth Navy Yard（PNY）⋯ 490

ボツリヌス毒素 → botulinum toxin ⋯⋯ 112

ポテンシャル航跡 → potential track ⋯⋯ 492

補導室 【防大】→ Cadets Discipline Division ⋯⋯⋯⋯ 121

ボート・コンパス → boat compass ⋯⋯ 108

ポート・シャロー → port shallow（PS）⋯ 490

ポート・ディープ → port deep（PD）⋯ 490

ボート班長 → boat team leader ⋯⋯ 108

ボトムアップ・レビュー 【米】→ Bottom-Up Review（BUR）⋯⋯⋯⋯ 112

ボトム・ローディング → bottom loading ⋯⋯⋯⋯ 111

補任 → assignment ⋯⋯⋯⋯ 74

補任課 【陸自・海自・空自】→ Assignment Division（Asg Div）⋯⋯⋯⋯ 74

ホバークラフト → hovercraft ⋯⋯⋯⋯ 322

ホバリング → hovering ⋯⋯⋯⋯ 322

ホバリング限界高度 【空自】→ hovering

ほはりん　　　　　　320　　　　日本語索引

ceiling ……………………… 322

ホバリング上昇限度　【海自】→ hovering
ceiling ……………………… 322

ホバリング能力 → hoverability ………… 322

ボフォース砲 → Bofors gun …………… 109

匍匐機雷（ほふくきらい）【海自】→ creeping
mine …………………………… 182

匍匐飛行（ほふくひこう）→ nap-on-the earth
flight（NOE）…………………… 432

歩兵　【陸軍】→ infantry …………… 334

歩兵師団　【陸軍】→ infantry division …… 334

歩兵重編成 → infantry heavy …………… 334

歩兵陣地 → infantry position ………… 334

歩兵戦闘車
→ infantry combat vehicle（ICV）……334
→ infantry fighting vehicle（IFV）……334

歩兵隊 → combat infantry …………… 149

歩兵大隊 → infantry battalion ………… 334

歩兵中隊　【陸軍】→ infantry company … 334

歩兵特級射手記章　【米】→ Expert
Infantryman Badge ………………… 252

歩兵部隊 → infantry unit ……………… 334

歩兵揚陸艇　【海軍】→ landing craft, infantry
（LCI）………………………… 366

歩兵連隊　【陸軍】→ infantry regiment … 334

ホーミング → homing ………………… 319

ホーミング・オーバーレイ実験 → Homing
Overlay Experiment（HOE）……… 319

ホーミング魚雷 → homing torpedo …… 319

ホーミング魚雷回避速力 → anti-homing
torpedo speed ……………………… 57

ホーミング距離 → homing range ……… 319

ホーミング機雷 → homing mine ……… 319

ホーミング航走 → homing run ………… 319

ホーミング装置 → homing device …… 319

ホーミング武器 → homing weapon …… 319

ホーミング方式 → homing system …… 319

ホーミング誘導 → homing guidance …… 319

ホーム基地 → home base ……………… 319

保有機 → aircraft in commission …… 27

保有基準 → level of supply …………… 373

保有弾薬 → ammunition on hand …… 50

保有定数；保有定数表 → authorized stockage
list ………………………………… 80

補用品箱 → accessory and spare parts

case ……………………………… 5

補用部品 → spare parts ……………… 587

ポラリス　【米海軍】→ Polaris ……… 488

ポラリス潜水艦　【米海軍】→ Polaris
submarine ……………………… 488

保留航空機 → reserve aircraft ……… 535

捕虜
→ enemy prisoner of war ………… 242
→ prisoner of war（POW）………… 500

捕虜仮収容所 → prisoner of war cage … 500

捕虜資格認定等審査会　【防衛省】→ Review
Board on the Recognition of Prisoner of
War Status, etc. ………………… 540

捕虜収集所　【米軍】→ prisoner of war
collecting point ………………… 500

捕虜収容所 → prisoner of war camp
（PWC）……………………… 500

捕虜収容所区画 → prisoner of war
enclosure ………………………… 500

捕虜人事記録 → prisoner of war personnel
record ………………………… 500

捕虜の分類 → classification of prisoner of
war ……………………………… 140

捕虜分遣収容所 → prisoner of war branch
camp ……………………………… 500

ボルタック → combination VOR and
TACAN（VORTAC）…………… 150

ホールディング・パターン → holding
pattern …………………………… 319

ホールディング・ポイント → holding
point ……………………………… 319

ホールド・ダウン戦術 → hold-down
tactics …………………………… 318

ボール爆弾 → canister bomb unit
（CBU）………………………… 123

ホロマン空軍基地　【米軍】→ Holloman Air
Force Base（HAFB）…………… 319

ホワイト・サンズ・ミサイル発射場　【米軍】
→ White Sands Missile Range ……… 689

ホワイト・ビーチ地区　【在日米軍】→ White
Beach Area ……………………… 688

ホーン・アンテナ → horn antenna …… 320

本国送還 → repatriation ……………… 532

本国送還者 → repatriate ……………… 532

本隊
→ main body …………………… 391
→ main force …………………… 392

ポンツーン → pontoon ……………… 489

日本語索引　321　みかくに

本土空軍 【米】→ Continental Air Command
　（CONAC）………………………… 169
本土防衛 → home defense ……………… 319
本土防空 → interior air defense ………… 346
本土防空軍 【米】→ Continental Air Defense
　Command（CONAD）………………… 169
本部 【陸自】→ Headquarters（HQ）…… 310
本部 → headquarters（HQ）…………… 310
本部管理中隊 【自衛隊】→ Headquarters
　Service Company（HSC）…………… 310
本部付隊 【自衛隊】→ Support Unit for
　Headquarters ………………………… 616
ホーン放射器 【空自】→ horn radiator ‥ 320

【ま】

マイクロ波着陸システム → microwave
　landing system（MLS）……………… 411
マイノール → minol……………………… 419
マイン・スポッティング → mine
　spotting ……………………………… 417
前掛け型落下傘 → chest-type parachute‥ 135
前掛け式落下傘 → man-carrying parachute
　chest type …………………………… 395
マーカー・ビーコン → marker beacon … 400
牧港補給地区 【在日米軍】→ Makiminato
　Service Area ………………………… 395
マクスウェル空軍基地 【米軍】→ Maxwell
　Air Force Base ……………………… 404
マグネット点火 → magneto electric
　ignition ……………………………… 391
マクロ・ウイルス → macro virus ……… 389
摩擦火管 → friction primer……………… 285
摩擦感度試験 → friction sensitivity test‥ 286
摩擦薬 → friction powder……………… 285
マスク地形図 → masked terrain map
　（MTM）……………………………… 401
マスクド・テライン → masked terrain
　（MASK TERR）……………………… 401
マスタード・ガス → mustard gas……… 431
マスタード剤 → mustard agent………… 431
マスト装備型照準器 → mast mounted sight
　（MMS）……………………………… 402
クルド愛国同盟（またはクルディスターン愛国
　同盟）→ Patriotic Union of Kurdistan

　（PUK）………………………………… 475
待ち受け射撃 → predicted firing………… 494
待ち受け照準法 → constant bearing
　method ………………………………… 167
マッドベック 【海自】→ MAD verification
　run（MADVEC）……………………… 389
マットレス空中線 【海自】→ mattress
　antenna………………………………… 403
的中心 → middle of the target ………… 411
的方位角（まとほういかく）→ target
　bearing ……………………………… 629
マニュアル・インプット航跡 → manual input
　track…………………………………… 397
マヌーバー → maneuver ………………… 396
マヌーバー・ボックス → maneuver box
　（MB）………………………………… 396
マーベリック → Maverick ……………… 403
麻薬テロ；麻薬犯罪テロ → narco-
　terrorism …………………………… 432
マラバール 【海自】→ Malabar ………… 395
マリン・マーカー後方投射機 → marine
　marker retro-ejector ………………… 399
マルウェア → malware ………………… 395
マルチスタティックASWシステム → multi-
　static ASW system ………………… 430
マルチスタティック戦術 → multi-static
　tactics ………………………………… 430
マルチナロー・ビーム音響測深機 → multi-
　narrow beam echo sounder
　（MNBES）…………………………… 428
マルチ覆域 → multi coverage…………… 428
マルチプル・クラッター処理 → multiple time
　around clutter（MTAC）…………… 429
マルチベース発射薬 → multi-base
　propellant……………………………… 427
「回れ、右！」→ About Face！…………… 3
「回れ右、前へ進め！」→ To the Rear
　March！……………………………… 645
満載 【海自】→ full load ………………… 288
満載状態 【海自】→ full load condition‥ 288
マンダトリー・スクランブル 【統幕】
　→ mandatory scramble（M/S）……… 396

【み】

未確認飛行物体 → unidentified flying object

(UFO) ·· 662
未確認飛翔物体 【空自】→ unidentified flying object（UFO）··································· 662
味方 → friend ······································ 286
味方識別装置 【空自】→ selective identification feature（SIF）··········· 561
味方情報主要素 → essential element of friendly information（EEFI）··············· 248
「右へ、ならえ！」→ Dress Right！····· 225
右旋回深深度発射 → starboard deep ······ 598
右旋回浅深度発射 → starboard shallow ·· 598
「右向け、右！」→ Right Face！··········· 541
見越し
　→ aim off ·· 22
　→ lead ·· 371
見越し会敵 【空自】→ lead collision ······· 371
見越し会敵コース 【空自】→ lead collision course ··· 371
見越し角 → lead angle ··························· 371
見越し角修正諸元 → lead-angle information ·· 371
見越し追跡 【空自】→ lead pursuit ········· 371
見越し追跡コース 【空自】→ lead pursuit course ··· 371
ミサイル → missile ································ 420
ミサイル運搬車 → guided missile transporter（GMT）··································· 304
ミサイル核弾頭 → missile warhead ······· 421
ミサイル格納庫 → missile silo ················ 421
ミサイル監視船 → picket ship ················ 483
ミサイル完成弾
　→ missile round（MR）······················· 421
　→ round missile ································ 545
ミサイル危機 → missile crisis ················ 420
ミサイル危険区域 → missile danger zone ··· 420
ミサイル技術管理レジーム → Missile Technology Control Regime（MTCR）·· 421
ミサイル基地
　→ missile base ································· 420
　→ missile site ··································· 421
ミサイル基地レーダー → missile site radar（MSR）·· 421
ミサイル・ギャップ → missile gap ·········· 420
ミサイル駆逐艦
　→ guided missile destroyer ·············· 304
　→ missile destroyer ·························· 420
ミサイル組み立て → missile assembly ···· 420

ミサイル組み立て点検施設 → missile assembly-checkout facility ················· 420
ミサイル訓練弾 → missile round trainer（MRT）··· 421
ミサイル警報装置 【海自】→ radar warning receiver（RWR）····························· 513
ミサイル経由追尾 → track via missile（TVM）··· 647
ミサイル工学 → missilery ······················ 421
ミサイル降下フェーズ → missile descent phase ·· 420
ミサイル攻撃
　→ missile attack ································ 420
　→ missile strike ································ 421
ミサイル攻撃警報 → MSL attack warning ··· 427
ミサイル攻撃地対空ミサイル → anti-missile surface-to-air missile（AMSAM）········· 58
ミサイル交戦圏 【統幕・海自】→ missile engagement zone（MEZ）··············· 420
ミサイル・サイト・レーダー → missile site radar（MSR）·································· 421
ミサイル・システム管制員 【海自】→ missile system supervisor（MSS）················ 421
ミサイル実験艦 → guided missile ship ···· 304
ミサイル実験協定 → Missile Testing Agreement ···································· 421
ミサイル卸下 → off load ························ 455
ミサイル射撃管制装置 【空自】→ missile fire control system（MFCS）··················· 420
ミサイル射撃圏 【空自】→ missile engagement zone（MEZ）··············· 420
ミサイル射撃指揮装置 【海自】→ missile fire control system（MFCS）··················· 420
ミサイル巡洋艦
　→ guided missile cruiser ··················· 304
　→ missile cruiser ······························ 420
ミサイル上昇フェーズ → missile ascent phase ·· 420
ミサイル制御システム → missile control system（MCS）································ 420
ミサイル設計者 → missile man ·············· 421
ミサイル潜水艦 → guided missile submarine ····································· 304
ミサイル戦力組成 → missile order of battle（MOB）··· 421
ミサイル早期警報所 → missile early warning station（MEWS）······························ 420

ミサイル操舵部　→ control actuator section（CAS） ……………………… 171
ミサイル大気圏再突入フェーズ　→ missile reentry phase ……………………… 421
ミサイル弾道飛行確定フェーズ　→ missile ballistic determination phase …………… 420
ミサイル弾道飛行フェーズ　→ missile ballistic phase ……………………… 420
ミサイル地下発射台　→ missile silo ……… 421
ミサイル追随レーダー　→ missile tracking radar（MTR）……………………… 421
ミサイル艇
　→ fast attack craft missile ……………258
　→ fast missile craft ……………………258
ミサイル艇　【海自】→ patrol guided missile boat（PG）……………………… 475
ミサイル艇隊　【海自】→ Patrol Guided Missile Boat Division ……………… 475
ミサイル搭載　→ on load ………………… 458
ミサイル搭載護衛艦　【自衛隊】→ guided missile destroyer ……………………… 304
ミサイル搭載コンピューター　→ missile borne computer（MBC）……………………… 420
ミサイル・ハザード　→ missile hazard …… 420
ミサイル発射制御装置　→ missile launch controller（MLC）……………………… 421
ミサイル発射線　→ missile release line（MRL）……………………………………… 421
ミサイル発射潜水艦　→ missile-launching submarine ……………………………… 421
ミサイル発射台
　→ launcher（Lchr）……………………369
　→ missile battery ………………………420
ミサイル発射要員　→ missile man ………… 421
ミサイル・フェーラー　【空自】→ missile failure（MF）……………………… 420
ミサイル複合体　→ missile complex ……… 420
ミサイル・ブースト・フェーズ　→ missile boost phase ……………………… 420
ミサイル・フリゲート艦　→ guided missile frigate ……………………………… 304
ミサイル防衛　【米】→ Missile Defense（MD）……………………………………… 420
ミサイル防衛警報システム　→ missile defense alarm system（MIDAS）……………… 420
ミサイル防衛中隊　【米軍】→ Missile Defense Battery ……………………………… 420
ミサイル防衛調査研究　【NATO】→ Missile Defense Feasibility Study（MD-FS）…… 420

ミサイル防衛分遣隊　【米軍】→ Missile Defense Detachment ……………………… 420
ミサイル保有現況　→ missile inventory（MSL INVNT）……………………………… 420
ミサイル本体　→ missile round（MR）…… 421
ミサイル・マスター　→ missile master …… 421
ミサイル・ミッドコース・フェーズ　→ missile midcourse phase ……………………… 421
ミサイル・モニター　→ missile monitor …… 421
ミサイル有効射程　→ missile effective range（MER）……………………………………… 420
ミサイル誘導システム　→ missile guidance system ……………………………… 420
ミサイル誘導性能試験装置　→ missile guidance simulation facility（MGSF）… 420
ミサイル誘導波送信機　→ continuous wave transmitter（CWT）……………………… 170
ミサイル輸出　→ missile export …………… 420
ミサイル要撃ミサイル　【空自】→ anti-missile missile（AMM）……………………… 58
ミサイル・ラウンド・ケーブル・テスト・セット　→ MR cable test set（MRCTS）…… 427
三沢基地　【空自】→ Misawa Air Base …… 419
三沢対地射爆撃場　【在日米軍】→ Ripsaw Range ……………………………… 542
三沢飛行場　【在日米軍】→ Misawa Air Base ……………………………… 419
未識別航空機　→ bogey ……………………… 109
未実施整備　→ delayed inspection ………… 201
水井戸試験　→ pit fragmentation test …… 484
水切り角（みずきりかく）【海自】→ angle of entrance …………………………… 53
ミス・ディスタンス　→ miss distance …… 420
未掃面　【海自】→ dead space ……………… 192
溝付き弾帯　→ preengraved rotating band ………………………………… 494
みちあし　→ route step ……………………… 545
密集横隊　→ line of masses ………………… 378
密集教練　→ close order drill ……………… 142
密集隊形
　→ close formation ……………………142
　→ close order ……………………………142
密集隊形　【空自】→ holding hand ……… 319
密集隊形　→ mass formation ……………… 401
密集地域　→ congested area ……………… 166
ミッション・サイクル　→ mission cycle … 421
ミッション支援部　【国連】→ Mission

みつしよ 324 日本語索引

Support Division ……………… 421
ミッション・セグメント → mission segment ……………… 421
ミッション・フェーズ → mission phase … 421
ミッション・フリーズ・インターバル → mission freeze interval ……………… 421
ミッドコース・フェーズ → midcourse phase ……………… 411
密封型導爆線 → confined detonating fuze（CDF） ……………… 166
密閉爆発試験 → closed bomb test ……… 142
密閉ヒューズ → enclosed fuze …………… 241
見通し外 → over-the-horizon（OTH）… 469
見通し外通信 → over-the-horizon communication ……………… 469
見通し線 → line of sight（LOS） ………… 378
見通し線外 → beyond line of sight（BLOS） ……………… 102
南関東防衛局 【防衛省】 → South Kanto Defense Bureau ……………… 586
南シナ海に関する行動規範 → Code of the Conduct of Parties in the South China Sea（COC） ……………… 145
南シナ海に関する行動宣言 → Declaration on the Conduct of Parties in the South China Sea（DOC） ……………… 194
南スーダン派遣施設隊 【自衛隊】 → Engineer Unit Dispatched in South Sudan ……… 244
ミニットマン 【米】 → Minuteman ……… 419
見張り員 【海自】 → observer …………… 451
見張り旋回 → clearing turn ……………… 141
身分証明書 → identification card（ID card） ……………… 326
未来位置 → future position ……………… 290
未来位置修正角 → prediction angle ……… 494
未来距離 → advance range ……………… 16
未来高角
　→ advance elevation ……………… 16
　→ predicted position angle ………… 494
未来修正量 → lead ……………… 371
未来照準線 → line of future target ……… 378
未来の米韓同盟政策構想 → Future of the Alliance Policy Initiative（FOTA） …… 290
ミラージュ → Mirage ……………… 419
未臨界核実験 → subcritical nuclear test … 609
未臨界実験 → subcritical experiment …… 609
ミルバン → MILVAN ……………… 416

民間海上輸送力活用事業推進委員会 【防衛省】 → Committee to Promote the Use of Private Sector Maritime Transport …… 155
民間空港・港湾 → civilian airports and ports ……………… 139
民間航空 → civil aviation ……………… 138
民間航空機 → commercial aircraft ……… 155
民間航空規則 【米】 → Civil Air Regulation（CAR） ……………… 138
民間航空の安全に対する不法な行為の防止に関する条約 → Convention for the Suppression of Unlawful Acts against the Safety of Civil Aviation ……………… 174
民間航空路 → civil airway ……………… 138
民間資金等の活用による公共施設等の整備等の促進 → private finance initiative（PFI） ……………… 500
民間人人事課 【在日米陸軍】 → Office of Assistant Director for Civilian Personnel（ADCP） ……………… 453
民間人人事事務所 【在日米陸軍】 → Civilian Personnel Office（CPO） ……………… 139
民間人人事部 【在日米陸軍】 → Civilian Personnel Division（CPD） ……………… 139
民間人人事部長 【在日米陸軍】 → Civilian Personnel Director（CPD） ……………… 139
民間人の犠牲者 → civilian casualty ……… 139
民間人抑留施設 → civilian internee camp ……………… 139
民間人抑留者 → civilian internee ………… 139
民間病院 → civilian hospital ……………… 139
民間防衛 → civil defense（CD） ………… 138
民間防衛事態 → civil defense emergency ……………… 138
民間防衛準備局 【米】 → Defense Civil Preparedness Agency（DCPA） ………… 195
民間防衛情報 → civil defense intelligence ……………… 138
民間防衛組織 → civil defense organization ……………… 138
民間防衛動員局 【米】 → Office of Civil and Defense Mobilization（OCDM） ……… 453
民間防空 → civil air defense ……………… 138
民間補助部隊 → civilian auxiliary ……… 139
民間輸送 → civil transportation …………… 139
民間予備役航空軍 【米】；民間予備役飛行隊 【米】 → Civil Reserve Air Fleet（CRAF） ……………… 139

み

日本語索引　　　325　　　むしんす

民事　→　civil affairs ················· 138
民事協定　→　civil affairs agreement ········ 138
民需補給品　→　civilian supplies ··············· 139
民政
　　→　civil administration ················138
　　→　civil affairs ································138
民生活動　→　civic action ····················· 138
民生協力　→　assisting in public welfare······ 75
民族グループ　→　ethnic group ·············· 248
民族浄化　→　ethnic cleansing ················· 248
民族紛争　→　ethnic conflict ·················· 248
民兵組織　→　militia ·························· 416
民兵；民兵組織；民兵部隊　→　militia······ 416
民防事態　→　civil defense emergency······· 138
民防組織　→　civil defense organization ···· 138
民用物　→　civilian objects ················· 139
民力　→　civil strength················· 139

【む】

無煙火薬
　　→　ballistite ··· 91
　　→　smokeless powder ··························581
無延期信管　→　non-delay fuze ················ 445
無煙性推進薬　→　smokeless propellant····· 581
無音響帯　→　anacoustic zone ················ 51
無音航走　→　silent running ···················· 576
無音射出器　【米海軍】→　quiet launcher
　　（QTLHNR）································ 510
無音潜航
　　→　quiet submergence··························510
　　→　silencing ···576
無害航行　【海自】→　innocent passage ··· 338
無害通航　→　innocent passage ············· 338
迎え角　→　angle of attack（AOA）·········· 52
無火薬地雷　→　inert mine ···················· 334
無感円錐形空域　【海自】→　cone of
　　silence ·· 165
無観測射撃　→　unobserved fire ············· 668
無起縁薬莢　→　rimless cartridge case····· 542
無軌条発射　→　zero-length launching······· 693
無気浮上　→　airless surface····················· 35
無響水槽　→　anechoic tank······················ 52

無許可外出者　→　absentee ···················· 3
無許可離隊　→　absent without leave
　　（AWOL）····································· 3
無許可離隊者　→　absentee ···················· 3
無血戦　→　white war ······················· 689
無効果出撃　→　noneffective sortie ··········· 445
無効率　【陸自】→　noneffective rate···· 445
無効水中弾道　→　erratic underwater
　　travel ·· 247
無炸薬の砲弾　→　blind shell ················· 106
無差別爆撃
　　→　blind bombing ······························106
　　→　indiscriminate bombing ·················332
無差別爆撃地帯　→　blind bombing zone··· 106
無指向性アンテナ　【空自】→　nondirectional
　　antenna ····································· 445
無指向性空中線　【海自】→　nondirectional
　　antenna ····································· 445
無指向性ソノブイ　→　nondirectional
　　sonobuoy ··································· 445
無指向性ビーコン　→　nondirectional
　　beacon ······································ 445
無指向性無線標識　→　nondirectional radio
　　beacon（NDB）························· 445
ムジャーヘディーン・ハルク・オーガニゼー
　　ション　→　Moujahiden Khalq Organization
　　（MKO）····································· 426
無傷害化学剤　→　nonlethal chemical
　　agent ··· 445
無障害物表面　→　obstacle clearance
　　surface ······································ 451
無償管理換え対象品目　【米】→　government
　　free issue（GFI）······················ 297
無条件降伏　→　unconditional surrender ··· 660
無照明攻撃　→　nonilluminated attack······ 445
無人機　【空自】→　drone ·················· 226
無人機
　　→　pilotless aircraft（UAV）·················483
　　→　unmanned air vehicle（UAV）·········667
無信号円錐域　→　cone of silence ········· 165
無人航空機　→　unmanned aerial vehicle
　　（UAV）··································· 667
無人攻撃機　→　unmanned combat aerial
　　vehicle（UCAV）······················· 667
無人水上航走体　→　unmanned surface vehicle
　　（USV）··································· 668
無人水中航走体　→　unmanned underwater
　　vehicle（UUV）························· 668

無人潜水装置 → remotely operated vehicle (ROV) ··· 531
無人偵察機 → unmanned surveillance plane ··· 668
無人飛翔体
　→ unmanned aerial vehicle (UAV) ······· 667
　→ unmanned air vehicle (UAV) ··········· 667
無人プラットフォーム → unmanned platform ··· 667
無人兵器 → unmanned weapon ············· 668
無人陸上車 → unmanned ground vehicle (UGV) ·· 667
無制限攻撃 → unrestricted attack ············ 668
無制限水域 → unrestricted waters ········· 668
無制限潜水艦 → unrestricted submarine ·· 668
無制限潜水艦戦 → unrestricted submarine operation ··· 668
無制限戦争 → unlimited war ················· 667
無線位置標識 → radio marker beacon ····· 515
無線監視所；無線監視船 → radio guard ·· 515
無線局 → station ······································· 600
無線距離探知 → radio range finding ········ 515
無線航法 【海自・空自】 → radio navigation ·· 515
無線航法援助施設 → radio navigational aids ·· 515
無線航路標識 【空自】 → radio range beacon ··· 515
無線識別 → radio recognition ················· 515
無線遮蔽装置 (むせんしゃへいそうち) → radio frequency shielding ····························· 514
無線周波数監視/電子妨害システム → radio frequency surveillance/ECM system (RFS/ECMS) ·· 515
無線周波数妨害 【空自】 → radio frequency interference (RFI) ··························· 514
無線制御装置 → radio control equipment (RCE) ··· 514
無線制御端末機 → radio control terminal (RCT) ··· 514
無線整備員 → radio repairman ··············· 516
無線接続装置 → radio line connection equipment (RLC) ······························· 515
無線設備 【海自】 → radio equipment ···· 514
無線遭難信号 → radio distress signal ······ 514
無線装備品 【空自】 → radio equipment·· 514
無線探知 → radio detection ···················· 514

無線中継所 → linking station ················ 379
無線中継装置 → communication relay group (CRG) ··· 157
無線中継ターミナル → radio relay terminal (RRT) ··· 515
無線調査 【空自准空尉空曹空士特技区分】 → Radio Surveillance ·························· 516
無線聴取のための封止 → radio listening silence ·· 515
無線通信業務 → aeronautical mobile service ··· 19
無線通信所位置標定 → radio position finding ·· 515
無線通信網 → radio net ························· 515
無線道標 → radio milepost ····················· 515
無線標識 → beacon (bcn) ······················ 100
無線標識局 → beacon station ··············· 100
無線標定 → radio fix ······························ 514
無線封止 → radio silence ······················· 516
無線方位測定 【統幕・海自】 → radio direction finding ···································· 514
無線方位測定機 【海自】 → radio direction finder (RDF) ······································ 514
無線方位測定局 【海自】 → radio direction finding station ···································· 514
無線方位測定データベース 【海自】 → radio direction finding database ·············· 514
無線方位探知器 【海自】 → radio direction finder (RDF) ······································ 514
無線妨害 → radio jamming ···················· 515
無線方向探知 → radio direction finding ·· 514
無線方向探知機 【空自】 → radio direction finder (RDF) ······································ 514
無線方向探知所 【空自】 → radio direction finding station ···································· 514
無線傍受 → radio interception ··············· 515
無線マーカー・ビーコン → radio marker beacon ·· 515
無線誘導機隊 【陸自】 → Radio Control Aerial Target Unit ·························· 514
無騒音短距離離着陸機 → quiet short take-off and landing (QSTOL) ···················· 510
むち型アンテナ → whip antenna ············ 688
霧中標的 → fog target ···························· 277
無定位変速器 → astatic governor ··········· 76
無灯火行進 → blackout march ··············· 105
胸掛け型落下傘 → chest-type parachute·· 135

日本語索引　　　　327　　　　もきそし

無能化機雷　【海自】→ disarmed mine···· 216
無能力化剤　→ incapacitating agent ········ 330
無反動砲
　　→ recoilless gun ······························523
　　→ recoilless rifle（RR）····················523
無反動砲用弾薬　→ recoilless gun
　ammunition ···································· 523
無風滑走路　→ calm wind runway··········· 122
無防備都市　→ open city ························ 458
無名戦士　→ unknown soldier ··············· 667
無誘導ロケット　→ unguided rocket······· 662
無力化　→ neutralization····················· 441
無力化活動　→ neutralization activity ····· 442
無力化効果　→ incapacitation effect ······· 330
無力化剤　→ incapacitating agent ··········· 330
無力化射撃
　　→ disabling fire ·····························216
　　→ disabling shot ····························216

【め】

メア・アイランド海軍工廠　【米海軍】→ Mare
　Island Navy Yard（MINY）··············· 398
明暗光　→ occulting light（Occ）··········· 452
明暗互光　→ alternating occulting light（Alt.
　Occ.）·· 47
迷彩　→ pattern painting ····················· 476
迷彩パターン；迷彩模様　→ disruptive
　pattern ·· 218
明視距離（めいしきょり）→ distance of
　distinct ·· 219
命数　→ accuracy life ··························6
命中　→ hit······································ 318
命中界　→ hitting space ······················· 318
命中確率　→ hit probability··················· 318
命中公算　【自衛隊】→ hit probability···· 318
命中公算　→ probability of hitting ·········· 500
命中公算　【空自】→ single-shot
　probability···································· 578
命中時刻　→ hit time··························· 318
命中射角　→ basic sight angle ··············· 96
命中精度　→ accuracy of hit ·················6
命中速度　→ effective rate ··················· 232

命中弾　→ effective shot ····················· 232
命中点　【海自】→ intercept point ········· 345
命中率　【海自】→ hit probability··········· 318
命中率　→ probability of hitting ··········· 500
名誉階級　→ brevet rank····················· 114
名誉教授　【防大】→ Professor Emeritus·· 501
名誉勲章　【米】→ Medal of Honor
　（MOH）·· 406
名誉除隊　→ honorable discharge··········· 319
命令　→ order ································· 464
命令下達（めいれいかたつ）→ issuance of
　order ·· 353
命令簿　→ orderly book ······················ 464
メイン・ローブ　→ main lobe ··············· 392
メガトン兵器　→ megaton weapon··········· 408
メガホン効果　→ megaphone effect ··········· 408
メジャー・コマンド　【空自】→ major
　command（MAJCOM）····················· 394
メジャー・サイクル　→ Major Cycle······· 394
目印ブイ航行船舶　→ dan runner ··········· 190
目印浮標　→ dan buoy························· 189
目つぶし煙幕　【陸自】→ obscuration
　smoke ··· 451
メーデー　→ mayday························· 404
目による累積効果　【海自】→ eye
　integration···································· 255
綿薬　→ nitrocotton ·························· 443

【も】

猛度　→ brisance ···························· 115
猛度試験　→ brisance test ····················· 115
模擬演習
　　→ dry run·································227
　　→ simulated exercise ····················576
模擬計器進入　→ simulated instrument
　approach ····································· 576
模擬航跡　→ simulated track ··············· 576
模擬射撃訓練　→ dummy run················· 228
模擬射撃訓練装置　→ moving target simulator
　（MTS）·· 427
模擬戦　→ mock fight························· 423
模擬戦術教練　→ simulated tactical drill · 576
模擬組織訓練　→ simulated system training

も

もきはく　　　　　　　　　328　　　　　　　　日本語索引

（SST） 576
模擬爆弾ユニット → bomb dummy unit
　（BDU） 110
模擬発射LAM → simulated launch
　LAM 576
模擬破片弾 → fragment-simulating projectile
　（FSP） 283
模擬飛行訓練装置【空自】→ flight simulator
　（FS） 275
模擬不時着訓練 → simulated forced
　landing 576
模擬目標 → simulated target（ST）...... 576
模擬離陸 → simulated take-off 576
目視観測 → eye observation 255
目視距離外 → beyond visual range
　（BVR） 102
目視機雷発火表示装置 → visual mine firing
　indicator 678
目視進入 → contact approach 168
目視水平線【空自】→ apparent horizon .. 61
目視捜索 → visual search 678
目視偵察 → visual reconnaissance 678
目視飛行 → contact flight 169
目視要撃成功 → visual mission accomplished
　（VMA） 678
目的飛行場 → destination aerodrome 207
木被（もくひ）
　→ forearm 279
　→ hand guard 308
目標 → target（TGT） 628
目標アスペクト → target aspect 629
目標位置諸元 → target positional data ... 630
目標運動 → target motion 629
目標運動解析 → target motion analysis
　（TMA） 629
目標音源レベル → target source level 630
目標確認 → target recognition（TR）..... 630
目標関係ファイル → target dossier 629
目標関係フォルダー【海自】→ target
　folder 629
目標管制装置 → target control unit 629
目標観測射撃 → seen fire 560
目標基準線 → target base line 629
目標距離 → target range 630
目標群 → group of targets 303
目標系列 → targets array 630

目標現在位置 → present target position .. 496
目標検出状況モニター用コンソール
　→ random access plan position indicator
　（RAPPI） 517
目標高角 → target elevation 629
目標呼称指定【陸自】→ target
　designation 629
目標呼称セクター → target designation
　sector 629
目標雑音 → target noise 629
目標識別 → target discrimination 629
目標識別攻撃多目的センサー【米軍】
　→ Target Recognition Attack Multi-sensor
　（TRAM） 630
目標識別爆弾 → target identification bomb
　（TIB） 629
目標指向【陸自】→ targeting 629
目標指示【陸自】→ target designation .. 629
目標指示装置 → tactical data system 624
目標指示装置【海自】→ target designation
　system 629
目標指示装置 → target indicating
　system 629
目標指示発信器【海自】→ target designation
　transmitter（TDT） 629
目標指定【空自】→ target designation .. 629
目標自動探知識別追尾システム → automatic
　detection and tracking system（ADT）... 82
目標自動捕捉（もくひょうじどうほそ
　く）→ automatic acquisition 81
目標上空到達時刻【空自】→ time over
　target（TOT） 641
目標消失
　→ fade 257
　→ target lost 629
目標照準具 → optical tracker 463
目標照準不能 → crested 182
目標情報
　→ target information 629
　→ target intelligence 629
目標情報所【陸自】→ target information
　center 629
目標情報センター【海自】；目標情報中枢【海
　自】→ target information center 629
目標資料 → target materials 629
目標図 → target chart 629
目標接近点 → target approach point 629

目標線 → target line ………………… 629
目標選定【空自】→ targeting …………… 629
目標選定 → target selection ……………… 630
目標戦闘空中哨戒 → target combat air patrol ……………………………………… 629
目標測距レーダー → target ranging radar（TRR）………………………………… 630
目標速度【空自】→ target speed ………… 630
目標速度比 → target speed ratio ………… 630
目標存在圏 → area of probability (AOP) …………………………………… 64
目標存在範囲 → coverage ………………… 181
目標地域
　→ objective area ……………………… 450
　→ target area ………………………… 629
目標地点 → target spot ………………… 630
目標中心表示 → target center display（TCD）………………………………… 629
目標長 → target length ………………… 629
目標調整官 → target coordinator ………… 629
目標追随 → target tracking ……………… 630
目標追随レーダー → target tracking radar（TTR）………………………………… 630
目標追尾コンソール【海自】→ target tracking console（TTC）……………… 630
目標追尾装置 → target homing device …… 629
目標追尾レーダー → target tracking radar（TTR）………………………………… 630
目標通報機【海自】→ target reporting unit（TRU）………………………………… 630
目標綴り（もくひょうつづり）【空自】→ target folder ………………………… 629
目標転換点【空自】→ crossover point … 184
目標ドップラー消去器 → target Doppler nullifier（TDN）……………………… 629
目標の大きさ → target size ……………… 630
目標の決定【統幕】→ targeting ………… 629
目標の種別 → classes of target ………… 140
目標の優先順位 → target priority ……… 630
目標配列 → target array ………………… 629
目標破壊 → end of target ……………… 242
目標パターン → target pattern ………… 630
目標発信器 → target transmitter ……… 630
目標幅 → target width ………………… 630
目標番号 → target number ……………… 629

目標番号【海自】→ track number ……… 647
目標反応 → target response ……………… 630
目標判別 → description of target ……… 206
目標表示 → target indication …………… 629
目標標定器 → target designator ………… 629
目標幅員測定 → target spanning ………… 630
目標付与 → target assignment …………… 629
目標分析 → target analysis ……………… 629
目標変換【空自】→ cease engagement … 129
目標変更 → divert ……………………… 221
目標方位 → target bearing ……………… 629
「目標捕捉」【空自】→ On Target …… 458
目標捕捉（もくひょうほそく）→ target acquisition ……………………………… 628
目標捕捉及び指示照準器 → target acquisition and designation sight（TADS）………… 628
目標捕捉確率【海自】→ acquisition probability（ACQ）……………………… 8
目標補足指示システム → target acquisition and designation system（TADS）……… 628
目標捕捉システム → target acquisition system（TAS）………………………… 629
目標捕捉装置 → target acquisition unit … 629
目標捕捉レーダー → target acquisition radar …………………………………… 629
目標未来位置 → future target position … 290
目標未来高角 → future target elevation … 290
目標面 → objective plane ……………… 451
目標誘導所 → target direction post …… 629
「目標よし」【海自】→ On Target …… 458
目標リスト → target list ………………… 629
目標類別【海自】→ classification of contact ………………………………… 140
目標割り当て → target allocation ……… 629
モジュラー装薬 → modular charge …… 424
モジュール式独立甲板区画【米海軍】→ modular isolated deck section（MIDS）………………………………… 424
モジュール整備 → module maintenance … 424
モディファイド・サーベイ → modified survey ………………………………… 424
モデリング＆シミュレーション → modeling and simulation（M&S）………………… 423
「もとへ」→ as you were ………………… 76
元指揮官 → former commander ………… 281

元秘密データ；元部外秘データ → formerly restricted data……281
元兵士 → former soldier……281
モノスタティック・ソーナー → monotatic sonar……425
模倣欺騙（もほうぎへん）【統幕】→ imitative deception……328
模倣欺瞞（もほうぎまん）【空自】→ imitative deception……328
もや状煙幕 → smoke haze……581
最寄りの定点 → adjacent fix……11
モロ・イスラム解放戦線 → Moro Islamic Liberation Front（MILF）……425
門橋 → raft……516

【や】

野営 → encampment……241
八重岳通信所 【在日米軍】→ Yaedake Communication Site……692
野外演習 → field exercise……261
野外救急車 → field ambulance……261
野外給食 → field rations……262
野外教範 【陸自】→ field manual（FM）‥262
野外勤務 → field duty……261
野外訓練 → field training……262
野外携帯嚢（やがいけいたいのう）→ field bag……261
野外携帯袋 → musette bag……431
野外見学 → field trip……262
野外交換機 → field telephone switchboard……262
野外航法 → cross-country navigation……183
野外支援装備品 → field support equipment……262
野外集積単位 → field storage unit……262
野外炊事場 → field kitchen……262
野外貯蔵 → field storage……262
野外通信組織 → field communication system……261
野外通信ネットワーク → field communication network……261
野外電信機 → field telegraph……262
野外電話機 → field telephone……262

野外病院 【陸自】→ field hospital（FH）‥262
野外標的 → field target……262
野外防護処理 → field impregnation……262
野外用個人装備 → field equipment……261
野外用無線機 → field radio……262
夜間CAP → night CAP……442
夜間演習
　→ night exercise……443
　→ night training exercise……443
夜間監視能力 → night target acquisition capability……443
夜間観測装置 → night observation device……443
夜間訓練 → nighttime exercise……443
夜間攻撃 → night attack……442
夜間行進 → night march……443
夜間作戦 → night operations……443
夜間視界 → night vision……443
夜間視程 → night visibility……443
夜間射撃 → night firing……443
夜間制圧隊 → night heckler……443
夜間戦闘 → night combat……442
夜間戦闘機 → night fighter……443
夜間着陸訓練 【米軍】→ Night Landing Practice（NLP）……443
夜間追撃 → nighttime pursuit……443
夜間乗り入れ禁止線 → night traffic line‥443
夜間爆撃機 → night bomber……442
夜間飛行 → night flight……443
夜間飛行訓練の運用 → night flight training operations……443
夜間防御陣地 → night defensive position（NDP）……443
夜間離脱 → nighttime withdrawal……443
薬煙 → chemical smoke……135
薬厚（やくこう）→ web thickness……687
薬剤官 → pharmaceutical officer（PC）‥481
薬剤幹部 【空自】→ Pharmacist Officer‥481
薬室（やくしつ）
　→ cartridge chamber……126
　→ chamber……132
　→ powder chamber……492
薬室圧；薬室圧力 → chamber pressure……132
薬室嵌合試験器（やくしつかんごうしけんき）【海自】→ chamber gauge……132

薬室ゲージ → chamber gauge ……… 132
薬室長 → chamber length ………… 132
薬室容積 → chamber volume ……… 133
躍進；躍進距離 → bound …………… 112
躍層 【海自】 → thermal layer ……… 637
薬筒 → cartridge ……………………… 126
薬筒式イニシエーター → cartridge-actuated
　initiator ………………………………… 126
薬筒式始動装置
　→ cartridge-actuated device（CAD）…126
　→ cartridge-actuated initiator …………126
薬筒式スラスター → cartridge-actuated
　thruster ………………………………… 126
薬筒式発火装置 → cartridge-actuated firing
　device …………………………………… 126
薬嚢（やくのう）
　→ cartridge bag ………………………126
　→ powder bag …………………………492
　→ propellant bag ………………………503
薬嚢布（やくのうぬの）→ cartridge cloth … 126
薬物取締政策局 【米】→ Office of National
　Drug Control Policy …………………… 453
薬包 → charge bag ……………………… 133
薬務班 【陸自】 → Pharmaceutical
　Section ………………………………… 481
薬粒形状 → grain shape ………………… 298
役割・任務・能力 → Role Mission Capability
　（RMC）………………………………… 543
「休め！」 → At Ease！ ………………… 76
野整備 【陸自】 → field maintenance
　（FM）…………………………………… 262
野戦軍
　→ army in the field ……………………… 69
　→ field army ……………………………261
　→ field forces …………………………261
野戦軍支援司令部 → field army support
　command（FASCOM）………………… 261
野戦軍弾道ミサイル防衛システム → Field
　Army Ballistic Missile Defense System
　（FABMDS）…………………………… 261
野戦築城 → field fortification …………… 261
野戦貯蔵 → field storage ……………… 262
野戦特科 【陸自】 → Field Artillery
　（FA）…………………………………… 261
野戦特科観測者 【陸自】 → field artillery
　observer ……………………………… 261
野戦特科射撃指揮装置 【陸自】 → field
　artillery digital automatic computer
　（FADAC）……………………………… 261
野戦特科情報処理システム 【陸自】 → field
　artillery data processing system
　（FADS）……………………………… 261
野戦特科大隊 【陸自】 → field artillery
　battalion ……………………………… 261
野戦特科ロケット弾 → artillery rocket …… 72
野戦病院 → clearing hospital …………… 141
野戦病院 【陸自】 → field army hospital
　（FAH）………………………………… 261
野戦砲
　→ field artillery（FA）…………………261
　→ field gun ……………………………262
　→ field piece …………………………262
野戦報道検閲 → field press censorship …262
野戦砲兵 → field artillery（FA）………… 261
野戦砲兵観測者 → field artillery
　observer ……………………………… 261
野戦砲兵中隊 → field battery ………… 261
野戦砲兵連絡将校 【陸軍】 → field artillery
　liaison officer ………………………… 261
野戦誘導ミサイル → field guided missile
　（FGM）………………………………… 262
野戦用対空ミサイル；野戦用防空ミサイル
　→ field interceptor missile（FIM）…… 262
野戦用ロケット弾 → artillery rocket ……… 72
矢弾（やだん）→ flechette ……………… 271
薬莢（やっきょう）
　→ cartridge case ……………………126
　→ shell …………………………………569
薬莢圧入溝（やっきょうあつにゅうこ
　う）→ cannelure ……………………… 123
薬莢落し（やっきょうおとし）→ case
　discharge ……………………………… 126
薬莢肩部（やっきょうかたぶ）→ case
　shoulder ……………………………… 126
薬莢滑降路 → shell chute ……………… 569
薬莢口（やっきょうぐち）→ case mouth … 126
薬莢首部（やっきょうくびぶ）→ case
　neck …………………………………… 126
薬莢つば（やっきょうつば）→ cartridge case
　rim ……………………………………… 126
薬莢転向器 → shell deflector ………… 569
薬莢の肩 → case shoulder …………… 126
薬莢の首 → case neck ………………… 126
薬莢放出扉起動器（やっきょうほうしゅつとび
　らきどうき）→ case ejection door
　actuator ……………………………… 126

屋根型鉄条網 → double-apron fence ……… 223
野砲
　　→ field artillery（FA） ……………………261
　　→ field gun ………………………………262
野砲隊 → field battery ……………………… 261

【ゆ】

油圧手 → ballast control panel operator … 90
油圧整備 【空自准空尉空曹空士特技区分】
　　→ Hydraulic Maintenance ……………… 323
優越 【陸自】 → superiority ……………… 612
有害化学物質 → toxic chemicals ………… 646
有蓋指揮車（ゆうがいしきしゃ）→ command post trailer（CPT） ……………………… 154
有害廃棄物 → hazardous wastes（HW）… 310
有害廃棄物概要記録書 【米軍】 → hazardous waste profile sheet（HWPS） ……………… 310
有害廃棄物集積所 【米軍】 → hazardous waste accumulation point（HWAP） …… 310
有害廃棄物保管区域 【米軍】 → hazardous waste storage area（HWSA） ……………… 310
友軍
　　→ blue forces …………………………107
　　→ friend …………………………………286
　　→ friendly force ………………………286
　　→ friendly troops ………………………286
遊軍 → reserve corps ……………………… 535
友軍機出現空域 → friendly origin ……… 286
友軍情報主要素 → essential element of friendly information（EEFI） …………… 248
友軍特別航跡 → friendly special（FS） … 286
友軍による誤射・誤爆 → friendly fire …… 286
友軍の誤爆事故 → friendly-fire incident … 286
遊撃拠点 【陸自】 → guerrilla strong point …………………………………………… 303
遊撃行動 【陸自】 → guerrilla action …… 303
遊撃戦 【空自】 → guerrilla warfare（GW） …………………………………………… 304
遊撃隊 → flying column ……………………… 277
遊撃隊員 → ranger …………………………… 518
遊撃部隊 【陸自】 → guerrilla forces …… 303
友好外国政府 → friendly foreign government（FFG） …………………………………… 286

有効口径 → effective bore ……………… 232
有効射撃 → effective fire ………………… 232
有効射程 → effective range ……………… 232
有効寿命 → actual life …………………… 10
有効水中弾道 → accurate underwater travel ………………………………………… 6
有効積載量 → disposable weight ………… 218
有効捜索率 → effective sweep rate ……… 233
有効掃面 → effective coverage ………… 232
有効ソーナー使用速力 → effective sonar operating speed …………………………… 232
有効ソーナー探知距離 【海自】 → effective sonar range（ESR） …………………… 232
有効損害 → effective damage …………… 232
有効弾 → effective projectile ……………… 232
有効着陸地帯 → effective landing area … 232
有効通達距離 → effective communication range ………………………………………… 232
有効的長 → effective target length ……… 233
有効半径 【陸自】 → lethal radius ……… 373
有効発射線 → effective launching line（ELL） ……………………………………… 232
有効被弾地 → effective pattern ………… 232
有効被弾地域
　　→ effective beaten zone …………………232
　　→ effective pattern zone …………………232
有効ホーミング距離 → effective homing range ………………………………………… 232
有事
　　→ contingency …………………………169
　　→ emergency ……………………………239
有事相互支援 → contingency mutual support（CMS） …………………………………… 169
有刺鉄条網 → barbed wire entanglement … 92
有刺鉄線 → barbed wire ………………… 92
有事法制
　　→ emergency legislation …………………240
　　→ legislation for emergency situations … 372
有償軍事援助 → mutual security military sales ………………………………………… 431
有償軍事援助調達 【海自】 → Foreign Military Sales（FMS） ……………………… 280
有償対外軍事援助 【統幕】 → Foreign Military Sales（FMS） ……………………… 280
有償対外軍事援助訓練生 → foreign military sales trainee ………………………………… 280
有人機 → manned aircraft ………………… 396

優勢 【空自・海自】→ superiority 612
優勢機動 → dominant maneuver 222
優勢高度 → predominant height 494
優勢使用者 → dominant user 222
優勢使用者概念 → dominant user
  concept 222
優勢な敵 → outnumbered enemy 467
優先国家情報目標 → priority national
  intelligence objective 500
優先順位 【陸自・空自】→ message
  precedence 409
優先情報要求 → priority intelligence
  requirement（PIR）......................... 500
有線整備 【空自准空尉空曹空士特技区分】
  → Wire Communication Systems
  Maintenance 690
有線誘導 → wire guidance 690
遊底 → bolt 109
遊底覆い → bolt cover 109
遊底緩衝器 → bolt buffer 109
遊底スリーブ → bolt sleeve 109
遊底止め（ゆうていどめ）
  → bolt stop 109
  → slide stop 580
誘電吸収 → dielectric absorption 210
誘電体 → dielectric 210
誘電体アンテナ → dielectric antenna 210
誘電体空中線 【海自】→ dielectric
  antenna 210
誘電体棒空中線 【海自】→ dielectric rod
  antenna 210
誘電体ロッド・アンテナ → dielectric rod
  antenna 210
誘導 → guidance 304
誘導型機雷 → induction mine 333
誘導艦艇 → lead ship 372
誘導機 → pathfinder 474
誘導基地装備 【海自】→ guidance station
  equipment 304
誘導機引き継ぎ地点 【海自】→ release point
  （RP）.. 530
誘導魚雷 → guided torpedo 304
誘導係 → approach guide 62
誘導限界 【空自】→ guidance limit 304
誘導攻撃 【海自】→ vectored attack
  （VECTAC）................................... 673
誘導傘（ゆうどうさん）【空自】→ pilot
  chute 483
誘導傘（ゆうどうさん）→ pilot
  parachute 483
誘導システム → guidance system 304
誘導所器材 → guidance station
  equipment 304
誘導装置
  → guidance set 304
  → guidance system 304
誘導弾 【陸自・海自】→ guided missile
  （GM）... 304
誘導弾 【陸自】→ missile 420
誘導弾丸 → guided projectile 304
誘導弾管制室 → GM control room 297
誘導弾搭載駆逐艦 【海自】→ guided missile
  destroyer 304
誘導弾搭載巡洋艦 【海自】→ guided missile
  cruiser 304
誘導弾搭載潜水艦 【海自】→ guided missile
  submarine 304
誘導弾搭載フリゲート 【海自】→ guided
  missile frigate 304
誘導弾発射装置 【海自】→ guided missile
  launching system（GMLS）............... 304
誘導地点 → marshaling point 401
誘導爆弾 → guided bomb 304
誘導爆弾ユニット → guided bomb unit
  （GBU）....................................... 304
誘導武器 【海自】→ guided weapon 304
誘導武器開発実験隊 【空自飛行開発実験団隷
  下】→ Guided Munition Development and
  Test Squadron 304
誘導武器技術研究部 【防衛装備庁】→ Missile
  Research Division 421
誘導武器教育訓練隊 【海自】→ Missile
  System Training Center 421
誘導武器班 【陸自・空自】→ Guided Missile
  Section 304
誘導兵器 → guided weapon 304
誘導方式 → guidance system 304
誘導砲弾 → cannon-launched guided
  projectile（CLGP）......................... 123
誘導ミサイル 【空自】→ guided missile
  （GM）... 304
誘導ロケット → guided rocket（GR）..... 304
有毒化学剤 → toxic chemical agent 646
有毒ガス → toxic gas（TG）................. 646

誘爆 → sympathetic detonation 620
誘爆防止装置
　　→ anti countermining device 57
　　→ anti-induced explosion mechanism 57
遊標（ゆうひょう）→ slide 580
郵便爆弾 → mail bomb 391
有翼弾 → fin stabilized ammunition 265
有翼飛翔体 → winged vehicle 690
有翼ミサイル → winged missile 690
行先別搭載 【米軍】→ block stowage loading 107
行方不明者 【自衛隊】→ missing in action (MIA) 421
油脂焼夷弾（ゆししょういだん）→ oil bomb 455
輸出管理 → export control 254
輸出管理規則 【米】→ Export Administration Regulations (EAR) ... 254
輸出管理局 【米】→ Bureau of Export Administration 118
輸出管理法 【米】→ Export Administration Act (DDTC) 254
輸送 【空自准空尉空曹空士特技区分】
　　→ Traffic Management 647

輸送
　　→ transport 651
　　→ transportation 652
輸送科 【陸自】→ Transportation (Tran) 652
輸送課 【陸自】→ Transportation Division 652
輸送学校 【陸自】→ Transportation School 652
輸送貨物集積機関 → freight consolidating activity 284
輸送貨物配分機関 → freight distributing activity 284
輸送艦 → cargo ship (AK) 125
輸送艦 【海自】
　　→ landing ship 367
　　→ landing ship, tank (LST) 367
　　→ landing ship, utility (LSU) 367
輸送艦区域 → transport area 652
輸送艦艇 【海自】→ amphibious ship ... 51
輸送幹部 【空自幹部特技区分】
　　→ Transportation Officer 652
輸送機
　　→ cargo plane 125

→ transport aircraft 652
→ transport plane 652
輸送機関 【陸自】→ transportation facility 652
輸送機用機雷投下装置 → cargo aircraft mine laying 125
輸送業務部隊 → transportation management command (TMC) 652
輸送軍 【米】→ Transportation Command (TRANSCOM) 652
輸送計画 → transportation plan 652
輸送経路 → transportation route 652
輸送航空隊 【空自】→ Tactical Airlift Wing (TAW) 624
輸送室 【空自】→ transportation office .. 652
輸送実施機関 → transportation operation agency (TOA) 652
輸送事務所 【陸自】→ transportation office 652
輸送車両 → transport vehicle 652
輸送手段 → means of transport 405
輸送所要 → transportation requirements 652
輸送請求 → transportation request 652
油槽船（ゆそうせん）→ oiler 456
輸送隊 【海自】→ Landing Ship Division 367
輸送代行業者選定指針 【米軍】→ Foreign Purchaser Guide to Freight Forwarder Selection 280
輸送中継所 → holding and reconsignment point 318
輸送艇 【海自】→ landing craft, utility (LCU) 366
輸送艇隊 【海自】→ Landing Craft Division 366
輸送統制 → transportation control 652
輸送統制班 【海自】→ Transportation Control Section 652
輸送任務群 → transport group 652
輸送の統制 → transportation regulation .. 652
輸送幕僚 【空自幹部特技区分】
　　→ Transportation Staff Officer 652
輸送班 【陸自・海自】→ Transportation Section 652
輸送部隊 → transportation force 652
輸送部隊搭載幹部 【海自】→ combat cargo officer 148

日本語索引

→ prediction time 494
→ predicted intercept point 494
→ predicted intercept time 494
wing bomb 690
視隊 【陸自】→ Yonaguni Coast n Unit 693
......535
......536
st......
【米】→ Air Force Reserve 33
ター 【米】→ Armed Forces enter (AERC) 66
力記章 【米】→ Armed Forces edal (AFRM) 66
→ inactive duty training 330
【米】→ Armed Forces Reserve ERC) 66
川練期間 → multiple inactive duty eriod 429
→ reserve officer 535
訓練部隊 【米】→ Reserve Training Corps (ROTC) 535
練期間 【海自】→ active duty for 9
任務期間 【海自】→ active duty l work 9
【米陸軍】→ affiliated unit 20
→ reserve component 535
alternate emplacement 47
reserve aircraft 535
spare machine 587
e army 535
e troops 536
所 【米】→ Army Reserve enter 70
部隊 → reserve component 535
→ alternative plan 47
事指揮センター 【米】 ate National Military Command ANMCC) 47
びさん) → reserve parachute 536
【自衛隊】→ SDF reserve 553
【防衛省】→ Self-Defense

Reserve 562
予備自衛官制度 【自衛隊】→ SDF Reserve Personnel System 554
予備自衛官手当 【自衛隊】→ SDF reserve allowance 553
予備自衛官班 【陸自】→ Reserve Personnel Section 536
予備自衛官補 【自衛隊】→ SDF reserve personnel candidate 554
予備自衛官補制度 【自衛隊】→ SDF Reserve Personnel Candidate System 554
予備指揮所 【陸自】→ alternate command post 47
予備銃座 → alternate emplacement 47
予備将校訓練団 【米】→ Reserve Officers' Training Corps (ROTC) 535
予備陣地 → alternative position 47
予備隊
→ reserve 535
→ reserve echelon 535
→ reserve force 535
予備弾頭 → alternative head 47
予備地域 → reserve area 535
予備飛行定格試験 【米軍】→ Preliminary Flight Rating Test (PFRT) 495
予備砲座 → alternate emplacement 47
予備補給所要 → reserve supply requirements 536
予備補給品 → reserve supplies 536
予備要撃管制システム 【米】→ Back-Up Intercept Control (BUIC) 89
予報 → forecast (FCST) 279
予防衛生 → preventive sanitation 498
予防外交 → preventive diplomacy 498
予報官 → forecaster 279
予報区 → forecast district 279
予報支援データ → forecast support data 279
予報者 → forecaster 279
予防戦争 → preventive war 498
予防着陸 → precautionary landing 493
予報中枢 → forecasting center 279
予報有効時間 → forecast valid time 279
読谷補助飛行場 【在日米軍】→ Yomitan Auxiliary Airfield 693
夜の女王・エルビラ → Elvira, Mistress of the Night 238

輸送ヘリコプター
→ cargo helicopter (CH) 125
→ carrier helicopter 126
→ transport helicopter (CH) 652
輸送ヘリコプター群 【陸自】→ Transportation Helicopter Group 652
輸送方式 → means of transport 405
輸送優先順位 → transportation priority 652
輸送用エア・クッション艇 【海自】→ landing craft air cushioned (LCAC) 366
輸送要求 → demand of transportation 201
輸送割り当て → allocation of transportation 45
ユダヤ防衛連盟 → Jewish Defense League (JDL) 356
ユーティリティ・アワー 【空自】→ utility hour (UH) 671
指掛 (ゆびかけ) → thumb piece 640

【よ】

与圧式ソノブイ投射装置 → pressure sonobuoy launch tube (PSLT) 497
用意 【海自】→ standby (sby) 597
要域 → key area 363
「用意よし」 【海自】→ ready 520
要員計画 → drafting plan 224
要員保全調査 → personnel security investigation 480
揺架 (ようか) 【陸自】→ cradle 182
要監視リスト → watch list 682
要求撃破確率 → desired probability of kill (DPK) 207
要求射撃
→ call fire 122
→ on-call fire 457
要求受領 → Will Comply 689
要求受領済 → Have Complied (HVCO) 310
要求任務 → call mission 122
要求日付 → date of request (DOR) 191
要求分析設計段階 【米】→ requirement, analysis and design (RA&D) 534
要求兵力量 → force requirements 279

要撃 → interception (intcp) 345
要撃オペレーション → intercept operation 345
要撃角 → aspect angle (AA) 73
要撃角計 → angle of attack indicator 52
要撃監視所
→ interception and surveillance station 345
→ intercept surveillance station 345
要撃管制 【海自】→ air intercept control (AIC) 35
要撃管制 【空自】→ intercept control 344
要撃管制官 → intercept controller 344
要撃管制幹部 【空自幹部特技区分】→ Air Weapons Controller 44
要撃管制幹部 【空自】→ ground controlled interception officer (GCIO) 300
要撃管制技術員 → intercept control technician (ICT) 344
要撃管制共通周波数 【海自】→ air intercept control common 35
要撃管制区域 → intercept control area 344
要撃管制幕僚 【空自幹部特技区分】→ Air Weapons Director Staff Officer 44
要撃管制レーダー覆域 【空自】→ control radar coverage 172
要撃機 → interceptor 345
要撃基準線 【空自】→ line of position (LOP) 378
要撃機動時間 → maneuver time 396
要撃機等地上待機状況 → JIG status 357
要撃機ペア・ライン → interceptor pair line 345
要撃作図 → intercept plot 345
要撃試算 → trial intercept calculation (TIC) 654
要撃指令官 【空自】→ interceptor director (IND) 345
要撃戦関係幹部 【空自】→ interceptor officer 345
要撃戦関係将校 → interceptor officer 345
要撃戦技点検 → tactical effectiveness evaluation (TEE) 625
要撃戦闘機 → fighter interceptor (FI；F/I) 263
要撃戦闘機 【陸自】→ interceptor fighter 345
要撃戦闘時間 → intercept combat time 344

要撃戦闘飛行隊 → fighter interceptor squadron（FIS）……… 263
要撃中止 → skip it ……………… 579
要撃点 【空自】 → intercept point … 345
要撃不可能状態 → impossible intercept condition …………… 329
要撃不成功 → missed interception（MI）………………… 420
要撃ミサイル
　→ intercept missile（IM）……… 345
　→ interceptor ………………… 345
要撃ミサイル 【陸自】 → interceptor missile（IM）………………… 345
要撃ミッション → intercept mission …… 345
要撃用射撃管制レーダー → interception fire control radar ……………… 345
要撃用誘導ミサイル 【空自】 → interceptor missile（IM）………………… 345
要撃用レーダー → interceptor fire control radar ……………… 345
要旨説明 → briefing ……………… 115
要旨説明班 → briefing team ……… 115
揚収 【海自】 → hoist ………… 318
揚収 → lift …………………… 374
揚収 【海自】 → recovery（Recov）… 524
揚収船；揚収艇 → recovery boat …… 525
要所
　→ key point …………………363
　→ key position ………………363
要衝 → strategic point ………… 606
洋上監視 → ocean surveillance … 452
洋上管制区 → oceanic control area … 452
洋上基地 → floating base ……… 275
洋上基地後方支援 → floating base support ……………………… 275
洋上基地支援 【海自】 → floating base support ………………… 275
洋上救難 【空自】 → sea rescue …… 556
洋上救難等の任務 → open sea search and rescue mission …………… 458
洋上後方支援 → afloat support …… 20
洋上事前集積船 → afloat prepositioning ship（APS）……… 20
洋上事前集積船 【海自】 → maritime prepositioning ship（MPS）…… 400
洋上戦術航空指揮所 → marine tactical air command center（Marine TACC）…… 399

洋上捜索救難区域 【海自】 → maritime search and rescue region ……… 400
洋上で不慮の遭遇をした場合の行動基準 → Code for Unplanned Encounters at Sea（CUES）………………… 145
洋上防空 【海自】 → maritime air defense ………………………… 399
洋上補給 【海自】
　→ replenishment at sea（RAS）…533
　→ underway replenishment（UNREP）…………………662
洋上補給群 → underway replenishment group ………………… 662
洋上補給作業 【海自】 → underway replenishment operation ……… 662
洋上補給部隊 → underway replenishment force ………………… 662
洋上予備隊 → floating reserve …… 275
洋上臨時集積場 → floating dump … 275
陽信 → manipulative deception … 396
要人情報 → biographical intelligence … 103
養成班 【空自】 → Career Management Section ……………………… 125
溶接弾帯 → welded overlay rotating band ………………………… 687
要則 → fundamental …………… 289
揚弾 【海自】 → hoist ………… 318
揚弾機 → ammunition hoist …… 50
揚弾機 【海自】 → projectile hoist … 502
揚弾機員 → projectile hoist loader …… 502
揚弾栓(ようだんせん) → lifting plug … 375
揚弾筒 → hoist tube ……………… 318
揚弾薬機 【海自】 → ammunition hoist … 50
揚弾薬装置 → automatic gun loading system ……………………… 82
要注意空域
　→ airspace caution area ……… 39
　→ caution area ……………… 128
揚程 → lift …………………… 374
揺底(ようてい) → bolt carrier ……… 109
揚艇機 → boat winch …………… 108
溶墳(ようてん) → cast loading ……… 127
要点
　→ key point …………………363
　→ key position ………………363
　→ main point …………………392
　→ strategic point ……………606
陽動

　→ demonstration ……………202
　→ enticement ………………245
陽動作戦 → feint operation ……… 260
陽動渡河 【陸自】 → feint crossing … 260
陽動任務群 → demonstration group … 202
用度係 【防衛装備庁電子装備研究所】 → Property Management Section …… 504
傭兵(ようへい) → mercenary …… 408
用兵原則 【海自】 → principles of war … 499
用兵指揮の変更 【海自】 → change of operational control（CHOP）…… 133
要務 → general term of staff duty … 294
要務飛行
　→ project flight ………………502
　→ service flight ………………566
揚陸
　→ disembarkation ……………217
　→ landing（L/D）……………365
揚陸艦 → landing ship ………… 367
揚陸区域 【海軍】 → landing area … 365
揚陸港 【米軍】 → port of debarkation（POD）……………… 490
揚陸作戦 【統幕】 → landing operation … 366
揚陸指揮隊 → beachmaster unit … 99
揚陸指揮隊長 → beachmaster（BM）… 99
揚陸スケジュール → disembarkation schedule …………………… 217
揚陸戦情報戦術統合装置 → integrated tactical amphibious warfare data system（ITAWDS）………… 342
揚陸艇修理艦 → landing craft, repair ship ……………………… 366
揚陸統制隊 【海自】 → beachmaster unit … 99
揚陸能力 → assault lift ………… 73
揚陸マット → beach matting …… 99
揚陸量 → amphibious lift ……… 51
容量アンテナ → capacity antenna … 124
揚力 → lift …………………… 374
予期命中秒時 → prediction time …… 494
翼安定(よくあんてい) → fin stabilization ……………………… 265
翼安定式離脱装弾筒付き曳光徹甲弾 【陸軍】 → armor piercing fin-stabilized discarding sabot-tracer（APFSDS-T）… 68
翼安定式ロケット → fin-stabilized rocket ……………………… 265
翼安定弾 → fin stabilized ammunition … 265

日本語索引　335　ようげき

輸送ヘリコプター
　→ cargo helicopter（CH）………………125
　→ carrier helicopter…………………………126
　→ transport helicopter（CH）…………652

輸送ヘリコプター群 【陸自】
　→ Transportation Helicopter Group…… 652

輸送方式 → means of transport……………405

輸送優先順位 → transportation priority…652

輸送用エア・クッション艇 【海自】 → landing
　craft air cushioned（LCAC）……………366

輸送要求 → demand of transportation……201

輸送割り当て → allocation of
　transportation……………………………………45

ユダヤ防衛連盟 → Jewish Defense League
　（JDL）……………………………………………356

ユーティリティ・アワー 【空自】 → utility
　hour（UH）……………………………………671

指掛（ゆびかけ）→ thumb piece……………640

【よ】

与圧式ソノブイ投射装置 → pressure
　sonobuoy launch tube（PSLT）…………497

用意 【海自】 → standby（sby）……………597

要域 → key area…………………………………363

「用意よし」 【海自】 → ready……………520

要員計画 → drafting plan……………………224

要員保全調査 → personnel security
　investigation…………………………………480

揺架（ようか）【陸自】 → cradle……………182

要監視リスト → watch list……………………682

要求撃破確率 → desired probability of kill
　（DPK）…………………………………………207

要求射撃
　→ call fire……………………………………122
　→ on-call fire…………………………………457

要求受領 → Will Comply……………………689

要求受領済 → Have Complied
　（HVCO）………………………………………310

要求任務 → call mission……………………122

要求日付 → date of request（DOR）……191

要求分析設計段階 【米】 → requirement,
　analysis and design（RA&D）…………534

要求兵力量 → force requirements…………279

要撃 → interception（intcp）………………345

要撃オペレーション → intercept
　operation………………………………………345

要撃角 → aspect angle（AA）………………73

要撃角計 → angle of attack indicator……52

要撃監視所
　→ interception and surveillance
　　station………………………………………345
　→ intercept surveillance station…………345

要撃管制 【海自】 → air intercept control
　（AIC）……………………………………………35

要撃管制 【空自】 → intercept control……344

要撃管制官 → intercept controller…………344

要撃管制幹部 【空自幹部特技区分】 → Air
　Weapons Controller…………………………44

要撃管制幹部 【空自】 → ground controlled
　interception officer（GCIO）……………300

要撃管制技術員 → intercept control
　technician（ICT）……………………………344

要撃管制共通周波数 【海自】 → air intercept
　control common………………………………35

要撃管制区域 → intercept control area……344

要撃管制幕僚 【空自幹部特技区分】 → Air
　Weapons Director Staff Officer……………44

要撃管制レーダー覆域 【空自】 → control
　radar coverage………………………………172

要撃機 → interceptor…………………………345

要撃基準線 【空自】 → line of position
　（LOP）…………………………………………378

要撃機動時間 → maneuver time……………396

要撃機等地上待機現況 → JIG status……357

要撃機ペア・ライン → interceptor pair
　line………………………………………………345

要撃作図 → intercept plot…………………345

要撃試算 → trial intercept calculation
　（TIC）…………………………………………654

要撃指令官 【空自】 → interceptor director
　（IND）…………………………………………345

要撃戦関係幹部 【空自】 → interceptor
　officer……………………………………………345

要撃戦関係将校 → interceptor officer……345

要撃戦技点検 → tactical effectiveness
　evaluation（TEE）……………………………625

要撃戦闘機 → fighter interceptor（FI；F/
　I）………………………………………………263

要撃戦闘機 【陸自】 → interceptor
　fighter…………………………………………345

要撃戦闘時間 → intercept combat time…344

ようけき　　　　　　　　336　　　　　　　日本語索引

要撃戦闘飛行隊 → fighter interceptor squadron（FIS） ……………… 263
要撃中止 → skip it ………… 579
要撃点 【空自】 → intercept point ……… 345
要撃不可能状態 → impossible intercept condition ………………………………… 329
要撃不成功 → missed interception（MI）………………………………… 420
要撃ミサイル
　→ intercept missile（IM）………… 345
　→ interceptor ……………………… 345
要撃ミサイル 【陸自】 → interceptor missile（IM）………………………………… 345
要撃ミッション → intercept mission …… 345
要撃用射撃管制レーダー → interception fire control radar …………………………… 345
要撃用誘導ミサイル 【空自】 → interceptor missile（IM）………………………… 345
要撃用レーダー → interceptor fire control radar …………………………………… 345
要旨説明 → briefing …………… 115
要旨説明班 → briefing team ………… 115
揚収 【海自】 → hoist ………… 318
揚収 → lift ………………………… 374
揚収 【海自】 → recovery（Recov）……… 524
揚収船；揚収艇 → recovery boat ……… 525
要所
　→ key point ……………………… 363
　→ key position …………………… 363
要衝 → strategic point …………………… 606
洋上監視 → ocean surveillance …………… 452
洋上管制区 → oceanic control area ……… 452
洋上基地 → floating base ……………… 275
洋上基地後方支援 → floating base support ………………………………… 275
洋上基地支援 【海自】 → floating base support ………………………………… 275
洋上救難 【空自】 → sea rescue ………… 556
洋上救難等の任務 → open sea search and rescue mission ……………………… 458
洋上後方支援 → afloat support ………… 20
洋上事前集積船 → afloat prepositioning ship（APS）………………………………… 20
洋上事前集積船 【海自】 → maritime prepositioning ship（MPS）………… 400
洋上戦術航空指揮所 → marine tactical air command center（Marine TACC）…… 399

洋上捜索救難区域 【海自】 → maritime search and rescue region ………………… 400
洋上で不慮の遭遇をした場合の行動基準
　→ Code for Unplanned Encounters at Sea（CUES）………………………… 145
洋上防空 【海自】 → maritime air defense …………………………………… 399
洋上補給 【海自】
　→ replenishment at sea（RAS）…… 533
　→ underway replenishment（UNREP）……………………………… 662
洋上補給群 → underway replenishment group …………………………………… 662
洋上補給作業 【海自】 → underway replenishment operation …………… 662
洋上補給部隊 → underway replenishment force …………………………………… 662
洋上予備隊 → floating reserve ………… 275
洋上臨時集積場 → floating dump ……… 275
陽信 → manipulative deception …………… 396
要人情報 → biographical intelligence …… 103
養成班 【空自】 → Career Management Section ………………………………… 125
溶接弾帯 → welded overlay rotating band …………………………………… 687
要則 → fundamental …………………… 289
揚弾 【海自】 → hoist ……………… 318
揚弾機 → ammunition hoist …………… 50
揚弾機 【海自】 → projectile hoist ……… 502
揚弾機員 → projectile hoist loader ……… 502
揚弾栓（ようだんせん）→ lifting plug …… 375
揚弾筒 → hoist tube …………………… 318
揚弾薬機 【海自】 → ammunition hoist … 50
揚弾薬装置 → automatic gun loading system ………………………………… 82
要注意空域
　→ airspace caution area ……………… 39
　→ caution area …………………… 128
揚程 → lift ……………………………… 374
揺底（ようてい）→ bolt carrier …………… 109
揚艇機 → boat winch ………………… 108
溶填（ようてん）→ cast loading …………… 127
要点
　→ key point ……………………… 363
　→ key position …………………… 363
　→ main point ……………………… 392
　→ strategic point ………………… 606
陽動

よ

日本語索引　　　　　　　　　　　337　　　　　　　　　　　　よそうみ

→ demonstration ······························202
→ enticement ·································245
陽動作戦　→ feint operation ················· 260
陽動渡河　【陸自】→ feint crossing········ 260
陽動任務群　→ demonstration group······ 202
用度係　【防衛装備庁電子装備研究所】
　　→ Property Management Section········ 504
傭兵（ようへい）→ mercenary················ 408
用兵原則　【海自】→ principles of war···· 499
用兵指揮の変更　【海自】→ change of
　　operational control（CHOP）·············· 133
要務　→ general term of staff duty··········· 294
要務飛行
　→ project flight ·································502
　→ service flight·································566
揚陸
　→ disembarkation ································217
　→ landing（L/D）·································365
揚陸艦　→ landing ship·························· 367
揚陸区域　【海軍】→ landing area·········· 365
揚陸港　【米軍】→ port of debarkation
　　（POD）··· 490
揚陸作戦　【統幕】→ landing operation··· 366
揚陸指揮隊　→ beachmaster unit ··············· 99
揚陸指揮隊長　→ beachmaster（BM）······· 99
揚陸スケジュール　→ disembarkation
　　schedule ··· 217
揚陸戦情報戦術統合装置　→ integrated
　　tactical amphibious warfare data system
　　（ITAWDS）·· 342
揚陸艇修理艦　→ landing craft, repair
　　ship ··· 366
揚陸統制隊　【海自】→ beachmaster unit·· 99
揚陸能力　→ assault lift ··························· 73
揚陸マット　→ beach matting················· 99
揚陸量　→ amphibious lift······················· 51
容量アンテナ　→ capacity antenna········ 124
揚力　→ lift··· 374
予期命中秒時　→ prediction time············ 494
翼安定（よくあんてい）→ fin
　　stabilization ·· 265
翼安定式離脱装弾筒付き曳光徹甲弾　【陸軍】
　　→ armor piercing fin-stabilized discarding
　　sabot-tracer（APFSDS-T）······················· 68
翼安定式ロケット　→ fin-stabilized
　　rocket ·· 265
翼安定弾　→ fin stabilized ammunition···· 265

翼下懸架装置　→ suspension underwing unit
　　（SUU）··· 619
抑止措置　→ deterrent option ················· 208
抑止力　→ deterrent power····················· 208
翼の警戒　【陸自】→ flank security········ 270
抑留　【陸自】→ holding ······················· 318
抑留　→ internment································ 350
抑留攻撃　→ holding attack···················· 318
抑留施設　→ detention facility ················ 208
抑留者　→ internee································· 350
抑留所
　→ detention camp ································208
　→ internment camp······························350
抑留対象者　→ internee··························· 350
抑留令書（よくりゅうれいしょ）【日】
　　→ written internment order··················· 692
予行演習　→ rehearsal ···························· 529
予行演習段階　【米軍】→ rehearsal phase·· 529
横須賀海軍基地　【在日米軍】→ Yokosuka
　　Naval Base ·· 693
横須賀海軍施設　【在日米軍】→ Fleet
　　Activities Yokosuka······························ 272
横須賀基地　【海自】→ Yokosuka Base ··· 693
横須賀地方総監部　【海自】→ Headquarters
　　Yokosuka District······································ 311
横須賀地方隊　【海自】→ Yokosuka
　　District ·· 693
横瀬貯油所　【在日米軍】→ Yokose Fuel
　　Terminal ·· 693
横田基地　【空自】→ Yokota Air Base···· 693
横田飛行場　【在日米軍】→ Yokota Air
　　Base··· 693
横浜ノース・ドック　【在日米軍】
　　→ Yokohama North Dock························ 693
横ビーム　→ cross beam ························· 183
予算班　【陸自・空自】→ Budget Section·· 116
余剰装備品　→ surplus property ············· 617
余剰物品利活用照合手続き　【米】
　　→ procedures for long supply assets
　　utilization screening（PLUS）················ 501
余剰兵器プルトニウム　→ surplus weapon-
　　grade plutonium·· 617
余剰補給品　→ surplus supplies··············· 617
予想降着地域　→ anticipated landing area·· 56
予想侵入時刻　→ estimated time of invasion
　　（ETI）··· 248
予想見越し角　→ prediction lead angle···· 494

よ

よそうめ　　　　　　　　　　　　　　　　　　338　　　　　　　　　　　　　　　日本語索引

予想命中秒時 → prediction time············ 494

予想要撃点 → predicted intercept point
（PIP）·· 494

予測迎撃時刻 → predicted intercept time
（PTI）·· 494

翼下爆弾 → wing bomb ························ 690

与那国沿岸監視隊 【陸自】→ Yonaguni Coast
Observation Unit ······························· 693

予備役
→ reserve···535
→ reservist···536

予備役空軍 【米】→ Air Force Reserve
（AFR）·· 33

予備役軍センター 【米】→ Armed Forces
Reserve Center（AERC）····················· 66

予備役軍年功記章 【米】→ Armed Forces
Reserve Medal（AFRM）····················· 66

予備役訓練 → inactive duty training ······ 330

予備役訓練所 【米】→ Armed Forces Reserve
Center（AERC）·································· 66

予備役集合訓練期間 → multiple inactive duty
training period ································· 429

予備役将校 → reserve officer ················· 535

予備役将校訓練部隊 【米】→ Reserve
Officers' Training Corps（ROTC）······· 535

予備役等訓練期間 【海自】→ active duty for
training··9

予備役等実任務期間 【海自】→ active duty
for special work ··································9

予備役部隊 【米陸軍】→ affiliated unit ···· 20

予備役部隊 → reserve component ·········· 535

予備掩体 → alternate emplacement·········· 47

予備機 → reserve aircraft ····················· 535

予備機器 → spare machine ··················· 587

予備軍
→ reserve army···································535
→ reserve troops ································536

予備軍訓練所 【米】→ Army Reserve
training center································· 70

予備軍構成部隊 → reserve component ···· 535

予備計画 → alternative plan ·················· 47

予備国家軍事指揮センター 【米】
→ Alternate National Military Command
Center（ANMCC）····························· 47

予備傘（よびさん）→ reserve parachute ···· 536

予備自衛官 【自衛隊】→ SDF reserve
personnel·· 553

予備自衛官 【防衛省】→ Self-Defense

Reserve ·· 562

予備自衛官制度 【自衛隊】→ SDF Reserve
Personnel System······························ 554

予備自衛官手当 【自衛隊】→ SDF reserve
allowance·· 553

予備自衛官班 【陸自】→ Reserve Personnel
Section ·· 536

予備自衛官補 【自衛隊】→ SDF reserve
personnel candidate ·························· 554

予備自衛官補制度 【自衛隊】→ SDF Reserve
Personnel Candidate System··············· 554

予備指揮所 【陸自】→ alternate command
post ·· 47

予備銃座 → alternate emplacement·········· 47

予備将校訓練団 【米】→ Reserve Officers'
Training Corps（ROTC）····················· 535

予備陣地 → alternative position ············· 47

予備隊
→ reserve···535
→ reserve echelon ·······························535
→ reserve force ···································535

予備弾頭 → alternative head ················· 47

予備地域 → reserve area ······················ 535

予備飛行定格試験 【米軍】→ Preliminary
Flight Rating Test（PFRT）················· 495

予備砲座 → alternate emplacement··········· 47

予備補給所要 → reserve supply
requirements ···································· 536

予備補給品 → reserve supplies ·············· 536

予備要撃管制システム 【米】→ Back-Up
Intercept Control（BUIC）·················· 89

予報 → forecast（FCST）······················ 279

予防衛生 → preventive sanitation ·········· 498

予防外交 → preventive diplomacy·········· 498

予報官 → forecaster ···························· 279

予報区 → forecast district ···················· 279

予報支援データ → forecast support
data ·· 279

予報者 → forecaster ···························· 279

予防戦争 → preventive war··················· 498

予防着陸 → precautionary landing ········· 493

予報中枢 → forecasting center··············· 279

予報有効時間 → forecast valid time ······· 279

読谷補助飛行場 【在日米軍】→ Yomitan
Auxiliary Airfield······························ 693

夜の女王・エルビラ → Elvira, Mistress of the
Night ·· 238

日本語索引　　　　339　　　　らつかさ

予令 → preparatory command ………… 495
ヨーロッパ打ち上げ機開発機構 → European
　Launcher Development Organization
　（ELDO）……………………………… 249
ヨーロッパ地区資材再配分本部 【米】
　→ Material Assets Redistribution Center
　Europe（MARCE）………………… 402

【ら】

雷管
　→ cap ………………………………123
　→ detonating cap…………………209
　→ detonator ………………………209
雷管室 → primer seat ……………… 499
雷管体
　→ cap ………………………………123
　→ primer cup ………………………499
雷管導線 → cap wire ……………… 124
雷管突破 → primer perforation ……… 499
雷撃機（らいげきき）→ torpedo bomber ‥ 643
雷撃危険区域 【海自】 → torpedo danger area
　（TDA）…………………………… 643
雷撃危険帯 【海自】 → torpedo danger zone
　（TDZ）…………………………… 643
雷軸（らいじく）→ torpedo axis ……… 643
来襲脅威 → attack threat ……………… 78
ライジングサンダー 【陸自】 → Rising
　Thunder ……………………………… 542
雷跡
　→ bubble wake ……………………116
　→ torpedo track……………………644
雷走距離 → torpedo run …………… 644
雷速 → torpedo speed ……………… 644
雷道 → torpedo trajectory ………………644
雷道交角 → torpedo track angle ……… 644
ライナー → liner ……………………… 378
ライフ・ラフト → life raft …………… 374
来歴簿改修実施記録 → historical record-
　technical instruction compliance
　record ……………………………… 318
ライン交換ユニット → line replaceable unit
　（LRU）…………………………… 379
落伍者（らくごしゃ）【陸自】 → straggler‥ 605
落伍者監視所 → straggler post ……… 605

落伍者収容所 → straggler collecting
　point ……………………………… 605
落伍船 → straggler………………… 605
落伍船航路 → straggler's route ………… 605
落速（らくそく）→ terminal velocity ……… 635
落槌感度（らくついかんど）→ drop-weight
　impact sensitivity（DWIS）……… 226
落槌感度試験（らくついかんどしけん）
　→ drop hammer test…………………226
　→ fall hammer test…………………257
落点（らくてん）
　→ level point …………………………374
　→ point of fall…………………………488
「楽に、進め！」 → At Ease March！ ‥ 76
ラクロス・レーダー衛星 → Lacrosse imaging
　radar satellite……………………… 365
ラザルス 【北朝鮮】 → Lazarus Group → 370
ラジオ・ゾンデ → radio meteorograph ‥ 515
ラジオ・ゾンデ観測 → radiosonde
　observation ………………………… 516
ラジオ・ゾンデ観測所 → radiosonde
　station ……………………………… 516
ラージ・サーチ・エリア → large search area
　（LSA）…………………………… 368
ラシュカレ・タイバ → Lashkar-e-Tayyiba
　（LeT）…………………………… 368
羅針（らしん）→ compass needle ……… 160
羅針誤差（らしんごさ）→ compass error ‥ 160
羅針盤 → compass ………………… 160
羅針方位（らしんほうい）→ compass
　bearing ……………………………… 160
羅針路（らしんろ）【海自】 → compass
　course ……………………………… 160
羅針路（らしんろ）→ compass heading … 160
螺旋ビーム・アンテナ（らせんビーム・アンテ
　ナ）→ helical beam antenna ………… 313
落角
　→ angle of fall ………………………… 53
　→ entry angle…………………………245
落下傘 → parachute（prcht）…………… 471
落下傘折り畳み用具 → parachute packing
　tool ………………………………… 471
落下傘開傘高度 → parachute deployment
　height ……………………………… 471
落下傘外袋（らっかさんがいた
　い）→ parachute outer pack ………… 471
落下傘乾燥塔 → parachute dry locker…… 471

ら

落下傘救急班 → pararescue team
　(PRT) 472
落下傘携帯袋 → bag of parachute 89
落下傘経歴簿 → parachute record card ... 471
落下傘降下
　→ parachuting 471
　→ paradrop 471
落下傘降下者【空自】→ parachute
　jumper 471
落下傘式投下照明弾 → illumination
　shell 327
落下傘収納袋 → parachute pack 471
落下傘整備員 → parachute rigger (PR) .. 471
落下傘隊員【陸自】→ parachutist 471
落下傘付き照明弾 → parachute flare 471
落下傘塔 → free tower 284
落下傘投下 → paradrop 471
落下傘内袋(らっかさんないた
　い) → parachute inner pack 471
落下傘部隊
　→ parachute force 471
　→ paratroops 472
落下傘兵 → parachutist 471
落下傘離脱装置 → parachute release
　mechanism 471
ラックランド空軍基地【米空軍】→ Lackland
　Air Force Base 365
らっぱ手 → bugler 116
らっぱ隊 → bugle team 116
らっぱ放射器【海自】→ horn radiator .. 320
ラバー・ドーム → rubber dome 546
ラフリン空軍基地【米軍】→ Laughlin Air
　Force Base 369
羅盆(らぼん) → compass bowl 160
ラム・エア・タービン → ram air turbine
　(RAT) 517
ラム空気取り入れ口 → ramming air
　intake 517
ラム効果 → ramming effect 517
ラムジェット → ramjet 517
ランス【米陸軍】→ Lance 365
ランダム・アクセスPPIスコープ → random
　access plan position indicator
　(RAPPI) 517
ランプ → ramp 517

【り】

リアクティブ・アーマー → reactive
　armor 520
離隔【陸自】→ retirement 538
離隔展開【陸自】→ retirement of
　deployment 538
リカバリー → recovery (Recov) 524
リクエスト・テル → request tell 534
陸海空協同対艦攻撃【統幕】→ land, sea and
　air joint anti-ship warfare operation 367
陸海空軍
　→ armed forces 66
　→ fighting services 263
　→ three services 639
陸海空軍投入作戦 → land, sea or aerospace
　projection operation 367
陸海空自衛隊【自衛隊】→ services 567
陸海空統合図書出版物【米】→ Joint Army-
　Navy-Air Force publication
　(JANAP) 358
陸海空の各自衛隊 → Ground, Maritime, and
　Air Self-Defense Forces 301
陸海空の各幕僚監部 → Ground, Maritime,
　and Air Staff Office 301
陸ー海軍防錆剤【米】→ Army-Navy anti-
　corrosion compound (ANC) 70
陸岸作業隊【陸自】→ shore party 571
陸空協同 → army cooperation 69
陸空軍販売部【米】→ Army and Air Force
　Exchange Service (AAFES) 68
陸軍 → army 68
陸軍【米軍】→ Army (A) 68
陸軍移動外科病院 → mobile army surgical
　hospital (MASH) 422
陸軍衛生隊【米】→ Army Medical
　Services 70
陸軍役務部【米】→ Army Service Forces
　(ASF) 70
陸軍下士官兵集会所計画【米】→ Army
　Service Club Program 70
陸軍課目実施計画【米】→ Army Subject
　Schedule 70
陸軍関係施設・機関及び部隊【米】→ Army
　Establishment 69

日本語索引 341 りくくん

陸軍看護師 【米】 → Army nurse ………… 70

陸軍看護師部隊 【米】 → Army Nurse Corps
（ANC）………………………………… 70

陸軍看護部隊 【英】 → Army Nursing Service
（ANS）………………………………… 70

陸軍管理機構 【米】 → Army management
structure ……………………………… 70

陸軍機 【米】 → Army aircraft …………… 68

陸軍技術部隊 【米】 → Corp of Engineers US
Army …………………………………… 177

陸軍規則 【米】 → Army Regulation
（AR）…………………………………… 70

陸軍基地 【米】 → Army base …………… 69

陸軍基地司令官 → camp commander …… 122

陸軍教育本部 【米】 → Army Education
Center（AEC）………………………… 69

陸軍航空協会 【米】 → Army Aviation
Association of America（AAAA）……… 69

陸軍空域指揮統制者 【米】 → Army Airspace
Command and Control officer …………… 68

陸軍空域指揮統制班 【米】 → Army Airspace
Command and Control element ………… 68

陸軍空輸機関 【米】 → Army Air Transport
Organization …………………………… 68

陸軍軍医 → army surgeon ………………… 70

陸軍軍法会議法 【米】 → Articles of War ‥ 71

陸軍訓練要綱 【米】 → Army Training
Program（ATP）……………………… 71

陸軍刑法 → army act ……………………… 68

陸軍現役将校名簿 【米】 → Army
Register ………………………………… 70

陸軍研究開発局 【米】 → Army Research and
Development Group（ARDG）………… 70

陸軍元帥 【英・独・仏】 → Field
Marshal ………………………………… 262

陸軍元帥 【米】 → General of the Army ‥ 293

陸軍航空機 → army aviation ……………… 69

陸軍航空機常用飛行経路 → standard army
aviation flight route …………………… 596

陸軍航空隊 【米】
→ Army Air Corps（AAC）…………… 68
→ Army Air Force（AAF）…………… 68

陸軍航空隊 → army aviation ……………… 69

陸軍工芸技術補導計画 【米】 → Army Crafts
Program ………………………………… 69

陸軍娯楽計画 【米】 → Army Entertainment
Program ………………………………… 69

陸軍在庫品資金 【米】 → Army Stock Fund
（ASF）………………………………… 70

陸軍参謀本部 【米】 → Army General Staff
（AGS）………………………………… 69

陸軍士官 → army officer ………………… 70

陸軍次官 【米】 → Under Secretary of the
Army …………………………………… 660

陸軍士官学校 【米】 → Military
Academy ……………………………… 412

陸軍士官学校 → military school ………… 415

陸軍士官学校生徒 → cadet ……………… 121

陸軍次官補 【米】 → Assistant Secretary of
the Army（ASA）……………………… 75

陸軍資材コマンド 【米】 → Army Material
Command ……………………………… 70

陸軍集中化補給管理運営システム 【米】
→ Centralization of Supply Management
Operations Systems Army
（COSMOS）…………………………… 131

陸軍州兵 【米】 → Army National Guard ‥ 70

陸軍省 【米】 → Department of the Army
（DA）…………………………………… 204

陸軍将校
→ army officer ………………………… 70
→ officer in the Army ………………… 454

陸軍将校名簿 【米】 → Army List ……… 69

陸軍情報部 【米】 → Army Intelligence
（AI）…………………………………… 69

陸軍称賛章 【米】 → Army Commendation
Medal（ARCOM）…………………… 69

陸軍書式 【米】 → Army form ………… 69

陸軍スポーツ計画 【米】 → Army Sports
Program ………………………………… 70

陸軍性病予防施設 【米】 → Army Control
Facilities ……………………………… 69

陸軍戦術ミサイル・システム 【米】 → Army
Tactical Missile System（ATACMS）…… 71

陸軍先任上級曹長 【米陸軍】 → Sergeant
Major of the Army …………………… 565

陸軍戦務部隊 【米】 → Army Service
Corps …………………………………… 70

陸軍戦務部隊司令官 【米】 → Army service
commander …………………………… 70

陸軍戦略能力計画 【米】 → Army Strategic
Capabilities Plan（ASCP）…………… 70

陸軍戦略目標計画 【米】 → Army Strategic
Objectives Plan（ASOP）…………… 70

陸軍総合管理システム 【米】 → Army

りくくん　342　日本語索引

Command Management System
(ACMS) ･････････････････････ 69

陸軍装備品記録方式　【米】 → Army
equipment record procedures ･････････ 69

陸軍第4心理作戦部隊　【米】 → Army's 4th
Psychological Operations Group ･････････ 70

陸軍端末港　【米】 → Army terminal ･････････ 71

陸軍端末港司令官　【米】 → Army terminal
commander ･･････････････････ 71

陸軍地域通信システム　【米】 → Army Area
Communications System (AACOMS) ･･･ 69

陸軍地図部　【米】 → Army Map Service
(AMS) ･･････････････････ 70

陸軍駐在武官　【米】 → Army attachè ･･････ 69

陸軍長官　【米】 → Secretary of the Army
(SA) ･････････････････････ 558

陸軍長官官房　【米軍】 → Office of the
Secretary of the Army (OSA) ･････････ 454

陸軍調達本部　【米】 → Army Procurement
Agency (APA) ･･････････････ 70

陸軍貯金　【米】 → Army Deposit Fund ･･･ 69

陸軍直協機 → army cooperation aircraft
(army co-op aircraft) ･･････････ 69

陸軍貯油施設　【米】 → Army POL Depot ･･ 70

陸軍通信教育課程　【米】 → Army extension
courses ･･･････････････････ 69

陸軍通信隊　【米】 → signal corps ･･･････ 575

陸軍データ配布システム　【米】 → Army Data
Distribution System (ADDS) ･････････ 69

陸軍当番兵　【英】 → batman ･･････････ 97

陸軍特殊部隊　【米】 → Army Special
Forces ･････････････････････ 70

陸軍図書館業務計画　【米】 → Army Library
Program ･････････････････ 69

陸軍幕僚　【米】 → Army Staff ･･････････ 70

陸軍飛行士 → army aviator ･････････････ 69

陸軍飛行将校 → army aviation officer ･･･ 69

陸軍病院 → military hospital ･････････ 414

陸軍標準得点　【米】 → Army standard
score ････････････････････ 70

陸軍武器隊 → ordnance corps ･････････ 464

陸軍兵器部 → Army Ordnance Corps ･･･ 70

陸軍兵站実務者交流　【防衛省】 → Multilateral
Logistics Staff Talks (MLST) ･･･ 428

陸軍ヘリコプター能力向上計画　【米】
→ Army Helicopter Improvement Program
(AHIP) ････････････････ 69

陸軍防空管区　【米】 → Army Air Defense
region ･････････････････ 68

陸軍防空集団指揮所　【米】 → Army Air
Defense Command post (AADCP) ･･････ 68

陸軍防空司令部　【米】 → Army Air Defense
Command (ARADCOM) ･･････････ 68

陸軍防空陣地　【米】 → Army air defense site
(AADS) ･･･････････････ 68

陸軍報道部　【米】 → Army News Service
(ANS) ･･･････････････ 70

陸軍補給局長 → quartermaster general
(QMG) ････････････････ 509

陸軍補給処　【米】 → Army depot ･･･････ 69

陸軍補給品 → army supplies ･････････ 70

陸軍保健看護　【米】 → Army Health
Nursing ･･･････････････ 69

陸軍保健看護師　【米】 → Army health
nurse ･･･････････････ 69

陸軍保全局　【米】 → Army Security
Agency ･･･････････････ 70

陸軍マスター・データ・ファイル　【米】
→ Army Master Data File (AMDF) ･･ 70

陸軍民間部　【米】 → Department of the
Army Civilian (DAC) ･･････････ 204

陸軍郵便局　【米】 → Army Post Office ･･･ 70

陸軍輸送隊　【米】 → transportation corps
(TC) ･･･････････････ 652

陸軍輸送部　【米】 → Army Transport
Service ･････････････ 71

陸軍用達 → army broker ･･･････････ 69

陸軍予備役　【米】 → Army Reserve ･･･ 70

陸軍予備役戦力委員会　【米】 → Army
Reserve Forces Policy Committee ･･････ 70

陸軍予備役部隊　【米】 → Army Reserve
Units ･･･････････････ 70

陸軍予備役部隊センター　【米】 → Army
Reserve Center ･････････ 70

陸軍予備役部隊増派要員　【米】 → Army
Reserve Reinforcements ･･････ 70

陸軍糧食管理業務計画　【米】 → Army Food
Program ･･･････････ 69

陸軍連絡将校　【米】 → Army liaison
officer ･･･････････ 69

陸佐　【自衛隊】
→ field grade ･････････ 261
→ field officer ･････････ 262

陸士長　【陸自】 → Leading Private ･････ 371

陸自方面隊指揮システム　【陸自】 → Army

日本語索引　　　　343　　　　りめんこ

Command system ································· 69

陸将 【自衛隊】 → Lieutenant General（Lt. Gen.）······························ 374

陸上移動局 → land mobile station ········ 367

陸上衛所 → shore station ···················· 571

陸上・海上・航空輸送 → land, sea and air transportation ····························· 367

陸上救難隊 → land-rescue unit ············· 367

陸上救難チーム → land-rescue team ······ 367

陸上局 【海自】 → ground station ········· 302

陸上近接爆破処分 → method of blasting-at-land disposal ································ 410

陸上警備 → shore guard ···················· 571

陸上権力国 【海自】 → land power ······· 367

陸上攻撃型スタンダード・ミサイル 【米海軍】 → Land Attack Standard Missile（LASM）······························· 365

陸上作戦本部 【米軍】 → tactical operation center（TOC）···························· 626

陸上自衛隊 【自衛隊】 → Ground Self-Defense Force（GSDF）·············· 301

陸上自衛隊ネットワーク 【自衛隊】 → Ground Self-Defense Network（G-NET）········· 302

陸上自衛隊高等工科学校 【陸自】 → JGSDF High Technical School ················ 357

陸上自衛隊補給統制本部 【陸自】 → Ground Materiel Control Command ············· 301

陸上支援整備器材 【海自】 → ground support equipment（GSE）···················· 302

陸上戦術航空指揮本部 【米軍】 → Tactical Air Command Center-Ashore··········· 623

陸上総隊 【陸自】 → Ground Component Command（GCC）···················· 300

陸上装備研究所 【防衛装備庁】 → Ground Systems Research Center ·················· 302

陸上爆破処分 → method of blasting-at-land disposal ································· 410

陸上幕僚監部 【陸自】 → Ground Staff Office（GSO）···························· 302

陸上部隊 → land forces ······················ 365

陸上補給品定数表 → coordinated shore base material allowance list ··············· 176

陸上ミラー着艦訓練 → field mirror landing practice（FMLP）···················· 262

陸上連絡幹部 【陸自】 → ground liaison officer（GLO）······················ 301

陸戦 → land fight ···························· 365

陸戦法；陸戦法規 → law of land warfare·· 370

陸曹教育隊 【陸自】 → Sergeant Training Unit ··································· 565

陸曹長 【陸自】 → Sergeant Major ········ 565

陸地に接近した空母の作戦区域 → near land operating area ························· 440

陸幕システム 【自衛隊】 → Ground Staff Office System（GSO System）············· 302

理工学研究科教務主事 【防大】 → Dean of Graduate School of Science and Engineering ························· 192

リーサリティ・エンハンサー → lethality enhancer（LE）····················· 373

離軸角 → angle of yaw ····················· 53

リセット・キル → reset kill ··············· 536

離脱 【海自】 → break away ··············· 113

離脱 → break off ·························· 113

離脱 【陸自】
　→ disengagement ····················217
　→ withdrawal ·······················691

離脱経路
　→ avenue of withdrawal ·············· 85
　→ withdrawing route ················691

離脱行動 → withdrawal action ············· 691

離脱者 【海自】 → deserter ················ 206

離脱部隊
　→ disengaging force ·················217
　→ withdrawing force················691

離脱路 → avenue of withdrawal············· 85

離着陸訓練 → take-off and landing drill·· 627

離着陸場 → air strip ······················ 40

立哨（りっしょう）→ fixed guard········· 269

立体戦 【陸自】 → three-dimensional warfare ······························ 639

離島統合防災訓練 【自衛隊】 → Remote Island Disaster Relief Exercise（RIDEX）······ 531

リード・コンピューティング・ジャイロ → lead computing gyro ···················· 371

リピーター・ジャマー → repeater jammer ································ 532

リファレンス航跡 → reference track ······ 527

リボルバー → revolver···················· 540

リム → rim······························· 542

リムパック → Rim of The Pacific Exercise（RIMPAC）···························· 542

リムファイアー式 → rim-fire ··············· 542

リムペット・マイン → limpet mine ······· 377

裏面工作 → clandestine work··············· 139

り

リモート・イネーブル・モード → remote enable mode ········· 530
リモート管理メッセージ → remote management message (RMM) ······ 531
リモート航跡 → remote track ········· 531
リモートセンシング → remote sensing ··· 531
略号 【陸自】 → brevity code ········ 114
略号 → code ························ 145
略綬 → service ribbon ·············· 567
略帽 → garrison cap ················ 291
榴散弾（りゅうさんだん）→ shrapnel ······ 572
粒子ビーム兵器 → particle beam weapon (PBW) ······················· 473
流跡線 → trajectory ················· 649
流線部 【海自】 → ogive ············ 455
流弾（りゅうだん）→ stray bullet ········· 607
榴弾
　→ high explosive projectile (HE projectile) ···················· 315
　→ high explosive shell ············ 315
榴弾砲（りゅうだんほう）【陸軍】→ howitzer (HOW) ···················· 322
流動線 → trajectory ················· 649
領域間作戦 → cross-domain operations··· 183
領域保全 → territorial integrity ········ 636
領海 → territorial seas ··············· 636
僚艦 → consort ship ················· 167
僚機
　→ accompanying aircraft ············· 6
　→ consort plane ·················· 167
領空
　→ aerial domain ·················· 17
　→ airspace ······················· 39
　→ national airspace ··············· 432
　→ territorial airspace ············· 636
領空侵犯 → violation of national air space ························ 677
領空侵犯機 → aircraft violating territorial air space ······················· 28
領空侵犯／航空救難処理用プログラム
　→ airspace violation and rescue computer program (AVRCP) ············ 40
領空侵犯／航空救難モニター装置 → airspace violation and rescue equipment (AVRE) ························ 40
領空侵犯判定機能 → airspace violation decision function (AVF) ·········· 40

領空侵犯モニター機能 → airspace violation monitoring function (AVMF) ········ 40
両磁場発火装置 → bipolar mechanism ···· 104
糧食
　→ provisions ····················· 505
　→ ration ························ 519
　→ subsistence ··················· 611
糧食間隔 → ration interval ··········· 519
糧食勤務員 → food handler ·········· 278
糧食交付所 → ration distributing point (RDP) ······················ 519
糧食周期 → ration cycle ············ 519
糧食班 【陸自】 → Subsistence Section ··· 611
糧食輸送部 → commissariat ········· 155
良心的参戦拒否 → conscientious objection ······················· 167
良心的参戦拒否者；良心的兵役忌避者
　→ conscientious objector (CO) ········ 167
良心的兵役拒否 → conscientious objection ······················· 167
良心的兵役拒否者 → conscientious objector (CO) ························ 167
領水 → territorial waters ············· 636
稜線射撃（りょうせんしゃげき）→ ridge line fire ······················ 540
領置品 → retained article ············ 538
領置武器（りょうちぶき）→ retained arms ························ 538
領土 → territory ··················· 636
両方向セクター走査 → bidirectional sector scan ······················ 102
糧秣徴発隊（りょうまつちょうはつたい）→ foraging party ················ 278
両目的改良型通常弾薬 → dual-purpose improved conventional munitions (DPICM) ······················ 227
料薬 → pyrotechnics ··············· 508
両用作戦目標区域 【米軍】 → amphibious objective area (AOA) ············ 51
両用戦指揮艦 → amphibious command ship ··························· 50
両用榴弾 → high explosive dual purpose ····················· 315
両翼包囲 → double envelopment ······ 223
旅団 → brigade (Brig) ·············· 115
旅団戦闘団 【米陸軍】 → Brigade Combat Team (BCT) ···················· 115
旅団長 【自衛隊】 → Brigade Commanding

日本語索引　345　れさしよ

General（BCG）………………… 115

旅団副官 → brigade major（BM）……… 115

離陸地点 → departure end ……………… 204

離陸補助ジェット → jet-assisted take-off
（JATO）……………………………… 356

臨界角 【海自】→ critical angle ………… 182

臨界速度 → critical velocity…………… 183

臨機応変の処置
　→ improvised measures………………329
　→ improvised steps ……………………329

臨機目標（りんきもくひょう）→ opportunity
target …………………………………… 463

臨機目標射撃 【陸自】→ opportunity
fire ……………………………………… 463

リンク管理機能 → link management function
（LMF）………………………………… 379

リンク現況 → link status ……………… 379

リンク・ベルト → link belt …………… 379

リンク・ベルト給弾 → link-belt feeding‥ 379

リンクレス給弾 → linkless feeding ……… 379

臨検 【海自】→ visit…………………… 677

臨検幹部 【自衛隊】→ boarding officer ‥ 108

臨検将校 → boarding officer …………… 108

臨検艇 → examination vessel …………… 250

臨時集積所 → dump……………………… 228

臨時編成部隊 → provisional unit ………… 505

臨床記録 → clinical record …………… 141

臨床検査 【空自准空尉空曹空士特技区分】
　→ Medical Laboratory ………………… 407

隣接チャンネル → adjacent channel ……… 11

隣接部隊 → adjacent unit ……………… 11

臨戦態勢 → war preparation……………… 681

【る】

ルイサイト解毒剤 → British anti-lewisite
（BAL）…………………………………… 115

類別カタログ管理資材 【米】→ cataloging
management data（CMD）……………… 127

類別カタログ管理資材通知 【米】
　→ cataloging management data
notification（CMDN）………………… 127

類別局本部 【米】→ Headquarters Catalog
Office（HCO）………………………… 310

類別責任コード 【米】→ cataloging
responsibility code（CRC）…………… 127

ルックダウン・レーダー → look-down
radar …………………………………… 386

ルーティング 【海自】→ routing……… 546

ルートキット → rootkit ………………… 544

ループ・アンテナ → loop antenna……… 386

【れ】

隷下部隊
　→ assigned command…………………… 74
　→ assigned forces ……………………… 74
　→ assigned troops ……………………… 74
　→ assigned unit ………………………… 74
　→ subcommand …………………………608

冷戦
　→ Cold War………………………………146
　→ cold war ………………………………146

冷戦後の情勢 → post Cold War
environment …………………………… 491

冷走（れいそう）
　→ cold run ………………………………146
　→ cold shot ………………………………146

礼装
　→ dress …………………………………225
　→ dress uniform ………………………225

隷属 → assignment ……………………… 74

令達別紙 → annex to directive …………… 54

レイド・アセスメント・モード → raid
assessment mode（RAM）……………… 516

礼砲
　→ gun salute ……………………………306
　→ saluting gun …………………………549

礼砲装薬包 → saluting charge …………… 549

黎明攻撃 → attack at dawn ……………… 78

レーウィン・ゾンデ → rawin sonde ……… 520

レーザー → light amplification by stimulated
emission of radiation（laser）………… 375

レーザー画像検出・測距法 → laser image
detection and ranging（LIDAR）……… 368

レーザー慣性航法装置 → laser inertial
navigation system …………………… 368

レーザー指示器 → laser designator
（LD）…………………………………… 368

レーザー・ジャイロ → laser gyro ……… 368

レーザー照射器 → laser illuminator ……… 368

レーザー照射追尾装置 → laser spot tracker (LST) 368
レーザー照準器 → laser aligner 368
レーザー情報 → laser intelligence (LASINT) 368
レーザー・スポット → laser spot 368
レーザー測距器 → laser range finder 368
レーザー測地衛星 → laser geodynamic satellite (LAGEOS) 368
レーザー兵器 → laser weapon 368
レーザー兵器システム → Laser Weapon System (LaWS) 368
レーザー・ホーミング → laser homing ... 368
レーザー目標指示システム
　→ laser target designating system 368
　→ laser target marking system 368
レーザー目標線 → laser target line 368
レーザー目標標定器 → laser target designator (LTD) 368
レーザー目標マーカー → laser target marker 368
レーザー誘導装置 → laser guidance unit... 368
レーザー誘導爆弾 → laser-guided bomb (LGB) 368
レーザー誘導兵器 → laser-guided weapon (LGW) 368
レジスタンス運動 → resistance movement 536
レスポンダー → responder 537
レーダー → radar 510
レーダー・アクション・メッセージ → radar action message (RAM) 510
レーダー安全圏 → radar safety zone (RSZ) 512
レーダー安全ビーコン → radar safety beacon 512
レーダー・アンテナ装置 → radar antenna system group (RASG) 510
レーダー移管 → radar hand-off 511
レーダー移送 → transfer of radar identification 650
レーダー映像 → radar imagery 511
レーダー・エコー → radar echo 511
レーダー応答器 → radar responder 512
レーダー応答機 → radar transponder 512
レーダー回避 → radar evasion 511
レーダー海洋偵察衛星 → radar ocean reconnaissance satellite (RORSAT) 512
レーダー・カモフラージュ → radar camouflage 510
レーダー間隔 → radar separation 512
レーダー監視 → radar monitoring 512
レーダー監視駆逐艦 → radar picket destroyer 512
レーダー監視所 → radar station 512
レーダー監視プログラム → radar surveillance program 512
レーダー干渉 → radar interference 511
レーダー管制 → radar control 511
レーダー管制室 → radar control room 511
レーダー管制射撃 → radar controlled firing 511
レーダー管制情報処理装置 → radar control information processing system 511
レーダー幹部【自衛隊】 → radar officer... 512
レーダー気象通報 → radar weather reports (RAREPS) 513
レーダー欺瞞（レーダーぎへん）→ radar deception 511
レーダー欺瞞発射機（レーダーぎまんはっしゃき）→ radar detection repeater 511
レーダー逆探 → radar countermeasures (RCM) 511
レーダー業務 → radar service 512
レーダー距離器 → radar range unit 512
レーダー距離方程式 → radar range equation 512
レーダー・クラッター → radar clutter ... 511
レーダー警戒システム → radar warning system (RWS) 513
レーダー警戒受信機【空自】→ radar warning receiver (RWR) 513
レーダー警戒装置 → radar warning receiver (RWR) 513
レーダー警報 → radar warning 513
レーダー航空交通管制 → radar air traffic control (RATC) 510
レーダー航空交通管制所 → radar air traffic control center 510
レーダー校正 → radar calibration 510
レーダー航跡情報 → radar track intelligence 512
レーダー高度 → radar altitude 510
レーダー高度測量地域 → radar altimetry

area ································· 510
レーダー航法 → radar navigation ·········· 512
レーダー固定反射 → clutter ················ 143
レーダー・コンタクト 【海自】 → radar
 contact ······························· 511
レーダー・コントロール・パネル → radar
 control panel（RCP） ·················· 511
レーダー・サイト → radar site ············ 512
レーダー識別 → radar identification ······ 511
レーダー指示器 → radar indicator ········· 511
レーダー視準規正 → radar collimation ····· 511
レーダー施設 → radar installation ········ 511
レーダー射撃 → radar firing ··············· 511
レーダー受信装置 → radar receiver group
 (RRG) ································ 512
レーダー情報
 → radar information ··················· 511
 → radar intelligence（RADINT） ········ 511
レーダー助言 → radar advisory ············ 510
レーダー進入 → radar approach ············ 510
レーダー進入管制 → radar approach control
 (RAPCON) ····························· 510
レーダー垂直面覆域図 → radar coverage
 diagram profile view ····················· 511
レーダー水平線 【海自】 → radar
 horizon ································ 511
レーダー・スキャン → radar scan ········· 512
レーダー・スクリーン → radar screen ···· 512
レーダー・スコープ → radar scope ········ 512
レーダー戦力組成 → radar order of battle
 (ROB) ································ 512
レーダー操作員 → radar operator
 (RO) ·································· 512
レーダー送信装置 → radar transmitter group
 (RTG) ································· 512
レーダー装置 → radar set（RS） ··········· 512
レーダー測距 → radar ranging ············· 512
レーダー・ゾンデ → radar sonde ·········· 512
レーダー探索 → radar search ·············· 512
レーダー探知 【海自】 → radar contact ··· 511
レーダー弾着観測 → radar spotting ········ 512
レーダー地上探知範囲 → radar horizon ···· 511
レーダー地図 → radar map ················ 512
レーダー着陸誘導 → radar approach
 guidance ······························· 510
レーダー中継 → radar relay ··············· 512

レーダー中継艦 → radar linking ship ····· 512
レーダー追尾 → radar flight following ···· 511
レーダー通報業務 → radar advisory service
 (RAS) ································· 510
レーダー偵察 → radar reconnaissance ····· 512
レーダー・データ処理機能 → radar data
 processing function（RDPF） ············ 511
レーダー・データ・モニター → radar data
 monitor（RDM） ······················· 511
レーダー統制トレーラー → radar control
 trailer（RCT） ·························· 511
レーダー当直艦 → radar guard ship ······· 511
レーダー・ドーム → radar dome
 (radome) ······························ 511
レーダー入力統制幹部 → radar input control
 officer（RICO） ························ 511
レーダーによる捕捉 【空自】 → radar
 contact ································ 511
レーダー波吸収材 → radar absorbent
 material（RAM） ······················· 510
レーダー班 【海自】 → Radar Equipment
 Section ································ 511
レーダー反射断面積 → radar cross section
 (RCS) ································· 511
レーダー・ピケット → radar picket ······· 512
レーダー・ピケットCAP → radar picket
 CAP ··································· 512
レーダー・ピケット艦 → radar picket escort
 ship ··································· 512
レーダー・ビーコン → radar beacon
 (RACON) ····························· 510
レーダー・ビデオ分配装置 → radar video
 distribution system（RVDS） ············ 512
レーダー評価 → radar evaluation ·········· 511
レーダー品質管理 → radar quality control
 (RQC) ································· 512
レーダー封止 → radar silence ············· 512
レーダー不感帯 → radar blind zone ······· 510
レーダー覆域 → radar coverage············ 511
レーダー覆域解析プログラム → radar
 coverage analysis program（RCA） ······· 511
レーダー覆域モデル → radar coverage
 model ································· 511
レーダー覆域平面図 → radar coverage
 diagram plan view ······················ 511
レーダー方位 → radar bearing ············· 510
レーダー妨害艦 → radar intercept ship ···· 511
レーダー妨害片 【空自】 → chaff ·········· 132

レーダー妨害片散布器 【空自】→ chaff dispenser ················ 132
レーダー妨害報告 → radar jamming report ················ 512
レーダー報告網 → radar report net ······· 512
レーダー捕捉及び無線交信 → radar and radio contact（R/R contact）················ 510
レーダー・ホーミング → radar homing （RH）················ 511
レーダー・ホーミング警戒装置 → radar homing and warning system （RHAWS）················ 511
レーダー・ホール → radar hole ············ 511
レーダー・マイル → radar NM ············ 512
レーダー・マッピング → radar mapping··· 512
レーダー・マッピング・パラメーター → radar mapping parameter（RADAR MAP PARAM）················ 512
レーダー見通し線 → radar line of sight （RLS）················ 512
レーダー網 → radar netting ················ 512
レーダー網装置 → radar netting unit ····· 512
レーダー目標 → radar target ················ 512
レーダー目標表示 → radar indication ···· 511
レーダー要撃士官 【米海軍】 → radar intercept officer（RIO）················ 511
レーダー・レジデント・ソフトウェア → radar resident software（RRSW）··· 512
レーダー・レスポンス・メッセージ → radar response message（RRM）················ 512
レーダー連接装置 → radar weapons control interface unit（RWCIU）················ 513
劣化ウラン → depleted uranium（DU）·· 204
劣化ウラン弾 → depleted uranium munitions ················ 204
レッカー車 → maintenance vehicle （MV）················ 394
劣勢 → inferiority in strength ················ 334
列線整備 【海自】→ line maintenance （LM）················ 378
列線整備隊 【海自】→ Line Maintenance Division ················ 378
列線班長 → line chief ················ 377
レッド → red ················ 525
レッドアイ 【米】→ Redeye ················ 525
レディアス・ロープ → radius rope ······· 516
レティクル → reticle ················ 538

レティクル像 → reticle image ················ 538
レドーム → radome ················ 516
レバノン国連監視団 → United Nations Observation Group in Lebanon （UNOGIL）················ 664
レール・ガン → rail gun ················ 516
連携戦闘区域 → co-operations zone （COZ）················ 175
連携点 【陸自】→ contact point ········· 169
連合宇宙作戦構想 【米】→ Combined Space Operations Initiative ················ 151
連合演習 → combined exercise ············ 151
連合艦隊 → combined fleet ················ 151
連合軍 → allied forces ················ 45
連合軍機動部隊 【NATO】→ Allied Mobile Force（ANF）················ 45
連合軍参謀 → allied staff ················ 45
連合訓練 → combined training ············ 152
連合国
　→ allied nations ················ 45
　→ allied power ················ 45
連合国軍最高司令官 → Supreme Commander for the Allied Powers（SCAP）········· 616
連合作戦 【空自】→ combined operation ················ 151
連合暫定施政当局 → Coalition Provisional Authority（CPA）················ 144
連合戦時増援演習 【米韓】→ Reception, Staging, Onward Movement and Integration （RSOI）················ 522
連合戦略 → combined strategy ············ 151
連合調整機構 → coalition coordination cell （CCC）················ 144
連合通信出版物 → Allied Communications Publications（ACP）················ 45
連合ドクトリン → combined doctrine ···· 151
連合土地管理計画 → Land Partnership Plan （LPP）················ 367
連合幕僚 → combined staff ················ 151
連合部隊 → coalition force ················ 144
連合部隊 【米軍】→ combined force ····· 151
連鎖対潜哨戒 → endless chain A/S patrol ················ 242
連鎖爆破薬 → chain charge ················ 132
レンジャー → ranger ················ 518
連射 → automatic fire ················ 82
練習艦 【海自】→ training ship ············ 649

れ

日本語索引 349 ろうとこ

練習艦 → training vessel ······················ 649
練習艦隊 【海自】 → Training Squadron
　(TS) ·· 649
練習機 → training aircraft ····················· 648
練習潜水艦 【海自】 → Training
　Submarine ··· 649
練習潜水隊 【海自】 → Training Submarine
　Division ··· 649
練習隊 【海自】 → Training Division ······ 648
練成訓練 → build-up training ··············· 117
練成訓練 【空自】 → JASDF annual
　individual and unit training ··············· 356
連成不動群閃光 → light fixed and group
　flashing（F Gp Fl）··························· 375
連成不動群閃互光 → light alternating fixed
　and group flashing（Alt F Gp Fl）······ 375
連成不動閃互光 → light alternating fixed and
　flashing（Alt F Fl）··························· 375
連成明暗閃光 → light occulting and flashing
　(Occ Fl) ··· 376
連続撃発装置 → continuous-pull firing
　mechanism ·· 170
連続航海用船契約 → consecutive voyage
　charter ··· 167
連続攻撃
　→ consecutive attack ·······················167
　→ successive attack ························611
連続射撃
　→ continuous fire ·····························170
　→ running fire ·································547
連続照準発射法 → continuous bearing
　method ··· 170
連続情勢判断 → running estimate of the
　situation·· 547
連続情報見積り → intelligence running
　estimate ·· 344
連続照明弾射撃 → continuous illumination
　fire ··· 170
連続的消耗機雷原 → sustained attrition
　minefield ·· 619
連続点火 → continuous ignition············· 170
連続波レーダー → continuous wave
　radar ·· 170
連続流入型酸素調整器 → continuous flow
　type oxygen regulator ························ 170
連隊 → regiment································· 528
連隊 【自衛隊】 → Regiment（R）········· 528
連隊上陸戦闘団 → regimental landing team
　(RLT) ··· 528

連隊戦闘団 → regimental combat team
　(RCT) ··· 528
連隊長 → regimental commander ········· 528
練度 → skill level································· 579
練度判定試験 【陸自】 → achievement test ··6
連発式 → repeating type····················· 532
連邦カタログ制度 【米】 → Federal Catalog
　System（FCS）···································· 259
連邦カタログ制度 【NATO】 → NATO
　Catalog System（NCS）····················· 435
連邦補給カタログ 【米】 → Federal Supply
　Catalog（FSC）··································· 260
連邦補給分類 【米】 → Federal Supply
　Classification（FSC）·························· 260
連邦補給分類管理 【米】 → Federal Supply
　Class Management ······························· 260
連邦補給分類クラス 【米】 → Federal Supply
　Classification Class ···························· 260
連絡 → liaison····································· 374
連絡員
　→ connecting file ·····························166
　→ liaison personnel ························374
連絡幹部 【自衛隊】 → liaison officer
　(LO) ·· 374
連絡機 → liaison aircraft····················· 374
連絡系統 → channel of communication ··· 133
連絡士官 → liaison officer（LO）··········· 374
連絡室 → liaison office························ 374
連絡事務所 【海自】 → Liaison Office····· 374
連絡事務所；連絡所 → liaison office······· 374
連絡将校 → liaison officer（LO）··········· 374
連絡斥候 → contact patrol ··················· 169
連絡調整 【自衛隊】 → communication and
　coordination·· 156
連絡調整官 【統幕総務部総務課】 → Deputy
　Director, Administration Division········· 206
連絡調整業務室 【統幕】 → Civil Military
　Cooperation Support Office ··············· 139
連絡通信網 → liaison net ····················· 374
連絡窓口 → point of contact ················· 488

【ろ】

狼群戦術 → wolfpack tactics················· 691
漏斗孔（ろうとこう）

ろ

→ crater ·· 182
　→ shell crater ······························· 569
　→ shell hole ································· 569
漏話　→ cross talk ······························ 184
路外機動性　→ cross-country
　maneuverability ····························· 183
路外耐荷力　→ cross-country
　trafficability ······························· 183
ろ獲品　→ captured enemy materiel ······· 124
ろ獲文書　→ captured documents ··········· 124
ローカライザー　→ localizer（lczr） ········ 381
ローカル航跡　→ local track ················· 382
ローカルDEDS　→ local data entry and
　display station（LOCAL DEDS） ······· 381
ローカル方位制御装置　→ azimuth drive local
　control（ADLC） ····························· 87
鹿砦（ろくさい）→ abatis ························· 3
ロケット　→ rocket ··························· 543
ロケット訓練弾　【海自】→ practice
　rocket ································· 493
ロケット固定俯角（ロケットこていふか
　く）→ fixed rocket depression angle ····· 269
ロケット推進　→ rocket propulsion ········· 543
ロケット推進薬　→ rocket propellant ······· 543
ロケット弾発射筒　→ rocket launcher ······· 543
ロケット弾発射筒射手　→ rocketeer ········· 543
ロケット弾薬　→ rocket ammunition ········ 543
ロケット爆弾　→ rocket bomb ··············· 543
ロケット発射　→ rocket firing ··············· 543
ロケット発射機　→ rocket launcher ········· 543
ロケット発射魚雷　→ rocket-assisted torpedo
　（RAT） ····································· 543
ロケット発射線　→ rocket launcher line ··· 543
ロケット発射台　→ launcher（Lchr） ······· 369
ロケット反射箔（ロケットはんしゃは
　く）→ rocket window ······················· 543
ロケット補助誘導システム　→ abort guidance
　system（AGS） ····························· 3
ロケット補助離陸　→ rocket-assisted take-off
　（RATO） ···································· 543
ロケット・モーター　→ rocket motor ······· 543
ロケット用点火装置　→ rocket igniter ····· 543
ロケット・ラムジェット複合エンジン
　→ integrated rocket ramjet engine
　（IRR） ······································· 342
ロジスティクス研究室　【海上自衛隊幹部学校】
　→ Logistics Studies Office ················ 384

ロジスティック・レディネス・チーム
　→ logistics readiness team（LRT） ······ 384
ロジック爆弾　→ logic bomb ················· 383
路上斥候　→ advance guard point ············· 16
路上斥候　【陸自】→ point ················· 487
路上斥候班　→ route reconnaissance
　party ····································· 545
ロス・アラモス国立研究所　【米】→ Los
　Alamos National Laboratory ·············· 386
ロスト航跡　→ lost track ···················· 386
ロスト・コンタクト　→ lost contact ········· 386
露頂航走　→ periscope depth running ····· 479
露頂発射（ろちょうはっしゃ）→ periscope
　depth launch（PD launch） ·············· 478
ロック・オン　→ lock-on ···················· 382
ロックオン・レンジ　→ lock-on range ····· 382
ロックド・シールド　【NATO】→ Locked
　Shields ···································· 382
露天甲板　→ exposed deck ·················· 254
露天採鉱・開墾部　【米】→ Surface Mining,
　Reclamation and Enforcement ············ 616
露天砲架　→ open mount ···················· 458
露天砲塔　→ barbette ························· 92
ロード・マスター　【空自】→ load
　master ····································· 380
濾波器型進行波管　→ filter type traveling
　wave tube ·································· 264
ローブ　→ lobe ····························· 380
ローファー・グラム　【海自】→ lofar
　gram ······································· 383
ローファー・グラム記録器　【海自】→ lofar
　gram recorder（LGR） ···················· 383
ローファー・ソノブイ　→ LOFAR
　sonobuoy ·································· 383
ローブ切り替え　→ lobe switching ········· 381
ロープ・チャフ　→ rope-chaff ··············· 544
ロフト爆撃　→ loft bombing ················· 383
ローブ幅　→ lobe width ···················· 381
ロボット爆弾　→ robot bomb ··············· 543
ローラー遅延吹き戻し式　→ roller-delayed
　blowback ··································· 544
ロール・アウト・ポイント　→ roll out
　point ······································· 544
ロール・レート・ジャイロ　→ roll rate
　gyroscope ·································· 544
ローレンス・リバモア国立研究所　【米】
　→ Lawrence Livermore National

Laboratory 370
ロング・ライフル → long rifle（LR）..... 385
論理爆弾 → logic bomb......................... 383

【わ】

ワイヤー・アンテナ → wire antenna 690
ワイヤー海底掃海具 → wire bottom
　　sweeps 690
ワイヤー掃海 → wire sweep 691
ワイ・リバー合意 → Wye River
　　Memorandum 692
我が方斜面 → reverse slope 539
枠型アンテナ（わくがた～）→ frame
　　antenna 283
枠形アンテナ → loop antenna 386
ワシントン司令部支援局 【米】→ Washington
　　Headquarters Services（WHS） 682
ワッセナー・アレンジメント → Wassenaar
　　Arrangement（WA） 682
罠線（わなせん）→ trip-wire 655
ワーナーロビンズ航空兵站センター 【米軍】
　　→ Warner Robins Air Logistics Center
　　（WRALC） 681
和平合意 → peace agreement 476
和平創造 → peacemaking 476
和平履行部隊 → Implementation Force
　　（IFOR） 329
ワーム → worm 692
我 → friendly force 286
我の行動 → our maneuver 466
湾岸危機
　　→ Gulf crisis 305
　　→ Persian Gulf crisis 479
湾岸戦争
　　→ Gulf War 305
　　→ Persian Gulf War 479

わ

編者略歴

金森 國臣（かねもり・くにおみ）

翻訳者・ターミノロジスト。
1951 年生まれ。専門はコンピュータ・インターネット・軍事関係。
著書・共著書に『DTP 辞典』（アスキー出版局）、『キーワードで
読むパソコン '94』（インプレス）、『インターネット用語事典』（イ
ンプレス）、『ライセンス付ネットスケープナビゲータ 2.0 日本語
版 - Windows3.1 版』（東芝情報システム）、『情報技術用語大事典』
（オーム社）、『コンピュータ＆情報通信用語事典』（オーム社）、『英
和／和英対訳　最新軍事用語集』（日外アソシエーツ）など。

新訂・最新軍事用語集　英和対訳

2019 年 1 月 25 日　　第 1 刷発行

編　　　集／金森國臣
発　行　者／大高利夫
発　　　行／日外アソシエーツ株式会社
　　　　　　〒140-0013 東京都品川区南大井 6-16-16 鈴中ビル大森アネックス
　　　　　　電話 (03)3763-5241（代表）　FAX(03)3764-0845
　　　　　　URL http://www.nichigai.co.jp/
発　売　元／株式会社紀伊國屋書店
　　　　　　〒163-8636 東京都新宿区新宿 3-17-7
　　　　　　電話 (03)3354-0131（代表）
　　　　　　ホールセール部（営業）電話 (03)6910-0519

電算漢字処理／日外アソシエーツ株式会社
印刷・製本／株式会社平河工業社

©Kuniomi KANEMORI 2019
不許複製・禁無断転載　　　　　《中性紙クリームドルチェ使用》
＜落丁・乱丁本はお取り替えいたします＞
ISBN978-4-8169-2670-9　　*Printed in Japan,2019*

ビジネス技術 実用英和大辞典

海野文男＋海野和子 編　A5・1,330頁　定価（本体4,800円＋税）　2002.11刊

ビジネス技術 実用和英大辞典

海野文男＋海野和子 編　A5・1,210頁　定価（本体5,200円＋税）　2002.12刊

ネイティブによる自然な英語から取材した生きた用例を参考に、自在に英文を組み立てられる「英語表現集」。普通の辞書には載っていない表現を豊富に収録。取扱説明書、仕様書、案内書、報告書、プロポーザル、契約書、論文などの文書作成に、また、英字新聞・雑誌を読む時、海外のWebサイトを検索・閲覧する際に必携の辞書。

法務・法律 ビジネス英和大辞典

菊地義明 編　B5・1,310頁　定価（本体25,000円＋税）　2017.8刊

法律上の専門的英語文献、英文公的文書、契約書、報道を読み解く上で必要とされる法律用語の理解と適切な和訳を導くための大型専門辞書。司法、立法、行政各分野の法律関連用語6万語と文例・訳例1.6万件を収録。ネイティブが使っている文例にプロ翻訳者が適切な日本語訳を付与。

決定版 翻訳力錬成テキストブック
─英文を一点の曇りなく読み解く

柴田耕太郎 著　A5・650頁　定価（本体9,800円＋税）　2017.6刊

原文を一語一語精緻に読んで正確に理解し、明晰な訳文に置き換える"翻訳の正道"。著者の方法論が縦横に展開される100課題。古今の名文を一語一語分析・解説し、訳例・添削例を示す。関連事項についての「研究」も付し、上級者が抱く疑問に応える。

読み間違えやすい 全国地名辞典

A5・510頁　定価（本体6,000円＋税）　2018.6刊

全国の現行地名の中から複数の読みを持つ地名、一般に難読と思われる地名など32,000件の読みかたを収録。「地域順一覧」により"読み間違えやすい地名"を都道府県別、地域毎に一覧できる。地名の先頭漢字から探すことができる「頭字音訓ガイド」付き。

データベースカンパニー
日外アソシエーツ

〒140-0013　東京都品川区南大井6-16-16
TEL.(03)3763-5241 FAX.(03)3764-0845 http://www.nichigai.co.jp/